LÜBECKER
MASCHINENBAU-GESELLSCHAFT
A 120/51

Maschinenelemente 2

Berthold Schlecht

Maschinenelemente 2

Getriebe – Verzahnungen – Lagerungen

PEARSON
Studium

ein Imprint von Pearson Education
München • Boston • San Francisco • Harlow, England
Don Mills, Ontario • Sydney • Mexico City
Madrid • Amsterdam

Bibliografische Information der Deutschen Nationalbibliothek

Die Deutsche Nationalbibliothek verzeichnet diese Publikation in der Deutschen Nationalbibliografie; detaillierte bibliografische Daten sind im Internet über *http://dnb.d-nb.de* abrufbar.

Die Informationen in diesem Buch werden ohne Rücksicht auf einen eventuellen Patentschutz veröffentlicht.
Warennamen werden ohne Gewährleistung der freien Verwendbarkeit benutzt.
Bei der Zusammenstellung von Texten und Abbildungen wurde mit größter Sorgfalt vorgegangen. Trotzdem können Fehler nicht ausgeschlossen werden.
Verlag, Herausgeber und Autoren können für fehlerhafte Angaben und deren Folgen weder eine juristische Verantwortung noch irgendeine Haftung übernehmen.
Für Verbesserungsvorschläge und Hinweise auf Fehler sind Verlag und Autor dankbar.

Fast alle Produktbezeichnungen und weitere Stichworte und sonstige Angaben, die in diesem Buch verwendet werden, sind als eingetragene Marken geschützt.
Da es nicht möglich ist, in allen Fällen zeitnah zu ermitteln, ob ein Markenschutz besteht, wird das ®-Symbol in diesem Buch nicht verwendet.

10 9 8 7 6 5 4 3 2

12 11

ISBN 978-3-8273-7146-1

ein Imprint der Pearson Education Deutschland GmbH,
Martin-Kollar-Straße 10-12, D-81829 München/Germany

www.pearson-studium.de
Lektorat: Birger Peil, bpeil@pearson.de
Korrektorat: Brigitta Keul, München
Einbandgestaltung: Thomas Arlt, tarlt@adesso21.net
Herstellung: Philipp Burkart, pburkart@pearson.de
Satz: mediaService, Siegen (www.media-service.tv)
Druck und Verarbeitung: Bercker Graphischer Betrieb, Kevelaer

Printed in Germany

Inhaltsverzeichnis

In Dankbarkeit gewidmet meiner Frau Stefanie und unseren Kindern Leonie Annika, Berthold Georg und Konrad Julius, allen Studenten des Ingenieurwesens sowie unbekannterweise den kanadischen Künstlern Neil Young, Leonard Cohen, Robbie Robertson, Gordon Lightfoot und Joni Mitchell, deren Musik und Texte mir seit meiner Schulzeit immer wieder einmal über schwierige Stunden hinweggeholfen haben.

Circle Game von Joni Mitchell aus dem Jahre 1966

Yesterday a child came out to wonder
Caught a dragonfly inside a jar
Fearful when the sky was full of thunder
And tearful at the falling of a star.

And the seasons they go round and round
And the painted ponies go up and down
We're captive on the carousel of time
We can't return, we can only look
Behind from where we came
And go round and round and round
In the circle game.

Then the child moved ten times round the seasons
Skated over ten clear frozen streams
Words like when "you're older" must appease him
And promises of someday make his dreams.

And the seasons they go round and round
And the painted ponies go up and down
We're captive on the carousel of time
We can't return, we can only look
Behind from where we came
And go round and round and round
In the circle game.

Sixteen springs and sixteen summers gone now
Cartwheels turned to carwheels through the town
And they tell him, "take your time, it won't be long now"
Till you drag your feet to slow the circles down.

And the seasons they go round and round
And the painted ponies go up and down
We're captive on the carousel of time
We can't return, we can only look
Behind from where we came
And go round and round and round
In the circle game.

So the years spin by and now the boy is twenty
Though his dreams have lost some grandeur coming true
There'll be new dreams, maybe better dreams and plenty
Before the last revolving year is through.

And the seasons they go round and round
And the painted ponies go up and down
We're captive on the carousel of time
We can't return, we can only look
Behind from where we came
And go round and round and round
In the circle game.

Vorwort

Nach einer für die interessierte Leserschaft, den Verlag und meinen Lehrstuhl, aber auch für meine Familie und mich viel zu langen Bearbeitungszeit, lege ich hiermit nunmehr den 2. Band der klassischen Maschinenelemente vor, wie ich sie in den Vorlesungen des Grundstudiums Maschinenbau und Mechatronik an der TU Dresden behandele und wie sie auch an anderen Universitäten und Fachhochschulen unterrichtet werden.

In Fortsetzung der in Band 1 behandelten Kapitel zu Normen, Richtlinien, Toleranzen und Oberflächen, zur Festigkeitsberechnung statisch und insbesondere dynamisch beanspruchter Maschinenelemente, zur Berechnung von Wellen und Achsen, zum Kleben, Löten, Schweißen, Nieten und Schrauben sowie zu Federn, Bolzen-, Stift- und Welle-Nabe-Verbindungen und Kupplungen umfasst der vorliegende Band 2 die für den allgemeinen Maschinenbau und die Antriebstechnik wichtigen Themengebiete der Gleit- und Wälzlagerungen, Dichtungen, Antriebssysteme, Stirnradverzahnungen und Stirnradgetriebe, Umlaufrädergetriebe (Planetengetriebe), Kegelradverzahnungen und Kegelradgetriebe, Schneckenverzahnungen und Schneckengetriebe sowie Riemen-, Zahnriemen- und Kettengetriebe.

Damit schließt das Buch direkt an die Fach- und Lehrbücher meiner geschätzten Vorgänger „Grundlagen und neuere Fortschritte der Zahnraderzeugung“ von Karl Kutzbach, „Maschinenelemente – Antriebselemente“ von Stefan Fronius und „Stirnradverzahnung“ von Heinz Linke an, deren grundlegende Arbeiten die „Dresdner Schule der Zahnradgetriebetechnik“ weithin bekannt gemacht haben.

Handhabung des Buches

Der didaktische Aufbau des Buches ist mit geprägt durch meinen beruflichen Hintergrund in verschiedenen Branchen und Verantwortlichkeiten für Konstruktionen des Einzel- und Sondermaschinenbaus, die vielfältige und fruchtbare Zusammenarbeit der letzten neun Jahre mit sehr vielen Firmen des deutschen und europäischen Maschinen- und Anlagenbaus und meine besondere Vorliebe für den Groß- und Schwermaschinenbau, insbesondere die Förder- und Hüttentechnik, Windturbinentechnik, Bahntechnik und allgemeine Antriebstechnik.

In nahezu allen Einsatzfällen war und ist der Nachweis der Festigkeit eines Bauteiles unter statischen und dynamischen Belastungen die zentrale Aufgabe, weshalb neben der ausführlichen Darstellung der Berechnungsgrundlagen und der genormten Nachweisverfahren immer wieder auf die Bedeutung der zutreffenden Lastannahmen hingewiesen wird. So kann ein vermeintlich sehr genau geführter Tragfähigkeitsnachweis nach Norm unter Berücksichtigung vieler Einflussgrößen nicht ausreichend sein, wenn die einwirkenden Lasten nach Art und Größe nur ungenügend bekannt sind.

Eingedenk dieser Zusammenhänge ist der vorliegende Band 2 in nahezu allen Kapiteln [illegible] gleichbar zu Band 1 aufgebaut, sodass sich dem Studenten die erforderlichen Sc[illegible] vollziehbar einprägen und der Praktiker mit einem kurzen Nachschlagen

Informationen findet. So werden nach einleitenden Bemerkungen zu jedem Maschinenelement Funktion und Wirkung erklärt und gestalterische Hinweise gebracht, denen dann ein Tragfähigkeitsnachweis in Form des Vergleiches von Beanspruchung und Beanspruchbarkeit folgt.

Zu Beginn des Buches werden in den **Kapiteln 14** und **15** die Gleitlagerungen und Wälzlagerungen vorgestellt, wobei auch auf die besonderen Berechnungsverfahren für Wälzlager unter Berücksichtigung von Verformungen des Lagers und der umgebenden Konstruktion eingegangen wird. **Kapitel 16** behandelt die zugehörigen Dichtungen, während **Kapitel 17** grundlegende Zusammenhänge bei Antriebssystemen und den darin zum Einsatz kommenden Getrieben beinhaltet. Weiterhin ist in Kapitel 17 das Rad-Schiene-System als besonderes reibschlüssiges Getriebe beschrieben.

Entsprechend den Arbeitsschwerpunkten des Lehrstuhls nimmt das **Kapitel 18** – Stirnradgetriebe den größten Raum ein. Dort werden alle Grundlagen der Verzahnungs- und Getriebetechnik behandelt und zunächst anhand der Stirnradverzahnung erläutert. Darauf aufbauend werden dann in **Kapitel 19** die Umlaufrädergetriebe beschrieben, da diese spezielle Bauart und Kombination von Rädern mit Außen- und Innenverzahnung wegen der vielen Vorteile ihren festen Platz in der Antriebstechnik im Maschinen-, Anlagen- und Fahrzeugbau eingenommen hat.

Anschließend widmen sich die **Kapitel 20** und **21** den Kegelradverzahnungen und Kegelradgetrieben sowie den Schneckenverzahnungen und Schneckengetrieben, wobei hinsichtlich Werkstoffauswahl, Fertigung und Getriebegestaltung Bezug auf das Hauptkapitel 18 – Stirnradgetriebe genommen wird.

Im letzten **Kapitel 22** werden Riemen-, Zahnriemen- und Kettengetriebe behandelt, da sich diese Getriebearten ungeachtet des überwiegenden Einsatzes von Zahnradgetrieben in vielen praktischen Anwendungsfällen dauerhaft behauptet haben.

Als wesentliche Neuheit bei einem Lehrbuch für Maschinenelemente werden sowohl für Stirnradverzahnungen und Umlaufrädergetriebe als auch für Kegelradverzahnungen die theoretischen Grundlagen zur Bestimmung der Lastverteilung und Beanspruchung im Eingriffsfeld der Verzahnung und die Umsetzung in die Programmsysteme MDESIGN LVR (Lastverteilungsrechnung für Stirnradverzahnungen), MDESIGN LVR^{planet} (Lastverteilungsrechnung für Planetengetriebe) und BECAL (Lastverteilungsrechnung für Kegelradgetriebe – Bevel Gear Calculation) ausführlich behandelt.

Anhand der Wälzlager- und Verzahnungsberechnung wird sehr schön deutlich, dass eine gleichberechtigte Betrachtung sämtlicher Maschinenelemente notwendig ist, da ein gutes Getriebe nicht nur über eine gute Verzahnung, sondern auch über eine entsprechende Lagerung mit zugehöriger Abdichtung verfügt. Verfolgt man diesen Gedanken weiter vom Getriebe zum Antriebsstrang, so zeichnet sich ein guter Antriebsstrang dadurch aus, dass die Zusammenstellung aus Antriebs- und Arbeitsmaschine, Getriebe, Kupplungen und Bremsen dynamisch gut aufeinander abgestimmt ist.

… leider viel zu häufig vernachlässigte Grundsatz unterstreicht die Bedeutung der …ynamik in der Antriebstechnik, weshalb an vielen Stellen im Buch auf die Mög…dernen Mehrkörpersimulation zur Bestimmung von Eigenfrequenzen und zur Ermittlung von dynamischen Beanspruchungen hingewiesen wird. In diesem Zusammenhang sei auch erwähnt, dass häufig zunächst nicht erklärbare Fressschäden an Verzahnungen letztlich ihre Ursache in Resonanzschwingungen haben können, die durch das Gegeneinanderschlagen der Zahnflanken zur Verdrängung des Schmierfilmes führen. Bereits in naher Zukunft sollten deshalb Mehrkörpersimulationen zur Berechnung des dynamischen Gesamtsystemverhaltens genauso selbstverständlich sein wie Finite-Elemente-Berechnungen zur Beanspruchungsermittlung.

Ebenso sollte in naher Zukunft die stark vereinfachende Berücksichtigung dynamischer Lasten mithilfe von Anwendungsfaktoren überdacht werden, da hier die größten Unsicherheiten der vermeintlich sehr genauen Tragfähigkeitsnachweise von Verzahnungen liegen. Bei der ersten überschlägigen Auslegung einer Maschine oder Anlage ist die Verwendung von Anwendungsfaktoren durchaus berechtigt, sobald jedoch genauere Informationen zur dynamischen Belastung vorliegen, sollten diese auch Eingang in die Berechnung finden. Hier bietet die Ermittlung dynamischer Belastungen mittels Mehrkörpersimulation oder aber die Verwendung von gemessenen Belastungen – wie es heute im Bereich der Windenergieanlagentechnik üblich ist – ebenfalls einen erheblichen Mehrwert im Vergleich zur Nutzung von Anwendungsfaktoren.

Im Hinblick auf eine beanspruchungsgerechte Auslegung von dynamisch belasteten Maschinen und Anlagen sehe ich hier zukünftig die größten Entwicklungsmöglichkeiten, weshalb am Lehrstuhl für Maschinenelemente der TU Dresden stetig an einer Zusammenführung der beiden Arbeitsgebiete „Verzahnungsberechnung" und „Ermittlung dynamischer Belastungen" geforscht wird. Eine Vielzahl von deutschen und europäischen Firmen aus den Bereichen Antriebstechnik, Windenergieanlagentechnik, Kraftwerkstechnik, Zementanlagentechnik, Bergbautechnik, Schiffstechnik, Bahntechnik und Fördertechnik haben bereits auf diesen beiden Gebieten vertrauensvoll mit uns zusammengearbeitet, wofür ich allen unseren Industriepartnern ausdrücklich danken möchte, wir werden sie auch zukünftig vertraulich und zuverlässig beraten. Dem studentischen Leser kann ich die Firmen des deutschen und europäischen Maschinen- und Anlagenbaus besonders als zukünftige Arbeitgeber empfehlen, da sie weltweit technisch herausragende Anforderungen in Verbindung mit hervorragenden Arbeitsbedingungen für Ingenieure bieten.

Im Rahmen des rechtlich Möglichen habe ich einen großen Teil der gewonnenen Erfahrungen im vorliegenden Buch untergebracht. Eingedenk des eingangs erwähnten Systemansatzes wurden ungeachtet des Titels nicht nur Maschinenelemente, sondern auch ganze Antriebe oder deren Einbausituation in Maschinen und Anlagen dargestellt, was neben meiner Neigung zur Bildung vollständiger Sätze einen entsprechend großen Platzbedarf erfordert.

Das auch schon in Band 1 verwendete Konzept der zweifarbigen Buchgestaltung und in vielen Fällen sogar die 3D-Darstellung anstelle von 2D-Ansichten wurde im vorliegenden Band 2 weiter ausgebaut. Gleichwohl habe ich bei der kompletten Neuerstellung von Grafiken wie-

Da eine vollkommene Neubearbeitung eines so umfangreichen Lehrgebietes auch bei gründlichsten Recherchen und Ausarbeitungen zwangsläufig nicht fehlerfrei sein kann, freuen der Verlag und ich uns über jeden Hinweis zur Berichtigung oder jeden konstruktiven Vorschlag zur besseren Darstellung des Stoffes. Gerne nehmen wir auch weitere interessante Beispiele aus der Industrie auf.

CWS

Aufgaben und Lösungen

Zur Ergänzung des Buchinhaltes können die eingangs erwähnten Programmsysteme MDESIGN LVR (Lastverteilungsrechnung für Stirnradverzahnungen) und MDESIGN LVR^{planet} (Lastverteilungsrechnung für Planetengetriebe) von der Companion Web Site CWS des Pearson-Verlages heruntergeladen werden.

Darüber hinaus sind auf der Companion Web Site CWS des Pearson-Verlages begleitende Übungsaufgaben hinterlegt, sodass der Student den gelernten Vorlesungsstoff anhand von Beispielen, Aufgaben und zugehörigen Musterlösungen vertiefen kann. Schließlich stehen für den Dozenten dort alle im Buch verwendeten Abbildungen und Tabellen als Power-Point-Folien zur freien Verfügung, weshalb sich das Buch relativ einfach im Unterricht verwenden lässt, da die aufwändige Erstellung von Grafiken entfällt.

Eine dem Buch beigefügte CD mit Berechnungsprogrammen der Firma KISSsoft erlaubt die rechnergestützte Auslegung von Verzahnungen, Wellen und Lagern auf der Grundlage der aktuellen Normung.

Danksagung

Abschließend bleibt mir nur noch, mich bei allen zu bedanken, die mir auf meinem bisherigen Lebensweg mit Rat und Tat zur Seite standen und hoffentlich auch zukünftig immer ein offenes Ohr für mich haben werden. Stellvertretend für viele seien hier mein Doktorvater, Herr Prof. Dr.-Ing. Dieter Wünsch, und mein langjähriger Freund und Förderer in der Industrie, Herr Dr.-Ing. Dieter Jahn, genannt. Ersterer hat vor nunmehr über 25 Jahren in Duisburg im Herzen des Ruhrgebietes mein Interesse am Groß- und Schwermaschinenbau, insbesondere an der Hütten-, Kran- und Antriebstechnik geweckt. Letzterer hat die praktische Vertiefung der Kenntnisse in vielen Tagebauen der Welt und im Werk Lübeck der Krupp Fördertechnik gefördert, woher auch die schönen historischen Aufnahmen von Antrieben aus Tagebaugroßgeräten aus der ersten Hälfte des 20. Jahrhunderts stammen. Herrn Dr.-Ing. Bruno van den Heuvel von der RWE Power AG, mit dem ich seit Lübecker Zeiten immer wieder einmal Tagebaubefahrungen im Rheinischen Revier unternehmen darf, verdanke ich die Schadensbilder an Großverzahnungen, wie sie im rauen Tagebaubetrieb gelegentlich vorkommen können.

Ein sehr persönlicher Dank geht an den Leitenden Oberarzt der Spezialklinik für Verbrennungen der Medizinischen Universität zu Lübeck, Herrn Dr. med. Werner Eisenbeiß, dessen Akribie bei meiner Gesunderhaltung ich es zu verdanken habe, dass ich auch weiterhin mit beiden Beinen im Leben stehen kann. Manche Dinge bleiben halt auch nach Jahren immer noch unglaublich.

Seit nunmehr neun Jahren ist mein beruflicher Mittelpunkt der Lehrstuhl für Maschinenelemente an der TU Dresden, wo ich mich in besonderem Maße auf meinen persönlich und fachlich sehr geschätzten Oberingenieur, Herrn Dr.-Ing. Michael Senf, verlassen kann und mir eine hoch motivierte Mannschaft von wissenschaftlichen Mitarbeitern zur Seite steht, die mir dankenswerterweise das eigenständige Verfassen des vorliegenden Lehrbuches erlaubt hat, ohne dass in der Zwischenzeit der Forschungs- und Lehrbetrieb spürbar leiden musste.

Meinem hochverehrten Kollegen und Vorgänger, Prof. Dr.-Ing. habil. Heinz Linke, danke ich mit großer Freude für die stete Diskussionsbereitschaft, die vielfältigen fachlichen Anregungen auf dem nahezu unerschöpflichen Gebiet der Verzahnungstechnik und die freundliche Überlassung seiner Aufzeichnungen, die zum größten Teil in seinem exzellenten Fachbuch „Stirnradverzahnung“ bereits in ausführlicherer Form Eingang fanden und die ich im Hinblick auf die Verwendung im vorliegenden Lehrbuch entsprechend überarbeitet habe. Ebenso möchte ich an dieser Stelle Herrn Dr.-Ing. Jörg Börner danken, der während seiner Assistentenzeit bei Prof. Dr.-Ing. habil. Heinz Linke die bis dahin über Jahrzehnte am Lehrstuhl gewonnenen Erfahrungen erstmalig in das Programmsystem LVR (Lastverteilungsrechnung für Stirnradverzahnungen) umgesetzt hat.

Ein besonders herzlicher Dank geht an Herrn Prof. Dr.-Ing. Manfred Hirt, den langjährigen Vorsitzenden der FVA – Forschungsvereinigung Antriebstechnik e.V., Frankfurt am Main, in deren Auftrag mit großer finanzieller Unterstützung das Programmsystem BECAL (Beanspruchungsanalyse von Kegelradverzahnungen – Bevel Gear Calculation) am Lehrstuhl entwickelt werden konnte.

Stellvertretend für die vielen fleißigen Studenten, die bei der Erstellung von Zeichnungen mitgearbeitet haben, geht ein Dank an Herrn Dipl.-Ing. Holger Krätzschmar und Herrn cand. Ing. Michael Willner, während Frau cand. Ing. Stephanie Graf sich besonders um die richtige Formatierung der vielen Sonderzeichen im Text verdient gemacht hat.

Meinem Vater, Herrn Erwin Schlecht, danke ich für die Vorkorrektur des gesamten Textes und Frau Brigitta Keul für die endgültige Duden-Korrektur unter besonderer Berücksichtigung der neuen deutschen Rechtschreibung.

An den Lektor des Buches, Herrn Birger Peil sowie an alle Mitarbeiter des Verlages, insbesondere aber an den Setzer, Herrn Thorsten Schlosser, geht ein Dank für die straff durchorganisierte und terminorientierte Zusammenarbeit, bei der trotz allem auch die Geduld nicht auf der Strecke blieb.

Zum Schluss, aber nicht an letzter Stelle, bedanke ich mich bei meiner Frau und unseren Kindern, die durch ihre Rücksichtnahme und ihr Verständnis die Bearbeitung und Fertigstellung des Buches wesentlich erleichtert haben.

Dresden und Tankenhagen

Berthold Schlecht

Gleitlager und Gleitlagerungen

14

ÜBERBLICK

Einführung

» In diesem Kapitel werden einführend die grundlegenden Aufgaben von Lagern und Führungen behandelt, bevor ausführlich auf die Auslegung und Berechnung von Gleitlagern sowie die Gestaltung von Gleitlagerungen eingegangen wird. Hierzu werden zunächst die Grundlagen der hydrodynamischen und hydrostatischen Schmierung sowie die verschiedenen Reibungszustände vorgestellt. Weiterhin werden die Besonderheiten zu den eingesetzten Werkstoffen und die sich aus der Reibung und Schmierung ergebenden Temperaturverhältnisse im Hinblick auf die Funktion des Gleitlagers erläutert.

Im Anschluss an die grundlegende Einteilung der Gleitlager nach der Art und der Bauform wird ausgehend vom einzelnen Gleitlager auf die Gestaltung von Gleitlagerungen unter Berücksichtigung der hydrodynamischen und hydrostatischen Schmierung eingegangen. Ergänzend werden wartungsfreie und wartungsarme Gelenklager, Brückenlager und Kugelabstützungen für Tagebaugroßgeräte sowie Magnetlager für besondere Anwendungen vorgestellt.

Abschließend werden Tragfähigkeitsnachweise am Beispiel eines Radial-Kreiszylinderlagers bei hydrodynamischer Schmierung, eines Axial-Kippsegmentlagers bei hydrodynamischer Schmierung und eines hydrostatischen Radial-Gleitlagers ausführlich behandelt, um die grundlegende Vorgehensweise des Vergleiches von Beanspruchung und Beanspruchbarkeit bei Gleitlagern zu zeigen. Auf einfache Lager mit Fettschmierung wird ebenfalls kurz eingegangen.

Ergänzend zu den Tragfähigkeitsnachweisen schließt das Kapitel mit einer Übersicht zu häufigen Gleitlagerschäden und deren Diagnose im Betrieb. «

LERNZIELE

- Kennenlernen der grundlegenden Aufgaben von Gleitlagern und ihr Einsatz in antriebstechnischen Anwendungen
- Kennenlernen der Anforderungen und des Betriebsverhaltens von Gleitlagern
- Kennenlernen der grundlegenden Gestaltungsrichtlinien beim Einsatz von Gleitlagern
- Zusammenstellung der Berechnungsgrundlagen zur Auslegung von Gleitlagern

14.1 Einleitung

Im allgemeinen Maschinen-, Anlagen- und Ingenieurhochbau haben Führungen und Lager die Aufgabe, relativ zueinander bewegte Teile und Baugruppen mit ihren Kraftwirkungen abzustützen und eine gewünschte Lage im Raum zu sichern. Da sich einzelne Lager und Führungen durch verschiedene Einschränkungen der Bewegungsfreiheiten voneinander unterscheiden, besteht eine Lagerung immer aus mehreren Lagern und Führungen gemäß Abbildung 14.1, um die gewünschte Trag- und Führungsfunktion zu erreichen.

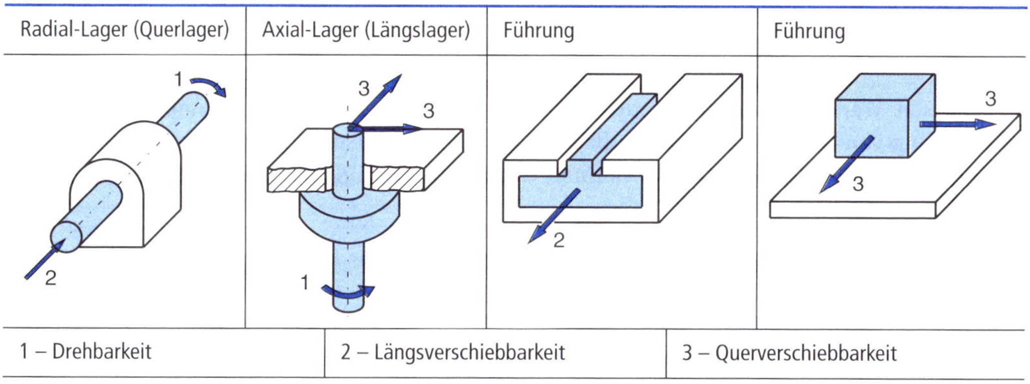

Abbildung 14.1: Arten von Lagern und Führungen [14.71]

Während die im Maschinen-, Anlagen- und Fahrzeugbau hauptsächlich verwendeten Lager als Hauptmerkmal eine freie Drehung um eine Längsachse erlauben, schränken Führungen üblicherweise meist alle Drehbewegungen ein und lassen oft auch nur eine Längsverschiebbarkeit zu. Demzufolge lassen sich Lager nach Abbildung 14.1 unterscheiden in Radial-Lager zur Verhinderung von Querverschiebbarkeiten und Axial-Lager zur Verhinderung von Längsverschiebbarkeiten nach.

Diese grundsätzlich möglichen Bewegungseinschränkungen sind unabhängig davon, ob es sich in der konstruktiven Ausführung des Lagers um ein Wälzlager, ein Gleitlager, ein Magnetlager, ein aerostatisches Lager oder eine elastische Lagerung (z. B. aus Elastomermaterial oder in Form einer Biegefeder aus Stahl) handelt.

Ebenso sind die beiden Hauptfunktionen „Tragen" und „Führen" eines Lagers vollkommen unabhängig von der Lagerbauart, in den meisten Fällen treten sie allerdings in Kombination auf:

- **Tragen** – Diese Hauptfunktion beinhaltet die Übertragung von Kräften und Momenten zwischen relativ zueinander beweglichen Teilen, wobei entsprechend der Richtung der zu übertragenden Kräfte zwischen Radial-Lagern, Axial-Lagern und Schräglagern unterschieden wird.
- **Führen** – Diese Hauptfunktion umfasst die möglichst genaue Festlegung der gegenseitigen Lage der zueinander bewegten Teile. Hierbei dienen Loslager gemäß Abbildung 14.2 nur der Führung in radialer Richtung und Festlager zusätzlich oder ausschließlich der axialen Festlegung. Als Stützlager bezeichnet man die einseitige oder zweiseitige Kombination von Radial- und Axial-Lagern.

Loslager	Festlager	Stützlager (einseitig)	Stützlager (zweiseitig)

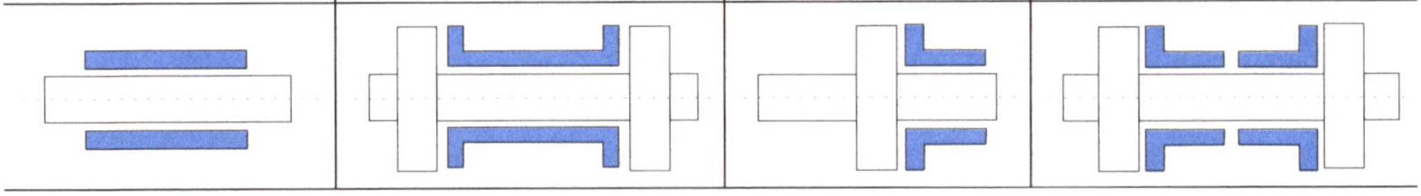

Abbildung 14.2: Arten von Lagern in ihrer Hauptfunktion [14.71]

Entsprechend der beiden Hauptfunktionen unterscheidet man häufig zwischen Traglagern mit der Möglichkeit zur Übertragung hoher Kräfte und Führungslagern zur möglichst genauen Führung bei geringer Tragfähigkeit. Lager und Führungen, die nur kleinste Relativbewegungen zulassen, werden als Auflager oder Abstützungen bezeichnet und kommen überwiegend zur Lagerung von Brücken (Brückenauflager) oder als Kugelabstützung zur statisch bestimmten Dreipunktabstützung großer Maschinen und Anlagen (Tagebaugroßgeräte) zur Anwendung [14.68], [14.131], [14.140].

Schließlich lassen sich Lager noch einteilen nach der Art der Beanspruchung (statisch oder dynamisch), dem Aufwand für die Wartung (wartungsarm oder wartungsfrei), der Art der Schmierung (hydrodynamisch oder hydrostatisch) sowie der Form der inneren Gestaltung (Gleitlager, Wälzlager, Magnetlager, aerostatisches Lager).

Unabhängig von der Lagerart unterscheidet man die Relativbewegungen Gleiten, Stoßen, Rollen und Bohren entsprechend dem Auftreten oder Nichtauftreten von Drehachsen und deren Lage zu einer Bezugsfläche gemäß Abbildung 14.3 unter der Einwirkung einer Kraft F normal zur Bezugsfläche.

Gleiten – gekennzeichnet durch tangentiales Fortschreiten der makroskopischen Berührungsstelle in der Bezugsfläche	**Stoßen** – gekennzeichnet durch normales Nähern der makroskopischen Berührungsstelle an die Bezugsfläche	**Rollen und Wälzen** – gekennzeichnet durch ungestörtes oder gestörtes Nähern der makroskopischen Berührungsstelle an die Bezugsfläche	**Bohren** – gekennzeichnet durch Verharren der makroskopischen Berührungsstelle bei Rotationsbewegung in der Bezugsfläche

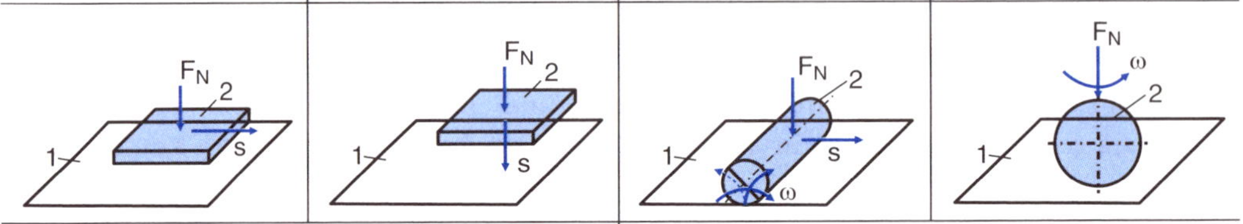

1 Bezugsfläche	s Weg des Körperschwerpunkts
2 Bewegter Körper	ω Momentane Winkelgeschwindigkeit

Abbildung 14.3: Arten von Relativbewegungen beim Wirken einer Kraft F normal zur Bezugsfläche [14.71]

Dabei stellen das Rollen und das Bohren Grenzfälle dar, da bedingt durch die konzentrierte Kraftwirkung elastisch-plastische Verformungen an der makroskopischen Berührungsstelle zu anteiligem Gleiten führen. Weiterhin führt kinematisch bedingtes Gleiten beim Rollen auf den praktischen Fall des Wälzens. Beim Bohren tritt im Zentrum der Berührungszone keine Relativbewegung auf, sodass sich im Falle einer Aussparung in dieser Zone ein reines Gleiten im Sinne eines Längslagers ergibt.

Anhand dieser typischen Relativbewegungen lassen sich die Lager und Führungsarten grundlegend in Gleitlager und Gleitführungen sowie Wälzlager und Wälzführungen unterscheiden. Dabei entspricht das aus der Feinwerktechnik bekannte Schneidenlager einem Wälzlager und das Spitzenlager dagegen einem Lager mit Bohrbewegung. Das sogenannte Spurlager als Längsgleitlager unterliegt als Endlager ohne eine Mittenaussparung ebenfalls einer Bohrbewegung. Weiterhin treten zusätzlich zu den Gleit- oder Wälzbewegungen häufig mehr oder weniger rasche Stoßbewegungen als Überlagerung auf.

Im Folgenden wird ausführlich auf die beiden für den allgemeinen Maschinen- und Anlagenbau wichtigsten Lagerarten eingegangen, wobei im Weiteren zunächst die Gleitlager behandelt werden, während die Wälzlager Gegenstand des nächsten Kapitels sind.

Die Aufgabe von Gleitlagern besteht darin, relativ zueinander bewegte Teile positionsgenau, reibungsarm und verschleißfrei zu führen und die auftretenden Stützkräfte zwischen den Reibpartnern aufzunehmen. Es wird nach Art und Richtung der Tragkrafterzeugung zwischen hydrodynamischen und hydrostatischen Axial- und Radial-Gleitlagern unterschieden. Dabei werden Öle, Fette oder Festschmierstoffe, die aus dem Lagerwerkstoff stammen können, zur Schmierung von Gleitlagern verwendet.

Im Vergleich zu Wälzlagern weisen Gleitlager folgende Vorteile auf:

- Aufgrund der großen Schmierfläche sind Gleitlager unempfindlich gegen Stöße und Erschütterungen.
- Der Schmierfilm führt zu einer guten Schwingungs- und Geräuschdämpfung.
- Der radiale Raumbedarf und der Aufbau sind bedingt durch die fehlenden Wälzkörper im Vergleich zu den Wälzlagern viel geringer.
- Bei vorhandener Vollschmierung sind die Reibwerte sehr gering.
- Bei permanenter Flüssigkeitsreibung ist die Lebensdauer aufgrund der räumlichen Trennung von Welle und Lagerschale nahezu unbegrenzt.
- Gleitlager können geteilt und ungeteilt ausgeführt sein.
- Gleitlager sind bei fast allen Drehzahlen einsetzbar.

Diesen Vorteilen stehen die folgenden Nachteile gegenüber:

- Gleitlager können basierend auf ihrem Wirkprinzip nur Axial- oder Radialkräfte aufnehmen.
- Für die Schmiermittelversorgung und die Wartung muss ein hoher Aufwand betrieben werden.
- Die Anforderungen an die Oberflächengüte sind besonders hoch.
- Bei hydrodynamischer Lagerung ist der Anlaufreibwert sehr hoch.
- Die Empfindlichkeit gegenüber Verschmutzung erfordert einen hohen Abdichtungsaufwand.
- Es kann nur eine begrenzte Auswahl von Lagerwerkstoffen verwendet werden.

Abbildung 14.4 zeigt eine Kippsegmentlagerung zur radialen Abstützung der horizontal liegenden Welle eines Turboverdichters in Verbindung mit einem zweiseitig wirkenden Axial-Lager zur axialen Festlegung der Welle.

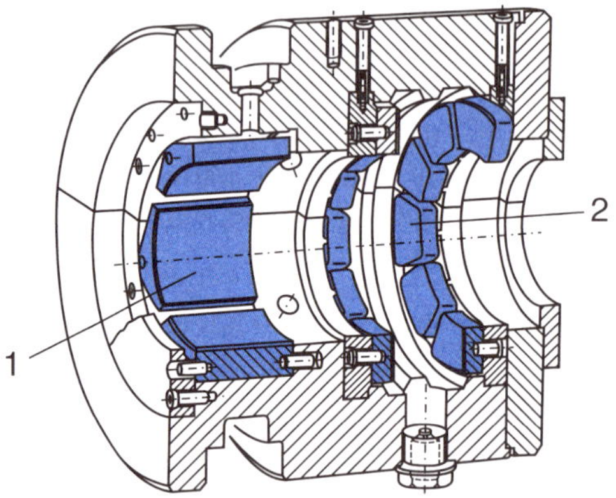

1 Kippsegmentlagerung zur radialen Abstützung

2 Axial-Segmentlagerung zur axialen Führung in beiden Richtungen

Abbildung 14.4: Kombiniertes Axial- und Radial-Kippsegmentlager zur Lagerung der Welle eines Turboverdichters [14.10]

In Abbildung 14.5 ist ein Hauptgetriebe zum Einsatz in einer Windturbine wiedergegeben, bei dem die mittelschnell und schnell laufenden Wellen mit Gleitlagern ausgerüstet sind. Im Gegensatz zu diesen umlaufenden Lagern zeigt Abbildung 14.6 ein Schwenklager, das zur Anlenkung von Kranauslegern eingesetzt wird.

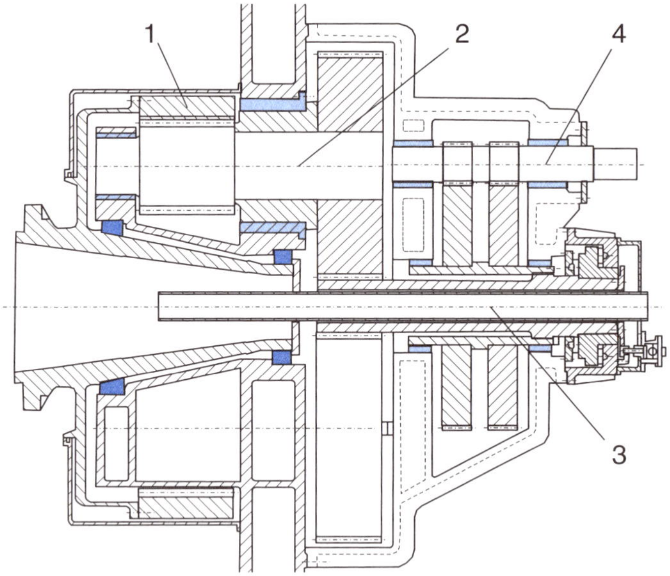

1 Hohlrad zur Ankopplung des Rotors an das Getriebe (Wälzlagerung)

2 Stufenplanet (Gleitlagerung)

3 Sonnenwelle (Gleitlagerung)

4 Abtriebswelle (Gleitlagerung)

Abbildung 14.5: Anwendung von Gleitlagern in den mittelschnell und schnell laufenden Wellen eines Hauptgetriebes des Typs RENK AEROGEAR zum Einsatz in einer 5-MW-Windturbine [14.138], [14.159]

Historisch gesehen ist die Gleitlagerung genauso alt wie das Rad, dessen für die Menschheit so bedeutende Erfindung auf die Zeit von 3000 v. Chr. datiert wird. Man nimmt an, dass sich in diesen ersten Gleitlagern roh behauene Baumstämme in der Funktion als Walze oder Welle in zwei aus härterem Holz gefertigten hohlen Klötzen, vergleichbar einer Lagerbuchse, drehten. Der große Verschleiß und die hohe Temperaturentwicklung führten dazu, dass zur Verschleißminderung tierisches Talg, Erdpech, Erdwachs, Baumharz, Bienenwachs, Lehmbrei und pflanzliche Öle verwendet wurden. Der heute bekannte Einsatz von Mineralölen setzte erst in der Mitte des 19. Jahrhunderts mit Beginn der Industrialisierung ein [14.108].

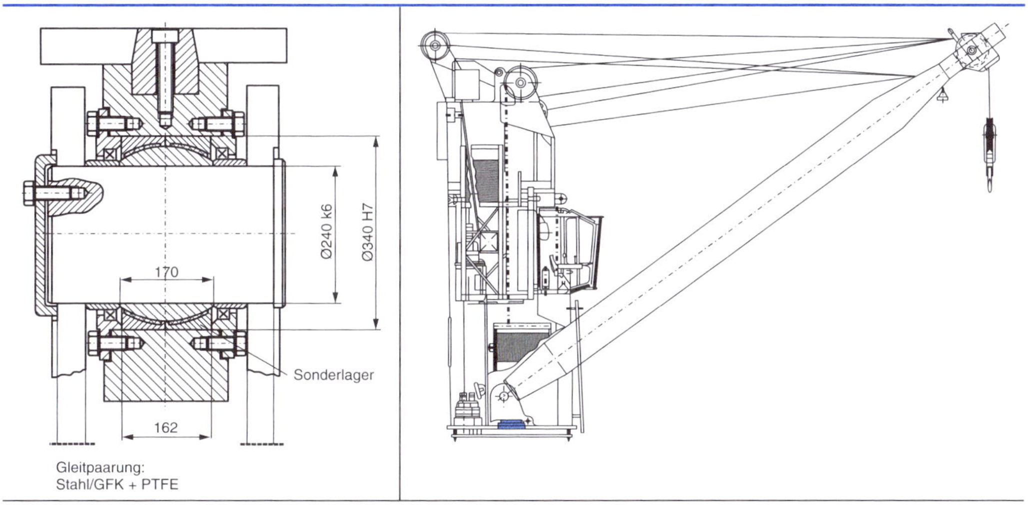

Abbildung 14.6: Schwenklager für einen Kranausleger eines Schiffsbordkranes [14.8], [14.155]

Wie auch schon auf anderen Gebieten hat Leonardo da Vinci (1452 bis 1519, italienischer Künstler, Architekt, Anatom, Ingenieur und Naturphilosoph) erste Konstruktionsrichtlinien für Gleitlager geschaffen, wobei Wellen aus Holz mit eisernen Lagerzapfen versehen wurden, die wiederum in Eisenbuchsen liefen. Ebenso führte er auch erste Untersuchungen zur Reibung durch, wobei er feststellte, dass die Reibkraft ungefähr einem Viertel der Normalkraft entsprach. Damit lag der von ihm ermittelte Wert genau in dem Bereich von $\mu = 0{,}2 \ldots 0{,}3$, der heute bei der Reibung ungeschmierter Stahlflächen Verwendung findet.

Allerdings gerieten diese Erkenntnisse wieder in Vergessenheit bis Guillaume Amontons (1633 bis 1705, französischer Physiker und Ingenieur) im Jahre 1699 neuerlich auf die Zusammenhänge stieß und einen Wert von $\mu = 0{,}33$ ermittelte. Außerdem fand er heraus, dass zwischen dem Reibungskoeffizienten μ, der Belastung und der relativen Geschwindigkeit der aufeinander gleitenden Körper ein Zusammenhang besteht.

Allgemein bekannt wurde das Problem der „Reibung in Maschinen" aber erst 1799 durch einen Wettbewerb der Akademie der Wissenschaften in Paris, den Charles Augustin de Coulomb (1736 bis 1806, französischer Physiker) gewann, und der zum heute bekannten Coulomb'schen Gesetz $F_R = m \cdot F_N$ führte, welches im englischen Sprachraum häufig auch als Amontonsches Reibungsgesetz bezeichnet wird [14.108]. Weitere wesentliche Untersuchungen zu Reibung und Verschleiß gehen auf Frank Phillip Bowden und David Tabor zurück [14.13].

Während diese grundlegenden Erkenntnisse den für Verschleißvorgänge wichtigen Bereich der Trockenreibung bzw. Grenzreibung umfassen, wurde der für die heutigen Gleitlager so wichtige Zustand der Flüssigkeitsreibung bzw. hydrostatischen oder hydrodynamischen Flüssigkeitsschmierung durch Isaac Newton (1643 bis 1727, englischer Physiker, Mathematiker und Astronom) entdeckt, der die Viskosität oder Zähigkeit als eine physikalische Eigenschaft eines Schmiermittels definierte. Weitere grundlegende Arbeiten auf diesem Gebiet gehen auf Jean Louis Marie Poiseuille (1799 bis 1869, französischer Arzt) zurück, der sich mit der Strömung des Blutes in den Adern beschäftigte, Gotthilf Heinrich Ludwig Hagen (1797 bis 1884, deutscher Wasserbauingenieur), der ungefähr zur gleichen Zeit wie Poiseuille das Gesetz über den Druckabfall in Rohren fand, und Gabriel Stokes (1785 bis 1836, englischer Physiker und Mathematiker). Grundlegende Arbeiten zur Hydrodynamik und die Formulierung von Gesetzen für strömende Medien stammen von Louis Navier (1785 bis 1836, französischer Ingenieur).

Die ingenieurtechnische Weiterentwicklung auf dem Gebiet der hydrodynamischen Schmierung wurde maßgeblich durch Beauchamp Tower (1845 bis 1904, englischer Ingenieur an der Institution of Mechanical Engineers, London) vorangetrieben, der in den 1880er Jahren die Schmierung und Dimensionierung von Eisenbahnachslagern untersuchte und verbesserte [14.176]. Er konnte mit seinem berühmten einfachen Versuch den selbsttätigen Druckaufbau in einem hydrodynamisch arbeitenden Gleitlager nachweisen. Hierzu verschloss er eine Bohrung in dem Bereich eines Lagers, zu dem kein Öl geführt wurde, mit einem Holzstopfen, wobei der Stopfen durch den Öldruck im Bereich der Bohrung gelockert wurde, so dass immer wieder Öl heraustrat. Diese Versuche weckten großes Interesse bei Osborne Reynolds (1842 bis 1912, Professor of Engineering am Owens College in Manchester), der darauf aufbauend durch die Anwendung der Gesetze der Hydrodynamik auf die Schmiermittelströmung im Schmierspalt die fundamentale „Reynoldssche Differentialgleichung" zur Ermittlung der Druckverteilung in einem Lager fand. Grundlegende Arbeiten in Deutschland über Gleitlagerprobleme stammen von Richard Stribeck (1861 bis 1950, deutscher Ingenieur und Professor für Maschinenelemente an der TU Dresden), der die Abhängigkeit des Reibwertes von der Drehzahl in der nach ihm benannten Stribeck-Kurve zeigte, Ludwig Gümbel (Deutscher Schiffbauingenieur und Professor an der TH Berlin) und Georg Vogelpohl (1900 bis 1975, deutscher Ingenieur) [14.75], [14.76], [14.77], [14.174], [14.183], [14.184].

14.2 Funktion und Wirkung von Gleitlagern

In Anlehnung an die in Abbildung 14.3 gezeigten Relativbewegungen unterscheidet man auch die auftretenden Reibungsarten zwischen sich berührenden Körpern in Gleit-, Stoß-, Roll-, Wälz- und Bohrreibung. Dabei wird die Reibung als der Verlust mechanischer Leistung beim Anlaufen sowie beim Ablauf von Relativbewegungen zwischen sich berührenden Stoffbereichen bezeichnet.

Der Vorteil durch die Kennzeichnung der Kontaktpartner als Stoffbereiche liegt in der nicht ausgeschlossenen Unterteilung in innere und äußere Reibung. Bei der Berührung von Stoffbereichen verschiedener Zugehörigkeit spricht man von äußerer Reibung, während innere Reibung bei der Wechselwirkung von Stoffbereichen gleicher Zugehörigkeit (Festkörper,

Flüssigkeit oder Gas) vorliegt. Infolge der Berührung und Relativbewegung zweier Körper kommt es an der Oberfläche zu fortschreitendem Materialverlust, der als Verschleiß bezeichnet wird.

Um diesen Verschleiß möglichst gering zu halten, führt man bei Gleitlagern einen stationären Zustand der hydrodynamischen oder hydrostatischen Flüssigkeitsreibung herbei, der darüber hinaus im Gegensatz zur Festkörperreibung oder Mischreibung mathematisch auch noch gut beschreibbar ist.

Dabei wird die Flüssigkeitsreibung definiert als „Reibung mit einer hydrodynamisch oder hydrostatisch tragenden flüssigen oder gasförmigen lückenlosen Zwischenschicht“. Während bei der hydrodynamischen tragenden Zwischenschicht der Druck gemäß Abbildung 14.7 durch die Relativbewegung der Körper zueinander entsteht, wird bei der hydrostatisch tragenden Zwischenschicht der Druck von Außen aufgebracht. In beiden Fällen entsteht Reibung aufgrund der inneren Reibung in der Flüssigkeit oder des Gases, aus denen die tragende Schicht besteht.

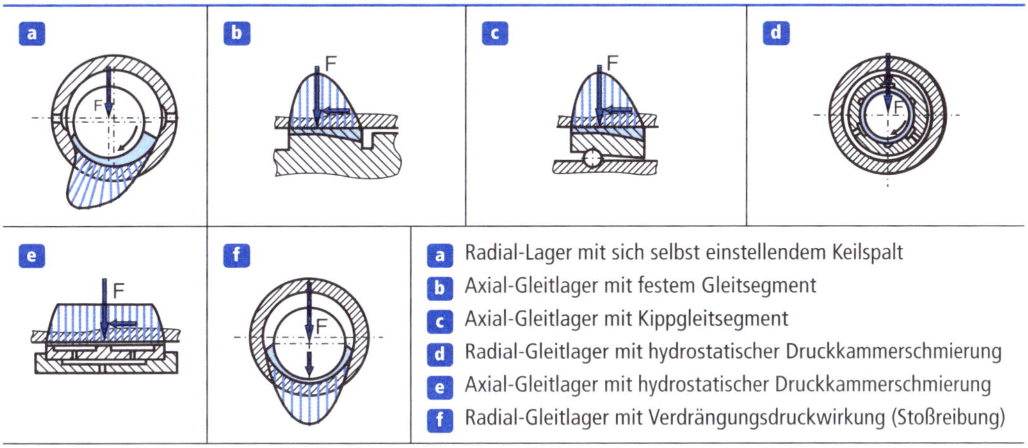

Abbildung 14.7: Schmiedruckausbildung in hydrostatisch und hydrodynamisch geschmierten Gleitlagern [14.71]

Sowohl bei der hydrodynamischen als auch bei der hydrostatischen Schmierung liegt ein ausreichender Druck zum Erreichen des Zustandes der Flüssigkeitsreibung erst dann vor, wenn eine vollkommene Trennung der mikro- und makrogeometrisch modifizierten Oberflächen der Reibkörper bei vorliegender Belastung erreicht ist, worauf im Folgenden näher eingegangen wird.

14.2.1 Reibungszustände, Stribeck-Kurve und mittlere Lagerbelastung

Die einwandfreie Funktion eines Gleitlagers hängt im Wesentlichen vom Zusammenwirken der drei Lagerbauteile Grundkörper (Lagerschale), Gegenkörper (Welle) und Zwischenstoff (Kühlschmierstoff – Fett, Öl) ab. Während des Betriebes treten dabei die Reibungszustände der Festkörperreibung im Stillstand, der Mischreibung beim Anlaufen und der Flüssigkeitsreibung im stationären Zustand auf:

1 **Festkörperreibung** – Diese wird auch als Trockenreibung oder Coulomb'sche Reibung bezeichnet, wobei zwischen Grund- und Gegenkörper kein Schmierstoff vorhanden ist. Bedingt durch die Berührung der Gleitflächen kann es zu einem Abscheren der Rauheitsspitzen, Ausbrechen überbeanspruchter Teilchen oder auch Ausschmelzung bei Überhitzung kommen.

2 **Mischreibung** – Jetzt liegt zwischen dem Grundkörper und dem Gegenkörper auch ein Schmierfilm vor, der jedoch noch nicht ausreichend ist, um die relativ zueinander bewegten Teile vollständig zu trennen. Demzufolge können gemäß Abbildung 14.8 Bereiche mit Festkörperreibung und mit Flüssigkeitsreibung auftreten. Im Falle der teilweisen Festkörperreibung können an den Oberflächen der Reibpartner Welligkeiten und Rauhigkeiten vorhanden sein oder aber es befinden sich Fremdkörper im Schmierspalt.

3 **Flüssigkeitsreibung** – In diesem Zustand liegt nach Abbildung 14.8 ein ausreichend dicker Schmierfilm vor, der die am Reibvorgang beteiligten Festkörper vollständig voneinander trennt. Der eigentliche Reibvorgang findet im Stoffbereich des Schmiermittels statt, wobei ein verschleißfreier Lauf umso leichter möglich ist, je kleiner die Oberflächenrauheiten der beteiligten Gleitkörper sind. Der sich einstellende Öldruck ist ungefähr zwei- bis viermal so groß wie die mittlere Flächenpressung und die Reibungszahl nimmt ab auf Werte von $\mu = 0{,}0005 \ldots 0{,}001$. Die Haftfähigkeit des Schmierfilmes hängt dabei im Wesentlichen von der Schmierstoffzusammensetzung, den Gleitwerkstoffen selbst und der sich einstellenden Temperatur ab.

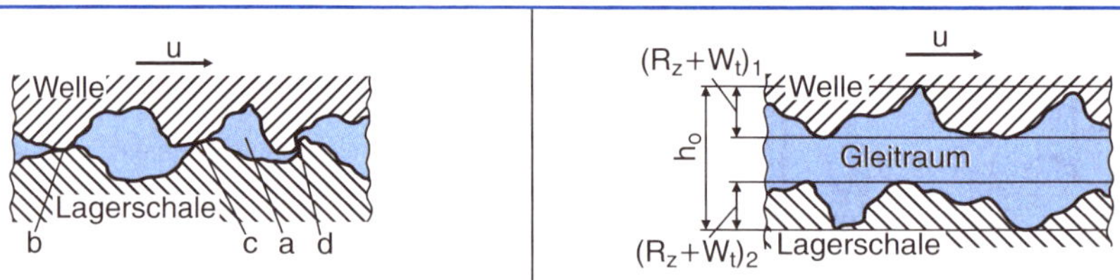

a) Örtliche Flüssigkeitsreibung
b) Abrieb durch Abscheren
c) Verschweißung oder Ausschmelzen
d) Elastische oder plastische Verformung

u Umfangsgeschwindigkeit
h_0 Schmierfilmdicke
R_z Rautiefe
W_t Welligkeit

Abbildung 14.8: Mischreibung und Flüssigkeitsreibung [14.107]

Im Zusammenhang mit grundlegenden Betrachtungen und Experimenten an Wälz- und Gleitlagern erkannte Richard Stribeck (1861 bis 1950, Professor für Maschinenelemente an der TU Dresden) im Jahre 1902 die Abhängigkeit der Reibungszahlen μ von der Relativgeschwindigkeit ω zwischen Lagerschale und sich drehender Welle, weshalb man die in Abbildung 14.9 wiedergegebene Darstellung $\mu = f(\omega)$ auch als Stribeck-Kurve bezeichnet.

Anhand von Abbildung 14.9 wird deutlich, dass ausgehend von einer hohen Reibungszahl im Stillstand (Haftreibung) mit steigender Relativgeschwindigkeit zwischen Lagerkörper und Welle die Reibungszahl im Gebiet der Grenzreibung (Anlaufreibung) zunächst stark abfällt.

Dies ist auf den sich ausbildenden Schmierfilm und dessen steigende Tragfähigkeit im Gebiet der Mischreibung zurückzuführen, wobei der Anteil der Festkörperreibung abnimmt, während der Anteil der Flüssigkeitsreibung größer wird. Mit Erreichen einer Übergangsdrehzahl $n_ü$ am sogenannten Ausklinkpunkt wird das Mischreibungsgebiet verlassen und es beginnt der ausschließliche Bereich der Flüssigkeitsreibung.

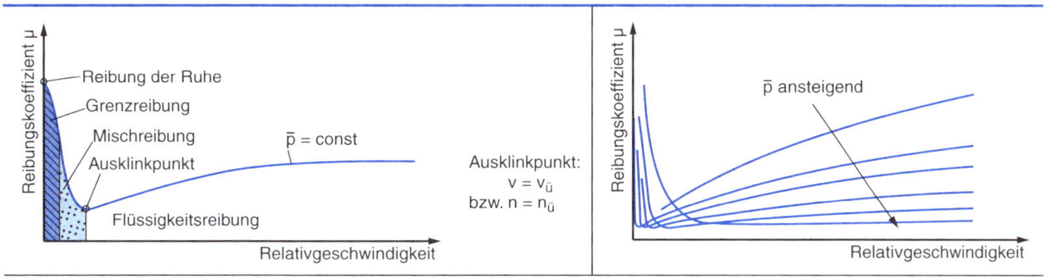

Abbildung 14.9: Grundsätzlicher Verlauf der Stribeck-Kurve und Abhängigkeit von der spezifischen Lagerbelastung $\overline{p}$ [14.108]

Da der Ausklinkpunkt ein Punkt mit einer labilen Gleichgewichtslage ist, legt man trotz der günstigen Reibungszahl keine Betriebsdrehzahl n in den Bereich der Übergangsdrehzahl $n_ü$, da bereits mit der kleinsten Absenkung dieser Drehzahl sofort das Gebiet der Mischreibung mit entsprechend starkem Verschleiß erreicht wird. Üblicherweise sollte die Betriebsdrehzahl eines Gleitlagers deshalb mindestens doppelt so groß sein wie die Übergangsdrehzahl am Ausklinkpunkt:

$$n \geq 2 \cdot n_ü \qquad (14.1)$$

Einen entscheidenden Einfluss auf den charakteristischen Verlauf der Stribeck-Kurve haben die mittlere spezifische Lagerbelastung p_m und die Viskosität des Schmiermittels η. Mit kleiner Lagerbelastung und großer Viskosität genügt eine geringe Relativgeschwindigkeit zum Erreichen des Ausklinkpunktes, der Bereich der Mischreibung wird dabei kleiner. Jedoch steigt im Bereich der Flüssigkeitsreibung die Reibungszahl wieder stärker an. Bei hoher Lagerbelastung und geringer Viskosität wird hingegen eine hohe Relativgeschwindigkeit benötigt um das Mischreibungsgebiet zu verlassen, wobei die Reibungszahl dann aber auf einem niedrigen Wert verbleibt.

Mithilfe der Stribeck-Kurve lassen sich auch sehr gut die Betriebszustände eines hydrodynamischen Gleitlagers gemäß Abbildung 14.10 wie folgt erläutern:

1 **Stillstand** – Die Welle liegt an der tiefsten Stelle in der Lagerschale, wobei an der Berührungsstelle aufgrund der durch die Bearbeitung hervorgerufenen Rauheiten eine Verklammerung mit entsprechend hoher Haftreibungszahl vorliegt. Eine Bewegung kann erst erfolgen, wenn diese Verklammerung gelöst wird.

2 **Anlaufvorgang** – Eine Lastübertragung erfolgt zunächst durch Festkörperkontakt, wobei sich die Welle entgegen der Drehrichtung an der Lagerschale hochbewegt. Die Lage der Welle ist dabei zunächst sehr instabil und aufgrund der Drehzahlsteigerung und der damit einhergehenden Zunahme der Relativgeschwindigkeit zwischen Welle und Lager wird der Schmierstoff in den in Laufrichtung enger werdenden Schmierspalt gedrückt. Dabei steigt der hydrodynamische Druck, der Wellenmittelpunkt verlagert sich und die Exzentrizität nimmt ab. Aufgrund dieses Betriebszustandes im Mischreibungsgebiet tritt starker Werkstoffverschleiß auf.

3 Flüssigkeitsreibung – In diesem Bereich oberhalb der Übergangsdrehzahl $n_ü$ nimmt die Schmierfilmdicke h_0 im Schmierspalt zu und der Wellenmittelpunkt bewegt sich mit zunehmender Drehzahl auf einer halbkreisförmigen Bahnkurve, die auch als Gümbel'scher Halbkreis bezeichnet wird, in Richtung der Lagerbohrungsmitte [14.75], [14.76], [14.77]. Da zwischen Welle und Lagerkörper kein metallischer Kontakt mehr vorliegt, ist der Werkstoffverschleiß sehr gering.

4 Theoretischer Grenzfall der unendlich großen Wellendrehzahl – In diesem Zustand würden Wellen- und Lagerbohrungsmittelpunkt räumlich zusammenfallen, wodurch der keilförmige Schmierspalt verschwinden und die Welle schlagartig auf die untere Lagerwandung schlagen würde. Der sich daraus ergebende enge Schmierspalt würde einen plötzlichen hohen Druckaufbau erzeugen und die Welle gegen die obere Lagerwandung drücken, wo wiederum ein enger Schmierspalt mit entsprechend hohem Druckaufbau entstünde, der die Welle wiederum nach unten drückte. Diesen ungünstigen Betriebszustand, bei dem keine oder nur geringe Kräfte übertragen werden können, bezeichnet man auch als „Wellentanzen", was üblicherweise eine Zerstörung des Lagers nach sich zieht. Zur Vermeidung derartiger Zustände setzt man sogenannte Mehrflächengleitlager nach Abschnitt 14.2.4.3 ein.

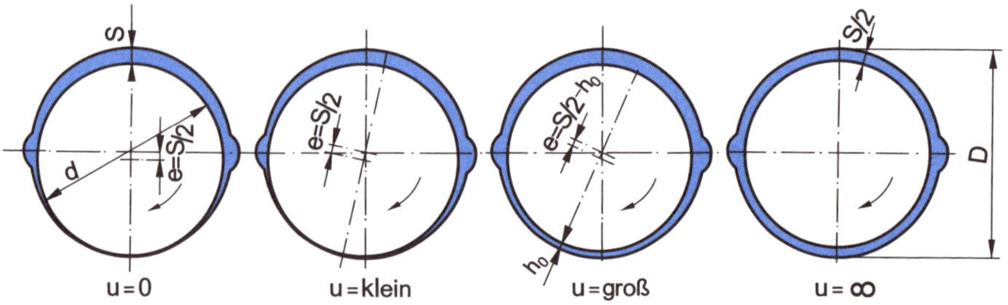

Abbildung 14.10: Betriebszustände eines hydrodynamischen Radial-Lagers abhängig von der Relativgeschwindigkeit

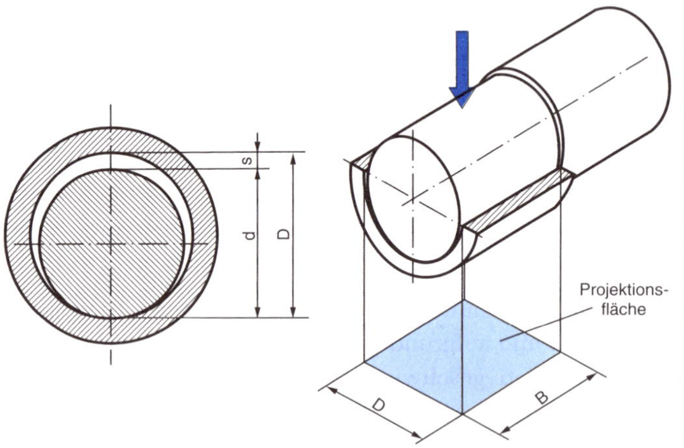

Die einwirkende Belastung in Form der Radialkraft F_r erzeugt bei einer gegebenen Lagerbreite B und einem Zapfendurchmesser D folgende mittlere Flächenpressung $\overline{p}$:

$$\overline{p} = \frac{F_r}{B \cdot D} \leq \overline{p}_{zul} \qquad (14.2)$$

Diese Flächenpressung $\overline{p}$ darf den zulässigen Wert $\overline{p}_{zul}$ nach Abschnitt 14.4 nicht überschreiten.

Abbildung 14.11: Mittlere Flächenpressung in einem radial belasteten Gleitlager

Gemäß der Schmierfilmdruckausbildung nach Abbildung 14.7 schwimmt der Lagerzapfen im Gebiet der Flüssigkeitsreibung in der Buchse, wobei die dem mittleren Lagerdruck $\overline{p}$ entsprechende Kraft und die radiale Lagerkraft F_r nach Abbildung 14.11 im Gleichgewicht stehen.

Schließlich ist im Hinblick auf die einwandfreie Funktion eines hydrodynamisch arbeitenden Lagers das Schmiermittel immer so zuzuführen, dass es in den Schmierspalt hineingezogen wird.

14.2.2 Grundlagen der hydrodynamischen Schmierung

Bei der hydrodynamischen Schmierung entsteht gemäß Abbildung 14.7 a) der tragende Schmierdruck im keilförmigen Spalt zwischen den Gleitflächen. Durch Adhäsion und Zähigkeit des Schmierstoffes wird dieser infolge der Gleitbewegung in den Schmierspalt gepresst und erzeugt eine Kraft, die gegen den Wellenzapfen drückt und diesen anhebt. Bei Erreichen des Gleichgewichts zwischen Belastung und Schmierdruck befindet sich das System entsprechend Abbildung 14.12 in einem stationären Gleichgewichtszustand der Flüssigkeitsreibung.

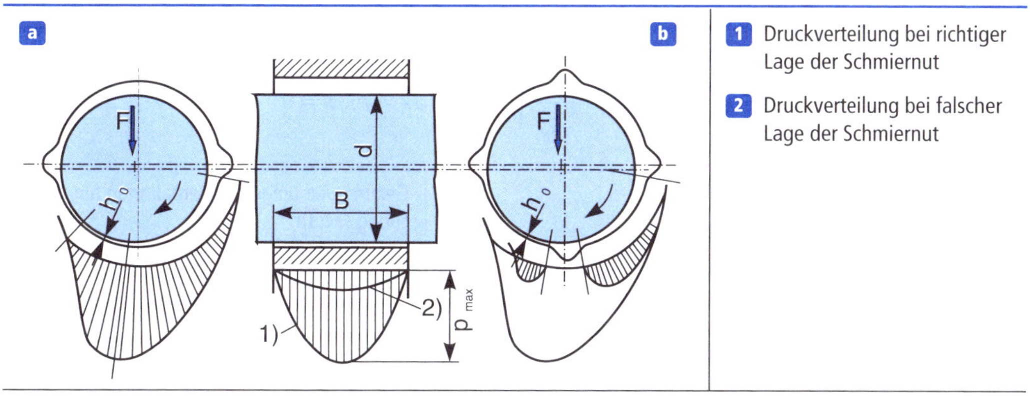

Abbildung 14.12: Lage des Wellenzapfens und Druckverteilung im stationären Betriebszustand eines hydrodynamischen Gleitlagers nach [14.20]

Auf der Grundlage der Arbeiten von Beauchamp Tower (1845 bis 1904, Ingenieur an der Institution of Mechanical Engineers, London) und Osborne Reynolds (1842 bis 1912, Professor of Engineering am Owens College in Manchester) aus den Jahren 1883 und 1886 lassen sich die hydrodynamischen Verhältnisse für Lagerungen gemäß Abbildung 14.7 und Abbildung 14.12 mithilfe der hydrodynamischen Theorie unter den folgenden einschränkenden Voraussetzungen beschreiben [14.144], [14.176]:

- Der Schmierstoff verhält sich wie eine Newtonsche Flüssigkeit, ist inkompressibel und alle Strömungsvorgänge sind laminar.
- Der Schmierspalt ist vollständig mit Schmierstoff gefüllt und dieser haftet voll an den Gleitflächen.
- Trägheitswirkungen, Gravitations- und Magnetkräfte des Schmierstoffs sind zu vernachlässigen.

- Die Bauteile, die den Schmierspalt bilden, sind starr bzw. ihre Verformung ist zu vernachlässigen und ihre Oberflächen sind ideale Kreiszylinder.
- Die Krümmungsradien der relativ zueinander bewegten Oberflächen sind groß im Vergleich zu den Schmierfilmdicken.
- Die Schmierfilmdicke in axialer Richtung ist konstant.
- Druckänderungen im Schmierfilm senkrecht zu den Gleitflächen sind zu vernachlässigen.
- Eine Bewegung normal zu den Gleitflächen findet nicht statt.
- Der Schmierstoff ist im ganzen Schmierspalt isoviskos.
- Der Schmierstoff wird am Beginn der Lagerschale bzw. im weitesten Schmierspalt zugeführt; die Höhe des Zuführdrucks ist zu vernachlässigen gegenüber den Schmierfilmdrücken selbst.

Unter Annahme dieser Voraussetzungen lässt sich entsprechend Abbildung 14.13 die Tragfähigkeit eines beliebig aufgebauten Gleitlagers aus den am Volumenelement $dx \cdot dy \cdot dz$ der Flüssigkeit im Schmierspalt angreifenden Kräfte wie folgt ableiten, wobei wegen der unendlichen Breite $dz = 1$ gesetzt wird und die Summe aller angreifenden Kräfte Null ergeben muss:

$$\left(p+\frac{\partial p}{\partial x}dx\right)\cdot dy - p\cdot dy - \left(\tau+\frac{\partial \tau}{\partial y}\right)\cdot dx + \tau\cdot dx = m\cdot \ddot{x} = 0 \qquad (14.3)$$

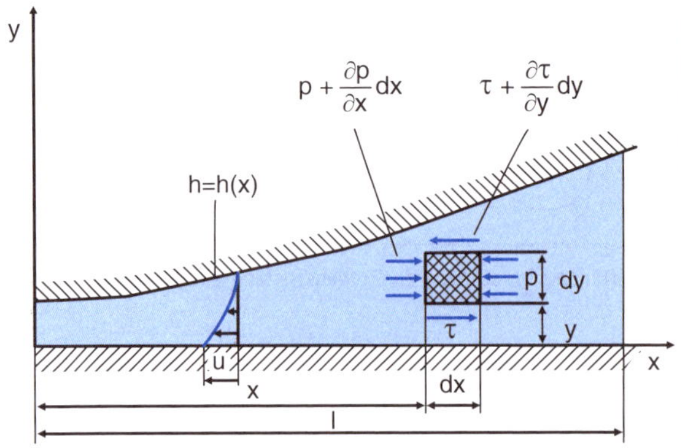

Gekürzt und umgeformt erhält man aus Gleichung (14.3):

$$\frac{\partial p}{\partial x} = \frac{\partial \tau}{\partial y} \quad \text{bzw.} \quad \frac{dp}{dx} = \frac{d\tau}{dy} \qquad (14.4)$$

Wird für die strömende Flüssigkeit der Newton'sche Ansatz für die Schubspannung τ, mit η als dynamischer Zähigkeit und du/dy als Geschwindigkeitsgefälle eingeführt, so folgt:

$$\frac{1}{\eta}\cdot\frac{dp}{dx} = \frac{d^2u}{dy^2} \quad \text{mit} \quad \tau = \eta\cdot\frac{du}{dy} \qquad (14.5)$$

Abbildung 14.13: Kraftwirkungen am Volumenelement im Schmierspalt (Gleitraum) [14.71]

Die Geschwindigkeitsverteilung im Schmierspalt erhält man durch zweimalige Integration der Gleichung (14.5) mit den Integrationskonstanten nach Abbildung 14.14:

$$u = \frac{1}{\eta}\cdot\frac{dp}{dx}\cdot\frac{y^2}{2} + C_1\cdot y + C_2 \qquad (14.6)$$

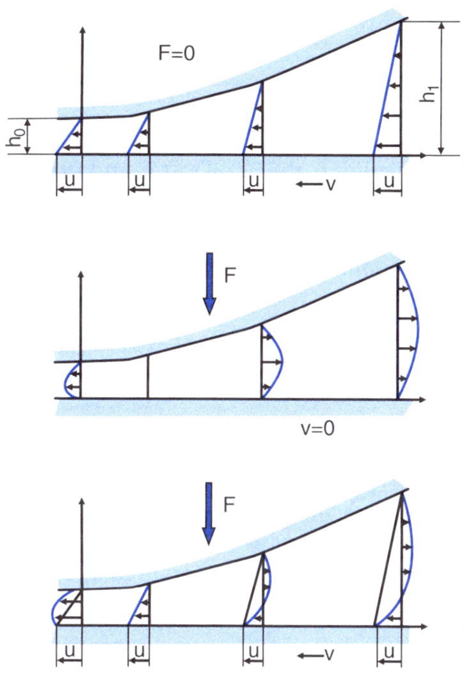

Die Integrationskonstante C_2 ergibt sich aus der Randbedingung für $u = v$ zu $C_2 = v$ und für die Integrationskonstante C_1 folgt:

$$\left(u = \frac{h^2}{2\cdot\eta}\cdot\frac{dp}{dx} + C_1\cdot h + v = 0\right) \quad \text{für} \quad y = h \tag{14.7}$$

$$C_1 = -\frac{h}{2\cdot\eta}\cdot\frac{dp}{dx} - \frac{v}{h} \tag{14.8}$$

Somit kann die Geschwindigkeitsverteilung im Schmierspalt, die sich aus einem linearen (Schubströmung) und einem parabolischen (Druckströmung) Anteil zusammensetzt, eindeutig bestimmt werden:

$$u = \frac{1}{2\cdot\eta}\cdot\frac{dp}{dx}\left(y^2 - y\cdot h\right) + v\cdot\left(1 - \frac{y}{h}\right) \tag{14.9}$$

Abbildung 14.14: Strömungsverhältnisse im Schmierspalt (Gleitraum) und Druckverteilung [14.71]

Mithilfe der Kontinuitätsgleichung lässt sich nun aus dem Geschwindigkeitsverlauf der Druckverlauf ermitteln. Durch jeden Querschnitt mit der Breite b und der Höhe h fließt der folgende Volumenstrom Q:

$$\frac{Q}{b} = \int_0^h u\,dy = -\left(\frac{h^3}{12\cdot\eta}\cdot\frac{dp}{dx} - \frac{v\cdot h}{2}\right) \tag{14.10}$$

Im Weiteren ergibt sich die Ausgangsgleichung zur Bestimmung des Druckverlaufes mit h^* als Spaltweite, bei der die Druckströmung 0 ist, zu:

$$p(x) = (-)\int_0^x 6\cdot\eta\cdot v\cdot\left(\frac{h^* - h}{h^3}\right)dx \quad \text{aus} \quad \frac{dp}{dx} = -6\cdot\eta\cdot v\cdot\left(\frac{h^* - h}{h^3}\right) \quad \text{mit} \quad \frac{Q}{b} = +\frac{v\cdot h^*}{2} \tag{14.11}$$

Aus dem Druckverlauf lassen sich dann in vergleichbarer Weise die Tragkraft F und die Reibungskraft F_R bestimmen:

$$\frac{F}{b} = \int_0^l p(x)\,dx \quad \text{und} \quad \frac{F_R}{b} = \int_0^l \tau_0(x)\,dx \tag{14.12}$$

Hierin berechnet sich die Schubspannung τ_0 zu:

$$\tau_0 = \eta\cdot\left(\frac{du}{dy}\right)_{y=0} \quad \text{mit} \quad \left(\frac{du}{dy}\right)_{y=0} = -\frac{h}{2\cdot\eta}\cdot\frac{dp}{dx} + \frac{v}{h} \tag{14.13}$$

Mit der Geschwindigkeit u nach Gleichung (14.9) und der Ableitung des Druckes dp/dx nach Gleichung (14.11) ergibt sich dann die Reibungskraft F_R zu:

$$\frac{F_R}{b} = \int_0^l \eta \cdot v \cdot \left(\frac{4}{h} - \frac{3 \cdot h^*}{h^2} \right) dx \quad \text{mit} \quad \tau_0 = v \cdot \eta \cdot \left(\frac{4}{h} - \frac{3 \cdot h^*}{h^2} \right) \tag{14.14}$$

Somit sind die Verläufe für die Geschwindigkeit u, den Druck p, die Tragkraft F und die Reibungskraft F_R für die bekannten Spaltformen hydrodynamisch geschmierter Lager nach Abbildung 14.7 a), b), c) und f) grundsätzlich bestimmbar. Auf die weitere Berechnung zum Nachweis der Tragfähigkeit wird abhängig von den einzelnen Lagerbauarten im Abschnitt 14.4 ausführlich eingegangen.

14.2.3 Grundlagen der hydrostatischen Schmierung

Im Gegensatz zur hydrodynamischen Schmierung entsteht bei der hydrostatischen Schmierung der erforderliche Schmierdruck zur vollständigen Trennung der gleitenden Teile durch Zufuhr des Schmierstoffes unter Druck mithilfe einer zusätzlichen Pumpe.

Vergleichbar zur hydrodynamischen Schmierung sind die folgenden Bedingungen und Voraussetzungen zu erfüllen, damit eine Berechnung des hydrostatischen Schmiervorganges erfolgen kann:

- Alle Strömungsvorgänge des Schmierstoffes sind laminar.
- Der Schmierstoff haftet voll an den Gleitflächen.
- Der Schmierstoff ist eine inkompressible Newton'sche Flüssigkeit.
- Im gesamten Schmierspalt sowie in den vorgeschalteten Drosseln liegt abschnittsweise isoviskoses Verhalten des Schmierstoffes vor.
- Dem Reibungsverhalten liegt ein vollkommen mit Schmierstoff gefüllter Schmierspalt zugrunde.
- Druckänderungen im Schmierfilm senkrecht zu den Gleitflächen finden nicht statt.
- Lagerschalen und Zapfen haben vollkommen starre Oberflächen.
- Die Krümmungsradien der relativ zueinander Gleitbewegungen ausführenden Oberflächen sind groß im Vergleich zur Schmierfilmdicke.
- Die Spalthöhe in axialer Richtung ist konstant (axialer Parallelspalt).
- Der Druck über den Taschenflächen ist konstant.
- Es findet keine Bewegung normal zu den Gleitflächen statt.

Grundsätzlich sollte der Schmierstoff am Beginn der Lagerschale bzw. im weitesten Schmierspalt zugeführt werden, wobei die Höhe des Zuführdrucks gegenüber dem Schmierfilmdruck selbst vernachlässigt werden kann.

In gleicher Weise wie bei der hydrodynamischen Schmierung lässt sich die Tragkraft eines hydrostatischen Systems auf der Grundlage des Kräftegleichgewichtes an einem Volumenelement gemäß Abbildung 14.15 wie folgt bestimmen:

$$\left(p + \frac{\partial p}{\partial r} dr \right) \cdot r\, d\varphi\, dy - p \cdot r\, d\varphi\, dy - \left(\tau + \frac{\partial \tau}{\partial y} dy \right) \cdot r\, d\varphi\, dr + \tau \cdot r\, d\varphi\, dr = 0 \tag{14.15}$$

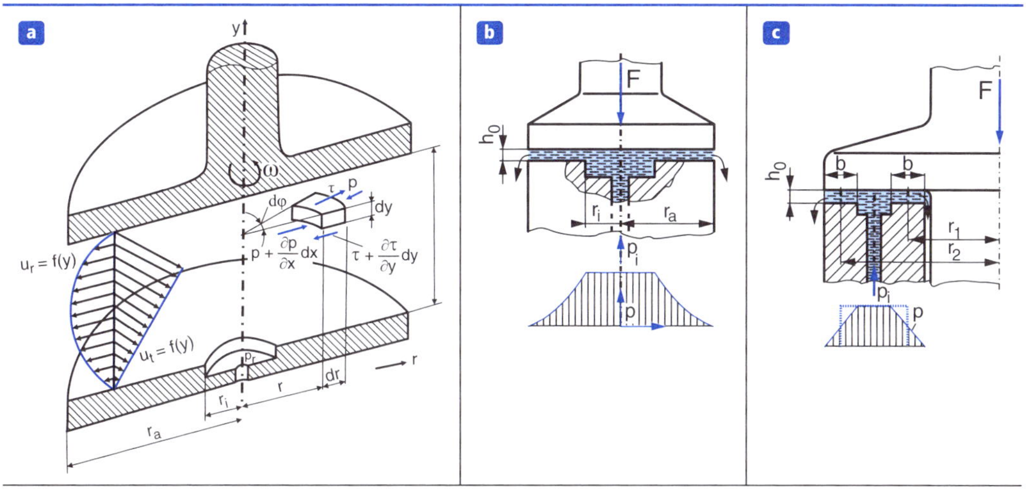

Abbildung 14.15: Kräfte am Volumenelement und Strömungsverhältnisse beim hydrostatisch geschmierten Axial-Gleitlager [14.71], [14.107]

Durch Umformung und Kürzung ergibt sich folgender Zusammenhang:

$$\frac{\partial p}{\partial r} = \frac{\partial \tau}{\partial y} \quad \text{bzw.} \quad \frac{dp}{dr} = \frac{d\tau}{dy} \tag{14.16}$$

Unter Verwendung von Gleichung (14.5) erhält man die radiale Geschwindigkeitsverteilung im Schmierspalt durch zweimalige Integration von Gleichung (14.16):

$$u_r = \frac{1}{\eta} \cdot \frac{dp}{dr} \cdot \frac{y^2}{2} + C_1 \cdot y + C_2 \quad \text{mit} \quad \frac{d\tau}{dy} = \eta \cdot \left(\frac{d^2 u_r}{dy^2} \right) \tag{14.17}$$

Dabei ergeben sich die Integrationskonstanten C_1 und C_2 aus den Randbedingungen, dass die Geschwindigkeiten am Rand des Schmierspaltes Null sind:

$$u_{r(y=0)} = 0 \rightarrow C_2 = 0 \quad \text{und} \quad u_{r(y=h)} = 0 \rightarrow C_1 = -\frac{1}{\eta} \cdot \frac{dp}{dr} \cdot \frac{h}{2} \tag{14.18}$$

Daraus folgt der parabolische Verlauf die Radialgeschwindigkeit abhängig von der Spalthöhe:

$$u_r = -\frac{1}{2 \cdot \eta} \cdot \frac{dp}{dr} \cdot (h - y) \cdot y \tag{14.19}$$

Die abfließende Schmierstoffmenge Q wird aus dem Integral der Geschwindigkeit über der Spalthöhe ermittelt:

$$Q = -\frac{h^3 \cdot \pi \cdot r}{6 \cdot \eta} \cdot \frac{dp}{dr} \quad \text{aus} \quad \frac{Q}{b} = \frac{Q}{2 \cdot \pi \cdot r} = \int_0^h u_r \, dy \tag{14.20}$$

Hieraus wiederum lässt sich auch die Druckverteilung bestimmen:

$$p(r) = \int_r^{r_a} dp = (-)\frac{6 \cdot \eta \cdot Q}{h^3 \cdot \pi} \int_r^{r_a} \frac{dr}{r} \quad \text{aus} \quad dp = -\frac{6 \cdot \eta \cdot Q}{h^3 \cdot \pi} \cdot \frac{dr}{r} \tag{14.21}$$

$$p = \frac{6 \cdot \eta \cdot Q}{h^3 \cdot \pi} \cdot \left|\ln r\right|_r^{r_a} = \frac{6 \cdot \eta \cdot Q}{h^3 \cdot \pi} \cdot \ln \frac{r_a}{r} \tag{14.22}$$

Am äußeren Rand ist der Austrittsdruck des Öles $p_a = 0$, da das Öl dort ohne Druck abfließen muss. Setzt man für $r = r_i$ ein, so erhält man den vom Pumpensystem zu erzeugenden Öleintrittsdruck p_e, aus dem sich wiederum die Tragkraft F bestimmen lässt:

$$F = \pi \cdot r_i^2 \cdot p_e + \int_{r_i}^{r_a} 2 \cdot \pi \cdot r \cdot p \, dr \quad \text{mit} \quad p_e = \frac{6 \cdot \eta \cdot Q}{h^3 \cdot \pi} \cdot \ln \frac{r_a}{r_i} \tag{14.23}$$

Durch Einsetzen von p aus Gleichung (14.22) und Q aus Gleichung (14.23) erhält man nach Ausführung der Integration:

$$F = \frac{\pi}{2} \cdot \frac{r_a^2 - r_i^2}{\ln \frac{r_a}{r_i}} \cdot p_e \tag{14.24}$$

Damit ist die Tragkraft F bei hydrostatisch geschmierten Lagern im Gegensatz zu hydrodynamisch geschmierten unabhängig von der Viskosität η, der Spalthöhe h und der Geschwindigkeit v. Entsprechend Abbildung 14.15 entsteht die Reibungskraft F_R durch die Tangentialströmung u_t mit linearer Abhängigkeit von der Spalthöhe h, sodass die Schubspannung τ im Schmierstoff konstant ist:

$$dF_R = 2 \cdot \pi \cdot r \, dr \cdot \tau = \frac{2 \cdot \pi \cdot \eta \cdot \omega}{h} \cdot r^2 dr \quad \text{mit} \quad \tau = \eta \cdot \frac{du}{dy} = \eta \cdot \frac{v}{h} = \eta \cdot \frac{\omega \cdot r}{h} \tag{14.25}$$

Für die Gesamtreibungskraft F_R und das zugehörige Reibmoment M_R gilt dann:

$$F_R = \frac{2 \cdot \pi \cdot \eta \cdot \omega}{h} \cdot \int_{r_i}^{r_a} r^2 dr = \frac{2 \cdot \pi \cdot \eta \cdot \omega}{3 \cdot h} \cdot \left(r_a^3 - r_i^3\right) \tag{14.26}$$

$$M_R = \frac{2 \cdot \pi \cdot \eta \cdot \omega}{h} \cdot \int_{r_i}^{r_a} r^3 dr = \frac{\pi \cdot \eta \cdot \omega}{3 \cdot h} \cdot \left(r_a^4 - r_i^4\right) \tag{14.27}$$

Somit sind die Verläufe für die Geschwindigkeit u, den Druck p, die Tragkraft F, die Reibungskraft F_R und das Reibungsmoment M_R für die bekannten Spaltformen hydrostatisch geschmierter Lager nach Abbildung 14.7 d) und e) grundsätzlich bestimmbar. Zum Nachweis der Tragfähigkeit abhängig von den einzelnen Lagerbauarten sei auf Abschnitt 14.4 verwiesen.

14.2.4 Arten und Bauformen von Gleitlagern

Die grundsätzliche Einteilung der Gleitlager erfolgt nach der Kraftrichtung in axiale und radiale Gleitlager und nach dem Schmierprinzip in hydrodynamische und hydrostatische Gleitlager. Außerdem gibt es noch das große Sondergebiet der aerostatischen Lager und der Magnetlager, worauf im Sinne der Vollständigkeit in den folgenden Abschnitten kurz eingegangen wird [14.108]. Darüber hinaus werden auch die Kugelstützpunkte zum Einsatz in Tagebaugroßgeräten und Brückenlager der Vollständigkeit halber kurz dargestellt, da es sich bei beiden Anwendungen ebenfalls um Gleitlager handelt [14.68], [14.140], [14.155].

14.2.4.1 Hydrodynamische Axial-Gleitlager

Die Übertragung der Kräfte erfolgt in Längsrichtung der Welle und basiert auf dem hydrodynamischen Schmierprinzip. Die Ausbildung des Schmierspalts erfolgt im Vergleich zum hydrodynamischen Radial-Gleitlager nicht von selbst, sondern es ist notwendig, die Keilbildung durch konstruktive Maßnahmen vorzugeben. Entsprechend Abbildung 14.16 kann dies durch starre Gleitflächen oder aber mittels sich selbsteinstellender Gleitflächen erreicht werden, wobei man im letzteren Fall auch von Kippsegmentlagern spricht. Diese Kippsegmentlager werden in Anlehnung an ihren Erfinder Antony George Maldon Michell (1870 bis 1959, australischer Ingenieur) oftmals auch als Michell-Lager bezeichnet und haben zu deutlichen Leistungssteigerungen in Schiffsantrieben und Dampfturbinen geführt [14.1189, [14.119], [14.120].

Die bewegten Gleitflächen führen zu einer Schleppwirkung des Schmiermittels und somit zu einer Strömung. Demzufolge wird durch die Relativbewegung der Gleitflächen und die Haftung des Schmiermittels an den Oberflächen ein Lagerdruck erzeugt. Sobald dieser mit den äußeren Kräften im Gleichgewicht steht, kommt es zur Trennung der Gleitflächen. Damit sich ein tragender Schmierfilm ausbilden kann muss also ausreichend Schmierstoff vorhanden sein, die Ausbildung des Gleitraums muss geometrisch korrekt und die Gleitgeschwindigkeit hinreichend groß sein.

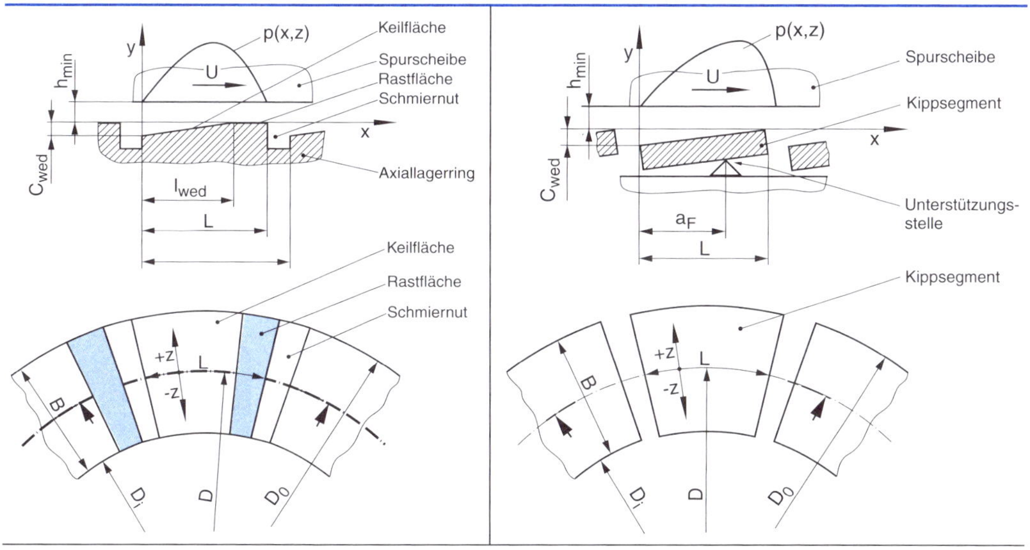

Abbildung 14.16: Schmierdruckausbildung in hydrodynamisch geschmierten Axial-Gleitlagern durch starre Gleitflächen oder bewegliche Gleitflächen in Form von Kippsegmenten [14.173]

Das Ringspurlager mit ebenen Kreisflächen gilt als die einfachste Ausführung von hydrodynamischen Axial-Gleitlagern. Der Schmierstoff (meistens Fett) wird von Innen auf eine mit Schmiernuten versehene Spurplatte zugeführt. Auf dieser läuft die Stirnfläche der Welle. Da aufgrund der fehlenden Anstellflächen keine Flüssigkeitsreibung erreicht werden kann, ist diese Lagerbauart nur für kleine Drehzahlen und Pendelbewegungen geeignet.

Für höhere Belastungen kommen Segmentspurlager entsprechend Abbildung 14.17 zum Einsatz. Dabei ist ein Laufring fest mit einer Welle verbunden. Dieser läuft in einer im Gehäuse fixierten Axialscheibe. Flüssigkeitsreibung und damit der Aufbau eines tragfähigen Schmierfilms wird durch ein System von Schmiernuten und Schmierkeilen auf der Axialscheibe erreicht. Jedoch ist die Herstellung der benötigten Schmierkeilneigung von 1:1000 nur schwierig und unter Einsatz hoher Kosten möglich. Ebenso ist nur ein optimaler Betriebszustand möglich. Um drehrichtungsunabhängig zu sein müssen Doppelkeile gefertigt werden, die die Tragkraft reduzieren.

Das Spiralrillenlager gemäß Abbildung 14.18 stellt eine Sonderform des Segmentspurlagers dar. Auf der Axialscheibe befinden sich sehr flache Spiralnuten, die den Stauraum für die Ausbildung des hydrodynamischen Schmierdrucks bilden. Bauformbedingt kommt es bei Spiralrillenlager zu keinem Ölfluss, was zu einer stärkeren Erwärmung führt. Durch die Spiralrichtung ist die Drehrichtung eindeutig bestimmt, so dass kein Wechsel der Drehrichtung möglich ist.

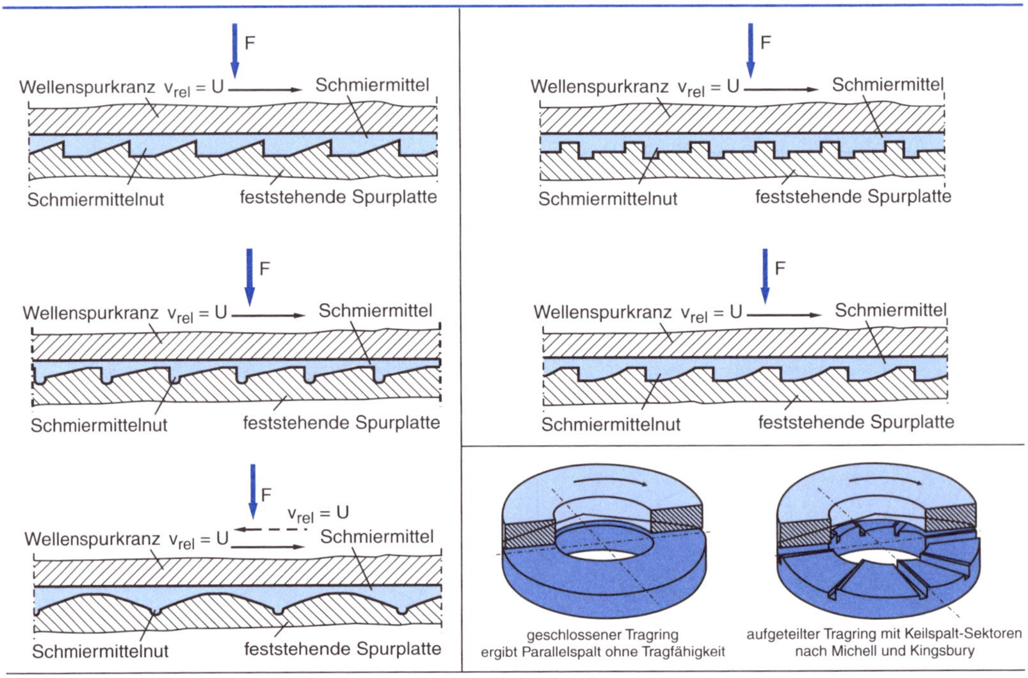

Abbildung 14.17: Ausführungsformen fest eingebauter Keilflächen [14.108]

Bei großen Lagern besteht die Möglichkeit, die festen Keilsegmente durch selbsteinstellende Kippsegmente gemäß Abbildung 14.18 zu ersetzen.

Bei einem derartigen Michell-Lager werden die Segmente auf dem Umfang der Axialscheibe kippbar oder elastisch angeordnet und führen zu einer selbstständigen optimalen Ausrichtung der Keilneigung. Je nach Drehrichtung werden die Kippsegmente symmetrisch (für beide Drehrichtungen) oder unsymmetrisch (für eine Drehrichtung) ausgeführt. Abbildung 14.19 zeigt mögliche Ausführungsformen von kippbeweglichen Lagersegmenten.

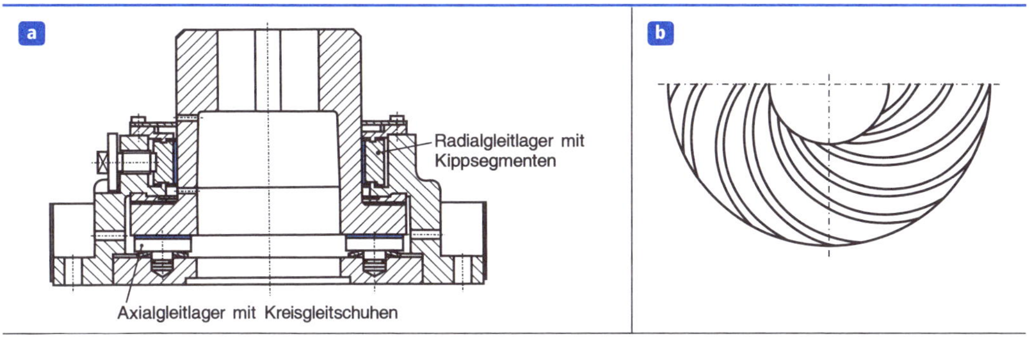

Abbildung 14.18: Axial-Lager mit kippbeweglichen Kreisgleitschuhen und Radial-Lager mit Kippsegmenten (links) und Spiralrillenlager (rechts) [14.107]

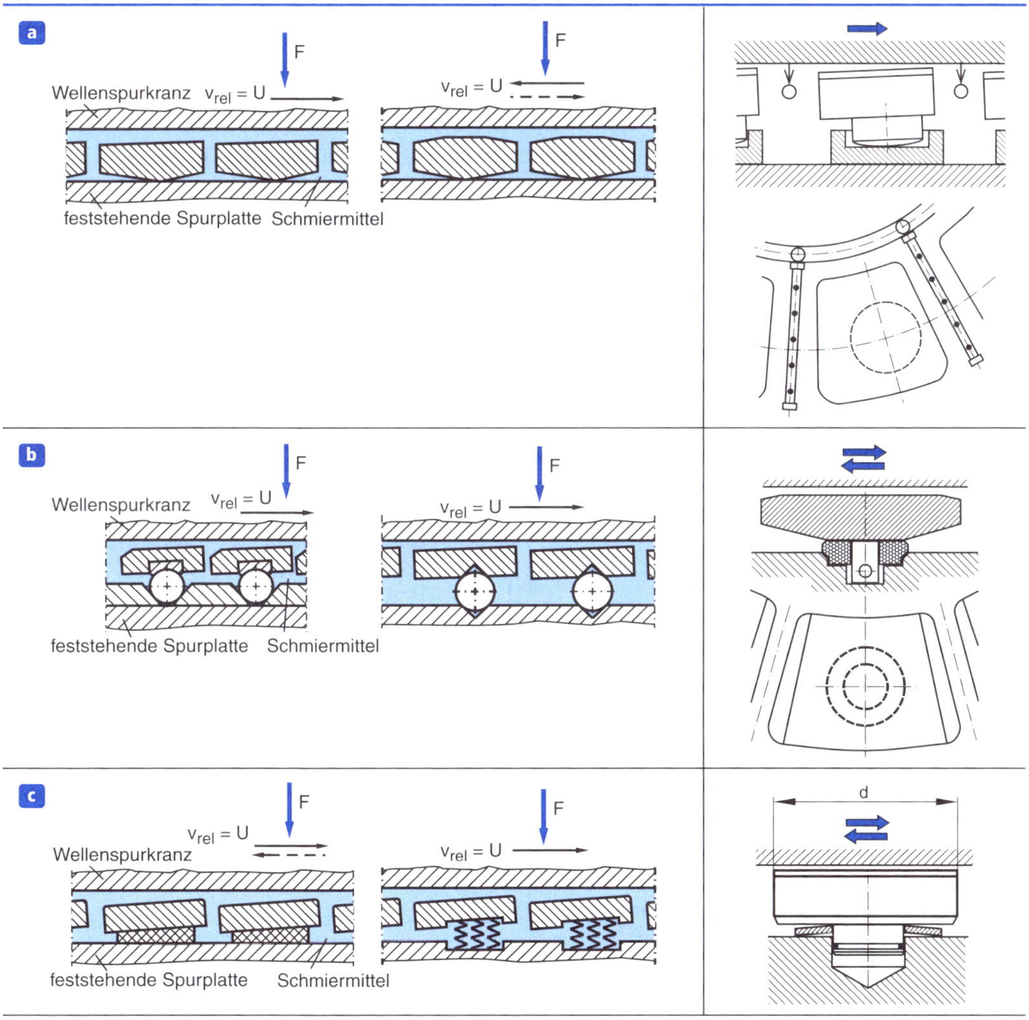

Abbildung 14.19: Ausführungsformen kippbeweglicher Lagersegmente [14.108], [14.173]

14.2.4.2 Hydrostatische Axial-Gleitlager

Bei hydrostatischen Axial-Gleitlagern wird der tragende Schmierfilm nicht durch die Relativbewegung zwischen Welle und Lager erzeugt. Die Trennung erfolgt durch Hochdruckpumpen, die Schmiermittel in den Schmierspalt befördern und bei ausreichender Pumpenleistung so den Zustand der vollständigen Flüssigkeitsreibung erzeugen. Der große Vorteil gegenüber den hydrodynamischen Axial-Lagern liegt in der Unabhängigkeit vom Betriebszustand. Sowohl beim An- und Auslauf als auch bei wechselnden Betriebsbedingungen läuft das System im Bereich der Flüssigkeitsreibung und somit verschleißfrei bzw. verschleißarm. Allerdings bedarf es gemäß Abbildung 14.20 zur Erzeugung des Schmierdrucks zusätzlichen Bauaufwandes für Pumpen und Dichtungen.

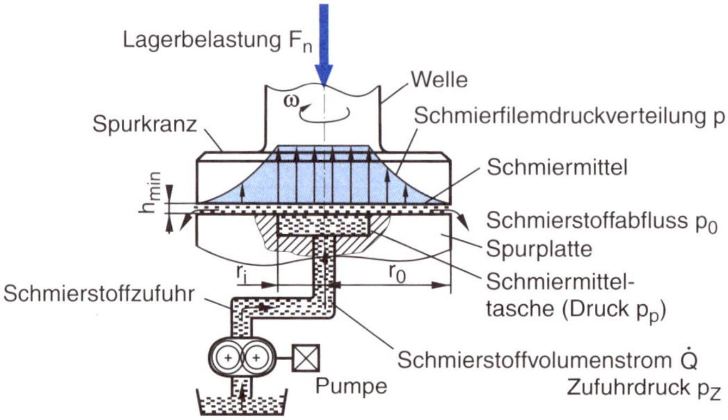

Abbildung 14.20: Schmierdruck beim hydrostatischen Axial-Lager (Einflächenlager) [14.173]

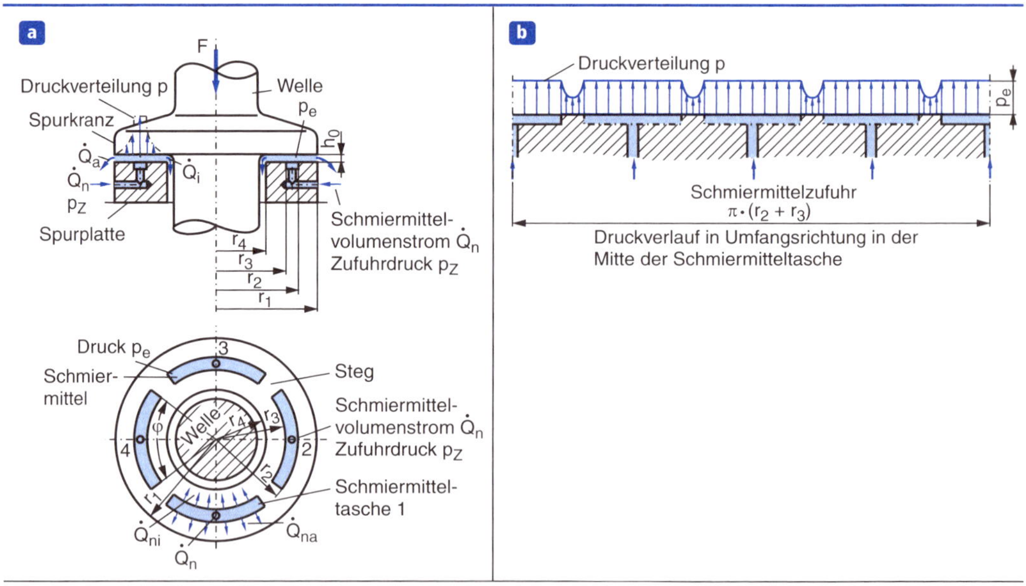

Abbildung 14.21: Schmierdruckverteilung beim hydrostatischen Axial-Lager [14.108]

Grundsätzlich lassen sich hydrostatische Axial-Lager in Einflächen- und Mehrflächenlager unterteilen. Bei Einflächenlagern nach Abbildung 14.20 wird der Druck über eine tellerförmige Schmiermittelnut im Zentrum der feststehenden Spurplatte erzeugt. Der Vorteil dieser Variante ist die einfache und kostengünstige Konstruktion. Der Nachteil besteht darin, dass diese Lager nur an der Axialfläche eines Wellenendes angebracht werden können. Ein weiterer Nachteil liegt in der Kippempfindlichkeit dieser Lagerung bei exzentrischer Belastung, woraus sich auch ein instabiler Gleichgewichtszustand ergeben kann.

Zu Behebung dieses Problems verteilt man nach Abbildung 14.21 mehrere Schmiermitteltaschen über dem Umfang, versieht diese mit einer eigenen Pumpe und erhält damit ein Mehrflächengleitlager.

14.2.4.3 Hydrodynamische Radial-Gleitlager

Das hydrodynamische Radial-Gleitlager ist in seiner klassischen Ausführung mit kreiszylindrischer Lagerschale gemäß Abbildung 14.10 mit einem großen Nachteil behaftet. So besteht bei geringen Lasten und gleichzeitig hohen Drehzahlen die Gefahr des sogenannten „Wellentanzens“, da es aufgrund der geringen Lasten keine definierte Kraftrichtung mehr gibt. Bedingt durch die hohen Drehzahlen sinkt die Sommerfeld-Zahl dabei unter 1 und die Welle bewegt sich ständig auf einer Orbitalkurve anstelle eines stationären Zustandes mit einer ausgebildeten Exzentrizität.

Zur Vermeidung dieses ungünstigen Betriebszustandes setzt man Mehrflächengleitlager nach Abbildung 14.22 ein. Durch konstruktive Maßnahmen entstehen über dem Umfang gleichmäßig verteilt Schmierkeile, sodass die Exzentrizität der Welle gemindert werden kann und der zentrische Lauf auch bei geringen Lasten und hohen Drehzahlen stabil bleibt.

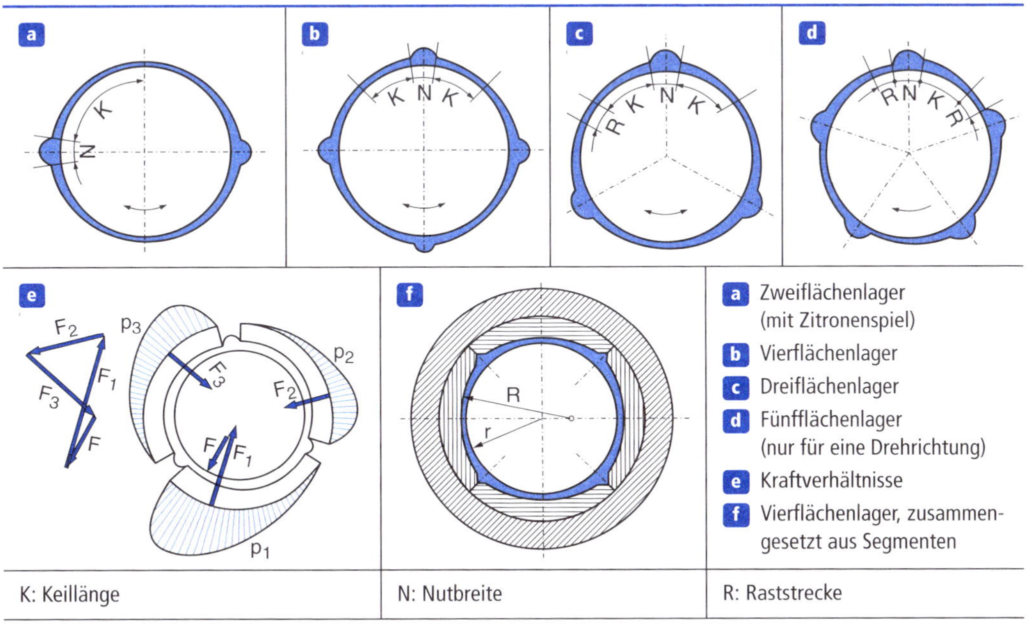

Abbildung 14.22: Mehrflächengleitlager zur Laufstabilisierung nach [14.20]

Mit der Anzahl der Schmierkeile steigt die Genauigkeit der zentrischen Lage, jedoch verkürzen sich die Keilflächen und die Tragfähigkeit wird geringer. Die konstruktive Ausführung ist für eine Drehrichtung oder für beide Drehrichtungen möglich. Die Länge der Keile ist bei den Lagern für beide Drehrichtungen kürzer, was im Vergleich zu den Lagern mit nur einer Drehrichtung zu einer verringerten Tragfähigkeit führt.

Während sich bei zylindrischen Lagerbuchsen die Neigung des Schmierkeils automatisch abhängig von der Belastung einstellt, ist das bei Mehrflächengleitlagern mit vorgegebenen konstruktiven Schmierspaltgeometrien nicht der Fall. Eine Möglichkeit zur Gewährleistung der Einstellbarkeit sind Mehrflächengleitlager mit kippbeweglichen Segmenten gemäß Abbildung 14.23. Hierbei sind die Segmente in einem Stützkörper elastisch aufgehängt und können so die Neigung des Schmierkeils verändern. Der Neigungswinkel ergibt sich automatisch durch das Kräftegleichgewicht an dem Kippsegment. Die Einbausituation von Kippsegmentgleitlagern in einem Turbinenwellenlager ist in Abbildung 14.4 wiedergegeben.

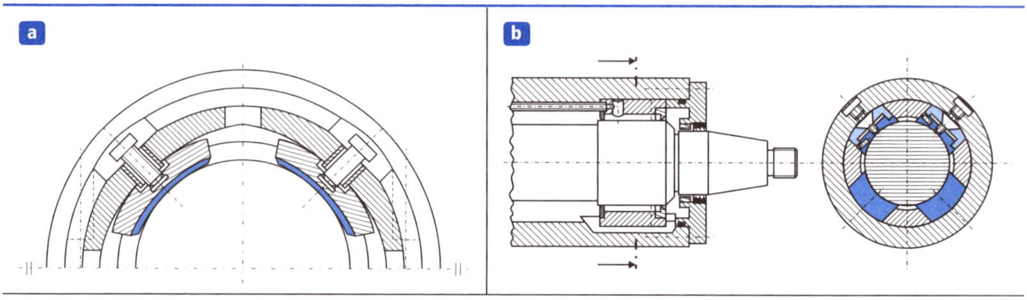

Abbildung 14.23: Mehrflächengleitlager mit Kippsegmenten (a) und im eingebauten Zustand in einer Feinbearbeitungsspindel einer Werkzeugmaschine (b) [14.20]

14.2.4.4 Hydrostatische Radial-Gleitlager

Beim hydrostatischen Radial-Gleitlager muss der erforderliche Schmierdruck zur Trennung der Kontaktflächen durch eine zusätzliche Ölversorgung mit Pumpe außerhalb des eigentlichen Lagers entsprechend Abbildung 14.24 erzeugt werden. Dabei kann die Ölzufuhr über eine Pumpe und jeweils den Öltaschen vorgeschaltete Drosseln erfolgen, was zwar kostengünstig ist, jedoch keine völlige Unabhängigkeit der Taschendrücke voneinander ermöglicht. Besser ist hier die Lösung mit einzelnen Pumpen für jede Drucktasche, sodass sich ein genau zentrischer Lauf einstellen lässt und eine hohe Verlagerungssteifigkeit ergibt, allerdings zu erheblich höheren Kosten.

Die in beiden Fällen erforderlichen Ölablaufkanäle liegen als Nuten zwischen den Taschen und mindern die tragende Länge, wodurch eine geringere Reibleistung auftritt und damit auch die erforderliche Pumpenleistung herabgesetzt werden kann. Entsprechend Abbildung 14.24 ist die Anordnung der Ölzufuhr abhängig von der wirkenden Lastrichtung vorzusehen.

Die Konstruktion eines hydrostatischen Radial-Gleitlagers kann voll umschlossen oder teilweise umschlossen ausgeführt werden, wobei man zusätzlich nach der Anzahl der Schmiermitteltaschen in Ein- und Mehrflächenlager unterscheidet. Nach der Richtung der Stützwirkung existiert auch noch die Unterscheidung in einseitig und allseitig wirkende Radial-Lager.

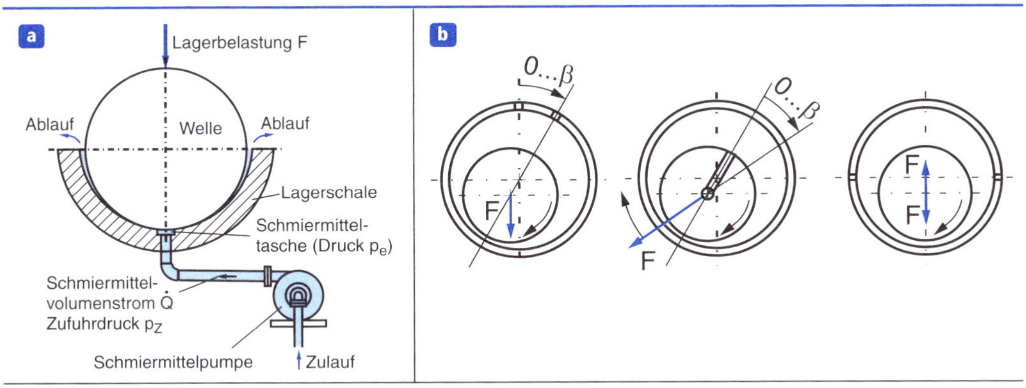

Abbildung 14.24: Genereller Aufbau einer hydrostatischen Ölversorgung (a) und Anordnung der Ölzufuhr bei einem Radial-Lager (b) [14.108]

Abbildung 14.25 zeigt verschiedene Ausführungen einseitig wirkender hydrostatischer Radial-Lager während Abbildung 14.26 die Druckverteilung für allseitig wirkende hydrostatische Radial-Lager zeigt.

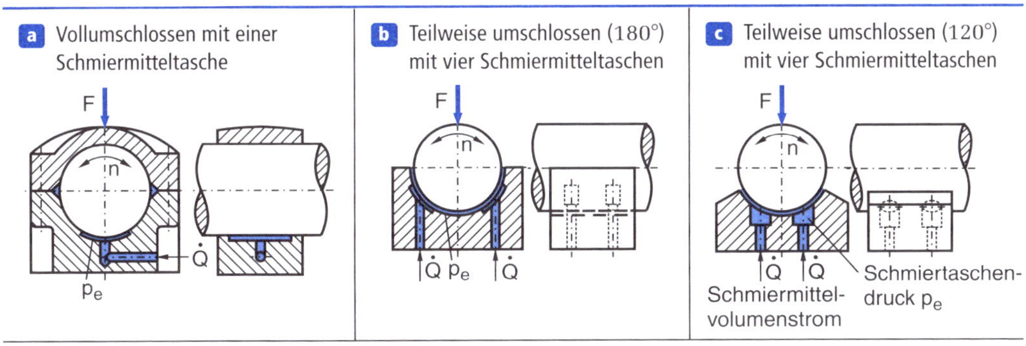

Abbildung 14.25: Einseitig wirkende hydrostatische Radial-Lager [14.108]

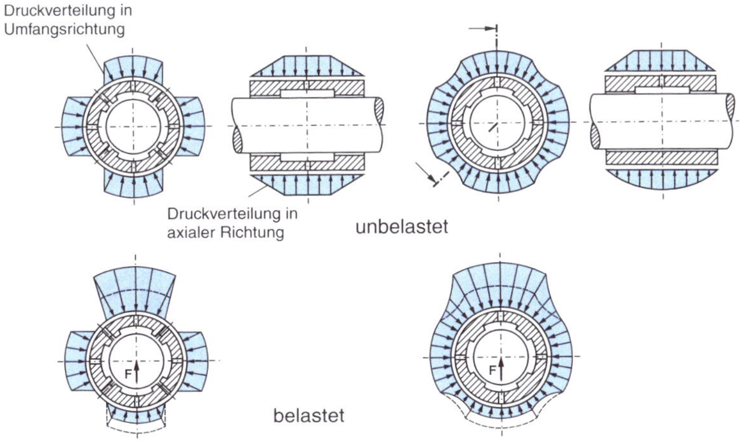

Abbildung 14.26: Allseitig wirkende und hydrostatisch arbeitende Mehrflächenradiallager mit Umgriff [14.108]

14.2.4.5 Wartungsfreie und wartungsarme Gelenklager-Gleitlager

Im Gegensatz zu den bisher behandelten hydrostatischen und hydrodynamischen Gleitlagern sind die im Folgenden behandelten Gelenklager-Gleitlager mit sphärischen Gleitflächen einbaufertige und teilweise genormte Maschinenelemente, die vorzugsweise für oszillierende Dreh- und Kippbewegungen bei hohen spezifischen Beanspruchungen in Kraft übertragenden Mechanismen und auch Steuergestängen eingesetzt werden. Aufgrund ihrer räumlichen Einstellbarkeit können derartige Gelenklager gemäß Abbildung 14.27 im Vergleich zu einfachen zylindrischen Lagern Fluchtungsfehler, Wellenschiefstellungen und Wellendurchbiegungen viel besser ausgleichen, sodass hohe Kantenpressungen vermieden werden.

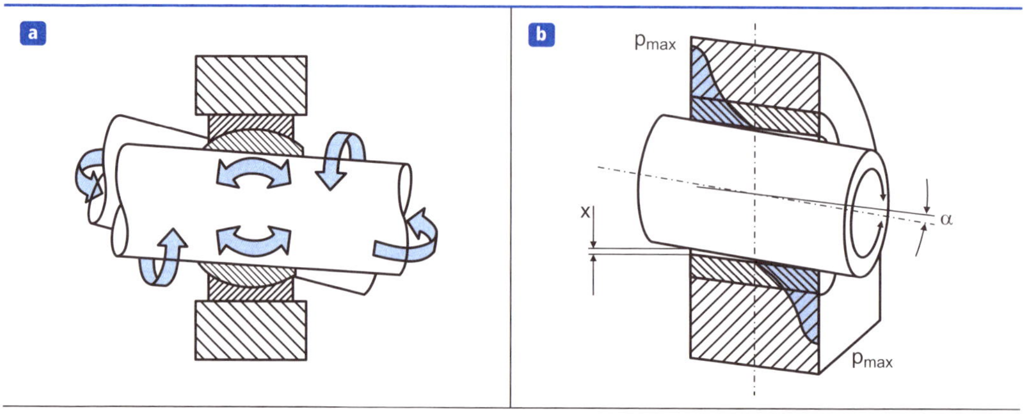

Abbildung 14.27: Vergleich eines Gelenkgleitlagers mit einem starren zylindrischen Gleitlager [14.8]

Die Entwicklung der Gelenklager geht auf erste Anwendungen in der Luftfahrt in den 1930er Jahren zur Motoraufhängung, Fahrwerkabstützung und Tragflügelbefestigung zurück, bei denen hohe Belastungen und gleichzeitig große elastische Verformungen übertragen werden mussten. Damals wurden diese noch nicht wartungsfreien Gelenklager in der Paarung Stahl/Stahl aus gehärtetem Wälzlagerstahl ausgeführt. Heute werden in der Luftfahrt überwiegend wartungsfreie Gelenklager aus anderen Werkstoffen eingesetzt, während die hochbelastbare Paarung Stahl/Stahl in wartungsfreier und wartungspflichtiger Ausführung jedoch im Bereich der mobilen Arbeitsmaschinen und der Fördertechnik gemäß Abbildung 14.28 weit verbreitet ist [14.93], [14.162].

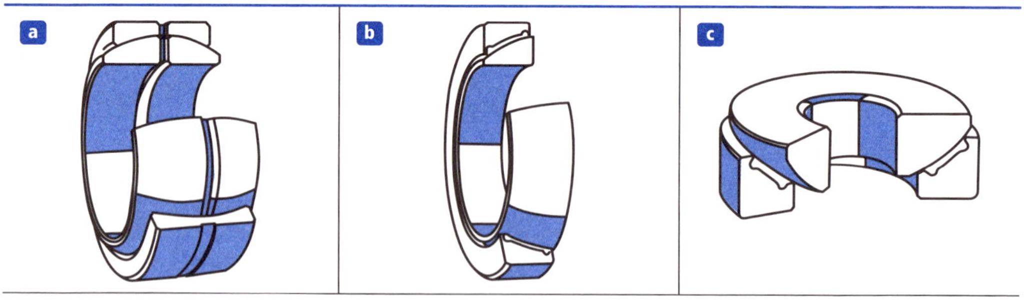

Abbildung 14.28: Typische Gelenklagerausführungen [14.8]

Insbesondere beim Hydraulikbagger sind durch die Auslegerteile und die verwendeten Hydraulikzylinder sehr viele hoch belastete Gelenkstellen entstanden, bei denen Gelenklager oder Gleitbuchsen eingesetzt werden. Weitere Einsatzgebiete sind Auslegeranlenkungen bei Kranen gemäß Abbildung 14.6, weitere Gelenklagerausführungen sind in Abbildung 14.29 wiedergegeben. Meistens erfolgt die Einteilung nach der Art der Belastungsrichtung in Radial-, Schräg-, und Axial-Gelenklager, die wartungspflichtigen Ausführungen werden mit Fett geschmiert.

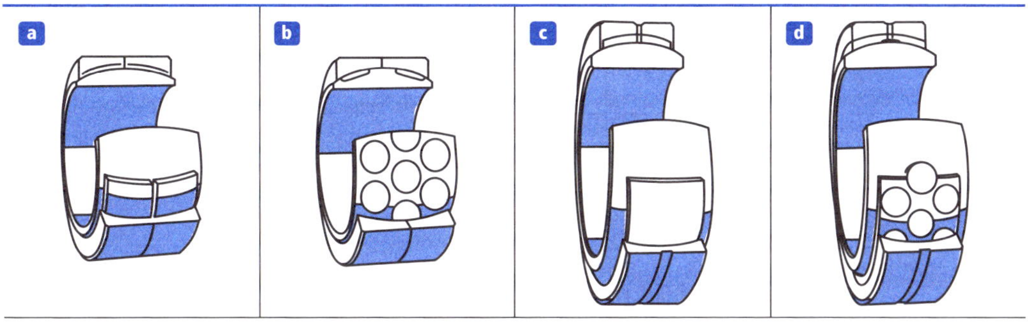

Abbildung 14.29: Bauarten von Radial-Großgelenklagern [14.8]

Neben diesen Gelenklager-Gleitlager-Bauarten in wartungsfreier und wartungspflichtiger Ausführung gibt es auch noch vollkommen wartungsfreie Gleitlagerbuchsen gemäß Abbildung 14.30, die ohne jede zusätzliche Schmierung betrieben werden können und deshalb zur Gruppe der Trockengleitlager gehören. Im Gegensatz zu den hydrodynamischen und hydrostatischen Gleitlagern arbeiten die Trockengleitlager vorwiegend im Gebiet der Misch- und Grenzreibung, so dass keine vollständige Trennung zwischen den Reibpartnern vorliegt.

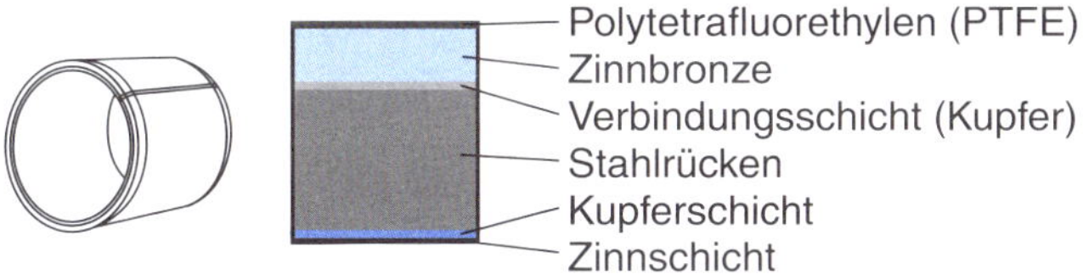

Abbildung 14.30: Aufbau eines wartungsfreien Gleitlagers aus Verbundwerkstoffen nach [14.151]

Möglich wird dieser Betrieb durch weitestgehend selbstschmierende Lagerwerkstoffe mit niedrigen Gleitreibungskoeffizienten, wobei bevorzugt Stoffkombinationen mit druckfesten Kunststoffen oder auch Polytetrafluorethylen (PTFE) zur Anwendung gelangen. Oftmals werden auch mit dem Ziel der weiteren Absenkung von Reibung und Verschleiß die Lagerschalen mit speziellen Werkstoffen (z.B. PTFE, Grafit, MoS_2, Silikon und PE) beschichtet. Darüber hinaus werden teilweise auch verschiedene Oberflächenbehandlungs-Verfahren eingesetzt, wozu das Detonationsbeschichten, Strahlläppen, Hartverchromen, Vernickeln, Nitrieren, Induktionshärten und PVD-Beschichten gehören.

Grundsätzlich hängt die Tragfähigkeit wartungsfreier Gleitlager sehr stark von der Gleitgeschwindigkeit ab. Dabei erreichen die Trockengleitlager im Vergleich zu hydrodynamischen Gleitlagern ihre höchste Tragfähigkeit bei geringen Gleitgeschwindigkeiten und sind in diesem Bereich auch um ein Vielfaches höher belastbar. Mit zunehmender Gleitgeschwindigkeit wird die Reibungswärme größer, die in einem wartungsfreien Gleitlager nur schlecht abgeführt werden kann. In Abbildung 14.31 sind für wartungsfreie Gleitlager zulässige Betriebsbereiche abhängig vom Gleitlagerwerkstoff und der Gleitgeschwindigkeit angegeben.

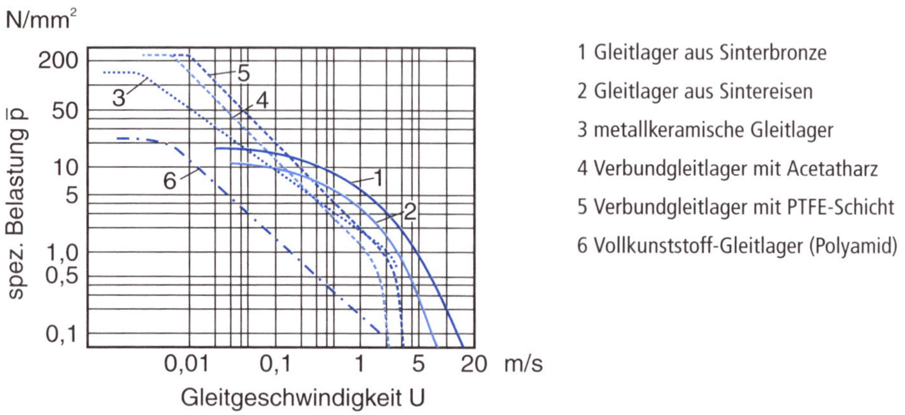

Abbildung 14.31: Zulässige Betriebsbereiche für verschiedene wartungsfreie bzw. wartungsarme Gleitlager [14.151]

14.2.4.6 Brückenlager und Kugelabstützungen

Eine weitere besondere Gleitlagerbauart stellen die Brückenlager zur Anwendung im Brückenbau gemäß Abbildung 14.32 und die sogenannten Kugelabstützungen zum Einsatz in Tagebaugroßgeräten nach Abbildung 14.33 dar, die beide nur geringe Relativbewegungen ausführen müssen.

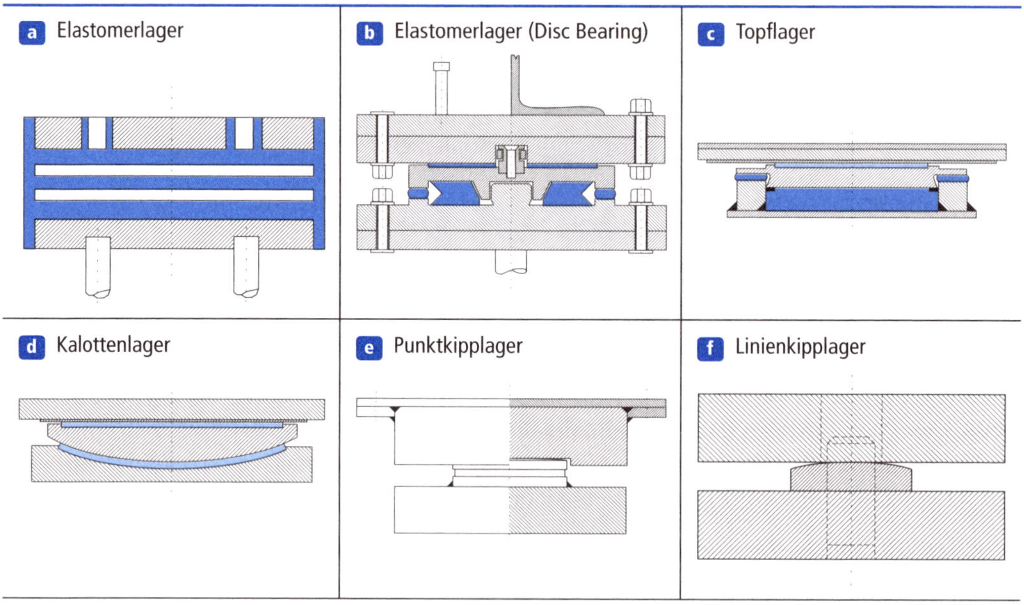

Abbildung 14.32: Bauarten von Brückenlagern [14.140]

Bei den Brückenlagern stellen die Elastomerlager aus Cloropren-Kautschuk oder Naturkautschuk nach Abbildung 14.32 a) und b) die einfachste Bauart dar. Sie erlauben Verschiebungen in alle Richtungen, haben allerdings auch den Nachteil, dass es aufgrund der Vertikallasten zu einer nicht unerheblichen Verformung kommt. Zur Behinderung dieser Verformungen setzt man entweder dünne Stahlplatten ein, die in Schichtbauweise mit dem Elastomer verbunden werden oder aber scheibenförmige Elastomereinlagen, deren Verformung durch eine umgebende Stahlkonstruktion verhindert wird.

Beim Topflager nach Abbildung 14.32 c) ermöglicht ein in einem Stahltopf allseitig eingeschlossenes Elastomerkissen durch seine Verformbarkeit Kippbewegungen des Deckels um jede beliebige Horizontalachse, weshalb Topflager besonders gut für Brückenbauwerke mit hohen Lasten, häufig auftretenden Verschiebungen und Rotationen geeignet sind.

Die Kalottenlager nach Abbildung 14.32 d) sind so aufgebaut, dass sie Vertikalkräfte direkt in den Brückenunterbau übertragen und Rotationen über eine Kalotte und ein konkav geformtes Lagerunterteil aufnehmen, wobei die Einsatzgebiete von Kalottenlagern vergleichbar sind mit denen der Topflager.

Die Punkt- und Linienkipplagern nach Abbildung 14.32 e) und f) werden vorzugsweise dort angewendet, wo eingeschränkte Platzverhältnisse (z.B. schmale Brückenpfeiler) den Einsatz moderner Topflager unmöglich machen. Punkt- und Linienkipplager bestehen vollständig aus Stahl und werden durch Hertzsche Pressungen beansprucht.

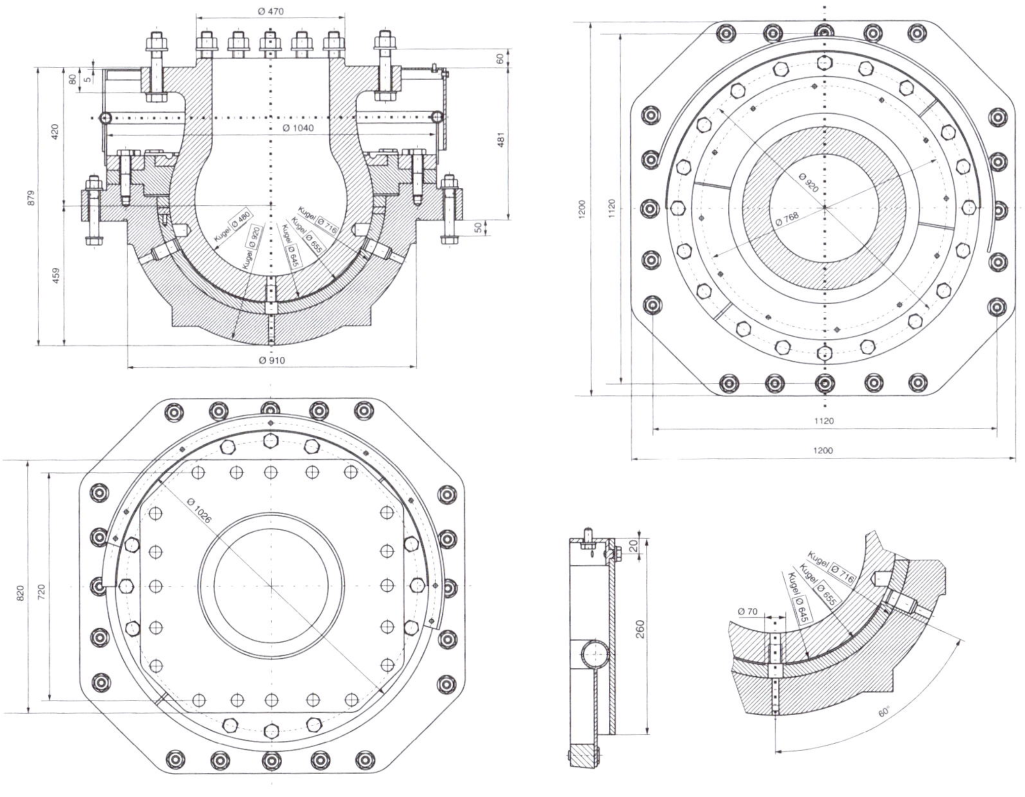

Abbildung 14.33: Kugelstützpunkt zum Einsatz in Tagebaugroßgeräten

Sämtliche Brückenlager lassen sich als Fest- und Loslager auslegen, wobei im Falle der Loslager in vergleichbarer Weise zu den Trockengleitlagern zusätzliche Gleitschichten aus PTFE eingesetzt werden.

Die Kugelstützpunkte mit Durchmessern bis zu 1.400 mm nach Abbildung 14.33 dienen zur statisch bestimmten Abstützung von Tagebaugroßgeräten an der Verbindungsstelle zwischen Oberbau und Fahrwerkgruppe gemäß Abbildung 14.34. Zur Ermittlung der auftretenden Flächenpressung muss aus Platzgründen auf die weiterführende Fachliteratur verwiesen werden [14.4], [14.131].

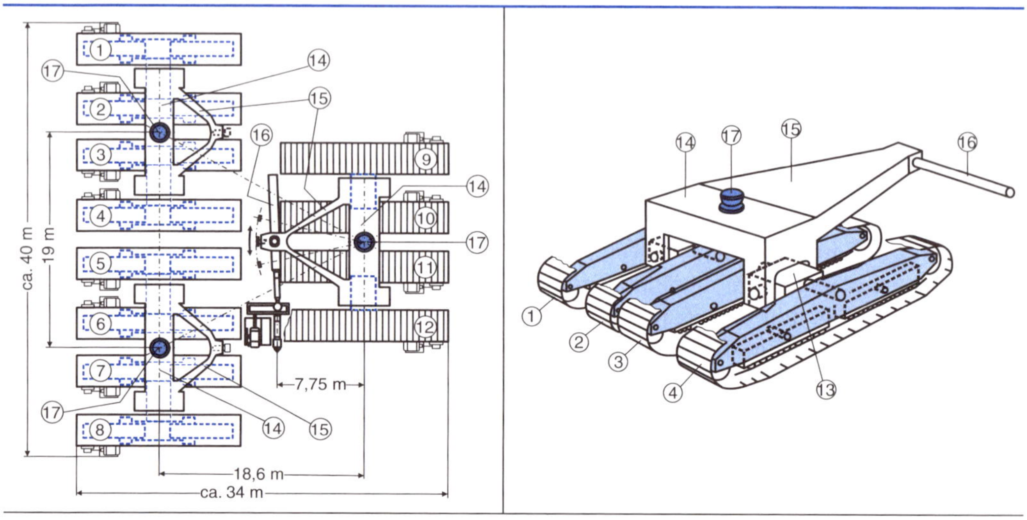

Abbildung 14.34: Raupenfahrwerk eines Tagebaugroßgerätes nach Abbildung 19.28 und einzelne Raupengruppe mit Kugelstützpunkt nach Abbildung 14.33 zur Aufnahme des Baggeroberbaus [14.68]

14.2.4.7 Magnetlager

Häufig werden in besonderen Anwendungsbereichen wie der Navigationstechnik und der Mess- und Präzisionsinstrumententechnik hinsichtlich Wartungsarmut, Verschleißfreiheit und Führungsgenauigkeit besonders hohe Anforderungen an Lagerungen gestellt, die sich weder mit Wälz- noch mit Gleitlagern zufriedenstellend lösen lassen.

Die Forderung nach Verschleißfreiheit und hoher Führungsgenauigkeit kann nur durch einen berührungsfreien Betrieb der gepaarten Teile erfolgen, sodass eines der beiden gepaarten Teile frei schwebend zum anderen gehalten werden muss. Eine derartige schwebende Lagerung lässt sich nur durch den Einsatz magnetischer, elektrostatischer und elektrodynamischer Feldkräfte erreichen.

Die quantitative Ermittlung der magnetischen und elektrostatischen Feldkräfte erfolgte durch Charles Augustin de Coulomb (1736 bis 1806, französischer Physiker) bereits im 18. Jahrhundert in Form des Coulomb'schen Gesetzes für die magnetischen Feldkräfte, das auch für die elektrostatischen Feldkräfte gilt. Die Gesetzmäßigkeiten zur Berechnung der elektrodynamischen Kräfte, die durch die Bewegung eines stromdurchflossenen Leiters in einem Magnetfeld induziert werden, gehen auf Hans Christian Oersted (1777 bis 1851, dänischer Physiker und Chemiker), James Clerk Maxwell (1831 bis 1879, schottischer Physiker) und Michael Faraday (1791 bis 1867, englischer Physiker und Chemiker) zurück.

Im Vergleich zu konventionellen Lagern weisen Magnetlager folgende Vorteile auf:

- Geräuschloser Lauf ohne Reibungsverluste und ohne Schmiermittel
- Einsatz im Hochvakuum, in steriler, korrosiver und radioaktiver Umgebung
- Umfangsgeschwindigkeit bis zu 200 m/s bei sehr hohen Laufgenauigkeiten bis zu 0,1 µm
- Hohe Schwingungsdämpfung und permanente Messung der Exzentrizität
- Kontinuierliches Auswuchten durch die Steuerung und Regelung

Durch den Einsatz geregelter elektromagnetischer Anziehungskräfte kann der rotierende Körper in einem Elektromagnet-Lager berührungsfrei in einem stabilen Abstand zu einem feststehenden Körper gehalten werden. Der Abstand der beiden Körper wird permanent durch induktive Sensoren überwacht und mit einem Soll-Wert verglichen. Mithilfe eines Regelkreises wird über einen Leistungsverstärker die Energieversorgung der Elektromagnete beeinflusst und somit der Ist-Zustand realisiert. Abbildung 14.35 zeigt auf der linken Seite den prinzipiellen Aufbau eines aktiven Magnetlagers und auf der rechten Seite den zugehörigen Regelkreis.

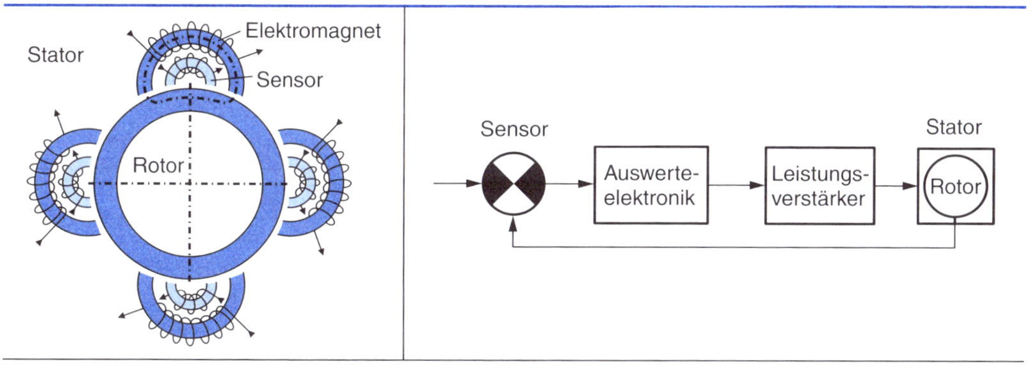

Abbildung 14.35: Prinzipieller Aufbau eines aktiven Magnetlagers und zugehöriger Regelkreis einer aktiven Lagerung [14.108]

Neben den Elektromagnet-Lagern kommen auch Permanentmagnet-Lager nach Abbildung 14.36 zum Einsatz. Dabei werden auf dem zu lagernden Körper drehfeste Ringmagnete angebracht, die von im Lager feststehenden Ringmagneten umschlossen werden. Die Polung der Magnete ist zwischen den inneren und äußeren gegenüberliegenden Magneten umgepolt. In axialer Richtung wechseln sich die Polungen ab.

Bei radialer Verlagerung der Welle stellt sich die günstige Situation ein, dass auf der Seite mit dem geringeren radialen Spalt die Abstoßungskräfte größer sind als auf der gegenüberliegenden Seite. Somit befindet sich die Welle in einem Gleichgewicht bezüglich ihrer radialen Lage.

Bei axialen Verlagerungen ergibt sich jedoch ein Problem durch die entgegengesetzte Polarität der gegenüberliegenden Pole. Durch die Verlagerung kommt es zur teilweisen Paarung gleicher Pole wodurch eine axiale Kraft verursacht wird, die in Richtung der Verlagerung wirkt. Dieses labile Gleichgewicht der axialen Lage kann jedoch durch Begrenzung der Auslenkung mit Anschlägen behoben werden.

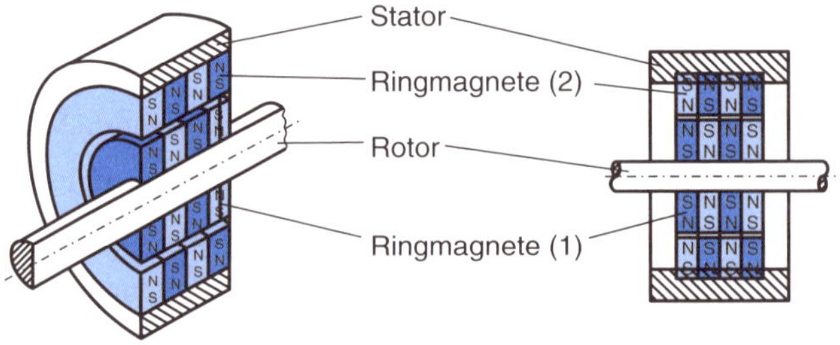

Abbildung 14.36: Permanentmagnet-Lager [14.108]

Eine überschlägige Berechnung der Tragfähigkeit von Magnetlagern erfolgt über die geometrischen Abmessungen der Magnete und die spezifische Tragfähigkeit, die wiederum von den verwendeten ferromagnetischen Werkstoffen abhängt.

Für die radiale Tragfähigkeit C_r eines Radial-Lagers und die axiale Tragfähigkeit C_a eines Axial-Lagers gelten folgende Zusammenhänge [14.108]:

$$C_r = p_r \cdot D \cdot B \quad \text{und} \quad C_a = p_a \cdot D_e \cdot h \tag{14.28}$$

Hierin bezeichnen p_r die radiale und p_a die axiale spezifische Tragfähigkeit nach Tabelle 14.1, D den Rotordurchmesser, B die Breite des lamellierten Rotorabschnittes, D_e den äußeren Rotordurchmesser (Scheibendurchmesser) und h die Breite des Blechpaketes.

	Eisen-Silizium-Bleche	**Eisen-Kobalt-Bleche**
Radiale Richtung p_r [N/mm²]	0,25	0,5
Axiale Richtung p_a[N/mm²]	0,5	1

Tabelle 14.1: Anhaltswerte für spezifische Tragfähigkeiten von ferromagnetischen Werkstoffen [14.108]

Durch Wirbelströme und Ummagnetisierungsvorgänge aufgrund von Hysterese entstehen in den Magnetlagern Leistungsverluste P_v, die sich abhängig von der Lagerkraft F_L in radialer Richtung, der Wellendrehzahl n und dem Polzahlkoeffizient b (mit $b = 2$ bei kleinen Lagern bis $b = 6$ bei großen Lagern) wie folgt abschätzen lassen:

$$P_V = F_L \cdot \left[0{,}02 \cdot \frac{n}{100} + 0{,}005 \cdot b \cdot \left(\frac{n}{100} \right)^2 \right] \tag{14.29}$$

Im Vergleich zu Wälzlagern besitzen Magnetlager keine konstante Steifigkeit R_0, da diese von der Eigenfrequenz f_0 des Regelkreises und der vom Lager aufzunehmenden Rotormasse G wie folgt abhängt:

$$R_0 = (2 \cdot \pi \cdot f_0)^2 \cdot G \tag{14.30}$$

Bei senkrechter Wellenanordnung ist die Verlustleistung wesentlich kleiner, weshalb man sie in erster Näherung vernachlässigen kann.

14.2.5 Werkstoffe und Eigenschaften

Das tribologische System des Gleitlagers besteht aus dem Zapfenwerkstoff, dem Lagerwerkstoff und dem Schmierstoff. Beim Anfahren und Anhalten unter Last geraten hydrodynamisch geschmierte Lager in den Bereich der Mischreibung. Dabei ist es besonders wichtig, dass eine schützende Schmierstoff-Grenzschicht am Zapfen und am Lager haften bleibt, um den Verschleiß zu reduzieren, weshalb an die Gleitwerkstoffe gemäß DIN 50282 die in Tabelle 14.2 zusammengefassten Anforderungen gestellt werden [14.54].

Bei der Auswahl des Zapfenwerkstoffes ist grundsätzlich darauf zu achten, dass die Zapfenoberfläche die drei- bis fünffache Härte des Gleitwerkstoffes aufweist. Somit wird gewährleistet, dass sich der Verschleiß auf die Oberfläche der Lagerbuchsen bzw. -schalen beschränkt. Der gängigste Werkstoff für den Zapfen ist Stahl, wobei sich harte Stähle mit feinem Gefüge und einer Oberflächenhärte von 64 HRC ≈ 810 V besser eignen als weiche. Es ist darauf zu achten, dass Werkstoffe verwendet werden, die für Oberflächen höchster Glätte geeignet sind. Die Verwendung von nickellegierten Stählen ist ungünstig, da diese zum Fressen neigen. Die Oberflächen werden durch Feinschleifen und am besten durch anschließendes Läppen oder Honen für den Betrieb vorbereitet. Es besteht weiterhin die Möglichkeit des Hartverchromens, was zu besseren Gleiteigenschaften und geringerer Fressneigung führt.

Als Lagerwerkstoffe werden häufig Nichteisen-Metall-Legierungen verwendet, sowie Nichtmetalle und Gusseisen mit Lamellengrafit. Dabei ist darauf zu achten, dass sich der Wärmeausdehnungskoeffizient nicht zu stark von dem des Zapfens unterscheidet. Eine große Differenz führt bei Temperaturänderung zu einer Veränderung des Lagerspiels. Die Legierungen werden außerdem bei steigender Temperatur weich, deshalb werden sie nur in bestimmten Temperaturbereichen verwendet. Bis 80 °C kommen Blei- und Zinnlegierungen zum Einsatz, bis 100 °C können Zinklegierungen verwendet werden, Leicht- und Sondermetalle bis 150 °C, mit Gussbronze erreicht man Einsatztemperaturen von bis zu 250 °C und mit Zinnknetlegierungen 300 °C.

Man unterscheidet die Lagerwerkstoffe in Massivlager und Verbundlager. Massivlager bestehen in ihrer einfachsten Form ohne zusätzliche Legierung nur aus einem Lagerwerkstoff mit hoher Festigkeit. Dafür werden üblicherweise Gusseisen, bzw. CuSn- und CuSnZn-Gusslegierungen als Form- oder Strangguss oder Massivbuchsen aus gezogenem Rohr- oder Bandmaterial verwendet.

Verbundlager bestehen aus einer Stützschicht aus Stahl, Stahlguss oder Gusseisen, sowie einer aufgegossenen Lagerwerkstoffschicht. Bei besonders hohen Anforderungen werden auch drei oder mehr Schichten verwendet. Dazu wird auf die Lagerwerkstoffschicht noch eine weiche Gleitschicht aufgebracht, die zu einem beschleunigten Einlaufvorgang führt. Die Lagerwerkstoffschicht dient dabei als Notlaufschicht beim Versagen der dünnen Gleitschicht.

Zusammenfassend sind die allgemeinen Eigenschaften von Gleitlagerwerkstoffen in der Tabelle 14.3 dargestellt.

Mechanische Belastungsgrenze	Maximal mögliche Belastung (Kraft/Projektionsfläche der Lagerschale) bei noch sicherem Lauf, oberhalb der ein Versagen des Gleitlagers durch Auftreten einer unzulässigen bleibenden Verformung des Gleitwerkstoffes, durch Gewaltbruch oder Dauerbruch eintritt
Belastbarkeit	Belastung (Kraft/Projektionsfläche der Lagerschale), die ein Gleitwerkstoff in einem Gleitlager dauernd unter einer bestimmten Beanspruchungsart ertragen kann, ohne die mechanische Belastungsgrenze und einen bestimmten Verschleißbetrag zu überschreiten. Dabei ist der zulässige Verschleißbetrag durch die erwartete Gebrauchsdauer des Gleitlagers begrenzt.
Schmiegsamkeit	Fähigkeit eines Gleitwerkstoffes, sich den Beanspruchungen – ohne bleibende Störung des Gleitverhaltens – durch elastische oder elastisch-plastische Verformungen anzupassen
Anpassungsfähigkeit	Fähigkeit eines Gleitwerkstoffes, sich – ohne bleibende Störung des Gleitverhaltens – den Beanspruchungen durch Schmiegung und/oder durch Verschleiß anzupassen
Verschweißwiderstand (Fressunempfindlichkeit)	Widerstand eines Gleitwerkstoffes gegen die Bildung von adhäsiven Bindungen mit dem Gegenwerkstoff
Riefenbildungswiderstand	Widerstand eines Gleitwerkstoffes gegen die Bildung von Riefen und Kratzern an der Oberfläche des Gegenwerkstoffes
Verträglichkeit mit dem Gegenwerkstoff	Widerstand gegen Verschweißung und Riefenbildung
Fähigkeit zur Bildung einer Reaktionsschicht	Fähigkeit des Gleitwerkstoffes, mit Bestandteilen des Schmierstoffes eine tribochemische, im Allgemeinen verschleißmindernde Reaktionsschicht zu bilden
Schmierstoffbenetzbarkeit	Fähigkeit eines Gleitwerkstoffes, auf seiner Oberfläche einen Schmierfilm auszubilden
Einbettfähigkeit	Fähigkeit eines Gleitwerkstoffes, harte Partikel in die Laufschicht aufzunehmen
Einlaufverhalten	Fähigkeit eines Gleitwerkstoffes, die erhöhte Anfangsreibung und den erhöhten Anfangsverschleiß durch Anpassung der Gleitflächen in kurzer Zeit herabzusetzen
Notlaufverhalten	Fähigkeit eines Gleitwerkstoffes, beim Auftreten unvorhergesehener ungünstiger Schmierbedingungen noch ein Gleiten während einer begrenzten Zeitspanne aufrechtzuerhalten
Verschleißwiderstand	Widerstand eines Gleitwerkstoffes gegen Verschleiß infolge tribologischer Beanspruchungen während des Gleitvorganges. Er wird ausgedrückt durch den Reziprokwert des Verschleißbetrages

Tabelle 14.2: Anforderungen an Gleitlagerwerkstoffe nach DIN 50282 [14.54]

Forderung nach	Guss-eisen	Sinter-metall	CuSn-Guss-bzw. Knetlegie-rungen	G-CuPb-Legie-rungen	PbSn-Legie-rungen	Kunst-stoffe	Holz	Gummi	Kohle Graphit
Gleiteigenschaften	◑	◑	◕	●	●	●	●	●	●
Notlaufverhalten	◑	●	◑	◕	◕	●	◔	○	●
Verschleißwiderstand	●	◑	●	◑	◔	◑	◔	○	◔
stat. Tragfähigkeit	●	◑	◕	◔	◔	◔	○	○	◔
dyn. Belastbarkeit	◕	◔	◕	◔	◔	◔	○	○	○
hoher Gleitgeschw.	◔	○	◕	●	●	○	○	○	◕
Unempfindlichkeit gegen Kantenpressung	○	○	◕	◕	●	●	◕	●	◑
Einbettfähigkeit	○	○	◕	◕	●	◕	◕	●	◕
Wärmeleitfähigkeit	◑	◑	◕	◑	◔	○	○	○	◕
kleiner Wärmedehnung	●	●	◕	◑	◑	○	◔	○	●
Beständigkeit gegen hohe Temperaturen	◑	◑	◑	○	○	○	○	○	●
Öl-(Fett-)Schmierung	●	●	●	●	●	●	●	◑	●
Wasserschmierung	○	○	○	○	○	●	●	●	●
Trockenlauf	○	○	○	○	○	●	○	○	●

Funktionsmerkmal wird vom Lager:

● sehr gut erfüllt
◕ gut erfüllt
◑ ausreichend erfüllt
◔ unter bestimmten Bedingungen erfüllt
○ nicht erfüllt

Tabelle 14.3: Allgemeine Eigenschaften von Gleitlagerwerkstoffen

14.2.6 Reibung, Temperatur und Schmierung

In Verbindung mit den unterschiedlichen Betriebs- und Reibungszuständen in einem Gleitlager und dem damit einhergehenden Temperaturverhalten ist die ausreichende Schmiermittelversorgung desselben von besonderer Bedeutung. Das Gleitlager muss ständig mit einer ausreichenden Schmiermittelmenge versorgt werden, wozu man gemäß Abbildung 14.37 entweder eine einfache Ringschmierung mit festen und losen Schmierringen oder aber die aufwändigere Umlaufschmierung vorsehen kann.

Die in Abbildung 14.37 a) gezeigte Ringschmierung mit festem Schmierring und Abstreifer ist nur bis zu Umfangsgeschwindigkeiten von 10 m/s am Außendurchmesser geeignet, da sich bei höheren Geschwindigkeiten Schaum im Ölvorrat bildet und die Schmiermittelversorgung nicht mehr sichergestellt ist. Der feste Schmierring für innere Ölübergabe und Abstreifer nach Abbildung 14.37 b), bei dem die Fördermenge mit steigender Ringgeschwindigkeit zunimmt, ist nach VDI 2204 für Umfangsgeschwindigkeiten von 14 bis 24 m/s geeignet, während der lose Schmierring in Abbildung 14.37 c) für Umfangsgeschwindigkeiten von 10 bis 20 m/s einsetzbar ist [14.178]. Dabei hängt die Einsatzgrenze von der Ringform, der Schmierstoffviskosität, der Reibung zwischen Ring und Welle und der Eintauchtiefe ab. Lose Schmierringe können zwischen 1 und 4 l/min fördern, wobei das Fördervolumen zunächst mit steigender Ringgeschwindigkeit bis zu einem Maximum ansteigt, um dann wieder abzufallen und die oberen Werte nur mit profilierten Ringen zu erreichen. Weiterhin ist zu beachten, dass lose Ringe zum Einsatz bei dynamischer Belastung oder Stößen nicht geeignet sind.

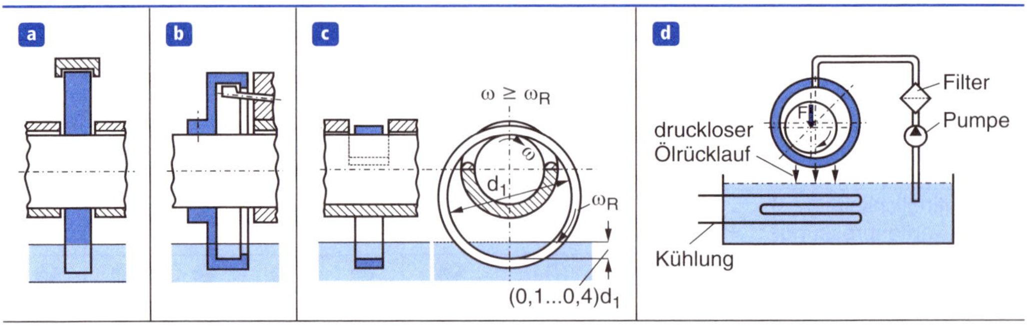

a Fester Schmierring mit Abstreifer für beidseitige Ölversorgung

b Fester Schmierring für innere Ölübergabe und Abstreifer für einseitige Ölversorgung

c Loser Schmierring

d Ölumlaufschmierung mit zusätzlicher Kühlung

Abbildung 14.37: Möglichkeiten zur Lagerschmierung [14.173]

Setzt man anstelle dieser einfachen Schmierringe eine Ölumlaufschmierung nach Abbildung 14.37 d) ein, so benötigt man einen Ölvorrat mit kombinierter Kühlung, eine Pumpe mit Filter und Volumenstromregler sowie Zuführ- und Rückführleitungen. Oftmals werden über ein Ölumlaufschmiersystem mehrere Lager zentral mit gekühltem und gefiltertem Öl bei einem Zuführdruck zwischen 0,5 und 5 bar versorgt, wobei die Strömungsgeschwindigkeit in den Zuführleitungen 1,5 bis 2 m/s nicht überschreiten sollte. Ferner sollte der Rohrdurchmesser der Rücklaufleitungen vier- bis sechsmal so groß sein wie der der Zuführleitungen und über ein gleichmäßiges Gefälle von ca. 15° verfügen.

Zur gleichmäßigen Verteilung des Schmiermittels im Lager werden die Lagerschalen vorzugsweise mit genormten Schmiernuten nach DIN ISO 12128 versehen [14.65]. Dabei sollte die Schmierstoffzufuhr in der unbelasteten Zone im Bereich des größer werdenden Spalts erfolgen, um in der belasteten Zone einen ungestörten Druckaufbau mit maximaler Tragwirkung zu erzielen und die Verschäumungsgefahr für den Schmierstoff zu mindern. Im Falle instationär belasteter Radial-Gleitlager ermittelt man die günstigste Lage der Schmierstoffzufuhr aus der Wellenverlagerungsbahn.

Um eine gleichmäßige Verteilung des Schmierstoffs über der Lagerbreite zu erreichen, sind eine oder mehrere Taschen bzw. Bohrungen oder aber eine Ringnut vorzusehen. Während bei schmalen Lagern üblicherweise eine Bohrung ausreicht, verwendet man bei rotierender oder unbestimmter Lastrichtung häufig eine ganz oder teilweise umlaufende Ringnut nach Abbildung 14.24.

Weiterhin sollte die axiale Breite von Schmiertaschen im Hinblick auf einen möglichst geringen Seitenfluss weniger als 70% der Lagerbreite betragen. Mittels zusätzlich angebrachter Abstreifer lässt sich verhindern, dass austretender heißer Schmierstoff wieder in den Gleitraum eintritt. Bei der Verwendung von Axial-Lagern für vertikal angeordnete Wellen sollten die innen liegenden Bereiche der Gleitflächen auch unter Fliehkrafteinwirkung ausreichend mit Schmierstoff versorgt werden.

Neben der Form der Schmiernuten ist weiterhin zu berücksichtigen, dass diese vorzugsweise am stehenden Teil angebracht werden, da es nur so möglich ist, den Schmierstoff außerhalb der Druckzone in das System einzuleiten. Auch wenn in den meisten Fällen die Welle das bewegliche Teil des Lagers darstellt, so gibt es auch den Fall der stillstehenden Achse (z.B. bei Laufrädern) wie Abbildung 14.38 zeigt.

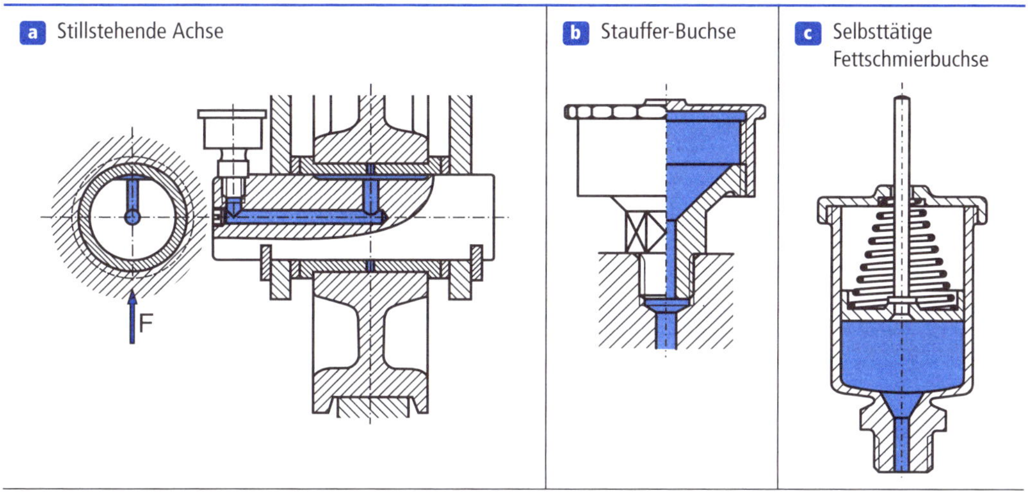

Abbildung 14.38: Schmierstoffzufuhr bei stillstehendem Achszapfen über Stauffer-Buchse nach DIN 3411 oder selbsttätige Fettschmierbuchse [14.20], [14.35]

Neben der Schmierung des Gleitlagers lässt sich über den Schmierstoff auch die anfallende Verlustwärme abführen. Dabei hängt bei Lagern mit Ringschmierung die Kühlwirkung hauptsächlich von den Umströmungsverhältnissen am Lagergehäuse ab, da die Reibungswärme überwiegend über das Lagergehäuse an die Umgebung abgegeben wird. Im Gegensatz dazu erfolgt bei Umlaufschmierung die Verlustwärmeabfuhr hauptsächlich über den Schmierstoff. Dabei sind ohne zusätzliche Kühlung des Ölvorrats Temperaturabsenkungen des Öls bis zu 10 K möglich, während sich durch den Einbau von Zusatzkühlern bzw. Wärmetauschern im Ölsumpf oder Ölsammelbehälter Temperaturminderungen des Öls von 20 bis 30 K erreichen lassen [14.70].

Weitere konstruktive Hinweise zur Gestaltung von Gleitlagern im Hinblick auf eine gute Schmierstoffversorgung finden sich im folgenden Abschnitt.

14.3 Gestaltung von Gleitlagerungen

Aufbauend auf den bereits vorgestellten grundlegenden Lagerbauarten werden im Folgenden einige Hinweise zu weiteren Bauarten, Einbaubedingungen, Abmessungen und den Steifigkeitseigenschaften von Gleitlagern behandelt.

14.3.1 Bauarten und Einbaubedingungen für Gleitlager

Entsprechend Abbildung 14.39 lässt sich ungeachtet einer hydrostatischen oder hydrodynamischen Schmierung grundsätzlich zwischen Radial- und Axial-Lagern unterschieden. Betrachtet man zunächst die Radial-Lager, so werden die Lagerbuchsen in geteilter (zwei Halbschalen) oder ungeteilter Bauart jeweils mit oder ohne axiale Gleitflächen gemäß Abbildung 14.40 ausgeführt.

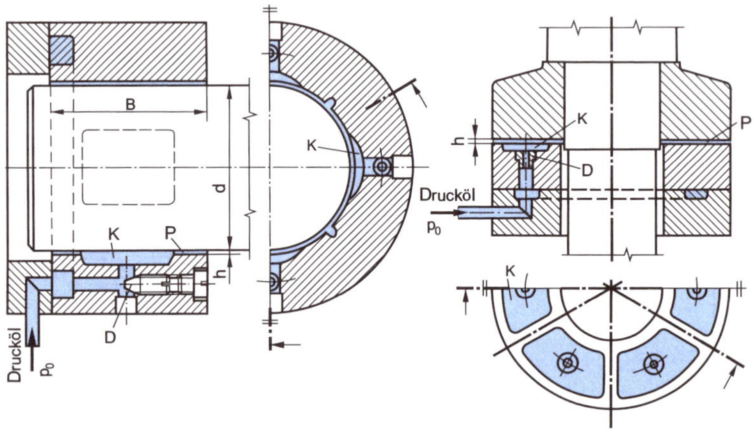

Abbildung 14.39: Hydrostatisch geschmiertes Radial- und Axial-Lager nach [14.20]

Dabei können die Buchsen und Halbschalen sowohl dick- als auch dünnwandig sein. Der wesentliche Vorteil der dickwandigen Buchsen und Schalen ist die Formstabilität auch ohne ein umgebendes steifes Gehäuse. Die erforderliche Gleitflächengeometrie wird auch bei geringem oder ohne Presssitz im Gehäuse gewährleistet und die Oberflächenstruktur der Gehäuseaufnahmebohrung hat keinen großen Einfluss auf die Gleitflächen. Meistens werden die dickwandigen Buchsen und Schalen aus einem einzigen Lagerwerkstoff (Massivlager) hergestellt oder aus einem Stützkörper mit einer Lagerwerkstoff-Ausgussschicht nach Abbildung 14.41 (Verbundlager). Buchsen werden aus einem Rohr oder aus Stangenmaterial gefertigt.

Im Gegensatz zu den dickwandigen erreichen die dünnwandigen Buchsen und Schalen nach Abbildung 14.40 erst nach dem Einbau ins Gehäuse bei ausreichender Pressung zwischen Gehäuse und Lager ihre endgültige Form, da sie im nicht eingebauten Zustand nicht formstabil und unrund sind. Die Herstellung erfolgt üblicherweise aus einem Bandabschnitt (Platine) durch Biegen, Pressen oder Rollen. Dieser Bandabschnitt kann aus einem einzigen (massiv) oder aus einem mehrschichtigen (zwei-, drei- oder vierschichtigen) Werkstoff bestehen, der meistens noch über einen Stahlrücken verfügt, wobei im Falle der Mehrschichtlager die jeweils guten Eigenschaften der einzelnen Werkstoffschichten gezielt zu einem optimalen

Gesamtverhalten des Lagers verknüpft werden. Grundsätzlich lassen sich mit Verbundlagern kostenintensive Gleitwerkstoffe gezielt einsetzen.

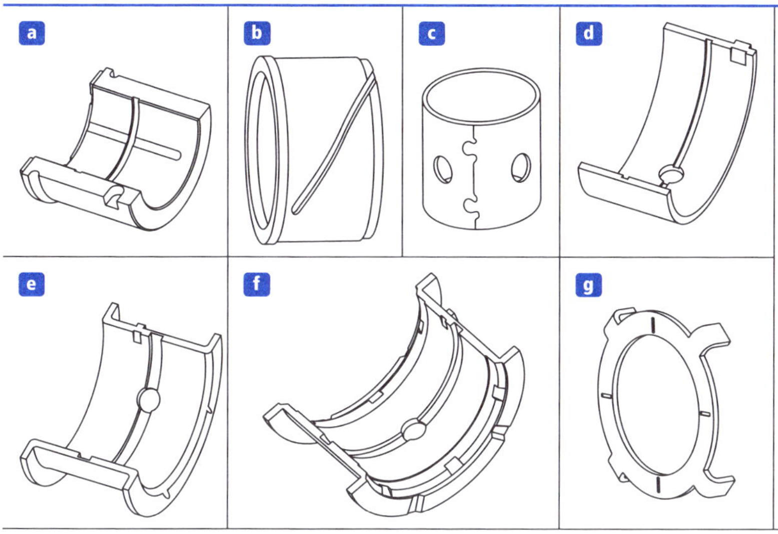

a Dickwandiges Lager
b Nahtlose Buchse (Schwimmbuchse)
c Buchse in verklinkter Ausführung
d Dünnwandige Halbschale
e Bundschale
f Bundschale mit verklinkten Anlaufscheiben
g Anlaufscheibe

Abbildung 14.40: Ausführungsformen von Gleitlagerbuchsen nach [14.108]

Nach Möglichkeit sollte die Schichtdicke des Lagerwerkstoffs sehr klein sein, wobei sich die untere Grenze aus der Fertigungstechnik, einer ausreichend großen Verschleißdicke und einer entsprechenden Einbettungsfähigkeit von Verschleiß- und Schmutzpartikeln ergibt. Weiterhin ist zu berücksichtigen, dass die Belastbarkeit (Quetschgrenze und Ermüdungsfestigkeit) mit abnehmender Schichtdicke ansteigt.

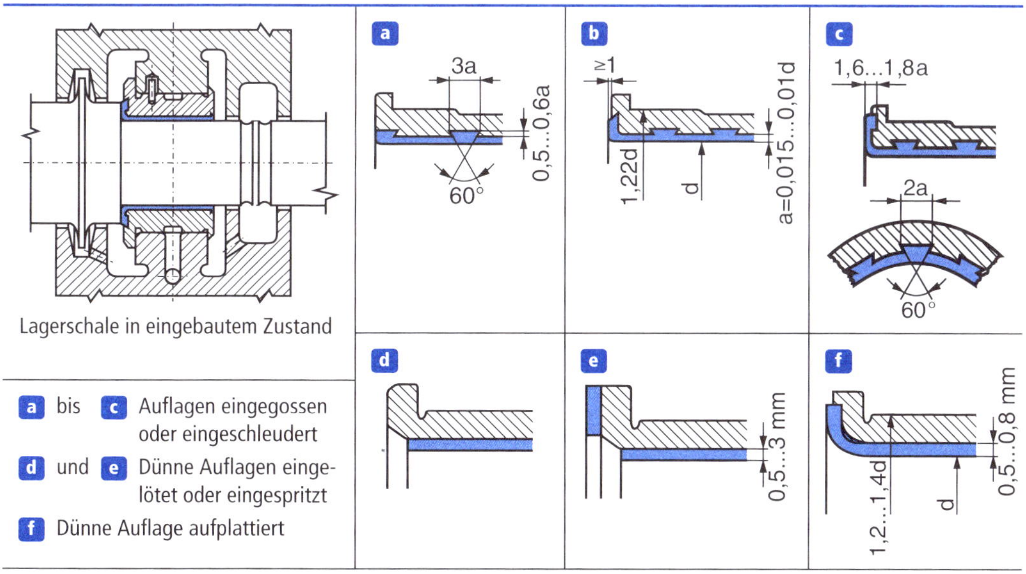

Abbildung 14.41: Verbundlagerschalen und mögliche Einbauarten [14.20]

Häufig setzt man anstelle zylindrischer Radial-Gleitlager auch Mehrgleitflächenlager ein, insbesondere bei hohen Drehzahlen und als Präzisionslager mit sehr hoher Steifigkeit. Die hierbei zu verwendenden Gleitsegmente können entweder fest eingearbeitet oder kippbeweglich ausgeführt sein. Gelenklager mit sphärischen Gleitflächen werden vorzugsweise bei niedrigen Geschwindigkeiten und der Gefahr von Schiefstellungen und Fluchtungsfehlern verwendet.

Nicht nur bei den in Abbildung 14.42 gezeigten Radial-Gleitlagern in Stehlagerausführung, sondern auch bei den anderen Gleitlager-Bauarten werden die dickwandigen Lagerschalen und Buchsen nach Abbildung 14.43 in die Gehäusebohrung eingepresst.

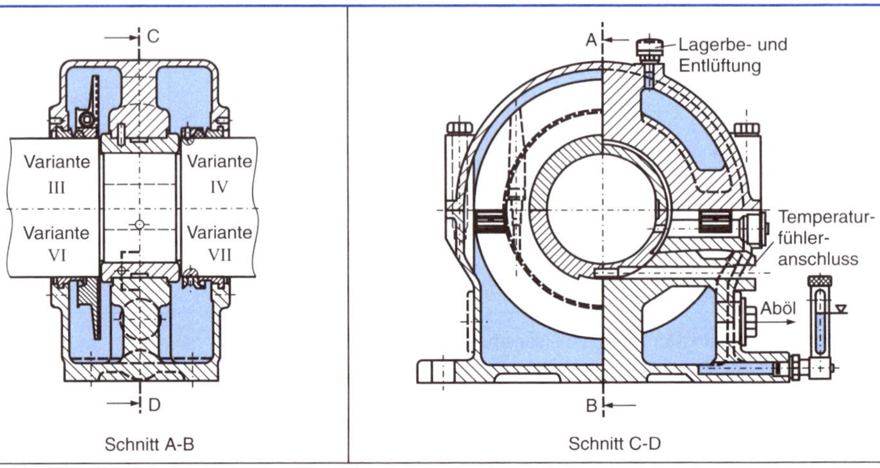

Abbildung 14.42: Stehgleitlager mit seitlichem Festschmierring [14.108]

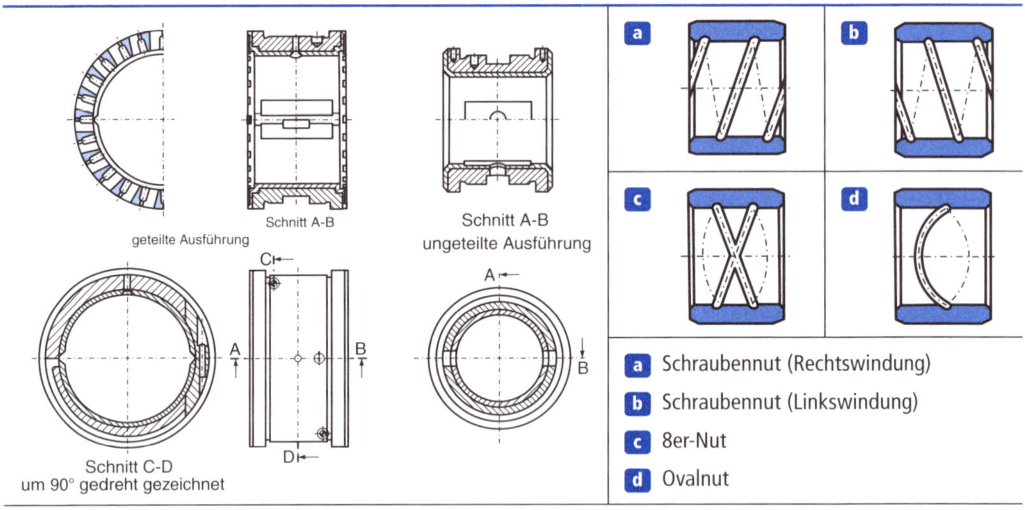

Die links gezeigten Schalen für eine Drehrichtung in geteilter und ungeteilter Ausführung verfügen über eingearbeitete Keilflächen.

Abbildung 14.43: Gleitlagerschalen für radiale und axiale Belastung (links) und Schmiernutformen nach DIN ISO 12128 (rechts) [14.65], [14.108]

Dabei ist zu beachten, dass eine Verschiebung der Schale in der Bohrung durch eine ausreichend hohe Pressung bei allen Betriebszuständen verhindert wird. Ferner sollten die bei Lagerschalen und gerollten Buchsen auftretenden Teilfugen senkrecht zur Lastrichtung eingebaut werden. Werden anstelle der dickwandigen Buchsen dünnwandige Verbundlagerschalen verwendet, so kann der Ausguss der Schalen entsprechend Abbildung 14.41 sowohl mit als auch ohne Verklammerungsnuten erfolgen.

Bei Axial-Lagern nach Abbildung 14.39 werden entweder fest in einen Spurring eingearbeitete Keilflächen oder aber kippbewegliche Segmente eingesetzt die in gleicher Weise wie beim Radial-Lager aus Massivwerkstoff oder aber Verbundmaterial bestehen können.

Neben der richtigen Auswahl des Lagerwerkstoffes ist für den verschleißfreien Betrieb von Gleitlagern eine ausreichende Schmiermittelversorgung im Schmierspalt über die gesamte Lagerbreite von großer Bedeutung. Damit sich ein die Kontaktflächen trennender und tragender Schmierfilm ausbilden kann, sind zur gleichmäßigen Verteilung des Schmiermittels die Lagerschalen gemäß Abbildung 14.43 und Abbildung 14.44 mit Schmiernuten, Schmierbohrungen oder Schmiertaschen ausgeführt, die in den gezeigten Ausführungen nach Abbildung 14.44 A) bis K) nach DIN ISO 12128 genormt sind [14.65].

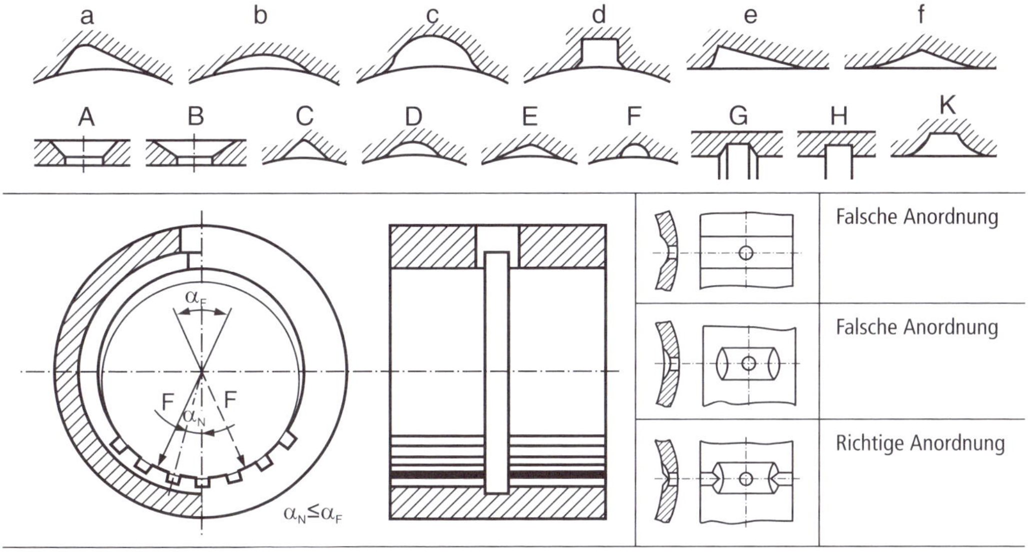

Abbildung 14.44: Arten von Schmiernuten nach DIN ISO 12128 und deren richtige Anordnung sowie Lage der Schmiernuten bei Grenzschichtschmierung [14.20], [14.65]

So zeigen Abbildung 14.44 A) und B) Schmierbohrungen, Abbildung 14.44 G) und H) Ringnuten und Abbildung 14.44 C) und K) Schmiertaschen. Da die Querschnittsform der Schmiernuten einen großen Einfluss auf den Ölfluss und die Ausprägung des Schmierfilms hat, können die Schmiernuten auch in ihrer Form abhängig vom Drehsinn gefertigt werden. Demzufolge sind die Formen nach Abbildung 14.44 a) und e) nur für eine gleichbleibende Drehrichtung geeignet, während alle anderen Formen auch für wechselnde Drehrichtungen eingesetzt werden können.

Weiterhin sollten Schmiernuten niemals in der Druckzone des Lagers angeordnet werden, da hierdurch ungünstige Strömungsverhältnisse durch Turbulenzen entstehen, die letztlich die Tragfähigkeit des Lagers herabsetzen. Grundsätzlich ist eine axiale Ausrichtung der Schmiernuten und Öltaschen anzustreben, wobei zur Verringerung der Gefahr der Abstreifwirkung eine gratfreie Abrundung in Laufrichtung gemäß Abbildung 14.45 vorzusehen ist.

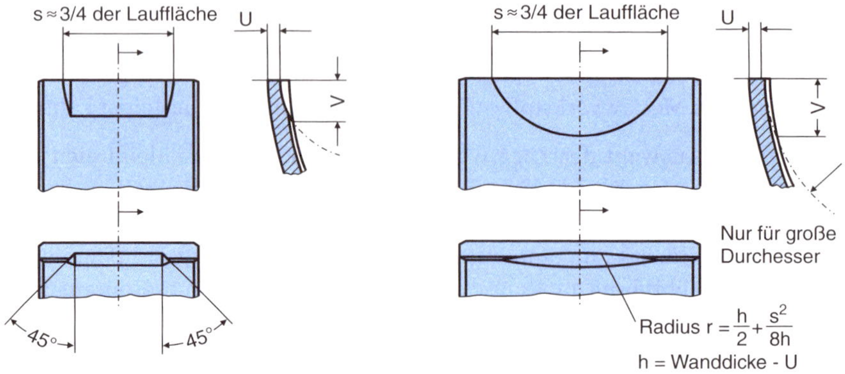

Abbildung 14.45: Taschenformen mit gratfreien Übergängen [14.108]

Dabei ist zu beachten, dass sich die Schmiernuten und Schmiertaschen neben der Ölbevorratung leider auch zur Sammlung und Ablagerung von Verschmutzungen eignen, weshalb man Lagerschäden häufig direkt dahinter in Drehrichtung beobachten kann. Andererseits dürfen die Schmiernuten und Schmiertaschen auf keinen Fall seitliche Öffnungen aufweisen, da dann das Öl dort ungehindert ausfließt ohne eine wesentliche Kühlleistung zu erbringen. Sofern es gelingt, die Ölzufuhr an der Stelle mit dem zeitlich größten Spaltanteil anzuordnen, ist eine einfache Ölbohrung mit einer mäßigen Ansenkung vollkommen ausreichend, um eine gute Breitenverteilung des Öls zu erreichen.

Grundsätzlich sollte bei einer drucklosen Ölabführung aus dem Lager der Ablaufquerschnitt der Ölleitung doppelt so groß sein wie der Zulaufquerschnitt, damit sich kein Ölstau im Lager bildet, in dessen Folge erhöhte Temperaturen und ein frühzeitiger Verschleiß auftreten.

Abschließend soll noch auf besondere Maßnahmen zur Schmierung hydrodynamischer Lager eingegangen werden, die häufig den Bereich der Mischreibung im Drehzahlbereich $n < n_ü$ beim An- und Abfahren durchlaufen müssen. Erfahrungsgemäß sind Schäden eher selten, wenn der Mischreibungsbereich bei Gleitgeschwindigkeiten unter $u = 1$ m/s liegt und schnell durchfahren wird. Allerdings gibt es auch Lagerungen (insbesondere Führungen), die ständig in diesem Reibungszustand betrieben werden, wozu z.B. auch Kolben in einem Verbrennungsmotor gehören. Derartige Betriebsverhältnisse werden als Grenzschichtschmierung bezeichnet, bei denen man mit harten und sehr glatten Gleitflächen ebenfalls ein betriebssicheres Gleiten erreicht, sofern man zusätzlich zum geeigneten Gleitwerkstoff einen gut haftenden Schmierfilm gewährleisten kann. Da dies mit der üblichen Schmiernutanordnung hydrodynamisch geschmierter Gleitlager nicht möglich ist, legt man entsprechend Abbildung 14.44 die Schmiernuten so nahe wie möglich an die belastete Zone, sodass in diesem Bereich immer eine ausreichende Schmierstoffmenge zur Verfügung steht. Erreichen lässt sich dies durch achsparallele Schmiernuten, die mit einer in der Lagermitte anliegenden

Ringnut verbunden sind. Dabei darf der Nutenabstand in keinem Falle größer als der Pendelweg der Kraft sein, was zu sehr kleinen Nutenquerschnitten führen kann. In vergleichbarer Weise kann das Nutensystem auch am Zapfen angeordnet sein, was z.B. bei Kolben in Verbrennungsmotoren der Fall ist.

Bezüglich der Gleitraumbauformen von Axial-Lagern zeigt Abbildung 14.46 ergänzend zu Abbildung 14.17 und Abbildung 14.19 einige Anhaltswerte abhängig von der Teilung l_t.

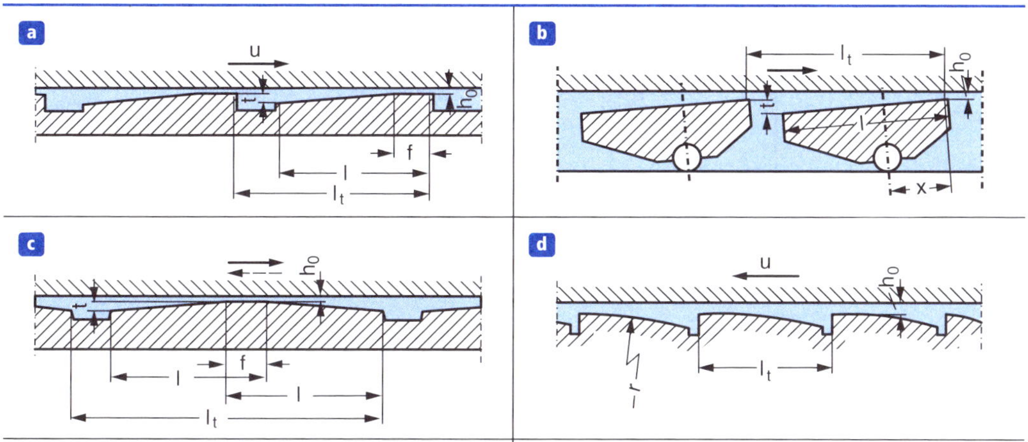

a Mit fest eingearbeiteten Keilflächen:

$$l = 0{,}8 \cdot l_t \quad \text{und} \quad f = 0{,}25 \cdot l \qquad (14.31)$$

b Mit kippbeweglichen Segmenten:

$$l = 0{,}8 \cdot l_t \quad \text{und} \quad x = 0{,}42 \cdot l \qquad (14.32)$$

c Mit fest eingearbeiteten Keilflächen für beide Drehrichtungen:

$$l = 0{,}5 \cdot l_t \quad \text{und} \quad f = 0{,}25 \cdot l \qquad (14.33)$$

d Mit gewölbten Gleitflächen:

In allen Fällen bezeichnet l_t die Teilung abhängig vom Mitteldurchmesser des Lager d_m und der Anzahl der Segmente z:

$$l_t = \frac{d_m \cdot \pi}{z} \qquad (14.34)$$

Abbildung 14.46: Gleitraumformen von Axial-Lagern nach [14.124]

Nachdem nun der grundsätzliche Lageraufbau im Inneren zur Erzielung optimaler Schmierungsbedingungen behandelt wurde, ist im Weiteren zu beachten, dass auch im Betrieb unter beliebiger Belastung und sich der daraus ergebenden Wellenverformungen die optimale Schmierspaltgeometrie des Lagers erhalten bleibt. Aus Abbildung 14.47 a) und b) ist ersichtlich, dass es aufgrund belastungsbedingter Verformungen der Welle im Betrieb zu einem Kantentragen im Lager kommen kann, was letztlich zu einer deutlichen Minderung der Lagertragfähigkeit führt.

Zum Ausgleich dieser Verformungen bzw. zur Minderung bestehen einige konstruktive Möglichkeiten, worauf im Folgenden näher eingegangen werden soll. Als einfachste Maßnahmen lassen sich gemäß Abbildung 14.47 c) die Bohrungsenden erweitern oder aber nach Abbildung 14.47 d) und e) die Lagerkörperstützbreite verringern. Ebenso ist auch eine grundsätzliche Verringerung der Lagerbreite von Vorteil, wobei jedoch nach Möglichkeit die Werte entsprechend Tabelle 14.4 in Verbindung mit Abbildung 14.11 einzuhalten sind.

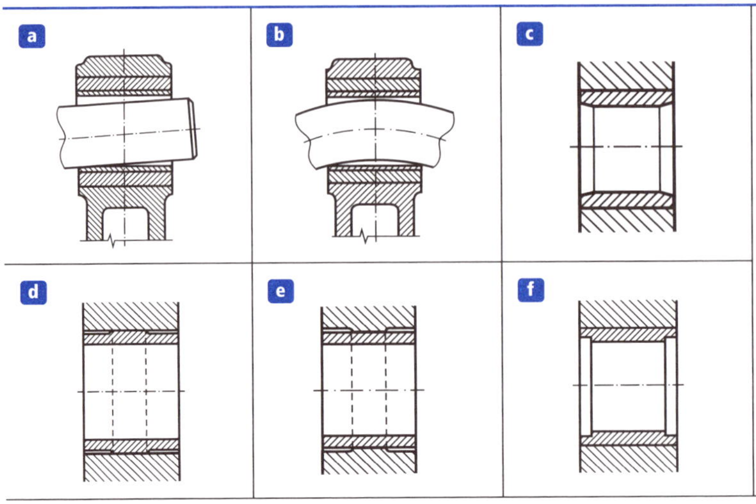

- **a** Bei Schiefstellung des Zapfens
- **b** Bei Krümmung des Zapfens
- **c** Erweitern der Bohrungsenden
- **d** Verringern der Lagerkörperstützbreite
- **e** Verringern der Lagerkörperstützbreite
- **f** Verringern der Lagerbreite

Abbildung 14.47: Gefahr der Kantenpressung in starren Lagern und Möglichkeiten zur Minderung [14.20]

Weitere Möglichkeiten zur Anpassung des Lagers an die auftretenden Wellenverformungen sind eine elastische Ausführung des Tragkörpers nach Abbildung 14.48 a) bis c) oder aber die Kippbeweglichkeit des Lagerkörpers nach Abbildung 14.48 d) bis e).

Während sich bei der Ausführung als Schlauchlager nach Abbildung 14.48 b) die Buchse aufgrund der eingebrachten Ringnuten besser der Zapfenlage anpassen kann, ergibt sich bei der elastischen Gestaltung des Tragkörpers nach Abbildung 14.48 c) die Anpassungsfähigkeit aus der Biegeweichheit der Abstützung des Lagergehäuses.

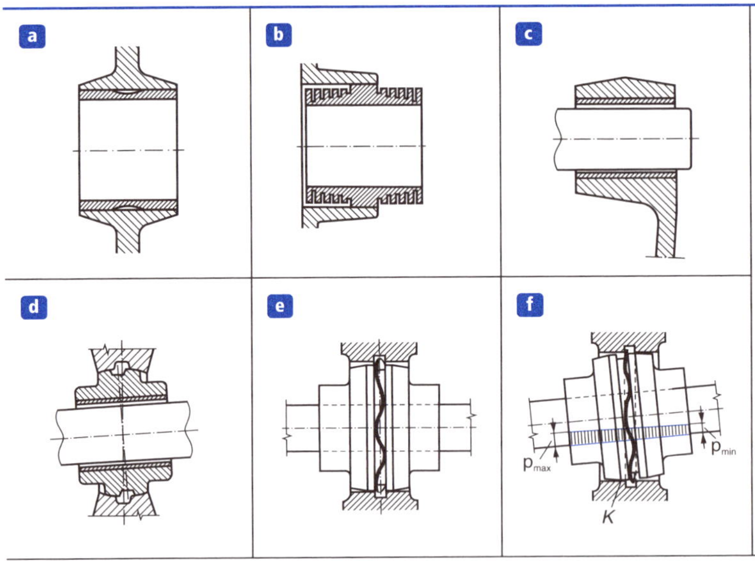

- **a** Elastische Ausbildung der Stützkörperenden
- **b** Schlauchlager
- **c** Elastisches Kippen des Lagerkörpers
- **d** Kippbeweglichkeit des Lagerkörpers
- **e** Kippbewegliche Lagerschale – Mittellage
- **f** Kippbewegliche Lagerschale – um die Kante *K* gekippt

Abbildung 14.48: Weitere Möglichkeiten zur Minderung der Kantenpressung [14.20]

Verhältnis B / D für Kurzgleitlager mit guter Tragfähigkeit	Verhältnis B / D für Langgleitlager mit geringerer Tragfähigkeit als Kurzgleitlager	Verhältnis B / D für optimale Tragfähigkeit	Verhältnis B / D für tatsächlich ausgeführte Gleitlager
$\frac{B}{D} \leq 1$ (14.35)	$\frac{B}{D} > 1$ (14.36)	$\frac{B}{D} \approx 0{,}3 \ldots 0{,}7$ (14.37)	$\frac{B}{D} \approx 0{,}5 \ldots 1{,}5$ (14.38)

Tabelle 14.4: Verhältnis von Breite B zu Durchmesser D bei Radial-Lagern gemäß Abbildung 14.11 im Hinblick auf die Tragfähigkeit

Ebenso ist auch die kippbewegliche Gestaltung der Lageraufnahme nach Abbildung 14.48 d) bis f) möglich, wobei hier jedoch ein größeres Lagerspiel vorzusehen ist, da zur Auslenkung der Lagerschale zunächst die hohe Ruhereibung überwunden werden muss und auch im Gelenk selbst Spiel vorhanden ist. Dies wird insbesondere bei Schwankungen der äußeren Belastung deutlich, da dann die engste Stelle h_0 des Schmierspaltes hin- und herwandert, was zu unruhigem Wellenlauf und Schwingungen führen kann. Eine Verbesserung dieser ungünstigen Betriebszustände ist oftmals durch Mehrflächengleitlager nach Abbildung 14.22 möglich.

Bei der kippbeweglichen Lagerung der Gleitlagerschale um eine Kante nach Abbildung 14.48 e) wird eine zweiteilige, leicht gewellte und flache Schlangenfeder verwendet, die in je eine Ringnut der Lagerschale und des Lagerkörpers eingreift und so zunächst die Schale in der Mittellage hält. Neigt sich nun die Welle bzw. der zugehörige Lagerzapfen, so kippt die gesamte Lagerschale nach Abbildung 14.48 f) fast reibungsfrei um die Kante K, da die Feder nachgibt, um die sich aus der Wellenschiefstellung ergebende Gleichgewichtslage zu erreichen.

In Abbildung 14.49 ist eine Radial-Kippsegment-Gleitlagerung einer Zahnradgetriebewelle gezeigt, die besonders bei Belastungsschwankungen und gleichzeitig hohen Gleitgeschwindigkeiten einen entsprechenden Ausgleich schaffen soll, um auch unter diesen erschwerten Bedingungen die beste Schmierspaltgeometrie mit größter Tragfähigkeit zu erzielen (s.a. Abbildung 14.23).

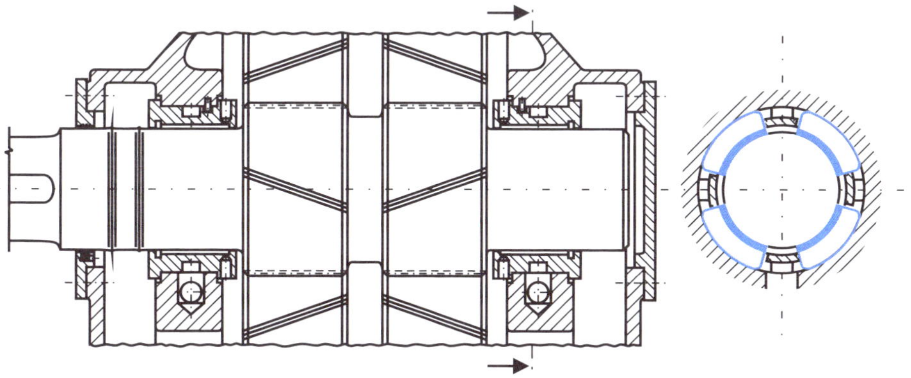

Abbildung 14.49: Radial-Kippsegment-Gleitlagerung einer Zahnradwelle eines Großgetriebes [14.20]

Hierzu sind die mit einer zylindrischen Auflagefläche versehenen Kippsegmente in einer elastischen Halterung (z. B. mit Tellerfedern) kippbeweglich in einem Stützkörper befestigt, sodass sich der Keilspalt selbsttätig an die gegebenen Laufbedingungen anpasst und keine turbulente Ölströmung mehr entstehen kann. Darüber hinaus lassen sich die einzelnen Segmente im Verschleißfall schnell auswechseln.

Ein weiteres Beispiel einer ausgeführten einstellbaren Lagerung ist das Kippsegmentlager zur Lagerung großer Turbinenwellen bis zu Zapfendurchmessern von 900 mm bei Umfangsgeschwindigkeiten bis zu 135 m/s nach Abbildung 14.50, welches auch alle konstruktiven Besonderheiten eines Mehrflächengleitlagers umfasst [14.108]. Bei kleineren Wellendurchmessern und niedrigeren Umfangsgeschwindigkeiten setzt man teilweise auch vollumschließende Lager mit Zitronenspiel, Dreikeillager oder Taschenlager gemäß Abbildung 14.22 ein, sofern sie im laminaren Bereich arbeiten und nur geringe Reibungsverluste aufweisen.

Ungeachtet dessen werden jedoch im oberen Leistungsbereich Kippsegmentlager bevorzugt, da aufgrund der in den wenig tragenden Anfangs- und Endbereichen beschnittenen Segmente kaum Reibung entsteht, was gerade im turbulenten Bereich von Bedeutung ist. Darüber hinaus sind wegen der Einstellbarkeit der Kippsegmente geringere Laufspiele auch fertigungstechnisch möglich und die zusätzliche Quereinstellbarkeit macht diese Lager unempfindlich gegen Wellenschiefstellungen.

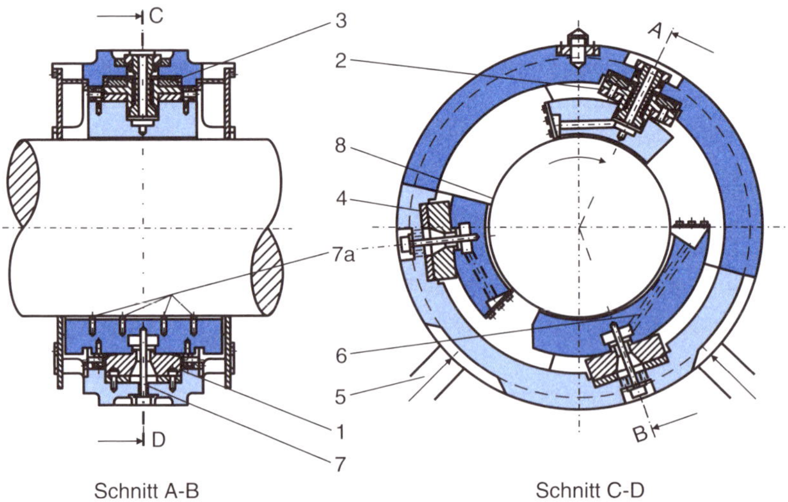

Abbildung 14.50: Kippsegmentgleitlager für Dampfturbinen der Bauart BBC (Brown, Boveri & Cie., Schweiz) [14.108]

Gemäß Abbildung 14.50 sind in dem Lager der Bauart nach BBC drei ungleiche Segmente eingebaut, von denen das größte die eigentliche Belastung durch das Eigengewicht des Rotors trägt und die beiden anderen nur die stabilisierenden Reaktionen erzeugen müssen, weshalb diese zur Minderung der Leistungsverluste auch kürzer und schmaler ausgeführt werden können.

Das in Umfangsrichtung und auch axial kippbare Hauptsegment ist über einen Teller (1) mit Walzenkontur mit dem gegossenen – bei kleineren Lagern auch geschmiedeten – Lagerring verbunden. Über Beilagen (2) auf der Segmentseite der Teller lässt sich das Lagerspiel einstellen. Am obersten kleinen Segment sind die Tellerfedern (3) eingelassen, sodass sie ein Andrücken dieses Segmentes an die Welle ermöglichen, womit sich der Ölverbrauch mindern lässt. Mithilfe der Beilage (4) unter dem Teller des mittleren Segmentes lässt sich eine Berichtigung der Wellenlage beim Ausrichten der Maschine vornehmen.

Von einem Ringkanal im Lagerring ausgehend erfolgt die Ölzufuhr (5) über die Teller in die Segmente durch die Ölbohrung (6) zur Eintrittskante der Segmente. Zum An- und Abfahren der Anlage wird eine hydrostatische Anfahrhilfe eingesetzt, wobei das Hochdrucköl über bewegliche Leitungen bei (7) in das untere Segment zugeführt wird und an den Bohrungen (7a) den Wellenzapfen anhebt. Die im Schleudergussverfahren aufgebrachte Laufschicht der Segmente (8) besteht aus Weißmetall. Bei der Auslegung des Lagerspiels ist insbesondere zu beachten, dass im Betrieb eine thermische und eine mechanische Verformung der Segmente auftreten, die letztlich eine Vergrößerung des Betriebsspiels bedingen. Kritische Betriebszustände lassen sich an einem Anstieg der Lagertemperatur am großen Segment in der Hauptbelastungsrichtung besonders gut erkennen, weshalb dort bevorzugt Thermoelemente zur kontinuierlichen Betriebsüberwachung des Lagers eingebaut sind (s.a. Abschnitt 15.5 im Kapitel 15 – Wälzlager).

Ein Beispiel für ein Axial-Kippsegmentlager zeigt Abbildung 14.51 am Beispiel der Lagerung der Walzenschüssel einer Walzenschüsselmühle nach Abbildung 18.1. Die Lagerung aus eng am Umfang verteilten Kippsegmenten befindet sich oberhalb der hier nicht dargestellten Getriebestufen, von denen lediglich der Umlaufträger (5) angedeutet ist, über den die Schüssel angetrieben wird.

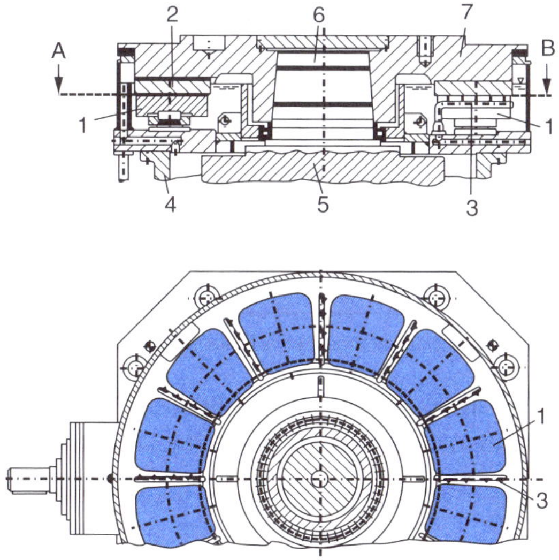

1 Kippsegment
2 Laufring
3 Öleinspritzdüsen
4 Getriebegehäuse
5 Umlaufträger
6 Abtriebswelle
7 Flansch

Abbildung 14.51: Axial-Kippsegmentlagerung der Mahlschüssel einer Walzenschüsselmühle nach Abbildung 18.1 [14.178]

Abschließend und zusammenfassend werden anhand von Abbildung 14.52 noch einige konstruktive Fehler erläutert, die oftmals bei der Gestaltung von Gleitlagern gemacht werden:

a Das Ende der Zapfenlauffläche befindet sich innerhalb des Lagers. Aufgrund des deutlich weicheren Lagermaterials entsteht beim Einlaufen ein Absatz im Lagermaterial. Dieser Absatz behindert das Öl beim seitlichen Abfließen und führt zu erhöhten Temperaturen und gesteigerter Fressneigung.

b Die Ausführung des Zapfens erfolgt mit einer Nut im Inneren des Lagers. Somit besteht auch die Gefahr der Absatzbildung beim Einlaufen.

c Der Außendurchmesser der Axial-Lagerfläche ist größer als der Außendurchmesser der Wellenbunde in der Lauffläche.

d Im gleichen Lager befinden sich zwei Ölbohrungen nebeneinander. Dies behindert den Seitenfluss des Öls im Inneren des Lagers. Durch den behinderten Ölfluss bildet sich ein Temperaturstau, der zur Überhitzung des Lagers führen kann.

e An den Lagerenden ist kein Ölabfluss vorhanden. Dies führt auch zu einem Ölstau und zur Gefahr von Überhitzung des Lagers.

f Die Lagerschale berührt den Zapfen am Wellenabsatz. Im Kontaktbereich tritt verstärkt Mischreibung auf und der Seitenfluss des Öles wird behindert.

g In der gleichen Bohrung befinden sich zwei Lager oder Buchsen auf kurzem Abstand. Durch große Fluchtungsfehler innerhalb der Toleranzen kann es zu Verspannungen des Zapfens und somit zur erhöhten Gefahr des Kantenverschleißes kommen.

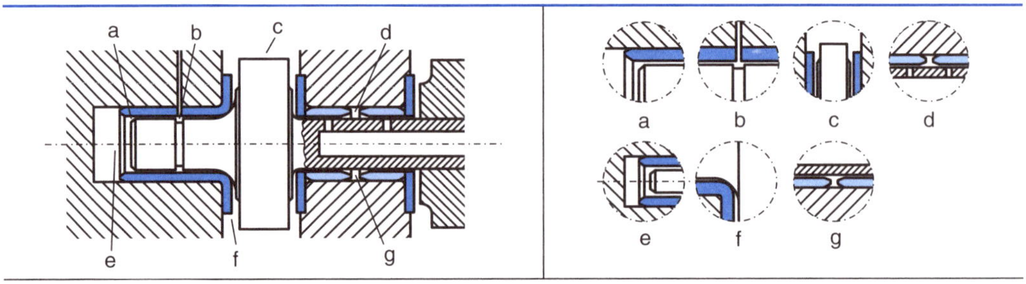

Abbildung 14.52: Gestaltung von Gleitlagerungen – zu vermeidende konstruktive Fehler [14.108]

Weitere Hinweise zur Gestaltung der Gleitlager sind der weiterführenden Fachliteratur sowie den entsprechenden Normen und Richtlinien zu entnehmen [14.108], [14.178], [14.183].

14.3.2 Steifigkeit und Dämpfung von Gleitlagerungen

Neben der reinen Lagerungsfunktion des Tragens und Führens beeinflussen die Lagerungen aufgrund ihrer Steifigkeits- und Dämpfungseigenschaften auch das dynamische Verhalten einer Anlage. Da diese Eigenschaft im Hinblick auf eine beanspruchungsgerechte Auslegung von großer Bedeutung ist, wird im Folgenden kurz auf die Möglichkeiten zur Abschätzung von Steifigkeits- und Dämpfungsgrößen einer Lagerung in Anlehnung an den Entwurf DIN 31652 eingegangen [14.41].

Ausgangspunkt der Betrachtung zur überschlägigen Beurteilung des dynamischen Verhaltens von Gleitlagerungen ist die rechnerische Ermittlung der biegekritischen Drehzahl einer zweifach starr gelagerten biegsamen Welle (s.a. Kapitel 11 – Wellen und Achsen in Maschinenelemente 1) [14.157]. Hierzu wird ein Ersatzmodell verwendet, bei dem eine Punktmasse an zwei Seiten durch Biegefedern an das Inertialsystem gebunden ist. Da die Biegesteifigkeit der rotierenden Welle nicht von ihrer Phasenlage abhängig ist, lässt sich die Bewegung im System auf einen Freiheitsgrad reduzieren, nämlich die radiale Auslenkung der Punktmasse zur Wellendrehachse, weshalb dieses System mit der ersten Biege-Eigenfrequenz lediglich über eine Eigenfrequenz verfügt.

Erfolgt nun aber eine Lagerung der genannten Welle durch Gleitlager, so ändern sich diese Verhältnisse, da gemäß Abbildung 14.53 die Winkellage der minimalen Schmierfilmdicke β und die relative Auslenkung der Welle zu der Lagermittelachse ε die genaue Lage der Welle im jeweiligen Lastzustand beschreiben. Aufgrund der Nachgiebigkeit und Dämpfung des Radial-Gleitlager-Schmierfilms in zwei Richtungen wird die biegekritische Drehzahl N_{cr} einer starr gelagerten Welle gemäß Abbildung 14.53 herabgesetzt und in zwei Resonanzdrehzahlen $N_{rsn,1}$ und $N_{rsn,2}$ aufgespalten.

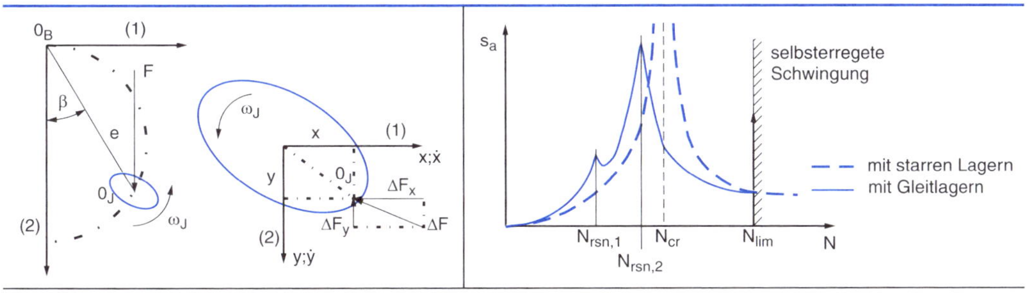

Abbildung 14.53: Definition des Koordinatensystems des Gleitlagers (links) und biegekritische Drehzahlen einer Wellenlagerung (rechts) [14.41]

Im Folgenden werden vereinfachend die nichtlinearen anisotropen Federungs- und Dämpfungseigenschaften des Schmierfilms durch Steifigkeits- und Dämpfungskoeffizienten angenähert. So ergeben sich bei kleinen radialen Auslenkungen (x, y) des Lagerzapfens aus seiner statischen Gleichgewichtslage (e, β) nach Abbildung 14.53 dynamische Zusatzkräfte ΔF_x und ΔF_y, für die in erster Näherung gilt [14.95]:

$$\begin{pmatrix} \Delta F_x \\ \Delta F_y \end{pmatrix} = \begin{bmatrix} c_{11} & c_{12} \\ c_{21} & c_{22} \end{bmatrix} \cdot \begin{pmatrix} x \\ y \end{pmatrix} + \begin{bmatrix} d_{11} & d_{12} \\ d_{21} & d_{22} \end{bmatrix} \cdot \begin{pmatrix} \dot{x} \\ \dot{y} \end{pmatrix} \tag{14.39}$$

Hierin sind die c_{ik} die Steifigkeits- und d_{ik} die Dämpfungskoeffizienten des Lagerschmierfilms, wobei die Indizes $i = 1, 2$ und $k = 1, 2$ die Richtungen der dynamischen Zusatzkraft und der zugehörigen Bewegung des Lagerzapfens bezeichnen. Aufgrund dieses Zusammenhanges zwischen radialer Auslenkung und entsprechender Wellenverlagerung in Umfangsrichtung erfolgt letztlich auch die oben genannte Aufspaltung der kritischen Biege-Eigenfrequenz in zwei Eigenfrequenzen.

Im Weiteren wurden nun diese Koeffizienten aus der Theorie des dynamisch belasteten Radial-Lagers für den jeweiligen Lastzustand durch Lösung der Reynoldsschen Differentialgleichung und anschließender Taylor-Reihenentwicklung berechnet und als dimensionslose Größen abhängig von der Sommerfeld-Zahl *So* und dem Breiten-Durchmesser-Verhältnis B / D im Entwurf der der DIN 31652 tabelliert [14.41], [14.82], [14.184]. In Tabelle 14.5 bis Tabelle 14.8 ist eine Auswahl von Steifigkeits- und Dämpfungskoeffizienten abhängig von der Sommerfeld-Zahl *So* gemäß Gleichung (14.50) für ein Kreiszylinderlager mit einer Gleitfläche $Z = 1$ und einem Gleitflächenumschlingungswinkel $\Omega = 330°$ zusammengestellt. Werte für andere Lagerbauarten sind dem Normenentwurf E DIN 31652 zu entnehmen [14.41].

So	c^*_{11}	c^*_{12}	c^*_{21}	c^*_{22}	d^*_{11}	d^*_{12}	d^*_{21}	d^*_{22}
0,00	0,029	−0,080	0,063	0,086	0,161	0,056	−0,172	0,129
0,10	0,221	−0,090	0,384	0,299	0,307	0,244	0,215	0,658
0,15	0,316	−0,064	0,596	0,558	0,359	0,342	0,325	0,998
0,30	0,592	0,046	1,320	1,646	0,505	0,641	0,634	2,159
0,45	0,868	0,179	2,144	3,075	0,645	0,955	0,952	3,500
0,60	1,134	0,337	3,014	4,797	0,766	1,257	1,253	4,928
1,00	1,823	0,866	5,554	10,602	1,036	2,042	2,019	9,137
1,50	2,703	1,610	9,127	19,676	1,373	3,063	3,053	15,113
3,01	5,332	4,459	21,487	57,486	2,280	6,248	6,246	36,346
10,02	17,855	23,205	98,134	369,768	5,593	22,173	22,140	173,006
30,02	54,239	107,605	403,637	2141,418	12,658	70,216	70,348	739,668
60,06	111,123	293,579	1011,351	6718,396	20,953	145,018	145,313	1866,690

Tabelle 14.5: Kennwerte eines Kreiszylinderlagers mit $Z = 1$, $\Omega = 330°$ und $B / D = 0{,}25$ [14.41]

Mithilfe dieser Tabellenwerte der dimensionslosen Steifigkeits- und Dämpfungskoeffizienten c^*_{ik} und d^*_{ik} aus dem Entwurf der DIN 31652 kann dann eine Bestimmung der Steifigkeits- und Dämpfungskoeffizienten c_{ik} und d_{ik} erfolgen [14.41]:

$$\begin{pmatrix} c_{ik} \\ d_{ik} \end{pmatrix} = \frac{F}{C_{R,eff} \cdot So} \cdot \begin{pmatrix} c^*_{ik} \\ d^*_{ik} / \omega \end{pmatrix} \quad \text{mit} \quad C_{R,eff} = \frac{1}{2} \cdot C_{eff} = \frac{1}{2} \cdot \psi_{eff} \cdot D \tag{14.40}$$

Hierin bezeichnen F die einwirkende Lagerkraft, So die Sommerfeld-Zahl nach Abschnitt 14.4, ω die Betriebsdrehzahl, C_{Reff} das effektive radiale Lagerspiel bei Betriebstemperatur, C_{eff} das effektive Durchmesserspiel bei Betriebstemperatur und ψ_{eff} das effektive relative Lagerspiel bei Betriebstemperatur nach Gleichung (14.46).

So	c^*_{11}	c^*_{12}	c^*_{21}	c^*_{22}	d^*_{11}	d^*_{12}	d^*_{21}	d^*_{22}
0,00	0,106	−0,310	0,242	0,327	0,620	0,209	−0,652	0,493
0,10	0,285	−0,437	0,437	0,252	0,913	0,388	0,015	0,892
0,15	0,378	−0,424	0,591	0,329	0,941	0,474	0,225	1,124
0,30	0,665	−0,364	1,081	0,750	1,065	0,749	0,634	1,942
0,45	0,952	−0,287	1,655	1,386	1,223	1,051	0,985	2,894
0,60	1,230	−0,195	2,272	2,178	1,379	1,356	1,311	3,930
1,00	1,959	0,115	4,093	4,910	1,739	2,182	2,159	7,034
1,50	2,852	0,598	6,628	9,364	2,208	3,223	3,208	11,438
3,01	5,509	2,536	15,412	28,196	3,391	6,443	6,404	27,005
10,01	18,057	18,355	71,658	203,721	7,403	21,461	21,441	127,280
30,00	56,873	97,304	319,572	1324,849	16,486	70,512	70,610	173,984
60,07	119,049	280,362	851,270	4539,969	27,481	152,184	152,233	1537,269

Tabelle 14.6: Kennwerte eines Kreiszylinderlagers mit $Z = 1$, $\Omega = 330°$ und $B / D = 0{,}5$ [14.41]

So	c^*_{11}	c^*_{12}	c^*_{21}	c^*_{22}	d^*_{11}	d^*_{12}	d^*_{21}	d^*_{22}
0,00	0,212	−0,671	0,512	0,683	1,343	0,419	−1,363	1,045
0,10	0,385	−0,927	0,707	0,420	1,869	0,603	−0,342	1,045
0,15	0,466	−0,020	0,800	0,439	1,887	0,677	0,115	1,596
0,30	0,731	−0,883	1,141	0,599	1,939	0,912	0,443	2,205
0,45	1,011	−0,817	1,560	0,909	2,035	1,174	0,886	2,932
0,60	1,293	−0,740	2,038	1,347	2,162	1,458	1,272	3,754
1,00	2,032	−0,479	3,473	2,985	2,529	2,232	2,176	6,218
1,50	2,929	−0,069	5,504	5,839	3,004	3,247	3,243	9,780
3,00	5,665	1,540	12,804	18,541	4,377	6,525	6,486	22,842
10,01	19,013	16,078	62,766	148,054	9,451	22,862	22,880	112,003
30,02	60,537	95,685	295,672	1068,796	20,202	75,691	75,671	524,447
59,94	125,158	290,923	798,878	3866,645	30,906	153,148	153,277	1382,026

Tabelle 14.7: Kennwerte eines Kreiszylinderlagers mit $Z = 1$, $\Omega = 330°$ und $B / D = 0{,}75$ [14.41]

So	c^*_{11}	c^*_{12}	c^*_{21}	c^*_{22}	d^*_{11}	d^*_{12}	d^*_{21}	d^*_{22}
0,00	0,329	−1,130	0,851	1,114	2,260	0,648	−2,223	1,735
0,10	0,500	−1,573	1,049	0,667	3,131	0,849	−0,862	2,111
0,15	0,574	−1,568	1,119	0,660	3,124	0,909	−0,609	2,255
0,30	0,803	−1,518	1,376	0,685	3,102	1,103	0,071	2,744
0,45	1,060	−1,451	1,681	0,812	3,120	1,322	0,630	3,302
0,60	1,329	−1,376	2,037	1,033	3,192	1,569	1,108	3,942
1,00	2,088	−1,129	3,202	2,028	3,495	2,314	2,193	5,971
1,50	2,945	−0,670	4,865	4,049	3,789	3,205	3,200	8,908
3,00	5,736	0,790	11,187	13,549	5,263	6,474	6,462	20,221
10,01	19,651	15,195	57,551	120,866	10,855	23,276	23,285	101,649
29,98	62,908	97,314	282,090	942,800	22,222	76,493	76,507	486,170
59,93	132,457	287,741	788,804	3494,852	36,513	168,870	169,119	1364,522

Tabelle 14.8: Kennwerte eines Kreiszylinderlagers mit $Z = 1$, $\Omega = 330°$ und $B / D = 1{,}0$ [14.41]

Abschließend sei der Vollständigkeit halber darauf hingewiesen, dass die Resonanzdrehzahlen einer gleitgelagerten Welle nicht nur von der Lagersteifigkeit der Gleitlagerung sondern auch von der Wellensteifigkeit, der Steifigkeit der Lagerumgebung und der gelagerten Massen und Trägheiten abhängen. Darüber hinaus können oberhalb der sogenannten Stabilitätsdrehzahl N_{lim} gefährliche selbsterregte Schwingungen auftreten, was in den besonderen Federungseigenschaften des Lagerschmierfilmes begründet ist [14.41].

14.4 Beanspruchung und Beanspruchbarkeit von Gleitlagern

Ausgehend von den grundlegenden Gestaltungsregeln für die einzelnen Gleitlagerbauarten werden abschließend die erforderlichen Berechnungsgrundlagen für einen Tragfähigkeitsnachweis vorgestellt, um Beanspruchung und Beanspruchbarkeit von Gleitlagern gegenüberstellen zu können. Auf der Grundlage der umfangreichen Fachliteratur und vorliegender Betriebserfahrungen wurde mittlerweile ein umfangreiches Normen- und Richtlinienwerk gemäß Tabelle 14.9 zusammengestellt, mit dem sich die Tragfähigkeit der einzelnen Lagerbauarten einheitlich nachweisen lässt.

Da die einzelnen Tragfähigkeitsnachweise alle ähnlich aufgebaut sind, werden beispielhaft die folgenden Nachweise behandelt, wobei zum Nachweis der anderen Lagerbauarten auf die jeweils gültige Norm verwiesen wird:

1. Hydrodynamisches Radial-Gleitlager im stationären Betrieb (Kreiszylinderlager) nach dem Entwurf der DIN 31652 [14.41].

2 Hydrodynamisches Axial-Gleitlager im stationären Betrieb (Axial-Kippsegmentlager) nach dem Entwurf der DIN 31654 [14.43].

3 Hydrostatisches Radial-Gleitlager im stationären Betrieb (ohne Zwischennuten) nach DIN 31655 [14.44].

Gleiches gilt für Kennwerte aus Tabellen und Diagrammen, die im Rahmen der Vorstellung der Tragfähigkeitsnachweise ebenfalls nur auszugsweise berücksichtigt wurden. Grundsätzlich sind alle Tragfähigkeitsnachweise in Anlehnung an das Ablaufschema in Abbildung 14.54 vorzunehmen. Sämtliche Berechnungen stützen sich auf die numerische Lösung der Reynolds'schen Differentialgleichung [14.16], [14.121], [14.139], [14.144], [14.152], [14.164], [14.184].

DIN 31651 [14.40]	Gleitlager – Formelzeichen und Systematik
E DIN 31652 [14.41]	Hydrodynamische Radial-Gleitlager im stationären Betrieb (Kreiszylinderlager)
DIN 31653 [14.42]	Hydrodynamische Axial-Gleitlager im stationären Betrieb (Axial-Segmentlager)
DIN 31654 [14.43]	Hydrodynamische Axial-Gleitlager im stationären Betrieb (Axial-Kippsegmentlager)
DIN 31655 [14.44]	Hydrostatische Radial-Gleitlager im stationären Betrieb (ohne Zwischennuten)
DIN 31656 [14.45]	Hydrostatische Radial-Gleitlager im stationären Betrieb (mit Zwischennuten)
DIN 31657 [14.46]	Hydrostatische Radial-Gleitlager im stationären Betrieb (Radial-Mehrflächen- und Kippsegmentlager)
VDI 2201 [14.177]	Gestaltung von Lagerungen
VDI 2204 [14.178]	Auslegung von Gleitlagerungen
VDI 2541 [14.179]	Gleitlager aus thermoplastischen Kunststoffen

Tabelle 14.9: Normen und Richtlinien zur Berechnung und Auslegung von Gleitlagern

Für ein vollumschlossenes Kreiszylinderlager mit endlicher Lagerbreite lautet die Reynolds'sche Differentialgleichung mit den in der Abbildung 14.55 gegebenen Bezeichnungen:

$$\frac{1}{\left(\frac{D_J}{2}\right)^2} \cdot \frac{\partial}{\partial \varphi} \cdot \left(h^3 \cdot \frac{\partial p}{\partial \varphi}\right) + \frac{\partial}{\partial z} \cdot \left(h^3 \cdot \frac{\partial p}{\partial z}\right) = 6 \cdot \eta_{eff} \cdot \omega_{eff} \cdot \frac{\partial h}{\partial \varphi} \qquad (14.41)$$

Hierin bezeichnen D_J den Wellendurchmesser, p den Druck, η_{eff} die effektive dynamische Viskosität des Schmierstoffs und h die idealisierte Schmierspalthöhe ohne Berücksichtigung von Deformationen und Rauigkeiten mit ψ_{eff} als effektivem relativen Lagerspiel und ε als relativer Exzentrizität, die wiederum von der Exzentrizität e abhängt:

$$h_{min} = \frac{D}{2} \cdot \psi_{eff} \cdot (1 - \varepsilon) \quad \text{mit} \quad \varepsilon = \frac{2 \cdot e}{D - D_j} \quad \text{und} \quad \omega_{eff} = \omega_J + \omega_B - 2 \cdot \omega_F \qquad (14.42)$$

Dabei gelten die Lösungen für in Betrag und Richtung konstante Belastungen, wobei sowohl die Welle als auch das Lager mit gleichförmiger Geschwindigkeit umlaufen kann. Ferner lassen sich Belastungsfälle berechnen, bei denen eine konstante Last mit der Winkelgeschwindigkeit ω_F umläuft (z.B. Unwuchtkraft).

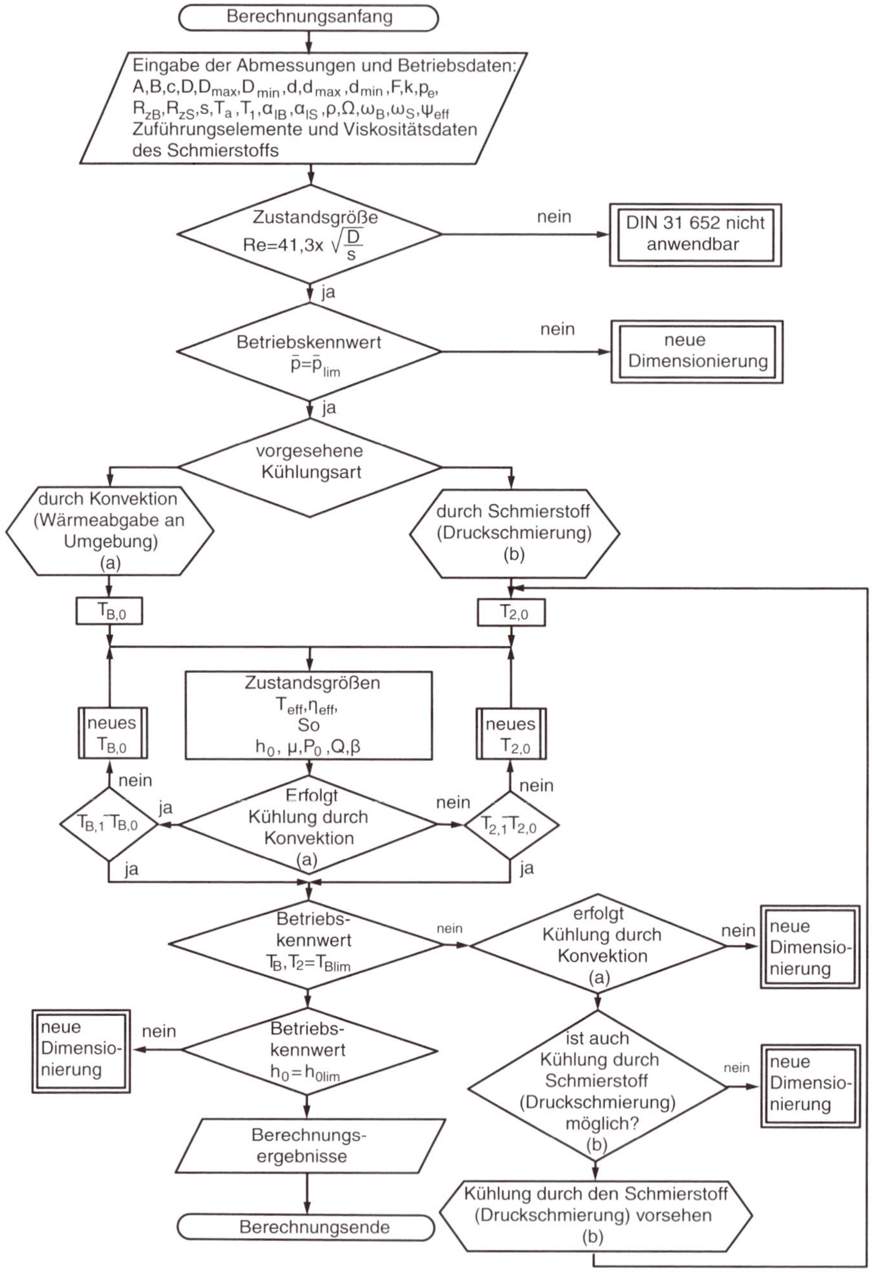

Abbildung 14.54: Grundlegender Ablaufplan zur Gleitlagerberechnung am Beispiel des Radial-Kreiszylinderlagers nach dem Entwurf der DIN 31652 [14.41]

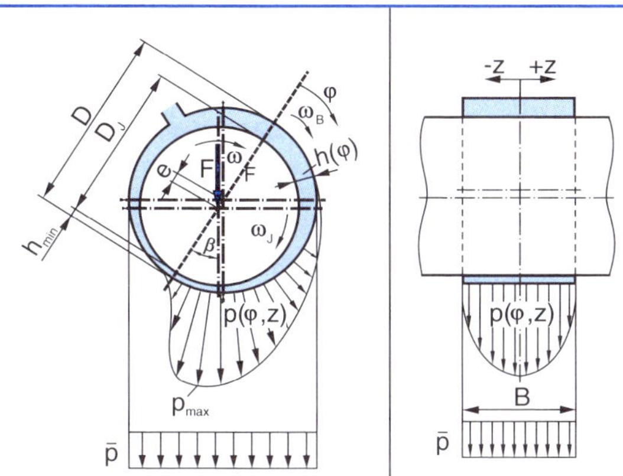

F [N]:	Lagerkraft
D_J [m]:	Wellendurchmesser
D [m]:	Lager-Nenndurchmesser (Lagerinnendurchmesser)
B [m]:	Lagerbreite
h [m]:	Schmierspalthöhe
h_{min} [m]:	kleinste Schmierspalthöhe (minimale Schmierfilmdicke)
e [m]:	Exzentrizität
β [°]:	Verlagerungswinkel (Winkel zwischen der Lage der kleinsten Schmierspalthöhe und der Lastrichtung)
φ und z:	Koordinaten

ω_F [s^{-1}]:	Winkelgeschwindigkeit der Lagerkraft	$p(\varphi, z)$ [N/mm²]:	Druckverteilung im Schmierfilm
ω_J [s^{-1}]:	Winkelgeschwindigkeit der Welle	p_{max} [N/mm²]:	größter Schmierfilmdruck
ω_B [s^{-1}]:	Winkelgeschwindigkeit des Lagers	$\overline{p}$ [N/mm²]:	spezifische Lagerbelastung

Abbildung 14.55: Zylindrisches Radial-Gleitlager mit Druckverteilung nach DIN 31652 [14.41]

14.4.1 Tragfähigkeit von Radial-Kreiszylinderlagern bei hydrodynamischer Schmierung

Mithilfe des genormten Tragfähigkeitsnachweises nach DIN 31652 (Entwurf) kann für ein Radial-Kreiszylinderlager bei hydrodynamischer Schmierung der Nachweis erbracht werden, dass eine vollständige Trennung der Wellen- und Lager-Gleitflächen im stationären Betrieb durch einen ausreichend dicken Schmierfilm bei ertragbaren Temperaturen und Betriebsdrücken vorliegt [14.41]. In Erweiterung der üblicherweise anzunehmenden konstanten Lastrichtung darf bei voll umschlossenen Gleitlagern die Belastung jedoch auch mit einer beliebigen Frequenz umlaufen. Grundsätzlich wird davon ausgegangen, dass das Gleitlager gemäß Abbildung 14.9 im Gebiet der Flüssigkeitsreibung betrieben wird, da ein anhaltender Betrieb im Mischreibungsgebiet zu einem hohen Verschleiß und somit zum vorzeitigen Ausfall des Lagers führt.

Der kurzzeitige Betrieb im Mischreibungsgebiet ist jedoch in vielen Anwendungen unvermeidbar, insbesondere beim An- und Abfahren einer Anlage, wobei diese kurzzeitigen Aufenthalte im Mischreibungsgebiet in der Regel nicht zum Lagerschaden führen. Allerdings kann bei Anlagen, die häufig unter großer Last sehr langsam anfahren bzw. auslaufen müssen, eine „hydrostatische Anfahrhilfe" erforderlich sein, bei der das Lager zusätzlich hydrostatisch mit Öldruck versorgt wird, um das Gebiet der Mischreibung umgehen zu können.

Grundsätzlich verfügt ein nach DIN 31652 berechnetes Gleitlager über eine ausreichende Tragfähigkeit, wenn folgende Bedingungen nach Tabelle 14.10 eingehalten werden [14.41]. Dabei stellen die in der Norm angegebenen Richtwerte nach Tabelle 14.10 geometrisch und technologisch bedingte Betriebsgrenzwerte des tribologischen Systems Gleitlager im Sinne von Erfahrungswerten dar, die auch bei kleinen Störeinflüssen noch eine ausreichende Betriebssicherheit ermöglichen. Von diesen in der Norm genannten Erfahrungswerten kann für besondere Anwendungsfälle bei Bedarf auch abgewichen werden.

1.	Die minimale Schmierfilmdicke h_{min} im Betrieb ist größer als der nach dieser Norm vorgegebene Betriebsrichtwert der Schmierfilmdicke $h_{lim,tr}$:	$h_{min} > h_{lim}$	(14.43)
2.	Der sich im Betrieb einstellende maximale Schmierfilmdruck im Gleitlager p_{max} ist kleiner als der Betriebsrichtwert des höchsten Schmierfilmdruckes p_{lim}:	$p_{max} < p_{lim}$	(14.44)
3.	Die sich im Betrieb einstellende maximale Schmierfilmtemperatur T_{max} ist kleiner als der Betriebsrichtwert der zulässigen Lagertemperatur T_{lim}:	$T_{max} < T_{lim}$	(14.45)

Tabelle 14.10: Einzuhaltende Bedingungen zum Nachweis der Tragfähigkeit eines Gleitlagers

Im Weiteren werden nun die einzelnen Berechnungsschritte behandelt, um die erforderlichen Kenngrößen nach Tabelle 14.10 zu erhalten und miteinander vergleichen zu können.

14.4.1.1 Eingangsgrößen, laminare Strömung und Sommerfeld-Zahl

Eine wesentliche Berechnungsgröße zur Gleitlagerauslegung ist die effektive Schmierfilmtemperatur T_{eff}. Da diese jedoch von der Lagergeometrie (Betriebslagerspiel ψ), der Belastung und den Schmierstoffeigenschaften (dynamische Viskosität η) abhängt, muss eine iterative Rechnung durchgeführt werden, bei der zunächst eine zu erwartende effektive Schmierfilmtemperatur angenommen wird, mit der dann die von der Temperatur abhängigen Betriebsgrößen berechnet werden. Aufgrund dieser Betriebsgrößen stellt sich dann eine tatsächliche effektive Schmierfilmtemperatur ein, die zunächst von der eingangs geschätzten abweichen wird. Beträgt diese Abweichung zwischen Schätzwert und ermittelter Temperatur mehr als ein Kelvin, ist die gesamte Auslegungsrechnung zu wiederholen, wobei als neue effektive Schmierfilmtemperatur für diesen Berechnungsgang der Mittelwert aus der vormals geschätzten und im ersten Iterationsschritt bestimmten effektive Schmierfilmtemperatur zu verwenden ist. Diese Iterationsrechnungen sind solange zu wiederholen, bis sich die berechnete effektive Schmierfilmtemperatur um höchstens ein Kelvin von der als Eingangsgröße für diesen Berechnungsgang angenommenen Temperatur unterscheidet.

Eine weitere wesentliche Auslegungsgröße ist die stark von der Temperatur abhängende effektive dynamische Viskosität η_{eff} [Pa·s], wobei die ebenfalls gegebene Druckabhängigkeit der dynamischen Viskosität vernachlässigt wird, wodurch sich eine Steigerung der Auslegungssicherheit ergibt. Ebenso werden reversible und irreversible Viskositätsänderungen abhängig von der Scherbeanspruchung des Öles vernachlässigt. Angaben zur dynamischen Viskosität können DIN 51519 entnommen werden [14.55].

Ferner ist zur Auslegung eines Gleitlagers das effektive relative Lagerspiel ψ_{eff} [-] gemäß Abschnitt 14.4.1.5 von Bedeutung, da es im besonderen Maße die Tragfähigkeit sowie das Temperaturverhalten des Lagers beeinflusst. Die Abschätzung eines zweckmäßigen effektiven relativen Lagerspiels kann zunächst mithilfe der Umfangsgeschwindigkeit u_s [m/s], dem Nenn-Lagerinnendurchmesser D [m] und der Wellendrehzahl n [1/s] nach Georg Vogelpohl (1900 bis 1975, deutscher Ingenieur) wie folgt vorgenommen werden (s.a. Abschnitt 14.4.1.5) [14.183], [14.184]:

$$\psi_{eff} = 0{,}8 \cdot \sqrt[4]{u_s \cdot \frac{\mathrm{s}}{\mathrm{m}}} \cdot 10^{-3} \quad \text{mit} \quad u_s = 0{,}5 \cdot \varpi \cdot D = \pi \cdot n \cdot D \tag{14.46}$$

Wesentliche Voraussetzung zur Anwendung des Berechnungsverfahrens ist das Vorliegen einer laminaren Strömung im Schmierspalt, weshalb der Vergleich von der tatsächlichen Reynolds-Zahl Re mit der zulässigen Reynolds-Zahl Re_{zul} vorzunehmen ist:

$$Re \le Re_{zul} \tag{14.47}$$

Mithilfe der Dichte des Schmierstoffes ρ [kg/m^3], der hydrodynamisch wirkenden Winkelgeschwindigkeit ω_{eff} [1/s], des Lagerinnen-Nenndurchmessers D [m], dem effektiven Durchmesserspiel C_{eff} [m] und der effektiven dynamischen Viskosität des Schmierstoffes η_{eff} [Pa·s] lässt sich die tatsächliche Reynolds-Zahl Re [-] bestimmen zu:

$$Re = \frac{\rho \cdot \omega_{eff} \cdot D \cdot C_{eff}}{4 \cdot \eta_{eff}} \tag{14.48}$$

Weiterhin gilt unter Verwendung des effektiven relativen Lagerspieles ψ_{eff} [-] für die zulässige Reynolds-Zahl Re_{zul} [-], wobei sich das effektive relative Lagerspiel ψ_{eff} wiederum aus dem effektiven Durchmesserspiel C_{eff} und dem Lagerinnen-Nenndurchmesser D ergibt:

$$Re_{zul} \approx \frac{41{,}3}{\sqrt{\psi_{eff}}} \quad \text{mit} \quad \psi_{eff} = \frac{C_{eff}}{D} \tag{14.49}$$

Die nach Arnold Johannes Wilhelm Sommerfeld (1868 bis 1951, deutscher Mathematiker und Physiker) benannte Sommerfeld-Zahl So [-] gemäß Abbildung 14.56 ist eine dimensionslose Kennzahl, die Aussagen über die Tragfähigkeit von Gleitlagern ermöglicht. Im Hinblick auf eine vereinfachte Lösung der Reynolds'schen Differentialgleichung beschreibt die Sommerfeld-Zahl neben dem relativen Lagerspiel und der relativen Exzentrizität eine dimensionslose Lagerbelastung. Dabei sind Lager mit gleicher Sommerfeld-Zahl physikalisch einander ähnlich.

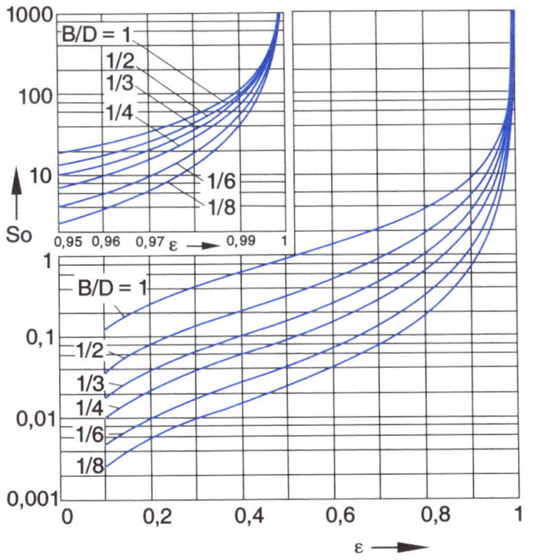

Die Sommerfeld-Zahl So lässt sich aus dem effektiven relativen Lagerspiel ψ_{eff}, der effektiven dynamischen Viskosität des Schmierstoffes η_{eff} und der hydrodynamisch wirkenden Winkelgeschwindigkeit ω_{eff} wie folgt bestimmen:

$$So = \frac{\bar{p} \cdot \psi_{eff}^2}{\eta_{eff} \cdot \omega_{eff}} \tag{14.50}$$

Hierin bezeichnet p die mittlere Flächenpressung nach Abbildung 14.11, die sich aus der einwirkenden Kraft F, dem Durchmesser D und der Breite B des Lagers ergibt:

$$\bar{p} = \frac{F}{D \cdot B} \tag{14.51}$$

Entsprechend dem Diagramm lässt sich damit bei gegebener relativer Breite $B^* = B / D$ und errechneter Sommerfeld-Zahl So die relative Exzentrizität ε bestimmen, welche in der Berechnung der minimalen Schmierfilmdicke Verwendung findet.

Abbildung 14.56: Sommerfeld-Zahl So und Exzentrizität ε

Ergänzend zum Diagramm in Abbildung 14.56 enthält die Norm Tabellen, in denen abhängig von der Sommerfeld-Zahl nicht nur die relative Exzentrizität ε, sondern auch weitere Kennwerte zur Lagerauslegung zusammengestellt sind. Für ein Kreiszylinderlager mit einer Gleitfläche $Z = 1$ und einem Gleitflächenumschlingungswinkel $\Omega = 330°$ sind diese Werte abhängig von der Sommerfeld-Zahl beispielhaft in Tabelle 14.11 bis Tabelle 14.14 zusammengestellt. Werte für andere Gleitflächenanzahlen und Umschlingungswinkel sind dem Normenentwurf DIN 31652 zu entnehmen [14.41].

So	ε	β	p_{max} So	h^*_{min}	F^*_t	Q^*_3	Q^*_p	Q^*_2	ΔT^*_{max}
0,00	0,000	90,000	0,000	1,000	2,859	0,000	2,480	0,250	3,21
0,10	0,523	51,460	0,270	0,477	3,129	0,233	5,752	0,123	3,88
0,15	0,601	46,210	0,447	0,399	3,298	0,278	6,980	0,101	4,48
0,30	0,714	38,130	1,056	0,286	3,699	0,342	9,303	0,073	6,06
0,45	0,767	34,010	1,741	0,233	4,011	0,371	10,654	0,061	7,42
0,60	0,799	31,320	2,474	0,201	4,270	0,391	11,568	0,052	8,61
1,00	0,846	27,100	4,644	0,154	4,828	0,418	13,040	0,039	11,36
1,50	0,877	24,170	7,635	0,123	5,372	0,438	14,085	0,029	14,23
3,01	0,917	19,860	17,981	0,083	6,575	0,456	15,554	0,020	21,58
10,02	0,960	14,070	79,495	0,040	9,683	0,481	17,286	0,003	46,94
30,02	0,981	10,040	314,596	0,019	15,124	0,480	18,207	0,006	103,85
60,06	0,989	8,040	760,718	0,011	20,335	0,489	18,568	−0,005	181,97

Tabelle 14.11: Kennwerte eines Kreiszylinderlagers mit $Z = 1$, $\Omega = 330°$ und $B / D = 0{,}25$ [14.41]

So	ε	β	p_{max} So	h^*_{min}	F^*_t	Q^*_3	Q^*_p	Q^*_2	ΔT^*_{max}
0,00	0,000	90,000	0,000	1,000	2,859	0,000	1,627	0,500	3,33
0,10	0,244	66,860	0,207	0,756	2,869	0,200	2,137	0,376	3,21
0,15	0,331	63,180	0,323	0,669	2,931	0,272	2,464	0,339	3,36
0,30	0,490	54,750	0,730	0,510	3,142	0,427	3,410	0,262	3,95
0,45	0,578	49,280	1,196	0,422	3,343	0,522	4,194	0,218	4,60
0,60	0,636	45,420	1,705	0,364	3,527	0,587	4,836	0,189	5,23
1,00	0,724	39,050	3,199	0,276	3,953	0,687	6,037	0,144	6,80
1,50	0,782	34,530	5,282	0,218	4,402	0,758	6,991	0,111	5,59
3,00	0,857	27,860	12,473	0,143	5,452	0,831	8,459	0,073	13,31
10,01	0,938	18,970	56,847	0,062	8,614	0,909	10,357	0,019	32,16
30,00	0,973	13,020	233,189	0,027	13,992	0,919	11,335	0,011	82,36
60,07	0,985	10,090	577,958	0,015	19,435	0,912	11,698	0,014	155,61

Tabelle 14.12: Kennwerte eines Kreiszylinderlagers mit $Z = 1$, $\Omega = 330°$ und $B / D = 0{,}5$ [14.41]

So	ε	β	$p_{max}\,So$	h^*_{min}	F^*_t	Q^*_3	Q^*_p	Q^*_2	ΔT^*_{max}
0,00	0,000	90,00	0,000	1,000	2,859	0,000	1,363	0,750	3,43
0,10	0,138	71,860	0,196	0,862	2,844	0,151	1,541	0,656	3,25
0,15	0,195	70,160	0,297	0,805	2,864	0,222	1,646	0,613	3,30
0,30	0,330	64,750	0,618	0,670	2,970	0,396	2,015	0,516	3,51
0,45	0,429	59,880	0,987	0,571	3,108	0,533	2,429	0,447	3,85
0,60	0,503	55,850	1,397	0,497	3,254	0,637	2,841	0,400	4,22
1,00	0,619	48,520	2,589	0,381	3,610	0,831	3,729	0,309	5,25
1,50	0,702	42,730	4,302	0,298	4,019	0,967	4,574	0,243	6,60
3,00	0,811	33,960	10,235	0,189	5,028	1,120	6,027	0,156	10,56
10,01	0,923	22,370	47,683	0,077	8,225	1,255	8,013	0,048	28,10
30,02	0,969	14,850	200,179	0,031	13,762	1,275	9,041	0,010	76,77
59,94	0,983	11,270	500,724	0,017	19,292	1,265	9,396	−0,001	146,47

Tabelle 14.13: Kennwerte eines Kreiszylinderlagers mit $Z = 1$, $\Omega = 330°$ und $B / D = 0{,}75$ [14.41]

So	ε	β	$p_{max}\,So$	h^*_{min}	F^*_t	Q^*_3	Q^*_p	Q^*_2	ΔT^*_{max}
0,00	0,000	90,000	0,000	1,000	2,859	0,000	1,236	1,000	3,52
0,10	0,089	74,720	0,190	0,911	2,845	0,123	1,320	0,922	3,34
0,15	0,128	73,560	0,285	0,872	2,852	0,181	1,370	0,886	3,36
0,30	0,235	70,260	0,576	0,765	2,910	0,343	1,548	0,792	3,46
0,45	0,322	66,960	0,893	0,678	3,002	0,491	1,757	0,710	3,61
0,60	0,395	63,630	1,238	0,605	3,112	0,618	1,995	0,645	3,83
1,00	0,530	56,430	2,276	0,470	3,427	0,892	2,627	0,508	4,57
1,50	0,682	49,730	3,747	0,368	3,804	1,092	3,339	0,406	5,62
3,00	0,772	39,070	8,944	0,228	4,796	1,330	4,732	0,256	9,14
10,01	0,913	24,960	42,311	0,087	8,052	1,507	6,778	0,085	26,03
29,98	0,967	16,110	181,400	0,033	13,686	1,506	7,882	0,029	73,02
59,93	0,982	12,070	468,497	0,018	19,350	1,485	8,161	0,010	144,25

Tabelle 14.14: Kennwerte eines Kreiszylinderlagers mit $Z = 1$, $\Omega = 330°$ und $B / D = 1{,}0$ [14.41]

14.4.1.2 Minimale und minimal zulässige Schmierfilmdicke

Zur Vermeidung von Anschmierungen und Verschleiß darf die im Betrieb auftretende minimale Schmierfilmdicke h_{min} [m] einen festgelegten Mindestwert, die zulässige minimale Schmierfilmdicke im Betrieb h_{lim} [m] nicht unterschreiten. Dabei hängt die Lage der kleinsten Schmierspalthöhe h im Lager entsprechend Abbildung 14.55 vom Verlagerungswinkel β ab. Dieser hängt wiederum vom Beginn des Druckaufbaues, dem Schmierstoffdurchsatz und der

Reibung ab und kann abhängig von der Sommerfeld-Zahl Tabelle 14.11 bis Tabelle 14.14 bzw. der Norm DIN 31652 entnommen werden [14.41]. Zur Festlegung einer günstigen Stelle für die Schmierölzufuhr – nämlich entgegengesetzt zum Ort des geringsten Schmierspaltes – bietet sich der Verlagerungswinkel β ebenfalls an.

Aus Untersuchungen von Ludwig Gümbel (Deutscher Schiffbauingenieur und Professor an der TH Berlin) ist bekannt, dass die Verlagerung des Wellenmittelpunktes angenähert auf einem Halbkreis entsprechend Abbildung 14.57 liegt, dem sogenannten Gümbel'schen Halbkreis, woraus sich auch die minimale Schmierfilmdicke ermitteln lässt [14.75], [14.76], [14.77].

Zur Bestimmung der relativen Exzentrizität ε wird nach Abbildung 14.55 die absolute Exzentrizität e [m] als Maß für die Verlagerung der Wellenachse gegenüber der Lagerachse auf das effektive Durchmesserspiel C_{eff} [m] bezogen:

$$\varepsilon = \frac{2 \cdot e}{C_{eff}} \tag{14.52}$$

Für einige Lagerbauarten kann die relative Exzentrizität ε abhängig von der Sommerfeld-Zahl So und bei bekanntem Breiten-Durchmesser-Verhältnis B / D des Lagers entsprechenden Tabellen aus der Norm DIN 31652 entnommen werden (s.a. Tabelle 14.11 bis Tabelle 14.14) [14.41].

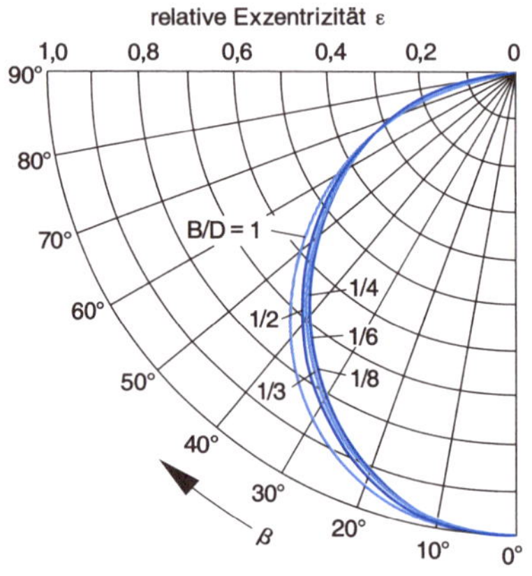

Die Bestimmung des Abmaßes des Schmierspaltes h [m] abhängig von der Position φ [°] unter Verwendung der relativen Exzentrizität ε, der Winkellage der minimalen Schmierfilmdicke β [°] (in Bezug auf die Lastrichtung), dem Lagerinnen-Nenndurchmesser D und des effektiven relativen Lagerspieles ψ_{eff} ergibt sich zu:

$$h(\varphi) = 0{,}5 \cdot D \cdot \psi_{eff} \cdot \left[1 + \varepsilon \cdot \cos(\varphi - \beta)\right] \tag{14.53}$$

Diese Funktion hat ein Minimum, wenn der Cosinus-Term den Wert -1 annimmt, sodass die minimale Schmierfilmdicke an der Stelle $\varphi - \beta = 180°$ liegt:

$$h_{min} = 0{,}5 \cdot D \cdot \psi_{eff} \cdot (1 - \varepsilon) \tag{14.54}$$

Abbildung 14.57: Verlagerungswinkel β und Gümbel'scher Halbkreis der Wellenverlagerung zur Bestimmung der minimalen Schmierfilmdicke [14.41]

Bezieht man die minimale Schmierfilmdicke h_{min} auf das effektive radiale Lagerspiel C_{eff}, so erhält man die bezogene minimale Schmierfilmdicke h^*_{min} [-], die ebenfalls abhängig von der Sommerfeld-Zahl *So* entsprechenden Tabellen aus der Norm DIN 31652 entnommen werden kann (s.a. Tabelle 14.11 bis Tabelle 14.14) [14.41]:

$$h^*_{min} = \frac{2 \cdot h_{min}}{C_{eff}} = \frac{h_{min}}{C_{R,eff}} \tag{14.55}$$

Mithilfe dieser Angaben aus Tabelle 14.11 bis Tabelle 14.14 oder weiteren Tabellenwerten aus DIN 31652 lässt sich dann direkt die minimale Schmierfilmdicke h_{min} abhängig vom Nenn-Maß des Lagerinnendurchmessers D und dem effektiven relativen Lagerspiel ψ_{eff} wie folgt bestimmen, wobei dieser errechnete Wert immer größer sein muss als die minimal zulässige Schmierfilmdicke h_{lim}, auf deren Bestimmung im Folgenden näher eingegangen wird:

$$h_{min} = 0{,}5 \cdot D \cdot \psi_{eff} \cdot h^{*}_{min} > h_{lim} \tag{14.56}$$

Die Ermittlung der kleinsten zulässigen minimalen Schmierfilmdicke h_{lim} erfolgt unter der Voraussetzung der angestrebten Vollschmierung der Gleitlagerung, um so möglichst geringen Verschleiß und geringe Störanfälligkeit zu erreichen. Dabei sollte der Schmierstoff frei von Schmutzteilchen sein, da anderenfalls verstärkter Verschleiß, Riefenbildung und örtliche Überhitzung möglich sind, wodurch die Funktionsfähigkeit des Lagers beeinträchtigt wird. Deshalb ist bei Bedarf eine entsprechende Ölfilterung vorzusehen. Nach dem neuen Entwurf der DIN 31652 wird die kleinste zulässige minimale Schmierfilmdicke h_{lim} als Kennwert für den Übergang zur Mischreibung unter Berücksichtigung der Rauheit von Welle und Lager, der Verkantung und der Durchbiegung nach Abbildung 14.58 wie folgt bestimmt:

$$h_{lim} = 1{,}5 \cdot R_{zB} + 0{,}5 \cdot R_{zJ} + \frac{0{,}5 \cdot \pi \cdot B \cdot \delta_J}{180} + 0{,}5 \cdot h_{def} \tag{14.57}$$

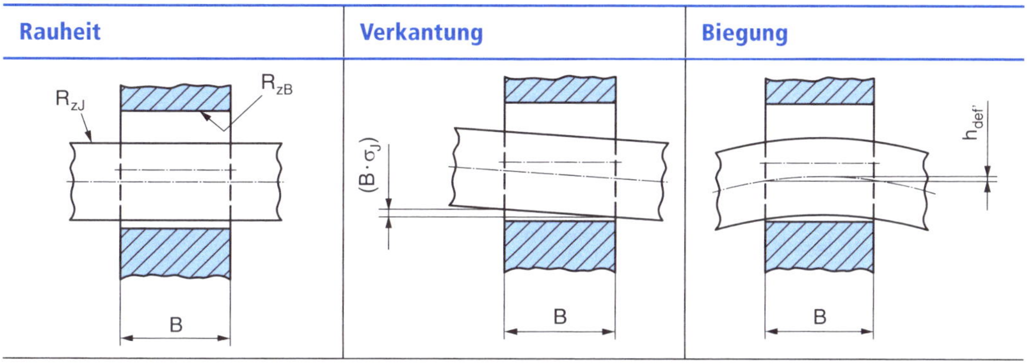

Abbildung 14.58: Einflüsse auf die minimal zulässige Schmierfilmdicke h_{lim} nach DIN 31652 [14.41]

Wertet man diese Gleichung (14.57) aus, so erhält man die Erfahrungsrichtwerte für h_{lim} in Tabelle 14.15, die so in der Ausgabe 1983 der DIN 31652 zusammengestellt wurden [14.41].

Wellendurchmesser D_J [mm]	Umfangsgeschwindigkeit der Welle u_J [m/s]				
	$u_J \leq 1$	$1 < u_J \leq 3$	$3 < u_J \leq 10$	$10 < u_J \leq 30$	$u_J > 30$
Über 24 bis 63	3	4	5	7	10
Über 63 bis 160	4	5	7	9	12
Über 160 bis 400	6	7	9	11	14
Über 400 bis 1.000	8	9	11	13	16
Über 1.000 bis 2.500	10	12	14	16	18

Erfahrungsrichtwerte für h_{lim}, wobei für die Welle eine gemittelte Rautiefe von $R_{zJ} \leq 4$ µm, geringe Formfehler der Gleitflächen, sorgfältige Montage und eine ausreichende Filterung des Schmierstoffes vorausgesetzt werden

Tabelle 14.15: Erfahrungswerte für die minimal zulässige Schmierfilmdicke h_{lim} [µm] im Betrieb nach DIN 31652 [14.41]

14.4.1.3 Maximaler und maximal zulässiger Schmierfilmdruck

Aufgrund der Belastung eines Gleitlagers und des sich einstellenden Schmierspaltes entsteht im Lager ein hoher Schmierfilmdruck, der den Lagerwerkstoff sogar teilweise plastisch verformen kann. Deshalb gehört zum Nachweis der Lagertragfähigkeit auch eine Überprüfung des maximalen Schmierfilmdruckes p_{max} [N/mm²], der entsprechend der DIN 31652 auf die spezifische Lagerbelastung $\bar{p}$ nach Gleichung (14.2) bezogen wird, woraus sich p^*_{max}[-] ergibt [14.41]:

$$p^*_{max} = \frac{p_{max}}{\bar{p}} = f\left(So, B/D, h^*_{min}\right) \quad \text{oder} \quad p_{max} = p^*_{max} \cdot \bar{p} < \bar{p}_{lim} \tag{14.58}$$

Mithilfe des maximalen Schmierfilmdruckes p^*_{max} abhängig von der Sommerfeld-Zahl *So* aus Tabelle 14.11 bis Tabelle 14.14 oder vergleichbarer Werte aus der DIN 31652 und der spezifischen Lagerbelastung $\bar{p}$ nach Gleichung (14.2) lässt sich somit der maximale Schmierfilmdruck p_{max} [N/mm²] bestimmen, der immer kleiner sein muss als die größtzulässige spezifische Lagerbelastung $\bar{p}_{lim}$, die sich wie folgt ermitteln lässt.

Aus Erfahrungen ist bekannt, dass der mithilfe der Reynoldsschen Differentialgleichung berechnete dimensionslose maximale Schmierfilmdruck insbesondere bei hohen relativen Exzentrizitäten Werte von $p^*_{max} > 10$ annehmen kann, sodass in jedem Fall die Fließgrenze des Lagerwerkstoffes bei Betriebstemperatur weit überschritten würde. Aufgrund des elastischen Verhaltens von Welle und Lager kommt es jedoch zu einer Verbreiterung des Druckgebietes innerhalb des Lagers und damit zu einer Tragfähigkeitssteigerung, sodass der Maximaldruck selbst bei hohen Belastungen nur Werte von $p^*_{max} = 3 \ldots 4$ annimmt, woraus folgender zulässiger Wert $\bar{p}_{lim}$ als größtzulässige spezifische Lagerbelastung abgeleitet wurde [14.15], [14.178], [14.184]:

$$\bar{p}_{lim} \approx \frac{1}{3} \cdot \sigma_{d,0,2} \tag{14.59}$$

Hierin bezeichnet $\sigma_{d,0,2} = R_{p0,2}$ die 0,2 %-Stauchgrenze des eingesetzten Lagerwerkstoffes, die in den meisten Fällen der 0,2 %-Dehngrenze entspricht (s.a. Tabelle 3.6 in Maschinenelemente 1) [14.157].

Eine andere Möglichkeit zur Bestimmung des Grenzwertes für den relativen maximalen Schmierspaltdruck p^*_{max} ist mithilfe des folgenden Zusammenhanges unter Verwendung des effektiven relativen Lagerspiels ψ_{eff} und des resultierenden Elastizitätsmoduls E_{rsl} [N/m²] möglich, wobei E_J und E_B die Elastizitätsmoduln und ν_B und ν_J [-] die Querdehnungszahlen von Welle und Lager bezeichnen:

$$p^*_{max} = \frac{p_{max}}{\bar{p}} \leq \sqrt{\frac{\psi_{eff} \cdot E_{rsl}}{\pi \cdot \bar{p}}} \quad \text{mit} \quad E_{rsl} = \frac{2}{\dfrac{1-\nu_J^2}{E_J} + \dfrac{1-\nu_B^2}{E_B}} \tag{14.60}$$

Bei der Auswahl der Werkstoffe für Welle und Lagerschale ist grundsätzlich darauf zu achten, dass sich durch einen ausreichenden Härteunterschied zwischen Wellen- und Lagerwerkstoff günstige Gleit- und Einlaufbedingungen ergeben. Für weiche Lagerwerkstoffe (Blei-Zinn-Legierungen und Bleibronzen) hat sich eine Härtedifferenz zwischen Lagerschalen- und Wellenwerkstoff von etwa 100 HB bewährt [14.184]. Verwendet man härtere Materialpaarungen, so ist zu beachten, dass nicht nur die Härte, sondern auch die Elastizität der Werkstoffe den Verschleißwiderstand beeinflussen [14.152]. Demzufolge bildet das Verhältnis der Härte H zum Elastizitätsmodul E eine Verschleißwiderstands-Kennzahl und es gilt als Dimensionierungsregel:

$$\left[\frac{H}{E}\right]_J = (1{,}5\ldots 2)\cdot\left[\frac{H}{E}\right]_B \tag{14.61}$$

Dabei wird davon ausgegangen, dass die Welle (J) einer Umfangslast und die Schale (B) einer Punktlast unterliegen.

Betrachtet man im Weiteren den Übergang in das Mischreibungsgebiet, so sollte die zugehörige Übergangsgleitgeschwindigkeit U_{tr} unter der Annahme normaler Auslaufzeiten bei nicht zu großen vorhandenen Schwungmassen nicht größer sein als $U_{lim,tr}$, wobei bei bekannter mindestens zulässiger Schmierfilmdicke $h_{lim,tr}$ am Übergang in die Mischreibung und der zugehörigen spezifischen Lagerbelastung $p_{lim,tr}$ am Übergang in die Mischreibung folgende Zusammenhänge gemäß Abbildung 14.59 gelten:

$$p_{lim,tr}\cdot U_{lim,tr} = 2{,}5\cdot 10^6\ \frac{W}{m^2} \quad \text{für} \quad p_{lim,tr} \le 5\cdot 10^6\ \frac{N}{m^2} \quad \text{und} \quad U_{tr} < U_{lim,tr} \le 2\ \frac{m}{s} \tag{14.62}$$

Häufig unterscheidet sich der im Drehzahlbereich $U < U_{tr}$ vorhandene Wert Lagerdruck p_{tr} von dem im Betriebspunkt vorliegenden Druck p mit $p_{tr} < p$. Sollte dann die spezifische Lagerbelastung beim An- oder Abfahren der Anlage $p_{tr} > p_{lim,tr}$ werden, ist in jedem Fall eine hydrostatische Anhebung vorzusehen, um einen unzulässig hohen Verschleiß oder sogar eine Zerstörung des Lagers zu vermeiden.

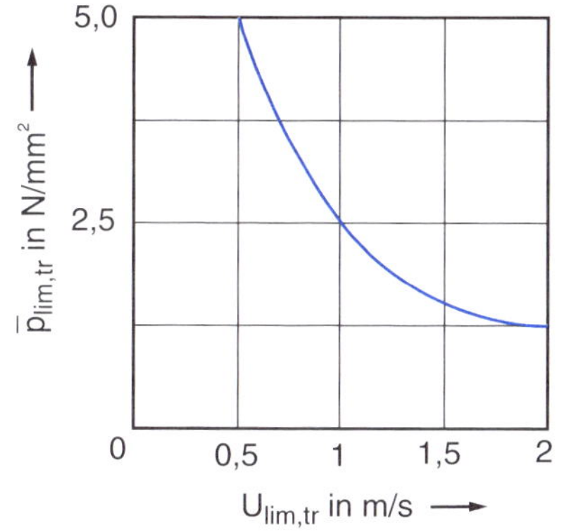

Lagerwerkstoffgruppe	p_{lim} (T_{lim}) in [N/mm²]
Blei-Legierungen	16 (100 °C) bis 25 (50 °C)
Zinn-Legierungen	25 (100 °C) bis 50 (50 °C)
Kupfer-Legierungen	25 (100 °C) bis 50 (50 °C)
Werkstoffe nach DIN ISO 4381, DIN ISO 4382 und DIN ISO 4383 [14.59], [14.60], [14.61]	

Abbildung 14.59: Zulässige Werte für die spezifische Lagerbelastung $p_{lim,tr}$ abhängig von der Gleitgeschwindigkeit $U_{lim,tr}$ im Übergang zur Mischreibung bei Betriebstemperatur und zulässiger Schmierfilmdruck p_{lim} abhängig von der zulässigen Lagertemperatur T_{lim} und der Lagerwerkstoffgruppe nach DIN 31652 [14.41]

In gleicher Weise müssen im Nenn-Betrieb mit Schmierfilmdicken von $h_{min} > h_{lim,tr}$ die dabei auftretenden Maximalwerte von Druck und Temperatur in den Gleitflächen von den verwendeten Werkstoffen und Schmierstoffen im Dauerbetrieb ohne Schädigung ertragen werden, wobei die Festigkeit der Lagerwerkstoffe von der Temperatur abhängt. Daher können die ertragbaren Grenzwerte für den größten zulässigen Schmierfilmdruck im Nenn-Betrieb gemäß

Abbildung 14.59 nur abhängig vom Grenzwert T_{lim} der maximalen Schmierfilmtemperatur angegeben werden. Zusätzlich ist bei Verbundlagern mit weichen Lagermetallen (Blei-, Zinn-Legierungen) zu beachten, dass diese Grenzwerte von der Dicke der Lagermetallschicht und von der konstruktiven Gestaltung des Stützkörpers nach Abbildung 14.47 abhängen. So können zwar bei dünnen Schichten höhere Belastungswerte zugelassen werden, jedoch verringert sich dabei die Anpassungsfähigkeit an Verkantungen und Verformungen der Welle, was durch eine entsprechende Form und den Einbau des Stützkörpers gemäß Abbildung 14.48 ausgeglichen werden muss.

Weiterhin ist zu beachten, dass die angegebenen Höchstwerte für den zulässigen Schmierfilmdruck p_{lim} in Abbildung 14.59 für Schmierung mit Mineralölen gelten und bei höheren Betriebstemperaturen im Bedarfsfall Sonderschmierstoffe einzusetzen sind. Dabei ist grundsätzlich auf die Verträglichkeit von Lagerwerkstoff und Schmierstoff zu achten.

Außerdem beschleunigen zu hohe Temperaturen die Alterung der Schmierstoffe. Da aber immer nur ein relativ kleiner Teil der gesamten Schmierstoffmenge für kurze Zeit den Maximaltemperaturen im Schmierspalt ausgesetzt wird, ist neben der Höchsttemperatur auch das Verhältnis von Gesamt-Schmierstoffvolumen und Schmierstoffdurchsatz, also die Umlaufzeit, für das Alterungsverhalten des Schmierstoffes maßgeblich [14.41].

14.4.1.4 Maximale und maximal zulässige Schmierstofftemperatur

Nachdem nun die Berechnung der Schmierfilmdicke und des Schmierfilmdruckes erfolgt sind, muss abschließend die Bestimmung der Schmierstofftemperatur erfolgen, die in gegenseitiger Abhängigkeit zu diesen beiden Größen steht.

Zur Bewertung der Verluste infolge Reibung im hydrodynamischen Gleitlager wird in DIN 31652 die dimensionslose Reibkraft-Kennzahl F^*_r [-] verwendet, die sich gemäß Abbildung 14.60 aus der Funktion der Reibungszahl f und dem effektiven relativen Lagerspiel ψ_{eff} abhängig von der Sommerfeld-Zahl So wie folgt bestimmen lässt [14.41]:

$$F_f^* = \frac{f}{\psi_{eff}} \cdot So \tag{14.63}$$

Dabei gilt die Voraussetzung eines sehr kleinen Schmierstoffzuführdruckes p_{en} und die lineare Abhängigkeit der Reibungszahl vom berechneten Füllungsgrad in Kavitationsgebieten [14.95], [14.129]. Entsprechende Werte für die dimensionslose Reibkraft F^*_r abhängig von der Sommerfeld-Zahl So können wiederum den Tabellen aus DIN 31652 oder aber aus Tabelle 14.11 bis Tabelle 14.14 entnommen werden [14.41]. Damit ergibt sich dann die Reibleistung P_f [W] im Lager zu:

$$P_f = P_0 = f \cdot F \cdot \omega_{rel} \cdot \frac{D}{2} \quad \text{oder} \quad P_f = \frac{F_f^* \cdot \Psi_{eff} \cdot F \cdot \omega_{rel} \cdot D}{2 \cdot So} \tag{14.64}$$

Sie ist abhängig von der Lagerkraft F [N], der Reibungszahl f [-] und der Umfangsgeschwindigkeit, welche sich aus dem Nenn-Lagerinnendurchmesser D und der relativen Winkelgeschwindigkeit der Welle ω_{rel} [1/s] bestimmen lässt.

Betrachtet man im Weiteren den Schmierstoffdurchsatz, so ist zur Trennung der Gleitflächen ein tragfähiger Film erforderlich, wobei ein seitliches Entweichen des Schmierstoffes aus dem Lager infolge der Druckentwicklung im Schmierfilm unvermeidbar ist. Dieser Anteil wird mit Q_3 [m³/s] bezeichnet und kann wiederum als bezogene Größe Q_3^* [-], abhängig vom Bezugsschmierstoffdurchsatz Q_0 [m³/s] dargestellt werden, wobei die bezogene Größe Q_3^* in Abhängigkeit von der Sommerfeld-Zahl *So* den Tabellen aus DIN 31652, dem Diagramm in Abbildung 14.60 oder aber aus Tabelle 14.11 bis Tabelle 14.14 entnommen werden kann [14.41]:

$$Q_3 = Q_0 \cdot Q_3^* \qquad (14.65)$$

Der Bezugsschmierstoffdurchsatz Q_0 [m³/s] ist anhand des Nenn-Lagerinnendurchmessers D, des effektiven relativen Lagerspiels ψ_{eff} und der hydrodynamisch effektiven Winkelgeschwindigkeit ω_{eff} zu ermitteln:

$$Q_0 = \left(\frac{D}{2}\right)^3 \cdot \omega_{eff} \cdot \psi_{eff} \qquad (14.66)$$

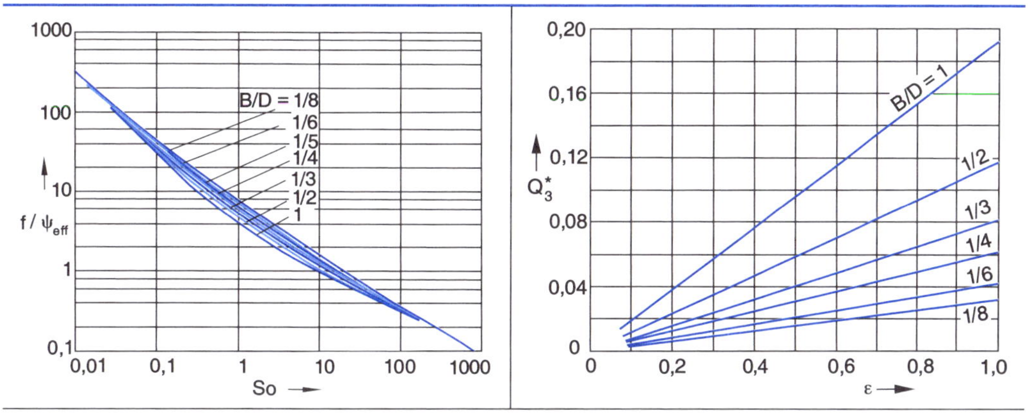

Abbildung 14.60: Bezogene Reibungszahl für vollumschlossene Radial-Gleitlager und bezogener Schmierstoffdurchsatz infolge Eigendruckentwicklung nach DIN 31652 [14.41]

Bei voll umschlossenen Gleitlagern entweicht bereits vor dem Schmierspalt eine gewisse Menge an Schmierstoff Q_p [m³/s] infolge des Zuführdruckes p_{en} seitlich aus dem Lager:

$$Q_p = Q_0 \cdot p_{en}^* \cdot Q_p^* \quad \text{mit} \quad p_{en}^* = \frac{p_{en} \cdot \psi_{eff}^2}{\eta_{eff} \cdot \omega_{eff}} \qquad (14.67)$$

Hierin ist Bezugsschmierstoffdurchsatz Q_0 nach Gleichung (14.66) einzusetzen, der verwendete Schmierstoffzuführdruck p_{en} [Pa] liegt üblicherweise in einem Bereich von 0,05 MPa bis 0,2 MPa über dem Umgebungsdruck und die bezogene Größe Q_p^* kann abhängig von der Sommerfeld-Zahl *So* den Tabellen aus DIN 31652, der Zusammenstellung in Abbildung 14.61 oder aber aus Tabelle 14.11 bis Tabelle 14.14 entnommen werden [14.41].

Aus den berechneten Anteilen ergibt sich dann der gesamte Schmierstoffdurchsatz Q [m³/s] zu:

$$Q = Q_3 + Q_p \qquad (14.68)$$

Zur Bestimmung der Schmierstofftemperatur in den Schmierstofftaschen wird ein weiterer Schmierstoffdurchsatz-Kennwert Q_2 [m³/s] benötigt, der in Umfangsrichtung durch den engsten Schmierspalt hindurch eintritt und somit den wirksamen Spaltdruck hervorruft. Mit dem Bezugsschmierstoffdurchsatz Q_0 nach Gleichung (14.66) und der bezogenen Größe Q_2^* abhängig von der Sommerfeld-Zahl *So* aus den Tabellen in DIN 31652 oder aber aus Tabelle 14.11 bis Tabelle 14.14 berechnet sich der Schmierstoffdurchsatz-Kennwert Q_2 zu [14.41]:

$$Q_2 = Q_0 \cdot Q_2^* \tag{14.69}$$

Schmierloch, entgegengesetzt zur Lastrichtung angeordnet	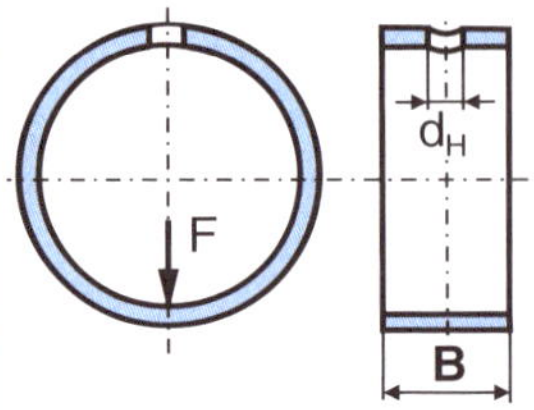	$Q_P^* = \frac{\pi}{48}\cdot\frac{(1+\varepsilon)^3}{\ln\left(\frac{B}{d_H}\right)\cdot q_H}$ $q_H = 1{,}204+0{,}368\cdot\left(\frac{d_H}{B}\right)-1{,}046\cdot\left(\frac{d_H}{B}\right)^2+1{,}942\cdot\left(\frac{d_H}{B}\right)^3$
Schmiertasche, entgegengesetzt zur Lastrichtung angeordnet	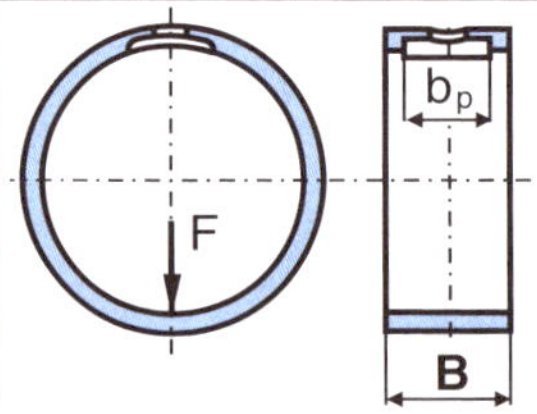	$Q_P^* = \frac{\pi}{48}\cdot\frac{(1+\varepsilon)^3}{\ln\left(\frac{B}{b_P}\right)\cdot q_P}$ $q_H = 1{,}188+1{,}582\cdot\left(\frac{b_P}{B}\right)-2{,}585\cdot\left(\frac{b_P}{B}\right)^2+5{,}563\cdot\left(\frac{b_P}{B}\right)^3$ für $0{,}05 \le \left(\frac{b_P}{B}\right) \le 0{,}7$
Schmiernut, umlaufend in Lagermitte angeordnet (Ringnut)	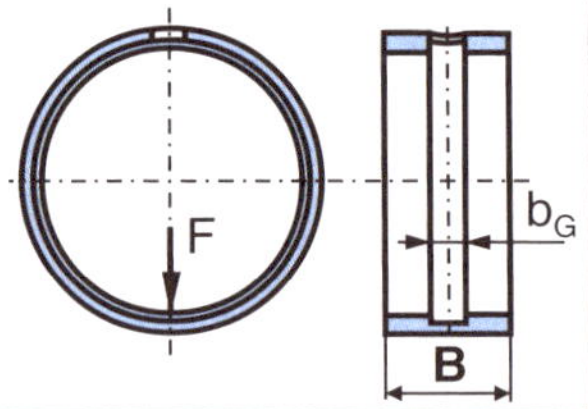	$Q_P^* = \frac{\pi}{24}\cdot\frac{1+1{,}5\cdot\varepsilon^2}{\left(\frac{B}{D}\right)}\cdot\frac{B}{B-b_G}$

Abbildung 14.61: Schmierstoffdurchsatz-Kennzahl Q_p^* infolge Zuführdruck [14.41]

Unter Verwendung der bisher ermittelten Größen wird nun zur Beschreibung der thermischen Zustände des Gleitlagers eine Wärmebilanz durchgeführt. So wird die im Lager erzeugte Reibleistung P_f in Form des Wärmestromes P_0 [W] über die Systemgrenzen des Lagers an die Umgebung abgeleitet. Dies kann einerseits in Form freier Konvektion über das Lagergehäuse und die Welle mit der Leistung $P_{th,amb}$ [W] erfolgen, während andererseits bei Verwendung einer Umlaufschmierung durch eine Ölkühlung die Leistung $P_{th,L}$ [W] abgeführt werden kann:

$$P_f = P_0 = P_{th,amb} + P_{th,L} \tag{14.70}$$

Bei ausgeführten Gleitlagern ist jeweils eine der beiden Arten der Wärmeabführung vorherrschend, weshalb man bei der Berechnung auch jeweils nur diesen Anteil unter Vernachlässigung des anderen berücksichtigt, wodurch sich eine zusätzliche Sicherheit in der Auslegung ergibt. Demzufolge werden die beiden nachfolgenden Fälle unterschieden:

1 **Lager ohne Umlaufschmierung** – Die Wärme wird überwiegend durch freie Konvektion über das Gehäuse an die Umgebung abgegeben, sodass gilt:

$$P_0 = P_{th,amb} \quad \text{mit} \quad P_{th,amb} = k \cdot A \cdot \left(T_B - T_{amb}\right) \tag{14.71}$$

Hierin bezeichnen T_B die Lagertemperatur, T_{amb} die Umgebungstemperatur, k den Wärmedurchgangskoeffizienten zwischen Schmierfilm und Umgebung und A die Gehäuseoberfläche, deren Größe mit den Überschlagsgleichungen nach Tabelle 14.16 bestimmt werden kann. Dabei hängt der Wärmedurchgangskoeffizient zwischen Schmierfilm und Umgebung k [W/(m^{2}K)] stark von der Gehäusebauform ab und kann überschlägig mit k = 15 ... 20 W/(m^{2}K) angegeben werden. Insgesamt umfasst der Wärmedurchgangskoeffizient den Wärmeübergang vom Gehäuseinneren an die Gehäusewandung, den Durchgang durch die Gehäusewandung sowie den Übergang von der Gehäusewandung an die Umgebung. Bei erzwungener Konvektion durch aktive Lüftung mit einer Umgebungsgeschwindigkeit w_{amb} > 1,2 m/s kann der Wärmedurchgangskoeffizient wie folgt überschlägig bestimmt werden:

$$k = 7 + 12 \cdot \sqrt{w_{amb}} \tag{14.72}$$

Flanschlager mit zylindrischem Gehäuse	$A = 2 \cdot \frac{\pi}{4} \cdot \left(D_H^2 - D^2\right) + \pi \cdot D_H \cdot B_H$ (14.73)
Stehlager	$A = \pi \cdot H \cdot \left(B_H + \frac{H}{2}\right)$ (14.74)
Lager im Maschinenverband	$A = (15 \ldots 30) \cdot B \cdot D$ (14.75)
Hierin bezeichnen D_H [m] den Gehäuseaußendurchmesser, D [m] den Nenn-Lagerinnendurchmesser, B_H [m] die Gehäusebreite, H [m] die Höhe des Stehlagers und B [m] die gesamte axiale Länge des Maschinenverbandes	

Tabelle 14.16: Erfahrungswerte für Oberflächengrößen von Gleitlagern [14.41]

2 **Lager mit Umlaufschmierung (Druckumlaufschmierung)** – Die Wärmeabfuhr erfolgt hauptsächlich über den Schmierstoff, sodass gilt:

$$P_0 = P_{th,L} \quad \text{mit} \quad P_{th,L} = \rho \cdot c_p \cdot Q \cdot \left(T_{ex} - T_{en}\right) \tag{14.76}$$

Hierin bezeichnet $\rho \cdot c_p$ [J/(m^3 K)] die volumenspezifische Wärme, die für Schmierstoffe auf Mineralölbasis folgenden Wert annimmt:

$$\rho \cdot c_p = (1{,}7 \ldots 1{,}8) \cdot 10^6 \frac{J}{m^3 K} \tag{14.77}$$

Weiterhin bezeichnen Q [m^3/s] den gesamten Schmierstoffdurchsatz nach Gleichung (14.68), T_{ex} [°C] die Austrittstemperatur des Öles beim Verlassen des Lagers und T_{en} [°C] die Eintrittstemperatur in das Lager, wobei die Differenz aus beiden Temperaturen durch einen zusätzlichen Ölkühler gesteigert werden kann.

Mithilfe der aus den Wärmebilanzen ermittelten effektiven Schmierfilmtemperaturen T_{eff} [°C] ist nun wieder die Schmierölviskosität zu bestimmen. Für den 1. Fall – Lager ohne Umlaufschmierung ergibt sich die effektive Schmierfilmtemperatur T_{eff} [°C] zu:

$$T_{eff} = T_B \tag{14.78}$$

Für den 2. Fall – Lager mit Umlaufschmierung (Druckumlaufschmierung) ist der Mittelwert aus der Schmierstofftemperatur in den Schmierstofftaschen (Vertiefungen zur Schmierölzuführung) T_1 [°C] und der Schmierstofftemperatur am Druckbergende T_2 [°C] im teilumschließenden Lager gemäß Abbildung 14.62 zu bestimmen:

$$T_{eff} = T = \frac{1}{2} \cdot (T_1 - T_2) \quad \text{mit} \quad T_1 = T_{en} \quad \text{und} \quad T_2 = T_{ex} \tag{14.79}$$

Betrachtet man den Fall der Druckumlaufschmierung im vollumschließenden Lager, so ist nicht nur der Schmierstoffdurchsatz einer einzelnen Tragfläche, sondern der des vollständigen Lagers und damit auch die gegenseitige Beeinflussung der einzelnen Schmierstoffanteile zu berücksichtigen. Demzufolge wird der am Ende der Flächen austretende Schmierstoff in der folgenden Schmiertasche mit frisch zugeführtem Schmierstoff gemischt, weshalb die Schmierstofftemperatur T_1 am Eintritt des Schmierspalts größer ist als die des mit der Temperatur T_{en} frisch zugeführten Schmierstoffes gemäß Abbildung 14.62.

Da eine rein theoretische Behandlung dieses Mischungsproblems bisher keine zufriedenstellenden Ergebnisse gebracht hat, wird in der DIN 31652 ein empirisches Verfahren unter Verwendung eines sogenannten Mischungsfaktors M vorgeschlagen [14.41], [14.192]. Somit ermittelt sich die mittlere Schmierstofftemperatur innerhalb der Taschen T_1 aus der Temperatur des frisch zugeführten Schmieröles T_{en} und der Erwärmung durch den Anteil bereits verwendeten und somit erwärmten Öles ΔT_1 [°C] unter Verwendung der zuvor berechneten Schmierstoffdurchsätze:

$$T_1 = T_{en} + \Delta T_1 \quad \text{mit} \quad \Delta T_1 = \frac{Q_2}{M \cdot Q + (1 - M) \cdot Q_3} \cdot \Delta T_2 \tag{14.80}$$

Die dafür notwendige gemittelte Schmierstofferwärmung am Ende der Druckentwicklung ΔT_2 [°C] entspricht mit P_f nach Gleichung (14.70) folgendem Zusammenhang:

$$\Delta T_2 = T_2 - T_1 = \frac{P_f}{\rho \cdot c_p \cdot \left(Q_2 + \frac{Q_3}{2} \right)} \tag{14.81}$$

Hierin bezeichnet M den Mischungsfaktor, der zwischen den Grenzwerten $M = 0$ (keine Mischung) und $M = 1$ (vollkommene Mischung) liegt, wobei als Erfahrungswerte üblicherweise abhängig von der konstruktiven Ausbildung des Lagers Werte zwischen $M = 0{,}4 \ldots 0{,}6$ angesetzt werden können.

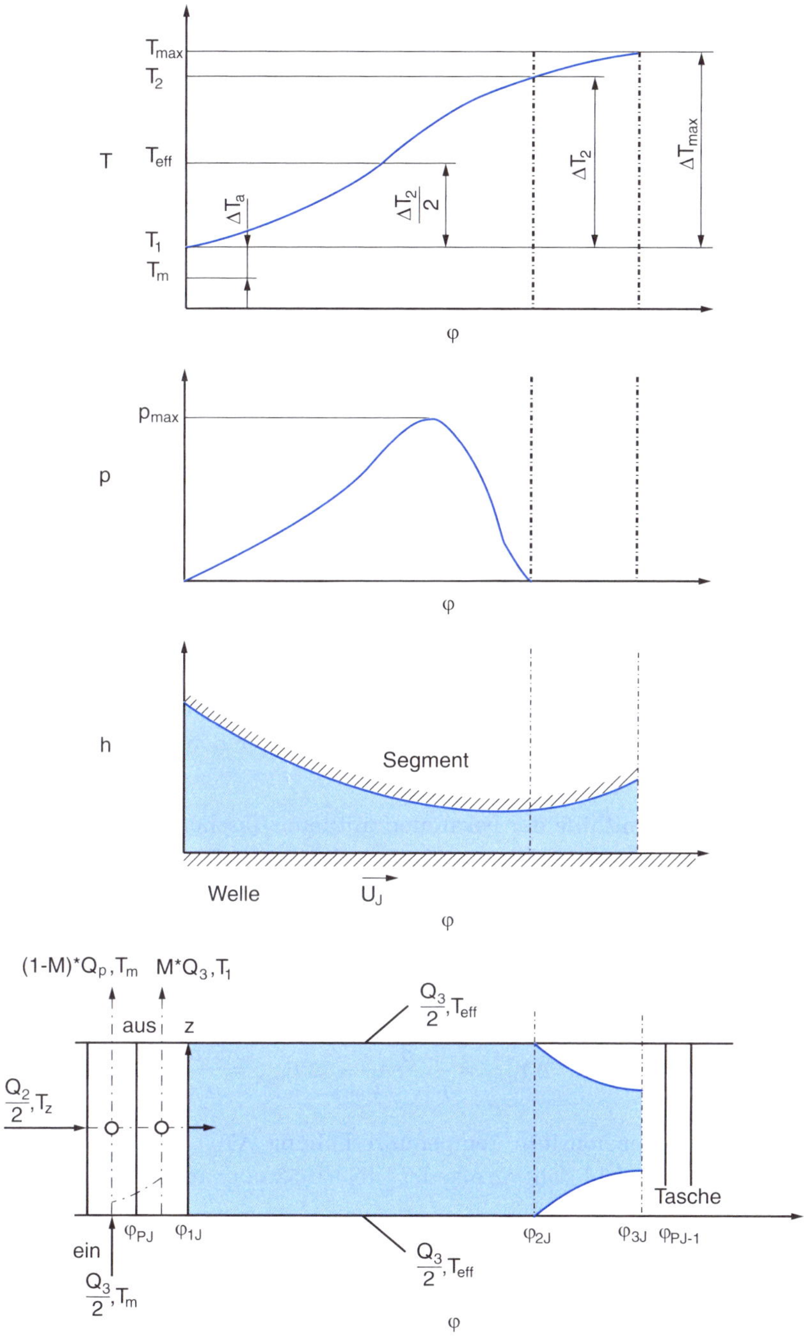

Abbildung 14.62: Verteilung von Schmierfilmtemperatur, Schmierfilmdruck und Spalthöhe in Lagermitte sowie Wärmebilanzen nach DIN 31652 [14.41]

Damit ergeben sich die mittlere Taschentemperatur T_1 [°C] und die effektive Schmierstofftemperatur T_{eff} [°C] zu:

$$T_1 = T_{en} + \Delta T_1 \quad \text{und} \quad T_{eff} = \frac{T_1 + T_2}{2} = T_{en} + \Delta T_1 + \frac{\Delta T_2}{2} \tag{14.82}$$

Schließlich folgt daraus die sich in einem Gleitlager unter freier Konvektion einstellende effektive Schmierfilmtemperatur T_{eff} [°C]:

$$T_{eff} = \frac{f \cdot F \cdot \omega_{rel} \cdot D}{2 \cdot k \cdot A} + T_{amb} \tag{14.83}$$

Wie bereits eingangs erwähnt, ist die Reibungszahl f von der Sommerfeld-Zahl abhängig, weshalb sich auch die Betriebstemperatur bei veränderlichen Betriebsbedingungen verändern muss. Das beeinflusst wiederum im besonderen Maße das relative Lagerspiel ψ, welches anhand der zu erwartenden Lagertemperatur gewählt wird.

Damit muss zu Beginn der Iterationsrechnungen zur Lagerauslegung für eine vorerst geschätzte Schmierfilmtemperatur ein zweckmäßiges Lagerspiel gewählt werden. Damit werden dann die Sommerfeld-Zahl So und alle anderen Werte wie beschrieben bestimmt, woraus sich eine unter diesen Bedingungen einstellende effektive Schmierfilmtemperatur T_{eff} ergibt.

Weicht diese von der vormals geschätzten Schmierfilmtemperatur um mehr als ein Kelvin ab, so ist ein neues relatives Lagerspiel ψ zu bestimmen, wobei als neue Schmierfilmtemperatur der Mittelwert aus geschätzter und berechneter Schmierfilmtemperatur verwendet wird. Sobald die Temperaturdifferenz zwischen aktuellem und vorherigem Iterationsschritt kleiner als ein Kelvin ist, liegt der Beharrungszustand vor und der Berechnungsvorgang ist abgeschlossen.

Abschließend lässt sich mithilfe der bekannten mittleren Taschentemperatur T_1 nach Gleichung (14.82), die der Eintrittstemperatur T_{en} des teilumschließenden Lagers entspricht, die maximale Schmierfilmtemperatur T_{max} des Lagers unter Verwendung der Temperaturerhöhung ΔT_{max} infolge des Öldurchganges durch den Schmierspalt gemäß Abbildung 14.62 aus der Energiegleichung ermitteln, die kleiner sein muss als die maximale Schmierfilmtemperatur T_{lim}:

$$T_{max} = T_1 + \Delta T_{max} < T_{lim} \quad \text{mit} \quad \Delta T_{max} = \frac{\bar{p} \cdot f}{\rho \cdot c_p \cdot \psi_{eff}} \cdot \Delta T^*_{max} = \frac{\bar{p}}{\rho \cdot c_p} \cdot \frac{F^*_f}{So} \cdot \Delta T^*_{max} \tag{14.84}$$

Hierzu können die dimensionslose Temperaturerhöhung ΔT^*_{max} und alle weiteren Werte abhängig von der Sommerfeld-Zahl So aus der DIN 31652 oder aus Tabelle 14.11 bis Tabelle 14.14 entnommen werden [14.41].

Für eine Anwendung ohne Umlaufschmierung gilt näherungsweise für die maximale Schmierfilmtemperatur T_{max} des Lagers:

$$T_{max} = T_B < T_{lim} \tag{14.85}$$

Für beide Gleichungen (14.84) und (14.85) ist die maximal zulässige Schmierfilmtemperatur T_{lim} aus der DIN 31652 oder aber Abbildung 14.59 zu entnehmen [14.41].

Zum Schluss des Tragfähigkeitsnachweises sei noch der Fall eines Gleitlagers betrachtet, welches mit Nennlast aus dem Stillstand angefahren oder abgefahren wird, da in derartigen Fällen besonders hohe Beanspruchungen auftreten. Demzufolge wird eine besondere Dimensionierung notwendig, um Schädigungen beim Durchlaufen des Mischreibungsgebietes zu vermeiden.

So konzentriert sich mit abnehmender Gleitgeschwindigkeit und gleichzeitig steigender Exzentrizität die Druckentwicklung zunehmend auf den Bereich des Wellenlaufspiegels im Lager, sodass die Maximaldrücke im Schmierfilm dort sehr groß werden. Hieraus entstehen elastische Verformungen des Schmierspaltes, die sich auf den Übergang in das Mischreibungsgebiet auswirken und zu einer Tragfähigkeitssteigerung führen können, die dem bis zu Zehnfachen der „starren" Gleichung (14.50) entsprechen.

An diesem Übergang liegt die Schmierspalthöhe h_{min} in der Größenordnung der Rauheiten. Betrachtet man an dieser Grenze zum Mischreibungsgebiet die Sommerfeld-Zahl, so strebt diese für große relative Exzentrizitäten ε – also $\varepsilon \rightarrow 1$ und $h^* \rightarrow 0$ – gegen unendlich ($So \rightarrow \infty$). Um hier dennoch eine Berechnung vornehmen zu können, wird die sogenannte erweiterte Sommerfeld-Zahl $(So \cdot (1 - \varepsilon))_{tr}$, eingesetzt, die unter der Annahme starrer Wandungen des Lagers folgendem Grenzwert zustrebt:

$$\left[So \cdot (1-\varepsilon)\right]_{tr} = \left(So \cdot h^*_{min}\right)_{tr} = \frac{2 \cdot \overline{p} \cdot \psi_{eff} \cdot h_{min,tr}}{D \cdot \eta_{eff} \cdot \omega_{eff,tr}} = \sqrt{\frac{3}{2}} = 1{,}2247 \tag{14.86}$$

Hierin bezeichnen $h_{min,tr}$ die minimale Schmierfilmdicke beim Übergang in die Mischreibung und $\omega_{eff,tr}$ für die zugehörige Winkelgeschwindigkeit der Welle.

Um diesen tragfähigkeitssteigernden Einfluss der Elastizität generell berücksichtigen zu können, lässt sich folgender Zusammenhang verwenden, indem der Ausdruck $(So \cdot h^*_{min})$ mithilfe des Koeffizienten der EHD-Tragfähigkeitssteigerung K_E unter Verwendung des resultierenden Elastizitätsmoduls aus Wellen- und Lagerwerkstoff E_{rsl} nach Gleichung (14.60) zu $(So \cdot h^*_{min})_E$ korrigiert wird [14.168], [14.178]:

$$\left(So \cdot h^*_{min}\right)_E = K_E \cdot \left(So \cdot h^*_{min}\right) \quad \text{mit} \quad K_E = \left(1 + \sqrt{2} \cdot \frac{\overline{p} \cdot D}{E_{rsl} \cdot h_{min}}\right)^{\frac{2}{3}} \tag{14.87}$$

Auch wenn diese Gleichung streng nur für relative minimale Schmierfilmdicken $h^*_{min} \rightarrow 0$ hergeleitet wurde, gilt sie dennoch mit guter Genauigkeit für den gesamten Bereich der relativen minimalen Schmierfilmdicke h^*_{min}, weil bei den im Nennbetrieb auftretenden größeren Schmierfilmdicken der zweite Ausdruck in der Klammer des Koeffizienten K_E klein gegenüber 1 wird.

Des Weiteren lässt sich mithilfe von Gleichung (14.86) auch die erforderliche Mindestviskosität η_{lim} bei Betriebstemperatur berechnen, die für ein sicheres Durchlaufen (An- oder Abfahren) des Mischreibungsgebietes unter Nennlast benötigt wird, wenn man die für den Übergang zulässigen Grenzwerte $\overline{p}$, $h_{min,tr}$ und U_{tr} entsprechend Gleichung (14.62) nach DIN 31652 einsetzt [14.41].

Sollte sich am Übergang zwischen Flüssigkeits- und Mischreibung auch noch die spezifische Lagerbelastung $\bar{p}$ ändern, so ist demzufolge der spezifische Belastungswert $\bar{p}_{tr}$ einzusetzen und für die zugehörige Geschwindigkeit U_{tr} kann als geeigneter Grenzwert $U_{lim,tr}$ nach Gleichung (14.62) bzw. ein Wert aus DIN 31652 entnommen werden [14.40].

14.4.1.5 Dynamische Viskosität und Betriebslagerspiel

Bei der dynamischen Viskosität ist die hohe Temperaturabhängigkeit unbedingt zu berücksichtigen, weshalb es erforderlich ist, diese Temperaturabhängigkeit des Schmierstoffes und dessen Spezifikation entsprechend DIN 51519 genau zu kennen [14.55]. Weiterhin wird die effektive dynamische Viskosität η_{eff} bei der effektiven Schmierfilmtemperatur T_{eff} ermittelt und nicht aus der Mittelwertbildung zweier dynamischer Viskositäten bei den jeweiligen Temperaturen. Ferner ist die dynamische Viskosität in geringem Maße auch druckabhängig, was bei stationären Lagern und üblichen spezifischen Belastungen $\bar{p}$ jedoch vernachlässigt werden kann und eine zusätzliche Auslegungssicherheit darstellt. Zusätzlich ist zu beachten, dass bei nicht Newton'schen Schmierstoffen (strukturviskose Öle, Mehrbereichsöle) reversible und irreversible Viskositätsänderungen abhängig von der Scherbeanspruchung im Schmierspalt und von der Gebrauchsdauer auftreten. Da diese Eigenschaften bisher nur für wenige Schmierstoffe untersucht wurden, bleiben sie im beschriebenen Verfahren nach DIN 31652 unberücksichtigt [14.41], [14.192].

Das oben berechnete effektive relative Lagerspiel ψ_{eff} bezieht sich auf den Betriebszustand unter Einwirkung der effektiven Schmierfilmtemperatur T_{eff}. Demzufolge setzt es sich zusammen aus einem Anteil ψ_{20}, da die Fertigung von Welle und Lager üblicherweise bei Raumtemperatur (Annahme: 20 °C) erfolgt, und einem Anteil $\Delta\psi_{th}$, der die thermische Änderung des relativen Lagerspiels gegenüber dem Kaltspiel ψ_{20} berücksichtigt:

$$\psi_{eff} = \psi_{20} + \Delta\psi_{th} \tag{14.88}$$

Da die Fertigung geometrischen Toleranzen unterliegt, muss das mittlere relative Lagerspiel $\bar{\psi}$ aus dem oberen Maß ψ_{max} und dem unteren Maß für das relative Lagerspiel ψ_{min} bestimmt werden, was sich wiederum aus den Wellen, bzw. Lagerbohrungs-Abmaßen ergibt:

$$\psi_{20} = \bar{\psi} = 0{,}5 \cdot \left(\psi_{max} + \psi_{min}\right) \text{ mit } \psi_{max} = \frac{D_{max} - D_{J,min}}{D} \text{ und } \psi_{min} = \frac{D_{min} - D_{J,max}}{D} \tag{14.89}$$

Für die thermische Änderung des relativen Lagerspiels gilt bei geringen Temperaturunterschieden unter Verwendung der Wärmeausdehnungskoeffizienten $\alpha_{1,B}$ und $\alpha_{1,J}$ von Lager und Welle:

$$\Delta\psi_{th} = \left(\alpha_{1,B} - \alpha_{1,J}\right) \cdot \left(T_{eff} - 20°C\right) \tag{14.90}$$

Bestehen dagegen größere Temperaturunterschiede zwischen Welle und Lager, so gilt folgender Zusammenhang, wobei die Wärmeausdehnung der dünnen Lagergleitschicht vernachlässigt wird:

$$\Delta\psi_{th} = \alpha_{1,B} \cdot \left(T_B - 20°C\right) - \alpha_{1,J} \cdot \left(T_J - 20°C\right) \tag{14.91}$$

Anhaltswerte für Betriebsrichtwerte des relativen Lagerspiels können dem Näherungsansatz nach Vogelpohl gemäß Gleichung (14.46) sowie der DIN 31652 entnommen werden, in der folgender Zusammenhang abhängig von der Nenn-Drehfrequenz der Welle N_J [s^{-1}] vorgeschlagen wird [14.41]:

$$\psi = 10^{-3} \cdot \left(\frac{N_J}{10} \right)^{\frac{1}{4}} \qquad (14.92)$$

14.4.2 Tragfähigkeit von Axial-Kippsegmentlagern bei hydrodynamischer Schmierung

In vergleichbarer Weise zum Radial-Kreiszylinderlager lässt sich auch die Tragfähigkeit von Axial-Kippsegmentlagern bei hydrodynamischer Schmierung gemäß Abbildung 14.63 nach DIN 31654 behandeln [14.43]. Der grundsätzliche Berechnungsablauf entspricht dem in Abbildung 14.54 gezeigten Schema. Die einzuhaltenden Bedingungen zum Nachweis der Tragfähigkeit hinsichtlich Sicherheit gegen Verschleiß durch ausreichende Schmierfilmdicke, gegen mechanische Beanspruchung durch Einhaltung des zulässigen Schmierfilmdruckes und gegen thermische Beanspruchung durch Einhaltung der zulässigen Lagertemperatur sind vergleichbar den Anforderungen in Abbildung 14.10, worauf im Folgenden näher eingegangen wird.

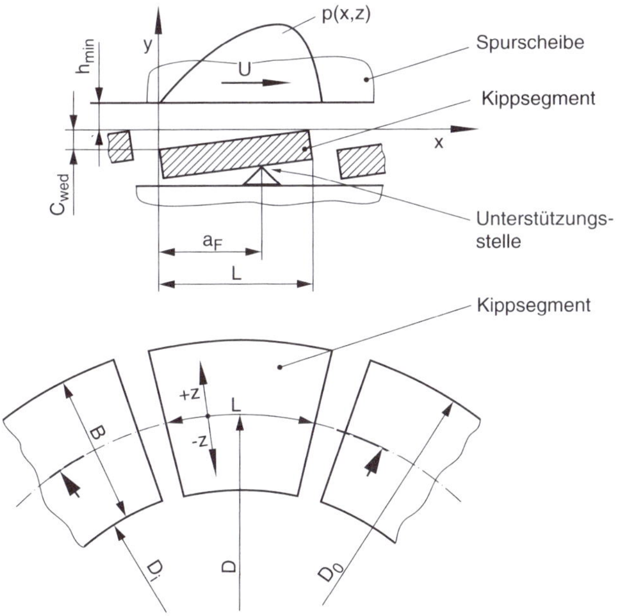

a_F [m]:	Abstand der Unterstützungsstelle vom Spalteintritt in Bewegungsrichtung (Umfangsrichtung)
B [m]:	Breite eines Segments
C_{Wed} [m]:	Keiltiefe
D [m]:	Mittlerer Gleitdurchmesser
D_i [m]:	Innendurchmesser innerhalb der Kippsegmente
D_o [m]:	Außendurchmesser über die Kippsegmente
h_{min} [m]:	Minimale Schmierfilmdicke (kleinste Spalthöhe)
L [m]:	Segmentlänge in Umfangsrichtung
p [N/mm^2]:	Örtlicher Schmierfilmdruck
U [m/s]:	Gleitgeschwindigkeit, bezogen auf den mittleren Tragringdurchmesser

Abbildung 14.63: Lagergeometrie eines Axial-Kippsegmentlagers nach DIN 31654 [14.43]

Dabei werden die meisten Kenngrößen über Diagramme erläutert, zu denen die jeweils zugehörigen Funktionen in DIN 31654 zu finden sind [14.43].

14.4.2.1 Eingangsgrößen, laminare Strömung und Tragfähigkeit

In gleicher Weise wie für das Radial-Lager erfolgt die Berechnung sämtlicher Größen mit den numerischen Lösungen der Reynolds'schen Differentialgleichung, die für ein Axial-Gleitlager mit den gegebenen Bezeichnungen nach Abbildung 14.63 folgende Form annimmt:

$$\frac{\partial}{\partial x}\cdot\left(h^3\cdot\frac{\partial p}{\partial x}\right)+\frac{\partial}{\partial z}\cdot\left(h^3\cdot\frac{\partial p}{\partial z}\right)=6\cdot\eta\cdot U\cdot\frac{\partial h}{\partial x} \tag{14.93}$$

Wesentliche Voraussetzung zur Anwendung des Berechnungsverfahrens ist das Vorliegen einer laminaren Strömung im Schmierspalt, weshalb der Vergleich von der tatsächlichen Reynolds-Zahl Re mit der zulässigen Reynolds-Zahl Re_{zul} vorzunehmen ist. Mithilfe der Dichte des Schmierstoffes ρ [kg/m^3], der hydrodynamisch wirkenden Gleitgeschwindigkeit U [m/s], der minimalen Schmierfilmdicke h_{min} [m] und der effektiven dynamischen Viskosität des Schmierstoffes η_{eff} [Pa·s] lässt sich die tatsächliche Reynolds-Zahl Re [-] bestimmen zu:

$$Re=\frac{\rho\cdot U\cdot h_{min}}{\eta_{eff}}\leq Re_{zul} \tag{14.94}$$

Für Keilspalte mit einem Verhältnis von $h_{min}\,/\,C_{wed}=0{,}8$ wird als Richtwert für die kritische Reynolds-Zahl $Re_{zul}=600$ angenommen [14.43], [14.191].

Eine wesentliche Einflussgröße zur weiteren Berechnung ist die x-Koordinate des Druckmittelpunkts a_F, die mit der x-Koordinate der Kippachse gemäß Abbildung 14.63 übereinstimmt. Damit hängt der Schmierdruckaufbau an den einzelnen Kippsegmenten direkt von der Lage der Unterstützungsstellen der Kippsegmente ab.

Damit ergibt sich durch den Bezug der x-Koordinate des Druckmittelpunktes a_F auf die Segmentlänge L in Umfangsrichtung der relative Abstand a_F^* der Unterstützungsstelle vom Spalteintritt in Bewegungsrichtung, der als eine Funktion von der auf die Keildicke bezogenen minimalen Schmierfilmdicke $h_{min}\,/\,C_{wed}$ und von der auf die Segmentlänge bezogenen Gleitschuhbreite $B\,/\,L$ in Diagrammen gemäß Abbildung 14.64 a) in der DIN 31654 wiedergegeben ist [14.43]:

$$a_F^*=\frac{a_F}{L} \tag{14.95}$$

Weiterhin ist bei der folgenden Berechnung zu berücksichtigen, dass durch die Wahl der Unterstützungsstelle a_F sowohl die bezogene minimale Schmierfilmdicke $h_{min}\,/\,C_{wed}$ als auch die Tragfähigkeits-, Reibleistungs- und Schmierstoffdurchsatz-Kennzahl festgelegt werden, die sich dann auch unter wechselnden Betriebsbedingungen nicht mehr ändern.

Für ein Axial-Kippsegmentlager wird die Tragfähigkeit durch eine dimensionslose Tragkraft-Kennzahl F^* bestimmt, die von der einwirkenden Lagerkraft F, der minimalen Schmierfilmdicke h_{min}, der Gleitgeschwindigkeit U, der Breite B und der Länge L eines Segments, der Anzahl Z der Segmente und der effektiven dynamischen Viskosität η des Schmierstoffes abhängt [14.96]:

$$F^*=\frac{F\cdot h_{min}^2}{U\cdot\eta_{eff}\cdot L^2\cdot B\cdot Z} \tag{14.96}$$

Das Diagramm in Abbildung 14.64 b) nach DIN 31654 zeigt den zugehörigen Funktionsverlauf [14.43].

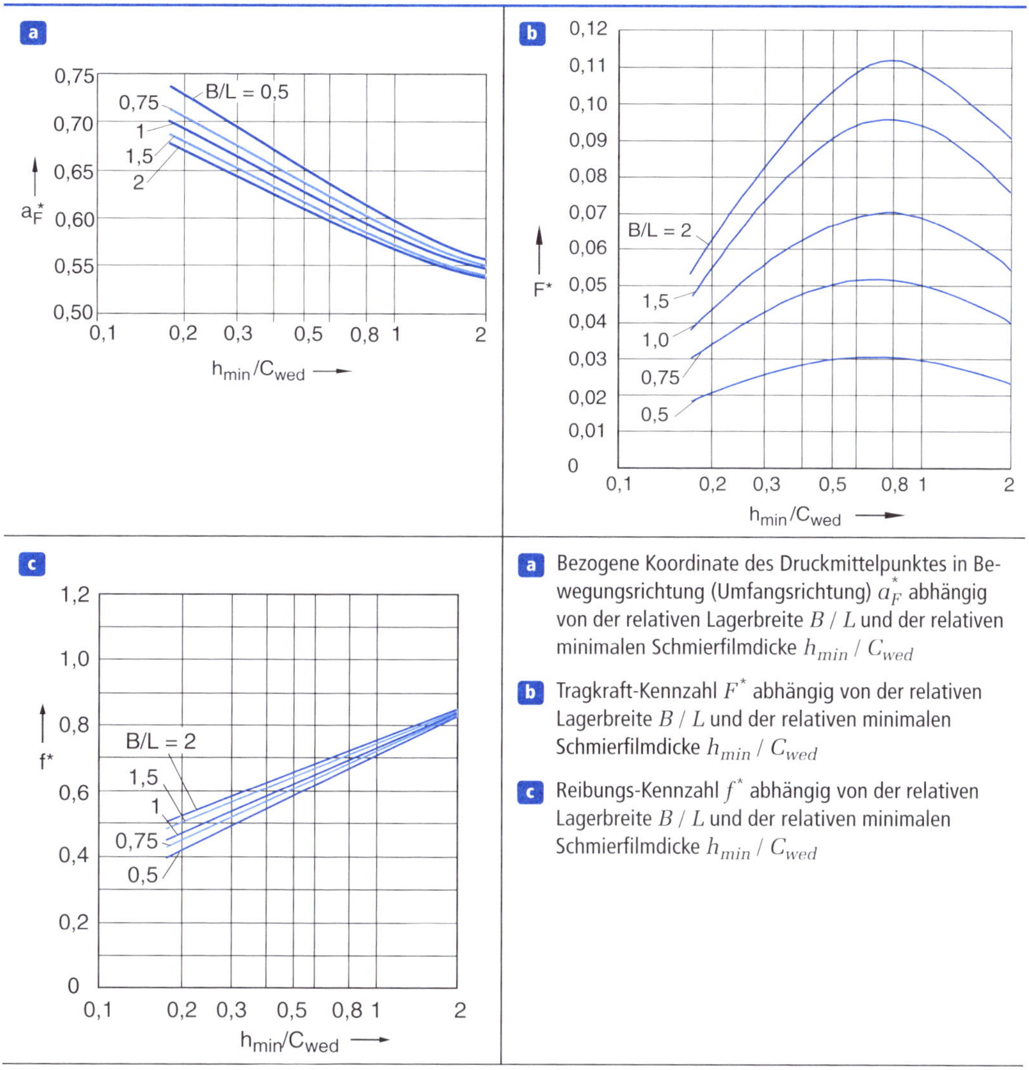

a Bezogene Koordinate des Druckmittelpunktes in Bewegungsrichtung (Umfangsrichtung) a_F^* abhängig von der relativen Lagerbreite B / L und der relativen minimalen Schmierfilmdicke h_{min} / C_{wed}

b Tragkraft-Kennzahl F^* abhängig von der relativen Lagerbreite B / L und der relativen minimalen Schmierfilmdicke h_{min} / C_{wed}

c Reibungs-Kennzahl f^* abhängig von der relativen Lagerbreite B / L und der relativen minimalen Schmierfilmdicke h_{min} / C_{wed}

Abbildung 14.64: Kenngrößen zur Tragfähigkeitsberechnung von Axial-Kippsegmentlagern nach DIN 31654 [14.43]

In gleicher Weise wie beim Radial-Lager ist die hierbei verwendete effektive dynamische Viskosität η_{eff} [Pa·s] des Schmieröles ebenfalls von der Lagertemperatur abhängig, deren Höhe im stationären Betrieb zu Beginn des Tragfähigkeitsnachweises jedoch noch nicht bekannt ist. Daher muss zur Bestimmung der dynamischen Viskosität zunächst eine Betriebstemperatur abgeschätzt werden. Mithilfe dieses Eingangswertes wird die gesamte Berechnung vorgenommen und am Ende eine neue Betriebstemperatur ermittelt. Aus der geschätzten und der berechneten Temperatur wird der Mittelwert gebildet und die Berechnung erneut durchgeführt. Diese iterative Berechnung der Betriebswerte kann beendet werden, wenn der sich ergebende Temperaturunterschied zwischen jeweils neuem Startwert und Berechnungswert kleiner ist als ein Kelvin.

Zur Bestimmung der Verluste eines Axial-Lagers infolge der Reibleistung P_f [W] wird die bezogene Reibleistungs-Kennzahl f^* [-] gemäß Abbildung 14.64 c) nach DIN 31654 verwendet, die von den gleichen Größen abhängt wie die dimensionslose Tragkraft-Kennzahl nach Gleichung (14.96) [14.43]:

$$f^* = P_f \cdot \frac{h_{min}}{U^2 \cdot \eta_{eff} \cdot L \cdot B \cdot Z} \tag{14.97}$$

Ebenso lässt sich in umgekehrter Weise aus der bezogenen Reibleistungs-Kennzahl f^* [-] gemäß Abbildung 14.64 c) die Reibleistung P_f [W] bestimmen:

$$P_f = f^* \cdot \frac{U^2 \cdot \eta_{eff} \cdot L \cdot B \cdot Z}{h_{min}} \tag{14.98}$$

14.4.2.2 Minimale und minimal zulässige Schmierfilmdicke

Zur Bestimmung der Verschleißsicherheit eines Axial-Lagers kann nun anhand der Tragkraftzahl F^*, der bereits eingangs erläuterten Lagergeometrie und der effektiven dynamischen Viskosität des Schmierstoffes η_{eff} die minimale Schmierfilmdicke h_{min} bestimmt werden, die nach DIN 31654 größer sein muss als die minimal zulässige Schmierfilmdicke h_{lim} [14.43]:

$$h_{min} = \sqrt{F^* \cdot \frac{U \cdot \eta_{eff} \cdot L^2 \cdot B \cdot Z}{F}} > h_{lim} \tag{14.99}$$

Hierin berechnet sich die minimal zulässige Schmierfilmdicke h_{lim} [µm], unter Verwendung des Beiwertes $C = 0{,}4 \cdot 10^{-5}$ bis $C = 2{,}9 \cdot 10^{-5}$ [-], der Umfangsgeschwindigkeit U [m/s], dem mittleren Gleitdurchmesser D [m], der im Stillstand auftretenden Kraft F_{st} [N] und der Betriebsbelastung F [N] bei Nenndrehzahl nach DIN 31654 zu [14.43]:

$$h_{lim} = C \cdot \sqrt{U \cdot D \cdot \frac{F_{st}}{F}} > h_{lim,tr} \quad \text{mit} \quad h_{lim} > 1{,}25 \cdot h_{lim,tr} \tag{14.100}$$

Hierin bezeichnet $h_{lim,tr}$ [µm] die mindestens zulässige Schmierfilmdicke beim Übergang in das Gebiet der Mischreibung:

$$h_{lim,tr} = \sqrt{\frac{D \cdot R_z}{12000}} \tag{14.101}$$

Weiterhin ist R_z [m] die gemittelte Rautiefe der Spurscheibe und D [m] der mittlere Gleitdurchmesser, wobei die Gleichung berücksichtigt, dass mit steigender Werkstückgröße auch die allgemeinen Fertigungstoleranzen ansteigen. Grundsätzlich führt eine schlechte Fertigungsqualität von Wellen, Bunden oder Spurscheiben – insbesondere bei Überschreitung der vorgegebenen Toleranzen – sehr schnell zu einem vorzeitigen Ausfall eines Axial-Gleitlagers.

Erfahrungsrichtwerte auf der Grundlage der oben beschriebenen Gleichungen sind in Tabelle 14.17 und Tabelle 14.18 zusammengestellt.

Mittlerer Gleitdurchmesser D [mm]		Mittlere Gleitgeschwindigkeit der Spurscheibe U [m/s]					
über		1,0	2,4	4,0	6,3	10,0	24,0
	bis	2,4	4,0	6,3	10,0	24,0	40,0
24	63	4,0	4,0	4,8	6,0	8,5	12,0
63	160	6,5	6,5	7,5	8,5	14,0	19,0
160	400	10,0	10,0	12,0	15,0	22,0	30,0
400	1.000	16,0	16,0	19,0	24,0	35,0	48,0
1.000	2.500	26,0	26,0	30,0	38,0	55,0	75,0

Erfahrungsrichtwerte für h_{lim}, wobei für die Welle eine gemittelte Rautiefe von $R_{zJ} \leq 4$ µm, geringe Formfehler der Gleitflächen, sorgfältige Montage und eine ausreichende Filterung des Schmierstoffes vorausgesetzt werden.

Tabelle 14.17: Richtwerte für die minimal zulässige Schmierfilmdicke h_{lim} [µm] im Betrieb für $F_{stp} / F = 1$ mit $C = 1 \cdot 10^{-5}$ nach DIN 31654 [14.43]

Mittlerer Gleitdurchmesser D [mm]		Mittlere Gleitgeschwindigkeit der Spurscheibe U [m/s]					
über		1,0	2,4	4,0	6,3	10,0	24,0
	bis	2,4	4,0	6,3	10,0	24,0	40,0
24	63	4,0	4,0	4,0	4,0	4,3	6,0
63	160	6,5	6,5	6,5	6,5	7,0	8,5
160	400	10,0	10,0	10,0	10,0	11,0	15,0
400	1.000	16,0	16,0	16,0	16,0	17,0	24,0
1.000	2.500	26,0	26,0	26,0	26,0	27,0	37,0

Erfahrungsrichtwerte für h_{lim}, wobei für die Welle eine gemittelte Rauhtiefe von $R_{zJ} \leq 4$ µm, geringe Formfehler der Gleitflächen, sorgfältige Montage und eine ausreichende Filterung des Schmierstoffes vorausgesetzt werden.

Tabelle 14.18: Richtwerte für die minimal zulässige Schmierfilmdicke h_{lim} [µm] im Betrieb für $F_{stp} / F = 0{,}25$ mit $C = 1 \cdot 10^{-5}$ nach DIN 31654 [14.43]

14.4.2.3 Maximaler und maximal zulässiger Schmierfilmdruck

Unter Verwendung der Lagerkraft F, der Breite B und Länge L eines Kippsegmentes sowie der Anzahl Z der Kippsegmente kann nun die spezifische Lagerbelastung ermittelt werden, wobei diese wiederum nach DIN 31654 die zulässigen Betriebsrichtwerte $\overline{p}_{lim}$ nach Tabelle 14.19 nicht überschreiten darf:

$$\overline{p} = \frac{F}{B \cdot L \cdot Z} < \overline{p}_{lim} \tag{14.102}$$

Dabei wird in den zulässigen Betriebsrichtwerten $\overline{p}_{lim}$ nach Tabelle 14.19 berücksichtigt, dass eine Verformung der Gleitflächen die Funktionsfähigkeit des Lagers nicht beinträchtigen darf und auch nicht zu Anrissen der Kippsegmente führt. Demzufolge sind nicht nur die Zusammensetzung des Lagerwerkstoffes, sondern auch die Herstellungsart, das Werkstoffgefüge, die Lagerwerkstoffdicke sowie die Form und Art des Stützkörpers maßgebend.

Des Weiteren ist zu prüfen, ob die Belastung in voller Höhe schon beim Anfahren vorhanden ist. Sollte die spezifische Lagerbelastung für diesen Betriebszustand bereits $\overline{p} > 2{,}5 \ldots 3$ N/mm² betragen, ist gegebenenfalls eine hydrostatische Anhebung (Anfahrhilfe) vorzusehen.

Lagerwerkstoffgruppe	p_{lim} in [N/mm²]	
Pb- und Sn-Legierungen	5 (15)	Hierbei sind die in Klammern gesetzten Werte bisher nur in Einzelfällen ausgeführt worden und sollten deshalb auch nur ausnahmsweise bei besonderen Betriebsbedingungen, z. B. sehr niedrigen Gleitgeschwindigkeiten, zugelassen werden.
Cu-Pb-Legierungen	7 (20)	
Cu-Sn-Legierungen	7 (25)	
Al-Sn-Legierungen	7 (18)	
Al-Zn-Legierungen	7 (20)	
Werkstoffe nach DIN ISO 4381, DIN ISO 4382 und DIN ISO 4383 [14.59], [14.60], [14.61]		

Tabelle 14.19: Richtwerte für die höchste zulässige spezifische Lagerbelastung $\overline{p}_{lim}$ nach DIN 31654 [14.43]

14.4.2.4 Maximale und maximal zulässige Schmierstofftemperatur

Zur Berechnung der auftretenden Schmierstofftemperaturen sind zunächst die Schmierstoffdurchsätze an einem einzelnen Kippsegment nach Abbildung 14.65 zu betrachten. Bedingt durch die Drehbewegung der Spurscheibe wird der Schmierstoff mit dem Volumenstrom Q_1 [m³/s] in den enger werdenden Schmierspalt gefördert und bildet dort einen tragfähigen Film auf dem Segment.

Ein Teil des Schmierstoffes Q_2 [m³/s] erreicht hierbei anschließend den Austrittspalt, während ein weiterer Teil Q_3 [m³/s] bereits vorher am Kippsegment seitlich austritt, wobei die seitlichen Anteile näherungsweise als gleich groß angenommen werden. Zusätzlich wird angenommen, dass der seitlich an den Kippsegmenten austretende Schmierstoffdurchsatz Q_3 die Temperatur $(T_1 + T_2) / 2$ und der an den Enden austretende Schmierstoffdurchsatz Q_2 die Temperatur T_2 aufweist.

Zur Ermittlung der Wärmebilanz sei auf die grundsätzliche Vorgehensweise wie beim Radial-Gleitlager entsprechend Gleichung (14.70) bis (14.77) verwiesen.

Die Bestimmung der Wärmebilanz für Axial-Kippsegmentlager ähnelt der bei Radial-Kreiszylinderlagern aus Abschnitt 14.4.1. Hierbei wird wiederum zwischen der Wärmeabgabe infolge von Konvektion bzw. Strahlung und der Wärmeabgabe durch das Schmieröl unterschieden.

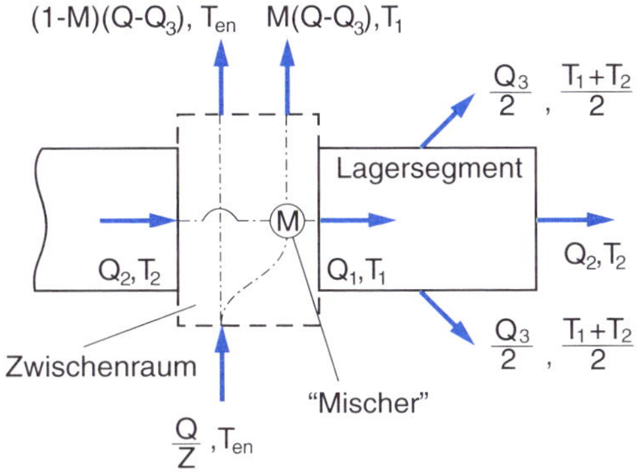

An einem einzelnen Kippsegment tritt folgender Schmierstoffdurchsatz Q_2 $[\mathrm{m^3/s}]$ auf:

$$Q_2 = Q_1 - Q_3 \tag{14.103}$$

$$Q_1 = Q_1^* \cdot Q_0 \quad \text{und} \quad Q_3 = Q_3^* \cdot Q_0 \tag{14.104}$$

Der Bezugsstoffdurchsatz Q_0 $[\mathrm{m^3/s}]$ berechnet sich zu:

$$Q_0 = B \cdot h_{min} \cdot U \cdot Z \tag{14.105}$$

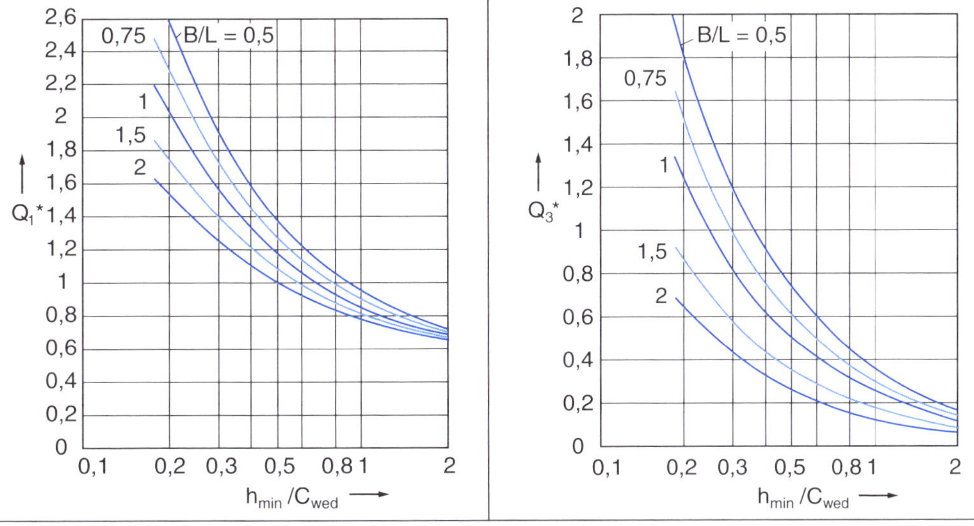

Abbildung 14.65: Schematische Darstellung der Schmierstoff- und Wärmebilanz eines Kippsegments sowie Schmierstoffdurchsatz-Kennzahl Q_1^* am Eintrittsspalt und Schmierstoffdurchsatz-Kennzahl Q_3^* am Austrittsspalt nach [14.43]

Betrachtet man zunächst die Kühlung durch Konvektion (und Strahlung), so ergibt sich mit der Reibungs-Kennzahl f^* nach Gleichung (14.97), der Gleitgeschwindigkeit U, dem auf das Produkt aus Breite B, Länge L und Segmentanzahl Z bezogenen Wärmedurchgangskoeffizienten k $[\mathrm{W/(m^2\,K)}]$, dem äußeren Wärmedurchgangskoeffizienten k_A $[\mathrm{W/(m^2\,K)}]$, der Gehäuseoberfläche A nach Abbildung 14.16, der effektiven dynamischen Viskosität des Schmierstoffes η_{eff}, der minimalen Schmierfilmdicke h_{min} und der Umgebungstemperatur $T_{amb} = 20\,°\mathrm{C}$, die Lagertemperatur T_B [°C] zu:

$$T_B = f^* \cdot \frac{U^2 \cdot \eta_{eff}}{k \cdot h_{min}} + T_{amb} < T_{lim} \quad \text{mit} \quad k = \frac{k_A \cdot A}{B \cdot L \cdot Z} \tag{14.106}$$

Um einen thermisch problemlosen Betrieb des Lagers zu ermöglichen, muss die Lagertemperatur T_B kleiner sein als der Betriebsrichtwert T_{lim}, der gemäß Tabelle 14.20 aus der DIN 31654 entnommen werden kann [14.43]. Dabei hängt die höchste zulässige Lagertemperatur T_{lim} hauptsächlich vom Lagerwerkstoff und vom Schmierstoff ab. So fallen mit steigender

Temperatur die Härte und die Festigkeit der Lagerwerkstoffe ab, was wegen der niedrigeren Schmelztemperaturen insbesondere bei Pb- und Sn-Legierungen zu berücksichtigen ist.

Weiterhin wird mit steigender Temperatur die Viskosität des Schmierstoffes geringer, wodurch die Tragfähigkeit des Gleitlagers gemindert wird, was unter Umständen zu Mischreibung und Verschleiß führen kann. Ferner treten bei Temperaturen oberhalb von 80 °C verstärkte Alterungserscheinungen bei Schmierstoffen auf Mineralölbasis auf. Da von der gesamten zur Verfügung stehenden Schmierstoffmenge immer nur ein kleiner Teil den erhöhten Temperaturen im Schmierspalt unterliegt, ist auch das Verhältnis von Gesamtschmierstoffvolumen zum Schmierstoffdurchsatz von Bedeutung. Grundsätzlich ist dieses Verhältnis bei umlaufgeschmierten Lagern günstiger als bei eigengeschmierten Lagern.

Art der Lagerschmierung	T_{lim} [°C] bei einem Verhältnis von Gesamtschmierstoffvolumen zu Schmierstoffvolumen je Minute (Schmierstoffdurchsatz)	
	Bis 5	Über 5
Druckschmierung (Umlaufschmierung)	100 (115)	110 (125)
Drucklose Schmierung (Eigenschmierung)	90 (110)	

Tabelle 14.20: Richtwerte für die höchstzulässige Lagertemperatur T_{lim} nach DIN 31654 [14.43]

Erfolgt dagegen die Kühlung allein nur durch den Schmierstoff, so wird die Lagertemperatur T_B [°C] wie folgt berechnet, wobei ebenfalls die höchste zulässige Lagertemperatur T_{lim} nach Tabelle 14.20 aus der DIN 31654 nicht überschritten werden darf [14.43].

$$T_B = T_{en} + \Delta T_1 + \Delta T_2 < T_{lim} \tag{14.107}$$

Hierin bedeuten T_{en} [°C] die Schmierstofftemperatur am Lagereintritt, ΔT_1 die Temperaturerhöhung infolge von Durchmischung frischen Öles mit bereits erwärmtem Öl und ΔT_2 die Temperaturerhöhung im Schmierspalt:

$$\Delta T_1 = \frac{Q_2}{M \cdot Q + (1-M) \cdot Q_3} \cdot \Delta T_2 = \frac{Q_2^*}{M \cdot Q^* + (1-M) \cdot Q_3^*} \cdot \Delta T_2 \tag{14.108}$$

$$\Delta T_2 = \frac{\Delta T \cdot Q^*}{Q_2^* + 0{,}5 \cdot Q_3^*} = \frac{\Delta T \cdot Q^*}{Q_1^* - 0{,}5 \cdot Q_3^*} \tag{14.109}$$

Hierin bezeichnet M den Mischungsfaktor gemäß Gleichung (14.80), der zwischen den Grenzwerten $M = 0$ (keine Mischung) und $M = 1$ (vollkommene Mischung) liegt, wobei als Erfahrungswerte üblicherweise abhängig von der konstruktiven Ausbildung des Lagers Werte zwischen $M = 0{,}4 \ldots 0{,}6$ angesetzt werden können.

Mit den Temperaturen T_{en} [°C] am Eintritt und T_{ex} [°C] am Austritt des Lagers sowie $\rho \cdot c_p$ [J/(m^{3}K)] als volumenspezifischer Wärme nach Gleichung (14.77) berechnet sich die Schmierstoffdurchsatz-Kennzahl Q^* zu:

$$Q^* = \frac{f^*}{F^*} = P_f \cdot \frac{F}{c_p \cdot \rho \cdot L \cdot B \cdot Z \cdot \Delta T} \quad \text{mit} \quad \Delta T = T_{ex} - T_{en} \tag{14.110}$$

Weichen die berechneten Lagertemperaturen nach Gleichung (14.106) oder (14.107) von der eingangs geschätzten Schmierfilmtemperatur um mehr als ein Kelvin ab, so ist ein neuer Wert für die effektive dynamische Viskosität η_{eff} [Pa·s] des Schmieröles zu bestimmen, wobei als neue Schmierfilmtemperatur der Mittelwert aus geschätzter und berechneter Schmierfilmtemperatur verwendet wird. Sobald die Temperaturdifferenz zwischen aktuellem und vorherigem Iterationsschritt kleiner als ein Kelvin ist, liegt der Beharrungszustand vor und der Berechnungsvorgang ist abgeschlossen.

14.4.3 Tragfähigkeit von Radial-Gleitlagern bei hydrostatischer Schmierung

Ergänzend zu den in den vorherigen Abschnitten behandelten hydrodynamisch geschmierten Radial- und Axial-Lagern soll im Weiteren noch die grundsätzliche Vorgehensweise zur Berechnung eines hydrostatisch geschmierten Radial-Lagers vorgestellt werden. Dabei werden gemäß Abbildung 14.66 und Tabelle 14.9 Radial-Gleitlager ohne Zwischennuten nach DIN 31655 und mit Zwischennuten nach DIN 31656 unterschieden [14.44], [14.45].

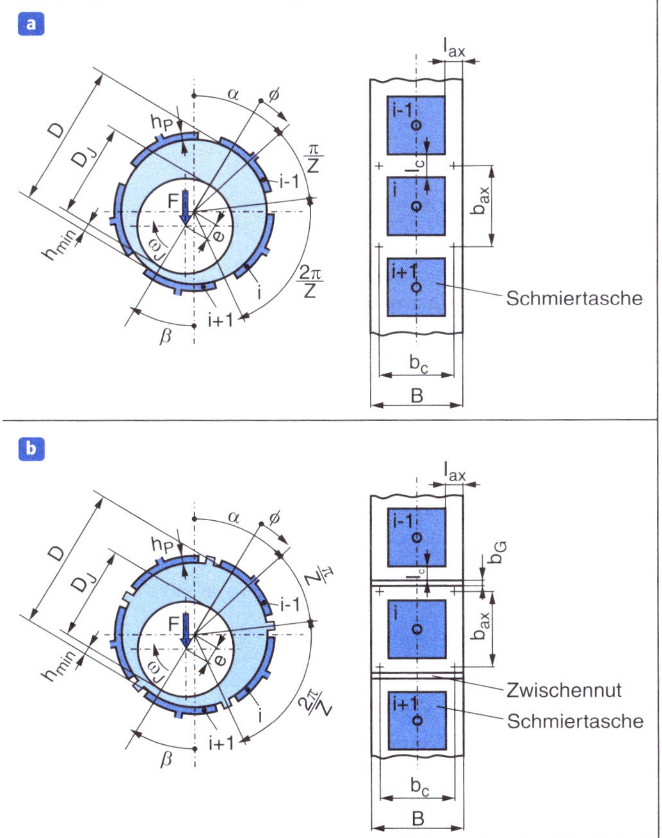

- F [N]: Lagerkraft
- D_J [m]: Wellendurchmesser
- D [m]: Lager-Nenndurchmesser (Lager-Innendurchmesser)
- B [m]: Lagerbreite
- b_c [m]: Abströmbreite in Umfangsrichtung
- b_{ax} [m]: Abströmbreite in axialer Richtung
- l_c [m]: Umfangssteglänge
- l_{ax} [m]: Axiale Steglänge
- h [m]: Schmierspalthöhe
- h_{min} [m]: kleinste Schmierspalthöhe (minimale Schmierfilmdicke)
- h_p [m]: Taschentiefe
- e [m]: Exzentrizität
- α [°]: Stellwinkel der 1. Tasche, bezogen auf die Taschenmitte
- β [°]: Verlagerungswinkel (Winkel zwischen der Lage der kleinsten Schmierspalthöhe und der Lastrichtung)
- φ und z Koordinaten

Abbildung 14.66: Radial-Gleitlager mit hydrostatischer Schmierung – a) ohne Zwischennuten nach DIN 31655, b) mit Zwischennuten nach DIN 31656 [14.449, [14.45], [14.173]

Im Gegensatz zum hydrodynamischen Gleitlager wird beim hydrostatischen Gleitlager der Schmierfilm durch eine außerhalb des Lagers befindliche Druckölversorgung erzeugt, die das Öl unter hohem Druck zwischen Welle und Gleitlager befördert, wodurch die Welle angehoben wird. Manchmal verwendet man eine derartige Einrichtung auch bei hydrodynamischen Lagern als Anfahrhilfe, um im kritischen Bereich der Mischreibung einen Schmierfilm von ausreichender Dicke zu erzeugen.

Das im Weiteren behandelte Berechnungsverfahren nach DIN 31655 für Radial-Gleitlager ohne Zwischennuten ist ein Näherungsverfahren, das die Strömung über den Lagerstegen beschreibt und sich bei Berücksichtigung spezieller Randbedingungen aus der Reynolds'schen Differentialgleichung nach Gleichung (14.41) ableiten lässt [14.44]. Dabei werden die in den Parallelspalten vorliegenden Druckströmungen mit der Hagen-Poiseuille-Gleichung und die Schleppströmungen infolge Wellenrotation mit der Couette-Gleichung nach Abbildung 14.67 beschrieben, wobei sich weiterführende Erläuterungen dazu in der DIN 31655 finden [14.18], [14.44], [14.135].

Hagen-Poiseuille-Gleichung

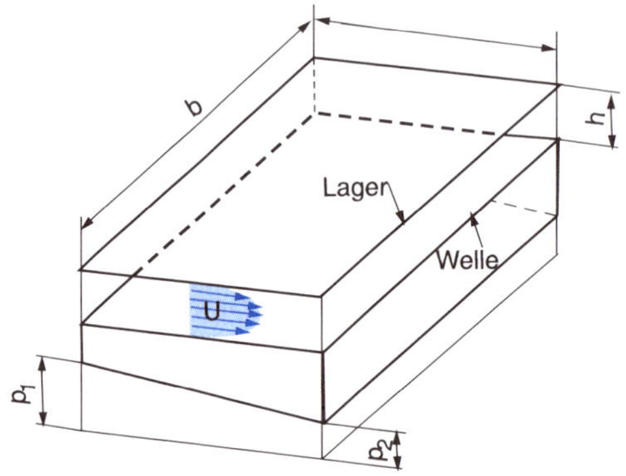

$$Q = \frac{(p_2 - p_1) \cdot b \cdot h^3}{12 \cdot \eta \cdot l} \qquad (14.111)$$

Couette-Gleichung

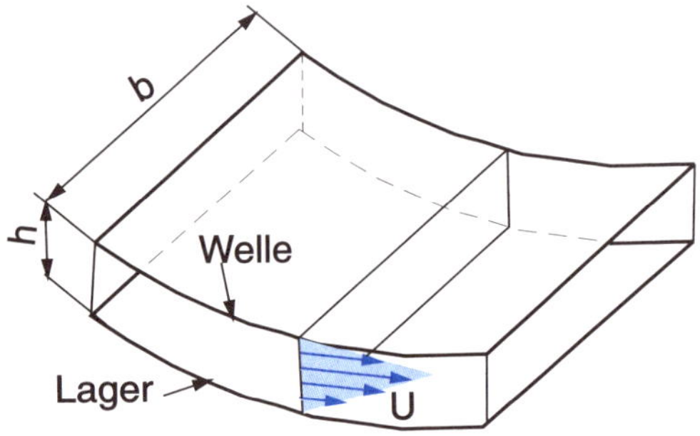

$$Q = \frac{b \cdot U \cdot h}{2} \qquad (14.112)$$

Hierin bezeichnen Q [m^3/s] den Schmierstoffdurchsatz, p_1 und p_2 die Drücke bei Eintritt in den und Austritt aus dem Spalt, b die Spaltbreite, h die Spalthöhe und l die Spaltlänge, U die Geschwindigkeit und η die dynamische Viskosität.

Abbildung 14.67: Hagen-Poiseuille- und Couette-Gleichung zur Beschreibung von Druckströmungen und Schleppströmungen in Lagerspalten [14.44]

Für Lager mit schmalen Stegen, die in der Form meistens für schnell drehende Wellen Verwendung finden, führen die Näherungen zu guten Ergebnissen. Sofern die Lager breitere Stege aufweisen, sollte im Hinblick auf die größere Genauigkeit die Reynolds'sche Differentialgleichung gelöst werden.

Wie auch schon bei den bisher behandelten Gleitlagerberechnungsverfahren wird bei der Berechnung hydrostatischer Gleitlager mit dimensionslosen Ähnlichkeitskenngrößen für die Tragfähigkeit, die Steifigkeit, den Öldurchsatz, die Reibung und die Taschendrücke gearbeitet.

Neben den in Abschnitt 14.2.2 und 14.2.3 genannten grundsätzlichen Bedingungen gelten die im Folgenden genannten Voraussetzungen zur Berechnung von hydrostatisch geschmierten Gleitlagern:

- Zur Druckölversorgung wird eine gemeinsame Pumpe mit konstantem Pumpendruck (p_{en} = konst.) verwendet, wobei jeder Schmiertasche lineare Drosselwiderstände, z.B. Kapillaren, vorgeschaltet sind. Wegen Verschmutzungsgefahr sollte der Innendurchmesser der Kapillaren mit $d_{cp} > 0{,}6$ mm ausreichend groß gewählt werden. Außerdem ist der Anteil des Trägheitsgliedes am Druckabfall über der Kapillare klein zu halten ($a < 0{,}2$). Grundsätzlich ist das dem Lager zugeführte Schmieröl vorher zu filtern, um eine Verstopfung der Kapillaren zu vermeiden und um eine Beschädigung der Gleitflächen zu verhindern.
- Die Strömung im Schmierspalt und in der Kapillare sollte laminar sein, was sich anhand der entsprechenden Reynolds'schen Zahlen überprüfen lässt.
- Der Strömungswiderstand der Kapillare R_{cp} sollte dem Strömungswiderstand eines Tragfeldes $R_{p,0}$ bei mittiger Wellenlage ($\varepsilon = 0$), d.h. $\xi = R_{cp} / R_{p,0} = 1$ entsprechen.
- Die Anzahl der Schmiertaschen sollte $Z = 4$ betragen, da eine höhere Taschenzahl nur eine geringfügig höhere Tragfähigkeit bei geringerem Leistungsbedarf bringt, jedoch deutlich höherer Fertigungskosten bedarf.
- Die Lagerlast F sollte immer mittig auf eine Lagertasche weisen ($\alpha = 0$ bei $Z = 4$).
- Die relative Exzentrizität der Welle sollte im Bereich $\varepsilon \leq 0{,}5$ liegen, da bis zu dieser Grenze eine lineare Abhängigkeit von ε vorliegt und bei höheren Werten die Steifigkeit zu gering ist.
- Die Schmiertaschentiefe h_p ist mit $h_p / C_R \approx 10 \ldots 100$ so groß auszuführen, dass in der Tasche laminare Strömungsverhältnisse vorliegen, wobei $C_R = (D - D_J) / 2$ das radiale Lagerspiel ist.
- Die relative Lagerbreite sollte im Bereich $B / D = 0{,}3 \ldots 1$ liegen.

In Erweiterung dieser Bedingungen sollte ein Lager so ausgelegt werden, dass bei Belastung unter Höchstlast noch ein Restspalt von 50 bis 60 % der Anfangsspalthöhe als Sicherheit verbleibt. Vor diesem Hintergrund sind insbesondere Wellenschiefstellungen aufgrund von Biegung zu beachten, da diese an den Lagerkanten zum Anliegen der Welle und damit zur Beschädigung führen können. Außerdem wird dadurch die für den Berechnungsgang geforderte Parallelität des Spaltes nicht mehr eingehalten. Weiterhin ist Unterdruck in entlasteten Schmiertaschen zu vermeiden, da anderenfalls Luft aus der Umgebung angesaugt werden kann, was eine Minderung der Lagersteifigkeit bedingt.

Im Rahmen des Tragfähigkeitsnachweises ist in Anlehnung an Tabelle 14.10 eine ausreichende Schmierspalthöhe, die Einhaltung eines Grenzwertes der Öltemperatur und die Nichtüberschreitung einer zulässigen Druckbelastung im Lager nachzuweisen, worauf in den folgenden Abschnitten näher eingegangen wird. Da außerdem bei ausgeschalteter Hydrostatik die Welle auf den Lagerstegen aufliegt, ist eine Überprüfung dieser Kontaktbereiche im Hinblick auf die auftretende Flächenpressung notwendig.

14.4.3.1 Eingangsgrößen, laminare Strömung, Tragfähigkeit und Schmierspalthöhe

Zunächst sind mithilfe der Reynolds-Zahl Re die Strömungsverhältnisse und damit die Anwendbarkeit des Berechnungsverfahrens zu überprüfen. Im Falle des hydrostatisch geschmierten Lagers ist die Reynolds-Zahl zum einen zur Abschätzung der Strömungsverhältnisse innerhalb der Taschen Re_p [-] und zum anderen für das Durchströmen der Kapillaren Re_{cp} [-] zu bestimmen:

$$Re_p = \frac{U \cdot h_p \cdot \rho}{\eta_B} < 1000 \quad \text{und} \quad Re_{cp} = \frac{4 \cdot Q \cdot \rho}{\eta_{cp} \cdot \pi \cdot d_{cp} \cdot Z} < 1000 \qquad (14.113)$$

Hierin bezeichnen U [m/s] die Umfangsgeschwindigkeit der Welle, h_p [m] die Taschentiefe, ρ [kg/m³] die Dichte des Schmierstoffes, η [Pa·s] die dynamische Viskosität, Q [m³/s] den Schmierstoffdurchsatz des gesamten Lagers, d_{cp} [m] den Durchmesser der Kapillaren und Z [-] die Anzahl der Taschen. Demzufolge liegt für $Re < 1.000$ eine laminare Strömung vor.

Zur Bestimmung der Tragfähigkeit wird angenommen, dass der Ölstrom durch Drosseln mit linearer Kennlinie in das Lager gelangt, woraus sich ein Drosselverhältnis von $\xi = 1$ ergibt. Ferner wird nur zwischen den beiden Fällen „Lagerkraft auf Schmiertaschenmitte gerichtet" und „Lagerkraft auf Stegmitte gerichtet" unterschieden, weshalb die Abhängigkeit der Kenngrößen von der „Drosselart", dem „Drosselverhältnis" und der „Lastrichtung relativ zum Lager" nicht mehr in jedem Einzelfall genannt wird.

Die Tragfähigkeit eines hydrostatischen Gleitlagers wird durch die dimensionslose Tragkraft-Kennzahl F^* angegeben, wobei sich aber auch eine vom hydrodynamischen Gleitlager her bekannte Sommerfeld-Zahl bilden lässt:

$$F^* = \frac{\bar{p}}{p_{en}} = \frac{F}{B \cdot D \cdot p_{en}} \quad \text{und} \quad So = \frac{\bar{p} \cdot \psi^2}{\eta_B \cdot \omega} = \frac{F^*}{\pi_f} \qquad (14.114)$$

Hierin bezeichnen p [N/mm²] die spezifische Lagerbelastung, p_{en} [N/mm²] den Zuführdruck (Pumpendruck), F [N] die Tragkraft, B [m] die Breite und D [m] den Durchmesser des Lagers. Damit hängt diese Tragkraft-Kennzahl auch unter den oben genannten Annahmen noch von vielen Größen ab. Hierzu gehören die Taschenanzahl Z, das Breiten-Durchmesserverhältnis B / D, die bezogene axiale Stegbreite l_{ax} / B, die bezogene Stegbreite in Umfangsrichtung l_c / B, die relative Zapfenexzentrizität und der bezogene Reibungsdruck π_f [-], der wiederum von der Winkelgeschwindigkeit ω [s^{-1}], der dynamischen Viskosität η [Pa·s] und dem relativen Lagerspiel ψ [-] abhängt:

$$\pi_f = \frac{\eta_B \cdot \omega}{p_{en} \cdot \psi^2} \quad \text{mit} \quad \psi = \frac{2 \cdot C_R}{D} \quad \text{und} \quad \omega = 2 \cdot \pi \cdot N \qquad (14.115)$$

Hierin bezeichnen weiterhin N [s^{-1}] die Umdrehungsfrequenz, C_R [m] das radiale Lagerspiel, D_B [m] den Durchmesser der Lagerschale und D_J [m] den Wellendurchmesser.

In Abbildung 14.68 ist der Verlauf der Tragkraft-Kennzahl F^* unter Annahme der Drosselung durch Kapillare und mittiger Lastrichtung wiedergegeben, wobei die genaue Lösung und die Näherungslösung einander gegenüber gestellt wurden [14.44], [14.181].

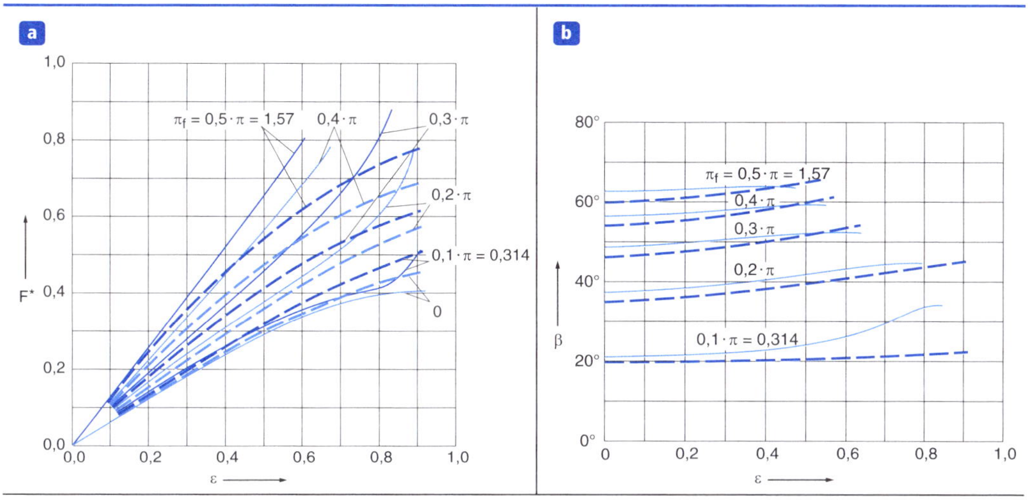

Tragkraft-Kennzahlen F^* (a) und Verlagerungswinkel β (b) abhängig von der relativen Exzentrizität ε für verschiedene bezogene Reibungsdrücke π_f und vier Taschen mit $l_{ax} / B = 0{,}16$, $l_c / B = 0{,}26$, $B / D = 1$, $\zeta = 1$ und $\alpha = 0$

Abbildung 14.68: Tragkraft-Kennzahlen F^* (links) und Verlagerungswinkel β (rechts) nach DIN 31655 – Vergleich von Näherungslösung (gestrichelt) und genauer Lösung (durchgezogen) [14.44], [14.181]

Damit lassen sich nun für ein geometrisch ähnliches Lager bei bekannten Werten die Tragkraft-Kennzahl F^* aus Gleichung (14.114) bestimmen und anhand der beiden Diagramme in Abbildung 14.68 die relative Exzentrizität ε und damit auch der Verlagerungswinkel β der Welle ermitteln, sodass sich daraus direkt die minimale Schmierfilmdicke h_{min} ergibt:

$$h_{min} = (1-\varepsilon)\cdot C_R \tag{14.116}$$

Aufgrund der oben beschriebenen Abhängigkeit von sehr vielen Einflussgrößen wird in DIN 31655 ein rechnerisches Näherungsverfahren vorgeschlagen, welches die effektive Lagerbreite $B - l_{ax}$ nutzt und auf die folgende effektive Tragkraft-Kennzahl F^*_{eff} führt [14.44]:

$$F^*_{eff} = \frac{F}{(B - l_{ax})\cdot D\cdot p_{en}} \tag{14.117}$$

Nun werden zur Berechnung nur noch die Taschenanzahl Z, die relative Zapfenexzentrizität ε und das dimensionslose Widerstandsverhältnis κ benötigt, mit dem sich die Taschengeometrie beschreiben lässt:

$$\kappa = \frac{R_{lan,ax}}{R_{lan,c}} = \frac{l_{ax}\cdot b_c}{l_c\cdot b_{ax}} = \left(\frac{B}{D}\right)^2\cdot\frac{Z}{\pi}\cdot\frac{\frac{l_{ax}}{B}\cdot\left(1-\frac{l_{ax}}{B}\right)}{\frac{l_c}{D}} \tag{14.118}$$

Hierin bezeichnen l_{ax} die axiale Steglänge, l_c die Steglänge in Umfangsrichtung, b_c die Abströmbreite in Umfangs- und b_{ax} in axialer Richtung, wobei sich die Strömungswiderstände

$R_{lan,ax}$ eines Steges in axialer Richtung und $R_{lan,c}$ eines Steges in Umfangsrichtung wie folgt berechnen:

$$R_{lan,ax} = \frac{12 \cdot \eta \cdot l_{ax}}{b_{ax} \cdot C_R^3} \quad \text{und} \quad R_{lan,c} = \frac{12 \cdot \eta \cdot l_c}{b_c \cdot C_R^3} \tag{14.119}$$

Des Weiteren wird noch die Dreheinflusszahl K_{rot} benötigt, die das Verhältnis von hydrostatischem zu hydrodynamischem Druckaufbau beschreibt, da infolge der Wellendrehung zusätzlich eine hydrodynamische Aushebung nach dem Prinzip des hydrodynamischen Gleitlagers erfolgt:

$$K_{rot} = \pi_f \cdot \kappa \cdot \xi \cdot \frac{l_c}{D} = \frac{\eta_B \cdot \omega}{p_{en} \cdot \psi^2} \cdot \kappa \cdot \xi \cdot \frac{l_c}{D} \quad \text{mit} \quad \xi = \frac{R_{cp}}{R_{P,0}} \tag{14.120}$$

Hierin beschreibt ξ das Drosselverhältnis, das sich aus dem Strömungswiderstand in den Kapillaren R_{cp} [Pa·s/m³] sowie dem Strömungswiderstand in einer Tasche $R_{P,0}$ [Pa·s/m³] und den geometrischen Größen nach Abbildung 14.66 bestimmen lässt:

$$R_{cp} = \frac{128 \cdot \eta_{cp} \cdot l_{cp}}{\pi \cdot d_{cp}^4} \cdot (1+a) \quad \text{und} \quad R_{P,0} = \frac{6 \cdot \eta_B \cdot l_{ax}}{C_R^3 \cdot D \cdot \dfrac{\pi}{Z}} \tag{14.121}$$

Weiterhin bezeichnet hierin a [-] den Trägheitsanteil einer Kapillaren, der zu Beginn der Auslegungsrechnung unbekannt ist und deshalb zunächst zu $a = 1$ angenommen wird. Mithilfe der Reynolds-Zahl für die Strömung in den Kapillaren lässt sich dann der genaue Trägheitsanteil a bestimmen:

$$a = \frac{1{,}08}{32} \cdot \mathrm{Re}_{cp} \cdot \frac{d_{cp}}{l_{cp}} = \frac{4 \cdot Q \cdot \rho}{\eta_{cp} \cdot l_{cp} \cdot Z} \tag{14.122}$$

Nutzt man weiterhin den Zusammenhang, dass die Funktion $F_{eff}^*(\varepsilon)$ im Bereich $\varepsilon \leq 0{,}5$ nahezu linear verläuft, so ergibt sich folgende Abhängigkeit für die effektive Tragkraft-Kennzahl:

$$F_{eff}^*(\varepsilon = 0{,}4) = f\left(Z, \kappa, K_{rot}\right) \tag{14.123}$$

Setzt man nun noch die Dreheinflusszahl zunächst zu $K_{rot} = 0$, so ergeben sich abhängig von der Taschenzahl Z und dem Widerstandsverhältnis κ die in Abbildung 14.69 a) gezeigten Verläufe für die effektive Tragkraft-Kennzahl $F_{eff,0}^*$ bei der Drehfrequenz $N = 0$.

Aus diesem Diagramm lässt sich in Verbindung mit Abbildung 14.69 b) die Tragkraft-Kennzahl F_{eff}^* für eine sich drehende Welle mit beliebigen Exzentrizitäten $\varepsilon \leq 0{,}5$ ermitteln, woraus dann die Exzentrizität ε bestimmt werden kann:

$$\varepsilon = 0{,}4 \cdot \frac{F_{eff,0}^*(\varepsilon)}{\dfrac{F_{eff}^*}{F_{eff,0}^*}(\varepsilon = 0{,}4) \cdot F_{eff,0}^*(\varepsilon = 0{,}4)} \tag{14.124}$$

Mit dieser relativen Exzentrizität ε ergibt sich wiederum die minimale Schmierfilmdicke h_{min} [m] zu:

$$h_{min} = (1 - \varepsilon) \cdot C_R \tag{14.125}$$

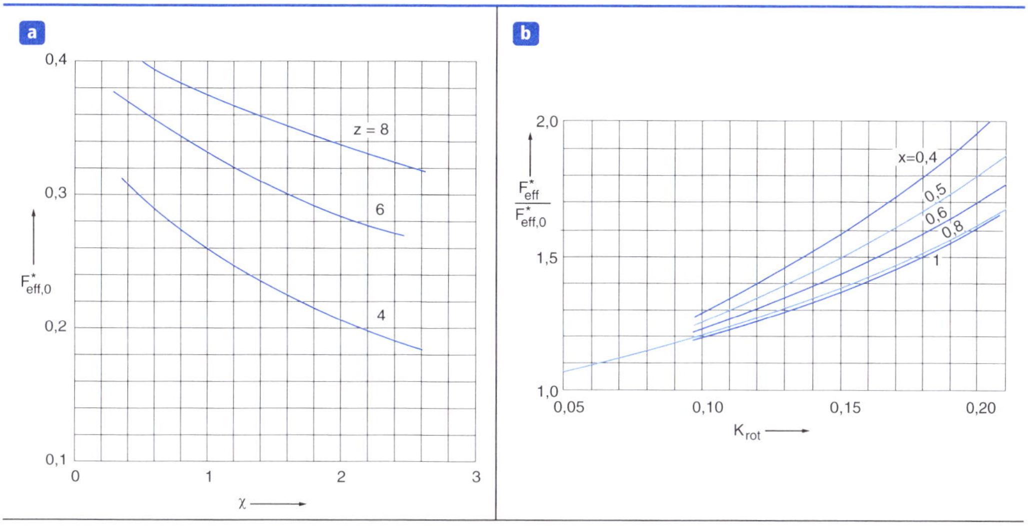

Tragkraft-Kennzahlen $F^*_{eff,0}$ (links) für eine relative Exzentrizität $\varepsilon = 0{,}4$ abhängig vom Widerstandsverhältnis κ und für verschiedene Taschenzahlen Z, $\alpha = 0$, $\omega = 0$, $\xi = 1$ und Verhältnis der Tragkraft-Kennzahlen F^*_{eff} / $F^*_{eff,0}$ abhängig von der Dreheinflusszahl K_{rot} und verschiedenen Widerstandsverhältnissen κ für $Z = 4$ Taschen.

Abbildung 14.69: Tragkraft-Kennzahlen $F^*_{eff,0}$ (a) und Verhältnis der Tragkraft-Kennzahlen F^*_{eff} / $F^*_{eff,0}$ (b) nach DIN 31655 [14.44]

14.4.3.2 Schmierstoffdurchsatz und Pumpenleistung

Im Weiteren sind nun der Schmierstoffdurchsatz Q und die erforderliche Pumpenleistung P_P zu berechnen, wobei mit den bereits oben erklärten Größen für den Absolutwert des Schmierstoffdurchsatzes $Q\,[\mathrm{m^3/s}]$ folgender Zusammenhang gilt:

$$Q = Q^* \cdot \frac{C_R^3 \cdot p_{en}}{\eta_B} \qquad (14.126)$$

Der Schmierstoffdurchsatz Q ist von den Lagergeometrien und den einzelnen Strömungswiderständen, jedoch kaum von der relativen Exzentrizität abhängig, weshalb die Bestimmung des Schmierstoffdurchsatzes für den Ausgangszustand bei $\varepsilon = 0$ genügt. In der Schreibweise als bezogene Größe Q^* [-] gilt für den Schmierstoffdurchsatz unter Verwendung des Drosselverhältnisses ξ nach Gleichung (14.120):

$$Q^*(\varepsilon \le 0{,}5) \approx Q^*(\varepsilon = 0) = \frac{1}{1+\xi} \cdot \frac{\pi}{6 \cdot \dfrac{B}{D}} \cdot \frac{1}{\dfrac{l_{ax}}{B}} \qquad (14.127)$$

In Tabelle 14.21 sind bezogene Schmierstoffdurchsätze für optimierte Lager nach DIN 31655 zusammengestellt [14.44].

Z	B / D	l_c / B	κ	β [°]	F^*	F^*_0	π_f	P^*_f	Q^*	P^*_{tot}
4	1,0	0,25	0,6494	36,8	0,2965	0,2410	0,6703	1,942	1,745	6,586
4	0,8	0,20	0,5195	31,5	0,2954	0,2535	0,8718	1,803	2,193	7,982
6	0,6	0,15	0,5844	23,4	0,3330	0,3050	1,1280	1,872	2,860	9,513
8	0,5	0,05	1,6230	21,8	0,3209	0,2979	1,5020	1,526	3,443	10,710
10	0,4	0,04	1,6230	17,8	0,3390	0,3227	1,8670	1,526	4,259	12,610
12	0,3	0,03	1,4610	13,8	0,3509	0,3409	2,5030	1,498	5,633	16,020

Tabelle 14.21: Kenngrößen für optimierte Lager mit $\varepsilon = 0{,}4$, $h_p = 40 \cdot C_R$, $\alpha = 0$, $P^* = 2$, $l_{ax} / B = 0{,}15$ nach DIN 31655 [14.44]

Bei bekanntem Zuführdruck p_{en} lässt sich damit die Pumpenleistung ohne Berücksichtigung des Pumpenwirkungsgrades berechnen zu:

$$P_p = Q^* \cdot p_{en} = Q^* \cdot \frac{p_{en}^2 \cdot C_R^3}{\eta_B} \tag{14.128}$$

14.4.3.3 Reibleistung und Gesamtleistung

Bei einem hydrostatisch geschmierten Gleitlager nach Abbildung 14.66 entsteht sowohl im Steg- als auch im Taschenbereich Reibung, die in DIN 31655 mithilfe der Reibleistungs-Kennzahl P_f^* berücksichtigt wird, die sich aus dem Steganteil $P_{f,lan}^*$ und dem Taschenanteil $P_{f,P}^*$ zusammensetzt [14.44]:

$$P_f^* = \frac{P_f \cdot C_R}{\eta_B \cdot U^2 \cdot B \cdot D} = P_{f,lan}^* + P_{f,P}^* \tag{14.129}$$

Dabei hängen der Steganteil $P_{f,lan}^*$ und der Taschenanteil $P_{f,P}^*$ neben den bereits bekannten geometrischen Größen von der auf die gesamte Lagerfläche $A = \pi \cdot B \cdot D$ bezogenen Stegfläche A_{lan}^* wie folgt ab:

$$P_{f,lan}^* = \frac{\pi}{\sqrt{1-\varepsilon^2}} \cdot A_{lan}^* \quad \text{und} \quad P_{f,P}^* = 4 \cdot \pi \cdot \frac{C_R}{h_p} \cdot \left(1 - A_{lan}^*\right) \tag{14.130}$$

$$A_{lan}^* = 2 \cdot \frac{l_{ax}}{B} + \frac{Z}{\pi} \cdot \frac{l_c}{D} \cdot \left(1 - 2 \cdot \frac{l_{ax}}{B}\right) \tag{14.131}$$

Durch Zusammenfassen von Gleichung (14.129) bis (14.131) ergibt sich damit die Reibleistungskennzahl P_f^* zu:

$$P_f^* = \pi \cdot A_{lan}^* \cdot \left[\frac{1}{\sqrt{1-\varepsilon^2}} + \frac{4 \cdot C_R}{h_p} \cdot \left(\frac{1}{A_{lan}^*} - 1\right)\right] \tag{14.132}$$

Daraus lässt sich dann die absolute Gesamtreibungsleistung P_f bestimmen:

$$P_f = P_f^* \cdot \frac{\eta_B \cdot U^2 \cdot B \cdot D}{C_R} \quad (14.133)$$

Somit setzt sich die anfallende Gesamtleistung P_{tot} [W] aus der Pumpenleistung P_p nach Gleichung (14.128) und der Reibleistung P_f nach Gleichung (14.133) zusammen:

$$P_{tot} = P_p + P_f \quad (14.134)$$

14.4.3.4 Temperaturen und Viskositäten

Aufbauend auf den bisher ermittelten Größen wird nun noch die Schmierstofftemperatur im Lager T_B [°C] bestimmt, die sich aus der Schmierstoffeintrittstemperatur in das System T_{en} [°C], der Erwärmung des Schmierstoffes innerhalb der Kapillaren (Drosseln) infolge Dissipation ΔT_{cp} [K] und der Erwärmung des Schmierstoffes im Lager ΔT_B [K] bestimmt:

$$T_B = T_{en} + \Delta T_{cp} + \frac{1}{2} \cdot \Delta T_B \quad (14.135)$$

Darin wird die Erwärmung ΔT_{cp} [K] des Schmierstoffes innerhalb der Kapillaren (Drosseln) infolge Dissipation unter Verwendung des Schmierölzuführdruckes in das System p_{en} [Pa], des Drosselverhältnisses ξ [-], der spezifischen Wärmekapazität des Schmierstoffes c_p [J/kg K] bei konstantem Druck und der Schmierstoffdichte ρ [kg/m^3] und unter der Maßgabe bestimmt, dass der Druck-Anstieg durch die Drossel zur Erwärmung des Schmierstoffes führt:

$$\Delta T_{cp} = \frac{p_{en}}{c_p \cdot \rho} \cdot \frac{\zeta}{1+\zeta} \quad (14.136)$$

Die Erwärmung des Schmierstoffes im Lager führt unter Verwendung des Leistungsverhältnisses P^*, das sich aus der Gesamtreibungsleistung P_f nach Gleichung (14.133) und der Pumpenleistung P_p nach Gleichung (14.128) berechnen lässt, zu folgender Erhöhung ΔT_B [K] der Schmierstofftemperatur im Lager:

$$\Delta T_B = \frac{p_{en}}{c_p \cdot \rho} \cdot \left(\frac{1}{1+\zeta} + P^* \right) \quad \text{mit} \quad P^* = \frac{P_f}{P_p} \quad (14.137)$$

Da zu Beginn der Auslegungsrechnung das Leistungsverhältnis P^* und das Drosselverhältnis ξ zunächst nicht bekannt sind, werden beide zunächst zu 1 gesetzt, um dann durch entsprechende Iterationsrechnungen die richtigen Verhältnisse zu ermitteln, wobei in gleicher Weise wie bei der Berechnung von hydrodynamischen Gleitlagern entsprechend den vorherigen Abschnitten 14.4.1 und 14.4.2 vorzugehen ist.

Weiterhin lässt sich aus der bestimmten Temperaturänderung ΔT_{cp} [K] innerhalb der Drosseln die dort vorliegende mittlere Temperatur T_{cp} bestimmen:

$$T_{cp} = T_{en} + \frac{1}{2} \cdot \Delta T_{cp} \quad (14.138)$$

Mithilfe der berechneten Temperaturen innerhalb des Lagers und der Drosseln können dann auch noch die wirksamen Viskositäten innerhalb der Kapillaren η_{cp} und im Lager η_B bestimmt werden. Sofern der Zusammenhang zwischen Temperatur und Viskosität nicht vollständig bekannt ist, lässt sich näherungsweise der Ansatz von Reynolds verwenden, in dem ausgehend von einer bekannten Viskosität bei einer bestimmten Temperatur auf die Viskosität bei anderen Temperaturen geschlossen werden kann:

$$\eta_{cp} = \eta_1 \cdot \exp\left[-\beta \cdot \left(T_{cp} - T_1\right)\right] \quad \text{und} \quad \eta_B = \eta_1 \cdot \exp\left[-\beta \cdot \left(T_B - T_1\right)\right] \tag{14.139}$$

Hierin bezeichnet β den Exponenten der Zähigkeitsformel, der von den beiden Temperaturen T_1 und T_2 abhängt, die zu den jeweiligen Viskositäten η_1 und η_2 gehören:

$$\beta = \frac{1}{T_2 - T_1} \cdot \ln \frac{\eta_1}{\eta_2} \tag{14.140}$$

Oftmals ist für übliche Schmieröle nur die Viskositätsklasse nach DIN 51519 oder DIN ISO 3448 bekannt, sodass dann für Öle mit einem Viskositätsindex von ungefähr 100 der Viskositätsverlauf mit folgender Beziehung unter Verwendung der Nenn-Viskosität η_{40} (dynamische Viskosität bei 40 °C) bestimmt werden kann, wobei die Temperatur T in °C einzusetzen ist [14.55], [14.57], [14.146]:

$$\eta(T) = \eta_{40} \cdot \exp\left(160 \cdot \ln\left(\frac{\eta_{40}}{0{,}18 \cdot 10^{-3}}\right) \cdot \left(\frac{1}{T+95} - \frac{1}{135}\right)\right) \tag{14.141}$$

Zur Ermittlung der dynamischen Viskosität η_{40} ist die den Viskositätsklassen zugrunde liegende kinematische Viskosität ν_{40} mit der Dichte ρ zu multiplizieren, wobei ein Wert von ρ = 900 kg/m^3 näherungsweise angesetzt werden kann für den Fall, dass die Dichte nicht genau bekannt ist.

14.4.3.5 Minimal zulässiger Taschendruck

Abschließend ist noch das Vorliegen eines minimalen Taschendruckes zu prüfen, da bei hohen Umdrehungsfrequenzen und damit größeren Werten der Dreheinfluss-Kennzahl K_{rot} der Taschendruck p_{min} auf der entlasteten Seite des Gleitlagers sinkt und den Wert 0 erreichen kann, während auf der belasteten Seite der Taschendruck p_{max} größer wird als der Zuführdruck p_{en}. Dabei hängt der minimale Taschendruck genauso wie die Tragkraft-Kennzahl F^* von mehreren Größen ab:

$$\frac{p_{\min}}{p_{en}}\left(Z, \kappa, K_{rot}\right) = 0 \ldots 0{,}36 \tag{14.142}$$

Weitere Werte können einem Diagramm in DIN 31655 entnommen werden [14.44].

14.4.4 Tragfähigkeit bei Fettschmierung

Vergleichbar den bisher behandelten Gleitlagern mit Ölschmierung können Gleitlager auch mit einer Fettschmierung betrieben werden, jedoch ist bei der im Folgenden behandelten Berechnung nach VDI 2204 davon auszugehen, dass eine Wärmeabfuhr nicht durch den Schmierstoff erfolgen kann, da dieser nach dem Austritt aus dem Lager nicht mehr zurückgeführt werden kann [14.178]. Ferner muss bei der Berechnung das besondere rheologische Verhalten des Schmierfettes berücksichtigt werden.

Hierzu bestimmt man bei Schmierfetten die Schubspannung τ im Schmierspalt unter Verwendung der Fließgrenze des Schmierfettes τ_S, der als „Bingham-Viskosität" bezeichneten Steigung η_S der τ-$(du\,/\,dy)$-Geraden und dem sogenannten Schergefälle im Schmierspalt $du\,/\,dy$:

$$\tau = \tau_s + \eta_s \cdot \frac{du}{dy} \tag{14.143}$$

Üblicherweise wird bei der Auslegung fettgeschmierter Gleitlager nach VDI 2004 die Scheinviskosität η_{eff} verwendet, da diese für kleiner werdende Schergefälle gegen unendlich strebt und sich bei hohen $(du\,/\,dy)$-Werten der Bingham-Viskosität η_S nähert [14.178]:

$$\eta_{eff} = \frac{\tau_S}{\frac{du}{dy}} + \eta_S \tag{14.144}$$

Zur Bestimmung der Bingham-Viskosität η_S gilt dabei folgender Zusammenhang [14.178]:

$$\eta_s = \eta \cdot \left(1 + 2{,}5 \cdot C_m + 14 \cdot C_m^2\right) \tag{14.145}$$

Hierin bezeichnen η die temperaturabhängige Viskosität des Grundöls und C_m den Massenanteil des Verdickers im Fett. Meistens liegt bei tatsächlich ausgeführten Lagern der Anteil der Fließgrenze an der Scheinviskosität unterhalb von 1 %, weshalb man ihn vernachlässigen und $\eta_{eff} = \eta_S$ ansetzen kann, sodass gilt:

$$\eta_{eff} = \eta \cdot \left(1 + 2{,}5 \cdot C_m + 14 \cdot C_m^2\right) \tag{14.146}$$

Hierin lässt sich die Schmierstoffviskosität η unter Verwendung der Schmierstofftemperatur T [°C] wie folgt berechnen:

$$\eta = a \cdot \exp\left(\frac{b}{T + 95}\right) \tag{14.147}$$

Unter Verwendung der Dichte ρ_{15} [kg/m^3] bei 15 °C und der dynamischen Viskosität η_{40} [Pa·s] bei T = 40 °C berechnen sich die Konstanten a und b wie folgt [14.165], [14.166]:

$$a = \eta_{40} \cdot \exp\left(\frac{-b}{135}\right) \quad \text{mit} \quad b = 159{,}55787 \cdot \ln\left(\frac{\eta_{40}}{0{,}00018}\right) \quad \text{und} \quad \eta_{40} = 0{,}98375 \cdot 10^{-6} \tag{14.148}$$

Unter Berücksichtigung des Umstandes, dass einmal aus dem Schmierspalt ausgetretenes Fett für die weitere Schmierung nicht wiederverwendet werden kann (Verlustschmierung), ist ein möglichst geringer Fettdurchsatz anzustreben. Derartige geringe Schmiermengen können jedoch nur mit Unterbrechungen eingebracht werden, sodass andererseits immer die Gefahr der Mangelschmierung besteht.

Der erforderliche Fettbedarf Q kann bei fettgeschmierten Radial-Gleitlagern überschlägig wie folgt bestimmt werden:

$$Q \approx B \cdot U \cdot C \cdot \frac{\left(1 - h^*_{min}\right)}{80000} \tag{14.149}$$

Hierin bezeichnen B [m] die Lagernennbreite, U [m/s] die Nenn-Umfangsgeschwindigkeit, C das Nenn-Lagerspiel [m] und h^*_{min} [m] die relative minimale Schmierfilmdicke im Schmierspalt.

Nimmt man an, dass das Nachschmierfettvolumen nicht größer als ca. 10 % des Schmierspaltvolumens sein sollte, lassen sich unter Verwendung von Gleichung (14.149) das Nachschmierintervall t_L und das Nachschmierfettvolumen V_L wie folgt bestimmen:

$$t_L = \frac{V_L}{Q} \quad \text{mit} \quad V_L = \frac{0{,}1 \cdot \pi \cdot D \cdot B \cdot \left(D - D_J\right)}{2} \tag{14.150}$$

Dabei ist zusätzlich zu beachten, dass aufgrund höherer Erwärmung im Schmierspalt das relative Lagerspiel bei fettgeschmierten Radial-Gleitlagern grundsätzlich größer sein sollte als bei ölgeschmierten.

Üblicherweise liegen die Werte des Lagerspiels im Bereich 2 bis 6 ‰, wobei die größeren Werte bei kleineren Lagerdurchmessern anzuwenden sind. Weiterhin ist einschränkend zu beachten, dass bei fettgeschmierten Gleitlagern nur eine geringe Wärmeabfuhr möglich ist, da diese nicht über den Schmierstoff erfolgen kann, weshalb die Geschwindigkeitsgrenze bei ungefähr 2 m/s liegt. Bei zusätzlichen Maßnahmen zur Kühlung sind auch größere Geschwindigkeiten möglich.

Hinsichtlich des Verhaltens und der Betriebssicherheit im Mischreibungsgebiet gelten für fettgeschmierte Gleitlager die gleichen Grundsätze wie bei ölgeschmierten Gleitlagern. Schließlich ist noch darauf zu achten, dass bei fettgeschmierten Gleitlagern die Schmiernuten und -taschen abhängig von der Schmierstoffviskosität η, der Umfangsgeschwindigkeit U und der Fließgrenze des Schmierfettes τ_S die folgende Nuttiefe h_p nicht überschreiten:

$$h_p \leq 5 \cdot \frac{\eta_S \cdot U}{\tau_S} \tag{14.151}$$

Der Grund hierfür ist, dass das Fett ab einer bestimmten Tiefe nicht mehr gefördert werden kann, wenn die Fließgrenze in der Nut bzw. der Tasche unterschritten wird, sodass das Fett dann sogar dort verkoken kann.

14.5 Gleitlagerschäden und deren Diagnose

Auch wenn Gleitlager im Idealfall durch ihre Verschleißfreiheit über eine theoretisch unbegrenzte Lebensdauer verfügen, so sind dennoch im tatsächlichen Betrieb auch Lagerschäden möglich, worauf im Folgenden kurz eingegangen werden soll. Im Wesentlichen unterscheidet man Veränderungen und Schäden im Lagerwerkstoff sowie Veränderungen und Schäden im Lagersitz:

1. Veränderungen und Schäden im Lagerwerkstoff:
   - Verschmutzung, Abrasion durch Partikel (Einbettung, Riefenbildung, Schmutzwanderspuren, Staubeinwirkungen).
   - Verschleiß durch Mischreibung (Einlaufspuren, Anpassungs-Einlaufverschleiß, Hartes Anlaufen, Anreiben, Gleitschichtverschiebung, Dauerverschleiß, Fressen).
   - Überhitzung (Kriechverformung, An- und Ausschmelzungen, Wärmerisse).
   - Ermüdung, Oberflächenzerrüttung (Anrisse, Ausbrüche, selektiver Bindungsverlust der Galvanikschicht, Bindungsschwäche der Galvanikschicht).
   - Auswaschung, Kavitationserosion (Auswaschung durch hochfrequente Schwingungen, Auswaschungen durch Unstetigkeitsstellen im Schmierspalt, Auswaschungen im Schmierspalt als Folge örtlicher elastischer Verformungen).
   - Tribochchemische Reaktionen, Korrosion (Verfärbungen, Aufrauhung).
   - Belagbildung (Ölkohleablagerung, Fremdstoffablagerung, Kupferablagerung).
   - Sonstige (Elektro-Erosion, Pfeilförmige Beschädigung, Spanwollebildung, Poren- und Blasen-Bildung).

2. Veränderungen und Schäden im Lagersitz:
   - Mikrogleitung der Lagerschale (Flashverschienung, Ölkohlebildung, Materialübertragung, Reaktionsprodukte, Schwingungsverschleiß, Verdrehung der Lagerschale).
   - Tragbild (Druckstellen, Hohlstellen).
   - Gehäuseaufnahmebohrung (Lagerstützkörperbruch, Beschädigung der Lagerschalenteilflächen).

Weitere Beschreibungen von Lagerschäden sind in der DIN 31661 sowie der weiterführenden Fachliteratur zu finden [14.47], [14.108], [14.183].

Aufgaben und Lösungen

ZUSAMMENFASSUNG

Führungen und **Lager** haben die Aufgabe, relativ zueinander bewegte Teile und Baugruppen mit ihren Kraftwirkungen abzustützen und eine gewünschte Lage im Raum zu sichern. Da sich einzelne Lager und Führungen durch verschiedene Einschränkungen der Bewegungsfreiheiten voneinander unterscheiden, besteht eine Lagerung immer aus mehreren Lagern und Führungen, um die gewünschte Trag- und Führungsfunktion zu erreichen.

Während die im Maschinen-, Anlagen- und Fahrzeugbau hauptsächlich verwendeten Lager als Hauptmerkmal eine freie Drehung um eine Längsachse erlauben, schränken Führungen üblicherweise meist alle Drehbewegungen ein und lassen oft auch nur eine Längsverschiebbarkeit zu, weshalb sich Lager unterscheiden lassen in Radial-Lager zur Verhinderung von Querverschiebbarkeiten und Axial-Lager zur Verhinderung von Längsverschiebbarkeiten.

Dabei sind diese möglichen **Bewegungseinschränkungen** unabhängig davon, ob es sich in der konstruktiven Ausführung des Lagers um ein Wälzlager, ein Gleitlager, ein Magnetlager, ein aerostatisches Lager oder eine elastische Lagerung handelt. Ebenso sind die beiden Hauptfunktionen „Tragen" und „Führen" eines Lagers vollkommen unabhängig von der Lagerbauart, in den meisten Fällen treten sie allerdings in Kombination auf:

- **Tragen** – Diese Hauptfunktion beinhaltet die Übertragung von Kräften und Momenten zwischen relativ zueinander beweglichen Teilen, wobei entsprechend der Richtung der zu übertragenden Kräfte zwischen Radial-Lagern, Axial-Lagern und Schräglagern unterschieden wird.
- **Führen** – Diese Hauptfunktion umfasst die möglichst genaue Festlegung der gegenseitigen Lage der zueinander bewegten Teile. Hierbei dienen Loslager nur der Führung in radialer Richtung und Festlager zusätzlich oder ausschließlich der axialen Festlegung. Als Stützlager bezeichnet man die einseitige oder zweiseitige Kombination von Radial- und Axial-Lagern.

Im Anschluss an diese grundlegenden Betrachtungen werden Gleitlager und die aus ihnen zusammengesetzten Lagerungen betrachtet, während auf die Wälzlager im folgenden Kapitel eingegangen wird. In einem Gleitlager bewegen sich mindestens zwei Körper relativ zueinander, wobei man in Anlehnung an die möglichen Relativbewegungen auch die auftretenden Reibungsarten zwischen sich berührenden Körpern in Gleit-, Stoß-, Roll-, Wälz- und Bohrreibung unterscheidet. Aufgrund der Berührung und Relativbewegung kommt es an der Oberfläche der Körper zu fortschreitendem Materialverlust, der als Verschleiß bezeichnet wird. Um diesen Verschleiß möglichst gering zu halten, führt man bei Gleitlagern einen stationären Zustand der hydrodynamischen oder hydrostatischen Flüssigkeitsreibung herbei.

Dabei wird die **Flüssigkeitsreibung** definiert als „Reibung mit einer hydrodynamisch oder hydrostatisch tragenden flüssigen oder gasförmigen lückenlosen Zwischenschicht". Während bei der hydrodynamischen tragenden Zwischenschicht der Druck durch die Relativbewegung der Körper zueinander entsteht, wird bei der hydrostatisch tragenden Zwischenschicht der Druck von Außen aufgebracht. In beiden Fällen entsteht Reibung aufgrund der inneren Reibung in der Flüssigkeit oder des Gases, aus denen die tragende Schicht besteht.

Die wesentlichen **Vorteile eines Gleitlagers** im Vergleich zum Wälzlager sind die Unempfindlichkeit gegen Stöße und Erschütterungen, die geringen Reibwerte, die hohe Tragfähigkeit bei guter Schwingungs- und Geräuschdämpfung, der geringe radiale Bauraumbedarf, die nahezu unbegrenzte Lebensdauer auch bei hohen Drehzahlen und die Möglichkeit der geteilten Ausführung.

Als **Nachteile sind** zu nennen, dass Gleitlager gemäß ihrem Wirkprinzip nur Axial- oder Radialkräfte aufnehmen können, hohe Anforderungen an die Oberflächengüte bestehen und die Schmiermittelversorgung sowie die Empfindlichkeit gegenüber Verschmutzung einen hohen Aufwand erfordern.

Neben der Unterscheidung nach dem Schmierprinzip in hydrodynamische und hydrostatische Gleitlager erfolgt eine grundsätzliche Einteilung nach der Kraftrichtung in axiale und radiale Gleitlager. Außerdem gibt es noch das große Sondergebiet der aerostatischen Lager und Magnetlager, sowie die Kugelstützpunkte zum Einsatz in Tagebaugroßgeräten und Brückenlager, bei denen es sich im weitesten Sinne ebenfalls um Gleitlager handelt.

Ausgehend von den grundlegenden Gestaltungsregeln für die einzelnen Gleitlagerbauarten werden abschließend die erforderlichen **Berechnungsgrundlagen** für einen Tragfähigkeitsnachweis vorgestellt, um Beanspruchung und Beanspruchbarkeit von Gleitlagern gegenüberstellen zu können. Auf der Grundlage der umfangreichen Fachliteratur und vorliegender Betriebserfahrungen wurde mittlerweile ein umfangreiches Normen- und Richtlinienwerk zusammengestellt, mit dem sich die Tragfähigkeit der einzelnen Lagerbauarten einheitlich nachweisen lässt, wobei sich sämtliche Berechnungen auf die numerische Lösung der Reynoldsschen Differentialgleichung stützen.

Dabei stellen die in der Norm angegebenen Richtwerte für die minimale Schmierfilmdicke, den maximalen Schmierfilmdruck und die maximale Schmierfilmtemperatur geometrisch und technologisch bedingte Betriebsgrenzwerte des tribologischen Systems Gleitlager im Sinne von Erfahrungswerten dar, die auch bei kleinen Störeinflüssen noch eine ausreichende Betriebssicherheit ermöglichen.

Unabhängig von der Berechnung haben jedoch die **Gestaltung der Lagerumgebung** und die genaue Kenntnis der tatsächlich einwirkenden Lasten den größten Einfluss auf die erreichbare Betriebssicherheit eines Gleitlagers, wobei jedes Lager für den einwandfreien Betrieb auch eine Mindestbelastung benötigt. Ebenso dürfen bestimmte Drehzahlgrenzen nicht überschritten werden. Abschließend wird noch auf mögliche Lagerschäden eingegangen, um konstruktive Fehler beim Einsatz von Gleitlagern zu vermeiden.

Literatur

[14.1] Abdel-Latif, L.; Analyse des nichtlinearen Verhaltens von Gleitlagern unter Berücksichtigung der Schmierstoffverschäumung, der Oberflächenrauhigkeit und der Verformung, Habilitation, RWTH Aachen 1984

[14.2] Abdel-Latif, L.; Berechnung von Axialgleitlagern mit Kreisgleitschuhen unter thermoelastohydrodynamischen Bedingungen, Dissertation, RWTH Aachen 1980

[14.3] Adams, Ch.; Einfluß der Drucktaschengestaltung auf das Betriebsverhalten eines hydrodynamischen Radialgleitlagers mit hydrostatischer Anfahrhilfe, Dissertation, RWTH Aachen 1988

[14.4] Altenbach, J., Garz, K.-F.; Zur Berechnung der Pressungen und der Reibungswiderstände an Stützkugeln bei axialer Belastung; Wiss. Zeitschrift der TH Magdeburg 4 (1960), Heft 3

[14.5] API Standard 613 Special Purpose Gear Units For Petroleum, Chemical, and Gas Industry Services. 4th edition, (1995)

[14.6] Bartel, D.; Berechnung von Festkörper- u. Mischreibung bei Metallpaarungen, Dissertation, Universität Magdeburg 2000, Shaker Verlag, Aachen 2000

[14.7] Bartz, W.J.; Grundlagen des Folienlagers, 1975, Forschung Ing.-Wesen 41: 69 – 104

[14.8] Bartz, W.J.; Selbstschmierende und wartungsfreie Gleitlager, Expert Verlag 1993

[14.9] Baumann, K., Markert, R., Murmann, R.; Computergestützte Berechnung der Tragfähigkeit und des Gleitlagermomentes in hydrodynamischen Gleitlagern bei instationären An- und Auslaufvorgängen , VDI-Berichte 2069, VDI Verlag GmbH, Düsseldorf 2009

[14.10] Beitz, W., Grote K.-H.; DUBBEL – Taschenbuch für den Maschinenbau 20. Auflage, Springer Verlag, Berlin 2001

[14.11] Berger, M.; Untersuchungen an wartungsfreien trockenlaufenden Verbundgleitlagern, Dissertation, Universität Magdeburg 2000, Shaker Verlag, Aachen 2000

[14.12] Berghammer, E., Grieshofer, O., Mayrhofer, K.; Ermittlung dynamischer Eigenschaften aus einem 3D elasto-hydrodynamischen Gleitlagermodell, VDI-Berichte 2069, VDI Verlag GmbH, Düsseldorf 2009

[14.13] Bowden, F. P., Tabor, D.; The Friction and Lubrication of Solids. Oxford University Press, Oxford 1954 (Part 1) und 1964 (Part 2).

[14.14] Bobach, L.; Simulation dynamisch belasteter Radialgleitlager unter Mischreibungsbedingungen, Dissertation, Universität Magdeburg 2008, Shaker Verlag, Aachen 2008

[14.15] Brendel, H., Winkler, H.; Wissensspeicher Tribotechnik. Fachbuchverlag Leipzig, 1988

[14.16] Butenschön, H.-J.; Das hydrodynamische, zylindrische Gleitlager endlicher Breite unter instationärer Belastung; Dissertation, TU Karlsruhe 1976

[14.17] Cameron, A., Morgan, V.T., Stainsky, A.E.; Critical conditions for hydrodynamic lubrication of porous metal bearings, 1967, Proc. Inst. Mech. Engrs., Vol. 176, 28: 761 – 769

[14.18] Couette, M. M.; Études sur le Frottement des Liquides. Annales de Chimie et de Physique VI. Série 21 (1890), S. 433-510

[14.19] Coulomb, C. A.; Théorie des machine simples, en ayant égard au frottement de leurs parties et à la roideur des cordages. Pièce qui a remporté le prix double de l'académie des sciences pour l'annèe 1781, Mém. de Mathem. et de Physique présentées à l'académie Royale des Sciences, par divers Savants, Bd. 10 (1785), S. 161-332 und 5 Tafeln

[14.20] Decker, K., Kabus, K., Rieg, F.; Maschinenelemente; Hanser Verlag, München 2007

[14.21] Demin, T., Lambrache, N.; Über die Anwendung von Magnetflüssigkeiten in Gerätelagern der Feinmechanik, Bul. I.P.B. Nr. 1 Bukarest 1981
[14.22] Dietz, R.; Verhalten von statisch belasteten kreiszylindrischen Gleitlagern im Bereich des Reibungsminimums, Dissertation, Universität Karlsruhe 1968
[14.23] Dietz, R., Herfeld, J.; Die Berechnung hydrostatischer Radial-Lager für die Drehzahl $n = 0$ unter Berücksichtigung veränderlicher Spalthöhe, 1964, Maschinenmarkt H. 3: 18 – 24
14.24] Dillenkofer, H.; Einfluss der Lage der Ölzuführungsstelle auf das Betriebsverhalten stationär belasteter zylindrischer Gleitlager endlicher Breite. Dissertation, Universität Stuttgart, 1975
[14.25] DIN 118 Teil 1: Antriebselemente; Stehgleitlager für allgemeinen Maschinenbau, Hauptmaße (1977-07)
[14.26] DIN 322 Gleitlager; Lose Schmierringe für allgemeine Anwendung (1983-12)
[14.27] DIN 502 Gleitlager – Flanschlager – Befestigung mit zwei Schrauben (2004-09)
[14.28] DIN 503 Gleitlager – Flanschlager – Befestigung mit vier Schrauben (2004-09)
[14.29] DIN 504 Gleitlager – Augenlager (2004-09)
[14.30] DIN 505 Gleitlager – Deckellager, Lagerschalen – Lagerbefestigung mit zwei Schrauben (2004-09)
[14.31] DIN 506 Gleitlager – Deckellager, Lagerschalen – Lagerbefestigung mit vier Schrauben (2004-09)
[14.32] DIN 1498 Einspannbuchsen für Lagerungen (1965-08)
[14.33] DIN 1499 Aufspannbuchsen für Lagerungen (1965-08)
[14.34] DIN 1850: Gleitlager; Teil 3: Buchsen aus Sintermetall, Teil 4: Buchsen aus Kunstkohle, Teil 5: Buchsen aus Duroplasten, Teil 6: Buchsen aus Thermoplasten (1998-07)
[14.35] DIN 3411: Staufferbuchsen; leichte Bauart (1972-10)
[14.36] DIN 7473 Gleitlager; Dickwandige Verbundgleitlager mit zylindrischer Bohrung, ungeteilt (1983-12)
[14.37] DIN 7474 Gleitlager; Dickwandige Verbundgleitlager mit zylindrischer Bohrung, geteilt (1983-12)
[14.38] DIN 7477 Gleitlager; Schmiertaschen für dickwandige Verbundgleitlager (1983-12)
[14.39] DIN 8221 Gleitlager – Buchsen für Gleitlager nach DIN 502, DIN 503 und DIN 504 (2004-09)
[14.40] DIN 31651 Gleitlager; Teil 1: Formelzeichen, Systematik, Teil 2: Formelzeichen, Anwendung (1991-01)
[14.41] E DIN 31652 Hydrodynamische Radial-Gleitlager im stationären Betrieb; Teil 1: Berechnung von Kreiszylinderlagern, Teil 2: Funktionen für die Berechnung von Kreiszylinderlagern, Teil 3: Betriebsrichtwerte für die Berechnung von Kreiszylinderlagern (2002-05)
[14.42] DIN 31653 Hydrodynamische Axial-Gleitlager im stationären Betrieb; Teil 1: Berechnung von Axialsegmentlagern (1991-05), Teil 2: Funktionen für die Berechnung von Axialsegmentlagern (1991-05), Teil 3: Betriebsrichtwerte für die Berechnung von Axialsegmentlagern (1991-06)
[14.43] DIN 31654 Hydrodynamische Axial-Gleitlager im stationären Betrieb; Teil 1: Berechnung von Axial-Kippsegmentlagern (1991-05), Teil 2: Funktionen für die Berechnung von Axial-Kippsegmentlagern (1991-05), Teil 3: Betriebsrichtwerte für die Berechnung von Axial-Kippsegmentlagern (1991-06)

[14.44] DIN 31655 Hydrostatische Radial-Gleitlager im stationären Betrieb; Teil 1: Berechnung von ölgeschmierten Gleitlagern ohne Zwischennuten (1991-06), Teil 2: Kenngrößen für die Berechnung von ölgeschmierten Gleitlagern ohne Zwischennuten (1991-04)

[14.45] DIN 31656 Hydrostatische Radial-Gleitlager im stationären Betrieb; Teil 1: Berechnung von ölgeschmierten Gleitlagern mit Zwischennuten (1991-06), Teil 2: Kenngrößen für die Berechnung von ölgeschmierten Gleitlagern mit Zwischennuten (1991-04)

[14.46] DIN 31657 Gleitlager – Hydrodynamische Radial-Gleitlager im stationären Betrieb; Teil 1: Berechnung von Mehrflächen- und Kippsegmentlagern, Teil 2: Funktionen für die Berechnung von Mehrflächenlagern, Teil 3: Funktionen für die Berechnung von Kippsegmentlagern, Teil 4: Betriebsrichtwerte für die Berechnung von Mehrflächen- und Kippsegmentlagern (1996-03)

[14.47] DIN 31661 Gleitlager; Begriffe, Merkmale und Ursachen von Veränderungen und Schäden (1983-12)

[14.48] DIN 31670 Qualitätssicherung von Gleitlagern, Teil 8: Prüfung der Form- und Lageabweichungen und Oberfächenrauheit an Wellen, Bunden und Spurscheiben (1986-07)

[14.49] DIN 31690 Gleitlager; Gehäusegleitlager; Stehlager (1990-09)

[14.50] DIN 31692 Gleitlager, Teil 1: Schmierung und Schmierungsüberwachung (1996-03), Teil 2: Temperaturüberwachung (1996-03), Teil 3: Schwingungsüberwachung (1996-03), Teil 4: Elektrische Lagerisolation (1997-12), Teil 5: Checkliste zur Überprüfung der Öldichtheit (2000-10)

[14.51] DIN 31696 Axialgleitlager; Segment-Axial-Lager, Einbaumaße (1978-02)

[14.52] DIN 31697 Axialgleitlager; Ring-Axial-Lager, Einbaumaße (1978-02)

[14.53] DIN 31698 Gleitlager; Passungen (1979-04)

[14.54] DIN 50282 Das tribologische Verhalten von metallischen Gleitlagerwerkstoffen, Kennzeichnende Begriffe (1979-02)

[14.55] DIN 51519 Schmierstoffe – ISO-Viskositätsklassifikation für flüssige Industrie-Schmierstoffe (1998-08)

[14.56] DIN 51524 Druckflüssigkeiten – Hydrauliköle; Teil 1: Hydrauliköle HL, Mindestanforderungen, Teil 2: Hydrauliköle HLP, Mindestanforderungen, Teil 3: Hydrauliköle HVLP, Mindestanforderungen (2006-04, Berichtigung 1 2006-09)

[14.57] DIN ISO 3448 Flüssige Industrie-Schmierstoffe – ISO-Viskositätsklassifikation (2009-03)

[14.58] DIN ISO 3547 Gleitlager – Gerollte Buchsen; Teil 1: Maße, Teil 2: Prüfungsangaben für Außen- und Innendurchmesser in Zeichnungen, Teil 3: Schmierlöcher, Schmiernuten, Schmiertaschen, Teil 4: Werkstoffe (2000-11)

[14.59] DIN ISO 4381 Gleitlager - Blei- und Zinn-Gusslegierungen für Verbundgleitlager (2001-02)

[14.60] DIN ISO 4382 Gleitlager; Kupferlegierungen, Teil 1: Kupfer-Gußlegierungen für dickwandige Massiv- und Verbundgleitlager, Teil 2: Kupfer-Knetlegierungen für Massivgleitlager (1992-11)

[14.61] DIN ISO 4383 Gleitlager – Verbundwerkstoffe für dünnwandige Gleitlager (2001-02)

[14.62] DIN ISO 4384 Gleitlager – Härteprüfung an Lagermetallen, Teil 1: Verbundwerkstoffe (2001-02), Teil 2: Massivwerkstoffe (1982-10)

[14.63] DIN ISO 4386 Gleitlager; Metallische Verbundgleitlager, Teil1: Zerstörungsfreie Ultraschall-Prüfung der Bindung (1992-11), Teil 2: Zerstörende Prüfung der Bindung für Lagermetall-Schichtdicken ≥ 2 mm (1982-10), Teil 3: Zerstörungsfreie Prüfung nach dem Eindringverfahren (1992-11)
[14.64] DIN ISO 6691 Thermoplastische Polymere für Gleitlager - Klassifizierung und Bezeichnung (2001-05)
[14.65] DIN ISO 12128 Gleitlager – Schmierlöcher, Schmiernuten und Schmiertaschen – Maße, Formen, Bezeichnung und ihre Anwendung für Lagerbuchsen (1998-07)
[14.66] DIN ISO 12301 Gleitlager – Prüftechniken und Prüfung der Qualitätsmerkmale von Geometrie und Werkstoff (1995-07)
[14.67] Droste, K.; Zur Frage der Betriebssicherheit bei Querlagern, 1954, Schmierungstechnik, Heft 1, 2-6
[14.68] Durst, W., Vogt, W.; Schaufelradbagger; Trans Tech Publications, Clausthal-Zellerfeld, 1986.
[14.69] Fink, P.A.; Das Schwimmbuchsenlager unter instationärer Belastung, Dissertation, ETH Zürich 1970
[14.70] Fronius, S.; Konstruktionslehre – Antriebstechnik, Verlag Technik, Berlin 1979
[14.71] Fronius, S.; Maschinenelemente – Antriebselemente, VEB Verlag, Berlin 1971
[14.72] Gärtner, W., Grün, F., Godor, I.; Gleitlagerspezifischer Werkstoffeigenschaften und ihre Charakterisierung, VDI-Berichte 2069, VDI Verlag GmbH, Düsseldorf 2009
[14.73] Gersdorfer, O.; Axialdruckgleitlager, Konstruktion 8 (1956), H. 3, S. 94
[14.74] Gersdorfer, O.; Das Gleitlager, Dipl.-Ing. Rudolf Bohmann Industrie und Fachverlag, Wien 1954
[14.75] Gümbel, L.; Das Problem der Lagerreibung; Mitteilungsblatt des Berliner Bezirksvereins Deutscher Ingenieure 5 (1914), S. 87-104, S. 109-120
[14.76] Gümbel, L.; Der Einfluss der Schmierung auf die Konstruktion; Jahrbuch der Schiffbautechnischen Gesellschaft, Band 18 (1917), S. 236-322
[14.77] Gümbel, L., Everling, E.; Reibung und Schmierung im Maschinenbau; Krayn Verlag, Berlin 1925
[14.78] Habermann H., Liard G.; Das aktive Magnetlager – ein neues Lagerungsprinzip. SKF-Kugellagerzeitschrift, 1952, Nr. 192, S. 1-7
[14.79] Hadler, J.; Tribologische Beurteilung und Optimierung mischreibungsbeanspruchter Radialgleitlager, Dissertation, Universität Magdeburg 1994
[14.80] Halstenberg, K.; Das Verhalten hydrodynamischer Gleitlager bei veränderlichem Schmierstoffdurchsatz, Dissertation, RWTH Aachen 1978
[14.81] Hamrock, B.J.; Fundamentals of fluid film lubrication, Mc Graw-Hill Inc., New York 1994
[14.82] Han, D.-C.; Statische und dynamische Eigenschaften von Gleitlagern bei hohen Umfangsgeschwindigkeiten und bei Verkantung, Dissertation Universität Karlsruhe, 1979
[14.83] Han, D.-C.; Theoretische Ermittlung der Kennlinien und Stabilitätseigenschaften hochtouriger Hybridlager VDI-Fortschrittsberichte, Reihe 1, Nr. 106, VDI-Verlag, Düsseldorf 1983
[14.84] Heidebroek, E.; The Nature of Limit Friction, proc. Of the General Disc. On Lubrication and Lubricants, Bd. 1, The Inst. of Mech. Engineers 1937, S. 133-137
[14.85] Heidebroek, E.; Richtlinien für den Austausch von Wälzlagern gegen Gleitlager; Dresdner Verlagsgesellschaft, Dresden 1950

[14.86] Heidebroek, E., Döring, A.; Vergleichende Untersuchungen an Lagerschalen-Werkstoffen, Deutsche Kraftfahrtforschungshefte 52, VDI-Verlag, Berlin 1940
[14.87] Heinze, P.; Ein Beitrag zum Betriebsverhalten des Schwimmbuchsenlagers, Dissertation, RWTH Aachen 1973
[14.88] Heinze, T., Huf, A., Verl, A.; Adaptronische Schwingführung – Linearachssysteme mit adaptivem Reibverhalten, VDI-Berichte 2069, VDI Verlag GmbH, Düsseldorf 2009
[14.89] Hermes, G.; Die Grenztragfähigkeit hochbelasteter, hydrodynamischer Radialgleitlager, Dissertation RWTH Aachen, 1986
[14.90] Hiersig, H.M.;Lexikon Maschinenbau, VDI Verlag, Düsseldorf 1995
[14.91] Holland, J.; Beitrag zu Erfassung der Schmierverhältnisse in Verbrennungskraftmaschinen, VDI-Forsch. Heft 475, Düsseldorf 1959
[14.92] Hoppe, J.; Einfluss der Welligkeit auf das Tragverhalten hydrodynamischer Gleitlager. Diss. Universität Karlsruhe, 1981
[14.93] INA-Schaeffler KG; Wälzlager-Katalog, Herzogenaurach 2009
[14.94] ISO 6279 Gleitlager - Aluminiumlegierung für Einstofflager (2006-04)
[14.95] Jakobsson, B., Floberg, L.; The Finite Journal Bearing, Considering Vaporization; Trans. Chalmers Technical University Gothenburg, Göteborg 1957
[14.96] Jakobsson, B., Floberg, L.; The Rectangular Plane Pad Bearing; Trans. Chalmers Technical University Gothenburg, Göteborg 1958
[14.97] Jarchow, F., Röper, H.; Erhöhung der Tragfähigkeit von Gleitlagern für Planetenräder durch verformungsangepasste Gestaltung von Zapfen, Bolzen oder Bohrung. Konstruktion 33 (1981), Nr. 11, S. 449-455 und S. 489-492
[14.98] Kanarachos, A.; Ein Beitrag zum Problem hydrodynamischer Gleitlager maximaler Tragfähigkeit, 1976, Konstruktion 28, 391-395
[14.99] Kern, C., Leidich, E.; Laufeigenschaften kunststoffbeschichteter hydrodynamischer Mehrflächengleitlager, VDI-Berichte 2069, VDI Verlag GmbH, Düsseldorf 2009
[14.100] Kier, M., Stein, P.; Adaptive Lagerung – Eine Technik zur Reduzierung der Reibleistung von Verbrennungsmotoren, VDI-Berichte 2069, VDI Verlag GmbH, Düsseldorf 2009
[14.101] Klamann, D.; Schmierstoffe und verwandte Produkte; Herstellung, Eigenschaften, Anwendung, Verlag Chemie, Weinheim 1982
[14.102] Klemencic, A.; Bemessung und Gestaltung von Gleitlagern, 1943, Z. VDI 87: 409
[14.103] Knoll, Gunter; Tragfähigkeit zylindrischer Gleitlager unter elastohydrodynamischen Bedingungen, Dissertation, RWTH Aachen 1974
[14.104] Kochanovsky, W.; Grenzwerte von Tragfähigkeit und Reibung des Gleitlagers; Schmiertechnik 2 (1955), S. 152-154
[14.105] Krause, W.; Konstruktionselemente der Feinmechanik, VEB Verlag Technik, Berlin 1989
[14.106] Kunkel, A.; Ein Beitrag zur Theorie instationärer Schmierfilme, Dissertation, RWTH Aachen 1976
[14.107] Künne, B.; Einführung in die Maschinenelemente, B. G. Teubner Verlag, Stuttgart 1999
[14.108] Lang, O.R., Steinhilper, W.; Gleitlager, Springer Verlag, Berlin 1978
[14.109] Limmer, M., Jacobs, G., Gold, P.W., Rombach, V.; Ermüdung dynamisch hoch belasteter hydrodynamischer Radialgleitlager, VDI-Berichte 2069, VDI Verlag GmbH, Düsseldorf 2009

[14.110] Lüneburg, B.; Zur Berechnung der thermo-elasto-hydrodynamischen Kenngrößen stationär und instationär belasteter Gleitlager, Dissertation, TU Clausthal 1998
[14.111] Lutz, M.; Historie der Gleitlagertheorie, Gleitlager in schnelllaufenden Turbomaschinen, Berechnung und Schadensformen; Dresdner Maschinenelemente Kolloquium – DMK 2007, Tagungsband, S. 223-230
[14.112] Marx, S.; Trockenlaufende Gleitlager aus hochtemperaturbeständigen Kunststoffen, Dissertation TU Chemnitz-Zwickau 1997, Shaker Verlag, Aachen 1997
[14.113] Mäurer, M.; Tribologische Untersuchungen an kunststoffbeschichteten Radialgleitlagern bei speziellen Betriebsbedingungen, Dissertation, TU Chemnitz 2003
[14.114] May, U.; Untersuchung von Lineargleitlagern bei Mischreibung, Dissertation, Universität Magdeburg 2002, Shaker Verlag, Aachen 2002
[14.115] Meschke, F.; Gleitlager aus gesintertem Siliciumkarbid, VDI-Berichte 1706, VDI Verlag GmbH, Düsseldorf 2002
[14.116] Meyer, T.; Einfluss der Schichtdicke von Zinnbasislegierungen in Gleitlagern, Dissertation, RWTH Aachen 2007
[14.117] Meyer, T., Gold, P.W., Loos, J., Aßmann, Ch.; Prüfung und Charakterisierung von Gleitlagerschmierstoffen und –werkstoffen, VDI-Berichte 1706, VDI Verlag GmbH, Düsseldorf 2002
[14.118] Michell, A. G. M.; The Lubrication of Plane Surfaces; Z. Math. Phys. 52 (1905), S. 123-127
[14.119] Michell, A. G. M.; Progress of Fluid Film Lubrication; Trans. ASME 51 (1929), S. 153-163
[14.120] Michell, A. G. M.; Lubrication; Blackie, London, Glasgow, 1950
[14.121] Mittwollen, N.; Betriebsverhalten von Radialgleitlagern bei hohen Umfangsgeschwindigkeiten und hohen thermischen Belastungen – Theoretische Untersuchungen; VDI-Fortschrittsberichte, Reihe 1, Nr. 187, VDI-Verlag, Düsseldorf 1990
[14.122] Müller, F.; Untersuchungen an wartungsfreien trockenlaufenden Kunststoffgleitlagern, Dissertation Universität Magdeburg, 2003, Shaker Verlag, Aachen 2003
[14.123] Nesic, D., Beiss, P.; Ermüdungsmechanismen und Lebensdauer hoch belasteter hydrodynamischer Gleitlagerlegierungen, VDI-Berichte 2069, VDI Verlag GmbH, Düsseldorf 2009
[14.124] Niemann, G., Winter, H.; Maschinenelemente, Band 1, Springer Verlag, Berlin 1981
[14.125] Niemann, G., Winter, H.; Maschinenelemente, Band 2, Springer Verlag, Berlin 1989
[14.126] N.N.; Zur Anwendung magnetischer Flüssigkeiten, 1976, Technika 25, 14:959
[14.127] N.N.; Gleitlagertechnik, Th. Goldschmidt AG, Essen 1992
[14.128] Noack, G.; Berechnung hydrodynamisch geschmierter Gleitlager – dargestellt am Beispiel der Radial-Lager. Gleitlager als moderne Maschinenelemente, Tribotechnil Band 400, Expert Verlag, Ehningen bei Böblingen 1993
[14.129] Olsson, K.; Cavitation in Dynamically Loaded Bearings; Trans. Chalmers Technical University Gothenburg, Göteborg 1965
[14.130] Orth, W.; Entwicklung, Aufbau und Anwendung eines Systems zur kontinuierlichen experimentellen Analyse von Gleitlagern unter elastohydrodynamischen Bedingungen, Dissertation, RWTH Aachen 1976
[14.131] Pajer, G., Kurth, F., Pfeifer, M.; Tagebaugroßgeräte und Universalbagger; VEB Verlag Technik Berlin, 1979
[14.132] Peeken, H.; Das optimale hydrostatische Axial-Lager, 1972, Konstruktion 24, H. 10: 381
[14.133] Peeken, H.; Hydrostatische Querlager, 1964, Konstruktion 16, H. 7: 266

[14.134] Petroff, N.; Neue Theorie der Reibung. (Urschrift russisch 1983, Übersetzung von Wurzel 1887), Hamburg, Leopold (Voss.) Abhandlung über die hydrodynamische Theorie der Schmiermittelreibung. Oswalds Klassiker Nr. 218

[14.135] Poiseuille, J. M. L.; Recherches expérimentales sur le mouvement des liquides dans les tubes de trés petits diamètres. C. R. Acad. Sc. Paris. 11 (1840) S. 961-967, S. 1041-1058, 12 (1841), S. 112-115

[14.136] Pollmann, E.; Berechnungsverfahren für Axial-Lager; Konstruktion 33 (1981), Heft 3, S. 103-108, Heft 4, S. 159-162

[14.137] Pollmann, E., Vermeulen, M.; Optimierung hydrostatischer Radial-Lager. Konstruktion 36 (1984), Nr. 4, S. 121 – 127, Nr. 5, S. 167 – 172

[14.138] Quell, P.; Philosophy and Design of the New Offshore-WEC REpower 5M; EWEC – European Wind Energy Conference, Madrid 2003.

[14.139] Raimondi, A. A., Boyd, J.; A Solution for the Finite Journal Bearing and its application to Analyses and Design; Trans. ASLE (1958), S. 159-174, S. 175-194, S. 194-209

[14.140] Ramberger, G.; Structural Bearings and Expansion Joints for Bridges; Structural Engineering Documents No. 6, IABSE – International Association for Bridge and Structural Engineering, Zürich 2002

[14.141] Rasmus, W.; Hydrostatische Anfahrhilfe, 1974 , Goldschmidt-Mitt. H. 30: 46/47

[14.142] Redlich, A.; Simulation von Punktkontakten unter Mischreibungsbedingungen, Dissertation, Universität Magdeburg 2002, Shaker Verlag, Aachen 2002

[14.143] Reuleaux, F.; Neue Betrachtungen und Versuche über die Zapfenreibung. Zeitschrift des VDI 35 (1891), S. 932-937

[14.144] Reynolds, O.; On the Theory of Lubrication and its Application to Mr. Beauchamp Tower's Experiments Including an Experimental Determination of the Viscosity of Olive Oil; Phil. Trans. (1866) 177, S. 157-234: Oswalds Klassiker der exakten Wissenschaften Nr. 218, Leipzig 1927

[14.145] Rienäcker, A.; Instationäre Elastohydrodynamik von Gleitlagern mit rauhen Oberflächen und inverse Bestimmung der Warmkonturen, Dissertation, RWTH Aachen 1995

[14.146] Rodermund, H.;Berechnung der Temperaturabhängigkeit der Viskosität von Mineralölen aus dem Viskositätsgrad. Schmiertechnik und Tribologie 25 (1975), Nr. 2

[14.147] Roloff / Matek; Maschinenelemente; Hrsg. Muhs, D., Wittel, H., et al.; Vieweg Verlag, Braunschweig 2009

[14.148] Rosenkranz, J.; Die Gleitlagergehäusesteifigkeit als modaler Parameter für Rotorsysteme, Dissertation, RWTH Aachen 1989

[14.149] Rowe, W.B., O`Donoghue, J.P., Cameron, A.; Optimization of externally prossurized bearing for minimum power and low temperature rise, 1970, Tribol. 3, H. 3: 153 – 157

[14.150] Rowe, W.B., O`Donoghue, J.P.; aus Masch. Des. S. 8 – 57

[14.151] Ruß, A.G.; Vergleichende Betrachtung wartungsfreier und selbstschmierender Gleitlager, Tribologie Band 422, Expert Verlag, Ehningen bei Böblingen 1993

[14.152] Sassenfeld, H., Walther, A.; Gleitlagerberechnung; VDI Forschungshefts Nr. 441, Düsseldorf 1954

[14.153] Sauer, B., Huber, M.; Hydrodynamisch arbeitende Radialgleitlager – Berechnung und Versuch, VDI-Berichte 1706, VDI Verlag GmbH, Düsseldorf 2002

[14.154] Sautter, S., von Wenz, V.; Moderne Gelenklager – Stand der Technik und Entwicklungstendenzen, 1986, Konstruktion 38, 433-441

[14.155] Scheffler, M., Feyrer, K., Matthias, K.; Fördermaschinen – Hebezüge, Aufzüge, Flurförderzeuge, Vieweg Verlag, Brauschweig 1998

[14.156] Schlar, M.; Schweigert, A.; Wartungsfreie Hochleistungsgleitlager mit Teflon-Gewebe-Gleitschicht, VDI-Berichte 1706, VDI Verlag GmbH, Düsseldorf 2002
[14.157] Schlecht, B.; Maschinenelemente 1; Verlag Pearson Studium, München 2007
[14.158] Scholz, U.; Instationäre Berechnung geschmierter Reibkontakte, Dissertation, Universität Magdeburg 2008, Shaker Verlag, Aachen 2008
[14.159] Schulze, T.; Ganzheitliche dynamische Antriebsstrangbetrachtung von Windenergieanlagen; Diss. TU Dresden, Sierke Verlag, Göttingen 2008
[14.160] Schwarze, H., Hagemann, T., Blumenthal, H.; Experimentelle und theoretische Untersuchung unterschiedlicher Einflussgrößen auf das Tragverhalten von schnell laufenden Radialgleitlagern , VDI-Berichte 2069, VDI Verlag GmbH, Düsseldorf 2009
[14.161] Shigley, J.E., Mischke, Ch.R.; Standard Handbook of Machine Design, McGraw Hill Book Company, 1986
[14.162] SKF; Wälzlagerkatalog; Schweinfurt 2009
[14.163] Solovyev, S.; Reibungs- und Temperaturberechnung an Festkörper- und Mischreibungskontakten, Dissertation, Universität Magdeburg 2006, Shaker Verlag, Aachen 2006
[14.164] Sommerfeld, A.; Zur hydrodynamischen Theorie der Schmiermittelreibung; Zeitschrift für Mathematik und Physik 40 (1904), S. 97-155
[14.165] Spiegel, K., Fricke, J., Meis, K.-R.; Berechnung von fettgeschmierten Radialgleitlagern. Gleitlagertechnik Teil 2, Tribotechnik Band 163, Expert Verlag, Sindelfingen 1986
[14.166] Spiegel, K., Fricke, J., Meis, K.-R.; Berechnung fettgeschmierter Radialgleitlager. Tribologie und Schmierungstechnik 32 (1985), Nr. 2, S. 85-88 und Nr. 3, S. 164-168.
[14.167] Spiegel, K., Fricke, J.; Belastungsdiagramm zur Berechnung von Axialgleitlagern; Schmiertechnik und Tribologie 22 (1975), Nr. 3, S. 59-64
[14.168] Spiegel, K.; Über den Einfluss elastischer Deformationen auf die Tragfähigkeit von Radialgleitlagern; Schmiertechnik und Tribologie 20 (1973), Nr. 1, S. 3-9
[14.169] Spiegel, K.; Konstruktive Fragen des Gleitlagers unter Berücksichtigung der Schmierung. Gleitlager als moderne Antriebselemente, Tribotechnik Band 400, Expert Verlag, Ehningen bei Böblingen 1993
[14.170] Spiegel, K., Fricke, J.; Bemessungs- und Gestaltungsregeln für Gleitlager: Herkunft-Bedeutung-Grundlagen-Fortschritt, 2000, Tribologie und Schmierungstechnik 47, 5, 32-41
[14.171] Steinhilper, W., Huber, M.; Optimierung hydrodynamisch arbeitender Gleitlager, Teil 2: Konstruktive Gestaltung von Axial-Lagern, 1997, Antriebstechnik 12: 69-74
[14.172] Steinhilper, W., Röper, R.; Maschinen- und Konstruktionselemente 3, Springer Verlag, Berlin 1994
[14.173] Steinhilper, W., Sauer, B.; Konstruktionselemente des Maschinenbaus 2, Springer Verlag, Berlin 2006
[14.174] Stribeck, R.; Die wesentlichen Eigenschaften der Gleit- und Rollenlager; Zeitschrift des VDI 46 (1902), S. 1341 – 1348, S. 1432 – 1438, S. 1463 – 1470
[14.175] Thiede, K.-U.; Untersuchungen hochbelasteter Gelenklager bei langsamen oszillierenden Gleitbewegungen, Dissertation, Universität Magdeburg 1997, Shaker Verlag, Aachen 1998
[14.176] Tower, B.; First Report on Friction Experiments; Proc. Instn. Mech. Engineers, London 1883, p. 632-659 und 1984, p. 29-35

[14.177] VDI-Richtlinie 2201 Gestaltung von Lagerungen; Bl. 1: Einführung in die Wirkungsweise der Gleitlager, Bl. 2: Konstruktionshinweise. VDI-Verlag, Düsseldorf (1975/1980)
[14.178] VDI-Richtlinie 2204 Auslegung von Gleitlagerungen; Bl. 1: Grundlagen, Bl. 2: Berechnung, Bl. 3: Kennzahlen und Beispiele für Radial-Lager, Bl. 4: Kennzahlen und Beispiele für Axial-Lager. VDI-Verlag, Düsseldorf (1992)
[14.179] VDI-Richtlinie 2541 Gleitlager aus thermoplastischen Kunststoffen. VDI-Verlag, Düsseldorf (1975)
[14.180] VDI-Richtlinie 2543 Verbundlager mit Kunststoff-Laufschicht. VDI-Verlag, Düsseldorf (1977)
[14.181] Vermeulen, M.; De involved van de tweedimensionale stroming op het statisch gedrag von het hydrostatisch radial lager, Dissertation, Rijksuniversiteit Gent, 1979
[14.182] Vermeulen, M.; Otimization of hydrostatic journal bearings including hydrodynamic effects, 1981
[14.183] Vogelpohl, G.; Betriebssichere Gleitlager – Erster Band Grundlagen und Rechnungsgang, Springer Verlag Berlin, 1967
[14.184] Vogelpohl, G.; Beitrag zur Gleitlagerberechnung; VDI-Forschungsheft Nr. 386, Düsseldorf 1954
[14.185] Waltermann, H.; Optimierte thermoelastohydrodynamische Berechnungsverfahren für Gleitlager, Dissertation, RWTH Aachen 1992
[14.186] Wegmann, R., Kreja, S.-U., Brökel, K.; Modernes Verfahren zur Simulation stationärer und instationärer Belastungen beim hydrodynamsichen und hydrostatischen Betrieb von Radialgleitlagern unter Berücksichtigung der Wellenbiegung, VDI-Berichte 2069, VDI Verlag GmbH, Düsseldorf 2009
[14.187] Weinhauer, D.; Reibung und Verschleiß einer hochbeanspruchten Reibpaarung unter Mischreibungsbedingungen, Dissertation, Universität Magdeburg 1996
[14.188] Wenz, V. von; Trockengleitlager für oszillierende Bewegung, VDI-Berichte 1706, VDI Verlag GmbH, Düsseldorf 2002
[14.189] Werner, U.; Einsatz von hydrodynamischen Gleitlagern bei schnelllaufenden Asynchronmaschinen hinsichtlich Rotordynamik, VDI-Berichte 2069, VDI Verlag GmbH, Düsseldorf 2009
[14.190] Wiersch, P.; Berechnung thermo-elastohydrodynamischer Kontakte bei Mischreibung. Dissertation, TU Clausthal, 2004, Shaker Verlag, Aachen 2004
[14.191] Wilcock, D. F., Booser, O.; Bearing Design and Application; McGraw Hill, New York 1957
[14.192] Wissussek, D.; Der Einfluss reversibler und irreversibler Viskositätsänderungen auf das Verhalten hydrodynamischer stationär belasteter Gleitlager; Dissertation TU Hannover, 1975
[14.193] Wyndorps, P.; Kunststoffwerkstoffe im hydrodynamischen Axialgleitlager, Dissertation, RWTH Aachen 1995
[14.194] Yie, St.; Statische und dynamische Eigenschaften von Axial-Lagern unter Berücksichtigung turbulenter Schmierspaltströmung, Dissertation, RWTH Aachen 1983
[14.195] Zargari, P.; Einfluß der Makrogeometrie auf Tragfähigkeit und Betriebssicherheit von Gleitlagern, Dissertation, RWTH Aachen 1980

Wälzlager und Wälzlagerungen

15

ÜBERBLICK

Einführung

» In diesem Kapitel werden die Grundlagen zur Auslegung und Berechnung von Wälzlagern sowie die Gestaltung von Wälzlagerungen behandelt. Hierzu werden zunächst die verschiedenen Arten und Bauformen von Kugel- und Rollenlagern vorgestellt. Ergänzend wird auch auf die Pressung, Schmiegung und Wälzkörperführung innerhalb des Lagers sowie auf die elastische Verformung und die Federungseigenschaften eingegangen. Weiterhin werden die Besonderheiten zu den eingesetzten Werkstoffen und die sich aus der Reibung und Schmierung ergebenden Temperaturverhältnisse im Hinblick auf die Funktion des Wälzlagers erläutert.

Ausgehend vom einzelnen Wälzlager wird die Gestaltung von Wälzlagerungen durch die Kombination verschiedener Wälzlager in Festlager-Loslager-Anordnung, als angestellte Lagerung in X-Anordnung sowie in O-Anordnung, Tandemanordnung oder als schwimmende Lagerung behandelt. Dabei wird auch auf die Möglichkeiten zur Passungswahl, die Gestaltung des Lagerumfeldes sowie den Ein- und Ausbau von Wälzlagern eingegangen.

Abschließend erfolgt der Vergleich von Beanspruchung und Beanspruchbarkeit, indem zunächst die statische und die dynamische Tragfähigkeit und die jeweils zugehörige äquivalente Lagerbelastung erläutert werden. Auf der Grundlage der einwirkenden Lagerkräfte werden dann die Verfahren zur Berechnung der nominellen Lebensdauer, der angepassten nominellen Lebensdauer und der modifizierten Referenz-Lebensdauer nach DIN ISO 281 ausführlich behandelt. Ferner wird auf die zulässigen Drehzahlen von Wälzlagern eingegangen.

Ergänzend zur Lebensdauerberechnung schließt das Kapitel mit einer Übersicht zu häufigen Wälzlagerschäden und deren Diagnose im Betrieb. «

LERNZIELE

- Kennenlernen der grundlegenden Aufgaben von Wälzlagern und ihr Einsatz in antriebstechnischen Anwendungen
- Kennenlernen der Anforderungen und des Betriebsverhaltens von Wälzlagern
- Kennenlernen der grundlegenden Gestaltungsrichtlinien beim Einsatz von Wälzlagern
- Zusammenstellung der Berechnungsgrundlagen zur Auslegung von Wälzlagern
- Kennenlernen ausgewählter Wälzlagerschäden und Möglichkeiten zur Diagnose

15.1 Einleitung

Die Wälzlager dienen genauso wie die Gleitlager zur Sicherung der Lage von zueinander beweglichen Maschinenelementen im Raum und zur Übertragung der dabei auftretenden Kräfte (s.a. Kapitel 14). Allerdings wird die Relativbewegung zwischen den beiden abzustützenden Teilen durch Wälzkörper ermöglicht, die kugel- oder rollenförmig ausgebildet sein können. Abbildung 15.1 zeigt beispielhaft das Radsatzgetriebe der Lokomotive aus Abbildung 1.1 und die darin verwendeten Rillenkugellager und Zylinderrollenlager zur Führung der Wellen.

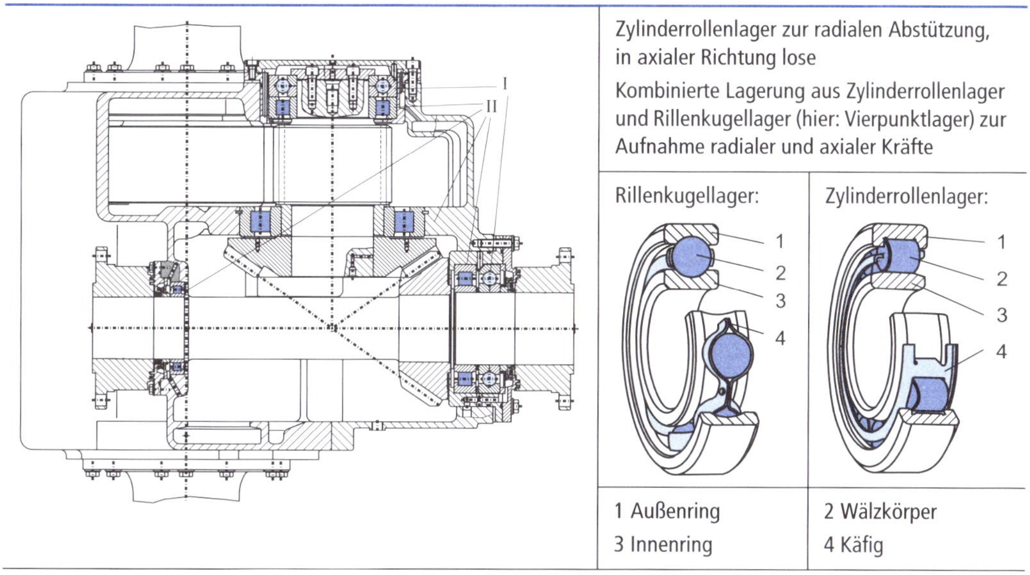

Abbildung 15.1: Lagerungen im Radsatzgetriebe der Lokomotive G 2000 nach Abbildung 1.1

Auch wenn erste Patente und Einsatzbeispiele von Wälzlagern aus der Zeit zwischen 1800 und 1880 stammen, wurden die heute bekannten einbaufertigen Bauformen in den Jahren 1902 (Schulterkugellager), 1907 (Pendelkugellager), 1909 (Zylinderrollenlager) und 1912 (Tonnenlager) entwickelt, maßgeblich getrieben durch die seinerzeit stetig wachsende Automobilindustrie [15.81]. Im Vergleich zu Gleitlagern weisen die Wälzlager folgende Vorteile auf:

- Bedingt durch das Wälzprinzip tritt bei Anlauf und kleinen Drehzahlen nur geringe Reibung auf (Reibungsbeiwert $\mu = 0{,}002 \dots 0{,}01$), d.h. das Anlaufmoment ist nur geringfügig größer als das Betriebsmoment (wesentlicher Vorteil bei Antriebssystemen).
- Zur Erzielung der günstigen Reibungsverhältnisse und als Korrosionsschutz (fast wartungsfreie Dauerschmierung) sind nur geringe Schmierstoffmengen erforderlich, die Lager benötigen keine Einlaufzeit.
- Eine Reihe von Lagertypen kann sowohl Radial- als auch Axialkräfte aufnehmen, bezogen auf die Einbaubreite ist die Tragfähigkeit sehr groß.
- Die weitgehende Normung erlaubt eine einfache Beschaffung und den herstellerunabhängigen Austausch von Ersatzlagern.

Diesen Vorteilen stehen die folgenden Nachteile gegenüber:

- Die ständigen Überrollungen (Wälzkörper – Laufbahn) führen zur Materialermüdung, sodass Wälzlager nicht dauerfest sind, was die Berechnung einer ertragbaren Lebensdauer erfordert. Ferner ist abhängig von der Baugröße aufgrund einwirkender Fliehkräfte auf die umlaufenden Bauteile (Wälzkörper und Käfig) die zulässige Drehzahl begrenzt (je größer das Lager, desto geringer die zulässige Drehzahl).
- Die Punkt- bzw. Linienberührung (Kugel- bzw. Rollenlager) zwischen Wälzkörpern und Laufbahnen bedingt hohe Hertz'sche Pressungen, sodass Wälzlager empfindlich sind gegen Erschütterungen und Stöße.
- Die Empfindlichkeit gegenüber Verschmutzung erfordert häufig einen hohen Abdichtungsaufwand, der zu Verschleißstellen mit entsprechenden Leistungsverlusten führen kann.
- Der radiale Raumbedarf ist, bedingt durch die erforderlichen Abmessungen der Wälzkörper, größer als beim Gleitlager, ferner ist eine radiale Teilung ungünstig, weshalb diese nur in besonderen Fällen eingesetzt wird [15.4], [15.70].

Aufgrund der überwiegenden Vorteile haben sich die Wälzlager in den meisten antriebstechnischen Anwendungen durchgesetzt. Es sei aber darauf hingewiesen, dass nicht nur umlaufende Wellen, sondern auch andere Maschinenelemente (z.B. Kurbelschwingen in Mechanismen, Kranhaken in einer Unterflasche, Abbildung 10.23) oder aber ganze Baugruppen, die teilweise nur Schwenkbewegungen ausführen müssen, wälzgelagert sein können. Hierzu gehören Schiffsruder, Kranausleger, Schleusentore und Klappen im Stahlwasserbau, Drehbrücken und schwenkbare Oberbauten von Kranen und Tagebaugroßgeräten [15.4], [15.110], [15.120].

15.2 Funktion und Wirkung von Wälzlagern

In der Regel besteht ein Wälzlager gemäß Abbildung 15.2 aus zwei Laufringen (Innenring und Außenring) bzw. Scheiben beim Axiallager (s.a. Abbildung 15.8), einem Satz Wälzkörper und einem Käfig. Der Käfig hat gemäß Abbildung 15.3 die Aufgaben, die Wälzkörper nach der Montage gleichmäßig über dem Umfang verteilt zu führen und die gegenseitige Berührung der einzelnen Wälzkörper mit der doppelten Umfangsgeschwindigkeit zu verhindern. Als Wälzkörper werden Kugeln, Zylinder-, Kegel- oder Tonnenrollen und sogenannte Nadeln verwendet.

In Analogie zum Gleitraum beim Gleitlager wird der mit Schmierstoff gefüllte und unter hoher Pressung stehende Kontaktbereich zwischen Laufringen und Wälzkörpern als Wälzraum bezeichnet [15.63]. Im Gegensatz zum Gleitlager ist der Wälzraum primär jedoch nicht nach den Erfordernissen der Schmierstoffzufuhr gestaltet, sondern funktionsbedingt ist die relative Wälzbewegung zwischen Laufringen und Wälzkörpern zu ermöglichen. Unter Wälzbewegung wird dabei ein Rollen mit einem überlagerten Gleitanteil verstanden. Dieser unerwünschte Gleitanteil – ideal wäre eine reine Rollbewegung – ist ursächlich zurückzuführen auf die Lagerkinematik, die unterschiedlichen elastischen Verformungen der einander berührenden Wälzkörper und Laufbahnen sowie die Krümmung der Hertz'schen Kontaktflächen.

Um den aus der Wälzbewegung entstehenden Verschleiß gering zu halten und mögliche Fresserscheinungen zu vermeiden, ist eine Trennung der Wirkflächen durch flüssige oder feste Schmierstoffe erforderlich. In Sonderfällen werden auch reibungsmindernde Beschichtungen (z.B. Keramik, Kunststoffe) verwendet. Der flüssige oder fließfähige Schmierstoff bewirkt im Wälzraum hauptsächlich eine günstigere Kraftüberleitung (Pressungsverteilung) in den einzelnen Berührstellen, wobei die Drücke wegen der konzentrierten Belastungen in den Hertz'schen Punkt- und Linienkontakten grundsätzlich höher sind als in Gleitlagern. Abbildung 15.2 zeigt die Hertz'sche Punktberührung beim Rillenkugellager und die Linienberührung beim Zylinderrollenlager. Aufgrund der Werkstoffelastizitäten entstehen unter der einwirkenden Last F tatsächlich ellipsenförmige und rechteckige Belastungszonen.

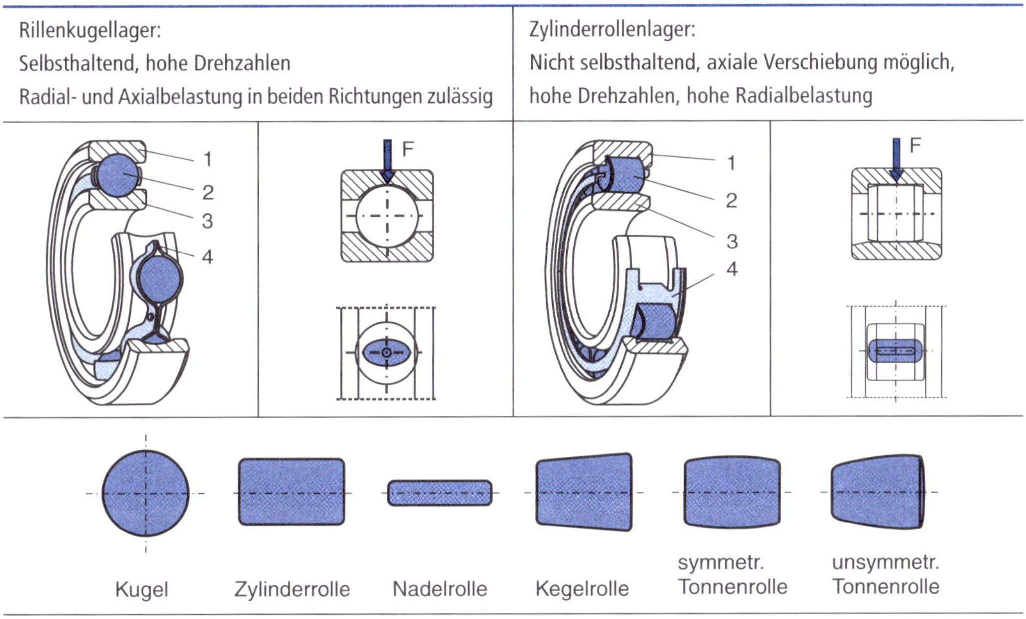

Abbildung 15.2: Grundsätzlicher Aufbau eines Kugellagers und eines Rollenlagers mit zugehöriger Belastungsart (Hertz'sche Punkt- und Linienberührung) und möglichen Wälzkörpergeometrien

Die Schmierstoffzufuhr erfolgt indirekt durch die Transportwirkung des Käfigs, durch Schmierstoffmitnahme der Wälzkörper außerhalb des Bereiches der Einzeldruckzonen oder durch Zu- und Abtransport von Schmierstoffströmen im verbleibenden freien Raum zwischen den inneren Bauteilen des Wälzlagers, wobei der Druckaufbau im Schmierfilm ausschließlich nach dem hydrodynamischen Prinzip erfolgt. Im Vergleich zum Gleitlager sind die hydrodynamisch wirksamen Geschwindigkeiten beim Wälzlager größer, da sich die Oberflächen von Laufbahn und Wälzkörper relativ zueinander gleichsinnig bewegen. Damit kann bereits bei sehr niedrigen Drehzahlen eine Trennung der Festkörperoberflächen erfolgen, was letztlich auch den geringen Bewegungswiderstand eines Wälzlagers beim Anlaufen aus dem Stillstand bedingt.

Des Weiteren sind die Scherverluste geringer als bei reinen Gleitbewegungen, sodass die Erwärmung und die damit einhergehende Viskositätsabnahme auch bei extrem dünnen

Schmierfilmen kleiner sind. Deshalb ist im Vergleich zum Gleitlager der Bedarf an Schmierstoff zum Aufbau der Schmierfilme und zur Abfuhr der Reibungswärme immer geringer, sodass eine Fettschmierung oder eine Minimalmengenschmierung mit Öl in den meisten Anwendungsfällen ausreicht.

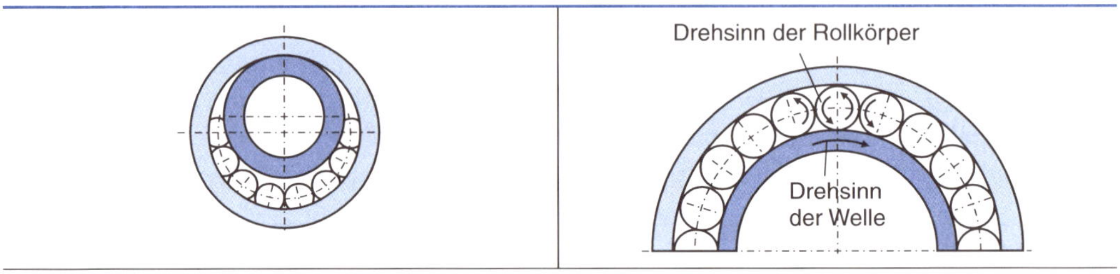

Abbildung 15.3: Montage eines Rillenkugellagers (links) und doppelte Umfangsgeschwindigkeit bei Berührung der Wälzkörper und fehlendem Käfig (rechts)

15.2.1 Druckwinkel und Lastwinkel

Auch wenn Lager aufgrund der im Abschnitt 15.2.2 beschriebenen Bauformen eine bevorzugte Lastrichtung aufweisen, so wird anhand des Beispiels in Abbildung 15.1 deutlich, dass in den überwiegenden Einbaufällen keine reine Radial- oder Axialbelastung vorliegt. Zur Beurteilung der anteilig wirkenden Radial- und Axialkräfte auf ein Wälzlager nutzt man den Druckwinkel und den Lastwinkel β gemäß Abbildung 15.4.

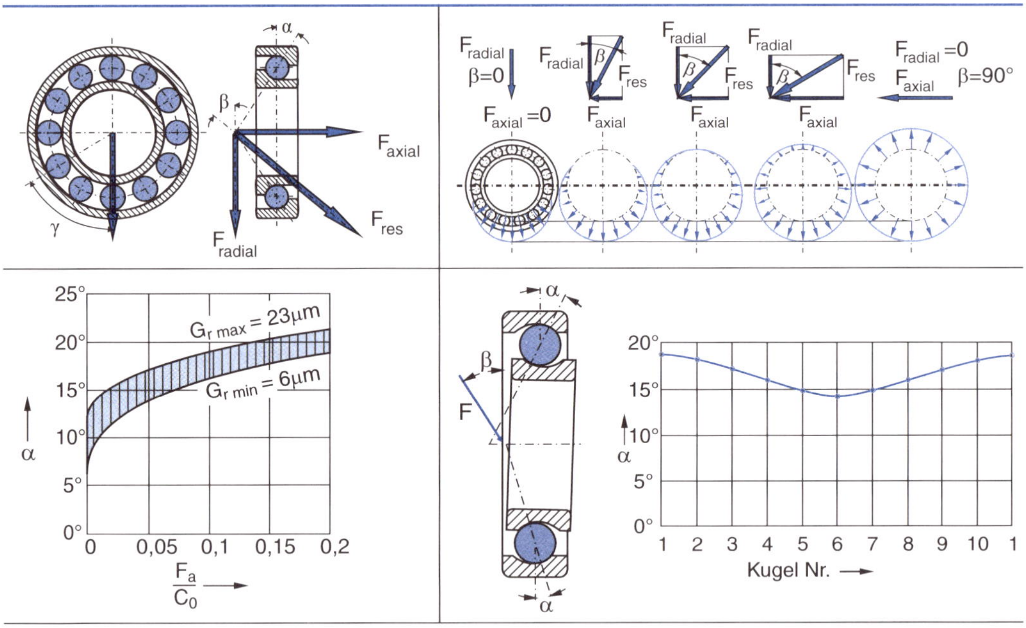

Abbildung 15.4: Druckwinkel α und Lastwinkel β eines Kugellagers und Einfluss des Kraftverhältnisses F_r/F_a auf die Größe der belasteten Zone [15.81]

Als Druckwinkel α (seltener Berührungs- oder Kontaktwinkel) wird der kleinste Winkel der Drucklinie gegenüber der lotrechten Radialebene bezeichnet. Die Drucklinie entsteht aus der theoretischen Betrachtung, dass der einzelne Wälzkörper (hier die Kugel in einem Radial-Rillenkugellager) die Laufbahnen am Innenring und Außenring in je genau einem Punkt berührt. Verbindet man diese Berührungspunkte, so erhält man die Drucklinie, die genau durch den Mittelpunkt des Wälzkörpers geht.

Somit beschreibt die Drucklinie die Wirkungslinie, auf der eine äußere, am Lager angreifende Kraft von einem Rollbahnelement über die Wälzkörper auf das andere Rollbahnelement übertragen wird. Der Schnittpunkt der Drucklinie mit der Wälzlagerachse wird als Druckmittelpunkt bezeichnet. Seine Lage wird bezogen auf die jeweiligen Lager als Abstandsmaß a angegeben.

Radiallager weisen einen Druckwinkel zwischen $0° \leq \alpha \leq 45°$ und Axiallager einen Druckwinkel zwischen $45° < \alpha \leq 90°$ auf. Bei einem Radial-Rillenkugellager unter reiner Radialbelastung beträgt der Druckwinkel $\alpha = 0°$. Gleiches gilt auch für das radial belastete Radial-Zylinderrollenlager, wobei hier die infolge leichter Balligkeit vorliegenden Berührungspunkte in der Symmetrieachse der Rolle angenommen werden können. Dagegen weist ein nur axial belastbares Axial-Rillenkugellager einen Druckwinkel von $\alpha = 90°$ auf. Bei Schräg- und Schulterkugellagern können die Druckwinkel je nach innerer Gestaltung 15° bis 45° betragen. Lager mit Kegelrollen oder unsymmetrischen Tonnenrollen weisen unterschiedliche, aber feste Druckwinkel an den Laufbahnen von Innen- und Außenring auf (s.a. Abschnitt 15.2.2). Die axiale Tragfähigkeit eines Lagers steigt mit zunehmendem Druckwinkel α, die Eignung für hohe Drehzahlen nimmt jedoch wegen der ungünstigeren Zerlegung der Fliehkräfte und des größeren Bohrschlupfes ab (s.a. Abschnitt 15.4.3).

Ferner ist zu beachten, dass beim Radial-Rillenkugellager und beim einreihigen Radial-Pendelrollenlager der Druckwinkel α merklich von der Größe der Axialkraftkomponente und der anfänglichen radialen Lagerluft abhängt. Diese Lager zeigen also unter Axiallast einen veränderlichen (lastabhängigen) Druckwinkel α [15.4].

Berechnet man aus den einwirkenden Radial- und Axiallasten F_{radial} und F_{axial} die resultierende Lagerlast F_{res}, so entsteht gemäß Abbildung 15.4 zwischen der Wirkungslinie von F_{res} und der Radialebene der vom Druckwinkel α verschiedene Lastwinkel β:

$$F_{res} = \sqrt{F_{radial}^2 + F_{axial}^2} \qquad (15.1)$$

Dabei kennzeichnet der Lastwinkel β gemäß Abbildung 15.4, inwieweit die Wälzkörper und die sich bewegende Laufbahn nur kurzzeitig oder ständig beansprucht werden.

Sowohl der Druckwinkel α als auch der Lastwinkel β sind beim Vergleich von Beanspruchung und Beanspruchbarkeit im Rahmen einer Lebensdauerberechnung für ein Wälzlager von besonderer Bedeutung (s.a. Abschnitt 15.4), da die ertragbare Lebensdauer (Beanspruchbarkeit) für ein Radiallager ausschließlich aufgrund einwirkender Radiallasten im Versuch ermittelt wird, beim Axiallager werden demzufolge nur Axiallasten aufgebracht. Mithilfe des Lastwinkels β lässt sich die in den meisten Fällen einwirkende kombinierte Radial-Axial-Belastung auf eine ideelle oder äquivalente Radialbelastung (Axialbelastung beim Axiallager) zurückführen, die dann mit einer derartig versuchstechnisch ermittelten Radialbelastung

(Axialbelastung) im Rahmen einer Lebensdauerberechnung verglichen werden kann. Zur Erzielung der maximalen Lebensdauer und Ausnutzung der vollen Tragfähigkeit eines Lagers sollte eine Lagerbauform mit einem Druckwinkel α gewählt werden, der kaum vom Lastwinkel β abweicht.

15.2.2 Arten und Bauformen

Wälzlager lassen sich entsprechend der bevorzugten Lastrichtung in Radiallager und Axiallager einteilen. Bauartbedingt ist dann nochmals zwischen Kugellagern und Rollenlagern zu unterscheiden. Grundsätzlich besteht jedoch keine strenge Unterscheidung, da bis auf wenige Ausnahmen die meisten Arten der Radiallager auch Axialkräfte aufnehmen können und manche Bauarten der Axiallager für die Aufnahme von Radialkräften geeignet sind. Zu beachten ist lediglich, dass bei den vorwiegend für Radialkräfte geeigneten Arten, den Radiallagern, die Tragfähigkeit für reine Radialkräfte angegeben wird, während die Angaben über die Tragfähigkeit der Axiallager sich auf eine reine in der Achsrichtung wirkende Belastung beziehen. Entsprechend der seinerzeitigen Entwicklung und der Komplexität des Aufbaus werden in Abbildung 15.5 zunächst die Radial-Kugellager mit ihren wesentlichen Eigenschaften vorgestellt.

Rillenkugellager DIN 625 [15.14] Einreihig	Zweireihig	Schulterkugellager DIN 615 [15.8] Einreihig	Schrägkugellager DIN 628 [15.15] Einreihig	Schrägkugellager DIN 628 [15.15] Zweireihig	Pendelkugellager DIN 630 [15.16] Zweireihig
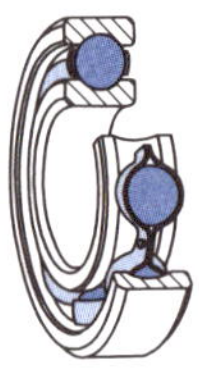	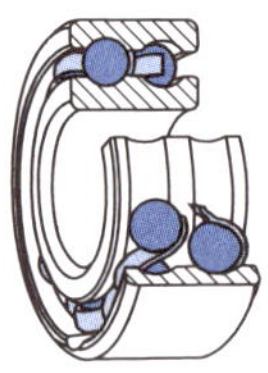	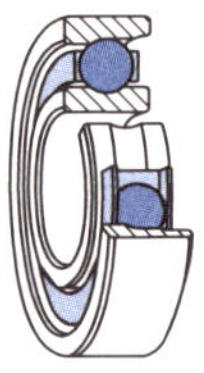	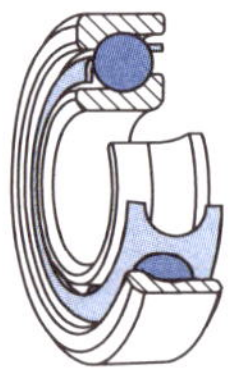	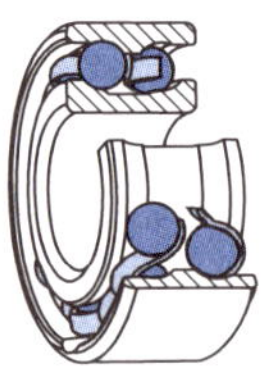	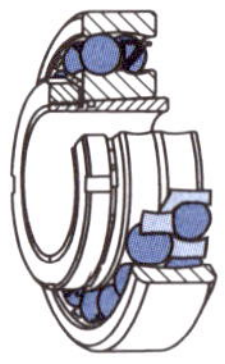
Selbsthaltend		Nicht selbsthaltend	Nicht selbsthaltend	Selbsthaltend	Selbsthaltend
Mittlere Radial- und Axialbelastung beidseitig zulässig		Mittlere Radial- und Axialbelastung nur einseitig zulässig	Mittlere Radialbelastung, Axialbelastung nur einseitig zulässig	Hohe Radial- und Axialbelastung beidseitig zulässig	Hohe Radial- und kleinere Axialbelastung beidseitig zulässig
Hohe Drehzahlen		Normale Drehzahlen	Normale Drehzahlen	Normale Drehzahlen	Geringe Drehzahlen
Nenndruckwinkel: $\alpha = 0°$ (radial verschoben), $\alpha = 5°$ bis $15°$ (axial verschoben)		Nenndruckwinkel: $\alpha = 0°$ (radial verschoben), $\alpha = 5°$ bis $15°$ (axial verschoben)	Nenndruckwinkel: $\alpha = 15°$ bis $40°$	Nenndruckwinkel: $\alpha = 25°$ bis $45°$	Nenndruckwinkel: $\alpha = 5°$ bis $20°$
Kaum Winkeleinstellbarkeit (max. $16'$)		Keine Winkeleinstellbarkeit	Keine Winkeleinstellbarkeit	Keine Winkeleinstellbarkeit	Gute Winkeleinstellbarkeit bis $4°$

Abbildung 15.5: Radial-Kugellager und ihre wesentlichen Eigenschaften

Die am weitesten verbreitete Ausführung ist das Rillenkugellager, das zwar überwiegend für Radialkräfte vorgesehen ist, aufgrund seiner Geometrie jedoch auch die Aufnahme erheblicher Axialkräfte, gerade auch bei höheren Drehzahlen, erlaubt. Als starres Lager ermöglicht es nur eine geringe Winkeleinstellbarkeit. Wellenverlagerungen sind kaum ausgleichbar, sodass genau fluchtende Lagerstellen erforderlich sind. Sonderbauformen werden zwecks Verhinderung des Eindringens von Verunreinigungen mit Deckscheiben versehen. Dichtscheiben verhindern den Austritt einer werksseitig erfolgten Fettbefüllung. Eine Ringnut am Außenring erlaubt die raumsparende axiale Festlegung des Lagers im Gehäuse mit Sprengring. Das zweireihige Rillenkugellager kann Kippkräfte aufnehmen, ist also von Vorteil für kurze Wellen, die mit nur einem Lager versehen werden sollen (z. B. Spannrollen).

Schulterkugellager haben im Vergleich zum Rillenkugellager wegen ungünstiger Schmiegungsverhältnisse eine geringere Tragfähigkeit. Sie sind nur bis 30 mm Durchmesser genormt und kommen überwiegend zur Lagerung in Messgeräten, kleinen E-Maschinen und Haushaltsgeräten zum Einsatz.

Beim Schrägkugellager entsteht bedingt durch den Druckwinkel eine innere Axialkraftkomponente im Lager. Wird diese innere Axialkraft nicht durch eine äußere Axialkraft im Gleichgewicht gehalten, z. B. bei wechselnder axialer Belastungsrichtung oder ausschließlich radialer Belastung, ist für die jeweils andere Lastrichtung ein weiteres Stützlager einzubauen, vorzugsweise ein weiteres Schrägkugellager. Alternativ kann ein zweireihiges Schrägkugellager verwendet werden. Schrägkugellager eignen sich wegen der hohen axialen Belastbarkeit gut als Festlager. Radialkräfte sind nur bei gleichzeitig vorliegender Axialbelastung übertragbar. Haupteinsatzgebiete sind Werkzeugmaschinen und fördertechnische Anwendungen (z. B. Seilrollenlagerung). Zweireihige Schrägkugellager entsprechen bereits einem gegeneinander angestellten Schrägkugellagerpaar. Sie sind aufgrund der großen Stützbreite wesentlich kippsteifer und ermöglichen eine besonders hohe Führungsgenauigkeit. Zweireihige Schrägkugellager werden bevorzugt eingesetzt zur Lagerung möglichst kurzer biegesteifer Wellen, bei größeren Radial- und Axialkräften (z. B. Schneckenwellen, Wellen mit Schrägstirnrädern oder Kegelrädern sowie Fahrzeugachsen).

Das Vierpunktlager ist eine Sonderbauart des einreihigen Schrägkugellagers mit einem Nenndruckwinkel von $\alpha \approx 35°$. Da die Laufbahnen aus zwei in der Mitte spitz zusammenlaufenden Kreisbögen bestehen, kommt es zwischen jeder Kugel und den Laufbahnen an vier Punkten zu einer Berührung. Das Vierpunktlager sieht ähnlich aus wie ein Rillenkugellager, hat jedoch einen geteilten Innenring, der es ermöglicht, mehr Kugeln unterzubringen, wodurch bei geringerer Baubreite eine hohe radiale und eine sehr hohe axiale Tragfähigkeit in beiden Richtungen erzielt wird, weshalb man es häufig in Getrieben mit hohen Axiallasten einsetzt (Abbildung 15.1).

Pendelkugellager sind wegen der kugelig ausgebildeten Laufbahn des Außenringes besonders unempfindlich gegen Fluchtungsfehler und größere Wellendurchbiegungen. Die Hauptanwendungsgebiete sind z. B. Land-, Förder- und Holzbearbeitungsmaschinen sowie Ventilatoren.

Die Entwicklung der Rollenlager gemäß Abbildung 15.6 erfolgte zeitlich nach den Kugellagern. Die Zylinderrollenlager eignen sich besonders gut zur Aufnahme hoher Radialkräfte und je nach Ausführung auch für Axialkräfte und hohe Drehzahlen. Die in Abbildung 15.7 gezeigten Bauarten NU und N ermöglichen wegen fehlender Borde eine Längenausdehnung und damit den Einsatz als Loslager. Dagegen können die Bauformen NUP und NJ mit Winkelring HJ wegen vorhandener Borde auch Axialkräfte aufnehmen. Dabei ist jedoch die Reibung wegen des Gleitens der Wälzkörper an den Borden zu beachten. Mehrreihige Zylinderrollenlager verfügen üblicherweise über höhere Tragzahlen, die größere Breite führt jedoch zu einer weiteren Absenkung der ohnehin schon geringen Winkeleinstellbarkeit. Zylinderrollenlager werden käfiggeführt oder vollrollig geliefert. Wegen der geringeren Rollenanzahl hat das käfiggeführte Zylinderrollenlager nur 65 bis 85 % der Tragfähigkeit des vollrolligen Lagers. Dafür beträgt die Grenzdrehzahl des vollrolligen Lagers wegen der höheren Reibungsverluste nur ca. 50 % der Drehzahl des käfiggeführten Lagers.

Zylinderrollenlager DIN 5412 [15.34]	Tonnenrollenlager DIN 635 [15.17]	Pendelrollenlager DIN 635 [15.17]	Kegelrollenlager DIN 720 [15.20]	Nadellager DIN 617 [15.10]
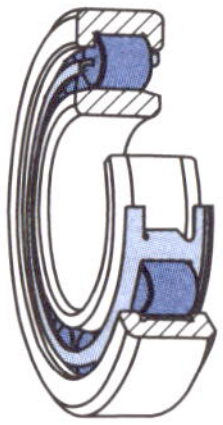	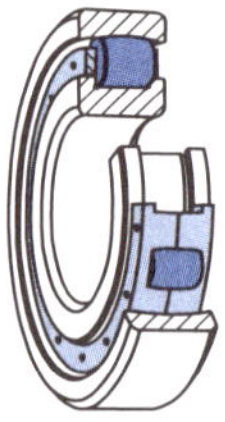	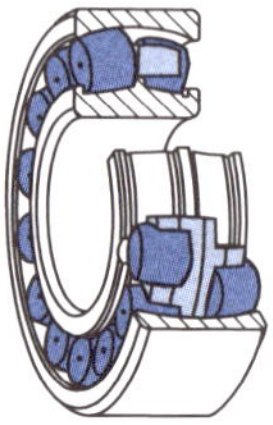	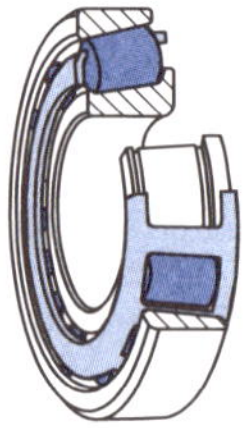	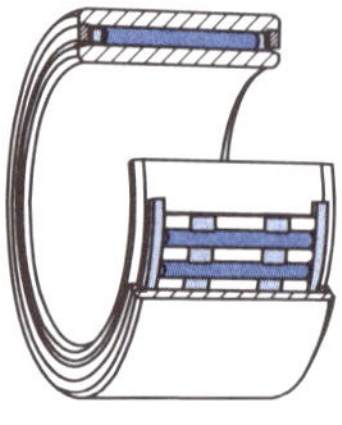
Nicht selbsthaltend	Selbsthaltend	Selbsthaltend	Nicht selbsthaltend	Nicht selbsthaltend
Hohe Radial-, aber nur geringe Axialbelastung beidseitig zulässig, axiale Verschiebung möglich	Hohe Radial- und geringe Axialbelastung beidseitig zulässig	Hohe Radial- und mittlere Axialbelastung beidseitig zulässig	Hohe Radial- und Axialbelastung einseitig zulässig	Hohe Radial-, aber nur geringe Axialbelastung beidseitig zulässig, axiale Verschiebung möglich
Nenndruckwinkel: $\alpha = 0°$	Nenndruckwinkel: $\alpha = 0°$	Nenndruckwinkel: $\alpha = 4°$ bis $18°$	Nenndruckwinkel: $\alpha = 9°$ bis $30°$	Nenndruckwinkel: $\alpha = 0°$
Hohe Drehzahlen	Normale Drehzahlen	Geringe Drehzahlen	Normale Drehzahlen	Geringe Drehzahlen
Kaum Winkeleinstellbarkeit (max. $4'$)	Gute Winkeleinstellbarkeit bis $4°$	Gute Winkeleinstellbarkeit bis $2°$	Kaum Winkeleinstellbarkeit (max. $4'$)	Kaum Winkeleinstellbarkeit (max. $2'$)

Abbildung 15.6: Radial-Rollenlager und ihre wesentlichen Eigenschaften

Zylinderrollenlager Bauform N und NJ	Zylinderrollenlager Bauform NUP	Zylinderrollenlager Bauform NJ mit Winkelring	Zylinderrollenlager Bauform NN, zweireihig	Toroidalrollenlager (CARB-Lager)
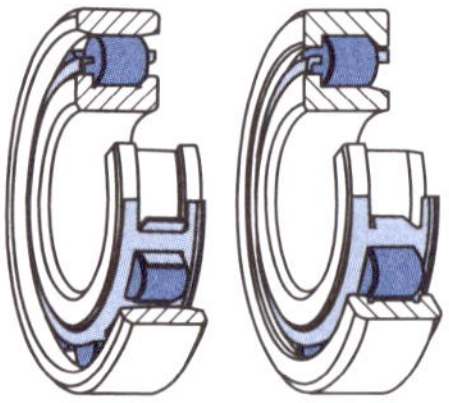	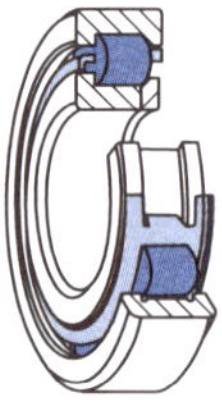	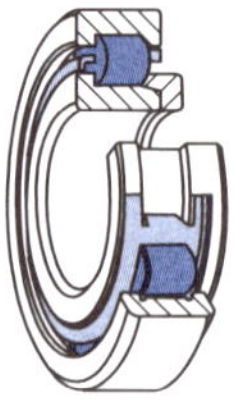	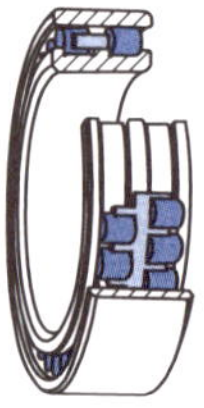	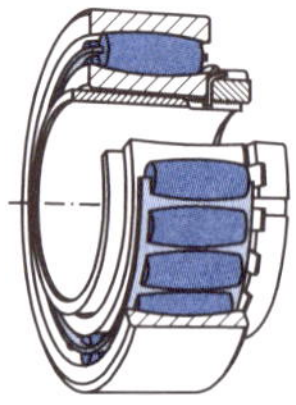

Abbildung 15.7: Weitere Bauarten von Zylinderrollenlagern und Toroidalrollenlager

Als Kompromiss zwischen beiden Ausführungen wurde das Zylinderrollenlager mit Scheibenkäfig entwickelt. Haupteinsatzgebiete der Zylinderrollenlager sind Industriegetriebe, Elektromotoren, Radsatzlager von Schienenfahrzeugen und Walzenlagerungen in Walzwerken, also generell Anwendungen mit hohen Radialbelastungen. Bauartbedingt bietet sich in vielen Fällen der Einsatz als Loslager an.

Das Tonnenrollenlager ist gut geeignet für stoßartige Radialkräfte und größere Fluchtungsfehler (wegen des kugelförmig ausgebildeten Außenringes) bei vergleichsweise geringen Axialkräften.

Die Kombination aus zwei symmetrischen Reihen mit Tonnenrollen führt zum Pendelrollenlager, welches für höchste radiale und axiale Belastung geeignet ist. Auch hier erlaubt die hohlkugelige Ausformung des Außenringes eine große Winkelbeweglichkeit zum Ausgleich großer Fluchtungsfehler. Eine besonders hohe Tragfähigkeit erreicht die Lagerbauart ohne Mittelbord am Innenring, da in diesem Fall längere Tonnenrollen mit größerer Tragfähigkeit eingebaut werden können. Zur Erleichterung der Montage gibt es auch geteilte Pendelrollenlager, die Innenbohrung wird bei allen Bauarten zylindrisch oder kegelförmig ausgeführt. Haupteinsatzgebiete sind hoch belastete Lagerstellen in fördertechnischen und schiffstechnischen Anwendungen (Schwerlastlaufräder, Seilrollen, Schiffswellen, Ruderschäfte) und Kurbelwellen.

Kegelrollenlager sind radial und axial gleichermaßen hoch belastbar, da sie über kegelförmige Laufbahnen verfügen. Der bordlose Außenring ist abnehmbar und erlaubt einen leichten Ein- und Ausbau der Lager. Bedingt durch die kegelförmigen Laufbahnen bewirken Radialkräfte immer innere Axialkräfte, weshalb Kegelrollenlager üblicherweise paarweise spiegelbildlich zueinander eingebaut werden. Das Lagerspiel ist einstellbar, was besonders bei der Lagerung von Schnecken- und Kegelradwellen genutzt wird, um eine optimale Tragfähigkeit der Verzahnung zu erreichen. Weitere Einsatzgebiete sind Radnabenlagerungen von Kraftfahrzeugen und Spindellagerungen von Werkzeugmaschinen sowie Lagerungen mit hohen Anforderungen an die radiale und axiale Belastbarkeit (z.B. in Industriegetrieben).

Das Nadellager ist eine Sonderbauart des Zylinderrollenlagers und verfügt demzufolge über vergleichbare Eigenschaften. Nadellager werden in verschiedenen Varianten ausgeführt, z.B. mit und ohne Innenring, als Nadelkranz nach DIN 5405, Nadelhülse und Nadelbüchse nach DIN 618 und als kombiniertes Nadel-Axial-Rillenkugellager nach DIN 5405 [15.11], [15.31], [15.32]. Mit Ausnahme des letzteren Lagers sind alle Bauarten ausschließlich für Radiallasten geeignet. Im Vergleich zum Zylinderrollenlager verfügen sie über kleinere Baudurchmesser. Gegenüber allen anderen Wälzlagerbauformen haben sie eine größere radiale Steifigkeit sowie eine geringe Stoßempfindlichkeit. Nadelkränze können direkt auf der Welle bzw. im Gehäuse laufen, was jedoch eine entsprechende Härte der Laufflächen von 58 bis 65 HRC und eine entsprechende Genauigkeit sowie Oberflächengüte ($R_a \leq 0{,}2\ \mu m$) voraussetzt. Die Hauptanwendung sind kleine bis mittlere Drehzahlen und Pendelbewegungen, z.B. bei Pleuellagerungen, Kipphebellagerungen, Spindellagerungen und Pendelachsen bei Kraftfahrzeugen sowie bei allgemein radial begrenztem Bauraum.

Der große Vorteil der hohen radialen Tragfähigkeit von Zylinderrollenlagern und Nadellagern ist mit dem Nachteil behaftet, dass im Falle nicht fluchtender Lagerstellen hohe Kantenpressungen zwischen Rollen und Laufbahnen auftreten können, die zu hohem Verschleiß führen.

Aus diesem Grund wurde das sogenannte Toroidalrollenlager bzw. CARB-Lager entwickelt (Compact Aligning Roller Bearing), Abbildung 15.7. Die Rollen des CARB-Lagers sind erheblich länger als beim Zylinderrollenlager, jedoch mit einer größeren Balligkeit versehen als Pendelrollen. Demzufolge verfügt das CARB-Lager über alle Vorteile der Zylinder-, Rollen- und Nadellager, nämlich hohe radiale Tragfähigkeit, geringe Querschnittshöhe und große Winkelbeweglichkeit. Da Innen- und Außenring keinen Schiebesitz benötigen, sind ein Wandern der Ringe und die Gefahr von Passungsrost ausgeschlossen. Hauptanwendungsgebiete des CARB-Lagers sind Konstruktionen, bei denen Einsparungen durch kompaktere und leichtere Bauart die Mehrkosten des Lagers ausgleichen (z.B. Trockenwalzenlagerungen in Papiermaschinen).

Axial-Rillenkugellager einreihig und zweireihig DIN 711, DIN 715 [15.18], [15.19]	Axial-Zylinderrollenlager DIN 722 [15.21]	Axial-Kegelrollenlager DIN 720 [15.20]	Axial-Pendelrollenlager DIN 728 [15.22]	Axial-Schrägkugellager einreihig und zweireihig DIN 728 [15.22]
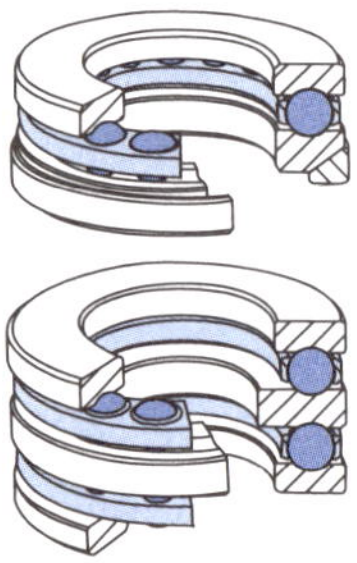	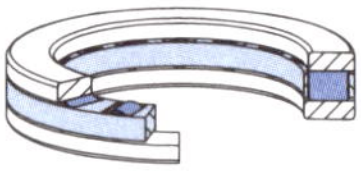	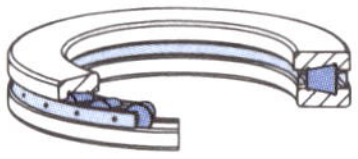	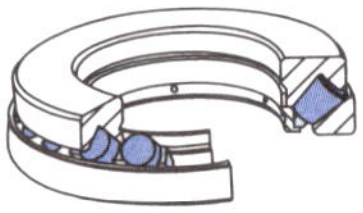	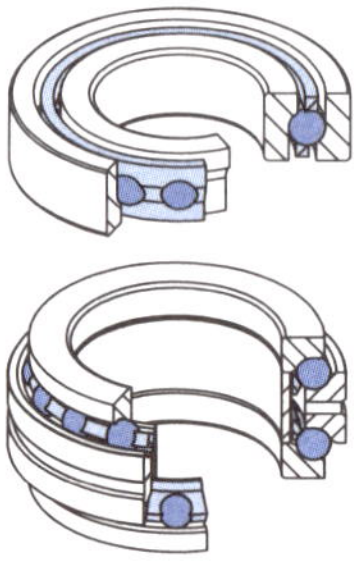
Nicht selbsthaltend	Nicht selbsthaltend	Nicht selbsthaltend	Nicht selbsthaltend	Nicht selbsthaltend
Nur hohe Axialbelastung einseitig zulässig	Hohe Radial- und mittlere Axialbelastung einseitig zulässig	Hohe Radial- und Axialbelastung einseitig zulässig	Hohe Radial- und Axialbelastung einseitig zulässig	Hohe Radial- und Axialbelastung einseitig zulässig
Nenndruckwinkel: $\alpha = 90°$	Nenndruckwinkel: $\alpha = 90°$	Nenndruckwinkel: $\alpha = 50°$	Nenndruckwinkel: $\alpha = 50°$	Nenndruckwinkel: $\alpha = 60°$
Normale Drehzahlen	Geringe Drehzahlen	Normale Drehzahlen	Hohe Drehzahlen	Hohe Drehzahlen
Winkeleinstellbarkeit nur über kugelige Gehäusescheibe	Keine Winkeleinstellbarkeit	Keine Winkeleinstellbarkeit	Gute Winkeleinstellbarkeit bis 2°	Keine Winkeleinstellbarkeit

Abbildung 15.8: Axial-Kugel- und -Rollenlager und ihre wesentlichen Eigenschaften

Die Hauptbauarten von ausschließlich axial belastbaren Lagern sind in Abbildung 15.8 zusammengestellt. Das einreihige Axial-Rillenkugellager verfügt zur Axialkraftaufnahme in nur einer Richtung über eine Wellenscheibe und eine Gehäusescheibe, zwischen denen sich die Wälzkörper (Kugeln) befinden. Demgegenüber hat das zweireihige Axial-Rillenkugellager eine zusätzliche Gehäusescheibe und einen zusätzlichen Wälzkörpersatz, sodass Axialkräfte in beiden Richtungen aufgenommen werden können. In beiden Fällen sind weder eine radiale Kraftaufnahme noch höhere Drehzahlen möglich, da die Fliehkräfte auf die Wälzkörper ungünstige Laufverhältnisse bedingen. Zum Ausgleich von Fluchtungsfehlern können die Gehäuseauflageflächen kugelförmig ausgebildet werden. Haupteinsatzgebiete sind Werkzeugmaschinen (Bohrspindeln, Reitstockspitzen) sowie Schnecken- und Bewegungsschraubengetriebe im Getriebebau und in der Fördertechnik.

Beim Axial-Zylinderrollenlager werden Rollen anstelle von Kugeln verwendet. Daraus entstehen hohe Reibanteile, da Rolleninnen- und Rollenaußenseite unterschiedliche Umfangswege zurücklegen müssen. Bei breiteren Lagern werden deshalb häufig zwei Reihen von Zylinderrollen nebeneinander geführt.

Zur Vermeidung dieses Nachteiles bieten sich Axial-Kegelrollenlager an, da aufgrund der verschiedenen Rollenradien in der Berührfläche kein Zwangsschlupf auftritt. Axial-Kegelrollenlager werden häufig als kompakte Einheit im Kraftfahrzeugbau als Lenkschenkellager eingesetzt.

Beim Axial-Pendelrollenlager erfolgt die Kraftübertragung zwischen Laufbahnen und Wälzkörpern unter einem Winkel von ca. 45° zur Lagerachse, sodass neben Axialkräften auch begrenzt Radialkräfte übertragen werden können ($F_r \leq 0{,}55 \cdot F_a$). Durch die pendelnde Abstützung besteht eine gute Winkeleinstellbarkeit bis zu 3°. Häufige Anwendungsgebiete sind die Fördertechnik (Spurlager von Kransäulen und Wellen in Förderschnecken) und der Schiffsmaschinenbau (z.B. Schiffsschrauben).

Axial-Schrägkugellager kommen hauptsächlich in einreihiger und zweireihiger Ausführung im Werkzeugmaschinenbau zum Einsatz, wo eine hohe axiale Steifigkeit und genaue Führung durch eine definierte Vorspannung erreicht wird.

Neben diesen serienmäßig verfügbaren Lagern werden in zunehmendem Maße Sonderbauarten entwickelt, die in kompakter Form mehrere Funktionen erfüllen. Abbildung 15.9 zeigt beispielhaft die Radlagereinheit eines PKWs, die Spannrolle für einen Riementrieb, eine Planetenradeinheit und ein kombiniertes Nadel-Schrägkugellager. So wird bei den ersten drei Beispielen aus Platzgründen auf den Innen- oder den Außenring oder auf beide verzichtet. Grundvoraussetzung für eine einwandfreie Funktion dieser raumsparenden, kompakten und beanspruchungsgerecht gestalteten Lagereinheiten sind gehärtete und geschliffene Laufflächen (Wellen und Gehäuse müssen aus härtbarem Werkstoff sein).

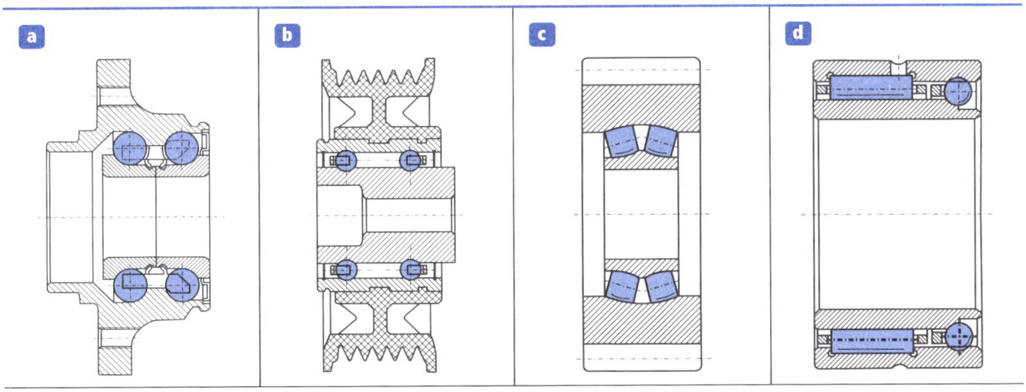

Abbildung 15.9: Sonderbauformen von Lagern – a) Radlager eines PKWs, b) Spannrolle für Riementrieb, c) Planetenradeinheit, d) Nadel-Schrägkugellager [15.4], [15.73]

Mit Ausnahme von vollrolligen Lagern verfügen alle anderen der hier vorgestellten Lagerbauarten über Käfige gemäß Abbildung 15.10 und Abbildung 15.11, die folgende Funktionen erfüllen müssen:

- Gleichmäßige Verteilung der Wälzkörper über dem Umfang bei teilgefüllten Lagern (z.B. Rillenkugellager)
- Verhinderung der Berührung der Wälzkörper, da sich anderenfalls wegen der einander entgegengerichteten Umfangsgeschwindigkeiten an den Berührstellen der Wälzkörper kein hydrodynamischer Schmierfilm aufbauen kann
- Zusammenfassung der Wälzkörper gleichen Durchmessers (max. Abweichung ca. 0,001 mm) mit einem Laufring zu einer montierbaren Einheit
- Führung der Wälzkörper bzw. Begrenzung des Schräglaufes (Schränken), insbesondere bei Nadellagern, da Rollen vorrangig durch die Lagerborde und nur in zweiter Linie durch den Käfig geführt werden
- Weiterleitung von Massen- und Schlupfkräften

Im Gegensatz zu metallischen Käfigen können Kunststoffkäfige auch bei Führung auf den Wälzkörpern einteilig gestaltet werden, da infolge der Elastizität die Wälzkörper in die Taschen einschnappen können. Weitere Vorteile sind der elastische Abbau von Zerrkräften sowie die guten Notlaufeigenschaften, d.h. im Gegensatz zu metallischen Käfigen tritt kein katastrophales Versagen mit Blockieren des Lagers auf.

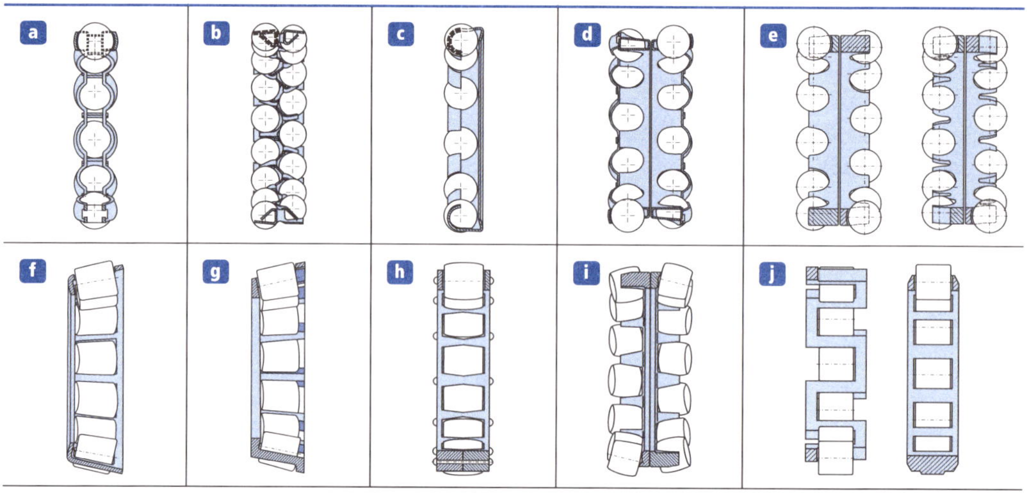

Abbildung 15.10: Bauarten von Käfigen für radiale Kugel- und Rollenlager – a) Rillenkugellager, b) Pendelkugellager, c) Schrägkugellager (einreihig), d) Schrägkugellager (zweireihig), e) Massivkäfige für zweireihige Rillenkugellager, f) Kegelrollenlager (gestanzt), g) Kegelrollenlager (Guss), h) Tonnenrollenlager (massiv), i) Pendelrollenlager (massiv), Zylinderrollenlager (Mäanderform und Fensterkäfig)

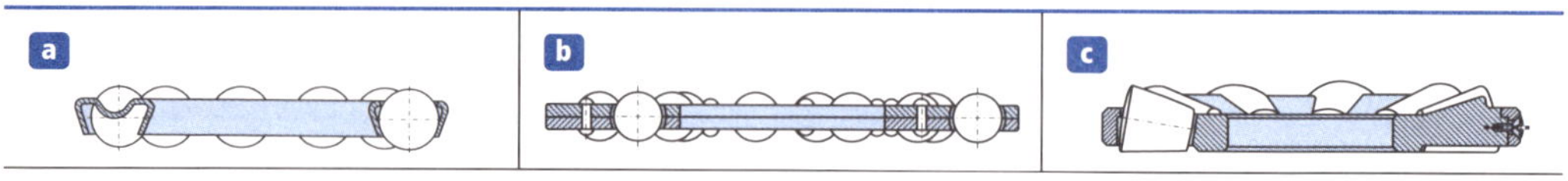

Abbildung 15.11: Bauarten von Käfigen für Axiallager – a) Gestanzter Käfig für einreihiges Kugellager, b) Genieteter Käfig für zweireihiges Kugellager, c) Massivkäfig für Kegelrollenlager

Die Eigenschaften und Anwendungsbereiche der Käfige sind in Tabelle 15.1 zusammengestellt.

	Gestanzter Blechkäfig aus Stahl oder Messing	Spanend bearbeiteter Massivkäfig aus Messing, Stahl, Leichtmetall oder Sintermetall	Spanend bearbeiteter Massivkäfig aus Phenolharz	Spritzgusskäfig aus Kunststoff (i.A. glasfaserverstärkter PA66)
Drehzahlgrenze	Drehzahlgrenze des Lagers	Drehzahlgrenze des Lagers kann erhöht werden (genauer Rundlauf).	Führung i.A. durch einen der Ringe, Drehzahlgrenze des Lagers kann dadurch erhöht werden (genauer Rundlauf).	Drehzahlgrenze des Lagers
Temperatur	Keine Einschränkungen der Betriebstemperatur des Lagers (normal 300 °C)	Keine Einschränkungen der Betriebstemperatur des Lagers (normal 300 °C)	Maximal 110 °C im Dauerbetrieb	PA66. GF 120 °C im Dauerbetrieb, 150 °C für mehrere Stunden, Spitzen bis 180 °C. Modifizierte Polyamide bis 300 °C
Schmierung	Berührung Metall/Metall, daher Schmierung erforderlich	Kleinste Reibungszahl Metall/Metall; Bietet ausreichend Raum für Schmierstoff	Kleine Reibungszahl; ölbenetzter Käfig: optimale Lagerschmierung	Niedrige Reibungszahl; unempfindlich gegen Mangelschmierung
Vibrationsbeständigkeit	Begrenzt durch mechanische Festigkeit, Montageart, evtl. Unwucht	Ausgezeichnete Beständigkeit, insbesondere bei ringgeführtem Käfig; Käfigführung bleibt auch bei dynamischer Unwucht erhalten.	Gutes Verhalten bei ringgeführtem Käfig; geringe Trägheit; Gute Gleichgewichtsstellung	Geringe Schwingbruchgefahr, geringes Gewicht, hohe Elastizität
Starke Beschleunigungen	Bruchgefahr	Hohe mechanische Festigkeit, jedoch mangelnde Flexibilität; große Trägheit	Ausgezeichnetes Verhalten durch geringe Trägheit und hohe mechanische Festigkeit	Hervorragendes Verhalten, geringes Gewicht, hohe Elastizität
Fluchtungsfehler	Bruchgefahr, empfindlich gegen Verkippen	Verwendung nicht empfehlenswert	Verwendung nicht empfehlenswert	Unempfindlich gegen Verkippen; hohe Elastizität
Bemerkungen, Anwendung	Billig; geklammert für kleine Lager, große Stückzahlen; genietet oder geschweißt bei dickeren Blechen (für mittlere Stückzahlen)	Teuer; für mittelgroße und große Lager; in feuchter Umgebung anfällig für elektrolytische Reaktionen	Teuer; für mittelgroße Lager; Verwendung i.A. nur bei Hochgenauigkeitslagern bzw. Lagern mit hohen Drehzahlen	Austausch gegen Blechkäfig in zahlreichen Lagerarten; mehr Wälzkörper am Umfang, unempfindlich gegen Feuchtigkeit, kostengünstig

Tabelle 15.1: Eigenschaften und Anwendungsbereiche von Käfigen verschiedener Bauart [15.101]

In den meisten Fällen wird der Käfig wälzkörpergeführt. Dies kann über die Querstege und die äußeren Mantelflächen der Wälzkörper oder über Bolzen in mit Bohrungen versehenen Rollen erfolgen, wodurch sich eine größere Rollenanzahl im Lager erreichen lässt. Liegen hohe Beschleunigungen und Drehzahlen vor, so wird die Käfigführung über die Lagerborde vorgenommen. Dabei nutzt man bevorzugt einteilige Fensterkäfige, da die Verbindungsstellen bei mehrteiligen genieteten, geklammerten, geschweißten oder geschraubten Käfigen Schwachstellen darstellen.

15.2.3 Pressung, Schmiegung und Wälzkörperführung

Bedingt durch die von außen einwirkenden Kräfte entsteht zwischen Wälzkörpern und Laufbahnen im Kontaktbereich die Hertz'sche Pressung. Die Grundlagen hierzu wurden in Kapitel 3 behandelt. Die Höhe der maximalen Hertz'schen Pressung im Kontaktbereich zwischen Wälzkörper und Laufbahn wird maßgeblich von der Schmiegung κ beeinflusst, mit der man gemäß Abbildung 15.12 das auf den Wälzkörperradius bezogene Rillenübermaß bezeichnet. Eine enge Schmiegung führt zu einer hohen Tragfähigkeit des Lagers, während eine weite Schmiegung geringe Reibungsverluste und eine geringe Empfindlichkeit gegen Kippen bedingt. Typische Werte für Rillenkugellager mit günstigen Berührungsverhältnissen sind $\kappa \approx 0{,}02 \ldots 0{,}05$, die dadurch erreicht werden, dass der Rillenradius beim Rillenkugellager am Innenring um 4 % und am Außenring um 8 % größer ist.

	Innenring	Außenring	Mittelwert
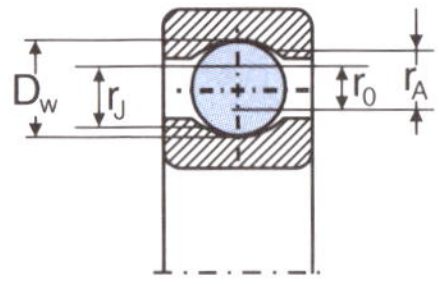	Rillenkugellager		
	$\kappa_J = \frac{2 \cdot r_J}{D_W} - 1$ (15.2)	$\kappa_A = \frac{2 \cdot r_A}{D_W} - 1$ (15.3)	$\kappa = \frac{1}{2} \cdot (\kappa_J + \kappa_A)$ (15.4)
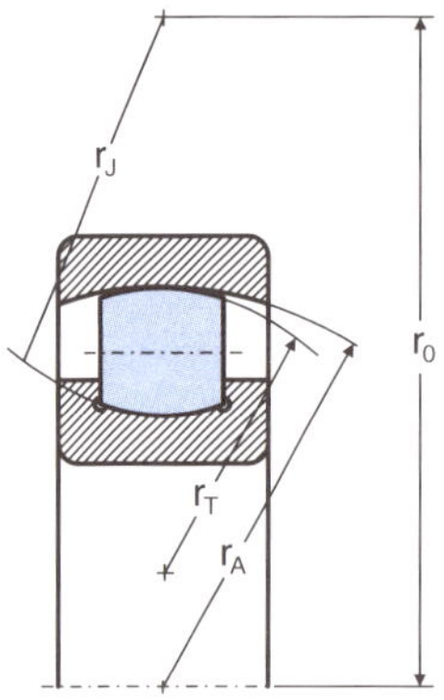	Pendelrollen- und Tonnenlager		
	$\kappa_J = \frac{r_J}{r_T} - 1$ (15.5)	$\kappa_A = \frac{r_A}{r_T} - 1$ (15.6)	$\kappa = \frac{1}{2} \cdot (\kappa_J + \kappa_A)$ (15.7)
	$r_0 = \frac{1}{2} \cdot (\kappa_J + \kappa_A) \cdot D_W = \kappa \cdot D_W$ (15.8)		
	D_W: Wälzkörperdurchmesser r_J, r_A: Laufbahn-Rillenradius am Innen- bzw. Außenring r_T: Radius des Profils der Rolle r_0: Abstand der Krümmungsmittelpunkte		

Abbildung 15.12: Schmiegung zwischen Wälzkörper und Laufbahnen

Betrachtet man gemäß Abbildung 15.13 ein Zylinderrollenlager, so entstehen bei genau zylindrischer Geometrie der Rollen und Laufbahnen an den Rollen- und Laufbahnenden Spannungsspitzen, die zu einer deutlichen Minderung der Lebensdauer führen können.

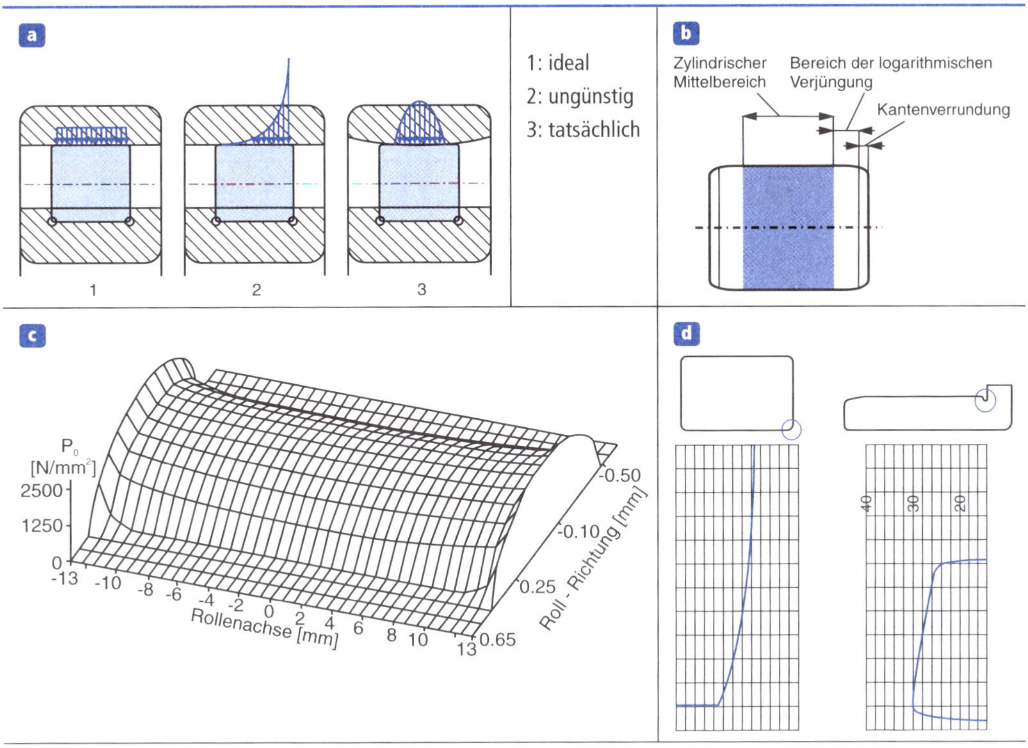

Abbildung 15.13: Spannungsspitzen durch Kantentragen bei Zylinderrollen – a) Idealer, ungünstigster und tatsächlicher Spannungsverlauf, b) Logarithmisches Zylinderrollenprofil zur Vergleichmäßigung der Spannung, c) Ungünstiger Spannungsverlauf über der Rollenbreite mit Spannungsspitzen im Randbereich, d) Rücknahmen an der Rollenstirnseite und am Bord [15.4]

Zur Vermeidung dieser Problematik werden die Zylinderrollen im Außenbereich der Lauffläche mit einem logarithmischen Profil versehen, sodass eine modifizierte Linienberührung entsteht. Dadurch erfolgt eine Entlastung des Randbereiches bei gleichzeitiger Erhöhung der Beanspruchungen im zylindrischen Mittelbereich. Zur Vergleichmäßigung der Beanspruchungen in den Laufbahnflächen verfügen häufig auch die Innen- und Außenringe über dieses logarithmische Profil [15.92]. Damit sind die Lager weniger empfindlich gegen Wellendurchbiegung und Fluchtungsfehler. Durch die gezielte Profilierung wird erreicht, dass bei Schiefstellungen zwischen Innen- und Außenring bis etwa 4′ bei normaler Belastung keine Lebensdauer mindernden Kantenspannungen auftreten.

Zur Verbesserung der axialen Tragfähigkeit, die beim Zylinderrollenlager überwiegend durch den Kontakt zwischen Rollenstirnseite und Bord gegeben ist – ein Teil der Axialkraft wird auch durch Reibung zwischen Rolle und Laufbahn übertragen –, sind gemäß Abbildung 15.13 d) die laufbahnseitigen Bordflächen der Lagerringe leicht nach außen geneigt. In Verbindung mit der modifizierten Rollenstirnseite ergibt das eine Kontaktgeometrie, die im Betrieb die Bildung eines hydrodynamischen Schmierfilms zwischen Rollenstirn und Bord begünstigt, der reibungsarmen Lauf bei gleichzeitig hoher axialer Tragfähigkeit ermöglicht.

Der Einfluss der Rollenlänge auf die Bordbeanspruchung bei gleichem Schränkwinkel α ist in Abbildung 15.14 dargestellt. Demzufolge nehmen die Bordbeanspruchung und damit die Gefahr des Fressens mit größer werdender Rollenlänge zu. Ferner wird die Führungsluft größer, da die Toleranz der Rollenlänge und der Bordweite größer wird.

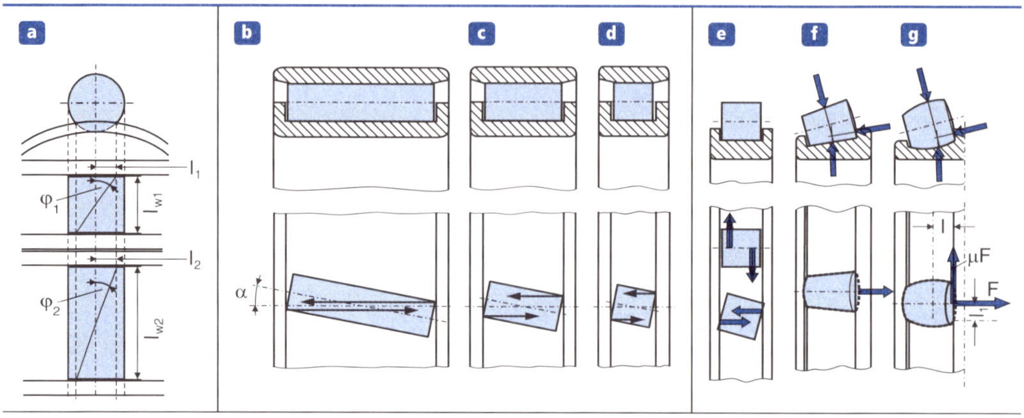

Abbildung 15.14: Spielführung und Spannführung sowie Einfluss der Rollenlänge auf die Bordbeanspruchung und den Führungswinkel [15.81]

Ebenso steigen aber auch die Schränkkräfte, da die absoluten Abweichungen von der Zylinderform bei den Laufbahnen mit der Rollenlänge zunehmen. Somit wird die Führung umso besser, je größer der Führungswinkel φ gemäß Abbildung 15.14 c) ist. Aus Untersuchungen ist bekannt, dass die Bordführung nur bis zu einem Verhältnis von Wälzkörperlänge zu Wälzkörperdurchmesser von $l_w : d_w \approx 2$ zweckmäßig ist. Anderenfalls muss die Führung der Rollen durch den Käfig oder die Laufbahn erfolgen, woraus allerdings ungünstigere Reibungsverhältnisse und die Gefahr des Fressens entstehen können [15.81].

Im Gegensatz zu dieser sogenannten Spielführung beim Zylinderrollenlager bezeichnet man die Rollenführung beim Kegelrollenlager als Spannführung. Unabhängig vom Spiel zwischen Rollenstirnseite und Bord verhindert die „Einspannung" der Kegelrolle zwischen den kegeligen Laufbahnen in der belasteten Zone des Lagers ein Schränken der Rollen. Entsprechend Abbildung 15.14 könnte ein Schränken eintreten, wenn das Moment $\mu \cdot F \cdot l > F \cdot l_1$ wird. Da jedoch selbst für $l \approx l_1$ die Kraft F immer ein Vielfaches der Reibkraftkomponente $\mu \cdot F$ beträgt, kann die Reibung der Kegelrolle durch Bordkontakt nicht zu einer Schiefstellung der Rolle führen.

15.2.4 Lagerluft, Spiel und Kippwinkel

Die Ringe eines Rillenkugellagers mit dem Radialspiel G_r lassen sich gemäß Abbildung 15.15 aus der Symmetrielage in axialer Richtung bis zur spannungsfreien Berührung um $G_a/2$ gegeneinander verschieben. Da diese axiale Verschiebemöglichkeit in beiden Richtungen möglich ist, ergeben sich für das gesamte Axialspiel G_a abhängig vom Radialspiel G_r die in Abbildung 15.15 dargestellten Zusammenhänge.

Bei zweireihigen Lagern mit unveränderlichem Druckwinkel – hierzu gehören zweireihige oder spiegelbildlich angeordnete einreihige Kegelrollenlager sowie Pendelrollenlager und Pendelkugellager – lässt sich gemäß Abbildung 15.16 das Axialspiel aus dem Radialspiel wie folgt bestimmen:

$$\frac{G_a}{G_r} = \cot\alpha_0 \quad \text{bzw.} \quad G_a = G_r \cdot \cot\alpha_0 \tag{15.9}$$

Die Werte für die wichtigsten Lagerreihen sind in Abbildung 15.16 aufgeführt. Bei den Lagerreihen, bei denen sich der Druckwinkel α_0 von Lager zu Lager unterscheidet, ist der Wert von G_a/G_r als Vielfaches vom sogenannten Axialfaktor der statischen Tragfähigkeit Y_0 angegeben, der ebenfalls von α_0 abhängt und in den Wälzlagerkatalogen angegeben ist.

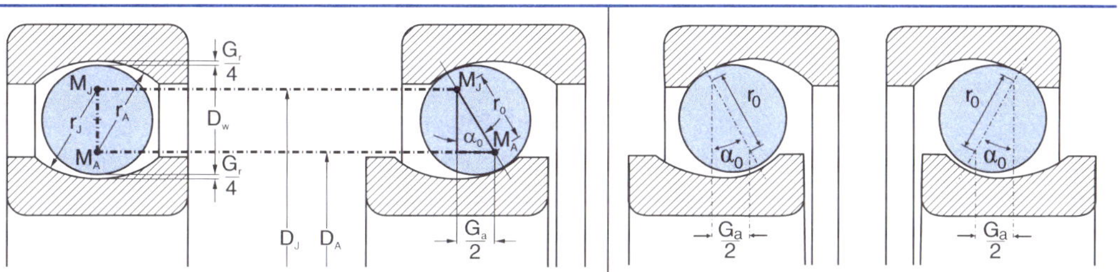

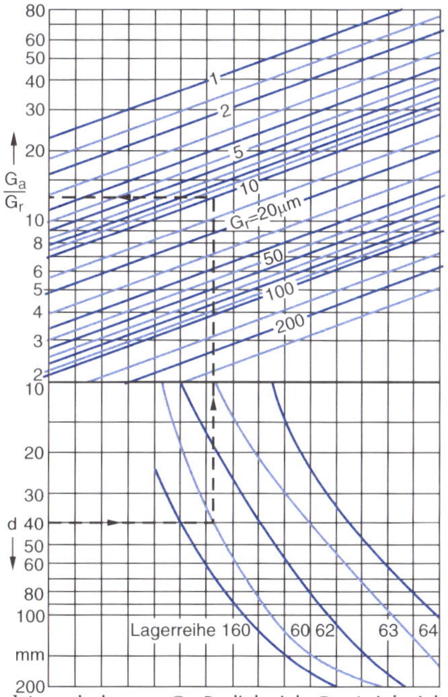

d: Lagerbohrung, G_r: Radialspiel, G_a: Axialspiel

$$G_a = 2 \cdot r_0 \cdot \sin\alpha_0 \tag{15.10}$$

Gemäß obiger Skizze gilt folgender Zusammenhang:

$$\frac{D_J - D_A}{2} = \left(r_J + r_A - D_W\right) - 2 \cdot \frac{G_r}{4} = r_0 - 2 \cdot \frac{G_r}{4} \tag{15.11}$$

Für den Winkel α_0 folgt mit Gleichung (15.8):

$$\cos\alpha_0 = \frac{r_0 - \dfrac{G_r}{2}}{r_0} = 1 - \frac{G_r}{2 \cdot r_0} = 1 - \frac{G_r}{2 \cdot \kappa \cdot D_W} \tag{15.12}$$

Somit folgt aus Gleichung (15.10) mit Gleichung (15.12):

$$G_a = 2 \cdot r_0 \sqrt{1 - \left(1 - \frac{G_r}{2 \cdot r_0}\right)^2} \tag{15.13}$$

oder mit der Schmiegung κ:

$$G_a = 2 \cdot \kappa \cdot D_W \sqrt{1 - \left(1 - \frac{G_r}{2 \cdot \kappa \cdot D_W}\right)^2} \tag{15.14}$$

Beispiel: Rillenkugellager 6008C3 mit $d = 40$ mm.
Bei einem Radialspiel $G_r = 0{,}010$ mm im eingebauten Zustand ergibt sich $G_a/G_r < 13$ bzw. ein Axialspiel von $G_a < 13 \cdot 0{,}010 = 0{,}13$ mm.

Abbildung 15.15: Radialspiel und Axialspiel bei Rillenkugellagern und Maximalpositionen [15.4]

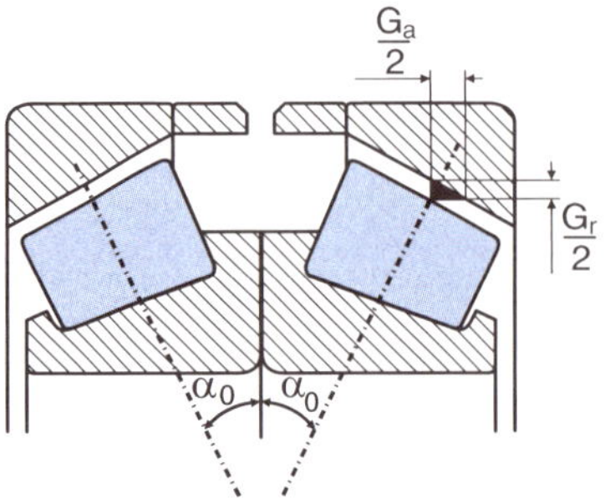

Lagerbauart	G_a/G_r
Pendelkugellager, Pendelrollenlager, Kegelrollenlager zweireihig, Y_0-Wert aus Katalog	$2{,}3 \cdot Y_0$
Kegelrollenlager, einreihig, paarweise angeordnet, Y_0-Wert des einreihigen Lagers	$4{,}6 \cdot Y_0$
Schrägkugellager, zweireihig, Reihe 32 und 33	1,4
Schrägkugellager, zweireihig, Reihe 72B und 73B paarweise angeordnet	1,2
Vierpunktlager	1,4

Abbildung 15.16: Zusammenhang zwischen Axialspiel G_a und Radialspiel G_r beim zweireihigen Lager mit unveränderlichem Druckwinkel [15.4]

Die Werte für die Schrägkugellager und Vierpunktlager sind Näherungswerte, da streng genommen wie bei den Rillenkugellagern die Schmiegungsverhältnisse berücksichtigt werden müssten. Für Lager mit einem Nenndruckwinkel von $\alpha_0 > 30°$ sind die angeführten Werte jedoch ausreichend genau.

Bei Rillenkugellagern mit einem bestimmten Radialspiel bzw. Axialspiel kann entsprechend Abbildung 15.17 der Innenring aus der Mittellage verkippen und zwar um den Lagermittelpunkt (Kippwinkel Θ_m in rad) oder aber um die unterste Kugel (Kippwinkel Θ_u in rad). In beiden Fällen sollen die Scheitelkugeln an der Innen- und Außenlaufbahn spannungsfrei anliegen. Da beide Kippwinkel sehr klein sind, kann man in guter Näherung die Bogenbewegung des Innenrings beim Verkippen durch eine geradlinige Axialverschiebung ersetzen.

Beim Verkippen um den Lagermittelpunkt verteilt sich das Radialspiel G_r in der Ausgangslage gleichmäßig auf alle vier Berührstellen, sodass der Innenring daher an der obersten und untersten Kugel um $G_a/2$ ausschwenken kann. Das Axialspiel G_a ist aus dem Radialspiel G_r mithilfe des Diagrammes aus Abbildung 15.15 zu bestimmen. So ergibt sich beispielsweise für das Rillenkugellager 6210 mit dem mittleren Radialspiel $G_r = 0{,}0015$ mm und $D_{pw} \approx (50 + 90) / 2 = 70$ mm der Kippwinkel $\Theta_m = 0{,}0023$ rad $= 8'$.

Demgegenüber verteilt sich beim Verkippen um die unterste Kugel das Radialspiel in der Ausgangslage gleichmäßig auf die Berührstellen der oberen Kugel zu $G_r/2$. Das wirksame Radialspiel G_r^* an der oberen Kugel ist demzufolge doppelt so groß wie bei der Verkippung um den Lagermittelpunkt ($G_r^* = 2 \cdot G_r$), sodass sich eine deutlich größere axiale Verschiebemöglichkeit von $G_a^*/2$ ergibt. Der Abstand vom Schwenkmittelpunkt ist dann der Teilkreisdurchmesser D_{pw}. Unter Verwendung von Abbildung 15.15 lässt sich G_a^* wiederum aus dem Radialspiel $G_r^* = 2 \cdot G_r$ bestimmen. Für obiges Beispiel ergibt sich dann der Kippwinkel zu $\Theta_u = 0{,}0016$ rad ($\Theta_u \approx 5{,}5'$). Im Vergleich zur Verkippung um die Lagermitte ergibt sich bei der Verkippung um die unterste Kugel ein deutlich kleinerer Kippwinkel.

Anhaltswerte für die Winkeleinstellbarkeit sind Abschnitt 15.2.2 bzw. den jeweiligen Wälzlagerkatalogen zu entnehmen.

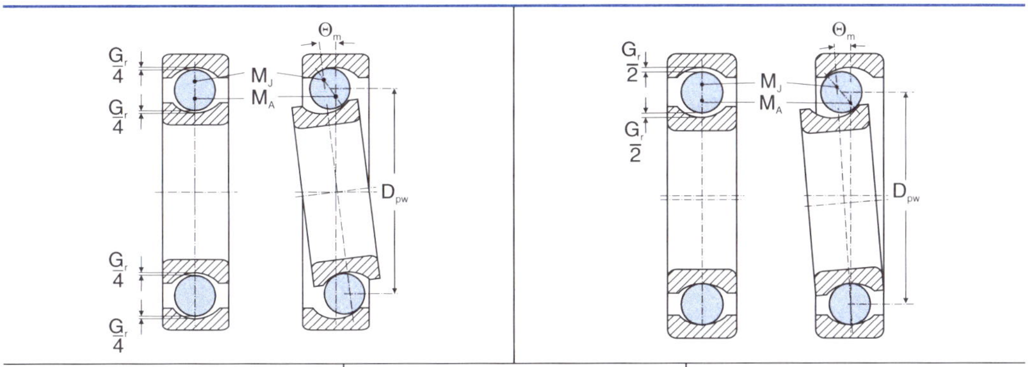

$$\Theta_m = \frac{G_a}{D_{pw}} \quad (15.15) \qquad D_{pw} \approx d_m = \frac{d+D}{2} \quad (15.16) \qquad \Theta_u = \frac{G_a}{D_{pw}} \quad (15.17)$$

Abbildung 15.17: Verkippung – a) um den Lagermittelpunkt, b) um die unterste Kugel [15.4]

15.2.5 Überrollen, Schwenkbewegungen und Abwälzen

In vielen Fällen ist für eine konstruktiv gut durchgestaltete Lagerung und für die Überwachung der Lagerung im Betrieb (s.a. Abschnitt 15.5) die genaue Kenntnis der Wälzkörper- und Käfigdrehzahlen notwendig. Im Folgenden sollen gemäß Abbildung 15.18 die Geschwindigkeitsverhältnisse eines Kegelrollen- und eines Schrägkugellagers im üblichen Drehzahlbereich betrachtet werden, sodass der Einfluss der Massenträgheitskräfte vernachlässigt werden kann.

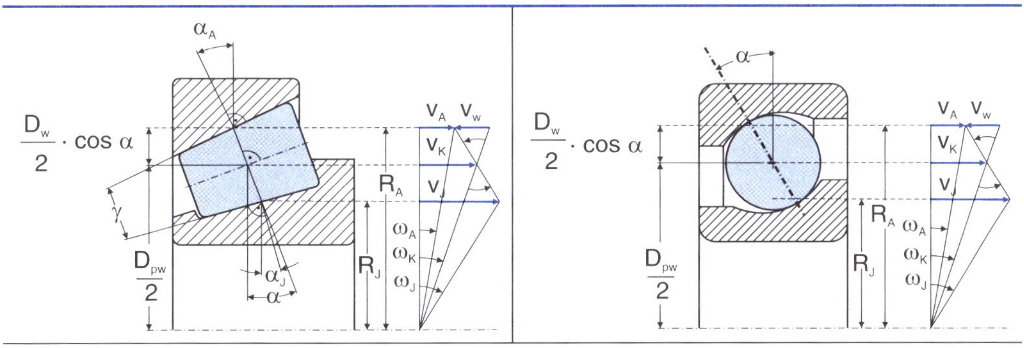

Abbildung 15.18: Erforderliche Daten zur Bestimmung der Käfig- und Rollkörperdrehzahl [15.4]

Betrachtet man den allgemeinen Fall, so können beide Ringe eines Wälzlagers im gleichen Drehsinn umlaufen und zwar der Innenring mit der Drehzahl n_J und der Außenring mit der Drehzahl n_A (mathematisch positiv (+) entgegen dem Uhrzeigersinn). Die Rollkörper berühren die Laufbahnen unter dem Betriebsdruckwinkel α und rollen ohne Schlupf ab. Dabei haben die Innen- und Außenringlaufbahnen des Kegelrollenlagers unterschiedliche Winkel α_J und α_A. Da der Rollenwinkel γ im Allgemeinen sehr klein ist, kann der Betriebsdruckwinkel α in der weiteren Betrachtung als $\alpha = (\alpha_J + \alpha_A) / 2$ eingesetzt werden.

Für einen Körper, der mit der Drehzahl n [min^{-1}] um eine Achse rotiert, berechnen sich die Winkelgeschwindigkeit ω und die Umfangsgeschwindigkeit v zu:

$$\omega = \frac{2 \cdot \pi \cdot n}{60} \quad \text{und} \quad v = R \cdot \omega = R \cdot \frac{2 \cdot \pi \cdot n}{60} \tag{15.18}$$

Für den Innen- und Außenradius folgt mit dem Wälzkörperdurchmesser D_w und D_{pw} nach Gleichung (15.16):

$$R_J = 0{,}5 \cdot D_{pw} - 0{,}5 \cdot D_w \cdot \cos\alpha \qquad R_A = 0{,}5 \cdot D_{pw} + 0{,}5 \cdot D_w \cdot \cos\alpha \tag{15.19}$$

Demzufolge berechnen sich die Umfangsgeschwindigkeiten des Innen- und Außenrings zu:

$$v_J = \frac{\pi \cdot n_J}{60} \cdot \left(D_{pw} - D_w \cdot \cos\alpha\right) \qquad v_A = \frac{\pi \cdot n_A}{60} \cdot \left(D_{pw} + D_w \cdot \cos\alpha\right) \tag{15.20}$$

Die Umfangsgeschwindigkeit v_K des Käfigs wird im Abstand $D_{pw}/2$ von der Lagerachse aus gemessen, sie entspricht also der Geschwindigkeit der Wälzkörpermittelpunkte. Ist jedoch gemäß Abbildung 15.4 der Druckwinkel bei einem radial und axial belasteten Rillenkugellager an den einzelnen Kugeln verschieden groß, so eilen die Kugeln während eines Umlaufs relativ zum Käfig vor bzw. nach. Extrem ungünstige Verhältnisse ausgenommen, kann der Einfluss dieser Geschwindigkeitsschwankungen auf die Umfangsgeschwindigkeit des Käfigs vernachlässigt werden.

Unter Annahme eines konstanten Druckwinkels α berechnet sich mit Gleichung (15.20) die Käfiggeschwindigkeit v_K als arithmetisches Mittel aus den Umfangsgeschwindigkeiten v_J und v_A:

$$v_K = \frac{1}{2} \cdot \left(v_J + v_A\right) = \frac{\pi \cdot D_{pw}}{60} \cdot \left[\left(1 - \frac{D_w \cdot \cos\alpha}{D_{pw}}\right) \cdot \frac{n_J}{2} + \left(1 + \frac{D_w \cdot \cos\alpha}{D_{pw}}\right) \cdot \frac{n_A}{2}\right] \tag{15.21}$$

Für die Drehzahl n_K gilt entsprechend:

$$n_K = \left(1 - \frac{D_w \cdot \cos\alpha}{D_{pw}}\right) \cdot \frac{n_J}{2} + \left(1 + \frac{D_w \cdot \cos\alpha}{D_{pw}}\right) \cdot \frac{n_A}{2} \tag{15.22}$$

Rotiert nur ein Lagerring (Innenring oder Außenring), so ergeben sich die folgenden Zusammenhänge, wobei das Minuszeichen bei rotierendem Innenring und das Pluszeichen bei rotierendem Außenring gelten:

$$v_K = \frac{\pi \cdot D_{pw}}{60} \cdot \left(1 \mp \frac{D_w \cdot \cos\alpha}{D_{pw}}\right) \cdot \frac{n}{2} \quad \text{und} \quad n_K = \left(1 \mp \frac{D_w \cdot \cos\alpha}{D_{pw}}\right) \cdot \frac{n}{2} \tag{15.23}$$

Zur Berechnung der Umfangsgeschwindigkeiten und Drehzahlen der Wälzkörper wird ebenfalls zunächst der allgemeine Fall betrachtet, d.h. der Innen- und der Außenring laufen im gleichen Drehsinn um.

Für Schrägkugellager gilt die Voraussetzung, dass die Drehachse der Kugeln parallel zur Laufbahntangente verläuft (s.a. Abbildung 15.21). Die Umfangsgeschwindigkeit v_W des Wälzkörpers berechnet sich dann gemäß Abbildung 15.18 als Differenz der Umfangsgeschwindigkeit v_A des Außenrings im Berührungspunkt von Rollkörper und Außenring und der Umfangsgeschwindigkeit des Käfigs in demselben Punkt:

$$v_W = v_A - \omega_K \cdot R_A \tag{15.24}$$

Unter Nutzung der Gleichungen (15.18) bis (15.23) erhält man nach einigen Umformungen die Umfangsgeschwindigkeit v_W des Wälzkörpers, bezogen auf seinen Mittelpunkt:

$$v_W = \frac{\pi \cdot D_{pw}}{60} \cdot \left(\frac{D_{pw}}{D_w} - \frac{D_w \cdot \cos^2 \alpha}{D_{pw}} \right) \cdot \frac{n_A - n_J}{2} \tag{15.25}$$

Für die Drehzahl n_W gilt entsprechend:

$$n_w = \left(\frac{D_{pw}}{D_w} - \frac{D_w \cdot \cos^2 \alpha}{D_{pw}} \right) \cdot \frac{n_A - n_J}{2} \tag{15.26}$$

Rotiert nur einer der beiden Ringe, so gilt mit einem Minuszeichen für den rotierenden Innenring und mit einem Pluszeichen für den rotierenden Außenring:

$$n_w = \mp \frac{n}{2} \cdot \left(\frac{D_{pw}}{D_w} - \frac{D_w \cdot \cos^2 \alpha}{D_{pw}} \right) \tag{15.27}$$

Entsprechend der eingangs getroffenen Definition zeigt dann ein positiver n_w-Wert, dass sich der Wälzkörper entgegen dem Uhrzeigersinn dreht.

Im Weiteren wird nun von den Drehzahlen auf die Überrollungen geschlossen. Jede Umdrehung eines Wälzlagers führt zur mehrmaligen Überrollung aller Punkte der Innen- und der Außenlaufbahn. Die genaue Anzahl der Überrollungen hängt ab von der Rollkörperanzahl z und der Relativbewegung des Rollkörperkranzes bzw. des Käfigs gegenüber dem betrachteten Lagerring. Dabei bleibt unberücksichtigt, ob der betrachtete Laufbahnpunkt belastet oder lastfrei überrollt wird.

Unter der Voraussetzung, dass nur ein Lagerring umläuft, werden der Innenring $(n_J - n_K) \cdot z$-mal und der Außenring $(n_A - n_K) \cdot z$-mal in der Minute überrollt. Unter Verwendung von Gleichung (15.23) für die Käfigdrehzahl n_K lässt sich die Anzahl der Überrollungen auf eine Umdrehung des umlaufenden Ringes beziehen. Bei einer Umdrehung wird demnach der gesamte Umfang der Innenringlauffläche u_J-mal und der Außenringlauffläche u_A-mal überrollt:

$$u_J = \frac{z}{2} \cdot \left(1 + \frac{D_w \cdot \cos \alpha}{D_{pw}} \right) \quad \text{und} \quad u_A = \frac{z}{2} \cdot \left(1 - \frac{D_w \cdot \cos \alpha}{D_{pw}} \right) \tag{15.28}$$

Häufig führen Wälzlager anstelle umlaufender Bewegungen lediglich Schwenkbewegungen aus (z.B. in Mechanismen, bei Gelenkwellen, Kranauslegern). Bei derartigen Anwendungen sollte der Schwenkwinkel so groß sein, dass die überrollten Laufbahnabschnitte an beiden Ringen ineinander übergehen, damit etwaige Eindrücke in den Laufbahnen örtlich nicht begrenzt auftreten. Sollten die betreffenden Lager abwechselnd Schwenkbewegungen und Umlaufbewegungen unterliegen, führen diese Eindrücke in den Laufbahnen bei anschließender Umlaufbewegung nicht zu unrundem Lauf bzw. zu stärkerem Laufgeräusch.

Unter der Annahme, dass der Außenring stillsteht, wird der gesamte Umfang der Innenringlauffläche bei jeder Umdrehung des Innenringes gemäß Gleichung (15.28) u_J-mal überrollt, woraus sich gemäß Abbildung 15.19 der Schwenkwinkel φ_J in Grad berechnen lässt, bei dem jeder Punkt der Innenringlaufbahn genau einmal überrollt wird.

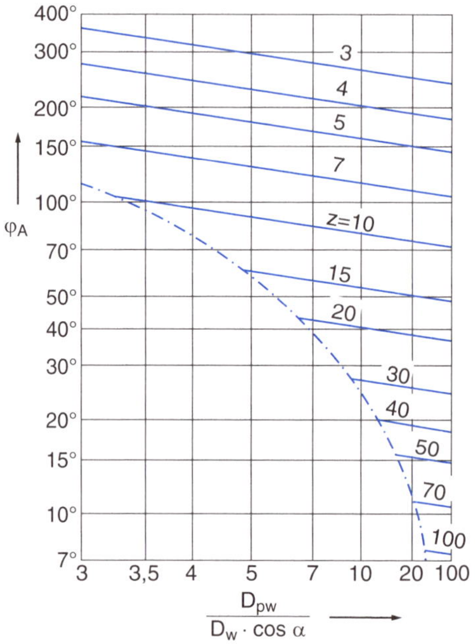

$$\varphi_J = \frac{360}{u_J} \tag{15.29}$$

Einsetzen von Gleichung (15.28) ergibt:

$$\varphi_J = \frac{720}{z} \cdot \frac{1}{1 + \dfrac{D_w \cdot \cos\alpha}{D_{pw}}} \tag{15.30}$$

Somit folgt für den Schwenkwinkel φ_A in Grad, bei dem jeder Punkt der Außenringlaufbahn einmal überrollt wird:

$$\varphi_A = \frac{720}{z} \cdot \frac{1}{1 - \dfrac{D_w \cdot \cos\alpha}{D_{pw}}} \tag{15.31}$$

Aufgrund des Minuszeichens im Nenner ist der Winkel φ_A immer größer als φ_J, sodass im Hinblick auf die eingangs gestellte Forderung, dass beide Laufbahnen vollständig überrollt werden sollen, nur der Winkel φ_A zu kontrollieren ist. Aus dem nebenstehenden Diagramm ist φ_A als Funktion von $D_{pw} / (D_w \cdot \cos\alpha)$ und der Rollkörperanzahl z zu entnehmen.

Abbildung 15.19: Zur Größe und Berechnung des Schwenkwinkels φ_A [15.4]

Abschließend werden noch die Abwälzverhältnisse in einem Wälzlager betrachtet. Unter der Annahme, dass die Wälzkörper die Laufbahnen spannungsfrei berühren, ist eine reine Rollbewegung nur möglich, wenn sich die verlängerten Berührungslinien von Rollkörpern und Wälzlagerlaufbahnen in einem Punkt auf der Lagerachse schneiden. Abbildung 15.20 zeigt, dass diese idealen Bedingungen bei Kegelrollenlagern ohne Einschränkungen vorliegen. Der theoretische Grenzfall liegt bei Zylinder- und Rillenkugellagern vor, denn hier liegt der Schnittpunkt mit der Lagerachse im Unendlichen, sodass die Berührungslinien parallel zur Lagerachse verlaufen.

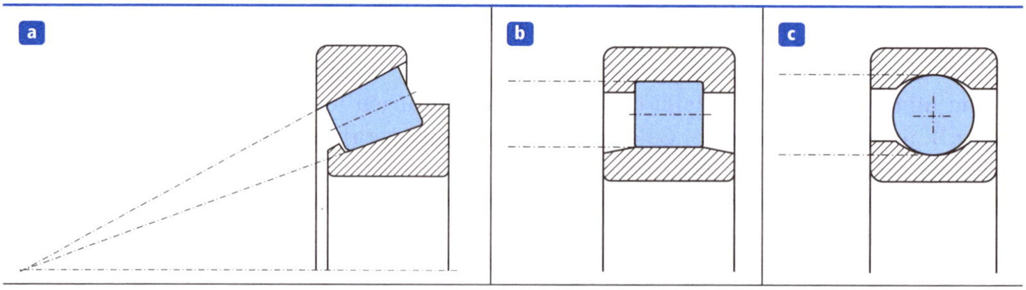

Abbildung 15.20: Abwälzverhältnisse und Berührungslinien – a) Kegelrollenlager, b) Zylinderrollenlager, c) Rillenkugellager

Praktisch liegen jedoch nur bei Kegelrollenlagern die besten Bedingungen für den kinematischen Zustand „Reines Rollen“ vor. Bei Zylinderrollenlagern ist nämlich aufgrund der Spielführung der Rollen ein zusätzliches Gleiten unvermeidbar (s.a. Abschnitt 15.2.3).

Die genauen Verhältnisse bei Kugellagern werden anhand des Schrägkugellagers in der folgenden Abbildung 15.21 deutlich. Die Kugeln berühren die beiden Laufbahnen in je einer Berührstelle *A* und *J*. Aus Gleichgewichtsgründen müssen die Berührstellen genau einander gegenüber liegen, sodass die Berührungstangenten *a* und *i* parallel verlaufen und sich nicht auf der Lagerachse schneiden, wie es für den kinematischen Zustand „Reines Rollen“ vorausgesetzt wird. In diesem Fall dreht sich die Kugel mit der Winkelgeschwindigkeit ω um eine Achse, die die Lagerachse im allgemeinen Fall in einem zwischen *C* und *D* liegenden Punkt *M* schneidet [15.4], [15.78]. Die Beziehungen für den Berührungspunkt *A* sind in Abbildung 15.21 zusammengestellt, am Berührungspunkt *J* mit dem Innenring liegt die Winkelgeschwindigkeit ω_J vor.

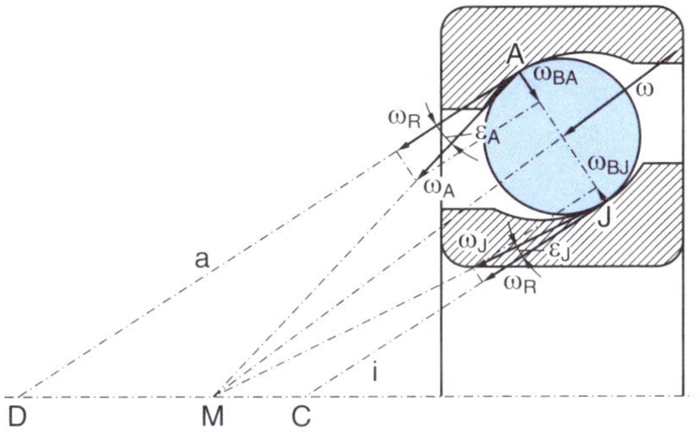

Im Berührungspunkt A des Außenrings bewegt sich die Kugel mit der Winkelgeschwindigkeit ω_A. Diese lässt sich in die tangentiale Komponente ω_R und die normale Komponente ω_B zerlegen:

$$\omega_R = \omega_A \cdot \cos\varepsilon_A \qquad \omega_B = \omega_A \cdot \sin\varepsilon_A \tag{15.32}$$

Der Quotient daraus ist das Bohr-Roll-Verhältnis:

$$\frac{\omega_B}{\omega_R} = \tan\varepsilon_A \tag{15.33}$$

Abbildung 15.21: Drehvektoren in einem Schrägkugellager (allgemeiner Fall) [15.4]

Demzufolge ergibt sich zusätzlich zur Rollbewegung (die Kugel rollt mit ω_R auf der Laufbahn ab) eine sogenannte Bohrbewegung, da sich die Kugel zugleich mit ω_B um die Berührungsnormale dreht, sodass die Bedingung „Reines Rollen“ praktisch auch hier nicht mehr erfüllt wird.

Dabei gibt das Bohr-Roll-Verhältnis gemäß Gleichung (15.33) an, wie groß die Bohrbewegung im Verhältnis zur Rollbewegung ist. Ein großer Wert für tan ε_A deutet auf ungünstige Abwälzverhältnisse mit großem Bohranteil hin, während tan $\varepsilon_A = 0$ dem Idealfall des „Reinen Rollens“ entspricht. Aus Versuchen ist bekannt, dass die Kugeln eines Schrägkugellagers normalerweise an einem Lagerring fast keine Bohrbewegung ausführen, während an dem anderen nahezu die gesamte Bohrbewegung auftritt [15.79], [15.128]. Häufig werden die Kugeln am Innenring an einer Bohrbewegung gehindert, da bei den meisten Schrägkugellagern die Schmiegung am Innenring enger und die unter Belastung am Innenring entstehende Druckfläche länger ist als am Außenring. Man spricht dann von einer Führung am Innenring, die ganze Bohrbewegung tritt am Außenring auf. Bei sehr schnell laufenden Lagern dagegen kann die Druckfläche am Außenring wegen der auf die Kugeln einwirkenden Fliehkraft länger werden als am Innenring. Dann liegt eine Führung am Außenring vor und die Bohrbewegung tritt am Innenring auf.

Vergleichbare Abwälzverhältnisse liegen in Axial-Rillenkugellagern und Axial-Schrägkugellagern vor. Auch hier werden die Kugeln an einer Berührstelle geführt, während an der anderen die Bohrbewegung auftritt. Dagegen drehen sich die Rollen in Axial-Zylinderrollenlagern um ihre Längsachse und um die Lagerachse, woraus stets an beiden Laufbahnen eine Bohrbewegung entsteht. Aus Abbildung 15.22 sind die Vektoren der Roll- und Bohrgeschwindigkeit im Teilkreis des Lagers sowie die Größe der Rollgeschwindigkeit längs der Berührungslinien ersichtlich.

Wird die Laufbahnscheibe II mit der positiven Winkelgeschwindigkeit ω nach rechts gedreht, so eilt die Scheibe am äußeren Rollenende vor und am inneren Ende nach und es ergibt sich die dargestellte Geschwindigkeitsverteilung. Auf die Rolle wirkt dann ein rechts drehendes Moment ein, dem bei ausgewogenen Reibungsverhältnissen ein gleich großes, entgegen gerichtetes Moment an der Berührungslinie von Rolle und Laufbahnscheibe I das Gleichgewicht hält.

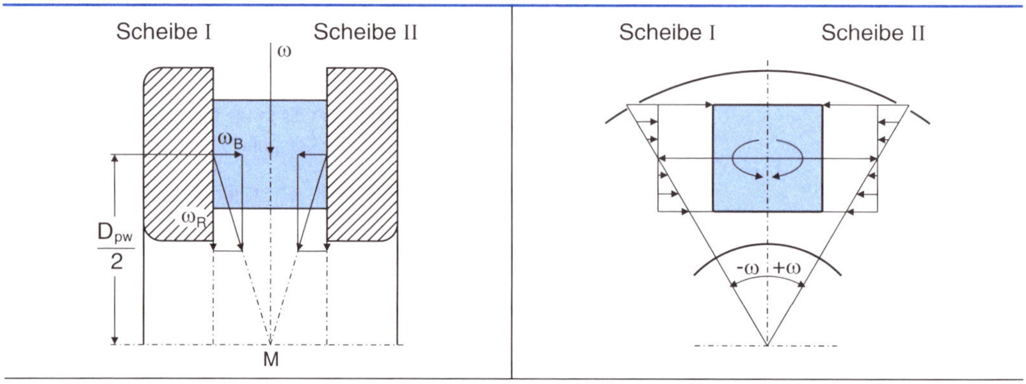

Abbildung 15.22: Vektoren der Roll- und Bohrgeschwindigkeit im Teilkreis eines Axial-Zylinderrollenlagers (links) und die zugehörigen Geschwindigkeiten längs der Rolle (rechts) [15.4]

15.2.6 Elastische Verformung und Federung

Das elastische Verformungsverhalten von Wälzlagern ist normalerweise auch bei höheren Belastungen sehr gering, weshalb die genaue Bestimmung in vielen Fällen nicht erforderlich ist. Werden jedoch an die Steifigkeit und Führungsgenauigkeit einer Lagerung besondere Ansprüche gestellt, so ist das Federungsverhalten unbedingt zu berücksichtigen. Beispiele hierzu sind der Einfluss der Wellen- und Lagerverformungen auf die Lastverteilung bei Verzahnungen und der Einfluss von Lagersteifigkeiten auf das radiale und axiale Schwingungsverhalten eines Antriebsstranges [15.111], [15.115], [15.124], [15.116]. Obwohl die vollständigen Herleitungen schon lange bekannt sind, erfolgte die ständige Nutzung zunächst nur in den detaillierten Berechnungsprogrammen der Lagerhersteller [15.57], [15.88], [15.89], [15.122], [15.123]. Mittlerweile hat die Vorgehensweise auch Eingang in die aktuellen Lagerberechnungsnormen gefunden (s.a. Abschnitt 15.4.5) [15.49], [15.52], [15.53].

Grundsätzlich ist zu beachten, dass sich nicht nur das Lager selbst, sondern vielmehr auch die Umgebungskonstruktion, in die das Lager eingebaut ist, elastisch verformt. Da jedoch die jeweiligen Umgebungsbedingungen eines eingebauten Lagers konstruktionsbedingt sehr unterschiedlich sind, ist die Angabe eines allgemein gültigen Berechnungsganges bisher nicht möglich.

Die folgenden Berechnungen berücksichtigen deshalb zunächst nur die Auswirkungen der elastischen Formänderungen an den Berührstellen von Wälzkörpern und Laufbahnen unter Last, wobei vorausgesetzt wird, dass ein Wälzkörper immer genau in Lastrichtung steht. Dabei können die während der Drehung des Wälzkörperkranzes auftretenden geringfügigen Änderungen des Federweges vernachlässigt werden [15.97].

Sollen dagegen die nicht zu vernachlässigenden Gehäuseverformungen im Federungsverhalten berücksichtigt werden, kann in erster Näherung das Doppelte des nur für das Lager berechneten Federwegs angenommen werden. Bei größeren Maschinen und Anlagen (weiche Konstruktion) können die Werte noch größer werden, kleinere Konstruktionen zeigen dagegen ein steiferes Verhalten mit geringeren Federwegen. Genaue Ergebnisse lassen sich nur durch aufwändigere Untersuchungen, z.B. mittels Finite-Elemente-Analysen, erzielen. Die genauen Federungseigenschaften einzelner Lager (ohne den Einfluss der Umgebungskonstruktion) werden üblicherweise auf Anfrage von den Lagerherstellern zur Verfügung gestellt.

Zur Bestimmung des radialen Federweges f_r von radial belasteten Radial-Rillenkugellagern mit Spiel oder Vorspannung können die Diagramme in Abbildung 15.23 genutzt werden.

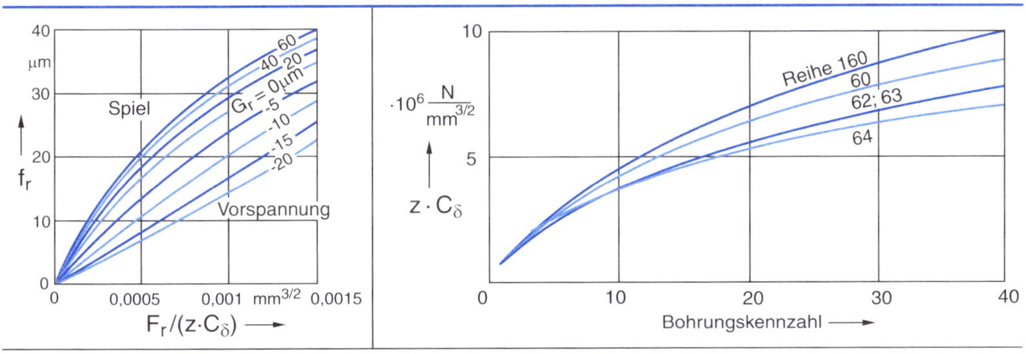

Abbildung 15.23: Federweg f_r und Werte $z \cdot C_\delta$ für radial belastete Radial-Rillenkugellager [15.4]

Der radiale Federweg f_r hängt ab von der Belastung des Lagers F_r, der Kugelanzahl z und der Verformungskonstanten C_δ. Die Verformungskonstante der Gesamtverformung C_δ lässt sich aus den Hertz'schen Gleichungen für Punktberührung wie folgt herleiten (s.a. Kapitel 3) [15.4]:

$$\frac{\delta_{kJ} + \delta_{kJ}}{D_w} = \left(c_{\delta J} + c_{\delta A}\right) \cdot \sqrt[3]{\left(\frac{Q}{D_w^2}\right)^2} \qquad (15.34)$$

Hierin bezeichnen δ_{kJ} und die δ_{kA} die elastischen Verformungen an den Kontaktstellen zwischen Innenring und Kugel sowie Außenring und Kugel, $c_{\delta J}$ und $c_{\delta A}$ die zugehörigen Verformungskonstanten, D_w den Kugeldurchmesser und Q die einwirkende Kraft. Durch Zusammenfassen von δ_{kJ} und δ_{kA} zur Gesamtverformung δ und Umformen ergibt sich:

$$Q = \frac{\sqrt{D_W}}{\sqrt{\left(c_{\delta J} + c_{\delta A}\right)^3}} \cdot \left(\delta_{kJ} + \delta_{kJ}\right)^{3/2} = C_\delta \cdot \delta^{3/2} \qquad (15.35)$$

Die Verformungskonstanten $c_{\delta J}$ und $c_{\delta A}$ hängen gemäß Abbildung 15.24 (links) vom Verhältnis $D_{pw}/(D_w \cdot \cos\alpha)$ und der Schmiegung κ ab. Da die Summe der Verformungen nur eine geringe Abhängigkeit von $D_{pw}/(D_w \cdot \cos\alpha)$ aufweist, kann C_δ vereinfachend aus dem rechten Diagramm abhängig vom Wälzkörperdurchmesser D_w und von der Schmiegung κ ermittelt werden, wobei für geringfügig unterschiedliche Schmiegungen am Innen- und Außenring mit der mittleren Schmiegung nach Gleichung (15.7) zu rechnen ist. Für die üblichen Schmiegungswerte $\kappa < 0{,}1$ bei Rillenkugellagern lässt sich die Konstante C_δ auch vereinfacht berechnen zu:

$$C_\delta = \frac{34300 \cdot D_w^{1/2}}{\kappa^{0{,}35}} \quad \left[N / mm^{3/2}\right] \tag{15.36}$$

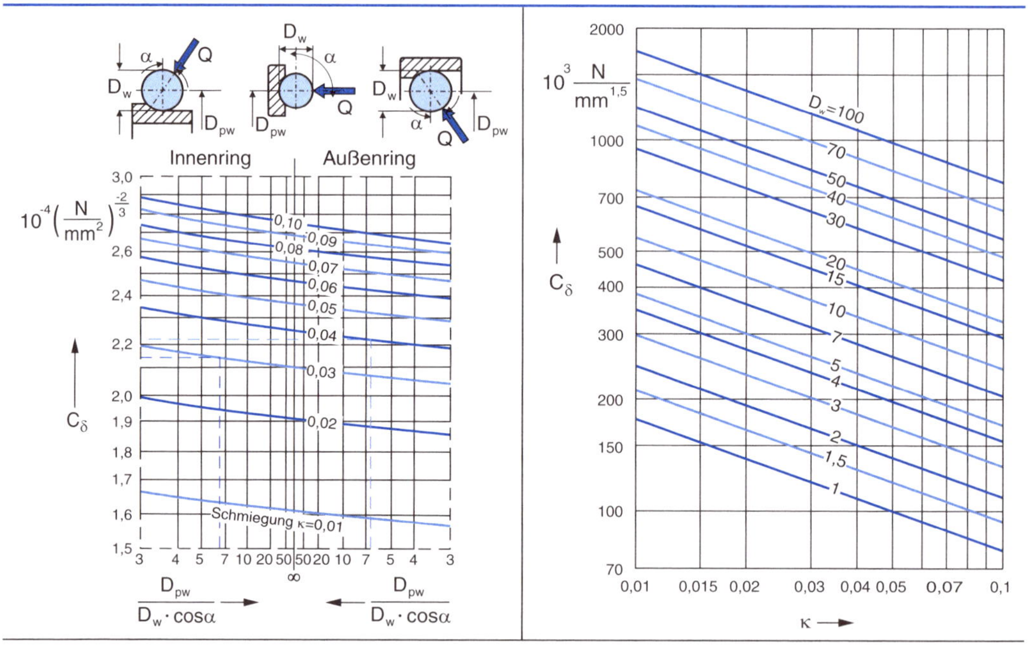

Abbildung 15.24: Nomogramme zur Ermittlung der Konstanten C_δ für Rillenkugellager und Axial-Rillenkugellager [15.4]

Der radiale Federweg f_r von radial belasteten Zylinderrollen- und Nadellagern lässt sich analog zum Vorgehen bei Kugellagern mit den Diagrammen in Abbildung 15.25 bestimmen.

Neben der Radialkraft F_r und der Rollenanzahl z wird die Verformungskonstante $C_{\delta L}$ für Linienberührung benötigt, die sich wie folgt bestimmen lässt. Angenommen wird, dass zwei achsparallele Zylinder durch die Kraft Q gegeneinander gedrückt werden. Auch wenn sich die Verformung δ_k für Linienberührung nach Hertz nicht berechnen lässt, wurde aufgrund theoretischer Untersuchungen folgende Abhängigkeit von der Kraft Q und der effektiven Rollenlänge l_{eff} hergeleitet, die sich aus der Rollenlänge l_w abzüglich Kanten- oder Laufbahnabrundungen r bestimmen lässt [15.3], [15.57], [15.87], [15.93]:

$$\delta_k = \frac{4{,}05}{10^5} \cdot \frac{Q^{0{,}925}}{l_{eff}^{0{,}85}} \quad \text{mit} \quad l_{eff} = l_w - 2 \cdot r \tag{15.37}$$

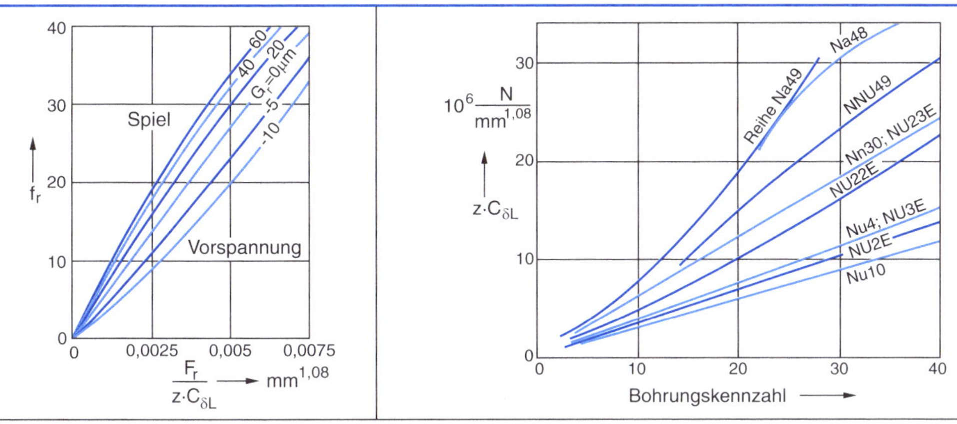

Abbildung 15.25: Federweg f_r und Werte $z \cdot C_{\delta L}$ für radial belastete Zylinderrollen- und Nadellager [15.4]

Es fällt auf, dass die elastische Verformung δ_k bei Linienberührung unabhängig ist vom Rollendurchmesser, was auch experimentell bestätigt werden konnte [15.85], [15.86]. Da in einem Wälzlager zwei Kontaktstellen zwischen Innenring, Rolle und Außenring vorliegen, ist die elastische Gesamtverformung δ doppelt so groß wie der Wert, der sich für eine Berührstelle ergibt:

$$\delta = 2 \cdot \delta_k = 2 \cdot \frac{4{,}05}{10^5} \cdot \frac{Q^{0{,}925}}{l_{eff}^{0{,}85}} \quad \text{mit} \quad l_{eff} = l_w - 2 \cdot r \tag{15.38}$$

Durch Umformen erhält man den folgenden Zusammenhang mit der Verformungskonstanten $C_{\delta L}$:

$$Q = C_{\delta L} \cdot \delta^{1{,}08} \tag{15.39}$$

$$C_{\delta L} = 26200 \cdot l_{eff}^{0{,}92} \quad \left[\text{N/mm}^{1{,}08}\right] \tag{15.40}$$

Zur Ermittlung der axialen Federung f_a ist als weitere Einflussgröße der Druckwinkel α_0 zu berücksichtigen, Abbildung 15.26.

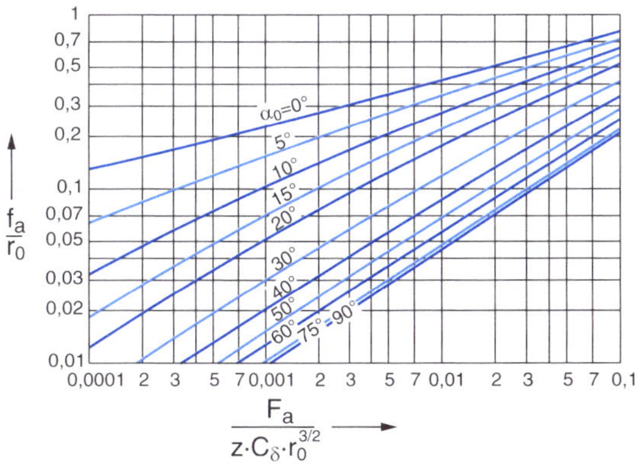

$\alpha_0 = 0°$ für spielfreie Radial-Rillenkugellager

$\alpha_0 = 90°$ für Axial-Rillenkugellager

Für Radial-Rillenkugellager mit dem Radialspiel G_r gilt:

$$\cos \alpha_0 = \frac{1 - G_r}{2 \cdot r_0} \tag{15.41}$$

Abbildung 15.26: Axialer Federweg f_a von Kugellagern für Druckwinkel $\alpha_0 = 0°$ bis $90°$ [15.4]

Dabei lässt sich der Nenner des Abszissenausdrucks näherungsweise gemäß Abbildung 15.27 als Vielfaches der statischen Tragzahl C_0 ausdrücken.

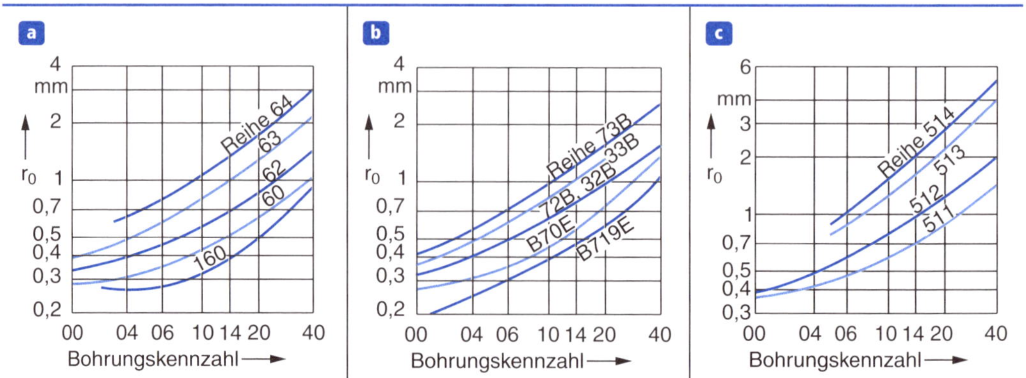

Lagerreihe und Druckwinkel α_0	$z \cdot C_\delta \cdot r_0^{1,5}$	Lagerreihe und Druckwinkel α_0	$z \cdot C_\delta \cdot r_0^{1,5}$	Lagerreihe und Druckwinkel α_0	$z \cdot C_\delta \cdot r_0^{1,5}$
160, 60, 62, 63, 64,	$50 \cdot C_0$	72B, 73B, $\alpha_0 = 40°$	$80 \cdot C_0$	511, 513	$30 \cdot C_0$
α_0 nach Glg. (15.41)	$60 \cdot C_0$	32, 33, $\alpha_0 = 35°$	$66 \cdot C_0$	512, 514	$26 \cdot C_0$
		32B, 33B, $\alpha_0 = 25°$	$60 \cdot C_0$	Alle $\alpha_0 = 90°$	

Abbildung 15.27: Diagramme für r_0 – a) Radial-Rillenkugellager, b) Schrägkugellager, c) Axial-Rillenkugellager [15.4]

Mithilfe der Diagramme aus Abbildung 15.27 lässt sich für den jeweiligen Lagertyp der Wert r_0 ermitteln, sodass aus dem Diagramm in Abbildung 15.26 durch Multiplikation mit r_0 letztlich der axiale Federweg f_a bestimmt werden kann.

Entsprechend den Diagrammen in Abbildung 15.28 können für axial belastete Kegelrollenlager und Axial-Zylinderrollenlager die Federwege f_a ermittelt werden.

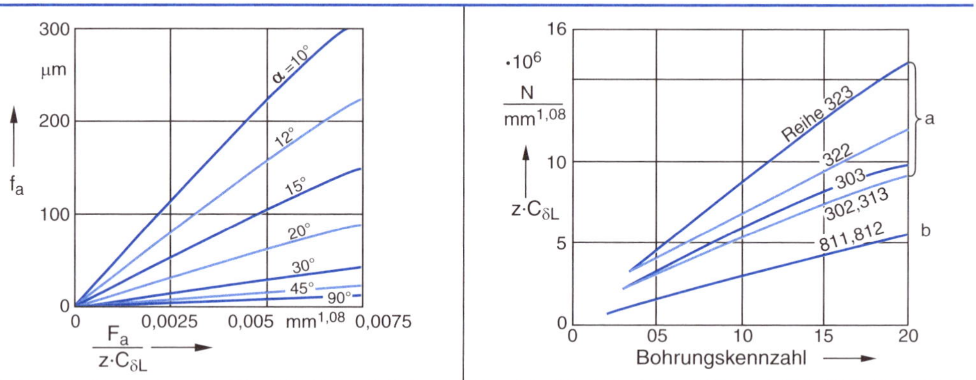

Kegelrollenlager:	Axial-Zylinderrollenlager:
Reihe 302, 322: $\alpha_0 = 15°$	Reihe 811, 812: $\alpha_0 = 90°$
Reihe 303, 323: $\alpha_0 = 15°$	
Reihe 313: $\alpha_0 = 30°$	

Abbildung 15.28: Federweg f_a und Werte $z \cdot C_{\delta\,L}$ für axial belastete Kegelrollen- und Axial-Zylinderrollen [15.4]

Abschließend ist in Abbildung 15.29 nochmals das Federungsverhalten für generelle Kontaktsituationen sowie für verschiedene Lagertypen mit 50 mm Bohrung in radialer und axialer Belastungsrichtung zusammengefasst.

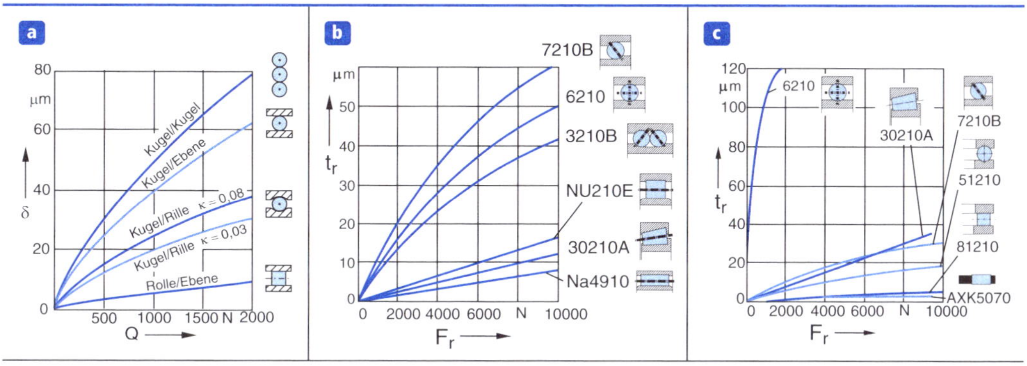

Abbildung 15.29: Steifigkeitsverhalten – a) Rollen und Kugeln allgemein, b) radiale Federung einiger Lager mit 50 mm Bohrung, c) axiale Federung einiger Lager mit 50 mm Bohrung [15.4]

15.2.7 Werkstoffe und Eigenschaften

Die besondere Belastungssituation im Wälzkontakt mit Hertz'schen Pressungen von 1.000 bis 2.000 N/mm^2 (in Sonderfällen bis zu 4.000 N/mm^2) erfordert eine ausreichend hohe Härte bei gleichzeitiger Zähigkeit, weshalb der Reinheitsgrad des Werkstoffes von großer Bedeutung ist. So stellte bereits Richard Stribeck (1861 – 1950, Prof. für Maschinenelemente an der TU Dresden von 1892 – 1898) fest, dass ein durchhärtbarer, schwach legierter Chromstahl neben statischer Belastbarkeit bei trennendem Schmierfilm auch für dynamische Überbeanspruchung bei normalen Betriebstemperaturen recht gut geeignet ist [15.133], [15.134], [15.135].

Heute stellen durchhärtbare Stähle wie der 100 Cr 6 oder der für Flamm- und Induktionshärtung geeignete Einsatzstahl 17 MnCr 5 in normaler, ultrareiner oder vakuumentgaster Qualität bei einer Härte der betriebsbereiten Lagerelemente (Wälzkörper) von mehr als 58 HRC, meistens 62 ± 3 HRC, die gebräuchlichsten Wälzlagerstähle dar [15.47]. Üblicherweise werden die Laufringe meistens einen Härtegrad niedriger ausgeführt als die Wälzkörper.

Bei starker Stoß- und Biegewechselbeanspruchung oder bei nicht vermeidbaren Relativbewegungen zwischen Welle und Laufring mit der Gefahr der örtlichen Überhitzung (z.B. bei Zylinderrollenlagern in Walzwerken) werden generell Einsatzstähle (z.B. 16 MnCr 5) bevorzugt. Müssen die Lagerringe gemäß Abbildung 15.9 zusätzliche Bauteilfunktionen übernehmen, kommen Vergütungsstähle (z.B. 42 CrMo 4) zum Einsatz, wobei nur die Laufbahnen und Dichtungsflächen flamm- oder induktivgehärtet werden. Dabei kann die Oberflächenhärte unter 58 HRC liegen, was bei der Tragfähigkeitsberechnung zu berücksichtigen ist.

Abbildung 15.30 zeigt schematisch den zur Mitte des Werkstückquerschnittes hin abnehmenden Verlauf von Härte und Festigkeit. Zur Vermeidung plastischer Verformungen der Kontaktstelle oder Ermüdungsschäden im statischen oder dynamischen Betrieb ist abhängig von Belastung und Kontaktgeometrie (Kontaktdurchmesser, Schmiegung) die erforderliche Einhärtungstiefe *Eht*, bei der noch eine Grenzhärte von 550 HV (Härtegrade nach Vickers) vorliegt, abhängig vom Wälzkörperdurchmesser D_w zu bestimmen. Bei der Flamm- und Induktionshärtung ist in entsprechender Art die Einhärtungstiefe *Rht* zu bestimmen.

Unter der Maßgabe, dass der zur Hertz'schen Beanspruchung gehörende dargestellte Vergleichsspannungsverlauf (ermittelt nach der GEH) unterhalb der Kurve des ertragbaren Härtetiefenverlaufes liegt (Beanspruchbarkeit), ist das Lager dauerfest.

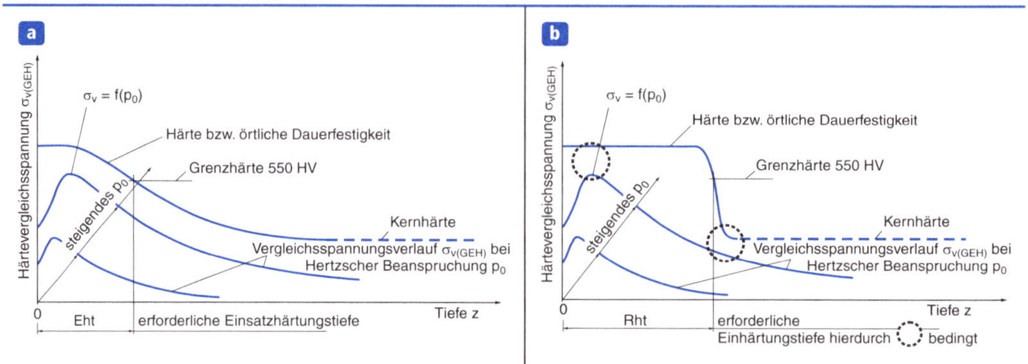

$$Eht\,550\,HV \geq (0{,}07\ldots 0{,}12)\cdot D_w \qquad (15.42)$$

$$Rht\,550\,HV \geq (0{,}1\ldots 0{,}15)\cdot D_w \qquad (15.43)$$

Abbildung 15.30: Erforderliche Einhärtungstiefe *Eht* (links) und Einhärtungstiefe *Rht* (rechts) abhängig von der Hertz'schen Beanspruchung nach der Gestaltänderungsenergiehypothese GEH [15.4], [15.131]

Für Sonderanwendungen in korrosiver Umgebung bieten sich zwei Möglichkeiten an. Zum einen sind das Stähle (z.B. X 45 Cr 13), die aufgrund ihres niedrigen Kohlenstoffgehaltes geringere Oberflächenhärten, einhergehend mit einer geringeren Tragfähigkeit als normale Wälzlagerstähle, erreichen. Zum anderen gibt es Stähle höherer Festigkeit (z.B. X 102 CrMo 17), die jedoch legierungsbedingt (hoher Kohlenstoff- und Chromgehalt) große Karbide im Gefüge aufweisen, die bei der Endbearbeitung der Wälzkontaktflächen freigelegt oder sogar herausgerissen werden, was ein erhöhtes Laufgeräusch bedingt [15.4]. Als Alternative dazu sind korrosionsbeständige Stähle des Typs X 65 Cr 13 zu sehen, die bei ausreichender Härte nur wenige gefügebedingte Nachteile aufweisen. Bei höher beanspruchten Lagern der Luftfahrt und Lebensmittelindustrie verwendet man hochaufgestickte martensitische HNS-Stähle (High Nitrogen Steel) des Typs X 30 CrMoN 15 oder X 15 CrMoN 15, die zwecks Korrosionsschutz teilweise zusätzlich mit metallischen oder nichtmetallischen Überzügen versehen werden (z.B. Dünnschichtverchromung) [15.4].

Die HNS-Stähle, warmfeste Stähle (z.B. 80 MoCrV 42 16) sowie gegossene oder gesinterte Hartlegierungen (Stellite) eignen sich für höchste Temperaturen bis zu 600 °C und Betriebsbedingungen, wie sie z.B. in Flugtriebwerken vorliegen [15.4].

Bei besonders hohen Ansprüchen an die Lagerung hinsichtlich hoher Drehzahlen, erschwerten Schmierbedingungen, Korrosionsbeständigkeit, Verschleißfestigkeit oder hohen Temperaturen bieten sich Lager mit Wälzkörpern aus Keramik (sogenannte Hybridlager) oder auch Voll-Keramikwälzlager aus Siliziumnitrid oder Zirkonoxid an. Während die Hybridlager vorzugsweise bei hohen Drehzahlen (geringere Fliehkräfte der Wälzkörper durch das kleinere spezifische Gewicht) und bei erschwerten Schmierbedingungen zum Einsatz kommen, haben sich Voll-Keramikwälzlager als vorteilhaft bei hohen Temperaturen (beständig und tragfähig bis über 1.000 °C) und in korrosiver Umgebung (chemische Korrosionsbeständigkeit gegenüber nahezu allen Substanzen) erwiesen. Darüber hinaus sind sie wegen ihrer Härte von 80 HRC extrem verschleißfest und Trockenlauf oder aber Schmierung durch Umgebungsmedien wie Wasser, Säuren und Laugen ist möglich. Außerdem haben sie gegenüber Stahllagern ein um 60 % geringeres Gewicht, sind wegen des 40 % geringeren Reibmoments besonders leicht laufend, unmagnetisch und verfügen über hervorragende Isolationseigenschaften. Von Nachteil sind die deutlich geringeren statischen und dynamischen Tragzahlen (sowohl bei Hybrid- als auch bei Voll-Keramiklagern) und das unterschiedliche Wärmeausdehungsverhalten im Vergleich zu Stahl.

In den bisher beschriebenen Anwendungen kommen die Wälzlagerkäfige in der Regelausführung aus gestanztem Stahlblech, bei sehr kleinen Lagern auch aus Messingblech zum Einsatz. Ebenso werden Geräusch dämpfende Polyamide und Hartgewebe, zum Teil mit Füllstoff, verwendet. Große massive Käfige bestehen aus Leichtmetall, Messing oder Sondergusseisen. Bei zulässigen Betriebstemperaturen der Lagerelemente aus Stahl von 120 °C ohne Abminderung der Tragfähigkeit sind die Käfigwerkstoffeigenschaften besonders zu berücksichtigen, s. a. Tabelle 15.1.

Bezüglich der Maßstabilität unterliegen normal wärmebehandelte Standardlager keinen Maßänderungen aufgrund von Gefügeänderungen, sofern eine Betriebstemperatur von 120 °C nicht überschritten wird. Für höhere Betriebstemperaturen ist eine spezielle Anlassbehandlung notwendig, um die Maßstabilität des Lagers zu erhalten. Dabei tritt allerdings eine Härteminderung auf, die bei der Tragfähigkeitsberechnung entsprechend zu berücksichtigen ist.

15.2.8 Reibung, Temperatur und Schmierung

Die wesentlichen Vorteile der Wälzlager sind die niedrige Reibung und die geringen Ansprüche an die Schmierung. Dennoch treten bei der Bewegung Widerstände auf, die sich im Wesentlichen aus den folgenden Reibungsanteilen zusammensetzen:

- Rollreibung – beim Abrollen des Wälzkörpers auf der Laufbahn,
- Gleitreibung – an den Führungsflächen der Wälzkörper im Käfig, den Käfigführungsflächen bei bordgeführten Käfigen und bei Rollenlagern zwischen Wälzkörperstirnflächen und Borden,
- Schmierstoffreibung – aus der inneren Reibung an den Kontaktstellen sowie aus der Plansch- und Walkarbeit des Schmierstoffes.

Die bei der Rollreibung auftretenden komplexen Vorgänge zwischen einem Wälzkörper und der Laufbahn gehen sowohl auf Gleitwiderstände als auch auf elastische Hysterese des Werkstoffes zurück. Dabei werden gemäß Abbildung 15.31 die in Umfangsrichtung vor dem Wälzkörper liegenden Bereiche verformt, während hinter dem Wälzkörper teilweise wieder eine Entlastung erfolgt, weshalb ein Teil der zugeführten Arbeit in Wärme umgewandelt wird. Innerhalb der Druckflächenbreite $2b$ der Hertz'schen Kontaktfläche werden der Wälzkörper gestaucht und die Laufbahn gedehnt.

Aufgrund der tatsächlichen Ausformung des Wälzkörperringes mit einer Krümmung quer zur Rollrichtung entstehen zusätzliche Gleitbewegungen in der Druckellipse, Abbildung 15.31 (rechts). Aus den unterschiedlichen Abständen der einzelnen Druckflächenpunkte von der Kugeldrehachse ergeben sich verschiedene Umfangsgeschwindigkeiten, sodass der mittlere Abschnitt der Kugeloberfläche entgegen der Rollrichtung und die äußeren Abschnitte in Rollrichtung gleiten. In den Punkten D und D' tritt kein Gleiten auf. Mit stärkerer Schmiegung und wachsender Belastung nehmen die Gleitungen und die daraus entstehende Reibung zwischen Wälzkörper und Laufbahnprofil zu. Hinzu kommt bei Lagern mit einem Betriebsdruckwinkel $\alpha > 0$ noch die Bohrreibung, die gemäß Abbildung 15.21 bei Gleitungen entsteht, die sich aus der Drehung des Rollkörpers um die Berührungssenkrechte ergeben (s.a. Abschnitt 15.4.3).

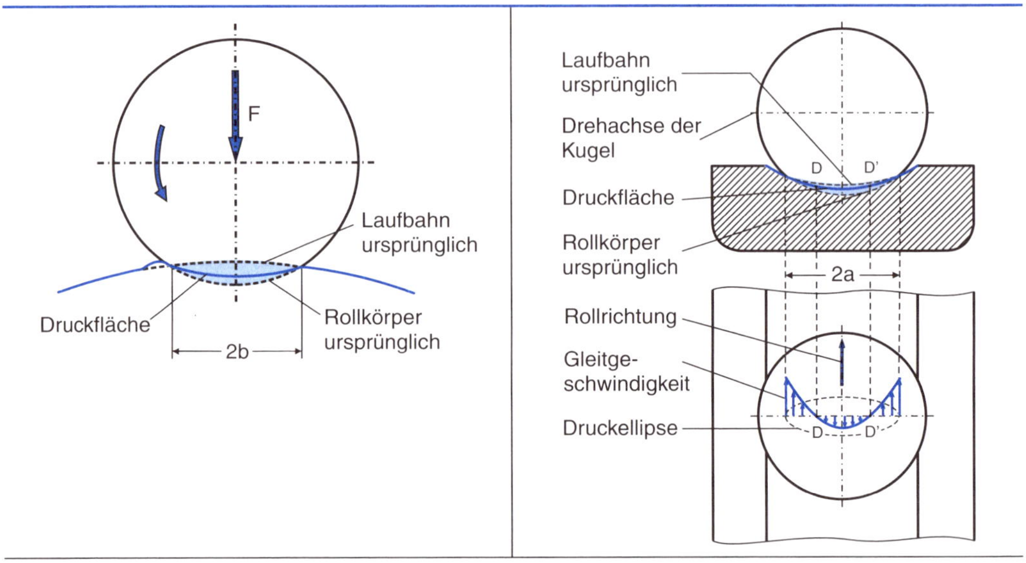

Abbildung 15.31: Verformung eines umlaufenden Wälzkörpers und der Laufbahn (links) und zusätzliche Gleitbewegungen (rechts), hervorgerufen durch die Krümmung der Druckfläche [15.4]

Die Gleitreibungsanteile gehen zurück auf Kräfte, die an den Führungsflächen wirken. Hierzu gehören die Käfigtaschen und bei Lagern mit bordgeführtem Käfig die Bohrungs- oder Mantelfläche des Käfigs sowie bei Rollenlagern die Stirnflächen der Wälzkörper (Kontakt Stirnfläche – Bord). Die Kräfte hängen ab vom Gewicht des Käfigs und aus der durch das Käfigtaschenspiel bedingten Schwerpunktverlagerung, die sich drehzahlabhängig als Fliehkraft auswirkt. Ferner wirken Kräfte von den Wälzkörpern auf den Käfig aufgrund von Beschleunigungs- und Verzögerungsvorgängen beim Eintritt in und Austritt aus der belasteten Zone. Hinzu kommen noch Massenkräfte aus Anfahr- und Abbremsvorgängen sowie generellen Drehzahlschwankungen. Bei Kugellagern ergeben sich zusätzlich Kräfte aus Verkippungen des Innenrings gegenüber dem Außenring bzw. Schwankungen des Druckwinkels über dem Lagerumfang, sodass einige Kugeln relativ zum Käfig auf variierenden Laufbahnradien vor- und nacheilen können (s.a. Abschnitt 15.2.5). Bei guter Schmierung und unter normalen Betriebsverhältnissen sind die auf den Käfig wirkenden Kräfte klein und demzufolge die Reibungswiderstände gering. Allerdings steigt bei Mangelschmierung, Verschmutzung und auch mit zunehmender Drehzahl die Reibung deutlich an, insbesondere wenn eine Störung der idealen Laufverhältnisse vorliegt (z.B. durch starkes Verkippen der Laufringe eines Kugellagers gegeneinander).

Die Schmierstoffreibung hängt hauptsächlich von der Menge und Zähigkeit des Schmierstoffes ab. Zusätzlichen Einfluss hat die Lagergeometrie in Form der Wälzkörpergröße, Größe des Führungsspaltes zwischen Käfig und Laufringbord und freier Durchtrittsräume von einer Lagerseite zur anderen. Ist die Schmierstoffreibung bei niedrigen Drehzahlen im Allgemeinen gering, so steigt sie jedoch abhängig von der Ölviskosität bzw. der Fettkonsistenz mit wachsender Drehzahl deutlich an. Die Schmierstoffreibung ist ebenfalls höher, wenn z.B. zwecks guter Wärmeabfuhr größere Ölmengen durch ein Lager gepumpt werden müssen. Bei Fettschmierung tritt erhöhte Reibung auf, wenn z.B. die Hohlräume des Lagers mit Fett gefüllt werden und seitlich nicht genügend Freiraum ist, in dem sich überschüssiges Fett absetzen kann, sodass die eingeschlossene Fettmenge vom Käfig und den Rollkörpern durchgewalkt wird und Heißlaufgefahr besteht (s.a. Abbildung 15.33). Steht jedoch genügend Raum zur Verfügung, ist die Reibung bei Fettschmierung ähnlich niedrig wie bei einer Öl-Minimalmengenschmierung.

Ungeachtet der komplexen Zusammenhänge lässt sich überschlägig das gesamte Reibungsmoment M_R eines Wälzlagers mit dem Durchmesser der Lagerbohrung d abhängig von der einwirkenden Kraft F_{res} nach Gleichung (15.1) wie folgt bestimmen:

$$M_R = \mu \cdot F_{res} \cdot \frac{d}{2} \tag{15.44}$$

Hierin bezeichnet μ den von der Lagerbauart abhängigen Reibungsbeiwert bei mittlerer Belastung (d.h. das Verhältnis von Äquivalentlast P zu dynamischer Tragzahl C sollte $P/C \approx 0{,}1$ betragen) gemäß Tabelle 15.2. Weiterhin darf keine Zusatzbeanspruchung durch Verkippung und radiale oder axiale Verspannung vorliegen. Der Lastwinkel β sollte in dem für die einzelnen Lagerbauarten üblichen Bereich liegen, d.h. Radiallager werden überwiegend radial, Zylinderrollenlager und Nadellager nur radial und Axiallager ausschließlich axial belastet. Ferner sollte das Lager ohne gleitende Dichtungen in gutem Schmierungszustand bei mittlerer Drehzahl betrieben werden. Hierunter ist der 0,3- bis 0,7-fache Wert der kinematisch zulässigen Drehzahl (Katalogangabe: Grenzdrehzahl n_G) zu verstehen. Wird von diesen Bedingungen abgewichen, können die Reibungsbeiwerte ein Vielfaches der Tabellenwerte betragen, so liegen z.B. die Reibungsverluste aufgrund einer berührenden Lagerabdichtung bis zu einer Zehnerpotenz höher. Ebenso ist beim Anlauf mit ungefähr dem Zwei- bis Dreifachen der Tabellenwerte zu rechnen. Genauere Berechnungsverfahren, bei denen in lastunabhängige und lastabhängige Reibungsmomentenanteile unterschieden wird, können bei Bedarf der Fachliteratur entnommen werden [15.4]. Abschließend sei darauf hingewiesen, dass im allgemeinen Maschinenbau die Reibungsverluste von Wälzlagern in der Regel vernachlässigt werden, während in der Feinwerktechnik die Reibungsverluste von Wälzlagern immer zu berücksichtigen sind.

Lagerbauart	Reibungszahl μ	Lagerbauart	Reibungszahl μ
Rillenkugellager	0,0015	Nadellager	0,0025
Pendelkugellager	0,0013	Pendelrollenlager	0,0020
Schrägkugellager, einreihig	0,0020	Kegelrollenlager	0,0018
Schrägkugellager, zweireihig	0,0024	Axial-Rillenkugellager	0,0015
Vierpunktlager	0,0024	Axial-Pendelrollenlager	0,0020
Zylinderrollenlager	0,0013	Axial-Zylinderrollenlager	0,0040
Zylinderrollenlager, vollrollig	0,0020	Axial-Nadellager	0,0050

Tabelle 15.2: Reibungszahl μ verschiedener Wälzlager [15.4]

Die Betriebstemperatur einer Lagerung hängt einerseits ab von der im Lager entstehenden Erwärmung aufgrund von Lagerreibung, Dichtungsreibung und möglicher Fremderwärmung aus der Umgebung sowie von der Wärmeabführung über die Umgebungskonstruktion an die Umwelt. Nach dem Anlauf steigt die Temperatur an und bleibt konstant, sobald die Beharrungstemperatur erreicht ist, d.h. es liegt ein Gleichgewicht zwischen Wärmeerzeugung und Wärmeabgabe vor. Häufig liegt keine Fremderwärmung vor, insbesondere bei mittleren Drehzahlen und Belastungen, sodass für Anhaltswerte von Betriebstemperaturen Tabelle 15.3 verwendet werden kann. Bei zusätzlicher Fremderwärmung ergeben sich gemäß Tabelle 15.4 erheblich höhere Betriebstemperaturen des Lagers.

Betriebstemperatur	Lagerungsbeispiel
bis 40 [°C]	Messerwelle Hobelmaschine, Wellen in Bohrwerken -maschinen und Kreissägen
bis 45 [°C]	Blockbrammengerüst
bis 50 [°C]	Drehmaschinenspindel, Karusseldrehbank, Spindel einer Holzfräse
bis 55 [°C]	Kalanderwalze einer Papiermaschine, Stützwalzenlagerung Warmbandstraße, Flächenschleifmaschine
bis 60 [°C]	Backenbrecher, Radsatzlagerung Lok oder Reisezugwagen, Hammermühle
bis 65 [°C]	Walzenlagerung Drahtstraße
bis 70 [°C]	Vibrationsmotor, Verseilmaschine
bis 80 [°C]	Schwingsieb, Schlägermühle, Schiffspropeller-Drucklager
bis 90 [°C]	Vibrationswalze

Tabelle 15.3: Betriebstemperaturen von Lagern bei 20 °C Umgebungstemperatur [15.4]

Grundsätzlich ist die möglichst genaue Kenntnis der Lagertemperatur wichtig für die Wahl der Lagerbauart (maßstabilisierte Lager, Käfigwerkstoffe, Lagerluft), Dichtungen und Schmierung. Ungeachtet vieler mittlerweile vorliegender Detailinformationen gestaltet sich die genaue Berechnung der Betriebstemperatur recht schwierig, da Wärmezu- und -abfuhr nur sehr ungenau bestimmt werden können. So wird auch in der Fachliteratur von einer Berechnung abgeraten und auf die treffsichere Temperaturermittlung im Versuch unter realistischen Betriebsbedingungen hingewiesen [15.4].

Lagerung	Fremderwärmung	Betriebstemperatur des Lagers [°C]
Elektrischer Fahrmotor	Elektr. Erwärmung vom Anker, Kühlung des Gehäuses durch Fahrtwind	80 ... 90
Trockenzylinder von Papiermaschinen	Heizdampf von 140 ... 150 °C durch Lagerzapfen	120 ... 130
Heißgasventilatoren	Wärmeleitung von dem mit Heißgas beaufschlagten Flügelrad durch die Welle zum Lager	90
Wasserpumpe im Kfz-Motor	Wärme von Kühlwasser und Motor	120
Turbokompressoren	Ableitung der Kompressionswärme durch die Welle	120
Kurbelwellen von Verbrennungs-Kraftmaschinen	Ableitung der Verbrennungswärme durch die Kurbelwelle; Gekühltes Gehäuse	120
Kalander für Plastische Massen	Zufuhr 200 ... 240 °C warmer Heizflüssigkeit durch den Lagerzapfen	180
Radlager von Brennofenwagen	Wärmestrahlung und -leitung vom Brennraum	200 ... 300

Tabelle 15.4: Betriebstemperaturen von fremd erwärmten Lagern [15.4]

Zur Verminderung der Reibung im Lager erfolgt die Schmierung mit Fett oder Öl mit dem Ziel, einen tragfähigen Schmierfilm im Wälzkontakt aufzubauen, wobei folgende günstige und weniger günstige Reibungszustände auftreten können:

1 Es liegen ideale elastohydrodynamische Bedingungen vor (EHD-Bedingungen), d.h. der Schmierfilm ist ausreichend dick, um Wälzkörper und Laufring zu trennen. Somit können selbst bei hohen Hertz'schen Pressungen bis zu 2.000 N/mm^2 keine Schäden an den Kontaktflächen auftreten, sodass Dauerfestigkeit möglich ist.

2 Bedingt durch hohe Belastung, niedrige Schmierstoffviskosität und Formabweichungen ist der Schmierfilm nicht mehr ausreichend dick und es liegt Mischreibung vor. Somit treten in den Kontaktflächen größere tangentiale Reibungskräfte auf, einhergehend mit zusätzlichem Verschleiß und demzufolge begrenzter Lebensdauer.

3 Größere Fremdkörper gelangen zwischen die Kontaktflächen und bedingen adhäsiven oder abrasiven Verschleiß sowie Eindrückungen, in deren Folge Grübchenschäden entstehen.

Grundvoraussetzung zur Erzielung des optimalen 1. Schmierungszustandes ist eine ausreichende Viskosität des eingesetzten Schmierstoffes Fett oder Öl, wobei eine hohe Viskosität allerdings auch zu höheren Walk- und Reibungsverlusten und damit zu höheren Temperaturen führt. Können die optimalen EHD-Bedingungen nicht erreicht werden, bieten sich als Schmierstoffzusatz EP-Additive (Extreme Pressure) an. Abhängig von den Einsatzbedingungen muss der Schmierstoff weitere Funktionen erfüllen. Hierzu gehören z.B. der Korrosionsschutz bei Betrieb in korrosiven Medien und die Abdichtung, z.B. durch Fettkragen in Labyrinthdichtungen. Erfolgt die Schmierung mit Öl, so können zusätzlich Verlustwärme und Verunreinigungen abgeführt werden, die sich bei einer Ölumlaufschmierung auch noch herausfiltern lassen.

Fett als Schmiermittel verfügt zunächst nicht über diese vorteilhaften Eigenschaften. Dafür benötigt eine Fettschmierung aber nur geringe Schmierstoffmengen und einfache Schmiereinrichtungen mit niedrigem Wartungsaufwand bei gleichzeitig hervorragender Speicher- und Abdichtungswirkung. Aufgrund dieser Eigenschaften ist die Fettschmierung von Wälzlagern zunächst immer der Ölschmierung vorzuziehen, wobei aber die Drehzahlgrenzbedingungen gemäß Tabelle 15.5 einzuhalten sind [15.63].

Fettschmierung von Rillenkugel- und Zylinderrollenlagern für $n < n_{Fett}$	$n_{Fett} \leq \dfrac{300000}{\sqrt{0{,}02 \cdot d^3}}$	(15.45)
Fettschmierung von Pendel- und Kegelrollenlagern für $n < n_{Fett}$	$n_{Fett} \leq \dfrac{160000}{\sqrt{0{,}02 \cdot d^3}}$	(15.46)
d: Lagerdurchmesser in mm, n_{Fett}: Drehzahlgrenze in min^{-1}		

Tabelle 15.5: Drehzahlgrenzen (Anhaltswerte) für Fettschmierung [15.63]

Eine Übersicht zur Schmierstoffauswahl gibt Tabelle 15.6. Darüber hinaus sind zusätzliche Informationen der weiterführenden Literatur und den Angaben der Wälzlagerhersteller zu entnehmen [15.4].

Grundsätzlich werden weiche Fette verwendet, wenn die Reibung im Lager besonders klein sein muss (z.B. bei kleinen, ruckfreien Einstellbewegungen oder aber bei Antriebsmaschinen, bei denen nur die Lagerreibung zu überwinden ist), das Fett nur durch lange Kanäle zu den Schmierstellen gepresst werden kann oder aber zügige Anfahrvorgänge aus kaltem Zustand erforderlich sind.

Werden dagegen geringe Laufgeräusche gefordert, so sind steifere Fette einzusetzen. Das gilt ebenfalls, wenn zur Vermeidung des Eintritts von Staub, Fremdkörpern oder Wasser das Fett am Wellenaustritt einen dichtenden Kragen bilden soll. Besonders haftfähige Fette mit höherer Gebrauchstemperatur sind zu wählen, wenn das Fett durch höhere Temperaturen sehr weich werden kann und zusätzlich die Gefahr besteht, dass das Fett infolge seiner Schwerkraft aus dem Lager austreten kann (z.B. bei senkrecht stehenden Wellen).

Die einzufüllende Fettmenge hängt hauptsächlich von der Betriebsdrehzahl ab, wobei die eigenen Hohlräume des Wälzlagers voll gefüllt sein sollen, damit alle Funktionsflächen Schmierstoff erhalten. Bei einem neu voll befüllten Wälzlager stellt sich die notwendige Fettmenge drehzahlabhängig erst nach einer gewissen Einlaufzeit selbstständig ein, sofern das überschüssige Fett vom Gehäuseraum aufgenommen werden kann. Bei fettgeschmierten Lagern für höhere Drehzahlen ist zunächst während einer Einlaufzeit mit niedrigeren Drehzahlen zu fahren, damit sich das Fett ohne zu starke Temperaturerhöhung im Lager verteilen kann.

Schmierstoff und Schmierverfahren	**Merkmale und Eigenschaften**
Fettschmierung, geeignet für alle Lagerbauarten, außer Axial-Pendelrollenlager (abhängig von Drehzahl und Fettart)	
Fettschmierung – For-Life	Einmalige Fettfüllung, geringe Menge, gegebenenfalls Dichtung
	Einfache Konstruktionen, wartungsfrei, Dichtwirkung (Fett), Temperatur begrenzt (ca. $100\ °C$), max. Drehzahlkennwert: $n \cdot d_m \approx 0{,}5 \cdot 10^6$ [mm/min]
Fettschmierung – Nachschmierung Fettschmierung – Sprühschmierung	Zuführung durch Rohre oder Bohrungen (z. B. Schmiernippel), Menge vorzugeben, evtl. Fettmengenregler, Auffangraum für Altfett, Füllung ca. $2/3$ des Freiraums
	Aufwändigere Konstruktion, Fett austauschbar, max. Drehzahlkennwert: $n \cdot d_m \approx 1 \cdot 10^6$ [mm/min]
Ölschmierung, geeignet für alle Lagerbauarten	
Ölsumpfschmierung, größere Menge, z.T. For-Life	Eintauchen in Ölbad (bis Mitte unterer Wälzkörper) oder Spritzöl, mittlere Menge, Gehäuse mit ausreichendem Ölvolumen vorsehen
	Gemeinsame Schmierung mit anderen Maschinenelementen (z. B. Zahnräder), gute Wärmeabfuhr, hohe Drehzahlen, Planschverluste, max. Drehzahlkennwert: $n \cdot d_m \approx 0{,}5 \cdot 10^6$ [mm/min]
Ölumlaufschmierung, größere Menge, z.T. For-Life	Versorgung durch Pumpe, Ablaufbohrungen, große Menge, evtl. Förderwirkung der Lager berücksichtigen
	Sehr gute Wärmeabfuhr, Filterung möglich (ca. $25\ \mu m$), Aufwändige Konstruktion, max. Drehzahlkennwert: $n \cdot d_m \approx 1 \cdot 10^6$ [mm/min]
Öleinspritzschmierung, größere Menge	Ölzulauf durch gerichtete Düsen, Versorgung durch Pumpe
	Wie Umlaufschmierung, max. Drehzahlkennwert: $n \cdot d_m \approx 4 \cdot 10^6$ [mm/min]
Öltropfschmierung, Ölimpulsschmierung (Minimalmenge)	Spritzöl, Tropföler
	Geringe Reibung, schlechte Wärmeabfuhr, max. Drehzahlkennwert: $n \cdot d_m \approx 1{,}5 \cdot 10^6$ [mm/min], (abhängig von Lagerbauform und Ölviskosität)
Ölnebelschmierung (Minimalmenge) Öl-Luftschmierung (Minimalmenge)	Ölnebelanlage, Mikroskopische Öltröpfchen mit Druckluft Öl-Luftanlage, Makroskopische Öltröpchen mit Druckluft
	Geringe Reibung, sichere Schmierung, hohe Drehzahlen, teuer, aufwändig, Geruch, max. Drehzahlkennwert: $n \cdot d_m \approx 1 \cdot 10^6$ [mm/min], (abhängig von Lagerbauform, Ölviskosität, Konstruktion)
Festschmierstoff – Schmierung, geeignet im Vakuum, bei extrem hohen Betriebstemperaturen, in der Kerntechnik (hohe radioaktive Bestrahlung) und Lebensmittel- und Druckindustrie, vorwiegend Rillenkugellager	
Feststoffschmierung – For-Life Feststoffschmierung – Nachschmierung	Mo_2 und Grafit (als Pulver, Paste, Gleitlack), selten Weichmetallfilme (Kupfer, Gold) u. PTFE, Sonderfall: „selbstschmierende" Käfige (Käfig mit eingelagerten Schmierstoff)
	Temperaturstabil, nicht fließend, hohe Reibung, teuer, max. Drehzahl-Kennwert: $n \cdot d_m \approx 1.500$ [mm/min]

Tabelle 15.6: Schmierstoffe und Schmierverfahren für Wälzlager nach [15.4]

Die Fettgebrauchsdauer liegt lediglich bei kleinen Rillenkugellagern oberhalb der Lagerlebensdauer, weshalb bei dieser Lagerart oft eine sogenannte For-Life-Schmierung (Lebensdauerschmierung) mit Abdichtung durch Deckscheiben vorgesehen wird. Grundvoraussetzung für eine Lebensdauerschmierung sind walkstabile und alterungsbeständige Fette (z.B. Lithiumseifenfette) mit Gebrauchstemperaturen deutlich oberhalb der zu erwartenden Betriebstemperaturen, da die Fette bei höheren Temperaturen rasch altern. Auch wenn der Trend eindeutig zur Lebensdauerschmierung geht, ist insbesondere bei größeren Lagern eine Nachschmierung in regelmäßigen Abständen erforderlich und konstruktiv zu berücksichtigen. Abbildung 15.32 zeigt beispielhaft die Nachschmierfristen in Stunden für lithiumverseifte Standardfette abhängig von der Drehzahl und der Lagerbauart. Anhaltswerte für die Nachschmiermengen sind in Tabelle 15.7 zusammengestellt. Dabei ist zu beachten, dass sich bei Betriebstemperaturen oberhalb von 70 °C je 15 °C Erhöhung die ermittelten Nachschmierfristen halbieren, weitere Verkürzungen ergeben sich für erschwerende Betriebsbedingungen, z.B. Schwingungsbelastung, Verschmutzung und besonders hohe Betriebsbelastungen.

Grundlegende konstruktive Gesichtspunkte bei einer Fettschmierung sind in Abbildung 15.33 a) und b) dargestellt. Entsprechend der Betriebsdrehzahl n und der Grenzdrehzahl n_G (Katalogwert) soll der Gehäuseraum neben dem Lager bei $n/n_G < 0{,}2$ voll, bei $n/n_G < 0{,}2 \ldots 0{,}8$ zu einem Drittel gefüllt werden und bei $n/n_G > 0{,}8$ leer bleiben. Bei überwiegend niedrigen Betriebsdrehzahlen kann die Nachschmierfrist durch eine größere Fettmenge verlängert werden, da die Walkreibung im Fett nicht stört. Kleinere Wälzlager mit beidseitigen Dichtscheiben (siehe Kap. Dichtungen) werden zwecks Lebensdauerschmierung mit 20 bis 30 % Fett gefüllt.

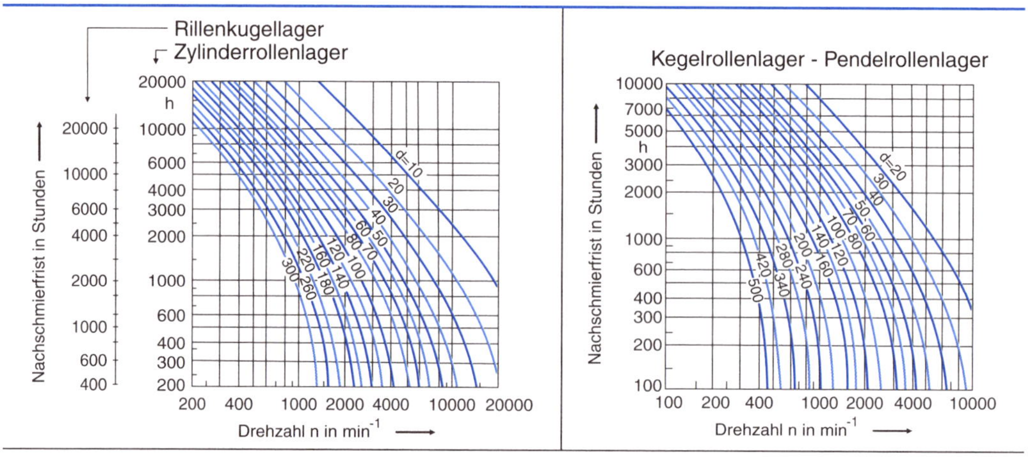

Abbildung 15.32: Nachschmierfristen für lithiumverseifte Standardfette abhängig von Drehzahl und Lagerbauart bei Betriebstemperaturen bis 70 °C – Bei höheren Betriebstemperaturen muss je 15 °C der ermittelte Wert um die Hälfte reduziert werden [15.103].

Nachschmierfrist	Wöchentlich	Monatlich	Jährlich
Nachschmiermenge in Gramm	$D \cdot B \cdot 0{,}002$	$D \cdot B \cdot 0{,}003$	$D \cdot B \cdot 0{,}004$
Bei guter Fettmengenabführung (z.B. über Fettmengenregler) gilt generell: $D \cdot B \cdot 0{,}01$			
D: Lageraußendurchmesser in mm		B: Lagerbreite in mm	

Tabelle 15.7: Anhaltswerte für Nachschmiermengen bei Fettschmierung [15.103]

Bei dem Lager in Abbildung 15.33 a) erfolgt die Fettzufuhr durch Bohrungen in einer Scheibe rechts neben dem Lager. Dadurch wird die gesamte Lagerumgebung mit Fett gefüllt, was auch insgesamt die Abdichtung verbessert. Durch regelmäßiges Nachschmieren wird das alte Fett in die Kammer unten links verdrängt, wo es regelmäßig entfernt werden muss. In Abbildung 15.33 b) werden beide Lager in ähnlicher Weise in Höhe der Wälzkörper mit Fett versorgt. Fliehkraftbedingt wird ein Fettstau vermieden, auch hier muss regelmäßig das nach außen beförderte Fett beseitigt werden. Zur Vermeidung einer Überschmierung bieten sich Fettmengenregler oder Zentralschmieranlagen an.

Eine Ölschmierung gemäß Abbildung 15.33 c) und d) setzt man überwiegend bei Anlagen ein, wo bereits aufgrund anderer Schmierstellen Öl benötigt wird, z.B. bei Getrieben (Verzahnungen) und Motoren. Bei der einfachen Tauchschmierung entsprechend Abbildung 15.33 c) tauchen die Wälzkörper bei jeder Umdrehung in den Ölsumpf ein und werden dort mit Öl benetzt. Der maximale Ölstand sollte ungefähr bis zum halben Wälzkörperdurchmesser reichen, da bei höherem Ölstand Planschverluste auftreten, die zu größeren Verlusten und Öltemperaturen führen. Das Öl altert schneller und es tritt Schaumbildung auf. Lediglich bei langsam laufenden Anwendungen bis $n/n_G < 0{,}4$ darf mehr Öl eingefüllt werden.

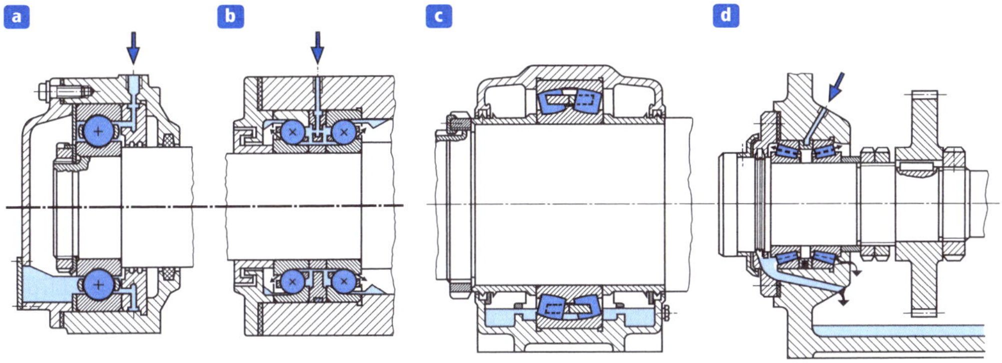

Abbildung 15.33: Fettschmierung eines Rillenkugellagers (a) und zweier Schrägkugellager (b) sowie Ölschmierung als Tauchschmierung (c) und Umlaufschmierung (d) [15.73]

Während in einfach aufgebauten Zahnradgetrieben häufig das durch die Zahnräder aufgewirbelte Öl zur Lagerschmierung ausreicht, erfordern komplizierter gestaltete mehrstufige Getriebe bei mittleren bis hohen Drehzahlen eine Ölumlaufschmierung gemäß Abbildung 15.33 d). Dabei werden sämtliche Lagerstellen (und auch Zahneingriffe in Getrieben) durch eigene Zuleitungen mit Öl versorgt, das durch ein externes Pumpen- und Filtersystem in bedarfsgerechten Mengen zugeteilt wird. Meistens erfolgt die Zufuhr des gefilterten und gekühlten Öls an einer Stirnseite des Lagers über Bohrungen, während die Abfuhr an der anderen Stirnseite über Kanäle oder direkt in den Pumpensumpf (Sammelbehälter) erfolgt. Üblicherweise wird das Öl vom kleineren zum größeren Durchmesser gepumpt, da es dann besser ablaufen und auch Schmutzpartikel mitnehmen kann. Vor Staustellen, hierzu gehören auch Wellendichtringe, ist eine Druckentlastung vorzusehen. Auch wenn mittels Umlaufschmierung nahezu beliebig große Ölströme bereitgestellt werden können, lässt sich bauartabhängig nicht beliebig viel Öl durch ein Lager pumpen. Abbildung 15.34 gibt einen Überlick über die erforderlichen Ölmengen abhängig vom Lagerdurchmesser und die hierfür erforderlichen Ablaufquerschnitte [15.73]. Eine einfachere Alternative zur Umlaufschmierung stellt bei schnell laufenden Lagern die Ölnebelschmierung dar. Dabei wird Druckluft über ein Saugrohr geblasen, welches mit seinem unteren Ende im Ölsumpf steht. Die Druckluft saugt das Öl an und verwirbelt es gleichzeitig, wobei wegen des Luftstromes zusätzlich noch eine leichte Kühlung erfolgt. Bedingt durch den herrschenden Überdruck wird zusätzlich das Eindringen von Staub und Fremdkörpern verhindert.

Liegen besondere Betriebsbedingungen vor, z.B. sehr hohe Temperaturen oder Vakuum, werden auch Festschmierstoffe wie Grafit, Wolframdisulfid, Molybdänsulfid, Polytetrafluorethylen (PTFE) oder Weichmetallfilme aus Silber eingesetzt (s.a. Tabelle 15.6).

Neben den hier vorgestellten überschlägigen Verfahren zur Schmiermittelmengenbestimmung sind auch weitere einfache Berechnungsverfahren bekannt, die jedoch vieler Annahmen und Abschätzungen bedürfen, sodass keine genaueren Ergebnisse zu erwarten sind [15.4], [15.73].

Generell ist noch zu beachten, dass die Art der Schmierung (Fett oder Öl) die Gehäuseausbildung sowie die Gestaltung der Schmiermittelzufuhr und Dichtung beeinflusst. Des Weiteren ist bei der Wahl der Käfigwerkstoffe die Verträglichkeit mit dem Schmiermittel zu beachten, da einige Additive die Käfiggebrauchsdauer herabsetzen können. Dies gilt auch für zu hohe Lagertemperaturen aufgrund gealterten Öls, weshalb die vorgeschriebenen Ölwechselfristen einzuhalten sind.

Da die Lagerlebensdauer durch das Fernhalten von Verunreinigungen vom Wälzkontakt steigt, ist eine gelegentliche Lagerreinigung (z.B. im Zuge einer Neubefettung) ebenfalls vorteilhaft.

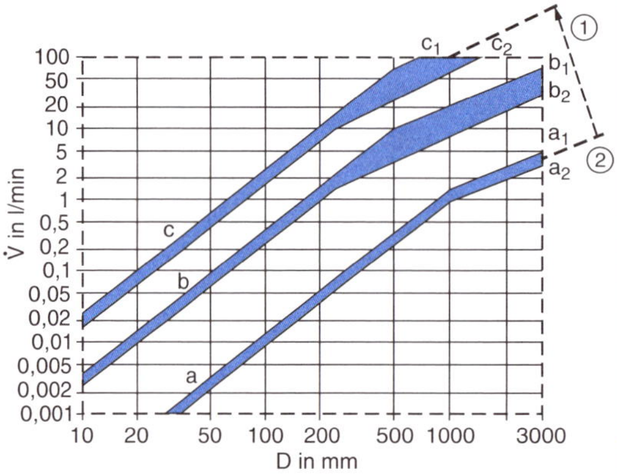

a: Zur Schmierung ausreichende Menge

b: Obere Grenze für Lager symmetrischer Bauart

c: Obere Grenze für Lager asymmetrischer Bauart

a_1, b_1, c_1: $D/d > 1{,}5$

a_2, b_2, c_2: $D/d \leq 1{,}5$

$$A_{rab} = K_{ab} \cdot A_{ab} \tag{15.47}$$

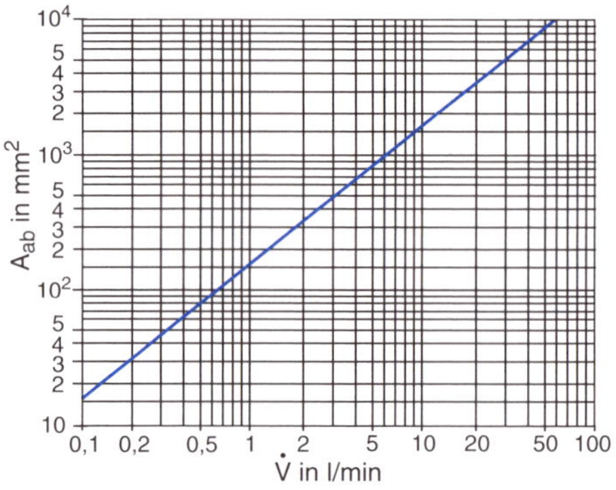

Viskosität [mm²/s]	Korrekturfaktor K_{ab}
Bis 30	1
30 bis 60	1,2 bis 1,6
60 bis 90	1,8 bis 2,2
90 bis 120	2,4 bis 2,8
120 bis 150	3 bis 3,4

Abbildung 15.34: Erforderliche Ölmengen abhängig vom Lagerdurchmesser und erforderliche Ablaufquerschnitte [15.73]

15.3 Gestaltung von Wälzlagerungen

In Erweiterung der im vorherigen Abschnitt beschriebenen funktionalen Grundlagen eines Wälzlagers besteht die konstruktive Ausführung einer statisch bestimmten Lagerung aus zwei Lagern. Zur Vermeidung großer Verformungen (z.B. Durchbiegung bei langen Wellen) kann auch eine statisch überbestimmte Lagerung mit mehr als zwei Lagern erforderlich sein. Ergänzend zur Anwendung von Rillenkugel- und Zylinderrollenlagern im Radsatzgetriebe eines Bahnfahrzeuges (Abbildung 15.1) zeigt Abbildung 15.35 die Nutzung von Kegelrollenlagern im Hinterachsgetriebe eines Lastkraftwagens.

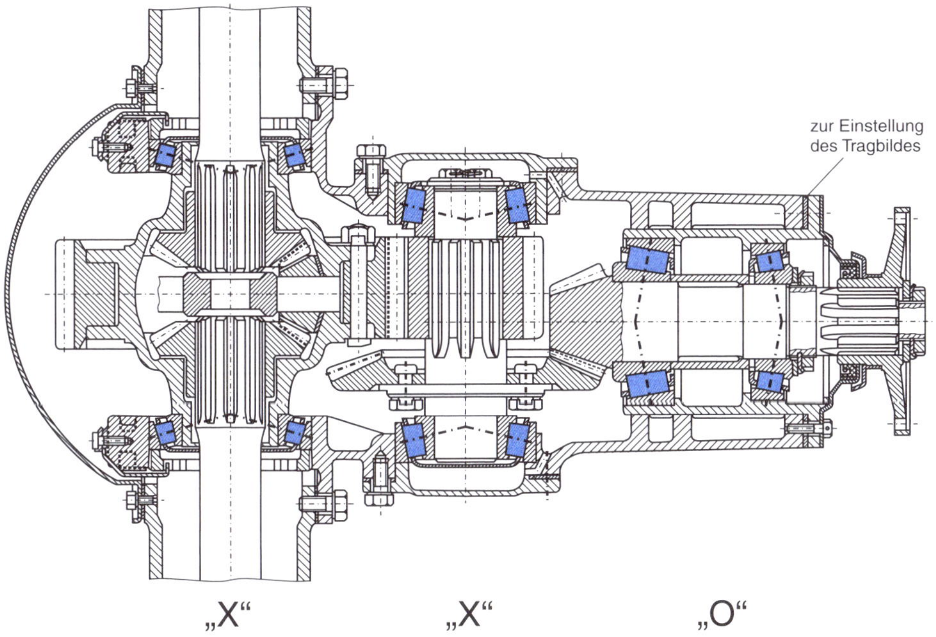

Abbildung 15.35: Kegelrollenlager in X- und O-Anordnung im Hinterachsgetriebe eines LKWs

Anhand der beiden Beispiele wird deutlich, dass grundsätzlich bei der Gestaltung von Lagerungen die eigentliche Lagerauswahl, die Kombination unterschiedlicher Lagertypen sowie Passungen, Bohrungslagen und Wellensitze unter Beachtung der folgenden Punkte zu berücksichtigen sind:

- Festlegung der Lagerringe zur sicheren Kraftübertragung durch Absätze, Sicherungsringe, Wellenmuttern oder Deckel
- Auswahl einer geeigneten Tolerierung von Gehäusebohrung und Welle
- Verhinderung von Relativbewegungen zwischen den Lagerringen und dem jeweiligen Wellen- und Gehäusesitz
- Einbau der Lager in eine möglichst steife Umgebungskonstruktion zur Vermeidung der Verformung der Lagerringe
- Möglichkeiten zur beschädigungsfreien Montage und Demontage unter Sicherstellung der Einstellerfordernisse

Ergänzend zu den bereits vorgestellten Eigenschaften der einzelnen Lagertypen fasst Abbildung 15.36 die wichtigsten Funktionsmerkmale der einzelnen Lagerbauformen zusammen.

Grundsätzlich sollte bei der Lagerwahl immer zunächst das Rillenkugellager wegen seiner hohen Laufgenauigkeit, des niedrigen Preises und des erforderlichen geringen Einbauraumes bevorzugt werden. Erst wenn die gestellten Anforderungen mit dem Rillenkugellager nicht zu erfüllen sind, ist eine andere Lagerbauart zu wählen.

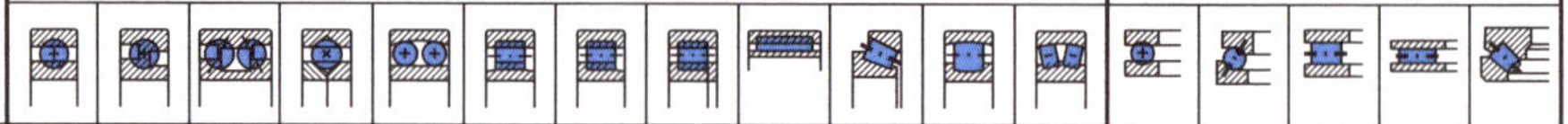

Funktionsmerkmal	Wälzlagerbauform																
	Radiallager												Axiallager				
Radiallastaufnahme	◕	◑	◕	◔	◑	●	●	●	◕	●	●	●	○	○	○	○	○
Axiallastaufnahme	◑	◕	◕	◕	◔	○	◔	◔	○	●	◔	◑	◕	◕	●	◕	●
Winkel-einstellbarkeit	◑	◔	○	◔	●	◔	◔	◔	○	◔	●	◕	○	○	○	○	●
hohe Drehzahlen	●	●	◕	◕	●	●	●	●	◕	○	◑	◑	○	○	◑	○	○
geringe Lagerreibung	●	●	◕	◕	●	●	●	●	◑	◑	◑	◑	◕	◕	◑	◑	◑
hohe radiale Steifigkeit	◕	◑	◕	◑	◑	●	●	●	●	●	●	●	○	◔	○	○	◑
hohe axiale Steifigkeit	◑	◕	◕	◕	◔	○	◑	◑	○	◕	◔	◑	◕	◕	●	●	●
Zerlegbarkeit	○	○	○	●	○	●	●	●	●	●	○	○	●	●	●	●	●
Längenausgleich im Lager	○	○	○	○	○	●	◑	○	●	○	○	○	○	○	○	○	○
Führungs-genauigkeit	◑	●	◕	◑	◑	◕	◕	◕	●	●	◑	◑	●	●	◕	◑	◕
geringer axialer Einbauraum	◕	◕	◔	◕	◔	◕	◕	◕	◔	◑	◕	◔	◑	◑	◑	●	◑
geringer radialer Einbauraum	◕	◑	◑	◑	◑	◑	◑	◑	●	◑	◑	◕	◕	◑	◑	◔	◔

Funktionsmerkmal wird von der Lagerbauform:

● sehr gut erfüllt
◕ gut erfüllt
◑ ausreichend erfüllt
◔ unter bestimmten Bedingungen erfüllt
○ nicht erfüllt

Abbildung 15.36: Wesentliche Funktionsmerkmale und Erfüllungsgrad einzelner Wälzlager

15.3.1 Anordnung und Kombination von Lagern

Zur Aufnahme von Radial- und Axiallasten durch eine Achse oder Welle sind mindestens zwei Lager erforderlich, die sich wie folgt anordnen lassen:

- Festlager-Loslager-Anordnung
- Angestellte Lagerung in X-Anordnung, O-Anordnung oder Tandemanordnung
- Schwimmende Lagerung

Für die meisten allgemeinen Anwendungen ist die Festlager-Loslager-Anordnung gemäß Abbildung 15.37 zweckmäßig (s.a. Abbildung 15.1). Während die radiale Abstützung durch beide Lager erfolgt, ist die axiale Führung nur durch das Festlager vorgesehen, das Loslager ist in axialer Richtung frei verschiebbar. Hierdurch lassen sich Fertigungstoleranzen und temperaturbedingte Längenänderungen im Betrieb ausgleichen. Ideale Loslager sind Zylinderrollenlager mit Käfig N und NU sowie Nadellager, da sich der Rollenkranz auf der Laufbahn des bordlosen Lagerringes frei verschieben kann. Andere Lagerbauarten lassen sich nur dann als Loslager einsetzen, wenn ein Lagerring durch entsprechende Passung verschiebbar montiert wird. Die Auswahl der Festlagerbauart hängt von der Höhe der Axialkraft und den Genauigkeitsanforderungen an die Führung ab. Vorteile dieser Anordnung sind die einfache Montierbarkeit und die kostengünstige Fertigung. Von Nachteil sind die geringe axiale Steifigkeit sowie das konstruktiv bedingte axiale Spiel im Festlager, welches insbesondere im Resonanzfall zu gefährlichen Axialschwingungen mit schädigenden Kraftamplituden führen kann.

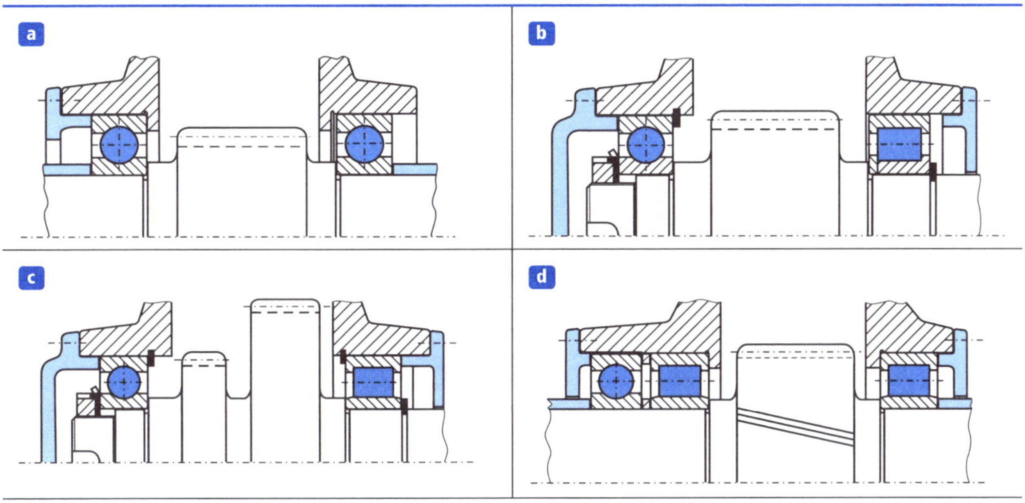

Abbildung 15.37: Festlager-Loslager-Anordnung – a) Linkes Rillenkugellager fest, rechtes im Gehäuse verschiebbar, b) Rillenkugellager fest und Zylinderrollenlager im Gehäuse verschiebbar, c) Rillenkugellager fest und Zylinderrollenlager auf Innenring verschiebbar, d) Rillenkugellager fest und beide Zylinderrollenlager bei hohen Radiallasten axial verschiebbar

Eine angestellte Lagerung in X-Anordnung oder O-Anordnung gemäß Abbildung 15.38 besteht üblicherweise aus zwei spiegelbildlich angeordneten Schrägkugel- oder Kegelrollenlagern, bei denen ein Lagerring auf seinem Sitz so weit verschoben wird, bis die Lagerung die notwendige Vorspannung oder das gewünschte Spiel aufweist. Die Vorteile sind Spielfreiheit und eine hohe Steifigkeit, da zwei Lager axial tragen. Im Vergleich zur Festlager-Loslager-Anordnung ist der Fertigungs- und Montageaufwand größer. Aus der axialen Vorspannung entsteht immer eine erhöhte Lagerreibung. Bei der X-Anordnung erfolgt die Anstellung über die Außenringe und da die Spitzen S der Druckkegel nahe beieinander liegen, ergibt sich ein geringer rechnerischer Lagerabstand. Hauptanwendungen sind Lagerungen von Stirn- und Schneckenrädern (s.a. Abbildung 15.35). Bei der Einstellung der Axialluft ist die Wärmedehnung zu berücksichtigen, da bei gleichen Wellen- und Gehäusewerkstoffen und einem Temperaturgefälle von der Welle zum Gehäuse die Axialluft vermindert wird.

Bei der angestellten Lagerung in O-Anordnung wird die Anstellung über die Innenringe vorgenommen und es ergibt sich ein großer rechnerischer Lagerabstand zwischen den Spitzen S der Druckkegel. Damit verfügt die O-Anordnung über ein geringeres Kippspiel und kann Kippmomente besser aufnehmen. Das Hauptanwendungsgebiet sind fliegende Lagerungen, Abbildung 15.38 b). Hinsichtlich des Einflusses der Wärmeausdehnung auf das eingestellte Spiel sind gemäß Abbildung 15.38 und Abbildung 15.39 drei Fälle zu unterscheiden.

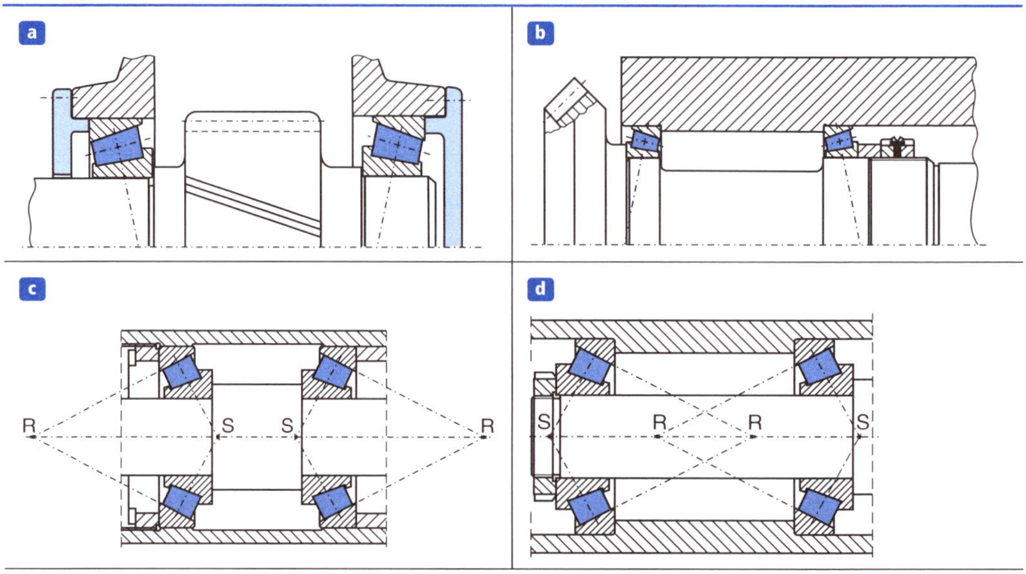

Abbildung 15.38: Angestellte Lagerung in X- und O-Anordnung und Lage der Rollkegelspitzen R

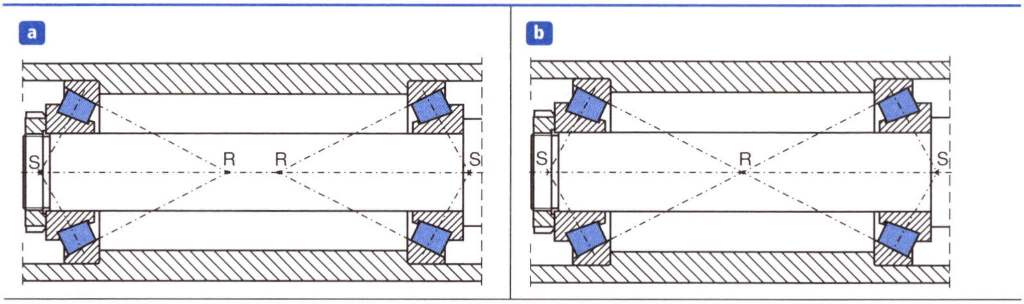

Abbildung 15.39: Weitere Möglichkeiten der Lage der Rollkegelspitzen bei O-Anordnung

Die Rollkegelspitzen R stellen den Schnittpunkt der Verlängerung der geneigten Außenringlaufbahn mit der Lagerachse dar. Überschneiden sich bei kurzem Lagerabstand gemäß Abbildung 15.38 d) die Rollkegel, hat die radiale Dehnung einen größeren Einfluss auf das Lagerspiel als die axiale Dehnung und das Lagerspiel nimmt ab. Überschneiden sich die Rollkegel bei größeren Lagerabständen gemäß Abbildung 15.39 a) nicht, hat die axiale Dehnung einen größeren Einfluss und das Lagerspiel wird größer. Lediglich wenn die Rollkegelspitzen entsprechend Abbildung 15.39 b) in einem gemeinsamen Punkt zusammenfallen, gleichen sich axiale und radiale Dehnung aus und das eingestellte Lagerspiel bleibt erhalten. In allen Fällen müssen Welle und Gehäuse aus dem gleichen Werkstoff bestehen, die Innenringe mit der Welle eine gemeinsame Temperatur T_1 aufweisen und die Außenringe mit dem Gehäuse über eine gemeinsame Temperatur T_2 verfügen, wobei $T_1 > T_2$ sein muss.

Ergänzend zur X-und O-Anordnung sei noch auf die Tandemanordnung von Schrägkugellagern gemäß Abbildung 15.40 verwiesen, bei der große Axialkräfte nur in einer Lastrichtung aufgenommen werden können. Im Vergleich dazu lassen sich Kegelrollenlager nur in X- oder O-Anordnung zu einem kompakten Festlager paaren.

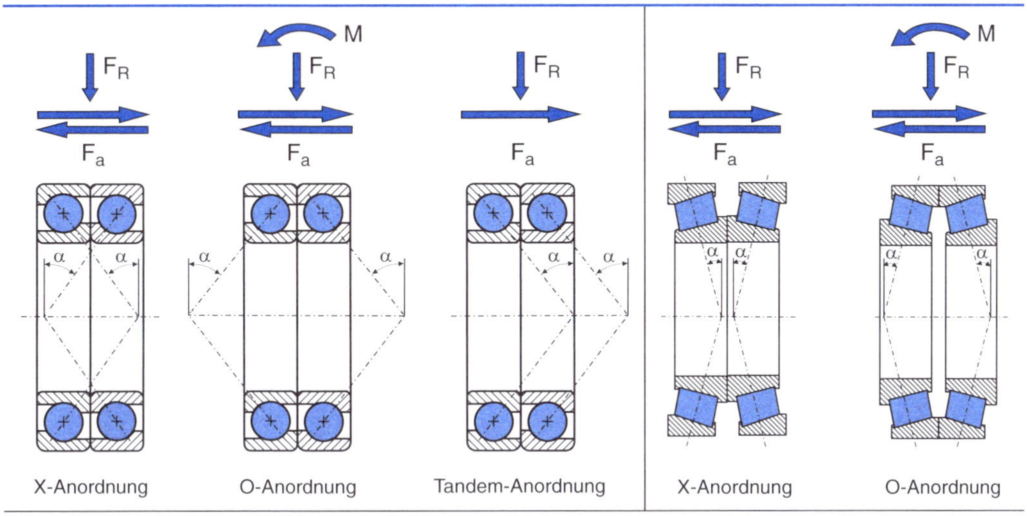

Abbildung 15.40: Schrägkugellager in X-, O- und Tandemanordnung gepaart (links) und Kegelrollenlagerpaar als Festlager in X- und O-Anordnung

Möglichkeiten der Anordnung einer schwimmenden Lagerung sind in Abbildung 15.41 zusammengestellt. Die kostengünstige schwimmende Lagerung kommt immer dann zum Einsatz, wenn keine enge axiale Führung der Welle oder des Bauteils erforderlich ist.

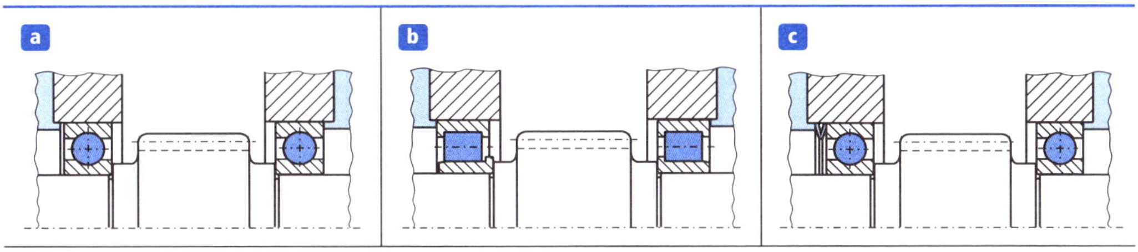

Abbildung 15.41: Beispiele für schwimmende Lagerung mit – a) Rillenkugellagern, b) Zylinderrollenlagern, c) Rillenkugellagern mit einseitiger Vorspannung durch Tellerfedern

Unterschieden werden die axial freien Ausführungen mit einem axialen Führungsspiel von 1 bis 2 mm und die axial geführten Ausführungen mit einem axialen Führungsspiel zwischen 0,3 und 0,8 mm, wobei das Spiel abhängig von der geforderten Führungsgenauigkeit so festzulegen ist, dass auch bei ungünstigsten thermischen Verhältnissen keine Verspannung eintreten kann. Geeignete Lagerbauarten sind Rillenkugellager, Pendelkugellager und Pendelrollenlager. Üblicherweise wird der Außenring verschiebbar gestaltet. Bei Zylinderrollenlagern findet der Ausgleich in den Lagern statt. Soll das vorhandene Axialspiel bis zu einem bestimmten Wert vermieden werden, so bietet sich eine leichte axiale Vorspannung durch Federelemente an (z.B. Tellerfedern in Abbildung 15.41 c)). Konstruktion und Montage einer schwimmenden Lagerung sind sehr einfach, von Nachteil sind die praktisch nicht vorhandene Steifigkeit in axialer Richtung, das Wandern der Welle bei Wechsel der Axialkraftrichtung und die Schwingungsanfälligkeit. Anwendungsbeispiele für axial nicht geführte Lagerungen sind Seilrollen und Zahnräder mit Pfeilverzahnung, die axial geführte Ausführung kommt in Elektromotoren und Haushaltsgeräten zum Einsatz.

Bei allen Lagerkombinationen kann die jeweilige axiale Festlegung unter Beachtung der Zugänglichkeit gemäß Abbildung 15.42 durch folgende Elemente erfolgen:

- Innenring – Wellenschultern, Spannhülsen, Abziehmutter, Mutter mit Sicherungsblech, Endscheibe, Bördelrand, Querpresspassung, Sicherungsring, Abstandshülse
- Außenring – Lagerdeckel und Ansatz in Gehäusebohrung, Lagerdeckel und Sicherungsring, zwei Lagerdeckel, zwei Sicherungsringe, Absatz in Gehäusebohrung, Abstandshülse

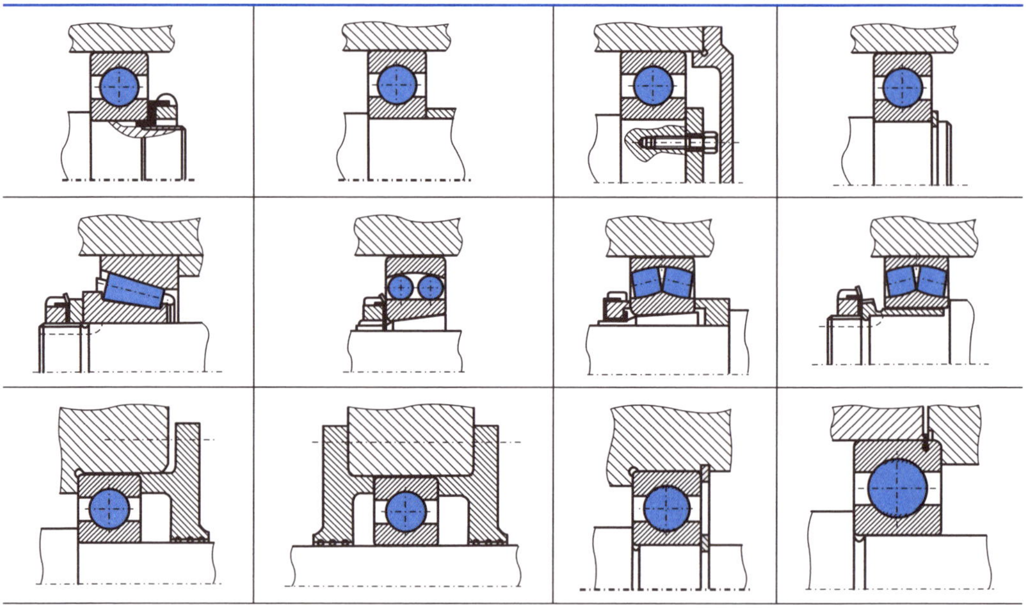

Abbildung 15.42: Konstruktive Möglichkeiten zur Festlegung von Innen- und Außenring [15.63]

Die Höhen der Wellenschultern und die Dicken der Stützbunde sollen eine ausreichende Anlagefläche bieten. Mit dem Rundungsradius *r* an den Lagerringen folgt für die Höhe der Wellenschultern $h \geq 1{,}8 \cdot r$. Ferner ist eine ausreichend große Seitenfläche zum Angreifen eines Abziehwerkzeugs frei zu lassen, anderenfalls sind Abziehnuten bzw. Abdrückgewinde in der Wellenschulter anzubringen. Zusätzlich ist zu beachten, dass die ausschließlich axiale Festlegung mit Sicherungsringen nie spielfrei sein kann, weil alle Teile mit Längentoleranzen behaftet sind.

Da der anzustellende Lagerring leicht verschiebbar sein muss, ist entsprechend dem folgenden Abschnitt eine geeignete Passung unter Berücksichtigung der Belastungsverhältnisse auszuwählen.

15.3.2 Bezeichnungen, Toleranzen und Passungswahl

Im Gegensatz zu den herstellerspezifisch unterschiedlichen inneren Abmessungen sind die äußeren Abmessungen der Wälzlager nach DIN 616 und DIN ISO 355 gemäß Abbildung 15.43 in Durchmesserreihen und Breitenreihen eindeutig festgelegt [15.9], [15.54]. Ferner lässt sich jedes Wälzlager gemäß Tabelle 15.8 durch ein eindeutiges Kurzzeichen beschreiben, das die Bauart, die Abmessungen, Toleranzen, Lagerluft und weitere wichtige Merkmale enthält. Dadurch werden Lager unterschiedlicher Hersteller mit gleicher Kennzeichnung austauschbar.

Das Basiszeichen besteht aus den Zeichen für die Lagerreihe und die Lagerbohrung. Vorsetzzeichen kennzeichnen Einzelteile vollständiger Lager, z.B. R – Ring eines Zylinder- oder Kegelrollenlagers mit Rollkörpern und Käfig, jedoch ohne den abziehbaren Ring, WS – Wellenscheibe eines Axiallagers oder K – Käfig mit Rollkörpern. Das Nachsetzzeichen enthält zusätzliche Angaben über Abweichungen der inneren Konstruktion, über die äußere Form, Abdichtung, Käfigausführung, Toleranzen, Lagerluft und die Wärmebeständigkeit. Für Kegelrollenlager ist nach DIN ISO 355 eine neue Kennzeichnung zu beachten: T steht für Kegelrollenlager (Tapered Roller Bearing), anschließend folgt für den Druckwinkel die Winkelreihe (2, 3, 4, 5, 7), die Durchmesserreihe (B, C, D, E, F, G), die Breitenreihe (B, C, D, E) und der dreistellige Bohrungsdurchmesser in mm [15.54].

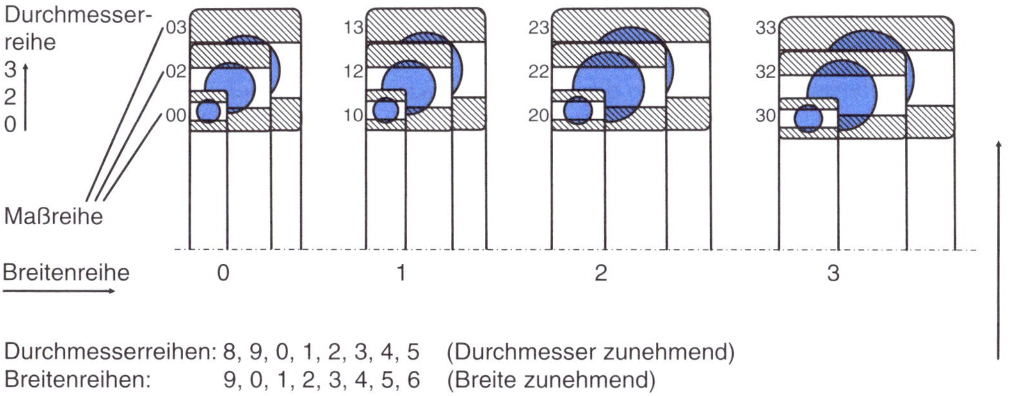

Abbildung 15.43: Maßreihen für Wälzlager

Außenmaße und äußere Form	K	Lager mit kegeliger Bohrung (Kegel 1:12)		
	N, NR	Lager mit Ringnut im Außenring, Ringnut und Sprengring		
Abdichtung	ZR, 2ZR	Lager mit einer bzw. zwei Deckscheiben		
	RSR, 2RSR	Lager mit einer bzw. zwei Dichtscheiben		
Käfigwerkstoffe	J, Y	Käfig aus Stahlblech, Messingblech		
	M, F, L	Massivkäfig aus Messing, Stahl, Leichtmetall		
	T, TV	Massivkäfig aus Kunststoff mit Gewebeeinlage oder aus glasfaserverstärktem Polyamid		
Maß- und Laufgenauigkeit	P0 (PN)	Normaltoleranzklasse (wird nicht angegeben)		
	P6	Genauer als P0	P5	Genauer als P6
	P4	Genauer als P5	P2	Genauer als P4
Lagerluft	C0 (CN)	Lagerluft normal (wird nicht angegeben)		
	C2	Kleiner als C0	C1	Kleiner als C2
	C3	Größer als C0	C4	Größer als C3
Nachsetzzeichen für maßstabilisierte Lager	S0B (SN)	Innen- und Außenring für Betriebstemperaturen bis 150 °C stabilisiert		
	S1	Bis 200 °C stabilisiert	S2	Bis 250 °C stabilisiert
	S3	Bis 300 °C stabilisiert	S4	Bis 350 °C stabilisiert

Beispiel: Lager 6208.2RSR.M.C3

Rillenkugellager (Lagerart 6), Breitenreihe 2, Durchmesserreihe 0, Wellendurchmesser 40 mm ($08 \cdot 5 = 40$), zwei Dichtscheiben, Massivkäfig aus Messing, Lagerluft größer als normal

Tabelle 15.8: Auswahl von Nachsetzzeichen zur Lagerbezeichnung [15.4]

Damit die Lager die berechnete Lebensdauer erreichen, muss eine ordnungsgemäße Befestigung im Gehäuse und auf der Achse bzw. Welle erfolgen. Insbesondere dürfen die Lagerringe unter tangentialer Belastung nicht rutschen. Dies wird am einfachsten durch die richtige Passungswahl erreicht, die mithilfe der ISO-Toleranzklassen für Wellen und Bohrungen zu bestimmen ist. Bohrungsdurchmesser d, Außendurchmesser D und Lagerbreite B haben generell Minustoleranzen, d.h. das Nennmaß ist immer das zulässige Größtmaß. Nach DIN 620 sind abweichend von den ISO-Toleranzklassen für d das Toleranzfeld KB und für D das Toleranzfeld hB festgelegt [15.12]. In Abbildung 15.44 sind die Lage der üblichen ISO-Toleranzfelder für Wellen und Bohrungen zur Bohrungstoleranz KB und zur Außendurchmessertoleranz hB der Wälzlager sowie Hinweise zu den Toleranzklassen P wiedergegeben.

Damit Tragfähigkeit und Lebensdauer der Lager voll ausgenutzt werden können, sind ein strammer Sitz auf bzw. in möglichst formgenauen und starren Gegenstücken und eine gute Unterstützung der verhältnismäßig dünnen Lagerringe über ihrem gesamten Umfang erforderlich. Allerdings vermindern stramme Sitze gleichzeitig das Radialspiel im eingebauten Zustand, wodurch ein einwandfreier Lauf beeinträchtigt wird.

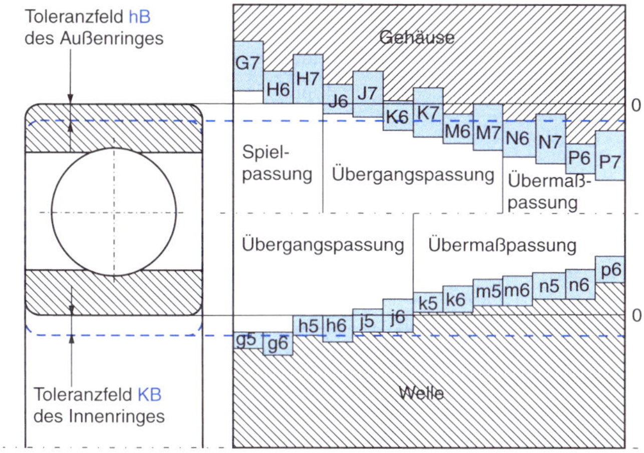

Wälzlager selbst werden zur Kennzeichnung der Laufgenauigkeit in Toleranzklassen P eingeteilt (s.a. Tabelle 15.8). Bei normalen Anforderungen des allgemeinen Maschinenbaus genügt die Normaltoleranz P0 (PN). Bei höheren Anforderungen an die Laufruhe und Maßgenauigkeit (z.B. in Werkzeugmaschinen und Messgeräten) sind die Toleranzklassen P6, P5, P4 und für höchste Anforderungen P2 vorzusehen. Ferner gibt es für extreme Anforderungen nicht genormte Speziallager der Toleranzklassen SP (Spezial-Präzision), UP (Ultra-Präzision) und HG (Hoch-Genau). Beim Einsatz hochgenauer Wälzlager ist zu beachten, dass Rundheit, Oberflächengüte und Lage der radialen und axialen Sitzflächen von Welle und Gehäuse der Qualität der Lager entsprechen müssen und unter Belastung ihre Formgenauigkeit beibehalten.

Abbildung 15.44: Wälzlagertoleranzen KB und hB sowie Wellen- und Gehäusetoleranzklassen

Während die axiale Befestigung der Lager zumeist formschlüssig erfolgt, wird die radiale und tangentiale Festlegung kraftschlüssig vorgenommen. Entscheidend für die Wahl der Passung sind Größe und Art der Wälzlager, die dynamische Tragzahl C, die Belastung (äquivalente Lagerbelastung P), die axiale Verschiebemöglichkeit von Loslagern und insbesondere die Umlaufverhältnisse gemäß Abbildung 15.45 und Abbildung 15.46. Grundsätzlich wird bei der Belastung auf den einzelnen Ring zwischen Punkt- und Umfangslast unterschieden. So liegt Umfangslast vor, wenn der Lagerring relativ zur Lastrichtung umläuft, bei Punktlast steht dieser relativ zur Lastrichtung still. Zur Erleichterung der Montage oder zum Längenausgleich kann der Ring mit Punktlast einen losen Sitz erhalten. Treten aber Änderungen der Lastrichtung auf (z.B. bei Reversierbetrieb), so ist für den Ring mit Punktlast ein fester Sitz empfehlenswert.

Der Ring mit Umfangslast muss jedoch immer unbedingt einen festen Sitz haben, damit unter keinen Umständen Relativbewegungen oder sogar ein Wandern der Ringe auftreten kann. Ähnlich wie beim Pressverband führen Relativbewegungen zu Passungsrost (Fe_2O_3), der einerseits wegen seiner scharfen Schneidfähigkeit den Verschleiß der Lagersitze beschleunigt, andererseits können von der verquetschten und verspródeten Oberfläche bei Wechselbeanspruchung Anrisse entstehen, die wiederum Ursprung von Dauerbrüchen der Lagerringe sein können. Aber auch wenn kein Bruch auftreten sollte, führen wandernde Lagerringe in der Regel zu ausgeschlagenen oder ovalisierten Bohrungen, sodass das Lager die ihm zugedachte Führungsfunktion nicht mehr übernehmen kann. In Getrieben können daraus dann z.B. Verzahnungsschäden entstehen, da wegen der Lagerfehlfunktion ungünstige Lastverteilungen im Zahneingriff vorliegen.

Schema und Bewegungsverhältnisse		Passung für	$\frac{P}{C} < 0{,}8$ $d < 40\ \mathrm{mm}$	$\frac{P}{C} > 0{,}2$ $d > 500\ \mathrm{mm}$	Lagerbauart
	Innenring rotiert, Außenring steht still, Lastrichtung unveränderlich (z. B. Welle unter Gewichtsbelastung, Getriebewelle)	Innenring feste Passung notwendig	j6 j6	n6 p6	Kugellager Rollenlager und Nadellager
	Innenring steht still, Außenring rotiert, Lastrichtung rotiert mit Außenring (z. B. Nabenlagerung mit großer Unwucht)	Außenring lose Passung zulässig	H7	H7	Loslager mit leicht verschiebbarem Außenring
		Für hohe Anforderungen an Laufgenauigkeit und Laufruhe eine Toleranz feiner			

Abbildung 15.45: Belastungsverhältnisse – Umfangslast am Innenring, Punktlast am Außenring

Schema und Bewegungsverhältnisse		Passung für	$\frac{P}{C} < 0{,}8$ $d < 40\ \mathrm{mm}$	$\frac{P}{C} > 0{,}2$ $d > 500\ \mathrm{mm}$	Lagerbauart
	Innenring steht still, Außenring rotiert, Lastrichtung unveränderlich (z. B. Kfz-Radlager, Laufrolle-Nabenlagerung)	Innenring lose Passung zulässig	g6 g6	h6 h6	Kugellager Rollenlager und Nadellager
	Innenring rotiert, Außenring steht still, Lastrichtung rotiert mit dem Innenring (z. B. Zentrifuge, Schwingsieb, Unwucht)	Außenring feste Passung notwendig	K7	P7	
		Für hohe Anforderungen an Laufgenauigkeit und Laufruhe eine Toleranz feiner			

Abbildung 15.46: Belastungsverhältnisse – Punktlast am Innenring, Umfangslast am Außenring

Hauptursache des Wanderns sind am Laufring angreifende Tangentialkräfte, die aus der Wälzbewegung entstehen und die Gleitbewegung unterstützen, indem sie ab einer bestimmten Höhe die Haftreibung zwischen Lagerring und Welle oder Lagerring und Gehäuse überwinden, was insbesondere durch höher schwingende Belastungen (Erschütterungen) und große Stöße begünstigt wird. Die unter derartigen Belastungen entstehenden Stauchungen und Dehnungen der Lagerringe sind häufig auch die Ursache dafür, dass sich zunächst im Gehäuse oder auf der Welle ausreichend vorgespannte Ringe im Laufe der Zeit lockern, sobald die durch die Belastung hervorgerufene Dehnung größer wird als die durch das Übermaß erzeugte Spannung. Deshalb muss auch der Lagersitz eine entsprechend hohe Oberflächenqualität aufweisen, damit nicht das Einebnen von Rauheitsspitzen zu einem Abfall der Vorspannung führen kann.

Abschließend sei darauf hingewiesen, dass die einzig wirksame Maßnahme zur Vermeidung des Wanderns von Lagerringen die Erzeugung einer ausreichend hohen Vorspannung ist, was sich durch die geeignete Passungswahl, das Einhalten enger Formtoleranzen und z.B. warmes Montieren mit 70 °C bis 100 °C erreichen lässt (s.a. Abschnitt 15.3.4), wobei eine mögliche Entlastung nach dem Einbau ebenfalls zu berücksichtigen ist. Die Verwendung zusätzlicher formschlüssiger Elemente (z.B. Stifte, Kugeln) ist wirkungslos.

Angaben zur Passungswahl sind Abbildung 15.45 und Abbildung 15.46 sowie den Wälzlagerkatalogen zu entnehmen [15.73], [15.103], [15.129]. Beispiele zur axialen Befestigung und Einstellung der Lagerringe sind in Abbildung 15.37 bis Abbildung 15.42 dargestellt. Weiterhin sind Bohrungen mit gleicher Achse möglichst mit gleichem Durchmesser, gleicher Passung, ohne Absätze und mit hoher Oberflächengüte in einer Aufspannung zu bearbeiten, damit die Lagersitze absolut fluchten.

Wird für die Umgebungskonstruktion des Lagers ein von Gusseisen oder Stahl verschiedener Werkstoff verwendet, sind für den Festsitz zusätzlich die verschiedenen Wärmeausdehnungskoeffizienten und E-Moduli der unterschiedlichen Werkstoffe zu berücksichtigen. Für Gehäuse aus Aluminium, dünnwandige Gehäuse und Hohlwellen sind bei Bedarf engere Passungen zu wählen, um den gleichen Kraftschluss wie bei Gusseisen, Stahl oder Vollwellen zu erreichen.

Beim Einbau von Axiallagern, die nur Axiallasten aufnehmen, ist zu beachten, dass diese nicht radial geführt werden dürfen. Ausgenommen hiervon ist das Axial-Zylinderrollenlager, da hier der Freiheitsgrad in radialer Richtung wegen der ebenen Laufbahnen vorhanden ist. Bei Axiallagern mit rillenförmigen Laufbahnen (z.B. Axial-Rillenkugellagern) ist er nicht gegeben und muss durch einen losen Sitz der stillstehenden Scheibe geschaffen werden. Für die umlaufende Scheibe wird meistens ein fester Sitz gewählt. Nehmen Axiallager zusätzlich auch Radialkräfte auf (z.B. Axial-Pendelrollenlager), sind die Passungen wie für Radiallager zu wählen. Die Anlageflächen der Gegenstücke müssen senkrecht zur Drehachse stehen (Planlauftoleranz nach IT5 oder besser), damit sich die Belastung gleichmäßig auf die Wälzkörper verteilt [15.73].

15.3.3 Lagerumbauteile und Gehäusekörper

Die Außen- und Innenringe von Wälzlagern sind aufgrund ihrer vergleichsweise geringen Wanddicke sehr elastische Bauteile, die die auf das Lager einwirkenden Kräfte nur sicher übertragen können, wenn die Umgebungskonstruktion die Ringe vollständig umschließt und eine ausreichende Steifigkeit aufweist. Mit zunehmender Größe der Maschinen und Anlagen und der darin verwendeten Wälzlager wird es immer schwieriger, die Lagerumgebungskonstruktion so steif auszuführen, dass man bei der Ermittlung der Lagerbeanspruchung von einer starren Anschlusskonstruktion ausgehen kann. So lassen sich insbesondere im Groß- und Schwermaschinenbau die Blechstärken und Wanddicken der Stützkonstruktion nicht mehr so vergrößern, dass man im Vergleich zu kleinen Wälzlagergehäusen (z.B. im Automobilbau) eine entsprechend hohe Gehäusesteifigkeit erreichen könnte.

Welchen Einfluss die Elastizität der Anschlusskonstruktion auf die Lastverteilung im Lager hat, zeigt Abbildung 15.47 anhand des massiv ausgeführten Einbaustückes von Arbeitswalzen in einem Walzgerüst und eines relativ dünnwandigen Gehäuses eines Radsatz-Rollenlagers für Schienenfahrzeuge. Unter der Radiallast F_R verformt sich die Außenringlaufbahn in dem 362 mm breiten Einbaustück, in dem ein 318 mm breites vierreihiges Kegelrollenlager mit 42 Rollen pro Reihe eingebaut ist, zu einem stehenden Oval. Dabei stellt sich eine relativ gleichmäßige Druckverteilung über rund 180° ein. Beim Radsatz-Rollenlager sind zwei Pendelrollenlager 23130 eingebaut, die mit F_R = 350 kN belastet werden. Hieraus resultiert eine Maximalverformung von 31 µm. Aufgrund der eng beieinander liegenden Abstützkräfte F_S ist die belastete Zone deutlich kleiner als 180°, jedoch ergibt sich noch eine relativ gleichmäßige Druckverteilung, sodass die Beanspruchung der Lager in erträglichen Grenzen bleibt.

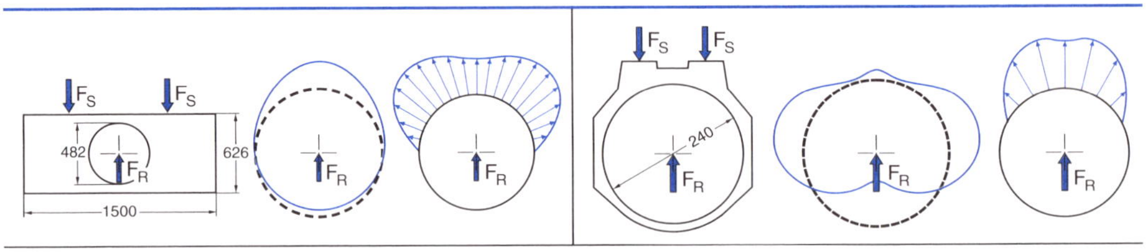

Abbildung 15.47: Lagerbelastung abhängig von der Gehäusekontur – Arbeitswalzen-Einbaustück (links) und Eisenbahn-Radsatzlager (rechts) [15.4]

Als besonders günstig für eine gleichmäßige Lastverteilung hat sich die tangentiale Lasteinleitung herausgestellt. In Abbildung 15.48 links ist zunächst der ungünstige Fall für ein ungeteiltes Stehlagergehäuse dargestellt. Aufgrund der unten liegenden Abstützpunkte entstehen „harte Punkte“, das sind Steifigkeitsunterschiede in der Gegenkonstruktion, die im Vergleich zu ideal starren Verhältnissen zu sehr ungünstigen Maximalbelastungen der Wälzkörper führen, wie die Druckverteilung im dritten Bild von links zeigt. Die Druckverteilung ließe sich zwar durch stärkere Gehäusewände vergleichmäßigen, was jedoch ein größeres Gewicht und höhere Herstellkosten verursachen würde. Die bessere Alternative ist die Verlegung der Abstützpunkte in Richtung der waagerechten Lagermittellinie, sodass die Kräfte nahezu tangential eingeleitet werden. Im unteren Lagerbereich umschließt das Gehäuse vergleichbar einem elastischen Band den Lagerring. Die „harten Punkte“ verschwinden und es kommt zu einer deutlich gleichmäßigeren Druckverteilung im Lager, Abbildung 15.48 rechts. Darüber hinaus lässt sich im Fußbereich Stahlgussmaterial einsparen, da das Lager nun auf Böcken in kostengünstiger Schweißausführung mit der Umgebungskonstruktion verbunden wird. Außerdem liegt die Wälzkörperbelastung niedriger als im starren Gehäuse. Eine hohe Steifigkeit bei möglichst geringem Gehäusegewicht wird durch am Umfang angeordnete Rippen erreicht, die in der Wirkungslinie der Wälzkörperkräfte liegen. Die Rippen werden zum Gehäusefuß hin breiter, da dort die Einleitung der Radial- und Axialkräfte vom Gehäuserundkörper in die Gehäusefußkonstruktion erfolgt. Zur zusätzlichen Versteifung und zur Übertragung der Axialkräfte ist auf der einen Seite des Gehäuses eine massive Schulter angegossen. Ein großes Anwendungsgebiet derartiger Konstruktionen sind momentan die Hauptlager (Rotorlager) von Windenergieanlagen, Abbildung 15.48 unten.

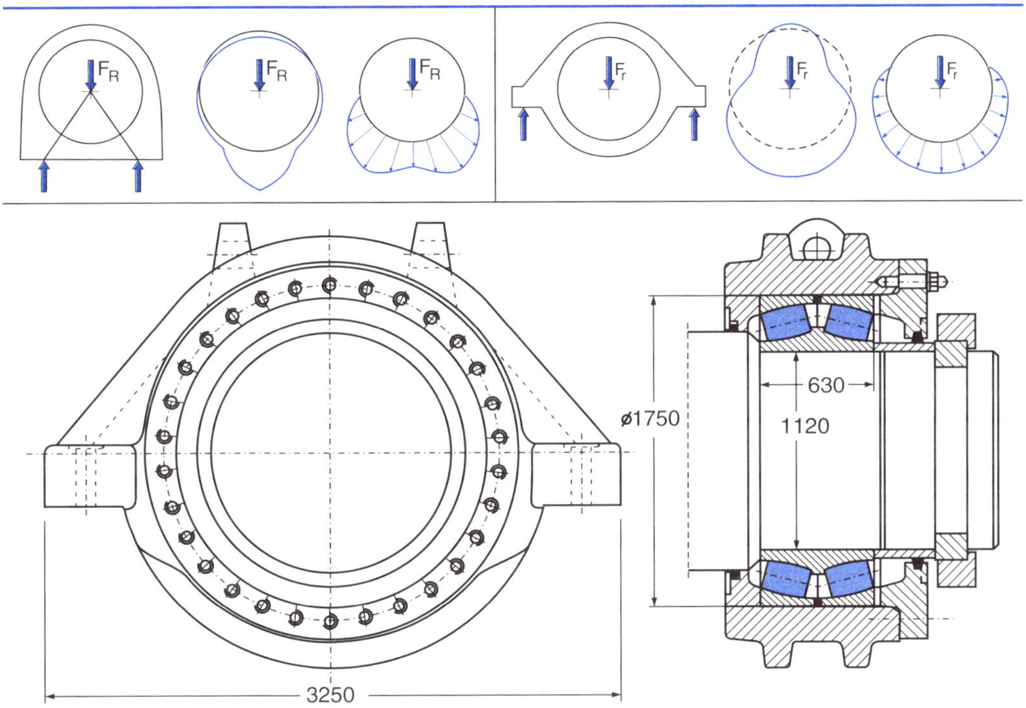

Abbildung 15.48: Optimale Gehäuseform durch hochgezogene Gehäusefüße [15.4]

Weitere Ausführungen zu Stehlagern finden sich in der Fachliteratur und den Herstellerkatalogen [15.4], [15.73], [15.103], [15.129]. Auch wenn die hier dargestellten Besonderheiten bei Lagerungen in Getriebegehäusen nicht auftreten, ist dennoch auf eine ausreichend und gleichmäßig steife Ausführung der umgebenden Konstruktion der Lager zu achten.

15.3.4 Ein- und Ausbau von Wälzlagern

Bedingt durch die engen Passungen erfordert der Ein- und Ausbau von Wälzlagern große Kräfte bei gleichzeitig größter Sorgfalt, da Wälzlager zum einen Präzisionsteile sind und zum anderen die Ein- und Ausbaukräfte nicht über die Wälzkörper geleitet werden dürfen, um Lebensdauer mindernde Eindrücke bzw. Abplattungen in den Rollkontaktflächen unbedingt zu vermeiden. Oftmals schränken die Montagebedingungen die Lagerauswahl erheblich ein, weshalb nicht nur der Monteur, sondern auch der konstruierende Ingenieur einige Grundlagen zum Wälzlagerein- und -ausbau beherrschen sollte.

Gemäß Abbildung 15.49 lassen sich mit einer mechanischen oder hydraulischen Presse kleinere Lager mit zylindrischen Sitzflächen bei nicht allzu großen Übermaßen auf die Welle bzw. in das Gehäuse pressen. Oftmals reicht auch eine Schlagbüchse aus weichem Stahl aus.

Demgegenüber hat das Aufziehen im warmen Zustand durch ein induktives Anwärmgerät, einen Elektro-Ofen, ein sauberes Ölbad oder eine thermostatgeregelte Heizplatte nach Abbildung 15.49 c) und d) den Vorteil, dass nur geringe Kräfte benötigt werden. Für die bei Wälzlagersitzen üblichen Übermaße genügt ein Anwärmen der Lager auf etwa 80 °C bis höchstens 100 °C, Spindellager erwärmt man auf 60 bis 70 °C. Damit die Härte der Ringe nicht infolge Anlasswirkung abfällt, wird die Temperatur direkt am Innenring gemessen und thermostatgeregelt genau eingehalten. Da der Innenring schneller aufgeheizt wird als der Außenring, kann das Lager bei nur geringer Erwärmung des Außenringes gleichzeitig auf die Welle und in das Gehäuse eingesetzt werden. Lager, deren Außenringe im Gehäuse stramm sitzen müssen, werden auch in gekühltem Zustand montiert. Dabei wird zur Kühlung eine Mischung aus Trockeneis und Alkohol verwendet. Das Verfahren ist teuer, weshalb es nur in Sonderfällen benutzt wird. Zudem entsteht Kondenswasser, das wegen Korrosionsgefahr nach der Montage mit Öl restlos auszuspülen ist.

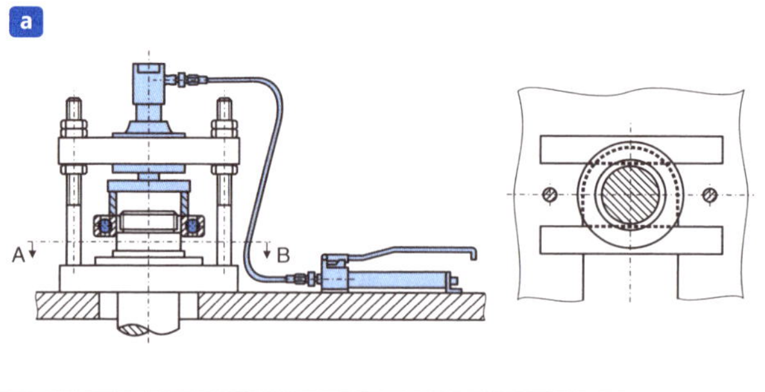

a Hydraulische Presse für den Einbau großer Wälzlager
b Büchse zum Auftreiben kleiner Lager
c Anwärmen eines Lagers im Ölbad (Nachteil: Verschmutzungsgefahr)
d Anwärmen eines Wälzlagers auf einer Heizplatte (Zum Schutz vor Überhitzung eines Kunststoffkäfigs wird zwischen Heizplatte und Innenring des Lagers ein Ring oder eine Scheibe gelegt.)

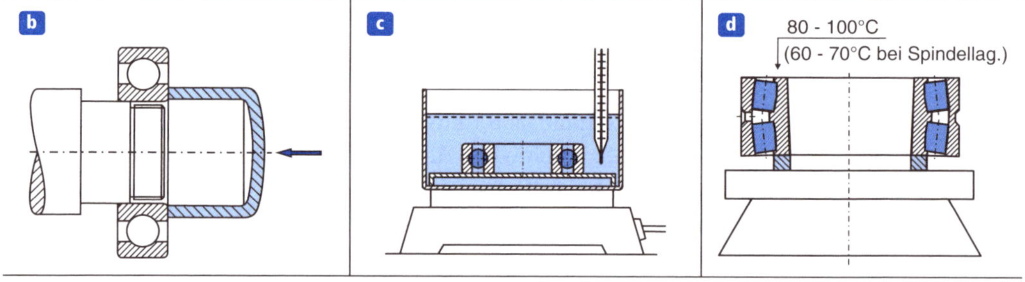

Abbildung 15.49: Hilfsmittel für den Einbau von Wälzlagern

Bei kegeligen Sitzflächen wird der erforderliche feste Sitz gemäß Abbildung 15.50 durch axiales Aufpressen des Innenringes erreicht. Ob ein genügend fester Sitz erreicht ist, erkennt man an der Aufweitung des Innenrings und damit an der Verminderung der Radialluft oder am axialen Verschiebeweg auf dem Kegel, entsprechend tabellierte Werte finden sich im Lagerkatalog. Da sich die Radialluftverminderung aus der Differenz der Radialluft vor und nach dem Einbau des Lagers ergibt, ist diese zunächst vor dem Einbau zu messen. Mittels einer Fühllehre kann dann das Radialspiel während des Aufpressens ständig kontrolliert werden, bis der gewünschte Festsitz erreicht ist. Bei Pendelrollenlagern ist an beiden Rollenreihen zu messen, da nur bei gleichen Luftwerten der Innenring zum Außenring nicht seitlich versetzt ist. Alternativ kann auch der axiale Verschiebeweg auf dem Kegel gemessen werden. Dabei entspricht die axiale Verschiebung bei einem Wellensitz mit normalem Kegel 1:12 ungefähr dem 15-Fachen der Radialluftminderung. Hierin ist schon berücksichtigt, dass sich bei Vollwellen das Übermaß der Passflächen nur bis zu 75 bis 85 % als Aufweitung der Innenringlaufbahn auswirkt.

Während bei der kalten Montage mit Druckmutter über den Druckring R die notwendige axiale Verschiebekraft aufgebracht wird, in dem sich die Druckschrauben D beim gleichmäßigen Anziehen in der nur leicht angezogenen Druckmutter M abstützen können, lassen sich Lager mit kegeliger Bohrung auch im warmen Zustand montieren, Abbildung 15.50 a) und c). Dabei wird die axiale Stellung des Innenringes mit Passstücken kontrolliert, die nur bei der Montage verwendet werden. Das Maß u ergibt sich aus der Differenz des Abstandes s des kalt aufgesetzten Lagers und des für den festen Sitz erforderlichen axialen Verschiebeweges a.

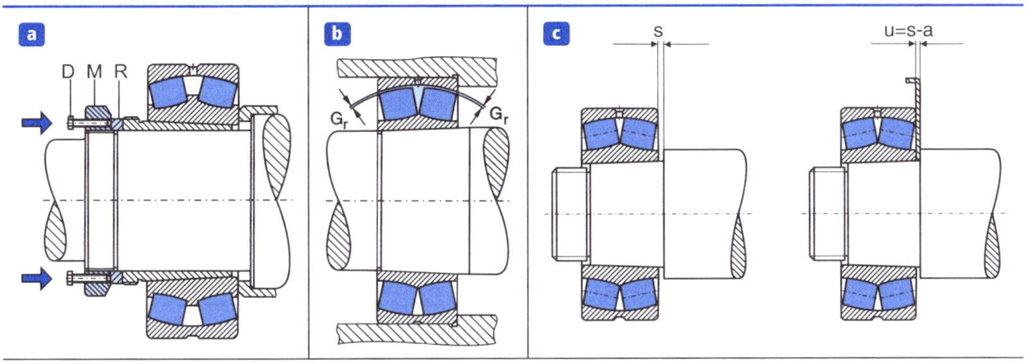

Abbildung 15.50: Lagermontage – a) Einpressen von Abziehhülsen mittels Druckmutter M, Druckring R und Druckschrauben D, b) Messen der Radialluft bei Pendelrollenlagern, c) Aufschieben eines angewärmten Lagers mit Passstücken der Dicke u

Bei der Montage größerer Lager werden zum Aufschieben des Lagers oder zum Einpressen der Hülse hydraulische Ringkolbenpressen gemäß Abbildung 15.51 verwendet, die es für alle gängigen Hülsen und Wellengewinde gibt.

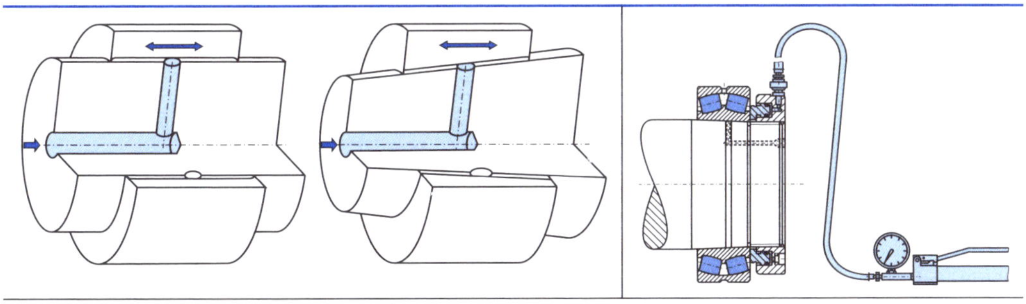

Abbildung 15.51: Hydraulikmontage von Wälzlagern (bevorzugt ab $D = 200$ mm) – a) Prinzip, b) Ringkolbenpresse

Bei allen hydraulischen Montageverfahren wird Öl zwischen die Sitzflächen gepresst, das zum einen den Lagerring geringfügig aufweitet und zum anderen durch den Flüssigkeitsfilm die zu passenden Teile voneinander trennt, sodass sie mit geringem Kraftaufwand und ohne Beschädigung der Oberflächen verschoben werden können. Konische Bauteile lassen sich so montieren und demontieren, zylindrische Teile nur demontieren. Hinweise zur Lage und Dimensionierung der Ölnuten sind den jeweiligen Herstellerunterlagen zu entnehmen [15.73], [15.103], [15.129]. Spann- und Abziehhülsen weisen diese Kanäle oftmals bereits werksseitig auf.

Während sich große Wälzlager nur hydraulisch oder durch induktive Erwärmung und Aufweitung des zu demontierenden Ringes demontieren lassen, können kleinere Wälzlager mit den Hilfsmitteln entsprechend Abbildung 15.52 zerstörungsfrei demontiert werden, wobei auch hier die Demontagekräfte nicht über die Wälzkörper übertragen werden dürfen. Ein weiteres Hilfsmittel zur Erleichterung der Demontage ist die Abziehhülse gemäß Abbildung 15.53, bei der die kegelige Hülse über Abdrückmutter, Druckschrauben oder auch eine hydraulische Ringkolbenpresse ausgebaut wird.

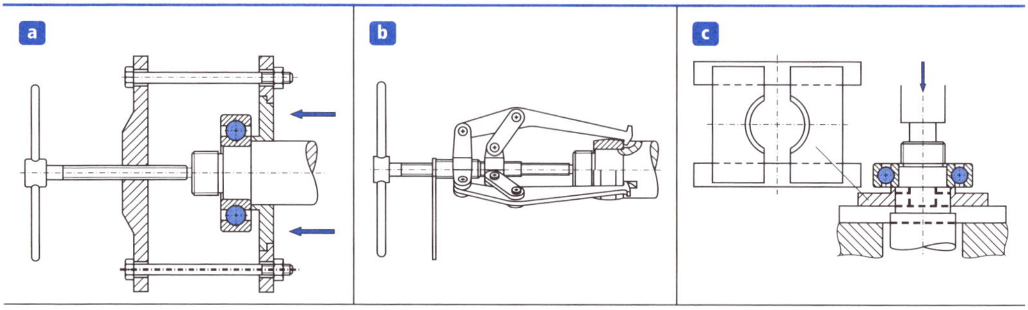

Abbildung 15.52: Hilfsmittel für den Ausbau kleinerer Lager – a) Abziehvorrichtung mit Zugankern, b) Abziehvorrichtung mit verstellbaren Armen, c) Presse [15.4]

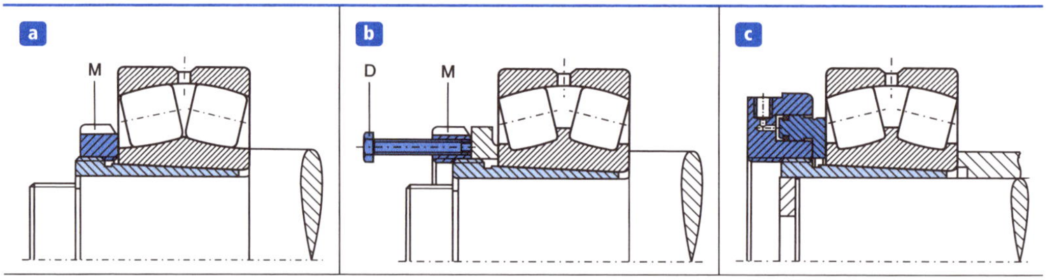

Abbildung 15.53: Ausbau einer Abziehhülse – a) mit Abdrückmutter, b) mit Druckschrauben, c) mit Ringkolbenpresse [15.4]

Generell sollten bereits bei der Konstruktion sämtliche Gesichtspunkte der Montage und Demontage bedacht werden. So muss z.B. bei einem festsitzenden Innenring die Stirnfläche zur Demontage frei zugänglich sein, was sich durch eine Begrenzung des Durchmessers der Wellenschulter oder aber durch Vorsehen von Nuten erreichen lässt, Abbildung 15.52 b). Abstands- und Labyrinthringe sind ebenfalls so zu gestalten, dass sie bei der Demontage nicht stören. Bei topfförmigen Gehäusen mit fester Stirnwand ist der Ausbau des Lageraußenringes nur möglich, wenn Aussparungen für das Abziehwerkzeug oder Gewindebohrungen für Abdrückschrauben vorgesehen werden. Oftmals erfolgt die Lagerauswahl ausschließlich den Kriterien des leichten Ein- und Ausbaus, weshalb z.B. zerlegbare Lager wie Schulterkugellager, Kegelrollenlager, Zylinderrollenlager und Nadellager anderen Bauarten vorgezogen werden.

15.4 Beanspruchung und Beanspruchbarkeit von Wälzlagern

Zum Vergleich der Beanspruchung und Beanspruchbarkeit von Wälzlagern sind die beiden folgenden Betriebszustände zu unterscheiden:

1. Stillstand und kleine Schwenkbewegungen bzw. Zustellbewegungen (statische Berechnung)

2. Stationärer Betrieb sowie An- und Auslauf (dynamische Berechnung)

Im ersten Fall ist zur Auslegung bzw. Bemessung die statische Tragfähigkeit, im zweiten Fall die dynamische Tragfähigkeit maßgeblich. Dabei ist zu beachten, dass eine statische Beanspruchung der Rollbahnringe und -scheiben sowie Wälzkörper nur im Sonderfall des länger gleichbleibend belasteten, stillstehenden Lagers vorliegt. Demgegenüber führt nicht nur jede Bewegungs- und Belastungsänderung, sondern bereits der stationäre Lauf bei gleichbleibender Belastung zu einer periodischen Wechselbeanspruchung sämtlicher Wälzlagerbauelemente, die sich früher oder später bei einem bestimmten Beanspruchungsniveau als ermüdungsbedingte Schädigung äußert.

Die Hauptursache für die Ermüdung eines Wälzlagers ist die dynamische Beanspruchung des Werkstoffes im Wälzkontakt beim Überrollen. Hinzu kommen noch Reibungseinflüsse und Verschleiß. Der genaue Zeitpunkt, bei dem das Bauteilversagen wegen Ermüdung eintritt, hängt von der Höhe der Beanspruchung und der Aufsummierung (Schadensakkumulation) der einzelnen Schädigungsanteile ab (s.a. Kapitel 3). Dabei wird der komplexe, mehrachsige Spannungszustand im Wälzkontakt mithilfe der nachfolgenden Festigkeitshypothesen in einen einachsigen Beanspruchungszustand überführt. Zur Erklärung der Ermüdungsvorgänge bei Wälzlagern werden die Hauptschubspannungshypothese, die Wechselschubspannungshypothese und die Gestaltänderungsenergiehypothese gleichberechtigt nebeneinander verwendet.

Während sich Hertz in den Originalarbeiten zum Wälzkontakt ausschließlich mit der Verteilung der Normalspannungen in der Berührungsfläche befasste, wurden erst in späteren Untersuchungen die Spannungen unter der Oberfläche für Punkt- und Linienberührung erforscht [15.2], [15.62], [15.80], [15.87], [15.94], [15.130], [15.139]. Dabei wurde als kritische Beanspruchung die Hauptschubspannung τ_h als größte auftretende Schubspannung erkannt.

Abbildung 15.54 zeigt zunächst die Hauptspannungen unter der Druckflächenmitte abhängig von der Tiefe z für den Fall einer idealen Linienberührung. Sämtliche Spannungen sind auf die maximale Normalspannung p_0 in der Oberfläche bezogen dargestellt. Die Spannung σ_z ist an der Oberfläche gleich der Normalspannung p_0 und nimmt mit zunehmender Tiefe langsam ab. Die Spannung σ_y zeigt in Richtung der Druckflächenbreite b und fällt in z-Richtung schneller ab. Aus σ_z und σ_y wird die Hauptspannung $\tau_H = 0{,}5 \cdot (\sigma_z - \sigma_y)$ berechnet, die ihr Maximum in der Tiefe $z = 0{,}786 \cdot b$ erreicht. Die maximale Schubspannung τ_{max} schließt mit der Oberfläche einen Winkel von 45° ein.

Ergänzend ist im rechten oberen Diagramm der Abbildung 15.54 b) der Verlauf der Spannungen über der Druckflächenbreite $2b$ und zwar in der Tiefe $z_0 = 0{,}5 \cdot b$ eingezeichnet, in der die Orthogonalschubspannung τ_{yz} am größten ist. Beim Überrollvorgang wachsen die Spannungen σ_z, σ_y und τ_H an, bis sie auf der z-Achse ihren Maximalwert erreichen, um dann wieder abzufallen. Es sind also Schwellspannungen. Anders verhält es sich mit der Orthogonalschubspannung τ_{yz}, die orthogonal zur äußeren Belastung, also parallel zur Oberfläche, und auch parallel zur y-Achse steht.

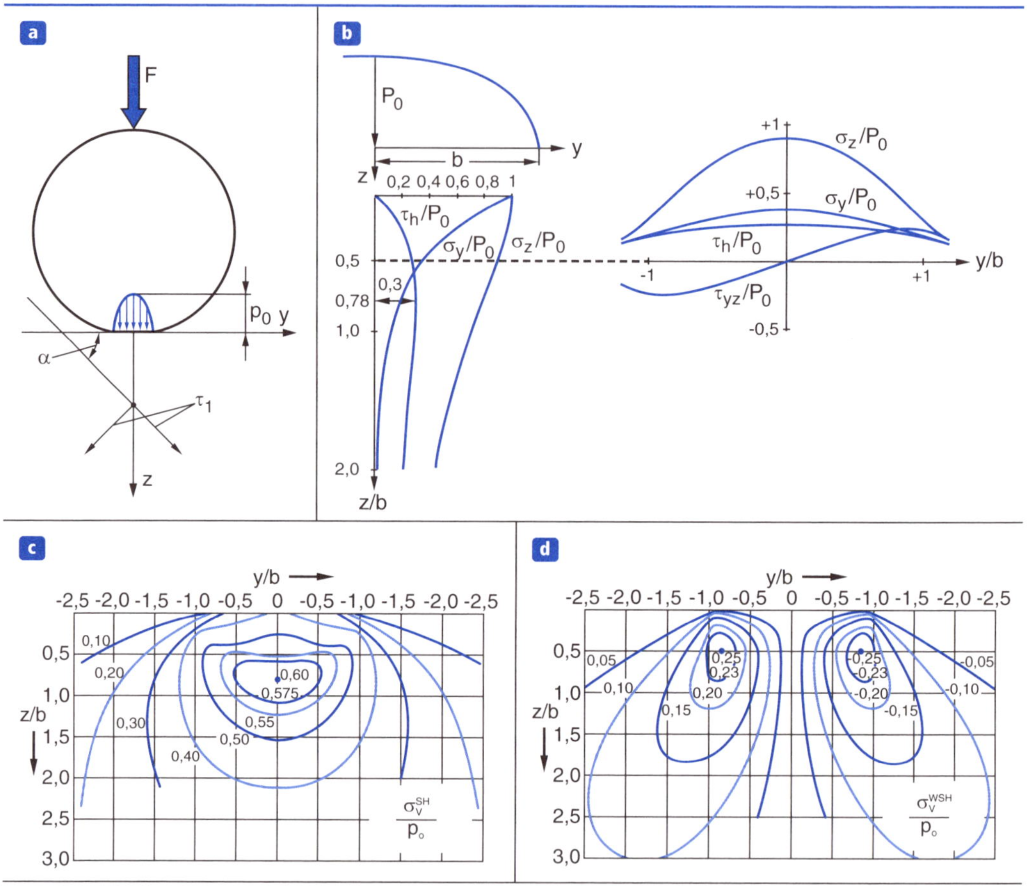

Abbildung 15.54: Spannungen unter der Oberfläche bei idealer Linienberührung – a) Ideale belastungssituation, b) Spannungsverläufe, c) Spannungen unter der Oberfläche nach der – c) Schubspannungshypothese (SH), d) Wechselschubspannungshypothese (WSH)

Beim Überrollvorgang hat τ_{yz} in dem Gebiet vor der z-Achse die gleiche Richtung wie die Rollbewegung; auf der z-Achse ist τ_{yz} Null und im Gebiet dahinter ist τ_{yz} der Rollbewegung entgegengesetzt. Es handelt sich also um eine Wechselschubspannung. Die Extremwerte betragen $+0{,}25 \cdot p_0$ und $-0{,}25 \cdot p_0$, sodass sich für Doppelamplitude $0{,}5 \cdot p_0$ ergibt. In der Originalarbeit von Lundberg und Palmgren wird diese Hypothese damit begründet, dass die meisten Ermüdungsrisse bei überrollten Elementen in einer Tiefe festgestellt werden, in der die Wechselschubspannung τ_{yz} ihr Maximum erreicht [15.96]. Die Diagramme in Abbildung 15.54 c) und d) zeigen die jeweiligen Spannungsverläufe für die Schubspannungshypothese und die Wechselschubspannungshypothese. Liegt eine Punktberührung (Kugellager) vor, sind die Spannungsverhältnisse unter der Oberfläche vergleichbar. Während die größte Orthogonalschubspannung τ_{yz} bei Linienberührung in der Tiefe $z = 0{,}5 \cdot b$ auftritt und ihre Doppelamplitude 0,5 · p_0, beträgt, ergeben sich für Punktberührung und eine kreisförmige Druckfläche die Tiefe zu 0,35 · b und die Doppelamplitude zu 0,43 · p_0 (s.a. Kapitel 3).

Im Zusammenhang mit der Entwicklung größerer Wälzlager und weiter zurückliegenden Grundlagenuntersuchungen wurde festgestellt, dass sich die Werkstoffanstrengung beim Überrollen auch sehr gut mit der Gestaltänderungsenergiehypothese (GEH) beschreiben lässt [15.110], [15.119], [15.143], [15.145]. Dabei wird davon ausgegangen, dass nicht der Spannungszustand in einem einzelnen Punkt des Körpers, sondern in einem größeren Gebiet, z.B. unter der Oberfläche die charakteristische Größe ist [15.62]. Der Ort der größten Gestaltänderungsarbeit stimmt nahezu mit dem Ort der Hauptschubspannung überein [15.94]. Abbildung 15.55 zeigt die Beanspruchungen unter der Druckfläche bei Linienberührung (Rolle gegen Laufbahn) nach der Gestaltänderungsenergiehypothese.

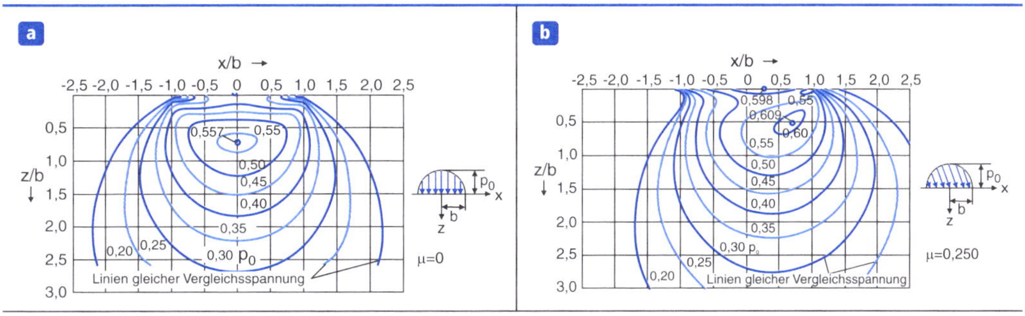

Abbildung 15.55: Beanspruchungen unter der Druckfläche bei Linienberührung (Rolle gegen Laufbahn) nach der Gestaltänderungsenergiehypothese – a) Normalbeanspruchung unter idealen elastohydrodynamischen Schmierbedingungen (EHD), b) Überlagerte Normal- und Tangentialbeanspruchung unter Mischreibungsbedingungen [15.4]

Das vollständige Ausschöpfen der Leistungsfähigkeit von Wälzlagern setzt ideale elastohydrodynamische Schmierungsbedingungen (EHD-Bedingungen) voraus, die bei reversibler elastischer Deformation der am Wälzen teilnehmenden Lagerelemente einen trennenden Schmierfilm von annähernd 1 µm Dicke ermöglichen. Dabei steht der untere Grenzwert der Filmdicke in direktem Verhältnis zur Oberflächenqualität, weil die Mikroerhebungen direkt, Schleifriefen oder Mikroporen indirekt (durch Reduzieren der Kontaktfläche) zu lokalen Erhöhungen im Pressungs- und zugehörigen Spannungsverlauf führen. Vergleichbar mit Abbildung 15.54 liegt die größte Werkstoffbeanspruchung bei vernachlässigbarer Reibung, d.h. bei weitgehend schlupffreiem Wälzen und vollkommen intaktem Schmierfilm (EHD-Bedingungen) unterhalb der Oberfläche, wobei die maßgebende Vergleichsspannung σ_v an der Oberfläche bei reiner Normalbelastung gemäß Abbildung 15.55 (links) bereits einen Betrag von 40 % der maximalen Hertz'schen Pressung p_0 aufweist. Entstehen infolge Reibung (hier $\mu = 0{,}25$) zusätzliche Tangentialkräfte an der Oberfläche, nimmt die Werkstoffbeanspruchung nicht nur an der Oberfläche auf ca. 66 % von p_0 zu, sondern auch unter der Oberfläche tritt bei Relativbewegung für σ_x prinzipiell statt einer Druck-Schwellspannung eine Druck-Zug-Wechselspannung mit einem schädlichen Zugspannungsanteil auf. Dieser Verlauf ist typisch für das Vorliegen eines negativen Schlupfes, wie er z.B. entsprechend Abbildung 15.31 durch partielles Gleiten von Kugel und Rollbahn zwischen den Schnittpunkten D der momentanen Drehachse mit der sich einstellenden gekrümmten Berührungszone beim Rillenkugellager kinematisch bedingt ist.

Weitere Untersuchungen haben gezeigt, dass bereits bei einem Reibungseinfluss von $\mu = 0{,}08$ unter Beachtung des Entstehens von Wärme- und Eigenspannungen das absolute Spannungsmaximum σ_{vmax} in Höhe von 51 % von p_0 an der Oberfläche auftreten kann, wobei das unterhalb der Oberfläche liegende Maximum aufgrund der dort ausgleichenden Wirkung der Eigenspannungen geringfügig kleiner ist. Die dann von der Oberfläche ausgehenden Risse folgen der Richtung der Fließlinien, d.h. dem kleinsten Winkel der Hauptschubspannung zur Oberfläche, und sind so stets der Reibungskraft entgegengesetzt. Allerdings kann eine begrenzte Oberflächenqualität in Verbindung mit festigkeitsmindernden, chemisch bedingten Vorgängen bereits bei noch kleineren Reibungszahlen zu hohen örtlichen Beanspruchungen führen, was die Gebrauchsdauer des Wälzlagers herabsetzt. Aus experimentellen Untersuchungen sind zwei Schädigungsbereiche bekannt, nämlich unterhalb der Lauffläche in einer Tiefe von rund 50 µm und von der Lauffläche ausgehend bis in eine Tiefe von etwa 20 µm reichend. Diese Schädigungen können weitgehend vermieden werden, wenn ein ausreichendes Schmierstoffangebot und eine entsprechende Sauberkeit im Schmierspalt vorhanden sind [15.100].

Da die einzelnen Hypothesen in ihrer Auswirkung auf die praktische Wälzlagerberechnung kaum einen Unterschied zeigen, wird die Ermüdungstheorie weiterhin auf die Wechselschubspannungshypothese bezogen. Die aktuell in der internationalen ISO-Normung niedergelegten Wälzlagerberechnungsverfahren stützen sich historisch bedingt ebenfalls auf die Wechselschubspannungshypothese (s.a. Abschnitt 15.4.4 und 15.4.5) [15.95], [15.96].

Die Anwendung der Gestaltänderungsenergiehypothese hat jedoch den entscheidenden Vorteil, dass anstelle von kostenintensiven Versuchen an großen Wälzlagern und deren Komponenten zur Ermittlung der Lebensdauer sogenannte synthetische Wöhlerlinien als statistisch abgesicherte Kennfunktionen der Beanspruchbarkeit im Rahmen einer Lebensdauerabschätzung für Wälzlager herangezogen werden können. Die Berechnung muss also nicht mehr auf der Grundlage Hertz'scher Pressungen erfolgen, sondern es können normale Werkstoffkennwerte aus Dauerfestigkeitsversuchen an Werkstoffproben unter Beachtung bewährter Umrechnungsmethoden zur Bemessung herangezogen werden [15.65], [15.72], [15.110].

Aus Ergebnissen anderer Untersuchungen zu Schädigungsmechanismen wird die getrennte Ermittlung von Tragfähigkeiten für die einzelnen Hauptbaugruppen eines Wälzlagers (Innenring, Außenring, Wälzkörper und Käfig) auf der Grundlage von Wöhlerlinien für ertragbare Hertz'sche Pressungen abgeleitet [15.126], [15.127]. Vor dem Hintergrund häufiger vorzeitiger Ausfälle von Wälzlagern größerer Bauarten in Windenergieanlagen scheint entsprechender Handlungsbedarf durchaus gegeben [15.125]. Momentan beziehen sich alle angegebenen Kennwerte der Beanspruchbarkeit von Wälzlagern auf den Innenring, da dieser wegen der größeren Krümmung in Rollrichtung in der Regel das höher beanspruchte Bauteil ist.

Ausgehend von diesen grundlegenden Schädigungsmechanismen wird in den folgenden Abschnitten auf die Ermittlung der äquivalenten statischen und dynamischen Lagerbelastung (Kennwerte der Beanspruchung) und die statische und dynamische Tragfähigkeit der Lager (Kennwerte der Beanspruchbarkeit) eingegangen.

15.4.1 Statische Tragfähigkeit und äquivalente statische Lagerbelastung

Die statische Beanspruchung eines Wälzlagers liegt vor, wenn von dem Wälzlager bei vorwiegend stillstehenden Wälzkörpern Kräfte übertragen werden müssen, das heißt das gelagerte Bauteil (Achse oder Welle) führt keine umlaufenden Drehbewegungen aus oder es finden nur kleinere Schwenkbewegungen und Zustellbewegungen statt. Auch bei Drehbewegungen bis $n \cdot d_m = 4.000 \text{ min}^{-1} \cdot \text{mm}$ (n: Drehzahl, d_m: mittlerer Lagerdurchmesser $= 0{,}5 \cdot (D + d)$, D: Außendurchmesser, d: Bohrungsdurchmesser) können manche Lagerungen bei der Dimensionierung als statisch beansprucht betrachtet werden. Des Weiteren ist die statische Tragfähigkeit zu überprüfen, wenn umlaufende Lager kurzzeitig starke Stoßbelastungen ertragen müssen. In allen Fällen kann die Belastung konstant oder veränderlich sein, der Begriff „statisch" bezieht sich demzufolge auf den Betriebszustand des Lagers und nicht auf die Art der Belastung.

Die bei diesen Betriebszuständen auftretenden Kräfte dürfen erfahrungsgemäß bereits geringe plastische Verformungen in den Berührungszonen hervorrufen, ohne jedoch die Laufeigenschaften des Lagers bei anschließenden Drehbewegungen zu beeinträchtigen.

Dabei ist die zulässige plastische Verformung eines Wälzlagers so definiert, dass die an der am höchsten beanspruchten Berührstelle auftretende bleibende Gesamtverformung von Wälzkörper und Laufbahn 0,01 % des Wälzkörperdurchmessers D_w nicht überschreitet. Bei einer Kugel mit 10 mm Durchmesser entspricht die plastische Verformung beider Körper dann 1 µm. Abhängig vom Lagertyp lassen sich zu dieser zulässigen plastischen Gesamtverformung folgende Hertz'sche Pressungen angeben, die aus umfangreichen Versuchen an Wälzkörpern verschiedener Größe ermittelt wurden [15.4], [15.5], [15.48]:

- 4.600 N/mm^2 bei Pendelkugellagern und Schulterkugellagern
- 4.200 N/mm^2 bei allen anderen Kugellagern
- 4.000 N/mm^2 bei allen Rollenlagern

Bei sehr geringen Anforderungen an die Laufruhe oder nur langsam umlaufenden Wälzlagern dürfen diese Werte auch noch überschritten werden. Physikalisch begründet werden diese Grenzwerte durch das „Shakedown-Limit", oberhalb dessen lokales Fließen bei jeder Überrollung trotz Eigenspannungsaufbau und Verfestigung weiter fortschreitet [15.98].

Aufbauend auf diesen experimentell ermittelten Zusammenhängen wird als Kenngröße der statischen Beanspruchbarkeit die statische Tragzahl C_0 verwendet. Die statische Tragzahl C_0 in N ist definiert als die statische Radialbelastung oder zentrisch wirkende statische Axialbelastung, die eine bleibende Verformung – als Summe der Verformung beider sich berührender Körper – von der Größe des 0,0001-fachen Wälzkörperdurchmessers zwischen Wälzkörper und Rollbahnring oder -scheibe hervorruft.

Sinngemäß entspricht die statische Tragzahl C_0 eines Lagers aus gehärtetem Wälzlagerstahl genau der – unter definierten Betriebsbedingungen auftretenden maximalen – Belastung, bei der die oben angeführten Maximalwerte der Hertz'schen Pressungen erreicht werden. Deshalb lässt sich unter Einbeziehung der Wälzkörper- und Laufbahngeometrien (Wälzkörperdurchmesser D_w, Teilkreisdurchmesser D_{pw}, Nenndruckwinkel α_0 des unbelasteten Lagers,

Anzahl i der Wälzkörperreihen, Anzahl z der Wälzkörper je Reihe und der effektiven Berührlinienlänge l_{eff} bei Rollenlagern) die statische Tragzahl C_0 abhängig vom Lagertyp gemäß Tabelle 15.9 und Tabelle 15.10 rechnerisch ermitteln [15.4]. Die so berechneten Werte beziehen sich immer auf den stärker belasteten Innenring und sind in der Norm DIN ISO 76 sowie den Lagerkatalogen als Herstellerangabe zur Lagerdimensionierung für jedes Lager angegeben [15.48]. Werden Werkstoffe mit geringerer Härte als 58 HRC verwendet, ist die Tragzahl C_0 (Katalogwert) durch einen Faktor f_H gemäß Abbildung 15.56 abzumindern [15.4].

Radial- und Schrägkugellager	Axial-Kugellager
$C_0 = f_0 \cdot i \cdot z \cdot D_w^2 \cdot \cos\alpha_0$ (15.48)	$C_0 = f_{0a} \cdot i \cdot z \cdot D_w^2 \cdot \sin\alpha_0$ (15.49)
Radial- und Schrägrollenlager	**Axial-Rollenlager**
$C_0 = f_0 \cdot i \cdot z \cdot D_w \cdot l_{eff} \cdot \cos\alpha_0$ (15.50)	$C_0 = f_{0a} \cdot z \cdot D_w \cdot l_{eff} \cdot \sin\alpha_0$ (15.51)

Tabelle 15.9: Statische Tragzahlen abhängig vom Lagertyp [15.4]

$\frac{D_w \cdot \cos\alpha_0}{D_{pw}}$	Rillen- und Schrägkugellager f_0	Pendel-kugellager f_0	Schulter-kugellager f_0	Axial-Kugel- und Axial-Schrägkugellager f_{0a}
0	14,7	1,9	1,9	61,6
0,1	16,4	2,4	2,1	53,5
0,2	14	2,8	2,3	45,7
0,3	11,6	3,3	2,5	38,2
0,4	9,4	2,7	2,7	---

Radial-Rollenager	Axial-Rollenlager
$f_0 = 44 \cdot \left(1 - \frac{D_w \cdot \cos\alpha_0}{D_{pw}}\right)$ (15.52)	$f_{0a} = 220 \cdot \left(1 - \frac{D_w \cdot \cos\alpha_0}{D_{pw}}\right)$ (15.53)

Weitere Werte können der Norm bzw. der Literatur entnommen werden [15.4], [15.48].

Tabelle 15.10: Beiwerte f_0 zur Berechnung der statischen Tragzahlen abhängig vom Lagertyp (Auswahl) [15.4]

Ausgehend von diesen durch den Lagerhersteller gegebenen statischen Tragzahlen C_0 kann nun in einfacher Weise die statische Tragfähigkeit bzw. Laufgüte eines Lagers durch die Kennzahl der statischen Beanspruchung f_s wie folgt bestimmt werden:

$$f_s = \frac{C_0}{P_0} \tag{15.54}$$

Hierin bezeichnet P_0 die äquivalente statische Lagerbelastung, die bei einem Radiallager der reinen Radialbelastung F_r und bei einem Axiallager der reinen Axialbelastung F_a entspricht. Da jedoch in den meisten Betriebsfällen die Radiallasten F_r und die Axiallasten F_a gleichzeitig wirken, erfolgt eine Umrechnung dieser kombiniert auftretenden Lasten in die äquivalente statische Lagerbelastung P_0 mithilfe des Radialfaktors X_0 und des Axialfaktors Y_0:

$$P_0 = X_0 \cdot F_r + Y_0 \cdot F_a \qquad (15.55)$$

Diese statischen Radial- und Axialfaktoren hängen ab vom Lagertyp und dem Druckwinkel α und werden gemäß Tabelle 15.11 vom Lagerhersteller angegeben. Dabei bewirkt die äquivalente statische Lagerbelastung P_0 die gleiche Flächenpressung in der Mitte der höchstbelasteten Berührstelle zwischen Wälzkörper und Laufbahn wie diejenige reine Radialbelastung beim Radiallager (Axiallast beim Axiallager), mit der die Tragzahl C_0 ermittelt wurde.

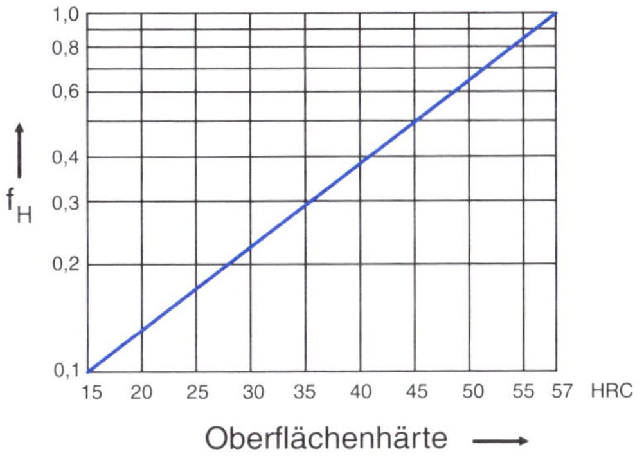

$$C_0 = f_H \cdot C_{0\,(58HRC)}$$

Abbildung 15.56: Faktor f_H zur Abminderung der Tragzahl bei verminderter Oberflächenhärte

Für die Radial-Zylinderrollenlager und Nadellager setzt man grundsätzlich $X_0 = 1$ und $Y_0 = 0$. Bei einem Axial-Kugellager berechnet sich die äquivalente statische Axialbelastung zu:

$$P_0 = F_a \qquad (15.56)$$

Ist der Nenndruckwinkel $\alpha_0 < 90°$, d. h. es liegen im Stillstand axiale und radiale Belastungen vor, dann wird P_0 wie folgt berechnet:

$$P_0 = F_a + 2{,}3 \cdot F_r \cdot \tan\alpha \quad \text{mit} \quad F_r < 0{,}44 \cdot F_a \cdot \cot\alpha_0 \qquad (15.57)$$

Für Axial-Pendelrollenlager mit unsymmetrischen Rollen gilt:

$$P_0 = F_a + 2{,}7 \cdot F_r \quad \text{mit} \quad F_r \leq 0{,}37 \cdot F_a \qquad (15.58)$$

Anhaltswerte für die einzuhaltende statische Tragsicherheit f_s aus Gleichung (15.54) sind abhängig von den Anforderungen an die Laufgüte, den Bewegungszustand, den Lagertyp und die Betriebsweise in Tabelle 15.12 zusammengestellt.

Auch wenn die meisten Wälzlager überwiegend dynamisch beansprucht werden, sollte neben der Berechnung auf Lebensdauer immer auch die statische Tragfähigkeit kontrolliert werden, insbesondere wenn zeitweise sehr hohe oder stoßartige Belastungen auftreten. Gleiches gilt für den nicht umlaufenden Schwenkbetrieb oder bei sehr niedrigen Drehzahlen.

Abschließend sei darauf hingewiesen, dass die Kennzahl f_s nicht als „Sicherheit gegen Bruch", sondern als „Sicherheit gegen zu große örtliche Verformung" aufzufassen ist. Die tatsächliche Bruchbelastbarkeit eines richtig eingebauten und unterstützten Wälzlagers liegt beim fünf- bis achtfachen Wert der statischen Tragzahl [15.4], [15.138].

Lagerbauart	einreihig		zweireihig	
	X_0	Y_0	X_0	Y_0
Radial-Rillenkugellager [1)]	0,6	0,5	0,6	0,5
Radial-Schrägkugellager [2)]				
$\alpha_0 = 20°$	0,5	0,42	1	0,84
$\alpha_0 = 25°$	0,5	0,38	1	0,76
$\alpha_0 = 30°$	0,5	0,33	1	0,66
$\alpha_0 = 35°$	0,5	0,29	1	0,58
$\alpha_0 = 40°$	0,5	0,26	1	0,52
Radial-Pendelkugellager	0,5	$0{,}22 \cdot \cot \alpha_0$	1	$0{,}44 \cdot \cot \alpha_0$
Radial-Pendelrollenlager	0,5	$0{,}22 \cdot \cot \alpha_0$	1	$0{,}44 \cdot \cot \alpha_0$
Radial-Kegelrollenlager	0,5	$0{,}22 \cdot \cot \alpha_0$	1	$0{,}44 \cdot \cot \alpha_0$

1) Es muss stets $P_0 \geq F_r$ sein. Für $P_0 < F_r$ ist immer $X_0 = 1$ und $Y_0 = 0$ einzusetzen.

2) Für gleich große einreihige Schrägkugellager in X- und O-Anordnung sind die Werte für zweireihige Lager einzusetzen, für Lager in Tandemanordnung (nicht angestellt) dagegen die Werte für einreihige Lager.

Tabelle 15.11: Radialfaktor X_0 und Axialfaktor Y_0 für statisch beanspruchte Radiallager

Betriebsweise	Umlaufende Lager – Anforderungen an die Laufruhe						Nicht umlaufende Lager	
	gering		normal		hoch			
	Kugellager	Rollenlager	Kugellager	Rollenlager	Kugellager	Rollenlager	Kugellager	Rollenlager
Ruhig, erschütterungsarm	0,5	1	1	1,5	2	3	0,4	0,8
Normal	0,5	1	1	1,5	2	3,5	0,5	1
Stark stoßbelastet [1)]	$\geq 1{,}5$	$\geq 2{,}5$	$\geq 1{,}5$	≥ 3	≥ 2	≥ 4	≥ 1	≥ 2

Für Axial-Pendelrollenlager sollte $f_s \geq 4$ sein, da ein großer Teil der Belastung vom Bord der Wellenscheibe aufgenommen werden muss. Wird bei diesen Lagern die Gehäusescheibe nicht radial abgestützt, sollte aus Festigkeitsgründen sogar $f_s = 6$ gewählt werden.

1) Bei Stoßbelastungen nicht näher bekannter Größe sind mindestens die angegebenen Werte in die Formel einzusetzen. Wenn sich die Stoßbelastungen genauer bestimmen lassen, können diese Anhaltswerte auch unterschritten werden. Für $f_s = 2$ ergibt sich eine plastische Verformung von $\delta_b / D_w \approx 0{,}003\,\%$.

Tabelle 15.12: Anhaltswerte für die statische Tragsicherheit f_s [15.73], [15.129]

15.4.2 Dynamische Tragfähigkeit und nominelle Lebensdauer nach DIN ISO 281

Entsprechend den Ausführungen in den Kapiteln 1und 3 unterliegen die meisten Maschinen und Anlagen einer dynamischen Beanspruchung. Beim Wälzlager liegt eine dynamische Beanspruchung vor, wenn von diesem über die Lagerringe oder -scheiben und die um ihre Achse rotierenden Wälzkörper Kräfte übertragen werden. Dabei ergibt sich der dynamische Beanspruchungsfall beim Wälzlager – unabhängig von einer gleichbleibenden oder veränderlichen äußeren Belastung – bereits durch die relativ zueinander bewegten und Kraft übertragenden Bauelemente – ähnlich wie beim periodischen Zahneingriff (s.a. Abbildung 1.20).

Bedingt durch diesen dynamischen Beanspruchungsfall treten selbst unter guten Bedingungen des Schmierungszustandes, der äußeren Bauteilqualität und normalen Belastungen entsprechend dem makroskopischen Beanspruchungsfeld im Material an Schwachstellen, Inhomogenitäten oder Eindrückungen überrollter Feststoffpartikel feine Anrisse auf, die bei weiterem Einsatz des Lagers so anwachsen, dass grübchenartige Ausbrüche, sogenannte Pittings, entstehen (s.a. Abbildung 1.9). Im Bereich des Wälzkontaktes können derartige Schädigungen in mikroskopischer Dimension auch durch merkliche Oberflächenunregelmäßigkeiten oder vor allem durch feste Verunreinigungen im Schmierspalt hervorgerufen werden. Demzufolge treten abhängig von der Belastung über der Laufzeit klassische Ermüdungserscheinungen auf, die zunächst zu übermäßigem Körper- und Luftschall (Erschütterungen und Geräusche) und durch Ausweiten der Schädigung (z.B. Ablösen ganzer Werkstoffschichten) zum Funktionsausfall führen. Diese Zusammenhänge führen zum klassischen Verlauf einer Wöhlerlinie gemäß Abbildung 15.57, wobei die äußere Belastung P nicht größer als die dynamische Tragzahl C wird und Lebensdauerwerte über 100.000 Stunden einer Dauerbeanspruchbarkeit entsprechen [15.107]. Bei den heute verwendeten Wälzlagerstählen liegt die dauerfest ertragbare Hertz'sche Pressung für Wälzkontakte mit Punktberührung bei 2.000 N/mm^2 und für Linienberührung bei 1.500 N/mm^2. Deutlich bessere Werte werden erreicht, wenn sich zwischen den Kontaktflächen ein voll tragender Schmierfilm ausbildet (s.a. Abschnitt 15.4.4).

Auch wenn die in Abbildung 15.57 dargestellten Wöhlerlinien eine gewisse Bestimmtheit der Ausfälle vortäuschen, so erkannte bereits zu Beginn des 20. Jahrhunderts Richard Stribeck (1861–1950, Prof. für Maschinenelemente an der TU Dresden von 1892–1898) die Schwierigkeit der rechnerischen Erfassung der Lebensdauer eines Wälzlagers (damals noch Haltbarkeitsdauer genannt), weshalb er statistisch abgesicherte Versuche mit einer großen Anzahl von Prüflagern empfahl. Arvid Palmgren (1890–1971, technischer Direktor der SKF von 1937–1955) beschäftigte sich um 1918 auch zunächst theoretisch mit der Problematik, erkannte jedoch sehr bald die Richtigkeit der Erkenntnisse Stribecks, sodass er auf der Grundlage vieler Versuchsergebnisse 1924 empirisch den Zusammenhang zwischen spezifischer Belastung, Werkstoffart, bleibender Formänderung, Schadensgrenzen und Lebensdauer gefunden hat [15.104]. Die für gleiche Versuchsbedingungen festgestellten großen Streuungen der Laufzeiten der Wälzlager im Verhältnis 1:40 führten dann zum noch heute verwendeten Begriff der nominellen Lebensdauer. Das Diagramm in Abbildung 15.57 rechts zeigt als Beispiel eine nach der erreichten Anzahl von Umdrehungen geordnete Zusammenstellung des Laufverhaltens von 30 Rillenkugellagern der Lagerbauform 6309, wie es auf gleichartigen Prüfständen unter gleichen und gleichbleibenden Betriebsverhältnissen festgestellt wurde [15.58]. Die erreichten Lebensdauerwerte schwankten zwischen $13 \cdot 10^6$ und $300 \cdot 10^6$ Umdrehungen, also etwa im Verhältnis 1:20. Die Ausfallzeitpunkte streuen stärker, wenn wenige Ausfallursachen bzw. hohe Bauteilqualitäten vorliegen, da dann die den ersten Schaden verursachende Störstelle zufällig früh oder auch spät ansprechen kann. Entsprechend weniger gute Qualitäten oder höhere Beanspruchungen führen bereits bei kleinerer Streuung zum Ausfall.

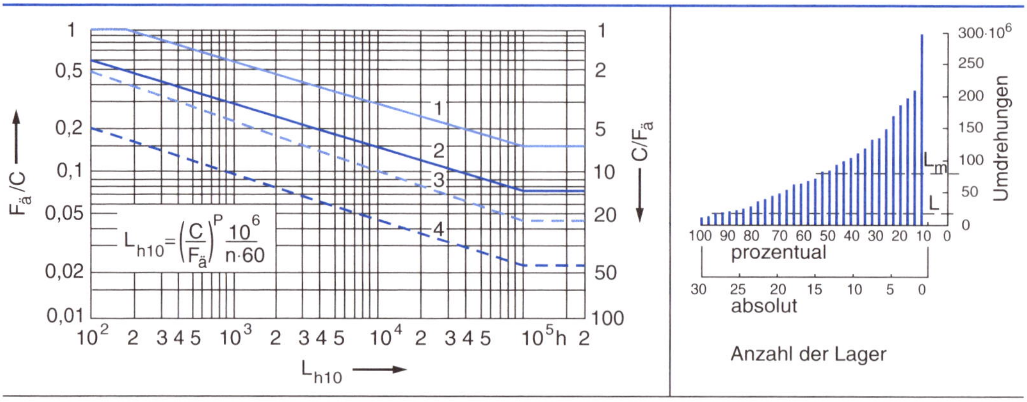

Abbildung 15.57: Zeit- und Dauerbeanspruchbarkeit von Wälzlagern (links) und geordnete Anzahl der erreichten Umdrehungen von 30 Rillenkugellagern bis zum Ausfall durch Ermüdungsschaden (rechts)

Aufbauend auf der 1939 von Ernst Weibull (1887–1979, Prof. für Technische Physik an der TH Stockholm von 1941–1952) aufgestellten statistischen Festigkeitstheorie entwickelten Lundberg und Palmgren in den Jahren 1947 bis 1950 die Grundlage einer allgemein gültigen Lebensdauerberechnung, die auch auf dem Gebiet der allgemeinen Betriebsfestigkeitsberechnung zur Anwendung kommt (s.a. Kapitel 3) [15.96], [15.140]. Erfasst man nämlich aus Abbildung 15.57 rechts den Anteil der Lager, der bis zu einem bestimmten Laufzeitwert ausgefallen ist (ersatzweise kann auch die Anzahl der ohne Schaden erreichten Umdrehungen herangezogen werden), so gewinnt man als quantitative Aussage über die statistische Verteilung der Ermüdungslaufzeiten die sogenannte Ausfallwahrscheinlichkeit.

Das daraus entstehende Diagramm ist in Abbildung 15.58 wiedergegeben und zeigt – in Kurvenform über der prozentualen Anzahl der funktionierenden Lager (obere Leiste) aufgetragen – die auf den für 10 % der ausgefallenen Lager maßgebenden Wert der Laufzeit L (nominelle Lebensdauer) bezogene Laufzeit der Einzellager L_i (rechte Leiste). Die Kurven 1 bis 3 verdeutlichen eine im Laufe der Zeit entwicklungsbedingte Wandlung des Verlaufs der Streuung. Überträgt man diese Funktionen in ein sogenanntes Weibull-Netz, wird die gute Eignung der sogenannten Weibull-Funktion unter Verwendung der Lebensdauer-Kennzahl w zur Beschreibung der Verteilung der tatsächlichen Lebensdauer der Einzellager deutlich, wobei mit $N_{min} = 0$ gilt [15.138]:

$$w = \frac{(N - N_{\min})}{(N_E - N_{\min})} = \left(\frac{\ln \frac{1}{R}}{\ln \frac{1}{R_E}} \right)^k \quad \text{bzw.} \quad \frac{N}{N_E} = \left(\frac{\ln \frac{1}{R}}{\ln \frac{1}{R_E}} \right)^k \quad \text{oder} \quad \frac{N}{N_N} = \left(\frac{\ln \frac{1}{R}}{\ln \frac{1}{R_N}} \right)^k \tag{15.59}$$

Hierin bezeichnen N die Anzahl der Umdrehungen bzw. Lebensdauer des Einzellagers L_i, N_E den Erwartungswert der Anzahl der Umdrehungen, N_N die nominelle Anzahl der Umdrehungen bzw. nominelle Lebensdauer L, R die Überlebenswahrscheinlichkeit ($R_N = 0{,}9$ nominelle Überlebenswahrscheinlichkeit und R_E als Erwartungswert) sowie k den Streuungsexponenten (der Kehrwert entspricht der Steigung der Geraden im Weibull-Netz). Durch Umstellen der Gleichungen lassen sich die Überlebenswahrscheinlichkeit R bzw. $R(t)$ und als Komplement die Ausfallwahrscheinlichkeit F bzw. $F(t)$ bestimmen:

$$R = e^{-\left(\ln\frac{1}{R_N}\right)\cdot\left(\frac{N}{N_N}\right)^{\frac{1}{k}}} \qquad F = 1 - e^{-\left(\ln\frac{1}{R_N}\right)\cdot\left(\frac{N}{N_N}\right)^{\frac{1}{k}}} \qquad (15.60)$$

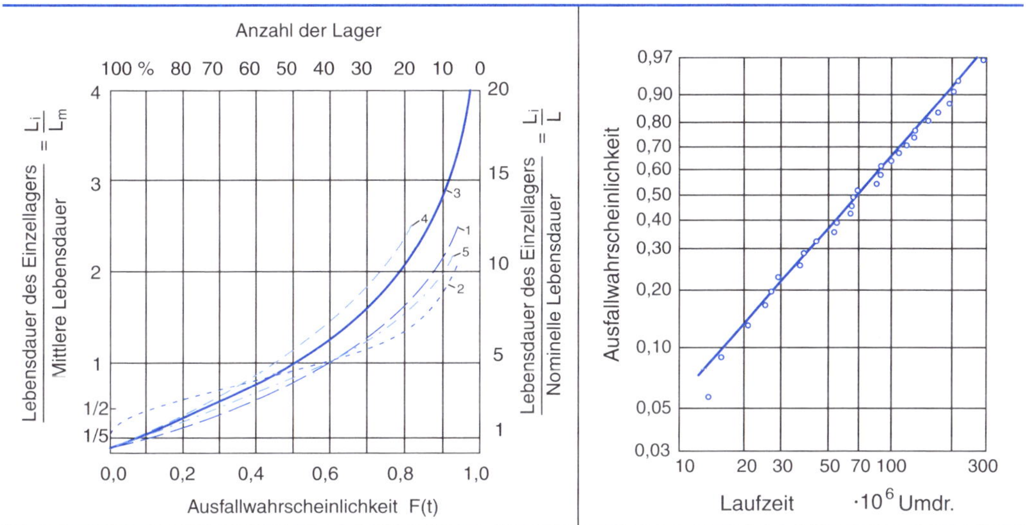

1 – Streukurve, Erfahrungswert Stand 1935	4 – Theoretische Streukurve für Kugellager, $k = 0{,}9$
2 – Streukurve, 1935 für Entwicklung angenommen	5 – Theoretische Streukurve für Rollenlager, $k = 0{,}741$
3 – Streukurve, Erfahrungswert Stand 1965	

Abbildung 15.58: Streuung der bezogenen Ausfallzeiten von Wälzlagern [15.138]

Entsprechend der Kurven 4 und 5 in Abbildung 15.58 gilt für den Streuungsexponenten bei Kugellagern $k = 0{,}9$ und bei Rollenlagern $k = 0{,}741$, wobei im letzten Fall N_E etwa $5 \cdot N_N$, d.h. das Fünffache der nominellen Lebensdauer L beträgt [15.138]. Für Kugellager gilt dagegen $N_E/N_N = 7{,}289$. Die Weibull-Gerade ist im Allgemeinen über den Bereich der Ausfallwahrscheinlichkeit von 0,07 bis 0,60 sehr gut erfüllt. Außerhalb dieses Bereiches ist die reale Lebensdauer größer als erwartet [15.58].

Ausgehend von diesen Wahrscheinlichkeitsbetrachtungen fanden Lundberg und Palmgren folgenden Zusammenhang. Die nominelle oder rechnerische Lebensdauer L ist für eine genügend große Menge offensichtlich gleicher Lager die Anzahl der Umdrehungen in Millionen oder Betriebsstunden bei konstanter Drehzahl, die von 90 % dieser Lagermenge erreicht oder überschritten wird, bevor erste Anzeichen einer Werkstoffermüdung der aufeinander wälzenden Reibkörper auftreten. Dabei lässt sich die nominelle Lebensdauer L aus der dynamischen Tragzahl C, der äquivalenten dynamischen Belastung P und dem Lebensdauerexponenten p auf der Grundlage eines Potenzgesetzes berechnen:

$$L = \left(\frac{C}{P}\right)^p \quad \text{bzw.} \quad L = L_F = L_{10} = \left(\frac{C}{P}\right)^p \tag{15.61}$$

Damit der Bezug zur Ausfallwahrscheinlichkeit $F(t)$ deutlich wird, schreibt man oftmals auch L_F oder z.B. L_{10} bei einer Ausfallwahrscheinlichkeit von 10 %. Unter Einbeziehung der Drehzahl n in min^{-1} wird die nominelle Lebensdauer in Betriebsstunden für eine Ausfallwahrscheinlichkeit von $F(t)$ = 10 % mit L_h bezeichnet.

$$L_h = L_{h10} = \left(\frac{C}{P}\right)^p \cdot \frac{10^6}{n \cdot 60} = L \cdot \frac{10^6}{n \cdot 60} \tag{15.62}$$

Dieser Zusammenhang entspricht den in Abbildung 15.57 dargestellten Wöhlerlinien mit dem Lebensdauerexponenten p als Kehrwert der Neigung ($1/p$) der Wöhlerlinie. Aus den Versuchsergebnissen ließ sich ableiten, dass der Lebensdauerexponent für Kugellager (Punktberührung) immer $p = 3$ und für Rollenlager (Linienberührung) $p = 10/3$ beträgt (als Erfahrungswert für die Tatsache, dass die volle Linienberührung mit $p = 4$ nur bei hohen Belastungen ausgeprägt ist, im unteren Lastbereich jedoch ebenfalls Punktberührung vorliegt) [15.90], [15.91], [15.95], [15.96].

Aus der Lebensdauergleichung (15.61) lässt sich die inhaltliche Bedeutung der dynamischen Tragzahl C ableiten. Sie entspricht für Radiallager der reinen radialen Belastung unveränderlicher Größe, bei der sich für eine genügend große Anzahl an sich gleicher Lager bei umlaufendem Innenring und stillstehendem Außenring die nominelle Lebensdauer von $1 \cdot 10^6$ Umdrehungen ergibt. Für Axiallager gilt dies analog für eine zentrisch wirkende reine axiale Belastung beim Umlauf einer der Scheiben (beim Axial-Pendelrollenlager der Wellenscheibe). Bei einreihigen, einseitig wirkenden Radial-Schrägkugellagern und Radial-Kegelrollenlagern gilt die Definition für Radiallager, d.h., es ist dann beim spielfreien Lager der halbe Umfang der Lagerringe belastet. In allen Fällen darf die Lagertemperatur während der Versuche T = 100 °C nicht überschreiten.

Die dynamischen Tragzahlen C der einzelnen Kugel- und Rollenlager wurden bis zu mittleren Lagergrößen durch umfangreiche Lebensdauerversuche statistisch abgesichert ermittelt. Deshalb lässt sich unter Einbeziehung der Wälzkörper- und Laufbahngeometrien (Wälzkörperdurchmesser D_w, Teilkreisdurchmesser D_{pw}, Nenndruckwinkel α_0 des unbelasteten Lagers, Anzahl i der Wälzkörperreihen, Anzahl z der Wälzkörper je Reihe und der effektiven Berührlinienlänge l_{eff} bei Rollenlagern) die dynamische Tragzahl C abhängig vom Lagertyp auf der Grundlage empirischer Zusammenhänge gemäß Tabelle 15.13 bis Tabelle 15.17 rechnerisch ermitteln [15.4]. Das Berechnungsverfahren ist in der DIN ISO 281 zusammengestellt und sämtliche Werte beziehen sich immer auf den stärker belasteten Innenring [15.49]. Auf der Grundlage dieses Verfahrens berechnete dynamische Tragzahlen werden in den Lagerkatalogen als Herstellerangabe zur Lagerdimensionierung für jedes Lager angegeben. Werden Werkstoffe mit geringerer Härte als 58 HRC verwendet, ist die Tragzahl C (Katalogwert) durch einen Faktor f_H gemäß Abbildung 15.56 abzumindern, da die Tragfähigkeit bei niedrigerer Härte entsprechend geringer ist [15.4]. Diese Tatsache ist besonders zu berücksichtigen, wenn die Wälzkörper direkt auf der Welle oder in einem Bauteil laufen, ohne dass die üblichen Lagerringe verwendet werden (s. a. Abbildung 15.9).

Da sich die in den Wälzlagerkatalogen angegebenen Tragzahlen auf den Standardwärmebehandlungszustand beziehen, sind die Tragzahlen bei maßstabilisierten Lagern und höheren Temperaturen ebenfalls mit dem Faktor f_{II} nach Abbildung 15.56 zu korrigieren. Die in den folgenden Tabellen zusammengestellten Werte gelten unter Annahme der üblichen Schmiegungen von $\kappa_J \geq 0{,}04$ und $\kappa_A \geq 0{,}06$ bei Rillen- und Schrägkugellagern und $\kappa_J \geq 0{,}06$ bei Pendelkugellagern.

Werden zwei Lager gleichen Typs, gleicher Größe und Ausführung nebeneinander angeordnet, so ergibt sich gemäß der Gleichungen (15.63) und (15.64) für Kugellager mit $i = 2$ eine Tragzahl der Lagerkombination von $C_{komb} = 1{,}625 \cdot C$ und mit Gleichung (15.65) für Rollenlager $C_{komb} = 1{,}714 \cdot C$.

Radial-Kugellager	$C = b_m \cdot f_c \cdot (i \cdot \cos\alpha_0)^{0,7} \cdot z^{2/3} \cdot D_w^{1,8}$ für $D_w \leq 25{,}4\,\text{mm}$	(15.63)
	$C = b_m \cdot f_c \cdot (i \cdot \cos\alpha_0)^{0,7} \cdot z^{2/3} \cdot 3{,}647 \cdot D_w^{1,4}$ für $D_w > 25{,}4\,\text{mm}$	(15.64)
Radial-Rollenlager	$C = b_m \cdot f_c \cdot \left(i \cdot l_{eff} \cdot \cos\alpha_0\right)^{7/9} \cdot z^{3/4} \cdot D_w^{29/27}$	(15.65)
Axial-Kugellager	$C = b_m \cdot f_c \cdot z^{2/3} \cdot D_w^{1,8}$ für $D_w \leq 25{,}4\,\text{mm}$	(15.66)
	$C = b_m \cdot f_c \cdot z^{2/3} \cdot 3{,}647 \cdot D_w^{1,4}$ für $D_w > 25{,}4\,\text{mm}$	(15.67)
Axial-Rollenlager	$C = b_m \cdot f_c \cdot l_{eff}^{7/9} \cdot z^{3/4} \cdot D_w^{29/27}$ für $\alpha_0 = 90°$	(15.68)
	$C = b_m \cdot f_c \cdot \left(l_{eff} \cdot \cos\alpha_0\right)^{7/9} \cdot \tan\alpha_0 \cdot z^{3/4} \cdot D_w^{29/27}$ für $\alpha_0 < 90°$	(15.69)

Tabelle 15.13: Dynamische Tragzahlen abhängig vom Lagertyp [15.4]

$\frac{D_w \cdot \cos\alpha_0}{D_{pw}}$	Rillenkugellager (einreihig) Schrägkugellager (ein- und zweireihig) f_c	Rillenkugellager (zweireihig) f_c	Pendelkugellager f_c	Schulterkugellager f_c	Radial-Rollenlager f_c
0,05	46,7	44,2	17,3	16,2	74,1
0,10	55,5	52,6	23,4	21,5	84,2
0,20	59,9	56,8	33,5	30,5	88,7
0,30	56,0	53,0	40,3	37,8	83,8
0,40	48,4	45,8	40,4	40,9	---
Weitere Werte können der Norm bzw. der Literatur entnommen werden [15.4], [15.49].					

Tabelle 15.14: Beiwerte f_c zur Berechnung der dynamischen Tragzahlen von Radial-Kugel- und Radial-Rollenlagern abhängig vom Lagertyp (Auswahl) [15.4]

Die in der Tabelle 15.15 für Rollenlager angegebenen f_c-Faktoren dürfen nur angesetzt werden, wenn die Werkstoffbeanspruchung längs der Kontaktlinie der am höchsten belasteten Rollen- bzw. Laufbahnkontakte durch Modifizierung des Querprofils im Wesentlichen gleichmäßig ist (s.a. Abbildung 15.13).

Auch wenn mit den hier wiedergegebenen Zusammenhängen die dynamische Tragzahl C scheinbar theoretisch ermittelt werden kann, so ist abschließend nochmals darauf hinzuweisen, dass die dynamische Tragzahl C einen Katalogwert darstellt, der vom Lagerhersteller auf der Basis statistisch abgesicherter Versuchsreihen für jede Lagerbauart und -größe als Kennwert der Beanspruchbarkeit bereitgestellt werden muss.

$\frac{D_w \cdot \cos\alpha_0}{D_{pw}}$ 1)	Axial-Rillenkugellager f_c	Axial-Schrägkugellager f_c			Axial-Rollenlager f_c	Axial-Rollenlager f_c		
	$\alpha_0=90°$	$\alpha_0=45°$	$\alpha_0=60°$	$\alpha_0=75°$	$\alpha_0=90°$	$\alpha_0=50°$	$\alpha_0=65°$	$\alpha_0=80°$
0,01	46,7	42,1	39,2	37,3	17,3	109,7	107,1	105,6
0,06	55,5	70,7	65,8	62,7	23,4	160,9	157,0	154,9
0,10	59,9	79,7	74,2	70,7	33,5	175,5	171,4	169,0
0,16	56,0	85,1	79,2	---	40,3	183,7	179,3	---
0,26	48,4	82,8	---	---	40,4	178,7	---	---

1) Beim Axial-Rillenkugellager und Axial-Rollenlager mit $\alpha_0 = 90°$ ist anstelle von $(D_w \cdot \cos\alpha_0)/D_{pw}$ nur (D_w/D_{pw}) zu verwenden.

Weitere Werte können der Norm bzw. der Literatur entnommen werden [15.4], [15.49].

Tabelle 15.15: Beiwerte f_c zur Berechnung der dynamischen Tragzahlen von Axial-Kugel- und Axial-Rollenlagern abhängig vom Lagertyp (Auswahl) [15.4]

Rillen- und Schrägkugellager (ein- und zweireihig)	1,30	Zylinderrollenlager, Kegelrollenlager und Nadellager mit geschliffenen Laufbahnen	1,10
Pendel- und Schulterkugellager	1,30	Nadelhülsen und Nadelbüchsen	1,00
Lager mit Füllnuten	1,10	Pendelrollenlager	1,15
Spannlager	1,00		

Tabelle 15.16: Lagerbauart-Faktor b_m für Radial-Kugel- und -Rollenlager [15.4]

Axial-Kugellager	1,30	Axial-Kegelrollenlager	1,10
Axial-Zylinderrollenlager	1,00	Axial-Pendelrollenlager	1,15
Axial-Nadellager	1,10		

Tabelle 15.17: Lagerbauart-Faktor b_m für Axial-Kugel- und -Rollenlager [15.4]

Oftmals wird diese Forderung bzw. Erwartung mit zunehmender Baugröße des Lagers aus Zeit- und Kostengründen nicht erfüllt, da größere Lager auf größeren Belastungseinrichtungen bei gleichbleibender Anzahl von Prüflingen (zur statistischen Absicherung) geprüft werden müssen. Umgekehrt belegen jedoch immer wieder auftretende vorzeitige Ausfälle –

gerade der großen Lager (momentan z.B. in Anwendungen der Windenergieanlagen, s.a. Abbildung 15.48) –, dass eine theoretische Ermittlung dynamischer Tragzahlen mit wenigen ergänzenden Versuchen auf keinen Fall ausreicht, um die gestiegenen Anforderungen an Wälzlager in Anwendungen des Schwermaschinen- und Anlagenbaus zu erfüllen.

Unter der Voraussetzung, dass die dynamische Tragzahl C durch den Hersteller ermittelt wurde, ist für den auslegenden Konstrukteur vielmehr die mit einem ausgewählten Wälzlager zu erreichende Lebensdauer L gemäß Gleichung (15.61) von Interesse. Hierzu ist aus den einwirkenden Betriebslasten die äquivalente dynamische Lagerbelastung P zu ermitteln und einzusetzen. Da für den gewählten Lagertyp die dynamische Tragzahl C und der Lebensdauerexponent p aus dem Katalog entnommen werden können, lässt sich sofort die zu erwartende Lebensdauer L berechnen. Anhaltswerte für die erforderliche Lebensdauer L abhängig vom Einsatzfall sind in Tabelle 15.18 zusammengestellt, weitere Beispiele sind in den Lagerkatalogen zu finden. Die angegebenen Maximalwerte gelten für Rollenlager. Entsprechend den Herstellerangaben können diese Werte für Kugellager um 10 bis 20 % reduziert werden [15.73], [15.103], [15.129].

Bei der Ermittlung der äquivalenten dynamischen Lagerbelastung P sind im Gegensatz zur äquivalenten statischen Lagerbelastung P_0 erheblich mehr Fallunterscheidungen zu berücksichtigen, weshalb in einem eigenen Abschnitt 15.4.3 ausführlich darauf eingegangen wird.

Da aufgrund des Wahrscheinlichkeitscharakters die Angabe der errechneten Lebensdauer an sich für das Einzellager keine praktische Bedeutung hat, wird als Kennwert für die richtige Dimensionierung auch die Kennzahl der dynamischen Beanspruchung f_L (dynamische Kennzahl f_L) verwendet. Diese lässt sich aus der Lebensdauergleichung wie folgt herleiten. Im Versuch werden 10^6 Umdrehungen mit einer Bezugsdrehzahl von $33^1/_3\ \text{min}^{-1}$ innerhalb von 500 Betriebsstunden (Prüfstunden) erreicht, sodass sich die Lebensdauergleichung (15.62) wie folgt erweitern lässt:

$$\frac{L_h}{500} = \frac{L \cdot 33\tfrac{1}{3} \cdot 60}{n \cdot 60} = \left(\frac{C}{P}\right)^p \cdot \frac{33\tfrac{1}{3}}{n} \tag{15.70}$$

Durch Umformen erhält man die dynamische Kennzahl f_L und den Drehzahlfaktor f_n:

$$\sqrt[p]{\frac{L_h}{500}} = \sqrt[p]{\frac{33\tfrac{1}{3}}{n}} \cdot \left(\frac{C}{P}\right) \quad \text{bzw.} \quad f_L = f_n \cdot \left(\frac{C}{P}\right) \quad \text{mit} \quad f_L = \sqrt[p]{\frac{L_h}{500}} \quad \text{und} \quad f_n = \sqrt[p]{\frac{33\tfrac{1}{3}}{n}} \tag{15.71}$$

Mithilfe des f_L-Wertes kann nun anhand von Erfahrungswerten für bereits ausgeführte Lagerungen gemäß Tabelle 15.18 eine Lagervorauswahl getroffen werden. Dabei sind die f_L-Werte so ausgelegt, dass nicht nur eine auf den betreffenden Einbaufall abgestimmte ausreichende Ermüdungslebensdauer erreicht wird, sondern es werden auch eine ausreichende Steifigkeit, ein geringes Gewicht bei Leichtbaukonstruktionen, die Anpassung an vorgegebene Umgebungskonstruktionen und außergewöhnliche Belastungsspitzen abgedeckt. Sollten sich weder in Tabelle 15.18 noch in den Herstellerkatalogen ausreichende Angaben zum f_L-Wert finden lassen, sind die Anhaltswerte nach Tabelle 15.19 zu verwenden.

Einsatzgebiet	f_L-Wert	Lebensdauer L_{10h} in h
Universalgetriebe, Getriebemotoren	2,0 ... 3,0	4.000 ... 15.000
Industriegetriebe	2,5 ... 3,5	20.000 ... 60.000
Großgetriebe (stationär), Walzwerkgetriebe, Turbogetriebe	4,5 ... 5,5	40.000 ... 150.000
Getriebe von Schienenfahrzeugen	3,0 ... 4,5	14.000 ... 75.000
Kleine Schiffsgetriebe	2,0 ... 3,0	5.000 ... 20.000
Große Schiffsgetriebe	2,5 ... 3,7	14.000 ... 75.000
Kleine Elektromotoren (≤ 4 kW)	3,0 ... 4,0	13.500 ... 32.000
Serienelektromotoren (< 100 kW)	3,5 ... 4,5	21.000 ... 50.000
Große Elektromotoren, Generatoren	4,0 ... 5,0	32.000 ... 110.000
Motorräder, leichte PKWs	1,0 ... 1,6	500 ... 1.700
Schwere PKWs, leichte LKWs, Landmaschinen, Traktoren	1,6 ... 2,0	2.000 ... 5.000
Schwere LKWs, Busse	1,8 ... 2,8	4.000 ... 15.000
Radsatzlager von Lokomotiven und Triebwagen	3,5 ... 5,0	35.000 ... 110.000
Radsatzlager von Leichttriebwagen und Straßenbahnen	3,5 ... 4,0	35.000 ... 50.000
Radsatzlager Reisezug- und Güterzugwagen sowie Abraumwagen	3,0 ... 3,5	20.000 ... 35.000
Schiffswellenlauflager	4,0 ... 6,0	50.000 ... 200.000
Schiffsdrucklager	3,0 ... 4,0	20.000 ... 50.000
Baumaschinen, Planierraupen, Lader und Vibrationswalzen	1,5 ... 2,5	1.700 ... 10.000
Bagger, Fahrwerk und Schwenkwerk	1,0 ... 2,0	500 ... 5.000
Fördermaschinen (unstetig), Krane und Hebezeuge	3,0 ... 4,5	30.000 ... 75.000
Fördermaschinen (stetig), Bandanlagen, Schaufelradbagger	4,5 ... 6,0	45.000 ... 150.000
Backenbrecher, Kreiselbrecher, Walzenbrecher, Brikettpressen	3,0 ... 4,0	20.000 ... 35.000
Hammer-, Prall- und Walzenschüsselmühlen, Drehofen-Laufrollen	4,0 ... 5,0	50.000 ... 110.000
Walzgerüste und Rollgänge	1,0 ... 3,5	1.000 ... 35.000
Ventilatoren, Gebläse, Kolben- und Kreiselpumpen	3,5 ... 4,5	21.000 ... 75.000
Hydraulik-Axial- und Radial-Kolbenmaschinen, Zahnradpumpen	1,0 ... 2,5	500 ... 10.000
Drehspindeln, Frässpindeln	3,0 ... 4,5	14.000 ... 75.000
Werkzeugmaschinengetriebe, Bohrspindeln, Pressen-Schwungräder	3,0 ... 4,0	14.000 ... 50.000
Holzbearbeitungsmaschinen	3,0 ... 4,0	14.000 ... 50.000
Kunststoffmaschinen	3,0 ... 4,5	14.000 ... 75.000
Textilmaschinen	3,5 ... 4,5	14.000 ... 75.000
Papiermaschinen – Nassteil, Trockenteil, Refiner, Kalander	4,5 ... 6,5	75.000 ... 250.000
Druckmaschinen	4,0 ... 4,5	32.000 ... 75.000
Haushaltsmaschinen	1,5 ... 2,0	1.700 ... 4.000

Tabelle 15.18: Richtwerte für die dynamische Kennzahl f_L und die Lebensdauer in Stunden

Maschinen, bei denen ein Lagerwechsel den Betrieb	Kurzzeitbetrieb	8-Stunden-Betrieb	Dauerbetrieb
nicht sehr stört	$f_L = 1{,}0 \ldots 2{,}5$	$f_L = 2{,}0 \ldots 4{,}0$	$f_L = 3{,}5 \ldots 5{,}0$
ernstlich stört	$f_L = 2{,}0 \ldots 3{,}5$	$f_L = 3{,}0 \ldots 4{,}5$	$f_L = 4{,}0 \ldots 5{,}5$

Tabelle 15.19: Richtwerte für die dynamische Kennzahl f_L abhängig von der Betriebsart

Ferner sind bei der Ermittlung der Tragfähigkeit noch die folgenden besonderen Betriebszustände zu berücksichtigen:

1 Bei höheren Betriebstemperaturen nimmt die dynamische Tragfähigkeit ab, was durch Multiplikation der dynamischen Tragzahl C (Katalogwert) mit dem Temperaturfaktor f_t gemäß Tabelle 15.20 berücksichtigt wird (s.a. Abschnitt 15.2.7):

$$C = f_t \cdot C_{Katalog} \qquad (15.72)$$

Temperatur [°C]	100	125	150	200	250	300
Temperaturfaktor f_t	1,00	1,00	1,00	0,90	0,75	0,60

Tabelle 15.20: Temperaturfaktor f_t, abgeschätzt nach neueren Untersuchungen [15.103]

2 Größere Lager als nach der Berechnung erforderlich, verfügen keinesfalls über eine höhere Sicherheit, sondern sind überdimensioniert. Derartige Lager sind durch Schlupf gefährdet. In den meisten Fällen sind Lager mit $L > 60.000$ Stunden überdimensioniert [15.73].

3 Während des Transportes oder im abgestellten Zustand (Ersatzmaschinen) können Lager in Maschinen- und Anlagen unerwünschten Schwingungen unterliegen. Die dabei auftretenden Kräfte in den (stillstehenden) Lagern können infolge Mikrobewegungen zu Verschleiß in den unbelasteten, federnden Kontaktflächen der Laufbahnen und Wälzkörper führen, weshalb Lager üblicherweise durch Transportsicherungen oder Abstützungen zu entlasten sind.

Abschließend sei noch auf den Begriff der Gebrauchsdauer eines Wälzlagers hingewiesen. Hierunter versteht man die tatsächlich erreichte Lebensdauer eines Wälzlagers. Die Gebrauchsdauer kann die nominelle Lebensdauer beträchtlich übersteigen, wenn man erste kleine Schädigungen durch Grübchen bei geringer Beeinträchtigung von Laufruhe und Reibungsarmut zulässt. Umgekehrt können Verschmutzung, nicht ausreichende Schmierung, Fluchtungsfehler, zu hohe Betriebstemperaturen, Schwingungsbelastungen, Stoßbelastungen und Vorschäden aufgrund von Montagefehlern zu einer deutlich geringeren Gebrauchsdauer führen.

Insbesondere die Bedeutung guter Schmierbedingungen ist bereits seit den 1960-er-Jahren bekannt und hat ihren Niederschlag in der erweiterten Lebensdauerberechnung nach DIN ISO 281 gefunden, auf die im Abschnitt 15.4.4 vertiefend eingegangen wird [15.49], [15.52], [15.53].

15.4.3 Äquivalente dynamische Lagerbelastung P, maximale Axiallast $F_{a,max}$ und minimale Axiallast $F_{a,min}$

Die versuchstechnische Ermittlung der dynamischen Tragzahl C erfolgt unter einer Belastung konstanter Richtung und Größe. Bei Radiallagern verläuft die Lastrichtung rein radial so, dass der halbe Lagerumfang belastet wird. Bei Axiallagern wirkt die Belastung rein axial und zentrisch.

Entspricht die im Betrieb einwirkende Lagerbelastung F genau den Bedingungen, unter denen die dynamische Tragzahl C ermittelt wurde, dann kann in die Lebensdauergleichung (15.61) für die äquivalente dynamische Lagerbelastung P direkt die Lagerbelastung F eingesetzt werden ($P = F$).

In den meisten Fällen werden jedoch dynamisch belastete Radiallager zusätzlich axial belastet, dynamisch belastete Axiallager zusätzlich radial. Andere Lagerbauarten unterliegen generell einer stets gleichzeitig wirkenden Radial- und Axialbelastung. Derartige mehrachsige Belastungen in der Ebene oder im Raum sind in eine gedachte äquivalente dynamische Lagerbelastung P umzurechnen, die den gleichen Einfluss auf die Lebensdauer hat wie die tatsächlich wirksame Belastung (s.a. Abbildung 15.4), wobei aber aufgrund des geringen Unterschieds der Beanspruchung nicht mehr zwischen Punktlast und Umfangslast unterschieden wird:

$$P = X \cdot F_r + Y \cdot F_a \tag{15.73}$$

Hierin bezeichnen P die äquivalente dynamische Lagerbelastung, F_r die Radialkraft, F_a die Axialkraft, X den Radialfaktor und Y den Axialfaktor. Gleichung (15.73) beschreibt allgemein den Verlauf zweier Näherungsgeraden gemäß Abbildung 15.59, deren Lage und Steigung sich abhängig von der Lagerbauart und der Belastungsrichtung (Nenndruckwinkel α_0) ergibt.

Abbildung 15.59 verdeutlicht anhand eines kombiniert belasteten einreihigen Schrägkugellagers, wie der Quotient P/F_r von dem Verhältnis der Axiallast zur Radiallast F_a/F_r abhängt. Unter der Voraussetzung, dass das Lager spielfrei angestellt ist und die Laufringe nicht verkippt, sondern nur parallel verschoben werden, ergibt sich aus der Ermüdungstheorie und der Druckverteilung der dargestellte Kurvenverlauf. Wird der halbe Lagerumfang ($\psi = 180°$) beansprucht, so beträgt $P/F_r = 1$ bei einem Verhältnis von $F_a/F_r = 1{,}22 \cdot \tan \alpha_0$ für Kugellager und $F_a/F_r = 1{,}26 \cdot \tan \alpha_0$ für Rollenlager. Demzufolge hat bei allen Radiallagern (ausgenommen sind Zylinderrollen- und Nadellager) ein geringer Axiallastanteil eine Minderung der Wälzkörperbeanspruchung zur Folge, da hierdurch mehr Wälzkörper an der Aufnahme der Radiallast beteiligt sind (s.a. Abbildung 15.59 b)). Erst wenn das Verhältnis von $F_a/F_r < e$ wird, nimmt die Anzahl der tragenden Wälzkörper ab und die äquivalente dynamische Lagerbelastung steigt stark an (gestrichelter Kurvenbereich), d.h. eine höhere Axialkraft führt auch zu einer höheren Wälzkörperbeanspruchung.

Zur Vereinfachung der Berechnung wird der tatsächliche Kurvenverlauf durch zwei Geraden angenähert, die sich bei $e = F_a/F_r = 1{,}5 \cdot \tan \alpha_0$ (α_0 Nennkontaktwinkel) schneiden. Bei einreihigen Lagern liegt die Gerade links vom Schnittpunkt e horizontal, d.h. der Axialfaktor wird zu $Y = 0$. Bei zweireihigen, symmetrisch aufgebauten Radiallagern weisen beide Näherungsgeraden links und rechts vom Schnittpunkt e eine Neigung auf, sodass alle Radial- und Axialfaktoren ungleich Null sind. Eine Auswahl der experimentell ermittelten Faktoren ist für die wichtigsten Lager in Tabelle 15.21 zusammengestellt, weitere Werte sind den Lagerkatalogen zu entnehmen [15.73], [15.103], [15.129].

Aufgrund dieser Zusammenhänge zwischen Radial- und Axiallast müssen bei verschiedenen Lagertypen Axialkräfte in definierter Höhe vorhanden sein, damit überhaupt die gewünschten Radialkräfte übertragen werden können. Andernfalls steigt die spezifische Belastung der einzelnen Wälzkörper unverhältnismäßig stark an, da weniger als die Hälfte aller Wälzkörper überhaupt tragen. So muss z.B. bei Vierpunktlagern und Schrägkugellagern zur Radialkraftaufnahme stets eine Axialkraft $F_a > 1{,}22 \cdot F_r \cdot \tan\alpha$ wirken, für Kegelrollenlager gilt $F_a > 1{,}26 \cdot F_r \cdot \tan\alpha$.

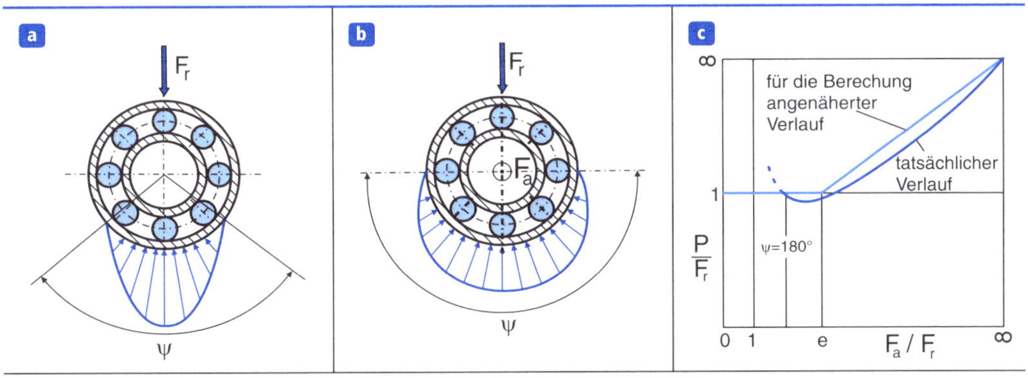

Abbildung 15.59: Beanspruchung der Wälzkörper – a) Reine Radialbelastung, b) Überlagerte (kleine) Axialkraft F_a ($F_a/F_r < e$), c) Äquivalente dynamische Belastung P für einreihige Schrägkugellager [15.4]

Umgekehrt ist bei Stützlageranordnungen von je zwei einreihigen Schrägkugel-, Schulterkugel- oder Kegelrollenlagern ohne Lagerspiel zu beachten, dass aufgrund der Neigung der Laufbahnen ($\alpha \neq 0$) jede äußere Radialbelastung eine innere Axialbelastung der Lager hervorruft, die gegebenenfalls mit einer von außen wirkenden Axialkraft F_{ax} gemäß Tabelle 15.22 addiert oder subtrahiert werden muss.

Zylinderrollen- und Nadellager sind dagegen zunächst einmal nur radial belastbar. Verfügen Zylinderrollenlager jedoch über Borde am Innen- und Außenring (Bauformen NJ und NUP) oder über Winkelringe (NH, NUJ), so sind sie als Festlager auch zur Aufnahme ständiger Axialbelastungen geeignet, wenn nicht zu hohe Bordpressungen (max. 500 N/mm²) mit niedrigen Gleitgeschwindigkeiten zusammenfallen [15.112]. Die axiale Tragfähigkeit ist am höchsten, wenn zwischen Wälzkörper und Bord elastohydrodynamische Schmierbedingungen vorliegen. Hierzu ist bei geringer Betriebsviskosität und großer Axialkraft eine entsprechend hohe Drehzahl bzw. Umfangsgeschwindigkeit (Berührgeschwindigkeit zwischen Rollenstirnfläche und Bord) erforderlich.

Für Zylinderrollenlager mit schmierungstechnisch gut aufeinander abgestimmten Geometrien der Rollenstirn- und Bordflächen (s.a. Abbildung 15.13) ergibt sich die hydrodynamische Grenzbelastung F_{aH} in N aus der Reibungskurve axial belasteter Zylinderrollenlager wie folgt [15.4]:

$$F_{aH} = \sqrt{\frac{f_b \cdot d_m \cdot n \cdot v \cdot \left(D^2 - d^2\right)}{7}} \qquad (15.74)$$

Hierin bezeichnen $d_m = 0{,}5 \cdot (d + D)$ den mittleren Lagerdurchmesser, D den Außen- und d den Bohrungsdurchmesser in mm, n die Drehzahl in min^{-1}, ν die kinematische Viskosität bei Betriebstemperatur in mm^2/s und der Beiwert f_b beträgt für Lager mit Käfig $f_b = 0{,}0048$, für vollrollige Lager $f_b = 0{,}0061$.

Relative Axiallast bei Lagerart	$\frac{f_0 \cdot F_a}{C_0}$ [2]	e	$\frac{F_a}{F_r} \leq e$		$\frac{F_a}{F_r} > e$	
			X	Y	X	Y
Rillenkugellager normale Lagerluft, C0	0,3	0,22	1	0	0,56	2,0
	0,5	0,24	1	0	0,56	1,8
	0,9	0,28	1	0	0,56	1,6
	1,6	0,32	1	0	0,56	1,4
	3,0	0,36	1	0	0,56	1,2
	6,0	0,43	1	0	0,56	1
Schrägkugellager $\alpha_0 = 5°$	0,3	0,26	1	0	0,56	2,0
	0,5	0,29	1	0	0,56	1,8
	0,9	0,33	1	0	0,56	1,6
	1,6	0,38	1	0	0,56	1,4
	3,0	0,43	1	0	0,56	1,2
	6,0	0,50	1	0	0,56	1,0
Schrägkugellager [1]	$\alpha_0 = 20°$	0,57	1 (1)	0 (1,09)	0,43 (0,70)	1,00 (1,63)
	$\alpha_0 = 25°$	0,68	1 (1)	0 (0,92)	0,41 (0,67)	0,87 (1,41)
	$\alpha_0 = 30°$	0,80	1 (1)	0 (0,78)	0,39 (0,63)	0,76 (1,24)
	$\alpha_0 = 35°$	0,95	1 (1)	0 (0,66)	0,37 (0,60)	0,66 (1,07)
	$\alpha_0 = 40°$	1,14	1 (1)	0 (0,55)	0,35 (0,57)	0,57 (0,93)
	$\alpha_0 = 45°$	1,34	1 (1)	0 (0,47)	0,33 (0,54)	0,50 (0,81)
Pendelkugellager [1]		$1{,}5 \cdot \tan \alpha_0$	1	$0{,}42 \cdot \cot \alpha_0$	0,65	$0{,}65 \cdot \cot \alpha_0$
Schulterkugellager		0,20	1	0	0,50	2,5
Pendelrollenlager [1]		$1{,}5 \cdot \tan \alpha_0$	1	$0{,}45 \cdot \cot \alpha_0$	0,67	$0{,}67 \cdot \cot \alpha_0$
Kegelrollenlager		$1{,}5 \cdot \tan \alpha_0$	1	0	0,40	$0{,}4 \cdot \cot \alpha_0$

[1] zweireihige Lager (Klammerwerte gelten ebenfalls für zweireihige Lager)

[2] Anhaltswerte für f_0: Rillen- und Schrägkugellager: $f_0 \approx 14$, Rollenlager: $f_0 \approx 35$, Pendel- und Schulterkugellager: $f_0 \approx 2{,}5$. Genauere Angaben s. z. B. [15.4].

Tabelle 15.21: Radialfaktor X und Axialfaktor Y für dynamisch beanspruchte Radiallager

Fall	Belastungsverhältnisse	äußere Axialkraft	resultierende Axialkraft F_a	
			Lager A	Lager B
1	$\frac{F_{rA}}{Y_A} \leq \frac{F_{rB}}{Y_B}$	$F_{axial} \geq 0$	$F_a = F_{axial} + 0{,}5 \cdot \frac{F_{rB}}{Y_B}$ (15.75)	$F_a = 0{,}5 \cdot \frac{F_{rB}}{Y_B}$ (15.76)
2	$\frac{F_{rA}}{Y_A} > \frac{F_{rB}}{Y_B}$	$F_{axial} \geq 0{,}5 \cdot \left(\frac{F_{rA}}{Y_A} - \frac{F_{rB}}{Y_B} \right)$	$F_a = F_{axial} + 0{,}5 \cdot \frac{F_{rB}}{Y_B}$ (15.77)	$F_a = 0{,}5 \cdot \frac{F_{rB}}{Y_B}$ (15.78)
3	$\frac{F_{rA}}{Y_A} > \frac{F_{rB}}{Y_B}$	$F_{axial} \leq 0{,}5 \cdot \left(\frac{F_{rA}}{Y_A} - \frac{F_{rB}}{Y_B} \right)$	$F_a = 0{,}5 \cdot \frac{F_{rA}}{Y_A}$ (15.79)	$F_a = 0{,}5 \cdot \frac{F_{rA}}{Y_A} - F_{axial}$ (15.80)

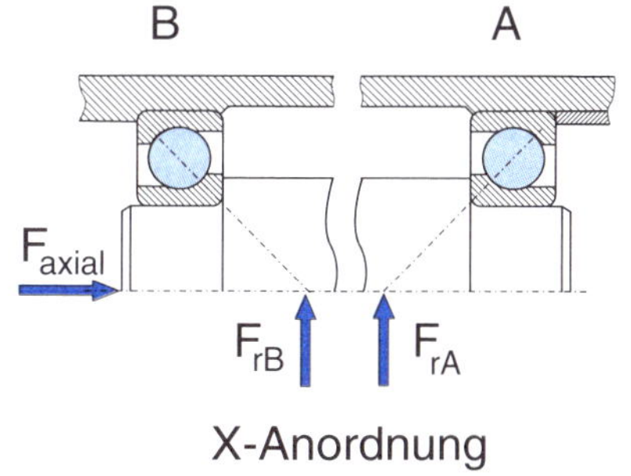

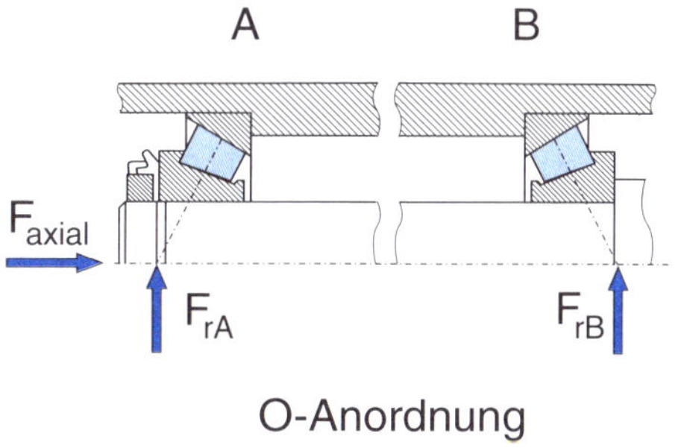

Tabelle 15.22: Berechnung der resultierenden Axialkräfte F_{aA} und F_{aB} bei angestellter Lagerung. Das Lager, das die äußere Axialkraft F_{axial} aufnimmt, wird mit A, das Gegenlager mit B bezeichnet.

Neben den geschwindigkeitsabhängigen Schmierbedingungen im Spalt zwischen Rollenstirnseite und Bord wird die ertragbare Axiallast begrenzt durch die Biegefestigkeit der Borde und die Höhe der Hertz'schen Pressung zwischen Rollenstirnseite und Bord. Hieraus ergibt sich eine direkte Abhängigkeit der ertragbaren Axiallasten bei Zylinderrollenlagern von der Drehzahl bzw. der Umfangsgeschwindigkeit gemäß Abbildung 15.60.

Dabei gilt grundsätzlich, dass eine ausschließliche Axialbelastung ohne gleichzeitige radiale Belastung nicht zulässig ist. Die axial belasteten Borde sind auf der gesamten Höhe zu unterstützen. Bei starken Wellendurchbiegungen können die Borde einer Biegewechselspannung unterliegen, sodass eine zusätzliche Festigkeitsanalyse erforderlich wird, die mit den nachfolgenden Gleichungen zur axialen Belastbarkeit nicht abgedeckt wird.

In der folgenden Tabelle 15.23 sind ergänzend zu Abbildung 15.60 die Zusammenhänge zur axialen Grenzbelastung $F_{a,max}$ von Zylinderrollenlagern zusammengefasst [15.73]. Die Gleichung zur Ermittlung der zulässigen Axiallast $F_{a,zul} \leq F_{a,max}$ abhängig von der Drehzahl n in min^{-1} ist Tabelle 15.24 zu entnehmen.

Abschließend ist festzuhalten, dass mit zunehmendem Lagerdurchmesser bei niedrigen Drehzahlen (Umfangsgeschwindigkeiten) die axiale Belastbarkeit zwar ansteigt, bei höheren Drehzahlen jedoch stärker abfällt als bei Lagern mit kleineren Durchmessern.

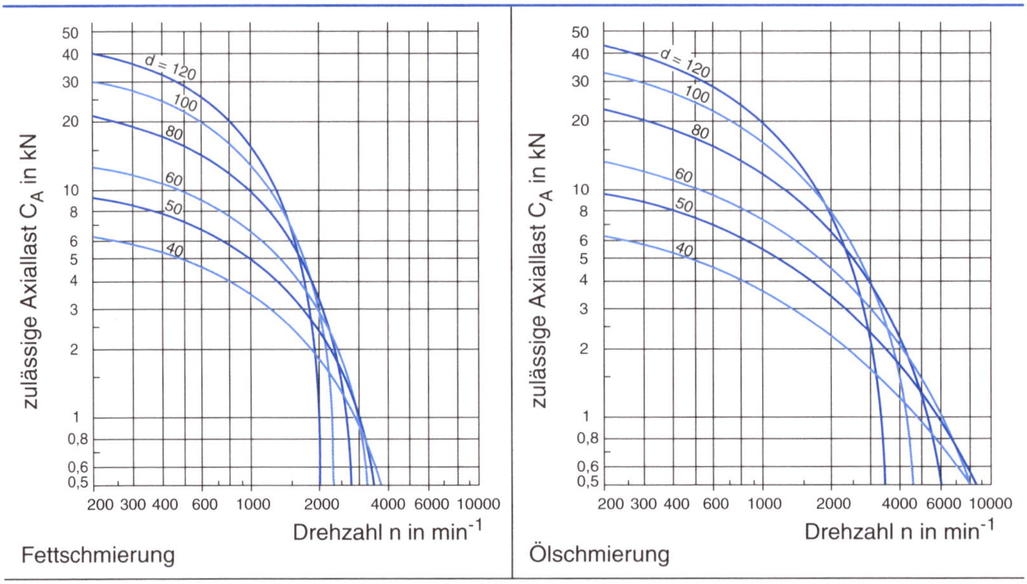

Abbildung 15.60: Zulässige axiale Belastbarkeit eines Zylinderrollenlagers als Funktion der Drehzahl (Umfangsgeschwindigkeit) und der Schmierung [15.103]

Axiale Grenzbelastung $F_{a,max}$	**Bauart des Zylinderrollenlagers**	**Beiwert k_B**
$F_{a,max} = 0{,}075 \cdot k_B \cdot \left(\frac{d+D}{2}\right)^{2,1}$ (15.81) D: Außendurchmesser des Lagers d: Innendurchmesser der Lagers	Vollrollig, einreihig, normale Rollenbreite	4,5 bis 11
	Vollrollig, zweireihig, normale Rollenbreite	17
	Vollrollig, einreihig, große Rollenbreite	30
	Mit Winkelring oder Bordscheibe	18 bis 23
	Mit Scheibenkäfig	28

Tabelle 15.23: Axiale Grenzbelastung $F_{a,max}$ und Lagerbeiwert k_B abhängig von der Bauart des Zylinderrollenlagers [15.73]

Zulässige axiale Belastung:

$$F_{a,zul} = k_S \cdot k_B \cdot \left(\frac{d+D}{2}\right)^{1,52} \cdot n^{-0,6} \leq F_{a,max} \quad (15.82)$$

Schmierverfahren	**Beiwert k_S**
Minimale Wärmeabfuhr, Tropfölschmierung, Ölnebelschmierung, geringe Betriebsviskosität	7,5 bis 10
Wenig Wärmeabfuhr, Ölsumpfschmierung, Spritzölschmierung, geringer Öldurchsatz	10 bis 15
Gute Wärmeabfuhr, Ölumlaufschmierung ohne Rückkühlung (Druckölschmierung)	12 bis 18
Sehr gute Wärmeabfuhr, Ölumlaufschmierung mit Rückkühlung, hohe Betriebsviskosität	16 bis 24

Tabelle 15.24: Zulässige axiale Belastung $F_{a,zul}$ und Beiwert k_s für das Schmierverfahren [15.73]

Wird die hydrodynamische Grenzbelastung überschritten, tritt zwischen Rollen und Bord Mischreibung auf, die Reibungsverluste steigen an und es kommt zu Fresserscheinungen oder abrasivem Verschleiß. Die Höhe der Axialbelastung ist bei unterstütztem Bord durch die maximal zulässige Temperatur, die geforderte Lebensdauer und durch das zulässige Belastungsverhältnis von Axial- zu Radiallast $F_a/F_r \leq 0{,}4$ begrenzt. Bei Nichteinhaltung des Belastungsverhältnisses kommt es zu unzulässig hohen Rollenverkippungen wegen ungünstiger Lastübertragungsverhältnisse. Die äquivalente dynamische Lagerbelastung P wird bei axial belasteten Radial-Rollenlagern gemäß Tabelle 15.25 auf der Grundlage experimentell ermittelter Faktoren zur Bewertung der Radial- und Axialkraftanteile bestimmt.

Maßreihen 19, 10, 2, 3, 4	$\frac{F_a}{F_r} \leq 0{,}11$	$P = F_r$ (15.83)	$0{,}4 \geq \frac{F_a}{F_r} > 0{,}11$	$P = 0{,}93 \cdot F_r + 0{,}69 \cdot F_A$ (15.84)
Maßreihen 22, 23, 29	$\frac{F_a}{F_r} \leq 0{,}17$	$P = F_r$ (15.85)	$0{,}4 \geq \frac{F_a}{F_r} > 0{,}17$	$P = 0{,}93 \cdot F_r + 0{,}45 \cdot F_A$ (15.86)
Maßreihe 30	$\frac{F_a}{F_r} \leq 0{,}23$	$P = F_r$ (15.87)	$0{,}4 \geq \frac{F_a}{F_r} > 0{,}23$	$P = 0{,}93 \cdot F_r + 0{,}33 \cdot F_A$ (15.88)
Maßreihe 50	$\frac{F_a}{F_r} \leq 0{,}08$	$P = F_r$ (15.89)	$0{,}4 \geq \frac{F_a}{F_r} > 0{,}08$	$P = 0{,}96 \cdot F_r + 0{,}50 \cdot F_A$ (15.90)

Tabelle 15.25: Berechnung der äquivalenten dynamischen Lagerbelastung P axial belasteter Radial-Rollenlager [15.4]

Auch bei Rillenkugellagern ist die Größe der Axiallast zu überprüfen, da bei zu hoher Kraft die Gefahr besteht, dass die Kugeln auf den Laufbahnkanten laufen und es damit zu einem ungünstigen Lebensdauer mindernden Tragverhalten kommt. Die maximal zulässige Axialkraft $F_{a,max}$ für Rillenkugellager mit üblicher Schulterhöhe wird auf die statische Tragzahl C_0 bezogen. Anhaltswerte abhängig vom Betriebsradialspiel sind in Tabelle 15.26 zusammengestellt.

	$F_{a,max}/C_0$							
Betriebsradialspiel im eingebauten Zustand entsprechend	$d \leq 60$ mm				$d \geq 60$ mm			
	160	60	62	63, 64	160	60	62	63, 64
CN (Normalluft)	0,30	0,50	0,55	≥ 0,70	0,60	0,65	0,75	≥ 0,70
C3	0,25	0,45	0,50	≥ 0,70	0,55	0,60	0,65	≥ 0,70
C4	0,20	0,40	0,45	≥ 0,70	0,45	0,55	0,60	≥ 0,70

Tabelle 15.26: Zulässige Axialbelastung $F_{a,max}/C_0$ von Rillenkugellagern [15.4]

Da Axial-Rillenkugel-, Axial-Zylinderrollen-, Axial-Nadel- und Axial-Kegelrollenlager mit dem Nenndruckwinkel $\alpha_0 = 90°$ nur rein axiale Kräfte aufnehmen können, beträgt die äquivalente dynamische Lagerbelastung P bei zentrisch angreifender Axialkraft F_a:

$$P = F_a \tag{15.91}$$

Dagegen können die Axial-Schrägkugel-, Axial-Pendelrollen- und Axial-Kegelrollenlager mit einem Nenndruckwinkel von $\alpha_0 < 90°$ neben einer Axialkraft F_a auch eine Radialkraft F_r aufnehmen, so dass für die äquivalente dynamische Lagerbelastung P_a eines Axiallagers gilt:

$$P_a = X \cdot F_r + Y \cdot F_a \qquad (15.92)$$

Entsprechende Werte für die Radial- und Axialfaktoren sind in Tabelle 15.27 zusammengestellt.

		Einseitig wirkend		Zweiseitig wirkend			
		$F_a/F_r > e$		$F_a/F_r \leq e$		$F_a/F_r > e$	
	e	X	Y	X	Y	X	Y
Axial-Kugellager $\alpha_0 = 45°$	1,25	0,66	1	1,18	0,59	0,66	1
$\alpha_0 = 60°$	2,17	0,92	1	1,90	0,55	0,92	1
$\alpha_0 = 75°$	4,67	1,66	1	3,89	0,52	1,66	1
Axial-Pendelrollenlager	$1{,}5 \cdot \tan\alpha_0$	$\tan\alpha_0$	1	$1{,}5 \cdot \tan\alpha_0$	0,67	$\tan\alpha_0$	1
Axial-Kegelrollenlager	$1{,}5 \cdot \tan\alpha_0$	$\tan\alpha_0$	1	$1{,}5 \cdot \tan\alpha_0$	0,67	$\tan\alpha_0$	1

Auch wenn für Axiallager $\alpha_0 > 45°$ ist, so sind die Werte für $\alpha_0 = 45°$ angegeben, um die Interpolation für Lager zwischen 45° und 60° zu ermöglichen.

Tabelle 15.27: Radialfaktor X und Axialfaktor Y für Axiallager [15.4]

Schließlich darf auch eine axiale Mindestbelastung nicht unterschritten werden. Beim Axial-Pendelrollenlager mit unsymmetrischen Tonnenrollen gilt für kombinierte Belastung:

$$P = F_a + 1{,}2 \cdot F_r \qquad (15.93)$$

Der Vollständigkeit halber sei darauf hingewiesen, dass für Radial-Nadellager, Axial-Nadellager und Axial-Zylinderrollenlager keine äquivalente dynamische Lagerbelastung P ermittelt werden kann, da diese Lagerbauarten generell nicht für kombinierte Belastungen zugelassen sind.

Neben der Berücksichtigung maximal zulässiger Lasten ist bei Wälzlagern auch immer eine Mindestbelastung sicherzustellen, damit abhängig vom Einsatzfall ein positives oder negatives Betriebsspiel erreicht wird. Die normale Lagerluft ist so bemessen, dass bei den üblicherweise empfohlenen Passungen und normalen Betriebsbedingungen ein zweckmäßiges Betriebsspiel verbleibt. Häufig wird eine Vorspannung angestrebt (z.B. bei Lagerungen kleiner Elektromotoren oder Lagerungen mit oszillierenden Bewegungen), um eine Mindestbelastung der Lager sicherzustellen, sodass keine Schäden infolge unerwünschter Gleitbewegungen zwischen Wälzkörpern und Laufringen auftreten können.

Die grundsätzlichen Überlegungen zu dieser Problematik lassen sich anhand eines Axiallagers gemäß Abbildung 15.61 verdeutlichen. Bei höheren Drehzahlen drückt die Fliehkraft F die Kugeln entgegen der Belastung Q nach außen und wegen der ungünstigeren Abrollverhältnisse kann Gleiten auftreten. Ein weiterer Einfluss kommt aus der stetigen Richtungsänderung der Kugeldrehachse und erzeugt das Kreiselmoment M_k um die tangential an den Kugelteilkreis verlaufende y'-Achse. Ferner entsteht ein sogenanntes Bohrmoment M_s, da sich die Kugeln beim Abrollvorgang um die x-Achse drehen, die x-Achse jedoch immer auf den Lagermittelpunkt L gerichtet ist, woraus bei jeder Umdrehung des Käfigs eine Kugelumdrehung um die z-Achse folgt. Die sich aus den Kreisel- und Bohrmomenten ergebenden Gleitbewegungen können durch eine Mindestbelastung $F_{a,min}$ gemäß Abbildung 15.61 vermieden werden.

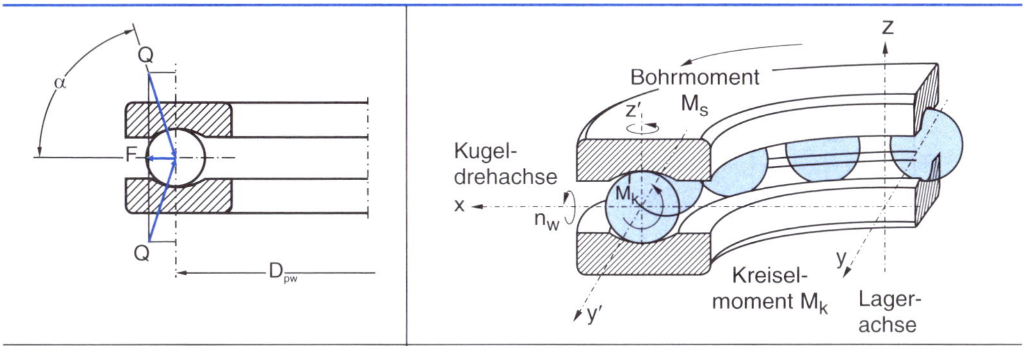

$$F_{a,min} \geq M \cdot \left(\frac{n}{1000}\right)^2 \qquad (15.94)$$	M: Minimallastkonstante aus Lagerkatalog n: Lagerdrehzahl [min^{-1}]

Abbildung 15.61: Fliehkraft F, Bohrmoment M_S und Kreiselmoment M_K der Kugeln in Axial-Rillenkugellagern

Vergleichbare Effekte treten in allen anderen Lagerbauarten mit Nenndruckwinkeln $\alpha > 0°$ ebenfalls auf. Um Schlupf zwischen Wälzkörpern und Laufringen zu vermeiden, darf generell bei hohen Beschleunigungen und Drehzahlen die axiale Mindestbelastung nach Tabelle 15.28 nicht unterschritten werden [15.4]. Ebenso ist bei Teillastbetrieb – insbesondere auch bei der Teillasterprobung von Großgetrieben – auf eine ausreichende axiale Lagerbelastung zu achten, da anderenfalls Vorschädigungen der Lager auftreten können.

Radial-Kugellager mit Käfig	$\frac{P}{C} \geq 0{,}01$ (15.95)	Axial-Pendelrollenlager	$F_{a,min} \geq 1{,}25 \cdot \frac{C_0}{1000}$ (15.96)
Radial-Rollenlager mit Käfig	$\frac{P}{C} \geq 0{,}02$ (15.97)	Axial-Zylinderrollenlager	$F_{a,min} \geq 1{,}25 \cdot \frac{C_0}{2200}$ (15.98)
Vollrollige Radiallager	$\frac{P}{C} \geq 0{,}04$ (15.99)	Axial-Nadellager	$F_{a,min} \geq 1{,}25 \cdot \frac{C_0}{2200}$ (15.100)

P: Äquivalente dynamische Lagerlast, C: Dynamische Tragzahl, $F_{a,min}$: Axiallast, C_0: Statische Tragzahl

Tabelle 15.28: Axiale Mindestbelastung von Radial- und Axiallagern [15.4]

In Erweiterung der bisherigen Annahmen zur äquivalenten Lagerbelastung sind Belastung und Drehzahl meistens nicht konstant, sondern ändern sich mit der Zeit periodisch oder auch regellos (s. a. Kapitel 3). In derartigen Fällen sind aus den zeitanteiligen Belastungs- und

Drehzahlwerten die mittlere konstante Drehzahl und die konstante äquivalente dynamische Belastung so zu ermitteln, dass die gleiche rechnerische Ermüdungslebensdauer erreicht wird, wie bei der tatsächlichen veränderlichen Belastung und Drehzahl.

Unterliegt das Lager einer mehrachsigen Belastung, ist zunächst mit den oben angeführten Gleichungen für jeden Belastungsabschnitt eine äquivalente dynamische Lagerbelastung P_i mit zugehöriger Drehzahl n_i zu ermitteln. Danach sind dann die abschnittsweise ermittelten äquivalenten dynamischen Lagerbelastungen gemäß Abbildung 15.62 bis Abbildung 15.64 zu einer einzigen äquivalenten dynamischen Lagerbelastung P zusammenzufassen.

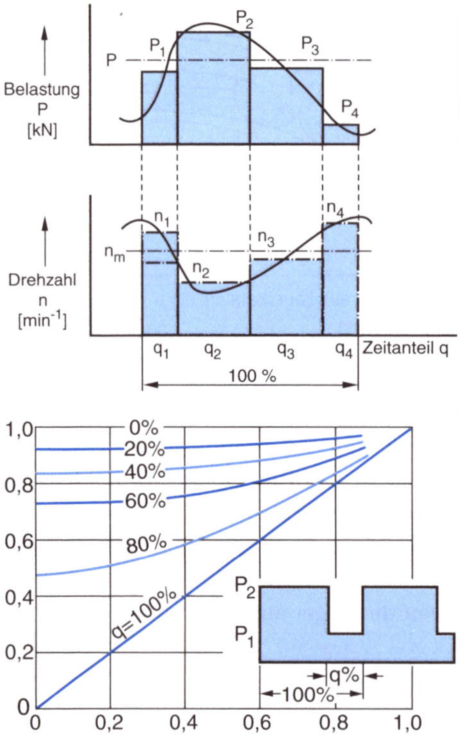

Bei Lagerungen, die einer periodischen Änderung der Belastung und der Drehzahl unterliegen, wird der Kurvenverlauf durch eine Reihe von Einzelkräften und -drehzahlen mit einer bestimmten Wirkungsdauer q in % angenähert, sodass für die äquivalente dynamische Lagerbelastung folgt:

$$P = \sqrt[p]{P_1^p \cdot \frac{n_1}{n_m} \cdot \frac{q_1}{100} + P_2^p \cdot \frac{n_2}{n_m} \cdot \frac{q_2}{100} + \ldots} \qquad (15.101)$$

Dabei berechnet sich die mittlere Drehzahl zu:

$$n_m = n_1 \cdot \frac{q_1}{100} + n_2 \cdot \frac{q_2}{100} + \ldots \qquad (15.102)$$

Der Exponent p beträgt für Kugellager $p = 3$ und für Rollenlager $p = 10/3$. Da der Unterschied nur einen geringen Einfluss auf das Endergebnis hat, setzt man für Rollenlager näherungsweise ebenfalls $p = 3$ ein.

Ist die Drehzahl konstant, so ergibt sich vereinfacht:

$$P = \sqrt[p]{P_1^p \cdot \frac{q_1}{100} + P_2^p \cdot \frac{q_2}{100} + \ldots} \qquad (15.103)$$

Treten nur zwei Belastungen mit unterschiedlicher Wirkungsdauer q auf, kann die äquivalente dynamische Lagerbelastung P direkt aus dem nebenstehenden Diagramm entnommen werden.

Abbildung 15.62: Ersatz einer veränderlichen Belastung und Drehzahl durch verschieden große konstante Belastungen und Drehzahlen

Lässt sich der tatsächliche Belastungsverlauf durch die Funktionsverläufe gemäß Abbildung 15.63 annähern, kann die äquivalente dynamische Lagerbelastung mit der jeweiligen Näherungsfunktion bestimmt werden. Oftmals wird für die Belastungsfälle gemäß Abbildung Fall a) bis Fall e) aber auch die folgende Näherungsbeziehung verwendet [15.4]:

$$P = \frac{P_1 + 2 \cdot P_2}{3} \qquad (15.104)$$

Belastungsverlauf	Näherungsgleichung	
linear 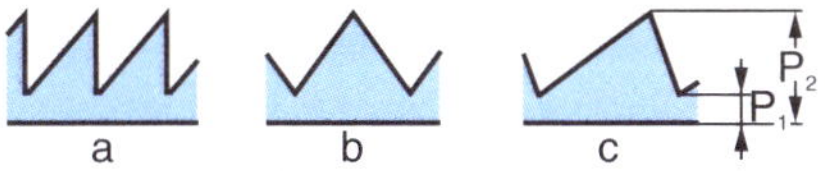	$P = 0{,}63 \cdot P_2 + 0{,}37 \cdot P_1$	(15.105)
sinusförmig 	$P = 0{,}68 \cdot P_2 + 0{,}32 \cdot P_1$	(15.106)
sinusförmig 	$P = 0{,}75 \cdot P_2 + 0{,}25 \cdot P_1$	(15.107)
sinusförmig 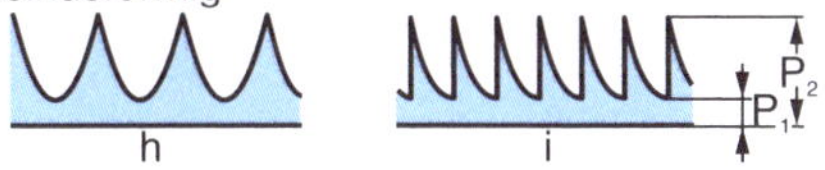	$P = 0{,}55 \cdot P_2 + 0{,}45 \cdot P_1$	(15.108)
kreisförmig, elliptisch 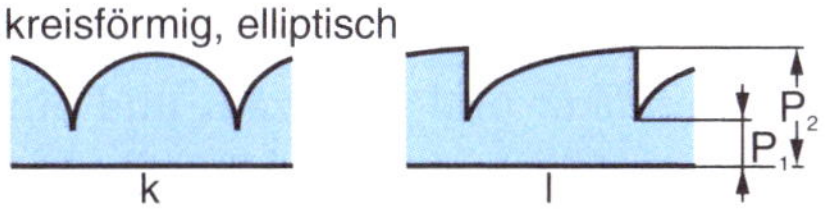	$P = 0{,}84 \cdot P_2 + 0{,}16 \cdot P_1$	(15.109)
kreisförmig, elliptisch 	$P = 0{,}38 \cdot P_2 + 0{,}62 \cdot P_1$	(15.110)

Abbildung 15.63: Äquivalente dynamische Belastung P bei periodisch veränderlicher Belastung

Die Ermittlung der äquivalenten dynamischen Lagerbelastung bei stillstehender und gleichzeitig umlaufender Belastung ist nach Abbildung 15.64 vorzunehmen.

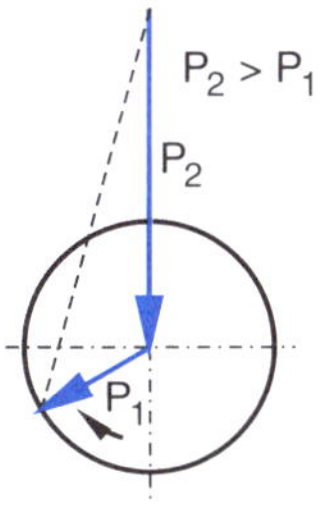

Für eine Lagerbelastung, die sich aus einer in Größe und Richtung unveränderlichen Kraft P_2 (z. B. aus dem Gewicht eines Rotors) und einer umlaufenden konstanten Kraft P_1 (z. B. aus einer Unwucht) ergibt, wird die äquivalente dynamische Lagerbelastung P für $P_2 > P_1$ näherungsweise wie folgt berechnet:

$$P = P_2 \cdot \left[1 + 0{,}5 \cdot \left(\frac{P_1}{P_2}\right)^2\right] \qquad (15.111)$$

Abbildung 15.64: Äquivalente dynamische Belastung P bei stillstehender und gleichzeitig umlaufender Belastung [15.4]

Wenn ein Lager anstelle vollständiger Umdrehungen nur Schwenkbewegungen ausführt, ist die Lebensdauergleichung (15.61) entsprechend Abbildung 15.65 anzupassen, sodass die Lagerlebensdauer L als eine bestimmte Anzahl von Schwenkbewegungen ausgedrückt werden kann. Die gegebenen Beziehungen gelten unter der Voraussetzung, dass der Schwenkwinkel $\varphi_s > \varphi_A$ gemäß Gleichung (15.31) ist, sodass an beiden Ringen die überrollten Laufbahnabschnitte ineinander übergehen.

Liegen sämtliche Belastungen und Drehzahlen nur in regelloser Form vor, so sind die Kräfte und Drehzahlen messtechnisch oder mittels Schwingungssimulationsrechnungen zu bestimmen und anschließend mithilfe geeigneter Klassierverfahren in Lastkollektive zu überführen (s.a. Kapitel 3) [15.111], [15.117].

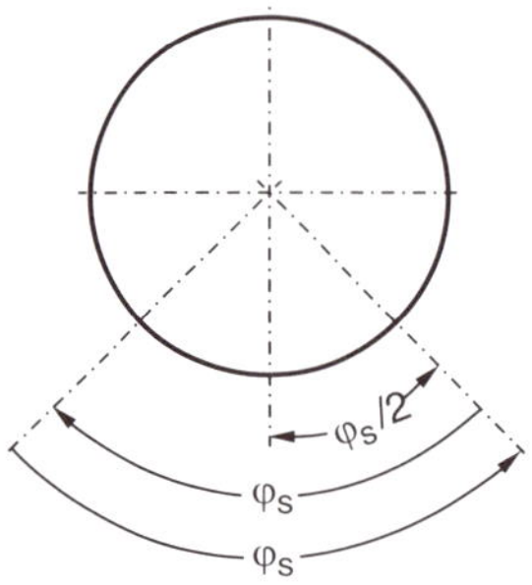

Modifizierte Lebensdauergleichung für Schwenkbewegungen:

$$L_{osz} = \left(\frac{C}{P_{osz}}\right)^p \; [10^6 \text{ Schwenkungen}] \qquad (15.112)$$

Für die äquivalente dynamische Belastung P_{osz} folgt:

$$P_{osz} = \left(\frac{\varphi_s}{180}\right)^{\frac{1}{p}} \cdot P \qquad (15.113)$$

Dabei ist P die dynamisch äquivalente Belastung, die sich für das entsprechende kontinuierlich umlaufende Lager ergäbe.

Abbildung 15.65: Äquivalente dynamische Belastung P bei Schwenkbewegungen [15.4]

Als Alternative zu den bisher vorgestellten Möglichkeiten kann die äquivalente dynamische Belastung P auch mithilfe der Bezugsgrößen Nennkraft, -moment und -drehzahl und eines auf branchenspezifischen Erfahrungswerten beruhenden Zusatzfaktors f_z gemäß Tabelle 15.29 ermittelt werden [15.4]:

Einsatzgebiet	Erläuterung und f_z-Wert
Getriebe im allgemeinen Maschinen- und Anlagenbau	Kraft F_N aus Nennleistung und Nenndrehzahl unter Verwendung des Anwendungsfaktors K_A und Dynamikfaktors K_v gemäß Kapitel 1: $P = F_N \cdot f_z$ mit $f_z = K_A \cdot K_v$
Verbrennungsmotor	Kraft F_N aus max. Gaskraft oder Massenkraft im oberen Totpunkt bei Volllast mit Reduktionsfaktor f_z und maximaler Drehzahl: $P = F_N \cdot f_z$ mit $f_z = 0{,}35$ bzw. $0{,}50$ für Zweitakt-Otto- bzw. Dieselmotor und $f_z = 0{,}30$ bzw. $0{,}40$ für Viertakt-Otto- bzw. Dieselmotor
Elektrische Maschinen	Kraft F_N aus Rotoreigengewicht und Nenndrehzahl: $P = F_N \cdot f_z$ mit $f_z = 1{,}5 \ldots 2$ für stationäre Maschinen $f_z = 1{,}5 \ldots 2{,}5$ für mobile Maschinen (Fahrmotoren)
Radlager von Kraftfahrzeugen, Baumaschinen, Landmaschinen, Saisonmaschinen	Kraft $F_N = F_{stat}$ aus statischer Achszapfenbelastung bei Geradeausfahrt: $P = F_N \cdot f_z$ mit $f_z = 1{,}0$ bei guter Fahrbahn, $f_z = 1{,}3 \ldots 1{,}7$ bei schlechter Fahrbahn und $P = F_N \cdot f_z \cdot m$ mit $f_z = 1{,}3 \ldots 1{,}7$ und $m = 0{,}6$ für lenkbare und $m = 0{,}35$ für nicht lenkbare Räder bei Kurvenfahrt
Antriebe von Kraftfahrzeugen, Baumaschinen, Landmaschinen, Saisonmaschinen	Kraft F_N aus maximalem Motordrehmoment mit zugehöriger Drehzahl oder bei hydrostatischen Antrieben aus mittlerem Moment und mittlerer Drehzahl: $P = F_N$ mit mittleren f_L-Werten aus den Zeitanteilen in den einzelnen Gängen bzw. Fahrstufen nach Tabelle 15.18
Radsatzlager von Schienenfahrzeugen	Kraft F_N aus statischem Achsdruck (teilweise abhängig vom Oberbau): $P = F_N \cdot f_z$ mit $f_z = 1{,}2 \ldots 1{,}5$ für Wagen, Triebwagen und Straßenbahnen und $f_z = 1{,}2 \ldots 1{,}8$ für Lokomotiven

Tabelle 15.29: Ausgewählte Belastungsansätze im Maschinen-, Anlagen- und Fahrzeugbau [15.4]

Einsatzgebiet	Erläuterung und f_z-Wert
Schiffsbau	Kraft F_N aus anteiligem Wellengewicht und Nenndrehzahl für Wellentraglager: $P = F_N \cdot f_z$ mit $f_z = 2{,}0$ Kraft F_N aus maximalem Propellerschub und Nenndrehzahl für Propellerdrucklager: $P = F_N \cdot f_z$ mit $f_z = 1{,}0$
Werkzeugmaschinen, Holzbearbeitungs-maschinen	Kraft F_N aus Schnittkraft, Antriebskraft, Vorspannung, Werkstückgewicht und Nenndrehzahl: $P = F_N \cdot f_z$ mit $f_z = 1{,}0$
Papier- und Druck-maschinen	Kraft F_N aus Anpresskraft, Sieb- und Filzzug, Walzengewicht und Nenndrehzahl: $P = F_N \cdot f_z$ mit $f_z = 1{,}0$
Textilmaschinen	Kraft F_N aus Antriebs-, Unwucht- oder Massenkraft und Nenndrehzahl: $P = F_N \cdot f_z$ mit $f_z = 1{,}0$
Kunststoffmaschinen	Kraft F_N aus maximalem Spritzdruck und Nenndrehzahl: $P = F_N \cdot f_z$ mit $f_z = 1{,}0$
Fördertechnik	Kraft F_N aus Gewichtskraft und Beladung bei Nenndrehzahl für Gurtband-Tragrollen: $P = F_N \cdot f_z$ mit $f_z = 1{,}0$ Kraft F_N aus Gurtzugkraft, Gewichtskraft und Beladung bei Nenndrehzahl für Bandtrommeln: $P = F_N \cdot f_z$ mit $f_z = 1{,}0$
Brecher, Mühlen, Siebe, Drehöfen, Zentrifugen, Rührwerke	Kraft F_N aus Rotorgewicht $F_G \cdot f_z$ mit $f_z = 2{,}0 \dots 3{,}0$ und Nenndrehzahl für Schläger-, Hammer-, Prall- und Walzenschüsselmühlen Kraft F_N aus Brechkraft, Antriebsleistung und Nenndrehzahl für Backen-, Kreisel- und Walzenbrecher. $P = F_N \cdot f_z$ mit $f_z = 1{,}0$ Kraft F_N aus Fliehkraft $F_F \cdot f_z$ mit $f_z = 1{,}2 \dots 1{,}3$ und Nenndrehzahl für Schwingmühlen und Schwingsiebe Kraft F_N aus Rollenbelastung $F_R \cdot f_z$ mit $f_z = 1{,}2 \dots 1{,}3$ und Nenndrehzahl für Laufrollen von Drehöfen Kraft F_N aus Gewichts- und Unwuchtkraft bzw. Antriebskraft sowie Nenndrehzahl für Zentrifugen bzw. größere Rührwerke: $P = F_N \cdot f_z$ mit $f_z = 1{,}0$
Pumpen, Gebläse und Kompressoren	Kraft F_N aus Axial- bzw. Radialschub, Rotorgewicht $F_G \cdot f_z$ mit $f_z = 0{,}5$ für Frischluftgebläse und $f_z = 0{,}8 \dots 1{,}0$ für Rauchgasgebläse und Nenndrehzahl für Ventilatoren, Gebläse und Kreiselpumpen: $P = F_N \cdot f_z$ mit $f_z = 1{,}0$ Kraft F_N aus Nenndruck und Nenndrehzahl für Kolbenpumpen, hydraulische Axial- und Radial-Kolbenmaschinen, bei Verdichtern und Kompressoren zusätzlich Massenkräfte: $P = F_N \cdot f_z$ mit $f_z = 1{,}0$
Walzwerksanlagen	Kraft F_N aus mittlerer Walzkraft und Walzgeschwindigkeit für Walzgerüste: $P = F_N \cdot f_z$ mit $f_z = 1{,}0$ Kraft F_N aus Gewicht des Walzgutes, Stößen und Walzgeschwindigkeit für Rollgänge: $P = F_N \cdot f_z$ mit $f_z = 1{,}0$
Riemen und Seiltriebe	Kraft F_N aus Umfangskraft $F_U \cdot f_z$ mit $f_z = 1{,}5$ für Kettentriebe, $f_z = 1{,}5 \dots 2{,}5$ für Keilriemen und Zahnriemen sowie $f_z = 3{,}0 \dots 4{,}0$ für Stahlbänder

Tabelle 15.29: Ausgewählte Belastungsansätze im Maschinen-, Anlagen- und Fahrzeugbau [15.4] (Forts.)

15.4.4 Angepasste nominelle Lebensdauer nach DIN ISO 281

In Erweiterung der bisher vorgestellten klassischen Berechnungsverfahren werden bei der Berechnung der angepassten nominellen Lebensdauer nach DIN ISO 281 seit 1977 weitere Betriebsbedingungen mit einbezogen, die einen Einfluss auf die Ermüdungslebensdauer haben. Hierzu wurde die bekannte Lebensdauergleichung (15.61) um die Faktoren a_1 bis a_3 wie folgt erweitert:

$$L_{na} = a_1 \cdot a_2 \cdot a_3 \cdot L_{10} = a_1 \cdot a_2 \cdot a_3 \cdot \left(\frac{C}{P}\right)^p = a_1 \cdot a_{23} \cdot \left(\frac{C}{P}\right)^p \; [10^6 \text{ Umdrehungen}] \qquad (15.114)$$

$$L_{hna} = a_1 \cdot a_2 \cdot a_3 \cdot L_{h10} = a_1 \cdot a_{23} \cdot L_{h10} \; [\text{Stunden}] \qquad (15.115)$$

Hierin bedeuten L_{na} und L_{hna} die modifizierte Lebensdauer in 10^6 Umdrehungen bzw. Stunden, wobei der Index n entsprechend Tabelle 15.30 eine noch geringere Ausfallwahrscheinlichkeit $F(t)$ als die standardmäßig berechneten 10 % bezeichnet (so werden z. B. für Wälzlager in Kernkraftwerken 3 % angesetzt, in der Luftfahrt und in der Hüttenindustrie wird teilweise mit 1 % Ausfallwahrscheinlichkeit – nicht nur für Wälzlager – gerechnet) und L_{10} bzw. L_{h10} die bereits bekannte nominelle Ermüdungslebensdauer gemäß Gleichung (15.61) und (15.62) auf der Grundlage der dynamischen Tragzahl C, der äquivalenten dynamischen Lagerbelastung P und des Lebensdauerexponenten p.

Ausfallwahrscheinlichkeit $F(t)$ in %	10	5	4	3	2	1	
Überlebenswahrscheinlichkeit $R(t)$ in %	90	95	96	97	98	99	$a_1 = \left(\frac{\ln \frac{1}{R}}{\ln \frac{1}{0{,}9}} \right)^{\frac{1}{e}}$
Benennung der Lebensdauer L_{na}	L_{10}	L_5	L_4	L_3	L_2	L_1	
Faktor für Ausfallwahrscheinlichkeit a_1 gemäß Gleichung (15.116) mit Weibull-Steigung $e = 1{,}5$	1,0	0,62	0,53	0,44	0,33	0,21	(15.116)

Tabelle 15.30: Faktor a_1 zur Anpassung der Ausfallwahrscheinlichkeit [15.50]

Der Faktor a_2 trägt den verbesserten Eigenschaften des Werkstoffes und seiner Wärmebehandlung Rechnung. Der Faktor a_3 berücksichtigt die Betriebsbedingungen und hier insbesondere den Schmierzustand im Wälzkontakt bei der Betriebsdrehzahl und der Betriebstemperatur unter der Voraussetzung normaler Sauberkeit des Schmierstoffes und entsprechend wirksamer Abdichtung.

Entgegen dem ursprünglichen Ansatz, die Faktoren a_2 und a_3 getrennt zu erfassen, wurde relativ schnell deutlich, dass die Einflüsse von Werkstoff und Schmierung auf die Lebensdauer wechselseitig voneinander abhängen, weshalb man beide Faktoren zu einem einzigen Faktor a_{23} zusammengefasst hat. Des Weiteren werden die folgenden Einflussgrößen auf die Lebensdauer im Faktor a_{23} berücksichtigt:

- Belastungzustand des Lagers
- Bauart des Lagers (Größe und innere Geometrie des Lagers, Profilierung von Wälzkörper und Laufbahnen, innere Lastverteilung, Reibungsverhältnisse im Lager)

- Werkstoffeigenschaften (Reinheit, Härte, Ermüdungsgrenze, Oberflächentopografie, Temperaturbeständigkeit)
- Schmierungszustand (Viskosität und Art des Schmierstoffes, Drehzahl, Lagergröße, Additive, Verunreinigungen des Schmierstoffes, Feuchtigkeit)
- Eigenspannungen des Werkstoffes (aus Fertigung, Wärmebehandlung und durch Presssitz der Ringe)

Verständlicherweise erfordert die Einbeziehung dieser vielfältigen Einflussgrößen im Vergleich zur klassischen Lebensdauerberechnung den Einsatz aufwändiger, rechnergestützter Verfahren.

Zur praktischen Ermittlung des Lebensdauerbeiwertes a_{23}, der in der aktuellen DIN ISO 281 auch mit a_{DIN} bezeichnet wird, ist Gleichung (15.117) unter Verwendung der jeweiligen Koeffizienten und Exponenten A bis G für die Lagerbauarten gemäß Tabelle 15.31 anzuwenden [15.51], [15.53].

$$a_{DIN} = 0{,}1 \cdot \left[1 - \left(A - \frac{B}{\kappa^C} \right)^D \cdot \left(\frac{e_C \cdot C_u}{G \cdot P} \right)^E \right]^{-F} \qquad (15.117)$$

Für $\kappa < 0{,}1$ ist diese Berechnung nicht anwendbar.
Für $\kappa > 4$ ist mit dem Wert $\kappa = 4$ zu rechnen.

		A	B	C	D	E	F	G
Radial-Rollenlager	$0{,}1 \le \kappa < 0{,}4$	1,58592	1,39926	0,0543806	1,00	0,4	9,185	1,0
	$0{,}4 \le \kappa < 1{,}0$	1,58592	1,23477	0,1908700	1,00	0,4	9,185	1,0
	$1{,}0 \le \kappa < 4{,}0$	1,58592	1,23477	0,0717391	1,00	0,4	9,185	1,0
Radial-Kugellager	$0{,}1 \le \kappa < 0{,}4$	2,56705	2,26492	0,0543806	0,83	1/3	9,300	1,0
	$0{,}4 \le \kappa < 1{,}0$	2,56705	1,99866	0,1908700	0,83	1/3	9,300	1,0
	$1{,}0 \le \kappa < 4{,}0$	2,56705	1,99866	0,0717391	0,83	1/3	9,300	1,0
Axial-Rollenlager	$0{,}1 \le \kappa < 0{,}4$	1,58592	1,39926	0,0543806	1,00	0,4	9,185	2,5
	$0{,}4 \le \kappa < 1{,}0$	1,58592	1,23477	0,1908700	1,00	0,4	9,185	2,5
	$1{,}0 \le \kappa < 4{,}0$	1,58592	1,23477	0,0717391	1,00	0,4	9,185	2,5
Axial-Kugellager	$0{,}1 \le \kappa < 0{,}4$	2,56705	2,26492	0,0543806	0,83	1/3	9,300	3,0
	$0{,}4 \le \kappa < 1{,}0$	2,56705	1,99866	0,1908700	0,83	1/3	9,300	3,0
	$1{,}0 \le \kappa < 4{,}0$	2,56705	1,99866	0,0717391	0,83	1/3	9,300	3,0

Gleichung (15.117) strebt in einigen Fällen für $(e_C \cdot C_u) / P > 2$ gegen $+\infty$, der Wert für a_{DIN} ist dabei generell auf $a_{DIN} = 50$ zu begrenzen.

Die hohe Zahl der Nachkommastellen in den Exponenten dient dazu, einen stetigen Übergang zwischen den einzelnen Funktionen zu gewährleisten.

Tabelle 15.31: Gleichung und Koeffizienten zur Berechnung des Lebensdauerbeiwertes a_{DIN} [15.51], [15.53]

Die oben genannten Einflussgrößen werden in Gleichung (15.117) durch die äquivalente dynamische Lagerbelastung P (s.a. Abschnitt 15.4.3), die Ermüdungsgrenzbelastung C_u, den Verunreinigungsbeiwert e_C sowie das Viskositätsverhältnis κ erfasst. Der Einfluss der Geometrie ist in den von der Lagerbauart abhängigen unterschiedlichen Koeffizienten und Exponenten A bis G enthalten.

Die Ermüdungsgrenzbelastung C_u ist, vergleichbar zur statischen Tragzahl C_0 nach DIN ISO 76, definiert als die Belastung, bei der im Werkstoff der Laufbahn die Ermüdungsgrenze σ_u gerade erreicht wird [15.77]. Die für die Ermüdung maßgebende tatsächlich auftretende Spannung σ in der Laufbahn hängt hauptsächlich von der inneren Lastverteilung im Lager und vom Spannungsverlauf im höchstbelasteten Wälzkontakt ab, sodass sich in guter Näherung folgender vereinfachter Zusammenhang ergibt:

$$a_{DIN} = f\left(\frac{\sigma_u}{\sigma}\right) = f\left(\frac{C_u}{P}\right) \tag{15.118}$$

Zur Bestimmung der Ermüdungsgrenzbelastung C_u wird unter Berücksichtigung der eingangs erwähnten Einflussgrößen rechnergestützt iterativ die Belastung ermittelt, bei der im höchstbelasteten Kontakt genau die Ermüdungsgrenze des Werkstoffes erreicht wird.

Unter idealen Kontaktbedingungen liegt für die heute gebräuchlichen Wälzlagerstähle die Ermüdungsgrenze bei einer Kontaktpressung von etwa 2.200 N/mm^2. Tatsächlich ist die Ermüdungsgrenze jedoch geringer, da aufgrund der Betriebsbedingungen und Fertigungstoleranzen zusätzliche Spannungen im Kontakt auftreten, die in der üblichen Berechnung nicht berücksichtigt werden können. Für Wälzlager in heutiger Fertigungs- und Werkstoffqualität wird die Ermüdungsgrenze deshalb bereits bei einer Kontaktpressung von etwa 1.500 N/mm^2 erreicht. Bei verminderter Fertigungs- oder geringerer Werkstoffqualität kann die Ermüdungsgrenze auch auf etwa 1.100 N/mm^2 absinken. Je nach Bauart und Ausführung des Lagers wird unter der Ermüdungsgrenzbelastung C_u eine nominelle Lebensdauer erreicht, die einer Lastwechselzahl von 10^9 bis 10^{12} Lastwechseln am Innenring entspricht.

Auch wenn die genauen Werte für die Ermüdungsgrenzbelastung C_u nur vom Lagerhersteller zur Verfügung gestellt werden können (s.a. Wälzlagerkatalog), ermöglichen die nachfolgenden Gleichungen gemäß Tabelle 15.32 eine Abschätzung der unteren Grenzwerte auf der Grundlage der statischen Tragzahl C_0 nach DIN ISO 281 [15.49], [15.51].

	DIN ISO 281 Beiblatt 1: 2003-04	DIN ISO 281 Entwurf 2006	
	$D_{pw} < 150$ mm	$D_{pw} \leq 100$ mm	$D_{pw} > 100$ mm
Kugellager	$C_u \approx \frac{1}{27} \cdot C_0$ (15.119)	$C_u \approx \frac{1}{22} \cdot C_0$ (15.120)	$C_u \approx \frac{1}{22} \cdot C_0 \cdot \left(\frac{100}{D_{pw}}\right)^{0,5}$ (15.121)
Rollenlager	$C_u \approx \frac{1}{8,2} \cdot C_0$ (15.122)	$C_u \approx \frac{1}{8,2} \cdot C_0$ (15.123)	$C_u \approx \frac{1}{8,2} \cdot C_0 \cdot \left(\frac{100}{D_{pw}}\right)^{0,3}$ (15.124)

Tabelle 15.32: Gleichungen zur überschlägigen Berechnung der Ermüdungsgrenzbelastung C_u nach DIN ISO 281 [15.51], [15.53]

Anhand von Tabelle 15.32 wird allerdings auch deutlich, dass das gesamte Berechnungsverfahren immer noch Veränderungen unterliegt, da z.B. in der aktuell gültigen Norm DIN ISO 281 nur Teilkreisdurchmesser D_{pw} des Kugel- oder Rollensatzes bis zu 150 mm berücksichtigt werden. Im neuen Entwurf der DIN ISO 281 von 2006 wird zwischen den Bereichen $D_{pw} < 100$ mm und $D_{pw} > 100$ mm unterschieden [15.51], [15.53]. Des Weiteren wurde der Nenner von 27 auf 22 verändert.

Die Lebensdauerminderung durch Verunreinigungen im Schmierspalt wird durch den Verunreinigungsbeiwert e_C berücksichtigt. Durch eine Verunreinigung des Schmierstoffes mit Partikeln besteht die Gefahr, dass beim Überrollen dieser Partikel mit einer Größe von mehr als 10 µm bis 20 µm mit hinreichend hoher Streckgrenze und Duktilität bleibende Eindrückungen in den Laufbahnen erzeugt werden, an denen wiederum örtliche Spannungsüberhöhungen auftreten, die die Lebensdauer des Wälzlagers verringern. Eine derartige Lebensdauerminderung durch feste Partikel im Schmierspalt hängt ab von der Art, Größe, Härte und Menge der Partikel, der Schmierfilmhöhe (Viskositätsverhältnis κ) und der Lagergröße.

Gemäß DIN ISO 281, Beiblatt 1 enthält die folgende Tabelle 15.33 abhängig vom Grad der Verunreinigung zugehörige Verunreinigungsbeiwerte e_C. Im Beiblatt 4 der DIN ISO 281 sind zusätzlich Diagramme enthalten, die eine genauere Bestimmung des Beiwertes e_C ermöglichen. Der neue Entwurf der DIN ISO 281 von 2006 enthält zusätzlich Gleichungen zur genauen Berechnung des Beiwertes e_C. Es wird jedoch ausdrücklich darauf hingewiesen, dass diese Diagramme und Gleichungen nicht für das hier vorgestellte vereinfachte Verfahren zur Berechnung des Lebensdauerbeiwertes a_{DIN} bzw. a_{23} verwendet werden dürfen [15.51], [15.53]. In allen Fällen nimmt e_C jedoch nur Werte zwischen 0 und 1 an (s.a. Abschnitt 15.4.5).

Grad der Verunreinigung	Beiwert e_C	
	$D_{pw} < 100$ mm	$D_{pw} \geq 100$ mm
Größte Sauberkeit – Partikel in der Größenordnung der Schmierfilmhöhe, Laborbedingungen	1	1
Große Sauberkeit – Feinstfilterung der Ölzufuhr, abgedichtete, gefettete Lager	0,8 bis 0,6	0,9 bis 0,8
Normale Sauberkeit – Feinfilterung der Ölzufuhr, gefettete Lager mit Deckscheiben	0,6 bis 0,5	0,8 bis 0,6
Leichte Verunreinigungen – Leichte Verunreinigungen in der Ölzufuhr	0,5 bis 0,3	0,6 bis 0,4
Typische Verunreinigungen – Lager mit Abrieb von anderen Maschinenelementen verschmutzt	0,3 bis 0,1	0,4 bis 0,2
Starke Verunreinigungen – Stark verschmutzte Lagerumgebung, unzureichende Abdichtung der Lagerung	0,1 bis 0	0,2 bis 0
Sehr starke Verunreinigungen	0	0

Tabelle 15.33: Verunreinigungsbeiwert e_C zur Berechnung des Lebensdauerbeiwertes a_{DIN} [15.51], [15.53]

Abschließend sei darauf hingewiesen, dass die angegebenen Werte generell nur für Verunreinigungen durch feste Partikel hoher Härte gelten. Andere Verunreinigungen wie etwa durch Wasser oder andere Flüssigkeiten können damit nicht berücksichtigt werden. Ebenso ist bei besonders starker Verunreinigung ($e_C \rightarrow 0$) mit Ausfällen durch Verschleiß zu rechnen, wobei die Gebrauchsdauer des Lagers dann in der Regel weit unter der berechneten Lebensdauer liegt, weshalb starke Verunreinigungen generell durch geeignete konstruktive Maßnahmen (Abdichtungen) vermieden werden sollten.

Das Viskositätsverhältnis κ gemäß Abbildung 15.66 ist ein Maß für die hydrodynamische Schmierfilmdicke und damit die Güte der Schmierfilmbildung.

$$\kappa = \frac{\nu}{\nu_1} \qquad (15.125)$$

κ ist das Verhältnis der Betriebsviskosität ν des Schmierstoffes bei Betriebstemperatur zur Bezugsviskosität v_1 gemäß Abbildung 15.67.

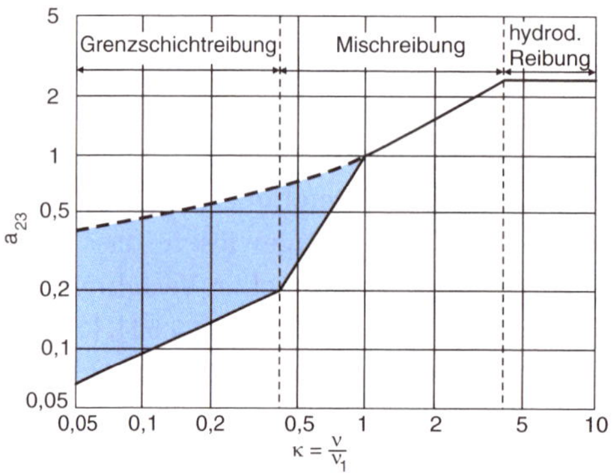

Es lassen sich drei Betriebszustände unterscheiden:

1. Grenzschichtreibung $\kappa < 0{,}4$:
Wegen Festkörperberührung überwiegt der Verschleiß, Additive haben hier einen starken Einfluss.
2. Mischreibung $0{,}4 < \kappa < 4$:
Hier liegt teilweise metallische Berührung vor, Additive haben einen anteiligen Einfluss. Bei $\kappa = 1$ wird eine Trennung der Kontaktflächen durch den Schmierfilm gerade erreicht.
3. Hydrodynamische Reibung $\kappa > 4$:
Die Oberflächen sind hier vollständig durch den Schmierfilm der Dicke $h > 2 \cdot R_a$ (Oberflächenrauheit) getrennt, Additive haben keinen Einfluss.

Abbildung 15.66: Faktor a_{23} bzw. a_{DIN} abhängig vom Viskositätsverhältnis κ [15.129]

Ungeachtet der bereits behandelten Einflussgrößen in Gleichung (15.117) kann in erster Näherung direkt aus Abbildung 15.66 der Faktor a_{23} abgelesen werden. Die durchgezogene (untere) Linie gilt für Schmierung mit Mineralöl oder Mineralöl mit „unschädlichen" Zusätzen, die die Lebensdauer nicht mindern. Durch geeignete EP-Zusätze (Extreme Pressure) im Schmierstoff lassen sich höhere Werte für a_{23} (im blauen Feld) erreichen. Die gestrichelte (obere) Linie gilt als Grenze bei optimalen EP-Zusätzen, jedoch ist deren Wirksamkeit in der realen Anwendung oder in einem Wälzlager-Schmierstoff-Prüfgerät FE8 nach DIN 51819-1 nachzuweisen [15.45].

Zur genauen Berechnung von κ ist die Viskosität ν abhängig von der Temperatur des Schmierstoffes bei Eintritt in das Lager zu bestimmen. Die Bezugsviskosität ν_1 kann abhängig von der Drehzahl und dem Teilkreisdurchmesser D_{pw} des Kugel- oder Rollensatzes aus der Abbildung 15.67 abgelesen werden. Bei Fetten ist die Dichte des Grundöls maßgebend. Bei hochbelasteten Lagern mit größeren Gleitanteilen kann die Temperatur im Kontaktbereich der Rollkörper bis zu 20 °C höher sein als die am stillstehenden Ring messbare Temperatur, ohne dass ein Einfluss von Fremderwärmung vorliegt. Man kann das berücksichtigen, indem nur der halbe Wert ν der aus dem Diagramm Abbildung 15.67 abgelesenen Betriebsviskosität in die Gleichung für κ eingesetzt wird [15.4].

Verfügt der Schmierstoff über nachgewiesen wirksame EP-Additive und betragen das Viskositätsverhältnis $\kappa < 1$ und der Verunreinigungsbeiwert $e_C \geq 0{,}2$, so kann mit $\kappa = 1$ gerechnet werden. Der Lebensdauerbeiwert a_{DIN} ist dabei auf die Werte $a_{DIN} \leq 3$ bzw. auf den für das tatsächliche κ berechneten Wert $a_{DIN}(\kappa)$ zu begrenzen, falls dieser größer als 3 ist. Bei starker Verschmutzung (Verunreinigungsbeiwert $e_C \leq 0{,}2$) ist die Wirksamkeit der Additivierung unter diesen Verschmutzungsbedingungen nachzuweisen (siehe oben).

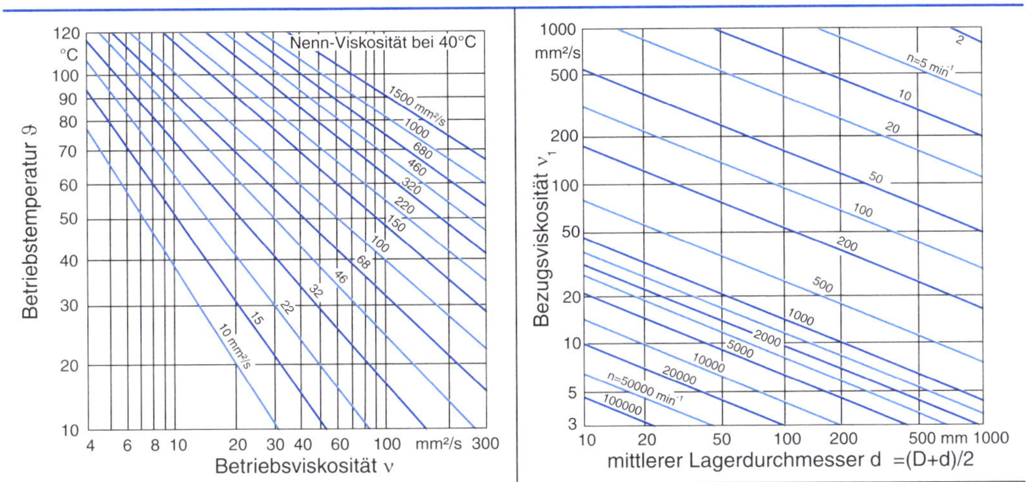

Die Kurven gelten für eine Dichte des Schmierstoffes von $\rho = 0{,}89\ \mathrm{g/cm^3}$ bei einer Temperatur von 20 °C. Für Schmierstoffe anderer Dichte gilt zur Umrechnung des Viskositätsverhältnisses:

$$\kappa = \frac{\nu}{\nu_1} \cdot \left(\frac{\rho}{0{,}89\ g/cm^3} \right)^{0{,}83} \tag{15.126}$$

Für $n < 1.000\ \mathrm{min}^{-1}$ berechnet sich ν_1 zu:

$$\nu_1 = 45.000 \cdot n^{-0{,}83} \cdot D_{pw}^{-0{,}5} \tag{15.127}$$

Für $n \geq 1.000\ \mathrm{min}^{-1}$ berechnet sich ν_1 zu:

$$\nu_1 = 45.000 \cdot n^{-0{,}5} \cdot D_{pw}^{-0{,}5} \tag{15.128}$$

Abbildung 15.67: Betriebsviskosität ν und Bezugsviskosität ν_1 [15.51]

Damit sind nun alle Einflussgrößen bekannt, um eine erweiterte Lebensdauerberechnung vornehmen zu können. Liegen gemäß dem vorherigen Abschnitt 15.4.3 veränderliche Betriebsbedingungen vor, d.h. die Einflussgrößen für die Lebensdauer ändern (z.B. Belastung, Drehzahl, Temperatur, Schmierstoff, Sauberkeit) sich, so bestimmt man für jede Wirkungsdauer q in % mit den betreffenden Bedingungen die anteilige modifizierte Lebensdauer ($L_{hna,1}$, $L_{hna,2}$,...) und errechnet aus den Einzelanteilen wie folgt die Gesamtlebensdauer:

$$L_{hna} = \frac{100}{\dfrac{q_1}{L_{hna,1}} + \dfrac{q_2}{L_{hna,2}} + \ldots} \tag{15.129}$$

Auch wenn die Berechnung der angepassten nominellen Lebensdauer nach DIN ISO 281 zunächst den Eindruck einer größeren Genauigkeit vermittelt, so ist immer zu berücksichtigen, dass es nur die Werkstoffermüdung als Ausfallursache berücksichtigen kann. Treten übermäßiger Verschleiß oder ein vorzeitiges Versagen des Schmierstoffes auf, muss dieses Berechnungsverfahren zu falschen Ergebnissen kommen. Entgegen der ursprünglichen klassischen Berechnungsmethode ist nun die Bestimmung einzelner Einflussfaktoren nicht mehr genormt, sodass in jedem Fall die Angaben der Hersteller zu beachten sind.

Ein weiteres Problem in der Anwendung besteht darin, dass unter Annahme idealer Bedingungen hohe Lebensdauerwerte berechnet werden, die jedoch im Betrieb niemals erreicht werden, da die angenommenen idealen Bedingungen überhaupt nicht eingehalten werden können (Temperaturen, Viskositäten, Verschmutzung).

Ferner ist für den Anwender nicht genau ersichtlich, auf welcher experimentellen Grundlage (statistische Absicherung durch große Anzahl von Versuchsreihen, Baugröße der verwendeten Lager) sich das Verfahren abstützt. Die momentan in überdurchschnittlicher Anzahl ausfallenden großen Wälzlager im Bereich der Windenergieanlagen-Anwendungen mit Bohrungsdurchmessern zwischen 200 mm und 1.000 mm legen den Schluss nahe, dass für diese Baugrößen noch statistisch abgesicherte Versuchsreihen durchzuführen sind. Hierbei zeigt sich einmal mehr das grundlegende Problem des Schwermaschinenbaus, dass auf der einen Seite von Versuchen an kleinen Proben auf Großbauteile zu schließen ist (Extrapolation) und auf der anderen Seite oftmals die tatsächliche Belastungssituation im Betrieb nicht eindeutig klar ist (s.a. Kapitel 1 und 3). Insofern sollte man bei einer ersten Lebensdauerabschätzung im Rahmen der Projektierung und Konstruktion den sicheren Weg beschreiten und zunächst nur eine klassische Lebensdauerberechnung nach Abschnitt 15.4.2 durchführen.

Ungeachtet dieser Probleme wurden und werden einzelne Lagerbauformen durch Verändern der Innenkonstruktion oder auch der Herstellungsverfahren leistungsgesteigert. So konnten z.B. innerhalb von nur 13 Jahren bei gleichbleibender Tragzahl die Bohrungsdurchmesser eines Zylinderrollenlagers von 60 mm auf 40 mm vermindert werden.

Im Laufe der Weiterentwicklung der Wälzlager wurde aber auch deutlich, dass neben der äußeren Belastung und dem Schmierungszustand die Umgebungskonstruktion der Wälzlager einen entscheidenden Einfluss auf die Lebensdauer hat (s.a. Abschnitt 15.2.6). Dies führte zu einer zusätzlichen Erweiterung des Lebensdauerberechnungsverfahrens, welches im Beiblatt 4 zur DIN ISO 281 zusammengestellt ist, worauf im folgenden Abschnitt näher eingegangen wird.

15.4.5 Modifizierte Referenz-Lebensdauer nach DIN ISO 281 – Beiblatt 4

In Erweiterung der bisher vorgestellten Verfahren zur Lebensdauerberechnung erlaubt die Vorgehensweise nach DIN ISO 281 Beiblatt 4 zusätzlich zur Berücksichtigung von Schmierung, Verunreinigung und Ermüdungsgrenze die Einbeziehung der Schiefstellung aus der Umgebungskonstruktion, des Betriebsspieles und der inneren Lastverteilung des Lagers [15.52].

Wie auch schon bei den bisherigen Verfahren wird die Ermüdungslebensdauer des Wälzlagers berechnet. Andere Schadensmechanismen wie z.B. Verschleiß oder Graufleckigkeit (Micro Pitting) werden nicht berücksichtigt. Im Beiblatt 4 der DIN ISO 281 werden anhand eines einreihigen, spielbehafteten Radiallagers unter Radiallast und Verkippung die grundlegenden Zusammenhänge erläutert. Das Verfahren erlaubt auch die Berücksichtigung einer räumlichen Lagerbelastung, jedoch steigt dann der Aufwand bei der Berechnung der Lastverteilung. Die grundsätzlichen Verfahren zur Berechnung der Lastverteilung in räumlich belasteten Lagern sind der weiterführenden Literatur zu entnehmen [15.6], [15.68]. Des Weiteren kann auch die Berechnung mehrreihiger Lager oder komplexerer Lagergeometrien aus dem nachfolgend beschriebenen Verfahren abgeleitet werden.

Die modifizierte Referenz-Lebensdauer L_{nmr} berechnet sich anlehnend an die bisherigen Berechnungsverfahren wie folgt (zu a_1 und a_{DIN} s.a. Abschnitt 15.4.4):

$$L_{nmr} = a_1 \cdot a_{DIN} \cdot \left(\frac{C_r}{P_{ref,r}} \right)^3 = a_1 \cdot a_{DIN} \cdot L_{10r} \tag{15.130}$$

Hierin bezeichnen a_1 den Lebensdauerbeiwert für die Erlebenswahrscheinlichkeit, a_{DIN} den Lebensdauerbeiwert zur Berücksichtigung der Betriebsbedingungen, C_r die dynamische radiale Tragzahl in N und $P_{ref,r}$ die radiale äquivalente dynamische Referenz-Belastung in N. Analog zur bisherigen Lebensdauergleichung lässt sich aus der dynamischen radialen Tragzahl C_r und der radialen äquivalenten dynamischen Referenz-Belastung $P_{ref,r}$ die nominelle Referenz-Lebensdauer L_{10r} nach DIN ISO 281 in 10^6 Umdrehungen berechnen:

$$L_{10r} = \left(\frac{C_r}{P_{ref,r}} \right)^3 = \left(\left(\frac{Q_{ci}}{Q_{ei}} \right)^{-\frac{10}{3}} + \left(\frac{Q_{co}}{Q_{eo}} \right)^{-\frac{10}{3}} \right)^{-\frac{9}{10}} \tag{15.131}$$

In Erweiterung der bisherigen Vorgehensweise werden jedoch jetzt die dynamischen Tragzahlen des Einzelkontaktes am Innenring Q_{ci} (Index i – inner ring) und Außenring Q_{co} (Index o – outer ring) verwendet und ins Verhältnis gesetzt zu den äquivalenten dynamischen Belastungen eines Einzelkontaktes am Innenring Q_{ei} und Außenring Q_{eo}. Somit erfolgt nicht mehr eine pauschale Betrachtung der Lasteinwirkung auf das vollständige Lager, sondern eine Zerlegung in einzelne Kontakte innerhalb des Lagers.

Die äquivalenten dynamischen Belastungen eines Einzelkontaktes lassen sich abhängig von den Umlaufverhältnissen gemäß Tabelle 15.34 bestimmen. Da der Unterschied zwischen den äquivalenten Belastungen für drehenden und stehenden Ring bei normaler Lastverteilung kleiner als 2 % ist, kann er vernachlässigt werden, zumal sich die Abweichungen bei Innenring und Außenring zum Teil gegenseitig aufheben. In der Regel wird der Innenring als relativ zur Last drehend und der Außenring als stehend angenommen.

Die Berechnung der dynamischen Tragzahlen des Einzelkontakts Q_{ci} und Q_{co} erfolgt angelehnt an DIN ISO 281 Beiblatt 2 [15.50]. Bei einem Radial-Rillenkugellager berechnen sich die dynamischen Tragzahlen des Einzelkontakts am Innenring Q_{ci} und Außenring Q_{co} zu:

$$Q_{Ci} = \frac{C_r}{0{,}407 \cdot Z \cdot \cos(\alpha_0) \cdot i^{0{,}7}} \cdot \left[1 + \left[1{,}044 \cdot \left(\frac{1-\gamma}{1+\gamma} \right)^{1{,}72} \cdot \left(\frac{r_i}{r_e} \cdot \frac{2 \cdot r_e - D_w}{2 \cdot r_i - D_w} \right)^{0{,}41} \right]^{\frac{10}{3}} \right]^{\frac{3}{10}} \tag{15.132}$$

$$Q_{Co} = \frac{C_r}{0{,}389 \cdot Z \cdot \cos(\alpha_0) \cdot i^{0{,}7}} \cdot \left[1 + \left[1{,}044 \cdot \left(\frac{1-\gamma}{1+\gamma} \right)^{1{,}72} \cdot \left(\frac{r_i}{r_e} \cdot \frac{2 \cdot r_e - D_w}{2 \cdot r_i - D_w} \right)^{0{,}41} \right]^{-\frac{10}{3}} \right]^{\frac{3}{10}} \tag{15.133}$$

Hierin bezeichnen C_r die dynamische radiale Tragzahl, Z die Anzahl der Wälzkörper, i die Anzahl der Wälzkörperreihen, α_0 den Nennberührungswinkel, r_i und r_e die Rillenradien des Innenringes und des Außenringes im Axialschnitt, D_w den Kugeldurchmesser und γ als Hilfsgröße berechnet sich zu $\gamma = (D_w \cdot \cos \alpha_0) / D_{pw}$ mit D_{pw} als Teilkreisdurchmesser des Kugelsatzes.

	Bei relativ zur Last drehendem Ring	Bei relativ zur Last stehendem Ring
Äquivalente Belastung des Innenringes	$Q_{ei} = \left(\frac{1}{Z} \cdot \sum_{j=1}^{Z} Q_j^3 \right)^{\frac{1}{3}}$ (15.134)	$Q_{ei} = \left(\frac{1}{Z} \cdot \sum_{j=1}^{Z} Q_j^{\frac{10}{3}} \right)^{\frac{3}{10}}$ (15.135)
Äquivalente Belastung des Außenringes	$Q_{eo} = \left(\frac{1}{Z} \cdot \sum_{j=1}^{Z} Q_j^3 \right)^{\frac{1}{3}}$ (15.136)	$Q_{eo} = \left(\frac{1}{Z} \cdot \sum_{j=1}^{Z} Q_j^{\frac{10}{3}} \right)^{\frac{3}{10}}$ (15.137)

Tabelle 15.34: Äquivalente dynamische Belastungen eines Einzelkontaktes an Innenring und Außenring mit Z als Anzahl der Wälzkörper und Q_j der Belastung des einzelnen Wälzkörpers j

Mit C_a als dynamischer axialer Tragzahl berechnen sich die dynamischen Tragzahlen des Einzelkontaktes für ein Axial-Rillenkugellager mit einem Nennberührungswinkel von $\alpha_0 < 90°$ zu:

$$Q_{Ci} = \frac{C_a}{Z \cdot \sin(\alpha_0)} \cdot \left[1 + \left[\left(\frac{1-\gamma}{1+\gamma} \right)^{1,72} \cdot \left(\frac{r_i}{r_e} \cdot \frac{2 \cdot r_e - D_w}{2 \cdot r_i - D_w} \right)^{0,41} \right]^{\frac{10}{3}} \right]^{\frac{3}{10}} \qquad (15.138)$$

$$Q_{Co} = \frac{C_a}{Z \cdot \sin(\alpha_0)} \cdot \left[1 + \left[\left(\frac{1-\gamma}{1+\gamma} \right)^{1,72} \cdot \left(\frac{r_i}{r_e} \cdot \frac{2 \cdot r_e - D_w}{2 \cdot r_i - D_w} \right)^{0,41} \right]^{-\frac{10}{3}} \right]^{\frac{3}{10}} \qquad (15.139)$$

Für ein Axial-Rillenkugellager mit einem Nennberührungswinkel von $\alpha_0 = 90°$ gilt dann:

$$Q_{Ci} = \frac{C_a}{Z} \cdot \left[1 + \left[\left(\frac{r_i}{r_e} \cdot \frac{2 \cdot r_e - D_w}{2 \cdot r_i - D_w} \right)^{0,41} \right]^{\frac{10}{3}} \right]^{\frac{3}{10}} \qquad (15.140)$$

$$Q_{Co} = \frac{C_a}{Z} \cdot \left[1 + \left[\left(\frac{r_i}{r_e} \cdot \frac{2 \cdot r_e - D_w}{2 \cdot r_i - D_w} \right)^{0,41} \right]^{-\frac{10}{3}} \right]^{\frac{3}{10}} \qquad (15.141)$$

Zur Berechnung der in Tabelle 15.34 zusammengestellten äquivalenten dynamischen Belastungen eines Einzelkontaktes ist nun die Betrachtung der Gleichgewichtsbedingungen für die am Ring wirkenden äußeren Kräfte und Momente und die Reaktionskräfte Q_j der Wälzkörper erforderlich. Aus der nachfolgenden Betrachtung der Summe aller Kräfte und Momente ergibt sich ein Gleichungssystem, welches sich iterativ rechnergestützt lösen lässt:

$$F_r - c_P \cdot \sum_{j=1}^{Z} \delta_j^{\frac{3}{2}} \cdot \cos\left(\alpha_j\right) \cdot \cos\left(\varphi_j\right) = 0 \quad \text{Summe aller Kräfte} \tag{15.142}$$

$$M_Z - \frac{D_{pw}}{2} \cdot c_P \cdot \sum_{j=1}^{Z} \delta_j^{\frac{3}{2}} \cdot \sin\left(\alpha_j\right) \cdot \cos\left(\varphi_j\right) = 0 \quad \text{Summe aller Momente} \tag{15.143}$$

Hierin bezeichnen F_r die Radialkraft in N, M_Z die Momentenbelastung des Lagers in Nmm, Z die Anzahl der Wälzkörper, c_p die Federzahl eines Wälzkörpers bei Punktberührung in $\mathrm{N/mm^{3/2}}$, δ_j die Einfederung des Wälzkörpers j in mm, α_j den Betriebs-Berührungswinkel des Wälzkörpers j in Grad und φ_j den Lagewinkel des Wälzkörpers j in Grad.

Dabei berechnet sich die Einfederung δ_j des einzelnen Wälzkörpers j für ein spielbehaftetes Radial-Rillenkugellager mit Nennberührungswinkel $\alpha_0 = 0°$ zu:

$$\delta_j = \sqrt{\left[A + \delta_r \cdot \cos\left(\varphi_j\right)\right]^2 + \left[R_i \cdot \sin(\psi) \cdot \cos\left(\varphi_j\right)\right]^2} - A - \frac{s}{2} \tag{15.144}$$

Die geometrischen Hilfsgrößen A und R_i ergeben sich aus Abbildung 15.68, s bezeichnet das radiale Betriebsspiel des Lagers in mm (s.a. Abschnitt 15.2.4).

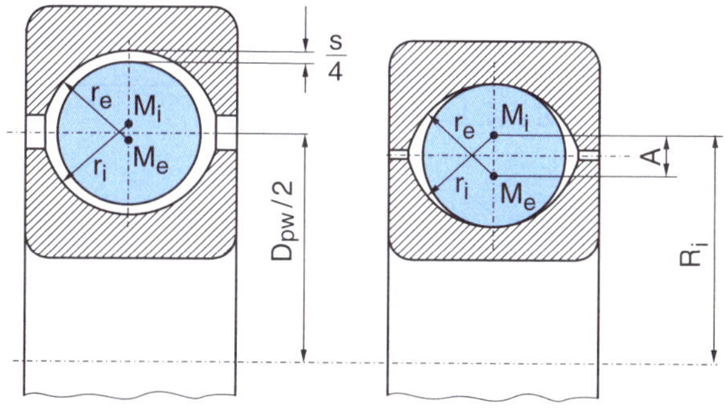

$$A = r_i + r_e - D_w + \frac{s}{2} \tag{15.145}$$

$$R_i = r_i + \frac{D_{pw} - D_w}{2} + \frac{s}{4} \tag{15.146}$$

Abbildung 15.68: Geometrische Hilfsgrößen am Kugellager [15.52]

Die Federzahl c_p ist Bestandteil der Federgleichung, die wiederum auf der Grundlage der Hertz'schen Theorie für die Einfederung eines Punktkontaktes ermittelt wurde. Für die Federung δ eines einzelnen Kontaktes zwischen Wälzkörper und Laufbahn gilt:

$$\delta = \sqrt[3]{\frac{9}{2} \cdot \left(\frac{\left(1 - \nu_E^2\right)}{\pi \cdot E}\right)^2} \cdot K(\chi) \cdot \sqrt[3]{\frac{\sum \rho}{\chi^2 \cdot E(\chi)}} \cdot Q^{\frac{3}{2}} \tag{15.147}$$

Entsprechend berechnet sich die gesamte Einfederung der beiden Kontakte zwischen Wälzkörper und Innenring sowie Außenring zu:

$$\delta = \sqrt[3]{\frac{9}{2}\cdot\left(\frac{\left(1-\nu_E^2\right)}{\pi\cdot E}\right)^2}\cdot\left(K\left(\chi_i\right)\cdot\sqrt[3]{\frac{\sum\rho_i}{\chi_i^2\cdot E\left(\chi_i\right)}}+K\left(\chi_e\right)\cdot\sqrt[3]{\frac{\sum\rho_e}{\chi_e^2\cdot E\left(\chi_e\right)}}\right)\cdot Q^{\frac{2}{3}} \qquad (15.148)$$

Hierin bezeichnen Q die gesamte Last auf einen Wälzkörper in N, E den Elastizitätsmodul in N/mm² und ν_E die Querkontraktionszahl. Die weiteren Größen sind in Tabelle 15.35 zusammengestellt.

Vollständiges Elliptisches Integral der 1. Art: $$K(\chi)=\int_0^{\frac{\pi}{2}}\left(1-\left(1-\frac{1}{\chi^2}\right)\cdot\left[\sin(\varphi)\right]^2\right)^{-\frac{1}{2}}d\varphi \qquad (15.149)$$	Krümmungssumme am Innenring: $$\sum\rho_i=\frac{2}{D_W}\cdot\left(2+\frac{\gamma}{1-\gamma}-\frac{D_W}{2\cdot r_i}\right) \qquad (15.150)$$
Vollständiges Elliptisches Integral der 2. Art: $$E(\chi)=\int_0^{\frac{\pi}{2}}\left(1-\left(1-\frac{1}{\chi^2}\right)\cdot\left[\sin(\varphi)\right]^2\right)^{\frac{1}{2}}d\varphi \qquad (15.151)$$	Krümmungssumme am Außenring: $$\sum\rho_e=\frac{2}{D_W}\cdot\left(2-\frac{\gamma}{1+\gamma}-\frac{D_W}{2\cdot r_e}\right) \qquad (15.152)$$
Auf die Krümmungssumme bezogene Krümmungsdifferenz am Innenring: $$F_i(\rho)=\frac{\frac{\gamma}{1-\gamma}+\frac{D_W}{2\cdot r_i}}{2+\frac{\gamma}{1-\gamma}-\frac{D_W}{2\cdot r_i}} \qquad (15.153)$$	Auf die Krümmungssumme bezogene Krümmungsdifferenz am Außenring: $$F_e(\rho)=\frac{\frac{-\gamma}{1+\gamma}+\frac{D_W}{2\cdot r_e}}{2-\frac{\gamma}{1+\gamma}-\frac{D_W}{2\cdot r_e}} \qquad (15.154)$$
Das Achsenverhältnis χ der beiden Halbachsen der Druckellipse ist die Lösung der Gleichung $$1-\frac{2}{\chi^2-1}\cdot\left(\frac{K(\chi)}{E(\chi)}-1\right)-F(\rho)=0 \qquad (15.155)$$	

Tabelle 15.35: Hilfsgrößen zur Berechnung der Einfederung eines Punktkontaktes nach der Hertz'schen Theorie

Durch Umstellen von Gleichung (15.148) erhält man die sogenannte Federgleichung, die den Zusammenhang zwischen Federzahl c_p, Einfederung δ und einwirkender Kontaktkraft Q beschreibt:

$$Q=c_P\cdot\delta^{\frac{3}{2}} \qquad (15.156)$$

$$c_P=\frac{\pi\cdot\sqrt{2}}{3}\cdot\frac{E}{\left(1-\nu_E^2\right)}\cdot\left(K\left(\chi_i\right)\cdot\sqrt[3]{\frac{\sum\rho_i}{\chi_i^2\cdot E\left(\chi_i\right)}}+K\left(\chi_e\right)\cdot\sqrt[3]{\frac{\sum\rho_e}{\chi_e^2\cdot E\left(\chi_e\right)}}\right)^{-\frac{3}{2}} \qquad (15.157)$$

Die einzelnen Kontaktkräfte Q_j wirken in Richtung des Betriebs-Berührungswinkels des Wälzkörpers j, wobei ψ den Verkippungswinkel zwischen Innen- und Außenring in Grad beschreibt:

$$\alpha_j = \arctan\left(\frac{R_i \sin(\psi)\cdot\cos(\varphi_j)}{A+\delta_r\cdot\cos(\varphi_j)}\right) \qquad (15.158)$$

Damit stehen alle Beziehungen zur Verfügung, um die modifizierte Referenz-Lebensdauer eines Kugellagers unter zusätzlicher Einbeziehung der Schiefstellung, des Betriebsspieles und der inneren Lastverteilung im Lager rechnergestützt zu ermitteln, wobei der Lebensdauerbeiwert a_{DIN} gemäß den Zusammenhängen im vorherigen Abschnitt 15.4.4 verwendet werden kann. Am Ende dieses Abschnittes werden jedoch noch weiterführende Gleichungen und Diagramme zum Verunreinigungsbeiwert e_C behandelt, auf deren Grundlage formal die Bestimmung von a_{DIN} innerhalb des Berechnungsverfahrens des Beiblattes 4 der DIN ISO 281 erfolgen sollte.

Aufbauend auf den Zusammenhängen für ein Kugellager lässt sich das Berechnungsverfahren auch auf Rollenlager wie folgt anwenden. Die Beschreibung der Lastverteilung im Lager geht zurück auf die experimentell ermittelte Federgleichung für Linienberührung nach Lundberg, mit der sich die Einfederung δ [mm] eines Wälzkörpers mit Linienberührung aufgrund einer einwirkenden Kraft Q in N wie folgt beschreiben lässt [15.93]:

$$Q = c_L\cdot\delta^{\frac{10}{9}} \quad \text{mit der Federzahl} \quad c_L = 35948\cdot L_{we}^{\frac{8}{9}} \qquad (15.159)$$

Hierin bezeichnen c_L die Federzahl in N/mm$^{10/9}$ und L_{we} die in die Tragzahlberechnung einzusetzende Länge des Wälzkörpers in mm nach DIN ISO 281, Beiblatt 2 [15.50].

Zur Beschreibung des elastischen Verhaltens eines verkippten Wälzkörpers auf einer zylindrischen Laufbahn nutzt man ein Scheibenmodell gemäß Abbildung 15.69, wobei zur Berechnung der Federung der Wälzkörper in mindestens $n_s = 30$ gleiche Scheiben aufzuteilen ist. Wird der Innenring um den Betrag δ_r radial verlagert, so ergeben sich für die Einfederung δ_j und den Verkippungswinkel ψ_j zwischen den Ringen in der Ebene des Wälzkörpers j die Zusammenhänge gemäß Abbildung 15.70. Daraus ergibt sich dann die Einfederung an der k-ten Scheibe des Wälzkörpers j, wobei von dieser Einfederung die Profilierung $2\cdot P(x_k)$ abzuziehen ist:

$$\delta_{j,k} = \delta_j - x_k\cdot\tan(\psi_j) - 2\cdot P(x_k) \qquad (15.160)$$

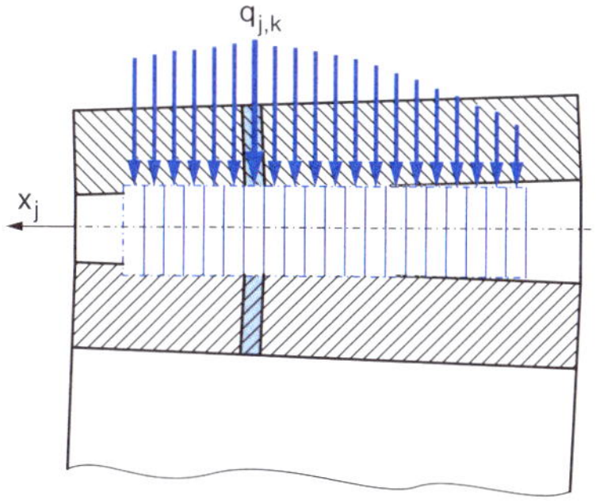

Die Federgleichung für eine Scheibe lautet:

$$q_{j,k} = c_s\cdot\delta_{j,k}^{\frac{10}{9}} \quad \text{mit der Federzahl} \quad c_s = \frac{35948\cdot L_{we}^{\frac{8}{9}}}{n_s} \qquad (15.161)$$

$q_{j,k}$: Scheibenlast in N

$\delta_{j,k}$: Einfederung des Wälzkörpers j in mm

n_s: Zahl der Scheiben

L_{we}: In die Tragzahlberechnung einzusetzende Länge des Wälzkörpers in mm

Abbildung 15.69: Scheibenmodell eines Wälzkörpers und zugehörige Federgleichungen

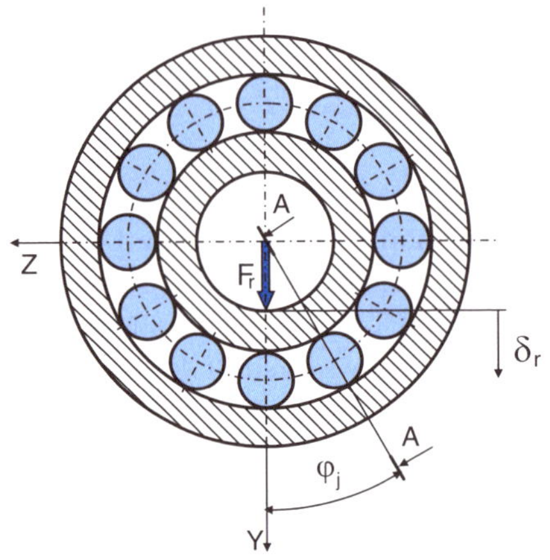

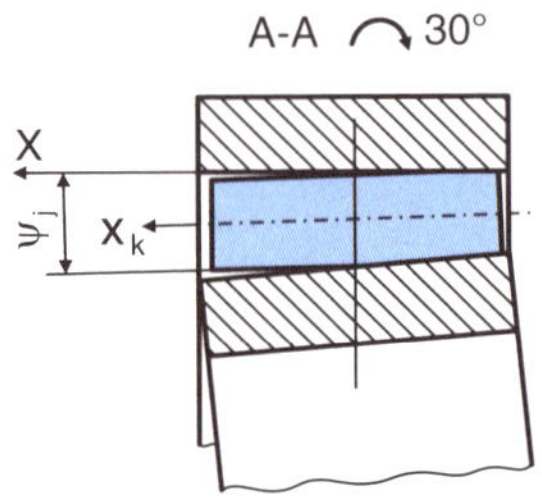

Einfederung des Wälzkörpers *j*:

$$\delta_j = \delta_r \cdot \cos\left(\varphi_j\right) - \frac{s}{2} \tag{15.162}$$

Verkippungswinkel ψ_j zwischen den Ringen in der Ebene des Wälzkörpers j:

$$\psi_j = \arctan\left[\tan\left(\psi\right) \cdot \cos\left(\varphi_j\right)\right] \tag{15.163}$$

Abbildung 15.70: Radiale Verlagerungen und Verkippungswinkel bei einem Rollenlager

Wird ein rein zylindrischer Wälzkörper belastet, treten an den Enden des Kontakts Kantenspannungen auf, die deutlich über der rechnerischen Hertz'schen Pressung liegen (s. a. Abbildung 15.13). Deshalb profiliert man nach Lundberg Wälzkörper im Kantenbereich, um eine gleichmäßige Verteilung der Kontaktpressung über der Wälzkörperlänge zu erreichen [15.93]:

$$P\left(x_k\right) = \frac{2 \cdot Q \cdot \left(1 - \nu_E^2\right)}{\pi \cdot L_{we} \cdot E} \cdot \ln\left(\frac{1}{1 - \left(\frac{2 \cdot x_k}{L_{we}}\right)^2}\right) \tag{15.164}$$

Für Wälzkörper aus Stahl und übliche Anwendungsfälle erhält man daraus näherungsweise die Profilfunktionen $P(x)$ gemäß Tabelle 15.36, wobei tatsächlich ausgeführte Wälzlager entsprechend den speziellen Erkenntnissen der Hersteller von dieser Geometrie abweichen können.

Für $L_{we} \leq 2{,}5 \cdot D_{we}$ gilt: $P\left(x_k\right) = 0{,}00035 \cdot D_{we} \cdot \ln\left(\frac{1}{1 - \left(\frac{2 \cdot x_k}{L_{we}}\right)^2}\right)$	(15.165)
Für $L_{we} > 2{,}5 \cdot D_{we}$ und $\left\|x_k\right\| \leq \frac{L_{we} - 2{,}5 \cdot D_{we}}{2}$ gilt: $P\left(x_k\right) = 0$	(15.166)
Für $L_{we} > 2{,}5 \cdot D_{we}$ und $\left\|x_k\right\| > \frac{L_{we} - 2{,}5 \cdot D_{we}}{2}$ gilt: $P\left(x_k\right) = 0{,}00050 \cdot D_{we} \cdot \ln\left(\frac{1}{1 - \left(\frac{2 \cdot \left\|x_k\right\| - \left(L_{we} - 2{,}5 \cdot D_{we}\right)}{2{,}5 \cdot D_{we}}\right)^2}\right)$	(15.167)

Tabelle 15.36: Abschnittsweise Profilierung eines rollenförmigen Wälzkörpers

Im Weiteren ist nun auch wieder rechnergestützt iterativ das Kräftegleichgewicht des Lagers zu ermitteln. Aus den Gleichgewichtsbedingungen für die am Ring wirkenden äußeren Kräfte und Momente und den Reaktionskräften der Wälzkörper ergibt sich folgendes Gleichungssystem:

$$F_r - \frac{c_L}{n_s} \cdot \sum_{j=1}^{Z} \left[\cos\left(\varphi_j\right) \cdot \sum_{k=1}^{n_s} \delta_{j,k}^{\frac{q}{1}} \right] = 0 \quad \text{Summe aller Kräfte} \tag{15.168}$$

$$M_Z - \frac{c_L}{n_s} \cdot \sum_{j=1}^{Z} \left[\cos\left(\varphi_j\right) \cdot \sum_{k=1}^{n_s} x_k \cdot \delta_{j,k}^{\frac{q}{1}} \right] = 0 \quad \text{Summe aller Momente} \tag{15.169}$$

Hierin bezeichnen F_r die Radialkraft in N, M_Z die Momentenbelastung des Lagers in Nmm, Z die Anzahl der Wälzkörper, n_s die Anzahl der Scheiben pro Wälzkörper, c_L die Federzahl eines Wälzkörpers bei Linienberührung in N/mm$^{10/9}$, $\delta_{j,k}$ die Einfederung der Scheibe k des Wälzkörpers j in mm mit $q = 9/10$ als Exponenten, φ_j den Lagewinkel des Wälzkörpers j in Grad und x_k den Abstand von der Mitte der Scheibe k zur Mitte des Wälzkörpers in mm.

Zur Berechnung der Lebensdauer ist analog zur Tragzahl die Tragfähigkeit einer Scheibe gemäß Abbildung 15.69 zu ermitteln. Die dynamischen Tragzahlen einer Scheibe werden für den Kontakt am Innenring mit q_{ci} und am Außenring mit q_{co} bezeichnet:

$$q_{ci} = Q_{ci} \cdot \left(\frac{1}{n_s} \right)^{\frac{7}{9}} \quad \text{Innenring,} \quad q_{co} = Q_{co} \cdot \left(\frac{1}{n_s} \right)^{\frac{7}{9}} \quad \text{Außenring} \tag{15.170}$$

Hierin bedeuten Q_{ci} und Q_{co} die dynamischen Tragzahlen des Einzelkontaktes gemäß Tabelle 15.37 für Radial-Rollenlager und Tabelle 15.38 für Axial-Rollenlager, zu deren Berechnung die dynamische radiale Tragzahl C_r und die dynamische axiale Tragzahl C_a benötigt werden. Weiterhin bezeichnen Z die Anzahl der Wälzkörper, i die Anzahl der Reihen des Lagers und γ als Hilfsgröße berechnet sich zu $\gamma = (D_w \cdot \cos \alpha_0) / D_{pw}$ mit D_{pw} als Teilkreisdurchmesser des Rollensatzes.

Dynamische Tragzahl eines Einzelkontakts am Innenring mit $\lambda \cdot \nu = 0{,}83$ nach [15.50]	$Q_{ci} = \frac{1}{\lambda \cdot \nu} \cdot \frac{C_r}{0{,}378 \cdot Z \cdot \cos\left(\alpha_0\right) \cdot i^{\frac{7}{9}}} \cdot \left[1 + \left[1{,}038 \cdot \left(\frac{1-\gamma}{1+\gamma} \right)^{\frac{143}{108}} \right]^{\frac{9}{2}} \right]^{\frac{2}{9}}$	(15.171)
Dynamische Tragzahl eines Einzelkontakts am Außenring mit $\lambda \cdot \nu = 0{,}83$ nach [15.50]	$Q_{co} = \frac{1}{\lambda \cdot \nu} \cdot \frac{C_r}{0{,}364 \cdot Z \cdot \cos\left(\alpha_0\right) \cdot i^{\frac{7}{9}}} \cdot \left[1 + \left[1{,}038 \cdot \left(\frac{1-\gamma}{1+\gamma} \right)^{\frac{143}{108}} \right]^{-\frac{9}{2}} \right]^{\frac{2}{9}}$	(15.172)

Tabelle 15.37: Radial-Rollenlager – dynamische Tragzahlen eines Einzelkontakts [15.52]

Nennberührungswinkel $\alpha_0 < 90°$: Dynamische Tragzahl eines Einzelkontakts am Innenring mit $\lambda \cdot \nu = 0{,}73$ nach [15.50]	$$Q_{ci} = \frac{1}{\lambda \cdot \nu} \cdot \frac{C_a}{Z \cdot \sin(\alpha_0)} \cdot \left[1 + \left[\left(\frac{1-\gamma}{1+\gamma}\right)^{\frac{143}{108}}\right]^{\frac{9}{2}}\right]^{\frac{2}{9}}$$	(15.173)
Nennberührungswinkel $\alpha_0 < 90°$: Dynamische Tragzahl eines Einzelkontakts am Außenring mit $\lambda \cdot \nu = 0{,}73$ nach [15.50]	$$Q_{co} = \frac{1}{\lambda \cdot \nu} \cdot \frac{C_a}{Z \cdot \sin(\alpha_0)} \cdot \left[1 + \left[\left(\frac{1-\gamma}{1+\gamma}\right)^{\frac{143}{108}}\right]^{-\frac{9}{2}}\right]^{\frac{2}{9}}$$	(15.174)
Nennberührungswinkel $\alpha_0 = 90°$: Dynamische Tragzahlen sind für Innen- und Außenring gleich mit $\lambda \cdot \nu = 0{,}73$ nach [15.50]	$$Q_{ci} = \frac{1}{\lambda \cdot \nu} \cdot \frac{C_a}{Z} \cdot 2^{\frac{2}{9}} \qquad Q_{co} = \frac{1}{\lambda \cdot \nu} \cdot \frac{C_a}{Z} \cdot 2^{\frac{2}{9}}$$	(15.175)

Tabelle 15.38: Axial-Rollenlager–- dynamische Tragzahlen eines Einzelkontakts [15.52]

Die Werte für $\lambda \cdot \nu$ erfordern eine detaillierte Berechnung der Kontaktpressung oder die Anwendung der Näherungsfunktion für die Lastüberhöhung gemäß Gleichung (15.178) [15.69], [15.99], [15.108]. Die in den Tabellen verwendeten Werte entstammen DIN ISO 281 – Beiblatt 2 [15.50].

Bei gering profilierten oder stark verkippten Wälzkörpern treten üblicherweise Kantenspannungen auf, die bei der Lebensdauerberechnung zu berücksichtigen sind und mit entsprechenden Berechnungsverfahren genau ermittelt werden können [15.69], [15.99], [15.108]. Aus der berechneten Pressungsverteilung ergeben sich die Lastüberhöhungsfunktionen am Innenring f_i und am Außenring f_o gemäß Tabelle 15.39 mit den Kontaktpressungen p_{Hi} am Innenring und p_{Ho} am Außenring.

Lastüberhöhungsfunktion am Innenring	$$f_i(j,k) = \frac{\left(\frac{p_{Hi,j,k}}{271}\right)^2 \cdot D_{we} \cdot (1-\gamma) \cdot \frac{L_{we}}{n_s}}{q_{j,k}}$$	(15.176)
Lastüberhöhungsfunktion am Außenring	$$f_o(j,k) = \frac{\left(\frac{p_{Ho,j,k}}{271}\right)^2 \cdot D_{we} \cdot (1+\gamma) \cdot \frac{L_{we}}{n_s}}{q_{j,k}}$$	(15.177)

Tabelle 15.39: Lastüberhöhungsfunktionen für Innenring und Außenring

Als einfache Nährung für das in Tabelle 15.36 aufgeführte Näherungsprofil bei mittlerer Belastung und einer Verkippung des Lagers bis etwa zehn Winkelminuten kann die folgende aus der Pressungsberechnung ermittelte Lastüberhöhungsfunktion $f(k)$ für die Scheibe k verwendet werden:

$$f_i(k) = f_o(k) = \left(1 - \frac{0{,}01}{\ln\left(1{,}985 \cdot \left|\frac{2 \cdot k - n_s - 1}{2 \cdot n_s - 2}\right|\right)}\right) \tag{15.178}$$

Für die weitere Berechnung wird analog zur äquivalenten dynamischen Lagerbelastung die äquivalente dynamische Belastung einer einzelnen Scheibe für den Kontakt zum Innenring q_{ei} und zum Außenring q_{eo} gemäß Tabelle 15.40 benötigt.

Äquivalente dynamische Belastung einer einzelnen Scheibe k des Innenringes	
Bei relativ zur Last drehendem Ring	Bei relativ zur Last stehendem Ring
$q_{ei,k} = \left(\frac{1}{Z} \cdot \sum_{j=1}^{Z} \left(f_i(j,k) \cdot q_{j,k}\right)^4\right)^{\frac{1}{4}}$ (15.179)	$q_{ei,k} = \left(\frac{1}{Z} \cdot \sum_{j=1}^{Z} \left(f_i(j,k) \cdot q_{j,k}\right)^{4,5}\right)^{\frac{1}{4,5}}$ (15.180)
Äquivalente dynamische Belastung einer einzelnen Scheibe k des Außenringes	
Bei relativ zur Last drehendem Ring	Bei relativ zur Last stehendem Ring
$q_{eo,k} = \left(\frac{1}{Z} \cdot \sum_{j=1}^{Z} \left(f_o(j,k) \cdot q_{j,k}\right)^4\right)^{\frac{1}{4}}$ (15.181)	$q_{eo,k} = \left(\frac{1}{Z} \cdot \sum_{j=1}^{Z} \left(f_o(j,k) \cdot q_{j,k}\right)^{4,5}\right)^{\frac{1}{4,5}}$ (15.182)

Tabelle 15.40: Äquivalente dynamische Belastungen einer einzelnen Scheibe k

Da der Unterschied zwischen den äquivalenten Belastungen für drehenden und stehenden Ring bei normaler Lastverteilung kleiner ist als 2%, kann dieser vernachlässigt werden, zumal sich die Abweichungen bei Innenring und Außenring meistens gegenseitig kompensieren. In der Regel werdender Innenring als relativ zur Last drehend und der Außenring als stehend angenommen.

Nachdem nun die dynamischen Tragzahlen einer Scheibe für den Kontakt am Innenring q_{ci} und am Außenring q_{co} sowie die äquivalenten dynamischen Belastungen einer einzelnen Scheibe für den Kontakt zum Innenring q_{ei} und zum Außenring q_{eo} bekannt sind, lässt sich die nominelle Referenz-Lebensdauer des Lagers L_{10r} durch Aufsummieren über die Anzahl der Scheiben n_s bestimmen:

$$L_{10r} = \left(\sum_{k=1}^{n_s} \left[\left(\frac{q_{ci,k}}{q_{ei,k}}\right)^{-4,5} + \left(\frac{q_{co,k}}{q_{eo,k}}\right)^{-4,5}\right]\right)^{-\frac{8}{9}} \tag{15.183}$$

Unter Verwendung der Katalogwerte der dynamischen radialen und axialen Tragzahlen C_r und C_a und der nominellen Referenz-Lebensdauer des Lagers L_{10r} lässt sich die äquivalente dynamische Referenz-Belastung P_{ref} abhängig vom Lagertyp berechnen:

$$P_{ref,r} = \frac{C_r}{L_{10r}^{3/10}} \text{ Radial-Rollenlager,} \quad P_{ref,a} = \frac{C_a}{L_{10r}^{3/10}} \text{ Axial-Rollenlager} \tag{15.184}$$

Die gesuchte modifizierte Referenz-Lebensdauer L_{nmr} berechnet sich dann entsprechend Gleichung (15.130), wobei im Falle des Rollenlagers auch wieder alle Einzelanteile pro Scheibe zu einem Gesamtwert aufsummiert werden. In der vorliegenden Form lässt sich sogar für jedes Scheibenelement ein eigener a_{DIN}-Wert bestimmen. Für Radial-Rollenlager gilt:

$$L_{nmr} = a_1 \cdot \left(\sum_{k=1}^{n_s} \left[\left(a_{DIN}\left(\frac{e_C \cdot C_{ur}}{P_{s,k}}, \kappa \right) \right)^{-\frac{9}{8}} \cdot \left(\left(\frac{q_{ci,k}}{q_{ei,k}} \right)^{-\frac{9}{2}} + \left(\frac{q_{co,k}}{q_{eo,k}} \right)^{-\frac{9}{2}} \right) \right] \right)^{-\frac{8}{9}} \tag{15.185}$$

Für Axial-Rollenlager folgt entsprechend:

$$L_{nmr} = a_1 \cdot \left(\sum_{k=1}^{n_s} \left[\left(a_{DIN}\left(\frac{e_C \cdot C_{ua}}{P_{s,k}}, \kappa \right) \right)^{-\frac{9}{8}} \cdot \left(\left(\frac{q_{ci,k}}{q_{ei,k}} \right)^{-\frac{9}{2}} + \left(\frac{q_{co,k}}{q_{eo,k}} \right)^{-\frac{9}{2}} \right) \right] \right)^{-\frac{8}{9}} \tag{15.186}$$

Der Lebensdauerbeiwert für die Erlebenswahrscheinlichkeit a_1 ist entsprechend Abschnitt 15.4.4 zu bestimmen.

$P_{s,k}$ bezeichnet die äquivalente Belastung des Radial-Rollenlagers für die Scheibe k:

$$P_{s,k} = 0{,}323 \cdot Z \cdot \cos(\alpha_0) \cdot n_s \cdot \left(\frac{q_{ei,k}^{\frac{9}{2}} + \left(1{,}038 \cdot \frac{q_{ci}}{q_{co}} \right)^{\frac{9}{2}} \cdot q_{eo,k}^{\frac{9}{2}}}{1 + \left(1{,}038 \cdot \frac{q_{ci}}{q_{co}} \right)^{\frac{9}{2}}} \right)^{\frac{2}{9}} \tag{15.187}$$

Entsprechend beträgt $P_{s,k}$ als äquivalente Belastung des Axial-Rollenlagers für die Scheibe k:

$$P_{s,k} = Z \cdot \sin(\alpha_0) \cdot n_s \cdot \left(\frac{q_{ei,k}^{\frac{9}{2}} + q_{eo,k}^{\frac{9}{2}}}{2} \right)^{\frac{2}{9}} \tag{15.188}$$

Für den Lebensdauerbeiwert a_{DIN} können vereinfachend die Beziehungen aus Tabelle 15.31 und Tabelle 15.33 verwendet werden. Die exakte Vorgehensweise nach DIN ISO 281 – Beiblatt 4 sieht jedoch die genaue Berechnung auf der Grundlage der in Tabelle 15.31 gegebenen Gleichungen für a_{DIN} unter Nutzung der nachfolgend genauer beschriebenen Verunreinigungsbeiwerte e_c vor. Diese sind nur anwendbar in Verbindung mit dem in diesem Beiblatt beschriebenen Berechnungsverfahren. Eine Anwendung in dem vereinfachten Berechnungsverfahren nach DIN ISO 281 – Beiblatt 1 ist formal nicht zulässig. Während im aktuellen Beiblatt 4 zur DIN ISO 281 die Verunreinigungsbeiwerte e_C nur in Form von Diagrammen gemäß Abbildung 15.71 bereitgestellt werden, enthält der neue Entwurf der DIN ISO 281 auch die zugehörigen Berechnungsgleichungen gemäß Tabelle 15.41, Tabelle 15.42 und Tabelle 15.43 [15.53].

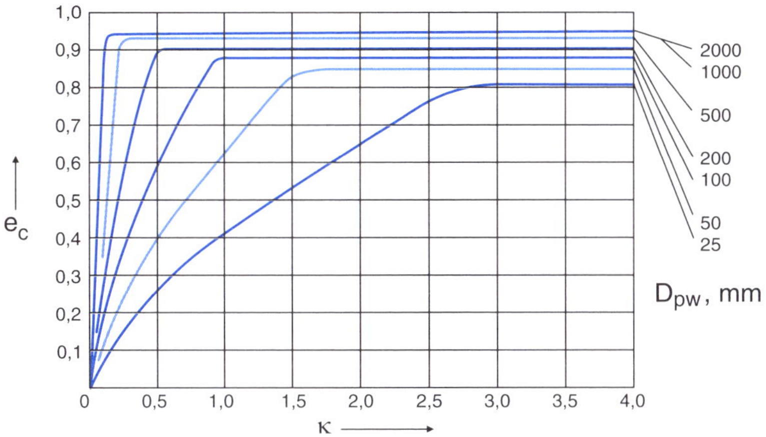

Ölreinheitsklasse -/13/10, -/12/10, -/13/11, -/14/11 Filterrückhalterate $\beta_{6(C)} = 200$	$e_C = a \cdot \left(1 - \frac{0,5663}{D_{pw}^{1/3}}\right)$ mit $a = 0,0864 \cdot \kappa^{0,68} \cdot D_{pw}^{0,55}$ und $a \leq 1$ (15.189)

Abbildung 15.71: Verunreinigungsbeiwerte für Ölumlaufschmierung mit integrierten Filtern, Ölreinheitsklassen nach ISO 4406 [15.74]

Aus Platzgründen werden deshalb nachfolgend nur die Berechnungsgleichungen in tabellarischer Form zusammengestellt, bei Bedarf sind die Diagramme der Originalnorm zu entnehmen. Bei den Verunreinigungsbeiwerten e_C für Ölschmierung mit Filterung wird davon ausgegangen, dass die Ölreinheitsklasse über die Betriebszeit des Systems weitgehend konstant bleibt, Abbildung 15.71 und Tabelle 15.41. Demgegenüber wird für Ölschmierung ohne Filterung eine Zunahme der Verschmutzung während der Laufzeit unterstellt. Die in Tabelle 15.42 angegebenen Ölreinheitsklassen beziehen sich auf den Zustand des Systems nach dem Einlauf.

Ölreinheitsklasse -/15/12, -/16/12, -/15/13, -/16/13 Filterrückhalterate $\beta_{12(C)} = 200$	$e_C = a \cdot \left(1 - \frac{0,9987}{D_{pw}^{1/3}}\right)$ mit $a = 0,0432 \cdot \kappa^{0,68} \cdot D_{pw}^{0,55}$ und $a \leq 1$ (15.190)
Ölreinheitsklasse -/17/14, -/18/14, -/18/15, -/19/15 Filterrückhalterate $\beta_{25(C)} = 75$	$e_C = a \cdot \left(1 - \frac{1,6329}{D_{pw}^{1/3}}\right)$ mit $a = 0,0288 \cdot \kappa^{0,68} \cdot D_{pw}^{0,55}$ und $a \leq 1$ (15.191)
Ölreinheitsklasse -/19/16, -/20/17, -/21/18, -/22/18 Filterrückhalterate $\beta_{40(C)} = 75$	$e_C = a \cdot \left(1 - \frac{2,3362}{D_{pw}^{1/3}}\right)$ mit $a = 0,0216 \cdot \kappa^{0,68} \cdot D_{pw}^{0,55}$ und $a \leq 1$ (15.192)

Tabelle 15.41: Verunreinigungsbeiwerte für Ölumlaufschmierung mit integrierten Filtern, Ölreinheitsklassen nach ISO 4406 [15.74]

Ölreinheitsklasse -/13/10, -/12/10, -/11/9, -/12/9	$e_C = a \cdot \left(1 - \frac{0{,}6796}{D_{pw}^{1/3}}\right)$ mit $a = 0{,}0864 \cdot \kappa^{0{,}68} \cdot D_{pw}^{0{,}55}$ und $a \leq 1$	(15.193)
Ölreinheitsklasse -/15/12, -/14/12, -/16/12, -/16/13	$e_C = a \cdot \left(1 - \frac{1{,}1410}{D_{pw}^{1/3}}\right)$ mit $a = 0{,}0288 \cdot \kappa^{0{,}68} \cdot D_{pw}^{0{,}55}$ und $a \leq 1$	(15.194)
Ölreinheitsklasse -/17/14, -/18/14, -/18/15, -/19/15	$e_C = a \cdot \left(1 - \frac{1{,}6700}{D_{pw}^{1/3}}\right)$ mit $a = 0{,}0133 \cdot \kappa^{0{,}68} \cdot D_{pw}^{0{,}55}$ und $a \leq 1$	(15.195)
Ölreinheitsklasse -/19/16, -/18/16, -/20/17, -/21/17	$e_C = a \cdot \left(1 - \frac{2{,}5164}{D_{pw}^{1/3}}\right)$ mit $a = 0{,}00864 \cdot \kappa^{0{,}68} \cdot D_{pw}^{0{,}55}$ und $a \leq 1$	(15.196)
Ölreinheitsklasse -/21/18, -/21/19, -/22/19, -/23/19	$e_C = a \cdot \left(1 - \frac{3{,}8974}{D_{pw}^{1/3}}\right)$ mit $a = 0{,}00411 \cdot \kappa^{0{,}68} \cdot D_{pw}^{0{,}55}$ und $a \leq 1$	(15.197)

Tabelle 15.42: Verunreinigungsbeiwerte für Ölumlaufschmierung ohne Filterung oder mit nicht integrierten Filtern, Ölreinheitsklassen nach ISO 4406 [15.74]

Näherungsweise kann der Verunreinigungsbeiwert e_C auch aus der Filterrückhalterate nach ISO 16889 des verwendeten Ölfiltersystems abgeschätzt werden [15.76].

Der Verunreinigungswert e_C für Fettschmierung wird abhängig von den Umgebungsbedingungen und der Abdichtung des Lagers gemäß Tabelle 15.43 bestimmt.

Da sich auf der Grundlage der hier vorgestellten Berechnungsverfahren gemäß DIN ISO 281 – Beiblatt 4 für Radial-Kugel- und Radial-Rollenlager auch alle weiteren Lagerbauarten oder Lager mit komplexerer Geometrie behandeln lassen, sind nachfolgend noch die Referenzgeometrien für die gebräuchlichsten Lagerbauarten zusammengestellt.

Dabei ist zu beachten, dass die hier definierten Geometriedaten nur eine Näherung darstellen, da die tatsächlich ausgeführten Wälzlager entsprechend den Erkenntnissen der Hersteller davon abweichen können.

Für Zylinderrollenlager, Nadellager, Axial-Zylinderrollenlager und Axial-Nadellager ergibt sich die Referenzgeometrie des Wälzkörperprofils aus den Gleichungen (15.164) bis (15.167). Für Kegelrollenlager und Axial-Kegelrollenlager lässt sich das Profil der Kegelrolle mit D_{we} als in die Tragzahlberechnung einzusetzendem Rollendurchmesser wie folgt berechnen [15.52]:

$$P(x_k) = 0{,}00045 \cdot D_{we} \cdot \ln\left[\frac{1}{1 - \left(\frac{2 \cdot x_k}{L_{we}}\right)^2}\right] \qquad (15.198)$$

Die Referenzgeometriedaten für Kugellager und Rollenlager sind gemäß DIN ISO 281 – Beiblatt 4 in Tabelle 15.44 und Tabelle 15.45 zusammengestellt.

Große Sauberkeit	$e_C = a \cdot \left(1 - \frac{0{,}6796}{D_{pw}^{1/3}}\right)$ mit $a = 0{,}0864 \cdot \kappa^{0,68} \cdot D_{pw}^{0,55}$ und $a \leq 1$ (15.199)
Sehr saubere Montage, Lager ausgewaschen, sehr gute Abdichtung. Nachschmierung kontinuierlich oder in kurzen Abständen	
Normale Sauberkeit	$e_C = a \cdot \left(1 - \frac{1{,}1410}{D_{pw}^{1/3}}\right)$ mit $a = 0{,}0432 \cdot \kappa^{0,68} \cdot D_{pw}^{0,55}$ und $a \leq 1$ (15.200)
Saubere Montage, gute Abdichtung. Nachschmierung nach Empfehlung des Herstellers	
Leichte Verunreinigung $D_{pw} < 500\ \mathrm{mm}$	$e_C = a \cdot \left(1 - \frac{1{,}8870}{D_{pw}^{1/3}}\right)$ mit $a = 0{,}0177 \cdot \kappa^{0,68} \cdot D_{pw}^{0,55}$ und $a \leq 1$ (15.201)
$D_{pw} \geq 500\ \mathrm{mm}$	$e_C = a \cdot \left(1 - \frac{1{,}6770}{D_{pw}^{1/3}}\right)$ mit $a = 0{,}0177 \cdot \kappa^{0,68} \cdot D_{pw}^{0,55}$ und $a \leq 1$ (15.202)
Saubere Montage, mäßige Abdichtung. Nachschmierung nach Empfehlung des Herstellers	
Mäßige Verunreinigung	$e_C = a \cdot \left(1 - \frac{2{,}6620}{D_{pw}^{1/3}}\right)$ mit $a = 0{,}00617 \cdot \kappa^{0,68} \cdot D_{pw}^{0,55}$ und $a \leq 1$ (15.203)
Montage unter Werkstattbedingungen, Lager nicht ausgewaschen, mäßige Abdichtung. Nachschmierintervalle länger als nach Empfehlung des Herstellers	
Starke Verunreinigung	$e_C = a \cdot \left(1 - \frac{4{,}0600}{D_{pw}^{1/3}}\right)$ mit $a = 0{,}00617 \cdot \kappa^{0,68} \cdot D_{pw}^{0,55}$ und $a \leq 1$ (15.204)
Montage in verschmutzter Umgebung, schlechte Abdichtung. Lange Nachschmierintervalle	

Tabelle 15.43: Verunreinigungsbeiwerte e_C für Fettschmierung [15.52], [15.53]

	Rillenradius des Außenrings im Axialschnitt:	Rillenradius des Innenrings im Axialschnitt
Rillenkugellager, Schrägkugellager, Schulterkugellager	$\frac{r_e}{D_w} = 0{,}53$ (15.205)	$\frac{r_i}{D_w} = 0{,}52$ (15.206)
Pendelkugellager	$\frac{r_e}{D_w} = 0{,}5 \cdot D_w \cdot \left(1 + \frac{1}{\gamma}\right)$ (15.207)	$\frac{r_i}{D_w} = 0{,}53$ (15.208)
Axial-Rillenkugellager, Axial-Schrägkugellager	$\frac{r_e}{D_w} = 0{,}54$ (15.209)	$\frac{r_i}{D_w} = 0{,}54$ (15.210)

Tabelle 15.44: Referenzgeometriedaten für Kugellager [15.52]

	Rillenradius des Innenrings r_i und des Außenrings r_e im Axialschnitt:	Mantelradius des Wälzkörpers:
Pendelrollenlager	$r_i = r_e = \dfrac{D_{pw}}{2 \cdot \cos(\alpha)} + \dfrac{D_{we}}{2}$ (15.211)	$R_p = 0{,}97 \cdot r_e$ (15.212)
Axial-Pendelrollenlager	$r_i = r_e = \dfrac{D_{pw} + D_{we} \cdot \cos(45)}{2 \cdot \cos(\alpha)}$ (15.213)	$R_p = 0{,}97 \cdot r_e$ (15.214)

Tabelle 15.45: Referenzgeometriedaten für Rollenlager [15.52]

Für den Fall, dass keine Detailgeometrie des interessierenden Lagers bereitgestellt werden kann, besteht auch die Möglichkeit, über Näherungsverfahren nur aus den Katalogdaten die erforderlichen Steifigkeitskennzahlen zu ermitteln [15.102], [15.137], [15.141]. Ergänzend ist anzumerken, dass die Lagersteifigkeiten nicht nur zur Berechnung der Lebensdauer, sondern auch zur genauen Analyse des Schwingungsverhaltens eines Antriebssystems im Rahmen von Mehrkörper-Simulationen benötigt werden [15.113], [15.114], [15.121]. Abschließend sei noch darauf hingewiesen, dass die Normung im Bereich der Wälzlager einem stetigen Wandel unterliegt, sodass vor einer aufwändigen Berechnung immer der aktuelle Normenstand zu prüfen ist.

15.4.6 Zulässige Drehzahlen

Die Tragfähigkeit eines Lagers wird nicht nur durch die maximal übertragbaren statischen und dynamischen Kräfte und Momente, sondern auch durch eine maximal zulässige Drehzahl begrenzt, wofür die nachfolgenden Gründe ausschlaggebend sein können. In den meisten Fällen setzt die mit zunehmender Drehzahl ansteigende Betriebstemperatur die Grenze. Häufig kann aber auch eine nicht mehr gesicherte Schmierstoffversorgung der Roll-, Gleit- und Kontaktflächen infolge der stark anwachsenden Fliehkräfte oder auch eine stark veränderte Abwälzkinematik der Wälzkörper ausschlaggebend für eine zulässige Drehzahl im Betrieb sein. Weitere, die Drehzahl begrenzende Gesichtspunkte sind unruhiger Lauf, Schwingungen und Geräuschentwicklung. Schließlich können auch die Festigkeit z.B. des Käfigs oder die zulässige Gleitgeschwindigkeit bzw. die Wärmeerzeugung berührender Dichtungen eine Grenze für die Betriebsdrehzahl darstellen.

Demzufolge hängt die zulässige Drehzahl von der Konstruktion der gesamten Lagerung und den vorherrschenden Betriebsbedingungen ab. Hierzu gehören einmal das Lager selbst (Bauart, Baugröße, Fertigungsgenauigkeit und Käfigausführung), die Größe und Richtung der einwirkenden Belastung, die Schmierbedingungen (Verfahren, Art und Menge des Schmierstoffes), die Umgebungskonstruktion (konstruktive Ausführung und Genauigkeit der Umbauteile) sowie die Wärmeabfuhr durch die das Lager umgebenden Teile.

Da zum sicheren Betrieb sowohl thermische als auch kinematische Grenzbedingungen nicht verletzt werden dürfen, unterscheidet man zwischen der thermischen Drehzahlgrenze und der kinematischen Drehzahlgrenze.

Als thermisch zulässige Drehzahl n_{zul} wird die Drehzahl bezeichnet, bei der sich unter definierten Bezugsbedingungen eine Lagertemperatur von 70 °C einstellt. Zur genauen Bestimmung benötigt man die thermische Bezugsdrehzahl n_B, die als Katalogwert von den Herstellern zur Verfügung gestellt wird und deren Berechnung nach ISO 15312 genormt ist [15.75]. Die Bezugsbedingungen orientieren sich an den üblichen Betriebsbedingungen der wichtigsten Lagerbauarten und Lagergrößen und sind gemäß Norm ISO 15312, wie in Tabelle 15.46 zusammengestellt, festgelegt.

Die thermisch zulässige Drehzahl n_{zul} wird auf der Grundlage einer Wärmebilanz des Lagers berechnet. Hierzu wird am Lager das thermische Gleichgewicht zwischen der drehzahlabhängigen Reibungsleistung und der temperaturabhängigen Wärmeabfuhr ermittelt, da zu diesem Gleichgewichtszustand eine konstante Lagertemperatur gehört. Das Verfahren setzt einen ordnungsgemäßen Einbau, ein normales Betriebsspiel und konstante Betriebsbedingungen voraus. Es lässt sich nicht anwenden für abgedichtete Lager mit berührender Dichtung, da in diesem Fall die maximale Drehzahl von der zulässigen Gleitgeschwindigkeit der Dichtlippe begrenzt wird. Ebenso können Stützrollen und Kurvenrollen, Einstell-Nadellager sowie Axial-Rillenkugellager und Axial-Schrägkugellager nicht damit berechnet werden.

Die maximal zulässige Betriebstemperatur bestimmt die thermisch zulässige Drehzahl n_{zul} des Lagers, welche sich aus der Bezugsdrehzahl n_B (Katalogwert) und dem Drehzahlverhältnis f_N wie folgt berechnen lässt:

$$n_{zul} = n_B \cdot f_n \quad \text{mit dem Drehzahlverhältnis} \quad k_L \cdot f_n^{5/3} + k_p \cdot f_n = 1 \tag{15.215}$$

Das Drehzahlverhältnis f_n lässt sich abhängig vom Schmierfilmparameter k_L und vom Lastparameter k_p gemäß Diagramm in Abbildung 15.72 genau bestimmen. Im praxisüblichen Bereich von $0{,}01 < k_L < 10$ und $0{,}01 < k_p < 10$ kann f_n mit folgender Näherungsgleichung berechnet werden:

$$f_n = \frac{490{,}77}{1 + 498{,}78 \cdot k_L^{0{,}599} + 852{,}88 \cdot k_p^{0{,}963} - 504{,}5 \cdot k_L^{0{,}055} \cdot k_p^{0{,}832}} \tag{15.216}$$

Der abzuführende Wärmestrom $\dot{Q}$ setzt sich zusammen aus $\dot{Q}_E$ als Wärmestrom bei eventueller zusätzlicher Fremderwärmung, $\dot{Q}_S$ als Wärmeabfuhr über die Lagersitzflächen mit dem Wärmedurchgangskoeffizienten k_q gemäß Abbildung 15.72 und $\dot{Q}_L$ als Wärmeabfuhr mit dem Schmierstoff:

$$\dot{Q} = \dot{Q}_S + \dot{Q}_L + \dot{Q}_E \quad \text{mit} \quad \dot{Q}_S = k_q \cdot A_r \cdot \Delta\vartheta_A \quad \text{und} \quad \dot{Q}_L = 0{,}0286 \frac{kW}{l/\min \cdot K} \cdot \dot{V}_L \cdot \Delta\vartheta_L \tag{15.217}$$

Weiterhin bezeichnen $\dot{V}_L$ den Öldurchfluss in l/min, $\Delta\vartheta_A$ in K die Differenz zwischen der mittleren Lagertemperatur und der Umgebungstemperatur und $\Delta\vartheta_L$ die Differenz der Öltemperaturen zwischen Ab- und Zulauf, ν ist die kinematische Viskosität des Schmierstoffes bei Betriebstemperatur in mm²/s, d_m der mittlere Lagerdurchmesser in mm und k_q der Wärmedurchgangskoeffizient in 10^{-6} kW/mm² gemäß Abbildung 15.72. Dieser hängt ab von der Gehäuseform und -größe, dem Gehäusewerkstoff und der Einbausituation. Für normale Einbaufälle liegt der Wärmedurchgangskoeffizient bei Lagersitzflächen bis 25.000 mm² zwischen 0,2 und 1,0 10^{-6} kW/mm².

	Radiallager	**Axiallager**
Belastung	$P_{1r} = 0{,}05 \cdot C_{0r}$ (15.218)	$P_{1r} = 0{,}02 \cdot C_{0a}$ (15.219)
Wärmeabfuhr über die Lagersitzflächen $A_r \leq 50.000\ \mathrm{mm}^2$	$q_r = 0{,}016\ \mathrm{W/mm}^2$ (15.220)	$q_r = 0{,}020\ \mathrm{W/mm}^2$ (15.221)
Wärmeabfuhr über die Lagersitzflächen $A_r > 50.000\ \mathrm{mm}^2$	$q_r = 0{,}016 \cdot \left(\frac{A_r}{50.000}\right)^{-0{,}34} \mathrm{W/mm}^2$ (15.222)	$q_r = 0{,}020 \cdot \left(\frac{A_r}{50.000}\right)^{-0{,}16} \mathrm{W/mm}^2$ (15.223)
Lagersitzfläche A_r [1]	$A_r = \pi \cdot B \cdot (D + d)$ (15.224) Kegelrollenlager: $A_r = \pi \cdot T \cdot (D + d)$ (15.225)	$A_r = \frac{\pi}{2} \cdot \left(D^2 - d^2\right)$ (15.226) Axial-Pendelrollenlager: $A_r = \frac{\pi}{4} \cdot \left(D^2 + d_1^2 - D_1^2 - d^2\right)$ (15.227)
Betriebsviskositäten [2]	$12\ \mathrm{mm}^2/\mathrm{s}$ (ISO VG 32)	$24\ \mathrm{mm}^2/\mathrm{s}$ (ISO VG 68)

Mittlere Umgebungstemperatur: $\vartheta_{Ar} = 20\ °\mathrm{C}$ Mittlere Lagertemperatur am Außenring: $\vartheta_{Ar} = 70\ °\mathrm{C}$

[1] Alle Maße in mm: B: Lagerbreite, D: Lageraußendurchmesser, d: Lagerbohrung, d_1: Außendurchmesser der Wellenscheibe, D_1: Innendurchmesser der Gehäusescheibe, d_m: mittlerer Lagerdurchmesser $0{,}5 \cdot (D + d)$, T: Gesamtbreite eines Kegelrollenlagers.

[2] Die Betriebsviskositäten sind für Radiallager so gewählt, dass sich für Öl- und Fettschmierung etwa gleiche Bezugsdrehzahlen ergeben.

Tabelle 15.46: Bezugsbedingungen zur Bestimmung der thermischen Bezugsdrehzahl n_B nach ISO 15312 [15.75]

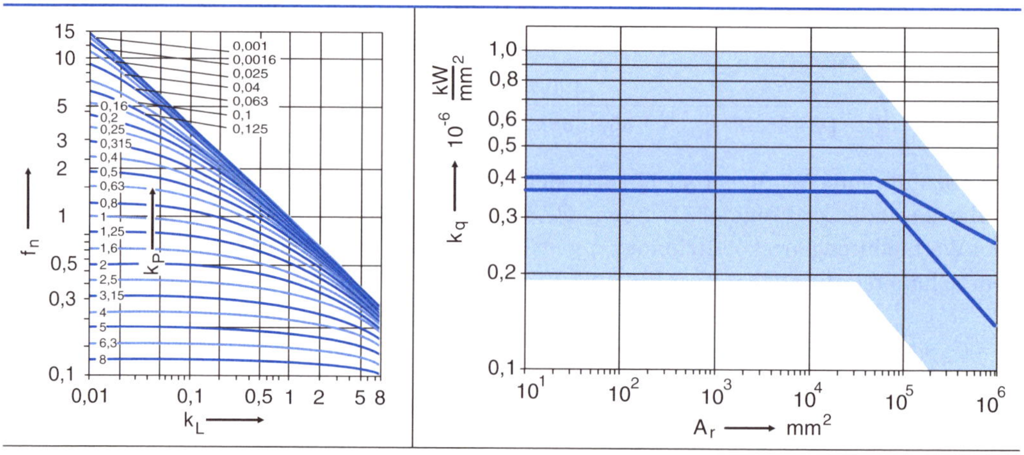

Hierin bezeichnen k_L den Schmierfilmparameter und k_p den Lastparameter mit den Beiwerten f_0 und f_1 aus dem Lagerkatalog:

$$k_L = 10^{-6} \cdot \frac{\pi}{30} \cdot n_B \cdot \frac{10^{-7} \cdot f_0 \cdot (\nu \cdot n_B)^{2/3} \cdot d_m^3}{\dot{Q}} \quad (15.228)$$

$$k_p = 10^{-6} \cdot \frac{\pi}{30} \cdot n_B \cdot \frac{f_1 \cdot P_1 \cdot d_m}{\dot{Q}} \quad (15.229)$$

Abbildung 15.72: Drehzahlverhältnis f_n und Wärmedurchgangskoeffizient k_q, abhängig von der Lagersitzfläche A_r [15.73]

Die kinematisch zulässige Drehzahl n_G als zweites Grenzkriterium kann von der thermischen Bezugsdrehzahl n_B nach oben oder unten abweichen. Die kinematisch zulässige Drehzahl n_G ist ein Katalogwert, der auch für Lager angegeben wird, für die laut Norm keine thermische Bezugsdrehzahl definiert ist (z.B. Lager mit berührenden Dichtungen). Aus Sicherheitsgründen sollte die kinematisch zulässige Drehzahl n_G selbst bei günstigsten Einbau-, Betriebs-, Schmierbedingungen und Kühlverhältnissen nur nach Rücksprache mit dem Wälzlagerhersteller überschritten werden.

Maßgebend für die kinematisch zulässige Drehzahl sind z.B. die Festigkeitsgrenzen der einzelnen Lagerbauteile – insbesondere des Käfigs (siehe auch Abschnitte 15.2.2 und 15.2.7) –, die Geräuschentwicklung sowie die Gleitgeschwindigkeiten evtl. vorhandener berührender Dichtungen. So sind z.B. für Lager mit berührenden Dichtscheiben die kinematisch zulässigen Drehzahlen deutlich niedriger als die thermischen Bezugsdrehzahlen der gleich großen Lager ohne Dichtungen. Allerdings ist bei Lagern mit nicht berührenden Deckscheiben die kinematisch zulässige Drehzahl ebenfalls niedriger, da im Vergleich zu nicht abgedichteten Lagern anderenfalls nur eine eingeschränkte Fettverteilung möglich ist.

Werden besonders hohe Drehzahlen angestrebt, ist die Käfigbauart ausschlaggebend. Ein geringeres Käfiggewicht führt zu kleineren Unwuchtkräften und ermöglicht damit höhere Drehzahlen. Vorteilhaft sind Leichtmetallkäfige, Hartgewebekäfige und Käfige aus Hochtemperaturkunststoffen, da diese auch bei hohen Drehzahlen wenig Schwingungen und Geräusche erzeugen. Oftmals werden bei hohen Drehzahlen auch bordgeführte Käfige verwendet, da die zentrische Führung ebenfalls Unwuchten verhindert, jedoch müssen die Gleitflächen zwischen Käfig und Bord gut geschmiert sein (siehe auch Abschnitt 15.2.2).

Generell lässt sich die kinematisch zulässige Grenzdrehzahl n_G gemäß Wälzlagerkatalog als Betriebsdrehzahl bei besonderer Auslegung der Schmierung und Berücksichtigung der Wärmeabfuhr, den Betriebsverhältnissen entsprechend ausgelegter Lagerluft und genauer Bearbeitung der Lagersitze erreichen.

Üblicherweise gelten die im Katalog angegebenen Werte für die kinematisch zulässige Grenzdrehzahl n_G für eine mittlere Belastung von äquivalenter dynamischer Belastung zur Tragzahl von $P/C \approx 0{,}1$, eine Betriebstemperatur von 70 °C, eine Ölstandsschmierung und übliche Einbauverhältnisse. Für Fettschmierung sind die Werte um ca. 20 % zu vermindern [15.4].

15.5 Wälzlagerschäden und deren Diagnose

Nachdem nun alle Grundlagen zur Auslegung und zum schadensfreien Betrieb von Wälzlagern behandelt wurden, soll abschließend noch auf mögliche Wälzlagerschäden und deren Diagnose eingegangen werden. Grundsätzlich lassen sich die möglichen Schäden in zwei Arten unterteilen:

1. Schäden durch Ermüdung, Verschleiß, oder plastische Verformung
2. Schäden durch unerwartete Betriebsverhältnisse, ungünstige Einbaubedingungen, Montagefehler oder nicht ordnungsgemäße Wartung

Bedingt durch die vielfältigen Einsatzmöglichkeiten von Wälzlagern gibt es entsprechend viele unterschiedliche Schadensbilder, auf die hier nicht im Detail eingegangen werden kann (siehe hierzu auch Informationsmaterial und Bilder der Lagerhersteller im Internet). Die Schadensursachen lassen sich jedoch auch im Nachhinein gut der einen oder anderen Gruppe zuordnen, wobei es natürlich auch hier Überschneidungen gibt. So wird das mit Nennlast beanspruchte Lager durch Materialermüdung ausfallen, gleiches gilt für das verspannte und dadurch überbeanspruchte Lager, jedoch in erheblich kürzerer Zeit. Ähnliche Verhältnisse sind beim abrasiven Verschleiß zu beobachten. Während ein geringer natürlicher Verschleiß bei den meisten Lagern unvermeidbar ist, gehört ein stärkerer Verschleiß wegen ungenügender Abdichtung, starker Verschmutzung oder Schmierstoffmangel eindeutig zu den vermeidbaren Schäden.

Bei den Schäden durch Ermüdung, Verschleiß oder plastische Verformung bilden sich zunächst unterhalb der Oberfläche feine Risse, die sich bei weiter andauernder Beanspruchung bis zur Oberfläche fortsetzen und zu schollenartigen Werkstoffausbrüchen, den Grübchen – auch Pittings genannt –, führen. Liegt ein nicht voll trennender Schmierfilm vor, bewirken die daraus entstehenden Gleitanteile, dass die Risse näher an der Oberfläche entstehen (s.a. Abbildung 15.55). Ausgehend von diesen Grübchen kommt es zu einer zunehmenden Zerstörung des Lagers, da die abgelösten Splitter auf dem übrigen Laufbahnbereich überrollt werden und dort zu örtlichen Überlastungen führen. Mit fortschreitender Schädigung (Schälung bzw. Abblätterung der ganzen Laufbahn) werden die Abrollverhältnisse gestört und das Lager läuft zunehmend unruhiger und lauter. Darüber hinaus besteht die Gefahr der Zerstörung durch Gewaltbruch bei Überrollung größerer Splitter, häufig treten auch Käfigbrüche wegen der gestörten Abrollverhältnisse auf.

In gleicher Weise schädigen Fremdkörper, die z.B. aus benachbarten Maschinenelementen (Abrieb von Zahnrädern in einem Getriebe) stammen oder über einen verunreinigten Schmierstoff eingetragen werden, das Lager. Allerdings beginnt der Schaden dann an der Oberfläche und wandert von dort in die höchstbeanspruchte Zone unter der Laufbahn, von wo er sich dann wieder wie bei der klassischen Ermüdung ausbreitet.

Liegt ein schlecht ausgebildeter Schmierfilm vor, so führen die zusätzlichen Gleitbeanspruchungen ebenfalls zu einer Verschiebung der Beanspruchungsmaxima in Richtung der Oberfläche, sodass hier oftmals eine Aneinanderreihung einer Vielzahl kleiner Ausbrüche auftritt, die wiederum zu erhöhtem Laufgeräusch und Ablaufstörungen führen.

Ermüdung infolge Verschleißes ist besonders häufig bei Lagern mit Linienberührung zu beobachten, da der Laufbahnverschleiß gestörte Kontaktverhältnisse bedingt. Die Laufbahnen können dann nur noch in den nicht verschlissenen Bereichen tragen und dort kommt es infolge erhöhter Beanspruchung wiederum zur Werkstoffermüdung. Charakteristisch für derart geschädigte Teile sind Streifen in der Laufbahnoberfläche, die durch unterschiedliche Einglättung der Fertigungstextur unter den örtlich verschiedenen Beanspruchungen entstehen. Vermeidbar ist dieser Zustand durch eine verbesserte Sauberkeit des Schmierstoffes, weniger Spiel sowie eine spezielle Wärmebehandlung der Wälzlagerteile [15.4]. Schädigung durch Verschleiß wird generell begünstigt durch Schmutz, Fremdkörper, Wasser oder Kühlmittel sowie metallischen Abrieb bei gemeinsamer Schmierung von Wälzlagern, Zahnrädern und anderen Maschinenelementen.

In gleicher Weise schädigen Rostpartikel bei Korrosionsschäden ein Wälzlager, wobei die meisten Rostschäden an Wälzlagern durch unsachgemäße Lagerung entstehen. Die besten Lagerbedingungen für Wälzlager sind eine Raumtemperatur von 18 bis 20 °C bei einer Luftfeuchtigkeit nicht über 55 %.

Fress- und Gleiterscheinungen sind überwiegend bei Rollenlagern im Rollenstirn-Bord-Kontaktbereich zu beobachten, wenn bei hoher Belastung und Drehzahl der Schmierfilm abreißt. Der fortgeschrittene Schaden wird deutlich anhand stark zerstörter Oberflächen und einer deutlichen Materialverfärbung aufgrund der entstehenden hohen Temperaturen. Bessere Schmierbedingungen sowie eine möglichst geringe Lagerluft schaffen Abhilfe. Allerdings kann Fressverschleiß auch bei zu geringer Belastung auftreten, da dann z.B. bei Zylinderrollenlagern eine große unbelastete Zone über dem Umfang entsteht, in der die Rollen vom Käfig vorwärts bewegt und an den Borden abgebremst werden. Beim erneuten Eintritt in die nur sehr kleine Lastzone müssen die Rollen abgebremst oder beschleunigt werden, sodass der auftretende Schlupf zu einer entsprechenden Schädigung führt. Zur Vermeidung ist die Lagerbelastung zu erhöhen oder es sind Lager mit geringerer Tragzahl und kleinerer Lagerluft zu verwenden.

Liegen in den Laufbahnen von Wälzlagern trotz einwandfreier Härte örtliche Vertiefungen vor, so können Rollkörpereindrücke durch plastische Verformung, Stillstandsmarkierungen oder Stromdurchgänge die Ursache dafür sein. Örtliche plastische Verformungen können durch zu hohe Belastung im Stillstand (Überlastung, Stoß, Schlag oder Fehler beim Einbau) auftreten. Vergleichbare Schäden entstehen, wenn Wälzlager im Stillstand Erschütterungen ausgesetzt sind (z.B. beim Transport fertiger Maschinen und Anlagen). Stillstandsmarkierungen waren auch ein Problem bei Windenergieanlagen im Außerbetriebszustand, da die ständig angreifenden Windlasten den in Wälzlagern geführten und festgesetzten Antriebsstrang immer an der gleichen Stelle erheblich belasteten. In diesem Fall konnte das Problem dadurch gelöst werden, dass man den Antriebsstrang im Außerbetriebsfall nicht mehr blockiert, sondern freie Drehbewegungen ausführen lässt. Generell führen Stillstandsmarkierungen und plastische Verformungen im Abstand der eingebauten Wälzkörper bei sich wieder anschließenden normalen Umlaufbewegungen des Lagers zu unruhigem Lauf und die Eindrucksstellen sind in der Regel Ausgangspunkte vorzeitiger Ermüdung.

Stromdurchgänge führen zu Oberflächenschäden in Form kleiner Riffel oder auch kleiner Schmelzkrater. Sie entstehen durch Lichtbögen, die in den Wälzkontakten abhängig vom mehr oder weniger isolierenden Schmierfilm durchschlagen und zu örtlichen Aufschmelzungen führen. Häufig sind Schweißarbeiten bei falsch angelegter Erdung die Ursache. Bei geringem Stromdurchgang kann bereits eine leitfähige Fettart das Problem beseitigen. Bei starkem Stromdurchgang (z.B. bei Radsatzlagern von Bahnfahrzeugen) sind Erdungskontakte oder eine stromisolierte Lagerung notwendig.

Neben diesen Schäden, die überwiegend aus dem Betrieb entstehen, gibt es auch Einbaufehler, die schwere Schäden nach sich ziehen können. Anhand von Laufspuren gemäß Abbildung 15.73 lässt sich erkennen, ob das Lager unter definierter Vorspannung oder schädigender innerer Verspannung betrieben wurde [15.4].

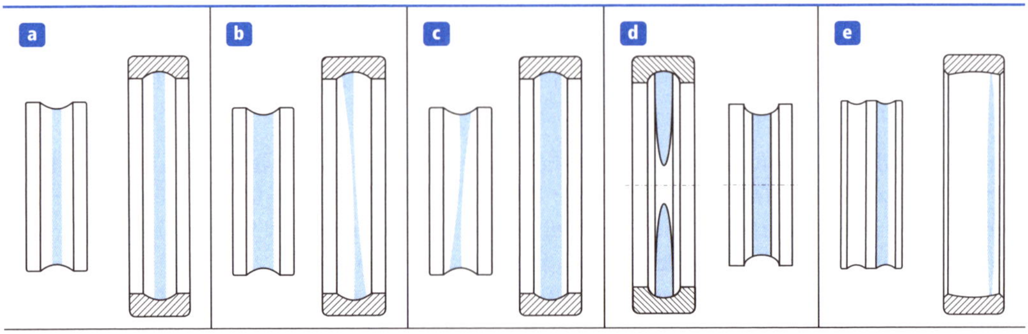

Abbildung 15.73: Ausbildung von Laufspuren bei Einbaufehlern – a) Radial verspanntes Rillenkugellager, b) Schräg verspanntes Rillenkugellager mit umlaufendem Innenring, c) Schräg verspanntes Rillenkugellager mit umlaufendem Außenring, d) Ovalverspannung bei einem Rillenkugellager mit Punktlast auf dem Außenring, e) Axial verspanntes, radial belastetes Pendelkugellager mit umlaufendem Innenring [15.4], [15.60]

Bei Radiallagern entsteht aus der Punktlast eine Laufspur (erkennbar an einer leichten Mattierung oder an Eindrücken überrollter Fremdkörper in der Laufbahn), die kürzer ist als der halbe Umfang der betrachteten Laufbahn, während sich bei Umfangslast die Laufspur über den ganzen Laufbahnumfang erstreckt. Axial belastete Radiallager haben eine außermittige Laufspur. Abbildung 15.73 a) zeigt die entstehenden Laufspuren bei der Radialverspannung eines Radiallagers, wenn die Wälzkörper wegen der Passungs- und Temperaturverhältnisse auf dem ganzen Umfang unter Spannung laufen. Die Rollspuren erstrecken sich dann über den ganzen Ringumfang, auch an dem Ring, der aufgrund der äußeren Kräfte einer Punktlast unterliegt. Radial verspannte Lager verursachen stärkere Laufgeräusche und meistens auch höhere Betriebstemperaturen, woraus ein größeres Temperaturgefälle zwischen Innen- und Außenring entsteht, was wiederum zu einer noch höheren Verspannung führt. Daraus ergibt sich eine erhöhte spezifische Pressung, die zu Heißlauf und vorzeitiger Ermüdung führt.

Eine weitere Fehlverspannung ist die Schrägverspannung, die entsteht, wenn die Lagersitzstellen nicht pendelnd einstellbarer Lager größere Fluchtungsfehler aufweisen. Eine solche Schrägverspannung bewirkt am umlaufenden Ring eine gleichmäßig breite Laufspur, die sich über den ganzen Umfang erstreckt. Am stillstehenden Ring ist die Laufspur dagegen gemäß Abbildung 15.73 b) und c) ungleichmäßig breit und verläuft schräg über der Laufbahn.

Bei der Ovalverspannung gemäß Abbildung 15.73 d), die immer auf Formfehler der Gegenstücke (Lageraufnahmen) zurückzuführen ist, erfolgt eine zusätzliche radiale Belastung mit ausgeprägten gegenüberliegenden Markierungen an den Stellen, wo der Durchmesser am kleinsten ist und damit die Belastungen am größten sind. Ursachen können unrunde Gehäuse oder Wellen sein, z.B. auch durch unterschiedliche Steifigkeiten über dem Umfang, sowie die stehende Aufbewahrung von dünnwandigen Lagern.

Demgegenüber entsteht die Axialverspannung, wenn die Lagerringe in axialer Richtung zu stark gegeneinander angestellt werden oder aber wenn das eingestellte Axialspiel durch die Wärmedehnung im Betrieb aufgezehrt wird. Bei Loslagern kann eine Axialverspannung auftreten, wenn sich der Außenring wegen einer zu strammen Passung in der Gehäusebohrung nicht axial bewegen kann. Tritt neben der Axiallast auch noch eine größere Radiallast auf, wird die Laufspur gemäß Abbildung 15.73 e) beim stillstehenden Ring verschieden breit.

Zur Vermeidung von Initialschäden durch fehlerhafte Montage wird auf Abschnitt 15.3.4 verwiesen. Montagekräfte dürfen niemals direkt über die Wälzkörper geleitet werden. Besonders die Laufbahnen von Zylinderrollenlagern können leicht beschädigt werden, wenn ein Laufring beim Zusammenbau verkantet angesetzt wird. Selbst kleinste Schürfmarken können der Ausgangspunkt für größere Folgeschäden sein.

Da über 50% aller Wälzlagerschäden auf fehlerhafte Schmierung zurückgeführt werden können, sollen abschließend nochmals die Hauptursachen für diese Schadensform zusammengefasst werden:

- Ungeeigneter Schmierstoff, d.h. Öl zu geringer Viskosität, fehlende oder ungeeignete Additivierung oder korrosive Wirkung von Additiven
- Genereller Schmierstoffmangel in den hochbelasteten Kontaktbereichen
- Verunreinigungen im Schmierstoff
- Änderung der Schmierstoffeigenschaften durch Alterung bzw. Überschreitung der Fettgebrauchsdauer
- Überschmierung

Während sich Schmierstoffmangel einerseits und Überschmierung andererseits nur konstruktiv und verfahrensmäßig durch eine auf den Anwendungsfall abgestimmte Schmierstoffversorgung vermeiden lassen (s.a. Abschnitt 15.2.8), können Schäden durch ungeeigneten Schmierstoff oder durch veränderte Schmierstoffeigenschaften nur durch die Berücksichtigung sämtlicher Betriebsbedingungen und durch rechtzeitige Schmierstofferneuerung verhindert werden. Da die Schmierstoffversorgung für die Zuverlässigkeit einer Lagerung entscheidend ist, lassen besonders auffällige Laufspuren Rückschlüsse auf Mängel in der Lagerschmierung zu. Laufspuren stellen nämlich Veränderungen der ursprünglich gefertigten Oberflächenstruktur dar, die umso deutlicher sichtbar werden, je mehr der Schmierstoff verunreinigt und je dünner der Schmierfilm ist. Dann liegt eine schlechte Oberflächentrennung (von Wälzkörpern und Lagerringen) vor, die eine volle Nutzung des Leistungsvermögens der Wälzlager verhindert.

In diesem Zusammenhang sei abschließend noch auf ein Schadensbild hingewiesen, das ebenfalls aus einer Schmierstoffverdrängung entsteht, allerdings aufgrund von Resonanzschwingungen. Dabei führten in vielen Getrieben von Windenergieanlagen die schnell laufenden Zwischenwellen in Festlager-Loslager-Anordnung durch die Schrägverzahnung angeregte Axialschwingungen mit Frequenzen zwischen 120 und 170 Hz aus, die zu Schadensbildern an den Loslagern führten, die denen bei axialer Überlastung entsprachen. Vergleichbare Problemfälle konnten mittlerweile mithilfe geeigneter Mehrkörper-Simulationsmodelle auch an anderen Antrieben geklärt werden [15.111]

Zur Vermeidung aller hier vorgestellten Schadensbilder bieten sich neben konstruktiven Maßnahmen zusätzliche Überwachungseinrichtungen beim Betrieb von Wälzlagern an. Dabei ist von großem Vorteil, dass zwei unterschiedliche Versagensarten von Wälzlagern auftreten:

- Die Wälzlager versagen spontan, z.B. durch Heißlauf oder Blockieren.
- Der Lagerzustand verschlechtert sich kontinuierlich von einem guten Ausgangszustand zu einem schlechten Endzustand, z.B. durch Verschleiß oder Ermüdung.

Das spontane Versagen tritt immer dann auf, wenn bei schnell laufenden hochbelasteten Lagern die Schmierstoffzufuhr bzw. der Schmierfilm unterbrochen wird.

Der weitaus größere Anteil von Wälzlagerschäden tritt jedoch nicht plötzlich auf, sondern kündigt sich durch eine langsame, zunehmende Verschlechterung an, die sich gut überwachen lässt. So kann über eine langfristige Veränderung der Lagertemperatur, der Schwingungen, Geräusche und des Verschleißes auf den Lagerzustand zurückgeschlossen werden. Eine in vielen Anlagen verwendete Überwachungsmaßnahme von Wälzlagern ist die kontinuierliche Temperaturerfassung gemäß Abbildung 15.74, wobei bei dem dargestellten Zylinderrollenlager mit gleich drei Thermoelementen in direkter Nähe der Laufringe ein besonders großer Aufwand betrieben wurde.

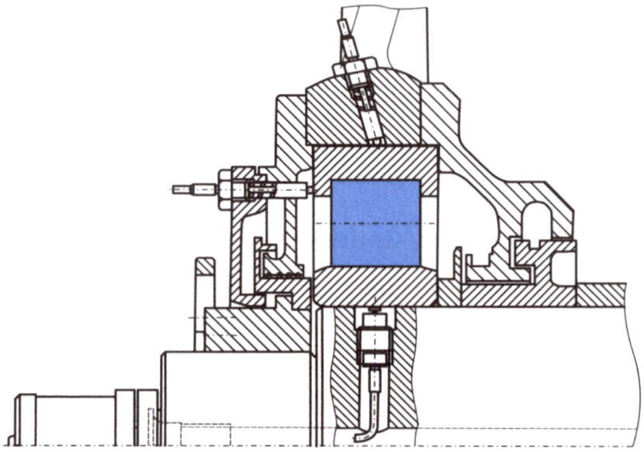

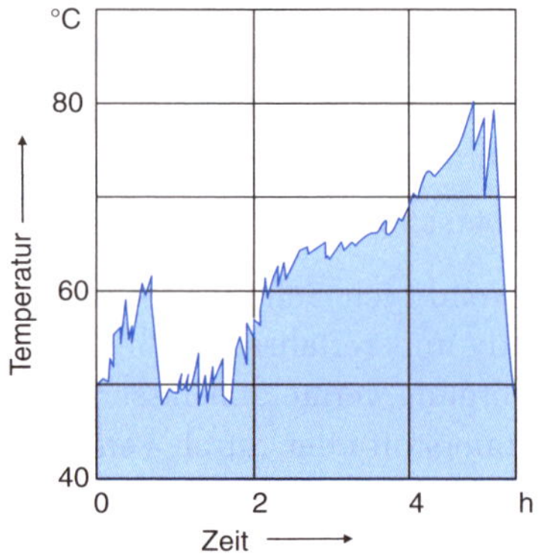

Abbildung 15.74: Temperaturüberwachung an einem Zylinderrollenlager mittels Thermoelementen und Lagertemperaturverlauf bei versagender Fettschmierung [15.4]

Einfachere (zumeist auch ungenauere) Messverfahren beschränken sich z.B. nur auf die Temperaturüberwachung der gesamten Schmieranlage. Hintergrund bei der Temperaturüberwachung ist, dass ein Lager unter normalen Betriebsbedingungen eine immer annähernd gleiche Betriebstemperatur aufweist. Lediglich bei Drehzahl- oder Laständerungen sowie veränderter Wärmezu- oder -abfuhr ändert sich das Temperaturverhalten. Demzufolge lassen sich nicht nur Änderungen des Schmierungszustandes, sondern auch Laständerungen, z.B. durch gestörte Loslagerfunktionen oder anderweitige Verspannungen anhand eines Temperaturanstieges an der betreffenden Lagerstelle erkennen. Somit kann durch eine Temperaturüberwachung die Sicherheit gegen unvorhergesehene Lagerausfälle erhöht werden, sofern die Störungsursache rechtzeitig behoben wird. Grundvoraussetzung für eine genaue Temperaturerfassung sind eine Messung möglichst nahe an der Lagerstelle und eine gute Ankopplung an das Messobjekt durch saubere Kontaktflächen und Federdruck [15.4], [15.109].

Leider lassen sich normale Ermüdungsschäden nicht durch eine einfache Temperaturüberwachung erfassen. Erste Risse oder Materialausbröckelungen als Anzeichen eines beginnenden Ermüdungsschadens können am besten durch Schwingungsmessungen überwacht werden, wobei folgende Voraussetzungen für eine zuverlässige Überwachung zu beachten sind:

- Schwingungsmessungen sind hauptsächlich Vergleichsmessungen, d.h. es werden entweder Trendanalysen an einem Lager (vom Gutzustand zum Schlechtzustand) oder aber vergleichende Messungen an gleichen Lagerstellen durchgeführt (Lagerstelle 1 verhält sich besser/schlechter als Lagerstelle 2).

- Die Messstelle sollte nach Möglichkeit in der Lastzone liegen.
- Der zu erwartende, von einem geschädigten Lager erzeugte Schallpegel muss im interessierenden Frequenzbereich deutlich über dem Gesamtschwingungspegel der Maschine liegen.
- Die Schwingungsaufnehmer (Beschleunigungsaufnehmer) müssen fest angekoppelt sein.

Während die Aufnahme des Schwingungssignals in allen Fällen mit Beschleunigungsaufnehmern (Sensoren) erfolgt, unterscheidet man in der Weiterverarbeitung des Messsignals nach Offline- und Online-Messung. Bei der Offline-Messung werden z.B. mittels Stoßimpulsmessgeräten Stoßanregungen ausgewertet, die beim Überrollen einer schadhaften Stelle im Lager entstehen. Dabei werden die drei Signalkenngrößen Spitzenwert, Häufigkeit und Grundrauschpegel zu einer einzigen Kenngröße verdichtet, anhand derer der Lagerzustand beurteilt werden kann. Durch Kurzzeitmessungen von wenigen Sekunden in immer wiederkehrenden Abständen (z.B. wöchentlich, monatlich) lässt sich der Lagerzustand offline überwachen, d.h. die Messtechnik ist nicht ständig mit dem Lager verbunden.

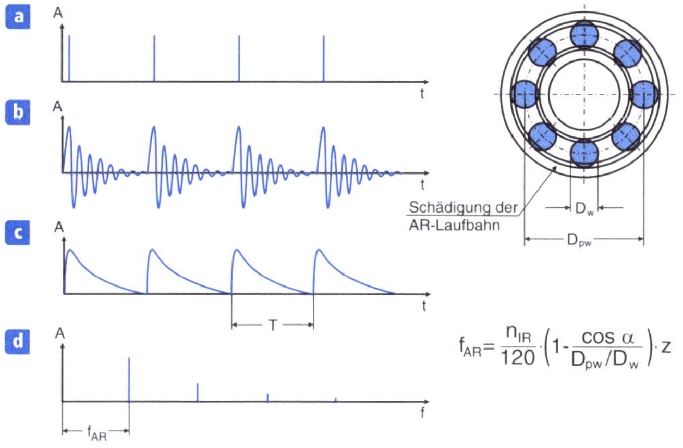

a Überrollimpuls

b Überlagertes Körperschallsignal

c Hüllkurvenbildung

d Frequenzspektrum der Hüllkurve

Abbildung 15.75: Stoßimpulsmessung geschädigter Lager und Hüllkurvenanalyse [15.4]

Demgegenüber erfolgt bei der Online-Messung eine kontinuierliche Überwachung, d.h. die Beschleunigungsaufnehmer sind ständig mit dem zu überwachenden Lager verbunden und liefern demzufolge auch ständig Signale. Diese werden nun über sogenannte Signalanalysegeräte z.B. mithilfe der Fast-Fourier-Transformation aufbereitet. Dabei werden diskrete Überrollfrequenzen von überrollten Schäden am Innenring, am Außenring oder an den Wälzkörpern gesucht. Während ein ungeschädigtes Lager ein Schwingungssignal mit annähernd konstanter Amplitude erzeugt, wird beim Überrollen einer geschädigten Rollkontaktfläche an dieser Stelle ein Stoßimpuls erzeugt, der gemäß Abbildung 15.75 die Amplitude des Schwingungssignals plötzlich erhöht. Bis zur nächsten Überrollung klingt die Amplitude jeweils wieder ab. Legt man über dieses Signal nun eine Hüllkurve und führt eine Frequenzanalyse durch, so lässt sich die Stoßimpulsfrequenz aus dem gemessenen Signal bestimmen.

Vergleicht man diese Stoßimpulsfrequenz nun mit den aus der Lagergeometrie errechenbaren Überrollfrequenzen, lassen sich sehr genau Aussagen über den Schädigungszustand des Lagers treffen (s.a. Abschnitt 15.2.5).

Folgende Überrollfrequenzen gelten für den Außenring f_a und den Innenring f_i:

$$f_a = \frac{1}{2} \cdot f_n \cdot Z \cdot \left(1 - \frac{D_w}{D_{pw}} \cdot \cos\alpha\right) \qquad f_i = \frac{1}{2} \cdot f_n \cdot Z \cdot \left(1 + \frac{D_w}{D_{pw}} \cdot \cos\alpha\right) \tag{15.230}$$

Die Rotationsfrequenzen des Käfigs $f_{kä}$ und der Wälzkörper $f_{wä}$ berechnen sich zu:

$$f_{kä} = \frac{1}{2} \cdot f_n \cdot \left(1 - \frac{D_w}{D_{pw}} \cdot \cos\alpha\right) \qquad f_{wä} = \frac{1}{2} \cdot f_n \cdot \frac{D_{pw}}{D_w} \cdot \left(1 - \left(\frac{D_w}{D_{pw}} \cdot \cos\alpha\right)^2\right) \tag{15.231}$$

Für die Überrollfrequenz f_w eines Wälzkörperbereiches (Punkt oder Linie) auf beiden Wälzbahnen gilt:

$$f_w = 2 \cdot f_{wä} = f_n \cdot \frac{D_{pw}}{D_w} \cdot \left(1 - \left(\frac{D_w}{D_{pw}} \cdot \cos\alpha\right)^2\right) \tag{15.232}$$

In alle Gleichungen bezeichnet f_n die Relativfrequenz von Innen- und Außenring, die i.A. mit der Wellenfrequenz $f_n = n / 60$ identisch ist (n: Wellendrehzahl in min^{-1}). Weiterhin bedeuten Z die Anzahl der Wälzkörper, D_w den Wälzkörperdurchmesser und D_{pw} den Teilkreisdurchmesser der Wälzkörper in mm und α den Druckwinkel in Grad. Weiterhin ist zum Verständnis der Formeln anzumerken:

- Die Wälzkörper berühren sowohl den inneren als auch den äußeren Lagerring. Daher beträgt die Geschwindigkeit der Wälzkörper und des Käfigs die halbe Geschwindigkeit der Lagerringoberfläche. Dies ist der Grund für den Faktor $^1/_2$ in den Gleichungen (15.230) und (15.231).
- Der Klammerausdruck rechnet die Frequenz vom Rollkreisdurchmesser auf den Innen- oder Außenring um. Eine Stelle am Innenring wird um $[1 + 2 \cdot (D_w/D_{pw}) \cdot \cos\alpha)]$ häufiger überrollt als eine Stelle im Außenring.
- Die Grundschwingung bei etwa halber Drehfrequenz rührt vom Käfig her.
- Die Gleichungen (15.231) und (15.232) werden bisweilen verwechselt. Gleichung (15.231) beschreibt die Wälzkörperdrehfrequenz (Spin-Frequenz). Die für die Fehlererkennung wichtigere Kontaktfrequenz etwa einer schadhaften Wälzkörperstelle ist jedoch durch Gleichung (15.232) gegeben.

Die aufgeführten Frequenzen für Wälzlager sind zwar vorrangig und werden vielfach als wichtige Fehlerindikatoren genannt, da sich aufgrund betrieblicher Erfahrungen fortgeschrittene Einzelfehler einfach damit identifizieren lassen. Oftmals treten jedoch verteilte Fehler auf, wie gleichmäßige Abnutzung oder mehrere Einzelschäden im Lager, oder zusätzlich weitere Fehler in angeschlossenen rotierenden Maschinenelementen (z.B. Verzahnungen und zugehörige Zahneingriffsfrequenzen), womit diese Frequenzen schwieriger direkt auffindbar werden. Insbesondere für die Frühdiagnose ist das Überwachen der oben genannten Frequenzbereiche allein nicht ausreichend. Sie können nur als untere Grenze des zu überwachenden Bereiches gelten. Zur Bereichsfestlegung sollte zunächst eine Übersicht über die zu erwartenden kinematischen Frequenzen zur Verfügung stehen, wozu bei einem Getriebe z.B. auch die Zahneingriffsfrequenzen gehören.

Abschließend zeigt Abbildung 15.76 noch das Ergebnis einer Frequenzanalyse und den deutlichen Unterschied zwischen dem ungeschädigten und dem geschädigten Lager, insbesondere im Bereich zwischen 0 und 50 Hz, in dem auch im vorliegenden Fall die Überrollfrequenzen liegen.

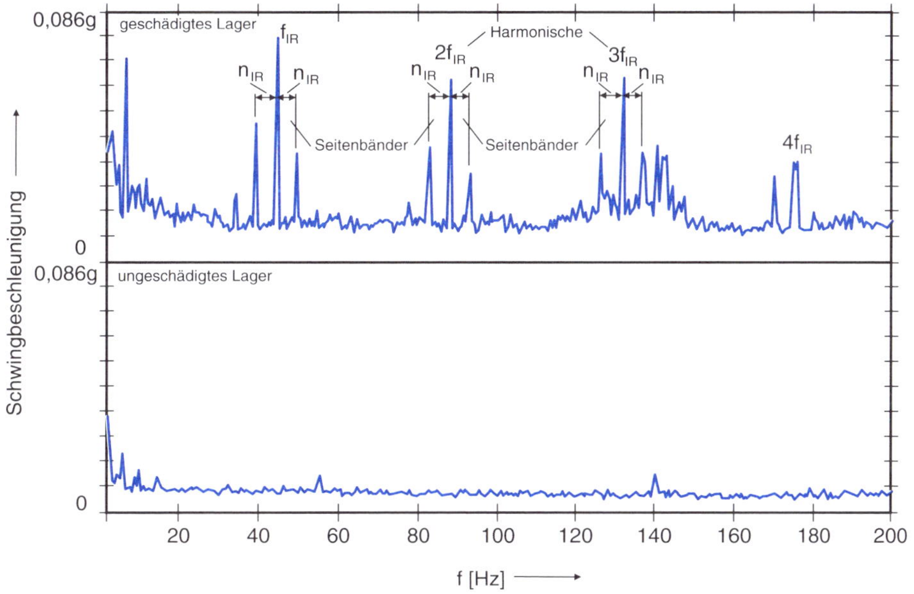

Abbildung 15.76: Frequenzspektrum eines Hüllkurvensignals

Die Überrollfrequenz des Innenringes f_{iR} und deren Harmonische sind deutlich zu erkennen. Bei einem Lager mit drehendem Innenring sind auch bei einem Innenringschaden die festzustellenden Seitenbänder typisch, deren Abstand zur Überrollfrequenz gleich der Innenringdrehzahl ist. Für weiterführende Informationen zu diesem immer größer werdenden Bereich der Maschinendiagnose sei auf die vielfältige weiterführende Fachliteratur verwiesen [15.83], [15.142].

Ein weiteres Verfahren zur Lagerüberwachung ist die Verschleißmessung, in dem z.B. geeignete Verschleißfühler einen bestimmten Verschleißpartikelanteil im Öl zum Auslösen eines Signals ausnutzen.

Neben diesen mittlerweile auch in der industriellen Praxis häufig eingesetzten Diagnoseverfahren wurde in den letzten Jahren noch eine messtechnische Anwendung im Bereich der Wälzlager entwickelt, um unbekannte Belastungssituationen von Lagern mithilfe von Dehnungsmessungen an einzelnen Rollen im Lager kontinuierlich erfassen zu können. Diese Technik ist zurzeit unter dem Begriff „Magic Roller“ bekannt und wurde schon erfolgreich in Getrieben von Windenergieanlagen und Großantrieben in Tagebauausrüstungen eingesetzt, Abbildung 15.77 [15.135], [15.136].

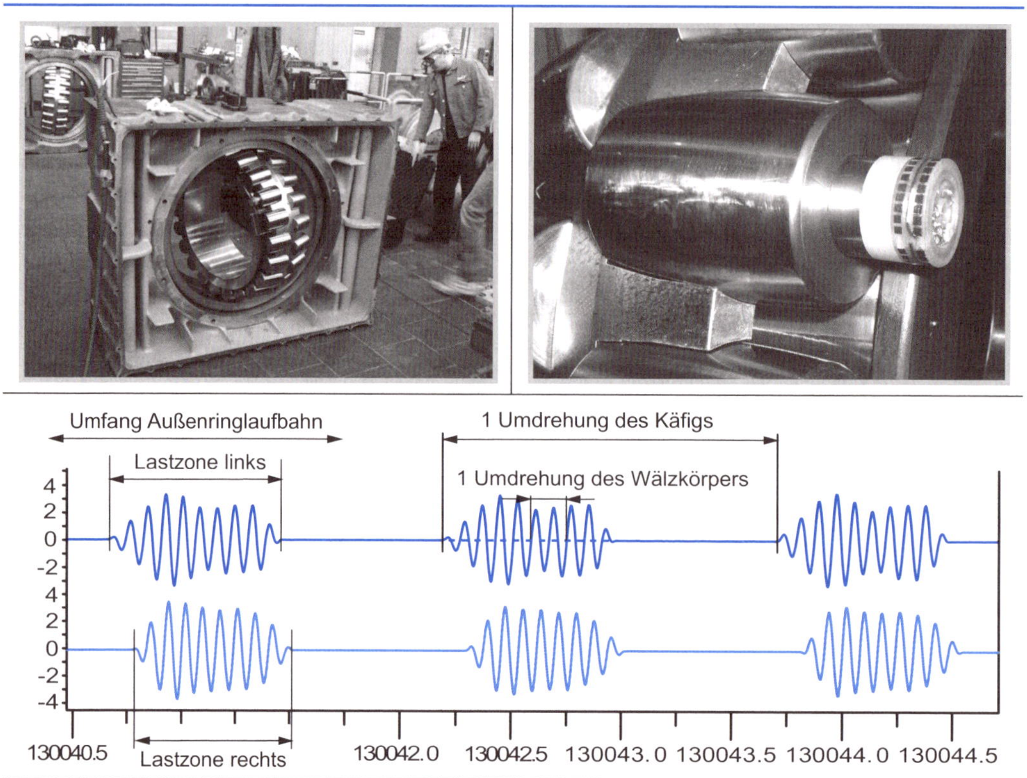

Abbildung 15.77: Messsystem SKF-Magic-Roller zur Erfassung der Rollenbelastung mittels Dehnungsmessstreifentechnik in einem Pendelrollenlager einer Förderbandantriebstrommel [15.136]

Aufgrund der Ausdehnung der Dehnungsmessstreifen und des erforderlichen Bauraumes für die Energieversorgung der Messstelle sowie eine Funkübertragung des Messsignals mithilfe eines Telemetriesystems erfordert diese Anwendung allerdings eine Mindestbaugröße von Rollenlagern.

Abschließend sei darauf hingewiesen, dass alle Verfahren der Lagerdiagnose überwiegend mit dem Ziel eingesetzt werden, das Lager bei einem beginnenden Schaden nicht sofort wechseln zu müssen, sondern möglichst nahe bis zur Ermüdungsgrenze bzw. zum Versagen betreiben zu können. Dies ist gerade bei großen Lagern im Schwermaschinen- und Anlagenbau von Bedeutung, da nicht immer sofort ein Ersatzlager vorrätig ist oder aber auch die Anlage erst bei einem planmäßigen Stillstand für einen Lagerwechsel zur Verfügung steht.

ZUSAMMENFASSUNG

Aufgaben und Lösungen

Die **Wälzlager** werden zur Sicherung der Lage von zueinander beweglichen Maschinenelementen im Raum und zur Übertragung der dabei auftretenden Kräfte verwendet. Zu diesem Zweck besteht ein Wälzlager aus zwei Laufringen (Innenring und Außenring) bzw. Scheiben beim Axiallager, einem Satz Wälzkörper (Kugeln, Zylinder-, Kegel-, Tonnenrollen oder Nadeln) und einem Käfig zur Führung der Wälzkörper.

Die großen **Vorteile** von Wälzlagern sind die geringe Reibung bei Anlauf und im Betrieb, der niedrige erforderliche Schmierstoffbedarf, die Möglichkeit der Radial- und Axialkraftaufnahme bei relativ geringen Einbaumaßen sowie die Möglichkeit des herstellerunabhängigen Austausches von Ersatzlagern aufgrund einer weitreichenden internationalen Normung.

Im Vergleich zum Gleitlager ist von **Nachteil**, dass die ständigen Überrollungen (Wälzkörper – Laufbahn) eine Materialermüdung bedingen, sodass Wälzlager nicht dauerfest sind, was die Berechnung einer ertragbaren Lebensdauer erfordert. Eine hohe Punkt- bzw. Linienbelastung (Hertz'sche Pressung bei Kugel- bzw. Rollenlager zwischen Wälzkörpern und Laufbahnen) macht Wälzlager empfindlich gegen Erschütterungen und Stöße. Zur Vermeidung von Verschmutzung ist ein hoher Abdichtungsaufwand notwendig, der zu Verschleißstellen mit entsprechenden Leistungsverlusten führen kann.

Aufgrund der überwiegenden Vorteile haben sich die Wälzlager in den meisten antriebstechnischen Anwendungen durchgesetzt. Neben der Lagerung umlaufender Wellen lassen sich aber auch andere Maschinenelemente (z.B. Kurbelschwingen in Mechanismen) oder aber ganze Baugruppen, die teilweise nur Schwenkbewegungen ausführen müssen, durch Wälzlager führen (z.B. Schiffsruder, Kranausleger, Schleusentore und Klappen im Stahlwasserbau, Drehbrücken und schwenkbare Oberbauten von Kranen).

Entsprechend der bevorzugten Lastrichtung unterscheidet man bei Wälzlagern Radiallager und Axiallager, bauartbedingt trennt man zwischen Kugellagern und Rollenlagern. Bis auf wenige Ausnahmen können Radiallager auch Axialkräfte aufnehmen und manche Bauarten der Axiallager sind ebenfalls für die Aufnahme von Radialkräften geeignet.

Zur beanspruchungsgerechten Auslegung eines Wälzlagers ist für den statischen und den dynamischen Belastungsfall die jeweilige Beanspruchbarkeit mit der tatsächlich auftretenden Beanspruchung zu vergleichen. Die **Beanspruchbarkeit** eines Wälzlagers ist gegeben durch eine statische Tragzahl C_0 und eine dynamische Tragzahl C, die ursprünglich aus einer Vielzahl von Versuchen unter definierten Belastungsbedingungen statistisch abgesichert ermittelt wurden. Aufbauend auf diesen Erfahrungswerten wurden empirische Verfahren abgeleitet, mit denen sich nun auch theoretisch unter Berücksichtigung der Lagergeometrie statische und dynamische Tragzahlen bestimmen lassen. Die tatsächliche räumliche und meistens auch zeitlich veränderliche Belastung eines Lagers im Betrieb wird zu einer äquivalenten statischen und dynamischen Lagerbelastung P_0 und P zusammengefasst. Im statischen Belastungsfall wird durch den Quotienten von C_0 und P_0 eine Kennzahl der statischen Beanspruchung ausgewiesen, anhand derer die statische Tragfähigkeit und Laufgüte eines Lagers beurteilt werden kann. Für den dynamischen Belastungsfall wird mithilfe der Lebensdauergleichung das Verhältnis von dynamischer Tragzahl C und äquivalenter dynamischer Lagerbelastung P gebildet, wobei der Quotient abhängig von der Lagerbauart noch mit einem Lebensdauerexponenten p bewertet wird. Als Ergebnis erhält man eine statistisch abgesicherte Aussage über eine Anzahl von Stunden oder Umdrehungen, die das ausgewählte Lager bis zum Eintritt des Ermüdungsschadens erreichen kann. Abhängig vom Einsatzfall gibt es Erfahrungswerte bzw. gewünschte Vorgaben für diese als nominelle Lebensdauer bezeichnete Anzahl erreichbarer Stunden oder Umdrehungen.

Mit zunehmender Betriebserfahrung mit Wälzlagern wurde festgestellt, dass nicht nur die Belastung, sondern auch Werkstoffeigenschaften und Schmierbedingungen einen wesentlichen Einfluss auf die erreichbare Lebensdauer haben. Diese Erkenntnisse werden mithilfe eines sogenannten Lebensdauerbeiwertes in einer erweiterten Lebensdauerberechnung berücksichtigt und führen auf die angepasste **nominelle Lebensdauer**.

Eine nochmalige Erweiterung des **Berechnungsverfahrens** wurde erreicht durch die zusätzliche Einbeziehung des Lagerspiels, möglicher Lagerverkippungen sowie der Steifigkeit des Lagers und seiner Umgebungskonstruktion. Im Ergebnis erhält man die modifizierte Referenz-Lebensdauer, deren Berechnung im Beiblatt 4 der internationalen Norm DIN ISO 281 ausführlich dokumentiert ist. Auch alle vorherigen Berechnungsverfahren sowie die Vorgehensweisen zur Bestimmung der statischen und dynamischen Tragzahlen sind in dieser Norm DIN ISO 281 sowie in ergänzenden Beiblättern beschrieben. Dort finden sich auch wichtige Ergänzungen oder Einschränkungen der hier allgemein vorgestellten Vorgehensweise, sodass es vor der Berechnung oder Auslegung eines Wälzlagers immer empfehlenswert ist, den aktuellen Stand der Normen und Standards zu prüfen.

Generell ist jedoch bei allen aufwändigeren Verfahren, die eine Vielzahl von Einflussgrößen berücksichtigen, zu beachten, dass nicht immer alle zur Berechnung getroffenen idealen Annahmen im tatsächlichen Betrieb auch eingehalten werden können, was teilweise zu erheblichen Unterschieden zwischen den berechneten Ergebnissen der nominellen Lebensdauer (Ursprungsverfahren der Lebensdauerberechnung) und der modifzierten Referenz-Lebensdauer (neuestes Verfahren nach DIN ISO 281 – Beiblatt 4) führt. Insofern wird man mit einer ersten Auslegung und Ermittlung der nominellen Lebensdauer ohne Berücksichtigung weiterer Einflüsse immer auf der sicheren Seite liegen. Es wurden jedoch im vorliegenden Buch bewusst alle Verfahren so ausführlich wie möglich beschrieben, damit dem interessierten Leser sämtliche Einflussgrößen auf die erreichbare Lebensdauer einer Lagerung deutlich werden und er in die Lage versetzt wird, die oftmals mehrseitigen Ausdrucke der Expertenprogramme der Lagerhersteller zu bewerten.

Unabhängig vom gewählten Berechnungsverfahren haben jedoch die Gestaltung der Lagerumgebung und die genaue Kenntnis der tatsächlich einwirkenden Lasten den größten Einfluss auf die erreichbare Lagerlebensdauer. In diesem Zusammenhang ist auch zu berücksichtigen, dass jedes Lager für den einwandfreien Betrieb eine Mindestbelastung benötigt und umgekehrt eine zu hohe berechnete Lebensdauer auf eine Überdimensionierung schließen lässt, die ebenfalls in den meisten Fällen zu einem vorzeitigen Ausfall führt. Ferner dürfen bestimmte Drehzahlgrenzen nicht überschritten werden.

Abschließend werden noch mögliche **Lagerschäden** und deren **Diagnose** behandelt. Sie sollen auf der einen Seite helfen, konstruktive Fehler zu vermeiden, auf der anderen Seite erlauben moderne Diagnoseverfahren eine kontinuierliche Überwachung eines Lagers im Sinne einer vorbeugenden Instandhaltung, sodass gerade große Lager (teuer in der Herstellung und mit langen Lieferzeiten behaftet) bei einem sich abzeichnenden Schaden nicht sofort gewechselt werden müssen, sondern möglichst nahe bis zur Ermüdungsgrenze bzw. zum Versagen weiterbetrieben werden können.

Literatur

[15.1] Beitz, W., Grote, K.-H.; Dubbel Taschenbuch für den Maschinenbau; 20. Auflage, Springer Verlag, Berlin 2001
[15.2] Beljajev, N.; Arbeiten über Elastizitäts- und Plastizitätstheorie (russ.); Moskau 1957, S. 64-84 und 214-245
[15.3] Bochmann, H.; Die Abplattung von Stahlkugeln und Zylindern durch den Meßdruck; Dissertation TU Dresden, 1927
[15.4] Brändlein, J., Eschmann, P., Hasbargen, L., Weigand, K.; Die Wälzlagerpraxis; 3. Aufl., Vereinigte Fachverlage GmbH, Mainz 1995
[15.5] Brändlein, J., Zwirlein, O.; Plastische Verformung in hochbeanspruchten Kontaktstellen von Wälzlagern; Antriebstechnik 19 (1980), S. 316-322
[15.6] Breuer, M.; Theoretische und experimentelle Bestimmung der Wälzlagersteifigkeit; Fortschritts-Berichte VDI Reihe 1, Nr. 241, VDI Verlag, Düsseldorf 1994
[15.7] DIN 611 Wälzlager; Übersicht (1990-10)
[15.8] DIN 615 Wälzlager; Schulterkugellager (1993-01)
[15.9] DIN 616 Wälzlager – Maßpläne (2000-06)
[15.10] DIN 617 Wälzlager; Nadellager mit Käfig; Maßreihen 48 und 49 (1993-01)
[15.11] DIN 618-1 Wälzlager; Nadellager; Nadelhülsen, Nadelbüchsen, mit Käfig (1993-03)
[15.12] DIN 620 Toleranzen von Wälzlagern (1982-06)
[15.13] DIN 623-1 Wälzlager; Grundlagen; Bezeichnung, Kennzeichnung (1993-05)
[15.14] DIN 625 Wälzlager; Rillenkugellager (1989-04)
[15.15] DIN 628-1 – DIN 628-6 Wälzlager; Radial-Schrägkugellager (1993-12)
[15.16] DIN 630 Wälzlager; Radial-Pendelkugellager; zweireihig, zylindrische und kegelige Bohrung (1993-11)
[15.17] DIN 635-1 Wälzlager; Pendelrollenlager; Tonnenlager, einreihig (1987-08)
[15.18] DIN 711 Wälzlager; Axial-Rillenkugellager, einseitig wirkend (1988-02)
[15.19] DIN 715 Wälzlager; Axial-Rillenkugellager, zweiseitig wirkend (1987-08)
[15.20] DIN 720 Wälzlager; Kegelrollenlager (1979-02)
[15.21] DIN 722 Wälzlager – Axial-Zylinderrollenlager – Einseitig wirkend (2005-08)
[15.22] DIN 728 Wälzlager; Axial-Pendelrollenlager, einseitig wirkend, mit unsymmetrischen Rollen (1991-02)
[15.23] DIN 736 Wälzlager; Stehlagergehäuse für Wälzlager der Durchmesserreihe 2 mit kegeliger Bohrung und Spannhülse (1984-11)
[15.24] DIN 737 Wälzlager; Stehlagergehäuse für Wälzlager der Durchmesserreihe 3 mit kegeliger Bohrung und Spannhülse (1984-11)
[15.25] DIN 738 Wälzlager; Stehlagergehäuse für Wälzlager der Durchmesserreihe 2 mit zylindrischer Bohrung (1984-11)
[15.26] DIN 739 Wälzlager; Stehlagergehäuse für Wälzlager der Durchmesserreihe 3 mit zylindrischer Bohrung (1984-11)
[15.27] DIN 981 Wälzlager; Nutmuttern (1993-02)
[15.28] DIN 5401 Wälzlager – Kugeln für Wälzlager und allgemeinen Industriebedarf (2002-08)
[15.29] DIN 5402-1 Wälzlager; Wälzlagerteile; Zylinderrollen (1993-12)
[15.30] DIN 5402-3 Wälzlager; Wälzlagerteile; Nadelrollen (1993-03)
[15.31] DIN 5405-1 Wälzlager; Nadellager; Radial-Nadelkränze (1993-03)
[15.32] DIN 5405-2 Wälzlager; Nadellager; Axial-Nadelkränze (1993-03)
[15.33] DIN 5406 Wälzlager; Muttersicherungen; Sicherungsblech, Sicherungsbügel (1993-02)
[15.34] DIN 5412-1 Wälzlager – Zylinderrollenlager (2005-08)
[15.35] DIN 5416 Wälzlager; Abziehhülsen (1990-03)
[15.36] DIN 5417 Befestigungsteile für Wälzlager; Sprengringe für Lager mit Ringnut (1976-12)

[15.37] DIN 5418 Wälzlager; Maße für den Einbau (1993-02)

[15.38] DIN 5419 Filzringe, Filzstreifen, Ringnuten für Wälzlagergehäuse (1959-09)

[15.39] DIN 5425-1 Wälzlager; Toleranzen für den Einbau; Allgemeine Richtlinien (1984-11)

[15.40] DIN 51502 Schmierstoffe und verwandte Stoffe; Kurzbezeichnung der Schmierstoffe und Kennzeichnung der Schmierstoffbehälter, Schmiergeräte und Schmierstellen (1990-08)

[15.41] DIN 51506 Schmierstoffe; Schmieröle VB und VC ohne Wirkstoffe und mit Wirkstoffen und Schmieröle VDL; Einteilung und Anforderungen (1985-09)

[15.42] DIN 51517-1 Schmierstoffe – Schmieröle – Teil 1: Schmieröle C; Mindestanforderungen (2004-01)

[15.43] DIN 51517-2 Schmierstoffe – Schmieröle – Teil 2: Schmieröle CL; Mindestanforderungen (2004-01)

[15.44] DIN 51517-3 Schmierstoffe – Schmieröle – Teil 3: Schmieröle CLP; Mindestanforderungen (2004-01)

[15.45] DIN 51819 Prüfung von Schmierstoffen – Mechanisch-dynamische Prüfung auf dem Wälzlagerschmierstoff-Prüfgerät FE8; Teil 1: Allgemeine Arbeitsgrundlagen (1999-12); Teil 2: Verfahren für Schmierfette, einzusetzende Prüflager, Schrägkugellager oder Kegelrollenlager (1999-12); Teil 3: Verfahren für Schmieröl, einzusetzende Prüflager, Axial-Zylinderrollenlager (2005-03)

[15.46] DIN 51825 Schmierstoffe – Schmierfette K – Einteilung und Anforderungen (2004-06)

[15.47] DIN EN ISO 683-17 Für eine Wärmebehandlung bestimmte Stähle, legierte Stähle und Automatenstähle – Teil 17: Wälzlagerstähle (2000-04)

[15.48] DIN ISO 76 Wälzlager; Statische Tragzahlen (1988-10)

[15.49] DIN ISO 281 Wälzlager; Dynamische Tragzahlen und nominelle Lebensdauer (1993-01)

[15.50] DIN ISO 281 Wälzlager; Dynamische Tragzahlen und nominelle Lebensdauer, Erklärungen zu ISO 281-1:1977 Beiblatt 2 zu DIN ISO 281 (1994-09)

[15.51] DIN ISO 281 Wälzlager; Dynamische Tragzahlen und nominelle Lebensdauer, Lebensdauerbeiwert a_{DIN} und Berechnung der erweiterten modifizierten Lebensdauer; Beiblatt 1 zu DIN ISO 281 (2003-04)

[15.52] DIN ISO 281 Wälzlager; Dynamische Tragzahlen und nominelle Lebensdauer, Verfahren zur Berechnung der modifizierten Referenz-Lebensdauer für allgemein belastete Wälzlager; Beiblatt 4 zu DIN ISO 281 (2003-04)

[15.53] DIN ISO 281 Wälzlager; Dynamische Tragzahlen und nominelle Lebensdauer (ISO/DIS 821:2005 (Entwurf 2006-11)

[15.54] DIN ISO 355 Wälzlager; Metrische Kegelrollenlager, Maße und Reihenbezeichnungen (1978-06)

[15.55] DIN ISO 15312 Wälzlager – Thermische Bezugsdrehzahl – Berechnung und Beiwerte (2004-10)

[15.56] Dowson, D., Higginson, G. R.; Elasto-Hydrodynamic Lubrication; 2. Aufl., Pergamon Press Ltd., Oxford 1977

[15.57] Eschmann, P.; Das Leistungsvermögen der Wälzlager; Springer Verlag, Berlin 1964

[15.58] Eschmann, P., Hasbargen, L., Weigand, K.; Die Wälzlagerpraxis – Handbuch für die Berechnung und Gestaltung von Lagerungen; 2. Aufl., Oldenbourg-Verlag, München 1978

[15.59] FAG Kugelfischer Georg Schäfer; Schmierung von Wälzlagern; Publ.-Nr. WL 81115 DA, Schweinfurt 1985

[15.60] FAG Kugelfischer Georg Schäfer; Wälzlagerschäden – Schadenserkennung und Begutachtung gelaufener Wälzlager; Publ.-Nr. WL 82102/2 DA, Schweinfurt 1996

[15.61] FAG Kugelfischer Georg Schäfer; Die Gestaltung von Wälzlagerungen – Konstruktionsbeispiele aus dem Maschinen-, Fahrzeug- und Gerätebau; Publ.-Nr. WL 00 200/ 5 DA, Schweinfurt 2000

[15.62] Föppl, L.; Der Spannungszustand und die Anstrengung des Werkstoffes bei der Berührung zweier Körper; Forschung auf dem Gebiet des Ingenieurwesens 7 (1936), Heft 5, S. 209-221

[15.63] Fronius, St.; Maschinenelemente – Antriebselemente; VEB Verlag Technik, Berlin 1971

[15.64] Gesellschaft für Tribologie (GfT): GfT – Arbeitsblatt 3: Wälzlagerschmierung Mai 1993

[15.65] Gudehus, H., Zenner, H.; Leitfaden für eine Betriebsfestigkeitsrechnung; 4. Aufl., Verlag Stahleisen, Düsseldorf 1999

[15.66] Halliger, L.; Abdichtung von Wälzlagerungen; Technische Zeitschrift für praktische Metallbearbeitung 60 (1966), Heft 4, S. 207-218

[15.67] Hampp, W.; Wälzlagerungen – Berechnung und Gestaltung; Springer Verlag, Berlin 1971

[15.68] Harris, T. A.; Rolling Bearing Analysis; 3. Aufl., John Wiley & Sons, New York 1991

[15.69] Hartnett, M. J.; A General Numerical Solution for Elastic Body Contact Problems; ASME, Applied Mechanics Division, Vol. 39, 1980, S. 51-66

[15.70] Herles, G., Rössel, W.; Geteilte Wälzlager in Schaufelradbaggern; Wälzlagertechnik 501 (1990), S. 53-56

[15.71] Hillmann, R.; Ein Verfahren zur Ermittlung von Bezugsdrehzahlen für Wälzlager; Dissertation Universität Hannover, 1984

[15.72] Hück, M., Thrainer, L., Schütz, W.; Berechnung von Wöhler-Linien für Bauteile aus Stahl, Stahlguss und Grauguss – Synthetische Wöhler-Linien, Bericht ABF 11, Verlag Stahleisen, Düsseldorf 1983

[15.73] INA-Schaeffler KG; Wälzlager-Katalog, Herzogenaurach 2006

[15.74] ISO 4406 Fluidtechnik; Hydraulik-Druckflüssigkeiten – Zahlenschlüssel für den Grad der Verschmutzung durch feste Partikel (1999-12)

[15.75] ISO 15312 Wälzlager; Thermische Bezugsdrehzahl – Berechnung und Beiwerte (2003-12)

[15.76] ISO 16889 Fluidtechnik; Hydraulikfilter – Prüfverfahren mit Mehrfachdurchgang zur Bestimmung der Filterleistung eines Filterelementes (1999-12)

[15.77] Ioannides, E., Bergling, G., Gabelli, A.; An Analytical Formulation for the Life of Rolling Bearings; Acta Polytechnica Scandinavica, Mechanical Engineering Series No. 137, Finish Academy of Technology, 1999

[15.78] Jira, R.; Die Bewegung der Kugeln in einem Schrägkugellager; Wälzlagertechnik 2 (1964), S. 2-8

[15.79] Jones, A.; Ball Motion and Sliding Friction in Ball Bearings; Transactions of the ASE, Series D, Journal Basic Engineering 81 (1959), Vol. 1, S. 1-12

[15.80] Jones, A.; Metallographic Observations of Ball Bearings Fatigue Phenomena; ASTM Vol. 46 (1946), June, S. 35-48

[15.81] Jürgensmeyer, W.; Die Wälzlager; Springer Verlag, Berlin 1937

[15.82] Jürgensmeyer, W.; Gestaltung von Wälzlagerungen; Springer Verlag, Berlin 1953

[15.83] Klein, U.; Schwingungsdiagnostische Beurteilung von Maschinen und Anlagen; Verlag Stahleisen GmbH, Düsseldorf 1998

[15.84] Korrenn, H., Kirchner, W., Back, E.; Die Bestimmung der Federkennlinien an umlaufenden Wälzlagern; Industrie-Anzeiger 86 (1964), Heft 29, S. 21-26

[15.85] Korrenn, H., Kirchner, W., Braune, G.; Die elastische Verformung einer ebenen Stahloberfläche unter belasteten Zylinderrollen; Werkstatttechnik 53 (1963), Heft 4. S. 178-182

[15.86] Korrenn, H., Kirchner, W., Braune, G.; Die elastische Verformung einer ebenen Stahloberfläche unter linienförmiger Belastung; Werkstatttechnik 53 (1963), Heft 1. S. 27-30

[15.87] Kunert, K.; Spannungsverteilung im Halbraum bei elliptischer Flächenpressungsverteilung über einer rechteckigen Druckfläche; Forschung auf dem Gebiet des Ingenieurwesens 27 (1961), Heft 6

[15.88] Kunert, K.; Die Starrheit des vorgespannten Schrägkugellagerpaares bei axialer Belastung; Industrie-Anzeiger 84 (1962), Heft 54, S. 1320-1325

[15.89] Kunert, K.; Die Starrheit des vorgespannten Schrägkugellagerpaares bei radialer Belastung; Industrie-Anzeiger 82 (1960), Heft 103, S. 1763-1768

[15.90] Lohmann, G., Schreiber, H.; Zur Bestimmung des Lebensdauerexponenten von Wälzlagern; Werkstatt und Betrieb 92 (1959), Heft 4, S. 188-192

[15.91] Lorösch, H.-K., Kraus, A.; Neue Bestimmungsgrößen für die erweiterte Lebensdauerberechnung von Wälzlagern; Antriebstechnik 24 (1986), Heft 4, S. 69-74

[15.92] Lösche, T.; Leistungssteigerung durch modifizierte Linienberührung bei Zylinderrollenlagern und Kegelrollenlagern; Wälzlagertechnik (1987), Heft 1, S. 4-9

[15.93] Lundberg, G.; Elastische Berührung zweier Halbräume; Forschung auf dem Gebiete des Ingenieurwesens 10 (1939), Heft 5, S. 201-211

[15.94] Lundberg, G., Odquist, F.; Studien über die Spannungsverteilung in der Nähe der Berührung von Körpern nebst Anwendungsbeispielen; Akademie für Ingenieurwissenschaften, Abhandlung 116, Stockholm 1932

[15.95] Lundberg, G., Palmgren, A.; Dynamic Capacity of Roller Bearings; Acta Polytechnica 96 (1952), Mechanical Engineering Series 2, No. 4, Stockholm

[15.96] Lundberg, G., Palmgren, A.; Dynamic Capacity of Roller Bearings; Acta Polytechnica 7 (1947), Mechanical Engineering Series 1, No. 3, Stockholm

[15.97] Meldau, E.; Die Bewegung der Achse von Wälzlagern bei geringen Drehzahlen; Werkstatt und Betrieb 84 (1951), S. 308-313

[15.98] Münnich, H., Erhard, M., Niemeyer, P.; Auswirkungen elastischer Verformungen auf die Krafteinleitung in Wälzlagern; Kugellager-Zeitschrift 155, S. 3-12

[15.99] de Mul, J. M., Kalker, J. J., Fredrikson, B.; The Contact Between Arbitrarily Curved Bodies of Finite Dimension, Transactions of the ASME, Journal of Tribology, Vol. 108, Jan. 1986

[15.100] Neupert, B.; Beanspruchung von Wälzlagern in oberflächennahen Randschichten; VDI-Zeitschrift 125 (1983), Heft 23/24, S. 979-987

[15.101] Niemann, G., Winter, H., Höhn, B.-R.; Maschinenelemente Bd. I., 4. Aufl., Springer Verlag, Berlin 2005

[15.102] Nippert, St.; Vereinfachte Berechnung der Lagerdurchsenkung zur Anwendung in der Auslegungsphase von Zahnradgetrieben, Unveröffentlichte Studienarbeit (Großer Beleg), TU Dresden, Institut für Maschinenelemente und Maschinenkonstruktion (IMM), April 2007

[15.103] NSK RHP Deutschland GmbH; Wälzlagerkatalog; Ratingen 2007

[15.104] Palmgren, A.; Die Lebensdauer von Kugellagern; VDI-Zeitschrift 68 (1924), Heft 14, S. 339-341

[15.105] Palmgren, A.; Neuere Untersuchungen über Energieverluste in Wälzlagern; VDI-Berichte 20, S. 117-121, VDI-Verlag, Düsseldorf 1957

[15.106] Palmgren, A.; Grundlagen der Wälzlagertechnik; 3. Aufl.; Franckhsche Verlagsbuchhandlung W. Keller & Co, Stuttgart 1964

[15.107] Pittroff, H.; Funktionstechnisch optimierte, wirtschaftliche Wälzlagerungen; VDI-Berichte Nr. 248, S. 109-118, VDI-Verlag, Düsseldorf 1975

[15.108] Reusner, H.; Druckflächenbelastung und Oberflächenverschiebung im Wälzkontakt von Rotationskörpern; Dissertation TH Karlsruhe, 1977

[15.109] Rohrbach, C.; Handbuch für experimentelle Spannungsanalyse; VDI-Verlag, Düsseldorf 1989

[15.110] Schlecht, B.; Modern Drive Technology for Large Moveable Railway Bridges – The El-Ferdan Swing Bridge over the Suez Canal, First International Conference on Advances in Bridge Engineering, Brunel University London, 26. bis 28. Juni 2006, London

[15.111] Schlecht, B., Schulze, T., Hähnel, Th., Rosenlöcher, Th., Höfgen, M.; Analyse der Wechselwirkung von Triebstrang- und Strukturschwingungen in elektrisch-mechanischen Großantrieben, VDI-Tagung „Elektrisch-mechanische Antriebssysteme" 27. und 28. September 2006 in Böblingen

[15.112] Schlecht, B.; Analyse des Schwingungsverhaltens und der Lagerbelastung einer Humanzentrifuge; Unveröffentlichte Dokumentation, TU Dresden, Institut für Maschinenelemente und Maschinenkonstruktion (IMM), März 2004

[15.113] Schlecht, B., Schulze, T., Rosenlöcher, Th.; Simulation of Heavy Drive Trains with Multi-Megawatt Transmission Power in SIMPACK; SIMPACK-User-Meeting, 21. und 22. 03. 2006 in Baden-Baden

[15.114] Schlecht, B., Rosenlöcher, Th.; Möglichkeiten der Lagermodellierung in Mehrkörper-Simulationen unter Verwendung von DLL aus dem Programm BEARINX; Unveröffentlichte Dokumentation, TU Dresden, Institut für Maschinenelemente und Maschinenkonstruktion (IMM), September 2006

[15.115] Schlecht, B., Senf, M.; Beanspruchungsanalyse von Stirnradgetrieben mit dem Programmsystem LVR – Lastverteilungsrechnung; Vortrag zur Tagung „Antriebsstränge in Windenergieanlagen", Haus der Technik, Essen, März 2006

[15.116] Schlecht, B., Schulze, T.; Effiziente Antriebsstrangauslegung und -nachrechnung im gesamten Produktentwicklungsprozess durch den Einsatz der innovativen Software Mdesign drive; SimPEP-Tagung der Forschungsvereinigung Antriebstechnik (FVA), 14. und 15. Juni 2007

[15.117] Schlecht, B.; Zur Entwicklung der Simulations- und Berechnungsverfahren bei der Auslegung und Analyse von Antriebssystemen; Dresdner Maschinenelemente Kolloquium – DMK 2007, TU Dresden, Institut für Maschinenelemente und Maschinenkonstruktion (IMM), Dezember 2007

[15.118] Schlicht, H., Schreiber, E., Zwirlein, O.; Ermüdung bei Wälzlagern und ihre Beeinflussung durch Werkstoffeigenschaften; Antriebstechnik 26 (1987), Heft 1, S. 49-54

[15.119] Schlicht, H.; Werkstoffeigenschaften, abgestimmt auf die Beanspruchungen im Wälzlager; Wälzlagertechnik (1981), Heft 1, S. 24-29

[15.120] Schmaußer, G., Nölke, H., Herz, E.; Stahlwasserbauten – Kommentar zu DIN 19704; Verlag Ernst & Sohn, Berlin 2000

[15.121] Schulze, T.; Ganzheitliche dynamische Antriebsstrangbetrachtung von Windenergieanlagen unter Verwendung modularer Simulationsmodelle, Dissertation TU Dresden, 2007

[15.122] Schreiber, H.; Die axiale Federung von Kugellagern; Industrie-Anzeiger 83 (1961), Heft 79, S. 1489-1492

[15.123] Schreiber, H.; Die Steifigkeit des vorgespannten Zylinderrollenlagers; Industrie-Anzeiger 84 (1962), S. 43-46

[15.124] Senf, M., Börner, J., Linke, H.; Beanspruchungsanalyse bei Stirnradgetrieben – Nutzung der Berechnungssoftware LVR, Dresdner Maschinenelemente Kolloquium – DMK 2003, Tagungsband, S. 75-86

[15.125] Seufert, R.; AGMA/AWEA 6006 – eine Spezifikation zur betriebssicheren Auslegung von Getrieben für Windturbinen; Dresdner Maschinenelemente Kolloquium – DMK 2003, Tagungsband, S. 303-320

[15.126] Seifried, A.; Eine neue Methode zur Berechnung von Rollenlagern über lagerinterne Kontaktbeanspruchungen; Dissertation Universität Stuttgart, 1999

[15.127] Seifried, A.; Grundprobleme der Wälzlagerberechung am Beispiel von Windkraftgetrieben, Antriebstechnisches Kolloquium – ATK 2007, Institut für Maschinenelemente und Maschinengestaltung (IME) der RWTH Aachen, Mai 2007

[15.128] Shevchenko, R., Bolan, P.; A Visual Study of Ball Motion in a High-Speed Thrust Bearing; SAE Preprint No. 37; SAE Annual Meeting 1957

[15.129] SKF; Wälzlagerkatalog; Schweinfurt 2007

[15.130] Smith, J., Liu, C.; Stresse due to Tangential and Normal Loads on an Elastic Solid with Application to some Contact Stress Problems; Journal of Applied Mechanics (1953), June, S. 157-166

[15.131] Stangner, H., Zoch, H.-W.; Wälzfestigkeit einsatzgehärteter Bauteile; Härtereitechnische Mitteilungen HTM 45 (1990), S. 223-229

[15.133] Stribeck, R.; Kugellager für beliebige Belastungen; VDI-Zeitschrift 45 (1901), Heft 3, S. 73-39, S. 118-125

[15.134] Stribeck, R.; Prüfverfahren für gehärteten Stahl unter Berücksichtigung der Kugelform; VDI-Zeitschrift 51 (1907), Heft 37, S. 1445-1451, Heft 38, S. 1500-1506, Heft 39, S. 1542-1547

[15.135] Stribeck, R.; Die wesentlichen Eigenschaften der Gleit- und Rollenlager; VDI-Zeitschrift 46 (1902), Heft 36, S. 1341-1348, Heft 37, S. 1432-1438, Heft 38, S. 1463-1470

[15.135] van den Heuvel, B.; Wälzlagerungen im betrieblichen Einsatz in Tagebauausrüstungen und Kraftwerksanlagen; Dresdner Maschinenelemente Kolloquium – DMK 2007, TU Dresden, Institut für Maschinenelemente und Maschinenkonstruktion (IMM), Dezember 2007

[15.136] van den Heuvel, B.; Wälzlagerungen im betrieblichen Einsatz, Vortrag zum VDI-Seminar Wälzlagertechnik, Düsseldorf, 15. und 17. 11. 2004

[15.137] Wagner, U.; Berechnung von Lagersteifigkeiten auf der Grundlage von Katalogangaben; Unveröffentlichte Diplomarbeit, TU Dresden, Institut für Maschinenelemente und Maschinenkonstruktion (IMM), April 2002

[15.138] Wächter, K., Konstruktionslehre für Maschineningenieure, VEB Verlag Technik, Berlin 1987

[15.139] Weber, C.; Spannungen im Halbraum infolge der Normalbelastung nach einem Ellipsoid; Bericht des Institutes für Maschinenelemente der TU Braunschweig, Prof. Niemann, 1948

[15.140] Weibull, W.; A Statistical Theory of the Strength of Materials; Ingeniörsvetenskap-Akademiens-Handlinger 151 (1939)

[15.141] Wiche, E.; Radiale Federung von Wälzlagern bei beliebiger Lagerluft; Konstruktion 19 (1967), Heft 5, S. 184-192

[15.142] Wirth, R.; Möglichkeiten und Grenzen des Condition-Monitoring an Triebsträngen in Windenergieanlagen; Vortrag zur Tagung „Antriebsstränge in Windenergieanlagen", Haus der Technik, Essen, März 2007

[15.143] Zwirlein, O., Eberhard, R., Schlicht, H.; Werkstoffanstrengung bei Wälzbeanspruchung; Härtereitechnische Mitteilungen HTM 30 (1975), Heft 6, S. 338-345

[15.144] Zwirlein, O., Schlicht, H.; Werkstoffanstrengung bei Wälzbeanspruchung – Einfluss von Reibung und Eigenspannungen; Werkstofftechnik 11 (1980), S. 1-14

[15.145] Zwirlein, O., Wieland, W. P.; Case Depth for Induction Hardened Slewing Bearing Rings; Int. Off-Highway-Meeting, Milwaukee, Wisconsin, September 12-15, 1983

Dichtungen und Dichtverbindungen

16

ÜBERBLICK

Einführung

» In diesem Kapitel werden Dichtungen und die aus ihnen aufgebauten Dichtverbindungen behandelt, die zur Trennung verschiedener Arbeitsräume mit unterschiedlichen Stoffen oder Betriebszuständen (Druck, Temperatur) benötigt werden. Im Hinblick auf ihre Funktion unterscheidet man statische Dichtungen zwischen zwei ruhenden Teilen und dynamische Dichtungen zwischen ruhenden und translatorisch oder rotatorisch bewegten Bauteilen, wobei hier nochmals eine Unterteilung in berührend (schleifend) und berührungsfrei (nicht schleifend) erfolgt. Dabei ist wesentlich, dass sich die Begriffe „statisch“ und „dynamisch“ auf die Relativbewegung zwischen den abzudichtenden Bauteilen beziehen und nicht auf die eigentliche Beanspruchung der Dichtung. Demzufolge können z. B. statische Dichtverbindungen in Rohrleitungssystemen durchaus hohen dynamischen Beanspruchungen aufgrund starker Druckschwankungen im System unterliegen.

Ausgehend von diesen Zusammenhängen wird nach einleitenden Betrachtungen zur Funktion und Wirkung von Dichtverbindungen ausführlich auf statische Dichtverbindungen und dynamische Dichtverbindungen eingegangen. Zu den wichtigsten statischen Dichtverbindungen gehören stoff- und kraftschlüssige Dichtverbindungen sowie Membran- und Balgdichtungen. Bei den dynamischen Dichtverbindungen unterscheidet man zwischen berührenden (schleifenden) und berührungsfreien Dichtverbindungen. Insbesondere die dynamischen Dichtverbindungen sind in der Antriebstechnik bei der Abdichtung von bewegten Teilen gegenüber ruhenden Bauteilen von grundlegender Bedeutung.

Insofern sind die Ausführungen zu Dichtverbindungen auch als Ergänzung zu den Kapiteln über Lagerungen (Gleitlager und Wälzlager) und Getriebe (Stirnradgetriebe, Umlaufrädergetriebe, Kegelradgetriebe, Schraub- und Schneckenradgetriebe sowie Hülltriebe) zu betrachten. Dabei wird weniger auf die detaillierte Berechnung der in einer Dichtverbindung auftretenden Vorgänge eingegangen – z. B. Strömungsvorgänge in berührungsfreien Dichtungen und Reibvorgänge in berührenden Dichtungen –, sondern die Gestaltung und Vorstellung bereits ausgeführter Dichtverbindungen sowie die Berücksichtigung der Besonderheiten im Betrieb stehen im Vordergrund. «

LERNZIELE

- Kennenlernen der Wirkungsweise und des Aufbaus von Dichtverbindungen
- Kennenlernen des Unterschiedes zwischen statischen und dynamischen Dichtverbindungen
- Grundsätzliche Vorgehensweise zur Dichtungsauswahl
- Grundlegende Gestaltungsrichtlinien für statische und dynamische Dichtverbindungen anhand ausgeführter Beispiele

16.1 Einleitung – Funktion und Wirkung

Dichtungen und die mit ihnen aufgebauten Dichtverbindungen gemäß Abbildung 16.1 sollen Arbeitsräume mit unterschiedlichen Stoffen oder Betriebszuständen (Druck, Temperatur) voneinander trennen, das Austreten von Gasen oder Flüssigkeiten (z.B. Schmierstoffen) verhindern und das Eindringen von Fremdstoffen und Verunreinigungen (z.B. Wasser und Stäube) vermeiden. In den meisten Fällen ist eine vollständige Trennung jedoch nicht möglich und es reicht aus, die austretenden oder eindringenden Stoffmengen auf ein zulässiges Maß zu begrenzen.

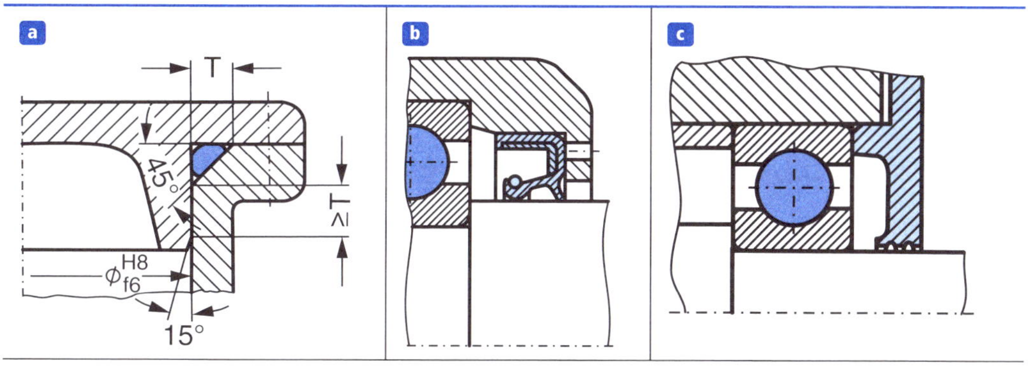

Abbildung 16.1: Dichtverbindungen – a) Statische Dichtverbindung, b) Dynamische Dichtverbindung, berührend und c) Dynamische Dichtverbindung, berührungsfrei

Dabei besteht die Dichtverbindung nicht nur aus dem Dichtelement, sondern auch aus den gegeneinander abzudichtenden Bauteilen sowie den notwendigen Anpresselementen (z.B. bei Flanschdichtungen), und auch die Eigenschaften und Besonderheiten des Betriebsstoffes, dessen Austreten oder Eindringen verhindert werden soll, sind in die Auswahl und Gestaltung mit einzubeziehen. Die Notwendigkeit einer Gesamtbetrachtung ist auch anhand von Schadensanalysen belegbar, da nur 10% der Schäden auf ein Versagen des eigentlichen Dichtelementes zurückgehen, während 90% der Schäden auf einem Versagen der Verbindung beruhen, wobei insbesondere auch auf eine ordnungsgemäße Montage zu achten ist [16.40].

Hinsichtlich ihrer Funktion unterscheidet man statische Dichtverbindungen zwischen zwei ruhenden Teilen und dynamische Dichtverbindungen zwischen ruhenden und translatorisch oder rotatorisch bewegten Bauteilen, wobei hier nochmals eine Unterteilung in berührend (schleifend) und berührungsfrei (nicht schleifend) erfolgt. Dabei ist zu beachten, dass sich die Begriffe „statisch“ und „dynamisch“ auf die Relativbewegung zwischen den abzudichtenden Bauteilen beziehen und nicht auf die eigentliche Beanspruchung der Dichtung. So können statische Dichtverbindungen in Rohrleitungssystemen durchaus hohen dynamischen Beanspruchungen aufgrund starker Druckschwankungen im System unterliegen.

Weiterhin ist zu beachten, dass die Funktionalität von Maschinen und Anlagen in hohem Maß auch von der Zuverlässigkeit der Dichtverbindung abhängt, was erhebliche Reparatur- und Folgekosten bedingen und im ungünstigsten Fall sogar zur Gefährdung von Menschenleben führen kann. Ein trauriges Beispiel aus der jüngeren Raumfahrtgeschichte ist hier der

Totalverlust des amerikanischen Raumgleiters „Challenger" im Jahre 1986 aufgrund eines Dichtungsversagens im Bereich der für den Start zusätzlich erforderlichen Feststoffraketen [16.32], [16.33].

Aufgrund der vielfältigen Anforderungen an Dichtverbindungen im Maschinen-, Anlagen- und Fahrzeugbau gibt es weder ein einheitliches Lösungsprinzip noch einheitliche oder genormte Berechnungsvorschriften für Dichtverbindungen. Vor diesem Hintergrund werden im vorliegenden Kapitel die grundlegenden Anforderungen an Dichtverbindungen behandelt, wobei der Schwerpunkt auf den dynamischen Dichtverbindungen im Hinblick auf ihren Einsatz in der Antriebstechnik liegt. Im Gegensatz dazu liegt das Hauptanwendungsgebiet der statischen Dichtungen im Bereich des Anlagenbaus (insbesondere Chemieanlagenbau) mit dort üblichen Apparateverschlüssen, Anschlüssen und Rohrleitungen, worauf im Folgenden nur der Übersicht halber eingegangen wird.

16.1.1 Grundsätzliches Vorgehen bei der Dichtungsauswahl

Ungeachtet der Unterscheidung zwischen statischen und dynamischen Dichtungen sind bei der Auswahl folgende Funktionen und Randbedingungen zu erfüllen:

1. **Betriebsstoff und Verschmutzungsart** – Sowohl der Zustand des Betriebsstoffes (Temperatur, Druck), gegen den abzudichten ist, als auch die Eigenschaften der fernzuhaltenden Fremdstoffe (Staub, Wasser) sind in die Dichtungsauswahl einzubeziehen, da einige Materialien z.B. nicht öl- oder wasserbeständig sind. Umgekehrt ist zu prüfen, welchen Einfluss der Dichtungswerkstoff auf den Betriebsstoff hat. Viele Dichtungen sind auch nur für begrenzte Temperaturbereiche geeignet.

2. **Schutzfunktion** – Schutzdichtungen dienen zur Trennung von zwei Räumen unterschiedlicher Funktion bei geringem oder keinem Druckunterschied. Klassisches Beispiel ist ein Lager, das zum einen gegen den Verlust von Schmierstoff abgedichtet wird, wobei gleichzeitig auch ein Schutz der Umgebung vor dem austretenden Schmierstoff erfolgt. Zum anderen wird das Lager aber auch gegen das Eindringen von Fremdstoffen (z.B. Staub, Abrieb, Wasser) geschützt, sodass man entsprechend der Schutzfunktion von Einweg- oder Zweiwegdichtungen spricht (Schutz gegen Ein- oder / und Austritt).

3. **Druckfunktion** – Druckdichtungen müssen Räume unterschiedlichen Drucks, manchmal auch zusätzlich unterschiedlicher Stoffe und Temperatur gegeneinander abdichten. Dabei wird ein Anpressdruck zwischen den Dichtflächen benötigt, der größer ist als der Innendruck.

4. **Dichtheit** – Vollkommene Dichtheit ist in den meisten Fällen und vor dem Hintergrund des großen Aufwandes häufig nicht erforderlich, wobei jedoch zu klären ist, inwieweit durch Undichtheiten die Dichtung selbst und die zu schützenden Bauteile Schaden durch Erosion oder Korrosion nehmen können. Ferner ist eine Gefährdung von Mensch und Umwelt durch austretende giftige Betriebsstoffe unbedingt zu vermeiden. Anhaltswerte für zulässige Undichtheiten sind in Tabelle 16.1 zusammengestellt [16.42].

Medium	Leckstrom pro Zeiteinheit (Masse), bezogen auf die Länge der Dichtung
Flüssigkeiten	0,1 ... 1 mg/(s·m)
Gas (Normal-Anforderungen)	10 ... 100 µg/(s·m)
Gas (Hochvakuum)	10^{-3} ... 10^{-5} µg/(s·m)
Vollkommene Dichtheit nur durch stoffschlüssige (statische) oder hermetische (dynamische) Dichtungen	

Tabelle 16.1: Erfahrungswerte für die zulässige Undichtheit nach [16.42]

Oftmals sind Undichtheiten auch erwünscht. So sollen z.B. Stopfbuchspackungen über eine Mindestleckrate verfügen, da ansonsten eine zu große Pressung zur Erzielung der Dichtwirkung erforderlich wäre, was wiederum hohe Reibungsverluste und unzureichende Schmierungswirkung nach sich ziehen würde. Vergleichbares gilt auch für die meisten dynamischen Dichtungen. So sind z.B. auch bei den berührungsfreien Dichtungen in Dampf- und Gasturbinen Undichtheiten kein Problem, sofern der Wirkungsgrad nicht beeinträchtigt wird. Im Gegensatz dazu sind Leckagen an Pumpen und Verdichtern im Chemieanlagenbau aufgrund der Vermischungsgefahr oder der Gefährdung von Menschenleben in den meisten Fällen nicht zulässig.

5 **Reibung und Verschleiß** – Häufig sind auftretende Reibung und damit einhergehender Verschleiß an Dichtelementen wesentliche Gesichtspunkte zur Auswahl. Sofern Schmierung und Kühlung im Bedarfsfall nicht ausreichen, sind berührungsfreie Dichtungen (z.B. im Turbinenbau) vorzuziehen.

6 **Lösbarkeit** – Eine „lösbare Verbindung" ist mit einfachen Mitteln lösbar und durch Einfügen neuer Dichtelemente ohne weitere Nacharbeit wiederherstellbar. Demgegenüber ist eine „unlösbare Verbindung" nur durch Zerstörung der Bauteile lösbar und nur durch aufwändige Nacharbeiten wieder herstellbar. Entsprechend ist eine „bedingt lösbare Verbindung" durch einfache Nacharbeiten und den Einsatz eines neuen Dichtelementes wiederherzustellen.

Vor diesem Hintergrund sind kostengünstige unlösbare Dichtverbindungen zu bevorzugen. „Bedingt lösbare Verbindungen" setzt man bei Verbindungen ein, die nur selten gelöst werden müssen (z.B. im Rohrleitungsbau). Für „lösbare Verbindungen" setzt man überwiegend wiederverwendbare, vorwiegend elastische Dichtelemente ein, wobei an den Sitzen möglichst keine Nacharbeiten notwendig sein sollten.

Abschließend sei darauf hingewiesen, dass Dichtungen keine Führungsfunktion (Zentrierung) im Sinne eines Lagers übernehmen können.

Ausgehend von diesen grundlegenden Anforderungen bieten sich unterschiedliche Lösungsmöglichkeiten zur Dichtungsauswahl und -auslegung an:

1. Einfache Dichtverbindungen (insbesondere Schutzdichtungen) auf der Grundlage von Flachdichtungen, O-Ringen und Radialdichtringen lassen sich meistens mithilfe der Angaben der Hersteller auswählen. Dabei sind dann nur noch die Einbaubedingungen und der Bearbeitungszustand der Dichtflächen anzugeben.

2. Aufwändigere Dichtverbindungen für hohe Drücke, Temperaturen und Drehzahlen bzw. Gleitgeschwindigkeiten sowie besondere Betriebsstoffe und Anforderungen an die Dichtheit (z.B. in der Hydraulik und Pneumatik) bedürfen im Anschluss an eine grundlegende Gestaltung durch den Konstrukteur immer einer weiteren Detailbearbeitung durch den jeweiligen Dichtungshersteller.

3. Besondere Dichtungsaufgaben in speziellen Anwendungsgebieten (Turbinen- und Verdichterbau) unter extremen Anforderungen (höchste Drücke, Temperaturen und aggressive Medien) erfordern Spezialkenntnisse, die weit über die im vorliegenden Kapitel wiedergegebenen Informationen und jeweils angeführten Besonderheiten hinausgehen, weshalb in derartigen Fällen auf die jeweilige weiterführende Literatur verwiesen wird.

16.1.2 Anmerkungen zur Berechnung von Dichtverbindungen

Wie bereits eingangs erwähnt, gibt es keine genormten Berechnungsverfahren für Dichtverbindungen. Lediglich bei Flanschverbindungen lässt sich abhängig vom verwendeten Werkstoff eine erforderliche Anpresskraft nach DIN EN 1591 berechnen, worauf im betreffenden Abschnitt eingegangen wird [16.11].

Bei nicht berührenden dynamischen Dichtungen lassen sich aufwändigere Berechnungen zu den Strömungsverhältnissen im Spalt durchführen, worauf jedoch im vorliegenden Kapitel aus Platzgründen nicht eingegangen werden kann.

Sofern bei den im Folgenden vorgestellten Dichtungselementen zur Auswahl Berechnungen notwendig sein sollten, werden diese gleich im jeweiligen Abschnitt mit behandelt.

16.2 Statische Dichtverbindungen

Bei den statischen Dichtverbindungen zwischen zueinander in der Dichtfläche ruhenden Bauteilen werden stoffschlüssige (bedingt lösbare oder unlösbare) und kraftschlüssige (lösbare) Verbindungen mit oder ohne Dichtelement eingesetzt, wozu auch Membran und Faltenbalg als hermetische Berührungsdichtungen gehören.

16.2.1 Stoffschlüssige Dichtverbindungen

Alle nachfolgend aufgeführten statischen stoffschlüssigen Dichtverbindungen sind Druckdichtungen zur Erzeugung vollständiger Dichtheit, die bei Zerstörung des Stoffschlusses bedingt lösbar sind:

1 **Dichte Schweißverbindung** – Bevorzugte Anwendung zur Verbindung von Rohren und Armaturen in Hochdruckleitungen, sowohl bei hohen Temperaturen als auch bei starken Temperaturänderungen. Dabei erfolgt die Übertragung der Druckkräfte durch die Schraubflanschverbindung und die Abdichtung durch die eigentliche Schweißnaht gemäß Abbildung 16.2. Im Hinblick auf eine einfache Herstellung und eine gute Kontrolle im Betrieb müssen die Nähte von außen gut zugänglich sein. Weitere Hinweise zum Schweißen sind Kapitel 7 in Maschinenelemente 1 zu entnehmen [16.38].

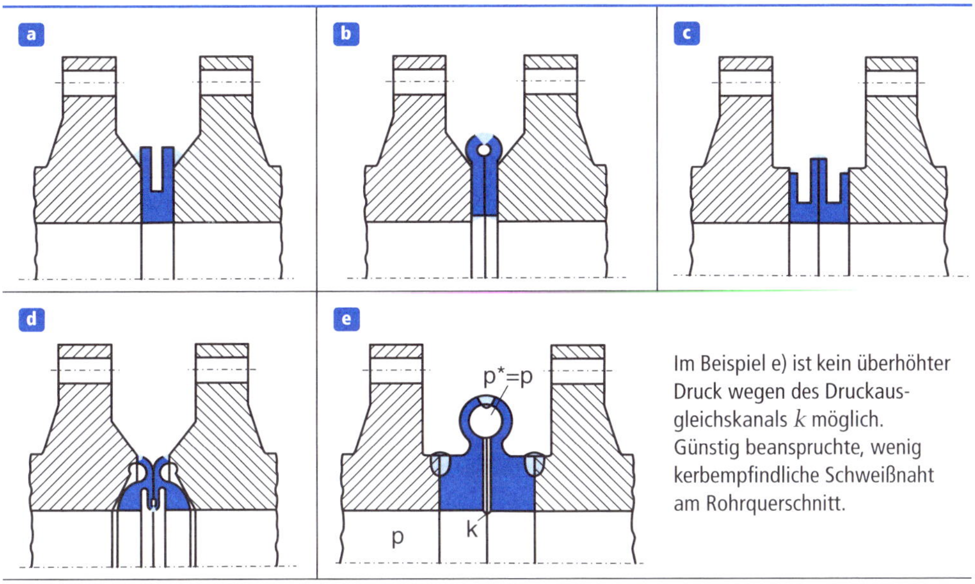

Abbildung 16.2: Schweißnahtdichtungen im Rohrleitungsbau – a) Geschlitzte Membrandichtung, b) Membrandichtung mit Hohllippen, c) Ringdichtung (Hülsring), d) Balgdichtung (BASF), e) Schweißringdichtung mit eindeutiger Beanspruchung (ähnlich Hülsring) nach [16.42]

2 **Dichte Lötverbindung** – Im Gegensatz zur Schweißverbindung ist die Lötverbindung nur für niedrigere Beanspruchungen bei nicht so hohen Temperaturen geeignet, wobei durch Aufschmelzen des Lotes ebenfalls eine bedingte Lösbarkeit vorliegt. Weitere Hinweise zum Löten finden sich in Kapitel 5 in Maschinenelemente 1 [16.38].

3 **Kunststoffe** – Zum Abdichten von Rohrflanschen, Deckeln und vergleichbaren Bauteilen können viskose Dichtmassen aufgegossen oder aufvulkanisiert werden, die gegen viele Flüssigkeiten und Gase beständig sowie ungiftig und schwer entflammbar sind.

Dabei reicht bereits ein geringer Anpressdruck, um Rauheiten und Formabweichungen der Dichtflächen auszufüllen. Zur Erzielung einer guten Dichtwirkung ist eine saubere, fett- und ölfreie Oberfläche erforderlich.

4 **Dünnflüssige Kunststofflacke** – Vergleichbar den Kunststoffen kommen die dünnflüssigen Kunststofflacke zum Abdichten der Teilflächen von Gehäusen zum Einsatz. Da sie mittels Dosierwerkzeugen sehr dünn aufgetragen werden, füllen sie nur die Rauheitstäler aus und verursachen damit keine Maßänderungen.

Weitere Informationen zu Kunststoffen, Kitten und dünnflüssigen Kunststofflacken sind in Tabelle 16.2 zusammengestellt [16.40].

Werkstoff	Flüssige oder pastöse lösungsmittelfreie Kunststoffe
Abdichtung	Gegen Gase (Luft), Dämpfe, flüssige Medien (Öl, Wasser) und Fette
Temperaturen	−50 °C bis +300 °C
Oberfläche	$R_z = 8 \ldots 40\ \mu m$
Eigenschaften	Gute Dichtwirkung bei konstruktiv einfacher Gestaltung der Dichtverbindung Kostengünstig, da Fertigung und Lagerhaltung verschiedener Dichtelemente entfällt Gut geeignet für Dichtfugen, die nur selten montiert oder demontiert werden müssen Gut geeignet für dicht anliegende und verwindungssteife Flansche Bei weniger stabilen Bauteilen (z.B. Blechdeckeln) sind durch verformungsbedingte Spalte Leckagen möglich.
Anwendung	Gehäuseteilfugen von Getrieben und Dichten von Schraubengewinden mittels Lacken Gehäusedeckel von Zahnradpumpen mittels Kitten

Tabelle 16.2: Dichteigenschaften von Kunststoffen und Lacken nach [16.40]

16.2.2 Kraftschlüssige Dichtverbindungen

Die nachfolgend aufgeführten statischen kraftschlüssigen Dichtverbindungen sind Druckdichtungen, wobei zur Erzielung der Dichtwirkung eine sogenannte Dichtpressung erforderlich ist, die durch äußere Kräfte (z.B. Schraubenkräfte am Flansch) oder aber durch den Betriebsdruck selbst aufgebracht werden kann.

1 **Abdichten ohne Dichtelemente** – Hierzu werden die metallischen Dichtflächen geschliffen, sodass eine Schleifsitzdichtung entsteht. Im Hinblick auf eine gute Passfähigkeit sind hohe Formgenauigkeit und geringe Rauigkeit vorteilhaft. Dennoch sind hohe Flächenpressungen notwendig, um vorhandene Restunebenheiten durch plastische Verformung auszugleichen. Besonders günstig sind kleine Dichtflächen bzw. Dichtleisten, die gemäß Abbildung 16.3 vorzugsweise ballig auszuführen sind und über viele Schrauben in engem Abstand verspannt werden.

Hauptanwendungsgebiet sind Flanschverbindungen unter hoher Druck- und Temperaturbelastung, bei denen zusätzliche Dichtelemente geschädigt würden, sowie Gehäuseteilfugen, bei denen die genaue Zuordnung durch Passstifte erfolgt. Als Anhaltswerte für die zulässigen Flächenpressungen gelten für Ventilsitze aus GJL 8 N/mm^2, für Bronze 25 N/mm^2 und für nicht rostenden Stahl 50 N/mm^2. Weitere Informationen zu Schleifsitzdichtungen enthält Tabelle 16.3 [16.40].

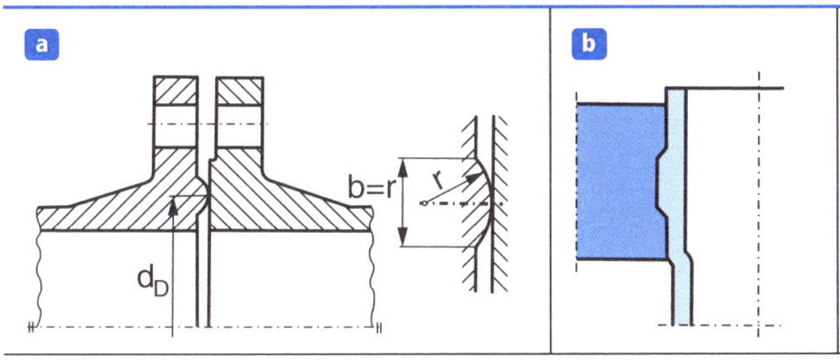

a Mit ballig ausgeführter Dichtleiste ohne Dichtelement

b Walzverbindung

Abbildung 16.3: Kraftschlüssige statische Dichtung

Werkstoff	Aufgeschliffene Passflächen der abzudichtenden Teile dienen als Dichtfläche.
Abdichtung	Gegen Gase (Luft), Dämpfe, flüssige Medien (Öl, Wasser) und Fette
Temperaturen	Abhängig vom eingesetzten Grundwerkstoff
Oberfläche	$R_z \leq 4\ \mu m$
Eigenschaften	Oftmaliges und leichtes Lösen der Verbindung ist bei geringem Montageaufwand möglich. Keine Verunreinigung des Betriebsmittels durch Dichtungsteile Sorgfältige Bearbeitung der Dichtflächen ist erforderlich, jedoch kann keine vollständige Dichtheit garantiert werden.
Anwendung	Gehäuseteilfugen von Getrieben

Tabelle 16.3: Dichteigenschaften von Schleifsitzdichtungen nach [16.40]

2 **Walzverbindung** – Durch Einwalzen eines Rohres in eine Flanschverbindung entsteht ein Querpresssitz gemäß Abbildung 16.3. Durch zusätzliche Rillen in der Bohrung erreicht man auch bei höheren Temperaturen einen festen Sitz, wobei jedoch eine vollständige Dichtheit nur durch eine zusätzliche Schweißnaht erzielt wird. Hauptanwendungsgebiet dieser nicht lösbaren Verbindung ist der Apparatebau bei Drücken bis 100 MPa und niedrigen Temperaturen.

3 **Abdichten mit Flachdichtung** – Im Gegensatz zum Abdichten ohne Dichtelement kommen je nach Anwendungsfall verschiedene Flachdichtungen zum Einsatz, wobei gemäß Abbildung 16.4 grundsätzlich zwischen Abdichten im Haupt- und Nebenschluss zu unterscheiden ist.

Bei der Abdichtung im Hauptschluss muss das Dichtelement sowohl die Rohrkräfte übertragen als auch die Flansche abdichten. Entsprechend den Dichtheitsanforderungen kann die Anpresskraft angepasst werden, ein Nachspannen ist möglich. Ferner können die Flanschdicken weit toleriert werden.

Im Nebenschluss dagegen muss das Dichtelement nur die Dichtfunktion erfüllen und wird nicht durch die Rohrkräfte beeinflusst. Allerdings sind die Dicken der Flachdichtung und des zugehörigen Flanschringes entsprechend dem Maximaldruck im Rohr auszulegen und eng zu tolerieren. Damit liegt das Maß über die Flanschdicken eindeutig fest und ist unabhängig von den Anpresskräften.

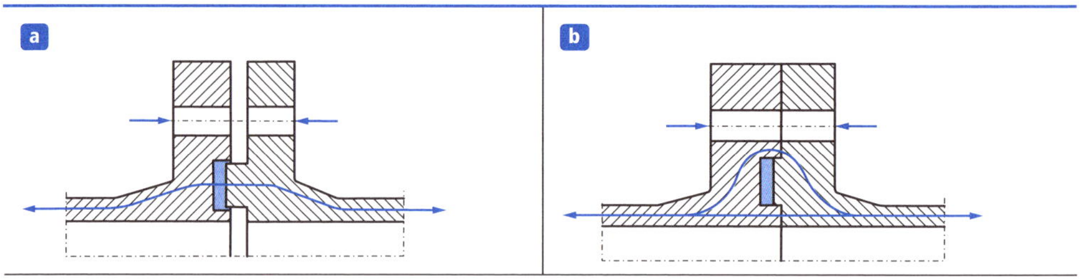

Abbildung 16.4: Abdichten mit einer Flachdichtung in einer Flanschverbindung – a) Hauptschluss, b) Nebenschluss nach [16.39]

Die wesentlichen Eigenschaften der Flachdichtungen in Weichstoff-, Mehrstoff- und Hart-Ausführung sind in Tabelle 16.4 zusammengestellt, während Abbildung 16.5 Beispiele ausgeführter metallummantelter Weichstoffringe enthält.

	Weichstoffdichtung	**Mehrstoffdichtung**	**Hartdichtung**
Beispiel	Gummidichtung	Blechummantelte oder blechverstärkte Flachdichtung (s.a. Abbildung 16.5)	Leicht profilierte Metallflachdichtung
Werkstoff	Gummi, Teflon	Al, Cu, Ms, weicher Stahl in Verbindung mit Gummi, Gummi, PTFE	Al, Cu, Ms, Weicheisen
Abdichtung	Gegen Gase (Luft), Dämpfe, flüssige Medien (Öl, Wasser) und Fette		
Temperatur	+500 °C	Legierungsabhängig	Legierungsabhängig
Oberfläche	$R_z = 50 \dots 100\ \mu m$	$R_z = 12{,}5 \dots 50\ \mu m$	$R_z = 3{,}2 \dots 25\ \mu m$
Anmerkung	Niedriger Formänderungswiderstand bedingt geringe Anpresskräfte; grob bearbeitete Dichtflächen ergeben aufgrund örtlich stark gepresster Zonen bessere Abdichtung als fein bearbeitete Flächen.	Erhöhte Festigkeit und Haltbarkeit gegenüber Weichstoffdichtungen; höhere Druck- und Temperaturbeständigkeit	Hoher Formänderungwiderstand bedingt hohe Anpresskräfte.
Anwendung	Deckel mit ausschließlicher Dichtfunktion	Zylinderkopfabdichtung von Verbrennungsmotoren	Abdichtung Ölablassschraube
	Flanschverbindungen im Rohrleitungs- und Apparatebau		

Tabelle 16.4: Dichteigenschaften von Flachdichtungen nach [16.40]

	Außen offen (einteilig)	Weichstoff weicht nach außen aus
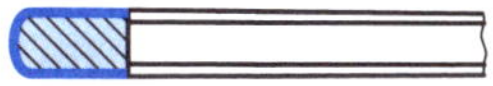	Innen offen (einteilig)	Weichstoff weicht nach innen aus
	Außen offen (zweiteilig)	Für breite Flansche, große Anpresskräfte, dehnfähig
	Innen offen (zweiteilig)	
	Außen offen (dreiteilig)	Sehr dehnfähig
	Mit ovalem Querschnitt und offenem Stoß	Für kleinere Anpresskräfte und Ausgleich von Schiefstellungen
	Mit ovalem Querschnitt und überlapptem Stoß	

Abbildung 16.5: Metallummantelte Weichstoffringe nach [16.42]

Während die Weichstoffdichtungen überwiegend aus Gummi oder thermoplastischen Kunststoffen bestehen, haben die Mehrstoffdichtungen zusätzlich zum weichen Kern eine Metallummantelung gemäß Abbildung 16.5. Diese Mehrstoffdichtungen können sich besonders gut den Unebenheiten von Dichtflächen anpassen, wenn sie einen harten, formsteifen Kern und eine weiche, plastisch verformbare Oberflächenschicht aufweisen. Die Hartstoffdichtungen sind zwar besonders gut für hohe Temperaturen und Drücke geeignet, jedoch werden sie wegen der erforderlichen hohen Dichtkräfte seltener als Flachdichtung ausgeführt. Die Berechnung der Anpresskraft von Flanschdichtungen kann nach DIN EN 1591 vorgenommen werden [16.11].

4 **Profildichtungen** – Hierzu gehören Scheiben oder Ringe, die im unbelasteten Zustand nicht über der ganzen Breite tragen. Erst bei einem entsprechenden Anpressdruck geht die Linienberührung in eine Flächenberührung über. Zur Erzeugung der Flächenpressung sind im Vergleich zu Flachdichtungen geringere Anpresskräfte erforderlich und auch Formungenauigkeiten der Dichtflächen werden eher ausgeglichen.

Im Maschinen-, Anlagen- und Fahrzeugbau sind die zu den Elastomer-Profildichtungen gehörenden genormten Profildichtungen mit Kreisquerschnitt am weitesten verbreitet. In der offenen Form werden sie als Rundschnurringe, in geschlossener Form mit eingeengten Toleranzen als O-Ringe nach Abbildung 16.6 bezeichnet. Gemäß Abbildung 16.6 c) entsteht die Dichtwirkung aufgrund radialer und axialer Verformung des Querschnittes im eingebauten Zustand, weshalb der Einbauraum entsprechend ausgeführt sein muss. Bedingt durch die Verformung entsteht auch die zur Abdichtung erforderliche Anpresskraft. Da diese axiale Anpressung durch den Druck des Betriebsstoffes p zusätzlich unterstützt wird, spricht man auch von einer „selbstverstärkenden Dichtverbindung“. Im Hinblick auf eine einfache maßgenaue Herstellung werden für O-Ringe Rechtecknuten nach Abbildung 16.6 c) bevorzugt, wobei aber Dreiecksräume nach Abbildung 16.6 g) ebenfalls möglich sind. Der Querschnitt des O-Ringes wird dabei abhängig vom Anwendungsfall radial oder axial verformt.

Zur Abdichtung von Bolzen und Deckeln mit Zentrieransatz erfolgt der Einbau der O-Ringe unter radialer Verformung gemäß Abbildung 16.6 d). Deckelabdichtungen von Hydraulikzylindern werden entsprechend Abbildung 16.6 e) gestaltet, damit sich der Spalt beim elastischen Aufweiten der Rohre unter Druckbelastung auf der druckabgewandten Seite nicht vergrößert. Bei Flansch- und Deckeldichtungen dagegen wird der Querschnitt des O-Rings nach Abbildung 16.6 f) axial verformt, wobei sich die radiale Anlage beim Einbau aus der vorliegenden Druckrichtung ergibt.

Aufgrund der einfachen Herstellbarkeit werden bei verschraubten Flanschen und Deckeln auch Aufnahmeräume in Dreiecksform nach Abbildung 16.6 g) verwendet, jedoch sind für eine einwandfreie Dichtfunktion enge Maßtoleranzen erforderlich.

Im Hinblick auf eine einwandfreie Abdichtung von Flanschen, Deckeln, Bolzen, Schraubenverbindungen usw. bei Drücken bis zu 1.000 MPa sind jegliche Beschädigungen der O-Ringe, insbesondere bei der Montage, die oftmals auch automatisiert vorgenommen werden kann, zu vermeiden. Zur einfachen Montage bietet sich ein Einführkonus von ca. 15° nach Abbildung 16.6 e) an. Um die Verdrillungsgefahr zu verringern, werden O-Ringe mittlerweile auch mit einem angenähert quadratischen Querschnitt als sogenannte Quad-Ringe geliefert, Abbildung 16.6 b).

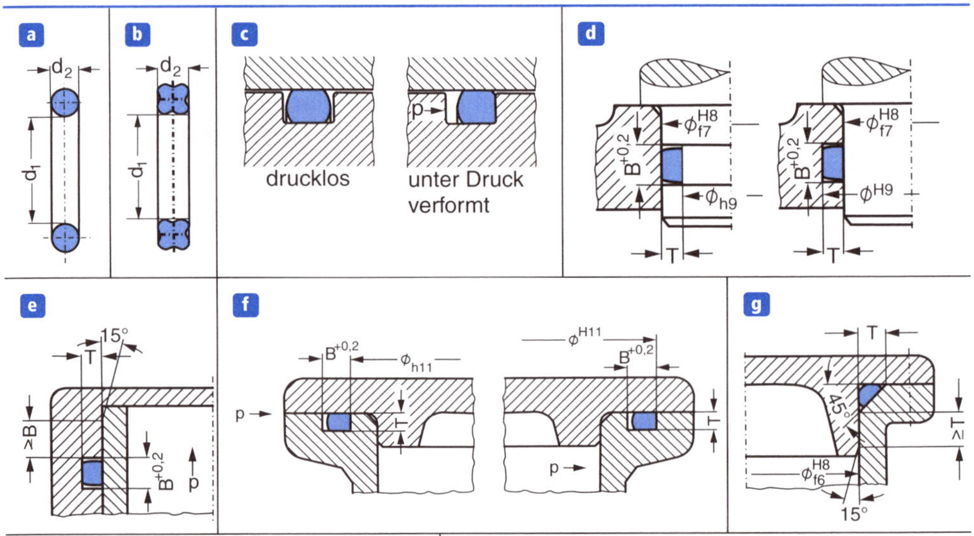

- **a** O-Ring, unverformt vor dem Einbau
- **b** Quad-Ring, unverformt vor dem Einbau
- **c** Wirkungsweise unter Druck
- **d** Abdichtung von stillstehenden Bolzen
- **e** Deckelabdichtung in stillstehenden Hydraulikzylindern
- **f** Flansch- und Deckelabdichtung
- **g** Deckelabdichtung mit O-Ring in Dreiecksnut

Abbildung 16.6: O-Ring-Dichtungen für statische Dichtverbindungen nach [16.35]

6 **Hartstoff-Profildichtungen** – Zur Abdichtung von Flanschen und Deckeln bei höchsten Drücken und Temperaturen werden diese Dichtringe abhängig von den Betriebsbedingungen aus Blei, Kupfer, Aluminium oder auch Stahl gemäß Abbildung 16.7 verwendet. Die Dichtverbindung wird unter Verwendung von konzentrischen Dichtringen und

Flanschen aufgebaut, die über Schrauben zusammengepresst werden. Hierdurch erreicht man lösbare Verbindungen, die u.a. im Turbinenbau bei Temperaturen bis 650 °C eingesetzt werden. Die Berechnung der Dichtverbindung kann nach DIN EN 1591 vorgenommen werden [16.11].

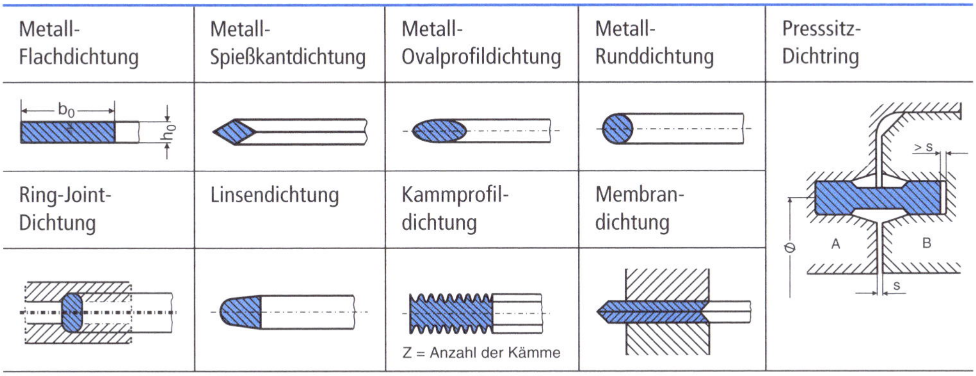

Abbildung 16.7: Geometrie und Aufbau von Hartstoff-Profildichtungen

16.2.3 Membrandichtungen

Membrandichtungen bestehen aus senkrecht zu ihrer Ebene verformbaren Platten aus Gummi, weichem Kunststoff oder auch Metall und ermöglichen aufgrund ihrer vollkommenen Dichtheit als Druckdichtungen die Trennung unterschiedlicher Betriebsstoffe, weshalb man sie auch als hermetische Dichtungen bezeichnet. Wegen ihrer höheren Festigkeit eignen sich Metall-Membranen zwar für hohe Druckdifferenzen, bedingt durch die geringere Verformbarkeit jedoch nur für kleine Hübe. Elastomer-Membranen dagegen sind weicher und demzufolge nachgiebiger. In der Ausführung als Flachmembran nach Abbildung 16.8 eignen sie sich für kleine Hübe, während für große Hübe Well-, Topf- oder Roll-Membranen zum Einsatz kommen. Ein großes Anwendungsgebiet sind Druckschalter, Armaturen, Druckausgleichsgefäße, kurzhubige Pumpen sowie Stell-, Regel- und Anzeigegeräte und weitere vergleichbare Einrichtungen.

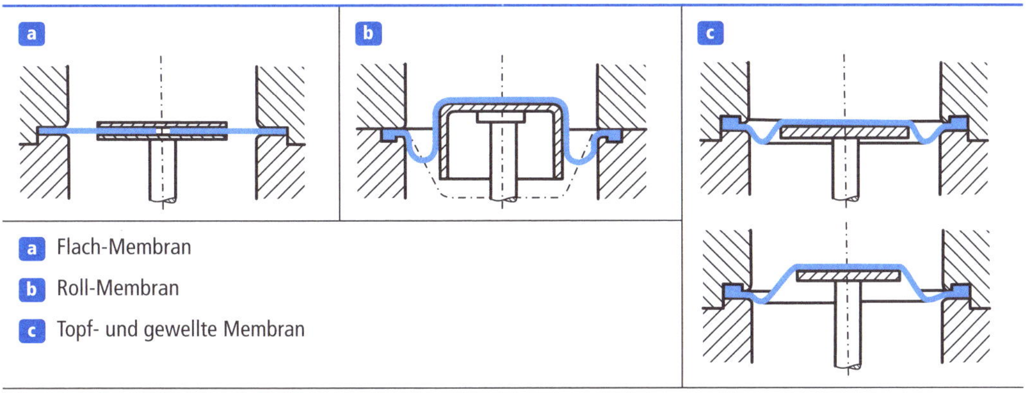

a Flach-Membran

b Roll-Membran

c Topf- und gewellte Membran

Abbildung 16.8: Membrandichtungen nach [16.39]

16.2.4 Balgdichtungen

Balgdichtungen für axialbewegliche Schubstangen und beugefähige Gelenke gemäß Abbildung 16.9 entsprechen stark verformbaren Schutzhüllen und dichten im Sinne einer Schutzdichtung ohne wesentlichen Druckunterschied gegen Schmutz, Spritzwasser und gegen den Austritt von Schmierstoffen ab. Sie wirken wie hintereinandergeschaltete Membranen und gehören ebenfalls zu den hermetischen Dichtungen.

In der Ausführung als Metall-Faltenbälge bezeichnet man sie auch als sogenannte Wellrohre, die korrosionsfest für hohe Temperaturen geeignet sind. In der Standardausführung bis 1 MPa Außendruck und in Sonderausführung bis 70 MPa werden sie bevorzugt zum Ausgleich von Längsdehnungen in druckbeaufschlagten Rohrleitungssystemen bei hohen Temperaturen eingesetzt. Im Gegensatz dazu verfügen PTFE-Kunststoff-Faltenbälge über eine besonders gute chemische Beständigkeit bei Außendrücken bis 0,1 MPa und Temperaturen bis maximal 200 °C, in Sonderausführung bis zu 0,5 MPa.

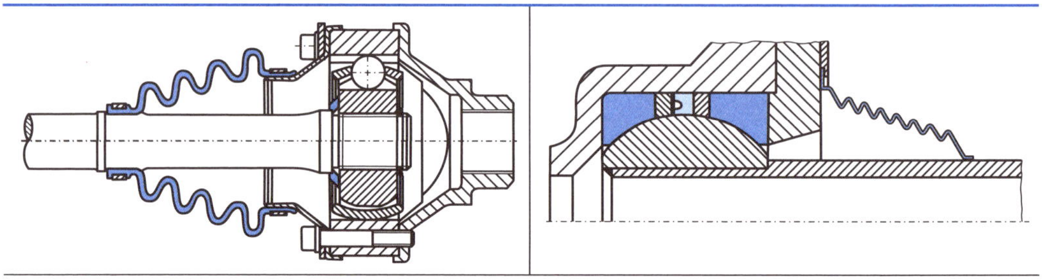

Abbildung 16.9: Faltenbalg zur Abdichtung einer Gleichlaufgelenkwelle in einem Kraftfahrzeug

16.3 Dynamische Dichtverbindungen

Im Gegensatz zu statischen Dichtverbindungen treten bei dynamischen Dichtverbindungen immer Relativbewegungen zwischen den abzudichtenden Teilen auf. Dabei ist zusätzlich zwischen Längsbewegungen (z.B. Abdichtung Kolbenstange gegen Zylinder) oder Drehbewegungen (z.B. Abdichtung Welle gegen Gehäuse) zu unterscheiden. Bedingt durch die Relativbewegungen ist eine vollständige Abdichtung nicht möglich, sodass folgende dynamische Dichtverbindungen üblich sind:

- **Berührende Dichtverbindung** – Die Dichtflächen werden gegeneinander gedrückt, wobei ein enger, aber undefinierter Spalt verbleibt.
- **Berührungsfreie Dichtverbindung** – Die Dichtflächen werden über einen definierten, engen Dichtspalt getrennt, sodass aufgrund des Drosselwiderstandes eine Dichtwirkung entsteht.
- **Berührungsfreie Dichtverbindung** – Die Dichtflächen werden über einen kaum definierbaren, mit Flüssigkeit gefüllten Dichtspalt getrennt, sodass durch einen hydrodynamischen Schmierfilm eine Dichtwirkung entsteht.

16.3.1 Berührende Dichtverbindungen

Betrachtet man zunächst die berührenden Dichtverbindungen für Längsbewegungen, denen teilweise auch Drehbewegungen überlagert sein können, so gehören die nachfolgend beschriebenen Stopfbuchsen, Formdichtungen, Manschettendichtungen und Lippenringe zu den häufigsten Bauarten, die sowohl als einfache Schutzdichtung als auch als Druckdichtung eingesetzt werden können.

1 **Stopfbuchsen** – Diese einfache, leicht zu wartende und kostengünstige Berührungsdichtung ist die älteste bekannte Dichtungsbauart für bewegte Maschinenteile. Gemäß Abbildung 16.10 verwendet man als Dichtelemente sogenannte Packungsringe mit meist quadratischem Querschnitt, die in den Dichtraum hineingelegt werden, wobei die erforderliche Dichtpressung über Schrauben in Verbindung mit einer sogenannten Stopfbuchsenbrille mit ballig angeformten Enden erzeugt wird. Hiermit lässt sich die Dichtung auch bei Setzerscheinungen oder thermischer Ausdehnung genau einstellen. Durch den zusätzlichen Einbau von Tellerfedern erhält man mit der Stopfbuchse eine wartungsfreie Dichtverbindung, Abbildung 16.10 a). Häufig wird zwischen die Stopfbuchspackungen auch ein sogenannter Laternenring gemäß Abbildung 16.10 a) eingebaut, mit dem entweder Schmierstoffleckagen abgesaugt oder aber Schmierstoffe oder Sperrflüssigkeiten zur Schmierung bzw. Abdichtung zugeführt werden können, die dann aus dem Eintrittsspalt ausströmen.

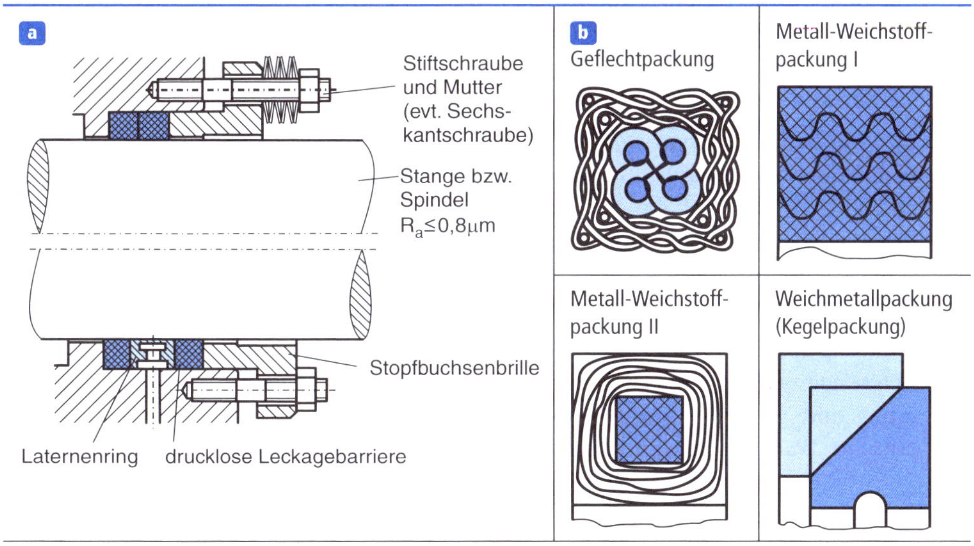

Abbildung 16.10: Aufbau einer Stopfbuchsendichtung und verwendete Materialien nach [16.34]

Abhängig vom Anwendungsfall verwendet man Weichstoffpackungen, Feststoffpackungen oder Metall-Weichstoffpackungen nach Abbildung 16.10 b).

Weichstoffpackungen bestehen für normale Anwendungen aus organischen Fasern (z. B. Baumwolle, Jute oder Hanf), während für höhere Temperaturen bis 300 °C entweder Garne aus PTFE (Polytetrafluorethylen) und aromatischen Polyamiden und bis 500 °C gepresste Ringe aus expandiertem Reingrafit eingesetzt werden [16.33]. Zusätzlich werden die Packungen mit Talg, Mineralfetten oder Öl getränkt, um Reibung und Verschleiß zu mindern, die chemische Beständigkeit zu erhöhen und durch Verschließen der Hohlräume die Dichtwirkung zu verbessern. Hauptanwendungsgebiet von Weichstoffdichtungen ist das Abdichten von Armaturen für Flüssigkeiten, Gase und Dämpfe bei hohen Drücken und Temperaturen und vergleichsweise kleinen Geschwindigkeiten.

Feststoffpackungen sind Ringe oder Ringhälften aus plastisch verformbaren metallischen Werkstoffen (z.B. Weißmetall, Bronze, Grauguss) und nichtmetallischen Werkstoffen (z.B. Kunstkohle, Kunststoffe – insbesondere PTFE) sowie metallischen und nichtmetallischen Sinterstoffen. Ebenso sind auch Hohlringe aus Metall mit einer Schmierstofffüllung (meistens Grafit) oder einer anderen Weichstofffüllung möglich, die im Einbauzustand plastisch verformt werden. Bei allen Feststoffpackungen wird eine gute Dichtwirkung durch ausreichende Vorspannung und Schmierung durch die Packung selbst, den Betriebsstoff oder eine geeignete Zusatzschmierung erreicht. Feststoffpackungen zeichnen sich aus durch konstante Reibungsverhältnisse, eine hohe Lebensdauer und hohe Verschleißfestigkeit bei verminderter Querdehnung und damit seitlich eingeschränkter Beweglichkeit. Bei entsprechender Schmierung sind Stopfbuchsen mit Feststoffpackungen wartungsfrei und bei ausreichender Vorspannung selbsttätig nachstellend. Bevorzugte Anwendungsbereiche sind Pressen, Pumpen sowie Dampf- und Gasturbinen bei hohen Temperaturen bis 500 °C, Gleitgeschwindigkeiten bis 50 m/s und Drücken bis 50 MPa.

Bei den Metall-Weichstoffpackungen wird der Weichstoffkörper durch Metalldrähte oder Metalllamellen (z.B. Blei oder Bronze) verstärkt, sodass die Packungen Eigenschaften aufweisen, die zwischen denen der Weichstoff- und der Feststoffpackungen aus Metall liegen.

Die empfohlenen Abmessungen der Ringdicke und der Packungslänge sind abhängig vom Innendurchmesser und einwirkenden Druck für alle Stopfbuchsendichtungen gemäß DIN 3780 in Tabelle 16.5 zusammengestellt [16.9]. Dabei müssen die Sitzflächen der Wellen feingedreht oder drallfrei geschliffen sein ($R_a \leq 0{,}8$ µm), geringerer Verschleiß wird durch Härten oder Hartverchromen erreicht.

Abschließend sei darauf hingewiesen, dass Stopfbuchsen im Gegensatz zu Gleitringdichtungen nicht schlagartig ausfallen, sondern allmählich undicht werden. Grundsätzlich besteht bei höheren Gleitgeschwindigkeiten, bedingt durch erhöhte Reibung, Erwärmung und Verschleiß, eine schlechtere Dichtfähigkeit, Überhitzungsgefahr und damit erhöhter Wartungsaufwand.

Innen-∅	4 ... 4,5	5 ... 7	8 ... 11	12 ... 18	20 ... 26
Ringdicke	2,5	3,0	4,0	5,0	6,0
Innen-∅	28 ... 36	38 ... 50	53 ... 75	80 ... 120	125 ... 200
Ringdicke	8,0	10,0	12,5	16,0	20,0

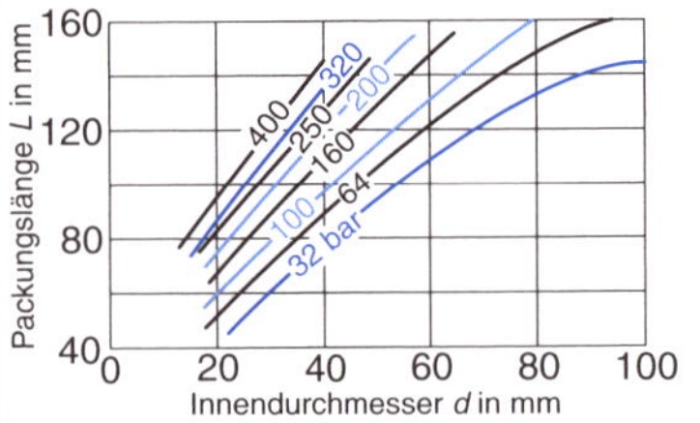

Tabelle 16.5: Empfohlene Abmaße für Stopfbuchsenpackungen nach DIN 3780 [16.9]

2 **Formdichtungen für Linearbewegungen** – Diese Berührungsdichtungen aus gummielastischen Werkstoffen, z .T. mit anvulkanisierten Stütz- oder Führungsringen, liegen nach der Montage aufgrund der vorhandenen Eigenelastizität an den abzudichtenden Flächen an, wobei durch zusätzliche Federn (z.B. Ringfedern) die Anpresskraft erhöht werden kann. Ferner verstärkt der Betriebsdruck die Anpresskraft, sodass es sich um selbstunterstützende Dichtungen handelt.

Schemabild und Einbaubeispiel	Bezeichnung	Verwendung und Anmerkungen
a, b 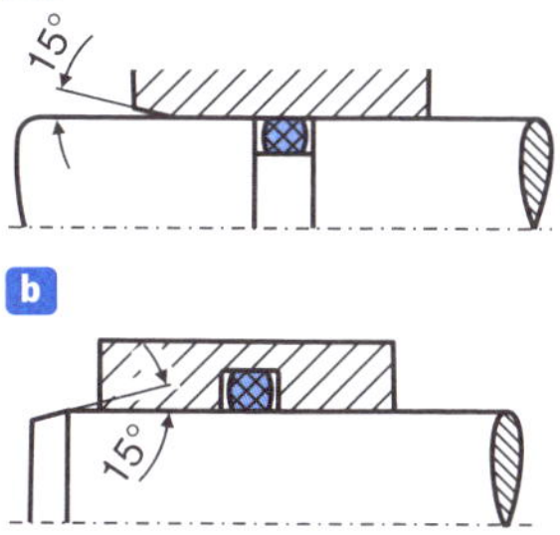	**O-Ring** a Bohrung angefast b Kolbenstange angefast	Zur Abdichtung von Kolben und Stangen in der Hydraulik und Pneumatik Geringe Anforderungen an Druckbelastung und Dichtheit Nur bei gleichzeitiger Drehbewegung verwenden
c, d, e 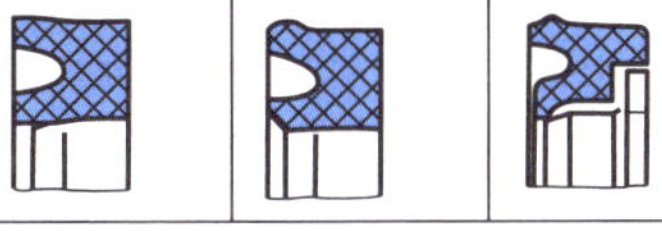 f 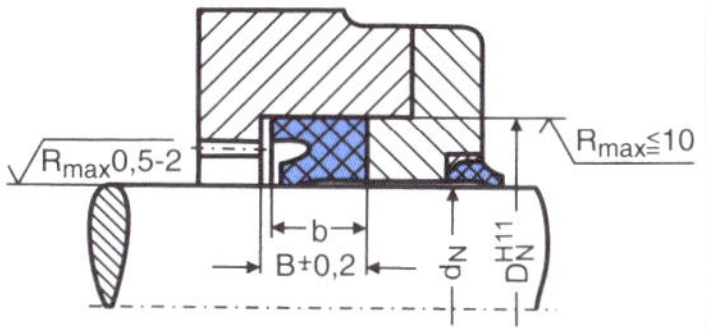	**Nutring** c Normalform d Mit Stützring (außen dichtend) e Mit Gewebeverstärkung und Stützring (innen dichtend) f Einbaubeispiel	In der Hydraulik zur Abdichtung von Kolben und Stangen bis 2 m/s Gleitgeschwindigkeit bei mittleren bis hohen Drücken bis zu max. 400 MPa bei Ausführung e) Axiales Spiel beim Einbau bis zu 0,3 mm
g, h, i, j 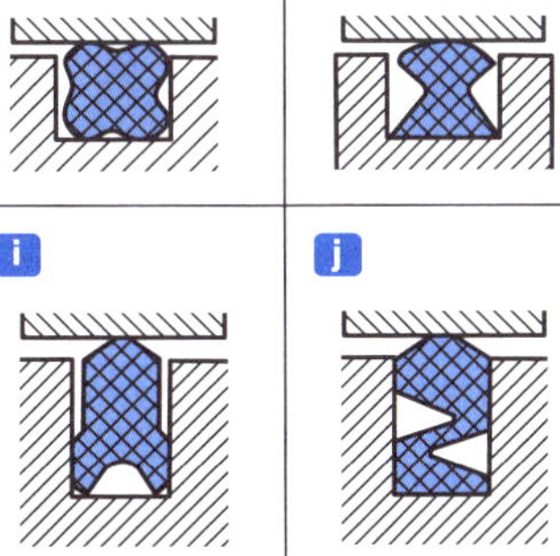	**Formdichtungen** g X-Ring (Quad-Ring) h I-Ring i K-Ring j Z-Ring	Verwendung in der Pneumatik Unempfindlichkeit gegen Maßtoleranzen der Dichtung und des Einbauraumes

Abbildung 16.11: Elastomer-Formdichtungen für Längsbewegungen nach [16.33], [16.35], [16.39]

Entsprechend der Ausführungsformen und Anwendungsgebiete gemäß Abbildung 16.11 lassen sich die vorwiegend in der Hydraulik und Pneumatik eingesetzten Dichtungen in Lippen- und Kompaktdichtungen unterteilen, wobei man bei Verwendung in einem Zylinder je nach Anordnung auch von einer Stangendichtung oder einer Kolbendichtung spricht. Während man für Standardanwendungen in der allgemeinen Hydraulik überwiegend die stumpflippigen, kompakten Nutringe verwendet, kommen bei Anforderungen mit geringer Reibung (z.B. in der Luftfahrttechnik) zunehmend die zu den Ringdichtungen gehörenden PTFE-Ringe zum Einsatz (s.a. Pkt. 3. Ringdichtungen). Nutringe werden mit axialem Spiel ($s \leq 0{,}3$ mm) eingebaut, wobei sich die zulässige Spaltweite abhängig von der Werkstoffhärte und dem Betriebsdruck (max. 400 MPa) ergibt. Die Gleitflächen sollten durch Schleifen, Honen oder Glattwalzen über eine Rauheit von $R_a \leq 0{,}4$ µm verfügen, während die Nut gedreht oder geschliffen sein sollte ($R_a \leq 1{,}4$ µm).

Neben den Nutringen gehören auch die Manschetten gemäß Abbildung 16.12 zu den Lippendichtungen. Da nur die Dichtlippe bei der Montage verformt wird, entstehen ein verhältnismäßig kleiner Anpressdruck und nur geringe Reibung, weshalb diese Dichtungen bevorzugt bei kleineren Drücken bis zu 60 MPa zur Abdichtung von Stangen und Kolben (Längsbewegung bei Gleitgeschwindigkeiten bis 0,5 m/s) sowie Achsen und Wellen (bei langsamer Drehbewegung) eingesetzt werden. Kombiniert man mehrere Lippenringe oder Manschettendichtungen zu sogenannten Mehrfach-Packungssätzen (Dachmanschettensätzen), entsteht eine Kompaktdichtung, die hauptsächlich im Schwermaschinenbau (u.a. für Pressen) eingesetzt wird. Dabei verstärkt sich unter axialem Druck die Anpressung der Dichtkanten, sodass gegen deutlich höhere Drücke bis ca. 500 MPa abgedichtet werden kann. Versieht man einen Nutring mit einem anvulkanisierten Stützring (Backring), so sind ebenfalls größere Drücke erreichbar, da eine Spaltextrusion verhindert wird [16.34].

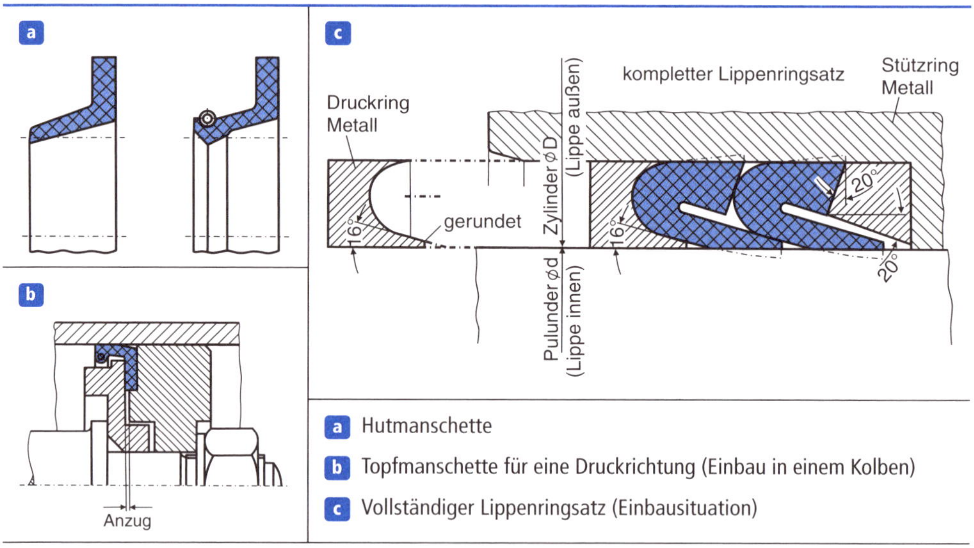

a Hutmanschette
b Topfmanschette für eine Druckrichtung (Einbau in einem Kolben)
c Vollständiger Lippenringsatz (Einbausituation)

Abbildung 16.12: Manschettendichtungen und Lippenringe nach [16.42]

Im Hinblick auf möglichst geringe Reibung und geringen Verschleiß müssen die Gleitflächen geschmiert werden, was durch die im Dichtspalt herrschende Schleppströmung erfolgt. Dabei drückt der durch die Adhäsion an der Gleitfläche haftende Schmierfilm die Dichtlippe beim Vorwärtshub von der Dichtfläche weg, während beim Rückwärtshub ein Teil des Schmierfilms abgestreift wird, sodass der verbleibende Teil zu einem Leckverlust führt. Neben der Anpresskraft und der Form der Dichtlippe beeinflussen die Zähigkeit des Schmierstoffes, die Gleitgeschwindigkeit und die Oberflächengüte die Größe des nicht abgestreiften Schmierfilms.

Im Gegensatz zu Dichtungsaufgaben in der Hydraulik, bei denen die Hydraulikflüssigkeit auch die Dichtungen schmieren kann, sollte in der Pneumatik der Schmierstoff nur einmalig während der Montage und möglichst nur auf die Dichtflächen aufgebracht werden, damit die Druckluft nicht verunreinigt wird. Demzufolge darf die Dichtlippe in der Pneumatik den Dichtfilm nicht abstreifen, während bei Hydraulikdichtungen der Schmierfilm möglichst gut abgestreift werden soll, woraus sich gemäß Abbildung 16.13 unterschiedliche Formen der Dichtlippen ergeben.

Hinsichtlich der Verwendung von O-Ringen und anderen Elastomer-Dichtringen mit symmetrischem Querschnitt als Stangendichtung in der Hydraulik und Pneumatik nach Abbildung 16.11 ist zu beachten, dass sie bei alleiniger Längsbewegung wegen der ungünstigen Reibungsverhältnisse und der Verdrillungsgefahr nicht geeignet sind, sondern zusätzlich eine überlagerte Drehbewegung benötigen [16.33]. Deutlich besser verhalten sich hier die ebenfalls sehr klein bauenden X-Ringe (oft auch als Quad-Ringe bezeichnet) und die radial besonders dehnungsfähigen I-, K- und Z-Ringe, die alle aufgrund ihrer Geometrie über ein zusätzliches Schmierstoffdepot verfügen.

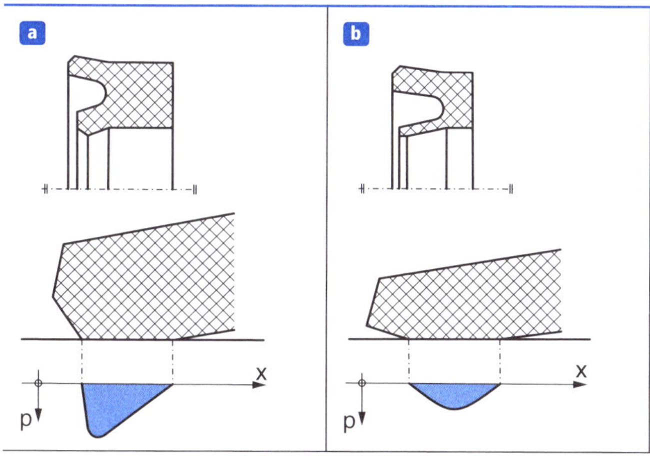

Form der Dichtlippe:

- **a** Für Hydraulikanwendungen
- **b** Für Pneumatikanwendungen

Abbildung 16.13: Form der Dichtlippe und Pressungsverteilung bei Nutringen nach [16.34]

Zur bevorzugten Anwendung im Hochdruckbereich eignen sich die über ein geschlossenes Profil verfügenden Kompaktdichtungen gemäß Abbildung 16.14, die bei der Montage zusammengepresst werden (leichte Vorspannung) und demzufolge hohe Anpress- und Reibungskräfte erzeugen.

Alle genannten Formdichtungen können bei Temperaturen an der Dichtlippe bis 100 °C verwendet werden, während Dichtungen aus PTFE für Temperaturen bis 260 °C geeignet sind.

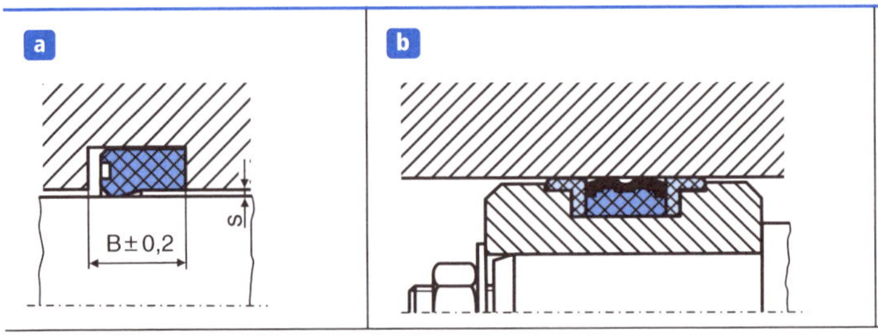

a Grundtyp

b Kolbendichtung mit Führungsbackringen

Abbildung 16.14: Kompaktdichtungen nach [16.34]

3 **Ringdichtungen** – Hierzu zählen die meist einfach radial geschlitzten rechteckigen Kolbenringe aus Sondergrauguss, die durch die Eigenfederung dicht an der Zylinderwand anliegen, sowie die aus dem Elastomer-Material PTFE bestehenden Ringe. Vergleichbar zu den Formdichtungen wird bei beiden Bauarten die wirksame Dichtpressung durch den Betriebsdruck erzielt, wobei die auftretende Reibung selbst bei hohen Drücken sehr niedrig ist.

Kolbenringe werden hauptsächlich in Verbrennungsmotoren sowie bei dynamisch hoch belasteten Kolben- und Stangendichtungen eingesetzt. Neben der Druckabdichtung lassen sie sich auch als Führungs- und in Sonderbauform als Ölabstreifring verwenden.

Entsprechend Abbildung 16.15 werden PTFE-Ringe durch einen im Nutgrund liegenden O-Ring angepresst, um die geforderte Dichtwirkung zu erzeugen. Aufgrund ihres ruckfreien Anlaufverhaltens (kein Stick-Slip-Effekt, selbst bei schlechter Schmierung) verdrängen sie zunehmend die Manschettendichtungen. Ein wesentlicher Nachteil der Ringdichtungen gegenüber den Formdichtungen ist der hohe Leckverlust, der jedoch durch eine entsprechende Formgebung etwas verringert werden kann. Zur Erzielung sehr geringer Leckverluste werden gemäß Abbildung 16.15 Dichtsysteme eingesetzt, die eine Kombination aus Abstreifer, Nutring als Sekundärdichtung, PTFE-Ring als Hauptdichtung und Führungsring darstellen. Dabei dichtet der PTFE-Ring den Druck ab, sodass der dann nur mit geringem Druck beaufschlagte Nutring den Ölfilm abstreifen kann. Der vorgelagerte Abstreifer schließlich schützt das gesamte Dichtungssystem vor grober Verschmutzung und verhindert so eine Beschädigung der empfindlichen Dichtlippe. Zusätzlich sind ein oder zwei Führungsringe vorzusehen, da nichtmetallische Dichtungen nicht zur Führung von Wellen, Kolben oder Stangen geeignet sind.

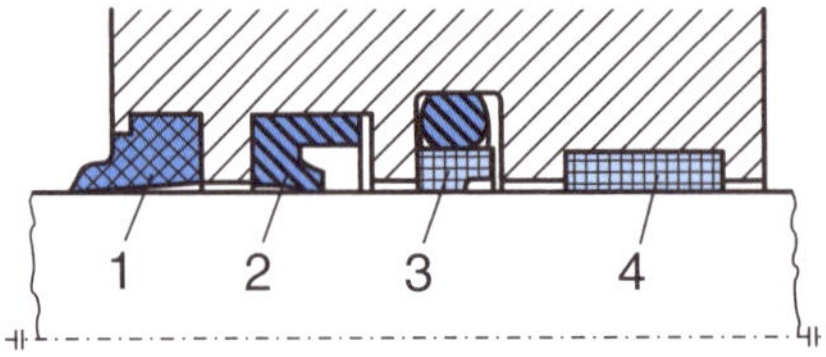

1 Abstreifer
2 Nutring
3 PTFE-Ring
4 Führungsring

Abbildung 16.15: Schematischer Aufbau eines Kompakt-Dichtsystems [16.41]

Betrachtet man im Weiteren das große Gebiet der dynamischen Berührungsdichtungen für Drehbewegungen und hier insbesondere Wellenabdichtungen, so haben sich die nachfolgend näher beschriebenen Filzringe, V-Ringe, Radial-Wellendichtringe und Axial-Gleitring-Dichtungen bewährt:

4 **Filzringdichtungen** – Diese einfachen und kostengünstigen Dichtungselemente gemäß Abbildung 16.16 sind nach DIN 5419 genormt, werden mit Öl oder Fett getränkt und eignen sich u.a. zur Abdichtung fettgeschmierter Wälzlager bei Umfangsgeschwindigkeiten bis zu 4 m/s und Temperaturen bis zu 100 °C [16.10]. Bei höheren Temperaturen geht die Dichtwirkung wegen nachlassender Elastizität des Ringes verloren. Bei höheren Gleitgeschwindigkeiten neigen die Ringe zum Verkleben, weshalb für diese Fälle grafitierte Ringe oder Ringe aus speziellen Kunststoffen eingesetzt werden.

Die radiale Anpressung gegen die Welle wird durch eine konische Nut (7° Seitenwinkel) erreicht, die den Ring axial am Ringgrund zusammendrückt, wobei der Filzring jedoch am Ringgrund wegen möglicher Wärmedehnung nicht anliegen darf. Die hohe Elastizität ermöglicht auch bei Unrundheit und Schiefstellung eine gute Anpassung an die Welle. Ferner verfügt der Filzring über gute Notlaufeigenschaften, da er im Bedarfsfall den gespeicherten Schmierstoff abgeben kann. Zur Abdichtung gegen Spritzwasser eignen sich Filzringe nicht. Des Weiteren kann sich in den Filzring Schmutz einlagern, sodass durch die schmirgelnde Wirkung der Wellensitz beschädigt wird und die Dichteigenschaften nachlassen. Hauptanwendungsbereich von Filzringen sind z.B. Motoren, Getriebe, Steh- und Flanschlager sowie der Einsatz als Feindichtung hinter Labyrinthen gemäß Abbildung 16.16.

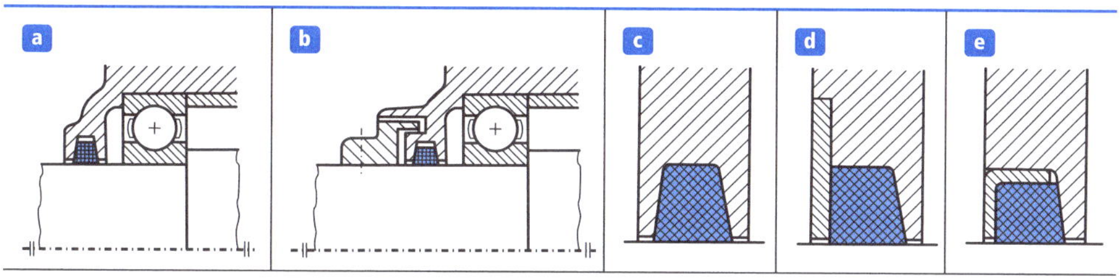

Abbildung 16.16: Filzringdichtung – a) Hauptdichtung, b) Nebendichtung, c) nur radial montierbar, d) axial montierbar, e) axial montierbar

5 **V-Ringe** – Diese Wellendichtungen ohne Druck entsprechen gemäß Abbildung 16.17 einfach aufgebauten Lippendichtungen aus weichem Gummi (NBR-Acryl-Nitril-Butadien-Kautschuk), deren Dichtlippe, bedingt durch die elastische Verformung, axial gegen eine Dichtfläche gedrückt wird. Dabei sollte die plane Dichtfläche feingedreht (R_a = 0,4 ... 2,5 µm) und ohne radiale Bearbeitungsriefen sein, während der Wellensitz rau sein darf, da dann der Ring besser haftet. Da der Ring gedehnt werden darf, lässt er sich bei der Montage ohne Probleme über scharfe Kanten, Nuten und Gewinde ziehen.

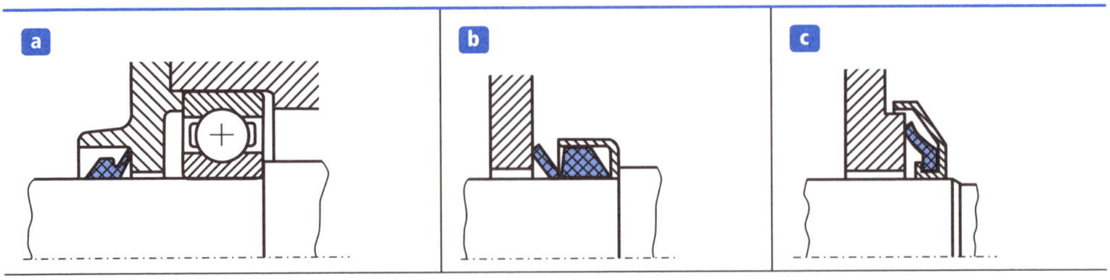

Abbildung 16.17: V-Ringe – a) Grundform, b) Haltering, c) Gamma-Ring nach [16.34]

Grundsätzlich sitzt der Ring, bedingt durch ein bestimmtes Untermaß, fest und dichtet somit gegen die Welle ab. Bei höheren Umfangsgeschwindigkeiten ab $v \approx 12$ m/s wird die feste Pressung gegen die Welle jedoch durch die Fliehkraft aufgehoben. Zusätzlich bildet sich ab $v \approx 15$ m/s ein radialer Dichtspalt, da die Dichtlippe von der Gehäusefläche abhebt. Durch Überschieben eines Halteringes mit Vorspannung gemäß Abbildung 16.17 b) kann dieses Verhalten vermieden werden, sodass der V-Ring dann als sogenannter Spaltring bis $v \approx 30$ m/s eingesetzt werden kann. In ähnlicher Weise verfügt der Gamma-Ring entsprechend Abbildung 16.17 c) über einen bereits anvulkanisierten Metallmantel, wodurch Umfangsgeschwindigkeiten bis $v \approx 20$ m/s möglich sind.

V-Ringe werden bevorzugt als äußere Schutzdichtung bis 100 °C zum Abdichten von z.B. Pendelrollenlagern und Gelenkköpfen eingesetzt, da sie Fluchtungsfehler infolge Parallelversatz bis über 1 mm und einige Grad Winkelversatz erlauben, wobei allerdings eine axiale Abstützung erforderlich werden kann. Die axiale Lippe wirkt dabei auch als Schleuderscheibe gegen Verunreinigungen von außen (Schmutz, Spritzwasser). In Labyrinth-Dichtungen werden sie häufig wegen des geringen Einbauraumbedarfes als Feindichtung verwendet, bei Ölschmierung sind sie zur Abdichtung nach innen geeignet. Im Vergleich zu den im Folgenden beschriebenen Radial-Wellendichtringen ist die Anfahrreibung geringer, da die Dichtlippe nur mit geringer Pressung anliegt.

6 **Radial-Wellendichtringe** – Diese am häufigsten eingesetzten Dichtungen (u.a. bei fett- und ölgeschmierten Wälzlagern) können sowohl als Schutzdichtungen (drucklos) als auch in besonderer Bauart als Druckdichtungen verwendet werden. Gemäß Abbildung 16.18 a) dichten Radial-Wellendichtringe gegenüber dem Gehäuse statisch durch den metallischen Versteifungsring (Stahl, oftmals auch kunststoffummantelt) und gegenüber der rotierenden Welle dynamisch mit der Dichtlippe aus einem Elastomer-Werkstoff (Kunststoffe auf Kautschuk-Basis) ab, die durch eine Zugfeder (Schlauchfeder) leicht und gleichmäßig gegen die Welle gedrückt wird, wodurch sich eine hohe Dichtwirkung und eine lange Lebensdauer ergeben.

Dabei muss nach Abbildung 16.18 a) die Dichtlippe immer in Richtung des abzudichtenden Mediums weisen. Bedingt durch die besondere Form der Dichtlippe entsteht im Dichtspalt unabhängig von der Drehrichtung eine hydrodynamische Förderwirkung von der Luft- zur Flüssigkeitsseite, die zum einen die abzudichtende Flüssigkeit aus dem Dichtspalt zurückfördert und zum anderen einen Flüssigkeitsreibungszustand zwischen Welle und Dichtring herbeiführt [16.33]. Trockenlaufende Dichtringe sind wegen des hohen Verschleißes generell zu vermeiden. Die bei der Bauform AS gemäß Abbildung 16.18 c) zusätzlich vorhandene Schutzlippe hält Staub, Wasser und weitere mögliche Verunreinigungen von der Dichtstelle ab. Darüber hinaus nimmt der Versteifungsring im Sinne einer dünnwandigen Membran eine mögliche Belastung durch den Innendruck auf und leitet sie zur Verstärkung der Dichtwirkung auf die Lippe.

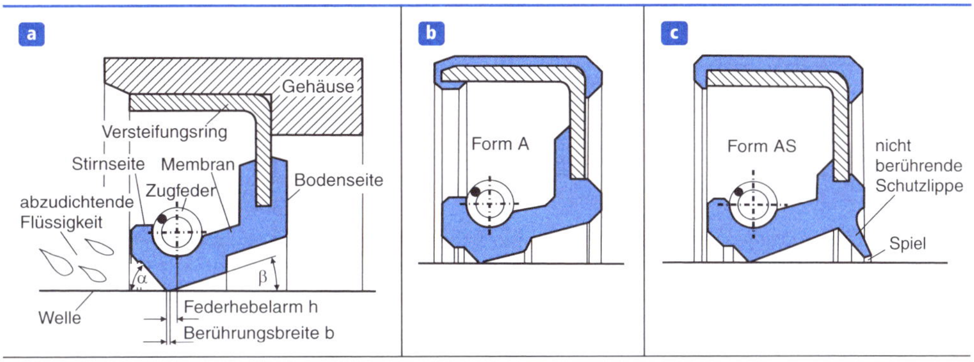

Abbildung 16.18: Radial-Wellendichtringe – a) Grundsätzlicher Aufbau, b) Form A nur mit Dichtlippe, c) Form AS mit zusätzlicher Schutzlippe

Sollte bei größeren abzudichtenden Flüssigkeitsmengen oder bei Rundheits- und Rundlaufabweichungen sowie Schwingungen der Welle eine erhöhte Dichtwirkung notwendig sein, so können die Dichtlippen mit Drall ausgeführt werden, indem kleine Stollen auf der Luftseite der Lippe angeformt werden (Dralllippen) [16.33].

Neben den nach ISO 6194 genormten Bauarten von Radial-Wellendichtringen (Form A nur mit Dichtlippe, Form AS mit Dicht- und Staublippe) wurden mittlerweile gemäß Abbildung 16.19 eine Vielzahl weiterer Bauarten durch die einschlägigen Hersteller entwickelt [16.23]. Abbildung 16.20 zeigt die grundsätzliche Anordnung der Radial-Wellendichtringe, um das Austreten des Schmiermittels und das Eindringen von Spritzwasser sowie das Eindringen von Wasser bei geringer Druckbeaufschlagung zu verhindern, wobei die vorhandene Fettkammer sowohl zur Schmierung der Dichtlippe als auch zusätzlich zur Abdichtung dient. Eine derartige Fettfüllung ist bei der Form AS gemäß Abbildung 16.19 auch zwischen der Dichtlippe und der Staublippe möglich.

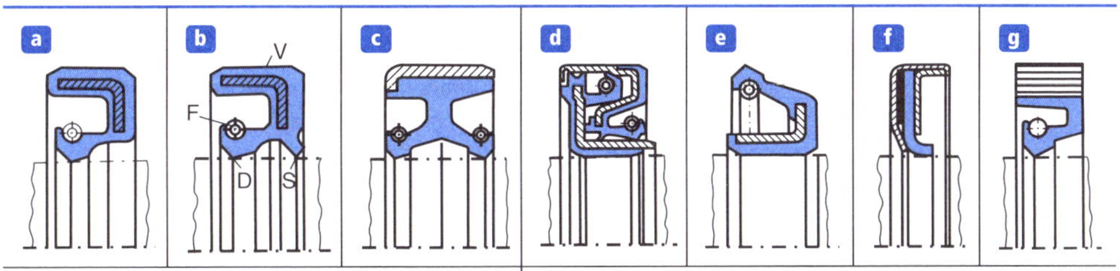

- **a** Form A ohne Staublippe nach ISO 6194
- **b** Form AS mit Staublippe nach ISO 6194
- **c** Mit Metallsitz und zwei Dichtlippen zum Trennen unterschiedlicher Medien
- **d** Kassettendichtung für sehr große Schmutzbelastung
- **e** Außen dichtend für umlaufende Außenteile
- **f** Für höhere Drücke mit PTFE-Dichtlippe
- **g** Mit Gewebeeinlage anstelle Metallring für große Durchmesser (auch geteilt ausführbar)

Abbildung 16.19: Bauformen von Radial-Wellendichtringen nach ISO 6194 und Sonderbauarten [16.23]

Die Lebensdauer eines Radial-Wellendichtringes hängt neben der Schmierung der Dichtlippe wesentlich vom Zustand der Wellenoberfläche ab, die möglichst glatt, drallfrei geschliffen oder poliert sein sollte sowie eine Härte von 45 bis 60 HRC aufweisen muss. Bei bekannter konstanter Drehrichtung kann der Wellensitz aber auch gezielt mit einer Drallrichtung zur Rückförderung des Schmierstoffes versehen werden.

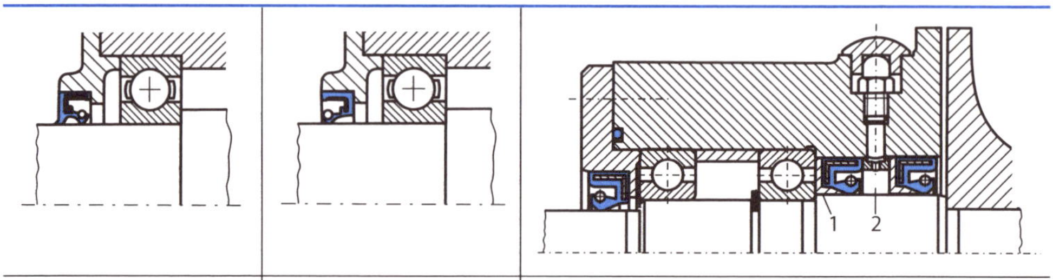

a Abdichtung gegen Schmiermittelaustritt	b Abdichtung gegen Spritzwassereintritt	c Abdichtung gegen Wasser mit leichter Druckbeaufschlagung – 1 Stützring, 2 Fettfüllung

Abbildung 16.20: Einbaubeispiele für Radial-Wellendichtringe nach [16.34]

Entsprechend Abbildung 16.21 muss bei der Montage die axiale Lage des Radial-Wellendichtringes entweder durch einen Absatz im Gehäuse oder aber durch eine Montagehilfe sichergestellt werden. Aufgrund der Empfindlichkeit des Radial-Wellendichtringes gegenüber Lageabweichungen der Welle zur Bohrung muss er möglichst in der unmittelbaren Nähe des Lagers angeordnet werden.

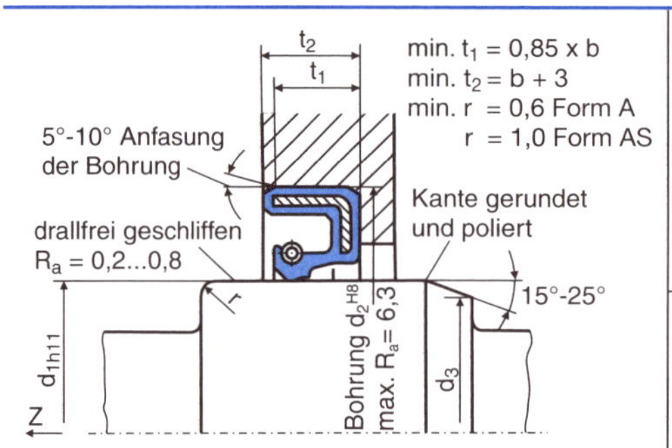

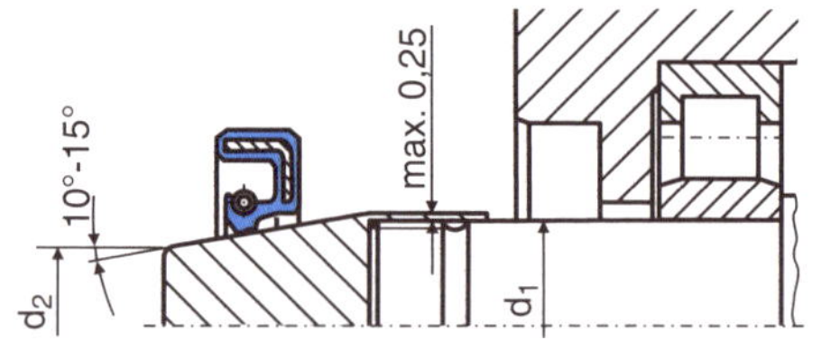

Zum einfachen Einbau der Ringe bei leicht eingeölter Welle sollte die Gehäusebohrung über eine leichte Anfasung verfügen. In Einbaurichtung Y bzw. Z muss die Welle mit einer Anfasung bzw. Rundung ausgeführt werden oder aber es sind Einbauhülsen zu verwenden, damit die Ringe nicht beschädigt werden.

Abbildung 16.21: Einbaurichtlinien für Radial-Wellendichtringe nach DIN 3760 und DIN 3761 [16.6], [16.7]

Die Auswahl des Elastomer-Materials (z.B. FKM – Fluor-Kautschuk, NBR – Acrylnitrit-Butadien-Kautschuk) gemäß Abbildung 16.22 hängt ab von der Art und Temperatur des abzudichtenden Mediums sowie der Umfangsgeschwindigkeit der Welle. Bei richtig ausgelegten und geschmierten Radial-Wellendichtringen ergibt sich an den Dichtlippen eine spezifische Radialkraft im Neuzustand von $p_L = F_t / (\pi \cdot d) = 0{,}1$ bis 0,15 N/mm und im eingelaufenen Zustand von $p_L = 0{,}03$ bis 0,05 N/mm. Unter der Maßgabe der Berührbreite b ergibt sich daraus eine mittlere Flächenpressung an der Dichtkante im Neuzustand von $p_m \approx 1$ N/mm^2 und $p_m \approx 0{,}25$ N/mm^2 im eingelaufenen Zustand.

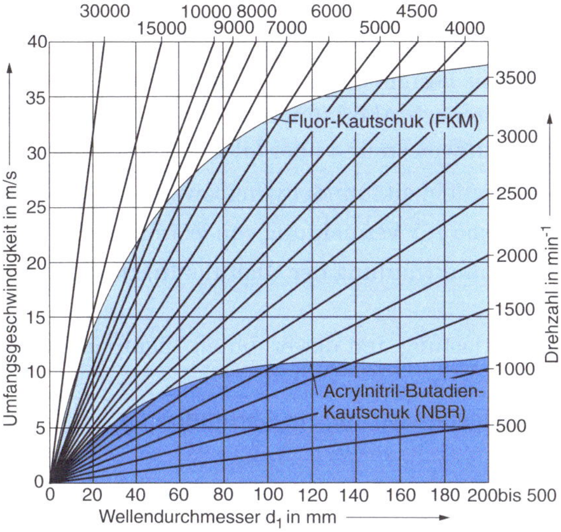

Abbildung 16.22: Zulässige Umfangsgeschwindigkeiten für Radial-Wellendichtringe aus verschiedenen Werkstoffen bei Abdichtung gegen Motorenöl SAE 20 und Fett [16.36]

Aufgrund der Reibung zwischen Dichtring und Welle entsteht bei Reibungszahlen von $\mu = 0{,}3$ bis $0{,}5$ unter praktischen Betriebsbedingungen eine Verlustleistung, die sich aufgrund fehlender Informationen nur sehr selten genau berechnen, jedoch wie folgt abschätzen lässt [16.31], [16.33]:

$$P_{VD} = \left[145 - 1{,}6 \cdot \vartheta_{Öb} + 350 \cdot \lg(VG + 0{,}8)\right] \cdot d^2 \cdot n \cdot 10^{-7} \qquad (16.1)$$

Hierin bezeichnet P_{VD} die Verlustleistung in W, wenn die Ölbetriebstemperatur $\vartheta_{Öb}$ (bzw. Ölsumpftemperatur bei Tauchschmierung) in °C, der Abdichtdurchmesser d in mm, die Wellendrehzahl n in min^{-1} und die Viskositätsklasse VG bzw. Nennviskosität ν_{40} in mm^2/s eingesetzt werden. Die Bestimmung der Verlustleistung kann auch grafisch mithilfe der Diagramme in Abbildung 16.23 vorgenommen werden.

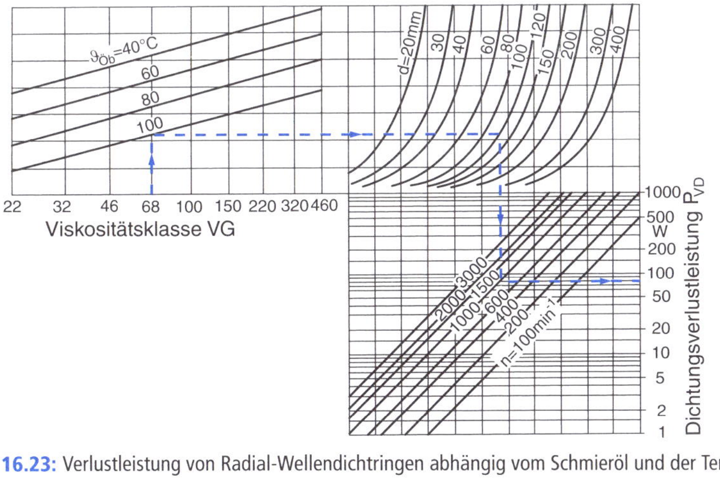

Abbildung 16.23: Verlustleistung von Radial-Wellendichtringen abhängig vom Schmieröl und der Temperatur [16.31]

Da normale Radial-Wellendichtringe bereits bei leichtem Überdruck nur verminderte Gleitgeschwindigkeiten zulassen (z.B. 0,5 MPa Überdruck bei 2,8 m/s, 0,2 MPa Überdruck bei 5,6 m/s) gibt es besondere druckbelastbare Radial-Wellendichtringe mit Elastomer-Lippendichtungen nach Abbildung 16.24, die eine höhere Festigkeit und bessere Schmiereigenschaften aufweisen und über folgende besondere Eigenschaften verfügen:

- größere radiale Beweglichkeit, um Schwingbewegungen der Welle folgen zu können,
- schmalere Berührfläche zur Vermeidung von Wärmestau,
- bessere Schmierung und Kühlung der Gleitdichtflächen zur Minderung von Reibung und Verschleiß,
- zusätzliche Druckentlastung, um der erhöhten Dichtflächenpressung entgegenzuwirken,
- zusätzliche Reibmomentabstützung zur Verhinderung von Gleitbewegungen der Ringe im Gehäuse.

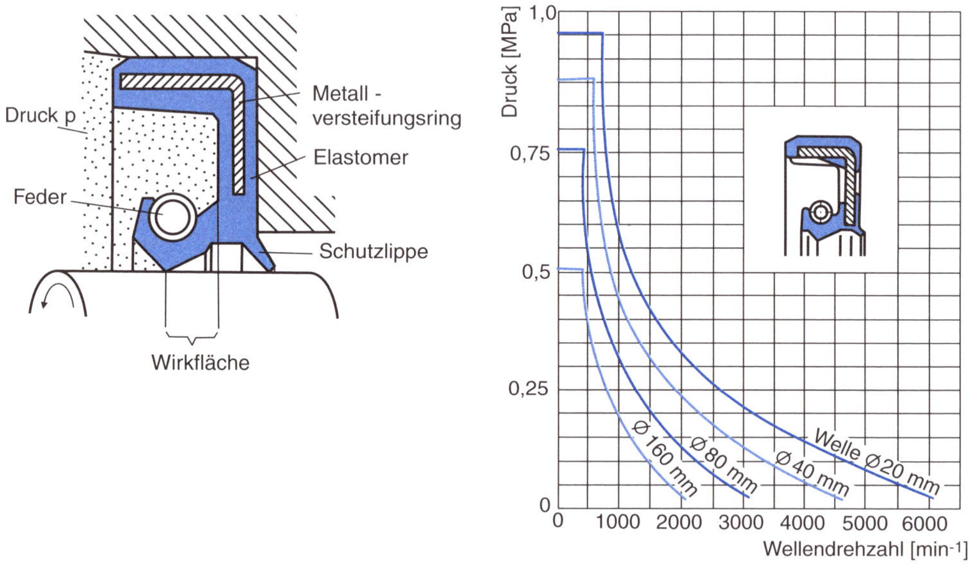

Abbildung 16.24: Druckbelastbarer Radial-Wellendichtring mit Elastomer-Lippendichtung nach [16.33], [16.41]

7 **Axial-Gleitring-Dichtung** – Bei dieser Dichtungsbauart wird ein mit der Welle rotierender Gleitring gemäß Abbildung 16.25 mit seiner Stirnfläche axial gegen eine feststehende Gegenfläche gedrückt, wobei die erforderliche axiale Dichtkraft durch zusätzliche federnde Elemente erzeugt wird. Eine umgekehrte Anordnung mit stationärem Gleitring und beweglichem Gegenring ist ebenfalls möglich und wird bevorzugt bei hohen Drehzahlen oder hoch viskosen Medien eingesetzt. Neben der Erzeugung des axialen Anpressdruckes erlauben die Federelemente den selbsttätigen Ausgleich von Wärmedehnungen und Verschleiß. Meistens wird der axial bewegliche Gleitring gegenüber der Welle mit einem O-Ring, einem Faltenbalg oder einer Membran abgedichtet. Sowohl Gleit- als auch Gegenring sind gegenüber der Welle bzw. dem Gehäuse gegen Verdrehen zu sichern.

Die Dichtwirkung im Dichtspalt entsteht durch einen hydrostatischen Druck, der sich dem Speisedruck des abzudichtenden Betriebsstoffes automatisch anpasst, wobei zusätzlich eine Schleppströmung wie in einem hydrodynamischen Lager überlagert wird. Somit liegt eine selbstverstärkende Dichtung vor, die wegen des kurzen, engen Dichtspaltes nur geringe Leckverluste (meist unsichtbar infolge Verdunstung) und kleine Reibungsverluste aufweist.

Aufgrund dieser Vorteile bevorzugt man vor allem bei Drücken vom Vakuum bis zu 450 MPa, Temperaturen von −220 °C bis 450 °C und Umfangsgeschwindigkeiten bis über 100 m/s in zunehmendem Maße Axial-Gleitring-Dichtungen anstelle von Stopfbuch-, Lippen- und Labyrinth-Dichtungen. Die hohe Betriebssicherheit und Lebensdauer erlauben den breiten Einsatz in Pumpen, Kompressoren, Verdichtern, Rührwerken, Mischern, Mühlen, Werkzeugmaschinen und auch in Haushaltsgeräten und Kfz-Kühlwasserpumpen. Nachteilig ist jedoch, dass die Axial-Gleitring-Dichtung aufgrund ihrer vielen Funktionselemente (Gleitring, Gegenring, Federn, Verdrehsicherungen, Nebendichtungen) ein komplexes, teures Bauelement ist, welches sorgfältig ausgelegt, gefertigt und montiert werden muss.

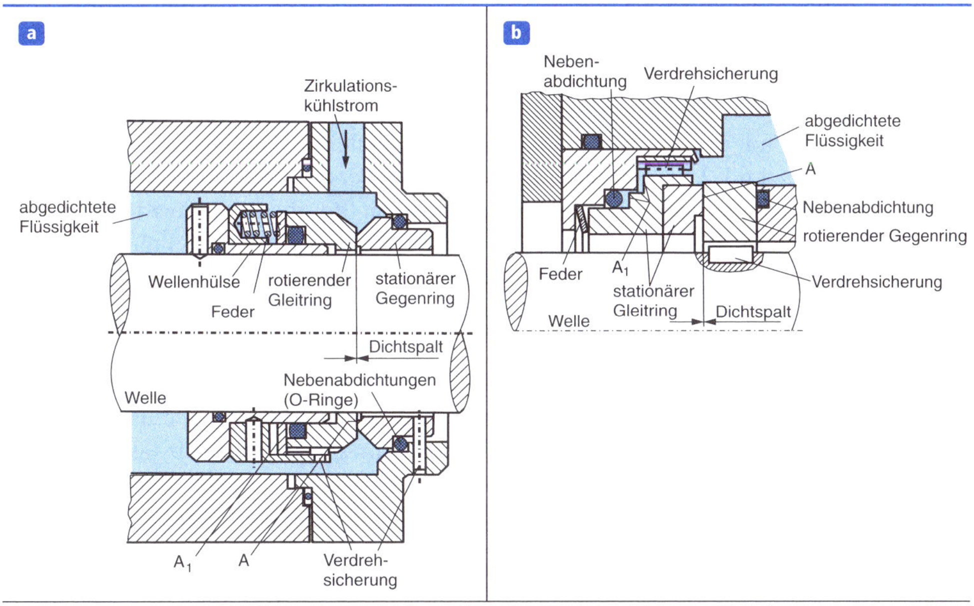

Abbildung 16.25: Axial-Gleitring-Dichtungen – a) Rotierender Gleitring und stationärer Gegenring, b) rotierender Gegenring und stationärer Gleitring nach [16.33]

Grundvoraussetzung für ein gleichmäßiges Tragen ist die genaue Ausrichtung der feinst bearbeiteten und polierten Gleitflächen von Gleit- und Gegenring mit einer Rauheit von R_a = 0,15 ... 0,3 µm. Zusätzlich sollte eine Gleitfläche im Hinblick auf gute Notlaufeigenschaften und den Abbau von Kantenpressung verschleißfähig bzw. anpassungsfähig sein, während die Gegen-Gleitfläche möglichst verschleißfest sein muss. Lediglich bei Medien mit abrasiven Stoffen sind beide Flächen gleich hart auszuführen. Meistens liegt ein Mischreibungszustand mit Reibbeiwerten von $\mu = 0{,}05$ bis 0,1 vor. Eine Verbesserung der Schmierung und Dichtwirkung lässt sich durch mikroskopisch kleine Schmiertaschen in den Gleitflächen (wenige µm tiefe „Einförder- und Rückförder-Strukturen") erzielen, die zur Bildung von hydrodynamischen Keilspalten führen, sodass der Reibbeiwert auf $\mu = 0{,}01$ bis 0,001 sinkt. Muss gegen Gas abgedichtet werden, erzeugt man durch Einpressen von Kühl- oder Sperrflüssigkeit zwischen die Gleitflächen mit entsprechenden Bohrungen einen hydrostatischen Schmierspalt.

Grundsätzlich sollte hinsichtlich der hohen anfallenden Reibungswärme zur besseren Wärmeabfuhr mindestens ein Gleitring über eine gute Wärmeleitfähigkeit verfügen und beide sollten unempfindlich gegen einen Wärmeschock sein, damit bei plötzlichem Abkühlen keine Rissgefahr besteht. Aufgrund dieser Anforderungen verwendet man meist für einen Gleitring imprägnierten Kohlegrafit, während der verschleißfeste Gegenring aus Metall (z.B. nicht rostendem Nickelstahl) gefertigt wird. Weitere Materialien sind Kunstkohle, Kunststoffe, Keramik, Metallkarbide (chemisch) beständiges Silizium-Karbid) oder Spezialgrauguss.

In jedem Fall ist auf eine ausreichende Schmierung zu achten, da trocken laufende Gleitringdichtungen bereits bei geringer Reibleistungsdichte verschleißen. Andererseits ist bei entsprechender Dimensionierung und geeigneten Werkstoffen nach Ausfall der Schmierung die Funktion als Notdichtung auch für mehr als 100 h Laufzeit möglich.

Abhängig von den gegebenen Anforderungen werden Gleitringdichtungen einfach oder doppelt wirkend, druckentlastet oder nicht druckentlastet, umlaufend oder stationär sowie in Innen- und Außenanordnung ausgeführt, wobei Gestalt und Bauraumbedarf gemäß ISO 3069 entsprechend den Abmessungen von Stopfbuchsen für Kreiselpumpen zu wählen sind [16.22]. Ebenso ist aber auch hier eine Gestaltung möglich, die die Besonderheiten und Anforderungen der Axial-Gleitring-Dichtungen berücksichtigt [16.33], [16.39].

So lassen sich durch die entlastete Gleitringdichtung Reibung und Verschleiß begrenzen, indem man bei höherem Betriebsdruck die Anpresskraft vermindert, wobei jedoch ein bestimmter Kleinstwert durch die Feder stets gegeben sein muss. Erreicht wird diese Anpassung durch Vergrößerung oder Verkleinerung der druckbelasteten Fläche A_1 (z.B. durch Wellenabsätze oder Hülsen) in Bezug zur Gleitfläche A gemäß Abbildung 16.25, sodass zur Beurteilung der Entlastung das Flächenverhältnis $k = A_1/A$ genutzt werden kann. Erfahrungsgemäß wählt man ab einer abzudichtenden Druckdifferenz von $\Delta p = 7 \ldots 10$ MPa eine Entlastung mit $k < 1$, unterhalb genügt meist die kostengünstigere, nicht entlastete Dichtung. Zum Abdichten hoch viskoser Medien wird häufig ein Flächenverhältnis von $k > 1 \ldots 2$ angewendet.

8 **Laufwerkdichtungen** – Bei dieser speziellen Dichtungsbauart handelt es sich um einfach aufgebaute Axial-Gleitring-Dichtungen mit harten verschleißfesten Laufflächen gemäß Abbildung 16.26 zum Schutz beweglicher Fahrwerksteile in Baumaschinen und hier insbesondere in Raupenfahrwerken bei sehr hohem Verschmutzungsgrad.

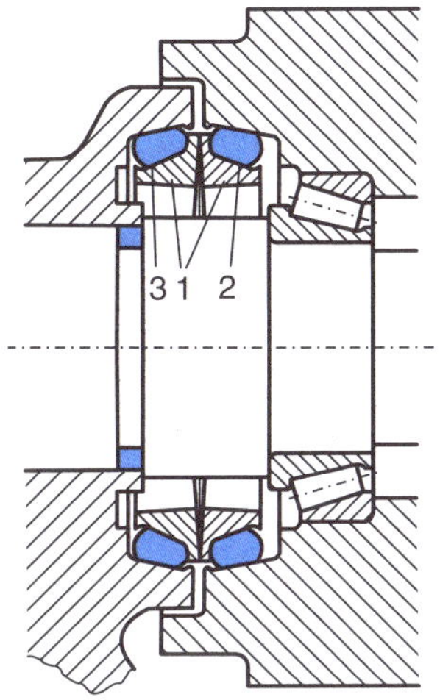

Mithilfe zweier Gleitringe (1), die durch entsprechend große, elastische O-Ringe gegeneinander gepresst werden, erfolgt in axialer Richtung zwischen den metallischen Gleitflächen die dynamische Abdichtung. Dabei dichtet ein O-Ring (2) den Spalt zwischen Gleitring und feststehendem Gehäuse ab und hält den Gleitring fest, während der andere O-Ring (3) den Gleitring (1) elastisch mit der Welle mitnimmt. Hauptvorteile dieser robusten Dichtverbindung sind große, mögliche Mittenabweichungen aufgrund der axialen Gleitflächen, große Winkelabweichungen wegen der elastischen O-Ringe sowie ein selbsttätiger Verschleißausgleich.

Vorzugsweise werden die Dichtflächen mit Öl geschmiert, was Gleitgeschwindigkeiten bis zu 10 m/s erlaubt, während bei Fettschmierung ungefähr 3 m/s erreichbar sind.

Abbildung 16.26: Laufwerksverdichtung im Raupenfahrwerk einer Baumaschine [16.34]

9 **Federnde Abdeckscheiben** – Diese raumsparende Dichtungsbauart gemäß Abbildung 16.27 wird bevorzugt bei Fettschmierung von Wälzlagern eingesetzt, wobei je nach Lagergestaltung die Abdeckscheiben mit dem Innen- oder Außenring fest gespannt werden und leicht federnd an dem anderen Ring anliegen. Nach einer bestimmten Einlaufzeit bildet sich, bedingt durch den Verschleiß, ein sehr enger Spalt, sodass eine berührungsfreie Abdichtung entsteht. Der Schutz gegen eindringende Verunreinigungen lässt sich verbessern, indem durch die Verwendung von zwei Federscheiben gemäß Abbildung 16.27 c) ein zusätzlicher Fettraum geschaffen wird. Grundsätzlich ist die mit dem äußeren Wälzlagerring verspannte Scheibe vorteilhafter, da in diesem Fall das Fett weniger herausgeschleudert werden kann. Des Weiteren muss beim Einbau der Abdeckscheiben eine ausreichende Zentrierung durch die Welle bzw. die Bohrung gegeben sein. Aufgrund der geringen Baubreite können Lager auch nachträglich ohne konstruktive Änderungen mit Membrandichtungen versehen werden.

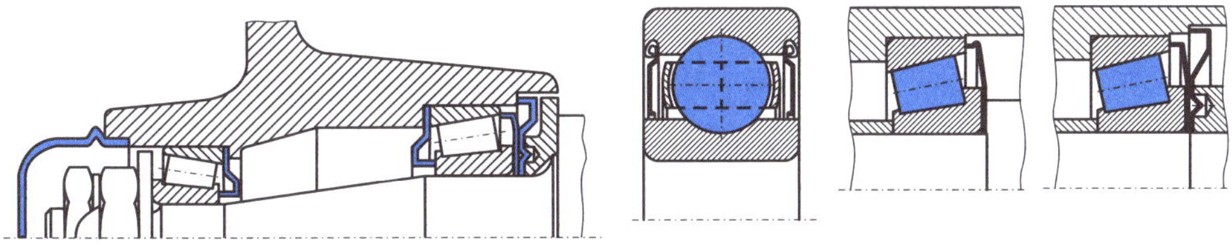

Abbildung 16.27: Federnde Abdeckscheiben zur Abdichtung von Wälzlagern bei Fettschmierung nach [16.2], [16.34]

In vergleichbarer Weise dichten die in eine Ausnehmung des Außenrings eingepressten Dichtscheiben ab, indem gegen den Innenring anliegende Dichtlippen das Lager nach außen dicht schließen. Derartig abgedichtete und mitbefüllte Lager können von den Wälzlagerherstellern serienmäßig bezogen werden.

16.3.2 Berührungsfreie Dichtverbindungen

Die berührungsfreien Dichtverbindungen nutzen die Dichtwirkung enger Spalte und arbeiten mit Ausnahme der Strömungsverluste im Spalt reibungs- und verschleißfrei, woraus sich theoretisch eine unbegrenzte Lebensdauer ergibt. Zur Dichtfunktion wird die im Spalt vorhandene Strömung genutzt, wobei durch Kapillar- und Adhäsionskräfte zwischen den Bauteilen und dem Schmierstoff eine Sperrschicht entsteht. Im Vergleich zu berührenden Dichtungen treten jedoch höhere Leckverluste auf, sodass keine vollständige Abdichtung möglich ist und die erreichbare Dichtwirkung wesentlich von der Spaltkonstruktion abhängt. Da wegen der Berührungsfreiheit keine Reibungsverluste auftreten, sind im Vergleich zur berührenden (schleifenden) Dichtung keine Kühlung und auch keine Schmierung erforderlich. Eine nahezu dichte Ausführung lässt sich mit entsprechendem Aufwand durch den Einsatz von Sperrflüssigkeiten oder in der Form als Magnetflüssigkeitsdichtung, Sperrluftdichtung oder Fanglabyrinth-Dichtung erreichen.

Berührungsfreie Dichtungen werden bevorzugt zur Abdichtung von Wellen mit hohen Drehzahlen ohne Druckunterschied (berührungsfreie Schutzdichtungen) oder mit Druckunterschied (Strömungsdichtungen) im Turbomaschinenbau eingesetzt. Sie werden aber auch als reine drucklose Schutzdichtungen gegen Schmutz und Spritzwasser zur Abdichtung von Wälzlagern eingesetzt.

Im Weiteren werden die Eigenschaften der wichtigsten berührungsfreien Dichtungen beschrieben.

1 **Spaltdichtungen** – Bei den Spaltdichtungen wird zwischen druckbeaufschlagten und druckfreien Spaltdichtungen unterschieden. In beiden Fällen wird durch einen möglichst langen und engen Spalt gemäß Abbildung 16.28 abgedichtet. Mithilfe der Kontinuitätsgleichung lässt sich unter der Voraussetzung einer inkompressiblen, laminaren Strömung aus dem mittleren Spaltdurchmesser d_m, der Spaltlänge l, der dynamischen Viskosität η des Betriebsstoffes (Schmierstoffes), der abzudichtenden Druckdifferenz Δp und unter Einbeziehung der Exzentrizität e und der Spalthöhe h der Volumenstrom Q (Leckagemenge) wie folgt bestimmen:

$$Q = \Delta p \cdot \frac{d_m \cdot \pi \cdot h^3}{12 \cdot \eta \cdot l} \cdot \left(1 + 1{,}5 \cdot \varepsilon^2\right) \quad \text{mit} \quad \varepsilon = \frac{e}{h}\,. \tag{16.2}$$

Hieraus wird deutlich, dass die Leckagemenge hauptsächlich von der Spalthöhe $h \approx$ 10 ... 20 µm und der Exzentrizität e abhängt, während die Spaltlänge l umgekehrt proportional eingeht. Da hierbei die Verluste an Spaltein- und -austritt nicht berücksichtigt werden, weicht der tatsächliche Volumenstrom selbst bei koaxialem Spalt mit geringer Exzentrizität vom berechneten Wert ab, wobei zusätzlich auch die Schleppströmung in Umfangsrichtung einen Einfluss hat.

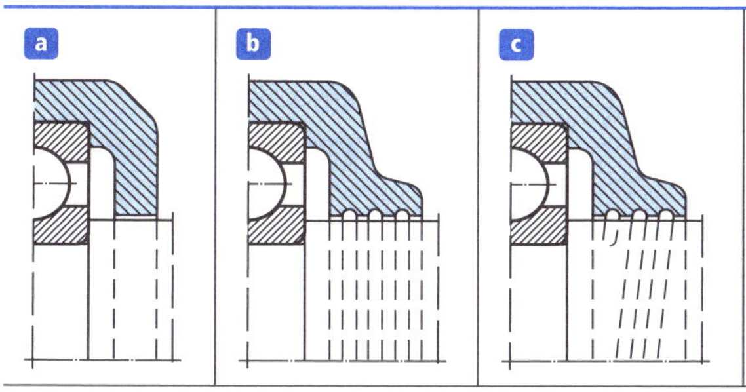

a Glatter Spalt

b Spalt mit fettgefüllten Parallelrillen

c Spalt mit schraubenförmigen Rillen, die bei nur einer erlaubten Drehrichtung den Schmierstoff zurückbefördern

Abbildung 16.28: Spaltdichtungen nach [16.43]

Während turbulente Strömungen in den engen Spalten nur selten auftreten, lassen sich kompressible Strömungen von Gas und Dampf bis zu einer Druckdifferenz von $\Delta p = 1{,}1$ bis 1,3 MPa als inkompressibel betrachten, sodass ebenfalls Gleichung (16.2) angewendet werden kann. Bei größeren Druckunterschieden muss die Berechnung des Massenstromes jedoch auf der Grundlage der kompressiblen Rohrströmung erfolgen. Um die auftretende Leckagemenge möglichst gering zu halten, werden der berührungsfreien Dichtung oftmals gemäß Abbildung 16.29 berührende Dichtungen nachgeschaltet. Hauptanwendungsgebiete dieser Dichtungsbauart sind Turbomaschinen, Verdichter, Kreiselpumpen, Hochdruck-Kolbenpumpen und Flugtriebwerke.

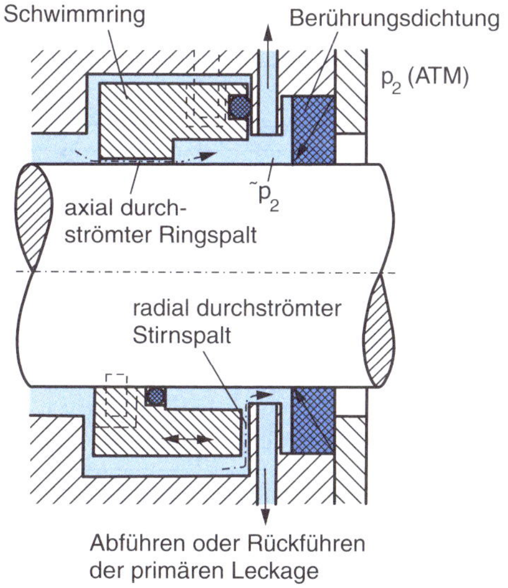

Anstelle einer langen Buchse werden mehrere meist hintereinander geschaltete Dichtkörper (Schwimmringe) eingesetzt, die sich unabhängig voneinander einstellen können, um eine gute Dichtwirkung zu erzielen.

Ebenso ist auch ein radial durchströmter Stirnflächenspalt möglich, wobei im Gegensatz zur Axial-Gleitring-Dichtung der Spalt mit $h = 10 \ldots 20\ \mu\text{m}$ ausgeführt wird, um eine Berührung auszuschließen.

Abbildung 16.29: Drosselspaltdichtungen mit nachgeschalteter Berührungsdichtung nach [16.33]

Im Gegensatz zu den druckbeaufschlagten Spaltdichtungen werden die druckfreien Spaltdichtungen überwiegend als Schutzdichtungen an Lagerstellen gegen das Eindringen von Schmutz und Spritzwasser oder gegen den Austritt von Schmierstoff verwendet, wobei sich durch zusätzliche Fettfüllungen im Spalt die Dichtwirkung verbessern lässt. Ungewünschter Ölaustritt lässt sich am besten vermeiden, wenn man der Dichtung gemäß Abbildung 16.30 einen Schleuderring vorschaltet.

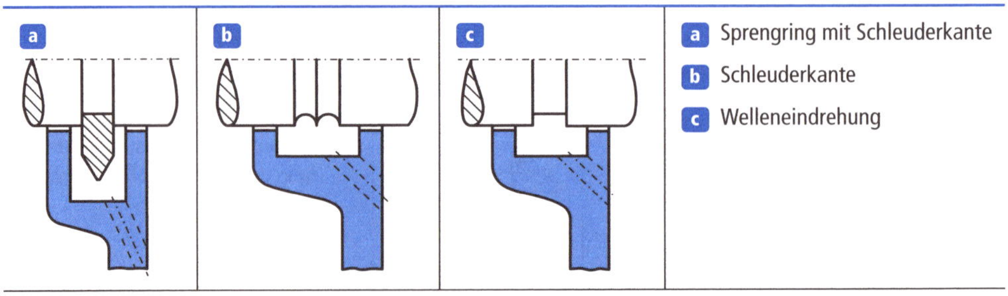

Abbildung 16.30: Spritzringdichtungen nach [16.43]

2 **Labyrinth-Dichtungen** – Ausgehend von der einfachen Spaltdichtung handelt es sich bei den Labyrinth-Dichtungen gemäß Abbildung 16.31 um eine Weiterentwicklung mit deutlich verlängerten Spaltlängen zur Verbesserung der Dichtwirkung, wobei ebenfalls zwischen druckbeaufschlagten und drucklosen Labyrinth-Dichtungen unterschieden wird.

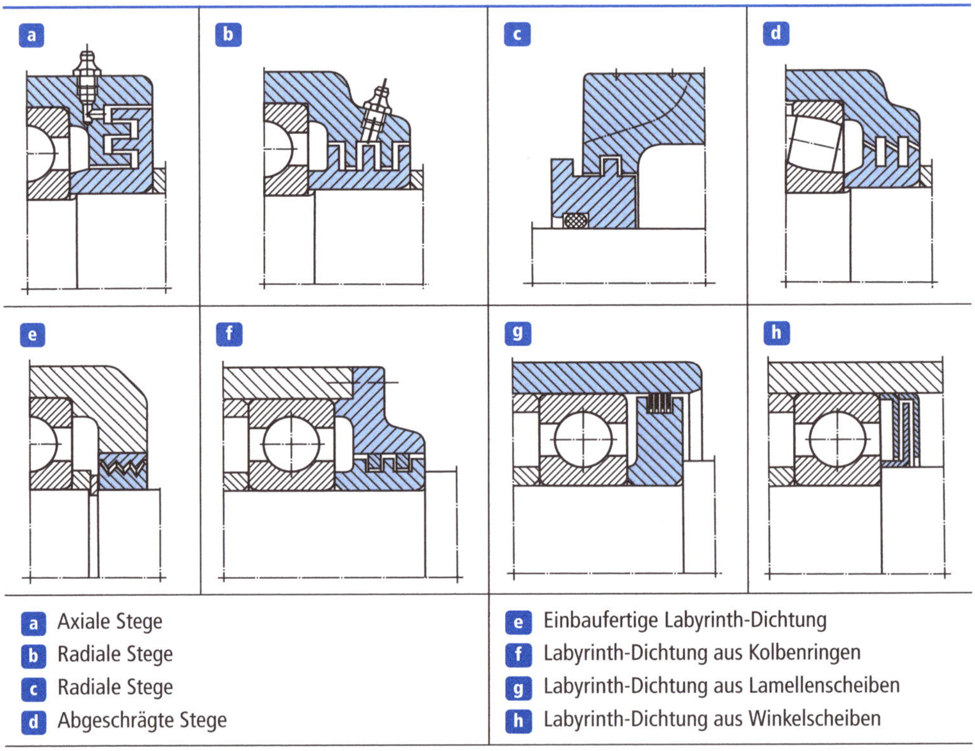

Abbildung 16.31: Labyrinth-Dichtungen nach [16.2]

Bei der druckbeaufschlagten Labyrinth-Dichtung nach Abbildung 16.32 strömt der Betriebsstoff, gegen den abgedichtet werden soll, aus einem Raum höheren Drucks turbulent durch eine Anzahl von Drosselstellen in einen Raum geringeren Drucks. Dabei wird an jeder Drosselstelle Druckenergie in kinetische Energie umgewandelt, die wiederum durch Verwirbelung und Stöße in den Labyrinthspalten vollständig in Reibungswärme umgesetzt wird. Hierbei sind zum einen erhebliche thermische Verformungen zu berücksichtigen und zum anderen verfügen die Betriebsstoffe (Gas- und Dampf im klassischen Turbinenbau) über keinerlei Schmierwirkung, weshalb die Wellen nur berührungslos mit dicken Spalten abgedichtet werden können.

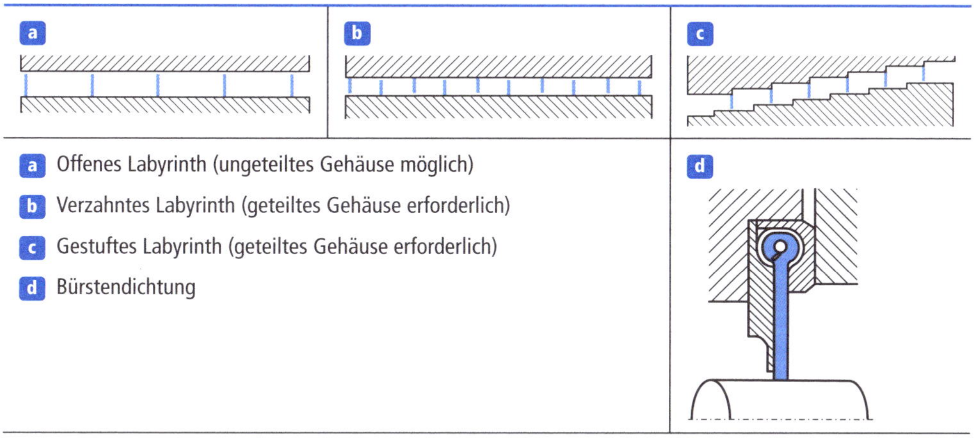

Abbildung 16.32: Drossel-Labyrinth-Dichtungen nach [16.33]

Gemäß Abbildung 16.32 a) ist die einfachste Bauart das offene Labyrinth (Durchblicklabyrinth), welches wegen der einseitigen Anordnung der Stege gut montierbar ist, ein ungeteiltes Gehäuse erlaubt und sich damit auch zur Abdichtung axial bewegter Stangen eignet. Bedingt durch die fehlende Umlenkung tritt jedoch weniger Turbulenz im Spalt auf, sodass auch die Dichtwirkung geringer ist.

Hier bietet das verzahnte Labyrinth nach Abbildung 16.32 b) wegen der auftretenden Umlenkung eine deutlich bessere Dichtwirkung, weshalb es in dieser Form bevorzugt im Turbinenbau eingesetzt wird. Zur Montage muss allerdings das Gehäuse teilbar sein.

Eine besonders raumsparende Wellenabdichtung gegen Heißgase im Turbinenbau, insbesondere bei Flugtriebwerken, ist die Bürstendichtung gemäß Abbildung 16.32 c), bei der die 1 mm breiten Bürsten aus Borsten von 0,05 bis 0,07 mm Dicke zusammengesetzt werden, die aus einer Cr-Ni-Legierung bestehen und Gastemperaturen bis 460 °C bei Gleitgeschwindigkeiten bis 300 m/s erlauben.

Im Gegensatz zu den druckbeaufschlagten Labyrinthen setzt man die drucklosen Labyrinth-Dichtungen (Fanglabyrinthe) als Schutzdichtungen gegen angespritzte oder schwallartig auftretende Flüssigkeiten bei höchsten Umfangsgeschwindigkeiten ein, wobei die Funktionen gemäß Abbildung 16.33 zu erfüllen sind. Eine weitere Maßnahme, das Eindringen von Spritzflüssigkeit in den Ringspalt zu verhindern, ist die Verwendung von „Sperrluft", die von der Fangkammer aus zugeführt wird und aus dem Eintrittsspalt ausströmt.

Das Hauptanwendungsgebiet dieser Dichtverbindung sind schnell laufende Spindeln in Werkzeugmaschinen.

Vergleicht man abschließend die Dichtfähigkeit der verschiedenen Spalt- und Labyrinth-Dichtungen auf der Grundlage der ungefähren Verhältnisse der Leckagemengen, so verhalten sich Spaltdichtung zu Bürstendichtung zu offenem Labyrinth zu verzahntem Labyrinth im Verhältnis 1 : 4 : 8 : 12.

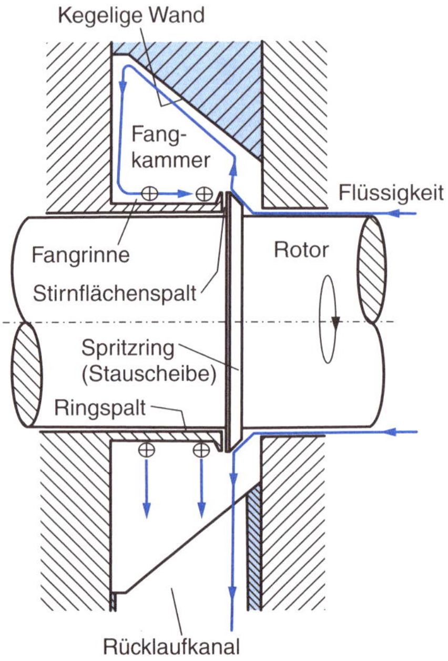

Abbildung 16.33: Drossel-Labyrinth-Dichtungen nach [16.33]

Der Eingangsbereich wird gegen direkt anspritzende Flüssigkeitsstrahlen durch einen vorgeschalteten Spritzring (Stauscheibe oder Schleuderscheibe) geschützt, sodass bereits ein Teil der auftreffenden Flüssigkeit weggeschleudert wird.

Zusätzlich bietet sich eine den Spalteingang umgebende Fangrinne bzw. eine größere Fangkammer an.

Hier bewirkt der Spritzring, dass möglichst wenig Flüssigkeit zum Eintrittsspalt zurückgelangt. Bedingt durch die kegelige Kammerwand läuft die abgespritzte Flüssigkeit in die Fangrinne und von dort über den Rücklaufkanal in den Flüssigkeitssumpf zurück.

Je nach Menge der anspritzenden Flüssigkeit kann man eine oder mehrere weitere Fangkammern vorsehen.

3 **Gewinde-Wellen-Dichtungen** – Bei dieser Dichtverbindung wird die Dichtwirkung des glatten Spaltes durch ein Gewinde in der rotierenden Welle oder der still stehenden Bohrung verbessert. Dabei sind Drehrichtung und Gewindesteigung so aufeinander abzustimmen, dass die umgelenkte Schleppströmung als Rückbeförderung gleich groß und dem von der abzudichtenden Druckdifferenz erzeugten Leckagestrom entegegengerichtet ist. Demzufolge ist das System für wechselnde Drehrichtungen nicht geeignet.

Üblicherweise verwendet man mehrgängige Flachgewinde mit der Gangzahl i, der Gewindelänge l und dem Durchmesser d, wobei die Bedingung $i \cdot L / D > 3$ einzuhalten ist. Die Spaltdicke sollte $h = 20 \ldots 50\ \mu m$, die Gewindetiefe $t = (2 \ldots 3) \cdot h$ und der Steigungswinkel $\varphi = 10 \ldots 20°$ betragen. Die auftretende Reibleistung ist dann für ein optimal ausgelegtes Gewinde um rund 30 % geringer im Vergleich zu einem glatten Spalt der Dicke h.

Hauptanwendungsgebiet sind Ölpumpen, langsam laufende Zahnradpumpen sowie Verdichter bei hohen Drehzahlen und sehr kleinem Gasdruck, evtl. unter Verwendung zusätzlicher „Sperrluft".

4 **Magnetflüssigkeitsdichtungen** – Bei dieser aufwändigeren Dichtungsbauart wird eine Magnetflüssigkeit, die aus einer Trägerflüssigkeit und magnetisierbaren, oberflächenbeschichteten Teilchen besteht, wie ein flüssiger Dichtring von einem Magnetfeld in einem Dichtspalt gehalten. Hierdurch können gasgefüllte Räume bei geringem Überdruck gegenüber der Atmosphäre praktisch hermetisch abgedichtet werden. Im Vergleich dazu ist die Abdichtung gegenüber Flüssigkeiten schwieriger, da diese sich grundsätzlich mit der Magnetflüssigkeit vermischen können. In diesem Fall muss man beide Flüssigkeiten durch eine Vorabdichtung (Gewinde- oder Spaltdichtung) voneinander trennen. Weitere Hinweise zur Auslegung und Gestaltung derartiger Dichtungen, die z. B. in Drehdurchführungen von Robotern zur Materialbewegung im Hochvakuum eingesetzt werden, sind der weiterführenden Fachliteratur zu entnehmen [16.3], [16.41].

16.3.3 Gestaltung dynamischer Dichtverbindungen und Werkstoffe

Ausgehend von den bisher beschriebenen Dichtungsbauarten soll abschließend auf die Gestaltungsmöglichkeiten von Dichtverbindungen unter Berücksichtigung der Vor- und Nachteile der einzelnen Dichtungsarten eingegangen werden. Da jedes Dichtelement entsprechend seiner Wirkungsweise für bestimmte Betriebs- und Umwelteinflüsse besonders geeignet ist, müssen beim gleichzeitigen Auftreten verschiedener Anforderungen an einer Einbaustelle oftmals Kombinationen einzelner Dichtelemente zu Dichtverbindungen zusammengesetzt werden.

Grundsätzlich sollten dabei der konstruktive Aufwand und die Kosten für die Dichtverbindung im angemessenen Verhältnis zur Gebrauchsdauer und geforderten Betriebssicherheit der Gesamtkonstruktion stehen. In Tabelle 16.6 sind für berührende dynamische Dichtverbindungen und in Tabelle 16.7 für berührungsfreie dynamische Dichtverbindungen Lösungsbeispiele wiedergegeben, die unter vergleichbaren Bedingungen auch für andere Anwendungsfälle verwendet werden können.

Tabelle 16.8 zeigt ausgewählte Lösungen ausgeführter Dichtverbindungen in verschiedenen Maschinen und Anlagen, wobei weitere Beispiele der Fachliteratur entnommen werden können [16.2].

Art der Dichtung	Einsatzbereich und Anforderungen	Abdichtung	Vorteile / Nachteile	Bemerkungen
Filzring 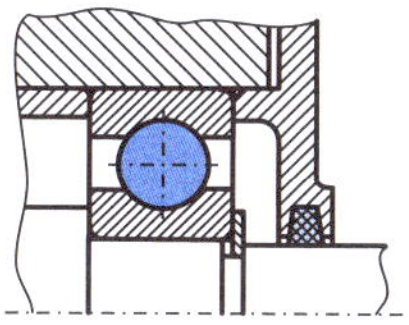	$u \leq 4$ m/s $t \leq 100$ °C Größere Drücke möglich Toleranz h11 $R_a < 0,8$	Nach Innen: Fett Nach Außen: Geringe Verunreinigung Wenig Feuchtigkeit	Vorteile: Preiswerte Dichtung Geringe Fertigungskosten Einfache Montage Nachteile: Elastizität des Filzes lässt nach (Spaltbildung). Reibungswärme	Filz muss mit Öl getränkt sein. Bei $t > 100$ °C Ringe mit PTFE-, Grafit-, Kunststoff- oder Glasfasern

Tabelle 16.6: Aufbau und Eigenschaften dynamischer, berührender Dichtverbindungen

Art der Dichtung	Einsatzbereich und Anforderungen	Abdichtung	Vorteile / Nachteile	Bemerkungen
Radial-Wellen-Dichtring 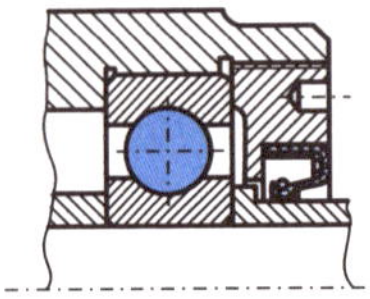	$u \leq 12$ m/s nach Abbildung 16.18 $p \leq 0{,}5$ MPa Toleranz h11 Rundheit IT8 $R_a = 0{,}2 \ldots 0{,}8$ 45 – 55 HRC	Nach Innen: Öl Fett	Gute Abdichtung, solange Lippe und Gleitfläche unbeschädigt	Bauformenvielfalt, bei großen Durchmessern auch geteilt Staublippe bei erhöhtem Schmutzanfall Dichtlippe muss geschmiert werden.
		Nach Außen: Mäßige Verunreinigung Spritzwasser	Hohe Anforderungen an Lauffläche und Montage Laufflächenverschleiß	
O-Ring 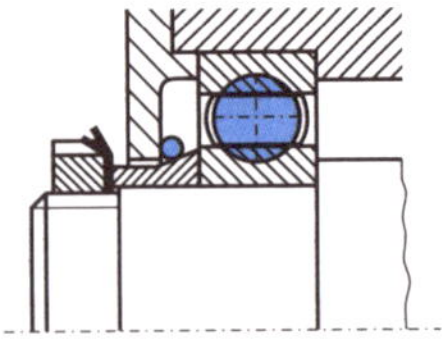	$u \leq 0{,}5$ m/s Größere Drücke möglich Toleranz f7 $R_a < 0{,}8$ 60 HRC	Nach Innen: Öl Fett	Geringes Einbauvolumen	Bei Sonderquerschnitten (z. B. Quadring) $u \leq 4$ m/s möglich Empfindlich gegen mechanische Beschädigung
		Nach Außen: Schlamm	Starke Schwankung des Reibmomentes Alterung	
V-Ring 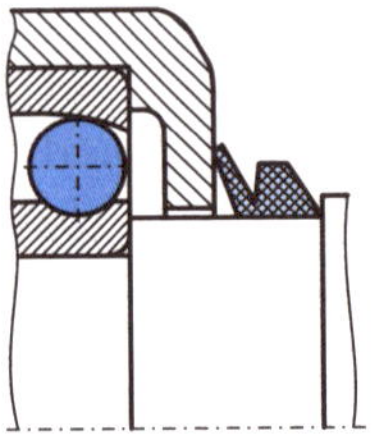	$u \leq 12$ m/s (30 m/s mit Haltering) $p \leq 0{,}3$ MPa Rundheit IT14 $R_a < 2{,}5$ (Lauffläche) $R_a < 12{,}5$ (Welle)	Nach Innen: Öl Fett	Preiswerte Dichtung Geringe Fertigungskosten Einfache Montage	Häufiger Einsatz als Vordichtung und Spritzscheibe Bei Fluchtungsfehlern seitlich abstützen Dichtlippe hebt bei $u > 15$ m/s ab. Bei Öl im Lagerraum V-Ring gegen Innenwand schleifen lassen
		Nach Außen: Geringe Verunreinigung Spritzwasser	Begrenzte Dichtwirkung Nicht unter Flüssigkeitsspiegel verwenden	
Axial-Gleitring-Dichtung (mit Dichtungsbalg) 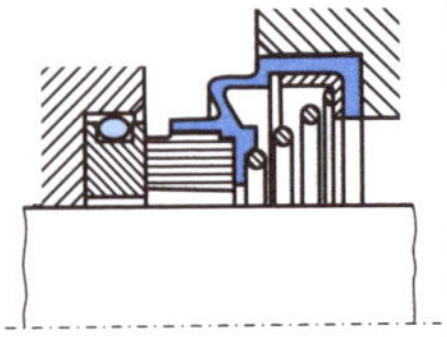	$u \leq 10$ m/s $p \leq 5$ MPa Toleranz h7 $R_a < 1{,}0$	Nach Innen: Öl Fett	Hohe Betriebssicherheit Lange Lebensdauer Selbst nachstellend	Leckverluste nehmen während des Einlaufvorganges ab. Weitere Bauformen für höchste Anforderungen an Drehzahl, Druck und Temperatur
		Nach Außen: Geringe Verunreinigung Flüssige Medien unter Druck	Teuer Größerer Platzbedarf	

Tabelle 16.6: Aufbau und Eigenschaften dynamischer, berührender Dichtverbindungen (Forts.)

Art der Dichtung	Einsatzbereich und Anforderungen	Abdichtung	Vorteile / Nachteile	Bemerkungen
Laufwerkdichtung 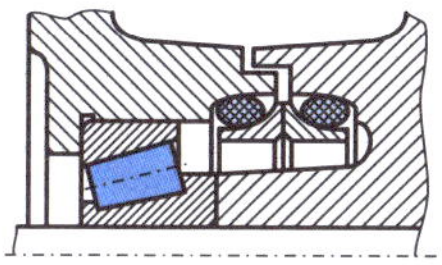	$u \leq 10$ m/s bei Ölschmierung $u \leq 3$ m/s bei Fettschmierung $p \leq 3$ MPa	Nach Innen: Öl Fett	Hohe Betriebssicherheit Lange Lebensdauer Selbst nachstellend	Geringe Anforderungen an den Einbauraum Große axiale, radiale und winklige Abweichungen zulässig Selbsttätiger Verschleißausgleich
		Nach Außen: Sehr starke Verunreinigung Spritzwasser	Relativ teuer	
Nilos-Ring 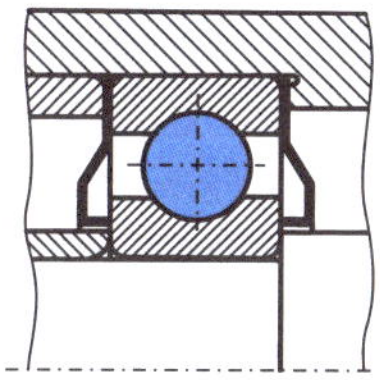	$u \leq 5$ m/s $p = 0$ MPa	Nach Innen: Fett	Kostengünstig Raumsparend Gleitet an der hochwertigen Lager-Seitenfläche	Sonderbauarten auch berührungsfrei, insbesondere für höhere Drehzahlen Bei stärkerem Schmutzanfall und Spritzwasser sind 2 Nilos-Ringe mit Fettfüllung im Zwischenraum vorzusehen.
		Nach Außen: Mäßige Verunreinigung Spritzwasser	Schleift während der Einlaufphase bis sich aufgrund des Verschleißes ein Spalt bildet	

Tabelle 16.6: Aufbau und Eigenschaften dynamischer, berührender Dichtverbindungen (Forts.)

Art der Dichtung	Einsatzbereich und Anforderungen	Abdichtung	Vorteile / Nachteile	Bemerkungen
Spalt (einfach) 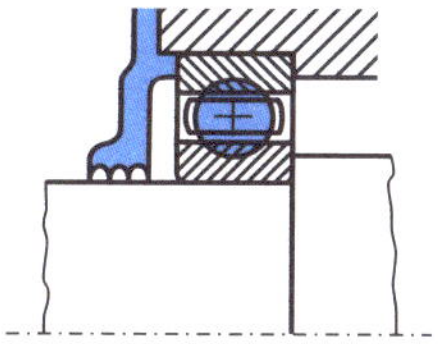	$p = 0$ MPa u theoretisch unbegrenzt	Nach Innen: Fett	Kostengünstig	Spaltbreite $0{,}1$ bis $0{,}3$ mm Spalt möglichst lang ausführen Rillen im Gehäuse oder in der Welle sowie Fettfüllung im Spalt erhöhen die Schutzwirkung.
		Nach Außen: Geringe Verunreinigung	Schmutz und Feuchtigkeit können im Lagerraum durch Spalt kriechen.	
Spalt (mit Spritzring) 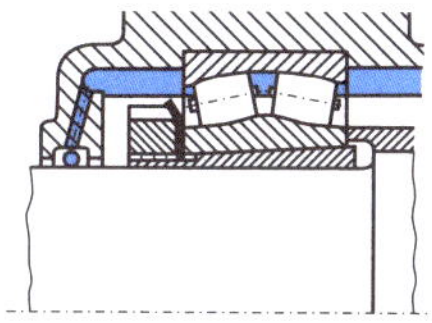	$p = 0$ MPa u theoretisch unbegrenzt	Nach Innen: Öl (Fett)	Größere Spaltbreite als bei einfachem Spalt möglich	Spritzring schleudert Öl in Auffangraum. Ölrückflussbohrung zum Lagerraum unter Ölniveau legen, da anderenfalls Schaum den Ölrückfluss behindern kann
		Nach Außen: Keine		

Tabelle 16.7: Aufbau und Eigenschaften dynamischer, berührungsfreier Dichtverbindungen

Art der Dichtung	Einsatzbereich und Anforderungen	Abdichtung	Vorteile / Nachteile	Bemerkungen
Gewindeförmige Rillen 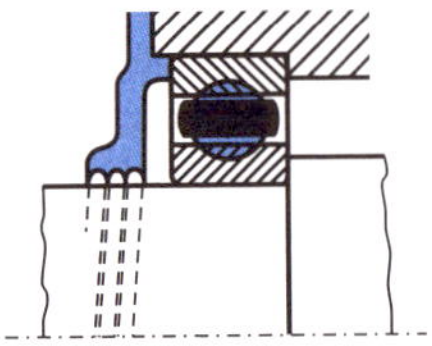	Geringer Gegendruck möglich u theoretisch unbegrenzt	Nach Innen: Öl	Geringer Platzbedarf in radialer Richtung	Im Gehäuse oder auf der Welle angeordnete Rillen fördern das Öl in den Lagerraum zurück.
		Nach Außen: Keine	Nur eine Drehrichtung zulässig Nur im Betrieb wirksam Fördert Staub in Lagerraum	
Labyrinth 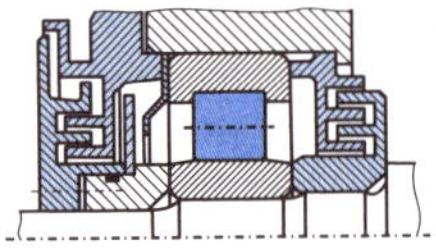	$p = 0$ MPa u theoretisch unbegrenzt $u \leq 5$ m/s bei Fettfüllung	Nach Innen: Fett (Öl)	Sehr gute Abdichtung bei Füllung mit steifem Fett	Spalt generell klein halten Nachschmierung der Labyrinthe erhöht die Dichtwirkung Bei größerer Wellendurchbiegung sind abgeschrägte Stege zu verwenden, da ansonsten der Schmutz nach innen gepumpt wird. Radiale Labyrinthbauart zwecks besserer Montage geteilt ausführen
		Nach Außen: Starke Verunreinigung Feuchtigkeit	Hohe Fertigungskosten Bei mehreren Labyrinth-Stegen größerer Bauraumbedarf	
Labyrinth (Kaufteil) 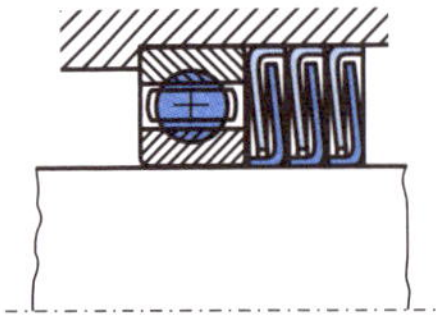	$p = 0$ MPa u theoretisch unbegrenzt	Nach Innen: Fett (Öl)	Geringere Kosten Kleiner Bauraum im Vergleich zum gefertigten Labyrinth	Neben den abgebildeten Z-Lamellen können die Labyrinthe auch aus federnden Lamellenringen, Kolbenringen oder Kunststoffteilen aufgebaut sein.
		Nach Außen: Starke Verunreinigung Feuchtigkeit		

Tabelle 16.7: Aufbau und Eigenschaften dynamischer, berührungsfreier Dichtverbindungen (Forts.)

Elektromotor: Berührend oder berührungsfrei bei geringer Verschmutzung von außen und Abdichtung gegen Fett von innen	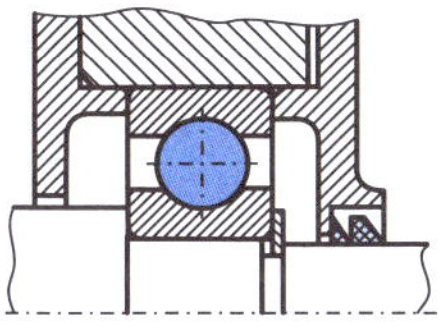	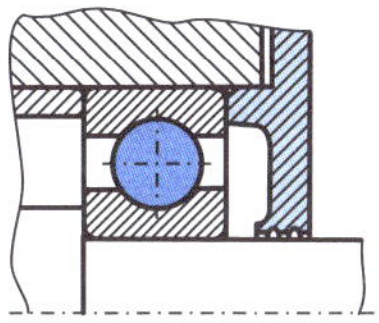	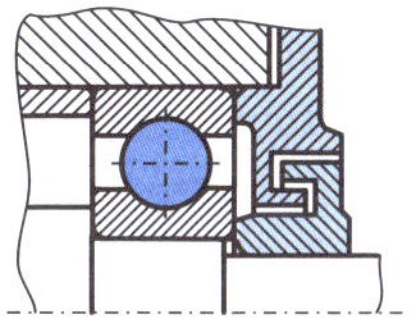
Elektrischer Fahrmotor (Bahnfahrzeug) : Berührungsfrei bei geringer Verschmutzung von außen und Fett von innen	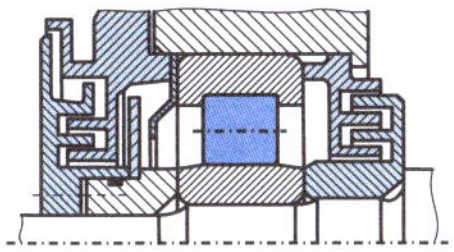	Radsatzlager (Bahnfahrzeug): Berührungsfrei bei starker Verschmutzung und Tropfwasser von außen und Fett von innen	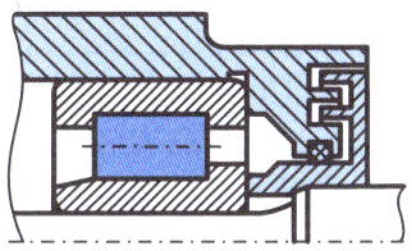
Turaslager (Bagger) : Berührend gegen sehr starke Verschmutzung und Spritzwasser von außen und Fett von innen	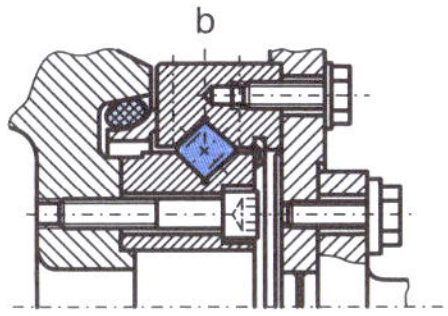	Förderbandtragrolle: Berührungsfrei bei sehr starker Verschmutzung und Tropfwasser von außen und Fett von innen	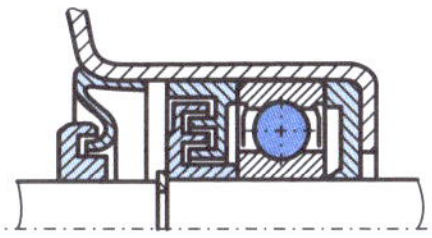
Schiffswellendrucklager und -traglager: Berührend bei geringer Verunreinigung von außen und Ölschmierung von innen	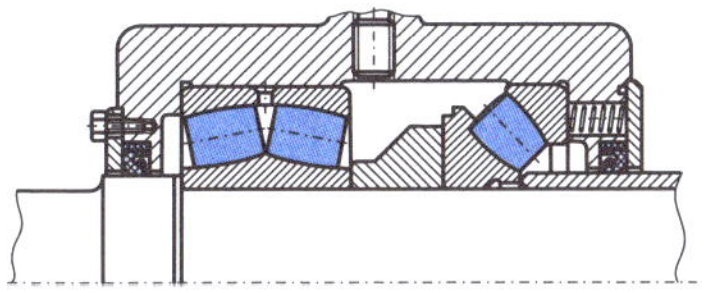	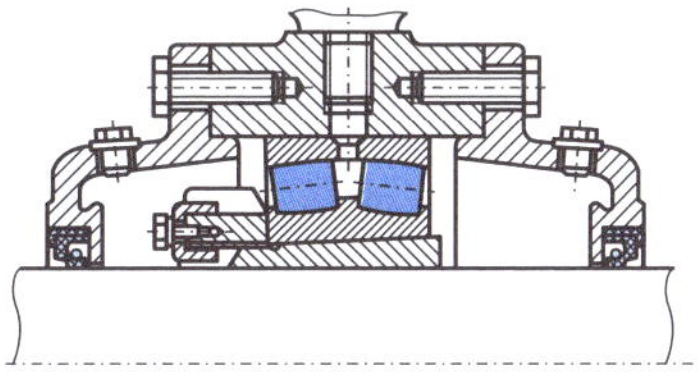	
Hammermühle und Prallmühle: Berührend und berührungsfrei bei sehr starker Verschmutzung von außen sowie Fett bzw. Öl von innen	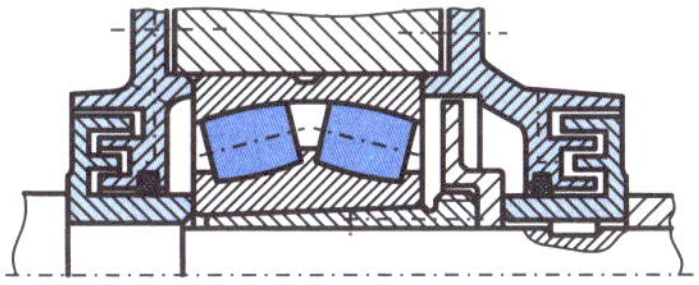	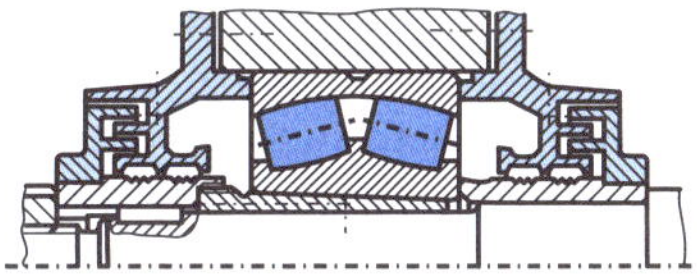	
Walzen für Kaltwalz- und Warmwalzwerk: Berührend und berührungsfrei bei geringer Verschmutzung von außen und Öl von innen (Kaltwalzen) sowie starker Verschmutzung und Spritzwasser von außen bei hohen Temperaturen und Fett von innen (Warmwalzen)	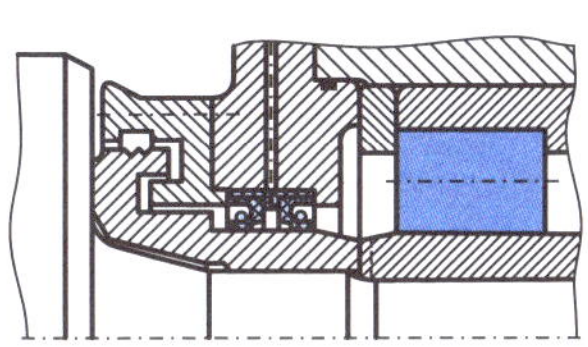	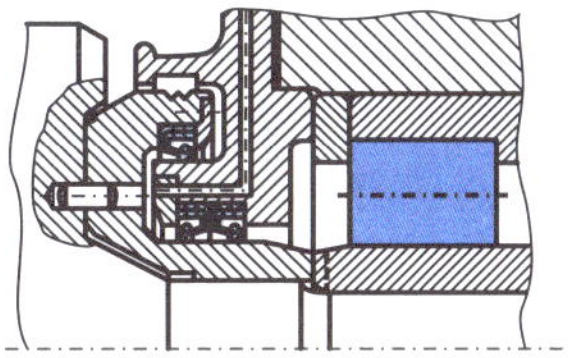	
Kraftfahrzeugvorderrad und Schaltgetriebe: Berührend bei starker Verschmutzung und Spritzwasser von außen und Fett bzw. Öl von innen	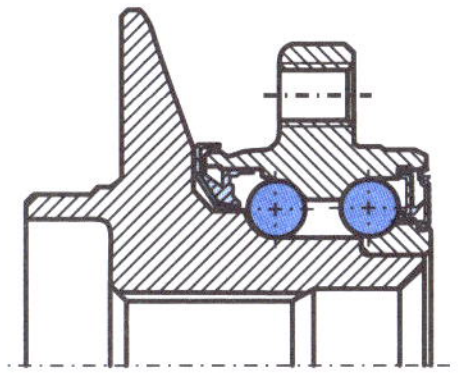 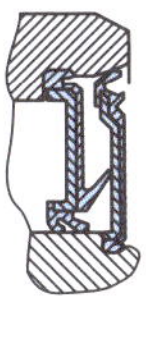	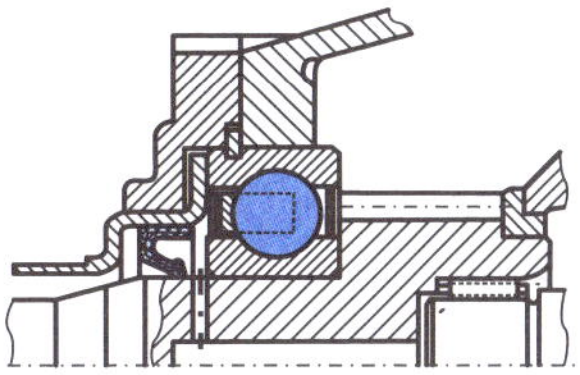	

Tabelle 16.8: Weitere Anwendungsbeispiele von Dichtverbindungen nach [16.2]

Ergänzend zu den Eigenschaften und Gestaltungsregeln für Dichtverbindungen soll abschließend noch auf die Auswahlkriterien für Elastomer-Werkstoffe bei berührenden Dichtungen gemäß Tabelle 16.9 eingegangen werden.

Elastomer-Werkstoff	Kennzeichen (ISO 1629)	Relativkosten der Mischung	Temperatureinsatzbereich t in °C	
Acrylnitril-Butadien-Kautschuk	NBR	1,0	−40 ... −30	+100 ... +120
Hydrierter Acrylnitril-Butadien- Kautschuk	HNBR	4,4	−40	+135 ... +165
Acrylat-Kautschuk	ACM	3,0	−30 ... −15	+125 ... +150
Silikon–Kautschuk	MVQ	5,0	−60 ... −50	+135 ... +180
Fluor–Kautschuk	FKM	11,8	−40 ... −15	+150 ... +200
Polytetrafluorethylen	PTFE	25,0	−70	+200 ... +260

Bei nur geringer mechanischer Verformung des Elastomers ist im unteren Temperatureinsatzbereich auch die tiefere Temperatur zulässig.

Bei Dauertemperatur-Beanspruchung ist im oberen Temperatureinsatzbereich nur der untere Wert, bei kurzzeitigen Temperaturspitzen auch der obere Wert zulässig.

Tabelle 16.9: Elastomer-Werkstoffe mit Temperatureinsatzbereichen und Relativkosten [16.21]

Dabei ist zu beachten, dass die angegebenen Kennwerte nur als Anhaltswerte dienen können, ob eine Elastomer-Dichtung überhaupt für den jeweiligen Einsatzfall aus dem vom Hersteller vorgeschlagenen Material eingesetzt werden kann. Zur Lösung besonders schwieriger Dichtungsaufgaben ist auch hier die enge Zusammenarbeit mit dem Dichtungshersteller zu empfehlen.

Der Standardwerkstoff ist Acrylnitril-Butadien-Kautschuk (NBR), jedoch hat sich Fluor–Kautschuk (FKM) wegen seiner hohen Temperatur- und Medienstabilität in hoch beanspruchten Anwendungen weit verbreitet. Mittlerweile setzt man hier zunehmend das noch beständigere Polytetrafluorethylen (PTFE) ein, welches auch bei Mangelschmierung noch niedrige Reibwerte aufweist. Bei mittleren Anforderungen bevorzugt man Hydriertes Acrylnitril-Butadien-Kautschuk (HNBR), da es über eine größere Temperaturstabilität und Alterungsbeständigkeit als NBR verfügt.

Im Vergleich zum FKM ist HNBR mechanisch höher belastbar, hat einen höheren Verschleißwiderstand, insbesondere auch bei niedrigen Temperaturen, und ist erheblich kostengünstiger. Acrylat-Kautschuk (ACM) wird vorzugsweise zur Getriebeabdichtung eingesetzt.

ZUSAMMENFASSUNG

Aufgaben und Lösungen

Dichtverbindungen sind im Maschinen- und Anlagenbau notwendig, um Arbeitsräume mit unterschiedlichen Stoffen oder Betriebszuständen (Druck, Temperatur) voneinander zu trennen, das Austreten von Gasen oder Flüssigkeiten (z.B. Schmierstoffen) zu verhindern und das Eindringen von Fremdstoffen und Verunreinigungen (z.B. Wasser und Stäube) zu vermeiden. Häufig ist eine vollständige Trennung jedoch nicht möglich und es ist ausreichend, die austretenden oder eindringenden Stoffmengen auf ein zulässiges Maß zu begrenzen.

Eine Dichtverbindung besteht aus dem eigentlichen Dichtelement, den gegeneinander abzudichtenden Bauteilen sowie den notwendigen Anpresselementen (z.B. bei Flanschdichtungen). Weiterhin sind die Eigenschaften und Besonderheiten des Betriebsstoffes, dessen Austreten oder Eindringen verhindert werden soll, in die Auswahl und Gestaltung mit einzubeziehen.

Anhand ihrer Funktion unterscheidet man **statische Dichtungen** zwischen zwei ruhenden Teilen und **dynamische Dichtungen** zwischen ruhenden und translatorisch oder rotatorisch bewegten Bauteilen. Bei den statischen Dichtverbindungen zwischen zueinander in der Dichtfläche ruhenden Bauteilen werden stoffschlüssige oder kraftschlüssige Verbindungen mit oder ohne Dichtelement eingesetzt. Membran und Faltenbalg gehören als hermetische Berührungsdichtungen ebenfalls zu den statischen Dichtverbindungen. Bei dynamischen Dichtverbindungen treten immer Relativbewegungen zwischen den abzudichtenden Teilen auf, wobei zusätzlich zwischen Längsbewegungen oder Drehbewegungen zu unterscheiden ist. Des Weiteren kann eine dynamische Dichtverbindung berührend (schleifend) oder berührungsfrei (nicht schleifend) ausgeführt sein. Bei der berührenden Dichtung werden die Dichtflächen gegeneinander gedrückt, wobei ein enger, aber undefinierter Spalt verbleibt. Bei der berührungsfreien Dichtung dagegen werden die Dichtflächen über einen definierten, engen Dichtspalt getrennt, sodass aufgrund des Drosselwiderstandes eine Dichtwirkung entsteht. Ebenso ist aber auch eine Dichtwirkung durch einen hydrodynamischen Schmierfilm in einem mit Flüssigkeit gefüllten Dichtspalt möglich.

Jedes **Dichtelement** ist, bedingt durch seine Wirkungsweise, für bestimmte Betriebs- und Umwelteinflüsse besonders geeignet, weshalb zur Erfüllung verschiedener Anforderungen an einer Einbaustelle oftmals Kombinationen einzelner Dichtelemente zu Dichtverbindungen notwendig sind. Dabei sollten der konstruktive Aufwand und die Kosten für die Dichtverbindung im angemessenen Verhältnis zur Gebrauchsdauer und geforderten Betriebssicherheit der Gesamtkonstruktion stehen, da aus Schadensanalysen bekannt ist, dass nur 10% der Schäden auf ein Versagen des eigentlichen Dichtelementes zurückgehen, während 90% der Schäden auf einem Versagen der Verbindung beruhen.

Literatur

[16.1] Bock, E., Müller, H. K.; Schwimmende Wellendichtringe für schnell laufende Wellen; Antriebstechnik 33 (1994), Heft 9, S. 66-70

[16.2] Brändlein, J., Eschmann; P., Hasbargen, L., Weigand, K.; Die Wälzlagerpraxis; 3. Aufl., Vereinigte Fachverlage GmbH, Mainz 1995

[16.3] Brown, M.; Seals and Sealing Handbook; Elsevier Advanced Technology, Oxford 1995

[16.4] Buhl, S.; Wechselbeziehungen im Dichtsystem von Radial-Wellendichtring, Gegenlauffläche und Fluid; Diss. Universität Stuttgart, 2006

[16.5] Buhl, S., Kunstfeld, T., Haas, W.; Abdichten mit Radialwellendichtringen. Antriebstechnik 42 (2003), Heft 6, S. 55-59

[16.6] DIN 3760 Radial-Wellendichtringe (1996-09)

[16.7] DIN 3761 Radial-Wellendichtringe für Kraftfahrzeuge; Begriffe, Maßbuchstaben, zulässige Abweichungen, Radialkraft (1984-01)

[16.8] DIN 3771 Fluidtechnik; O-Ringe (1984-12)

[16.9] DIN 3780 Dichtungen; Stopfbuchsen-Durchmesser und zugehörige Packungsbreiten, Konstruktionsblatt (1954-09)

[16.10] DIN 5419 Filzringe, Filzstreifen, Ringnuten für Wälzlagergehäuse (1959-09)

[16.11] DIN EN 1591 Flansche und ihre Verbindungen – Regeln für die Auslegung von Flanschverbindungen mit runden Flanschen und Dichtung; T1: Berechnungsmethode; (2001-10); T2: Dichtungskennwerte; (2008-09); Beiblatt 1: Hintergrundinformationen (2001-10)

[16.12] DIN EN 12756 Gleitringdichtungen – Hauptmaße, Bezeichnung und Werkstoffschlüssel (2001-03)

[16.13] Haas, W.; Berührungsfreies Abdichten im Maschinenbau unter besonderer Berücksichtigung der Fanglabyrinthe; Habilitationsschrift Universität Stuttgart, 1998

[16.14] Haas, W.; Berührungsfreie Wellendichtungen für flüssigkeitsbespritzte Dichtstellen; Diss. Universität Stuttgart, 1986

[16.15] Haas, W.; Forschungstrends in der Dichtungstechnik; 18. Simrit Innovationsforum, Weinheim, S. 59-67; Simrit Innovationsforum, Weinheim 2008

[16.16] Haas, W., Schmuker, S.; Abdichtung biologisch schnell abbaubarer Schmierstoffe; Antriebstechnik 42 (2003), Heft 11, S. 44-49

[16.17] Haas, W.; Dichtungen für Wellen in Aggregaten der Antriebstechnik; Antriebstechnik 40 (2001), Heft 7, S. 34-38

[16.18] Haas, W.; Berührungsfreie Dichtsysteme für Windenergieanlagen-Getriebe; Erneuerbare Energien 2001, Heft 8, S. 14-20

[16.19] Haas, W.; Berührungsfreie Wellendichtungen richtig gestalten; Antriebstechnik 32 (1993), Heft 5, S. 63-69

[16.20] Halliger, L.; Abdichtung von Wälzlagern. Firmensonderveröffentlichung der SKF, Schweinfurt 1966

[16.21] ISO 1629 Kautschuk und Latizes – Kurzzeichen; (2007-12)

[16.22] ISO 3069 Kreiselpumpen mit axialem Eintritt – Einbaumaße für Gleitringdichtungen und Weichpackungen (2000-11)

[16.23] ISO 6194 Radial-Wellendichtringe mit elastomeren Dichtelementen – T1: Nennmaße und Toleranzen (2007-09); T2: Begriffe (1991-09); T3: Lagerung, Handhabung und Einbau (1988-11)

[16.24] Jung, S., Haas, W.; Wellen sicher abgedichtet – Charakterisierung von Gegenlaufflächen für Radialwellendichtringe; Antriebstechnik 47 (2008), Heft 5, S. 48-53

[16.25] Kammüller, M.; Zum Abdichtverhalten von Radial-Wellendichtringen; Diss. Universität Stuttgart, 1986
[16.26] Klöpfer, M.; Dynamisch beanspruchte Dichtverbindungen von Getriebegehäusen; Diss. Universität Stuttgart, 1997
[16.27] Kollinger, R., Schmöller, W.; Magnete in der Dichtungstechnik; Vortrag zur IX. Internationalen Dichtungstagung, Dresden 1990
[16.28] Kunstfeld, T.; Einfluss der Wellenoberfläche auf das Dichtverhalten von Radial-Wellendichtungen; Diss. Universität Stuttgart, 2005
[16.29] Kunstfeld, T., Haas, W.; Dichtsicherheit von Radialwellendichtringen – Einfluss der konstruktiven Gestaltung des Umfeldes; Antriebstechnik 42 (2003), Heft 1, S. 42-45
[16.30] Kurfess, J.; Abdichtung von Flüssigkeiten mit Magnetflüssigkeitsdichtungen; Diss. Universität Stuttgart, 1990
[16.31] Linke, H.; Stirnradverzahnung – Berechnung, Werkstoffe, Fertigung; Hanser Verlag, München 1996
[16.32] Metcalfe, R., Baset, S. B., Selander, W. N.; Modelling of Space Shuttel Solid Rocket O-Rings; 12th Int. Conf. on Fluid Sealing; Paper A1, 1989
[16.33] Müller, H. K.; Abdichtung bewegter Maschinenteile; Medienverlag Ursula Müller, Waiblingen 1990
[16.34] Muhs, D., Wittel, H., et al.; Roloff/Matek Maschinenelemente; Vieweg Verlag, Braunschweig 2005
[16.35] Niemann, G., Winter, H.; Maschinenelemente Band II (Getriebe allgemein, Zahnradgetriebe – Grundlagen, Stirnradgetriebe); Springer Verlag, Berlin 1983
[16.36] N.N.; Freudenberg-Simrit, Standard-Katalog
[16.37] Ott, G.; Untersuchungen zum dynamischen Leckage- und Reibverhalten von Radialwellendichtringen; Diss. Universität Stuttgart, 1983
[16.38] Schlecht, B.; Maschinenelemente 1; Verlag Pearson Studium, München 2007
[16.39] Schmid, E. et. al.; Handbuch der Dichtungstechnik, Expert Verlag, Grafenau 1981
[16.40] Schuller, R., Trossien, H. J., Gartner, I.; Randbedingungen zum Einsatz statischer Dichtungen; Konstruktion 50 (1998), Heft 9, S. 23
[16.41] Tietze, W.; Handbuch Dichtungspraxis; Vulkan Verlag, Essen 2003
[16.42] Trutnovsky, K.; Berührungsdichtungen an ruhenden und bewegten Maschinenteilen; Springer Verlag, Berlin 1975
[16.43] Trutnovsky, K.; Schutzdichtungen – Eine Einführung für Konstrukteure und Anwender; VDI-Verlag, Düsseldorf 1977
[16.44] Waidner, P.; Vorgänge im Dichtspalt wasserabdichtender Gleitringdichtungen; Diss. Universität Stuttgart, 1987
[16.45] Wolf, A.; Untersuchungen zum Abdichtverhalten von druckbelasteten Elastomer- und PTFE-Wellendichtungen; Diss. Universität Stuttgart, 1987

Antriebssysteme und Getriebe

17

ÜBERBLICK

Einführung

» In diesem Kapitel werden einführend die Grundlagen von Antriebssystemen behandelt, wobei Funktion und Wirkung von Antriebsmaschine, Antriebsstrang und Arbeitsmaschine zunächst anhand stationärer Kennlinien erläutert werden. Im Weiteren wird zur Anpassung von Drehmoment und Drehzahl zwischen Antriebsmaschine und Arbeitsmaschine auf den Antriebsstrang und hier insbesondere auf die verschiedenen Getriebebauarten eingegangen.

Nach einer Vorstellung der Anwendungsbereiche der Getriebe und Beschreibung von Übersetzung, Wirkungsgrad und Drehmomentverhältnis wird auf die jeweiligen Eigenschaften der mechanisch gleichförmig und ungleichförmig übersetzenden Getriebe sowie auf hydrostatische und hydrodynamische Getriebe eingegangen. Als einziges momentan großtechnisch eingesetztes reibschlüssiges Getriebe wird das Rad-Schiene-System vorgestellt.

Im Hinblick auf die schwingungstechnische Analyse eines Antriebssystems bzw. grundlegende Betrachtungen zur Auslegung geht ein Abschnitt auf die Modellbildung von Antriebssystemen ein.

Insgesamt ist das vorliegende Kapitel als Einleitung zu den folgenden Kapiteln über Stirnradgetriebe, Umlaufrädergetriebe, Kegelradgetriebe, Schraub- und Schneckenradgetriebe sowie Hülltriebe (Riemen- und Kettentriebe) zu betrachten. «

LERNZIELE

- Grundlegende Zusammenhänge zur Wirkungsweise und zum Aufbau von Antriebssystemen
- Beurteilung des Betriebsverhaltens von Antriebs- und Arbeitsmaschine anhand von Kennlinien
- Grundlagen zur einfachen Modellbildung von Antriebssystemen
- Einteilung und Anwendungsbereiche von Getrieben
- Kennenlernen mechanisch ungleichförmig und gleichförmig übersetzender Getriebe sowie hydrostatischer und hydrodynamischer Getriebe
- Kennlernen des Rad-Schiene-Systems als reibschlüssiges Getriebe

17.1 Einleitung

Antriebe gemäß Abbildung 17.1 werden in Maschinen, Anlagen und Fahrzeugen eingesetzt, um an einer bestimmten Wirkstelle die erforderliche Energie mit den geforderten Größen (z.B. Drehzahl und Drehmoment) bereitzustellen, sodass folgende Grundaufgaben zu erfüllen sind:

- Energieumformung – z.B. chemische Energie in mechanische Energie beim Verbrennungsmotor und elektrische Energie in mechanische Energie bei der elektrischen Maschine
- Energieanpassung und -übertragung – z.B. Änderung der Drehzahl oder Änderung des Drehzahl-Drehmomenten-Verlaufes zwischen Antriebsmaschine und Arbeitsmaschine.
- Energiespeicherung – z.B. Austausch und Zwischenspeicherung von chemischer und elektrischer Energie bei der Umwandlung in mechanische Energie beim Hybridantrieb.

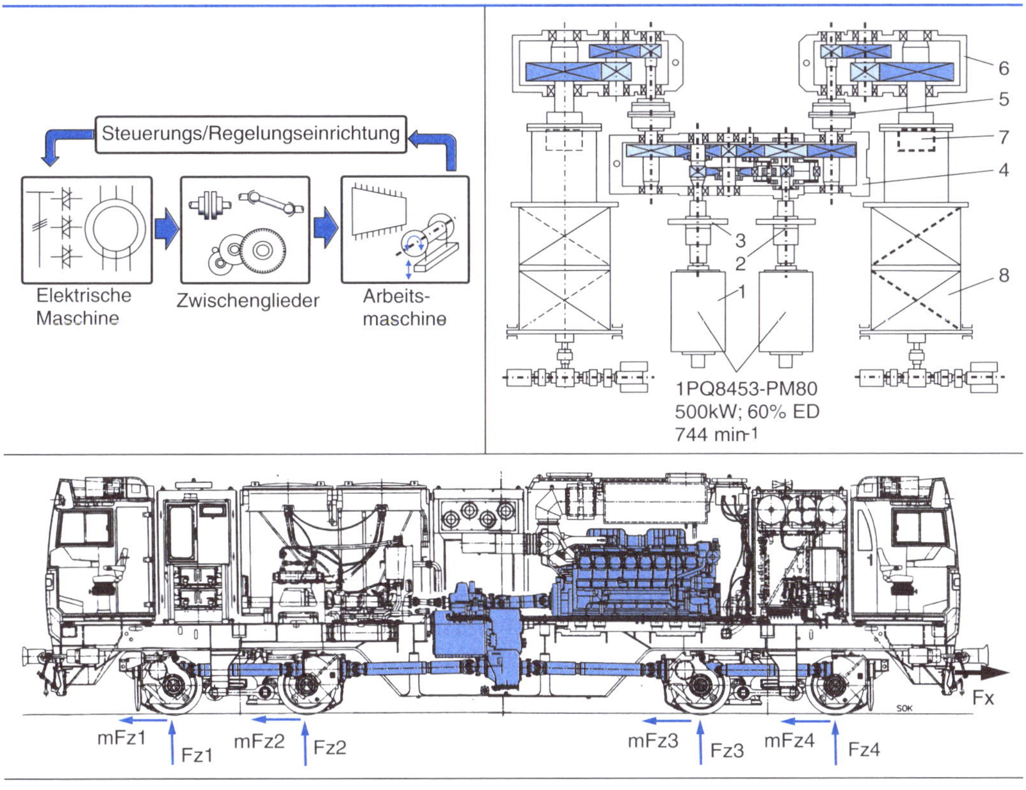

Abbildung 17.1: Schematischer Aufbau eines Antriebes und praktische Umsetzung eines elektrisch-mechanischen Antriebes in einem Kranhubwerk und eines verbrennungsmotorischen Antriebes in einer dieselhydraulischen Lokomotive

Weitere Beispiele ausgeführter Antriebe sind in Kapitel 1 und der weiterführenden Fachliteratur zu finden [17.29], [17.51]. In einigen Anwendungsfällen kann auch nur die Erzeugung einer Bewegungsfunktion im Vordergrund stehen, sodass der Motor dann im Wesentlichen nur Reibungs- und Beschleunigungswiderstände zu überwinden hat.

Da sich leistungsfähige Antriebe im Maschinen-, Anlagen- und Fahrzeugbau aus Elementen der Mechanik, Elektrik, Sensorik, Aktorik und Informationsverarbeitung zusammensetzen, hat sich mittlerweile der Begriff „Antriebssysteme“ durchgesetzt, was auch bei der Entwicklung zu berücksichtigen ist. So erlaubt nämlich nur die Betrachtung des Antriebssystems in seiner Gesamtheit die Auslegung und Berechnung der einzusetzenden Maschinenelemente und Baugruppen unter Berücksichtigung der statischen und dynamischen Eigenschaften des Gesamtsystems, um die geforderte Funktion bestmöglich erfüllen zu können.

In Anlehnung an die drei Grundaufgaben besteht ein Antriebssystem aus folgenden Teilsystemen:

1. **Antriebs- oder Kraftmaschine** – Mit der Antriebsmaschine wird die zur Erfüllung der Gesamtfunktion erforderliche Antriebsenergie bereitgestellt. Typische Antriebsmaschinen sind elektrische Maschinen (mit den Baugruppen elektrisches Netz, Stromrichter oder Frequenzumrichter und rotierende elektrische Maschine), Verbrennungsmotoren und Strömungsmaschinen (Turbinen).

2. **Antriebsstrang** – Der Antriebsstrang, häufig auch als Zwischenschaltung bezeichnet, dient zur Übertragung der Antriebsenergie von der Antriebsmaschine zur Arbeitsmaschine, wobei zusätzlich eine geeignete Anpassung erfolgen kann. Wichtigste Zwischenschaltungen sind Wellen, Getriebe, Wandler, schaltbare und nicht schaltbare Kupplungen und Bremsen.

3. **Arbeitsmaschine** – Die Arbeitsmaschine wandelt die ihr über den Antriebsstrang zugeführte und angepasste Energie in die erforderliche Ausgangsenergie des Arbeitsprozesses bzw. der Arbeitsfunktion um. Aus der nahezu unendlichen Vielfalt möglicher Arbeitsmaschinen seien beispielhaft Land-, See- und Luftfahrzeuge, Strömungsmaschinen (Verdichter), Kranhubwerke, Werkzeugmaschinen sowie verfahrenstechnische Maschinen und Anlagen genannt. Eine Klassifizierung von Arbeitsmaschinen kann nach ihren antriebstechnischen Merkmalen wie Kennlinie, Kennfeld oder Arbeitsspiel erfolgen.

4. **Steuerungs- und Regelungseinrichtung** – Zusätzlich zum Leistungsteil eines Antriebssystems sind Steuerungs- und Regelungseinrichtungen vorhanden, um den Leistungsfluss bedarfsgerecht anpassen zu können. Dabei werden als Schnittstelle zwischen dem leistungsführenden elektrischen und mechanischen System einerseits und der Informationsverarbeitung in der Steuerung und Regelung andererseits Sensoren und Aktoren verwendet. Mithilfe der Sensoren lassen sich beliebige Betriebsgrößen als Ist-Werte erfassen, zur Informationsverarbeitung übermitteln und mit einem von außen vorgegebenen Soll-Wert vergleichen. Abhängig von der erforderlichen Steuerungs- und Regelungsstrategie werden dann die Aktoren mit Stellgrößen angesteuert, um den Leistungsfluss des mechanisch-elektrischen Systems bedarfsgerecht anzupassen.

Das Zusammenwirken dieser Teilsysteme wird anhand der beiden Beispiele aus Abbildung 17.1 deutlich. Bei der Lokomotive stellt der Verbrennungsmotor als Antriebsmaschine die erforderliche Leistung als Drehmoment-Drehzahl-Charakteristik an der Kurbelwelle des Motors zur Verfügung. Der Antriebsstrang als Zwischenschaltung, bestehend aus elastischen

Kupplungen und Gelenkwellen, Hauptgetriebe und Radsatzgetrieben, überträgt diese Leistung durch angepasste Wandlung zu den Radsätzen. Dort wird die zugeführte Leistung in eine Umfangskraft am Rad umgesetzt und erlaubt damit die Zugförderung zum Transport von Personen und Gütern. Stellvertretend für die vielfältigen mechanisch-elektrischen Antriebe im Maschinen- und Anlagenbau zeigt das Beispiel des Kranhubwerkes die Bereitstellung der erforderlichen Leistung durch zwei Elektromotoren, die Leistungsverzweigung bzw. -summierung durch ein Hauptgetriebe, die Weiterleitung auf zwei Vorschaltgetriebe, die mit je einer Seiltrommel verbunden sind, die letztlich durch einen nachgeschalteten Seiltrieb das Heben und Senken der angehängten Last ermöglichen.

Generell bestimmt der Leistungsbedarf der Arbeitsmaschine unter Berücksichtigung aller Wirkungsgradverluste und des eventuell benötigten Leistungsbedarfs für Nebenantriebe die Anforderungen an die Antriebsmaschine und den Antriebsstrang. Umgekehrt ergeben sich aber auch aus der Antriebsmaschine Anforderungen an den Antriebsstrang.

So hat eine elektrische Maschine den wesentlichen Vorteil, dass über den gesamten Drehzahlbereich ein Antriebsmoment zur Verfügung gestellt wird, wobei jedoch die einstellbare Leistungsabgabe abhängig von der Bauart und der Größe Drehzahl- und Drehmomentgrenzen unterliegt. Beim Verbrennungsmotor dagegen steht aufgrund der zyklischen Verbrennung bei der Drehzahl Null kein Drehmoment zur Verfügung und ein sinnvoller Betrieb ist erst oberhalb einer gewissen Drehzahlgrenze – der sogenannten Leerlaufdrehzahl – möglich. Um diese Drehzahllücke zu überbrücken, wird in jedem Fall eine Anfahrkupplung benötigt, die als Drehzahlwandler wirkt.

Weiterhin ist bei nahezu jedem Antriebssystem zu berücksichtigen, dass es sich um schwingungsfähige Systeme handelt, die nur unter Berücksichtigung der auftretenden Wechselwirkungen zwischen Mechanik, Elektrik und Regelung zu berechnen sind, sodass eine Überbeanspruchung durch ungewünschte Schwingungserscheinungen oder sogar Resonanzbetrieb unter allen Umständen vermieden wird [17.51], [17.52], [17.53].

Aufgrund dieser bestehenden Wechselwirkungen ergibt sich die zwingende Notwendigkeit, dass die Antriebs- und Arbeitsmaschine sowie der dazwischengeschaltete Antriebsstrang aufeinander abgestimmt sein müssen. Demzufolge kann auch keine grundsätzliche Empfehlung für eine vorzuziehende Kombination aus Motor-Getriebe-Arbeitsmaschine gegeben werden, wobei zur Beurteilung und Auswahl immer das Betriebsverhalten, der Wirkungsgrad und nicht zuletzt die Kosten in die Überlegungen einzubeziehen sind.

Bedingt durch die ständig zunehmende Leistungsfähigkeit und Zuverlässigkeit der Leistungselektronik hat der Direktantrieb mit geregelten elektrischen Maschinen stark zugenommen, sodass oftmals bisher erforderliche mechanische Kopplungen durch den Einsatz komplexer, elektronischer Regelungen ersetzt werden können. Beispielhaft genannt seien hier Zahnradwälzfräsmaschinen, bei denen Fräserdrehzahl, Werkstückdrehzahl und Vorschub genau aufeinander abgestimmt sein müssen, was unter wirtschaftlichen Gesichtspunkten heutzutage nicht mehr durch mechanische Kopplung und Wechselzahnräder erreichbar ist.

Ungeachtet dessen ist jedoch gerade in großen Leistungsbereichen von mehreren Megawatt wieder eine umgekehrte Tendenz feststellbar, da zum einen die Leistungselektronik teuer ist, einige Baugruppen von Frequenzumrichtern auch einem Verschleiß (begrenzte Anzahl von

Schaltvorgängen) unterliegen und nicht zuletzt bewährte, zuverlässige und kostengünstige mechanische Antriebslösungen zwanghaft durch vermeintlich modernere Leistungselektronik „verbessert“ werden müssen. Somit kommt dem in den folgenden Kapiteln behandelten Zahnradgetriebe weiterhin eine große Bedeutung zu. Bevor jedoch in den folgenden Abschnitten und Kapiteln vertiefend darauf eingegangen wird, sollen zunächst noch einige weitere Grundlagen zur Funktion und Wirkung von Antrieben behandelt werden.

17.2 Funktion und Wirkung von Antrieben

Ausgehend von der grundsätzlichen Anordnung eines Antriebssystems gemäß Abbildung 17.1 wird im Folgenden näher auf die Funktionsweise und die Wirkung von Antrieben eingegangen. Entsprechend Abbildung 17.2 sind im Maschinen-, Anlagen- und Fahrzeugbau drei Arten von Antrieben üblich.

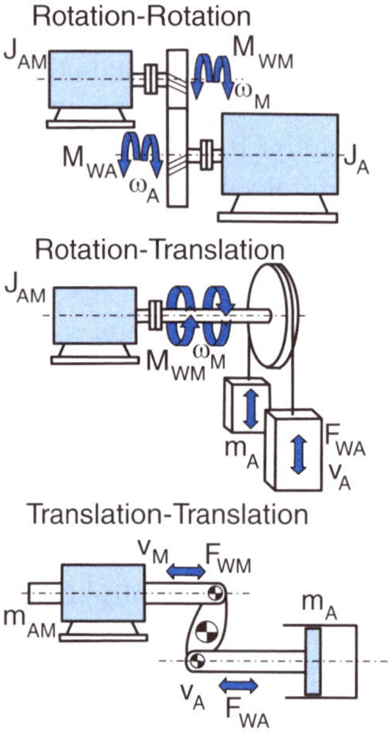

$$M_{WM} = M_{WA} \cdot \frac{\omega_A}{\omega_M} \cdot \frac{1}{\eta}$$

$$J_{AM} = J_A \cdot \frac{\omega_A^2}{\omega_M^2}$$

Widerstandsmoment und Trägheitsmoment der Arbeitsmaschine auf den Motor bezogen

$$M_{WM} = F_{WM} \cdot \frac{v_A}{\omega_M} \cdot \frac{1}{\eta}$$

$$J_{AM} = m_A \cdot \frac{v_A^2}{\omega_M^2}$$

Widerstandsmoment und Trägheitsmoment der Arbeitsmaschine auf den Motor bezogen

$$F_{WM} = F_{WA} \cdot \frac{v_A}{v_M} \cdot \frac{1}{\eta}$$

$$m_{AM} = m_A \cdot \frac{v_A^2}{v_M^2}$$

Widerstandskraft und Trägheitsmasse der Arbeitsmaschine auf den Motor bezogen

a Rotation – Rotation:

Bahn-Fahrantrieb – Motor, Kupplung, Getriebe, Gelenkwelle oder Kupplung, Radsatz

Walzwerkantrieb – Motor, Kupplung, Untersetzungsgetriebe, Verzweigungsgetriebe, Gelenkwellen, Walzensatz

b Rotation – Translation:

Hubwerk (Kran, Aufzug) – Motor, Kupplung, Getriebe, Seiltrieb, Hublast

Werkzeugmaschine – Motor, Kupplung, Getriebe, Werkzeugsupport

c Translation – Translation:

Stellantrieb mit Hubmagnet

Anmerkung:

Die Zusammenhänge zur Umrechnung und Reduktion werden in Abschnitt 17.2.4 ausführlich erläutert.

Abbildung 17.2: Übersicht über die drei Antriebsarten zwischen Rotation und Translation

Die überwiegende Mehrzahl der industriell eingesetzten Antriebe liefert und verlangt Rotationsbewegungen (Drehbewegungen). In fördertechnischen und fertigungstechnischen Anwendungen sind oft auch Translationsbewegungen notwendig, sodass rotatorische in translatorische Leistung umgesetzt werden muss. Demzufolge sind bei der Auslegung des Antriebes rotatorische und translatorische Größen miteinander zu verknüpfen, worauf im Abschnitt 17.2.4 noch näher eingegangen wird. Eine erheblich kleinere Gruppe von Antrieben dient ausschließlich der Erzeugung und Umsetzung translatorischer Bewegungen (Linearbewegungen). In allen Fällen ist die Energieflussrichtung durch Rückspeisung umkehrbar.

17.2.1 Antriebsmomente und Verlauf von Lastmomenten

Unabhängig von den in Abbildung 17.2 vorgestellten Antriebsarten sind zur Auslegung eines Antriebssystems die erforderlichen Lastmomente der Arbeitsmaschine mit den abhängig von der Art der Antriebsmaschine zur Verfügung stehenden Antriebsmomenten in Beziehung zu setzen. Hierzu nutzt man zunächst eine allgemeine Momentenbilanz eines Antriebes für den stationären Betrieb gemäß Abbildung 17.3.

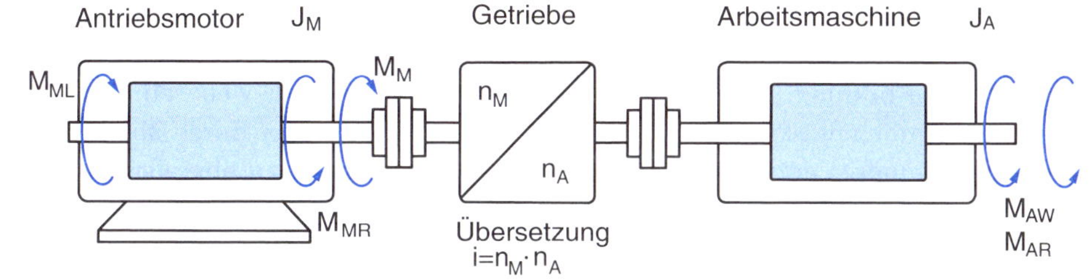

Mit dem Luftspaltmoment des Motors M_{ML} und dem Motor-Reibungsmoment M_{MR} berechnet sich das Wellenmoment des Motors M_M zu:	$M_M = M_{ML} - M_{MR}$ (17.1)
Mit dem Widerstandsmoment M_{AW} aus dem Arbeitsprozess der Arbeitsmaschine und dem lastseitigen Reibungsmoment M_{AR} berechnet sich das Gesamtwiderstandsmoment (Lastmoment) M_W der Arbeitsmaschine zu:	$M_W = M_{AW} + M_{AR}$ (17.2)
Somit ergibt sich für den stationären Betriebsfall folgende Momentenbilanz, wobei das Widerstandsmoment M_W an der Welle der Arbeitsmaschine mithilfe der Gesamtübersetzung i auf die Motorwelle (M_W^*) zu reduzieren ist:	$M_M = M_{MR} + M_W^*$ mit $M_W^* = M_W \cdot \frac{1}{i_{ges}}$ (17.3)

Anmerkung:

Zusätzlich sind Reibmomente aus den Übertragungsbaugruppen, z. B. dem Getriebe, ebenfalls bei den genannten Widerstandsmomenten zu berücksichtigen.

Im dynamischen Fall, z. B. bei Beschleunigungs- und Verzögerungsvorgängen, kommen die von den Massenträgheitsmomenten abhängigen Beschleunigungs- und Verzögerungsmomente $M_B = f(J_A^*, \omega)$ hinzu.

Abbildung 17.3: Anordnung eines Rotationsantriebes mit Getriebe und zugehörige Momentenbilanz für den stationären Betriebsfall

Für rotatorisch-translatorische Antriebe lässt sich die Momentenbilanz für den Motor in vergleichbarer Form aufstellen, sofern man den Zusammenhang $M_W = F \cdot v / \omega$ nach Abbildung 17.2 verwendet. Auf die jeweils zugrunde liegende Differentialgleichung der Bewegung wird in Abschnitt 17.2.3 genauer eingegangen.

Betrachtet man im Weiteren zunächst den zeitlichen Verlauf von Lastmomenten gemäß Abbildung 17.4, so lässt sich unterscheiden zwischen stationären Anteilen ohne zeitliche Änderung, periodisch stationären Anteilen, die zyklisch wiederkehren und zeitlich veränderlichen Anteilen ohne regelmäßigen Zyklus:

a **Stationäre Anteile** – Das sind gemäß Abbildung 17.4 a) im strengen Sinn Lastmomente oder Widerstandsmomente, die sich nach dem Einschalten des Antriebes zeitlich nicht verändern. Dies kann für einen einzigen Betriebspunkt mit konstanter Drehzahl gelten oder aber auch bei Antrieben eintreten, die bei konstantem Lastmoment variable Drehzahlen aufweisen. Beschleunigungs- und Verzögerungsvorgänge bleiben hierbei unberücksichtigt. Derartige Verläufe sind typisch für Arbeitsmaschinen mit reiner Reib- oder Hubarbeit (Kranhubwerke).

b **Periodisch stationäre Anteile** – Diese periodisch wiederkehrenden Belastungsverläufe von Arbeitsmaschinen gemäß Abbildung 17.4 b) sind zwischen den völlig unveränderlichen stationären Verläufen und den zeitlich beliebig veränderlichen Lastverläufen von Arbeitsmaschinen einzuordnen. Wegen des Wiederholungscharakters im Lastverlauf liegt eine gewisse Stationarität vor, sodass die Antriebsleistungsberechnung mithilfe einer Mittelwertbildung leicht möglich ist. Derartige periodisch wechselnde Last- oder Widerstandsmomente können durch einen Fourier-Ansatz oder durch abschnittsweise konstante Momente angenähert werden. Häufig bezeichnet man eine Periode des Verlaufes auch als Lastspiel. Die Drehzahl des Antriebes soll im Allgemeinen über dem Verlauf einer Periode gleich bleiben, wobei eine Vergleichmäßigung über Drehmassen („Schwungräder") erreicht werden kann. Derartige Lastverläufe sind bei Pressen, Scheren und Kolbenarbeitsmaschinen anzutreffen.

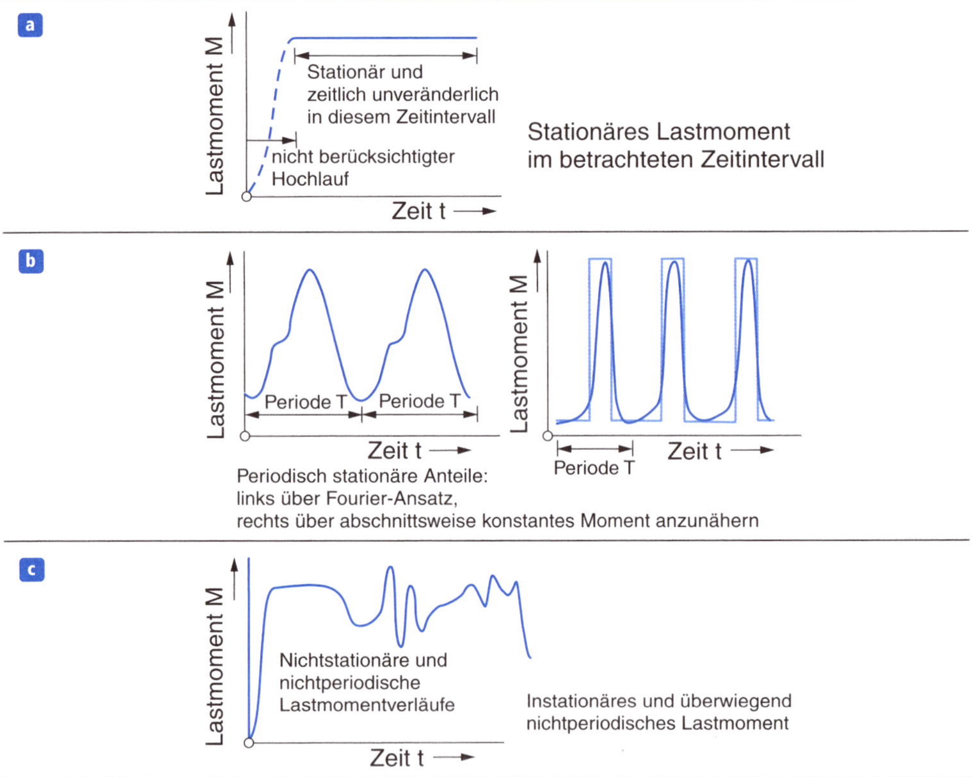

Abbildung 17.4: Zeitlicher Verlauf von Lastmomenten von Arbeitsmaschinen – a) Stationär, b) Periodisch stationär, c) Instationär bzw. zeitlich veränderlich

c **Zeitlich veränderliche Anteile** – Der zeitlich veränderliche Verlauf des Antriebsmomentes gemäß Abbildung 17.4 c) entspricht dem allgemeinen Fall für eine Antriebsdimensionierung, wobei instationäre Anteile mit nicht periodischem Charakter überwiegen. Außerdem werden sämtliche Beschleunigungs- und Verzögerungsvorgänge mit einbezogen. Dabei stammen die sich überlagernden, veränderlichen Anteile sowohl aus dem Arbeitsprozess als auch aus Drehzahländerungen. Es empfiehlt sich bei derartigen Drehmomentverläufen, ein Fahrdiagramm z.B. für Förderanlagen oder Bahnantriebe, ein Fertigungsprogramm bei Werkzeugmaschinen oder ein Walzprogramm bei Umformmaschinen heranzuziehen. Bei Antrieben mit betrieblich rasch veränderlicher Drehzahl oder Drehrichtungsumkehr können gemäß Abschnitt 17.2.3 aus den Drehzahldiagrammen die erforderlichen Zusatzmomente ermittelt werden.

In allen Fällen werden die Lastmomente M_A zunächst als Funktionen der Zeit t oder des Drehwinkels φ bzw. des Weges s dargestellt:

$$M_A = f(t) \quad \text{oder} \quad M_A = f(\varphi) \quad \text{oder} \quad M_A = f(s) \tag{17.4}$$

Beispielhafte Anwendungsfälle für eine Zeitabhängigkeit sind Pressen und Walzgerüste, für eine Winkelabhängigkeit Kolbenpumpen und für eine Wegabhängigkeit z.B. eine Schwebeseilbahn.

Aufgrund der beschriebenen Zeitverläufe von Lastmomenten ergeben sich verschiedene Betriebsarten der elektrischen Maschinen (z.B. Dauerbetrieb oder Aussetzbetrieb). Unter bestimmten Voraussetzungen können Momentenblöcke gleichen Betrages zusammengefasst werden, sodass auf dieser Grundlage eine entsprechende Berechnung der Erwärmung der elektrischen Maschine vorgenommen werden kann (s.a. Abschnitt 17.2.3). In vergleichbarer Weise lassen sich auch für die mechanischen Antriebskomponenten Lastverläufe, Lastspiele und Schalthäufigkeiten verwenden. Dabei müssen jedoch zusätzlich die Schwingungseigenschaften des Antriebssystems bekannt sein, da auf Grund der Drehschwingungsneigung von rotatorischen Antrieben und dem zusätzlichen Auftreten von Längs- und Biegeschwingungen Zusatzbelastungen auftreten können, die deutlich über den Nennlastanteilen liegen [17.52], [17.53].

17.2.2 Stationäre Kennlinien von Antriebs- und Arbeitsmaschinen

Ausgehend von den bereits beschriebenen Lastmomenten M_A als Funktion der Zeit t oder des Drehwinkels φ bzw. des Weges s wird im Folgenden zur Kennliniendarstellung $M_A = f(n)$ bzw. $n = f(M_A)$ übergegangen. Mithilfe dieser Darstellungsweise lassen sich bereits viele Erkenntnisse zur Auslegung eines Antriebsstranges gewinnen.

Sind für eine Arbeitsmaschine bzw. den erforderlichen Arbeitsprozess große Drehzahlbereiche oder große Drehmomentbereiche notwendig, wird eine feste Übersetzung, mit der nur ein Betriebspunkt erreicht werden kann, nicht ausreichen. So benötigen z.B. Werkzeugmaschinen abhängig vom zu bearbeitenden Werkstoff, von den gewählten Schneidwerkstoffen und der gewünschten Oberflächengüte unterschiedliche Spindel- und Vorschubgeschwindigkeiten, was gleichbedeutend mit verschiedenen Übersetzungen ist, die üblicherweise bei stillstehender Maschine gewechselt werden.

In vergleichbarer Weise hängt auch bei Fahrzeugen der gewählte Fahrzustand von vielen Parametern ab, sodass antriebsseitig eine möglichst hohe Flexibilität gefordert wird. Demzufolge muss ein mehrstufiges Getriebe die Möglichkeit bieten, die Zugkraft des Fahrzeugs bzw. das verfügbare Drehmoment auch bei verringerter Fahrgeschwindigkeit zu erhöhen, sodass die maximal verfügbare Motorleistung z.B. auch bei Anfahrten oder Steigungsstrecken zur Verfügung steht. Abbildung 17.5 zeigt diesen Zusammenhang zwischen der Getriebestufung und der Linie maximaler Motorleistung, die idealerweise konstant ist und im Drehmoment-Drehzahl-Diagramm eine Hyperbelform annimmt, weshalb man bei Fahrzeugen auch von der sogenannten Zugkrafthyperbel spricht.

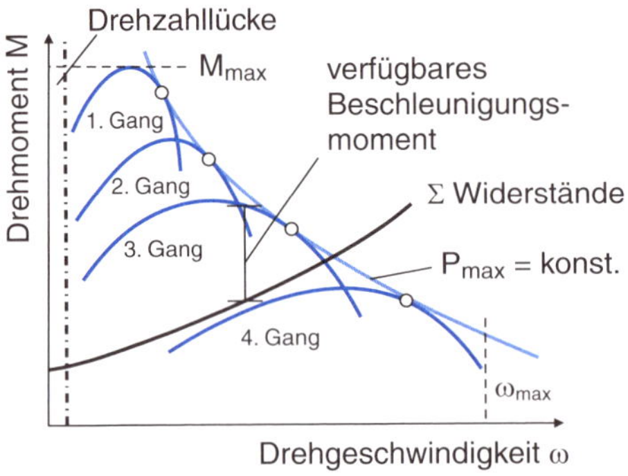

Unter der Annahme, dass die Leistungslinie des 4. Ganges der tatsächlichen Motorleistungskennlinie entspricht, wäre die maximale Motorleistung nur in einem Betriebspunkt verfügbar. Betrachtet man die Summe aller Widerstände (Fahrwiderstandslinie bei Fahrzeugen), so ist die Leistungslinie nicht ausreichend, um das System in Bewegung zu versetzen, da kein überschüssiges Beschleunigungsmoment zur Verfügung steht.

Mithilfe eines vierstufigen Getriebes wird jedoch die maximale Motorleistung in vier Betriebspunkten zur Verfügung gestellt. Damit stehen dann auch bei niedrigeren Drehzahlen wie z.B. beim Anfahren erhöhte Antriebsmomente und somit höhere existente Beschleunigungsmomente zur Verfügung. Dennoch verbleibt im 1. Gang die bereits erwähnte Drehzahllücke, die durch eine entsprechende Anfahrkupplung überbrückt werden muss.

Abbildung 17.5: Stufige Anpassung der Kennlinie eines Verbrennungsmotors an die Leistungshyperbel eines Kraftfahrzeuges

Betrachtet man in vergleichbarer Weise die Kennlinien von elektromotorischen Antrieben, so ist die in Abbildung 17.6 wiedergegebene Vier-Quadranten-Darstellung üblich, bei der das Drehmoment über der Drehzahl aufgetragen wird.

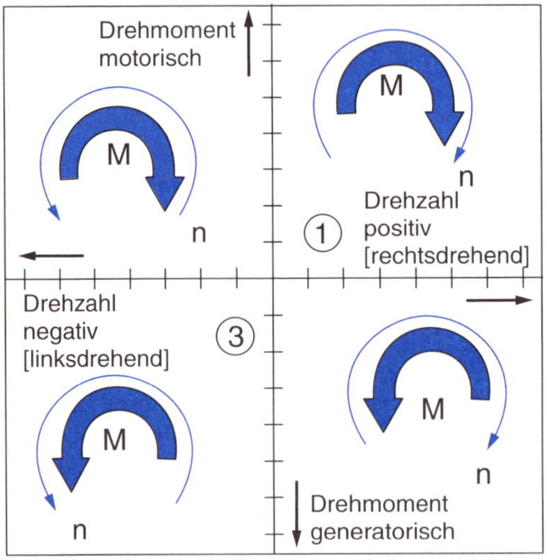

Definitionsgemäß ordnet man der Rechtsdrehung ein positives Vorzeichen zu, sodass im 1. Quadranten bei Motorbetrieb (Treiben) Rechtslauf und entsprechend im 3. Quadranten motorischer Linkslauf erfolgt.

Der Schnittpunkt der Kennlinien von Antriebs- und Arbeitsmaschinen ist ein Betriebspunkt des Antriebes in einem Kennfeld.

Abbildung 17.6: Vier-Quadranten-Darstellung von Kennlinien elektromotorischer Antriebe

Folgende stationäre Kennlinien sind für elektrische Maschinen gemäß Abbildung 17.7 bekannt:

a **Konstant-Moment-Verhalten** – Das Konstant-Moment-Verhalten zeichnet sich durch keinerlei Drehzahlnachgiebigkeit bei zunehmender Last aus. Elektrische Maschinen besitzen diese in Abbildung 17.7 a) gezeigte Charakteristik grundsätzlich nicht, jedoch lässt sich über Regelantriebe bei Gleichstrom- und Drehfeldmaschinen dieses Verhalten erreichen. Ein verbreitetes Beispiel ist die stromrichtergespeiste, fremd erregte Gleichstrommaschine, die eine Lasteinflusskompensation besitzt.

b **Synchrones Verhalten** – Das synchrone Verhalten ähnelt zunächst dem Konstant-Moment-Verhalten, da sich die Synchronmaschine gemäß Abbildung 17.7 b) bis zu einem Maximalwert drehzahlstarr verhält. Allerdings arbeitet sie dabei nicht drehwinkelgenau, sondern verändert ihren Polradwinkel. Die Grenze des stabilen Betriebsbereiches ist ebenfalls durch das Kippmoment der Synchronmaschine begrenzt.

c **Asynchrones Verhalten** – Das asynchrone Verhalten ist nach Abbildung 17.7 c) durch die Nachgiebigkeit der Drehzahl mit anwachsendem Motormoment gekennzeichnet. Dabei ist zwischen einer geringen Nachgiebigkeit bei Vorliegen einer sogenannten „harten“ Kennlinie und einer größeren Drehzahlnachgiebigkeit bei einer entsprechend „weichen“ Kennlinie zu unterscheiden. Der stabile Arbeitsbereich der Asynchronmaschine wird durch das Kippmoment M_{Kipp} begrenzt.

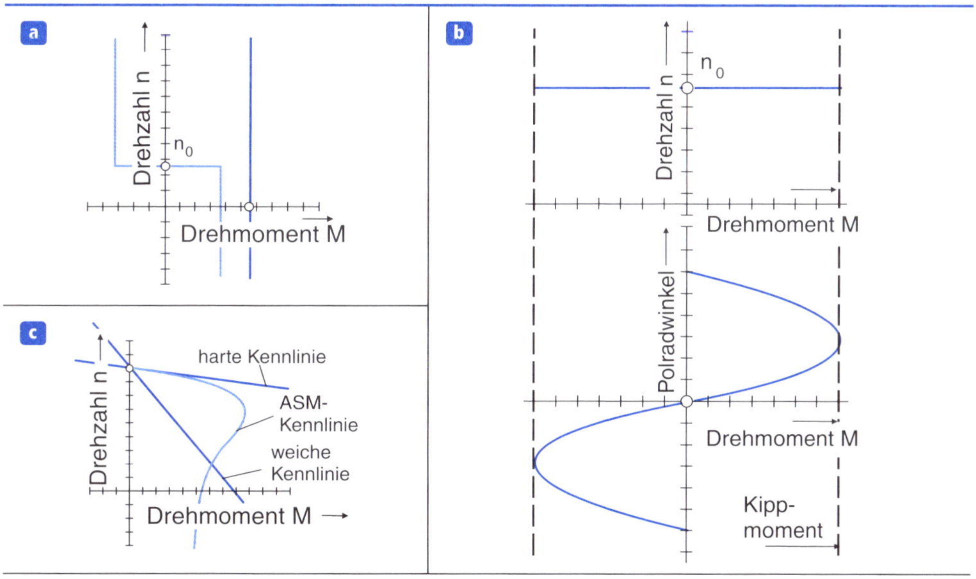

Abbildung 17.7: Stationäre Kennlinien elektrischer Antriebsmaschinen – a) Konstant-Moment-Verhalten, b) Synchron-Verhalten, c) Asynchron-Verhalten

Weiterhin ist in Abbildung 17.7 c) die Kennlinie für die fremd erregte Gleichstrommaschine (oder Gleichstromnebenschlussmaschine) eingezeichnet, die genauso wie die Asynchronmaschine mit ihrem lastbedingten Schlupf über eine eher „harte“ Kennlinie verfügt. Ebenfalls dargestellt ist noch die „weiche“ Kennlinie der Gleichstromreihenschlussmaschine.

In Erweiterung der zeitlichen Darstellung von Lastmomenten gemäß Abbildung 17.4 lassen sich Kennlinien von Arbeitsmaschinen ebenfalls in Vier-Quadranten-Darstellung wiedergeben. Ungeachtet der bereits angedeuteten Vielfalt von Arbeitsprozessen lassen sich dennoch einige wenige typische Gruppen von idealisierten Kennliniengruppen angeben, wobei jedoch z.B. Losbrechmomente und Beschleunigungsmomente nicht enthalten sind. Darüber hinaus sind aber auch Kombinationen der genannten Kennlinien möglich, wie das beim allgemein nichtlinearen und durch Lastspiele gegebenen Drehzahlverhalten dargestellt wird:

a **Konstant-Moment-Verhalten** – Das Konstant-Moment-Verhalten mit M_W = konst. ist gemäß Abbildung 17.8 a) für die große Gruppe von Maschinen kennzeichnend, die reine Hubarbeit (ohne Beschleunigungsanteile), Reibungsarbeit oder reine Formänderungsarbeit verrichten. Das Lastmoment ist konstant und nicht von der Drehzahl abhängig. In den Fällen von Reibungsarbeit und Formänderungsarbeit wird bei Drehrichtungsumkehr auch das Widerstandsmoment seine Richtung ändern, sodass die vorzeichenbedingte Kennlinie gemäß Abbildung 17.8 b) gilt. Typische Arbeitsmaschinen mit Konstant-Moment-Verhalten sind Aufzüge und Hebezeuge, Span abhebende Werkzeugmaschinen mit konstanter Schnitttiefe, reversierende Fahrwerke und Walzwerke, Ventile und Schieber.

b **Lineares Drehzahlverhalten** – Das lineare Drehzahlverhalten $M_W = f(n,v)$ nach Abbildung 17.8 c) tritt bei Arbeitsmaschinen auf, deren Arbeitsprozess eine geschwindigkeitsproportionale Reibarbeit (Viskosereibung) enthält, was z.B. bei Papier- und Textilmaschinen der Fall ist.

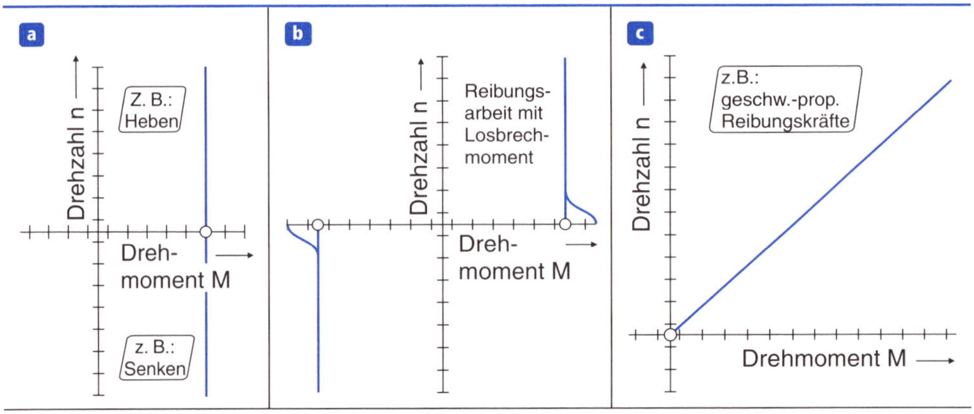

Abbildung 17.8: Kennlinien von Arbeitsmaschinen – a) Konstant-Moment-Verhalten, b) Konstant-Moment-Verhalten bei zusätzlicher Drehrichtungsumkehr, c) Lineares Drehmoment-Drehzahl-Verhalten

c **Nichtlineares Drehzahlverhalten anwachsend** – Das Drehzahlverhalten mit der Charakteristik $M_W = f(n^2)$ entsprechend Abbildung 17.9 a) und b) ist typisch für die große Gruppe der Strömungsmaschinen, wozu sämtliche Kreiselmaschinen (Pumpen, Verdichter, Gebläse), Zentrifugen und Rührwerke sowie Schiffsschrauben gehören. Dabei verursachen Gasströmungs- und Flüssigkeitswiderstände ein Lastmoment, welches quadratisch mit der Drehzahl anwächst, wobei auch ein konstanter Anteil überlagert sein kann.

d **Nichtlineares Drehzahlverhalten abfallend** – Das nichtlineare Drehzahlverhalten $M_W = f(1/n^2)$ mit fallender Charakteristik gemäß Abbildung 17.9 c) tritt auf bei Achswickel- und Haspelantrieben für Bleche, Kunststoff- und Papierbänder aufgrund der Anforderung, dass bei sich kontinuierlich veränderndem Wickelradius und konstanter Umfangsgeschwindigkeit (Bandgeschwindigkeit) auch ein konstanter Bandzug benötigt wird.

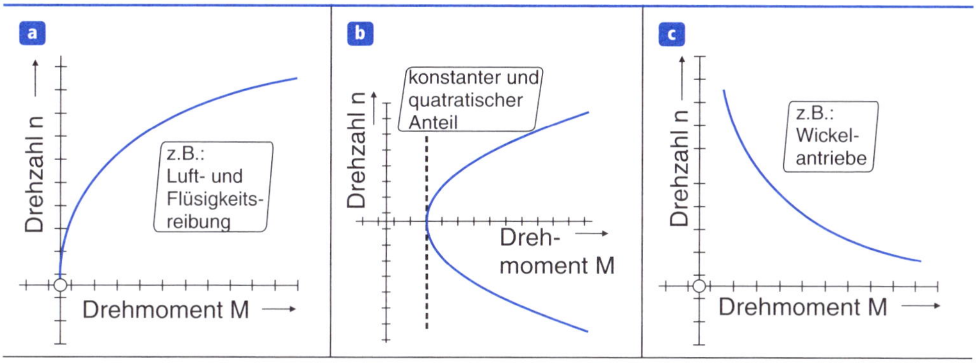

Abbildung 17.9: Kennlinien von Arbeitsmaschinen – a) Nichtlineares Drehzahlverhalten anwachsend, b) Nichtlineares Drehzahlverhalten anwachsend mit zusätzlich konstantem Anteil, c) Nichtlineares Drehzahlverhalten abfallend

e **Allgemein nichtlineares und durch Lastspiele gegebenes Drehzahlverhalten** – Dieses Drehzahlverhalten von Arbeitsmaschinen ist prinzipiell durch ein drehwinkelabhängiges, periodisches Verhalten bei verschiedenen mittleren Drehzahl-Drehmoment-Horizonten gegeben. Es tritt auf bei Maschinen mit Arbeitszyklen oder Lastspielen, deren nichtlinearer Kennlinie zusätzlich Arbeitszyklen mit ständiger Veränderung der Betriebsparameter Drehzahl n und Drehmoment M überlagert sind, wozu Kurbel- und Kolbenarbeitsmaschinen wie Pressen, Verdichter und Scheren mit veränderlichen mittleren Betriebspunkten gehören. Beispielhaft für die Vielzahl unterschiedlicher Lastspiele mit periodischem Charakter ist das Kennlinienfeld in Abbildung 17.10 dargestellt.

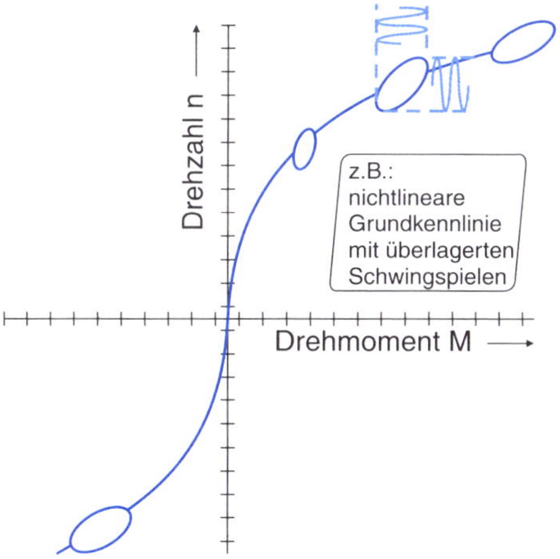

Abbildung 17.10: Allgemein nichtlineares und durch Lastspiele gegebenes Drehmoment-Drehzahl-Verhalten einer Arbeitsmaschine

17.2.3 Stabilität von Antrieben und Änderungen des Arbeitspunktes

Auf der Grundlage der vorgestellten Kennlinienbetrachtung von Antriebs- und Arbeitsmaschinen können nun im Weiteren Aussagen zur Stabilität von Arbeitspunkten getroffen werden. Da sich die Kennlinien von Antriebsmaschine und Arbeitsmaschine in einem Arbeitspunkt schneiden, muss für den stationären Betriebsfall mit dem Drehmoment M_M der Antriebsmaschine und dem Widerstandsmoment M_W der Arbeitsmaschine folgendes Momentengleichgewicht gelten:

$$M_M - M_W = 0 \tag{17.5}$$

Anhand des in Abbildung 17.11 gezeigten Kennlinienfeldes einer Antriebs- und einer Arbeitsmaschine wird deutlich, dass derartige Arbeits- oder Betriebspunkte stabil oder instabil sein können, sodass die gewählte Kombination von Antriebs- und Arbeitsmaschine im Stabilitätsfall brauchbar und im Instabilitäts- oder Labilitätsfall unbrauchbar ist.

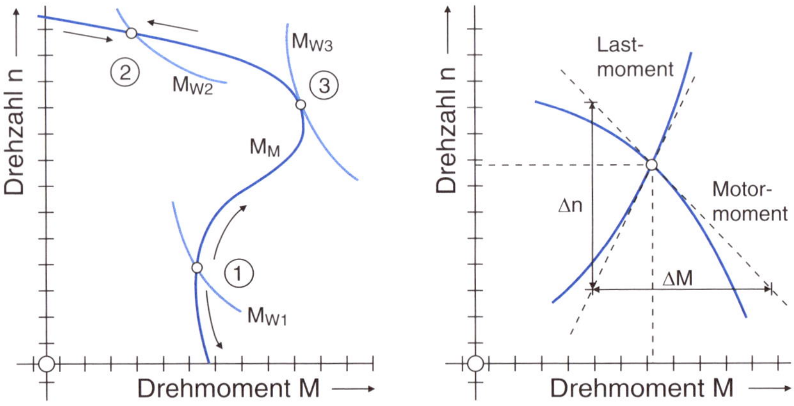

Betriebspunkt	Drehzahl	Drehmoment	Auswirkung
1	$n > n_1$	$M_M > M_{W1}$	Der Antrieb wird weiter beschleunigt.
	$n < n_1$	$M_M < M_{W1}$	Der Antrieb wird weiter verzögert.
Betriebspunkt 1 ist instabil, da Beschleunigung und Verzögerung vom Betriebspunkt 1 weg wirken:			
2	$n > n_2$	$M_M < M_{W2}$	Der Antrieb wird verzögert.
	$n < n_2$	$M_M > M_{W2}$	Der Antrieb wird beschleunigt.
Betriebspunkt 2 ist stabil, da Beschleunigung und Verzögerung auf den Betriebspunkt 2 hin wirken:			
3	$n > n_3$	$M_M < M_{W3}$	Der Antrieb wird zum Punkt 3 hin verzögert (stabil).
	$n < n_3$	$M_M < M_{W3}$	Der Antrieb wird vom Punkt 3 weg weiter verzögert (instabil).
Betriebspunkt 3 ist labil, da die Verzögerung einmal auf den Betriebspunkt 3 hin wirkt (stabil) und einmal vom Betriebspunkt 3 weiter weg verzögert (instabil).			

Abbildung 17.11: Stabilität und Instabilität von Betriebspunkten

Zur Untersuchung des Stabilitätsverhaltens werden die Tangenten an die Motorkennlinie M_M und die Lastkennlinie M_W der Arbeitsmaschine in den Betriebspunkten 1, 2 und 3 verwendet. Ein stabiler Betriebspunkt stellt sich dann ein, wenn die Zunahme des Lastmomentes M_W mit der Drehzahl größer ist als die Zunahme des Motormomentes M_M. Demzufolge ist im umgekehrten Fall ein Arbeitspunkt instabil, wenn das Motormoment M_M mit höheren Drehzahlen stärker zunimmt als das Lastmoment M_W:

$$\text{Stabiles Verhalten: } \frac{dM_M}{dn} < \frac{dM_W}{dn} \qquad \text{Instabiles Verhalten: } \frac{dM_M}{dn} > \frac{dM_W}{dn} \tag{17.6}$$

Somit besteht bei einem Antrieb ohne Drehzahlregelung im ungünstigen Fall die Gefahr, dass es von einem instabilen Arbeitspunkt aus zu einer unkontrollierten Drehzahlerhöhung („Durchgehen“) kommt, in dessen Folge der Antrieb ausfällt. Im günstigsten Fall wird der Antrieb bis zum Stillstand verzögert, da das zu geringe Motormoment nicht mehr ausreicht, den Antrieb zum Arbeitspunkt hin zu beschleunigen.

Bei dieser Betrachtungsweise ist zu beachten, dass nur die sogenannte statische Drehzahlstabilität im Kennlinienfeld ungeregelter Antriebe untersucht wird. Dabei sind die Kennlinien zwar von der Drehzahl, nicht jedoch von der Winkelbeschleunigung abhängig. Versieht man einen Antrieb mit einer Regelung, so lassen sich auch Betriebspunkte einhalten, die nach den Kriterien in Abbildung 17.11 labil oder instabil sind, weshalb im Betrieb ständige Regeleingriffe erforderlich sind. Grundsätzlich kann eine Stabilitätsbetrachtung auch rechnerisch über linearisierte Differentialgleichungen erfolgen, worauf hier jedoch nicht weiter eingegangen werden soll.

Ausgehend von diesen grundlegenden Stabilitätsbetrachtungen sollen im Weiteren nun Möglichkeiten und Maßnahmen zur Änderung eines Arbeitspunktes untersucht werden. Derartige Änderungen von Arbeitspunkten sind immer dann notwendig, wenn ein geregelter Antrieb folgende Anforderungen erfüllen muss:

- Elektrische Energie ist mit möglichst großem Wirkungsgrad in mechanische Energie umzuformen.
- Bestimmte, vom Arbeitsprozess her gegebene Werte (Kräfte, Momente, Drehzahlen, Wege) sind nach Größe und zeitlichem Verlauf den vorgegebenen Soll-Werten nachzuführen.
- Bestimmte Toleranzbereiche der vorgegebenen Größen sind einzuhalten, um die Erfüllung der Arbeitsaufgabe und Überlastungsschutz zu gewährleisten.
- Der Antrieb muss gegen äußere und innere Störeinflüsse abgegrenzt werden.

Damit ein Antrieb in verschiedenen Arbeitspunkten betrieben werden kann, bedarf es ergänzend zur bisherigen Betrachtung stationärer Momentengleichgewichte zusätzlicher Beschleunigungs- und Verzögerungsvorgänge, woraus sich im Fall rascher Drehzahländerungen die von den Massenträgheitsmomenten abhängigen Beschleunigungs- und Verzögerungsmomente $M_B = f(J_A^*, \omega)$ ergeben, die wesentlich zur dynamischen Antriebsbelastung beitragen und deshalb in die Dimensionierung einzubeziehen sind.

Mit W_{kin} als der in den rotierenden Massen gespeicherten kinetischen Energie ergibt sich das Beschleunigungsmoment $M_B(t)$ zu:

$$M_B(t) = \frac{1}{\omega} \cdot \frac{dW_{kin}}{dt} \tag{17.7}$$

Dabei lässt sich die kinetische Energie durch eine Änderung der Winkelgeschwindigkeit ω (Drehzahländerung bei Antrieben) oder des Trägheitsmomentes J beeinflussen (veränderliche Haspelmasse bei Wickel- bzw. Haspelantrieben oder Strömungsmaschinen mit variablem Füllungsgrad).

Sollen beide Anteile berücksichtigt werden, gilt für das Beschleunigungsmoment:

$$M_B = J_A \cdot \frac{d\omega}{dt} + \frac{\omega}{2} \cdot \frac{dJ}{dt} \tag{17.8}$$

Erfolgt nur eine Drehzahländerung bei unveränderten Trägheiten, gilt demzufolge:

$$M_B = J_A \cdot \frac{d\omega}{dt} \tag{17.9}$$

In Erweiterung der stationären Momentenbilanzen nach Abbildung 17.3 ergibt sich bei Berücksichtigung der Beschleunigungsanteile M_B, die Momentenbilanz der Antriebsmaschine für den allgemeinen instationären Fall mit M_M als Motormoment, M_{MR} als Reibmoment des Motors und dem auf die Motorwelle bezogenen Widerstandsmoment der Arbeitsmaschine M_M^*, welches auch die Reibmomente der Arbeitsmaschine und der Zwischenschaltungen (Getriebe) enthält, zu:

$$M_M = M_{MR} + M_W^* + M_B \tag{17.10}$$

Dieser Zusammenhang gilt insbesondere für sogenannte Beschleunigungsantriebe, die überwiegend zur schnellen Drehzahländerung großer Drehmassen bei geringen Lastmomenten dienen, wozu auch die Fahrantriebe in Schienenfahrzeugen gehören. Demgegenüber gilt die Momentenbilanz für den stationären Fall, wenn die dynamischen Momente bei relativ langsamen betrieblichen Drehzahländerungen gegenüber den Lastmomenten gering bleiben.

Um die aus Bewegungsänderungen resultierenden Momente in einer Auslegungsrechnung der Größe nach erfassen zu können, sind Bewegungsdiagramme gemäß Abbildung 17.12 (kinematische Diagramme, Fahrdiagramme) nützlich.

Ein derartiges Bewegungsdiagramm, wobei die Drehzahl über der Zeit aufgetragen ist, lässt sich für die Momentenbilanz eines Antriebes gemäß Abbildung 17.13 verwenden. Aus den Drehzahlverläufen und den Lastmomentverläufen nach Abbildung 17.13 a) und b) lassen sich analytisch oder grafisch die Anteile M_B und M_W ermitteln, sodass unter Berücksichtigung von Reibmomenten und durch Summation Momentenanteile entstehen, die sich entsprechend Abbildung 17.13 c) nach ihrer Größe ordnen lassen. Aus dieser ermittelten Momentenverteilung lassen sich dann im Sinne eines Lastkollektivs Dimensionierungskennwerte für die mechanischen Baugruppen und äquivalente Momente und Kriterien zur thermischen Bemessung der Antriebsmotoren ableiten.

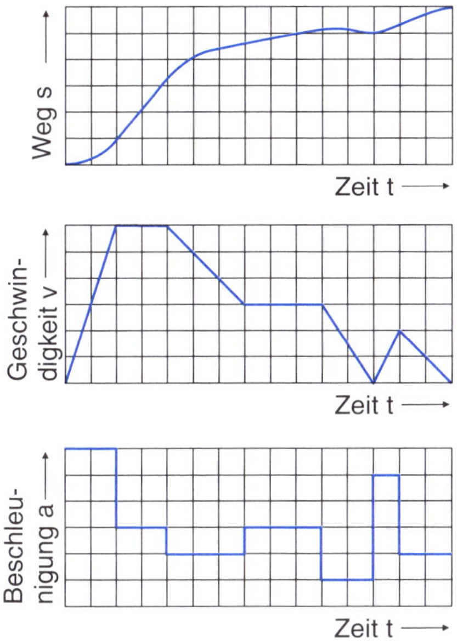

Sämtliche Bewegungsvorgänge für translatorische und rotatorische Bewegungen lassen sich durch jeweils sechs Diagramme beschreiben:

Translatorische Größen:

$$s = f(t),\ v = f(t),\ a = f(t) \tag{17.11}$$

$$v = f(s),\ a = f(s),\ a = f(v) \tag{17.12}$$

Rotatorische Größen:

$$\varphi = f(t),\ \omega = f(t),\ \varepsilon = f(t) \tag{17.13}$$

$$\omega = f(\varphi),\ \varepsilon = f(\varphi),\ \varepsilon = f(\omega) \tag{17.14}$$

In der Praxis sind die Bewegungsdiagramme $s = f(t)$ und $v = f(t)$ bzw. $n = f(t)$ oder $\omega = f(t)$ gebräuchlich.

Abbildung 17.12: Bewegungsdiagramme

Betrachtet man im Weiteren die effektive Motorbelastung aus Laständerung und Erwärmung, so wird immer vom tatsächlichen Lastspiel ausgegangen. Bei einfachen Antrieben erfolgt die Auswahl des Motors nach den VDE-Betriebsarten durch überschlägige Berechnung des mittleren Drehmomentes und der relativen Einschaltdauer ED [17.25]. Bei komplexeren Anwendungen kann für die allgemein zeitabhängige Belastung ein äquivalenter Belastungswert ermittelt werden, indem aus der Momentenverteilung nach Abbildung 17.13 ein effektives Ersatzmoment M_{eff} bestimmt wird:

$$M_{eff} = \sqrt{\frac{1}{T} \cdot \sum_{i=1}^{n} M_t^2 \cdot t_t} \tag{17.15}$$

Bei dieser quadratischen Mittelwertbildung wird vorausgesetzt, dass sich Drehzahl und Belüftung der Maschine nicht ändern, weshalb diese Vorgehensweise prinzipiell für die Auslegung von Motoren mit variablem Moment und fester Drehzahl geeignet ist. Sie kann bedingt auch für die thermische Bemessung von drehzahlveränderlichen, fremd belüfteten Gleichstrommaschinen verwendet werden, da der Zusammenhang zwischen Moment und Ankerstrom sowie den Ankerkreisverlusten relativ einfach ist.

Für schlupfgesteuerte Asynchronmaschinen sind diese Zusammenhänge jedoch nicht mehr gültig, da entsprechend Abbildung 17.13 der Ständerstrom von Drehmoment und Schlupf abhängt, sodass zwischen Moment und Motorstrom kein linearer Zusammenhang mehr vorhanden ist. Üblicherweise verhindert eine Strombegrenzung die schlupfbedingte hohe Stromaufnahme eines Asynchronmotors. Zur genauen Bemessung frequenzgeführter Drehstromantriebe sind die jeweiligen Auslegungsrichtlinien der Hersteller zu beachten.

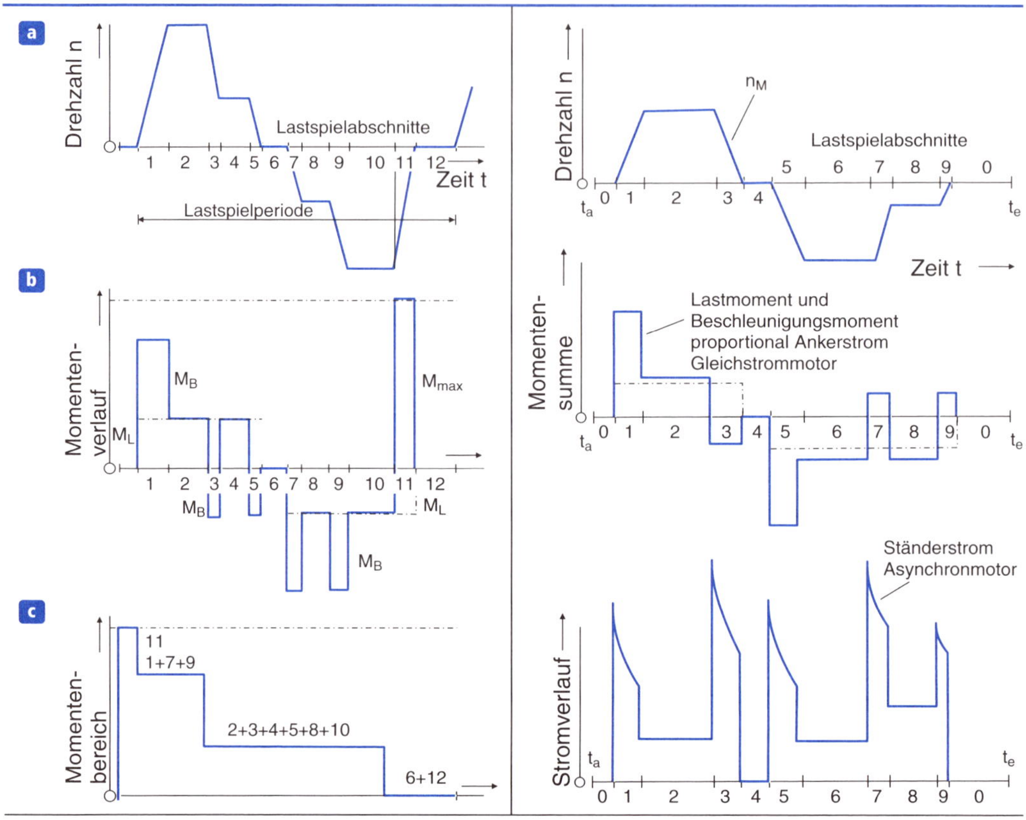

Abbildung 17.13: Ermittlung der Momentenverteilung (links) und der Stromverteilung (rechts) aus einem Lastspiel

Abschließend soll Abbildung 17.14 verdeutlichen, wie man prinzipiell von den Kriterien aus der Arbeitsaufgabe sowie von zusätzlichen betrieblichen Einflüssen über Lastrechnung und Auswahl der Antriebsstruktur zur betrieblichen Belastung des einzelnen Bauelementes im Antrieb kommen kann.

Demzufolge werden zur Bemessung mechanischer Baugruppen ebenfalls Lastspiel und Lastkennlinie verwendet. Im Gegensatz zur Auslegung der elektrischen Maschinen, die man nach den zulässigen Stromwerten, Einschaltdauerwerten und den daraus resultierenden thermischen Belastungen bemisst, werden äquivalente mechanische Beanspruchungskennwerte bestimmt, die sich aus den bekannten Momentenverteilungen gemäß Abbildung 17.13 nach den Regeln der dauerschwingfesten oder der betriebsfesten Auslegung von Bauteilen ergeben.

In der Regel werden Antriebskomponenten von stationären Industrieantrieben, ausgehend vom Nennmoment, nach bauteilspezifischen Laststandards bemessen, die sich jedoch grundsätzlich an einer dauerschwingfesten Dimensionierung orientieren. Ein Beispiel hierfür sind die in der Getriebeauslegung nach DIN 3990 genannten Anwendungsfaktoren, die dynamische Momentenanteile abdecken sollen, falls diese nicht aus einer Schwingungsrechnung bekannt sind (s.a. Kapitel 1 und Kapitel 18) [17.7], [17.51]. Eine genauere Auslegung erhält man immer, wenn man auf der Grundlage von gemessenen oder simulierten Lastkollektiven nach den Grundsätzen der Betriebsfestigkeit bemisst (s.a. Kapitel 3) [17.51]. Insbesondere zur theoretischen Ermittlung dynamischer Beanspruchungen bereits ausgeführter oder aber neu konzipierter Antriebssysteme bietet das Verfahren der Mehrkörper-Simulation mittlerweile vielfältige Möglichkeiten [17.53], [17.54].

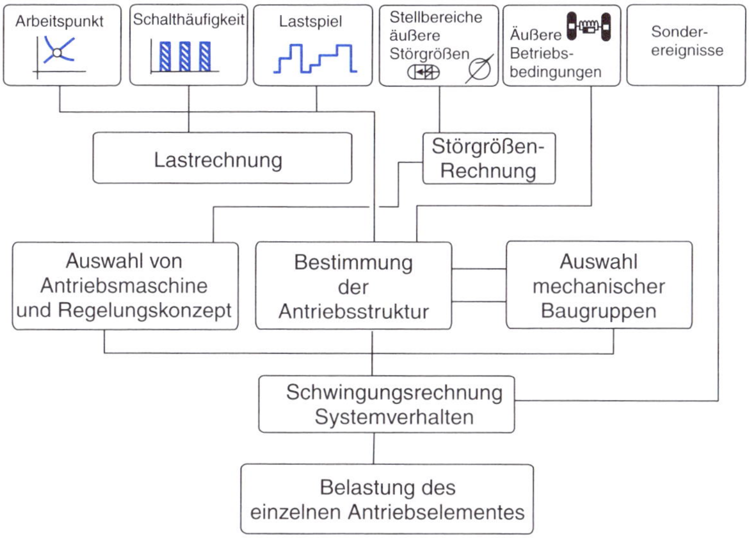

Abbildung 17.14: Flussdiagramm zur Auswahl und Berechnung antriebstechnischer Komponenten

17.2.4 Modellbildung von Antriebssystemen

Anhand der bisherigen Betrachtungen zu Antriebssystemen wird deutlich, dass die beanspruchungsgerechte Auslegung und Berechnung sehr umfangreich ist, wobei aber eine Aufteilung in zwei Berechnungsebenen vorgenommen werden kann. Zum einen sind Auslegung und Festigkeitsberechnung der einzelnen Baugruppen und Maschinenelemente eines Antriebssystems auf der Grundlage von einwirkenden Kräften und Momenten vorzunehmen, damit das Antriebssystem die ihm zugedachte Aufgabe in einer Maschine, Anlage oder in einem Fahrzeug erfüllen kann.

Um jedoch die einwirkenden Kräfte und Momente möglichst genau bestimmen zu können, bedarf es zum anderen einer übergeordneten Analyse des Antriebes auf der Systemebene unter Einbeziehung der bereits in den vorherigen Abschnitten dargestellten Gesichtspunkte, da die Kräfte und Momente generell von der Antriebsstrangkonfiguration, dessen Betriebszustand sowie den jeweiligen Umgebungsbedingungen abhängig und somit zeitlich veränderlich sind. Damit gibt es Wechselwirkungen zwischen Baugruppen und Einzelelementen der Mechanik, Elektrik und Regelung, die einen wesentlichen Einfluss auf die Eigenfrequenzen und zugehörigen Schwingformen des gesamten Antriebsstrangs sowie das dynamische Verhalten im Zeitbereich haben.

Ungeachtet der mittlerweile vorhandenen Möglichkeiten von Mehrkörper-Simulationen mit entsprechend komplexen Modellen, benötigt man auch für einfache Abschätzungen vereinfachte Modelle, die dennoch eine vergleichsweise hohe Modell- und Aussagegüte aufweisen.

In diesem Zusammenhang sei auf die treffende Definition eines Modells nach DIN 19226 hingewiesen [17.10]. Demzufolge ist ein Modell eine Abbildung eines Systems oder Prozesses in ein anderes begriffliches oder gegenständliches System, das aufgrund der Anwendung bekannter Gesetzmäßigkeiten, einer Identifikation oder auch getroffener Annahmen gewonnen wird und das das System oder den Prozess bezüglich der interessierenden Fragestellungen hinreichend genau abbildet. Damit ist die Bildung eines geeigneten, aussagefähigen Modells eine wesentliche ingenieurmäßige Aufgabe bei der Entwicklung und Auslegung von Antriebssystemen, wobei generell die Diskretisierung so fein wie nötig und so grob wie möglich erfolgen sollte. Modelle mit unnötig vielen Freiheitsgraden sind nicht nur unübersichtlich, sondern sie erfordern im ungünstigsten Fall auch lange Rechenzeiten bei der Simulation. So ist es auch heutzutage durchaus noch sinnvoll, erste Abschätzungen zum dynamischen Gesamtverhalten eines Antriebssystems mit einem Drei- oder Vier-Massen-Torsionsschwinger vorzunehmen, zumal sich die zugehörigen Differentialgleichungssysteme noch geschlossen lösen lassen. Sobald jedoch Nichtlinearitäten (z.B. Spiel in Kupplungen und Verzahnungen) zu berücksichtigen sind, genaue Aussagen zu Eigenfrequenzen gewünscht werden und einzelne Maschinenelemente und Baugruppen innerhalb des Antriebssystems auf der Grundlage simulierter Schnittgrößen (Kräfte, Momente) bemessen werden sollen, wird man mit komplexen Mehr-Massen-Modellen mit rotatorischen und translatorischen Freiheitsgraden arbeiten müssen, um die gewünschte Aussagefähigkeit und Aussagegüte in vollem Umfang zu erhalten [17.52], [17.53], [17.54]. Ebenso bedürfen geregelte mechanisch-elektrische Antriebssysteme der zusätzlichen Einbeziehung der Regelung und eines aussagefähigen elektrischen Teilsystems in das Gesamtmodell.

Nachfolgend sollen jedoch noch einige grundlegende Zusammenhänge zur Vereinfachung (Reduktion) komplexer Gesamtsysteme vorgestellt werden, mit denen sich einfache, dynamisch äquivalente Modelle erstellen lassen. Hierzu werden sämtliche mechanischen Größen des Systems wie z.B. Trägheiten, Steifigkeiten und Dämpfungen auf eine Referenzwelle (Motorwelle der Antriebsmaschine oder auch Abtriebswelle der Arbeitsmaschine), die man auch als Bildwelle bezeichnet, bezogen. Dabei ist zu beachten, dass das reduzierte System nur energetisch mit dem Originalsystem übereinstimmt, jedoch nicht mehr bezüglich des eigentlichen Kraft- und Momentenflusses.

1 Reduktion von Massen und Trägheitsmomenten

Unter der Voraussetzung, dass die jeweilige kinetische Energie erhalten bleibt, lassen sich Massenträgheiten von einer Welle auf eine beliebige andere Welle reduzieren. Soll z.B. die Massenträgheit einer angetriebenen Welle J_{ab} auf die über eine Übersetzung i antreibende Welle gemäß Abbildung 17.2 a) reduziert werden, also eine Reduktion auf den Antrieb bzw. die Antriebswelle erfolgen, so wird zunächst die kinetische Energie $E_{kin,rot}$ der rotierenden Masse auf ihrer ursprünglichen Welle durch ihre physikalische Trägheit J_{ab} und die Drehzahl der getriebenen Welle ω_{ab} bestimmt:

$$E_{kin,rot} = \frac{1}{2} \cdot J_{ab} \cdot \omega_{ab}^{2} \tag{17.16}$$

Bei der Reduktion auf die Antriebswelle bleibt die kinetische Energie $E_{kin,rot}$ erhalten, jedoch ist nun die Drehzahl der treibenden Welle ω_{an} bestimmend, sodass demzufolge für die gesuchte reduzierte Trägheitsmasse $J_{ab,red}$ auf der treibenden Welle gilt:

$$E_{kin,rot} = \frac{1}{2} \cdot J_{ab,red} \cdot \omega_{an}^2 = \frac{1}{2} \cdot J_{ab} \cdot \omega_{ab}^2 \tag{17.17}$$

Unter Verwendung der Übersetzung i_{ges} als Produkt der Übersetzungen der einzelnen Stufen i_n folgt somit für das gesuchte reduzierte Massenträgheitsmoment $J_{ab,red}$:

$$J_{ab.red} = J_{ab} \cdot \left(\frac{\omega_{ab}}{\omega_{an}} \right)^2 = \frac{1}{i_{ges}^2} \cdot J_{ab} \quad \text{mit} \quad i_{ges} = \prod_{j=1}^{n} i_n = \frac{\omega_{an}}{\omega_{ab}} \tag{17.18}$$

Hinsichtlich der Änderung der Größe der Massenträgheit gilt, dass bei einer Reduktion auf eine schneller laufende Welle mit einer Übersetzung $|i_{ges}| > 1$ entsprechend $J_{ab,red} < J_{ab}$ wird, während mit $|i_{ges}| < 1$ bei Reduktion auf eine langsamer laufende Welle $J_{ab,red} > J_{ab}$ wird.

Betrachtet man nun umgekehrt die Reduktion der Massenträgheit J_{an} von der treibenden Welle auf die über eine Übersetzung i_{ges} angetriebene Welle, so gilt für diese Reduktion auf den Abtrieb sinngemäß zu den vorherigen Ausführungen:

$$E_{kin,rot} = \frac{1}{2} \cdot J_{an} \cdot \omega_{an}^2 = \frac{1}{2} \cdot J_{an,red} \cdot \omega_{ab}^2 \tag{17.19}$$

$$J_{an,red} = J_{an} \cdot \left(\frac{\omega_{an}}{\omega_{ab}} \right)^2 = i_{ges}^2 \cdot J_{an} \quad \text{mit} \quad i_{ges} = \prod_{j=1}^{n} i_n = \frac{\omega_{an}}{\omega_{ab}} \tag{17.20}$$

Aus beiden Umrechnungen wird deutlich, dass in jedem Fall ein eindeutiger Bezug festzulegen ist, damit die dynamisch äquivalente, kinetische Energie in richtiger Weise berücksichtigt wird.

Entsprechend Abbildung 17.2 b) kann auch eine linear bewegte Masse in ein äquivalentes Trägheitsmoment auf einer rotierenden Welle unter Erhaltung der kinetischen Energie umgerechnet werden. So gilt zunächst für die kinetische Energie $E_{kin,lin}$ der linear bewegten Masse m_{ab} abhängig von der linearen Geschwindigkeit v_{ab}:

$$E_{kin,lin} = \frac{1}{2} \cdot m_{ab} \cdot v_{ab}^2 \tag{17.21}$$

Durch Gleichsetzen der kinetischen Energie der linear bewegten Masse $E_{kin,lin}$ und der kinetischen Energie der gesuchten, auf die Antriebswelle reduzierten, rotierenden Masse $E_{kin,rot}$ folgt:

$$E_{kin,lin} = \frac{1}{2} \cdot m_{ab} \cdot v_{ab}^2 = E_{kin,rot} = \frac{1}{2} \cdot J_{ab,red} \cdot \omega_{an}^2 \tag{17.22}$$

$$J_{ab,red} = m_{ab} \cdot \left(\frac{v_{ab}}{\omega_{an}} \right)^2 \tag{17.23}$$

Bei der Reduktion auf den Abtrieb ergibt sich sinngemäß folgender Zusammenhang:

$$E_{kin,lin} = \frac{1}{2} \cdot m_{an} \cdot {v_{an}}^2 = E_{kin,rot} = \frac{1}{2} \cdot J_{ab,red} \cdot {\omega_{ab}}^2 \qquad (17.24)$$

$$J_{an,red} = m_{an} \cdot \left(\frac{v_{an}}{\omega_{ab}} \right)^2 \qquad (17.25)$$

Aus Gleichung (17.23) und (17.25) wird deutlich, dass der Quotient aus Lineargeschwindigkeit v und Winkelgeschwindigkeit ω immer erhalten bleibt, sodass unabhängig von einer Reduktion auf die Antriebs- oder die Abtriebswelle gilt:

$$J_{m,red} = m \cdot \left(\frac{v}{\omega} \right)^2 \qquad (17.26)$$

2 Reduktion von Steifigkeiten

Während in den Massenträgheiten kinetische Energie gespeichert wird, können die elastischen Wellenabschnitte aufgrund ihrer Steifigkeiten, vergleichbar mit Federn, potentielle Energie speichern. Damit lassen sich die hauptsächlich aus den elastischen Wellenabschnitten herrührenden Verdrehsteifigkeiten (Torsionssteifigkeiten) unter Erhaltung der potentiellen Energie auf beliebige andere Wellen reduzieren.

Die in einem elastischen Wellenabschnitt mit der Torsionssteifigkeit c gespeicherte potentielle Energie $E_{pot,rot}$ lässt sich aus dem einwirkenden Drehmoment M und dem sich ergebenden Verdrehwinkel φ wie folgt berechnen, wobei das Drehmoment M wiederum durch die Torsionssteifigkeit c und den Verdrehwinkel φ ausgedrückt wird:

$$E_{pot,rot} = \frac{1}{2} \cdot M \cdot \varphi = \frac{1}{2} \cdot c \cdot \varphi \cdot \varphi = \frac{1}{2} \cdot c \cdot \varphi^2 \qquad (17.27)$$

Im Weiteren muss nun die in der Abtriebswelle gespeicherte potentielle Energie aufgrund der ursprünglichen Torsionssteifigkeit c_{ab} gleich der in der Antriebswelle gespeicherten potentiellen Energie mit der gesuchten reduzierten Torsionssteifigkeit $c_{ab,red}$ sein:

$$E_{pot,rot} = \frac{1}{2} \cdot c_{ab} \cdot {\varphi_{ab}}^2 = \frac{1}{2} \cdot c_{ab,red} \cdot {\varphi_{an}}^2 \qquad (17.28)$$

Aufgrund des Winkelverhältnisses $\varphi_{ab} / \varphi_{an}$, welches durch die Integration über der Zeit zum Verhältnis der Winkelgeschwindigkeiten $\omega_{ab} / \omega_{an}$ und damit zum Übersetzungsverhältnis $1 / i_{ges}$ führt, ergibt sich für die gesuchte reduzierte Torsionssteifigkeit $c_{ab,red}$:

$$c_{ab,red} = \left(\frac{\varphi_{ab}}{\varphi_{an}} \right)^2 \cdot c_{ab} = \frac{1}{i_{ges}^2} \cdot c_{ab} \qquad (17.29)$$

Diese Umrechnung ist möglich, da die beiden Wellen durch die Übersetzung gekoppelt sind und gleiche Umfangswege bzw. gleiche Umfangsgeschwindigkeiten vorliegen.

Genauso wie bei der Reduktion von Massenträgheiten gilt, dass bei einer Reduktion auf eine schneller laufende Welle mit einer Übersetzung $|i_{ges}| > 1$ entsprechend $c_{ab,red} < c_{ab}$ wird, während mit $|i_{ges}| < 1$ bei Reduktion auf eine langsamer laufende Welle $c_{ab,red} > c_{ab}$

wird. Des Weiteren liegt auch für die Reduktion einer Torsionssteifigkeit auf die Abtriebswelle eine Richtungsabhängigkeit vor:

$$c_{an,red} = i_{ges}^2 \cdot c_{ab} \tag{17.30}$$

Bei der Umrechnung translatorischer Steifigkeiten bleibt entsprechend Gleichung (17.23) und (17.25) der Quotient aus Lineargeschwindigkeit v und Winkelgeschwindigkeit ω immer erhalten, sodass unabhängig von einer Reduktion auf die Antriebs- oder die Abtriebswelle gilt:

$$c_{m,red} = c \cdot \left(\frac{v}{\omega}\right)^2 \tag{17.31}$$

3 Reduktion von Dämpfungen

In schwingungsfähigen Systemen und damit auch in Antriebssystemen bewirkt die Dämpfung ein Abklingen freier Schwingungen und eine Begrenzung der Schwingungsamplituden in Resonanzbereichen harmonisch erregter Schwingungen. Dabei wird die mechanische Energie in andere Energieformen, insbesondere in Wärme, umgewandelt.

Grundsätzlich lässt sich die Dämpfung unterscheiden in innere Dämpfung (materialabhängig) und äußere Dämpfung (belastungsabhängig). Dabei versteht man unter innerer Dämpfung die Material- bzw. Werkstoffdämpfung (Verformungswiderstände im Werkstoff) und die Berührungs- oder Kontaktdämpfung (Dämpfung an Fügestellen von z.B. Schrauben- und Nietverbindungen). Als äußere Dämpfung bezeichnet man äußere Bewegungswiderstände, die beispielsweise durch die Reibung in Führungen und Lagern auftreten, aber auch Luft- oder Flüssigkeitswiderstände [17.77].

Während sich Massenträgheiten und Steifigkeiten direkt aus den geometrischen Abmessungen und den Werkstoffeigenschaften Dichte und Elastizität ermitteln lassen, sind die Dämpfungsparameter eines Systems schwieriger zu bestimmen. Auch wenn mechanische Antriebssysteme üblicherweise nur eine „schwache" Dämpfung aufweisen, so treten dennoch bei allen mechanischen Bewegungen entsprechende mechanische Energieverluste auf, die auf Dämpfung zurückzuführen sind und deshalb in einem realitätsnahen Modell auch berücksichtigt werden sollen.

Grundsätzlich sind in mechanischen Antriebssystemen modale oder viskose Dämpfungseigenschaften abzubilden, wenn nachfolgende Größen interessieren [17.11], [17.12]:

- Höhere Eigenfrequenzen und zugehörige Eigenschwingformen
- Resonanzamplituden linearer Systeme bei periodischer Belastung
- Lastwechselzahl bei Ausschwingvorgängen, z.B. nach Stößen
- Aussagen zum Stabilitätsverhalten parametererregter Schwinger

Zur Erfassung der Größe der Dämpfung werden gemäß Abbildung 17.15 Ersatzmodelle gebildet und deren Übertragungsverhalten mathematisch beschrieben. Im Allgemeinen erhält man nichtlineare Werkstoffersatzmodelle, die aus den Parametern Steifigkeit, Dämpfung und Reibung zusammengesetzt sind. Dabei sind die Mehr-Parameter-Modelle gemäß Abbildung 17.15 e) insbesondere zur Beschreibung des dynamischen Verhaltens von Elastomer-Kupplungen von Interesse.

In erster Näherung ist es jedoch zulässig, nicht nur für Stahl (z.B. Wellen und Zahnräder), sondern auch für Elastomere das Voigt-Kelvin-Modell anzuwenden, das gemäß Abbildung 17.15 a) aus einer Parallelschaltung eines linearen oder nichtlinearen Steifigkeitsanteils und eines geschwindigkeitsproportionalen Dämpfungsanteils besteht.

Somit folgt aus der geschwindigkeitsproportionalen Dämpfung mit dem Dämpfungswert d für den Translationsschwinger mit der Geschwindigkeit v die Kraft F_d und für den Torsionsschwinger (Drehschwinger) mit der Drehgeschwindigkeit ω das Drehmoment M_d:

$$F_d = d \cdot v \quad \text{und} \quad M_d = d \cdot \omega \tag{17.32}$$

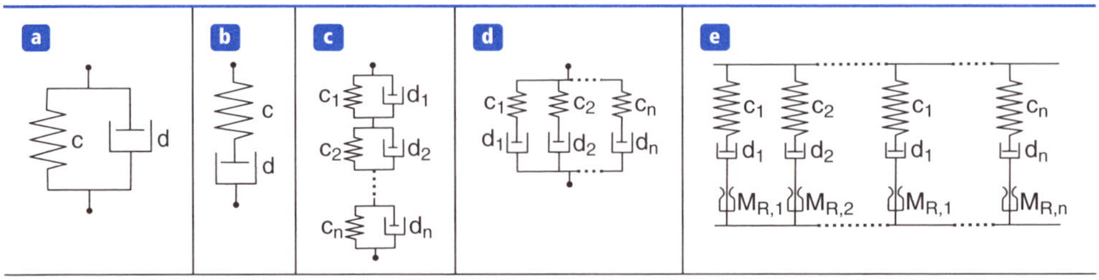

Abbildung 17.15: Werkstoffersatzmodelle zur Beschreibung der Dämpfung – a) Voigt-Kelvin, b) Maxwell, c) Voigt-Kelvin verallgemeinert, d) Maxwell verallgemeinert, e) Allgemeines nichtlineares Werkstoffersatzmodell

Zur Bestimmung der Dämpfungskonstanten d (in den Einheiten: Nms/rad bzw. Ns/m) sind Werkstoff- und Geometrie-Einflüsse des Bauteils eines schwingungsfähigen Systems zu berücksichtigen. Dies führt auf unterschiedliche Ansätze zur Berechnung der Dämpfungskonstanten d für Wellenabschnitte, Verzahnungen und Elastomer-Kupplungen gemäß Tabelle 17.1.

Wellenabschnitte	Verzahnungen	Elastomer-Kupplungen
$d = 2 \cdot D \cdot \eta \cdot \sqrt{c \cdot J}$ (17.33)	$d = D \cdot \sqrt[2{,}6]{c \cdot J}$ (17.34)	$d = \dfrac{\psi \cdot \sqrt{c \cdot J}}{2 \cdot \pi} = 2 \cdot D \cdot \eta \cdot \sqrt{c \cdot J}$ (17.35)

Hierin bezeichnen c die Steifigkeit, J das Massenträgheitsmoment, $\eta = \Omega / \omega$ das Kreisfrequenzverhältnis aus Eigenkreisfrequenz Ω und Anregungsfrequenz ω und ψ die verhältnismäßige Dämpfung bei Elastomer-Kupplungen mit $0{,}25 < \psi < 1{,}4$ nach DIN 740 [17.6]. Da die Dämpfung vor allem in Resonanzbereichen wirksam ist, gilt für das Kreisfrequenzverhältnis in erster Näherung $\eta = 1$.

Richtwerte für das Lehr'sche Dämpfungsmaß D nach Ernst Lehr (1896–1945, deutscher Physiker und promovierter Maschinenbauingenieur) sind Tabelle 17.2 zu entnehmen [17.36].

Tabelle 17.1: Bestimmung der Dämpfungskonstanten d

Grundvoraussetzung für diese Berechnungsansätze sind ein lineares Übertragungsverhalten, eine geschwindigkeitsproportionale Dämpfung, ein homogenes Mehrkörpersystem und die Gültigkeit der Strukturdämpfung: Einen ähnlichen Ansatz gibt es auch für den freien Zweimassenschwinger mit den Massenträgheiten J_1 und J_2 und der Verbindungssteifigkeit c [17.22]:

$$d = 2 \cdot D \cdot \eta \cdot \sqrt{c \cdot \frac{J_1 \cdot J_2}{J_1 + J_2}} \tag{17.36}$$

Für höherwertige Mehrmassenschwinger sind in der Literatur keine analytischen Ansätze bekannt, weshalb man üblicherweise bei Mehrmassenschwingern vereinfachend von der modellhaften Vorstellung der Zerlegung in viele Zweimassenschwinger ausgeht.

System		Dämpfungsgrad	Quelle
Materialdämpfung:	Stahl	$D = 0{,}0001$	[17.67]
	Aluminium	$D = 0{,}0001$	[17.67]
	Gusseisen	$D = 0{,}0005 \ldots 0{,}001$	[17.67]
	Verbundbleche	$D = 0{,}05 \ldots 0{,}10$	[17.67]
Strukturdämpfung:	Schweißkonstruktion aus Metallblechen	$D = 0{,}0005 \ldots 0{,}001$	[17.67]
	Geschraubte od. genietete Metallverbindungen	$D = 0{,}005 \ldots 0{,}015$	[17.67]
	Aufstellung auf Gummi	$D = 0{,}05 \ldots 0{,}10$	[17.30], [17.21]
	Aufstellung auf Federn	$D = 0{,}02$	[17.21]
	Aufstellung auf Trägern	$D = 0{,}07$	[17.30]
Wellen:	$d_{mittel} \leq 100$ mm	$D = 0{,}005$	[17.35]
	$d_{mittel} < 100$ mm	$D = 0{,}01$	[17.35]
Zahnradstufe:	$P \leq 100$ kW	$D = 0.02$	[17.35]
	$P = 100 \ldots 1.000$ kW	$D = 0{,}04$	[17.35]
	$P > 1.000$ kW	$D = 0{,}06$	[17.35]
Kupplungen:	nach Katalog	$D = 0{,}02 \ldots 0{,}20$	[17.12]
	elastische Kupplungen	$D = 0{,}04 \ldots 0{,}20$	[17.35]
Lager:	Wälzlager (radial)	$D = 0{,}01 \ldots 0{,}015$	[17.46]
Führungen:	Wälzführung	$D = 0{,}005 \ldots 0{,}02$	[17.1]
	Gleitführung	$D = 0{,}012 \ldots 0{,}035$	[17.1]

Tabelle 17.2: Erfahrungswerte für den Dämpfungsgrad D (s. a. Tabelle 18.48) [17.63]

Im Falle der Transformation eines Mehrmassenschwingers auf eine Bildwelle lassen sich vereinfachend zunächst die Dämpfungswerte genauso reduzieren wie die Massenträgheitsmomente und die Steifigkeiten gemäß der Gleichungen (17.29) und (17.30):

$$d_{ab,red} = \left(\frac{\varphi_{ab}}{\varphi_{an}}\right)^2 \cdot d_{ab} = \frac{1}{i_{ges}^2} \cdot d_{ab} \tag{17.37}$$

Ebenso gilt, dass bei einer Reduktion auf eine schneller laufende Welle mit einer Übersetzung $|i_{ges}| > 1$ entsprechend $d_{ab,red} < d_{ab}$ wird, während mit $|i_{ges}| < 1$ bei Reduktion auf eine langsamer laufende Welle $d_{ab,red} > d_{ab}$ wird. Des Weiteren liegt auch für die Reduktion einer Torsionsdämpfung auf die Abtriebswelle eine Richtungsabhängigkeit vor:

$$d_{an,red} = i_{ges}^2 \cdot d_{ab} \tag{17.38}$$

Bei der Umrechnung translatorischer Dämpfungen bleibt entsprechend Gleichung (17.23) und (17.25) der Quotient aus Lineargeschwindigkeit v und Winkelgeschwindigkeit ω immer erhalten, sodass unabhängig von einer Reduktion auf die Antriebs- oder die Abtriebswelle gilt:

$$d_{m,red} = d \cdot \left(\frac{v}{\omega} \right)^2 \qquad (17.39)$$

Da jedoch häufig keine genauen Dämpfungskennwerte vorliegen und die vereinfachten Ansätze bei komplexen Schwingungsketten oder mehrfach vermaschten Mehrkörpersystemen keine befriedigenden Ergebnisse liefern, soll abschließend noch auf die sogenannte „Automatisierte Dämpfungsabstimmung durch Parametervariation" gemäß Abbildung 17.16 eingegangen werden [17.57].

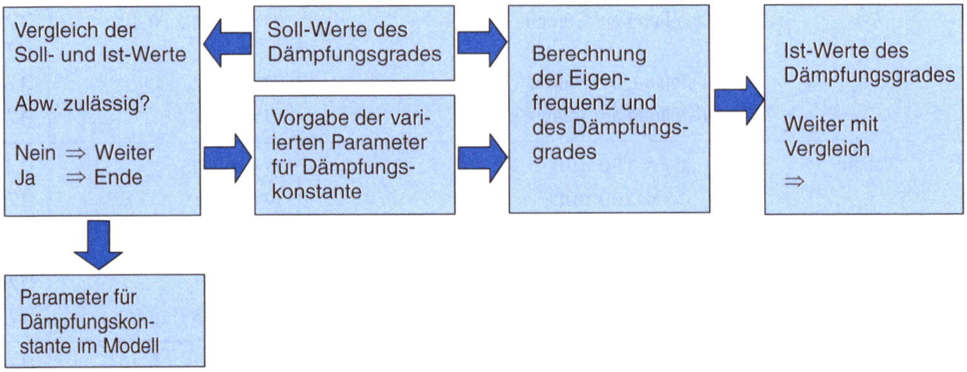

Abbildung 17.16: Automatisierte Dämpfungsabstimmung durch Parametervariation [17.57], [17.63]

Dabei wird das mechanische System zunächst vollständig modelliert und jedem Dämpfungswert ein Startwert d_{Start} zugeordnet, der sich mithilfe der Zusammenhänge nach Tabelle 17.1 bestimmen lässt. Anschließend wird eine Variation der absoluten Dämpfung (Dämpfungskonstante) vorgenommen und nach der erfolgreichen Berechnung der Eigenfrequenzen mithilfe eines Berechnungsprogramms erfolgt ein Abgleich der sich daraus ergebenden Lehr'schen Dämpfungsmaße (Dämpfungsgrade) D_{ist} mit den zuvor definierten Soll-Dämpfungswerten (relatives Dämpfungsmaß) D_{Soll} gemäß Tabelle 17.2. Nach einem festgelegten Abbruchkriterium lassen sich dann die so ermittelten absoluten Dämpfungen (Dämpfungskonstanten) d_{Ende} endgültig in das Modell übernehmen.

4 Reduktion von Momenten

Im einfachsten Fall wird zur Reduktion von Momenten nur die Gesamtübersetzung i_{ges} benötigt, sodass sich das reduzierte Moment bei Überführung auf die langsam laufende Welle ($M_{an,red}$) vergrößert und bei Reduktion auf die schnell laufende Welle ($M_{ab,red}$) verkleinert:

$$M_{an,red} = i_{ges} \cdot M_{an} \quad \text{und} \quad M_{ab,red} = \frac{1}{i_{ges}} \cdot M_{ab} \quad \text{mit} \quad i_{ges} = \prod_{j=1}^{n} i_n = \frac{\omega_{an}}{\omega_{ab}} \qquad (17.40)$$

Die Reduktion des Lastmoments wird jedoch aufwändiger, sofern eine Abhängigkeit von der Winkelgeschwindigkeit (linear oder quadratisch) vorliegt.

5 Reduktion von Spiel

Vergleichbar zur Reduktion von Momenten ist auch ein eventuell vorhandenes translatorisches Spiel s_0 (z. B. in Verzahnungen oder Kupplungen) bei der Überführung auf eine Bildwelle in entsprechender Weise umzurechnen. Unter Verwendung der Übersetzung i_{ges} als Produkt der Übersetzungen der einzelnen Stufen i_n und mit r_0 als Abstand von der Drehachse bis zur Stelle des translatorischen Spiels s_0 folgt somit für das gesuchte reduzierte Spiel $s_{0,red}$, dass es sich bei der Reduktion von der schnell laufenden auf die langsam laufende Welle verkleinert:

$$s_{0,red} = \frac{s_0}{r_0} \cdot \left(\frac{\omega_{ab}}{\omega_{an}} \right) = \frac{1}{i_{ges}} \cdot \frac{s_0}{r_0} \quad \text{mit} \quad i_{ges} = \prod_{j=1}^{n} i_n = \frac{\omega_{an}}{\omega_{ab}} \tag{17.41}$$

Betrachtet man nun umgekehrt die Reduktion des Spiels s_0 von der langsam laufenden Welle auf die über eine Übersetzung i_{ges} schnell laufende Welle, so vergrößert sich das Spiel:

$$s_{0,red} = \frac{s_0}{r_0} \cdot \left(\frac{\omega_{an}}{\omega_{ab}} \right) = i_{ges} \cdot \frac{s_0}{r_0} \quad \text{mit} \quad i_{ges} = \prod_{j=1}^{n} i_n = \frac{\omega_{an}}{\omega_{ab}} \tag{17.42}$$

Damit gilt für das Spiel im Gegensatz zu Massenträgheiten, Steifigkeiten und Dämpfungen, dass bei einer Reduktion auf eine langsamer laufende Welle mit einer Übersetzung $|i_{ges}| < 1$ entsprechend $s_{0,red} < s_0$ wird, während mit $|i_{ges}| > 1$ bei Reduktion auf eine schneller laufende Welle $s_{0,red} > s_0$ wird.

Wie bereits eingangs erwähnt, lassen sich nun mit einem einfachen oder auch komplizierteren Modell des schwingungsfähigen Antriebssystems sowohl die Eigenfrequenzen und zugehörigen Eigenschwingformen im Frequenzbereich als auch sämtliche Zustandsgrößen wie Lagen, Geschwindigkeiten, Beschleunigungen, Kräfte und Momente im Zeitbereich bestimmen (s. a. Tabelle 18.53).

Bevor überhaupt Untersuchungen im Zeitbereich durchgeführt werden, sollte man zunächst im Frequenzbereich darauf achten, dass es nicht zu unerwünschten Anregungen von Eigenfrequenzen kommt, da hierdurch Beanspruchungen auftreten können, die bei nur kurzer oder aber auch länger andauernder Einwirkung zur Schädigung von Einzelelementen oder ganzen Baugruppen führen können. Da Eigenfrequenzen bekanntermaßen an eine Massen-Steifigkeits-Verteilung gekoppelt sind, gibt es unabhängig von einer Maschine oder Anlage bestimmte Größenordnungen der niedrigsten Eigenfrequenzen, die als Anhaltswerte in Tabelle 17.3 zusammengestellt sind.

Weitere Ausführungen zu dem wichtigen Gebiet von Schwingungen in Antrieben sind der weiterführenden Fachliteratur zu entnehmen [17.11], [17.12], [17.63], [17.77].

f_{Eigen} [Hz]	Baugruppe
< 1	Turm- und Rotorblattschwingungen großer Windenergieanlagen ($P > 2{,}5$ MW)
< 2	Lastpendel, Tragwerk von Turmkranen, Tagebaugroßgeräte, Windenergieanlagen
2 ... 5	Brückenkrane, Fahrzeugantriebsstrang, Schiffsantriebsstrang
5 ... 10	Blockfundamente, Waschmaschinen, Zentrifugen, Personenaufzüge, Textilspindeln
10 ... 30	Antriebe mit weichen Kupplungen
20 ... 50	Antriebswellen, mehrstufige Zahnradgetriebe
50 ... 100	Kurze steife Antriebswellen
100 ... 300	Schleifspindel, Kolbenmotor
200 ... 500	Motorradmotor, Zylinder in Druckmaschinen
500 ... 1.000	Zahn eines Zahnrades
1.000 ... 2.000	Längsschwingungen von Ventilen, Kolbenkörper in Verbrennungsmotoren
> 2.000	Wälzkörper in Wälzlager

Tabelle 17.3: Größenordnungen der tiefsten Eigenfrequenzen von schwingungsfähigen Systemen nach [17.12]

17.3 Funktion und Wirkung von Getrieben

Eine wesentliche Aufgabe in einem Antriebssystem ist die Energieanpassung durch Änderung der Drehzahl oder des Drehzahl-Drehmomenten-Verlaufes zwischen Antriebs- und Arbeitsmaschine, da die Charakteristik des Leistungsbedarfs der Arbeitsmaschine nur sehr selten direkt mit der Charakteristik des Leistungsangebots der Antriebsmaschine übereinstimmt. Hierzu verwendet man unterschiedliche Arten von Getrieben, die gemäß Tabelle 17.4 die weiteren Hauptaufgaben der geometrischen Anpassung, Kennlinien- und Leistungsflussanpassung haben. Sämtliche Aufgaben sind nach Möglichkeit mit geringen Energieverlusten zu erfüllen.

Kinematische Anpassung	Geometrische Anpassung	Kennlinienanpassung	Leistungsflussanpassung
Drehzahl Geschwindigkeit	Achsabstand Winkellage	Anfahren Stabiler Betriebspunkt Kennlinienverlauf	Addition – Summengetriebe Teilung – Verteilergetriebe Wandlung – Dreh- in Längsbewegung

Tabelle 17.4: Übersicht zu den Hauptaufgaben der Getriebe

Da die Aufgabe der kinematischen Anpassung einerseits aus der Änderung der Drehzahl oder der Geschwindigkeit oder andererseits aus dem Umwandeln einer gleichmäßigen Antriebsbewegung in eine ungleichmäßige bestehen kann, unterscheidet man zunächst entsprechend Abbildung 17.17 zwischen gleichförmig und ungleichförmig übersetzenden Getrieben [17.71], [17.73].

Die Aufgabe der geometrischen Anpassung ergibt sich aus der Anforderung, dass es häufig nicht möglich ist, den Antriebsmotor fluchtend mit der anzutreibenden Welle der Arbeitsmaschine anzuordnen, oder aber dass grundsätzlich die Übertragung der Drehbewegung auf eine Welle anderer Winkellage erforderlich ist.

Getriebeart	Eingang (Antrieb)	Ausgang (Abtrieb)	Getriebeschema	Übertragungsfunktion
Gleichmäßig übersetzende Getriebe	Drehbewegung φ_1 ω_1	Drehbewegung φ_2 ω_2	Rädergetriebe 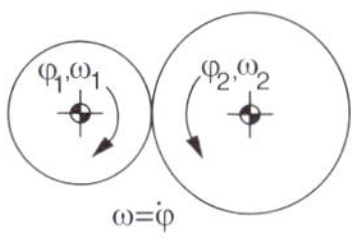	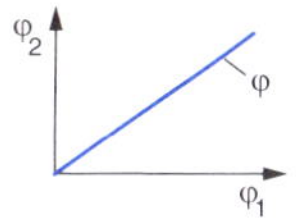
	Drehbewegung φ_1 ω_1	geradlinige Bewegung s v	Zahnstangengetriebe 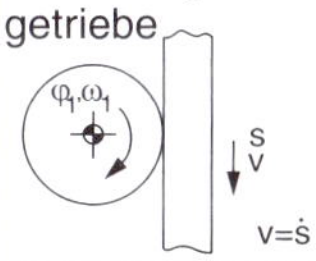	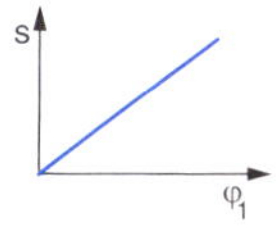
Ungleichmäßig übersetzende Getriebe	Drehbewegung φ_1 ω_1	pendelnde Drehbewegung φ_2 ω_2	Koppelgetriebe (Kurbelschwinge) 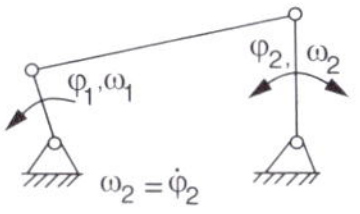	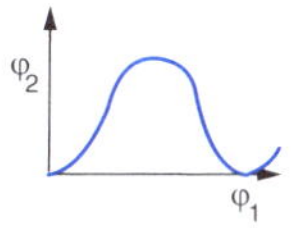
	Drehbewegung φ_1 ω_1	pendelnde geradlinige Bewegung s v	Kurvengetriebe 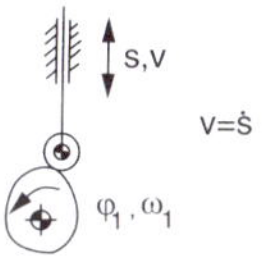	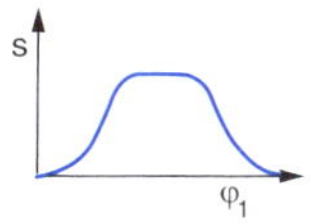
	Drehbewegung φ_1 ω_1	schrittweise Drehbewegung φ_2 ω_2	Schrittgetriebe (Malteserkreuzgetriebe) 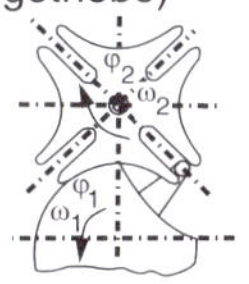	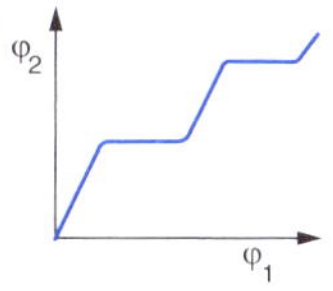

Abbildung 17.17: Kinematische Grundaufgaben ausgewählter Getriebearten [17.73]

Bezüglich der Kennlinie des äußeren Widerstandsmomentes der Arbeitsmaschine muss die Drehmomenten-Drehzahl-Kennlinie des Antriebes so angepasst sein, dass beim Anfahren ein entsprechend großes Anfahrmoment zur Überwindung des Losbrechmomentes vorhanden ist, ein ausreichendes Beschleunigungsmoment zum Hochfahren auf Nenndrehzahl zur Verfügung steht und schließlich ein stabiles Betriebsverhalten gemäß Abbildung 17.11 zum Betrieb im Bereich hoher Leistung möglich ist. Dadurch sind die jeweiligen Drehmoment- und Drehzahlgrenzen bestimmt, da aus energetischen und wirtschaftlichen Gründen eine Arbeitsmaschine im Konstantbetrieb entweder im Bereich maximaler Leistung oder im Bereich maximalen Wirkungsgrades betrieben wird.

Bei der Leistungsflussanpassung durch ein Getriebe besteht die Möglichkeit der Summierung der Antriebsleistung von zwei oder mehreren Motoren zur Deckung des Gesamtleistungsbedarfs der Arbeitsmaschine (Summengetriebe), der Aufteilung der Antriebsleistung eines Motors auf mehrere Bedarfsstellen einer Arbeitsmaschine (Verteilergetriebe) oder aber der grundsätzlichen Wandlung einer Dreh- in eine Längsbewegung und umgekehrt.

Ausgehend von diesen grundlegenden Gemeinsamkeiten aller Getriebe wird im Folgenden auf die Einteilung und wesentlichen Eigenschaften sowie die Zusammenhänge zur Übersetzung, zum Wirkungsgrad und zu Drehmomentverhältnissen eingegangen, bevor in den anschließenden Abschnitten die einzelnen Getriebebauarten vorgestellt werden.

17.3.1 Einteilung und Anwendungsbereiche von Getrieben

Aufgrund der großen Vielfalt von Arbeitsmaschinen und Antriebsmaschinen kann keine allgemeingültige Vorgehensweise zur Auswahl einer Getriebebauart angegeben werden. Zumeist erfolgt die Auswahl abhängig von den gegebenen Randbedingungen des jeweiligen Einsatzfalles unter Berücksichtigung der folgenden Gesichtspunkte:

- Übertragbare Leistung, Drehmoment- und Drehzahlgrenzen
- Übersetzung, Stellbarkeit und Genauigkeit der Übersetzung, Schlupf
- Lastspielcharakteristik (Stoßbelastung, Dauerbetrieb/Kurzzeitbetrieb, Anlaufmomente)
- Gewicht und Bauraum
- Betriebssicherheit, Wartung und Schmierung
- Schwingungseigenschaften und Geräuschentwicklung
- Wärmeentwicklung und -abfuhr sowie Wirkungsgrad
- Kosten und Wirtschaftlichkeit

Ausgehend von diesen generellen Anforderungen an ein Getriebe lässt sich eine systematische Einteilung anhand folgender Eigenschaften vornehmen:

- Kinematik – Gleichförmig oder ungleichförmig
- Physikalisches Prinzip – Mechanisch, elektrisch, hydraulisch, pneumatisch
- Wirkprinzip – Formschlüssig oder kraftschlüssig
- Übertragungsart – Konstant, gestuft, stufenlos

Betrachtet man im Weiteren die für die Antriebstechnik des Maschinen-, Anlagen- und Fahrzeugbaus besonders wichtigen gleichförmig übersetzenden Getriebe, so ist folgende Einteilung sinnvoll:

- Zahnradgetriebe (formschlüssig) – Stirnradgetriebe, Kegelradgetriebe, Schneckenradgetriebe, Schraubradgetriebe, Zahnstangen, Umlaufrädergetriebe
- Reibradgetriebe (kraftschlüssig) – Rädergetriebe, System Rad/Schiene
- Zugmittelgetriebe – Riementriebe (kraftschlüssig), Kettentriebe (formschlüssig)
- Hydraulische Getriebe (kraftschlüssig) – Hydrostatische Getriebe (Hydropumpen und Hydromotoren) oder hydrodynamische Getriebe (Hydropumpe und Turbinen)
- Elektrische Getriebe (kraftschlüssig) – System Generator/Motor

In Tabelle 17.5 sind die Anwendungsbereiche und Kenngrößen ausgeführter Getriebebauarten zusammengestellt, wobei das Zahnradgetriebe aufgrund seiner Leistungsfähigkeit im allgemeinen Maschinenbau überwiegt.

Bauart	Leistung [kW]	Drehzahl $[min^{-1}]$	Wälzgeschwindigkeit [m/s]	Übersetzung i	Wirkungsgrad η je Stufe [%]	Volumen je Leistung $[dm^3/kg]$	Gewicht je Leistung [kg/kW]
Stirnrad	2.000-150.000	150.000	80-200	1-800 (1.000 max.)	97-99,5	0,5-0,2	2,0-0,1
Umlaufräder	5.000-35.000	17.000	80-100	3-13 (3-35 max.) [1)]	98-99,5	0,4-0,15	1,0-0,2
Kegelrad	500-4.000	50.000	40-120	1-5 (8 max.)	97-99	0,8-0,4	2,5-0,6
Hypoid	300-1.000	17.000	30-50	4-8 (1-50 max.)	50-90	1,0-0,5	3,0-0,7
Schnecken	90-1.000	30.000	25-70	5-50 (1-300 max.)	20-97 [2)]	0,6-0,2	4,5-2,0
Zylinder-Schnecken	5-75	10.000	20-50	1-5 (100 max.)	40-95	2,5-1,0	3,0-1,5
Ketten	200-3.000	10.000	10-40	1-6 (10 max.)	97-98	2,0-0,5	10-4,0
Flachriemen	150-3.000	17.000	60-120	1-5 (20 max.)	96-98	4,0-0,5	6,0-1,5
Keilriemen	100-4.000	6.000	30-40	1-10 (15 max.)	94-97	3,0-0,4	5,0-1,0
Zahnriemen	100-400	30.000	40-70	1-10 (12 max.)	96-98	1,0-0,25	4,0-1,0
Reibrad	50-150	6.000	30-40	1-10 (15 max.)	95-98	3,0-0,4	5,0-1,0
Hydrostatisch	250-1.200	10.000 [3)]	-	bis 7	85-90	-	1,3-1,7
Hydrodynamisch	1.000-150.000	5.000	-	1-5	85-90	-	0,5-1,5
1) hochübersetzend bis 10^6		2) η fallend mit steigender Übersetzung				3) Abtrieb	

Tabelle 17.5: Anwendungsbereiche und Kenngrößen ausgeführter Getriebebauarten [17.37]

Andererseits haben sich neben Zahnradgetrieben in vielen Bereichen des Maschinen-, Anlagen- und Fahrzeugbaus auch die anderen Getriebebauarten bis heute bewährt. So verfügen z.B. Erntemaschinen (Mähdrescher, Feldhäcksler) bis heute über sehr leistungsfähige Riementriebe, um die Leistung vom Zentralantrieb auf die einzelnen Verbraucher (Mähwerk, Häcksler, Dreschwerk) zu übertragen. Auch größte Brecheranlagen in der Grundstoffindustrie nutzen bis heute Riementriebe zur nahezu stoßfreien (entkoppelten) Leistungsübertragung zwischen Antriebsmaschine und stark stoßbehaftetem Brechermechanismus. Darüber hinaus liegt ein vergleichsweise einfacher Überlastschutz vor, da beim Blockieren des Brechers der Riementrieb einfach durchrutscht.

Im weiten Feld der mobilen Arbeitsmaschinen (z.B. Hydraulikbagger, Radlader, Autokrane) überwiegt das hydrostatische Getriebe, bei dem ausgehend von einem zentralen Verbrennungsmotor über Pumpenverteilergetriebe die erforderliche hydrostatische Leistung erzeugt wird, die dann über entsprechende hydraulische Druckleitungen an die einzelnen Verbraucher (z.B. Linearzylinder, Kolbenmaschinen in Fahrantrieben) weitergeleitet wird.

Das hydrodynamische Getriebe hat sich insbesondere für hohe Leistungen in dieselhydraulischen Antrieben von Lokomotiven, elektrohydraulischen Schiffsantrieben sowie großen regelbaren elektrohydraulischen Antrieben von Pumpen und Verdichtern bewährt und auch über die Drehzahl regelbare Windenergieanlagen werden mittlerweile mit hydrodynamischen Wandlern ausgerüstet [17.60], [17.61], [17.64].

17.3.2 Übersetzung, Drehmomentverhältnis und Wirkungsgrad

Alle Getriebe lassen sich in ihrer Funktion als Drehzahl- und Drehmomentwandler durch die Übersetzung i, das Drehmomentverhältnis μ und den Wirkungsgrad η beschreiben. Mithilfe dieser drei Größen kann man die unterschiedlichsten Getriebeformen und -bauarten hinsichtlich ihrer Leistungsfähigkeit vergleichen und bewerten. Dabei sind einige Grundregeln zu beachten, auf die im Folgenden eingegangen wird.

So werden zunächst entsprechend Abbildung 17.18 den Drehmomenten und Winkelgeschwindigkeiten Vorzeichen zugeordnet, wobei sämtliche Drehmomente als von außen auf das Getriebe einwirkend betrachtet werden. Antriebsseitig sind das von außen auf das Getriebe wirkende Drehmoment M_{an} und die zum Antrieb erforderliche Winkelgeschwindigkeit ω_{an} gleichgerichtet. Da auf der Abtriebsseite das von außen wirkende Drehmoment versucht, die Drehbewegung zu hemmen, ist es der Drehbewegung entgegen gerichtet.

Betrachtet man innerhalb des Antriebssystems das Teilsystem Getriebe mit seinem Getriebegehäuse als Systemgrenze, dann sind alle in das System fließenden Leistungen positiv und alle aus dem System fließenden Leistungen negativ. Hieraus ergibt sich, dass die Antriebsleistung $P_{an} > 0$ stets positiv und die Abtriebsleistung $P_{ab} < 0$ stets negativ ist. Damit ergibt sich unter der vereinfachten Annahme einer verlustfreien Übertragung folgender Zusammenhang für die Leistung:

$$M_{an} \cdot \omega_{an} = -M_{ab} \cdot \omega_{ab} \quad \text{aus} \quad P_{an} + P_{ab} = 0 \quad \text{mit} \quad P = M \cdot \omega \tag{17.43}$$

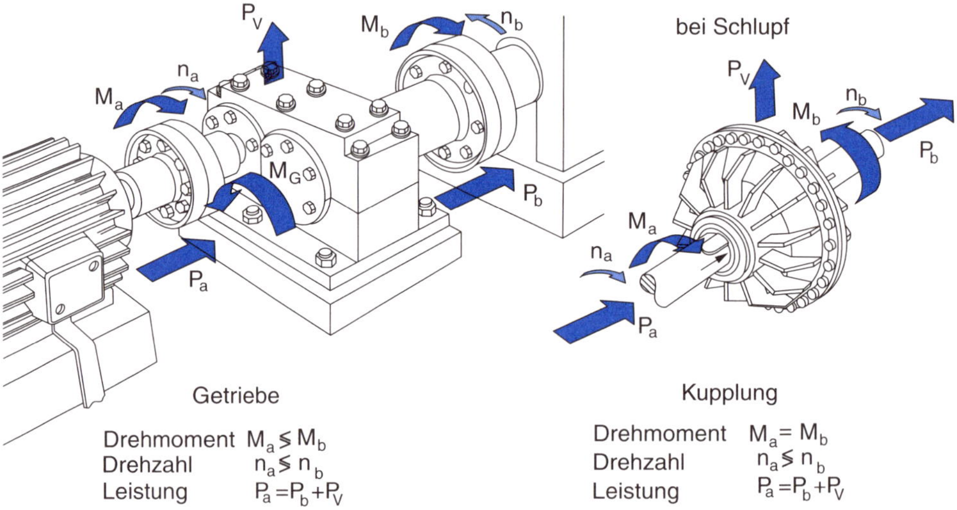

Abbildung 17.18: Drehmomente und Drehzahlen für Getriebe und Kupplungen bei Leistungsübertragung

Dabei ist zu beachten, dass es bei einfachen Anwendungen (z.B. einstufigen Getrieben) ausreicht, die Berechnung mit Absolutbeträgen durchzuführen, da sich die jeweiligen Dreh- und Wirkrichtungen einfach ermitteln lassen. Bei komplexeren Anwendungen (z.B. mehrstufige Umlaufrädergetriebe), ist zur Berechnung die Berücksichtigung der Vorzeichen empfehlenswert.

1 **Übersetzung** – Die Änderung der kinematischen Eingangsgröße in die Ausgangsgröße wird durch die Übersetzung bzw. das Übersetzungsverhältnis i beschrieben, welches sich aus dem Verhältnis von Eingangsdrehzahl n_{an} zu Ausgangsdrehzahl n_{ab} bzw. Winkelgeschwindigkeit Antrieb ω_{an} zu Winkelgeschwindigkeit Abtrieb ω_{ab} ergibt:

$$i = \frac{n_{an}}{n_{ab}} = \frac{\omega_{an}}{\omega_{ab}} \tag{17.44}$$

Im Sinne der oben beschriebenen Vorzeichenregel gilt für gleichsinnige Drehrichtungen $i > 0$ und für gegensinnige Drehrichtungen demzufolge $i < 0$. Weiterhin bedeuten $|i| > 1$ eine Übersetzung ins Langsame und $|i| < 1$ eine Übersetzung ins Schnelle.

Die Größe der Übersetzung eines Getriebes ergibt sich aus den jeweiligen Abmessungen entsprechend Abbildung 17.19. Bei Riementrieben und Reibradgetrieben ist für die Übersetzung das Verhältnis der Durchmesser d_1 / d_2 von Bedeutung. Bei Zahnradgetrieben und Kettentrieben können mit dem Modul m als Proportionalitätsfaktor anstelle der Durchmesser auch die Zähnezahlen z_1 / z_2 genutzt werden.

Dabei können sowohl Reibradgetriebe als auch Zahnradgetriebe vereinfacht als aufeinander abrollende Radkörper betrachtet werden, sodass an der Berührungsstelle der abrollenden Radkörper (bei Zahnrädern Wälzzylinder) die Umfangsgeschwindigkeiten gleich groß sein müssen:

$$i = \frac{\omega_1}{\omega_2} = -\frac{r_2}{r_1} = -\frac{d_2}{d_1} = -\frac{z_2}{z_1} \quad \text{mit } \omega_1 \cdot r_1 = -\omega_2 \cdot r_2 \,, \; v = \omega \cdot r \text{ und } v = v_1 = v_2 \tag{17.45}$$

Weiterhin ist zu beachten, dass bei Hohlrädern (Innenverzahnung) die (Innen)-Durchmesser $d_2 < 0$ (bzw. $r_2 < 0$) und auch die Zähnezahl mit $z_2 < 0$ negativ definiert sind.

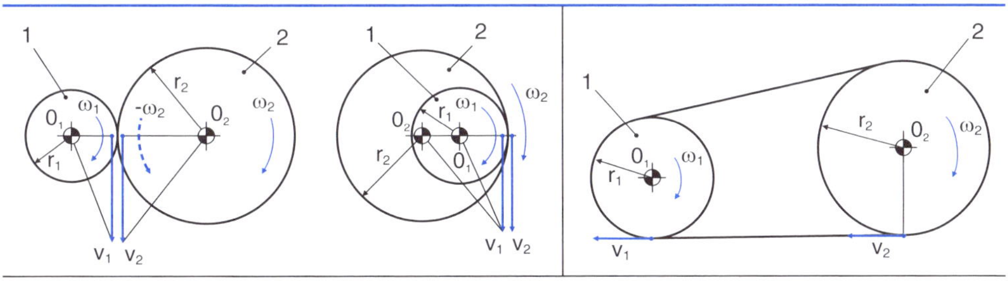

Abbildung 17.19: Zur Herleitung der Übersetzung an einem Außenradpaar, einem Innenradpaar und einem Hüllgetriebe (Riemen- oder Kettengetriebe)

Aus dieser Übersetzung i einer einzelnen Stufe lässt sich im Weiteren nach Abbildung 17.20 die Gesamtübersetzung i_{ges} eines Getriebes mit k Stufen aus den jeweiligen Teilübersetzungen $i = i_j$ wie folgt berechnen, indem man von der Abtriebsstufe ausgehend die Drehzahl n_{ab} aus der Drehzahl n_{ank} der vorherigen (k-ten) Stufe ermittelt und so über sämtliche Stufen j bis zur Antriebsstufe vorgeht:

$$n_{ab} = \frac{n_{an}}{i_1 \cdot i_2 \cdot i_3 \cdot \ldots \cdot i_k} \quad \text{mit} \quad i_j = \frac{n_{anj}}{n_{abj}} \quad \text{und} \quad n_{ab} = \frac{n_{ank}}{i_k} \tag{17.46}$$

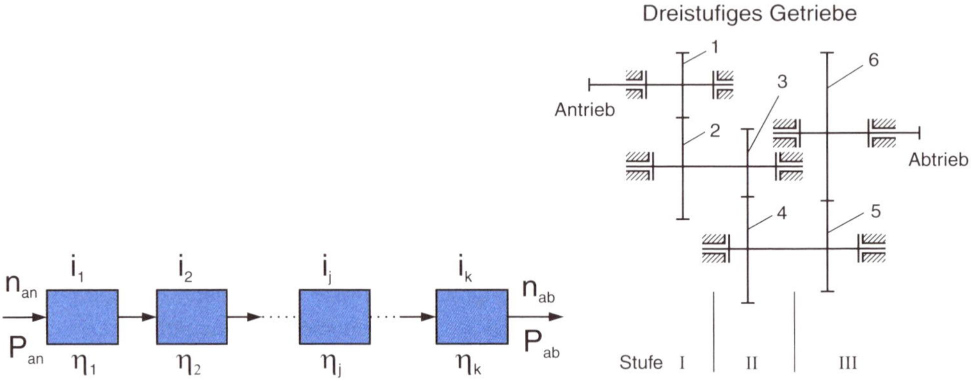

Abbildung 17.20: Gesamtübersetzung eines mehrstufigen Getriebes oder mehrerer hintereinandergeschalteter Getriebe

Demzufolge ergibt sich die Gesamtübersetzung eines mehrstufigen Getriebes aus dem Produkt der Übersetzungen der einzelnen Getriebestufen:

$$i_{ges} = i_1 \cdot i_2 \cdot i_3 \cdot \ldots \cdot i_k = \prod_{j=1}^{k} i_j \tag{17.47}$$

Sinngemäß gilt dieser Zusammenhang auch bei einer Reihenschaltung mehrerer Getriebe. Zur Berechnung der Übersetzung von Umlaufrädergetrieben, bei denen sich mehrere Drehbewegungen gleichzeitig überlagern, sei auf Kapitel 19 verwiesen.

Oftmals werden mehrstufige Getriebe aus sogenannten Räderketten gemäß Abbildung 17.21 aufgebaut, um größere Achsabstände zu überbrücken (z.B. wenn die Anwendung von Riemen und Ketten unzweckmäßig ist) oder aber in einfacher Weise eine Drehrichtungsänderung durch das Getriebe zu ermöglichen (z.B. Rückwärtsgang eines Kraftfahrzeuggetriebes). Dabei sind die zwischen Antriebsrad 1 und Abtriebsrad 5 liegenden Zahnräder mit dem vorherigen und nachfolgenden unmittelbar im Eingriff, sodass für die Gesamtübersetzung i_{ges} der abgebildeten Räderkette gilt:

$$i_{ges} = i_1 \cdot i_2 \cdot i_3 \cdot i_4 = \frac{z_5}{z_1} \quad \text{mit} \quad i_1 = -\frac{z_2}{z_1},\ i_2 = -\frac{z_3}{z_2},\ i_3 = -\frac{z_4}{z_3} \quad \text{und} \quad i_4 = -\frac{z_5}{z_4} \tag{17.48}$$

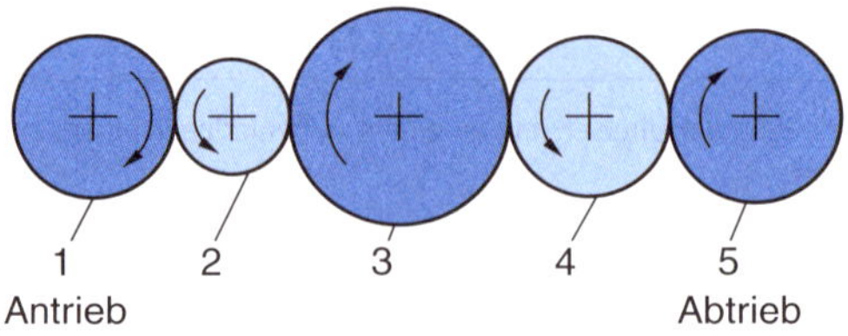

Abbildung 17.21: Schematischer Aufbau einer Räderkette

Demzufolge beeinflusst bei einer Räderkette die Anzahl k der Stufen bzw. der Radpaarungen nicht den absoluten Betrag der Übersetzung i_{ges}, sondern nur die Drehrichtung. Der absolute Betrag der Übersetzung hängt nur vom Verhältnis der Abtriebs- zur Antriebszähnezahl ab, sodass allgemein für die Übersetzung einer Räderkette mit k Stufen gilt:

$$i_{ges} = (-1)^k \cdot \frac{z_{ab}}{z_{an}} \tag{17.49}$$

Abschließend lässt sich zur Übersetzung zusammenfassen, dass bei formschlüssigen Getriebeausführungen zu jeder Position der Eingangsbewegung eine eindeutige Position der Ausgangsbewegung zugeordnet werden kann, womit das System bewegungstreu ist. Da die Drehbewegung in Umfangsrichtung schlupffrei erfolgt, ergibt sich für den gewählten Betriebspunkt eine unveränderliche Übersetzung. Dagegen weisen kraftschlüssige Getriebe in Umfangsrichtung funktionsbedingt immer einen Schlupf (Mikroschlupf) auf, wodurch theoretisch ein Drehzahlunterschied zwischen An- und Abtrieb entsteht, sodass keine eindeutige Zuordnung der Eingangsbewegung zur Ausgangsbewegung möglich ist. Praktisch wird jedoch trotz des Mikroschlupfes das Abtriebsmoment übersetzungstreu übertragen, solange kein Durchrutschen (Überschreiten der Makroschlupfgrenze) auftritt.

2 **Wirkungsgrad** – Der Wirkungsgrad ist ein Maß für die auftretenden Verluste, da mit keinem tatsächlich ausgeführten Getriebe eine verlustfreie Leistungsübertragung möglich ist. Dabei hängen die Leistungsverluste P_V sowohl von den aus der umgebenden Konstruktion entstehenden Verlusten (z.B. aus der Lagerung) als auch von dem grundsätzlich angewendeten physikalischen Prinzip der Leistungsübertragung und der Getriebeausführung ab, was sich anhand der erreichbaren Wirkungsgrade gemäß Tabelle 17.5 ablesen lässt. Bedingt durch diese zusätzlichen Leistungsverluste entsteht ein Kraft- oder Drehzahlverlust der Abtriebsseite im Verhältnis zur Antriebsseite. Somit ergibt sich mit der stets positiven Antriebsleistung $P_{an} > 0$ und mit der negativen Abtriebsleistung $P_{ab} < 0$ die um die Verlustleistung P_V erweiterte Gleichung (17.43) zu:

$$P_{an} + P_{ab} + P_V = 0 \quad \text{bzw.} \quad P_{an} + P_{ab} = -P_V \tag{17.50}$$

Dabei ist die Verlustleistung $P_V < 0$ genauso wie die Abtriebsleistung P_{ab} immer negativ, da diese Leistung über die Systemgrenze abgeführt wird. Der Vollständigkeit halber sei darauf hingewiesen, dass bei einigen Anwendungen durch Nebenaggregate auch Leistung zugeführt werden kann, die dann entsprechend positiv einzusetzen ist.

Bezieht man nun die Abtriebsleistung P_{ab} als genutzte Leistung auf die Antriebsleistung P_{an} als zugeführte Leistung, so erhält man unter Berücksichtigung der Vorzeichen für den Wirkungsgrad η eines Getriebes:

$$\eta = \frac{-P_{ab}}{P_{an}} = \frac{P_{an} + P_V}{P_{an}} = 1 + \frac{P_V}{P_{an}} \tag{17.51}$$

Aufgrund der Vereinbarung, dass für die Verlustleistung $P_V < 0$ gilt, kann der Wirkungsgrad nur Werte zwischen $0 < \eta < 1$ annehmen. Zusätzlich ist jedoch in vielen Fällen die Richtungsabhängigkeit des Wirkungsgrades zu berücksichtigen, was z.B. im Fall der Schneckenradgetriebe bis hin zur Selbsthemmung führen kann.

Ausgehend von dieser Wirkungsgradbetrachtung für ein einstufiges Getriebe lässt sich der Gesamtwirkungsgrad η_{ges} von mehreren hintereinandergeschalteten Getriebestufen (bzw. mehrerer hintereinandergeschalteter Getriebe) der Anzahl k wie folgt aus den Einzelwirkungsgraden η_j berechnen:

$$\eta_j = \left|\frac{P_{ab\,j}}{P_{an\,j}}\right| \text{ mit } P_{an\,j} = P_{ab(j-1)} \text{ für } 2 \leq j \leq k \text{ und } \left|P_{an\,j}\right| = \left|P_{an(j+1)}\right| \text{ für } 1 \leq j \leq (k-1) \quad (17.52)$$

Ersetzt man nun für den Abtrieb $|P_{ab\,j=k}|$ durch $P_{an\,k} \cdot \eta_k$ und geht in gleicher Weise für die anschließenden Stufen bis zur ersten Stufe vor, so erhält man den Gesamtwirkungsgrad η_{ges} eines aus mehreren Getriebeelementen bzw. Stufen bestehenden Getriebes als das Produkt der Einzelwirkungsgrade der hintereinandergeschalteten Stufen bzw. Getriebe:

$$\eta_{ges} = \eta_1 \cdot \eta_2 \cdot \eta_3 \cdot \ldots \cdot \eta_k = \prod_{j=1}^{k} \eta_j \quad (17.53)$$

Aus diesem Zusammenhang folgt auch zwingend, dass der Gesamtwirkungsgrad η_{ges} keinesfalls größer sein kann als der schlechteste Einzelwirkungsgrad η_j einer Stufe bzw. eines Getriebes.

Ersetzt man die Leistungen durch Drehmomente und Drehzahlen, wird deutlich, dass der Wirkungsgrad η sowohl vom Verlust des Drehmomentes (Reibung) als auch von der Drehzahl (Schlupf) abhängt, wobei dieser Zusammenhang nicht nur für Getriebe, sondern auch für Kupplungen gilt (s.a. Abbildung 17.18):

$$\eta = -\frac{P_{ab}}{P_{an}} = -\frac{M_{ab} \cdot \omega_{ab}}{M_{an} \cdot \omega_{an}} \quad (17.54)$$

Dabei ergibt sich für Kupplungen ohne Schlupf mit $\omega_{an} = \omega_{ab}$ und $M_{an} = M_{ab}$ der Wirkungsgrad genau zu $\eta = 1$. Bei Kupplungen mit Schlupf dagegen betragen die Drehmomente ebenfalls $M_{an} = M_{ab}$, jedoch gilt für die Drehzahlen $\omega_{an} > \omega_{ab}$, sodass der Wirkungsgrad $\eta < 1$ wird.

3 **Drehmomentverhältnis** – Das oftmals auch als Wandlung bezeichnete Drehmomentverhältnis μ ergibt sich als Quotient von Abtriebsmoment M_{ab} zu Antriebsmoment M_{an}, wobei sich das Drehmomentverhältnis μ auch als Produkt der Übersetzung i und des Wirkungsrades η ausdrücken lässt.

$$\mu = \frac{-M_{ab}}{M_{an}} = \frac{-P_{ab} \cdot \omega_{an}}{P_{an} \cdot \omega_{ab}} = \eta \cdot i \quad \text{mit} \quad P = M \cdot \omega \quad \text{und} \quad i = \frac{\omega_{an}}{\omega_{ab}} \quad (17.55)$$

Unter der Maßgabe, dass die Übersetzung vorzeichenbehaftet eingesetzt wird, ergibt sich mit $i > 0$ für gleichsinnige Drehrichtungen das Drehmomentverhältnis zu $\mu > 0$ und demzufolge mit $i < 0$ für gegensinnige Drehrichtungen entsprechend zu $\mu < 0$.

Anhand von Gleichung (17.55) wird deutlich, dass gemäß Abbildung 17.18 bei Getrieben im Gegensatz zu Kupplungen das Drehmoment gewandelt werden kann:

$$M_{ab} = -\eta \cdot i \cdot M_{an} \quad (17.56)$$

Dabei wirkt neben dem An- und Abtriebsmoment auf das Getriebe vom Fundament ausgehend über das Gehäuse ein drittes abstützendes Moment M_G ein, das wegen der Bedingung des Momentengleichgewichtes $\sum M = 0$ eine Änderung des absoluten Betrages des Abtriebsmomentes gegenüber dem Antriebsmoment ermöglicht. Somit ergibt sich mit der vorzeichenbehafteten Übersetzung i für das über das Gehäuse eingeleitete Reaktionsmoment (Gestellmoment) M_G:

$$M_G = \eta \cdot (i-1) \cdot M_{an} \quad \text{mit} \quad \sum M = 0 = M_{an} + M_{ab} + M_G = 0 \tag{17.57}$$

Diese Wandlung ist bei einer Kupplung nicht möglich, da immer nur zwei Momente (das An- und Abtriebsmoment) wirken.

17.4 Mechanisch gleichförmig übersetzende Getriebe

Mechanisch gleichförmig übersetzende Getriebe weisen gemäß Abbildung 17.17 einen linearen Zusammenhang zwischen der Eingangsgröße und der Ausgangsgröße auf. Zu den mechanisch gleichförmig übersetzenden Getrieben gehören als Rädergetriebe die formschlüssigen Zahnradgetriebe sowie die kraftschlüssigen Reibradgetriebe und als Zugmittelgetriebe bzw. Hülltriebe die formschlüssigen Kettengetriebe sowie die kraftschlüssigen Riemengetriebe:

1 **Zahnradgetriebe (formschlüssig)** – Die wesentlichen Vorteile sind die Schlupffreiheit aufgrund des Formschlusses, ein sehr großer Anwendungsbereich (Mikro- bis Großgetriebe) und eine vergleichsweise kleine Baugröße im Verhältnis zur übertragbaren Leistung aufgrund hoher Wirkungsgrade. Allerdings kann die formschlüssige „starre“ Kraftübertragung im Falle von Überlasten auch von Nachteil sein. Ebenso können durch den periodischen Zahneingriff auch periodische Schwingungen angeregt werden.

Die wichtigsten Bauarten sind Stirnradgetriebe mit Außen- oder Innenverzahnung und parallelen Achsen gemäß Kapitel 18, die daraus abgeleiteten Umlaufrädergetriebe (Planetengetriebe) nach Kapitel 19, zu denen auch die sogenannten Wellgetriebe (Harmonic-Drive) und Cyclo-Getriebe gehören, Kegelrad- und Kronenradgetriebe mit sich schneidenden Achsen nach Kapitel 20 und Schneckenrad- und Schraubradgetriebe mit sich kreuzenden Achsen nach Kapitel 21.

2 **Reibradgetriebe (kraftschlüssig)** – Von Vorteil sind die Eignung für stufenlose Übersetzungen, die Geräuscharmut und das Durchrutschen bei Überlast, was jedoch oftmals erhöhten Verschleiß nach sich zieht. Nachteilig sind der aufgrund des Kraftschlusses vorhandene Schlupf und die damit verbundene Erwärmung durch Reibungsverluste. Ferner ist zur Erzeugung des Kraftschlusses eine Normalkraft erforderlich, die zusätzliche Lagerkräfte bedingt.

Bekannte Bauarten sind Reibräder in Planradform, kegelige und kugelige sowie globoidförmige Reibkörper mit den daraus abgeleiteten stufenlos verstellbaren Toroid- und Reibringgetrieben [17.13], [17.20]. Da die Reibradgetriebe zur Leistungsübertragung im Maschinen-, Anlagen- und Fahrzeugbau nicht mehr eingesetzt werden, wird auf eine weitergehende Behandlung verzichtet und bei Bedarf auf die Fachliteratur hingewiesen [17.13], [17.20].

Nach wie vor von hoher Bedeutung ist jedoch das Rad-Schiene-System als Reibradgetriebe, worauf im Abschnitt 17.7 näher eingegangen wird.

3 **Kettengetriebe und Zahnriemengetriebe (formschlüssig)** – Vergleichbar zu den Zahnradgetrieben bieten diese Zugmittelgetriebe bzw. Hülltriebe als Vorteile die Schlupffreiheit und im Fall von Kettengetrieben die Übertragbarkeit hoher Drehmomente und Leistungen, auch unter ungünstigsten Umgebungsbedingungen, während Zahnriemengetriebe für mittlere Drehmomente und Leistungen geeignet sind. Sowohl Kette als auch Zahnriemen benötigen nur eine geringe Vorspannung, um ein Überspringen, Durchrasten oder die Entstehung von Schwingungen zu vermeiden. Nachteilig sind jedoch der sogenannte Polygoneffekt aufgrund der Zahnteilung und die durch den Zahneingriff auftretende Schwingungserregung. Sowohl Ketten- als auch Zahnriemengetriebe sind nur für mittlere Umfangsgeschwindigkeiten geeignet. Die ausführliche Behandlung von Ketten- und Zahnriemengetrieben erfolgt in Kapitel 22.

4 **Riemengetriebe (kraftschlüssig)** – Ähnlich wie die Reibradgetriebe sind die kraftschlüssigen Hülltriebe bzw. Zugmittelgetriebe geräuscharm und können bei Überlast einfach durchrutschen. Ein weiterer Vorteil ist die Möglichkeit zu Leistungsübertragung auch bei sich beliebig kreuzenden Wellen über größere Achsabstände. Von Nachteil sind der Schlupf und die damit verbundene Erwärmung durch Reibungsverluste sowie die zur Kraftübertragung notwendige Vorspannung, die zu zusätzlichen Lagerkräften führt. Ebenso liegen eine lastabhängige Übersetzung und damit möglicherweise eine Ungleichförmigkeit vor, wenn die aufgebrachte Vorspannung nicht mehr zur Kraftübertragung ausreicht.

Die bekanntesten Bauarten sind der Flachriementrieb mit ebenen bis leicht balligen Scheiben, die teilweise auch über Borde verfügen, der Keilriementrieb mit einem profilförmigen Riemen und dazu passenden Profilscheiben sowie der reibschlüssig ohne verzahnte Kettenräder arbeitende Kettentrieb, wie er in den sogenannten CVT-Getrieben (Continuous Velocity Transmission) in stufenlosen Kraftfahrzeuggetrieben zum Einsatz kommt. Weitere stufenlose Verstellgetriebe sind die Flachriemen-Konus-Getriebe sowie die Breitkeilriemengetriebe. Die ausführliche Behandlung von Riemengetrieben erfolgt ebenfalls in Kapitel 22.

17.5 Mechanisch ungleichförmig übersetzende Getriebe

Bei mechanisch ungleichförmig übersetzenden Getrieben ist das Verhältnis zwischen der den Antrieb kennzeichnenden kinematischen Größe und der entsprechenden Größe des Abtriebes gemäß Abbildung 17.17 nicht konstant. Damit erlauben alle Koppel- und Kurvengetriebe als ungleichförmig übersetzende Getriebe die Möglichkeit, eine gleichförmige Drehbewegung in eine ungleichförmige oder reversierende Bewegung umzuwandeln. Weiterhin unterscheidet man zwischen ebenen und räumlichen Getrieben. Während bei einem ebenen Getriebe die

Gliedpunkte aller Glieder Bahnen in zueinander parallelen Ebenen durchlaufen, führen bei räumlichen Getrieben die Gliedpunkte beliebige Bahnkurven im Raum aus. So gehört z.B. auch das Kreuzgelenk als sphärisches Getriebe zu den ungleichförmig übersetzenden räumlichen Getrieben (s.a. Kapitel 13, Band I Maschinenelemente) [17.51].

Nachfolgend werden die wesentlichen Vor- und Nachteile der Koppel- und Kurvengetriebe kurz zusammengefasst, wobei zur Auslegung derartiger Getriebe auf die umfangreiche und ausführliche Fachliteratur verwiesen wird [17.71]:

1 **Koppelgetriebe** – Beim Koppelgetriebe werden gemäß Abbildung 17.17 zwei Glieder über ein Koppelglied gelenkig miteinander verbunden. Die oftmals auch als Gelenk- oder Kurbelgetriebe bezeichneten Koppelgetriebe gehen in ihren vielfältigen Ausführungen meist auf die ebene viergliedrige kinematische Kette zurück, die auch in Abbildung 17.17 wiedergegeben ist. Das wohl bekannteste Koppelgetriebe ist die Schubkurbel, mit der z.B. bei der Dampfmaschine und beim Verbrennungsmotor die Linearbewegung des Kolbens bzw. des Zylinders in eine Drehbewegung an der Kurbelwelle umgesetzt wird. Dieses Prinzip der Schubkurbel oder Kurbelschleife wird auch bei mechanisch angetriebenen Pressen und Scheren eingesetzt. Weitere Einsatzgebiete von Koppelgetrieben sind Verarbeitungsmaschinen, Textilmaschinen, Landmaschinen sowie der gesamte Einsatzbereich von linear arbeitenden Hydraulikzylindern in Baumaschinen, Landmaschinen und Kranen zur Verstellung von Auslegern und Betätigung von Arbeitsgeräten. Ein klassisches Beispiel aus der Fördertechnik ist der Doppellenker-Wippdrehkran, bei dem durch das Koppelgetriebe auch bei Verstellung des Auslegers der Kranhaken auf nahezu gleicher Hubhöhe verbleibt.

Wie die Beispiele belegen, sind die vielfältigen Anwendungsmöglichkeiten, die hohe Beanspruchbarkeit sowie der einfache Aufbau und die einfache Herstellung die wesentlichen Vorteile der Koppelgetriebe. Von Nachteil sind die nicht veränderbare Übersetzung, die nichtlineare Bewegungsumformung sowie die komplizierte Geometrie bei entsprechend komplizierten Anforderungen hinsichtlich der zu erzeugenden Bahnkurven.

Ein weiterer großer Nachteil sind die sogenannten Tot- oder Strecklagen, bei denen alle Glieder und Gelenke in einer Flucht liegen und sich demzufolge beim Antreiben durch eine Linearbewegung keine eindeutige Drehrichtung der Abtriebsseite ergibt.

2 **Kurvengetriebe** – Bei Kurvengetrieben ist gemäß Abbildung 17.17 der gewünschte Bewegungsverlauf durch die Bauteilgeometrie festgelegt und wird durch Abtasten einer Kontur oder eines Profils erzeugt. Im allgemeinen Maschinenbau kommen die Nockensteuerung und die Kurvensteuerung zum Einsatz. Eine heutzutage weit verbreitete Anwendung ist die Nocken-Stößel-Mechanik im Ventiltrieb des Verbrennungsmotors.

Von Vorteil ist die generelle Möglichkeit zur Erzeugung sehr komplexer periodischer und auch reversierender (umkehrender) Übertragungsfunktionen, die zudem auch noch durch variable Rastzeiten unterbrochen sein können, wie das z.B. beim Malteserkreuzgetriebe nach Abbildung 17.17 der Fall ist. Die nachteiligen Eigenschaften entsprechen denen der Koppelgetriebe.

17.6 Hydrostatische und hydrodynamische Getriebe

Hinsichtlich ihres Übertragungsverhaltens gehören die hydrostatischen und hydrodynamischen Getriebe zu den gleichförmig übersetzenden Getrieben, jedoch sollen sie aufgrund ihres indirekten Wirkprinzips getrennt von den anderen gleichförmig übersetzenden Getrieben behandelt werden.

Während die hydrostatische Antriebstechnik ihr Haupteinsatzgebiet in der mobilen Antriebstechnik hat (Fahrantriebe, Schwenkwerke, Auslegerverstellung und Betätigung von Anbauarbeitsgeräten), kommen hydrodynamische Getriebe in Bahnantrieben und größeren stationären Anwendungen zum Einsatz, wo oftmals eine stufenlose Drehmoment- und Drehzahlanpassung benötigt wird.

Da beim hydraulischen Getriebe die Leistungsübertragung zwischen Antriebsseite (Primärseite) und Abtriebsseite (Sekundärseite) durch ein hydraulisches Bindeglied (Wasser oder Öl) erfolgt, liegt im Vergleich zu allen anderen Getriebearten ein indirektes Wirkprinzip vor. Bedingt durch den zweimalig stattfindenden Wechsel zwischen „äußerer" mechanischer und „innerer" hydraulischer Energie haben die hydraulischen Getriebe im Vergleich zum mechanischen Getriebe generell einen niedrigeren Wirkungsgrad. Ferner beeinflussen die Dichte und die stark temperaturabhängige Viskosität der Betriebsflüssigkeit maßgeblich die Leistungsfähigkeit und das Betriebsverhalten, wobei jedoch das Betriebsfluid auch zur Abführung verlustbezogener Wärme sowie zur Schmierung von Lagern und mechanischen Übertragungselementen genutzt werden kann.

Abhängig von der Art der spezifischen Energiewandlung unterscheidet man grundsätzlich zwischen der druckkraftbasierten Kraftübertragung (Hydrostatik), die man im weitesten Sinne auch den formschlüssigen Getrieben zuordnen kann. Demgegenüber wird beim hydrodynamischen Getriebe der Impuls des bewegten Ölstroms genutzt, was sinngemäß eine Zuordnung zu kraftschlüssigen Getrieben erlaubt:

1. **Hydrostatische Getriebe** – Beim hydrostatischen Getriebe wird gemäß Abbildung 17.22 die eingespeiste Leistung mithilfe einer Pumpe auf die spezifische Energie des Massenstromes einer strömenden Flüssigkeit übertragen und abtriebsseitig durch einen Motor in die mechanische Form rückgewandelt. Als Pumpen (Antriebsseite) und Motoren (Abtriebsseite) werden hierzu die in Abbildung 17.23 gezeigten Umlauf- oder Hubverdrängermaschinen eingesetzt, weshalb die hydrostatischen Getriebe auf dem Prinzip der Verdrängermaschinen beruhen. Dabei lassen sich die An- und Abtriebsseiten grundsätzlich vertauschen, sodass jede Pumpe auch als Motor arbeiten kann und umgekehrt. Ebenso gibt es hydrostatische Getriebe, bei denen Pumpe und Motor nur als eine Linearmechanik – z.B. Hydraulikzylinder – ausgeführt sind.

   Grundsätzlich ist beim hydrostatischen Getriebe abhängig vom nutzbaren Hubraum der Ölstrom direkt proportional zur Drehzahl, sodass die Drehzahlwandlung nicht von der anliegenden Belastung abhängig ist, was einer Nebenschlusscharakteristik entspricht (s.a. Abschnitt 17.2.2). Ein wesentlicher Vorteil der hydrostatischen Getriebe ist die Möglichkeit der räumlichen Entkopplung von Pumpe und Motor und Verbindung über Hydraulikleitungen, was z.B. bei sämtlichen mobilhydraulischen Arbeitsmaschinen (z.B. Baumaschinen, Forstmaschinen) genutzt wird.

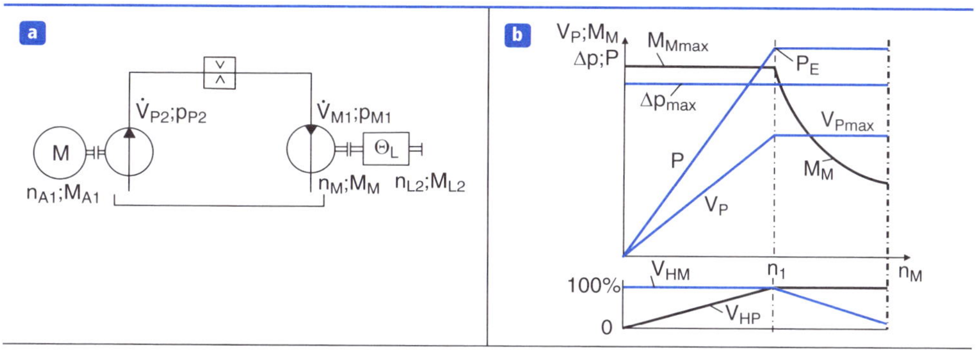

Abbildung 17.22: Schaltbild eines hydrostatischen Getriebes und mögliche Kennlinien bei Primär-Sekundär-Verstellung

Dabei bieten hydrostatische Getriebe grundsätzlich vielfältige Möglichkeiten zur stufenlosen Übersetzung. Bei der Primärverstellung speist eine in beide Richtungen verstellbare Pumpe einen Konstantmotor, während bei der Sekundärverstellung die Pumpe einen konstanten Volumenstrom fördert und der Motor verstellbar ist. In beiden Fällen erfolgt die Verstellung fernbetätigt hydraulisch oder elektro-hydraulisch.

Verdränger-element	Umlaufverdrängermaschinen		Verdränger-element	Hubverdrängermaschinen	
	Benennung	Schem. Darstellung		Benennung	Schem. Darstellung
Zahn	Außen-zahnrad-maschine	1 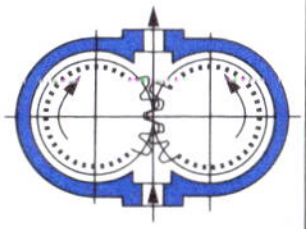	Kolben	Reihen-kolbcn maschine	7 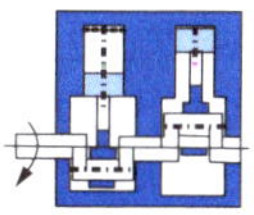
	Innen-zahnrad-maschine	2 		Radial-kolbenma-schine mit innerer Kolben-abstützung	8 
	Zahnring-(Gerotor-) maschine	3 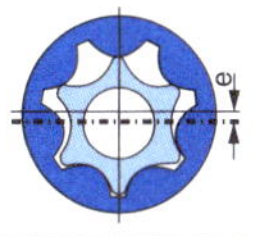		mit äußerer Kolben-abstützung	9 
Schraube	Schrauben-maschine	4 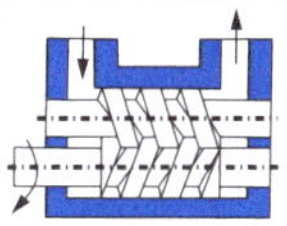		Axialkolben-maschine Taumel-scheiben-maschine	10 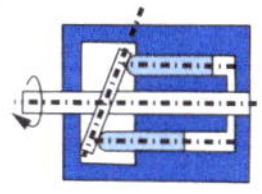
Flügel	Flügel-zellen-maschine	5 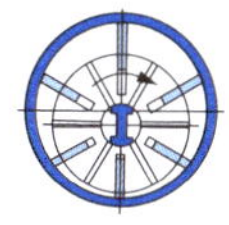		Schräg-scheiben-maschine	11 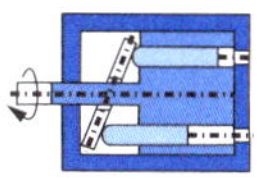
	Sperr-schieber-maschine	6 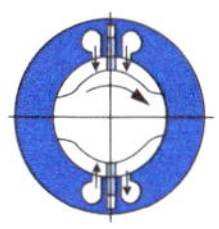		Schräg-achsen-maschine	12 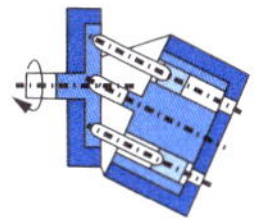

Abbildung 17.23: Bauarten von Verdrängermaschinen als Pumpe und Motor nach [17.13]

Sind beide Maschinen verstellbar, so liegt eine Verbundverstellung vor, deren Drehmoment-Drehzahl-Verhalten in Abbildung 17.22 b) wiedergegeben ist. Unter Annahme einer konstanten Pumpendrehzahl nehmen die von der Pumpe aufgenommene Leistung und der Pumpenförderstrom linear zu. Dabei ist das Motorhubvolumen maximal und steht in einem Drehzahlbereich von 0 bis n_1 bei Erreichen der Eckleistung P_E zur Verfügung. Ab diesem Punkt kann bei maximal ausgeschwenkter Pumpe die Motordrehzahl weiter erhöht werden, indem das Hubvolumen des Motors verringert wird. Dabei nimmt jedoch das Drehmoment mit zunehmender Drehzahl ab, da die Pumpe keine größere Leistung als P_E bereitstellen kann. Weitere Ausführungen zum umfassenden Gebiet der hydraulischen Antriebstechnik sind der entsprechenden Fachliteratur zu entnehmen [17.14], [17.16].

2 **Hydrodynamische Getriebe** – Beim hydrodynamischen Getriebe wird gemäß Abbildung 17.24 die mechanische Leistung von einem Pumpenrad über ein stufenlos verstellbares Leitrad durch die stromgebundene, spezifische, kinetische Energie eines meist großen Massenstromes auf ein Turbinenrad übertragen und dort wieder in mechanische Leistung rückgewandelt, weshalb die hydrodynamischen Getriebe auf dem Prinzip der Strömungsmaschine beruhen. Hierbei durchströmt der Massenstrom die radial, axial oder diagonal angeordneten Schaufelgitter von Pumpen,- Leit- und Turbinenrad, wobei jede Drehmomentänderung an der Pumpe zu einer proportionalen Dralländerung des Massenstromes führt, die wiederum an Leitrad oder Turbinenrad eine Drehmomentänderung bedingt.

Aufgrund des Kraftschlusses zwischen den Schaufeln an Pumpen- und Turbinenrad sind die sich einstellenden Drehzahlen nicht an den Massenstrom gebunden, sodass immer eine Drehzahldifferenz – der sogenannte Schlupf – entsteht. Damit hängt die Drehzahlwandlung der hydrodynamischen Getriebe direkt von der anliegenden Belastung ab, sodass eine Hauptschlusscharakteristik vorliegt (s.a. Abschnitt 17.2.2).

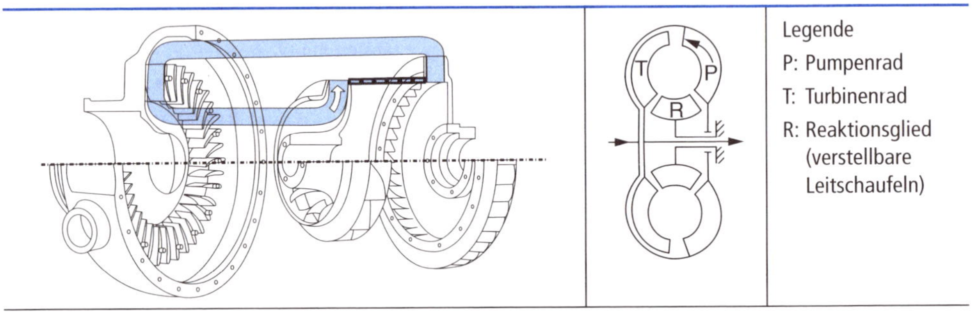

Abbildung 17.24: Bauteile eines hydrodynamischen Wandlers und schematische Darstellung

Die Entwicklung dieses hydrodynamischen Getriebes, das nach seinem Erfinder Hermann Föttinger (1877 bis 1945, Deutscher Ingenieur, 1909–1924 Professor für Schiffsmaschinenbau an der TH Danzig, ab 1925 Professor für Strömungsphysik und Turbomaschinen an der TU Berlin) auch als Föttinger-Getriebe bezeichnet wird, geht zurück auf die 1903 im Schiffsmaschinenbau zu lösende Aufgabenstellung der Verbindung einer schnell drehenden Schiffsdampfturbine mit einem langsam laufenden Schiffspropeller und der Forderung der Drehrichtungsumkehr des Propellers bei bleibender Drehrichtung der

Turbine [17.64]. Da mechanische Getriebe wegen zu geringer Leistung ausschieden und elektrische Systeme wegen des großen Raum- und Gewichtsbedarfes sowie der erforderlichen Hochspannungssysteme an Bord ebenfalls nicht in Betracht kamen, entstand nach langen Überlegungen der hydrodynamische Wandler nach dem Föttinger-Prinzip [17.18].

Heutzutage werden hydrodynamische Getriebe nach dem Föttinger-Prinzip in Traktoren, Nutzfahrzeugen und Diesellokomotiven bei Leistungen bis zu 2.700 kW eingesetzt. In stationären Anwendungen bei regelbaren Kompressorantrieben werden Föttinger-Wandler mit Leistungen bis zu 40 MW genutzt. Aktuelle Überlegungen beziehen sich auf den Einsatz in Windenergieanlagen zur Erzeugung einer Synchrondrehzahl am Generator trotz schwankender Drehzahl des Rotors [17.60], [17.61], [17.64]. Lässt man das Leitrad weg, so entsteht eine Strömungskupplung, die allerdings auch mit Schlupf zwischen Antriebs- und Abtriebsdrehzahl arbeitet (s.a. Kapitel 13 in Band I Maschinenelemente) [17.51]. Das gleiche Prinzip wird durch Vertauschen von Antriebs- und Abtriebsseite als verschleißfrei arbeitende hydrodynamische Bremse insbesondere in Nutzfahrzeugen eingesetzt, die man auch als Retarder bezeichnet [17.64].

Weitere Grundlagen zur Funktionalität, zu Bauformen, Auswahlkriterien und zur Berechnung sind in der VDI-Richtlinie VDI 2153 zusammengestellt [17.70]. Nachfolgend wird noch kurz auf das Drehzahlverhältnis ν, das Momentenverhältnis μ und den Wirkungsgrad η eingegangen.

Das Drehzahlverhältnis ν der hydrodynamischen Getriebe ist der Quotient von Turbinendrehzahl n_T zu Pumpendrehzahl n_P, woraus sich auch direkt der Schlupf s bestimmen lässt:

$$\nu = \frac{n_T}{n_P} \quad \text{und} \quad s = 1 - \nu \tag{17.58}$$

Für den Fall, dass die Turbinendrehzahl n_T der Abtriebsdrehzahl n_{ab} und die Pumpendrehzahl n_P der Antriebsdrehzahl n_{an} entspricht, ist $\nu = 1 / i$.

Das Verhältnis des Turbinenmoments M_T zum Pumpenmoment M_P bezeichnet man als Momentenverhältnis bzw. Wandlung μ, sodass sich für den Wirkungsgrad bzw. das Leistungsverhältnis η folgender Zusammenhang ergibt:

$$\eta = \left|\frac{P_T}{P_P}\right| = |\mu| \cdot |\nu| \quad \text{mit} \quad \mu = \left|\frac{M_T}{M_P}\right| \tag{17.59}$$

Weiterhin gilt für den Strömungsdruck Δp mit ρ als Dichte, D als größter radialer Profilerstreckung (Profildurchmesser) und ω als Winkelgeschwindigkeit des Pumpenrades:

$$\Delta p \sim \rho \cdot c^2 \sim \rho \cdot D^2 \cdot \omega^2 \tag{17.60}$$

Integriert man den Druck über der Fläche, so ergibt sich daraus die hydraulische Strömungskraft F_h:

$$F_h \sim \rho \cdot D^4 \cdot \omega^2 \quad \text{mit} \quad F = \int \Delta p \, dA \tag{17.61}$$

Daraus lassen sich mit dem wirksamen Durchmesser D und der Winkelgeschwindigkeit ω das wirkende hydraulische Moment M_h und die hydraulische Leistung P_h bestimmen:

$$M_h \sim \rho \cdot D^5 \cdot \omega^2 \quad \text{und} \quad P_h \sim \rho \cdot D^5 \cdot \omega^3 \tag{17.62}$$

Führt man nun eine dimensionslose Leistungs- oder Proportionalitätszahl λ ein, so ergibt sich die Drehmomentaufnahme des Pumpenrades zu:

$$M_P = \lambda \cdot \rho \cdot {\omega_p}^2 \cdot D^5 \tag{17.63}$$

Anhand der Abhängigkeit der Proportionalitätskennzahl vom Drehzahlverhältnis $\lambda = f(\nu)$ lassen sich das Drehmoment- bzw. Leistungsaufnahmeverhalten eines hydrodynamischen Getriebes und somit die gegebene Ausführung und Bauart unterscheiden.

Hierbei sind die vier unterschiedlichen Leistungszahlverläufe konstant, steigend, fallend und fallend in einem definierten Bereich möglich. Bei den Grundbauformen unterscheidet man nach der Anzahl der Phasen und Stufenzahl, die manchmal auch als Flutenzahl bezeichnet wird.

Anhand von Abbildung 17.25 wird der Vorteil eines mehrphasigen Wandlers deutlich, wobei das Drehmomentverhalten eines hydrodynamischen Getriebes auf der Abtriebsseite durch das Momentenverhältnis $\mu = f(\nu)$ gegeben ist. So fällt der Wirkungsgrad bei einem einstufigen, einphasigen Getriebe mit Pumpe, Turbine und feststehendem Leitrad gemäß Abbildung 17.25 a) ab $\eta > 0{,}5$ stark ab, was entsprechend ungünstig für den Dauerbetrieb bei geringen Drehzahldifferenzen, also für $\nu > 0{,}8$ ist.

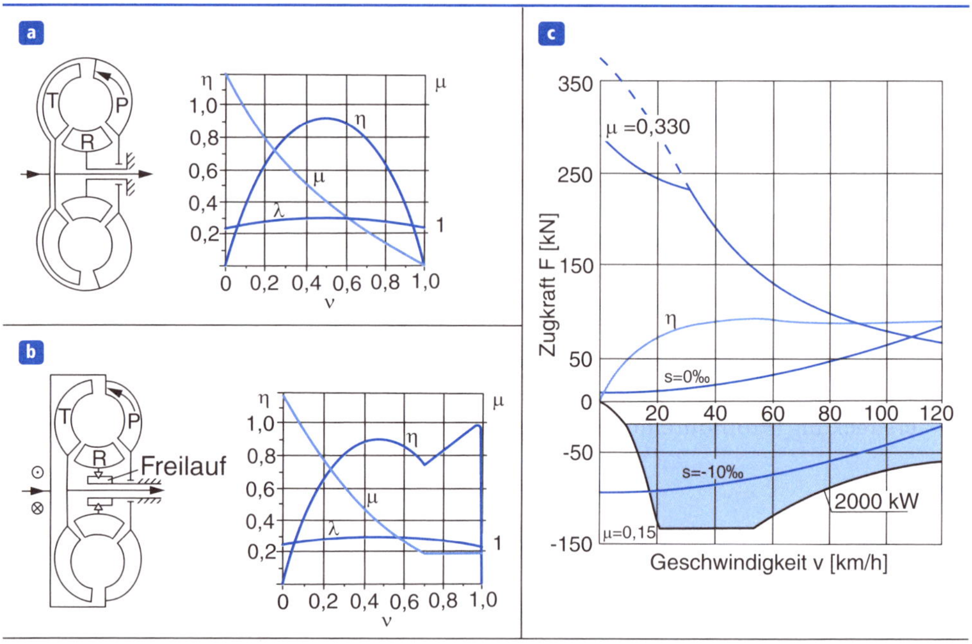

Abbildung 17.25: Betriebsverhalten hydrodynamischer Getriebe – a) Einphasiges Föttinger-Getriebe, b) Zweiphasiger Trilok-Wandler, c) Zugkraft-Bremskraft-Diagramm der dieselhydraulischen Lokomotive G 2000 aus Abbildung 1.1 (Maschinenelemente 1) [17.51], [17.64], [17.70]

In Abbildung 17.25 b) ist das Leitrad zusätzlich mit einem Freilauf ausgerüstet, der ab einem bestimmten Betriebspunkt entsperrt, sodass sich aufgrund der Umkehr der Momentenwirkrichtung das Leitrad frei mitdrehen kann. Damit wirkt der Wandler dann als hydrodynamische Kupplung mit einem Momentenverhältnis bzw. einer Wandlung $\mu = 1$, was einem Momentengleichgewicht an der An- und Abtriebsseite entspricht.

Durch den Wechsel von der Wandlercharakteristik zur Kupplungscharakteristik ergeben sich demzufolge zwei Betriebsbereiche, sodass eine zweiphasige Bauform vorliegt. Da im Bereich des Kupplungsverhaltens der Wirkungsgrad linear ansteigt, ist der zweiphasige Wandler auch für große Drehzahlverhältnisse ν (entsprechend geringen Drehzahldifferenzen) geeignet.

Hauptanwendungsgebiete der zweiphasigen Wandler sind Automatikgetriebe für Nutzkraftwagen (Busse, LKW) sowie Fahrantriebe von mobilen Arbeitsmaschinen. Ein weiteres großes Einsatzgebiet sind dieselhydraulische Lokomotiv- und Triebwagenantriebe. So zeigt Abbildung 17.25 c) das Zugkraft-Bremskraft-Diagramm der dieselhydraulischen Streckenlokomotive G 2000 mit 2.700 kW Motorleistung und 2.000 kW Bremsleistung unter Verwendung eines zweiphasigen Wandlers. Damit lassen sich in der Ebene Anhängelasten von 1.000 Tonnen bei 110 km/h befördern und in Gefällestrecken bis zu 10 ‰ kann der gleiche Zug bei der jeweils zulässigen Geschwindigkeit in Beharrung gefahren werden [17.64].

17.7 Rad-Schiene-System als spezielles reibschlüssiges Getriebe

Reibradgetriebe sind zur Übertragung großer Leistungen in Antriebssystemen des Maschinen-, Anlagen- und Fahrzeugbaus von untergeordneter Bedeutung, weshalb sie im Weiteren nicht näher behandelt werden sollen. Im Bedarfsfall sei zur Berechnung auf die weiterführende Fachliteratur verwiesen [17.13], [17.20].

Das Prinzip des Reibradgetriebes ist jedoch von großer Bedeutung für die Kraftübertragung zwischen Reifen und Fahrbahn beim Kraftfahrzeug und zwischen Rad und Schiene bei Bahnfahrzeugen und fördertechnischen Anwendungen (z.B. Kranbau und Regalbediengeräte). Sowohl beim Reifen-Fahrbahn-System als auch beim Rad-Schiene-System sind die Kraftübertragung durch Reibschluss, der Fahr- bzw. Rollwiderstand, die Tragfähigkeit (Beanspruchbarkeit) des einzelnen Rades und der Verschleiß zu berücksichtigen.

Hierauf wird im Weiteren für die Paarung von Stahlrädern mit Stahlschienen oder Kunststoffrädern mit Stahlschienen in maschinenbaulichen und bahntechnischen Anwendungen eingegangen, während zur Behandlung des Gummireifen-Fahrbahn-Kontaktes auf die weiterführende Fachliteratur verwiesen wird [17.2], [17.4].

Betrachtet man zunächst den Kraftübertragungsmechanismus zwischen Rad und Schiene durch Reibschluss, so lässt sich aus der Radaufstandskraft F_N (Normalkraft) die mögliche Zugkraft am Radumfang F_R (Reibkraft) unter Verwendung des Reibbeiwertes μ zwischen Rad und Schiene wie folgt bestimmen:

$$F_R = \mu \cdot F_N \tag{17.64}$$

Bei diesem zunächst einfach erscheinenden Zusammenhang werden die komplizierten Vorgänge des Rollens und Haftens zwischen Rad und Schiene allein durch den Reibbeiwert μ berücksichtigt. Erschwerend kommt hinzu, dass der Reibbeiwert μ nicht nur von den Parametern der Paarung (z.B. Stahl gegen Stahl) abhängt, sondern aus Versuchen an Radsätzen von Lokomotiven ist bekannt, dass zusätzlich eine Abhängigkeit vom Reibungsgewicht (Adhäsionsgewicht) bzw. der Größe der Normalkraft F_N besteht, da unter deren Einwirkung an der jeweiligen Berührungsfläche von Rad und Schiene eine entsprechende elastische Formänderung auftritt [17.49]. Darüber hinaus nimmt gemäß Abbildung 17.26 der Reibbeiwert μ mit zunehmender Geschwindigkeit ab. Der Maximalwert liegt für Anfahrvorgänge mit $v = 0$ km/h zwischen $0{,}33 \leq \mu \leq 0{,}4$ für trockene Schienen und wird üblicherweise zur Dimensionierung von Antriebssträngen in Schienenfahrzeugen angewendet, um das maximal mögliche Anfahrmoment zu ermitteln. Oberhalb dieses Grenzwertes wird davon ausgegangen, dass zwischen Rad und Schiene Schlupf auftritt (Schleudern des Radsatzes). Bei „schlüpfrigen" Schienen wegen Feuchtigkeit, Laub oder Eis muss von ca. 30% niedrigeren Werten ausgegangen werden [17.49]. Umgekehrt sind zwischen trockenen Schienen und Gummirädern (z.B. bei Zwei-Wege-Fahrzeugen) Reibbeiwerte bis zu $\mu = 0{,}6$ möglich [17.49].

Ungeachtet dieser für den Vortrieb notwendigen Längskräfte sind zur Führung eines Radsatzes auch noch Querkräfte erforderlich. Beim Eisenbahnradsatz erfolgt diese Führung auf gerader Strecke aufgrund der besonderen Profilierung von Rad und Schiene durch den sogenannten Sinuslauf und nur bei langsamen Fahrten und in engen Kurven durch die Spurkränze. Zusätzlich tritt quer zur Laufrichtung ebenfalls Reibung auf, wobei zur Berechnung dieses Reibbeiwertes μ_{quer} auf die weiterführende Fachliteratur verwiesen wird [17.49].

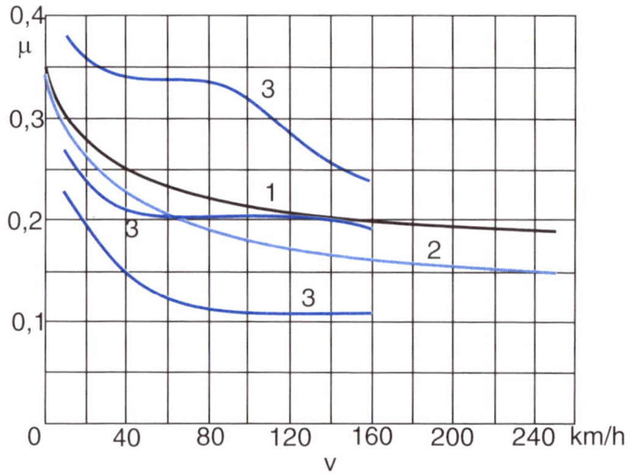

Aus im Jahre 1943 durchgeführten Fahrversuchen mit Geschwindigkeiten bis zu 160 km/h wurde von Curtius und Kniffler folgender empirischer Zusammenhang zwischen dem Reibbeiwert μ und der Fahrgeschwindigkeit v in km/h abgeleitet:

$$\mu = \frac{7{,}5}{v+44} + 0{,}161 \tag{17.65}$$

Der Zusammenhang gilt für Stahlräder auf Stahlschienen bei trockener Reibung und darf zuverlässig bis 260 km/h extrapoliert werden [17.49].

1 Kurve nach Curtius-Kniffler
2 Mittelwertkurve innerhalb des Streubereiches
3 Streubereiche der Messpunkte

Abbildung 17.26: Reibbeiwert μ zwischen Stahlrad und Schiene abhängig von der Fahrgeschwindigkeit nach Versuchen an einer Lokomotive der späteren Baureihe 119 der DB [17.5], [17.49]

Im Gegensatz zum profilierten Eisenbahnlaufrad (s.a. Abbildung 11.3 in Maschinenelemente 1) kommen bei fördertechnischen Anwendungen (z.B. Laufräder in Kranen) wegen der überwiegend großen zu übertragenden vertikalen und horizontalen Kräfte bei vergleichsweise kleinen Durchmessern Laufräder in gedrungener Bauform mit breiter zylindrischer Lauffläche, massivem Radkranz, dicker ein- oder zweiteiliger Radscheibe und kräftiger Nabe zur

Anwendung (s.a. Abbildung 11.1 in Maschinenelemente 1) [17.51]. Nur selten verfügen die Laufflächen über eine Kegelform mit Kegelneigungen zwischen 1 : 16 und 1 : 25 [17.50]. Grundsätzlich sind die Laufrollen- und die zugehörige Schienengeometrie auf höchste Tragfähigkeit bei vergleichsweise geringen Geschwindigkeiten (30 bis 250 m/min) ausgelegt.

Zur Berechnung der maximal übertragbaren Zugkraft am Radumfang von Laufrädern in fördertechnischen Anwendungen gilt ebenfalls Gleichung (17.64), jedoch in Verbindung mit den Reibbeiwerten μ nach Tabelle 17.6 [17.50].

Reibbeiwert μ	Schienenzustand	Reibbeiwert μ	Schienenzustand
0,40 ... 0,50	Trocken, sauber [17.34]	0,10 ... 0,17	Mit Kohle verschmutzt [17.33]
0,25 ... 0,35	Nass [17.34]	$\leq$ 0,10	Mit Öl benetzt [17.34]

Tabelle 17.6: Reibbeiwerte μ für Schienenfahrwerke in fördertechnischen Anlagen [17.50]

Im Durchmesserbereich von 200 mm bis 1.250 mm sind die Laufräder für Krane nach DIN 15073 genormt [17.9]. Die Berechnungsgrundlagen zur Laufradauswahl im Hinblick auf ihre Tragfähigkeit sind in DIN 15070 zusammengestellt [17.8]. In Tagebaugroßgeräten, Spezialkranen, Seilbahnen, Kabelkranen, Hängebahnen und Regalbediengeräten verwendet man häufig von den Standardlaufrädern abgeleitete Sonderkonstruktionen. Im Gegensatz zum Eisenbahnrad erfolgt die Spurführung generell über Spurkränze oder zusätzliche horizontale Spurführungsrollen. Weiterführende Betrachtungen zum Kraftschlussverhalten in Längsrichtung (Fahrtrichtung) und quer dazu finden sich in der entsprechenden Fachliteratur [17.26], [17.27], [17.50].

Als Fahr- bzw. Rollwiderstand bezeichnet man gemäß Abbildung 17.27 die am Umfang des Laufrades aufzubringende Horizontalkraft F_W in Längsrichtung der Schiene zur Überwindung der Roll-, Lager- und Spurkranzreibung. Ursächlich für die Rollreibung von Stahl-Stahl-Paarungen sind Adhäsion, Schlupf und Werkstoffhysterese, während sich bei der Spurkranzreibung Roll- und Gleitreibungsanteile überlagern [17.31].

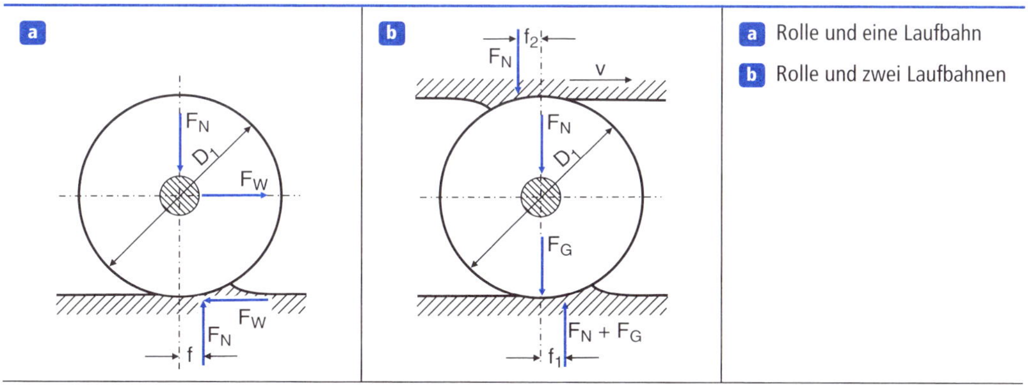

Abbildung 17.27: Rollreibung bzw. Fahrwiderstand

Auch wenn der Fahrwiderstand einen wesentlichen Einfluss auf die Größe des stationären Beharrungsmomentes eines Fahrantriebes hat, so ist er in jedem Fall erheblich kleiner als die Beschleunigungs- und Verzögerungsmomente in den nicht stationären Phasen.

Üblicherweise wird die Fahrwiderstandskraft F_W unter Verwendung des sogenannten spezifischen Fahrwiderstandes μ_f nach Tabelle 17.7 auf die vertikale Radkraft F_N (Normalkraft) bezogen:

$$F_W = \mu_f \cdot F_N = \left(\mu_{f0} + \mu_{Sp}\right) \cdot F_N \qquad (17.66)$$

Laufradbauart und Betriebszustand	Gleitlagerung	Wälzlagerung
Laufrad ohne Spurkranz	0,020	0,006
Laufrad mit Spurkranz, geschmiert	0,025	0,009
Laufrad mit Spurkranz, ungeschmiert	0,030	0,012

Tabelle 17.7: Richtwerte für den spezifischen Fahrwiderstand μ_f von Kranlaufrädern mit Durchmessern von d_R = 200 bis 1.250 mm [17.50]

Dabei wird der spezifische Fahrwiderstand μ_f in einen Anteil ohne Einfluss von Spurkranzreibung μ_{f0} und einen Anteil μ_{Sp} zur Berücksichtigung der Spurkranzreibung aufgeteilt.

Vernachlässigt man zunächst die Spurkranzreibung, so ergibt sich für ein Laufrad mit dem Durchmesser d_R unter Einbeziehung der Reibung im Lagerzapfen mit dem Durchmesser d_Z folgender Zusammenhang, wobei μ_Z = 0,08 bei Gleitlagerung und μ_Z = 0,003 bei Wälzlagerung einzusetzen ist:

$$F_W \cdot \frac{d_R}{2} = F_N \cdot f + \mu_Z \cdot \frac{d_Z}{2} \cdot F_N \qquad (17.67)$$

$$F_W = \mu_{f0} \cdot F_N \quad \text{mit} \quad \mu_{f0} = \frac{2 \cdot f}{d_R} + \mu_Z \cdot \frac{d_Z}{d_R} \qquad (17.68)$$

In Erweiterung von Gleichung (17.67) gilt für eine Rolle zwischen zwei Laufbahnen (z.B. in einem Brückenlager oder in einem Wälzlager) gemäß Abbildung 17.27 b) unter Einbeziehung der Gewichtskraft F_G folgende Erweiterung, wobei der letzte Term für die Zapfenreibung entfällt, sofern kein Lagerzapfen vorhanden ist:

$$F_W \cdot \frac{d_R}{2} = \left(F_N + F_G\right) \cdot f_1 + F_N \cdot f_2 + \mu_Z \cdot \frac{d_Z}{2} \cdot F_N \qquad (17.69)$$

Dabei bezeichnet man f bzw. f_1 und f_2 als den Hebelarm der Rollreibung, der gemäß Tabelle 17.8 folgende Werte annimmt. Der heute immer noch gebräuchliche Wert f = 0,5 mm entstammt aus Untersuchungen an Eisenbahnradsätzen, die bereits 1838 in England vorgenommen wurden [17.49], [17.76]. Dabei ergab sich, dass die im Radmittelpunkt angreifende Widerstandskraft F_W im Mittel einem Tausendstel der Radaufstandskraft F_N entsprach, was bei einem Raddurchmesser von d_R = 1.000 mm zu einem Hebelarm von f = 0,5 mm führt. Spätere Untersuchungen an Rad-Schiene-Wälzpaarungen bei Eisenbahnradsätzen berücksichtigen eine Durchmesserabhängigkeit des Hebelarmes der Rollreibung [17.19].

$f = 0{,}5$ mm	Allgemeine Wälzpaarungen aus Stahl, Stahlguss und Gusseisen [17.15], [17.76]
$f = 0{,}005 \ldots 0{,}01$ mm	Wälzpaarung aus gehärtetem und geschliffenem Stahl im Wälzlager
$f = 0{,}015$ mm	Wälzpaarung aus Hartstahl in einem Brückenlager
$f \approx 0{,}013 \cdot \sqrt{D_1}\ mm$	Wälzpaarung Rad-Schiene bei Eisenbahnradsätzen [17.19]

Tabelle 17.8: Richtwerte für den Hebelarm der Rollreibung [17.15], [17.19], [17.76]

Bezüglich der Beanspruchbarkeit von Laufrädern ist die ertragbare Hertz'sche Pressung ausschlaggebend. Die Grundlagen zur Berechnung finden sich im Abschnitt 3.3.4, während die zulässigen Kennwerte der Beanspruchbarkeit im Abschnitt 3.7.5 in Maschinenelemente 1 zusammengestellt sind [17.51]. Grundsätzlich ist auch hier wieder zwischen statischer und dynamischer Beanspruchung zu unterscheiden. Während man im statischen Fall von einer maximal zulässigen plastischen Verformung als Grenzwert ausgeht, ergibt sich die dynamische Beanspruchbarkeit aus der Anzahl der maximal möglichen Überrollungen, bis der Werkstoff ermüdet und Grübchenbildung eintritt.

In den meisten Fällen lässt man bei statischer Beanspruchung als bleibende Verformung 0,01 % des Durchmessers des belasteten Roll- oder Wälzkörpers zu (s.a. Kapitel 15 – Wälzlager), wobei aber auch durchaus größere bleibende Verformungen oder anders festgelegte Grenzwerte möglich sind.

Erste statische Versuche mit gehärteten Kugeln aus Wälzlagerstahl gehen zurück auf Richard Stribeck (1861 bis 1950, von 1893 bis 1898 Prof. für Maschinenbaukunde an der TH Dresden) und belegen, dass die Hertz'schen Gleichungen für Wälzkörper aus gehärtetem Stahl die auftretende Verformung und zugehörige mittlere Flächenpressung bis weit in den Bereich der plastischen Verformung richtig wiedergeben [17.66].

Ausgehend von den Hertz'schen Grundgleichungen hat Stribeck für Linien- und Punktberührung gemäß Tabelle 17.9 die sogenannte spezifische Belastung k_0 und die Wälzpressung K definiert und dafür zulässige Werte im Versuch bestimmt.

In Anlehnung an die ursprünglichen Versuche wurde im Folgenden eine Vielzahl weiterer Untersuchungen zur statischen Beanspruchbarkeit durchgeführt, deren Ergebnisse in Tabelle 17.10 zusammengestellt sind. Neben den interessierenden Größen für Laufräder sind zum Vergleich auch Kennwerte aus dem Bereich der Wälzlagertechnik aufgeführt.

	Kugel/Kugel (mit $D_I = D_{II}$)		**Kugel/Ebene**
	k_0 [N/mm^2]	K [N/mm^2]	$k_0 = K$ [N/mm^2]
Bleibende Verformung von 0,02 %	3	12	4
Proportionalitätsgrenze (Grenze der Hertz'schen Gleichungen)	5	20	20
1. Kreisriss am Umfang der Druckfläche	100	400	350
Bruchlast der Kugel	520	2080	800

Linienberührung		**Punktberührung**	
Spezifische Belastung	Stribeck'sche Wälzpressung	Spezifische Belastung	Stribeck'sche Wälzpressung
$k_0 = \dfrac{F}{D_1 \cdot l_{eff}}$ (17.70)	$K = \dfrac{F}{D_I \cdot l_{eff}}$ (17.71)	$k_0 = \dfrac{F}{D_1^2}$ (17.72)	$K = \dfrac{F}{\left(\dfrac{D_I}{y}\right)^2}$ (17.73)
Hierin bezeichnen F die einwirkende Kraft, D_1 den Durchmesser des Wälzkörpers und l_{eff} die effektive Länge des Zylinders. D_I und D_{II} sind die jeweiligen Ersatzdurchmesser in den Hauptkrümmungsebenen 1 und 2 gemäß Abbildung 3.18 und der Beiwert y berechnet sich mit den Werten ξ und η nach Tabelle 3.3 in Maschinenelemente 1 [17.51].		$D_I = \dfrac{D_1 \cdot D_2}{D_1 + D_2}$ (17.74) $D_{II} = \dfrac{D_3 \cdot D_4}{D_3 + D_4}$ (17.75)	$y = \dfrac{1 + \dfrac{D_I}{D_{II}}}{2 \cdot (\xi \cdot \eta)^{3/2}}$ (17.76)

Tabelle 17.9: Spezifische Belastung k_0 und Stribeck'sche Wälzpressung K nach Bruchlastversuchen an gehärteten Wälzlagerkugeln aus Stahl [17.66]

Anwendung	**Durchmesserverhältnisse**	**Werkstoff (gehärteter Stahl)**	k_{0zul} [N/mm^2]
Kugel/Ebene [17.47]	$D_2 = \infty$	HV = 750	18
Kugel/Hohlrinne (Axialkugellager)	$D_4 = -1{,}08 \cdot D_1$	HV = 750	40
Rolle/Ebene [17.41], [17.42]	$D_2 = \infty$	HV = 750	80
Kugel/Ebene [17.45]	$D_2 = \infty$	HV = 840	14
Kugel/Hohlrinne (Axialkugellager)	$D_4 = -1{,}08 \cdot D_1$	HV = 840	58
Rolle/Ebene [17.3]	$D_2 = \infty$	HV = 750	100
Brückenauflager (Kugel/Ebene) [17.62]	$D_2 = \infty$	HV = 750	10
Kranlaufrad (Rolle/Ebene) [17.44]	$D_2 = \infty$	GJL (naturhart)	6 ... 8
		GS (naturhart)	10 ... 14
		C 35 E (naturhart)	12 ... 20
Rillenkugellager (Innenring)	$D_2 \approx 5 \cdot D_1$, $D_4 = -1{,}06 \cdot D_1$	HV = 700	62
Pendelkugellager (Außenring)	$D_2 = D_4 \approx \lvert 7 \cdot D_1 \rvert$	HV = 700	17
Zylinderrollenlager (Innenring)	$D_2 = 6 \cdot D_1$	HV = 700	110
Axialkugellager	$D_4 = -1{,}08 \cdot D_1$	HV = 700	50
Axialrollenlager	$D_2 = \infty$	HV = 700	100

Tabelle 17.10: Erfahrungswerte der zulässigen spezifischen Belastung k_{0zul} bei statischer Belastung nach [17.44]

Betrachtet man im Weiteren die dynamische Beanspruchbarkeit, so ist die Dauer-Wälzfestigkeit bzw. Grübchendauerfestigkeit durch eine vorgegebene Belastung und eine zugehörige Anzahl von Überrollungen gegeben, bei der keine Grübchenschäden mehr auftreten. Bei den Grübchenschäden handelt es sich um „muschelförmige" grübchenartige Ausbrüche, die ungefähr 1,5- bis zweimal so tief sind wie der Abstand der maximalen Hauptschubspannung von der Oberfläche, wobei die Grübchenspitze immer in Gleitrichtung zeigt [17.44].

Erste Untersuchungen zur dynamischen Beanspruchbarkeit wurden von Gustav Niemann (1899 bis 1982, Professor für Maschinenelemente zunächst an der TU Braunschweig, dann TU München) mit Kugelprüfkörpern aus gehärtetem Wälzlagerstahl (HB = 710) und Rollen von 40 mm durchgeführt, um Kennwerte der Tragfähigkeit von Zahnradflanken zu erhalten, deren Auslegung ebenfalls auf der Grundlage der Hertz'schen Gleichungen vorgenommen wird [17.43]. Auch wenn die seinerzeitigen Versuchsergebnisse starke Streuungen aufwiesen, so haben sich die zulässigen Werte der Hertz'schen Pressung in Tabelle 17.11 als Kennwerte der dynamischen Beanspruchbarkeit bei jeweils erreichten 33 Millionen Überrollungen bis heute bewährt.

	Linienberührung	Punktberührung
Zulässige Hertz'sche Pressung	$p_{Hzul} = 3 \cdot HB$ (17.77)	$p_{Hzul} = 5{,}25 \cdot HB$ (17.78)

Tabelle 17.11: Zulässige Hertz'sche Pressung bei dynamischer Beanspruchung nach [17.43], [17.44]

Dabei ist die höhere zulässige Hertz'sche Pressung bei Punktberührung auf die wirksam werdende Stützwirkung im gesamten Umfeld der Berührellipse und auf den größeren Spannungsgradienten am Rand der Berührfläche im Vergleich zur Linienberührung zurückzuführen.

Ausgehend von den ursprünglichen Untersuchungen von Niemann sind in Tabelle 17.12 weitere Erfahrungswerte zur zulässigen Hertz'schen Pressung bei dynamischer Belastung zusammengestellt, wobei zum direkten Vergleich auch Werte aus dem Bereich der Zahnradtechnik aufgeführt sind.

Zur Auslegung von Laufrädern in fördertechnischen Anwendungen (z. B. Kranlaufräder) werden üblicherweise die zulässigen Hertz'schen Pressungen nach Tabelle 17.13 verwendet, die zunächst ebenfalls auf den Untersuchungen von Niemann beruhen, jedoch im Hinblick auf die besonderen Anforderungen im Kranbau im Rahmen weiterführender Forschungsarbeiten ermittelt wurden [17.23], [17.31], [17.32], [17.39], [17.40, [17.50], [17.75]. Aufgrund der großen Bandbreite wird jedoch für dynamisch beanspruchte Laufräder empfohlen, bei Linienberührung nach den Kriterien der Wälzfestigkeit oder der Fließgrenze und bei Punktberührung ausschließlich nach dem Kriterium der Fließgrenze auszulegen [17.50].

Die üblicherweise im Stahlwasserbau sowie weiteren Einsatzgebieten genutzten Werte der zulässigen Hertz'schen Pressungen bei dynamischer Beanspruchung finden sich in Abschnitt 3.7.5 in Maschinenelemente 1 [17.51].

Anwendung	Berührart, Grenzkriterien und Quelle	Werkstoff	Größe D_I/D_{II}	p_{Hzul} [N/mm²]
Rollen Schlupf $s = 0\,\%$	Linienberührung [17.43] Mittlere Dauerfestigkeit	Stahl/Stahl	30/–	3 HB
Laufrad/Schiene Schlupf $s = 0\,\%$	Punktberührung [17.68] Ca. 1 Mio km Laufleistung ohne Nachbearbeitung der Räder	C-Stahl 800 ... 900 N/mm^2	1.000/2.000 500/1.000	800 1.000
Laufrad/Schiene bei Kranen	Punktberührung	GS45/E295 GS79/E360	100 ... 600	500 600
Reibradgetriebe $s = 1 \ldots 5\,\%$	Punktberührung [17.44]	Stahl/Stahl Gehärtet	Bis zu 30/30	2.000 ... 3.000
Reibradgetriebe $s = 1 \ldots 5\,\%$	Linienberührung	E360/Stahl gehärtet EN-GJL-250/E360	–	2.000 ... 3.000
Zahnflanken allgemein	Linienberührung [17.44] Dauerfest bei 1 % Schadens-wahrscheinlichkeit	Baustahl Vergütungsstahl Einsatzstahl	Im Wälzpunkt 16/–	370 ... 460 530 ... 630 1.500
Zahnflanken Schraubräder	Punktberührung [17.44] Dauerfest bei 1 % Schadens-wahrscheinlichkeit	Stahl/Stahl, boriert Vergütungsstahl / B2 GJL/GJL	–	1.700 1.000 750
Zahnflanken Schneckenräder	Linienberührung [17.44] Dauerfest bei 1 % Schadens-wahrscheinlichkeit	Stahl gehärtet EN-GJL-250 GZCuSn 12 Ni	–	350 520

Tabelle 17.12: Weitere Erfahrungswerte zur zulässigen Hertz'schen Pressung bei dynamischer Belastung nach [17.44]

	Linienberührung p_{Hzul}		Punktberührung p_{Hzul}	
Wälzfestigkeit [17.44]	-	$3{,}0 \cdot HB$	-	$5{,}2 \cdot HB$
Fließgrenze [17.32]	$1{,}79 \cdot \sigma_{0,2}$	$3{,}4 \cdot HB$ 1)	$1{,}61 \cdot \sigma_{0,2}$	$3{,}1 \cdot HB$ 1)
Stabilisierungsgrenze [17.23], [17.40]	$2{,}31 \cdot \sigma_{0,2}$	$4{,}4 \cdot HB$ 1)	$2{,}44 \cdot \sigma_{0,2}$	$4{,}6 \cdot HB$ 1)
Plastische Radialverformung (0,2 ‰) [17.39]	-	$5{,}5 \cdot HB$ 2)	-	$10{,}3 \cdot HB$ 1) 2)
Schubbruchspannung [17.75]	-	$6{,}0 \cdot HB$ 3)	-	-
Plastische Radialverformung (0,3 ‰) [17.31]	-	$7{,}9 \cdot HB$	-	-
1) Mit $\sigma_{0,2} = 1{,}9 \cdot HB$	2) Für $HV \approx HB \leq 300$		3) Mit $\sigma_B = 3{,}5 \cdot HB$	

Tabelle 17.13: Zulässige Hertz'sche Pressungen für dynamisch beanspruchte Laufräder [17.50]

Abschließend soll noch kurz auf den Verschleiß bei Kranlaufrädern eingegangen werden. Insbesondere die Laufflächen von Kranlaufrädern unterliegen einem Formänderungsverschleiß aufgrund der einwirkenden Normalkräfte und einem Abtragsverschleiß infolge der in der Berührfläche wirkenden Horizontalkräfte und dem damit einhergehenden Schlupf. Aus Untersuchungen ist bekannt, dass der Abtragsverschleiß annähernd linear mit der Anzahl der Überrollungen zunimmt. Die dabei entstehenden Verschleißteilchen sind dünne Blättchen sowie kleine punkt- oder schuppenförmige Teile. Die wichtigsten Einflussgrößen sind die einwirkende Belastung nach Art, Größe und Häufigkeit sowie die Werkstoffeigenschaften und hier insbesondere das Gefüge und die Härte. So führt eine Oberflächenhärtung auf 450 HB zu einer erheblichen Minderung des Abtragsverschleißes. Das Verhältnis von Laufrad- zu Schienenhärte sollte 1,1 bis 1,3 betragen [17.50].

Auch wenn empirische Gleichungen zur Verschleißberechnung entwickelt wurden, so hat sich bis heute die einfache Angabe eines zulässigen Radialverschleißes Δr_{zul} in Abhängigkeit vom Laufraddurchmesser d_R auf der Grundlage folgender Erfahrungswerte bewährt [17.50]:

$$\Delta r_{zul} = 4 \ldots 4{,}5 \text{ mm} \quad \text{für} \quad d_r \leq 500 \text{ mm} \tag{17.79}$$

$$\Delta r_{zul} = 4 + 0{,}005 \cdot (d_r - 500) \text{ mm} \quad \text{für} \quad d_r > 500 \text{ mm} \tag{17.80}$$

Um einen möglichst guten Gleichlauf von zwei Laufrädern oder Laufradgruppen zu erhalten, darf die Differenz des Radialverschleißes 1/10 dieser Werte nicht überschreiten [17.38].

ZUSAMMENFASSUNG

Antriebsysteme werden in Maschinen, Anlagen und Fahrzeugen zur Energieumformung, Energieanpassung und -übertragung sowie Energiespeicherung eingesetzt.

Zur **Energieumformung** wird die Antriebs- oder Kraftmaschine eingesetzt. Typische Antriebsmaschinen sind elektrische Maschinen (mit den Baugruppen elektrisches Netz, Stromrichter oder Frequenzumrichter und rotierende elektrische Maschine), Verbrennungsmotoren und Strömungsmaschinen (Turbinen).

Mithilfe des **Antriebsstranges** (Zwischenschaltung) erfolgt die Übertragung der Antriebsenergie von der Antriebsmaschine zur Arbeitsmaschine, wobei zusätzlich eine geeignete Anpassung erfolgen kann. Wichtigste Zwischenschaltungen sind Wellen, Getriebe, Wandler, schaltbare und nicht schaltbare Kupplungen und Bremsen.

Die **Arbeitsmaschine** wandelt die ihr über den Antriebsstrang zugeführte und angepasste Energie in die erforderliche Ausgangsenergie des Arbeitsprozesses bzw. der Arbeitsfunktion um. Aus der nahezu unendlichen Vielfalt von möglichen Arbeitsmaschinen seien beispielhaft Land-, See- und Luftfahrzeuge, Strömungsmaschinen (Verdichter), Kranhubwerke, Werkzeugmaschinen sowie verfahrenstechnische Maschinen und Anlagen genannt.

Zusätzlich zum Leistungsteil eines Antriebssystems sind **Steuerungs- und Regelungseinrichtungen** vorhanden, um den Leistungsfluss bedarfsgerecht anpassen zu können. Dabei werden als Schnittstelle zwischen dem leistungsführenden elektrischen und mechanischen System einerseits und der Informationsverarbeitung in der Steuerung und Regelung andererseits Sensoren und Aktoren verwendet.

Aufgaben und Lösungen

Eine erste vereinfachende Betrachtung zum Gesamtverhalten eines Antriebssystems und zur Stabilität von Arbeitspunkten kann anhand der stationären Kennlinien von Antriebs- und Arbeitsmaschine erfolgen. Dabei unterscheidet man auf der Antriebsmaschinenseite zwischen Konstant-Moment-Verhalten, synchronem Verhalten und asynchronem Verhalten. In vergleichbarer Weise sind als Kennlinien von Arbeitsmaschinen das Konstant-Moment-Verhalten, das lineare Drehzahlverhalten, das nichtlineare Drehzahlverhalten anwachsend und abfallend sowie das allgemeine nichtlineare und durch Lastspiele gegebene Drehzahlverhalten bekannt.

Zur genaueren Analyse des **Schwingungsverhaltens** eines Antriebssystems – insbesondere im instationären Fall – bedarf es zwar aufwändiger Berechnungsmodelle, oftmals ist jedoch auch schon die Verwendung dynamisch äquivalenter Modelle möglich. Hierzu werden sämtliche mechanischen Größen des Systems wie z. B. Trägheiten, Steifigkeiten und Dämpfungen auf eine Referenzwelle (Motorwelle der Antriebsmaschine oder auch Abtriebswelle der Arbeitsmaschine), die man auch als Bildwelle bezeichnet, bezogen.

Eine wesentliche Aufgabe in einem Antriebssystem ist die **Energieanpassung** durch Änderung der Drehzahl oder des Drehzahl-Drehmomenten-Verlaufes zwischen Antriebs- und Arbeitsmaschine, wozu man unterschiedliche Arten von Getrieben verwendet. Bedingt durch die große Vielfalt von Arbeits- und Antriebsmaschinen kann keine allgemein gültige Vorgehensweise zur Auswahl einer Getriebebauart angegeben werden, jedoch sind übertragbare Leistung, Drehmoment- und Drehzahlgrenzen, Übersetzung, Schlupf und Lastspielcharakteristik die wesentlichen Gesichtspunkte. Hinzu kommen oftmals Gewicht und Bauraum, Betriebssicherheit, Wartung und Schmierung, Schwingungseigenschaften und Geräuschentwicklung, Wärmeentwicklung und -abfuhr, Wirkungsgrad sowie Kosten und Wirtschaftlichkeit.

Ausgehend von diesen generellen Anforderungen hat sich die Einteilung nach der Kinematik (gleichförmig oder ungleichförmig übersetzend), dem physikalischen Prinzip (mechanisch, elektrisch, hydraulisch oder pneumatisch arbeitend), dem Wirkprinzip (formschlüssig oder kraftschlüssig übertragend) und der Übertragungsart (konstant, gestuft, stufenlos) bewährt. Betrachtet man im Weiteren die für die Antriebstechnik des Maschinen-, Anlagen- und Fahrzeugbaus besonders wichtigen gleichförmig übersetzenden Getriebe, so unterscheidet man **Zahnradgetriebe**, **Zugmittelgetriebe**, **reibschlüssige Getriebe**, **hydraulische Getriebe** und **elektrische Getriebe**, wobei das Zahnradgetriebe aufgrund seiner Leistungsfähigkeit im allgemeinen Maschinenbau immer noch überwiegt. Bei den ungleichförmig übersetzenden Getrieben unterscheidet man im Wesentlichen zwischen Koppelgetriebe und Kurvengetriebe.

Alle Getriebe lassen sich in ihrer Funktion als Drehzahl- und Drehmomentwandler durch die Übersetzung i, das Drehmomentverhältnis μ und den Wirkungsgrad η beschreiben. Mithilfe dieser drei Größen kann man die unterschiedlichsten Getriebeformen und -bauarten hinsichtlich ihrer Leistungsfähigkeit vergleichen und bewerten.

Im Weiteren wird auf die jeweiligen Besonderheiten der mechanisch gleichförmig und ungleichförmig übersetzenden Getriebe eingegangen, wobei den hydrostatischen und hydrodynamischen Getrieben sowie dem Rad-Schiene-System als speziellem reibschlüssigen Getriebe eigene Abschnitte gewidmet sind.

Insgesamt ist das Kapitel als Einleitung zu den folgenden Kapiteln über Stirnradgetriebe, Umlaufrädergetriebe, Kegelradgetriebe, Schraub- und Schneckenradgetriebe sowie Hülltriebe (Riemen- und Kettentriebe) gedacht.

Literatur

[17.1] Alberts, F.; Dynamikgerechter Entwurf von Werkzeugmaschinen-Gestellstrukturen; Diss. TU München 1995

[17.2] Bachmann, Th.; Literaturrecherche zum Reibwert zwischen Reifen und Fahrbahn; VDI-Fortschrittsbericht Nr. 286, Reihe 12 – Verkehrstechnik/Fahrzeugtechnik, VDI Verlag, Düsseldorf

[17.3] Brändlein, J., Eschmann; P., Hasbargen, L., Weigand, K.; Die Wälzlagerpraxis; 3. Aufl., Vereinigte Fachverlage GmbH, Mainz 1995

[17.4] Breuer, B., Bill, K. H.; Bremsenhandbuch; Vieweg Verlag, Wiesbaden 2004

[17.5] Curtius, E. W., Kniffler, A.; Neue Erkenntnisse über Haftung zwischen Treibrad und Schiene, Elektrische Bahnen, Heft 1/2, Heft 3/4, 1944 und Heft 9, 1950

[17.6] DIN 740 Antriebstechnik; Nachgiebige Wellenkupplungen; Begriffe und Berechnungsgrundlagen; (1986-08)

[17.7] DIN 3990 Tragfähigkeitsberechnung von Stirnrädern, T1 Einführung und allgemeine Einflussfaktoren (1987-12); T2 Berechnung der Grübchentragfähigkeit (1987-12); T3 Berechnung der Zahnfußtragfähigkeit (1987-12); T4 Berechnung der Fresstragfähigkeit (1987-12); T5 Dauerfestigkeitswerte und Werkstoffqualitäten 1987-12); T6 Betriebsfestigkeitsrechnung (1994-12); T11 Anwendungsnorm für Industriegetriebe; Detail-Methode (1989-02); T21 Anwendungsnorm für Schnellaufgetriebe und Getriebe ähnlicher Anforderungen (1989-02); T31 Anwendungsnorm für Schiffsgetriebe (1990-07); T41 Anwendungsnorm für Fahrzeuggetriebe (1990-05)

[17.8] DIN 15070 Krane – Berechnungsgrundlagen für Laufräder; (1977-12)

[17.9] DIN 15073 Krane – Laufräder, Übersicht; (1977-12)

[17.10] DIN 19226 Leittechnik; Regelungstechnik und Steuerungstechnik; Allgemeine Grundbegriffe; (1994-02)

[17.11] Dresig, H., Holzweißig, F.; Maschinendynamik; Springer Verlag, Berlin 2004

[17.12] Dresig, H.; Schwingungen mechanischer Antriebssysteme; Springer Verlag, Berlin 2004

[17.13] Dubbel, H., Feldhusen, J., Grote, K.-H.; Dubbel – Taschenbuch für den Maschinenbau, 22. Aufl., Springer Verlag, Berlin 2007

[17.14] Ebertshäuser, H., Helduser, S.; Fluidtechnik von A bis Z; Vereinigte Fachverlage, Mainz 1995

[17.15] Ernst, H.; Die Hebezeuge; Vieweg Verlag, Braunschweig 1973

[17.16] Findeisen, D.; Ölhydraulik, Springer Verlag, Berlin 2006

[17.17] Föppl, L.; Die strenge Theorie der rollenden Reibung; Leibnitz-Verlag, München 1947

[17.18] Föttinger, H.; Flüssigkeitsgetriebe mit einem oder mehreren treibenden und einem oder mehreren getriebenen Turbinenrädern zur Arbeitsübertragung zwischen benachbarten Wellen; Patentschrift 221422, Kaiserliches Patentamt, 24. Juni 1905

[17.19] Fromm, H.; Arbeitsverlust, Formänderung und Schlupf beim Rollen von treibenden und gebremsten Rädern oder Scheiben; Zeitschrift der technischen Physik 9 (1928), S. 299

[17.20] Fronius, St.; Konstruktionslehre – Antriebselemente, Verlag Technik, Berlin 1979

[17.21] Großmann, K., Kießling, M., Jungnickel, G., Weishart, H., Rudolph, H.; Schwingungsprognose und -minderung für Presswerke; EFB-Forschungsbericht Nr. 174, Hannover 2001

[17.22] Hähnel, Th.; Mehrkörper-Simulation eines Planetengetriebes für Windenergieanlagen; Unveröffentlichte Diplomarbeit; TU Dresden, Lehrstuhl Maschinenelemente 2003
[17.23] Hamilton, G. M.; Plastic flow in rollers loaded above the yield point; Proc. Inst. Mech. Eng., London 177 (1963), 25, S. 667-675
[17.24] Hesse, W.; Verschleißverhalten des Laufrad-Schiene-Systems fördertechnischer Anlagen; Diss. Ruhr-Universität Bochum, 1983
[17.25] IEC 60034-1 – Rotating Electrical Machines – Part 1: Rating and Performance (2004-04)
[17.26] Kalker, J. J.; On the rolling contact of two elastic bodies in the presence of dry friction; Diss. TH Delft 1967
[17.27] Kalker, J. J.; Three dimensional elastic bodies in rolling contact; Kluwer Academic Publishers, Dordrecht 1990
[17.28] Kickbusch, E.; Föttinger-Kupplungen und Föttinger-Getriebe; Springer Verlag, Berlin 1963
[17.29] Kiel, E.; Antriebslösungen; Springer Verlag, Berlin 2007
[17.30] Kirchberg, S.; Die Fundamentbelastungen mechanischer Pressen unter Berücksichtigung von Schneidvorgängen; Diss. TU Dresden 1978
[17.31] Kliesch, M.; Verschleiß und Zuverlässigkeit von Kranlaufrädern; Diss. TU Dresden 1984
[17.32] Kos, M.; Neue Gesichtspunkte für die Paarung Laufrad – Schiene; Fördern und Heben, Mainz 24 (1974), Heft 5, S. 481-488
[17.33] Kraft, G.; Das Phänomen des elastischen Schlupfes und dessen Einfluss auf das Verhalten von drehzahlgekoppelten Laufrädern; Diss. Ruhr-Universität Bochum 1980
[17.34] Krettek, O.; Kraftschluss zwischen Kranrad und Schiene unter besonderer Berücksichtigung des Laufflächenverschleißes; Fördern und Heben, Mainz 29 (1979), Heft 5, S. 459-466
[17.35] Laschet, A.; Simulation von Antriebssystemen; Springer Verlag, Berlin 1988
[17.36] Lehr, E.; Schwingungstechnik, Band 1 und Band 2; Springer Verlag, Berlin 1934
[17.37] Linke, H.; Stirnradverzahnung – Berechnung, Werkstoffe, Fertigung; Hanser Verlag, München 1996
[17.38] Marquardt, H.-G.; Horizontalkräfte an Brückenkranen während der gleichförmigen Fahrbewegung unter Berücksichtigung des stochastischen Charakters einiger Einflussgrößen; Diss. TU Dresden 1976
[17.39] Matthias, K.; Dimensionierung der Lauffläche der Wälzpaarung Laufrad/Schiene; Hebezeuge und Fördermittel, Berlin 20 (1980), Heft 5, S. 136-141
[17.40] Merwin, J. E., Johnson, K. L.; An analysis of plastic deformation in rolling contact; Proc. Inst. Mech. Eng., London 177 (1963), 25, S. 676-690
[17.41] Mundt, R.; Höchstbelastbarkeit von Wälzlagern; Forschung im Ingenieurwesen 7, S. 292, 1936
[17.42] Mundt, R.; Zur Berechnung der Tragfähigkeit von Wälzlagern; VDI Zeitschrift 85 (1941), S. 801
[17.43] Niemann, G.; Walzenfestigkeit und Grübchenbildung von Zahnrad- und Wälzlagerwerkstoffen; VDI Zeitschrift 87 (1943), S. 521-523
[17.44] Niemann, G., Winter, H.; Maschinenelemente Band II (Getriebe allgemein, Zahnradgetriebe – Grundlagen, Stirnradgetriebe); Band III (Schraub-, Kegelrad-, Ketten-, Riemen-, Reibradgetriebe, Kupplungen, Bremsen, Freilauf); Springer Verlag, Berlin 1983

[17.45] N. N.; Statische Tragfähigkeit von Wälzlagern; Das Kugellager – Hausmitteilung der SKF, 18, S. 33, Schweinfurt 1943

[17.46] Ophey, L.; Experimentelle Untersuchung des Einflusses von Lagerbuchsen auf das Steifigkeits- und Dämpfungsverhalten wälzgelagerter Welle-Lager-Systeme; Forschungsheft Nr. 166 der FVA – Forschungsvereinigung Antriebstechnik, Frankfurt am Main 1984

[17.47] Palmgren, A.; Untersuchung über die statische Tragfähigkeit von Kugellagern; Diss. Stockholm, 1930

[17.48] Pawlak, W. R.; Untersuchungen zum Verschleiß von Laufflächen der naturharten Kranlaufräder; Diss. TU Dresden 1976

[17.49] Sachs, K.; Elektrische Triebfahrzeuge, Band 1 bis 3, Springer Verlag, Berlin 1973

[17.50] Scheffler, M.; Grundlagen der Fördertechnik – Elemente und Triebwerke, Vieweg Verlag, Brauschweig 1998

[17.51] Schlecht, B.; Maschinenelemente 1; Verlag Pearson Studium, München 2007

[17.52] Schlecht, B.; Schwingungen in Antriebssystemen – Wie aussagefähig ist die Ermittlung von Sicherheiten; Dresdner Maschinenelemente Kolloquium – DMK 2005, Tagungsband S. 11-75

[17.53] Schlecht, B.; 25 Jahre Erfahrung in der rechnergestützten Beanspruchungsanalyse von Verzahnungen und der Simulation von Schwingungen in Antrieben – Wie werden zukünftig Antriebssysteme und deren Komponenten beanspruchungsgerecht ausgelegt? Dresdner Maschinenelemente Kolloquium – DMK 2007, Tagungsband S. 11-90

[17.54] Schlecht, B., Rosenlöcher, Th., Hähnel, Th.; Schwingungen erkennen und vermeiden – Anwendung der Mehrkörpersystem- und Finite-Elemente-Methode; Antriebstechnik 47 (2008), Heft 8

[17.55] Schlecht, B., Rosenlöcher, Th., Hähnel, Th., Höfgen, M.; Strategy for User Orientated Simulation of Large Drive Trains to Calculate Realistic Load Conditions ISMA 2008 International Conference on Noise and Vibration Engineering, Leuven, 15. September 2008

[17.56] Schlecht, B., Rosenlöcher, Th.; Modellbildung und Mehrkörpersystem-Simulation von Kranantrieben; Dresdner Maschinenelemente Kolloquium – DMK 2007, Tagungsband S. 555-570

[17.57] Schlecht, B., Rosenlöcher, Th.; Schwingungen sicher gedämpft; Antriebstechnik 46 (2007), Heft 11, S. 82

[17.58] Schlecht, B., Rosenlöcher, Th.; Möglichkeiten der Lagermodellierung in Mehrkörper-Simulationen unter Verwendung von DLL aus dem Programm BEARINX; Unveröffentlichte Dokumentation, TU Dresden, Institut für Maschinenelemente und Maschinenkonstruktion (IMM), September 2006

[17.59] Schlecht, B., Schulze, T., Hähnel, Th., Rosenlöcher, Th., Höfgen, M.; Untersuchung von Großantrieben im Multi-Megawatt-Bereich mit Hilfe der Mehrkörpersystem-Simulation und der Finite-Elemente-Methode; VDE/VDI-Tagung Elektrisch-Mechanische-Antriebe, Böblingen 23. September 2008

[17.60] Schlecht, B., Schulze, T., Hähnel, Th.; Hydrodynamisch geregeltes Überlagerungsgetriebe für Windenergieanlagen – neue Antriebskonzepte ohne Leistungselektronik; Dresdner Maschinenelemente Kolloquium – DMK 2005, Tagungsband S. 535-550

[17.61] Schlecht, B., Schulze, T., Hähnel, Th., Hofmann, W., Rabello, B., Basteck, A., Tilscher, M.; Hydrodynamisch geregeltes Überlagerungsgetriebe als neues Antriebskonzept für Windenergieanlagen ohne Leistungselektronik; VDI/VDE-Tagung Elektrisch-Mechanische Antriebssysteme, Fulda, 6./7. Oktober 2004

[17.62] Schönhöfer, R.; Neuartige Ausführungen von Brückenlagern; VDI Zeitschrift 85, S. 215, 1941

[17.63] Schulze, T.; Ganzheitliche dynamische Antriebsstrangbetrachtung von Windenergieanlagen; Diss. TU Dresden 2007

[17.64] Schweickert, H.; Voith Antriebstechnik – 100 Jahre Föttinger-Prinzip, Springer Verlag, Berlin 2005

[17.65] Severin, D.; Untersuchungen an Wälzpaarungen, Diss. TU Berlin 1965

[17.66] Stribeck, R.; Kugellager für beliebige Belastungen; Zeitschrift des VDI 45 (1901)

[17.67] Tönshoff, H. K., Bernhardt, U.; Lärmarm konstruieren in Blech; EFB-Forschungsbericht Nr. 10, Hannover 1983

[17.68] UIC-Kodex – Katalog der UIC-Merkblätter und Berichte; Union Internationale de Chemins de Fer (UIC), Paris 2008

[17.69] VDI-Richtlinie 2127 – Getriebetechnische Grundlagen – Begriffsbestimmungen der Getriebe; (1993-02)

[17.70] VDI-Richtlinie 2153 Hydrodynamische Leistungsübertragung – Begriffe, Bauformen, Wirkungsweise; (1994-04)

[17.71] Volmer, J. et al.; Getriebetechnik – Kurvengetriebe, VEB Verlag Technik, Berlin 1989

[17.72] Muhs, D., Wittel, H., et al.; Roloff/Matek Maschinenelemente; Vieweg Verlag, Braunschweig 2005

[17.73] Wächter, K., Konstruktionslehre für Maschineningenieure, VEB Verlag Technik, Berlin 1987

[17.74] Warkenthin, W.; Statistische Untersuchungen zur Reibung zwischen Rad und Schiene; Hebezeuge und Fördermittel, Berlin 28 (1988), Heft 8, S. 260-263

[17.75] Warkenthin, W.; Kritische Hinweise zur Annahme der zulässigen Hertzschen Pressung bei Kraftübertragung zwischen zwei Körpern mit Linien- und Punktberührung; Hebezeuge und Fördermittel, Berlin 29 (1989), Heft 1, S. 31-32

[17.76] Wood, N.; A practical treatise on Railroads, S. 383, London 1838

[17.77] Wünsch, D., Garcia del Castillo, L.; Modellfindung Teil A. Experimentelle und modellhafte Ermittlung dynamischer Belastungen torsionsschwingungsfähiger Systeme. Universität Duisburg, Forschungsvorhaben Nr. 95 der Forschungsvereinigung Antriebstechnik e.V. Abschlussbericht 1984

[17.78] Wünsch, D.; Einsatz der Simulation bei Betriebsfestigkeitsmaßnahmen, Stahl und Eisen 106 (1986), Heft 7, S. 339-344

Stirnradverzahnung und Stirnradgetriebe

18

ÜBERBLICK

Einführung

» In diesem Hauptkapitel zu gleichförmig übersetzenden Zahnradgetrieben werden nach einführenden Betrachtungen zur Notwendigkeit von Zahnradgetrieben und einem historischen Rückblick zunächst die Grundlagen der Stirnradverzahnung ausführlich vorgestellt. Die Besonderheiten von Kegelrad-, Schraubrad- und Schneckengetrieben sowie die notwendigen Erweiterungen zu innenverzahnten Umlaufrädergetrieben werden in den folgenden Kapiteln erläutert, wobei jedoch die bereits hier behandelten Grundlagen zur Fertigung, Dimensionierung, Gestaltung, Belastung und Lastverteilung sowie zum Betrieb in den meisten Fällen übergreifend gelten.

Ausgehend vom allgemeinen Verzahnungsgesetz wird zunächst die Geometrie der Stirnradverzahnung behandelt, wobei nach Erarbeitung der Geometrie des Einzelzahnes die notwendige Erweiterung auf die Zahnradpaarung erfolgt. Neben der hauptsächlich angewendeten Evolventenverzahnung in Gerad- und Schrägausführung werden auch die Grundlagen von Zykloiden-, Kreisbogen- und Sonderverzahnungen vorgestellt.

Aufbauend auf den geometrischen Anforderungen werden die grundlegenden Zusammenhänge der Zahnradformgebung, der einsetzbaren Werkstoffe und ihrer Wärmebehandlung zur Erreichung der notwendigen Festigkeitseigenschaften beschrieben. Daran anschließend werden die Gestaltungsgrundlagen für die Einzelkomponenten (Zahnräder, Wellen, Lager, Gehäuse) sowie typische Getriebebauarten zum industriellen Einsatz erläutert und auch auf die Erwärmung und Schmierung von Getrieben wird eingegangen.

Abschließend erfolgt der Vergleich von Beanspruchung und Beanspruchbarkeit, wobei auf der Grundlage von gegebenen Kräften, Momenten und Lastkollektiven Einzelnachweise für die Grübchen-, Zahnfuß-, Fress-, Graufleckén- und Verschleißtragfähigkeit sowie die Sicherheit gegen Maximalbelastung zu führen sind. Einige Betrachtungen zu kritischen Schwingungszuständen und Geräuschen beim Betrieb von Zahnradgetrieben runden das Kapitel ab. «

LERNZIELE

- Erkennen der grundlegenden Aufgaben von Zahnrädern und Getrieben und ihr Einsatz in antriebstechnischen Anwendungen
- Kennenlernen der grundlegenden Verzahnungsarten mit ihren jeweiligen Vor- und Nachteilen
- Gestaltungsrichtlinien für Zahnräder und Zahnradgetriebe und die Möglichkeiten der fertigungstechnischen Umsetzung
- Erarbeitung der Grundlagen zur Ableitung der auftretenden Beanspruchungen aus den einwirkenden Belastungen und zur Lastverteilung bei Zahnrädern
- Auslegung und Nachrechnung von Zahnrädern und Zahnradgetrieben anhand der vorgestellten Berechnungsgrundlagen
- Erkennen kritischer Betriebszustände von Zahnradgetrieben in unterschiedlichen Anwendungen

18.1 Einleitung

Die Hauptaufgabe von Zahnrädern und den aus ihnen zusammengesetzten Zahnradgetrieben ist die formschlüssige Übertragung von Drehmoment und Drehzahl sowie deren Wandlung nach Größe und Richtung zwischen einer Antriebsmaschine (Kraftmaschine) und einer Arbeitsmaschine.

Zur Verdeutlichung dieser Hauptaufgabe zeigt Abbildung 18.1 ergänzend zu den Beispielen in Kapitel 1 eine Walzenschüsselmühle (Arbeitsmaschine), wie sie in der Zementindustrie zur Zerkleinerung von gebranntem Klinker verwendet wird. Das Material befindet sich in einer rotierenden Walzenschüssel und wird dort durch die Relativbewegung zwischen den unter hohem Druck angestellten Walzen und der Walzenschüssel zerkleinert. Als Antriebsmaschine wird ein Elektromotor mit $P_{An} = 4$ MW verwendet, der über eine Nenndrehzahl von $n_{An} = 1190\ \text{min}^{-1}$ bei einem Nenndrehmoment von $M_{An} = 32$ kNm verfügt, während der Mahlvorgang ein hohes Drehmoment von $M_{Ab} = 1740$ kNm bei einer Drehzahl von $n_{Ab} = 21{,}9\ \text{min}^{-1}$ erfordert.

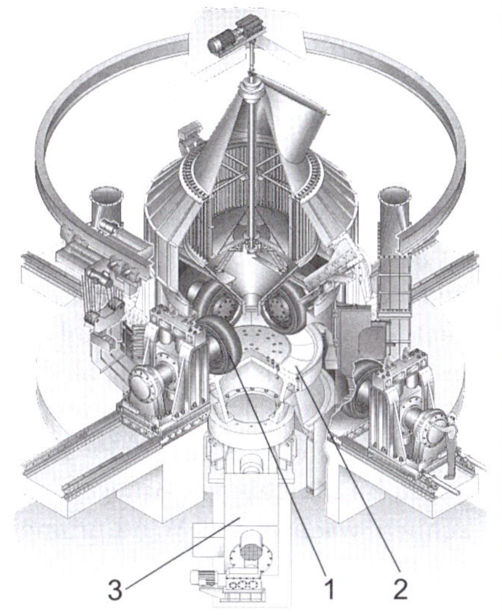

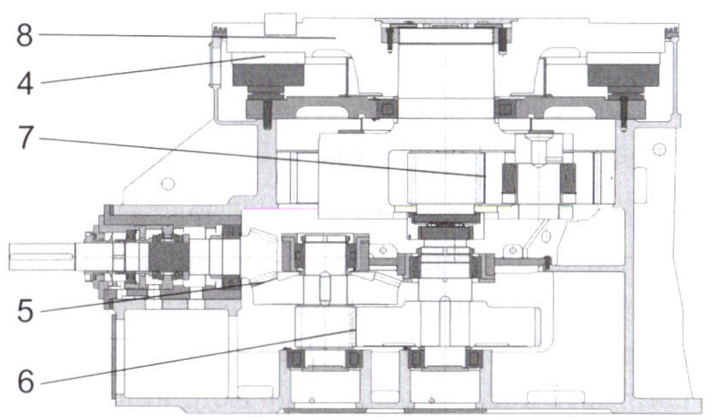

1 Walzen	5 Kegelradstufe
2 Mahlschüssel	6 Stirnradstufe
3 Hauptantrieb	7 Umlaufrädergetriebestufe
4 Gleitlager	8 Anschluss für Mahlschüssel

Abbildung 18.1: Walzenschüsselmühle mit 4-MW-Hauptantrieb und darin enthaltener Kegelrad-, Stirnrad- und Umlaufrädergetriebestufe

Zur Anpassung von Drehmoment und Drehzahl wird ein mehrstufiges Getriebe eingesetzt, welches über eine Kegelradstufe, eine Stirnradstufe und eine Planetenstufe (Umlaufrädergetriebe) die Drehzahl mit der Gesamtübersetzung $i = 54{,}31$ reduziert und gleichzeitig das Drehmoment um diesen Faktor erhöht, wobei durch die Kegelradstufe noch eine Richtungsänderung von $\delta = 90°$ zwischen der Antriebswelle und der Abtriebswelle erfolgt. Vergleichbare Anforderungen hinsichtlich Drehzahl- und Drehmomentanpassung gibt es in allen technischen Systemen des Maschinen-, Anlagen-, Kraftfahrzeug-, Schienenfahrzeug-, Luftfahrzeug- und Schiffbaus, wobei die größten Unterschiede nur in den zu übertragenden Drehmomenten bestehen.

Während das vorliegende Kapitel nach einer kurzen Einführung zur allgemeinen Entwicklung der Zahnradtechnik ausschließlich die Geometrie, Gestaltung sowie Beanspruchung und Beanspruchbarkeit von gerad- und schrägverzahnten Stirnrädern und den daraus konzipierten Getrieben behandelt, werden die Besonderheiten und notwendigen Erweiterungen zu Umlaufrädergetrieben, Kegelrad- und Schneckengetrieben in den folgenden Kapiteln 19 bis 21 ausführlich erläutert. Grundlegende Betrachtungen zu Übersetzungen, Wirkungsgraden, Kräften und Momenten, die sowohl für Zahnrad- als auch für Hüll- und Reibradgetriebe gelten, sind in Kapitel 17 zusammenfassend vorangestellt.

DIN 868 enthält allgemeine Begriffe und Bestimmungsgrößen der Zahnradtechnik [18.38]. In DIN 3960 sind die Begriffe und Bestimmungsgrößen für Stirnräder und Stirnradpaare, in DIN 3971 für Kegelräder und Kegelradpaare, in DIN 3975 die Begriffe und Bestimmungsgrößen für Zylinderschneckengetriebe und in DIN 3998 die Benennungen an Zahnrädern und Zahnradpaaren zusammengestellt [18.39], [18.46], [18.48], [18.66].

Da alle verschiedenen Verzahnungsarten und Zahnradstufen zu einer winkelgetreuen Übertragung von Abtriebs- und Antriebsdrehzahl führen, bezeichnet man diese auch als gleichmäßig (gleichförmig) übersetzende Getriebe. Im Gegensatz dazu gehören z.B. die elliptischen oder exzentrisch gelagerten Zahnräder, die u.a. schwingende Bewegungszustände erzeugen oder beim Anlauf durch eine günstigere momentane Übersetzung Vorteile bringen sollen, zur erheblich größeren Gruppe der ungleichmäßig übersetzenden Getriebe, die auch sämtliche Mechanismen umfasst [18.213], [18.392].

Auch wenn die Weiterentwicklung der Leistungselektronik viele Mechanismen überflüssig gemacht hat und mittlerweile in besonderen Einsatzfällen den Verzicht auf Getriebe erlaubt, da regelbare Elektromotoren mit hohen Drehmomenten über weiten Drehzahlbereichen verfügbar sind (High-Torque-Motoren), so wird für die deutlich überwiegende Anzahl von Anwendungen auch zukünftig die Kombination aus Motor-Getriebe die beste Lösung bleiben. So bieten bei der Übertragung großer Drehmomente bei niedrigen Drehzahlen mit optimalem Wirkungsgrad Motor-Getriebe-Kombinationen deutliche Gewichts- und Größenvorteile gegenüber Direktantrieben. Dies gilt für nahezu alle Anwendungen im Maschinen-, Anlagen- und Fahrzeugbau und kann zurzeit besonders gut in der schnell wachsenden Windturbinen-Industrie beobachtet werden [18.335].

Historisch betrachtet hat auch die Verzahnungstechnik ihren Ursprung in hebe- und fördertechnischen Anwendungen, wie das 230 v. Chr. von Philon von Byzanz (griechischer Erfinder, Konstrukteur und Autor) beschriebene Wasserhebewerk belegt. Während der Römerzeit kam der Einsatz in Wassermühlen dazu und seit dem 9. Jahrhundert ist die Verwendung in Windmühlen und seit dem 13. Jahrhundert im Uhren- und Instrumentenbau belegt [18.229]. Zur beginnenden Mechanisierung des Bergbaus im frühen Mittelalter wurden ebenfalls Zahnräder in den seinerzeitigen Bergbaumaschinen genutzt, wie die Beschreibungen von Georg Bauer (genannt Georgius Agricola, 1494 bis 1555, Wissenschaftler, Humanist und Arzt, „Vater“ der Mineralogie) belegen [18.2].

Ungeachtet dieser seinerzeitigen, weit verbreiteten Anwendung von Zahnrädern und Getrieben bildete sich die theoretische Verzahnungslehre erst sehr viel später heraus. Erste erforderliche Grundlagen der Bewegungslehre wurden von Christian Huygens (1629 bis 1695, niederländischer Astronom, Mathematiker und Physiker) mit den Begriffen Evolute und Evolvente, Gottfried Wilhelm Leibniz (1646 bis 1716, deutscher Philosoph, Mathematiker, Physiker, Historiker und Doktor des weltlichen und Kirchenrechts) zur Entstehung der Evolvente, Johann Bernoulli (1667 bis 1748, schweizer Mathematiker) zur Momentanachse sowie durch Leonhard Euler (1707 bis 1783, schweizer Mathematiker) und Jean-Baptiste le Rond, genannt d'Alembert (1717 bis 1783, französischer Mathematiker und Physiker) mit den Sätzen zur Kinematik geschaffen. Als Begründer der wissenschaftlichen Verzahnungslehre gilt Philippe de la Hire (1640 bis 1718, französischer Mathematiker), der als erster eine Verzahnung mit konstanter Übersetzung nach einem Regelwerk entwickelte, wobei er nicht nur den Weg angab, um für eine gegebene Zahnflanke die Gegenflanke zu ermitteln, sondern auch die Erzeugbarkeit durch Rollkurven erwähnte. Darauf aufbauend wendete Charles Etienne Louis Camus (1699 bis 1768, französischer Mathematiker, Architekt und Astronom) die Rollkurve zur Erzeugung einer Paarverzahnung an. Außerdem entdeckte er das Gleiten zwischen den Zahnflanken als Ursache für Reibung und Verschleiß. Leonhard Euler behandelte ungefähr ab dem Jahre 1752 als erster die Evolvente als Zahnform. Dabei bewies er die Überlagerung von Gleit- und Rollbewegungen bei der Wälzbewegung von Zahnflanken, leitete Regeln zur Ausführung der Verzahnungen ab, entwickelte zeichnerische Verfahren und eine Gleichung, mit der die Entfernung des Krümmungsmittelpunktes der beim Abrollen erzeugten Kurve vom Wälzpunkt bestimmt werden konnte. Diese Gleichung hat nach nochmaliger Herleitung durch Felix Savary (1797 bis 1841, französischer Astronom) im Jahre 1845 Eingang in die Lehre der Kinematik unter dem Namen Euler-Savary'sche-Gleichung gefunden [18.213].

Wurden die Zahnräder ursprünglich aus Holz mit auswechselbaren Zähnen hergestellt, so erforderte die Industrialisierung und der damit einhergehende Einsatz von Dampfmaschinen, Verbrennungsmotoren, Turbinen und Elektromotoren den Einsatz höherwertiger Werkstoffe wie z.B. Bronze, Gusseisen und schließlich Stahl. Wegen fehlender „Einlaufmöglichkeiten" im Vergleich zum weichen Werkstoff Holz stiegen damit die Anforderungen an die Genauigkeit der Verzahnungsgeometrie erheblich an, sodass sich gegen Ende des 19. Jahrhunderts die Evolventenverzahnung durchsetzte, da sie unempfindlich gegenüber Achsabstandsänderungen ist und Möglichkeiten zur Profilverschiebung bietet.

Eine Weiterentwicklung der Lehre von Camus für den Maschinenbau sowie die Formulierung eines Vorläufers des Verzahnungsgesetzes erfolgten 1808 durch Robert Buchanan (1770 bis 1816, englischer Ingenieur). Bereits 1801 erfand der englische Techniker James White die Doppelschräg- bzw. Pfeilverzahnung und 1808 meldete er die Schrägverzahnung zum Patent an. John Isaac Hawkins (1772 bis 1865, englischer Arzt und Ingenieur) erkannte 1837 die Unempfindlichkeit der Evolventenverzahnung gegen Achsabstandsänderungen und die Belastungsteilung aufgrund des Mehrfacheingriffes. Ferner entdeckte er das vorteilhafte Gleitverhalten von Evolventen-Zähnen im Vergleich zu Epizykloiden-Zähnen [18.339].

Auch Robert Willis (1800 bis 1875, Professor in Cambridge), Julius Ludwig Weißbach (1806 bis 1871, deutscher Mathematiker und Ingenieur, Professor an der Bergakademie Freiberg) und Carl von Bach (1847 bis 1931, Professor in Stuttgart) erkannten frühzeitig die Vorteile der Evolventenverzahnung [18.400]. Ferner gehen auf Willis' erste grundlegende Definitionen z.B. zum diametral pitch (Modul), circular pitch (Kreisteilung), Flankenspiel und zum Eingriffswinkel zurück und er stellte 1841 die erste praktisch anwendbare Verzahnungslehre auf.

Franz Reuleaux (1829 bis 1905, Professor in Zürich und Berlin, Kinematiker) entwickelte 1865 ein Verfahren zur Konstruktion der Gegenflanke bei gegebener Flanke auf der Grundlage der Bewegungsgesetze und definiert genauer den Begriff der „Eingriffslinie“. Carl Hermann Wiebe (1818 bis 1881, Professor in Berlin) fasst 1861 das Grundgesetz der Evolventen-Verzahnung genauer unter Verwendung der Normalen, Tangenten, Berührungspunkte und der Kraftrichtung. Julius Plücker (1801 bis 1868, Professor für Mathematik und Physik in Bonn) begründete 1868 die Schraubentheorie bei der Schrägverzahnung sowie der Schnecken- und räumlichen Verzahnungen. Der deutsche Ingenieur Hermann Pfauter (1854 bis 1914) erfand 1897 in Chemnitz das allgemeine Schraubwälzverfahren. Die Definition des Sprunges bei Schrägverzahnungen (Sprungüberdeckung) und detaillierte Angaben zum Zahnreibungsverlust erfolgten 1913 durch Adalbert Schiebel (1872 bis 1931, Professor für Maschinenelemente in Prag), des Weiteren 1922 eine Wertetabelle der Evolventenfunktion. Der schweizer Ingenieur Max Maag (1883 bis 1960) kombinierte 1908 die Anwendung von Profilverschiebung und Eingriffswinkeländerung und wendete als einer der ersten die Evolventenfunktion an. Der deutsche Ingenieur Max Fölmer (1873 bis 1941) befasste sich 1919 mit der breiteren Anwendung der Profilverschiebung bei konstantem Werkzeug und klärte die grundlegenden Fragen zur Vermeidung von Unterschnitt.

Karl Kutzbach (1875 bis 1942, Professor für Maschinenelemente an der TU Dresden) entwickelte schließlich die grundlegenden Gedanken von Fölmer weiter, befasste sich mit modernen Fertigungsverfahren, schaffte Klarheit in den Bezeichnungen und entwarf eine erste Berechnungsvorschrift für profilverschobene Verzahnungen, wobei der Unterschied zwischen der Profilverschiebungssumme und der Achsabstandsänderung durch eine Näherungsbeziehung erfasst wurde [18.202]. In den USA kümmerte sich Edgar Buckingham (1867 bis 1940, amerikanischer Physiker und Bodenmechaniker) um die Verbreitung moderner Berechnungsmethoden und führte unter anderem auch die Bezeichnung $\operatorname{inv}\alpha = \tan\alpha - \widehat{\alpha}$ für die Evolventenfunktion ein.

Der heutige, aktuelle Stand der Zahnradtechnik basiert im wesentlichen auf den Arbeiten an den Lehrstühlen von Gustav Niemann (1899 bis 1982, Professor für Maschinenelemente zunächst an der TU Braunschweig, dann an der TU München) seinem Nachfolger Hans Winter (1921 bis 1999, Professor für Maschinenelemente an der TU München), Stefan Fronius (1913 bis 1984, Professor für Maschinenelemente an der TU Dresden) und dessen Nachfolger Heinz Linke (geb. 1935, Professor für Maschinenelemente im Ruhestand an der TU Dresden) [18.252], [18.123], [18.134], [18.216]. Weiterführende Hinweise zur Tradition und Moderne der Zahnradtechnik sind der ausführlichen Fachliteratur zu entnehmen [18.202], [18.216], [18.229], [18.339], [18.363].

18.2 Funktion und Wirkung

Für die kinematische Funktion einer Zahnradpaarung ist die exakte Geometrie von grundlegender Bedeutung. Darauf aufbauend lässt sich unter Einbeziehung von Werkstoffkennwerten und Einflüssen der Schmierung im zweiten Schritt die Beanspruchbarkeit (Tragfähigkeit) ermitteln. Dabei ergeben sich die geometrischen Anforderungen aus den bereits eingangs genannten Hauptfunktionen eines Getriebes:

- Anpassung kinematisch-dynamischer Größen – Drehzahl, Drehmoment, Drehrichtung
- Anpassung der Lage des Abtriebes zum Antrieb – Achsabstand und Winkellage
- Anpassung der Kennlinien von Kraftmaschine und Arbeitsmaschine

Hinsichtlich der auf ein Getriebe einwirkenden Belastungen (Momente) sind die drei folgenden Grundbestandteile von Bedeutung:

- Antriebsglied (Antriebswelle)
- Abtriebsglied (Abtriebswelle)
- Gestell (Gehäuse)

Die an diesen Bauteilen angreifenden Momente müssen immer im Gleichgewicht stehen:

$$\sum M_t = M_{An} + M_{Ab} + M_G = 0 \tag{18.1}$$

Hierin bezeichnen M_t das resultierende Moment, M_{An} und M_{Ab} das an- und abtreibende Moment sowie M_G das abstützende Gestellmoment. Ist kein abstützendes Gestellmoment vorhanden, also $M_G = 0$, so folgt aus dieser Gleichung $M_{An} = M_{Ab}$, d.h. sinngemäß wird aus dem Getriebe eine Kupplung, da nur eine direkte Übertragung des Drehmomentes und keine Wandlung mehr erfolgt.

Geometrisch lässt sich eine Zahnradpaarung eindeutig durch die folgenden Parameter beschreiben:

- Form der Radkörper (Grundkörper) – Stirnradgetriebe, Kegelradgetriebe, Schneckengetriebe, Schraubradgetriebe
- Verlauf der Flankenlinie – Geradverzahnung, Schrägverzahnung, Bogenverzahnung
- Profilform – Evolventenverzahnung, Zykloidenverzahnung

Im einfachsten Fall kann zur geometrischen Erzeugung eines umlauffähigen Zahnrades ein beliebig geformter Radkörper mit Zähnen beliebigen Profils und Flankenlinienverlaufes verwendet werden, der in einen zwangsläufig geführten Gegenkörper beliebiger Winkellage als Werkzeug die Gegenzähne einwalzt, wobei nur das Drehzahlverhältnis der Paarung Werkzeug-Werkrad dem Zähnezahlverhältnis entsprechen muss. Betrachtet man nun die Zahnradpaarungen bezüglich ihrer Grundkörper, so lassen sich diese entsprechend Abbildung 18.2 auf die Paarung von Hyperboloiden zurückführen. Dabei versteht man unter einem Hyperboloiden einen Körper, der durch Drehung einer Hyperbel um ihre Achse entsteht.

In Abbildung 18.3 sind die daraus ableitbaren und technisch bedeutenden Zahnradpaarungen zusammengestellt. Es arbeiten immer ein treibendes Zahnrad und ein getriebenes Zahnrad zusammen, die ein Radpaar bilden. Zwei oder mehr Radpaare, die miteinander in Verbindung stehen, ergeben einen Getriebezug.

Die Stirnradpaarung hat nach Abbildung 18.3 a) im Vergleich zu allen anderen Zahnradpaarungen die größte Tragfähigkeit, die geringste Masse bezogen auf die übertragbare Leistung und den größten Wirkungsgrad, weshalb sie auch in fast allen Getriebebauarten von kleinsten bis zu größten Leistungen bei parallel liegenden Wellen eingesetzt wird. Abbildung 18.3 b) zeigt die Paarung eines innenverzahnten Hohlrades mit einem außenverzahnten Stirnrad. Derartige Paarungen sind besonders bauraumsparend und können gerad- oder schrägverzahnt ausgeführt werden. Häufige Anwendungsfälle sind große Drehkranzantriebe in Baumaschinen und Kranen zum Schwenken der Oberwagen sowie als Gondel- und Blattverstellantriebe bei Windenergieanlagen. Im klassischen Getriebebau werden Hohlräder in Umlaufrädergetrieben benötigt. Im Vergleich zur Außenverzahnung verfügt die Paarung aufgrund der im Eingriff befindlichen konkaven und konvexen Flanken über eine gute Schmiegung mit geringerer Flankenpressung und damit höherer Tragfähigkeit. Versieht man das Hohlrad mit einem Radius von $r = \infty$, so erhält man die Paarung einer Zahnstange mit einem Außenrad zur Umwandlung von Drehbewegungen in Linearbewegungen und umgekehrt (s.a. Abbildung 18.5 d). Demgegenüber liegt die Kegelradpaarung nach Abbildung 18.3 c) etwas ungünstiger, auch im Geräuschverhalten. Kegelradstufen sind immer dann erforderlich, wenn An- und Abtriebswelle nicht parallel liegen, sondern sich schneiden (z.B. beim Kraftfahrzeug – längs eingebauter Motor und um $\Sigma = 90°$ dazu liegende Achsantriebe).

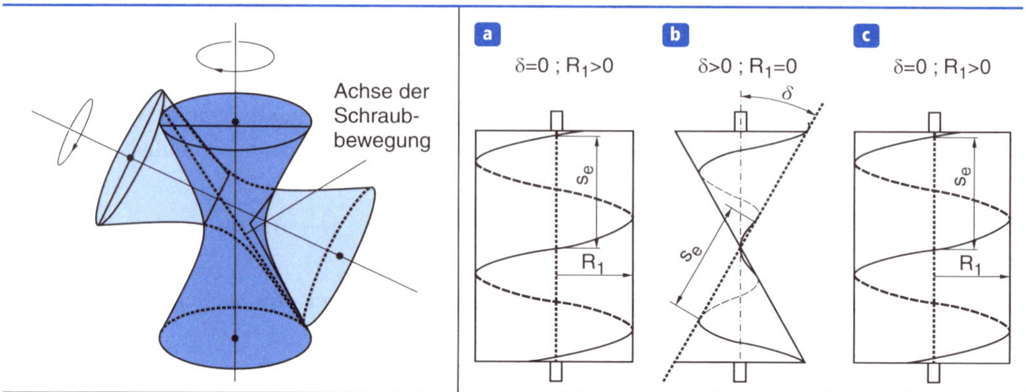

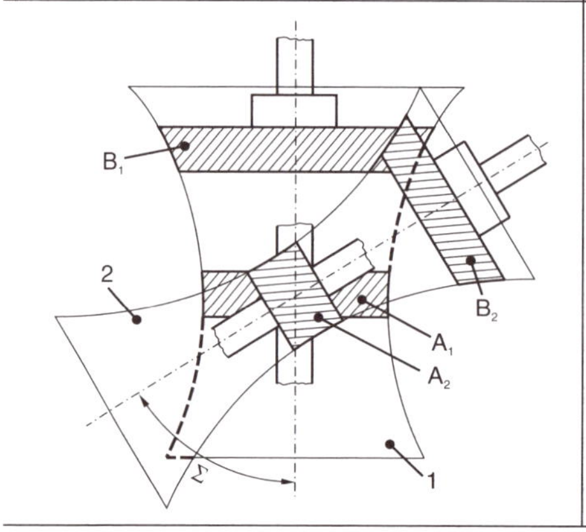

Die Mantelfläche eines Hyperboloides wird von einer Geraden als „Erzeugende" beschrieben, die um eine mit ihr fest verbundene Achse gedreht wird. Zwei Hyperboloide berühren sich in einer Geraden, die gleichzeitig die Erzeugende ist.

Im allgemeinen Fall kreuzen sich die Achsen im Abstand a_w mit dem Kreuzungswinkel δ. Für bestimmte Grenzfälle des Achsabstandes und des Kreuzungswinkels entstehen dann die nach der Form der Grundkörper eingeteilten Getriebe.

So ergibt sich für $\Sigma = 0°$ eine Stirnradpaarung, für $a_w = 0$ eine Kegelradpaarung und für $\Sigma = 90°$ und $a_w \neq 0$ ein Schneckengetriebe. Die Paarung $A_1 - A_2$ entspricht einem Schraubradgetriebe, $B_1 - B_2$ stellen achsversetzte Kegelräder dar (Hypoidgetriebe).

Abbildung 18.2: Entstehung der Zahnradgrundkörper als Hyperboloide durch eine um die Zahnradachse rotierend gedachte Gerade als „Erzeugende" [18.202], [18.216]

Die Schraubradpaarung nach Abbildung 18.3 d) ist eine relativ einfache Lösung für einen Winkeltrieb mit sich kreuzenden Wellen und besteht aus schrägverzahnten Stirnrädern, deren Schrägungswinkel den Summenachswinkel von $\Sigma = \beta_1 + \beta_2$ ergeben. Bei Schraubradpaarungen berühren sich die Zähne nur punktförmig, weshalb nur kleine Kräfte übertragen werden können, sodass derartige Paarungen überwiegend für kinematische Aufgaben (z.B. Verstellbewegungen) eingesetzt werden. Allerdings kann sich bei Schraubradpaarungen mit kleinem Achsenwinkel infolge elastischer Verformungen eine lang gestreckte elliptische Tragzone ausbilden, sodass in derartigen Fällen auch größere Belastungen übertragen werden können (z. B. bei Schiffsgetrieben).

Deutlich günstigere, linienförmige Berührungsverhältnisse mit entsprechend höheren Tragfähigkeiten werden durch die an die Paarung besser angepasste Geometrien bei Schneckengetrieben nach Abbildung 18.3 e) erzielt. Unter allen Zahnradgetrieben zeichnen sich die Schneckengetriebe durch die geringste Geräuschentwicklung aus. Allerdings beschränkt sich ihre Anwendung auf kleinere Leistungen, da ihr Wirkungsgrad gegenüber den Stirn- und Kegelradgetrieben deutlich geringer ist. Zudem ist bei großen Übersetzungen und dem Antrieb an der Schnecke der Wirkungsgrad $\eta < 0{,}5$, was dann bei einem Antrieb am Schneckenrad Selbsthemmung (Unmöglichkeit der Bewegung) zur Folge hat.

Stirnradgetriebe außen	Stirnradgetriebe innen	Kegelradgetriebe	Stirnradschraubgetriebe	Schneckengetriebe	Kegelradschraubgetriebe (Hypoid)
Linienkontakt	Linienkontakt	Linienkontakt	Punktkontakt	Linienkontakt	Punktkontakt
$i \leq 6$ $i_{max} = (8...10)$	$i \geq 3{,}5$ $i_{max} = 13$	$i \leq 6$ $i_{max} = (8...10)$	$i_{max} = 5$	$i_{min} = 5$ $i_{max} = (60...100)$	$i \leq 6$ $i_{max} = (8...10)$

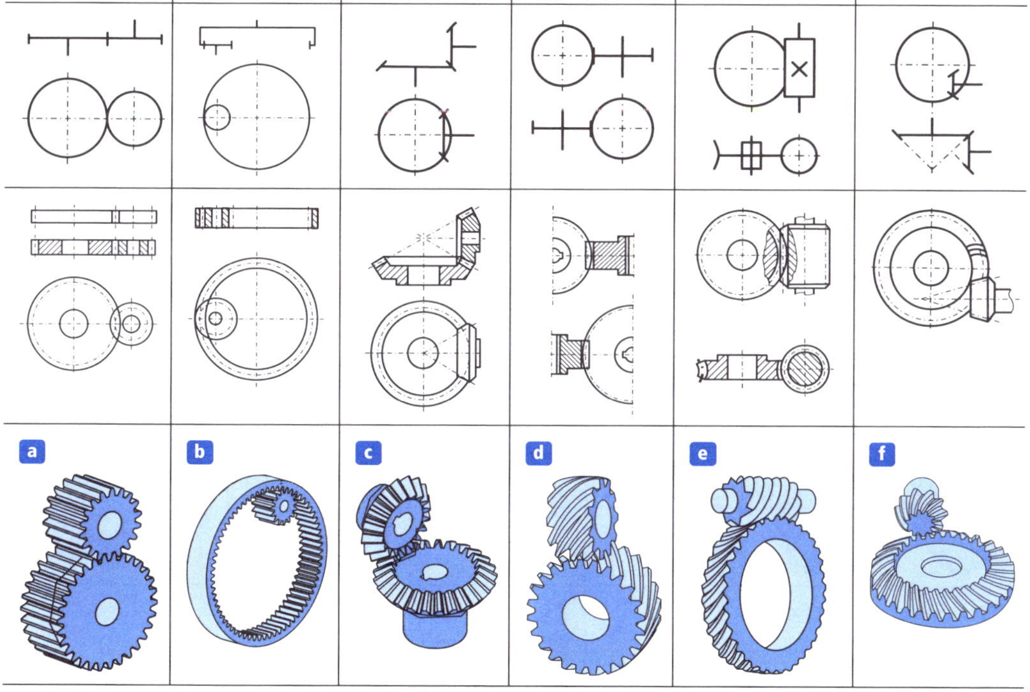

Abbildung 18.3: Zahnradpaarungen entsprechend ihrer Radkörperform [18.394]

Bei achsversetzten Kegelrädern nach Abbildung 18.3 f), auch als Hypoidgetriebe bezeichnet, ist auch bei kleinen Ritzelzähnezahlen eine hohe Tragfähigkeit möglich, da hier die Übersetzung $|i| = z_1 / z_2$ nicht dem Verhältnis der Durchmesser entspricht. Ferner erlaubt der Achsversatz oftmals auch eine beidseitige Lagerung der Wellen. Hinsichtlich der günstigen Tragfähigkeitseigenschaften und der geringen Lärmentwicklung stellen die Hypoidgetriebe einen Kompromiss zwischen Kegelradgetrieben und Schneckengetrieben dar.

Abschließend ist festzuhalten, dass im Vergleich zu den reinen Wälzgetrieben bei allen Schraubwälzgetrieben – hierzu zählen Schneckengetriebe, Hypoidgetriebe und Schraubgetriebe – zusätzlich ein Gleiten längs der Flankenlinie auftritt, woraus generell zusätzliche Verluste und ein geringerer Wirkungsgrad entstehen. Von Vorteil ist jedoch, dass die Schraubwälzgetriebe meist deutlich geräuschärmer sind als reine Wälzgetriebe. Ergänzend zu Abbildung 18.2 zeigt Abbildung 18.4 die Entwicklung der Radkörperformen und sich ergebende Radpaarungen bei sich kreuzenden Achsen abhängig vom Achsversatz vom Kegelrad- bis zum Zylinderschneckengetriebe.

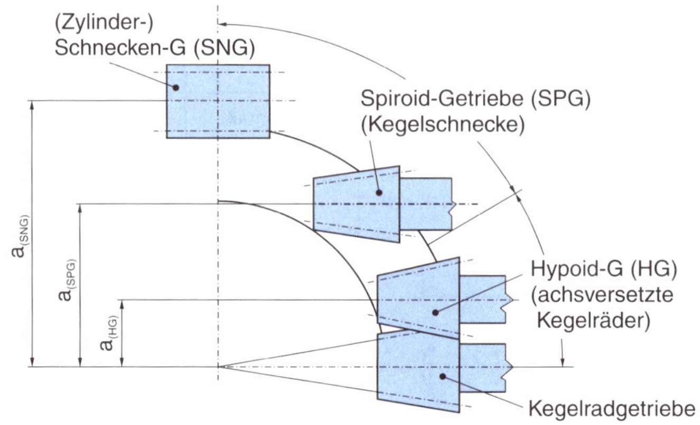

Abbildung 18.4: Radkörperformen und sich ergebende Paarungen bei sich kreuzenden Achsen abhängig vom Achsversatz [18.216]

Ausgehend von den grundlegenden Zahnradpaarungen in Abbildung 18.3 sind in Abbildung 18.5 weitere wichtige Varianten zusammenfassend dargestellt.

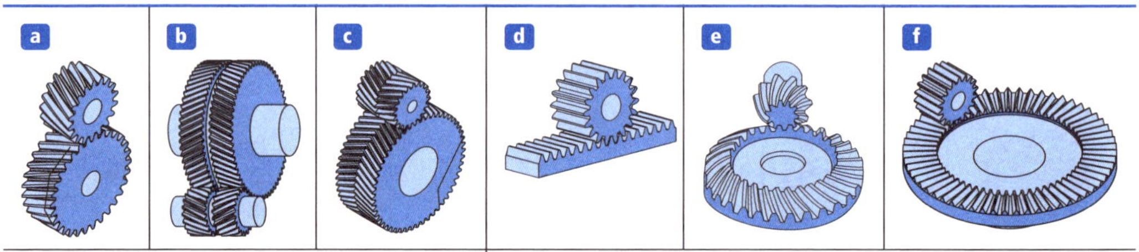

a Außenverzahnung (schräg)	d Zahnstange
b Doppelschrägverzahnung	e Kegelradverzahnung (schräg)
c Pfeilverzahnung	f Kronenradverzahnung

Abbildung 18.5: Weitere Zahnradpaarungen entsprechend ihrer Radkörperform [18.394]

Zur Steigerung der Tragfähigkeit und zur Verbesserung des Geräuschverhaltens verändert man oftmals die außenverzahnte Stirnradpaarung von der Gerad- zur Schrägverzahnung, Abbildung 18.5 a). Als unerwünschte Begleiterscheinung treten allerdings erhebliche Axialkräfte auf, die entweder durch die Lagerungen abgestützt werden müssen oder aber der Ausgleich der Kräfte erfolgt innerhalb der Verzahnung durch die Anwendung der Doppelschräg- oder Pfeilverzahnung, Abbildung 18.5 b) und c).

Neben der überwiegend zum Einsatz kommenden bogenverzahnten Kegelradpaarung gibt es auch die in der Tragfähigkeit und im Geräuschverhalten einfacheren Ausführungen der Kegelradgerad- oder Kegelradschrägverzahnung entsprechend Abbildung 18.3 c) und Abbildung 18.5 e). Eine weitere Möglichkeit für einen Winkeltrieb mit sich schneidenden Achsen ist die in Abbildung 18.5 f) gezeigte Kronenradpaarung, bei der ein Zylinderrad (Stirnrad) mit einem Kegelrad gepaart wird [18.5]. Die Kronenradverzahnung kann gerade oder schräg ausgeführt werden und hat den bedeutenden Vorteil, dass ein genaues axiales Positionieren im Hinblick auf das Tragbild nicht erforderlich ist. Ferner entstehen bei einer geradverzahnten Kronenradpaarung im Gegensatz zur Kegelradstufe keine Axialkräfte. Andererseits kann aber auch das Flankenspiel durch eine axiale Lageänderung nicht wie beim Kegelrad beeinflusst werden. Bei entsprechender Auslegung kann die Kronenradpaarung auch mit einem Achsversatz ausgeführt werden, vergleichbar den Hypoidgetrieben. Im Vergleich zu Kegelradpaarungen ist die Tragfähigkeit der Kronenradpaarungen jedoch geringer. Historisch betrachtet wurde die Kronenradverzahnung schon im Mühlenbau verwendet, die wohl heute geläufigste Anwendung ist die Krone in der analogen Armband- oder Taschenuhr.

Da alle hier vorgestellten Zahnradpaarungen ihre eigenen Vor- und Nachteile haben, erfolgt die Auswahl und Kombination abhängig vom jeweiligen Einsatzfall, weshalb man oftmals auch eine Einteilung der Getriebe unabhängig von der Verzahnungsart (Stirnradgetriebe, Kegelradgetriebe, Schneckengetriebe) und dem Flankenlinienverlauf (Gerad-, Schräg-, Doppelschräg-, Bogenverzahnung) nach folgenden Gesichtspunkten vornimmt:

- Verwendungszweck – Kraftfahrzeuggetriebe, Bahngetriebe, Turbogetriebe, Krangetriebe, Schiffsgetriebe, Mühlengetriebe, Walzwerkgetriebe
- Bauart und Stufenzahl – Standgetriebe, Umlaufrädergetriebe
- Stufenzahl – einstufig, mehrstufig
- Änderungsmöglichkeit der Übersetzung und Drehrichtung – schaltbare und nicht schaltbare Getriebe, Reversiergetriebe

Als Grundlage zur Gestaltung und Ermittlung der Beanspruchungen und Beanspruchbarkeit derartiger Getriebe gemäß der Abschnitte 18.3 und 18.4 werden im Folgenden zunächst die geometrischen und kinematischen Zusammenhänge bei Zahnradgetrieben behandelt. Allgemeingültige Ausführungen zu Übersetzungen, Wirkungsgrad und Drehmoment sind Kapitel 20 zu entnehmen.

18.2.1 Allgemeines Verzahnungsgesetz für Stirnradverzahnungen

Zur gleichförmigen und stoßfreien Übertragung einer Drehbewegung zwischen einem treibenden und einem getriebenen Zahnrad muss eine konstante Übersetzung i = konst. eingehalten werden. Hierzu ist bei einem gegebenen beliebigen Zahnprofil ein Gegenprofil zu ermitteln, dessen Kontur mithilfe des allgemeinen Verzahnungsgesetzes genau bestimmt werden kann.

Abbildung 18.6 zeigt in drei Einzelbildern einen derartigen gleichförmigen Bewegungsablauf mit einem treibenden Rad 1 und der Winkelgeschwindigkeit ω_1 und einem getriebenen Rad 2 mit der Winkelgeschwindigkeit ω_2. Kurz nach dem Eintritt liegt der erste momentane Berührpunkt P_Y zwischen Zahnfuß des treibenden und Zahnkopf des getriebenen Rades. Dreht man die Räder nun weiter, so wandert der momentane Berührpunkt entlang des Zahnflankenprofils weiter zum sogenannten Wälzpunkt C. Kurz vor Austritt berühren sich dann der Zahnkopf des treibenden Rades und der Zahnfuß des getriebenen Rades.

Zur weiteren Herleitung für ein Stirnradgetriebe ist nun Abbildung 18.7 zu betrachten. Zwei Zahnflanken berühren sich im Punkt P_y, wobei die Flanke 1 mit ω_1 um den Mittelpunkt O_1 und die Flanke 2 mit ω_2 um den Mittelpunkt O_2 dreht. Nach Gleichung (18.7) in Abbildung 18.7 ist die Übersetzung i demzufolge konstant, wenn die gemeinsame Normale stets durch einen Punkt konstanter Lage, den Wälzpunkt C, verläuft. Der Wälzpunkt C ist durch den Schnittpunkt der Normalen $N-N$ der sich berührenden Zahnflankenprofile mit der Verbindungslinie der Achsmitten O_1 und O_2 festgelegt. Die Bezeichnung Wälzpunkt C rührt daher, dass man sich diesen Punkt auch als Berührungspunkt ideeller Wälzkreise vorstellen kann, die genau in diesem Punkt aufeinander abwälzen. Die zugehörigen Wälzkreisradien r_{w1} und r_{w2} ergeben sich aus den Abständen zwischen den Mittelpunkten O_1 und O_2 und dem Wälzpunkt C und lassen sich bei gegebenem Achsabstand a und bekannter Übersetzung i wie folgt berechnen:

$$r_{w1} = \frac{a}{1-i} \qquad r_{w2} = a - r_{w1} \qquad \frac{r_{w2}}{r_{w1}} = -i \tag{18.2}$$

Bei einer Zahnradpaarung Außenrad – Außenrad ist die Übersetzung immer $i < 0$, während bei der Paarung Innenrad – Außenrad $i > 0$ ist. Für Übersetzungen $i < 0$ findet immer eine Drehrichtungsumkehr statt. Bei innenverzahnten Rädern sind der zugehörige Achsabstand a, der Wälzkreisradius r_w und die Zähnezahl z negativ.

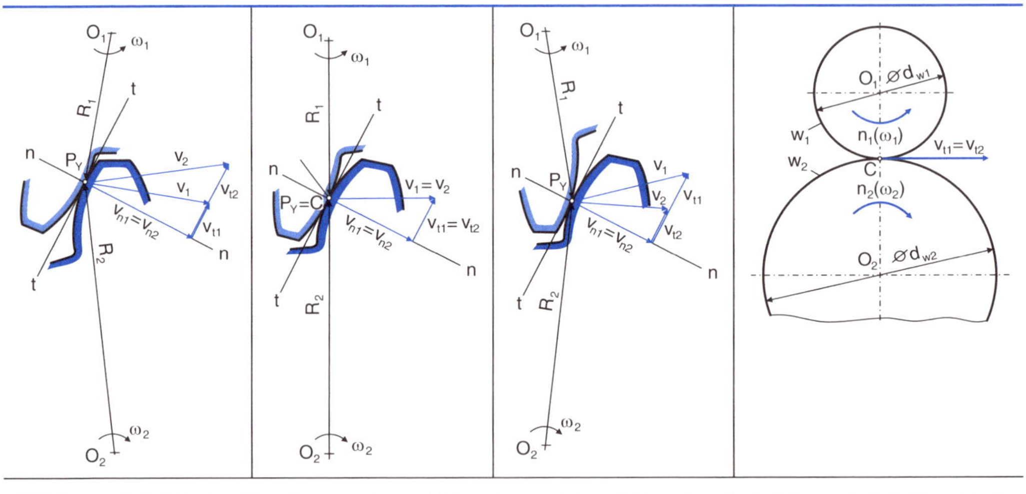

Abbildung 18.6: Zahneingriffsstellungen mit zugehörigen Tangential- und Normalgeschwindigkeiten in beliebigen Berührpunkten P_Y und im Wälzpunkt C sowie Wälzkreise W_1 und W_2 mit gemeinsamem Wälzpunkt C (rechts)

Zur Verdeutlichung dieser grundlegenden Zusammenhänge soll für das in Abbildung 18.8 gegebene und zum Rad 1 gehörende Flankenprofil A das zugehörige Gegenprofil B so bestimmt werden, dass eine konstante Übersetzung vorliegt. Entsprechend dem allgemeinen Verzahnungsgesetz lässt sich das gesuchte Gegenprofil punktweise wie folgt konstruieren. Die Wälzkreisradien r_{w1} und r_{w2} ergeben sich aus der Übersetzung i und dem Achsabstand a entsprechend Gleichung (18.2). Liegt die Paarung Rad/Zahnstange vor, kann der Wälzkreis frei gewählt werden, wobei jedoch nicht jede Größe zweckmäßig ist. Durch die gegebene Übersetzung liegt der Wälzpunkt C als Berührungspunkt der Wälzkreise eindeutig fest.

Im Berührungspunkt P_y haben die Zahnflanken die Geschwindigkeiten v_{y1} bzw. v_{y2}, sodass mit den Radien r_1 und r_2 gilt: $v_{y1} = \omega_1 \cdot r_1, \quad v_{y2} = -\omega_2 \cdot r_2$ (18.3)

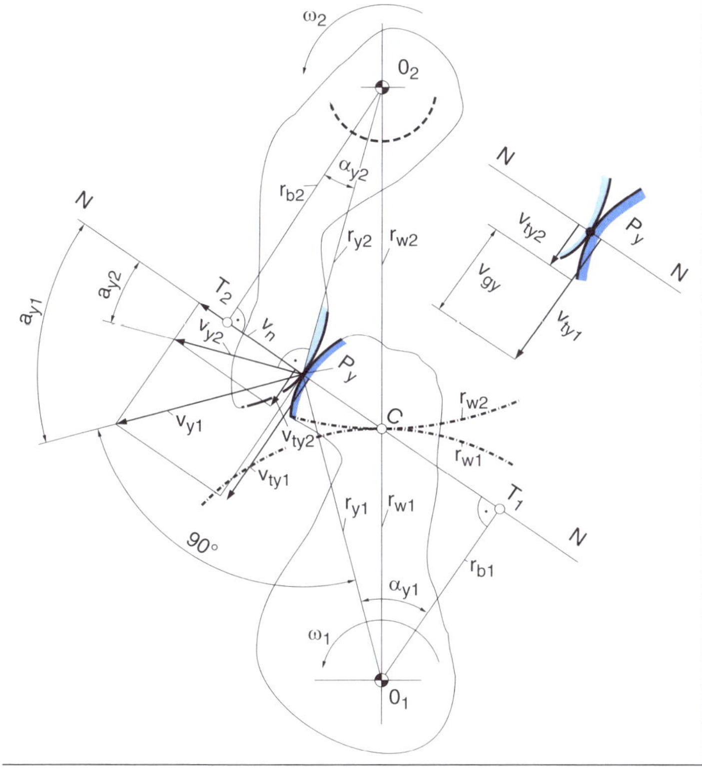

Damit weder ein Ablösen noch ein Eindringen der Flanken auftreten kann, müssen beide Flanken in Richtung der Normalen $N-N$ immer eine gleiche Geschwindigkeit v_N besitzen, die mit v_{y1} den Winkel α_{y1} und mit v_{y2} den Winkel α_{y2} einschließt.

$$\cos\alpha_{y1} = \frac{v_N}{v_{y1}} = \frac{r_{b1}}{r_{y1}} \quad (18.4)$$

$$\cos\alpha_{y2} = \frac{v_N}{v_{y2}} = \frac{r_{b2}}{r_{y2}} \quad (18.5)$$

Durch Auflösen nach v_N und Gleichsetzen ergibt sich folgender Zusammenhang:

$$v_{y1} \cdot \frac{r_{b1}}{r_{y1}} = v_{y2} \cdot \frac{r_{b2}}{r_{y2}} \quad (18.6)$$

Mit $\omega_1 = \frac{v_{y1}}{r_{y1}}, \quad \omega_2 = -\frac{v_{y2}}{r_{y2}}$ und $\frac{r_{b1}}{r_{b2}} = \frac{r_{w1}}{r_{w2}}$ ergibt sich: $i = \frac{\omega_1}{\omega_2} = -\frac{r_{b2}}{r_{b1}} = -\frac{r_{w2}}{r_{w1}}$ (18.7)

Verzahnungsgesetz für Stirnradpaarungen:

Soll eine Winkelgeschwindigkeit mit gleichförmiger Übersetzung von einer Welle auf eine zweite durch Zahnflanken übertragen werden, muss die gemeinsame Normale der beiden als Flankenprofile verwendeten Kurven in jedem Berührungspunkt durch den Wälzpunkt C gehen.

Abbildung 18.7: Verzahnungsgesetz für Stirnradpaarungen – Geschwindigkeiten an gepaarten Zahnflanken (Die Pfeilrichtungen von ω_1 und ω_2 kennzeichnen die positiv definierte Drehrichtung.)

Auf dem gegebenen Profil A wird nun ein Punkt A_1 gewählt, sodass der mit diesem Punkt zur Berührung kommende Punkt B_1 zu bestimmen ist. Zu diesem Zweck wird zunächst die Normale auf das Profil A im Punkt A_1 mit dem Wälzkreis des Rades 1 zum Schnitt gebracht, woraus sich der Punkt 1 ergibt. Da sich der Punkt A_1 nur mit dem Gegenprofil berührt, wenn diese Normale durch den Wälzpunkt C geht, muss sich hierzu Rad 1 so weit gedreht haben, dass Punkt 1 mit der Lage des Wälzpunktes C übereinstimmt. Somit entspricht nach dieser Drehung E_1 der neuen Lage des Punktes A_1 und auch des gesuchten Punktes B_1 der Gegenflanke. Gemäß Abbildung 18.8 a) sind die Dreiecke O_1A_11 und O_1E_1C deckungsgleich (kongruent).

Die beiden Flanken berühren sich also im Punkt E_1, da in dieser Position die Normale durch den Wälzpunkt geht. Hierzu ist die Lage des gesuchten Punktes in der Ausgangsstellung zu bestimmen. Da die Wälzkreise ohne Schlupf bzw. ohne Gleiten aufeinander abrollen, wurde Rad 2 ebenfalls um die Bogenlänge $\widehat{1C} = \widehat{1'C}$ gedreht. Demzufolge erhält man die Ausgangslage des sich in E_1 berührenden Punktes des Profils B des Rades 2 durch Rückdrehung um genau diese Bogenlänge $\widehat{1C} = \widehat{1'C}$, sodass dieser danach die Lage B_1 einnimmt. Dieser Punkt B_1 ist der gesuchte Punkt des Gegenprofils, der genau zu A_1 gehört. Zur Verdeutlichung sind die erforderlichen Drehungen durch farbige Dreiecke in Abbildung 18.8 a) markiert.

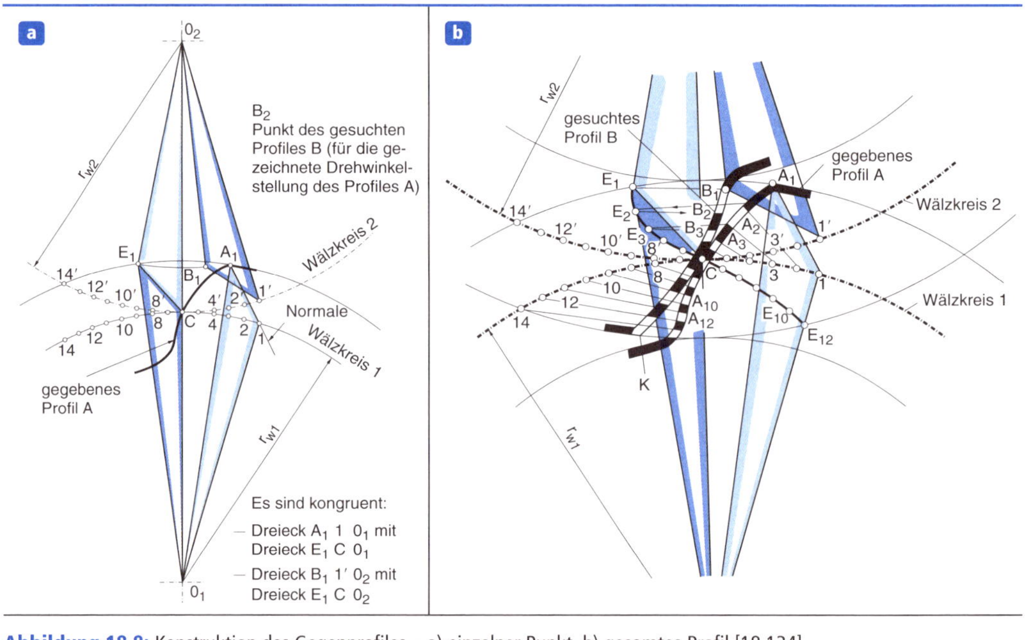

Abbildung 18.8: Konstruktion des Gegenprofiles – a) einzelner Punkt, b) gesamtes Profil [18.134]

Um die abgewälzten Bogenlängen auf dem Wälzkreis übertragen zu können (z.B. $\widehat{1C}$ von Rad 1 auf Rad 2 $\widehat{1'C}$), sind die Umfänge beider Wälzkreise in der Umgebung des Wälzpunktes in möglichst kleine, gleich lange Bogenstücke einzuteilen (gegeben durch die Punkte 1, 2, 3, 4, 5...; 1′, 2′, 3′, 4′, 5′...). Im Hinblick auf die erreichbare Genauigkeit ist es zweckmäßig, die Länge dieser Abschnitte so zu wählen, dass sich Bogen- und Sehnenlängen nicht wesentlich voneinander unterscheiden.

Wendet man diese Vorgehensweise nun auf die über dem gesamten Profil verteilten Punkte $A_1, A_2, \dots A_n$ gemäß Abbildung 18.8 b) an, so ergibt sich nicht nur aus den Punkten $B_1, B_2, \dots B_n$ das gesuchte Gegenprofil, sondern durch die Verbindung der gewonnenen Punkte $E_1, E_2, \dots E_n$ erhält man die sogenannte Eingriffslinie als geometrischen Ort der Berührung beider Profile während der verschiedenen Eingriffsstellungen.

Unter der Annahme, dass das gegebene Profil der Schneide eines Verzahnungswerkzeuges entspricht, dessen Wälzkreis (bei einem Schneidrad) oder Wälzgerade (bei einem Schneidkamm oder einem Wälzfräser) zwangsläufig so geführt wird, dass diese auf dem Wälzkreis des erzeugenden Profils abrollen, entsteht automatisch das dem Verzahnungsgesetz entsprechende Gegenprofil als Hüllkurve, Abbildung 18.9 (links).

Dieses Verfahren wird meistens zur Ermittlung der Zahnfußübergangskurve gemäß Abbildung 18.9 (rechts) genutzt, in dem die Fußkurve der Verzahnung bei einem Werkzeug ohne Kopfrundung von der Kopfkante K des Gegenprofils (Werkzeuges) beim Abwälzen erzeugt wird. Hierzu ist die Bahn des Kopfpunktes (K) relativ zum Gegenprofil beim Abrollen zu betrachten.

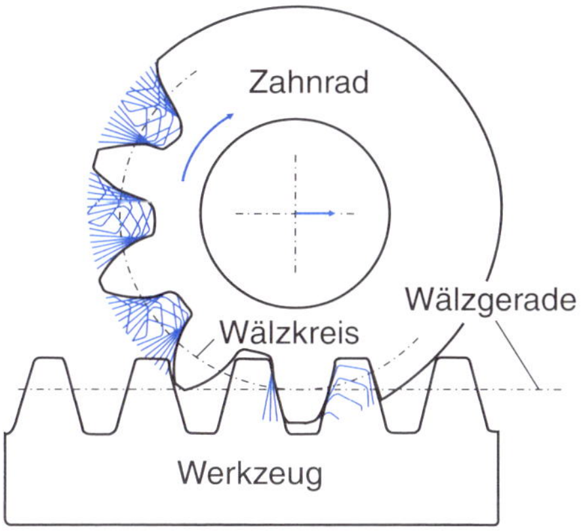

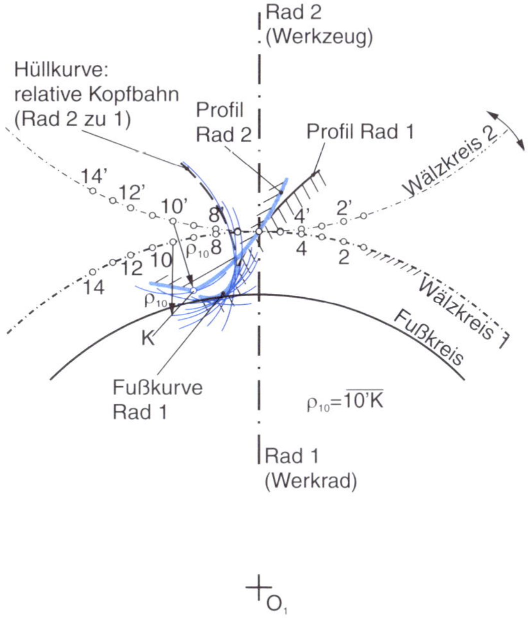

Abbildung 18.9: Hüllschnitte und Hüllkurve eines Werkzeuges mit zahnstangenförmiger Grundgeometrie (links) und Konstruktion der relativen Bahn des Kopfpunktes (rechts) – erzeugte Fußkurve bei Werkzeug ohne Kopfrundung (Schneidrad) [18.216]

Zunächst werden wieder beide Wälzkreise (bzw. Wälzgerade und Wälzkreis) in kleine Abschnitte gleicher Bogenlänge eingeteilt, so dass beim gedachten Abrollen des Wälzkreises (der Wälzgerade) des erzeugenden Rades auf dem Wälzkreis des Gegenrades in bestimmten Lagen der jeweilige Punkt 1 mit 1′, 2 mit 2′, 3 mit 3′ usw. deckungsgleich ist.

Unabhängig von der relativen Lage des Wälzkreises 2 zum Wälzkreis 1 hat die Kopfkante K des mit dem Wälzkreis 2 fest verbundenen erzeugenden Profils jeweils einen konstanten Abstand zu den Punkten, z.B. 8′, 10′, 12′ des Wälzkreises 2 des erzeugenden Profils. Daraus folgt, dass der Abstand zwischen Kopfkante K und Punkt 10 $\rho_{10} = \overline{10'K}$ beträgt, wenn z.B. Punkt 10 mit Punkt 10′ zur Deckung kommt. Diese Information reicht aus, um die gesuchte Bahn der Kopfkante K automatisch als Hüllkurve zu erhalten, unter der Maßgabe, dass man diesen Kreisbogen mit dem Radius ρ_{10} zieht und den Vorgang für eine ausreichende Anzahl von Punkten wiederholt. Als Ergebnis erhält man die Fußkurve, die das Werkzeug ohne Kopfrundung erzeugt.

Im Hinblick auf eine möglichst kleine Spannungskonzentration (Kerbwirkung) im Zahnfuß sollte die Fußkurve einen möglichst großen Krümmungsradius aufweisen, jedoch muss sie wegen des Eingriffs des Gegenrades (relative Kopfbahn des Gegenrades) unterhalb der Hüllkurve liegen, die von der Bahn des Zahnkopfes des Gegenrades beschrieben wird. Verfügt das Gegenprofil über eine Kopfrundung (z.B. der Wälzfräser als erzeugendes zahnstangenförmiges Werkzeug), lässt sich zunächst die relative Bahn des Mittelpunktes der Kopfrundung gemäß dem in Abbildung 18.9 gezeigten Verfahren konstruieren. Anschließend wird entsprechend Abbildung 18.10 (links) die Fußkurve als Äquidistante zur Mittelpunktbahn bestimmt, indem man eine größere Anzahl Kreise mit dem Kopfrundungsradius ρ_a des erzeugenden Werkzeuges zeichnet. Alle Mittelpunkte dieser Kreise liegen auf der Bahn des Mittelpunktes M, sodass die sich ergebende Hüllkurve die Fußübergangskurve in Form einer Zykloide darstellt.

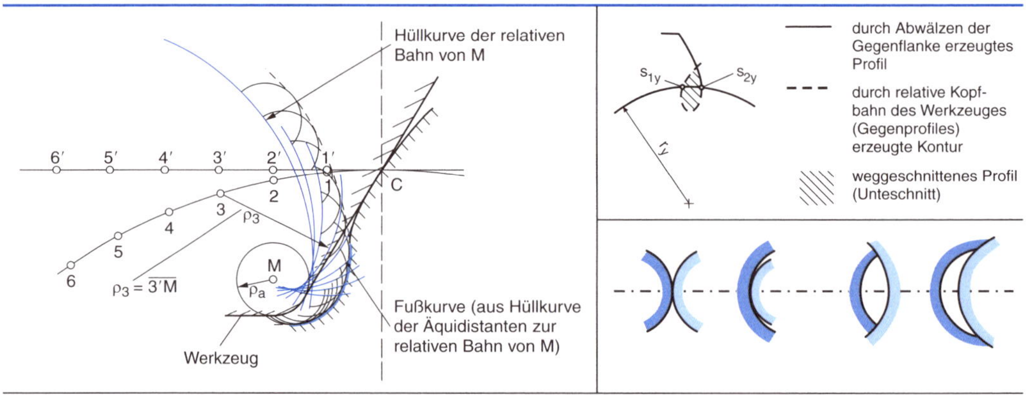

Abbildung 18.10: Konstruktion der relativen Bahn des gerundeten Kopfes des Gegenprofiles (Zahnstangenprofil) als Hüllkurve zur Äquidistanten des Mittelpunktes M der Kopfrundung, Fußkurve bei Herstellung der Verzahnung mittels Wälzfräser oder Stoßkamm (links) – ungeeignetes Zahnprofil und geeignete Zahnprofile (rechts) [18.216]

Abbildung 18.10 (rechts) ist zu entnehmen, dass nicht jedes nach diesem Verfahren konstruierte Profil brauchbar ist. Sobald nämlich beliebige Kreise um den Mittelpunkt des Rades das Profil mehr als einmal schneiden können oder aber ein konkaves mit einem konkaven Profil oder ein konvexes Profil mit einem konkaven mit einem betragsmäßig kleineren Krümmungsradius gepaart wird, ist diese Profilform unbrauchbar. Derartige Fälle würde man auch aus dem Verlauf der aus den Punkten E_n konstruierten Eingriffslinie entsprechend Abbildung 18.8 erkennen können, da ein ungeeignetes Profil immer dann vorliegt, wenn mehr als ein

Punkt der Eingriffslinie einen gleichen Abstand zum Mittelpunkt aufweist. Abschließend sei darauf hingewiesen, dass durch den Kopfnutzungskreis (Kopfkreis) der praktisch nutzbare Teil des Profils nach außen und durch den Fußnutzungskreis (Fußkreis) der praktisch nutzbare Teil des Profils nach innen begrenzt wird.

18.2.2 Geometrie der Stirnradverzahnung

Entsprechend dem allgemeinen Verzahnungsgesetz für Stirnräder lässt sich zu jedem vorgegebenen Profil das Gegenprofil punktweise ermitteln. In der Modellvorstellung lässt sich eine derartige Paarung auch rein mechanisch erzeugen, indem man die Wälzkreise der gepaarten Räder aufeinander abrollt. Dabei walzt ein vorgegebenes Verzahnungsprofil (hartes Werkzeug) automatisch das zugehörige Gegenprofil in das (weiche) Gegenrad ein. Derart hergestellte Verzahnungen ermöglichen aufgrund der Bedingung i = konst. automatisch eine absolut gleichförmige Übersetzung und werden Satzräder genannt.

Die grundlegenden Gedanken zur Satzrädereigenschaft stammen von Robert Willis (1800 bis 1875, Professor in Cambridge) und sind in Abbildung 18.11 (links) nach Karl Kutzbach (1875 bis 1942, Professor für Maschinenelemente an der TU Dresden) dargestellt [18.202]. Gemäß Abbildung 18.11 (links) lässt sich das Profil des Rades A durch Abwälzen des Zahnstangenprofils B_0 erzeugen. Das Profil des Rades B wiederum würde durch Abwälzen des Zahnstangenprofils A_0 entstehen. Im vorliegenden Fall stellen die als Zahnstangen ausgeprägten erzeugenden Profile sogenannte Komplementprofile dar, sodass auch die Räder A mit B und A_1 mit B_1 abwälzen können.

Abbildung 18.11 (links) zeigt also ein passendes Wälzräderpaar A und B, bei denen sämtliche Räder B_0, B_1, ... B_n, die mit Rad A zusammenarbeiten würden, zu sämtlichen Rädern A_0, A_1, ... A_n passen, die mit Rad B zusammenarbeiten würden [18.202]. Offensichtlich benötigt man zur Herstellung dieser Räder zwei Werkzeuge mit den Profilen A_0 und B_0. Ein solches Verzahnungssystem bezeichnet man auch als Paarverzahnung.

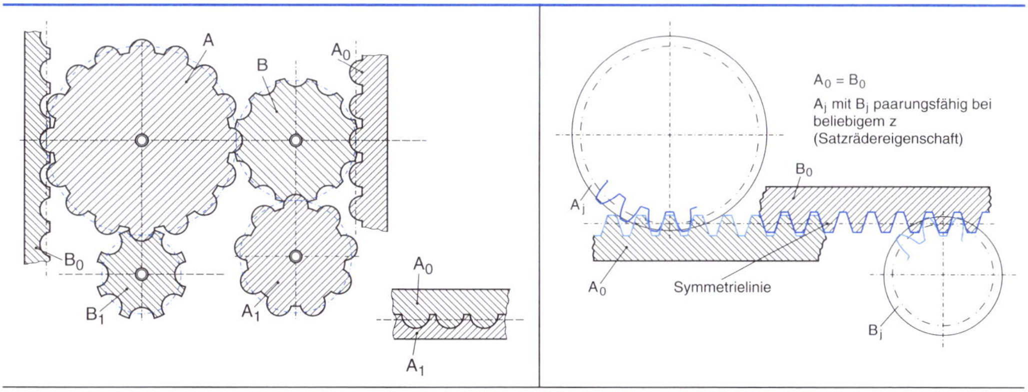

Abbildung 18.11: Paarverzahnungen nach Kutzbach (links) und Satzrädereigenschaft durch ein zentralsymmetrisches Bezugsprofil (rechts) [18.202], [18.216]

Bildet man diese beiden erzeugenden Profile (Zahnstangen) entsprechend Abbildung 18.11 (rechts) nun zentralsymmetrisch aus, sodass $A_0 = B_0$ wird, entfallen die Unterschiede zwischen den Teilsätzen A_n und B_n und sämtliche Räder verschiedener Zähnezahlen, die mit einem einzigen Werkzeug hergestellt werden können, sind untereinander beliebig paarungsfähig. Derartige Räder bezeichnet man auch als Satzräder. Franz Reuleaux (1829 bis 1905, Professor in Zürich und Berlin, Kinematiker) kannte ebenfalls diese Satzrädereigenschaften, da er solche gleichgeteilten Räder, die einen beliebigen Satz bilden und bei beliebiger Paarung richtig miteinander arbeiten können, als Satzräder bezeichnete [18.216], [18.279].

Das in Abbildung 18.11 (rechts) gezeigte zentralsymmetrische gerade Erzeugungsprofil (Planverzahnung) gewährleistet diese Satzrädereigenschaften, da die Profile A_0 und B_0 gleich sind. In seiner einfachsten Form besitzt es gerade Zahnflanken zur Erzeugung einer Evolventenverzahnung. Dieses gerade Erzeugungsprofil, das im Grenzfall eine Zahnstange darstellt, wird auch als Bezugsprofil bezeichnet. Damit lassen sich in jedem Fall brauchbare Zahnprofile erzeugen, sofern die Zahnhöhe h, der Eingriffswinkel α und der Schrägungswinkel β so gewählt werden, dass während der Drehung der Zahnräder sich mindestens immer ein Flankenpaar im Eingriff befindet, was gleichbedeutend ist mit einer Gesamtüberdeckung von $\varepsilon_\gamma \geq 1$ (siehe auch Abschnitt 18.2.4).

In Erweiterung zur kinematischen Grundanforderung der konstanten Übersetzung muss eine Verzahnung über eine hohe Tragfähigkeit (hohe Beanspruchbarkeit) und einen guten Wirkungsgrad (niedrige Verlustleistung) verfügen sowie geräuscharm arbeiten. Darüber hinaus sollte sie einfach zu fertigen und auch unempfindlich gegen unvermeidliche Fertigungsabweichungen sein. War in der Vergangenheit, bedingt durch begrenzte Fertigungsmöglichkeiten, eine einfache Werkzeugform unbedingt notwendig, so unterliegen die heutigen Fertigungsverfahren erheblich geringeren Einschränkungen.

Dennoch erfüllt bis heute keine der bekannten Verzahnungen alle oben genannten Anforderungen in gleich hohem Maße, wobei nur die nachfolgenden Profilarten von technischer Bedeutung sind:

- Zykloidenverzahnung
- Kreisbogenverzahnung
- Evolventenverzahnung

Bei der Zykloidenaußenverzahnung gemäß Abbildung 18.12 wird das Zahnprofil am Zahnkopf durch eine Epizykloide und am Zahnfuß durch eine Hypozykloide gebildet, wobei eine Zykloide entsteht, wenn ein Kreis (der Rollkreis) auf oder in einem Kreis (dem Wälzkreis) abrollt [18.216], [18.252], [18.426]. Die Wälzkreise sind mit den Grundkreisen identisch. Zur grafischen Konstruktion des Zahnkopfes 2 wird der Rollkreis k_1 einmal auf dem Wälzkreis 2 abgerollt. Rollt man dagegen den Rollkreis k_1 in dem Wälzkreis 1 ab, erhält man den Zahnkopf 1. Demzufolge ergibt ein Abrollen des Rollkreises k_2 auf dem Wälzkreis 1 den Zahnkopf 1 und ein Abrollen im Wälzkreis 2 den Zahnfuß 2, Abbildung 18.12.

Die bogenförmige Eingriffslinie von A über C nach E wird durch die Rollkreise gebildet. So berühren sich z.B. die Punkte C_2 von Rad 1 und C_2' von Rad 2 in dem auf dem Rollkreis k_1 liegenden Eingriffspunkt D_2, wobei gilt:

$$\overline{B_2C_2} = \overline{B_2'C_2'} = \overline{CD_2} \tag{18.8}$$

Entsprechend dem allgemeinen Verzahnungsgesetz ist die Linie $\overline{CD_2}$ die gemeinsame Berührungsnormale der Flanken im Eingriffspunkt D_2, die durch den Wälzpunkt C geht. Da die bogenförmige Eingriffslinie der Zykloidenverzahnung durch die Bogenstücke der Rollkreise gebildet wird, müssen die miteinander in Eingriff stehenden Flanken – Kopfflanke des Rades und Fußflanke des Gegenrades – jeweils durch den gleichen Rollkreis erzeugt werden. Die Eingriffslinie wird begrenzt durch die Kopfkreise der beiden Räder. Der Eingriff beginnt bei A und geht über den Wälzpunkt C zum Eingriffsende bei E.

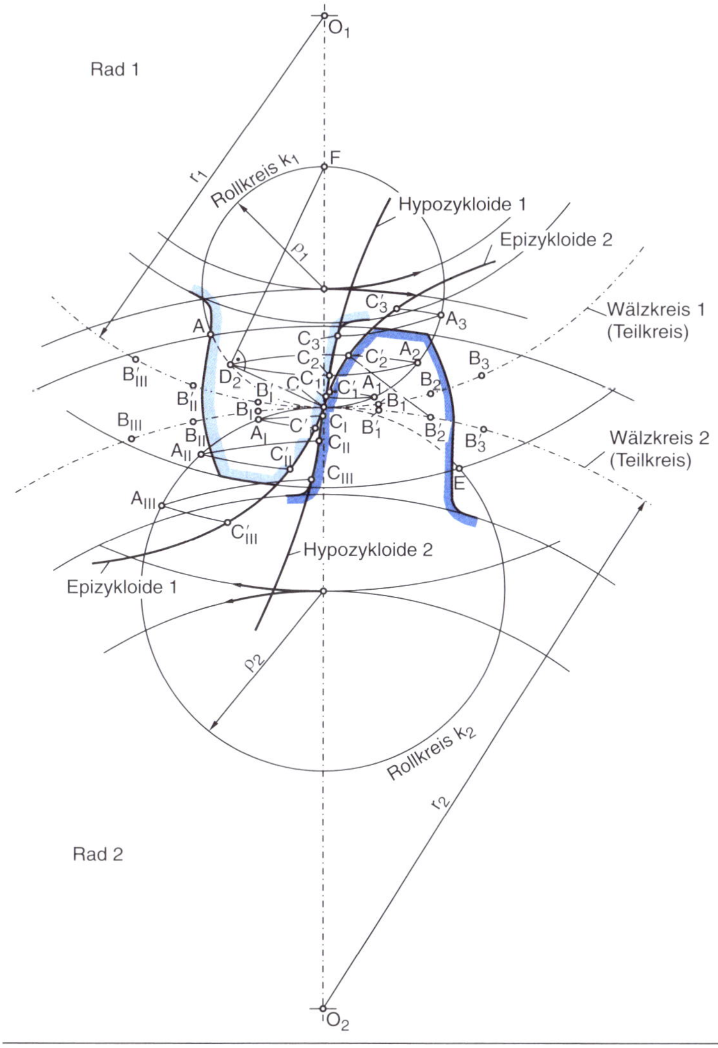

Um z. B. den Zahnfuß von Rad 1 und den Zahnkopf von Rad 2 zu konstruieren, trägt man vom Wälzpunkt C aus auf den Roll- und Wälzkreisen die folgenden gleichen Wälzbögen ab:

$$\widehat{CA_1} = \widehat{CB_1} = \widehat{CB_1'}$$

$$\widehat{A_1A_2} = \widehat{B_1B_2} = \widehat{B_1'B_2'}$$

Um die Mittelpunkte O_1 und O_2 sind dann konzentrische Kreise durch die Punkte A_1, A_2, ... zu ziehen. Die Schnittpunkte dieser Kreise mit den Kreisen um B_1 mit dem Radius CA_1, um B_1' mit CA_1, um B_2 mit CA_2 und um B_2' mit CA_2 führt zu den gesuchten Flankenpunkten C_1, C_1', C_2, C_2' usw., sodass die Verbindung der Punkte C_1, C_2, ... die Hypozykloide des Zahnfußes 1 und die Verbindung der Punkte C_1', C_2', ... die Epizykloide des Zahnkopfes 2 ergibt. Die Flankenform des Zahnfußes vom Rad 2 und des Zahnkopfes vom Rad 1 wird analog dazu entwickelt. Die Pfeile zeigen jeweils die Rollrichtung der Kreise. Auf den Wälzkreisen sind dann noch die Zahndicken abzutragen und die Gegenflanken beider Zähne symmetrisch zur jeweiligen Zahnmittellinie zu zeichnen.

Abbildung 18.12: Zykloidenverzahnung – Geometrie und Erzeugung [18.426]

Damit eine gleichförmige Bewegungsübertragung stattfinden kann, muss bei Erreichung des Eingriffsendes das folgende Zahnpaar gemäß Abbildung 18.13 (links) bereits in Eingriff gekommen sein. Dreht man die Räder in Pfeilrichtung, so kommen die beiden auf den Wälzkreisen liegenden Punkte A_1 und A_2 in C zur Deckung. Daraus ergibt sich für den Einlauf und den Auslauf in Summe das Bogenstück $\hat{b}$, welches größer sein muss als die Teilung p auf dem Wälzkreis (Teilkreis), damit vor Eingriffsende das folgende Zahnpaar in Eingriff kommt:

$$\hat{b} = \widehat{A_1CE_1} = \widehat{A_2CE_2} = \widehat{ACE} > p \tag{18.9}$$

Hieraus ergibt sich bei der Zykloidenverzahnung auch das Problem, dass die Profilüberdeckung ε_α bei einer bestimmten Teilung p nur durch die Vergrößerung des Bogens $\hat{b}$ verbessert werden kann (s.a. Abschnitt 18.2.3.2):

$$\varepsilon_\alpha = \frac{\hat{b}}{p} \tag{18.10}$$

Die Länge des Bogens $\hat{b}$ hängt ab von der Zahnkopfhöhe und dem Durchmesser der Rollkreise. Wird die Zahnkopfhöhe allgemein abhängig von der Teilung p bzw. dem Modul festgelegt, so kann der Rollkreisdurchmesser den praktischen Erfordernissen entsprechend frei gewählt werden. Dabei ist jedoch generell zu beachten, dass zwischen den Flanken eine relative Gleitbewegung stattfindet, da die mit den Kopfflanken in Berührung kommenden Fußflankenteile kürzer sind.

Wählt man nun einen kleinen Rollkreisradius ρ, so wird die Fußflanke vergrößert, was eine Verbesserung der Gleitverhältnisse bedingt, und man erhält eine große Zahnfußdicke. Gleichzeitig wird jedoch gemäß Abbildung 18.13 (rechts) der Winkel ϑ vergrößert, sodass sich ungünstigere Kraftverhältnisse mit größeren Zahn- und Achskräften bei gleichem übertragbaren Drehmoment ergeben. Auch die Eingriffslänge wird kürzer.

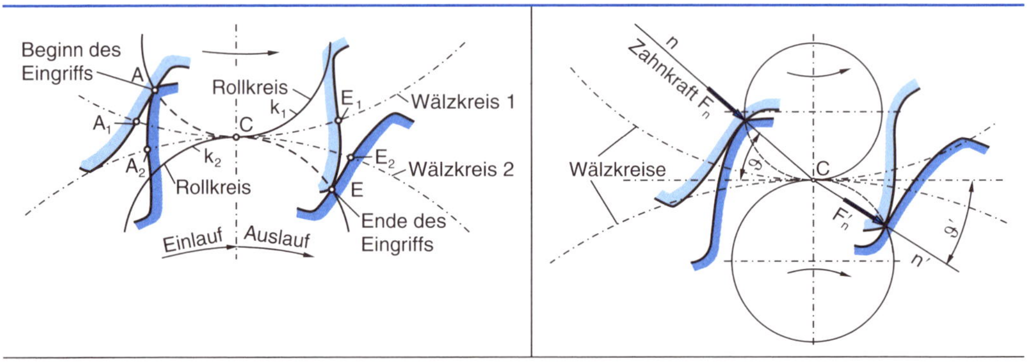

Abbildung 18.13: Zahnpaar der Zykloidenverzahnung bei Eingriffsbeginn und -ende (links) und zugehörige Kräfte (rechts)

Wählt man dagegen einen großen Rollkreisradius ρ, so wird der Winkel ϑ kleiner und die Kraftübertragung mit kleineren Zahn- und Achskräften günstiger. Die ebenfalls größer werdende Profilüberdeckung führt zu einem insgesamt ruhigeren Lauf. Nachteilig ist die Zunahme der relativen Gleitgeschwindigkeit, die zu größerem Zahnverschleiß führt. Ferner wird der Zahnfuß mit zunehmendem Rollkreisradius ρ schwächer. Um eine Ausgewogenheit zwischen diesen Vor- und Nachteilen zu erreichen, hat sich in der Praxis folgender Anhaltswert für den Rollkreisradius ρ abhängig vom zugehörigen Wälzkreisradius r (Teilkreisradius) bewährt:

$$\rho \approx \frac{1}{3} \cdot r \qquad (18.11)$$

Anhand von Abbildung 18.13 (rechts) wird auch ein großer Nachteil der Zykloidenverzahnung deutlich. Da die Zahnkraft F_n immer in Richtung der gemeinsamen Berührungsnormalen n beider Flanken verläuft und nach dem allgemeinen Verzahnungsgesetz diese Normale stets durch den Wälzpunkt C gehen muss, ändern sich trotz eines konstanten angreifenden Drehmomentes Betrag und Richtung der Zahnkraft entlang der Eingriffsstrecke. So schwankt der Winkel, unter dem die Kraftwirkungslinie gegenüber der gemeinsamen Tangente t an die Wälzkreise verläuft, zwischen dem Wert ϑ bei Eingriffsbeginn, Null bei Berührung der Flanken im Wälzpunkt C und ϑ' bei Eingriffsende.

Als weiterer Nachteil treten wie bei allen nicht evolventischen Verzahnungen periodische Drehwinkelfehler auf, sobald auch nur geringfügige Abweichungen vom genauen Achsabstand vorliegen. Da der Zykloidenzahn den Wendepunkt zwischen Epizykloide und Hypozykloide genau am Teilkreis hat, müssen die Betriebswälzkreise genau mit den Erzeugungswälzkreisen (bei der Herstellung) übereinstimmen. Des Weiteren sind die Wälzwerkzeuge teurer, da sie zum Teil Hohlflanken aufweisen.

Demgegenüber ist von Vorteil, dass die Zykloidenverzahnung im Vergleich zur Evolventenverzahnung kleinere Ritzelzähnezahlen (z.B. $z_{min} = 4$ in Kombination mit einer Zahnstange) erlaubt, über günstigere Verschleißverhältnisse verfügt und mit Ausnahme des Wälzpunktbereiches kleinere Flankenpressungen erreichbar sind.

War die Zykloidenverzahnung im 19. Jahrhundert noch vorherrschend in der Anwendung, so ist ihre Bedeutung wegen der überwiegenden Nachteile im letzten Jahrhundert stark zurückgegangen. Heutige Einsatzgebiete sind Flügelpumpen und Sonderanwendungen wie z.B. Zykloiden-Kurvenscheiben-Getriebe (Cyclo-Getriebe) gemäß Abbildung 18.14 [18.252].

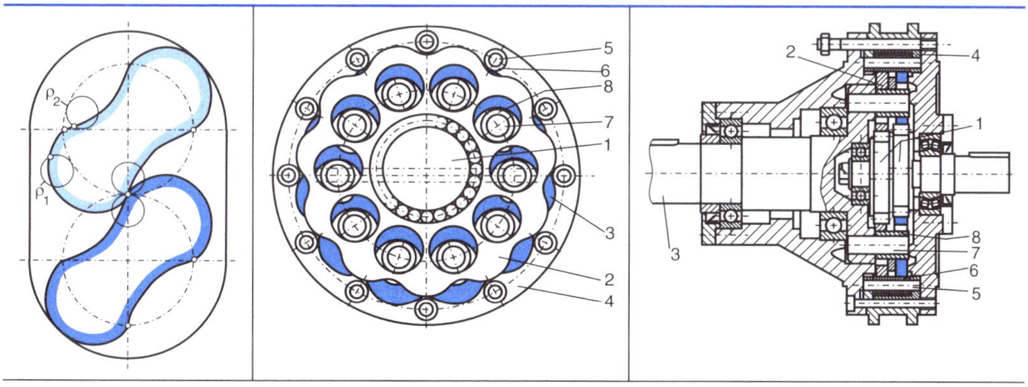

Abbildung 18.14: Zykloidenverzahnung – Beispiele – Gebläseflügel (links) und Cyclo-Getriebe (rechts) [18.252] – 1, 2 Zykloiden-Kurvenscheiben, um 180° versetzt exzentrisch auf Antriebswelle 3 gelagert, 4 feststehender Bolzenring mit Bolzen 5 und Rollen 6 (1 Zahn mehr als Kurvenscheiben), Abtrieb über koaxiale Mitnehmerscheibe mit Mitnehmerbolzen 7 und Rollen 8.

Abschließend sollen noch einige Sonderverzahnungen gemäß Abbildung 18.15 vorgestellt werden, die sich abhängig von der Größe des Rollkreisdurchmessers ergeben. So entsteht z.B. die Geradflankenverzahnung, wenn der Rollkreisdurchmesser dem Wälzkreisradius eines Rades entspricht, sodass die Hypozykloide am Zahnfuß in eine Gerade übergeht. Diese Gerade ist dann mit der mit gleichem Rollkreis erzeugten Kopfflanke (Epizykloide) des Gegenrades im Eingriff, der jedoch nur auf einer Seite vom Wälzpunkt C erfolgt. Die Zähne bestehen somit nur aus Zahnköpfen am Rad und Zahnfüßen am Gegenrad.

Wählt man den Rollkreisdurchmesser eines Rades genauso groß wie den Wälzkreisdurchmesser, so geht die Hypozykloide in einen Punkt über, der den Zahnfuß des Rades bildet. Da der Zahnkopf des Gegenrades immer nur mit diesem Punkt in Eingriff kommt, spricht man auch von einer einfachen Punktverzahnung. Stimmen die Durchmesser der Rollkreise von Rad und Gegenrad mit den Wälzkreisdurchmessern überein, so gehen die Zahnfüße (Hypozykloiden) beider Räder in Punkte über. Die Zahnköpfe dieser Räder haben dann nur Punktberührung mit der Gegenflanke und es liegt eine doppelte Punktverzahnung vor. Dabei ist von Vorteil, dass eine große Profilüberdeckung vorliegt und die Räder mit sehr kleinen Zähnezahlen ausgeführt werden können.

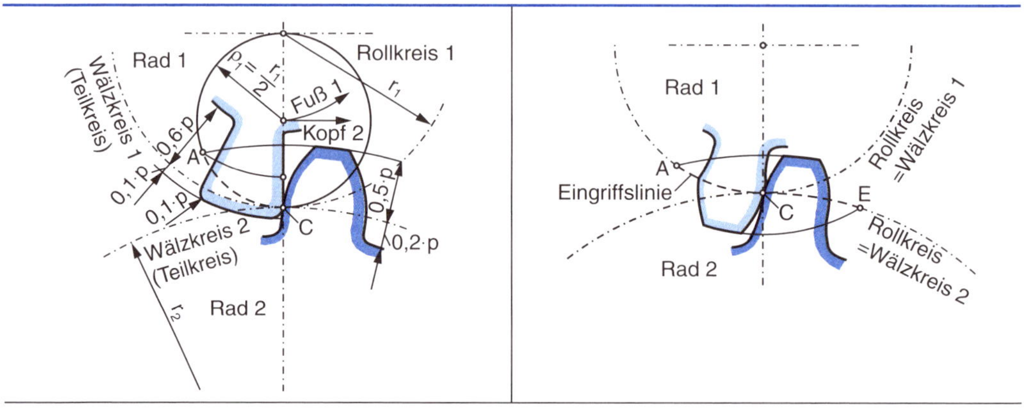

Abbildung 18.15: Zykloidensonderverzahnungen – Geradflankenverzahnung und doppelte Punktverzahnung [18.426]

Der große Nachteil aber ist, dass mit dem Zahnkopf eines Rades jeweils nur ein einziger Punkt als Zahnfuß des Gegenrades gleitend zum Eingriff kommt, was erhöhten Verschleiß am Wälzkreis des punktförmigen Zahnfußes bedingt. Demzufolge wird das allgemeine Verzahnungsgesetz nicht mehr erfüllt und es tritt eine ungleichförmige Bewegungsübertragung auf. Aus diesem Grund wird die Punktverzahnung meistens nur dort eingesetzt, wo mit einem Radpaar große Übersetzungen bei kleinsten Zähnezahlen erreicht werden sollen.

Aus der einfachen Punktverzahnung lässt sich direkt die sogenannte Triebstockverzahnung nach Abbildung 18.16 ableiten, indem z.B. der Rollkreisdurchmesser des Rades 2 gleich dem Wälzkreisdurchmesser W_2 gewählt und auf dem Wälzkreis W_1 abgewälzt wird. Dadurch entstehen am Rad 2 nur Fußflanken in Punktform, während das Gegenrad über Kopfflanken in Epizykloidenform verfügt, wobei in der praktischen Ausführung der Punkt durch einen Bolzen ersetzt wird, den man auch als Triebstock bezeichnet. Die Kopfflanke des Gegenrades 1 wird als Äquidistante zur Epizykloide mit dem Bolzenradius als Hüllkurve Z gezeichnet. Die Punkte der einseitig vom Wälzpunkt C aus verlaufenden Eingriffslinie ergeben sich aus den Schnittpunkten der jeweiligen Verbindungsgeraden von M zum Wälzpunkt C mit dem Umfang des Triebstockbolzens. Die Kopfhöhe ist so zu wählen, dass Gleichung (18.9) erfüllt wird.

Während die Großradverzahnung auch bis zu größten Durchmessern (oder als Zahnstange) einfach, aber nur mit geringer Genauigkeit herstellbar ist (Einschweißen der Triebstockbolzen in vorgebohrte Stahlbleche), erzeugt man die Ritzelverzahnung üblicherweise durch Formfräsen. Alternativ kann die Zahnflanke auch durch eine Evolventenform mit einem geradflankigen Wälzwerkzeug angenähert werden. Die Anwendung beschränkte sich bisher auf niedrige Umfangsgeschwindigkeiten bis 1 m/s z. B. für große Schwenkwerkantriebe in fördertechnischen Anlagen oder im Stahlwasserbau für Schützenwinden und Zahnstangenantriebe von Schleusen- und Hubtoren.

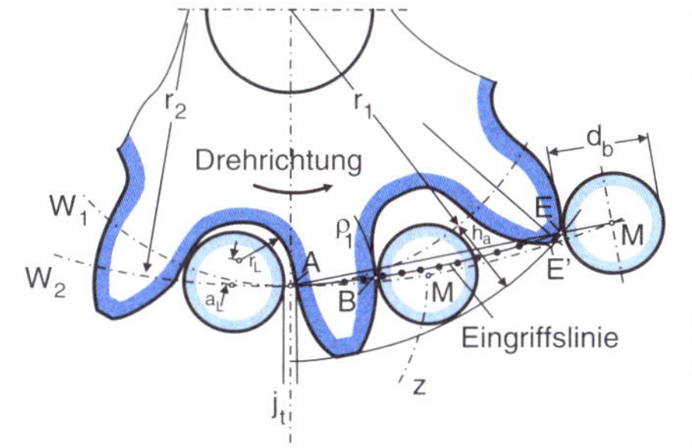

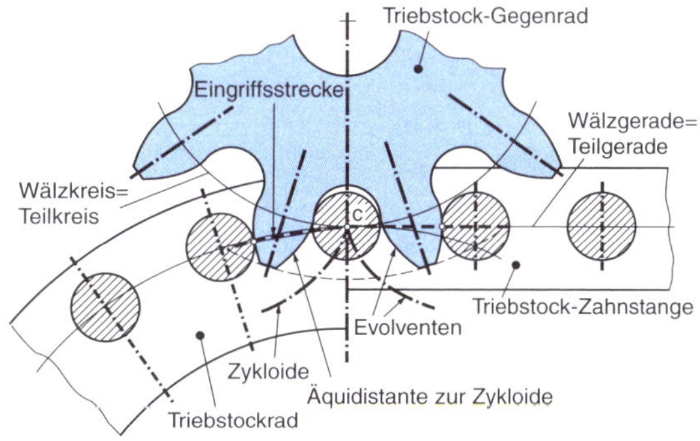

Kleinste Ritzelzähnezahl: $z_{min} = 8 \ldots 12$
Bolzendurchmesser: $d_B \approx 1{,}67 \cdot m$
Zahnkopfhöhe: $h_a \approx 1{,}67 \cdot m$
Überdeckung: $\varepsilon = g / (m \cdot \pi) = 1{,}2 \ldots 1{,}4$
Zahnbreite: $b \approx 3{,}3 \cdot m$

Mittlere Auflagelänge Bolzen: $l \approx (b + m + 5)$ mm
Zahnlückenradius: $r_L = 0{,}5 \cdot d_B + 0{,}02 \cdot m$
Abstand vom Wälzkreis 1: $a_L = 0{,}15 \cdot m$
Flankenspiel: $j_t \approx 0{,}04 \cdot m$

Abbildung 18.16: Triebstockverzahnung als entartete Zykloidenverzahnung [18.216]

Der Vollständigkeit halber sollen noch die Zykloiden-Sonderverzahnung nach Hlebanja und die VBB-Verzahnung nach Vickers, Bostok und Bramley-Moore genannt werden [18.155], [18.252], [18.261]. Die VBB-Verzahnung ist eine einseitige Zykloidenverzahnung, bestehend aus konvexen Ritzelzahnköpfen und konkaven Radzahnfüßen, wobei der Wälzpunkt nahe am Radzahnkopf liegt. Vorteile sind die enge Flankenschmiegung mit hoher Grübchentragfähigkeit bei gleichzeitig dickem Ritzelzahnfuß. Als Nachteil sind hohe Gleitgeschwindigkeiten zu nennen. Bei der Sonderverzahnung nach Hlebanja ist das Bezugsprofil eine verlängerte Zykloide, die sich durch eine Evolvente annähern lässt. Durch Abwälzen entstehen Zahnflanken mit konvex-konkaver Schmiegung, wodurch sich am Eingriffsbeginn und -ende niedrige, am Wälzpunkt jedoch höhere Pressungen bei allerdings geringem Schlupf über dem gesamten Eingriff ergeben. Die Verzahnung hat sich im Walzwerksbau bei Kammwalzgetrieben mit $P = 1.500$ kW bewährt [18.155].

Die Kreisbogenverzahnungen nach DIN 58425 gemäß Abbildung 18.17 werden häufig in der Feingeräte- und Uhrenindustrie eingesetzt, da sie besser geeignet sind als die Zykloidenverzahnung [18.88]. Da sie nicht winkeltreu arbeiten, muss die Profilüberdeckung immer $\varepsilon_a = 1$

sein. Die Zahndicke des meistens aus Stahl gefertigten Ritzels sollte geringer sein als die des Rades (aus Messing oder Kunststoff). Der Tragfähigkeitsnachweis beschränkt sich im Allgemeinen auf die Überprüfung der Zahnfußbiegespannung am Rad [18.252].

Im allgemeinen Maschinenbau – insbesondere in der ehemaligen UdSSR und in China – erlangte die Kreisbogenverzahnung nach Abbildung 18.17 unter dem Namen Wildhaber-Novikov-Verzahnung Bedeutung. In der Grundform verfügen die gepaarten Räder über konvexe bzw. konkave Profile, die durch Kreisbögen gebildet werden. Diese berühren sich über dem gesamten Halbkreisbogen, wenn die Kreismittelpunkte im Wälzpunkt C zusammenfallen. Da die Eingriffslinie parallel zur Radachse liegt, besteht nur ein momentaner Kontakt ohne Stirnüberdeckung.

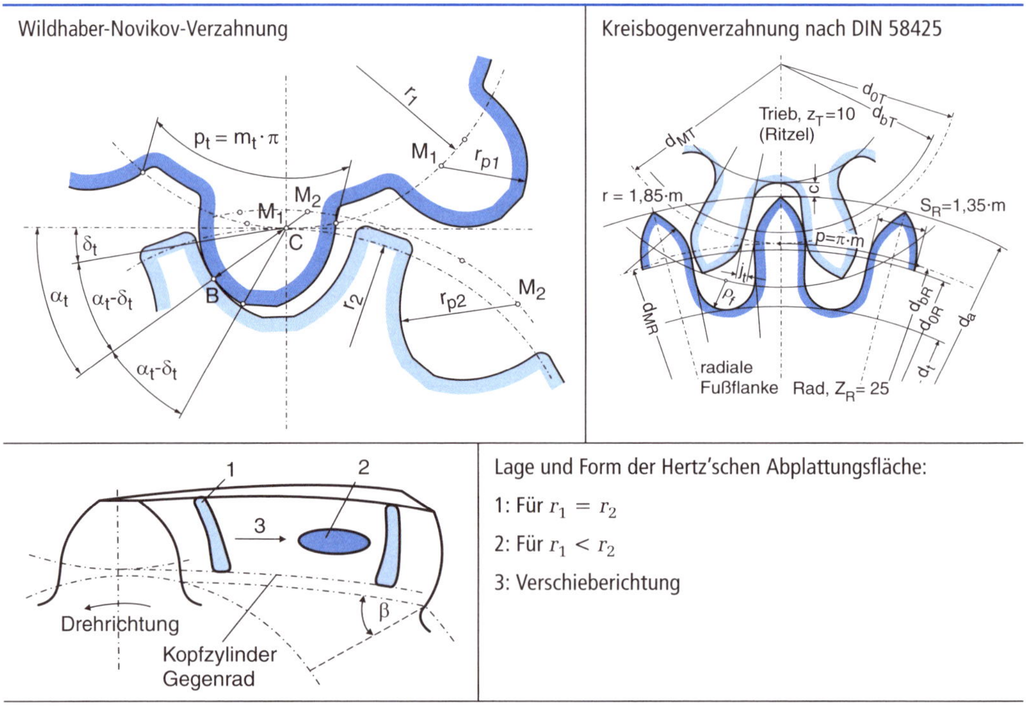

Abbildung 18.17: Wildhaber-Novikov-Verzahnung und Kreisbogenverzahnung nach DIN 58425 [18.88], [18.216], [18.252]

Damit stets ein Zahnpaar im Eingriff ist, wird die Wildhaber-Novikov-Verzahnung als Schrägverzahnung ausgeführt, sodass die Flankenlinien Schraubenlinien sind und die Sprungüberdeckung den erforderlichen Wert von $\varepsilon_\beta > 1$ annimmt. Der im unbelasteten Zustand vorliegende punktförmige Kontakt wird bei Belastung flächenhaft, Abbildung 18.17. Während des Zahneingriffs wandert die Abplattungsfläche über die gesamte Zahnbreite und Lagerkräfte und Wellendurchbiegung pulsieren mit der Zahneingriffsfrequenz.

Aufgrund der über die Zahnbreite wandernden Druckfläche entsteht eine günstige Schmierdruckbildung mit geringer Zahnreibleistung, da in Breitenrichtung große Ersatz-Krümmungsradien vorliegen (s.a. Abschnitt 18.4.4). Im Stirnschnitt ist die Gleitgeschwindigkeit für jeden Berührungspunkt gleich groß, sodass bei Verschleiß ein gleichmäßiger Flankenabtrag erfolgt.

Deshalb lässt sich auch durch Läppen unter Volllast die Güte der Zahnflanken verbessern. Da aus geringsten Abweichungen vom Soll-Achsabstand erhebliche Eingriffsstörungen entstehen, müssen die Radien r_{p1} und r_{p2} unterschiedlich sein und es ist ein Flankenspiel erforderlich.

Der große Vorteil der Wildhaber-Novikov-Verzahnung ist die infolge der günstigen Profilpaarung vergleichsweise geringe Flankenpressung, die bei gleicher Baugröße im Vergleich zur Evolventenverzahnung theoretisch die Übertragung des Dreifachen der Umfangskraft ermöglicht. Da dies nur bei exakt eingehaltenem Achsabstand gilt, ist unter tatsächlichen Bedingungen die Grübchentragfähigkeit im Vergleich zur Evolventenverzahnung nur um den Faktor 1,5 größer [18.252]. In Japan wurde zeitweilig eine Modifikation der Wildhaber-Novikov-Verzahnung unter der Bezeichnung Sym-Marc-Verzahnung gefertigt [18.216], [18.252].

Ungeachtet der teilweisen Vorteile überwiegen bei Zykloiden- und Kreisbogenverzahnungen im direkten Vergleich zur Evolventenverzahnung die Nachteile, sodass sich letztlich im allgemeinen Maschinenbau die Kreis-Evolventen-Verzahnung als die genormte und allgemein verwendete Verzahnung mit den folgenden wesentlichen Vorteilen durchgesetzt hat:

- Erzeugung der Evolvente durch geradflankige Verzahnungswerkzeuge – Einfach in der Fertigung
- Unempfindlich gegen Achsabstandsabweichungen (parallele Verschiebungen bei $\varepsilon_\gamma \geq 1$) – Voraussetzung für gleichförmige Bewegungsübertragung
- Erzeugung unterschiedlicher Zahnformen und Achsabstände bei gleicher Zähnezahl mit demselben Werkzeug durch Profilverschiebung
- Richtung und Größe der Zahnnormalkraft bleiben während des Zahneingriffs konstant – Voraussetzung für schwingungsarmen Lauf
- Satzrädereigenschaft (Räder sind bei gleicher Grundkreisteilung paarungsfähig) – Gleiches Wälzwerkzeug für alle Zähnezahlen
- Günstige Pressungsverhältnisse bei Paarung von Außen- und Innenverzahnung – Enge Schmiegung wegen Kombination aus konvexer und konkaver Schmiegung

Dem stehen die folgenden Nachteile gegenüber:

- Unterschnitt bei kleineren Zähnezahlen ($z = 10 \ldots 30$) – Nutzung von Flankenteilen mit kleinen Krümmungsradien in der Nähe des Grundkreises
- Ungünstige Pressungsverhältnisse bei Außenverzahnungspaarungen – Geringe Schmiegung, da beide Flanken konvexe Profile haben

Die Kreis-Evolvente als Flankenform entsteht gemäß Abbildung 18.18 links), wenn man eine Gerade schlupffrei auf einem Kreis, dem sogenannten Grundkreis abrollt. Ebenso kann die Konstruktion einer Evolvente aber auch als Hüllkurve erfolgen, Abbildung 18.18 rechts). Hierzu werden zunächst die Tangente, die abrollende Gerade oder der abgehobene Faden an den Grundkreis beispielsweise im Punkt 3′ gezeichnet und ein Punkt auf dieser Geraden ausgewählt, der auf der Evolvente liegen soll, hier z.B. der Punkt 0. Die abrollende Gerade wird dann in gleiche Abschnitte eingeteilt und die zugehörigen Bogenlängen werden auf den Grundkreis übertragen, sodass beim Abrollen Punkt 2 auf 2′ und 1 auf 1′ usw. zu liegen kommt. Um diese Punkte wird dann ein Kreis mit dem jeweiligen Radius ρ_i geschlagen und zwar mit dem Abstand $\overline{01} = \rho_1$ um den Punkt 1′, mit dem Abstand $\overline{02} = \rho_2$ um den Punkt 2′,

$\overline{03} = \rho_3$ um den Punkt 3′ usw. Legt man dann an diese Kreisbogenschar eine einhüllende Kurve (Hüllkurve), so ergibt sich eine Evolvente. Dabei entsprechen die Kreise mit $\rho_1, \rho_2, \ldots \rho_i$ in den jeweiligen Schnittpunkten der abrollenden Geraden mit der Evolvente, also in den Punkten $P_1, P_2, \ldots P_i$ genau ihren Krümmungsradien. Die Mittelpunkte sämtlicher Krümmungskreise mit den Krümmungsradien $\rho_1, \rho_2, \ldots \rho_i$ liegen auf dem Grundkreis, welchen man auch als Evolute bzw. Krümmungsmittelpunktskurve bezeichnet.

Auch wenn sich die Begriffe Evolute und Evolvente bereits bei Christian Huygens (1629 bis 1695) und Gottfried Wilhelm von Leibniz (1646 bis 1716) finden lassen, behandelte Leonhard Euler ungefähr ab dem Jahre 1752 als erster die Evolvente als Zahnform und erst Edgar Buckingham (1867 bis 1940) führte unter anderem auch die Bezeichnung $\text{inv}\,\alpha = \tan\alpha - \widehat{\alpha}$ für die Evolventenfunktion ein, die sich laut Abbildung 18.18 wie folgt herleiten lässt. Die gestreckte Länge des Fadens von P nach T entspricht der Bogenlänge OT, die sich aus folgenden Anteilen zusammensetzt:

$$\overline{PT} = r_b \cdot \tan\alpha_y \qquad \widehat{OT} = r_b \cdot \widehat{\alpha}_y + r_b \cdot \text{inv}\,\alpha_y \tag{18.12}$$

Durch Gleichsetzen und Kürzen von r_b erhält man dann die Evolventenfunktion $\text{inv}\,\alpha$ (Involut):

$$r_b \cdot \tan\alpha = r_b \cdot \left(\widehat{\alpha}_y + \text{inv}\,\alpha_y\right) \qquad \text{inv}\,\alpha_y = \tan\alpha_y - \widehat{\alpha}_y \tag{18.13}$$

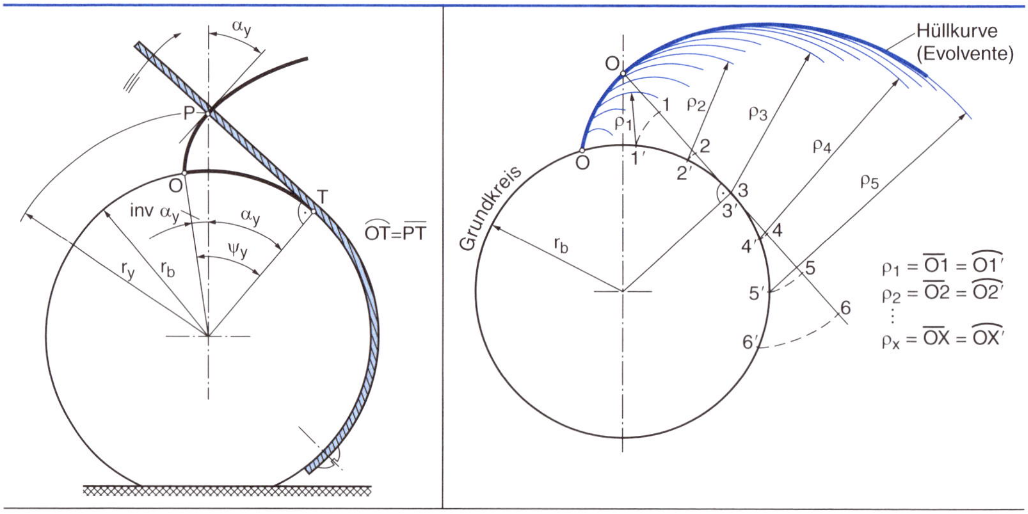

Abbildung 18.18: Entstehung der Evolvente – Fadenkonstruktion (links) und Hüllkurve (rechts) [18.216]

Bei gegebenem inv α_y lässt sich der Winkel α_y nur iterativ bestimmen, wobei bis zu einem Winkel von $\alpha_y = 30°$ meist drei Iterationsschritte ausreichen und als Startwert für die nullte Näherung ein Wert (aus einer Reihenentwicklung) zu verwenden ist:

$$\widehat{\alpha}_y(n+1) = \frac{-\tan\alpha_y(n) + \widehat{\alpha}_y(n) + \text{inv}\,\alpha_y}{\tan^2\alpha_y(n)} + \widehat{\alpha}_y(n) \tag{18.14}$$

$$\widehat{\alpha}_y(n=0) = \sqrt[3]{3 \cdot \text{inv}\,\alpha_y} \tag{18.15}$$

In Verbindung mit den Funktionen tan und inv ist α in Grad einzusetzen, ansonsten im Bogenmaß.

Benötigt wird die Evolventenfunktion z.B. bei der Berechnung der Zahndicke und Profilverschiebung. Für $\alpha = 20°$ beträgt inv $20° = 0{,}01490438$. Alle anderen Werte lassen sich mit obigen Gleichungen bestimmen, oftmals sind sie aber auch schon in Tabellen zusammengestellt [18.216], [18.271], [18.359]. Ferner lässt sich für einen vorgegebenen Radius r_y bei bekanntem Grundkreis r_b der Winkel α_y gemäß Abbildung 18.18 bestimmen zu:

$$\cos\alpha_y = \frac{r_b}{r_y} \qquad (18.16)$$

Zur Berechnung der genauen Koordinaten der Evolvente und auch des Verdrängungsvolumens durch einen Zahn (z.B. bei Zahnradpumpen) wird aus Platzgründen auf die weiterführende Literatur verwiesen [18.216].

Abschließend wird noch auf die verschiedenen Werkzeuge mit unterschiedlichen Profilwinkeln und die Geschwindigkeiten entsprechend Abbildung 18.19 eingegangen.

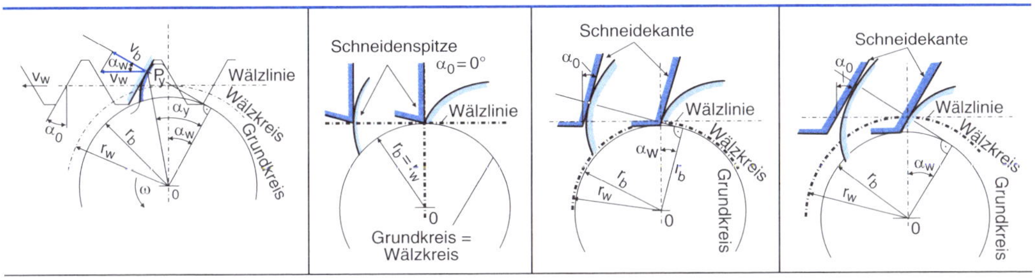

Abbildung 18.19: Entstehung der Evolvente durch verschiedene Werkzeuge mit unterschiedlichen Profilwinkeln [18.216]

Die zur Erzeugung der Evolvente notwendige Bewegung des Punktes P_y erfolgt auf der den Grundzylinder tangierenden Geraden mit der Geschwindigkeitskomponente v_b des Werkzeuges in Richtung des Grundkreises:

$$v_b = \omega \cdot r_b \qquad (18.17)$$

Das Werkzeug wälzt mit der Geschwindigkeit v_w auf dem Wälzkreis mit dem Radius r_w ab, welcher wegen der um den Winkel α_0 schräg liegenden Schneidkante nicht mehr mit dem Grundkreis übereinstimmt. Für die Geschwindigkeit v_b am Umfang des Grundkreises und die Umfangsgeschwindigkeit v_w am Wälzkreis gilt dann:

$$v_b = v_w \cdot \cos\alpha_w \qquad v_w = \omega \cdot r_w \qquad (18.18)$$

Aus diesen Geschwindigkeitsverhältnissen und dem auf der Schneidkante linear wandernden (erzeugenden) Punkt P_y wird abschließend nochmals der wesentliche Vorteil der Evolventenverzahnung deutlich, dass sich nämlich für ein mit einer Geraden abwälzendes Werkzeug geradflankige Schneidkanten für die Herstellung der Evolvente ergeben.

18.2.3 Evolventenverzahnung – Geradverzahnung

Aufgrund der im vorherigen Abschnitt bereits aufgeführten Vorteile ist die Evolventenverzahnung die heute am häufigsten angewendete Verzahnungsgeometrie. In den folgenden Abschnitten werden deshalb zunächst die kennzeichnenden Geometriegrößen für das einzelne geradverzahnte Stirnrad und im Anschluss daran für die Paarung von zwei geradverzahnten Stirnrädern behandelt. Darauf aufbauend erfolgt dann im Abschnitt 18.2.4 die Erweiterung auf die Evolventen-Schrägverzahnung.

Auch wenn alle Ableitungen im Folgenden gemäß DIN 3960 an der Außenverzahnung dargestellt werden, gelten diese für die Innenverzahnung bzw. für eine Paarung Außen- mit Innenverzahnung gleichermaßen, wobei jedoch die Zähnezahl, die Durchmesser und der Achsabstand der Innenverzahnung als negative Größen einzusetzen sind, Abbildung 18.20 [18.39]. Ungeachtet dessen werden in Zeichnungen diese Größen auch bei der Innenverzahnung immer positiv angegeben. Weitere Besonderheiten bei der Innenverzahnung werden in Kapitel 19 behandelt. Die in den folgenden Gleichungen teilweise verwendeten Indices 1 und 2 beziehen sich jeweils auf die Räder bei einer Paarung.

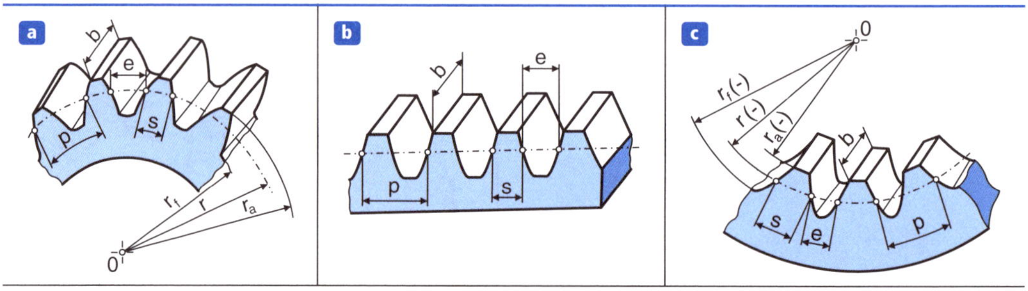

Abbildung 18.20: Übergang der positiv definierten Durchmesser der Außenräder in negativ definierte Hohlräder – a) Außenrad mit $d > 0$, b) Zahnstange mit $d \to \infty$, c) Hohlrad mit $d < 0$ [18.216]

18.2.3.1 Geradverzahnte Stirnräder

Mit den nachfolgend näher erläuterten Größen Eingriffswinkel α, Teilkreisdurchmesser d, Teilkreisteilung p, Modul m, Grundkreisdurchmesser d_b, Grundkreisteilung p_b, Eingriffsteilung p_e, Zahnhöhe h, Kopfkreisdurchmesser d_a, Fußkreisdurchmesser d_f lässt sich die Geometrie eines Zahnrades im Hinblick auf die Fertigung und eine Tragfähigkeitsberechnung nach Abschnitt 18.4 genau festlegen. Für eine detaillierte Analyse der Lastverteilung unter Einbeziehung von Elastizitäten nach Abschnitt 18.4.3 sind weitere Größen erforderlich, die auch dort erst beschrieben werden.

a Eingriffswinkel α, Teilkreisdurchmesser d, Teilkreisteilung p und Modul m

Mit zunehmendem Abstand vom Grundkreis nimmt auch die Neigung der Evolvente zu, was sich auch am Profilwinkel α_y ablesen lässt (s.a. Abbildung 18.18). Mit dem Grundkreisradius r_b lässt sich für einen bestimmten Punkt der Evolvente mit dem Abstand r_y vom Radmittelpunkt der zugehörige Profilwinkel α_y mit Gleichung (18.16) berechnen zu:

$$\cos\alpha_y = \frac{r_b}{r_y} \qquad (18.19)$$

Da erfahrungsgemäß bekannt ist, dass im Mittenbereich des Profils der Verzahnung ein Winkel von etwa $\alpha_y = 20°$ vorliegen sollte, hat man den Winkel $\alpha_y = \alpha = 20°$ in DIN 867 genormt und bezeichnet ihn gemäß Abbildung 18.21 als Eingriffswinkel α [18.37]. Davon abweichend sind auch bei nicht genormten Verzahnungen andere Eingriffswinkel möglich, z.B. $\alpha = 15°$ oder $\alpha = 17{,}5°$ in der Kraftfahrzeugindustrie als lärmarme Verzahnungen oder z.B. $\alpha = 25°$ für Verzahnungen, die großen Stoßbelastungen unterliegen. Tendenziell führt ein größerer Eingriffswinkel zu einem spitzeren Zahn und dickerem Zahnfuß, während ein kleinerer Eingriffswinkel eine steilere Flanke, dickeren Zahnkopf und dünneren Zahnfuß bedingt.

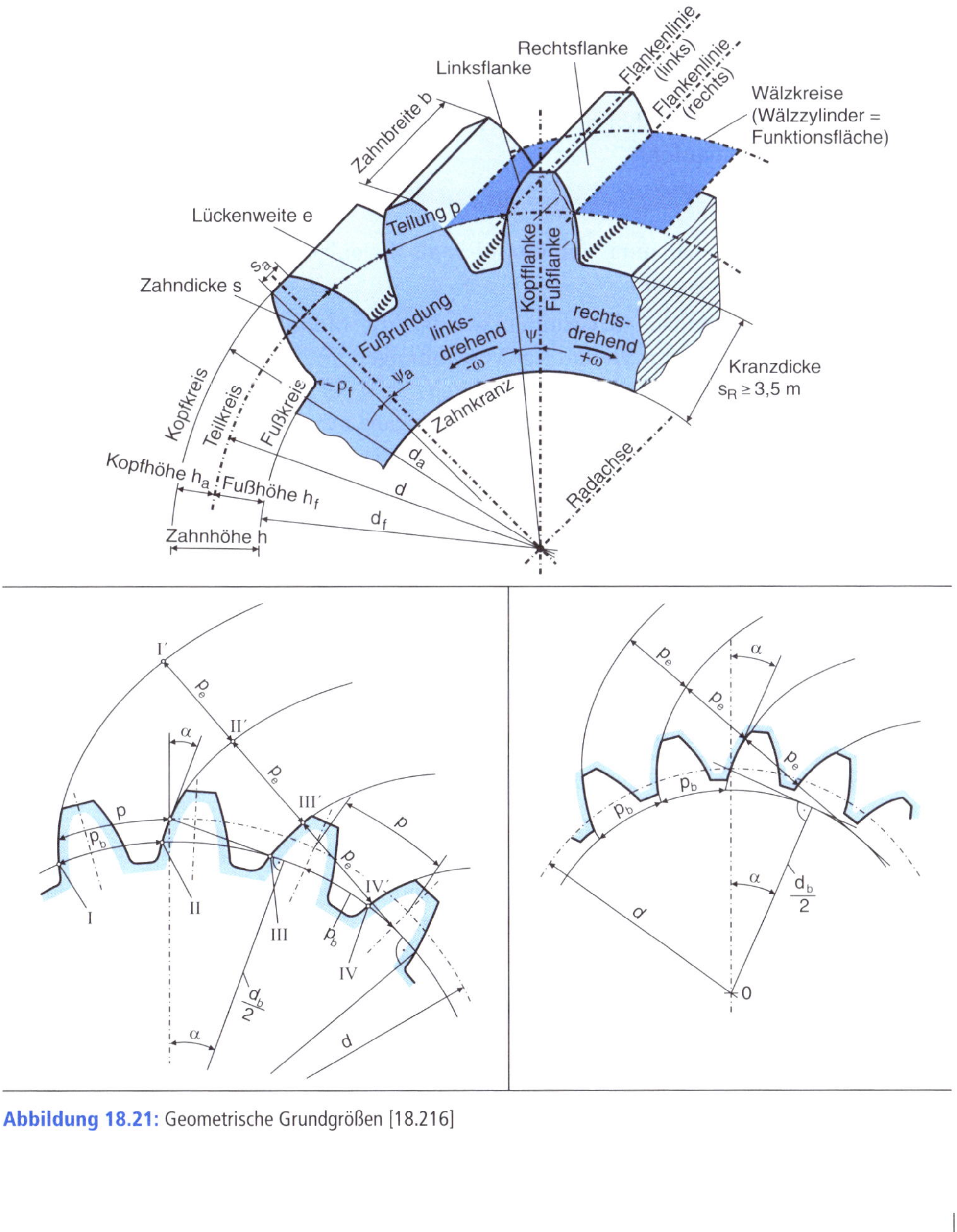

Abbildung 18.21: Geometrische Grundgrößen [18.216]

Abhängig vom Eingriffswinkel α_y bezeichnet man den Durchmesser des Kreises, bei dem die Tangente an die Evolvente mit der Verbindungslinie zum Mittelpunkt den Winkel $\alpha_y = \alpha = 20°$ einschließt, als Teilkreisdurchmesser d. Der Teilkreisdurchmesser d wiederum lässt sich als Produkt der Zähnezahl z und des sogenannten Moduls m berechnen zu:

$$d_{1,2} = z_{1,2} \cdot m \qquad (18.20)$$

Der Begriff Modul kommt aus dem Lateinischen (modulus = Zahl) und drückt die Größe der Verzahnung aus, weshalb man den Modul m mit der Einheit [mm] oftmals auch als Größenfaktor der Verzahnung oder Durchmesserteilung bezeichnet. Der Modul m ist eine Grundgröße der Verzahnungsgeometrie, da sämtliche Verzahnungsabmessungen von ihm abhängen. In den angelsächsischen Ländern wird anstelle des Moduls der sogenannte Diametral Pitch $P_d = z / d$ verwendet, der dem Kehrwert des Moduls entspricht.

Multipliziert man den Modul m mit der Kreiszahl π, so ergibt sich daraus die Teilkreisteilung p, die gemäß Abbildung 18.21 dem Abstand (Bogen) benachbarter Zähne auf dem Teilkreis entspricht:

$$p = m \cdot \pi \qquad (18.21)$$

Deshalb definiert man auch den Modul m als diejenige Zahl, die mit π multipliziert die Teilkreisteilung p ergibt.

Aus fertigungstechnischen Gründen wurden die Moduln in DIN 780 in bestimmten Stufen genormt, um die Vielfalt der Verzahnungen und Werkzeuge zu beschränken, Tabelle 18.1 [18.36]. Generell ist zu beachten, dass der Modul eine dimensionsbehaftete Größe ist, auch wenn häufig bei der Modulangabe nur ein Zahlenwert genannt wird (in diesem Fall gilt immer die Einheit [mm]).

Manchmal verzichtet man im Hinblick auf eine optimale Auslegung auf genormte Werte des Moduls, z.B. bei Massenfertigung in der Kraftfahrzeugindustrie oder bei besonderen Anforderungen in der Luftfahrtindustrie. Die erhöhten Kosten für die erforderlichen Sonderverzahnungswerkzeuge sind dann wegen der großen Stückzahlen oder der ohnehin teureren Anforderungen zu vernachlässigen.

Reihe 1	1	1,25	1,5	2	2,5	3	4	5	6	8	10	12	16	20
Reihe 2	1,125	1,375	1,75	2,25	2,75	3,5	4,5	5,5	7	9	11	14	18	22

Tabelle 18.1: Modulreihen für Zahnräder – Auswahl nach DIN 780 [18.36]

b Grundkreisdurchmesser d_b, Grundkreisteilung p_b und Eingriffsteilung p_e

Zur Erzeugung und für die Form der Evolvente (Krümmung, Schräglage) ist der Grundkreis die maßgebende Größe. Nach Abbildung 18.21 folgt für den Grundkreisdurchmesser d_b unter Einbeziehung von Gleichung (18.20):

$$d_{b1,2} = d_{1,2} \cdot \cos\alpha \qquad d_{b1,2} = z_{1,2} \cdot m \cdot \cos\alpha \qquad (18.22)$$

Der Abstand zweier benachbarter Zähne auf dem Grundkreis (Bogenlänge) wird als Grundkreisteilung p_b bezeichnet. Da zwei benachbarte Zähne den Winkel $(2 \cdot \pi) / z$ einschließen, gilt für die Grundkreisteilung p_b abhängig vom Grundkreisdurchmesser d_b und mit den Gleichungen (18.22) und (18.21):

$$p_b = \frac{2 \cdot \pi}{z} \cdot \frac{d_b}{2} \qquad p_b = m \cdot \pi \cdot \cos\alpha \qquad p_b = p \cdot \cos\alpha \tag{18.23}$$

Aus Abbildung 18.21 ist aber auch ersichtlich, dass der Abstand p_b auf dem Grundkreisbogen (z.B. zwischen den Punkten *I* und *II*) dem senkrechten Abstand zweier benachbarter gleichgerichteter Evolventen (Links- bzw. Rechtsflanken) entspricht (z.B. zwischen den Punkten *I'* und *II'*). Dieser konstante Abstand ist eine der typischsten Eigenschaften der Evolventenverzahnung und wird als Eingriffsteilung p_e bezeichnet, die sich unmittelbar aus der Teilung (dem Abstand der Zähne) am Grundkreis, der Grundkreisteilung p_b, bestimmen lässt:

$$p_e = p_b = m \cdot \pi \cdot \cos\alpha \qquad p_e = p \cdot \cos\alpha \tag{18.24}$$

Zu beachten ist, dass nur Räder mit Verzahnungen gleicher Eingriffsteilung gepaart werden können.

C Zahnhöhe h, Kopfkreisdurchmesser d_a, Fußkreisdurchmesser d_f

Die Zahnhöhe h sowie der Kopfkreisdurchmesser d_a und der Fußkreisdurchmesser d_f als Begrenzungsdurchmesser der Verzahnung hängen ebenfalls linear vom Modul m ab, wobei sich die Zahnhöhe h aus der Zahnkopfhöhe h_a und der Zahnfußtiefe h_f entsprechend Abbildung 18.22 berechnet zu:

$$h = h_a + h_f = 2 \cdot h_{aP} + m \cdot (k + c^*) \tag{18.25}$$

Bei Verzahnungen nach DIN 867 ohne Kopfkürzung ($k = 0$) ergibt sich mit dem üblichen Kopfspiel von $c = 0{,}25 \cdot m$ folgende Zahnhöhe h [18.37].

$$h = m \cdot (2 + c^*) = 2{,}25 \cdot m \tag{18.26}$$

Liegt also eine genormte Verzahnung mit einem Bezugsprofil nach DIN 867 vor, kann durch reine visuelle Betrachtung der Verzahnung der Modul geschätzt werden, was aber auch durch Betrachtung der Zahnteilung der Verzahnung ungefähr in Mitte der Zahnhöhe möglich ist (Teilkreisteilung $p = m \cdot \pi$).

Mit der Zahnkopfhöhe h_{aP} des Stirnradbezugsprofils (s.a. Abbildung 18.28) und dem Profilverschiebungsfaktor x nach Abschnitt 18.2.3.4 ergeben sich ausgehend vom Teilkreisdurchmesser d der Kopfkreisdurchmesser d_a und der Fußkreisdurchmesser d_f als äußere und innere Begrenzungsdurchmesser der Verzahnung des Rades 1 bzw. des Rades 2:

$$d_{a1,2} = z_{1,2} \cdot m + 2 \cdot m \cdot \left(\frac{h_{aP}}{m} + x_{1,2} + k \right) \qquad d_{f1,2} = z_{1,2} \cdot m - 2 \cdot m \cdot \left(\frac{h_{aP}}{m} - x_{1,2} + c^* \right) \tag{18.27}$$

Damit der Kopfkreisdurchmesser nicht den Zahnfuß des Gegenrades berührt, ist das sogenannte Kopfspiel c entsprechend Abbildung 18.22 vorzusehen. Dadurch wird zur Vermeidung hoher Spannungskonzentrationen am Zahnfuß (Kerbwirkung) eine entsprechend große Zahnfußrundung (Übergangskurve) möglich.

Außenverzahnung – Innenverzahnung (als Zahnlücke der Außenverzahnung)

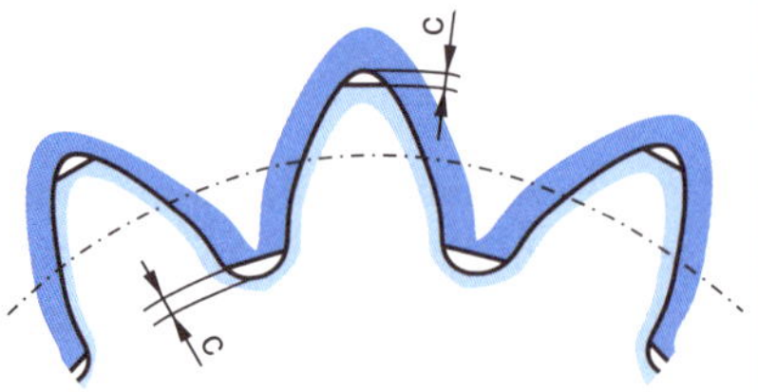

Außenverzahnung

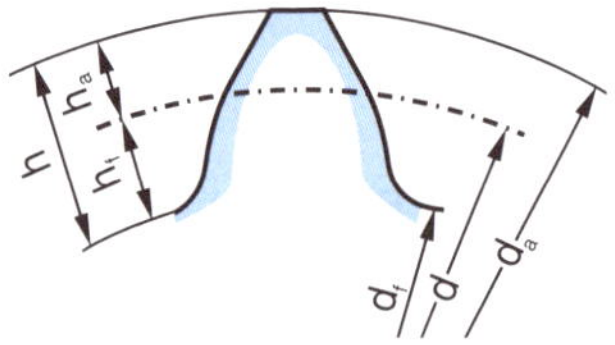

Innenverzahnung

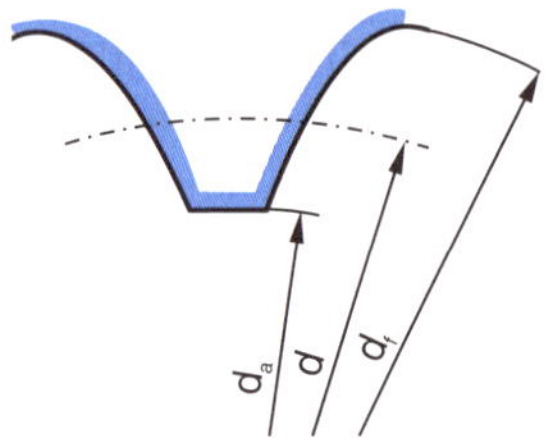

Für die Zahnkopfhöhe h_a und die Zahnfußtiefe $h_{f1,2}$ gelten:

$$h_{a1,2} = m \cdot \left(\frac{h_{aP}}{m} + x_{1,2} + k \right) \tag{18.28}$$

$$h_{f1,2} = m \cdot \left(\frac{h_{aP}}{m} - x_{1,2} - \frac{c}{m} \right) \tag{18.29}$$

Hierin bezeichnen m den Modul, x den Profilverschiebungsfaktor (nach Abschnitt 18.2.3.4) und k den von der Profilverschiebung abhängigen Kopfhöhenänderungsfaktor, der bei Außenverzahnung $k \leq 0$ und bei Innenverzahnung meist $k = 0$ oder wegen möglicher Interferenz $k < 0$ gesetzt wird (s. a. Abschnitt 18.2.3.2). Mit c wird das Kopfspiel bezeichnet:

$$c = c^* \cdot m \tag{18.30}$$

Der Kopfspielfaktor ist normal $c^* = 0{,}25$, in speziellen Fällen und bei älteren Wälzfräsern und Schneidrädern kann der Kopfspielfaktor auch im Bereich $0{,}16 \leq c^* \leq 0{,}35$ liegen. Für die Kopfhöhe h_{ap} des Stirnrad-Bezugsprofils nach Abbildung 18.28 gilt:

$\frac{h_{aP}}{m} = 1$	Genormte Verzahnung nach DIN 867 [18.37]
$\frac{h_{aP}}{m} > 1$	Hochverzahnung, meist mit $\alpha < 20°$, lärmarme Verzahnung möglich
$\frac{h_{aP}}{m} < 1$	Stumpfverzahnung, mit geringeren Verlusten, aber auch kleinere Tragfähigkeit

Abbildung 18.22: Zahnhöhen und Begrenzungsdurchmesser der Verzahnung [18.216]

Da der Fußkreisdurchmesser d_f bei der Fertigung zwangsläufig erzeugt wird, ist er in den meisten Zeichnungen nicht angegeben. Allerdings können erhebliche Durchmesseränderungen beim Härten großer Zahnräder (Wachsen oder Schrumpfen) die Angabe des Fußkreisdurchmessers d_f zu Kontrollzwecken erforderlich machen. Demgegenüber ist der Kopfkreisdurchmesser d_a in den Fertigungsunterlagen stets anzugeben, da er üblicherweise durch Drehen erzeugt wird, weshalb auch eine Toleranzangabe notwendig ist (grobe Qualität z. B. h9 ist meist ausreichend).

d Zahndicke s_y an einem beliebigen Durchmesser d_y und Zahnlückenweite e_y

Zur Ermittlung der Zahnkopfdicke (vermeiden des Spitzwerdens) und zur Ableitung der Profilverschiebung benötigt man den Zusammenhang zwischen Zahndicke s_y an einem beliebigen Durchmesser d_y innerhalb des durch die Evolventen begrenzten Teils des Zahnprofils (also außerhalb der Zahnfußübergangskurve zwischen Flanke und Fußkreis) gemäß Abbildung 18.23, wobei Ψ_y den zugehörigen Öffnungswinkel zur Zahndicke s_y darstellt:

$$s_y = 2 \cdot \Psi_y \cdot \frac{d_y}{2} \tag{18.31}$$

Entsprechend Abbildung 18.23 ergibt sich mit der Evolventenfunktion:

$$2 \cdot \Psi_y = 2 \cdot \Psi_b - 2 \cdot \text{inv}\,\alpha_y \quad \text{und} \quad 2 \cdot \Psi_b = 2 \cdot \Psi + 2 \cdot \text{inv}\,\alpha \tag{18.32}$$

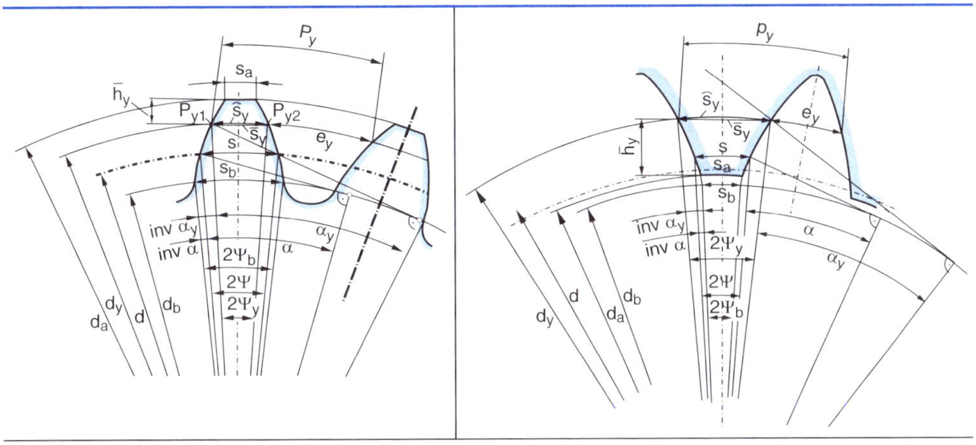

Abbildung 18.23: Zahndicke s_y an einem beliebigen Durchmesser d_y – Außenverzahnung (links), Innenverzahnung (rechts)

Unter Nutzung der Zahndicke s im Teilkreis d ergibt sich aus den Gleichungen (18.31) bis (18.33) für die Zahndicke s_y an einem beliebigen Durchmesser d_y

$$2 \cdot \Psi = \frac{s}{\left(\frac{d}{2}\right)} \tag{18.33}$$

$$s_y = d_y \cdot \left(\frac{s}{d} + \text{inv}\,\alpha - \text{inv}\,\alpha_y \right) \tag{18.34}$$

Aus Gleichung (18.34) lässt sich mit $d_y = d_b$ und $\alpha_y = \alpha_b = 0$ die Zahndicke s_b am Grundzylinder berechnen, die dem Abstand zwischen Rechts- und Linksflanke eines Zahnes entspricht, wenn man die Evolventen bis dorthin verlängert annimmt:

$$s_b = d_b \cdot \left(\frac{s}{d} + \text{inv}\,\alpha \right) \tag{18.35}$$

Ebenfalls mit Gleichung (18.34) lässt sich für $d_y = d_a$ und $\alpha_y = \alpha_a$ aus $\cos \alpha_a = d_b / d_a$ die Zahnkopfdicke s_a berechnen, die auch von der Zähnezahl und der Profilverschiebung abhängt (s.a. Abschnitt 18.2.3.2):

$$s_a = d_a \cdot \left(\frac{s}{d} + \text{inv}\,\alpha - \text{inv}\,\alpha_a \right) \tag{18.36}$$

Liegt eine extreme Profilverschiebung und die Paarung eines Rades kleiner Zähnezahl bzw. eine Paarung Außenrad – Hohlrad vor, so kann es infolge der dann nur sehr geringen Kopfkürzung oder Kopfkürzung Null zu einem Spitzwerden bzw. zu einer zu kleinen Kopfdicke des kleineren Rades der Außenverzahnung kommen. Dies wiederum kann bei oberflächengehärteten Verzahnungen möglicherweise zu einem Abplatzen im Zahnkopfbereich führen. In ähnlicher Weise besteht bei Innenverzahnungen die Gefahr, dass die Lückenweite im Zahnfuß zu eng bzw. im Grenzfall Null wird.

Zur Messung der Zahndicke verwendet man oftmals das Sehnenmaß. Entsprechend Abbildung 18.23 gilt für die Zahndickensehne $\bar{s}_y$ und die zugehörige Höhe $\bar{h}_y$ vom Zahnkopf bis zu dieser Sehne an einem beliebigen Durchmesser d_y:

$$\overline{s_y} = d_y \cdot \sin\Psi_y \quad \text{und} \quad \overline{h_y} = \frac{1}{2}\cdot\left(d_a - d_y \cdot \cos\Psi_y\right) \quad \text{mit} \quad \Psi_y = \frac{s_y}{d_y} \tag{18.37}$$

Somit berechnet sich die Zahndickensehne am Teilzylinder (Teilkreisdurchmesser d) zu:

$$\bar{s} = d \cdot \sin\Psi \quad \text{und} \quad \bar{h} = \frac{1}{2}\cdot\left(d_a - d \cdot \cos\Psi\right) \quad \text{mit} \quad \Psi = \frac{s}{d} \tag{18.38}$$

Ferner lässt sich aus der Zahndicke s die von der Zähnezahl unabhängige konstante Zahndickensehne $\bar{s}_c$ und die zugehörige Höhe $\bar{h}_c$ vom Zahnkopf bis zur konstanten Zahndickensehne berechnen zu [18.216]:

$$\overline{s_c} = s \cdot \cos^2\alpha \quad \text{und} \quad \overline{h_c} = h_a - \frac{s}{2}\cdot \sin\alpha \cdot \cos\alpha \tag{18.39}$$

Bei bekannter Teilung p_y und Zahndicke s_y lässt sich die zugehörige Zahnlückenweite e_y auf einem Zylinder mit dem Durchmesser d_y unter Einbeziehung der Profilverschiebung x und der Zähnezahl z nach Gleichung (18.34) berechnen zu:

$$e_y = p_y - s_y \quad \text{und} \quad p_y = p \cdot \frac{d_y}{d} \tag{18.40}$$

$$e_y = d_y \cdot \left(\frac{\pi - 4 \cdot x \cdot \tan\alpha}{2 \cdot z} - \operatorname{inv}\alpha + \operatorname{inv}\alpha_y\right) \tag{18.41}$$

Damit lässt sich die Zahnlückenweite e_y auf jedem beliebigen Zylinder (z.B. am Zahnkopf) durch Einsetzen von d_y und α_y berechnen. Als Auslegungsgrenze ist die Lückenweite nur bei der Innenverzahnung zu berücksichtigen, da bei großen Profilverschiebungen theoretisch im Zahnfuß die Lückenweite $e_f = 0$ auftreten kann (siehe auch DIN 3960) [18.39].

In allen Gleichungen (18.31) bis (18.41) sind bei einer Innenverzahnung die Zahndicke s, die Zähnezahl z sowie die Durchmesser d und d_y negativ einzusetzen.

18.2.3.2 Geometrie der geradverzahnten Stirnradpaare

Ausgehend von der Geometrie eines einzelnen geradverzahnten Stirnrades sollen nun die geometrischen Größen behandelt werden, die bei der Paarung geradverzahnter Stirnräder von Bedeutung sind. Eine besondere Eigenschaft der Evolvente liegt darin, dass gemäß Abbildung 18.18 die Normale eines beliebigen Punktes des Zahnprofils stets den Grundkreis tangiert. Des Weiteren gilt nach dem allgemeinen Verzahnungsgesetz zur gleichförmigen Bewegungsübertragung in Abschnitt 18.2.1, dass zwei sich berührende Zahnflanken eine gemeinsame Normale aufweisen, die in jedem Berührungspunkt durch den Wälzpunkt C gehen muss (s.a. Abbildung 18.7).

Daraus ergibt sich im Gegensatz zu anderen Verzahnungsgeometrien (s.a. Abschnitt 18.2.2) die Besonderheit der Evolventenverzahnung, dass die Eingriffslinie als geometrischer Ort aller Berührungspunkte von zwei miteinander kämmenden Zahnflanken eine Gerade ist, die beide Grundkreise der gepaarten Räder tangiert, Abbildung 18.24.

Da grundsätzlich zwei Tangenten an die Grundkreise möglich sind, hängt es von der Richtung der Übertragung des Drehmomentes ab, auf welcher Flanke die Berührung stattfindet.

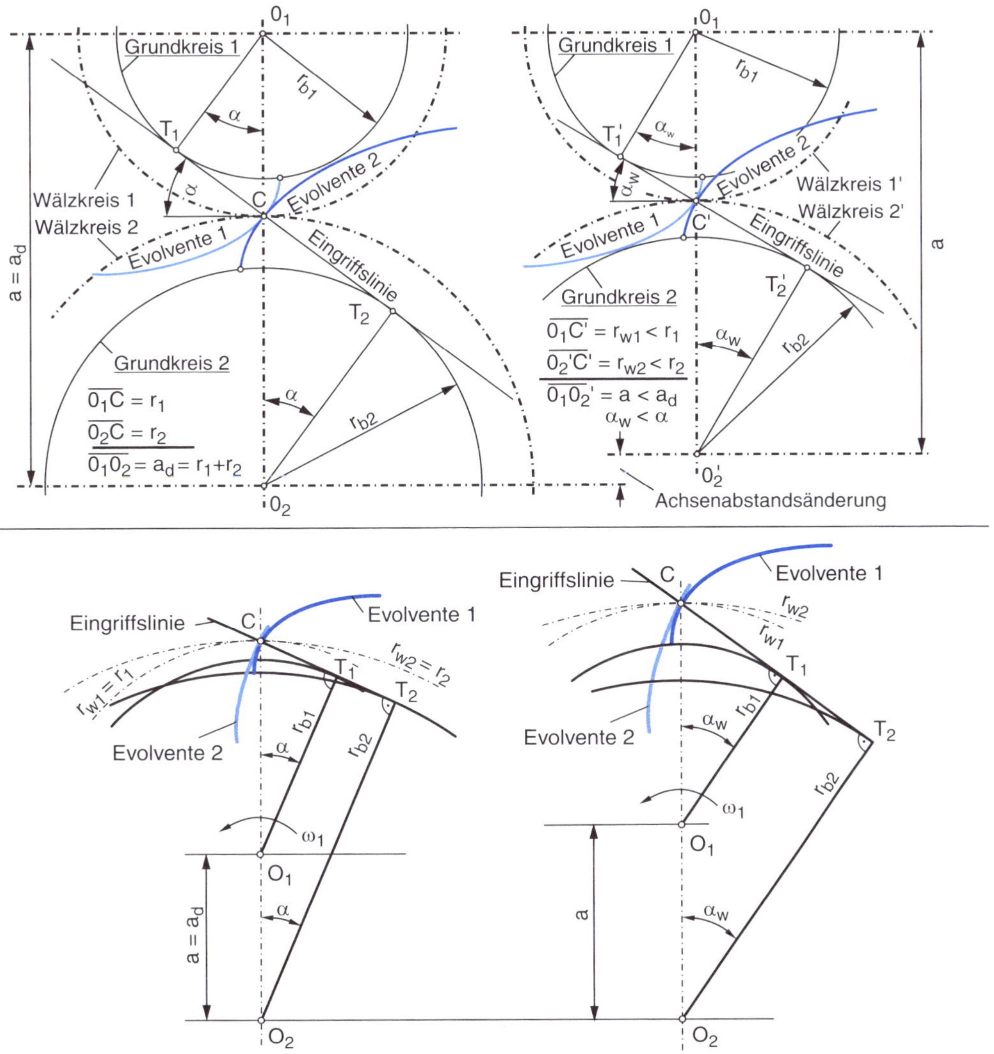

Abbildung 18.24: Eingriffslinie, Achsabstand a und Betriebseingriffswinkel α_w für Außenverzahnung (oben) und Innenverzahnung (unten)

a Achsabstand a und Betriebseingriffswinkel α_w

Aus der Summe der Teilkreisradien (Durchmesser d_1 und d_2) ergibt sich aus Abbildung 18.24 als theoretische Rechengröße der sogenannte Nullachsabstand a_d:

$$a_d = \frac{d_1 + d_2}{2} \qquad a_d = \frac{r_{b1}}{\cos\alpha} + \frac{r_{b2}}{\cos\alpha} \tag{18.42}$$

Dieser Nullachsabstand a_d entspricht dem wirklichen Achsabstand a, wenn die Summe der Profilverschiebungsfaktoren $(x_1 + x_2) = 0$ ist (s.a. Abschnitt 18.2.3.4), woraus auch für den Betriebseingriffswinkel $\alpha_w = \alpha$ folgt. Verändert man jedoch den Abstand der Mittelpunkte der Radpaarung, so entstehen gemäß Abbildung 18.24 Betriebseingriffswinkel $\alpha_w \neq \alpha$ und für den wirklichen Achsabstand a folgt:

$$a = \frac{r_{b1}}{\cos\alpha_w} + \frac{r_{b2}}{\cos\alpha_w} \tag{18.43}$$

Hieraus ergibt sich direkt der Zusammenhang zwischen Achsabstand a und Betriebseingriffswinkel α_w, der eine durch die Radpaarung bestimmte Größe darstellt, Abbildung 18.24:

$$\cos\alpha_w = \frac{a_d}{a} \cdot \cos\alpha \tag{18.44}$$

Bei einer Innenradpaarung (Außenrad – Hohlrad) ergibt sich aus $d_2 < 0$ (bzw. $d_{w2} < 0$) automatisch für den Achsabstand $a_d < 0$ (bzw. $a < 0$).

b Wälzkreisdurchmesser $d_{w1,2}$

Entsprechend der kinematischen Vorstellung rollen die Wälzkreise bei der Bewegungsübertragung schlupffrei, das heißt ohne zu gleiten, aufeinander ab, so dass ihr Durchmesserverhältnis dem absoluten Betrag der Übersetzung entsprechen muss. Dabei können die Wälzkreise wie die Durchmesser schlupffrei arbeitender Reibräder aufgefasst werden, sodass zwischen Übersetzung i, Drehzahlen $n_{1,2}$ und Zähnezahlen $z_{1,2}$ folgender Zusammenhang gilt:

$$|i| = \left|\frac{d_{w2}}{d_{w1}}\right| \quad \text{und} \quad i = \frac{n_1}{n_2} = -\frac{d_{w2}}{d_{w1}} = -\frac{z_2}{z_1} \tag{18.45}$$

Gemäß Abbildung 18.24 folgt der Achsabstand a aus der Summe der Betriebswälzkreisradien $r_{w1,2}$:

$$a = \frac{d_{w1}}{2} + \frac{d_{w2}}{2} \tag{18.46}$$

Unter Verwendung der Gleichungen (18.45) und (18.46) berechnen sich die Wälzkreisdurchmesser d_{w1} und d_{w2} zu:

$$d_{w1} = \frac{2 \cdot a}{1 - i} \quad \text{und} \quad d_{w2} = -i \cdot d_{w1} = 2 \cdot a - d_{w1} = \frac{2 \cdot a}{1 - 1/i} \tag{18.47}$$

Dabei wird für $\alpha_w = \alpha$ der Betriebswälzkreisdurchmesser d_w gleich dem Teilkreisdurchmesser d. Ferner ist zu beachten: Bei einem Außenradpaar ist $i < 0$, bei einem Innenradpaar ist $d_{w2} < 0$ und für die Übersetzung gilt $i = i_{Stufe}$.

c Eingriffsstrecke g_α und Profilüberdeckung ε_α

Zur gleichförmigen Bewegungsübertragung ist es notwendig, dass bereits vor dem Eingriffsende eines Zahnpaares ein neues Zahnpaar zum Eingriff kommt, was von der Länge der Eingriffsstrecke g_α bzw. der Profilüberdeckung ε_α abhängt. Da die Zähne durch die Kopfkreise nach außen begrenzt sind, ist nur auf einem bestimmten Bereich der Eingriffslinie eine Zahnflankenberührung möglich. Dieser begrenzte Bereich der Eingriffslinie wird gemäß Abbildung 18.25 durch die Punkte A und E gekennzeichnet und als Eingriffsstrecke g_α bezeichnet, die sich aus folgenden Teilstrecken auf der Eingriffslinie zusammensetzt:

$$g_\alpha = \left|\overline{T_1E}\right| + \frac{z_2}{|z_2|}\left(\left|\overline{T_2A}\right| - \left|\overline{T_1T_2}\right|\right) \tag{18.48}$$

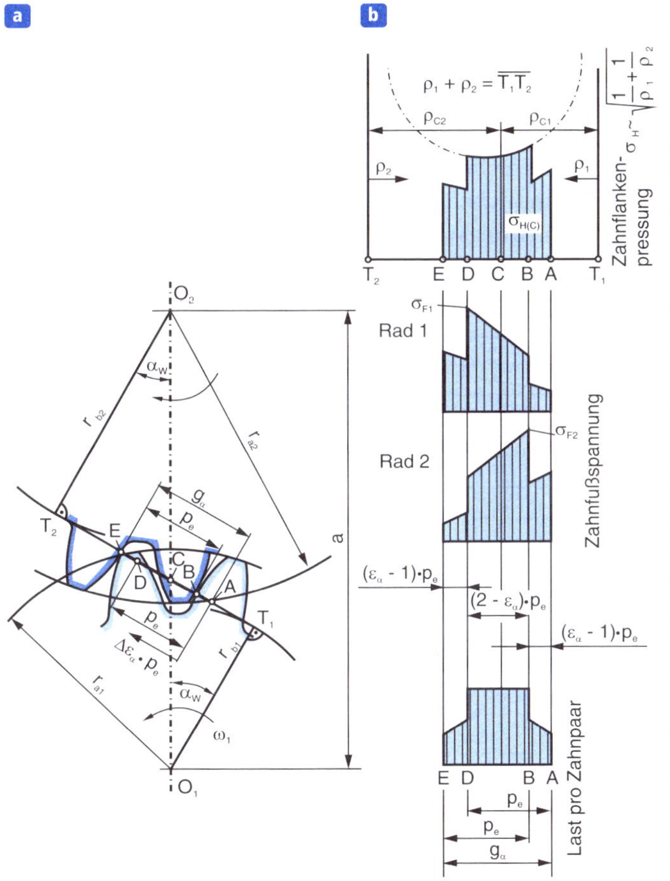

Die auch als Einzeleingriffspunkte bezeichneten Punkte B und D kennzeichnen den Übergang vom Einzel- zum Doppeleingriff:

Zunächst liegt ein Doppeleingriff vor, (d. h. zwei Zahnpaare im Eingriff):

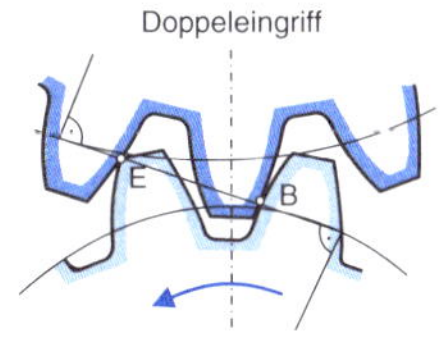

Dann folgt ein Einzeleingriff, (d. h. ein Zahnpaar im Eingriff):

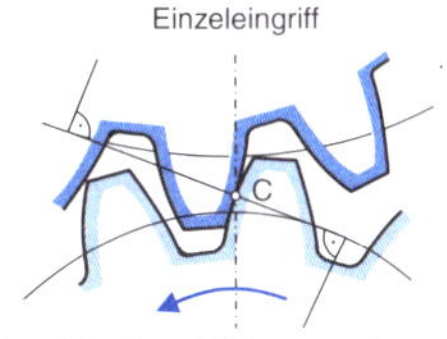

Abschließend folgt wieder ein Doppeleingriff:

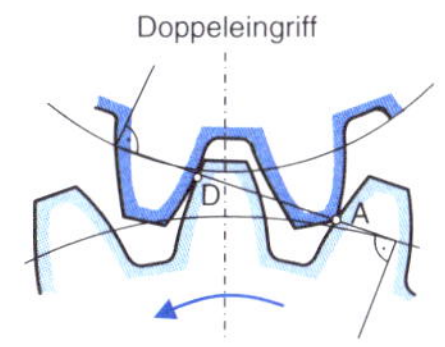

Die Profilüberdeckung ε_α hat wesentlichen Einfluss auf die Laufruhe und die Tragfähigkeit. Im Zahnkopfbereich und Zahnfußbereich treten zumeist Doppeleingriff und im Zahnmittenbereich Einzeleingriff auf. Der Einzeleingriffsbereich ist umso kleiner je größer die Profilüberdeckung ε_α ist.

Abbildung 18.25: Außenradpaarung – a) Eingriffspunkte A, B, D und E sowie Eingriffsstrecke g_α, b) Last pro Zahnpaar, Zahnfußspannung und Flankenpressung

Setzt man in Gleichung (18.48) für die Strecken jeweils die verzahnungsgeometrischen Größen ein, so ergibt sich für die Eingriffsstrecke g_α:

$$g_\alpha = \sqrt{\left(\frac{d_{a1}}{2}\right)^2 - \left(\frac{d_{b1}}{2}\right)^2} + \frac{z_2}{|z_2|}\sqrt{\left(\frac{d_{a2}}{2}\right)^2 - \left(\frac{d_{b2}}{2}\right)^2} - a \cdot \sin \alpha_w \qquad (18.49)$$

Durch den „Vorzeichenterm" $z_2 / |z_2|$ gilt die Gleichung für Außen- und Innenradpaarungen.

Hierin sind bei Innenradpaaren $a < 0$ und $z < 0$ und bei der Kopfrundung anstelle $d_{a1,2}$ die Kopfnutzkreis-Durchmesser $d_{Na1,2}$ wie folgt einzusetzen:

$$d_{Na} \approx d_a - 2 \cdot \rho_{an} \cdot (1 - \sin \alpha_{an}) \qquad (18.50)$$

Bezieht man nun die Eingriffsstrecke g_α auf die Eingriffsteilung p_e gemäß Abbildung 18.21 und Gleichung (18.24), so ergibt sich daraus die Profilüberdeckung ε_α:

$$\varepsilon_\alpha = \frac{g_\alpha}{p_e} \quad \text{mit} \quad p_e = m \cdot \pi \cdot \cos \alpha \qquad (18.51)$$

Entsprechend Abbildung 18.25 bezeichnet die Profilüberdeckung ε_α die Anzahl der sich durchschnittlich im Eingriff befindlichen Zahnflankenpaare (im Stirnschnitt). Anhaltswerte sowie ein Diagramm zur näherungsweisen Ermittlung von ε_α zeigt Abbildung 18.26.

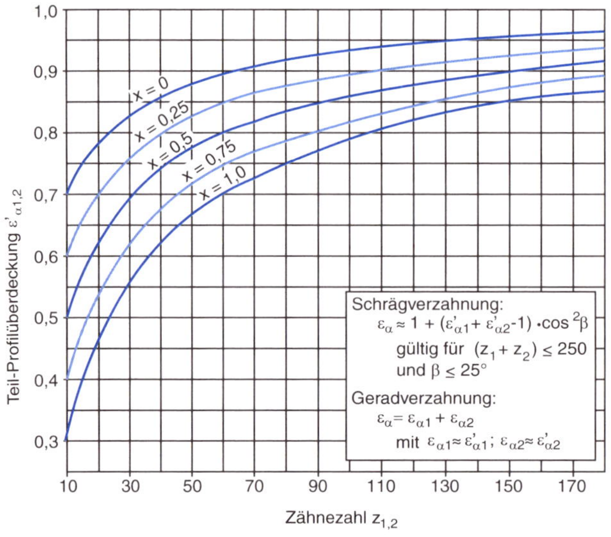

Bei Verzahnungen mit einem Bezugsprofil nach DIN 867 (Eingriffswinkel $\alpha = 20°$) ist $\varepsilon_\alpha \leq 1{,}98$ [18.37]. Üblicherweise liegt die Profilüberdeckung im Bereich $1{,}2 \leq \varepsilon_\alpha \leq 1{,}7$. Da mindestens ein Zahnpaar zur Kraftübertragung benötigt wird und dieses mit einer Mindestsicherheit (bei Geradverzahnung) einzuhalten ist, muss $\varepsilon_\alpha \geq 1{,}1$ sein. Bei Schrägverzahnung ist ein gleichmäßiger Lauf auch bei $\varepsilon_\alpha < 1$ möglich, wenn die Zahnbreite und der Schrägungswinkel den Eingriff mindestens eines Flankenpaares sicherstellen. Verzahnungen mit $\varepsilon_\alpha < 1$ werden aber aufgrund der geringen Tragfähigkeit im Allgemeinen nicht ausgeführt. Bei Hochverzahnungen, die für lärmarme Getriebe Anwendung finden (PKW-Getriebe), ist meist $\varepsilon_\alpha \geq 2$.

Abbildung 18.26: Anhaltswerte und näherungsweise Ermittlung der Profilüberdeckung ε_α [18.216]

Häufig wird die Profilüberdeckung ε_α auch durch die Teilüberdeckungen $\varepsilon_{\alpha1,2}$ ausgedrückt, die den auf die Eingriffsteilung p_e bezogenen Teilen der Eingriffsstrecken entsprechen, die durch die Kopfeingriffspunkte E bzw. A und ihre jeweiligen Abstände zum Wälzpunkt C gegeben sind:

$$\varepsilon_\alpha = \varepsilon_{a1} + \varepsilon_{a2} \tag{18.52}$$

$$\varepsilon_{a1} = \frac{\overline{EC}}{p_e} \quad \text{mit} \quad \overline{EC} = \sqrt{\left(\frac{d_{a1}}{2}\right)^2 - \left(\frac{d_{b1}}{2}\right)^2} - \sqrt{\left(\frac{d_{w1}}{2}\right)^2 - \left(\frac{d_{b1}}{2}\right)^2} \tag{18.53}$$

$$\varepsilon_{a2} = \frac{\overline{AC}}{p_e} \quad \text{mit} \quad \overline{AC} = \frac{z_2}{|z_2|} \cdot \left(\sqrt{\left(\frac{d_{a2}}{2}\right)^2 - \left(\frac{d_{b2}}{2}\right)^2} - \sqrt{\left(\frac{d_{w2}}{2}\right)^2 - \left(\frac{d_{b2}}{2}\right)^2} \right) \tag{18.54}$$

Aus dem Verhältnis von $\varepsilon_{a1} / \varepsilon_{a2}$ ergibt sich auch direkt das Verhältnis der Gleitgeschwindigkeit am Zahnkopf von Rad 1 zur Gleitgeschwindigkeit am Zahnkopf von Rad 2, welches bei der Auslegung der Verzahnung zu berücksichtigen ist (s.a. Abschnitt 18.2.5).

Analog zu Abbildung 18.25 zeigt Abbildung 18.27 die Verhältnisse für eine Innenradpaarung.

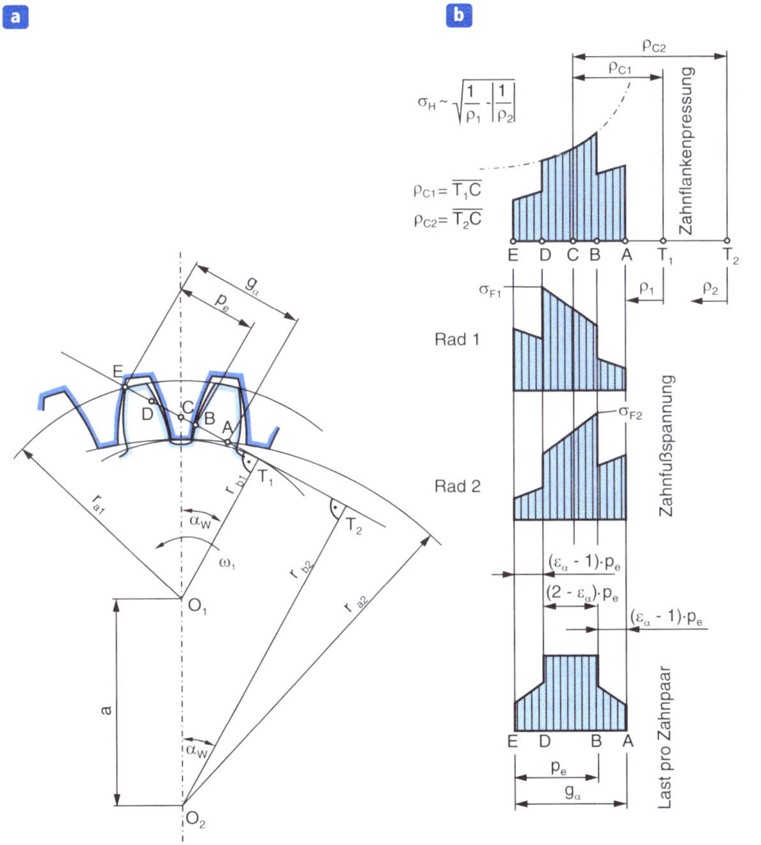

Abbildung 18.27: Innenradpaarung – a) Eingriffspunkte A, B, D und E sowie Eingriffsstrecke g_α, b) Last pro Zahnpaar, Zahnfußspannung und Flankenpressung

18.2.3.3 Bezugsprofil und Zahnstange

Entsprechend Abbildung 18.28 lassen sich die Zahnprofile der Flanken durch ihre Krümmungsradien $\rho_{C1,2}$ annähern. Vergrößert man nun z.B. den Durchmesser d_{b2} des Rades 2, so wächst auch dessen Krümmungsradius ρ_{C2} proportional. Für den Grenzfall eines unendlich großen Durchmessers wird das Zahnrad zur Zahnstange (s.a. Abbildung 18.20) und die Flankenprofile werden zu Geraden, da gilt:

$$\rho_C = \frac{d_b}{2} \cdot \sin \alpha_w \rightarrow \infty \quad \text{mit} \quad d_b \rightarrow \infty \tag{18.55}$$

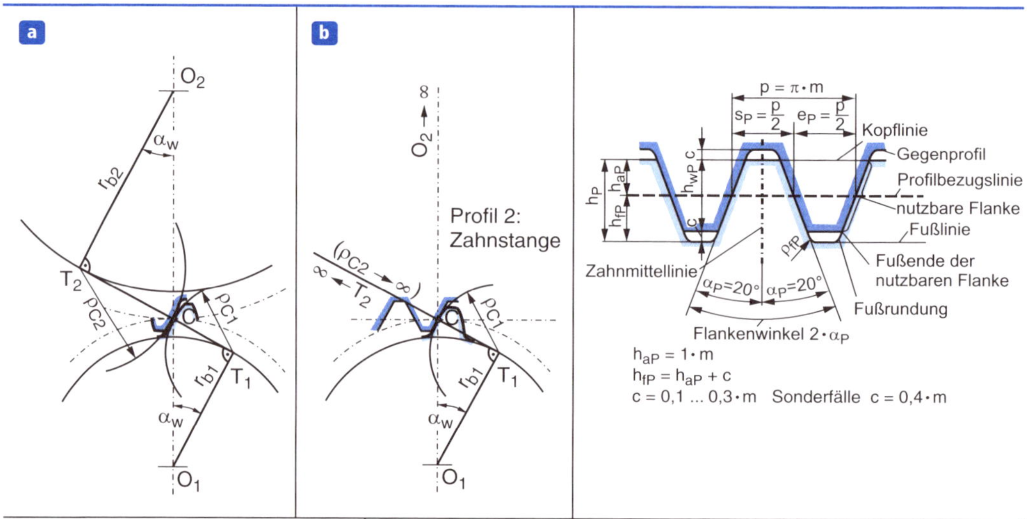

Bevorzugtes Kopfspiel c	$0{,}17 \cdot m$	$0{,}25 \cdot m$	$0{,}30 \cdot m$
Maximaler Fußrundungsradius ρ_{fPmax}	$0{,}25 \cdot m$	$0{,}30 \cdot m$	$0{,}45 \cdot m$

Abbildung 18.28: Krümmungsradien ρ_C im Wälzpunkt (links) und Bezugsprofil für Evolventenverzahnungen an Stirnrädern für den allgemeinen Maschinenbau und den Schwermaschinenbau nach DIN 867 (rechts) sowie bevorzugtes Kopfspiel c und zugehöriger maximaler Fußrundungsradius ρ_{fPmax} [18.37], [18.216]

Auf dieses einfache, durch die Zahnstange gegebene geradflankige Profil gemäß Abbildung 18.28 lassen sich alle geometrischen Grundgrößen beziehen, weshalb es auch Bezugsprofil genannt wird und für Evolventenverzahnungen an Stirnrädern des allgemeinen Maschinenbaus und des Schwermaschinenbaus mit DIN 867 für Moduln von m = 1 mm bis m = 50 mm genormt ist [18.37]. In der Feinwerktechnik kommen meist Moduln zwischen m = 0,2 mm bis m = 1 mm zur Anwendung, das zugeordnete Bezugsprofil ist gemäß DIN 58400 genormt [18.87]. Generell ist das Bezugsprofil so aufgebaut, dass es für beide Räder einer Paarung gleich ist (symmetrisch zur Mittellinie), sodass beliebige, aber gleich geteilte Räder (Räder gleichen Moduls) paarungsfähig sind (Satzrädereigenschaft, s.a. Abbildung 18.11). Verlängert man die Zahnköpfe des Bezugsprofiles um das Kopfspiel c, so lässt sich das Profil auch als Werkzeugprofil auffassen, das bei einem zwangsweise geführten Bewegungsvorgang gemäß Abbildung 18.29 das Gegenprofil einwalzt oder einschneidet.

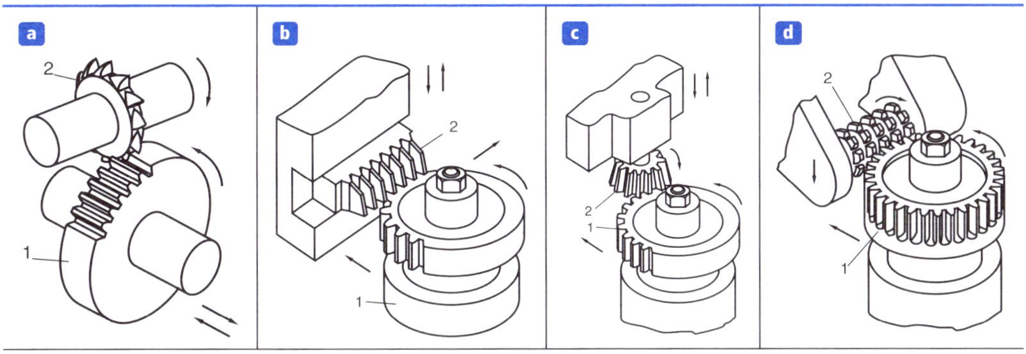

Abbildung 18.29: Fertigungsverfahren zur spanenden Herstellung von Verzahnungen 1 mithilfe eines Werkzeuges 2 – a) Formfräser, b) Schneidkamm, c) Schneidrad, d) Wälzfräser [18.216]

Beobachtet man den Abwälzvorgang Zahnstange (Werkzeug) – Zahnrad (Werkstück) vom Zahnrad aus, ergeben sich die in Abbildung 18.9 gezeigten Hüllschnitte, das Flankenprofil entsteht somit als Hüllkurve. Bei der praktischen Umsetzung entsprechend Abbildung 18.29 sind zusätzliche Frei- und Spanwinkel vorzusehen, sodass im einfachsten Fall der Schneidkamm entsteht, der noch große Ähnlichkeit mit der eigentlichen Zahnstange aufweist. Aus dem Schneidkamm ergibt sich der Wälzfräser, indem man die Schneidzähne auf einer Walze schraubenlinienförmig versetzt anordnet.

Betrachtet man das gefertigte Zahnrad, so wirken sich bei Schneidkämmen, Fräsern und Schneidrädern die Zahndickenabmaße auf den Fußkreisdurchmesser d_f und damit das Kopfspiel c aus. Bei Schneidrädern ist zusätzlich zu beachten, dass diese Größen noch durch die Profilverschiebung und Zähnezahl sowohl des herzustellenden Zahnrades als auch des Werkzeuges in geringem Maße beeinflusst werden, da bei einer Paarung mit endlichen Zähnezahlen keine Proportionalität zwischen Dickenänderung und Achsabstandsänderung besteht [18.216]. Darüber hinaus kann zusätzlich eine wesentliche Änderung des Fußkreisdurchmessers d_f bedingt durch Maßabweichungen bei der Wärmebehandlung eintreten (z.B. beim Einsatzhärten, s.a. Abschnitt 18.2.9).

Der fertigungsbedingt tatsächlich entstehende Zahnfußkrümmungsradius ρ_f (Größe und Verlauf) hängt ebenfalls von der Zähnezahl z und dem Profilverschiebungsfaktor x ab (s.a. Abschnitt 18.2.3.4). So entstehen bei einem Schneidkamm oder Abwälzfräser am Zahnrad endgültige Zahnfußkrümmungsradien $\rho_f > \rho_{a0}$ mit ρ_{a0} als Werkzeugradius (z.B. $\rho_{a0} = 0{,}25 \cdot m_n$ oder $\rho_{a0} = 0{,}38 \cdot m_n$). Demgegenüber sind bei Schneidrädern, die teilweise nicht über eine gesonderte Kopfrundung verfügen, bei ungünstiger Profilverschiebung Zahnfußradien von $\rho_f < 0{,}25 \cdot m_n$ im Gegensatz zum Bezugsprofil möglich, was oftmals nicht bedacht wird [18.216]. Im Hinblick auf eine mögliche Minderung der Tragfähigkeit aufgrund der Kerbwirkung ist jedoch der genaue Rundungsradius zu berücksichtigen (s.a. Abschnitt 18.4.5). Ebenfalls um Kerbwirkungseinflüsse zu mindern, lässt man im Zahnfußbereich zur Vermeidung von Schleifabsätzen eine Abweichung vom Bezugsprofil nach Abbildung 18.28 zu. Mithilfe einer sogenannten Restunterwühlung lassen sich entsprechende Schwankungen des Schleifaufmaßes und Härteverzuges berücksichtigen, wobei zusätzlich eine größere Zahnfußtiefe erforderlich wird, damit dann keine wesentliche Kürzung des evolventischen Profiles vorliegt. Folgende Abbildung 18.30 zeigt das für eine Tragfähigkeitsberechnung meist zugrunde gelegte Profil mit Restunterwühlung bzw. Freischnitt s_{pr} für die Verzahnung. Dabei ist zu beachten, dass die Maßänderungen bei der Wärmebehandlung nicht nur vom Modul, sondern z.B. auch vom Durchmesser des Rades abhängen, sodass die modulabhängige Restunterwühlung nur einen werkzeugbedingten Kompromiss darstellt.

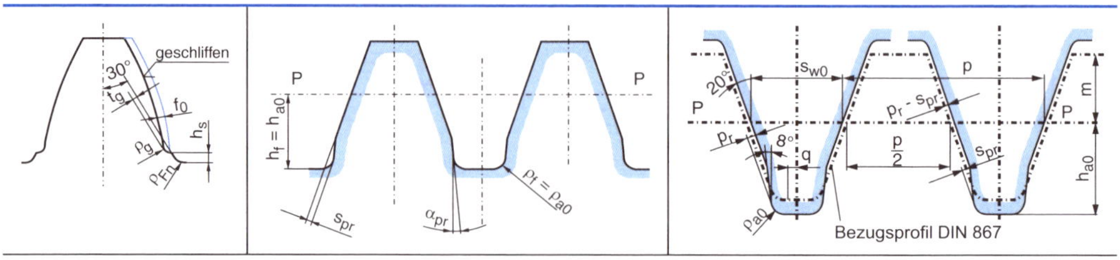

Abbildung 18.30: Bezugsprofil der Verzahnung bei Herstellung mit einem Protuberanzwerkzeug [18.216]

Im Hinblick auf eine Optimierung der Funktionsfähigkeit der Verzahnung weicht man bei modernen Verzahnungen mittlerweile ebenfalls häufig vom gegebenen Bezugsprofil nach DIN 867 ab. Derartige gezielt aufgebrachte Modifikationen liegen in der Größenordnung der elastischen Verformung der Zähne und der Umgebungskonstruktion (Wellen, Lager und Gehäuse). Sie sollen Auswirkungen von Eingriffswinkel- und Teilungsfehlern mindern, die mögliche Erregung von Schwingungen infolge der Schwankung der Zahnverformung verringern, die Fressgefahr herabsetzen und insbesondere die Stirn- und Breitenlastverteilung (letztere insbesondere bei breiten Verzahnungen) deutlich verbessern. Dabei ist zu beachten, dass die Verformungen sowohl von den jeweiligen Verzahnungsdaten als auch von der tatsächlichen Belastung abhängen, sodass die Vorgabe eines festen Wertes für die Größe der Profilmodifikation nicht sinnvoll ist (s.a. Abschnitt 18.4.3). Modulabhängige Grenzwerte sind in ISO 53 festgelegt [18.160].

18.2.3.4 Profilverschiebung und ihre Eigenschaften

Wie bereits eingangs erwähnt und aus Abbildung 18.24 ersichtlich, besteht der wesentliche Vorteil der Evolventenverzahnung darin, dass auch bei verändertem Achsabstand das Verzahnungsgesetz erfüllt bleibt und somit eine stetige Bewegungsübertragung mit $i = -r_{w1} / r_{w2} =$ konst. ermöglicht wird. Eine derartige Achsabstandsänderung bedingt entsprechend Abbildung 18.31 die radiale Verschiebung des Nutzungsbereiches der Evolvente, sodass weiter außen oder weiter innen liegende Bereiche des evolventenförmigen Zahnprofils genutzt werden, was man als Profilverschiebung bezeichnet.

Mithilfe der Profilverschiebung lassen sich folgende Größen der Verzahnung beeinflussen (s.a. genauere Angaben am Ende dieses Abschnittes):

- Zahndicke und Zahnform – mit direktem Einfluss auf die Tragfähigkeit von Zahnfuß und Zahnflanke
- Krümmungsradien der Zahnfußkurve – zur Vermeidung von Unterschnitt und zur Minderung der Kerbwirkung am Zahnfuß bei der Zahnfußtragfähigkeit

- Krümmungsradien der Zahnflanke sowie Betriebseingriffswinkel – mit direktem Einfluss auf die Hertz'sche Pressung der Zahnflanken sowie die Gleitgeschwindigkeit (Gleitschlupf) und damit die Fresstragfähigkeit
- Profilüberdeckung und Lage der Eingriffsstrecke auf der Eingriffslinie – mit direktem Einfluss auf das Laufverhalten (Laufruhe, Geräusch)

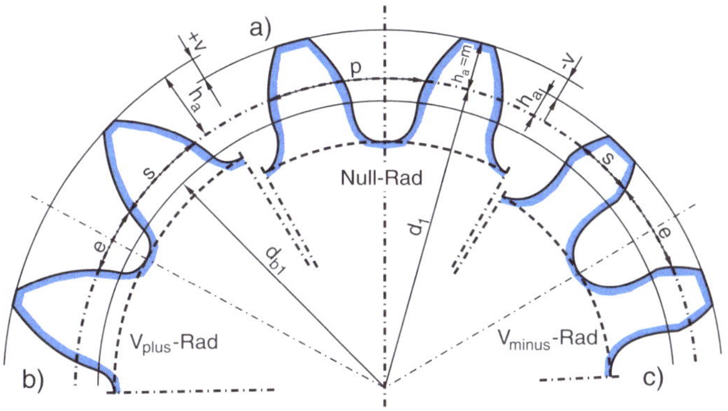

Abbildung 18.31: Zahnform abhängig von der Profilverschiebung

Gemäß Abbildung 18.31 unterscheidet man in Abhängigkeit von den Profilverschiebungsfaktoren $(x_1 + x_2)$ folgende Verzahnungspaarungen:

- *Null*-Verzahnung mit $x_1 = x_2 = 0$ – hier wurde keine Profilverschiebung vorgenommen. Die Profilbezugslinie deckt sich mit der Wälzgeraden und berührt den Teilkreis im Wälzpunkt *C*. Erzeugungswälzkreis und Betriebswälzkreis fallen zusammen. Die Zahndicke *s* ist gleich der Lückenweite *e*, sodass gilt $s = e = p / 2$.
- *V*-Verzahnung mit $(x_1 + x_2) \neq 0$ – hier wurde eine Profilverschiebung vorgenommen. Bei gleichem Grundkreis sind der Teilkreis, der Erzeugungswälzkreis und die Teilung gegenüber den entsprechenden Nullrädern unverändert.
- V_{plus}-Verzahnung $(x_1 + x_2) > 0$ – hier liegt eine positive Profilverschiebung vor mit Vergrößerung von Kopf- und Fußkreis. Die Zahndicken werden am Teilkreis größer $s > p / 2$, die Zahnlücken entsprechend kleiner $e < p / 2$, wodurch sich Unterschnitt vermeiden lässt und die Tragfähigkeit der Zähne erhöht wird.
- V_{minus}-Verzahnung $(x_1 + x_2) < 0$ – hier liegt eine negative Profilverschiebung vor mit Verkleinerung von Kopf- und Fußkreis. Die Zahndicken werden am Teilkreis kleiner $s < p / 2$, die Zahnlücken entsprechend größer $e > p / 2$, sodass die Gefahr von Unterschnitt besteht und die Tragfähigkeit der Zähne vermindert wird, da eine Schwächung des Zahnfußquerschnitts auftritt.
- *V-Null*-Verzahnung mit $(x_1 + x_2) = 0$, bzw. $x_1 = -x_2$ – hier liegt eine gleichmäßig aufgeteilte Profilverschiebung auf Rad 1 und Rad 2 vor.

Bei der Fertigung eines Zahnrades wird die Profilverschiebung vorgenommen, indem man nach Abbildung 18.32 das erzeugende Werkzeug um den Betrag $x \cdot m$ radial weiter an- oder abrückt. Zur Bestimmung der dann vorliegenden Zahndicke *s* am Teilkreis wird der Zusammenhang genutzt, dass bei der Paarung Zahnstange-Zahnrad auch bei $x \cdot m \neq 0$ der Teilkreis des Rades der Wälzkreis bleibt, da nur so die Normale zur geradflankigen Zahnstange, ausgehend vom auf dem Wälzkreis liegenden Wälzpunkt C, den Grundkreis tangieren kann. Auf dem Wälzkreis, der in diesem Fall dem Teilkreis entspricht, ist aufgrund des schlupffreien Abrollens die Zahndicke $s_{1,2}$ gleich der Zahnlückenweite des Werkzeuges, sodass nach Abbildung 18.32 mit der Teilkreisteilung $p = m \cdot \pi$ gilt:

$$s_{1,2} = \frac{p}{2} + 2 \cdot m \cdot x_{1,2} \cdot \tan\alpha = m \cdot \left(\frac{\pi}{2} + 2 \cdot x_{1,2} \cdot \tan\alpha \right) \tag{18.56}$$

Dabei entspricht die Zahndicke s gemäß Abbildung 18.31 dem Abstand des Profils der Rechts- und Linksflanke eines Zahnes auf dem Teilzylinder (Bogenlänge). Abbildung 18.33 zeigt beispielhaft die entstehenden Zahnformen außenverzahnter Stirnräder in Abhängigkeit von der Zähnezahl und der Profilverschiebung.

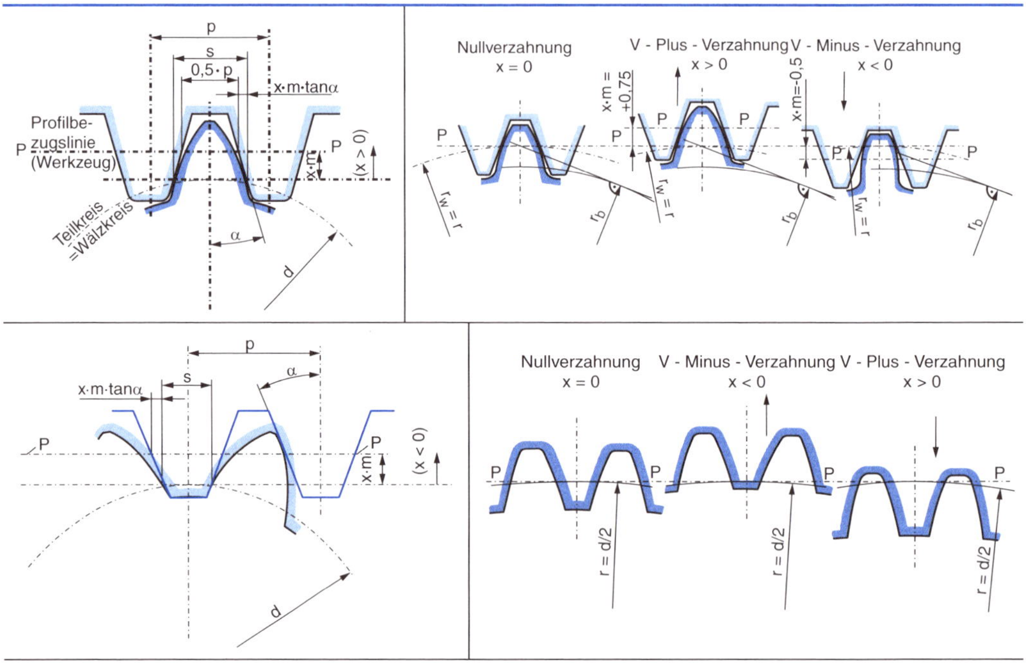

Abbildung 18.32: Profilverschiebung – a) Zahndicke s am Teilkreis, b) Profilverschiebung durch Werkzeugan- bzw. Werkzeugabrückung, c) und d) Änderung der Zahnform abhängig von der Profilverschiebung

Im Weiteren ist nun die erforderliche Summe der Profilverschiebungsfaktoren ($x_1 + x_2$) zu bestimmen, damit bei Achsabstandsänderungen weiterhin ein „spielfreier“ Zahneingriff vorliegt, den man richtigerweise eigentlich nur als „spielarmen“ Zahneingriff bezeichnen sollte, da bei einer Verzahnung immer ein – wenn auch sehr geringes – Flankenspiel erforderlich ist, um ein Klemmen zu vermeiden. Üblicherweise erreicht man dieses Flankenspiel nachträglich durch Zahndicken- bzw. Zahnweiten-Minusabmaße, indem entweder das Werkzeug (Schneidrad oder Wälzfräser) radial weiter zugestellt wird oder die Schleifscheibe durch tangentiale Verstellung die Zahndicken- bzw. Zahnweitenänderung erzeugt.

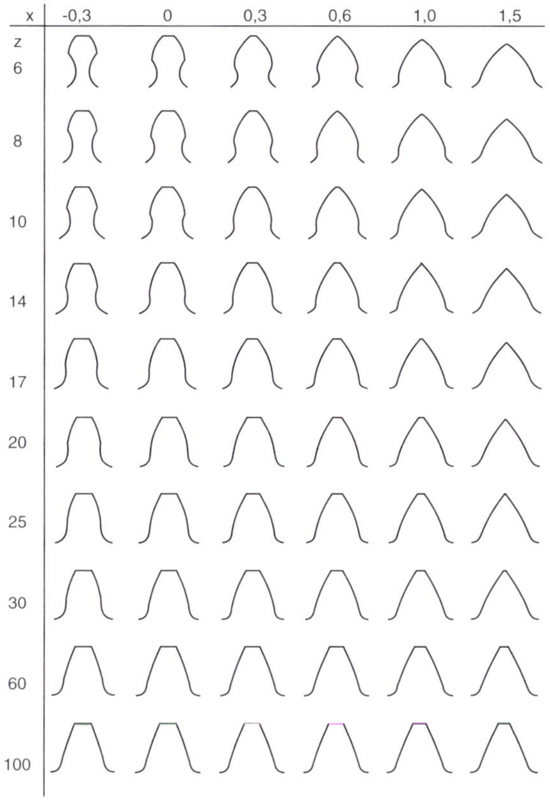

Abbildung 18.33: Zahnformen außenverzahnter Stirnräder für ein Bezugsprofil nach DIN 867 bei Werkzeugkopfrundung $\rho_{a0} = 0{,}38 \cdot m_n$ des Abwälzfräsers oder Schneidkamm abhängig von der Zähnezahl und der Profilverschiebung [18.216]

Aus der Bedingung, dass die Betriebswälzkreise $d_{w1,2}$ schlupffrei aufeinander abrollen müssen, ergibt sich gemäß Abbildung 18.34, dass die Summe der Zahndicken $s_{w1,2}$ der gepaarten Zahnräder der Teilung p_w auf den Wälzkreisen entspricht:

$$s_{w1} + s_{w2} = p_w \tag{18.57}$$

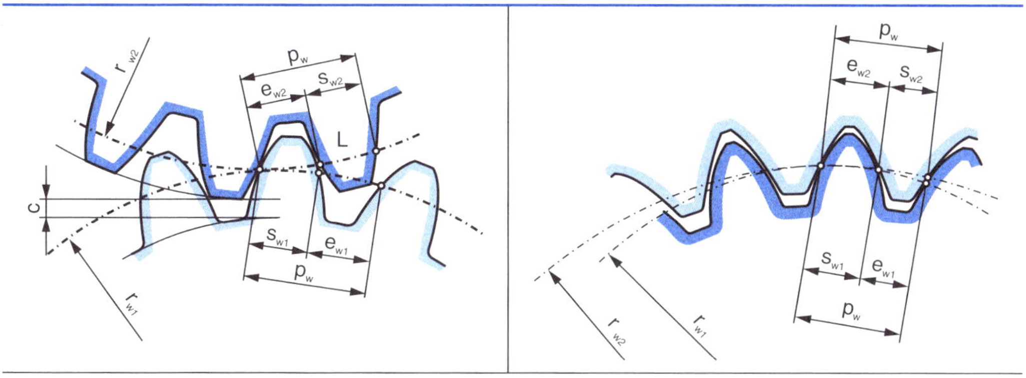

Abbildung 18.34: Zahndicken am Betriebswälzkreis – Außenverzahnung (links) und Innenverzahnung (rechts)

Setzt man für $s_y = s_w$ nach Gleichung (18.36), s nach Gleichung (18.56), $d_y = d_w$ mit $d_{w1,2}$ nach Gleichung (18.45) und (18.47) und $\alpha_y = \alpha_w$ nach Gleichung (18.44) ein, so folgt:

$$s_{w1,2} = d_{w1,2} \cdot \left[\frac{m \cdot \left(\frac{\pi}{2} + 2 \cdot x \cdot \tan\alpha \right)}{z_{1,2} \cdot m} + \operatorname{inv}\alpha - \operatorname{inv}\alpha_w \right] \tag{18.58}$$

Die Betriebswälzkreisteilung p_w lässt sich aus dem Zahnteilungswinkel $p / (d / 2)$ bestimmen:

$$\text{Aus } \frac{p_w}{d_w} = \frac{p}{d} \text{ folgt mit } d = \frac{d_b}{\cos\alpha}, \; d_w = \frac{d_b}{\cos\alpha_w} \text{ und } p = m \cdot \pi \tag{18.59}$$

$$p_w = p \cdot \frac{\cos\alpha}{\cos\alpha_w} \tag{18.60}$$

Einsetzen von Gleichung (18.58) und Gleichung (18.60) in Gleichung (18.57) führt zur Summe der Profilverschiebungsfaktoren $(x_1 + x_2)$, mit denen sich ein „spielfreier" Zahneingriff bei einem gegenüber der Summe der Teilkreisradien a_d abweichenden Achsabstand a erreichen lässt:

$$x_1 + x_2 = \frac{\operatorname{inv}\alpha_w - \operatorname{inv}\alpha}{2 \cdot \tan\alpha} \cdot (z_1 + z_2) \tag{18.61}$$

Bedingt durch den geänderten Achsabstand $a \neq a_d$ ergibt sich auch ein Betriebseingriffswinkel $\alpha_w \neq \alpha$, der durch den Term inv α_w berücksichtigt wird und nach Gleichung (18.44) einzusetzen ist. Für den Eingriffswinkel $\alpha = 20°$ bei einer Verzahnung nach DIN 867 gilt inv α = inv 20° = 0,01490438.

Betrachtet man nun bei Außenverzahnungen die Veränderung des Achsabstandes $\Delta a = a - a_d \neq 0$ und die Summe der Vergrößerung der Kopf- und Fußkreisradien, bedingt durch die Profilverschiebungsfaktoren $(x_1 + x_2)$, so ergibt sich:

$$(x_1 + x_2) \cdot m > (a - a_d) \tag{18.62}$$

Demzufolge wird bei konstanter Zahnhöhe h das Kopfspiel c verkleinert und es besteht die Gefahr von Eingriffsstörungen (Interferenzen) durch Berührung der Zahnköpfe in den Fußkurven der Gegenräder. Um das zu vermeiden, kürzt man deshalb bei Außenverzahnungen die Zahnköpfe um den Betrag $|k \cdot m|$ und stellt so das normale Kopfspiel (meist $c = 0{,}25 \cdot m$) wieder her. Dabei ist k der Kopfhöhenänderungsfaktor, der sich aus dem gewählten Achsabstand a, der Summe der Teilkreisradien a_d, dem Modul m und der Summe der Profilverschiebungsfaktoren $(x_1 + x_2)$ wie folgt berechnen lässt:

$$k = \frac{a - a_d}{m} - (x_1 + x_2) \tag{18.63}$$

Während bei Außenverzahnungen für $(x_1 + x_2) \neq 0$ eine Kopfkürzung erforderlich ist ($k < 0$), wird bei Innenverzahnungen $k > 0$, was einer Zahnhöhenvergrößerung entspricht. Diese führt man aber üblicherweise im Hinblick auf die Interferenzgefahr nicht aus, sondern setzt $k = 0$.

Zur Überprüfung des zur Vermeidung von Eingriffsstörungen erforderlichen Kopfspieles c gilt bei gegebenen Kopf- und Fußkreisdurchmessern $d_{a1,2}$ und $d_{f1,2}$ sowie dem Achsabstand a folgender Zusammenhang:

$$c = a - \frac{d_{a1,2}}{2} - \frac{d_{f1,2}}{2} \tag{18.64}$$

Abschließend soll noch auf die eingangs erwähnten Beeinflussungsmöglichkeiten durch die Profilverschiebung sowie auf deren Größenwahl und Aufteilung eingegangen werden. Abbildung 18.31 und Abbildung 18.32 zeigen Zähne verschiedener Profilverschiebung, die sich in der Zahndicke und durch die Nutzung verschiedener Bereiche der Evolvente unterscheiden. Abbildung 18.33 zeigt beispielhaft den Einfluss von Zähnezahl und Profilverschiebung auf die Zahnform.

Mit größer werdendem Profilverschiebungsfaktor x nimmt auch die Zahnfußdicke zu, während die Zahnkopfdicke (bei $k = 0$) stetig kleiner wird.

Aus Abbildung 18.33 und Abbildung 18.35 wird deutlich, dass bei Außenverzahnungen mit kleinen Zähnezahlen in Abhängigkeit von der Profilverschiebung ein sogenannter Unterschnitt auftreten kann. Dabei werden größere Teile des evolventischen Profils weggeschnitten und es kommt zu einer deutlichen Schwächung des Zahnfußes durch eine Querschnittsverkleinerung. Die Bedingungen für das Auftreten von Unterschnitt können Abbildung 18.36 entnommen werden. Der Grenzfall für Unterschnitt liegt vor, wenn der Punkt F (als Schnittpunkt des tiefsten Punktes des geradlinigen Teiles des Werkzeugprofiles mit der Eingriffslinie) mit dem durch die Tangente der Eingriffslinie an den Grundkreis gegebenen Punkt T zusammenfällt. Demzufolge lässt sich für Werkzeuge mit zahnstangenartiger Grundform (Wälzfräser, Hobelkamm) Unterschnitt vermeiden, wenn die folgende Bedingung erfüllt wird:

$$x \geq \frac{h'_{a0}}{m} - \frac{z}{2} \cdot \sin^2 \alpha \tag{18.65}$$

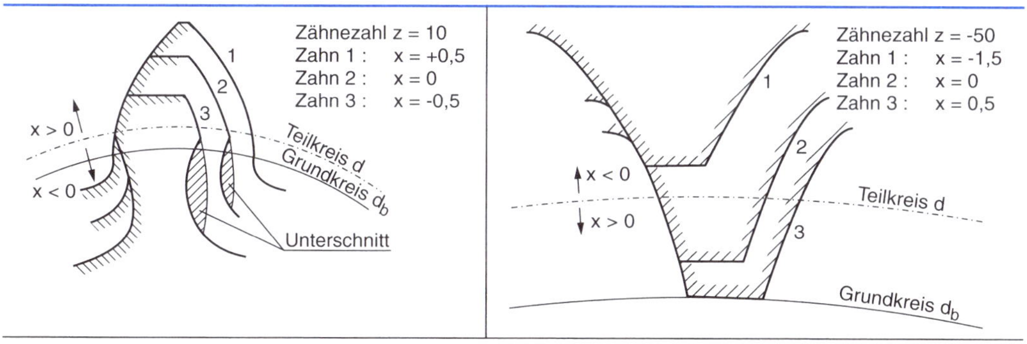

Abbildung 18.35: Änderung der Zahnform durch Profilverschiebung für Außenverzahnung (links) und Innenverzahnung (rechts) [18.216]

Somit lässt sich aus Gleichung (18.65) für eine Geradverzahnung mit einem Eingriffswinkel von $\alpha = 20°$ eine theoretische Grenzzähnezahl von $z \geq 17$ ermitteln, bei der ohne Profilverschiebung ($x = 0$) kein Unterschnitt auftritt, da für die übliche Werkzeugkopfhöhe von $h_{a0} = 1{,}25 \cdot m$ und mit $\rho_{a0} = 0{,}38 \cdot m$ als Werkzeugkopfrundung die Höhe des geradflankigen Teiles des Werkzeuges $h'_{a0} = 1$ ist. Von praktischer Bedeutung ist der Unterschnitt jedoch erst für Zähnezahlen $z < 14$, weshalb man diese auch als praktische Grenzzähnezahl bezeichnet. In Tabelle 18.2 sind theoretische Grenzzähnezahlen abhängig vom Eingriffswinkel α und Schrägungswinkel β zusammengestellt (s.a. Abschnitt 18.2.4), wobei die reale Grenzzähnezahl der jeweils nächst höheren ganzen Zahl entspricht.

Werden zur Herstellung Schneidräder verwendet, sind zusätzlich auch die Zähnezahl und die Profilverschiebung des Werkzeuges mit zu berücksichtigen, sodass Gleichung (18.65) nicht mehr genau gilt, jedoch zur Ermittlung von Anhaltswerten genutzt werden kann [18.216].

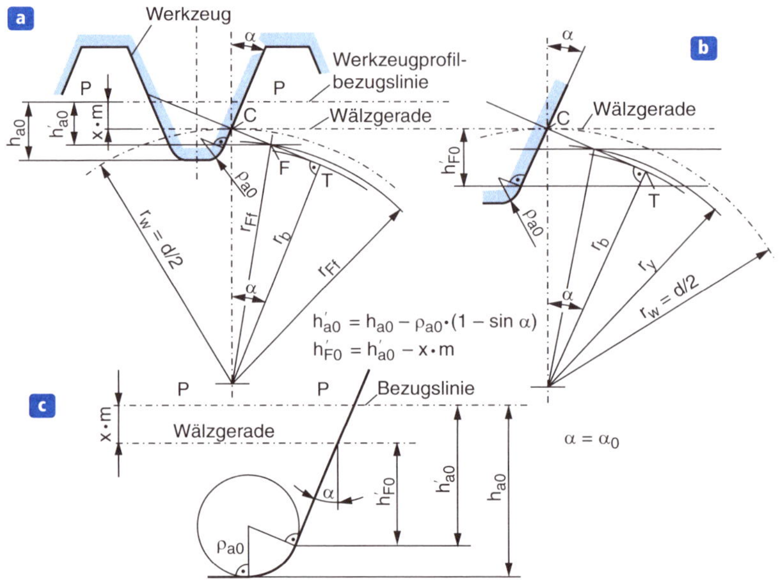

Unterschnitt tritt immer dann auf, wenn gemäß Skizze b) Radien des erzeugten Profils anstatt einem zwei Eingriffspunkte mit der die Evolvente erzeugenden Schneidkante des Werkzeugs haben. Das ist immer dann der Fall, wenn vom Wälzpunkt C aus in Richtung des Punktes T betrachtet, Eingriffspunkte des geradflankigen Teiles des Werkzeuges mit der Höhe h'_{a0} noch Eingriffspunkte hinter (bzw. unterhalb von) T besitzen.

Abbildung 18.36: Übergang Evolvente – Fußkurve bei Außenverzahnung mit zahnstangenartigem Werkzeug (Wälzfräser, Schneidkamm) – a) Fußformkreisradius r_{Ff}, kein Unterschnitt; b) Unterschnitt bei Außenverzahnung, Eingriff unterhalb von T; c) Vergrößerter Ausschnitt des zahnstangenartigen Werkzeuges im Zahnkopfbereich [18.216]

h'_{a0} / m_n	Eingriffswinkel α															
	15°				17,5°				20°				25°			
	Schrägungswinkel β															
	0°	15°	30°	45°	0°	15°	30°	45°	0°	15°	30°	45°	0°	15°	30°	45°
0,8	23,9	21,6	15,9	9,0	17,7	16,1	11,8	6,8	13,7	12,4	9,2	5,4	9,0	8,2	6,2	3,7
1,0	29,9	27,0	19,8	11,3	22,1	20,1	14,8	8,5	17,1	15,5	11,5	6,8	11,2	10,2	7,7	4,7
1,2	35,8	32,4	23,8	13,5	26,5	24,1	17,8	10,2	20,5	18,6	13,8	8,1	13,4	12,3	9,2	5,6
1,4	41,8	37,9	27,8	15,8	30,9	18,1	20,7	11,9	23,9	21,7	16,1	9,5	15,7	14,3	10,8	6,5

Tabelle 18.2: Theoretische Grenzzähnezahlen z_{min} für Unterschnittfreiheit bei $x = 0$ für unterschiedliche Eingriffswinkel, Schrägungswinkel und Zahnkopfhöhenfaktoren des geradflankigen Teils bei zahnstangenartigen Werkzeugen (Wälzfräser, Schneidkamm) [18.216]

Weiterhin ist zu beachten, dass die Zustellung des Werkzeuges zur Erreichung der Zahndicken-Minusabmaße gleichbedeutend ist mit einem negativen Anteil der Profilverschiebung, was bei Außenverzahnungen in Grenzfällen zu einer Verschiebung der Unterschnittgrenze führen kann. Dieser Anteil $\Delta x_{1,2}$ der Profilverschiebung, der zur berechneten nominellen Größe $x_{1,2}$ des jeweiligen Rades hinzugerechnet werden muss, beträgt mit $A_{s1,2}$ als Zahndickenabmaß auf dem Teilzylinder in µm:

$$\Delta x_{1,2} = \frac{A_{s1,2}}{2 \cdot m \cdot \tan \alpha} \tag{18.66}$$

Bedingt durch die Beeinflussung des Unterschnittes wirkt sich eine Profilverschiebung auch auf die Krümmungsradien der Zahnfußübergangskurve und damit auf die Kerbwirkung aus. So nimmt bei Verzahnungen nach DIN 867 und Wälzwerkzeugen (z. B. Wälzfräser) mit steigendem Profilverschiebungsfaktor x der Krümmungsradius der Zahnfußübergangskurve bis auf den Radius der Werkzeugkopfrundung ab, um dann für Werte ab $x \approx 1$ wieder größer zu werden [18.37], [18.216].

Der Einfluss der Profilverschiebung auf die Zahnfußtragfähigkeit wird nicht sofort deutlich, da zwar die Zahnfußdicke zunimmt, die Krümmungsradien der Zahnfußübergangskurve jedoch kleiner werden. Allerdings haben Finite-Elemente-Untersuchungen des Zahnfußes gezeigt, dass mit steigender und günstig aufgeteilter Profilverschiebung die Zahnfußbiegenennspannung fällt, sodass die statische Belastbarkeit steigt [18.216]. Mit zunehmender Zähnezahl wird dieser Einfluss jedoch geringer und bei großen Lastwechselzahlen, insbesondere im Gebiet der Dauerfestigkeit, wird die Kerbspannung wirksam, sodass sich nur bei kleinen Zähnezahlen (bis etwa $z = 15$) eine bemerkbare Erhöhung der Zahnfußtragfähigkeit bei steigender Profilverschiebung ergibt.

Mit zunehmender Summe der Profilverschiebungsfaktoren wird auch der Betriebseingriffswinkel α_w größer. Demzufolge werden im Wälzpunkt die Krümmungsradien der Zahnprofile größer, sodass mit steigender Profilverschiebungssumme die Hertz'sche Pressung an der Zahnflanke abnimmt (s. a. Abschnitt 18.4.4).

Gleichzeitig nimmt mit wachsender Profilverschiebung und bei Kopfkürzung auf konstantes Kopfspiel jedoch die Profilüberdeckung ab und die äußeren Einzeleingriffspunkte rücken näher zum Zahnkopf, was sich ungünstig auf das Geräuschverhalten und die Laufruhe auswirkt.

Grundsätzliche Empfehlungen zur Wahl der Größe der Profilverschiebungssumme $(x_1 + x_2)$ und ihre Aufteilung auf Ritzel und Rad sind in DIN 3992 zusammengestellt [18.63]. Üblicherweise verwendet man bei praktisch ausgeführten Getrieben Profilverschiebungssummen von $-0{,}5 \leq (x_1 + x_2) \leq 1{,}5$, wobei der positive Bereich im Hinblick auf eine hohe Tragfähigkeit bevorzugt wird. Weitere Angaben zur Wahl der Profilverschiebung bei der Getriebeauslegung finden sich in Abschnitt 18.3.3.6.

Abschließend sei darauf hingewiesen, dass die Anwendung der Profilverschiebung bei der Fertigung im Wälzverfahren keine höheren Kosten verursacht.

18.2.4 Evolventenverzahnung – Schrägverzahnung

Die Schrägverzahnung stellt eine Weiterentwicklung der Geradverzahnung dar. Gemäß Abbildung 18.37 kann man sich ihre Erzeugung in der Form vorstellen, dass ein Geradzahn in viele kleine parallel liegende „Scheiben" eingeteilt wird, die schraubenförmig gegeneinander versetzt werden.

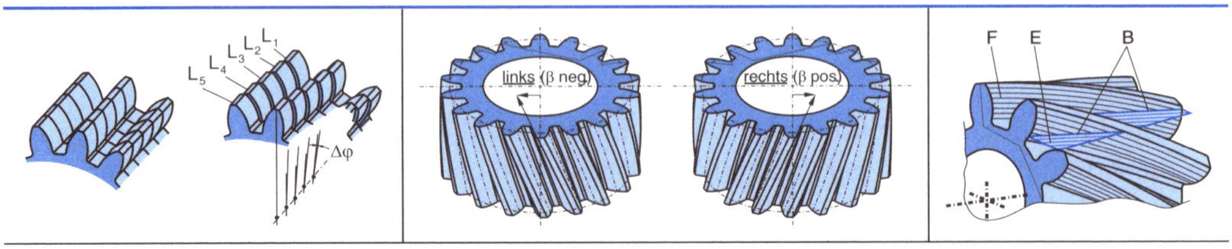

Abbildung 18.37: Entstehung eines Schrägstirnrades, Definition der Steigungsrichtung sowie Berührungs- und Kontaktlinien (B), Eingriffsebene (E) und Flankenlinien (F) [18.216]

Demzufolge sind entsprechend Abbildung 18.37 und Abbildung 18.38 die Flankenlinien (F) von Schrägverzahnungen Schraubenlinien (in Analogie zum Gewinde). Definitionsgemäß ist eine Verzahnung rechts steigend, wenn bei einem auf die Stirnseite gelegten Zahnrad die Flanken nach rechts oben verlaufen. Umgekehrt liegt eine links steigende Verzahnung vor, wenn die Flanken nach oben links verlaufen. Diese Vereinbarung gilt gleichermaßen für Innenverzahnungen, sodass Abbildung 18.38 ein links steigendes innenverzahntes Stirnrad zeigt, wenn man die Blickrichtung von der Schraubenlinie der Verzahnung in Richtung der Radachse beibehält.

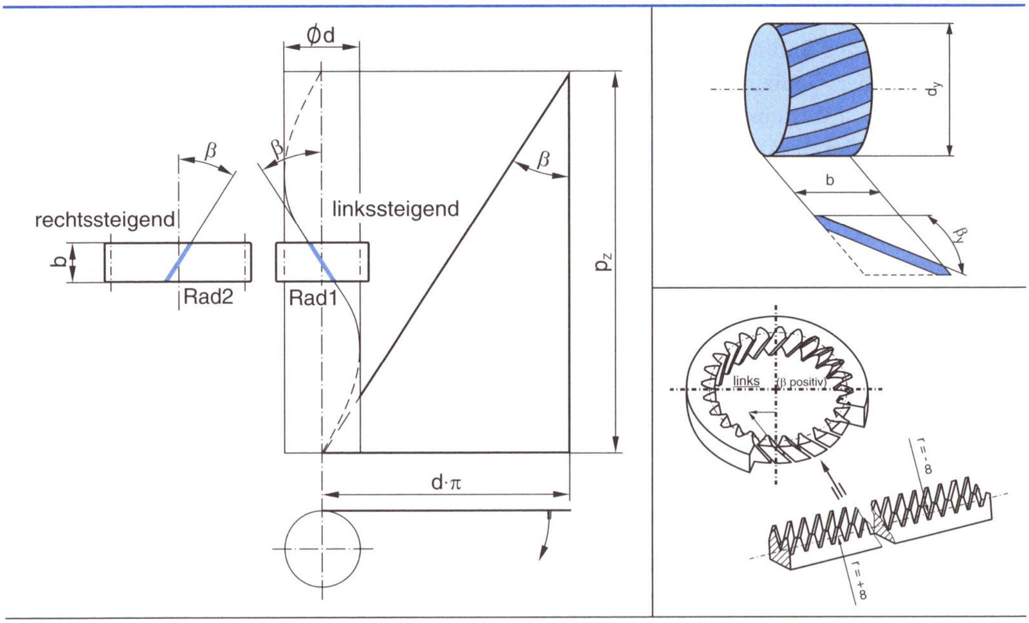

Abbildung 18.38: Flankenlinie als Teil der Schraubenlinie (links), Abwicklung einer Flankenlinie sowie links steigende Zahnstange und Innenverzahnung (rechts) [18.216]

Damit gilt für Außen- und Innenverzahnungen folgender Zusammenhang für die Schrägungswinkel β_1 und β_2 von Ritzel und Rad:

$$\beta_1 + \beta_2 = 0 \tag{18.67}$$

Vereinbarungsgemäß erhält der Schrägungswinkel für eine rechts steigende Außenverzahnung ein positives Vorzeichen und für eine rechts steigende Innenverzahnung ein negatives Vorzeichen. Für links steigende Verzahnungen gelten die jeweils entgegengesetzten Vorzeichen.

Aus Gleichung (18.67) folgt weiterhin, dass man eine schrägverzahnte Stirnradpaarung mit parallelen Achsen nur dann erhält, wenn man Räder mit einer links und einer rechts steigenden Verzahnung paart, das heißt, die zu paarenden Räder müssen einen betragsmäßig gleichen, jedoch mit entgegengesetztem Vorzeichen behafteten Schrägungswinkel β aufweisen, da anderenfalls ein Schraubradpaar mit nicht parallelen Achsen entsteht (s.a. Kapitel 21). Bei einer Innenradpaarung müssen Betrag und Richtung des Schrägungswinkels β gleich sein. Damit weisen schrägverzahnte Räder keine Satzrädereigenschaften auf und können somit auch nicht beliebig miteinander gepaart werden.

Der wesentliche Vorteil, der letztlich auch zur Entwicklung der Schrägverzahnung geführt hat, besteht darin, dass aufgrund des schraubenförmigen Verlaufes der Flankenlinien die Zähne nicht sofort über der gesamten Breite in oder außer Eingriff kommen und somit der Überdeckungsgrad größer ist. Daraus ergeben sich eine höhere Belastbarkeit und eine größere Laufruhe, da die Last immer auf mehrere im Eingriff befindliche Flankenpaare verteilt wird und die Eintrittsstöße bei beginnendem Zahneingriff (z.B. aufgrund von Verformungen unter Last) deutlich geringer sind, was sich günstig auf das Schwingungsverhalten auswirkt, Abbildung 18.37 rechts. Aus dieser Abbildung 18.37 ist ebenfalls ersichtlich, dass sich trotz der Schrägverzahnung die Zahnflanken auf geraden Linien, den sogenannten Berühr- oder Kontaktlinien, berühren. Eine Kontakt- bzw. Berührlinie B verläuft im Eingriffsfeld abhängig vom Drehwinkel über mindestens zwei, meistens sogar drei Zähne, wobei das Eingriffsfeld E die durch die Zahnbreite und Eingriffsstrecke begrenzte Fläche der Eingriffsebene nach Abbildung 18.39 darstellt. Aufgrund des größeren Überdeckungsgrades sind schrägverzahnte Stirnräder für höhere Drehzahlen – insbesondere für Umfangsgeschwindigkeiten v_u > 20 m/s – geeignet, bei gleicher Fertigungsqualität und gleichen Betriebsparametern im Vergleich zu Geradverzahnungen geräuschärmer und auch die Grenzzähnezahl ist kleiner (s.a. Tabelle 18.2).

Der größte Nachteil der Schrägverzahnung sind die aufgrund der Schrägstellung der Zähne entstehenden hohen Axialkräfte, deren Wirkrichtung von der Drehrichtung abhängt und die entsprechend ausgebildete Wellenlagerungen erfordern. Der Ausgleich dieser Axialkräfte „innerhalb" der Verzahnung ist allerdings mit der Doppelschräg- oder Pfeilverzahnung gemäß Abbildung 18.5 oder aber mittels sogenannter Druckkämme möglich (s.a. Abschnitt 18.3). Ferner sind Schrägverzahnungen infolge des Eingriffs mehrerer Flankenpaare hinsichtlich einiger Fertigungsabweichungen (z.B. Teilungsabweichungen) empfindlicher als Geradverzahnungen.

Zur optimalen Nutzung der Vorteile bei gleichzeitiger Begrenzung der Nachteile beträgt der Schrägungswinkel $\beta = 8 \ldots 20°$ für einfache Schrägverzahnungen und Doppelschrägverzahnungen und $\beta = 30 \ldots 45°$ für Pfeilverzahnungen, wobei in DIN 3978 abhängig von genormten Moduln Schrägungswinkel empfohlen werden [18.49].

Haupteinsatzgebiete schrägverzahnter Stirnräder sind bei hohen Drehzahlen und großen Belastungen Universalgetriebe, Schiffsgetriebe, Bahngetriebe, Turbogetriebe, Windenergieanlagengetriebe sowie nahezu alle weiteren Getriebe des Schwermaschinen- und Anlagenbaus. In Werkzeugmaschinen und Kraftfahrzeugen kommen ebenfalls Schrägverzahnungen zum Einsatz, hier jedoch überwiegend wegen der großen Laufruhe.

Doppelschräg- und Pfeilverzahnungen werden bevorzugt in Großgetrieben (z.B. große Turbogetriebe, Schiffsgetriebe) eingesetzt, da sie wegen der großen Zahnbreite über eine noch größere Tragfähigkeit als einfache Schrägverzahnungen verfügen. Aus Festigkeitsgründen soll bei Pfeilverzahnungen die Winkelspitze im Drehsinn vorauslaufen, da sie zum einen die Kräfte bei Eingriffsbeginn aufnimmt und zum anderen der Schmierstoff aus der Winkelspitze herausgedrängt wird, sodass kein Stau entsteht.

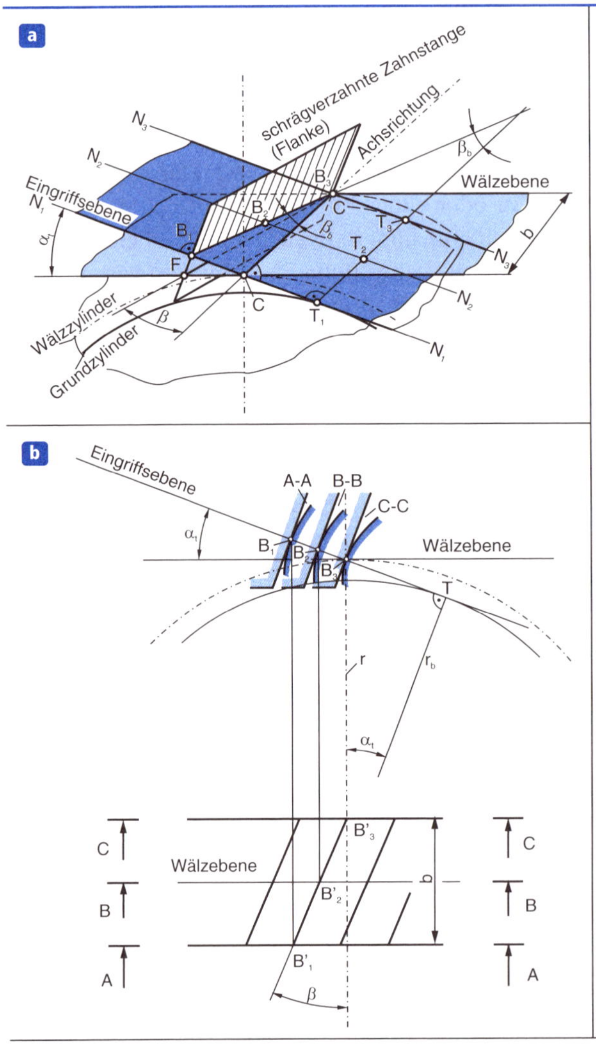

Die gegenseitige Lage der Profile in den Schnittebenen ergibt sich aus der Neigung des Erzeugungsprofiles (Flanke einer Zahnstange mit Schrägverzahnung) gegenüber der Achsrichtung. In jedem dieser Schnitte werden durch die Normalen zum Flankenprofil der Zahnstange (z.B. N_1, N_2, N_3), die den Grundzylinder des Rades in den Punkten T_1, T_2, T_3 tangieren, die Berührungspunkte der gepaarten Flanken festgelegt (z.B. B_1, B_2, B_3), wobei alle Normalen der Stirnschnitte, die den Grundkreis tangieren, in einer Ebene liegen. Diese Ebene ist der geometrische Ort aller Berührungspunkte der gepaarten Zahnflanken und wird als Eingriffsebene bezeichnet. Das Schneiden der Eingriffsebene mit der Zahnflanke der erzeugenden Zahnstange bzw. der erzeugten Zahnflanke führt zur Berührlinie, die durch die Punkte B_1, B_2, B_3 verläuft und auch Kontaktlinie genannt wird. Gemäß nebenstehender Skizze kann man sich die beim Wälzvorgang entstehende doppelt gekrümmte Verzahnung vereinfacht auch vorstellen als viele ebene Profile aus Schnitten senkrecht zur Radachse (Stirnschnitte), die gegeneinander um einen bestimmten Winkel verdreht zusammengesetzt werden (s.a. Abbildung 18.37). Unterschiedliche Schnitte senkrecht zur Achse ergeben unterschiedliche Projektionen des Schnittverlaufes mit der Flanke der schrägverzahnten Zahnstange (z.B. Schnitte *A-A*, *B-B*, *C-C*). In jedem Schnitt lässt sich die Evolvente nach der Hüllkurvenkonstruktion ermitteln.

Abbildung 18.39: Schrägverzahnung – a) Erzeugung des Schrägzahnes, b) Schrägzahn in drei Schnitten [18.134]

Grundsätzlich ist die Herstellung von Pfeilzähnen mit einem Schaftfräser oder besonders geschliffenen, in einem abgestimmten Rhythmus zusammenarbeitenden Paar Schneidräder aufwändiger als die Herstellung einer Schrägverzahnung, die sich in einfacher Weise mit normalen Verzahnwerkzeugen herstellen lässt, wenn man diese gemäß Abbildung 18.39 auf dem Teilzylinder um den Schrägungswinkel β zum Werkstück anstellt.

Lässt man nun die Wälzebene schlupffrei auf dem Wälzzylinder (Teilzylinder) abrollen, wird ein Schrägzahn erzeugt. In gleicher Weise entsteht dieser auch, wenn man die Eingriffsebene in Abbildung 18.39 mit einer gegenüber der Achsrichtung um den Winkel β_b geneigten Geraden bzw. Erzeugenden auf dem Grundzylinder schlupffrei abrollt.

Allerdings erfolgt die Erzeugung der Flanke eines Schrägzahnes nicht mit einem Faden wie beim ebenen Fall bzw. bei der Geradverzahnung, sondern man muss sich hier modellhaft ein schräg abgeschnittenes, abgehobenes und dabei straff gespanntes Band vorstellen, dessen Ende gemäß Abbildung 18.39 durch die Gerade $\overline{B_1B_3}$ gegeben ist und das bei den Punkten T_1, T_2, T_3 tangential in den Grundzylinder übergeht. Dann erzeugt jeder Punkt auf der Linie $\overline{B_1B_3}$ beim Ab- bzw. Aufwickeln in den Ebenen senkrecht zur Achse, den sogenannten Stirnschnitten, eine Evolvente. Entsprechend Abbildung 18.38 ergibt die Linie $\overline{B_1B_3}$ bzw. das Ende des schräg abgeschnittenen, den Schrägzahn erzeugenden Bandes im aufgewickelten Zustand eine Schraubenlinie.

Damit sich die Vorteile der Schrägverzahnung gegenüber der Geradverzahnung voll auswirken können, muss das Zahnrad so breit sein, dass sich die gegenseitige Lage der Zahnflankenprofile an beiden Radstirnseiten ausreichend unterscheidet. Das bestimmende Maß hierfür ist gemäß Abbildung 18.40 die Sprungüberdeckung ε_β, die das Verhältnis der Zahnbreite b zur Axialteilung p_x angibt:

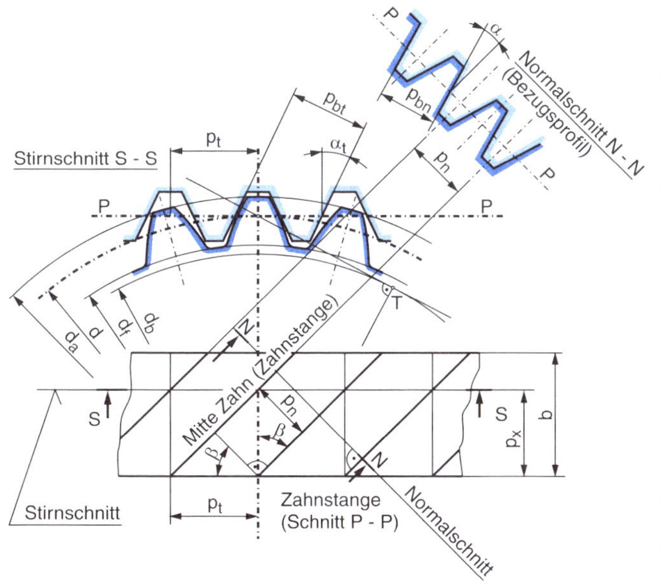

Die Sprungüberdeckung ε_β gibt die durchschnittlich in Axialrichtung im Eingriff befindliche Anzahl der Flankenpaare an:

$$\varepsilon_\beta = \frac{b}{p_x} \tag{18.68}$$

Die Axialteilung p_x berechnet sich zu:

$$p_x = \frac{m_n \cdot \pi}{\sin|\beta|} \tag{18.69}$$

Damit gilt für die Sprungüberdeckung ε_β:

$$\varepsilon_\beta = \frac{b \cdot \sin|\beta|}{m_n \cdot \pi} \tag{18.70}$$

Abbildung 18.40: Schrägstirnrad mit Zahnstange als Bezugsprofil – Sprungüberdeckung ε_β [18.216]

Aus Gleichung (18.70) ergibt sich für eine Geradverzahnung mit $\beta = 0°$ eine entsprechende Sprungüberdeckung von $\varepsilon_\beta = 0$. Nach Möglichkeit sind Schrägverzahnungen mit ganzzahliger und möglichst großer Sprungüberdeckung auszulegen, also $\varepsilon_\beta = 1$ oder $\varepsilon_\beta = 2$ oder $\varepsilon_\beta = 3$, da dann die Schwankung der Summe der Länge der Kontaktlinien ein Minimum annimmt. Allerdings führt eine erforderliche Begrenzung der Zahnbreite und des Schrägungswinkels (zwecks Begrenzung der axialen Lagerkräfte) dazu, dass nur eine Sprungüberdeckung von $\varepsilon_\beta < 1$ erreicht wird.

Zur Beurteilung des Gesamteingriffes bzw. der Berührungsverhältnisse im Eingriffsfeld ist die Gesamtüberdeckung ε_γ maßgebend, die sich aus der Profilüberdeckung ε_α gemäß Gleichung (18.51) und der Sprungüberdeckung ε_β nach Gleichung (18.68) zusammensetzt:

$$\varepsilon_\gamma = \varepsilon_\alpha + \varepsilon_\beta \qquad (18.71)$$

Auch wenn eine stetige Bewegungsübertragung theoretisch mit einem nur geringen Wert der Gesamtüberdeckung von $\varepsilon_\gamma > 1$ bei gleichzeitigem Vorliegen einer Profilüberdeckung von $\varepsilon_\alpha < 1$ möglich ist, so ist davon abzuraten, da eine derartige Verzahnung ein ungünstiges Tragfähigkeitsverhalten aufweist. Als schwingungstechnisch günstig gilt eine Gesamtüberdeckung von $\varepsilon_\gamma > 2{,}5$. Für diesen Fall nimmt auch die Schwankung der vom Drehwinkel abhängigen Summe der Berührlinienlängen deutlich ab [18.216].

Gemäß Abbildung 18.41 lässt sich eine Schrägverzahnung in einem Schnitt senkrecht zu den Flankenlinien im Teilzylinder, dem sogenannten Normalschnitt (Index *n*), und in einem Schnitt senkrecht zur Achse, dem sogenannten Stirnschnitt (Index *t*), betrachten.

Normalschnitt:	p_n Normalteilung	α_n Normaleingriffswinkel	m_n Normalmodul
Stirnschnitt:	p_t Stirnteilung	α_t Stirneingriffswinkel	m_t Stirnmodul

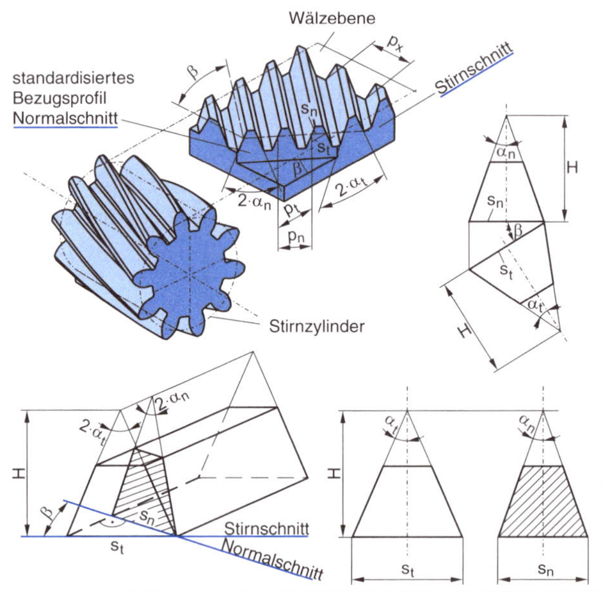

Für den Zahn einer Zahnstange mit Schrägverzahnung im Stirn- und Normalschnitt liegen verschiedene Schräglagen der Zahnflankenprofile und somit unterschiedliche Eingriffswinkel α vor.

Der Eingriffswinkel im Stirnschnitt α_t am Teilzylinder lässt sich aus dem genormten Winkel α_n im Normalschnitt berechnen:

$$\tan\alpha_t = \frac{s_t}{2 \cdot H} \qquad (18.72)$$

$$\tan\alpha_n = \frac{s_n}{2 \cdot H} \qquad (18.73)$$

$$s_t = \frac{s_n}{\cos\beta} \qquad (18.74)$$

$$\tan\alpha_t = \frac{\tan\alpha_n}{\cos\beta} \qquad (18.75)$$

Abbildung 18.41: Stirn– und Normalschnitt – Stirn- und Normaleingriffswinkel

Dabei wird das Bezugsprofil nach DIN 867 aus Fertigungsgründen im Normalschnitt festgelegt, sodass man die Werkzeuge für beliebige Schrägungswinkel (also für Gerad- und Schrägverzahnungen) verwenden kann [18.37]. Die genormten Werte für die Moduln nach DIN 780 gelten gleichermaßen für Gerad- und Schrägverzahnungen (bei Schrägverzahnungen für den Normalschnitt) [18.36]. Weitere geometrische Grundgrößen der Schrägverzahnung sind in Abbildung 18.42 zusammengestellt.

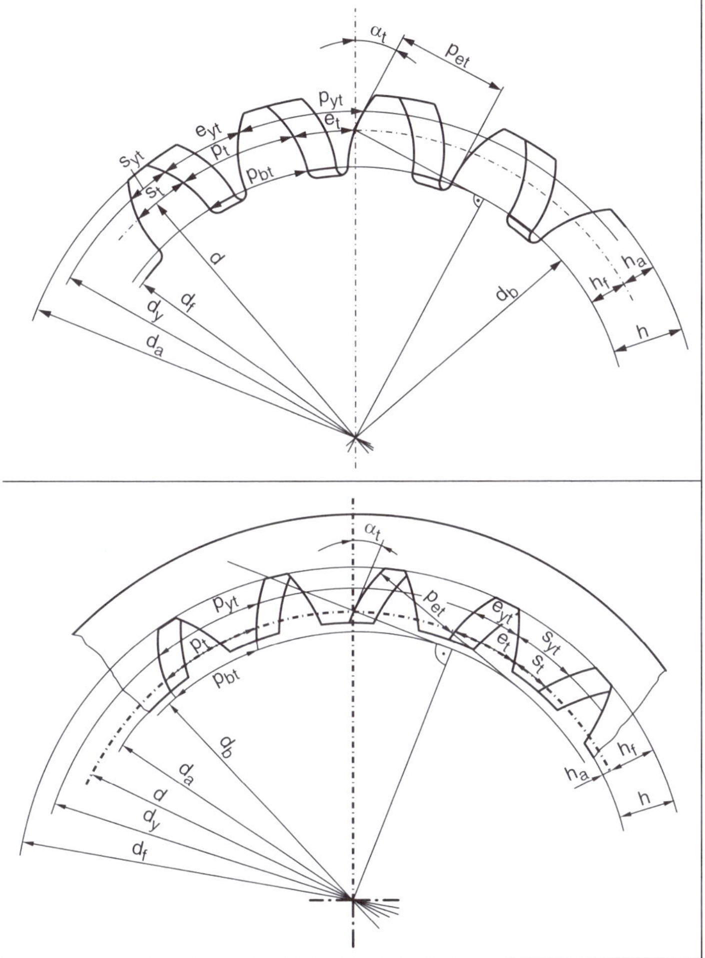

Die Stirnteilung p_t und Normalteilung p_n am Teilkreis sind:

$$p_t = m_t \cdot \pi \tag{18.76}$$

$$p_n = m_n \cdot \pi \tag{18.77}$$

Des Weiteren gilt:

$$p_n = p_t \cdot \cos\beta \tag{18.78}$$

$$m_n = m_t \cdot \cos\beta \tag{18.79}$$

Der Teilkreisdurchmesser d ist dann:

$$d = z \cdot m_t \tag{18.80}$$

$$d = \frac{z \cdot m_n}{\cos\beta} \tag{18.81}$$

In den Schnitten senkrecht zur Achse sind die Zahnflanken Evolventen, sodass die Schrägverzahnung im Stirnschnitt geometrisch wie eine Geradverzahnung mit dem Eingriffswinkel α_t, der Teilung p_t und mit einer entsprechend dem Bezugsprofil gegebenen Zahnhöhe von $h = 2{,}25 \cdot m$ betrachtet wird.

Abbildung 18.42: Geometrische Grundgrößen der Schrägverzahnung – Außenverzahnung (oben) und Innenverzahnung (unten) [18.216]

Wie bereits eingangs erwähnt, enthält DIN 3978 Empfehlungen für den Schrägungswinkel β, deren Anwendung vor allem für die Schraubenführungen von Werkzeugmaschinen von Bedeutung ist [18.49]. Oftmals wird jedoch im Hinblick auf die entstehenden Axialkräfte und die Laufruhe davon abgewichen.

Abschließend soll noch der Schrägungswinkel β_y an einem beliebigen Zylinder mit dem Durchmesser d_y berechnet werden. Da die Steigungshöhe p_z auch bei Betrachtung verschiedener Zylinderdurchmesser eines Rades konstant sein muss, liegen im Kopf- und Grundzylinder z.B. Flankenlinien vor, die durch eine Schraubenlinie gleicher Steigungshöhe p_z, aber verschiedene Steigungs- bzw. Schrägungswinkel ($\beta_y, \beta_a, \beta_b$) gekennzeichnet sind.

Gemäß Abbildung 18.38 berechnet sich die Steigungshöhe p_z für beliebige Durchmesser $d = d_y$ und zugehörige Steigungswinkel $\beta = \beta_y$ wie folgt, woraus sich sofort der Schrägungswinkel β_y an einem beliebigen Durchmesser d_y bestimmen lässt:

$$p_z = \frac{|d| \cdot \pi}{\tan|\beta|} = \frac{|d_y| \cdot \pi}{\tan|\beta_y|} \quad \text{woraus folgt} \quad \tan\beta_y = \frac{d_y}{d} \cdot \tan\beta \tag{18.82}$$

Demzufolge gilt für den Grundkreisdurchmesser d_b und den Kopfkreisdurchmesser d_a:

$$\tan\beta_b = \frac{d_b}{d} \cdot \tan\beta \quad \text{bzw.} \quad \tan\beta_a = \frac{d_a}{d} \cdot \tan\beta \tag{18.83}$$

Im Hinblick auf die später durchzuführende Tragfähigkeitsberechnung (s.a. Abschnitt 18.4) lässt sich eine Schrägverzahnung vereinfachend durch eine virtuelle Geradverzahnung annähern. Gemäß Abbildung 18.43 betrachtet man hierzu die Krümmung der Ellipse, die beim Schnitt des Teilzylinders normal zu den Zahnflanken entsteht, und die man zur Berechnung der Flankenpressung auf der Grundlage der Modellvorstellung der Hertz'schen Pressung verwendet (s.a. Abschnitt 18.4.4). Entsprechend Abbildung 18.43 folgt aus den Halbachsen A und B der Ellipse der sogenannte ideelle Teilkreisdurchmesser d_n:

$$d_n = 2 \cdot \rho_n = \frac{z \cdot m_n}{\cos^3\beta} \tag{18.84}$$

Ausgehend von diesem ideellen Teilkreisdurchmesser d_n im Normalschnitt lässt sich eine virtuelle Zähnezahl z_v berechnen, die genau der Zähnezahl eines gedachten Ersatzrades mit Geradverzahnung entspricht, das die Zahnform des Schrägstirnrades im Normalschnitt annähert:

$$z_v = \frac{z}{\cos^3\beta} \tag{18.85}$$

Geht man anstelle des Teilkreisdurchmessers vom Grundkreisdurchmesser aus, so ergibt sich mit einer geringen Abweichung ebenfalls die Zähnezahl des Ersatz-Geradstirnrades, die zur Unterscheidung mit z_{nx} bezeichnet wird:

$$z_{nx} = \frac{z}{\cos^2\beta_b \cdot \cos\beta} \approx z_v \tag{18.86}$$

Betrachtet man nun anstelle eines einzelnen schrägverzahnten Rades eine Verzahnungspaarung, so verhält sich die Schrägverzahnung im Stirnschnitt wie eine Geradverzahnung mit geändertem Eingriffswinkel α_t, Stirnmodul m_t und Zahnhöhe $h = m_n \cdot (2 + k + c^*)$. Deshalb weist die Verzahnungspaarung der Schrägverzahnung gegenüber der Geradverzahnung nur einige Besonderheiten auf, die hauptsächlich die Profilverschiebung und die Profilüberdeckung betreffen.

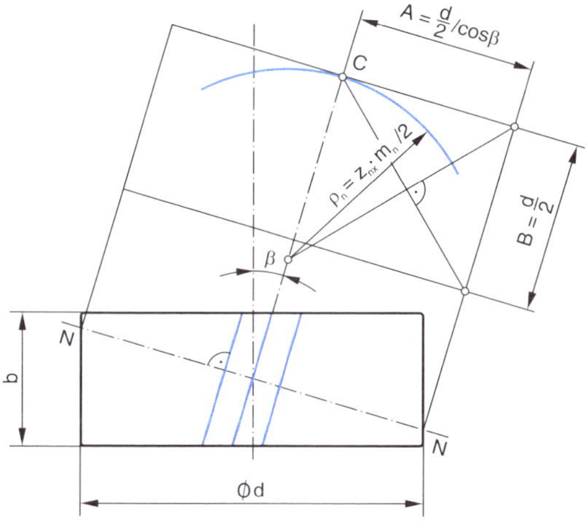

Die große Halbachse A der Ellipse beträgt:

$$A = \frac{d}{2 \cdot \cos\beta} \tag{18.87}$$

Die kleine Halbachse B der Ellipse beträgt:

$$B = \frac{d}{2} \tag{18.88}$$

Im Punkt C ist der Krümmungshalbmesser:

$$\rho_n = \frac{A^2}{B} = \frac{d}{2 \cdot \cos^2\beta} \tag{18.89}$$

Abbildung 18.43: Krümmungsradius der Ersatz-Geradverzahnung

So wird bei der Schrägverzahnung die Profilverschiebung als Maß der Werkzeugan- bzw. Werkzeugabrückung als Produkt des Faktors x mit dem Normalmodul m_n ausgedrückt, d.h. der Profilverschiebungsfaktor x bezieht sich auf den Normalmodul bzw. auf den Normalschnitt. Analog zur Gleichung (18.57) bei der Geradverzahnung ergibt sich mit $s_{wt1} + s_{wt2} = p_{wt}$ für die Zahndicken und die Teilung der Schrägverzahnung im Stirnschnitt (Index t) mit dem Eingriffswinkel α_t die zunächst auf den Stirnmodul m_t bezogene Summe der Profilverschiebungsfaktoren $(x_{t1} + x_{t2})$:

$$x_{t1} + x_{t2} = \frac{\text{inv}\,\alpha_{wt} - \text{inv}\,\alpha_t}{2 \cdot \tan\alpha_t} \cdot (z_1 + z_2) \quad \text{mit} \quad \cos\alpha_{wt} = \frac{a_d}{a} \cdot \cos\alpha_t \tag{18.90}$$

Die Werkzeugan- bzw. Werkzeugabrückung kann auch auf den Normalschnitt (Index n) bezogen ausgedrückt werden, sodass folgende Beziehungen gelten:

$$(x_{t1} + x_{t2}) \cdot m_t = (x_{n1} + x_{n2}) \cdot m_n \quad \text{mit} \quad \frac{m_n}{m_t} = \cos\beta \quad \text{und} \quad \tan\alpha_t = \frac{\tan\alpha_n}{\cos\beta} \tag{18.91}$$

Damit ergibt sich die auf den Normalschnitt bezogene Profilverschiebungssumme bei der Schrägverzahnung zu:

$$x_{n1} + x_{n2} = x_1 + x_2 = \frac{\text{inv}\,\alpha_{wt} - \text{inv}\,\alpha_t}{2 \cdot \tan\alpha_n} \cdot (z_1 + z_2) \tag{18.92}$$

Für den Kopfhöhenänderungsfaktor k gilt der bereits für die Geradverzahnung abgeleitete Zusammenhang nach Gleichung (18.63).

In Anlehnung an die Geradverzahnung wird die Profilüberdeckung ε_α im Stirnschnitt als das Verhältnis von Eingriffsstrecke g_α und Eingriffsteilung p_{et} entsprechend Gleichung (18.51) bestimmt zu:

$$\varepsilon_\alpha = \frac{g_\alpha}{p_{et}} \tag{18.93}$$

Dabei begrenzt auch hier die Eingriffsstrecke g_α das Eingriffsfeld im Stirnschnitt. Gemäß Abbildung 18.25 und Abbildung 18.27 gilt für die Eingriffsstrecke g_α analog zur Geradverzahnung:

$$g_\alpha = \sqrt{\left(\frac{d_{a1}}{2}\right)^2 - \left(\frac{d_{b2}}{2}\right)^2} + \frac{z_2}{|z_2|} \cdot \sqrt{\left(\frac{d_{a2}}{2}\right)^2 - \left(\frac{d_{b1}}{2}\right)^2} - a \cdot \sin \alpha_{wt} \tag{18.94}$$

Für die Eingriffsteilung p_{et} im Stirnschnitt folgt:

$$p_{et} = \frac{m_n \cdot \pi \cdot \cos \alpha_t}{\cos \beta} \tag{18.95}$$

Die Profilüberdeckung für den Normalschnitt lässt sich zwar als virtuelle Größe mit den Zähnezahlen der Ersatz-Geradstirnräder mittels der Gleichungen (18.49) und (18.51) berechnen, sie kennzeichnet jedoch nicht das Eingriffsverhalten der Schrägverzahnung. Des Weiteren können für die im Stirnschnitt geltende Eingriffsstrecke der Schrägverzahnung rein formal auch die Einzeleingriffspunkte B und D bestimmt werden. Allerdings haben auch sie nicht die gleiche Bedeutung wie bei der Geradverzahnung, da infolge der schräg über den Zahn verlaufenden Berührlinien (Kontaktlinien) kein plötzlicher Wechsel der Belastung zwischen einem Zahnpaar und zwei Zahnpaaren in diesen Punkten für die Zahnflanken erfolgt.

18.2.5 Gleitgeschwindigkeit und spezifisches Gleiten

Aus dem allgemeinen Verzahnungsgesetz gemäß Abbildung 18.7 ist bekannt, dass zur gleichförmigen Übertragung einer Drehbewegung von einer Welle auf eine zweite über zwei Zahnflanken die Geschwindigkeiten in Normalenrichtung zu den sich berührenden Zahnflanken den gleichen Betrag und die gleiche Richtung aufweisen müssen, da anderenfalls ein Ablösen der Flanken und damit eine Nicht-Einhaltung des Verzahnungsgesetzes eintreten würden.

Ferner wälzen nur im Wälzpunkt C die beiden Flanken ideal aufeinander ab. Außerhalb des Wälzpunktes C treten zwischen den Zahnflanken zusätzliche Gleitbewegungen auf, die abhängig von der Größe der Gleitgeschwindigkeit einen Einfluss auf die Erwärmung, den Wirkungsgrad und die Grübchen- und Fresstragfähigkeit haben (s.a. Abschnitte 18.4.4 und 18.4.6), weshalb nachfolgend die Berechnung der Gleitgeschwindigkeit behandelt wird.

Gemäß Abbildung 18.44 liegen im Berührungspunkt P_y einer Zahnflankenpaarung die resultierenden Geschwindigkeiten der Flanke 1 bzw. 2 entsprechend der Winkelgeschwindigkeiten ω_1 bzw. ω_2 und der Abstände r_{y1} bzw. r_{y2} zu den Radmittelpunkten vor:

$$v_{y1} = \omega_1 \cdot r_{y1} \quad \text{und} \quad v_{y2} = -\omega_2 \cdot r_{y2} \tag{18.96}$$

Zerlegt man diese Geschwindigkeiten in zwei senkrecht zueinander stehende Komponenten in Normalenrichtung (Index n) und in Richtung der Tangente (Index T) zu den Flanken, so müssen v_{y1} und v_{y2} zur Vermeidung des eingangs erwähnten Flankenablösens in Normalenrichtung eine gleich große Komponente v_n aufweisen:

$$v_{ny1} = v_{ny2} = v_n = v_{y1} \cdot \cos \alpha_{y1} = v_{y2} \cdot \cos \alpha_{y2} \quad \text{oder} \quad v_n = \omega_1 \cdot r_{b1} = -\omega_2 \cdot r_{b2} \tag{18.97}$$

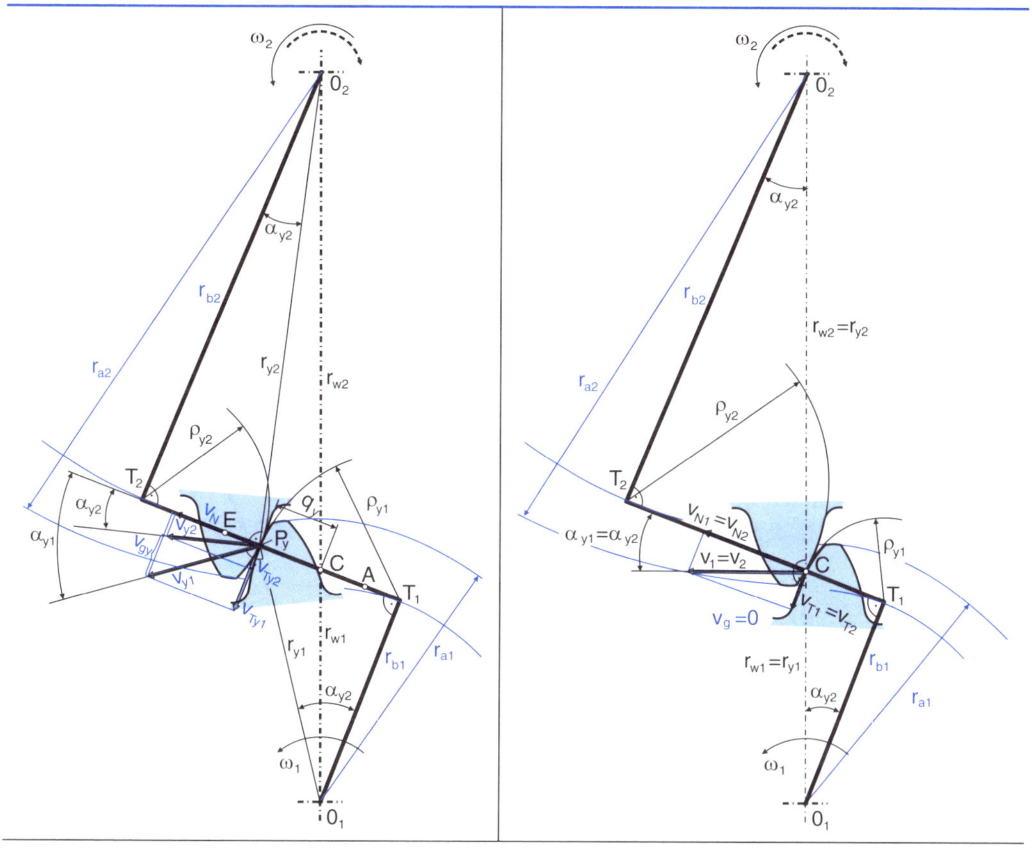

Abbildung 18.44: Geschwindigkeitskomponenten der Zähne im Berührungspunkt P_y (links) und im Wälzpunkt C (rechts)

Für die tangentialen Geschwindigkeitsanteile v_{Ty1} und v_{Ty2}, die auch als Rollgeschwindigkeiten bezeichnet werden, gilt:

$$v_{Ty1} = v_n \cdot \tan \alpha_{y1} \qquad v_{Ty2} = v_n \cdot \tan \alpha_{y2} \tag{18.98}$$

Diese tangentialen Geschwindigkeitskomponenten sind für die hydrodynamische Schmierfilmbildung zwischen den Zahnflanken von Bedeutung und haben damit auch einen direkten Einfluss auf die Fressbeanspruchung. Unter Nutzung der nachfolgenden Zusammenhänge ergibt sich für die tangentialen Geschwindigkeitsanteile v_{Ty1} und v_{Ty2}:

$$v_n = \omega_1 \cdot r_{b1} = -\omega_2 \cdot r_{b2} \quad \text{und} \quad \tan \alpha_y = \frac{\rho_y}{r_b} \tag{18.99}$$

$$v_{Ty1} = \omega_1 \cdot \rho_{y1} \qquad v_{Ty2} = -\omega_2 \cdot \rho_{y2} \tag{18.100}$$

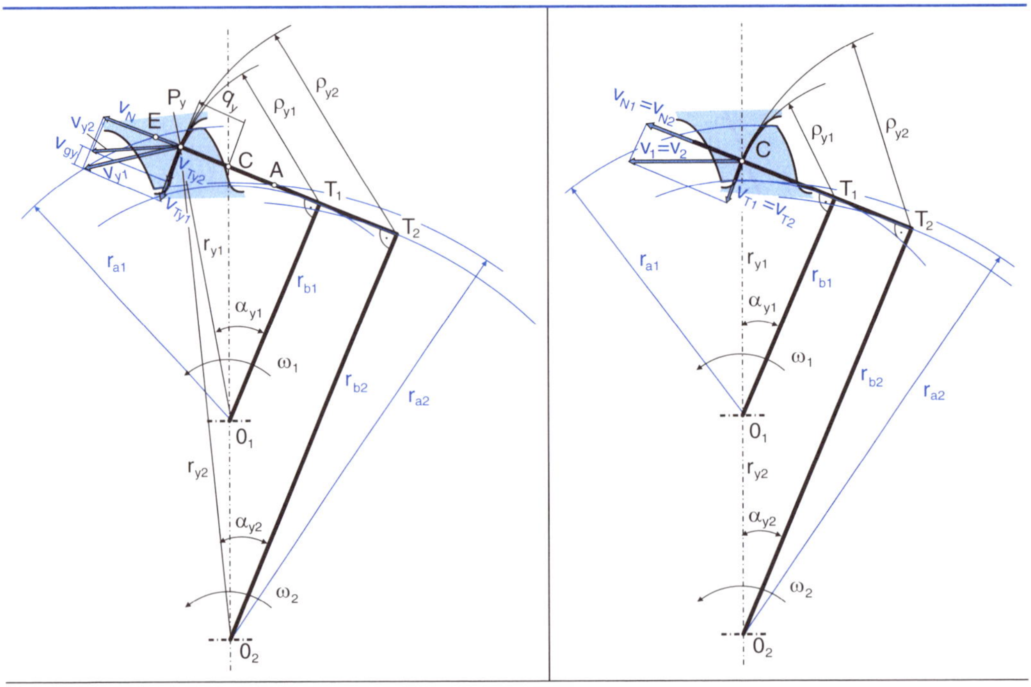

Abbildung 18.45: Geschwindigkeitskomponenten der Zähne im Berührungspunkt P_y (links) und im Wälzpunkt C (rechts)

Aus der Differenz der im Berührungspunkt tangential zum Zahnprofil vorliegenden Geschwindigkeiten v_{Ty1} und v_{Ty2} lässt sich dann mittels der Gleichungen (18.99) und (18.100) die Gleitgeschwindigkeit v_{gy} berechnen:

$$v_{gy} = v_{Ty1} - v_{Ty2} = \omega_1 \cdot \rho_{y1} + \omega_2 \cdot \rho_{y2} = \omega_1 \left(\rho_{y1} - \rho_{y2} \frac{r_{b1}}{r_{b2}} \right) \tag{18.101}$$

Gemäß Abbildung 18.44 und Abbildung 18.45 ist q_y der Abstand des Eingriffspunktes P_y vom Wälzpunkt C, sodass aus Gleichung (18.101) für die Gleitgeschwindigkeit v_{gy} folgt:

$$q_y = \overline{P_y C} \quad \text{bzw.} \quad \rho_{y1} = r_{b1} \cdot \tan \alpha_{wt} + q_y \quad \text{und} \quad \rho_{y2} = r_{b2} \cdot \tan \alpha_{wt} - q_y \tag{18.102}$$

$$v_{gy} = \omega_1 \cdot q_y \cdot \left(1 - \frac{1}{i} \right) = q_y \cdot \left(\omega_1 - |\omega_2| \right) \quad \text{mit} \quad i = -\frac{z_2}{z_1} = \frac{\omega_1}{\omega_2} \tag{18.103}$$

Demzufolge gilt für ein Außenradpaar mit $i < 0$ wegen Drehrichtungsumkehr:

$$v_{gy} = \omega_1 \cdot q_y \cdot \left(1 + \left| \frac{1}{i} \right| \right) \tag{18.104}$$

Für ein Innenradpaar mit $i > 0, \rho_{y2} < 0$ und $z_2 < 0$ sowie gleicher Drehrichtung folgt:

$$v_{gy} = \omega_1 \cdot q_y \cdot \left(1 - \left| \frac{1}{i} \right| \right) \tag{18.105}$$

Aus Gleichung (18.103) folgt direkt der in Abbildung 18.46 dargestellte Zusammenhang, dass der absolute Betrag der Gleitgeschwindigkeit linear mit dem Abstand des Eingriffspunktes vom Wälzpunkt wächst. Lediglich im Wälzpunkt C ist die Gleitgeschwindigkeit gleich Null, denn nur dort findet reines Rollen statt, während im gesamten übrigen Bereich Rollen und Gleiten vorliegen.

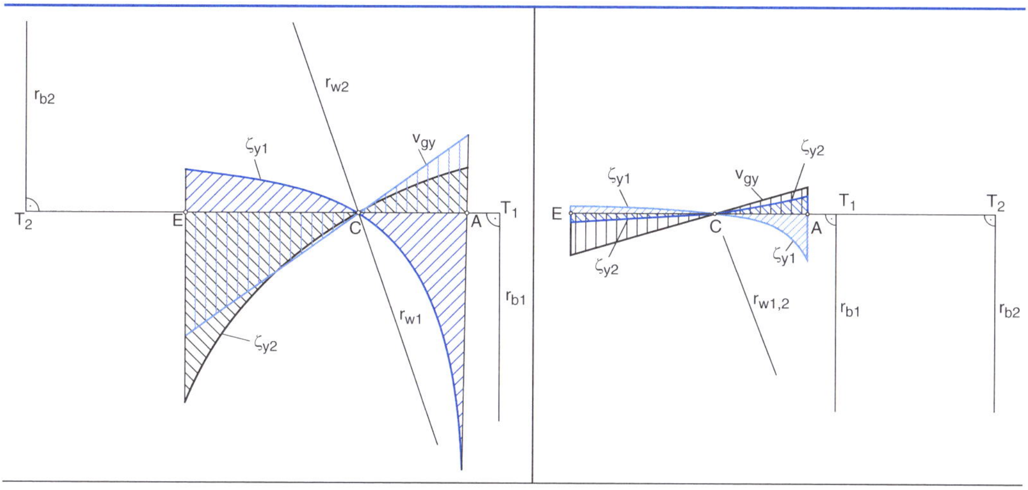

Abbildung 18.46: Gleitgeschwindigkeit

Die Gleitgeschwindigkeit hat großen Einfluss auf die Leistungsverluste (Wirkungsgrad, Erwärmung) und die Fressbeanspruchung. Abbildung 18.46 zeigt, dass sich für eine konstante Profilüberdeckung ein Minimum der Gleitgeschwindigkeit ergibt, wenn der Wälzpunkt C in der Mitte der Eingriffsstrecke liegt. Des Weiteren lassen sich zwei Bereiche unterscheiden. Vom Eingriffsbeginn A (Zahnfußbereich des treibenden Rades bzw. Zahnkopf des getriebenen Rades) bis zum Wälzpunkt C schiebt die Zahnkopfflanke des getriebenen Rades den Ölfilm vor sich her, da hier die zur Eingriffslinie senkrechte Geschwindigkeitskomponente des getriebenen Rades größer ist. Deshalb werden in diesem Bereich $\overline{AC}$ die Bewegungsverhältnisse auch als „stemmendes“ oder „stoßendes“ Gleiten bezeichnet. Im Gegensatz dazu zieht im Bereich $\overline{CE}$ der Eingriffsstrecke die Flanke des treibenden Rades den Ölfilm in den verengenden Schmierspalt hinein, was man auch als „ziehendes“ Gleiten benennt. Gerade im Gebiet des „stoßenden“ Gleitens kommt es insbesondere im Bereich des Eingriffspunktes A zu einem erhöhten Reibungswiderstand, begünstigt durch einen Voreingriff infolge der zusätzlichen Zahnverformung (siehe auch Abbildung 18.157).

Zur Beurteilung des Verschleißes und der örtlichen Erwärmung eines bestimmten Punktes der Zahnflanke betrachtet man gemäß Abbildung 18.47, welche Strecke des Gegenprofils pro Eingriff über ihn hinweg gleitet. Dabei ist die Strecke $2 \cdot b_H$ die durch die Abplattung entstandene Berührungsbreite und für den Zeitabschnitt Δt, den ein Punkt der Flanke 1 zum Durchlaufen der Strecke $2 \cdot b_H$ benötigt, gilt:

$$\Delta t = \frac{2 \cdot b_H}{v_{Ty1}} \tag{18.106}$$

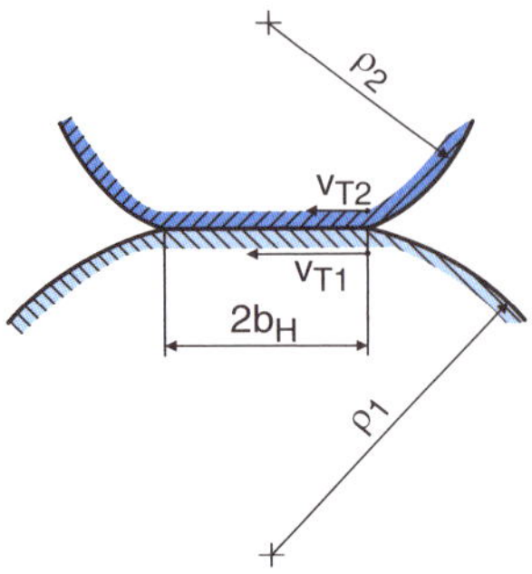

Während des Zeitabschnittes Δt gleitet über diesen Punkt der Flanke 1 die Strecke S_{g1} hinweg:

$$S_{g1} = \frac{2 \cdot b_H}{v_{Ty1}} \cdot \left(v_{Ty1} - v_{Ty2}\right) \tag{18.107}$$

Für Flanke 2 gilt entsprechend:

$$S_{g2} = \frac{2 \cdot b_H}{v_{Ty2}} \cdot \left(v_{Ty2} - v_{Ty1}\right) \tag{18.108}$$

Die Strecken $S_{g1,2}$ werden auch als Gleitwege bezeichnet.

Abbildung 18.47: Tangentiale Geschwindigkeitskomponenten der Verzahnungen in der Hertz'schen Abplattungsfläche (Geschwindigkeiten senkrecht zur Eingriffslinie) und Gleitwege

Bezieht man nun in Gleichung (18.107) und (18.108) die Gleitwege $S_{g1,2}$ auf die Berührungsbreite $2 \cdot b_H$, so berechnet sich mit v_{Ty1}, v_{Ty2} nach Gleichung (18.100) für einen beliebigen Punkt y das spezifische Gleiten $\zeta_{1,2}$ zu:

$$\zeta_{y1} = \frac{v_{Ty1} - v_{Ty2}}{v_{Ty1}} = \frac{S_{g1}}{2 \cdot b_H} \qquad \zeta_{y2} = \frac{v_{Ty2} - v_{Ty1}}{v_{Ty2}} = \frac{S_{g2}}{2 \cdot b_H} \tag{18.109}$$

Unter Verwendung von Gleichung (18.99) und (18.100) ergibt sich auch:

$$\zeta_{y1} = 1 - \frac{\rho_{Ty2}}{\rho_{Ty1}} \cdot \frac{z_1}{z_2} \qquad \zeta_{y2} = 1 - \frac{\rho_{Ty1}}{\rho_{Ty2}} \cdot \frac{z_2}{z_1} \tag{18.110}$$

Abbildung 18.46 zeigt beispielhaft das spezifische Gleiten über der Eingriffsstrecke eines Außen- und eines Innenradpaares. Die absoluten Maximalwerte für $\zeta_{1,2}$ treten jeweils in den Endpunkten der Eingriffsstrecke auf. Ferner lässt sich aus großen negativen Werten des spezifischen Gleitens $\zeta_{1,2}$ schließen, dass ein kleiner Flankenabschnitt (z.B. im unteren Fußbereich) mit einem großen Abschnitt der Gegenflanke (im Kopfbereich) kämmt.

Setzt man die Gleitgeschwindigkeit v_g zur Umfangsgeschwindigkeit der Wälzkreise v_{wt} ins Verhältnis, so erhält man den Gleitfaktor K_g als Kenngröße für die Verluste und die Erwärmung. Dabei verhält sich die Verzahnung hinsichtlich Erwärmung und Fressen umso günstiger, je kleiner der Wert von K_g ist. Demzufolge sind Innenverzahnungen mit $z_2 < 0$ diesbezüglich generell günstiger als Außenverzahnungen:

$$K_g = \frac{v_g}{v_{wt}} \tag{18.111}$$

Unter Verwendung der Zusammenhänge gemäß Abbildung 18.25 kann noch für den Eingriffsbeginn (Punkt A mit $g_f = \overline{AC}$) und das Eingriffsende (Punkt E mit $g_a = \overline{CE}$) wie folgt unterschieden werden:

$$K_{gf} = \frac{2 \cdot g_f}{d_{w1}} \cdot \left(1 + \frac{z_1}{z_2}\right) \qquad K_{ga} = \frac{2 \cdot g_a}{d_{w1}} \cdot \left(1 + \frac{z_1}{z_2}\right) \tag{18.112}$$

$$K_{gf} = 2 \cdot \varepsilon_2 \cdot \pi \cdot \left(\frac{1}{z_1} + \frac{1}{z_2}\right) \cdot \cos\alpha_{wt} \qquad K_{ga} = 2 \cdot \varepsilon_1 \cdot \pi \cdot \left(\frac{1}{z_1} + \frac{1}{z_2}\right) \cdot \cos\alpha_{wt} \tag{18.113}$$

Abschließend sei noch die Summengeschwindigkeit $v_{\Sigma y}$ erwähnt, die sich aus der Summe der senkrecht zur Eingriffslinie stehenden Geschwindigkeitskomponenten v_{Ty1} und v_{Ty2} gemäß Abbildung 18.44 und Abbildung 18.45 zusammensetzt und eine entscheidende Kenngröße zur Beurteilung der hydrodynamischen Schmierdruckwirkung darstellt:

$$v_{\Sigma y} = v_{Ty1} + v_{Ty2} \tag{18.114}$$

Mit den Zusammenhängen aus Gleichung (18.100) und (18.103) folgt allgemein für $v_{\Sigma y}$ und speziell für den Wälzpunkt C $v_{\Sigma C}$:

$$v_{\Sigma y} = \omega_1 \cdot \left(\rho_{y1} + \rho_{y2} \cdot \frac{z_1}{z_2} \right) \qquad v_{\Sigma C} = \frac{\omega_1 \cdot 2 \cdot a \cdot \sin \alpha_{wt}}{1 + \frac{z_1}{z_2}} \tag{18.115}$$

18.2.6 Evolventenverzahnung – Sonderverzahnungen

Ungeachtet des genormten Bezugsprofils für den allgemeinen Maschinenbau und Schwermaschinenbau nach DIN 867 werden wegen der folgenden Anforderungen oftmals Sonderverzahnungen mit von $\alpha = 20°$ abweichenden Eingriffswinkeln, anderen Zahnhöhenfaktoren und unsymmetrischen Bezugsprofilen entsprechend Abbildung 18.48 verwendet [18.37]:

- Hohe Laufruhe durch geringe Schwingungserregung
- Hohe Tragfähigkeit bei hohen Lastwechselzahlen (Ermüdungsfestigkeit)
- Hohe Tragfähigkeit bei stoßartiger Belastung bzw. hohe Überlastungsfähigkeit bei geringer Lastwechselzahl
- Erreichung extrem kleiner Zähnezahlen

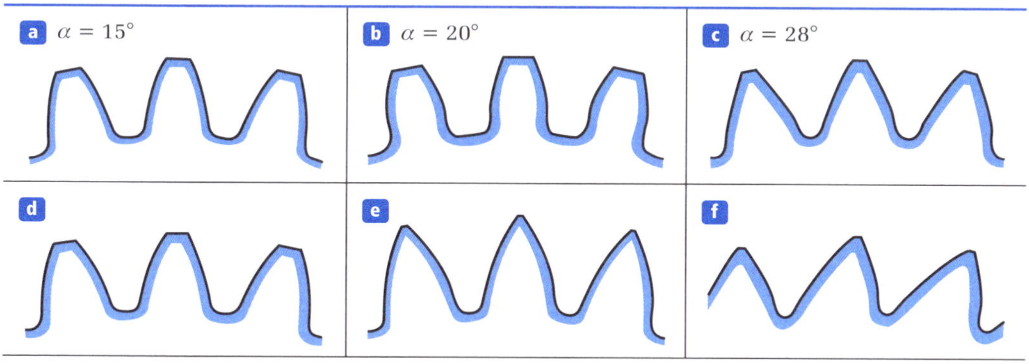

a bis c Verzahnungen mit unterschiedlichem Eingriffswinkel (normale Zahnhöhe: $z = 30$, $x = 0$, $\beta = 0°$, $\rho_{a0} / m = 0{,}2$)

d und e Normalverzahnung nach DIN 867 und Hochverzahnung, beide mit $z = 30$, $x = 0{,}35$, $\beta = 0°$, $\rho_{a0} / m = 0{,}2$, Hochverzahnung mit $h_{ap} / m = 1{,}3$ und $h_{fp} / m = 1{,}35$

f unterschiedliche Eingriffswinkel für arbeitende Flanke $\alpha_{n,rechts} = 40°$ und $\alpha_{n,links} = 10°$ sowie $z = 30$, $x = 0{,}6$, $\beta = 20°$, $h_{ap} / m = 1{,}0$ und $h_{fp} / m = 1{,}2$

Abbildung 18.48: Evolventische Sonderverzahnungen [18.216]

Die aus der Abweichung vom genormten Bezugsprofil bedingten erhöhten Werkzeugkosten können häufig sowohl bei Großserienfertigung (z.B. in der Kraftfahrzeugindustrie) als auch bei Kleinserien- und Einzelfertigung (z.B. Sondergetriebe im Schwermaschinenbau, Schaufelradbaggergetriebe) im Vergleich zu den folgend aufgeführten Vorteilen vernachlässigt werden:

- Bei der Hochverzahnung erreicht man durch eine Profilüberdeckung von $\varepsilon_\alpha = 2{,}0$ im Vergleich zum Normalprofil eine verbesserte Laufruhe durch eine geringere Schwankung der Zahnsteifigkeit, die wiederum eine verminderte Schwingungserregung mit niedrigeren inneren dynamischen Zahnkräften und einer geringeren Geräuschentwicklung zur Folge hat. Eine weitere Verbesserung wird durch eine ganzzahlige Sprungüberdeckung ε_β erzielt.

  Die Eingriffswinkel sind $\alpha < 20°$, meistens $\alpha = 15°$ oder $\alpha = 17{,}5°$. Als Zahnkopfhöhen sind Werte bis etwa $h_{aP} = 1{,}3 \cdot m$ üblich ($h_{aP} = 1{,}0 \cdot m$ beim genormten Profil nach DIN 867). Bedingt durch die größere Fußhöhe und den evtl. kleineren Eingriffswinkel sind ohne Profilverschiebung nicht so kleine Zähnezahlen wie bei der genormten Verzahnung möglich.

  Bei einer Zahnkopfhöhe $h_a = h_{fn} = 1{,}3 \cdot m_n$, $\alpha = 15°$ und $\beta = 0°$ beträgt die theoretische Grenzzähnezahl $z = 39$ und $z = 35$ für $\beta = 15°$ und sonst gleiche Werte. Deshalb wird häufig $\alpha = 17{,}5°$ ausgeführt ($z_g = 29$ bei $\beta = 0°$ bzw. $z = 28$ bei $\beta = 15°$ und $h_a = 1{,}3 \cdot m_n$) oder man vermeidet den Unterschnitt bei kleinen Zähnezahlen durch Profilverschiebung. Abbildung 18.49 a) zeigt abhängig von der Zähnezahl, Übersetzung und Profilverschiebung für Schrägungswinkel $\beta = 10°$ die erforderliche Zahnhöhe h_a / m_n für eine Profilüberdeckung $\varepsilon_\alpha = 2{,}0$.

- Bei der Stumpfverzahnung gemäß Abbildung 18.48 c) und Abbildung 18.49 b) wird durch größere Eingriffswinkel, z.B. $\alpha = 28°$, die Zahnfußtragfähigkeit erhöht, sodass eine hohe Tragfähigkeit bei stoßartiger Belastung (Vermeidung eines Zahnfußgewaltbruchs) bzw. hohe Überlastungsfähigkeit (Vermeidung der bleibenden Verformung) bei geringer Lastwechselzahl erreicht werden. Ursache hierfür ist, dass sich bei geringen Lastwechselzahlen (bis $N < 10^4$) die Zahnfußkerbe beim Werkstoff Stahl (normalisiert, vergütet oder einsatzgehärtet) kaum auswirkt und damit die größere Zahnfußdicke voll wirksam wird. Dieser Einfluss überwiegt auch gegenüber dem ansteigenden maßgebenden Hebelarm, der bei größeren Eingriffswinkeln infolge der kleineren Profilüberdeckung entsteht. In Abbildung 18.49 c) und d) ist die Abhängigkeit der Profilüberdeckung ε_α und der Zahnkopfdicke s_a von Zähnezahl z und Übersetzung u für eine Geradverzahnung ($\beta = 0°$) wiedergegeben.

  Diese Vorteile gelten jedoch nicht mehr im Gebiet der Ermüdungsbeanspruchung mit höheren Lastwechselzahlen (ab $N > 10^5$), da bei größer werdenden Eingriffswinkeln infolge der kleineren Lückenweite auch die Krümmungsradien der Fußkurve kleiner werden und demzufolge die Kerbwirkung zunimmt. Somit heben sich bei steigendem Eingriffswinkel und bei Ermüdungsbeanspruchung die Einflüsse aus der größer werdenden Zahnfußdicke, dem länger werdenden Hebelarm und der größer werdenden Kerbwirkung gegenseitig nahezu auf.

- Bei der asymmetrischen Verzahnung nach Abbildung 18.48 f) erreicht man unter der Maßgabe, dass nur eine Belastungsrichtung vorliegt, eine hohe Flankentragfähigkeit und hohe Fußfestigkeit bezüglich Gewaltbruch durch unsymmetrische Zähne, indem man die arbeitende Flanke mit einem großen Eingriffswinkel, z.B. $\alpha = 40°$, und die Rückflanke mit einem kleinen Eingriffswinkel, z.B. $\alpha = 10°$, versieht. Um Unterschnitt an der Rückflanke zu vermeiden, wurde zusätzlich Profilverschiebung vorgesehen, was aber auch durch unterschiedliche Bezugsprofile (Werkzeuge!) für Rad und Gegenrad hätte verwirklicht werden können. Die beste Beanspruchbarkeit der Flanke wird bei einem Eingriffswinkel von $\alpha = 45°$ erreicht.

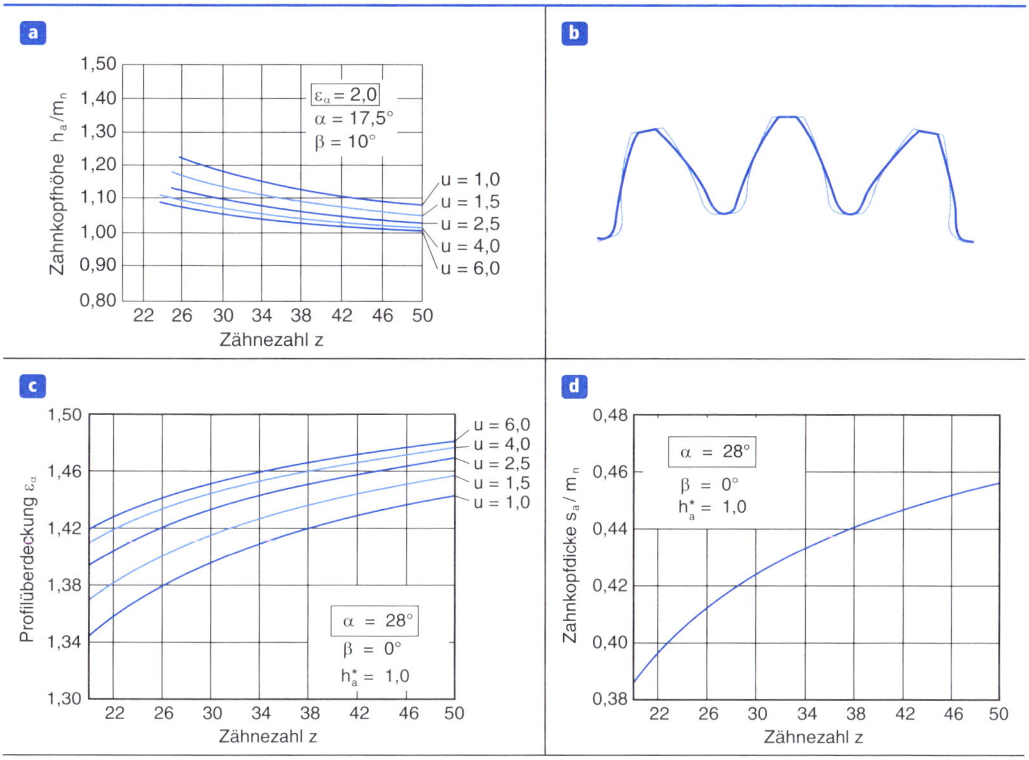

Abbildung 18.49: Sonderverzahnungen – a) Zahnkopfhöhenfaktoren Hochverzahnung, b) 28°-Stumpfverzahnung im Vergleich zur 20°-Normalverzahnung, c) Profilüberdeckung 28°-Stumpfverzahnung d) Zahnkopfdicke 28°-Stumpfverzahnung

Hinweise zur grundlegenden Auslegung von Sonderverzahnungen können Abschnitt 18.3.3.7 sowie der weiterführenden Fachliteratur entnommen werden [18.216].

Abschließend sei noch auf die sogenannten Komplementbezugsprofile gemäß Abbildung 18.50 hingewiesen, die immer dann angewendet werden, wenn sämtliche Tragfähigkeitsreserven genutzt werden sollen oder aber extrem kleine Zähnezahlen angestrebt werden [18.216], [18.292], [18.293]. Unabhängig vom genormten Bezugsprofil werden Rad und Gegenrad im Sinne der Paarungsfähigkeit aber nicht gleich gestaltet, sodass sich im Vergleich zum genormten Profil Vorteile hinsichtlich Geometrie oder Tragfähigkeit ergeben. Die wesentlichen zu optimierenden Auslegungsgrößen sind in Abbildung 18.50 zusammengestellt. Im Grenzfall lassen sich Zahnräder mit nur einem Zahn herstellen [18.216], [18.292].

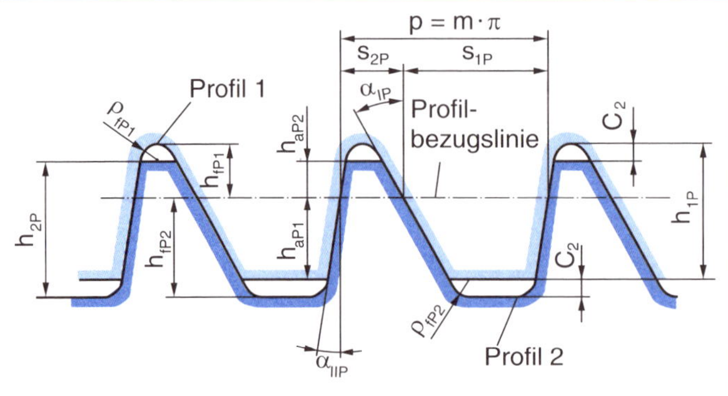

Wichtige Auslegungsgrößen zur Optimierung sind:

h_{ap} / h_{fp}: Größe der Zahnhöhen und Verhältnis Kopfhöhe zu Fußhöhe ($h_{a1} = h_{fn2}$, $h_{a2} = h_{fN1}$)

s_{1p} / s_{2p}: Verhältnis der Zahndicken bzw. Aufteilung der Teilung auf die Zahndicken der Paarung

α_{IP}, α_{IIP} Eingriffswinkel von Vorder- und Rückflanke ($\alpha_n = \alpha_{IP}$ bzw. $\alpha_n = \alpha_{IIP}$)

ρ_{fp} Fußrundungsradius

Abbildung 18.50: Allgemeine Komplementbezugsprofile [18.216], [18.292], [18.293]

18.2.7 Eingriffsstörungen bei Außenverzahnungen

Werden die Bedingungen des allgemeinen Verzahnungsgesetzes nach Abschnitt 18.2.1 verletzt, kommt es zu Störungen der gleichförmigen Bewegungsübertragung, die man als Eingriffsstörungen (Interferenz) bezeichnet. Derartige Störungen verursachen erhöhte Laufgeräusche und auch Schäden wie Zahnbruch, erhöhten Verschleiß und Pittingbildung (s.a. Abschnitt 18.4.2). Bei Innenradpaarungen kann darüber hinaus ein radialer Einbau unter Umständen überhaupt nicht möglich sein.

Hauptursachen für Eingriffsstörungen sind insbesondere bei Evolventenverzahnungen:

- eine zu geringe Gesamtüberdeckung von $\varepsilon_\gamma < 1$,
- zum Eingriff kommende Flankenteile, die nicht zum evolventischen Bereich gehören,
- außerhalb der Eingriffsstrecke kommt es zu einem erneuten Berühren der Zahnflanken (z.B. durch Kopfüberschneidung bei Innenradpaaren).

Für ein genormtes Bezugsprofil und eine bereits festgelegte Zähnezahl einer Paarung lassen sich die Eingriffsstörungen durch Kopfkürzung, geänderte Profilverschiebung, andere Herstellungswerkzeuge oder die Veränderung der Zahnfußgeometrie (z.B. Lage des Schleifabsatzes) beeinflussen bzw. vollständig beseitigen. Manchmal kann auch die Verhinderung von Verlagerungen oder Verformungen Abhilfe schaffen (z.B. bei sich selbst zentrierenden Sonnenrädern in Umlaufrädergetrieben). Grundsätzlich treten Interferenzen bei Außenverzahnungen seltener auf, sind jedoch auch hier zu berücksichtigen. Generell empfindlicher gegenüber Eingriffsstörungen sind Innenradpaarungen, gerade wenn der absolute Betrag der Zähnezahldifferenz kleiner als 10 ist.

Entsprechend Abschnitt 18.2.3.2 und 18.2.4 liegt eine gleichförmige Übertragung der Verzahnung vor, wenn sich stets mindestens ein Flankenpaar im Eingriff befindet, sodass zwischen der Eingriffsstrecke g_α, der Eingriffsteilung p_{et}, der Zahnbreite b und dem Schrägungswinkel β_b bzw. der Gesamtüberdeckung ε_γ, der Profilüberdeckung ε_α und der Sprungüberdeckung ε_β gemäß Gleichung (18.71) folgende Zusammenhänge gelten, Abbildung 18.51:

$$g_\alpha > p_{et} - b \cdot \tan\beta_b \quad \text{bzw.} \quad \varepsilon_\gamma = \varepsilon_\alpha + \varepsilon_\beta > 1 \qquad (18.116)$$

Zur sicheren, gleichförmigen Drehmoment- und Leistungsübertragung ist eine Zahnradpaarung mit einer Gesamtüberdeckung von $\varepsilon_\gamma >> 1$ auszulegen, da nämlich im Grenzbereich für $\varepsilon_\gamma \approx 1$ durch Lageabweichungen der Verzahnungen ($f_{H\beta}$) und der Bohrungen ($f_{\Sigma\beta}$, $f_{\Sigma\delta}$) (s.a. Abschnitt 18.4.3) ein Klaffen an einer Stirnseite besonders bei gering belasteten Getrieben auftreten kann, sodass aus $\varepsilon_\alpha < 1$ auch $\varepsilon_\gamma < 1$ folgt (gleichbedeutend mit ungleichförmiger Übertragung).

Andererseits kann eine Zahnradpaarung trotz $\varepsilon_\alpha < 1$ und $\varepsilon_\beta = 0$ ein brauchbares Laufverhalten aufweisen, wenn durch die elastische Deformation der Zähne eine Verlängerung des Eingriffes (Δg_A, Δg_E) gemäß Abbildung 18.51 erfolgt, wobei der Eingriff dann außerhalb der Eingriffslinie stattfindet [18.132], [18.216], [18.217].

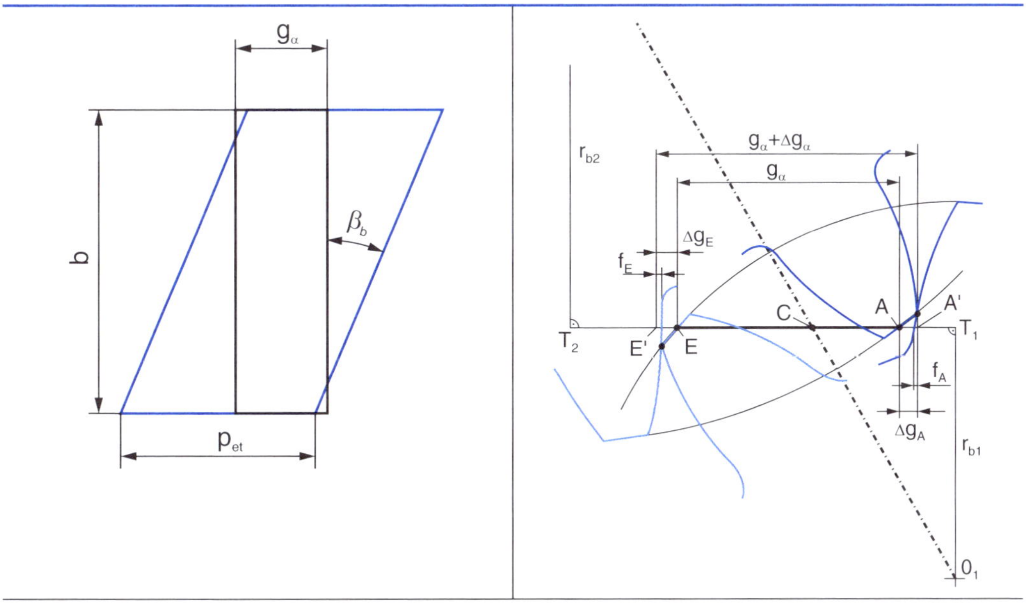

Abbildung 18.51: Grenzbedingung für gleichförmige Übertragung (links) sowie Vor- und Nacheingriff infolge elastischer Zahndeformation f_a bzw. f_e (Bereiche $A'A$ und $E'E$) (rechts) [18.216]

Aus Messungen an Stahlzahnrädern im üblichen Belastungsbereich ist eine Zunahme der Profilüberdeckung von $\Delta\varepsilon_\alpha > 0{,}1$ bekannt, bei Kunststoffzahnrädern ist die Zunahme von ε_α noch größer. Generell ist dabei jedoch zu beachten, dass durch den Kopfkantenverschleiß die Lastübernahme in diesem Bereich allmählich verringert wird.

Aus nachfolgenden Gründen kann insbesondere bei Geradverzahnungen eine zu kleine Überdeckung vorliegen:

- Profilverschiebung zu groß bei zu kleiner Zähnezahl
- Kopfkürzung zu groß
- Stumpfverzahnung
- Unterschnitt durch zu geringe Profilverschiebung bei zu kleiner Zähnezahl oder zu großer Unterwühlung bei ungünstig ausgelegtem Protuberanzwerkzeug

Entsprechend Abbildung 18.52 ist sowohl bei Unterschnitt als auch bei der Verwendung von Protuberanzwerkzeugen immer der Übergang von der Fußkurve zum evolventischen Profil, der hier nicht tangential erfolgt, zu betrachten. Hierzu muss der betreffende Durchmesser $d_u = 2 \cdot r_u$ kleiner sein als der Nutzkreisdurchmesser $d_{Nf} = 2 \cdot r_{Nf}$, der die tiefste Flankenberührung der nicht unterschnittenen Verzahnung kennzeichnet:

$$d_{Nf1,2} > d_{u1,2} \tag{18.117}$$

$$d_{Nf1} = \sqrt{\left(2 \cdot a \cdot \sin \alpha_{wt} - \frac{z_2}{|z_2|} \cdot \sqrt{d_{a2}^2 - d_{b2}^2}\right)^2 + d_{b1}^2}$$

$$d_{Nf2} = \frac{z_2}{|z_2|} \cdot \sqrt{\left(2 \cdot a \cdot \sin \alpha_{wt} - \sqrt{d_{a1}^2 - d_{b1}^2}\right)^2 + d_{b2}^2} \tag{18.118}$$

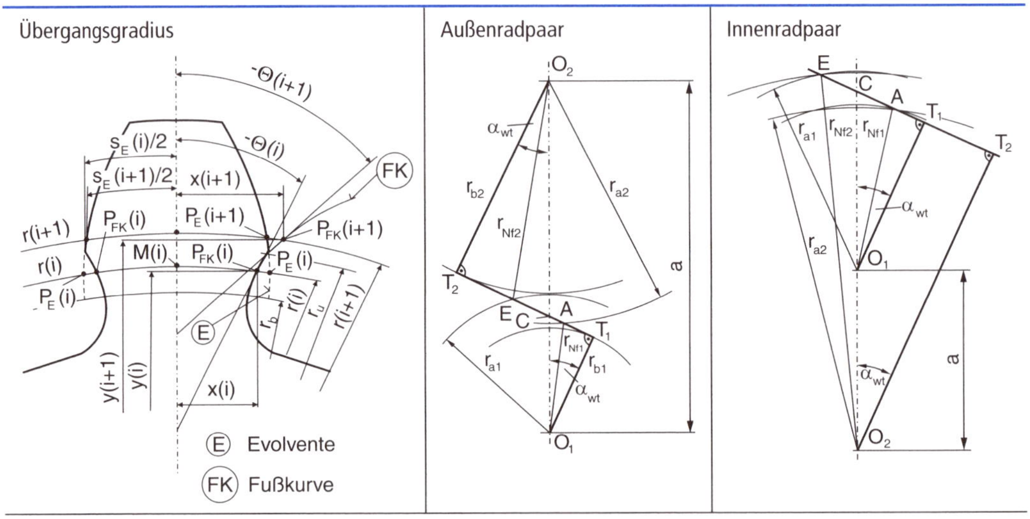

Abbildung 18.52: Übergangsradius r_U und Fußnutzkreis beim Außenrad- und Hohlradpaar [18.216]

Dieser den Unterschnitt kennzeichnende Übergangsradius r_U gemäß Abbildung 18.52 kann iterativ bestimmt werden, indem man schrittweise für verschiedene Tangentenwinkel θ (ausgehend von $\theta = 0°$ zu negativen θ-Werten) die vom Werkzeugkopf erzeugte Zahnfußdicke s_{FK} des Unterschnittbereiches berechnet und mit der Dicke s_E, die durch die Evolventen oberhalb des Grundkreises gebildet wird, vergleicht.

Anhand von Abbildung 18.53 lässt sich die Zahnfußdicke $s_F = 2 \cdot X$ ermitteln, wobei X die horizontale Koordinate des Berührungspunktes des Werkzeugprofiles am Zahnfuß und Y der Abstand zum Radmittelpunkt ist.

$$X = r_{w1} \cdot \sin \varphi_1 - \left(\frac{\Delta h}{\sin \psi} + \rho_{a0}\right) \cdot \cos \theta$$

$$Y = r_{w1} \cdot \cos \varphi_1 - \left(\frac{\Delta h}{\sin \psi} + \rho_{a0}\right) \cdot \sin \theta \tag{18.119}$$

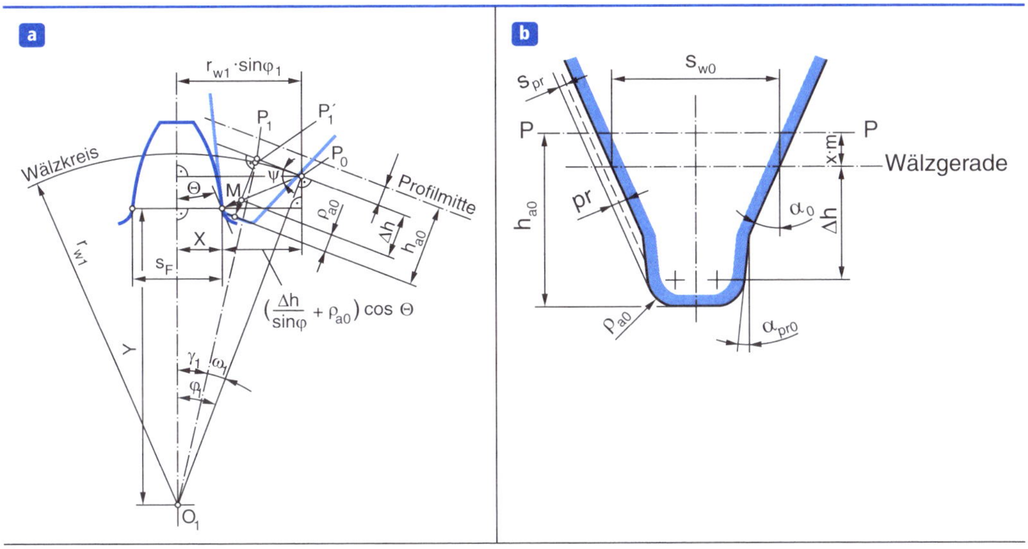

Abbildung 18.53: Geometrische Größen zur Ableitung der Zahnfußdicke – a) Werkzeug (Zahnstange) – Werkrad, b) Protuberanzwerkzeug mit allgemeinem Profilwinkel α_0 [18.216]

Aus diesen Werten $X(i)$ und $Y(i)$ für einen gegebenen Tangentenwinkel $\theta(i)$ an die Fußkurve ergibt sich dann der Radius $r(i)$, der dem Abstand des Punkts $P_{FK}(i)$ vom Radmittelpunkt entspricht. Für die Zahndicke $s_{FK}(i)$ der Fußkurve am Radius $r(i)$ als Bogen gilt:

$$\frac{s_{FK}(i)}{2} = \widehat{M(i)P_{FK}(i)} = r(i)\cdot\varphi(i) \text{ mit } r(i) = \sqrt{X(i)^2 + Y(i)^2} \text{ und } \tan\varphi(i) = \frac{X(i)}{Y(i)} \tag{18.120}$$

Die durch die Evolvente begrenzte Zahndicke $s_E(i)$ ist:

$$\frac{s_E(i)}{2} = \widehat{M(i)P_E(i)}429 \tag{18.121}$$

Nun vergleicht man die durch die Fußkurve begrenzte Dicke $s_{FK}(i)$ mit der zum gleichen Radius gehörenden Dicke $s_E(i)$ und bildet die Differenz $\Delta s(i)$, die zu Null werden muss:

$$\Delta s(i) = s_{FK}(i) - s_E(i) \tag{18.122}$$

Dabei ist $s_E(i)$ die durch die Evolventen begrenzte Zahndicke, die im Unterschnittbereich oberhalb des Grundkreises als nicht unterschnitten betrachtet wird. Man berechnet $s_E(i)$ mit $r_y = r(i) \geq r_b$ gemäß Gleichung (18.31). Im Weiteren sind alle Berechnungen mit einem neu vorzugebenden Tangentenwinkel θ durchzuführen, bis durch schrittweise Näherung der gesuchte Radius r_u für $\Delta s \approx 0$ mit der gewünschten Genauigkeit bestimmt ist:

$$\theta(i+1) = \theta(i) + \Delta\theta < 0° \quad \text{z.B. mit} \quad \Delta\theta = -5° \tag{18.123}$$

Zusammenfassend sei darauf hingewiesen, dass die vorgestellten Zusammenhänge nur für Außenverzahnungen von Bedeutung sind, da bei Innenverzahnungen kein Unterschnitt auftritt (Ausnahme: Freischnitt bei Verwendung eines Protuberanzwerkzeuges). Genauere Zahlenwerte zur Vermeidung von Unterschnitt (Mindestprofilverschiebung, Grenzzähnezahl) sind Abschnitt 18.2.3.4 zu entnehmen.

Eine weitere Eingriffsstörung kann bei Außenverzahnungen dadurch entstehen, dass der Zahnkopf des einen Zahnrades im Zahnfußbereich des Gegenrades, der nicht mehr zum evolventischen Teil der Zahnflanke gehört, zum Eingriff kommt. Dies lässt sich jedoch vermeiden, wenn gemäß Abbildung 18.54 (links) der durch die Radpaarung vorhandene tiefste Eingriffspunkt (Nutzkreisdurchmesser d_{Nf} gemäß Gleichung (18.118)) höher liegt als der tiefste noch zur Evolvente gehörende Flankenpunkt, gegeben durch den Formkreisdurchmesser $d_{Ff} = 2 \cdot r_{Ff}$:

$$d_{Nf} \geq d_{Ff} + \Delta d_{Ff} \qquad (18.124)$$

Hierin bezeichnet Δd_{Ff} einen Erfahrungswert, der unter Berücksichtigung der Toleranzen und Verformungen als Sicherheitsabstand festzulegen ist. Der Formkreisdurchmesser d_{Ff} ergibt sich bei Herstellung mit dem Wälzfräser oder Hobelkamm entsprechend Abbildung 18.54 zu:

$$d_{Ff} = \sqrt{\left(d \cdot \sin\alpha_{t0} - 2 \cdot \frac{h_{a0} - x_E \cdot m_n - \rho_{a0} \cdot (1 - \sin\alpha_{n0})}{\sin\alpha_{t0}}\right)^2 + d_b^2} \qquad (18.125)$$

Dabei sind d und d_b die Teilkreis- und Kopfkreisdurchmesser, x die Profilverschiebung, x_E als Erzeugungsprofilverschiebungsfaktor der um den Einfluss des Zahndickenabmaßes A'_s korrigierte Profilverschiebungsfaktor des Zahnrades, der bei Wälzwerkzeugen mit Zahnstangengrundprofil (Fräser, Hobelkamm, Schneidrad) berücksichtigt werden muss, h_{a0} die Werkzeugkopfhöhe, ρ_{a0} der Kopfkanten-Rundungshalbmesser am Werkzeug, m_n der Normalmodul sowie α_{n0} und α_{t0} der Normal- und der Stirneingriffswinkel im Erzeugungsgetriebe:

$$x_E = x + \frac{A'_s}{2 \cdot m_n \cdot \tan\alpha_{n0}} \qquad (18.126)$$

Das vorzeichenbehaftete Zahndickenabmaß A'_s (meist ist $A'_s < 0$) wird durch radiale Zustellung des Werkzeuges mit Zahnstangenprofil unter Berücksichtigung der vorgesehenen Bearbeitungszugabe von Werkrad und Werkzeug erzeugt. Bei Schleifabsätzen ist h_{a0} durch die analoge Kopfhöhe des Schleifwerkzeuges zu ersetzen. Sie entspricht der Fräserkopfhöhe, vermindert um den Abstand Δh des Schleifwerkzeuges zum Zahngrund (s.a. Abbildung 18.54: $\Delta h < h_s$). Der sich daraus ergebende Formkreisdurchmesser muss kleiner sein als der Nutzkreisdurchmesser. Bei Herstellung mit dem Schneidrad lässt sich der Formkreisdurchmesser nach Gleichung (18.118) bestimmen, wenn für das Gegenrad jeweils die Daten des Werkzeuges eingesetzt werden und $d_{Ff} = d_{Nf}$ geschrieben wird. Bei genaueren Untersuchungen ist die Erzeugungsprofilverschiebung gemäß Gleichung (18.126) zu berücksichtigen [18.216].

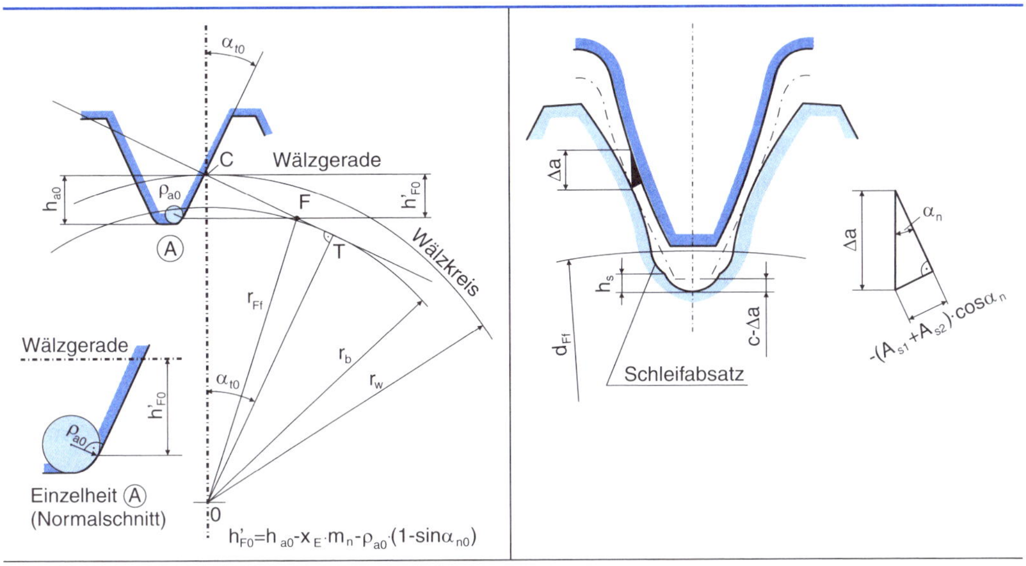

Abbildung 18.54: Formkreisradius r_{Ff} der Außenverzahnung bei Herstellung mit einem Wälzfräser oder Hobelkamm (links) und momentane Annäherung bei selbst zentrierenden Zahnrädern, z .B. in Umlaufrädergetrieben (rechts)

Bei „selbst zentrierend" angeordneten Ritzeln (z.B. Zentralritzel bei Umlaufrädergetrieben) ist zu beachten, dass z.B. beim Anlaufvorgang kurzzeitig das verfügbare Flankenspiel gemäß Abbildung 18.54 (rechts) völlig aufgebraucht werden kann, da das Ritzel, bedingt durch das Eigengewicht, in die Lücke der Gegenverzahnung fällt. In einem solchen Fall ist der Achsabstand a in Gleichung (18.118) um den Betrag Δa zu verkleinern und der Wälzwinkel α_{wt} für diese Grenzbetrachtung ebenfalls neu zu bestimmen:

$$\Delta a \approx \frac{-\left(A_{s1} + A_{s2}\right) \cdot \cos\alpha_n}{2 \cdot \sin\alpha_{wn}} \tag{18.127}$$

Zusätzlich zu Gleichung (18.124) sollte zur Vermeidung von Eingriffsstörungen noch die folgende Bedingung gemäß Abbildung 18.54 erfüllt sein:

$$h_s < (c - \Delta a) \tag{18.128}$$

Im Falle der Verwendung von Werkzeugen mit Protuberanz (Unterwühlung bzw. Hinterschneidung des Zahngrundes) entfallen die für Schleifabsätze genannten Bedingungen. Allerdings ist dann zu prüfen, ob der Übergangsdurchmesser $d_u = 2 \cdot r_u$ kleiner ist als der Nutzkreisdurchmesser d_{Nf} (Abbildung 18.52). Anderenfalls ist die Verringerung der Eingriffsstrecke und der Profilüberdeckung zu berücksichtigen. Eingriffsstörungen lassen sich auch vermeiden, wenn die durch den Eingriff der gepaarten Zahnräder sich ergebende Eingriffsstrecke als Mindestlänge für den Nachweis der Profillage und Profillänge bei der Zahnradprüfung (Profil) zugrunde gelegt und auf der Zeichnung vermerkt wird.

Im Gegensatz zu Außenverzahnungen kommen bei Innenverzahnungen Eingriffsstörungen häufiger vor, zusätzlich sind auch noch Zahnkopfüberschneidungen möglich. Der Bereich der größten Eingriffsstörungen für Innenverzahnungspaarungen liegt bei Übersetzungen von $|z_2| / z_1 \approx 1$. Deshalb hält man zur Vermeidung der Eingriffsstörungen meist eine Mindestzähnezahldifferenz von $(|z_2| - z_1)_{min} = 10$ bei Null-Innengetrieben mit $h^*_{aP} = 1$ und $\alpha = 20°$ ein. Zur Vermeidung von Eingriffsstörungen zwischen Schneidrad und Innenrad bei der Erzeugung sollte die Mindestzähnezahldifferenz $(|z_2| - z_0)_{min}$ für das Erzeugungsgetriebe (Hohlrad-Schneidrad) gegenüber der des Innengetriebes (Hohlrad-Ritzel) $(|z_2| - z_1)_{min}$ bis zum Zweifachen größer sein. Damit wird sichergestellt, dass die um das Kopfspiel größere Kopfhöhe des Schneidrades gegenüber der des eingreifenden Ritzels keine neuen Eingriffsstörungen bei der Erzeugung des Innenrades aufweist.

Bei Ausführung kleinerer Zähnezahldifferenzen mit Übersetzungen von $|z_2| / z_1 \approx 1$ ist eine Begrenzung des Eingriffsstörungsbereiches durch Profilverschiebung (V0- bzw. V-Innengetriebe) möglich, wobei die Korrekturen am Hohlrad in der Form vorgenommen werden sollten, dass Normschneidräder Verwendung finden können. Anderenfalls wird eine Auslegung von Sonderschneidrädern durch den Werkzeughersteller erforderlich. Mittlerweile sind auch Innengetriebe mit $i = 1$, $(|z_2| - z_1) = 0$ und $a \neq 0$ möglich [18.139].

Mit Bezug auf die bereits eingangs erwähnten Eingriffsstörungen durch Verletzung des Verzahnungsgesetzes sind bei Innengetrieben die folgenden Eingriffsstörungen von Bedeutung:

- Flankenteile, die nicht zum evolventischen Bereich gehören, kommen zum Eingriff – hierunter fallen Zahnfußeingriffsstörungen am Ritzel, am Hohlrad und am Schneidrad des Erzeugungsgetriebes. In den ersten beiden Fällen kommt es zur Berührung zwischen Zahnkopf und Zahnfußausrundungsradius, in letzterem Fall wird der Zahnkopf des Hohlrades vom Zahnfußausrundungsradius des Schneidrades abgeschnitten.
- Berührung von Zahnflankenteilen außerhalb des Eingriffsgebietes – hierunter fallen Zahnkopfeingriffsstörungen (Überschneidung der Zahnköpfe von Ritzel und Hohlrad oder Wegschneiden der Hohlradzahnköpfe beim Erzeugungsgetriebe), radiale Einbaustörungen (das Ritzel ist so groß, dass es beim radialen Einbau außerhalb des Eingriffsgebietes liegende Zähne des Innenrades berührt) und Vorschubeingriffsstörungen (das gewählte Schneidrad ist so groß, dass es in Vorschubrichtung Zähne des Innenrades wegschneidet).

Darüber hinaus sind „passive“ Eingriffsstörungen möglich, die zwar nicht ein Wegschneiden, jedoch ein unerwünschtes Berühren von Flankenteilen bedingen, was insbesondere bei Erzeugungsgetrieben während des Schneidradrückhubes auftritt [18.216]. Zusätzlich ist insbesondere bei sehr elastisch gestalteten Hohlrädern und sehr kleinen Zähnezahldifferenzen $(|z_2| - z_1)$ die Interferenzgefahr unter Beachtung der elastischen Deformation (vor allem des Radkörpers) zu prüfen.

Abschließend sei darauf hingewiesen, dass die bei der Erzeugung mit Schneidrad möglichen Eingriffsstörungen in der Regel bei anderen Erzeugungsarten, z. B. Räumen (kleine Hohlräder) oder Wälzfräsen (große Hohlräder), nicht auftreten.

Weitere Ausführungen zu Eingriffsstörungen bei Innenverzahnungen sind im Kapitel 19 – Umlaufrädergetriebe sowie in der speziellen Fachliteratur zu finden [18.216].

18.2.8 Zusammenstellung geometrischer Grundgrößen der Gerad- und Schrägverzahnung

Die nachfolgende Tabelle 18.3 fasst die wesentlichen Grundgrößen der bisher vorgestellten Verzahnungsgeometrie zusammen. Weiterführende Ergänzungen zur Zahngeometrie sind der ausführlichen Fachliteratur zu entnehmen [18.216].

Nr.	Benennung	Zeichen	Gleichung
1	Virtuelle Zähnezahl, Ersatz-Zähnezahl	z_V z_{nx}	$z_V = \frac{z}{\cos^3\beta}$; $z_{nx} = \frac{z}{\cos^2\beta_b \cdot \cos\beta}$; $z_V \approx z_{nx}$
2	Stirnmodul	m_t	$m_t = \frac{m_n}{\cos\beta}$
3	Normalteilung	p_n	$p_n = m_n \cdot \pi = p_t \cdot \cos\beta$
4	Teilkreisteilung	p_t	$p_t = m_t \cdot \pi = \frac{d \cdot \pi}{z} = \frac{m_n \cdot \pi}{\cos\beta}$
5	Axialteilung	p_x	$p_x = \frac{m_n \cdot \pi}{\sin\lvert\beta\rvert}$
6	Steigungshöhe	p_z	$p_z = \frac{\lvert z\rvert \cdot m_n \cdot \pi}{\sin\lvert\beta\rvert}$
7	Grundkreisteilung	p_{bt}	$p_{bt} = p_t \cdot \cos\alpha_t = \frac{m_n \cdot \pi}{\cos\beta} \cdot \cos\alpha_t$
8	Normaleingriffsteilung	p_{en}	$p_{en} = p_{et} \cdot \cos\beta_b = p_n \cdot \cos\alpha_n = m_n \cdot \pi \cdot \cos\alpha_n$
9	Stirneingriffsstellung	p_{et}	$p_{et} = \frac{d_b \cdot \pi}{z} = p_t \cdot \cos\alpha_t = m_t \cdot \pi \cdot \cos\alpha_t$
10	Stirneingriffswinkel	α_t	$\tan\alpha_t = \frac{\tan\alpha_n}{\cos\beta}$
11	Schrägungswinkel am Grundkreis	β_b	$\sin\beta_b = \sin\beta \cdot \cos\alpha_n$
12	Teilkreisdurchmesser	d	$d = \frac{z \cdot m_n}{\cos\beta}$
13	Grundkreisdurchmesser	d_b	$d_b = d \cdot \cos\alpha_t$
14	Kopfkreisdurchmesser	d_a	$d_a = d + 2 \cdot m_n \cdot \left(\frac{h_{aP}}{m_n} + x + k\right)$

Tabelle 18.3: Zusammenstellung geometrischer Größen

Nr.	Benennung	Zeichen	Gleichung
15	Fußkreisdurchmesser	d_f	$d_f = d - 2 \cdot m_n \cdot \left(\frac{h_{aP}}{m_n} - x + \frac{c}{m_n} \right)$
16	Wälzkreisdurchmesser	d_w	$d_{w1} = \frac{2 \cdot a}{\frac{z_2}{z_1} + 1}; \quad d_{w2} = 2 \cdot a - d_{w1}$
17	Zahndicke im Teilkreis im Stirnschnitt (Bogen)	s_t	$s_t = \frac{p_t}{2} + 2 \cdot x \cdot m_n \cdot \tan \alpha_t$ $= m_t \cdot \left(\frac{\pi}{2} + 2 \cdot x \cdot \tan \alpha_n \cdot \cos \beta \right)$
18	Zahndicke im Teilkreis im Normalschnitt (Bogen)	s_n	$s_n = \frac{p_n}{2} + 2 \cdot x \cdot m_n \cdot \tan \alpha_n = m_n \cdot \left(\frac{\pi}{2} + 2 \cdot x \cdot \tan \alpha_n \right)$
19	Null-Achsabstand	a_d	$a_d = \frac{d_1 + d_2}{2} = \frac{z_1 \cdot m_n}{2 \cdot \cos \beta} \cdot \left(\frac{z_2}{z_1} + 1 \right)$
20	Achsabstand	a	$a = a_d \cdot \frac{\cos \alpha_t}{\cos a_{wt}}$
21	Betriebseingriffswinkel	α_{wt}	$\cos \alpha_{wt} = \frac{m_t \cdot (z_1 + z_2)}{2 \cdot a} \cdot \cos \alpha_t$
22	Summe der Profilverschiebungen	$x_1 + x_2$	$x_1 + x_2 = \frac{inv\alpha_{wt} - inv\alpha_t}{2 \cdot \tan \alpha_n} \cdot (z_1 + z_2)$ $inv\alpha = \tan \alpha - arc\alpha$
23	Kopfhöhenänderungsfaktor	k	$k = \frac{a - a_d}{m_n} - (x_1 + x_2)$
24	Profilüberdeckung	ε_α	$\varepsilon_\alpha = \frac{1}{p_{et}} \cdot \left(\sqrt{\left(\frac{d_{a1}}{2} \right)^2 - \left(\frac{d_{b1}}{2} \right)^2} + \frac{z_2}{\lvert z_2 \rvert} \cdot \sqrt{\left(\frac{d_{a2}}{2} \right)^2 - \left(\frac{d_{b2}}{2} \right)^2} - a \cdot \sin \alpha_{wt} \right)$ Bei Kopfrundung sind statt $d_{a1,2}$ die Kopf-Nutzkreisdurchmesser $d_{Na1,2}$ einzusetzen.
25	Sprungüberdeckung	ε_β	$\varepsilon_\beta = \frac{b_w \cdot \sin \lvert \beta \rvert}{m_n \cdot \pi}$ b_w gemeinsame Zahnbreite

Tabelle 18.3: Zusammenstellung geometrischer Größen (Forts.)

Nr.	Benennung	Zeichen	Gleichung
26	Zahnweite	W_k	$W_k = m_n \cdot \cos\alpha_n \cdot \left[\left(k - \frac{z}{2\cdot\lvert z\rvert}\right)\cdot \pi + z \cdot inv\alpha_t\right]$ $+2\cdot x \cdot m_n \cdot \sin\alpha_n$ oder $W_k = \left[\left(k - \frac{z}{\lvert z\rvert}\right)\cdot p_{et} + s_{bt}\right]\cdot \cos\beta_b$ k Messzähnezahl (bei Innenverzahnung Messlückenzahl) Bedingung: $b > W_k \cdot \sin\lvert\beta_b\rvert$, $\left(d_f + 2\cdot c\right) < \sqrt{\left(\frac{W_k}{\cos\beta_b}\right)^2 + d_b{}^2} < d_a$
27	Diametrales Zweikugelmaß	M_{dK}	$M_{dK} = d_K + D_M$ (z gerade), $M_{dK} = d_K \cdot \cos\frac{\pi}{2\cdot z} + D_M$ (z ungerade) $d_K = \frac{d_b}{\cos\alpha_{Kt}}$; $\mathrm{inv}\,\alpha_{Kt} = \frac{D_M}{d_b \cdot \cos\beta_b} - \eta_b$; $\eta_b = \frac{\pi - 4\cdot x \cdot \tan\alpha_n}{2\cdot z} - \mathrm{inv}\,\alpha_t$ D_M Messkugeldurchmesser Bedingungen: $M_{dK} > d_a$; $d_M < d_a$; $d_M = \frac{d_b}{\cos\alpha_M}$; $\tan\alpha_M = \tan\alpha_{Kt} - \frac{D_M}{d_b}\cdot\cos\beta_b$
28	Zahndickensehne (am Teilzylinder) im Normalschnitt	$\overline{s_n}$	$\overline{s_n} = d_n \cdot \sin\psi_n$; $d_n = \frac{d}{\cos^2\beta}$; $\psi_n = \frac{s_n}{d_n}$
29	Höhe über der Sehne $\overline{s_n}$ bis Kopfzylinder	$\overline{h_a}$	$\overline{h_a} = \frac{1}{2}\cdot\left(d_a - d_n \cdot \cos\psi_n\right)$
30	Konstante Sehne (eines Geradstirnrades)	$\overline{s_c}$	$\overline{s_c} = s \cdot \cos^2\alpha$
31	Höhe über der konstanten Sehne $\overline{s_c}$ bis Kopfzylinder	$\overline{h_c}$	$\overline{h_c} = h_a - \frac{s}{2}\cdot\sin\alpha\cdot\cos\alpha$

Hinweis: Bei Innenradpaarungen sind die Zähnezahl und die Durchmesser des Hohlrades negativ einzusetzen. Der Achsabstand der Paarung Außenrad-Hohlrad ist negativ.

Tabelle 18.3: Zusammenstellung geometrischer Größen (Forts.)

18.2.9 Fertigung – Zahnradformgebung, Werkstoffe und Wärmebehandlung

Neben der bereits vorgestellten Geometrie ist die Fertigung, bestehend aus Zahnradformgebung, Werkstoffauswahl und Wärmebehandlung, wesentlich für die Funktionalität und das Leistungsvermögen eines Zahnradgetriebes.

Entsprechend den Grundlagen der Festigkeitsberechnung muss auch beim Zahnrad die Beanspruchbarkeit größer sein als die Beanspruchung, jedoch bestehen im Vergleich zu anderen Maschinenelementen unterschiedliche funktionelle Anforderungen an die Werkstoffeigenschaften im Bereich der Zahnflanken, des Zahnfußes und des Werkstückkerns bei besonderer Bedeutung der Randzoneneigenschaften hinsichtlich Mikrohärteverlauf, innerer Spannungen und Oberflächen-Mikrostruktur.

Gemäß Tabelle 18.4 hängt die Wahl des Herstellverfahrens, des Werkstoffes und der zugehörigen Wärmebehandlung im Wesentlichen von der grundlegenden Funktion, den Anforderungen und Einsatzbedingungen der Verzahnung bzw. des Getriebes ab, wobei die Zusammenstellung keinen Anspruch auf Vollständigkeit erhebt, jedoch eine Hilfe bei der Einordnung der eigenen Aufgabenstellung geben soll.

Zur Verzahnungsherstellung (Formgebung) werden im Wesentlichen spanende Verfahren (z.B. Fräsen, Stoßen, Räumen, Schleifen, Schaben, Honen) und spanlose Verfahren (z.B. Walzen, Fließpressen, Ziehen, Ausschneiden, Schmieden, Gießen) angewendet, wobei die spanenden Verfahren und hier insbesondere das Wälzfräsen überwiegen.

Abhängig von der Belastung verwendet man für Zahnräder Baustähle, Einsatzstähle, Vergütungsstähle, Stahlguss und Eisen-Gusswerkstoffe. Abbildung 18.55 zeigt eine vergleichende Zusammenstellung der genormten mechanischen Eigenschaften Streckgrenze, Zugfestigkeit, Bruchdehnung und Brucheinschnürung der üblichen Zahnradwerkstoffe [18.216].

Die großen Streubereiche ergeben sich aus der chemischen Zusammensetzung, den Abmessungen und der Behandlung, wobei für einen einzelnen Werkstoff und ein einzelnes Bauteil die Streuungen geringer ausfallen. Beachtlich sind die hohen Festigkeitswerte des unlegierten bainitisierten Gusseisens mit Kugelgrafit (7b) im Vergleich mit den mehrfach legierten Vergütungsstählen (3c), Abbildung 18.55.

Die genauen Festigkeitskennwerte (Grübchen- und Zahnfuß-Dauerfestigkeit) zur Verwendung im Tragfähigkeitsnachweis einer Verzahnung sind in der Norm DIN 3990, Teil 5, auf der Grundlage von Zahnradprüfungen im Laufversuch mit zugehörigen Streubereichen abhängig von der Oberflächenhärte für die einzelnen Werkstoffgruppen zusammengestellt (siehe auch Abschnitt 18.4.10) [18.55].

Generell werden bei der Werkstoffauswahl und der Wärmebehandlung, bedingt durch die heute üblichen Anforderungen an Verzahnungen im Maschinen- und Anlagenbau, Einsatzstähle in unterschiedlich thermochemisch verfestigtem Zustand und Vergütungsstähle mit der zunehmenden Tendenz zur thermischen und thermochemischen Randschichtverfestigung bevorzugt, wobei ein Zahnrad mit Randschichtverfestigung häufig auch als „gehärtetes“ Zahnrad und ein Zahnrad ohne Randschichtverfestigung als „ungehärtetes“ oder „naturhartes“ Zahnrad bezeichnet wird.

Nr.	Funktionen, Anforderungen, Bedingungen, Anwendungsgebiete	Herstellverfahren, Werkstoffe, Wärmebehandlung
1	Bewegungsübertragung mit Geräuscharmut, niedrige Werkstoff- und Verarbeitungskosten, sehr hohe Stückzahlen, z. B. Kleingeräte, Büromaschinen, Spielzeuge	Massenfertigung – Spritzguß, Strangpressen, Kaltziehen, Pressen, Stanzen, Sintern von Zn, Ms, Al-Legierungen, Automatenstählen, Al-Zn-Cu-Knetlegierungen, Baustählen, Sintermetallen
2	Bewegungsübertragung mit kleinen Kräften und Geräuscharmut, mittlere bis hohe Stückzahlen, Instrumente, Messgeräte, Zähler, Steuer- und Leitgeräte Oftmals zusätzlich niedrige Werkstoff- und Verarbeitungskosten bei hohen Stückzahlen, z. B. Haushaltsgeräte, Büromaschinen, Phonogeräte	Serienfertigung – Wälzfräsen, Wälzstoßen von Baustählen, Automatenstählen, Cu-, Al-Knetlegierungen, Schichtpressstoffen, Thermoplasten Massenfertigung – Sintern, Strangpressen, Kaltziehen, Pressen, Spritzgießen von Zn, Ms, Al-Legierungen, Automatenstählen, Al-Zn-Cu-Knetlegierungen, Baustählen, Sintermetallen
3	Zeitweise hohe Kraftübertragung bei kleinen Leistungen, kleinem Bauraum, niedrigen Kosten und hohen Stückzahlen, z. B. kleine Werkzeugmaschinen (Bohrer, Schrauber u.Ä.), kleine Fördergeräte	Serienfertigung – Wälzfräsen, Wälzstoßen von Einsatzstählen für Direkthärtung, unlegierte und evtl. legierte Stähle für Randschichthärtung
4	Bewegungsübertragung, mittlere Stückzahlen, z. B. landwirtschaftliche Geräte und kleine Transportgeräte	Serienfertigung – Wälz- oder Formfräsen, Baustähle und Qualitätsstähle
5	Genaue Bewegungsübertragung bei geringem Verschleiß und kleinen Stückzahlen, z. B. große Steuergetriebe, Großantennen und Radardrehkränze	Einzelfertigung – Wälzfräsen, Wälzstoßen, Läppen oder Schleifen, legierte Vergütungsstähle (nitriert oder nitrocarburiert), unlegierte oder legierte Vergütungsstähle (umlaufgehärtet, flamm- oder induktiv)
6	Hohe Tragfähigkeit bei geringem Bauraum, niedrigen Kosten und sehr hohen Stückzahlen, z. B. Kfz-Getriebe ($\varnothing < 150$ mm), LKW-, Schlepper- und Baumaschinengetriebe ($\varnothing < 500$ mm)	Massenfertigung – Wälzfräsen, Wälzstoßen, Schaben oder Rollen, evtl. Schleifen nach dem Härten, legierte Feinkorn-Einsatzstähle (Direkthärtung), niedrig legierte Vergütungsstähle (carbonitriert), legierte Einsatzstähle (Einfach- und Direkthärtung)
7	Höchste Tragfähigkeit bei kleinem Bauraum, Leichtbau, hohe Zuverlässigkeit, niedrige Beanspruchung, hohe Warmfestigkeit, z. B. Luft- und Raumfahrt	Kleinserienfertigung – Wälzfräsen, Wälzstoßen, evtl. Schleifen nach dem Härten, legierte Einsatzstähle (Einfach- oder Doppelhärtung), Titanlegierung (nitriert)
8	Hohe Tragfähigkeit bei hoher Zuverlässigkeit und hoher Umfangsgeschwindigkeit, z. B. Turbo- und Schiffsgetriebe	Einzel- oder Kleinserienfertigung – Wälzfräsen, Schaben (vor Nitrieren) oder Schleifen (nach Einsatzhärten), legierte Vergütungsstähle, Al-freie Nitrierstähle, legierte Einsatzstähle
9	Hohe Tragfähigkeit bei großen Kräften, großem Durchmesser, niedrigen Drehzahlen, Einzelstücke, z. B. Drehkranzantriebe für Zementmühlen, Drehöfen, Krane, und Großbagger (Schaufelradgetriebe), große Stückzahlen bei Windenergieanlagen (Azimutantriebe und Blattverstellung)	Einzel- oder Kleinserienfertigung (Serienfertigung bei Windenergieanlagen) – Wälzfräsen, Formfräsen, legierter Stahlguss, legierter Vergütungsstahl (gewalzt, geschmiedet), evtl. einzelzahngehärtet (flamm- oder induktiv)

Tabelle 18.4: Werkstoffe und Fertigungsverfahren für Zahnräder nach Anwendungsgebiet und Anforderungen nach [18.252]

Bevor in den folgenden Abschnitten ausführlicher auf die Zahnradfertigung eingegangen wird, sind nachfolgend noch einige grundlegende Gesichtspunkte aufgeführt, die bei der Auslegung und Konstruktion von Zahnrädern im Hinblick auf die Fertigungsmöglichkeiten zu beachten sind:

- Stähle mit Festigkeiten bis 850 N/mm^2 lassen sich gut zerspanen, wirtschaftlich sinnvoll ist das Zerspanen bis zu Festigkeitswerten von 1400 N/mm^2. Mit Hartmetallfräsern können gehärtete Zahnflanken bis zu einer Rockwell-Härte von $HRC = 60$ bearbeitet werden, wobei man oberhalb von $HRC = 40$ üblicherweise Schleifverfahren bevorzugt.
- Wenn möglich, sollte die Verzahnung in einem Arbeitsgang erzeugt werden, z.B. durch Wälz- oder Formfräsen aus dem gedrehten Radkörper.
- Größere Abmessungen, höhere Werkstofffestigkeiten oder feinere Verzahnungsqualitäten erfordern immer mehrere Arbeitsgänge, meistens mit zusätzlichem Verfahrenswechsel. So kann z.B. das Vorverzahnen und Fertigverzahnen mit dem gleichen Werkzeug auf der gleichen Maschine erfolgen. Bei Bedarf ist ein Werkzeugwechsel zwischen leistungsfähigem Schruppfräser und genauem Schlichtfräser möglich. Oftmals nutzt man zum Vorverzahnen Scheiben- oder Fingerfräser, wodurch größere Abmessungen als beim Wälzfräsen möglich sind, insbesondere bei Schrägverzahnung. Das Fertigverzahnen erfolgt dann durch Wälzfräsen auf der gleichen Maschine, wobei wegen des Vorverzahnens der teurere Wälzfräser geschont wird.
- Feine Oberflächen- und Verzahnungsqualitäten, insbesondere bei hoher Werkstofffestigkeit, erzielt man mittels Wälzfräsen als Vorverzahnen und Schaben oder Schleifen als Fertigbearbeitungsgang auf einer anderen Maschine.
- Einsatzgehärtete Zahnräder größerer Abmessungen werden durch Wälzfräsen vorverzahnt, anschließend eingesetzt und gehärtet und abschließend durch Schleifen fertig bearbeitet, wodurch sich der Härteverzug beseitigen lässt.
- Generell sind die Besonderheiten aller verwendeten Herstellverfahren zu berücksichtigen (z.B. Abstand zwischen Wellenschulter und Werkzeugauslauf) und die Vorverzahnung ist so vorzunehmen, dass optimale Bedingungen für die Fertigbearbeitung geschaffen werden (z.B. Protuberanzwerkzeuge zum Vorverzahnen bei Fertigbearbeitung durch Schleifen).
- Das Härten kann bei größeren Radabmessungen zum „Aufgehen“ führen, d.h. die Verzahnung wird größer, was durch Korrekturen der Ritzelverzahnung oder Achsabstandsanpassungen zu berücksichtigen ist.
- Aufgeschrumpfte Radbandagen bei großen Zahnrädern sind möglichst erst nach dem Aufschrumpfen zu verzahnen, da anderenfalls Profil- und Taumelfehler auftreten können. Alternativ kann vor dem Schrumpfen mit mindestens 0,3 mm Fertigungsbearbeitungszugabe je Flanke vorverzahnt werden. Soll vor dem Schrumpfen fertig verzahnt werden, sind entsprechende Profilkorrekturen vorzusehen (siehe auch Abschnitte 18.3.4 und 18.4.3).
- Besonders bei größeren Werkstückabmessungen (Schwermaschinenbau) ist die (weltweite) Verfügbarkeit der Fertigungseinrichtungen (mechanische Bearbeitung und Wärmebehandlung) zu prüfen.

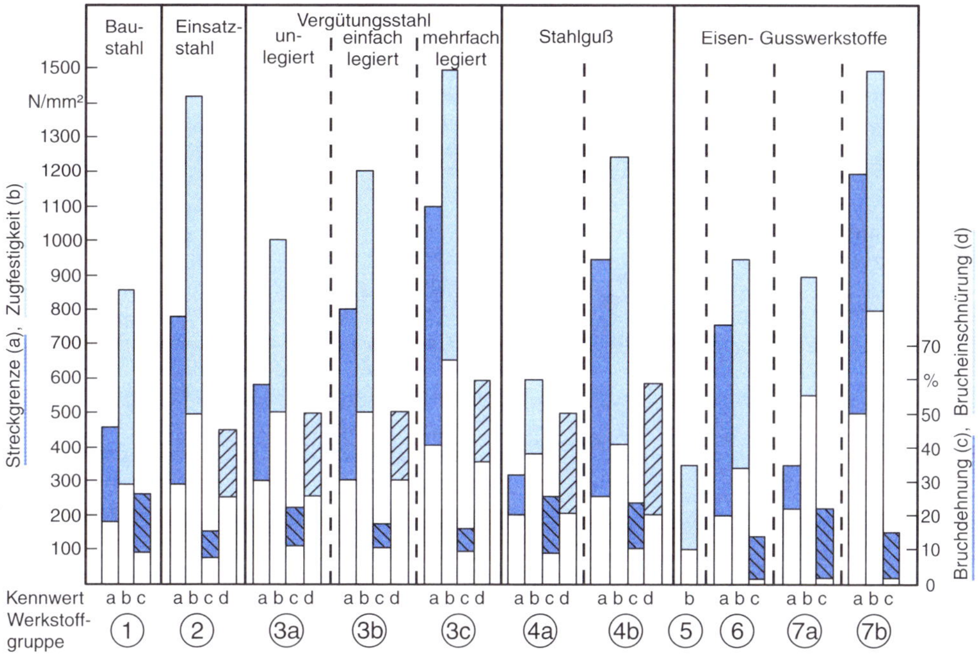

a Streckgrenze (0,2 % Dehngrenze) in N/mm²	**c** Bruchdehnung in %
b Zugfestigkeit in N/mm²	**d** Brucheinschnürung in %
1: Baustahl nach DIN EN 10025, DIN EN 10028 [18.93], [18.94]	4a: Unlegierter Stahlguss nach DIN EN 10293 [18.100]
2: Einsatzstahl (unlegiert und legiert), blindgehärtet nach DIN EN 10277 [18.99]	4b: Niedriglegierter Stahlguss nach DIN EN 10293 [18.100]
3a: Unlegierter Vergütungsstahl, vergütet	5: Lamellengrafitguss nach ISO 3755 [18.163]
3b: Einfach legierter Vergütungsstahl, vergütet	6: Temperguss nach DIN EN 1562 [18.90]
3c: Mehrfach legierter Vergütungsstahl, vergütet	7a: Kugelgrafitguss nach DIN EN 1563 [18.91]
(alle Stähle nach DIN EN 10083 [18.95])	7b: Unlegierter Kugelgrafitguss, bainitisiert

Abbildung 18.55: Gesamtstreubereiche der mechanischen Eigenschaften von Eisenwerkstoffen für Zahnräder bei Variation von Werkstoffart, Streuung der chemischen Zusammensetzung (im zulässigen Bereich), Werkstückform und Werkstückgröße [18.216]

18.2.9.1 Zahnradformgebung

Zur Formgebung eines Zahnrades unterscheidet man gemäß Abbildung 18.56 die nachfolgenden Arbeitsprinzipien:

- Wälzverfahren (Hüllschnittverfahren)
- Profilverfahren (Formgebung ohne Wälzbewegung)
- Räumliche Formverfahren (Urformende und umformende Verfahren)

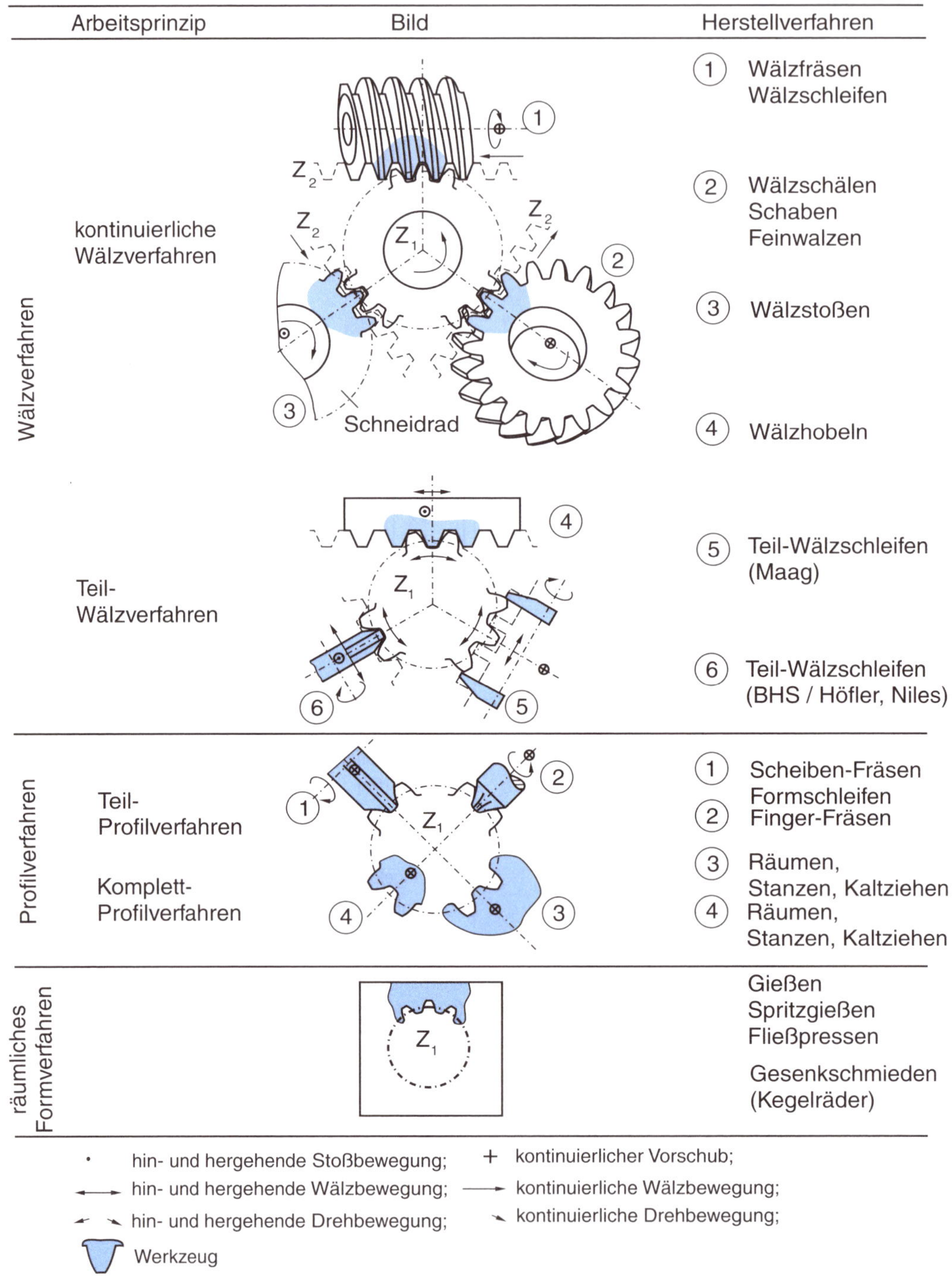

Abbildung 18.56: Übersicht zu Herstellungsverfahren für Zahnräder nach Niemann [18.252]

Bei den Wälzverfahren führt das Werkzeug außer der Schneidbewegung (Hobel-, Stoß-, Fräs-, Schab- oder Schleifbewegung) und der Vorschubbewegung noch eine Wälzbewegung relativ zum herzustellenden Zahnrad Z_1 aus, wie es auch bei einem kämmenden Zahnrad (bzw. einer kämmenden Zahnstange) Z_2 der Fall wäre. Demzufolge muss das Werkzeug das Profil von Z_2 aufweisen, im Grenzfall sogar nur das Profil eines Zahnes, damit die Zahnflanken des Werkrades Z_1 als Hüllschnitte der Werkzeugflanke Z_2 entstehen können. Damit ergibt sich der große Vorteil, dass bei gleicher Zahngröße bzw. gleichem Modul nur ein Werkzeug zur Herstellung von Zahnrädern beliebiger Zähnezahl und Profilverschiebung benötigt wird. Dies gilt jedoch nicht für besondere Werkzeugprofile, z. B. Protuberanzprofile oder Knickprofile zur Erzeugung eines Kopfkantenbruches sowie Schaberäder. Generell unterscheidet man bei den Wälzverfahren noch die kontinuierlichen Verfahren von den Teil-Wälzverfahren. Bei ersteren erfolgt die Wälzbewegung ohne Unterbrechung durch Teilvorgänge, sodass ein stetiger Herstellprozess vorliegt. Die Genauigkeit der Verzahnung hängt dabei vom gesamten Antriebsstrang der Verzahnmaschine ab und es besteht die Gefahr periodischer Fehler. Beim Teil-Wälzverfahren liegt keine durchlaufende Wälzbewegung mehr vor, sondern das Werkzeug bewegt sich nur noch hin und her. Das Werkzeug kommt nach dem Wälzvorgang außer Eingriff, das herzustellende Rad wird um einen oder mehrere Zähne weitergeschaltet (Teilungsvorgang) und dann folgt der nächste Arbeitsgang. Es ergibt sich der Vorteil eines einfachen und genau herstellbaren Werkzeuges und die Genauigkeit der Zahnteilung hängt nicht mehr von der ganzen Maschine, sondern nur noch von der Genauigkeit des Teilapparates ab. Nachteilig sind der Zeitverlust durch Rücklauf und Teilbewegung.

Bei den Profilverfahren wird das Werkzeug mit dem Profil der Zahnlücken in Richtung der Zahnflanken bewegt, sodass sich Werkzeug und Werkrad im ganzen Profil berühren. Man unterscheidet zwischen Teil-Profilverfahren und Komplett-Profilverfahren. Bei ersterem wird eine Zahnlücke und nach dem Teilvorgang die nächste geschnitten oder geschliffen. Daraus folgen einfache Werkzeuge und eine nur vom Teilapparat abhängige Genauigkeit, jedoch benötigt man für jede Zähnezahl und Profilverschiebung ein Werkzeug. Beim Komplett-Profilverfahren wird das ganze Werkrad mit einem Schnitt- oder Ziehvorgang verzahnt, sodass zur Massenfertigung kleiner Zahnräder ein einfaches Verfahren für die Massenfertigung vorliegt. Nachteilig ist, dass für jede Größe und Zahnform ein gesondertes teures Werkzeug benötigt wird.

Bei den räumlichen Formverfahren wird zur Herstellung eine Form verwendet, die einer vollständigen räumlichen Matrize des Zahnrades entspricht, worin das Rohmaterial gegossen, gesintert, gepresst oder gespritzt wird. Die Verfahren eignen sich besonders gut für die Massenfertigung kleiner Zahnräder aus Nichteisenmetallen oder Kunststoffen, aber es werden auch Stahlzahnräder in Gesenken präzisionsgeschmiedet (z. B. Kegelräder für Kraftfahrzeug-Differentiale). Bei diesen Verfahren liegt die Herausforderung darin, dass die Formen schwierig und kostenintensiv herzustellen sind und die Schwindung des Materials beim Abkühlvorgang beachtet werden muss.

Die zu den nachfolgenden Verfahrensbeschreibungen gehörenden schematischen Darstellungen sind in Abbildung 18.57 zusammengestellt. Ausführliche Beschreibungen zu sämtlichen Verfahren sind der umfangreichen, weiterführenden Fachliteratur zu entnehmen [18.189], [18.216], [18.258].

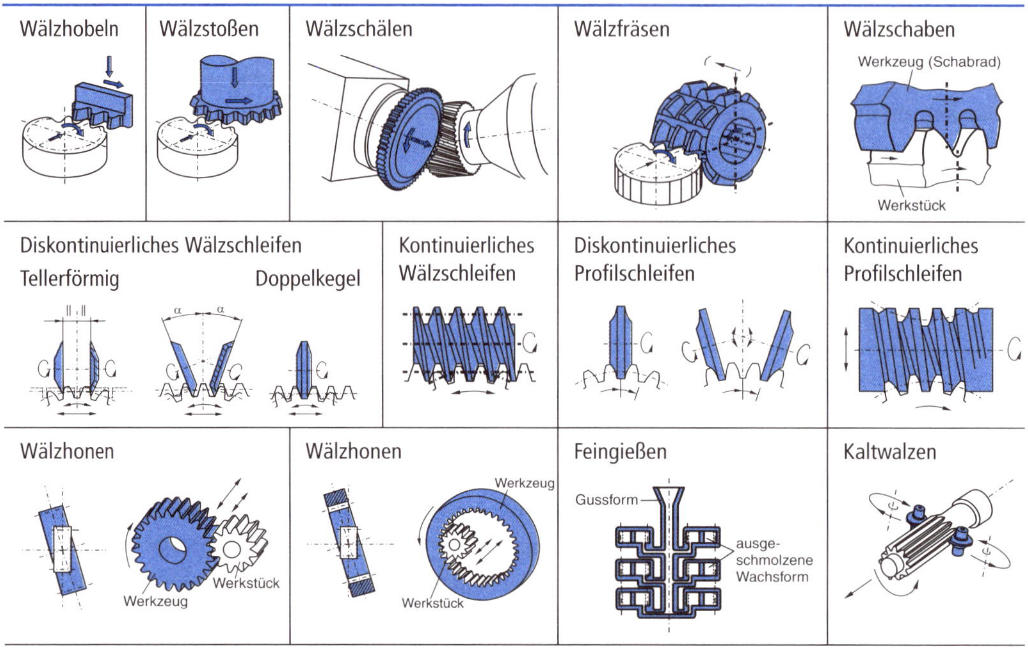

Abbildung 18.57: Endbearbeitungsverfahren für Stirnradverzahnungen [18.216]

1 **Wälzfräsen** – Bei diesem am häufigsten angewendeten Verzahnungsverfahren kommt ein Wälzfräser zur Anwendung, der im Prinzip einer Zylinderschnecke mit Spannuten entspricht, die im Verlaufe des Wälzvorganges stetig über die Zahnbreite verschoben wird. Zur Erzeugung einer Schrägverzahnung ist eine zusätzliche Drehbewegung des Spantisches erforderlich. Beim Fertigschneiden beträgt die Spanabnahme mindestens 0,2 mm pro Flanke.

Die Radabmessungen können zwischen 1,5 mm und 12 m Durchmesser liegen, breitenballige Verzahnungen bis zum Modul $0{,}1 \leq m \leq 50$ mm sind für alle Bezugsprofile möglich, jedoch wird für größere Moduln das Werkzeug sehr teuer. Bei Wellenschultern, Stufenrädern und auch Doppelschrägverzahnungen ist ein ausreichender Werkzeugauslauf für den Fräser vorzusehen. So sollte z.B. das Spaltmaß s zwischen der linken und rechten Verzahnung einer Doppelschrägverzahnung in Abhängigkeit vom Modul $s \approx 15 \cdot m$ (für $m = 3$ mm) bzw. $s \approx 10 \cdot m$ (für $m = 8$ mm) und $s \approx 6 \cdot m$ (für $m = 15$ mm) betragen.

Hauptanwendungsgebiete sind die Vor- und Fertigbearbeitung ungehärteter und gehärteter Verzahnungen in Einzel- bis Großserienfertigung sowie in der Form des Schälwälzfräsens die Schlichtbearbeitung einsatzgehärteter Verzahnungen. Die erreichbare Qualität nach DIN 3962 und DIN 3963 beträgt 6 bis 7 (s.a. Abschnitt 18.3.1) [18.41], [18.42].

Der Wälzfräser besteht entweder aus Schnellarbeitsstahl oder aber ist eine Hartmetall-Wendeplatten-Ausführung (ab $m > 6$ mm). Profile sind in DIN 3972 genormt und werden je nach Einsatzbedingung (Vorfräsen oder Fertigfräsen) ausgewählt [18.47]. Um Werkzeuge mit der notwendigen, aber nicht überhöhten Genauigkeit bei annehmbaren Kosten einsetzen zu können, werden Wälzfräser in mehrere Güteklassen unterteilt.

Bei kleinen Stückzahlen und großen Moduln bis zum Modul $m = 80$ mm ist das Wälzfräsen allerdings unwirtschaftlich, weshalb man dann oftmals zum sogenannten Formfräsen übergeht und Scheiben- oder Fingerfräser einsetzt, die zwar wegen geringer Schnittleistung lange Fräszeiten zur Folge haben, jedoch einfach mit Hartmetallbestückung versehen werden können. Die erreichbare Qualität beträgt maximal 9 und gröber, sodass bei feineren Qualitäten nur vorverzahnt werden kann.

2 **Wälzstoßen** – Bei diesem nach dem Wälzfräsen am häufigsten eingesetzten, kontinuierlichen Verfahren zur Erzeugung von Gerad- und Schrägverzahnungen wird ein Gerad- oder Schrägstirnrad mit hinterschliffenen Zahnflanken und hinterschliffenem Außendurchmesser als Schneidrad verwendet, wobei der Hinterschliff einer über der Breite veränderlichen Profilverschiebung entspricht. Beim Abwälzen wird eine hin- und hergehende Stoßbewegung in Zahnrichtung ausgeführt. Das Wälzstoßen ist wegen des kleinen Anschnitt- und Überlaufweges besonders zur Fertigung kleiner Zahnbreiten wirtschaftlich (z.B. Radblöcke, Schaltwellen in Fahrzeuggetrieben).

Die Werkradabmessungen können 1,5 mm bis 4,5 m Durchmesser bei Zahnbreiten bis zu 500 mm und Modul 20 mm betragen, wobei große Breiten nur für Innenverzahnungen wirtschaftlich zu fertigen sind. Im Vergleich zum Wälzfräser ist nur eine schmale Nut der Breite $b_a = 3\text{ mm} + 0{,}6 \cdot m_n$ für den Werkzeugauslauf erforderlich, bei hohen Schultern ist zur Verbesserung der Spanabfuhr die Breite um 50 % zu vergrößern. Bei Innenverzahnungen kann die Zahnkranzdicke maschinenbedingt durch den maximal zulässigen Abstand zwischen Stößel und Ständerwand begrenzt werden. Aufgrund der stoßartigen Beanspruchung beim Verzahnen sollte das Werkstück möglichst nahe an der Verzahnung aufliegen bzw. sich auf dem Tisch gut spannen lassen. Verzahnungen an langen Ritzelwellen lassen sich deshalb meist nicht durch Wälzstoßen fertigen. Hauptanwendungsgebiete sind die Vor- und Fertigbearbeitung ungehärteter, nicht wälzfräsbarer Verzahnungen in Einzel- bis Mittelserienfertigung mit einer erreichbaren Qualität bis 6.

Weiterhin ist zu beachten, dass sich der erzeugte Fußkreisdurchmesser bei großen Schneidrad- und Werkradzähnezahlen nur geringfügig mit der Schneidradabnutzung ändert. Bei kleinen Zähnezahlen dagegen (z.B. bei Kupplungsverzahnungen und großen Profilverschiebungen) und bei Innenverzahnungen sind die Schneidräder den Werkrad-Verzahnungsdaten anzupassen oder die Zahnköpfe der Gegenräder zu kürzen. Auch ist der vom Schneidrad erzeugte Fußausrundungsradius meist größer als beim Verzahnen mit Wälzfräser, wobei jedoch schwach abgerundete Kopfkanten größere Riefen in der Fußausrundung erzeugen können. Schließlich sind Sonderschneidräder mit Protuberanz, Kopfkantenbrecher, gerundeten Kopfkanten sowie zur Erzeugung einer Kopfzurücklegung möglich. Derartige Werkzeuge sind allerdings teurer und nur für einen eingeschränkten Bereich von Zähnezahlen und Profilverschiebungen verwendbar.

3 **Wälzhobeln** – Bei diesem Verfahren dient eine als Hobelkamm bezeichnete Gerad- oder Schrägzahnstange, an deren Stirnflächen Schneidkanten angeschliffen sind, als Werkzeug. Das Werkstück wird beim Verzahnen am Hobelkamm abgewälzt, währenddessen dieser eine hin- und hergehende Stoßbewegung in Richtung der Zahnflanken ausführt.

Die Werkradabmessungen können bis zu 14 m Durchmesser bei Moduln bis zu 50 mm und Zahnbreiten bis zu 840 mm aufweisen. Die Nutabmessungen für den Überlauf des Hobelkammes entsprechen denen beim Wälzstoßen. Hauptanwendungsgebiete sind die Vor- und Fertigbearbeitung ungehärteter und gehärteter, großmoduliger Verzahnungen in Einzel- und Kleinserienfertigung mit einer erreichbaren Qualität bis 5. Ein großer Vorteil des Verfahrens liegt in dem einfachen, genauen und preiswerten Werkzeug, das in Sonderfällen aus nur einem Zahn bestehen kann und welches sich auch leicht schärfen lässt. Ferner lassen sich mit einem geraden Hobelkamm auch Schrägverzahnungen herstellen, wobei dann aber ein größerer Überlaufweg erforderlich ist.

4 **Wälzschälen** – Es handelt sich um ein Schraubwälzverfahren mit stirnradförmigem Werkzeug (Schälrad), wobei die aufgrund der gekreuzten Achsen entstehende Gleitgeschwindigkeit in Längsrichtung der Zahnflanken für den Schneidvorgang genutzt wird. Das Verfahren wird bevorzugt eingesetzt, wenn Wälzfräsen nicht möglich ist, insbesondere bei Innenverzahnungen. Obwohl für jede Verzahnung das Schälrad besonders ausgelegt werden muss, handelt es sich um ein leistungsfähiges Verfahren für die Großserienfertigung gehärteter Verzahnungen bis zu Durchmessern von 160 mm und Modul 3 mm mit Qualitäten bis 6.

5 **Wälzschaben** – Ähnlich wie beim Wälzschälen liegt ein Schraubwälzverfahren vor, welches insbesondere für die Fertigbearbeitung ungehärteter Zahnflanken genutzt wird. Als Werkzeug kommt ein Schabrad zum Einsatz, das einem Schrägstirnrad mit genuteten Zahnflanken entspricht. Die erforderliche Schnittkraft entsteht durch radiales Ineinanderpressen der Verzahnungen bei einem Achsenwinkel von ca. 15° für die Außenverzahnung und 10° für die Innenverzahnung. Die Schnittgeschwindigkeit entspricht der Gleitgeschwindigkeit in Höhen- und Längsrichtung der Flanke. Durch Verändern der radialen Anpresskraft lassen sich Flankenrichtungskorrekturen oder Zahnend-Rücknahmen erzeugen. Demzufolge lassen sich mit Schabrädern, die nur auf einer Flankenseite Nuten aufweisen, gezielte Flankenkorrekturen auf einer Seite des Werkrades aufbringen.

Die Werkradabmessungen können bis zu 6 m Durchmesser bei Moduln bis zu 20 mm aufweisen. Der erforderliche Auslauf des Schabrades erfordert beiderseits der Verzahnung eine Ringnut mit ca. 75 % der Schabradbreite. Die Nabenbreite muss mindestens dem Bohrungsdurchmesser entsprechen, um ein Verkippen auf dem Schabdorn zu vermeiden. Hauptanwendungsgebiet ist die Fertigbearbeitung ungehärteter Verzahnungen in Mittel- und Großserienfertigung mit einer erreichbaren Qualität bis 5, abhängig von der Vorbearbeitungsgenauigkeit. Wird eine hohe Verzahnungsgenauigkeit gefordert, sind die Schabräder speziell auf die jeweilige Zähnezahl und Profilverschiebung auszulegen, was höhere Kosten bedingt.

6 **Profilräumen** – Hier wird als Werkzeug zur Herstellung gerad- und schrägverzahnter Außen- und Innenverzahnungen eine Räumnadel verwendet, die insbesondere bei Innenverzahnungen axial durch den gedrehten Ring hindurchgezogen wird und in einem Durchgang die fertige Verzahnung erzeugt. Die Räumnadeln weisen über ihrer Länge Schneidezähne auf, die mit dem Vorbearbeitungsprofil beginnen (Zahnhöhe Null) und bei zunehmender Schneidezahnhöhe von Zahnreihe zu Zahnreihe im Endstück dem Nega-

tiv des herzustellenden Verzahnungsprofils entsprechen. Das Werkzeug ist jeweils nur für eine Verzahnung geeignet und deshalb nur bei größeren Stückzahlen wirtschaftlich.

Die Werkradabmessungen können bis zu 1,5 m Durchmesser bei Moduln bis zu 5 mm aufweisen. Die Schnittbewegung ist bei Geradverzahnungen linear und entspricht bei einer Schrägverzahnung einer schraubenden Durchzugsbewegung. Zusätzlich ist eine Zustellbewegung aufgrund der zunehmenden Zahnhöhe erforderlich. Bis zu einem Durchmesser von 150 mm werden die Räumnadeln aus Schnellarbeitsstahl gefertigt, für größere Durchmesser verwendet man zusammengesetzte Räumnadeln mit gezahnten Buchsen pro Zahnreihe. Mittlerweile sind auch diamantbesetzte Räumnadeln verfügbar, mit denen sich insbesondere auch einsatzgehärtete Innenverzahnungen nachbearbeiten lassen. Die Genauigkeit der erzeugten Zahnräder ist wegen der begrenzten Steifigkeit der Räumnadeln gering.

7 **Wälzschleifen** – Das Wälzschleifen wird zum einen angewendet, um bei gehärteten Rädern den Härteverzug zu beseitigen, und zum anderen, um gute Verzahnungsqualitäten zu erreichen. Darüber hinaus kann man durch gezieltes Abrichten der Schleifscheiben oder Steuern der Wälz- bzw. Vorschubbewegung Profilkorrekturen und breitenballige Verzahnungen erzeugen, um die Tragfähigkeit der Verzahnung durch Verbesserung der Lastverteilung zu erhöhen (s.a. Abschnitt 18.4.3). Zum Schleifen großer, einsatzgehärteter Zahnräder sind meistens zwei Schruppschliffe mit einem Abtrag von ca. 60 µm pro Flanke und ein Schlichtschliff mit 20 bis 30 µm pro Flanke erforderlich, bei kleineren Verzahnungen reicht ein Schruppschliff.

Beim Schleifen von Verzahnungen ist generell zu beachten, dass Schleifkerben im Zahngrund die Zahnfußfestigkeit erheblich mindern (Kerbwirkung), weshalb man nach Möglichkeit mit Protuberanzwerkzeugen vorverzahnen sollte (s.a. Abbildung 18.30). Mithilfe dieser Sonderwerkzeuge lässt sich bei der Vorbearbeitung hoch beanspruchter Verzahnungen absichtlich ein Unterschnitt in der Größenordnung des Schleifaufmaßes erzeugen. Sind keine Protuberanzwerkzeuge verfügbar, sollte die Schleifkerbe möglichst hoch gelegt werden, damit die 30°-Tangente (hier liegt der gefährdete Zahnfußbruchquerschnitt) die ungeschliffene Fußausrundung berührt (s.a. Abschnitt 18.4.5), wobei andererseits der Schleifabsatz nicht mit der Kopfkante des Gegenrades in Berührung kommen darf. Grundsätzlich ist ein Schleifabsatz am Übergang von der Zahnflanke zum Zahnfuß zu vermeiden.

Auch sollte bei großen Zahnrädern ein Mitschleifen des Zahngrundes unterbleiben, da hierdurch die Gefahr des örtlichen Durchschleifens der Einsatzschicht infolge des Härteverzuges oder unzulässiger örtlicher Erwärmung der martensitischen Oberflächenschichten besteht.

Ein weiteres Problem beim Schleifen ist das Entstehen von Schleifbrand oder sogar von Schleifrissen an den Zahnflanken aufgrund ungünstiger Schleifbedingungen (Zustellung, Schleifgeschwindigkeit, Werkstoffzustand), da hierdurch die Flankentragfähigkeit deutlich gemindert wird (s.a. Abschnitt 18.4.4). Eine wesentliche Voraussetzung zur Vermeidung ist bei einsatzgehärteten Verzahnungen ein Randkohlenstoffgehalt unter 0,9 % (angestrebt wird ca. 0,85 % C). Schleifrisse lassen sich durch Rissprüfungsverfahren feststellen, Schleifbrand lässt sich nachweisen durch Anätzen der Flanken.

Grundsätzlich unterscheidet man beim Wälzschleifen diskontinuierliche und kontinuierliche Verfahren. Bei den diskontinuierlichen Verfahren wird mit Tellerschleifkörpern (System der schweizerischen Firma MAAG) oder Doppelkegelschleifkörpern (System der Firmen NILES, HÖFLER) gearbeitet. Die Schleifkörper bestehen üblicherweise aus Korund oder CBN (Cubic Boron Nitride – Kubisch kristallines Bornitrid). Das MAAG-Verfahren lässt sich für ungehärtete und gehärtete Präzisionsverzahnungen bis Modul 36 mm und Durchmesser bis 5 m bei erreichbaren Qualitäten bis 2 für Einzel- und Kleinserienfertigung anwenden. Infolge der Punktberührung zwischen Schleifkörper und Werkstück sowie Trockenschliff ist die Produktivität jedoch gering. Das Verfahren nach NILES oder HÖFLER eignet sich besonders für die Einzel- und Kleinserienfertigung ungehärteter und gehärteter Verzahnungen bis Modul 40 mm und Durchmesser bis 4 m bei erreichbaren Qualitäten bis 3 oder 4 abhängig von der Verzahnungsgröße. Bei beiden Schleifverfahren benötigt man einen Abstand zu benachbarten Bünden oder Verzahnungen der Breite $b_a = 0{,}5 \cdot d_S + 1 \cdot m_n$ als Schleifscheibenüberlauf mit d_S als Schleifscheibendurchmesser und m_n als Modul. Das kontinuierliche Verfahren (System der schweizerischen Firma REISHAUER) arbeitet mit einer zylindrischen Schleifschnecke und ist besonders geeignet für die Klein- und Großserienfertigung ungehärteter und gehärteter Verzahnungen bis Modul 8 mm und Durchmesser bis 820 mm bei erreichbaren Qualitäten bis 3. Aufgrund der erreichbaren Verfahrensproduktivität und der außerordentlich hohen Genauigkeit wurde das kontinuierliche Verfahren zum bedeutendsten Verzahnungs-Schleifverfahren.

8 **Profilschleifen** – Bei diesem Verfahren wird die Verzahnungsgeometrie durch einen der Zahnlückengeometrie entsprechenden Profilschleifkörper erzeugt. Ähnlich wie beim Wälzschleifen unterscheidet man diskontinuierliche und kontinuierliche Verfahren.

Bei den diskontinuierlichen Verfahren handelt es sich um Schraubverfahren, die mit Radial- oder Tangential-Profilschleifkörpern (Systeme der Hersteller KAPP, NILES, PFAUTER) arbeiten. Die Verfahren eignen sich besonders für die Klein- bis Großserienfertigung ungehärteter und gehärteter Verzahnungen bis Modul 18 mm und Durchmesser bis 1.250 mm bei erreichbaren Qualitäten bis 2. Mit Zusatzeinrichtungen lassen sich Durchmesser bis 4 m und Moduln bis 25 mm bei Verzahnungsqualitäten von 4 bis 5 bearbeiten.

Beim kontinuierlichen Profilschleifen handelt es sich um ein Einstechschleifen im Schraubverfahren mit globoidischer Schleifschnecke (System REISHAUER) für gehärtete Schrägverzahnungen mit Durchmessern bis 200 mm und Moduln bis 3 mm für die Großserien- und Massenfertigung, vorzugsweise im Kraftfahrzeug-Getriebebau.

Im Übrigen gelten alle bereits beim Wälzschleifen erwähnten Besonderheiten des Schleifens.

9 **Wälzhonen** – Diese Ziehschleif- bzw. Hon-Verfahren werden auch als Schabschleifen, Hartschaben oder Hartfeinen bezeichnet und basieren auf einem kombinierten Schraubwälzvorgang mit einem außen- oder innenverzahnten Honrad aus galvanisch gebundenem CBN (Cubic Boron Nitride – kubisch kristallines Bornitrid) oder kunstharzgebundenem Korund.

Mit außenverzahnten CBN-Honrädern lassen sich zum Ausgleich des Härteverzuges bis zu 0,15 mm abtragen, wobei die Großserien- und Massenfertigung von Werkraddurchmessern bis 280 mm und Moduln bis 6 mm abhängig von der Vorbearbeitungsgenauigkeit und der Verzahnungsgeometrie bis zur Qualität 5 möglich ist. Das Wälzhonen mit Korund-Honrad (auch als Hartfeinen bezeichnet) dient nur der Verringerung der Rauheit. Es wird überwiegend nach dem Einsatzhärten, zum Teil auch an geschliffenen Verzahnungen, durchgeführt.

Das Wälzhonen mit innenverzahntem Honrad aus Korund (FÄSSLER-Verfahren) wird bei gehärteten Verzahnungen angewendet und dient vorwiegend zur Verbesserung der Oberflächengüte und Laufruhe bei Großserien- bis Massenfertigung. Hinsichtlich möglicher Summenteilungsabweichungen hängt die Endgenauigkeit wesentlich von der Vorbearbeitung ab.

10 **Urformende Verfahren** – Hierunter fallen das Feingießen im Wachsausschmelzverfahren, das Kokillengieß-, Druckgieß- und Spritzgießverfahren sowie das Sintern.

Ersteres eignet sich mit verlorener Form für kleine Stückzahlen niedrig belastbarer Stirnräder mit Gussgewichten bis ca. 100 kg. Vorteilhaft ist die Möglichkeit, verzahnte Werkstücke komplizierter Geometrie mit Toleranzen zwischen ±0,3 bis ±0,7 % vom Nennmaß herstellen zu können, wobei die Fertigbearbeitung meist spanend erfolgt. Das Kokillengießverfahren mit Dauerformen aus hochwarmfestem Stahl oder Grafit eignet sich für Stirnräder mit Moduln bis 4 mm und Durchmesser bis 500 mm aus Schwermetall und seinen Legierungen (z.B. Aluminium-Mehrstoffbronzen). Druckgießverfahren mit Dauerformen aus Warmarbeitsstahl werden für Stirnräder mit Moduln bis 1,5 mm und 0,1 g bis 40 kg Stückgewicht und Stückzahlen bis zu 5.000 aus niedrig schmelzenden Werkstoffen (z.B. Aluminium-, Kupfer-, Zink- und Magnesium-Legierungen) mit Toleranzen im Zehntelbereich genutzt. Eine höhere Genauigkeit ergibt sich beim Zinkdruckguss. Spritzgießverfahren mit Dauerformen aus Metall dienen zur Fertigung von Kunststoffrädern. Bei allen Gießverfahren hängt die Genauigkeit des gegossenen Zahnrades wesentlich von der Schwindung des Materials bei Abkühlung ab.

Beim Sintern lassen sich mit hoher Produktivität in Massenfertigung Eisenlegierungen, Messing, Bronze und Al-Legierungen durch die Arbeitsgänge Mischen – Volumendosierung – Pressen – Verfestigen zu Rohteilen von 0,1 bis 1 kg Gewicht mit Längen kleiner 50 mm und Wandstärken größer 2 mm abformen, wobei jedoch hohe Pulver- und Werkzeugkosten anfallen. Haupteinsatzgebiete gesinterter Zahnräder sind die Haushalts- und Elektroindustrie sowie der Büromaschinen- und Fahrzeugbau bei Stückzahlen von mindestens 10.000.

11 **Umformende Verfahren** – Hierzu gehören das Strangziehen oder -pressen, Kaltfließ- und Warmfließpressen, Präzisionsschmieden und Kaltwalzen.

Beim Strangziehen oder -pressen wird ein Rundstahl mit Durchmessern bis zu 25 mm oberhalb der Rekristallisationstemperatur durch ein Negativprofil gepresst und anschließend auf die erforderliche Zahnbreite abgelängt. Das Verfahren eignet sich zur Großserien- und Massenfertigung von Ritzeln aus unlegiertem Stahl und erfordert zusätzlich eine spanende Fertig- oder Feinbearbeitung.

Das Präzisionsschmieden erfolgt durch Warmpressen der Einzelteile im Gesenk in zwei bis drei Arbeitsgängen bei Temperaturen von 1150 bis 1200 °C. Durchmesser bis zu 250 mm sind bei Verzahnungsqualitäten bis zu 6 herstellbar. Auch wenn oftmals eine spanende Nachbearbeitung erforderlich ist, so werden mittlerweile die Kegelritzel von Achsdifferentialen für Kraftfahrzeuge in so guter Qualität geschmiedet, dass eine spanende Nachbearbeitung entfallen kann.

Beim Kaltwalzen nach dem GROB-Verfahren werden in Mittelserienfertigung vorgefräste Zylinderräder und dünnwandige zylindrische Hohlteile mit Durchmessern bis zu 214 mm und Längen bis zu 1450 mm mit Innen- oder Außenverzahnungen fertig verzahnt. Hierzu werden Profilwerkzeuge in Form von zweier gegenüberliegender, exzentrisch gelagerter Profilrollen eingesetzt, die bei axialer Werkstückvorschubbewegung und der planetenartigen Werkzeugbewegung bei zumeist einer im Zähnezahlverhältnis zwangsgekoppelten Werkstückdrehbewegung die Verzahnung im Bereich der Qualitäten 6 bis 8 ausbilden. Besondere Vorteile des Verfahrens sind kurze Taktzeiten, niedrige Werkzeugkosten, hohe Genauigkeit sowie Gefügeverbesserungen und Festigkeitssteigerungen.

Abschließend sei der Vollständigkeit halber noch das Läppen zur Verbesserung der Laufruhe erwähnt. Dabei wird ein in Öl aufgeschwemmtes Läppmittel mit Düsen in die Verzahnung eingespritzt, wobei aufgrund des Läppmittels die Flankenrauheit vermindert wird (z.B. bei einem gefrästen Rad von etwa 7 µm auf 2 µm). Bei großem Modul sind aber auch Formabweichungen zwischen 50 µm und 80 µm abgetragen worden [18.151], [18.252]. Das Verfahren kann sowohl in speziellen Läppmaschinen als auch im Originalgetriebe angewendet werden, dann ist jedoch zu beachten, dass das Läppmittel nicht in die Lager gerät. Bevorzugtes Einsatzgebiet sind größere Getriebe mit ungehärteten oder oberflächengehärteten, aber nicht geschliffenen Verzahnungen.

In vergleichbarer Weise funktioniert auch das Einlaufen lassen („Einfahren") von Getrieben mit sogenannten Einlaufschmierstoffen, bei dem durch chemisch aktiven Schmierstoff die Flankenrauheit innerhalb von 10 bis 2.000 Stunden Laufzeit von z.B. 4 bis 6 µm auf 0,7 bis 1 µm reduziert werden kann, was auch zur Verbesserung der Fresstragfähigkeit führt (s.a. Abschnitt 18.4.6). Nachteilig dabei ist, dass nach diesem Einlaufzeitraum das Öl gewechselt und der metallische Abrieb entfernt werden müssen. Demzufolge sind Schmierstoffe wirtschaftlicher, deren aggressive Zusätze während des Einlaufvorganges ausmagern und die damit im Getriebe verbleiben können, sofern man den Abrieb ausfiltert und fehlendes Öl ergänzt. Es sei aber auch darauf hingewiesen, dass im modernen Getriebebau derartige Maßnahmen nicht mehr durchgeführt werden, da in der Regel die Getriebe nach der Enderprobung im Werk an ihrem Einbauort unter Volllast betrieben werden und ein Ölwechsel erst nach mehreren 1.000 Stunden erfolgt.

18.2.9.2 Werkstoffe und Wärmebehandlung

Zur Herstellung leistungsfähiger Zahnradgetriebe sind neben den Fertigungsverfahren die Zahnradwerkstoffe und deren Eigenschaftsverbesserung durch Volumenwärmebehandlung und Randschichtverfestigung (thermisches, thermisch-chemisches oder mechanisches Behandeln sowie Beschichten) von entscheidender Bedeutung.

Aufgrund der komplexen Beanspruchung der Zähne an der Oberfläche und bis in eine bestimmte Tiefe hinein (z.B. Hertz'sche Pressung an den Zahnflanken) ergeben sich in Erweiterung der bekannten Kennwerte der Beanspruchbarkeit (Streckgrenze, Zugfestigkeit, Bruchdehnung und Brucheinschnürung, s.a. Abbildung 18.55) vor allem an die Randschicht zusätzliche Anforderungen abhängig von der Wirkung der Beanspruchung gemäß Tabelle 18.5 [18.353].

Demzufolge müssen Werkstoffauswahl, Volumenwärmebehandlung und Randschichtverfestigung im Ergebnis Folgendes ermöglichen:

- die Auswahl eines kostengünstigen Werkstoffs zur Erfüllung aller konstruktiven und fertigungstechnischen Anforderungen,
- die Auswahl eines oder mehrerer Behandlungsverfahren zur kostengünstigen Gestaltung der Fertigung und einer der Beanspruchung entsprechenden Verfestigung durch geeignete Gefügezustände.

Wirkung der Beanspruchung	Anforderungen an die Eigenschaften der Randschicht
Ermüdungsbruch, Grübchen, Graufleckigkeit	Hohe Dauerfestigkeit bei möglichst hoher Zähigkeit, besonders im Randbereich hohe Gefügehomogenität (ferritfrei), kontinuierlicher Abfall der Härte vom Rand zum Kern, Druckeigenspannungen in der Randschicht
Plastische Deformation bis zum Gewaltbruch	Hohe statische Festigkeit bei hoher Zähigkeit, Gefügehomogenität
Abrasivverschleiß	Hohe Härte und ausreichend Zähigkeit, Gefüge mit harten Phasen (z.B. Karbide, Nitride) in einem sich verfestigenden Grundwerkstoff
Fressverschleiß	Artfremde Randschicht mit geringer adhäsiver Bindungskraft, d.h. Vermeidung der Metall-Metall-Paarung, geringe Deformationsneigung, jedoch gutes Einlaufverhalten (Tragbild)
Tribooxidation	Reaktionsbeständige Schutzschicht, z.B. Oxidschicht

Tabelle 18.5: Beanspruchungsgerechte Eigenschaften der Randschicht von Zahnrädern nach [18.353]

Bezüglich der Wärmebehandlungsverfahren zur Erzielung geeigneter Gefügezustände unterscheidet man zwischen fertigungsgerechter und beanspruchungsgerechter Wärmebehandlung gemäß Tabelle 18.6 und Tabelle 18.7. Grundsätzlich bestehen alle Verfahren aus den Wärmebehandlungsschritten Erwärmen, Halten und Abkühlen (siehe hierzu auch DIN 17014 T1) [18.69].

Beim ersten Teilschritt „Erwärmen" erfolgt die Wärmeübertragung indirekt durch Strahlung und Konvektion oder direkt in induktiver oder konduktiver Form, sodass im Werkstück eine Gefügeumwandlung oder -umlösung stattfindet. Dabei ist jedoch eine ungewollte Gefügeveränderung, insbesondere in der Randschicht, zu vermeiden. Gleiches gilt für Eigenspannungen, die beim Erwärmen häufig mit nachteiligen Folgen entstehen oder aber freigesetzt werden können.

Der zweite Teilschritt „Halten“ dient zum Einstellen des gewünschten Gefügegleichgewichtes (instabil – stabil), zum Abbau von Eigenspannungen oder bei gleichzeitiger Elementdiffusion in die Randschicht (z.B. Kohlenstoff beim Aufkohlen) zum Erreichen der geforderten Konzentration und Eindringtiefe.

Im dritten Teilschritt „Abkühlen“ erfolgt meistens die Einstellung des gewünschten fertigungs- und beanspruchungsgerechten Zustands. Wird z.B. nach dem Glühen, Anlassen und Nitrieren meist langsam abgekühlt, so ist für alle Härteverfahren das beschleunigte Abkühlen – auch als Abschrecken bezeichnet – notwendig. Dabei erfolgt der Wärmeentzug in wässrigen Lösungen, Ölen und Salzbädern, seltener in Gas oder im Wirbelbett. Beim Abkühlen in Flüssigkeiten treten die drei Phasen – Filmsieden, Blasensieden und Konvektion – auf, von deren Temperatur-Zeitverhalten das Behandlungsergebnis entscheidend abhängt.

Da alle drei Wärmebehandlungsschritte zu Gefügeveränderungen, der erste und letzte Teilschritt zusätzlich zu Temperaturveränderungen führen, entstehen als Folge davon Eigenspannungen. Insbesondere beim Teilschritt „Abkühlen“ werden Gefüge und Eigenspannungen erzeugt, die die Eigenschaften und den Verzug des tatsächlichen Bauteiles beeinflussen. Dabei wird der Verzug definiert als jede „Maß- und Formänderung des Werkstückes gegenüber dem Ausgangszustand infolge einer Wärmebehandlung“. Während sich die Werkstoffeigenschaften durch weitere Wärmebehandlungsschritte verändern lassen, ist der ungewünschte Verzug durch verschiedene Maßnahmen, angefangen vom Werkstoff bis zur Bauteilfertigung zu beeinflussen.

So gibt es z.B. zur wärmebehandlungsgerechten (verzugsgerechten) Gestaltung allgemeine Regeln, mit denen ein Verzug durch Wärmebehandlung minimiert und eine Rissbildung ausgeschlossen werden können. Diese Gestaltungsregeln lassen sich auch auf die wärmebehandlungsgerechte Zahnradgestaltung übertragen, wobei zusätzlich die Ergebnisse aus Verzugsmessungen einbezogen werden [18.216], [18.226], [18.276].

Werkstoffgruppe ohne Randschichtverfestigung und Normen	Mögliche fertigungsgerechte Wärmebehandlung (Vor- und Zwischenzustand	Mögliche beanspruchungsgerechte Wärmebehandlung (Endzustand
Baustähle DIN EN 10025 [18.93]	Unbehandelt, normal geglüht, spannungsarm geglüht	Normal geglüht, thermomechanisch behandelt
Vergütungsstähle DIN EN 10083, SEW 550 [18.95], [18.346]	Unbehandelt, weich geglüht, normal geglüht, spannungsarm geglüht	Normal geglüht, vergütet, thermomechanisch behandelt
Stahlguss DIN EN 10083, DIN EN 10293, SEW 685 [18.95], [18.100], [18.347]	Unbehandelt, normal geglüht	Normal geglüht, vergütet
Kugelgrafitguss DIN EN 1563 [18.91]	Unbehandelt, ferritisiert, perlitisiert	Ferritisiert, perlitisiert, vergütet, bainitisiert
Lamellengrafitguss DIN EN 1561 [18.89]	Unbehandelt, ferritisiert, perlitisiert	Ferritisiert, perlitisiert, vergütet
Temperguss DIN EN 1562 [18.90]	Ferritisiert, perlitisiert	Ferritisiert, perlitisiert, vergütet

Tabelle 18.6: Werkstoffgruppen und Wärmebehandlungszustände für Zahnräder ohne Randschichtverfestigung nach [18.353]

Werkstoffgruppe mit Randschichtverfestigung und Normen	Mögliche fertigungsgerechte Wärmebehandlung (Vor- und Zwischenzustand	Mögliche beanspruchungsgerechte Wärmebehandlung (Endzustand
Vergütungsstähle DIN EN 10083, SEW 550 [18.95], [18.346]	Normal geglüht, vergütet, spannungsarm geglüht	Randschichtgehärtet, nitriert, carbonitriert
Stähle für Flamm- und Induktionshärten DIN EN 10083 [18.95]	Normal geglüht, vergütet, spannungsarm geglüht	Randschichtgehärtet (flamm- oder induktionsgehärtet)
Nitrierstähle DIN EN 10085 [18.97]	Normal geglüht, vergütet, spannungsarm geglüht	Nitriert
Einsatzstähle DIN EN 10084 [18.96]	Normal geglüht, perlitisiert, weich geglüht, spannungsarm geglüht, vergütet	Einsatzgehärtet, carbonitriert, nitriert
Stahlguss DIN EN 10083, DIN EN 10293 [18.95], [18.100]]	Normal geglüht, vergütet, spannungsarm geglüht	Randschichtgehärtet, nitriert
Kugelgrafitguss DIN EN 1563 [18.91]	Ferritisiert, perlitisiert, vergütet, spannungsarm geglüht	Randschichtgehärtet, nitriert
Temperguss DIN EN 1562 [18.90]	Ferritisiert, perlitisiert, vergütet, spannungsarm geglüht	Randschichtgehärtet, nitriert

Tabelle 18.7: Werkstoffgruppen und Wärmebehandlungszustände für Zahnräder mit Randschichtverfestigung nach [18.353]

Die fertigungsgerechte Wärmebehandlung dient hauptsächlich zur Gefügehomogenisierung, Verbesserung der Bearbeitbarkeit, zum Eigenspannungsabbau sowie zum Einstellen des Vorzustandes für das nachfolgende Randschichthärten oder die thermochemische Behandlung. Die bekanntesten Verfahren sind das Normalglühen, Perlitisieren, Weichglühen sowie das Spannungsarmglühen nach DIN 17014 [18.69].

- Beim Normalglühen wird langsam bis ca. 600 °C erwärmt, sodass durch eine zweimalige Gefügeumwandlung die Guss- und Walzstruktur beseitigt und die Kornfeinung im gleichgewichtsnahen Zustand herbeigeführt wird sowie Eigenspannungen abgebaut werden. Das Abkühlen hat langsam zu erfolgen, um die Bainit- oder Martensitbildung zu vermeiden. Für niedrig legierte Einsatzstähle, die bei der Zerspanung zum Schmieren neigen, führt man als Variante des Normalglühens das sogenannte Grobkornglühen durch. Unlegierte Vergütungsstähle, Einsatzstähle und Stahlguss werden als Rohteile im normal geglühten Zustand (Zustand *N*) geliefert.
- Unter Perlitisieren, insbesondere von niedrig legierten Einsatzstählen, versteht man eine Variante des Normalglühens, wodurch sich ein gut zu bearbeitendes homogenes Gefüge erreichen lässt, was wiederum wichtig ist für die verzugsarme Einsatzhärtung.
- Beim Weichglühen erfolgt die Karbidumlösung zu kugeliger Form in der weichen ferritischen Matrix zur Verbesserung der Zerspanbarkeit und Kaltumformbarkeit sowie als Voraussetzung zur schnelleren und gleichmäßigeren Austenitisierung beim Härten. Im weich geglühten Zustand (Zustand *G*) werden sämtliche Vergütungs- und Einsatzstähle geliefert.

- Das Spannungsarmglühen ist für alle Zahnradwerkstoffe von Bedeutung, da sich hierdurch ohne eine wesentliche Änderung des Gefüges und eine Verringerung der mechanischen Eigenschaften schädliche Eigenspannungen abbauen lassen. Sowohl das Erwärmen bis maximal 650 °C als auch das sich nach dem mehrstündigen Halten anschließende Abkühlen haben langsam zu erfolgen. Da aus dem Eigenspannungsabbau ein Verzug folgt, ist ein entsprechendes Aufmaß vorzusehen, damit durch eine anschließende Feinbearbeitung eine Verzugskorrektur möglich ist.

Durch die beanspruchungsgerechte Wärmebehandlung wird der Endzustand des Werkstoffgefüges hergestellt, sodass sich eine Beanspruchbarkeit ergibt, die im Hinblick auf den Festigkeitsnachweis (Tragfähigkeitsnachweis der Verzahnung) größer sein muss als die Beanspruchung. Zur Wärmebehandlung von Zahnrädern werden hauptsächlich das Vergüten, Bainitisieren, Randschichthärten mit Flammhärten, Induktionshärten, Laserstrahlhärten und Elektronenstrahlhärten, Einsatzhärten mit Aufkohlen und Anlassen, Carbonitrieren, Nitrieren und Borieren eingesetzt, wobei auch Verfahrenskombinationen möglich sind.

Nachfolgend werden die wichtigsten Werkstoffe zur Zahnradherstellung in Verbindung mit den jeweils möglichen Wärmebehandlungsverfahren vorgestellt, soweit sie zur Konstruktion und Berechnung von Zahnrädern erforderlich sind. Weiter gehende Ausführungen zur Wärmebehandlung in Verbindung mit der Zahnradfertigung sind der Fachliteratur zu entnehmen [18.216]:

1 **Werkstoffe für vergütete Zahnräder** – Stähle, Stahlguss und grafitische Eisengusswerkstoffe entsprechend den in Tabelle 18.6 und Tabelle 18.7 angeführten Normen und Richtlinien. Neben den klassischen Vergütungsstählen, z.B. C 45, 34 Cr 4, 34 CrMo 4, 42 CrMo 4, 34 CrNiMo 6, 30 CrNiMo 8, 36 NiCrMo 16, sind auch alle Stähle, deren Randschicht verfestigt werden kann, zum Vergüten geeignet.

Als Vergüten bezeichnet man gemäß DIN 17014 das Härten meist oberhalb von 550 °C mit nachfolgendem Anlassen bei Temperaturen zwischen 300 °C und 450 °C, um eine gewünschte Kombination mechanischer Eigenschaften zu erreichen [18.69]. Grundsätzlich lassen sich durch Vergüten eine höhere Zugfestigkeit, Streckgrenze und höhere Schwingfestigkeiten (Ermüdungsfestigkeiten) erzielen. Während das beim Härten entstehende Martensitgefüge sehr spröde ist, wird durch das anschließende Anlassen aufgrund der Diffusion der Kohlenstoffatome die hohe Verspannung des Martensits gemildert, sodass die Sprödigkeit verringert wird, ohne dass die Härte sich wesentlich ändert.

Beim Zahnrad lassen sich auf diese Art harte Zahnflanken bei gleichzeitig zähem Kernwerkstoff erzeugen. Dabei sollte das durch Härten angestrebte Gefüge (Martensit, ggf. Bainit, max. 10% Ferrit) bis in die Tiefe des Zweifachen der Zahnhöhe zuzüglich einer Bearbeitungszugabe reichen.

Bei der Zahnradvergütung sind die folgenden technologischen Varianten üblich:

- Der Zahnradrohling wird vergütet mit einem größeren Bearbeitungsaufmaß geliefert.
- Das weich oder normal geglühte Rohteil wird vorbereitet und mit Aufmaß ohne Verzahnung vergütet.
- Das vorverzahnte Bauteil wird vergütet.

Bei der 1. und 2. Variante ist von Nachteil, dass die Vergütungsfestigkeit auf $\sigma_B = 900$ N/mm^2 zu begrenzen ist, wenn mit herkömmlichen Wälzfräsern aus Schnellarbeitsstahl verzahnt wird, wobei darüber hinaus auch noch das beste Gefüge abgespant wird. Demgegenüber erlaubt die 3. Variante bei gleichem Werkstoff eine höhere Festigkeit oder lässt die Verwendung eines kostengünstigeren Werkstoffes zu. Nachteilig sind hier jedoch die aufwändigere Behandlung unter Schutzgas und das Verzugsproblem. Ferner erhöht sich der Fertigungsaufwand durch das nochmalige Verzahnen.

Das Härten selbst erfolgt je nach Werkstoff durch Aufwärmen in einem Schritt (unlegierte Stähle) oder es wird ein Halteschritt bei ca. 600 °C eingefügt. Das Vergütungsergebnis hängt entscheidend von der im Abschreckprozess erreichten Gefügeausbildung ab. Aufgrund des hohen Aufwandes für eine Gefügekontrolle nach dem Härten wird ersatzweise die Härte im abgeschreckten Zustand gemessen und zu der nur vom Kohlenstoffgehalt abhängigen Maximalhärte des gegebenen Stahles ins Verhältnis gesetzt, woraus sich der Härtungsgrad R ergibt [18.178]:

$$R = \frac{H_{gemessen}}{H_{max}} \quad \text{mit} \quad H_{max} = 60 \cdot \sqrt{C} + 20 \qquad (18.129)$$

Hierin bezeichnen $H_{gemessen}$ die am Bauteil gemessene Härte und H_{max} die maximal mögliche Härte in HRC (Rockwell) und C den Kohlenstoffgehalt in Masseprozent in einem Gültigkeitsbereich von $0{,}2\,\% \le C \le 0{,}6\,\%$ und $R \le 1$.

Die durch das sich anschließende Anlassen einzustellende Endhärte hängt von der Anlasstemperatur (Dauer meist zwei Stunden), dem Härtungsgrad und der chemischen Zusammensetzung des jeweiligen Stahles ab. Mit Kenntnis der Anlasshärte können bis zu einer Vickers-Härte von 430 HV nach DIN 50150 die Bruchfestigkeit σ_B und die Dehngrenze $\sigma_{0,2}$ in N/mm^2 über den Härtungsgrad R im Bereich von $0{,}4 \le R \le 1$ abgeschätzt werden [18.243]:

$$\sigma_B = \frac{Härte[HV]}{0{,}3119} \quad \text{und} \quad \frac{\sigma_{0,2}}{\sigma_B} = 0{,}37 \cdot R + 0{,}54 \qquad (18.130)$$

Mit $R \ge 0{,}6$ wird $\sigma_{0,2} \ge 0{,}762 \cdot \sigma_B$, was gleichbedeutend ist mit einem ferritfreien, bainitisch-martensitischen Abschreckgefüge [18.243].

Aus der Oberflächenhärte H_O nach dem Vergüten können dann gemäß Abbildung 18.58 nach DIN 3990 T5 die Grübchendauerfestigkeit σ_{Hlim} und die Zahnfußdauerfestigkeit σ_{Flim} vergüteter Zahnräder aus legierten Vergütungsstählen berechnet werden [18.55].

Eingetragen sind für die drei Werkstoffqualitäten ML (niedrig), MQ (mittel) und ME (hoch) die Geradengleichungen, nach denen die Dauerfestigkeit gemäß DIN 3990 T5 berechnet werden kann. Die ebenfalls angegebene Zahnfußgrundfestigkeit σ_{FE} ist die mit dem Spannungskorrekturfaktor multiplizierte Zahnfußdauerfestigkeit $\sigma_{FE} = \sigma_{Flim} \cdot Y_{ST}$, mit $Y_{ST} = 2$ zur Berücksichtigung der Geometrie des Prüfzahnrades (siehe auch Abschnitt 18.4.5). Eine tabellarische Zusammenstellung der für den Tragfähigkeitsnachweis benötigten Festigkeitswerte findet sich in Abschnitt 18.4.10.

Mit dem zunehmenden Einsatz randschichtverfestigter Zahnräder verliert das Vergüten als beanspruchungsgerechter Endzustand an Bedeutung. Häufig wird das Vergüten von

Einsatzstahl jedoch angewendet, um zeiliges Normalglühgefüge zu vermeiden und damit die Bearbeitbarkeit z.B. beim Räumen zu verbessern oder um Spannungen abzubauen und das Verzugsverhalten großer Zahnräder (Kopfkreisdurchmesser > 1 m) günstiger und gleichmäßiger zu gestalten [18.258].

Generell von Bedeutung ist das Vergüten zum Erzeugen einer hohen Zahn-Kernfestigkeit als Vorbereitung zum Randschichthärten oder Nitrieren.

Zu diesem Zweck sowie zum Erhöhen der statischen und zyklischen Festigkeit lassen sich auch unlegierter Lamellengrafitguss ($\sigma_B \geq 350$ N/mm^2, z.B. EN-GJL-350), Kugelgrafitguss ($\sigma_B \geq 800$ N/mm^2, z.B. EN-GJS-800-2) und Temperguss ($\sigma_B \geq 700$ N/mm^2, z.B. EN-GJMB-700-2) mit modifizierter chemischer Zusammensetzung ebenfalls vergüten.

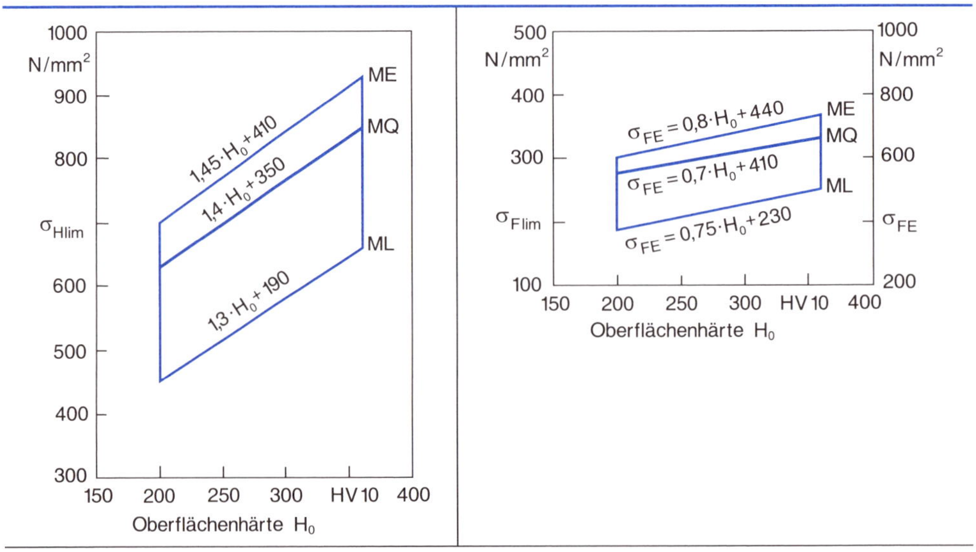

Abbildung 18.58: Streubereiche der Grübchendauerfestigkeit σ_{Hlim} und der Zahnfußdauerfestigkeit σ_{Flim} vergüteter Zahnräder aus legiertem Vergütungsstahl abhängig von der Oberflächenhärte H_O nach DIN 3990 [18.51], [18.216]

2 **Werkstoffe für randschichtgehärtete Zahnräder** – Vergütungsstähle und Stähle zum Flamm- und Induktionshärten nach DIN EN 10083 sowie diesen Stählen in der Zusammensetzung ähnliche Stahlgusssorten nach SEW 835 gemäß Tabelle 18.7 [18.95], [18.348]. Hierzu gehören z.B. die Werkstoffe 38 Cr 2, 46 Cr 2, 41 Cr 4, 34, CrMo 4, 42 CrMo 4 und 34 CrNiMo 6.

Mit dem Begriff Randschichthärten bezeichnet man nach DIN 17014 das Härten mit einem auf die Randschicht beschränkten Austenitisieren, wobei ergänzend die Art des Wärmens, z.B. Flammhärten, Induktionshärten, Elektronenstrahlhärten, Laserstrahlhärten, angegeben wird [18.69]. Das Gefüge der Randschicht soll feinnadliger Martensit sein, das Kerngefüge ferritarm, wie für legierte Vergütungsstähle gefordert.

Beim Randschichthärten wird durch teilweise Randschichterwärmung mit nachfolgender Fremd- oder Selbstabschreckung eine vorwiegend vom Kohlenstoffgehalt abhängige hohe Oberflächenhärte erzeugt, wobei ein möglichst allmählicher Härteübergang zum vergüteten Kernwerkstoff erfolgt, Abbildung 18.59. Bedingt durch das Zusammenwirken von Härtesteigerung und umwandlungsbedingten Eigenspannungen ergibt sich eine erhöhte Dauerfestigkeit und aus der höheren Härte folgt ein verbesserter Widerstand gegen Abrasivverschleiß.

Während das Flamm- und das Induktionshärten die Fremdabschreckung durch ein flüssiges Medium erfordern, kommen die Strahlverfahren infolge des höheren Temperaturgradienten mit Selbstabschreckung aus, wodurch in beiden Fällen als Folge sehr feiner Martensit entsteht.

Wesentliche Vorteile des Randschichthärtens mit Flamm- oder Induktionserwärmung sind das im Vergleich zur Volumenhärtung feinere Härtungsgefüge, die verfahrensabhängig in weiten Grenzen steuerbare Einhärtungstiefe und der gegenüber der Volumenhärtung geringere Verzug, der wiederum einen geringeren Schleifaufwand bedingt. Von Nachteil sind die niedrigere Tragfähigkeit im Vergleich zu einsatzgehärteten Zahnrädern und die nicht absolut konturengetreue Ausbildung der Härteschicht gemäß Abbildung 18.59 b). So erfolgt bei mittleren und kleinen Moduln keine Härtung des Zahngrundes, sodass zwar die Flankenfestigkeit wesentlich über den für vergütete Verzahnungen geltenden Werten liegt, die Zahnfußfestigkeit jedoch meist geringer ist als im nur vergüteten Ausgangszustand. Aufgrund der in der am höchsten beanspruchten Zone (geometrische Kerbe) auslaufenden Härteschicht (Werkstoffkerbe) entsteht nämlich eine ungünstige Überlagerung von Eigenspannungen und Lastspannungen, was sich ungünstig auf die erreichbare Zahnfußfestigkeit auswirkt. Allerdings besteht die Möglichkeit zur Erhöhung der Zahnfußdauerfestigkeit randschichtgehärteter Zahnräder aus Vergütungsstahl durch eine nachfolgende mechanische Verfestigung des Zahngrundes, insbesondere bei nicht mitgehärtetem Zahngrund [18.416].

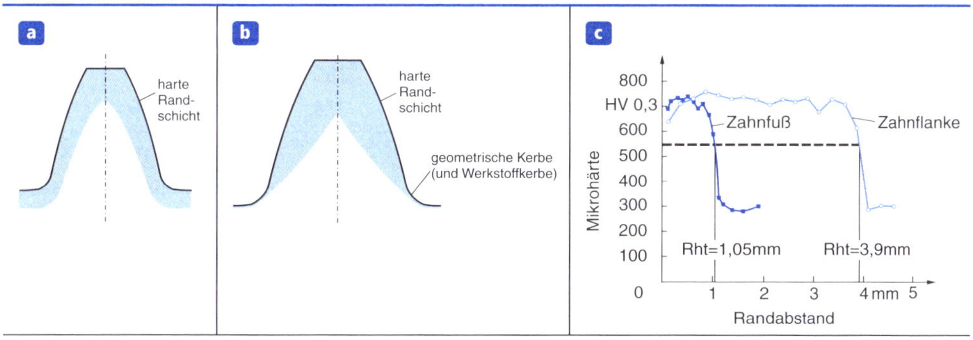

Abbildung 18.59: Randschichthärten – a) Konturentreue harte Randschicht für hohe Belastbarkeit, b) ungünstiger Randschichtverlauf durch Flamm- oder Induktionshärten mit Überlagerung von geometrischer Kerbe und Werkstoffkerbe, c) Härte-Tiefe-Kurve eines flammgehärteten Zahnes aus dem Stahl 42 CrMo 4 [18.216]

Bei der Flammerwärmung nutzt man speziell dem Zahnprofil angepasste Brenner oder Ringbrenner für das ganze Zahnrad. Zur Induktionserwärmung werden Wirbelströme genutzt, die im Werkstück ein elektromagnetisches Wechselfeld induzieren, wozu man genau angepasste Induktoren benötigt. In beiden Fällen sind die typischen Arbeitsverfahren:

- Zahnlückenhärten mit und ohne Zahngrundhärten im Vorschubverfahren
- Beidflankenhärten ohne Zahngrundhärten im Vorschubverfahren
- Umlaufhärten mit und ohne Zahngrund als Stand-Umlauf-Verfahren (Rad dreht sich, Erwärmungseinrichtung steht) oder als Vorschub-Umlauf-Verfahren (Rad steht, Erwärmungseinrichtung wird vorgeschoben)

Abgeschreckt wird im Anschluss mit Wasser, einer wässrigen Polymerlösung oder Öl in einer dem Brenner bzw. Induktor nachgeordneten Abkühlbrause. Beim Stand-Umlauf-Verfahren wird das gesamte Bauteil in einem Bad abgeschreckt.

Sämtliche Vergütungsstähle, Stahlgusssorten sowie Eisen-Guss-Werkstoffe (Voraussetzung perlitisches oder vergütetes Grundgefüge) lassen sich zwar auch mittels Elektronenstrahl oder Laserstrahl erwärmen, jedoch haben sich diese Verfahren bisher in der Zahnradfertigung noch nicht durchsetzen können, da das konturengetreue Härten und das Erzielen großer Einhärtungstiefen nach wie vor problematisch sind [18.216].

Der durch Randschichthärten maximal erreichbare Härtewert H_{max} gemäß Gleichung (18.129) hängt nur vom Kohlenstoffgehalt (C-Gehalt) ab. Im Diagramm in Tabelle 18.8 sind die sich aus den Härtbarkeitsstreubändern ergebenden minimalen und maximalen Härtewerte für Stähle bei 1,5 mm Stirnabstand (bzw. 1 mm für unlegierte Stähle) wiedergegeben [18.216].

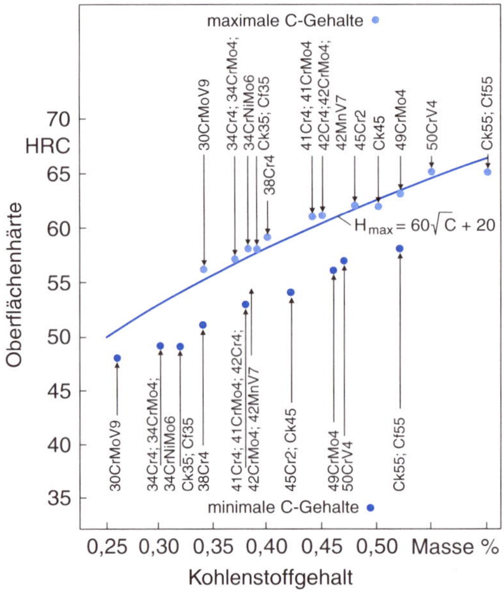

Grenzhärte	Oberflächen-Mindesthärte H_{Omin}	
H_G in HV	HV	HRC
250	300 bis 330	32 bis 33
275	335 bis 355	34 bis 36
300	360 bis 385	37 bis 39
325	390 bis 420	40 bis 42
350	425 bis 455	43 bis 45
375	460 bis 480	46 bis 47
400	485 bis 515	48 bis 49
425	520 bis 545	50 bis 51
450	550 bis 575	52 bis 53
475	580 bis 605	54
500	610 bis 635	55 bis 56
525	640 bis 665	57
550	670 bis 705	58 bis 59
575	710 bis 730	60
600	735 bis 765	61 bis 62
625	770 bis 795	63
650	800 bis 835	64
675	840 bis 865	65

Tabelle 18.8: Oberflächenhärte randschichthärtbarer Stähle nach DIN EN 10083 und Zusammenhang zwischen Oberflächenmindesthärte nach Vickers (HV) oder Rockwell-C (HRC) und Grenzhärte H_G nach Vickers (HV) nach ISO 15787 (entsprechend 80 % der Oberflächenmindesthärte nach Vickers) [18.95], [18.170], [18.216]

Dabei sind Oberflächenhärten von 48 bis 65 HRC möglich, entsprechend DIN 3990 T5 ist für Zahnräder der Bereich von 48 bis 58 HRC zweckmäßig [18.55]. Mit unlegiertem Kugelgrafitguss und schwarzem Temperguss (z.B. EN-GJS-800-2 oder EN-GJMB-700-2 im perlitischen Ausgangszustand zum Einstellen von mindestens 0,4% gebundenem Kohlenstoff) lassen sich Oberflächenhärtewerte von 53 bis 59 HRC erreichen.

Entsprechend Tabelle 18.8 ist oftmals eine Umbewertung der Rockwell-Härte in die Vickers-Härte nach DIN 50150 notwendig [18.75]. Hierzu kann für den Bereich zwischen 20 HRC und 64 HRC (entsprechend 238 HV bis 800 HV) mit hoher Genauigkeit der folgende Zusammenhang genutzt werden [18.277]:

$$\textit{Härte}\,[\mathrm{HV}] = \frac{223 \cdot \textit{Härte}\,[\mathrm{HRC}] + 14500}{100 - \textit{Härte}\,[\mathrm{HRC}]} \qquad (18.131)$$

Dabei entspricht der Grenzhärtewert H_G zur Bestimmung der Einhärtungstiefe nach dem Randschichthärten ungefähr 80% der Oberflächenhärte H_{Omin}:

$$H_G \approx 0{,}8 \cdot H_{Omin} \qquad (18.132)$$

In Anlehnung an diesen Grenzhärtewert wird auch die Einhärtungstiefe nach dem Randschichthärten bezeichnet, sodass z.B. der Stahl 42 CrMo 4 mit H_{Omin} = 53 HRC demzufolge die Kurzbezeichnung *Rht* 450 erhält.

Die erreichbare Einhärtungstiefe als ein Maß für die Einhärtbarkeit wird nach DIN 50190 bestimmt und ist abhängig von der chemischen Analyse, der Tiefe der verfahrensabhängig erwärmten Randschicht und den Abschreckbedingungen [18.76]. Gemäß Tabelle 18.9 wird die Einhärtungstiefe für Zahnräder als Modulfaktor angegeben. Erfahrungsgemäß werden Werte zwischen 0,15 · m_n bis 0,3 · m_n für die Einzelzahnhärtung und bis 0,4 · m_n für die Allzahnhärtung mit Zahngrund empfohlen [18.216].

m_n [mm]	3 bis 3,5	4 bis 4,5	5 bis 6	7 bis 8	9 bis 12	14 bis 16	18 bis 22	25 bis 28
Rht [mm]	0,7+0,4	0,9+0,4	1,2+0,5	1,6+0,6	2,0+0,8	2,7+1,0	3,5+1,4	4,5+1,8

Tabelle 18.9: Einhärtungstiefen *Rht* abhängig vom Modul m_n nach Randschichthärten für Zahnräder [18.216]

Aus der erzielten Oberflächenhärte H_O nach dem Randschichthärten können dann gemäß Abbildung 18.60 abhängig von den Werkstoffqualitäten ML (niedrig), MQ (mittel) und ME (hoch) nach DIN 3990 T5 die Grübchendauerfestigkeit σ_{Hlim} und die Zahnfußdauerfestigkeit σ_{Flim} randschichtgehärteter Zahnräder aus legierten Vergütungsstählen berechnet werden, wobei für die Qualitäten MQ und ME der Härtebereich begrenzt ist [18.55].

Zu beachten ist, dass die Zahnfuß-Dauerfestigkeit σ_{Flim} nur für Einzelzahn- oder Umlaufhärtung einschließlich des Zahngrundes gilt. Ist der Zahngrund ungehärtet, ist die bis auf 60% verminderte Zahnfußdauerfestigkeit der vergüteten Stähle anzunehmen. Weitere Ergebnisse zum Einfluss des Werkstoffs und der Randschichtverfestigung durch Flamm- und Induktionshärten auf die Flanken- und Fußtragfähigkeit sind der weiterführenden Literatur zu entnehmen [18.416].

Eine Zusammenstellung mit den für den Tragfähigkeitsnachweis benötigten Festigkeitswerten findet sich in Abschnitt 18.4.10.

Abschließend sei darauf hingewiesen, dass in Sonderfällen große aufgekohlte Zahnräder aus Einsatzstahl zum Vermeiden eines übermäßigen Verzuges flamm- oder induktionsgehärtet werden [18.287]. In einigen Fällen werden nitrierte Zahnräder aus Vergütungsstahl zur Erhöhung der Härtetiefe und damit vor allem der Grübchendauerfestigkeit nachträglich induktionsgehärtet [18.23].

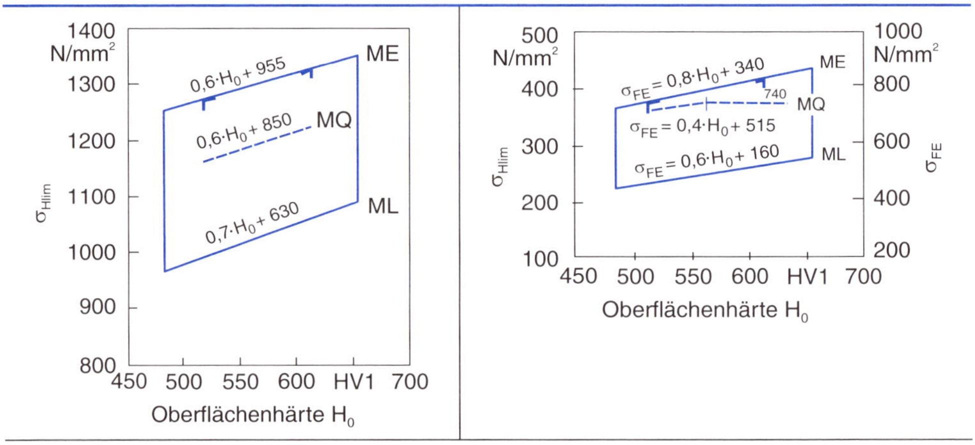

Abbildung 18.60: Streubereiche der Grübchendauerfestigkeit σ_{Hlim} und der Zahnfußdauerfestigkeit σ_{Flim} vergüteter und randschichtgehärteter Zahnräder aus legiertem Vergütungsstahl abhängig von der Oberflächenhärte H_O nach DIN 3990 T5 [18.55], [18.216]

3 **Werkstoffe für einsatzgehärtete Zahnräder** – Einsatzstähle nach DIN EN 10084 entsprechend Tabelle 18.7, z.B. 20 MoCr 4, 16 MnCr 5, 20 MnCr 5, 22 CrMoS 35, 15 CrNi 6 und 17 CrNiMo 6 [18.96]

Unter Einsatzhärten versteht man gemäß DIN 17014 das Aufkohlen oder Carbonitrieren mit sich anschließendem Härten und Anlassen [18.69]. Mithilfe des Einsatzhärtens soll eine harte Randschicht mit möglichst allmählichem Härteabfall zum zähen Kernwerkstoff erreicht werden.

Hierzu wird das Werkstück durch das thermochemische Verfahren des Aufkohlens im austenitischen Zustand an der Randschicht mit Kohlenstoff angereichert, wobei als Aufkohlungsmittel Gase, geschmolzene Salze, Pulver und Pasten Verwendung finden. Angestrebt wird ein stahlabhängiger Randkohlenstoffgehalt von $C \leq 0{,}8\,\%$ mit möglichst flachem Übergang zum Kernkohlenstoffgehalt, wie die Kohlenstoffverlaufskurve gemäß Abbildung 18.61 (links) zeigt. Das Aufkohlungsprofil kann durch Temperatur, Dauer und Atmosphärenzusammensetzung beeinflusst werden und ist beim Gasaufkohlen auch berechenbar [18.216].

Aufgrund dieses beim Aufkohlen entstehenden Kohlenstoffprofils und dem sich daraus beim Härten ergebenden Härteprofil gibt es zur Bewertung von Einsatzstählen die folgenden drei Härtbarkeitskriterien, nämlich die maximal erreichbare Oberflächenhärte für gegebenen Kohlenstoffgehalt (Randhärtbarkeit), die mögliche Einsatzhärtungstiefe, definiert mit dem Grenzhärtewert 550 HV1 (Einhärtbarkeit) und die Kernhärte (Kernhärtbarkeit).

Zusätzlich zum erreichten Randkohlenstoffgehalt ist die Aufkohlungstiefe At wichtig. Damit wird der senkrechte Abstand von der Oberfläche bis zu einer Grenze bezeichnet, die der Dicke der mit einem zu vereinbarenden Kohlenstoffgehalt angereicherten Schicht entspricht. Diese z. B. mit $At_{0,35}$ (für 0,35 % Kohlenstoffgehalt) bezeichnete Tiefe entspricht der nach dem Härten erzielten Einsatzhärtungstiefe, wobei für Zahnräder Aufkohlungstiefen von 0,2 mm bis 5 mm üblich sind. Entsprechend Abbildung 18.61 (rechts) sind große Aufkohlungstiefen nur durch Hochtemperaturaufkohlen (bei 980 °C) mit über 30 Stunden Haltedauer möglich, woraus sich gleichzeitig hohe Anforderungen an den Feinkornstahl (gleichmäßig feines Korn nach langem Halten bei hoher Temperatur) und die Dauerhaltbarkeit des Aufkohlungsofens ergeben. Da im Vergleich zum reinen Eisen die Legierungselemente im Stahl sowohl zu einer niedrigeren als auch höheren Kohlenstoffaufnahme führen können, setzt man insbesondere bei großen Zahnrädern am Ende des Aufkohlungsprozesses (in den letzten 30 Minuten) zur Verbesserung der Randhärtbarkeit der Gasatmosphäre bis zu 5 % Ammoniak zu.

Auch wenn das Aufkohlen der gesamten Randschicht wirtschaftlich sinnvoll ist, möchte man aus Bearbeitungs- oder Verzugsgründen oftmals Bereiche aussparen, was durch Abdeckpasten einfach möglich ist. Ebenso lassen sich aufgekohlte Flächen auch abspanen.

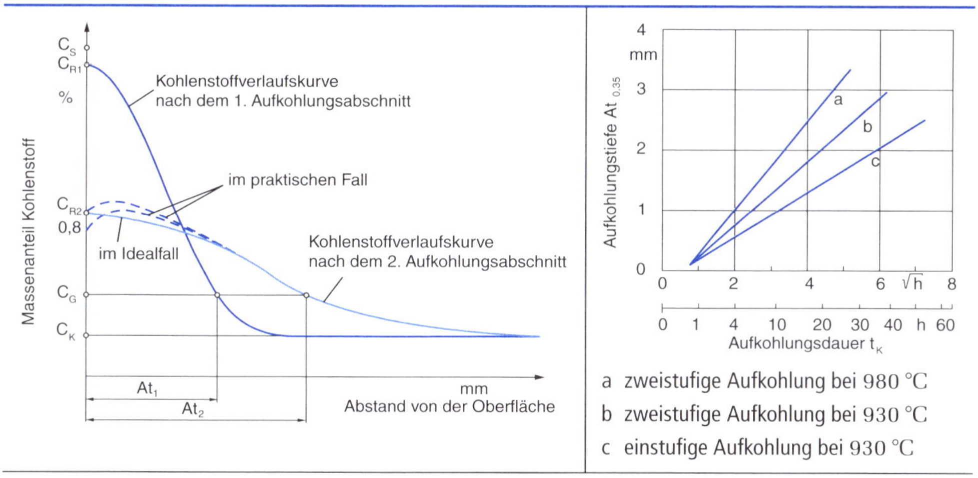

Abbildung 18.61: Schematische Kohlenstoffverlaufskurven beim Zweistufen-Aufkohlen (links) und Aufkohlungstiefe $At_{0,35}$ abhängig von der Aufkohlungsdauer und der Aufkohlungstemperatur (rechts) [18.216]

Im Anschluss an das Aufkohlen erfolgt das Härten. Dabei entsteht die Härtezunahme durch Austenitisieren und zweckentsprechendes Abkühlen, um den Austenit vollständig in Martensit und gegebenenfalls in Bainit umzuwandeln. In Abbildung 18.62 a) sind die hierfür möglichen Temperatur-Zeit-Folgen nach DIN 17022 dargestellt, die auch eine genaue Verfahrensbeschreibung der geeigneten Härteverfahren mit den jeweiligen Vor- und Nachteilen enthält [18.70], [18.216]. Die optimale Ermüdungsfestigkeit von Zahnrädern wird dabei erreicht, wenn man von der Kernhärtetemperatur aus härtet, allerdings entsteht gegenüber dem Randhärten höherer Verzug.

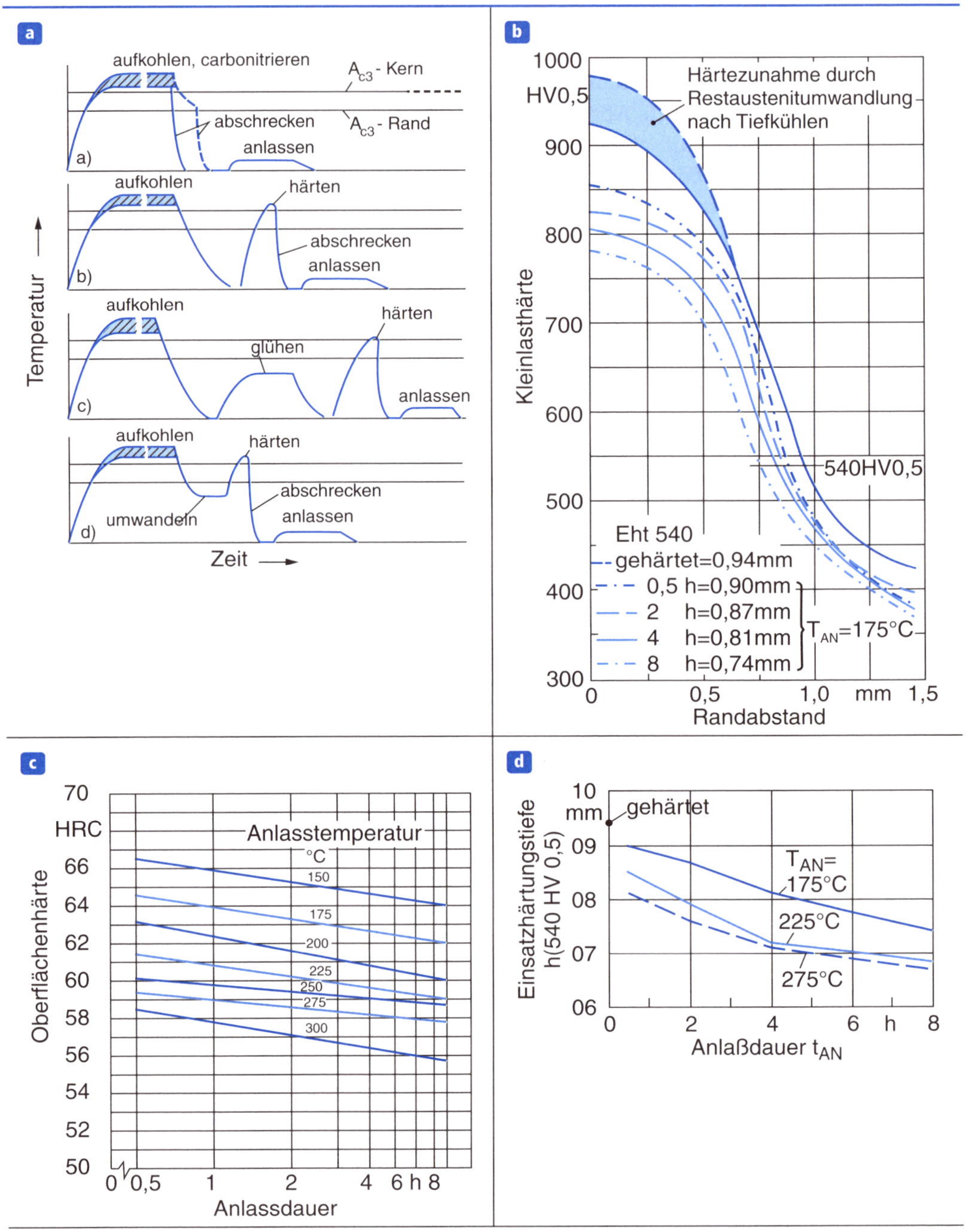

Abbildung 18.62: Einsatzhärten von Zahnrädern – a) Temperatur-Zeit-Folgen nach DIN 17022 (a – Direkthärten, b – Einfachhärten, c – Einfachhärten mit Zwischenglühen, d – Härten nach isothermischem Umwandeln), b) Änderung der Härte-Tiefe-Kurve des einsatzgehärteten Stahles 20 MoCr 5 durch Anlassen und zusätzlich durch Tiefkühlen, c) Oberflächenhärte des Stahles 20 MoCr 5 abhängig von Anlasstemperatur und -dauer, d) Einfluss der Anlasstemperatur auf die Einsatzhärtetiefe des Stahles 20 MoCr 5 [18.198], [18.216]

Unabhängig vom verwendeten Einsatzstahl und vom Einsatzzweck wird abschließend nochmals zwischen zwei und fünf Stunden bei niedriger Temperatur angelassen, woraus eine Abnahme der Oberflächenhärte, eine Änderung der Härte-Tiefe-Kurve gemäß Abbildung 18.62 c), eine Minderung der Einsatzhärtungstiefe, eine Zunahme der Zähigkeit, eine Abnahme der Druckeigenspannungen, eine Verminderung der Rissgefahr und eine Verbesserung der Schleifbarkeit, aber auch eine Änderung der Maße und der Form folgen.

Im Wesentlichen ergibt sich daraus auch ein Abfall der Tragfähigkeit. Gemäß Abbildung 18.62 c) wird die für Zahnräder vorgegebene Oberflächenhärte (z.B. 58 bis 63 HRC für mittlere Anforderungen) für den Stahl 20 MoCr 5 durch Anlassen über zwei Stunden bei Temperaturen zwischen 175 °C und 275 °C erzielt. Entsprechend Abbildung 18.62 b) wirkt sich dieser Anlasseffekt auf den gesamten Härte-Tiefen-Verlauf aus, sodass z.B. die Randhärte von 790 HV0,5 auf 690 HV0,5 abfällt. Die Einsatzhärtungstiefe sinkt nach Abbildung 18.62 d) von 0,94 mm im gehärteten Zustand auf 0,87 mm.

Grundsätzlich hängt das sich einstellende Härteprofil als Maß für die „Festigkeit" der einsatzgehärteten Randschicht vom Kohlenstoffverlauf, von der Einsatzhärtbarkeit der jeweiligen Stahlschmelze, der Austenitisierungstemperatur, der Geometrie (kennzeichnende Abmessung), der Masse des Bauteiles und von der Abschreckwirkung des Härtemediums ab.

Gemäß DIN EN 10084 wird die Kernhärtbarkeit aus dem Stirnabschreckversuch nach DIN EN ISO 642 mit entsprechenden Streubändern ermittelt, Abbildung 18.63 [18.96], [18.106], [18.216]. Für Zahnräder aus Einsatzstahl der Werkstoffqualitätsstufen MQ (mittlere Qualität) und ME (hohe Qualität) wird nach DIN 3990 T5 das eingeengte Härtbarkeitsstreuband HH empfohlen [18.55]. Die für Zahnräder wesentlichen Einsatzstähle und der Zusammenhang zwischen den härtbarkeitssteigernden Legierungselementen und dem Legierungspotential anhand der unteren Grenzkurve ihres Härtbarkeitsstreubandes HH sind in Abbildung 18.64 dargestellt. Anhand dieser Legierungselemente lassen sich die Einsatzstähle ungeachtet der geringen Unterschiede der Kohlenstoffgehalte nach der Härtbarkeit stufen.

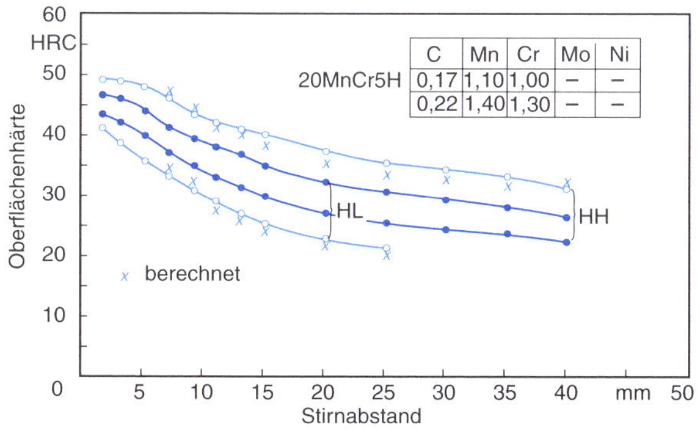

Nach DIN EN ISO 642 gelten im Hinblick auf eine konstante Technologie für jede Stahlschmelze genormte Erwärmungs- und Abschreckbedingungen [18.106].

Abhängig von der Anwendung können Stähle bestellt werden, bei denen das Streuband von der oberen oder unteren Grenzkurve aus um 1/3 eingeengt ist.

Es gelten die Bezeichnungen 20 MnCr 5 HH für die Einengung von der oberen Grenzkurve aus bzw. analog 20 MnCr 5 HL für die von der unteren Grenzkurve.

Abbildung 18.63: Härtbarkeitsstreuband des Stahles 20 MnCr 5 H nach DIN EN 10084 mit Minimal- und Maximalgehalten der härtbarkeitssteigernden Elemente [18.96], [18.216]

Die Rand- und Einhärtbarkeit aufgekohlter Stähle lässt sich ebenfalls im Stirnabschreckversuch bestimmen, jedoch gibt es aufgrund der vielfältigen technologischen Möglichkeiten keine genormten Streubänder. Die Prüfung selbst ist ebenfalls noch nicht genormt.

Die vergleichende Werkstoffauswahl nach der Einsatzhärtbarkeit lässt sich auf der Grundlage der Hauptlegierungsbestandteile vornehmen [18.177], [18.422]. So gilt zur Berechnung der Kernhärtbarkeit J von Einsatzstählen in den Analysengrenzen von DIN EN 10084 mit einem Stirnabstand von E = 6 bis 40 mm [18.96]:

$$J_{6\ldots40} = 74\cdot\sqrt{\mathrm{C}} + 16\cdot\mathrm{Mn} + 14\cdot\mathrm{Cr} + 5{,}4\cdot\mathrm{Ni} + 29\cdot\mathrm{Mo} - 16{,}8\cdot\sqrt{E} + 1{,}386\cdot E \qquad (18.133)$$

Hierin bezeichnet J die Härte in HRC und die Legierungselemente in Massenprozent sollten zwischen 0,12 – 0,27 % C, 0,45 – 1,75 % Mn, 0 – 0,5 % Ni, 0 – 1,55 % Cr und 0 – 0,52 % Mo liegen. Die mit den minimalen und maximalen Gehalten der chemischen Analyse des Stahles 20 MnCr 5 berechnete Härtbarkeitskurve ist zum Vergleich in Abbildung 18.63 wiedergegeben.

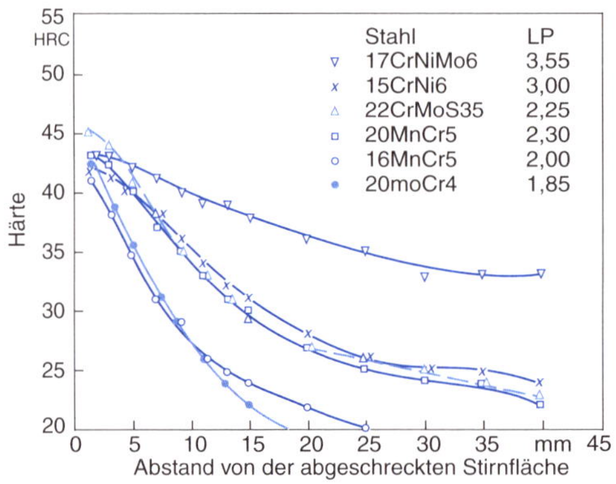

Härtbarkeitssteigernde Legierungselemente sind neben Kohlenstoff vor allem Mangan, Chrom, Molybdän, Nickel und das Spurenelement Bor. Der Einfluss der Legierungselemente (ohne Kohlenstoff) auf die Härtbarkeit niedrig legierter Einsatz- und Vergütungsstähle lässt sich durch das Legierungspotential LP mit Mn ≤ 1,65 %; Cr ≤ 2,75 %; Mo ≤ 0,5 %, Ni ≤ 2,2 % und $\sum$ Mn, Cr, Mo, Ni ≤ 6 % bestimmen [18.244]:

$$LP = 1\cdot\mathrm{Mn} + 1\cdot\mathrm{Cr} + 1{,}5\cdot\mathrm{Mo} + 0{,}7\cdot\mathrm{Ni}\,[\%] \qquad (18.134)$$

Abbildung 18.64: Untere Grenze der Härtbarkeit des eingeschränkten Streubandes HH der Einsatzstähle nach DIN EN 10084 [18.96], [18.216]

In Analogie dazu kann die Berechnung der Rand- und Einhärtbarkeit von Einsatzstählen nach DIN EN 10084 vorgenommen werden [18.96]:

$$J_{6\ldots40} = 102\cdot\sqrt{\mathrm{C}} + 21\cdot\mathrm{Mn} + 22\cdot\mathrm{Cr} + 7\cdot\mathrm{Ni} + 33\cdot\mathrm{Mo} - 15{,}47\cdot\sqrt{E} + 1{,}102\cdot E - 16 \qquad (18.135)$$

Auch hier ist J die Härte in HRC und die Legierungselemente in Massenprozent sollten zwischen 0,30 – 0,64 % C, 0,50 –-1,75 % Mn, 0 – 3,5 % Ni, 0 – 1,08 % Cr und 0 – 0,25 % Mo liegen, wobei die Gleichung nicht für Si- und V-legierte Stähle gilt. Ebenso sind nach dieser Gleichung berechnete Werte für J ungültig, sobald sie den folgenden Maximalwert J_{max} überschreiten, mit dem die Härte zwischen der Stirnseite und 6 mm Stirnabstand (gültig für $C < 0{,}6\,\%$) berechnet wird [18.422]:

$$J_{max} = 29 + 51\cdot C^{0{,}7}\,[\mathrm{HRC}] \qquad (18.136)$$

In Abbildung 18.65 ist beispielhaft für den Stahl 20 MnCr 5 die rechnerisch bestimmte Einsatzhärtbarkeit für die jeweiligen Minimalgehalte der Legierungselemente wiedergegeben, wobei die Kernhärtbarkeit nach Gleichung (18.133) und die Randhärtbarkeit nach Gleichung (18.135) berechnet wurden.

Als Maß für die Einhärtbarkeit wird die Einsatzhärtungstiefe verwendet, deren Grenzhärtewert 550 HV1 entsprechend 52,5 HRC beträgt. Gemäß Abbildung 18.65 entsteht der erste Schnittpunkt für den Härtewert von 52,5 HRC an der Kurve für 0,35 % C im Stirnabstand von 10,5 mm. Mit zunehmendem Stirnabstand (Durchmesser), gleichbedeutend mit abnehmender Abschreckgeschwindigkeit, ist zum Erreichen des gleichen Grenzhärtewertes ein höherer Kohlenstoffgehalt notwendig (z. B. C = 0,40 %, E = 14,5 mm usw.), sodass eine nicht ausreichende Einhärtbarkeit des Stahles mit einer verlängerten Aufkohlungsdauer ausgeglichen werden kann. Dabei ist zu beachten, dass die maximal mögliche Martensit-Härte von Stahl bei einem Kohlenstoffgehalt von C = 0,6 %, entsprechend 67 HRC bzw. 900 HV, erreicht wird [18.421].

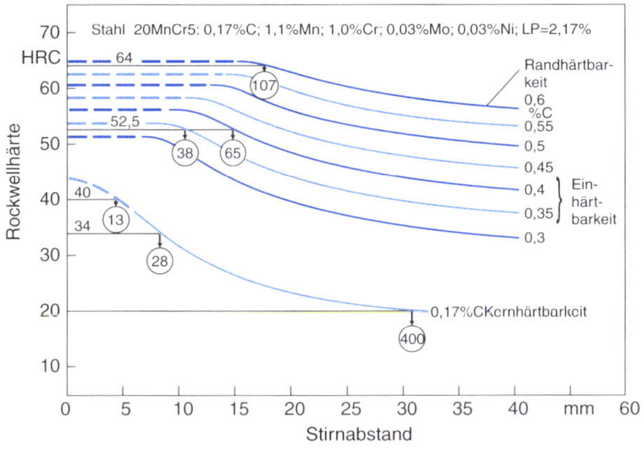

Die Dauerfestigkeit wird unabhängig von der Oberflächenhärte (zwischen 56 HRC und 64 HRC) für 3 Bereiche der Kernhärte H_K bestimmt, die den 3 Werkstoffqualitäten nach DIN 3990 T5 zugeordnet sind.

Diese Grenzwerte von 40, 34 und 20 HRC ergeben gemäß nebenstehender Grafik Stirnabstände von 4,5 mm, 8 mm und 30,5 mm.

Demzufolge ist die höchste Kernhärte nur bei sehr kleinen kennzeichnenden Abmessungen möglich, während die Spanne zwischen 34 und 20 HRC auch größere Abmessungen erlaubt.

Qualität	**Kernhärte H_K in HRC**	D_{Kern} **in mm**	$D_{Ein0,4\%}$ **in mm**	D_{Rand} **in mm**
ML	20 HRC ≤ H_K < 34 HRC	≤ 400	65	107
MQ	34 HRC ≤ H_K < 40 HRC	≤ 28	65	107
ME	H_K ≥ 40 HRC	≤ 13	65	107

Abbildung 18.65: Berechnete Einsatzhärtbarkeit des Stahles 20 MnCr 5 und Grenzdurchmesser nach Kernhärtbarkeit, Einhärtbarkeit und Randhärtbarkeit [18.216]

Bei der Randhärtbarkeit wird nicht die Maximalhärte, sondern der in der Praxis erreichbare Wert von 64 HRC zugrunde gelegt, für den sich gemäß Abbildung 18.65 ein Stirnabstand von 17,5 mm ergibt. Die für Zahnräder übliche Oberflächenhärte von 56 bis 64 HRC (mittlere Anforderungen 58 bis 63 HRC, hohe Anforderungen 59 bis 63 HRC) erreicht man durch Anlassen. Für die mittlere Werkstoffqualität MQ sollte das Randschichtgefüge als feinnadliger Martensit ausgebildet sein, keine Carbide durch Überkohlung, weniger als 30 % Restaustenit – ein erhöhter Restaustenitgehalt fördert Fresserscheinungen –, keine sichtbare Randentkohlung und nur eine geringfügige Randoxidation aufweisen. Um Schleifrisse, begünstigt durch netzförmigen Zementit, zu vermeiden, sollte der Randkohlenstoffgehalt C ≤ 0,8 % sein, wobei ein niedrigerer Randkohlenstoffgehalt C ≤ 0,6 % eine erhöhte Zahnfußdauerfestigkeit bewirkt, während die Zahnflankendauerfestigkeit dagegen absinkt [18.191], [18.216], [18.297].

Unter Berücksichtigung der Zusammenhänge nach Abbildung 18.65 sind in Abbildung 18.66 die Streubereiche der Grübchen- und Zahnfußdauerfestigkeit von Zahnrädern aus einsatzgehärteten Stählen entsprechend den Anforderungen an Werkstoffe und Wärmebehandlung nach DIN 3990 T5 wiedergegeben [18.55], [18.216].

Sollen Zahnräder Kernhärten von $H_K \geq 34$ HRC aufweisen, so müssen Einsatzstähle mit Nickelgehalten von Ni ≥ 1,5 % verwendet werden (z. B. 15 CrNi 6 HH und 17 CrNiMo 6 HH), um eine ausreichende Zahnfußdauerfestigkeit zu erzielen. Zu beachten ist, dass oberhalb einer Kernhärte von $H_K = 45$ HRC die Zahnfußdauerfestigkeit wieder abnimmt. Bei sprödem Werkstoffzustand kann ein Festigkeitsabfall der statischen Festigkeit und der Zahnfußzeitfestigkeit schon ab einer Kernhärte von $H_K = 30$ HRC auftreten [18.252]. Im Kernhärtebereich von $20 \leq H_K \leq 34$ HRC wird die Stahlauswahl durch die Einhärtbarkeit begrenzt, im Bereich $34 \leq H_K \leq 49$ HRC stellt die Kernhärtbarkeit die Einsatzgrenze dar. Abhilfe ist möglich durch einen Stahl höherer Kernhärtbarkeit bei gleichzeitig besserer Einhärtbarkeit.

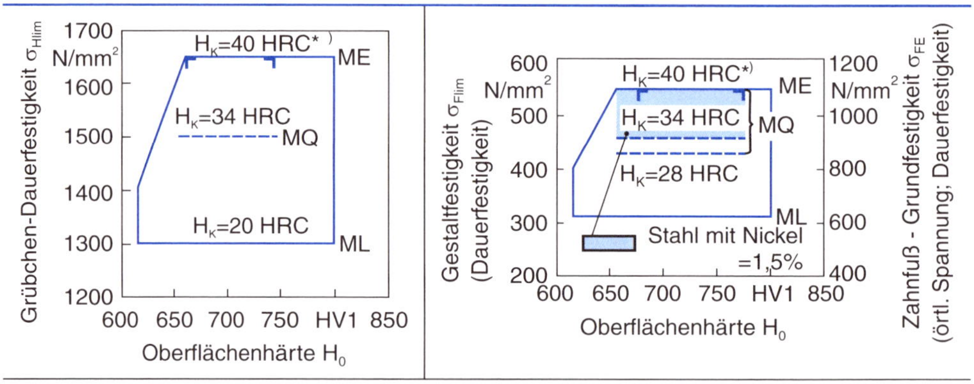

Abbildung 18.66: Streubereiche der Grübchendauerfestigkeit σ_{Hlim} und der Zahnfußdauerfestigkeit σ_{Flim} einsatzgehärteter Zahnräder aus legiertem Einsatzstahl abhängig von der Oberflächenhärte H_O nach DIN 3990 T5 [18.55], [18.216]

Üblicherweise wird bei Zahnrädern gemäß Tabelle 18.10 die Einsatzhärtungstiefe *Eht* abhängig vom Modul m_n angegeben, wobei folgende Anhaltswerte gelten:

$$Eht_{Fuß} \approx 0{,}1 \cdot m_n \qquad Eht_{Flanke} \approx 0{,}15 \cdot m_n \tag{18.137}$$

Bei einsatzgehärteten und auch carbonitriergehärteten Zahnrädern sollte man im Hinblick auf die erreichbare Grübchendauerfestigkeit ab einer Zähnezahl z_1 prüfen, ob die Einsatzhärtungstiefe *Eht* nach Tabelle 18.10 größer ist als die erforderliche Mindest-Einsatzhärtetiefe Eht_{min} [18.216], [18.369]:

$$Eht_{min} = \frac{H_K}{H_K - 120} \cdot 4{,}16 \cdot 10^{-3} \cdot d_1 \cdot \frac{u}{u+1} \quad \text{für} \quad z_1 > 20 \cdot \frac{u+1}{u} \tag{18.138}$$

Hierin bezeichnen H_K die Kernhärte in HV, d_1 den Teilkreisdurchmesser des Ritzels in mm und u das Zähnezahlverhältnis. Dabei ist für carbonitriergehärtete Zahnräder ein maximaler Kernhärtewert von $H_K = 500$ HV einzusetzen, auch wenn $H_K > 500$ HV sein sollte.

Die Bestimmung der Einsatzhärtungstiefe ist nach DIN 50190 möglich [18.76]. Wird die erforderliche Mindest-Einsatzhärtungstiefe *Eht* nicht erreicht, ist die Grübchendauerfestigkeit σ_{Hlim} zu mindern, wobei $\sigma_{Hlim(Norm)}$ den gültigen Festigkeitskennwert aus der Norm bezeichnet und Eht_{real} die tatsächliche, zu geringe Einsatzhärtungstiefe (s.a. Abschnitt 18.4.10) [18.369]:

$$\sigma_{Hlim} = \sigma_{Hlim(Norm)} \cdot \left(0{,}4 \cdot \frac{Eht_{real}}{Eht_{min}} + 0{,}6\right) \tag{18.139}$$

Normalmodul m_n in mm	Einsatzhärtungstiefe *Eht* in mm (Zeichnungsangabe)		Normalmodul m_n in mm	Einsatzhärtungstiefe *Eht* in mm (Zeichnungsangabe)	
	Zahnflanke	Zahnfuß		Zahnflanke	Zahnfuß
1,5 bis 2,25	0,3 + 0,2	0,3 + 0,2	14	2,1 + 0,5	1,5 + 0,5
2,5 bis 3,5	0,5 + 0,3	0,5 + 0,3	15	2,4 + 0,5	1,5 + 0,5
4,0 bis 5,5	0,8 + 0,4	0,8 + 0,4	16	2,4 + 0,5	1,8 + 0,5
6	1,0 + 0,4	1,0 + 0,4	18	2,7 + 0,5	1,8 + 0,5
7	1,2 + 0,4	1,0 + 0,4	20	3,0 + 0,5	2,4 + 0,5
8	1,2 + 0,4	1,0 + 0,4	22	3,3 + 0,5	2,4 + 0,5
9	1,5 + 0,5	1,0 + 0,4	24	3,6 + 0,5	2,4 + 0,5
10	1,5 + 0,5	1,2 + 0,4	25	3,8 + 0,5	3,0 + 0,5
11	1,8 + 0,5	1,2 + 0,4	28	4,2 + 0,5	3,0 + 0,5
12	1,8 + 0,5	1,2 + 0,4	30	4,5 + 0,5	3,0 + 0,5
13	2,1 + 0,5	1,5 + 0,5	32	4,8 + 0,5	3,2 + 0,5

Tabelle 18.10: Einsatzhärtungstiefen *Eht* für Zahnräder abhängig vom Modul m_n [18.216]

Eine Zusammenstellung mit den für den Tragfähigkeitsnachweis benötigten Festigkeitskennwerten einsatzgehärteter Stähle findet sich in Abschnitt 18.4.10.

Abschließend sei darauf hingewiesen, dass große Zahnräder, die bei garantierter Mindesthärtbarkeit *HH* mit Kernhärten von $H_K > 40$ HRC und damit werkstoffseitig höchster Grübchen- und Zahnfußdauerfestigkeit hergestellt werden sollen, ein Legierungspotential aufweisen müssen, das über dem des Stahles 17 CrNiMo 6 HH ($LP \geq 3{,}57$) liegt. Hierfür eignen sich z.B. die Stähle 13 NiCr 18 ($LP \geq 4{,}18$) oder 18 NiCrMo 14 ($LP \geq 4{,}36$).

Für größere Zahnräder mit kleiner kennzeichnender Abmessung werden legierte Einsatzstähle mit niedrigem Kohlenstoffgehalt verwendet (z.B. 10 NiCrMo 14), um neben hoher Ermüdungsfestigkeit eine ausreichende Zähigkeit zu erhalten und zusätzlich die Bearbeitbarkeit nach dem Härten zu ermöglichen.

Ist bei der Auswahl von Einsatzstählen die Zerspanbarkeit von besonderer Bedeutung, sind nach DIN EN 10132 Einsatzstähle mit definiertem Schwefelgehalt (0,020 % ≤ S ≤ 0,035 %) verfügbar, z.B. 16 MnCr S5, 20 MnCr S5, 20 MoCr S4 [18.98].

Gelegentlich werden einsatzgehärtete Zahnräder auch aus niedrig legiertem Stahlguß wie z.B. GS – 16 MnCr 5, GS – 25 CrMo 4, GS –17 CrMnMo 5, GS – 22NiMoCr 5 (Reihenfolge mit steigender Kemhärtbarkeit) hergestellt [18.260].

4 **Werkstoffe für carbonitrierte Zahnräder** – geeignet sind sowohl legierte Einsatzstähle nach DIN EN 10084 als auch unlegierte und legierte Vergütungsstähle nach DIN EN 10083 mit Kohlenstoffgehalten von C < 0,45 % (unlegiert) bzw. C < 0,4 % [18.959, [18.96]. Mit dem Kohlenstoffgehalt nimmt bei gleichem Legierungspotential die Kernhärte zu. Am häufigsten werden die Stähle 16 MnCr 5 und 34 Cr 4 verwendet.

Unter Carbonitrieren versteht man nach DIN 17014 das thermochemische Behandeln eines Werkstückes zum Anreichern der Randschicht mit Kohlenstoff und Stickstoff bis zu einer oberen Temperaturgrenze von 930 °C [18.69]. Vergleichbar dem Aufkohlen und Direkthärten werden beim Carbonitrieren in Gas, Plasma oder auch in Salzschmelzen durch zusätzliche Stickstoffdiffusion die Randhärtbarkeit, Einhärtbarkeit und Anlassbeständigkeit verbessert.

Die Summe von Kohlenstoff und Stickstoff in der Randschicht soll maximal 1 % betragen (z.B. 0,7 % C und 0,3 % N). Bei steigender Carbonitriertemperatur und -dauer sowie zunehmendem Ammoniakgehalt ist zu beachten, dass in der Randschicht dauerfestigkeitsmindernde Poren auftreten. Dieser nicht immer zu vermeidende Porensaum (auch als Randoxidation bezeichnet) soll für die Werkstoffqualitäten MQ und ME kleiner als 0,02 mm sein.

Gleich nach dem Diffusionsprozess erfolgt das Direkthärten. Bedingt durch die niedrigere Diffusionstemperatur und die dadurch auch begrenzte Porenbildung im Vergleich zum Aufkohlen ist die Carbonitrierhärtungstiefe üblicherweise kleiner als 1 mm. Ebenfalls temperaturbedingt ist auch der Härteverzug geringer, sodass vorteilhaft die Feinbearbeitung der Verzahnung (Schaben oder Schleifen) vor dem Carbonitrieren durchgeführt werden kann [18.216]. Größere Härtungstiefen lassen sich erreichen, wenn bei höherer Temperatur (> 860 °C) carbonitriert und die Verzahnung anschließend geschliffen wird. Die Carbonitrierhärtungstiefe lässt sich nach DIN 50190 bestimmen [18.76].

Aufgrund des zum Kohlenstoff zusätzlich eingebrachten Stickstoffs werden Rand- und Einhärtbarkeit positiv beeinflusst. Bedingt durch die Stickstoffaufnahme liegt nach dem Carbonitrierhärten in der Randschicht mehr Restaustenit vor als üblicherweise nach dem Einsatzhärten, was sich aber bis zu einem Restaustenitgehalt von 35 % nicht nachteilig auf die Dauerfestigkeit auswirkt. Allerdings kann die maximal erreichbare Oberflächenhärte von $H_O \approx 67$ HRC auf $H_O \approx 63$ HRC abgemindert werden. Üblicherweise werden carbonitriergehärtete Zahnräder meist nicht angelassen, jedoch ist Anlassen bis 300 °C möglich. Sollte das Anlassen erforderlich sein, so müssen höhere Temperaturen als nach dem Einsatzhärten gewählt werden, da der Stickstoff die Anlassbeständigkeit verbessert.

In DIN 3990 T5 werden keine speziellen Aussagen zu carbonitrierten Zahnrädern getroffen, da das Carbonitrieren und Härten definitionsgemäß dem Einsatzhärten zugeordnet ist (siehe DIN 17014) [18.55], [18.69]. Demzufolge werden auch die Festigkeitswerte einsatzgehärteter Verzahnungen erreicht. Carbonitrierte Zahnräder werden im Allgemeinen nur bis $m_n = 6$ mm hergestellt, weshalb das Carbonitrieren von Zahnrädern vor allem im Automobilbau weit verbreitet ist.

Für carbonitrierte Zahnräder aus Einsatzstahl sind die Einsatzhärtungstiefen aus Tabelle 18.10 zu empfehlen. Wird Vergütungsstahl verwendet, so kann wegen der höheren Kernhärte die Härtungstiefe niedriger sein. Die Mindest-Einsatzhärtetiefe Eht_{min} wird gemäß Gleichung (18.138) berechnet, für die Grübchendauerfestigkeit σ_{Hlim} gilt Gleichung (18.139).

Abschließend sei darauf hingewiesen, dass zur Erhöhung der Zahnfußdauerfestigkeit das Kugelstrahlen der ungeschliffenen Verzahnung möglich ist.

5 **Werkstoffe für nitrierte Zahnräder** – geeignet ist eine Vielzahl von Stählen und Gusswerkstoffen, zu denen prinzipiell neben den Nitrierstählen (DIN EN 10085) alle Vergütungsstähle (DIN EN 10083), Einsatzstähle (DIN EN 10084), warmfeste Stähle (DIN EN 10302), die entsprechenden Stahlgusssorten sowie Kugelgrafitguss (DIN EN 1563), Lamellengrafitguss (DIN EN 1561) und Temperguss (DIN EN 1562) gehören [18.89], [18.90], [18.91], [18.95], [18.96], [18.97], [18.101]. Nitrocarburierte und nitrierte Zahnräder liegen mit ihren erreichbaren Festigkeitskennwerten zwischen den vergüteten und einsatzgehärteten Zahnrädern.

Nitrieren ist nach DIN 17014 das Anreichern der Randschicht eines Werkstückes mit Stickstoff durch thermochemische Behandlung, wobei zusätzlich zum Grundelement Stickstoff auch noch Kohlenstoff (Nitrocarburieren), Sauerstoff und Schwefel hinzugegeben werden [18.69].

Im Vergleich zum Einsatzhärten ist der Ablauf des Nitrierens sehr einfach, da nach meist langsamem Erwärmen im Normalfall zwischen 500 bis 590 °C je nach Zweck und Verfahren bis über 100 Stunden gehalten wird, um dann langsam (bei legierten Stählen) oder schnell (bei unlegierten Stählen) abzukühlen.

Durch das Nitrieren entsteht eine harte, relativ spröde Randschicht mit allmählichem bis steilem Übergang zur Kernhärte, die durch Vergüten möglichst hoch sein soll ($H_K \geq 300$ HV). Bedingt durch die Härtesteigerung und die Druckeigenspannungen in der Randschicht erträgt der so entstandene Verbundwerkstoff die Volumen- und Kontaktermüdung, während die äußere nitridhaltige Schicht über den hohen Widerstand gegen Grenzschichtermüdung, Abrasion, Adhäsion und Korrosion (Tribooxidation) verfügt.

Der Hauptvorteil des Nitrierens im Vergleich zum Einsatzhärten, Carbonitrieren und Härten ist der geringe Verzug, auch bei formkomplizierten Bauteilen wie Zahnrädern, aufgrund der Ausscheidungs- und Teilchenverfestigung ohne Gefügeumwandlung im Gegensatz zur martensitischen Härtung. Der beim Nitrieren entstehende Randschichtaufbau sowie die sich ergebende Härte-Tiefe-Kurve sind schematisch in Abbildung 18.67 wiedergegeben. Dabei haben die Nitrid bildenden Legierungselemente wie Aluminium, Chrom, Molybdän und Vanadium, die in unterschiedlicher Menge in den zum Nitrieren geeigneten Eisenwerkstoffen vorhanden sind, den größten Einfluss auf die Randschichtverfestigung des Zahnes.

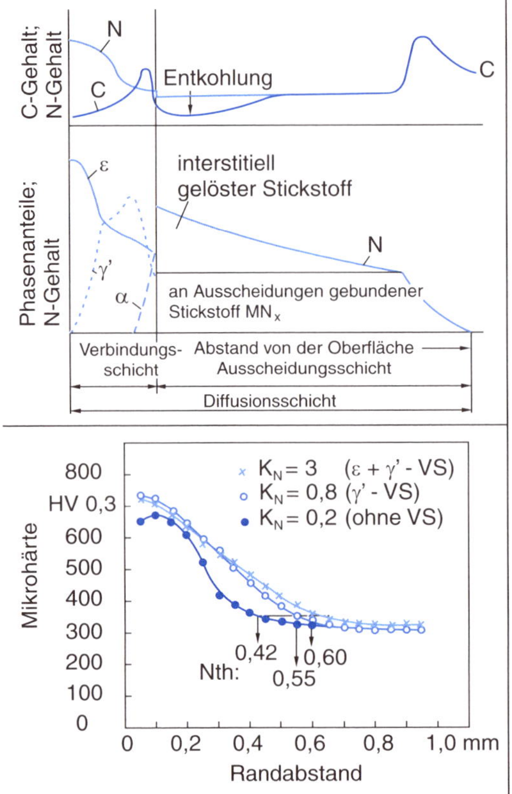

a Verbundschicht, bestehend aus $\varepsilon(+\gamma')$-Verbindungsschicht mit Dicken $\leq 20\,\mu m$ und Ausscheidungsschicht mit Nitrierhärtetiefen ≤ 1 mm. Für Nitrierhärtetiefen $\leq 0{,}5$ mm ist das Gas- oder Salzbadcarbonitrieren anwendbar. Nitrierhärtetiefen $> 0{,}5$ mm werden in Gasatmosphären (einschließlich Plasma) erzeugt. Die Nitriertemperatur ist > 530 °C bei mehr als 50 Stunden Haltedauer.

b Verbundschicht, bestehend aus γ'-Verbindungsschicht mit Dicken $\leq 10\,\mu m$ und Ausscheidungsschicht mit Nitrierhärtetiefen ≤ 1 mm. Diese für Zahnräder hoher Tragfähigkeit meist genutzte Schicht setzt eine begrenzte Nitrierfähigkeit des Mediums voraus, beim kontrollierten Gasnitrieren durch Absenken der Nitrierkennzahl, beim Plasmanitrieren durch Reduzierung des Stickstoffanteils. Die erforderliche Nitrierhärtetiefe ist über Temperatur und Dauer einstellbar.

c Verbindungsschichtfreie Nitrierschicht (Ausscheidungsschicht) mit Nitrierhärtetiefen $\leq 0{,}8$ mm. Die Nitrierfähigkeit des Mediums muss so weit herabgesetzt werden, dass die Nitridbedeckung ausbleibt. Die Stickstoffdiffusion in die Tiefe wird deutlich verlangsamt. Härtetiefen $> 0{,}5$ mm sind ökonomisch nur mit Temperaturen über 570 °C und langer Haltedauer zu erzeugen (> 50 Stunden).

Abbildung 18.67: Schematischer Aufbau der Randschicht gasnitrierter technischer Eisenlegierungen und Härte-Tiefe-Kurve des Stahles 30 CrMoV 9 [18.216]

Die genaue Kennwertermittlung lässt sich am metallografischen Querschliff durch Messen der Verbindungsschichtdicke und der Härteverteilung vornehmen. Abbildung 18.68 zeigt links schematisch die Auswertung der Härte-Tiefe-Kurve nach DIN 50190-3 mit dem wesentlichen Unterschied zwischen Nitrierhärtetiefe und Einsatz- bzw. Carbonitrierhärtungstiefe und rechts eine Auswertung für den Stahl 30 CrMoV 9. Eine ausführliche Übersicht zu den Kennwerten nitrierter Einsatz- und Vergütungsstähle, die für Zahnräder verwendet werden, ist der Fachliteratur zu entnehmen [18.216].

Bei hoch beanspruchten Zahnrädern strebt man gemäß Abbildung 18.67 möglichst dünne Verbindungsschichten ($< 10\,\mu m$) bzw. keine Verbindungsschichten an und versucht, die Zementitausscheidungen an den Korngrenzen in der Ausscheidungsschicht einzuschränken oder zu vermeiden, da die Verbindungsschichten und Korngrenzenausscheidungen die Zähigkeit vermindern und die Flankenfestigkeit negativ beeinflussen [18.215], [18.216], [18.354].

Eine hohe Grübchendauerfestigkeit erreicht man bei aluminiumfreien Nitrierstählen bei ausreichender Randhärte (700 HV2 $\leq H_R \leq$ 850 HV2) mit großer Nitrierhärtetiefe ($Nht \approx 0{,}1 \cdot m_n$) und hoher Kernhärte (280 HV $\leq H_K \leq$ 380 HV), während die Zahnfußdauerfestigkeit bei einer hohen Randhärte, ausreichender Nitrierhärtetiefe und hoher Kernhärte steigt [18.325].

Die Kernhärte folgt aus dem vorhergehenden Vergüten. Das Kerngefüge soll praktisch ferritfrei und durch ausreichend langes Anlassen für das nachfolgende Nitrieren stabilisiert sein. Die modulabhängigen Nitrierhärtetiefen können Tabelle 18.11 entnommen werden.

Übliche Härtewerte an der Oberfläche liegen für Cr-Mo-V-legierte Stähle bei H_O = 800 HV10, aluminiumlegierte Stähle erreichen sogar Werte bis zu H_O = 900 HV10.

m_n [mm]	1 bis 2,25	2,3 bis 3	3,5 bis 4	3,4 bis 5	5,5 bis 7	8 bis 10
Nht [mm]	0,2 + 0,1	0,3 + 0,1	0,4 + 0,1	0,5 + 0,1	0,7 + 0,1	1,0 + 0,1

Tabelle 18.11: Nitrierhärtetiefen Nht abhängig vom Modul m_n für Zahnräder [18.216]

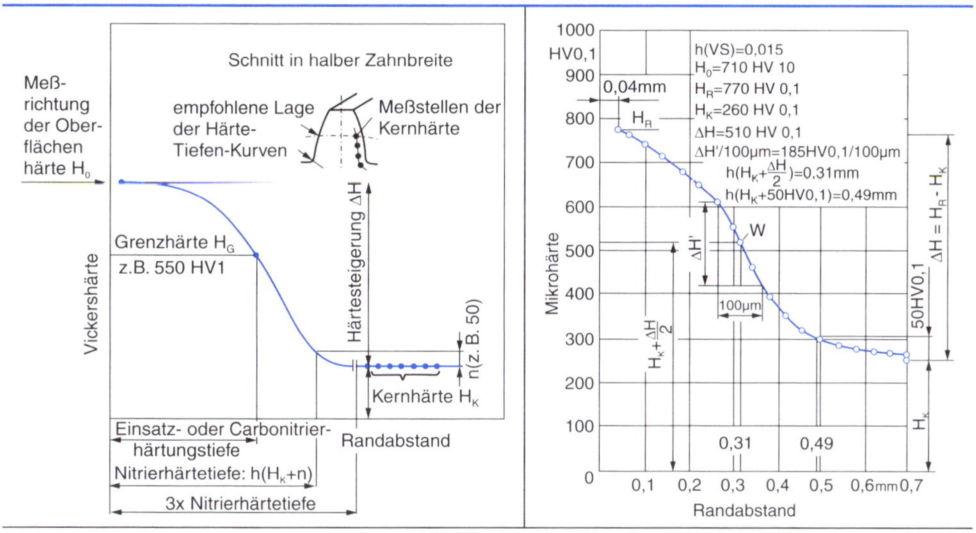

Abbildung 18.68: Auswertung der Härte-Tiefe-Kurve – a) Schematisch am Zahn, b) Stahl 30 CrMoV 9 nach dem Nitrieren bei 550 °C über 32 Stunden [18.216]

Abbildung 18.69 zeigt die Streubereiche der Grübchen- und Zahnfußdauerfestigkeit über der Oberflächenhärte nach DIN 3990 T5, wobei den Diagrammen zu entnehmen ist, dass oberhalb 450 HV1 bei gleicher Werkstoff- und Verfahrensgruppe sowie gleicher Werkstoffqualität die Dauerfestigkeitswerte konstant sind [18.55].

Bei nitriergehärteten Zahnrädern sollte man im Hinblick auf die erreichbare Grübchendauerfestigkeit ab einer Zähnezahl z_1 prüfen, ob die Nitierhärtetiefe Nht nach Tabelle 18.11 größer ist als die erforderliche Mindest-Nitrierhärtetiefe Nht_{min} [18.216], [18.369]:

$$Nht_{\min} = \frac{H_K}{H_K - 150} \cdot 2{,}38 \cdot 10^{-3} \cdot d_1 \cdot \frac{u}{u+1} \quad \text{für} \quad z_1 > 20 \cdot \frac{u+1}{u} \qquad (18.140)$$

Hierin bezeichnen H_K die Kernhärte in HV, d_1 den Teilkreisdurchmesser des Ritzels in mm und u das Zähnezahlverhältnis. Liegt die erforderliche Mindest-Nitrierhärtetiefe nicht vor, ist Gleichung (18.139) zur Minderung der Grübchendauerfestigkeit anzuwenden, wobei anstelle der Einsatzhärtetiefe *Eht* die Nitrierhärtetiefe *Nht* einzusetzen ist.

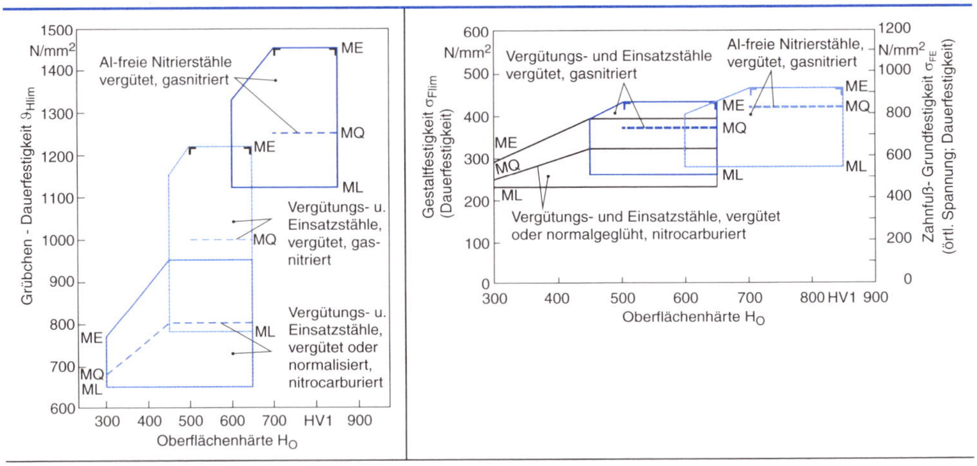

Abbildung 18.69: Streubereiche der Grübchendauerfestigkeit σ_{Hlim} und der Zahnfußdauerfestigkeit σ_{Flim} nitrierter Zahnräder abhängig von der Oberflächenhärte H_O nach DIN 3990 T5 [18.55], [18.216]

Abschließend sind in Tabelle 18.12 Anhaltswerte zur Auswahl beanspruchungsgerechter Nitrierschichten zusammengestellt [18.352]. Richtwerte der Grübchendauerfestigkeit und Zahnfußgrundfestigkeit unterschiedlicher Stähle im nitrocarburierten und nitrierten Zustand der Werkstoffqualität MQ finden sich in Abschnitt 18.4.10.

Unter der Voraussetzung der richtigen Rohmaterialauswahl kann auf die Feinbearbeitung der Zähne nach dem Nitrieren verzichtet werden. So sind z.B. Gesenkschmiedestücke mit hohem Umformgrad für radförmige Teile besser geeignet als Walzmaterial oder Freiformschmiedestücke. Verzug, verursacht durch das Freiwerden von Bearbeitungsspannungen sowie Gefügeumwandlungen des vorvergüteten Werkstoffes beim Nitrieren, lässt sich durch die genaue Abstimmung der Behandlungsparameter des Anlassens beim Vergüten, des Spannungsarmglühens und des Nitrierens vermeiden.

Während ein möglicher Verzug bei verbindungsschichtfrei nitrierten Zahnrädern gerichtet werden kann, sollte man darauf bei Zahnradwellen mit Verbindungsschicht verzichten, da die Verbindungsschicht plastisch nicht verformbar ist und reißt. In diesem Fall ist das Warmrichten (bis max. 500 °C) zu empfehlen, da die Nitrierschicht über eine ausreichende thermische Stabilität verfügt. Das Schleifen von Wellenabschnitten und -bohrungen zur Verzugs- oder Maßkorrektur ist möglich, wenn an die Nitrierschicht keine besonderen funktionellen Anforderungen gestellt werden, ansonsten ist ein Schleifen nach dem Nitrieren wegen der dünnen Randschicht im Allgemeinen nicht zulässig.

Alternativen zu den bisher üblichen Nitrierstählen mit C-Gehalten über 0,3 % sind neben dem schon eingeführten Stahl 15 CrMoV 5.9 (DIN EN 10085) Stähle mit noch niedrigerem C-Gehalt wie z.B. der Stahl X6 CrMo 4 [18.97].

Zahneigenschaft	Typ und Dicke der Verbindungsschicht	Nitrierhärtetiefe Nht Oberflächenhärte H_O Kernhärte H_K	Geeignete Nitrierverfahren Typische Werkstoffe
Hohe Grübchendauerfestigkeit $\sigma_{Hlim} \geq 1.250\ \text{N/mm}^2$	$\gamma' \leq 10\ [\mu\text{m}]$ bzw. ohne Verbindungsschicht	$Nht = 0{,}1 \cdot m_n\ [\text{mm}]$ $H_O = 700$ bis $800\ [\text{HV10}]$ $H_K \geq 280\ [\text{HV}]$	Kontrolliertes Gasnitrieren, Plasmanitrieren: 31 CrMo V9, 15 CrMo V5.9, 39 CrMo V13.9, 31 CrMo 12
Hohe Zahnfußgrundfestigkeit $\sigma_{FE} \geq 850\ \text{N/mm}^2$	ohne Verbindungsschicht	$Nht = 0{,}08 \ldots 0{,}1 \cdot m_n\ [\text{mm}]$ $H_O = 700$ bis $800\ [\text{HV10}]$ $H_K \geq 280\ [\text{HV}]$	
Hoher Widerstand gegen Abrasiv- und Fressverschleiß	$(\varepsilon + \gamma') \leq 20\ [\mu\text{m}]$ $\gamma' \leq 10\ [\mu\text{m}]$	$Nht = 0{,}1 \cdot m_n\ [\text{mm}]$ $H_O = 300$ bis $800\ [\text{HV10}]$ $H_K = 180$ bis $300\ [\text{HV}]$	Salzbad- und Gasnitrocarburieren, kontrolliertes Gasnitrieren, Plasmanitrieren: GGG-60, C 45, 16 Mn Cr 5, 42 CrMo 4, 31 CrMoV 9
Mittlere Grübchendauerfestigkeit $\sigma_{Hlim} = 800$ bis $1.000\ \text{N/mm}^2$	$(\varepsilon + \gamma') \leq 20\ [\mu\text{m}]$ $\gamma' \leq 10\ [\mu\text{m}]$	$Nht = 0{,}08 \cdot m_n\ [\text{mm}]$ $H_O = 300$ bis $600\ [\text{HV10}]$ $H_K = 180$ bis $300\ [\text{HV}]$	Salzbad- und Gasnitrocarburieren, kontrolliertes Gasnitrieren, Plasmanitrieren: C 45, 34 Cr 4, 41 Cr 4, 34 CrMo 4, 42 CrMo 4, 16 MnCr 5, 20 MnCr 5
Mittlere Zahnfußgrundfestigkeit $\sigma_{FE} = 640$ bis $740\ \text{N/mm}^2$	$(\varepsilon + \gamma') \leq 20\ [\mu\text{m}]$ $\gamma' \leq 10\ [\mu\text{m}]$	$Nht = 0{,}08 \cdot m_n\ [\text{mm}]$ $H_O = 300$ bis $600\ [\text{HV10}]$ $H_K = 180$ bis $300\ [\text{HV}]$	

Tabelle 18.12: Richtwerte für beanspruchungsgerechte Nitrierschichten auf Zahnrädern [18.216]

6 **Werkstoffe für borierte Zahnräder** – geeignet sind unlegierte und niedrig legierte Einsatz- und Vergütungsstähle nach DIN EN 10083 und DIN EN 10084, z.B. C 15, 15 Cr 3, 18 NiCrMo 4, C 45, 41 Cr 4, 42 CrMo 4, 50 CrV 4, 34 CrAlNi 7 [18.95], [18.96].

Borieren ist nach DIN 17014 das thermochemische Behandeln der Randschicht eines Werkstückes mit Bor unter Bildung einer Boridschicht, wobei als Boriermittel Gase, Salzschmelzen, Pulver und Pasten dienen [18.69]. Die Boridschicht wächst ohne nennenswerte Bordiffusion ins Werkstoffinnere auf der Oberfläche auf und ist sehr hart und verschleißbeständig, zusätzlich werden auch noch der Korrosionswiderstand und die Warmfestigkeit verbessert.

Bedingt durch die hohen Boriertemperaturen zwischen 840 °C und 1050 °C muss nach dem Borieren entweder direkt gehärtet werden oder aber ein nachfolgendes Härten unter Schutzgas oder Vakuum in einer Polymerlösung oder in Öl ist erforderlich, um die Stützwirkung für die harte Boridschicht zu gewährleisten. Die Borierdauer beträgt abhängig von der Temperatur und der erforderlichen Boridschichtdicke zwischen einer und 20 Stunden [18.290], [18.358]. Bei Bedarf folgt das Anlassen bei niedrigen bis mittleren Temperaturen bis zu 500 °C. Aufgrund der relativ hohen Behandlungstemperatur entsteht nach dem Härten Verzug, wobei mechanisches Nachbearbeiten durch Läppen oder Polieren möglich ist.

Mit dem Borieren wird eine monophasige Fe_2-B-Schicht angestrebt, da zweiphasige Schichten spröder sind und zum Abplatzen neigen. Die erreichbare Randhärte hängt vom Legierungscharakter des Stahles, der Boridschichtdicke und der zur Vickers-Härte-Messung verwendeten Kraft ab, wobei die Härte der Boridschicht (gemessen mit Mikrohärte HV 0,05 am Querschliff) je nach Stahlart zwischen 1600 und 2100 HV beträgt [18.231], [18.333].

Durch zunehmenden Kohlenstoffgehalt und Karbid bildende Legierungselemente, die beim Borieren nicht gelöst werden (z.B. Cr, Mo, V), wird die Härte erhöht, während austenitstabilisierende Legierungselemente wie Mn und Ni keinen Einfluss auf die Härte haben. Auf unlegierten und niedrig legierten Stählen wird mit zunehmendem Kohlenstoff- und Legierungselement-Anteil (Karbidbildner) das Boridschichtwachstum gehemmt [18.284]. Abhängig von der Stahlsorte sind Boridschichten bis zu 150 µm möglich, wobei bereits ausreichende Verschleißeigenschaften ab Schichtdicken von ca. 50 µm erreicht werden.

Generell werden borierte Zahnräder nur im Ausnahmefall eingesetzt. Von Vorteil sind Boridschichten bei hoher Abrasivbeanspruchung, ungenügender Schmierung, hoher thermischer Beanspruchung (bis 700 °C), bei hoher Gleitgeschwindigkeit, bei Punktberührung der Zahnflanken (Schraubräder) sowie bei nicht mehr ausreichenden Nitridschichten und niedriger Zahnfuß- und Zahnflankenbeanspruchung.

7 **Werkstoffe für bainitisierte Zahnräder** – geeignet sind legierte Vergütungsstähle, aufgekohlte Einsatzstähle, carbonitrierte Einsatz- und Vergütungsstähle nach DIN EN 10083, DIN EN 10084 und DIN EN 10085 sowie Kugelgrafitguss nach DIN EN 1563, wobei das Bainitisieren von Zahnradwerkstoffen hauptsächlich in Kombination mit Kugelgrafitguss angewendet wird [18.91], [18.95], [18.96], [18.97].

Bainitisieren ist nach DIN 17014 das isothermische Umwandeln in der Bainitstufe, manchmal auch als Zwischenstufenglühen bezeichnet [18.69]. Beim Bainitisieren wird zunächst austenitisiert und dann mit einer solchen Geschwindigkeit auf eine Temperatur oberhalb der Martensit-Starttemperatur abgeschreckt, dass eine Umwandlung in der Perlitstufe vermieden wird. Das sich anschließende Halten auf dieser Temperatur soll den Austenit möglichst vollständig in Bainit umwandeln. Das darauffolgende Abkühlen auf Raumtemperatur unterliegt keinen besonderen Vorschriften.

Im Vergleich zum Vergüten ergibt das Bainitisieren eine höhere Festigkeit mit gleichzeitig höherer Zähigkeit, einen geringeren Verzug und eine reproduzierbare Maßzunahme bei unlegiertem Kugelgrafitgus, sodass ferritische Gussteile verzahnt bainitisiert werden können. Weitere Vorteile sind die Verringerung der Rissgefahr bei formkomplizierten Bauteilen sowie der Wegfall des nochmaligen Erwärmens zum Vergütungsanlassen. Die gegenüber dem Gusszustand hohe Zähigkeit folgt aus dem bainitischen Gefüge mit hohem Restaustenitanteil und kugelförmigem Grafit. Die Möglichkeit der mechanisch angeregten Umwandlung des Restaustenits zu Martensit erlaubt die Erhöhung der Zahnfußdauerfestigkeit und verbessert den Widerstand gegen Abrasivverschleiß [18.227].

Seit 1975 wird bainitisch-austenitisches Gusseisen mit Kugelgrafit als Zahnradwerkstoff unter der Bezeichnung KYMENITE 9805 angeboten und in der Zwischenzeit wurden weitere Sorten mit unterschiedlichen mechanischen Eigenschaften entwickelt und in Verbindung mit dem Kurzzeichen ADI (Austempered Ductile Iron) am Markt eingeführt [18.176], [18.227], [18.240]. Tabelle 18.13 zeigt vergleichend die Sorten mit ihren mechanischen Eigenschaften, die an die obere Grenze der Sorten nach DIN EN 1563 anschließen, wobei besonders die hohe Dehnung bei vergleichbarer Festigkeit auffällt [18.91].

Werkstoff	GGG-80 perlitisch DIN 1693	KYMENITE K-9805	GGG 80 B	ADI 100 B/A(2)	ADI 100 B/A(3)
R_m [N/mm^2]	800	980	800	850	900
$R_{p0,2}$ [N/mm^2]	500	730	500	550	600
Bruchdehnung A_5 [%]	2	5	6 bis 15	12	10
Härte [HB]	250 bis 330	290 bis 350	250 bis 310	280 bis 330	280 bis 340
Werkstoff	**ADI 100 B/A(4)**	**ADI 100 B/A(5)**	**ADI 100 B/A(6)**	**ADI 100 B/A(7)**	**ADI 100 B/A(8)**
R_m [N/mm^2]	950	1040	1150	1280	1340
$R_{p0,2}$ [N/mm^2]	650	700	750	850	900
Bruchdehnung A_5 [%]	7	6	5	4	3
Härte [HB]	290 bis 350	300 bis 360	340 bis 410	380 bis 450	420 bis 510

Tabelle 18.13: Vergleich der mechanischen Eigenschaften bainitisch-austenitischer Kugelgrafitguss-Sorten [18.216]

Bainitisch-austenitisches Gefüge kann mit bis zu 150 mm Wanddicke durchgehend erzeugt werden, sofern die Legierungselemente Mo, Cu, Ni einen Summengehalt von 2,5 % nicht überschreiten [18.240]. Grundsätzlich wird im verzahnten Zustand bainitisiert oder es werden Zahnräder mit gegossenen Zähnen behandelt [18.423].

Die für eine Tragfähigkeitsberechnung erforderlichen Festigkeitskennwerte sind in Abschnitt 18.4.10 zusammengefasst dargestellt.

8 **Werkstoffe für gesinterte Zahnräder** – hierzu gehören Sintereisen und Sinterstahl verschiedener Festigkeiten und Zähigkeiten, Pulverschmiedestahl höchster Festigkeit und Zähigkeit sowie Sinterbronze und Sinteraluminium mittlerer Festigkeit gemäß den Werkstoffleistungsblättern des Fachverbandes Pulvermetallurgie nach DIN 30910 [18.71], [18.72]. In Tabelle 18.14 sind die wesentlichen Daten zusammengestellt, wobei die

Kennwerte des Sinteraluminiums für den wärmebehandelten Zustand angegeben sind. Die Dichte liegt für Sintereisen und Sinterstahl zwischen 6,4 und 7,5 kg/dm³, für Pulverschmiedestahl oberhalb von 7,7 kg/dm³, für Sinterbronze zwischen 7,2 und 7,7 kg/dm³ und für Aluminum bei 2,4 bis 2,6 kg/dm³.

Werkstoff	Klasse	R_m [N/mm²]	$R_{p0,2}$ [N/mm²]	Bruchdehnung [%]	Härte [HB]	Einsatzgebiete
Sintereisen und -stahl mittlerer Festigkeit	C 00 C 11	150 400	130 280	4 1	45 100	Büromaschinen, Zahnriemenräder, Ölpumpenräder (Kfz), Rasenmäher, Regelgeräte
Sinterstahl hoher Festigkeit, geringer Bruchdehnung	D 11	500	320	1	120	Hydraulikpumpen
Sinterstahl hoher Festigkeit und Zähigkeit	D 10 D 30	300 550	230 400	7 5	80 110	Kettenräder, Nockenwellen, Synchronringe, Synchronkörper, Innenlamellenträger
Sinterstahl hoher Festigkeit und sehr hoher Zähigkeit	E 10	350	420	10	100	Verzahnungsteile für Heimwerkergeräte
Pulverschmiedestahl höchster Festigkeit und Zähigkeit	F F	700 900	400 700	20 12	200 235	Dynamische hoch beanspruchte Zahnräder für Getriebe
Sinterbronze mit mittlerer Festigkeit	C 50	140	90	10	30	Elektrische Regelgeräte
Sinteraluminium mit mittlerer Festigkeit	D 73 E 73	160 200	130 170	1 1	55 65	Büromaschinenräder, Zahnriemenräder

Tabelle 18.14: Sinterwerkstoffe für Zahnräder [18.252]

9 **Werkstoffe für nicht metallische Zahnräder** – hierzu gehören thermoplastische Kunststoffe wie Polyamide und Polyurethane mit hoher Elastizität bei geringem Gewicht nach DIN EN ISO 1043 und duroplastische Schichtstoffe [18.107]. Hierzu gehören Hartgewebe nach DIN EN 60893, die aus Baumwollgewebeeinlagen bestehen und mit Phenolharz unter hohem Druck und hoher Temperatur gebunden sind und Schichtpressstoffe, die aus dünnen Vulkanfiber- oder Buchenholzeinlagen bestehen und mit Phenolharz gebunden sind [18.105].

Die Herstellung kann spanend aus Halbzeugen oder aber nach dem Gießen mechanisch erfolgen. Größere Stückzahlen (über 1.000) werden im Spritzgießverfahren ohne jede weitere Nacharbeit hergestellt. Kleinere Räder können direkt auf Wellen geklebt oder aufgespritzt werden. Bei größeren Zahnrädern wird zumeist nur der Zahnkranz aus Kunststoff hergestellt, während Steg und Nabe aus Metall bestehen.

Da Kunststoffe sich schwingungsdämpfend verhalten, laufen auch Kunststoffzahnräder sehr geräuscharm, sodass zumeist auf eine Schrägverzahnung verzichtet werden kann. Ferner sind Kunststoffe gegen Wasser, Laugen, Säuren, viele Chemikalien und starke Temperaturschwankungen unempfindlich. Allerdings erfordern sie wegen geringerer Festigkeit im Vergleich zu Stahlrädern größere Abmessungen. Falls nicht das Korrosionsverhalten maßgeblich ist, sollten Kunststoffräder möglichst mit Metallrädern hoher Flankenglätte gepaart werden, jedoch ist auch die Paarung Kunststoffrad gegen Kunststoffrad möglich.

Während die duroplastischen Hartgewebe und Schichtpressstoffe im Vergleich zu den thermoplastischen Kunststoffen über hohe Festigkeitskennwerte verfügen, neigen sie genauso wie diese bei Feuchtigkeitsaufnahme zum Quellen.

Kunststoffzahnräder eignen sich besonders gut für Getriebe zur Bewegungsübertragung z.B. in Büromaschinen, in Haushaltsgeräten, Heimwerkermaschinen, in Messinstrumenten und Spielzeugen. Mittlerweile werden sie aber auch dort, wo sie wirtschaftliche Vorteile bieten (z.B. Großserie – Getriebe von elektrischen Fensterhebern in Kraftfahrzeugen), eingesetzt.

10 **Weitere Zahnradwerkstoffe** – hierzu gehört z.B. das im Vergleich zum Stahl leichte Titan mit einer Dichte von 4,5 kg/dm^3. Aufgrund der hohen Kosten beschränkt sich die Anwendung bisher auf gering belastete Zahnräder in der Luft- und Raumfahrt für große Achsabstände oder geringe Laufzeiten von nur wenigen Minuten [18.252]. Üblicherweise werden wärmebehandelte Legierungen verwendet, z.B. TiAl 6 V 4 nitriert, einsatzgehärtet oder boriert (Verschleißschutz). Durch Nitrocarburieren bei 800 °C über zwei bis fünf Stunden werden Oberflächenhärten zwischen 700 und 900 HV 0,2 mit einer Nitrierschichtdicke von Nht = 10 µm bei Kernhärten von 300 bis 350 HB erzielt [18.252].

Zusammenfassend ist festzuhalten, dass alle Werkstoffe in Verbindung mit den Wärmebehandlungsverfahren unter Beibehaltung der durch den Kernwerkstoff bedingten Zähigkeit des Bauteiles eine harte Randschicht mit einem günstigen Eigenspannungszustand erzeugen sollen, um die Zahnflanken- und Zahnfußschwingfestigkeit zu erhöhen. Dabei lässt sich eine harte Randschicht erzielen, indem entweder ein bereits härtbarer Stahl mit einem Kohlenstoffgehalt $C \geq 0{,}35\,\%$ nur an der Oberfläche erwärmt und abgeschreckt wird (Randschichthärten) oder durch ein Aufkohlen der Oberfläche, wodurch ein kohlenstoffarmer Stahl mit $C \leq 0{,}2\,\%$ oberflächenhärtbar gemacht wird (Einsatzhärten). Tabelle 18.15 fasst die wesentlichen Eigenschaften der wichtigsten Wärmebehandlungsverfahren zusammen [18.182]. Weitere vertiefende Informationen zur Wärmebehandlung sind der speziellen Fachliteratur zu entnehmen [18.216], [18.252].

Auf der Grundlage dieser Zusammenhänge verfügt generell das einsatzgehärtete, geschliffene Zahnrad mit Protuberanz gemäß Abbildung 18.30, kugelgestrahlt und mit Flankenmodifikationen entsprechend Abschnitt 18.4.3 über die größte Tragfähigkeit für Anwendungen im Maschinen-, Anlagen- und Fahrzeugbau. Ungeachtet dessen gibt es mittlerweile aber auch eine Vielzahl von Anwendungen, bei denen Kunststoffe und Leichtmetalle kostengünstig eingesetzt werden können.

Zahnräder mit verschiedener Wärmebehandlung	Reproduzierbarkeit des Verfahrens	Verzug	Verzahnungsfeinbearbeitung nach der Wärmebehandlung	Gesamtkosten (Anlagen- und Wärmebehandlungskosten)	Entstehung umweltgefährdender Stoffe
Vergüten	sehr hoch	mittel	(nein)	niedrig	mittel
Randschichthärten					
– Allzahn ohne Zahngrund	hoch	mittel	nein	niedrig	mittel
– Allzahn mit Zahngrund	hoch	groß	ja	hoch	mittel
– Einzelzahn ohne Zahngrund	mittel	klein	nein	mittel	mittel
– Einzelzahn mit Zahngrund	mittel	mittel	(ja)	hoch	mittel
Einsatzhärten, große Räder	hoch	sehr groß	ja	sehr hoch	niedrig
Einsatzhärten, kleine Räder	sehr hoch	mittel	nein	mittel	niedrig
Carbonitrieren und Härten	sehr hoch	mittel	nein	mittel	niedrig
Nitrieren (mit Vergütungsschicht)	sehr hoch	niedrig	nein	hoch	niedrig
Nitrieren (ohne Vergütungsschicht)	mittel	niedrig	(nein)	hoch	niedrig
Nitrocarburieren, $Nht \approx 15\ \mu m$	sehr hoch	niedrig	nein	niedrig	niedrig
Nitrocarburieren, $Nht \approx 40\ \mu m$	hoch	niedrig	nein	mittel	niedrig

Tabelle 18.15: Auswahlkriterien für Zahnradwärmebehandlungsverfahren nach [18.182]

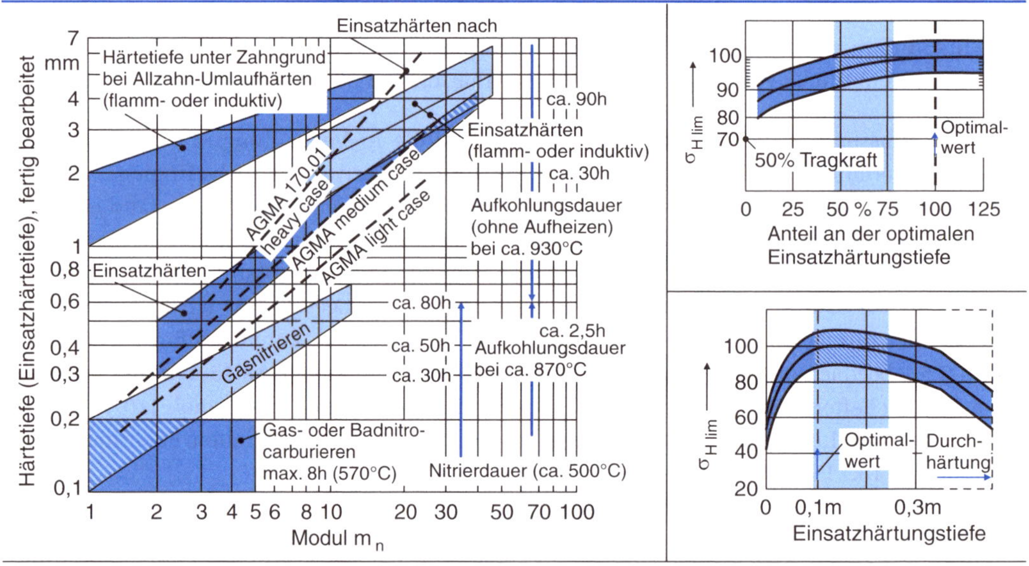

Abbildung 18.70: Anhaltswerte für die Härtetiefe und Einfluss der Härtetiefe auf die Grübchendauerfestigkeit σ_{Hlim} und die Zahnfußdauerfestigkeit σ_{Flim} nach [18.252]

18.2.10 Verlustleistung, Wirkungsgrad, Erwärmung und Schmierung von Stirnradgetrieben

Wie bereits eingangs erwähnt, findet bei einer Zahnradpaarung nur im Wälzpunkt C reines Abwälzen der Flanken ohne zusätzliche Gleitanteile statt. Demzufolge liegt zwischen den Zahnflanken in den überwiegenden Eingriffsstellungen Gleitreibung vor, aus der sich entsprechende Verluste ergeben. Betrachtet man in diesem Zusammenhang ein vollständiges Getriebe, so tritt zusätzlich in den Lagern und an den Stellen berührender Dichtungen Reibung auf, die in Verbindung mit den Plansch-, Ölverdrängungs- und Ventilationsverlusten zu Leistungsverlusten und damit einhergehend zur Erwärmung des Getriebes führt.

Abhängig von der Verlustleistung und der Größe des Getriebes kann die Erwärmung so groß werden, dass ohne Maßnahmen zur Kühlung die Temperatur infolge Anlasswirkungen zu Schäden an Lagern und Verzahnungen und zur Zerstörung berührender Dichtungen führt. Des Weiteren können durch eine ungleiche Temperaturverteilung am Gehäuse und über der Zahnbreite von Verzahnungen Achslageänderungen und ungünstige Lastverteilungen entstehen. Ebenso kann ein zu kleines Flankenspiel beim Anfahren des Getriebes zu einem Verklemmen der Verzahnung führen, da Temperatur und Wärmedehnung der Zahnräder größer sind als die des Gehäuses, was wiederum eine völlige Zerstörung der Zahnflanken zur Folge haben kann. Auch können Stützlagerungen bei Temperaturdifferenzen zwischen Wellen, Verzahnungen und Gehäuse durch Verklemmen versagen.

Schließlich bedingt eine zu hohe Öltemperatur meistens eine frühzeitige Ölalterung mit nachlassender Schmierwirkung, sodass die Reibungsverluste noch größer werden und entsprechend höhere Gesamtverluste entstehen, was wiederum den gesamten Prozess noch mehr beschleunigt.

Der Gesamtleistungsverlust P_V lässt sich mithilfe des genauer zu ermittelnden oder angenommenen Wirkungsgrades η eines Getriebes und der Antriebsleistung P_a bestimmen zu:

$$|P_V| = (1-\eta)\cdot P_a = V \cdot P_a \quad \text{mit} \quad \eta = \prod \eta_{Stufe} \tag{18.141}$$

Für eine wälzgelagerte Stirnradstufe mit gefrästen, vergüteten Zahnrädern beträgt η_{Stufe} = 0,98 ... 0,988, mit geschliffenen, gehärteten Zahnrädern verbessert sich der Stufenwirkungsgrad zu η_{Stufe} = 0,985 ... 0,995. Die Zusammenhänge zur Berechnung der Gesamtverluste P_V eines Stirnradgetriebes sowie Anhaltswerte für den Verlauf des Verlustgrades V und die Verzahnungsverlustleistung P_{VZ} einer Getriebestufe sind in Abbildung 18.71 zusammengestellt.

Generell bezieht sich der vom Getriebehersteller angegebene Wirkungsgrad η auf den Nenn- bzw. Volllastbetrieb und wird erst nach abgeschlossenem Getriebeeinlauf erreicht. Der Wirkungsgrad η kann zwischen 50 % und 100 % Volllast um 1 bis 2 % schwanken, da er von der Wälzgeschwindigkeit, der Gleitgeschwindigkeit, der Oberflächenbeschaffenheit, den Zähnezahlen, dem Schmieröl, der Schmierungsart, der Lagerung und der Dichtungsart abhängt. Entsprechend dieser Einflussgrößen bilden die Verzahnungsverluste, auf deren möglichst genaue Erfassung in diesem Abschnitt näher eingegangen wird, einen wesentlichen Anteil der Getriebeverluste.

Zur detaillierten Berechnung der Lagerverluste sei auf die Kapitel 14 und 15 (Gleitlager und Wälzlager) verwiesen bzw. auf die weiterführende Fachliteratur [18.216]. Überschlägig beträgt die Verlustleistung pro Wälzlager $P_{VL} = 0{,}1\,\%$ der gesamten Getriebeleistung. Für Gleitlager in Normalausführung gilt $P_{VL} = 0{,}5 \dots 1{,}5\,\%$ pro Lager, für Hochleistungsgleitlager $P_{VL} = 0{,}1 \dots 0{,}3\,\%$ pro Lager. Die Dichtungsverluste sind vor allem bei berührenden Dichtungen und Umfangsgeschwindigkeiten von $v_U > 8$ m/s sowie Getrieben kleiner Leistung zu berücksichtigen, während bei berührungsfreien Dichtungen der Anteil gering ist (s.a. Kapitel 16 Dichtungen).

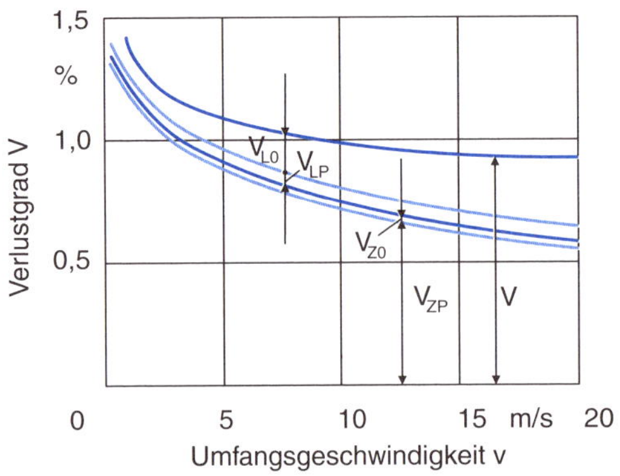

V_{Z0} Verlustgrad Verzahnung, Leerlauf
V_{ZP} Verlustgrad Verzahnung, Belastung
V_{L0} Verlustgrad Lager, Leerlauf
V_{LP} Verlustgrad Lager, Belastung

Die Gesamtverluste eines Getriebes setzen sich aus der Verzahnungsverlustleistung P_{VZ}, der Lagerverlustleistung P_{VL}, der Dichtungsverlustleistung P_{VD} und der Verlustleistung sonstiger Bauteile P_{VX} zusammen, wobei sich die Verlustleistungen der Verzahnung und der Lager nochmals in einen lastunabhängigen (Index 0) und einen lastabhängigen Anteil (Index P) aufspalten lassen:

$$P_V = P_{VZ} + P_{VL} + P_{VD} + P_{VX}$$
$$P_V = P_{VZP} + P_{VZ0} + P_{VLP} + P_{VL0} + P_{VD} + P_{VX} \quad (18.142)$$

Der Getriebeverlustgrad V berechnet sich aus der Verlustleistung P_V, bezogen auf die zugeführte Antriebsleistung P_a des Getriebes:

$$V = \left|\frac{P_V}{P_a}\right| \quad (18.143)$$

Getriebe	Zahnräder	P_{VZ} in % von P_a	P_V in % von P_a	Bemerkungen
Turbinen-Stirnradgetriebe	Vergütet, gefräst geläppt	1,2 ... 1,5	2,0 ... 2,8	Hochleistungsgleitlager, Einspritzschmierung, Ritzel ungelagert
Turbinen-Stirnradgetriebe	Gehärtet, geschliffen	0,8 ... 1,1	1,6 ... 2,3	
Turbinen-Planetengetriebe	Geschabt, nitriert	1,0 ... 1,3	1,2 ... 1,9	
Industrie-Stirnradgetriebe	Vergütet, gefräst geläppt	0,5 ... 1,0	1,2 ... 2,0	Wälzlager, Tauchschmierung
Industrie-Stirnradgetriebe	Gehärtet, geschliffen	0,3 ... 0,6	1,0 ... 1,5	
Industrie-Spiral-Kegelradgetriebe	Gehärtet, geläppt	0,6 ... 1,2	1,5 ... 2,5	
Kfz.-Stirnradgetriebe	Geschabt, gehärtet	0,5 ... 1,0	1,5 ... 2,0	Wälzlager, Tauchschmierung
Kfz.-Spiral-Kegelradgetriebe	Gehärtet, geläppt	0,8 ... 1,5	2,0 ... 3,0	
Kfz.-Hypoidgetriebe	Gehärtet, geläppt	2,0 ... 4,0	4,0 ... 6,0	

Abbildung 18.71: Gesamtverlustgrad V eines Getriebes mit seinen Anteilen für Verzahnung und Lagerung sowie Anhaltswerte für die Zahnverlustleistung P_{VZ} und Gesamtverlustleistung P_V je Getriebestufe nach [18.216], [18.252], [18.264]

Die Verlustleistung sonstiger Bauteile P_{VX} ergibt sich überwiegend aus getriebeinternen Pumpen und zugehörigen Rohrleitungen zur Getriebeschmierung, aber auch aus Kupplungen und Freiläufen innerhalb eines Getriebes (zur Berechnung s.a. Gleichung (18.180)). Mit Bezug zur

Getriebeleistung P_a gelten folgende Anhaltswerte: $P_{VX} = 0{,}14\,\%$ bei $P_a = 10$ MW, $P_{VX} = 0{,}4\,\%$ bei $P_a = 500$ kW, $P_{VX} = 1\,\%$ bei $P_a = 50$ kW [18.252].

Entsprechend Gleichung (18.142) setzen sich die Verzahnungsverluste P_{VZ} aus den lastabhängigen Verlusten P_{VZP} und den lastunabhängigen Verlusten (Leerlaufverlusten) P_{VZ0} zusammen:

$$P_{VZ} = P_{VZP} + P_{VZ0} \tag{18.144}$$

Die Hauptursache für die sich in Wärme umsetzenden Reibungsverluste im Zahneingriff ist das bei der Kraftübertragung auftretende Wälz-Gleiten der Zahnflanken, weshalb die Größe der Verzahnungsverlustleistung wesentlich von der Verzahnungsgeometrie und der Oberflächengüte der Zahnflanken abhängt.

Betrachtet man zunächst die lastabhängigen Verluste P_{VZP} im Zahneingriff, so lassen sich diese durch die Integration der Reibungsverluste über der Eingriffsstrecke g_α (Laufkoordinate $\xi_{g\alpha}$) und Mittelwertbildung bestimmen:

$$P_{VZP} = \frac{1}{p_{et}} \int_0^{g_\alpha} \mu \cdot F_n \cdot v_g \cdot d\xi_{g\alpha} \tag{18.145}$$

Hierin bezeichnen p_{et} die Stirneingriffsteilung, v_g die Gleitgeschwindigkeit und $\mu \cdot F_n$ die Reibungskraft. Unter der vereinfachenden Annahme, dass die Verzahnungsreibungszahl gemäß Abbildung 18.72 außer im Bereich des Wälzpunktes im Mittel als konstant angenommen werden kann, ergibt sich:

$$\left|P_{VZP}\right| = P_a \cdot \mu_{mZ} \cdot H_V = P_a \cdot V_{ZP} \quad \text{oder} \quad V_{ZP} = \frac{\left|P_{VZP}\right|}{P_a} = \mu_{mZ} \cdot H_V \tag{18.146}$$

Hierin bezeichnen P_a die zugeführte Antriebsleistung des Getriebes, μ_{mZ} die mittlere Verzahnungsreibungszahl, V_{ZP} den Verzahnungslastverlustgrad und H_V den sogenannten Zahnverlustfaktor:

$$H_V = \pi \cdot \left(\frac{1}{z_1} + \frac{1}{z_2}\right) \cdot \frac{1}{\cos\beta_b} \cdot \left(1 + \varepsilon_1^{\,2} + \varepsilon_2^{\,2} - \varepsilon_1 - \varepsilon_2\right) \quad \text{mit} \quad \varepsilon_1 = \frac{\overline{EC}}{p_{et}} \quad \text{und} \quad \varepsilon_2 = \frac{\overline{AC}}{p_{et}} \tag{18.147}$$

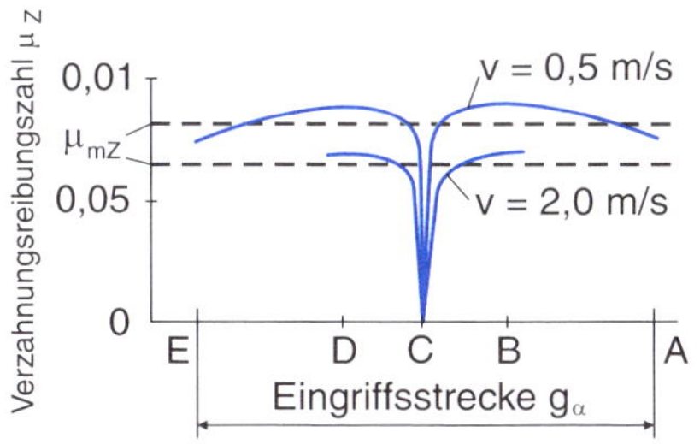

Aufbauend auf experimentell ermittelten Verzahnungsreibungszahlen wurde versucht, mathematische Beziehungen zur Berechnung herzuleiten [18.412]. Bedingt durch den großen Einfluss der chemischen Struktur des Schmieröles auf die Reibungszahl bietet die experimentelle Bestimmung jedoch immer noch Vorteile.

Aus Versuchen mit Mineralölen sind mittlere Reibungszahlen von $\mu_{mZ} \approx 0{,}04$ für die ISO-Viskositätsklassen VG 100 bis VG 220 bekannt. Für synthetische und teilsynthetische Schmierstoffe (70 bis 80 % Mineralölanteil) der Klassen VG 68 bis VG 220 wurde $\mu_{mZ} \approx 0{,}028 \ldots 0{,}037$ ermittelt. Für niedrig viskose Fluide steigt μ_{mZ} stark an [18.413].

Abbildung 18.72: Verzahnungsreibungszahl μ_{mZ} über der Eingriffsstrecke und mittlere Verzahnungsreibungszahl [18.360]

Dabei wird der teilweise auch als Geometriefaktor bezeichnete Zahnverlustfaktor H_V unter der Annahme berechnet, dass der Wälzpunkt im Einzeleingriffsbereich liegt und im Doppeleingriff 50 % der Zahnkraft wirken. Aus Gleichung (18.147) ist zu ersehen, dass mit steigenden Zähnezahlen und fallender Profilüberdeckung ε_α und gleicher Aufteilung in ε_1 und ε_2 die Verluste abnehmen.

In Erweiterung zu Abbildung 18.72 gibt es für die mittlere Verzahnungsreibungszahl μ_{mZ} genauere Berechnungsgleichungen, die die Belastung, dynamische Ölviskosität, Wälzgeschwindigkeit und Flankenkrümmungen berücksichtigen (siehe auch Abschnitt 18.4.6) [18.54], [18.216], [18.252].

Zu den lastabhängigen Verlusten P_{VZP} sind nun noch die lastunabhängigen Verluste (Leerlaufverluste) P_{VZ0} zu addieren, die sich bei Tauchschmierung hauptsächlich aus sogenannten Planschverlusten und bei Einspritzschmierung aus Verlusten durch Ölverdrängung aus den Zahnlücken, der Beschleunigung und Umlenkung des eingespritzten Öles sowie Ventilationsverlusten zusammensetzen. Entsprechend Gleichung (18.144) setzt sich bei Einspritzschmierung der Verzahnungsverlustgrad V_Z aus dem Verzahnungslastverlustgrad V_{ZP} und dem Verzahnungsleerlaufverlustgrad V_{Z0E} zusammen:

$$V_Z = V_{ZP} + V_{Z0E} = \frac{P_{VZ}}{P_a} \qquad (18.148)$$

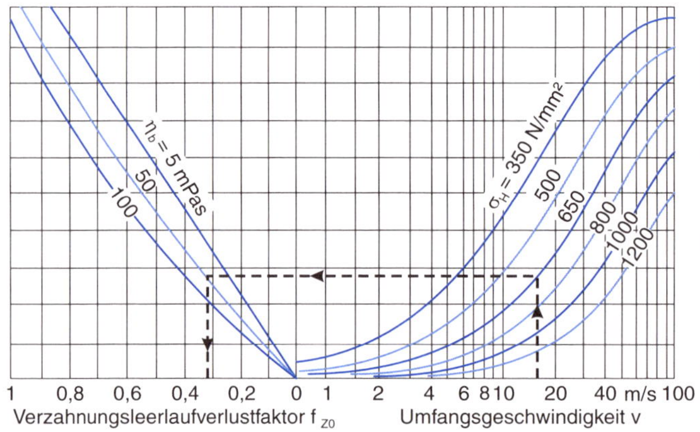

Der Verzahnungsleerlaufverlustgrad V_{Z0E} bei Einspritzschmierung berechnet sich über den nebenstehenden Verzahnungsleerlaufverlustfaktor f_{Z0} und den Verzahnungsverlustgrad V_Z gemäß Gleichung (18.148) zu:

$$V_{Z0E} = f_{Z0} \cdot V_Z \qquad (18.149)$$

Damit ergibt sich mit Gleichung (18.146):

$$V_Z = \frac{V_{ZP}}{1 - f_{Z0}} \qquad (18.150)$$

Abbildung 18.73: Verzahnungsleerlaufverlustfaktor f_{Z0} zur Bestimmung der Verzahnungsleerlaufverluste bei Einspritzschmierung [18.126]

Kommt anstelle einer Einspritzschmierung die einfachere Tauchschmierung zum Einsatz, so erhöhen sich überschlägig die Leerlaufverluste wie folgt:

$$V_Z = V_{ZP} + V_{Z0T} = \frac{P_{VZ}}{P_a} \quad \text{mit} \quad V_{Z0T} = 1{,}2 \ldots 3 \cdot V_{Z0E} \qquad (18.151)$$

Dabei hängt die Größe des Korrekturfaktors von der Anzahl der eintauchenden Zahnräder, der Eintauchtiefe, der inneren Gehäusegestalt und der Radkörperform ab [18.414]. Darüber hinaus gehende Berechnungen sind der speziellen Fachliteratur zu entnehmen [18.216].

Grundsätzlich dürfen die Leerlaufverluste bei schnell laufenden Getrieben, insbesondere Turbogetrieben, nicht vernachlässigt werden, da sie relativ große Werte annehmen. Gerade die Ventilationsverluste haben oft einen wesentlichen Anteil, den man jedoch wirkungsvoll durch luftleere (luftverdünnte) Getriebegehäuse oder durch Füllung mit Helium verkleinern kann.

Eine generelle Senkung der Verzahnungsverluste bzw. Verbesserung des Verzahnungswirkungsgrades ist möglich durch einen kleineren Modul, eine größere Zähnezahl, Flankenrücknahme, geringe Flankenrauheit, niedrige Ölviskosität bei großen Umfangsgeschwindigkeiten, synthetische Schmierstoffe sowie kleinstmögliche Einspritzmengen bei Einspritzschmierung und kleinstmögliche Eintauchtiefen, am besten nur eines Rades, bei Tauchschmierung.

18.2.10.1 Wärmebilanzierung bei stationärem Betrieb

Alle bisher betrachteten Verlustleistungsanteile führen zunächst zu einer Erwärmung des Getriebes, wobei gleichzeitig durch Konvektion, Strahlung und Wärmeleitung sowie einen eventuell zusätzlich vorhandenen Kühlkreislauf eine bestimmte Wärmemenge wieder an die Umgebung abgeführt werden kann, sodass sich im stationären Betrieb ein thermisches Gleichgewicht mit einer konstanten mittleren Getriebetemperatur einstellt. Diese Getriebetemperatur und damit auch die Öltemperatur sollen mithilfe einer Wärmebilanzierung nachfolgend berechnet werden, da bei Erreichen unzulässig hoher Öltemperaturen die Alterung des Getriebeöles progressiv zunimmt und damit einhergehend die Grübchen- und Fresstragfähigkeit der Verzahnung sowie die Lebensdauer der Lager und der Dichtelemente abnehmen.

Dabei ist generell zu beachten, dass die folgenden Berechnungsansätze die komplexen wärmetechnischen Zusammenhänge bei einem Getriebe nur näherungsweise berücksichtigen können, was aber für die überwiegenden Anwendungsfälle ausreicht. Hinzu kommen oft erschwerende Umgebungsbedingungen wie z.B. dauernde Sonneneinstrahlung (zusätzliche Wärmezufuhr) oder hochgradige Verschmutzung des Gehäuses (verminderte Wärmeabfuhr), die zu erheblichen Abweichungen von den idealen Annahmen führen können [18.173].

Umgekehrt können zu niedrige Umgebungstemperaturen ein zusätzliches Erwärmen des Öles durch Heizeinrichtungen erforderlich machen, da anderenfalls die für einen Nennbetriebstemperaturbereich zugesagten Öleigenschaften nicht erreicht werden. Dies gilt generell für den Einsatz nahezu aller Maschinen, Anlagen und Fahrzeuge im Winter oder in den grundsätzlich kälteren Regionen, aber auch für Anlagen in gemäßigteren Regionen, bei denen sich Nennbetrieb und Stillstand über mehrere Stunden abwechseln, wie das z.B. bei Windenergieanlagen der Fall ist. Hier kann das sofortige Hochfahren aus kaltem Betriebszustand auf Nennleistung ohne vorherige Ölerwärmung zu Initialschäden an Lagern und Verzahnungen führen.

Deshalb muss das Öl bei Außentemperaturen unterhalb des Stockpunktes $\vartheta_R < \vartheta_{Stockpunkt,Öl} + 5$ K ohne örtliche Überhitzung bei maximalen Heizflächentemperaturen < 150 °C aufgeheizt werden. Dabei sollte die Wärmebelastung bei stehendem Öl und der Verwendung elektrischer Heizschlangen nicht größer als 0,7 W/cm^2 Oberfläche sein (bei Strömungsgeschwindigkeiten von 2 m/s sind bis zu 3 W/cm^2 möglich [18.252].

Hat man bei einem Getriebe wärmetechnisch den quasistationären Gleichgewichtszustand erreicht, so ist die erzeugte Verlustleistung P_V gleich der abgeführten Wärmemenge (Wärmestrom) $\dot{Q}$:

$$P_V = \dot{Q} = \dot{Q}_K + \dot{Q}_S + \dot{Q}_F + \dot{Q}_W + \dot{Q}_U \tag{18.152}$$

Hierin bezeichnen $\dot{Q}_K$ den Wärmestrom infolge Konvektion, $\dot{Q}_S$ infolge Strahlung, $\dot{Q}_F$ infolge Leitung über das Getriebefundament, $\dot{Q}_W$ infolge Leitung über rotierende Wellenenden und Kupplungen und $\dot{Q}_U$ infolge eines zusätzlich vorhandenden Kühlkreislaufes (Druckumlaufschmierung oder Kühler im Ölsumpf).

In den überwiegenden Fällen wird bei langsam und mittelschnell laufenden Getrieben die anfallende Verlustwärme durch Konvektion, Strahlung und Leitung abgeführt, wobei die Schmierung durch Eintauchen der Zahnräder in ein Ölbad erfolgt.

Bei schnell laufenden Getrieben verwendet man eine Druckumlaufschmierung in Verbindung mit einem externen Kühlkreislauf zur definierten Wärmeabfuhr. Ist kein Kühlkreislauf vorhanden, bildet der Wärmestrom infolge Strahlung und Konvektion den Hauptanteil.

Betrachtet man zunächst den abgebenden Wärmestrom des Getriebegehäuses an die Umgebungsluft $\dot{Q}_G$ durch Konvektion $\dot{Q}_K$ und Strahlung $\dot{Q}_S$ so gilt mit der Wärmedurchgangszahl k, der Kühlfläche A_K des Getriebegehäuses (freie Oberfläche ohne Bodenfläche), der Öltemperatur $\vartheta_Ö$ (entspricht in 1. Näherung der Gehäusetemperatur) und der Umgebungstemperatur ϑ_R:

$$\dot{Q}_G = \dot{Q}_K + \dot{Q}_S = k \cdot A_K \cdot \left(\vartheta_Ö - \vartheta_R\right) \tag{18.153}$$

Dabei wird die Wärmeleitung durch die Getriebewellen und das Fundament vernachlässigt. Der Wärmedurchgang durch eine ebene Wand setzt sich zusammen aus dem inneren Wärmeübergang α_i, der Wärmeleitung s/λ und dem äußeren Wärmeübergang α_a, sodass für die Wärmeübergangszahl k bei ebenen Wänden gilt:

$$k = \frac{1}{\frac{1}{\alpha_i} + \frac{s}{\lambda} + \frac{1}{\alpha_a}} \tag{18.154}$$

Die innere Wärmeübergangszahl zwischen Öl und Wand liegt bei α_i = 150 ... 300 W/(m^{2}K) und kann im Vergleich zur äußeren Wärmeübergangszahl von α_a = 20 W/(m^{2}K) bei natürlicher Luftströmung vernachlässigt werden. Bei erzwungener Lufströmung dagegen beträgt $\alpha_a \approx$ 50 W/(m^{2}K), weshalb α_i in diesem Fall zu berücksichtigen ist. Die Wärmeleitung durch die Getriebewand kann mit einem Wert für Stahl von $s/\lambda \approx 2 \cdot 10^{-4}$ m^{2}K/W) ebenfalls vernachlässigt werden. Somit kann in erster Näherung für $k = \alpha_a$ gesetzt werden und vereinfachend wird auch die Öltemperatur $\vartheta_Ö$ anstelle der geringfügig niedrigeren äußeren Gehäusewandtemperatur ϑ_G beibehalten:

$$\dot{Q}_G = \dot{Q}_K + \dot{Q}_S = \alpha_a \cdot A_K \cdot \left(\vartheta_Ö - \vartheta_R\right) = \alpha_a \cdot A_K \cdot \vartheta_{Öü} \tag{18.155}$$

Bei der äußeren Wärmeübergangszahl $\alpha_a = \alpha_K + \alpha_S$ ist zu berücksichtigen, dass sie eigentlich die beiden Anteile infolge Konvektion und Strahlung enthält. Zur einfacheren Handhabung wurde aus Experimenten eine Näherungsgleichung für α_a gemäß Tabelle 18.16 abgeleitet, die sowohl den Strahlungsanteil als auch den Anteil durch erzwungene Konvektion aufgrund äußerer Luftbewegung enthält. Für Überschlagsrechnungen hat sich ein Wert von $\alpha_a \approx 20$ W/(m^{2}K) bewährt, wobei zu beachten ist, dass eine erzwungene Luftströmung, z.B. durch Lüfter oder Fahrgeschwindigkeit die Wärmeübergangszahl wesentlich erhöhen kann. Weiterhin gilt überschlägig, dass über 1 m^2 freie Getriebeoberfläche ungefähr 1 kW Verlustleistung durch freie Konvektion an die Umgebungsluft abgegeben werden kann.

$$\alpha_a = f_K \cdot \left(10 + 0{,}07 \cdot \vartheta_{Öü}\right) \cdot H^{-0{,}15} \text{ in W/(m}^2\text{K) mit } 40\,K \leq \vartheta_{Öü} \leq 120\,K \tag{18.156}$$

v_L in m/s	1,25 (ruhende Luft)	2	3	5	7	10	15	20
f_K	1	1,3	1,6	2,3	2,9	3,6	5,0	6,3

Für Stirnradgetriebe mit zusätzlichem Lüfter auf schnell laufender Welle: $f_K \approx 1{,}4$ (1 Lüfter), $f_K \approx 2{,}5$ (2 Lüfter)
Für Kegelrad- oder Kegel-Stirnradgetriebe mit einem zusätzlichen Lüfter auf schnell laufender Welle: $f_K \approx 2{,}0$

Tabelle 18.16: Wärmeübergangszahl α_a als Funktion der Getriebehöhe H und der Ölübertemperatur $\vartheta_{Öü}$ [18.414]

Entsprechend gilt dann mit der Verlustleistung P_V, der Antriebsleistung P_a, dem Getriebeverlustgrad V_L und dem Wirkungsgrad η für die sich im Getriebe einstellende Ölübertempertur $\vartheta_{Öü}$ bei Tauchschmierung unter Verwendung von Gleichung (18.156):

$$P_V = P_a \cdot V = P_a \cdot (1-\eta) = \dot{Q} = \alpha_a \cdot A_K \cdot \vartheta_{Öü} \tag{18.157}$$

$$\vartheta_{Öü} = \frac{P_V}{A_K \cdot \alpha_a} \approx \sqrt{\frac{P_V \cdot H^{0{,}15}}{0{,}07 \cdot f_K \cdot A_K} + 5100} - 71{,}4 \tag{18.158}$$

Entsprechend Gleichung (18.153) setzt sich die Öltemperatur $\vartheta_Ö$ aus der Umgebungstemperatur (Raumtemperatur $\vartheta_R = 20$ °C) und der Ölübertempertur $\vartheta_{Öü}$ zusammen:

$$\vartheta_Ö = \vartheta_R + \vartheta_{Öü} < \vartheta_{Ö,Dauer} \tag{18.159}$$

Als maximal zulässige Dauertemperatur für Mineralöle gilt ungefähr $\vartheta_{Ö,Dauer} = 120$ °C, wobei man im Getriebebau den Grenzwert auf $\vartheta_{Ö,Dauer} \leq 95$ °C für Mineralöle festgelegt hat. Bei synthetischen Ölen gelten abhängig von den speziellen Schmierstoffen höhere Grenzwerte bis zu $\vartheta_{Ö,Dauer} = 160$ °C. Dabei ist insbesondere darauf zu achten, dass auch die verwendeten Dichtelemente und Lagerkäfige für diese höheren Temperaturen geeignet sind.

Die Berechnung der Gehäuseoberfläche des Getriebes A_K (ohne Bodenfläche) kann entweder genau nach Zeichnung oder überschlägig aus den groben Außenabmessungen (Länge l, Höhe h und Breite t) ohne Berücksichtigung von Rippen erfolgen:

$$A_K \approx 2 \cdot (l \cdot h + t \cdot h) + l \cdot t \tag{18.160}$$

Alternativ kann die Abschätzung für einstufige Getriebe anhand der Getriebedaten (Achsabstand a, Raddurchmesser d_2 und Zahnbreite b) vorgenommen werden [18.252]:

$$A_{Stufe} = A_K \approx 6{,}25 \cdot \left(a \cdot d_2 + 2 \cdot b \cdot a\right) + 3 \cdot b \cdot d_2 \tag{18.161}$$

Für mehrstufige Getriebe mit j Stufen gilt entsprechend folgender Zusammenhang:

$$A_K = \sum_{i=1}^{j} A_{Stufe,i} \quad mit \quad A_{Stufe,i} \approx \left(3 \cdot a \cdot d_2 + 6{,}25 \cdot b \cdot a + 1{,}5 \cdot b \cdot d_2\right) \cdot \left(1 + \frac{1}{j}\right) \tag{18.162}$$

Zusätzlich lässt sich noch durch Kühlrippen die Gehäusefläche vergrößern. Dabei sollten die Rippen in Strömungsrichtung angeordnet sein, d.h. ohne Fremdbelüftung senkrecht an senkrechten Flächen.

Überschreitet im Falle der ausschließlichen Kühlung durch Konvektion die Öltemperatur $\vartheta_Ö$ gemäß Gleichung (18.159) die zulässige Öltemperatur $\vartheta_{Ö,Dauer}$, bietet sich zunächst im einfachsten Falle eine Gehäusevergrößerung oder aber eine zusätzliche Zwangsbelüftung an (s.a. Tabelle 18.16).

In den überwiegenden Fällen wird man jedoch einen zusätzlichen Kühlkreislauf vorsehen, mit dem sich gezielt die überschüssige Wärmemenge abführen und eine dem Bedarf angepasste Ölzuführtemperatur genau einstellen lässt.

Theoretisch muss durch den Kühlkreislauf nur die Differenz zwischen Verlustleistung P_V und dem durch Konvektion und Strahlung abgebbaren Wärmestrom $\dot{Q}_G$ abgeführt werden. In den meisten Fällen wird bei Vorhandensein einer Druckumlaufschmierung der durch Konvektion und Strahlung abgebbare Wärmestrom jedoch vernachlässigt, sodass gilt:

$$\dot{Q}_U = P_V - \dot{Q}_G = P_V \quad mit \quad \dot{Q}_G = 0 \tag{18.163}$$

Der durch den Kühlkreislauf abführbare Wärmestrom $\dot{Q}_U$ (entsprechend der Verlustleistung P_V) lässt sich über den zur Verfügung stehenden Volumenstrom $\dot{V}_e$ des Kühlmediums mit der spezifischen Wärmekapazität c_p und der Dichte ρ gemäß Tabelle 18.17 sowie der Temperaturdifferenz $\Delta\vartheta$ zwischen Öleintrittstemperatur ϑ_{ein} und Ölaustrittstemperatur ϑ_{aus} gemäß Tabelle 18.18 ausdrücken:

$$\dot{Q}_U = c_p \cdot \rho \cdot \dot{V}_e \cdot \left(\vartheta_{ein} - \vartheta_{aus}\right) = c_p \cdot \rho \cdot \dot{V}_e \cdot \Delta\vartheta \tag{18.164}$$

	Mineralöl/synthetisches Öl	Wasser	Trockene Luft	Stahl	Grauguss
c_p [Ws/(kgK)]	$(1{,}7 \ldots 2{,}1) \cdot 10^3$	$4{,}2 \cdot 10^3$	$1 \cdot 10^3$	$0{,}460 \cdot 10^3$	$0{,}545 \cdot 10^3$
ρ [kg/m³]	800 ... 950	1.000	1,2	7.800	7.200

Tabelle 18.17: Spezifische Wärmekapazität c_p und Dichte ρ verschiedener Kühlmedien

Bei bekanntem Kühlmedium und der damit erreichbaren Temperaturdifferenz gemäß Tabelle 18.18 lässt sich demzufolge der zum Kühlen erforderliche Volumenstrom $\dot{V}_e$ bestimmen zu:

$$\dot{V}_e = \frac{\dot{Q}_U}{c_p \cdot \rho \cdot \Delta\vartheta} \tag{18.165}$$

Die Abgabe der im Kühlmedium enthaltenen Wärmemenge erfolgt im einfachsten Fall nur über das Leitungssystem außerhalb des Getriebes an die umgebende Luft. Bei größeren Leistungen wird die Verlustwärmemenge über einen Wärmetauscher (Ölkühler) abgeführt. Derartige Geräte sind ausreichend zu dimensionieren, wobei die ungünstigste (maximale) Umgebungstemperatur und die höchste Dauerleistung anzunehmen sind. Sicherheitshalber ist über entsprechende Zuschläge die Verschlechterung des Wärmeübergangs im Kühler durch Verunreinigungen zu berücksichtigen. Übliche Öleintritts- und Ölaustrittstemperaturen sind anwendungsbezogen in Abschnitt 18.2.10.3 zusammengestellt.

Kühlmedium	Temperaturdifferenz
Schmieröl	
– ohne Kühler (nur Leitungen und Pumpe außerhalb des Gehäuses)	3 bis 5 K
– mit Kühler bei großen Getrieben; Dauerbetrieb meist bei Nennleistung	10 bis 15 K
– mit Kühler bei kleinen Getrieben; Aussetzbetrieb, wesentliche Zeitanteile unter 70 % Nennbelastung	15 bis 20 K
Kühlwasser	10 bis 20 K

Tabelle 18.18: Erreichbare Temperaturdifferenzen $\Delta\vartheta$ von Schmieröl und Kühlwasser

18.2.10.2 Wärmebilanzierung bei instationärem Betrieb

Die im vorherigen Abschnitt dargestellte Wärmebilanz gilt nur für den quasistationären Zustand, der sich nach ausreichend langer Zeit im Dauerbetrieb unter konstanter Belastung einstellt und deshalb auch thermischer Beharrungszustand genannt wird, Tabelle 18.19 (Nr. 1). Unterliegt ein Antriebssystem und damit auch das Getriebe häufig veränderlichen Lasten – z.B. häufiges Anfahren und Bremsen bei Hubwinden (Krane und Aufzüge) und Fahrantrieben – schwankt zwangsläufig auch die Getriebetemperatur aufgrund der einwirkenden Belastung gemäß Tabelle 18.19 (Nr. 2 bis Nr. 5). Zur genaueren Wärmebilanzierung ist bei diesen instationären Betriebszuständen neben der Wärmeabgabe auch die sich mit dem Temperaturgradienten ändernde Wärmespeicherung C des Getriebes zu berücksichtigen, sodass Gleichung (18.152) wie folgt zu erweitern ist:

$$P_V = \dot{Q} + C \frac{d\vartheta_{Öü}}{dt} \qquad (18.166)$$

Hierin bezeichnen P_V die anfallende Verlustleistung und $\dot{Q}$ die über Konvektion und Strahlung abgeführte Wärmemenge (Wärmestrom), wobei sich diese Größen abhängig von der jeweils vorhandenen Ölübertemperatur gemäß Abbildung 18.74 (links) ändern, solange der Temperaturgradient von Null verschieden ist.

Nach Einsetzen der im vorherigen Abschnitt dargestellten Beziehungen für den Wärmeübergang und die Integration von Gleichung (18.166) ergibt sich für die Zeitabhängigkeit der Öltemperatur ein exponentieller Verlauf gemäß Abbildung 18.74 (rechts), wie er auch generell von Antriebssystemen und den darin eingesetzten Komponenten (Elektromotoren, Getriebe, Bremsen, Kupplungen) bekannt ist:

$$\vartheta_{Öü} = \vartheta_{ÖüA} + \left(\vartheta_{ÖüB} - \vartheta_{ÖüA}\right) \cdot \left(1 - e^{-\left(\frac{1}{\tau}\right)^{x}}\right) \qquad (18.167)$$

Hierin bezeichnen $\vartheta_{ÖüA}$ den Anfangswert der Ölübertemperatur, $\vartheta_{ÖüB}$ die Ölübertemperatur im thermischen Beharrungszustand, τ die Erwärmungszeitkonstante und x den thermischen Exponenten, die am einfachsten zunächst experimentell zu bestimmen sind. Hierzu wird gemäß Abbildung 18.75 (links) der Verlauf der Ölübertemperaturen $\vartheta_{ÖüB}$ im Beharrungszustand abhängig von der Belastung aufgenommen.

Nr.	Betriebsart	Kennzeichnende Größen
1	Dauerbetrieb	Dauerbetrieb mit konstanter Belastung und ausreichender Dauer, um den Beharrungszustand zu erreichen
2	Kurzzeitbetrieb	Betrieb mit konstanter oder veränderlicher Belastung, deren Dauer nicht ausreicht, um den thermischen Beharrungszustand zu erreichen, gefolgt von einer Betriebspause mit Abkühlung auf Umgebungstemperatur
3	Aussetzbetrieb	Betrieb mit einer Folge gleichartiger Lastspiele, bestehend aus konstanter oder veränderlicher Belastung und Pause, deren Dauer nicht ausreicht, den thermischen Beharrungszustand innerhalb eines Spieles zu erreichen
4	Ununterbrochener Betrieb mit Aussetzbelastung	Betrieb mit einer Folge gleichartiger Lastspiele, bestehend aus konstanter oder veränderlicher Belastung und Leerlaufzeit ohne Pause, deren Dauer ausreicht, den thermischen Beharrungszustand innerhalb eines Spieles zu erreichen
5	Ununterbrochener Betrieb mit nichtperiodischer Änderung der Belastung	Betrieb mit einer unregelmäßigen Folge veränderlicher Belastungen (allgemeiner Fall)

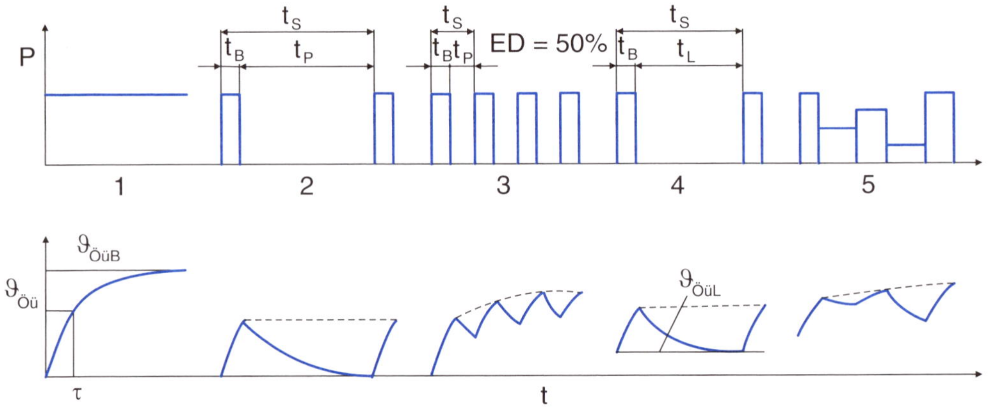

Tabelle 18.19: Mögliche Betriebszustände eines Antriebssystems und eines darin enthaltenen Getriebes [18.216]

Aus Abbildung 18.75 (links) ist ersichtlich, dass bei einer bestimmten Leistung, der sogenannten Wärmegrenzleistung P_G, bestimmt durch die maximal zulässige Öltemperatur, die höchste Ölübertemperatur $\vartheta_{ÖüBmax}$ im Beharrungszustand gerade erreicht wird:

$$P_G = \frac{\dot{Q}}{V} \tag{18.168}$$

Hierin bezeichnen $\dot{Q}$ den vom Getriebe bei maximal zulässiger Öltemperatur abführbaren Wärmestrom (auch Wärmeabgabevermögen genannt) und V den Verlustgrad des Getriebes gemäß Gleichung (18.143).

Ist die Wärmegrenzleistung größer als die Nennleistung ($P_G > P_N$), sind keine thermischen Probleme mit dem Getriebe zu erwarten. Im umgekehrten Fall ($P_G < P_N$) stellt jedoch die Wärmegrenzleistung P_G die Leistungsgrenze des Getriebes dar. Des Weiteren ist bei einer übertragenen Leistung von $P = 0$ (Leerlauf) aufgrund vorhandener Leerlaufverluste im Getriebe bereits eine endliche Temperaturerhöhung festzustellen, die im Beharrungszustand als Leerlaufübertemperatur $\vartheta_{ÖüL}$ bezeichnet wird.

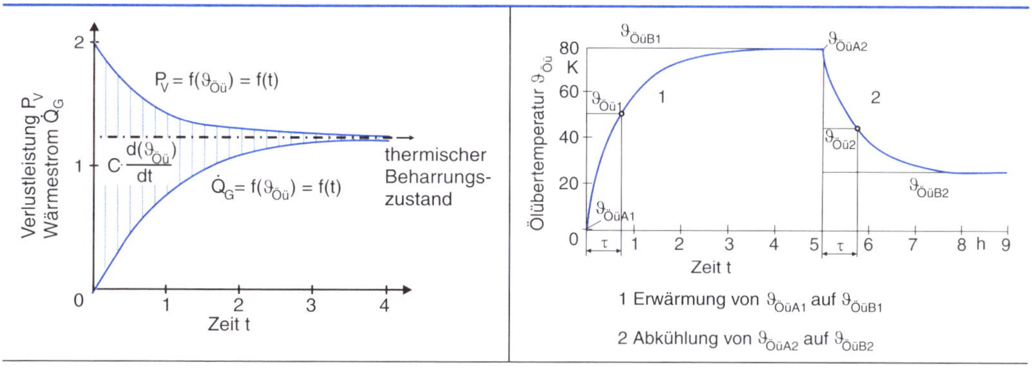

Abbildung 18.74: Schematische Wärmebilanz eines einstufigen Stirnradgetriebes bei instationärem Betrieb (links) und exponentieller Verlauf der Ölübertemperatur bei Erwärmung und Abkühlung (rechts) [18.216]

Die Wärmegrenzleistung eines Getriebes ist eine wesentliche Auswahlkenngröße, die vom Hersteller angegeben wird und die die mögliche Wärmeabfuhr durch das Getriebegehäuse und durch weitere Maßnahmen wie Lüfter oder Zusatzkühlung berücksichtigt. Aus der bekannten Wärmegrenzleistung P_G für eine maximale Ölübertemperatur und einer bekannten (abgeschätzten) Leerlaufübertemperatur $\vartheta_{ÖüL}$ lässt sich die zu einer vorgegebenen Leistung P gehörende Ölübertemperatur $\vartheta_{ÖüB}$ wie folgt bestimmen:

$$\vartheta_{ÖüB} = \sqrt{\left(\vartheta^2_{ÖüB\max} - \vartheta^2_{ÖüL}\right) \cdot \left(\frac{P}{P_G}\right)^2 + \vartheta^2_{ÖüL}} \tag{18.169}$$

Die Erwärmungszeitkonstante τ in Gleichung (18.167) lässt sich aus Erwärmungs- bzw. Abkühlungskurven gemäß Abbildung 18.74 (rechts) ablesen, sodass z.B. im vorliegenden Fall mit $t = \tau$ und $\vartheta_{ÖüA1} = 0$ gilt:

$$\text{Kurve 1: } \vartheta_{Öü1} = \vartheta_{ÖüB1} \cdot \left(1 - e^{-1}\right) = 0{,}632 \cdot \vartheta_{ÖüB1} \tag{18.170}$$

$$\text{Kurve 2: } \vartheta_{Öü2} = \vartheta_{ÖüB2} \cdot \left(1 - e^{-1}\right) + \vartheta_{ÖüA2} \cdot e^{-1} = 0{,}632 \cdot \vartheta_{ÖüB2} + 0{,}368 \cdot \vartheta_{ÖüA2} \tag{18.171}$$

Liegen gleiche Bedingungen vor (konstante Drehzahl und Umgebungsbedingungen), lässt sich aus beiden Kurven der gleiche Wert für τ ermitteln. Dabei ist zu beachten, dass die Erwärmungszeitkonstante τ nur für einen fest zugeordneten Betriebszustand konstant ist, da sie von der Ölbewegung im Getriebe und der Luftbewegung um das Getriebe herum abhängig ist, was den Wärmeübergang direkt beeinflusst. Demzufolge ergibt sich im Vergleich zum laufenden Getriebe bei Getriebekühlung im Stillstand ein etwa doppelt so großer Wert für τ und Getriebe mit Lüfterkühlung besitzen eine niedrigere Erwärmungszeitkonstante τ als Getriebe ohne Lüfter.

Der thermische Exponent x erlaubt eine Anpassung des theoretischen Funktionsverlaufs der Gleichung (18.167) für $x = 1$ an den experimentellen (gemessenen) Verlauf gemäß Abbildung 18.75 (rechts), sodass eine Ermittlung aus experimentellen Ergebnissen nach Umstellung von Gleichung (18.167) wie folgt möglich ist:

$$x = \frac{\ln\left(-\ln \dfrac{\vartheta_{Öü} - \vartheta_{ÖüB}}{\vartheta_{ÖüA} - \vartheta_{ÖüB}}\right)}{\ln \dfrac{t}{\tau}} \tag{18.172}$$

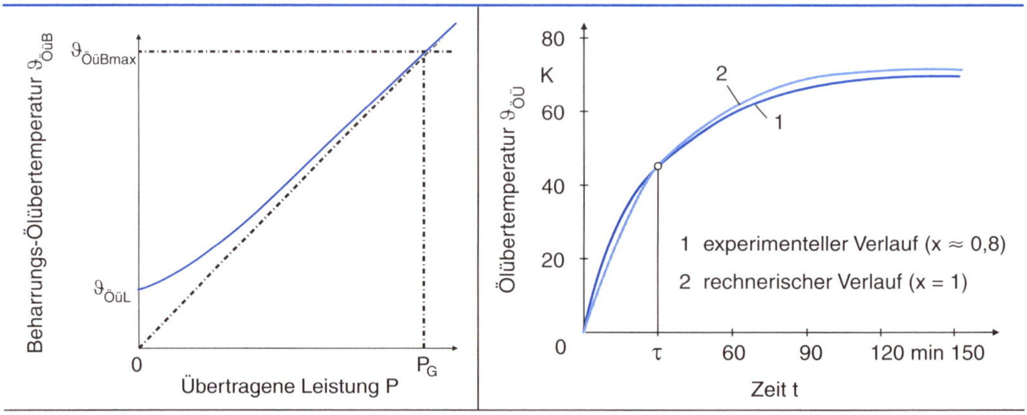

Abbildung 18.75: Ölübertemperatur im Beharrungszustand über der Getriebeleistung (links) und Einfluss des thermischen Exponenten x auf den Kurvenverlauf $\vartheta = f(t)$ (rechts) [18.216]

Aus bisher durchgeführten Versuchen ist ein Wertebereich von $0{,}7 \leq x \leq 1$ mit einer Häufung bei $x = 0{,}8$ bekannt. Für einfachere Abschätzungen kann jedoch mit meist ausreichender Genauigkeit mit einem thermischen Korrektur-Exponenten von $x = 1$ gerechnet werden.

Ergänzend zur oben erwähnten Abschätzung der Erwärmungszeitkonstanten τ lässt sich durch Differenzieren von Gleichung (18.167) nach der Zeit und anschließendem Einsetzen in Gleichung (18.166) die Erwärmungszeitkonstante τ wie folgt berechnen:

$$\left.\frac{d\vartheta_{Öü}}{dt}\right|_{t=\tau} = -\frac{0{,}368 \cdot x \cdot \left(\vartheta_{ÖüA} - \vartheta_{ÖüB}\right)}{\tau} \tag{18.173}$$

$$\tau = \frac{0{,}368 \cdot x \cdot C \cdot \left(\vartheta_{ÖüA} - \vartheta_{ÖüB}\right)}{\dot{Q}\left(\left.\vartheta_{Öü}\right|_{t=\tau}\right) - P_V\left(\left.\vartheta_{Öü}\right|_{t=\tau}\right)} \tag{18.174}$$

Betrachtet man nun den Fall der Abkühlung bei Getriebestillstand mit $P_V = 0$ (d.h. es fällt keine Verlustleistung an), $\vartheta_{ÖüB} = 0$ und $\vartheta_{Öü} = 0{,}368 \cdot \vartheta_{ÖüA}$ und der ausschließlichen Wärmeabgabe durch Konvektion und Strahlung, so lässt sich näherungsweise über die Gleichungen (18.155) und (18.156) mit dem zugehörigen thermischen Exponenten x_S die Abkühlungszeitkonstante τ_S in Minuten berechnen zu:

$$\tau_S = \frac{x_S \cdot C \cdot H^{0,15}}{60 \cdot f_K \left(10 + 0{,}026 \cdot \vartheta_{ÖüA}\right) \cdot A_K} \qquad (18.175)$$

Hierin bezeichnet C die gesamte Wärmekapazität des Getriebes, die sich aus der Aufsummierung der jeweiligen Produkte aus spezifischer Wärmekapazität c_p gemäß Tabelle 18.17 und Massenanteil m des Werkstoffes ergeben:

$$C = \left(m \cdot c_p\right)_{Stahl} + \left(m \cdot c_p\right)_{Grauguss} + \left(m \cdot c_p\right)_{Öl} \qquad (18.176)$$

Zum direkten Vergleich sind in Tabelle 18.20 experimentell ermittelte Werte zusammengestellt, die größenordnungsmäßig mit den berechneten Werten gut übereinstimmen [18.350].

Endachs-abstand a [mm]	**Überset-zung** i	**Stufen-anzahl** j	**Erwärmungszeitkonstante** τ [min]		**Abkühlungszeit-konstante** τ_S [min]
			ohne Zusatzkühlung	**mit Lüfter**	
160	2	1	45	–	125
160	16	2	50	–	–
200	6,3	2	54	33	130
250	8	2	130	90	260
200	100	4	92	–	–

Tabelle 18.20: Experimentell ermittelte Erwärmungszeitkonstanten τ bei Stirnradgetrieben [18.350]

Für die praktische Berechnung ist die Ölübertemperatur $\vartheta_{Öü}$ mithilfe von Gleichung (18.167) für jeden Lastanteil mit seinem zugehörigen Zeitanteil zu berechnen, was die Kenntnis des genauen (gemessenen oder simulierten) Lastkollektivs gemäß Tabelle 18.19 und der zugehörigen Temperaturbelastung voraussetzt. Dieser Wert bildet dann den Anfangswert $\vartheta_{ÖüA}$ für die folgende Last- und Temperaturstufe, wobei die Berechnung solange zu erfolgen hat, bis das Maximum erreicht ist. Die sich dann im Getriebe unter instationären Betriebsverhältnissen nach hinreichend langer Zeit einstellende Ölübertemperatur wird als Ölübertemperatur im Gleichgewichtszustand $\vartheta_{ÖüG}$ definiert:

$$\vartheta_{ÖüG} = \max\ \vartheta_{Öü} \qquad (18.177)$$

Bezieht man diese Ölübertemperatur im Gleichgewichtszustand $\vartheta_{ÖüG}$ auf die höchste zulässige Ölübertemperatur $\vartheta_{ÖüBmax}$ gemäß Abbildung 18.75 (links), so erhält man den thermischen Belastungsfaktor f_G, der die thermische Auslastung eines Getriebes im Vergleich zum Dauerbetrieb bei maximaler Belastung charakterisiert:

$$f_G = \frac{\vartheta_{ÖüG}}{\vartheta_{ÖüBmax}} < 1 \qquad (18.178)$$

18.2.10.3 Getriebeschmierung und Wärmeabfuhr

Die Hauptaufgaben der Getriebeschmierung sind die Verringerung von Reibung und Verschleiß an den Zahnflanken und damit einhergehend die Vermeidung von Zahnflankenschäden, die Ableitung der entstehenden Reibungswärme, die Versorgung der im Getriebe befindlichen Lager und Kupplungen mit Schmierstoff sowie die Verhinderung von Korrosion.

Wenngleich zur Schmierung der Zahnflanken und der Wälzlager ein dünner Schmierfilm ausreicht, so ist der Aufbau eines hydrodynamischen Schmierfilmes im Zahnkontakt (und auch im Wälzkontakt beim Wälzlager) im Vergleich zum Gleitlager aus folgenden Gründen wesentlich schwieriger zu erzielen:

- Die im Eingriff stehenden Kontaktflächen einer Verzahnung sind überwiegend entgegengesetzt gekrümmt.
- Die Gleitgeschwindigkeit zwischen den Kontaktflächen ist nicht konstant.
- Im Kontaktbereich treten hohe Hertz'sche Pressungen auf.
- Der tragende Schmierfilm muss bei jedem Zahneingriff neu aufgebaut werden (diskontinuierliche Schmierung).

Ungeachtet der komplizierten theoretischen Hintergründe und der teilweise immer noch bestehenden Unklarheiten zur Schmierfilmbildung werden im Folgenden einige grundlegende Überlegungen zur Schmierstoffauswahl dargestellt [18.216].

Zur Verfügung stehen reine Mineralöle (ohne Zusätze), legierte Mineralöle mit gezielter Beimengung von Eigenschaftsverbesserern (Additiven), synthetische Öle, Hydrauliköl, Motorenöle, Einlauföle und Festschmierstoffe wie Haftschmiere und Fließfett. Eine erste Vorauswahl kann entsprechend Tabelle 18.21 in Abhängigkeit von der Getriebebauform und der Umfangsgeschwindigkeit erfolgen. In Industriegetrieben kommen überwiegend Schmieröle zum Einsatz, da sie im Vergleich zum Fett über eine gute Fähigkeit zur Wärmeabfuhr und einen großen Einsatzbereich hinsichtlich Umfangsgeschwindigkeit und Belastbarkeit verfügen. Ferner lässt sich Öl leichter den Reibstellen (Zahnkontakt und Wälzlager) zuführen.

Umfangsgeschwindigkeit [m/s]	Schmierstofftyp	Schmierungsart	Getriebebauform
Bis 2,5 m/s	Haftschmiere	Auftragsschmierung	Offen möglich [1)]
Bis 4 (evtl. 6)	Fließfett	Sprühschmierung	
Bis 8 (evtl. 10)		Tauchschmierung	Geschlossen
Bis 25 (evtl. 30)	Schmieröl	Tauchschmierung oder Einspritzschmierung	
Über 25 (evtl. 30)		Einspritzschmierung	
Bis 40		Nebelschmierung	

[1)] Auch bei offener Getriebebauform (z. B. offene Drehkränze bei Baggern, Zementmühlen, Drehrohröfen und Zahnstangenantrieben im Stahlwasserbau) sind nach Möglichkeit Abdeckungen vorzusehen, da anderenfalls Schmutz und Staub im Schmierstoff wie „Schmirgel" wirken.

Tabelle 18.21: Schmierstofftypen und Einsatzbedingungen (Richtwerte) [18.252]

Für viele Industriegetriebe sind Mineralöle ohne Wirkstoffzusätze ausreichend. So reicht z.B. für Antriebe im Aussetzbetrieb oder Nebenantriebe bei Betriebstemperaturen bis $\vartheta_{Ö} \approx 50$ °C ein Schmieröl N nach DIN 51517, bei Betriebstemperaturen bis $\vartheta_{Ö} \approx 60$ °C ein Schmieröl C mit besserer Alterungsbeständigkeit und Stockpunkt bei −3 °C oder CT mit einem Stockpunkt von −15 °C aus [18.84]. Für Schnelllaufgetriebe mit $n > 3600\ \text{min}^{-1}$ verwendet man Schmieröle TD nach DIN 51515 mit besonderen Anforderungen an Wasser- und Luftabscheidevermögen, Schäumneigung und Alterungsstabilität gemäß Tabelle 18.22, die oftmals auch gleichzeitig für die Hydraulik, Steuerung und Lagerschmierung der Anlage geeignet sind [18.83]. Bei höheren Betriebstemperaturen und der Gefahr der beschleunigten Alterung oder aber auch erhöhter Korrosionsgefahr sowie weiteren besonderen Betriebsbedingungen können entsprechende Wirkstoffe zugesetzt werden.

Bei erhöhten Anforderungen an die Warm-Fresstragfähigkeit (s.a. Abschnitt 18.4.6) – z.B. bei hohen Stoßbelastungen, bei ungünstigen Gleitverhältnissen (Kegelrad-Hypoidgetriebe), beim Einsatz von Hydraulikölen oder anderen dünnflüssigen Ölen für die Zahnradschmierung –, bei Getrieben, die häufig an- und abgefahren werden und deswegen im Mischreibungsgebiet arbeiten, sowie bei erhöhten Dauertemperaturen (110 bis 130 °C) verwendet man Schmieröle mit Hochdruck-Wirkstoffen (Extreme-Pressure-Öle – EP-Öle), deren chemisch wirkende Additivierung häufig aus Schwefel-Phosphor-Verbindungen besteht.

Die Additive werden bei hohen Pressungen und damit einhergehenden hohen Kontakttemperaturen aktiviert und bilden auf den Zahnflanken Metallseifen- oder auch Sulfid- und Phosphatschichten, die den Anteil der direkten metallischen Berührung abmindern. Einige EP-Öle ertragen kurzzeitige Temperaturspitzen bis 200 °C.

Diesen Vorteilen stehen höhere Kosten sowie die Aggressivität gegenüber Buntmetallen (Gleitlager, Wälzlager-Käfige und Ölleitungen) und Weichstoffdichtungen gegenüber, sodass teilweise Dichtungen aus Sonderwerkstoffen, aber auch Wälzlagerkäfige aus Kunststoff eingesetzt werden müssen. Ebenso verringern viele EP-Zusätze die Oxidationsstabilität und Lebensdauer, fördern die Rostbildung (bei feuchtem Öl) oder die Emulgierung mit Wasser.

Reibungszahl und Grübchentragfähigkeit (s.a. Abschnitt 18.4.4) werden durch EP-Additive kaum beeinflusst. Auch wird oft übersehen, dass bei zu niedrigen Öltemperaturen die EP-Additive gar nicht wirksam werden.

Bei hoch belasteten Getrieben mit Umfangsgeschwindigkeiten bis ca. 8 m/s verwendet man zur Minderung von Verschleiß und der Gefahr des Kaltfressens Mineralöle mit polar wirkenden Zusätzen (Ester, Alkohole, tierische und pflanzliche Fette), deren Additivmoleküle an den Zahnflanken einen Schutzfilm aufgrund physikalischer Adhäsion bilden. Im Gegensatz zu den meisten EP-Zusätzen sind diese auch bei niedrigen Flankentemperaturen beständig und wirksam. Die Grübchentragfähigkeit (s.a. Abschnitt 18.4.4) wird durch die Zusätze kaum beeinflusst.

Im Bereich niedriger Geschwindigkeiten und Betriebstemperaturen sowie zur Verbesserung von Notlaufeigenschaften verwendet man insbesondere bei niedrigviskosen Mineralölen Feststoffzusätze. Dabei lagern sich die Verschleißschutzadditive Grafit oder Molybdändisulfid MoS2) lamellenartig und damit leicht gegeneinander verschiebbar an den Flanken an, sodass sich niedrige Reibungszahlen ergeben.

Viskositätsindex *VI*	Für Anwendungen mit großen Temperaturdifferenzen (z.B. Anfahren bei niedrigen und Dauerbetrieb bei hohen Temperaturen) ist ein hoher Viskositätsindex erforderlich. Paraffinbasische Getriebeöle: $VI = 90 \ldots 100$; synthetische Getriebeöle (Polyglycole): $VI = 120 \ldots 180$; synthetische Getriebeöle (Ester): $VI = 170 \ldots 200$
Benetzungsfähigkeit	Zum Schmierfilmaufbau und zum wirksamen Korrosionsschutz bei Stillstand muss das Öl an den Zahnflanken haften. Umlegierte Frischöle benetzen nur mäßig, manche synthetischen Schmierstoffe (z.B. schwer entflammbare Sorten) benetzen schlecht. Zur Verbesserung der Benetzungsfähigkeit sind stark polare Additive beizumischen, die allerdings die Emulsionsbildung und Schäumneigung verschlechtern. Stahl und Grauguss sind gut benetzbar, Titan und rostfreier Stahl schlechter, Abhilfe ist möglich durch Vernickeln oder Nitrieren.
Korrosionsschutz	Bei zeitweise stillstehenden Getrieben oder starken Temperaturschwankungen kann sich Kondenswasser im Getriebe bilden (bei Bedarf sind Rohrleitungen aus rostfreiem Stahl auszuführen). Korrosionsschutz ist möglich durch Zusatz von Fettsäuren (Adsorption), Extreme-Pressure-Additiven (EP) geringer Aggressivität (Reaktion, Bildung von Metallseifen) oder Emulgatoren, die das Wasser im Öl binden und den Zutritt zur Oberfläche verhindern. Nachteilig ist die Gefahr der Schlammbildung.
Emulsionsbildung	Insbesondere bei großen Ölfüllungen kann es zweckmäßig sein, die Entstehung von Emulsion zu verhindern, da nicht emulgiertes Wasser leicht abgelassen werden kann. Günstig verhalten sich diesbezüglich rein mineralische Öle, ungünstig manche Korrosionsschutzadditive, Oxidationsprodukte, EP-Zusätze sowie manche Farbanstriche.
Schäumverhalten	Oberflächenschaum mit großem Luft- und kleinem Ölvolumen sowie Kugelschaum (Bläschen im Öl) mit großem Öl- und kleinem Luftvolumen können gerade bei schnell laufenden Getrieben zu Kavitation, Pumpenverlusten, Ölnebelbildung und damit erhöhten Ventilationsverlusten sowie Schwingungen von Ventilen führen. Nachteilig wirken sich die meisten EP-Zusätze sowie Verschmutzung und Alterungsprodukte sowie alle Einflüsse aus, die die Emulgierung fördern. Abhilfe ist möglich durch den Zusatz von Dämpfungsmitteln (z.B. Silikonöl), allerdings verschlechtert sich dadurch das Luftabscheidevermögen. Besser ist es deshalb, den Ölbehälter gut zu lüften, Absetzräume zu schaffen und die Ölumlaufzeit ausreichend groß zu wählen.
Luftabscheidung	Die im Öl befindliche kompressible Luft mindert die Tragfähigkeit des Schmierfilmes und führt zu Druckabfall in der Ölzufuhr, was insbesondere bei kombinierten Systemen (Hydraulik und Steuerung) Probleme bereitet. Viele Zusätze (z.B. Dämpfungsmittel) verlangsamen das Aufsteigen der Luftblasen und verschlechtern damit das Luftabscheidevermögen. Geeignete Zusätze sind nicht bekannt, aus Kostengründen ist nur bei kleineren Ölvolumina eine Behandlung mit Ultraschall sinnvoll. Konstruktive Maßnahmen sind die Anordnung des Ansaugstutzens und des Rücklaufstutzens tief unter dem Ölspiegel, die Ölrückführung über Leitbleche, geeignete Ölruheräume sowie eine ausreichende Ölumlaufzeit. Ferner ist das Ansaugen von Luft (Undichtheiten) zu vermeiden.
Stockpunkt	Der Stockpunkt muss mindestens 5 K unter der niedrigsten Betriebstemperatur liegen. Er wird für die Normschmieröle in den betreffenden Normen angegeben. Eine Absenkung ist durch Stockpunkterniedriger möglich. Evtl. muss dann das Öl vor dem Anfahren aufgeheizt werden.

Tabelle 18.22: Ausgewählte Schmierstoffeigenschaften nach [18.252]

Synthetische Öle wie Polyglykole, Polyether, Ester oder synthetische Kohlenwasserstoffe haben einen hohen Viskositätsindex gemäß Tabelle 18.22 und sind deshalb besonders für den Einsatz unter extremen Temperaturbedingungen (−40 °C bis 150 °C) geeignet. Im Vergleich zum Mineralöl ist die Oxidationsstabilität bis zu fünfmal größer, sodass selbst mit kleinen Ölmengen eine hohe Lebensdauer erreicht wird, was in einigen Fällen auch eine Lebensdauerschmierung ermöglicht. Ein weiteres Einsatzgebiet sind Anlagen mit besonderen Anforderungen an den Brandschutz (z. B. Dampf- und Gasturbinen), da die Zündtemperatur bis zu 600 °C betragen kann (Mineralöl ca. 200 ... 300 °C). Neben den hohen Kosten (Faktor 5 bis 10 zum Mineralöl) ist von Nachteil, dass manche Sorten Lacke und Gummidichtungen angreifen, durch enge Spalte, teilweise sogar durch Gussgefüge kriechen und nicht mit Mineralöl verträglich sind.

Ungeachtet der bisher dargestellten Vorteile spezieller Schmieröle für Zahnradgetriebe kommen häufig auch Motorenöle zum Einsatz. Dem Vorteil der vereinfachten Lagerhaltung (z. B. auf Schiffen) stehen allerdings viele Nachteile entgegen. Die im Öl enthaltenen Zusätze führen zum Emulgieren des Kondenswassers bei bereits 70 bis 80 °C, woraus schlechtere Schmiereigenschaften und verstärkte Schlammbildung resultieren. Bei Mehrbereichsmotorenölen bedingt die geringere Scherstabilität der Viskositäts-Index-Verbesserer eine verringerte Lebensdauer.

Der Vollständigkeit halber seien noch die sogenannten Einlauföle niedriger Viskosität (v_{40} = 15 bis 25 mm^2/s) mit fressverhindernden Zusätzen erwähnt (s. a. Abschnitt 18.2.9.1), um einen hohen Anteil an Festkörperberührung zum beschleunigten Materialabtrag bei gleichzeitiger Glättung der Flanken zu erreichen. Hierzu verwendet man spezielle aggressive Additive (z. B. Chlorverbindungen), die jedoch auch wieder eine erhöhte Korrosionsgefahr bedingen. Bedingt durch den hohen Aufwand zur Entfernung des Abriebs und der Umstellung auf normales Getriebeöl nach der Einlaufphase sowie generellen Alternativen zur Herstellung hoher Flankenqualitäten werden Einlauföle kaum noch verwendet.

Gemäß Tabelle 18.21 setzt man bei offenen Getrieben (z. B. offene Drehkränze bei Baggern, Zementmühlen, Drehrohröfen und Zahnstangenantrieben im Stahlwasserbau) und niedrigen Umfangsgeschwindigkeiten Haftschmierstoff und Fließfett (Getriebefett) ein, wobei Fließfette noch an die Schmierstelle nachfließen können, Haftschmierstoffe jedoch nicht mehr. Bei Kaltfressgefahr oder starkem Verschleiß können sowohl Fließfette als auch Haftschmierstoffe mit Zusätzen von Molybdändisulfid, Grafit oder EP-Additiven versehen werden.

In Sonderfällen, z. B. bei extrem hohen oder niedrigen Temperaturen, starker Staubeinwirkung, aber auch Vakuum, in denen weder Öl noch Fett als Schmierstoffe geeignet sind, bietet sich eine reine Feststoffschmierung an, bei der Grafit (nicht im Vakuum anzuwenden) oder Molybdändisulfid als Pulver (in Sprühflüssigkeit), Paste oder Gleitlack aufgebracht wird, sich in Vertiefungen einlagert und unter Belastung einen glatten Feststoffschmierfilm bildet.

Ebenso kann eine Notlaufschmierung erforderlich sein, wenn die Anlage bei Versagen der konventionellen Schmierstoffversorgung nicht stillgesetzt werden kann (z. B. Flugzeuge, Hubschrauber). So konnte z. B. mit in den Zahnflanken eingebranntem Gleitlack auf Molybdändisulfid-Basis und einer Schichtdicke von ca. 5 µm ein Notlauf über mehrere Stunden erreicht werden [18.252].

Auch Grafit- oder Molybdändisulfid-Zusätze im Restöl wirken reibungsmindernd. Gleiches gilt für leer mitlaufende Gegenräder aus Sintermetall, die bei ungeschmierten Zahnflanken in den Poren gespeichertes Öl abgeben. Vergleichbar funktionieren mitlaufende Räder aus kompaktem Festschmierstoff [18.252].

Kommen Öle und Fette aus produktspezifischen Anforderungen nicht in Betracht, z.B. Verschmutzung durch Öl in der Druck- und Papierindustrie oder Verunreinigung von Nahrungsmitteln durch Schmierstoffe, bieten sich als Alternative spezielle Beschichtungen oder aber der Einsatz von Pulverschmierstoffen an. So konnte mittlerweile der Nachweis erbracht werden, dass Polymermikropulver (insbesondere PTFE-Mikropulver) als Schmierstoff für Verzahnungen auch bei hohen Belastungen über einen längeren Zeitraum grundsätzlich geeignet ist [18.228], [18.311], [18.312].

Ausgehend von den bisher beschriebenen Schmierstoffeigenschaften wird bei Leistungsgetrieben des Maschinen-, Anlagen- und Fahrzeugbaus unter der Maßgabe ausreichender Zähigkeit Öl bevorzugt, da es einfach an die Schmierstelle gebracht werden und sehr gut Reibungswärme abführen kann. Zur Auswahl eines geeigneten Schmieröles ist abhängig von der Umfangsgeschwindigkeit und der mechanischen und thermischen Belastung zunächst die erforderliche kinematische Schmierölviskosität ν_{40erf} gemäß Abbildung 18.76 zu bestimmen [18.216].

$$\nu_{40erf} = f_v \cdot 10^{\left[2{,}22\cdot\lg\left(\vartheta_{Öü}+20\right)-0{,}52\cdot\lg v-1{,}42\right]} \qquad (18.179)$$

Hierin bezeichnet $\vartheta_{Öü}$ die Ölübertemperatur nach Gleichung (18.158). Bei mehrstufigen Getrieben ist die Umfangsgeschwindigkeit v [m/s] durch den arithmetischen Mittelwert v_{mitt} der Umfangsgeschwindigkeiten der einzelnen Getriebestufen zu ersetzen.

ϑ_R [°C]	−30	−20	−10	0	10	20	30	40	50	60	70	80
f_V	0,115	0,17	0,26	0,40	0,63	1,0	1,6	2,5	4,0	6,5	10	16

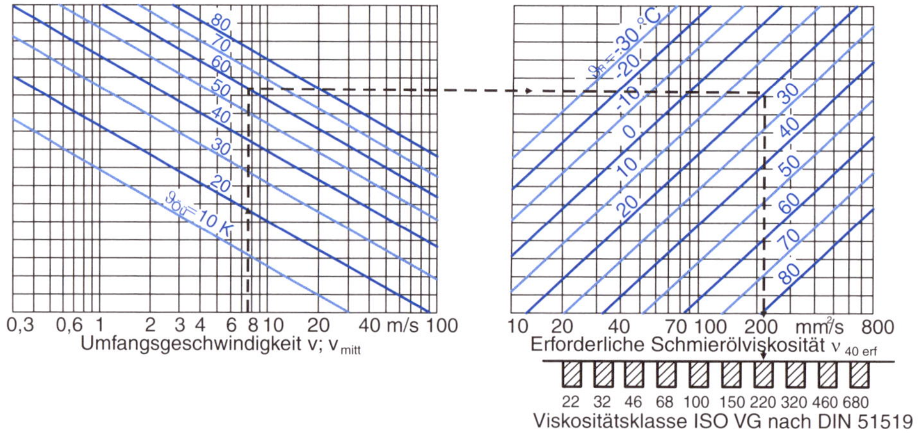

Abbildung 18.76: Überschlägige Ermittlung der erforderlichen Schmierölviskosität und der Viskositätsklasse für Stirnradgetriebe [18.216]

Für Gleitlager und Wälzlager ist in vergleichbarer Weise nach Herstellerangaben eine erforderliche Betriebsviskosität zu ermitteln (s.a. Kapitel 14 – Gleitlager und Kapitel 15 – Wälzlager), wobei der jeweils höhere Wert (Verzahnung oder Lagerung) bei der Schmierölauswahl zu berücksichtigen ist. Sollte die Viskosität durch die Anforderungen anderer Aggregate festgelegt sein – so werden z.B. bei hydraulischen Wandlern wegen des besseren Wirkungsgrades und der besseren Wärmeabfuhr sehr dünnflüssige Öle mit ν_{40} = 15 ... 30 mm²/s verwendet –, sind für die Anwendung in der Verzahnung möglicherweise EP-Zusätze (Extreme-Pressure-Zusätze) zum Ausgleich der zumeist geringeren Belastbarkeit erforderlich.

Da die Viskosität einen wesentlichen Einfluss auf die Schmierfilmbildung sowie die Grübchen- und Fresstragfähigkeit hat (s.a. Abschnitte 18.4.4 und 18.4.6), sind folgende Anforderungen und Auswahlhinweise zu berücksichtigen:

- Grübchen- und Fresstragfähigkeit nehmen mit größer werdender Viskosität zu, ebenso die Leerlaufverluste.
- Mit zunehmender Wälzgeschwindigkeit nimmt die erforderliche Größe der Viskosität ab, was auch geringere Leistungsverluste bedingt.
- Bis zu mittleren Umfangsgeschwindigkeiten und vorherrschender Mischreibung nimmt mit steigender Viskosität der Wirkungsgrad zu, während er bei Vollschmierung abnimmt.
- Im Vergleich zur Einspritzschmierung ist bei Tauchschmierung und ansonsten gleichen Betriebsbedingungen eine um 10% höhere Viskosität erforderlich. Häufiges Anfahren oder Reversierbetrieb erfordern bei Tauchschmierung eine um 50% höhere Viskosität.
- Bei Umgebungstemperaturen über 25 °C ist die Viskosität je 3 K um ca. 10% zu erhöhen, bei Umgebungstemperaturen unter 10 °C entsprechend zu verringern.
- Bei rauhen Zahnflanken ist die Viskosität zu vergrößern, glatte Zahnflanken mit entsprechend hoher Oberflächenqualität erlauben eine geringere Viskosität.
- Bei nicht kontinuierlichem Einsprühen, z.B. durch Pinselauftrag, ist die Viskosität um ca. 50% höher zu wählen, damit der Schmierstoff an den Flanken haftet. Bei großen Schmierintervallen ist Haftschmiere vorzuziehen.
- Bei zweistufigen Getrieben sind die Daten der zweiten Stufe, bei drei und mehr Stufen ist der Mittelwert aus den Daten der letzten beiden Stufen für die Viskositätsauswahl maßgeblich.

Weitere Ausführungen zur Schmierstoffviskosität finden sich in der DIN 51509 sowie der weiterführenden Fachliteratur, geeignete Schmierstoffe können den Normen DIN 51517 (Schmieröle C, CL und CLP), DIN 51524 (Hydrauliköle HL und HLP) und DIN 51515 (Schmieröle L-TD) sowie den Herstellerinformationen entnommen werden [18.82], [18.83], [18.84], [18.86], [18.216], [18.252].

Hinsichtlich der konstruktiven Umsetzung stehen zur Ölschmierung bei Getrieben die Tauchschmierung und die Einspritzschmierung (teilweise auch als Druckumlaufschmierung bezeichnet) zur Verfügung, wobei fallweise auch eine Kombination aus beiden möglich ist.

Die Tauchschmierung gemäß Abbildung 18.77 ist ein zuverlässiges und wirtschaftliches Schmierverfahren, welches wegen seiner Einfachheit zunächst immer vorzuziehen ist. Die großen (langsam laufenden) Zahnräder tauchen in das am Getriebeboden gespeicherte Öl ein, fördern es in den Zahneingriff und versorgen zusätzlich durch abgeschleudertes Öl auch noch die Lager der Wellen, sodass alle Bedarfsstellen geschmiert und gekühlt werden. Bei mehrstufigen Getrieben können die Großräder der einzelnen Stufen auch in Gehäusekammern unterschiedlicher Höhe (mit Überlauf) eintauchen. Unterstützend können Spritzscheiben, Schöpfräder, Schöpfarme oder spezielle mitkämmende Tauchräder vorgesehen werden.

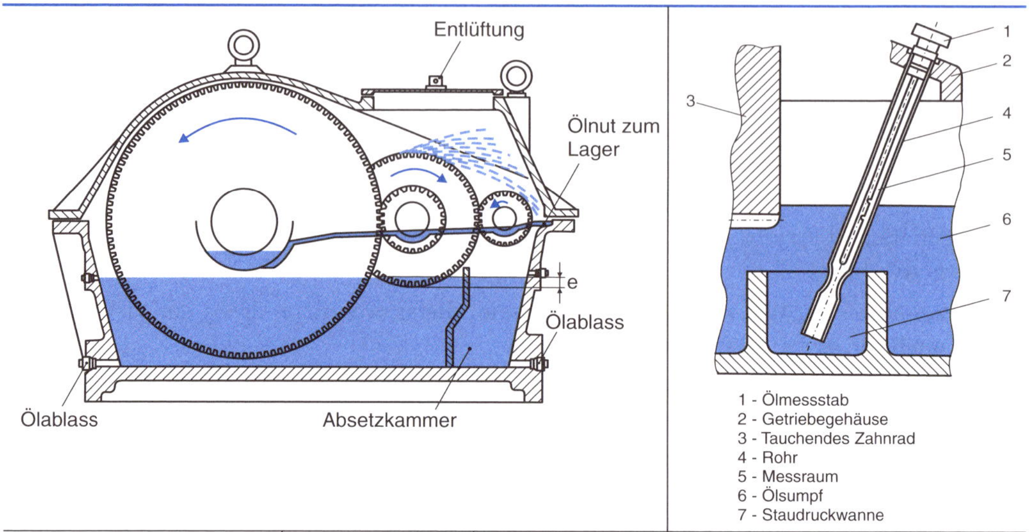

Umfangsgeschwindigkeit	$v < 5$ m/s	$v = 5 \ldots 20$ m/s	$v > 20$ m/s
Empfohlene Eintauchtiefe e, abhängig vom Modul m	$e = (3 \ldots 6) \cdot m$	$e = (1 \ldots 3) \cdot m$	$e \leq 25 \cdot m$, je nach Einbaulage der Zahnräder

Abbildung 18.77: Tauchschmierung eines geschlossenen Stirnradgetriebes und Ölstandsmesseinrichtung [18.216]

Wesentlicher Nachteil ist die begrenzte Ölmenge und die damit einhergehende hohe Beanspruchung des Schmierstoffes durch fehlende Filterung und Zusatzkühlung, da ein Wärmeaustausch nur über das Gehäuse durch Strahlung und Konvektion erfolgen kann. Durch zusätzliche äußere Lüfter oder Kühlschlangen sind Verbesserungen möglich [18.212], [18.334]. Bis zu einer Umfangsgeschwindigkeit der Zahnräder von 20 m/s ist die Tauchschmierung ohne besondere konstruktive Maßnahmen anwendbar. Bis 30 m/s und sogar bis 60 m/s sind zusätzliche Leitbleche und Öltaschen zur gezielten Ölzuführung vorzusehen [18.396]. Als obere Einsatzgrenze für die Tauchschmierung gilt eine maximal zulässige Zentrifugalbeschleunigung von ca. 550 m/s^2. Sollen höher liegende Lager und Zahnräder mit Spritzöl versorgt werden, muss die Bedingung $v^2 / d \geq 5$ mit v als Umfangsgeschwindigkeit in m/s und d als Raddurchmesser in m eingehalten werden [18.252].

Neben der Umfangsgeschwindigkeit ist die Eintauchtiefe des Zahnrades gemäß Abbildung 18.77 die wichtigste Kenngröße zur Absicherung der Tauchschmierung (bei Kegelrädern muss die gesamte Radbreite b eintauchen). Zu niedriger Ölstand verursacht Mangelschmierung, was zu einer unzureichenden Wärmeabfuhr und erhöhtem Verschleiß führt, während zu hoher Ölstand hohe Planschverluste und damit eine größere Ölerwärmung bedingt. Dadurch sinkt die Ölviskosität, sodass das Haftvermögen und die Druckaufnahmefähigkeit des Schmierstoffes schlechter werden, zusätzlich treten Schaumbildung und ein höherer Geräuschpegel auf. Generell sollten die Planschverluste 0,75 % der Gesamtverluste nicht übersteigen.

Als Ölfüllmenge werden drei bis zehn Liter je kW Verlustleistung bei reiner Wärmeabgabe über das Getriebegehäuse empfohlen. Dabei ist eine größere Ölmenge (Planschverluste beachten) meistens gleichbedeutend mit einer höheren Lebensdauer der Ölfüllung, des Weiteren können sich Schmutz und Abrieb besser absetzen. Zu beachten ist, dass die Ölfüllmenge über Ölstandsmessungen während des Betriebes erfolgt, da bei Getriebestillstand der Ölstand höher ist. Dies kann im einfachsten Fall über einen Ölmessstab gemäß Abbildung 18.77 oder Ölstandsaugen erfolgen. Bei unterschiedlichen Neigungen des Getriebes während des Betriebes sind entsprechende Markierungen für den jeweils erforderlichen Ölstand vorzusehen. Zur Fernüberwachung eignen sich Ölsensoren, mit denen neben der Ölstandsüberprüfung häufig auch schon die Ölqualität laufend geprüft werden kann. Zur einfachen Überwachung der Verschleißentwicklung verwendet man Magnetstopfen, die im Bereich der Zahnräder anzuordnen sind und während des Betriebes ohne Ölablass durch Verbindung mit einem Peilstab kontrolliert werden können. Elektrisch arbeitende Sensoren erlauben auch hier mittlerweile eine Fernüberwachung.

Zum Ausgleich von Überdruck aufgrund von Erwärmung ist eine Entlüftung erforderlich, da anderenfalls das Öl an den Dichtungen herausgedrückt werden kann. Bei trockenen und sauberen Umgebungsbedingungen genügt eine Verschlussschraube mit Bohrung, mit der zumeist die Öleinfüllöffnung verschlossen wird, anderenfalls muss die Entlüftung vor Spritzwasser geschützt sein und zusätzlich über einen Staubfilter verfügen.

Neben einer Öleinfüllöffnung sollte das Getriebe an der tiefsten (und gut zugänglichen) Stelle auch eine Ölablassöffnung aufweisen. Bohrungen für Heizelemente zum Vorwärmen des Öles auf Betriebstemperatur unter kalten Umgebungsbedingungen sind ebenfalls im Bereich der Ölsammelkammern anzuordnen.

In allen Fällen, in denen eine Tauchschmierung nicht mehr ausreicht, wird die erheblich aufwändigere Einspritzschmierung bzw. Druckumlaufschmierung eingesetzt. Auch wenn im Vergleich zur Tauchschmierung erheblich höhere Investitions- und Wartungskosten anfallen, überwiegen deutlich die Vorteile wie dosierbare und verlustärmere Schmierung, bessere Kühlung und Ölpflege und die sich daraus ergebenden höheren Standzeiten von Ölfüllung und Getriebe.

Grundsätzlich wird unterschieden zwischen Trockensumpfschmierung mit einem dem Getriebe zur Versorgung beigestellten Ölbehälter und Nasssumpfschmierung, bei der das Schmieröl direkt aus dem Ölsumpf des Getriebes mittels einer Pumpe in den Umlauf gebracht wird. Eine zu geringe Ölmenge verursacht Mangelschmierung mit den gleichen Folgen wie bei zu niedrigem Ölstand bei Tauchschmierung, während dagegen eine zu große Ölmenge übermäßige Quetschverluste bedingt.

Generell sind bei der Einspritzvorrichtung die Besonderheiten gemäß Abbildung 18.78 zu berücksichtigen. Die möglichen Düsenpositionen und Spritzrichtungen bezogen auf den Zahneingriff sind im oberen Abbildungsteil a) bis d) zusammengestellt und erläutert, wobei aus Sicherheitsgründen (Druckschwankungen) die Einspritzung von oben in den Zahneingriff gegenüber derjenigen von unten zu bevorzugen ist. Um das Öl durch Einspritzdüsen oder -brausen unmittelbar in den Zahneingriff bringen zu können, nutzt man die Ausflusselemente gemäß Abbildung 18.78 (Mitte) zur wahlweisen Erzeugung eines Voll- oder Flachstrahles.

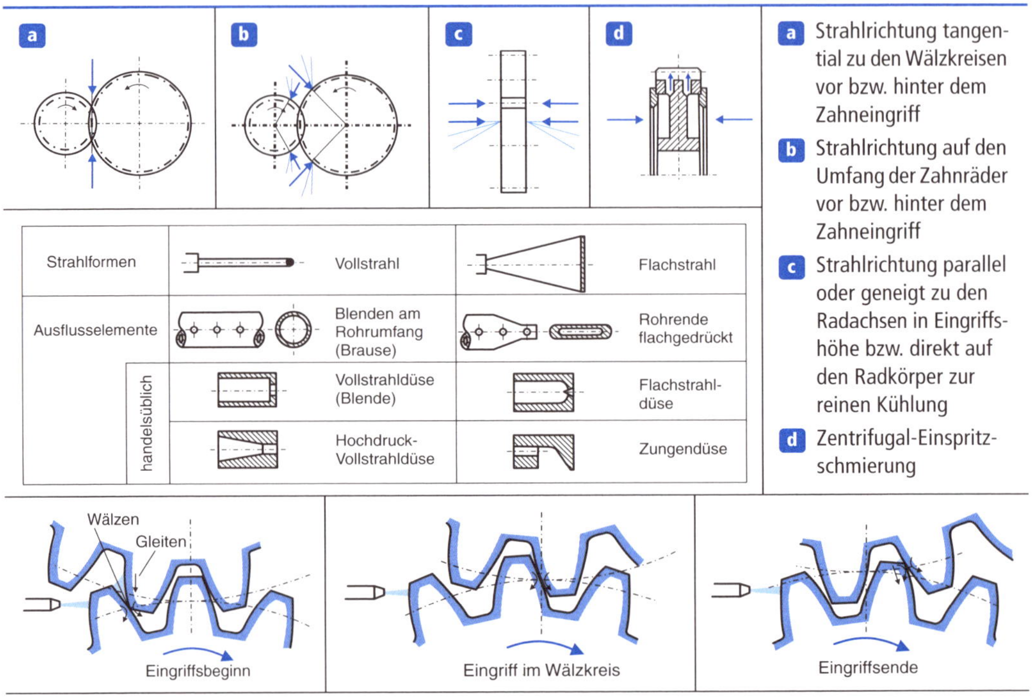

Abbildung 18.78: Einspritzschmierung – Düsenpositionen und Spritzrichtungen (oben), Strahlformen und Auslaufelemente (Mitte) und Öleinspritzung vor dem Zahneingriff (unten) nach [18.125], [18.216], [18.406]

Hinsichtlich der Einspritzrichtung ist entsprechend Abbildung 18.78 (unten) zu beachten, dass vor den Zahneingriff eingespritztes Schmieröl zwar den Schmierfilmaufbau begünstigt, jedoch zu höheren Quetschverlusten mit entsprechender Erwärmung führt, während mit einer Öleinspritzung hinter dem Zahneingriff eine gute Zahnflankenkühlung erreicht wird. Deshalb sollte bei Umfangsgeschwindigkeiten bis $v = 30$ m/s von oben, bei Vertikalgetrieben (z.B. Mühlenantrieb gemäß Abbildung 18.1) vor den Eingriff eingespritzt werden. Für $v > 30$ m/s ist die gesamte Ölmenge hinter den Eingriff einzuspritzen, wenn dies der Spritzrichtung von oben entspricht. Muss die Einspritzung von unten erfolgen, sollten nur 70 % von unten nach dem Eingriff und sicherheitshalber 30 % von oben vor dem Eingriff eingespritzt werden.

Steht vor und hinter dem Eingriff kein Platz für die Einspritzdüsen zur Verfügung, wie das z.B. bei Umlaufrädergetrieben der Fall ist, so bringt man das Öl durch die Welle und über radiale Bohrungen in den Zahngrund hohl gebohrter Ritzel oder auch dünner Zahnkränze, von wo aus es dann in den Zahneingriff gelangt. Aus Abbildung 18.79 wird anhand eines Umlaufrädergetriebes deutlich, dass neben der Konstruktion der Zahnräder, Wellen, Lager und des Gehäuses auch das Schmiersystem der vollen Aufmerksamkeit bedarf, um sämtliche Bedarfsstellen ausreichend zu schmieren und zu kühlen.

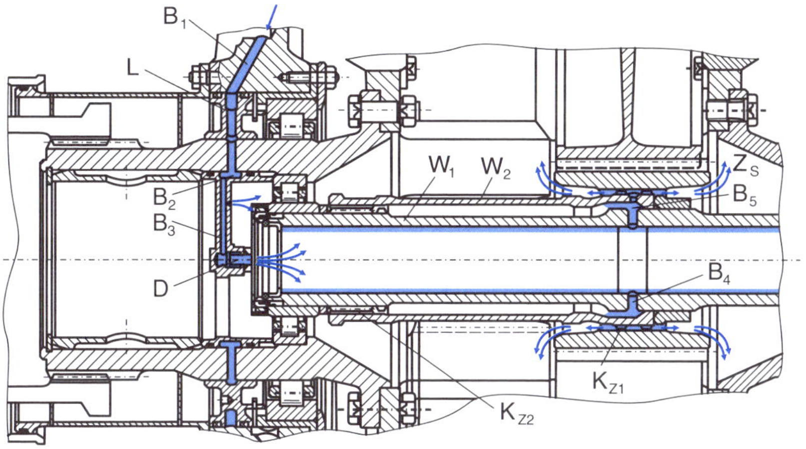

Über Bohrungen und Ringnuten wird das Schmieröl in das Innere geleitet. In der Bohrung B_3 ist ein seitlicher Ausgang angebracht, durch den eine Teilmenge Öl zur Lagerung der Hohlwelle W_1 abgezweigt wird. Gleichzeitig steht dieses Öl auch noch zur Schmierung der Kupplungsverzahnung K_{Z2} zur Verfügung. Über die Düse D gelangt die Hauptmenge des Öles in das Innere der Hohlwelle W_1. Hier verteilt es sich durch die Zentrifugalkraft gleichmäßig auf die Innenwand der Hohlwelle zum Zweck der Kühlung. Über Bohrungen B_4 tritt das Öl danach aus, sammelt sich im Innenraum der Hohlwelle W_2, wandert durch die Bohrungen B_5 zur Kupplungsverzahnung K_{Z1} und danach als Ölnebel in den Bereich der Stirnradverzahnung Z_S.

Abbildung 18.79: Sonderausführung eines Schmier- und Kühlsystems bei einem Umlaufrädergetriebe zur Schmierung und Kühlung der Verzahnungen, Lager und Zahnkupplungen [18.216]

Bisher ausgeführte Druckumlaufschmierungen gemäß der schematischen Darstellung in Abbildung 18.80 (links) arbeiten in einem Bereich von v = 10 bis 250 m/s Umfangsgeschwindigkeit. Bei geringen Umfangsgeschwindigkeiten ist die Kühlung von untergeordneter Bedeutung und es geht vorrangig um den Aufbau des Schmierfilms. Im Gegensatz dazu wird bei hohen Umfangsgeschwindigkeiten der Hauptteil des Öles zur Kühlung benötigt (oberhalb von 60 m/s ca. 80 %). Während also zur Sicherstellung der Schmierung bereits kleinste Ölmengen ausreichen, die auch nur sehr niedrige lastunabhängige hydraulische Verluste verursachen, ist eine viel größere Ölmenge zur Kühlung der Zahnräder erforderlich, die demzufolge auch außerhalb des Verzahnungsbereiches zugeführt werden kann. Aufgrund der Kombination dieser Ölzuführungsarten konnten die Zahnmittentemperaturen in Hochleistungsgetrieben deutlich gesenkt werden [18.205].

Zur Vermeidung der unterschiedlichen Erwärmung über der Zahnbreite bei einer Schrägverzahnung wegen der axialen Verdrängung des Schmieröles und den daraus entstehenden steigenden Quetschverlusten bietet sich eine ungleichmäßige Ölzufuhr durch ein geeignetes Düsensystem gemäß Abbildung 18.80 (rechts) an [18.216].

Bei mehrstufigen Getrieben kann man zur Schmierung der schnell laufenden Stufen heißes (und damit dünneres) Öl einspritzen, welches der Rücklaufleitung vor dem Kühler entnommen werden muss, während man für die langsamer laufenden Stufen das rückgekühlte (zähere) Öl aus dem Kühler nutzt [18.252]. Gleitlager werden direkt aus der Druckleitung mit Öl versorgt, für Wälzlager ist eine Versorgung über Leitungen innerhalb des Getriebes ausreichend.

Zur Reinhaltung des Öles werden Fremdkörper und Abrieb mittels Filter in der Druckleitung herausgefiltert. Hierzu werden Hauptstromfilter eingesetzt, die von der gesamten Ölmenge durchströmt werden. Parallel dazu wird üblicherweise ein Überdruckventil angeordnet, welches bei verstopftem Filter und maximal 1,5 bar Überdruck die direkte Verbindung für den Ölkreislauf freigibt. Häufig verwendet man hier auch Doppelfilter, damit ungeachtet eines Filterwechsels weiterhin eine Ölfilterung erfolgt.

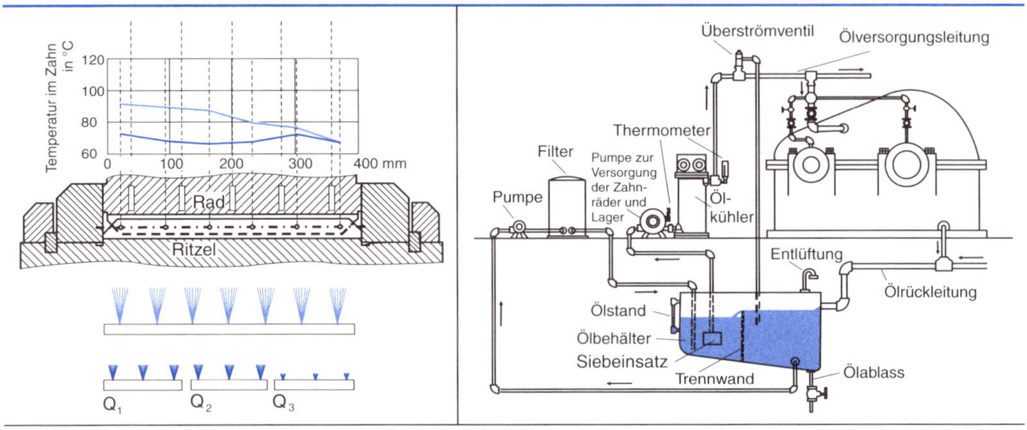

Abbildung 18.80: Druckumlaufschmierung (Trockensumpfanlage) und Temperaturverlauf über der Zahnbreite bei Schrägverzahnung [18.125]

Abhängig vom Anwendungsfall sind Filter mit Poren-, Spalt- oder Maschenweiten zwischen 10 µm und 50 µm, bei Industriegetrieben teilweise auch bis 100 µm üblich. Weiterhin gibt es Nebenstromfilter, die sich einfach nachrüsten lassen und mittels Papier- oder Faserstoffeinlage Teilchengrößen bis unter 1 µm herausfiltern können, wobei man im Nebenstrom jedoch nur bis maximal 10 % der gesamten Ölmenge filtern kann. Metallabrieb kann auch über Dauermagneten in der Nähe des Ölablassstopfens aufgefangen werden.

Eine Entlüftung ist im drucklosen Bereich auf dem Gehäuse oder dem Ölbehälter vorzusehen. Bei Nasssumpfschmierung ist eine Ölstandskontrolleinrichtung am Gehäuse erforderlich, die bei Bedarf auch fernüberwacht werden kann.

Die volle Funktionsfähigkeit der Schmieranlage wird durch Druckwächter und Durchflusswächter nahe am Getriebeeingang überwacht, sodass bei Druckunterschreitung um ca. 20 % und zu geringem Öldurchfluss (z. B. wegen Düsenverstopfung) eine Abschaltung der Anlage erfolgt.

Die erforderliche Öleinspritzmenge Q_e in l/min gemäß Abbildung 18.81 richtet sich nach der Wärmebilanzierung des Getriebes entsprechend der vorherigen Abschnitte. Mit der Öleinspritzmenge Q_e in l/min, dem Öldruck p in bar sowie einem von den Pumpen- und Rohrleitungsverlusten abhängigen Wirkungsgrad $\eta = 0{,}4 \ldots 0{,}8$ beträgt die hierfür notwendige Pumpenleistung P_{VX}:

$$P_{VX} = \frac{Q_e \cdot p}{60 \cdot \eta} \qquad (18.180)$$

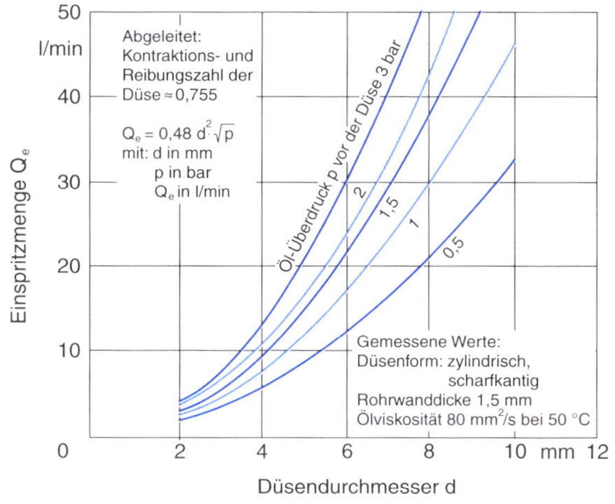

Die erforderliche Einspritzmenge Q_e in $\mathrm{l/min}$ lässt sich abhängig vom Düsendurchmesser d und Öldruck p aus nebenstehendem Diagramm ermitteln, wobei als Erfahrungswert gilt:

$Q_e = 0{,}05$ bis $0{,}1\ \mathrm{l/min}$ je mm Zahnbreite,

$Q_e = 3$ bis $5\ \mathrm{l/min}$ je kW Verlustleistung.

Hieraus lässt sich die notwendige Gesamtölmenge Q in l bestimmen zu:

$$Q = Q_e \cdot t \qquad (18.181)$$

Dabei ist t in min die Umlaufzeit des Ölvolumens, sie beträgt bei einem äußeren Sammeltank $t \approx 4 \ldots 30\ \mathrm{min}$. Für Industriegetriebe sind mindestens $t \approx 4 \ldots 5\ \mathrm{min}$ üblich, bei Turobogetrieben meist $t \approx 5 \ldots 10\ \mathrm{min}$, während beim Ansaugen aus dem Ölsumpf Zeiten von $t \approx 0{,}5 \ldots 2{,}5\ \mathrm{min}$ gebräuchlich sind.

Der Öldruck vor dem Getriebe sollte bei Industriegetrieben $p = 0{,}8 \ldots 1{,}0\ \mathrm{bar}$ über Umgebungsdruck, bei Schnelllaufgetrieben und Flugzeuggetrieben (höhere Betriebstemperatur) bei $p = 1{,}8\ \mathrm{bar}$ ($v = 150\ \mathrm{m/s}$), bei noch höheren Umfangsgeschwindigkeiten bis zu $p = 3{,}5\ \mathrm{bar}$ Überdruck betragen [18.125], [18.252].

Die Düsendurchmesser d sind bei Industriegetrieben mit $d = 2 \ldots 2{,}5\ \mathrm{mm}$, bei Verschmutzungsgefahr bis zu $d \approx 5\ \mathrm{mm}$ auszuführen. Bei dünnem, gut gefiltertem Öl sind Durchmesser ab $d > 0{,}75\ \mathrm{mm}$ möglich.

Der Düsenabstand von der Oberfläche der Verzahnung (Zahnkopf) soll $a = 150$ bis $200\ \mathrm{mm}$ nicht übersteigen.

Abbildung 18.81: Einspritzmenge Q_e abhängigt vom Düsendurchmesser d und Systemdruck p [18.252]

In Erweiterung des Prinzips der Druckumlaufschmierung ist auch eine Ölnebelschmierung möglich, bei der das Öl in einem Gerät zerstäubt und als Ölnebel mit geringem Druck in kleine Getriebe mit Umfangsgeschwindigkeiten bis maximal 5 m/s eingesprüht wird. Bei Umfangsgeschwindigkeiten bis zu 40 m/s muss der Nebel aus Düsen mit maximal 10 mm Abstand zum Kopfkreis in die Verzahnung vor dem Eingriff gesprüht werden. Vorteilhaft sind die fehlenden Planschverluste und der wirksame Korrosionsschutz aller Getriebeinnenteile. Von Nachteil ist die fehlende Wärmeabfuhr, weshalb das Verfahren für höhere Belastungen und Drehzahlen ungeeignet ist.

Oftmals werden Tauchschmierung und Druckumlaufschmierung auch kombiniert, um z.B. kritische Schmierstellen wie die schnell laufende Zahnradstufe eines mehrstufigen Getriebes oder bestimmte Lager durch die Druckumlaufschmierung und die langsam laufenden Zahnradstufen durch die Tauchschmierung zu versorgen. Reinigung und bedarfsweise Kühlung des Schmieröles erfolgen außerhalb des Getriebes in der Druckumlaufschmieranlage.

Unabhängig von einer Tauch- oder Druckumlaufschmierung aber abhängig von der Öltemperatur, der Ölmenge, der Betriebsdauer sowie weiteren Betriebs- und Umgebungseinflüssen verändert das Öl seine Schmiereigenschaften und altert schneller oder langsamer. Den größten Einfluss hat dabei die Öltemperatur, denn oberhalb von 60 °C reduziert z.B. jede Temperaturerhöhung um 10 K die Lebensdauer um ca. 50%. In Tabelle 18.23 sind Anhaltswerte für bewährte Öltemperaturen abhängig vom Einsatzfall zusammengestellt.

Einspritzschmierung	Industriegetriebe	Schnelllaufgetriebe	Schiffsgetriebe	Flugzeuggetriebe
ϑ_{ein} $\Delta\vartheta$	40 ... 60 °C < 10 K	40 ... 60 °C 15 ... 20 K	45 ... 65 °C 10 ... 20 K	50 ... 160 °C 10 ... 40 K
Tauchschmierung	Industriegetriebe (klein)	Industriegetriebe (groß)	Krangetriebe	Kfz.-Getriebe
ϑ_{ein}	90 ... 100 °C	60 ... 80 °C	40 ... 50 °C	100 ... 150 °C
Untere Werte für ca. 20 °C Umgebungstemperatur, obere Werte für Sommer oder Tropentemperatur Bei niedrigen Außentemperaturen ist der Stockpunkt zu beachten.				

Tabelle 18.23: Übliche Öltemperaturen abhängig vom Schmierverfahren und dem Anwendungsfall nach [18.252]

Waren in früheren Zeiten bei Industriegetrieben der erste Ölwechsel bei 300 bis 600 Stunden und danach weitere Ölwechsel alle 2.500 Stunden (oder halbjährlich) fällig, so werden heutzutage bis um den Faktor 10 längere Ölwechselintervalle abhängig vom tatsächlichen Zustand des Öles erreicht, was aber eine regelmäßige Kontrolle und Analyse der Öleigenschaften anhand von Proben erfordert. Dabei muss zur Trendentwicklung regelmäßig (z.B. alle 1.000 Stunden) eine Probe von z.B. 100 ml während des Betriebes oder kurz nach dem Stillstand stets an derselben Stelle, aber weder aus dem Getriebsumpf noch aus dem Filter, entnommen und mit den folgenden Verfahren analysiert werden.

Eine Atom-Emissions-Spektroskopie-Metallanalyse gibt Auskunft über Verschleißmetalle im Getriebeöl, Additivmetalle zeigen z.B. den Abbau des verwendeten Öles und Verunreinigungsmetalle weisen auf ölfremde Bestandteile, deren Anteil < 0,2 % sein sollte, hin. Eine Bestimmung des Ferro-Index weist den Gesamtgehalt magnetisierbaren Eisens in der Probe nach. Mittels Infrarot-Spektroskopie werden Öloxidation, Alterung, Wassergehalt (< 0,2 %) und Vermischung mit einem anderen Öl untersucht. Die Reinheitsklasse belegt die Wirksamkeit der Filter und eine optische Partikel-Analyse gibt Informationen über Partikelform und -größe und gibt so Hinweise auf Verunreinigungselemente und Verschleiß sowie die Ursache für deren Entstehung.

Anhand der Veränderung des Viskositäts-Index gemäß Tabelle 18.22 lässt sich ebenfalls eine Ölalterung feststellen. So ist ein Ölwechsel zu empfehlen, wenn die Viskosität um 20 bis 30 % ansteigt bzw. der Viskositäts-Index um 20 bis 30 % abfällt.

Da Öle unter Einwirkung von Wärme und Sauerstoff oxidieren, werden Anti-Oxidantien zur Verzögerung dieses Prozesses hinzugegeben. Sind diese Additive zur Neutralisation der sauerstoffhaltigen Verbindungen verbraucht, stehen die Additive nicht mehr als Verschleißschutz zur Verfügung, das Öl wird „sauer" und verursacht Korrosion, zumeist steigt auch noch die Viskosität an. Somit erlaubt die Oxidationszahl die quantitative Beurteilung der Ölalterung. In vergleichbarer Weise erfolgt die Analyse über die Neutralisationszahl, bei der einem Öl-Lösungsmittel-Gemisch ein Indikator zugegeben wird, der durch Farbumschlag den neutralen Zustand anzeigt. Da die Neutralisationszahl (NZ) die benötigte Menge Kalilauge (KOH) angibt, um die in einem Gramm Öl enthaltenen Säuren zu neutralisieren, bedeutet ein Anstieg der Neutralisationszahl eine entsprechende Minderung der Leistungsfähigeit des Öles. Unlegierte Mineralöle haben eine Neutralisationszahl von $NZ \approx 0{,}1$ mgKOH/g, ein Ölwechsel wird bei empfindlichen Anlagen (z.B. Turbinen) ab $NZ \approx 0{,}5$ mgKOH/g, bei Industriegetrieben ab $NZ \approx 2$ mgKOH/g empfohlen. EP-Öle verfügen im neuen Zustand über eine Neutralisationszahl von $NZ \approx 0{,}5 \dots 2 \dots 6$ mgKOH/g, wobei ein Ölwechsel nach einem Anstieg der Neutralisationszahl um ca. $NZ \approx 2$ mgKOH/g empfohlen wird.

Bei einem fälligen Ölwechsel ist das Öl bei Betriebstemperatur abzulassen und das gesamte System mittels Spülöl von Ölschlamm und Fremdstoffen zu reinigen, wobei Lösungsmittel zu vermeiden sind, da sie die Innenkonservierung angreifen und Rostansatz begünstigen können.

Abschließend sei noch auf die bei offenen Getrieben gemäß Tabelle 18.21 übliche Fettschmierung eingegangen, wobei nach Auftragsschmierung, Sprühschmierung und Tauchschmierung unterschieden wird. Bei der Auftragsschmierung wird die Haftschmiere (teilweise auch Fließfett) im betriebswarmen Zustand in einem Intervall von acht Stunden bis zu zwei Wochen aufgetragen. Bitumenhaltige Haftschmierstoffe bilden eine fettartige, klebende Schicht, die auch gegen Witterungseinflüsse schützt, bitumenfreie dagegen einen trockenen Schmierfilm. Bei der Sprühschmierung wird Fließfett in Abständen von 15 Minuten bis vier Stunden durch entsprechende Sprühgeräte auf die Verzahnung gesprüht. Damit sämtliche Zähne mit Fett versorgt werden, sollte die Sprühdauer ca. zwei Umdrehungen des Großrades abdecken, wobei generell viele kürzere Sprühintervalle mit wenig Schmierstoff und Pausenintervalle besser sind als wenige lange mit viel Schmierstoff. Die Sprühmenge sollte ca. 5 bis 10 g Fett je 10 cm Zahnbreite und Meter Durchmesser des Großrades betragen. Eine Tauchschmierung mit Fließfett ist möglich als Lebensdauerschmierung bei geschlossenen Getrieben niedriger Umfangsgeschwindigkeit bei Aussetzbetrieb, wenn die Wärmeabfuhr nicht von Bedeutung ist.

Ähnlich wie beim Öl kann auch beim Fett die Alterung analysiert werden. Maßgeblich ist hier unter anderem die Verseifungszahl VZ. Sie ist ein Maß für die in einem Gramm Fett vorkommenden gebundenen und freien Säuren und gibt an, wie viel mg einer Lauge notwendig sind, um die in 1 g Fett enthaltenen freien Säuren zu neutralisieren und die vorhandenen Esterbindungen zu spalten.

18.3 Gestaltung von Stirnrädern und Stirnradgetrieben

Ausgehend von den bisher vorgestellten theoretischen Grundlagen zur Geometrie, Fertigung, Verlustberechnung und Schmierung wird im Folgenden auf die vielfältigen Möglichkeiten der Gestaltung des einzelnen Zahnrades und des gesamten Getriebes gemäß Abbildung 18.82 eingegangen.

Im Anschluss an einige grundlegende Ausführungen zu Verzahnungsabweichungen, Toleranzen und der zeichnerischen Darstellung werden die Vorabdimensionierung anhand überschlägig angesetzter Festigkeitskriterien für Zahnflanke und Zahnfuß sowie die Auswirkungen von Profilverschiebungen behandelt, wobei auch auf die Auslegung von Sonderverzahnungen eingegangen wird. Abschließend werden einige Gestaltungsbeispiele für Getriebebauformen, Gehäuse, Wellen und Zahnräder vorgestellt.

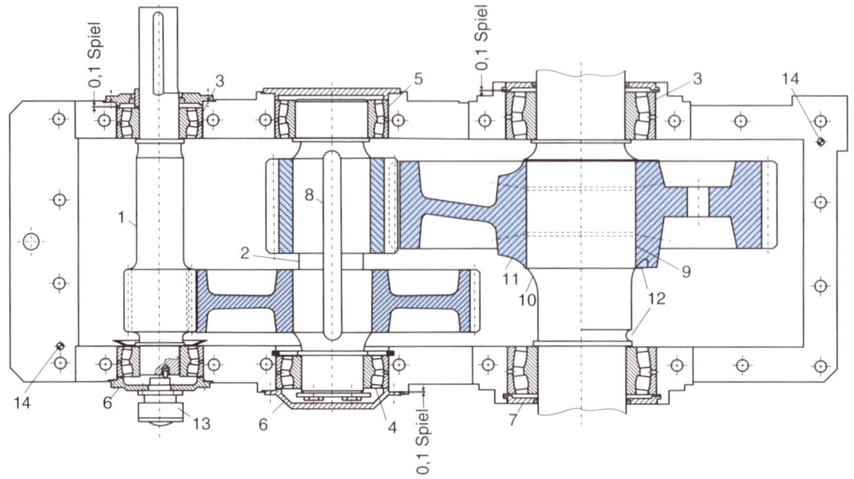

1 Antriebswelle als Ritzelwelle	8 Passfederverbindung des Abtriebsritzels
2 Zwischenwelle mit aufgesetztem Ritzel	9 Schrumpfsitz des Abtriebsrades
3 An- und Abtriebswelle schwimmend gelagert	10 Kerbarme Wellengestaltung
4 Festlager der Zwischenwelle	11 Kerbarme Nabengestaltung
5 Loslager der Zwischenwelle	12 Entlastungskerbe
6 Aufgesetzte Lagerdeckel	13 Ölpumpe
7 Eingelegte Lagerdeckel	14 Pass-Stift

Abbildung 18.82: Gestaltungsmöglichkeiten konstruktiver Details, dargestellt an einem Kranhubwerksgetriebe

Ausgehend von der im Folgenden behandelten Vorabdimensionierung, die grundsätzlich im Falle einer Getriebeneukonstruktion vorzunehmen ist, muss dann anschließend der vollständige Tragfähigkeitsnachweis durch den Vergleich von Beanspruchung und Beanspruchbarkeit (im Sinne einer Festigkeitsberechnung) gemäß Abschnitt 18.4 durchgeführt werden.

18.3.1 Verzahnungsqualität, Verzahnungsabweichungen und Toleranzen

Da die bereits vorgestellten Bestimmungsgrößen der Verzahnung (z.B. Zahnprofil, Teilung, Achsabstand) nicht mathematisch genau auf den zur Verfügung stehenden Fertigungseinrichtungen hergestellt werden können, muss man einerseits Fertigungsoleranzen zulassen, die jedoch andererseits so eng zu wählen sind, dass das Getriebe den gestellten Anforderungen genügt. Oftmals werden auch Ritzel und Räder unabhängig voneinander gefertigt und müssen dann ohne weitere Anpassarbeit miteinander gepaart werden können, was ebenfalls nur bis zu einer bestimmten Größe der Verzahnungsabweichungen möglich ist.

18.3.1.1 Verzahnungsqualität

Auf der Grundlage von Reihenuntersuchungen an Zahnrädern aus einer Fertigungsserie zur Häufigkeit des Auftretens von Einzel- und Sammelabweichungen erfolgte eine Einteilung in zwölf Genauigkeitsklassen (Qualitäten) gemäß Abbildung 18.83, mit Qualität 1 als feinster (heute immer noch kaum herstellbarer) Genauigkeit und Qualität 12 als gröbster Genauigkeit.

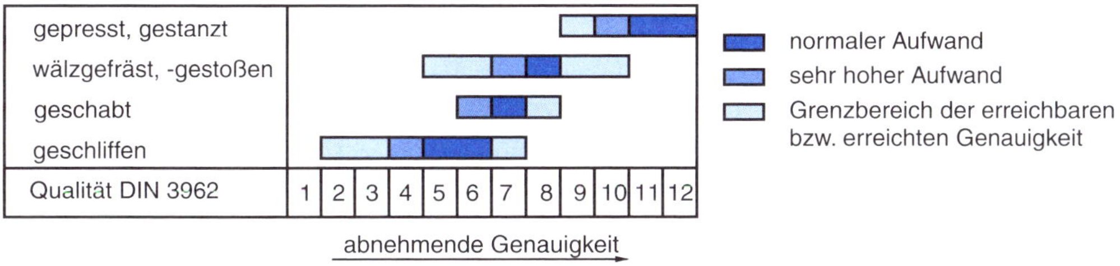

v [m/s]	Bearbeitung der Zahnflanken	Qualität DIN 3962	Toleranzfeld DIN 3967	Flankenrauheit [µm] R_a	R_z
0,8	Gegossen, roh	12	2 x 30	-	-
0,8	Geschruppt	11 oder 10	29 oder 28	6,3	40
2	Schlichtgefräst	9	27	1,6	14
4	Schlichtgefräst	8	26	0,8	6,3
8	Feingeschlichtet	7	25	0,4	3
12	Geschabt oder geschliffen	6	24	0,3	2
20	Feingeschliffen	5	23	0,1	1
40	Feinstbearbeitet	4 oder 3	22	0,05	0,5
60	Feinstbearbeitet	3	22 oder 21	0,025	0,3

Abbildung 18.83: Verzahnungsqualitäten, Toleranzklassen und Flankenrauheit

Üblicherweise kommen die Qualitäten 1 bis 4 für Mess- und Prüfzwecke (selten, extrem teuer) zur Anwendung, die Qualitäten 5 und 6 setzt man bei Messgeräten und im Feinmaschinenbau mit hohen Anforderungen ein, im allgemeinen Maschinenbau sind die Qualitäten 7 bis 10 vorherrschend und die Qualitäten 11 und 12 bleiben in der Regel untergeordneten Zwecken vorbehalten. Vergleichbare Genauigkeitsklassen sind auch im ISO-Standard 1328 festgelegt [18.162].

In Tabelle 18.24 sind Anhaltswerte für die Wahl von Verzahnungsqualität und Toleranzklasse bei Verzahnungen aus Kunststoff nach VDI 2545 zusammengestellt [18.384].

Verzahnung aus Kunststoff	Spritzgegossen hergestellt			Spanend hergestellt		
Getriebe mit	d [mm]	Qualität	Toleranzfeld	d [mm]	Qualität	Toleranzfeld
hohen Anforderungen	bis 10 10 ... 50	9 10	27 28	bis 10 10 ... 50	8 9	25 ... 27 26 ... 28
normalen Anforderungen	10 ... 50	11	29	bis 50 50 ... 125	10 11	27, 28 27, 28
geringen Anforderungen	bis 280	12	2 x 30	bis 280	12	28

Tabelle 18.24: Anhaltswerte für die Wahl von Verzahnungsqualität und Toleranzklasse bei Verzahnungen aus Kunststoff nach VDI 2545 [18.384]

18.3.1.2 Verzahnungstoleranzsystem – Verzahnungsabweichungen und Messtechnik

Das heute bekannte Toleranzsystem zur Festlegung der zulässigen geometrischen Verzahnungsabweichungen geht zurück auf 1936 begonnene, systematische Untersuchungen von Professor O. Kienzle (TH Berlin), Professor G. Berndt (TU Dresden) und Dr. Bürger der Physikalisch-Technischen Reichsanstalt Berlin-Charlottenburg [18.12], [18.216]. Im Jahre 1942 entstand das erste Toleranzsystem für Zahnräder der Feinwerktechnik, das anschließend auf den allgemeinen Maschinenbau ausgedehnt wurde. Die DIN 3962 – Toleranzen für Stirnradverzahnungen nach DIN 867, zulässige Einzelfehler, erschien erstmalig 1952, DIN 3963 – Toleranzen für Stirnradverzahnungen nach DIN 867, zulässige Flankenrichtungsfehler, Sammelfehler und Zahndickenmaße, folgte dann 1953 [18.37], [18.41], [18.42]. In DIN 3961 werden die Funktion und die Austauschbarkeit der Zahnräder durch Vorschriften zur Genauigkeit der Zahnräder (Verzahnungstoleranzsystem) und für das Flankenspiel der Zahnradpaare (Getriebe-Passsystem) berücksichtigt [18.40].

Somit erlauben die Normen DIN 3961, DIN 3962, DIN 3963 und DIN 3967 zu jeder Qualität die Zuordnung von Kombinationen zulässiger Einzel- und Sammelabweichungen abhängig von den Radabmessungen [18.45]. Zur Kennzeichnung der Gehäusegenauigkeit sind in DIN 3964 abhängig von Achsabstandsstufungen ebenfalls zwölf Genauigkeitsklassen festgelegt mit entsprechender Zuordnung von Achsabstands- und Achslagetoleranzen [18.43].

Zur leichteren Festlegung der Toleranzen sind in DIN 3961 abhängig von den Betriebseigenschaften und Anforderungen die jeweils wichtigsten Toleranzen in den folgenden speziellen Funktionsgruppen zusammengefasst:

- Gruppe G: Gleichförmigkeit der Bewegungsübertragung
- Gruppe L: Laufruhe und dynamische Tragfähigkeit
- Gruppe T: Statische Tragfähigkeit (Lastverteilung)
- Gruppe N: Keine Angabe der Funktion

So sind z.B. für die Gruppe L (Laufruhe und dynamische Tragfähigkeit) die Einflankenwälzabweichung und Teilungsabweichung wichtig. Innerhalb einer Funktionsgruppe sind durch die Prüfgruppen A, B und C jeweils mehrere zum Nachweis geeignete Toleranzen zusammengefasst, z.B. die Eingriffsteilungsabweichung f_{pe}, die Flankenliniengesamtabweichung F_β und die Profilgesamtabweichung F_α. Ferner ist es möglich, einer Verzahnung (Paarung) zwei oder mehr Funktionsgruppen unterschiedlicher Qualität zu einer sogenannten Toleranzfamilie zuzuordnen. So bedeutet die Bezeichnung *G8*, *L7*, dass die Bestimmungsgrößen für die Gleichförmigkeit der Bewegungsübertragung (*G*) in Qualität 8 und die Bestimmungsgrößen für die Laufruhe (*L*) in Qualität 7 zu wählen sind.

Häufig erfolgt bei der Toleranzangabe keine Funktionsgruppenzuordnung, sodass dann für die Prüfung die Festlegungen des Herstellers, die Forderungen des Auftraggebers oder gemeinsam getroffene Vereinbarungen gelten. Dabei erfolgt für hoch beanspruchte Getriebe zunehmend die Festlegung der Toleranzen bzw. Verzahnungsqualität(en) nach dynamischen Berechnungen, Berechnungen zur Tragfähigkeit und Laufgleichmäßigkeit auf der Basis genauerer, meist numerischer Analysemethoden (s.a. Abschnitt 18.4.3.3). Die hierfür erforderliche Festlegung der zu prüfenden Abweichungsarten (Toleranzen) richtet sich dann nach der Bedeutung der jeweiligen Größe, den Fertigungsgegebenheiten und statistischen Analysen.

Generell ist zu beachten, dass man keine feineren Toleranzen als unbedingt notwendig vorschreibt, da z.B. im Bereich der DIN-Qualitäten 5 bis 8 die Fertigungskosten für ein Zahnrad beim Übergang auf die nächst feinere Qualität um 60 bis 80% ansteigen. Ebenso ist bei der Festlegung der Fertigungstoleranzen zu bedenken, dass andere Einflussgrößen die Funktionalität unter Umständen stärker beeinflussen können als die Maßabweichungen. So hat z.B. die Wahl des Schrägungswinkels und der Sprungüberdeckung einen wesentlichen Einfluss auf das Geräuschverhalten. Des Weiteren bewirken hohe Umfangskräfte erhebliche Zahnverformungen mit entsprechenden Auswirkungen auf die Flankenform- und Teilungsabweichungen und auch die Steifigkeit der Wellen, Lagerungen und Gehäuse ist wesentlich für die sich im Betrieb einstellende Tragbildabweichung, sodass es nicht immer sinnvoll ist, für Kraft übertragende Getriebe die hohe Fertigungsgenauigkeit von Lehrzahnrädern zu fordern.

Ausgehend von diesen Grundüberlegungen werden im Folgenden die konstruktiv, fertigungstechnisch und messtechnisch relevanten Verzahnungsabweichungen, d.h. die Profil-, Flankenrichtungs-, Teilungs-, Wälz- und Rundlaufabweichungen genauer betrachtet.

Bei den Verzahnungsabweichungen unterscheidet man die als Einzelabweichungen bezeichneten Abweichungen einzelner Bestimmungsgrößen und die als Sammelabweichungen bezeichneten Wälzabweichungen aufgrund der gemeinsamen Auswirkungen der einzelnen Abweichungen.

1 **Flankenabweichungen** – Diese umfassen alle Abweichungen der Ist-Flankenfläche von der als Sollwert (Nennwert) berechneten bzw. festgelegten Evolventen-Schraubenfläche unter Berücksichtigung gewünschter Abweichungen. Dabei lassen sich Flankenabweichungen am Stirnrad von der eigentlich erforderlichen Flächenbetrachtung durch Schnittbetrachtungen auf einen linearen Vergleich von Soll- und Istwerten wie folgt zurückführen:

- Abweichung eines Profils in Stirnschnittebenen
- Abweichung der Flankenlinie (in axialer Richtung) bei Durchdringung eines gleichachsigen Zylinders mit der Flankenfläche
- Abweichung der Erzeugenden (Kontaktlinie) als Schnittgerade mit der Eingriffsebene

Entsprechend Abbildung 18.84 und Abbildung 18.85 lassen sich die Flankenabweichungen hinsichtlich der Form-, Winkel- und Gesamtabweichung unterscheiden.

Gemäß Abbildung 18.86 werden aus diesen Schnitten mithilfe von Flankenprüfgeräten entsprechende Flankenprüfbilder erzeugt. Dabei ist zu beachten, dass die nur auf Gesamtabweichungen konzentrierte Toleranzfestlegung für das qualitätssichere Beherrschen der Prozesse (Maschineneinstellung, technologische Parameter, Aufspanngenauigkeiten) nicht hinreichend ist, weshalb die Form- und Lageabweichungen von Profil- und Flankenlinie entsprechend DIN 3961 toleriert und den Gesamtabweichungen aufgrund vorhandener praktischer Erfahrungen bzw. statistischer Betrachtungen zugeordnet werden. [18.40], [18.181], [18.200].

Profil-Winkelabweichung $f_{H\alpha}$

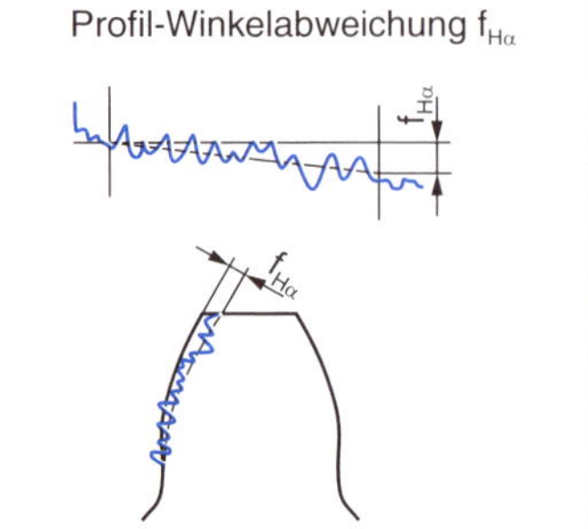

Abstand zwischen den beiden Nenn-Profilen, die an den Endpunkten des Prüfbereiches das um eine Schrägungskomponente veränderte Nenn-Profil schneiden

Profil-Formabweichung $f_{f\alpha}$

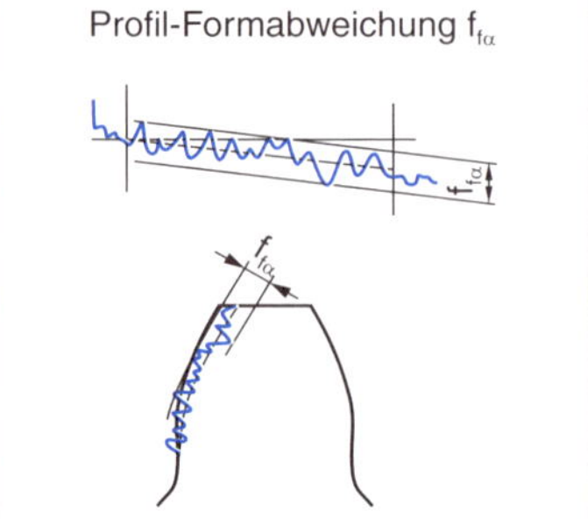

Abstand zwischen den beiden Evolventen des Ist-Grundkreises, die innerhalb des Prüfbereiches das Ist-Profil berührend einschließen

Profil-Gesamtabweichung F_{α}

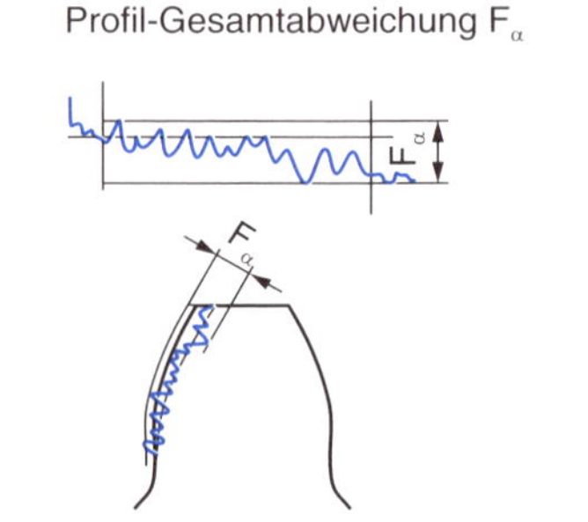

Abstand zwischen den beiden Nenn-Profilen, die innerhalb des Prüfbereiches die Zahnflanke berührend einschließen

Abbildung 18.84: Flankenabweichungen – Abweichung eines Profils in der Stirnschnittebene nach DIN 3960 und DIN 3962 [18.39], [18.41].

Flankenlinien-Winkelabweichung $f_{H\beta}$

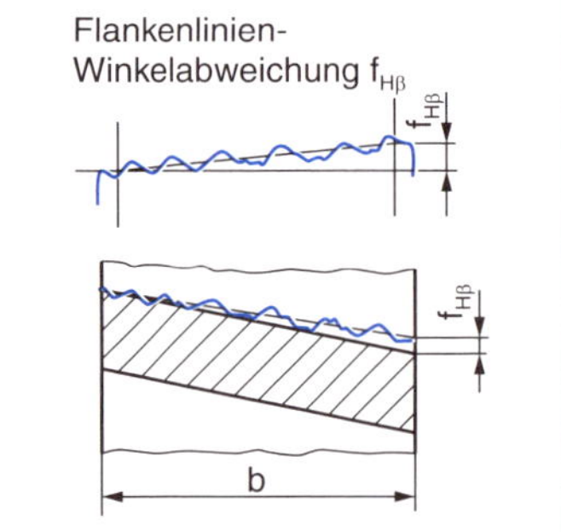

Abstand in einer Stirnschnittebene zwischen den beiden Nenn-Flankenlinien, die an den Endpunkten des Prüfbereiches die Schraubenlinie mit der Ist-Steigungshöhe schneiden

Flankenlinien-Formabweichung $f_{f\beta}$

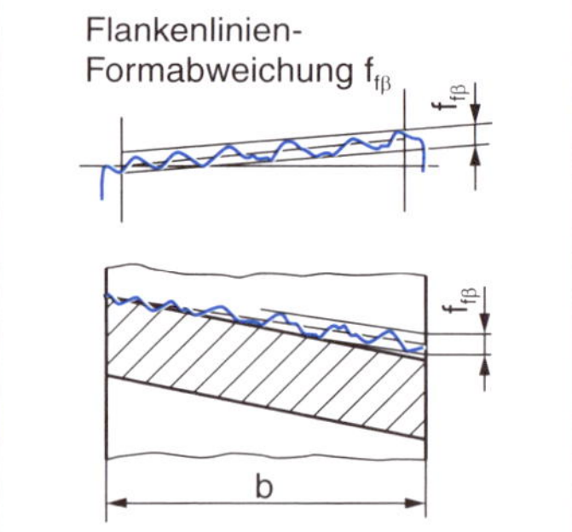

Abstand zwischen den beiden Schraubenlinien mit der Ist-Steigungshöhe, die innerhalb des Prüfbereiches die Ist-Flankenlinie berührend einschließen

Flankenlinien-Gesamtabweichung F_{β}

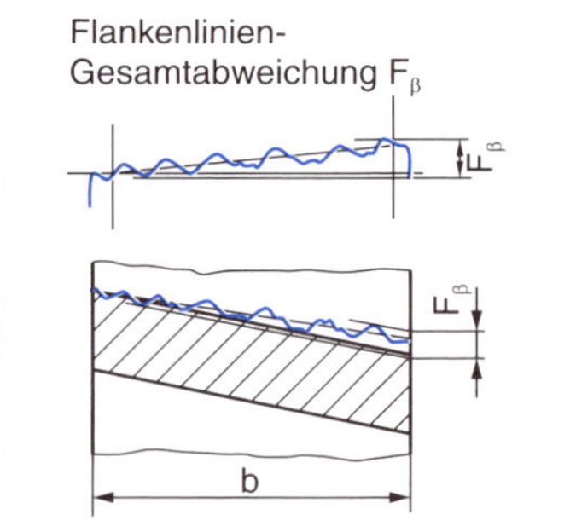

Abstand zwischen den beiden Nenn-Flankenlinien, die innerhalb des Prüfbereiches die Zahnflanke berührend einschließen

Zahnbreite b [mm]	Zulässige Flankenlinien-Winkelabweichung $f_{H\beta}$ in μm in Abhängigkeit von der DIN-Qualität						
	6	7	8	9	10	11	12
bis 20	8	11	16	25	36	56	90
> 20 ... 40	9	13	18	28	40	63	100
> 40 ... 100	10	14	20	28	45	71	110
> 100	11	16	22	32	50	80	125

Abbildung 18.85: Flankenabweichungen – Abweichung der Flankenlinie nach DIN 3960 und DIN 3962 [18.39], [18.41]

1 Formabweichungen
2 Winkelabweichungen
3 Gesamtabweichungen

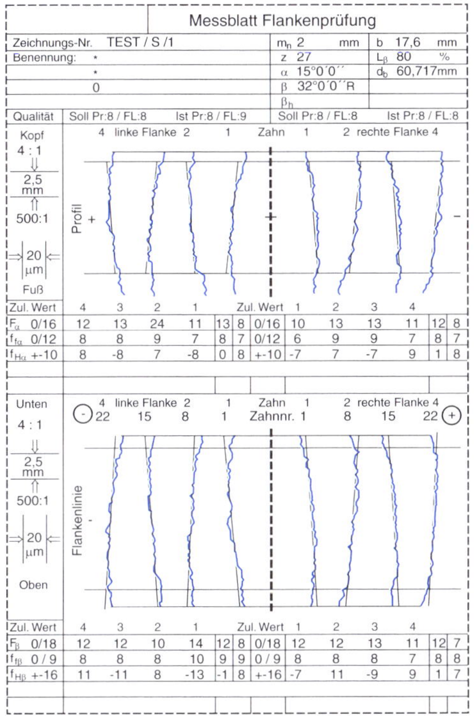

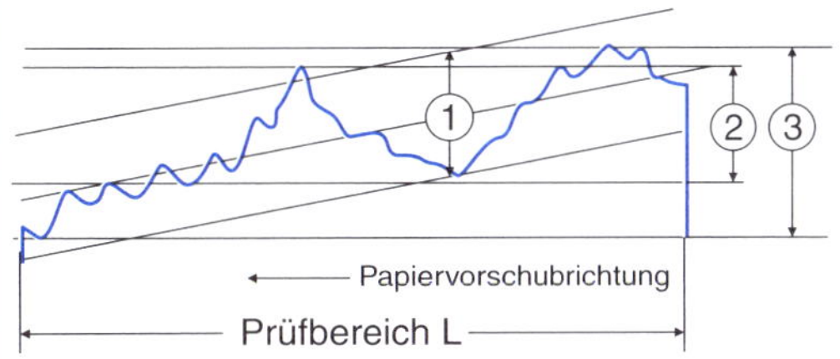

Im nebenstehenden Prüfbild entsprechen die Nenn-Evolventen und die Nenn-Flankenlinien Geraden, sodass alle Abweichungen von der Geraden im ursächlichen Sinn als Abweichungen der Evolvente bzw. der Flankenlinie gedeutet werden.

Sind Flankenmodifikationen wie z. B. Höhen- und Breitenballigkeit, Kopfrücknahme oder konische Verzahnung vorgesehen, beziehen sich die Abweichungen auf den mit der Flankenmodifikation festgelegten neuen Soll-Verlauf (siehe unten).

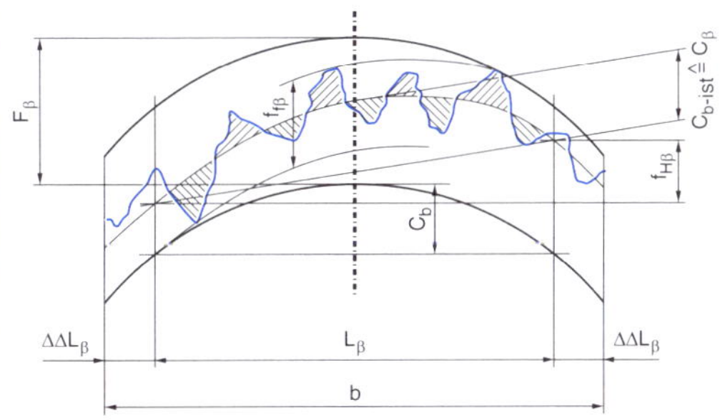

Abbildung 18.86: Analyse der Flankenschnittlinien nach Gesamt-, Winkel- und Formabweichung und Messprotokoll für eine Zahnflanke

Zu den Modifikationen des Zahnprofils, bei denen gemäß Abbildung 18.87 c) ein neuer Soll-Verlauf zu berücksichtigen ist, gehören innerhalb des nutzbaren Bereiches der Zahnflanken die Kopfrücknahme $C_{aα}$, die Fußrücknahme $C_{fα}$ und die Höhenballigkeit. Außerhalb des nutzbaren Flankenbereiches zählen Fußfreischnitt (u.a. durch Protuberanzen) und Kopfkantenbruch zu den maßgeblichen Korrekturen. Der Profilprüfbereich $L_α$ in Abbildung 18.87 a) wird durch den Fußnutzkreis und den Kopfnutzkreis begrenzt, wobei $L_α$ meist als Länge in Richtung der Eingriffslinie im Stirnschnitt angegeben wird.

Die Modifikationen der Flankenlinie wie Konizität, Kantenrücknahme oder Breitenballigkeit werden auf die Verzahnungsbreite bezogen und demzufolge in Richtung der Zahnbreite angegeben. Die Auswertung der Zahnprofile und Flankenlinien erfolgt immer über der Wälzlänge g_A bzw. der Auswertungsbreite b_A. Sie ergeben sich aus der Eingriffsstrecke $g_α$ bzw. der Zahnbreite b durch Abzug des Kantenbruches und der Längen $ΔΔg_{αa}$, $ΔΔg_{αf}$ bzw. $ΔΔb_A$, $ΔΔb_B$, wenn dort eine Flankenrücklage vorliegt. Sind keine speziellen Vereinbarungen getroffen, gelten als Anhaltswerte $ΔΔg_{αa} = ΔΔg_{αf} \approx 0{,}03 \cdot g_α$ und $ΔΔb_A = ΔΔb_B \approx 0{,}03 \cdot b$ [18.216].

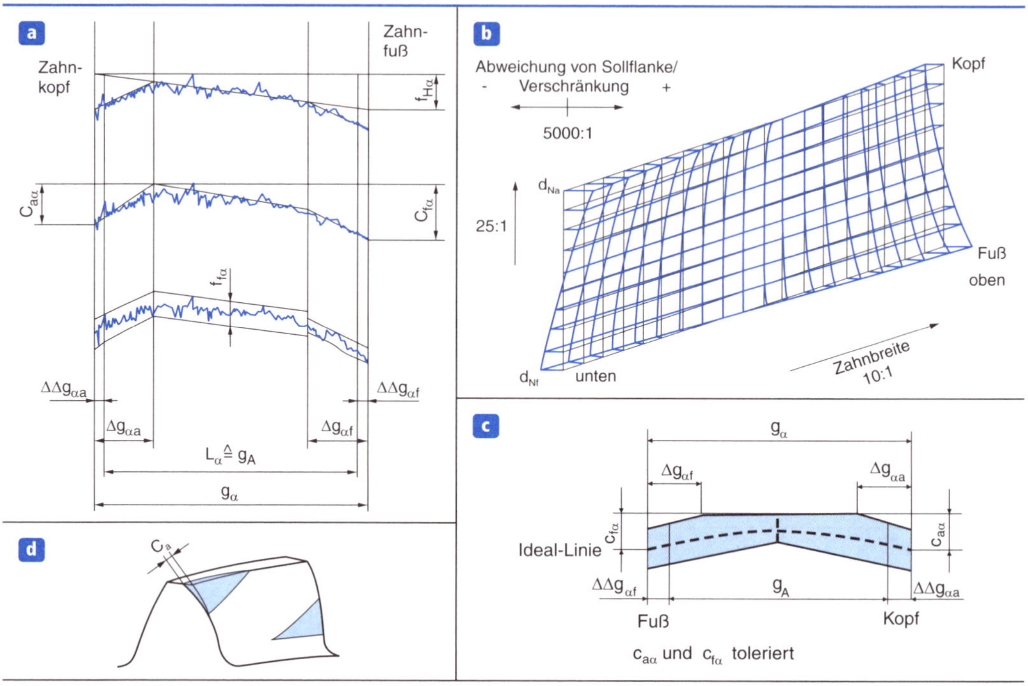

Abbildung 18.87: Verschiedene Flankenmodifikationen – a) Prüfdiagramm des Profils, b) verschränkte Flankenfläche einer breitenballigen Verzahnung, c) Profilauswertung mittels Schablone, d) Zahnflankenkorrektur in Eingriffsrichtung bei Schrägverzahnung [18.216]

Bei breitenmodifizierten Schrägverzahnungen können verschränkte Flankenflächen gemäß Abbildung 18.87 b) auftreten. Derartige Verschränkungen der Ist-Fläche gegenüber der Soll-Fläche sind geometrisch aus den Berührverhältnissen von Werkzeug und Werkstück bei Verzahnungs-Wälzverfahren ableitbar. Sie werden durch die Prüfung der Flankenlinien auf mehreren Durchmessern gleichachsiger Zylinder erfasst, was auch für die Prüfung mehrerer Profile in verschiedenen Stirnschnitten gilt.

Während die genannten Flankenmodifikationen ein konstantes Profil längs der Flankenlinie (Verzahnungsbreite) aufweisen, ist zum Ausgleich von Zahndeformationen unter Last, Verformungen der Umgebung (Wellen und Lagerung) und Temperatureinflüssen der Übergang zu topologischen Flankenmodifikationen erforderlich. In derartigen Fällen wird das Profil veränderlich in Flankenrichtung gemäß Abbildung 18.87 d) korrigiert, was sich prüftechnisch durch punktweises Messen der Ist-Flankenfläche, bezogen auf das Soll-topologische Gitter, erfassen lässt [18.257].

Da die Profil- und Flankenlinienabweichungen achsbezogen gemessen werden, schwanken die Flankenabweichungen am Radumfang, wenn die Radachse mit der Verzahnungsachse nicht übereinstimmt (Exzentrizität, Taumeln der Achsen zueinander). Zur Kompensation dieser Lageabweichungen werden mit der Messmaschine die periodisch am Radumfang schwankenden Messwerte an vier gleichmäßig verteilten Stellen erfasst und mithilfe einer Ausgleichsrechnung (Linearkombination von Sinus- und Kosinusgliedern) lässt sich dann die maximale Abweichung am Radumfang berechnen [18.402].

2 **Teilungsabweichungen** – gemäß Abbildung 18.88 ist die Teilungseinzelabweichung f_p definiert als der Unterschied zwischen Ist-Maß und Soll-Maß der auf dem Teilkreis (oder einem dem Teilkreis möglichst nahe liegenden Kreis) gemessenen Stirnteilung p_t.

Teilungseinzelabweichung f_p	**Eingriffsteilungsabweichung f_{pe}**
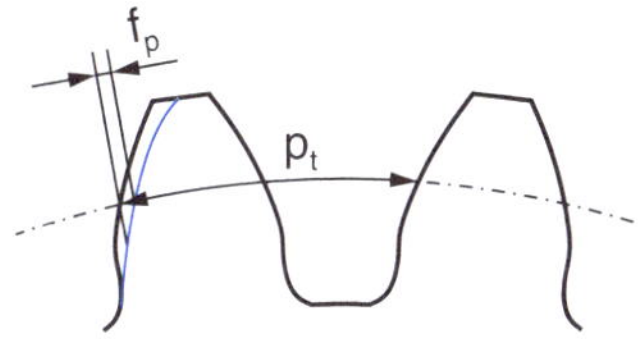	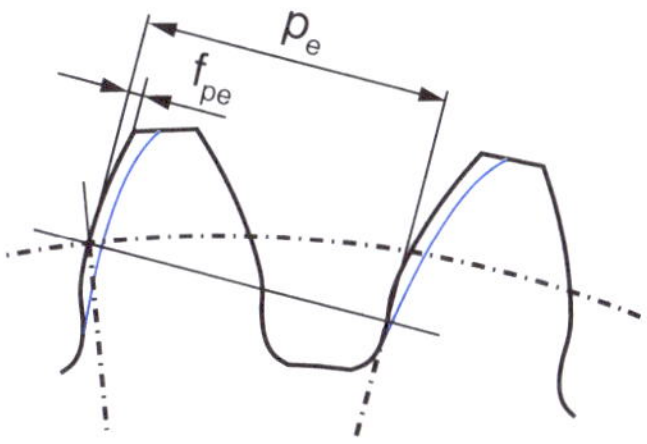
Unterschied zwischen Ist- und Nenn-Maß einer einzelnen Stirnteilung p_t der Rechts- oder Linksflanken	Unterschied zwischen Ist- und Nenn-Maß einer Eingriffsteilung p_e: $f_{pe} = \left\| p_{e,ist} - p_{e,soll} \right\|$ (18.182)

Abbildung 18.88: Teilungsabweichungen – Teilungseinzelabweichung f_p und Eingriffsteilungsabweichung f_{pe} nach DIN 3962 [18.41]

Wie in Abbildung 18.89 c) beispielhaft für ein Rad mit 20 Zähnen dargestellt, lassen sich aus z Messungen der Stirnteilungen p_t die Teilungsschwankung R_p als Differenz zwischen größtem und kleinstem Wert, der Teilungssprung f_u und die Teilungsgesamtabweichung F_p rechnerisch ermitteln. Bei großen Zahnrädern wird die Berechnung der Gesamtabweichung durch die rationeller zu bestimmende Teilungssummenabweichung über k Teilungen F_{pk} ersetzt oder aber man ermittelt gemäß Abbildung 18.89 b) eine Teilungsspanne, insbesondere bei großen Zähnezahlen $z > 60 \ldots 80$:

$$p_k = k \cdot p_t \quad \text{mit} \quad k = \frac{4,4}{m} \cdot \sqrt[3]{d} \tag{18.183}$$

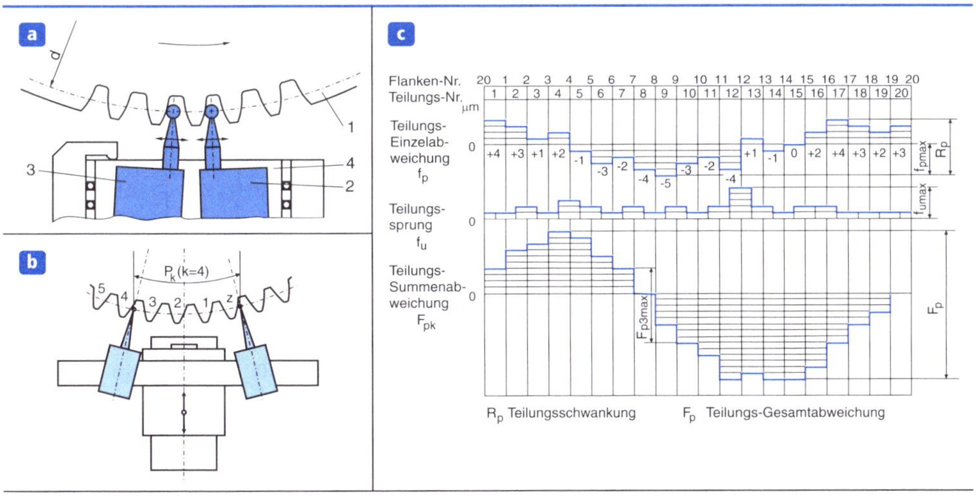

Abbildung 18.89: Teilungsabweichungen – a) Teilungsmessgerät, b) Teilungsspannenmessung, c) Diagramm der Teilungsabweichungen [18.216]

Aus diesen Teilungsspannen über S Einzelteilungen können dann die Teilungsspannenabweichungen $f_{p(S)}$, $F_{pk(S)}$ und $F_{p(S)}$ bestimmt werden. Als Teilungssprung f_u wird der absolute Betrag der Differenz zwischen zwei aufeinander folgenden Teilungseinzelabweichungen bezeichnet.

Die zulässigen Werte für die Kreisteilungsabweichungen sind aus DIN 3962 zu entnehmen, Tabelle 18.25 enthält einige Anhaltswerte [18.41]. Bei den Kreisteilungsabweichungen ist zu berücksichtigen, dass die Werte durch die Rundlaufabweichung der Verzahnungsachse (achsenbezogene Messung) beeinflusst werden. Des Weiteren wird die Kreisteilungsabweichung bei der Fertigung durch die Teilgenauigkeit der Verzahnungsmaschinen und durch Werkzeugeinfluss in ihrer Größe bestimmt [18.299]. Für die Abnahme von Verzahnungsmaschinen ist die Prüfung der Kreisteilungsabweichungen von großer Bedeutung.

d [mm]		m_n [mm]										
über	**bis**	**über**	**bis**	**4**	**5**	**6**	**7**	**8**	**9**	**10**	**11**	**12**
	10	von 1	2	3	4,5	6	9	12	18	28	45	71
10	50	von 1	2	3,4	5	7	9	14	18	28	50	80
		2	3,55	3,5	5	7	10	14	20	32	50	80
		3,55	6	4	6	8	11	16	22	36	56	90
		6	10	5	7	10	12	18	25	40	63	110
50	125	von 1	2	4	5	7	10	14	20	32	50	80
		2	3,5	3,5	5	7	10	14	20	32	50	80
		3,55	6	4	6	9	12	16	25	40	63	100
		6	10	5	7	10	14	20	28	45	71	110
		10	16	6	9	12	18	25	32	56	90	140
125	280	von 1	2	4	5,5	8	11	16	22	36	56	90
		2	3,55	4	6	8	11	16	22	36	56	90
		3,55	6	4,5	7	9	12	18	25	40	63	100
		6	10	5,5	8	11	14	20	28	45	71	125
		10	16	6	9	12	18	25	36	56	90	140
		16	25	8	11	16	22	32	45	71	110	180
		25	40	11	15	22	28	40	56	90	140	250
280	560	von 1	2	4,5	6	8	12	16	22	36	56	100
		2	3,55	4	6	8	12	16	22	36	56	90
		3,55	6	5	7	10	14	20	28	45	71	110
		6	10	6	8	11	16	22	32	50	80	125
		10	16	7	10	14	20	28	36	56	90	160
		16	25	8	12	16	22	32	45	71	110	180
		25	40	11	16	22	32	45	63	100	160	250
560	1.000	von 2	3,55	4,5	6	9	12	18	25	40	63	100
		3,55	6	5,5	8	11	16	20	28	45	75	125
		6	10	6	9	11	16	25	32	56	90	140
		10	16	7	10	14	20	28	40	63	100	160
		16	25	9	12	18	25	36	50	80	125	200
		25	40	12	16	22	32	45	63	100	160	250

Tabelle 18.25: Zulässige Teilungs- und Eingriffsteilungsabweichungen nach DIN 3962 [18.41]

Nach Abbildung 18.90 versteht man unter der Eingriffsteilungsabweichung den Unterschied zwischen Ist-Maß und Soll-Maß einer Eingriffsteilung p_c auf der Tangentialebene an den Grundzylinder. Von den möglichen Eingriffsteilungsabweichungen im Stirnschnitt f_{pet} und im Normalschnitt f_{pen} ist die Abweichung im Normalschnitt toleriert, wobei die Toleranzen DIN 3962 zu entnehmen sind [18.41]. Ähnlich wie bei Kreisteilungsabweichung f_p werden Eingriffsteilungsschwankungen V_{pe} und Eingriffsteilungssprünge f_{peu} am Zahnrad definiert, weshalb sie häufig für die rechnergestützte Diagnose von Fehlerursachen in Verzahnungsschleifprozessen angewendet werden [18.298].

Abschließend sei noch die Axialteilungsabweichung erwähnt, die nur als Axialteilungssummenabweichung F_{px} über k ($k > l$) benachbarte Axialteilungen im Normalschnitt bestimmt wird. Der Einsatz ist auf die ersatzweise Messung der Flankenlinienwinkelabweichung bei großen Stirnrädern begrenzt.

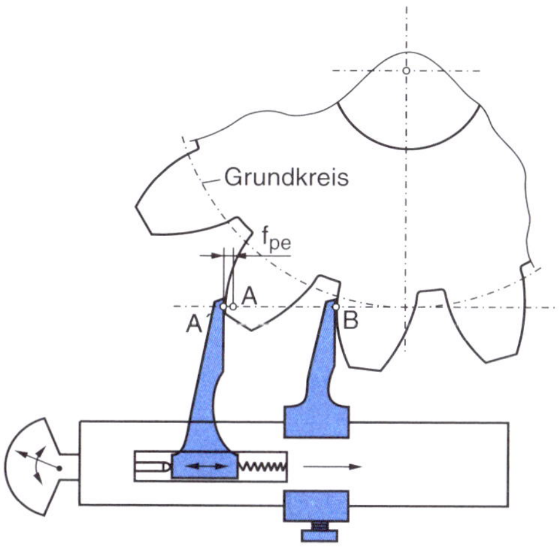

Die Eingriffsteilungsabweichung ist wegen der „bezugsfreien" Messung (Flankenbezug) frei vom Einfluss der Achslage des Rades. Durch den Zusammenhang zwischen mittlerer Eingriffsteilungsabweichung f_{pem} und mittlerer Eingriffswinkelabweichung $f_{\alpha m}$ wird der praktisch wirksame Einfluss der Verzahnungswerkzeuge deutlich [18.15]:

$$f_{\alpha m} = \frac{f_{pem}}{\pi \cdot m \cdot \sin \alpha} \qquad (18.184)$$

Ein Anteil der Schwankung der Kreisteilung geht ebenfalls in die Eingriffsteilungsabweichung ein, nicht jedoch der durch die Achslageabweichung bedingte Anteil.

Abbildung 18.90: Prinzip zur Messung der Eingriffsteilung mit einem Handgerät

Zulässige Teilungsabweichungen für Triebstockverzahnungen sind in Tabelle 18.26 zusammengestellt [18.252].

Modul m in mm	**10**	**20**	**30**	**50**	**80**
Ritzel	± 0,05	± 0,10	± 0,15	± 0,20	± 0,25
Triebstock	± 0,15	± 0,25	± 0,40	± 0,55	± 0,65

Tabelle 18.26: Zulässige Teilungsabweichung für Triebstockverzahnungen in mm [18.252]

3 **Rundlaufabweichungen** – entsprechend Abbildung 18.91 ist die Rundlaufabweichung F_r einer Verzahnung der größte radiale Lageunterschied eines nacheinander in die Zahnlücken eingelegten kegelförmigen (zahnstangenförmigen) Messkörpers bzw. einer Kugel oder eines Zylinders. Alternativ kann ein nacheinander über alle Zähne angelegtes reiterförmiges Messgerät verwendet werden, wenn der halbe Öffnungswinkel des Messkörpers mit dem Bezugsprofilwinkel der zu messenden Verzahnung übereinstimmt. Die Hauptursachen einer Rundlaufabweichung sind die Außermittigkeit der Verzahnung, ein Taumeln der Verzahnungsachse und unterschiedliche Lückenweiten infolge Teilungsabweichungen der Rechts- und Linksflanken. Die zulässigen Toleranzen sind DIN 3962 zu entnehmen [18.41].

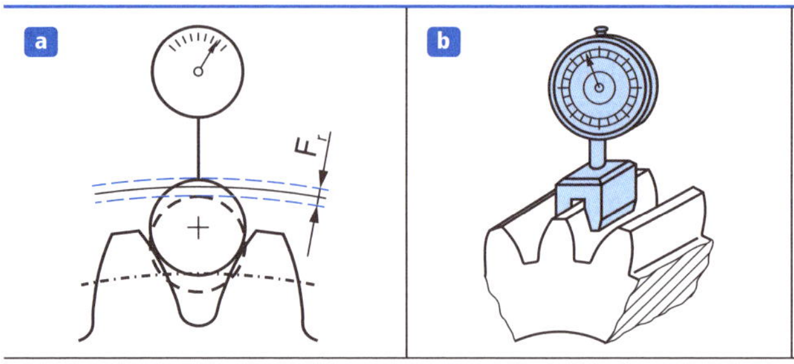

Die Berührung zwischen Messkörper und Zahnflanken soll in der Nähe des V-Kreisdurchmessers liegen:

$$d_v = d + 2 \cdot m_n \cdot x \qquad (18.185)$$

Abbildung 18.91: Rundlaufabweichung und Möglichkeiten der messtechnischen Erfassung

4 Achsabstandsabmaße von Gehäusen für Stirnradgetriebe und Toleranzen für Achsschränkung $f_{\Sigma\beta}$ und Achsneigung $f_{\Sigma\delta}$ sind in DIN 3964 abhängig von der Achslagegenauigkeitsklasse zusammengestellt [18.43]. Tabelle 18.27 enthält eine Übersicht zu Toleranzen für Achsschränkung $f_{\Sigma\beta}$ und Achsneigung $f_{\Sigma\delta}$ abhängig vom Lagermittenabstand L_g [18.43].

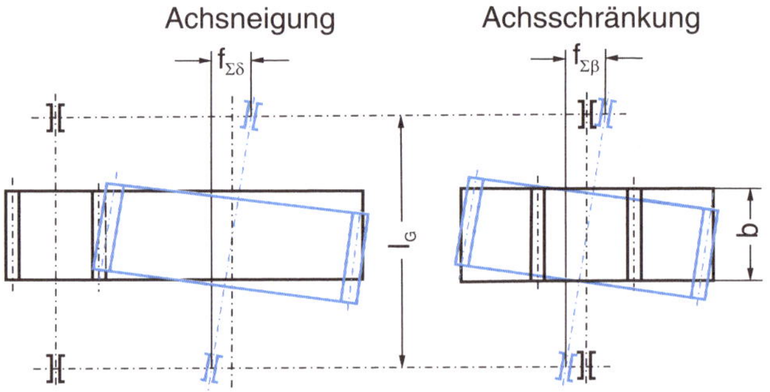

Lagermittenabstand L_g in mm		**Achslagegenauigkeitsklasse**											
über	**bis**	**1**	**2**	**3**	**4**	**5**	**6**	**7**	**8**	**9**	**10**	**11**	**12**
	50	5	6	8	10	12	16	20	25	32	40	50	63
50	125	6	8	19	12	16	20	25	32	40	50	63	80
125	280	8	10	12	16	20	25	32	40	50	63	80	100
280	560	10	12	16	20	25	32	40	50	63	80	100	125
560	1.000	12	16	20	25	32	40	50	63	80	100	125	160
1.000	1.600	16	20	25	32	40	50	63	80	100	125	160	200
1.600	2.500	20	25	32	40	50	63	8	100	125	160	200	250
2.500	3.150	25	32	40	50	63	80	100	125	160	200	250	320

Tabelle 18.27: Anhaltswerte für Achsschränkung $f_{\Sigma\beta}$ und Achsneigung $f_{\Sigma\delta}$ nach DIN 3964 [18.43]

5 **Wälzabweichungen** – Gemäß Abbildung 18.92 erfasst man Wälzabweichungen beim Wälzen des Prüfzahnrades mit einem Gegenzahnrad, wobei das Gegenzahnrad ein Lehrzahnrad mit drei Genauigkeitsklassen feiner als das Prüfzahnrad (Prüfpaar) oder das funktionelle Gegenrad in der Getriebestufe (Radpaar) sein kann.

Bei der Wälzprüfung unterscheidet man die Einflankenwälzprüfung mit vorgeschriebenem Achsabstand, Einflankeneingriff und Orientierung auf funktionelle Abweichungen und die Zweiflankenwälzprüfung mit spielfreiem Zweiflankeneingriff, veränderlichem Achsabstand und Orientierung auf geometrische Abweichungen. Wälzabweichungen gehören zu den Sammelabweichungen, da sie durch geometrische Einzelabweichungen in unterschiedlicher Art beeinflusst werden.

Aus der Einflankenwälzprüfung erhält man einerseits Aussagen zu kinematischen Abweichungen wie Einflankenwälzabweichung F_i', Einflankenwälzsprung f_i', kinematische Abweichung F_{i0}' bzw. Sprung der kinematischen Abweichung f_{i0}' und andererseits zu zyklischen Abweichungen wie zyklische Abweichung f_{zk}, Abweichung mit Zahnfrequenz f_{zz} bzw. f_{zkO} und f_{zzO} für die Radpaare gemäß Abbildung 18.93. Dabei wird die Einflankenwälzabweichung F_i' definiert als der größte Betrag der Abweichung am Umfang der Verzahnung zwischen Soll- und Ist-Lage für eine Prüfraddrehung.

Zweiflankenwälzabweichung F_i''	**Einflankenwälzabweichung F_i'**
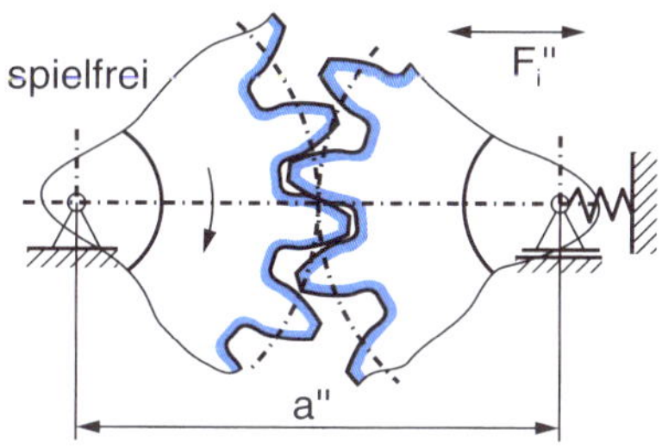	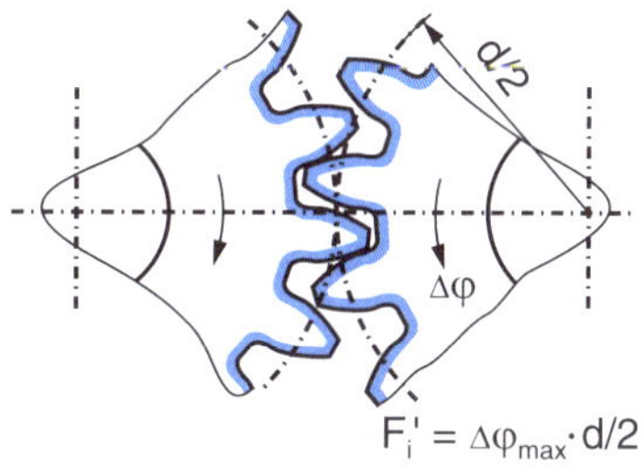
Unterschied zwischen dem größten und kleinsten Wälzachsabstand a'' innerhalb einer Prüfzahnradumdrehung	Unterschied der größten voreilenden und der größten zurückbleibenden Drehstellungsabweichung gegenüber einem Anfangswert innerhalb einer Prüfzahnradumdrehung

Abbildung 18.92: Wälzabweichungen – Zweiflankenwälzabweichung F_i'' und Einflankenwälzabweichung F_i' nach DIN 3963 [18.42]

Die Einflankenwälzprüfung setzt wegen der zu bestimmenden zyklischen Abweichungen (z.B. mittels FFT – Fast Fourier Transformation) rechnergestützte Messtechnik voraus und wird überwiegend dort angewendet, wo wegen der kinematischen Genauigkeit der Radpaare erhöhte Anforderungen gestellt werden (z.B. bei Druckmaschinen, Steuerrädern für Motoren). Die Definition und die Festlegung zulässiger Abweichungen enthält DIN 3963 [18.42].

Ferner ist zu berücksichtigen, dass die Einflankenwälzprüfung die für die Tragfähigkeitsberechnung erforderlichen Informationen nicht liefern kann, da sie jeweils nur den höchsten Punkt eines Eingriffsgebietes erfasst.

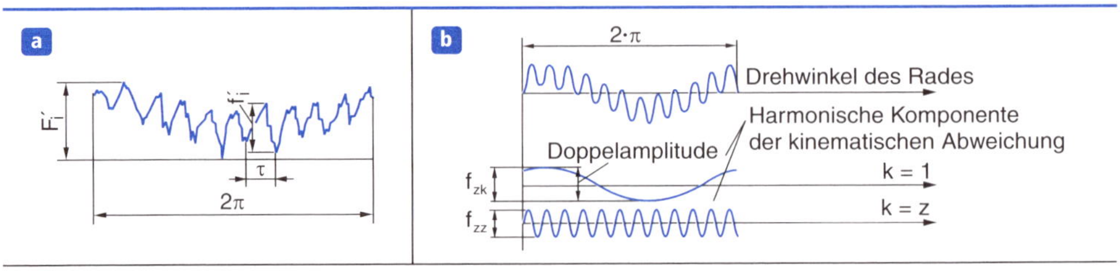

Abbildung 18.93: Einflankenwälzabweichung – a) Prüfbild, b) zyklische Abweichungen [18.216]

Bei der Zweiflankenwälzprüfung gemäß Abbildung 18.92 a) werden die Zweiflankenwälzabweichung F_i' und der Zweiflankenwälzsprung f_i'' aus den Aufzeichnungen bei einer Prüflingsumdrehung bestimmt, d.h. sie resultieren aus der Schwankung des Messachsabstandes a''.

In der Großserienfertigung bei Verzahnungsqualitäten ≥ 6 hat sich die Zweiflankenwälzprüfung als Endkontrolle zwar durchgesetzt, zur qualitativen Steuerung der Verzahnungsprozesse sind die Informationen jedoch zu allgemein. Häufig nutzt man die Zweiflankenwälzprüfung als rationelle Ersatzprüfung für die Rundlaufabweichung F_r (Wälzrundlaufabweichung F_r'' nach DIN 3960) gemäß Abbildung 18.94, wobei aber definitionsgemäß Unterschiede zwischen F_r'' und F_r' bestehen. Die Festlegung zulässiger Abweichungen erfolgt gemäß DIN 3963 [18.42].

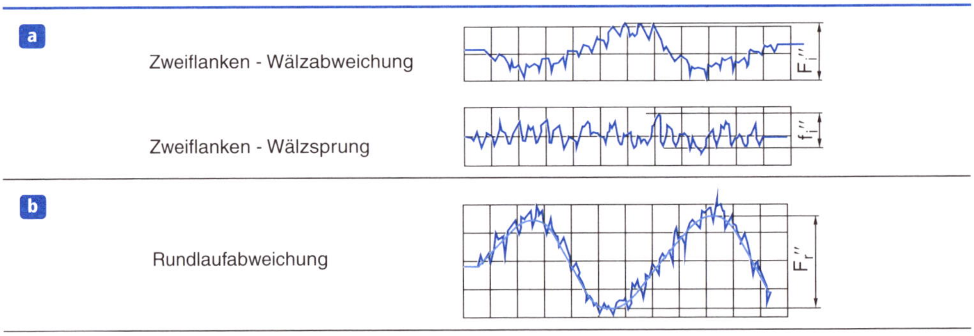

Abbildung 18.94: Prüfbilder der Zweiflankenwälzabweichungen – a) Wälzabweichung und Wälzsprung, b) Wälzrundlaufabweichung [18.216]

Zur Messung der vorgestellten Größen gibt es sowohl Handmessgeräte als auch komplexe Verzahnungsmesszentren (Verzahnungsmessmaschinen) , bei denen die ursprünglich mechanischen Vergleichsgetriebe zur Erzeugung der Kurven des Profils und der Flankenlinie durch elektrische Vergleichsgetriebe in Verbindung mit hoch auflösenden Messsystemen ersetzt wurden. Mit derartigen Verzahnungsmessmaschinen werden die Anforderungen an die Gerätemessunsicherheit nach Angaben der Messgerätehersteller entsprechend VDI/VDE 2612 so erfüllt, dass die Verzahnungsqualität 1 nach DIN 3962 (entspricht Gruppe I nach VDI/VDE 2612) noch reproduzierbar gemessen werden kann [18.41], [18.390].

Da mit derartigen stationären Maschinen keine Flankenmessungen direkt auf der Verzahnungsmaschine erfolgen können, wurden mobile Flankenprüfgeräte entwickelt, mit denen das Einrichten von Fertigungsprozessen auf der Verzahnungsmaschine möglich ist.

Abschließend sei darauf hingewiesen, dass es trotz der von den Koordinatenmessmaschinen zur Verfügung gestellten Punktnetzes der vermessenen Flankenfläche stets sinnvoll ist, auf die in DIN 3960 und DIN 3961 definierten Abweichungen umzurechnen, da diese für die Maschineneinstellung und für elementare Tragfähigkeitsrechnungen direkte Informationen liefern [18.39], [18.40].

18.3.1.3 Getriebe-Passsystem – Flankenspiel, Passgrößen und Messtechnik

Damit sich zwei Zahnräder paaren lassen und dabei die den Anforderungen entsprechende Funktion erfüllen können, ist entsprechend DIN 868 und DIN 3960 bei Berührung der im Eingriff stehenden Flanken ein Abstand zwischen den Rückflanken erforderlich, der gemäß Abbildung 18.95 als Flankenspiel j bezeichnet wird [18.38], [18.39]. Durch das Flankenspiel lassen sich einerseits Herstellungs- und Einbauungenauigkeiten sowie Dehnungen aus Wärme und Fliehkrafteinfluss im Betrieb ausgleichen, andererseits wird der durch das Spiel entstehende Spalt zur Versorgung des Zahnkontaktes mit Schmierstoff benötigt. Demzufolge ist bei der Wahl des Spiels zu beachten, dass durch das Kleinstspiel Klemmen vermieden und eine Ölfilmbildung ermöglicht werden soll, während das Größtspiel im Hinblick auf mögliche Stoßbelastungen bei Anfahrvorgängen und Richtungswechsel der Drehmomente sowie Geräuschentwicklung maßgeblich ist. Die Haupteinflussgrößen auf das theoretische Flankenspiel sind der Achsabstand a und die Passgrößen der Verzahnung. Das sich dann im Betrieb einstellende Flankenspiel hängt zusätzlich von der Erwärmung, Verformung der Getriebeelemente und Verlagerung der Gehäuse ab, bei Kunststoffrädern muss unter Umständen eine Ausdehnung durch Aufquellen berücksichtigt werden.

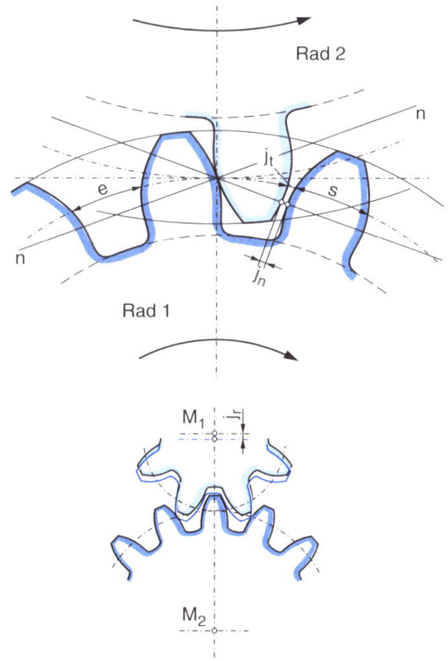

1. Normalflankenspiel:

$$j_n = j_t \cdot \cos \alpha_n \cdot \cos \beta \tag{18.186}$$

Kürzester Abstand in Normalenrichtung zwischen den Rückflanken, wenn sich die Arbeitsflanken berühren (bei Geradverzahnung gilt: $\alpha_n = \alpha, \beta = 0°$). Je nach Anwendungsfall und Qualität beträgt: $j_n \approx 0{,}05 + (0{,}025 \ldots 0{,}1) \cdot m_n$.

2. Drehflankenspiel:

$$j_t = \frac{j_n}{(\cos \alpha_n \cdot \cos \beta)} \tag{18.187}$$

Länge des Wälzkreisbogens im Stirnschnitt, um den sich das Rad bei festgehaltenem Ritzel von der Anlage der Arbeitsflanken bis zur Anlage der Rückflanken drehen lässt. Anhaltswerte mit j_n gemäß Nr. 1

3. Radialspiel:

$$j_r = \frac{j_t}{(2 \cdot \tan \alpha_{wt})} \tag{18.188}$$

Differenz des Achsabstandes zwischen dem Betriebszustand und demjenigen des spielfreien Eingriffs

Abbildung 18.95: Flankenspiel – Normalflankenspiel j_n, Drehflankenspiel j_t und Radialspiel j_r

Um nun ein Mindestflankenspiel zu erhalten, müssen bei gegebenem (festen) Nenn-Achsabstand die Zähne um einen Mindestbetrag, das sogenannte obere Zahndickenabmaß A_{sne}, dünner als die Nenn-Zahndicken sein. Dieser Zusammenhang wird gemäß DIN 3967 als System „Einheitsachsabstand" bezeichnet [18.45]. Alternativ ließe sich das Flankenspiel auch dadurch erzeugen, dass man die Zahnräder bei fester Zahndicke auseinanderrückt bzw. den Achsabstand vergrößert. Man spricht in diesem Fall vom System „Einheitszahndicke", was jedoch die Vermaßung von Räderketten schwieriger gestaltet.

Somit lassen sich für stirnverzahnte Räder aus den oberen und unteren Zahndickenabmaßen A_{sne} und A_{sni} im Normalschnitt bzw. A_{ste} und A_{sti} im Stirnschnitt und den Achsabstandsmaßen A_a der Radpaarung das maximale und das minimale theoretische Drehflankenspiel j_{tmax} und j_{tmin} berechnen zu:

$$j_{tmax} = -\frac{\sum A_{sni}}{\cos\beta} + \Delta j_{ae} = -\sum A_{sti} + \Delta j_{ae} \qquad j_{tmin} = -\frac{\sum A_{sne}}{\cos\beta} + \Delta j_{ai} = -\sum A_{ste} + \Delta j_{ai} \quad (18.189)$$

Hierin bezeichnen Δj_{ai} die Spieländerung durch das untere Achsabstandsmaß A_{ai} und Δj_{ae} die Spieländerung durch das obere Achsabstandsmaß A_{ae} gemäß Tabelle 18.28:

$$\Delta j_{ai} = 2 \cdot A_{ai} \cdot \frac{\tan\alpha_n}{\cos\beta} \quad \text{und} \quad \Delta j_{ae} = 2 \cdot A_{ae} \cdot \frac{\tan\alpha_n}{\cos\beta} \quad (18.190)$$

Die oberen Zahndickenabmaße A_{sne} sind abhängig vom Teilkreisdurchmesser d und den Abmaßreihen a bis h – da bei Verzahnungen nur Spielpassungen auftreten – in DIN 3967 zusammengestellt, Tabelle 18.29 enthält eine Auswahl [18.45]. Dabei grenzt die Abmaßreihe h an die Nulllinie, die Abmaßreihe a liegt davon am weitesten entfernt. Das Flankenspiel wird gemäß der Grafik in Tabelle 18.28 umso größer, je weiter die Abmaßreihe von der Nulllinie entfernt ist. Das größte Flankenspiel wird für das absolut größte untere Zahndickenabmaß A_{sni} bei positivem Achsabstandsmaß A_{ae} erreicht, während bei negativem Achsabstandsmaß A_{ai} und kleinstem oberen Zahndickenabmaß A_{sne} das kleinste Flankenspiel erzielt wird.

Die unteren Zahndickenabmaße lassen sich dann mithilfe der Zahndickentoleranz T_{sn} gemäß Tabelle 18.30 wie folgt bestimmen:

$$A_{sni} = A_{sne} - T_{sn} \quad (18.191)$$

Die Zahndickentoleranz T_{sn} ist demzufolgeabhängig vom Teilkreisdurchmesser d und von den Toleranzreihen 21 bis 30 nach Tabelle 18.30 vom oberen Zahndickenabmaß A_{sne} abzuziehen, da die Zahndickenabmaße stets negativ sind. Dabei sollte sich die Wahl der Zahndickentoleranz T_{sn} nach den Fertigungmöglichkeiten richten und mindestens doppelt so groß sein wie die zulässige Zahndickenschwankung R_s nach DIN 3962 gemäß Tabelle 18.31, also $T_{sn} > 2 \cdot R_s$ [18.41].

Generell ist zu beachten, dass zu kleine Zahndickentoleranzen T_{sn} die Einhaltung der Verzahnungsqualität ungünstig beeinflussen, weshalb die Toleranzreihen 24 bis 27 vorzuziehen sind. Anhaltswerte zur Auswahl von Abmaßen und Toleranzen auf der Grundlage von Erfahrungswerten sind in Tabelle 18.32 zusammengestellt. Für viele Anwendungen ist es nicht notwendig, das Flankenspiel zu eng zu tolerieren, was die Fertigung erleichtert und auch eine Nachbearbeitung der Verzahnung erlaubt, ohne die Qualität zu verschlechtern. Liegt jedoch ein Reversierbetrieb vor (z.B. bei Fahrantrieben, Schwenkantrieben, Walzwerksantrieben), so sind Flankenspiel und Zahndickentoleranz wegen der Stoßbelastung bei Umkehr der Kraftflussrichtung möglichst auf Null einzuengen, was ebenso für genaue Positionierantriebe (z.B. bei Robotern, Manipulatoren, Radarantennenantrieben) gilt. Alternativ lassen sich Getriebe auch motorisch vorspannen.

Achslagegenauigkeitsklasse									
			1 bis 3						
				4 bis 6					
					7 bis 9				
						10 bis 12			
Achsabstand/ISO-Toleranzfeld	a in mm		ISO-Toleranzfeld js [1)]						
	Über	bis	5	6	7	8	9	10	11
	10	18	4	5,5	9	13,5	21,5	35	55
	18	30	4,5	6,5	10,5	16,5	26	42	65
	30	50	5,5	8	12,5	19,5	31	50	80
	50	80	6,5	9,5	15	23	37	60	95
	80	120	7,5	11	17,5	27	43,5	70	110
	120	180	9	12,5	20	31,5	50	80	125
	180	250	10	14,5	23	36	57,5	92,5	145
	250	315	11,5	16	26	40,5	65	105	160
	315	400	12,5	18	28,5	44,5	70	115	180
	400	500	13,5	20	31,5	48,5	77,5	125	200
	500	630	14	22	35	55	87	140	220
	630	800	16	25	40	62	100	160	250
	800	1000	18	28	45	70	115	180	280
	1000	1250	21	33	52	82	130	210	330
	1250	1600	25	39	62	97	155	250	390
	1600	2000	30	46	75	115	185	300	460
	2000	2500	35	55	87	140	220	350	550
	2500	3150	43	67	105	165	270	430	675

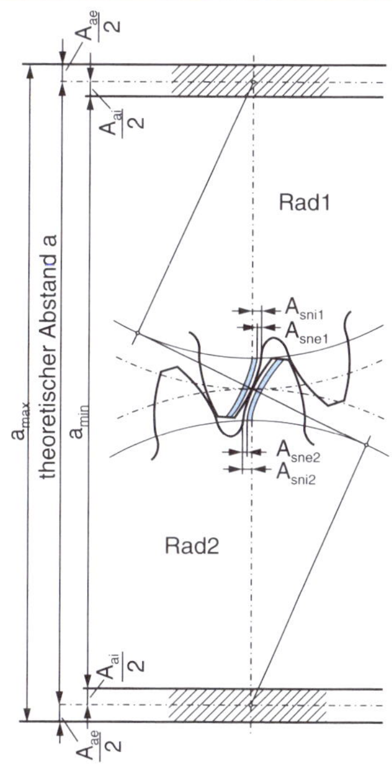

[1)] Zahlenwerte mit + obere Abmaße A_{ae}, mit – untere Abmaße A_{ai}

Tabelle 18.28: Oberes Achsabstandsmaß A_{ae} und unteres Achsabstandsmaß A_{ai} von Gehäusen für Stirnradgetriebe nach DIN 3964 [18.43]

d in mm		Abmaßreihe der oberen Zahndickenabmaße A_{sne} in µm										
über	bis	*a*	*ab*	*b*	*bc*	*c*	*cd*	*d*	*e*	*f*	*g*	*h*
	10	−100	−85	−70	−58	−48	−40	−33	−22	−10	−5	0
10	50	−135	−110	−95	−75	−65	−54	−44	−30	−14	−7	0
50	125	−180	−150	−125	−105	−85	−70	−60	−40	−19	−9	0
125	280	−250	−200	−170	−140	−115	−95	−80	−56	−26	−12	0
280	560	−330	−280	−230	−190	−155	−130	−110	−75	−35	−17	0
560	1000	−450	−370	−310	−260	−210	−175	−145	−100	−48	−22	0
1000	1600	−600	−500	−420	−340	−290	−240	−200	−135	−64	−30	0
1600	2500	−820	−680	−560	−460	−390	−320	−270	−180	−85	−41	0
2500	4000	−1100	−920	−760	−620	−520	−430	−360	−250	−115	−56	0
4000	6300	−1500	−1250	−1020	−840	−700	−580	−480	−330	−155	−75	0
6300	10000	−2000	−1650	−1350	−1150	−940	−780	−640	−450	−210	−100	0

Tabelle 18.29: Zahndickenabmaße A_{sne} in µm abhängig vom Durchmesser nach DIN 3967 [18.45]

d in mm		Toleranzreihe der Zahndickentoleranzen T_{sn} in µm									
über	bis	21	22	23	24	25	26	27	28	29	30
	10	3	5	8	12	20	30	50	80	130	200
10	50	5	8	12	20	30	50	80	130	200	300
0	125	6	10	16	25	40	60	100	160	250	400
125	280	8	12	20	30	50	80	130	200	300	500
280	560	10	16	25	40	60	100	160	250	400	600
560	1000	12	20	30	50	80	130	200	300	500	800
1000	1600	16	25	40	60	100	160	250	400	600	1000
1600	2500	20	30	50	80	130	200	300	500	800	1300
2500	4000	25	40	60	100	160	250	400	600	1000	1600
4000	6300	30	50	80	130	200	300	500	800	1300	2000
6300	10000	40	60	100	160	250	400	600	1000	1600	2400

Tabelle 18.30: Zahndickentoleranzen in T_{sn} µm abhängig vom Durchmesser nach DIN 3967 [18.45]

	m (m_n) von 1 bis 2 mm							m (m_n) von 2 bis 3,55 mm							m (m_n) von 3,55 bis 6 mm						
d in mm	6	7	8	9	10	11	12	6	7	8	9	10	11	12	6	7	8	9	10	11	12
10 ... 50	8	12	16	22	32	45	63	10	14	20	28	36	56	71	11	16	22	32	45	63	90
50 ... 125	10	14	20	28	40	56	80	12	16	22	32	45	63	90	14	20	28	36	50	71	100
125 ... 280	12	16	22	32	45	63	90	14	20	28	36	50	71	100	16	22	32	45	63	80	110
280 ... 560	14	18	25	36	50	71	100	16	22	32	40	56	80	110	18	25	36	50	71	90	125
560 ... 1000	14	20	28	40	56	80	110	18	25	36	45	63	90	125	20	28	36	56	80	100	140

	m (m_n) von 6 bis 10 mm							m (m_n) von 10 bis 16 mm							m (m_n) von 16 bis 25 mm						
d in mm	6	7	8	9	10	11	12	6	7	8	9	10	11	12	6	7	8	9	10	11	12
10 ... 50	14	18	25	36	50	71	100	–	–	–	–	–	–	–	–	–	–	–	–	–	–
50 ... 125	16	22	32	45	63	80	110	18	25	36	50	71	100	140	–	–	–	–	–	–	–
125 ... 280	18	25	36	50	71	90	125	20	28	40	56	80	110	160	22	32	45	63	90	125	160
280 ... 560	20	28	36	56	80	100	140	22	32	45	63	90	125	160	25	36	50	71	100	140	180
560 ... 1000	22	32	45	63	80	125	160	25	36	50	71	100	140	180	28	40	56	80	110	140	200

Tabelle 18.31: Zulässige Zahndickenschwankung R_s in µm nach DIN 3962 (Auswahl) [18.41]

Ferner ist zu beachten, dass das Abnahmeflankenspiel, gemessen im unbelasteten Getriebe, infolge der (zulässigen) Abweichungen von Verzahnung, Gehäuse und Lager meist kleiner ist als das theoretische Flankenspiel.

Schließlich muss man gemäß DIN 3967 bei größeren Zahndickenabmaßen von $A_{sne} > 0{,}05 \cdot m_n$ die damit verbundene Schwächung der Zähne in der Tragfähigkeitsberechnung berücksichtigen [18.45].

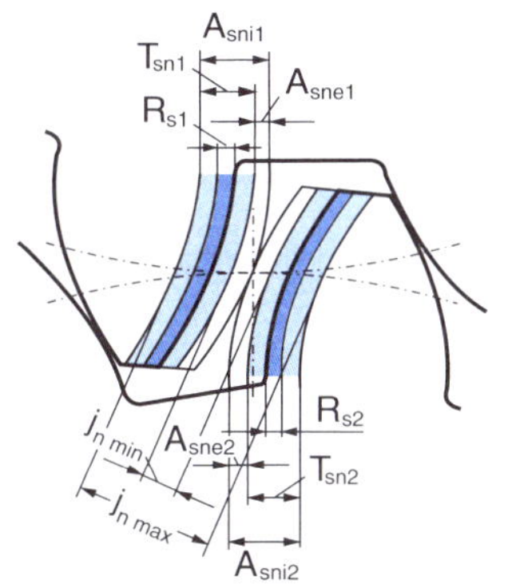

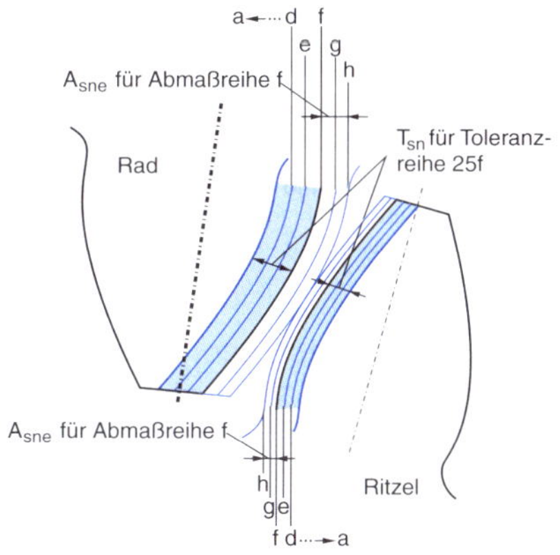

Anwendung	A_{Sne}	T_{sn}	A_a
Drehkränze, gegossen	$2a$	29 (30)	js10
Drehkränze, normales Spiel	a	28	js9
Drehkränze, enges Spiel	bc	26	js9
Turbogetriebe	ab	25	js6
Kunststoffmaschinen	c ... cd	25	js7
Bahnantriebe	cd	25	js7
Allgemeiner Maschinenbau, Schwermaschinenbau (nicht reversierend)	b	26	js7
Allgemeiner Maschinenbau, Schwermaschinenbau (reversierend)	c ... e	25 ... 24	js7, js6
Kraftfahrzeuge	d	26	js7
Baumaschinen, Landmaschinen	e	27 ... 28	js8
Werkzeugmaschinen	f	24 ... 25	js6
Druckmaschinen	f ... g	24	js6
Messgetriebe	g (f)	22	js5

Tabelle 18.32: Empfehlungen für obere Zahndickenabmaße A_{Sne}, Zahndickentoleranzen T_{sn} und Achsabstandsmaße A_a [18.252]

Nachteilig an der gesamten Vorgehensweise ist, dass im Gegensatz zu den ISO-Rundpassungen das Abnahme- bzw. Betriebsflankenspiel wegen der bereits eingangs beschriebenen Spiel verändernden Einflüsse nicht direkt aus den Abmaßen berechnet werden kann. Hierzu gehören neben der bereits erwähnten Achsabstandstoleranz des Gehäuses, den Verzahnungseinzelabweichungen und der Erwärmung von Rädern und Gehäuse die Unparallelität der Bohrungsachsen im Gehäuse, generelle Lage-, Form- und Maßabweichungen aller Bauelemente sowie die Elastizität der gesamten Konstruktion unter Last. Zur Berücksichtigung dieser Spiel verändernden Einflüsse und der zugehörigen verschiedenen Prüfverfahren sei auf DIN 3967 verwiesen [18.45].

Als einfach zu handhabende und praxisgerechte Alternative bietet sich die im Folgenden beschriebene Vorgehensweise an [18.216]. Da die Größe des Flankenspieles maßgebend von den Zahndickenabmaßen bestimmt wird, können diese durch Abmaße der Zahnweite (Abmaße in Richtung der Flankennormalen) ersetzt werden, sodass im Normalschnitt gilt:

$$A_{sn} = A_s \cdot \cos\alpha_n \qquad (A_W = A_s \cdot \cos\alpha_n \text{ entfällt}) \tag{18.192}$$

Liegen keine speziellen Forderungen oder Erfahrungen vor, kann die Summe der Beträge der oberen Abmaße bei einer gleichmäßigen Aufteilung gemäß Abbildung 18.96 gewählt werden:

$$A_{sne1} = A_{sne2} = -0{,}5 \cdot \left|A_{sne1} + A_{sne2}\right| \qquad (A_{We1} = A_{We2} = -0{,}5 \cdot \left|A_{We1} + A_{We2}\right| \text{ entfällt}) \tag{18.193}$$

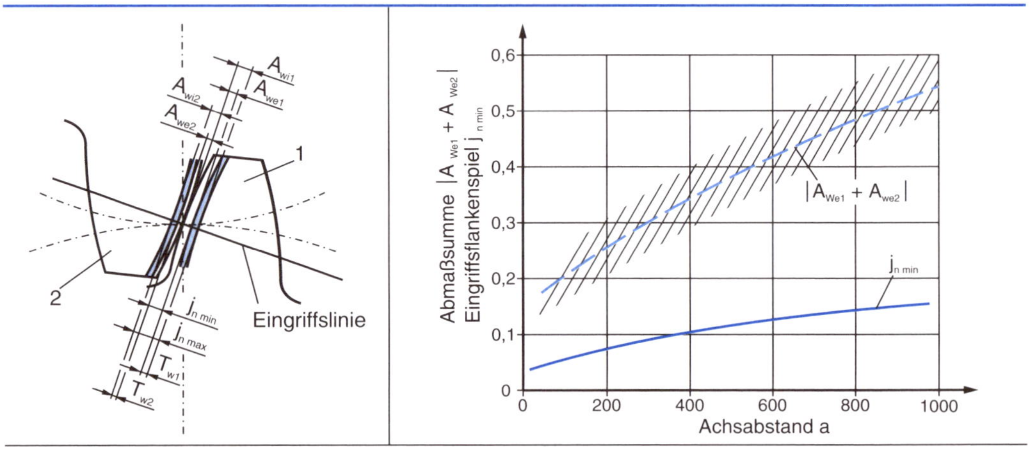

Abbildung 18.96: Zur Definition des Flankenspiels j_n und der Auswahlabhängig vom Achsabstand a und den kleinsten Zahnweitenabmaßen $A_{We1,2}$ [18.216]

Die weiteren Abmaße ergeben sich mit den Toleranzen für jedes Rad gemäß Tabelle 18.30 aus Gleichung (18.191). Dabei liegt die Toleranz $T_{sn1,2}$ im Allgemeinen im Bereich zwischen $T_{sn1,2}$ = 0,03 bis 0,08 mm und wird meist mit $T_{sn1,2}$ = 0,05 mm gewählt.

Ohne weitere Einflüsse (z.B. Wärmeausdehnungsdifferenz, Achsabstandsabweichung usw.) berechnet sich das Normalspiel $j_{nmin(0)}$ zu:

$$j_{nmin(0)} = \left|A_{sne1} + A_{sne2}\right| \qquad (j_{nmin(0)} = \left|A_{We1} + A_{We2}\right| \text{ entfällt}) \tag{18.194}$$

Da durch die bereits vorher genannten Einflüsse das wirkliche Spiel sowohl beim Einbau als auch im Betrieb von $j_{nmin(0)}$ abweicht, beträgt das wahrscheinlich kleinste Normalspiel j_{nmin} unter Einbeziehung der Spielverengung Δj_n tatsächlich:

$$j_{nmin} = \left|A_{sne1} + A_{sne2}\right| - \Delta j_n \qquad (j_{nmin} = \left|A_{We1} + A_{We2}\right| - \Delta j_n \text{ entfällt}) \tag{18.195}$$

$$\Delta j_n = \left(\sqrt{\left(\frac{F''_{i1}}{2}\right)^2 + \left(\frac{F''_{i2}}{2}\right)^2 + A_a^2 + \left(\frac{f_{\Sigma\delta} \cdot b}{2 \cdot L_g}\right)^2 + \left(\frac{f_{\Sigma\beta} \cdot b \cdot \cos\beta}{2 \cdot L_g \cdot \tan\alpha_n}\right)^2} + f_T + f_{EI} + \frac{\Delta\beta_{rEI} \cdot b \cdot \cos\beta}{2 \cdot \tan\alpha_n} \right) \cdot 2 \cdot \sin\alpha_n \tag{18.196}$$

Hierin bezeichnen $F''_{i1,2}$ die Zweiflankenwälzabweichung, A_a das Achsabstandsmaß nach DIN 3964, $f_{\Sigma\delta}$ die Achsneigungsabweichung, $f_{\Sigma\beta}$ die Achsschränkungsabweichung, b die Zahnbreite, L_g den Lagerabstand, f_T die Wärmeausdehnungsdifferenz zwischen Zahnrädern und Gehäuse, f_{aEI} die größte Annäherung der Zahnräder infolge der elastischen Verformung der Wellen und weiterer Bauteile in Richtung des Achsabstandes und $\Delta\beta_{rEI}$ die Winkeldifferenz der Wellen des Radpaares infolge der elastischen Verformung senkrecht zur Verbindungslinie der Radmittelpunkte (tangential). Ansonsten gelten bezüglich des Flankenspiels alle bereits weiter vorne getroffenen Aussagen.

Generell ist zur Bestimmung des Flankenspiels j die Tolerierung der Zahndicke s die wesentliche Größe, die jedoch als Bogenstück nicht direkt messbar ist. Hier steht als angenäherte Prüfgröße für die Zahndicke nur die Zahndickensehne s_n zur Verfügung. Alle weiteren nachfolgend erläuterten Messverfahren arbeiten mittelbar, indem aus den Messwerten die Zahndicke berechnet wird.

Dabei sind die Prüfgrößen entweder achsenbezogene (Radachse) bzw. ersatzweise stützflächenbezogene (Kopf- und Fußzylinder) Messgrößen, worunter mit Bezug zum Kopfzylinder die Zahndickensehne $\bar{s}_n$ und die Konstante Sehne $\bar{s}_c$ und mit Bezug zur Radachse der Zweiflankenwälzabstand a'' und das radiale Einkugelmaß M_{rK} bzw. Einrollenmaß M_{rR} fallen. Zu den häufig verwendeten flankenbezogenen (bezugsfreien) Prüfgrößen gehören die Zahnweite W_k und das diametrale Zweikugelmaß M_{dK} bzw. Zweirollenmaß M_{dR}. Zu beachten ist, dass bei achsenbezogener Messung (z.B. Zahndickensehne, radiales Einkugelmaß) die Lagedifferenz zwischen der Funktionsachse des Rades und der Verzahnungsachse mit gemessen wird, während dieser funktionswichtige Anteil, bezogen auf das Flankenspiel, bei der flankenbezogenen Messung (z.B. Zahnweite) nicht im Messwert enthalten ist.

Schließlich ist noch zu berücksichtigen, dass mit der Vorzeichenregelung zur Zähnezahl nach DIN 3960 die Zähnezahl z bei außenverzahnten Stirnrädern als positiv festgelegt und bei innenverzahnten Stirnrädern (Hohlräder) als negative Größe betrachtet wird, sodass für Außenräder und Hohlräder die gleichen Berechnungsformeln u.a. für die Prüfmaße der Zahndicke verwendet werden können. Auch wenn sich damit für ein Hohlrad rechnerisch negative Werte für die Zahnweite, das radiale und das diametrale Prüfmaß (Grund: Definition Hohlrad) ergeben, erfolgt die Angabe in Fertigungszeichnungen natürlich positiv.

1 Zahndickensehne $\bar{s}_y$ und Zahnkopfhöhen $\bar{h}_y$ über der Sehne:

Die einzige direkt am Zahn messbare Zahndickengröße ist gemäß Abbildung 18.97 die Zahndickensehne $\bar{s}_n$, die als der kürzeste Abstand zwischen den Flankenlinien eines Zahnes am Bezugszylinder definiert ist. Bei einer Schrägverzahnung wird wegen der Normalschnittbetrachtung die Zahndickensehne aus einer Ersatz-Geradverzahnung in Anlehnung an Gleichung (18.37) berechnet. Bei Geradverzahnungen lässt sich gemäß Gleichung (18.39) abhängig vom Modul, vom Eingriffswinkel und von der Profilverschiebung eine konstante Zahndickensehne $\bar{s}_c$ in der Entfernung $\bar{h}_c$ vom Kopfkreis berechnen, die für alle Zahnräder des gleichen Bezugsprofils und der gleichen Profilverschiebung einen von der Zähnezahl unabhängigen konstanten Wert besitzt.

Die Messung ist mit manuellen Geräten möglich, die über einen Höhenschieber zur Einstellung der Höhe über der Sehne und zwei gegeneinander verschiebbare Messschneiden zur Messung der Sehnenlänge verfügen. Die kopfkreisbezogene Messung der Zahndickensehne ist wegen der Durchmessertoleranz des Kopfkreises als Bezugswert sehr unsicher, weshalb sie nur bei Zahnrädern geringerer Genauigkeit und bei Verzahnungen verwendet werden sollte, die keine Messung der Zahnweite und des diametralen Prüfmaßes zulassen. Hierzu gehören z.B. Großzahnräder, schmale Schrägverzahnungen und Verzahnungen mit großem Schrägungswinkel.

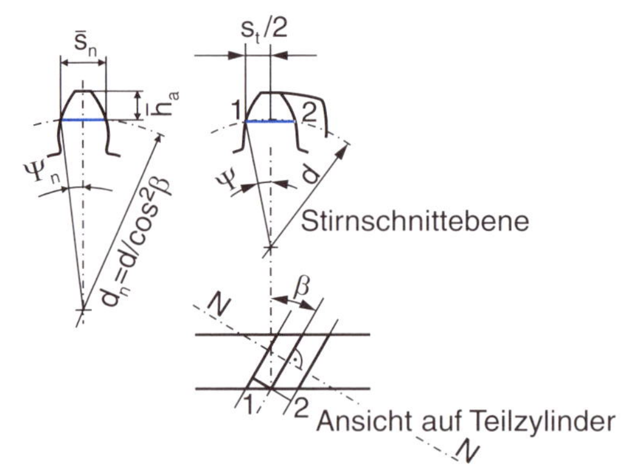

Für die Zahndickensehne $\bar{s}_n$ an einem Zylinder mit beliebigem Durchmesser d_y gilt:

$$\overline{s_{yn}} = \frac{d_y \cdot \sin\left(\psi_{yt} \cdot \cos^3 \beta_y\right)}{\cos^2 \beta_y} \tag{18.197}$$

Die Höhe über der Sehne $\bar{h}_{ya}$ muss als Bezugswert zum Kopfkreis d_a (Einstellwert am Messgerät) bestimmt werden:

$$\overline{h_{ya}} = \frac{1}{2} \cdot \left(d_a - d_{yn} \cdot \cos\left(\psi_{yt} \cdot \cos^3 \beta_y\right)\right) \tag{18.198}$$

Abbildung 18.97: Zur Bestimmung der Zahndickensehne $\bar{s}_n$ und Zahnkopfhöhe $\bar{h}_y$ einer Schrägverzahnung aus der Ersatz-Geradverzahnung an der Krümmungsellipse im Normalschnitt [18.216]

2 Zweiflankenwälzabstand a'' mit Lehrzahnrad:

Bei der Zweiflankenwälzprüfung mit Lehrzahnrad wird der Wälzabstand a'' als Prüfmaß für die Zahndicke verwendet. Für ein Zahnrad mit z_1, ein Lehrzahnrad mit z_L, x_L und dem Erzeugungs-Profilverschiebungsfaktor x_{E1} gilt:

$$a'' = \frac{(z_1 + z_L) \cdot m_t}{2} \cdot \frac{\cos \alpha_t}{\cos \alpha''} \quad \text{mit } \alpha'' \text{ aus} \quad \text{inv } \alpha'' = \text{inv } \alpha_t + 2 \cdot \frac{x_{E1} + x_L}{z_1 + z_L} \cdot \tan \alpha_n \tag{18.199}$$

Auch wenn Einflüsse von Verzahnungseinzelabweichungen (Rundlaufabweichung F_r, Flankenlinienwinkelabweichung $f_{H\beta}$) die Aussagekraft von a'' mindern, gewinnt der Zweiflankenwälzabstand a'' zur automatisierten Zahndickenmessung in Fertigungszellen zunehmende Bedeutung.

3 Radiales Prüfmaß für die Zahndicke (radiales Einkugelmaß M_{rK} oder Einrollenmaß M_{rR}):

Das radiale Einkugelmaß M_{rK} ist gemäß Abbildung 18.98 a) definiert als der Abstand zwischen der Radachse und dem äußersten Punkt beim Außenrad bzw. dem innersten Punkt beim Hohlrad einer Messkugel mit einem bestimmten Durchmesser D_M. Grundsätzlich sind die radialen Prüfmaße auf den mit Achsbezug arbeitenden Prüfgeräten wie Rundlaufprüfgeräte, Zahnradprüfgeräte bis hin zu elektronischen Verzahnungsmesszentren erfassbar (Nachteil: vorhandener Rundlaufeinfluss wird mit gemessen). Die als Messkörper verwendeten Kugeln (M_{tK}) oder Zylinder (M_{rR}) müssen entsprechend Abbildung 18.98 b) vor der Messung radial zur Verzahnungsachse eingestellt werden.

Bei Hohlrädern ist das radiale Prüfmaß durch eine Kombination von Feinzeiger-Bügelmessschraube und eingelegtem Messkörper (Kugel, Zylinder) zu bestimmen. Der Bezug erfolgt auf den Außendurchmesser des Hohlrades ($z < 0$), wobei sich für M_{rK} und d_K negative Werte ergeben, während der Messkugeldurchmesser und die Profilwinkel immer positiv sind.

a

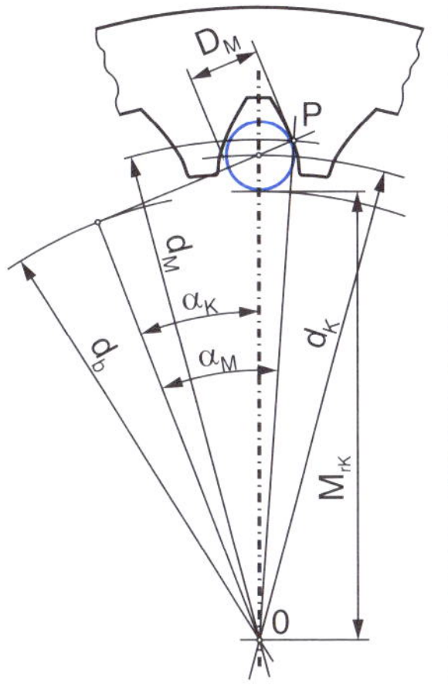

b

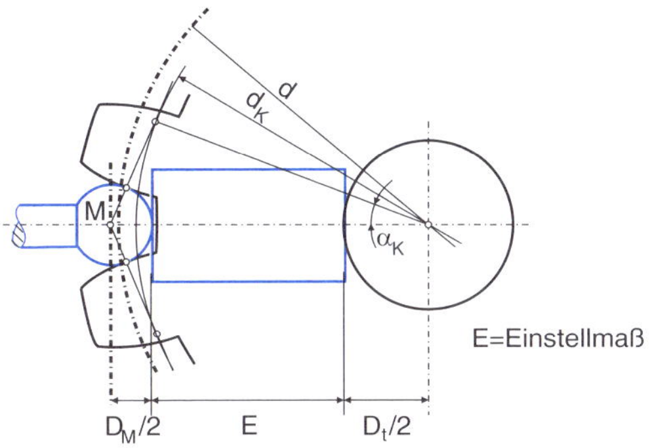

Das radiale Einkugelmaß M_{rK} beträgt:

$$M_{rK} = \frac{1}{2} \cdot \left(d_K + D_M\right) \quad \text{mit} \quad d_K = \frac{d_b}{\cos \alpha_{Kt}} \tag{18.200}$$

$$\text{inv}\ \alpha_{Kt} = \frac{D_M}{z \cdot m_n \cdot \cos \alpha_n} - \frac{p_t - s_t}{d} + \text{inv}\ \alpha_t \tag{18.201}$$

Die Gleichungen gelten sinngemäß auch für das radiale Einrollenmaß M_{rR}, wenn anstelle der Kugel eine Rolle des Durchmessers d_r verwendet wird.

Abbildung 18.98: Radiales Einkugelmaß M_{rK} bei einem geradverzahnten Hohlrad [18.216]

4 Zahnweite W_k:

Die Zahnweite W_k ist entsprechend Abbildung 18.99 der bei einem Außenrad über k Zähne und bei einem Hohlrad über k Zahnlücken gemessene Abstand zweier paralleler Ebenen, wobei die Ebenen je eine Rechts- und eine Linksflanke im evolventischen Flankenteil berühren. Die Messung erfolgt flankenbezogen ohne Achsbezug. Bedingt durch die Eigenschaften der Evolvente führen kleine Schwenkungen des Messzeuges und der dadurch sich an beiden Flanken entgegengesetzt ändernden Anlage nicht zu einer Verfälschung des Prüfmaßes.

Da die durch den jeweiligen Messkreisdurchmesser d_M gegebenen Berührstellen an den Zahnflanken variieren können, sind auch mehrere ganzzahlige Messzähnezahlen k möglich, solange die folgenden Bedingungen $d_m + 1{,}4 \cdot m_n \geq d_M \geq d_m - m_n$ beim Außenrad und $|d_m + m_n| \leq d_M \leq |d_m - m_n|$ beim geradverzahnten Hohlrad eingehalten werden. Messbar ist die Zahnweite, wenn $b > W_k \cdot \sin \beta_b$ ist. Bei gebrochenen Zahnenden wird für die Berührgeradenüberdeckung $b_M > 2{,}0\ \text{mm} + 0{,}03 \cdot W_k$ empfohlen.

Die Zahnweitenmessung am Hohlrad ist durch Messkugeln möglich, die bei Erreichen der Messstellung ihren größtmöglichen Abstand erreichen, jedoch bevorzugt man üblicherweise für Hohlräder das diametrale Prüfmaß der Zahndicke.

Die Messung der Zahnweite erfolgt mit Handmessgeräten wie Bügelmessschrauben, die mit planparallelen Messtellern versehen sind, wobei mit modernen Digital-Zahnweitenmessschrauben Zahnweitentoleranzen unter 25 bis 30 µm messbar sind. Für größere Verzahnungen kommen als Tastelemente Messschneiden zum Einsatz.

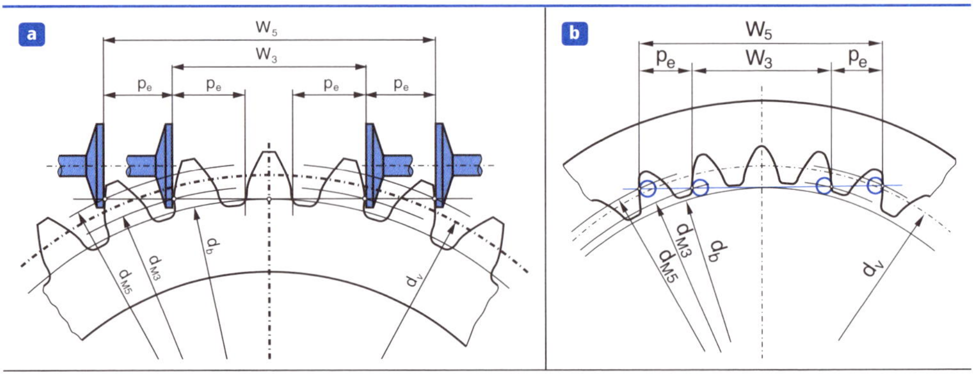

Ausgehend von der Geradverzahnung mit der Eingriffsteilung p_b, der Zahndicke s_b am Grundkreis und der ganzzahligen Anzahl der Zähne k gilt beim Übergang zur Schrägverzahnung mit $p_b = p_{et}$, $s_b = s_{et}$ und Umrechnung auf die Normalenrichtung mithilfe des Schrägungswinkels β_b am Grundkreis:

$$W_k = \left((k-1)\cdot p_b + s_b\right) \qquad W_k = \left((k-1)\cdot p_{et} + s_{bt}\right)\cdot \cos\beta_b \tag{18.202}$$

Dabei sollen die Flanken in der Nähe der Mitte der Zahnhöhe berührt werden, sodass für d_M gilt:

$$d_M = \sqrt{\left(\frac{W_k}{\cos\beta_b}\right)^2 + d_b^2} \approx d_a - 2\cdot m_n \tag{18.203}$$

Bei bekanntem Grundkreisdurchmesser d_b lässt sich aus den Gleichungen (18.201) und (18.202) die günstigste Messzähnezahl k für einen Profilverschiebungsfaktor $x = 0$ bestimmen, wobei auf die nächste ganze Zahl auf- oder abzurunden ist:

$$k \approx \frac{z}{9\cdot\cos^3\beta} + 0{,}5 \tag{18.204}$$

Für Außen- und Innenverzahnung gilt dann für die Zahnweite W_k, wobei sich für Hohlräder negative Werte für k und W_k ergeben:

$$W_k = m_n\cdot\cos\alpha_n\cdot\left(\left(k - \frac{z}{2\cdot|z|}\right)\cdot\pi + z\cdot\operatorname{inv}\,\alpha_t\right) + 2\cdot x\cdot m_n\cdot\sin\alpha_n \tag{18.205}$$

Abbildung 18.99: Messung der Zahnweite W_k an einem geradverzahnten Außenrad a) und einem geradverzahnten Hohlrad b)

Die Zahnweite ist zurzeit das häufigste Prüfmaß für die Zahndicke. Der Hauptgrund dafür ist die sehr einfache messtechnische Erfassung mit manuellen Geräten unmittelbar an der Verzahnungsmaschine und die damit verbundene Möglichkeit, das Passmaß sofort während der Serienfertigung zu beeinflussen.

Allerdings werden mit zunehmender Modifikation der Zahnflanken (s.a. Abschnitt 18.4.3.3) die Berührungsbereiche im evolventischen Flankenbereich so eingeschränkt, dass bei der Zahnweitenmessung teilweise Korrekturen erforderlich sind.

5 Diametrales Prüfmaß M_d für die Zahndicke:

Das diametrale Prüfmaß M_d ist gemäß Abbildung 18.100 bei einem Außenrad definiert als das größte äußere Maß, gemessen über zwei Messkörper, oder bei einem Hohlrad als das kleinste Maß zwischen zwei Messkörpern eines bestimmten Durchmessers D_M, die in zwei am weitesten voneinander entfernten Zahnlücken an den Flanken anliegen. Sind die Messkörper Kugeln, spricht man vom diametralen Zweikugelmaß M_{dK}, entsprechend bei Zylindern vom diametralen Zweirollenmaß M_{dR}. Letzteres lässt sich nur bei Geradverzahnungen und außenverzahnten Schrägzahnrädern anwenden. Im Gegensatz zum radialen Prüfmaß M_r gemäß Unterpunkt 3. ist das diametrale Prüfmaß M_d nicht achsbezogen.

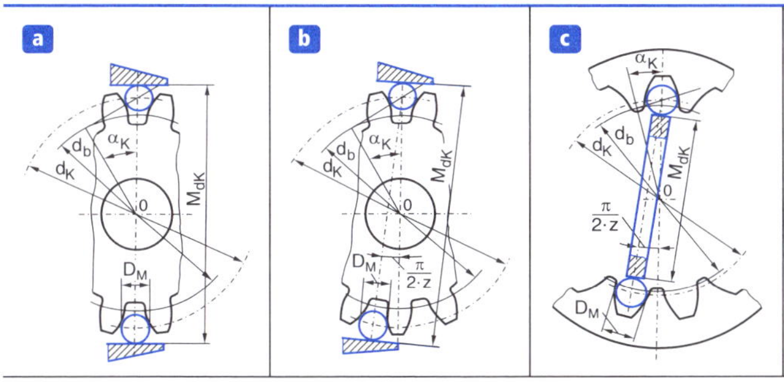

Mit d_K nach Gleichung (18.200) beträgt das diametrale Zweikugelmaß bei gerader Zähnezahl M_{dK}:

$$M_{dK} = d_K + D_M \qquad (18.206)$$

Bei ungerader Zähnezahl gilt:

$$M_{dK} = d_k \cdot \cos \frac{\pi}{2 \cdot z} + D_M \qquad (18.207)$$

Hinweis: Für Hohlräder wird das diametrale Zweikugelmaß rechnerisch negativ.

Abbildung 18.100: Diametrales Prüfmaß M_d – a) Geradverzahntes Außenrad mit gerader Zähnezahl, b) Geradverzahntes Außenrad mit ungerader Zähnezahl, c) Geradverzahntes Hohlrad mit ungerader Zähnezahl

Das diametrale Prüfmaß für die Zahndicke ist insbesondere für Hohlräder die am weitesten verbreitete Zahndickenprüfung. Im Vergleich zur Zahnweitenmessung beträgt die Empfindlichkeit des diametralen Prüfmaßes bei einer Zahndickenänderung etwa das Dreifache. Ferner wird das Maß nur gering von einer Änderung des Eingriffswinkels beeinflusst, weshalb auch flankenmodifizierte Verzahnungen bei annäherndem Teilkreisbezug gemessen werden können. Messungen von an den Flankenlinien korrigierten Verzahnungen sind ebenfalls gut möglich, da die geometrische Forderung (beide Kugeln müssen sich in der gleichen Ebene senkrecht zur Radachse befinden) durch die überwiegende Messung auf Messvorrichtungen erfüllt wird. Dabei lässt sich die Messebene im Stirnschnitt geräteseitig fixieren.

Bei stationären Prüfgeräten ist der messtechnische Ablauf mit einer Durchmesserprüfung vergleichbar, wobei der wesentliche Unterschied in den Messelementen und in dem definitionsgerechten Berühren der Zahnflanken mit den Messkörpern besteht. In der Großserienfertigung setzen sich zunehmend die maschinenexternen stationären Messvorrichtungen durch, da sie eindeutig die Messung im erforderlichen Stirnschnitt garantieren, das Prüfen modifizierter Verzahnungen ermöglichen und eine hohe Genauigkeit und Reproduzierbarkeit der Messwerte garantieren. Dem steht als Nachteil das schwierige Messen direkt auf der Verzahnungsmaschine gegenüber. Bei den einfacheren Handgeräten kombiniert man die erforderlichen verzahnungsabhängigen Messkörper (Kugeln, Rollen) mit Außen- und Innenmessschrauben.

18.3.2 Zeichnungsangaben

Damit in der Fertigung aus den konstruktiven und gestalterischen Vorgaben ein reales Zahnrad hergestellt werden kann, sind Zeichnungsangaben notwendig, die sich wie folgt gliedern lassen:

1 **Geometrische Angaben** – beinhalten die Makrogeometrie zur Festlegung der Gestalt mit den zulässigen Abweichungen einzelner Maße, der Form und Lage und die Mikrogeometrie zur genauen Beschreibung der Oberflächencharakteristik (Rauheit, Struktur).

2 **Werkstoffliche Angaben** – umfassen die genaue Beschreibung des Werkstoffes selbst, die Wärmebehandlung, den Oberflächenschutz sowie notwendige Vor- und Zusatzbehandlungen.

3 **Organisatorisch-technische Daten** – beschreiben u.a. Prüfung und Abnahme nach Art und Umfang sowie in speziellen Fällen technologische Vorschriften, deren Einhalten für die Funktion und/oder Tragfähigkeit erforderlich ist.

a

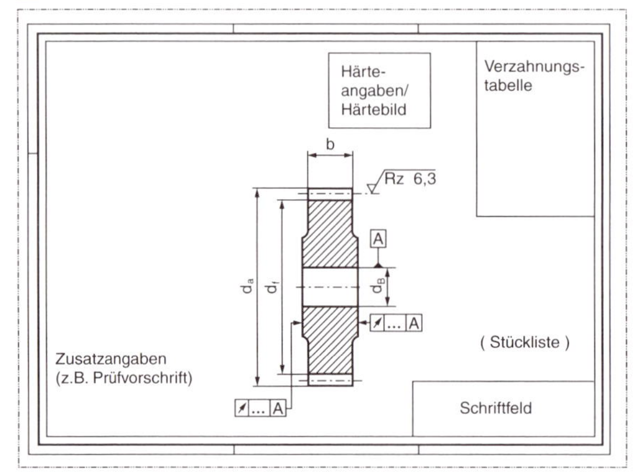

b

Stirnrad		außenverzahnt[1)] innenverzahnt[1)]
Modul	m_n	
Zähnezahl	z	
Bezugsprofil		DIN 867[1)]
Schrägungswinkel	β	
Flankerichtung		
Teilkreisdurchmesser	d	
Grundkreisdurchmesser	d_b	
Profilverschiebungsfaktor	x	
Köpfhöhenveränderung	km_n	
Verzahnungsqualität, Toleranzfeld, [2) 3)] Prüfgruppe nach DIN 3961		
Zahnweite über k Zähne	W_k k=	
Gegenrad – Sachnummer, Zähnezahl	z	
Achsabstand im Gehäuse mit Abmaßen	a	
Eingriffsstrecke	g_α	
Ergänzende Angaben (bei Bedarf):		

1) Nichtzutreffendes Streichen
2) DIN 3962/ 3963; 3967 zutreffendes Eintragen
3) Angaben zu Zahndicke bzw. Zahnweitenabmaß

c, d, e

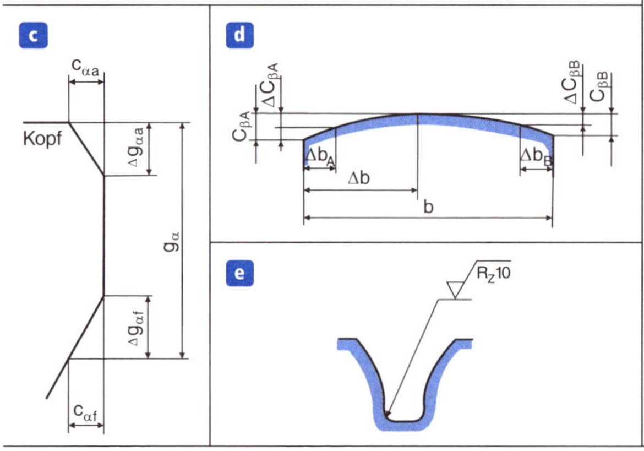

Abbildung 18.101: Angaben in einer Zahnradzeichnung – a) Anordnung, b) Verzahnungstabelle für Zeichnungsangaben, c) Profildiagramm für Profilmodifikation (Kopf- und Fußrücknahme), d) Flankendiagramm in Breitenrichtung für Breitenballigkeit, e) Begrenzung der Rauheit für den Zahngrund nach [18.216]

Die wesentlichen geometrischen Angaben zur Makrogeometrie erfolgen nach DIN 3966 gemäß Abbildung 18.101 in Form einer bildlichen Darstellung und in einer speziellen Verzahnungstabelle auf der Zeichnung [18.44]. Ferner enthält die Zeichnung Angaben zur Mikrogeometrie, die im Wesentlichen die Oberflächencharakteristik und Flankenkorrekturen (Profil, Linie und Topologie) betreffen. In der bildlichen Darstellung des Zahnrades werden folgende Daten immer eingetragen:

a **Kopfkreisdurchmesser d_a** – dieser wird üblicherweise mit *h9* bis *h11* toleriert. Sind erhebliche Maßänderungen aufgrund der Wärmebehandlung zu beachten (z.B. bei größeren einsatzgehärteten Zahnrädern), sind entweder eine sehr grobe Tolerierung, eine zusätzliche Bearbeitung (Schleifen) oder in Sonderfällen auch ein Anpassen des Gegenrades erforderlich. Wird der Kopfzylinder als technologische Basis benötigt, muss nach dem Härten ein Überschleifen erfolgen.

b **Zahnbreite b** – diese wird meist ohne eine spezielle Toleranz angegeben (Freimaßtoleranz).

c **Fußkreisdurchmesser d_f** – aufgrund der Zahnweite bzw. Zahndicke und des Werkzeuges ergibt sich zwangsläufig der Fußkreisdurchmesser, weshalb er oft nicht angegeben wird. Da aber insbesondere bei größeren Zahnrädern durch das Einsatzhärten große Maßänderungen entstehen können, ist die Angabe von d_f im Hinblick auf eine mögliche Interferenzgefahr zweckmäßig. In jedem Fall ist eine ausreichend große Toleranz vorzugeben und zu beachten, dass die Zahndickenabmaße z.B. bei Herstellung mit Wälzfräsern und Schneidrädern Einfluss auf den Fußkreisdurchmesser haben. Bei größeren Zahnrädern ist ein Schleifen des Zahngrundes normalerweise unzulässig, da hierdurch die zur Beanspruchungsminimierung erforderliche Fußrundung nicht eingehalten werden kann. Bei einsatzgehärteten Verzahnungen kann das Schleifen sowohl eine schädliche Anlasswirkung als auch eine unkontrollierbare Schwächung der Härteschicht im Zahngrund infolge der Maßänderung beim Schleifen hervorrufen, sodass ebenfalls die angestrebten Festigkeitseigenschaften nicht mehr erreicht werden. Bei kleineren Zahnradabmessungen (z.B. Kraftfahrzeugindustrie) ist das Ausschleifen des Zahngrundes mit gerundetem Schleifscheibenkopf üblich, da die meistens verwendeten CBN-Schleifscheiben (CBN – Cubic Boron Nitride – kubisch kristallines Bornitrid) eine deutlich geringere Anlasswirkung hervorrufen [18.216].

d **Bezugsbasis** – Das Bezugselement für Rundlauf und Planlauf sowie Kreisteilung, Taumelabweichung usw. ist entsprechend Abbildung 18.102 im Allgemeinen die Radachse. Die Eintragung erfolgt gemäß DIN ISO 1101 [18.110].

e **Rauheit** – Die maximal zulässige Rauheit der Zahnflanke wird gemäß Abbildung 18.102 an der Zahnmittellinie (Teilkreis) durch den arithmetischen Mittenrauhwert R_a oder durch die gemittelte Rautiefe R_z angegeben. Für geschliffene Verzahnungen beträgt die maximal zulässige Rautiefe ungefähr $R_a \approx 0{,}5$ µm ($R_z \approx 4$ µm). Für gefräste Verzahnungen liegt dieser Wert etwa bei $R_a \approx 2$ µm ($R_z \approx 15$ µm). Insbesondere bei hoher Biegebeanspruchung ist die Angabe der Rauheit für den Zahngrund üblich, wobei keine Schleifabsätze vorliegen dürfen, da dann deren Einfluss auf die Absenkung der Biegefestigkeit überwiegt und die Forderung nach einer qualitativ hochwertigen Oberfläche sinnlos ist. In Grenzfällen wird oftmals auch ein Polieren des Zahngrundes gefordert. Bei üblichen Protuberanzwerkzeugen muss man Werte bis $R_z = 25$ µm zulassen. Durch Kugelstrahlen lässt sich der mindernde Einfluss einer Rauheit von $R_z \leq 25$ µm (und z.T. auch von größeren Werten) auf die Zahnfußermüdungsfestigkeit im Allgemeinen wieder ausgleichen.

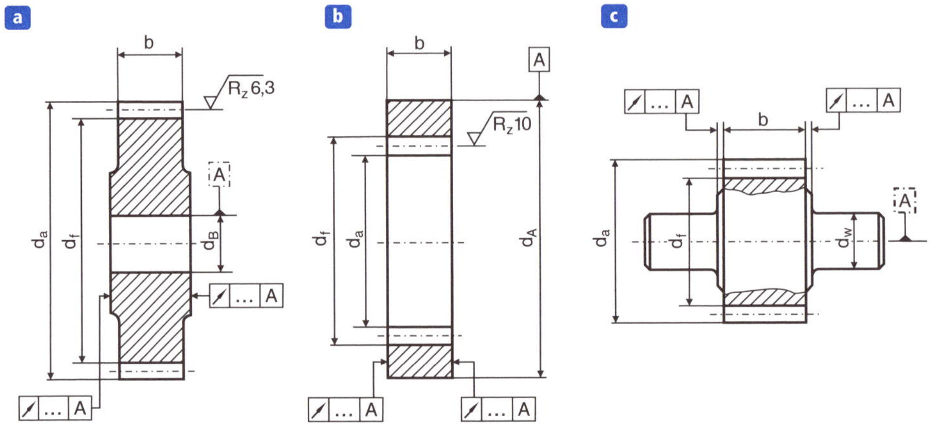

Abbildung 18.102: Zeichnungsangaben für Verzahnungen – a) Stirnrad mit Bohrung, außenverzahnt, b) Stirnrad, innenverzahnt (Hohlrad), c) Stirnrad mit Wellenansätzen, außenverzahnt [18.216]

f **Flankenmodifikation** – Bei speziellen Maßnahmen zur Verbesserung der Tragfähigkeit durch eine beanspruchungsgerechte Lastverteilung auf der Zahnflanke werden die geforderten Abweichungen der Flanke von der Evolvente und der Flankenlinienlage in speziellen Diagrammen für die Prüfung angegeben. Im einfachsten Fall werden Profilkorrektur und Breitenballigkeit ausgeführt und angegeben. Höherwertige Berechnungsverfahren (s.a. Abschnitt 18.4.3.3) erlauben für ein Punktnetz der Eingriffsebene die Angabe der gewünschten Lage der Flanke, bezogen auf die abweichungsfreie Evolvente (Topologie) und berücksichtigen insbesondere bei Schrägverzahnungen die schräg über der Zahnhöhe verlaufenden Berührungslinien und die darauf bezogene Flankenrücknahme, z.B. am Eingriffsbeginn, und ermöglichen gemäß Abbildung 18.87 durch einen im Allgemeinen elliptischen Verlauf der Profilmodifikation an den Übergängen des korrigierten zum unkorrigierten Bereich die Absenkung erhöhter Werte der Hertz'schen Flankenpressung.

g **Stirn- und Kopfkantenbruch** – Oftmals wird bei hoch beanspruchten Verzahnungen nicht nur die Größe der Anfasungen bzw. Rundungen vorgegeben, sondern auch die technologische Einordnung, z.B. „vor dem Aufkohlen angefast“, um ungünstige Auswirkungen auf den örtlichen Eigenspannungszustand mit entsprechender Minderung der Beanspruchbarkeit zu vermeiden.

Neben diesen Angaben in der zeichnerischen Darstellung enthält die Verzahnungstabelle gemäß Abbildung 18.101 b) alle wichtigen Größen zur genauen Beschreibung der Geometrie sowie die Verzahnungsqualität. Oftmals wird noch zur ausführlicheren Beschreibung die Verzahnungstabelle um Angaben zum Bezugsprofil für das Werkzeug, die Zahnhöhe h, die Zahndickensehne $\bar{s}$ und die Höhe über der Sehne $\bar{h}$, das radiale bzw. diametrale Prüfmaß und den Messkugel- bzw. Messrollendurchmesser, den Zweiflankenwälzabstand a'' sowie weitere Sonderangaben für geometrische Abweichungen ergänzt (s.a. weiterführende Literatur) [18.158].

Als Erweiterung zu den geometrischen Angaben dienen die werkstofflichen Angaben zur Sicherung der funktionsbedingten Werkstückeigenschaften in dessen Endzustand gemäß Zeichnung, wobei vorausgesetzt wird, dass gemäß DIN 3990 T5 alle vorgegebenen Kennwerte direkt am Bauteil oder indirekt an mitbehandelten, bauteilrepräsentativen Proben prüfbar sind [18.55]. Grundvoraussetzung hierfür ist die normgerechte Eintragung des Werkstoffes mit Anlieferungszustand im Schriftfeld der Zeichnung gemäß DIN EN 10083, DIN EN 10084 und DIN EN 10085 [18.95], [18.96], [18.97]. Die Zeichnungsangaben zum Härten, Vergüten, Randschichthärten, Einsatzhärten und Nitrieren von Eisenwerkstoffen sind entsprechend ISO 15787 und DIN 17014 vorzunehmen [18.69], [18.170]. Zusätzlich zum Wärmebehandlungsverfahren und dem damit angestrebten Endzustand sind Angaben zur Härte (Oberflächen- und Kernhärte einschließlich Toleranzen) oder Festigkeit (z.B. Bruchfestigkeit), tolerierte Tiefenangaben bei Randschichten und eine Kennzeichnung der Messstellen gemäß Tabelle 18.33 und Tabelle 18.34 erforderlich, wobei fertigungsbedingte Werkstückeigenschaften in Zwischenzuständen (z.B. Spannungsarmglühen nach Grobzerspanung) nicht in die Zeichnung eingetragen werden dürfen.

<table>
<tr><td colspan="4">1. Werkstoff und Anlieferungszustand nach DIN EN 10083, DIN 17210, DIN 17211, DIN 17212</td></tr>
<tr><td colspan="2">41 CrMo 4 V</td><td colspan="2">20 MnCr 5 N</td></tr>
<tr><td colspan="4">2. Wärmebehandlungsverfahren (Endzustand), Kennzeichnung der Messstelle und Wärmebehandlungsbild nach DIN 17014 und DIN 6773</td></tr>
<tr><td colspan="2">Randschichtgehärtet, ganzes Teil angelassen</td><td colspan="2">Einsatzgehärtet und angelassen,
ganzes Teil gehärtet und angelassen</td></tr>
<tr><td>Tiefenangabe:
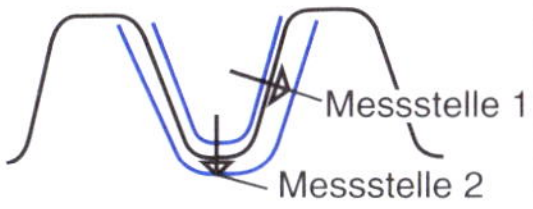
</td><td>Messstelle 1:
$Rht\ 475 = 1{,}6 + 1{,}3$
Messstelle 2:
$Rht\ 475 = 1 + 1$</td><td>Tiefenangabe: $Eht = 1{,}2 + 0{,}4$
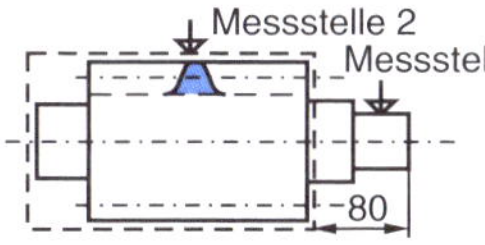
</td><td>Messstelle 1:
$(20 + 12)$ HRC
Messstelle 2:
$(58 + 4)$ HRC</td></tr>
<tr><td colspan="4">3. Härte / Festigkeit nach DIN EN 10083, DIN 17210, DIN 17211, DIN 17212</td></tr>
<tr><td colspan="2">$(54 + 6)$ HRC</td><td colspan="2">$(58 + 4)$ HRC</td></tr>
</table>

Tabelle 18.33: Beispiele von Zeichnungsangaben für Wärmebehandlungsverfahren nach ISO 15787 – Randschichthärten und Einsatzhärten [18.170]

1. Werkstoff und Anlieferungszustand nach DIN EN 10083, DIN EN 10084, DIN EN 10085			
34 CrMo 4 G		31 CrMo V9 V	
2. Wärmebehandlungsverfahren (Endzustand), Kennzeichnung der Messstelle und Wärmebehandlungsbild nach DIN 17014 und ISO 15787			
Vergütet	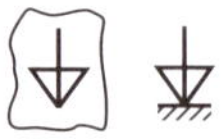	Nitriert, nitrocarburiert	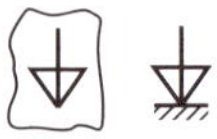
3. Härte / Festigkeit nach DIN EN 10083, DIN EN 10084, DIN EN 10085			
$(235 + 50)$ HB / $\sigma_B = (800 + 150)$ N/mm^2		$(700 + 100)$ HV10	
4. Tiefenangabe bei Randschichten			
Entfällt		Verbindungsschichtdicke $= 0{,}005 + 0{,}003$, $Nht = 0{,}5 + 0{,}1$	

Tabelle 18.34: Beispiele von Zeichnungsangaben für Wärmebehandlungsverfahren nach ISO 15787 – Vergüten und Nitrieren [18.170]

Auch wenn die Ermittlung der Zugfestigkeit aus der Härte nach DIN 50150 nur Anhaltswerte liefert, sollten direkte Angaben zur Zugfestigkeit anstelle der Härte nur erfolgen, wenn ein Bauteil oder ein bauteilähnliches Teil zur Entnahme der Proben (z.B. für den Zugversuch) aus einem bestimmten geometrischen Bereich (Probenentnahmeort) zerstört werden kann [18.75]. Generell ist zu beachten, dass Härte, Zugfestigkeit und weitere mechanische Eigenschaften für jeden Werkstoff von der Größe und Gesamtgestalt des Bauteiles abhängen, was durch kennzeichnende Abmessungen berücksichtigt wird. Da bei den Randschichthärteverfahren nicht die gesamte Bauteiloberfläche behandet wird, erfolgt anhand eines Wärmebehandlungsbildes die Kennzeichnung der zu behandelnden Teilbereiche mittels einer Strichpunktlinie.

Beispiele für die nicht nach ISO 15787 ausführbaren Angaben zur Wärmebehandlung (Bainitisieren, Borieren) sind in folgender Tabelle 18.35 aufgeführt.

Werkstoff/Anlieferungszustand	EN-GJS-900 B ferritisch	41 Cr 4 V
Wärmebehandlungsverfahren (Endzustand)	bainitisiert	boriert
Härte und/oder Festigkeit	$(260 + 50)$ HB	≥ 1600 HV 0,05
Tiefenangabe bei Randschichten und Kennzeichnung der Messstelle	entfällt 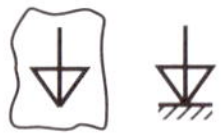	Boridschichtdicke $= 0{,}03 + 0{,}02$ 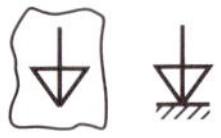

Tabelle 18.35: Beispiele von Zeichnungsangaben für die Wärmebehandlungsverfahren Bainitisieren und Borieren (nicht in ISO 15787 enthalten)

Neben der Wärmebehandlung eignen sich auch galvanische oder chemische Verfahren wie Verkupfern und Phosphatieren zur Aufbringung von Korrosions- und Verschleißschutzschichten an Zahnrädern. Die Beschichtung gemäß den genormten Verfahren nach DIN EN 12476 und

DIN 50967 erfolgt nach der Wärmebehandlung, weitere Angaben zu Grundwerkstoff, Überzug, Schichtdicke, flächenbezogener Masse und Nachbehandlung sind nach DIN 50960 geregelt [18.78], [18.79], [18.102]. Zur Angabe von Überzügen wird ein Bezugspfeil mit der entsprechenden Normbezeichnung verwendet. Möchte man z.B. ein Zahnrad im Hinblick auf einen zeitweiligen Korrosionsschutz in trockenen Räumen allseitig phosphatieren, so ist in der Nähe des Schriftfeldes eine Eintragung gemäß Abbildung 18.103 a) nach DIN 50960 vorzunehmen [18.78]. Das Verkupfern der Zähne eines Zahnrades zum Zwecke des besseren Einlaufs erfordert die Angaben nach Abbildung 18.103 b).

Bei örtlich begrenzten Beschichtungen unterscheidet man durch drei verschiedene Linienarten in Bereiche, die einen Überzug haben müssen (gestrichelt-punktierte Linie), einen Überzug haben dürfen (gestrichelte Linie) oder aber keinen Überzug haben dürfen (gestrichelt-doppeltpunktierte Linie), wobei die letzten beiden Linienarten gemäß Abbildung 18.103 b) und c) durch ergänzende Worte zu erklären sind.

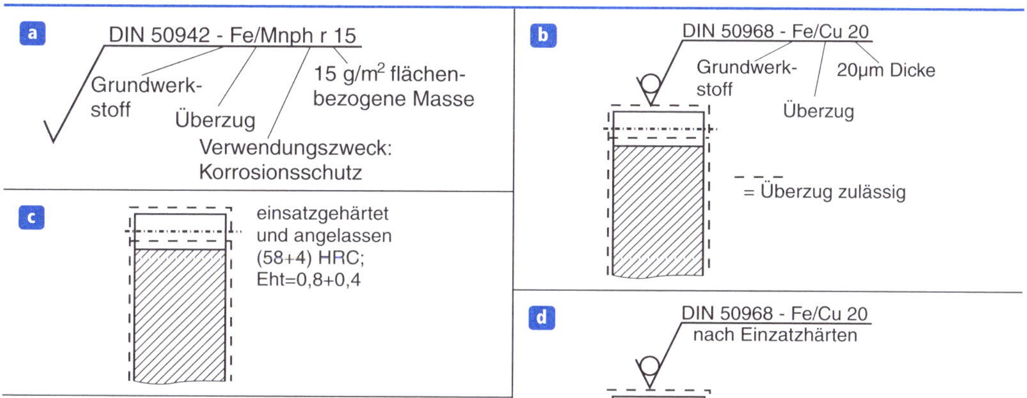

a Phosphatieren mit Bezugssymbol und Normbezeichnung nach DIN 50960
b Verkupfert (örtlich begrenzt)
c Galvanisch verkupfert nach Einsatzhärten
d Einsatzgehärtet vor dem Galvanisieren

Abbildung 18.103: Zeichnungsangaben – Kombination von Beschichtungs- und Wärmebehandlungsangabe in Bildform [18.216]

Zu den organisatorisch-technischen Daten gehören Angaben wie „gemeinsam mit Teil ... gebohrt" oder „Anfasung vor Wärmebehandlung". Ferner können für Sonderfälle die folgenden zusätzlichen Angaben notwendig oder zweckmäßig sein:

a **Arbeitende Flanke** – Bei Vorliegen einer Hauptarbeitsrichtung können für die Rückflanke gröbere Abweichungen möglich sein und eventuell in gesonderten und auf der Zeichnung genannten Richtlinien festgehalten werden.

b **Materialwegnahme beim Wuchten** – Bei größeren Drehzahlen oder höheren Anforderungen an einen gleichförmigen Lauf ist dynamisches Wuchten erforderlich, sodass der zulässige Bereich für die Materialwegnahme anzugeben ist.

c **Ort der Kennzeichnung** – Zweckmäßigerweise und zur Vermeidung von Schädigungen an hoch beanspruchten Stellen wird der Ort für Kennzeichnungen angegeben.

d **Vermerk der Prüfvorschrift** – Art, Umfang (maßlich, werkstofftechnisch), Durchführung und Dokumentation der Kontrollen sind dort festgehalten.

18.3.3 Dimensionierung von Stirnradgetrieben

In sehr vielen Anwendungsfällen ist keine Vorabdimensionierung und Entwurfsrechnung erforderlich, da bereits aus vorhandenen Konstruktionen die Hauptdaten bekannt oder vorgegeben sind. Für die geänderte Konstruktion wird nur die Eignung anhand des zwischen Kunden und Lieferanten vereinbarten Pflichtenheftes überprüft und es ist ein Tragfähigkeitsnachweis gemäß Abschnitt 18.4 zu führen.

In allen anderen Fällen müssen die Getriebe und deren Komponenten im Rahmen von Entwurf und Neukonstruktion vorab dimensioniert werden, bevor ein ausführlicher Tragfähigkeitsnachweis erbracht werden kann. Dabei sind folgende Gesichtspunkte zu berücksichtigen:

- Vereinbarung eines Pflichtenheftes zwischen Kunde und Lieferant, das neben den Hauptanforderungen Leistung, Drehzahlen und Gesamtübersetzung möglichst alle weiteren für die Konstruktion wichtigen Anforderungen enthalten soll.
- Grundsätzliche Wahl der Getriebebauart gemäß Abschnitt 18.3.4 abhängig vom erforderlichen oder gewünschten Anschluss an Antriebs- und Arbeitsmaschine
- Aufteilung der Gesamtübersetzung auf die einzelnen Getriebestufen
- Bestimmung der vorläufigen Hauptabmessungen der Getriebestufen (Durchmesser, Breite) durch Überschlagsrechnung mit Erfahrungswerten aus den jeweiligen Einsatzgebieten
- Genauere Festlegung der Verzahnungsdaten Modul, Zähnezahl, Schrägungswinkel, Profilverschiebung und Verzahnungsgenauigkeit (DIN-Qualität) unter Berücksichtigung des Zahnradformgebungsverfahrens, des Werkstoffes und der Wärmebehandlung
- Entwurf des vollständigen Getriebes unter Berücksichtigung der einzelnen Getriebestufen und der wichtigsten Einbau- und Anbauelemente gemäß den Anforderungen des Pflichtenheftes
- Nachrechnung des vollständigen Getriebeentwurfes durch Überprüfung der Tragfähigkeit, Lebensdauer und Verformungen aller Bauteile. Bei Nichteinhaltung der geforderten Werte ist der Entwurf entsprechend anzupassen (Abmessungen, Werkstoffe) und die Nachrechnung zu wiederholen.
- Erfüllt der Getriebeentwurf schließlich alle Anforderungen des Lastenheftes hinsichtlich Tragfähigkeit, Lebensdauer und Verformungen, kann die Detailkonstruktion vorgenommen werden. Abschließend wird meistens für die endgültig ausgeführte Konstruktion nochmals ein Tragfähigkeitsnachweis geführt.

Unabhängig von den im Abschnitt 18.3.4 behandelten Getriebebauarten gelten die im Folgenden wiedergegebenen Zusammenhänge zur Aufteilung der Übersetzung bei ein- und mehrstufigen Getrieben. Dabei erfolgt die Aufteilung der Gesamtübersetzung auf einzelne

Getriebestufen oftmals aus der Erfahrung heraus oder aber sie ist wie im vorliegenden Fall das Ergebnis einer Optimierungsrechnung mit dem Hauptkriterium der Minimierung der Masse eines Getriebes mit einsatzgehärteter Verzahnung auf der Grundlage der zulässigen Flankenpressung [18.216], [18.288], [18.289]. Bei den Herstellkosten ist ebenfalls eine Minimierung zu erwarten, da diese in den meisten Fällen proportional zum Gewicht sind. Andere Kriterien zur Minimierung können der Bauraum (oder auch die Baulänge) bei besonderen Anforderungen aus dem zur Verfügung stehenden Einbauraum sein oder aber man strebt kleine Massenträgheiten an, um geringe Momente beim Beschleunigen oder Bremsen zu erzielen.

18.3.3.1 Auslegung für minimale Masse

Die Gesamtmasse eines Getriebes umfasst hauptsächlich die Massen der Zahnräder, der Wellen, der Lager und des Gehäuses. Demzufolge haben die Anzahl der Übersetzungsstufen, die Aufteilung der Gesamtübersetzung auf die einzelnen Stufen, die relative Breite b / d_1 (Verhältnis Zahnradbreite zu Ritzeldurchmesser) und damit auch die grundsätzliche Wellenanordnung und die sich daraus ergebende Gehäusegestalt einen wesentlichen Einfluss auf die Gesamtmasse [18.140], [18.183], [18.216], [18.238], [18.252], [18.343]. Zur Ermittlung der Getriebehauptkenngrößen Stufenanzahl, Teilübersetzungen und Breiten-Durchmesser-Verhältnisse werden gemäß Abbildung 18.104 die Zahnradmassen und die Gehäusemasse in die Zielfunktion einbezogen.

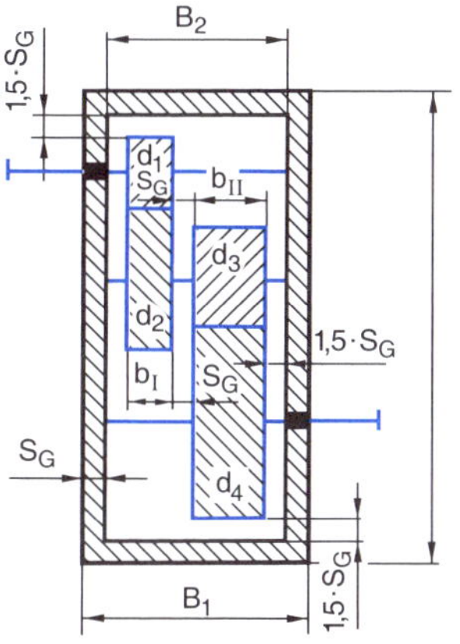

Nimmt man für die Geometrie der Zahnräder vereinfachend Vollzylinder an, so gilt mit der Dichte ρ, der Stufenanzahl k, dem Breiten-Durchmesser Verhältnis der $_i$-ten Stufe $(b / d_1)_i$, dem Ritzeldurchmesser d_1 der Stufe i und dem Zähnezahlverhältnis u für die Radsatzmasse:

$$m_{Radsatz} = \frac{\rho \cdot \pi}{4} \cdot \sum_{i=1}^{k} \left[\left(\frac{b}{d_1} \right)_i \cdot \left(1 + u_i^{\,2} \right) \right] \cdot d_1^3 \qquad (18.208)$$

Die Gehäuseabmessungen lassen sich aus den Radsatzabmessungen herleiten, sodass für das der Masse proportionale Volumen (Gütekriterium) folgt:

$$m_{Getriebe} \rightarrow V = K \cdot \left(V_Z + F_1 \cdot F_2 \cdot V_G \right) \qquad (18.209)$$

Hierin bezeichnen V das Getriebevolumen, V_Z das Radsatzvolumen, V_G das Gehäusevolumen und K, F_1 und F_2 Korrekturfaktoren ($K = 1{,}5$, $F_1 = 1{,}5$ und $F_2 = 1$).

Abbildung 18.104: Modell eines zweistufigen Getriebes – Annahmen zur Optimierung [18.129], [18.216]

Um mit dieser Modellvorstellung den tatsächlichen Getriebeverhältnissen möglichst nahe zu kommen, wird mithilfe des Faktors K der Anteil der Wellen, Lager und sonstiger Umbauteile an der Gesamtmasse berücksichtigt, wobei durch Untersuchungen an Getriebebaureihen verschiedener Hersteller ein Mittelwert von $K = 1{,}5$ bestimmt werden konnte. Des Weiteren werden Lagerstellen, Anschraubleisten, Versteifungen und andere vom Berechnungsmodell abweichende Details durch den Faktor F_1 in der Gehäusemasse berücksichtigt, der aus Baureihenuntersuchungen zu $F_1 = 1{,}5$ ermittelt wurde. Eventuelle Unterschiede der Dichte des Materials der Zahnräder und des Gehäuses lassen sich durch den Faktor F_2 erfassen, wobei $F_2 = 1$ gesetzt werden kann, solange Räder und Gehäuse aus Stahl bzw. Eisen sind.

Die im Rahmen der durchgeführten Optimierungsrechnungen erforderliche Beurteilung der Flankenbeanspruchung erfolgte anhand der Hertz'schen Theorie gemäß Abschnitt 18.4.4 unter Beachtung der zulässigen Flankenpressungen nach DIN 3990 [18.529, [18.55]. Die für die Breitenlastverteilung wesentlichen Fertigungsabweichungen wurden nach DIN 3962 bzw. durch Näherungen als Funktionen abhängig von der Zahnbreite erfasst (s.a. Abschnitt 18.4.3) [18.41]. Ebenso wurden die Abweichungen durch elastische Deformationen bei der iterativen Berechnung berücksichtigt.

Betrachtet man gemäß Abbildung 18.105 nun die beiden Getriebebauformen mit waagerechter Deckfläche (Form 1) und geneigter Deckfläche (Form 2), wobei die Neigung der Tangente an die Kopfkreise der Großräder der beiden letzten Stufen entspricht, so erhält man als Ergebnis der Optimierung die im Diagramm dargestellte minimale Volumenkennzahl für ein- bis dreistufige Getriebe, bei denen alle Wellen in einer Ebene liegen, abhängig von der Gesamtübersetzung i_{ges}. Unter Beachtung der vorgegebenen Belastung ergibt sich aus den Schnittpunkten der einzelnen Kurven abhängig von der Gesamtübersetzung die optimale Stufenanzahl gemäß der Gleichungen (18.210) bis (18.212), wobei in diesem Fall die Gehäuseform von untergeordneter Bedeutung ist. Wählt man ein anderes Optimierungskriterium (z.B. die Fertigungskosten), können sich die Werte der optimalen Stufenanzahl leicht verschieben. So findet man z.B. auch folgende mögliche Gesamtübersetzungen $i_{ges} < 6 \ldots 8$, (maximal bis 18) für eine Stufe, $i_{ges} < 35 \ldots 45$, (maximal bis 60) für zwei Stufen und $i_{ges} < 150 \ldots 200$, (maximal bis 300) für drei Stufen, wobei es meistens am wirtschaftlichsten ist, für die schneller laufende Stufe mit dem kleineren Drehmoment die größere Übersetzung zu wählen [18.252].

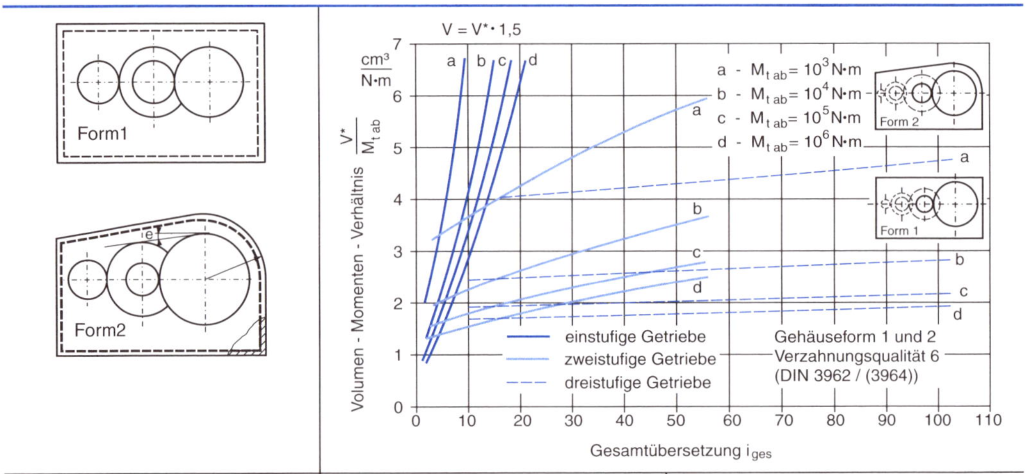

Einstufig: $1 \le \lvert i_{ges} \rvert \le 5$ (18.210)	Zweistufig: $5 < \lvert i_{ges} \rvert \le 15$ (18.211)	Dreistufig: $15 < \lvert i_{ges} \rvert \le 60$ (18.212)

Abbildung 18.105: Volumen-Momenten-Verhältnis ein- bis dreistufiger Getriebe und die sich daraus ergebende optimale Stufenanzahl [18.216],[18.288]

Ausgehend von der Gesamtübersetzung und der zugehörigen Stufenzahl zeigt Abbildung 18.106 für das Auslegungskriterium „minimale Masse“ die optimale Aufteilung auf die einzelnen Stufen für die mittleren Verzahnungsqualitäten 5 und 6 nach DIN 3962 und DIN 3964, wobei nur geringfügige Unterschiede der Ergebnisse bei Veränderung des Abtriebsmomentes auffallen [18.41], [18.43]. Die zugehörigen Näherungsgleichungen befinden sich ebenfalls in Abbildung 18.106.

Während die Ergebnisse zur Stufenanzahl und Übersetzungsaufteilung nur wenig von der Gehäuseform abhängen, hat diese einen wesentlichen Einfluss auf die optimalen Zahnbreiten-Durchmesser-Verhältnisse, wobei außerdem der Breitenlastverteilungsfaktor $K_{H\beta}$ in die Berechnungen einzubeziehen ist. Auf der Grundlage einer Untersuchung der am häufigsten anzutreffenden Gehäusebauformen moderner Industriegetriebe in Verbindung mit der Forderung nach minimaler Masse wurde folgender Zusammenhang für das günstigste Verhältnis von Zahnbreite b zu Ritzeldurchmesser d_1 der jeweiligen Stufe i gefunden, wobei die Parameter χ_i und ν_i abhängig von der Stufenanzahl k und der Gehäuseform nach Abbildung 18.105 in Tabelle 18.36 zusammengestellt sind [18.216], [18.288]:

$$\left(\frac{b}{d_1}\right)_i = \chi_i \cdot \left(i_{ges}\right)^{\nu_i} \qquad (18.213)$$

Das so bestimmte Verhältnis von b / d_1 ist als Anhaltswert zu betrachten, da zur endgültigen Festlegung weitere Gesichtspunkte wie z.B. vorhandene Radsätze, andere die Abmessungen bestimmende Bauteile, Kostenfragen, der Modul m nach Tabelle 18.37 oder auch Erfahrungswerte gemäß Tabelle 18.38 maßgebend sein können.

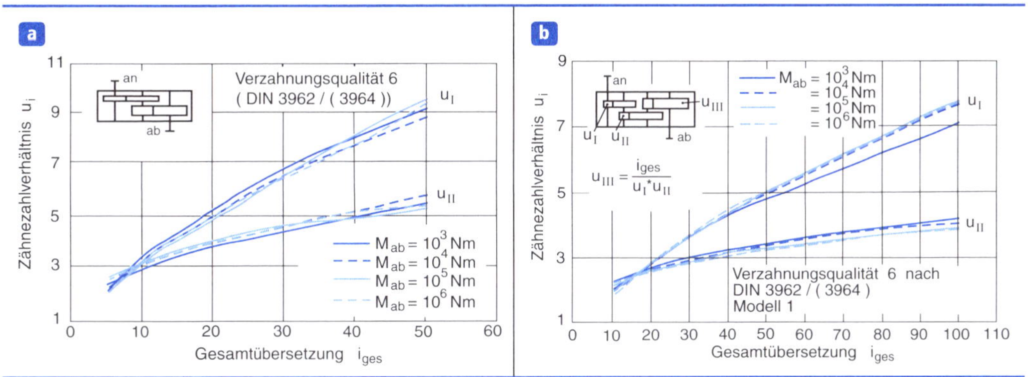

Stufenanzahl k	Zähnezahlverhältnis		
1	$u_I = \frac{z_2}{z_1} = i_{ges}$	–	–
2	$u_I = \frac{z_2}{z_1} = 0{,}7332 \cdot \lvert i_{ges} \rvert^{0{,}6438}$	$u_{II} = \frac{z_4}{z_3} = \frac{\lvert i_{ges} \rvert}{u_I}$	–
3	$u_I = \frac{z_2}{z_1} = 0{,}4643 \cdot \lvert i_{ges} \rvert^{0{,}609}$	$u_{II} = \frac{z_4}{z_3} = 1{,}205 \cdot \lvert i_{ges} \rvert^{0{,}262}$	$u_{III} = \frac{z_6}{z_5} = \frac{\lvert i_{ges} \rvert}{u_I \cdot u_{II}}$

Abbildung 18.106: Übersetzungsaufteilung zweistufiger (a) und dreistufiger (b) Getriebe bei Verzahnungsqualität 6 und Näherungen zur günstigsten Übersetzungsaufteilung bei Industriegetrieben mittlerer Fertigungsqualität (5 bis 8 nach DIN 3962) mit den Übersetzungsbereichen nach Abbildung 18.105 [18.216]

k	Form	χ_I	χ_{II}	χ_{III}
1	1	$-0{,}0028 \cdot x+0{,}6087$	–	–
	2	$-0{,}0024 \cdot x+0{,}5723$	–	–
2	1	$-0{,}0043 \cdot x+0{,}3495$	$0{,}0816 \cdot x+0{,}4167$	–
	2	$0{,}349 \cdot x^{0{,}2463}$	$0{,}0826 \cdot x+0{,}2658$	–
3	1	$0{,}0581 \cdot x+0{,}2744$	$0{,}2513$	$-0{,}025 \cdot x^2+0{,}325 \cdot x+0{,}05$
	2	$0{,}047 \cdot x^2-0{,}459 \cdot x+1{,}4394$	$-0{,}005 \cdot x^2+0{,}031 \cdot x+0{,}268$	$0{,}143 \cdot x+0{,}1245$
k	Form	ν_I	ν_{II}	ν_{III}
1	1	$0{,}0142 \cdot x+0{,}1326$	–	–
	2	$0{,}0141 \cdot x+0{,}1389$	–	–
2	1	$0{,}0195 \cdot x+0{,}0403$	$0{,}009 \cdot x+0{,}0344$	–
	2	0	$-0{,}0218 \cdot x^2+0{,}031 \cdot x+0{,}268$	–
3	1	$-0{,}0127 \cdot x^2+0{,}128 \cdot x-0{,}0984$	$0{,}1548$	0
	2	$-0{,}0483 \cdot x^2+0{,}481 \cdot x-0{,}935$	$0{,}0407 \cdot x-0{,}0617$	$-0{,}0292 \cdot x+0{,}158$

k: Stufenanzahl: I, II, III; I: Antriebsstufe	Gültigkeitsbereich: 10^2 Nm $\leq M_{Tab} \leq 10^6$ Nm	M_{Tab}: Getriebe-Abtriebsmoment [Nm] $M_{T0} = 1$ Nm	$x = \log \frac{M_{Tab}}{M_{T0}}$

Tabelle 18.36: Näherungen für günstige Zahnbreiten-Durchmesser-Verhältnisse gemäß Gleichung (18.213) bei mittleren Verzahnungsqualitäten 5 bis 8 nach DIN 3962 abhängigt von der Stufenanzahl k, Wellen in einer Ebene liegend und Gehäuseform sowie Übersetzungsbereich nach Abbildung 18.105 [18.41], [18.216]

Lagerung	Verzahnungsqualität	Zahnbreite b als Funktion des Moduls m
Stahlkonstruktion, leichtes Gehäuse	11 ... 12	$b = 10 \ldots 15 \cdot m$
Stahlkonstruktion oder fliegendes Ritzel	8 ... 9	$b = 15 \ldots 25 \cdot m$
Gute Lagerung im Gehäuse	6 ... 7	$b = 20 \ldots 30 \cdot m$
Genau parallele, starre Lagerung, $b / d_1 > 1$	6 ... 7	$b = 25 \ldots 35 \cdot m$
Genau parallele, starre Lagerung, $b / d_1 \leq 1$	5 ... 6	$b = 40 \ldots 60 \cdot m$

Tabelle 18.37: Anhaltswerte für die Zahnbreite b als Funktion des Moduls m, der Verzahnungsqualität und der Lagerungsgenauigkeit [18.252]

Abschließend sei darauf hingewiesen, dass bei der hier vorgestellten Vorgehensweise begrenzte Abweichungen der Hauptparameter vom Optimum nicht sofort eine nennenswerte Erhöhung der Masse bedingen. Ebenso ist mit Veränderung der Gehäusegestalt keine nennenswerte Gewichtsverringerung zu erwarten. Aufgrund dieser Unempfindlichkeit des verwendeten Optimierungsmodells lassen sich wahrscheinlich weitere Optimierungskriterien (z.B. die Minimierung der Kosten) problemlos ergänzen, wenngleich die Lösung des Optimierungsproblems dadurch aufwändiger wird [18.129], [18.288].

Gerad- und Schrägverzahnung, beidseitige, symmetrische Lagerung	Normalisiert ($HB \leq 180$)	$b / d_1 \leq 1{,}6$
	Vergütet ($HB \geq 200$)	$b / d_1 \leq 1{,}4$
	Einsatz- oder oberflächengehärtet	$b / d_1 \leq 1{,}1$
	Nitriert	$b / d_1 \leq 0{,}8$
Doppelschrägverzahnung (Gesamtbreite B)	$B / d_1 \leq 1{,}8$fachen der o.a. Werte für b / d_1	
Beidseitige, unsymmetrische Lagerung	$80\,\%$ der o.a. Werte für b / d_1	
Fliegende Lagerung	$50\,\%$ der o.a. Werte für b / d_1	
Gleichgroße Ritzel und Räder (z. B. Kammwalzengetriebe)	$120\,\%$ der o.a. Werte für b / d_1	

Anmerkungen:	Bei weicherem Fundament (z. B. leichte Bauform auf Stahlgerüst) sind nur $60\,\%$ der angegebenen Werte zu empfehlen. Bei ausgeführten Flankenlinienkorrekturen sind auch größere Breiten möglich.

Tabelle 18.38: Größtwerte für das Breiten-Durchmesser-Verhältnis b / d_1 von ortsfesten Stirnradgetrieben auf steifem Fundament [18.252]

18.3.3.2 Auswahlkriterien – Geradverzahnung – Schrägverzahnung – Doppelschrägverzahnung

Aufgrund der bereits vorne erwähnten Vorteile der Schrägverzahnung gegenüber der Geradverzahnung (größere Überdeckung, geringere Geräuschanregung) führt man mehrstufige Industriegetriebe bevorzugt mit folgender Aufteilung des Schrägungswinkels β aus:

1 Schnell laufende Stufe: Ein großer Schrägungswinkel von $\beta = 10 \ldots 15°$ führt zu einer Reduzierung des bei schnell laufenden Stufen immer kritischen Geräuschanregungspegels, wobei die Axialkräfte in den Lagern trotz des großen Schrägungswinkels aufgrund geringer Umfangskräfte klein bleiben.

2 Mittelschnell laufende Zwischenstufen: Mit einem Schrägungswinkel von $\beta = 8 \ldots 12°$ wird ein ausgewogenes Verhalten zwischen Geräuschanregung und Größe der Axialkräfte erreicht.

3 Langsam laufende Stufe: Ein kleiner Schrägungswinkel von $\beta = 0 \ldots 5°$ führt trotz großer Umfangskräfte zu keinen (Geradverzahnung) oder nur geringen Axialkräften, wobei die niedrige Zahneingriffsfrequenz und der nur geringe Anteil am Geräuschpegel durch den Schrägungswinkel kaum beeinflusst werden müssen.

Grundsätzlich ist die Schrägungsrichtung so zu wählen, dass Lager mit kleinerer Radialbelastung die aus der Schrägverzahnung resultierenden Axialkräfte übernehmen. Bei zwei schrägverzahnten Rädern auf einer Welle ist oftmals ein Ausgleich der Axialkräfte möglich. Liegt eine Kombination von Schrägstirnrädern und Kegelrädern vor, sollte die Gesamtaxialkraft von der Kegelspitze weg gerichtet sein und zwar auch bei Drehrichtungsumkehr (s.a. Radsatzgetriebe Abbildung 16.1).

Bis $v_t = 20$ m/s Umfangsgeschwindigkeit sollten die Sprungüberdeckung $\varepsilon_\beta > 1{,}0$ (0,9) und die Gesamtüberdeckung $\varepsilon_\gamma = \varepsilon_\alpha + \varepsilon_\beta \geq 2{,}2$ betragen, wobei der Einfluss eines Kopfkantenbruches auf ε_α zu berücksichtigen ist. Oberhalb von $v_t = 40$ m/s gilt für die Sprungüberdeckung $\varepsilon_\beta > 1{,}2$ und für die Gesamtüberdeckung $\varepsilon_\gamma = \varepsilon_\alpha + \varepsilon_\beta > 2{,}6$ [18.252]. Darüber hinaus ist zu beachten, dass bei hohen Umfangsgeschwindigkeiten ein kleiner Schrägungswinkel zu erheblichen Beschleunigungen des aus den Zahnlücken verdrängten Schmieröls und damit zur Aufheizung führt.

Eine Doppelschrägverzahnung ist immer dann sinnvoll, wenn eine Einfachschrägverzahnung gemäß Tabelle 18.38 zu breit wird oder aber wenn die Axialkräfte zu groß werden. Gebräuchliche Schrägungswinkel für Doppelschrägverzahnungen liegen bei $\beta = 20 \ldots 30°$, wobei noch größere Winkel (z.B. $\beta = 30 \ldots 45°$ für Pfeilverzahnungen) keine weiteren Vorteile hinsichtlich des Geräuschverhaltens bringen. Dabei ist jedoch zu beachten, dass sich die Gesamtumfangskraft gemäß Abbildung 18.107 nur dann auf beide Pfeilhälften gleichmäßig verteilt, wenn sich ein Rad der Pfeilverzahnungspaarung über eine schwimmende Lagerung axial frei einstellen kann. Ferner ist zu berücksichtigen, dass sich eine von außen eingeleitete Axialkraft F_{xe} auf die Umfangskräfte der Pfeilhälften (F_{tr} – rechts, F_{tl} – links) wie folgt auswirkt:

$$F_{tr} = \frac{1}{2} \cdot \left(F_t + \frac{F_{xe}}{\tan \beta} \right) \qquad F_{tl} = \frac{1}{2} \cdot \left(F_t - \frac{F_{xe}}{\tan \beta} \right) \tag{18.214}$$

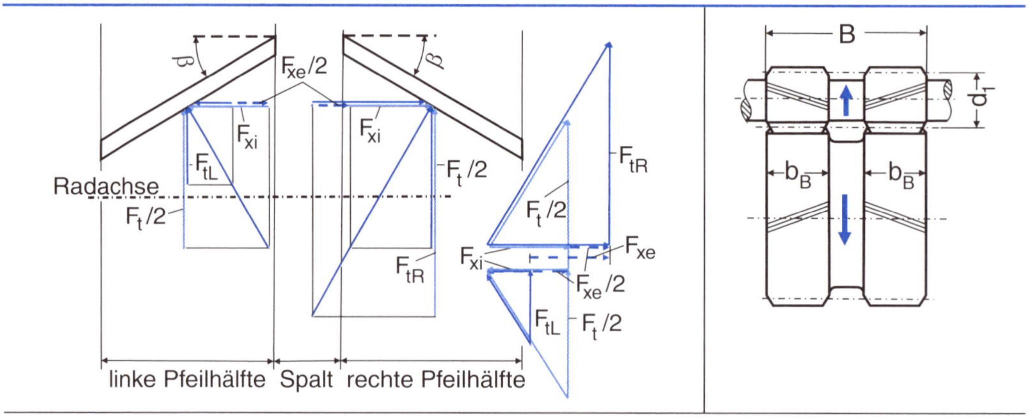

Abbildung 18.107: Doppelschrägverzahnung – a) Einfluss einer äußeren Axialkraft F_{xe} auf die Kräfte an beiden Pfeilhälften, b) Drehrichtung bei schnell laufenden Großgetrieben (treibendes Ritzel – Pfeilspitze nacheilend) [18.252]

Dabei wird die Pfeilrichtung meist gemäß Abbildung 18.107 b) gewählt. Im Betrieb erwärmt sich das Ritzel üblicherweise stärker als das Rad und wird deshalb etwas breiter, sodass der Schrägungswinkel etwas kleiner wird. Dadurch entsteht tendenziell eine Überlastung der treibenden Flanke nahe dem Spalt, die allerdings durch die Ritzelbiegung wieder ausgeglichen wird [18.252].

Abschließend sei darauf hingewiesen, dass man bei Verschieberädern zwar Geradverzahnungen bevorzugt, jedoch Schrägungswinkel bis $\beta = 10°$ möglich sind, wobei die Schrägungsrichtung so zu wählen ist, dass die Axialkraft auf ein Lager und nicht auf die Schaltgabel wirkt.

18.3.3.3 Überschlagskriterium Zahnflankentragfähigkeit (Grübchenbildung)

Ausgehend von grundlegenden Überlegungen zur Verzahnungsgeometrie (gerade oder schräge Evolventenverzahnung), der Wahl des Werkstoffes und des Herstellungsverfahrens,einschließlich der Wärmebehandlung und der im vorherigen Abschnitt behandelten Aufteilung der Gesamtübersetzung kann nun die Vorabauslegung einer einzelnen Zahnradstufe eines gesamten Getriebes durchgeführt werden. Dabei werden auch hier zunächst weitere, vereinfachende Annahmen getroffen, die im Rahmen eines später durchzuführenden, ausführlichen Tragfähigkeitsnachweises dann entsprechend genauer zu berücksichtigen sind.

In den meisten Anwendungsfällen hat sich die Vorabauslegung nach der Zahnflankentragfähigkeit zur Bestimmung der Hauptabmessungen bewährt (s.a. Abschnitt 18.4.4), insbesondere bei ungehärteten Verzahnungen ist sie das maßgebende Kriterium. Darüber hinaus wird die Flankenbeanspruchung umso deutlicher entscheidend, je kleiner die Zähnezahl ist.

Die folgende Gleichung zur Bestimmung des Ritzeldurchmessers d_1 erhält man im Sinne einer Festigkeitsberechnung durch den Vergleich der Beanspruchung (gegeben durch das Drehmoment M_{t1} und über die Hertz'sche Theorie gemäß Abschnitt 18.4.4 umgerechnet in eine Hertz'sche Pressung) mit der Beanspruchbarkeit (gegeben durch die Flankenfestigkeit σ_{Hlim} nach Abschnitt 18.4.10, entsprechend einer zulässigen Hertz'schen Pressung) unter Einbeziehung einer rechnerischen Sicherheit S_H:

$$d_1 \geq \sqrt[3]{\frac{2 \cdot K_A \cdot K_v \cdot K_{H\alpha} \cdot K_{H\beta} \cdot M_{t1} \cdot Z_E^2 \cdot Z_H^2 \cdot Z_\varepsilon^2}{\left(\frac{Z_N \cdot \sigma_{Hlim}}{S_H}\right)^2 \cdot \frac{b}{d_1}} \cdot \frac{u+1}{u}} \quad \text{mit} \quad M_{t1} = F_{t1} \cdot \frac{d_1}{2} = \frac{P_{Nenn}}{\omega_{1Nenn}} \qquad (18.215)$$

Hierin bedeuten M_{t1} das Drehmoment und F_{t1} die Tangentialkraft am Ritzel der jeweiligen Stufe sowie P_{Nenn} die zu übertragende Leistung bei der Winkelgeschwindigkeit des Ritzels ω_{1Nenn}. Weiterhin bezeichnen K_A den Anwendungsfaktor zur Umbewertung von Drehmomentspitzen in ein schädigungsäquivalentes Drehmoment bei Ermüdungsbeanspruchungen (s.a. Abschnitt 18.4.2.2 sowie Kapitel 1 in Maschinenelemente 1), K_v den Dynamikfaktor zur Erfassung der inneren dynamischen Zusatzkräfte (s.a. Abschnitt 18.4.2.3) sowie $K_{H\alpha}$ den Stirnfaktor und $K_{H\beta}$ den Breitenfaktor (s.a. Abschnitt 18.4.3.2) nach DIN 3990 [18.51], [18.306]. Bereits in der Auslegungsphase kann der Anwendungsfaktor K_A anhand der Arbeitsweisen von Antriebsmaschine und getriebener Maschine genau festgelegt werden, für das Produkt aus Dynamikfaktor und Stirnfaktor wird näherungsweise $K_v \cdot K_{H\alpha} = 1{,}2$ gesetzt. Liegen für den Breitenfaktor keine Erfahrungswerte vor, wird $K_H = 1{,}5$ angenommen.

Der Elastizitätsfaktor Z_E, der Zonenfaktor Z_H und der Überdeckungsfaktor Z_ε haben ihren Ursprung in der Aufbereitung der Hertz'schen Pressungsgleichungen zur Bestimmung der Zahnflankenpressung gemäß Abschnitt 18.4.4. Der Elastizitätsfaktor hat für die Werkstoffpaarung Stahl gegen Stahl den Wert $Z_E = 190\sqrt{N/mm^2}$. Der Zonenfaktor beträgt $Z_H \approx 2{,}5$ bei Geradverzahnung und einer Profilverschiebungssumme von $\sum x = 0$. Für Schrägverzahnungen ist er gemäß Abbildung 18.175 in Abschnitt 18.4.4 für $\sum x = 0$ und dem gewählten Schrägungswinkel β zu wählen, wobei der Schrägungswinkel unter Berücksichtigung der angestrebten Sprungüberdeckung, der für die Lagerung ertragbaren Axialkraft und der betrieblichen Festlegungen gewählt wird. Bei Industrie- und Kraftfahrzeuggetrieben liegt der Schrägungswinkel im Bereich von $\beta = 8 \ldots 20°$ für einfache Schrägverzahnungen und Doppelschrägverzahnungen und β = 30 ... 45° für Pfeilverzahnungen, wobei in DIN 3978 abhängig von genormten Moduln Schrägungswinkel empfohlen werden [18.49]. Für den Überdeckungsfaktor gilt überschlägig bei Geradverzahnung $Z_\varepsilon = 1$ und bei Schrägverzahnung $Z_\varepsilon = 0{,}85$.

Das Zähnezahlverhältnis beträgt $u = z_2 / z_1$ mit $|z_2| \geq z_1$ und ergibt sich aus der Stufenübersetzung, bei Innenradpaaren ist die Zähnezahl der Innenverzahnung negativ.

Für den Lebensdauerfaktor gilt im Dauerfestigkeitsbereich $Z_N = 1$. Genaue Werte für die Flankenfestigkeit (gegen Grübchenbildung) σ_{Hlim} sind in Abschnitt 18.4.10 zusammengestellt, wobei für legierte Einsatzstähle mit einer Oberflächenhärte im Bereich von $H = 60^{+3}_{-3}\text{HRC}$ mit Werten zwischen σ_{Hlim} = 1.400 ... 1.500 N/mm² gerechnet werden kann.

Die rechnerische Sicherheit S_H ist unter Berücksichtigung von Vorschriften, Vereinbarungen sowie der Bedeutung der Anlage oder aber auch des Gefährdungspotentials im Schadensfalle festzulegen, wobei üblicherweise $S_H = 1{,}2$ angenommen werden kann, sofern keine besonderen Forderungen bestehen.

Die Ermittlung bzw. Festlegung des Breiten-Durchmesser-Verhältnisses b / d_1 hat unter Berücksichtigung der gesamten Konstruktion (Verformung, Qualität, Werkstoff, Wärmebehandlung, Einstellmaßnahmen) gemäß dem vorherigen Abschnitt 18.3.3.1 zu erfolgen, wobei übliche Werte von b / d_1 in Tabelle 18.38 zusammengestellt sind.

Der Vollständigkeit halber sei darauf hingewiesen, dass im Gegensatz zu den ausführlichen Gleichungen in Abschnitt 18.4.4 in der obigen Überschlagsgleichung (18.215) die Einzeleingriffsfaktoren Z_B und Z_D, der Schrägenfaktor Z_β, die Rauheits-, Geschwindigkeits- und Schmierstofffaktoren Z_R, Z_V und Z_L, der Größenfaktor Z_X und der Werkstoffpaarungsfaktor Z_W der Einfachheit halber vernachlässigt wurden.

Im Anschluss an die Bestimmung des Ritzeldurchmessers d_1 kann die Zähnezahl z_1 gewählt und mithilfe des vorher festgelegten Schrägungswinkels β der Modul m_n gemäß Gleichung (18.81) bestimmt werden. Anhaltswerte für übliche Zähnezahlen des kleineren Rades der Paarung sind in Tabelle 18.39 zusammengestellt.

Der rechnerisch aus dem Durchmesser ermittelte Wert des Moduls ist dann auf einen genormten Wert nach DIN 780 gemäß Tabelle 18.1 auf- oder abzurunden [18.36]. Mit diesen Werten muss dann der Nachweis der Einhaltung der erforderlichen Sicherheit der Zahnfußbeanspruchung gemäß Abschnitt 18.4.5 erbracht werden, anderenfalls ist ein neuer Modul festzulegen und die Berechnung zu wiederholen.

Eine andere Möglichkeit zur Bestimmung des Moduls und der sich daraus im Weiteren ergebenden Geometriedaten ist die nachfolgend kurz beschriebene Berechnung des Mindestwertes des Moduls, indem die auftretende Zahnfußspannung (gegeben durch das Drehmoment M_{t1} bzw. die Tangentialkraft F_{t1} am Teilkreisdurchmesser d_1, die Zahnbreite b und den Modul m_n) mit der ertragbaren Zahnfußspannung (gegeben durch die Zahnfußdauerfestigkeit σ_{FE}) unter Einbeziehung einer rechnerischen Sicherheit S_F entsprechend der grundlegenden Zusammenhänge in Abschnitt 18.4.5 gleichgesetzt werden, sodass gilt:

$$m_n \geq \frac{K_A \cdot K_v \cdot K_{H\alpha} \cdot K_{H\beta} \cdot F_{t1} \cdot \left(Y_{FS} \cdot Y_\varepsilon\right)}{b \cdot Y_N \cdot \left(\dfrac{\sigma_{FE}}{S_F}\right)} \quad \text{mit} \quad F_{t1} = 2 \cdot \frac{M_{t1}}{d_1} \qquad (18.216)$$

Hierin bezeichnen K_A den Anwendungsfaktor, K_v den Dynamikfaktor, $K_{H\alpha}$ den Stirnfaktor und $K_{H\beta}$ den Breitenfaktor gemäß den Erläuterungen zu Gleichung (18.215). Der Spannungsfaktor $(Y_{FS} \cdot Y_\varepsilon)$ nimmt für Verzahnungen mit Protuberanz und den Geometriegrößen $h_f / m_n = 1{,}4$ und $\rho_{a0} / m_n = 0{,}4$ sowie den übrigen Größen nach DIN 867 den Wert $(Y_{FS} \cdot Y_\varepsilon) \approx 2{,}9$ an. Für Verzahnungen ohne Protuberanz mit den Geometriegrößen $h_f / m_n = 1{,}25$ und $\rho_{a0} / m_n = 0{,}25$ sowie den übrigen Größen nach DIN 867 beträgt $(Y_{FS} \cdot Y_\varepsilon) \approx 3{,}1$. Die Zahnbreite b lässt sich bei bekanntem d_1 unter Berücksichtigung der gesamten Konstruktion (Verformung, Qualität, Werkstoff, Wärmebehandlung, Einstellmaßnahmen) gemäß dem vorherigen Abschnitt 18.3.3.1 festlegen (s.a. Tabelle 18.37 und Tabelle 18.38).

Wärmebehandlungszustand Werkstoff		Zähnezahl z_1 des Ritzels bei einem Zähnezahlverhältnis u (bei Übersetzung ins Langsame entspricht u der Übersetzung i)			
		1	2	4	8
vergütet oder oberflächengehärtet gegen vergütet	< 230 HB	32 … 60	29 … 55	25 … 50	22 … 45
	≥ 230 HB	30 … 50	27 … 45	23 … 40	20 … 35
nitriert		24 … 40	21 … 35	19 … 31	16 … 26
einsatzgehärtet		21 … 32	19 … 29	16 … 25	14 … 22
Gusseisen (GJS)		26 … 45	23 … 40	21 … 35	18 … 30

$z = 12$	praktisch kleinste Zähnezahl für Leistungsgetriebe (Gegenzähnezahl ≥ 23)
$z = 7$	kleinste Zähnezahl für Bewegungsübertragung bei Bezugsprofil nach DIN 867, Geradverzahnung
$z = 5$	kleinste Zähnezahl für Bewegungsübertragung bei Bezugsprofil nach DIN 58400 (Feinwerktechnik), Geradverzahnung
$z = 1 \dots 4$	für Bewegungsübertragung möglich mit Staffelrädern oder Schrägstirnrädern, $\varepsilon_\alpha < 1$ [18.292], [18.293]

Tabelle 18.39: Anhaltswerte für übliche Ritzelzähnezahlen [18.252]

Die Zahnfußdauerfestigkeit σ_{FE} wird durch die maximal ertragbare örtliche Spannung gemäß Abschnitt 18.4.3.4 ausgedrückt. Für einsatzgehärtete Verzahnungen (legierter Einsatzstahl) kann überschlagsmäßig mit $\sigma_{FE} = 800$ N/mm^2 gerechnet werden. Für den Lebensdauerfaktor gilt im Dauerfestigkeitsbereich mit $N > 3 \cdot 10^6$ Lastwechseln $Z_N = 1$.

Die rechnerische Sicherheit S_F gegen Ermüdungsbruch ist unter Berücksichtigung von Vorschriften, Vereinbarungen sowie der Bedeutung der Anlage oder aber auch des Gefährdungspotentials im Schadensfalle festzulegen, wobei üblicherweise $S_F = 1{,}3$ angenommen werden kann, sofern keine besonderen Forderungen bestehen. Oftmals ist aber auch der Wert $(Y_N \cdot \sigma_{FE} / S_F)$ als konkreter zulässiger Beanspruchungswert aus Erfahrung bekannt.

Der Vollständigkeit halber sei darauf hingewiesen, dass im Gegensatz zu den ausführlichen Gleichungen in Abschnitt 18.4.5 in der obigen Überschlagsgleichung (18.216) der Größenfaktor Y_X, der Rauheitsfaktor Y_R, die Stützziffer Y_δ und der Schrägenfaktor Y_β der Einfachheit halber vernachlässigt wurden.

Mit dem Durchmesser d_1 und dem Modul m_n liegt dann nach Wahl des Schrägungswinkels β die Zähnezahl z_1 fest. Manchmal ist eine Änderung der bestimmten Größen d_1 oder m_n erforderlich, wenn die sich ergebende Zähnezahl ungünstig ist oder anderweitige Forderungen bestehen.

Liegen die Daten des Ritzels (Rad 1) fest, kann die Zähnezahl des Rades 2 mithilfe des Zähnezahlverhältnisses u aus $z_2 = u \cdot z_1$ berechnet werden, wobei auf eine ganze Zahl zu runden ist. Bei einer Drehzahländerung ins Langsame entspricht u der Stufenübersetzung i, bei einer Übersetzung ins Schnelle ist entsprechend der Kehrwert zu verwenden. Nach Möglichkeit sollte man die Zähnezahlen einer Paarung so festlegen, dass sie keine gemeinsamen Faktoren > 1 enthalten, da anderenfalls ungünstige, insbesondere periodisch auftretende Verschleißerscheinungen auftreten können.

Ausgehend von der durch die Parameter d_1, m_n, z_1, d_2, z_2 und β festgelegte Grobgeometrie ist dann noch zur Optimierung der Tragfähigkeit eine Profilverschiebung gemäß Abschnitt 18.3.3.6 vorzunehmen, woran sich die endgültige Nachrechnung gemäß Abschnitt 18.4.4 anschließt.

Abschließend sei darauf hingewiesen, dass eine derartige Auslegungsrechnung oftmals wiederholt werden muss, insbesondere wenn die Sicherheiten nicht den geforderten Werten entsprechen, enge Toleranzen der Übersetzung einzuhalten sind, aus einer Reihe möglicher Achsabstände der zu wählende Achsabstand festgelegt werden muss oder aber die Profilverschiebung gemäß Abschnitt 18.3.3.6 nicht in einem günstigen Bereich liegt. Mittlerweile bieten hier entsprechende Berechnungsprogramme vielfältige Unterstützung.

18.3.3.4 Überschlagskriterium Zahnfußtragfähigkeit

Bei oberflächengehärteten oder nitrierten Verzahnungen und größeren Zähnezahlen (z.B. im Turbogetriebebau) ist nicht mehr die Zahnflankentragfähigkeit das entscheidende Kriterium, sondern die Grenze der Beanspruchbarkeit ist durch die Zahnfußtragfähigkeit gegeben. Der Hauptgrund hierfür ist, dass bei hoher Wärmebelastung und Fressbeanspruchung der Modul m_n so klein wie möglich ausgeführt werden sollte, was sich direkt auf die Zahnfußbeanspruchung σ_{F0} auswirkt, da in der Berechnungsgleichung (18.179) für σ_{F0} der Modul m_n im Nenner steht.

Zur Berechnung des Mindestwertes des Moduls m_n werden die auftretende Zahnfußspannung (gegeben durch das Drehmoment M_{t1} bzw. die Tangentialkraft F_{t1} am Teilkreisdurchmesser d_1, die Zahnbreite b und den Modul m_n) und die ertragbare Zahnfußspannung (gegeben durch die Zahnfußdauerfestigkeit σ_{FE}) unter Einbeziehung einer rechnerischen Sicherheit S_F entsprechend der grundlegenden Zusammenhänge in Abschnitt 18.4.5 gleichgesetzt, sodass abhängig von den als bekannt vorausgesetzten Verhältnissen von b / d_1 oder b / m_n gilt:

$$m_n \geq \sqrt[3]{\frac{2 \cdot K_A \cdot K_v \cdot K_{H\alpha} \cdot K_{H\beta} \cdot M_{t1} \cdot \left(Y_{FS} \cdot Y_\varepsilon\right) \cdot \cos^2 \beta}{\left(\frac{\sigma_{FE} \cdot Y_N}{S_F}\right) \cdot \left(\frac{b}{d_1}\right) \cdot z_1^2}} \quad \text{mit} \quad M_{t1} = F_{t1} \cdot \frac{d_1}{2} = \frac{P_{Nenn}}{\omega_{1Nenn}} \tag{18.217}$$

$$m_n \geq \sqrt[3]{\frac{2 \cdot K_A \cdot K_v \cdot K_{H\alpha} \cdot K_{H\beta} \cdot M_{t1} \cdot \left(Y_{FS} \cdot Y_\varepsilon\right) \cdot \cos \beta}{\left(\frac{\sigma_{FE} \cdot Y_N}{S_F}\right) \cdot \left(\frac{b}{m_n}\right) \cdot z_1}} \quad \text{mit} \quad M_{t1} = F_{t1} \cdot \frac{d_1}{2} = \frac{P_{Nenn}}{\omega_{1Nenn}} \tag{18.218}$$

Dabei werden der Einfachheit halber im Gegensatz zu den ausführlichen Gleichungen in Abschnitt 18.4.5 in den obigen Überschlagsgleichungen der Größenfaktor Y_X, der Rauheitsfaktor Y_R, die Stützziffer Y_δ und der Schrägenfaktor Y_β vernachlässigt. Weiterhin bezeichnen K_A den Anwendungsfaktor, K_v den Dynamikfaktor, $K_{H\alpha}$ den Stirnfaktor, $K_{H\beta}$ den Breitenfaktor, β den Schrägungswinkel, b / d_1 das Breiten-Durchmesser-Verhältnis gemäß den Erläuterungen zu Gleichung (18.215) und z_1 die Zähnezahl des kleineren Rades der Paarung (Ritzel) entsprechend Tabelle 18.39. Anhaltswerte zum Breiten-Modul-Verhältnis b / m_n sind unter Berücksichtigung der gesamten Konstruktion (Verformung, Qualität, Werkstoff, Wärmebehandlung, Einstellmaßnahmen) in Tabelle 18.37 zusammengestellt. Angaben zum Spannungsfaktor ($Y_{FS} \cdot Y_\varepsilon$) und zum Lebensdauerfaktor Z_N finden sich bei Gleichung (18.216). Entsprechend der dortigen Hinweise wird rechnerische Sicherheit S_F gegen Ermüdungsbruch mit $S_F = 1{,}3$ angesetzt. Für einsatzgehärtete Verzahnungen (legierter Einsatzstahl) wird die Zahnfußdauerfestigkeit σ_{FE} überschlagsmäßig mit $\sigma_{FE} = 800$ N/mm^2 angenommen.

Der mit obigen Gleichungen ermittelte Modul m_n ist dann auf einen genormten Wert nach DIN 780 gemäß Tabelle 18.1 auf- oder abzurunden [18.36], sodass sich gemäß Gleichung (18.81) mit der gewählten Zähnezahl z_1 und dem Schrägungswinkel β der Durchmesser d_1 des Ritzels bestimmen lässt. Zusätzlich ist dann zu prüfen, ob dieser Mindestdurchmesser d_1 des Ritzels auch eine ausreichende Zahnflankentragfähigkeit gemäß Gleichung (18.215) erlaubt, was sich auch durch einen vollständigen Tragfähigkeitsnachweis nach Abschnitt 18.4 nachweisen lässt.

Im Anschluss an die Festlegung der Hauptabmessungen durch die Parameter d_1, m_n, z_1, d_2, z_2 und β ist dann noch zur Optimierung der Tragfähigkeit eine Profilverschiebung gemäß Abschnitt 18.3.3.6 vorzunehmen, wonach die endgültige Nachrechnung gemäß Abschnitt 18.4.5 durchgeführt werden kann. In diesem Zusammenhang sei darauf hingewiesen, dass die überschlägige Bestimmung der Abmessungen in keinem Fall einen ausführlichen Tragfähigkeitsnachweis ersetzen kann, der immer für alle Beanspruchungsarten geführt werden muss und letztlich entscheidend ist.

18.3.3.5 Weitere Ansätze zur überschlägigen Dimensionierung

Auch wenn die bereits vorgestellten Dimensionierungskriterien auf der Grundlage der aktuell gültigen Berechnungsvorschriften zur Auslegung eines Getriebes ausreichen, werden im Folgenden noch einige bewährte Ansätze aus der Praxis vorgestellt, anhand derer einfach und schnell eine Vorabauslegung bezüglich der Flankenpressung (K-Faktor) oder der Fußfestigkeit (U-Faktor) erfolgen kann.

Aus der Grundgleichung (18.392) zur Berechnung der Flankenpressung σ_{H0} wird ausschließlich der Term unter der Wurzel als repräsentativ für die Hertz'sche Pressung betrachtet und nachfolgend als K-Faktor K^* bezeichnet [18.252]:

$$K^* = \frac{F_t}{b \cdot d_1} \cdot \frac{u+1}{u} \tag{18.219}$$

Abhängig davon, ob die Ritzelbreite b, das Breiten-Durchmesser-Verhältnis b / d_1 oder aber das Breiten-Achsabstands-Verhältnis b / a bekannt sind, lässt sich der Ritzeldurchmesser d_1 dann gemäß Tabelle 18.41 mithilfe des K-Faktors nach Tabelle 18.40 berechnen.

Anwendung	Werkstoff	Wärmebehandlung	Bearbeitung	Härte
EM: Elektromotor T: Turbine DT: Dampfturbine GT: Gasturbine DM: Dieselmotor	Stahl, wenn nicht anders angegeben (s. Fußnoten) GG: Grauguss PA: Polyamid	N: Normalisiert V: Vergütet Eh: Einsatzgehärtet NT: Nitriert NK: Nitrocarburiert Ih: Induktionsgehärtet	f: Gefräst oder gehobelt oder gestoßen l: Geläppt s: Geschabt g: Geschliffen	B: HB C: HRC V: HV D: Shore D

Umfangsgeschwindigkeit v_t in m/s / Achsabstand a in mm / Anwendung An-/Abtrieb	a	v_t	Werkstoff, Wärmebehandlung, Bearbeitung, Härte: Ritzel		Rad		K^* N/mm^2	U N/mm^2
T/Pumpe [1)]	320	48	s-NT	C 61/63	s-NT	C 61/63	2,3	71
T/Verdichter [1)]	320	103	s-NT	C 60/63	s-NT	C 60/63	2,0	72
DT/Generator	800	107	Eh-g	C > 58	Eh-g	C > 58	2,9	75
EM/Verdichter	1.450	125	V-g	B 265	V-f	B 220	0,80	33,5
EM/Gießkranhubwerk 1. St. [2)]	880	2,8	Eh-g	C 58	V-f	B 310	1,87	38
EM/Gießkranhubwerk 2. St. [2)]	1.250	1,2	Eh-g	C 58	V-f	B 310	1,87	52,6
EM/Hubwerk 1. St. [2)]	880	2,8	Eh-g [d)]	C 57/60	V-f [h)]	B 310	1,9	38
EM/Hubwerk 2. St. [2)]	1.250	1,25	Eh-g [d)]	C 57/60	V-f [h)]	B 310	1,9	52
EM/Greiferhubwerk 1. St. [3)]	545	12,3	Eh-g [d)]	C 57/60	Eh-g [d)]	C 57/60	6,8	103
EM/Greiferhubwerk 2. St. [3)]	730	6,1	Eh-g [d)]	C 57/60	Eh-g [d)]	C 57/60	11	174
EM/Greiferhubwerk 3. St. [3)]	925	2,8	Eh-g [d)]	C 57/60	Eh-g [d)]	C 57/60	15,3	217
EM/Konverter [4)]	2.875	0,27	V-f [e)]	B 260	V-f [f)]	B 175	1,3	24,2
EM/Drehkranz (Schwenklager) [5)]	400 ... 800	0,2 ... 0,8	f-Ih [g)]	C > 55	–	–	6,3	100
EM/Brammenschere 1. St. [6)]	900	11	V-f [g)]	V 230	V-f [i)]	V 200	3,2	64
EM/Brammenschere 2. St. [7)]	1.200	6,4	V-f [i)]	V 210	V-f [i)]	V 190	3	93
EM/Brammenschere 3. St. [8)]	2.144	2,3	f-Ih [i)]	C 52/54	V-f [i)]	V 220	5,4	80
EM/Schaufelrad	1.475	0,49	Eh-g [d)]	C 60	Eh-g [d)]	C 60	3,7	50
EM/Walzenschüsselmühle 1. St.	1.200	7,9	Eh-g	C > 58	V-f	B 370	1,5	36,2
EM/Walzenschüsselmühle 2. St.	1.800	3,5	Eh-g	C > 58	V-f	B 370	1,6	28,4
EM/Rohrmühle 1. St.	800	17,4	Eh-g	C > 58	V-f	B 300	1,3	34,7
EM/Rohrmühle 2. St.	1.000	7,5	Eh-g	C > 58	V-f	B 320	1,6	35,3
EM/Rührwerk 1. St. [9)]	180	10	V-g [l)]	B 300	V-g [l)]	B 300	1,2	29
EM/Rührwerk 2. St. [9)]	180	3	Eh-g [a)]	C 56/60	Eh-g [b)]	C 56/60	4,9	76
EM/Rührwerk 3. St. [9)]	225	1,1	Eh-g [c)]	C 56/60	Eh-g [b)]	C 56/60	7,5	117
EM/Rührwerk 4. St. [9)]	320	0,4	Eh-g [b)]	C 56/60	Eh-g [b)]	C 56/60	10,6	132
EM/Rührwerk 5. St. [9)]	560	0,17	Eh-g [d)]	C 56/60	Eh-g [b)]	C 56/60	11,1	130
EM/Lokomotive	380	20	Eh-g [a)]	C 59/62	Eh-g [a)]	C 59/62	2,1	54
EM/Wälzfräsmaschine [10)]	165	22,0	Eh-g [a)]	C 59/62	Eh-g [a)]	C 59/62	2,9	60,7
EM/Wälzfräsmaschine [11)]	173	0,3	Eh-g [b)]	C 59/62	Eh-g [b)]	C 59/62	19,0	191
EM/Papiermaschine, Walze	477	4,0	N-f [j)]	–	GG-f [k)]	–	0,5	9,7
EM/Kunststoffextruder 1. St.	450	14,2	Eh-g [b)]	C 56/60	Eh-g [b)]	C 56/60	4,0	48
EM/Kunststoffextruder 2. St.	560	4,34	Eh-g [b)]	C 56/60	Eh-g [b)]	C 56/60	5,2	67
EM/Hydro-Axialkolbenpumpe [12)]	101	4,5	Eh-g [a)]	C 59/62	Eh-g [a)]	C 59/62	5,1	82,5
EM/Dreikolbenpumpe 1. St. [13)]	250	8,8	Eh-g [b)]	C 56/60	Eh-g [b)]	C 56/60	4,3	62
EM/Dreikolbenpumpe 2. St. [13)]	360	4,1	Eh-g [b)]	C 56/60	Eh-g [b)]	C 56/60	4,4	58
EM/Belüftungskreisel	110	1,0	Eh-g [d)]	C 60	s-NT [g)]	V 600	2,3	43
Industriegetriebe (allgemein) [14)]	< 2.500	5 ... 20	V-f	B 250	V-f	B 200	1,8	40
	< 1.500	5 ... 20	Eh-g	C 57/60	V-f	B 250	2,1	50
	< 1.000	5 ... 20	Eh-g	C 57/60	Eh-g	C 57/60	7	100
DM/Propeller	910	11,5	Eh-g [a)]	C 59/62	Eh-g [a)]	C 59/62	4,3	91
DM/LKW 1. Gang [15)]	125	0 ... 8	Eh-s [a)]	C 58	Eh-s [a)]	C 58	24	270
DM/LKW 2. Gang [15)]	125	2 ... 9	Eh-s [a)]	C 58	Eh-s [a)]	C 58	13	200
DM/LKW 3. Gang [15)]	125	3 ... 13	Eh-s [a)]	C 58	Eh-s [a)]	C 58	8	160
DM/LKW 4. Gang [15)]	125	0 ... 17	Eh-s [a)]	C 58	Eh-s [a)]	C 58	7	132
DM/LKW Konst. [15)]	125	5 ... 20	Eh-s [a)]	C 58	Eh-s [a)]	C 58	7	112
Gasturbine/Hubschrauber 1. St.	100,4	81	Eh-g [b)]	C 60	Eh-g [b)]	C 60	6,4	125
Gasturbine/Hubschrauber 2. St.	102,5	40	Eh-g [b)]	C 60	Eh-g [b)]	C 60	6,2	113

a) 16 MnCr 5 b) 15 CrNi 6 c) 20 MnCr 5 d) 17 CrNiMo 6 e) 53 MnSi 4 f) GS 60 g) 42 CrMo 4 h) 34 CrNiMo 6 i) 34 CrMo 4 j) C 45 N k) GG 26 l) 50 CrMoS 4

1) Bei maximaler Hubkraft
2) Werkstoffqualität MQ
3) Bei M_{Tmax} im Dauerbetrieb
4) Bei M_{Tmax} im Normalbetrieb
5) Bei Normalbetrieb kurzzeitig zulässig $K^* = 13\ N/mm^2$, $U = 130\ N/mm^2$
6) Bei M_{Tmax} aus maximaler Schnittkraft
7) 2. Stufe als Schaltstufe
8) 3. Stufe offen mit Fettschmierung
9) Bei M_{Tmax} ca. 2 h pro Tag, $M_{TDauer} = 2/3 \cdot M_{Tmax}$
10) Normale Auslegung
11) Grenzfall für kurzzeitige Beanspruchung
12) Auch für Zahnradpumpe
13) Bei 24 h Dauerbelastung
14) Für $M_T = M_{TNenn} \cdot K_A$
15) Bei maximalem Motormoment, für Benzinmotoren bei PKW vergleichbare Werte, häufig jedoch mit Sonderwerkstoffen 28 CrS 4, 20 MoCr 4, 25 MoCrS 4, und 59 ... 63 HRC

Tabelle 18.40: K-Faktoren und U-Faktoren ausgeführter Stirnradgetriebe (Angaben für Nennleistung) nach [18.252]

$d_1 = \sqrt{\frac{2000 \cdot M_{t1}}{K^* \cdot b} \cdot \frac{u+1}{u}}$ (18.220)	$d_1 = \sqrt[3]{\frac{2000 \cdot M_{t1}}{K^* \cdot \left(\frac{b}{d_1}\right)} \cdot \frac{u+1}{u}}$ (18.221)	$d_1 = \sqrt[3]{\frac{4000 \cdot M_{t1}}{K^* \cdot \left(\frac{b}{a}\right) \cdot u}}$ (18.222)

Tabelle 18.41: Bestimmung des Ritzeldurchmessers mithilfe des *K*-Faktors nach Niemann gemäß Tabelle 18.40 [18.252]

Im Anschluss an die Bestimmung des Ritzeldurchmessers d_1 kann die Zähnezahl z_1 gewählt und mithilfe des vorher festgelegten Schrägungswinkels β der Modul m_n gemäß Gleichung (18.81) bestimmt werden. Bei bekannter Ritzelgeometrie (Rad 1) lässt sich die Zähnezahl des Rades 2 mithilfe des Zähnezahlverhältnisses u aus $z_2 = u \cdot z_1$ berechnen, wobei auf eine ganze Zahl zu runden ist. Nach Optimierung der Tragfähigkeit durch eine Profilverschiebung gemäß Abschnitt 18.3.3.6 kann dann die endgültige Nachrechnung gemäß Abschnitt 18.4.4 erfolgen.

Ferner bietet sich auch die Möglichkeit, die Hertz'sche Pressung p_C im Wälzpunkt direkt aus dem *K*-Faktor zu berechnen. Aus den folgenden Annahmen Paarung Stahl/Stahl, Betriebseingriffswinkel $\alpha_{wt} = 20°$, Schrägungswinkel $\beta = 0°$, Profilüberdeckung $\varepsilon_\alpha = 1$ und damit $Z_H = 2{,}5$, $Z_\varepsilon = 1$, $Z_\beta = 1$ und $Z_E = 190\sqrt{N/mm^2}$, ergibt sich aus Gleichung (18.392):

$$p_C = 478 \cdot \sqrt{\frac{F_t}{b \cdot d_1} \cdot \frac{u+1}{u}} \tag{18.223}$$

Zur schnellen Abschätzung der ausreichenden Zahnfußfestigkeit (Bruchsicherheit) wird der *U*-Faktor gemäß Tabelle 18.40 verwendet, aus dem sich die Ritzelzähnezahl z_1 wie folgt berechnet:

$$z_1 = \frac{U \cdot b \cdot d_1^2}{2000 \cdot M_{t1}} \tag{18.224}$$

Bei bekanntem Ritzeldurchmesser d_1 und berechneter Zähnezahl z_1 lässt sich mithilfe des vorher festgelegten Schrägungswinkels β der Modul m_n gemäß Gleichung (18.81) bestimmen. Liegen die Daten des Ritzels (Rad 1) fest, kann die Zähnezahl des Rades 2 mithilfe des Zähnezahlverhältnisses u aus $z_2 = u \cdot z_1$ berechnet werden, wobei auf eine ganze Zahl zu runden ist. Nach Optimierung der Tragfähigkeit durch eine Profilverschiebung gemäß Abschnitt 18.3.3.6 kann dann die endgültige Nachrechnung gemäß Abschnitt 18.4.5 erfolgen.

Abschließend sei noch auf die Ritzelzähnezahl z_1 hingewiesen, mit der eine ausgeglichene Grübchen- und Fußtragfähigkeit unter Einhaltung der geforderten Sicherheitsbeiwerte entsprechend Abbildung 18.108 erreicht werden kann. Dem Diagramm ist zu entnehmen, dass eine ausgeglichene Tragfähigkeit im Falle ungehärteter Zahnräder erst bei großen Ritzelzähnezahlen erreicht wird.

Da diese großen Zähnezahlen meistens keine Vorteile bieten, wählt man üblicherweise kleinere Zähnezahlen (s.a. Tabelle 18.39), woraus sich bei vergüteten Zahnrädern ein Überschuss an Bruchsicherheit ergibt. Umgekehrt muss man bei gehärteten Zahnrädern mit hoher Grübchentragfähigkeit bei größeren Zähnezahlen überprüfen, ob die erforderliche Fußtragfähigkeit noch ausreicht.

Ritzelzähnezahl für eine ausgeglichene Grübchen- und Fußtragfähigkeit

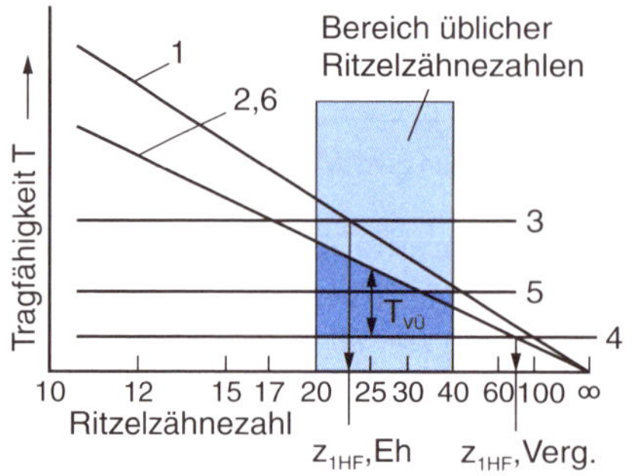

$$z_{1HF} = 35000 \cdot \frac{u+1}{u} \cdot \frac{\dfrac{\sigma_{FE}}{S_{Fmin}}}{\left(\dfrac{\sigma_{Hlim}}{S_{Hmin}}\right)^2} \cdot \frac{f_L}{Z_W^2} \cos^2\beta \qquad (18.225)$$

Hierin bezeichnen u das Zähnezahlverhältnis, β den Schrägungswinkel, f_l den Lastfaktor mit $f_l = 1$ bei Schwelllast und $f_l \approx 0{,}7$ bei Wechsellast (z.B. Zwischenräder), Z_W den Werkstofffaktor mit $Z_W = 1$ für Ritzel und Rad mit gleichen Fuß- und Grübchenfestigkeiten und $Z_W \approx 1{,}1$ für vergütetes Rad und oberflächengehärtetes Ritzel. Die Festigkeitskennwerte σ_{FE} und σ_{Hlim} sind in Abschnitt 18.4.10 und die Sicherheitsbeiwerte S_{Fmin} und S_{Hmin} in Tabelle 18.45 zusammengestellt.

1 Fußtragfähigkeit des einsatzgehärteten Radpaares
2 Fußtragfähigkeit des vergüteten Radpaares
3 Grübchentragfähigkeit des einsatzgehärteten Radpaares
4 Grübchentragfähigkeit des vergüteten Radpaares
5 Grübchentragfähigkeit bei Innenverzahnung (Hohlrad vergütet)
6 Fußtragfähigkeit bei Innenverzahnung
$T_{vü}$: Überschuss an Fußtragfähigkeit bei vergütetem Radpaar mit Ritzelzähnezahl im üblichen Bereich

Abbildung 18.108: Tragfähigkeitsgrenzen für vergütete und einsatzgehärtete Verzahnungen bei konstantem Achsabstand a und Zähnezahlverhältnis u nach [18.252]

18.3.3.6 Wahl und Aufteilung der Profilverschiebung

Wie bereits in Abschnitt 18.2.3.4 erwähnt, ist der große Vorteil der Evolventenverzahnung, dass auch bei Achsabstandsveränderungen das allgemeine Verzahnungsgesetz nicht verletzt wird, was die Anwendung der Profilverschiebung überhaupt erst ermöglicht. Dabei werden gegenüber dem Teilkreis weiter außen oder weiter innen liegende Teile der Evolvente als Zahnflanke genutzt. Bei Außenverzahnungen ergibt sich durch eine positive Profilverschiebung eine Vergrößerung der Zahndicke im Teilkreis und im Zahnfuß, bei negativer Profilverschiebung entsprechend eine Verringerung (s.a. Abbildung 18.31 und Abbildung 18.33).

Damit lässt sich gezielt die Verzahnungsgeometrie einer Paarung in der Form beeinflussen, dass zum einen bei ungünstigen Zähnezahlen „Unterschnitt“ vermieden wird und zum anderen eine Vergleichmäßigung der Beanspruchbarkeit von Rad und Ritzel durch Anpassung der Zahndicken erreicht werden kann. Bevor auf die mögliche Aufteilung der Profilverschiebung auf Ritzel und Rad eingegangen wird, sollen zunächst kurz die nachfolgenden Gesichtspunkte behandelt werden, nach denen eine Optimierung erfolgen kann [18.216], [18.288]:

- Zahnflankentragfähigkeit (minimale Hertz'sche Pressung auf der Zahnflanke)
- Zahnfußtragfähigkeit (minimale Biegebeanspruchung am Zahnfuß)
- Fresstragfähigkeit (minimale Blitztemperatur auf der Zahnflanke)

1 Zahnflankentragfähigkeit – Diese hängt entscheidend von der auftretenden Flankenpressung ab, die wiederum entsprechend der Hertz'schen Theorie durch die Krümmungsradien der sich berührenden Zahnflanken nach Abbildung 18.109 beeinflusst wird.

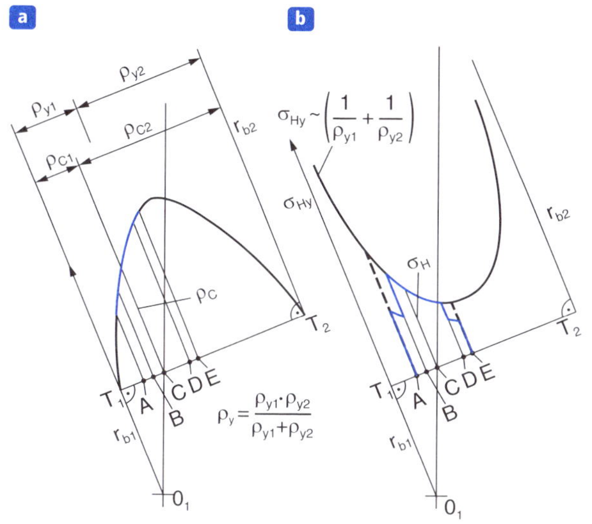

Das Minimum der Flankenbeanspruchung wird theoretisch mit $\rho_{y1} = \rho_{y2}$ erreicht, sodass:

$$\frac{\rho_{y1} \cdot \rho_{y2}}{\rho_{y1} + \rho_{y2}} = Maximum \quad (18.226)$$

Es liegt in der Mitte der Strecke $\overline{T_1T_2}$, sodass gilt:

$$\rho_{y1} = \rho_{y2} = \frac{a}{2} \cdot \sin \alpha_{wt} \quad (18.227)$$

Abbildung 18.109: Kontaktverhältnisse bei außenverzahnten Stirnradpaaren – a) Krümmungsradien, b) Hertz'sche Pressung über der Eingriffslinie

Die Krümmungsradien werden umso größer, je weiter die betreffenden Flankenteile vom Grundkreis entfernt sind. Demzufolge wirkt sich insbesondere bei kleinen Zähnezahlen eine positive Profilverschiebung mit einer günstigen Aufteilung auf Ritzel und Rad die Tragfähigkeit erhöhend auf die Zahnflanke aus [18.409]. Generell kann die Flankenpressung gemäß Abbildung 18.109 vermindert werden, wenn durch die Profilverschiebung die Eingriffsstrecke auf der Eingriffslinie so verschoben wird, dass diese in Richtung des Bereiches des Pressungsminimums verlagert wird. Allerdings tritt bei üblichen Zähnezahlen Spitzenbildung am Zahnkopf auf oder aber die Mindestüberdeckung wird unterschritten, bevor durch diese Maßnahmen eine deutliche Verringerung der Pressung erzielt werden kann.

Demzufolge lässt sich nur bei kleinen Zähnezahlen und geringen Drehzahlen eine deutliche Verringerung der Flankenpressung durch die Wahl der günstigsten Profilverschiebung erzielen, während sich bei höheren Zähnezahlen die Beanspruchung durch Profilverschiebung kaum beeinflussen lässt [18.25], [18.134], [18.216], [18.377]. Wirkungsvoller ist hier die Wahl eines vom Normprofil abweichenden größeren Eingriffswinkels, der jedoch für das Minimum der Hertz'schen Pressung $\alpha = 45°$ beträgt, im Vergleich zum genormten Eingriffswinkel von $\alpha = 20°$.

2 **Zahnfußtragfähigkeit** – In den ursprünglichen Berechnungsgrundlagen (Gegenüberstellung eines konstanten Gestaltfestigkeitswertes und einer Nennspannung) konnte durch die Profilverschiebung eine wesentliche Steigerung der Zahnfußtragfähigkeit rechnerisch nachgewiesen werden, während sich mit den heute üblichen, weiterentwickelten Verfahren bei im Dauerfestigkeitsbereich beanspruchten Verzahnungen nur ein geringer oder gar kein Tragfähigkeitszuwachs nachweisen lässt. Ursächlich hierfür sind die sich gegensätzlich auswirkenden Einflüsse der Zahnfußdicke, des Hebelarms (Profilüberdeckung) und des Zahnfußkrümmungsradius abhängig von der Profilverschiebung. Im ungünstigsten Fall tritt sogar anstatt einer Erhöhung der Tragfähigkeit eine Absenkung auf.

Da jedoch im Bereich der quasistatischen Festigkeit bei sehr geringen Lastwechselzahlen die Kerbwirkung durch die Stützwirkung bei den üblichen Vergütungs- und Einsatzstählen praktisch aufgehoben wird, ist hierfür auch nach neueren Berechnungsverfahren eine Tragfähigkeitssteigerung vorhanden.

Zur Beurteilung des Einflusses der Profilverschiebung auf die Zahnfußtragfähigkeit im Dauerfestigkeitsbereich gemäß Abschnitt 18.4.5 ist folgender Zusammenhang maßgeblich, wobei die Wahl der Profilverschiebung hinsichtlich der Fußtragfähigkeit günstig ist, wenn der Bruchterm im Nenner aus dem Formfaktor Y_F für den Kraftangriff im äußeren Einzeleingriffspunkt, dem Spannungskonzentrationsfaktor Y_S und der Stützziffer Y_δ (unter Verwendung des Zahnfußkrümmungsradius ρ_{Fn}) für Rad 1 und Rad 2 gleich ist und ein Minimum anstrebt, sodass gilt:

$$S_F = \frac{\dfrac{\sigma_{FE}}{Y_{\delta T}} \cdot Y_{RrelT} \cdot Y_X}{\dfrac{F_t}{b \cdot m_n} \cdot \dfrac{Y_F \cdot Y_S}{Y_\delta}} \quad \text{mit} \quad \frac{Y_{F1} \cdot Y_{S1}}{Y_{\delta 1}} = \frac{Y_{F2} \cdot Y_{S2}}{Y_{\delta 2}} \quad \text{und} \quad Y_\delta = 1 + \left[\frac{2,3}{\rho_{Fn}}\right]^{0,55} \cdot 10^{-0,72} \qquad (18.228)$$

Hierin bezeichnen $\sigma_{FE} / Y_{\delta T}$ die Ermüdungsfestigkeit des ideellen Probestabes mit $Y_{\delta T}$ als Stützziffer des Testrades, Y_{RrelT} den relativen Oberflächenfaktor, Y_X den Größenfaktor für den Fuß, F_t die Tangentialkraft, b die Zahnbreite und m_n den Modul im Normalschnitt. Dabei wird die Minderung der Wirkung der Spannungserhöhung durch die Kerbe durch die Stützziffer Y_δ berücksichtigt, da der Werkstoff infolge seiner Struktur (Gefüge) und Eigenspannungen praktisch nicht voll empfindlich auf Spannungsspitzen reagiert. Im Gegensatz zum Spannungskonzentrationsfaktor Y_S und dem Formfaktor Y_F nach DIN 3990 wird die Stützziffer Y_δ nach der ehemaligen TGL 10545 berechnet, da dieser Berechnungsansatz mit den tatsächlichen Verhältnissen am besten übereinstimmt [18.53], [18.216], [18.368], [18.369].

Insbesondere bei kleinen Moduln geht der Einfluss der Kerbwirkung durch die Stützwirkung zurück, während umgekehrt bei sehr großen Moduln die Stützziffer und damit ihr Einfluss auf die Spannung kleiner wird. Demzufolge wird die Verringerung der Fußspannung durch Wahl der Profilverschiebung, wenn überhaupt, nur bei kleinen Zähnezahlen wirksam, und je größer die Übersetzung und die Zähnezahl sind, umso weniger ist eine Einflussnahme auf die Tragfähigkeit mit Profilverschiebung möglich. Des Weiteren bewirkt die Verringerung des Formfaktors, vor allem durch die steigende

Zahnfußdicke und die größer werdende Stützziffer, zwar eine Abminderung der Zahnfußspannung, die jedoch zum Teil durch steigende Kerbwirkung wieder aufgehoben wird. Auch beim Auftreten von Schleifkerben bewirkt eine Erhöhung der Profilverschiebung nur noch eine Verschlechterung der Verhältnisse, da die Zahnfußspannung ansteigt [18.223].

Abschließend lässt sich bezüglich optimaler Profilverschiebung für minimale Zahnfußspannungen bei Betrieb im Dauerfestigkeitsbereich festhalten, dass durch die gegenläufigen Tendenzen des Formfaktors Y_F (Zahndicke s_{Fn} nimmt zu) und des Spannungskonzentrationsfaktors Y_S (Zahnfußkrümmungsradius ρ_{Fn} wird kleiner) bei steigender Profilverschiebung die nachweisbaren Verbesserungen bei optimalen Profilverschiebungsfaktoren nahezu unerheblich sind.

Verzahnungen sind während des Betriebes auch einzelnen stoßartigen Belastungen ausgesetzt, sodass auch der Einfluss der Profilverschiebung auf die Zahnfußspannung bei quasistatischer Belastung zu betrachten ist. Da diese Maximalbelastungen meist nur mit geringer Lastwechselzahl auftreten, ist zur Beurteilung der Tragfähigkeit des Zahnfußes ein Vergleich mit den für wenige Lastwechselzahlen geltenden Festigkeitswerten sinnvoll. Aus Untersuchungen ist bekannt, dass die üblicherweise für Verzahnungen verwendeten Bau-, Vergütungs- und Einsatzstähle im Bereich statischer Festigkeit nahezu kerbunempfindlich sind, Kerb- und Stützwirkung heben sich praktisch auf ($Y_S = Y_\delta$) [18.216]. Demzufolge bestehen nur in der Beeinflussung des Formfaktors Y_F Möglichkeiten, durch Profilverschiebung die Zahnfußtragfähigkeit zu erhöhen:

$$Y_F = \frac{\sigma_{Fn}}{F_t / (b \cdot m_n)} \quad \text{mit} \quad \sigma_{Fn} = f(z, x, \rho_{a0}, \varepsilon_\alpha) \quad \text{und} \quad Y_{F1} = Y_{F2} = Min \tag{18.229}$$

Die günstige Aufteilung einer gegebenen Profilverschiebungssumme kann bei diesem Belastungsfall zu einer deutlichen Verringerung der Zahnfußspannung führen, allerdings ist auch hier der größte Tragfähigkeitsgewinn nur bei kleinen Zähnezahlen und kleinen Übersetzungen gegeben. Bei der Aufteilung der Profilverschiebung hat die Wahl der Ritzelzähnezahl einen geringeren Einfluss als die Variation der Übersetzung, unabhängig vom vorgegebenen Werkzeugbezugsprofil. Nach DIN 3992 werden zur Steigerung der Zahnfußtragfähigkeit große Profilverschiebungssummen bei Angleichung der Formfaktoren Y_{F1} und Y_{F2} für ausgeglichene Zahnfußspannungen an Ritzel und Rad empfohlen [18.63].

3 **Fresstragfähigkeit** – Zur Beurteilung der kritischen Fressbeanspruchung eignen sich sowohl das Blitztemperatur-Verfahren, bei dem von einem örtlich begrenzten Spitzenwert der Kontakttemperatur ausgegangen wird, als auch das Integraltemperatur-Verfahren, bei dem der Mittelwert der Kontakttemperatur als Maßstab für die kritische Beanspruchung angesehen wird [18.13], [18.54], [18.235]. Dabei ist es zur Aufteilung einer gegebenen Profilverschiebungssumme unerheblich, welches Kriterium gewählt wurde. Ebenso hat sich die Veränderung des Schrägungswinkels β als unbedeutend für die Profilverschiebungsaufteilung erwiesen.

Zur Ermittlung der günstigsten Aufteilung der Profilverschiebungssumme wird das Minimum der in einem Geometriefaktor zusammengefassten geometrischen Einflüsse gesucht, wobei eine Unterscheidung der Reibungszahl im Gebiet stemmender und ziehender Reibung in der Größenordnung von $\mu_{\overline{AC}} / \mu_{\overline{CE}} = 1,2$ empfehlenswert ist [18.18]. Hieraus ergeben sich abweichende Empfehlungen zur Aufteilung der Profilverschiebungssumme bei einer Übersetzung ins Langsame im Vergleich zur Übersetzung ins Schnelle.

Bei einer Übersetzung ins Langsame und kleinen Profilverschiebungssummen sollte im Hinblick auf die günstigste Blitztemperaturbeanspruchung das Ritzel den größeren Anteil an der Profilverschiebung haben. Bei Profilverschiebungssummen um $\sum x = (x_1 + x_2) = 1$ sollten die Faktoren x_i etwa gleich groß sein ($x_i = \sum x / 2$), während bei größeren Werten $\sum x$ das Rad die größere Profilverschiebung erhält. Je nach Übersetzung strebt das Verhältnis x_2 / x_1 ab $\sum x > 2$ gegen z_2 / z_1. Bei Übersetzung ins Schnelle sollte das Rad generell den größeren Anteil an der Profilverschiebungssumme aufweisen.

Berücksichtigt man zusätzlich weitere Einflüsse (z.B. Profilkorrektur, Schrägungswinkel, Verschleiß, dynamische Zahnkräfte), ergeben sich größere Abweichungen der Ergebnisse für $\sum x$ vom Optimum, da es generell schwierig ist, den Verlauf der oben angeführten Einflussgrößen an jeder Stelle über dem Eingriff mit ausreichender Genauigkeit anzugeben. Demzufolge können die ermittelten Profilverschiebungssummen das tatsächliche Optimum, welches innerhalb der Auslegungsgrenzen nur bei kleinen (Ritzel-) Zähnezahlen existiert, nur annähern. Grundsätzlich sollte die Profilverschiebungssume den Betrag $\sum x \approx 3$ nicht überschreiten. Weitere Ausführungen und Empfehlungen finden sich in DIN 3992, DIN 3993, DIN 3994 und der weiterführenden Fachliteratur [18.63], [18.64], [18.65].

Ausgehend von diesen grundlegenden Zusammenhängen hinsichtlich der Beeinflussbarkeit der Zahnflankentragfähigkeit, Zahnfußtragfähigkeit und Fresstragfähigkeit ist eine Profilverschiebung immer sinnvoll, insbesondere bei kleinen Zähnezahlen und Zähnezahlverhältnissen, da hier der größere Einfluss der Summe der Profilverschiebung auf die Tragfähigkeit vorliegt.

Nach Festlegung des Achsabstandes a kann die Summe der Profilverschiebungsfaktoren $\sum x$ zunächst überschlägig wie folgt bestimmt werden:

$$\sum x = x_1 + x_2 \approx \frac{a - a_d}{m_n} \quad \text{mit} \quad a_d = \frac{1}{2} \cdot (d_1 + d_2) \quad \text{und} \quad d_{1,2} = z_{1,2} \cdot \frac{m_n}{\cos \beta} \qquad (18.230)$$

Das Diagramm in Abbildung 18.110 a) zeigt für Außenverzahnungen den gesamten üblichen Bereich zur Wahl der Summe der Profilverschiebungsfaktoren, wobei im Mittel für die unterschiedlichen Kriterien günstige Ergebnisse erhalten werden.

Im Weiteren wird dann noch zwischen der Übersetzung ins Langsame gemäß Diagramm in Abbildung 18.110 b) oder ins Schnelle nach Abbildung 18.111 unterschieden, da der zwischen Eingriffsbeginn und Wälzpunkt ($\overline{AC}$) liegende Teil der Eingriffsstrecke hinsichtlich Schmierfilmbildung und Reibung ungünstiger als der Teil zwischen Wälzpunkt und Austritt ($\overline{CE}$) beurteilt wird (s.a. Erläuterungen zu 3. Fresstragfähigkeit).

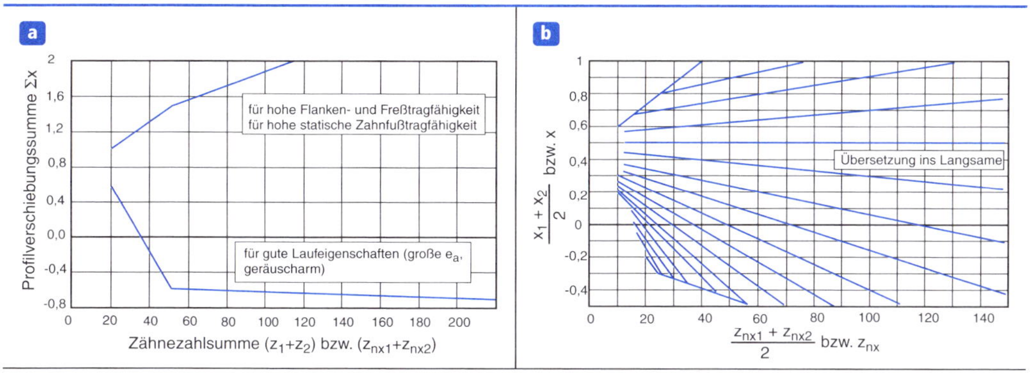

Abbildung 18.110: Wahl der Profilverschiebung für Außenverzahnung nach DIN 3992 – a) Üblicher Bereich zur Wahl der Summe der Profilverschiebungsfaktoren, b) Aufteilung der Summe der Profilverschiebungsfaktoren auf Ritzel und Rad bei Übersetzung ins Langsame [18.63]

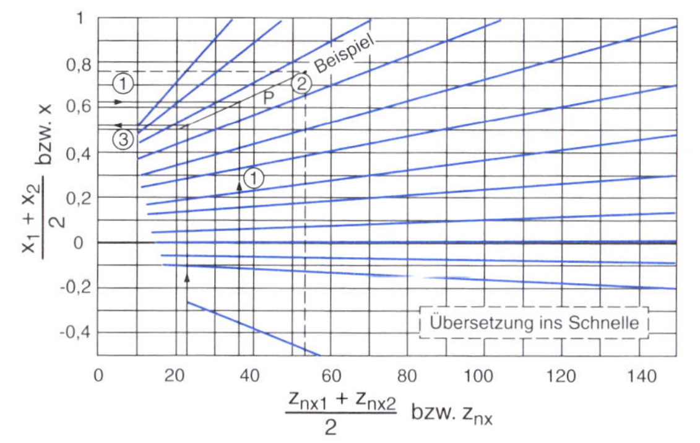

Bestimmung der Profilverschiebungsfaktoren x_1 und x_2 für eine Profilverschiebungssumme von $\sum x = 1{,}25$ bei Zähnezahlen von $z_1 = 23$ und $z_2 = 52$:

1. Ermittlung des Punktes $P\left(\sum\frac{z}{2}, \sum\frac{x}{2}\right)$
2. Zeichnen der Interpolationsgeraden durch den gefundenen Punkt
3. Ablesen des Profilverschiebungsfaktors x_1 auf der Ordinate mithilfe von x_1 und der Interpolationsgeraden
4. Berechnung des Profilverschiebungsfaktors x_2: $x_2 = \sum x - x_1$

Abbildung 18.111: Aufteilung der Summe der Profilverschiebungsfaktoren auf Ritzel und Rad bei Übersetzung ins Schnelle

Wie bereits oben erwähnt, erfolgt bei der Zahnfußtragfähigkeit von Außenverzahnungen die Aufteilung der nach Abbildung 18.110 gewählten Profilverschiebungssumme hinsichtlich der optimalen Zahnfußdauerfestigkeit nach Abbildung 18.112 a) und der optimalen statischen Zahnfußtragfähigkeit (bei Auftreten einzelner Stoßbelastungen) nach Abbildung 18.112 b).

Dabei wird das zu einer gegebenen Profilverschiebungssumme $\sum x$ entsprechende relative Optimum $Y_{Fa1} = Y_{Fa2}$ bzw. $Y_{FS1} = Y_{FS2}$ mit der in Abbildung 18.111 beschriebenen Vorgehensweise gefunden, wobei die zum Teil gekrümmten Linien zu linearisieren sind. Bei der Aufteilung der Profilverschiebungssumme $\sum x$ für $Y_{Fa1} = Y_{Fa2}$ bzw. $Y_{FS1} = Y_{FS2}$ ist zu beachten, dass bei Übersetzung ins Schnelle hinsichtlich Fressen ungünstige Gleitverhältnisse vorliegen.

Ebenso können Abweichungen von dem relativen Optimum der gleichen Zahnfußbeanspruchung zum Teil im Zeitfestigkeitsbereich wegen der höheren Überrollung des Ritzels oder aber auch im Dauerfestigkeitsbereich sinnvoll sein, da das Rad das größere Bauelement im Vergleich zum Ritzel ist und deshalb oft eine geringere Festigkeit (Vergütungsfestigkeit oder Kernhärte) aufweist.

Im Hinblick auf eine möglichst hohe Fresstragfähigkeit gilt für die Profilverschiebungssumme $\sum x$ folgende Empfehlung mit einem Gültigkeitsbereich der Ritzelzähnezahl von $14 \le z_{nx1} \le 50$, des Übersetzungsverhältnisses von $1 \le u \le 6$ und des Schrägungswinkels von $0° \le \beta \le 30°$, wobei der Einfluss stemmender und ziehender Reibung auf die Reibungszahl durch den Ansatz $\mu_{\overline{AC}} / \mu_{\overline{CE}} = 1{,}2$ berücksichtigt wird:

$$\sum x = (x_1 + x_2)_{opt} = (0{,}0718 \cdot u + 0{,}2448) \cdot z_{nx1}^{\;(-0{,}0123 \cdot u + 0{,}538)} \tag{18.231}$$

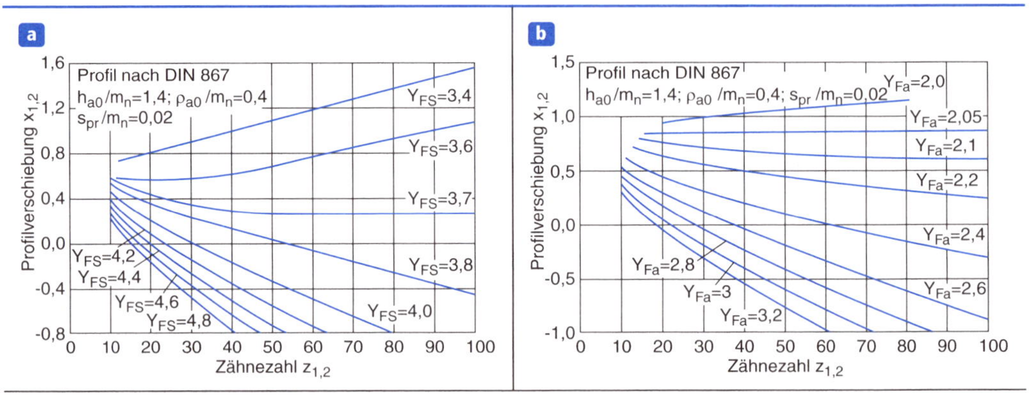

Abbildung 18.112: Aufteilung der Summe der Profilverschiebung bei Forderung nach maximaler Zahnfußtragfähigkeit – a) Beanspruchung im Dauerfestigkeitsbereich, b) Beanspruchung im niederzyklischen Bereich $N \le 10^4$

Die Aufteilung der gesamten Profilverschiebungssumme kann bei einer Übersetzung ins Langsame mit den Parametern nach Tabelle 18.42 und bei einer Übersetzung ins Schnelle nach Tabelle 18.43 erfolgen. Nach der Bestimmung des Profilverschiebungsfaktors x_1 lässt sich x_2 bestimmen:

$$x_2 = \sum x - x_1 \tag{18.232}$$

Ungeachtet der bereits vorgestellten Möglichkeiten zur Aufteilung der Profilverschiebungssumme gemäß Abbildung 18.110 bis Abbildung 18.112 ergeben sich mit den Gleichungen (18.231) bis (18.235) zur Optimierung der Fresstragfähigkeit auch für die Zahnfuß- und Grübchentragfähigkeit günstige Werte, wobei Schrägverzahnungen näherungsweise als Geradverzahnungen mit der Zähnezahl z_{nx} behandelt werden können.

Ausgehend von diesen grundlegenden Überlegungen zu Außenverzahnungen gelten für Innenradpaare neben der Untersuchung auf Interferenzfreiheit (s.a. Kapitel 19 – Umlaufrädergetriebe), dass bei einer Übersetzung ins Langsame die Gleitgeschwindigkeit v_{gA} am Kopf der Außenverzahnung etwas größer sein soll als v_{gE} am Kopf der Innenverzahnung und bei einer Übersetzung ins Schnelle gleich oder größer als v_{gA} am Kopf der Außenverzahnung, wobei die Profilverschiebung der Außenverzahnung $x_1 > 0$ betragen sollte:

$$\text{Ins Langsame: } v_{gE} \approx (1{,}2 \ldots 1{,}5) \cdot v_{gA} \quad \text{Ins Schnelle: } v_{gE} \approx (1{,}0 \ldots 1{,}2) \cdot v_{gA} \tag{18.233}$$

Generell sind zur Optimierung der Zahnfußtragfähigkeit bei Innenverzahnungen aufgrund des Zahnkranzeinflusses, des meist anderen Werkstoffs und der anderen Wärmebehandlung umfangreichere Analysen erforderlich, worauf hier nicht näher eingegangen werden kann.

$x_1 = e_1 \cdot u^{e_2} \cdot (x_1 + x_2) + e_3$ (18.234)		$e_2 = -0{,}0003 \cdot {z_{nx1}}^2 + 0{,}0222 z_{nx1} - 1{,}0322$
$e_1 = 0{,}4916 \cdot {z_{nx1}}^{0{,}0045}$	$e_3 = \left[0{,}1075 - 0{,}0007 \cdot z_{nx1} + 4{,}386 \cdot {z_{nx1}}^{-1{,}1408} \cdot \ln(u)\right] \cdot u^{0{,}017}$	

Tabelle 18.42: Fresstragfähigkeit – Parameter zur Wahl der Profilverschiebung bei Übersetzung ins Langsame: Rad 1 treibend: $14 \leq z_{nx1} \leq 50$; $1 \leq u = 1/|i_{Stufe}| \leq 6$; $0° \leq \beta \leq 30°$

$x_1 = \left[e_1 \cdot u^{e_2} \cdot (x_1 + x_2) + e_3\right] \cdot X_u$ (18.235)		$e_2 = 0{,}0001 \cdot {z_{nx1}}^2 - 0{,}0058 \cdot z_{nx1} - 0{,}605$
$e_1 = 0{,}4705 \cdot {z_{nx1}}^{0{,}0261}$	$e_3 = -0{,}0007 \cdot z_{nx1} - 0{,}0257 + 1{,}301 \cdot {z_{nx1}}^{-0{,}7231} \cdot \ln(u)$	
$\dfrac{1}{\lvert i_{Stufe} \rvert} = u = \dfrac{z_2}{z_1}$	$X_u = -0{,}0023 \cdot \left(u - \dfrac{8{,}134}{u}\right)^2 + 1{,}022$	

Tabelle 18.43: Fresstragfähigkeit – Parameter zur Wahl der Profilverschiebung bei Übersetzung ins Schnelle: Rad 2 treibend: $14 \leq z_{nx1} \leq 50$; $1 \leq u = 1/|i_{Stufe}| \leq 6$; $0° \leq \beta \leq 30°$

Abschließend sei darauf hingewiesen, dass grundsätzlich bei jeder Auslegung der Verzahnung von Außen- und Innenrad die Interferenz (vorwiegend Innenradpaare), die Zahnkopfdicke (Außenverzahnung), die Zahnfußlückenweite (Innenverzahnung), der Unterschnitt (Außenverzahnung) und die Profilüberdeckung zu überprüfen sind. Dabei wird bei Außenverzahnungen (Außenradpaaren) bei einer Kopfkürzung auf konstantes Kopfspiel bei Zähnezahlverhältnissen $1 \leq z_2 / z_1 \leq 6$ die zulässige Zahnkopfdicke praktisch nicht unterschritten. Diese Gefahr besteht nur bei sehr großen Zähnezahlen des Gegenrades (Zahnstange), da dann der Kopfhöhenänderungsfaktor $k \approx 0$ wird, und bei Innenradpaarungen, da dabei k sich für ein konstantes Kopfspiel bei $\sum x > 0$ positiv ergibt und meist zu $k = 0$ gesetzt wird.

Weitere Hinweise zur Profilverschiebung finden sich in den aktuellen Ausgaben der DIN 3994 zur sogenannten 05-Verzahnung geradverzahnter Stirnräder bei der generell $x_1 = x_2 = 0{,}5$ ist und in der DIN 3993 zur Profilverschiebung von zylindrischen Innenradpaaren mit Evolventenverzahnung [18.64], [18.65].

18.3.3.7 Auslegung evolventischer Sonderverzahnungen

Bei den evolventischen Sonderverzahnungen nach Abschnitt 18.2.6 besteht die Möglichkeit, sämtliche Größen des Bezugsprofils zu ändern und bei vernachlässigbaren Werkzeugkosten für Rad und Gegenrad Komplementbezugsprofile vorzusehen, sodass eine Profilverschiebung nicht mehr notwendig ist. Evolventische Sonderverzahnungen kommen überwiegend mit großen Stückzahlen im Automobilbau zum Einsatz, wenn neben geringem Geräusch meist extrem kleine Zähnezahlen und das Ausschöpfen der Tragfähigkeitsreserven (z. B. Grübchentragfähigkeit) für die Auslegung maßgebend sind. Dabei ist zu beachten, dass Hochverzahnungen (auch mit Komplementprofil) gegenüber Normalverzahnungen größere Mindestzähnezahlen aufweisen.

Im Folgenden werden einige grundlegende Beziehungen zur Auslegung angegeben, wobei man ausgehend von einigen Vorgaben sich iterativ dem rechnerischen Optimum nähern muss. Wie bei allen anderen Verzahnungen auch, muss nach der geometrischen Auslegung ein Tragfähigkeitsnachweis erbracht werden.

Zunächst erfolgt die Bestimmung des Achsabstandes a aus der Grundgleichung (18.394) für die Flankenpressung σ_H aufgrund der maßgebenden Übertragungsrichtung mit dem Eingriffswinkel $\alpha_n = \alpha_{IP}$ für die „arbeitende Flanke" gemäß Abbildung 18.50, wobei zur Auslegung die zulässige Flankenpressung σ_{HP} verwendet wird.

$$a = \frac{u+1}{2} \cdot \sqrt[3]{\frac{2 \cdot \left(Z_H \cdot Z_E \cdot Z_\varepsilon \cdot Z_\beta \cdot Z_{B,D}\right)^2 \cdot K_A \cdot K_V \cdot K_{H\alpha} \cdot K_{H\beta} \cdot M_{t1}}{\sigma_{HP}^2 \cdot \frac{b}{d_1}} \cdot \frac{u+1}{u}} \qquad (18.236)$$

Hierin bedeuten M_{t1} das Drehmoment, F_{t1} die Tangentialkraft am Teilkreisdurchmesser d_1 des Ritzels der jeweiligen Stufe sowie P_{Nenn} die zu übertragende Leistung bei der Winkelgeschwindigkeit des Ritzels ω_{1Nenn}.

$$M_{t1} = F_{t1} \cdot \frac{d_1}{2} = \frac{P_{Nenn}}{\omega_{1Nenn}} \quad \text{mit} \quad d_1 = d_{w1} = \frac{2 \cdot a}{u+1} \qquad (18.237)$$

Weiterhin bezeichnen K_A den Anwendungsfaktor, K_v den Dynamikfaktor, $K_{H\alpha}$ den Stirnfaktor, $K_{H\beta}$ den Breitenfaktor, b / d_1 das Breiten-Durchmesser-Verhältnis gemäß den Erläuterungen zu Gleichung (18.215) und z_1 die Zähnezahl des kleineren Rades der Paarung (Ritzel) entsprechend Tabelle 18.39. Der Anwendungsfaktor K_A kann anhand der Arbeitsweisen von Antriebsmaschine und getriebener Maschine genau festgelegt werden, für das Produkt aus Dynamikfaktor und Stirnfaktor wird näherungsweise $K_v \cdot K_{H\alpha} = 1{,}2$ gesetzt. Liegen für den Breitenfaktor keine Erfahrungswerte vor, wird $K_{H\beta} = 1{,}5$ angenommen. Für einsatzgehärtete Verzahnungen ist $b / d_1 \leq 1$ und für vergütete Verzahnungen $b / d_1 \leq 1{,}2$ (Einlaufen) anzunehmen. Das Zähnezahlverhältnis beträgt $u = z_2 / z_1 = -\omega_1 / \omega_2$ mit $|z_2| \geq z_1$ und ergibt sich aus der Stufenübersetzung, bei Innenradpaaren ist die Zähnezahl der Innenverzahnung negativ.

Der Zonenfaktor Z_H, der Elastizitätsfaktor Z_E und der Überdeckungsfaktor Z_ε haben ihren Ursprung in der Aufbereitung der Hertz'schen Pressungsgleichungen zur Bestimmung der Zahnflankenpressung gemäß Abschnitt 18.4.4. Der Elastizitätsfaktor hat für die Werkstoffpaarung Stahl gegen Stahl den Wert $Z_E = 190\sqrt{N / mm^2}$. Für den Überdeckungsfaktor gilt überschlägig bei Geradverzahnung $Z_\varepsilon = 1$ und bei Schrägverzahnung $Z_\varepsilon = 0{,}85$. Die Einzeleingriffsfaktoren können zunächst mit $Z_B = 1{,}1$ und $Z_D = 1{,}1$ angenommen werden, der Zonenfaktor Z_H und der Schrägenfaktor Z_β sind für die gewählten Eingriffswinkel $\alpha_n = \alpha_{wn} = \alpha_{IP}$ und den Schrägungswinkel β gemäß den Gleichungen in Abschnitt 18.4.4 zu bestimmen. Ebenso sind bei der Nachrechnung die Einzeleingriffsfaktoren Z_B und Z_D genau zu berücksichtigen, womit insbesondere bei extrem kleinen Zähnezahlen und einer größeren Verlagerung des Eingriffsgebietes gegenüber dem Wälzpunkt ein wesentlicher Einfluss berücksichtigt wird.

Im Weiteren sind nun die Zähnezahlen vorzugeben, sodass sich mit einer gewählten Lage der Eingriffsstrecke auf der Eingriffslinie unter Beachtung von Grenzbedingungen (z.B. Zahnkopfdicke) die Aufteilung der Zahndicken am Wälzkreis vornehmen lässt. Zunächst lassen sich mit dem Normaleingriffswinkel α_n, dem gewählten Schrägungswinkel β, dem daraus folgenden Stirneingriffswinkel α_t und dem gegebenen Zähnezahlverhältnis u die Grundkreisradien $r_{bl,2}$ für $\alpha_{wt} = \alpha_t$ und damit auch die Grundkreis- bzw. Eingriffsteilung $p_b = p_e$ bestimmen:

$$p_{bt} = p_{et} = 2 \cdot \pi \cdot \frac{r_{b1}}{z_1} \quad \text{mit} \quad r_{b1} = \frac{a \cdot \cos\alpha_t}{u+1} \quad \text{und} \quad r_{b2} = r_{b1} \cdot u \tag{18.238}$$

Dabei besitzt der Modul hier nicht die übliche Bedeutung des genormten Größenfaktors, sodass für den Modul m_t im Stirnschnitt und m_n im Normalschnitt gilt:

$$m_t = \frac{p_{et}}{\pi \cdot \cos\alpha_t} \qquad m_n = m_t \cdot \cos\beta \tag{18.239}$$

Gibt man nun eine Profilüberdeckung ε_α vor (z.B. $\varepsilon_\alpha = 2$ für Hochverzahnung), so berechnet sich die Eingriffsstrecke g_α zu:

$$g_\alpha = \varepsilon_\alpha \cdot p_{et} \tag{18.240}$$

Die Eingriffsstrecke g_α ist dann gemäß Abbildung 18.113 auf die zu beiden Seiten des Wälzpunktes liegenden Anteile g_{a1} und g_{a2} aufzuteilen, wobei man bei Übersetzungen ins Langsame, insbesondere bei kleinen Ritzelzähnezahlen, am Kopf des Ritzels eine größere Gleitgeschwindigkeit als am Kopf des Rades anstreben sollte. Dadurch verlegt man den Eingriff weg vom Grundkreis des Ritzels und mehr in das Gebiet des ziehenden Gleitens.

Die Sprungüberdeckung ε_β ergibt sich aus dem Achsabstand a und der Zahnbreite b und sollte am besten ganzzahlig sein:

$$\varepsilon_\beta = \frac{b \cdot \tan|\beta_1| \cdot z_1 \cdot \left(1 + \frac{z_2}{z_1}\right)}{2 \cdot a \cdot \pi \cdot \cos\alpha_t} \tag{18.241}$$

Wird dagegen ins Schnelle übersetzt, ist am Zahnkopf des Rades eine größere Gleitgeschwindigkeit günstiger als am Zahnkopf des Ritzels. Allerdings bedingt der erforderliche Abstand zwischen dem tiefsten Eingriffspunkt am Ritzelfuß und dem Grundkreis oft einen Kompromiss.

Nach Festlegung der Kopfeingriffsstrecken g_{a1} und g_{a2} durch Wahl des Verhältnisses g_{a1} / g_{a2} (z.B. mit $g_{a1} / g_{a2} = 1{,}2$ bei Übersetzung ins Langsame) in Verbindung mit $g_{a1} + g_{a2} = g_\alpha$ ist zu überprüfen, ob die folgenden Bedingungen für g_{a1} und g_{a2} erfüllt sind, da anderenfalls eine neue Aufteilung oder Neuauslegung erforderlich wird (teilweise nutzt man auch für g_{a1} die Bezeichnung g_a und für g_{a2} die Bezeichnung g_f:

$$g_{a1} < \frac{d_{b2}}{2} \cdot \tan(\alpha_t) \quad \text{und} \quad g_{a2} < \frac{d_{b1}}{2} \cdot \tan(\alpha_t) \tag{18.242}$$

In Grenzfällen wird man zur Erreichung einer niedrigen Pressung auch bei $u > 1$ anstreben, nicht nur einen großen Eingriffswinkel zu wählen, sondern auch die Eingriffsstrecke in Richtung der Mitte der Eingriffslinie zu verschieben. Dabei kann für Rad 2 dann unter Umständen $g_{a2} < 0$ werden und es können sehr große Gleitanteile v_g / v_t vorliegen. Ferner können im Hinblick auf die Zahnfußbeanspruchung ungünstige Zahndickenverhältnisse auftreten.

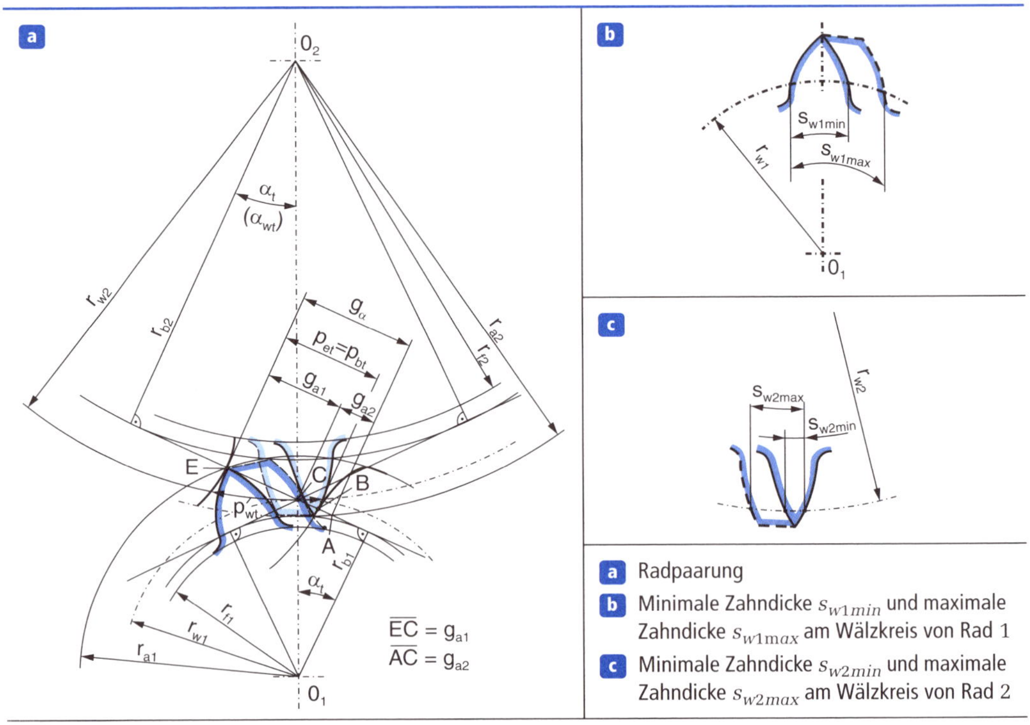

a Radpaarung
b Minimale Zahndicke s_{w1min} und maximale Zahndicke s_{w1max} am Wälzkreis von Rad 1
c Minimale Zahndicke s_{w2min} und maximale Zahndicke s_{w2max} am Wälzkreis von Rad 2

Abbildung 18.113: Minimale und maximale Zahndicke bei freier Aufteilung der Wälzkreisteilung nach [18.216]

Mit den Kopfeingriffsstrecken g_{a1} und g_{a2} folgt für die Kopfkreisdurchmesser d_{a1} und d_{a2}:

$$d_{a1,2} = 2 \cdot \sqrt{r_{b1,2}^2 + \left(\tan \alpha_t + g_{a1,2}\right)} \qquad (18.243)$$

Für die gemeinsame Zahnhöhe h_w und den Fußkreisdurchmesser $d_{fn1,2}$ gilt mit der Wahl eines Kopfspiels $c_{1,2}$:

$$h_w = \frac{d_{a1}}{2} + \frac{d_{a2}}{2} - a \quad \text{und} \quad d_{fn1} = d_{a1,2} - 2 \cdot h_w - 2 \cdot c_{1,2} \quad \text{mit} \quad c_{1,2} = \frac{h_w}{2} \cdot 0{,}25 \qquad (18.244)$$

Die Wälzkreisdurchmesser $d_{w1,2}$, die sich bei dieser „freien“ Auslegung nicht von den Teilkreisdurchmessern $d_{1,2}$ unterscheiden, sind durch den Achsabstand a und das Zähnezahlverhältnis u gegeben.

$$d_{w1} = \frac{2 \cdot a}{u+1} \quad \text{und} \quad d_{w2} = d_{w1} \cdot u \quad \text{mit} \quad u = \frac{z_2}{z_1} = -\frac{\omega_1}{\omega_2} \qquad (18.245)$$

Die Summe der Zahndicken an den Wälzkreisen ist gleich der Wälzkreisteilung p_{wt} mit $\alpha_{wt} = \alpha_t$:

$$s_{wt1} + s_{wt2} = p_{wt} = p_t = \frac{p_{bt}}{\cos \alpha_t} \qquad (18.246)$$

Abhängig von den Anforderungen – z.B. für ein Maximum der Zahnbruchsicherheit, zur gezielten Beeinflussung der Zahnsteifigkeit oder zur Einhaltung der Mindestzahnkopfdicke, insbesondere bei kleinen Ritzelzähnezahlen – kann dann die Aufteilung von p_{wt} in s_{wt1} und s_{wt2} vorgenommen werden.

Im Folgenden soll die Aufteilung von s_{wt} so vorgenommen werden, dass die Zahnkopfdicke ein Mindestmaß von z.B. $s_{an1,2min} = 0{,}1 \cdot m_n$ nicht unterschreitet, wobei sich die Zahndicke s_{at} am Zahnkopf im Stirnschnitt näherungsweise aus der Zahndicke s_{an} am Zahnkopf im Normalschnitt unter Verwendung des Schrägungswinkels β_a am Kopfkreisdurchmesser nach Gleichung (18.83) berechnen lässt zu:

$$s_{an1,2} \geq s_{an1,2min} \quad \text{und} \quad s_{at} = \frac{s_{an}}{\cos\beta_a} \tag{18.247}$$

Aus der minimalen Zahnkopfdicke s_{anmin} lässt sich dann mit der allgemeinen Annahme unterschiedlicher Eingriffswinkel für Vorder- und Rückflanke die minimale Zahndicke s_{wtmin} am Wälzkreis bestimmen. Dabei wird zur Ableitung vom allgemeinen Fall ausgegangen, dass die rechte und linke Flanke unterschiedliche Eingriffswinkel haben, wobei dann die rechte (I) und die linke Flanke (II) eines Zahnes auch gleiche Wälzkreise, aber unterschiedliche Grundkreise aufweisen:

$$s_{wtmin} = \frac{d_w}{2} \cdot \left(\frac{2 \cdot s_{anmin}}{d_a \cdot \cos\beta_a} + \operatorname{inv}\alpha_{atI} + \operatorname{inv}\alpha_{atII} - \operatorname{inv}\alpha_{wtI} - \operatorname{inv}\alpha_{wtII} \right) \text{ mit } \cos\alpha_{atI,II} = \frac{d_{bI,II}}{d_a} \tag{18.248}$$

Hierin bezeichnen d_w den Wälzkreisdurchmesser nach Gleichung (18.245), d_a den Kopfkreisdurchmesser nach Gleichung (18.238) und d_b den Grundkreisdurchmesser nach Gleichung (18.243). Bei Bezugsprofilen mit gleichem Profilwinkel für die Vorder- und Rückflanke (symmetrische Verzahnung) vereinfacht sich Gleichung (18.248) mit $\alpha_{wt} = \alpha_t$ zu:

$$s_{wtmin} = d_w \cdot \left(\frac{2 \cdot s_{anmin}}{d_a \cdot \cos\beta_a} + \operatorname{inv}\alpha_{at} - \operatorname{inv}\alpha_{wt} \right) \quad \text{und} \quad \cos\alpha_t = \frac{d_b}{d_a} \tag{18.249}$$

Diese minimale Zahndicke am Wälzkreis $s_{wtmin1,2}$ für jedes Rad der Paarung ist nur möglich, wenn folgende notwendige (aber nicht hinreichende) Bedingung eingehalten wird:

$$s_{wtmin1} + s_{wtmin2} \leq p_{wt} \tag{18.250}$$

Zusätzlich sind weitere Bedingungen wie keine Interferenz, kein Unterschnitt (für den kleineren der Profilwinkel) und eine ausreichende Lückenweite, einzuhalten.

Wird für einen Wälzfräser oder Hobelkamm die Werkzeugkopfrundung ρ_{a0} vorgegeben, folgt für die Zahndicke s_{wn} auf dem Wälzzylinder im Normalschnitt der herzustellenden Verzahnung:

$$\begin{aligned} s_{wn} \leq\; & p_{wn} - h_f \cdot (\tan\alpha_{nI} + \tan\alpha_{nII}) - \rho_{a0I} \cdot \left[\cos\alpha_{nI} - (1 - \sin\alpha_{nI}) \cdot \tan\alpha_{nI}\right] \\ & - \rho_{a0II} \cdot \left[\cos\alpha_{nII} - (1 - \sin\alpha_{nII}) \cdot \tan\alpha_{nII}\right] \end{aligned} \tag{18.251}$$

$$\text{mit } p_{wn} = p_{wt} \cdot \cos\beta \qquad s_{wnmin} = s_{wtmin} \cdot \cos\beta_w \qquad h_f = \frac{1}{2} \cdot (d_w - d_f) \qquad \beta = \beta_w$$

Bei Bezugsprofilen mit gleichem Profilwinkel für die Vorder- und Rückflanke (symmetrische Verzahnung) ergibt sich vereinfachend:

$$s_{wn} \le p_{wn} - 2 \cdot h_f \cdot \tan \alpha_n - 2 \cdot \rho_{a0} \cdot \left[\cos \alpha_n - (1 - \sin \alpha_n) \cdot \tan \alpha_n \right] \tag{18.252}$$

Bei bekannter Zahndicke s_{wn} lässt sich entsprechend aus den vorherigen Gleichungen die mögliche Werkzeugkopfrundung ρ_{a0} berechnen, sodass z. B. für eine symmetrische Verzahnung gilt:

$$\rho_{a0} \le \frac{p_{wn} - s_{wn} - 2 \cdot h_f \cdot \tan \alpha_n}{2 \cdot \left[\cos \alpha_n - (1 - \sin \alpha_n) \cdot \tan \alpha_n \right]} \tag{18.253}$$

Wie bei anderen Verzahnungen auch, ist ungeachtet der Vorauslegung auf der Grundlage der Flankenfestigkeit in jedem Fall eine ausreichende Zahnfußtragfähigkeit bei der Nachrechnung gemäß Abschnitt 18.4.5 nachzuweisen, wobei die Änderungen des Formfaktors Y_{Fa} und des Spannungskorrekturfaktors Y_S zu berücksichtigen sind. Sollte die Zahnfußtragfähigkeit nicht ausreichen, ist eine Neuauslegung mit neuen Zähnezahlen oder eine neue Aufteilung der Wälzkreisteilung in die Zahndicken vorzunehmen.

Zur Berechnung der Zahnfußdicke s_F ist bei unterschiedlicher Vorder- und Rückflanke die Größe X nach Gleichung (18.119) jeweils für eine Zahnhälfte, gegeben durch die halbe Zahndicke am Wälzkreis, wie folgt zu bestimmen:

$$s_F = X_I + X_{II} \tag{18.254}$$

Als Bezugsquerschnitt gilt bei genauen Analysen und $\alpha_{nPI} \neq \alpha_{nPII}$ der durch die 30°-Tangente an der Fußkurve der höchstbelasteten Flanke sich ergebende Querschnitt mit dem Abstand Y zur Radmitte nach Gleichung (18.119). Demzufolge ergibt sich für die Rückflanke ein von 30° abweichender Tangentenwinkel Θ. Generell ist zu beachten, dass bei großen Abweichungen des Profilwinkels α_P vom Eingriffswinkel $\alpha = 20°$ die Zusammenhänge der Tragfähigkeitsberechnung nach Abschnitt 18.4.5 zur Berücksichtigung der Spannungskonzentration nur noch grob gelten, sodass genauere Untersuchungen mit numerischen Verfahren (FEM – Finite-Elemente-Methode oder BEM – Boundary-Elemente-Methode) erforderlich werden. Abbildung 18.113 zeigt beispielhaft die Grenzen der Zahndicke bei Aufteilung der Wälzkreisteilung p_{wt}. Darüber hinaus ist zur Absicherung der wirklich erzielbaren Tragfähigkeitssteigerung bei einer weit von den üblichen Daten abweichenden Auslegung immer eine versuchstechnische Überprüfung empfehlenswert.

18.3.4 Gestaltungsgrundlagen Getriebebauformen, Räder, Wellen und Lagerungen

Die Gestaltung des grundlegenden Getriebeaufbaus und der darin verwendeten Elemente (Zahnräder, Wellen, Lager) hängt hauptsächlich von der zu lösenden antriebstechnischen Aufgabenstellung ab, d.h. in den meisten Fällen ist die Lage der Wellen durch die Arbeitsmaschine vorbestimmt.

So werden z.B. alle aktuellen Windturbinengetriebe mit einem Versatz zwischen An- und Abtriebswellen gemäß Abbildung 18.114 versehen, damit Hydraulik-, Elektro- und Steuerungsleitungen durch die hohlgebohrte Antriebswelle in die Rotornabe zum Antrieb und zur Regelung der Blattverstelleinrichtungen geführt werden können.

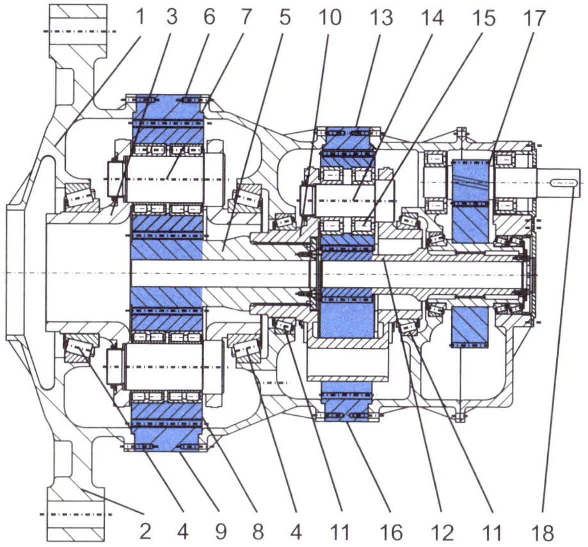

1 Gussgehäuse
2 Momentenstütze
3 Eingangswelle (Umlaufträger 1. Stufe)
4 Lagerung des Umlaufträgers
5 Sonnenwelle 1. Stufe (Hohlwelle)
6 Planetenräder 1. Stufe
7 Planetenachsen 1. Stufe
8 Lagerung der Planeten
9 Hohlrad 1. Stufe (fest im Gehäuse)
10 Umlaufträger 2. Stufe
11 Lagerung des Umlaufträgers
12 Sonnenwelle 2. Stufe (Hohlwelle)
13 Planetenräder 2. Stufe
14 Planetenachsen 2. Stufe
15 Lagerung der Planeten 2. Stufe
16 Hohlrad 2. Stufe (fest im Gehäuse)
17 Stirnradstufe
18 Ausgangswelle (zum Generator)

Abbildung 18.114: Grundsätzlicher Aufbau eines Windturbinengetriebes mit Versatz zwischen Antriebs- und Abtriebswelle für eine 5 MW Windenergieanlage [18.335]

Auch wenn man wegen der einfacheren Abdichtungsmöglichkeiten eine waagerechte Lage der Wellen mit einer Gehäuseteilfuge in dieser Wellenebene generell bevorzugt, erfordern z.B. Walzenschüsselmühlen gemäß Abbildung 18.1, aber auch Wasserturbinen und Rührwerke eine vertikale Wellenlage.

Weitere wesentliche Anforderungen ergeben sich aus der einwirkenden Beanspruchung (äußere Kräfte und Momente, Leistung) und der über den eingesetzten Werkstoff und die Bauteilgestalt festgelegten Beanspruchbarkeit, die wiederum einen wesentlichen Einfluss auf Gewicht und erforderlichen Einbauraum haben.

Die nachfolgenden Gestaltungsvorschläge sind Anhaltswerte, die sich in ausgeführten Konstruktionen bewährt haben, wobei in jedem Einzelfall auch Abweichungen davon notwendig sein können, weshalb man sicherheitshalber die Maße durch Aufzeichnen und die Beanspruchung durch Nachrechnen überprüfen sollte.

In Abbildung 18.115 sind beispielhaft einige Schemata von Stirnradgetrieben mit seitlich versetztem An- und Abtrieb wiedergegeben, die alle eine einfache, betriebssichere Lösung mit wenigen Bauelementen und guter Zugänglichkeit bieten.

Demgegenüber wird gleichachsiger (koaxialer) An- und Abtrieb gemäß Abbildung 18.116 oftmals bei eingeschränktem Einbauraum gefordert, was zunächst kompliziertere, bei Leistungsverzweigung aber häufig wirtschaftliche Lösungen bedingt. Bei einer Leistungsverzweigung – hierunter versteht man im einfachsten Fall die Verzweigung der Antriebsleistung von einer Antriebswelle auf mehrere Abtriebswellen, aber auch die Zusammenführung der Leistung von mehreren Antriebswellen auf eine Abtriebswelle – teilt sich die Gesamtumfangskraft auf mehrere Zahneingriffe auf dem Umfang auf, wodurch die Getriebe kleiner und leichter bauen.

Normalbauformen a) und b) in einstufiger und mehrstufiger Ausführung:

a) Einstufige Ausführung mit $i < 6$ (8) bis zu höchsten Leistungen und Drehzahlen in Gerad-, Schräg- und auch Doppelschrägverzahnung. Günstig ist die symmetrische Lagerung mit engem Lagerabstand zur Verzahnung, woraus nur geringe Ritzelverformungen entstehen. Bevorzugte Bauart für Schnelllauf- und Marinegetriebe

b) Mehrstufige Ausführung mit $6 < i < 25$ (35) bei zwei Stufen und $25 < i < 160$ bei drei Stufen. Die unsymmetrische Anordnung der Räder auf den Wellen kann zur Schiefstellung und damit der einseitigen Überlastung führen. Zur Vermeidung wird die Leistungsflussrichtung $1 - 1$ gewählt, sodass Verdrehung und Durchbiegung an Ritzel- und Abtriebswelle entgegengesetzt wirken. Bei Leistungsfluss $2 - 2$ ist ein zweites, weniger gut zugängliches Ritzellager im Gehäuseinneren vorzusehen. Ebenso ist eine biegesteife Ritzelwelle möglich und der Schrägungswinkel der Verzahnungen auf den Zwischenwellen ist so zu wählen, dass sich die Axialkräfte möglichst aufheben.

Bauformen c) und d) mit symmetrischer Anordnung der Räder:

Das Aufteilen der Zahnbreite in zwei Pfeilhälften erlaubt kleinere Durchmesser, was insbesondere bei größeren Getrieben wirtschaftlich ist. Bauform c) erfordert nur ein einfaches Gehäuse und die hoch belastete zweite Stufe liegt mittig zwischen den Lagern, wobei die Ritzelwelle und die mittlere Welle besonders steif auszuführen sind. Bauform d) bedarf eines komplizierteren Gehäuses und bietet eine steife Lagerung der kurzen Ritzelwelle, wobei die mittlere und die langsam laufende Welle ebenfalls steif auszuführen sind. Das eingezogene Gehäuse an der Ritzelwelle bietet den notwendigen Raum für eine Antriebskupplung.

Bauformen e) und f) als Sammel- und Verteilergetriebe:

Bauform e) wird als Sammelgetriebe bevorzugt bei Zwei-Motoren-Antrieb, wie er z.B. in Schiffsantrieben, Kranhubwerken, Rohrmühlen- und Verdichterantrieben üblich ist. Unter der Voraussetzung einer guten Regelung überträgt jeder Zahneingriff ungefähr die halbe Leistung. Bei umgekehrtem Leistungsfluss arbeitet das Getriebe als Verteilergetriebe, d.h. Antrieb über einen Motor und Leistungsabgabe an z.B. mehrere Pumpen, wie es bei Pumpenverteilergetrieben in hydraulischen Antrieben (z.B. Baumaschinen) üblich ist. Bauform e) ist typisch für Kammwalzengetriebe zum Einsatz in Walzgerüsten der Stahlindustrie mit einem Antrieb und zwei Abtrieben und einer Leistungsverzweigung von $50 : 50$ oder $60 : 40$, wobei die Verzahnung der Kammwalzen für ca. $60\,\%$ der Leistung auszulegen ist.

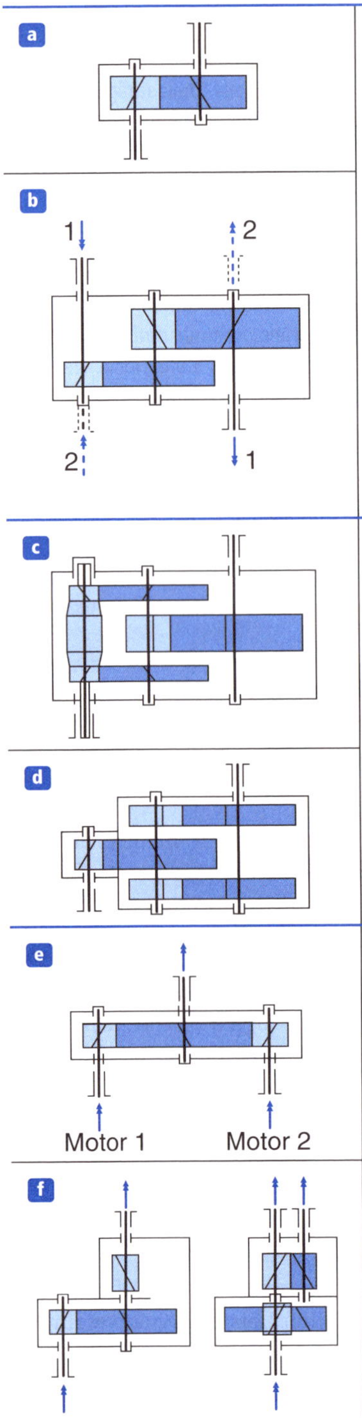

Abbildung 18.115: Grundsätzlicher Aufbau von Getrieben mit seitlich versetztem An- und Abtrieb zur Verbindung von Antriebs- und Arbeitsmaschine [18.252]

Bei größeren Leistungen und Abtriebsmomenten ist eine getrennte Aufstellung von Antriebsmaschine, Getriebe und Arbeitsmaschine üblich, häufig auch auf getrennten bzw. geteilten Fundamenten. Die Verbindung zwischen den Drehmoment-führenden Bauteilen erfolgt dann abhängig vom Anwendungsfall über Kupplungen, die z.B. als drehelastische oder drehstarre, getriebebewegliche Ausgleichskupplung oder auch als kraftschlüssig drehnachgiebige Schlupfkupplung ausgeführt sein können (s.a. Kapitel 13, Band 1 [18.306]). Ebenso sind Schaltkupplungen, Bremsen und Überlastkupplungen sowie Kombinationen daraus möglich.

Dabei ist zu beachten, dass die Kupplungen zwar Längs-, Quer- oder Winkelversatz der Wellen von Antriebsmaschine, Getriebe und Arbeitsmaschine (durch Ausrichtfehler, unterschiedliche Verformung getrennter Fundamente z.B. infolge verschieden starker Erwärmung) ausgleichen sollen, durch überhängende Kupplungen und verbleibenden Längs-, Quer- oder Winkelversatz erhebliche Kräfte in das Getriebe eingeleitet werden können oder auch die Anregung von Schwingungen auftreten kann. Ebenso können Längs- und Querbewegungen des Ankers einer elektrischen Maschine (Motor oder Generator) durch Wärmedehnungen oder weil der Anker in das elektrische Feld hineingezogen wird, unerwünschte Längskräfte in das Getriebe einleiten, was insbesondere bei der Dimensionierung der Lager, der Steifigkeit von Gehäuse und Wellen und bei der Lastaufteilung auf die Pfeilhälften einer Doppelschrägverzahnung gemäß Abschnitt 18.3.3.2 zu berücksichtigen ist. Während auf der schnell laufenden Seite häufig die hohen Drehzahlen in Verbindung mit Unwuchten Probleme bereiten, können auf der langsam laufenden Seite die großen Kräfte und Momente erhebliche Rückwirkungen auf das Getriebe bedingen.

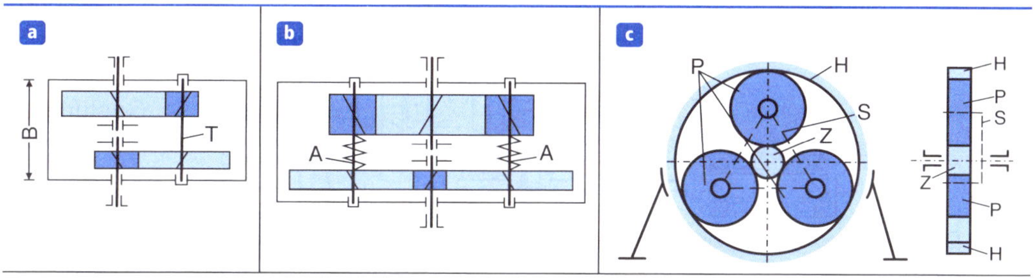

a Bauform ohne Leistungsverzweigung mit einfachem Aufbau aber großer axialer Baulänge B und zwei innenliegenden Lagern für An- und Abtriebswelle hintereinander (Bauraum). Wegen des gleichen Abstandes für die erste und zweite Stufe ist die erste Stufe meist überdimensioniert, zudem unterliegt die lange Zwischenwelle T großen Verformungen.

b Bauform mit Leistungsverzweigung als Standgetriebe mit zwei oder mehr Kraftflusszweigen. Zur gleichmäßigen Lastverteilung sind drehelastische Wellen A (als Federn dargestellt) notwendig und es muss sich mindestens ein Rad so zur Welle verstellen lassen, dass alle in Kraftflussrichtung liegenden Zahnflanken anliegen, oder aber ein Zentralrad muss frei einstellbar sein

c Bauform als Umlaufrädergetriebe (Planetengetriebe) zur Leistungsverzweigung mit umlaufendem Steg S (bei Übersetzung ins Langsame verbunden mit der Abtriebswelle) und im Steg gelagerten Planetenrädern P, feststehendem Hohlrad H und Sonnenritzel Z auf der Antriebswelle. Weitere Bauarten finden sich in Kapitel 19.

Abbildung 18.116: Grundsätzlicher Aufbau von Getrieben mit gleichachsigem An- und Abtrieb zur Verbindung von Antriebs- und Arbeitsmaschine [18.252]

Antriebsmaschine, Getriebe und Arbeitsmaschine müssen deshalb immer sorgfältig ausgerichtet werden, wobei folgende Anhaltswerte nach VDI 2726 zu beachten sind: zulässiger Querversatz z. B. bei Zahnkupplungen maximal 0,02 (Turbo-) bis 0,05 mm (Industriegetriebe), zulässiger Winkelversatz 0,01 ... 0,02 mm auf 500 mm im betriebswarmen Zustand [18.386].

Häufig verwendet man auch für besonders große und schwere Kupplungen (z. B. hydrodynamische Anlaufkupplungen) separate Lagerungen oder aber die Lagerungen der Antriebs-und Abtriebswellen der Getriebe, Antriebs- und Arbeitsmaschinen sind entsprechend tragfähiger zu gestalten.

Beispielhaft und ergänzend zu den bereits an anderen Stellen des Buches wiedergegeben Getrieben (z. B. Lokomotiv-Radsatzgetriebe in Abbildung 15.1, Kegel-Stirnradgetriebe in Kapitel 20) sollen nachfolgend einige Getriebebauarten gezeigt werden, die dem grundsätzlichen Aufbau in Abbildung 18.115 und Abbildung 18.116 enstprechen. So zeigt Abbildung 18.117 das Hauptantriebssystem der deutschen Fregatte F 124, bei dem die Antriebsleistung zweier Dieselmotoren und einer Gasturbine je nach Bedarf über mehrere Getriebe auf zwei Propeller verteilt wird, wobei verschiedenste Reibungs- und Schlupfkupplungen eventuelle Drehzahlunterschiede bei Zu- und Abschaltvorgängen der einzelnen Maschinen ausgleichen können [18.397].

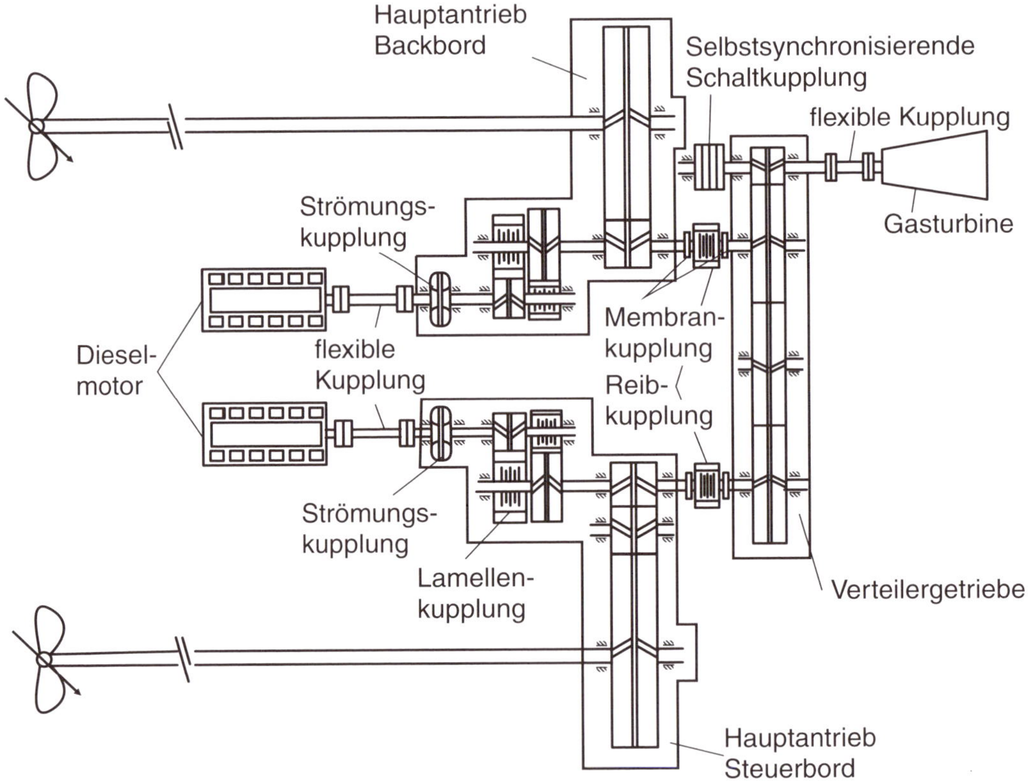

Abbildung 18.117: Überlagerungsgetriebe der Firma RENK auf der deutschen Fregatte F 124 zur Kopplung zweier Dieselmotoren MTU 20 V1 163 zu je 7.400 kW und einer Gasturbine GE LM 2500 mit 23.500 kW [18.397]

Abbildung 18.118 zeigt ein Schaufelradgetriebe mit symmetrischer Räderanordnung gemäß Abbildung 18.115 c) und d) zur Leistungssummierung dreier Elektromotoren mit je 1.680 kW und einer Nenndrehzahl von $n_{An} = 990\ \text{min}^{-1}$. Bei einer Gesamtübsetzung von $i = 245{,}44$ ergibt sich die Abtriebsdrehzahl am Schaufelrad zu $n_{Ab} = 4{,}034\ \text{min}^{-1}$, bei einem Abtriebsmoment an der Schaufelradwelle von $M_{ab} = 11.931$ kNm. Das Getriebegroßrad mit einem Durchmesser von $d = 6.429$ mm ist über die Schaufelradwelle mit dem Schaufelrad von 21,6 m Durchmesser verbunden. Der Schaufelradbagger mit einem Dienstgewicht von ca. 13.500 Tonnen, einer Länge über alles von 240 m und einer Gesamthöhe von 95 m ist damit in der Lage, rund 240.000 m^3 festen Boden pro Tag zu gewinnen. Die gesamte installierte elektrische Leistung für Schaufelradantrieb, Hauptschwenkwerkantriebe, Hubwindenantriebe, Fahrantriebe und Bandantriebe umfasst 17.320 kW.

Schnittdarstellung:

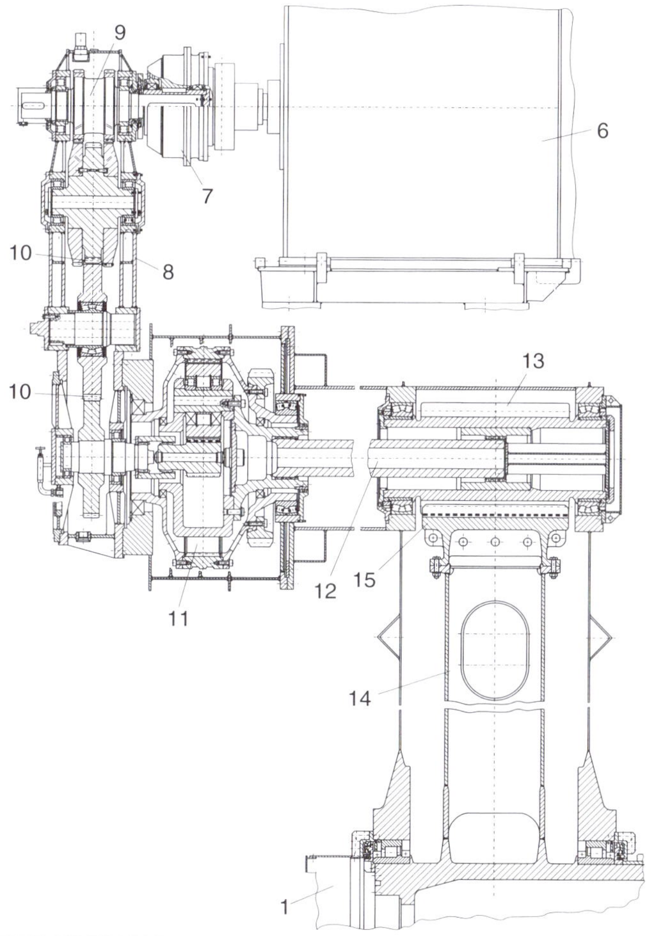

Seitenansicht:

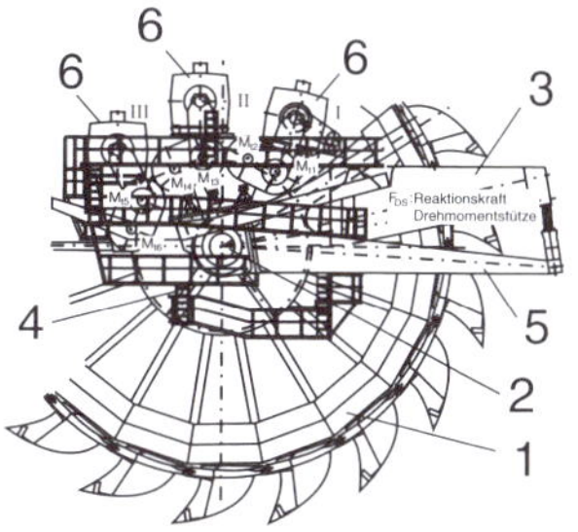

1 Schaufelrad (∅ 21,6 m)
2 Schaufelradwelle
3 Schaufelradausleger
4 Getriebegehäuse
5 Drehmomentstütze
6 Motor (1.680 kW)
7 Kupplung
8 Vorschaltgetriebe
9 Eingangswelle (Doppelschrägverzahnung)
10 Zwischenstufen
11 Planetenstufe zur Verzweigung auf 2. Ritzel
12 Steckwelle
13 Antriebsritzel
10 Großrad (auf Schaufelradwelle)
11 Geschraubter Zahnkranz (s. a. Abbildung 18.129)

Abbildung 18.118: Grundsätzlicher Aufbau eines Schaufelradgetriebes zur Leistungssummierung dreier Elektromotoren (je 1.680 kW) auf ein Großrad (∅ 6.429 mm),das mit der Schaufelradwelle und dem darauf befindlichen Schaufelrad (∅ 21,6 m) verbunden ist

Da bei Antrieben großer Leistung in Maschinen und Anlagen in der Grundstoffindustrie (z.B. Konverter, Rohrmühlen, Misch- und Rolliertrommeln, Sinterbänder) oftmals keine starren Fundamentierungen für die Antriebe geschaffen werden können (Stahlgerüstkonstruktionen), verwendet man häufig Getriebe, die auf die Antriebswelle montiert (aufgesteckt) werden und über Momentenstützen elastisch mit der umgebenden Struktur verbunden sind, wie das sogenannte Bogiflex-Getriebe gemäß Abbildung 18.119, mit dem auch bei großen Zahnbreiten über die sich selbst einstellenden Ritzelwagen eine gute Lastverteilung in der Verzahnung erzielt werden kann [18.124], [18.309], [18.419]. Über die Torsionswelle zur Abstützung der beiden Antriebshälften kann zusätzlich die Steifigkeit und damit das Schwingungsverhalten des gesamten Antriebes in Grenzen abgestimmt werden.

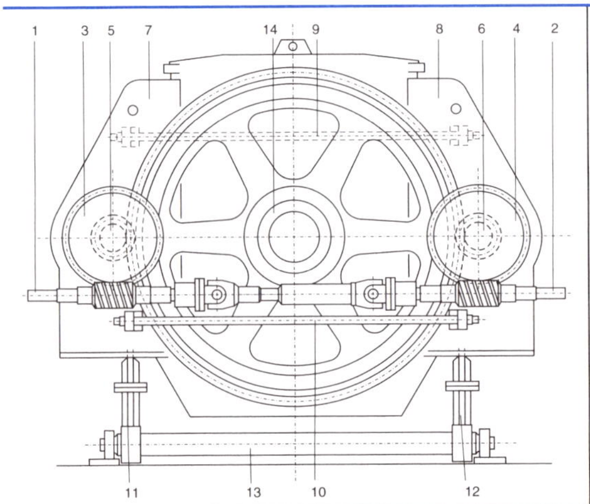

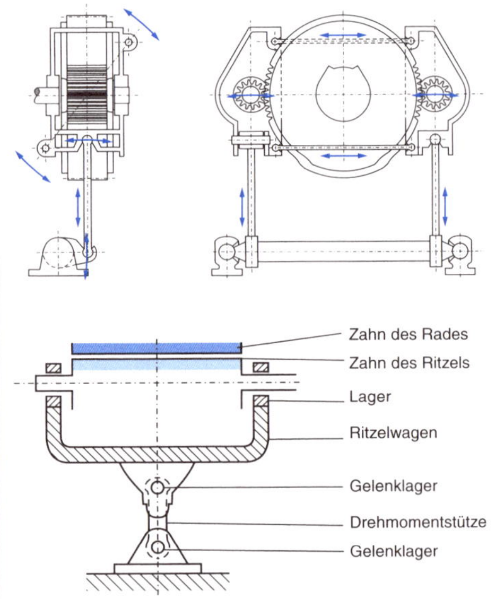

1 Antriebswelle mit Schneckenverzahnung
2 Ritzel in Ritzelwagen
3 Großrad mit Abtriebswelle
4 Drehomentenstütze mit Torsionswelle

Abbildung 18.119: Grundsätzlicher Aufbau eines Überlagerungsgetriebes zur Kopplung zweier oder mehrerer Antriebsritzel mit einem Großrad – Durch die gelenkige Abstützung der „Ritzelwagen" gegenüber dem Großrad über eine torsionsweiche Momentenstütze ist einerseits ein Momentenausgleich zwischen den Ritzeln und andererseits eine gute Breitenlastverteilung für jedes Ritzel möglich [18.124], [18.309], [18.419].

Die kompakteste Getriebebauart zur Leistungsverzweigung ist das Umlaufrädergetriebe nach Abbildung 18.116 c) mit dem sich aufgrund der drei Wellen (S – Stegwelle, H – Hohlradwelle, Z – Sonnenritzelwelle) nahezu beliebige Übersetzungen und insbesondere auch stufenlose Drehzahlverstellung und -überlagerung einrichten lassen (s.a. Kapitel 19). In Abbildung 18.114 ist die aktuelle Ausführung des Hauptgetriebes einer 5-MW-Windturbine mit zwei Planetenstufen und einer nachfolgenden Stirnradstufe (doppelt verzahnt) wiedergegeben [18.335].

Bei allen Getrieben mit Leistungsverzweigung und -summierung sowie Aufsteckgetrieben ohne Standfüße (Zapfengetriebe) werden zur gleichmäßigen Lastverteilung ausgleichende (elastische) Elemente und zur Ableitung des Reaktionsmomentes in die Umgebungskonstruktion Momentenstützen nach Abbildung 18.120 benötigt.

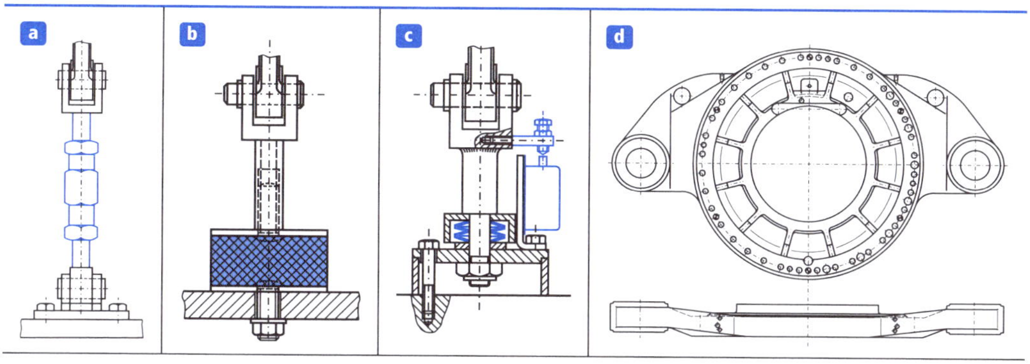

Abbildung 18.120: Bauarten von Momentenstützen zur elastischen Abstützung und Ableitung von Reaktionsmomenten bei Aufsteck- bzw. Zapfengetrieben – a) Starre Ausführung, durch Schraube einstellbar, b) Elastisch und schwingungsdämpfend durch Elastomerelement, c) Elastisch durch Feder mit Endschalter für Überlastung nach [18.252], d) Starrer Doppelarm in elastischen Lagerungen für Hauptgetriebe einer Windenergieanlage

Die starre Verbindung zwischen Getriebeabtriebswelle und Antriebswelle der Arbeitsmaschine erfolgt über Flanschkupplungen, Stirnverzahnungen oder auch Hohlwellen in Kombination mit Schrumpfscheiben. Der Antriebsmotor wird entweder direkt am Getriebe angeflanscht oder bei getrennter Aufstellung über Ausgleichskupplungen bzw. Gelenkwellen angeschlossen.

Während bei einem einfachen Aufsteckgetriebe gemäß Abbildung 18.121 die Welle der Arbeitsmaschine einen Anteil des Getriebegewichts und die Reaktionskraft aus dem Abstützmoment übernehmen muss, was eine entsprechende Wellen- und Lagerauslegung erfordert, wird bei dem Aufsteckgetriebe nach Abbildung 18.122 das Abstützmoment durch zwei Drehmomentstützen aufgenommen, von denen die eine auf Zug und die andere auf Druck beansprucht wird (s.a. Abbildung 18.120 d)). Das Wellenende der Arbeitsmaschine bleibt dadurch frei von Querkräften.

Durch die elastische Abstützung des Getriebes über die Momentenstütze kann das Getriebe bzw. der Antrieb mögliche Taumelbewegungen des Wellenzapfens der Arbeitsmaschine, wie sie z.B. bei großen Konverter-, Rohrmühlen-, Sinterband- und Gurtförderbandantrieben auftreten, ausgleichen. Des Weiteren kann die drehelastische Wirkung einer Kupplung ebenfalls durch eine federnde Drehmomentstütze übernommen werden, die man über entsprechende Messtechnik (Kraft- oder Wegmessung) auch als Überlastschutz mit hoher Trennschärfe ausbilden kann.

Betrachtet man kleinere Antriebsleistungen bis 50 kW (100 kW) werden Elektromotor und Getriebe häufig zu sogenannten Getriebemotoren gemäß Abbildung 18.122 kombiniert. Dabei sitzt das Antriebsritzel fliegend auf der Motorwelle und je nach Bedarf erfolgt über eine bis drei Getriebestufen die erforderliche Drehzahl- und Drehmomentanpassung. Motor und Getriebe werden direkt aufeinander abgestimmt und entsprechend ausgerichtet, sodass eine Kupplung entfallen kann. Teilweise verfügen aber auch Getriebemotoren über Lamellenkupplungen zur Lastbegrenzung oder über integrierte Schaltkupplungen zur Drehmomentunterbrechung. Hauptanwendungsgebiete von Getriebemotoren sind ungeregelte und geregelte Antriebe in stationären Maschinen und Anlagen sowie der Einsatz als Hubwerks- und Fahrantrieb in kleineren Serienhebezeugen.

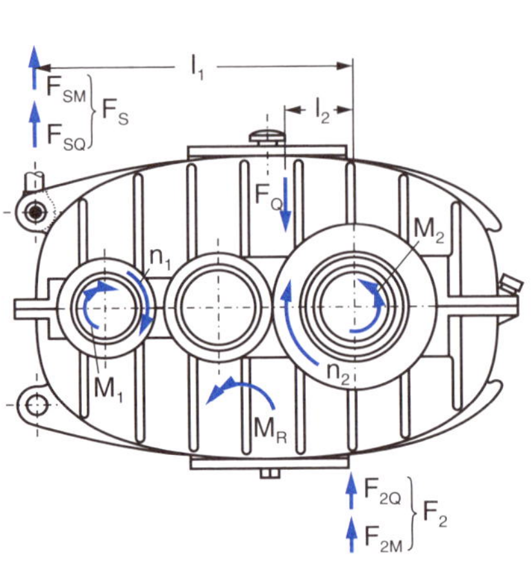

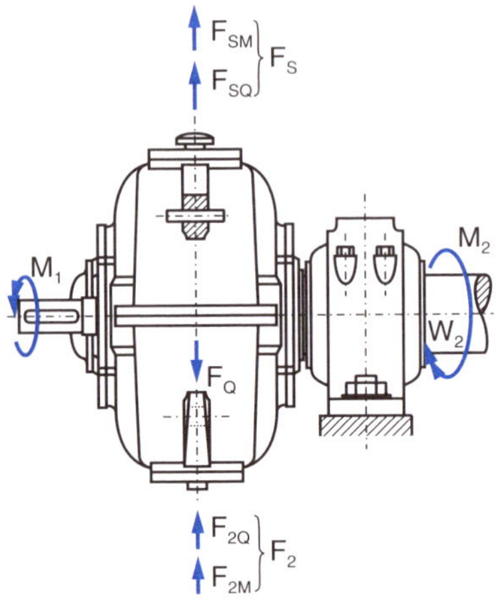

M_{t1}: Antriebsmoment M_{t2}: Abtriebsmoment M_{tR}: Reaktionsmoment	F_Q: Gewichtskraft F_{SQ}: Stützkraft aus Gewicht F_{2Q}: Querkraft aus Gewicht	F_{SM}: Reaktionskraft aus M_{tR} F_{2M}: Reaktionskraft aus M_{tR}

Ohne Einleitung einer Querkraft an der Antriebswelle lassen sich für das unbelastete Getriebe die Gewichtsanteile der Stützenkraft F_{SQ} und der Querkraft F_{2Q} wie folgt bestimmen:

$$F_{SQ} + F_{2Q} - F_Q = 0 \quad \text{und} \quad F_{SQ} \cdot l_1 - F_Q \cdot l_2 = 0 \tag{18.255}$$

Mit den bei Leistungsübertragungen am Getriebe angreifenden Momenten M_{t1} und M_{t2} folgt:

$$M_{tR} = M_{t2} - M_{t1} \qquad F_{SM} \cdot l_1 - M_{tR} = 0 \qquad F_{SM} + F_{2M} = 0 \tag{18.256}$$

Hieraus ergeben sich die Momentenanteile der Stützenkraft F_{SM} und der Querkraft F_{2M}, sodass für die gesamte Stützenkraft F_S und die Querkraft F_{2M} gilt:

$$F_S = F_{SQ} + F_{SM} = F_Q \cdot \frac{l_2}{l_1} + \frac{M_{t2} - M_{t1}}{l_1} \qquad F_2 = F_{2Q} + F_{2M} = F_Q \cdot \frac{1 - l_2}{l_1} - \frac{M_{t2} - M_{t1}}{l_1} \tag{18.257}$$

Der Gewichtsanteil F_{2Q} wirkt für die Lager der Abtriebswelle als zusätzliche Querkraft. Bei anderen Drehrichtungen sind die Werte für M_{t1} und M_{t2} mit negativem Vorzeichen einzusetzen. Das Drehmoment M_{t1} wird nur bei getrennt aufgestelltem Motor wirksam. Liegt die Antriebswelle zur Abtriebswelle um 90° versetzt (Kegel-Stirnradgetriebe, s.a. Kapitel 20), wirkt das Antriebsmoment M_{t1} als zusätzliches Kippmoment senkrecht zur Aufsteckwelle.

Abbildung 18.121: Kräfte und Momente an einem Aufsteck- bzw. Zapfengetriebe nach [18.252]

Die Gestaltung der Zahnräder hängt gemäß Tabelle 18.44 hauptsächlich von der Baugröße, der Stückzahl und teilweise auch von den verfügbaren Fertigungs- und Wärmebehandlungseinrichtungen ab (s.a. Abschnitt 18.2.9). Im Wesentlichen unterscheidet man geschmiedete und konturgedrehte Vollräder, geschweißte Räder, gegossene Räder, aufgeschrumpfte Zahnkranzbandagen, geschraubte Zahnkränze und Kunststoffzahnräder, wobei unabhängig von diesen Unterschieden grundlegende Gestaltungsregeln in Abbildung 18.123 wiedergegeben sind [18.252]. Die Steifigkeitseigenschaften von Zahnrädern und deren Einfluss auf die Lastverteilung werden in Abschnitt 18.4.3.2 behandelt (s.a. Abbildung 18.167).

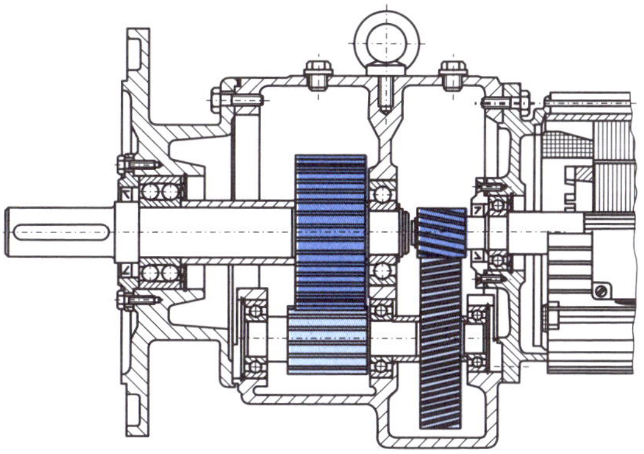

Abbildung 18.122: Schematischer Aufbau eines Getriebemotors für den Leistungsbereich bis 160 kW

d_a in mm	b in mm	**Herstellverfahren, Bauform, Stückzahlen**
< 500	< 150	Ein-Scheiben-Räder und Ritzelwellen gesenkgeschmiedet, Serien, Fahrzeugbau
< 700	< 150	Ein-Scheiben-Räder und Ritzelwellen aus geschmiedetem Rundmaterial gedreht (wenn Schweißen und Freiformschmieden ausscheiden); Steg oder Vollscheibe, Einzelfertigung, Kleinserien
700 ... 1.200	> 150 $\leq 25 \cdot m$	Ein-Scheiben-Räder, freiformgeschmiedet (und bei kleinen Trägheitsmomenten konturgedreht); Einzelfertigung, Kleinserien
alle Abmessungen		Ein- oder Mehr-Scheiben-Räder, gegossen, GGL, GGG, GS, GTS für kleine Abmessungen, Mindeststückzahl 3, Serien
> 700	> 150	Geschrumpfte Zahnkränze, Einzelfertigung
> 1.000	> 150	Geschraubte Zahnkränze, Einzelfertigung

Tabelle 18.44: Gesichtspunkte zur Wahl der Radkörper-Bauform nach [18.252]

a **Geschmiedete und konturgedrehte Vollräder** – Für kleine und mittlere Abmessungen verwendet man aus Gründen der Wirtschaftlichkeit Vollräder oder konturgedrehte Scheibenräder in geschmiedeter Ausführung gemäß Abbildung 18.124. Bei größeren Abmessungen setzt man diese Bauart nur bei hohen Beanspruchungen (z.B. Turbogetriebe – Fliehkräfte) und besonderen Sicherheitsanforderungen (z.B. Gießkranhubwerke – Gefahr des Lastabsturzes) ein.

Bei der Gestaltung ist zu beachten, dass bei oberflächengehärteten, insbesondere einsatzgehärteten Rädern der Verzug um so geringer ausfällt, je dicker Zahnkranz und Steg sind, was entsprechend niedrige Härte- und Schleifkosten bedingt. Die Stege sind nach Möglichkeit mittig anzuordnen. Eine einseitige oder schräge Anordnung wählt man nur, um eine gezielte Verformung des Kranzes zu erreichen oder aber aus Platzgründen. Vorstehende Naben (Volumen V in Abbildung 18.123 und Abbildung 18.124) sind zu vermeiden, wodurch sich das Schleifen der Planflächen vereinfacht und beim Verzahnen die Möglichkeit besteht, Pakete zu spannen. Scheibenräder lassen sich mittels einfacher Vorrichtungen in der Härtepresse härten.

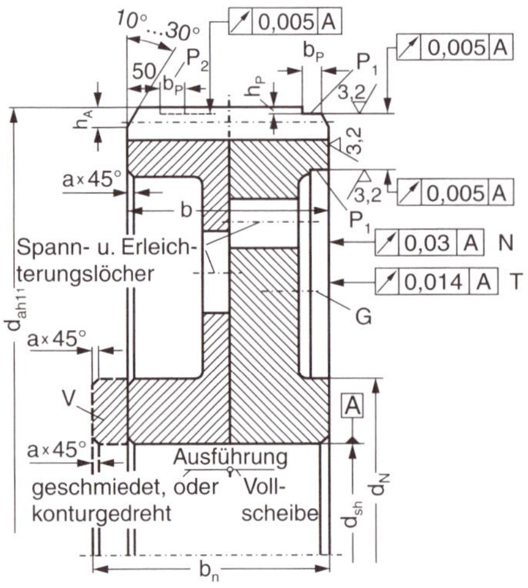

Schutz gegen Transportschäden:
Stirnkantenbruch:
$k \approx 0{,}2 + 0{,}045 \cdot m$
Kopfkantenbruch: $t \approx 3 \cdot k$
Kantenabrundung mit Radius $\approx k$ bzw. t bei höchsten Anforderungen und nitrierten Verzahnungen

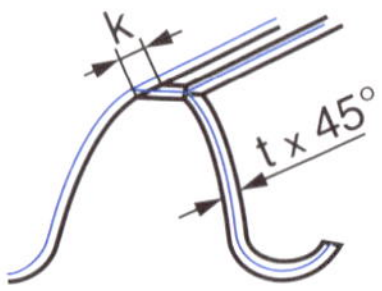

Zur Entlastung der Zahnenden:

bei $b > 10 \cdot m$ — $h_a \approx m$

bei $b < 10 \cdot m$ — $h_a \approx 1 + 0{,}1 \cdot m$

Planlaufabweichung: N bei $v_t < 25$ m/s; T bei $v_t > 25$ m/s

P_1 und P_2: Richtflächen (innen oder außen) für Zahnräder, die nicht auf Welle oder Spanndorn verzahnt werden können: ab $d_a \approx 700$ mm: $h_p \approx 0{,}1$ mm; $b_p \approx 10$ mm; Richtfläche P_2 nur bei $b > 500$ mm

Transport-, Spann- und Erleichterungslöcher n abhängig vom Durchmesser d_a in mm:

Für $d_a < 300$ wird durch die Bohrung gespannt: $n = 0$.
Keine Löcher bei Schnelllaufgetrieben

$300 < d_a < 500$ $n = 4$	$500 < d_a < 1.500$ $n = 5$	$1.500 < d_a < 3.000$ $n = 6$	$d_a > 300$ $n = 8$

Bei Vollscheibenrädern schwerer als 15 kg sind Gewindesacklöcher G zum Transport vorzusehen.

Nabendurchmesser: $d_N = (1{,}2 \ldots 1{,}6) \cdot d_{sh}$
Nabenbreite: $b_n > d_{sh}$ und $b_n > d_a / 6$
Kantenbruch: $a \approx 0{,}5 + 0{,}01 \cdot d_{sh}$

Bei Schrägverzahnung ist Kippen durch Aufhebung des Spiels oder Klaffen des Schrumpfsitzes zu prüfen [18.255].
Spaltmasse bei Doppelschrägverzahnungen siehe Abschnitt 18.2.9.1 (Pkt. 1. Wälzfräsen)

Restnabendicke:
Ungehärtet oder nitriert: $h_R > 2{,}5 \cdot m$
Einsatz-, Flamm- oder Induktions-, Flanken- oder Lückenhärtung: $h_R > 3{,}5 \cdot m$
Flamm- oder Induktions-Umlaufhärtung: $h_R > 6 \cdot m$ (Lage der Passfeder und Schrumpfspannung beachten)
Bei Oberflächenhärtung angeben, welche Bereiche weich bleiben müssen (z.B. für Bohrungen, Gewindelöcher)

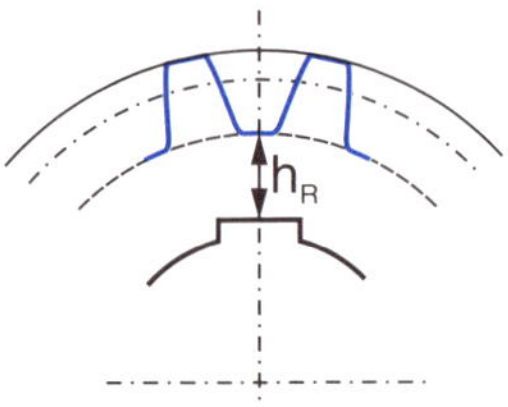

Abbildung 18.123: Allgemeine Radkörperabmessungen nach [18.121], [18.252]

Bei extremen Leichtbaukonstruktionen mit dünnen Stegen und $h_J < 2 \cdot m$ besteht große Verzugsgefahr, was einen hohen Schleifabtrag bedingt, der wiederum zunächst große Härtetiefen voraussetzt. Alternativ wird zur Begrenzung des Härteverzugs aufwändig gefertigt, indem z.B. das volle Scheibenrad zunächst gedreht und anschließend aufgekohlt wird. Dann wird der Einsatz seitlich abdgedreht, es wird abgehärtet und nach dem seitlichen vollen Ausdrehen werden die Bohrungen gesetzt.

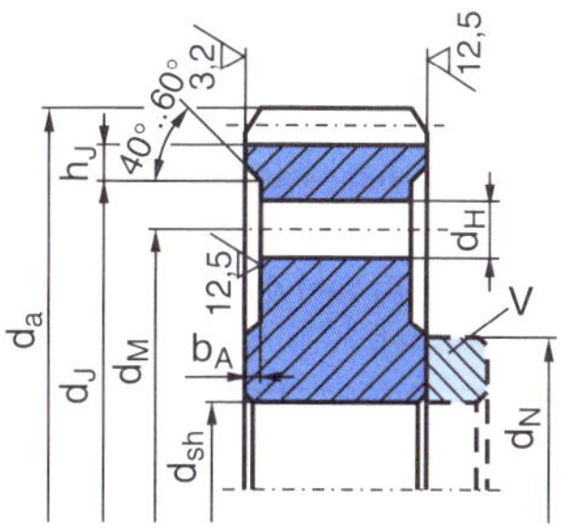

a Normalform aus geschmiedetem Rundstahl; kostengünstig für ungehärtete und gehärtete Zahnräder, da geringes Zerspanvolumen und wenig Härteverzug; seitliche Ausdrehung wegen eindeutiger Auflage auf Planscheibe nur bei $(d_J - d_N) > 25$ mm (beidseitig bei Scheibenrädern)

$d_N = (1{,}2 \ldots 1{,}6) \cdot d_{sh}$	$b_a = 0{,}5 + 0{,}1 \cdot m$ (max. 2 mm)
$d_M \approx 0{,}55 \cdot (d_N + d_J)$	Randabstand zwischen Löchern $> 0{,}8 \cdot d_H$
$d_H \approx d_A / 20 \geq 30$ mm	Anzahl der Löcher gemäß Abbildung 18.123
$h_J \geq 3 \cdot m$	

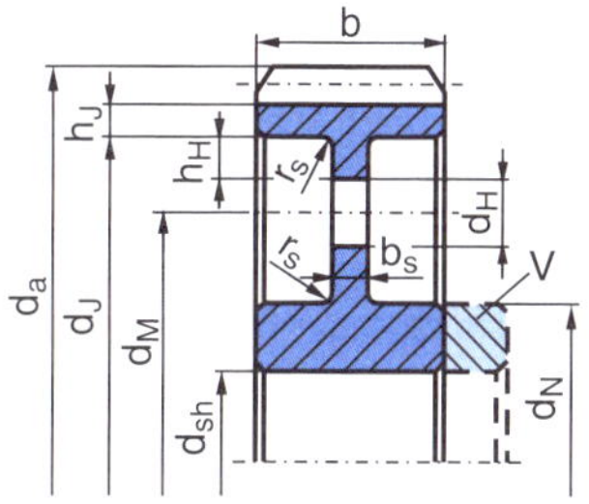

b Leichtbau-Ausführung, kleines Massenträgheitsmoment (z. B. für Luft- und Raumfahrt), einsatzgehärtet

$d_N = (1{,}2 \ldots 1{,}6) \cdot d_{sh}$	$r_s \approx$ t
$d_M \approx 0{,}55 \cdot (d_N + d_J)$	$b_S = 1{,}5 \cdot m + 0{,}1 \cdot$ b
$d_H = (0{,}1 \ldots 0{,}2) \cdot d_a$	Randabstand zwischen Löchern $> 0{,}8 \cdot d_H$
$h_J \approx 2 \cdot m$	Anzahl der Löcher gemäß Abbildung 18.123
$h_H > 2 \cdot r_s$	

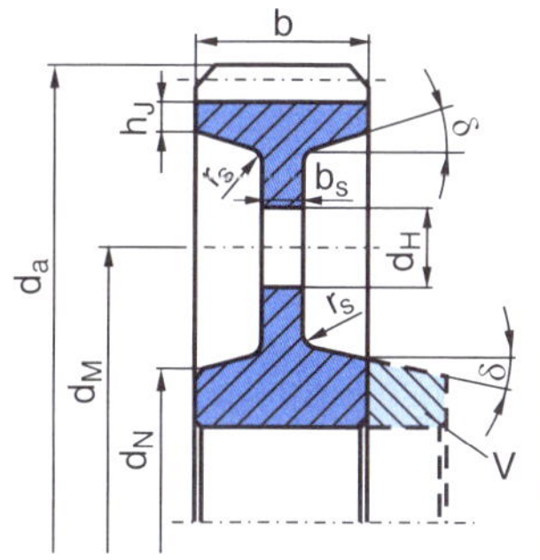

c Gesenk- oder freiformgeschmiedet

$d_N = (1{,}2 \ldots 1{,}6) \cdot d_{sh}$	$b_S = 2 \cdot m + 0{,}15 \cdot b$ (mindestens 15 mm)
$d_M \approx 0{,}55 \cdot (d_N + d_J)$	$\delta = 3 \ldots 20°$ je nach Gesenktiefe
$d_H \approx d_A / 20 \geq 30$ mm	Randabstand zwischen Löchern $> 0{,}8 \cdot d_H$
$h_J \approx h_R$	Anzahl der Löcher gemäß Abbildung 18.123
$r_s = (0{,}5 \ldots 1{,}3) \cdot b_s$	

Abbildung 18.124: Gedrehte oder geschmiedete und gedrehte Radkörper [18.252]

b **Geschweißte Räder** – Große Zahnräder werden üblicherweise als Schweißkonstruktion gemäß Abbildung 18.125 ausgeführt, wobei auf eine sorgfältige Glühbehandlung und Nahtkontrolle zu achten ist. Während die in Abbildung 18.125 gezeigten Räder mit Nabe die Normalausführung darstellen, kann man bei extremem Leichtbau auch gemäß Abbildung 18.126 d) die Schweißverbindung unmittelbar zwischen Stegen und Welle vorsehen, was zwar die Nabe einspart, jedoch wegen der gemeinsamen Abmessungen von Welle und Rad größere Fertigungseinrichtungen (Maschinen, Öfen, Vorrichtungen) erfordert.

Abbildung 18.126 a) bis c) zeigt weiterhin im Detail die verschiedenen Möglichkeiten des Steganschlusses, wobei Stege und Rippen meist aus S235JR und die Naben wegen der höheren Beanspruchung (z. B. durch Passfeder oder andere Welle-Nabe-Verbindung) oft aus S355J2G3 oder noch höherwertigerem Stahl gefertigt werden.

a Einscheibenrad: $b_S \approx 0{,}012 \cdot d_a + (5 \ldots 10\ \mathrm{mm})$ je nach Schwere des Betriebes evtl. dicker, wenn genaue Herstellung (Spannen) erschwert

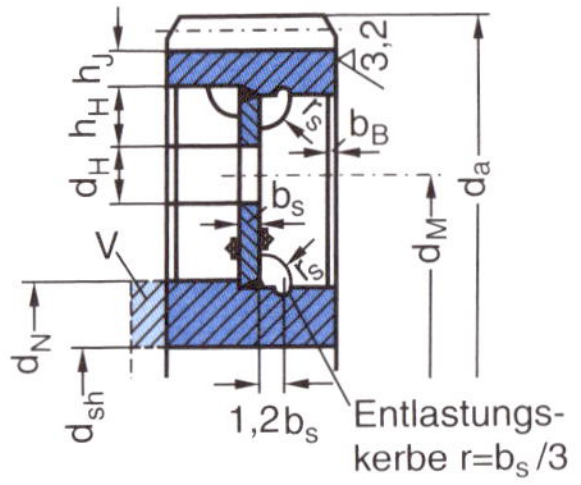

- ohne seitliche Rippen, wenn $b < 10°$, mit seitlichen Rippen allgemein, wenn $b > 10°$
- Anzahl der Rippen bei $10° < b < 20°$ = Anzahl der Löcher, bei $b > 20°$ = doppelter Anzahl der Löcher

$d_N = (1{,}2 \ldots 1{,}6) \cdot d_{sh}$ $d_M \approx 0{,}55 \cdot (d_N + d_J)$ $d_H = (0{,}1 \ldots 0{,}2) \cdot d_a$	Dicke der seitlichen Rippen: $0{,}6 \cdot b_S$ $b_B \approx 0{,}15 \cdot b_S$ $r_S = 1{,}5 \cdot b_S$ (mindestens $10\ \mathrm{mm}$) $h_J = h_R$ mit h_R nach Abbildung 18.123

b Zwei-Scheiben-Rad, Ausführung für $d_a < 2.000\ \mathrm{mm}$ (mit hochwertigem Steganschluss nach Abbildung 18.126 d), Form b1 bei vor- oder zurückstehender Nabe (gestrichelt); dann Auflage zum Verzahnen auf Radkranz und Rohr: $b_S \approx 0{,}008 \cdot d_a + (5 \ldots 10\ \mathrm{mm})$ je nach Schwere des Betriebes:

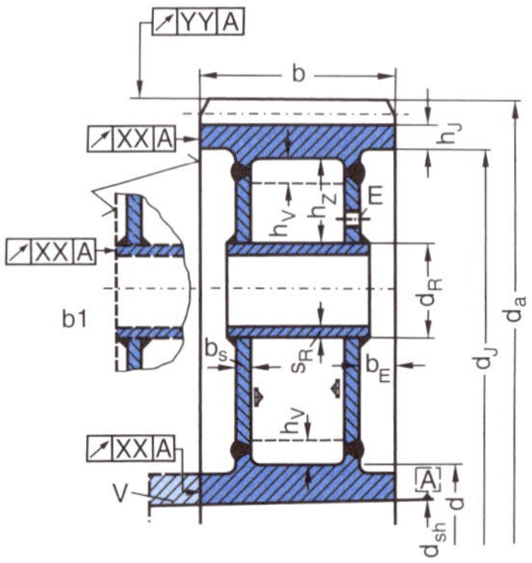

- Versteifungsrippen zwischen den Rohren ca. $0{,}8 \cdot b_s$ dick
- $s_R = (0{,}3 \ldots 0{,}5) \cdot b_s$ für kleine bis große Rohrdurchmesser
- r_s und Anzahl der Rippen sowie weitere Maße nach a) sowie Abbildung 18.123
- Entlüftungsloch E ca. $\varnothing\ 6\ \mathrm{mm}$, nach Spannungsarmglühen zuschweißen oder mit Schraube verschließen

$h_Z > 40\ \mathrm{mm}$ $h_V \approx 2 \cdot b_s$	$b_E \approx b\,/\,7$ $d_R = (0{,}12 \ldots 0{,}20) \cdot (d_J - d_N)$, mindestens $50\ \mathrm{mm}$

c Zwei-Scheiben-Rad, Ausführung für $d_a > 2.000\ \mathrm{mm}$;

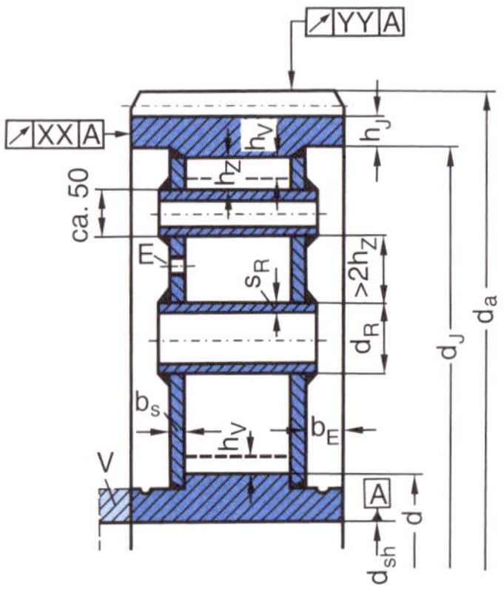

- kleineres Rohr nahe Zahnkranz zum Durchlass der Spannschraube
- $h_Z > 40\ \mathrm{mm}$ (so klein wie möglich)
- größeres Rohr zum Durchlass des Spannpilzes
- alle weiteren Maße gemäß b)
- Drei-Scheiben-Räder ab ca. $b \approx 1.500\ \mathrm{mm}$ (Sonderkonstruktion)

Abbildung 18.125: Schweißausführung von Großrädern nach [18.252]

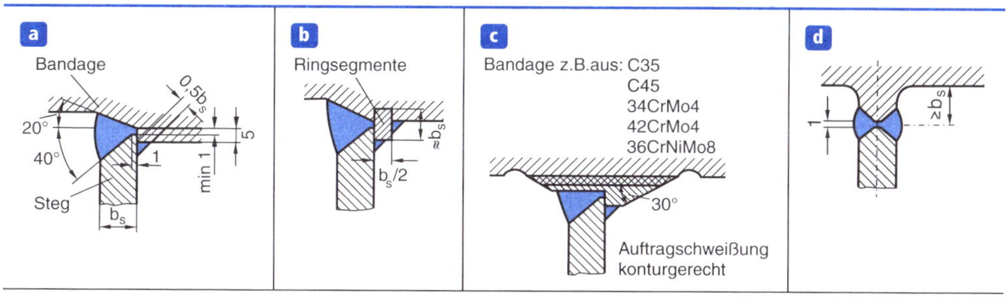

a) und b): Bei gut schweißbarem Bandagenwerkstoff, niedrigen Beanspruchungen und geringem Schadensrisiko; bei b) 5 mm Bandagendicke gespart. Achtung: nicht geeignet bei hohen Sicherheitsanforderungen. Schweißen beschränkt durch maximale Vorwärmtemperatur von 350 ... 400 °C

c) und d): Für höher beanspruchte Räder

c) mit Zwischenwerkstoff zum Verschweißen höher kohlenstoffhaltiger oder höher legierter , hochfester Bandagenwerkstoffe (z.B. C 35, C 45, 34 CrMo 4, 42 CrMo 4, 36 CrNiMo 8)

d) Geringe Kerbwirkung, gut schweißbar und prüfbar (Röntgendurchstrahlung), aber teurer als a) bis c)

Abbildung 18.126: Gestaltung des Steganschlusses nach [18.252]

c **Gegossene Räder** – Hauptanwendungsgebiete der Räder aus Gusseisen mit Lamellengrafit (GJL), mit Kugelgrafit (GJS) und aus Temperguss (GJMB) sind komplizierte Radkörpergeometrien (z.B. mit angegossenen Nocken, Klauen o. Ä.) oder aber Räder niedriger Beanspruchung, wobei gerade bei kleineren Stückzahlen die Modellkosten zu berücksichtigen sind. Entsprechend Abbildung 18.127 wird bei großen Abmessungen ($d_a > 2.000$, $b > 600$) die Nabe radial geteilt, um große Schrumpfspannungen teilweise abbauen zu können. Üblicherweise werden beide Nabenenden konisch bearbeitet und durch konische Schrumpfringe reibschlüssig mit der Welle verbunden.

d **Aufgeschrumpfte Zahnkranzbandagen** – Geschrumpfte Zahnkränze aus hochwertigen, schwer schweißbaren Zahnkranzwerkstoffen (bis $\sigma_B = 1300\ \text{N/mm}^2$) werden in Verbindung mit kostengünstigen gegossenen oder mittlerweile überwiegend geschweißten Radkörpern aus weniger festem Material verwendet, wobei auf eine ausreichende Rutschsicherheit gemäß Abbildung 18.128 und zusätzliche Beanspruchungen aus Schrumpfspannungen zu achten ist. Für den Radkörper verwendet man Gusseisen mit Lamellengrafit (GJL), bei hohen stoßartigen Belastungen auch Gusseisen mit Kugelgrafit (GJS) oder Stahlguss (GS). Im Falle einer Schweißkonstruktion kann der Kranz aus einem gebogenen, zu einem Ring verschweißten Flachstahl bestehen, wobei die Zahnkranzdicke bei Gusskonstruktion ungefähr $s_R = (5 \dots 8) \cdot m$ und bei Schweißkonstruktion $s_R = (3 \dots 5) \cdot m$ betragen sollte [18.252]. Die Gestaltung der Radkörper kann entsprechend Abbildung 18.123 bis Abbildung 18.127 erfolgen.

Bei ungehärteten Bandagen werden zunächst die Radnaben und der Bandagensitz bearbeitet, dann erfolgt das Aufschrumpfen der (bei Bedarf vorverzahnten) Bandage, die danach fertig bearbeitet und endverzahnt wird. Ein Aufschrumpfen nach dem Verzahnen ist nicht empfehlenswert, da sich die Zähne nahezu unverändert nach außen verlagern, was einem Vorstehen des Zahnkopfes vor der Evolvente gleichkommt. Zu beachten ist ebenfalls, dass zwischen Stegen und über Radkörperbohrungen der Radkranz einsinkt.

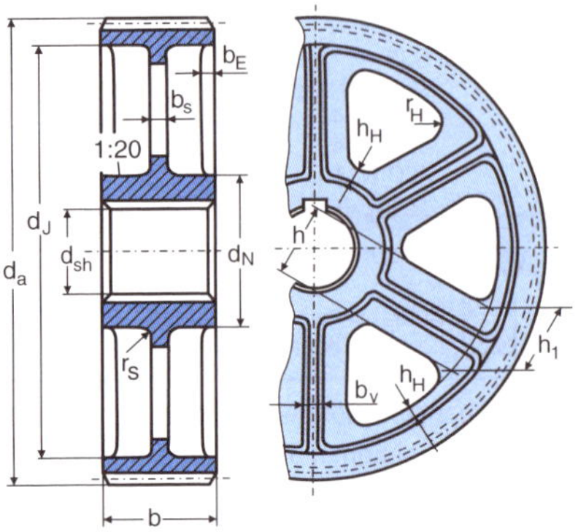

a Ein-Scheiben-Räder für etwa $d_a < 1.000$ mm
– Anzahl der Arme entsprechend der Anzahl der Bohrungen nach Abbildung 18.123
– Gussschrägen 1 : 10 ... 1 : 20 (Nabe, Zahnkranz)

$b < 200$ mm	$h_1 = (0{,}7 \ldots 0{,}8) \cdot h$
$m < 25$	$b_E \approx (0{,}15 \ldots 0{,}2) \cdot h$
$d_N = 1{,}6 \cdot d_{sh}$	$b_S = (0{,}15 \ldots 0{,}2) \cdot b$
$d_J = d_a - 10 \cdot \mathrm{m}$	$b_V = (0{,}7 \ldots 0{,}8) \cdot b_S$
$h_H = (0{,}15 \ldots 0{,}2) \cdot d_{sh}$	$r_s > 10$ mm
$h = (0{,}8 \ldots 1{,}0) \cdot d_{sh}$	$r_h > 0{,}4 \cdot h$

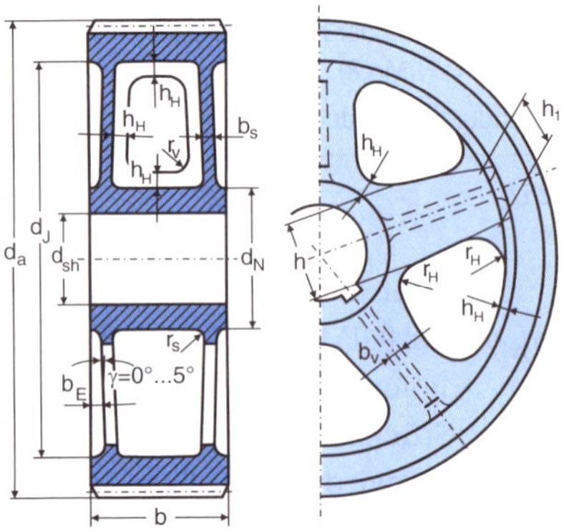

b Zwei-Scheiben-Räder für etwa $d_a > 1.000$ mm
weitere Abmessungen entsprechend a)

$b > 200$ mm	$h_1 = (0{,}7 \ldots 0{,}8) \cdot h$
$m < 25$	$b_E \approx (0{,}15 \ldots 0{,}2) \cdot h$
$d_N = 1{,}6 \cdot d_{sh}$	$b_S = (0{,}12 \ldots 0{,}15) \cdot b$
$d_J = d_a - 10 \cdot \mathrm{m}$	$b_V = (0{,}7 \ldots 0{,}8) \cdot b_S$
$h_H = (0{,}1 \ldots 0{,}18) \cdot d_{sh}$	$r_V \approx r_s > 10$ mm
$h = (0{,}8 \ldots 1{,}0) \cdot d_{sh}$	$r_h > 0{,}4 \cdot h$

Abbildung 18.127: Gussausführung von Großrädern nach [18.252]

Bei wärmebehandelten Bandagen erfolgt das Flamm- oder Induktionshärten im aufgeschrumpften, endverzahnten Zustand. Bei einsatzgehärteten, verzahnten Zahnkränzen ist die Bohrung zu schleifen, danach erfolgt das Aufschrumpfen, wobei das Aufgehen des Zahnkopfes durch korrigierte Verzahnungswerkzeuge ausgeglichen werden muss, abschließend wird die Verzahnung geschliffen.

Die Bandagendicke lässt sich aus der zulässigen Vergleichsspannung ermitteln, die $\sigma_V \approx (0{,}4 \ldots 0{,}8) \cdot \sigma_s$ betragen sollte [18.252]. Bei einsatzgehärteten Rädern mit abgedrehter Einsatzschicht sind die Fliehkraftbeanspruchung und die ungleichförmige Erwärmung von Kranz und Bandage im Betrieb zu berücksichtigen. Gebräuchliche Übermaße bei Industriegetrieben mit vergüteten Bandagen sind $U = 0{,}8 \ldots 1{,}0$ ‰, mit einsatzgehärteten $U = 1{,}0 \ldots 1{,}4$ ‰ und bei Schnellaufgetrieben ungefähr $U = 1{,}7$ ‰ [18.252]. Dabei ist zu beachten, dass ein Übermaß von $U = 1{,}6$ ‰ ungefähr 250 °C Schrumpftemperatur erfordert, was bereits die Härte und damit die Tragfähigkeit einsatzgehärteter Verzahnungen mindert. Generell sind die erforderliche Rutschsicherheit S_R und die auftretende Schrumpfspannung maßgebend, wobei auch der Einfluss der aus dem Schrumpfverband entstehenden Spannungen auf die Zahnfußtragfähigkeit gemäß 18.4.5 zu berücksichtigen ist.

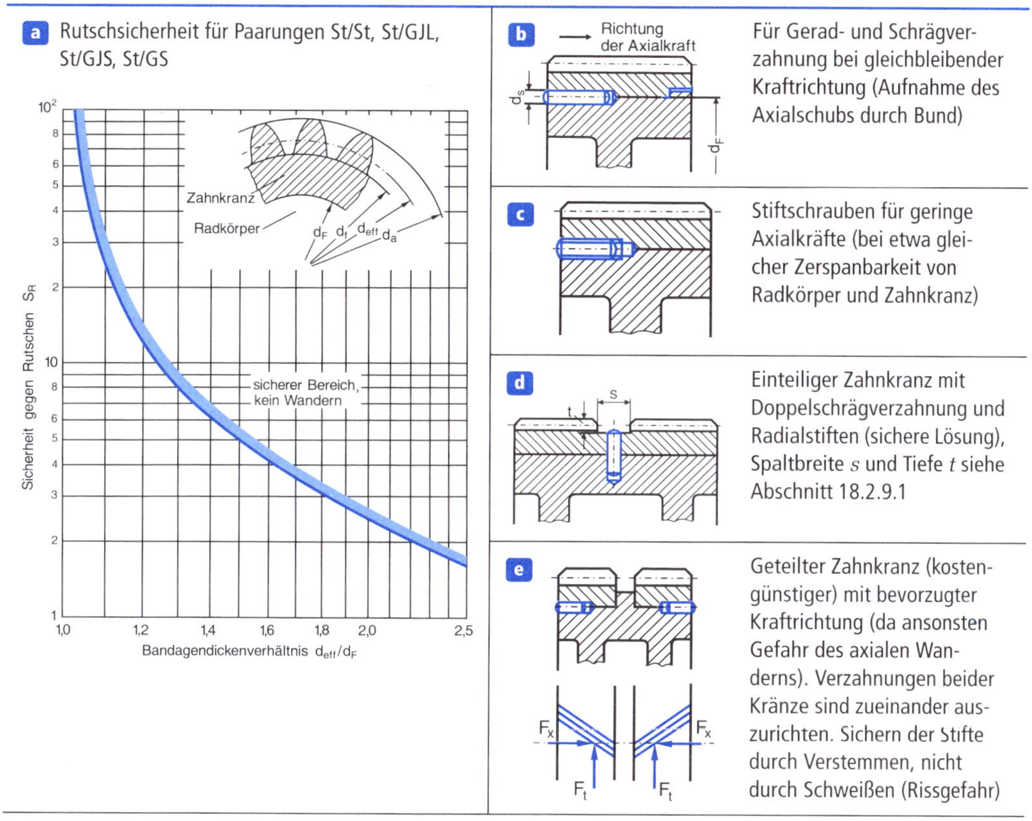

Abbildung 18.128: Rutschsicherheit aufgeschrumpfter Zahnradbandagen und mögliche Formschlusssicherungen nach [18.28], [18.252]

Zur Vermeidung von Mikroschlupf (Kriechen) in der Trennfuge aufgrund umlaufender Umfangskräfte und der damit verbundenen Pressungsminderung durch Abbau der Rauheit sind möglichst glatte Oberflächen in der Trennfuge herzustellen. Da bei großen Durchmessern die Feinbearbeitung schwierig ist, sind meist nur Rauheiten von $R_z = 15 \ldots 20\ \mu m$ an Bandage und Zahnkranz erreichbar. Weiterhin kann die Reibkraftübertragung in der Fuge durch Stöße und Schwingungen, die zur Minderung der Haftreibungszahl führen, abgesenkt werden. Demzufolge sind gemäß Abbildung 18.128 zusätzliche Formschlusssicherungen einzusetzen, insbesondere bei dünnen Zahnkränzen, sobald die erforderliche Rutschsicherheit S_R unterhalb der Grenzkurve liegt, wobei zusätzlich das Bandagendickenverhältnis $d_{eff}/\,d_F$ zu berücksichtigen ist [18.28], [18.252]:

$$S_R = \frac{p \cdot b \cdot d_f^2 \cdot \mu \cdot \pi}{2 \cdot M_t} \qquad \frac{d_{eff}}{d_F} = \frac{3 \cdot d_f + d_a}{4 \cdot d_F} \tag{18.258}$$

Hierin bezeichnen p die Pressung in der Trennfuge, b die Breite, d_F den Fugendurchmesser, μ die Reibungszahl und M_t das Nennmoment mit einem Anwendungsfaktor von $K_A = 1$.

Bei den in Abbildung 18.128 gezeigten Formschlusssicherungen wird angenommen, dass die Gesamtheit der Scherstifte die volle Reibkraft mit einfacher Sicherheit gegen die Scherfließgrenze übertragen kann, woraus sich bei einem Stiftwerkstoff von z.B. C60 ein Stiftdurchmesser von $d_s \approx 10\text{ mm} + 0{,}006 \cdot D \geq 15\text{ mm}$ bei einer Anzahl der Stifte von $n \approx 3 + 0{,}0062 \cdot D$ mit D als Raddurchmesser in mm ergibt [18.28], [18.252]. Maßgebend ist jedoch immer eine genaue Nachrechnung.

Bei kleineren Rutschsicherheiten darf man jedoch nicht mehr davon ausgehen, dass sich die übertragene Umfangskraft auf alle Stifte gleichmäßig aufteilt, weshalb als Mindestbedingung gefordert wird, dass ein Stift die Nennumfangskraft allein mit einfacher Sicherheit gegen die Scherfließgrenze übertragen kann. Ist eine entsprechende Dimensionierung der Stifte nicht möglich, können die Bandagen unter Umständen kriechen, was bei einer Einfachschrägverzahnung zugelassen wird, solange die Kraftrichtung nicht wechselt und axiales Abwandern durch einen Bund gemäß Abbildung 18.128 a) verhindert wird. Bei wechselnder Kraftrichtung und damit einer Umkehr der Axialkraft bei Schrägverzahnungen (z.B. in Reversier-Walzwerken) ist dieses Kriechen durch einen erhöhten Reibschluss z.B. durch den Einsatz von Karborundpulver oder eine geklebte Schrumpfverbindung zu verhindern.

e **Geschraubte Zahnkränze** – Diese Radbauart gemäß Abbildung 18.129 ist fertigungsintensiv und damit teuer, gleichzeitig jedoch sehr sicher und wird immer dann angewendet, wenn Schrumpfspannungen vermieden werden sollen, Schweißen schwierig ist oder entsprechende Einrichtungen zum Schrumpfen und Schweißen fehlen oder aber die Fertigungseinrichtungen generell kleinere Teilgewichte erfordern. In geringem Masse dämpfen die Schraubfugen auch die Körperschallleitung. Ein großer Vorteil ist, dass alle Arten der Wärmebehandlung möglich sind, das Verzahnungsschleifen kann vor oder nach dem Verschrauben erfolgen.

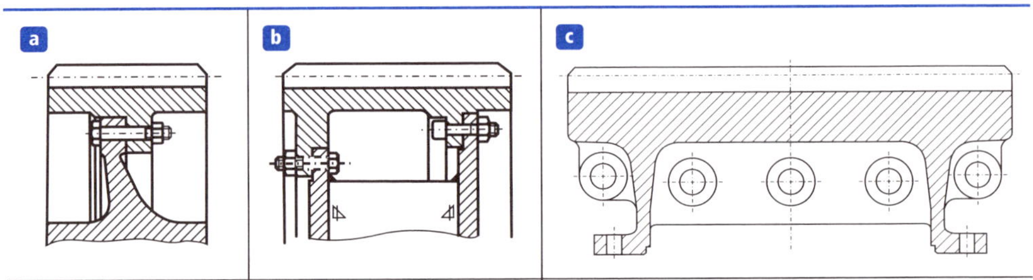

a Übliche Ausführung für Zahnbreiten $b < 500$ mm

b Ausführung für Zahnbreiten $b > 500$ mm, hierbei kleinerer Innendurchmesser des Zahnkranzes, zentrisch eingeleite Kraft, jedoch schwierige Bearbeitung der Schraubenbohrungen und Schraubenkopfauflageflächen nach dem Zusammenfügen (Meist unterschiedliche Werkstoffe für Nabe und Zahnkranz)

c Schraubstoß eines Zahnkranzsegmentes zur Verwendung in Schaufelradgetrieben oder Rohrmühlenantrieben. Die Verschraubung erfolgt sowohl radial zum Radkörper als auch tangential zwischen den einzelnen Segmenten (Meist unterschiedliche Werkstoffe für Radkörper und Zahnkranz)

Abbildung 18.129: Gestaltung geschraubter Räder nach [18.252]

Bei der Gestaltung sind eine Passfläche zwischen Radnabe und Zahnkranz, geriebene Passlöcher für die Schrauben und deren Kopfauflagefläche sowie ausreichende Möglichkeiten zur Schraubensicherung im Rahmen der Montage erforderlich. Die Radkörper werden heutzutage üblicherweise als Schweißkonstruktion ausgeführt.

f **Kunststoffzahnräder** – Bei gleichen Anforderungen an die Tragfähigkeit sind Kunststoffzahnräder gemäß Abbildung 18.130 aufgrund der geringeren Festigkeit von Kunststoff generell größer als vergleichbare Stahlräder. Kunststoffräder sind nach Möglichkeit mit Metallrädern hoher Flankenglätte zu paaren, sofern nicht das Korrosionsverhalten maßgeblich ist. Meistens kann auf eine Schrägverzahnung verzichtet werden, da der Kunststoff selbst eine große Laufruhe bedingt.

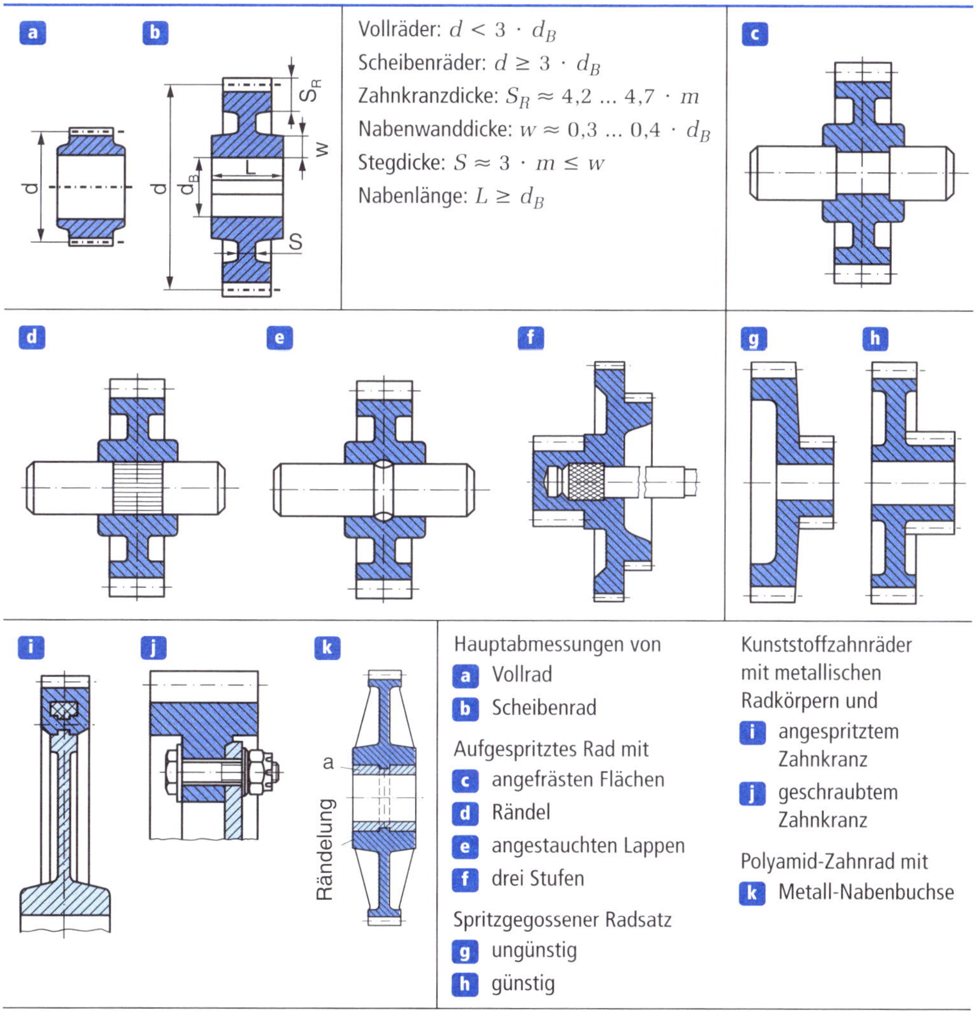

Abbildung 18.130: Gestaltung von Kunststoffzahnrädern nach [18.31], [18.384]

Kleinere Räder werden üblicherweise auf Wellen aufgeklebt oder direkt aufgespritzt, wobei zusätzliche Formschlusselemente auf den Wellen (z.B. Rändelungen, angefräste Flächen oder angestauchte Lappen) die Verbindungsfestigkeit verbessern, Abbildung 18.130 c) bis f). Spritzgussteile lassen sich mit Wanddicken zwischen 0,5 mm und 15 mm herstellen. Glockenförmig gestaltete Kränze sind ungünstig, da Verzugsgefahr besteht, Abbildung 18.130 g).

Bei größeren Zahnrädern wird häufig nur der Zahnkranz aus Kunststoff hergestellt, während Stege und Nabe in Metall ausgeführt werden. Bei der notwendigen Verschraubung zwischen Kunststoffkranz und Metallsteg dürfen die Stahlschrauben nur bis zu 30 % ihres zulässigen Anziehmomentes angezogen werden, damit sie bei Temperaturerhöhung infolge Wärmedehnung nicht abgerissen werden. Außerdem sind sie gegen Lösen zu sichern. Generell kann die Kraftübertragung durch die Verwendung einer Nabe aus Metall erheblich verbessert werden. Die Steifigkeit des Radkörpers lässt sich zwar durch Rippen erhöhen, wegen der örtlichen Werkstoffanhäufung erhöht sich aber die Verzugsgefahr. Hinsichtlich der Flankenpressung an Passfederverbindungen sollte bei Naben aus Polyamid $p = 20\ \text{N/mm}^2$ und bei glasfaserverstärkten Kunststoffen $p = 30 \ldots 40\ \text{N/mm}^2$ eingehalten werden. Räder aus duroplastischen Schichtstoffen werden aus Halbzeugen herausgearbeitet, wobei auf eine möglichst geringe Zerspanarbeit zu achten ist. Des Weiteren müssen Räder aus diesen Werkstoffen unbedingt mit metallischen Gegenrädern gepaart werden. Im Übrigen gelten für die weitere Gestaltung der Kunststoffräder die schon beschriebenen Hinweise für Stahlräder.

Eine weitere Form der Zahnradgestaltung ist die sogenannte Ritzelwelle gemäß Abbildung 18.131, bei der Ritzel und Welle aus einem Stück (am besten formgeschmiedet) hergestellt werden und die immer dann zur Anwendung kommt, wenn sich bei Zahnrädern zwischen Bohrung (bzw. Nut) und Zahnfuß Restnabendicken von $h_R < 2{,}5 \cdot m$ gemäß Abbildung 18.123 ergeben.

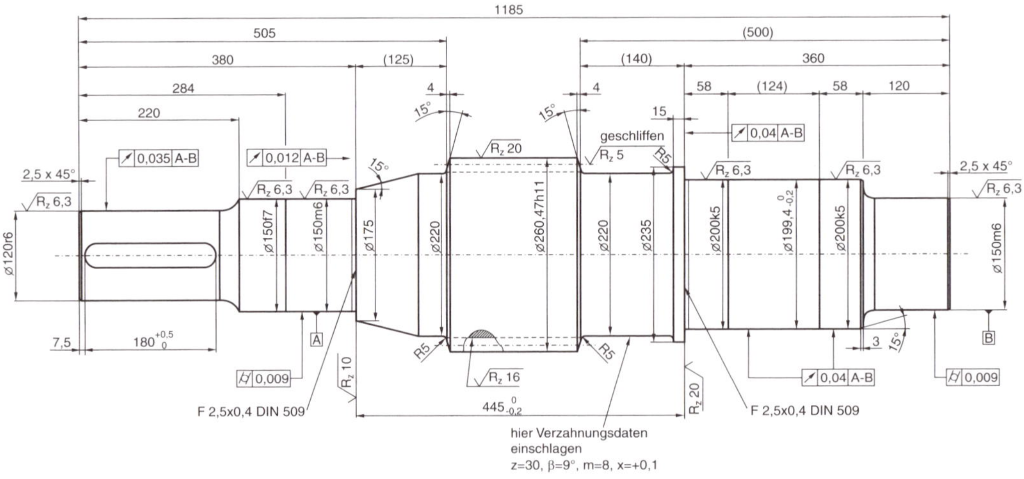

Abbildung 18.131: Ritzelwelle eines Gießkrangetriebes – Werkstattzeichnung

Die Hauptvorteile einer Ritzelwelle sind ihre hohe Steifigkeit sowie kein Schrägstellen (Kippen) der Verzahnung zur Welle durch Axialkräfte, des Weiteren entfällt die Herstellung der Bohrung und der Welle-Nabe-Verbindung. Nachteilig sind der Fräseranschnitt (Kerbwirkung) und der erforderliche Auslaufweg des Werkzeuges (Baulänge) sowie eingeschränkte Spannmöglichkeiten zum Verzahnen und Verzahnungsschleifen. Ferner muss im Schadensfall (Verzahnung oder Welle) oder bei einer Übersetzungsänderung immer die gesamte Ritzelwelle getauscht werden. Schließlich muss die Welle aus demselben hochwertigen Verzahnungswerkstoff hergestellt werden, was gerade bei Ritzelwellen in Großantrieben kostenintensiv sein kann.

Im Übrigen gelten bezüglich der Ritzelgestaltung die schon beschriebenen Grundsätze für Zahnräder. Allerdings werden Ritzel im Vergleich zu ihren Gegenrädern meistens aus einem höher beanspruchbaren Werkstoff hergestellt – üblich sind ca. um 50 N/mm^2 höhere Schwellfestigkeitswerte –, da sie wegen der höheren Drehzahl und des damit verbundenen häufigeren Zahneingriffs mehr beansprucht werden [18.31]. Auch sollte die Ritzelbreite b_1 möglichst etwas größer als die des Großrades b_2 sein, um Einbauungenauigkeiten in der Breite ausgleichen zu können. Sowohl die Zähne des Ritzels als auch des Großrades sind seitlich abzuschrägen oder über der Breite leicht ballig auszubilden, da insbesondere die Zahnecken bei Überlastung (z.B. aus Schiefstellung) bruchempfindlich sind. Üblicherweise führt man heute detaillierte Verzahnungskorrekturen gemäß Abschnitt 18.4.3 durch, um diesen Umständen möglichst genau Rechnung zu tragen.

Weitere Hinweise zu Gestaltung von Zahnrädern sind der Fachliteratur zu entnehmen [18.32], [18.172], [18.242], [18.252], [18.300], [18.332], [18.405].

Bezüglich der beanspruchungsgerechten Wellengestaltung sei auf die Kapitel 3 (Festigkeitsberechnung) und 11 (Wellen und Achsen) im Band „Maschinenelemente 1" verwiesen, wobei in vielen Fällen weniger die Beanspruchbarkeit, sondern mehr die Einhaltung zulässiger Verformungen im Hinblick auf einen optimalen Zahneingriff zu beachten ist [18.306]. Kapitel 11 enthält auch Ausführungen zum dynamischen Verhalten von Wellen (Torsionsschwingungen) und zur Notwendigkeit des Auswuchtens. Bei kleineren und mittleren Getriebegrößen mit allseitig bearbeiteten Radkörpern und normalen Anforderungen wird die Gütegruppe G 6,3 nach DIN ISO 1940 bis $n = 3.000\ \text{min}^{-1}$ üblicherweise ohne zusätzliches Auswuchten erreicht. Gleiches gilt für Großgetriebe des Schwermaschinenbaus bis zu Drehzahlen von $n = 1.000\ \text{min}^{-1}$. Turbogetriebe, Umlaufrädergetriebe und Fahrzeuggetriebe werden üblicherweise in Gütegruppe G 2,5 eingestuft [18.111].

Ergänzend zu den Ausführungen zu Wälzlagern und Gleitlagern (Kapitel 14 und 15) sind nachfolgend noch einige Besonderheiten zusammengestellt, die bei der Lagerwahl und Lagergestaltung in Getrieben zu berücksichtigen sind.

Aufgrund des einfachen Austauschbaus, der geringeren Reibungsverluste beim Anfahren und auch bei hohen Drehzahlen, der einfachen Schmierung (z.T. nur Spritzöl) und der genauen Führung der Wellen bevorzugt man heute überwiegend in allen Getriebegrößen Wälzlager, solange die Fliehkraftbeanspruchung nicht zu groß wird. Des Weiteren erlauben kleinere Lagerbreiten kürzere Lagerabstände und damit kleinere Wellendurchbiegungen. Gleitlager dagegen haben nach wie vor ihre Berechtigung bei schnell laufenden Turbogetrieben, bei Getrieben großer Abmessungen (z.B. Schiffsgetriebe) und bei hohen Anforderungen an die Laufruhe. Für beide Lagerbauarten gleichermaßen gelten die nachfolgenden allgemeinen Einbaurichtlinien.

Vorzugsweise sind nur zwei Lager je Welle vorzusehen (statisch bestimmte Lagerung). Zur Begrenzung der Wellendurchbiegung sind die Lager beiderseits der Zahnräder und so nah an diesen anzuordnen, wie Schmierung und Pumpwirkung es zulassen. Gleichzeitig sollte der Abstand der Lager mindestens 70% des Raddurchmessers betragen, um die Auswirkungen von Achsabstandsfehlern und unterschiedlichen Lagersteifigkeiten zu begrenzen [18.252]. Bei fliegender Lagerung sollte der Abstand der Lager mindestens dem zwei- bis dreifachen Überhang entsprechen, der sich von der Mitte des „fliegenden" Zahnrades bis zur Mitte des nächsten (äußeren) Lagers ergibt. Ferner sollte der Wellendurchmesser größer als dieser Überhang sein. Axiallager sind möglichst in der Nähe der Verzahnung (Krafteinleitungsstelle) vorzusehen. Bei Doppelschrägverzahnung darf nur eine Welle axial festgelegt werden. Vorzugsweise wird die langsam laufende Abtriebswelle festgelegt, damit die eventuell auftretenden großen Axialkräfte gleich von der Lagerung aufgenommen werden können und die leichte Ritzelwelle sich axial dazu in einer schwimmenden Lagerung einstellen kann, so dass sich die Umfangskraft gleichmäßig auf beide Pfeilverzahnungshälften aufteilen kann. Auf dieser einstellbaren Welle darf dann natürlich kein weiteres Schrägstirnrad angeordnet sein, das den Einstellvorgang durch zusätzliche Axialkräfte stören könnte (s.a. Abbildung 18.107).

Hinsichtlich der Wahl der Wälzlagerbauart und -größe muss man neben der Tragfähigkeit die Drehzahlgrenzen sowie das Verhalten gegenüber Axialkräften (z.B. Zentrieren der Pendelrollenlager) und eine eventuelle Umkehr der Umfangs- und Axialkräfte beachten. Für die Lebensdauerberechnung geht man im Standardfall von 10% Ausfallwahrscheinlichkeit bei Nennleistung und Nenndrehzahl aus. Bei kleineren Getrieben sind meist Rillenkugellager als Fest- und Loslager die wirtschaftlichste Lösung.

Bei mittleren und größeren Leistungen setzt man häufig Rillenkugellager als Festlager, Zylinderrollenlager als Loslager und bei nicht all zu großen Lagerabständen auch angestellte Kegelrollenlager in X-Anordnung ein. Für große Getriebe eignen sich bei hohen Belastungen bis zu mittleren Drehzahlen Zylinderrollenlager, bei niedrigen Drehzahlen in vollrolliger Ausführung und bei größeren Wellendurchbiegungen Pendelrollenlager (gute Winkelbeweglichkeit). Ungeachtet der vielen Vorteile von Pendelrollenlagern haben sich diese in den Planetenstufen von Windturbinengetrieben allerdings nicht bewährt, weshalb sie in entsprechenden Richtlinien auch als nicht geeignet für diese Anwendungszwecke eingestuft werden [18.4], [18.345].

In anderen Anwendungen haben sich Pendelrollenlager mit einem Axial- zu Radialkraft-Verhältnis bis zu $F_a / F_r = 0{,}55$ und Drehzahlen $n > 0{,}1 \cdot n_g$ (n_g: Grenzdrehzahl) jedoch gut zur Axialkraftaufnahme bewährt. In Abhängigkeit vom Druckwinkel zentrieren sich die Lager bei $F_a / F_r = 0{,}1 \ldots 0{,}25$ ein und die Welle stellt sich schräg. Allerdings ist bei Umkehr der Axialkraftrichtung der Verschiebeweg relativ groß, weshalb man in derartigen eine verringerte Lagerluft C 2 vorsehen sollte. Überwiegen die Axialkräfte, bieten sich Axial-Pendelrollenlager an, die auch noch bis zu folgenden Verhältnissen von Radial- zu Axialkraft $F_r / F_a \leq 0{,}55$ bzw. $F_r / F_a \leq 0{,}67 \cdot \cot \alpha$ (mit α als Druckwinkel) entsprechende Radialkräfte aufnehmen können.

Sind hohe Axialkräfte in wechselnden Richtungen aufzunehmen, so verwendet man häufig Vier-Punkt-Lager, deren Außenring im Gehäuse Spiel hat, in Kombination mit einem Zylinderrollenlager (s.a. Abbildung 16.1). Damit ist eine saubere Trennung zwischen Radialkraftaufnahme durch das Zylinderrollenlager und Axialkraftaufnahme durch das Vier-Punkt-Lager gegeben. Ebenso sind zweireihige Kegelrollenlager zur Aufnahme hoher Axialkräfte geeignet.

Zylinderrollenlager können üblicherweise Axialkräfte bis $F_a / F_r = 0{,}3$ aufnehmen. Bevorzugt werden Zylinderrollenlager jedoch als Loslager verwendet, da sie eine Längsverschiebung in den Laufbahnen zulassen. Für geradverzahnte Getriebestufen bei keinen oder geringeren äußeren Axialkräften werden Zylinderrollenlager auch in schwimmender Anordnung verwendet.

Beim Einsatz von Pendelrollenlagern ist zu berücksichtigen, dass wegen des kleinen Druckwinkels die Gefahr des Aufspreizens der Außenringe besteht, weshalb diese leicht verschiebbar sein müssen. Demzufolge muss die Gehäusebohrung formgenau und bei Belastung und Erwärmung auch formbeständig sein. Da dies in Gehäusebohrungen mit Teilfugen meistens nicht gegeben ist, sollte man starre zylindrische Büchsen aus gleitfähigem Metall (z.B. getränktes Sintermetall) einsetzen.

Eine weitere Möglichkeit, große Axialkräfte abzutragen, sind sogenannte Druckkämme gemäß Abbildung 18.132, die auf ein Patent der Firma BBC in der Schweiz aus dem Jahre 1922 zurückgehen [18.254], [18.367]. Dabei werden Verzahnungen ähnlich wie Lagerringe mit Borden versehen, an denen sie sich dann gegenseitig abstützen können. Um die Reibung aufgrund der Relativbewegung möglichst gering zu halten, erfolgt eine Ölschmierung, wobei die Feingeometrie der Druckkämme z.B. mittels einer logarithmischen Profilierung (s.a. Abbildung 16.13) oder auch einfach nur kegelförmig so ausgeführt ist, dass sich ein optimaler Schmierspalt, in den das Öl hineinbefördert wird, einstellen kann. Bei wechselnder Axialkraftrichtung sind die Druckkämme auf beiden Seiten vorzusehen.

Bei breiten Verzahnungen und insbesondere bei fliegender Lagerung ist der Einfluss der Lagersteifigkeit auf die Breitenlastverteilung bzw. den Breitenfaktor gemäß Abschnitt 18.4.3.2 zu beachten. Ein Ausgleich ist hier durch größere Lagerabstände möglich, die größere Wellendurchbiegungen und damit eine bessere Einstellung der Verzahnungen zueinander erlauben.

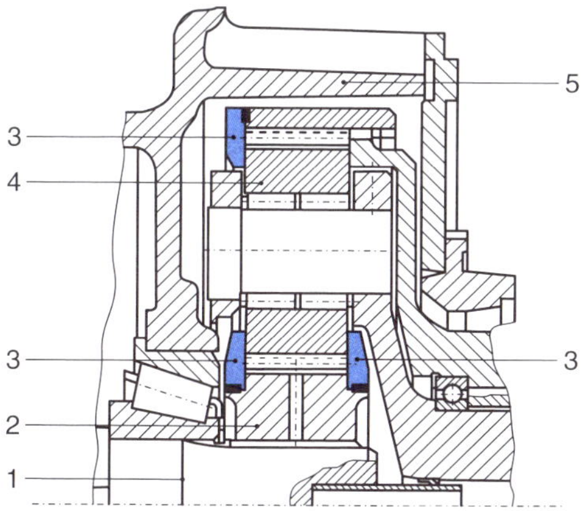

1 Hauptwelle (Sonnenwelle)
2 Sonnenrad mit Ölbohrung
3 Druckkämme bzw. Axialkraftaufnahme mittels Anlaufringen
4 Planetenrad
5 Hohlrad

Abbildung 18.132: Druckkamm in einem schrägverzahnten Umlaufrädergetriebe [18.136]

Eine weitere Möglichkeit, um optimale Kontaktverhältnisse im Zahneingriff zu schaffen, sind einstellbare Exzenterbuchsen, die zwischen Lageraußenring und Gehäuse eingebaut werden und durch deren Einstellung man das Tragbild (und auch das Flankenspiel) sehr genau an die auftretenden Verformungen unter Last anpassen kann.

Hinsichtlich der Schmierung sei auf Abschnitt 18.2.10.3 sowie auf die Kapitel 14 und 15 (Wälzlager und Gleitlager) verwiesen. Bei Kegelrollenlagern sollte die Ölzufuhr von der Kegelspitze her erfolgen, da das Öl dann in Richtung der Kegelöffnung befördert wird [18.252].

18.3.5 Gestaltungsgrundlagen Getriebegehäuse und Deckel

Die Hauptfunktionen des Getriebegehäuses sind die genaue Lagesicherung der Wellen und Zahnräder bei allen Belastungen und die Aufnahme und Weiterleitung aller einwirkenden Kräfte und Momente unter Berücksichtigung des Einbauortes. Weitere wichtige Funktionen des Gehäuses sind der Schutz der Zahnräder, Lager, Wellen und des Schmierstoffes gegen Staub, Wasser und sonstige Fremdstoffe, die von außen einwirken, und gleichzeitig die Verhinderung des Austretens von Schmierstoff von innen nach außen sowie die Möglichkeit der einfachen Überwachung der Zahnräder, Lager, Wellen und des Schmierstoffes. Zudem müssen die Wärmeabfuhr erleichtert und die Geräuschabstrahlung gemindert werden. Ferner muss das Gehäuse eine einfache Montage und Demontage der Einbauteile erlauben und auch bei Bedarf die Folgen eines Schadensfalles begrenzen.

Alle diese Anforderungen beeinflussen die Gehäusekonstruktion und damit einhergehend die Werkstoffwahl und das Fertigungsverfahren, welches zusätzlich noch von den vorhandenen Fertigungseinrichtungen abhängt. Grundsätzlich lassen sich die Getriebegehäuse nach der Funktion der einzelnen Gehäuseteile gliedern:

a **Gesamtes Gehäuse als tragende Konstruktion** – Dieses Prinzip wird für alle Getriebegrößen angewendet. Dabei können ungeteilte Gehäusebauarten verwendet werden, bei denen sämtliche Bauteile über ausreichend große Öffnungen montiert werden müssen, oder aber das Gehäuse ist teilbar und verfügt deshalb über Teilfugen in der Wellenebene. Bei dieser Bauart muss der Oberkasten die Lagerkräfte aufnehmen können und durch die Verschraubung an den Lagerstellen in den Unterkasten und in das Fundament weiterleiten (s.a. Abbildung 18.114 und Abbildung 18.121).

b **Unterkasten mit Lagern als tragende Konstruktion** – Insbesondere bei Getrieben großer Leistung nimmt der Unterkasten mit den aufgesetzten Lageroberteilen alle Lagerkräfte auf, sodass die Stützfunktion des Oberkastens entfallen kann. Demzufolge muss der Unterkasten zur Aufnahme aller Kräfte nach Möglichkeit besonders steif ausgeführt sein, während der Oberkasten in leichterer Bauart nur als Schutz und zur Abdichtung dient. Dadurch kann die Verschraubung der Flansche zwischen Unter- und Oberkasten schwächer dimensioniert werden, sodass sie sich leichter lösen und das Oberteil schneller abheben lässt. Das Getriebe ist auch mit demontiertem Oberkasten im Prinzip voll funktionsfähig, sodass es zur umfassenden Inspektion bei Bedarf auch unter Last durchgedreht werden kann.

c **Tragende Konstruktion zur Lagerung und Schutzfunktion getrennt** – Diese Bauart wird häufig bei größeren Antrieben im Anlagen- und Stahlwasserbau eingesetzt. So werden z.B. auf einer tragenden, steifen Grundkonstruktion einzelne oder kombinierte Lagerböcke aufgesetzt, die die Wellen aufnehmen. Das die Schutzfunktion übernehmende Gehäuse kann als leichte und einfach demontierbare Blechhaube ausgeführt werden, was im Betrieb eine einfache und vollständige Inspektion erlaubt. Große Vorgelege z.B. an Hubwinden in Tagebaugeräten, große Schwenkwerkantriebe mit großen Zahnkränzen und relativ kleinen Ritzeln oder aber auch Zahnstangenantriebe im Stahlwasserbau werden so ausgeführt. Hinsichtlich der Fertigung bietet sich der Vorteil, dass die Lagerböcke einzeln oder paarweise auf Werkzeugmaschinen normaler Größe bearbeitet werden können. Das einfache Ausrichten nach Tragbild durch Passbleche unter den Lagerböcken mit anschließendem Verstiften derselben auf der Grundplatte kann am Einbauort erfolgen. Da aber immer die versteifende Wirkung des Gehäusehohlkörpers fehlt, sind deshalb sehr steife Lagerböcke und Grundplatten erforderlich, sodass die Gesamtkonstruktion meistens teurer wird und nur eingeschränkt zur Aufnahme großer Axialkräfte geeignet ist.

Ausgehend von dieser grundlegenden Einteilung gelten für nahezu alle Bauarten die nachfolgenden Gestaltungsrichtlinien. Grundsätzlich lässt sich zwischen gegossenen und geschweißten Gehäusen nach Abbildung 18.133 unterscheiden, wobei nach Möglichkeit die angegebenen Maße eingehalten werden sollten. Größere Wandstärken erhöhen Gewicht und Kosten, können aber Vorteile in der Schwingungs- und Geräuschdämpfung bieten.

Gegossene Gehäuse aus GJL, GJS und GS werden bevorzugt, sobald mehr als drei Stück zu fertigen sind (Modellkosten). Dabei sind die meisten Gusswerkstoffe bei geringem Schwund und Verzug zu gießen, leicht zerspanbar und die Wälzlager lassen sich ohne Fressgefahr einpressen. Besonders geringe Gehäusegewichte erreicht man mit Aluminium- oder Magnesiumguss (bevorzugt im Automobilbau), wobei die gegenüber Stahl bzw. Guss höheren Wärmeausdehnungen und deren Auswirkung auf die Lager zu beachten sind. Ferner benötigt man für vergleichbare Steifigkeitseigenschaften zu Stahl oder Guss ungefähr zwei- bis vierfache Wanddicken.

Demgegenüber bieten sich geschweißte Gehäuse immer bei Einzelfertigung und besonderen Leichtbauanforderungen an, da im Vergleich zum Gießen geringere Wanddicken und gezielte Versteifungen durch Rippen oder Profilstahl möglich sind.

Darüber hinaus sind geschweißte Gehäuse unempfindlicher gegen Stoß und bieten die häufig gewünschte Möglichkeit zur Reparaturschweißung (z.B. in Stahl- und Hüttenwerkseinrichtungen sowie Tagebauausrüstungen).

Bei beiden Bauarten bieten Teilfugen in der waagerechten Wellenebene den Vorteil, dass vollständig vormontierte Wellen mit aufgesteckten oder aufgeschrumpften Zahnrädern und Lagern in das Gehäuse eingelegt werden können, bei besonders großen Stückgewichten auch mit Kranunterstützung. Ferner lassen sich alle Innenteile einfach durchsehen und auswechseln. Von Nachteil ist lediglich die teure Bearbeitung der Teilflächen zur Erreichung einer hohen Qualität im Hinblick auf die Dichtigkeitsanforderungen; bei mehreren Stufen kann sich eine langgestreckte Bauform ergeben. Bei Umlaufrädergetrieben – insbesondere mit mehreren hintereinandergeschalteten Planetenstufen – erfolgt die Gehäuseteilung oft senkrecht zur Welle, um eine geschlossene, möglichst rundsymmetrische Abstützung des Hohlrades zu erreichen.

Bauteil	**Gusskonstruktion**	**Schweißkonstruktion**
Gehäusewerkstoff: Guss: GJL, GJS, GS Aushebeschräge ca. $3°$ Geschweißt: S235JR, S355JO 1) l = größte lichte Gehäuselänge 2) $+10$ mm bei Turbogetrieben zur Schwingungs- und Geräuschdämpfung	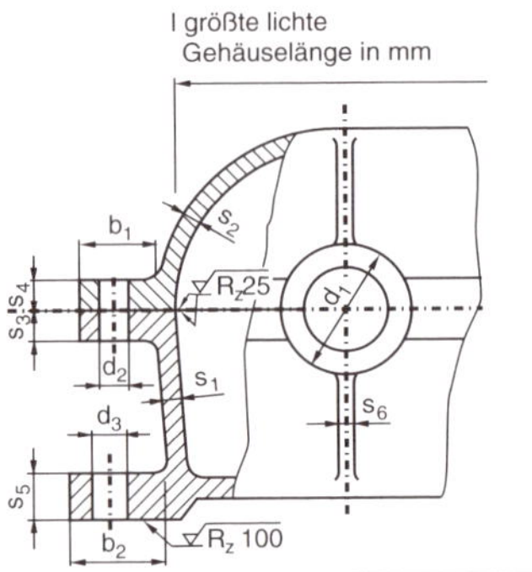	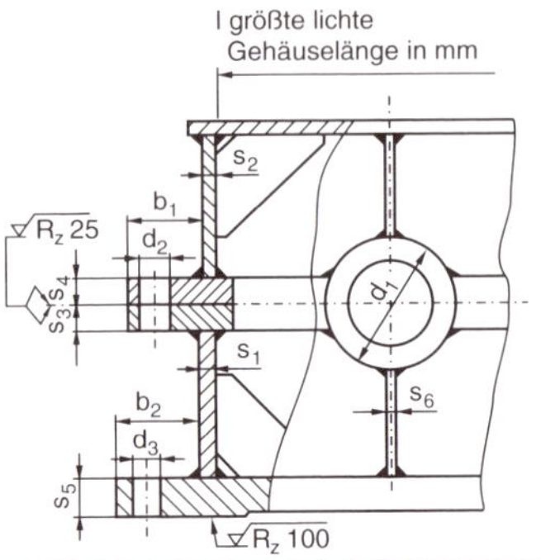
Wanddicke: Unterkasten s_1: Oberkasten s_2: Mindestwerte der Wanddicke $s_{1,2min}$: Höchstwerte der Wanddicke $s_{1,2max}$:	$\approx (0{,}005 \ldots 0{,}01) \cdot l + 6$ mm[1) 2)] $\approx (0{,}5 \ldots 0{,}8) \cdot s_1$ ≈ 8 mm (GJL, GJS), ≈ 12 mm (GS) ≈ 50 mm	$\approx (0{,}004 \ldots 0{,}005) \cdot l + 4$ mm[1)] $\approx (0{,}5 \ldots 0{,}8) \cdot s_1$ ≈ 4 mm ≈ 25 mm
Flansch: Flanschdicke $s_3 \approx s_4$: Flanschbreite b_1:	$\approx (1{,}3 \ldots 1{,}6) \cdot s_1$ $\approx 3 \cdot s_1 + 10$ mm	$\approx 2 \cdot s_1$ $\approx 4 \cdot s_1 + 10$ mm
Flanschschrauben: Durchmesser d_2:	$\approx 1{,}2 \cdot s_1$	$\approx 1{,}5 \cdot s_1$
Abstand l_F:	$\approx (6 \ldots 10) \cdot d_2$ (je nach Dichtigkeitsforderung)	
Fußleistendicke: durchgehend mit Ausnehmung s_5: durchgehend ohne Ausnehmung s_5:	$\approx 3 \cdot s_1$ $\approx 1{,}8 \cdot s_1$	$\approx 3 \cdot s_1$ $\approx 3{,}5 \cdot s_1$
Fußleistenbreite b_2:	$\approx 3 \cdot s_1 + 15$ mm	$\approx 4 \cdot s_1 + 10$ mm
Versteifungs- und Kühlrippen s_5:	$\approx 0{,}7 \cdot s_1$ der zu versteifenden Wand	
Außendurchm. Lagergehäuse d_1:	$\approx (1{,}2 \ldots 1{,}4) \cdot$ Lageraußendurchmesser	
Fundamentschrauben, Durchmesser d_3:	$\approx 1{,}6 \cdot s_1$	$\approx 2 \cdot s_1$
Lagerschrauben d_4:	$\approx 1{,}2 \cdot s_1$	$\approx 3 \cdot s_1$
Schaulochdeckelschrauben d_5:	$\approx 0{,}8 \cdot s_1$	$\approx 1 \cdot s_1$
Mindestabstand s_{min} zwischen Rädern und Gehäuse abhängig von Umfangsgeschwindigkeit $v_t \geq 50$ m/s und Modul m mit $c = (v_t - 10)/40 \geq 1$, und v_t in m/s	Am Durchmesser seitlich und oben: $s_{min} = 4 + 3 \cdot m \cdot c \leq 70$ mm An den Stirnflächen seitlich: $s_{min} = 4 + 1{,}4 \cdot m \cdot c \leq 50$ mm Unten, bei ausreichendem Ölvorrat im Getriebe: $s_{min} = 10 + 5 \cdot m$	
Oberflächenrauheiten:	Flansche, Fußflächen, Schaulochdeckel: $R_Z = 16 \ldots 25$ µm Lagersitze und Lagerstirnflächen: $R_Z = 16$ µm	

Abbildung 18.133: Anhaltswerte für die Gehäuseabmessungen von Guss- und Schweißkonstruktionen nach [18.252], [18.291]

Ungeteilte Getriebekästen mit entsprechenden Öffnungen für den Ein- und Ausbau von Zahnrädern, Wellen und Lagern bevorzugt man bei kleineren Getrieben (z.B. Getriebemotoren nach Abbildung 18.121 oder Standard-Industriegetrieben), doch werden teilweise auch Getriebe großer Leistung – z.B. das Mühlengetriebe gemäß Abbildung 18.1 – in ungeteilter Form ausgeführt. Als wesentliche Vorteile sind die kompakte Bauform, ungeteilte (d.h. formstabile) Lagerbohrungen und eine einfache Verschraubung (von Montage- bzw. Lagerdeckeln) zu nennen. Nachteilig ist, dass Räder, Wellen und Lager teilweise nur im Gehäuse montiert werden können oder aber das Gehäuse entsprechenden Platz für die Montage bieten muss, damit auch vormontierte Baugruppen (z.B. auf Wellen aufgeschrumpfte Zahnräder) eingebaut werden können.

In Erweiterung der Angaben gemäß Abbildung 18.113 sind noch die folgenden konstruktiven Hinweise zu beachten. Lagerschrauben sind auf der Grundlage der maximalen Lagerkräfte (aus statischer Zahnfußfestigkeit) zu bemessen und so dicht wie möglich neben den Lagern anzuordnen. Bei Anriss oder plastischer Verformung der Zähne soll die Schraubenbeanspruchung gerade die Streckgrenze erreichen, weshalb das Anzugsmoment mit 70 bis 80% der Streckgrenze in der Montagevorschrift angegeben werden sollte. Die Fundamentschrauben zur Getriebebefestigung zwischen Fußleisten und Fundament sind aus dem maximalen Abstützmoment des Getriebes zu berechnen.

Zur eindeutigen Zuordnung von Ober- und Unterkasten und des Gehäuses zum Fundament verwendet man mindestens zwei gegenüberliegend angeordnete kegelige oder zylindrische Passstifte mit einem Durchmesser von ca. dem 0,8-fachen Flanschschraubendurchmesser. Wenn Querschub z.B. bei Loslagern oder Schiebesitzen nicht über die Lagerringe aufgenommen werden soll, sind Passstifte in der Nähe der Lager anzuordnen, deren Durchmesser nach dem Querkraftschub bemessen wird. Der Oberflansch kann ringsum ca. 3 bis 10 mm überstehen, um eine unregelmäßige Kontur zu verdecken und ein leichteres Abheben zu ermöglichen.

Zum Anheben des gesamten Getriebes mit dem Kran sind am Unterkasten Anschlagösen oder Nocken vorzusehen, gleiches gilt für den Oberkasten. Ferner müssen Zurrösen zur Transportsicherung vorhanden sein. Zur leichteren Demontage des Oberkastens oder anderer Anbauteile können insbesondere bei kleinen Getrieben Abdrückschrauben mit Gewinde im Flansch auf der Schmalseite des Gehäuses angeordnet werden, deren Durchmesser ungefähr dem der Flanschschrauben enstpricht. Im Hinblick auf die Öldichtigkeit und Verschmutzungsgefahr sind dabei Durchgangsbohrungen zum Gehäuseinneren zu vermeiden und stattdessen Sacklochbohrungen vorzusehen.

Der Abstand zwischen Rädern und Gehäusewänden wird häufig durch generelle Bauraumbeschränkungen oder bei Baukastengetrieben durch die größten und kleinsten vorkommenden Übersetzungen bestimmt. Dabei ist zu beachten, dass die Mindestabstände gemäß Abbildung 18.133 von der Umfangsgeschwindigkeit v_t abhängen, da bereits ab $v_t > 10$ m/s die Gefahr besteht, dass Öl nach oben gepumpt wird, wodurch der Wirkungsgrad erheblich sinkt, das Öl schneller altert und ungünstigstenfalls sogar zur Entlüftungsöffnung hinausgedrückt wird. Aus demselben Grund sollte auch die Ablauföffnung bei Einspritzschmierung ca. dem Fünffachen des Abstandes s_{min} zwischen Gehäusewand und Rad am Durchmesser entsprechen. Weitere Hinweise zu Anschlüssen für die Schmierölversorgung und -überwachung sowie Temperaturüberwachung und Lagerkontrolle finden sich in Abschnitt 18.2.10.3 sowie den Kapiteln 14 (Gleitlager) und 15 (Wälzlager).

Die Gehäuseabdichtung erfolgt an den Trennfugen zwischen den Gehäuseteilen üblicherweise mit elastischer Dichtmasse oder auch Klebstoff. Zur Lagerdeckelabdichtung werden im einfachsten und kostengünstigsten Fall ebenfalls elastische Dichtmasse oder Papierdichtungen verwendet. Wird dagegen bei größeren Sondergetrieben die Zugänglichkeit zur Lagerinspektion gefordert, werden O-Ringe gemäß Abbildung 18.134 eingesetzt.

Schaulochdeckel sind so anzuordnen, dass möglichst alle Zahneingriffe und die Schmierölversorgung beobachtet werden können. Mithilfe von Klappdeckeln und Klappschrauben lässt sich wirkungsvoll verhindern, dass diese Teile beim Öffnen weder in das Getriebe hinein, noch aus großen Höhen herabstürzen können (Gefährdung von Menschleben). Innerhalb des Getriebes sollten alle Schrauben und Muttern mit Draht als Verliersicherung versehen werden.

Sämtliche zu bearbeitenden Flächen sollten parallel zur Hauptbearbeitungsebene oder in ihr liegen, wobei die Fertigbearbeitung in einer oder zwei Aufspannungen möglich sein sollte. Falls insbesondere bei sehr großen Getrieben ein Umspannen auf dem Bohrwerk unvermeidbar ist, müssen Fehlfluchtungen der Lageraufnahmebohrungen (Bohrungslageabweichungen) unbedingt vermieden werden.

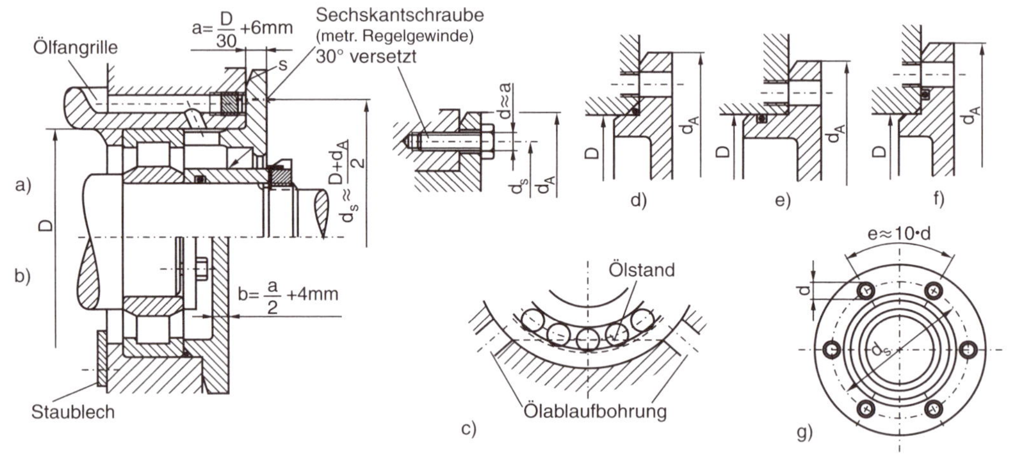

a) Deckel mit Radialdichtring und Ölzuführung für Wälzlager, elastische Abdichtmasse in der Trennfuge, anstelle der Schräge s für das Abziehwerkzeug ist auch ein Abdrückgewinde möglich.

b) Verschlussdeckel und Staublech für Mindestölstand

c) Ölrücklauf durch seitlich versetzte große Bohrung, üblich bei Öleinspritzung

d) O-Ringabdichtung in der Abfasung, kostengünstig, kleiner Durchmesser d_A, aber Abfasung relativ ungenau, daher Gefahr der Beschädigung des O-Ringes beim Einschieben des Deckels

e) O-Ring im Zentrierbund, rechteckige Nut, radiale Ringverformung, kleiner Durchmesser d_A, aber aufwändiger, langer Zentrierbund, Gehäusekante gut abrunden, da anderenfalls Beschädigunsggefahr beim Einschieben des Deckels

f) O-Ring in rechteckiger Nut, axiale Ringverformung, sichere aber aufwändige Lösung, großer Deckeldurchmesser d_A, Ring soll beim Einlegen um 3 bis 5 % gestaucht werden, sodass er in der Nut gehalten wird

g) Lage der Schmierölnuten und Schraubenabstände

Abbildung 18.134: Gestaltung von Gehäusedeckeln mit Ölzu- und -ablauf nach [18.252]

Die in allen Teilungs-, Fuß-, Flansch- und Schaulochdeckelflächen sowie Lagersitzen einzuhaltenden Oberflächenrauheiten sind in Abbildung 18.133 zusammengestellt.

Bei größeren Getrieben sollte an den Schmalseiten der Unterflansch auf einer Länge von ca. 150 mm und einer Breite von 50 mm überstehen, damit zum Ausrichten im einfachsten Fall eine Wasserwaage aufgelegt werden kann. Bei Bedarf sind zusätzliche Ausrichtflächen an jedem Lager vorzusehen, um die Tragbildeinstellung bei der Erprobung und auf der Baustelle zu vereinfachen.

18.4 Beanspruchung und Beanspruchbarkeit von Stirnrädern

Auf der Grundlage aller bisher vorgestellten Zusammenhänge zu Zahnrädern und Zahnradgetrieben in den vorherigen Abschnitten werden nun abschließend die notwendigen Arbeitsschritte behandelt, um für eine Zahnradpaarung einen Tragfähigkeitsnachweis führen zu können. Dabei wird genau wie bei einer Festigkeitsberechnung überprüft, ob die auftretende Beanspruchung kleiner ist als die ertragbare Beanspruchbarkeit (s.a. Kapitel 3 – Festigkeitslehre in Maschinenelemente 1 [18.306].

Leider bestehen auch nach gut 60 Jahren intensiver Forschungstätigkeit auf dem Gebiet der Verzahnungsberechnung verständlicherweise immer noch einige Unsicherheiten sowohl auf der Seite der Beanspruchbarkeit als auch auf der Seite der Beanspruchung, sodass es auch in Zukunft noch weiterer Anstrengungen bedarf, die bestehenden Lücken sinnvoll zu schließen. Die mittlerweile umfangreiche Fachliteratur und die Vielzahl nationaler und internationaler Standards belegt besonders eindrucksvoll den hohen Erkenntnisstand, der insbesondere auf dem Gebiet der Beanspruchbarkeit und der detaillierten Beschreibung wichtiger Einflüsse erreicht wurde, von denen stellvertretend die Spannungskonzentration am Zahnfuß (Kerbwirkung) und die Vergleichmäßigung der Lastverteilung im Zahneingriff durch gezielte Korrekturen der Flankengeometrie genannt werden sollen [18.53], [18.166], [18.216], [18.252].

Dies alles hat letztlich auch dazu geführt, dass man im Vergleich zu anderen Maschinenelementen bei den in den folgenden Abschnitten vorgestellten Tragfähigkeitsnachweisen mit relativ geringen Sicherheitsbeiwerten für alle Schadensgrenzen (und damit geringen Unsicherheiten) gemäß Tabelle 18.45 arbeiten kann [18.51], [18.252].

Andererseits treten bei Getrieben großer Leistung oftmals Schäden auf, die sich nicht durch eine fehlerhafte Berechnung oder Fertigung (Werkstoffwahl, mechanische Bearbeitung und Wärmebehandlung) erklären lassen. Vor diesem Hintergrund ist es jedoch nicht angebracht, die nachfolgend vorgestellten und bewährten Berechnungsverfahren grundsätzlich in Frage zu stellen, sondern es treten zunehmend die größeren Lücken bei der möglichst genauen Erfassung der Beanspruchungen (Lastannahmen) zutage, die solange kompensiert werden konnten, wie man auf der Seite der Beanspruchbarkeit immer wieder durch z.B. bessere Werkstoffe und Bearbeitung sowie bessere Schmierung ausreichende Steigerungen erzielt hat.

Bei genauerer Betrachtung zeigen sich aber gerade hier die zukünftigen Herausforderungen, denn eine Berechnung unter Verwendung sehr vieler Einflussfaktoren auf der Seite der Beanspruchbarkeit, die zum Teil voneinander abhängen und die mal einen steigernden oder mindernden Einfluss auf die Beanspruchbarkeit haben, vermittelt den Eindruck einer erreichbaren Genauigkeit, der auf der Seite der Beanspruchung durch die notwendige Annahme eines Anwendungsfaktors $K_A = 1{,}0 \ldots 2{,}25$ (oder höher) nach DIN 3990 – mit dem das zur Auslegung genutzte Drehmoment $M_t = K_A \cdot M_{Nenn}$ durch einfache Multiplikation mit dem Nennmoment M_{Nenn} ermittelt wird – nicht ansatzweise gehalten werden kann [18.51].

Demzufolge besteht hier Handlungsbedarf, aber die Bereitstellung typischer Lastkollektive auf der Grundlage von Betriebsmessungen an allen möglichen Maschinen und Anlagen ist verständlicherweise erheblich zeitaufwändiger als Laborversuche an repräsentativen Proben. Erschwerend kommt hinzu, dass sich die an einzelnen Anlagen durch Messung gewonnenen Erkenntnisse nur selten verallgemeinern lassen, was momentan gerade im Bereich des weltweiten Einsatzes von Windturbinen besonders deutlich wird, da hier die Beanspruchung sehr stark von der Stochastik der Windbelastung und vom Standort abhängt. Ähnlich schwierige Verhältnisse gelten im Übrigen auch für maritime Strukturen und den darin genutzten Antrieben.

Schadensgrenze	Statische Festigkeit [1),2)] Maximalmoment [3)]		Dauerfestigkeit			Schadenslinie Lastkollektiv	
			M_{tmax}	$M_{tNenn} \cdot K_A$			
$A-B-C$	B	C	A	B	C	B	C
Grübchensicherheit S_{Hmin}	1,0	1,3	0,5...0,7	1,0...1,2 [4)]	1,3...1,6 [5)]	1,0 [2), 4)]	1,2...1,4
Zahnbruchsicherheit S_{Fmin}	1,4	1,8	0,7...1,0	1,4...1,5	1,6...3,0	1,2...1,4 [2)]	1,4...2,0
Warm-Fress-Sicherheit S_{Smin} [6)]	–	–	1,5	1,5...1,8	2,0...2,5	1,5	1,8

A: Bei Berechnung mit Maximalmoment M_{tmax} (rechnerisches Arbeitsmoment) gegen Dauerfestigkeit (z. B. Hubwerke, Scheren, Pressen, Konverter; Werte gelten für vergütete oder einsatzgehärtete Zahnräder (Nitrieren vermeiden)

B: Normalfall (für die meisten Industriegetriebe) – Für Getriebe im Anlagenbau bei erhöhten Anforderungen sind Werte im oberen Bereich zu wählen, für Industrie-Turbogetriebe sind die oberen Werte zu wählen.

C: Für hohe Zuverlässigkeit und kritische Fälle – Sehr hohe Lastwechselzahlen, hohes Schadensrisiko, hohe Folgekosten, keine Überlastsicherungen, langwierige Ersatzteilbeschaffung (z. B. Großturbogetriebe, Schiffsgetriebe, Luftfahrzeuggetriebe)

1) Plastische Verformung oder Anrissgrenze

2) Schadenslinie im statischen Bereich beachten (vgl. statische Festigkeit), Anfahrstöße und Kurzschlussmomente sind oft beachtlich (z. B. Wechselmomente bis zum 5-fachen Nennmoment bei Antrieb mit Synchronmaschine).

3) Sofern das wirkliche Spitzenmoment bekannt ist (aus Sonderereignissen bzw. nominelles Spitzenmoment des Lastkollektives), ist nach Spalte A die Dauerfestigkeit zu rechnen oder aber die halbe Sicherheit nach B oder C gegen statische Festigkeit.

4) Wenn höhere Schadenswahrscheinlichkeiten als 1 % zulässig sind, kann $S_{Hmin} = 0{,}8$ gewählt werden, sofern die Verschleißsicherheit ausreichend ist.

5) Bei einsatzgehärteten Getrieben ist der Wert oft nicht ausnutzbar, da wegen erforderlicher Fresssicherheit, Lagerbelastungen und Schwingungen S_H oft größer ist.

6) Niedrige Werte können bei Einlauf mit allmählich steigender Belastung gewählt werden, entsprechend gelten höhere Werte bei sofortigem Volllastbetrieb.

Tabelle 18.45: Anhaltswerte für Sicherheitsfaktoren (bezogen auf Festigkeitswerte für 1 % Schadenswahrscheinlichkeit) – Gerundete Werte, z. B. steht 1,3 für den Bereich 1,25 bis 1,35 [18.252]

Ungeachtet dieser noch bestehenden Problematik soll dennoch im Abschnitt 18.4.2.4 angerissen werden, wie man eigentlich auf der Grundlage gemessener oder simulierter Lastkollektive einen Tragfähigkeitsnachweis führen müsste, zumal auch schon in anderen Gebieten die Betriebsfestigkeitsberechnung erfolgreich eingesetzt wird [18.26], [18.148], [18.150]. Darüber hinaus bietet die Mehrkörper-Simulation mittlerweile vielfältige Möglichkeiten, die komplexen Verhältnisse auf der Lastseite und die daraus entstehenden Beanspruchungen ein wenig genauer zu beschreiben [18.308], [18.309], [18.313], [18.314], [18.315]. Gleichwohl besteht dann in einem nächsten Schritt die Problematik der allgemeinen Akzeptanz und Einbindung derartiger Methoden in handhabbarer Form in ein festgefügtes nationales und internationales Normenwesen.

Geht man andererseits von definierten Randbedingungen auf der Beanspruchungsseite aus, indem man Drehmoment, Drehzahlen und Übersetzung genau vorgibt, so zeigt Tabelle 18.46, welche unterschiedlichen Getriebegrößen sich allein aus der Werkstoffwahl, Bearbeitung und Wärmebehandlung ergeben können.

Aufgrund dieser einleitend vorgestellten Zusammenhänge lassen sich folgende Tendenzen für die Getriebedimensionierung und die damit verbundenen Herstellkosten sowie den zu führenden Tragfähigkeitsnachweis feststellen.

Für viele Getriebe entsteht ein Kostenoptimum, wenn Zahnräder aus hochwertigen Werkstoffen in Kombination mit den dafür notwendigen Fertigungsmethoden (z.B. legierte Einsatzstähle, aufwändige Härteverfahren, Verzahnungsschleifen) hergestellt werden. Wegen höherer Grübchen- und Fußfestigkeit fällt die Baugröße insgesamt kleiner aus und auch das Gewicht des Gehäuses – nicht jedoch der Lager – ist deutlich geringer als bei der Verwendung ungehärteter Zahnräder. In vielen Anwendungsgebieten (z.B. Schiffsgetriebe) ist die kleinere Baugröße an sich schon ein Vorteil.

Werkstoff	Ritzel und Rad: C45	Ritzel und Rad: 42CrMo4	Ritzel: 20MnCr5 Rad: 42CrMo4	Ritzel und Rad: 31CrMoV9	Ritzel und Rad: 34crMo4	Ritzel und Rad: 20MnCr5
Wärmebehandlung	normalisiert	vergütet	Ri.: einsatzgehärtet Rad: vergütet	gasnitriert	infuktiv flankengehärtet	einsatzgehärtet
Bearbeitung	wälzgefräst	wälzgefräst	Ritzel: geschliffen Rad: wälzgefräßt	feingefräst	gefräst, geläppt	geschliffen
Achsabstand a Modul m	830 mm 10	650 mm 10	585 mm 10	490 mm 10	470 mm 14	390 mm 10
Baugröße (Gehäuse geschweißt)	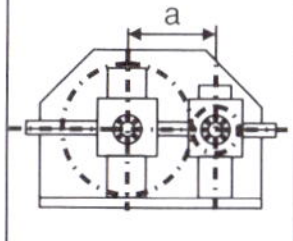	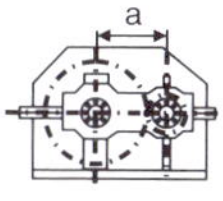	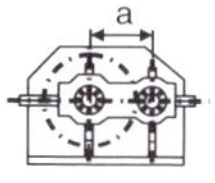		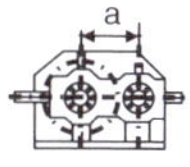	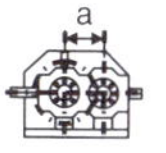
Wälzlagergewicht	95 kg	95 kg	95 kg	105 kg	105 kg	120 kg
Gesamtgewicht	8.505 kg	4.860 kg	3.465 kg	2.602 kg	2.390 kg	1.581 kg
proz. Gesamtgewicht	174 %	100 %	71 %	54 %	49 %	33 %
proz. Preis	132 %	100 %	85 %	78 %	66 %	63 %
Sicherheit S_H Sicherheit S_F	1,3 6,1	1,3 5,7	1,3 3,9	1,3 2,3	1,4 2,3	1,6 2,3

Tabelle 18.46: Vergleich von Getriebebaugrößen mit Zahnrädern aus unterschiedlichen Werkstoffen nach [18.216]

Mit zunehmender Oberflächenhärte bis ca. 500 HV (48 HRC) steigen die Zahnfußdauerfestigkeit, die statische Festigkeit und die Zeitfestigkeit bis ca. 300 HV linear an. Bei darüberliegenden Härtewerten können die Festigkeitswerte gehärteter Verzahnungen zwischen weiterem Anstieg und Abfall stark streuen, was von der Art der Wärmebehandlung, der Werkstofflegierung, der Zähigkeit und der Zeitfestigkeit abhängt [18.252], [18.366].

Die Grübchendauerfestigkeit steigt ebenfalls mit Zunahme der Oberflächenhärte bis ca. 58 HRC und danach kaum noch [18.252], [18.366]. Allerdings streuen die Werte im unteren Härtebereich (d.h. auch bei geglühten und vergüteten Stählen) stärker als die Fußfestigkeit, insbesondere bei oberflächengehärteten Verzahnungen.

Generell gilt beim Vergleich zwischen gehärteten und ungehärteten Zahnrädern, dass gehärtete Zahnräder nur kleinere Breiten-Durchmesser-Verhältnisse erlauben. Ferner sind höhere Verzahnungsgenauigkeiten und bei Bedarf Zahnkorrekturen zur Verbesserung der Lastverteilung notwendig, da wegen größerer Zahnkräfte die Verformungen größer sind und im Vergleich zu weicheren Werkstoffen eine generell geringere Einlauffähigkeit besteht. Wegen der größeren Zahnkräfte sind auch größere und teurere Lager erforderlich. Generell wird die hohe Tragfähigkeit oberflächengehärteter Verzahnungen nur erreicht, wenn die grundlegenden Voraussetzungen einer werkstoffgerechten Konstruktion, reproduzierbaren Werkstoffwahl sowie einer sicher beherrschten, sorgfältig überwachten und gesteuerten Wärmebehandlung und Fertigbearbeitung erfüllt werden.

Demzufolge kann auch der Einsatz ungehärteter Zahnräder aus Vergütungsstahl vorteilhaft sein, selbst wenn die Getriebe zunächst größer bauen, was aber in vielen Anwendungsgebieten häufig nicht wesentlich ist (z.B. im Schwermaschinenbau). Grundsätzlich sind größere Zahnbreiten-Durchmesser-Verhältnisse möglich, da der weichere Werkstoff wesentlich zäher ist und Unzulänglichkeiten in Dimensionierung und Fertigung, insbesondere einseitiges Tragen, durch Einlaufen eher ausgleicht. Die gesamte Fertigung und Wärmebehandlung ist einfacher, zudem entfallen die mit dem Härten und Verzahnungsschleifen verbundenen Kosten und Risiken. Notfalls können Zahnflanken bei ungenügendem Tragbild sogar von Hand nachgearbeitet werden. Sämtliche Lagerkräfte und Verformungen sind bei gleichem Drehmoment kleiner und vergütete Zahnräder weisen in den meisten Fällen einen Überschuss an Bruchsicherheit auf.

In Abbildung 18.135 sind die Haupttragfähigkeitsgrenzen vergüteter und gehärteter Zahnräder in Abhängigkeit von der Umfangsgeschwindigkeit schematisch gegenübergestellt.

Bevor nun in den folgenden Abschnitten die Nachweise der Grübchen-, Zahnfuß- und Fresstragfähigkeit auf der Grundlage von Kräften, Momenten und Lastkollektiven unter Berücksichtigung von Steifigkeitseinflüssen auf die Lastverteilung ausführlich behandelt werden, sollen im folgenden Abschnitt noch typische Schadensbilder und deren Entstehungsursachen vorgestellt werden, da mithilfe einer beanspruchungsgerechten Auslegung genau diese Schäden eigentlich verhindert werden sollen, was aber oftmals aufgrund der oben angeführten Unzulänglichkeiten nicht gelingt.

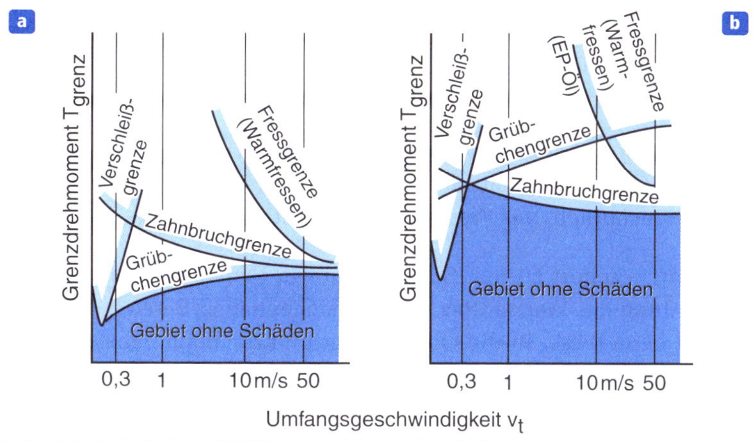

Abbildung 18.135: Schematische Darstellung der Haupttragfähigkeitsgrenzen – a) Zahnräder aus Vergütungsstahl, b) Oberflächengehärtete Zahnräder nach [18.252]

Da die nachfolgenden Verfahren insbesondere dem ungeübten Anwender eine trügerische Genauigkeit vortäuschen, sei abschließend der Hinweis erlaubt, dass es in vielen Fällen ratsam ist, zur Dimensionierung und zum abschließenden Tragfähigkeitsnachweis nicht die theoretisch möglichen Optimalwerte für Flankenhärte, Rand- und Kerngefüge sowie Härtetiefe zugrunde zu legen, sondern die mit den zur Verfügung stehenden Fertigungseinrichtungen und Erfahrungen sicher erreichbaren Werte.

Man sollte sich insbesondere mit Bezug auf die oftmals unklaren Belastungsverhältnisse einen Teil des auf den ersten Blick möglichen Tragfähigkeitsgewinns aufgrund der Annahme maximaler Festigkeitskennwerte durchaus als Reserve für unvorhergesehene Ereignisse und zur Begrenzung des nachträglich erforderlichen Aufwandes im Schadensfall vorhalten.

18.4.1 Schadensbilder

Ein Schaden tritt immer dann auf, wenn die Beanspruchung größer ist als die Beanspruchbarkeit, wobei man zusätzlich noch zwischen kurzzeitiger, maximaler Überlastung (1 bis 100 Lastwechsel) oder aber ständiger Überschreitung der dauerfest ertragbaren Schwingbeanspruchung unterscheiden muss, sodass letztlich ein Ermüdungsschaden im Bereich der Zeitfestigkeit (100 bis 10^6 Lastwechsel) oder aber der Dauerfestigkeit (mehr als 10^6 Lastwechsel) eintritt (s. a. Kapitel 3, Maschinenelemente 1) [18.306].

Vor diesem Hintergrund unterscheidet man auch bei Verzahnungen nach der Schadensart zwischen Schäden infolge der Überschreitung der ertragbaren Maximalbeanspruchung (Gewaltbruch) und durch Überschreiten der Ermüdungsfestigkeit (Dauerbruch), wobei ein weiterer Schädigungsmechanismus die Überschreitung der örtlichen Kontaktfestigkeit durch zu hohe Temperaturen auf der Zahnflanke (Fressen) darstellt. Darüber hinaus wird bei Verzahnungen entsprechend dem Ort der Schädigung unterschieden zwischen Schäden infolge Flankenbeanspruchung und Schäden infolge Fußbeanspruchungen unter teilweiser Berücksichtigung des Radkörpereinflusses.

Zur Vermeidung dieser Schäden wurden auf der Grundlage umfangreicher Betriebserfahrungen und Laboruntersuchungen zur Bestimmung einzelner Einflussgrößen umfangreiche Tragfähigkeitsnachweise (Festigkeitsnachweise) entwickelt und genormt, zu deren besserem Verständnis die folgenden Entstehungsursachen der einzelnen Schadensbilder kurz erläutert werden.

Betrachtet man zunächst Schäden infolge Flankenbeanspruchung, so gehören hierzu die Grübchenbildung, die Graufleckigkeit, der Flankenbruch, der teilweise auch als Kopfbruch bezeichnet wird, Zahneckbruch, das Fressen und der Verschleiß.

a **Grübchenbildung** – gehört zu den Schäden infolge Flankenbeanspruchung und ist die Folge der Ermüdung des Werkstoffes im oberflächennahen Bereich der Zahnflanke. Zuerst bilden sich feine Risse, in die Öl eindringt und die beim nächsten Überrollen der Flanken wieder verschlossen werden, bis schließlich durch den beim Überrollen entstehenden Überdruck des Öles innerhalb eines solchen verschlossenen Risses Materialteilchen aus der Oberfläche herausplatzen. Die so entstandenen Vertiefungen werden als Grübchen bzw. im englischen Sprachgebrauch als Pitting bezeichnet und sind in Abbildung 18.136 dargestellt.

In den meisten Fällen tritt die Grübchenbildung unterhalb des Wälzkreises im Bereich des negativen Schlupfes auf und ist infolge der zur Schädigung erforderlichen mehrmaligen Überrollungen ein Ermüdungsschaden. Ursächlich für die Ermüdung des Werkstoffs ist die Kontaktspannung zwischen den aktiven Zahnflanken, die im Wesentlichen durch die Hertz'sche Pressung beschrieben werden kann, aber auch die Schubspannung und die Temperaturwechselspannung infolge des Gleitens der Zahnflanken sind wirksame Schädigungsanteile, ebenso die Rauheit und Welligkeit der Kontaktgeometrie.

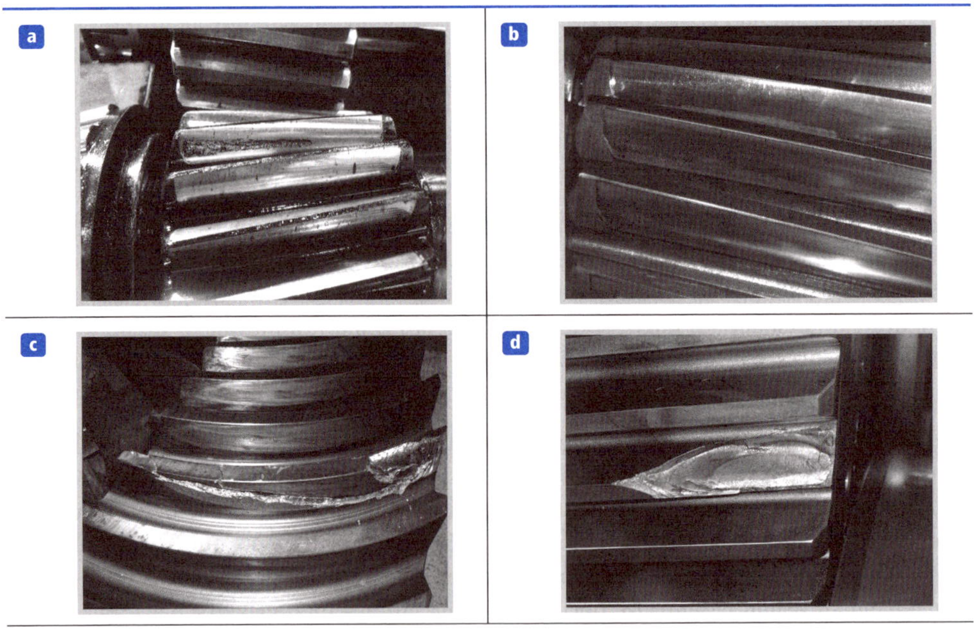

Abbildung 18.136: Schadensbilder an Verzahnungen – Ermüdungsschäden an der Flanke: a) Grübchenbildung, b) Graufleckigkeit, c) Flankenbruch, d) Zahneckbruch

Auch wenn entsprechend der Hertz'schen Theorie die maximale Vergleichsspannung unter der Oberfläche auftritt, so ändert sich infolge hydroelastischer Effekte der Druckverlauf in der Kontaktzone wie auch die Größe der Schubspannung, sodass werkstoff- und belastungabhängig der Ausgangspunkt der Rissbildung sowohl an der Oberfläche als auch im Inneren des Werkstoffs liegen kann. Entscheidend hierfür ist das Verhältnis der effektiven Spannung (Beanspruchung) zur Festigkeit im Tiefenverlauf von der Bauteiloberfläche zur Bauteilmitte (Beanspruchbarkeit). Insbesondere bei sehr großen oberflächengehärteten oder nitrierten Zahnrädern liegt das rechnerisch zu bestimmende Spannungsmaximum unterhalb oder im Auslauf der Härteschicht, sodass demzufolge der Rissbeginn im Inneren des Werkstoffs angenommen wird.

Anfänglich auftretende und zum Stillstand kommende Grübchenbildung (Einlaufgrübchenbildung) ist im Allgemeinen zulässig. Sobald jedoch die zerstörten Anteile der Flankenflächen mit der Laufzeit progressiv zunehmen, ist diese Art der Grübchenbildung unzulässig, da es mit Zunahme der Ausbröckelungen bei fortgesetztem Lauf zu unzulässigen Schwingungserscheinungen, unzulässigem Lärm und schießlich auch zu Zahnbruch kommen kann. Gerade bei einsatzgehärteten oder nitrierten Verzahnungen sind Grübchen in Zahnfußnähe der Ausgangspunkt von Ermüdungsbrüchen.

Somit muss die Festlegung von Grenzwerten der Grübchenbildung in jedem Fall auch sicherheitstechnische Belange bzw. von der Anlage ausgehende Gefährdungen einbeziehen, weshalb z.B. bei oberflächengehärteten Verzahnungen in Getrieben der Luftfahrt auch einzelne Grübchen nicht zulässig sind. Ansonsten gilt als zulässiger Grenzwert näherungsweise ein relativer Grübchenanteil aus Ritzel und Rad von insgesamt $V_{Ges} = V_{1Ges} + V_{2Ges} = 2\,\%$ der aktiven Flankenflächen bei vergüteten oder normalisierten Verzahnungen und von insgesamt $V_{Ges} = 1\,\%$ der Flankenflächen bei Verzahnungen mit harter Randschicht, wobei am Einzelzahn maximal 4 % der am gesamten Zahnrad festzustellenden Grübchenfläche zulässig sind.

Bei gehärteten Werkstoffen wird die Grübchendauerfestigkeit typischerweise bei Lastwechselzahlen von $N > 50 \cdot 10^6$ erreicht.

Zur Minderung der Grübchenbildung bieten sich große Zähnezahlen und damit einhergehend ein kleiner Modul bzw. eine höhere Profilüberdeckung, keine Bereiche starker Flankenkrümmung in Grundkreisnähe und kleinere Flankenformabweichungen bei gleicher Verzahnungsqualität an. Ebenfalls günstig sind eine positive Profilverschiebung (bei kleinen Zähnezahlen), größere Eingriffswinkel, wobei diese jedoch eine kleinere Profilüberdeckung bedingen, oder eine Hochverzahnung, wobei dann die Fressgefahr zu beachten ist. Den größten Einfluss hat eine hohe Flankenhärte, insbesondere durch Oberflächenhärtung.

In Erweiterung der üblichen Grübchenbildung gehen oftmals bei harten Randschichten von kleinen Grübchen großflächige Ausbrüche aus, die auch als Abplatzer bzw. im englischen Sprachgebrauch als Spallings bezeichnet werden. Diese entstehen vorzugsweise bei hohen Öltemperaturen, geringen Betriebsölviskositäten und kleineren Kernhärten. Häufige Ursachen sind Werkstofffehler, Mängel in der Wärmebehandlung oder auch Eigenspannungen aufgrund zu hoher Wärmeentwicklung beim Schleifen. Auch an einwandfrei gefertigten Zahnrädern wurden bereits bei 80 % der Grübchenfestigkeit Abplatzer beobachtet, wobei die Betriebsviskosität des Schmierstoffes $\nu = 10\ mm^2/s$ unterschritt und demzufolge Mischreibung mit relativ hohen Reibungszahlen vorlag [18.50]. Allerdings wurde ein vergleichbares Schadensbild auch bei großen, vergüteten Zahnrädern grober Qualität und einer Schmierstoffzähigkeit von $\nu > 100\ mm^2/s$ beobachtet, bei der die verfestigte, geglättete Schicht abzuplatzen schien [18.252].

b **Graufleckigkeit** – gehört auch zu den Schäden infolge Flankenbeanspruchung, wobei die Ursache der Graufleckigkeit bzw. im englischen Sprachgebrauch Grey Staining ebenfalls Werkstoffermüdung ist, die aber im Vergleich zur Grübchenbildung in dünneren Schichten bis 25 μm erfolgt. Von besonderer Bedeutung ist dabei die Rauheit der Flankenoberflächen, da hierdurch kleinere Krümmungsradien im Wälzkontakt wirksam werden, die zur Steigerung der Spannungen in Oberflächennähe führen, was wiederum die Ausbrüche mit geringer Tiefe bedingt. Begünstigt wird die Graufleckigkeit durch eine geringe Ölfilmdicke, ungünstige Eigenspannungszustände sowie einen Abfall der Härte unmittelbar an der Oberfläche. Die sehr feinen und eng beieinander liegenden Ausbrüche führen zu einem mattgrauen Aussehen der Oberfläche gemäß Abbildung 18.136, die unter dem Rasterelektronenmikroskop eine schuppenartige Struktur aufweist. Da die Ausbrüche keine große Tiefe aufweisen, ist die Graufleckigkeit im Vergleich zur Grübchenbildung im Hinblick auf mögliche Folgeschäden weniger gefährlich. Aus Erfahrung ist bekannt, dass sich die Neigung zur Graufleckigkeit durch geringere Rauheit der Flanken, zähere Öle sowie spezielle Öladditive, bessere Kühlung und auch Verkupfern der Flanken mindern lässt. Ein neueres Verfahren, welches auch häufig bei den Getrieben zum Einsatz in Windenergieanlagen angewendet wird, ist das Gleitschleifen (Gleitspanen) nach DIN 8589, bei dem durch den Einsatz von Schleifkörpern aus Keramik oder Kunststoff mit Korngrößen von 1 bis 8 mm, die gemeinsam mit dem zu bearbeitenden Bauteil in eine oszillierende Trommel gegeben werden, erheblich feinere Oberflächenrauheiten als beim Schleifen erreicht werden [18.67].

c **Flankenbruch** – ist ein Ermüdungsbruch gemäß Abbildung 18.136, der vom Mittenbereich oder mittleren Bereich der Zahnflanke ausgeht und teilweise auch als Kopfbruch bezeichnet wird. Bevorzugter Ausgangspunkt sind bei einsatzgehärteten und nitrierten Verzahnungen oft nichtmetallische Einschlüsse unter der harten Randschicht, bei denen die Beanspruchung die Beanspruchbarkeit übersteigt, oder aber der Bruch tritt infolge einer Vorschädigung durch Grübchen ein. Direkt vom Zahnkopf ausgehende Ermüdungsbrüche entstehen meistens durch eine erhöhte Beanspruchung beim Eingriffsbeginn oder durch die Ermüdung eines durchgehärteten Zahnkopfbereiches. Zur Minderung der erhöhten Beanspruchung beim Eingriffsbeginn (Eintrittsstoß) bieten sich sowohl die Einhaltung kleinerer Teilungsabweichungen als auch gezielte Kopfrücknahmen an.

d **Zahneckbruch** – ist ebenfalls ein Ermüdungsbruch nach Abbildung 18.136, der immer aus der ungleichen Belastung über der Zahnbreite entsteht und häufiger auftritt als der Flankenbruch. Demzufolge mindert eine ausgeglichene Lastverteilung über der Zahnbreite (s.a. Abschnitt 18.4.3.4) die Gefahr des Zahneckbruches erheblich.

e **Fressen** – ist ebenfalls ein Schaden infolge Flankenbeanspruchung, bei dem die Schubbeanspruchung der Oberfläche die dortige Beanspruchbarkeit überschreitet, wobei man noch zwischen Kalt-Fressen und Warm-Fressen unterscheidet. Fressen ist kein Ermüdungsvorgang.

Bei niedrigen Umfangsgeschwindigkeiten (meist unter 4 m/s) und niedrigviskosen Ölen liegt häufig nur ein geringer Temperatureinfluss vor, weshalb man auch von Kalt-Fressen spricht, was überwiegend an vergüteten Zahnrädern grober Verzahnungsqualität zu beobachten ist. Die Gefahr des Kalt-Fressens lässt sich durch eine höhere Schmierfilmdicke und höhere Ölzähigkeit, durch Profilkorrekturen zum Abbau des Eintrittsstoßes sowie geringere Flankenformabweichungen und Flankenrauheiten mindern.

Weitaus häufiger tritt jedoch das Warm-Fressen auf, was meist einfach als Fressen oder im englischen Sprachgebrauch als Scuffing bezeichnet wird. Bei hohen Gleitgeschwindigkeiten und Hertz'schen Pressungen an der Flanke kommt es beim Eingriff zu örtlichen Temperaturerhöhungen, sodass ab einer Grenzbeanspruchung der Schmierfilm versagt, was durch Abreißen, örtliches Verdampfen oder einfache Zerstörung der sonst trennenden, schützenden Schmierschicht gekennzeichnet ist.

Bedingt durch die hohe örtliche Temperatur und den Berührungsdruck entstehen nach der Zerstörung des Schmier- und Schutzfilmes einzelne Schweißbrücken, die aber wegen der Relativbewegung der gepaarten Flanken sofort wieder getrennt werden, wodurch die in Gleitrichtung radial verlaufenden starken Aufrauhungen gemäß Abbildung 18.137 entstehen, die abhängig von der Höhe der örtlichen Temperaturen auch Anlassfarben aufweisen können.

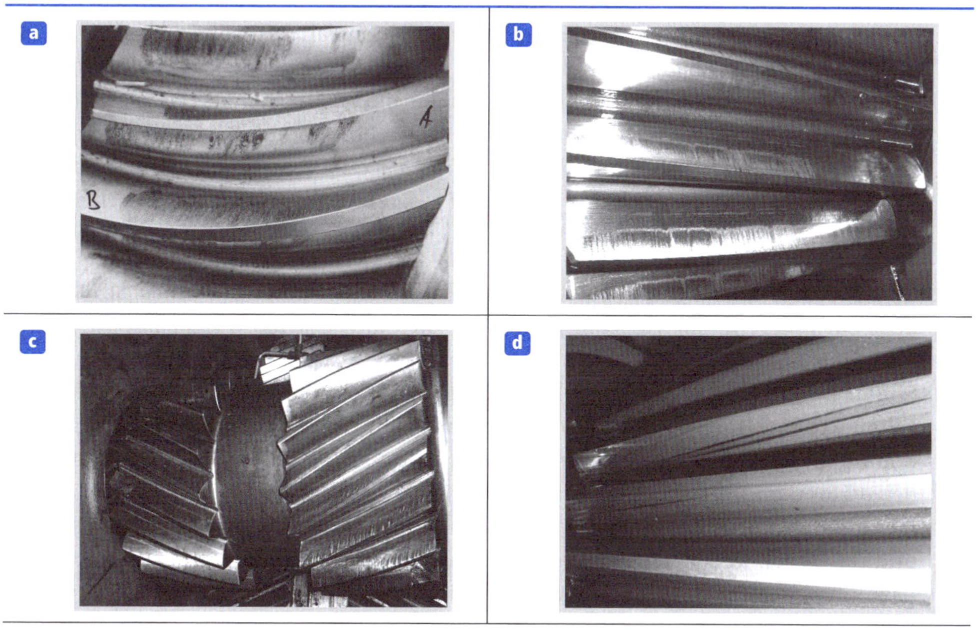

Abbildung 18.137: Schadensbilder an Verzahnungen – Flankenschaden Fressen – a) Fressschaden Kegelradflanke, b) Fressschaden Stirnradflanke, c) Fressschaden Doppelschrägverzahnung, d) Stillstandsmarkierung Schrägverzahnung

Obwohl die vor vorzeitiger Zerstörung der Oberfläche schützende Wirkung des Schmierstoffs auf dem hydrodynamischen bzw. hydroelastischen Effekt, der Adhäsion zum Zahnradwerkstoff und einem tribochemischen Effekt, insbesondere infolge von Ölzusätzen (EP-Additive: Extreme Pressure Additive) beruht, versucht man vereinfachend, die Beanspruchung durch Fressen mittels der auftretenden Maximaltemperatur im momentanen Eingriff zu beurteilen. Zusätzlich wird vereinfachend angenommen, dass die Massentemperatur des Zahnrades und die Eingriffs-Blitztemperatur gleich wirken, weshalb durch einfache Summenbildung eine ungenügende Wertung erfolgt und außerdem die rechnerische Fresstemperatur geschwindigkeitsabhängig ist. Da außerdem Rauheit und Welligkeit der Flankenoberfläche stochastischen Schwankungen unterliegen, streuen die zu ermittelnden Kennwerte der Fresstragfähigkeit sehr stark, besonders bei nicht eingelaufenen Verzahnungen. Ähnlich wie beim Kalt-Fressen führen auch beim Warm-Fressen die Steigerung der Schmierstoffviskosität und die Beimengung von Extreme-Pressure-Additiven (EP-Zusätze) zur Verbesserung der Fresstragfähigkeit. Die größte Bedeutung hat jedoch die relative Gleitgeschwindigkeit abhängig von der Verzahnungsgeometrie gemäß Abschnitt 18.2.5. Bei Fressgefahr sind die Eintritts- und Austritts-Eingriffsstrecke ungefähr gleich lang auszulegen, wobei die Eintritts-Eingriffsstrecke wegen der ungünstigeren Überlastung durch das stemmende Gleiten beim Eintritt etwas kürzer sein sollte. Sobald man die Zahnflanken im Bereich der großen Gleitgeschwindigkeiten durch gezielte Profilrücknahme entlastet, steigt die Fresstragfähigkeit an, was sich umso stärker auswirkt, je größer die relative Gleitgeschwindigkeit ist.

Abschließend sei darauf hingewiesen, dass ein dem Fressen vergleichbares Schadensbild auch entstehen kann, wenn durch Resonanzerscheinungen beim Zahneingriff und ein damit auftretendes kontinuierliches „Hämmern" der Zahnflanken zueinander der schützende Ölfilm verdrängt wird. Dieser Schadensfall kann insbesondere auch dann eintreten, wenn eine ausreichende Fresstragfähigkeit nachgewiesen wurde, da ja letztlich nicht das Fehlen der hydrodynamischen und tribochemischen Eigenschaften des Schmierstoffes zum Versagen des Schmierfilmes führt, sondern das hochfrequente Aufeinanderprallen der Zahnflanken in ihrer Eigenfrequenz, weshalb man immer auch eine Eigenfrequenzanalyse eines Getriebes oder gesamten Antriebsstranges vornehmen sollte [18.308], [18.309], [18.314], [18.315].

f **Stillstandsmarkierungen** – entstehen an Zahnflanken aufgrund eines Stillstandes, bei dem entweder die Getriebeeingangswelle oder die Getriebeausgangswelle z.B. durch eine Bremse festgesetzt wird und die jeweils andere Welle sich noch frei bewegen kann. Sofern nun an dieser freien Welle wechselnde Drehmomente angreifen, wird das Verzahnungsspiel durchlaufen bis die Flanken aufeinander treffen. Bei ständiger Wiederholung dieses Vorgangs entstehen die in Abbildung 18.137 d) sichtbaren Markierungen, die genau dem Berührlinienverlauf entsprechen. Man geht davon aus, dass Stillstandsmarkierungen die Entstehung weiterer Zahnflankenschäden begünstigen. Das Schadensbild war besonders häufig bei Getrieben in Windenergieanlagen zu beobachten, bis man dazu überging die Anlagen im Ausserbetriebsfall nicht mehr generatorseitig durch eine Haltebremse einseitig festzusetzen, sondern den Betriebszustand „Trudeln" zuzulassen. In diesem Betriebszustand darf die Anlage sich bei sehr geringen rotorseitig antreibenden Drehmomenten frei bewegen, so dass keine Zahnflanken nach der Überwindung des Verzahnungsspiels aufeinander schlagen können. Stillstandsmarkierungen können ebenso bei unsachgemäßem Transport eines Getriebes auftreten.

g **Verschleiß** – ist ebenfalls eine Flankenschädigung gemäß Abbildung 18.138, wobei man diesen Langzeitvorgang grundsätzlich noch unterscheidet in Adhäsivverschleiß und Abrasivverschleiß. Zunächst bildet sich am Zahnkopf und Zahnfuß der größte, zum Wälzpunkt hin abnehmende Verschleiß, der aber dann ab einer bestimmten Verschleißgröße äquidistant weiterläuft, um schließlich zu einer starken Auskolkung zu führen. Auch wenn der Verschleiß nur in Ausnahmefällen die Lebensdauer begrenzt, kann im ungünstigsten Fall der Zahnfuß so geschwächt werden, dass es zum Zahnbruch kommt.

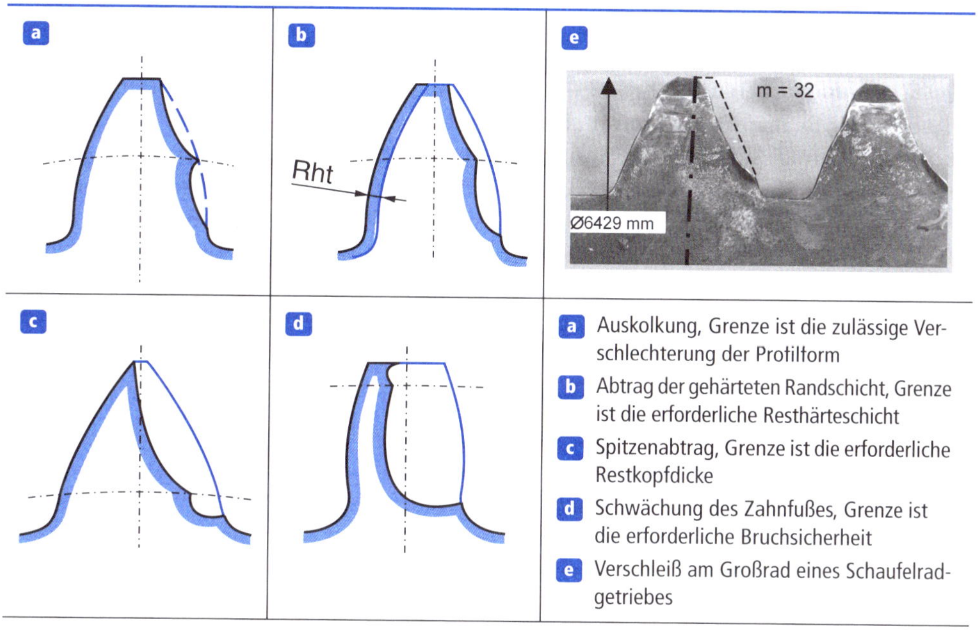

a Auskolkung, Grenze ist die zulässige Verschlechterung der Profilform

b Abtrag der gehärteten Randschicht, Grenze ist die erforderliche Resthärteschicht

c Spitzenabtrag, Grenze ist die erforderliche Restkopfdicke

d Schwächung des Zahnfußes, Grenze ist die erforderliche Bruchsicherheit

e Verschleiß am Großrad eines Schaufelradgetriebes

Abbildung 18.138: Schadensbilder an Verzahnungen – Flankenschaden Verschleiß

Der Adhäsivverschleiß ist typisch für sehr langsam laufende Getriebe, weshalb man auch von Langsamlaufverschleiß spricht. So bestimmt z.B. in der letzten Stufe eines Getriebes bei EHD-Spaltdicken unter 0,1 µm, die ungefähr bei 0,5 m/s Umfangsgeschwindigkeit erreicht werden, oftmals der kontinuierliche Materialabtrag durch Abriebverschleiß die Lebensdauer und nicht die möglichen Flankenschädigungen Grübchenbildung oder Fressen. Bedingt durch die nur gering ausgebildete hydroelastische Wirkung kommt es zu einer intensiven Beanspruchung der Gleitpartner mit hoher Verschleißintensität. Verschleißfördernd sind hohe Pressungen und niedrige Ölviskositäten bei geringer Wälzgeschwindigkeit. Bereits geringfügige Härteunterschiede zwischen Ritzel und Rad, z.B. bei der Paarung eines oberflächengehärteten Rades mit einem vergüteten, führen zu erhöhtem Verschleiß, überwiegend am weicheren Rad. Das Verschleißverhalten lässt sich durch eine Kopfrücknahme am treibenden Ritzel günstig beeinflussen.

Im Gegensatz dazu entsteht Abrasivverschleiß durch Verunreinigungen des Schmieröls wie Abrieb, Schleifstaub, Formsand, Zunder und weitere Fremdkörper, die in den Zahneingriff gelangen und die Zahngeometrie schleifend zerstören, weshalb man auch von Schleifverschleiß spricht, wobei die Lager in gleicher Weise gefährdet sind. Das Maß der Schädigung hängt stark ab von der Zahnflankenhärte sowie der Korngröße, Härte und Konzentration der Verunreinigungen. Schleifverschleiß lässt sich vermeiden durch ausreichende Ölfilter, Absetzräume für das Öl und eine laufende Ölüberwachung. Staubteilchen im Öl können ein Hinweis sein auf eine mangelhafte Getriebeabdichtung oder falsche Entlüftung (Ansaugung von Verschmutzung durch Unterdruck).

Im Gegensatz zu Flankenschäden können am Zahnfuß sowohl Ermüdungsbrüche als auch Schäden durch Überschreiten der Bruchfestigkeit (Gewaltbruch), Verformungs- oder Anrissgrenze auftreten.

h **Ermüdungsbruch am Zahnfuß** – entsteht durch eine immer wiederkehrende Überschreitung der Beanspruchbarkeit im Zeitfestigkeitsbereich aufgrund einer schwingenden Beanspruchung, wobei Ausgangspunkte für einen Ermüdungsbruch (teilweise auch als Dauerbruch bezeichnet) häufig die Zahnfußausrundung (geometrische Kerbe), der Auslauf der Härtezone am Zahnfuß (metallurgische Kerbe) oder auch eine Schleifkerbe in diesem Bereich sowie Schlackeneinschlüsse oder Randoxidation sind. Ebenso können Grübchen und Schleifrisse der Ausgangspunkt von Ermüdungsbrüchen sein, die dann oberhalb des Zahnfußes beginnen.

Wie auch bei anderen Bauteilen besteht die Bruchfläche gemäß Abbildung 18.139 in der Regel aus einer feinkörnigen Dauerbruchfläche (zum Teil auch mit Reibkorrosion), Rastlinien und einer Gewalt-Restbruchfläche. Bei konstanter Amplitude der Spannung entstehen häufig keine Rastlinien.

Ein Zahnbruch führt meistens zum vollständigen Ausfall des Getriebes, da die ausgebrochenen Teile Verzahnungen und Lager zerstören. Bei großen Sondergetrieben (z.B. bei Schiffsgetrieben, Schaufelradantrieben, Walzwerksantrieben) besteht oft die Notwendigkeit des Weiterbetriebes, was nach Prüfung der verbleibenden Zähne auf Anrisse und dem Ausschleifen der Bruchfläche sowie dem Abbohren von Anrissbereichen und einer Überprüfung der Lager auf Schäden auch in Ausnahmefällen bis zum nächsten planmäßigen Reparaturstillstand möglich ist.

Grundsätzlich mindern große Moduln und damit kleine Zähnezahlen die Gefahr eines Zahnfußbruches, erhöhen jedoch gleichzeitig die Gefahr der Grübchenbildung und senken die Fresstragfähigkeit. Ebenfalls günstig ist eine positive Profilverschiebung bei kleinen Zähnezahlen, jedoch nimmt die erzeugte Fußausrundung mit zunehmender Profilverschiebung wieder ab, was bei großen Zähnezahlen wiederum zu einer entgegengesetzten Wirkung führt. Ein größerer Eingriffswinkel hilft nur bedingt, da die Fußausrundung kleiner wird und auch die Profilüberdeckung abnimmt. Den positiven Einflüssen einer Hochverzahnung steht die größere Fressgefahr gegenüber. Generell günstig sind große, riefenfreie Fußausrundungen und eine konturentreue Oberflächenhärtung. Dabei ist jedoch zu beachten, dass die harte Randschicht nicht vor dem Zahngrund ausläuft, da dann nämlich eine bedeutende Absenkung der Fußfestigkeit gegenüber konturentreuer

Härtung eintritt. An solchen Stellen entstehende Risse laufen in den Radkranz bzw. den Radkörper hinein [18.216].

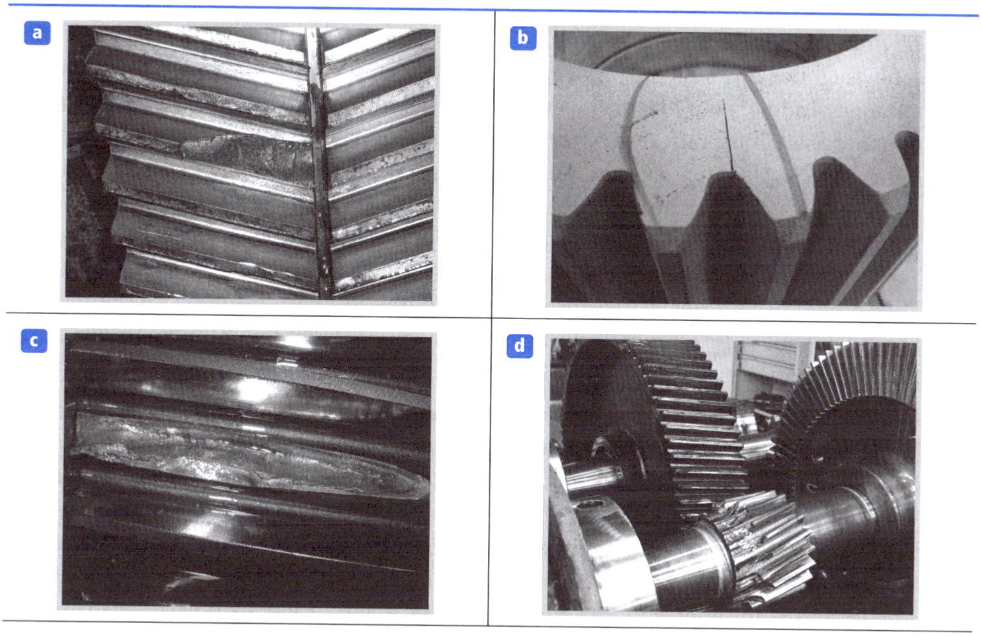

Abbildung 18.139: Schadensbilder an Verzahnungen – Ermüdungs- und Gewaltbrüche am Zahnfuß – a) Ermüdungsbruch am Zahnfuß, b) Ermüdungsbruch am Radkranz, c) Gewaltbruch am Zahnfuß (Sprödbruch), d) Gewaltbruch am Zahnfuß (zäher Bruch – Wulstbruch)

Ein weiterer Ausgangspunkt von Ermüdungsbrüchen sind Ölbohrungen im Zahngrund, die bei Einsatzstählen unbedingt einsatzgehärtet und bei sehr hohen Beanspruchungen völlig vermieden werden sollten. Bei dünnen Radkränzen mit Passfedernuten können von der Nut aus Radkörperbrüche entstehen, was unter Umständen sogar bei „glatten" dünnen Radkränzen mit Außenverzahnung, z.B. Planetenrädern, Sonnenritzeln möglich ist.

i **Gewaltbruch am Zahnfuß sowie Überschreiten der Verformungs- oder Anrissgrenze** – diese Schadensfälle treten immer dann ein, wenn eine Überschreitung der quasistatischen Festigkeit (Beanspruchbarkeit) durch eine höhere Beanspruchung erfolgt, was z.B. bei Blockierungen anderer Bauteile im Getriebe oder Antriebsstrang bei einer Havarie der Fall sein kann.

Abbildung 18.139 c) zeigt das typische Aussehen des Bruchquerschnittes einer einsatzgehärteten Verzahnung (Sprödbruch), während bei Bau- und Vergütungsstählen gemäß Abbildung 18.139 d) im Allgemeinen Verformungsbrüche auftreten, die durch plastische Verformung und Wulstbildung an der dem Bruchbeginn gegenüberliegenden Seite gekennzeichnet sind.

Liegen sehr scharfe Kerben und spröde Randschichten vor, erfolgt vor der plastischen Verformung und vor dem Bruch zunächst ein Anriss, wobei es dann auch zu Brüchen oberhalb des Zahnfußes kommen kann, da dort die Nennspannung in Einzelfällen größer ist als am Zahnfuß. Demgegenüber haben Kerben bei vergüteten Werkstoffen und nicht zu scharfen Kerben bei einsatzgehärteten Werkstoffen kaum einen absenkenden Einfluss auf die Zahnbruchfestigkeit.

Obwohl die Spannung an der Druckseite des belasteten Zahnes größer ist als an der Zugseite, liegt der Bruchbeginn auf Grund der Werkstoffeigenschaften an der Zugseite. Ausnahmen sind bei sehr elastisch gestaltetem Radkörper möglich, bei dem die Radialkomponente der Zahnkraft eine Verlagerung der gefährdeten Querschnitte bewirken kann. Führt die Überlastung dagegen nicht zum Bruch, so kann jedoch vorher selbst bei einer einsatzgehärteten Verzahnung eine plastische Verformung entstehen [18.179], [18.180], [18.222]. Bei vollen Radkörpern entsteht der Anriss an der Zugseite entsprechend einem Tangentenwinkel an die Fußkurve von $\theta = 30 \ldots 50°$. Bei elastischer Gestaltung des Zahnrades verläuft der Anriss umso steiler in den Radkörper hinein, je dünner der Radkranz ist, sodass im Grenzfall der Bruch nahezu senkrecht zum Fußzylinder durch den Radkranz verläuft.

Bei Innenverzahnungen mit großer Zähnezahl und sehr elastischer Aufhängung des Radkranzes geht gemäß Abbildung 18.140 der Bruchbeginn an die als Druckseite bezeichnete Stelle des Zahnrades über, was sich mit der Wirkung der Radialkomponente der Zahnkraft begründen lässt. Dadurch entsteht am belasteten Zahn eine sich der Biege-Zug-Spannung überlagernde Biege-Druck-Spannung, die den Betrag der resultierenden Spannung an der Zugseite senkt und an der Druckseite erhöht. Ferner ist bei elastischen Hohlrädern zu beachten, dass um einen größeren Winkel am Umfang, versetzt an der als Druckseite bezeichneten Stelle des Zahnes, infolge des Biegemomentes im Zahnkranz noch eine Biege-Zugspannung auftritt, sodass letztlich der Kranz des Hohlrades einer Wechselbeanspruchung unterliegt [18.171], [18.192].

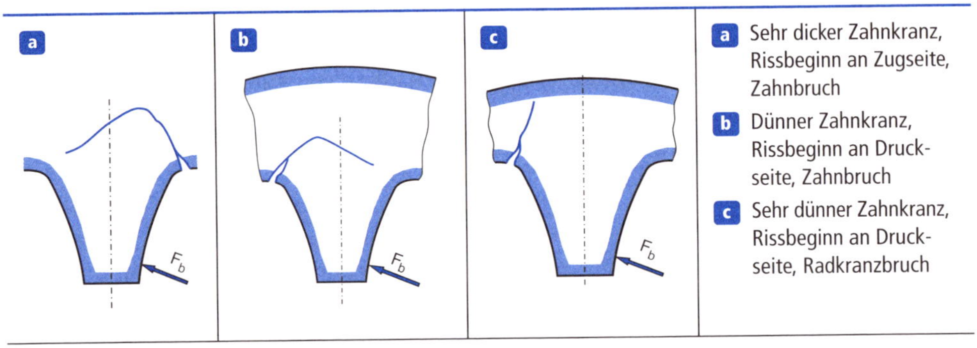

Abbildung 18.140: Schadensbilder an Verzahnungen – Verläufe der Ermüdungsrisse bei Innenverzahnungen [18.216]

In Erweiterung der vorgestellten Schadensbilder sind in DIN 3979 weitere Schäden aus dem Fertigungsprozess – hierunter fallen Schmiedefalten, Härterisse, Zunderbildung, Schleifriss und Schleifbrand – zusammengefasst, die genauso wie Schäden durch zu hohe Erwärmung (Anlasseffekte), Korrosion, Stromdurchgang und Verunreinigungen nicht Gegenstand eines Tragfähigkeitsnachweises sein können, sondern durch geeignete qualitätssichernde Maßnahmen in der Fertigung und einen ordnungsgemäßen Betrieb unbedingt zu vermeiden sind [18.50].

Insbesondere Härterisse als Folge zu hoher Härte bei Flamm- oder Induktionshärtung, zu schroffer Abschreckung oder ungenügenden Entspannungsglühens sollte man nur tolerieren, wenn sie vereinzelt in Zahnkopfnähe auftreten und die Beanspruchungen nicht zu hoch sind. Auch Schleifbrand und Schleifrisse aufgrund eines zu hohen örtlichen Wärmeeintrages beim Verzahnungsschleifen sind nicht zulässig, sobald sie netzförmig auftreten [18.252]. Generell sind Härterisse ein Hinweis auf Zugeigenspannungen, die die Grübchenfestigkeit mindern und in Zahnfußnähe Ausgangspunkt für einen Ermüdungsbruch sein können [18.244]. Zur einfachen Rissprüfung eignen sich magnetische Prüfverfahren oder aber Farbeindringverfahren.

Beim Betrieb von Zahnradgetrieben führen häufig Stromdurchgänge zu Verzahnungsschäden, die sich nicht durch eine Berechnung erfassen lassen. Dabei kommt es durch Potentialunterschiede zwischen elektrischen Maschinen, Getriebe und Fundamentierung zur Funkenbildung zwischen den Zahnflanken, in deren Folge eine große Anzahl kleiner Krater oder auch größere Einbrandstellen entstehen, die am Rand Anlassfarben aufweisen. Auch bei Schweißarbeiten an Maschinen und Anlagen und den darin eingebauten Getrieben sind bei nicht sachgemäßer Erdung Stromübergangsbeschädigungen an der Verzahnung möglich [18.50].

Bei Ausfall der Schmierung und der damit fehlenden Kühlung des Zahneingriffes kann Warmfließen der Verzahnung eintreten, was sich an der Verfärbung und plastischen Verformung der Zähne erkennen lässt.

Auch wenn in der DIN 3979 und der Fachliteratur weitere Schadensbilder dokumentiert sind, sei abschließend darauf hingewiesen, dass die am häufigsten auftretenden Zahnradschäden die Grübchenbildung, der Zahnbruch durch Ermüdung und Überlastung sowie das Fressen sind, was letztlich auch zu den Tragfähigkeitsnachweisen in DIN 3990 und ISO 6336 geführt hat [18.50], [18.51], [18.164], [18.216], [18.252]. Zur Führung eines Tragfähigkeitsnachweises müssen neben der bereits behandelten Geometrie der Verzahnung die einwirkenden Kräfte und Momente bekannt sein, deren Ermittlung im folgenden Abschnitt behandelt wird.

18.4.2 Kräfte, Momente und Lastkollektive

Der Belastungsverlauf eines Zahnes während einer Radumdrehung entspricht gemäß Abbildung 18.141 einer Impulsfolge, da der Zahn jeweils nur kurzzeitig während des Eingriffes belastet wird und für die restliche Zeit der Umdrehung unbelastet bleibt. Demzufolge unterliegt der Zahn selbst bei konstanter äußerer Betriebslast immer einer dynamischen Belastung. Üblicherweise handelt es sich um eine schwellende Belastung, bei Zwischenrädern von Räderketten kommt es durch den wechselnden Eingriff an Vorder- und Rückflanke zu einer Wechselbelastung des Zahnes. Gleiches gilt auch für elastische Hohlradkränze (s. a. Kapitel 19). Die Höhe der Zahnbeanspruchung hängt somit hauptsächlich von der während des Eingriffes wirkenden äußeren Zahnkraft ab, die sich unter Vernachlässigung der inneren dynamischen Zusatzkräfte gemäß Abschnitt 18.4.2.3 im Wesentlichen aus dem am Zahnrad wirkenden äußeren Torsionsmoment ergibt.

Bei dieser Vorgehensweise handelt es sich bereits um eine Vereinfachung, da man eigentlich den Beanspruchungs-Zeit-Verlauf gemäß Abbildung 18.141 für jeden einzelnen Zahn einer Radpaarung ermitteln müsste, um damit die Überlebenswahrscheinlichkeit eines jeden Zahnes zu bestimmen (s.a. Kapitel 3, Maschinenelemente 1 [18.306]). Diese Überlebenswahrscheinlichkeit hängt dann nicht nur vom gesamten Verlauf der Beanspruchung während aller jemals zu ertragenden Eingriffe eines Zahnes ab, sondern genau genommen auch von der Zähnezahl, wobei die Überlebenswahrscheinlichkeit mit zunehmender Zähnezahl sinkt, da die Bruchwahrscheinlichkeit mit zunehmender Zähnezahl ansteigt.

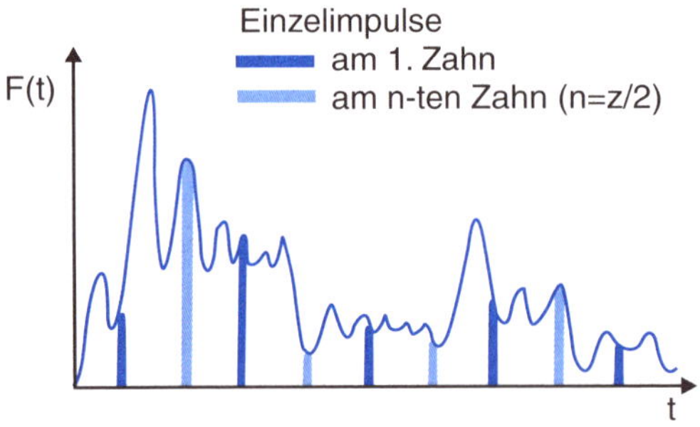

Abhängig von den Schwankungen des äußeren Torsionsmomentes $M_t(t)$ und dem zugehörigen Zahnkraftverlauf $F(t)$ ergeben sich je nach Eingriffsstellung für jeden Zahn unterschiedliche Belastungsfolgen. Nur wenn ein nahezu konstanter Verlauf von Drehmoment $M_t(t) \approx \text{konst.}$ und Zahnkraft $F(t) \approx \text{konst.}$ vorliegt, ist auch die Belastungshöhe des einzelnen Zahnes bei jedem Eingriff annähernd gleich.

Abbildung 18.141: Äußerer Zahnkraftverlauf und daraus resultierende Belastung am einzelnen Zahn

Die nachfolgende vereinfachende Betrachtung von Kräften und Momenten ist jedoch sinnvoll, da in den meisten Fällen weder die Frequenzabhängigkeit noch die statistische Verteilung der Beanspruchbarkeit für eine bestimmte Beanspruchungs-Zeit-Funktion vorliegen und darüber hinaus nur in den wenigsten Fällen die genaue Größe der Belastung bekannt ist, sodass sich folgende Ausgangssituation ergibt:

1 **Es ist ein Belastungskollektiv gegeben** – Dabei stehen gemessene oder simulierte Belastungs-Zeit-Verläufe zur Verfügung, die zur Begrenzung des erforderlichen Mess- oder Simulationsaufwandes meist nur einen begrenzten Zeitraum von Stunden oder Monaten umfassen. Unterzieht man solche Verläufe gemäß Abbildung 18.141 einer Klassierung, so erhält man eine nach fallender Größe geordnete Belastungs-Häufigkeits-Verteilung (Höhe der Belastung M_{ti} und zugehörige Dauer als Lastwechselzahl ΔN_i), die man auch als Lastkollektiv bezeichnet. Bei einem derartigen Lastkollektiv gemäß Abbildung 18.142 geht die tatsächliche Reihenfolge der einzelnen Wechsel zwischen hoher und niedriger Belastung verloren, was sich jedoch auf das Berechnungsergebnis nicht auswirkt. Außerdem ist das Kollektiv noch vom kurzen Messzeitraum auf den gesamten Zeitraum der geplanten Nutzungsdauer zu extrapolieren (s.a. Kapitel 3, Maschinenelemente 1 [18.306]).

Während bei einem gemessenen Belastungs-Zeit-Verlauf an einer Getriebewelle äußere dynamische Zusatzkräfte (Momente) enthalten sind, soweit sie im Messzeitraum auftreten, beinhalten simulierte Belastungs-Zeit-Verläufe diese äußeren dynamischen Einflüsse nur, wenn sie in der Modellierung berücksichtigt wurden. Innere dynamische Zusatzkräfte zwischen zwei im Eingriff befindlichen Zähnen lassen sich dagegen an einer Getriebewelle nicht ohne weiteres messen, jedoch sind sie bei einer detaillierten Simulationsrechnung direkt im Zahnkontakt modellierbar und damit im Belastungs-Zeit-Verlauf enthalten.

Oftmals sind auch nur die zu übertragende Nutzleistung bzw. das zu übertragende Nutzdrehmoment M_{ti} nach Größe und Dauer ΔN_i bekannt, was im Gegensatz zur genaueren Messung oder Simulation wiederum einer Vereinfachung entspricht. Es ist dann im Einzelfall zu klären, inwieweit diese Angaben schon Informationen über äußere oder innere dynamische Zusatzkräfte enthalten.

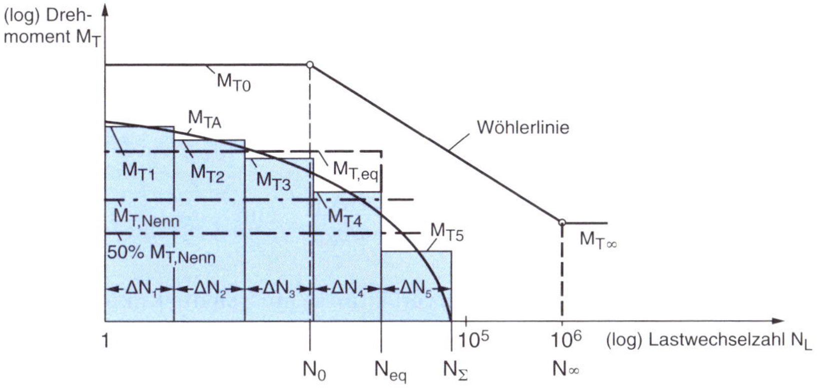

Abbildung 18.142: Lastkollektiv als Ergebnis der Klassierung einer Belastungs-Zeit-Funktion und zugehörige Wöhlerlinie

2 **Es sind nur Nennleistung und Nenndrehzahl an der Getriebeeingangs- oder -ausgangswelle gegeben** – Demzufolge lässt sich daraus ein Nenndrehmoment $M_{T,Nenn}$ gemäß Abbildung 18.143 bestimmen, das jedoch keine weiteren Informationen über innere oder äußere dynamische Zusatzkräfte enthält. Regelmäßig auftretende höhere Belastungen als die Nennbelastung werden durch pauschalierte Anwendungsfaktoren K_A berücksichtigt, die aus der Erfahrung in Abhängigkeit von Antriebs- und Arbeitsmaschine gemäß DIN 3990 festzulegen sind (s.a. Abschnitt 18.4.2.2). Innere dynamische Zusatzkräfte, die insbesondere bei schnell laufenden Getrieben von Bedeutung sein können, sind ebenfalls über zusätzliche Berechnungsansätze nach DIN 3990 zu berücksichtigen (s.a. Abschnitt 18.4.2.3) [18.51].

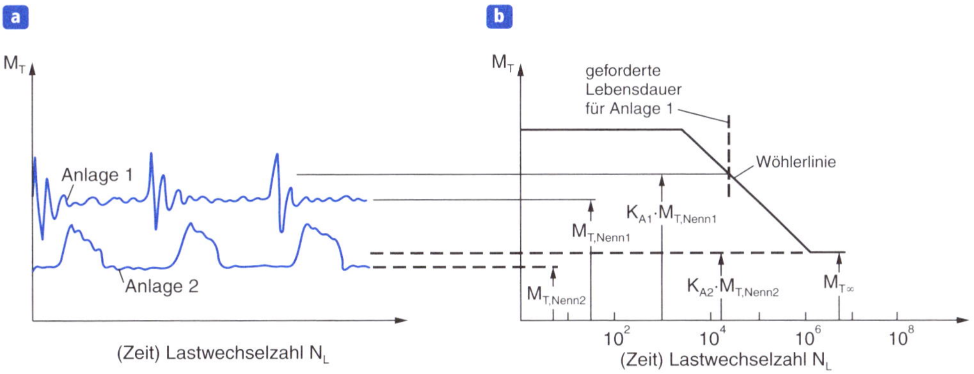

Abbildung 18.143: Nennmoment von Anlagen und Berücksichtigung äußerer dynamischer Schwingungsbelastungen durch pauschalierte Anwendungsfaktoren K_A nach [18.216]

Da in den meisten Anwendungsfällen häufig nur Nennleistung und Nenndrehzahl zur Verfügung stehen, wird nachfolgend auf die Bestimmung der sich daraus ergebenden Nennkräfte und Nennmomente eingegangen, wobei die Berücksichtigung der äußeren und inneren dynamischen Zusatzkräfte mithilfe von Faktoren ebenfalls behandelt wird.

Der Vollständigkeit halber wird aber auch die Vorgehensweise zur Anwendung von Lastkollektiven auf der Grundlage gemessener oder simulierter Belastungs-Zeit-Verläufe in Abschnitt 18.4.2.4 vorgestellt.

Bei den nachfolgend behandelten Tragfähigkeitsnachweisen für Verzahnungen wird die an den Teilkreisdurchmessern d_1 (Ritzel) und d_2 (Rad) angreifende Tangentialkraft $F_{t1,2}$ genutzt, die sich bei bekannter Nennleistung P_{Nenn} und Nenndrehzahl n_{Nenn} wie folgt bestimmen lässt:

$$F_t = F_{t1,2} = F_{tNenn1,2} = \frac{M_{T,Nenn1,2}}{\frac{d_{1,2}}{2}} \quad \text{mit} \quad M_{T,Nenn} = \frac{P_{Nenn}}{\omega_{Nenn}} \quad \text{und} \quad \omega_{Nenn} = 2 \cdot \pi \cdot n_{Nenn} \tag{18.259}$$

Aufgrund der Momenten- und Durchmesserverhältnisse müssen die Kräfte an Rad und Ritzel gleich sein, weshalb die Nenn-Zahntangentialkraft $F_{t,Nenn}$ am Teilkreis im Folgenden einfach nur mit F_t bezeichnet wird. Am treibenden Ritzel wirkt diese Kraft F_t entgegen der Drehrichtung, während sie am getriebenen Rad in Drehrichtung wirkt.

Entsprechend Abbildung 18.144 ist die Tangentialkraft eine Komponente der senkrecht auf die Zahnflanke wirkenden Zahnnormalkraft im Stirnschnitt F_{bt}, die vereinfachend bis zum Teilkreisdurchmesser auf der Flanke verschoben wird. Über den Schrägungswinkel β, den Eingriffswinkel im Stirnschnitt α_t und den am Grundkreiszylinder vorliegenden Schrägungswinkel β_b ($\sin \beta_b = \sin \beta \cdot \cos \alpha_n$) lassen sich die zur Tangentialkraft F_t gehörende Axialkraftkomponente F_a und die Radialkraftkomponente F_t berechnen.

Der Vollständigkeit halber sei darauf hingewiesen, dass aufgrund des Gleitens der Zahnflanken bei Berührung außerhalb des Wälzpunktes C und der dabei entstehenden Reibung zusätzliche Reibkräfte entstehen. Die Wirkungslinie dieser Reibkräfte ist immer eine Tangente an die Zahnflanke, wobei die Wirkungsrichtung von der Eingriffsstellung abhängt. Dabei kommt es vom Eingriffsbeginn bis zum Wälzpunkt C zum stemmenden Gleiten der Kopfflanke des getriebenen Rades gegen die Fußflanke des treibenden Ritzels, sodass das infolge der Reibkraft entstehende Drehmoment am treibenden Ritzel in Drehrichtung und am getriebenen Rad entgegen der Drehrichtung wirkt. Nach dem Durchlaufen des Wälzpunktes C, in dem die Reibkräfte gleich Null sind, da reines Rollen vorliegt, kehren sich die Wirkungsrichtungen der Reibkräfte um, sodass es zum ziehenden Gleiten der Kopfflanke des treibenden Ritzels entlang der Fußflanke des getriebenen Rades kommt.

Reibkraft und Normalkraft ergeben in jeder Eingriffsstellung eine resultierende Zahnkraft, die sich kaum von der Zahnnormalkraft unterscheidet, weshalb eine Vernachlässigung möglich ist. Anhand einer genaueren Betrachtung wird deutlich, dass es im Bereich des stemmenden Gleitens zu Krafterhöhungen zwischen 4 % und 7 % kommt, während im Bereich des ziehenden Gleitens Kraftminderungen zwischen 1 % bis 3 % feststellbar sind [18.216].

Wichtiger als diese Reibkräfte sind vielmehr Zusatzkräfte aus Schwingungsvorgängen, die sich den aus dem Nennmoment folgenden Zahnkräften überlagern, wobei man grundsätzlich zwischen inneren und äußeren dynamischen Zusatzkräften unterscheidet.

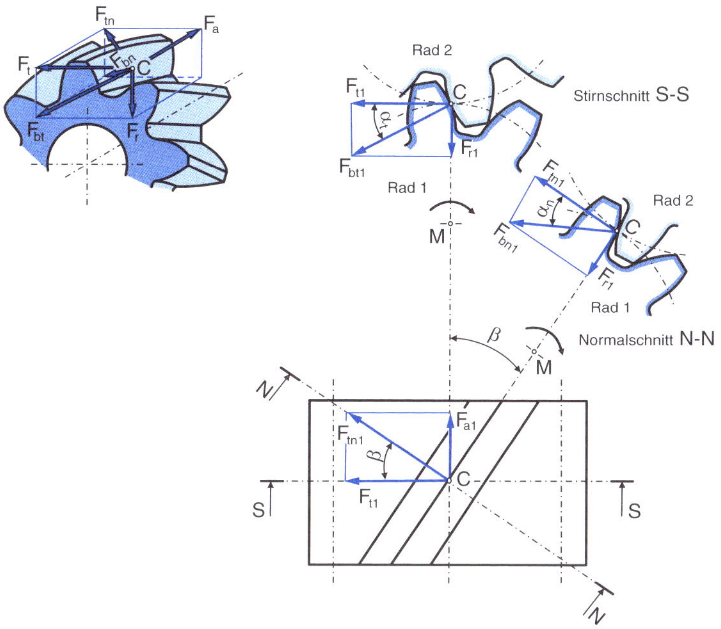

Axialkraft:	$F_a = F_t \cdot \tan\beta$ (18.260)	Radialkraft:	$F_r = F_t \cdot \tan\alpha_t$ (18.261)
Zahnnormalkraft im Stirnschnitt:	$F_{bt} = \dfrac{F_t}{\cos\alpha_t}$ (18.262)	Zahnnormalkraft im Normalschnitt:	$F_{bn} = \dfrac{F_{bt}}{\cos\beta_b}$ (18.263)

Abbildung 18.144: Zahnkraftkomponenten am Teilkreis

Während die inneren dynamischen Zusatzkräfte aus dem Zahneingriff selbst entstehen und damit hauptsächlich von der Schwankung der Zahnsteifigkeit (Einzel- und Doppeleingriff), fertigungsbedingten Verzahnungsabweichungen von der Soll-Flanke (Teilungsabweichungen) sowie lastbedingten Teilungsabweichungen infolge Zahnverformung (Eintrittsstoß) abhängen (Parametererregung), liegen die Ursachen für die äußeren dynamischen Zusatzkräfte außerhalb des Getriebes und betreffen das gesamte Antriebssystem aufgrund häufiger Anfahrvorgänge oder periodischer Arbeitsweisen der Antriebsmaschinen (z. B. Verbrennungsmotor) sowie periodischer oder stochastischer Arbeitswiderstände auf der Seite der Arbeitsmaschinen (z. B. Kolbenverdichter, Schaufelradbagger, Windenergieanlage, Walzgerüst).

Gleichwohl hängt die absolute Höhe der inneren und äußeren dynamischen Zusatzkräfte generell von der Verteilung bzw. Anordnung der Massen, Trägheiten, Steifigkeiten und Dämpfungen sämtlicher Bauteile des Antriebssystemes ab und wirkt sich unterschiedlich erhöhend auf die Belastung der einzelnen Bauelemente aus. In diesem Zusammenhang darf auch die Umgebungskonstruktion, in der der Antriebsstrang eingebettet ist, nicht vernachlässigt werden, wie Untersuchungen an Antrieben von Windenergieanlagen, Kranen, Mühlen, Kompressoren und Schiffen zeigen [18.308], [18.309], [18.310], [18.314], [18.315], [18.316].

Bevor auf die Möglichkeiten zur Berücksichtigung der inneren und äußeren dynamischen Zusatzkräfte eingegangen wird, sollen im folgenden Abschnitt grundlegende Zusammenhänge zur Verzahnungssteifigkeit und Verzahnungsdämpfung behandelt werden, da diese einen erheblichen Einfluss auf das dynamische Verhalten und die Lastverteilung haben.

18.4.2.1 Zahnsteifigkeit und Verzahnungsdämpfung

Die Tragfähigkeit einer Verzahnung einerseits und die Beeinflussung des dynamischen Verhaltens und der daraus entstehenden Kräfte andererseits hängen wesentlich von der Zahnsteifigkeit ab, wobei die Zahnsteifigkeit das Verhältnis zwischen der einwirkenden Kraft und der durch sie verursachten elastischen Zahnverformung gemäß Abbildung 18.145 beschreibt.

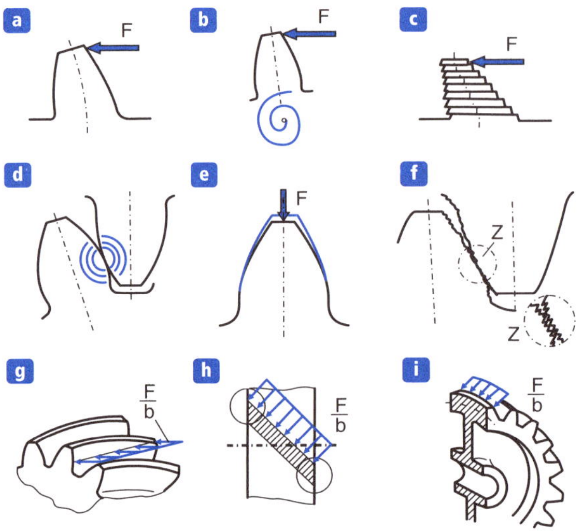

- **a** Biegeverformung des Zahnes
- **b** Biegeverformung durch Einspannelastizität
- **c** Schubverformung
- **d** Abplattung infolge Hertz'scher Pressung
- **e** Stauchen in radialer Richtung
- **f** Verformung durch Kontaktelastizität infolge Oberflächenrauheit
- **g** Einfluss der Zahnkrümmung auf die Verformung über der Radbreite
- **h** Einfluss der Zahnenden auf die Verformung über der Breite
- **i** Einfluss der Kranzelastizität auf die Verformung über der Breite

Abbildung 18.145: Anteile der resultierenden Zahnverformung nach [18.216]

Bezüglich der Tragfähigkeit sind die Lastverteilung über der Zahnbreite, ausgedrückt durch die Breitenfaktoren $K_{H\beta}$ (für die Zahnflanke) und $K_{F\beta}$ (für den Zahnfuß), sowie die Lastverteilung über dem Radumfang, ausgedrückt durch die Stirnfaktoren $K_{H\alpha}$ (für die Zahnflanke) und $K_{F\alpha}$ (für den Zahnfuß) gemäß Abschnitt 18.4.3 von Bedeutung. Bei der Anregung innerer dynamischer Zusatzkräfte, ausgedrückt durch den Dynamikfaktor K_v, sowie zur Bestimmung der Eigenfrequenz ω_0 einer Radpaarung hat die Zahnsteifigkeit ebenfalls Einfluss.

Abhängig von diesen unterschiedlichen Fragestellungen sind zur Erfassung der Zahnsteifigkeit als Kenngröße verschiedene Betrachtungsweisen sinnvoll. So benötigt man zur Ermittlung der Eigenfrequenz einer Radpaarung lediglich den Mittelwert der abhängig von der Eingriffsstellung schwankenden Verzahnungssteifigkeit, der sich aus der Überlagerung der Einzelfedersteifigkeiten der zum Eingriff kommenden Zahnpaare bestimmen lässt. Um jedoch die Anregung aus inneren dynamischen Zahnkräften beurteilen zu können, benötigt man genau diese Schwankungen der resultierenden Verzahnungssteifigkeit infolge der wechselnden Eingriffsverhältnisse. Zur Bestimmung der Lastverteilung auf die im Eingriff befindlichen Zahnpaare müssen wiederum die Einzelfedersteifigkeiten der Zahnpaare in der jeweiligen Eingriffsstellung berücksichtigt werden, während zur Berechnung der Lastverteilung über der Zahnbreite die Einzelfedersteifigkeiten über der Zahnbreite bekannt sein müssen.

Zur Ermittlung der Zahnsteifigkeit muss die in Richtung der wirkenden Kraft vorhandene Zahnverformung bestimmt werden, die sich gemäß Abbildung 18.145 aus einer Reihe von Einzelanteilen zusammensetzt.

Dabei entsteht der größte Verformungsanteil meistens aus der Biegeverformung des Zahnes, der als eingespannter elastischer Balken betrachtet werden kann, der sich unter Last verbiegt. Ein zweiter wesentlicher Biegeverformungsanteil ergibt sich aus einer zusätzlichen Neigung der Einspannstelle im Radkörper aufgrund der vorhandenen Einspannelastizität, Abbildung 18.145 a) und b). Weiterhin ist eine Schubverformung der Zahnquerschnitte infolge der Querkraft zu beobachten.

Geht man über auf ein Zahnpaar im Eingriff, so entsteht ein weiterer bedeutender Verformungsanteil durch die Hertz'sche Abplattung der belasteten Zahnflanken, der im Gegensatz zu den bisher genannten Anteilen nicht linear ist, da der Betrag der Abplattung nicht proportional mit der wirkenden Kraft ansteigt, Abbildung 18.145 d). Bei Schrägverzahnungen hat auch die vorhandene Zahnlängskrümmung einen Einfluss auf die Zahnverformung.

Während man diese Elastizitätsanteile näherungsweise als über der Zahnbreite konstant ansehen kann, muss man bei einer genaueren Betrachtung der Verformung über der Zahnbreite berücksichtigen, dass am Zahnrand gegenüber der Zahnmitte geringe Unterschiede auftreten. Des Weiteren beeinflussen bei Schrägverzahnungen die schräg auslaufenden Zahnränder die Verformung an den Stirnseiten und es können auch größere Unterschiede in der Zahnverformung über der Zahnbreite bei Stegrädern infolge der Verformungsanteile entstehen, die durch die Kranzelastizität verursacht werden, Abbildung 18.145 g) bis i).

Zur Zahnsteifigkeitsberechnung wird im Weiteren näherungsweise ein ebener Verformungszustand vorausgesetzt, sodass sich die einzelnen Verformungsanteile für Geradverzahnungen bestimmen lassen [18.398]. Dabei wird zur Berechnung der Biege- und Schubverformung von der elementaren Bernoulli-Euler'schen Balkenbiegetheorie ausgegangen und zur Ermittlung der resultierenden Zahnverformung werden noch die Anteile infolge der Hertz'schen Abplattung ergänzt (s. a. Abschnitt 18.4.3).

Um diese analytische Vorgehensweise auch auf Schrägverzahnungen übertragen zu können, ist der Zahn gemäß Abbildung 18.146 a) in mehrere schmale Scheiben zu zerlegen. Bedingt durch die schräg über den Zahn verlaufende Berührlinie B (Kontaktlinie) gemäß Abbildung 18.146 b) ergeben sich für jede dieser Zahnscheiben andere Verformungen, da der Kraftangriff jeweils in einer anderen Höhe auf der Flanke erfolgt. Durch Aufsummierung der Zahnsteifigkeiten der einzelnen Scheiben in der jeweiligen Eingriffsstellung ergibt sich dann die insgesamt wirkende Zahnpaarsteifigkeit. Vereinfachend bleiben die Wechselwirkungen (Stützwirkungen) zwischen den Zahnscheiben bei dieser Vorgehensweise unberücksichtigt.

Zur genauen Ermittlung der Zahnsteifigkeit über der Zahnbreite kann die Methode der Verformungseinflusszahlen genutzt werden, auf die im Abschnitt 18.4.3.3 näher eingegangen wird. Dabei wird aus einer mit dieser analytischen Methode berechneten Lastverteilung unter Verwendung von Einflusszahlen die gesuchte Zahnverformung über der Zahnbreite ermittelt, sodass aus bekannter Lastverteilung und Verformung die gesuchte Zahnsteifigkeit bestimmt werden kann. Zur numerischen Verformungsberechnung wendet man üblicherweise die Finite-Elemente-Methode an, wobei jedoch die analytische Methode der Verformungseinflusszahlen deutliche Vorteile bei der Rechenzeit bietet.

Vergleicht man entsprechend Abbildung 18.146 c) den Verlauf der Zahnpaarsteifigkeit von Eingriffsbeginn bis Eingriffsende, so zeichnen sich Schrägzahnpaare im Vergleich zu Geradzahnpaaren durch einen deutlich flacheren Abfall der Steifigkeit zum Eingriffsbeginn und zum Eingriffsende hin aus, was sich ursächlich aus der sehr geringen Kontaktlinienlänge zu Eingriffsbeginn und Eingriffsende bei Schrägverzahnungen ergibt.

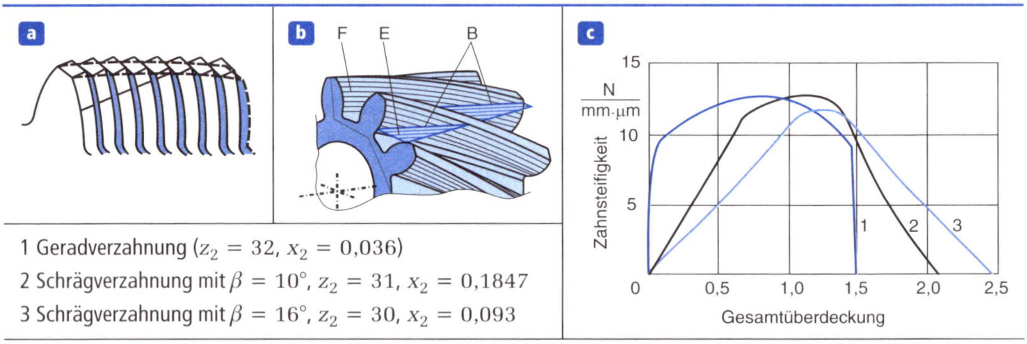

Abbildung 18.146: Scheibenmodell zur Berechnung der Verzahnungssteifigkeit bei Schrägverzahnungen a) und b) sowie Verzahnungssteifigkeiten über der Eingriffsstrecke c) für eine Verzahnung nach DIN 867 mit $m = 4$, $a = 100$ mm, $b = 50$ mm, $z_1 = 17$, $x_1 = 0{,}5$ [18.267]

Theoretisch müsste der Steifigkeitsverlauf am Eingriffsbeginn sogar einen Sprung von Null auf den Steifigkeitswert des Zahnes und am Eingriffsende wieder zurück auf Null aufweisen. Diese vor allem bei Geradverzahnungen beim Wechsel von Einzel- und Doppeleingriff vorhandene sprunghafte Steifigkeitsänderung bezeichnet man auch als Eingriffsstoß. Hinzu kommt ein Kopfkantenvor- und -nacheingriff unter Last gemäß Abbildung 18.147.

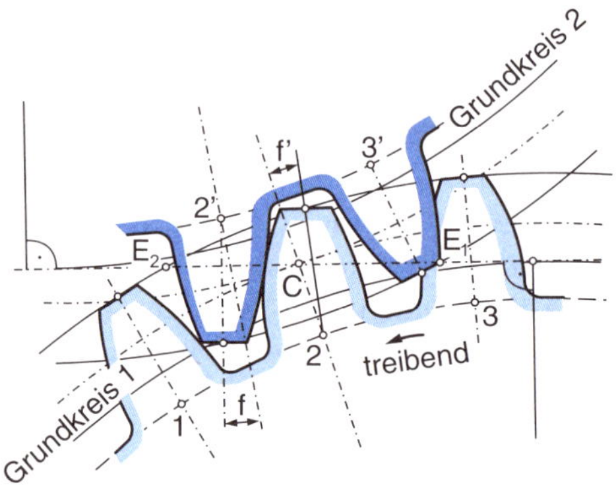

Das im Eingriff befindliche Zahnpaar verformt sich unter Last, sodass zwischen den Flanken dieses belasteten Zahnpaares und den Flanken der unmittelbar vor dem Eingriff stehenden unbelasteten Zähne ein Abstand vorliegt, der größer als die Eingriffsteilung ist, weshalb die Kopfkante des getriebenen Rades schon vor dem theoretischen Eingriffsbeginn die Flanke des treibenden Rades berührt.

Im Verlauf der weiteren Drehbewegung wird das sich im Kopfkanteneingriff befindende Zahnpaar immer stärker belastet, sodass die verformungsbedingte Vergrößerung der Teilung allmählich kleiner wird, bis am theoretischen Eingriffsbeginn der Abstand zwischen den Zahnflanken der benachbarten Zahnpaare unter Last wieder der Eingriffsteilung entspricht. Vergleichbare Vorgänge vollziehen sich am Eingriffsende.

Abbildung 18.147: Zahneintrittsstoß unter Last nach [18.252]

Durch eine geeignete Kopfrücknahme kann dieser Sprung in eine relativ allmähliche Lastübernahme entsprechend den Steifigkeitsverläufen in Abbildung 18.146 c) umgewandelt werden. Hierzu geht man vereinfachend von einem abweichungsfreien, unbelasteten Zahnpaar aus und deutet die Verformung des belasteten Zahnpaares als last- und drehwinkelabhängige Verzahnungsabweichung in Form einer Flankenrücklage [18.217]. Die aufzubringende Kopfrücknahme muss nun in ihrem Betrag etwa der Zahnflankenrücklage entsprechen, ihre Länge wird in Abhängigkeit vom zur Verfügung stehenden Zeitraum der Lastübernahme durch das zum Eingriff kommende Zahnpaar bestimmt. Somit kann dann die Zahnverformung am zum Eingriff kommenden Zahnpaar und damit auch die an ihm wirkende Zahnkraft in dem Maße ansteigen, wie sich der Kopfrücknahmebetrag vom Eingriffsbeginn an bis zum Kopfrücknahmeende auf Null verringert. Da jedoch die Kopfrücknahme entsprechend der Zahnverformung nur für eine bestimmte Betriebslast ausgelegt werden kann, bewirkt sie auch nur für diese Last eine deutliche Verbesserung der Laufruhe.

Zur Beurteilung der durch die Steifigkeitsschwankungen angeregten Schwingungen ist nun der aus der Überlagerung der Zahnpaarsteifigkeiten resultierende Gesamtverlauf der Verzahnungssteifigkeit gemäß Abbildung 18.148 von Interesse, wobei insbesondere die Größe der Schwankung entscheidend ist. Führt man eine Fourier-Analyse des Steifigkeitsverlaufes durch, so lässt sich die Verzahnungssteifigkeit c_z durch einen mittleren Anteil c_m und entsprechende periodische Anteile mithilfe der Fourier-Koeffizienten $C_{s,n}$ und $C_{c,n}$ ausdrücken und für die Erregerintensitäten κ_n jeder n–ten Harmonischen gilt:

$$c_z = c_m + \sum_{\nu=1}^{\infty} \left(C_{s,\nu} \cdot \sin(\nu \cdot \Omega \cdot t) + C_{c,\nu} \cdot \cos(\nu \cdot \Omega \cdot t) \right) \quad \text{und} \quad \kappa_\nu = \frac{\sqrt{C_{s,\nu}^2 + C_{c,\nu}^2}}{c_m} \qquad (18.264)$$

Abbildung 18.148 a) zeigt zwei typische Verzahnungssteifigkeitsverläufe für Gerad- und Schrägverzahnung, wobei der wesentlich ausgeglichenere Verlauf der Schrägverzahnung deutlich erkennbar ist, da hier immer mindestens zwei Zahnpaare im Eingriff sind. Ein ähnlicher Steifigkeitsverlauf ist auch bei Geradstirnrädern mit Hochverzahnung zu beobachten.

Aus den zugehörigen Spektren der Erregerintensitäten ist gut zu erkennen, dass die Erregerintensitäten der Schrägverzahnung weit unter denen der Geradverzahnung liegen, worin auch die bei Schrägverzahnungen geringeren dynamischen Zusatzbelastungen begründet liegen. Ferner ist es durch die starke Abnahme der Erregerintensitäten möglich, die Steifigkeitsverläufe mit einer geringen Anzahl von Fourier-Koeffizienten ausreichend genau wiederzugeben.

Nicht berücksichtigt sind nichtlineare Einflüsse im Verzahnungssteifigkeitsverlauf, wie sie durch ein während des Eingriffes auftretendes Klaffen der sich nicht über der ganzen Zahnbreite berührenden Zahnflanken entstehen können. Um die durch das Klaffen verursachten Veränderungen der wirksamen Verzahnungssteifigkeit näherungsweise einbeziehen zu können, müsste man eine Zerlegung der Verzahnungssteifigkeit in mehrere parallel geschaltete, über der Zahnbreite angeordnete Einzelsteifigkeiten gemäß Abbildung 18.148 b) vornehmen.

Wurden bisher nur Schwingungsanregungen aus der Belastung und der Art der Verzahnung (Gerad- oder Schrägverzahnung) unter Einbeziehung der Zahnsteifigkeit betrachtet, so ist eine Schwingungsserregung ebenfalls durch die herstellungsbedingten Abweichungen von der Sollflanke in Form der Profilform- und Profillage- sowie der Teilungsabweichungen möglich. Hierbei ist jedoch die Beschreibung der Verzahnungsabweichungen als Steifigkeitsänderung (Parametererregung) nur im quasi-statischen Betrieb exakt, da die genaue Erfassung in der Berechnung nur in Form einer Wegerregung (Zwangserregung) möglich ist.

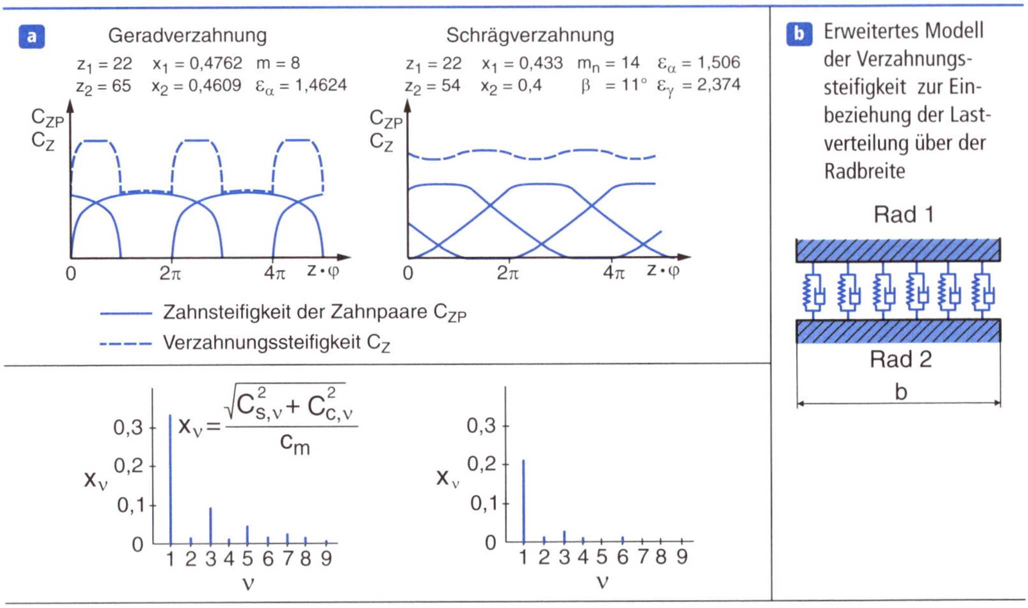

$$x_\nu = \frac{\sqrt{C_{s,\nu}^2 + C_{c,\nu}^2}}{c_m}$$

Abbildung 18.148: Verzahnungssteifigkeitsverläufe und Spektren der Erregerintensitäten bei Gerad- und Schrägverzahnung [18.216]

Zur Ermittlung der wirksamen Verzahnungsabweichungsfunktion sind die Eingriffsverhältnisse zu beachten. Abhängig von der Lage des Kontaktpunktes sind die am jeweiligen Flankenpunkt von Ritzel und Rad vorhandenen Abweichungen zu addieren und außerdem ist die Lastaufteilung bei Mehrfacheingriff zu berücksichtigen. Demzufolge ergibt sich die resultierende Störfunktion der Abweichungserregung f_z unter Einbeziehung der wirksamen Zahnpaarsteifigkeiten in Mehrfacheingriffsgebieten zu:

$$f_z = \frac{\sum_{i=1}^{n} \left(c_{z,i} f_{z,i} \right)}{\sum_{i=1}^{n} c_{z,i}} \tag{18.265}$$

Hierin bezeichnen $c_{z,i}$ die Zahnsteifigkeit des i-ten im Eingriff befindlichen Zahnpaares, $f_{z,i}$ die Verzahnungsabweichung des i-ten im Eingriff befindlichen Zahnpaares und n die Anzahl der im Eingriff befindlichen Zahnpaare. Dabei wird vereinfachend angenommen, dass infolge der statischen Vorlast kein Abheben einzelner Zahnflanken im Mehrfacheingriffsgebiet infolge der Verzahnungsabweichungen auftritt, wodurch die Berechnung von f_z noch komplizierter werden würde.

Da der Verlauf der Abweichung über der Zahnflanke bzw. dem Radumfang die Erregerfunktion wesentlich beinflusst, müssen die Verzahnungsabweichungsverläufe der einzelnen Zahnflanken bekannt sein, damit sich die genaue Verzahnungsabweichungsfunktion ermitteln lässt. Häufig sind aber nur die bei einer bestimmten Verzahnungsqualität maximal zulässigen Verzahnungstoleranzen oder gemessenen Maximalabweichungen bekannt. Grundsätzlich ist die wirksame Erregerintensität auschlaggebend für die Größe der angeregten Zusatzkräfte.

Diese lässt sich aus dem Verhältnis der Abweichungsschwankungen zur statischen Zahnverformung bestimmen. Demzufolge werden gut ausgelastete Verzahnungen weniger durch Verzahnungsabweichungen zu Schwingungen angeregt als schwach belastete Verzahnungen, die eher zum „Rasseln“ (Abheben unbelasteter Zahnflanken) oder „Hämmern“ (Abheben belasteter Zahnflanken) neigen.

Besonders starke Erregungen entstehen durch Abweichungen, die einen annähernd phasengleichen Verlauf bei zwei benachbarten Zahnpaaren aufweisen, da hierdruch eine nahezu rein periodische Erregung entsteht, bei der sich die Abweichungen in Mehrfacheingriffsgebieten kaum ausgleichen. Derartige Abweichungen können infolge von Schwingungen bei der Verzahnungsherstellung entstehen, wenn Verfahren mit werkzeugbedingter konstanter Teilung (z. B. Wälzfräser, Schleifschnecke) zum Einsatz kommen [18.216].

Zur praktisch zu handhabenden, näherungsweisen Ermittlung der Zahnsteifigkeit enthält DIN 3990 ein Verfahren, das auf einem Polynom-Ansatz zur Berechnung des theoretischen Steifigkeitswertes c'_{th} beruht, der dann durch eine Reihe von Korrekturfaktoren den tatsächlichen Verhältnissen angepasst und als Einzelfedersteifigkeit c' bezeichnet wird [18.51], [18.301], [18.398]. Unter Einbeziehung der Überdeckung ε_α lässt sich daraus dann für Gerad- und Schrägstirnräder bis zu einem Schrägungswinkel von $\beta < 45°$ die Eingriffsfedersteifigkeit c_γ über folgenden empirischen Ansatz bestimmen:

$$c_\gamma = c' \cdot \left(0{,}75 \cdot \varepsilon_\alpha + 0{,}25\right) \quad \text{mit} \quad c' = c'_{th} \cdot C_M \cdot C_R \cdot C_B \cdot \cos\beta \tag{18.266}$$

Dabei ist die Einzelfedersteifigkeit c' der Größtwert der Zahnfedersteifigkeit eines Zahnpaares im Normalschnitt und C_M bezeichnet den Korrekturfaktor, C_R den Radkörperfaktor und C_B den Bezugsprofilfaktor. Für die theoretische Einzelfedersteifigkeit c'_{th} gilt folgende Reihenentwicklung mit den Ersatz-Zähnezahlen z_{N1} und z_{N2}:

$$\begin{aligned}\frac{1}{c'_{th}} = {} & 0{,}04723 + \frac{0{,}15551}{z_{n1}} + \frac{0{,}25791}{z_{n2}} - 0{,}00635 \cdot x_1 - 0{,}11654 \cdot \frac{x_1}{z_{n1}} \\ & - 0{,}00193 \cdot x_2 - 0{,}24188 \cdot \frac{x_2}{z_{n2}} + 0{,}00529 \cdot x_1^{\,2} + 0{,}00182 \cdot x_2^{\,2}\end{aligned} \tag{18.267}$$

$$z_{n1} = \frac{z_1}{\cos^3\beta} \quad \text{und} \quad z_{n2} = \frac{z_2}{\cos^3\beta} \tag{18.268}$$

Die Gleichung (18.267) gilt für ein Norm-Bezugsprofil nach DIN 867 mit $\alpha = 20°$, $h_f = 1{,}2 \cdot m_n$ und $h_a = m_n$ sowie Profilverschiebungen von $x_1 \geq x_2$ und $-0{,}5 \leq x_1 + x_2 \leq 2{,}0$. Für die spezifische Belastung gilt ein Wert von $F_t / b = 300$ N/mm, wobei im Wertebereich von 100 N/mm $\leq F_t / b \leq$ 1600 N/mm die Abweichungen zwischen +5 % und −8 % liegen. Auch wenn die Gleichung zunächst für Außenverzahnungen gilt, so lassen sich näherungsweise auch Innenverzahnungen mit steifem Zahnkranz berechnen, wenn $z_{n2} = \infty$ gesetzt wird. Liegen andere Paarungen als Stahl gegen Stahl vor, so kann unter Verwendung der von Stahl verschiedenen E-Moduln E_1 und E_2 folgende Umrechnung vorgenommen werden, wobei z. B. für die Paarung Stahl gegen Grauguss $\xi = 0{,}74$ und für Grauguss gegen Grauguss $\xi = 0{,}55$ gilt:

$$c'_{th} = c'_{th\_St/St} \cdot \xi \quad \text{mit} \quad \xi = \frac{E^*}{E_{Stahl}} \quad \text{und} \quad E^* = 2 \cdot \frac{E_1 \cdot E_2}{E_1 + E_2} \tag{18.269}$$

Häufig ergeben sich im Vergleich zu den nach Gleichung (18.267) berechneten Werten aus Messergebnissen geringere Zahnsteifigkeitswerte, da sich z.B. die Kontaktelastizitäten der Zahnflanken schlecht erfassen lassen, weshalb man eine Abminderung durch den Korrekturfaktor $C_M = 0{,}8$ vornimmt.

Der Radkörperfaktor C_R berücksichtigt gemäß Tabelle 18.47 die Nachgiebigkeit des Zahnkranzes und des Steges und der Bezugsprofilfaktor C_B die Abweichungen des Bezugsprofils gegenüber dem Norm-Bezugsprofil nach DIN 867 [18.37].

Als Anhaltswert für die Zahnsteifigkeit kann man in Überschlagsrechnungen für Paarungen von Vollscheibenrädern aus Stahl mit einem Bezugsprofil nach DIN 867 für die Einzelfedersteifigkeit $c' = 14$ N/(mm · µm) und für die Eingriffsfedersteifigkeit $c_\gamma = 20$ N/(mm · µm) verwenden, wobei eine Profilüberdeckung von $1{,}2 < \varepsilon_\alpha < 1{,}9$ und eine Linienlast von $K_A \cdot F_B / b > 100$ N/mm vorausgesetzt werden. Weitere Ansätze zur Berechnung der Steifigkeit finden sich in der weiterführenden Fachliteratur [18.120], [18.207], [18.420], [18.424].

Abschließend soll noch auf die Dämpfungseigenschaften eingegangen werden, da diese neben den Steifigkeitseigenschaften auch einen erheblichen Einfluss auf das Schwingungsverhalten, insbesondere im Bereich von Resonanzstellen und den dort auftretenden Amplitudenüberhöhungen, haben. Üblicherweise wird in der Antriebstechnik mit viskoser Dämpfung gearbeitet, das heißt die Dämpfung verhält sich proportional zur Verformungsgeschwindigkeit.

Zusätzlich wird angenommen, dass während einer Eingriffsperiode eine konstante Zahnpaardämpfung vorliegt, jedoch wird zur möglichst genauen Beschreibung der Dämpfungsvorgänge eine Abhängigkeit von der Eingriffsstellung in der Weise berücksichtigt, dass alle einzelnen und konstanten Dämpfungsanteile der sich im Eingriff befindenden Zahnpaare zu einer gesamten Verzahnungsdämpfung aufsummiert werden.

Für Vollscheibenräder ist $C_R = 1$. Für Stegräder berechnet sich C_R mit folgenden Grenzbedingungen für b_s / b und s_R / m_n zu:			
$C_R = 1 + \dfrac{\ln\left(\dfrac{b_s}{b}\right)}{5 \cdot e^{\frac{s_R}{5 \cdot m_n}}}$ (18.270)	$b_s / b < 0{,}2$	$b_s / b > 1{,}2$	$s_R / m_n < 1$
	$b_s / b = 0{,}2$	$b_s / b = 1{,}2$	$s_R / m_n = 1$
	Hierin bezeichnen b_s die Stegbreite, b die Zahnbreite und s_R die Zahnkranzdicke.		
Für das Normbezugsprofil ist $C_B = 1$. Für alle anderen Profile gilt folgender Zusammenhang:			
$C_B = \left[1 + 0{,}5 \cdot \left(1{,}2 - \dfrac{h_f}{m_n}\right)\right] \cdot \left[1 - 0{,}02 \cdot (20° - \alpha)\right]$ (18.271)	Bei unterschiedlichen Fußhöhen der gepaarten Räder ist folgender Mittelwert zu verwenden: $C_B = 0{,}5 \cdot (C_{B1} + C_{B2})$		

Tabelle 18.47: Zur Berechnung des Radkörperfaktors C_R und des Bezugsprofilfaktors C_B

Wie in anderen Bereichen der Schwingungstechnik auch, ist die Vorgehensweise zur Bestimmung der konstanten Verzahnungsdämpfung physikalisch analytisch nicht möglich, sondern es erfolgt eine phänomenologische Bestimmung über das sogenannte Lehr'sche Dämpfungsmaß D nach Ernst Lehr (1896–1945, deutscher Physiker und promovierter Maschinenbauingenieur). Damit lässt sich der gesuchte Verzahnungsdämpfungskoeffizient d_z auf der Grundlage eines einfachen Torsionsschwingungsmodelles des Radpaares mit den Trägheitsmomenten J_1 und J_2 für Rad und Ritzel sowie der mittleren Verzahnungssteifigkeit c_m als in der Eingriffsebene wirkender Parameter bestimmen:

$$d_z = 2 \cdot D \cdot \sqrt{c_m \cdot \frac{J_1 \cdot J_2}{J_1 + J_2}} = 2 \cdot D \cdot \sqrt{c_\gamma \cdot b \cdot \frac{J_1 \cdot J_2}{J_1 + J_2}} \quad \text{mit} \quad c_\gamma = \frac{c_m}{b} \tag{18.272}$$

Hierin bezeichnen weiterhin c_γ die Eingriffsfedersteifigkeit, b die Zahnbreite und D das Lehr'sche Dämpfungsmaß für Verzahnungen mit Anhaltswerten gemäß Tabelle 18.48.

$P \leq 100$ kW	$P < 1000$ kW	$P > 1000$ kW	Im Stillstand	Im Lauf	Drehzahlabhängig
$D = 0{,}02$	$D = 0{,}04$	$D = 0{,}06$	$D = 0{,}014 \ldots 0{,}025$	$D = 0{,}025 \ldots 0{,}4$	$D = 0{,}02 \ldots 0{,}14$
Als minimaler Wert findet sich auch $D = 0{,}01$ und als maximaler Wert $D = 0{,}08$ [18.20], [18.239].					

Tabelle 18.48: Anhaltswerte zum Lehr'schen Dämpfungsmaß D für Verzahnungen [18.119], [18.120], [18.207], [18.420]

Ein anderer Ansatz geht davon aus, dass die mittlere Dämpfung der Verzahnung sowohl bei Geradstirnrädern als auch bei Schrägstirnrädern proportional zur Profilüberdeckung ist und mit der Last zunimmt, sodass folgender Ansatz gilt [18.142]:

$$d_z = \varepsilon_\alpha \cdot d_{ze} \quad \text{bzw.} \quad D = \varepsilon_\alpha \cdot D_{ze} \tag{18.273}$$

Hierin bezeichnen d_{ze} den mittleren Dämpfungskoeffizient eines Zahnpaares, D_{ze} das mittlere Dämpfungsmaß eines Zahnpaares und ε_α die Profilüberdeckung (bei $\beta = 0$ wirksame Profilüberdeckung).

Ungeachtet der großen Streuungen für das Lehr'sche Dämpfungsmaß führen die angegebenen Werte abhängig von den tatsächlichen Betriebsbedingungen zu guten Übereinstimmungen von Schwingungssimulationsrechnungen mit Messungen [18.335]. Weitere Möglichkeiten zur realitätsnahen Dämpfungsabstimmung von Verzahnungsstufen finden sich in der Fachliteratur [18.120], [18.313].

18.4.2.2 Äußere dynamische Zusatzkräfte

Die Belastung eines Getriebes und der darin eingesetzten Komponenten ergibt sich im Wesentlichen aus den während des Betriebes im Antriebsstrang wirkenden Drehmomenten, wobei allerdings auch Zusatzbelastungen aus Schub- oder Querkräften auftreten können, wie das z.B. bei Rotoren von Windenergieanlagen, Schiffspropellern, Rührwerken und auch Schaufelradantrieben (Seitenkräfte aus dem Grabvorgang) der Fall ist [18.308], [18.309], [18.314], [18.315], [18.321].

Erschwerend kommt hinzu, dass die tatsächlichen Betriebsbedingungen von Antriebssystemen und den darin eingesetzten Getrieben nur in den wenigsten Fällen durch nahezu konstante Dauerbelastungen durch das Nennmoment gekennzeichnet sind. Vielmehr unterliegen die Getriebe in Antriebssträngen in den weitaus häufigeren Einsatzfällen zusätzlichen Lastschwankungen, die den Laststufen eines definierten Arbeitszyklus bzw. der konstanten Nennlast überlagert sind. Durch diese am Getriebeantrieb und -abtrieb wirkenden Lastschwankungen infolge diskontinuierlicher Arbeitsprozesse entstehen in der Verzahnung dynamische Zusatzbelastungen, die man auch als äußere dynamische Zusatzkräfte bezeichnet.

Die Hauptursachen für diese dynamischen Zusatzkräfte sind zum einen stationäre Schwingungen, die sich zwangsläufig aus dem Arbeitsprozess beim planmäßigen Einsatz von Maschinen und Anlagen ergeben (z.B. Kolbenmotoren, Kolbenverdichter usw.) und zum anderen instationäre Schwingungen aus planmäßigen Anfahr- und Bremsvorgängen, Notstopp-Situationen, Wechseln der Belastungshöhe, Grabkräften bei Baggern, Walzanstichen bei Walzwerken sowie Naturereignissen, zu denen unter anderem die stochastische Windbelastung von Windturbinen sowie die stochastische Wellenbelastung bei Schiffen und Offshore-Konstruktionen zählen. Oftmals ist auch im Antriebsstrang vorhandenes Spiel die Ursache für ungewollt große Zusatzbelastungen bei Anfahr- und Bremsvorgängen sowie Lastrichtungsumkehr. Diese beispielhafte Auswahl zeigt bereits, dass die aus dem Arbeitswiderstand am Getriebeabtrieb und dem Antriebsmoment resultierenden Belastungen zeitlich sehr unterschiedliche Verläufe aufweisen können (s.a. Kapitel 1, Maschinenelemente 1 [18.306]).

Demzufolge muss das Ziel sein, die stationär ablaufenden Schwingungen im Antriebssystem durch eine Beseitigung ihrer Anregung zu vermeiden, wobei jedoch bei einer periodischen Schwingungsanregung durch den Einsatz von Kolbenmaschinen, Kolbenverdichtern oder Kreuzgelenkwellen meist nur eine gezielte Begrenzung der Amplituden oder eine Verschiebung kritischer Eigenfrequenzen durch den Einsatz von Kupplungen gelingt.

Oftmals sind aber auch zwischen der anregenden Stelle und dem Getriebe überhaupt keine Entkopplungen durch Kupplungen vorgesehen oder möglich. So sind bei aktuellen Windturbinenkonstruktionen die Rotoren direkt über eine Hauptwelle und eine starre Welle-Nabe-Verbindung (Schrumpfscheibe) mit dem Getriebe verbunden, bei Schaufelradbaggern reitet das Getriebe auf der Schaufelradwelle (Kupplungen sind nur motorseitig vorhanden) und auch bei den meisten Schiffsantrieben ist der Propeller über eine vergleichsweise starre Welle mit dem Getriebe verbunden [18.307], [18.309], [18.321], [18.322], [18.323].

Zur beanspruchungsgerechten Auslegung der Verzahnung und für die zu führenden Tragfähigkeitsnachweise müssen diese Schwingbelastungen in geeigneter Weise bewertet werden, was im Hinblick auf die erforderliche Genauigkeit immer für den jeweiligen Einsatzfall mithilfe von Messungen geschehen sollte. Da Messungen jedoch immer mit einem hohen Aufwand verbunden sind und oftmals in der Projektierungsphase mangels Messobjekt gar nicht möglich sind, bietet sich als sinnvolle Alternative die Simulation des Schwingungsverhaltens an, wobei der dafür erforderliche Aufwand auch nicht zu unterschätzen ist.

Um dennoch schnell an geeignete Auslegungsgrößen zu gelangen, nutzt man das in DIN 3990 niedergelegte Verfahren der Berechnung schädigungsäquivalenter Lasten aus Nennmomenten, die mithilfe anlagenspezifischer Anwendungsfaktoren K_A erhöht werden und damit einer ideelen Dauerbelastung entsprechen, mit der die jeweiligen Tragfähigkeitsnachweise geführt werden [18.51].

Auch wenn in der DIN 3990 zunächst nur ein Anwendungsfaktor K_A zur Berechnung der Sicherheit gegen Ermüdungsschäden vorhanden ist, so bietet es sich an, zwei unterschiedliche Faktoren K_{AB} und K_{AS} zu defninieren, da letztlich auch zwei grundlegende Schadensmechanismen zu unterscheiden sind, nämlich das Überschreiten der (quasi-)statischen Festigkeitswerte (Bruchfestigkeit, Streckgrenze) und die Ermüdung (Schwingfestigkeit, Dauerfestigkeit) [18.216]:

- Anwendungsfaktor K_{AB} – Zur Berechnung der Sicherheiten gegen Ermüdungsschäden aufgrund während des Betriebes ständig vorhandener dynamischer Zusatzbelastungen gemäß Abbildung 18.143, wobei auch Lastkollektiveinflüsse gemäß Abbildung 18.142 berücksichtigt werden
- Anwendungsfaktor K_{AS} – Zur Ermittlung der statischen Sicherheit gegen Zahnbruch bzw. bleibende Verformung oder Anriss infolge während der gesamten Betriebszeit auftretender maximaler stoßartiger (kurzzeitiger) Belastungen

Betrachtet man zunächst den Anwendungsfaktor $K_{AB} = K_A$ zur Berechnung der Sicherheiten gegen Ermüdungsschäden, so wird das die dynamische Belastung repräsentierende gesamte Lastkollektiv gemäß Abbildung 18.142 in einen einzigen Wert $M_{T,eq}$ (bzw. F_{eq}) überführt, der dem Lastkollektiv schädigungsäquivalent ist:

$$M_{T,eq} = K_A \cdot M_{T,Nenn} \tag{18.274}$$

Hierin bezeichnen $M_{T,Nenn}$ das maximale Nennmoment einer Anlage und K_A den sogenannten Anwendungsfaktor. Bei gegebenem Lastkollektiv und bekannter Wöhlerlinie gemäß Abbildung 18.142 lässt sich dieser wie folgt berechnen, wobei k die Neigung der Wöhlerlinie bezeichnet:

$$K_A = \frac{M_{T,eq}}{M_{T,Nenn}} = \left[\frac{\Delta N_1}{N_{eq}} \cdot \left(\frac{M_{T1}}{M_{T,Nenn}}\right)^k + \frac{\Delta N_2}{N_{eq}} \cdot \left(\frac{M_{T2}}{M_{T,Nenn}}\right)^k + \ldots\right]^{\frac{1}{k}} \qquad k = \frac{\log \dfrac{N_\omega}{N_0}}{\log \dfrac{M_{T0}}{M_{T\infty}}} \tag{18.275}$$

Für den jeweiligen Anwendungsfall ist die Neigung k = const. Sie variiert jedoch abhängig von der Belastungsart (z.B. Zug/Druck, Biegung, Torsion) und vom Bauteil (z.B. Welle, Zahnrad). Beim Zahnrad ist nochmals zu unterscheiden zwischen Grübchenbildung oder Zahnfußbruch.

Die Gleichungen (18.274) und (18.275) gelten sinngemäß auch für Kräfte, Drücke und Leistungen, wobei man immer davon ausgeht, dass es sich um die maximalen Belastungen aus dem stationären Betrieb (Nennbetrieb) handelt (z.B. das Drehmoment für die maximale Hublast eines Kranhubwerkes im Dauerbetrieb, das maximale Dauer-Walzmoment). Abbildung 18.143 verdeutlicht diesen Zusammenhang für zwei verschiedene Anlagentypen. Das stationäre Nennmoment für Anlage 1 beträgt M_{TN1} und wird um den Faktor K_{A1} erhöht, um ein schädigungsäquivalentes Moment zu erhalten, das auch die auftretenden Lastspitzen berücksichtigt. Dem Diagramm entsprechend wird die Anlage insgesamt nur ca. 10^4 Lastwechsel ertragen können, es liegt also eine zeitfeste bzw. betriebsfeste Auslegung vor. Für Anlage 2 beträgt das stationäre Nennmoment M_{TN2}, wobei die Multiplikation mit dem Anwendungsfaktor K_{A2} auf ein schädigungsäquivalentes Moment führt, welches geringfügig kleiner ist als das dauerfest ertragbare $M_{T\infty}$. Demzufolge liegt bei Anlage 2 eine dauerfeste Auslegung vor.

Tabelle 18.49 enthält abhängig von den Arbeitsweisen der Antriebsmaschine und der getriebenen Maschine Anhaltswerte für den zu verwendenden Anwendungsfaktor K_A unter

Berücksichtigung des Nennmomentes der angetriebenen Arbeitsmaschine [18.51]. Sind die exakten Betriebsbelastungen der Arbeitsmaschine nicht erfassbar, kann die Dimensionierung des Getriebes ersatzweise auch nach dem Nennmoment des Motors erfolgen, vorausgesetzt, es entspricht ungefähr dem Momentenbedarf der Arbeitsmaschine.

Arbeitsweise der Antriebsmaschine	Arbeitsweise der getriebenen Maschine			
	Gleichmäßig	Mäßige Stöße	Mittlere Stöße	Starke Stöße
Gleichmäßig	1,00	1,25	1,50	1,75
Leichte Stöße	1,10	1,35	1,60	1,85
Mäßige Stöße	1,25	1,50	1,75	2,00 oder höher
Starke Stöße	1,50	1,75	2,00	2,25 oder höher

Tabelle 18.49: Anwendungsfaktor K_A für Getriebe mit Übersetzung ins Langsame nach DIN 3990 [18.51]

Die jeweils anzusetzenden Arbeitsweisen sind den nachfolgenden Tabellen zu entnehmen [18.51]. Tabelle 18.50 beinhaltet Beispiele für die Antriebsmaschinen. In Tabelle 18.51 sind für Industriegetriebe bis zu Drehzahlen von 3600 min^{-1} die Arbeitsweisen zusammengestellt.

Arbeitsweise	Antriebsmaschine
Gleichmäßig	Elektromotor (z. B. Gleichstrommotor), Dampf-, Gasturbine bei gleichmäßigem Betrieb (geringe, selten auftretende Anfahrmomente)
Leichte Stöße	Dampfturbine, Gasturbine, Hydraulik-, Elektromotor (größere, häufig auftretende Anfahrmomente)
Mäßige Stöße	Mehrzylinder-Verbrennungsmotor
Starke Stöße	Einzylinder-Verbrennungsmotor

Tabelle 18.50: Beispiele für Antriebsmaschinen mit unterschiedlicher Arbeitsweise nach DIN 3990 [18.51]

Tabelle 18.52 enthält Beispiele für die Arbeitsweise der getriebenen Maschinen für Getriebe mit Drehzahlen größer als 3600 min^{-1}. Grundsätzlich ist zu berücksichtigen, dass mit dem Anwendungsfaktor K_A nicht nur äußere dynamische Zusatzeinflüsse, sondern auch Lastkollektiveinflüsse erfasst werden, wodurch die Werte noch weniger übertragbar sind.

Betrachtet man im Weiteren die Beanspruchungs-Zeit-Funktionen der in den Tabellen aufgeführten Maschinen und Anlagen, so treten zusätzlich zu den dauernd einwirkenden Schwingbelastungen immer maximale Spitzenwerte auf, deren Amplituden deutlich über der durchschnittlichen Beanspruchung liegen. Die Gründe für diese quasi-statischen Maximalbeanspruchungen sind häufig Kurzschlussstöße bei elektromotorischen Antrieben, maximale Losbrechkräfte bei Baggern, Anstichstöße bei Walzwerksantrieben, maximale Windböen bei Windenergieanlagen, Stöße beim Anheben der Last bei Kranen, höchstzulässige Betriebsdrücke oder Prüfdrücke bei Behältern, Kesseln oder Rohrleitungen, maximale Drehzahlen bei fliehkraftbeaufschlagten Bauteilen sowie das Blockieren von Anlagen.

Arbeitsweise	Getriebene Maschine
Gleichmäßig	Stromerzeuger; gleichmäßig beschickte Gurtförderer o. Plattenbänder; Förderschnecken; leichte Aufzüge; Verpackungsmaschinen; Vorschubantriebe von Werkzeugmaschinen; Lüfter; leichte Zentrifugen; Kreiselpumpen; Rührer u. Mischer für leichte Flüssigkeiten oder Stoffe mit gleichmäßiger Dichte; Scheren; Pressen, Stanzen [1]; Drehwerke, Fahrwerke [2]
Mäßige Stöße	Ungleichmäßig (z.B. mit Stückgut) beschickte Gurtförderer oder Plattenbänder; Hauptantrieb von Werkzeugmaschinen; schwere Aufzüge; Drehwerke von Kränen; Industrie- und Grubenlüfter; schwere Zentrifugen; Kreiselpumpen; Rührer und Mischer für zähe Flüssigkeiten oder Stoffe mit unregelmäßiger Dichte; Kolbenpumpen mit mehreren Zylindern, Zuteilpumpen; Extruder (allgemein); Kalander; Drehöfen; Walzwerke [3] (kontinuierliche Zinkband-, Aluminiumband- sowie Draht- und Stab-Walzwerke)
Mittlere Stöße	Extruder für Gummi; Mischer mit unterbrochenem Betrieb für Gummi und Kunststoffe; Kugelmühlen (leicht); Holzbearbeitung (Sägegatter, Drehmaschinen); Blockwalzwerke [3],[4]; Hubwerke; Einzylinder-Kolbenpumpen
Starke Stöße	Bagger (Schaufelradantriebe), Eimerkettenantriebe, Siebantriebe, Löffelbagger; Kugelmühlen (schwer); Gummikneter, Brecher (Stein, Erz); Hüttenmaschinen; schwere Zuteilpumpen; Rotary-Bohranlagen; Ziegelpressen; Entrindungstrommeln; Schälmaschinen; Kaltbandwalzwerke [3],[5]; Brikettpressen; Kollergänge

[1] Nennmoment ist maximales Schnitt-, Press-, Stanzmoment
[2] Nennmoment ist maximales Anfahrmoment
[3] Nennmoment ist maximales Walzmoment
[4] Drehmoment aus Strombegrenzung
[5] K_A bis $2{,}0$ wegen häufiger Bandrisse

Tabelle 18.51: Industriegetriebe: Beispiele für die Arbeitsweise der getriebenen Maschinen nach DIN 3990 [18.51]

Arbeitsweise	Getriebene Maschine
Gleichmäßig	Radialverdichter für Klimaanlage, - für Prozessgas; Leistungsprüfstand; Generator und Erregermaschine für Grundlast oder Dauerlast; Papiermaschinen-Hauptantrieb
Mäßige Stöße	Radialverdichter für Luft- oder Rohrleitungen; Axialverdichter; Zentrifugal-Ventilator; Generator und Erregermaschine für Spitzenlast; Kreiselpumpe (alle Arten, außer den nachstehend besonders angeggebenen), axial durchströmte Rotationspumpe, alle Arten; Zahnradpumpe; Papierindustrie: Jordan- oder Refinermaschine, Papiermaschinen-Nebenantrieb, Papierzeugstampfer
Mittlere Stöße	Rotations-Nockengebläse; radial durchströmter Rotations-Nockenkompressor; Kolbenkompressor (3 oder mehr Zylinder); Ventilatoren; Saugluft, Industrie und Bergwerk (große, mit häufigen Anlaufvorgängen); Kesselspeise-Kreiselpumpe, Rotations-Nockenpumpe, Kolbenpumpe (3 Zylinder und mehr)
Starke Stöße	Kolbenkompressor (2 Zylinder); Kreiselpumpe (mit Wassertank); Schlammpumpe; Kolbenpumpe (2 Zylinder)

Tabelle 18.52: Schnelllaufgetriebe und Getriebe ähnlicher Anforderungen: Beispiele für die Arbeitsweise der getriebenen Maschinen nach DIN 3990 [18.51]

Analog zum Anwendungsfaktor K_A gemäß Gleichung (18.275) lassen sich diese Maximalbeanspruchungen (z. B. aus Stoßbelastungen) mithilfe des Stoßfaktors $K_{A,Stoss}$ berücksichtigen:

$$K_{A,Stoss} = \frac{M_{T,Stoss}}{M_{T,Nenn}} = \frac{M_{T,max}}{M_{T,Nenn}} \tag{18.276}$$

Manchmal wird der Stoßfaktor $K_{A,Stoss}$ auch als *TAF* (Torque Amplification Factor) bezeichnet. Im Gegensatz zum Anwendungsfaktor K_A, der gemäß Abbildung 18.142 die Umrechnung eines Belastungskollektivs einer Dauerschwingbelastung in einen einzelnen schädigungsgleichen Belastungswert erlaubt, gibt der Stoßfaktor $K_{A,Stoss}$ das tatsächliche Verhältnis der Maximalbelastung $M_{T,max}$ zur Nennbelastung $M_{T,Nenn}$ wieder. Diese Maximalbelastung $M_{T,max}$ tritt bei einem Lastkollektiv gemäß Abbildung 18.142 genau einmal, nämlich bei der Lastwechselzahl 1, auf. Zur möglichst genauen Bestimmung des Stoßfaktors sind langfristige Messungen des Belastungsgeschehens an ausgeführten Anlagen erforderlich, alternativ bietet sich die Schwingungssimulation an [18.308], [18.309], [18.324], [18.382].

Aufgrund dieser Zusammenhänge zwischen (dynamischer) Dauerschwingbelastung und überlagerter (quasi-statischer) Maximalbelastung ist ergänzend zu jedem Nachweis der Dauerschwingfestigkeit auch der Nachweis gegen Anriss oder unzulässige Verformung aufgrund von Maximalbeanspruchungen zu führen. Dabei ist eindeutig zwischen dem Anwendungsfaktor K_A für Ermüdungsbeanspruchung (Dauerschwingbeanspruchung) gemäß Gleichung (18.275) und $K_{A,Stoss}$ für (quasi-statische) Maximalbeanspruchung nach Gleichung (18.276) zu unterscheiden [18.216].

Zusammenfassend ist zu den Anwendungsfaktoren festzuhalten, dass die hier zusammengestellten Beispiele der Orientierung dienen sollen. Nicht aufgeführte Anlagen sind sinngemäß einzuordnen. Oftmals werden auch in Berechnungsvorschriften bzw. Normen und Richtlinien für spezielle Anwendungsfälle z. B. im Kranbau und im Schiffbau verbindliche Anwendungsfaktoren vorgegeben, die dann anstelle der hier genannten zu verwenden sind (s. a. Kapitel 3.8, Maschinenelemente 1) [18.33], [18.68], [18.109], [18.143], [18.306].

Ebenso kann abhängig vom Einsatzfall der Anwendungsfaktor K_A auch niedriger angesetzt werden, wenn z. B. hydrodynamische Kupplungen oder drehelastische, schwingungsdämpfende Kupplungen die betriebsbedingt auftretenden Stöße abmindern. Umgekehrt ist bei ungünstigen Betriebsbedingungen auch eine Erhöhung des Anwendungsfaktors vorzunehmen. Im Zweifelsfall sollten Hersteller und Betreiber gemeinsam eine sorgfältige Analyse des zu erwartenden Betriebsgeschehens (z. B. durch Messung oder Simulation) durchführen.

Im Hinblick auf die große Bedeutung der dynamischen Lasten zur beanspruchungsgerechten Getriebedimensionierung und die stark vereinfachende Betrachtung durch die Anwendungsfaktoren soll an dieser Stelle noch auf die mittlerweile sehr guten Möglichkeiten zur Berechnung des Schwingungsverhaltens mithilfe dreidimensionaler Mehrkörpersimulationen eingegangen werden.

Während zur Beurteilung des Schwingungsverhaltens einer Vielzahl von Antriebssträngen in der Vergangenheit mit Torsionsschwingungsmodellen sehr gute Ergebnisse erzielt wurden, haben vergleichende Analysen des Schwingungsverhaltens von Antrieben in Windenergieanlagen, Zementmühlen, Schiffen, Gießkranen, Verdichtern, Kühlturmlüftern und Bahnantrieben gezeigt, dass eine Torsionsschwingungsanalyse in den meisten Fällen nicht mehr ausreicht, um das komplexe Schwingungsverhalten wirklichkeitsgetreu zu beschreiben [18.308], [18.309].

Realitätsnahe Berechnungen des dynamischen Verhaltens sind hier nur mit echten Mehrkörper-Simulationsmodellen zu erzielen, bei denen zusätzlich zum Torsionsfreiheitsgrad mindestens auch noch radiale und axiale Bewegungen zugelassen werden. Bindet man zusätzlich noch elastische Körper über reduzierte Finite-Elemente-Modelle ein, so lässt sich die Biegeelastizität von Wellen, Getriebegehäusen und auch umgebenden Strukturen in entsprechender Weise berücksichtigen. Auch wenn der Modellbildungsaufwand im Vergleich zum einfachen Torsionsschwinger erheblich größer ist, ergibt sich gemäß Tabelle 18.53 ein enormer Zusatzgehalt an Informationen.

Zur mathematischen Beschreibung wird im allgemeinen Fall ein nichtlineares Differentialgleichungssystem verwendet, das sich in Abhängigkeit von der Anzahl n der starren Körper (mit maximal sechs möglichen Freiheitsgraden) aus $6 \times n$ Differentialgleichungen 2. Ordnung zusammensetzt mit $\underline{M}$ als Massenmatrix, $\underline{D}$ als Dämpfungsmatrix und $\underline{C}$ als Steifigkeitsmatrix. Unter der Bedingung, dass es sich um ein zeitinvariantes System handeln soll, sind ausschließlich der Zustandsvektor $\vec{u}$ und der Vektor der äußeren Momente $\vec{p}$ zeitabhängig:

$$\underline{M} \cdot \ddot{\vec{u}} + \underline{D} \cdot \dot{\vec{u}} + \underline{C} \cdot \vec{u} = \vec{p} \tag{18.277}$$

	Torsionsschwingungsmodell	Mehrkörper-Simulationsmodell
Matrizendimension	$n \times n$	$6n \times 6n$
Lagen	$\vec{u}_K = [\phi_1]^T$	$\vec{u}_K = [\phi_1, \phi_2, \phi_3, x_1, x_2, x_3]^T$
Geschwindigkeiten	$\dot{\vec{u}}_K = [\dot{\phi}_1]^T$	$\dot{\vec{u}}_K = [\dot{\phi}_1, \dot{\phi}_2, \dot{\phi}_3, \dot{x}_1, \dot{x}_2, \dot{x}_3]^T$
Beschleunigungen	$\ddot{\vec{u}}_K = [\ddot{\phi}_1]^T$	$\ddot{\vec{u}}_K = [\ddot{\phi}_1, \ddot{\phi}_2, \ddot{\phi}_3, \ddot{x}_1, \ddot{x}_2, \ddot{x}_3]^T$
Schnittkräfte	–	F_{x1}, F_{x2}, F_{x3}
Schnittmomente	$M_{\phi 1}$	$M_{\phi 1}, M_{\phi 2}, M_{\phi 3}$
Lagerkräfte	–	$F_{Tangential}, F_{Radial}, F_{Axial}$
Verzahnungskräfte	$F_{Tangential}$	$F_{Tangential}, F_{Radial}, F_{Axial}$

Tabelle 18.53: Informationsgehalt von Torsionsschwingungs- und Mehrkörper-Simulationsmodellen

Beispielhaft zeigt Abbildung 18.149 das vollständige Modell des Haupthubwerkes mit Traverse eines 425-Tonnen-Gießkranes zum innerbetrieblichen Transport feuerflüssiger Massen in einem Stahlwerk (s.a. Kapitel 1, Maschinenelemente 1) [18.188], [18.306], [18.310]. Über ein Haupt- und zwei Trommelgetriebe werden zwei Motoren zu je 500 kW mit zwei Seiltrommeln verbunden. Entsprechend der aktuell gültigen Kranbaunormen DIN EN 13135-2 und DIN EN 14492-2 ist der Nachweis zu erbringen, dass sowohl bei Netzausfall als auch bei Schadensfällen im Getriebe die Last über geeignete Bremsen an den Seiltrommeln gehalten werden kann [18.103], [18.104], [18.188], [18.310].

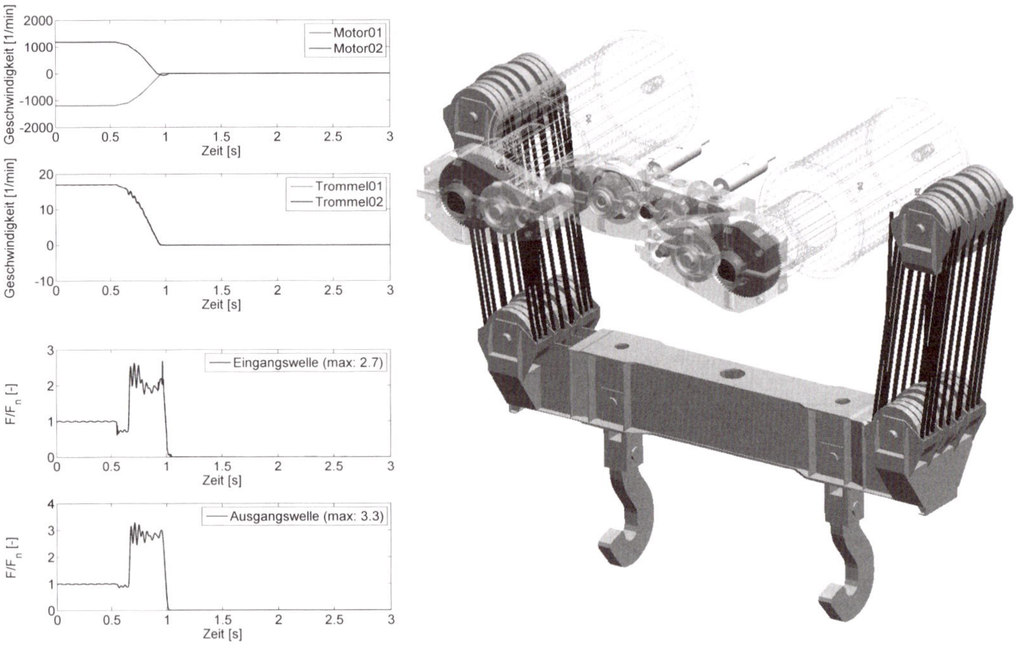

Abbildung 18.149: Mehrkörper-Simulationsmodell des Haupthubwerkes eines Gießkranes (s. a. Kapitel 1, Maschinenelemente 1) [18.306]

Auch wenn die Simulation damit zunächst hauptsächlich dem Nachweis der Funktionalität des Sicherheitssystems dient (Schadenserkennung, Einfallzeiten und dosierte Momentenerzeugung der Bremsen), so zeigt das vollständige Simulationsmodell zusätzlich, dass abhängig vom vorhandenden Verzahnungs- und Kupplungsspiel stark unterschiedliche dynamische Belastungen innerhalb des gesamten Antriebsstranges auftreten, deren einheitliche Bewertung mit einem Anwendungsfaktor von $K_A = 1{,}5$ bei mittleren Stößen aus dem Hubwerk gemäß Tabelle 18.51 und einer gleichmäßigen Arbeitsweise der Antriebsmaschine gemäß Einordnung nach Tabelle 18.49 zu einer falschen Bemessung führen würde, da aus der Simulation maximale Amplitudenüberhöhungen zwischen $K_{AS} = 1{,}0$ und $K_{AS} = 4{,}1$ ermittelt wurden. Anhand dieses Beispieles wird auch deutlich, dass die eingangs vorgeschlagene Unterscheidung zwischen K_{AB} und K_{AS} sinnvoll ist, da einzelne Notbremsungen wegen Getriebeschäden sehr selten sind, Notbremsungen wegen Netzausfall dagegen häufiger auftreten können und damit in einen Ermüdungsfestigkeitsnachweis einfließen müssen und nicht nur in einen Nachweis der Sicherheit gegen Maximalbeanspruchung.

Vergleichbare Erfahrungen liegen auch für Schaufelradantriebe vor und aus einer mittlerweile großen Vielzahl ausführlicher Simulationsrechnungen und Betriebsmessungen an anderen Anlagen des Schwermaschinen- und Anlagenbaus sind ähnliche Tendenzen zu beobachten [18.310], [18.324], [18.382].

Neben der Ermittlung der Höhe der dynamischen Belastung bietet die Simulation aber auch den weiteren Vorteil, genaue Informationen über die Eigenfrequenzen des Gesamtsystems zu bekommen, sodass zum einen durch gezielte Einflussnahme auf die Parameter des Antriebssystems (vor allem der Verdreh-, Gehäuse- und Lagersteifigkeiten) kritische Eigenfrequenzen des Systems so verschoben werden können, dass mögliche Resonanzbereiche nicht in der Nähe anregender Betriebsdrehzahlen liegen. Ist eine Änderung der Konstruktionsdaten nicht möglich, so lassen sich immerhin kritische Drehzahlbereiche im Betrieb ausschließen, die in der Nähe der Resonanzdrehzahlen liegen, was insbesondere für drehzahlvariable Antriebe von großer Bedeutung ist.

Dieser wesentliche Vorzug der Simulationstechnik ist auch zur Bestimmung und Berücksichtigung der im folgenden Abschnitt behandelten inneren dynamischen Zusatzkräfte von Bedeutung.

Abschließend sei bereits hier der kritische Hinweis angebracht, dass die Aussagefähigkeit der Tragfähigkeitsnachweise sehr stark von der Festlegung der Anwendungsfaktoren K_{AB} und K_{AS} abhängt. Müssen diese Faktoren aufgrund von Anhaltswerten geschätzt werden, weil keine genauen Werte zur Höhe der Beanspruchung zur Verfügung stehen, so kann man diesen Mangel an Genauigkeit auch nicht durch anschließende umfangreiche Berechnungen auf der Seite der Beanspruchbarkeitskennwerte ausgleichen.

18.4.2.3 Innere dynamische Zusatzkräfte

Unabhängig von den im vorangegangenen Abschnitt behandelten äußeren dynamischen Zusatzkräften entstehen in einem Getriebe die inneren dynamischen Zusatzkräfte, insbesondere bei hohen Drehzahlen (z.B. Turbogetrieben). Die Schwingungsanregung erfolgt mit jedem Zahneingriff und tritt damit als Dauerbelastung auf. Hauptursachen für diese Schwingungsanregungen sind Schwankungen der Verzahnungssteifigkeit infolge der wechselnden Anzahl sich im Eingriff befindender Zahnpaare, fertigungsbedingte Verzahnungsabweichungen von der Soll-Flanke und lastbedingte Teilungsabweichungen infolge Zahnverformung, die zu einem Impuls infolge Kopfkantenvor- und -nacheingriff führen (Eintrittsstoß). Darüber hinaus kann die Reibkraftumkehr im Wälzpunkt, Unwuchten an den Zahnrädern sowie variable Wälzlagersteifigkeiten infolge einer wechselnden Anzahl tragender Wälzkörper in weitaus geringerem Maße zur Anregung führen.

Die Erregung durch die Steifigkeitsschwankungen erfolgt mit der Zahneingriffsfrequenz Ω_z und Vielfachen davon, was auch für die Profilform- und Profillageabweichungen gilt, während die Teilungsabweichungen zu Anregungen führen, die unterhalb der Zahneingriffsfrequenz liegen. Abbildung 18.150 (links) zeigt einen charakteristischen Verlauf der inneren dynamischen Zusatzkräfte, wobei das Maximum an der Stelle $\Omega_z / \omega = 1$ liegt, wenn man die beiden im Eingriff befindlichen Räder vereinfachend als einen ungefesselten Zwei-Massen-Schwinger betrachtet, sodass die Zahneingriffskreisfrequenz Ω_z mit der dem Radpaar zugeordneten Eigenkreisfrequenz ω zusammenfällt. Im Bereich bis zur Hauptresonanz treten einige kleinere Vorresonanzen auf, die aus Vielfachen der Zahneingriffsfrequenz in Resonanz mit der Eigenfrequenz des Radpaares entstehen. Oberhalb der Hauptresonanz sinken die inneren dynamischen Zusatzkräfte dann wieder auf einen Wert ab, der hauptsächlich von der Größe der vorhandenen Steifigkeitsschwankungen und Verzahnungsabweichungen abhängt.

Entsprechend Abbildung 18.150 lässt sich die Entstehung der inneren dynamischen Zusatzkräfte abhängig von der Drehzahl folgendermaßen beschreiben. Für sehr langsame Drehbewegungen liegt eine quasi-statische Belastung vor, bei der die Schwankungen der Verzahnungssteifigkeit und die Verzahnungsabweichungen im Zahneingriff durch die Relativbewegung der Getrieberäder so kompensiert werden, dass die Verzahnung nur die von außen wirkenden Momente übertragen muss. Damit entspricht der sich einstellende Verlauf der Zahnfederverformung der abweichungsfreien Verzahnung bei Einheitslast genau dem Kehrwert des Verzahnungssteifigkeitsverlaufes.

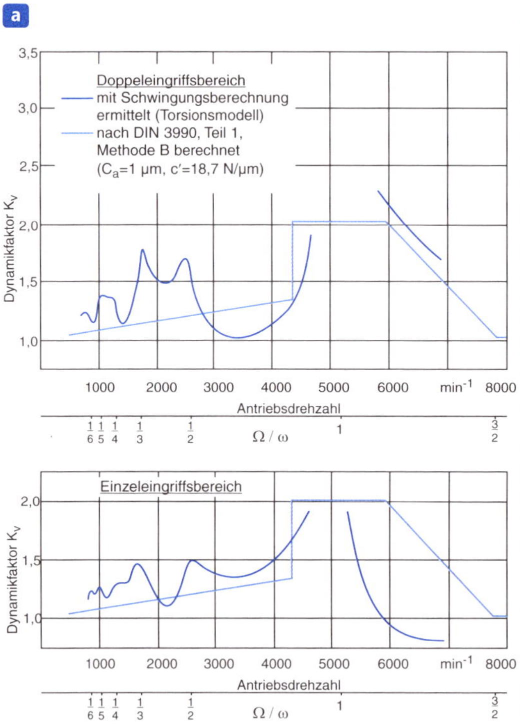

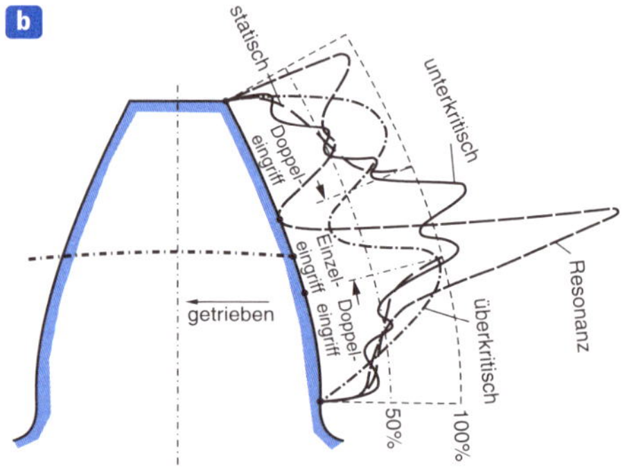

Aus den Schwingungsvorgängen entstehen abhängig von der Drehzahl nicht nur unterschiedliche maximale Zusatzkräfte, sondern auch voneinander abweichende Verläufe der Belastung über der Zahnflanke. Im quasi-statischen Verlauf (Drehzahl $n \approx 0$) ist der Wechsel zwischen Einzel- und Doppeleingriff mit der jeweiligen Lastzunahme und -abnahme sichtbar. Bei Annäherung der Drehzahl im unterkritischen Bereich der Hauptresonanz sind dem quasi-statischen Verlauf deutlich Schwingungen überlagert, deren Amplituden im Bereich der Hauptresonanz ihr Maximum erreichen. Oberhalb der Hauptresonanz im überkritischen Bereich nähert sich der Verlauf bei sehr großen Drehzahlen einer konstanten Verformung über dem gesamten Eingriff.

Abbildung 18.150: Innere dynamische Zusatzkräfte – a) Typischer Verlauf der inneren dynamischen Zusatzkräfte über der Drehzahl, b) Prinzipieller Verlauf der Zahnbelastung über der Zahnflanke einer Geradverzahnung bei verschiedenen Drehzahlen [18.216], [18.280]

Mit zunehmenden Drehzahlen können die Getrieberäder aufgrund ihrer Massenträgheit den schnellen Wechsel der Steifigkeit und Abweichungen der Verzahnung nicht mehr ausgleichen, sodass eine Phasenverschiebung des Verlaufes der Zahnfederverformung gegenüber dem quasi-statischen Verlauf entsteht, die wiederum zusätzliche Zahnkräfte zur Folge hat. Die Phasenverschiebung nimmt immer weiter zu, bis sie in der Hauptresonanz ungefähr 90° beträgt (bei einer Eingriffsperiodenlänge von 360°) und die Getrieberäder zu maximalen Schwingungen angeregt werden, was auch die maximalen dynamischen Zusatzkräfte in der Verzahnung verursacht. Oberhalb der Hauptresonanz bewegen sich die Getrieberäder fast ohne überlagerte Schwingungen (entsprechend der Antriebsdrehzahl), sodass die aus der Relativbewegung der Getrieberäder im Eingriff resultierende Zahnfederverformung annähernd konstant ist. Demzufolge ergibt sich die Größe der Zusatzbelastungen direkt aus den Amplituden der Steifigkeitsschwankungen und der Verzahnungsabweichungen.

Zur Erfassung der inneren dynamischen Zusatzbelastung wird in der Tragfähigkeitsberechnung nach DIN 3990 der Dynamikfaktor K_v verwendet, der wie folgt definiert ist [18.51]:

$$K_v = \frac{F_{zmax}}{F_{stat}} = \frac{F_{dynmax}}{F_{stat}} \quad \text{mit} \quad F_{zmax} = \left(c_z \cdot \Psi_z\right)_{max} \tag{18.278}$$

Hierin bezeichnen F_{zmax} die maximale Zahnkraft während einer Eingriffsperiode, F_{dynmax} die maximale dynamische Zusatzkraft während einer Eingriffsperiode, F_{stat} die statische Zahnkraft infolge Nennlast, c_z die Verzahnungssteifigkeit und ψ_z die resultierende Zahnverformung aus Relativschwingungen der Zahnräder und Verzahnungsabweichungen.

Entsprechend dieser Definition des Dynamikfaktors wird nur die Lastüberhöhung während eines Eingriffes ohne ihre tatsächliche Wirkung auf die Zahnfuß- und Zahnflankenbeanspruchung erfasst. Da bei der Tragfähigkeitsberechnung jedoch die infolge dynamischer Zusatzkräfte maximal eintretende Erhöhung der Flankenpressung und der Zahnfußspannung von Bedeutung ist, findet sich in der Fachliteratur auch ein Vorschlag, je einen speziellen Dynamikfaktor K_{Hv} für die Flankenpressung und einen Dynamikfaktor K_{Fv} für die Zahnfußspannung aus den Maxima von Flankenpressung bzw. Zahnfußspannung während eines Eingriffes abzuleiten [18.216].

Ungeachtet dieser möglichen Unterscheidung soll im Weiteren auf die verschiedenen Arten zur Bestimmung des Dynamikfaktors K_v eingegangen werden, um diese Einflüsse im Rahmen eines Tragfähigkeitsnachweises berücksichtigen zu können.

Im Gegensatz zur Ermittlung der äußeren dynamischen Zusatzkräfte aus den dynamischen Zusatzlasten an den An- und Abtriebswellen des Getriebes ist zur genauen Bestimmung der inneren dynamischen Zusatzkräfte eine direkte Messung der Belastung mittels Dehnmessstreifen an der Verzahnung erforderlich. Während bei Prüfstandsuntersuchungen dieses Vorgehen noch mit vertretbarem Aufwand möglich ist, wird der Einsatz dieses Verfahrens im Rahmen von Betriebsmessungen an Getrieben bzw. Antriebssträngen in produzierenden Anlagen auch zukünftig aufgrund des enormen Aufwandes eher die Ausnahme bleiben [18.324], [18.382]. Erschwerend kommt hinzu, dass man nur an einzelnen Zähnen eines Rades messen kann, die eventuell aufgrund der tatsächlichen Verzahnungsabweichungen sogar nur einen Teil der Zusatzlast tragen müssen. Die daraus resultierenden zu niedrigen Messwerte führen dann zwangsläufig zu einem zu niedrig angesetzten Wert für die dynamische Zusatzlast. Alternativ ist auch eine indirekte Bestimmung über die Erfassung der Drehbeschleunigungen der Getrieberäder möglich, was jedoch auch problematisch sein kann, da die Steifigkeit der Wellen nicht durch die einzusetzende Messtechnik verändert werden darf.

Am einfachsten lassen sich mittlerweile die inneren dynamischen Zusatzkräfte durch vollständige Mehrkörper-Simulationsmodelle von Getrieben und ganzen Antriebssträngen mit vertretbarem Aufwand bestimmen, was den wesentlichen Vorteil hat, dass man nicht nur vereinfachend ein vollständig entkoppeltes Radpaar betrachten muss, sondern durch die umfassende Modellierung sämtliche gegenseitigen Beeinflussungen der Radsätze, Wellen und Lager erfassen kann [18.308], [18.309]. Diese Vorgehensweise wird auch in DIN 3990 als exakte mathematische Analyse mit entsprechend aufwändigen theoretischen Modellen (Methode A) vorgeschlagen [18.51].

Sind die Hauptabmessungen des Radpaares, die Umfangsgeschwindigkeiten, die Genauigkeit (Teilungs- und Profilabweichungen), die Zahnfestigkeit und der Werkstoff bekannt, so kann das im Folgenden beschriebene Verfahren angewendet werden, welches nach DIN 3990 als Methode B bezeichnet wird und bei dem vereinfachend die nur selten gegebene Gültigkeit des Modells des entkoppelten Radpaares vorausgesetzt wird. Insbesondere bei mehrstufigen Getrieben, steif in den Antriebsstrang eingekoppelten Getrieben und Umlaufrädergetrieben wird diese vereinfachende Annahme meistens jedoch nicht erfüllt, sodass im Hinblick auf eine angestrebte Genauigkeit nur die Methode A in Frage kommt. Der Vollständigkeit halber sei noch darauf hingewiesen, dass die DIN 3990 noch weitere Vereinfachungen der Methode B vorsieht, die dann mit Methode C und Methode D bezeichnet werden, wobei letztere nur noch der groben überschlägigen Abschätzung der dynamischen Zahnkräfte bei Industriegetrieben dienen soll, wenn die Linienlast nicht bekannt ist [18.51].

Ausgangspunkt zur Abschätzung des Dynamikfaktors K_v nach DIN 3990 (Methode C) ist die stark vereinfachende isolierte Betrachtung des Zahneingriffes einer Räderstufe als ungefesselter Zwei-Massen-Torsionsschwinger, dessen Drehschwingungsverhalten in einen translatorischen Zwei-Massen-Schwinger gemäß Abbildung 18.151 überführt wird [18.51]. Mithilfe dieses einfachen Modells wird aus dem Quotienten der Erregerkreisfrequenz Ω_z und der Eigenkreisfrequenz ω bzw. der Betriebsdrehzahl n_1 und der Resonanzdrehzahl n_{E1} zunächst die Bezugsdrehzahl N ermittelt, wobei für den Resonanzfall gilt:

$$N = \frac{\Omega_z}{\omega} = \frac{n_1}{n_{E1}} = 1 \qquad (18.279)$$

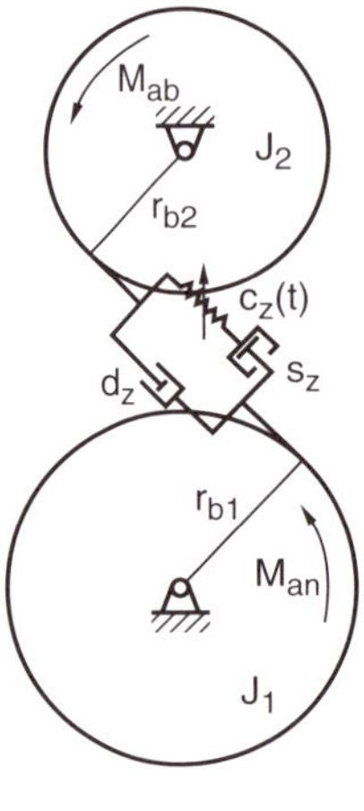

Die Eigenkreisfrequenz ω berechnet sich aus der Eingriffssteifigkeit c_γ, und der Zahnbreite b, bezogen auf die Ersatzmasse m_{ers} beider Räder mit den Massenträgheitsmomenten J_1 und J_2 und den Grundkreisradien r_{b1} und r_{b2}:

$$\omega = \sqrt{\frac{c_\gamma \cdot b}{m_{ers}}} \quad \text{mit} \quad m_{ers} = \frac{m_{1T} \cdot m_{2T}}{m_{1T} + m_{2T}} = \frac{\frac{J_1}{r_{b1}^2} \cdot \frac{J_2}{r_{b2}^2}}{\frac{J_1}{r_{b1}^2} + \frac{J_2}{r_{b2}^2}} \qquad (18.280)$$

Die Erregerkreisfrequenz Ω_z entspricht der Zahneingriffskreisfrequenz, die sich aus der aktuellen Drehzahl n_1 und der Zähnezahl z_1 des Ritzels ergibt:

$$\Omega_z = 2 \cdot \pi \cdot n_1 \cdot z_1 \qquad (18.281)$$

Setzt man diese ins Verhältnis, so erhält man die sogenannte Bezugsdrehzahl N, die auch dem Verhältnis einer beliebigen Betriebsdrehzahl n_1, bezogen auf die Resoanzdrehzahl n_{E1} entspricht:

$$N = \frac{\Omega}{\omega} = \frac{n_1}{n_{E1}} \quad \text{mit} \quad n_{E1} = \frac{1}{2 \cdot \pi \cdot z_1} \cdot \sqrt{\frac{c_m}{m_{ers}}} \quad \text{und} \quad c_m = c_\gamma \cdot b \qquad (18.282)$$

Abbildung 18.151: Vereinfachter freier Zwei-Massen-Torsionsschwinger zur Abschätzung von Resonanzfrequenzen eines entkoppelten Radsatzes

Betrachtet man nicht nur den Resonanzfall $N = 1$, so lässt sich der exakte Verlauf der inneren dynamischen Zusatzkräfte über der Drehzahl durch die Aneinanderreihung einzelner Geradenstücke abhängig von N entsprechend Abbildung 18.150 in drei Drehzahlbereichen gemäß Tabelle 18.54 annähern.

Dabei wird der Hauptresonanzbereich sicherheitshalber für einen Bezugsdrehzahlbereich von $0{,}85 < N \leq 1{,}15$ definiert, in dem generell kein Betrieb erfolgen sollte, wobei jedoch gemäß DIN 3990 Ausnahmen zugelassen sind [18.51]. Mittlerweile ist jedoch durch viele Messungen und Simulationen nachgewiesen, dass es durch den Betrieb einer Zahnradstufe in Resonanz zum Abheben der Flanken (auch unter Last) kommen kann, was im ungünstigsten Fall durch das Hämmern der Flanken zur Ölverdrängung führt und damit Schäden hervorruft, die Fressschäden ähnlich sind, sodass sich jedweder Resonanzbetrieb verbietet (s.a. Abschnitt 18.5.2) [18.118], [18.308], [18.309].

Im unterkritischen Bereich bis $N \leq 0{,}85$ besteht diese Gefahr bei Linienlasten von $K_A \cdot F_t / b <$ 50 N/mm ebenfalls, jedoch nur für gerad- oder schrägverzahnte Stirnräder grober Verzahnungsqualität bei höheren Umfangsgeschwindigkeiten wegen des Einflusses der Verzahnungsabweichungen.

Im überkritischen Bereich $N > 1{,}15$ gelten zwar vergleichbare Einschränkungen wie im Hauptresonanzbereich, jedoch sind die Schwingungsausschläge vergleichsweise gering, da die Erregerkräfte meist zu klein sind. Allerdings müssen bei schnell laufenden großen Zahnradstufen in diesem Bereich auch dynamische Kräfte infolge von Biegeschwingungen berücksichtigt werden.

Unterkritischer Bereich $N \leq 0{,}85$	$K_v = 1 + \left(C_{v1} \cdot B_p + C_{v2} \cdot B_f + C_{v3} \cdot B_k\right) \cdot N$	(18.283)
Hauptresonanzbereich $0{,}85 < N \leq 1{,}15$	$K_v = 1 + C_{v1} \cdot B_p + C_{v2} \cdot B_f + C_{v4} \cdot B_k$	(18.284)
Überkritischer Bereich $N \geq 1{,}5$	$K_v = C_{v5} \cdot B_p + C_{v6} \cdot B_f + C_{v7}$	(18.285)

Im Zwischenbereich $1{,}15 < N < 1{,}5$ wird K_v durch Interpolation zwischen den Werten für den Resonanzbereich $K_{v\,(N=1{,}15)}$ und den überkritischen Bereich $K_{v\,(N=1{,}5)}$ bestimmt:

$$K_v = K_{v\,(N=1{,}5)} + \frac{K_{v\,(N=1{,}15)} - K_{v\,(N=1{,}5)}}{0{,}35} \cdot (1{,}5 - N) \qquad (18.286)$$

Tabelle 18.54: Drehzahlbereiche nach DIN 3990 zur Berechnung des Dynamikfaktors K_v [18.51]

In den Gleichungen für K_v gemäß Tabelle 18.54 werden die Auswirkungen der Verzahnungsabweichungen und der Profilkorrektur durch die dimensionslosen Parameter B_p, B_f und B_k gemäß Tabelle 18.55 erfasst. B_p und B_f stellen das Verhältnis der wirksamen Eingriffsteilungsabweichung $f_{pe\,eff}$ und wirksamen Profilformabweichung $f_{f\,eff}$ gemäß Tabelle 18.56 zur statischen Zahnverformung dar, die sich aus dem Anwendungsfaktor K_A, der Tangentialkraft F_t sowie der Zahnbreite b und der Einzelfedersteifigkeit c' zusammensetzt, während B_k die Größe der Zahnfedererregung unter Berücksichtigung der mindernden Einflüsse der Flankenrücknahme und des Einlaufverschleißes erfassen soll.

$B_p = c' \cdot \dfrac{f_{pe\,eff}}{K_A \cdot \dfrac{F_t}{b}}$ (18.287)	$B_f = c' \cdot \dfrac{f_{f\,eff}}{K_A \cdot \dfrac{F_t}{b}}$ (18.288)	$B_k = \left\| 1 - \dfrac{c' \cdot C_a}{K_A \cdot \dfrac{F_t}{b}} \right\|$ (18.289)
Für Verzahnungsqualität 7 nach DIN 3961 und gröber gilt $B_k = 1$ [18.40].		
C_a bezeichnet den Auslegungswert der Profilkorrektur (Kopfrücknahme). Bei Zahnrädern ohne vorgegebene Profilkorrektur ist der aus dem Einlaufen resultierende Wert C_{ay} zu verwenden.	$C_{ay} = \dfrac{1}{18} \cdot \left(\dfrac{\sigma_{Hlim}}{97} - 18{,}45 \right)^2 + 1{,}5$ (18.290)	

Tabelle 18.55: Dimensionslose Parameter B_p, B_f und B_k zur Berechnung von K_v

Die Werte für die wirksame Eingriffsteilungsabweichung $f_{pe\,eff}$ und die wirksame Profilformabweichung $f_{f\,eff}$ werden ermittelt, indem geschätzte „Einlauf"-Abweichungen (y_p und y_f) abgezogen werden:

$$f_{pe\,eff} = f_{pe} - y_p \qquad (18.291)$$

$$f_{f\,eff} = f_{f\alpha} - y_f \qquad (18.292)$$

f_{pe}, $f_{f\alpha}$:	Für diese Werte der Übertragungsabweichungen der Paarung können gemäß Wahrscheinlichkeitsbetrachtungen die Werte des Rades mit den größeren Abweichungen eingesetzt werden.
y_p, y_f:	Falls weder Versuche noch Betriebsdaten über Einlaufeigenschaften der Werkstoffe vorliegen, kann der Einlaufbetrag $y_\alpha = y_p = y_f$ wie folgt verwendet werden. Bei unterschiedlichen Werkstoffen sind die Werte für Ritzel und Rad getrennt zu bestimmen und es ist der arithmetische Mittelwert zu bilden.

	$v \le 5$ m/s	5 m/s $< v \le 10$ m/s	$v > 10$ m/s
Für Baustähle, Vergütungsstähle und Kugelgrafitguss (perlitisch, bainitisch):	$y_p = \dfrac{160 \cdot f_{pe}}{\sigma_{Hlim}}$ $y_f = \dfrac{160 \cdot f_{f\alpha}}{\sigma_{Hlim}}$ ohne Einschränkung	$\max f_{pe} = 80\ \mu m$ $\max f_{f\alpha} = 80\ \mu m$	$\max f_{pe} = 40\ \mu m$ $\max f_{f\alpha} = 40\ \mu m$
Für Grauguss und Kugelgrafitguss (ferritisch):	$y_p = 0{,}275 \cdot f_{pe}$ $y_f = 0{,}275 \cdot f_{f\alpha}$ ohne Einschränkung	$\max f_{pe} = 80\ \mu m$ $\max f_{f\alpha} = 80\ \mu m$	$\max f_{pe} = 40\ \mu m$ $\max f_{f\alpha} = 40\ \mu m$
Für einsatzgehärtete, nitrierte und nitrokarburierte Stähle:	$y_p = 0{,}075 \cdot f_{pe}$ $y_f = 0{,}075 \cdot f_{f\alpha}$ mit nebenstehender Einschränkung	$\max f_{pe} = 40\ \mu m$ $\max f_{f\alpha} = 40\ \mu m$	$\max f_{pe} = 40\ \mu m$ $\max f_{f\alpha} = 40\ \mu m$

Tabelle 18.56: Wirksame Eingriffsteilungsabweichung $f_{pe\,eff}$ und wirksame Profilformabweichung $f_{f\,eff}$ zur Berechnung von K_v

Schließlich werden mit den Faktoren C_{v1} bis C_{v7} gemäß Tabelle 18.57 die Auswirkungen der einzelnen Verzahnungsabweichungen und der Schwankungen der Eingriffsfedersteifigkeit auf den Dynamikfaktor K_v gemäß Tabelle 18.54 erfasst.

Auf der Grundlage der hier vorgestellten Zusammenhänge kann in grober Näherung $K_v = 1$ gesetzt werden, sofern bei Schrägverzahnungen der Qualität 6 oder feiner nach DIN 3962 kein Betrieb in der Hauptresonanzdrehzahl erfolgt [18.41]. Bei überschlägigen Berechnungen kann $K_v = 1{,}2$ gesetzt werden oder aber man erhöht in entsprechender Weise den Anwendungsfaktor K_A.

	Auswirkungen der Teilungsabweichungen		Auswirkungen der Profilformabweichungen		Auswirkungen der schwankenden Eingriffsfedersteifigkeit	
	C_{v1}	C_{v5}	C_{v2}	C_{v6}	C_{v3}	C_{v4}
$1 < \varepsilon_\gamma < 2$	0,32	0,47	0,34	0,47	0,23	0,90
$\varepsilon_\gamma > 2$	0,32	0,47	$\frac{0{,}57}{\varepsilon_\gamma - 0{,}3}$	$\frac{0{,}12}{\varepsilon_\gamma - 1{,}74}$	$\frac{0{,}096}{\varepsilon_\gamma - 1{,}56}$	$\frac{0{,}57 - 0{,}05 \cdot \varepsilon_\gamma}{\varepsilon_\gamma - 1{,}44}$

C_{v7} berücksichtigt den Kraftanteil aus der Zahnverformung, die sich bei praktisch konstanter Umfangsgeschwindigkeit durch die Schwankung der Zahnfedersteifigkeit ergibt.

$1 < \varepsilon_\gamma \leq 1{,}5$	$C_{v7} = 0{,}75$	$1{,}5 < \varepsilon_\gamma \leq 2{,}5$	$C_{v7} = 0{,}125 \cdot \sin\left[\pi \cdot (\varepsilon_\gamma - 2)\right] + 0{,}875$	$\varepsilon_\gamma > 2{,}5$	$C_{v7} = 1{,}0$

Tabelle 18.57: Faktoren C_{v1} bis C_{v7} zur Berechnung des Dynamikfaktors K_v

[Hz] / Nr.	Torsionsmodell mit starrem Rotor 	Axial erweitertes Torsionsmodell mit starrem Rotor 	MKS-Modell mit elastischem Rotor 	MKS-Modell mit elastischem Rotor und Turm 
EF 01	0,00	0,00	0,00	0,00
EF 02				0,87
EF 03				0,87
EF 04			1,52	1,53
EF 05			1,53	1,55
EF 06			2,25	2,26
EF 07			2,41	2,38
EF 08			2,42	2,41
EF 09			2,42	2,47
EF 10...14			⋮	⋮
EF 15	7,37	5,83	5,67	5,57
EF 16...18				⋮
EF 19				6,07
EF 20				6,79
EF 21...26			⋮	⋮
EF 27	25,35	23,54	17,90	21,03
EF 28...30				⋮
EF 31		39,64	26,33	30,15
EF 32...34				⋮
EF 35		52,88	47,60	50,79
EF 36...45				⋮
EF 46		136,78	136,67	132,70
EF 47				⋮
EF 48			153,87	163,25
EF 49	296,88	283,88	287,12	288,90
EF 50		382,07	380,56	381,53
EF 51	498,03	513,98	511,05	511,23
EF 52	629,84	629,84	629,84	629,84
EF 53	652,06	655,20	655,87	655,97
EF 54	1541,99	1558,20	1558,10	1558,10
EF 55	2311,27	2311,53	2280,49	2280,51
EF 56	2504,93	2505,98	2477,64	2477,64

Tabelle 18.58: Eigenfrequenzen einer 600-kW-Windturbine abhängig von der Modellierungstiefe (Auszug) [18.335]

Abschließend sei darauf hingewiesen, dass es zu den grundlegenden Aufgaben der Getriebeberechnung gehört, sämtliche Eigenfrequenzen des Getriebes zu bestimmen, um jede Gefahr des Resonanzbetriebes im Vorhinein ausschließen zu können. Dabei sollte auch jedem Ingenieur klar sein, dass es in einem mehrstufigen Getriebe keine entkoppelten Radsätze gibt und dass die Eigenfrequenzen des Getriebes sich wiederum verschieben, sobald das Getriebe in einen Antriebsstrang eingebaut ist.

So zeigt Tabelle 18.58 anhand einer auszugsweisen Zusammenstellung von Eigenfrequenzen, welche „wahren" Eigenfrequenzen sich mit zunehmender Modellierungstiefe einer 600-kW-Windturbine ergeben und wie z.B. die erste Torsionseigenfrequenz (EF 15) des Antriebsstranges von 7,37 Hz auf 5,57 Hz abgemindert wird [18.335].

Auf der Grundlage einer derartigen Eigenfrequenzanalyse lassen sich sämtliche Resonanzfrequenzen bestimmen und beim späteren Betrieb kritische Drehzahlbereiche aussparen, was insbesondere bei drehzahlvariablen Antrieben zu beachten ist. Damit lassen sich in gewissen Grenzen die inneren dynamischen Zusatzkräfte im Gegensatz zu den äußeren dynamischen Zusatzkräften gezielt beeinflussen.

18.4.2.4 Lastkollektive

Die in den vorherigen Abschnitten beschriebene Lastannahme mittels Nennbelastung und Anwendungsfaktor gemäß Abbildung 18.143 beschreibt die meistens vorliegende dynamische Belastung einer Anlage oder eines Getriebes nur sehr unzureichend. Wesentlich genauer ist ein Schwingfestigkeitsnachweis, bei dem ein Lastkollektiv als Kennfunktion der (dynamischen) Beanspruchung einer Wöhlerlinie als Kennfunktion der (dynamischen) Beanspruchbarkeit unter Anwendung einer Schädigungshypothese vergleichend gegenübergestellt wird (s.a. Kapitel 3, Maschinenelemente 1) [18.306].

Als Ergebnis einer solchen Schädigungsrechnung lässt sich vereinfachend feststellen, dass ein Bauteil eine ausreichende Betriebsfestigkeit aufweist, solange das Lastkollektiv links von der Wöhlerlinie liegt und keinen Schnittpunkt mit der Wöhlerlinie aufweist, d.h. die Schadenssumme $D(N_g) < 1$, wobei N_g die Gesamtlastwechselzahl darstellt, die die Anlage maximal erreichen soll.

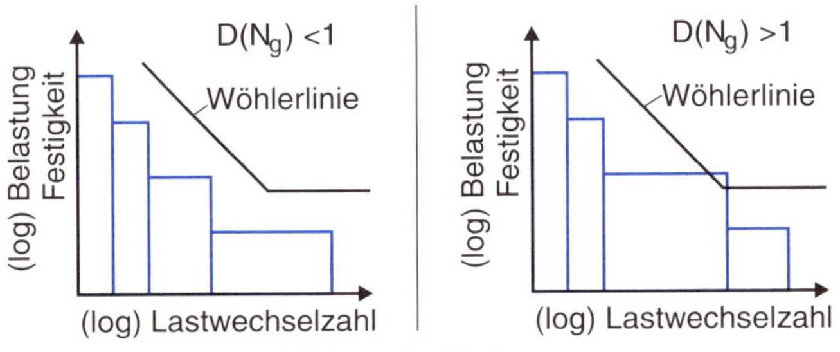

Abbildung 18.152: Gegenüberstellung von Lastkollektiv und Wöhlerlinie

Anhand der Bildung dieser Schadenssumme D mithilfe einer Schadensakkumulationshypothese wird der grundlegende Gedanke einer Betriebsfestigkeitsrechnung deutlich, dass jedes Lastspiel eine Teilschädigung verursacht, wobei die Größe der Schädigung überwiegend von der Beanspruchungshöhe abhängt und für niedrige Beanspruchungen auch gleich Null sein kann.

Mathematisch lässt sich dieser Zusammenhang durch eine Schädigungsfunktion d beschreiben, deren Wert am Anfang $d(0) = 0$ ist und die mit jeder Belastung $\sigma(k + l)$ aus einem Lastwechsel um den Schädigungsbetrag d_k anwächst und bei Eintritt des Schadens den Wert $D(N_g) = 1$ erreicht:

$$d(k+1) = d(k) + d_k \quad \text{mit} \quad d_k = d_k\left(\sigma(k+1), d(k)\right) \quad \text{für} \quad k = 0, 1, 2, \ldots, \mathrm{N} \tag{18.293}$$

Dabei hängt jede neu hinzukommende Teilschädigung d_k von der Belastungshöhe $\sigma(k + l)$ und der bereits vorhandenen Gesamtschädigung $d(k)$ ab. Führt man diese Schadensakkumulation (Schadensaufsummierung) nun bis zu einer angestrebten Gesamtlastwechselzahl N_g durch und für die Schadenssumme gilt dann $D(N_g) < 1$, so ist die zur Gesamtlastwechselzahl N_g zugehörige Betriebsfestigkeit gegeben und man kann den Kehrwert $S_{Betrieb} = 1 / d(N_g)$ als entsprechende „Sicherheit", bezogen auf den Wert $D(N_g) = 1$, deuten.

Dieser grundlegende Gedanke geht zurück auf erste Untersuchungen von Palmgren in der Wälzlagerindustrie, weshalb man auch von der linearen Schadensakkumulationshypothese nach Palmgren-Miner spricht [18.236], [18.269]. Auch die daraus weiterentwickelten linearen und nichtlinearen Hypothesen nutzen letztlich alle den gleichen Zusammenhang der Aufsummierung von Teilschädigungen [18.26], [18.29], [18.30], [18.150], [18.206].

Vernachlässigt man den Einfluss der bereits vorhandenen Schädigung, was gleichbedeutend damit ist, dass die Reihenfolge der Belastungen unberücksichtigt bleibt, so lautet der Zusammenhang zur Bildung der Schadenssumme $D(N_g)$:

$$D\left(N_g\right) = \sum_{j=1}^{m} d_j\left(N_j\right) \tag{18.294}$$

Hierin bezeichnet m die Anzahl der Laststufen des Lastkollektivs, N_j die jeweilige Lastwechselzahl der j-ten Stufe und d_j die Teilschädigungen aufgrund aller Lastwechsel der j-ten Laststufe gemäß Abbildung 18.153, wobei in der Originalhypothese von Palmgren-Miner angenommen wird, dass nur Belastungsstufen zur Schädigung des Bauteils beitragen, die höher sind als die Dauerfestigkeit.

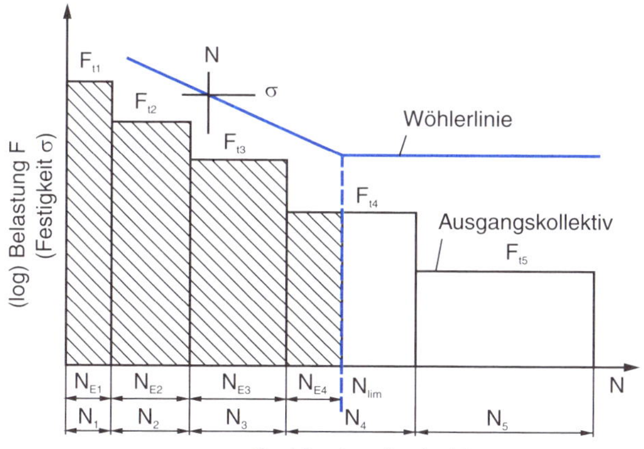

Abbildung 18.153: Berücksichtigung von Kollektivanteilen abhängig von der Grenzlastwechselzahl N_{lim}

So ergibt sich z.B. gemäß Abbildung 18.153 der Schädigungsanteil $d_{(j=2)}$ der 2. Stufe als das Verhältnis von der bei dieser Belastungsgröße vorhandenen Lastwechselzahl N_{E2} zur entsprechend der Wöhlerlinie ertragbaren Lastwechselzahl N_{lim}:

$$d_{(j=2)} = \frac{N_{Ej}}{N_{lim}} = \frac{N_{E2}}{N_{lim}} \tag{18.295}$$

Im Weiteren lässt sich nun über die nachfolgende Wöhlerliniengleichung für den abfallenden Ast (negative Steigung q) im Zeitfestigkeitsbereich ein Zusammenhang herstellen zwischen den Spannungen und den Lastwechselzahlen:

$$\left(\frac{\sigma}{\sigma_{lim}}\right)^q = \frac{N_{lim}}{N} \tag{18.296}$$

Während man bei den meisten Anwendungen direkt ein Spannungskollektiv mit einer Spannungs-Wöhlerlinie vergleichen kann, besteht bei Verzahnungen das Problem, dass man aus einem Zahnkraftkollektiv zwei Spannungskollektive ableiten muss, nämlich eines für die Flankenpressung σ_H und eines für die Zahnfußspannung σ_F. Verständlicherweise benötigt man dann zum Vergleich auch eine Wöhlerlinie für die ertragbare Flankenpressung und eine Wöhlerlinie für die ertragbare Zahnfußspannung.

Gemäß DIN 3990 wird zur Ermittlung der Betriebsfestigkeit für die in jeder Kollektivstufe j wirkende mittlere Teilbelastung (Zahnkraft F_j oder Drehmoment M_{Tj}) die daraus resultierende Teilbeanspruchung σ_k ermittelt [18.51]. Demzufolge wird aus dem Lastkollektiv je ein Beanspruchungskollektiv für die Flankenpressung σ_H und für die Zahnfußbeanspruchung σ_F:

$$\sigma_{Hj} = Z_H \cdot Z_E \cdot Z_\varepsilon \cdot Z_\beta \cdot Z_{B,D} \cdot \sqrt{\frac{F_{tj}}{d_1 \cdot b} \cdot \frac{u+1}{u} \cdot K_{Vj} \cdot K_{H\beta j} \cdot K_{H\alpha j}} \tag{18.297}$$

$$\sigma_{Fj} = \frac{F_{tj}}{b \cdot m_n} \cdot Y_F \cdot Y_S \cdot Y_\beta \cdot K_{Vj} \cdot K_{F\beta j} \cdot K_{F\alpha j} \tag{18.298}$$

Hierin bezeichnen F_{tj} die Tangentialkraft am Ritzel, d_1 den Teilkreisdurchmesser und b die Breite des Ritzels, m_n den Modul, u das Zähnezahlverhältnis, K_v den Dynamikfaktor, $K_{H\alpha}$ den Stirnfaktor und $K_{H\beta}$ den Breitenfaktor für die Flanke sowie $K_{F\alpha}$ den Stirnfaktor und $K_{F\beta}$ den Breitenfaktor für den Zahnfuß. Auf den Elastizitätsfaktor Z_E, den Zonenfaktor Z_H, den Überdeckungsfaktor Z_ε, die Einzeleingriffsfaktoren Z_B und Z_D und den Schrägenfaktor Z_β sowie den Formfaktor Y_F, den Spannungskorrekturfaktor Y_S und den Schrägenfaktor Y_β wird in den jeweiligen Abschnitten zur Berechnung der Flankentragfähigkeit und der Zahnfußfestigkeit näher eingegangen (Abschnitte 18.4.4 und 18.4.5).

Verständlicherweise geht der Anwendungsfaktor K_A nicht in die Berechnung ein, da der durch ihn zu berücksichtigende Einfluss schon im Lastkollektiv enthalten ist. Vereinfachend wird zur Bestimmung des drehzahlabhängigen Dynamikfaktors K_v eine mittlere Drehzahl angenommen, die jedoch durch genauere Laststufendrehzahlen ersetzt werden kann, sofern diese bekannt sind.

Im Weiteren sind dann die sich für das Lastkollektiv in den einzelnen Laststufen ergebenden Spannungen σ_{Hj} und σ_{Fj} zu einer äquivalenten Spannung σ_H bzw. σ_F zusammenzufassen, die wiederum als (sinusförmige) Einstufenbelastung eine zur Schädigung durch das Lastkollektiv äquivalente Schädigung verursachen:

$$\sigma_H = \sqrt[q_H]{\sum_{j=1}^{k}\left(\frac{N_{Ej}}{N_{eq}} \cdot \sigma_{Hj}{}^{q_H}\right)} \quad \text{und} \quad \sigma_F = \sqrt[q_F]{\sum_{j=1}^{k}\left(\frac{N_{Ej}}{N_{eq}} \cdot \sigma_{fj}{}^{q_F}\right)} \tag{18.299}$$

Mit $N_{eq} = \sum_{j=1}^{m} N_j$ und $k = m$ bei $\sum_{j=1}^{m} N_j < N_{lim}$ bzw. $N_{eq} = N_{lim}$ bei $\sum_{j=1}^{m} N_j \geq N_{lim}$

und $N_{Ej} = N_j$ bei $\sum_{i=1}^{j} N_i < N_{lim}$ bzw. $N_{Ej} = N_{lim} - \sum_{i=1}^{j-1} N_i$ und $k = j$ bei $\sum_{i=1}^{j} N_i \geq N_{lim}$.

Hierin bezeichnen k die Anzahl der Laststufen, m die Summengrenze und die N_{lim} die Grenzlastspielzahl, wobei für die Wöhlerlinie der Flankenbeanspruchung $N_{lim} = N_{Hlim}$ und für die Wöhlerlinie der Fußbeanspruchung $N_{lim} = N_{Flim}$ ist. Des Weiteren müssen von den jeweils unterschiedlichen Wöhlerlinien für Flanken- und Fußbeanspruchung die dauerfest ertragbaren Spannungen σ_{Hlim} und σ_{Flim} gemäß Abschnitt 18.4.10 bekannt sein sowie die jeweilige Steigung q der Zeitfestigkeitsgeraden.

Die so berechneten Spannungen σ_H und σ_F können dann im Tragfähigkeitsnachweis ins Verhältnis zur jeweils vorhandenen Festigkeit σ_{Hlim} und σ_{Flim} gesetzt werden, um die rechnerische Sicherheit zu ermitteln. Dabei werden im Gegensatz zu DIN 3990 auch Kollektivanteile berücksichtigt, die unterhalb der Dauerfestigkeit liegen, da mit dieser Vorgehensweise eine bessere Übereinstimmung mit Versuchsergebnissen festgestellt wurde [18.51], [18.216]. Allerdings wird entsprechend Abbildung 18.153 das Lastkollektiv bei der Grenzlastwechselzahl N_{lim} abgeschnitten, sobald die Gesamtlastwechselzahl N_g größer ist, wobei angenommen wird, dass alle Lastwechsel oberhalb der Grenzlastwechselzahl keine Schädigung hervorrufen, solange die entsprechende Beanspruchung durch diese Lastwechsel unterhalb der Dauerfestigkeit liegt.

Weiterhin ist zu beachten, dass die Stirnfaktoren $K_{H\alpha}$ und $K_{F\alpha}$, die Breitenfaktoren $K_{H\beta}$ und $K_{F\beta}$ und der Dynamikfaktor K_v in den Gleichungen (18.297) und (18.298) von der jeweils wirkenden Last abhängen, weshalb die vorhandene rechnerische Sicherheit für ein gegebenes Lastkollektiv nicht direkt dem Kehrwert der Miner-Summe $D(N_g)$ bzw. der mit der äquivalenten Spannung berechneten Sicherheit $S_{Betrieb}$ entspricht. Die genaue rechnerische Sicherheit erhält man nur, wenn man in den Gleichungen (18.297) und (18.298) die jeweils wirkende Tangentialkraft F_{tj} mit einem Faktor S multipliziert, sodass die Schadenssumme genau $D(N_g) = 1$ wird. Dieses Problem lässt sich nur iterativ lösen, indem man neue Stufenbelastungen aus der jeweils vorhandenen Stufenkraft F_{tj}, multipliziert mit dem Sicherheitsfaktor $S = 1 / D(N_g)$, bestimmt. Mit diesen neuen Stufenbelastungen werden die Faktoren $K_{H\alpha}$, $K_{F\alpha}$, $K_{H\beta}$, $K_{F\beta}$ und K_v und schließlich die Spannungen σ_{Hj} und σ_{Fj} jeder Stufe bestimmt, mit denen dann wieder die neue Miner-Summe $D(N_g)$ berechnet wird. Sobald die Miner-Summe im Bereich $0{,}95 < D(N_g) < 1{,}05$ liegt, kann die Iteration abgebrochen werden und der eingesetzte Wert S entspricht der vorhandenen Sicherheit $S_{vorh} = S_{Betrieb}$ [18.51]. Der Vorgehensweise entsprechend gilt dieser so ermittelte Sicherheitsfaktor nur für die Form und den Gesamtumfang des für die Berechnung verwendeten Lastkollektivs.

Während diese Art der Durchführung einer Betriebsfestigkeitsrechnung für die Nachrechnung gut geeignet ist, empfiehlt sich die Anwendung wegen des Iterationsaufwandes nicht zur Getriebedimensionierung. Hier vernachlässigt man der Einfachheit halber die Unterschiede der Faktoren auf den einzelnen Laststufen und rechnet einheitlich immer mit der gleichen Kraft F_t, sodass das Kollektiv der Stufenkräfte F_{tj} durch eine äquivalente Tangentialkraft F_{tH} zur Ermittlung der Flankenpressung und F_{tf} zur Berechnung der Fußspannung ersetzt werden kann:

$$F_{tH} = \sqrt[\frac{q_H}{2}]{\sum_{j=1}^{k}\left(\frac{N_{Ej}}{N_{eq}} \cdot F_{tj}^{\frac{q_H}{2}}\right)} \qquad F_{tF} = \sqrt[q_F]{\sum_{j=1}^{k}\left(\frac{N_{Ej}}{N_{eq}} \cdot F_{tj}^{q_F}\right)} \tag{18.300}$$

Aufgrund der Unterschiede in den zugrunde liegenden Wöhlerlinien für Flankenpressung und Zahnfußbeanspruchung sind auch diese äquivalenten Zahnkräfte nicht gleich. Ungeachtet der unterschiedichen Lastwechselzahlen für Rad und Ritzel werden sie üblicherweise nur für das Ritzel ermittelt und für die Paarung zugrunde gelegt, lediglich wenn die Sicherheit für das Rad mit der geringeren Lastwechselzahl nicht ausreicht, sind die tatsächlich vorhandenen Lastwechselzahlen getrennt nach Rad und Ritzel zu verwenden.

Bezieht man diese äquivalenten Zahnkräfte auf die Nennumfangskraft F_{tnenn}, so lassen sich daraus wiederum die folgenden Anwendungsfaktoren K_{AB} für die Zahnflankenpressung und die Zahnfußbeanspruchung bestimmen:

$$K_{AB(H)} = \frac{F_{tH}}{F_{tnenn}} \qquad K_{AB(F)} = \frac{F_{tF}}{F_{tnenn}} \tag{18.301}$$

Da die so berechneten Anwendungsfaktoren letztlich auf Lastkollektiven beruhen, sind sie verständlicherweise meist genauer als die Werte gemäß Tabelle 18.49 bis Tabelle 18.52 nach DIN 3990.

Auch wenn der Einsatz von Lastkollektiven die wirklichkeitgetreueste Grundlage für einen Schwingfestigkeitsnachweis bietet, so ergeben sich leider bis heute erhebliche Einschränkungen in der Anwendung, da nur in den wenigsten Fällen die exakt zutreffenden Lastkollektive für die jeweilige Maschine und den zugehörigen Einsatzfall sowie die entsprechende Wöhlerlinie bekannt sind. Deshalb behilft man sich meistens mit ähnlichen Kollektiven, die für relevante Betriebszustände an vergleichbaren Anlagen gemessen wurden. Steht kein Messobjekt zur Verfügung (z.B. bei Neukonstruktionen), so können mittels geeigneter Simulationsmodelle aus simulierten Beanspruchungs-Zeit-Funktionen synthetische Lastkollektive mit hinreichender Genauigkeit berechnet werden [18.308], [18.309]. Ebenso lassen sich auch mittlerweile für viele Einsatzgebiete synthetische Wöhlerlinien berechnen [18.149], [18.159], [18.206]. Diese Verfahrensweise ist in jedem Fall besser als die vereinfachende Lastannahme aus Nennlast und Anwendungsfaktor. Zwei wesentliche Grundtypen von Lastkollektiven sind in Abbildung 18.154 wiedergegeben [18.216]. Das Kollektiv in Abbildung 18.154 a) ist typisch für kurzzeitig hohe und ansonsten ausgeglichene Belastungen, während das Kollektiv nach b) repräsentativ ist für Belastungen, deren Klassenhäufigkeiten annähernd einer Normalverteilung unterliegen.

In den meisten Fällen wird man nicht über gemessene oder simulierte Lastkollektive für jeden Zahn eines Rades verfügen, sondern vielmehr davon ausgehen können, dass im Laufe der Lebensdauer eines Rades alle seine Zähne annähernd dem gleichen Lastkollektiv ausgesetzt sind, was sowohl für stochastische oder periodische, nicht durch die Raddrehfrequenz geprägte Belastungsverläufe als auch für nichtperiodische Zusatzbelastungen infolge von Anfahr- und Bremsvorgängen sowie Sonderereignisse gilt. Für drehzahlperiodische Belastungsverläufe ist dies ebenfalls zutreffend, solange die Phasenlage zwischen Lastschwankung und Drehwinkel nicht konstant ist (z.B. wegen Unterbrechung beim Einsatz von Schaltgetrieben oder schaltbaren Kupplungen).

Diese vereinfachende Annahme ist jedoch zu überprüfen, sobald der Drehmomentverlauf an die Radstellung gekoppelt ist, da es in diesem Fall meist einen höchstbelasteten Zahn gibt, der immer wieder zum Eingriff kommt, wenn das Drehmoment innerhalb einer Umdrehung seinen Maximalwert erreicht, was z.B. bei Dieselmotoren auf der Antriebsseite und Kolbenverdichtern oder Pressen auf der Abtriebsseite auftritt.

Des Weiteren ist bei der Transformation eines Lastkollektivs in ein Beanspruchungskollektiv zu beachten, dass sowohl eine Ausschlagsspannung als auch eine Mittelspannung berücksichtigt werden können (s.a. Kapitel 3, Maschinenelemente 1 [18.306]). So ist z.B. bei Zwischenrädern zu beachten, dass Vorder- und Rückflanke gleichermaßen belastet sind, während der Zahnfuß einer Wechselbelastung mit annähernd gleichen positiven und negativen Belastungsanteilen unterliegt. Bei Verteilerrädern dagegen werden die Zähne nur auf der Vorderflanke beansprucht, wobei die Lastwechselzahl durch Multiplikation mit der Anzahl der Verzweigungen anzupassen ist. Liegt eine ungleichmäßige Lastaufteilung im Sinne von Haupt- und Nebenantrieben vor, ergibt sich das für die Bemessung zu verwendende Kollektiv aus der Aufsummierung der Teilkollektive.

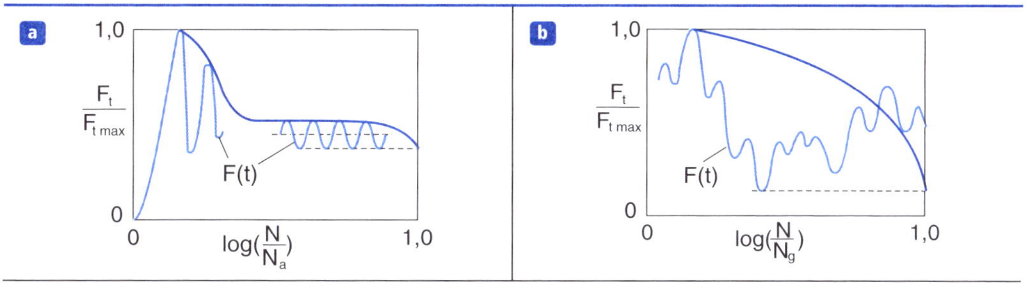

Abbildung 18.154: Grundtypen von Lastkollektiven [18.216]

Abschließend sei darauf hingewiesen, dass in vielen anderen Anwendungsbereichen mit Schadenssummen gearbeitet wird, die deutlich geringer sind als $D = 1$ und z.B. zwischen $D = 0{,}3$ und $D = 0{,}6$ liegen, was zumeist über Versuche abgesichert wurde.

Ferner kommt es im Bereich der Dauerfestigkeit mit steigenden Lastwechselzahlen zu einer Abminderung der Beanspruchbarkeit, was dem Originalansatz von Palmgren-Miner widerspricht und wohl auch zu den entsprechenden Modifikationen dieser Schadensakkumulationshypothese geführt hat, wobei in einigen Fällen auch nach sehr großen Lastwechselzahlen von $N = 10^8$ ein erneuter wesentlicher Abfall eintreten kann [18.26], [18.150]. Ursachen hierfür können aggressive Medien, Wasserstoffversprödung und nichtmetallische Mikroeinschlüsse sein, die sich besonders bei großen Festigkeiten bzw. geringer Duktilität stärker auswirken.

18.4.3 Lastverteilung

Alle bisher vorgestellten Berechnungsansätze gehen vereinfachend von einem Balkenmodell mit punktförmigem Kraftangriff an der Zahnflanke gemäß Abbildung 18.144 aus, was jedoch aufgrund der tatsächlichen Ausdehnung eines Zahnes in Höhen- und Breitenrichtung eine idealisierte Vereinfachung darstellt. Die tatsächlichen Belastungsverhältnisse im Zahneingriff sind jedoch gemäß Abbildung 18.155 deutlich komplexer, da sowohl bei gerad- als auch bei schrägverzahnten Stirnrädern die Aufteilung der Last einerseits von den einzelnen im Eingriff befindlichen Zahnpaaren (Stirnlastverteilung) und andererseits von der Verteilung der Belastung in Zahnbreitenrichtung bzw. längs der Kontaktlinie (Breitenlastverteilung) abhängt. So zeigt Abbildung 18.155 a), wie sich die gesamte Last in einer Eingriffsstellung bei einer Schrägverzahnung auf insgesamt drei Zähne verteilt, wobei über der Zahnbreite auch noch erhebliche Lastunterschiede deutlich werden. Abbildung 18.155 b) verdeutlicht diesen Zusammenhang für alle Eingriffsstellungen im Eingriffsfeld.

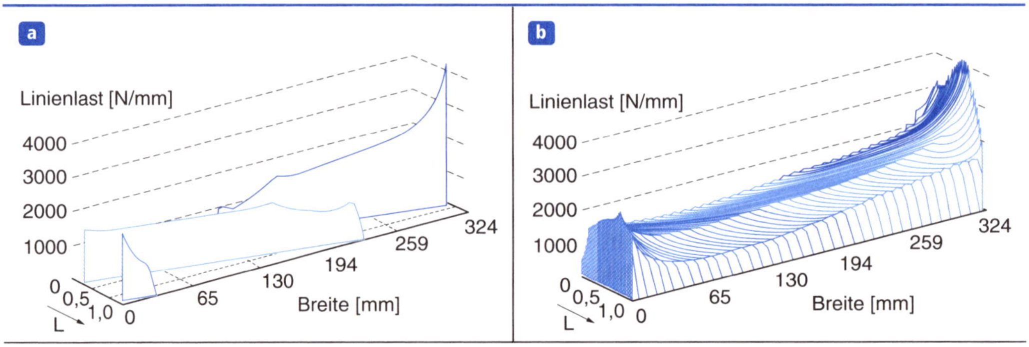

Abbildung 18.155: Lastverteilung bei einer Schrägverzahnung – a) Eine ausgewählte Eingriffsstellung, b) Gesamtansicht für alle Eingriffsstellungen im Eingriffsfeld

Bei schrägverzahnten Stirnrädern gemäß Abbildung 18.156 ist zusätzlich zu beachten, dass die Kontaktlinie schräg über den Zahn verläuft und in der Regel mehrere Zahnpaare gleichzeitig an der Kraftübertragung beteiligt sind.

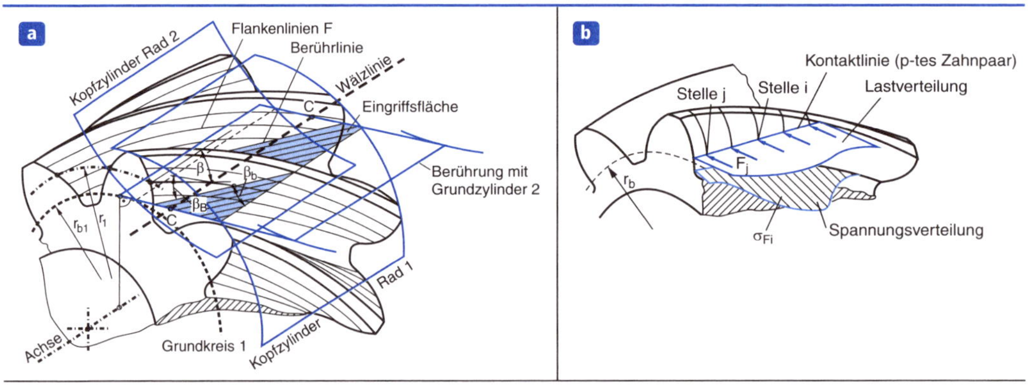

Abbildung 18.156: Last- und Spannungsverteilung bei einem schrägverzahnten Stirnrad – a) Eingriffsfläche, Flanken- und Berührlinien, b) Last- und Spannungsverteilung am Einzelzahn

Aufgrund dieser schräg verlaufenden Kontaktlinie sind gleichzeitig dem Zahnkopf und dem Zahnfuß näherliegende Bereiche – also Zahnabschnitte unterschiedlicher Steifigkeit – im Eingriff, woraus selbst bei abweichungsfreiem Zahneingriff entlang der Kontaktlinie eine ungleichmäßige Lastverteilung entsteht.

So bleiben bei Eingriffsbeginn (Zahnkopf an der Stirnseite) oder Eingriffsende (Zahnfuß der gegenüberliegenden Stirnseite) und auch bei Verzahnungen mit großer Sprungüberdeckung bestimmte Zahnabschnitte vorübergehend zunächst unbelastet und wirken sich so in unmittelbarer Nähe der belasteten Zahnabschnitte deutlich versteifend aus. Modellhaft betrachtet sind gemäß Abbildung 18.157 mehrere im Eingriff befindliche Zahnpaare einer Radpaarung sinngemäß wie parallel geschaltete Federn an der Kraftübertragung beteiligt, wobei jedes einzelne Zahnpaar entsprechend seiner Federsteifigkeit einen bestimmten Teil der Gesamtkraft überträgt.

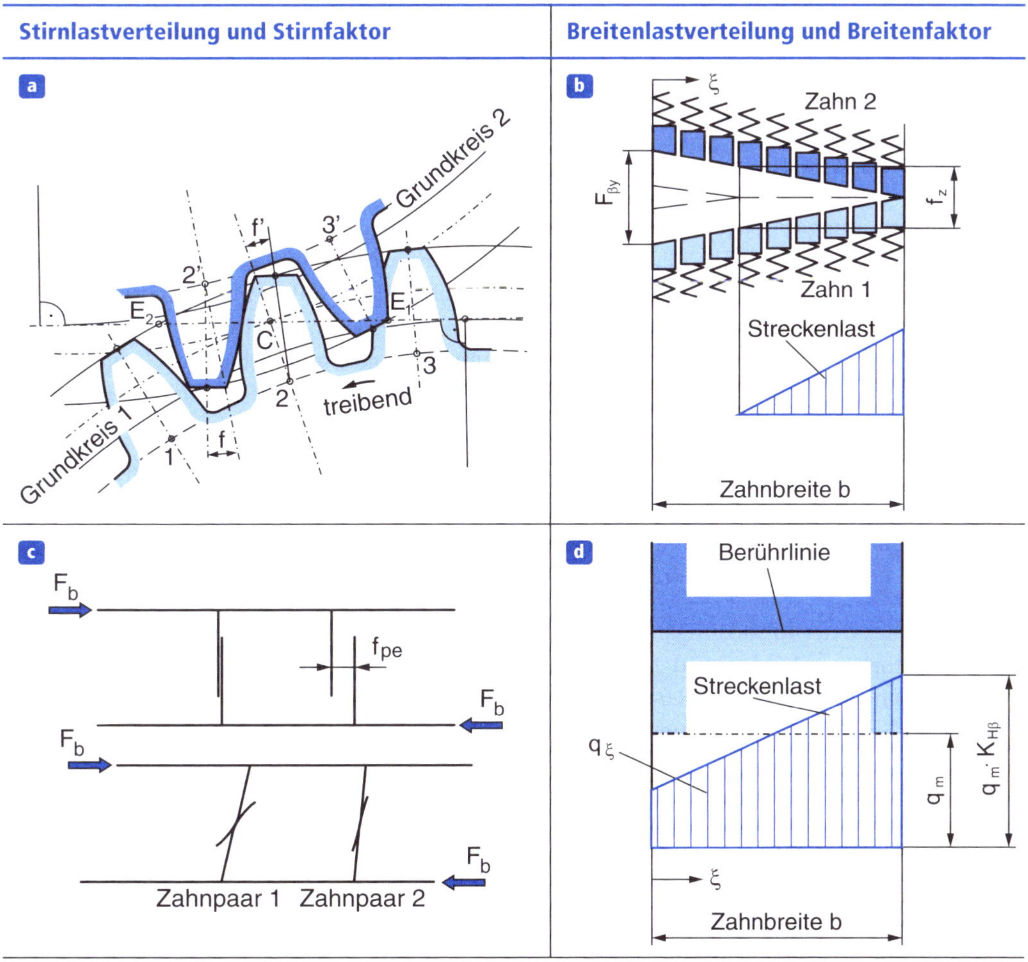

Abbildung 18.157: Tatsächliche Lastverteilung im Zahneingriff – Durch Teilungsfehler und Zahnverformung entstehender Eintrittsstoß und zugehöriges Ersatzmodell zur Stirnlastaufteilung (links) und Zahnpaar mit ungleicher Lastverteilung über der Zahnbreite bei Betrachtung senkrecht zur Eingriffsebene (rechts) nach [18.216], [18.252]

Hinzu kommt, dass die Lastverteilung des theoretisch abweichungsfreien Zahneingriffes im wirklichen Getriebe entsprechend Abbildung 18.158 generell durch Fertigungsabweichungen und elastische Verformungen der Verzahnungen sowie der angrenzenden Bauteile (Welle, Radkörper, Lager, Gehäuse) und das Lagerspiel beeinflusst wird, was eine entsprechende Änderung der Stirn- und Breitenlastverteilung bedingt.

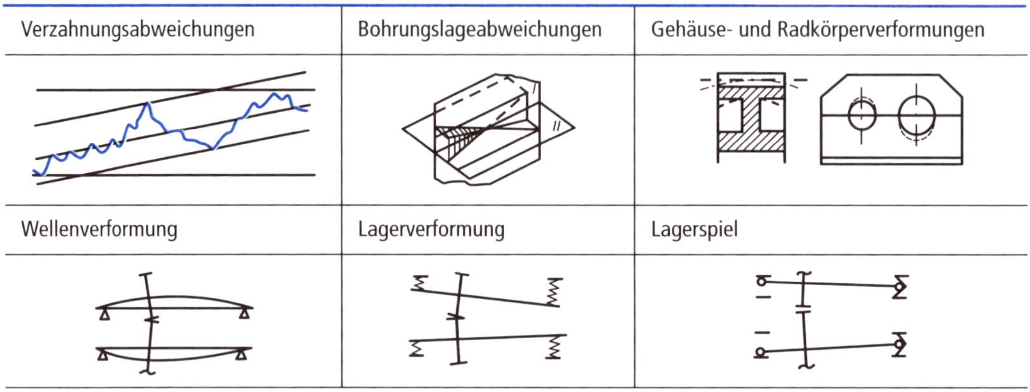

Abbildung 18.158: Wesentliche Anteile an der Kontaktlinienabweichung (Berührlinienabweichung) nach [18.216]

Zur beanspruchungsgerechten Auslegung einer Verzahnung ist es nun erforderlich, die Lastverteilung möglichst gleichmäßig zu gestalten, um eine optimale Werkstoffausnutzung zu erzielen. Hierzu nimmt man abhängig von den tatsächlichen Belastungsverhältnissen über der Zahnflanke, hervorgerufen durch Lagerspiel, fertigungsbedingte Abweichungen und Verformungen der Verzahnung und der die Verzahnung umgebenden Elemente gemäß Abbildung 18.158 gezielt Korrekturen der Flankengeometrie vor, indem z.B. der Schrägungswinkel leicht verändert wird und Breiten- und Höhenballigkeiten aufgebracht werden.

Leider ist dieses Grundproblem der Verzahnungsberechnung unter Berücksichtigung aller maßgeblichen Verformungen bis heute nicht analytisch geschlossen lösbar, weshalb neben verschiedenartigen experimentellen Möglichkeiten überwiegend die folgenden zwei Verfahrensweisen den jeweiligen Anforderungen entsprechend angewendet werden:

1. Einfache Näherungslösungen in Form von Lastverteilungsfaktoren (Stirnfaktor und Breitenfaktor) gemäß Abschnitt 18.4.3.2, mit denen die Ungleichmäßigkeit der Belastung an der höchstbelasteten Stelle der Kontaktlinie berücksichtigt werden kann. – Das Verfahren ist einfach zu handhaben und in den einschlägigen Normen enthalten [18.51], [18.164].

2. Aufwändigere, rechnergestützte Verfahren entsprechend Abschnitt 18.4.3.3, mit denen unter Berücksichtigung sämtlicher Einflussgrößen der Verlauf der Zahnbelastung entlang der Kontaktlinie und die Verzahnungssteifigkeit berechnet werden können. – Die Verfahren sind nicht genormt, werden jedoch mittlerweile in einigen speziellen Normen zur Getriebeberechnung zur Anwendung empfohlen [18.4], [18.17], [18.19], [18.33], [18.259], [18.309], [18.336], [18.344].

Da für beide Verfahren die Abweichungen von der idealen Kontaktlinie benötigt werden, behandelt der folgende Abschnitt zunächst die Bestimmung der Kontaktlinienabweichung.

18.4.3.1 Bestimmung der Kontaktlinienabweichung

Die Normallage der Kontaktlinie bzw. Berührlinie zwischen den beiden Flanken der im Eingriff befindlichen Zahnräder ergibt sich für eine abweichungsfreie, nicht korrigierte Verzahnung im unbelasteten, nicht deformierten Zustand eines Getriebes. Weicht nun die Lage der Zahnflanken zwischen Ritzel und Rad von dieser Normallage ab, so tritt ein Klaffen der Zahnflanken auf (gemessen in der Eingriffsebene im Normalschnitt), das als Kontaktlinienabweichung bezeichnet wird.

Dabei entsteht eine wirksame Kontaktlinienabweichung $F_{\beta y}$ nach DIN 3990 gemäß Abbildung 18.157 unter Belastung nach einem Einlaufvorgang, wenn man ein Zahnpaar im Eingriffsfeld ohne Belastung durch eine Drehung der Räder an mindestens einem Punkt in Berührung bringt [18.51]:

$$F_{\beta y} = F_{\beta x} - y_{\beta} \qquad (18.302)$$

Hierin bezeichnet $F_{\beta x}$ die ursprüngliche Kontaktlinienabweichung, die durch ein Einlaufen der Verzahnung im normalen Betrieb durch den Einlaufbetrag y_{β} verringert wird. Als Anhaltswert für den Einlauf-Verschleißbetrag kann nach DIN 3990 bei Einsatzhärtung im Mittel $y_{\beta} = 3$ µm angenommen werden [18.51], [18.216], [18.252]]. Weitere Anhaltswerte für Einlaufbeträge y_{β} bei Flankenlinienabweichungen und y_{α} bei Teilungsabweichungen sind den Diagrammen in Abbildung 18.159 nach DIN 3990 zu entnehmen [18.51].

Die wirksame Kontaktlinienabweichung $F_{\beta y}$ berücksichtigt sämtliche Einflüsse von Herstellung, Montage und Verformung der Getriebeteile sowie den Einlaufverschleiß der Verzahnung. Gemäß Abbildung 18.158 gehören hierzu die Form- und Lageabweichungen der Verzahnung und die Lageabweichungen der Lagerbohrung $f_{\beta Z}$, das Lagerspiel bzw. die Lagerspielunterschiede $f_{\beta L}$, die elastischen Verformungen der Getriebeteile (Wellen, Lager, Gehäuse) $f_{\beta E}$ und der bereits erwähnte Verschleißabtrag nach dem Einlaufvorgang y_{β}.

Bei der Ermittlung der geometrisch bedingten Anteile ($f_{\beta Z}$, $f_{\beta L}$) ist zu beachten, ob die einzelnen Anteile als bekannte Werte (z.B. aus Messungen) oder als Zufallsgröße zu betrachten sind. Liegen also für den speziellen Anwendungsfall Messergebnisse vor, so berechnet sich die Abweichung zu:

$$F_{\beta y} = \left| f_{\beta Z} + f_{\beta L} + f_{\beta E} \right| - y_{\beta} \qquad (18.303)$$

Ist man dagegen auf Angaben aus Toleranzsystemen angewiesen, so ergibt sich die Abweichung als Zufallsgröße. Diese Werte sind dann nach den Regeln der Wahrscheinlichkeitsrechnung zu überlagern, wobei man die Summe als normal verteilt annehmen kann, da es sich um viele unabhängige bzw. schwach abhängige Zufallsgrößen handelt [18.216]. Ihr Erwartungswert F_{β} ist gleich der Summe der Erwartungswerte der Anteile $f_{\beta i}$und die Streuung wenigstens näherungsweise gleich der Summe der Streuungen der Summanden. Unter der Annahme, dass die einzelnen Anteile statistisch verteilt und abhängig sind, ergibt sich aus Gleichung (18.303) für die wirksame Kontaktlinienabweichung $F_{\beta y}$:

$$F_{\beta y} = \left| \sum \overline{f_{\beta i}} \right| + \sqrt{\sum \tilde{f}_{\beta i}^{2}} - y_{\beta} \qquad (18.304)$$

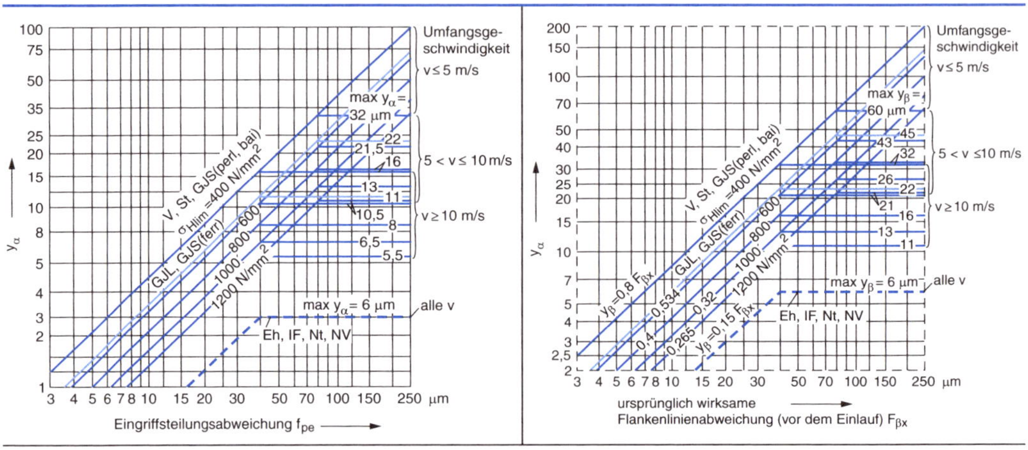

Vergütungsstahl, Baustahl (V: $R_m \geq 800$ N/mm²) sowie GJS (perlitisch, bainitisch):

$$y_\alpha = \frac{160\ N/mm^2}{\sigma_{Hlim}} \cdot f_{pe} \leq \max y_\alpha\,,\ y_\beta = \frac{320\ N/mm^2}{\sigma_{Hlim}} \cdot F_{\beta x} \leq \max y_\beta$$

Grauguss (GJL) und GJS (ferritisch): $y_\alpha = 0{,}275 \cdot f_{pe} \leq \max y_\alpha\,,\ y_\beta = 0{,}55 \cdot F_{\beta x} \leq \max y_\beta$

Einsatzgehärteter oder nitrierter Stahl: $y_\alpha = 0{,}075 \cdot f_{pe} \leq 3\ \mu m\,,\ y_\beta = 0{,}15 \cdot F_{\beta x} \leq 6\ \mu m$

Bei unterschiedlichen Werkstoffen für Rad und Ritzel gilt: $y = \dfrac{y_{Rad} + y_{Ritzel}}{2}$

GJS: Gusseisen mit Kugelgrafit mit perlitischem, ferritischem, bainitischem Gefüge	Eh: Einsatzstahl, einsatzgehärtet
IF: Stahl und GJS, induktions- oder flammgehärtet	NT: Nitrierstahl, langzeit-gasnitriert
	NV: Vergütungs- und Einsatzstahl, langzeit-gasnitriert

Abbildung 18.159: Einlaufbeträge y_α für Teilungsabweichungen und y_β für Flankenlinienabweichungen nach DIN 3990 [18.51]

Bei der Betrachtung der geometrischen Abweichungen der Verzahnung und der Lageabweichung der Lagerbohrungen ist üblicherweise ein Erwartungswert $f_{\beta Z} = 0$ charakteristisch und der Einfluss der Lagerluft setzt sich aus dem Mittelwert der Lagerluft und der Toleranz (Schwankung) zusammen. Die verformungsbedingten Anteile aus Wellen-, Radkörper-, Gehäuse- und elastischer Lagerverformung sind belastungsabhängig, mit einem geringen, aber vernachlässigbaren Einfluss der Lagerluft auf die Lagerverformung. Unter der Annahme einer zunächst konstanten äußeren Belastung wird der Schwankungswert der belastungsabhängigen Anteile $f_{\beta E} = 0$, sodass für die meisten Fälle gilt:

$$F_{\beta y} = \left|\overline{f_{\beta E}} + \overline{f_{\beta L}}\right| - y_\beta + \sqrt{\tilde{f}_{\beta Z}^2 + \tilde{f}_{\beta L}^2} \tag{18.305}$$

Ausgehend von diesen grundlegenden Überlegungen ist dann je nach Wahl der Methode der Berechnung der Lastverteilung die Kontaktlinienabweichung unterschiedlich zu bestimmen.

Zur Berechnung von Lastverteilungsfaktoren (Stirnfaktor und Breitenfaktor) ist nur der Maximalwert der Abweichung entsprechend der Gleichungen (18.303) für Messwerte oder (18.305) bei der Verwendung von Toleranzgrößen maßgebend, wobei ein linearer Verlauf der Kontaktlinienabweichung bei den Betrachtungen vorausgesetzt wurde. Die Kontaktlinienabweichung ist jeweils für die zu berechnende Eingriffsstellung zu ermitteln. Dabei werden verformungsbedingte Abweichungen, die aus einer Schiefstellung des Zahnrades, z.B. aufgrund der Wellendeformation, der Lager- oder Gehäuseverformung herrühren, wie Flankenlinienabweichungen behandelt.

Bei der aufwändigeren Berechnung der Lastverteilung nach Abschnitt 18.4.3.3 kann der Verlauf der Kontaktlinienabweichung eine beliebige (nichtlineare) Form annehmen. In diesem Fall sind die Abweichungen der Zahnflanken (Ritzel und Rad) von der Normallage (in der Eingriffsebene im Normalschnitt gemessen), für jede betrachtete Stelle i der Kontaktlinie in ihrer tatsächlichen Größe vorzeichenbehaftet zu addieren oder aber bei Angaben aus Standards nach den Gesetzen der Wahrscheinlichkeitsrechnung zu überlagern.

Möchte man den Einfluss belastungsabhängiger Verformungen wie der Wellenverformung oder der Lagerverformung auf den tatsächlichen Verlauf der Belastung entlang der Kontaktlinie abschätzen, so ist diese bei einer mittleren Belastung zu ermitteln und nach entsprechender Umrechnung als Kontaktlinienabweichung zu betrachten, wobei Iterationsrechnungen das Ergebnis verbessern.

Für praktische Berechnungen zur Ermittlung der wirksamen Kontaktlinienabweichung in Verbindung mit der Verwendung von Stirn- und Breitenfaktoren entsprechend Abschnitt 18.4.3.2 bietet sich die nachfolgende Vorgehensweise an. Durch Fertigungsabweichungen, Verformungen der Wellen, der Lager und des Gehäuses und durch das Lagerspiel entsteht gemäß Abbildung 18.160 die wirksame Kontaktlinienabweichung $F_{\beta y}$ im Eingriffsfeld senkrecht zur Kontaktlinie.

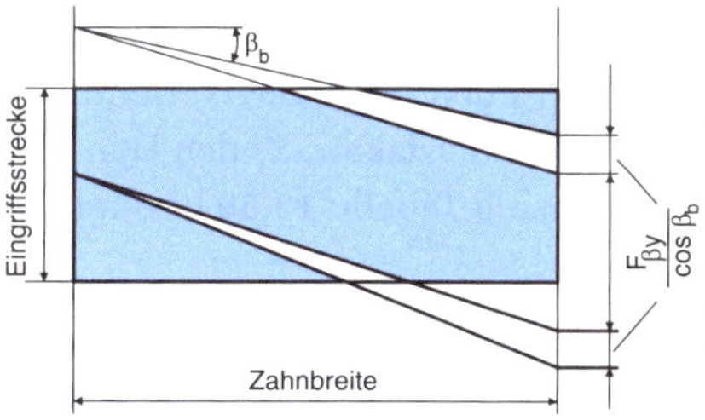

Liegen für die Form- und Lageabweichungen der Verzahnung und der Lagerbohrung $f_{\beta Z}$ Messwerte vor (Index r), berechnet sich $F_{\beta y}$ zu:

$$F_{\beta y} = \left| f_{\beta E} + f_{\beta Zr} \right| - y_\beta \qquad (18.306)$$

Liegen für $f_{\beta Z}$ nur Toleranzangaben vor, gilt:

$$F_{\beta y} = \left| f_{\beta E} \right| + f_{\beta Zr} - y_\beta \qquad (18.307)$$

Zur weiteren Berechnung siehe Gleichungen (18.308) bis (18.314).

Abbildung 18.160: Wirksame Kontaktlinienabweichung nach [18.216]

Unter Verzicht auf eine genauere Analyse durch Berechnung werden die nachfolgend aufgeführten Einzelanteile unter Vernachlässigung des Lagerspiels $f_{\beta L}$ und der Bedingung für den Verschleißbetrag $y_\beta \leq y_{\beta max}$ näherungsweise bestimmt.

a Kontaktlinienabweichung infolge elastischer Verformung $f_{\beta E}$

Zur Vereinfachung des Rechenaufwandes wird unter Beachtung der relativen Größe der Verformungsanteile der Wellen, Lager und des Gehäuses moderner Getriebekonstruktionen nur die Biegeverformung der Getriebewellen (Index B) und die Torsionsverformung der Radkörper (Index T) berücksichtigt, sodass für die elastische Verformung $f_{\beta E}$ gilt:

$$f_{\beta E} = f_{sh} \quad \text{mit} \quad f_{sh} = f_{shB1} \pm f_{shB2} \pm f_{shT1} \pm f_{shT2} \tag{18.308}$$

Nimmt man eine gleichmäßige Lastverteilung an, so betragen die Anteile der Torsionsverformung f_{shT1} des Rades 1 und f_{shT2} des Rades 2:

$$f_{shT1,2} = \frac{4}{G \cdot \pi} \cdot \left(\frac{b}{d_{1,2}}\right)^2 \cdot \frac{F_t}{b} \tag{18.309}$$

Hierin bezeichnen G den Schubmodul, b die Zahnbreite, $d_{1,2}$ die Teilkreisdurchmesser und F_t die angreifende Tangentialkraft (Zahnumfangskraft). Die Anteile der Biegeverformung f_{shB1} der Welle 1 und f_{shB2} der Welle 2 sind aus den Biegelinien zu bestimmen und auf die Eingriffsebene umzurechnen [18.121].

Bei der Überlagerung der Verformungsanteile nach Gleichung (18.308) hängt deren Vorzeichen von der relativen Verformungsrichtung ab, d.h. von der Lage der Zahnräder auf den Wellen sowie von der Lage des An- und Abtriebes. Die Torsionsverformungsanteile haben das gleiche Vorzeichen, wenn An- und Abtrieb auf der gleichen Seite des Getriebes liegen.

Bei Getrieben, deren Wellen in einer Ebene liegen, kann vereinfacht nur der Einfluss der Zahnumfangskraft F_t berücksichtigt und der Torsions- und Biegeanteil zusammengefasst werden, sodass näherungsweise für die in Tabelle 18.59 angeführten Getriebeschemata gilt:

$$f_{sh1,2} = A_{1,2} \cdot \psi_{bd1,2}^2 \cdot \left[\left|1 + B_{1,2} - 0{,}3\right| + 0{,}3\right] \cdot \left(\frac{F_t}{b}\right) \cdot K_A \cdot K_v \tag{18.310}$$

Hierbei gelten die nachfolgenden Zusammenhänge, wobei $d_{sh1,2}$ den mittlerer Wellendurchmesser, $s_{1,2}$ und $l_{w1,2}$ die Rad- und Lagerabstände, K_A den Anwendungsfaktor, K_v den Dynamikfaktor (s.a. Abschnitt 18.4.2) und $K_{1,2}$ sowie A die Konstanten nach Tabelle 18.59 bezeichnen:

$$B_{1,2} = \frac{K_{1,2} \cdot \psi_{ld1,2}^2 \cdot \psi_{sl1,2}}{\psi_{ds1,2}^4}, \quad \psi_{bd1,2} = \frac{b}{d_{1,2}}, \quad \psi_{dsd1,2} = \frac{d_{sh1,2}}{d_{1,2}}, \quad \psi_{ld1,2} = \frac{l_{w1,2}}{d_{1,2}}, \quad \psi_{sl1,2} = \frac{s_{1,2}}{l_{w1,2}} \tag{18.311}$$

Bei Zwischenwellen ist zusätzlich die Berechnung des Durchmesserverhältnisses ψ_{dd} erforderlich, wobei $d_{1,2}$ den Teilkreisdurchmesser des betrachteten Rades und d_{II} den Teilkreisdurchmesser des 2. Rades der Zwischenwelle bezeichnen:

$$\psi_{dd1,2} = \frac{s_{1,2}}{d_{II}} \tag{18.312}$$

Schema 1:

1) $A_{1,2}$ bei $(B_{1,2}+0{,}7) \le 0$
2) $A_{1,2}$ bei $(B_{1,2}+0{,}7) > 0$
3) Für blau gezeichnete Zahnradanordnung

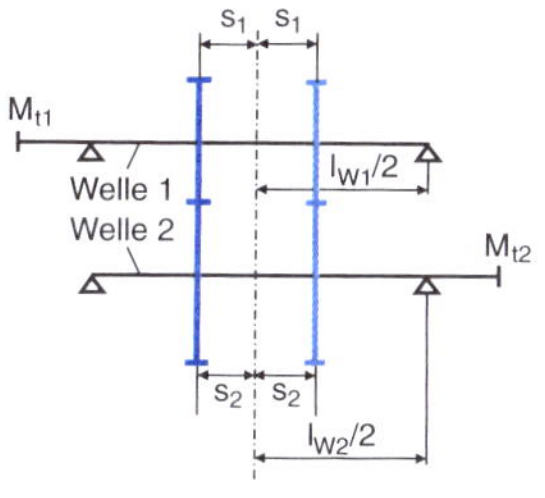

Schema 2:

1) $A_{1,2}$ bei $(B_{1,2}+0{,}7) \le 0$
2) $A_{1,2}$ bei $(B_{1,2}+0{,}7) > 0$
3) Für blau gezeichnete Zahnradanordnung

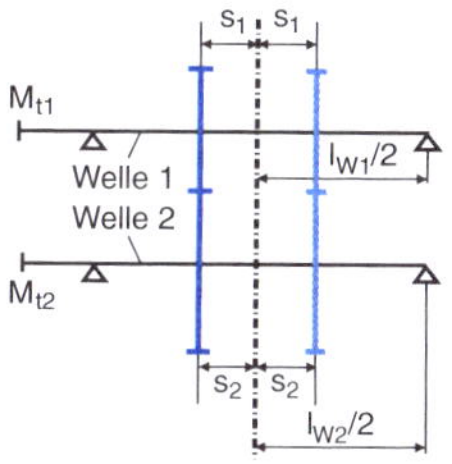

Welle	1	2	1 [3]	2 [3]	1	2	1	2
K	0,5	−0,5	−0,5	0,5	−0,5	−0,5	0,5	0,5
$A_{1,2}$ [1]	−0,0155	0,0155	−0,0155	0,0155	−0,0155	−0,0155	−0,0155	−0,0155
$A_{1,2}$ [2]	0,0155	−0,0155	0,0155	−0,0155	0,0155	0,0155	0,0155	0,0155

Schema 3:

1) $A_{1,2}$ bei $(B_{1,2}+0{,}7) \le 0$
2) $A_{1,2}$ bei $(B_{1,2}+0{,}7) > 0$

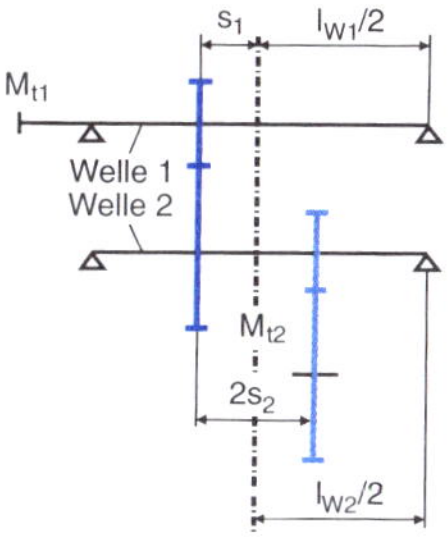

Schema 4:

1) $A_{1,2}$ bei $(B_{1,2}+0{,}7) \le 0$
2) $A_{1,2}$ bei $(B_{1,2}+0{,}7) > 0$

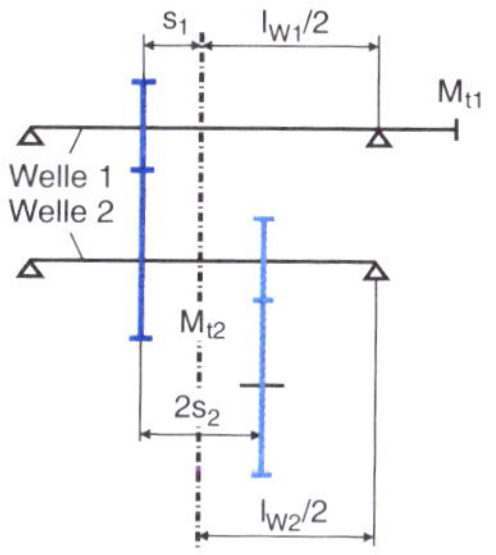

Welle	1	2	1	2
K	0,5	$-0{,}5\cdot(1+1{,}98\cdot\psi_{dd2}-1{,}25\cdot\psi_{dd2}\cdot\psi_{s12})$	−0,5	$-0{,}5\cdot(1+1{,}98\cdot\psi_{dd2}-1{,}25\cdot\psi_{dd2}\cdot\psi_{s12})$
$A_{1,2}$ [1]	–	0,0155	0,0155	0,0155
$A_{1,2}$ [2]	0,0155	−0,0155	−0,0155	−0,0155

Schema 5:

1) $A_{1,2}$ bei $(B_{1,2}+0{,}7) \le 0$
2) $A_{1,2}$ bei $(B_{1,2}+0{,}7) > 0$

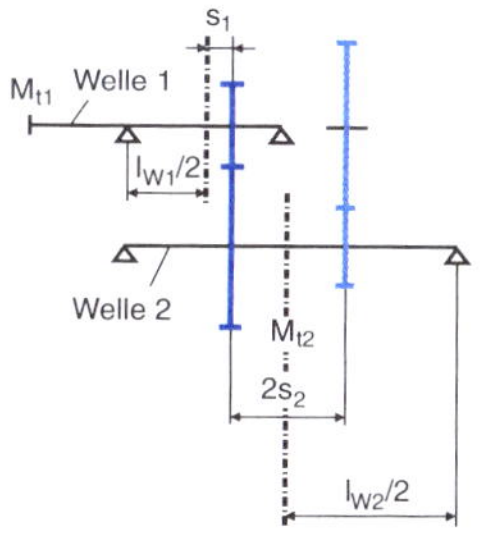

Schema 6:

1) $A_{1,2}$ bei $(B_{1,2}+0{,}7) \le 0$
2) $A_{1,2}$ bei $(B_{1,2}+0{,}7) > 0$

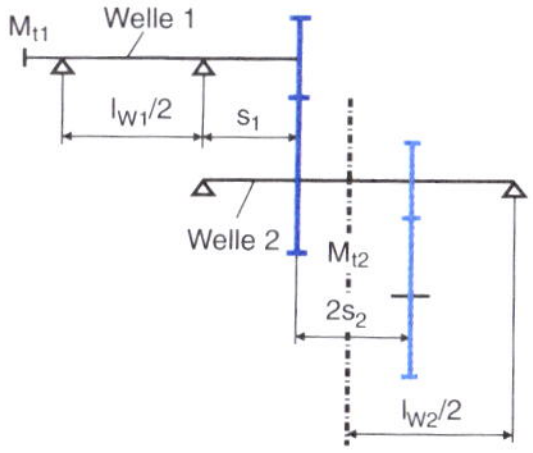

Welle	1	2	1	2
K	−0,5	$-0{,}5\cdot(1-1{,}98\cdot\psi_{dd2}+1{,}25\cdot\psi_{dd2}\cdot\psi_{s12})$	1,3	$-0{,}5\cdot(1+1{,}98\cdot\psi_{dd2}-1{,}25\cdot\psi_{dd2}\cdot\psi_{s12})$
$A_{1,2}$ [1]	−0,0155	0,0155	–	0,0155
$A_{1,2}$ [2]	0,0155	−0,0155	0,0155	−0,0155

Tabelle 18.59: Konstanten zur Berechnung von f_{sh} für typische Getriebeschemata [18.216]

Schema 7:

1) $A_{1,2}$ bei $(B_{1,2}+0{,}7) \leq 0$

2) $A_{1,2}$ bei $(B_{1,2}+0{,}7) > 0$

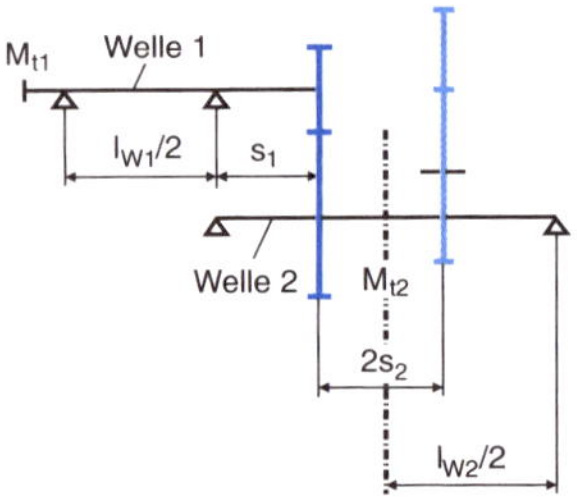

Schema 8:

1) $A_{1,2}$ bei $(B_{1,2}+0{,}7) \leq 0$

2) $A_{1,2}$ bei $(B_{1,2}+0{,}7) > 0$

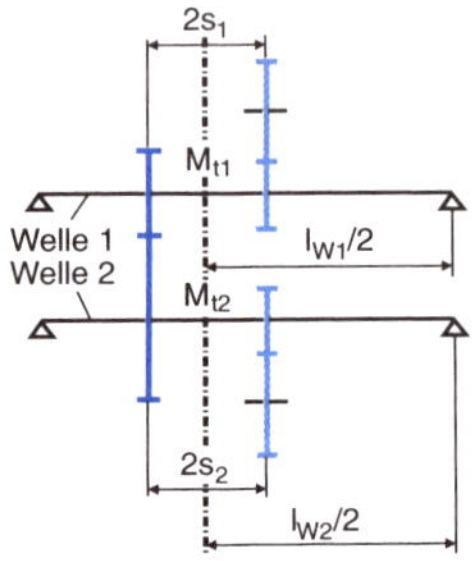

Welle	1	2	1	2
K	1,3	$-0{,}5\cdot(1-1{,}98\cdot\psi_{dd2}+1{,}25\cdot\psi_{dd2}\cdot\psi_{s12})$	$-0{,}5\cdot(1+1{,}98\cdot\psi_{dd2}-1{,}25\cdot\psi_{dd2}\cdot\psi_{s12})$	
$A_{1,2}$ 1)	–	0,0155	0,0155	0,0155
$A_{1,2}$ 2)	0,0155	−0,0155	−0,0155	−0,0155

Schema 9:

1) $A_{1,2}$ bei $(B_{1,2}+0{,}7) \leq 0$

2) $A_{1,2}$ bei $(B_{1,2}+0{,}7) > 0$

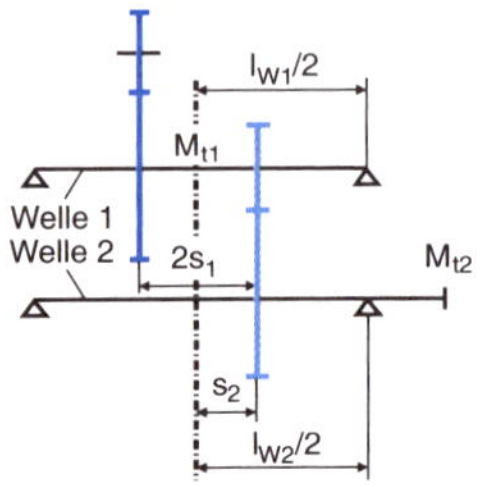

Schema 10:

1) $A_{1,2}$ bei $(B_{1,2}+0{,}7) \leq 0$

2) $A_{1,2}$ bei $(B_{1,2}+0{,}7) > 0$

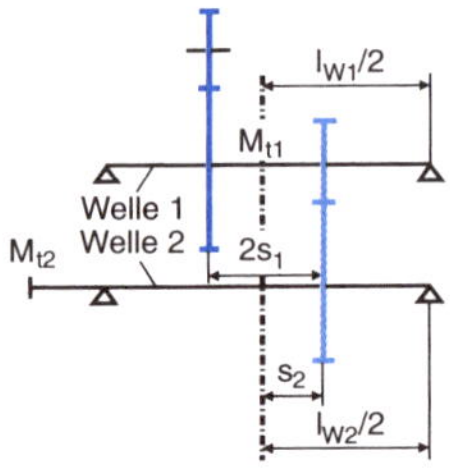

Welle	1	2	1	2
K	$-0{,}5\cdot(1+1{,}98\cdot\psi_{dd2}-1{,}25\cdot\psi_{dd2}\cdot\psi_{s12})$	0,5	$-0{,}5\cdot(1-1{,}98\cdot\psi_{dd2}-1{,}25\cdot\psi_{dd2}\cdot\psi_{s12})$	−0,5
$A_{1,2}$ 1)	−0,0155	–	−0,0155	−0,0155
$A_{1,2}$ 2)	0,0155	−0,0155	0,0155	0,0155

Tabelle 18.59: Konstanten zur Berechnung von f_{sh} für typische Getriebeschemata [18.216] (Forts.)

Einschränkend ist anzumerken, dass die angegebene Berechnung der Wellenverformung nicht anwendbar ist, wenn die Konstruktion von den in Tabelle 18.59 angegebenen Fällen abweicht, die Grenzwerte überschritten werden oder zusätzliche Belastungen an den Wellenenden auftreten, wobei $K_{1,2}$ für $\psi_{sl1,2} \leq 0{,}3$ gilt. Darüber hinaus gilt, dass die Wellen in einer Ebene liegen müssen und ein Getriebeschema an einer beliebigen Achse, die senkrecht zu den Wellen liegt, gespiegelt sein kann. Die Anordnung der Zahnräder bei Zwischenwellen wird näherungsweise als symmetrisch vorausgesetzt. Schließlich erfolgt an den Stellen $T_{1,2}$ die Einleitung oder Abnahme des Drehmomentes (Drehrichtung beliebig).

b Kontaktlinienabweichung infolge von Fertigungsabweichungen $f_{\beta Z}$

Stehen für die Fertigungsabweichungen der Verzahnung und der Gehäusebohrungen Messwerte (Index r) zur Verfügung, so ist $f_{\beta Z}$ wie folgt zu bestimmen:

$$f_{\beta Zr} = \left(\left| f_{H\beta r1} - f_{H\beta r2} \right| + f_{\Sigma\beta r} \cdot \frac{b}{B} + f_{\Sigma\delta r} \cdot \frac{b}{B} \cdot \tan\alpha_t \right) \cdot \cos\alpha_t \cdot \cos\beta \qquad (18.313)$$

Sind für die Fertigungsabweichungen nur die Toleranzwerte bekannt, gilt für $f_{\beta Z}$:

$$f_{\beta Z} = \sqrt{f_{H\beta 1}^2 + f_{H\beta 2}^2 + \left(f_{\Sigma\beta r} \cdot \frac{b}{B} \right)^2 + \left(f_{\Sigma\delta r} \cdot \frac{b}{B} \cdot \tan\alpha_t \right)} \cdot \cos\alpha_t \cdot \cos\beta \qquad (18.314)$$

Hierin bezeichnen $f_{H\beta 1,2}$ die Flankenlinienlageabweichung nach DIN 3962, $f_{\Sigma\delta}$ die Achsneigungsabweichung und $f_{\Sigma\beta}$ die Achsschränkungsabweichung nach DIN 3964, b die Zahnbreite, B den Lagerabstand, α den Eingriffswinkel und β den Schrägungswinkel [18.41], [18.43].

Dabei haben die Achsneigungsabweichung $f_{\Sigma\delta}$ und die Achsschränkungsabweichung $f_{\Sigma\beta}$ positives Vorzeichen, wenn sie die durch die Flankenlinien-Lageabweichungen hervorgerufene Kontaktlinienabweichung vergrößern.

18.4.3.2 Lastverteilungsfaktoren – Stirnfaktor und Breitenfaktor

In den gebräuchlichen Verfahren zur Tragfähigkeitsberechnung von Stirnrad-Verzahnungen wird die Ungleichmäßigkeit der Belastung entlang der Kontaktlinie durch Lastverteilungsfaktoren berücksichtigt [18.51], [18.164], [18.368]. Dadurch lässt sich z.B. bei der Breitenlastverteilung entsprechend Abbildung 18.157 d) die höchstbelastete Stelle der Kontaktlinie $q_{max} = q_m \cdot K_{H\beta}$ im Vergleich zur Nennbelastung $q_m = F / b$ angeben, mit F als Umfangskraft und b als Zahnbreite.

Streng genommen entsteht daraus eine Überbewertung der Belastungserhöhung (mit einer zugehörigen anderen Bruchwahrscheinlichkeit), da die an einer Stelle auftretende maximale Belastung auf die gesamte Zahnbreite bzw. Kontaktlinie übertragen wird. Im weiteren Verlauf des Tragfähigkeitsnachweises wird dies jedoch durch zusätzliche Faktoren und modifizierte Festigkeitskennwerte korrigierend berücksichtigt (s. a. Abschnitte 18.4.4 bis 18.4.9).

Zur Bestimmung der Stirn- und Breitenfaktoren aus den jeweiligen Belastungs-Verformungs-Beziehungen gelten die nachfolgend vereinfachenden Annahmen:

- Benachbarte Zahnabschnitte (sowohl in Zahnbreiten- als auch in Umfangsrichtung) beeinflussen sich nicht gegenseitig.
- Die spezifische Zahnsteifigkeit entlang der Zahnbreite ist konstant (s. a. Abschnitt 18.4.2.1). Der Stirnseiteneinfluss bei Schrägverzahnungen wird bei Bedarf durch eine gesonderte Näherung berücksichtigt.
- Der Verlauf der Abweichungen wird über der Zahnbreite als linear angenommen.

In allen Normen und Standards unterscheidet man zwischen den Faktoren für die Stirn- und Breitenlastverteilung, wobei man die einfachen Verhältnisse bei der Geradverzahnung ungeachtet der weitaus komplizierten Verhältnisse auf die Schrägverzahnung gemäß Abbildung

18.161 übertragen hat. Zusätzlich erfolgt noch eine Unterscheidung im Hinblick auf die Zahnflankenbeanspruchung (Index H) und die Zahnfußbeanspruchung (Index F), sodass es die Stirnfaktoren $K_{H\alpha}$ und $K_{F\alpha}$ und die Breitenfaktoren $K_{H\beta}$ und $K_{F\beta}$ gibt.

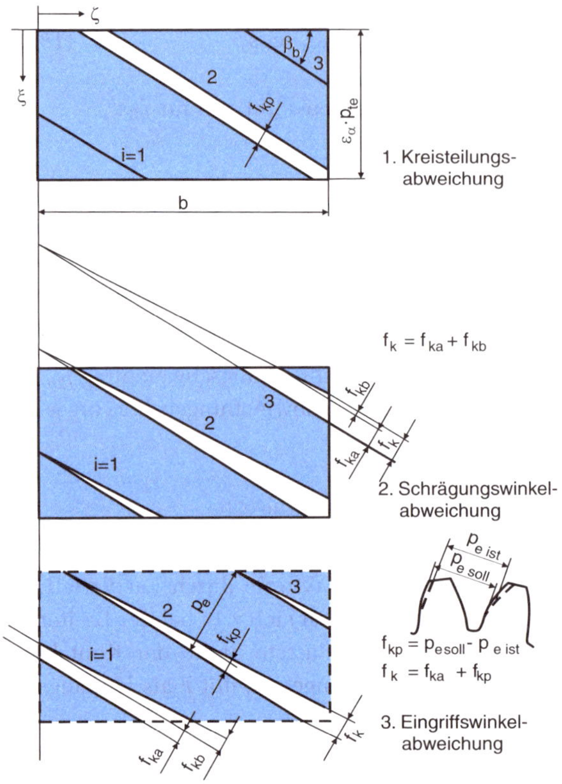

Während nämlich bei einer Geradverzahnung eine allgemeine Teilungsabweichung nur eine veränderte Aufteilung der Gesamtbelastung auf die im Eingriff befindlichen Zähne (Stirnlastverteilung) hat und Verformungen und Fertigungsabweichungen der an die Verzahnung angrenzenden Bauelemente (vergleichbar mit Schrägungswinkelabweichungen) eine ungleichmäßige Belastung entlang der Kontaktlinie (Breitenlastverteilung) hervorrufen, bewirkt eine tatsächliche Schrägungswinkelabweichung bei Schrägzahnrädern neben einer schiefen Breitenlastverteilung gleichzeitig auch eine zum abweichungsfreien Zahneingriff veränderte Stirnlastverteilung (Klaffen über die gesamte Zahnbreite).

Teilt man die resultierende Kontaktlinienabweichung in einen konstanten Anteil f_{ka} und einen schrägen Anteil f_{kb} auf, kann genau zwischen Stirn- und Breitenlastverteilung unterschieden werden.

Abbildung 18.161: Wesentliche Verzahnungsabweichungen im Eingriffsfeld nach [18.216]

Der Stirnfaktor $K_{H\alpha}$ für die Flanke kann als das Verhältnis von mittlerer spezifischer Belastung eines Zahnpaares j bei abweichungsbehaftetem Zahneingriff q_{mf} zur mittleren spezifischen Belastung bei abweichungsfreiem Zahneingriff q_{m0} definiert werden:

$$K_{H\alpha} = \frac{q_{mf}(j)}{q_{m0}(j)} \tag{18.315}$$

Betrachtet man die im Eingriff befindlichen Zahnpaare z_k im Eingriffsfeld, bezeichnet die einzelnen Zahnpaare mit dem Laufindex i und das zu berechnende Zahnpaar mit dem Index j, so berührt sich das Zahnpaar i im fehlerfreien Zustand entlang der Kontaktlinie $l(i)$. Die Gesamtkontaktlinienlänge L des Zahnradpaares in beliebiger Eingriffsstellung beträgt dann:

$$L = \sum_{i=1}^{z_K} l(i) \tag{18.316}$$

Bedingt durch die Belastung und die vorhandene Nachgiebigkeit der Zähne berühren sich auch die Zahnflanken der abweichungsbehafteten Verzahnung über die gesamte Länge der theoretischen Kontaktlinie. Unter Annahme einer konstanten spezifischen Zahnsteifigkeit c' nach Abschnitt 18.4.2.1 lässt sich mit der Zahnverformung bei fehlerhaftem Zahneingriff f_z die mittlere spezifische Zahnbelastung q_{mf} des Zahnpaares j mit dem konstanten Abweichungsanteil f_{ka} und dem schrägen Abweichungsanteil f_{kb} nach Abbildung 18.161 wie folgt berechnen:

$$q_{mf}(j) = \int_{\xi(j)=0}^{l(j)} \frac{c'}{l(j)} \cdot \left(f_z - f_{ka}(j) - \frac{f_{kb}(j)}{l(j)} \cdot \xi(j) \right) d\xi(j) \tag{18.317}$$

$$q_{mf}(j) = c' \cdot \left(f_z - f_{ka}(j) - 0{,}5 \cdot f_{kb}(j) \right) \tag{18.318}$$

Sollte der allgemeine Fall von Interesse sein, bei dem die geometrischen Abweichungen f_k größer sind als die Zahnverformung f_z, sodass sich die Flanken nicht mehr über eine gesamte Kontaktlinie berühren können und Klaffen auftritt, müssen erheblich umfangreichere Beziehungen betrachtet werden. Um das zu umgehen, wird auf die vereinfachte Ermittlung der Lastverteilungsfaktoren am Ende des Abschnittes verwiesen, mit denen sich die auftretenden Verhältnisse für Verzahnungen (Getriebe) mit $f_k > f_z$ ausreichend genau abschätzen lassen.

Im Weiteren muss nun die Summe der Einzelbelastungen der Zahnpaare gleich der Summe der Gesamtzahn-Normalkraft F_{bn} sein:

$$F_{bn} = \sum_{i=1}^{z_K} \int_{\xi(j)=0}^{l(j)} c' \left(f_z - f_{ka}(i) - \frac{f_{kb}(i)}{l(i)} \cdot \xi(i) \right) d\xi(i) \tag{18.319}$$

$$F_{bn} = \sum_{i=1}^{z_K} c' \left(f_z \cdot l(i) - f_{ka}(i) \cdot l(i) - \frac{f_{kb}(i)}{2} \cdot l(i) \right) \tag{18.320}$$

Somit berechnen sich die Zahnverformung f_z bei fehlerhaftem Zahneingriff und die Zahnverformung f_{z0} bei abweichungsfreiem Zahneingriff unter Verwendung der spezifischen Zahnsteifigkeit eines Zahnpaares im Einzeleingriffsgebiet c' gemäß Abschnitt 18.4.2.1 zu:

$$f_z = f_{z0} + \sum_{i=1}^{z_K} f_{ka}(i) \cdot \frac{l(i)}{L} + 0{,}5 \cdot \sum_{i=1}^{z_K} f_{kb}(i) \cdot \frac{l(i)}{L} \qquad f_{z0} = \frac{F_{bn}}{c' \cdot L} \tag{18.321}$$

Für die Zahnbelastung dieses Zahnpaares bei abweichungsfreiem Zahneingriff gilt dann:

$$q_{m0}(j) = q_{m0} = f_{z0} \cdot c' \tag{18.322}$$

Setzt man nun die Gleichungen (18.318), (18.321) und (18.322) in die Ausgangsgleichung (18.315) ein, so ergibt sich nach einigen Umformungen die endgültige Beziehung für den Stirnfaktor $K_{H\alpha}$ für das Zahnpaar j (genau also $K_{H\alpha}(j)$):

$$K_{H\alpha} = 1 + \frac{1}{f_{z0}} \cdot \left[\sum_{i=1}^{z_K} \frac{l(i)}{L} \cdot \left(f_{ka}(i) + 0{,}5 \cdot f_{kb}(i) \right) - \left(f_{ka}(j) + 0{,}5 \cdot f_{kb}(j) \right) \right] \tag{18.323}$$

Da sich die Erhöhung der mittleren Belastung eines Zahnpaares durch den Stirnfaktor $K_{H\alpha}$ in voller Größe auch auf die Zahnfußbiegespannung auswirkt, verwendet man für den Stirnfaktor $K_{F\alpha}$ zur Verwendung im Tragfähigkeitsnachweis für den Zahnfuß:

$$K_{F\alpha} = K_{H\alpha} \tag{18.324}$$

Zur Bewertung der Lastverteilung über der Zahnbreite wird der Breitenfaktor $K_{H\beta}$ verwendet. Der Breitenfaktor $K_{H\beta}$ wird als das Verhältnis von maximaler spezifischer Belastung q_{maxf} eines Zahnpaares j bei fehlerhaftem Zahneingriff zur mittleren spezifischen Belastung q_{mf} bei fehlerhaftem Zahneingriff definiert, wobei die mittlere spezifische Belastung q_{mf} als Produkt aus mittlerer spezifischer Belastung q_{m0} bei abweichungsfreiem Zahneingriff und Stirnlastverteilungsfaktor $K_{H\alpha}$ berechnet wird:

$$K_{H\beta} = \frac{q_{maxf}(j)}{q_{mf}(j)} = \frac{q_{maxf}(j)}{q_{m0} \cdot K_{H\alpha}} \tag{18.325}$$

Diese Definition weicht zwar von DIN 3990 ab, erscheint aber bei genauerer Betrachtung logischer. Da man in der weiteren Tragfähigkeitsberechnung das Produkt $K_{H\alpha} \cdot K_{H\beta}$ von Stirnfaktor und Breitenfaktor verwendet, heben sich die Unterschiede zu DIN 3990 hinsichtlich der Definition wieder auf [18.51], [18.216].

Unter der Annahme einer konstanten spezifischen Steifigkeit c' und mit den definierten Fehleranteilen gemäß Abbildung 18.161 berechnet sich die maximale Zahnbelastung bei abweichungsbehaftetem Zahneingriff zu:

$$q_{max}(j) = \left[f_z - f_{ka}(j)\right] \cdot c' \tag{18.326}$$

Somit folgt für den Breitenlastverteilungsfaktor $K_{H\beta}$ unter Verwendung der Gleichungen (18.321) bis (18.323):

$$K_{H\beta} = \frac{1}{1 - \dfrac{0{,}5 \cdot f_{kb}(j)}{f_{z0} + \sum\limits_{i=1}^{z_k} \dfrac{l(i)}{L} \cdot \left(f_{ka}(i) + 0{,}5 \cdot f_{kb}(i)\right) - f_{ka}(j)}} \tag{18.327}$$

Auch wenn der Breitenfaktor $K_{H\beta}$ sich zunächst auf die Beanspruchung der Zahnflanke bezieht, so bewirkt eine ungleiche Lastverteilung entlang der Kontaktlinie auch eine örtliche Spannungserhöhung im Bereich des Zahnfußes. Im Vergleich zur Zahnflanke tritt diese Spannungserhöhung am Zahnfuß jedoch infolge des Mittragens durch weniger belastete Zahnabschnitte nur in abgeschwächter Form auf. Demzufolge wird der Lastverteilungsfaktor zur Berechnung der Zahnfußbiegespannung $K_{F\beta}$ kleiner sein als der Breitenfaktor für die Flanke $K_{H\beta}$, sodass gilt:

$$K_{F\beta} = \left(K_{H\beta}\right)^N \quad \text{mit} \quad N = \frac{\left(\dfrac{b}{h}\right)^2}{\left(\dfrac{b}{h}\right)^2 + \left(\dfrac{b}{h}\right) + 1} \tag{18.328}$$

Mit dem Exponenten N wird in Anlehnung an die Verhältnisse eines einseitig eingespannten Plattenträgers ein von Zahnbreite b und Zahnhöhe h abhängiger Zusammenhang hergestellt [18.164], [18.368].

Abschließend ist zur Ermittlung der Lastverteilungsfaktoren festzuhalten, dass die maximale Beanspruchung der Flanke (Flankenpressung) von unterschiedlichen Eingriffsstellungen abhängt. So tritt häufig die maximale Zahnflankenbeanspruchung in der Eingriffsstellung auf, in der die Kontaktlinie an der Zahnstirnseite den Wälzkreiszylinder schneidet. Dagegen wird die maximale Zahnfußbeanspruchung oftmals in der Eingriffsstellung erreicht, in der die Kontaktlinie an der Stirnseite den Kopfkreiszylinder schneidet [18.216]. Demzufolge ist das zu dieser Kontaktlinie gehörige Zahnpaar gleichzeitig das zu berechnende gefährdete Zahnpaar j. Die richtige Berechnung der Lastverteilungsfaktoren für Flanke und Fuß muss also in diesen Eingriffsstellungen erfolgen.

Ausgehend von diesen grundlegenden Zusammenhängen wurden zur einfacheren Handhabung der Stirn- und Breitenlastverteilungsfaktoren in den jeweiligen Normen und Standards die nachfolgenden Vereinfachungen abgeleitet [18.164], [18.368].

Betrachtet man zunächst die Geradverzahnung im Einzeleingriffsgebiet unter Verwendung der Gleichungen (18.323) und (18.324) und der nachfolgenden Bedingungen, so gilt für die Stirnfaktoren für Zahnflanke $K_{H\alpha}$ und Zahnfuß $K_{F\alpha}$ bei Berührung über der gesamten Zahnbreite:

$$i = j = 1\,;\; l(1) = b = L\,;\; f_{ka}(1) = 0;\; f_{kb}(1) = f_k \tag{18.329}$$

$$K_{H\alpha} = K_{F\alpha} = 1 \tag{18.330}$$

Im Vergleich zur Geradverzahnung sind Vereinfachungen bei der Stirnlastverteilung von Schrägverzahnungen nicht ohne weiteres möglich. So kann z.B. bei größeren Sprungüberdeckungen ε_β ein vorstehender Zahn allein die Teilkräfte der anderen, bei abweichungsfreier Verzahnung gleichzeitig im Eingriff befindlicher Zähne, übernehmen. Damit sind Schrägverzahnungen nicht nur gegenüber Abweichungen, die sich wie eine Eingriffsteilungsabweichung äußern, sondern generell gegen alle Verzahnungsabweichungen empfindlicher.

Abhängig von der Gesamtüberdeckung ε_γ berechnen sich die Stirnfaktoren $K_{H\alpha}$ und $K_{F\alpha}$ für Flanken- und Fußbeanspruchung bei Schrägverzahnungen zu [18.51], [18.164]:

$$K_{H\alpha} = K_{F\alpha} = \frac{\varepsilon_\gamma}{2} \cdot \left(0{,}9 + 0{,}4 \cdot \frac{c_\gamma \cdot f_{kp}}{\frac{F_t}{b} \cdot K_A \cdot K_v \cdot K_{H\beta}} \right) \quad \text{für} \quad \varepsilon_\gamma \le 2 \tag{18.331}$$

$$K_{H\alpha} = K_{F\alpha} = 0{,}9 + 0{,}4 \cdot \sqrt{2 \cdot \frac{\varepsilon_\gamma - 1}{\varepsilon_\gamma} \cdot \frac{c_\gamma \cdot f_{kp}}{\frac{F_t}{b} \cdot K_A \cdot K_v \cdot K_{H\beta}}} \quad \text{für} \quad \varepsilon_\gamma > 2 \tag{18.332}$$

Hierin bezeichnen ε_γ die Gesamtüberdeckung, c_γ die mittlere spezifische Zahnsteifigkeit eines Radpaares (s.a. Abschnitt 18.4.2.1), f_{kp} die wirksame Teilungsabweichung, F_t die Tangentialkraft (Umfangskraft), b die Zahnbreite, K_A den Anwendungsfaktor, K_v den Dynamikfaktor (s.a. Abschnitt 18.4.2) und $K_{H\beta}$ den Breitenfaktor gemäß Gleichung (18.338). Für die wirksame Teilungsabweichung f_{kp} kann nach DIN 3990 der Größtwert der Eingriffsteilungsabweichung (Ritzel oder Rad), vermindert um den Einlaufbetrag y_α (s.a. Abschnitt 18.4.10), angenommen werden. Für die Eingriffsfedersteifigkeit gilt $c_\gamma \approx 20$ N/(mm·μm). In grober Näherung kann für eine geschliffene Schrägverzahnung $K_{H\alpha} = 1$ gesetzt werden, bei Verzahnungsqualität gleich oder besser als 6 nach DIN 3962 sogar in guter Näherung [18.41].

Mit den Gleichungen (18.331) und (18.332) hat man aufgrund der folgenden Überlegungen die ursprünglichen Beziehungen in ihrer Wirkung abgemindert [18.216]:

- Normalerweise ist die Abweichungsfolge der einzelnen Zähne (vorstehend oder zurückstehend) nicht bekannt, sofern keine Messwerte vorliegen.
- Verwendet man Verzahnungsqualitäten nach Normen oder Standards, so handelt es sich um Zufallsgrößen. Diese sind bei bekanntem Verteilungstyp durch Erwartungswert und Standardabweichung (Teil der halben Toleranz) gekennzeichnet. Demzufolge wird die Summe der Maxima der Abweichungen von Ritzel und Rad (für die vorgegebene Wahrscheinlichkeit der Einzelabweichung) nicht wirksam.
- Der Klaffungsbetrag der Paarung ergibt sich aus den Werten von Ritzel und Rad. Bei Übersetzungen $i \neq 1$ wiederholt sich eine ungünstige Zahnpaarung im Allgemeinen erst nach vielen Umdrehungen. Belastungsmäßig stellt dieser Sachverhalt für das einzelne Zahnpaar ein inneres Belastungskollektiv dar, das dann z.B. über eine Lebensdauerhypothese in eine Tragfähigkeitsberechnung einzubeziehen wäre.

Analog zu den Vereinfachungen beim Stirnfaktor folgt für den Breitenfaktor $K_{H\beta}$ (Zahnflanke) bei der Geradverzahnung im Einzeleingriffsgebiet unter Verwendung der Gleichungen (18.323), (18.324) und (18.329) und bei Berührung über der gesamten Zahnbreite b:

$$K_{H\beta} = 1 + \frac{f_k}{2 \cdot f_{z0}} = 1 + C \cdot \frac{f_k}{f_{z0}} \tag{18.333}$$

Hierin bezeichnen f_{z0} die Verformung der abweichungsfreien Verzahnung und f_k die Summe der wirkenden geometrischen Abweichungen. Der Breitenfaktor $K_{F\beta}$ für den Zahnfuß lässt sich aus Gleichung (18.328) und (18.333) bestimmen.

Umfangreiche Erfahrungen bei der Anwendung der Lastverteilungsfaktoren haben zur Korrektur des theoretisch abgeleiteten Faktors $C = 0{,}5$ geführt, sodass für praktische Berechnungen im Bereich $1 < K_{H\beta} < 2{,}5$ der Breitenfaktor wie folgt zu bestimmen ist:

$$K_{H\beta} = 1 + \frac{C \cdot F_{\beta y}}{K_A \cdot K_v \cdot f_{z0}} \quad \text{für} \quad K_{H\beta} \leq 2{,}5 \tag{18.334}$$

Hierin bezeichnen $F_{\beta y}$ das effektive Klaffmaß (wirksame Kontaktlinienabweichung $F_{\beta y}$ im Eingriffsfeld senkrecht zur Kontaktlinie) und f_{z0} die Zahnverformung der abweichungsfreien Verzahnung nach Gleichung (18.341). Für den Faktor C ist einzusetzen: $C = 0{,}4$ für Zahnräder mit harter Randschicht, $C = 0{,}3$ für normalgeglühte oder vergütete Zahnräder aus Stahlguss oder Gusseisen, $C = 0{,}35$ für eine Paarung aus gehärteten und ungehärteten Zahnrädern. Da äußere und innere dynamische Zusatzbelastungen gemäß Abschnitt 18.4.2 die

Zahnverformung vergrößern, erfolgt die Berücksichtigung über den Anwendungsfaktor K_A und den Dynamikfaktor K_v.

Unter der Annahme, dass bei ungleichmäßiger Breitenlastverteilung die Lastspitze (an der Zahnstirnseite wirkend) mit geringerer Wahrscheinlichkeit die Lebensdauer senkt als eine gleich große, gleichmäßig verteilte Streckenlast (eine Grübchenbildung nur an den Stirnseiten ist meist zulässig), wurde der Einfluss der Lastspitze zusätzlich zur Wirkung des Einlaufverschleißes abgewertet.

Hierzu wird die wirksame Kontaktlinienabweichung $F_{\beta y}$ um 20 % für gehärtete, um 40 % für normalgeglühte oder vergütete Flanken und um 30 % für eine gemischte Radpaarung verringert. Da durch Grübchen verursachte Ermüdungszahnbrüche bei ungehärteten Zahnrädern im Vergleich zu gehärteten seltener auftreten, kann hier die Minderung größer angesetzt werden [18.216].

Alle bisher vorgestellten Herleitungen zur Berechnung der Lastverteilungsfaktoren setzen ein lineares Last-Verformungs-Verhalten im Zahneingriff voraus. Sie gelten demzufolge streng genommen nur für den Fall der vollständigen Berührung der Zahnflanken über der gesamten Zahnbreite b, sodass bei einer dreieckigen oder trapezförmigen Lastverteilung der Breitenfaktor nur Werte bis zu $K_{H\beta} < 2$ annehmen kann.

Sobald die Elastizitäten nicht mehr ausreichen, um die wirksame Kontaktlinienabweichung $F_{\beta y}$ auszugleichen, steht unter Last nicht mehr die volle Zahnbreite b, sondern nur noch eine Teilbreite $b_e < b$ gemäß Abbildung 18.162 zur Verfügung. Das Last-Verformungs-Verhalten im Zahneingriff wird nichtlinear und der Breitenfaktor nimmt Werte $K_{H\beta} > 2$ an, da die Kontaktlinienabweichung um das Doppelte größer ist als die Zahnverformung.

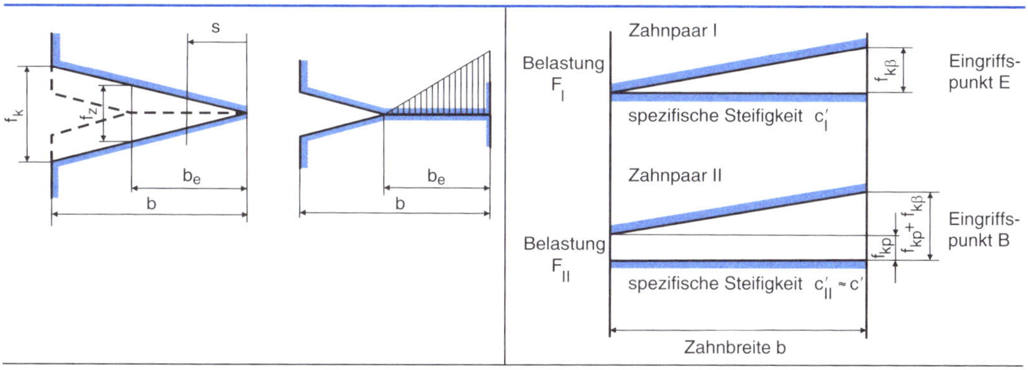

Abbildung 18.162: Zahnpaar mit Kontaktlinienabweichung und Doppeleingriff einer Geradverzahnung [18.216]

Auch wenn dieser Fall für praktische Konstruktionen ausgeschlossen werden sollte – bei einem derartigen Breitenlasttragen liegt eine schlechte Konstruktion vor –, wird der Vollständigkeit halber die Ableitung mit den vorgenommenen Vereinfachungen gemäß Gleichung (18.329) angegeben, da es im Schadensfall bzw. durch die Verkettung ungünstiger Umstände auch bei ordentlichen Konstruktionen zu einem schlechten Breitenlasttragverhalten kommen kann, was dann jedoch auch meistens den vorzeitigen Ausfall der Verzahnung bedingt.

Entsprechend Gleichung (18.329) gilt mit der Zahnverformung f_z bei fehlerhaftem Zahneingriff, f_{z0} als Verformung der abweichungsfreien Verzahnung und der spezifischen Zahnsteifigkeit eines Zahnpaares im Einzeleingriffsgebiet c' gemäß Abschnitt 18.4.2.1 für den Breitenfaktor $K_{H\beta}$:

$$K_{H\beta} = \frac{q_{maxf}}{q_{m0}} = \frac{f_z \cdot c'}{f_{z0} \cdot c'} \tag{18.335}$$

Die Gesamtbelastung des Zahnpaares verteilt sich gemäß Abbildung 18.162 nun aber nur noch über die Teilbreite b_e, sodass für die Zahnkraft F_{bn} gilt:

$$F_{bn} = \int_0^{b_e} \left(f_z - f_k \cdot \frac{\xi}{b} \right) \cdot c' d\xi \quad \text{bzw.} \quad F_{bn} = c' \cdot \left(f_z \cdot b_e - f_k \cdot \frac{b_e^{\,2}}{2 \cdot b} \right) \tag{18.336}$$

Aus der geometrischen Berechnung gemäß Abbildung 18.162 und der Umstellung von Gleichung (18.336) folgt der Breitenfaktor $K_{H\beta}$:

$$K_{H\beta} = \sqrt{\frac{2 \cdot f_k}{f_{z0}}} \quad \text{mit} \quad \frac{f_k}{b} = \frac{f_z}{b_e} \quad \text{und} \quad f_z = \sqrt{\frac{2 \cdot F_{bn}}{c' \cdot b} \cdot f_k} \tag{18.337}$$

Bezieht man wiederum äußere und innere dynamische Zusatzbelastungen ein, setzt für f_k die wirksame Kontaktlinienabweichung $F_{\beta y}$ ein, so ergibt sich unter Verwendung des Faktors C aus Gleichung (18.334):

$$K_{H\beta} = \sqrt{\frac{4 \cdot C \cdot F_{\beta y}}{K_A \cdot K_v \cdot f_{z0}}} \quad \text{für} \quad K_{H\beta} \geq 2 \tag{18.338}$$

Im Hinblick auf die sich widersprechenden Gültigkeitsbedingungen von Gleichung (18.338) mit $K_{H\beta} \geq 2$ und Gleichung (18.334) mit $K_{H\beta} \leq 2{,}5$ sei darauf hingewiesen, dass Gleichung (18.334) nur für $C = 0{,}5$ mit der entsprechenden Gleichung in DIN 3990 übereinstimmt [18.51]. Unter der Annahme, dass die beiden Gleichungen (18.333) und (18.337) im Übergangsbereich ($K_{H\beta} \approx 2$) nur geringfügig voneinander abweichende Ergebnisse liefern und Verzahnungen mit Tragbreiten deutlich kleiner als die Zahnbreite kaum modernen Ansprüchen genügen, erscheint eine Erweiterung des Gültigkeitsbereiches der Gleichung (18.334) auf $K_{H\beta} \leq 2{,}5$ möglich [18.216]. Damit ist dann für praktische Berechnungen Gleichung (18.334) mit der Eingrenzung $K_{H\beta} \leq 2{,}5$ sinnvoll und ausreichend.

In Abbildung 18.163 sind ergänzend zu bisher behandelten ausführlichen Berechnungsvorschriften Anhaltswerte für die Breitenfaktoren $K_{H\beta}$ und $K_{F\beta}$ sowie die Stirnfaktoren $K_{F\alpha}$ und $K_{H\alpha}$ nach DIN 3990 zusammengestellt [18.51].

Aufgrund von Teilungsabweichungen ab einer bestimmten Größe können sowohl die Walzenpressung im Kopf- und Fußeingriffsgebiet als auch die Biegespannung im Zahnfußgebiet trotz geringerer äußerer Belastung bei Doppeleingriff größere Werte annehmen als bei Wirkung der gesamten Belastung im Einzeleingriffsgebiet [18.216]. Dabei muss der vorstehende Zahn bzw. das vorstehende Zahnpaar eine größere Belastung als im abweichungsfreien Zustand übernehmen und in Verbindung mit einem geändertem Hebelarm bzw. geänderten Krümmungsradien entsteht daraus eine größere Zahnfuß- bzw. Flankenbelastung.

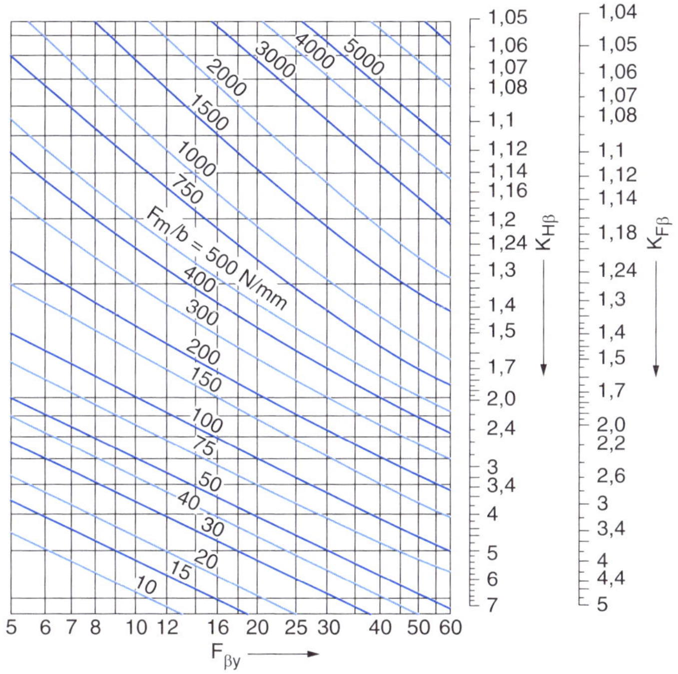

Linienbelastung $K_A \cdot F_t / b$		> 100 N/mm							< 100 N/mm
Verzahnungsqualität DIN 3961 (ISO 1328)		6 (5)	7	8	9	10	11	12	6 (5) und gröber
Geradverzahnung $\beta = 0°$ - gehärtet	$K_{F\alpha}$ $K_{H\alpha}$	1,0 1,0	1,0 1,0	1,1 1,1	1,2 1,2	$\frac{1}{Y_\varepsilon} \geq 1,2$, $\frac{1}{Z_\varepsilon^2} \geq 1,2$			
Schrägverzahnung $\beta > 0°$ - gehärtet	$K_{F\alpha}$ $K_{H\alpha}$	1,0 1,0	1,1 1,1	1,2 1,2	1,4 1,4	$\varepsilon_{\alpha n} = \frac{\varepsilon_\alpha}{\cos^2 \beta_b} \geq 1,4$			
Geradverzahnung $\beta = 0°$ - nicht gehärtet	$K_{F\alpha}$ $K_{H\alpha}$	1,0 1,0	1,0 1,0	1,0 1,0	1,1 1,1	1,2 1,2	$\frac{1}{Y_\varepsilon} \geq 1,2$, $\frac{1}{Z_\varepsilon^2} \geq 1,2$		
Schrägverzahnung $\beta > 0°$ - nicht gehärtet	$K_{F\alpha}$ $K_{H\alpha}$	1,0 1,0	1,0 1,0	1,1 1,1	1,2 1,2	1,4 1,4	$\varepsilon_{\alpha n} = \frac{\varepsilon_\alpha}{\cos^2 \beta_b} \geq 1,4$		

Abbildung 18.163: Anhaltswerte für Breitenfaktoren $K_{H\beta}$ und $K_{F\beta}$ sowie Stirnfaktoren $K_{H\alpha}$ und $K_{F\alpha}$ nach DIN 3990 [18.51]

Gemäß Abbildung 18.162 entstehen bei abweichungsbehaftetem Zahneingriff im Doppeleingriffsgebiet der Geradverzahnung die folgenden Belastungsverhältnisse:

$$F_{bN} = F_I + F_{II} \quad \text{mit} \quad F_I = c'_I \cdot b \cdot \left(f_z - \frac{f_{k\beta}}{2} \right) \quad \text{und} \quad F_{II} = c'_{II} \cdot b \cdot \left(f_z - \frac{f_{k\beta}}{2} - f_{kp} \right) \tag{18.339}$$

Hierin bezeichnen F_{bn} die zu übertragende Gesamtkraft, b die Zahnbreite, c' die spezifische Zahnsteifigkeit, f_{kp} die wirksame Teilungsabweichung, f_z die Zahnverformung bei fehlerhaftem Zahneingriff und $f_{k\beta}$ den Anteil aus der Schiefstellung (s.a. Abbildung 18.162).

Geht man näherungsweise vom folgenden Belastungsverhältnis der Belastung am Zahnkopf F_I bei Doppeleingriff zur Gesamtbelastung F_{bn} bei abweichungsfreiem Zahneingriff aus, so ergibt sich für die Belastung am Zahnkopf F_{In} beim Auftreten einer wirksamen Teilungsabweichung f_{kp} (Schrägungswinkelabweichungen haben bei Geradverzahnungen keinen Einfluss auf das Belastungsverhältnis bzw. die Stirnlastaufteilung) folgender Zusammenhang [18.216], [18.305]:

$$\left(\frac{F_I}{F_{bn}}\right)_0 \approx 0{,}4 \qquad F_I = 0{,}4 \cdot \left(F_{bn} + c' \cdot b \cdot f_{kp}\right) \tag{18.340}$$

Mit dieser Kraft und dem zugehörigen Hebelarm bzw. den Krümmungsverhältnissen bei Zahneingriff im Kopfgebiet ist dann die Beanspruchung im Vergleich zum Einzeleingriffsgebiet zu überprüfen.

Betrachtet man nun die Schrägverzahnung, so lassen sich die einfachen Beziehungen zum Breitenfaktor in vergleichbarer Form übernehmen. Da bei der Tragfähigkeitsberechnung generell das Produkt aus Stirn- und Breitenfaktor zu berücksichtigen ist, kann man näherungsweise auf eine exakte Trennung der Faktoren entsprechend den Gleichungen (18.333) und (18.337) verzichten, muss dann aber in den Gleichungen (18.334) und (18.338) jeweils im Nenner neben K_A und K_v den Stirnfaktor $K_{H\alpha}$ hinzufügen. Betrachtet man dann noch anstelle der jeweiligen gefährdeten Eingriffsstellung die Eingriffsstellung der minimalen Kontaktlinienlänge ($L = L_{min}$), so gilt auch für die Schrägverzahnung Gleichung (18.334). Die Zahnverformung f_{z0} der abweichungsfreien Verzahnung wird dann unter Verwendung von Z_ε nach Abschnitt 18.4.4 bestimmt.

$$f_{z0} = \frac{F_t}{\frac{b}{Z_\varepsilon^{\,2}} \cdot c' \cdot \cos\alpha} \qquad \text{wobei} \qquad L_{min} = \frac{b}{Z_\varepsilon^{\,2} \cdot \cos\beta} \tag{18.341}$$

18.4.3.3 Allgemeiner Berechnungsansatz und Verfahren der Verformungseinflusszahlen

Die grundlegende Anforderung an ein Berechnungsverfahren zur Ermittlung der Lastverteilung besteht in der Verknüpfung der Belastungs-Verformungs-Verhältnisse im Zahneingriff mit den aus den Fertigungsabweichungen und der Flankenmodifikation entstehenden Kontaktlinienabweichungen.

Auch wenn die in den vorherigen Abschnitten vorgestellten Verfahren zur Analyse der Lastverteilung in vielen Fällen ausreichen, bietet doch erst die rechnergestützte Auswertung der nachfolgend beschriebenen Zusammenhänge umfassende Möglichkeiten zur beanspruchungsgerechten Auslegung und Konstruktion eines Getriebes.

Hierzu wird ein mechanisches Ersatz-Modell gemäß Abbildung 18.164 gebildet, mit dem sich alle auf die Lastverteilung auswirkenden Einflüsse linear überlagern lassen, sodass die Gesamtgröße der resultierenden Verformung durch Superposition der Einzeleinflüsse erzeugt wird [18.262], [18.267], [18.273], [18.295], [18.326], [18.340], [18.342], [18.424].

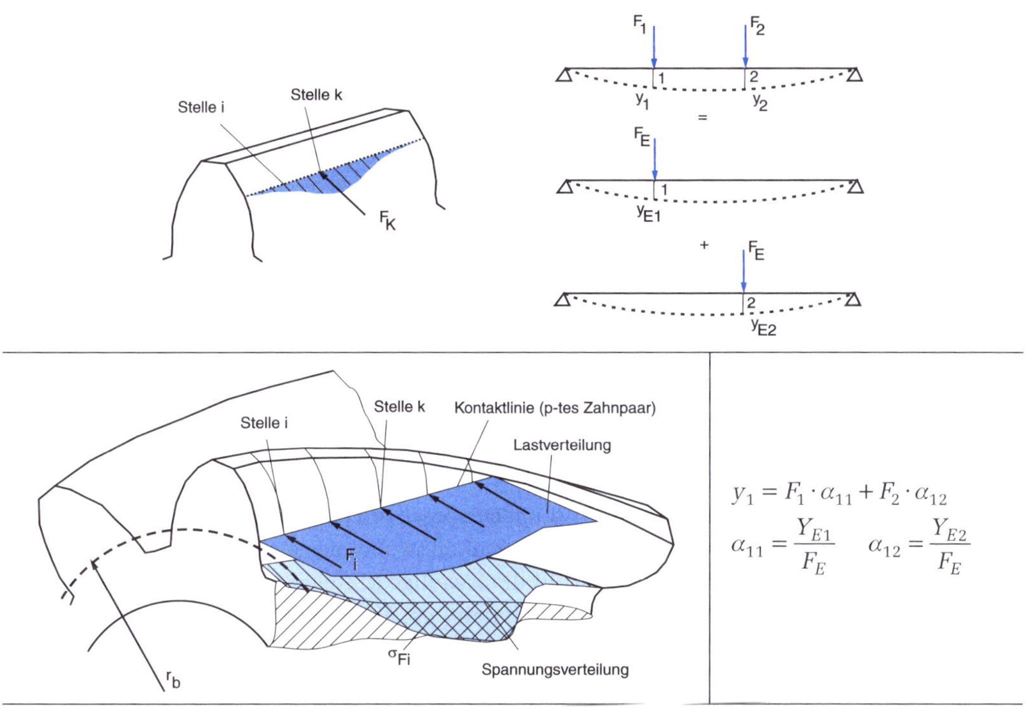

Abbildung 18.164: Superpositionsprinzip und Anwendung auf Verformungen am Zahn

Überträgt man dieses Prinzip auf ein im Eingriff befindliches Zahnpaar, so entsteht unter der Belastung eine Gesamtverformung, die zu einer Drehwinkeländerung der beiden Zahnräder führt. Die Gesamtverformung $f_z = f_z(s)$ in einem beliebigen Stirnschnitt der Verzahnung (s. a. Abbildung 18.162) in Richtung der Zahnnormalkraft setzt sich zusammen aus den beiden Einzelverformungsanteilen $f_{zI}(s)$ des Ritzelzahnes und $f_{zII}(s)$ des Radzahnes:

$$f_z(s) = f_{zI}(s) + f_{zII}(s) \tag{18.342}$$

Unter der Voraussetzung, dass sich die Zähne von Rad und Ritzel auf der Kontaktlinie gemäß Abschnitt 18.4.3.1 berühren und weder ineinander eindringen noch auseinanderklaffen, muss die Summe aus den Einzelverformungen in jedem Stirnschnitt konstant sein:

$$f_z(s) = f_{zI}(s) + f_{zII}(s) = f_z = \text{konst.} \tag{18.343}$$

Überlagert man den elastischen Verformungen eine beliebige Kontaktlinienabweichung $f_k(s)$ (auch Klaffen genannt), ist Gleichung (18.343) entsprechend zu erweitern, sodass dann mit der über der gesamten Breite konstanten Annäherung f_z gilt, wobei ein eventuell nach der elastischen Verformung verbleibendes Restklaffen des Zahnpaares mit $g(s)$ bezeichnet wird:

$$f_z(s) = f_{zI}(s) + f_{zII}(s) + f_k(s) - g(s) = f_z = \text{konst.} \tag{18.344}$$

Erfasst man nun alle Kräfte, Verformungen, Steifigkeiten und Kontaktlinienabweichungen in Richtung der Eingriffsebene im Normalschnitt, so lassen sich die Belastungs-Verformungs-Beziehungen des Zahneingriffes durch ein System linearer Gleichungen beschreiben.

In vektorieller Schreibweise entsteht dabei eine Koeffizientenmatrix, die unter anderem ein System von Wechseleinflusszahlen der Verformung oder auch eine Matrix von Stützwertepaaren eines Approximationspolynoms sein kann. Als Lösungsvektor ergeben sich dann entweder eine die Lastverteilung widerspiegelnde Anzahl von Einzelkräften oder die Koeffizienten eines Ausgleichspolynoms des Lastverteilungsverlaufs.

Im Hinblick auf eine einfache und übersichtliche Einbeziehung aller elastischen Verformungen im Getriebe und einer ebenso einfachen Behandlung beliebiger Kontaktlinienabweichungen einschließlich möglicher aufzubringender Flankenkorrekturen hat sich das Verfahren der Einflusszahlen bewährt. Dabei werden alle Verformungen und Verschiebungen des Einzelzahnes bzw. des Zahnpaares aus den Einflüssen von nacheinander entlang der Kontaktlinie aufgebrachten Einzellasten zusammengesetzt.

Zu diesem Zweck zerlegt man die Kontaktlinien entsprechend Abbildung 18.164 in Abschnitte konstanter Größe und belegt diese mit Einheitskräften, wobei der Übergang von einem beliebigen Stirnschnitt t in Gleichung (18.344) auf die jeweilige Mitte eines diskreten Abschnittes j bzw. i der Kontaktlinie erfolgt. Damit lässt sich dann die Verformung f_{zij} an einer Stelle i der Kontaktlinie, hervorgerufen durch eine an der Stelle j angreifende Kraft $F_n(j)$, wie folgt ermitteln:

$$f_{zij} = a_{ij} \cdot F_n(j) \tag{18.345}$$

Das gesamte Gleichungssystem für einen belasteten Zahn sieht dann wie folgt aus:

$$\begin{array}{ccccccccc}
a_{11} \cdot F_n(1) & + & \dots & + & a_{1j} \cdot F_n(j) & + & \dots & + & a_{1n} \cdot F_n(n) & = f_{z1} \\
\vdots & & & & & & & & & \vdots \\
a_{i1} \cdot F_n(1) & + & \dots & + & a_{ij} \cdot F_n(j) & + & \dots & + & a_{in} \cdot F_n(n) & = f_{zi} \\
\vdots & & & & & & & & & \vdots \\
a_{n1} \cdot F_n(1) & + & \dots & + & a_{nj} \cdot F_n(j) & + & \dots & + & a_{nn} \cdot F_n(n) & = f_{zn} \\
F_n(1) & + & \dots & + & F_n(j) & + & \dots & + & F_n(n) & = F_{bn}
\end{array} \tag{18.346}$$

Bei einer Zahnpaarung setzt sich die Verformung f_{zij} aus den Einzelverformungen f_{zijI} für den Ritzelzahn und f_{zijII} für den Radzahn zusammen:

$$f_{zij} = f_{zijI} + f_{zijII} \tag{18.347}$$

Dementsprechend erhält man für die Einzelpaarung ein Gleichungssystem, das dem System für einen Einzelzahn äquivalent ist. Unter Einbeziehung der Bedingungen aus Gleichung (18.344) nimmt eine Zeile des linearen Gleichungssystems für den Abschnitt i einer Kontaktlinie mit n Abschnitten die folgende Form an:

$$\sum_{j=1}^{n} \left(e_{ij} \cdot F_n(j)\right) + f_{ki} - g_i = f_z \quad \text{mit} \quad e_{ij} = a_{ijI} + a_{ijII} \tag{18.348}$$

Hierin bezeichnet e_{ij} die Summe der Verformungseinflusszahlen a_{ijI} des Ritzelzahnes und a_{zijII} des Radzahnes. Gleichzeitig muss die Summe aller Einzelkräfte $F_n(j)$ einer Kontaktlinie gleich der Gesamtkraft F_{bn} sein.

$$\sum_{j=1}^{n} F_n(j) = F_{bn} \tag{18.349}$$

Üblicherweise sind mehrere Zahnpaare gleichzeitig an der Kraftübertragung beteiligt (Gesamtüberdeckung $\varepsilon_\gamma > 1$), sodass das Gleichungssystem (18.348) und (18.349) entsprechend erweitert werden muss. Für jedes sich im Eingriff befindliche Zahnpaar p mit n_p Einzellasten gilt dann für jede Stelle i der folgende Zusammenhang:

$$\sum_{j=1}^{n_p} e(p)_{ij} \cdot F_n(p,j) = f_z - f_k(p)_i + g(p)_i \tag{18.350}$$

Hierin bedeuten $e(p)_{ij}$ die Einflusszahl (p-tes Zahnpaar, Stelle i, Belastung bei j), $F_n(p,J)$ die Last (p-tes Zahnpaar, Last bei j), f_z die Gesamtverformung bzw. maximale Verformung (Annäherung der Zahnflanken), $f_k(p)_i$ die Kontaktlinienabweichung (p-tes Zahnpaar, Stelle i) und $g(p)_i$ das Restklaffen (p-tes Zahnpaar, Stelle i).

Da sämtliche Einzelkräfte $F_n(p,j)$ gleich der Gesamtzahnkraft F_{bn} sind, muss ferner mit z_k als der Anzahl der im Eingriff befindlichen Zahnpaare gelten:

$$\sum_{p=1}^{z_k} \sum_{j=1}^{n_p} F_n(p,j) = F_{bn} \tag{18.351}$$

Verständlicherweise beeinflusst die gewählte Abschnittsbreite (Diskretisierung) in hohem Maße die Genauigkeit des Lastverlaufes, weshalb als Anhaltswert die Größenordnung $0{,}5 \cdot m$ nicht überschritten werden sollte, wobei aber für spezielle Untersuchungen auch geringere Abschnittsbreiten erforderlich sein können [18.216].

Die Lösung dieses vorliegenden Kontaktproblemes erfolgt generell iterativ, indem zunächst eine Flankenanlage über die gesamte Kontaktlinie angenommen wird ($g(p)_i = 0$). Nach erfolgter Lösung des Gleichungssystems werden vor einer erneuten Berechnung die Bereiche negativer Kräfte gleich Null gesetzt ($F_n(p,j) = 0$). Da für eine zweckmäßige Lösung des Gleichungssystems umfangreiche Erfahrungen mit effektiven Algorithmen für kurze Rechenzeiten vorliegen, konvergiert das Verfahren normalerweise nach ein bis zwei Iterationsschritten [18.17], [18.19], [18.336], [18.344].

Aufbauend auf diesen grundlegenden Zusammenhängen sind nun im Weiteren die Verformungseinflusszahlen zu ermitteln. Zunächst entsteht in jedem Zahnbereich aufgrund der einwirkenden Belastung eine Verschiebung, wobei wegen des Hooke'schen Gesetzes Belastungen und Verschiebungen linear miteinander verknüpft sind. Da mehrere Lasten entlang der Kontaktlinien aufgebracht werden, bewirkt jede einzelne von ihnen an einem betrachteten Punkt einer Kontaktlinie der im Eingriff befindlichen Zahnpaare eine zugehörige Verschiebung. Aus diesen einzelnen Verschiebungen lässt sich dann durch vektorielle Addition die resultierende Verschiebung des Punktes unter Einwirken aller Lasten bestimmen.

Aufgrund des linearen Zusammenhanges zwischen äußerer Belastung an einer Stelle und Verschiebung an dieser oder einer anderen Stelle entsteht ein Gleichungssystem mit einer Matrix von konstanten Koeffizienten (Linear-Koeffizienten), die den Verformungseinflusszahlen e_{ij} entsprechen. Dabei kennzeichnet der erste Index die Stelle, an der die Durchbiegung auftritt, und der zweite Index bezeichnet die äußere Belastung, die den betreffenden Anteil der Durchbiegung hervorruft. Da entsprechend des Superpositionsprinzips aus der Mechanik die Reihenfolge der Lastaufbringung keinen Einfluss auf den Endzustand der Verformungsenergie hat, sind die Einflusszahlen $e_{ij} = e_{ji}$ symmetrisch [18.365]. Eine Verschiebung an der Stelle j in Richtung $F(i)$ durch die Kraft $F(j)$ ist also gleich der Verschiebung an der Stelle j in Richtung $F(j)$ durch eine gleich große Kraft $F(i)$. Bedingt durch diese Symmetrie verringert sich die Anzahl der zur Lösung des Gleichungssystems (18.348) und (18.349) erforderlichen Verformungseinflusszahlen von k^2 auf $(k + l) \cdot k / 2$.

Theoretisch beinhalten die Verformungseinflusszahlen sämtliche Einflüsse der wesentlichen elastischen Verformungen innerhalb eines zu untersuchenden Getriebes, wozu die Zahn-, Zahnradkörper-, Wellen-, Lager- und Gehäuseverformungen gehören. Aufgrund des linear vorausgesetzten Belastungs-Verformungs-Verhaltens können die jeweiligen Anteile einzeln bestimmt und kumulativ überlagert werden.

Allerdings entfallen Teile der Zahnverformung auf die nichtlineare Hertz'sche Abplattung an den Flanken und auch der Wälzkontakt im Wälzlager (ebenfalls Hertz'sche Abplattung) zur Ermittlung der Lagerverformungen ist nichtlinear. In diesen Fällen nimmt man näherungsweise eine Linearisierung im interessierenden Arbeitsbereich vor, sodass dann tatsächlich die Erfassung aller Anteile der Gesamtverformung innerhalb eines Getriebes durch Verformungseinflusszahlen möglich wäre.

Aus praktischen, rechentechnischen Gründen werden die Zahn- und Zahnradkörperverformungen durch Verformungseinflusszahlen erfasst, während die Wellen-, Lager- und Gehäuseverformungen bei der jeweiligen, über der Zahnbreite konstanten Belastung ermittelt und als sich daraus ergebende Kontaktlinienabweichung in der weiteren Berechnung berücksichtigt werden. Ein nochmaliger Berechnungsdurchlauf mit der ermittelten, tatsächlichen Lastverteilung führt zu einem ausreichend genauen Ergebnis.

Hinsichtlich der Ermittlung der Verformungsanteile können Wellenbiegung und Wellentorsion mit einfachen Verfahren ermittelt werden, realitätsnahe Gehäuseverformungen lassen sich jedoch nur über aufwändigere Finite-Elemente-Berechnung (FEM) bestimmen. Zur Berechnung der Lagerverformungen von Wälzlagern sind verschiedene Verfahren aus der Fachliteratur und den relevanten Normen bekannt, gleiches gilt für Gleitlager [18.21], [18.73], [18.153], [18.161], [18.204], [18.268], [18.403].

Betrachtet man zunächst die Zahnverformung, so sind Verformungen durch Biege- und Schubbeanspruchung sowie durch Hertz'sche Abplattung der Kontaktstellen maßgeblich (s.a. Abschnitt 18.4.2.1). Eventuelle Druckverformungen können bei vollem Radkörper vernachlässigt werden. Grundlegende Untersuchungen zum Verformungsverhalten können zunächst auch nur mittels räumlicher Finite-Elemente-Berechnungen erfolgen. Zur Begrenzung des hohen Berechnungsaufwandes und im Hinblick auf eine Einbindung in einen Algorithmus zur Lastverteilungsberechnung wurden brauchbare Näherungslösungen entwickelt.

Hierzu nähert man die komplizierte geometrische Form des Zahnes unter Vernachlässigung der schraubenförmigen Verwindung des Schrägzahnes um den Radkörper durch ein vereinfachtes Zahnmodell an, wobei auch die Stirnflächen des Schrägzahnes senkrecht zu seiner Längsachse angenommen werden. Der Schrägzahn (Zahnbreite b und Schrägungswinkel β) wird somit als äquivalenter Geradzahn der Breite b_r und der Zahndicke s betrachtet:

$$b_r = \frac{b}{\cos\beta} \tag{18.352}$$

Betrachtet man nun eine Zahnpaarung, so überlagern sich die Wirkungen der elastischen, spitzwinkligen und der steiferen, stumpfwinkligeren Zahnstirnseite, vergleichbar mit hintereinandergeschalteten Federn, weshalb sich Schrägverzahnungen im Stirnseitenbereich generell elastischer verhalten als Geradverzahnungen. Bei Schrägverzahnungen mit $\beta > 10°$ ist dieser Effekt bei der Berechnung der Einflusszahlen zu berücksichtigen, für kleinere Schrägungswinkel ($\beta < 10°$) kann man ihn vernachlässigen.

Nun ist der äquivalente Geradzahn in Zahnbreitenrichtung in Abschnitte konstanter Breite einzuteilen, während die Einteilung in Zahnhöhenrichtung durch eine Projektion der mit konstanten Abständen vernetzten Eingriffsfläche auf die aktiven Zahnflanken von Ritzel und Rad erfolgt. Dadurch wird dann auch gleichzeitig eine Darstellung der schräg über den Zahn verlaufenden Kontaktlinie bei Schrägverzahnung möglich.

Betrachtet man die Krafteinleitungsstellen am Zahn genauer, so ergibt sich durch die Verformung der benachbarten (mittragenden) Zahnsegmente im Vergleich zu einer punktuellen Lasteinleitung eine tatsächliche Deformation, die sich aus den an den Zahnsegmenten berechneten Nachgiebigkeiten $q(y)$ und einer bezogenen, verallgemeinerten Einflussfunktion E bestimmen lässt.

Diese bezogene, verallgemeinerte Einflussfunktion E basiert auf den Ergebnissen umfangreicher FEM-Berechnungen und erlaubt eine näherungsweise Bestimmung der Einflussfunktion der jeweiligen Verzahnung gemäß Abbildung 18.165 [18.137], [18.199], [18.220], [18.237]. Für den unendlich breiten Zahn gilt mit x^* als relativem Abstand zur Krafteinleitungsstelle [18.216]:

$$E_\infty\left(x^*\right) = 0{,}146 \cdot \left[\cos\left(0{,}027 \cdot x^{*3} - 0{,}333 \cdot x^{*2} + 1{,}545 \cdot x^*\right) + 1\right] \quad \text{mit} \quad x^* = \frac{|x|}{m} \tag{18.353}$$

$$\text{für} \quad x^* > 6 \quad \text{ist} \quad E_\infty\left(x^*\right) = 0$$

Mit dieser Einflussfunktion $E_\infty(x^*)$ wird der prinzipiell gleichbleibende Verlauf der bezogenen Zahnverformung in der Umgebung der Lastangriffsstelle für den unendlich breiten Zahn erfasst. Als Bezugsgröße wird die Nachgiebigkeit q an der Stelle $y = y_F$ einer Zahnscheibe gleicher Verzahnungsgeometrie und einer Breite $b = 1 \cdot m$ verwendet. Die Berücksichtigung der absoluten Verformung bzw. Nachgiebigkeit infolge der speziellen, gegebenen Geometrie (z.B. Zähnezahl und Profilverschiebung) erfolgt durch die konkrete Nachgiebigkeit $q(y = y_F)$ der jeweiligen Verzahnung, wodurch sich auch unterschiedliche Eingriffsstellungen, d.h. unterschiedliche Biegehebelarme, berücksichtigen lassen. Bei Schrägverzahnungen laufen die Kontaktlinien schräg über den Zahn. Somit sind durch unterschiedliche Biegehebelarme Zahnabschnitte unterschiedlicher Nachgiebigkeit im Eingriff.

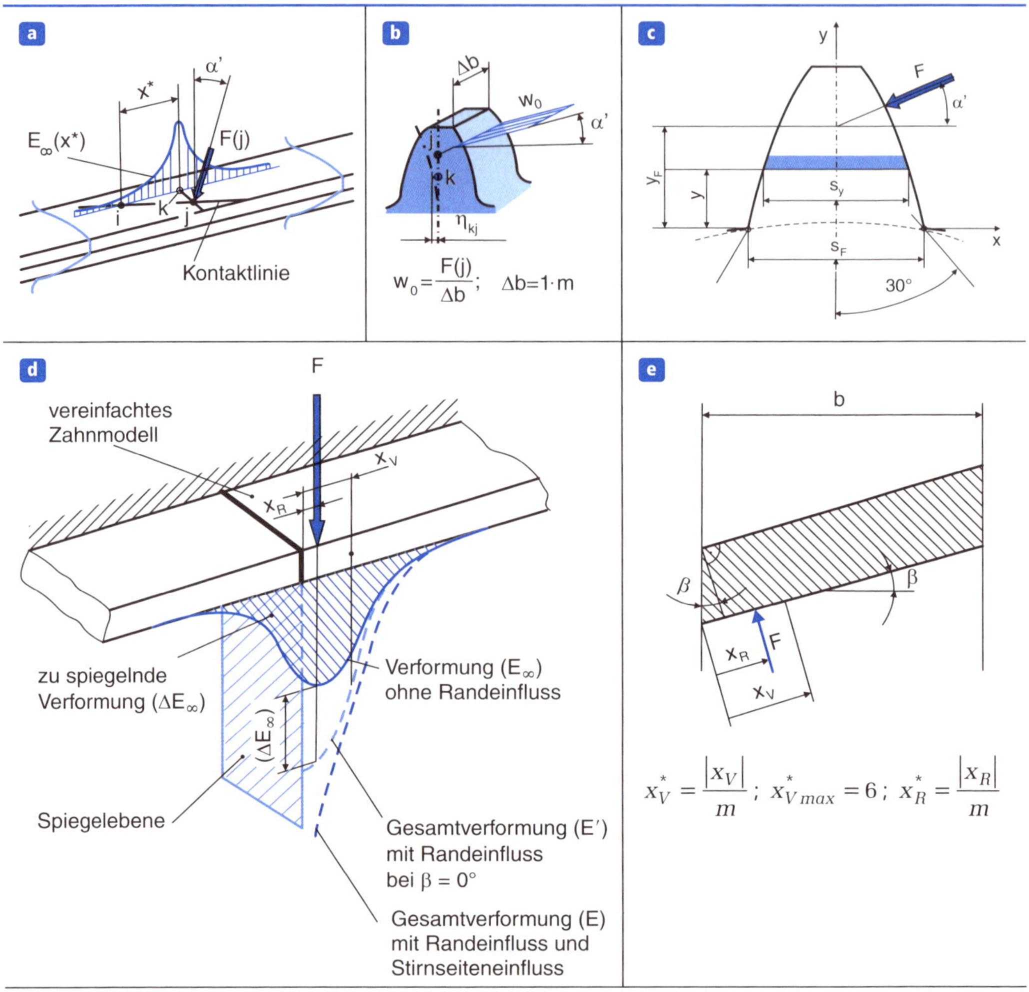

Abbildung 18.165: Berechnungsmodell zur Zahnverformung und allgemeine Einflussfunktion sowie Randverformung und spitze Zahnstirnseite [18.216], [18.398]

Die Bestimmung der demzufolge auch schräg über den Zahn verlaufenden Einflussfunktion erfolgt, indem man für die jeweiligen, nicht unter der Krafteinleitungsstelle liegenden Zahnabschnitte die Nachgiebigkeit $q(y)$ durch Belastung an der Stelle y_F verwendet, Abbildung 18.165 b). Dabei unterscheiden sich bei Schrägverzahnungen die durch α' ausgedrückten Wirkungsrichtungen der Kraft und Verformung an Stellen $i \neq j$ geringfügig.

Um den Einfluss der endlichen Zahnbreite b bzw. des Randes auf die Einflussfunktion E_∞ des unendlich langen Zahnes zu berücksichtigen, erfolgt gemäß Abbildung 18.165 c) eine Spiegelung des Verformungsverlaufes an der am unendlichen Zahnstreifen gedachten Zahnstirnseite, wobei die Verformungen, die außerhalb der Zahnbreite b liegen, den Verformungen innerhalb dieser überlagert werden [18.174]:

$$E = E_\infty + \Delta E_\infty \qquad (18.354)$$

Eine Ergebnisverbesserung ist möglich durch die Einführung einer Korrekturfunktion W_f mit x_V und x_R nach Abbildung 18.165:

$$E = \left[E_\infty \left(x^* = \left| x_V^* - x_R^* \right| \right) + E_\infty \left(x^* = \left| x_V^* + x_R^* \right| \right) \right] \cdot W_f \left(x_V^*, x_R^* \right) \tag{18.355}$$

Hierin berücksichtigt die Korrekturfunktion W_f den Einfluss der Stirnseitenschrägung bei Schrägverzahnung mit einer Abklingfunktion f_L für das prinzipielle Abklingverhalten des Randeinflusses bei Schrägverzahnung und einer Größenfunktion f_G zur Vergrößerung oder Abminderung der Verformung in Zahnrandnähe bei dem jeweiligen Schrägungswinkel gegenüber einer Geradverzahnung:

$$W_f = 1 + f_G \cdot f_L \tag{18.356}$$

Ab einem bestimmten Abstand vom Rand L_R ist der Randeinfluss der Verformung abgeklungen. Dieser Bereich kann abhängig von der Zahndicke und bezogen auf den Normalmodul angegeben werden und berechnet sich zu:

$$L_R^* = \frac{L_R}{m} = 2{,}1 \cdot \pi \cdot \tan|\beta| \tag{18.357}$$

Für $0 < x_V^* \leq L_R^*$ und $0 < x_K^* \leq L_R^*$ (innerhalb des bezogenen Abklingbereiches L_R^*) lässt sich die Größe ζ_{rel} für die Abklingfunktion $f_L(x_{rel})$, an dem die Verformungseinflusszahl zu bestimmen ist, mit x_V und x_K gemäß Gleichung (18.355) und Abbildung 18.165 wie folgt ermitteln:

$$x_{rel} = \frac{\left[L_R^* - \frac{x_V^* + x_R^*}{2} \right]}{L_R^*} \tag{18.358}$$

Die Abklingfunktion $f_L(x_{rel})$ wurde ebenfalls empirisch ermittelt und es ist für die stumpfe und spitze Zahnstirnseite wie folgt zu unterscheiden:

$$f_L\left(x_{rel}\right) = 8{,}26 \cdot x_{rel}^5 - 15{,}6 \cdot x_{rel}^4 + 10 \cdot x_{rel}^3 - 2 \cdot x_{rel}^2 + 0{,}33 \cdot x_{rel} \quad \text{für} \quad \beta_{St} > 0 \tag{18.359}$$

$$f_L\left(x_{rel}\right) = 1{,}027 \cdot x_{rel} \quad \text{für} \quad \beta_{St} < 0 \tag{18.360}$$

Die Größenfunktion $f_G(\beta_{St})$ lautet mit $\beta_{St} = |\beta|$ bei Belastung an der spitzen Stirnseite und mit $\beta_{St} = -|\beta|$ bei Belastung an der stumpfen Stirnseite:

$$f_G\left(\beta_{St}\right) = 0{,}6447 \cdot \widehat{\beta}_{St}^3 + 1{,}454 \cdot \widehat{\beta}_{St}^2 + 1{,}176 \cdot \widehat{\beta}_{St} + 0{,}0435 \tag{18.361}$$

Damit folgt dann für die Einflusszahlen a_{ij} unter Verwendung der Biegeeinflussfunktion E' nach Gleichung (18.355):

$$a_{ij} = E \cdot q_{jk} \tag{18.362}$$

Dabei beschreibt die Einflusszahl a_{ij} den Einfluss der im Punkt j angreifenden Kraft F_j auf die Verformung an der Stelle i und q_{jk} die Nachgiebigkeit einer Zahnscheibe der Breite $\Delta b = 1 \cdot m$ gemäß Gleichung (18.363) an der Stelle k infolge der Belastung an der Stelle j gemäß Abbildung 18.165 a).

Die Nachgiebigkeit $q(y)$ ergibt sich entsprechend Abbildung 18.165 b) als Summe der Wirkung der Zahnnormalkraft F auf den Zahn und den sich anschließenden Teil des Radkörpers. Dabei wird unterschieden zwischen der Biegeverformung q_B und der Schubverformung q_S des Zahnes sowie der Verformung des sich an den Zahn anschließenden Teils des Radkörpers q_R. Die durch die Hertz'sche Abplattung bedingte Verformung wird gesondert behandelt:

$$q = q_B + q_S + q_R \tag{18.363}$$

Der Anteil der Biegenachgiebigkeit q_B wird aus der Biegelinie η eines Balkens mit veränderlichem Querschnitt ermittelt, wobei für Bereiche des Balkens mit $y < y_F$ gilt:

$$q''_B(y) = -\frac{\eta''(y)}{F_{bn}} = \frac{(y_F - y)\cdot\cos^2\alpha'\cdot(1-\nu^2)}{I(y)\cdot E} \tag{18.364}$$

Hierin bezeichnen $I(y)$ das äquatoriale Flächenträgheitsmoment um die Balkenlängsachse an der Stelle y, E den Elastizitätsmodul und α' den Kraftangriffswinkel. Durch Integration ergibt sich:

$$q'_B(y) = \frac{\cos^2\alpha'\cdot(1-\nu^2)}{E}\cdot\left(\int\frac{(y_F - y)}{I(y)}dy + C_1\right) \tag{18.365}$$

$$q_B(y) = \int q'_Z dy + C_2 \tag{18.366}$$

Die Konstanten C_1 und C_2 lassen sich mit folgenden Randbedingungen an der Einspannstelle $q_B(y=0) = 0$; $q_B'(y=0) = 0$ bestimmen. Für Balkenbereiche $y > y_F$ ergibt sich unter Verwendung der Verformung und der Neigung an der Krafteinleitungsstelle $y = y_F$.

$$q_B(y > y_F) = q_B(y = y_F) + (y - y_F)\cdot q'_B(y = y_F) \tag{18.367}$$

Für den mit der Einzellast belasteten Zahnabschnitt berechnet sich der Anteil der Elastizität des am Zahn unmittelbar anschließenden Radkörpers zu [18.398]:

$$q_R(y = y_F) = \frac{\cos^2\alpha'}{E\cdot\Delta b}\cdot\left(5{,}2\cdot\frac{y_F^2}{s_F^2} + \frac{y_F}{s_F} + 1{,}4\cdot\left(1 + 0{,}294\cdot\tan^2\alpha'\right)\right) \tag{18.368}$$

In den Bereichen $y > y_F$ bzw. $y < y_F$ wirkt sich die Nachgiebigkeit des Radkörpers wie folgt aus:

$$q_R(y \neq y_F) = q_R(y = y_F)\cdot\frac{y}{y_F} \tag{18.369}$$

Die Nachgiebigkeit q_S aus der Schubverformung berechnet sich für Bereiche des Zahnes mit $y < y_F$ zu:

$$q_S(y) = \frac{\chi\cdot\cos^2\alpha'}{G'}\cdot\int\frac{dy}{A(y)} + C_3 \quad \text{mit} \quad G' = \frac{E}{2\cdot(1+\upsilon)-(1-\nu)^2} \tag{18.370}$$

Hierin bezeichnen χ die Schubverteilungszahl (χ = 1,2 für Rechteckquerschnitt), G' den Schubmodul, ν die Querkontraktionszahl und $A(y)$ die Zahnquerschnittsfläche an der Stelle y. Aus der Randbedingung $q_S(y{=}0) = 0$ an der Einspannstelle lässt sich die Konstante C_3 ermitteln. Für Bereiche des Zahnes mit $y > y_F$ gilt:

$$q_S(y > y_F) = q_S(y = y_F) \tag{18.371}$$

Sind alle Nachgiebigkeiten entsprechend der Lage der Kontaktlinie auf dem Zahn berechnet, lassen sich die Einflussfunktionen des Schrägzahnes aus der allgemeinen Einflussfunktion bestimmen. Die Hebelarme y bzw. y_F ergeben sich dabei aus der Vernetzung der Zahnflanken.

Während bei der Biegeverformung, der Schubverformung und der Verformung des sich an den Zahn anschließenden Teiles des Radkörpers ein starker Wechseleinfluss zwischen den einzelnen Zahnabschnitten vorliegt, kann man bei den Verformungen infolge Hertz'scher Pressung näherungsweise davon ausgehen, dass nur der jeweilige belastete Zahnabschnitt einer Verformung unterliegt. Demzufolge muss kein Wechseleinfluss berücksichtigt werden, sodass der Zahn aus entkoppelten Scheiben endlicher Breite zusammengesetzt werden kann, die sich wie geradverzahnte Einzelräder (Zahnscheiben) verhalten. Als Berechnungsverfahren für die Verformungsanteile kommt hier ebenfalls der Ansatz nach Weber und Banaschek zur Anwendung [18.398].

Die Einflusszahlen für Ritzel und Rad werden gemäß Gleichung (18.362) ermittelt, wobei jedoch wegen des fehlenden Wechseleinflusses die Einflussfunktion $E' = 1$ gesetzt wird:

$$a_{ij}(H) = q_{Hjk} \tag{18.372}$$

Hierin bezeichnet q_H die Nachgiebigkeit (Index H – Hertz'sche Verformung) einer Zahnscheibe der Breite Δb (Δb entsprechend der Vernetzung) an der Stelle k infolge Belastung an der Stelle j (hier $j = k$).

Die Hertz'sche Pressung ruft eine Abplattung der Zahnoberfläche entlang der Kontaktlinie hervor und bewirkt damit eine Verschiebung in Richtung der Zahnbelastung. Entsprechend den Hertz'schen Gleichungen ist die Abplattungsgröße abhängig von den Krümmungsradien ρ_1, ρ_2 der Zahnflanken und den von der Hertz'schen Verformung erfassten Zonen h_1 und h_2. Dabei werden die Größen h_1 und h_2 als Abstand vom Berührungspunkt zur Zahnmittellinie in Richtung der Zahnnormalkraft angenommen [18.398]. Da bei schrägverzahnten Stirnrädern die Kontaktlinie schräg über den Zahn verläuft, ändern sich für jeden Punkt der Kontaktlinie diese Werte.

Aufgrund dessen können die Verhältnisse der Annäherung infolge des Hertz'schen Anteils der Verformung bei schrägverzahnten Stirnrädern durch ein Modell zweier sich berührender Kegel mit voneinander abgewandten Spitzen dargestellt werden. Abhängig von der Unterteilung des Zahnes in Zahnscheiben werden die Kegel durch zylindrische Scheiben stufenförmig angenähert. Die Nachgiebigkeit q_H für eine, dem Modell entsprechende Zahnscheibe berechnet sich somit zu [18.398]:

$$q_H(y) = \frac{2\cdot\left(1-\nu^2\right)}{\Delta b\cdot E\cdot\pi}\cdot\left(\ln\frac{2\cdot h(y)}{b_H(y)} - \frac{\nu}{2\cdot(1-\nu)}\right) \tag{18.373}$$

Hierin gilt für die halbe Abplattungsbreite $b_H(y)$:

$$b_H(y) = \frac{4 \cdot \sigma_{Hmax} \cdot \rho(y) \cdot (1 - \nu^2)}{E} \quad \text{mit} \quad \frac{1}{\rho(y)} = \frac{1}{\rho_1(y)} + \frac{1}{\rho_2(y)} \tag{18.374}$$

Der Belastungs-Verformungs-Zusammenhang lässt sich in erster Näherung linearisieren, indem für alle Zahnabschnitte entsprechend einer mittleren Getriebebelastung ein Anfangswert von $\sigma_{Hmax} \approx 800$ N/mm² gewählt wird. Die damit berechnete Lastverteilung lässt sich bei Bedarf durch Iterationsrechnungen steigern, was meist jedoch nur bei extrem ungleichmäßigen Belastungsverläufen erforderlich ist.

Betrachtet man nun die Zahnradkörperverformungen bei Radkranzverzahnungen, so sind die Wechseleinflusszahlen zur Berücksichtigung der Zahnradkörperverformung bei elastisch gestalteten Radkranzverzahnungen (Ein- oder Zweistegausführungen) mittels Verformungsberechnungen zu ermitteln. Mit Blick auf die verhältnismäßig komplizierte Geometrie bieten sich hierzu mechanische Ersatz-Modelle entsprechend der Schalentheorie oder räumliche Finite-Elemente-Modelle an. Bewährt haben sich in diesem Zusammenhang vereinfachte Modelle, die die versteifende Wirkung der Verzahnung durch eine Vergrößerung der Kranzdicke um den Wert 1,5 · m und den Übergang zwischen Stegen und Nabe als Einspannung berücksichtigen.

Abbildung 18.166 zeigt Verformungseinflusszahlen einer Radkranzverzahnung bei Berücksichtigung des Radkörpereinflusses im Vergleich zu den entsprechenden Vollradverzahnungen.

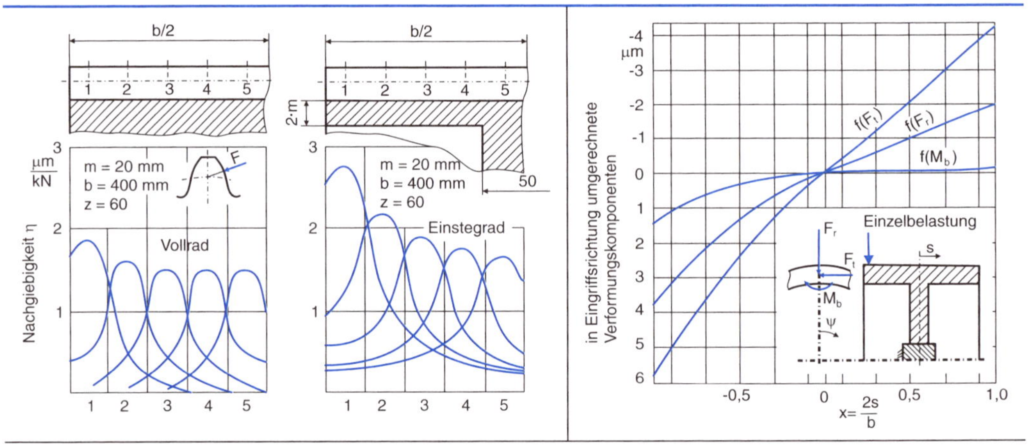

Abbildung 18.166: Verformungseinflusszahlen bei vollem und elastisch gestaltetem Radkörper

Ungeachtet der mittlerweile verfügbaren, leistungsfähigen Rechnertechnik sind FEM-Modelle rechenzeitintensiver, da sie verfahrensbedingt die Verarbeitung großer Datenmengen erfordern, weshalb auch hier einfachere Näherungslösungen wünschenswert sind. Betrachtet man in diesem Zusammenhang die Gesamtverformung des Radkörpers gemäß Abbildung 18.167 bei Einzelbelastung mit dem Ziel, Teilverformungen aus einfachen Berechnungsmodellen abzuleiten, so sind die folgenden Verformungsanteile zu berücksichtigen:

a **Verformung aus radialer Einzelbelastung (F_r)** – hierbei treten eine Kranzverformung sowie eine Biegeverformung des Steges auf. Der Übergang von Kranz in Steg kann als biegesteifer Ring angesehen werden, sodass bei einseitiger relativer Kranzbelastung aufgrund der Stegverformung eine Drehung des Kranzquerschnittes um eine Achse senkrecht zur Radachse erfolgt. Die belastete Seite des Kranzes verformt sich zusätzlich wie ein am Steg eingespanntes Rohr. Gegenüber den anderen Verformungen ist die örtliche radiale Stauchung des Steges klein.

b **Verformung aus tangentialer Einzelbelastung (F_t)** – Über den biegesteifen Ring erfolgt eine Verschiebung des Kranzquerschnittes in Umfangsrichtung mit zusätzlicher Verwölbung des Steges. Die belastete Kranzhälfte wird außerdem wie ein am Steg eingespanntes Rohr tordiert. Die tangentiale Verformung des Steges (Torsion einer Scheibe) liegt in einer Größenordnung, die bei der Ermittlung der Gesamtsteifigkeit von Bedeutung ist.

c **Durch axiale Einzelbelastung (F_a)** – Bei schrägverzahnten Rädern kommt es bedingt durch die Axialbelastung zu einer Verformung in dieser Richtung. Abhängig von der Gestaltung ist bei Radkranzverzahnungen die Radkörperverformung im Vergleich zu Vollradkörpern größer, sodass die Breitenlastverteilung deutlich von dieser Belastungskomponente abhängt. Zur Berechnung der Stegverformung durch eine axiale Belastung und damit der Verschiebung des Zahnkranzes (einschließlich der Verzahnung) kann als Modell eine an der Nabe eingespannte Kreisplatte mit angeschlossenem Ring (Kranz) verwendet werden.

d **Verformung durch Einzelbelastung mit einem Biegemoment (Biegebelastung im Zahnfuß)** – Im Gegensatz zur radialen und tangentialen Verformung ist die Verformung des Kranzes infolge eines Zahnbiegemomentes im Wesentlichen nur auf der belasteten Kranzhälfte wirksam. Der Steg unterliegt durch ein Zahnbiegemoment nur einer unbedeutenden Verformung, sodass die Kranzverformung ebenfalls mit der Verformung eines einseitig eingespannten Rohres vergleichbar ist. In Abbildung 18.166 sind diese in Eingriffsrichtung umgerechneten Verformungsanteile (Anteile an einer Gesamteinflusszahl) bei der wirkenden Zahnnormalkraft F_n vergleichbar.

Schließlich kann der Steg noch durch einseitige Radial- bzw. Umfangsbelastung verformt werden. Diese Verformungsanteile haben vor allem bei extrem schiefem Tragbild großen Einfluss auf die Lastverteilung und können dann nicht vernachlässigt werden.

Zur Erfassung der Radkörperelastizität in einer Radkörpereinflusszahl ist die Radkörpergeometrie durch den mittleren Radkranzradius R, die Kranzdicke s_R, die Stegbreite b_s, die Radbreite b, den Nabendurchmesser d_n und den Normalmodul der Radkranzverzahnung m_n zu beschreiben. Ermittelt man dann die Verformungsanteile mit einer Einheitsbelastung und rechnet diese in die Eingriffsrichtung um, so erhält man nach Zusammenfassung direkt die Radkörpereinflusszahl $a(ij)_{RK}$, die den Zahnverformungseinflusszahlen überlagert werden kann.

Insgesamt ist die vorgestellte Vorgehensweise zur Erfassung aller Verformungseinflüsse, der Bestimmung der Anteile der Kontaktlinienabweichung und der schnellen Lösung des beschreibenden Gleichungssystems nur rechnergestützt möglich.

Teilverformung aus radialer Einzelbelastung (F_r) – Kranzverformung Berechnungsmodell: eingespanntes Rohr Näherungslösung nach [18.141], [18.201]	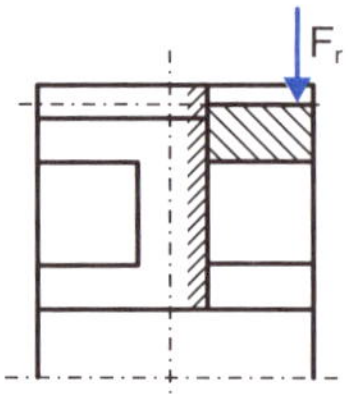	Teilverformung durch axiale Einzelbelastung (F_a) Berechnungsmodell: an der Nabe eingespannte Kreisplatte mit angeschlossenem Ring Näherungslösung nach [18.199], [18.278]	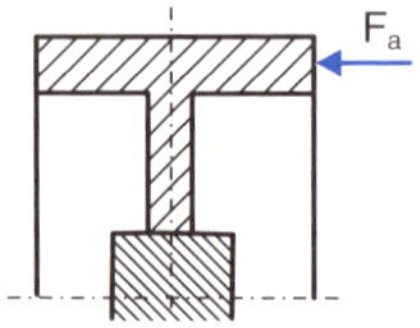

Abbildung 18.167: Näherungen zur Berechnung der Radkörperverformung bei Einzelbelastung [18.216]

COMPANION WEBSITE

Programm

Abbildung 18.168 zeigt beispielhaft die Lastverteilungen im Eingriffsfeld als eine mögliche Ergebnisausgabe des Programmsystems LVR – Lastverteilungsrechnung, das am Institut für Maschinenelemente und Maschinenkonstruktion der TU Dresden auf der Grundlage jahrzehntelanger Erfahrungen auf diesem Gebiet entwickelt wurde und kontinuierlich fortgeschrieben wird [18.17], [18.19], [18.336], [18.344].

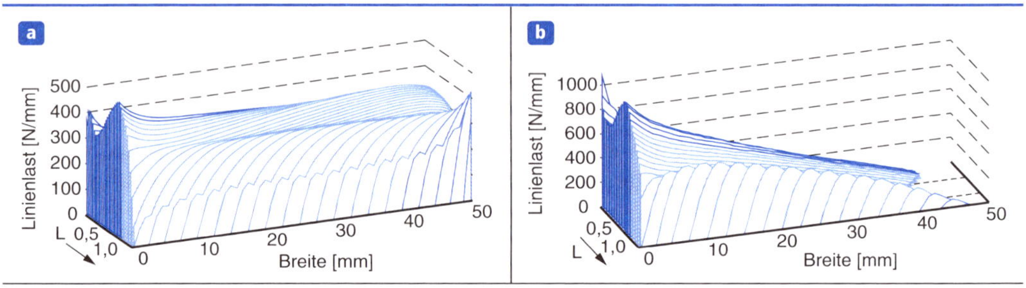

Abbildung 18.168: Lastverteilung über dem Eingriffsfeld – a) günstig (gleichmäßiges Tragen), b) ungünstig (ungleichmäßiges Tragen) [18.17], [18.19], [18.336], [18.344]

18.4.3.4 Maßnahmen zur Verbesserung des Breitenlasttragverhaltens

Das Breitenlasttragverhalten einer Verzahnung hängt hauptsächlich von der wirksamen Kontaktlinienabweichung ab, weshalb durch eine geeignete Auslegung und Konstruktion des Zahnradgetriebes sowie eine hochwertige Fertigungsqualität eine möglichst kleine, sich einstellende wirksame Kontaktlinienabweichung anzustreben ist.

Entsprechend Abbildung 18.169 haben die von der Fertigungsqualität abhängigen Anteile aus Verzahnungsabweichungen und Bohrungslageabweichungen den größten Einfluss auf die Kontaktlinienabweichung, gefolgt von Lagerspielunterschieden und Wellenverformungen.

Betrachtet man die Abweichungen im Einzelnen, so besteht bei den Flankenlinienlage- und den Bohrungslageabweichungen das Problem, dass diese geometrischen Abweichungen meist nicht genau bekannt sind und zur Auslegung üblicherweise nur die zulässigen Werte der Toleranzvorschrift zur Verfügung stehen. Dabei entsprechen die standardisierten Angaben für die zulässigen Flankenliniengesamtabweichungen und die Bohrungslageabweichungen Grenzwerten, die mit einer bestimmten Wahrscheinlichkeit nicht überschritten werden dürfen. Da die tatsächlichen Werte um den Erwartungswert 0 streuen, können sie sowohl ein Rechts- als auch ein Linksklaffen der Verzahnung bewirken. Liegen Taumelfehler vor, so lässt sich durch breitenballig (C_c) oder mit Endrücknahme (C_e) ausgeführte Verzahnungen die ursprünglich „schiefe“ Lastverteilung gemäß Abbildung 18.168 deutlich vergleichmäßigen (s.a.Abbildung 18.173).

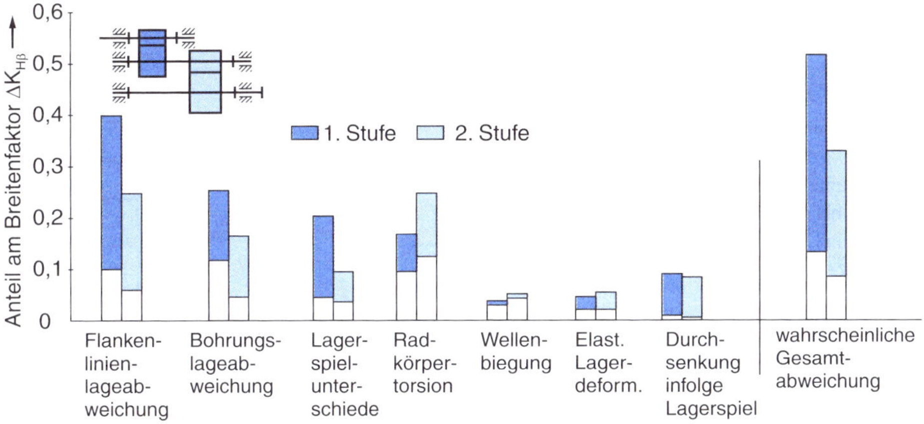

Abbildung 18.169: Wesentliche Einflussgrößen auf die Breitenlastverteilung am Beispiel einer Baureihe zweistufiger Getriebe nach [18.216]

Dabei ist jedoch zu beachten, dass die Auslegung derartig korrigierter Verzahnungen einer genauen vorherigen Analyse bedarf [18.19], [18.344]. So bewirkt eine zu klein gewählte Balligkeit oder Endrücknahme einen zu geringen Lastabbau an der Zahnstirnseite, während eine zu große Korrektur diese Lastspitzen am Rand zwar abbaut, in der Zahnmitte jedoch eine so große Lasterhöhung hervorruft, sodass letztlich geringere Tragfähigkeitswerte im Vergleich zur nicht korrigierten Verzahnung auftreten können. Ferner ist zu berücksichtigen, dass aufgrund der statistischen Verteilung der geometrischen Abweichungen die Korrektur nicht nach dem Grenzwert (Standardwert) der Kontaktlinienabweichung festgelegt werden kann, da man dadurch die Tragfähigkeit für die entsprechend einer Normalverteilung auftretenden geringeren Abweichungen verschlechtert. Aus umfangreichen Untersuchungen ist bekannt, dass die optimale Balligkeit für übliche Verzahnungen überschlägig bei ca. 30 bis 50 % der maximal wirksamen Kontaktlinienabweichung liegt [18.138]. Abschließend sei darauf hingewiesen, dass ein gleichmäßiges Flankentragen nie ganz erreicht werden kann, womit die örtliche Belastung immer größer ist als die der abweichungsfreien Verzahnung.

Entsprechend Abbildung 18.158 entsteht ein weiterer großer Anteil der Kontaktlinienabweichung durch die elastische Wellen- und Ritzelverformung infolge der Biege- und Torsionsbeanspruchung. Zur genauen Ermittlung der Biegeverformung sind die Wellengeometrie mit allen Absätzen und auch die versteifende Wirkung (Stützwirkung) von Welle-Nabe-Verbindungen zu berücksichtigen. Insbesondere bei Ritzelwellen ist die Torsionsverformung im Bereich der Zahnbreite von Bedeutung, während dieser Einfluss bei Durchmesserverhältnissen $b/d < 0{,}6$ vernachlässigt werden kann. Ebenso sind bei einem Rad die Torsionsverformungen meist unbedeutend, wenn der Durchmesser des Rades deutlich größer ist als der des Ritzels ($i > 2{,}5$). Entsprechend Abbildung 18.170 hat die konstruktive Ausführung einen großen Einfluss darauf, ob sich die Biegeverformung der Wellen und die Torsion der Radkörper addieren oder sich wenigstens teilweise aufheben. Demzufolge lassen sich aus einer genauen Analyse des Drehmomentenflusses und der Anordnung der Zahnräder zwischen den Lagern

Schlussfolgerungen zur Optimierung der Konstruktion ziehen. Des Weiteren lassen sich einzelne Verformungsanteile durch bestimmte Einschränkungen wie z.B. die Vorgabe eines maximalen Zahnbreiten-/Durchmesser-Verhältnisses oder aber große Wellendurchmesser (Erhöhung der Steifigkeit), gering halten.

Getriebeschema

Bei Ausführung a) addieren sich die Biegeverformung und die Torsionsverformung der Wellen, während sich bei Ausführung b) die Torsions- und Biegeverformung von Ritzel und Rad subtrahieren.

Schematische Verformung

B: Biegeverformung

T: Torsionsverformung

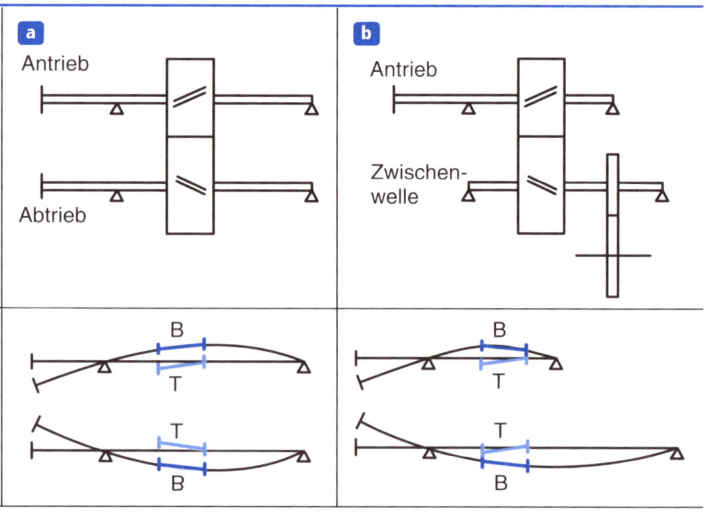

Abbildung 18.170: Überlagerung von Anteilen der Kontaktlinienabweichungen aus Biege- (*B*) und Torsionsverformung (*T*) der Getriebewellen

Betrachtet man die Lagerverschiebung als weitere wesentliche Einflussgröße auf die sich einstellende Kontaktlinienabweichung der Verzahnung, so sind die elastische Lagerverformung und das nach dem Einbau verbleibende Lagerspiel zu berücksichtigen, wobei im Falle der beidseitigen Lagerung nur die Differenz beider Lager einer Welle von Bedeutung ist. Da die Auswirkungen der Lagerluftunterschiede auf die Lastverteilung in der Größenordnung des Einflusses der Wellenverformung liegen, sind grundsätzlich ein nur geringes Lagerspiel und eine geringe Lagerlufttoleranz anzustreben, wobei mit größer werdendem Wellendurchmesser auch die Lagerluft zunimmt.

Aufgrund des großen Einflusses der Lagerluft auf die Breitenlastverteilung sind gemäß Abbildung 18.171 das Lagerungskonzept (Fest-, Los- oder Stützlagerung), die Lagerauswahl sowie die Festlegung des Lagerabstandes von entsprechender Bedeutung. So wirkt sich einerseits eine Vergrößerung des Lagerabstandes günstig auf die Lastverteilung aus, andererseits nimmt mit zunehmender Wellenlänge die Wellenverformung zu, sodass insbesondere bei einer außermittigen Anordnung der Zahnräder die Lastverteilung wiederum verschlechtert wird. Somit muss man aus diesen gegenläufigen Einflüssen ein Optimum ermitteln.

Einen weiteren großen Einfluss auf die Lagerluft haben Lagerzentrierungen, wie sie z.B. bei Kugel- oder Pendelrollenlagern auftreten, indem sich der Innenring solange verschiebt, bis er eine zentrische Lage zum Außenring einnimmt. Dadurch wird die Welle im Bereich dieses zentrierenden Lagers um etwa die Hälfte der Lagerluft angehoben, sodass sich eine Schiefstellung der Welle gemäß Abbildung 18.171 a) und b) ergibt. Auch hier lässt sich durch eine entsprechende Anordnung der Lager der Einfluss gering halten, da eine günstige Breitenlastverteilung mit einer Stützlageranordnung bzw. bei einer Festlager-Loslager-Anordnung mit diagonal gegenüberliegendem Festlager erreicht wird, Abbildung 18.171 d). Gleiches gilt auch bei einer „fliegenden" Lagerung des Zahnrades entsprechend Abbildung 18.171 c) und e). Einschränkend ist anzumerken, dass derartige Lagerzentrierungen allerdings nur bei hohen Axialbelastungen auftreten (z.B. durch große Schrägungswinkel der Verzahnung). Hierbei müssen Lastverhältnisse von $1{,}5 \cdot F_a / F_r > e$ vorliegen, wobei e die vom Druckwinkel α abhängige Lagerkonstante ist [18.24].

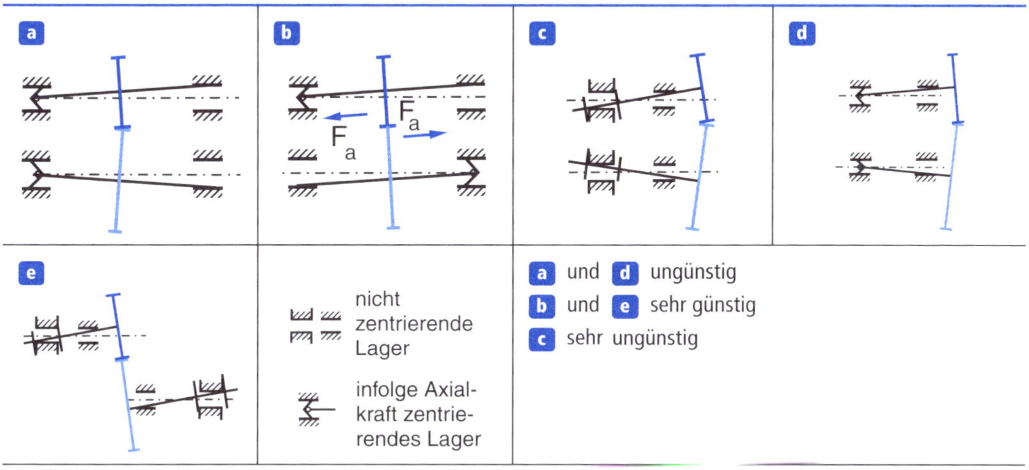

Abbildung 18.171: Anordnung der Lager hinsichtlich der Breitenlastverteilung

Da abhängig von den geometrischen Parametern und der Belastung, der Lagerdeformation und der dadurch entstehenden entgegengesetzten Kontaktlinienabweichung auch eine Verbesserung des Tragbildes eintreten kann, ist manchmal auch die besonders elastische Gestaltung der Lagerung durch nachgiebige Lagerschalen, Lagerstühle oder ein enstprechend weiches Gehäuse im Bereich der Lagerung sinnvoll.

Auch wenn der Anteil der Radkörperdeformation auf die Kontaktlinienabweichung geringer ist als der Lagerungseinfluss, so sollen abschließend noch einige Einflussmöglichkeiten auf die Breitenlastverteilung durch eine entsprechende Radkörpergestaltung beschrieben werden.

Im Hinblick auf mögliche Masse-Einsparungen, aber auch aus fertigungstechnischen Gründen führt man größere Zahnräder zumeist nicht mehr mit vollen Radkörpern aus, sondern gestaltet aus Nabe, Stegen und Radkranz die typische Form des Ein- und Zweistegrades gemäß Abbildung 18.125 und Abbildung 18.127. Aufgrund der großen Elastizität können derartig gestaltete Radkörper die Wirkung von Kontaktlinienabweichungen erheblich mindern, wobei vor allem bei Einstegrädern die größere Elastizität der Stirnseitenbereiche der Verzahnung sich als Tragfähigkeit erhöhend besonders hinsichtlich der Zahnflanke auswirkt. Allerdings ist bei Schrägverzahnungen die Stegbeanspruchung und damit die Schiefstellung der Verzahnung bedingt durch die Axialkraft zu beachten. Wenngleich Zweistegräder diesbezüglich unempfindlicher sind, so heben sie allerdings die Vorteile, die sich aus den elastischen Zahnstirnseiten ergeben, wieder auf. Ein Kompromiss zwischen beiden Fällen ist durch die Anwendung nichtparalleler Stützscheiben (Stege) möglich.

Abbildung 18.172 zeigt für verschiedene Kontaktlinienabweichungen die Belastungsverläufe über der Zahnbreite und der Vergleich mit einem Vollrad belegt den merklichen Abbau der Lastspitzen im Bereich der Zahnstirnseite sowie die sich einstellende, deutlich gleichmäßigere Lastverteilung.

Ebenso verhalten sich Stegräder auch bezüglich der thermischen Verformung und bei Fliehkraftbeanspruchung anders als das entsprechende Vollrad, wobei die für die Resonanzdrehzahlen der parametererregten Schwingungen maßgebende Steifigkeit der Verzahnung gleichfalls sinkt. So entstehen z.B. bei hohen Drehzahlen ($v_t > 100$ m/s) und sehr elastischen Stegradkonstruktionen, bedingt durch die Fliehkraft, nicht konstante Verformungen über der Zahnbreite, die Werte erreichen können, die in der Größenordnung der statischen Verformung bei Betriebsbelastung liegen. Ferner können unterschiedliche thermische Verformungen von Ritzel und Rad infolge ungleicher Temperaturverteilung über der Zahnbreite weitere Kontaktlinienabweichungen verursachen.

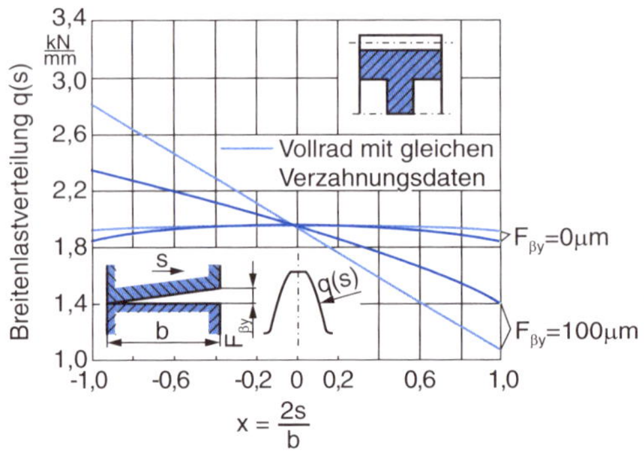

Thermisch bedingte Verformungen entstehen bei der Übertragung hoher Leistungen durch Schrägverzahnungen, indem durch den Transport des sich aufheizenden Schmiermittels über der Zahnbreite (Quetschölstrom) größere Temperaturunterschiede auftreten.

Dabei weisen Stegräder durch die unterschiedliche Wärmeabgabe der verschiedenen Radkörperbereiche eine deutlich andere thermische Verformung über der Zahnbreite auf als Vollräder. Das Verformungsverhalten kann günstig beeinflusst werden durch eine abgestimmte, variable Öleinspritzung oder radiale Unterbrechungen der Zahnbreite.

Abbildung 18.172: Breitenlastverteilung bei einem Einstegrad, Geradverzahnung [18.216]

Abschließend lässt sich zusammenfassen, dass ungeachtet der Fertigungseinflüsse Größe und Richtung der Kontaktlinienabweichung durch folgende konstruktive Maßnahmen gezielt beeinflusst werden können:

1. Durch entsprechende konstruktive Gestaltung sollen sich die belastungsabhängigen elastischen und thermischen Verformungen aus der Durchbiegung der Wellen, Torsion der Radkörper und Verformung der Lager und Gehäuse günstig überlagern bzw. ganz aufheben.

2. Durch Änderungen des Lagerspiels oder einstellbare Lagerungen mithilfe von Exzenterbuchsen lassen sich noch verbleibende Kontaktlinienabweichungen zusätzlich verringern.

3. Durch die gezielte Aufbringung von Flankenkorrekturen (Breitenballigkeit, Höhenballigkeit oder topologische Korrekturen) gemäß Abbildung 18.173 lassen sich die Auswirkungen der Verzahnungsabweichungen und Bohrungslageabweichungen mindern. Bei Bedarf können zum Ausgleich elastischer Verformungen zusätzlich Schrägungswinkelkorrekturen für eine Drehrichtung aufgebracht werden.

Zur gezielten Aufbringung von Flankenkorrekturen an Ritzel und Rad zum Ausgleich der Verformungen gemäß Abbildung 18.173 bedarf es aber grundsätzlich zunächst einer eingehenden Analyse aller maßgebenden Einflüsse auf die Kraft- und Verformungsverhältnisse. Hierzu verwendet man am besten geeignete Berechnungsprogramme wie z.B. MDESIGN LVR – Lastverteilungsrechnung Stirnradgetriebe, MDESIGN LVR-Planet – Lastverteilungsrechnung Planetengetriebe oder auch RIKOR – Ritzelkorrekturprogramm [18.259], [18.336], [18.337], [18.344].

Theoretisch kann die Zahnflanke in Breitenrichtung so zurückgenommen werden, dass sich unter Last Kontaktlinienabweichung und angeschliffene Korrektur gegenseitig aufheben, wodurch eine gleichmäßige Lastverteilung über der Zahnbreite erreicht wird.

Allerdings bestehen bei der praktischen Umsetzung folgende Einschränkungen:

1. Zur Aufbringung idealer Flankenlinienkorrekturen sind spezielle fertigungstechnische Voraussetzungen erforderlich, sodass man noch oft Schrägungswinkelkorrekturen mit überlagerter Balligkeit oder Endrücknahme ausführt und dadurch die notwendige Korrektur annähert.

2. Die aufgebrachte Korrektur gilt nur für eine konstante Belastungssituation. Demzufolge ist bei häufig wechselnden Belastungssituationen (Volllast, Teillast, Niedriglast) die zum Ausgleich zwischen belastungsunabhängigen und belastungsabhängigen Anteilen erforderliche Flankenlinienkorrektur für jede Belastungsstufe unterschiedlich, sodass hinsichtlich der Wahl der auszuführenden Korrektur wiederum statistische Untersuchungen zur Häufigkeit der auftretenden Belastungssituationen unumgänglich sind.

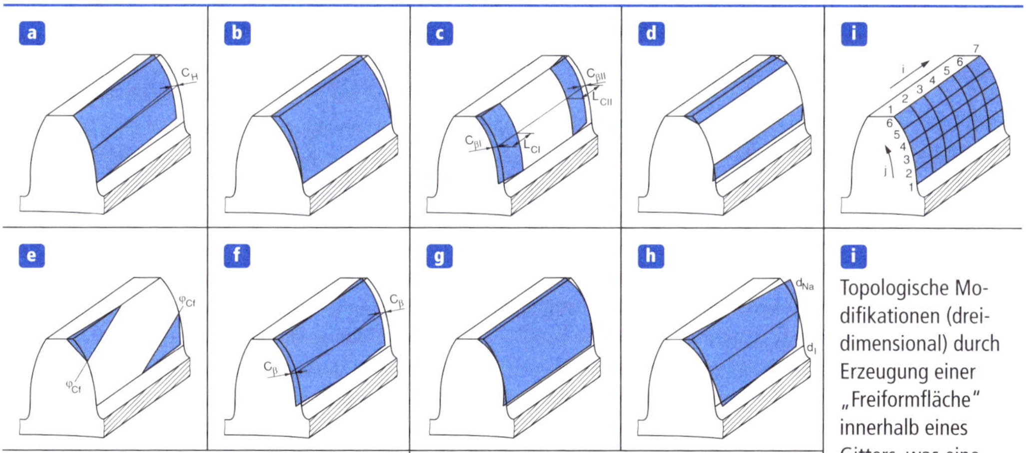

i Topologische Modifikationen (dreidimensional) durch Erzeugung einer „Freiformfläche" innerhalb eines Gitters, was eine entsprechend ausgerüstete Werkzeugmaschine voraussetzt

- **a** Flankenlinienwinkelmodifikation
- **b** Stirnprofilwinkelmodifikation
- **c** Flankenlinienendrücknahme
- **d** Kopf- und Fußrücknahme
- **e** Diagonalrücknahme
- **f** Flankenlinienballigkeit
- **g** Stirnprofilballigkeit
- **h** Schränkung

Abbildung 18.173: Prinzipielle Möglichkeiten zur Flankenkorrektur

18.4.4 Nachweis der Grübchentragfähigkeit

Ein wesentliches Ausfallkriterium bei einer Verzahnung ist gemäß Abschnitt 18.4.1 die Ermüdung der Zahnflanke. Im Folgenden wird deshalb auf die Grundlagen zur Berechnung der Hertz'schen Pressung an den Zahnflanken und auf den darauf aufbauenden Nachweis der Grübchentragfähigkeit eingegangen, wie er auch in DIN 3990 und ISO 6336 niedergelegt ist [18.51], [18.164].

Wie bei einem Festigkeitsnachweis üblich, wird zunächst die sich aus den angreifenden Kräften ergebende Beanspruchung an der Zahnflanke ermittelt, die dann mit der ertragbaren Beanspruchbarkeit zu vergleichen ist. Um eine ausreichende Tragfähigkeit zu erhalten, muss die Beanspruchung kleiner sein als die Beanspruchbarkeit.

Entsprechend der gekrümmten Flankengeometrie kommt es bei einem im Eingriff befindlichen Zahnpaar zwischen den beiden Flanken zu einer Linienberührung. Damit liegt im Wälzkontakt keine Flächenpressung vor, sondern es liegt nahe, für diesen Kontakt die Hertz'sche Pressung zu berechnen (nach Heinrich Rudolf Hertz, deutscher Physiker 1857-1894), wobei man in der Modellvorstellung davon ausgeht, dass sich die unterschiedlich gekrümmten Zahnflanken durch zwei Zylinder annähern lassen, die jedoch abhängig von der Eingriffsstellung entlang der Eingriffslinie jeweils unterschiedliche Durchmesser gemäß Abbildung 18.174 aufweisen.

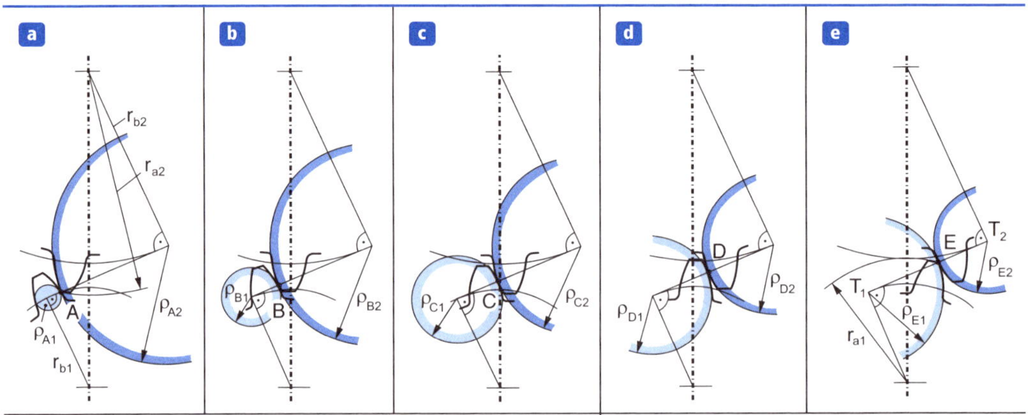

a Fußeingriffspunkt (*A*) Rad 1, Kopfeingriffspunkt Rad 2
b Innerer Einzeleingriffspunkt (*B*) Rad 1, äußerer Einzeleingriffspunkt Rad 2
c Wälzpunkt *C*
d Äußerer Einzeleingriffspunkt (*D*) Rad 1, innerer Einzeleingriffspunkt Rad 2
e Kopfeingriffspunkt (*E*) Rad 1, Fußeingriffspunkt Rad 2

Abbildung 18.174: Umterschiedliche gekrümmte Zahnflanken entlang der Eingriffslinie und ihre Annäherung durch jeweils zwei Zylinder unterschiedlicher Krümmungsradien [18.216]

Zur Anwendung der Hertz'schen Theorie wird vereinfachend angenommen, dass die Werkstoffe der beiden Körper homogen und isotrop sind, in der Druckfläche nur Normalspannungen und keine Schubspannungen auftreten und dass beide Körper rein elastisch verformt werden. Auch wenn diese idealisierenden Annahmen nicht immer eingehalten werden, so lassen sich mit der Hertz'schen Theorie die Verformungen und Druckspannungen im Zahnkontakt hinreichend genau berechnen.

Zur Berechnung der Beanspruchung werden demzufolge die Zahnflanken aufgrund ihrer Krümmungsradien in einem bestimmten Berührungspunkt durch ein Walzenpaar endlicher Länge gemäß Abbildung 18.175 ersetzt, wobei die durch die Zahnnormalkraft F_n senkrecht zur Abplattung entstehende Normalspannung, die auch als Hertz'sche Pressung p_H bzw. σ_H bezeichnet wird, als Maximum der Spannung die Hauptgröße zur Beurteilung der Beanspruchung darstellt, auch wenn sie nur eine Komponente des an sich räumlichen Spannungssystems darstellt (s.a. Kapitel 3, Maschinenelemente 1) [18.306].

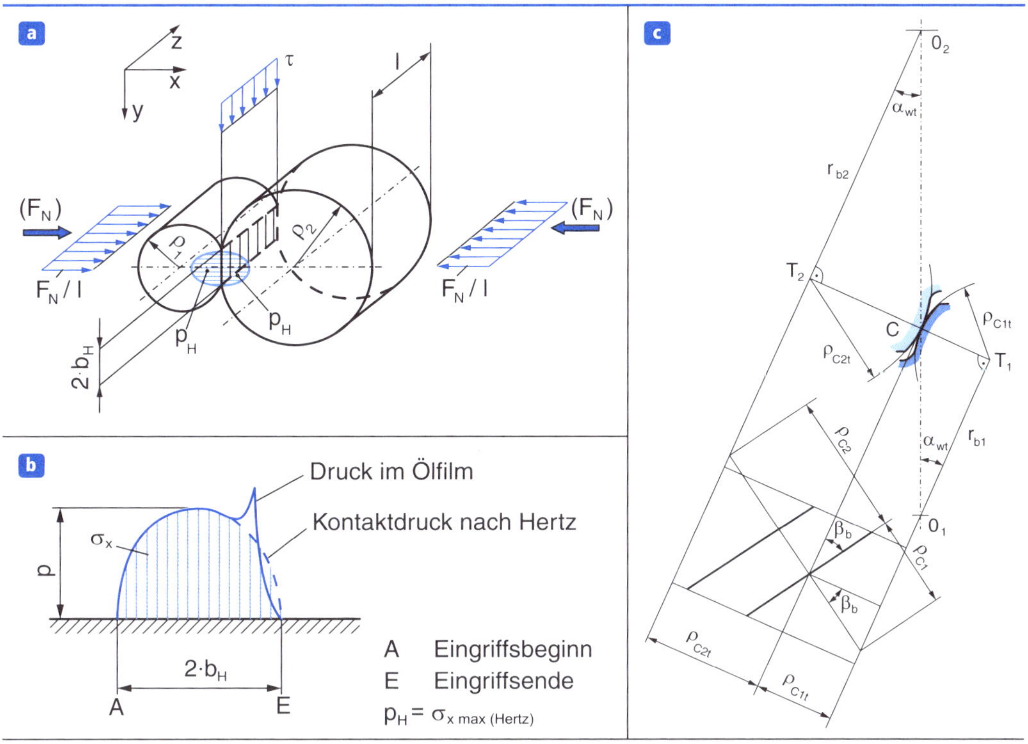

Abbildung 18.175: Modell zur Berechnung der Flankenpressung – a) Walzenmodell, b) Verlauf der Kontaktspannung bei reiner Festkörperberührung und unter hydroelastischen Verhältnissen, c) Krümmungsradien [18.216]

Für den hier zu betrachtenden Spezialfall zweier sich berührender Walzen beträgt die Hertz'sche Pressung p_H abhängig von der Normalkraft F_n:

$$p_H = \sqrt{\frac{F_n \cdot E}{2 \cdot \pi \cdot \rho \cdot l \cdot \left(1-\nu^2\right)}} \quad \text{mit} \quad \frac{1}{\rho} = \frac{1}{\rho_1} + \frac{1}{\rho_2} \quad \text{und} \quad \frac{E}{1-\nu^2} = \frac{2}{\frac{1-\nu_1{}^2}{E_1} + \frac{1-\nu_2{}^2}{E_2}} \tag{18.375}$$

Hierin bezeichnen l die Zylinderlänge, ν die Querdehnzahl, ρ den Ersatz-Radius und E den Elastizitätsmodul, die sich jeweils aus den Einzelwerten (Index 1 und 2) entsprechend bestimmen lassen.

Für die Abplattungsbreite $2 \cdot b_H$ gelten abhängig von der Normalkraft F_n oder der Hertz'schen Pressung p_H folgende Zusammenhänge:

$$2 \cdot b_H = \sqrt{\frac{32 \cdot F_n \cdot \rho \cdot \left(1-\nu^2\right)}{\pi \cdot E \cdot l}} \quad \text{oder} \quad 2 \cdot b_H = 8 \cdot p_H \cdot \frac{1-\nu^2}{E} \cdot \rho \tag{18.376}$$

Bei ausreichender Entfernung von den Stirnseiten des Zylinders betragen die Spannungen in Zylindermitte in der Mitte der Druckfläche:

$$\sigma_x = -p_H \qquad \sigma_y = -p_H \qquad \sigma_z = -2 \cdot \nu \cdot p_H \tag{18.377}$$

Die größte Vergleichsspannung berechnet sich mit der x-Koordinate senkrecht zur Zylinderoberfläche nach der Schubspannungshypothese in der Tiefe $x = 0{,}78 \cdot b_H$ und nach der Gestaltänderungshypothese in der Tiefe $x = 0{,}71 \cdot b_H$ zu:

$$\sigma_{vmax,SH} = 0{,}6 \cdot p_H \qquad \sigma_{vmax,GEH} = 0{,}56 \cdot p_H \tag{18.378}$$

Der Vollständigkeit halber sei darauf hingewiesen, dass das bei der Hertz'schen Theorie zugrunde gelegte Modell im Falle des Zahnkontaktes die folgenden Einflüsse nicht berücksichtigt. So bildet sich zwischen den Zahnflanken flüssigkeitsgeschmierter Zahnräder ein Ölfilm aus, der im Vergleich zum Hertz'schen Pressungsverlauf bei reiner Festkörperberührung einen geringfügig geänderten Druck- und Schmierspaltverlauf gemäß Abbildung 18.175 b) bedingt.

Des Weiteren entsteht beim Zahneingriff – insbesondere unter Last – infolge des Gleitens eine örtlich hohe Temperaturbeanspruchung, die zu zusätzlichen Wärmespannungen führt. Aufgrund der unterschiedlichen Gleitwege an Rad und Ritzel treten deshalb trotz gleicher Hertz'scher Pressungen an beiden Flanken die Grübchenschäden meist bevorzugt nur an einem Rad auf, z.B. am Fuß des treibenden Rades im Bereich des negativen Schlupfes. Bedingt durch dieses Gleiten bzw. die Reibung werden in der Kontaktfläche Schubspannungen eingeleitet, die zu einer Verschiebung des Beanspruchungsmaximums in Richtung der Oberfläche führen [18.248]. Allerdings liegt auch am Rand infolge der Bearbeitung (Eigenspannungen, örtliche Anlasswirkung) oder spezieller Oberflächenbehandlungen (Verfestigung, Härtung) eine andere Festigkeit als in der Tiefe vor, so dass der Entstehungsort der Risse nicht allein aus der Berechnung der Spannungen geklärt werden kann. Ferner wirken sich Rauheiten der Flankenoberfläche in geringem Maße auf die effektive Krümmung aus, stellen aber auch festigkeitsmindernde Kerben dar. Insbesondere bei sehr großen oberflächengehärteten Zahnrädern kann man nicht grundsätzlich davon ausgehen, dass Risse stets an der Oberfläche entstehen [18.216].

Zusammenfassend stellt die Hertz'sche Pressung damit eine relative und grobe Größe dar, die sich jedoch zur Beurteilung von Grübchenschäden aufgrund umfassender Erfahrungen bis heute bewährt hat. Da sie jedoch nur eine Komponente der insgesamt wirkenden Spannungen darstellt, darf sie unter keinen Umständen mit der Zug-Druck-Schwell-Festigkeit verglichen werden.

Im Weiteren werden die bisher hergeleiteten Beziehungen für die Hertz'sche Pressung durch Einsetzen der speziellen verzahnungsgeometrischen Größen an die Erfordernisse der Zahnradtragfähigkeitsberechnung angepasst. Die Gleichungen gelten sowohl für die Außenverzahnung als auch für die Innenverzahnung, wobei Durchmesser und Zähnezahl dann negativ einzusetzen sind.

Die Hauptbelastungsgröße ist nach Abbildung 18.144 die Zahnnormalkraft F_{bn}, die senkrecht zur Zahnflanke im Normalschnitt wirkt:

$$F_n = F_{bn} = \frac{F_t}{\cos\alpha_t \cdot \cos\beta_b} \tag{18.379}$$

Der Ersatz-Krümmungsradius ρ lässt sich gemäß Abbildung 18.175 c) für den Wälzpunkt C unter Verwendung des Zähnezahlverhältnisses u, der Teilkreisdurchmesser $d_{1,2}$, dem Stirneingriffswinkel α_t, dem Betriebseingriffswinkel im Stirnschnitt α_{wt} und dem Grundschrägungswinkel β_b wie folgt berechnen:

$$\frac{1}{\rho_C} = \frac{1}{\rho_{C1}} + \frac{1}{\rho_{C2}} = \frac{1}{\rho_{C1}} \cdot \left(1 + \frac{1}{u}\right) \quad \text{mit} \quad \rho_{C1,2} = \frac{d_{1,2}}{2} \cdot \frac{\tan\alpha_{wt}}{\cos\beta_b} \cdot \cos\alpha_t \tag{18.380}$$

Soll der Ersatz-Krümmungsradius ρ für einen beliebigen Punkt y auf der Flanke bestimmt werden, gilt:

$$\rho_y = \rho_C \frac{\rho_{y1} \cdot \rho_{y2}}{\rho_{C1} \cdot \rho_{C2}} \quad \text{mit} \quad \rho_y = \rho_C \frac{\rho_y}{\rho_C} \quad \text{und} \quad \rho_{C1} + \rho_{C2} = \rho_{y1} + \rho_{y2} = const. \tag{18.381}$$

Insbesondere für den inneren Einzeleingriffspunkt B des Rades 1 (Ritzel) gemäß Abbildung 18.174 b) folgt:

$$\rho_B = \rho_C \frac{\rho_{B1} \cdot \rho_{B2}}{\rho_{C1} \cdot \rho_{C2}} \quad \text{mit} \quad \rho_{B1} = \left(\frac{1}{2}\sqrt{d_{a1}^2 - d_{b1}^2} - p_{et}\right) \cdot \frac{1}{\cos\beta_b} \quad \text{und} \quad \rho_{B2} = \frac{a \cdot \sin\alpha_{wt}}{\cos\beta_b} - \rho_{B1} \tag{18.382}$$

In Anlehnung an die Zylinderlänge wird die effektive tragende Zahnlänge l wie folgt definiert:

$$l = \frac{b}{\cos\beta_b \cdot Z_\varepsilon^2} \tag{18.383}$$

Hierin bezeichnet Z_ε den Überdeckungsfaktor zur Berücksichtigung des Unterschiedes zwischen der effektiven Gesamtberührungslänge und dem durch $b / \cos\beta_b$ noch nicht erfassten Anteil, wobei gemäß DIN 3990 und ISO 6336 folgende Näherungen üblich sind [18.51], [18.164]:

$$Z_\varepsilon = \sqrt{\frac{1}{\varepsilon_\alpha}} \quad \text{für} \quad \varepsilon_\beta \geq 1 \quad \text{und} \quad Z_\varepsilon = \sqrt{\frac{(4-\varepsilon_\alpha)\cdot(1-\varepsilon_\beta)}{3} + \frac{\varepsilon_\beta}{\varepsilon_\alpha}} \quad \text{für} \quad \varepsilon_\beta < 1 \tag{18.384}$$

Streng genommen gilt Gleichung (18.384) nur für Sprungüberdeckungen $\varepsilon_\beta \to \infty$ oder ganzzahlige ε_β. Bei Geradverzahnungen ergibt sich mit $\varepsilon_\beta = 0$ ein Wert $Z_\varepsilon \leq 1$, obwohl im Eingriffsbereich nur ein Zahnpaar im Eingriff ist. In diesem Fall wird durch den Überdeckungsfaktor Z_ε abhängig von der Profilüberdeckung ε_α berücksichtigt, dass bei größerer Profilüberdeckung, also kleinerem Einzeleingriffsbereich, die Wahrscheinlichkeit einer Grübchenbildung geringer ist.

Setzt man nun die Gleichungen (18.379) bis (18.384) unter Verwendung von Gleichung (18.378) für die Gestaltänderungsenergiehypothese in die Grundgleichung (18.375) ein, so ergibt sich speziell für den Anwendungsfall des Zahnkontaktes folgender Zusammenhang für die Hertz'sche Pressung p_H:

$$p_H = Z_E \cdot Z_H \cdot Z_{B,D} \cdot Z_\varepsilon \cdot Z_\beta \cdot \sqrt{\frac{F_t}{b \cdot d_1} \cdot \frac{u+1}{u}} \tag{18.385}$$

Hierin bezeichnen F_t die Tangentialkraft (Umfangskraft) gemäß Abbildung 18.144, b die Zahnbreite, d_1 den Teilkreisdurchmesser und u das Zähnezahlverhältnis. Weiterhin bezeichnen Z_E den Elastizitätsfaktor, Z_H den Zonenfaktor, $Z_{B,D}$ den Einzeleingriffsfaktor, Z_ε den Überdeckungsfaktor und Z_β den Schrägenfaktor, die alle im Folgenden näher erläutert werden.

Mithilfe des Elastizitätsfaktors Z_E lassen sich gemäß Tabelle 18.60 unterschiedliche Verformungseigenschaften der Zahnflanken abhängig vom Werkstoff (Elastizitätsmodul und Querkontraktionszahl) berücksichtigen.

$$Z_E = \frac{1}{\sqrt{\pi \cdot \left(\frac{1-\nu_1^2}{E_1} + \frac{1-\nu_2^2}{E_2} \right)}} \tag{18.386}$$

Werkstoff, Rad 1 Poisson'sche Zahl $\nu_1 = 0,3$	**E-Modul N/mm^2**	**Werkstoff, Rad 2 Poisson'sche Zahl $\nu_2 = 0,3$**	**E-Modul N/mm^2**	**Z_E $\sqrt{N/mm^2}$**
Stahl	$2,06 \cdot 10^5$	Stahl	$2,06 \cdot 10^5$	189,8
		Stahlguss	$2,0 \cdot 10^5$	189
		Gusseisen mit Kugelgrafit	$1,7 \cdot 10^5$	181
		Guss-Zinn-Bronze	$1,0 \cdot 10^5$	155
		Zinnbronze	$1,1 \cdot 10^5$	160
		Gusseisen mit Lamellengrafit	$1,2 \cdot 10^5$	165 bis 162
Stahlguss	$2,0 \cdot 10^5$	Stahlguss	$2,0 \cdot 10^5$	188
		Gusseisen mit Kugelgrafit	$1,7 \cdot 10^5$	181
		Gusseisen mit Lamellengrafit	$1,2 \cdot 10^5$	161
Gusseisen mit Kugelgrafit	$1,7 \cdot 10^5$	Gusseisen mit Kugelgrafit	$1,7 \cdot 10^5$	174
		Gusseisen mit Lamellengrafit	$1,2 \cdot 10^5$	157
Gusseisen mit Lamellengrafit	$1,2 \cdot 10^5$	Gusseisen mit Lamellengrafit	$1,2 \cdot 10^5$	144

Tabelle 18.60: Kennwerte zur Berechnung des Elastizitätsfaktors Z_E

Der Zonenfaktor Z_H gemäß Abbildung 18.176 fasst die Größen zur Berücksichtigung des Eingriffs- und Schrägungswinkels zur Berechnung der Pressung am Wälzpunkt zusammen:

$$Z_H = \frac{1}{\cos \alpha_t} \cdot \sqrt{\frac{2 \cdot \cos \beta_b}{\tan \alpha_{wt}}} \tag{18.387}$$

Für eine Geradverzahnung mit Profilverschiebungssumme gleich Null beträgt mit $\alpha_t = \alpha_{wt} = 20°$ der Zonenfaktor $Z_H = 2{,}495$.

Der Überdeckungsfaktor Z_ε wurde bereits mit Gleichung (18.384) eingeführt, sein Verlauf abhängig von der Profilüberdeckung ε_α ist in Abbildung 18.176 wiedergegeben.

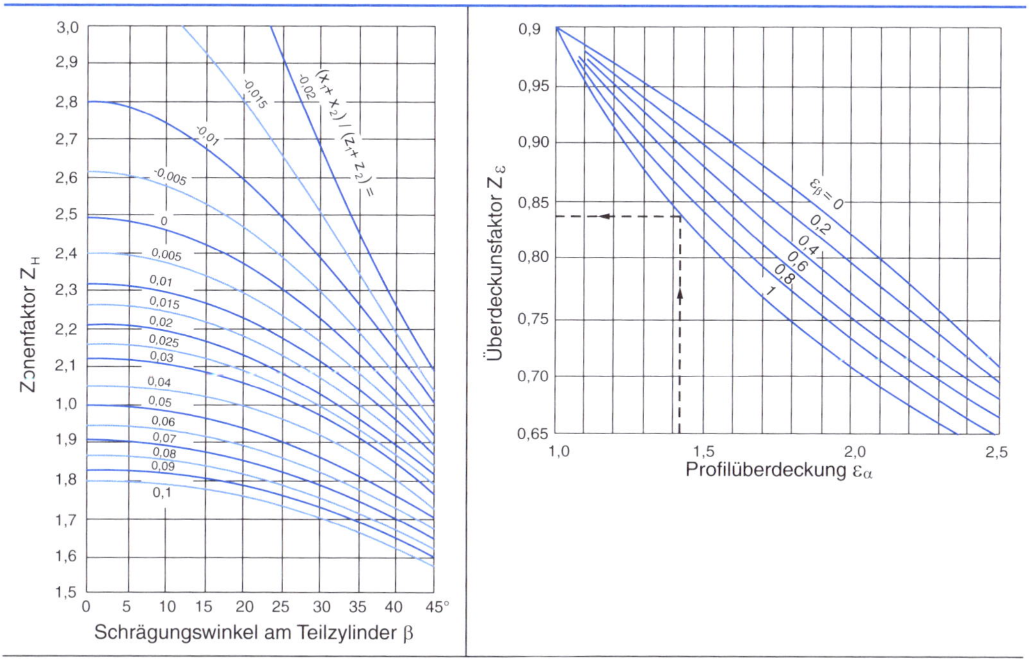

Abbildung 18.176: Zonenfaktor Z_H und Überdeckungsfaktor Z_ε nach DIN 3990 [18.51]

Der Einzeleingriffsfaktor $Z_{B,D}$ ist eine Hilfsgröße zur Umbewertung der Hertz'schen Flankenpressung vom Wälzpunkt C auf die inneren Einzeleingriffspunkte B des Ritzels und D des Rades:

$$Z_B = \sqrt{\frac{\rho_{C1} \cdot \rho_{C2}}{\rho_{B1} \cdot \rho_{B2}}} \quad \text{bzw.} \quad Z_D = \sqrt{\frac{\rho_{C1} \cdot \rho_{C2}}{\rho_{D1} \cdot \rho_{D2}}} \tag{18.388}$$

Verfügen die gepaarten Zahnräder über die gleiche Festigkeit, ist der größere Wert von Z_B bzw. Z_D einzusetzen. Normalerweise ist der innere Einzeleingriffspunkt B des Ritzels maßgebend. Kommen unterschiedliche Werkstoffe bei Ritzel und Rad zum Einsatz, sind der zum inneren Einzeleingriffspunkt gehörende Faktor einzusetzen und der Flankentragfähigkeitsnachweis getrennt für beide Räder mit dem jeweiligen Werkstoffkennwert der Beanspruchbarkeit σ_{Hlim} durchzuführen.

Zur näherungsweisen Berechnung kann $Z_B = Z_D = 1$, wobei die genauen Bestimmungsgleichungen für Z_B und Z_D lauten:

$$Z_B = \frac{\tan \alpha_{wt}}{\sqrt{\left(\sqrt{\left(\frac{d_{a1}}{d_{b1}}\right)^2 - 1} - \frac{2 \cdot \pi}{z_1}\right) \cdot \left(\sqrt{\left(\frac{d_{a2}}{d_{b2}}\right)^2 - 1} - (\varepsilon_\alpha - 1) \cdot \frac{2 \cdot \pi}{z_2}\right)}} \quad (18.389)$$

$$Z_D = \frac{\tan \alpha_{wt}}{\sqrt{\left(\sqrt{\left(\frac{d_{a2}}{d_{b2}}\right)^2 - 1} - \frac{2 \cdot \pi}{z_2}\right) \cdot \left(\sqrt{\left(\frac{d_{a1}}{d_{b1}}\right)^2 - 1} - (\varepsilon_\alpha - 1) \cdot \frac{2 \cdot \pi}{z_1}\right)}} \quad (18.390)$$

Der Einfluss des Schrägungswinkels β auf die Tragfähigkeit ist teilweise bereits im Zonenfaktor Z_H und im Überdeckungsfaktor Z_ε enthalten. Da hierdurch der Schrägungswinkeleinfluss noch nicht vollständig erfasst ist, wird ein verbleibender Resteinfluss durch den Schrägenfaktor Z_β berücksichtigt:

$$Z_\beta = \sqrt{\cos \beta} \quad (18.391)$$

Unter Verwendung aller bisher behandelten Faktoren lässt sich die Hertz'sche Pressung p_H ohne Zusatzbelastungen aus Schwingungen und Lastverteilungsänderungen als Grundwert der Flankenpressung (Index 0) und dem für Spannungen üblichen Symbol σ_H wie folgt angeben:

$$\sigma_{H0} = Z_E \cdot Z_H \cdot Z_{B,D} \cdot Z_\varepsilon \cdot Z_\beta \cdot \sqrt{\frac{F_t}{b \cdot d_1} \cdot \frac{u+1}{u}} \quad (18.392)$$

Somit berücksichtigt dieser Grundwert der Flankenpressung σ_{H0} definitionsgemäß noch nicht die Erhöhung der Beanspruchung durch äußere und innere Zusatzkräfte aufgrund von Schwingungen gemäß Abschnitt 18.4.2.2 und 18.4.2.3 sowie Änderungen der Lastverteilung entsprechend Abschnitt 18.4.3 (z.B. bedingt durch Verzahnungsabweichungen).

Erst wenn diese Einflüsse durch die Faktoren K_A und K_v für die die äußeren und die inneren dynamischen Zusatzkräfte sowie $K_{H\alpha}$ für die Stirnlastverteilung und $K_{H\beta}$ für die Breitenlastverteilung berücksichtigt werden, ergibt sich damit die tatsächliche wirkende Flankenpressung σ_H:

$$\sigma_H = \sigma_{H0} \cdot \sqrt{K_A \cdot K_v \cdot K_{H\alpha} \cdot K_{H\beta}} \quad (18.393)$$

Dabei ist zu beachten, dass die Faktoren zum Teil gegenseitig voneinander abhängen (s.a. Abschnitt 18.4.2 und 18.4.3).

Unter Einbeziehung sämtlicher bereits erläuterter Faktoren berechnet sich die tatsächlich wirkende Flankenpressung σ_H somit zu:

$$\sigma_H = Z_E \cdot Z_H \cdot Z_{B,D} \cdot Z_\varepsilon \cdot Z_\beta \cdot \sqrt{K_A \cdot K_v \cdot K_{H\alpha} \cdot K_{H\beta}} \cdot \sqrt{\frac{F_t}{b \cdot d_1} \cdot \frac{u+1}{u}} \quad (18.394)$$

Verwendet man gemäß Abschnitt 18.4.2.4 Lastkollektive zur Berechnung, so ist für jede Laststufe j die Flankenpressung σ_{hj} mit K_{Aj}, K_{vj}, $K_{H\alpha j}$, $K_{H\beta j}$ und F_{tj} zu berechnen und nach Gleichung (18.299) eine äquivalente Flankenpressung zu bestimmen oder aber man ermittelt vereinfachend eine äquivalente Kraft F_t gemäß Gleichung (18.302) und bestimmt damit dann die Faktoren K_v, $K_{H\alpha}$ und $K_{H\beta}$ sowie die Flankenpressung.

Sind jedoch die Unterschiede der wirkenden Kräfte zu groß, kann es beim Vorgehen nach dieser Methode zu unzulässigen Abweichungen kommen, denn die durch die geometrischen Abweichungen bedingten Anteile dieser Faktoren beeinflussen direkt die Zahnkräfte, da das Verhältnis der geometrischen Abweichung (z.B. Flankenlinienlageabweichung) zur elastischen Verformung maßgebend ist.

Betrachtet man dagegen die Lastverteilung mithilfe des Verfahrens der Verformungseinflusszahlen gemäß Abschnitt 18.4.3.3, so lässt sich bei Kenntnis der Gesamtzahnkraft die Linienbelastung längs der Kontaktlinien gemäß Abbildung 18.156 bestimmen. Für eine bekannte Linienlast w ergibt sich die Flankenpressung σ_H in Anlehnung an Gleichung (18.375) mit den Ersatz-Radien ρ_1 und ρ_2 zu:

$$\sigma_H = \sqrt{\frac{w \cdot E}{2 \cdot \pi \cdot \rho \cdot \left(1 - \nu^2\right)}} \qquad (18.395)$$

$$\rho_1 = \frac{\rho_{1mint} + \Delta\varepsilon_\alpha \cdot p_{et}}{\cos\beta_b} \text{ und } \rho_2 = \frac{a \cdot \sin\alpha_{wt}}{\cos\beta_b} - \rho_1 \text{ und } \rho_{1mint} = \sqrt{\left(\frac{d_{a1}}{2}\right)^2 - \left(\frac{d_{b1}}{2}\right)^2} - \varepsilon_\alpha \cdot p_{et} \qquad (18.396)$$

Hierin bezeichnet $\Delta\varepsilon_\alpha$ eine dimensionslose Koordinate zwischen den Eingriffspunkten A und E gemäß Abbildung 18.25 mit $0 < \Delta\varepsilon_\alpha < \varepsilon_\alpha$. Der prinzipielle Verlauf der Hertz'schen Pressung σ_H längs der Eingriffslinien ist ebenfalls in Abbildung 18.25 wiedergegeben. An den Grundkreisen liegt theoretisch eine unendlich große Pressung vor, wobei jedoch in diesen Bereichen nur in Sonderfällen eine Flankenberührung stattfindet. Weitere Hinweise zur rechnergestützten Beanspruchungsermittlung bei Verzahnungen im Eingriffsfeld mithilfe des Programmsystems „LVR – Lastverteilungsrechnung" finden sich in Abschnitt 18.4.3.3 sowie der weiterführenden Fachliteratur [18.17], [18.19], [18.336], [18.344].

Nachdem nun die verschiedenen Möglichkeiten zur Beanspruchungsermittlung σ_H vorgestellt wurden, soll im Folgenden auf die Ermittlung der Grübchendauerfestigkeit σ_{Hlim} als Kennwert der Beanspruchbarkeit eingegangen werden.

Da im Falle der Grübchendauerfestigkeit als Maßstab der Werkstoffanstrengung nur die Hertz'sche Pressung als eine Komponente der wirkenden Spannungen zugrunde gelegt wird und weitere, z.B. die Wärmespannung infolge der Gleitvorgänge beim Eingriff und die an der Oberfläche infolge der Gleitung eingeleitete Schubspannung, vernachlässigt werden, lässt sich die Grübchendauerfestigkeit σ_{Hlim} als Kennwert der Beanspruchbarkeit – vergleichbar mit der experimentellen Bestimmung einer Wöhlerlinie (s.a. Kapitel 3, Maschinenelemente 1) – nur in aufwändigen sogenannten Zahnrad-Laufversuchen ermitteln, die diesen tatsächlichen Verhältnissen möglichst nahe kommen [18.306].

Hierzu verwendet man Verspannprüfstände gemäß Abbildung 18.177, auf denen Prüfzahnräder festgelegter Abmessungen unter wiederholbaren Prüfbedingungen stufenweise belastet werden. Als Ergebnis erhält man eine Wöhlerlinie, die entsprechend Abbildung 18.177 den Zusammenhang zwischen der dauerfest ertragbaren Flankenpressung σ_{Hlim} (Grübchendauerfestigkeit) und der zugehörigen ertragbaren Lastwechselzahl N_{Hlim} wiedergibt. Da es sich bei dem Zahnradprüfling um ein Bauteil handelt, entspricht die ermittelte Wöhlerlinie im Sinne der Betriebsfestigkeit einer Bauteil-Wöhlerlinie. Ähnlich wie bei einer Werkstoff-Wöhlerlinie für einen Probestab gibt es auch hier einen Zeitfestigkeitsbereich, bei dem mit zunehmender Belastung die ertragbare Lastwechselzahl N_L abnimmt.

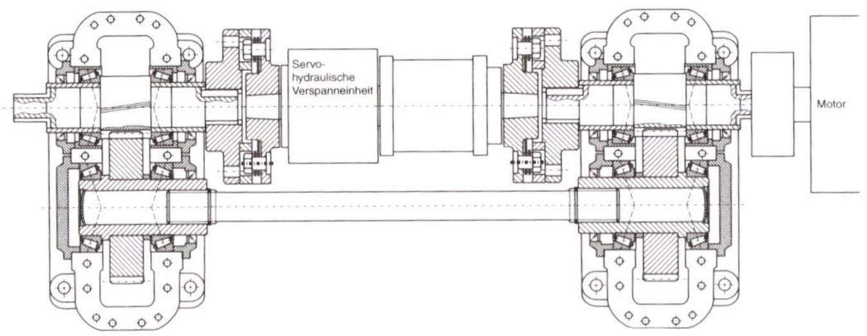

Die Ermüdungsfestigkeit von Verzahnungen ohne harte Randschicht gilt als erreicht, wenn 2 % der Gesamtfläche aller aktiven Flanken einer Paarung durch Grübchen bedeckt sind. Bei harten Randschichten ist dieser Grenzwert mit 0,5 % festgelegt. Unabhängig davon gilt für eine einzige Flanke der Grenzwert von 4 %.

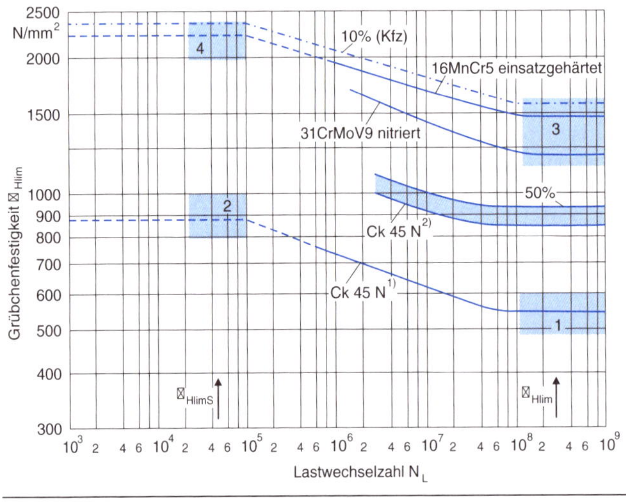

N_{Hlim} ist die untere Ecklastwechselzahl und q_H der Exponent (Steigung im Zeitfestigkeitsbereich) der Wöhlerlinie für die Grübchenfestigkeit, wobei nach DIN 3990 gilt [18.51]:

$N_{Hlim} = 2 \cdot 10^6$ und $q_H = 11{,}4$ für nitrierte Verzahnungen und Grauguss

$N_{Hlim} = 50 \cdot 10^6$ und $q_H = 13{,}2$ für Vergütungsstähle, Gusseisen mit Kugelgrafit, perlitischen Temperguss und oberflächengehärtete Stähle (außer nitriert, s. o.)

Abbildung 18.177: Verspannprüfstand zur Durchführung von Zahnrad-Laufversuchen zur Ermittlung von Wöhlerlinien

Im Gegensatz zu der bei Wöhlerlinien von schwingbeanspruchten Proben meistens festzustellenden unteren Ecklastwechselzahl von $N_{Eck} = 1 \cdot 10^6$ variiert bei Wöhlerlinien von Zahnrad-Laufversuchen jedoch die untere Ecklastwechselzahl N_{Hlim} abhängig von der Werkstoffgruppe gemäß Abbildung 18.177. Hauptgründe hierfür sind sicherlich der andere Mechanismus des Rissfortschrittes und die Wirkung des Schmiermittels sowie insbesondere die Schmiermittelalterung. Ferner kommen auch bei nicht ganzzahligen Übersetzungen erst nach mehrfachen Umdrehungen die ungünstigsten Flanken (Teilungsabweichungen) der Paarung wieder zum Eingriff, wodurch der Eindruck des weiteren Absinkens der Dauerfestigkeit entsteht.

Im Weiteren können nun der Kennwert der Beanspruchbarkeit σ_{Hlim} (Grübchendauerfestigkeit) und der Kennwert der Beanspruchung σ_H (Flankenpressung bzw. Hertz'sche Pressung) ins Verhältnis gesetzt werden, sodass sich unter der Voraussetzung $\sigma_H < \sigma_{Hlim}$ eine Sicherheit gegen Grübchenbildung S_H wie folgt ausweisen lässt:

$$S_H = \frac{\sigma_{Hlim} \cdot Z_N}{\sigma_H} \cdot Z_X \cdot Z_L \cdot Z_v \cdot Z_R \cdot Z_W \geq S_{Hmin} \tag{18.397}$$

Dabei hängt die erforderliche Größe der Sicherheit S_H im Wesentlichen ab von der Bedeutung der Anlage, den möglichen Folgeschäden (Gefährdung von Menschenleben, materielle Schäden), der Genauigkeit der Kenntnis der Belastung, der technologischen Güte der Fertigung und der für den Festigkeitswert, die geometrischen Abweichungen und die Belastung geltenden Wahrscheinlichkeiten der Einhaltung der Toleranzgrenzen. Zusätzlich können auch Vereinbarungen zwischen dem Hersteller und dem Kunden getroffen werden. Die Mindestsicherheit S_{Hmin} berücksichtigt die Ungenauigkeiten aus den näherungsweisen Annahmen der Berechnungsmethode und der zu berücksichtigenden Einflussgrößen sowie der Bedeutung der Anlage. Anhaltswerte für S_{Hmin} sind in Tabelle 18.45 zusammengestellt. Werkstoffabhängige Werte der Grübchendauerfestigkeit σ_{Hlim} sind in Abschnitt 18.4.10 zusammengestellt oder können den Normen DIN 3990 oder ISO 6336 entnommen werden [18.51], [18.164].

Grundsätzlich ist die Sicherheit gegen Grübchenbildung für die Verzahnungen einer Radpaarung nur dann unterschiedlich, wenn die Räder aus Werkstoffen mit unterschiedlichen Flankenfestigkeitswerten (Härten) gefertigt sind oder aufgrund der vorgegebenen Lebensdauer die Lastwechselzahlen im Zeitfestigkeitsbereich liegen oder wegen einer Übersetzung $i \neq 1$ die Überrollungszahlen beider Räder nicht gleich sind. In derartigen Fällen ist der Tragfähigkeitsnachweis gegen Grübchenbildung für beide Räder zu führen.

Im Vergleich zur üblichen Festigkeitsbedingung $\sigma_{vorhanden} \leq \sigma_{zulässig}$ fällt in Gleichung (18.397) auf, dass σ_{Hlim} noch mit weiteren Faktoren bewertet wird, um die Verhältnisse der Prüfzahnräder auf tatsächlich ausgeführte Zahnräder übertragen zu können. Hierzu gehören der Lebensdauerfaktor Z_N, der Größenfaktor Z_X, der Schmierstofffaktor Z_L, der Geschwindigkeitsfaktor Z_v, der Rauheitsfaktor Z_R und der Werkstoffpaarungsfaktor Z_W, die alle nachfolgend erläutert werden.

So lässt sich mithilfe des Lebensdauerfaktors Z_N für Radpaarungen, die nur im Zeitfestigkeitsbereich laufen müssen, die maßgebliche Zeitfestigkeit der Hertz'schen Pressung für die erforderliche Lastwechselzahl N_L (bzw. Überrollungszahl) der Verzahnung, die der geforderten Lebensdauer entspricht, unter Verwendung der unteren Ecklastwechselzahl N_{Hlim} und der Steigung der Wöhlerlinie q_H gemäß Abbildung 18.177 umrechnen, wobei n_p die Anzahl der Zahneingriffe, L_h die Lebensdauer und n die Drehzahl des Zahnrades bezeichnen:

$$Z_N = \sqrt[q_H]{\frac{N_{Hlim}}{N_L}} \quad \text{mit} \quad N_L = n_p \cdot L_h \cdot n \quad \text{und} \quad 10^5 \leq N_L \leq N_{Hlim} \tag{18.398}$$

Für den Bereich der Dauerfestigkeit mit $N_L > N_{Hlim}$ gilt $Z_N = 1$.

Der Größenfaktor Z_X berücksichtigt den Einfluss der Größe des Zahnrades auf die Festigkeit, wobei man wie auch bei anderen Bauteilen grundsätzlich einen technologischen, spannungsmechanischen, statistischen und oberflächentechnischen Größeneinfluss unterscheiden kann (s.a. Kapitel 3, Maschinenelemente 1) [18.145], [18.306]. So berücksichtigt der technologische Größeneinfluss u.a., dass beim Einsatzhärten trotz möglicher gleicher Randhärte unterschiedliche Kernhärten und Härteverläufe vorliegen können, die ebenfalls einen Einfluss auf die Festigkeit haben. Der spannungsmechanische Einfluss bewertet abhängig von der Bauteilgröße unterschiedliche Spannungsgradienten und die demzufolge unterschiedliche Stützwirkung. Der statistische Einfluss beschreibt die statistische Verteilung der Verunreinigungen, wobei bei einem größeren Probenvolumen die Wahrscheinlichkeit der Lage einer Verunreinigung im Bereich hoher Spannung größer ist als bei kleinen Abmessungen. Der oberflächentechnische Größeneinfluss schließlich berücksichtigt die im Verhältnis zum Spannungsverlauf unterschiedliche Tiefenwirkung von Randschichtverfestigungen, z.B. durch Kugelstrahlen oder Randschichthärten.

Die nach der Norm DIN 3990 zu verwendenden Werte des Größenfaktors Z_X sind in Tabelle 18.61 zusammengestellt, weitergehende Vorschläge zur Ermittlung des Größenfaktors für vergütete und einsatzgehärtete Verzahnungen enthält die Fachliteratur [18.51], [18.145].

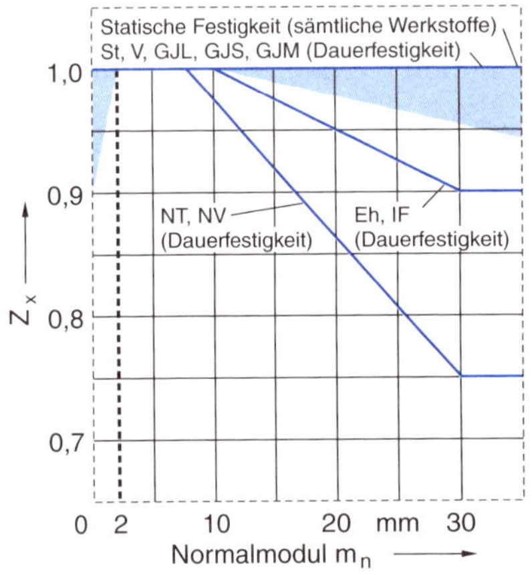

Werkstoff	Normalmodul m_n	Größenfaktor Z_X
für Dauerfestigkeit		
St, V, GJL, GJS, GJM	alle Moduln	$Z_X = 1{,}0$
Eh, IF	$m_n \leq 10$ $10 < m_n < 30$ $30 \leq m_n$	$Z_X = 1{,}0$ $Z_X = 1{,}05 - 0{,}005 \cdot m_n$ $Z_X = 0{,}9$
NT, NV	$m_n \leq 7{,}5$ $7{,}5 < m_n < 30$ $30 \leq m_n$	$Z_X = 1{,}0$ $Z_X = 1{,}08 - 0{,}011 \cdot m_n$ $Z_X = 0{,}75$
Sämtliche Werkstoffe für statische Festigkeit:	alle Moduln	$Z_X = 1{,}0$

Tabelle 18.61: Größenfaktor Z_X für die Zahnflanke nach DIN 3990 [18.51]

Darüber hinaus wird für oberflächengehärtete Verzahnungen vorgeschlagen $Z_X = 1$ zu setzen, sofern die Auswertung von Gleichung (18.138) ergibt, dass das Minimum der Vergleichsspannung noch innerhalb der Härteschicht liegt, da dann keine Minderung des Festigkeitswertes vorhanden ist. Liegt das Beanspruchungsmaximum jedoch unterhalb der Härteschicht (von der Bauteiloberfläche aus betrachtet), sollte zumindest nicht der obere Bereich des Streufeldes der Festigkeitskennwerte verwendet werden. Dabei treten Risse unterhalb der Oberfläche insbesondere dann auf, wenn nichtmetallische Einschlüsse vorliegen [18.216].

Der Schmierstofffaktor Z_L, der Geschwindigkeitsfaktor Z_v und der Rauheitsfaktor Z_R sollen Schmierstoff-, Geschwindigkeits- und Rauheitseinflüsse berücksichtigen, wobei wegen des hydroelastischen Zustandes im Kontaktbereich wechselseitige Abhängigkeiten zwischen diesen Größen bestehen. Aufgrund dessen kann vereinfachend für geschliffene oder geschabte Verzahnungen $Z_L \cdot Z_v \cdot Z_R = 1$ und für wälzgefräste, wälzgestoßene oder wälzgehobelte Verzahnungen $Z_L \cdot Z_v \cdot Z_R = 0{,}85 \ldots 0{,}9$ angenommen werden [18.216]. Die genauen Werte nach DIN 3990 können den Diagrammen und Formeln in Tabelle 18.62 und Tabelle 18.63 entnommen werden [18.51].

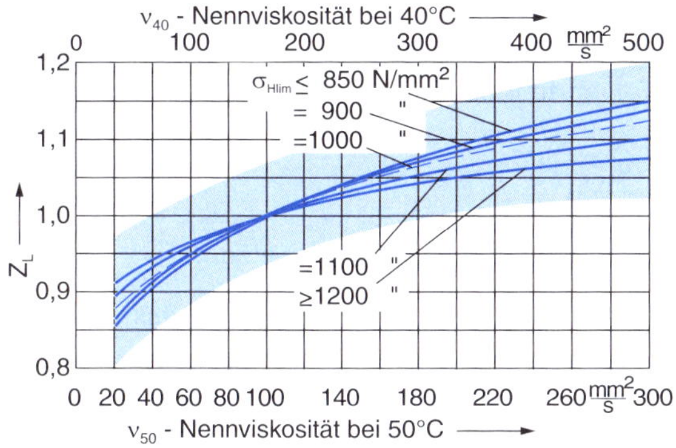

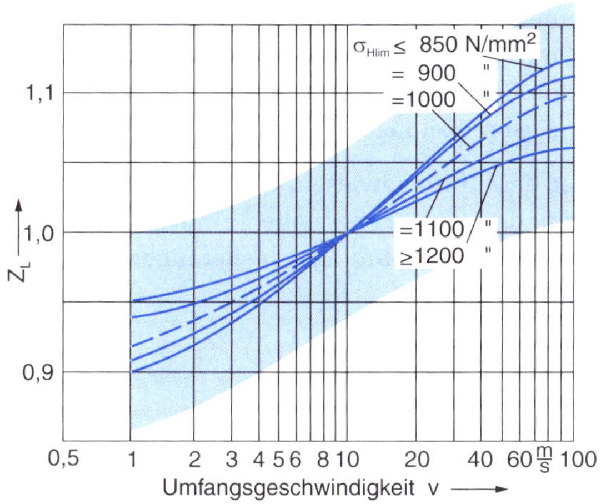

Schmierstofffaktor Z_L:

$$Z_L = C_{ZL} + \frac{4 \cdot (1 - C_{ZL})}{\left(1{,}2 + \frac{134}{\nu_{40}}\right)^2} \quad \text{oder}$$

$$Z_L = C_{ZL} + \frac{4 \cdot (1 - C_{ZL})}{\left(1{,}2 + \frac{80}{\nu_{50}}\right)^2} \quad \text{mit}$$

$$C_{ZL} = \frac{\sigma_{Hlim}}{4375} + 0{,}6357 \quad \text{für}$$

$850\ \text{N/mm}^2 \le \sigma_{Hlim} \le 1200\ \text{N/mm}^2$

$C_{ZL} = 0{,}83$ für $\sigma_{Hlim} < 850\ \text{N/mm}^2$

$C_{ZL} = 0{,}91$ für $\sigma_{Hlim} > 1200\ \text{N/mm}^2$

Geschwindigkeitsfaktor Z_v:

$$Z_v = C_{Zv} + \frac{2 \cdot (1 - C_{Zv})}{\sqrt{0{,}8 + \frac{32}{v}}} \quad \text{mit}$$

$$C_{Zv} = C_{ZL} + 0{,}02$$

Mit Werten für C_{ZL} entsprechend dem Schmierstofffaktor Z_L (siehe oben)

Tabelle 18.62: Schmierstofffaktor Z_L und Geschwindigkeitsfaktor Z_v nach DIN 3990 [18.51]

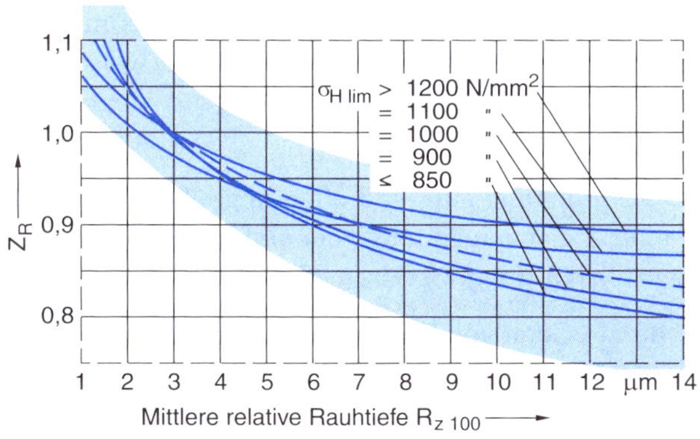

$$Z_R = \left(\frac{3}{R_{z100}}\right)^{C_{ZR}} \quad \text{mit}$$

$$R_{z100} = 0{,}5 \cdot (R_{Z1} + R_{Z2}) \cdot \sqrt[3]{\frac{100}{a}} \quad \text{und}$$

$$C_{ZR} = 0{,}32 - 0{,}0002 \cdot \sigma_{Hlim} \quad \text{für}$$

$850\ \text{N/mm}^2 \le \sigma_{Hlim} \le 1200\ \text{N/mm}^2$

$C_{ZR} = 0{,}15$ für $\sigma_{Hlim} < 850\ \text{N/mm}^2$

$C_{ZR} = 0{,}08$ für $\sigma_{Hlim} > 1200\ \text{N/mm}^2$

a: Summe der Absolutwerte der Wälzkreisradien von Ritzel und Rad

Tabelle 18.63: Rauheitsfaktor Z_R nach DIN 3990 [18.51]

Liegen aufgrund verschiedener Werkstoffe unterschiedliche Festigkeiten der gepaarten Verzahnungen vor, so ist nach DIN 3990 zunächst der niedrigere Festigkeitswert für σ_{Hlim} maßgebend. Allerdings nimmt die Grübchentragfähigkeit eines Stahlzahnrades (Baustahl oder Vergütungsstahl) bei der Paarung mit einem gehärteten oder wesentlich härteren Ritzel mit glatten Zahnflanken ($R_z \leq 6$ µm) zu, was durch den Werkstoffpaarungsfaktor Z_W berücksichtigt werden kann. Hierfür gilt mit H_{HB} als Brinellhärte des weicheren Rades gemäß DIN 3990 im Härtebereich 130 HB < H_{HB} < 470 HB folgende Beziehung [18.51]:

$$Z_W = 1{,}2 - \frac{H_{HB} - 130}{1700} \tag{18.399}$$

Bei H_{HB} < 130 HB ist $Z_W = 1{,}2$ und bei H_{HB} > 470 HB ist $Z_W = 1$ zu setzen.

Grundsätzlich ist bei wesentlichen Härteunterschieden darauf zu achten, dass die härtere Verzahnung eine geringe Rauheit aufweist und möglichst geschliffen ist, da anderenfalls unzulässige Verschleißerscheinungen auftreten können. Ferner wirkt sich eine bei schräg- und doppelschrägverzahnten Radpaaren meist nur in bestimmten Bereichen auftretende Grübchenbildung nicht so kritisch aus wie bei einer Geradverzahnung. Die schräg über dem Zahn verlaufenden Berührlinien ermöglichen nämlich im Gegensatz zur Geradverzahnung auch dann noch eine ausreichende kinematische Genauigkeit (Führungsgenauigkeit), wenn in begrenzten Bereichen (z.B. Wälzkreisnähe) Ausbröckelungen vorliegen [18.216].

Abschließend sei der Vollständigkeit halber darauf hingewiesen, dass eine Berechnung der Sicherheit gegen plastische Verformung an der Berührungsstelle (Eindrückungen) meist nicht vorgenommen wird, da diese Schadensart bei Verzahnungen bisher nicht wesentlich in Erscheinung getreten ist.

18.4.5 Nachweis der Zahnfußtragfähigkeit

Neben der bereits behandelten Grübchentragfähigkeit der Zahnflanke berücksichtigt der Nachweis der Zahnfußtragfähigkeit die auftretende Biegebeanspruchung am Zahnfuß aufgrund der an der Zahnflanke angreifenden Umfangskraft. Entsprechend der Schadensbilder in Abschnitt 18.4.1 können im Zahnfußbereich sowohl Ermüdungsbrüche aufgrund einer schwingenden Dauerbelastung (gegeben durch ein Lastkollektiv oder eine äquivalente Belastung) als auch bleibende Verformungen, Anriss oder Gewaltbrüche infolge von Maximalbelastungen (Spitzenbelastungen, Stöße) gemäß Abschnitt 18.4.9 auftreten. Üblicherweise gehen Zahnfußbrüche fast immer von der Zugseite aus, was auch im nachfolgend vorgestellten Tragfähigkeitsnachweis entsprechend berücksichtigt wird.

Zur Berechnung dieser kritischen Zugbeanspruchung aufgrund einer angreifenden Kraft F_b wird sowohl bei einer Außen- als auch einer Innenverzahnung vom einfachen Modell eines einseitig eingespannten Biegebalkens gemäß Abbildung 18.178 ausgegangen.

Dabei erfolgt die Herleitung zunächst für die Geradverzahnung unter der Annahme eines starren Radkörpers, sodass im Zahnkranz keine Biegemomente auftreten können. Durch entsprechende Faktoren erfolgt dann eine näherungsweise Anpassung an die Besonderheiten einer Schrägverzahnung.

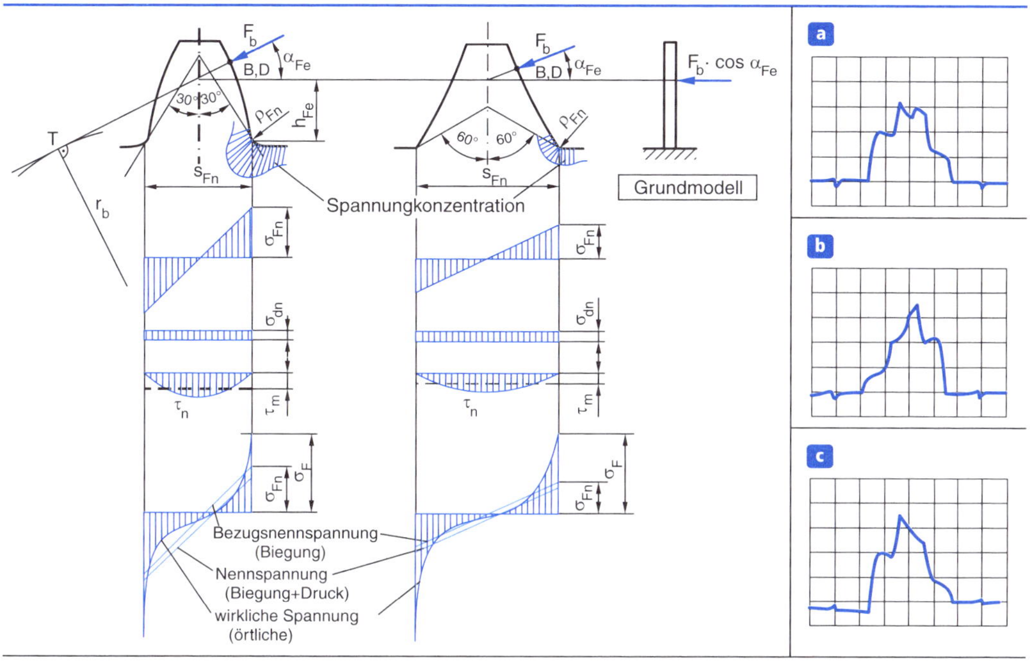

Abbildung 18.178: Modellvorstellung zur Berechnung der Zahnfußspannung für Außen- und Innenverzahnung (links) sowie schematische Darstellung mittels Dehnmessstreifen gemessener Verläufe von Zahnfußspannungen über der Zeit (rechts) – a) Zugseite (getrieben), b) Zugseite (treibend), c) Druckseite (treibend) nach [18.217]

Im Falle dünner Zahnkränze, wie sie insbesondere bei Hohlrädern von Innenverzahnungen vorkommen, gilt diese vereinfachende Annahme nicht mehr und es sind zusätzliche Einflüsse des Zahnkranzes zu berücksichtigen. Dabei treten im Gegensatz zur üblichen Schwellbeanspruchung bei „starren" Zahnkränzen Wechselbeanspruchungen auf, sodass zusätzlich ein Mittelspannungseinfluss und entsprechend andere Kennwerte der Beanspruchbarkeit für Wechselbeanspruchungen (anstelle von Schwellbeanspruchungen) zu berücksichtigen sind, was in der VDI-Richtlinie VDI 2737 ausführlich behandelt wird (s.a. Kapitel 19 – Umlaufrädergetriebe) [18.171], [18.216], [18.385].

Betrachtet man jedoch im Weiteren das vereinfachte Biegebalkenmodell für „starre" Radkörper bzw. Radkränze nach Abbildung 18.178, so wird zunächst eine Bezugsnennspannung σ_{FN} für einen Querschnitt konstanter Lage ermittelt, der für Außenverzahnungen an der 30°-Tangente ($\Theta = 30°$) liegt und durch die Zahnbreite b und die dortige Zahnfußdicke s_{Fn} gekennzeichnet ist. Für Innenverzahnungen mit „starrem" Kranz wird in ähnlicher Weise verfahren, wobei man hier jedoch den Querschnitt an der 60°-Tangente verwendet. Da durch den Radius ρ_{Fn} im Zahnfußbereich eine Spannungskonzentration entsteht – vergleichbar mit Kerben an Wellen oder Stäben – wird in einem nächsten Schritt aus der Nennspannung σ_{Fn} unter Verwendung eines Spannungskonzentrationsfaktors Y_S (vergleichbar mit der Kerbformzahl α_σ), die örtliche Spannung im Kerbgrund σ_F bestimmt.

Auch wenn abhängig von der Eingriffsstellung die Biegespannung aufgrund eines Einzel- oder Doppeleingriffes gemäß Abbildung 18.178 schwankt (s.a. Abbildung 18.25 und Abbildung 18.27), wird vereinfachend angenommen, dass die aus dem Drehmoment M_t resultierende Kraft F_{bn} im äußeren Einzeleingriffspunkt (B bzw. D) normal zur Flanke entsprechend Abbildung 18.179 angreift.

Analog zur Zahnflankenbeanspruchung wird dieser Grundwert der Zahnfußbeanspruchung ohne Zusatzbelastung σ_{F0n} nach Abbildung 18.179 im Weiteren durch die Berücksichtigung der äußeren und inneren Zusatzkräfte aufgrund von Schwingungen durch die Faktoren K_A und K_v gemäß Abschnitt 18.4.2.2 und 18.4.2.3 sowie Änderungen der Stirnlastverteilung durch $K_{F\alpha}$ und der Breitenlastverteilung durch $K_{F\beta}$ nach Abschnitt 18.4.3 entsprechend erhöht, sodass für die tatsächlich wirkende Zahnfußbeanspruchung σ_{Fn} gilt:

$$\sigma_{Fn} = K_A \cdot K_v \cdot K_{F\alpha} \cdot K_{F\beta} \cdot \sigma_{F0n} = K_A \cdot K_v \cdot K_{F\alpha} \cdot K_{F\beta} \cdot \frac{F_t}{b \cdot m} \cdot Y_F \cdot Y_\beta \tag{18.400}$$

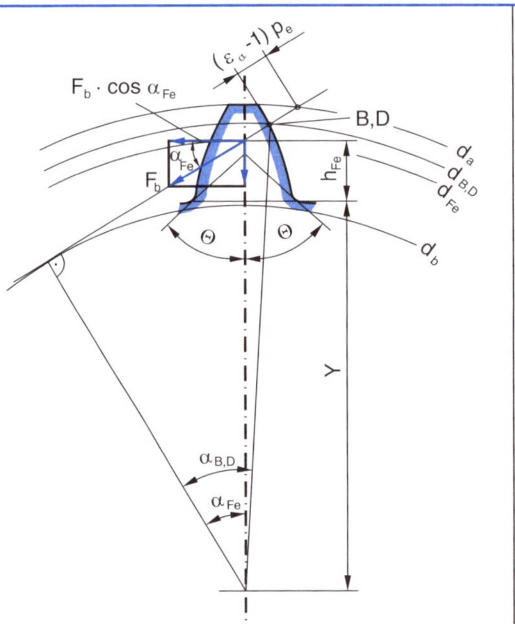

Aus der am äußeren Einzeleingriffspunkt B, D angreifenden Zahnnormalkraft F_b, dem Kraftangriffswinkel α_{Fe} und dem Hebelarm h_{Fe} ergibt sich das am Zahnfuß wirkende Biegemoment M_b:

$$M_b = F_b \cdot \cos \alpha_{Fe} \cdot h_{Fe} \tag{18.401}$$

Bezieht man das Biegemoment M_b auf das Widerstandsmoment W_b im Zahnfuß, so folgt für die Zahnfußbiegenennspannung σ_{F0n} ohne jegliche Zusatzbelastung:

$$\sigma_{F0n} = \frac{M_b}{W_b} = \frac{F_t}{b \cdot m} \cdot Y_F \tag{18.402}$$

Dabei gilt für das Widerstandsmoment W_b und unter Verwendung des Eingriffswinkels α folgender Zusammenhang zwischen Zahnnormalkraft F_b und Tangentialkraft F_t:

$$W_b = \frac{{s_F}^2 \cdot b}{6} \quad \text{und} \quad F_b = \frac{F_t}{\cos \alpha} \tag{18.403}$$

Weiterhin bezeichnet Y_F den sogenannten Formfaktor, in dem die von den Verzahnungsdaten (z, x, ε_α) abhängigen geometrischen Größen Hebelarm h_{Fe}, Zahnfußdicke s_F, Eingriffswinkel α und Lastangriffswinkel α_{Fe}, bezogen auf den Modul m, zusammengefasst sind:

$$Y_F = \frac{6 \cdot \frac{h_{Fe}}{m} . \cos \alpha_{Fe}}{\left(\frac{s_F}{m}\right)^2 \cdot \cos \alpha} \tag{18.404}$$

Diese Größen lassen sich wie folgt berechnen, zur Bestimmung von Y siehe Gleichung (18.119).

$$h_{Fe} = \frac{d_{Fe}}{2} - Y \tag{18.405}$$

$$d_{Fe} = \frac{d_b}{\cos \alpha_{Fe}} \tag{18.406}$$

$$d_{B,D} = \sqrt{d_b^2 + \left[\sqrt{d_a^2 - d_b^2} - (\varepsilon_\alpha - 1) \cdot p_e\right]^2} \tag{18.407}$$

$$\hat{\alpha}_{Fe} = \tan \alpha_{B,D} - \psi_b = \tan \alpha_{B,D} - \left(\frac{s}{d} + inv\alpha\right) \tag{18.408}$$

Abbildung 18.179: Geometrische Größen am Zahn zur Berechnung der Zahnfußbeanspruchung

Hierin bezeichnet Y_β den Schrägenfaktor, der im Folgenden noch für die Schrägverzahnung benötigt wird, im Falle der Geradverzahnung jedoch $Y_\beta = 1$ ist. Weiterhin besteht zwischen dem Formfaktor Y_{Fa} für den Kraftangriff am Zahnkopf und dem Formfaktor Y_F für den Kraftangriff am äußeren Einzeleingriffspunkt (B bzw. D) unter Einbeziehung der Profilüberdeckung ε_α folgender näherungsweiser Zusammenhang bei der Geradverzahnung. Im Falle der Schrägverzahnung wird zusätzlich noch die größere Gesamtberührungslinienlänge $b / \cos\beta$ gegenüber der Berührungslinienlänge b bei Geradverzahnungen berücksichtigt:

$$Y_F \approx \frac{Y_{Fa}}{\varepsilon_\alpha} \tag{18.409}$$

Ausgewählte Werte für den Formfaktor Y_{FA} sind in Abbildung 18.180 für Außenverzahnungen und Innenverzahnungen wiedergegeben. Weitere Diagramme finden sich in der DIN 3990 [18.53].

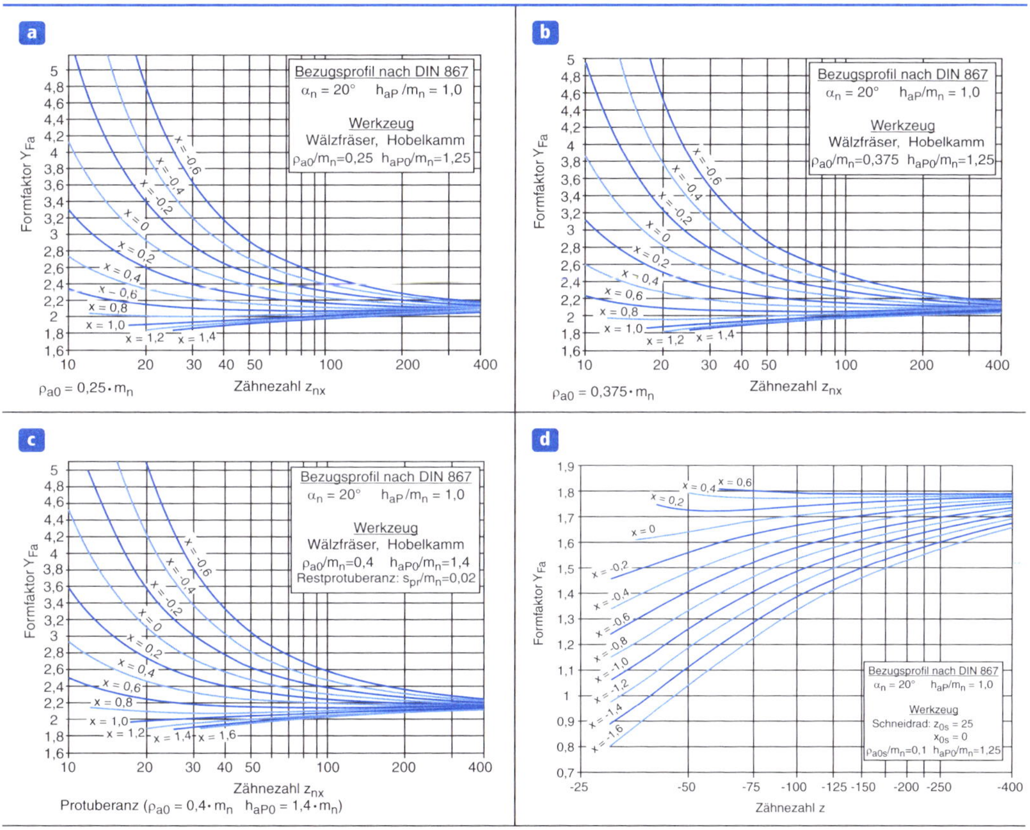

Formfaktor Y_{FA} für Außenverzahnung bei Herstellung mit Wälzfräser oder Hobelkamm und Bezugsprofil nach DIN 867 [18.37] für die Biegenennspannung an der $30°$-Tangente (Diagramme a), b), c)) und für Innenverzahnung d) an der $60°$-Tangente bei Herstellung mit Schneidrad:

a $\rho_{a0} = 0{,}25 \cdot m_n$

b $\rho_{a0} = 0{,}375 \cdot m_n$

c $\rho_{a0} = 0{,}40 \cdot m_n$, $h_{aP0} = 1{,}40 \cdot m_n$, Protuberanz

d Schneidrad $z_{0s} = 25$

Abbildung 18.180: Formfaktor Y_{Fa} für Außenverzahnung, Diagramme a) bis c) und für Innenverzahnung, Diagramm d)

Ausgehend von dieser Nennspannung mit Zusatzbelastung σ_{Fn} im ungekerbten Zahnfußquerschnitt lässt sich dann mithilfe des Spannungskonzentrationsfaktors Y_S, der in DIN 3990 auch als Spannungskorrekturfaktor bezeichnet wird, die spannungserhöhende Wirkung der Zahnfußrundung einbeziehen, sodass für die örtliche Spannung σ_F in der Kerbe am Zahnfuß einer Geradverzahnung gilt [18.53]:

$$\sigma_F = K_A \cdot K_v \cdot K_{F\alpha} \cdot K_{F\beta} \cdot \frac{F_t}{b \cdot m} \cdot Y_F \cdot Y_S \tag{18.410}$$

Hierbei ist zu beachten, dass die Faktoren Y_F und Y_S noch paarungsabhängig sind, da zur Bestimmung der Biegehebelarm h_{Fe} benötigt wird. Zur Vereinfachung wird nun ein Überdeckungsfaktor $Y_{\varepsilon 1}$ eingeführt, mit dem sich die für den Zahnkopf bestimmten Größen ($Y_{Fa} \cdot Y_{Sa}$) auf den äußeren Einzeleingriffspunkt (B bzw. D) umrechnen lassen:

$$Y_F \cdot Y_S = Y_{Fa} \cdot Y_{Sa} \cdot Y_{\varepsilon 1} \tag{18.411}$$

Zur Übertragung auf Schrägverzahnungen ist Gleichung (18.410) auf den Normalschnitt anzuwenden, wobei die Tangentialkraft F_t dann nicht mehr über der gesamten Zahnbreite b angreift, sondern sich auf die Summe der einzelnen Berührlinienlängen l_j der verschiedenen im Eingriff befindlichen Zähne verteilt:

$$\frac{F_{tn}}{\sum l_j} = \frac{F_t}{\left(\frac{b}{\cos\beta} \cdot \frac{1}{Y_{\varepsilon 2}}\right) \cdot \cos\beta} \quad \text{mit} \quad Y_{\varepsilon 2} = Y_{\varepsilon 2}\left(\varepsilon_\alpha, \varepsilon_\beta\right) \quad \text{und} \quad z_{nx} \approx \frac{z}{\cos^3\beta} \tag{18.412}$$

Hierin bezeichnet z_{nx} die Zähnezahl des Ersatz-Geradstirnrades. Setzt man nun $Y_{Fa} \cdot Y_{Sa} = Y_{FS}$ und $Y_{\varepsilon 1} \cdot Y_{\varepsilon 2} = Y_\varepsilon$ sowie $\sigma_F = \sigma_{Fn}$ und führt zusätzlich einen Schrägenfaktor Y_β ein, der sämtliche noch nicht erfassten Auswirkungen der Schrägverzahnung berücksichtigen soll, ergibt sich schließlich mit m_n als dem Normalmodul die für die Ermüdungsbeanspruchung maßgebende örtliche Spannung von Gerad- und Schrägverzahnungen im Zahnfußrundungsradius zu:

$$\sigma_F = K_A \cdot K_v \cdot K_{F\alpha} \cdot K_{F\beta} \cdot \frac{F_t}{b \cdot m_n} \cdot Y_{FS} \cdot Y_\varepsilon \cdot Y_\beta \tag{18.413}$$

Dabei soll der Überdeckungsfaktor Y_ε den Einfluss der Überdeckungen auf Hebelarm bzw. Berührungslinienlänge und Spannungskonzentration berücksichtigen:

$$Y_\varepsilon = 0{,}25 + \frac{0{,}75}{\varepsilon_\alpha} \quad \text{für} \quad \varepsilon_\beta < 1 \quad \text{und} \quad Y_\varepsilon = \frac{1}{\varepsilon_\alpha} \quad \text{für} \quad \varepsilon_\beta \geq 1 \tag{18.414}$$

In DIN 3990 wird anstelle von ε_α im Stirnschnitt die Größe $\varepsilon_{\alpha n} = \varepsilon_\alpha / (\cos^2 \beta_b)$ verwendet und es erfolgt keine Unterscheidung abhängig von der Sprungüberdeckung ε_β [18.53]. Zur näherungsweisen Bestimmung der Sprungüberdeckung ε_α kann Abbildung 18.26 genutzt werden.

Der Schrägenfaktor Y_β gemäß Abbildung 18.181 berücksichtigt den in den anderen Faktoren noch nicht vollständig erfassten Einfluss der Schrägverzahnung gegenüber der Geradverzahnung.

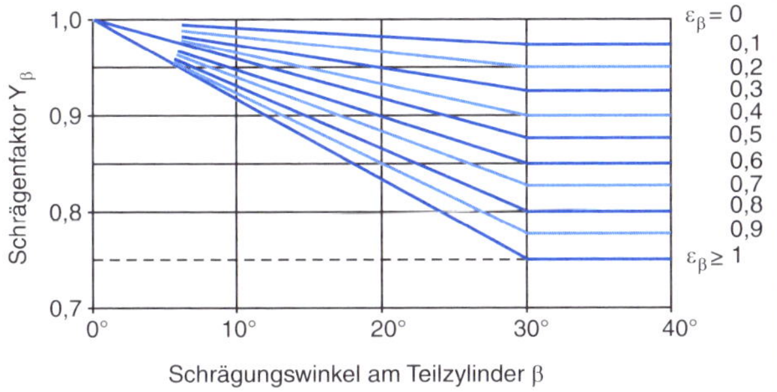

Der Schrägenfaktor Y_β berechnet sich zu:

$$Y_\beta = 1 - \varepsilon_\beta \cdot \frac{\beta}{120^\circ} \geq Y_{\beta min} \qquad (18.415)$$

Für $Y_{\beta min}$ gilt:

$$Y_{\beta min} = 1 - 0{,}25 \cdot \varepsilon_\beta \geq 0{,}75 \qquad (18.416)$$

Abbildung 18.181: Schrägenfaktor Y_β

Der Kopffaktor Y_{FS} berücksichtigt für den Lastangriff am Zahnkopf hauptsächlich die Einflüsse der Zahnfußdicke, des Hebelarms, des Kraftangriffswinkels und der Spannungskonzentration im Zahnfußradius. Anhaltswerte für den Kopffaktor $Y_{FS} = Y_{Fa} \cdot Y_{Sa}$ sind für Außenverzahnungen den Diagrammen in Abbildung 18.182 und für Innenverzahnungen Abbildung 18.183 zu entnehmen, wobei die dargestellten Ergebnisse auf Berechnungen mithilfe des Singularitätenverfahrens, einer Variante der Boundary-Element-Methode (BEM), beruhen [18.216].

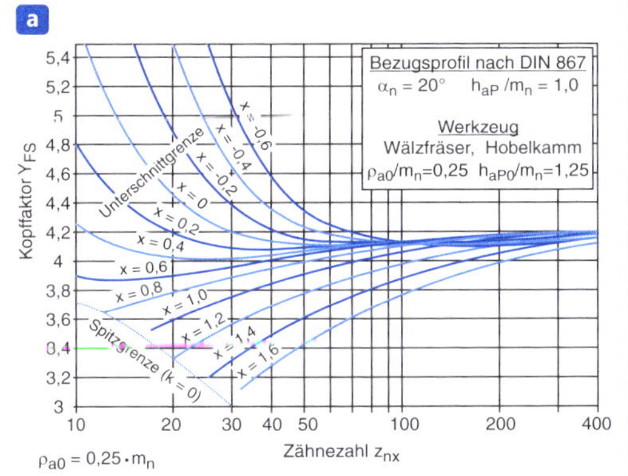

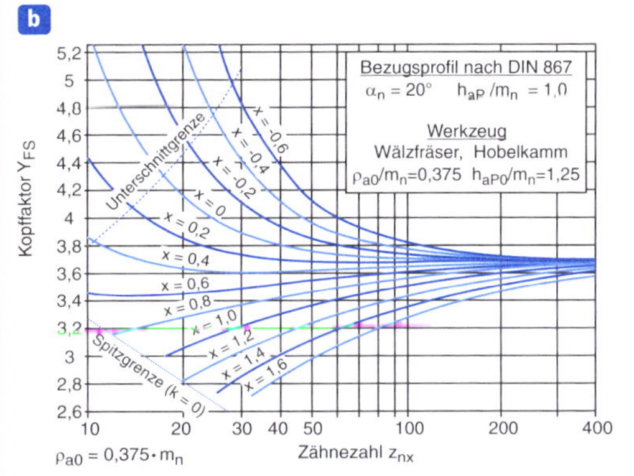

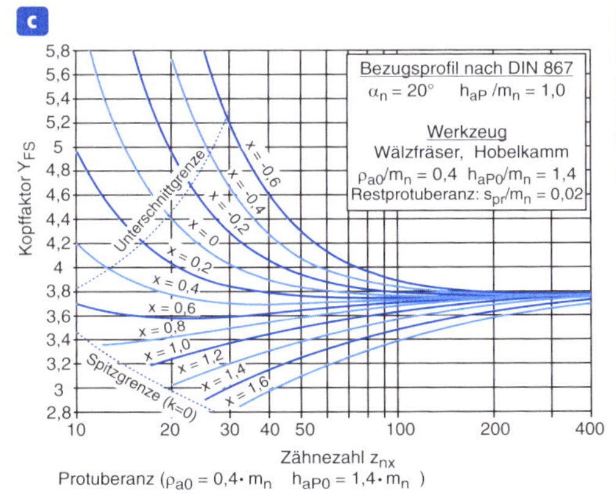

Kopffaktor Y_{FS} für Außenverzahnung bei Herstellung mit Wälzfräser oder Hobelkamm und Bezugsprofil nach DIN 867 [18.37]. Bezugsspannung ist die Biegenennspannung an der 30°-Tangente:

a $\rho_{a0} = 0{,}25 \cdot m_n$

b $\rho_{a0} = 0{,}375 \cdot m_n$

c $\rho_{a0} = 0{,}40 \cdot m_n,\ h_{aP0} = 1{,}40 \cdot m_n$ und Protuberanz

Abbildung 18.182: Kopffaktor Y_{FS} für Außenverzahnung [18.216]

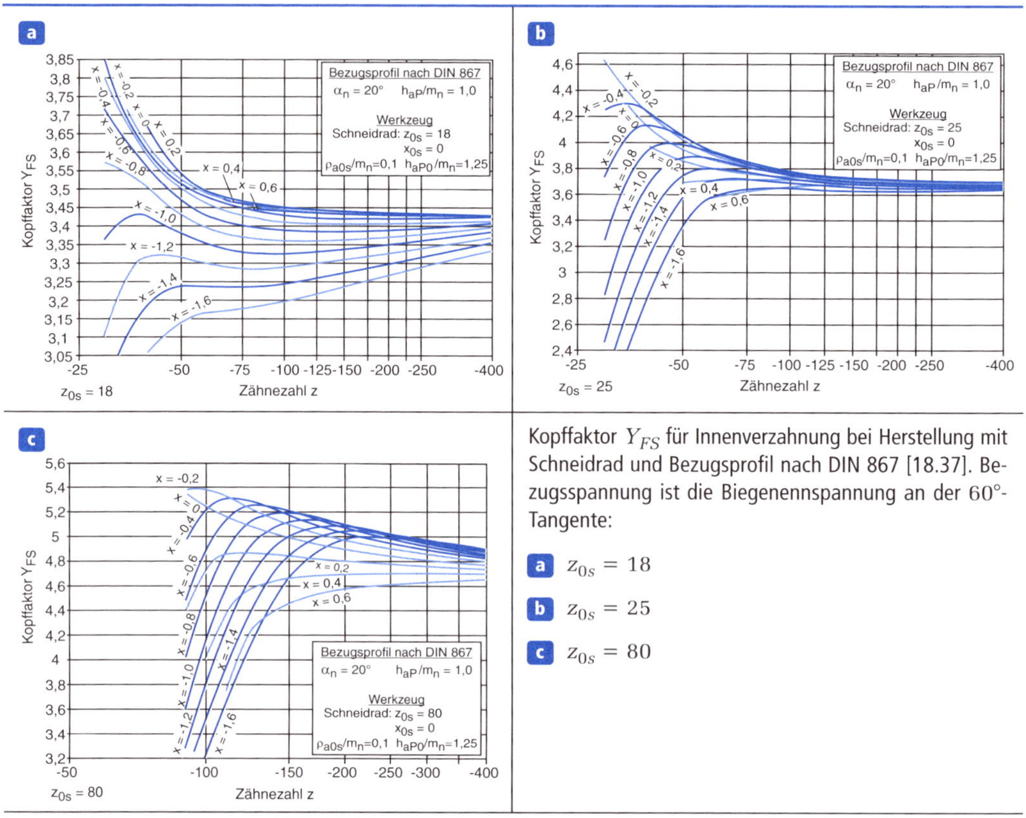

Kopffaktor Y_{FS} für Innenverzahnung bei Herstellung mit Schneidrad und Bezugsprofil nach DIN 867 [18.37]. Bezugsspannung ist die Biegenennspannung an der 60°-Tangente:

a $z_{0s} = 18$

b $z_{0s} = 25$

c $z_{0s} = 80$

Abbildung 18.183: Kopffaktor Y_{FS} für Innenverzahnung [18.216]

Die größte örtliche Zahnfußspannung tritt bei einer ausreichend genauen und genügend belasteten Geradverzahnung bei Lastangriff am äußeren Einzeleingriffspunkt auf. Demgegenüber lässt sich für Schrägverzahnungen zumeist die höchste Spannung feststellen, wenn die Kontaktlinie von der Stirnseite ausgehend vom Zahnkopf schräg über den Zahn verläuft. Nimmt man Flankenmodifikationen vor, so kann sich der Wälzwinkel, bei dem die größte Spannung auftritt, verlagern.

Üblicherweise lässt sich die örtliche Spannung bzw. maximale Spannungskonzentration gemäß Abbildung 18.178 durch Messungen mittels Dehnmessstreifen an ausgeführten Zahnrädern, mittels spannungsoptischer Schichten an Modellen oder ausgeführten Zahnrädern, analytisch mithilfe von Abbildungsfunktionen oder aber numerisch mit der Finite-Elemente-Methode (FEM) und der Boundary-Elemente-Methode (BEM) bestimmen [18.22], [18.154], [18.218], [18.219], [18.411], [18.247].

Ferner konnten mithilfe des Singularitätenverfahrens als spezieller Variante der Boundary-Elemente-Methode (BEM) wichtige Ergebnisse zum Spannungskonzentrationsfaktor Y_S gewonnen werden, woraus sich zusammenfassend folgende Schlussfolgerungen ziehen lassen [18.216]:

- Bezogen auf die genormte Normalverzahnung ist der Einfluss des Eingriffswinkels unter ±15 %.
- Der Spannungskonzentrationsfaktor Y_S steigt mit kleiner werdendem Hebelarm, da der Einfluss der Schubsspannung auf den Spannungsverlauf zunimmt, der Bezug jedoch nur auf die reine Biegenennspannung erfolgt.
- Mit kleiner werdendem Hebelarm verlagert sich das Spannungsmaximum näher zum Zahngrund.
- Mit dünner werdendem Radkranz rückt das Spannungsmaximum näher zum Zahngrund.
- Große Schneideradzähnezahlen ohne Kopfrundung können zu sehr kleinen Krümmungsradien im Zahnfuß führen, sodass die Kerbparameter dann nicht mehr an der 30°-Tangente bestimmt werden können, da das Spannungsmaximum bei größeren Winkeln liegt und die Krümmungsradien in der Zahnfußkurve sich stark ändern.
- Durch Schleifkerben entstehen im Allgemeinen Überlastungskerben. Eine Entlastung kann nur eintreten, wenn die Krümmungsradien in der Schleifkerbe größer sind als in der durch die Vorbearbeitung erzeugten Fußkurve.

Entsprechend DIN 3990 lässt sich der Spannungskorrekturfaktor Y_S (bzw. Spannungskonzentrationsfaktor) mit den Größen gemäß Abbildung 18.178 näherungsweise wie folgt berechnen [18.53]:

$$Y_S = (1{,}2 + 0{,}13 \cdot L) \cdot q_s^{\left(\frac{1}{1{,}21 + \frac{2{,}3}{L}}\right)} \quad \text{mit} \quad L = \frac{s_{Fn}}{h_{Fe}} \quad \text{und} \quad q_s = \frac{s_{Fn}}{2 \cdot \rho_F} \qquad (18.417)$$

Weitere Näherungsansätze für den Spannungskonzentrationsfaktor Y_{Sa} bei Kraftangriff am Zahnkopf für $\rho_{a0} \geq 0{,}15 \cdot m_n$ sowie den Spannungskonzentrationsfaktor Y_S für einen beliebigen Hebelarm h_F, wobei $h_F = h_{Fe}$ zu setzen ist, wenn der Kraftangriff am äußeren Einzeleingriffspunkt (B bzw. D) erfolgt, finden sich in der Fachliteratur [18.216]:

$$Y_{Sa} = 1{,}22 \cdot \sqrt[3]{\frac{s_{Fn}}{2 \cdot \rho_{Fn}}} \qquad Y_S = \frac{\frac{0{,}0712}{\frac{h_F}{s_{Fn}}} + 0{,}0657}{\frac{2 \cdot \rho_{Fn}}{s_{Fn}}} + \frac{0{,}234}{\frac{h_F}{s_{Fn}}} + 0{,}973 \qquad (18.418)$$

Anhaltswerte für den Zahnfußkrümmungsradius ρ_{Fn} können Abbildung 18.184 entnommen werden, weitere Ausführungen zur Berechnung finden sich in der Fachliteratur [18.216]. Im Gegensatz zu diesen Näherungsansätzen nach Gleichung (18.417) und (18.418) enthalten die Diagramme in Abbildung 18.185 genaue Werte auf der Grundlage neuerer Berechnungsergebnisse [18.216].

Zur Berücksichtigung der Erhöhung der Spannung durch Schleifabsätze gemäß Abbildung 18.186 gilt nach DIN 3990 mit t_g als Tiefe und ρ_g als Radius des Schleifabsatzes folgender Zusammenhang [18.53]:

$$Y_{Srel} = \frac{1{,}3}{1{,}3 - 0{,}6 \cdot \sqrt{\frac{t_g}{\rho_g}}} \qquad (18.419)$$

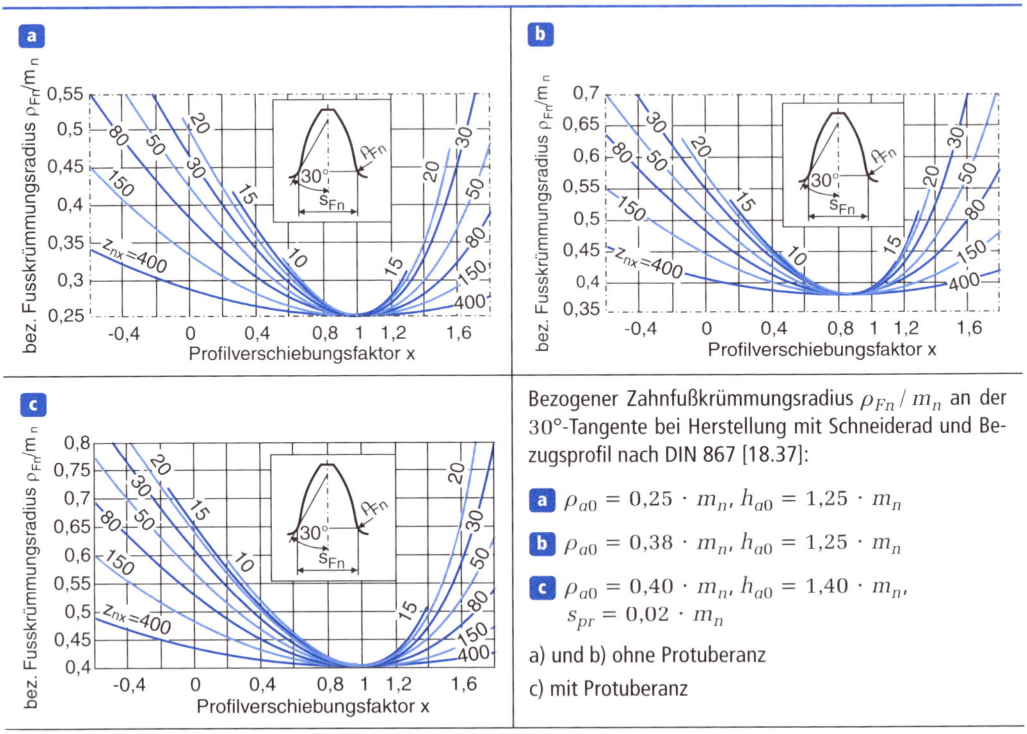

Bezogener Zahnfußkrümmungsradius ρ_{Fn} / m_n an der 30°-Tangente bei Herstellung mit Schneiderad und Bezugsprofil nach DIN 867 [18.37]:

a $\rho_{a0} = 0{,}25 \cdot m_n,\ h_{a0} = 1{,}25 \cdot m_n$

b $\rho_{a0} = 0{,}38 \cdot m_n,\ h_{a0} = 1{,}25 \cdot m_n$

c $\rho_{a0} = 0{,}40 \cdot m_n,\ h_{a0} = 1{,}40 \cdot m_n,$ $s_{pr} = 0{,}02 \cdot m_n$

a) und b) ohne Protuberanz

c) mit Protuberanz

Abbildung 18.184: Bezogener Zahnfußkrümmungsradius ρ_{Fn} / m_n an der 30°-Tangente [18.216]

Zur genauen Ermittlung des im Schleifabsatz an der 30°-Tangente entstehenden Krümmungsradius sei auf die spezielle Fachliteratur verwiesen [18.216]. Erfahrungsgemäß entspricht die hierzu benötigte effektive Rundung $\rho_{a0}(g)$ der Schleifscheibe etwa der Hälfte der Korngröße. Dabei wird die im Fall des homogenen isotropen Werkstoffs gerechnete Erhöhung der Spannungskonzentration durch die Stützwirkung erheblich gemindert [18.216].

Die tatsächliche Spannungskonzentration aufgrund der Schleifkerbe ergibt sich durch Multiplikation des Faktors Y_{Srel} mit dem für die „glatte“ Zahnfußkurve ohne Schleifabsatz ermittelten Faktor $Y_{S(glatt)}$:

$$Y_S = Y_{Srel} \cdot Y_{S(glatt)} \qquad (18.420)$$

Abbildung 18.187 verdeutlicht den Zusammenhang zur Erhöhung der Kerbwirkung infolge von Schleifabsätzen [18.223], [18.283]. Entsprechend Abbildung 18.182 und Abbildung 18.183 wird manchmal auch das Produkt aus Spannungskonzentrationsfaktor Y_{Sa} und Formfaktor Y_{Fa} angegeben und als Kopffaktor $Y_{FS} = Y_{Sa} \cdot Y_{Fa}$ bezeichnet, der den Lastangriff am Zahnkopf berücksichtigt, wobei für den Formfaktor Y_{Fa} für Kopfangriff und Bezug auf den Normalmodul gemäß Abbildung 18.180 gilt:

$$Y_{Fa} = \frac{6 \cdot \frac{h_{Fa}}{m_n} . \cos \alpha_{Fan}}{\left(\frac{s_{Fn}}{m_n} \right)^2 \cdot \cos \alpha_n} \qquad (18.421)$$

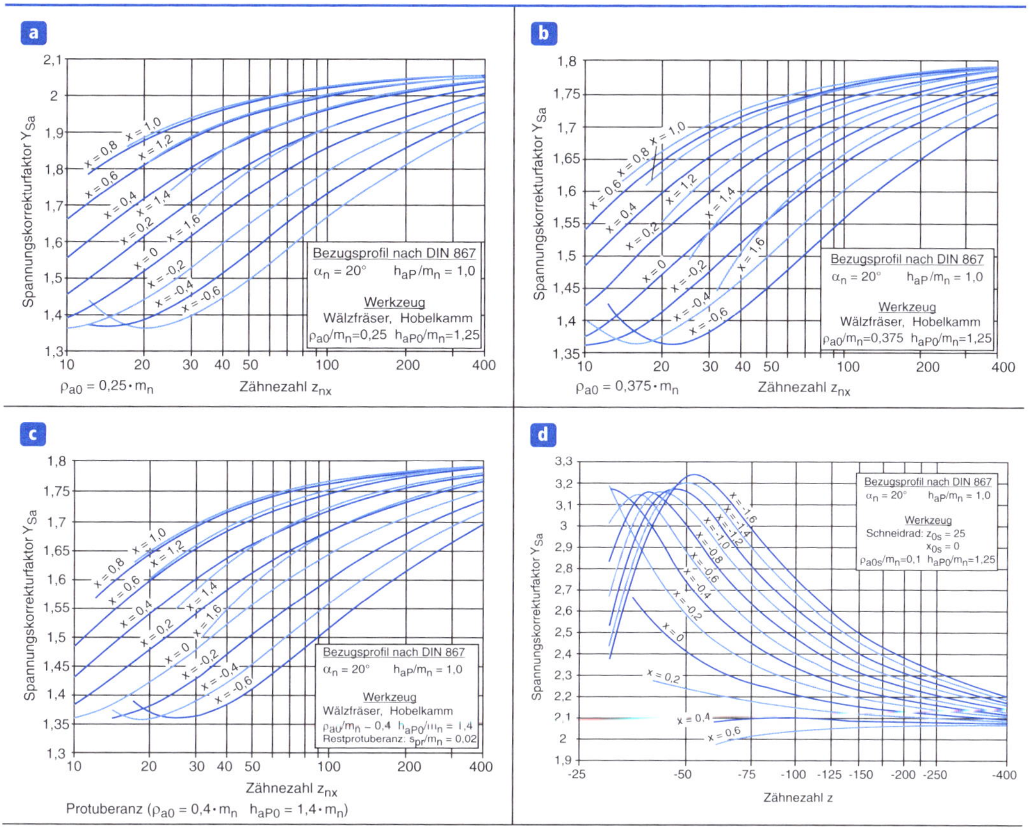

Spannungskorrekturfaktor Y_{Sa} für Außenverzahnung bei Herstellung mit Wälzfräser oder Hobelkamm und Bezugsprofil nach DIN 867 [18.37] für die Biegenennspannung an der $30°$-Tangente (Diagramme a), b), c)) und für Innenverzahnung d) an der $60°$-Tangente bei Herstellung mit Schneiderad:

a $\rho_{a0} = 0{,}25 \cdot m_n$

b $\rho_{a0} = 0{,}375 \cdot m_n$

c $\rho_{a0} = 0{,}40 \cdot m_n$, $h_{aP0} = 1{,}40 \cdot m_n$, Protuberanz

d Schneiderad $z_{0s} = 25$

Abbildung 18.185: Spannungskorrekturfaktor nach DIN 3990 für Außenverzahnung, Diagramme a) bis c), und für Innenverzahnung, Diagramm d) [18.53],[18.216]

Ergänzend zu den genauen Diagrammen für den Kopffaktor Y_{FS} kann für mit Wälzfräser oder Hobelkamm hergestellte Verzahnungen bei gegebener Werkzeugkopfrundung ρ_{a0} der Kopffaktor Y_{FS} abhängig von der Ersatz-Zähnezahl $z_{nx} \approx z / \cos^3\beta$ und dem Profilverschiebungsfaktor x in Anlehnung an den Entwurf der ehemaligen TGL 10545 „Tragfähigkeitsberechnung von außenverzahnten Stirnrädern" wie folgt dargestellt werden [18.216], [18.368]:

$$Y_{FS} = 4{,}08 + 0{,}18 \cdot x^2 + \frac{7{,}63}{z_{nx}} - 15{,}94 \cdot \frac{x}{z_{nx}} \quad \text{für} \quad \frac{\rho_{a0}}{m_n} = 0{,}25 \qquad (18.422)$$

$$Y_{FS} = 3{,}467 + \frac{13{,}17}{z_{nx}} - 27{,}91 \cdot \frac{x}{z_{nx}} + 0{,}091 \cdot x^2 \quad \text{für} \quad \frac{\rho_{a0}}{m_n} = 0{,}375 \qquad (18.423)$$

$$Y_{FS} = 3{,}61 + 0{,}53 \cdot x^2 + \frac{25{,}28}{z_{nx}} - 37{,}56 \cdot \frac{x}{z_{nx}} \quad \text{für} \quad \frac{h_{a0}}{m_n} = 1{,}4 \ \text{und} \ s_{pr} = 0{,}05 \ \text{(Protuberanz)} \qquad (18.424)$$

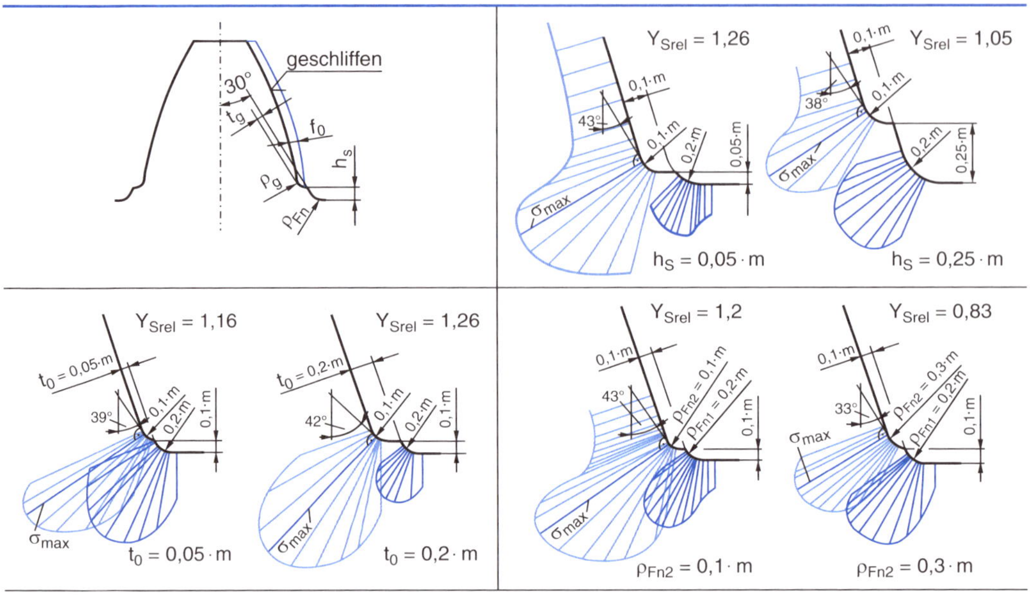

Abbildung 18.186: Spannungskonzentration bei Doppelkerben (Schleifabsatz) [18.216]

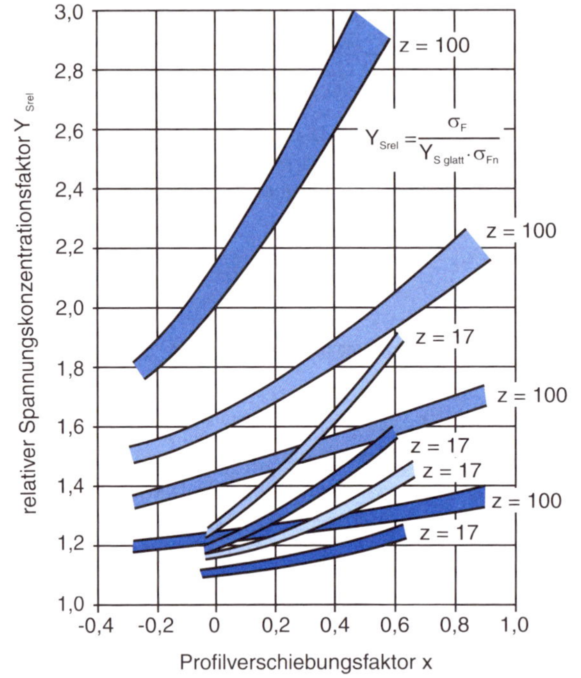

	ρ_{a02} / m_n	h_s / m_n	t_0 / m_n
a	0	0,05	0,07
b	0	0,10	0,035
c	0,04	0,05	0,07
d	0,04	0,10	0,035
e	0,08	0,05	0,07
f	0,08	0,10	0,035
g	0,15	0,05	0,07
h	0,15	0,10	0,035

Zähnezahl: z = 17 oder z = 100

Abbildung 18.187: Relativer Spannungskonzentrationsfaktor Y_{Srel} abhängig von der Profilverschiebung x und dem effektiven Kopfrundungsradius ρ_{a02} der Schleifscheibe [18.216]

In besonderen Einzelfällen – hierzu gehören z.B. Innenverzahnungen mit großer negativer Profilverschiebung oder aber Zähne mit kleinen Zahnkopfdicken mit sehr kleinen Profilverschiebungen – kann die Bruchgefährdung auch oberhalb des Zahnfußes liegen, da in diesen Fällen das relative Spannungsmaximum oberhalb der Zahnfußkurve auftritt [18.53]. Ebenso sind in Ausnahmefällen bei stoßhafter Überlastung Brüche oberhalb des Zahnfußes möglich, da bei sehr kleinen Lastwechselzahlen bei Stählen die Kerbe sich nicht festigkeitsmindernd auswirkt.

Abschließend sei darauf hingewiesen, dass im Hinblick auf eine möglichst hohe Zahnfußtragfähigkeit große Übergangsradien zwischen Zahnprofil und Zahnfuß vorzusehen sind, weshalb auch unbedingt die Doppelkerben, bedingt durch den Schleifabsatz gemäß Abbildung 18.186, zu vermeiden sind. Deshalb setzt man üblicherweise gemäß Abbildung 18.30 zur Vorbearbeitung Protuberanzwerkzeuge ein, die einen freien Auslauf der Schleifscheibe im Zahngrund durch die sogenannte Unterwühlung ermöglichen (s.a. Abschnitt 18.2.3.3).

Neben der Spannungserhöhung durch geometrische Kerben im Zahnfußbereich können auch aufgeschrumpfte Zahnradbandagen zur Absenkung der Zahnfußtragfähigkeit führen, da sich die statische Zugvorspannung aus dem Schrumpfverband und die schwellende Spannung am Zahnfuß überlagern [18.210], [18.404], [18.405]. Demzufolge muss mit zunehmender Schrumpfspannung σ_s im Fußkreis die ertragbare Zahnfußdauerfestigkeit σ_{FE} abfallen. Geht man allerdings bezüglich des Schrumpfverbandes von einem zulässigen Grenzwert der Vergleichsspannung am Innendurchmesser der Bandage aus, so nimmt σ_S mit zunehmender Bandagendicke ab und die ertragbare Zahnfußdauerfestigkeit σ_{FE} nimmt zu. Bei oberflächengehärteten Verzahnungen sind zusätzlich noch die Druckvorspannungen in der Randzone zu berücksichtigen. Anhaltswerte für die ertragbare Zahnfußdauerfestigkeit σ_{FE} von geschrumpften Radbandagen sind in Abschnitt 18.4.10 zusammengestellt.

Verwendet man anstelle einer einzelnen Umfangskraft ein Lastkollektiv gemäß Abschnitt 18.4.2.4, so ist für jede Laststufe j die Zahnfußspannung σ_{Fj} mit den Faktoren K_{Aj}, K_{Fvj}, $K_{F\beta}$, F_{tj} und entsprechend Gleichung (18.299) eine äquivalente Zahnfußspannung σ_F zu bestimmen. Ebenso wird oft auch vereinfachend eine äquivalente Kraft nach Gleichung (18.303) ermittelt, wobei jedoch bei großen Unterschieden der wirkenden Kräfte unzulässige Abweichungen auftreten können.

In Erweiterung dieser einfach zu handhabenden praktischen Berechnungsansätze erlauben höherwertige, rechnergestützte Berechnungsverfahren gemäß Abschnitt 18.4.3.3 zur genaueren Untersuchung der Fußbeanspruchung nicht nur die Berechnung der Spannung in der Zahnfußausrundung, sondern auch die Bestimmung der Spannungsverteilung in Zahnbreitenrichtung über mehrere Eingriffsstellungen mit folgenden Möglichkeiten [18.17], [18.19], [18.344]:

- Bestimmung beliebiger Flankenkorrekturen gemäß Abbildung 18.173 zur Verbesserung des Tragverhaltens (z.B. Breitenballigkeit und Korrektur des Ritzelschrägungswinkels)
- Genaue Berechnung der Zahnfußbeanspruchung von Schrägverzahnungen
- Berücksichtigung elastisch gestalteter Radkörper bei der Tragfähigkeitsberechnung der Verzahnung

Hierdurch lässt sich unter Berücksichtigung der maßgeblichen geometrischen Abweichungen eine gleichmäßigere Verteilung der Zahnfußbeanspruchung erreichen und insgesamt die Zahnfußtragfähigkeit steigern, wobei sich grundsätzlich zwei Lösungswege anbieten:

1. Ausgehend von einer bekannten Lastverteilung wird die örtliche Zahnfußspannung für die diskretisierte Belastung unter Verwendung numerischer räumlicher Berechnungsverfahren (z.B. 3D-Finite-Elemente- oder 3D-Boundary-Elemente-Verfahren) ermittelt.

2. Teilweise Überführung des räumlichen Problems in ein ebenes Ersatz-Modell, wobei zunächst mit räumlichen Verfahren die Berechnung der Verteilung der Nennspannungen oder der Schnittkräfte (Einspannmoment, Querkraft) erfolgt. Im Folgenden wird dann nur für den Ort des maximalen Biegemomentes bzw. der größten Nennspannung die örtliche Spannung bei ebener Betrachtungsweise an einem diskretisierten Element gemäß Abbildung 18.188 ermittelt.

Insbesondere der zweite Lösungsweg führt zu einem anwenderfreundlichen, schnellen Berechnungsverfahren, bei dem eine aufwändige Finite-Elemente-Modellierung durch den Nutzer entfällt, da im Berechnungsprogramm einmalig vorab ermittelte Einflusszahlen verwendet werden.

Dabei werden Hebelarm und Belastung als ideelle Größen so festgelegt, dass genau die im Zahnfuß mit räumlichen Verfahren ermittelten Biegemomente und die Querkraft entstehen. Ebenso ist es auch möglich, bei einem bekannten Biegemoment die Biegenennspannungen näherungsweise zu ermitteln und mithilfe eines bereits vorliegenden Spannungskonzentrationsfaktors Y_S auf die örtliche Spannung zu schließen. Hierbei ergibt sich die Größe des Hebelarms h_F wieder aus der Bedingung, dass das gleiche Verhältnis zwischen Querkraft und Biegemoment vorliegen muss, welches vorab mittels räumlicher Verfahren berechnet wurde. Ebenso hat der Schub einen Einfluss auf die Spannungskonzentration, da er den gesamten Spannungsverlauf ändert, wobei in erster Näherung der Hebelarm h_F dem wirklichen Hebelarm der Belastung an dieser Stelle gleichgesetzt werden kann.

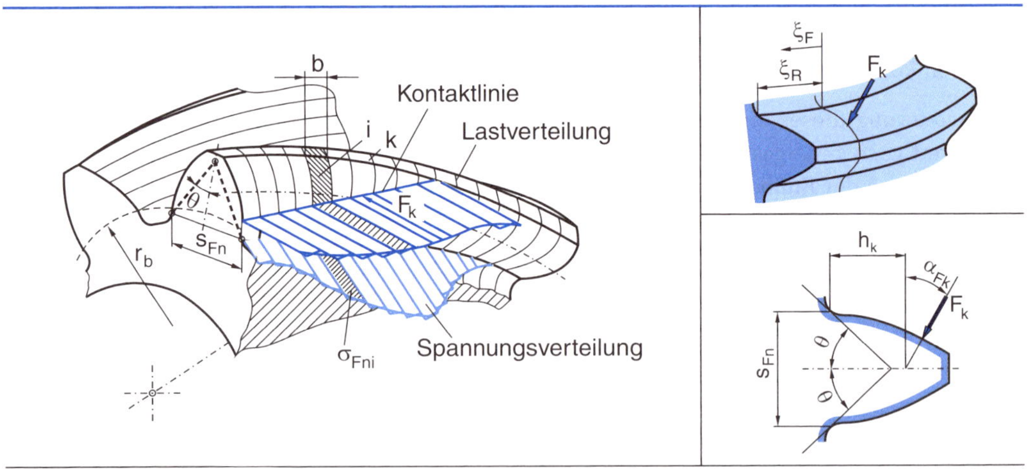

Abbildung 18.188: Lastverteilung und Spannungsverteilung im Zahnfuß und Größen am Zahn bei der Anwendung von Einflusszahlen [18.216]

Zur Berechnung der Verteilung der Zahnfußnennspannung werden Einflusszahlen entsprechend Abschnitt 18.4.3.3 verwendet. Generell führt die Belastung eines Abschnittes auch zu einer Fußbeanspruchung der benachbarten Bereiche, weshalb die Zahnfußspannung eines Zahnabschnittes i durch Überlagerung der durch alle belasteten Abschnitte k eines Zahnes hervorgerufenen Teilspannungen (Biegenennspannungen) gemäß Abbildung 18.188 zu bestimmen ist:

$$\sigma_{Fni} = \sum_{k=1}^{n} e_{Fik} \cdot F_k \quad \text{mit} \quad e_{Fik} = \frac{6}{s_{Fn}^2} \cdot \frac{h_k}{m_n} \cdot 0{,}232 \cdot f_{\sigma R}\left(\xi_F^*\right) \cdot \cos\alpha_k \quad \text{und} \quad \xi_F^* = \xi_F / m_n \qquad (18.425)$$

Hierin bezeichnet gemäß Abbildung 18.188 h_k den Hebelarm, an dem die Kraft F_k wirkt, und ξ_F ist der Abstand von der Kraftangriffsstelle (k) zur Stelle (i), an der die Einflusszahl bzw. Spannungseinflussfunktion $f_{\sigma R}$ berechnet werden soll. Dabei kann die Berechnung der Einflusszahlen e_{Fik} mithilfe der Finite-Elemente-Methode (FEM) oder aber mit Näherungen, die aus der Plattentheorie experimentell oder durch Verallgemeinerung der Ergebnisse von FEM-Berechnungen bestimmt wurden, erfolgen [18.216]. Die in Gleichung (18.425) verwendete Einflusszahl zur Berechnung der Fußspannung wurde durch Verallgemeinerung der Ergebnisse von FEM-Berechnungen ermittelt und experimentell abgesichert, wobei die Lösung so aufbereitet wurde, dass der prinzipielle Verlauf über der Zahnbreite durch die Funktion $f_{\sigma R}(\xi_F^*)$ erfasst wird.

Wie schon bei der Berechnung der Verformungseinflusszahlen in Abschnitt 18.4.3.3, wird der Randeinfluss sowie der Einfluss des stumpf oder spitz an der Stirnseite auslaufenden Zahnes bei einem Schrägungswinkel $\beta > 0$ näherungsweise durch Spiegelung der allgemeinen Einflussfunktion am Zahnrand (Stirnseite) berücksichtigt, indem man der für den unendlich breiten Zahn geltenden Einflussfunktion $f_{\sigma\infty}$ die Randeinflussfunktion $\Delta f_{\sigma\beta}$ entsprechend Abbildung 18.189 überlagert. Somit gilt für die verallgemeinerte Einflussfunktion für $\xi^* \leq 5$, wobei für einen Abstand von $\xi^* > 5$ die Funktion abgeklungen ist, sodass $f_\sigma(\xi^*) = 0$ wird; an der rechten Stirnseite ergibt sich wegen der größeren Elastizität im Vergleich zur linken Stirnseite $\Delta f_{\sigma\beta} > \Delta f_\sigma$:

$$f_\sigma\left(\xi^*\right) = 1 + 0{,}01627 \cdot \xi^* - 0{,}2887 \cdot \xi^{*2} + 0{,}0908 \cdot \xi^{*3} - 0{,}0083 \cdot \xi^{*4} \qquad (18.426)$$

Die verallgemeinerte Einflussfunktion nach Gleichung (18.426) stellt den auf den Maximalwert bezogenen Verlauf der Zahnfußnennspannung dar. Dabei ist sie relativ unabhängig von dem Zahnprofil, der Kraftangriffshöhe h_k, dem Ort in der Fußausrundung, an dem die Spannung ermittelt wird, und nur wenig abhängig von der Querkontraktion der verwendeten Materialien. Bei Zahnbreiten von $b < 5 \cdot m$ ist der Randeinfluss durch eine mehrfache Spiegelung zu berücksichtigen.

Generell ist die hier vorgestellte Verwendung allgemeiner Einflussfunktionen eine wesentliche Grundlage für einfach zu handhabende Berechnungsprogramme zur Bestimmung der Verzahnungsbeanspruchung und Lastverteilung im Eingriffsfeld [18.17], [18.19], [18.344].

Im Weiteren können nun der Kennwert der Beanspruchbarkeit σ_{FE} (Zahnfußdauerfestigkeit) und der Kennwert der Beanspruchung σ_F (örtliche Zahnfußspannung) ins Verhältnis gesetzt werden, sodass sich unter der Voraussetzung $\sigma_F < \sigma_{FE}$ eine Sicherheit gegen Ermüdungsbruch S_F wie folgt ausweisen lässt, wobei der Nachweis der Zahnfußtragfähigkeit stets für beide Räder einer Paarung geführt werden muss:

$$S_F = \frac{\frac{\sigma_{FE}}{Y_{\delta T}}}{\sigma_F} \cdot Y_N \cdot Y_\delta \cdot Y_X \cdot Y_R \geq S_{Fmin} \tag{18.427}$$

Dabei hängt die erforderliche Größe der Sicherheit S_F im Wesentlichen ab von der Bedeutung der Anlage, den möglichen Folgeschäden (Gefährdung von Menschenleben, materielle Schäden), der Genauigkeit der Kenntnis der Belastung, der technologischen Güte der Fertigung und der für den Festigkeitswert, die geometrischen Abweichungen und die Belastung geltenden Wahrscheinlichkeiten der Einhaltung der Toleranzgrenzen. Zusätzlich können auch Vereinbarungen zwischen dem Hersteller und dem Kunden getroffen werden. Die Mindestsicherheit S_{Fmin} berücksichtigt die Ungenauigkeiten aus den näherungsweisen Annahmen der Berechnungsmethode und der zu berücksichtigenden Einflussgrößen sowie der Bedeutung der Anlage. Anhaltswerte für S_{Fmin} sind in Tabelle 18.45 zusammengestellt. Werkstoffabhängige Werte der Zahnfußdauerfestigkeit σ_{FE} sind in Abschnitt 18.4.10 zusammengestellt oder können den Normen DIN 3990 oder ISO 6336 entnommen werden [18.51], [18.164].

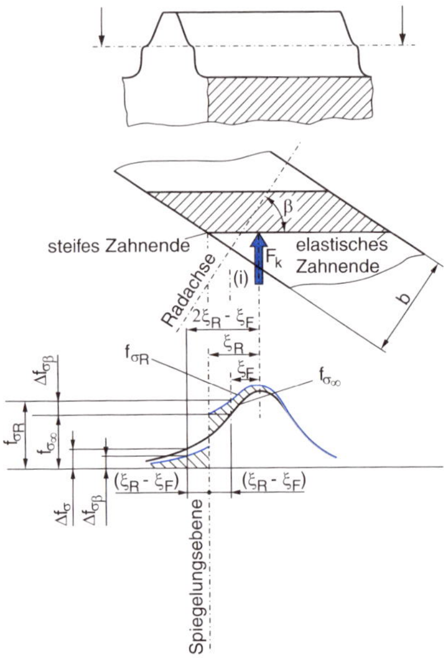

Die vom Schrägungswinkel beeinflusste Randelastizität wird durch $\Delta f_{\sigma\beta}$ berücksichtigt. Für $b > 5 \cdot m_n$ gilt die Näherung:

$$f_{\sigma R}\left(\xi_F^*\right) = \left[f_{\sigma\infty}\left(\xi_F^*\right) + \Delta f_{\sigma\beta}\left(\xi_R^*, \xi_F^*\right)\right] \cdot \tanh\left(\xi_R^* + 1\right) \tag{18.428}$$

mit $\xi_F^* = \frac{\xi_F}{m_n}$; $\xi_R^* = \frac{\xi_R}{m_n}$

Für die Spannungsverteilung ohne Randeinfluss folgt mit $\xi^* = |\xi_F^*|$ und $f_\sigma(\xi^*)$:

$$f_{\sigma\infty}\left(\xi_F^*\right) = f_\sigma\left(\xi^*\right) \tag{18.429}$$

Der Anteil des Randeinflusses beträgt mit $\xi^* = |2 \cdot \xi_R^* - \xi_F^*|$:

$$\Delta f_{\sigma\beta}\left(\xi_R^*, \xi_F^*\right) = f_\sigma\left(\xi^*\right) \cdot \left(1 \pm 0{,}72 \cdot \beta\right) \tag{18.430}$$

Das positive Vorzeichen gilt bei Krafteinleitung in der Nähe der elastischen (spitzen) Zahnstirnseite, andernfalls ist das negative Vorzeichen zu verwenden. Der Schrägungswinkel ist als Bogenmaß (in Radiant) einzusetzen. Diese Näherung gilt im Bereich $0 \leq \beta \leq \pi / 6$. ξ_R ist der Abstand von der Kraftangriffsstelle zur am nächsten gelegenen Zahnstirnseite (entspricht der positiven Richtung).

Abbildung 18.189: Zur Ermittlung der Einflusszahlen – Berücksichtigung des Randeinflusses [18.216]

In gleicher Weise wie beim Flankenfestigkeitsnachweis wird auch die Zahnfußdauerfestigkeit σ_{FE} mit weiteren Faktoren bewertet, um die Verhältnisse der Prüfzahnräder auf tatsächlich ausgeführte Zahnräder übertragen zu können. Hierzu gehören der Lebensdauerfaktor Y_N, die Stützziffer Y_δ des zu berechnenden Zahnrades sowie die Stützziffer $Y_{\delta T}$ des Testzahnrades, der Größenfaktor Y_X und der Rauheitsfaktor Y_R.

Betrachtet man zunächst die Dauerschwellfestigkeit σ_{FE}, so lässt sich diese wie folgt aus einem Werkstoffkennwert σ_{FE0} gemäß DIN 3990 bzw. Abschnitt 18.4.10 und dem Technologiefaktor Y_T zur Berücksichtigung von Herstellungseinflüssen sowie dem Betriebsartenfaktor Y_A zur Einbeziehung von Belastungsarten und Lastrichtung wie folgt bestimmen:

$$\sigma_{FE} = \sigma_{FE0} \cdot Y_T \cdot Y_A \tag{18.431}$$

Hierin beschreibt σ_{FE0} die Zahnfußdauerfestigkeit als örtliche Schwellbeanspruchung bei Herstellung des Zahnrades ohne eine spezielle Zahngrundverfestigung. Diese maßgebende Zahnfußfestigkeit hinsichtlich Ermüdungsbeanspruchung wird an genormten Probezahnrädern im Laufversuch auf Verspannprüfständen gemäß Abbildung 18.177 ermittelt. Dabei entsprechen die Festigkeitswerte σ_{FE} / $Y_{\delta T}$ etwa der Dauerbiegeschwellfestigkeit glatter Probestäbe.

Anhaltswerte für den Technologiefaktor Y_T und den Betriebsartenfaktor Y_A sind in Tabelle 18.64 und Tabelle 18.65 zusammengestellt.

Art der Bearbeitung des Zahngrundes	Technologiefaktor Y_T
Kugelstrahlen – für einsatzgehärtete oder carbonitrierte Verzahnung; in der verfestigten Schicht nicht geschliffen	1,2 bis 1,4
Rollen – für flamm- oder induktionsgehärtete Verzahnungen; in der verfestigten Schicht nicht geschliffen	1,3 bis 1,5
Schleifen – für einsatzgehärtete oder carbonitrierte Verzahnung	Allgemein: 0,7 bei CBN-Schleifscheiben: 1
Spanende Bearbeitung – gilt nicht für geschliffene Verzahnung	1

Tabelle 18.64: Technologiefaktor Y_T

Betriebsart	Betriebsartenfaktor Y_A	Belastungsrichtung
Schwellend	1	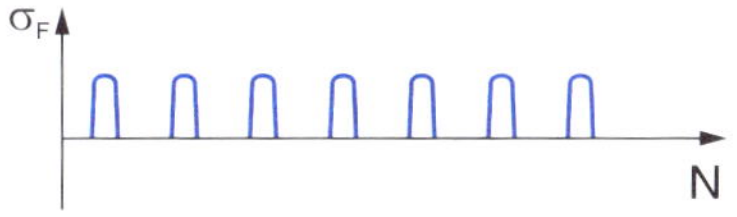
Wechselnd	0,7	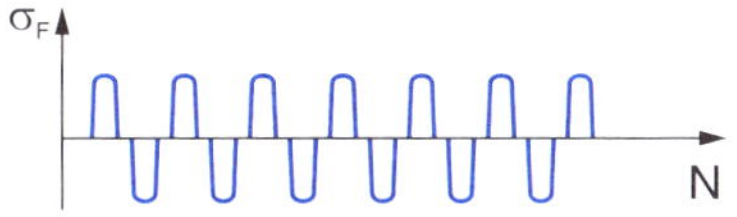
Reversierend	$0{,}85 - 0{,}15 \cdot \dfrac{\lg N_{rev}}{6}$ für $1 \leq N_{rev} \leq 10^6$ 0,7 für $N_{rev} > 10^6$	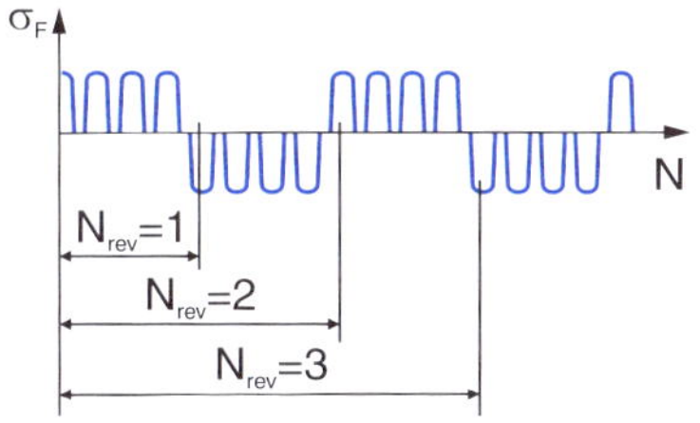

Tabelle 18.65: Betriebsartenfaktor Y_A

Mithilfe des Lebensdauerfaktors Y_N lässt sich die Gesamtzahl der Zahneingriffe während der geforderten Lebensdauer berücksichtigen und bei Bedarf die dauerfest ertragbare Zahnfußbiegebeanspruchung auf einen höheren Wert im Zeitfestigkeitsgebiet umrechnen, sofern keine Dauerfestigkeit gefordert wird:

$$Y_N = \sqrt[q_F]{\frac{N_{Flim}}{N_L}} \quad \text{mit} \quad N_L = n_p \cdot L_h \cdot n \quad \text{und} \quad N_{min} \leq N_L \leq N_{Flim} \tag{18.432}$$

Für den Fall $N_L \geq N_{Flim}$ (Dauerfestigkeitsgebiet) ist der Lebensdauerfaktor $Y_N = 1$. Dabei bezeichnen N_L die Lastwechselzahl bzw. Überrollungszahl, $N_{Flim} = 3 \cdot 10^6$ die untere Ecklastwechselzahl und q_F den Exponenten (Steigung im Zeitfestigkeitsbereich) der Wöhlerlinie für die Zahnfußfestigkeit. Die untere Grenze des Geltungsbereiches beträgt für alle Werkstoffe $N_{min} = 10^3$ mit der Ausnahme $N_{min} = 10^4$ für Vergütungsstahl, Kugelgrafitguss (perlitisch, bainitisch) und schwarzen Temperguss (perlitisch). Der Wöhlerlinienexponent q_F kann abhängig vom Wärmebehandlungszustand Werte zwischen $q_F = 6{,}2$ (vergütet), $q_F = 8{,}7$ (vergütet und randschichtgehärtet, einsatzgehärtet), $q_F = 17$ (vergütet und nitriert) sowie $q_F = 84$ (vergütet und nitrocarburiert) annehmen, wobei die jeweils geltenden Werte der Norm DIN 3990 bzw. den Richtwerten in Abschnitt 18.4.10 zu entnehmen sind [18.51]. Weiterhin gilt für den Lebensdauerfaktor $1 \leq Y_N \leq Y_{Nmax}$ mit $Y_{Nmax} = 1{,}6$ als Richtwert für nitrierten Stahl und $Y_{Nmax} = 2{,}5$ für normalgeglühten oder vergüteten Stahl, Stahlguss, Gusseisen mit Kugelgrafit, einsatz-, carbonitrier-, flamm- oder induktionsgehärteten Stahl.

Die im Wesentlichen vom Gefügezustand und den Eigenspannungen abhängige Kerbempfindlichkeit wird durch die Stützziffer Y_δ nach Abbildung 18.190 oder Tabelle 18.66 berücksichtigt.

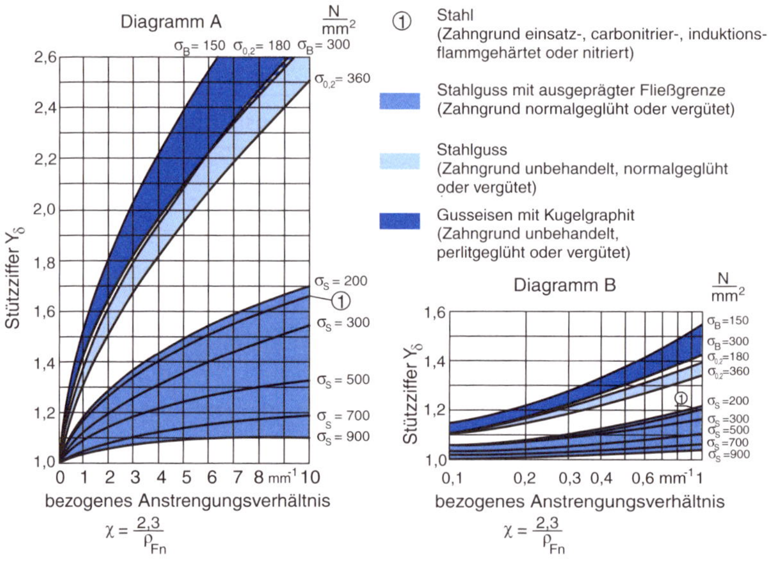

Diagramm A $Y_\delta = f(\chi)$ für $0 \leq \chi \leq 10$
Diagramm B Vergrößerter Auszug aus Diagramm A; $Y_\delta = f(\chi)$ für $0{,}1 \leq \chi \leq 1$

Das bezogene Spannungsgefälle χ lässt sich mithilfe des Zahnfußkrümmungsradius ρ_{Fn} gemäß Abbildung 18.184 wie folgt berechnen:

$$\chi = \frac{2{,}3}{\rho_{Fn}} \tag{18.433}$$

Abbildung 18.190: Stützziffer Y_δ für Ermüdungsfestigkeit (Dauerfestigkeit) [18.216]

Werkstoff und Wärmebehandlung des Zahngrundes	Dauerfestigkeit Y_δ [1]	Maximalbeanspruchung $Y_{\delta St}$	Testrad $Y_{\delta T}$ [1]	Testrad $Y_{\delta StT}$
Stahl mit ausgeprägter Fließgrenze: - normalgeglüht	$1+\chi^{0,55}\cdot 10^{-\left(0,47+\frac{\sigma_S}{875}\right)}$	$1+0,93\cdot(Y_S-1)\cdot\sqrt[4]{\frac{200}{\sigma_S}}$	1,2	1,6
- vergütet	$1+\chi^{0,55}\cdot 10^{-\left(0,47+\frac{\sigma_S}{875}\right)}$	$1+0,82\cdot(Y_S-1)\cdot\sqrt[4]{\frac{300}{\sigma_S}}$	1,1	1,5
Stahlguss: - unbehandelt, normalgeglüht	$1+\chi^{0,65}\cdot 10^{-\left(0,37+\frac{\sigma_{0,2}}{3600}\right)}$	$1+0,93\cdot(Y_S-1)\cdot\sqrt[4]{\frac{200}{\sigma_S}}$	1,4	1,6
- vergütet	$1+\chi^{0,65}\cdot 10^{-\left(0,37+\frac{\sigma_{0,2}}{3600}\right)}$	$1+0,82\cdot(Y_S-1)\cdot\sqrt[4]{\frac{300}{\sigma_S}}$	1,3	1,5
Stahl: - einsatzgehärtet, carbonitriergehärtet, induktionsgehärtet, flammgehärtet	$1+\chi^{0,55}\cdot 10^{-0,72}$	$0,77\cdot Y_S+0,22$	1,2	1,5
- vergütet	$1+\chi^{0,55}\cdot 10^{-0,72}$	$0,27\cdot Y_S+0,72$	1,2	1,2
Gusseisen mit Kugelgrafit: - unbehandelt, perlitgeglüht, vergütet	$1+\chi^{0,6}\cdot 10^{-\left(0,37+\frac{\sigma_B}{1440}\right)}$	1,0	1,4	1,0

[1] In DIN 3990 sind für die Dauerfestigkeit abweichende Werte angegeben, die nach neueren Ergebnissen – vor allem für einsatzgehärtete Verzahnungen – Reserven enthalten [18.51], [18.216].

Tabelle 18.66: Stützziffern Y_δ, $Y_{\delta St}$, $Y_{\delta T}$ und $Y_{\delta StT}$ [18.216]

Für Zahnräder mit Schleifabsatz oder mit ausgeschliffenem Zahngrund ist anstelle des Zahnfußkrümmungsradius ρ_{Fn} das Produkt $\rho_{Fn}\cdot(1/Y_{Srel})^3$ und anstelle von Y_{Sa} das Produkt $Y_{Sa}\cdot Y_{Srel}$ mit Y_{Srel} nach Gleichung (18.419) und Y_{SA} nach Gleichung (18.418) einzusetzen.

Abweichend von den hier vorgestellten Stützziffern nutzt DIN 3990 eine relative Stützziffer $Y_{\delta relT}$, die das Verhältnis der Stützziffer der zu berechnenden Verzahnung Y_δ zur Stützziffer der Verzahnung des Testrades $Y_{\delta T}$ ausdrückt, wobei die Werte der Gleitschichtbreite ρ' der Tabelle 18.67 entnommen werden können und q_s nach Gleichung (18.417) zu verwenden ist [18.53]:

$$Y_{\delta relT}=\frac{Y_\delta}{Y_{\delta T}}=\frac{1+\sqrt{\rho'\cdot\chi^*}}{1+\sqrt{\rho'\cdot\chi_T^*}} \quad \text{mit} \quad \chi^*=\chi_p^*\cdot(1+2\cdot q_s) \quad \text{und} \quad \chi_p^*\approx\frac{1}{5} \qquad (18.434)$$

Hierin bezeichnet χ^* das bezogene Spannungsgefälle der zu berechnenden Verzahnung und χ_T^* das bezogene Spannungsgefälle des Standard-Referenz-Prüfrades, welches sich für $q_s=q_{sT}=2,5$ berechnen lässt. Dabei gilt die Gleichung (18.434) für den Modul $m=5$. Eine Umrechnung auf andere Moduln erfolgt durch den Größenfaktor Y_X.

Nr.	Werkstoff	ρ'
1	GJL; $\sigma_B = 150\ \mathrm{N/mm^2}$	0,3124
2	GJL, GJS (ferritisch); $\sigma_B = 350\ \mathrm{N/mm^2}$	0,3095
3	GGG mit zunehmend perlitischem Gefüge, Annäherung an Stahl	–
4	NTV	0,1005
5	St, GS; $\sigma_S = 300\ \mathrm{N/mm^2}$	0,0833
6	St, GS; $\sigma_S = 400\ \mathrm{N/mm^2}$	0,0445
7	V, GS, GJS (perlitisch, bainitisch); $\sigma_S = 500\ \mathrm{N/mm^2}$	0,0281
8	V, GS, GJS (perlitisch, bainitisch); $\sigma_S = 600\ \mathrm{N/mm^2}$	0,0194
9	V, GS, GJS (perlitisch, bainitisch); $\sigma_{0,2} = 800\ \mathrm{N/mm^2}$	0,0064
10	V, GS, GJS (perlitisch, bainitisch); $\sigma_{0,2} = 1.000\ \mathrm{N/mm^2}$	0,0014
11	Eh, IF	0,0030

Tabelle 18.67: Werte der Gleitschichtbreite ρ' nach DIN 3990 [18.53]

Der Größenfaktor Y_X soll den statistischen Größeneinfluss infolge der Verteilung von Schwachstellen im Gefüge, den festigkeitstheoretischen Größeneinfluss, bedingt durch den kleineren Spannungsgradienten bei größeren Bauteilabmessungen, und den technologischen Größeneinfluss infolge des Grades der Verschmiedung und Ungleichmäßigkeiten des Gefüges berücksichtigen. Ferner wird der Einfluss der Abnahme der Kernfestigkeit und der Druckeigenspannungen auf die Dauerfestigkeit bei größer werdenden Abmessungen einbezogen. Der Größenfaktor Y_X wird abhängig vom Werkstoff und Modul in DIN 3990 gemäß Tabelle 18.68 angegeben und ist getrennt für Ritzel und Rad zu ermitteln [18.53].

Der Rauheitsfaktor Y_R gemäß Tabelle 18.69 berücksichtigt die Absenkung der Ermüdungsfestigkeit durch Bearbeitungsriefen aufgrund ihres kerbähnlichen Charakters, wobei das Einsatzhärten und Nitrieren sowie ähnliche Verfahren den Einfluss der Rauheit mindern. Rauheitseinflüsse durch Korrosion und aggressive Medien können durch den Rauheitsfaktor nicht berücksichtigt werden und sind auch nicht zulässig. Bei vergüteten und normalgeglühten Zahnrädern ist die Zahnfußfestigkeit im Vergleich zur Flankenfestigkeit oftmals von geringerer Bedeutung, sodass näherungsweise für den Rauheitsfaktor $Y_R = 1$ gesetzt werden kann.

Werden in Abweichung von der standardisierten Berechnung nach DIN 3990 mit einem höherwertigen Berechnungsverfahren die Beanspruchung und Lastverteilung ermittelt, so ist die Vergleichsspannung aus Schub, Biegung und Druck über sämtliche Querschnitte zwischen Lastangriff und Fußquerschnitt zu bestimmen und mit der Streckgrenze als Kennwert der Beanspruchbarkeit zu vergleichen.

Abschließend sei noch darauf hingewiesen, dass bei einigen Getrieben nicht nur Zahnfußbrüche sondern auch Ermüdungsbrüche an der Zahnflanke auftreten. Dies ist wahrscheinlich darauf zurückzuführen, dass im Zahnfußbereich aufgrund der Anwendung sämtlicher werkstoff- und fertigungstechnischer Erkenntnisse eine ausreichende Festigkeit erzielt wird, während an der Flanke eine tatsächliche zusammengesetzte Beanspruchung aus Biegung, Schub, Hertz'scher Pressung und Temperaturspannungen auftritt, die in den bestehenden Berechnungsmodellen nicht angemessen berücksichtigt wird, was sich auch daran erkennen lässt, dass neben der Flankenfestigkeit im Hinblick auf Grübchenbildung keine weiteren Festigkeitseinflüsse behandelt werden [18.3], [18.225].

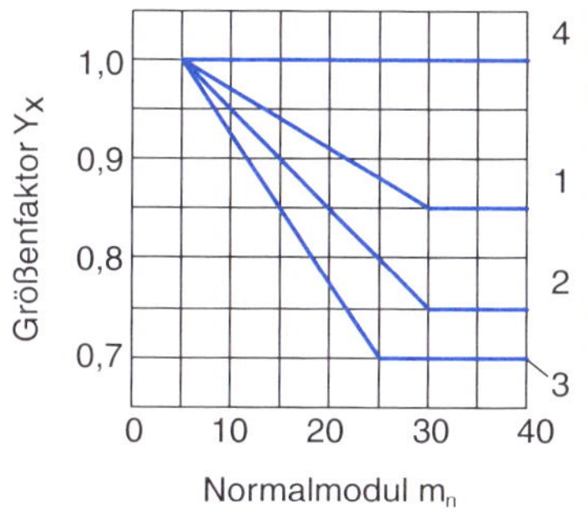

Werkstoff	Normalmodul m_n	Größenfaktor Y_X
für Dauerfestigkeit		
1. St, V, GJS, GJM	$m_n \leq 5$ $5 < m_n < 30$ $30 \leq m_n$	$Y_X = 1{,}0$ $Y_X = 1{,}03 - 0{,}006 \cdot m_n$ $Y_X = 0{,}85$
2. Eh, IF, NT, NV	$m_n \leq 5$ $5 < m_n < 25$ $25 \leq m_n$	$Y_X = 1{,}0$ $Y_X = 1{,}05 - 0{,}01 \cdot m_n$ $Y_X = 0{,}8$
3. GJL, GJS	$m_n \leq 5$ $5 < m_n < 25$ $25 \leq m_n$	$Y_X = 1{,}0$ $Y_X = 1{,}075 - 0{,}015 \cdot m_n$ $Y_X = 0{,}7$
4. Sämtliche Werkstoffe für statische Festigkeit:	alle Moduln	$Y_X = 1{,}0$

Tabelle 18.68: Größenfaktor Y_X für den Zahnfuß nach DIN 3990 [18.53]

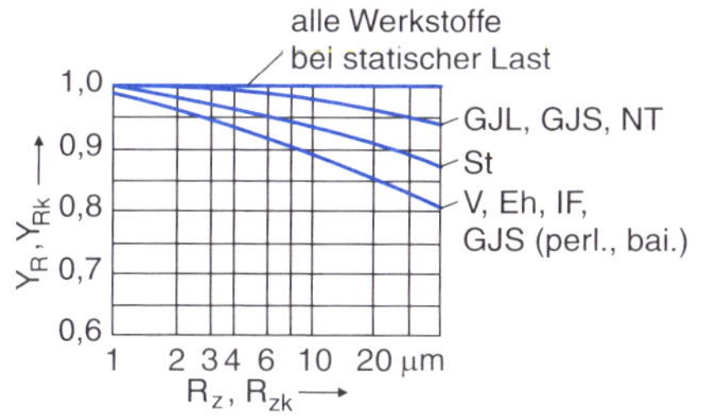

Werkstoff	Rauheitsfaktor Y_R
Dauerfestigkeit im Bereich $1\ \mu m \leq R_z \leq 20\ \mu m$	
St	$Y_R = 4{,}924 - 3{,}90 \cdot (R_z + 1)^{0{,}01}$
V, GJS (perlitisch, bainitisch), Eh, IF	$Y_R = 1{,}490 - 0{,}471 \cdot (R_z + 1)^{0{,}1}$
GJL, GJS, NT	$Y_R = 4{,}161 - 3{,}155471 \cdot (R_z + 1)^{0{,}005}$
Sämtliche Werkstoffe für statische Festigkeit sowie Zeit- und Dauerfestigkeit im Bereich $R_z \leq 1\ \mu m$	$Y_R = 1{,}0$
Für den Bereich der Zeitfestigkeit ist zwischen den Werten der statischen Festigkeit und der Dauerfestigkeit linear zu interpolieren.	

Tabelle 18.69: Rauheitsfaktor Y_R für den Zahnfuß nach DIN 3990 [18.53]

18.4.6 Nachweis der Fresstragfähigkeit

Zusätzlich zu der bereits behandelten Grübchentragfähigkeit der Flanke und der Biegefestigkeit des Zahnfußes ist insbesondere bei mechanisch und thermisch hoch belasteten Verzahnungen das Schadensbild Fressen gemäß Abschnitt 18.4.1 zu berücksichtigen, wobei grundsätzlich zwischen Kaltfressen und Warmfressen unterschieden wird. Da das Fressen bereits nach einer kurzzeitigen Überlastung auftreten kann, handelt es sich nicht um einen Ermüdungsschaden.

Während das Kaltfressen meist bei niedrigen Umfangsgeschwindigkeiten unter 4 m/s bei unbedeutender Wärmeentwicklung auftritt, erfolgt die Flankenschädigung durch Warmfressen und seiner Vorstufen in Form von Kratzern, Riefen und Fressmarken durch ein Versagen des hydrodynamischen Schmierfilmes bei höheren Umfangsgeschwindigkeiten und der damit einhergehenden überhöhten Temperatur im Schmierspalt, die wiederum eine Absenkung der Ölviskosität nach sich zieht, sowie durch örtliche Überschreitung der (quasi-statischen) Schubfestigkeit an einzelnen Kontaktstellen. Dabei kommt es zu örtlichen Verschweißungen der Zahnflanken, die dann wieder getrennt werden. Die Überwindung der Haftfestigkeit des Schmierstoffes, die Zerstörung der sich bei bestimmten Temperaturen bildenden Schutzfilme infolge der Beimengungen (Additive) im Schmieröl sowie starkes Schäumen oder Verunreinigungen im Schmierstoff bedingen ebenfalls eine erhöhte Fressgefahr.

Demzufolge hängt das Schadensbild Fressen von physikalischen und chemischen Vorgängen innerhalb der dünnen Schmierstoffschicht ab und wird vom Zahnradwerkstoff, seiner Wärmebehandlung und Oberflächenbeschaffenheit, vom Schmierstoff, von der Verzahnungsgeometrie und von den Betriebsbedingungen maßgeblich beeinflusst.

Da bei Zahnradpaaren im Vergleich zum Gleitlager erheblich ungünstigere Bedingungen für den Aufbau eines hydrodynamischen Schmierfilmes gemäß Abschnitt 18.2.10.3 vorliegen, wurde zunächst angenommen, dass bei Zahnrädern keine hydrodynamische Schmierung auftreten kann. Aufgrund umfangreicher Untersuchungen ist jedoch mittlerweile bekannt, dass sowohl der hydroelastische Effekt als auch die Haftfestigkeit des Schmiermittels für den Aufbau eines wirksamen Schmierfilmes erforderlich sind. Abbildung 18.191 zeigt die Unterschiede zwischen der Hydrodynamik, der Elastohydrodynamik und der klassischen Hertz'schen Theorie.

Bei der hydroelastischen Schmierung fällt insbesondere auf, dass sich der Schmierspalt am Ende des parallelen Spaltabschnittes verengt und damit einhergehend eine Druckspitze gemäß Abbildung 18.192 auftritt [18.10], [18.327], [18.330]. Ungeachtet dieser bereits bekannten Zusammenhänge lassen sich die physikalisch-chemischen Vorgänge im Zahneingriff bis heute nicht geschlossen behandeln, sondern nur durch empirische und teilweise theoretisch unterlegte Methoden beschreiben, zu denen nach DIN 3990 das Blitztemperaturverfahren und das Integraltemperaturverfahren gehören und auf die im Folgenden näher eingegangen wird [18.13], [18.14], [18.54], [18.235], [18.302].

Weitere Ansätze zur Bestimmung der Fresstragfähigkeit sind die Berechnung der EHD-Schmierfilmdicke und die Abschätzung der Schmierfilmfestigkeit im Hinblick auf eine maximal ertragbare Druckbeanspruchung.

Bei der Berechnung der EHD-Schmierfilmdicke muss die vorhandene Schmierfilmdicke größer sein als eine von der Rauheit der Zahnflankenoberflächen abhängige kritische Schmierfilmdicke. Dabei werden die fallende Tendenz der Fresstragfähigkeit bis zu hohen Umfangsgeschwindigkeiten sowie der teilweise erfolgende Wiederanstieg nicht einbezogen; das Verfahren gilt nur für unlegierte Mineralöle, da lediglich die Viskosität als einzige Ölkenngröße berücksichtigt wird. Ferner wird die Schmierfilmdicke meist im Wälzkreis berechnet, während die Fressschäden üblicherweise in den Bereichen des hohen Gleitanteiles am Zahnkopf bzw. -fuß zu erwarten sind [18.216], [18.252].

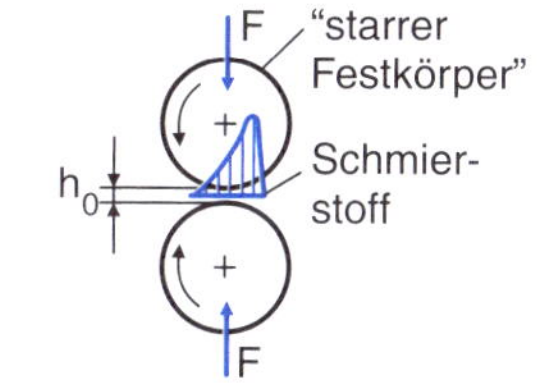	**Hydrodynamik** Gering belastete bewegte Walzen Walzenverformung vernachlässigbar klein Hydrodynamischer Schmierfilm
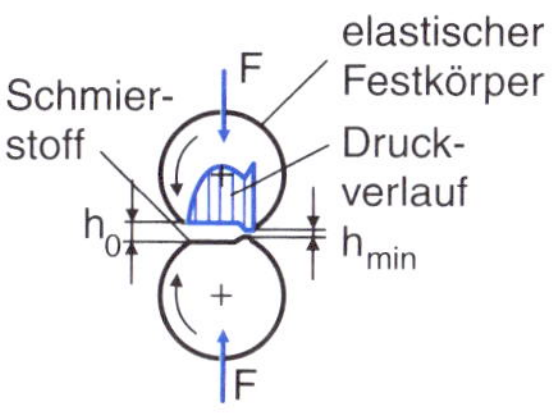	**Elastohydrodynamik** Hoch belastete bewegte Walzen Elastische Verformung der Walzen Hydrodynamischer Schmierfilm
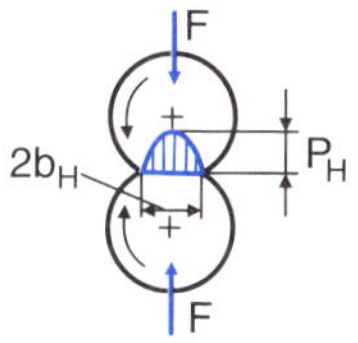	**Hertz'sche Theorie** Hoch belastete ruhende Walzen Elastische Verformung der Walzen (Abplattung $2 \cdot b_H$) Festkörperkontakt (kein Schmierfilm)

Abbildung 18.191: Druckverteilung zwischen zwei Walzen bei hydrodynamischer, elastohydrodynamischer und Hertz'scher Theorie nach [18.266]

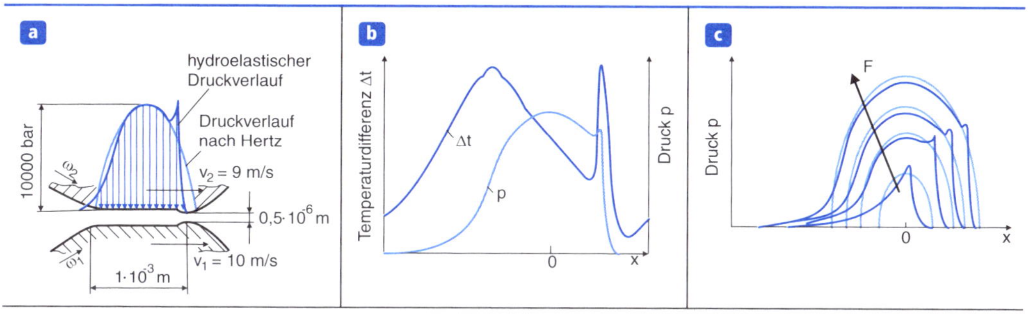

Abbildung 18.192: Elastohydrodynamische Schmierung – a) Druckverteilung im Kontakt, b) Temperatur- und Druckverteilung im Wälzkontakt, c) Gemessene elastohydrodynamische Druckverteilung im Vergleich mit der berechneten Hertz'schen Druckverteilung [18.10], [18.327], [18.330]

Das Berechnungsverfahren zur Bestimmung der Schmierfilmfestigkeit gründet sich auf den experimentell ermittelten Zusammenhang zwischen einer maximal ertragbaren Druckbeanspruchung eines chemischen Schutzfilmes auf den Zahnflanken und der Zahnflanken-Dauertemperatur [18.209], [18.216]. Auch wenn praktisch alle Einflussparameter auf das Fressen berücksichtigt werden, so ist von Nachteil, dass zur Anwendung Fresslastversuche bei verschiedenen Umfangsgeschwindigkeiten erforderlich sind. Allerdings bildet dieses Verfahren die Grundlage für weitere Rechenverfahren mit der mittleren Oberflächentemperatur als Bezugsgröße, wobei die mittlere kritische Oberflächentemperatur abhängig von der Umfangsgeschwindigkeit als linear steigend angesetzt wird [18.216], [18.341].

Bei dem in der DIN 3990 niedergelegten Blitztemperaturverfahren handelt es sich um eine weiterentwickelte Form der bereits im Jahre 1937 durch Harmon Blok aufgestellten Hypothese der Blitztemperatur [18.13], [18.14], [18.54], [18.126], [18.376]. Demzufolge ist ein Fressschaden zu erwarten, wenn die Kontakttemperatur als Summe aus Massen- und Blitztemperatur in der Berührungszone beider Zahnflanken einen kritischen Wert erreicht, sodass der Schmierfilm versagt. Dabei wird die kritische Temperatur für eine Metall-Schmierstoff-Paarung konstant und in der ursprünglichen Form unabhängig von den Betriebsbedingungen angesetzt. Die Bestimmung der Kontakttemperatur muss im Allgemeinen in jedem Eingriffspunkt mit den jeweiligen örtlichen Parametern wie Last, Krümmungsradius unter Last, Reibungszahl, Geschwindigkeit und Schmierstoffeigenschaften erfolgen. Ohne eine Flankenrücknahme liegen örtliche Temperaturmaxima in den beiden extremen Stellungen auf der Eingriffsstrecke A und E oder nahe den beiden Einzeleingriffspunkten B und D.

Das zweite in der DIN 3990 zur Anwendung empfohlene Verfahren ist das Integraltemperaturverfahren, welches ebenfalls zurückgeht auf die Blitztemperaturhypothese und welchem die Annahme zugrunde liegt, dass örtliche, sehr kurzzeitige Temperaturerhöhungen hinsichtlich des Fressens weniger schädlich sind als länger wirkende [18.54], [18.235]. Demzufolge wird anstelle der jeweiligen momentanen Kontakttemperatur eine mittlere Oberflächentemperatur bestimmt, die sich auf die Mittelwerte der Einflussgrößen bezieht. Durch empirisch ermittelte Beiwerte werden Einflüsse aus Kopfrücknahme, Eingriffsverhältnissen, Schmierungsart und Rauheit berücksichtigt. Diese mittlere Oberflächentemperatur ist dann mit einem kritischen Temperaturwert zu vergleichen, der vom verwendeten Grundöl sowie der Additivart und -menge abhängt. Aus einer Vielzahl von Untersuchungen ist bekannt, dass das Integraltemperaturverfahren zu guten Ergebnissen führt.

Da bisher alle Verfahren zur Ermittlung der Fresstragfähigkeit aus der Hypothese der Blitztemperatur nach Harmon Blok hervorgegangen sind, wird kurz auf die Grundüberlegungen dazu eingegangen. Im stationären Betrieb weist ein Getriebe eine bestimmte Temperatur auf, die sich aus dem Gleichgewicht der entstehenden Verlustwärme und der abgeführten Wärme ergibt. Dieser Gleichgewichtszustand bedingt letztlich für jedes Bauteil eine berechenbare Massentemperatur. Bei der Hypothese von Blok wird nun davon ausgegangen, dass zusätzlich zu dieser Massentemperatur ϑ_M, die ein Zahn kurz vor dem Eingriff hat, im Eingriff noch die sogenannte Blitztemperatur ϑ_{fla} auftritt, sodass sich gemäß Abbildung 18.193 die momentane Kontakttemperatur ϑ_B ergibt, die kleiner sein muss als eine zulässige Kontakttemperatur ϑ_{Bzul}, auf deren Berechnung am Ende des Abschnittes näher eingegangen wird:

$$\vartheta_B = \vartheta_M + \vartheta_{fla} < \vartheta_{Bzul} \quad \text{mit} \quad \vartheta_{fla} = K \cdot \mu_{mC} \cdot \frac{w_n \cdot |v_{t1} - v_{t2}|}{\sqrt{2 \cdot b_h} \cdot \left(B_{M1} \cdot \sqrt{v_{t1}} + B_{M2} \cdot \sqrt{v_{t2}}\right)} \qquad (18.435)$$

Für die Massentemperatur in der Einlaufzone gilt bei Tauchschmierung $\vartheta_M \approx \vartheta_{Öb}$ + (5 ... 10 K) mit $\vartheta_{Öb}$ als Öltemperatur im Betrieb. Unberücksichtigt bleiben bei dieser Hypothese die Geschwindigkeitsabhängigkeit der Fresstemperatur sowie der Einfluss der Einwirkungszeit der Temperaturen, sodass sich insbesondere bei legierten Ölen wegen der erforderlichen Zeit für chemische Reaktionen Abweichungen zu Versuchsergebnissen ergeben.

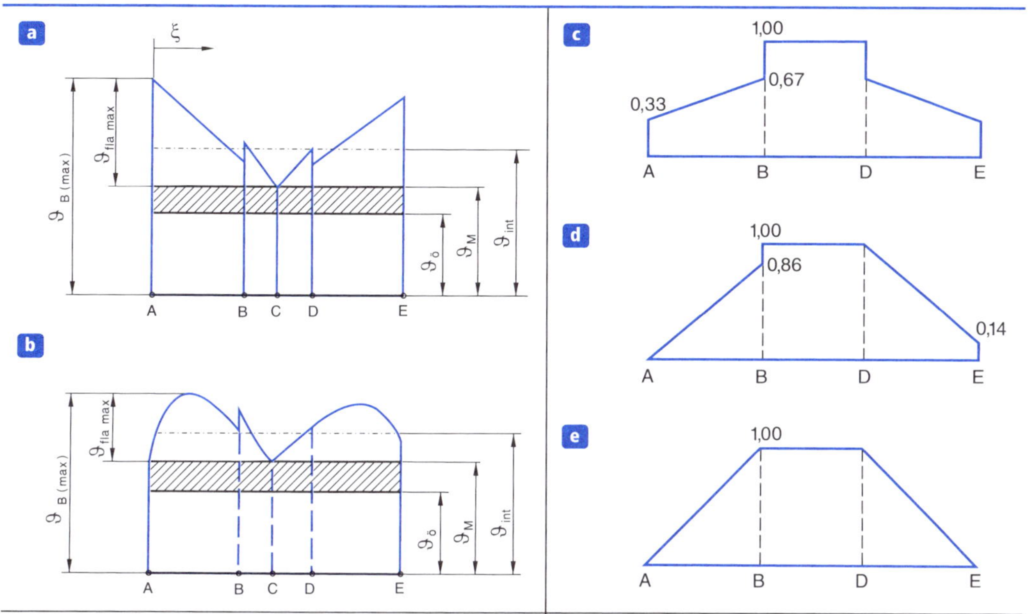

a Kontakttemperatur bei abweichungsfreiem Evolventenprofil (keine Profilmodifikation)

b Kontakttemperatur bei Profilmodifikation bzw. Verschleiß

c Abweichungsfreies Evolventenprofil

d Profilmodifikation, ungleich am Ein- und Austritt

e Profilmodifikation, gleich am Ein- und Austritt

Abbildung 18.193: Verlauf der Kontakttemperatur über der Eingriffsstrecke und Lastverteilungsfaktor X_ϑ bei Geradverzahnung [18.216]

In Gleichung (18.435) bezeichnen K einen empirisch ermittelten Faktor mit dem Wert $K = 1{,}11$, v_{t1} und v_{t2} die Geschwindigkeiten von Zahn 1 und Zahn 2 senkrecht zur Eingriffslinie im jeweiligen Eingriffspunkt gemäß Gleichung (18.100), μ_{mC} den Mittelwert der Reibungszahl, $B_{M1,2}$ die thermischen Kontaktkoeffizienten von Rad 1 und Rad 2, b_H die halbe Hertz'sche Abplattungsbreite und w_n die Linienlast in Normalenrichtung im betrachteten Eingriffspunkt:

$$\mu_{mC} = 0{,}045 \cdot \left(\frac{w_{Bt}}{\rho_{redC} \cdot v_{\Sigma C}} \right)^{0,2} \cdot \eta_{Ö}^{-0,05} \cdot X_R \cdot X_L \quad \text{und} \quad B_M = \sqrt{\lambda \cdot \rho \cdot c} \tag{18.436}$$

$$b_H = \sqrt{\frac{8 \cdot w_n \cdot \rho_{redC}}{\pi \cdot E'}} \quad \text{mit} \quad \frac{1}{E'} = \frac{1}{2} \cdot \left(\frac{1-\nu_1^2}{E_1} + \frac{1-\nu_2^2}{E_2} \right) \tag{18.437}$$

$$w_n = \frac{w_t}{\cos \alpha_{wt}} \cdot X_\vartheta \quad \text{und} \quad X_\vartheta = \frac{b}{\left(\sum l_j \right) \cdot \cos \beta_b} \approx Z_\varepsilon^2 \tag{18.438}$$

Weiterhin bezeichnen w_{Bt} die effektive Linienlast und X_L den Schmierstofffaktor nach Tabelle 18.70, $\eta_Ö$ die dynamische Ölviskosität, die näherungsweise der dynamischen Viskosität bei Massentemperatur entspricht, $v_{\Sigma C}$ die hydrodynamisch wirksame Geschwindigkeit, $r_{\rho edC}$ den reduzierten Krümmungsradius und X_R den Rauheitsfaktor, sodass mit dem Zähnezahlverhältnis u, dem Achsabstand a, dem arithmetischen Mittenrauhwert R_a, dem Betriebseingriffswinkel α_{wt} und dem Schrägungwinkel am Grundkreis β_b gilt:

$$v_{\Sigma C} = 2 \cdot v \cdot \tan \alpha_{wt} \cdot \cos \alpha_t \quad \text{und} \quad X_R = 2{,}2 \cdot \left(\frac{R_a}{\rho_{redC}} \right)^{0{,}25} \tag{18.439}$$

$$\rho_{redC} = \frac{u}{(u+1)^2} \cdot a \cdot \frac{\sin \alpha_{wt}}{\cos \beta_b} \quad \text{und} \quad R_a = \frac{1}{2} \cdot \left(R_{a1} + R_{a2} \right) \tag{18.440}$$

Zur Berechnung des thermischen Kontaktkoeffizienten B_M werden die Wärmeleitzahl λ, die Dichte ρ und die spezifische Wärmekapazität c benötigt. Setzt man für Stahl die Werte λ = 40 ... 50 N/(sK), ρ = 7800 kg/m³ und $c \approx$ 490 Ws/(kgK), so ergibt sich ein Wert von $B_M \approx$ 13 · 10³ N/(mKs$^{1/2}$).

$w_{Bt} = K_A \cdot K_v \cdot K_{B\alpha} \cdot K_{B\beta} \cdot K_{B\gamma} \cdot \frac{F_t}{b}$ (18.441)			F_t / b ist die Umfangskraft im Teilkreis pro Zahnbreite und damit die ideelle Bezugslinienlast für die Vorfaktoren K_A, K_v, $K_{B\alpha} \approx K_{H\alpha}$ und $K_{B\beta} \approx K_{H\beta}$ nach Abschnitt 18.4.3.2.		
$\varepsilon_\gamma \leq 2$	$2 < \varepsilon_\gamma < 3{,}5$		$\varepsilon_\gamma \geq 3{,}5$	$K_{B\gamma}$ ist der Schrägungsfaktor für Fressen und korrigiert die mit den übrigen Faktoren bestimmte Belastung aufgrund der Fressneigung der Schrägverzahnung mit $\varepsilon_\gamma = \varepsilon_\alpha + \varepsilon_\beta$.	
$K_{B\gamma} = 1$	$K_{B\gamma} = 1 + 0{,}2 \cdot \sqrt{(\varepsilon_\gamma - 2) \cdot (5 - \varepsilon_\gamma)}$		$K_{B\gamma} = 1{,}3$		
Mineralöle	Polyalfaolefine und Ester	Nicht wasserlösliche Polyglykole	Wasserlösliche Polyglykole	Phosphosäureester	Traktionsfluide
$X_L = 1{,}0$	$X_L = 0{,}8$	$X_L = 0{,}7$	$X_L = 0{,}6$	$X_L = 1{,}3$	$X_L = 1{,}5$

Tabelle 18.70: Effektive Linienlast w_{Bt} und Schmierstofffaktor X_L

Für den Fall, dass die Linienlast w_n für die betreffende Eingriffsstellung aus genaueren Berechnungen gemäß Abschnitt 18.4.3.3 nicht bekannt ist, kann die Näherung nach Gleichung (18.438) genutzt werden, wobei sich der Lastverteilungsfaktor X_ϑ für eine Geradverzahnung nach Abbildung 18.193 ergibt und für eine Schrägverzahnung Gleichung (18.438) zu nutzen ist. Dabei bezeichnet $\sum l_j$ die Gesamtkontaktlinienlänge und Z_ε ist gemäß Gleichung (18.384) zu bestimmen.

Ausgehend von diesen grundlegenden Zusammenhängen enthält DIN 3990 eine aufbereitete Form der Blitztemperaturhypothese, wobei die Kopfrücknahme, die Lastverteilung sowie der Einfluss der Schrägverzahnung über zusätzliche, empirisch ermittelte Faktoren berücksichtigt werden [18.54].

Gemäß DIN 3990 wird aus der Fresstemperatur ϑ_S, der Schmieröltemperatur vor dem Eingriff $\vartheta_Ö$ und dem Maximalwert der Kontakttemperatur längs der Eingriffsstrecke ϑ_{Bmax} die sogenannte Fresssicherheit S_B berechnet, die größer sein muss als eine Mindestsicherheit S_{Bmin}:

$$S_B = \frac{\vartheta_S - \vartheta_Ö}{\vartheta_{Bmax} - \vartheta_Ö} \geq S_{Bmin} \tag{18.442}$$

Erfahrungsgemäß hängt der Sicherheitsfaktor S_{Bmin} davon ab, ob das Getriebe erst nach einem guten Einlauf in Betrieb genommen wird. So kann z.B. bei sorgfältigem Einlauf selbst bei $S_{Bmin} \approx 1$ kein Fressschaden auftreten, während ohne diese Einlaufphase oftmals erst bei $S_{Bmin} \approx 3$ ein Fressen ausgeschlossen werden kann. Einschränkend ist hier jedoch anzumerken, dass die meisten Getriebe üblicherweise ohne eine sorgfältige Einlaufphase in Betrieb genommen werden.

Grundsätzlich wird davon ausgegangen, dass Fressen eintritt, sobald die Kontakttemperatur ϑ_B einen bestimmten Wert, die Fresstemperatur ϑ_S, überschreitet. Diese Fresstemperatur wird in Zahnradlaufversuchen eines Werkstoff-Schmierstoff-Werkstoff-Systems in sogenannten FZG-Testern nach DIN 51354 bestimmt und auf das tatsächlich zu betrachtende Zahnradpaar übertragen, wobei diese Prüfstände nach dem gleichen in Abbildung 18.177 gezeigten Verspannprinzip arbeiten [18.80].

Für unlegierte und niedrig legierte Mineralöle in Kombination mit gehärteten Stählen wird die Fresstemperatur $\vartheta_{S,Mineral}$ nur abhängig von der Nennviskosität ν_{40} bestimmt, während bei EP-Ölen auf Mineralölbasis und bei synthetischen Ölen die Fresstemperatur $\vartheta_{S,Syntethisch}$ von weiteren Faktoren abhängt:

$$\vartheta_{S,Mineral} = 230 + 76{,}5 \cdot \log \frac{\nu_{40}}{30} \qquad \vartheta_{S,Synthetisch} \approx \vartheta_{MT} + X_{WrelT} \cdot \vartheta_{flamaxT} \tag{18.443}$$

Hierin bezeichnen gemäß Abbildung 18.194 ϑ_{MT} die Massentemperatur als Funktion des Ritzeldrehmoments M_{T1T} (Index T für Testwerte), X_{WrelT} den relativen Gefügefaktor, der die Eigenschaften des Werkstoffes/Gefüges auf die Fressfestigkeit berücksichtigt, und $\vartheta_{fla\,maxT}$ die maximal auftretende Blitztemperatur während des Fresstestlaufes im Prüfstand:

$$\vartheta_{MT} = 80 + 0{,}23 \cdot M_{T1T} \quad \text{und} \quad \vartheta_{fla\max T} = 0{,}12 \cdot M_{T1T}^{1,2} \cdot \left(\frac{100}{\nu_{40}}\right)^{\nu_{40}^{-0,4}} \tag{18.444}$$

Der Maximalwert der Kontakttemperatur längs der Eingriffsstrecke ϑ_{Bmax} lässt sich aus der Massentemperatur ϑ_M (Temperatur der Zahnoberfläche unmittelbar vor dem Eingriff) und dem Maximum der entlang der Eingriffsstrecke auftretenden Blitztemperatur $\vartheta_{fla\ max}$ gemäß Gleichung (18.435) wie folgt abschätzen:

$$\vartheta_{Bmax} = \vartheta_M + \vartheta_{flamax} \quad \text{mit} \quad \vartheta_M = \vartheta_{Ö} + 0{,}47 \cdot \vartheta_{flamax} \cdot X_{mp} \cdot X_S \quad \text{und} \quad X_{mp} = \frac{1 + n_p}{2} \tag{18.445}$$

Hierin bezeichnen n_p die Anzahl der Zahneingriffe und X_S den Schmierungsfaktor, mit dem sich eine bessere Wärmeübertragung bei Tauchschmierung im Vergleich zur Einspritzschmierung berücksichtigen lässt. Für Tauchschmierung ist $X_S = 1$, für Einspritzschmierung $X_S = 1{,}2$ und für vollständig unter Öl laufende Zahnräder $X_S = 0{,}2$.

Abschließend sei darauf hingewiesen, dass auch die modifizierte Hypothese der Blitztemperatur gemäß DIN 3990 sowie das im Folgenden beschriebene Integraltemperaturverfahren die Abhängigkeit der Fresslast von der Umfangsgeschwindigkeit nach Abbildung 18.194 nicht berücksichtigen.

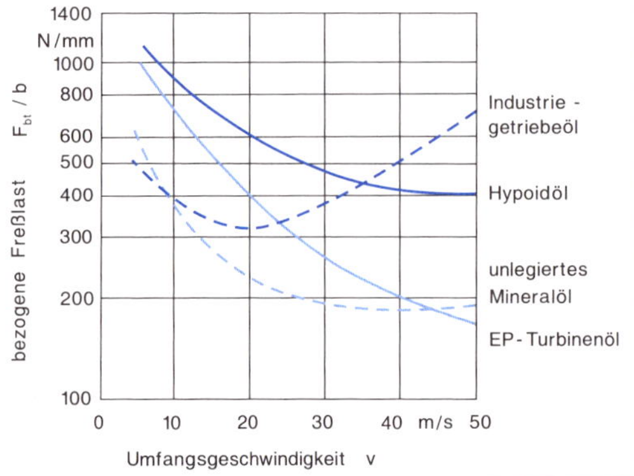

Werkstoff und Wärmebehandlung	Gefügefaktor
Vergütete Stähle	1,00
Phosphatierte Stähle	1,25
Verkupferte Stähle	1,50
Bad- und gasnitrierte Stähle	1,50
Einsatzgehärtete Stähle	
- Austenitgehalt normal	1,00
- Austenitgehalt unterdurchschnittlich	1,15
- Austenitgehalt überdurchschnittlich	0,85
Austenitische Stähle (rostfreie Stähle)	0,45

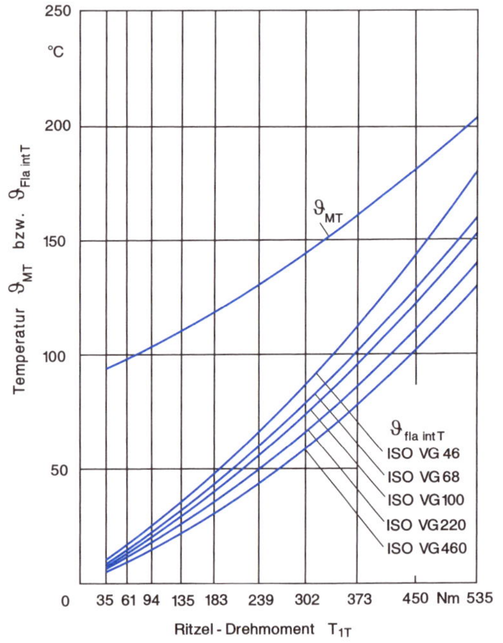

Abbildung 18.194: Fresslast-Geschwindigkeits-Kurve verschiedener Öle, Gefügefaktor X_W sowie Massentemperatur ϑ_M und mittlere Blitztemperatur $\vartheta_{fla\ int}$ [18.216]

Dem Integraltemperaturverfahren liegt der Gedanke zugrunde, dass eine zwar hohe, aber nur sehr kurzzeitig wirkende Temperatur nicht so schädigend wirkt wie eine niedrigere, aber dafür länger auftretende Temperatur, weshalb man bei diesem Verfahren den Mittelwert der Blitztemperaturen entlang der Eingriffsstrecke g_α gemäß Abbildung 18.193 ermittelt [18.235], [18.412]:

$$\vartheta_{fla\,\mathrm{int}} = \frac{1}{g_\alpha} \cdot \int_{\xi_A}^{\xi_E} \vartheta_{fla} d\xi \qquad (18.446)$$

Hierin ist die Blitztemperatur ϑ_{fla} für jede Eingriffsstellung nach Gleichung (18.436) zu berechnen, mit dem aus Versuchen bestimmten Faktor C_2 zu wichten und zur Massentemperatur ϑ_M zu addieren, sodass für die Integraltemperatur ϑ_{int} folgt:

$$\vartheta_{int} = \vartheta_M + C_2 \cdot \vartheta_{flaint} \le \vartheta_{intP} \text{ mit } \vartheta_M = X_S \cdot \left(\vartheta_{Ö} + C_1 \cdot \vartheta_{flaint}\right) \text{ und } \vartheta_{flaint} = \vartheta_{flaE} \cdot X_\varepsilon \qquad (18.447)$$

Diese Integraltemperatur ϑ_{int} muss immer kleiner oder gleich der zulässigen Integraltemperatur ϑ_{intP} sein. Weiterhin bezeichnen $\vartheta_{Ö}$ die Schmieröltemperatur vor dem Zahneingriff, X_ε den Überdeckungsfaktor, X_S den Schmierungsfaktor und die in Versuchen bestimmten Faktoren C_1 und C_2 können näherungsweise zu $C_1 \approx 0{,}7$ und $C_2 \approx 1{,}5$ gesetzt werden. Auf die Bestimmung der zulässigen Integraltemperatur ϑ_{intP} sowie sämtlicher weiterer Faktoren wird nachfolgend genauer eingegangen.

Gemäß DIN 3990 werden die folgenden Beziehungen zur Anwendung empfohlen, wenn keine genaueren Angaben vorliegen (Methode C) [18.54]. Zunächst wird die Blitztemperatur ϑ_{flaE} im Kopfeingriffspunkt E des Ritzels berechnet:

$$\vartheta_{flaE} = \mu_{mC} \cdot X_M \cdot X_{BE} \cdot X_{\alpha\beta} \cdot \frac{w_{Bt}^{3/4} \cdot v^{1/2}}{|a|^{1/4}} \cdot \frac{1}{X_Q \cdot X_{Ca}} \tag{18.448}$$

Hierin bezeichnen X_M den Blitzfaktor, X_{BE} den Geometriefaktor für den Zahnkopf, $X_{\alpha\beta}$ den Winkelfaktor, w_{bt} die effektive Linienlast nach Gleichung (18.441), a den Achsabstand, v die Umfangsgeschwindigkeit am Teilkreis, X_E den Einlauffaktor, X_Q den Eingriffsfaktor und X_{Ca} den Kopfrücknahmefaktor und für die über der Eingriffsstrecke gemittelte Zahnreibungszahl μ_{mC} gilt:

$$\mu_{mC} = 0{,}12 \cdot \left(\frac{w_{Bt}}{\eta_{Ö} \cdot v_{\Sigma C}}\right)^{0{,}25} \cdot \left(\frac{R_a}{\rho_{redC}}\right)^{0{,}25} \quad \text{mit} \quad R_a = \frac{1}{2} \cdot (R_{a1} + R_{a2}) \tag{18.449}$$

Dabei bezeichnen $v_{\Sigma C}$ die hydrodynamisch wirksame Geschwindigkeit und ρ_{redC} den reduzierten Krümmungsradius im Normalschnitt nach Gleichung (18.439) und (18.440), $\eta_{Ö}$ die dynamische Ölviskosität, die näherungsweise der dynamischen Viskosität bei Massentemperatur entspricht, und R_a den arithmetischen Mittenrauwert.

Die zulässige Integraltemperatur ϑ_{intP} ergibt sich aus der Fressintegraltemperatur ϑ_{intS}, bei der vereinbarungsgemäß gerade Fressen auftritt, und einer vom Einsatzfall abhängigen kleinsten erforderlichen Fresssicherheit S_{Smin}:

$$\vartheta_{intP} = \frac{\vartheta_{intS}}{S_{Smin}} \quad \text{mit} \quad \vartheta_{intS} \approx \vartheta_{MT} + X_{WrelT} \cdot C_2 \cdot \vartheta_{flaintT} \tag{18.450}$$

Die Fressintegraltemperatur ϑ_{intS} wiederum setzt sich zusammen aus der Massentemperatur ϑ_{MT} und der mittleren Blitztemperatur $\vartheta_{fla\ intT}$ während des Fresstestlaufes im Prüfstand mit einem identischen Werkstoff-Schmierstoff-Werkstoff-System als Funktion des Ritzeldrehmoments M_{T1T} (Index T für Testwerte) gemäß Abbildung 18.194:

$$\vartheta_{MT} = 80 + 0{,}23 \cdot M_{T1T} \quad \text{und} \quad \vartheta_{fla\,int\,T} = 0{,}08 \cdot M_{T1T}^{\;1{,}2} \cdot \left(\frac{100}{\nu_{40}}\right)^{\nu_{40}^{-0{,}4}} \tag{18.451}$$

Die kleinste erforderliche Fresssicherheit S_{Smin} ist für jeden Anwendungsfall gesondert zu bestimmen bzw. zwischen Hersteller und Betreiber zu vereinbaren. Anhaltswerte für die rechnerische Fresssicherheit nach DIN 3990 sind in Tabelle 18.71 zusammengestellt [18.54].

Bei der Fresssicherheit S_{intS} handelt es sich um ein Temperaturverhältnis, das nicht unmittelbar den Faktor angibt, um den das Drehmoment eines Getriebes erhöht werden kann, um gerade eine Sicherheit von $S_{intS} = 1$ zu erhalten. Zur Ermittlung eines „Kraftverhältnisses" S_{SL} muss der Zusammenhang zwischen aufgebrachter Belastung und Flankentemperatur bekannt sein, wobei mit w_{tmax} als maximal ertragbarer Linienbelastung und w_{teff} als tatsächlich auftretender Linienbelastung folgender überschlägiger Zusammenhang für S_{SL} gilt:

$$S_{intS} = \frac{\vartheta_{intS}}{\vartheta_{int}} \geq S_{Smin} \quad (18.452)$$

$$S_{SL} = \frac{w_{tmax}}{w_{teff}} \approx \frac{\vartheta_{Sint} - \vartheta_{Ö}}{\vartheta_{int} - \vartheta_{Ö}} \quad (18.453)$$

$S_{intS} < 1{,}0$	Mit hoher Wahrscheinlichkeit ist mit dem Auftreten von Fressern zu rechnen.
$1{,}0 \leq S_{intS} \leq 2{,}0$	Bei sorgfältigem Einlauf der Getriebe, gutem Tragbild und zutreffenden Annahmen der im Betrieb auftretenden Belastungen sind keine Fressschäden zu erwarten. Insbesondere bei ungenügendem Abbau der Fertigungsrauheit und nach ungenügender Ausbildung des Höhen- und Breitentragens der Verzahnung können Schäden nicht ausgeschlossen werden.
$S_{intS} > 2{,}0$	Ein Fressen ist kaum zu befürchten.

Tabelle 18.71: Rechnerische Fresssicherheiten S_{intS} bei dem Integraltemperaturverfahren nach DIN 3990 [18.54]

Abschließend werden noch die in den bisher zusammengestellten Gleichungen verwendeten Faktoren erläutert.

Die Blitztemperatur am Ritzelkopf ohne Lastaufteilung wird durch den Überdeckungsfaktor X_ε gemäß Tabelle 18.72 auf eine mittlere Blitztemperatur entlang der Flanke umgerechnet. Bei den angegebenen Gleichungen wird von der Näherung eines linearen Verlaufes der Blitztemperatur entlang der Eingriffslinie ausgegangen, wobei die Abweichungen unterhalb von 5 % zur sicheren Seite hin liegen.

Der Schmierungsfaktor X_S berücksichtigt die bei Tauchschmierung bessere Wärmeübertragung gegenüber Einspritzschmierung, entsprechende Werte finden sich bei Gleichung (18.445).

Der Blitzfaktor X_M dient zur Erfassung des Einflusses der Werkstoffeigenschaften von Ritzel und Rad auf die Blitztemperatur, wobei der thermische Kontaktkoeffizient B_M nach Gleichung (18.436) zu verwenden ist:

$$X_M = \left(\frac{2}{\frac{1-\nu_1^2}{E_1} + \frac{1-\nu_2^2}{E_2}} \right)^{1/4} \cdot \frac{\sqrt{1+\Gamma_E} + \sqrt{1-\frac{\Gamma_E}{u}}}{B_{M1} \cdot \sqrt{1+\Gamma_E} + B_{M2} \cdot \sqrt{1-\frac{\Gamma_E}{u}}} \quad \text{mit} \quad \Gamma_E = \frac{\sqrt{\left(\frac{d_{a1}}{d_{b1}}\right)^2 - 1}}{\tan \alpha_{wt}} - 1 \quad (18.454)$$

Bei gleichen Werkstoffen für Ritzel und Rad ergibt sich nachfolgende Vereinfachung und wenn man mittlere Werte von Martensitstählen einsetzt ($\lambda_M = 50$ N/(sK), $\rho_M = 7{,}85 \cdot 10^{-6}$ kg/mm³, $c_M = 485$ Nm/(kgK), $E = 206.000$ N/mm², $\nu = 0{,}3$), folgt für X_M:

$$X_M = \frac{E^{1/4}}{\left(1-\nu^2\right)^{1/4} \cdot B_M} \qquad X_M = 50{,}0\,\mathrm{K} \cdot \mathrm{N}^{-3/4} \cdot \mathrm{s}^{1/2} \cdot \mathrm{m}^{-1/2} \cdot \mathrm{mm} \quad (18.455)$$

$\varepsilon_\alpha < 1, \varepsilon_1 < 1, \varepsilon_2 < 1$	$X_\varepsilon = \frac{1}{2 \cdot \varepsilon_\alpha \cdot \varepsilon_1} \cdot \left(\varepsilon_1^2 + \varepsilon_2^2\right)$
$1 \leq \varepsilon_\alpha < 2, \varepsilon_1 < 1, \varepsilon_2 < 1$	$X_\varepsilon = \frac{1}{2 \cdot \varepsilon_\alpha \cdot \varepsilon_1} \cdot \left(0{,}7 \cdot \left(\varepsilon_1^2 + \varepsilon_2^2\right) - 0{,}22 \cdot \varepsilon_\alpha + 0{,}52 - 0{,}6 \cdot \varepsilon_1 \cdot \varepsilon_2\right)$
$1 \leq \varepsilon_\alpha < 2, \varepsilon_1 \geq 1, \varepsilon_2 < 1$	$X_\varepsilon = \frac{1}{2 \cdot \varepsilon_\alpha \cdot \varepsilon_1} \cdot \left(0{,}18 \cdot \varepsilon_1^2 + 0{,}7 \cdot \varepsilon_2^2 + 0{,}82 \cdot \varepsilon_1 - 0{,}52 \cdot \varepsilon_2 - 0{,}3 \cdot \varepsilon_1 \cdot \varepsilon_2\right)$
$1 \leq \varepsilon_\alpha < 2, \varepsilon_1 < 1, \varepsilon_2 \geq 1$	$X_\varepsilon = \frac{1}{2 \cdot \varepsilon_\alpha \cdot \varepsilon_1} \cdot \left(0{,}7 \cdot \varepsilon_1^2 + 0{,}18 \cdot \varepsilon_2^2 - 0{,}52 \cdot \varepsilon_1 + 0{,}82 \cdot \varepsilon_2 - 0{,}3 \cdot \varepsilon_1 \cdot \varepsilon_2\right)$
$2 \leq \varepsilon_\alpha < 3, \varepsilon_1 \geq \varepsilon_2$	$X_\varepsilon = \frac{1}{2 \cdot \varepsilon_\alpha \cdot \varepsilon_1} \cdot \left(0{,}44 \cdot \varepsilon_1^2 + 0{,}59 \cdot \varepsilon_2^2 + 0{,}3 \cdot \varepsilon_1 - 0{,}3 \cdot \varepsilon_2 - 0{,}15 \cdot \varepsilon_1 \cdot \varepsilon_2\right)$
$2 \leq \varepsilon_\alpha < 3, \varepsilon_1 < \varepsilon_2$	$X_\varepsilon = \frac{1}{2 \cdot \varepsilon_\alpha \cdot \varepsilon_1} \cdot \left(0{,}59 \cdot \varepsilon_1^2 + 0{,}44 \cdot \varepsilon_2^2 - 0{,}3 \cdot \varepsilon_1 + 0{,}3 \cdot \varepsilon_2 - 0{,}15 \cdot \varepsilon_1 \cdot \varepsilon_2\right)$

Tabelle 18.72: Überdeckungsfaktor X_ε nach DIN 3990 [18.54]

Der Geometriefaktor für den Ritzelzahnkopf X_{BE} berücksichtigt die Hertz'sche Pressung und die Gleitgeschwindigkeit am Ritzelzahnkopf unter Verwendung des Kopfkreisdurchmessers d_{a1}, des Grundkreisdurchmessers d_{b1}, der Zähnezahl z_2, des Zähnezahlverhältnisses u und des Betriebseingriffswinkels α_{wt}:

$$X_{BE} = 0{,}51 \cdot \sqrt{\frac{|z_2|}{z_2} \cdot (u+1)} \cdot \frac{\sqrt{0{,}5 \cdot \sqrt{d_{a1}{}^2 - d_{b1}{}^2}} - \sqrt{\frac{a \cdot \sin\alpha_{wt} - 0{,}5 \cdot \sqrt{d_{a1}{}^2 - d_{b1}{}^2}}{u}}}{\left(0{,}5 \cdot \sqrt{d_{a1}{}^2 - d_{b1}{}^2} \cdot \left|a \cdot \sin\alpha_{wt} - 0{,}5 \cdot \sqrt{d_{a1}{}^2 - d_{b1}{}^2}\right|\right)^{\frac{1}{4}}} \tag{18.456}$$

Der Winkelfaktor $X_{\alpha\beta}$ erfasst die Einflüsse von Eingriffswinkel α_t, Betriebseingriffswinkel α_{wt} und Schrägungswinkel β auf die Integraltemperatur, wobei für $\alpha_n = 20°$ näherungsweise $X_{\alpha\beta} = 1$ gesetzt werden kann.

Der Eingriffsfaktor X_Q gemäß Abbildung 18.195 bezieht die Wirkung des Eingriffsbeginns am Zahnkopf des getriebenen Rades im Bereich hohen Schlupfes in die Berechnung ein.

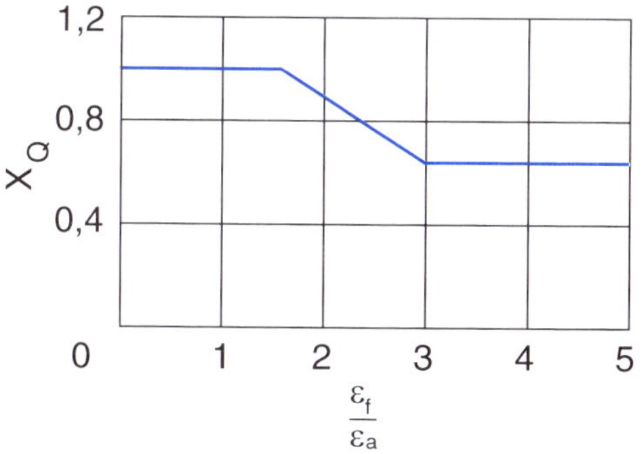

$\frac{\varepsilon_f}{\varepsilon_a} \leq 1{,}5$	$X_Q = 1{,}0$	
$1{,}5 < \frac{\varepsilon_f}{\varepsilon_a} < 3$	$X_Q = 1{,}4 - \frac{4}{15} \cdot \frac{\varepsilon_f}{\varepsilon_a}$	
$\frac{\varepsilon_f}{\varepsilon_a} \geq 3$	$X_Q = 0{,}6$	
Treibendes Ritzel:	$\varepsilon_f = \varepsilon_2$	$\varepsilon_a = \varepsilon_1$
Treibendes Rad:	$\varepsilon_f = \varepsilon_1$	$\varepsilon_a = \varepsilon_2$

Abbildung 18.195: Eingriffsfaktor X_Q nach DIN 3990 [18.54]

Der Kopfrücknahmefaktor X_{Ca} nach Abbildung 18.196 erfasst den positiven Einfluss von Kopfrücknahmen auf die Blitztemperatur, da hierdurch Überlastungen abgebaut werden, die durch elastische Verformungen der sich im Eingriff befindlichen Zähne in Bereichen hohen Schlupfes auftreten.

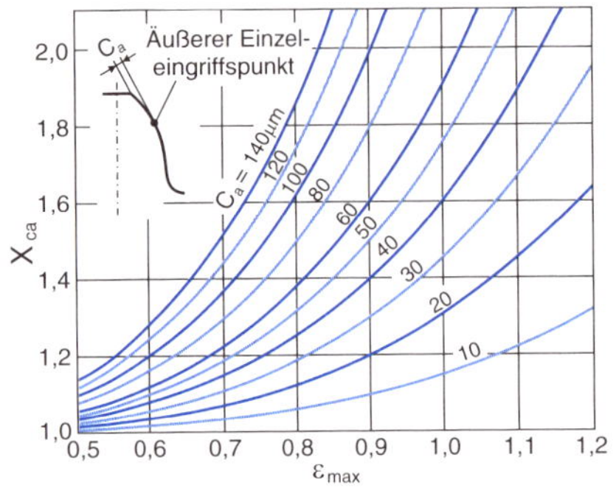

Für Verzahnungsqualität 7 und feiner nach DIN 3961 gilt mit ε_{max} als dem größeren Wert von ε_1 oder ε_2 [18.40]:

$$X_{Ca} = 1 + 1{,}55 \cdot 10^{-2} \cdot \varepsilon_{max}{}^4 \cdot C_a$$

Bei gröberer Verzahnungsqualität gilt: $X_{CA} = 1$

Ritzel treibend		Rad treibend	
$\varepsilon_1 > 1{,}5 \cdot \varepsilon_2$	$\varepsilon_1 \leq 1{,}5 \cdot \varepsilon_2$	$\varepsilon_2 > 1{,}5 \cdot \varepsilon_1$	$\varepsilon_2 \leq 1{,}5 \cdot \varepsilon_1$
C_{a1}	C_{a2}	C_{a2}	C_{a1}

Bei Vollast ergibt sich die wirksame Zahnkopfrücknahme C_{eff}, bei der die elastische Verformung durch die Flankenmodifikation ausgeglichen wird zu:	Geradverzahnung: $C_{eff} = K_A \cdot \frac{F_t / b}{c'}$	Schrägverzahnung: $C_{eff} = K_A \cdot \frac{F_t / b}{c_\gamma}$

Abbildung 18.196: Kopfrücknahmefaktor X_{CA}

Die maßgebende Kopfrücknahme C_a (Ritzel oder Rad) ist nach Abbildung 18.196 zu ermitteln, wobei $C_a = C_{eff}$ zu setzen ist, sobald $C_a > C_{eff}$ wird.

Der relative Gefügefaktor X_{WrelT} dient zur Erfassung der Auswirkungen von Unterschieden bei Werkstoffen und Wärmebehandlung auf die Fressintegraltemperatur, wobei der Gefügefaktor für die Versuchszahnräder $X_{WT} = 1$ beträgt und Anhaltswerte für den Gefügefaktor X_W in Abbildung 18.194 zusammengestellt sind:

$$X_{WrelT} = \frac{X_W}{X_{WT}} \tag{18.457}$$

Abschließend sei nochmals darauf hingewiesen, dass die hier vorgestellten Berechnungsverfahren zur Fresstragfähigkeit nicht unabhängig von experimentell zu ermittelnden Kennwerten angewendet werden können, weshalb mit DIN 51354 ein Prüfverfahren genormt wurde, mit dem sich auf genormten Verspannprüfständen die Fresstragfähigkeit eines Schmierstoffes unter bestimmten Betriebsbedingungen nachweisen lässt [18.80], [18.216], [18.252].

Insgesamt sind zwölf Kraftstufen für die Prüfung vorgesehen, wobei jede Kraftstufe in steigender Folge mit der vorgesehenen Anfangstemperatur des Schmierstoffes bei den festgelegten Prüfbedingungen durchfahren wird. Diejenige Kraftstufe, bei der stärkere Schäden auf den Zahnflanken auftreten, wird als Schadenskraftstufe bezeichnet. Gemessen wird der Verschleiß nach jeder Kraftstufe durch Bestimmung der Masseänderung Δm für Ritzel und Rad durch Wägen. Lässt sich hierdurch kein Umsprung in die sogenannte Verschleißhochlage nachweisen, liegt die Schadenskraftstufe über 12 [18.80], [18.216].

Ungeachtet der Notwendigkeit von Versuchen lässt sich zusammenfassen, dass zur Erzielung einer hohen Fresstragfähigkeit bzw. der Vermeidung des Warmfressens alle Maßnahmen günstig sind, die letztlich zu niedrigeren Flankentemperaturen führen. Hierzu gehören das Anpassen der Verzahnungsgeometrie zur Absenkung der Gleitgeschwindigkeit, die Steigerung der Flankenfestigkeit durch Härtung sowie die Steigerung der Schmierfilmdicke durch höhere Viskosität des Schmierstoffes oder der Einsatz legierter Schmieröle mit Extreme-Pressure-Zusätzen (EP-Additive).

18.4.7 Nachweis der Graufleckentragfähigkeit

Ähnlich wie die Grübchenbildung (Pittingbildung) ist auch das Auftreten von Graufleckigkeit eine Ermüdungserscheinung der Zahnflanken. Die oft auch als Mikropitting bezeichnete Graufleckigkeit tritt überwiegend bei Belastungen unterhalb der Grübchentragfähigkeit an Zahnrädern hoher Härte auf, wobei sie bevorzugt von Bereichen negativen Schlupfes ihren Ausgang nimmt [18.281], [18.328], [18.329], [18.415].

Die entstehenden Anrisse liegen unter einem Winkel von 10° bis 45° zur Oberfläche in Richtung der Hauptschubspannungen sehr eng beieinander, woraus sich das makroskopisch graue Aussehen ergibt, und bilden sich gemäß Abbildung 18.197 entgegen der wirksamen Reibkraft aus, wobei die Graufleckigkeit wegen der geringeren Tiefe der Ausbröckelungen von ca. 25 µm nicht so gefährlich ist wie die Grübchenbildung. Allerdings gehen von mit Graufleckigkeit geschädigten Flankenbereichen später meist großflächige Ausbrüche (Grübchen) aus, weshalb auch die Graufleckigkeit nur in Ausnahmefällen als zulässig beurteilt wird.

Da es sich bei der Graufleckigkeit um eine Ermüdung der Grenzschicht handelt, deren Festigkeit und Glättung wesentlich vom Schmierstoff und entsprechenden Schmierstoffadditiven abhängt, lässt sich das Auftreten von Graufleckigkeit durch eine geringere Flankenrauheit, eine größere Betriebsviskosität des Schmiermittels, durch Einlaufvorgänge, bestimmte Schmierstoffadditive oder aber auch durch Verkupfern mindern (kostenintensiv).

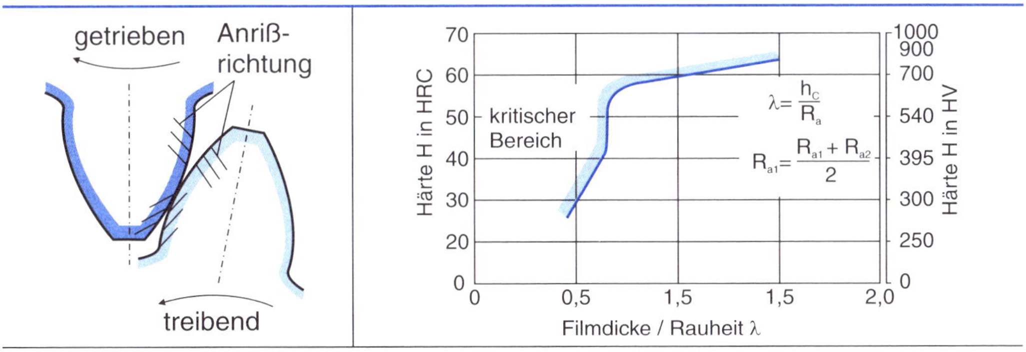

Abbildung 18.197: Graufleckenbildung – a) Vorzugsweise Anrissrichtung, b) Kritischer Betriebsbereich der Graufleckenbildung [18.216]

Aufgrund dieser Zusammenhänge wird davon ausgegangen, dass bei bestimmten Schmierfilmdicken h_c die Rauheitserhebungen im Verlauf der Flankenpressung wirksam werden.

Dadurch entstehen mehrere Maxima im Kontaktbereich, die größer sind als die rechnerische Hertz'sche Pressung, die sich mit den Krümmungsradien der als abweichungsfrei angenommenen Evolventen berechnen lässt. Dadurch rückt dann auch das Maximum der Beanspruchung näher an die Oberfläche, was die im Vergleich zu den Grübchen weniger tiefen Ausbröckelungen erklärt.

Gemäß bisheriger Versuchsergebnisse besteht eine erhöhte Graufleckengefahr, wenn das Schmierfilmdicken-Rauheitsverhältnis λ einen kritischen Wert λ_{krit} unterschreitet [18.328], [18.415]:

$$\lambda = \frac{h_C}{R_a} \leq \lambda_{krit} \quad \text{mit} \quad h_C = 0{,}0047 \cdot {\rho_C}^{0,3} \cdot {\nu_{M0}}^{0,7} \cdot {v_{\Sigma C}}^{0,7} \cdot \left(\frac{\sigma_{H\lambda}}{856}\right)^{-0,26} \qquad (18.458)$$

Hierin bezeichnen R_a den Mittenrauheitswert nach Gleichung (18.449), h_C die rechnerische minimale Schmierfilmdicke in µm im Wälzpunkt (minimale rechnerische EHD-Schmierfilmdicke) und das kritische Verhältnis λ_{krit} ist Abbildung 18.197 zu entnehmen [18.415]. Weiterhin bezeichnen ρ_C den Ersatz-Krümmungsradius im Wälzpunkt nach Gleichung (18.440), ν_{M0} die kinematische Viskosität bei örtlicher Massentemperatur ϑ_{M0} in mm^2/s, $v_{\Sigma C}$ die Summengeschwindigkeit in m/s gemäß Gleichung (18.439) und $\sigma_{H\lambda}$ die Hertz'sche Pressung in N/mm^2 mit $Z_\varepsilon = Z_\beta = Z_B = K_{H\alpha} = 1$ [18.127], [18.216].

Die Eignung von Schmierstoffen hinsichtlich der Vermeidung von Grauflecken wird ähnlich zum Fresstest von Schmierstoffen auf entsprechenden Verspannprüfständen nach DIN 51354 geprüft, wobei jedoch eine bezüglich der Gleitgeschwindigkeit ausgeglichene bzw. weniger fressempfindliche Verzahnungsgeometrie mit einer Flankenrauheit von $R_a = 0{,}5 \pm 0{,}1$ µm in Evolventenrichtung genutzt wird [18.80], [18.216], [18.253].

Nach einer Einlaufphase wird die Belastung beginnend bei Stufe 5 bis zur Schadenskraftstufe, höchstens Schadenskraftstufe 10, stufenweise gesteigert. Die jeweilige Schadenskraftstufe gilt als erreicht, wenn der Mittelwert der Profilformabweichung f_f von drei am Umfang gleichmäßig verteilten Zähnen (Flanken) $f_f \geq 7{,}5$ µm beträgt. Wird der Schaden in der 8., 9. oder 10. Stufe erreicht oder bleiben die Flanken schadensfrei, folgt anschließend ein Dauerlauf, wobei in der 8. Laststufe maximal 80 h und in der 10. Laststufe 5 x 80 h gefahren werden. Der Test wird bei Fressen und auch Graufleckenschäden abgebrochen, sobald diese bei einer niedrigeren Stufe als 8 eintreten.

Der Dauertest wird bei Erreichen einer mittleren Profilformabweichung von $f_f \geq 20$ µm beendet. Sobald 4 % pro Zahnflankenfläche Graufleckenschäden oder Grübchen aufweisen, liegt definitionsgemäß eine Graufleckenschädigung vor. Die wesentlichen Merkmale der Graufleckentragfähigkeitsklassen sind in Tabelle 18.73 zusammengestellt.

Abschließend lässt sich zusammenfassen, dass bedingt durch die Streuung der geometrischen Abweichungen der Oberflächen und des Gefüges auch die Ergebnisse entsprechend streuen, sodass zur statistischen Absicherung eine Vielzahl von Versuchen notwendig ist. Aus den bisherigen Versuchsergebnissen ist erkennbar, dass die Additive im Schmierstoff einen größeren Einfluss als die Viskosität aufweisen. Ungeachtet der umfangreichen Erfahrungen der Schmierstoffhersteller werden auch zukünftig abgesicherte Aussagen zur Wirksamkeit von Ölzusätzen (Additiven) bei bestimmten Betriebsbedingungen Versuche erfordern.

Graufleckentragfähigkeitsklasse	Schadenskraftstufe SK im Stufentest	Schadensverhalten im Dauertest
GFT – niedrig	$SK \leq 7$, große Graufleckenfläche, Graufleckigkeit z.T. über 50 %	1 x 80 h Laufzeit bei Stufe 10 Grauflecken, $f_f > 20$ µm
GFT – mittel	SK 7 bis 9, mittlere Graufleckenfläche, Graufleckigkeit ca. 30 bis 50 %	1 bis 2 x 80 h Laufzeit bei Stufe 10 Grauflecken, $f_f = 10 \ldots 20$ µm und/oder Grübchenbildung
GFT – hoch	$SK \geq 10$, wenig bis keine Graufleckigkeit, Graufleckigkeit ≤ 20 %	1 bis 5 x 80 h Laufzeit bei Stufe 10 eventuell Grauflecken, $f_f < 20$ µm, Grübchenbildung

Tabelle 18.73: Graufleckentragfähigkeitsklassen nach [18.216], [18.253]

18.4.8 Nachweis der Verschleißtragfähigkeit

Unter Verschleiß versteht man nach DIN 50320 den fortschreitenden Materialverlust aus der Oberfläche eines festen Körpers, hervorgerufen durch mechanische Ursachen, d.h. Kontakt und Relativbewegung eines festen, flüssigen oder gasförmigen Gegenkörpers [18.77].

Dabei lässt sich nach Abbildung 18.198 entsprechend den wirkenden Mechanismen eine grobe Einteilung von Verschleiß infolge von Adhäsion, Abrasion, Oberflächenzerrüttung bzw. Ermüdung (infolge nicht konstanter Beanspruchung) und tribochemischer Reaktion vornehmen, wobei in den meisten Fällen mehrere Mechanismen gleichzeitig wirken [18.11], [18.130], [18.275].

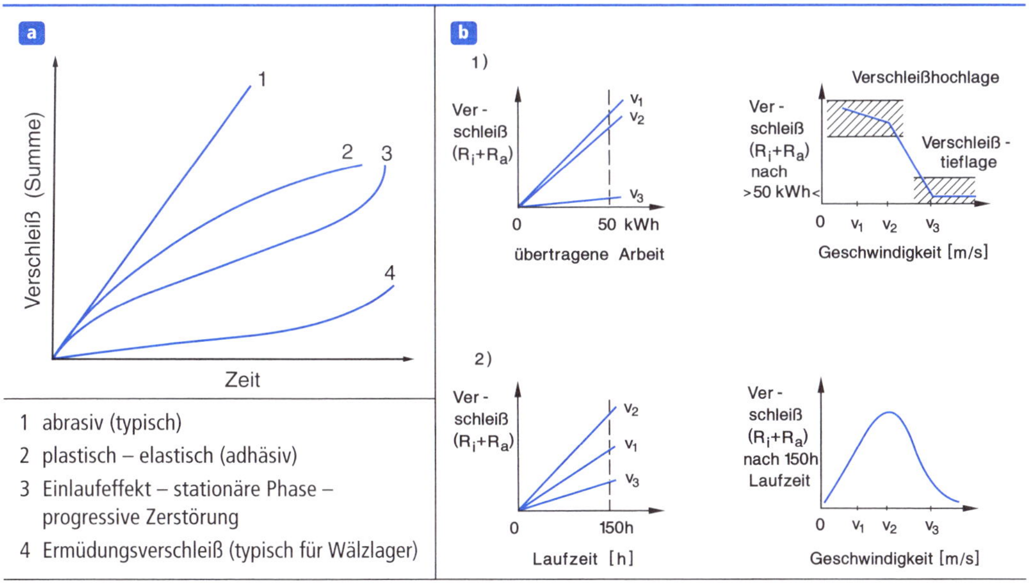

Abbildung 18.198: Charakteristischer zeitlicher Verlauf des Verschleißes – a) Bei unterschiedlichen Mechanismen, b) Bei langsam laufenden Zahnrädern mit Werkstoffpaarungen V1 bis V3 nach Tabelle 18.75 [18.274], [18.275]

Üblicherweise stellt der Verschleiß bei Stahl-Zahnrädern nur in Ausnahmefällen eine die Lebensdauer begrenzende Schadensart dar (s.a. Abschnitt 18.4.1). Hierzu gehört der adhäsive Verschleiß bei sehr langsam laufenden Zahnrädern und der abrasive Verschleiß bei der Paarung harter und rauer Zahnräder mit weichen Gegenrädern sowie bei verunreinigten oder gar nicht vorhandenen Schmierstoffen [18.34], [18.216], [18.274], [18.361], [18.393]. Insbesondere bei sehr langsam laufenden Zahnrädern geht die hydrodynamische Wirkung zurück, sodass gemäß Abbildung 18.198 b) Reibung und Verschleiß sehr stark ansteigen [18.274]. Dabei tritt bei gehärteten und vergüteten Verzahnungen unterhalb einer Wälzgeschwindigkeit von v = 0,5 m/s typischerweise eine Verschleißhochlage auf.

Im Gegensatz zum adhäsiven und abrasiven Verschleiß ist der sogenannte Einlaufverschleiß ein erwünschter Vorrang, bei dem es innerhalb einer Einlaufphase zu einer Glättung der Oberfläche durch Abtrag der Rauigkeit und Welligkeit kommt, was eine stark erhöhte Fresstragfähigkeit, eine Verbesserung des Geräuschverhaltens und oftmals auch generelle Tragbildverbesserungen zur Folge hat. Des Weiteren ist bei einem optimal geführten Einlaufvorgang die Endrauheit oft unabhängig von der Rauheit nach der Fertigung (s.a. Abschnitt 18.2.9.1). Angaben zur Berücksichtigung der Einlaufbeträge bei der Berechnung der Stirn- und Breitenlastverteilung sind in Abbildung 18.159 zusammengestellt.

Im Folgenden lässt sich nun die Verschleißtragfähigkeit in der Form nachweisen, dass ein Ist-Verschleiß W_1 bestimmt wird, der mit einem zulässigen Verschleiß W_{1P} verglichen wird, wobei als Grundvoraussetzung für die Sicherheit gegen Grübchenbildung $S_H > 1$ gilt.

Aus Versuchen mit Geschwindigkeiten von $v_t < 0{,}5$ m/s und Mineralölschmierung ist bekannt, dass man als Kenngröße für die Verschleißgefahr die rechnerische EHD-Schmierfilmdicke h_C gemäß Gleichung (18.458) verwenden kann, wobei für $h_C = h_{min} < 0{,}5$ µm der Verschleiß oft die maßgebende Schadensart ist [18.252].

Unter Vernachlässigung des Einlaufverschleißes ergibt sich für den bei größeren Abnutzungen charakteristischen äquidistanten linearen Verschleißabtrag W_1 in mm/h näherungsweise folgender Zusammenhang, wobei ein zulässiger Verschleißbetrag W_{1P} abhängig von den genannten Gesichtspunkten gemäß Tabelle 18.74 nicht überschritten werden darf [18.252], [18.274]:

$$W_1 = c_1 \cdot \left(\frac{\sigma_H}{\sigma_{HT}}\right)^{1,4} \cdot \frac{\rho_C}{\rho_{CT}} \cdot \frac{\xi_W}{\xi_{WT}} \cdot N_h \leq W_{1P} \quad \text{mit} \quad c_1 = c_{1T} \cdot \left(\frac{h_{CT}}{h_C}\right)^p \tag{18.459}$$

Hierin bezeichnen σ_H die Hertz'sche Pressung der zu berechnenden Verzahnung, σ_{HT} die Hertz'sche Pressung der Testverzahnung, h_{CT} die Schmierfilmdicke, p den Exponenten und c_{1T} den Verschleißkoeffizienten der Testverzahnung gemäß Tabelle 18.75, h_C die rechnerische EHD-Schmierfilmdicke gemäß Gleichung (18.458) unter Verwendung der örtlichen Massentemperatur ϑ_{M0} nach Gleichung (18.447) zur Bestimmung der kinematischen Viskosität ν_{M0}, ρ_C den Ersatz-Krümmungsradius der zu berechnenden Flankenpaarung nach Gleichung (18.380), ρ_{CT} = 8,4 mm den Ersatz-Krümmungsradius der Testverzahnung, N_h die Lastwechsel pro Stunde und ζ_W das mittlere spezifische Gleiten der zu berechnenden Verzahnung sowie ζ_{WT} = 0,74 das mittlere spezifische Gleiten der Testverzahnung mit dem Zähnezahlverhältnis u und den Überdeckungen ε_1 und ε_2:

$$\zeta_W = \zeta_{E1} \cdot \varepsilon_1 + \zeta_{A2} \cdot \varepsilon_2 \quad \text{mit} \quad \zeta_{E1} = 1 - \frac{\rho_{E2}}{u \cdot \rho_{E1}} \quad \text{und} \quad \zeta_{A2} = 1 - \frac{u \cdot \rho_{A1}}{\rho_{A2}} \tag{18.460}$$

Weiterhin gilt für die Krümmungsradien im Stirnschnitt zu Beginn des Eingriffs ρ_A und zum Ende des Eingriffs ρ_E unter Verwendung der Kopfkreisdurchmesser d_a, der Grundkreisdurchmesser d_b, der Zähnezahl z_2, des Zähnezahlverhältnisses u und des Betriebseingriffswinkels α_{wt}:

$$\rho_{A1} = a \cdot \sin \alpha_{wt} - \rho_{A2} \quad \text{und} \quad \rho_{A2} = \frac{1}{2} \cdot \frac{z_2}{|z_2|} \cdot \sqrt{d_{a2}^2 - d_{b2}^2} \tag{18.461}$$

$$\rho_{E2} = a \cdot \sin \alpha_{wt} - \rho_{E1} \quad \text{und} \quad \rho_{E1} = \frac{1}{2} \cdot \frac{z_2}{|z_2|} \cdot \sqrt{d_{a1}^2 - d_{b1}^2} \tag{18.462}$$

Zur Berechnung der Hertz'schen Pressung σ_H kann man mit $K_{h\beta} = K_{h\alpha} = 1$ rechnen, da wegen des Einlaufverschleißes von einer gleichmäßigen Lastverteilung über der Breite und in Umfangsrichtung ausgegangen werden kann, wobei wegen der niedrigen Umfangsgeschwindigkeit der Dynamikfaktor ebenfalls zu $K_v = 1$ anzunehmen ist.

Der Verschleißkoeffizient der Testverzahnung c_{1T} gemäß Tabelle 18.75 sollte vorzugsweise mit Prüfrädern und bei Betriebsbedingungen ermittelt werden, die denen des zu berechnenden Getriebes vergleichbar sind, sodass in diesem Fall Gleichung (18.459) direkt angewendet werden kann.

Anderenfalls bestimmt man den Verschleißkoeffizienten c_{1T} für größere Testgetriebe, indem man den linearen Verschleißbetrag W_1 nach abgeschlossenem Einlauf aus den Zahnweiten- bzw. Zahndickenmessungen für zwei hinreichend auseinanderliegende Zeitpunkte (d.h. Lastwechselzahlen N_{L1} und N_{L2}) bestimmt, sodass $c_{1T} = W_1 / (N_{L2} - N_{L1})$. Wird der Vergleichsversuch dagegen bei einer anderen Schmierfilmdicke h_{min} durchgeführt, ist der zugehörige Verschleißkoeffizient c_{1T} über diesem h_{min} in Abbildung 18.199 aufzutragen. Daraus lässt sich dann entsprechend dem Kurvenverlauf der gleichartigen Werkstoffpaarung und mit dem h_{min} des zu berechnenden Getriebes der zugehörige Verschleißfaktor bestimmen.

1.	Wenn bei zeitweise schneller laufenden Getrieben die zulässige Verschlechterung der Flankenform ca. eine DIN-Qualität betragen soll:	$W_{1P} \approx \frac{f_p}{3}$
2.	Wenn das Verdrehflankenspiel um maximal Δj_t größer werden darf:	$W_{1P} = \Delta j_t$
3.	Wenn der zulässige Abtrag der Randhärteschicht bei gehärteten Zahnrädern eingehalten werden soll:	$W_{1P} = 0{,}5 \cdot \mathit{Härtetiefe}$
4.	Wenn bei stark profilverschobenen Zahnrädern die Mindest-Zahnkopfdicke z.B. $0{,}1 \cdot m$ betragen soll:	$W_{1P} = s_A - 0{,}1 \cdot m$
5.	Wenn der Abrieb im Schmierstoff begrenzt ist auf W_{mP} in mg:	$W_{1P} = \frac{W_{mP}}{2 \cdot \rho \cdot m \cdot b \cdot z}$
6.	Wenn bei konstant langsam laufenden Zahnrädern die Kriterien 1. bis 5. entfallen und die Mindestbruchsicherheit der verschlissenen Zähne S_{Fgrenz} maßgebend ist:	$W_{1P} \approx 2 \cdot m \cdot \left(1 - \sqrt{\frac{S_{Fgrenz}}{S_F}}\right)$

f_p: Einzelteilungsabweichung	s_A: Zahnkopfdicke	m: Modul	ρ: Dichte des Zahnradwerkstoffes
j_t: Verdrehflankenspiel	b: Zahnbreite	z: Zähnezahl	S_F: Sicherheit gegen Zahnbruch

Tabelle 18.74: Zulässiger Verschleißabtrag W_{1P} in mm je Flanke nach [18.252]

Nr.	Verzahnungspaarung	σ_{HT} [N/mm²]	c_{1T} [mm/Umdr.]	h_{CT} [µm]	p [-]	h_{Cmin} [mm]	h_{Cmax} [mm]
V1	einsatzgehärtet/vergütet (15 CrNi 6 / 42 CrMo 4)	635	$1{,}5 \cdot 10^{-7}$	10^{-2}	0,67	$5 \cdot 10^{-3}$	0,5
V2	einsatzgehärtet/einsatzgehärtet (15 CrNi 6 / 15 CrNi 6)	1160	$3{,}0 \cdot 10^{-8}$	10^{-2}	3,35	$1 \cdot 10^{-2}$	$6 \cdot 10^{-2}$
V3	vergütet/vergütet (42 CrMo 4 / 42 CrMo 4)	635	$1{,}0 \cdot 10^{-8}$	10^{-2}	1,53	$5 \cdot 10^{-3}$	$1 \cdot 10^{-1}$

σ_{HT}: Bezugspressung; c_{1T}: Verschleißkoeffizient; h_{CT}: Schmierfilmdicke (Bezugswert); p: Exponent (Filmdickeneinfluss); h_{Cmin} bis h_{Cmax}: Gültigkeitsbereich

Tabelle 18.75: Untersuchte Verzahnungpaarungen für Langsamlaufverschleiß und Anhaltswerte zur Bestimmung des Verschleißes W_1 und des Verschleißkoeffizienten c_{1t} [18.274]

Für den Fall, dass derartige Versuchs- oder Erfahrungswerte nicht zur Verfügung stehen, können die an Standard-Prüfrädern mit unlegierten Mineralölen an unterschiedlichen Werkstoffpaarungen ermittelten Verschleißkoeffizienten c_{1T} als Anhaltswerte verwendet werden [18.252]. Ferner enthält das Diagramm auch Werte für nicht additivierte Fließfette, wobei der Kennwert h_{min} dann aus der Grundviskosität zu bestimmen ist. In grober Näherung lassen sich die Verschleißkoeffizienten c_{1T} auch für synthetische Schmierstoffe, Öle mit Extreme-Pressure-Zusätzen (EP) und für verunreinigte Öle als Anhaltswert verwenden [18.252].

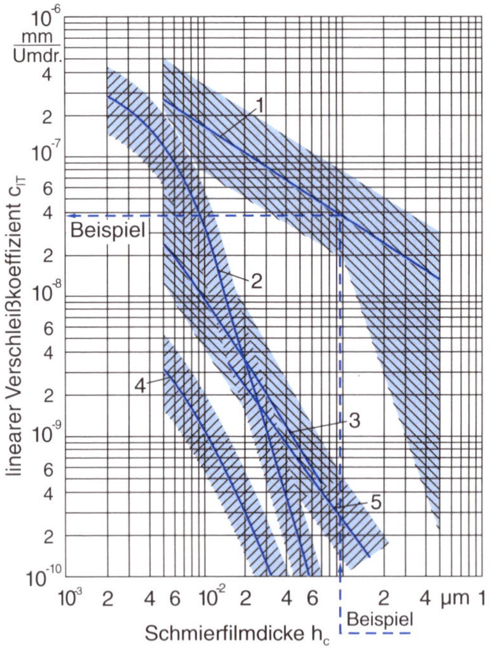

1: 15 CrNi 6 Eh / 42 CrMo 4 V
2: 15 CrNi 6 Eh / 15 CrNi 6 Eh
3: 42 CrMo 4 V / 42 CrMo 4 V
4: 31 CrMoV 9 NT / 31 CrMoV 9 NT
5: 15 CrNi 6 Eh / 15 CrNi 6 Eh

Nr. 1 bis 4, Mineralöl ohne EP-Zusatz
Nr. 5: Fließfett ohne EP-Zusatz

Bei Paarung unterschiedlicher Härte (außer Nr. 1) für weicheres Rad obere Grenze, für härteres Rad untere Grenze des Streufeldes benutzen

Bei Gegenrad grober Qualität obere Grenze, bei Gegenrad feiner Qualität untere Grenze benutzen

Bei Paarung hart/weich (wie Nr. 1) ist für das harte Ritzel Nr. 2 maßgeblich

Abbildung 18.199: Linearer Verschleißkoeffizient c_{1t} für Langsamlaufverschleiß nach [18.252], [18.274]

Einschränkend ist jedoch anzumerken, dass bei Schmierstoffen mit EP-Zusätzen dem Filmdickeneinfluss in verstärktem Maße ein chemischer Wirkmechanismus überlagert ist, der hauptsächlich durch die Reibungs-, Pressungs- und Temperaturverhältnisse bestimmt wird. Daher empfiehlt es sich, diese Werte für den Verschleißkoeffizienten c_{1T} nur auf die Betriebsbedingungen zu übertragen, wenn diese zusätzlichen Parameter im Betrieb denen beim Test weitgehend entsprechen [18.252].

Schließlich lässt sich aus dem auftretenden Verschleiß W_1 und dem zulässigen Verschleißabtrag je Flanke W_{1P} nach Tabelle 18.74 eine Verschleißlebensdauer L_{hW} in Stunden berechnen:

$$L_{hW} = \frac{W_{1P}}{W_1} \tag{18.463}$$

18.4.9 Nachweis der Sicherheit gegen Maximalbelastung

Zusätzlich zu den bereits abgehandelten Nachweisen der Ermüdungsfestigkeit von Zahnflanke und Zahnfuß ist auch immer die Sicherheit gegen Maximalbelastung für Zahnflanke und Zahnfuß nachzuweisen.

Dabei kann es an der Zahnflanke durch eine Maximalbelastung abhängig vom Werkstoff, dem Wärmebehandlungszustand und der Zahngeometrie zur bleibenden Verformung (plastische Verformung), zu Anriss oder Sprödbruch der Randschicht kommen. Am Zahnfuß sind durch eine Maximalbelastung ebenfalls bleibende Verformung (plastische Verformung), Anriss oder Sprödbruch möglich [18.179], [18.180], [18.222].

Betrachtet man zunächst die Zahnflanke, so können durch einzelne Lastspitzen, die zwar aufgrund ihrer Höhe und der geringen Häufigkeit nicht bei der Umrechnung in eine äquivalente Belastung innerhalb eines Ermüdungsfestigkeitsnachweises zu berücksichtigen sind, sehr wohl eine unzulässige, bleibende Verformung der Zahnflankenoberfläche, ein Anriss oder ein Sprödbruch bei harter Randschicht auftreten. Deshalb ist die Sicherheit S_{HSt} gegen Schäden bei maximaler (stoßhafter) Belastung nachzuweisen, indem die maximal ertragbare Flankenpressung σ_{HSt} bei einmaliger bzw. geringer Lastwechselzahl (Beanspruchbarkeit) mit der maximal auftretenden Flankenpressung σ_{Hmax} (Beanspruchung) verglichen wird, wobei im Sinne einer Sicherheit von $S_{HSt} \geq 1$ die Beanspruchung σ_{Hmax} immer kleiner oder gleich der Beanspruchbarkeit σ_{HSt} sein muss:

$$S_{HSt} = \frac{\sigma_{HSt}}{\sigma_{Hmax}} \quad \text{oder} \quad \sigma_{Hmax} \leq \sigma_{HSt} \tag{18.464}$$

Anhaltswerte für den Sicherheitswert S_{HSt} können Tabelle 18.45 entnommen werden. Die maximal auftretende Flankenpressung σ_{Hmax} ist für die maximale Umfangskraft F_{tmax} mit Gleichung (18.394) zu ermitteln. Die maximal ertragbare Flankenpressung ist im Versuch zu ermitteln oder aber anhand der Werte in Tabelle 18.76 zu bestimmen [18.216].

In DIN 3990 wird die maximal ertragbare Flankenpressung $\sigma_{Hpmax} = \sigma_{HsT}$ abhängig von der Dauerfestigkeit und einem Faktor Z_N bestimmt, woraus sich vergleichbare Werte ergeben [18.55].

$\sigma_{Hmax} = 2{,}8 \cdot \sigma_S = 2{,}8 \cdot R_{p0,2}$	Unbehandelter, normal geglühter oder vergüteter Stahl	
$\sigma_{Hmax} = 4 \cdot H_O$	Einsatz-, carbonitrier-, flammen- oder induktionsgehärteter Stahl	
$\sigma_{Hmax} = 3 \cdot H_O$	Nitrierter Stahl	
σ_S: Streckgrenze	$R_{p0,2}$: 0,2-%-Dehngrenze	H_O: Oberflächenhärte in HV

Tabelle 18.76: Maximal ertragbare Flankenpressung bei maximaler Belastung [18.216]

Beim Nachweis der Sicherheit gegen Anriss, Sprödbruch oder bleibende Verformung des Zahnfußes ist zunächst zu beachten, dass die Schadensgrenze infolge Gewaltbruch entweder über der Anrissgrenze liegt oder aber bei spröden Materialien mit ihr zusammenfällt, weshalb im Folgenden nur die Anrissgrenze und die Belastungsgrenze hinsichtlich bleibender Verformung behandelt werden.

Grundsätzlich lassen sich Anrisse vermeiden, wenn die zulässige örtliche Dehnung nicht überschritten wird. Demzufolge muss an jeder Stelle des kritischen Querschnittes (die Koordinate x läuft radial vom Bauteilrand zum Bauteilinneren) die Vergleichsspannung $\sigma_{Vergleich}(x)$ aus den örtlichen Spannungen $\sigma_{Örtlich}(x)$ und den Eigenspannungen $\sigma_{Eigen}(x)$ kleiner als die örtliche Festigkeit $\sigma_{Festigkeit,örtlich}(x)$ sein:

$$\sigma_{Vergleich}(x) \le \sigma_{Festgkeit,örtlich}(x) \tag{18.465}$$

Bei duktilen Werkstoffen wird die Spannungsspitze im Zahnfuß durch örtliche plastische Verformung abgebaut, ohne dass es zu einem Anriss kommt. Dieser Stützwirkungseffekt wird getrennt für das zu berechnende Zahnrad mit der Stützziffer $Y_{\delta St}$ und für das Testrad, mit dem die maximal ertragbare örtliche Zahnfußspannung bei einmaliger Belastung σ_{FSt} versuchstechnisch ermittelt wurde, mit der Stützziffer $Y_{\delta StT}$ erfasst. Anhaltswerte für diese Stützziffern bei einmaliger Belastung (bzw. bis zu $N \le 10^3$ Lastwechsel) sind in Tabelle 18.66, Abbildung 18.200 und in DIN 3990 enthalten [18.53].

Durch Vergleich des Maximalwertes der örtlichen Zahnfußspannung σ_{Fmax} (Beanspruchung) mit der maximal ertragbaren örtlichen Zahnfußspannung bei einmaliger Belastung σ_{FSt} (Beanspruchbarkeit, näherungsweise gültig bei Lastwechselzahlen bis $N \le 10^3$) ergibt sich die Sicherheit S_{FSt} nach DIN 3990, wobei im Sinne einer Sicherheit von $S_{FSt} \ge 1$ die Beanspruchung σ_{Fmax} auch immer kleiner oder gleich der Beanspruchbarkeit $\sigma_{FSt} = \sigma_{FPmax}$ sein muss [18.51]:

$$S_{FSt} = \frac{\sigma_{FSt}}{\sigma_{Fmax}} \cdot \frac{Y_{\delta St}}{Y_{\delta StT}} \quad \text{oder} \quad \sigma_{Fmax} \le \sigma_{FSt} = \sigma_{FPmax} \tag{18.466}$$

Anhaltswerte für den Sicherheitswert S_{FSt} sind in Tabelle 18.45 zusammengestellt. Die maximal auftretende Zahnfußspannung σ_{Fmax} ist für die maximale Umfangskraft F_{tmax} mit Gleichung (18.413) zu ermitteln.

Zur Bestimmung der Beanspruchbarkeit σ_{FSt} wird der versuchstechnisch ermittelte Zusammenhang genutzt, dass bei stoßartiger Belastung die ertragbare Beanspruchung vorwiegend durch die Größe der Spannung und weniger durch die Belastungsgeschwindigkeit bedingt ist. Damit verursachen Kerben bei geringer Lastwechselzahl und verformbaren Werkstoffen, zu denen hier auch Einsatzstähle zählen, keine Minderung der Beanspruchbarkeit in dem Maße wie bei Ermüdungsbelastung [18.216].

Sofern keine anderen Werte vorliegen, kann deshalb die Beanspruchbarkeit σ_{FSt} aus der Zahnfußdauerschwellfestigkeit σ_{FE} entsprechend den Angaben in Abschnitt 18.4.10 und dem Maximalwert des Lebensdauerfaktors Y_{Nmax} gemäß Gleichung (18.432) wie folgt berechnet werden, wobei als Richtwerte $Y_{Nmax} = 1{,}6$ für nitrierten Stahl und $Y_{Nmax} = 2{,}5$ für normal geglühten oder vergüteten Stahl, Stahlguss, Gusseisen mit Kugelgrafit, einsatz-, carbonitrier-, flamm- oder induktionsgehärteten Stahl zu verwenden sind:

$$\sigma_{FSt} \approx Y_{Nmax} \cdot \sigma_{FE} \tag{18.467}$$

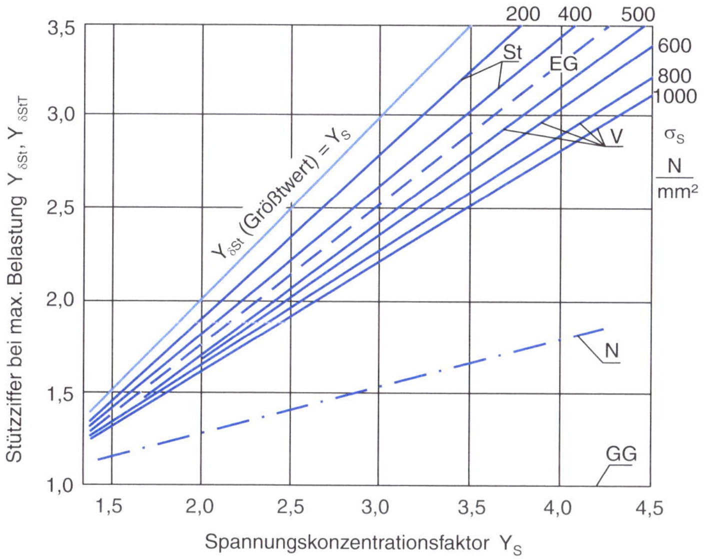

GG – Gusseisen mit Kugelgrafit, Zahngrund unbehandelt, perlitgeglüht oder vergütet

N – Stahl, Zahngrund nitriert

V – Stahl und Stahlguss, Zahngrund vergütet

EG – Stahl, Zahngrund einsatz-, carbonitriert-, flamm- oder induktionsgehärtet

St – Stahl mit ausgeprägter Fließgrenze, Zahngrund normal geglüht

Abbildung 18.200: Stützziffer $Y_{\delta St}$ und $Y_{\delta StT}$ für Belastungen bis $N \leq 10^3$ (quasi-statische Stützziffer) nach DIN 3990 [18.53]

Bei nicht duktilen Werkstoffen und Stählen mit harter Randschicht (z. B. wegen Einsatzhärtung oder Nitrierung) entfällt diese Stützwirkung, sodass für die Sicherheit gegen Anriss im Zahnfuß bei Stählen mit harter Randschicht und nicht zu scharfen Fußkerben (Spannungskorrekturfaktor $Y_S \leq 3$) folgt:

$$S_{FSt} = \frac{\sigma_{FSt}}{\sigma_{Fmax}} = \frac{R_m}{\sigma_{Fmax}} \tag{18.468}$$

Hierin bezeichnet σ_{FSt} als Kennwert der Beanspruchbarkeit die Zugfestigkeit der äußeren harten Randschicht unter Berücksichtigung der Eigenspannungen, wobei für Einsatzhärtung bei einer Oberflächenhärte von $H \geq 60$ HRC und Vernachlässigung der Eigenspannungen $\sigma_{FSt} \approx R_m \approx 2300$ N/mm^2 entspricht. Die örtliche Fußspannung (Kerbspannung) σ_{Fmax} als Kennwert der Beanspruchung ist wiederum mit der maximal auftretenden Umfangskraft F_{tmax} nach Gleichung (18.413) zu ermitteln.

Für spröde Werkstoffe (z.B. Grauguss) kann ebenfalls Gleichung (18.468) genutzt werden, wobei jedoch bei derartigen Werkstoffen die Überschreitung der Bruchfestigkeit im Allgemeinen einen sofort über dem Fußquerschnitt verlaufenden Bruch (Gewaltbruch) bedingt.

Ungeachtet der Anriss- oder Bruchgefahr kann eine Überbelastung auch zu einer bleibenden Verformung der Verzahnung führen, die teilweise auch in Bereichen oberhalb des Fußquerschnittes auftritt. Ebenso kann auch bei einsatzgehärteten Verzahnungen die Verformungsgrenze im Vergleich zur Anrissgrenze bei niedrigeren Belastungen liegen, insbesondere für Spannungskorrekturfaktoren $Y_S \leq 2{,}5$ [18.216].

Zur Ermittlung der Sicherheit S_{FSt} gegen bleibende Verformung durch Maximalbelastungen wird vereinfachend nicht die örtliche Spannung im Zahnfuß, sondern die Nennspannung σ_{Fnmax} gemäß Gleichung (18.400) mit der Nennumfangskraft F_{tnenn} unter Verwendung eines Anwendungsfaktors $K_A = K_{A,Stoss}$ bestimmt und der Streckgrenze R_e des Kernwerkstoffes gegenübergestellt, wobei im Falle einer nicht ausgeprägten Streckgrenze R_e durch $R_{p0,2}$ entsprechend den Angaben in Abschnitt 18.4.10 zu ersetzen ist:

$$S_{FSt} = \frac{\mathrm{R_e}}{\sigma_{Fnmax}} = \frac{\mathrm{R}_{p0,2}}{\sigma_{Fnmax}} \qquad (18.469)$$

Zur genaueren Beanspruchungsanalyse müssen entweder aufwändigere elastisch-plastische Finite-Elemente-Berechnungen durchgeführt werden oder aber es sind über dem gesamten Zahnquerschnitt Streckgrenze und Vergleichsspannung (Biegung, Druck, Schub) näherungsweise gegenüberzustellen [18.179], [18.180], [18.222].

Grundlegende Anhaltswerte für die mindestens einzuhaltenden Sicherheitswerte finden sich wiederum in Tabelle 18.45, wobei im Falle des Anrisses mindestens $S_{FSt} = 1{,}4$ und der bleibenden Verformung mindestens $S_{FSt} = 1{,}3$ empfohlen werden [18.216].

Abschließend sei darauf hingewiesen, dass der Nachweis der Sicherheit gegen bleibende Verformung bei duktilen bzw. einsatzgehärteten Werkstoffen mit duktilem Kern immer zu führen ist.

18.4.10 Festigkeitskennwerte

In Verbindung mit den bereits vollständig abgehandelten Nachweisen zur Flanken- und Fußtragfähigkeit in den Abschnitten 18.4.4 bis 18.4.9 sind im Folgenden die für den Festigkeitsnachweis erforderlichen Kennwerte der Beanspruchbarkeit überwiegend tabellarisch zusammengestellt.

Dabei ist zu beachten, dass die erreichbaren Festigkeitskennwerte für jeden Werkstoff abhängig von der Erschmelzung des Rohmaterials über die mechanische Bearbeitung bis hin zur Wärmebehandlung abhängig von Technologie und Prozessführung entsprechenden Schwankungen unterliegen. In DIN 3990 wird deshalb mit den drei Werkstoffqualitäten ML (niedrig), MQ (mittel) und ME (hoch) gearbeitet, um die entsprechenden Festigkeitskennwerte bestimmen zu können (s.a. Abschnitt 18.2.9.2) [18.55]. Aus der betrieblichen Praxis ist aber auch bekannt, dass die Hersteller von Zahnrädern häufig mit eigenen Festigkeitskennwerten arbeiten, die aufgrund einer guten Prozessführung und großen Häufigkeit jederzeit reproduzierbar und statistisch abgesichert sind und oftmals auch über den angegebenen Werten nach DIN 3990 liegen.

Da insbesondere die herstellerspezifischen Werte in der Regel nicht frei zugänglich sind, die Werte nach DIN 3990 jedoch eine große Bandbreite zulassen, werden in den Tabellen 18.80 bis 18.85 eindeutige Zahlenwerte angegeben, die für die genannten Bereiche der kennzeichnenden Abmessung in Verbindung mit Mindestwerten der Härte (Einfluss der Härtbarkeit, Nitrierbarkeit) auf der Grundlage der Werkstoffqualität MQ gelten. Diese Werte haben sich in der allgemeinen betrieblichen Praxis bewährt und gründen auf jahrzehntelangen Industrie-Erfahrungen sowie umfangreichen Forschungs- und Normungsarbeiten [18.216]. Abbildung 18.201 zeigt die werkstoff- und behandlungsabhängigen Wertebereiche und die möglichen Steigerungen der Grübchendauerfestigkeit um 238 % (630 auf 1.500 N/mm²) und der Zahnfuß-Grundfestigkeit um 204 % (540 auf 1.100 N/mm²) für einsatzgehärtete Zahnräder im Vergleich zu den Mindestwerten der vergüteten Zahnräder [18.216].

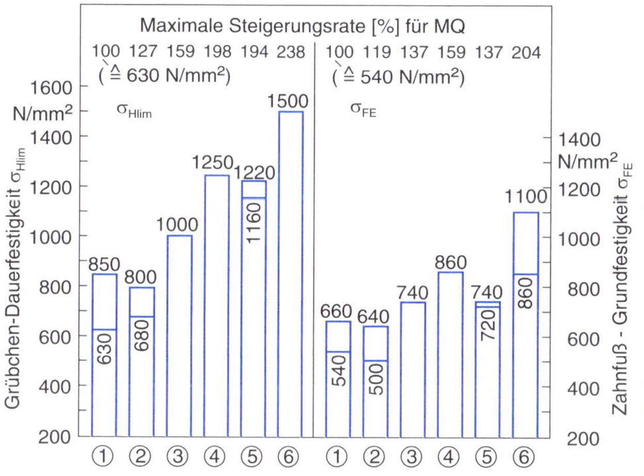

1 – Legierte Vergütungsstähle, vergütet
2 – Vergütungs- und Einsatzstähle, normal geglüht oder vergütet, nitrocarburiert
3 – Vergütungs- und Einsatzstähle, vergütet, gasnitriert
4 – Nitrierstähle (ohne Al), vergütet, gasnitriert
5 – Vergütungsstähle, vergütet, flamm- oder induktionsgehärtet
6 – Legierte Einsatzstähle, einsatzgehärtet.

Abbildung 18.201: Vergleich der Wertebereiche der Grübchendauerfestigkeit und der Zahnfußgrundfestigkeit in Werkstoffqualität MQ nach [18.216]

Dabei ergibt sich folgende Rangfolge der Wärmebehandlungsverfahren mit zunehmender Steigerungsrate vom Vergüten über Nitrocarburieren, Gasnitrieren von Vergütungs- und Einsatzstählen, Randschichthärten sowie Gasnitrieren von Al-freien Nitrierstählen bis hin zum Einsatzhärten.

Üblicherweise sind die angegebenen Dauerfestigkeitskennwerte mit einer Ausfallwahrscheinlichkeit von 1 % verknüpft, wobei Umrechnungen auf 10 % oder 50 % möglich sind (s.a. Kapitel 3, Maschinenelemente 1) [18.175], [18.282], [18.306]. Dabei ist allerdings zu beachten, dass diese oft angegebenen Werte der Ausfall- oder Überlebenswahrscheinlichkeit nur Anhaltswerte sein können, die keinesfalls für jede Serie einzeln oder jede einzelne Fertigung zutreffen müssen, da es sich um keine reinen Werkstoffkenngrößen handelt, sondern um an das jeweilige Berechnungsverfahren gebundene Annahmen [18.216].

Demzufolge müssen sich die unter „Normbedingungen“ berechneten Tragfähigkeitswerte in Größe und Streuung ändern, sobald mit anderen Stählen und konkreten Technologien des Randschichthärtens, Einsatzhärtens und insbesondere des Nitrierens andere den Werkstoffzustand beschreibende Kenngrößen erzeugt werden. In Verbindung mit den beanspruchungsabhängig dargestellten Anforderungen an die Eigenschaften der Randschicht gemäß Tabelle 18.5 zeigen Tabelle 18.77 bis Tabelle 18.79 grundsätzliche Möglichkeiten zur Tragfähigkeitssteigerung durch Werkstoff- und Behandlungsvarianten über die „Standard“-Kennwerte hinaus, wobei der Schmierstoffeinfluss nicht berücksichtigt wird.

- Einsatz von gesenkgeschmiedeten Rohlingen oder Anwendung des Kalt- bzw. Warmwalzens von Verzahnungen
- Erhöhung der Stahlreinheit durch Vakuumschmelzen oder Umschmelzen
- Verwendung von Feinkornstahl beim Einsatzhärten
- Optimierung des Legierungspotentials bezüglich Härtbarkeit, der Menge an Nitridbildnern bezüglich Nitrierbarkeit
- Optimierung des Eigenspannungsprofils durch Kaltverfestigung, richtige Legierungswahl und optimale Abkühlung beim Einsatzhärten sowie richtige Legierungswahl und optimale Parameter beim Nitrieren
- Verringerung der Rauheit von Zahnfuß und/oder Zahnflanke durch Schleifen, Polieren, Läppen oder Glattwalzen

Tabelle 18.77: Gezielte Erhöhung der Tragfähigkeit durch Werkstoff- und Behandlungsvarianten – Zahnradtragfähigkeit allgemein [18.216]

Grübchenfestigkeit	■ Optimierung des Verfestigungsverlaufes für gegebene Zahnradgeometrie unter Berücksichtigung von Eigenspannungs- und Lastspannungsverteilung ■ Gezielte Erzeugung von Restaustenit beim Einsatzhärten ■ Vermeidung von Korngrenzenzementit beim Einsatzhärten bzw. Unterdrückung von Zementitausscheidungen in der Ausscheidungsschicht beim Nitrieren ■ Optimierung von Dicke, Struktur und Zusammensetzung der Verbindungsschicht beim Nitrieren
Graufleckigkeit	■ Gezielte Erzeugung von Restaustenit beim Einsatzhärten (großer Öleinfluss)
Verschleiß	■ Abrasivverschleiß – Nitrieren mit Verbindungsschicht, Borieren, Kombination von Nitrieren ohne Verbindungsschicht und TiN-PVD-Schicht ■ Fressverschleiß – Vermeiden von Restaustenit beim Einsatzhärten, Nitrieren mit Verbindungsschicht, chemische Phosphat- oder galvanische Kupferschicht auf einsatzgehärtetem Stahl (großer Öleinfluss)
Tribooxidation	■ Oxidierte Verbindungsschicht auf Nitrierschicht durch TiN-PVD-Beschichtung, i-C-Beschichtung oder Al2O3/TiO2-, Cr2O3-, ZrO2-Plasmaspritzbeschichtung auf Vergütungsstählen

Tabelle 18.78: Gezielte Erhöhung der Tragfähigkeit durch Werkstoff- und Behandlungsvarianten – Zahnflankentragfähigkeit [18.216]

- Strahlen oder Walzen des Zahngrundes nach Randschichthärten ohne Zahngrundmithärten, nach Einsatzhärten oder Carbontrieren und Härten
- Vermeidung bzw. Minimierung von Randentkohlung bzw. Randoxidation (Gegenwirkung: Strahlen)
- Optimierung des Randkohlenstoffgehaltes beim Einsatzhärten
- Oprimierung des Verfestigungsverlaufes (der Härtetiefe) abhängig vom Modul unter Berücksichtigung der Eigenspannungs- und Lastspannungverteilung

Tabelle 18.79: Gezielte Erhöhung der Tragfähigkeit durch Werkstoff- und Behandlungsvarianten – Zahnfußtragfähigkeit [18.216]

Im Weiteren lassen sich aus den gegebenen Dauerfestigkeitskennwerten nach Tabelle 18.80 bis Tabelle 18.85 mittels der allgemeinen Wöhlerliniengleichung unter Einbeziehung des Lebensdauerfaktors Z_N für die Zahnflanke nach Gleichung (18.398) und Y_N für den Zahnfuß nach Gleichung (18.432) für die sechs wesentlichen Werkstoff- und Behandlungsgruppen entsprechend Abbildung 18.201 die Wöhlerlinien gemäß Abbildung 18.202 konstruieren:

$$\frac{N_{lim}}{N} = \left(\frac{\sigma}{\sigma_{lim}}\right)^q \tag{18.470}$$

Hierin bezeichnen σ_{lim} Dauerfestigkeit in N/mm² bei der zugehörigen unteren Ecklastwechselzahl N_{lim}, σ die Spannung im Zeitfestigkeitsgebiet in N/mm² bei der zugehörigen Lastwechselzahl, N und q den Wöhlerlinienexponenten bzw. $1/q$ die Steigung der Zeitfestigkeitsgeraden.

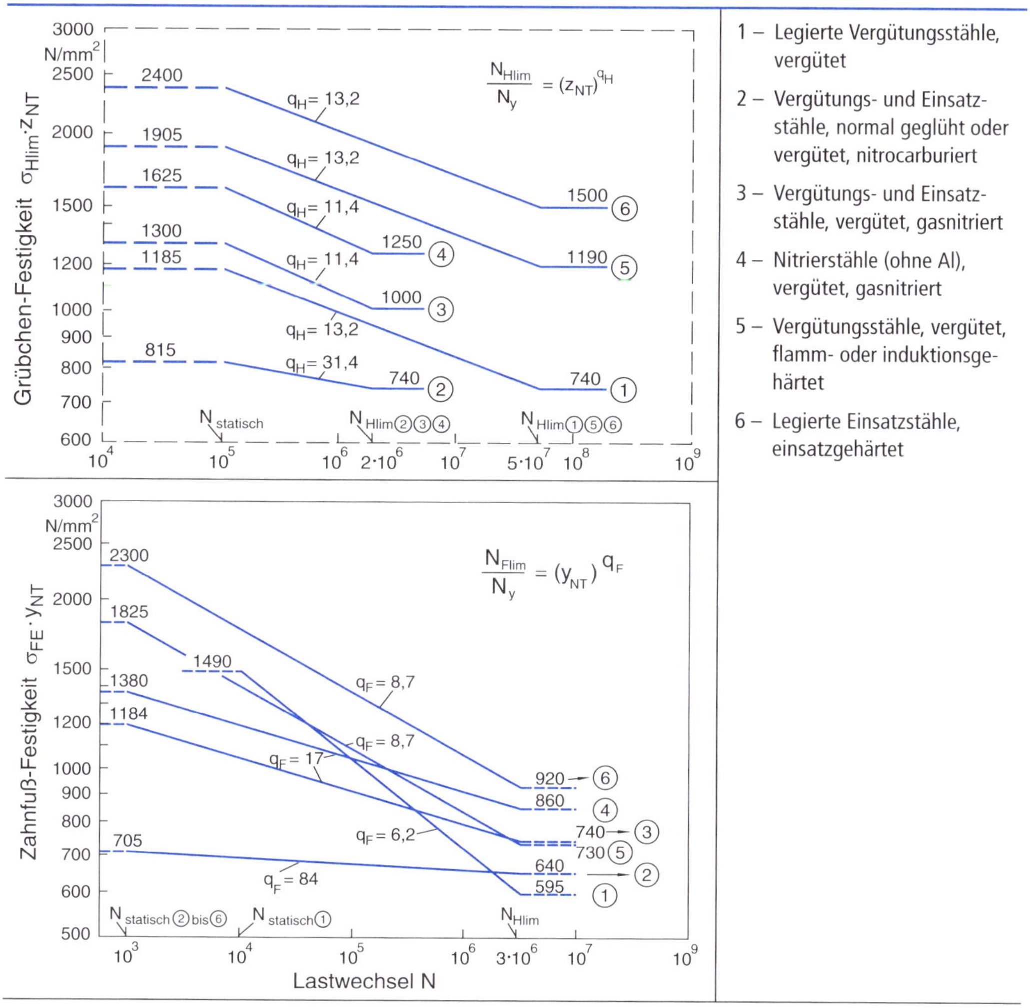

Abbildung 18.202: Wöhlerlinien der Werkstoffqualität MQ mit Schadenswahrscheinlichkeit 1 %

Aus Abbildung 18.202 ist ebenfalls ersichtlich, dass die einsatzgehärteten Zahnräder die höchste Zeit- und Dauerfestigkeit aufweisen. Die Abweichungen von den „Standard"-Exponenten $q_H = 13{,}2$ und $q_F = 8{,}7$ ergeben sich z.B. bei Variation der Wärmebehandlungstechnologien mit den Auswirkungen auf Gefüge und Eigenspannungen oder bei Variation der Zahnformgebungstechnologien mit den Änderungen von Gefüge, Rauigkeit oder Zahnfußkerbe [18.399].

Tabelle 18.80 enthält für legierte Vergütungsstähle nach DIN EN 10083 die Dauerfestigkeitswerte σ_{Hlim} und σ_{FE} der Werkstoffqualität MQ [18.95], [18.216].

Werkstoff	Mindest-streckgrenze $R_{p0,2}$ in N/mm^2	Mindest-zugfestigkeit R_m in N/mm^2	Mindesthärte am Zahn H_{min} in HV	Grübchen-dauerfestigkeit σ_{Hlim} in N/mm^2	Zahnfuß-grundfestigkeit σ_{FE} in N/mm^2
$16\ mm \leq s < 40\ mm$					
38 Cr 2	450	700	225	665	565
34 Cr 4	590	800	250	700	585
34 CrMo 4	650	900	280	740	605
42 CrMo 4	750	1.000	310	785	625
$40\ mm \leq s < 100\ mm$					
34 Cr 4	460	700	225	665	565
34 CrMo 4	550	800	250	700	585
42 CrMo 4	650	900	280	740	605
34 CrNiMo 6	800	1.000	310	785	625
$100\ mm \leq s < 160\ mm$					
34 CrMo 4	460	700	225	665	565
42 CrMo 4	550	800	250	700	585
34 CrNiMo 6	700	900	280	740	605
30 CrNiMo 8	800	1.000	310	785	625
$160\ mm \leq s < 250\ mm$					
34 CrMo 4	450	700	225	665	565
34 CrNiMo 6	600	800	250	700	585
30 CrNiMo 8	700	900	280	740	605
36 NiCrMo 16	800	1.000	310	785	625

Die Werte für σ_{Hlim} und σ_{FE} wurden nach DIN 3990 T5 ermittelt [18.55]

σ_{Hlim} für $N_{Hlim} = 5 \cdot 10^7$ und $q_H = 10$ bis $13{,}2$ mit $q_H = 13{,}2$ nach DIN 3990 T2 und $q_H = 10$ nach [18.52], [18.216]

σ_{FE} für $N_{Flim} = 3 \cdot 10^6$ und $q_F = 6{,}2$ nach DIN 3990 T3 [18.53]

Tabelle 18.80: Richtwerte für die Grübchendauerfestigkeit σ_{Hlim} und die Zahnfußgrundfestigkeit σ_{FE} – vergütete, legierte Stähle, Werkstoffqualität MQ [18.52], [18.53], [18.55], [18.216]

Die Stähle in Tabelle 18.80 wurden mit zunehmendem Legierungsgehalt so ausgewählt, dass in jeder Abmessungsgruppe die Mindest-Zugfestigkeit zwischen 700 und 1.000 N/mm^2 um je 100 N/mm^2 ansteigt, wobei die Härte nach DIN 50150 umbewertet wurde [18.75].

Tabelle 18.81 gibt Richtwerte der Grübchendauerfestigkeit und Zahnfußgrundfestigkeit für Zahnräder aus randschichtgehärteten, vorher vergüteten Stählen der Werkstoffqualität MQ an.

Werkstoff	Mindest-streckgrenze $R_{p0,2}$ in N/mm^2	Mindestzug-festigkeit R_m in N/mm^2	Mindesthärte am Zahn nach Vergüten H_{min} in HV	Mindesthärte am Zahn nach Randschicht-härten H_O in HRC	Grübchen-dauerfestig-keit σ_{Hlim} in N/mm^2	Zahnfuß-grundfestig-keit σ_{FE} in N/mm^2
$16\ mm \le s < 40\ mm$						
38 Cr 2	450	700	225	51	1.170	725
46 Cr 2	550	800	250	54	1.200	740
41 Cr 4	650	900	280	53	1.185	740
$40\ mm \le s < 100\ mm$						
46 Cr 2	400	650	205	54	1.200	740
41 Cr 4	560	800	250	53	1.185	740
42 CrMo 4	650	900	280	53	1.185	740
$100\ mm \le s < 160\ mm$						
34 CrMo 4	500	750	235	50	1.155	720
42 CrMo 4	550	800	250	53	1.185	740
34 CrNiMo 6	700	900	280	50	1.155	720
$160\ mm \le s < 250\ mm$						
42 CrMo 4	500	750	235	53	1.185	740
34 CrNiMo 6	600	800	250	50	1.155	720

Die Werte für σ_{Hlim} und σ_{FE} wurden nach DIN 3990 T5 ermittelt [18.55]

σ_{Hlim} für $N_{Hlim} = 5 \cdot 10^7$ und $q_H = 10$ bis 13,2 mit $q_H = 13{,}2$ nach DIN 3990 T2 und $q_H = 10$ nach [18.52], [18.216]

σ_{FE} für $N_{Flim} = 3 \cdot 10^6$ und $q_F = 8{,}7$ nach DIN 3990 T3 [18.53]

Die Werte für σ_{FE} gelten für mitgehärteten Zahngrund. Bei flamm- und induktionsgehärteten Zahnrädern ohne Zahngrundhärtung muss mit einer stark geminderten Biegefestigkeit bis auf 69 % von mit der Kernhärte vergleichbaren Stählen gerechnet werden.

Tabelle 18.81: Richtwerte für die Grübchendauerfestigkeit σ_{Hlim} und die Zahnfußgrundfestigkeit σ_{FE} – randschichtgehärtete, vergütete Stähle, Werkstoffqualität MQ [18.52], [18.53], [18.55], [18.216]

Dabei wurden Stähle mit mittleren C-Gehalten größer 0,34 % ausgewählt, deren minimale Oberflächenhärte 50 HRC nach dem Randschichthärten und Anlassen beträgt. Aus DIN EN 10083 lässt sich für die Vergütungsstähle der Einfluss des Kohlenstoffgehaltes und der Legierungselemente auf die mechanischen Eigenschaften 0,2 % – Dehngrenze, Zugfestigkeit, Bruchdehnung, Brucheinschnürung und Kerbschlagarbeit entnehmen [18.95]. So steigt bei gegebener Abmessung und fast konstantem Legierungspotential mit zunehmendem Kohlenstoffgehalt die Festigkeit, während Dehnung, Einschnürung und Kerbschlagarbeit abnehmen. Bei nahezu gleichem Kohlenstoffgehalt und gleicher Abmessung nimmt die Festigkeit mit dem Anteil der härtbarkeitssteigernden Legierungselemente Mangan, Chrom, Nickel und Molybdän zu. Allerdings fällt mit ansteigender Festigkeit die Dehnung ab, während die Einschnürung konstant bleibt und die Kerbschlagarbeit sogar zunimmt.

In Tabelle 18.82 sind für die am häufigsten verwendeten einsatzgehärteten, legierten Stähle in der Werkstoffqualität *MQ* Richtwerte für die Grübchendauerfestigkeit und die Zahnfußgrundfestigkeit zusammengestellt.

Werkstoff	Kennzeichnende Abmessung s in mm	Kernhärte H_K in HRC	Oberflächenhärte H_O in HRC	Mindeststreckgrenze $R_{p0,2}$ in N/mm²	Grübchendauerfestigkeit σ_{Hlim} in N/mm²	Zahnfußgrundfestigkeit σ_{FE} in N/mm²
20 MoCr 4 HH	≤ 30	≥ 34	58 bis 63	700	1.500	860
16 MnCr 5 HH	≤ 30	≥ 34	58 bis 63	700	1.500	860
20 MnCr 5 HH	≤ 60	≥ 34	58 bis 63	700	1.500	860
15 CrNi 6 HH	≤ 70	≥ 34	58 bis 63	750	1.500	920
17 CrNiMo 6 HH	> 400	≥ 34	58 bis 63	800	1.500	920

Die Werte für σ_{Hlim} und σ_{FE} wurden nach DIN 3990 T5 ermittelt [18.55]

σ_{Hlim} für $N_{Hlim} = 5 \cdot 10^7$ und $q_H = 13{,}2$ nach DIN 3990 T2 [18.52]

σ_{FE} für $N_{Flim} = 3 \cdot 10^6$ und $q_F = 8{,}7$ nach DIN 3990 T3 [18.53]

Die Kennzeichnung HH bei der Stahlmarke bedeutet nach DIN EN 10084 ein auf 2/3 eingeschränktes Härtbarkeitsstreuband, ausgehend von der oberen Grenzkurve [18.96].

Bei den Angaben zur Mindeststreckgrenze $R_{p0,2}$ handelt es sich um nicht genormte Werte.

Tabelle 18.82: Richtwerte für die Grübchendauerfestigkeit σ_{Hlim} und die Zahnfußgrundfestigkeit σ_{FE} – einsatzgehärtete, legierte Stähle, Werkstoffqualität *MQ* [18.52], [18.53], [18.55], [18.216]

Tabelle 18.83 enthält die Richtwerte für die Grübchendauerfestigkeit und die Zahnfußgrundfestigkeit unterschiedlicher Stähle im nitrocarburierten und nitrierten Zustand in der Werkstoffqualität *MQ*, wobei mit allen angeführten Stählen bei gegebenem Werkstoff-Vorzustand und unter Einhalten bestimmter Nitrierparameter die Mindest-Oberflächenhärte von 500 HV2 und mit den Nitrierstählen von 800 HV2 erreicht werden [18.216].

Werkstoff	Kennzeichnende Abmessung s in mm	Mindeststreckgrenze $R_{p0,2}$ in N/mm²	Mindestkernhärte H_K in HV	Mindestoberflächenhärte H_O in HV2	σ_{Hlim} in N/mm²		σ_{FE} in N/mm²	
					nitrocarburiert	nitriert	nitrocarburiert	nitriert
16 MnCr5 N	≤ 150	300 1)	155	500	800	800 1),2)	640	640 1),3)
20 MnCr5 N		350 1)	170	500	800	800 1),2)	640	640 1),3)
20 MoCr4 N		300 1)	155	500	800	800 1),2)	640	640 1),3)
20 MnCr 5 V	16 bis 40	550 1)	250	500	800	1.000	640	740
	40 bis 100	450 1)	225	500	800	1.000	640	740
34 Cr4 V	16 bis 40	590	250	500	800	1.000	640	740
	40 bis 100	460	225	500	800	1.000	640	740
34CrMo4 V	40 bis 100	550	250	500	800	1.000	640	740
	100 bis 160	460	225	500	800	1.000	640	740
42 CrMo 4 V	40 bis 100	650	280	500	800	1.000	640	740
	100 bis 160	550	250	500	800	1.000	640	740
	160 bis 250	500	225	500	800	1.000	640	740
34 CrNiMo 6 V	40 bis 100	800	310	500	800	1.000	640	740
	100 bis 160	700	280	500	800	1.000	640	740
30 CrNiMo 8 V	160 bis 250	700	280	500	800	1.000	640	740
31 CrMo12 V	bis 100	800	310	800	–	1.250 4)	–	850 4)
	100 bis 250	700	280	800	–	1.250 4)	–	850 4)
31 CrMo V9 V	bis 100	800	310	800	–	1.250 4)	–	850 4)
	100 bis 250	700	280	800	–	1.250 4)	–	850 4)
15 CrMo V5.9 V	< 100	700	280	800	–	1.250 4)	–	850 4)

Die Werte für σ_{Hlim} und σ_{FE} wurden nach DIN 3990 T5 ermittelt, bei
1) handelt es sich um nicht genormte Werte [18.55], [18.216].

σ_{Hlim} für $N_{Hlim} = 2 \cdot 10^6$ mit $q_H = 31{,}4$ (nitrocarburiert) und $q_H = 11{,}4$ (nitriert) sowie bei
2) $q_H = 31{,}4$ (nitriert) nach DIN 3990 T2 [18.52].

σ_{FE} für $N_{Flim} = 3 \cdot 10^6$ mit $q_F = 84$ (nitrocarburiert) und $q_F = 17$ (nitriert) sowie bei
3) $q_F = 84$ (nitriert) nach DIN 3990 T3 [18.53]

4) Voraussetzung hierfür ist $H_K \geq 280$ HV.

Tabelle 18.83: Richtwerte für die Grübchendauerfestigkeit σ_{Hlim} und die Zahnfußgrundfestigkeit σ_{FE} – nitrocarburierte und nitrierte, legierte Stähle, Werkstoffqualität MQ [18.52], [18.53], [18.55], [18.216]

Dabei ist zu beachten, dass die Zahndauerfestigkeitswerte unter Berücksichtigung von Mindest-Werten der Einsatzhärtungstiefe gelten, die nach Tabelle 18.10 gewählt werden können.

In Tabelle 18.84 sind Richtwerte für die Grübchendauerfestigkeit und die Zahnfußgrundfestigkeit von Gusseisen, bainitischem Gusseisen, Stahlguss und Baustahl zusammengefasst [18.252]. Insbesondere mit dem bainitisch-austenitischen Gusseisen lassen sich vergleichsweise hohe Zahnflanken- und Zahnfußdauerfestigkeiten erzielen, sodass z.B. für den Härtebereich zwischen 290 und 380 HB eine ertragbare Hertz'sche Pressung $\sigma_H = 1100$ bis 1300 N/mm² erreicht wird, was einer Steigerung gegenüber dem gegossenen Zustand um mehr als 100 % entspricht, wobei die Angaben in der Literatur jedoch stark streuen [18.232].

Werkstoff	Kurzzeichen	Flankenhärte in HB	Grübchen-dauerfestigkeit σ_{Hlim} in N/mm²	Zahnfuß-grundfestigkeit σ_{FE} in N/mm²
Gusseisen mit Lamellengrafit nach DIN EN 1561 [18.89]	EN-GJL-200 (GG-20) EN-GJL-250 (GG-25)	180 220	300 360	80 110
Temperguss nach DIN EN 1562 [18.90]	EN-GJMB-350 (GTS-35) EN-GJMB-650 (GTS-65)	150 220	320 460	330 410
Gusseisen mit Kugelgrafit nach DIN EN 1563 [18.91]	EN-GJS-400 (GGG-40) EN-GJS-600 (GGG-60) EN-GJS-800 (GGG-80)	180 250 320	370 490 600	370 450 500
Bainitisches Gusseisen nach DIN EN 1564 [18.92]	EN-GJS-1000 (GGG-100)	350	700	520
Stahlguss nach DIN EN 10293 [18.100]	GS-52 GS-60	160 180	320 380	280 320
Baustahl nach DIN EN 10025 [18.93]	E295 (St 50) E335 (St 60) E360 (St 70)	160 190 210	370 430 460	320 350 410

Tabelle 18.84: Richtwerte für die Grübchendauerfestigkeit σ_{Hlim} und die Zahnfußgrundfestigkeit σ_{FE} – Gusseisen, Stahlguss und Baustahl nach [18.252]

Tabelle 18.85 fasst für legierte Stähle mit beanspruchungsgerechter Wärmebehandlung Richtwerte der Grübchendauerfestigkeit σ_{Hlim} und Zahnfußgrundfestigkeit σ_{FE} zusammen. Diese Werte, die zwischen der Werkstoffqualität ML und MQ nach DIN 3990 T5 liegen, sind nur für erste Überschlagsberechnungen zu verwenden [18.55], [18.216].

Da geschrumpfte Zahnrad-Bandagen gemäß Abbildung 18.128 ebenfalls die Zahnfußfestigkeiten beeinflussen, sind in Abbildung 18.203 noch entsprechende Werte für ausgewählte Werkstoffe zusammengestellt [18.252].

Werkstoff, Wärmebehandlungszustand, kennzeichnende Abmessung s, Eigenschaften	Mindesthärten am Zahn		$R_{p0,2}$	σ_{Hlim}	N_{Hlim}	σ_{FE}	N_{Flim}
	H_K	H_O	N/mm^2	N/mm^2	q_H	N/mm^2	q_F
$40\ mm \leq s < 100\ mm$, vergütet: hoch überlastbar, aber verschleißempfindlich							
34 Cr 4	225 HV		460	665		565	
34 CrMo 4	250 HV		550	700	$5 \cdot 10^7$	585	$3 \cdot 10^6$
42 CrMo 4	280 HV		650	740	13,2	605	6,2
34 CrNiMo 6	310 HV		800	785		625	
$40\ mm \leq s < 100\ mm$, vergütet, nitrocarburiert: sehr verschleißbeständig, aber sehr überlastungsempfindlich							
20 MnCr 5	225 HV	500 HV2	450	800		640	
34 Cr 4	225 HV	500 HV2	460	800	$2 \cdot 10^6$	640	$3 \cdot 10^6$
34 CrMo 4	250 HV	500 HV2	550	800	31,4	640	84
42 CrMo 4	280 HV	500 HV2	650	800		640	
$40\ mm \leq s < 100\ mm$, vergütet, randschichtgehärtet: Zahngrundhärten problematisch							
46 Cr 2	205 HV	54 HRC	400	1.200		740 [1)]	
41 Cr 4	250 HV	53 HRC	560	1.185	$5 \cdot 10^7$	740 [1)]	$3 \cdot 10^6$
34CrMo4	250 HV	50 HRC	550	1.155	13,2	720 [1)]	8,7
42CrMo4	280 HV	53 HRC	650	1.185		740 [1)]	
$40\ mm \leq s < 100\ mm$, vergütet, nitriert: verschleißbeständig, aber überlastungsempfindlich							
34 CrMo 4	250 HV	500 HV2	550	1.000		740	
34 CrNiMo 6	310 HV	500 HV2	800	1.000	$2 \cdot 10^6$	740	$3 \cdot 10^6$
31 CrMo V9	310 HV	800 HV2	800	1.250	11,4	850	17
15 CrMo V5.9	280 HV	800 HV2	700	1.250		850	
Einsatzgehärtet oder carbonitriert [2)]: Verzugsgefahr problematisch							
16 MnCr 5 HH ($s \leq 30$ mm)	34 HRC	58 HRC	700	1.500		860	
20 MnCr 5 HH ($s \leq 60$ mm)	34 HRC	58 HRC	700	1.500	$5 \cdot 10^7$	860	$3 \cdot 10^6$
15 CrNi 6 HH ($s \leq 70$ mm)	34 HRC	58 HRC	750	1.500	13,2	920	8,7
17 CrNiMo 6 HH ($s > 400$ mm)	34 HRC	58 HRC	800	1.500		920	

[1)] Ohne Mithärten des Zahngrundes kann σ_{FE} unter die Werte nur vergüteter Verzahnungen abfallen.

[2)] Von carbonitrierten Verzahnungen kleiner kennzeichnender Abmessungen ($s \leq 70\ mm$) werden σ_{Hlim} und σ_{FE} einsatzgehärteter Verzahnungen erreicht.

Tabelle 18.85: Richtwerte der Grübchendauerfestigkeit σ_{Hlim} und Zahnfußgrundfestigkeit σ_{FE} für ausgewählte Zahnradstähle zur Überschlagsberechnung [18.216]

Weitere Versuchsergebnisse zur Zahnfuß- und Zahnflankenfestigkeit sind der weiterführenden Fachliteratur zu entnehmen [18.145], [18.216], [18.252].

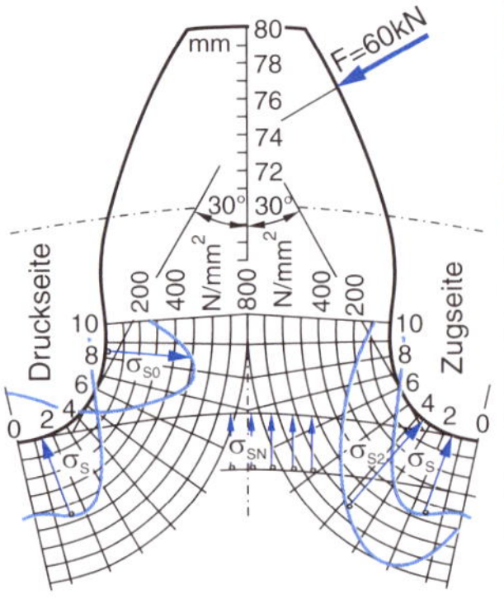

Werkstoff	R_m	Flanken-härte	Nennspannung σ_S (N/mm²) im Fußkreisdurchmesser (mm)				
	N/mm²	HV10	0	100	150	200	300
Ck 45	780	230	100	91	87,5	86	83
34 CrNiMo 6V	1.040	303	100	90	84	81,5	72,5
13 NiCr 14 V	800	236	100	86	78	73,5	61
16 MnCr 5	1.000	710	100	83	74,5	69,5	57
Anmerkung: Der Werkstoff 16 MnCr 5 wurde einsatzgehärtet und hat im Kern die Festigkeit von $R_m = 1.000$ N/mm².							

Abbildung 18.203: Zahnfußdauerfestigkeit bei geschrumpften Bandagen nach [18.154], [18.210], [18.252]

18.5 Schwingungen und Geräusche von Zahnradgetrieben

Nachdem nun die wesentlichen Grundlagen zur Auslegung, Gestaltung, Konstruktion und Berechnung behandelt wurden, soll abschließend noch kurz auf das Schwingungs- und Geräuschverhalten von Zahnradgetrieben im Betrieb eingegangen werden. Dabei wird im Folgenden unterschieden zwischen dem Geräuschverhalten aufgrund höherfrequenter Schwingungen und möglicher Schwingfestigkeitsprobleme, bedingt durch niederfrequente Schwingungen. In beiden Fällen ist grundsätzlich zu überprüfen, inwieweit Eigenfrequenzen mit Erregerfrequenzen zusammenfallen, sodass es möglicherweise zu einer Anregung oder sogar zu einer Resonanz kommt.

Bezüglich der Erregerfrequenzen sind sowohl die aus der Nutzung als auch die aus der Umgebung entstehenden zeitlich veränderlichen (dynamischen) Kräfte von Bedeutung. Bei den Eigenfrequenzen ist unbedingt zu berücksichtigen, dass alle technischen Systeme schwingungsfähige Gebilde darstellen, die auf derartige zeitlich veränderliche Anregungen in ihren Eigenfrequenzen antworten. Dabei können an Stellen innerhalb der Konstruktion, die genügend weit von der Krafteinleitungsstelle entfernt liegen, dynamische Beanspruchungen auftreten, die sich hinsichtlich Amplitude, Frequenz und Phasenlage von denen der äußeren Anregung erheblich unterscheiden. Noch komplizierter werden diese Zusammenhänge, wenn gleichzeitig mehr als eine zeitlich veränderliche Kraft einwirkt und sich die Steifigkeiten der Konstruktion in den Kraftwirkungslinien erheblich voneinander unterscheiden.

Demzufolge müssen einerseits für alle Bauteile und Baugruppen innerhalb eines Getriebes oder eines Antriebssystems sämtliche Eigenfrequenzen aus der Verteilung von Massen und Steifigkeiten bestimmt werden (s.a. Abschnitt 18.4.2), andererseits sind mögliche Anregungsmechanismen (Erregerfrequenzen) innerhalb und außerhalb des Antriebssystems zu suchen.

Eine sehr übersichtliche Möglichkeit der Gegenüberstellung von Eigenfrequenzen und Anregungsfrequenzen bietet gemäß Abbildung 18.204 das Campbell-Diagramm (benannt nach Dr. Joseph Campbell, der auf dem Gebiet der Rotordynamik bei General Electric in New York arbeitete und diese Darstellung zur Veranschaulichung von Turbinenblattresonanzen beim Hochlauf nutzte).

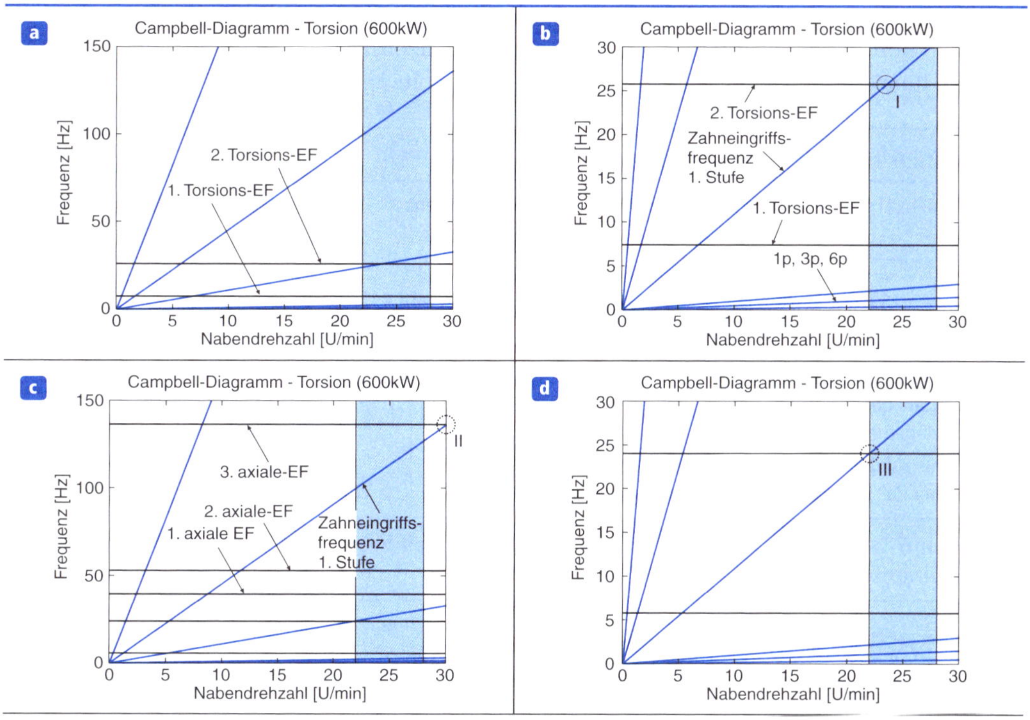

Abbildung 18.204: Campbell-Diagramm für ein kombiniertes Torsions- und Axialschwingungsmodell des Antriebsstranges einer Windturbine [18.335]

So deutet ein Schnittpunkt zwischen den beiden Kurvenscharen (horizontale Kurven: Eigenfrequenzen (*EF*), steigende Kurven: Erregerfrequenzen) auf eine mögliche Resonanzstelle hin, wobei das Vorhandensein eines Schnittpunktes lediglich eine notwendige, jedoch keine hinreichende Bedingung für das Auftreten von Resonanz darstellt. Zur eindeutigen Bestimmung von Resonanzstellen müssen weiterhin die Energieverteilungen und die Anregbarkeit der betroffenen Elemente mit in die Betrachtungen einbezogen werden.

In Abbildung 18.204 sind die Eigenfrequenzen bis 150 Hz und höher, aufgelöst bis 30 Hz, dargestellt (Diagramme a) und b)) und es sind die ersten beiden Torsionseigenfrequenzen des Antriebsstranges zu erkennen. Aufgrund des Schnittpunktes (Markierung: *I*) kann die 2. Torsionsfrequenz theoretisch im normalen Betriebsbereich (begrenzt durch die senkrechten Linien) durch die Zahneingriffsfrequenz der ersten Stufe angeregt werden. Erweitert man nun das reine Torsionsschwingungsmodell um axiale Freiheitsgrade, erhält man gemäß Abbildung 18.204 c) zusätzlich zwischen 0 und 150 Hz drei weitere Eigenfrequenzen aufgrund axialer Schwingformen. Dabei wird deutlich, dass die Frequenz von ca. 130 Hz der axialen Schwingform der Zwischenwelle durch die zweite Zahneingriffsfrequenz bei Überdrehzahl angeregt werden kann (Markierung: *II*). Des Weiteren sinkt gemäß Abbildung 18.204 d) die im reinen Torsionsmodell noch innerhalb des Betriebsbereichs liegende Eigenfrequenz von 25,4 Hz um fast zehn Prozent auf 23,5 Hz im axial erweiterten Schwingungssimulationsmodell, sodass sie nun am Rand des Betriebsbereiches liegt und beim Hochlauf nur noch möglichst schnell durchfahren werden muss (Markierung: *III*).

Ausgehend von diesen übersichtlichen Zusammenhängen sind in Tabelle 18.86 die wesentlichen funktionsbedingten Erreger- und Überrollfrequenzen zusammengestellt, die bei einem Getriebe hinsichtlich Geräusch und Schwingbeanspruchung auftreten können [18.187].

Zahneingriffsfrequenzen und Überrollfrequenzen allgemein

Drehfrequenz [Hz]	Zahneingriffsfrequenz	Maschinenfrequenz (Geisterfrequenz)	Frequenz gleicher Zahnstellung
$f_n = \frac{n}{60}$ (18.471)	$f_z = z \cdot f_n$ (18.472)	$f_M = z_M \cdot f_n$ (18.473)	$f_K = j \cdot \frac{f_{n2}}{z_1} = j \cdot \frac{f_{n1}}{z_2}$ (18.474)

Frequenzen in Hz bzw. $1/s$

n: Drehzahl der betrachteten Welle bzw. des betrachteten Wälzlagerringes in $\min^{-1}$

z_M: Zähnezahl des Teilschneckenrades der Verzahnungsmaschine, auf der das betrachtete Rad fertig verzahnt wurde

z: Zähnezahl des betrachteten Rades

j: Größter gemeinsamer Teiler der Zähnezahlen. Er wird ermittelt durch Zerlegung der Zähnezahlen in Primzahlen und Multiplikation der gemeinsamen Primzahlen.

Zahneingriffsfrequenzen und Überrollfrequenzen speziell bei Umlaufrädergetrieben (Planetengetrieben)

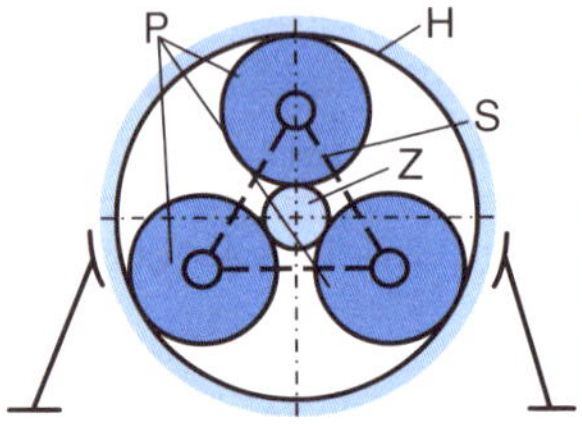

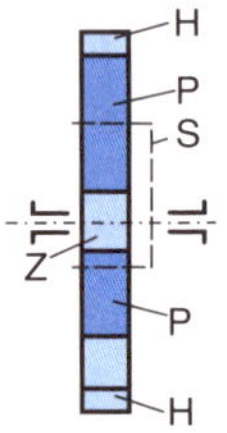

Z: Zentralrad (Sonnenrad) – n_1, z_1

P: Umlaufrad (Planetenrad) – n_2, z_2

H: Hohlrad (Glockenrad) – n_3, z_3

S: Stegwelle (Planetenträger, Umlaufträger) – n_4

k: Anzahl der Umlaufräder (Planetenräder)

Umlaufgetriebe	mit feststehendem Planetenträger	mit feststehendem Hohlrad
Übersetzung:	$\frac{n_2}{n_1} = \frac{z_2}{z_1}$ $\quad \frac{n_3}{n_1} = -\frac{z_1}{z_3}$ (18.475)	$\frac{n_2}{n_1} = \frac{z_1}{(z_1 - z_2)}$ $\quad \frac{n_4}{n_1} = \frac{z_1}{(z_1 + z_3)}$ (18.476)
Zahneingriffsfrequenz:	$f_z = z_1 \cdot f_{n1} = z_2 \cdot f_{n2}$ (18.477) $f_z = z_3 \cdot f_{n3}$	$f_z = \frac{z_1 \cdot z_3}{(z_1 + z_3)} \cdot f_{n1} = z_3 \cdot f_{n4}$ (18.478)
Überrollfrequenz Zentralrad (Sonnenrad):	$f_{nZ} = k \cdot f_{n1}$ (18.479)	$f_{nZ} = \frac{k \cdot z_3}{(z_1 + z_3)} \cdot f_{n1} = k \cdot \frac{z_3}{z_1} \cdot f_{n4}$ (18.480)
Überrollfrequenz Umlaufräder (Planetenräder):	$f_{nU} = 2 \cdot \frac{z_2}{z_1} \cdot f_{n1} = 2 \cdot f_{n2}$ (18.481)	$f_{nU} = \frac{2 \cdot z_1 \cdot z_3}{z_2 \cdot (z_1 + z_3)} \cdot f_{n1} = 2 \cdot \frac{z_3}{z_2} \cdot f_{n4}$ (18.482)
Überrollfrequenz Hohlrad (Glockenrad):	$f_{nH} = k \cdot \frac{z_1}{z_3} \cdot f_{n1} = k \cdot f_{n3}$ (18.483)	$f_{nH} = \frac{k \cdot z_3}{(z_1 + z_3)} \cdot f_{n1} = f_{n4}$ (18.484)

Tabelle 18.86: Funktionsbedingte Erregerfrequenzen eines Zahnradgetriebes [18.187]

Innerhalb des Getriebes hat jedoch die Zahneingriffsfrequenz die größte Bedeutung für die Kraftanregung. Dabei sind im Frequenzspektrum gemäß Abbildung 18.205 neben der eigentlichen Zahneingriffsfrequenz (1. Ordnung) auch die zweite bis siebente Harmonische (2. bis 7. Ordnung) enthalten, wobei deren Amplituden zu höheren Ordnungen hin abnehmen, sofern sich das Getriebe in einem einwandfreien Zustand befindet und keine Bauteilresonanzen auftreten. Bei langsam laufenden Stufen treten allerdings die Frequenzlinien der höheren Harmonischen wegen des geringen Energieinhaltes oftmals nicht mehr in Erscheinung. Insgesamt werden aufgrund der höheren Harmonischen Frequenzbereiche bis 20 kHz erreicht, wobei der anzustrebende Überwachungsbereich die 4. Harmonische noch einschließen sollte [18.187].

Für den Fall, dass der Erregerkraftverlauf als Funktion der Frequenz nicht darstellbar ist, lässt sich gemäß Abbildung 18.205 die Wertigkeit für Amplituden und Frequenzbereich der Kraftanregung überschlägig den Zahneingriffsfrequenzen von der Getriebestufe mit der größten bis hin zur Getriebestufe mit der kleinsten Umfangsgeschwindigkeit zuordnen.

Üblicherweise tritt der höchste Pegel in dem Frequenzbereich auf, in dem die Eingriffsfrequenz der Zahnradstufe mit der größten Teilkreisgeschwindigkeit liegt. Allerdings können sich abhängig von der Lage der Zahneingriffsfrequenzen und ihrer Oberschwingungen zur Lage der 1. Gehäusebiege-Eigenfrequenz und weiteren Bauteileigenfrequenzen unterschiedliche relative Frequenzspektren ergeben. So kann z.B. die den Schallleistungspegel bestimmende Amplitude bei einer Harmonischen der Zahneingriffsfrequenz auftreten, wenn diese unterhalb der 1. Gehäusebiege-Eigenfrequenz liegt, da das Schallspektrum sowohl von der Verzahnungsgeometrie und der Verzahnungsgenauigkeit als auch von der Getriebegehäusegeometrie abhängig ist.

Sieht man von möglichen Fehlern in den Lagerungen (s.a. Kapitel 14 und 15), in den Wellen und in den angeschlossenen Bauteilen (z.B. Kupplungen, Bremsen) ab, weist ein fehlerfrei arbeitendes Getriebe neben den drehzahlabhängigen Ordnungen mit fallenden Amplituden und den möglichen Strukturresonanzen – hierzu gehören insbesondere Eigenschwingungen des Gehäusese meist höherer Frequenzen – keine weiteren spektralen Besonderheiten auf.

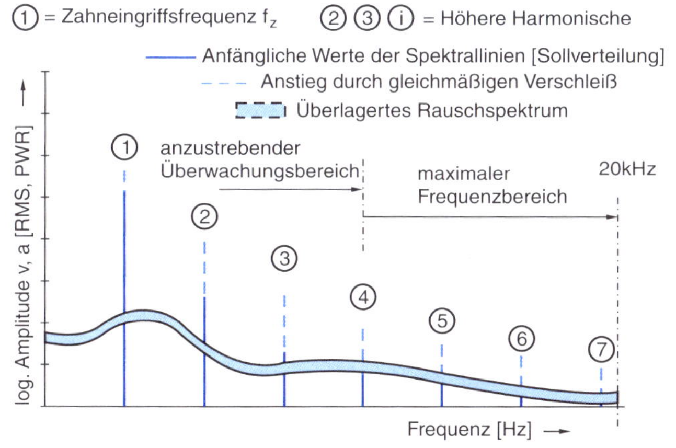

Stufe *I*:

$$f_{zI} = \left| \frac{n_1}{60} \cdot z_1 \right| \qquad (18.485)$$

Stufe *II*:

$$f_{zII} = \left| \frac{n_1}{60} \cdot \frac{1}{i_I} \cdot z_3 \right| \qquad (18.486)$$

Stufe *III*:

$$f_{zIII} = \left| \frac{n_1}{60} \cdot \frac{1}{i_I} \cdot \frac{1}{i_{II}} \cdot z_5 \right| \qquad (18.487)$$

Mit z_1, z_3, z_5 usw. Zähnezahl des Antriebsritzels der jeweiligen Stufe

Abbildung 18.205: Beispielhaftes Frequenzspektrum eines einstufigen schnell laufenden Getriebes und stufenabhängige Zahneingriffsfrequenzen mehrstufiger Getriebe [18.187]

Treten darüber hinaus weitere von den Zahneingriffsfrequenzen verschiedene Frequenzen auf, lassen sich diese meist aus der Modulation von sonst gleichmäßigen Zahnradschwingungen erklären. Derartige Modulationseffekte werden anhand der sogenannten Seitenbandentwicklung sichtbar, bei der sich Seitenbänder oder Seitenbandfamilien um die eigentlichen Zahneingriffsfrequenzen herum gruppieren. Diese drücken periodische Strukturen des Spektrums und damit stetig periodische Unregelmäßigkeiten im Zahneingriff aus. Grundsätzlich lassen sich bei den Modulationsschwingungen Amplitudenmodulation und Frequenzmodulation unterscheiden, wobei jedoch beide Formen meist überlagert auftreten, sodass vielfältige spektrale Mischformen entstehen können. Während die Frequenzmodulation eng mit den Torsionsschwingungseigenschaften eines Systems verbunden ist, entsteht eine Amplitudenmodulation hauptsächlich durch Teilungsfehler und lastbedingte Schwankungen.

Demzufolge sind Phasenverschiebungen zwischen beiden Modulationsarten und asymmetrische Ausbildungen von Seitenbandgruppierungen infolge der Überlagerung von Amplitudenmodulation und Frequenzmodulation möglich. Bezüglich der weiteren Behandlung dieser Wechselbeziehungen zwischen beiden Modulationsarten wird aus Platzgründen auf die weiterführende Fachliteratur verwiesen [18.187].

Betrachtet man die Drehfrequenz f_n und die Frequenz gleicher Zahnstellung f_k sowie deren Harmonische, so sind diese Frequenzen weniger für die absolute Schallleistung eines Getriebes von Bedeutung als für den subjektiven Eindruck eines gleichmäßigen Laufes, da sie meist niederfrequenten Charakter haben oder unterhalb des Hörbereiches oder im Bereich geringer Hörempfindlichkeit liegen. Die damit verbundenen Pegelschwankungen (hörbar auf- und abschwellender Pegel) sind auch bei niedrigem Absolutpegel deutlich wahrnehmbar und insbesondere bei hoher Intensität, im Bereich zwischen ca. 0,1 Hz bis 15 Hz und als Modulation einer höherfrequenten Trägerfrequenz (z.B. Zahneingriffsfrequenz) problematisch. Oftmals lassen sich die Auswirkungen derartiger Frequenzen durch die Maßnahmen nach Tabelle 18.87 mindern.

	Drehfrequenz f_n	**Taumelfrequenz $2 \cdot f_n$**	**Frequenz gleicher Zahnstellung f_k**
Ursache	Einzelabweichung je Umdrehung, z.B. durch Unwucht, Rundlaufabweichung, großen einzelnen Teilungssprung Transportschaden	Taumeln des Rades	Summenteilungsabweichung; Rundlaufabweichung oder Einzelabweichung auf beiden Rädern einer Paarung
Abhilfe	Auswuchten Genaues Ausrichten des Werkstückes beim Verzahnen Schrittweises Zustellen über mehrere Zähne beim Flankenschleifen Ausschleifen der Deformation	Montage des Zahnrades auf der Welle vor dem Verzahnen Ausrichten nach beiden Lagerstellen Große Nabenlänge bei Zahnrädern, die nach dem Verzahnen auf die Welle gezogen werden	Vermeidung bzw. Verringerung der als Ursache genannten Abweichungen Bei geradzahligen Übersetzungen hilft evtl. eine relative Drehung zwischen Ritzel und Rad um 90° bis 270°.

Tabelle 18.87: Erregerfrequenzen – Ursachen und mögliche Abhilfen [18.128]

Bezüglich möglicher Erregerfrequenzen sei abschließend darauf hingewiesen, dass auch eine Maschinenfrequenz f_m – oftmals auch als Geisterfrequenz bezeichnet – auftreten kann, bei der die Zähnezahl z_m des Teilschneckenrades der Verzahnungsmaschine, auf der das betrachtete Rad fertig verzahnt wurde, sichtbar wird, wobei sie jedoch nur selten so energiereich auftritt, dass sie den Geräuschpegel maßgeblich bestimmt.

Neben der gezielten Beeinflussung des im folgenden Abschnitt beschriebenen Geräuschverhaltens nutzt man die theoretischen Grundlagen der Erregerfrequenzen seit längerem im Rahmen der sogenannten Maschinen- oder Zustandsdiagnose, um das Schwingungsverhalten einer Anlage im Betrieb zu überwachen, da auftretende Schäden an Verzahnungen und Lagern als Veränderungen im Frequenzspektrum sichtbar werden.

Hierzu verwendet man üblicherweise für jede Raumrichtung mindestens einen Messaufnehmer, um die Schwingbeschleunigungen und damit auch den Körperschall zu erfassen. Unter der Voraussetzung, dass alle Eingriffs- und Überrollfrequenzen der Verzahnungen und Lager bekannt sind, lassen sich dann Veränderungen im Freuqenzspektrum eindeutig den jeweiligen Bauteilen (z.B. Zahneingriff oder Lager) zuordnen. Während das bei einstufigen Getrieben wegen der wenigen Komponenten und der eindeutig zuzuordnenden Frequenzen vergleichsweise einfach ist, erfordern komplizierte mehrstufige Getriebe oder Umlaufrädergetriebe wegen der vielen Zahneingriffs- und Lagerumlauffrequenzen erheblich mehr Erfahrungswissen, zumal in vielen Fällen Zahneingriffs- und Lagerüberrollfrequenzen nahe beieinander liegen oder sogar zusammenfallen.

Dennoch wurden gerade in den letzten 15 Jahren umfangreiche Erfahrungen, insbesondere im Bereich der Lagerdiagnose, gesammelt, die zu einer Vielzahl kommerziell verfügbarer Diagnosesysteme geführt haben, mit denen die vor allem durch Ausfall gefährdeten Elemente in ihrer Funktion überwacht und auftretende Schädigungen zustandsbezogen in ihrer fortschreitenden Veränderung vorbeugend beobachtet werden können [18.187], [18.364], [18.417], [18.418].

Mittlerweile erfolgt eine zielgerichtete Erweiterung der Diagnoseverfahren in Richtung der Erkennung von Verzahnungsschäden, wobei hier die Grübchenbildung als klassischer Ermüdungsschaden im Vordergrund steht. Dabei geht es zum einen um die Miniaturisierung der bereits verfügbaren hochfrequenten, digitalen Messwerterfassung und -verarbeitung zum Einsatz in Serienindustriegetrieben und zum anderen um Bewertungsmöglichkeiten der Diagnose-Ergebnisse, Grenzwertfestlegungen für noch zulässige Veränderungen und die Entwicklung neuer Klassifikatoren.

Zur Erkennung von Pittingschäden hat sich der rotorsynchronsierte Kammbandwert als gut geeigneter Klassifikator erwiesen, da die unterschiedlichen Schwingungsanregungen von geschädigten und ungeschädigten Zähnen zu einer Amplitudenmodulation der Zahneingriffsfrequenz und ihrer Harmonischen führen, die gut durch den Kammbandwert erfasst wird [18.318].

Auch wenn in den letzten Jahren sehr viel Erfahrungswissen durch Messungen und Nachprüfung der erkannten Schädigungen an den verschiedensten Anlagen gesammelt wurde und sich die Maschinendiagnose zur selbstständigen übergreifenden Disziplin weiterentwickelt hat, wird es auch zukünftig schwierig bleiben, universell anwendbare Verfahren zur Früherkennung beliebiger Schäden zu finden. Ebenso ist auch die Umsetzung dieses Ingenieurwissens in Normen und Richtlinien nur eingeschränkt möglich, obwohl es mittlerweile einige grundlegende Normen und Richtlinien zur Maschinendiagnose und auch für spezielle Anlagen gibt [18.113], [18.383], [18.387].

Darüber hinausgehende Informationen zu Grundlagen, Verfahren, Anwendungen und Grenzen können dem umfangreichen Normenwesen (z.B. DIN ISO 5348, DIN ISO 10816, DIN ISO 10817, DIN ISO 13373, VDI 3834, VDI 3839, VDI 3841) und der entsprechenden Fachliteratur entnommen werden [18.112], [18.113], [18.114], [18.115], [18.116], [18.117], [18.187], [18.364], [18.387], [18.388], [18.389], [18.417], [18.418].

18.5.1 Geräusche

Geräusche in Zahnradgetrieben bestehen aus breitbandigen stochastischen und aus tonalen Anteilen, wobei sich der Rauschanteil aus Reibungs-, Luftturbulenz- und Ölspritzgeräuschen zusammensetzt [18.128]. Die Schallausbreitung bei einem Getriebe gemäß Abbildung 18.206 ist ursächlich auf die Körperschallanregung durch den Zahneingriff zurückzuführen, der neben Material- und Geometriegrößen hauptsächlich durch die zeitlich veränderliche Zahneingriffssteifigkeit (wirkt als Parametererregung, s.a. Abschnitt 18.4.2.1), die vorhandenen fertigungsbedingten Verzahnungsabweichungen und gezielt aufgebrachten Flankenmodifikationen (wirken als Fremderregungen – Weganregungen, s.a. Abschnitt 18.4.3) sowie Eingriffsstörungen durch vorzeitigen Eingriff, hervorgerufen durch lastbedingte Verformungen, beeinflusst wird [18.132], [18.217], [18.267], [18.424].

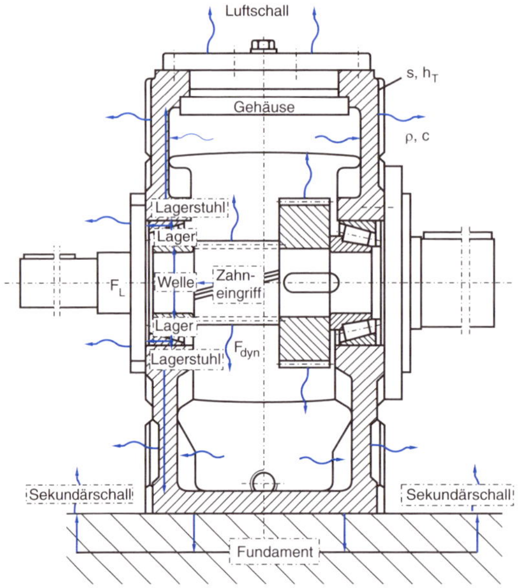

Die wesentliche Hauptschallquelle bei einem Getriebe ist der Zahneingriff, der wiederum dynamische Lagerkräfte erzeugt. Hierdurch entsteht ein Körperschall, der sich über die Radkörper, Wellen, Lager und Lagerstühle auf die Gehäusewände ausbreitet und diese zu Biegeschwingungen anregt, sodass in der Umgebung des Getriebes ein entsprechender Luftschall gemessen werden kann.

Die im Getriebeinneren schwingenden Bauteile erzeugen ebenfalls einen Luftschall, der jedoch an der Gesamtschallleistung einen Anteil unter 10 % hat. Lediglich bei Sonderkonstruktionen mit großflächigen Gehäusen und überwiegender Hüllfunktion kann der Einfluss deutlich zunehmen.

Üblicherweise ist bei Getrieben der „krafterregte" Körperschall maßgebend, bei dem die Gehäusestrukturen im Kraftfluss liegen und durch Wechselkräfte oder -momente angeregt werden. Darüber hinaus können aber auch nicht im Betriebskraftfluss liegende Gehäusewände zu Körperschallschwingungen angeregt werden, indem den Kopplungspunkten Schwinggeschwindigkeiten aufgeprägt werden, sodass dann eine Geschwindigkeitsanregung vorliegt, für die andere akustische Zusammenhänge gelten.

Abbildung 18.206: Schallentstehung und -ausbreitung an einem Getriebe [18.216]

Dabei bestimmen die mittlere Verzahnungssteifigkeit c_m die Eigenfrequenzen, die Form der Zahnsteifigkeitsschwankungen Δc, die Frequenzzusammensetzung der Erregung und die Amplitude die Anregungsintensität, wobei meistens die Grundschwingung mit der Zahneingriffsfrequenz die größte Amplitude aufweist.

Zu den wesentlichen Verzahnungsabweichungen gehören die Teilungs- und Profilabweichungen, die insbesondere bei geringer Zahnbelastung als Erregergröße auftreten. Dem können jedoch Zahnflankenkorrekturen entgegenwirken, die allerdings in erster Linie zur Verbesserung der Lastverteilung dienen sollen. Darüber hinaus können auch Verformungen der Wellen, der Lager und des Gehäuses, Einbau- und Montageabweichungen sowie Lagerspiele den Zahneingriff beeinträchtigen, wobei die Erregung meist nicht in einem ganzzahligen Verhältnis zur Zahneingriffsfrequenz steht.

Ausgehend vom Zahneingriff erfolgt die Erregung der Getriebegehäusewände im Weiteren durch die axialen und die radialen dynamischen Lagerkräfte, die neben den Kräften aus dem Zahneingriff wesentlich durch die Lagersteifigkeiten und -dämpfungen beeinflusst werden. Zusätzlich zur inneren Anregung unterliegt jedes Getriebe äußeren Anregungen, die sich aus dem Antriebssystem bzw. der Maschine und deren Funktion ergeben (s.a. Abschnitt 18.4.2). Zur theoretischen Analyse dieser inneren und äußeren Krafteinflüsse bietet sich mittlerweile die Mehrkörper-Simulation (MKS) eines Getriebes oder eines ganzen Antriebsstranges an [18.309], [18.314], [18.316].

Ohne im Weiteren auf die maschinenakustischen Grundlagen eingehen zu können, lässt sich theoretisch die Gesamtschallleistung eines Getriebes ermitteln, indem eine kastenförmige Modellstruktur verwendet wird, die in den akustisch wichtigen Eigenschaften wie Massebelegung (m'), Biegesteifigkeit (B'), Lage der ersten Eigenfrequenzen (f_{xy}) der das Gehäuse annähernden Plattenelemente und Abstrahlgrad (c) die reale Struktur möglichst genau abbildet.

Da die einzelnen Gehäusewände näherungsweise einzelne schwingungsfähige Strukturelemente darstellen, setzt sich der Schallleistungspegel des gesamten Getriebes L_W aus den Teilschallleistungspegeln L_{Wi} der einzelnen Getriebewände zusammen, wobei der Teilschallleistungspegel einer Wand durch Erregerkraft, Körperschallmaß und Abstrahlmaß bestimmt wird:

$$L_W = 10 \cdot \lg \sum_{i=1}^{n} 10^{0,1 \cdot L_{Wi}} \, dB \qquad (18.488)$$

Anhand der logarithmischen Summenbildung wird deutlich, dass einzelne Getriebegehäusewände für den Gesamtpegel bestimmend sein können, was sich auch messtechnisch nachweisen lässt.

Ungeachtet der theoretischen Hintergründe zur Maschinenakustik lassen sich grundsätzlich folgende konstruktiven Maßnahmen zur Geräuschminderung an Getrieben ergreifen, wobei für Kegelrad-, Stirnradschraub-, Schnecken- und Kegelradschraubgetriebe teilweise zusätzliche Lärmminderungsmaßnahmen notwendig sind:

- Gezielte Beeinflussung der Verzahnungsgeometrie durch Anpassung der Größen Schrägungswinkel, Modul, Verzahnungsbreite, Zähnezahl, Überdeckung, Zahnflankenkorrektur oder Sonderverzahnungen

- Beeinflussung der Verzahnungsabweichungen über die Verbesserung der Verzahnungsqualität bei gleichem oder verändertem Fertigungsverfahren
- Schwingungsoptimierte Auslegung des gesamten Antriebssystems

Während die ersten beiden Punkte insbesondere den Getriebehersteller betreffen und durch diesen selbstständig bearbeitet werden können, erfordert die schwingungsoptimierte Auslegung des gesamten Antriebssystems die konstruktive Zusammenarbeit aller am Antriebssystems beteiligten Lieferanten, wobei oftmals der übergeordnete Systemlieferant eine besondere Verantwortung hat, worauf im folgenden Abschnitt 18.5.2 noch näher eingegangen wird.

Am Getriebe selbst lassen sich folgende Maßnahmen zur Geräuschminderung vornehmen:

1 **Schrägungswinkel** – Durch den Übergang von der Gerad- zur Schrägverzahnung bis $\beta = 30°$ treten bei der Schrägverzahnung deutlich geringere Zahnsteifigkeitsschwankungen und eine gleichmäßigere Lastverteilung im Vergleich zur Geradverzahnung auf. Bedingt durch die Form der Zahnsteifigkeitsschwankung werden höherfrequente Anteile der Erregerkraft gesenkt. Darüber hinaus erfolgt auch eine Minderung des Eingriffsstoßes. Selbst bei kleinem Schrägungswinkel und auch bei $\varepsilon_\beta < 1$ ist eine Senkung der Erregung deutlich zu erkennen.

Zu beachten ist jedoch, dass große Verzahnungsabweichungen, schlechte Verzahnungsqualität, u.a. infolge der Flankenlinienabweichung, oder auch eine Schiefstellung der Wellen die Vorteile der Schrägverzahnung deutlich mindert, was sich insbesondere bei niedrigen Belastungen auswirkt [18.355].

2 **Modul, Verzahnungsbreite, Zähnezahl** – Durch Festlegung oder Veränderung der Verzahnungsgeometrie unter Beachtung der Tragfähigkeit lassen sich Größe und Form der Zahnsteifigkeitsschwankung beeinflussen. Dabei werden die Veränderungen hauptsächlich bewirkt über die spezifische Zahnnormalkraft, die Sprungüberdeckung, die Geschwindigkeit des Betriebswälzkreises und die Erregerfrequenz, wobei ein kleinerer Modul nur geringe Auswirkungen auf die Senkung der Schallemission hat.

Zu beachten ist jedoch, dass bei sinkender spezifischer Zahnbelastung die Erregung durch Verzahnungsabweichungen in den Vordergrund treten kann.

3 **Überdeckung** – Durch die entsprechende Wahl von Schrägungswinkel und Verzahnungsbreite sind ganzzahlige Sprungüberdeckungen und ganzzahlige Gesamtüberdeckungen anzustreben. Eine deutliche Beeinflussung der Profilüberdeckung ist insbesondere durch Sonderverzahnungen (z.B. Hochverzahnung) gemäß Abschnitt 18.2.6 möglich. Dabei erfolgen eine Minimierung der Zahnsteifigkeits- und damit Zahnverformungsschwankungen sowie eine Abschwächung des Eingriffsstoßes durch niedrige Zahnfedersteifigkeiten c_{min} zu Beginn des Zahneingriffes. Die lastbedingten Teilungsabweichungen werden über eine hohe Gesamtüberdeckung infolge einer ganzzahligen Sprungüberdeckung minimiert. Um ausschließlich einen geringen Steifigkeitswechsel zu erreichen, sollte die Gesamtüberdeckung ε_γ ganzzahlig sein (möglichst auch die Profilüberdeckung ε_α und die Sprungüberdeckung ε_β). Hochverzahnungen erlauben eine Minderung der Schallemission um 2 bis 6 dB über einen weiteren Drehzahlbereich, allerdings steigt die Gleitgeschwindigkeit gegenüber der Normalverzahnung an.

4 **Zahnflankenkorrektur** – Entsprechend Abbildung 18.173 können Profilkorrekturen oder Höhenballigkeiten in Form von Kopfrücknahme am Ritzel und Rad c_a oder Kopf- und Fußrücknahme am Ritzel c_a und c_f zumeist als kurz- und langevolventische Korrekturen ausgeführt werden, was jedoch für Schrägverzahnungen nicht zu empfehlen ist. Als Breitenkorrekturen in Form einer Endrücknahme oder Breitenballigkeit, die verschiedene geometrische Gestalt annehmen kann, wird meistens eine kreisförmige Breitenballigkeit angewendet. Allgemeine dreidimensionale Korrekturen (topologische Korrekturen) werden als kombinierte Profil- und Breitenkorrekturen durch CNC-gesteuerte Zahnflankenschleifmaschinen aufgebracht.

Die Korrekturen bedingen eine Verringerung der durch den Zahnsteifigkeitsverlauf bedingten Parametererregung und eine Abschwächung des lastbedingten Eingriffsstoßes. Ferner erfolgt eine Minderung der durch wirksame Flankenrichtungsabweichungen bedingten Erregungen aufgrund des Ausgleiches der durch Torsion und Biegung verursachten Wellenverformung. Dabei werden vorrangig die Erregeramplituden der niedrigen Ordnungszahlen der Fourier-Analyse der Erregerfunktion gesenkt.

Zu beachten ist, dass die Korrekturen nur wirksam werden können, wenn Verzahnungsqualitäten von mindestens 6 (möglichst feiner) erreicht werden. Des Weiteren werden die Korrekturgrößen auf der Basis von Zahnverformungen festgelegt, sodass die Wirkung der Korrektur hauptsächlich auf eine bestimmte Zahnbelastung ausgerichtet ist und genau für diese Verhältnisse eine deutliche Schallpegelsenkung eintritt. Weicht die Betriebsbelastung deutlich davon ab, tritt unter Umständen keine Geräuschverbesserung, sondern sogar eine Verschlechterung gegenüber einer unkorrigierten Verzahnung auf.

Ebenso tritt bei einer Verzahnungsgeometrie mit ganzzahliger Sprungüberdeckung ε_β eine Geräuschverschlechterung ein, wenn die Breitenballigkeit bei Schrägverzahnung als Flankenlinienkorrektur ausgeführt wird. Ist die Sprungüberdeckung ε_β nicht ganzzahlig, kann mit einer Verbesserung gerechnet werden, sofern relativ große Flankenrichtungsabweichungen vorliegen.

Bei Geradverzahnungen ist beim Betrieb in der Nähe der Nennbedingungen aus akustischer Sicht eine langevolventische Korrektur vorzuziehen, wodurch sich Schallpegelsenkungen zwischen 0 und 8 dB erreichen lassen. Bei breitenballigen Geradverzahnungen ist abhängig vom Zustand der miteinander kämmenden Zahnflanken (Größe und Form der Flankenlinienabweichungen) sowohl eine Senkung als auch eine Erhöhung der Schallemission möglich [18.355].

Durch Korrekturen in Eingriffsrichtung sind generell relativ hohe Schallpegelsenkungen von 7 bis 10 dB möglich [18.296].

5 **Verzahnungsabweichungen** – Die Auswirkungen der Flankenform-, Teilungs-, Grundkreis- und Flankenlinienabweichungen hängen im Wesentlichen von den Verhältnissen der Schwingungsanregung der abweichungsfreien Verzahnung (z. B. ob eine ganzzahlige Sprungüberdeckung vorliegt) und der statischen Belastung ab, insbesondere bezüglich der Nennbedingungen. Bei niedrigem Anregungspegel aufgrund des günstigen Steifigkeitsverlaufes wirkt sich eine Teillast auf den Einfluss der Verzahnungsabweichungen ungünstig aus, während bei hohem Anregungspegel aus dem Steifigkeitsverlauf die Verzahnungsabweichungen sich bei Teillast nicht bedeutend auswirken. Demzufolge kann – ausgehend von der Nennbelastung – bei sinkendem Belastungsmoment der Schallleistungspegel eines Getriebes annähernd konstant bleiben, abfallen oder auch steigen.

Eine wirksame Geräuschbekämpfung setzt eine hohe Verzahnungsgenauigkeit zwischen 3 und 6 voraus, die stark vom eingesetzten Fertigungsverfahren abhängt. Bedingt durch die mittlerweile erreichte hohe Fertigungsqualität werden in den seltensten Fällen einzelne Abweichungen signifikant sein.

6 **Fertigungsverfahren** – Durch das Schleifen der Zahnflanken als Endbearbeitungsverfahren lassen sich Verzahnungsqualitäten von 8 bis 3 erzielen. Weitere Feinbearbeitungsverfahren sind das Schaben und das Läppen, wobei sich insbesondere durch das Läppen deutliche Schallpegelsenkungen erreichen lassen, die sich nicht nur auf die Zahneingriffsfrequenzen, sondern auch auf deren Harmonische erstrecken.

7 **Direkte Beeinflussung der Körperschallanregung an der Lagerstelle** – Die Elastizität der Lager und der unmittelbaren Umgebung der Lagerstelle ist eine maßgebende Größe für die radialen und axialen dynamischen Lagerkräfte, womit sich eine wirksame Schallpegelsenkung über einen großen Frequenzbereich erreichen lässt. Dabei ist zu beachten, dass bei den schnell laufenden Stufen die dynamischen im Gegensatz zur Größe der statischen Lagerkräfte wesentlich höher sind, sodass diese Lagerstellen hinsichtlich der Geräuschentwicklung hauptsächlich zu betrachten sind. Abbildung 18.207 zeigt eine wirkungsvolle Masseanhäufung an den Lagerstellen entsprechend den Druckverteilungsverhältnissen zwischen Lager und Gehäuse, die wesentlich von den Steifigkeiten des Lagers, des Lagerspiels und der Lagervorspannung abhängt, wobei insgesamt eine Erhöhung der statischen und dynamischen Steifigkeit des Getriebegehäuses erreicht wird.

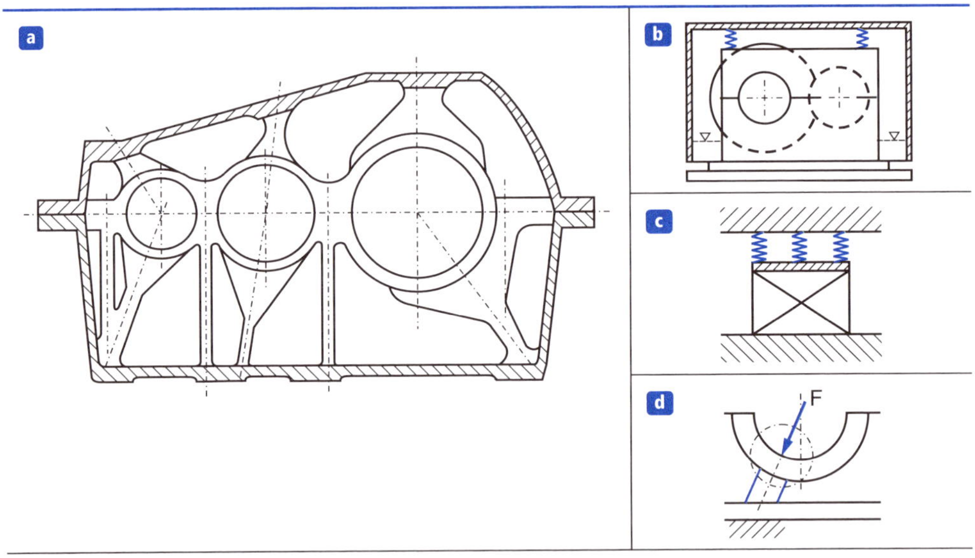

Abbildung 18.207: Konstruktive Maßnahmen zur Minderung der Körperschallanregung – a) Lagerstuhlgestaltung durch Masseanhäufung und Führung der Betriebskräfte, b) elastisch aufgehängtes Getriebegehäuse, c) elastisch gelagerte Getriebewellen, d) Verringerung der Lagerstuhladmittanz und günstige Lagerkraftführung [18.216]

Durch die günstige Führung der Betriebskräfte bis zu den Gehäusewänden und deren Erregerstellen sowie auf dem kürzesten Wege direkt in das Fundament sind Schallleistungspegelsenkungen bis 10 dB(A) möglich [18.216]. Dabei ist insbesondere zu berücksichtigen, dass die Rippen grundsätzlich in Richtung der statischen Lagerkräfte, denen auch die dynamischen Lagerkräfte überlagert sind, angebracht werden und dass die Rippen von Plattenrand zu Plattenrand geführt werden, um die Erhöhung der Biegesteifigkeit einer als Platte behandelten Getriebewand zu erreichen. Weiterhin sollten die Rippen möglichst unsymmetrisch angebracht werden, damit die durch die Verrippung entstehenden einzelnen Strahlerflächen nicht die gleiche Eigenfrequenz aufweisen.

Durch die Trennung zwischen Kraft führenden Elementen und den abstrahlenden Gehäuseflächen lassen sich bei einem elastisch aufgehängten Getriebegehäuse Schallleistungspegelsenkungen von 10 bis 20 dB erreichen [18.407]. In Versuchen mit elastisch gelagerten Getriebewellen (ca. 1/10 der üblichen Lagersteifigkeit) wurden Schallleistungspegelsenkungen von 6 bis 12 dB(A) nachgewiesen [18.408].

Der Anteil der eigentlichen Lagergeräusche am gesamten Getriebegeräusch ist bei Getrieben mit hohem Leistungsgewicht niedrig. Auch wenn die Steifigkeiten von Wälz- und Gleitlagern in gleicher Größenordnung liegen, wirkt sich in der Regel eine Gleitlagerung infolge der größeren Dämpfung des Ölspaltes pegelmindernd aus [18.425].

8 **Beeinflussung der Abstrahlung durch die Gehäusegestaltung** – Üblicherweise sind die Gehäusewände die Deckflächen mit dem höchsten Teilschallleistungspegel, was ebenfalls für die Lagerdeckel gilt, da sie einen relativ hohen Anteil an der gesamten abstrahlenden Fläche des Getriebes aufweisen [18.356]. Neben der bereits oben erwähnten Anbringung von Rippen lässt sich häufig durch eine geringfügige Erhöhung der Wandstärke gemäß Abbildung 18.208 a) und b) eine Verdoppelung der Biegesteifigkeit und damit eine deutliche Verschiebung der 1. Platteneigenfrequenz erreichen.

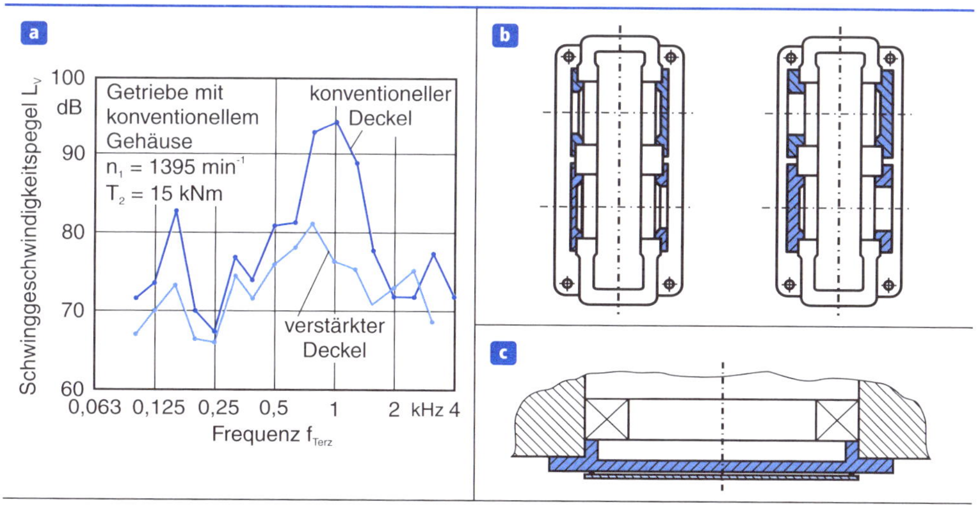

Abbildung 18.208: Gestaltung von Lagerdeckeln – a) Absenkung des Schwinggeschwindigkeitspegels durch Verstärkung der Lagerdeckel nach b), c) Anbringung einer dünnen Platte auf einer Deckelaußenwand [18.216]

Eine weitere Möglichkeit ist das Anbringen dünner Platten zur Ausnutzung des Prinzips der Körperschalldämpfung über die Anwendung dünner Luftschichten, was sich besonders für nachträgliche Geräuschminderungsmaßnahmen eignet. Dabei wird auf der Teilfläche, deren Schwinggeschwindigkeitswerte gesenkt werden soll, eine dünne Platte aus Stahlblech gemäß Abbildung 18.208 c) angebracht, die über örtlich begrenzte Kopplungsschichten mit dieser Teilfläche verbunden wird. Das Material dieser Schichten kann schnell aushärtende mehr oder weniger viskoelastische oder metallelastische Eigenschaften aufweisen, wobei der Abstand zwischen Teilfläche und Platte nur wenige Zehntel Millimeter betragen soll. Die dünne Platte kann sowohl an einer Außenwand als auch innerhalb des Getriebes angekoppelt werden. Bei der innen liegenden Platte ist es jedoch erforderlich, den Rand mit der Kopplungsschicht ohne Unterbrechung zu versehen, um das Luftpolster zu gewähren.

Ferner lässt sich das Schwingungsverhalten in gewissen Grenzen durch den Einsatz unterschiedlicher Werkstoffe beeinflussen. Um niedrige Schwingungsamplituden der Gehäusewandungen zu erreichen, muss der Werkstoff über eine hohe Steifigkeit und eine große Werkstoffdämpfung verfügen, was sich durch die Longitudinal-Wellengeschwindigkeit und die Poisson-Zahl beschreiben lässt. Zum direkten Vergleich sind jedoch unbedingt die konstruktiven Randbedingungen zu beachten, da z.B. bei Stahlgehäusen im Vergleich zu Gussgehäusen meist unterschiedliche Wandstärken oder Biegesteifigkeiten vorliegen. Üblicherweise ermöglichen allerdings Graugussgehäuse bei gleicher Steifigkeit wie Stahlgehäuse eine Schallleistungspegelsenkung bis zu 3 dB [18.252].

Außerhalb des Getriebes sind zusätzliche Dämpfungselemente möglich, auf denen entweder das gesamte Getriebe entkoppelt zum Fundament aufgestellt wird oder aber mit denen eine Drehmomentenstütze elastisch zum Fundament abgestützt werden kann, was momentan bei Getrieben in Windenergieanlagen viel genutzt wird. Auch wenn zusätzliche Dämpfungselemente eine meistens breitbandige Wirkung bei der Geräuschminderung aufweisen, ist ein möglichst wirkungsvoller Einsatz wegen der Frequenz- und Amplitudenabhängigkeit häufig schwierig. Ferner ist theoretisch eine Veränderung der äußeren Dämpfung über die Reibungsdämpfung an Koppelstellen (z.B. Lagerungen, Welle-Nabe-Verbindungen) möglich, was sich jedoch in der Praxis bisher nicht bewährt hat.

Sollten alle bisher aufgeführten konstruktiven, primären Lärmminderungsmaßnahmen nicht ausreichen, um eine geforderte Schallemission zu erreichen, bieten sich umhüllende Schallschutzkapseln an, die zu den sekundären, nachträglich angebrachten Schallschutzmaßnahmen zählen. Derartige Schallschutzkapseln umhüllen die Schallquellen vollständig oder teilweise und vermindern die Schallausbreitung zwischen der Schallquelle und den zu schützenden Bereichen, wobei die oftmals nicht vermeidbaren Öffnungen in einer Kapsel einen nicht zu vernachlässigenden Einfluss auf die Dämmwirkung haben, sodass z.B. für größere Öffnungen Schalldämpfer vorzusehen sind. Des Weiteren sind die Schallschutzkapseln so aufzustellen, dass kein Körperschall übertragen werden kann. Akustische Gründe erfordern zwischen der Oberfläche des Getriebes und der Kapselwand die Einhaltung eines Mindestabstandes, der von der Frequenz des Luftschalls und der Masse (pro Flächeneinheit) der Kapselwand abhängt. Zusätzlich ist die in der Schallschutzkapsel anfallende Wärmemenge durch eine Selbst- oder Zwangsbelüftung abzuführen und auch die Zugänglichkeit des Getriebes zwecks

Inspektion oder Reparatur muss möglich sein. Das Schalldämmmaß R, die Dämpfung D sowie der Schallabsorptionsgrad α_w des Absorptionsmaterials sind frequenzabhängig und bei niedrigen Frequenzen deutlich kleiner als bei 1.000 Hz, wobei die Dicke des Absorptionsmaterials umso größer sein muss, je niedriger die zu dämpfende Frequenz bezogen auf den Absorber ist. Gebräuchliche Dicken liegen zwischen 30 und 80 mm, während die Kapselwandung selbst meist aus 1 bis 3 mm dickem Stahlblech besteht.

Zusätzlich zu diesen getriebebezogenen Lärmminderungsmaßnahmen ist übergeordnet immer eine schwingungstechnische Optimierung des gesamten Antriebssystems oder der übergeordneten Maschine oder Anlage anzustreben. So lässt sich häufig schon durch eine günstige Zuordnung von Antriebsmaschine, Getriebe und Arbeitsmaschine eine deutliche Senkung des Schallleistungspegels herbeiführen, indem z.B. eine niedrigere Drehzahl des Motors die Herabsetzung der Stufenzahl des Getriebes, die Verringerung der Baugröße oder eine schwingungsoptimierte Aufstellung erlaubt.

Optimierte Antriebssysteme weisen eine deutlich größere Schwingfestigkeit und damit Lebensdauer auf und können vielfach gleichzeitig kleiner, leichter und kostengünstiger sein, wobei insbesondere auf die Schwingfestigkeitsproblematik anhand ausgeführter Antriebssysteme im folgenden Abschnitt nochmals abschließend eingegangen wird.

18.5.2 Resonanzschwingungen im Betrieb

Während unerwünschte Getriebegeräusche z.B. im Kraftfahrzeug ein Komfortproblem darstellen und zu laute Getriebe für den Menschen am Arbeitsplatz und in der Nachbarschaft gesundheitliche Gefahren bedeuten, können ständig auftretende Resonanzschwingungen im Betrieb die Ermüdungsfestigkeit stark herabsetzen und damit die Funktionsfähigkeit oder sogar Sicherheit einer Maschine oder Anlage erheblich einschränken.

Vor diesem Hintergrund soll nachfolgend anhand ausgewählter Beispiele auf derartige Resonanzprobleme eingegangen werden, da nämlich die Antriebe auf der Grundlage der zur Verfügung stehenden Lastannahmen richtig dimensioniert waren und damit kein Schaden hätte eintreten dürfen. Da es sich in allen Fällen um grundlegende schwingungstechnische Probleme handelt, sind branchenunabhängig die verschiedensten Maschinen und Anlagen betroffen, wobei insbesondere bei drehzahlvariablen Anlagen die Wahrscheinlichkeit besonders groß ist, dass zu einem beliebigen Zeitpunkt zufällig ein Arbeitspunkt getroffen wird, an dem Resonanzfrequenz und Erregerfrequenz zusammenfallen.

Des Weiteren handelt es sich bei allen vorgestellten Beispielen um bereits bewährte Konstruktionen, die in ähnlicher Gestaltung in vergleichbaren Anwendungen ohne Probleme funktioniert haben. Auch deshalb soll das Bewusstsein geweckt werden, dass eine detailreiche und hervorragende Einzelberechnung von Komponenten eines Antriebssystems aufgrund weniger Momente und Drehzahlen (auch wenn es sich um Maximalwerte handelt) oftmals nicht mehr ausreicht, um ein qualitativ hochwertiges und über die angestrebte Nutzungszeit voll funktionsfähiges Produkt herzustellen. Mehr denn je fordert die zunehmende Komplexität von Maschinen und Anlagen die enge Zusammenarbeit von Systemlieferant und Unterlieferant, um gemeinsam ein den Anforderungen des Betreibers gerecht werdendes und schwingungstechnisch gut abgestimmtes Antriebssystem zu schaffen.

Anhand eines Getriebes der größten Bandanlage der Welt, des Radsatzgetriebes eines Triebwagens, eines großen Zementmühlengetriebes, des Haupthubwerkgetriebes eines Gießkranes sowie verschiedener Getriebe in Windenergieanlagen soll im Folgenden verdeutlicht werden, welche Auswirkungen eine nicht ausreichende Berücksichtigung des dynamischen Verhaltens einzelner Baugruppen haben kann.

So fiel die Kegelradstufe der 2.500-kW-Getriebe der momentan größten Bandanlage der Welt im chilenischen Kupfererztagebau gemäß Abbildung 18.209 binnen Tagen mit einem Schadensbild aus, das in der Zahnradtechnik als „Fresser" bekannt ist (s.a. Abbildung 18.137) [18.118], [18.381]. Da jedoch die Berechnung eine ausreichend große Fresssicherheit auswies und auch der richtige Schmierstoff in ausreichender Menge im Getriebe vorhanden war, konnte das Schadensbild nicht erklärt werden. Mithilfe einer aufwändigen Drehmomentmessung am Getriebeeingang und -ausgang konnte auf der schnell laufenden Eingangsseite ein Drehmomentverlauf gemäß Abbildung 18.210 ermittelt werden, der auf ein Resonanzproblem hindeutete.

Abbildung 18.209: Antriebsstation (2 x 2.500 kW) der größten Bandanlage der Welt mit insgesamt 8 x 2.500 kW Antriebsleistung zur Förderung von 8.700 t/h Kupfererz über 1.600 m Höhendifferenz

Dabei kam es aufgrund der Nulldurchgänge des gemessenen Drehmomentes auch zur Flankenablösung unter Last und einem Anschlagen an der Rückflanke. Durch dieses „Klappern" der Zahnflanken wurde letztlich der Schmierstoff zwischen den Zahnflanken verdrängt, sodass ein Schaden, vergleichbar einem „Fressschaden", entstand. Aus einer Torsionsschwingungsanalyse des Antriebsstranges ergab sich, dass die Trägheitsmomenten- und Steifigkeitsverteilung in der Kegelradstufe eine Eigenfrequenz bedingte, die mit der Zahneingriffsfrequenz in dieser Stufe zusammenfiel, was im Betrieb zu einer ständigen Anregung führte. Mithilfe weiterer Torsionsschwingungsanalysen des Antriebsstranges konnte dann die erforderliche Größe einer zusätzlichen Massenträgheit auf der Eingangswelle ermittelt werden, um die kritische Eigenfrequenz derart zu verschieben, dass sie im Betrieb nicht mehr angeregt wird, Abbildung 18.210 [18.118], [18.381]. Durch diese vergleichsweise einfache Lösung konnten aufwändige Umkonstruktionen innerhalb des Getriebes vermieden werden.

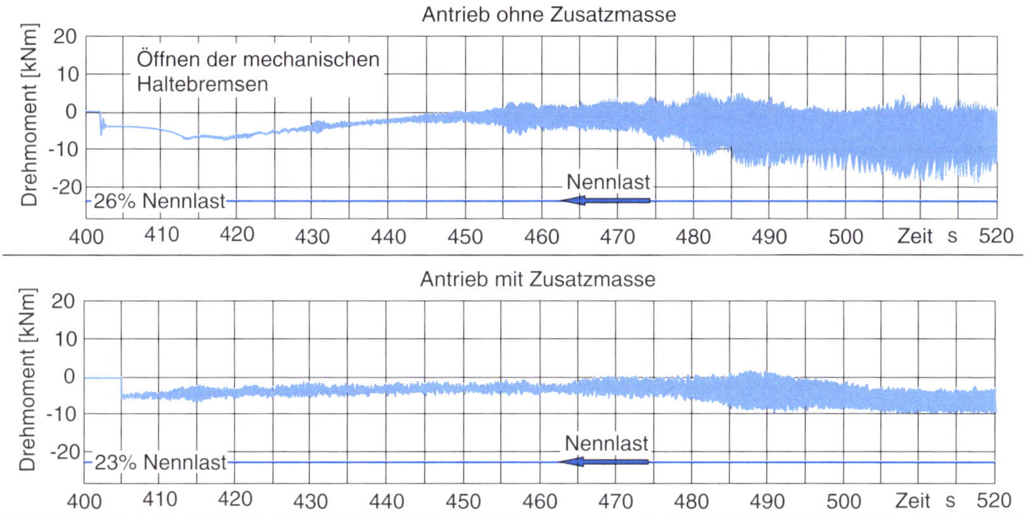

Abbildung 18.210: Gemessene Drehmomente am Getriebeeingang – Resonanzschwingungen der Eingangswelle mit Nulldurchgängen bei Teillastbetrieb im Auslieferungszustand (oben) und deutliche Absenkung der Amplituden nach Aufbringung einer zusätzlichen Massenträgheit auf der Eingangswelle zur Verschiebung der Resonanzfrequenz (unten) [18.381]

Nahezu das gleiche Schadensbild trat an der Kegelradstufe in einem Bahngetriebe zum Einsatz in einem Nahverkehrstriebwagen gemäß Abbildung 18.211 auf, wobei auch hier die Kegelradstufe für alle Lastfälle richtig ausgelegt und berechnet worden war. In Kombination mit der Radsatzachse kam es jedoch ebenfalls in einigen Betriebszuständen zu Schwingungen, die letztlich zum vorzeitigen Ausfall der Verzahnung mit dem Schadensbild „Fresser" geführt haben.

Dabei lag das Tellerrad der Kegelradstufe auf der Radsatzwelle immer in einem „Schwingungsbauch", sodass bei nahezu jedem Anfahrvorgang mit durchdrehenden (schleudernden) Rädern ein Resonanzzustand gemäß Abbildung 18.212 erreicht wurde, bei dem ungefähr das 20-Fache des Nenndrehmomentes in der Radsatzwelle und damit auch im Antriebsstrang auftrat.

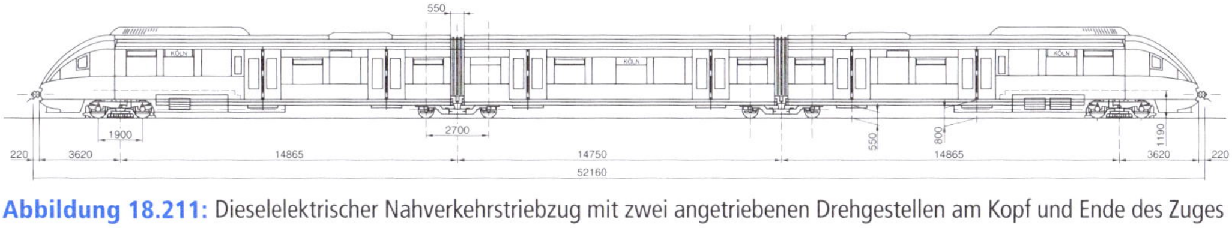

Abbildung 18.211: Dieselelektrischer Nahverkehrstriebzug mit zwei angetriebenen Drehgestellen am Kopf und Ende des Zuges

Üblicherweise wird ein Schleudern der Radsätze bei Bahnfahrzeugen durch einen Schleuderschutz vermieden, indem durch Bildung einer Differenzdrehzahl zwischen einem angetriebenen und einem nicht angetriebenen Radsatz festgestellt wird, ob der angetriebene Radsatz durchdreht. Aus Abbildung 18.212 a) ist ersichtlich, dass die großen Belastungen im Antrieb auftreten, wenn von einer Differenzgeschwindigkeit d_v = 4 km/h zwischen angetriebenem und nicht angetriebenem Radsatz ausgegangen wird.

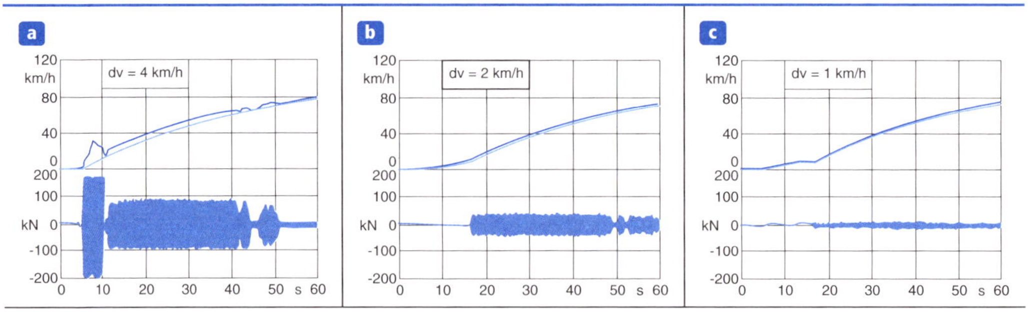

Abbildung 18.212: Radsatzdynamik abhängig von gewählten Parametern des Schleuderschutzes

Verwendet man anstelle dieser großen Differenz gemäß Abbildung 18.212 c) den deutlich kleineren Wert d_v = 1 km/h – wobei es sich nur um eine einfache Parameteränderung innerhalb der Traktionsregelung handelt – tritt ein Schleudern nicht mehr auf, die Belastungen der Radsatzwelle und des Getriebes liegen im Bereich des Nennmomentes und demzufolge tritt auch kein Getriebeschaden mehr auf. Zur Vermeidung des vermeintlichen Fressschadens war demzufolge eine Gesamtbetrachtung des Systems Radsatzwelle/Getriebe erforderlich.

Anhand dieser beiden Fälle wird sehr schön deutlich, dass eine korrekte und sehr detaillierte Verzahnungsberechnung allein noch nicht ausreicht, um die gewünschte Funktionalität über den geplanten Nutzungszeitraum sicherzustellen. Allerdings wird anhand dieser Beispiele auch deutlich, dass im Falle des Bandgetriebes die Betrachtung des „Systems“ Kegelradstufe ausgereicht hätte, im Falle des Bahnantriebes muss jedoch die gesamte Radsatzwelle in die Systembetrachtung einbezogen werden. Hier ist also in jedem Fall das Fachwissen des Ingenieurs gefragt, die Systemgrenze so zu definieren, dass alle für die Auslegung und Bemessung relevanten Zustände mithilfe des Berechnungsmodells erfasst werden können.

Anhand der beiden Schadensfälle wird aber auch ein weiteres Problem deutlich. Auf den ersten Blick zeigen beide Verzahnungen das typische Schadensbild des Fressens, wobei als verursachende Einflüsse vom Zahnradwerkstoff und seiner Oberflächenbeschaffenheit, vom Schmierstoff, von der Verzahnungsgeometrie und von den Betriebsbedingungen ausgegangen wird (s.a. Abschnitt 18.4.6).

In beiden vorliegenden Fällen ist davon auszugehen, dass der hydrodynamische Schmierfilm, bedingt durch Resonanzschwingungen im Zahnkontakt, durchbrochen wurde, sodass es zu den festgestellten Schäden kam. Ursächlich liegt also eine Ölverdrängung aufgrund hochfrequenter Schwingungen im Zahnkontakt vor. Mit den bekannten Ansätzen zur Berechnung der Fresstragfähigkeit einer Verzahnung lassen sich solche Effekte verständlicherweise nicht berücksichtigen. Die notwendigen Konstruktionsoptimierungen bzw. Systemabstimmungen erfolgten vielmehr mithilfe von Schwingungssimulationsrechnungen.

Im Falle des Mühlengetriebes für die Zementmühle nach Abbildung 18.1 war zunächst ein Zahneckbruch nach Abbildung 18.136 festgestellt worden, obwohl die Berechnung ausreichende Sicherheiten aufwies und auch die Mühle nicht unsachgemäß betrieben wurde. Im Zuge der weiteren Analysen stellte sich heraus, dass die Lagerung der betreffenden Welle mit dem geschädigten Zahnrad aufgrund ovalisierter Bohrungen die notwendige Wellenführung nicht mehr sicherstellen konnte, sodass es zu einem Eckenträger kam. Da die Bohrungen einwandfrei gefertigt worden waren, stellte sich nun die Frage nach der Ursache für die Ovalisierung. Auch hier konnte mittels einer Mehrkörpersimulationsrechnung einschließlich Eigenfrequenzanalyse und unter Einbeziehung von Finite-Elemente-Modellen für tragende Strukturen des Gehäuses eine kritische Eigenfrequenz von Zahnradstufe und Zwischenplatte ermittelt werden, in der die betreffende Welle gelagert ist. Diese Eigenfrequenz wurde wiederum durch die Zahneingriffsfrequenz der betreffenden Stufe angeregt, sodass es aufgrund der damit verbundenen „Rührbewegung" der Welle in den Lagerungen zur Ovalisierung der Bohrungen kam, die letztlich den Zahnbruch wegen nicht ausreichender Führung in den Lagern nach sich zog [18.308]. Durch eine veränderte Verteilung von Massen, Massenträgheiten und Steifigkeiten konnte auch hier eine wirksame Lösung gefunden werden.

Ursache war also hier nicht eine falsche Verzahnungsauslegung, sondern ebenfalls die Nichtermittlung von Eigenfrequenzen und deren Anregung, wobei hier nur eine Torsionsschwingungsanalyse allein nicht ausgereicht hätte, sondern ein Mehrkörpersimulationsmodell unter Einbeziehung elastischer Strukturen des Gehäuses mittels Finite-Elemente-Modellen notwendig war.

Auch das vorletzte Beispiel eines 400-t-Kranhubwerkes belegt die Möglichkeiten der Mehrkörpersystemsimulation zur Analyse möglicher Resonanzprobleme im Betrieb [18.310]. Das Kranhubwerk des betrachteten Roheiseneinsetzkranes gemäß Abbildung 18.149 wird durch zwei Elektromotoren mit einer Leistung von 1.000 kW und einer Nenndrehzahl von 744 1/min angetrieben. Der gesamte Antriebsstrang, von den Motoren bis hin zur Traverse, wird in einem Mehrkörpersystemsimulationsmodell durch 89 starre Massen abgebildet. Zusätzlich werden die Getriebegehäuse des Planeten-Stirnradgetriebes und der Trommelgetriebe als modal reduzierte Finite-Elemente-Strukturen modelliert, sodass das Gesamtmodell des Kranhubwerkes bei Berücksichtigung aller Bewegungsrichtungen und der modal reduzierten Getriebegehäuse 600 Freiheitsgrade aufweist [18.338].

Die Berechnung der Eigenfrequenzen des Gesamtsystems führt aufgrund der modellierten Freiheitsgrade zu einer Vielzahl komplexer Schwingformen, die mithilfe des dreidimensionalen Modells anschaulich dargestellt und bewertet werden können. Neben den Torsionseigenfrequenzen treten Kombinationen aus Axial-, Radial- und Biegeschwingformen auf. Eine solche im Betrieb der Anlage anregbare Schwingform ist in Abbildung 18.213 dargestellt. Dabei schwingt die Ritzelwelle der Räderkette gegen die Lagerung im Gehäuse. Zusätzlich verkippt die Ritzelwelle gleich- bzw. gegenphasig zu den benachbarten Zahnrädern, was im Resonanzfall gegebenenfalls zu Relativbewegungen zwischen den Zahnrädern und daraus folgenden Schäden an der Zahnflanke führen kann. Neben der Trägheit des Bauteils hat die

Abstützbreite und Steifigkeit der Lagerung sowie die Steifigkeit des Gehäuses einen Einfluss auf die Eigenfrequenz und Schwingform.

Abbildung 18.213: Schwingform der Ritzelwelle in 3 Bewegungsschritten

Vergleichbare Erfahrungen liegen auch mit Schäden an Lagern in Windturbinengetrieben vor. So fand man in den schnell laufenden Zwischenstufen der Hauptgetriebe zerstörte Loslager, deren Schadensbild vermeintlich aus axialer Überlastung resultierte. Die Ursache hierfür waren ebenfalls Resonanzschwingungen der Wellen in axialer Richtung, da die Lager für die anzunehmenden äußeren Lasten ausreichend dimensioniert waren. Mittlerweile treten in Hauptgetrieben von Windturbinen zum Teil auch Fressschäden auf, obwohl die Berechnungen ausreichende Sicherheiten ausweisen, weshalb auch hier davon ausgegangen werden kann, dass möglicherweise Resonanzschwingungen wie in den vorherigen Beispielen zu diesen Schäden führen.

Abschließend sei darauf hingewiesen, dass zur Zeit noch kein direkter quantitativer Zusammenhang zwischen Eigenschwingformen im Resonanzfall und auftretendem Schadensbild hergestellt werden kann. Allerdings treten zunehmend branchenübergreifend Schadensfälle auf, bei denen die Tragfähigkeitsnachweise zwar ausreichende Sicherheiten ausweisen, mithilfe einer Mehrkörpersimulation jedoch Resonanzen nachweisbar sind, die offensichtlich zu Schäden führen, da nämlich nach Verschiebung dieser kritischen Eigenfrequenzen in unkritische Bereiche die Anlagen im weiteren Betrieb schadensfrei bleiben.

ZUSAMMENFASSUNG

Aufgaben und Lösungen

Die **Hauptaufgabe** von Zahnrädern und den aus ihnen zusammengesetzten, gleichförmig übersetzenden Zahnradgetrieben ist die formschlüssige Übertragung von Drehmoment und Drehzahl sowie deren Wandlung nach Größe und Richtung zwischen einer Antriebsmaschine (Kraftmaschine) und einer Arbeitsmaschine.

Um eine **Winkelgeschwindigkeit** mit gleichförmiger Übersetzung $i =$ konst. von einer Welle auf eine zweite durch Zahnflanken übertragen zu können, muss das allgemeine Verzahnungsgesetz für Stirnradpaarungen erfüllt werden, das besagt, dass die gemeinsame Normale der beiden als Flankenprofile verwendeten Kurven in jedem Berührungspunkt durch den Wälzpunkt C gehen muss. Somit lässt sich unter Anwendung des allgemeinen Verzahnungsgesetzes zu jedem gegebenen beliebigen Zahnprofil ein Gegenprofil ermitteln, dessen Kontur diese Bedingung erfüllt.

In Erweiterung zu dieser **kinematischen Grundanforderung** der konstanten Übersetzung muss eine Verzahnung über eine hohe Tragfähigkeit (hohe Beanspruchbarkeit) und einen guten Wirkungsgrad (niedrige Verlustleistung) verfügen sowie geräuscharm arbeiten. Darüber hinaus sollte sie einfach zu fertigen und auch unempfindlich gegen unvermeidliche Fertigungsabweichungen sein. In diesem Zusammenhang haben sich die Zykloidenverzahnung, die Kreisbogenverzahnung und die Evolventenverzahnung bewährt. Dabei ist die heute am häufigsten angewendete Geometrie für Gerad- und Schrägverzahnungen die Evolventenverzahnung, da sie im Vergleich zu den anderen Verzahnungsgeometrien wegen der geradflankigen Verzahnungswerkzeuge besonders einfach zu fertigen und unempfindlich gegen Achsabstandsabweichungen ist. Des Weiteren lassen sich unterschiedliche Zahnformen und Achsabstände bei gleicher Zähnezahl mit demselben Werkzeug durch Profilverschiebung erzeugen und Richtung sowie Größe der Zahnnormalkraft bleiben während des Zahneingriffs konstant, was ein schwingungsarmes Laufverhalten begünstigt.

Ausgehend von der Evolvente zur Beschreibung der **Flankengeometrie** werden im Weiteren zunächst die kennzeichnenden Geometriegrößen für das einzelne geradverzahnte Stirnrad und im Anschluss daran für die Paarung zweier geradverzahnter Stirnräder behandelt, wobei auch ausführlich auf die Möglichkeiten der Profilverschiebung eingegangen wird. Hierunter versteht man die radiale Verschiebung des Nutzungsbereiches der Evolvente, sodass weiter außen oder weiter innen liegende Bereiche des evolventenförmigen Zahnprofils genutzt werden. Damit lassen sich in einfacher Weise Achsabstandsänderungen vornehmen und durch die Anpassung von Zahndicke und Zahnform können Tragfähigkeiten von Zahnfuß und Zahnflanke beeinflusst werden.

Anschließend erfolgt die Erweiterung von der Geradverzahnung auf die **Evolventen-Schrägverzahnung**, bei der aufgrund des schraubenförmigen Verlaufes der Flankenlinien die Zähne nicht sofort über der gesamten Breite in oder außer Eingriff kommen und somit der Überdeckungsgrad größer ist. Daraus ergeben sich im Vergleich zur Geradverzahnung eine höhere Belastbarkeit und eine größere Laufruhe, da die Last immer auf mehrere im Eingriff befindliche Flankenpaare verteilt wird und die Eintrittsstöße bei beginnendem Zahneingriff (z. B. aufgrund von Verformungen unter Last) deutlich geringer sind, was sich günstig auf das Schwingungsverhalten auswirkt.

Neben der Geometrie ist die **Fertigung**, bestehend aus Zahnradformgebung, Werkstoffauswahl und Wärmebehandlung, wesentlich für die Funktionalität und das Leistungsvermögen eines Zahnradgetriebes, weshalb ausführlich auf die verschiedenen Fertigungsverfahren und insbesondere auf die Wärmebehandlung eingegangen wird, da hiervon die erreichbaren Festigkeitskennwerte maßgeblich abhängen. Entsprechend den Grundlagen der Festigkeitsberechnung muss auch beim Zahnrad die Beanspruchbarkeit größer sein als die Beanspruchung. Es bestehen jedoch im Vergleich zu anderen Maschinenelementen unterschiedliche funktionelle Anforderungen an die Werkstoffeigenschaften im Bereich der Zahnflanken, des Zahnfußes und des Werkstückkerns bei besonderer Bedeutung der Randzoneneigenschaften hinsichtlich Mikrohärteverlauf, innerer Spannungen und Oberflächen-Mikrostruktur. Ferner ist zu beachten, dass die erreichbaren Festigkeitskennwerte für jeden Werkstoff abhängig von der Erschmelzung des Rohmaterials über die mechanische Bearbeitung bis hin zur Wärmebehandlung abhängig von Technologie und Prozessführung entsprechenden Schwankungen unterliegen.

Da bei einer Zahnradpaarung nur im Wälzpunkt C reines Abwälzen der Flanken ohne zusätzliche Gleitanteile auftritt, liegt zwischen den Zahnflanken in den überwiegenden Eingriffsstellungen Gleitreibung vor, aus der sich entsprechende Verluste ergeben. Abhängig von der Verlustleistung und der Größe des Getriebes kann die Erwärmung so groß werden, dass ohne Maßnahmen zur Kühlung die Temperatur infolge Anlasswirkungen zu Schäden an Lagern und Verzahnungen und zur Zerstörung berührender Dichtungen führt. Des Weiteren können durch eine ungleiche Temperaturverteilung am Gehäuse und über der Zahnbreite von Verzahnungen Achslageänderungen und ungünstige Lastverteilungen entstehen. Ebenso kann ein zu kleines Flankenspiel beim Anfahren des Getriebes zu einem Verklemmen der Verzahnung führen, da Temperatur und Wärmedehnung der Zahnräder größer sind als die des Gehäuses, was wiederum eine völlige Zerstörung der Zahnflanken zur Folge haben kann. Zur Vermeidung dieser Probleme werden Grundlagen zur Wärmebilanzierung bei stationärem und instationärem Betrieb sowie die Möglichkeiten zur Getriebeschmierung und Wärmeabfuhr behandelt.

Zur **Gestaltung von Stirnradgetrieben** und den darin verwendeten Bauteilen wird zunächst auf die Verzahnungsqualität, die Verzahnungsabweichungen und die Toleranzen eingegangen. Die eigentliche Dimensionierung von Stirnradgetrieben umfasst die grundsätzliche Wahl der Getriebebauart abhängig vom erforderlichen oder gewünschten Anschluss an Antriebs- und Arbeitsmaschine, die Aufteilung der Gesamtübersetzung auf einzelne Getriebestufen, die Bestimmung der vorläufigen Hauptabmessungen der Getriebestufen (Durchmesser, Breite) durch Überschlagsrechnung mit Erfahrungswerten aus den jeweiligen Einsatzgebieten und abschließend die genauere Festlegung der Verzahnungsdaten Modul, Zähnezahl, Schrägungswinkel, Profilverschiebung und Verzahnungsgenauigkeit (DIN-Qualität) unter Berücksichtigung des Zahnradformgebungsverfahrens, des Werkstoffes und der Wärmebehandlung. Hauptauslegungskriterium ist oftmals die Minimierung der Masse eines Getriebes unter Einhaltung einer zulässigen Flankenpressung oder Zahnfußtragfähigkeit. Ausgehend von diesen Dimensionierungsrichtlinien werden Gestaltungsgrundlagen für Getriebebauformen, Räder, Wellen, Lagerungen und Gehäuse vorgestellt und anhand ausgewählter Anwendungsbeispiele industrieller Großantriebe erläutert.

Anschließend werden die notwendigen Arbeitsschritte behandelt, um für eine Zahnradpaarung einen **Tragfähigkeitsnachweis** führen zu können. Dabei wird genau wie bei einer Festigkeitsberechnung überprüft, ob die auftretende Beanspruchung kleiner ist als die ertragbare Beanspruchbarkeit. Anhand von Schadensbildern und deren Entstehungsursachen wird deutlich, dass zur beanspruchungsgerechten Auslegung einer Verzahnung auf der Grundlage gegebener Kräfte, Momente und Lastkollektive Einzelnachweise für die Grübchen-, Zahnfuß-, Fress-, Graufleckenund Verschleißtragfähigkeit sowie die Sicherheit gegen Maximalbelastung zu führen sind.

Dabei gehen alle diese **Berechnungsmodelle** nach DIN 3990 und ISO 6336 vereinfachend von einem punktförmigen Kraftangriff an der Zahnflanke aus, was jedoch aufgrund der tatsächlichen Ausdehnung eines Zahnes in Höhen- und Breitenrichtung eine idealisierte Vereinfachung darstellt. Die tatsächlichen Belastungsverhältnisse im Zahneingriff sind deutlich komplexer, da sowohl bei gerad- als auch bei schrägverzahnten Stirnrädern die Aufteilung der Last einerseits von den einzelnen im Eingriff befindlichen Zahnpaaren (Stirnlastverteilung) und andererseits von der Verteilung der Belastung in Zahnbreitenrichtung bzw. längs der Kontaktlinie (Breitenlastverteilung) abhängt.

Zur beanspruchungsgerechten Auslegung einer Verzahnung ist es nun erforderlich, die Lastverteilung möglichst gleichmäßig zu gestalten, um eine optimale Werkstoffausnutzung zu erzielen. Hierzu nimmt man abhängig von den tatsächlichen Belastungsverhältnissen über der Zahnflanke, hervorgerufen durch Lagerspiel, fertigungsbedingte Abweichungen und Verformungen der Verzahnung und der die Verzahnung umgebenden Elemente gezielt Korrekturen der Flankengeometrie vor, indem z.B. der Schrägungswinkel leicht verändert und Breiten- und Höhenballigkeiten aufgebracht werden.

Da dieses **Grundproblem der Verzahnungsberechnung** unter Berücksichtigung aller maßgeblichen Verformungen bis heute nicht analytisch geschlossen lösbar ist, verwendet man entweder einfache Näherungslösungen in Form von Lastverteilungsfaktoren (Stirnfaktor und Breitenfaktor), mit denen die Ungleichmäßigkeit der Belastung an der höchstbelasteten Stelle der Kontaktlinie berücksichtigt werden kann, oder aber man nutzt aufwändigere, rechnergestützte Verfahren, mit denen unter Berücksichtigung sämtlicher Einflussgrößen der Verlauf der Zahnbelastung entlang der Kontaktlinie und die Verzahnungssteifigkeit berechnet werden können. Auch wenn die rechnergestützten Verfahren noch nicht den Stand der Normung in DIN 3990 und ISO 6336 darstellen, so werden die theoretischen Grundlagen anhand des an der TU Dresden entwickelten Programmsystems LVR – Lastverteilungsrechnung ausführlich vorgestellt, da sie den aktuellen Stand der Technik darstellen.

Ergänzend zu den Festigkeitsnachweisen wird noch kurz auf das Schwingungs- und Geräuschverhalten von Zahnradgetrieben im Betrieb eingegangen, wobei unterschieden wird zwischen dem Geräuschverhalten aufgrund höherfrequenter Schwingungen und möglicher Schwingfestigkeitsprobleme, bedingt durch niederfrequente Schwingungen. In beiden Fällen ist grundsätzlich zu überprüfen, inwieweit Eigenfrequenzen mit Erregerfrequenzen zusammenfallen, sodass es möglicherweise zu einer Anregung oder sogar zu einer Resonanz kommt.

Abschließend sei darauf hingewiesen, dass die genormten **Tragfähigkeitsnachweise** insbesondere dem ungeübten Anwender eine trügerische Genauigkeit vortäuschen, weshalb es in vielen Fällen ratsam ist, zur Dimensionierung und zum abschließenden Tragfähigkeitsnachweis nicht die theoretisch möglichen Optimalwerte für Flankenhärte, Rand- und Kerngefüge sowie Härtetiefe zugrunde zu legen, sondern die mit den zur Verfügung stehenden Fertigungseinrichtungen und Erfahrungen sicher erreichbaren Werte. So hat es sich in der Praxis bewährt, im Zusammenhang mit oftmals unklaren Belastungsverhältnissen einen Teil des auf den ersten Blick möglichen Tragfähigkeitsgewinns aufgrund der Annahme maximaler Festigkeitskennwerte durchaus als Reserve für unvorhergesehene Ereignisse und zur Begrenzung des nachträglich erforderlichen Aufwandes im Schadensfall vorzuhalten.

Literatur

[18.1] Abbot, E.L.; Noise Specifications for Large Reduction gears in Terms of Physical Units; Jour. Acoust. Soc. Amer. 3 (1932), pp. 445-482.

[18.2] Agricola, G.; De re Metallica; Basel 1556 oder Deutsche Ausgabe im VDI-Verlag, Düsseldorf 1978.

[18.3] Annast, R.; Kegelrad-Flankenbruch; Diss. TU München 2003.

[18.4] AGMA 6006 – Standard for Design and Specification of Gearboxes for Wind Turbines, AGMA – American Gear Manufacturer Association, 2003.

[18.5] Baastein, G.; Cylkro-Getriebe – eine neue Herausforderung; Antriebstechnik 33 (1994), Heft 11.

[18.6] Bach, C. von; Die Maschinenelemente; Verlag A. Bergsträsser Stuttgart 1899.

[18.7] Bartz, W. J.; Getriebeschmierung – Handbuch der Tribologie und Getriebeschmierung; Band 5, Expert-Verlag, 1989.

[18.8] Baud, R. V.; Gear Teeth Stresses; 10. Annual Convention of AGMA 1926.

[18.9] Baud, R. V., Peterson, R. E.; Load and Stress Cycles in Gear Teeth; Mech. Eng. 51 (1929), pp. 653-662.

[18.10] Baumann, H.; Druck- und Temperaturmessungen mittels aufgedämpfter Dünnschichtaufnehmer in einem elastohydrodynamischen Linienkontakt, Diss. TH Karlsruhe 1985.

[18.11] Beckmann, G., Kleis, I.; Abtragverschleiß von Metallen; Deutscher Verlag für Grundstoffindustrie, Leipzig 1983.

[18.12] Berndt, G.; Grundlagen für die Messung von Stirnrädern; Springer Verlag, Berlin 1938.

[18.13] Blok, H.; Theoretical Study of Temperature Rise at Surface of Actual Contact Under Oiliness Lubricating Conditions, Proc. Gen. Disc. Lubric., Journal of Mechanicle Engineering, No. 2, pp. 225-235, London 1937.

[18.14] Blok, H.; The Surface Temperatures under Extreme Pressure Lubricating, Laboratory of the Royal Dutch Shell.

[18.15] Borchert, J.; Untersuchungen über die Auswirkung von Wälzfräserfehlern auf die Flankenform. Diss. RWTH Aachen 1972.

[18.16] Börner, J.; Modellreduktion für Antriebssysteme mit Zahnradgetrieben zur vereinfachten Berechnung der inneren dynamischen Zahnkräfte; Diss. TU Dresden 1989.

[18.17] Börner, J., Senf, M., Linke, H.; Beanspruchungsanalyse bei Stirnradgetrieben – Nutzung der Berechnungssoftware LVR, Dresdner Maschinenelemente Kolloquium – DMK 2003, Tagungsband, S. 75-86.

[18.18] Börner, J., Linke, H., Römhild, I.; Profilverschiebung bei Evolventenverzahnung nach neuen Erkenntnissen, VDI-Bericht 1056, VDI Verlag, Düsseldorf 1993.

[18.19] Börner, J., Senf, M.; Verzahnungsbeanspruchung im Eingriffsfeld – effektiv berechnet. Antriebstechnik 34 (1995) 1 S. 59.

[18.20] Bosch, M.; Über das dynamische Verhalten von Stirnradgetrieben unter besonderer Berücksichtigung der Verzahnungsgenauigkeit, Diss. RWTH Aachen 1965.

[18.21] Brändlein, J.; Eschmann; P., Hasbargen, L., Weigand, K.; Die Wälzlagerpraxis; 3. Aufl., Vereinigte Fachverlage GmbH, Mainz 1995.

[18.22] Brechling, J.; Zur Berechnung der Spannungsverteilung im festen Körper im Fall des ebenen Spannungs- oder Verformungszustandes infolge äußerer Belastung, Maschinenbautechnik 18 (1969), Heft 12.

[18.23] Bronson C.; Carter, G. C.; Ion Nitriding and Induction Hardening Combined to improve Properties of large Gears. Ind. Heating, Pittsburgh 53 (1986) 9, S. 16-17.

[18.24] Burkhard, H.; Hat die Wälzlagerung Einfluss auf die Tragfähigkeit von Zahnrädern?, Konstruktion 34 (1982), Heft 2.
[18.25] Buckingham, E.; Manual of Gear Design; Part I, II and III; Machinery New York.
[18.26] Buxbaum, O.; Betriebsfestigkeit, 2. Aufl., Verlag Stahleisen, Düsseldorf 1992.
[18.27] Chen, Q. T.; Flankenbeanspruchung bei Stirnrädern aus Kunststoffen, Konstruktion 43 (1991), Heft 6.
[18.28] Correns, H.; Sichern aufgeschrumpfter Zahnradbandagen, Antriebstechnik 18 (1979), S. 234-236, S. 305-311.
[18.29] Corten, H. T., Dolan, T. J.; Cumulative Fatigue Damage; Proc. Int. Conf. on Fatigue of Metals, pp. 235-246, London 1956.
[18.30] Cottin, D., Puls, E.; Angewandte Betriebsfestigkeit; VEB Deutscher Verlag für Grundstoffindustrie, Leipzig 1985.
[18.31] Decker, K., Kabus, K., Rieg, F.; Maschinenelemente; Hanser Verlag, München 2007.
[18.32] Dennin, G.; Konstruktion geschweißter Zahnräder für Großgetriebe, Schweißtechnik 18 (1968), S. 78-80.
[18.33] Det Norske Veritas, DNV Rules and Classifications for Ships, Oslo 2005.
[18.34] Dietrich, P.; Modellierung des Einflusses der Rauheit auf die Verschleißprognose; Diss. B, TH Zittau 1987.
[18.35] DIN 743 Tragfähigkeit von Wellen und Achsen; T1 Einführung, Grundlagen; T2 Formzahlen und Kerbwirkungszahlen; T3 Werkstoff-Festigkeitswerte; (2000-10).
[18.36] DIN 780 Modulreihe für Zahnräder (1977-05).
[18.37] DIN 867 Bezugsprofile für Evolventenverzahnungen an Stirnrädern (Zylinderrädern) für den allgemeinen Maschinenbau und den Schwermaschinenbau (1986-02).
[18.38] DIN 868 Allgemeine Begriffe und Bestimmungsgrößen für Zahnräder, Zahnradpaare und Zahnradgetriebe (1976-02).
[18.39] DIN 3960 Begriffe und Bestimmungsgrößen für Stirnräder (Zylinderräder) und Stirnradpaare (Zylinderradpaare) mit Evolventenverzahnung (1987-03).
[18.40] DIN 3961 Toleranzen für Stirnradverzahnungen; Grundlagen (1978-08).
[18.41] DIN 3962 Toleranzen für Stirnradverzahnungen (1978-08).
[18.42] DIN 3963 Toleranzen für Stirnradverzahnungen; Toleranzen für Wälzabweichungen (1978-08).
[18.43] DIN 3964 Achsabstandsabmaße und Achslagetoleranzen von Gehäusen für Stirnradgetriebe (1980-11).
[18.44] DIN 3966 Angaben für Verzahnungen in Zeichnungen (1978-08).
[18.45] DIN 3967 Getriebe-Passsystem; Flankenspiel, Zahndickenabmaße, Zahndickentoleranzen, Grundlagen (1978-08).
[18.46] DIN 3971 Begriffe und Bestimmungsgrößen für Kegelräder und Kegelradpaare (1980-07).
[18.47] DIN 3972 Bezugsprofile von Verzahnwerkzeugen für Evolventen-Verzahnungen nach DIN 867 (1952-02).
[18.48] DIN 3975 Begriffe und Bestimmgrößen für Zylinder-Schneckengetriebe mit sich rechtwinklig kreuzenden Achsen (2002-07).
[18.49] DIN 3978 Schrägungswinkel für Stirnradverzahnungen (1976-08), (zurückgezogen).
[18.50] DIN 3979 Zahnschäden an Zahnradgetrieben; Bezeichnung, Merkmale, Ursachen (1979-07).
[18.51] DIN 3990 Tragfähigkeitsberechnung von Stirnrädern, T1 Einführung und allgemeine Einflussfaktoren (1987-12).

[18.52] DIN 3990 Tragfähigkeitsberechnung von Stirnrädern, T2 Berechnung der Grübchentragfähigkeit (1987-12).
[18.53] DIN 3990 Tragfähigkeitsberechnung von Stirnrädern, T3 Berechnung der Zahnfußtragfähigkeit (1987-12).
[18.54] DIN 3990 Tragfähigkeitsberechnung von Stirnrädern, T4 Berechnung der Fresstragfähigkeit (1987-12).
[18.55] DIN 3990 Tragfähigkeitsberechnung von Stirnrädern, T5 Dauerfestigkeitswerte und Werkstoffqualitäten 1987-12).
[18.56] DIN 3990 Tragfähigkeitsberechnung von Stirnrädern, T6 Betriebsfestigkeitsrechnung (1994-12).
[18.57] DIN 3990 Tragfähigkeitsberechnung von Stirnrädern, T11 Anwendungsnorm für Industriegetriebe; Detail-Methode (1989-02).
[18.58] DIN 3990 Tragfähigkeitsberechnung von Stirnrädern, T21 Anwendungsnorm für Schnelllaufgetriebe und Getriebe ähnlicher Anforderungen (1989-02).
[18.59] DIN 3990 Tragfähigkeitsberechnung von Stirnrädern, T31 Anwendungsnorm für Schiffsgetriebe (1990-07).
[18.60] DIN 3990 Tragfähigkeitsberechnung von Stirnrädern, T41 Anwendungsnorm für Fahrzeuggetriebe (1990-05).
[18.61] DIN 3991 Tragfähigkeitsberechnung von Kegelrädern mit Achsversetzung (1988-09).
[18.62] DIN 3991 Tragfähigkeitsberechnung von Kegelrädern ohne Achsversetzung (1988-09).
[18.63] DIN 3992 Profilverschiebung bei Stirnrädern mit Außenverzahnung (1964-03).
[18.64] DIN 3993 Geometrische Auslegung von zylindrischen Innenradpaaren mit Evolventenverzahnung; T1 Grundregeln (1981-08), T2 Diagramme über geometrische Grenzen für die Paarung Hohlrad-Ritzel (1981-08), T3 Diagramme zur Ermittlung der Profilverschiebungsfaktoren (1981-08), T4 Diagramme über Grenzen für die Paarung Hohlrad-Schneidrad (1981-08).
[18.65] DIN 3994 Profilverschiebung bei geradverzahnten Stirnrädern mit 05-Verzahnung; Einführung (1963-08).
[18.66] DIN 3998 Benennungen an Zahnrädern und Zahnradpaaren (1976-09).
[18.67] DIN 8589 Fertigungsverfahren Spanen – Allgemeines; Einordnung, Unterteilung, Begriffe (2003-09).
[18.68] DIN 15018 Krane; Grundsätze für Stahltragwerke; T1 Berechnung; T2 Grundsätze für die bauliche Durchbildung und Ausführung; T3 Berechnung von Fahrzeugkranen; (1984-11).
[18.69] DIN 17014 Wärmebehandlung von Eisenwerkstoffen; Kurzangabe von Wärmebehandlungen (1976-05).
[18.70] DIN 17022 Wärmebehandlung von Eisenwerkstoffen; Verfahren der Wärmebehandlung; Einsatzhärten (1989-04).
[18.71] DIN 30910 Sintermetalle – Werkstoff-Leistungsblätter (WLB) – T4: Sintermetalle für Formteile (2004-11).
[18.72] DIN 30910 Sintermetalle – Werkstoff-Leistungsblätter (WLB); Sinterschmiedestähle für Formteile (1990-10).
[18.73] DIN 31652 Hydrodynamische Radialgleitlager im stationären Betrieb (1983-04).
[18.74] DIN 45667 Klassierverfahren für das Erfassen regelloser Schwingungen (1969-10).
[18.75] DIN 50150 Umwertung von Härtewerten (2000-10), (zurückgezogen).
[18.76] DIN 50190 Härtetiefe wärmebehandelter Teile; Ermittlung der Nitrierhärtetiefe (7903).
[18.77] DIN 50320 Verschleiß – Begriffe, Systemanalyse von Verschleißvorgängen, Gliederung des Verschleißgebietes, (zurückgezogen).

[18.78] DIN 50960 Galvanische Überzüge – Bezeichnung in technischen Dokumenten (1998-10).

[18.79] DIN 50967 Galvanische Überzüge – Nickel- und Nickel-Chrom-Überzüge auf Aluminiumwerkstoffen (2005-11).

[18.80] DIN 51354 FZG-Zahnrad-Verspannungs-Prüfmaschine – Allgemeine Arbeitsgrundlagen (1990).

[18.81] DIN 51501 Schmieröle L-AN; Mindestanforderungen (1979-11).

[18.82] DIN 51509 Auswahl von Schmierstoffen für Zahnradgetriebe; Schmieröle (1976-06).

[18.83] DIN 51515 Schmierstoffe und Reglerflüssigkeiten für Turbinen – Anforderungen – T1: L-TD für normale thermische Beanspruchungen (2001-06).

[18.84] DIN 51517 Schmierstoffe – Schmieröle (2004-01).

[18.85] DIN 51519 Schmierstoffe – ISO-Viskositätsklassifikation für flüssige Industrie-Schmierstoffe (1998-08).

[18.86] DIN 51524 Druckflüssigkeiten – Hydrauliköle (2006-04).

[18.87] DIN 58400 Bezugsprofil für Evolventenverzahnungen an Stirnrädern für die Feinwerktechnik (1984-06).

[18.88] DIN 58425 Kreisbogenverzahnungen für die Feinwerktechnik (1980-10).

[18.89] DIN EN 1561 Gießereiwesen – Gußeisen mit Lamellengraphit (1997-08).

[18.90] DIN EN 1562 Gießereiwesen – Temperguss (2006-08).

[18.91] DIN EN 1563 Gießereiwesen – Gusseisen mit Kugelgraphit (2005-10).

[18.92] DIN EN 1564 Gießereiwesen – Bainitisches Gusseisen (2006-03).

[18.93] DIN EN 10025 Warmgewalzte Erzeugnisse aus Baustählen (2005-02).

[18.94] DIN EN 10028 Flacherzeugnisse aus Druckbehälterstählen – T1: Allgemeine Anforderungen (2008-02).

[18.95] DIN EN 10083 Vergütungsstähle (2006-10).

[18.96] DIN EN 10084 Einsatzstähle – Technische Lieferbedingungen (2008-06).

[18.97] DIN EN 10085 Nitrierstähle – Technische Lieferbedingungen (2001-07).

[18.98] DIN EN 10132 Kaltband aus Stahl für eine Wärmebehandlung – Technische Lieferbedingungen – T3: Vergütungsstähle (2000-05).

[18.99] DIN EN 10277 Blankstahlerzeugnisse – Technische Lieferbedingungen – T4: Einsatzstähle (2008-06).

[18.100] DIN EN 10293 Stahlguss für allgemeine Anwendungen (2005-06).

[18.101] DIN EN 10302 Warmfeste Stähle, Nickel- und Cobaltlegierungen (2008-06).

[18.102] DIN EN 12476 Phosphatierüberzüge auf Metallen – Verfahren für die Festlegung von Anforderungen (2001-10).

[18.103] DIN EN 13135 Krane – Sicherheit – Konstruktion – Anforderungen an die Ausrüstung, T2: Nicht-elektrotechnische Ausrüstung (2004-05).

[18.104] DIN EN 14492: Krane – T2: Kraftbetriebene Winden und Hubwerke (2007-04).

[18.105] DIN EN 60893 Isolierstoffe – Tafeln aus technischen Schichtpressstoffen auf der Basis warmhärtender Harze für elektrotechnische Zwecke (2004-12).

[18.106] DIN EN ISO 642 Stahl – Stirnabschreckversuch (Jominy-Versuch) (2000-01).

[18.107] DIN EN ISO 1043 Kunststoffe – Kennbuchstaben und Kurzzeichen – T2: Füllstoffe und Verstärkungsstoffe (2002-04).

[18.108] DIN EN ISO 18265 Metallische Werkstoffe – Umwertung von Härtewerten (2004-02).

[18.109] DIN-Fachbericht 1; Berechnungsgrundsätze für Triebwerke in Hebezeugen, 1. Auflage, Beuth-Verlag 1982.

[18.110] DIN ISO 1101 Geometrische Produktspezifikation (GPS) – Geometrische Tolerierung – Tolerierung von Form, Richtung, Ort und Lauf (2006-02).

[18.111] DIN ISO 1940 Mechanische Schwingungen, Anforderungen an die Auswuchtgüte von Rotoren in konstantem Zustand; T1 Festlegung und Nachprüfung der Unwuchttoleranz (2004-04).
[18.112] DIN ISO 5348 Mechanische Schwingungen und Stöße – Mechanische Ankopplung von Beschleunigungsaufnehmern (1999-07).
[18.113] DIN ISO 7919 Mechanische Schwingungen von Maschinen mit Ausnahme von Kolbenmaschinen – Messung und Bewertung von Wellenschwingungen; T1 Allgemeine Anleitungen (1997-08); T2 Stationäre Dampfturbinen und Generatoren über 50 MW (2002-02); T3 Gekuppelte industrielle Maschinen (1997-08); T4 Gasturbinensätze (1997-08); T5 Maschinensätze in Wasserkraft- und Pumpenanlagen (2005-10).
[18.114] DIN ISO 10816 Mechanische Schwingungen – Bewertung der Schwingungen von Maschinen durch Messungen an nicht rotierenden Teilen; T1 Allgemeine Anleitungen (1997-08); T2 Stationäre Dampfturbinen und Generatoren über 50 MW (2002-02); T3 Industrielle Maschinen mit Nennleistungen über 15 kW (1998-12); T4 Maschinensätze mit Antrieb durch Gasturbinen mit Ausnahme von Flugtriebwerken (1998-12); T6 Hubkolbenmaschinen mit Leistungen über 100 kW (1997-08).
[18.115] DIN ISO 10817 Messeinrichtung für die Schwingungen rotierender Wellen; T1 Erfassung der relativen und absoluten Radialschwingung (1999-11).
[18.116] DIN ISO 13373 Zustandsüberwachung und -diagnostik von Maschinen – Schwingungs-Zustandsüberwachung; Allgemeine Anleitungen (2002-07); T2 Verarbeitung, Analyse und Darstellung von Schwingungsmesswerten (2005-01).
[18.117] DIN ISO 17359 Zustandsüberwachung und -diagnostik von Maschinen; Allgemeine Anleitungen (2003-11).
[18.118] Dittrich, W., van den Heuvel, B., Laschet, A.; Untersuchung von Förderantrieben in Chile; Antriebstechnik 41 (2002), Heft 10, S. 48-54.
[18.119] Donath, B.; Berechnung der inneren dynamischen Zahnkräfte ein- und zweistufiger Zylinderradgetriebe mit Schrägverzahnung, Diss. TU Dresden 1984.
[18.120] Dresig, H.; Dresig, H.; Schwingungen mechanischer Antriebssysteme; Modellbildung, Berechnung, Analyse, Synthese; Springer Verlag, Berlin 2001.
[18.121] Dubbel, H., Feldhusen, J., Grote, K.-H.; Dubbel – Taschenbuch für den Maschinenbau, 22. Aufl., Springer Verlag, Berlin 2007.
[18.122] Dudley, D. W.; Gear Handbook; McGraw Hill Verlag, New York 1962.
[18.123] Dudley, D. W., Winter, H.; Zahnräder – Berechnung, Entwurf und Herstellung nach amerikanischen Erfahrungen; Springer Verlag Berlin 1961.
[18.124] Durand, F.; Starrheit und Elastizität in den Maschinen neuester Bauart; Ingénieurs et Techniciens, Paris, März 1960.
[18.125] Eckhardt, F.; Stationäre Zahnradgetriebe; Schmierung und Wartung; Mobil Oil AG, Hamburg 1987.
[18.126] Eiselt, H.; Beitrag zur experimentellen und rechnerischen Bestimmung der Fresstragfähigkeit von Zahnradgetrieben unter Berücksichtigung der Flankenreibung. Diss. TU Dresden 1966.
[18.127] Emmert, S.; Untersuchungen zur Zahnflankenermüdung (Graufleckigkeit, Grübchenbildung) schnelllaufender Stirnradgetriebe; Diss. TU München 1994.
[18.128] Fasold, W., Kraak, W., Schirmer, W.; Taschenbuch Akustik; Verlag Technik Berlin 1984.
[18.129] Fischer, D.; Kostenanalyse von Stirnrädern. Erarbeitung und Vergleich von Hilfsmitteln zur Kostenfrüherkennung. Diss. TU München 1983.

[18.130] Fleischer, G., Gröger, H., Thum, H.; Verschleiß und Zuverlässigkeit; Verlag Technik Berlin 1980.
[18.131] Föppl, L.; Der Spannungszustand und die Anstrengung der Werkstoffe bei der Berührung zweier Körper, Forschung Ingenieurwesen 7 (1936), S. 209-218.
[18.132] Friedrich, G.; Experimentelle Untersuchung der inneren dynamischen Zahnkräfte bei geradverzahnten Stirnrädern. Diss. TU Dresden 1970.
[18.133] Friedrich, H.; Evolventenverzahnung; Springer Verlag, Berlin 1928.
[18.134] Fronius, St.; Konstruktionslehre – Antriebselemente, Verlag Technik, Berlin 1979.
[18.135] Fronius, St.; Einfluss der Verzahnungsfehler und der Deformation auf die Tragfähigkeit und ihre Erfassung in der Berechnung; Maschinenbautechnik 15 (1977), Heft 5.
[18.136] Füher, G.; Osterloff, K.; Schreiner, F.; Planetengetriebe, Patent DE 42 16 397 A1, 1993.
[18.137] Gajewski, G.; Ermittlung der allgemeinen Einflussfunktion für die Berechnung der Lastverteilung bei Stirnrädern. Forschungsbericht TU Dresden, Sektion Grundlagen des Maschinenwesens 1986.
[18.138] Gajewski, G.; Untersuchungen zum Einfluss der Breitenballigkeit auf die Tragfähigkeit von Zahnradgetrieben; Diss. TU Dresden 1984.
[18.139] Gandbhir, S.; Hill, F.; Zylindrische Innenradpaare mit Evolventenverzahnung und Übersetzung i=1. Antriebstechnik 32 (1993) 1; S. 50-51.
[18.140] Gärtner, P., Herrwig, D.; Beitrag zur Projektierung leichter Zahnradgetriebe, Diss. Bergakademie Freiberg 1974.
[18.141] Gentsch, E.; Untersuchungen zur Einbeziehung des elastischen Radkörpereinflusses in eine allgemeine Verformungseinflusszahl. Diplomarbeit TU Dresden 1990.
[18.142] Gerber, H.; Innere dynamische Zusatzkräfte bei Stirnradgetrieben, Diss. TU München 1984.
[18.143] Germanischer Lloyd; GL Bauvorschriften und Richtlinien für den Schiffbau, Hamburg 2005.
[18.144] Gnilke, M.; Aktueller Entwicklungsstand bei Schaufelradgetrieben mittlerer und großer Leistung; Dresdner Maschinenelemente Kolloquium – DMK 2005, Tagungsband S. 235-242.
[18.145] Gohritz, A.; Ermittlung der Zahnflankentragfähigkeit mittlerer und großer Getriebe durch Analogieversuche, Diss. RWTH Aachen 1982.
[18.146] Grashof, F.; Die Festigkeitslehre mit besonderer Rücksicht auf die Bedürfnisse des Maschinenbaues; Verlag R. Gärtner Berlin 1866.
[18.147] Grußien, U.; Untersuchungen zur Möglichkeit der Material- und Energieeinsparung durch evolventische Sonderverzahnungen bei Stirnradgetrieben; Diss. TU Dresden 1986.
[18.148] Gudehus, H., Zenner, H.; Leitfaden für eine Betriebsfestigkeitsrechnung, 4. Aufl., Verlag Stahleisen, Düsseldorf 1999.
[18.149] Gumbel, E. J.; Statistics of Extremes; Columbia University Press, New York 1958.
[18.150] Haibach, E.; Betriebsfestigkeit, VDI-Verlag, Düsseldorf 1989.
[18.151] Hensen, F.; Erhöhung der Fertigungsgenauigkeit von Stirnradgetrieben durch Einlaufläppen; Diss. RWTH Aachen 1962.
[18.152] Herrmann, R.; Evolventen-Stirnradgetriebe, Springer Verlag, Berlin 1929.
[18.153] Heß, R.; Einfluss der Deformation der Welle und der Lager sowie der Lagerluft auf die Breitenlastverteilung von Stirnradgetrieben;. Diss. TU Dresden 1986.
[18.154] Hirt, M.; Einfluss der Zahnfußausrundung auf Spannung und Festigkeit von Geradstirnrädern, Diss. TU München 1974.

[18.155] Hlebanja, J.; Betriebserfahrungen an Kammwalzgetrieben mit Sonderverzahnungen; VDI-Bericht 332 Zahnradgetriebe (1979), S. 283-288.
[18.156] Hohlfeld, A.; Untersuchung der Zahnfußbeanspruchung von Innenverzahnungen unter Berücksichtigung des Kranzeinflusses; Diss. TU Dresden 1988.
[18.157] Hohrein, A.; Untersuchungen zur Last- und Spannungsverteilung an schrägverzahnten Stirnrädern. Diss. TU Dresden 1978.
[18.158] Hoischen, H.; Technisches Zeichnen; Cornelsen Verlag, Berlin 2003
[18.159] Hück, M., Thrainer, L., Schütz, W.; Berechnung von Wöhler-Linien für Bauteile aus Stahl, Stahlguss und Grauguss – Synthetische Wöhler-Linien; Bericht ABF 11, Verlag Stahleisen, Düsseldorf 1983.
[18.160] ISO 53 Stirnräder für den allgemeinen und Schwermaschinenbau – Standard-Bezugszahnstangen – Zahnprofile (1998-08).
[18.161] ISO 281 Wälzlager – Dynamische Tragzahlen und nominelle Lebensdauer (2007-02).
[18.162] ISO 1328 Stirnräder (Zylinderräder) – ISO-Toleranzsystem (1995-02).
[18.163] ISO 3755 Stahlguß für allgemeine Verwendungszwecke (1991-10).
[18.164] ISO 6336 Tragfähigkeitsberechnung von gerad- und schrägverzahnten Stirnrädern; T1 Grundnorm, Einführung und allgemeine Einflussfaktoren (2008-06).
[18.165] ISO 6336 Tragfähigkeitsberechnung von gerad- und schrägverzahnten Stirnrädern; T2 Berechnung der Oberflächentragfähigkeit (Grübchenbildung) (2008-06).
[18.166] ISO 6336 Tragfähigkeitsberechnung von gerad- und schrägverzahnten Stirnrädern; T3 Berechnung der Zahnfußtragfähigkeit (2008-06).
[18.167] ISO 6336 Tragfähigkeitsberechnung von gerad- und schrägverzahnten Stirnrädern; T5 Festigkeit und Werkstoffqualitäten (2003-07).
[18.168] ISO 6336 Tragfähigkeitsberechnung von gerad- und schrägverzahnten Stirnrädern; T6 Betriebsfestigkeit (2006-08).
[18.169] ISO 9717 Phosphatieren von Metallen (1990-05).
[18.170] ISO 15787 Technische Produktdokumentation – Wärmebehandelte Teile aus Eisenwerkstoffen – Darstellung und Angaben (2001-12).
[18.171] Jahn, Cl.; Theoretische und experimentelle Untersuchungen zur Zahnfußtragfähigkeit von Innenverzahnungen; Diss. TU Dresden 1997.
[18.172] Jänicke, B.; Zur Gestaltung geschweißter, einsatzgehärteter Großzahnräder; Diss. TU Berlin 1993.
[18.173] Janke, A.; Linke, H.; Erwärmung von Zahnradgetrieben. Schmierungstechnik 19 (1988) 10, S. 308-310 und 11, S. 337-341.
[18.174] Jaramillo, T. J.; Deflections and Moments due to a concentrated Load on a Contilever Plate of infinite length. Il.of. Applied Mech., Vol. 17 Trans. ASME Vol. 72, 1950.
[18.175] Joachim, F. J.; Streuungen der Grübchentragfähigkeit, Antriebstechnik 21 (1982), Heft 4, S. 156-159.
[18.176] Johannson, M., Versanen, A.; Rettig, H.; Austenitisch-bainitisches Gusseisen mit Kugelgraphit als Konstruktionswerkstoff im Getriebebau. Antriebstechnik 15 (1976) 11, S. 593-600 .
[18.177] Just, E.; Formeln der Härtbarkeit. Härterei-Techn. Mitteilungen 23 (1986) 2, S. 85-100.
[18.178] Just, E., Wolff, J.; Härtungsgrad und Vergütungsgefüge; Zeitschrift für wirtschaftliche Fertigung 74 (1979), Heft 9, S. 442-444.
[18.179] Kage, R., Linke, H., Schlecht, B.; Do load peaks cause breakage, plastic deformation or cracks in case-hardend gears? Proceedings of DETC'03, ASME 2003 Design Engineering Technical Conferences and Computers and Information in Engineering Conference Chicago, Illinois USA, September 2-6, 2003.

[18.180] Kage, R.; Maximale Beanspruchbarkeit und statische Kerbempfindlichkeit einsatzgehärteter Zahnräder; Diss. TU Dresden 2002.

[18.181] Kagerl, H.-G., Würpel, H.; Fertigungsgerechte Relationen zwischen den geometrischen Abweichungen an Stirnrädern. Wiss. Zeitschrift der TH Magdeburg 11 (1972) 2, S. 201-210.

[18.182] Kallhardt, K.; Auslegung von Zahnradgetrieben, Abschnitt Werkstoffe und Wärmebehandlung für Zahnräder. VDI-Berichte Nr. 626 (1987) S. 189-195.

[18.183] Kanarachos, A., Moulantzikos, G., Zalimides, P.; Auslegung volumenminimaler Stirnradgetriebe, Konstruktion 39 (1987), Heft 11.

[18.184] Karas, F.; Elastische Formänderung und Lastverteilung beim Doppeleingriff gerader Stirnräder; VDI-Forschungsheft 406 (1941).

[18.185] Karas, F.; Dauerfestigkeit von Laufflächen gegenüber Grübchenbildung; VDI Zeitschrift 85 (1941); S. 341-344.

[18.186] Kelley, B. W., Pedersen, R.; Zahnfußfestigkeit bei neuzeitlichen Getriebekonstruktionen, Schriftenreihe Antriebstechnik, Band 18, Vieweg Verlag, Braunschweig 1957 .

[18.187] Klein, U.; Schwingungsdiagnostische Beurteilung von Maschinen und Anlagen; Verlag Stahleisen, Düsseldorf 2003.

[18.188] Kleinjan, O.; Anforderungen an den Bau von Gießkranen aus Sicht europäischer und nationaler Regelwerke; Dresdner Maschinenelemente Kolloquium – DMK 2007, Tagungsband S. 529-542.

[18.189] Klingelnberg, J. (Hrsg.); Kegelräder – Grundlagen, Anwendungen, Springer Verlag, Berlin 2008.

[18.190] Knauer, G.; Zur Grübchentragfähigkeit einsatzgehärteter Zahnräder; Diss. TU München 1988.

[18.191] König, W., Kosche, H.; Schadensfreies Verzahnungsschleifen von einsatzgehärteten Zylinderrädern aus 16MnCr5; Antriebstechnik 16 (1976) 1, S. 580-584.

[18.192] Körting, A.; Berechnung der örtlichen Spannung im Zahnfuß bei elastisch gestaltetem Radkörper; Diss. TU Dresden 1990.

[18.193] Kopatsch, F.; Wirksamkeit von Viskositätsindex-Verbesserern im EHD-Zahnkontakt; Diss. TU München 2000.

[18.194] Krause, W.; Konstruktionselemente der Feinmechanik, Hanser Verlag, München 1993.

[18.195] Krieger, H.; Alterung von Schmierstoffen im Zahnradprüfstand und in Praxisgetrieben; Diss. TU München 2004.

[18.196] Krüger, P.; Die Satzrädersysteme der Evolventenverzahnung; Springer Verlag, Berlin 1926.

[18.197] Krüger, S.; Tragfähigkeitsverhalten schleifrissbehafteter einsatzgehärteter Geradstirnräder; Diss. TU Dresden 1989.

[18.198] Kühn, K., Spengler, A.; Eigenschaftsänderungen durch Anlassen von einsatzgehärtetem Stahl; 4. Wärmebehandlungstagung Chemnitz 1991.

[18.199] Kunert, J.; Experimentell gestützte Untersuchungen zum Verformungs- und Spannungsverhalten an außenverzahnten Stirnrädern für eine komplexe Beanspruchungsanalyse; Diss. TU Dresden 1999.

[18.200] Kunze, G.; Statistische Untersuchungen von Verzahnungsabweichungen am Profil und an der Flanke. Standardisierung und Qualität 32 (1986) 7, S. 204-207.

[18.201] Kuptschik, B. N.; Die Berechnung der Dicke von elastischen Radkränzen unter Berücksichtigung ihrer Biegesteifigkeit (russ.). Detali maschin, Heft 4, 1965, Kiew: Verlag Technik.

[18.202] Kutzbach, K.; Grundlagen und neuere Fortschritte der Zahnraderzeugung. Berlin: VDI-Verlag 1925.

[18.203] Kutzbach , K.; Vom Wesen und Werden des Pfauter-Verfahrens; VDI Verlag Berlin 1932.

[18.204] Lang, O. R., Steinhilper, W.; Berechnung und Konstruktion von Gleitlagern mit konstanter und veränderlicher Belastung. Berlin: Springer 1978.

[18.205] Langenbeck, K., Leoni, P., Greiner, J.; Beurteilung der Schmier- und Kühlwirkung verschiedener Varianten der Schmierstoffeinspritzung bei Stirnradgetrieben. Antriebstechnik 31 (1992) 2, S. 51-56.

[18.206] Langer, B. F.; Fatigue Failure from Stress Cycles of Varying Amplitude; Journal of Applied Mechanics 4 (1937), S. A160-A162 .

[18.207] Laschet, A.; Simulation von Antriebssystemen; Springer Verlag Berlin 1988.

[18.208] Laumann, W.; Ermittlung mechanischer Beanspruchungen im Hauptantrieb eines Blockwalzgerüstes unter Berücksichtigung auftretender Rutsch- und Rattervorgänge; Diss. Universität Duisburg 1979.

[18.209] Lechner, G.; Die Fress-Grenzlast bei Stirnrädern aus Stahl; Diss. TU München 1966.

[18.210] Lechner, G.; Zahnfußfestigkeit von Zahnradbandagen, Konstruktion 19 (1967), S. 41-47.

[18.211] Lehmann, M.; Sonderformen der Zykloidenverzahnung; Konstruktion 31 (1979), S. 429-433.

[18.212] Leimann, D.-O.; Verfahren zum Berechnen der Kühlschlangen von wassergekühlten Getrieben. Maschinenmarkt 86 (1980) 53, S. 1043-1046.

[18.213] Lichtenheld, W., Luck, K.; Konstruktionslehre der Getriebe; Akademie-Verlag Berlin 1979.

[18.214] Liesenfeld, G.; Wechselwirkungen von Frequenzumrichtern mit dem Antriebsstrang; Diss. Universität Duisburg 1995.

[18.215] Linhart, V., Fürbacher, I.; Bewertung der Eigenschaften von glimmnitrierten Zahnrädern. Neue Hütte 28 (1993) 3, S. 106-110.

[18.216] Linke, H.; Stirnradverzahnung – Berechnung, Werkstoffe, Fertigung; Hanser Verlag München 1996.

[18.217] Linke, H.; Untersuchungen zur Ermittlung dynamischer Zahnkräfte von einstufigen Stirnradgetrieben mit Geradverzahnung; Diss. TU Dresden 1969.

[18.218] Linke, H.; Ergebnisse und Erfahrungen bei der Anwendung des Singularitätenverfahrens zur Ermittlung der Spannungskonzentration an Verzahnungen, Wiss. Zeitschrift TU Dresden 27 (1978), Heft 3 und 4.

[18.219] Linke, H.; Spannungskonzentration bei Verzahnungen, Maschinenbautechnik 32 (1983), Heft 4.

[18.220] Linke, H., Gajewski, G., Rehschuh, J.; Lastverteilung bei Gerad- und Schrägverzahnungen unter dem Einfluss der Höhenballigkeit. Maschinenbautechnik 37 (1988), Heft 7.

[18.221] Linke, H., Holfeld, A.; Berechnung der Zahnfußbeanspruchung bei Innenverzahnungen; Maschinenbautechnik 38 (1989), Heft 4.

[18.222] Linke, H., Hantschack, F., Trempler, U., Römhild, I.; Die Belastungsgrenze von Verzahnungen infolge Lastspitzen durch Zonen plastischer Verformung im Zahnquerschnitt; Dresdner Maschinenelemente Kolloquium – DMK 2007, Tagungsband S. 113-120.

[18.223] Linke, H., Sporbert, K.; Einfluss des Schleifabsatzes auf die Spannungskonzentration bei Verzahnungen, Maschinenbautechnik 34 (1985), Heft 6.

[18.224] Loomann, J.; Zahnradgetriebe; Konstruktionsbücher Band 28, Springer Verlag, Berlin 1988.

[18.225] MackAldener, M.; Tooth Interior Fatigue Fracture and Robustness of Gears; Doctoral Thesis, Department of Machine Design, Royal Institute of Technology, Stockholm 2001.

[18.226] Mallener, H.; Maß- und Formänderung beim Einsatzhärten. Härterei-Techn. Mitteilungen 45 (1990) 1, S. 66-72.

[18.227] Mannes, W., Hornung, K., Rettig, H.; Erprobung von Zahnrädern aus unlegiertem bainitischen Gusseisen mit Kugelgraphit. Konstruieren und Gießen 10 (1985) 4, S. 19-29.

[18.228] Martens, S.; Ölfreie Industriegetriebe – Maßnahmen und Möglichkeiten zur Minimierung bzw. Eliminierung herkömmlicher Schmierstoffe; Diss. TU Dresden 2008.

[18.229] Matschoss, G.; Geschichte des Zahnrades; VDI-Verlag, Berlin 1940.

[18.230] Matta, F.; Ein Beitrag zur modellgestützten Ermittlung von Betriebsbeanspruchungen in Antriebssystemen; Diss. Universität Duisburg 1995.

[18.231] Matuschka, A. Graf v., Trausner, N., Ziese, J.; Borieren im Wirbelbett. Härtereitechn. Mitteilungen 43 (1988) 1, S. 21-26.

[18.232] Mayer, H.; Bainitisch-austenitisches Gusseisen mit Kugelgraphit – Eigenschaften und Anwendungen, VDI-Bericht 670 , S. 171-176, VDI-Verlag, Düsseldorf 1988.

[18.233] Meis, F. U., Schmitz-Justen, C.; Härten mit dem Laserstrahl. VDI-Zeitschrift 128 (1986), Heft 1/2, S. 27-31.

[18.234] Meltzer, G.; Merkmalsauswahl für die Diagnose von Verzahnungen; VDI-Bericht 1788, S. 331-343, VDI-Verlag, Düsseldorf 2003.

[18.235] Michaelis, K.; Die Integraltemperatur zur Beurteilung der Fresstragfähigkeit von Stirnradgetrieben, Diss. TU München, 1987.

[18.236] Miner, M. A.; Cumulative Damage in Fatigue; Journal of Applied Mechanics 12 (1945), S. A159-A164.

[18.237] Mitschke, W.; Beitrag zur Untersuchung des Einflusses der Radkörpergestaltung auf die Lastverteilung der Verzahnung und die Beanspruchung des Radkörpers; Diss. TU Dresden 1983.

[18.238] Möser, H.; Übersetzungsaufteilung bei mehrstufigen Getrieben, Maschinenbautechnik 31 (1982), Heft 4 .

[18.239] Molerus, O. Laufunruhige Drehzahlbereiche mehrstufiger Stirnradgetriebe, Diss. TH Karlsruhe 1963.

[18.240] Mühlberger, M.; GERMANIT – Austempered Ductile Iron – eine neue Sphäroguß-Werkstoffgruppe zur Substitution von Fahrzeug- und Maschinenbauteilen aus vergütetem Schmiedestahl und Stahlguss, Sphäroguss und Temperguss. VDI-Bericht 670 (1988) Band I, S. 217-232.

[18.241] Müller, H. W.; Die Umlaufrädergetriebe; Springer Verlag, Berlin 1998.

[18.242] Müller, W.; Entwicklungen im Hüttenkranwerksbau, Stahl und Eisen 98 (1978), S. 1293-1297.

[18.243] Münch, G., Buchholz, H., Illgen, H.; Auswahl und Einsatz vergütbarer Stähle – Teil 1: Stahlauswahl; IFL-Mitteilungen (Institut für Leichtbau, Dresden) 25 (1986), Heft 4, S. 116-118.

[18.244] Münch, G., Naundorf, D.; Der Einfluss von Begleitelementen auf die Eigenschaften von Bau- und Werkzeugstählen. KdT-Fachtagung Härtereitechnik Suhl 1983, Tagungsband 78, S. 79-103.

[18.245] Naunheimer, H., Bertsche, B., Lechner, G.; Fahrzeuggetriebe, Springer-Verlag 2007.

[18.246] Naville, R.; Die Theorie der Verzahnung der Uhrwerktechnik; Microtechnik XXI (1967), S. 506-509 und 587-590.
[18.247] Neuber, H.; Die Berechnung der Zahnfußbeanspruchung, Konstruktion 22 (1970), Heft 11.
[18.248] Neubert, H.; Die Entwicklung von Grübchenschäden an vergüteten, langsam laufenden Getrieberädern, Diss. TH Stuttgart 1988.
[18.249] Niemann, G.; Walzenfestigkeit und Grübchenbildung von Zahnrad- und Wälzlagerwerkstoffen; VDI Zeitschrift 87 (1943) S. 521-523.
[18.250] Niemann, G., Glaubitz, H.; Zahnfußfestigkeit geradverzahnter Stirnräder aus Stahl; VDI-Zeitschrift, 92 (1959), S. 923-932.
[18.251] Niemann, G., Winter, H., Höhn, B.-R.; Maschinelemente Bd. I., 4. Aufl., Springer Verlag, Berlin 2005.
[18.252] Niemann, G., Winter, H.; Maschinenelemente Band II (Getriebe allgemein, Zahnradgetriebe – Grundlagen, Stirnradgetriebe); Band III (Schraub-, Kegelrad-, Ketten-, Riemen-, Reibradgetriebe, Kupplungen, Bremsen, Freilauf); Springer Verlag, Berlin 1983.
[18.253] N. N.; FVA-Informationsblatt 54/7 – Graufleckentest – Testverfahren zur Untersuchung des Schmierstoffeinflusses auf die Entstehung von Grauflecken bei Zahnrädern; Forschungsvereinigung Antriebstechnik (FVA), Frankfurt am Main 1997.
[18.254] N. N.; AG Brown, Boveri & Cie in Baden, Schweiz; Stirnrädergetriebe mit einseitiger Schraubenverzahnung, Patent 40 16 52, 1922.
[18.255] N. N.; Auslegung von Druckölverbänden, Firmenschrift der SKF Schweinfurt.
[18.256] N. N.; GfT-Arbeitsblatt Nr. 5: Zahnradschmierung; Gesellschaft für Tribologie, Moers 1999.
[18.257] N. N.; Maag – Topologisches Schleifen 0, Version III.1 Firmenschrift Fa. Maag Zürich 1985.
[18.258] N. N.; Maag-Taschenbuch. Berechnung und Herstellung von Verzahnungen in Theorie und Praxis. Maag-Zahnräder Aktiengesellschaft Zürich 1986.
[18.259] N. N.; RIKOR – Ritzelkorrekturprogramm – Programmbeschreibung; Forschungsvereinigung Antriebstechnik (FVA), Frankfurt am Main 2008.
[18.260] N. N.; Sonderheft Stahlguß: Konstruieren und Gießen 13 (1988) 4, S. 59-60.
[18.261] N. N.; VBB-Enveloping-Tooth-Gearing; Marine Engineer 56 (1933), p. 371-374.
[18.262] Oehme, J.; Beitrag zur Lastverteilung schrägverzahnter Stirnräder auf der Grundlage experimenteller Zahnverformungsuntersuchungen; Diss. TU Dresden 1975.
[18.263] Oertner, H.; Einlaufverhalten geradverzahnter Stirnrädergetriebe; Diss. TU Dresden 1978.
[18.264] Ohlendorf, H.; Verlustleistung und Erwärmung von Stirnrädern; Diss. TU München 1958.
[18.265] Opitz, F.; Handbuch Verzahntechnik, Verlag Technik, Berlin 1973.
[18.266] Oster, P.; Grundlagen und Anwendung der Elastohydrodynamik, Antriebstechnik 24 (1985), Heft 11.
[18.267] Pagel, J.; Innere dynamische Kräfte von einstufigen Stirnradgetrieben mit Schrägverzahnung. Diss. TU Dresden 1972.
[18.268] Palmgren, A.; Grundlagen der Wälzlagertechnik. Stuttgart: Franckh'sche Verlagshandlung 1964.
[18.269] Palmgren, A.; Die Lebensdauer von Kugellagern; VDI-Zeitschrift 68 (1924), Heft 14, S. 229-341.

[18.270] Peeken, H., Troeder, Ch., Laschet, A.; Rechnerunterstützte Simulation des dynamischen Betriebsverhaltens von Antriebssystemen, VDI-Berichte Nr. 492, VDI-Verlag, Düsseldorf 1983.

[18.271] Peters, J.; Sechsstellige Werte der Kreis- und Evolventenfunktionen; Dümmler-Verlag, Bonn 1963.

[18.272] Petersen, R. E.; Natural Frequency of Gears; Transactions of the American Society of Mechanical Engineers 52 (1930), Paper APM 52.1.

[18.273] Placzek, Th.; Lastverteilung und Flankenkorrektur in gerad- und schrägverzahnten Stirnradstufen. Diss. TU München 1988.

[18.274] Plewe, H.-J.; Untersuchungen über den Abriebverschleiß von geschmierten, langsam laufenden Zahnrädern, Diss. TU München 1980.

[18.275] Polzer, G., Meißner, F.; Grundlagen zu Reibung und Verschleiß; Deutscher Verlag für Grundstoffindustrie, Leipzig 1979.

[18.276] Prietzel, K.-O., Lichtenberg, H.; Wärmebehandlungsgerechtes Gestalten und gestaltgerechtes Wärmebehandeln von Maschinenbauteilen. Wiss. Z. TH Magdeburg 29 (1985) 8, S. 14-16.

[18.277] Qvarnström, H.; Technical Note: A Mathematical Formula for Transformation between the Steel Hardness Scales of Rockwell C and Vickers. J. Heat Treating, New York 7 (1989) 2, S. 65-67.

[18.278] Rao, A. R., Narayanamurthi, R.; On the Bending of the Web in a Wheel subjected to a single concentrated Lateral Load on the Rim. ZAMM 53 Berlin (1973) H.7.

[18.279] Releaux, F.; Lehrbuch der Kinematik, Bd. II: Die Praktischen Beziehungen der Kinematik zur Geometrie und Mechanik; Verlag Vieweg Braunschweig 1900.

[18.280] Rettig, H.; Innere dynamische Zusatzkräfte bei Zahnradgetrieben, Antriebstechnik 16 (1977), 11, S. 655-663.

[18.281] Rettig, H., Schönnenbeck, G.; Graufleckigkeit – eine Schadensgrenze bei Zahnradgetrieben; Antriebstechnik 19 (1980), Heft 7/8, S. 325-327.

[18.282] Rettig, H., Weiß, T.; Statistisch belegte Wöhler-Linien der Zahnfußfestigkeit für gebräuchliche Zahnradstähle, Stahl und Eisen 101 (1981), Heft 6, S. 139-142.

[18.283] Rettig, H., Wirth, X.; Stoßartige Belastung an oberflächengehärteten Zahnrädern, Antriebstechnik 15 (1976), Heft 9.

[18.284] Riehle, M.; Einfluss von Legierungselementen auf die Borierbarkeit von Stählen. Studientexte „Chemisch-thermische Oberflächenbehandlung“, TU Dresden Heft 4/1982.

[18.285] Ritter, N.; Zur meßtechnischen Ermittlung von Lasteingangsfunktionen für das Warmwalzen von Bändern; Diss. Universität Duisburg 1989.

[18.286] Röhle, E.; Theoretische und experimentelle Untersuchungen zum Lastausgleich in Planetengetrieben; Diss. TU Dresden 1978.

[18.287] Roempler, D.; Umlaufflammhärtung aufgekohlter Zahnräder. Konstruktion 16 (1964) 2, S. 57-59.

[18.288] Römhild, I.; Auslegung mehrstufiger Stirnradgetriebe – Übersetzungsaufteilung für minimale Masse und Wahl der Profilverschiebung auf der Basis neuer Berechnungsgrundlagen; Diss. TU Dresden 1993.

[18.289] Römhild, I., Linke, H.; Gezielte Auslegung von Zahnradgetrieben mit minimaler Masse auf Basis neuer Berechnungsverfahren. Konstruktion 44 (1992) 7/8.

[18.290] Rojahn, P.; Ausbildung und Wachstum von Boridschichten nach Behandlung im Wirbelbett. Härtereitechn. Mitteilungen 43 (1988) 1, S. 56-62.

[18.291] Roloff/Matek; Maschinenelemente; Hrsg. Muhs, D., Wittel, H., et al.; Vieweg Verlag, Braunschweig 2005.

[18.292] Roth, K.; Stirnradpaarungen mit 1- bis 5-zähnigen Ritzeln im Maschinenbau; Konstruktion 26 (1974), Heft 11.

[18.293] Roth, K., Kollenrott, F.; Zahnradpaarungen mit Komplementprofilen; Konstruktion 34 (1982), Heft 3.

[18.294] Roth, K.; Zahnradtechnik; Band I und Band II, Springer Verlag Berlin 1989.

[18.295] Sablonskij, K. J.; Das Zahnradgetriebe – Lastverteilung. Kiew: Verlag Technika 1977.

[18.296] Salje, H.; Optimierung des Laufverhaltens evolventischer Zylinderradleistungsgetriebe; Diss. RTWH Aachen 1987.

[18.297] Sauter, J., Schmidt, I., Schulz, M.; Einflussgrößen auf die Leistungsfähigkeit einsatzgehärteter Zahnräder. Härterei-Techn. Mitteilungen 45 (1990) 2, S. 98-104.

[18.298] Schäcke, P.; Modular aufgebautes Qualitätssicherungssystem im Maschinenbau. Feingerätetechnik 37 (1988) 3, S. 103-106; 4 S. 166-169; 5 S. 212-214.

[18.299] Schäcke, P., Thyssen, W.; Rechnergestützte Qualitätssteuerung und Arbeitsgenauigkeit von Werkzeugmaschinen beim Teilwälzschleifen. Maschinenbautechnik 37 (1988) 2, S. 54-57.

[18.300] Schäfer, W.; Gestaltung von Ritzeln und Rädern mit großen Abmessungen, Maschinenbautechnik 28 (1974), S. 59-63.

[18.301] Schäfer, W.; Ein Beitrag zur Ermittlung des wirksamen Flankenrichtungsfehlers bei Stirnradgetrieben und der Lastverteilung bei Geradverzahnung, Diss. TH Darmstadt 1971.

[18.302] Schauerhammer, K.; Untersuchungen zur Fresstragfähigkeit mineralölgeschmierter Stirnradverzahnungen; Diss. TU Dresden 1978.

[18.303] Schedl, U.; Einfluss des Schmierstoffs auf die Grübchenlebensdauer einsatzgehärteter Zahnräder; Diss. TU München 1998.

[18.304] Scheufler, Ch.; Weiterentwicklung der Zahnfußtragfähigkeitsberechnung durch genaue Erfassung von Zahnfußkerben; Diss. TU Dresden 1997.

[18.305] Schlaf, G.; Berechnung der Wälzpressung schrägverzahnter Stirnräder durch Profilrücknahme. Maschinenbautechnik 11 (1962) 11.

[18.306] Schlecht, B.; Maschinenelemente 1; Verlag Pearson Studium, München 2007.

[18.307] Schlecht, B.; Aktuelle Entwicklungstendenzen zur beanspruchungsgerechten Auslegung von Antriebssystemen; Dresdner Maschinenelemente Kolloquium – DMK 2003, Tagungsband S. 3-44.

[18.308] Schlecht, B.; Schwingungen in Antriebssystemen – Wie aussagefähig ist die Ermittlung von Sicherheiten; Dresdner Maschinenelemente Kolloquium – DMK 2005, Tagungsband S. 11-75.

[18.309] Schlecht, B.; 25 Jahre Erfahrung in der rechnergestützten Beanspruchungsanalyse von Verzahnungen und der Simulation von Schwingungen in Antrieben – Wie werden zukünftig Antriebssysteme und deren Komponenten beanspruchungsgerecht ausgelegt?; Dresdner Maschinenelemente Kolloquium – DMK 2007, Tagungsband S. 11-90.

[18.310] Schlecht, B.; Rosenlöcher, Th.; Modellbildung und Mehrkörpersystem-Simulation von Kranantrieben; Dresdner Maschinenelemente Kolloquium – DMK 2007, Tagungsband S. 555-570.

[18.311] Schlecht, B., Martens, S. et al.; Abschlussberichte zu den Workpackages 3.1, 3.2 und 4 des EU-Vorhabens „Oilfree Powertrain“ (Projekt-Nr.: IPS-2001-80006), TU Dresden 2004.

[18.312] Schlecht, B.; Martens, S.; Ölfreie Getriebe; Dresdner Maschinenelemente Kolloquium – DMK 2005, Tagungsband S. 243-254.

[18.313] Schlecht, B., Rosenlöcher, Th.; Schwingungen sicher gedämpft – Möglichkeiten zur Ermittlung der Dämpfung; Antriebstechnik 46 (2007), Heft 11.

[18.314] Schlecht, B.; Mehrkörpersimulation von Großantrieben; Antriebstechnik 44 (2005), Teil I, Heft 10, S. 24-29.

[18.315] Schlecht, B.; Mehrkörpersimulation von Großantrieben; Antriebstechnik 44 (2005), Teil II, Heft 12, S. 38-42.

[18.316] Schlecht, B., Rosenlöcher, Th., Hähnel, Th.; Schwingungen erkennen und vermeiden – Anwendung der Mehrkörpersystem- und Finite-Elemente-Methode; Antriebstechnik 47 (2008), Heft 8.

[18.317] Schlecht, B., Meltzer, G., Hähnel, Th.; Einsatz der Schwingungsanalyse zur Funktionsdiagnose und Beurteilung der Schwingbelastung von Getriebesystemen unter stationären und instationären Betriebsbedingungen; Forschungsbericht der Forschungsvereinigung Antriebstechnik (FVA), Frankfurt am Main 2007.

[18.318] Schlecht, B., Höfgen, M., Fischer, W., Marschner, U.; Weiterentwicklung der mikrosystemgestützten Verzahnungsdiagnose zur Getriebediagnose; Forschungsbericht der Forschungsvereinigung Antriebstechnik (FVA), Frankfurt am Main 2008.

[18.319] Schlecht, B., Hantschack, F., Schulze, T.; Einfluss der Bohrungen im Kranz auf die Tragfähigkeit von Hohlradverzahnungen. Antriebstechnik 41 (2002), Teil I, Heft 12.

[18.320] Schlecht, B., Hantschack, F., Schulze, T.; Einfluss der Bohrungen im Kranz auf die Tragfähigkeit von Hohlradverzahnungen. Antriebstechnik 42 (2003), Teil II, Heft 2.

[18.321] Schlecht, B., Wünsch, D., Christianhemmers, A.; Theoretische Untersuchung des dynamischen Verhaltens von Schaufelradantrieben Braunkohle – Surface Mining, Volume 51, 1999, Nr. 1, S. 9-18.

[18.322] Schlecht, B.; Modern Drive Technology for the Mining- and Minerals-Industry; Bulk Solids Handling, Volume 17, 1997, Number 1, pp. 89-96.

[18.323] Schlecht, B., Petersen, R.; Bemessung von Schwenkgetrieben auf der Grundlage neuer Verfahren zur Festigkeitsberechnung; Braunkohle – Surface Mining, Volume 49, 1997, Heft 4, S. 345-354.

[18.324] Schlecht, B., Wünsch, D., Deckers, J., Holtmann, M.; Experimental Analysis of the Cutting Forces of a Compact Bucket Wheel Excavator; Bulk Solids Handling, Volume 19, 1999, No. 4, pp. 507-516.

[18.325] Schlötermann, K., Weck, M.; Nitrierte Verzahnungen – Arbeitshypothesen zur Tragfähigkeitsauslegung. VDI-Bericht Nr. 626 (1987) S. 215-234.

[18.326] Schmidt, G.; Berechnung der Wälzpressung schrägverzahnter Stirnräder unter Berücksichtigung der Lastverteilung. Diss. TU München 1973.

[18.327] Schmidt, U.; Die Schmierfilmbildung in elastohydrodynamisch beanspruchten Wälzkontakten unter Berücksichtigung der Oberflächenrauhheit, Diss. TH Hannover 1980.

[18.328] Schönnenbeck, G.; Einfluss der Schmierstoffe auf die Zahnflankenermüdung; Diss. TU München 1984.

[18.329] Schönnenbeck, G.; Testverfahren zur Untersuchung des Schmierstoffeinflusses auf die Entstehung von Grauflecken; Antriebtechnik 24 (1985), Heft 1, S. 31-36.

[18.330] Schouten, M. J. W.; Der Einfluss elastohydrodynamischer Schmierung auf Reibung, Verschleiß und Lebensdauer von Getrieben, Schmiertechnik und Tribologie 20 (1973), Heft 5, S. 147-151.

[18.331] Schrade, U.; Einfluss von Verzahnungsgeometrie und Betriebsbedingungen auf die Graufleckentragfähigkeit von Zahnradgetrieben; Diss. TU München 2000.

[18.332] Schröbler, W.; Zementmaschinenantriebe – Ausgleich der Taumelbewegung bei großen Antrieben, Zement Kalk Gips 27 (1974), S. 41-46.

[18.333] Schröter, W.; Betrachtungen zur Charakterisierung des spezifischen Werkstoffverhaltens bei thermochemischer Behandlung. Studientexte „Chemisch-thermische Oberflächenbehandlung II“, TU Dresden, Heft 1/1984.

[18.334] Schröter, W., Leimann, D.-O.; Radiallüfter für die Getriebekühlung. Antriebstechnik 19 (1980) 12, S. 598-602.

[18.335] Schulze, T.; Ganzheitliche dynamische Antriebsstrangbetrachtung von Windenergieanlagen unter Verwendung modularer Simulationsmodelle; Diss. TU Dresden 2007.

[18.336] Schulze, T.; Getriebeberechnung nach aktuellen wissenschaftlichen Erkenntnissen – Von der Lastverteilungsrechnung bis zur Analyse des Systemverhaltens; Dresdner Maschinenelemente Kolloquium – DMK 2007, Tagungsband S. 95-112.

[18.337] Schulze, T., Schlecht, B.; Effiziente Antriebsstrangauslegung und -nachrechnung im gesamten Produktentwicklungsprozess durch den Einsatz der innovativen Software Mdesign drive; SimPEP-Tagung der Forschungsvereinigung Antriebstechnik 2007.

[18.338] Schwertassek, R., Wallrapp, O.; Dynamik flexibler Mehrkörpersysteme; Vieweg Verlag Braunschweig 1999.

[18.339] Seherr-Thoss, H.-Chr. Graf von; Die Entwicklung der Zahnradtechnik; Springer Verlag, Berlin 1965.

[18.340] Seireg, A., Conry, T. F.; A Mathematical Programming Technique for the Evaluation of Load Distribition and Optimal Modification for Gear Systems; Transactions of the ASME 1972.

[18.341] Seitzinger, K.; Die Erwärmung einsatzgehärteter Zahnräder als Kennwert für ihre Fresstragfähigkeit; Diss. TU München 1971.

[18.342] Senf, M.; Untersuchungen zur Last- und Spannungsverteilung an schrägverzahnten Stirnrädern; Diss. TU Dresden 1978.

[18.343] Senf, M.; Stufung und Aufteilung des Übersetzungsverhältnisses bei Stirnradgetrieben unter Berücksichtigung der Breitenlastverteilung; Maschinenbautechnik 37 (1984), Heft 4.

[18.344] Senf, M., Schlecht, B., Schulze, T.; Beanspruchungsanalyse bei Stirnradgetrieben – Grundlagen und Anwendung der Analysesoftware LVR und LVR-Planet, Seminar im Haus der Technik, Essen 2008.

[18.345] Seufert, R.; AGMA/AWEA 6006 – eine Spezifikation zur betriebssicheren Auslegung von Getrieben für Windturbinen; Dresdner Maschinenelemente Kolloquium – DMK 2003, Tagungsband, S. 303-320.

[18.346] SEW 550 Stähle für größere Schmiedestücke; Gütevorschriften (1976-08).

[18.347] SEW 685 Kaltzäher Stahlguß – Technische Lieferbedingungen (2000-03).

[18.348] SEW 835 Stahlguß für Flamm- und Induktionshärtung (1997-06).

[18.349] Singer, H.; Statistische Verteilung von Teilungsabweichungen und deren Auswirkungen auf die Tragfähigkeit der Verzahnung; Diss. TU Dresden 1985.

[18.350] Sonntag, W.; Grundlagen der Getriebeerwärmung und ihre Anwendung bei der thermischen Auswahl von Zahnradgetrieben. Unveröffentlichter Arbeitsbericht 1988.

[18.351] Speer, K.; Beitrag zur analytischen Ermittlung von Zahnfußbeanspruchungen in einem mehrstufigen Getriebe; Diss. Universität Duisburg 1983.

[18.352] Spengler, A., Vogel, H.; Moderne Wärmebehandlung von Zahnrädern im Industriegetriebebau. Tagung Zahnradgetriebe Dresden 1989, Tagungsband T. 2, S. 493-506.

[18.353] Spies, H.-J.; Beitrag der Randschichttechnik zur Veredelung von metallischen Konstruktionswerkstoffen. – Aus Arb.-Plenum Kl. AdW DDR, Berlin 14 (1989) 6, S. 3-30.

[18.354] Spies, H.-J., Böhmer, S.; Nitridhaltige Schichten – Erkenntnisse und Schlussfolgerungen für technische Lösungen. VDI-Bericht Nr. 797 (1990) S. 245-258.

[18.355] Spirling, F.; Die dynamischen Lagerkräfte und ihre Bedeutung für das Geräuschverhalten von Stirnradgetrieben; Diss. TU Dresden 1976.

[18.356] Spirling, F.; Schallleistungspegel von Zahnradgetrieben; Antriebstechnik 30 (1991), Heft 7, S. 48-51.

[18.357] Sporbert, K.; Beitrag zur Tragfähigkeitsberechnung an einsatzgehärteten Zahnrädern mit Schleifabsätzen; Diss. TU Dresden 1982.

[18.358] Spur, G., Stöferle, Th.; Handbuch der Fertigungstechnik. Bd. 4/2: Wärmebehandeln. Münchnen: Hanser Verlag 1987.

[18.359] Stölzle, K.; Funktionstafeln für die Zahnradberechnung; VDI-Verlag Düsseldorf, 1963.

[18.360] Stößel, K.; Reibungszahlen unter elastohydrodynamischen Bedingungen. Diss. TH München 1971.

[18.361] Stoew, St.-N.; Ermittlung des abrasiven Verschleißes von ungehärteten Zahnrädern bei Schmierung mit verunreinigtem Öl; Diss. TU Dresden 1972.

[18.362] Stolze, A.; Innere dynamische Zahnkräfte einstufiger Stirnradgetriebe bei stochastischer Erregung durch Verzahnungsabweichungen; Diss. TU Dresden 1988.

[18.363] Stribeck, R.; Berechnung der Zahnräder; VDI-Zeitschrift 1894, S. 1182-1187.

[18.364] Sturm, A., Förster, R.; Maschinen- und Anlagendiagnostik für die zustandsbezogene Instandhaltung; Verlag Technik, Berlin 1988.

[18.365] Szabó, I.; Einführung in die Technische Mechanik; Springer Verlag, Berlin 1977.

[18.366] Tauscher, H.; Beziehungen zwischen der Wälzfestigkeit und der Oberflächenhärte der Einsatzstähle, Maschinenbautechnik 22 (1973), S. 23-27.

[18.367] ten Bosch, M.; Berechnung der Maschinenelemente; Springer Verlag, Berlin 1953.

[18.368] TGL 10545 Tragfähigkeitsberechnung von außenverzahnten Stirnrädern; Amt für Standardisierung der DDR, Ausgabe 1988 (nicht mehr gültig).

[18.369] TGL 10545 Tragfähigkeitsberechnung von außenverzahnten Stirnrädern – Bl. 5: Zahnflanken- und Zahnfußtragfähigkeit, Werkstoffkennwerte; Entwurf 6.1988, ehemaliger DDR-Standard (nicht mehr gültig).

[18.370] TGL 19333 Schwingfestigkeit, Zeitfestigkeit von Achsen und Wellen (1979), ehemaliger DDR-Standard (nicht mehr gültig).

[18.371] TGL 19340 Dauerfestigkeit der Maschinenbauteile; T1 Dauerfestigkeitsdiagramm; T2 Werkstoff-Festigkeitskennwerte; T3 Berechnung; T4 Formzahlen und Kerbwirkungszahlen; (1983-03), ehemaliger DDR-Standard (nicht mehr gültig).

[18.372] TGL 19341 Festigkeitsnachweis für Bauteile aus Eisengußwerkstoffen; T1 Berechnung; T2 Werkstoff-Festigkeitskennwerte; (1988-02), ehemaliger DDR-Standard (nicht mehr gültig).

[18.373] TGL 19350 Betriebsfestigkeit der Maschinenbauteile; Berechnung; (1986-02), ehemaliger DDR-Standard (nicht mehr gültig).

[18.374] TGL 19352 Aufstellung und Überlagerung von Beanspruchungskollektiven (Entwurf 1988), ehemaliger DDR-Standard (nicht mehr gültig).

[18.375] TGL 33787 Regellose Beanspruchungsfunktionen; T1 Statistische Auswertung im Amplitudenbereich; T2 Statistische Auswertung im Zeit- und Frequenzbereich; (1985-12), ehemaliger DDR-Standard (nicht mehr gültig).

[18.376] Theyse, F. H.; Die Blitztemperaturhypothese nach Blok und ihre praktische Anwendung bei Zahnrädern; Schmiertechnik 14 (1967), Heft 1, S. 22-29.
[18.377] Thomas, A. K.; Die Tragfähigkeit der Zahnräder; Hanser Verlag, München 1971.
[18.378] Trebst, S.; Untersuchung des Einflusses der Kernhärte auf die Zahnfußdauerfestigkeit von einsatzgehärteten Stirnrädern und numerische Berechnung von Kernhärteverläufen durch Simulation der Wärmebehandlung; Diss. TU Dresden 2001.
[18.379] Ulrich, M.; Steigerung der Dauerschwingungsfestigkeit von Zahnrädern durch besondere Gestaltung, Härtung und Bearbeitung des Zahngrundes; Luftwissen 9 (1942), S. 311-313.
[18.380] van de Löcht, H.; Untersuchung transienter Betriebszustände eines Walzwerkshauptantriebes; Diss. Universität Duisburg 1980.
[18.381] van den Heuvel, B.; Erkenntnisse aus Schadensanalysen an drehzahlstellbaren Antrieben von Gurtbandförderanlagen; Vortrag zur 4. Sitzung des Arbeitskreises „Innovative Antriebstechnik" im DEBRIV-Ausschuss Instandhaltung am 18. 11. 2004 bei RWE Power AG.
[18.382] van den Heuvel, B.; Meßtechnische und rechnerische Untersuchungen zur Bestimmung der Betriebs- und Sicherheitsfaktoren von Verzahnungen in Schaufelradantriebssystemen; Braunkohle 1994, Heft 9, S. 4-14.
[18.383] VDI 2059 Wellenschwingungen von Turbosätzen (1981-11).
[18.384] VDI 2545 Zahnräder aus thermoplastischen Kunststoffen (1981-01), (zurückgezogen).
[18.385] VDI 2737 Berechnung der Zahnfußtragfähigkeit von Innenverzahnungen mit Zahnkranzeinfluss (2005-12).
[18.386] VDI 2726 Technische Regel Ausrichten von Getrieben (1982-04).
[18.387] VDI 3834 Messung und Beurteilung mechanischer Schwingungen von Windenergieanlagen und deren Komponenten (2008).
[18.388] VDI 3839 Hinweise zur Messung und Interpretation der Schwingungen von Maschinen; Blatt 1: Allgemeine Grundlagen (2001-03); Blatt 2: Schwingungsbilder für Anregungen aus Unwuchten, Montagefehlern, Lagerungsstörungen und Schäden an rotierenden Bauteilen (2003-05); Blatt 5: Typische Schwingungsbilder bei elektrischen Maschinen (2001-09); Blatt 6: Typische Schwingungsbilder bei Maschinensätzen in hydraulischen Kraftwerken (2005-09); Blatt 8: Typische Schwingungsbilder bei Kolbenmaschinen (2004-06).
[18.389] VDI 3841 Schwingungsüberwachung von Maschinen – Erforderliche Messungen (2002-11).
[18.390] VDI/VDE 2612 Profil- und Flankenlinienprüfung an Zylinderrädern mit Evolventenprofil (2000-05).
[18.391] Vollmer, J., Leistner, F., Lörsch, G., Wilhelm, O.; Getriebetechnik – Umlaufrädergetriebe; Verlag Technik, Berlin 1990.
[18.392] Vollmer, J. et al.; Getriebetechnik – Kurvengetriebe; Verlag Technik, Berlin 1989.
[18.393] Voßiek, J.; Untersuchungen zur Verschleißprognose bei Zahnpaarungen durch Abrieb, Ermüdung und Erosion; Diss. TH Zittau 1989.
[18.394] Wächter, K., Konstruktionslehre für Maschineningenieure, Verlag Technik, Berlin 1987.
[18.395] Walker, H.; Gear Teeth Deflection and Profile Modification; Engineer 166 (1938), pp. 409-436, 168 (1940), pp. 102-104, London.
[18.396] Walter, P.; Untersuchungen zur Tauchschmierung von Stirnrädern bei Umfangsgeschwindigkeiten bis 60 m/s. Diss. Universität Stuttgart 1982.

[18.397] Warnecke, Hans-Jürgen: Schiffsantriebe – 5000 Jahre Innovation, Koehlers Verlagsgesellschaft, Hamburg 2005.

[18.398] Weber, C., Banaschek, K.; Formänderung und Profilrücknahme bei gerad- und schrägverzahnten Rädern. – Schriftenreihe Antriebstechnik, H. 11, 1953, Braunschweig: Vieweg Warnecke, Hans-Jürgen: Schiffsantriebe – 5000 Jahre Innovation, Koehlers Verlagsgesellschaft, Hamburg 2005.

[18.399] Weck, M.; Moderne Leistungsgetriebe, Verzahnungsauslegung und Betriebsverhalten, Springer Verlag, Berlin 1992.

[18.400] Weißbach, J.; Lehrbuch der Ing.- und Maschinenmechanik, Bd. III. Braunschweig: 1851.

[18.401] Weiß, R.; Einfluss der Ölalterung auf die Zahnflankentragfähigkeit; Diss. TU München 1994.

[18.402] Wengler, S.; Rechnergestützte Qualitätsbewertung an Stirnradverzahnungen. Diss. TU Magdeburg 1989.

[18.403] Wiche, E.; Radiale Federung von Wälzlagern bei beliebiger Lagerluft. Konstruktion 19 (1967) 5.

[18.404] Wienands, B.; Untersuchung über die Betriebssicherheit bandagierter Zahnräder, Diss. RWTH Aachen 1974.

[18.405] Wienands, B.; Zahnradbandagen, Anwendung, Probleme, Berechnung, VDI-Zeitschrift 118 (1976), S. 893-896.

[18.406] Wills, J. G.; Lubrication Fundamentals New York and Basel: Marcel Dekker 1980.

[18.407] Wiltzsch, M.; Verringerung des Geräusches von Zahnradgetrieben durch Anwendung elastisch abgestützter Gehäuse; Maschinenbautechnik 29 (1980), Heft 1, S. 17-26.

[18.408] Wiltzsch, M.; Metallelastische Wellenlagerung; Informationstag „Konstruktion lärmarmer Maschinen“, Zentralinstitut für Arbeitsschutz, Dresden 1987.

[18.409] Winter, H.; Die tragfähigste Evolventengeradverzahnung, Vieweg Verlag, Braunschweig 1954.

[18.410] Winter, H., Funck, G.; Entwicklung der Zahnflankentragfähigkeit, Teil II, Antriebstechnik 26 (1987), Heft 7, S. 35-40.

[18.411] Winter, H., Hirt, M.; Die Zahnfußfestigkeit als Problem der allgemeinen Festigkeitsberechnung, VDI-Berichte Nr. 195, VDI-Verlag, Düsseldorf 1973.

[18.412] Winter, H., Michaelis, K.; Fresstragfähigkeit von Stirnradgetrieben; Antriebstechnik 14 (1975), Heft 7, S. 405-409 und Heft 8, S. 461-465.

[18.413] Winter, H., Michaelis, K.; Reibungszahlen und Verlustleistung von Schmierstoffen in Zahnradgetrieben. Erdöl und Kohle – Erdgas – Petrolchemie 39 (1986) 6, S. 209-291.

[18.414] Winter, H., Michaelis, K.; Untersuchungen zum Wärmehaushalt von Getrieben. Antriebstechnik 20 (1981) 3, S. 70-74.

[18.415] Winter, H., Schönnenbeck, G.; Graufleckigkeit an einsatzgehärteten Zahnrädern: Ermüdung der Werkstoffrandschicht mit möglicherweise schweren Folgeschäden; Antriebstechnik 24 (1985), Heft 9, S. 53-61.

[18.416] Winter, H., Weiß, T.; Tragfähigkeitsuntersuchungen an induktions- und flammgehärteten Zahnrädern, Teil I: Flankentragfähigkeit (Grübchen- und Graufleckentragfähigkeit); Antriebstechnik 27 (1988) 10, S. 57-61, Teil II: Zahnfußtragfähigkeit. Antriebstechnik 27 (1988) 12, S. 45-50.

[18.417] Wirth, R.; Maschinendiagnose – Unterlagen zum Seminar; GfM – Gesellschaft für Maschinendiagnose, Berlin 2007.

[18.418] Wirth, R.; Möglichkeiten und Grenzen des Condition-Monitoring an Triebsträngen in Windenergieanlagen; Vortrag zur Tagung „Antriebsstränge in Windenergieanlagen“, Haus der Technik, Essen, März 2008.

[18.419] Wünsch, D., Völker, F., Schlecht, B.; Theoretische Untersuchung des dynamischen Verhaltens eines Sinterbandantriebes mit Hilfe der digitalen Simulation; Unveröffentlichter Forschungsbericht für die Thyssen Stahl AG, Januar 1988.

[18.420] Wünsch, D., Wünsch, D.; Garcia del Castillo, L.: Modellfindung: Teil A – Experimentelle und modellhafte Ermittlung dynamischer Belastungen torsionsschwingungsfähiger Systeme; Teil B. Lösungs- und Operationskatalog zur Modellfindung mechanischer Torsionssysteme; Universität Duisburg, Forschungsvorhaben Nr. 95 der Forschungsvereinigung Antriebstechnik e.V. Abschlussbericht 1984.

[18.421] Wyss, U.; Auswertungsmöglichkeiten der Härtbarkeitsprüfung nach der Stirnabschreckmethode; Härterei-Techn. Mitteilungen 6 (1950) 2, S. 9-40.

[18.422] Wyss, U.; Kohlenstoff- und Härteverlauf in der Einsatzhärtungsschicht verschieden legierter Einsatzstähle; Härterei-Techn. Mitteilungen 43 (1988) 1, S. 27-35.

[18.423] Yicheng, Z., Guiru, F., Juichang, S., Yingkai, Z., Yogan, D., Jizhi, W., Huibin, S.; Ritzel und Tellerräder aus zwischenstufenvergütetem Gußeisen mit Kugelgraphit mit gegossenen Zähnen; Gießerei 67 (1980) 8, S. 206-216.

[18.424] Ziegler, H.; Verzahnungssteifigkeit und Lastverteilung schrägverzahnter Stirnräder; Diss. RWTH Aachen 1971.

[18.425] Zimmermann, H.; Geräuschminderungsmaßnahmen im Getriebebau; Antriebstechnik 21 (1982), Heft 3.

[18.426] Zirpke, K.; Zahnräder; Fachbuchverlag Leipzig 1989.

Umlaufrädergetriebe

19

ÜBERBLICK

Einführung

» In diesem Kapitel werden ausgehend von den Grundlagen der Stirnradverzahnung gemäß Kapitel 18 die Besonderheiten von Umlaufgetrieben und den davon wiederum abgeleiteten Planetengetrieben behandelt. Hierzu werden zunächst die möglichen Bauarten von Umlaufgetrieben und deren kinematische Besonderheiten vorgestellt.

In Erweiterung der bereits im Kapitel 18 – Stirnradgetriebe behandelten Grundlagen wird anschließend insbesondere auf die Übersetzungen, Drehmomente, Drehzahlen, Leistungen und Wirkungsgrade von Umlaufgetrieben eingegangen.

Anhand ausgeführter Getriebekonstruktionen und besonderer Einsatzfälle werden die Gestaltungsgrundlagen für die Einzelkomponenten (Zahnräder, Wellen, Lager, Gehäuse, Umlaufträger) sowie typische Getriebebauarten zum industriellen Einsatz erläutert. Neben der eigentlichen Dimensionierung unter Berücksichtigung der Zuordnung von Zähnezahlen und Durchmessern sowie der Aufteilung mehrerer Planeten am Umfang werden auch mögliche Eingriffsstörungen bei der Innenverzahnung ausführlich behandelt.

Abschließend erfolgt der Vergleich von Beanspruchung und Beanspruchbarkeit, wobei ergänzend zu den von den Stirnradgetrieben bereits bekannten Einzelnachweisen für die Grübchen-, Zahnfuß-, Fress-, Graufleckenund Verschleißtragfähigkeit für Außenverzahnungen auf die zu beachtenden Besonderheiten bei der Auslegung und Nachrechnung von innenverzahnten Hohlrädern eingegangen wird.

Darauf aufbauend wird zum Schluss noch ein höherwertiges Analyseverfahren zur genaueren Beanspruchungsanalyse und Lastverteilung von Planetengetrieben beschrieben. «

LERNZIELE

- Kennenlernen der grundlegenden Aufgaben von Umlauf- und Planetengetrieben und ihr Einsatz in antriebstechnischen Anwendungen
- Kennenlernen der Gestaltungsrichtlinien für Planetengetriebe
- Erarbeitung der Grundlagen zur Ableitung der auftretenden Beanspruchungen aus den einwirkenden Belastungen und zur Lastverteilung bei Planetengetrieben
- Auslegung und Nachrechnung von Planetengetrieben anhand der vorgestellten Berechnungsgrundlagen

19.1 Einleitung

In Erweiterung der bereits behandelten Stirnradgetriebe erlauben Umlaufrädergetriebe die beliebige Überlagerung von Drehbewegungen sowie die Leistungsverzweigung und Leistungssummierung. Diese besonderen Eigenschaften werden möglich durch die Erweiterung der bereits bekannten Standgetriebe zum Umlaufgetriebe gemäß Abbildung 19.1.

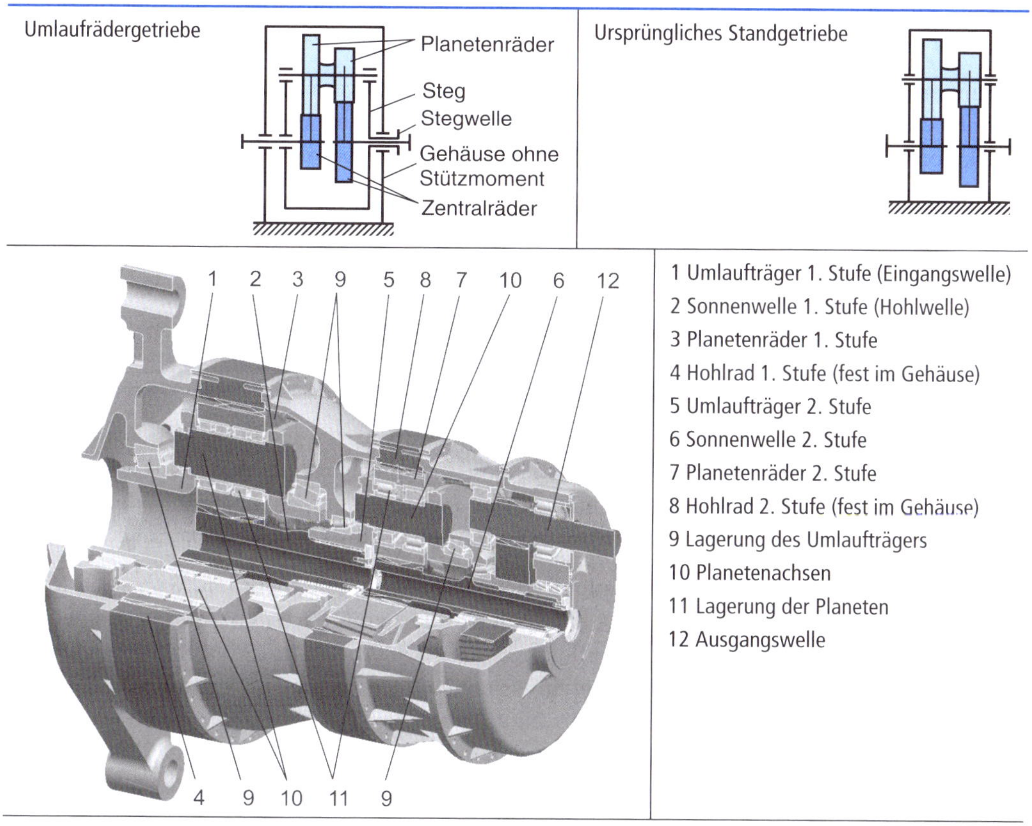

Abbildung 19.1: Umlaufrädergetriebe zum Einsatz in einer Windenergieanlage

Wie bereits in Kapitel 18 – Stirnradgetriebe erläutert, sind die Wellendrehmomente M_{An} und M_{Ab} nicht die einzigen Drehmomente, die auf ein Standgetriebe einwirken. Da entsprechend den Gleichgewichtsbedingungen der Mechanik die Summe aller auf ein System einwirkenden Momente gleich Null sein muss und bei einem Übersetzungsgetriebe die Summe der beiden Wellendrehmomente M_{An} und M_{Ab} in der Regel ungleich Null ist, muss demzufolge ein weiteres abstützendes Moment vorhanden sein. Dies ist bei den bisher behandelten Standgetrieben das vom Fundament auf das Getriebegehäuse ausgeübte Stützmoment, das sich mit dem Gehäusemoment M_G im Gleichgewicht befindet, welches sich wiederum aus der Summe aller Lagerkräfte, multipliziert mit den jeweiligen Lagerabständen, als Hebelarm ergibt, sodass folgende Gleichgewichtsbedingung erfüllt wird:

$$\sum M_t = M_{An} + M_{Ab} + M_G = 0 \tag{19.1}$$

Befestigt man nun das Gehäuse nicht auf dem Fundament, sondern gemäß Abbildung 19.1 drehbar gelagert und konzentrisch zur An- und Abtriebswelle, so erhält man eine dritte Welle, an der aus Gleichgewichtsbedingungen das Stützmoment angreifen muss. Sobald man diese Einheit in einem neuen Gehäuse lagert, entsteht das sogenannte Umlaufgetriebe mit drei drehenden Wellen, bei dem das Getriebegehäuse im Gegensatz zum Standgetriebe kein Stützmoment mehr aufnehmen muss. Damit wird das ursprüngliche Gehäuse des Standgetriebes in einen einfach rotierenden Steg überführt, der die umlaufenden Räder führt und an seiner Welle – der sogenannten Stegwelle – das ursprüngliche Gehäusemoment M_G führt.

In rein mechanischer Betrachtungsweise wird beim Übergang vom Standgetriebe zum Umlaufgetriebe der kinematische Freiheitsgrad F des Getriebes um den Wert 1 erhöht, wobei durch den kinematischen Freiheitsgrad (häufig auch als Laufgrad bezeichnet) eines Getriebes die Anzahl der Drehzahlen angegeben wird, die unabhängig voneinander vorgegeben werden können. Während also beim Standgetriebe mit dem Freiheitsgrad $F = 1$ nur eine Drehzahl frei vorgegeben werden kann und sich die andere daraus zwangsläufig ergibt, verfügt das Umlaufgetriebe über den Laufgrad $F = 2$, sodass z. B. unabhängig voneinander zwei Antriebsdrehzahlen vorgegeben werden können, woraus sich dann die Abtriebsdrehzahl ergibt, oder aber bei einer gegebenen Antriebsdrehzahl können zwei Abtriebe mit voneinander verschiedenen Drehzahlen betrieben werden.

Diese Vorgehensweise ist grundsätzlich für alle Getriebebauarten möglich, sodass aus einem hydrostatischen Standgetriebe ein hydrostatisches Umlaufgetriebe wird, ebenso wie aus Riemen- und Kettengetrieben demzufolge Umlaufriemen- und Umlaufkettengetriebe oder beliebige Umlaufmechanismen im Sinne der allgemeinen Getriebetechnik entstehen können [19.178].

Im Weiteren sollen jedoch nur die Umlaufrädergetriebe betrachtet werden, wobei die Räder nicht nur als Zahnräder, sondern auch als Reibräder ausgeführt werden können. Da bei diesen Umlaufrädergetrieben die Nebenwellen mit ihren Rädern um die zentrale Achse kreisen und sich dabei noch um sich selbst drehen – vergleichbar mit der Bewegung von Planeten um die Sonne – wird diese Getriebebauart häufig auch als Planetenradgetriebe oder einfach Planetengetriebe bezeichnet. Demzufolge werden die umlaufenden Räder auch Planetenräder oder Planeten und die inneren, nicht umlaufenden Zentralräder, Sonnenräder genannt.

Interessanterweise haben auch die ersten nachgewiesenen Anwendungen von Planetengetrieben ihren Ursprung im Bau von Planetarien zur Darstellung der Bewegung der Gestirne mithilfe entsprechender Räderwerke in astronomischen Uhren. So lassen sich die Bruchstücke eines um 80 bis 50 v. Chr. mit einem Schiff bei der griechischen Insel Antikythera versunkenen Räderwerkes einem komplizierten, um 87 v. Chr. entstandenen Astrolabium zuordnen, welches auch Planetengetriebe enthalten haben muss [19.125], [19.178]. Die ältesten Hinweise auf ein Planetengetriebe gehen allerdings noch weiter zurück auf die Regierungszeit des chinesischen Kaisers Huang-Ti um 2600 v. Chr. und auf die Chou-Dynastie in der Zeit von 1122 bis 255 v. Chr. So wird über einen zweirädrigen, von Pferden gezogenen „Südzeigerwagen" berichtet, auf dem drehbar eine Holzfigur stand, deren ausgestreckter Arm unabhängig von der Fahrtrichtung des Wagens immer nach Süden zeigte und so die Orientierung in der weglosen Wüste ermöglichte. Eine Rekonstruktion dieses Wagens, der über einen Mechanismus mit acht Zahnrädern verfügte, hat ergeben, dass zur Erzielung dieser Eigenschaft wohl ein Planetengetriebe vorhanden gewesen sein muss [19.145], [19.178].

Die Blütezeit der Planetarien in Kontinentaleuropa lag dann erst wieder im Mittelalter. So vollendete Giovanni de Dondi (1318 bis 1389, italienischer Gelehrter und Hochschullehrer) in Padua nach 16-jähriger Arbeit im Jahre 1364 ein herausragendes Astrarium, das auf der Basis des Julianischen Kalenders neben Anzeige von Sonnenauf- und -untergang, festen und beweglichen Feiertagen und Mondphasen zusätzlich noch die Stellung der damals bekannten fünf Planeten Merkur bis Saturn im Tierkreis mit einer komplizierten Kinematik nach einer verbesserten Theorie des geozentrischen Weltsystems des Claudius Ptolemäus (100 bis 175, griechischer Mathematiker, Geograf und Astronom, Bibliothekar an der antiken Bibliothek in Alexandria) erzeugte [19.178].

Eine weitere große astronomische Uhr mit 32 Zeigern und 20 weiteren beweglichen Anzeigen, die noch heute im Uhrenmuseum in Wien in Gang ist, wurde 1769 durch den aus dem Schwarzwald stammenden David a san Cajetano (1726 bis 1796, Deutscher Uhrmacher und Mathematiker) fertig gestellt, der mit bürgerlichem Namen David Rutschmann hieß, zunächst als Tischlergeselle arbeitete und dann nach Eintritt in ein Kloster umfangreiche Kenntnisse der Mathematik und Astronomie erwarb, die ihn letztlich zum Bau dieser Uhr befähigten. Hierzu verwendete er nicht nur Planetengetriebe, um die damals bekannten Umlaufzeiten von Mond und Planeten auf die Sekunde genau zu erfüllen, sondern er hat darüber hinaus auch noch die dafür erforderliche rechnerische Bestimmung der Zähnezahlen seines Räderwerkes ausführlich beschrieben [19.28], [19.170], [19.178].

Betrachtet man dagegen den Einsatz von Umlaufrädergetrieben in industriellen Anwendungen, so hat James Watt (1736 bis 1819, schottischer Erfinder) im 18. Jahrhundert anstelle der damals patentierten Kurbel an seiner Dampfmaschine erstmalig ein Umlaufrädergetriebe eingesetzt. Bedingt durch das mit der Koppel fest verbundene Planetenrad kann die Schwungradwelle im Vergleich zum üblichen Kurbelantrieb mit der doppelten Drehzahl laufen, sodass das Schwungrad bei gleicher Massewirkung entsprechend leichter gebaut werden konnte [19.281].

Franz Reuleaux (1829 bis 1905, Deutscher Ingenieur und Professor an der TH Berlin-Charlottenburg) beschreibt ein Umlaufrädergetriebe, bei dem ein Planetenrad auf einem feststehenden Zentralrad außen umläuft [19.220], [19.281]. Weitere Einsatzgebiete für Umlaufrädergetriebe sind zu dieser Zeit Differentialflaschenzüge und Differentialräderwerke, wobei die ersten deutschen Patente zu Umlaufrädergetrieben im Jahre 1880 erschienen [19.21], [19.25], [19.281], [19.288], [19.289].

Nutzte man bis in die 2. Hälfte des 19. Jahrhunderts die Umlaufrädergetriebe überwiegend zur Lösung schwieriger Regelaufgaben, so kommen sie mit zunehmender Beanspruchbarkeit der verfügbaren Werkstoffe auch in immer stärkerem Maße als normale Drehmomentwandler zum Einsatz, wobei frühe Anwendungen auf das erste Automobil von Gottlieb Daimler im Jahre 1885 zurückgehen [19.281]. Als Ausgleichsgetriebe in den Antriebsachsen von Kraftfahrzeugen (Hinterachsdifferential) findet das Umlaufrädergetriebe jedoch erst um 1920 eine Verbreitung in großen Stückzahlen, Abbildung 19.2 und Abbildung 20.2. Im Jahre 1912 wird von U. Wolfrom ein Umlaufrädergetriebe mit größerem Übersetzungsverhältnis, jedoch im Vergleich zum normalen Umlaufrädergetriebe mit geringerem Wirkungsgrad vorgestellt, wobei dieser mit steigender Übersetzung weiter fällt [19.281], [19.300]. Diese sogenannten reduzierten Planetengetriebe (Wolfrom-Satz) sowie weitere Bauarten von Umlaufrädergetrieben werden auch heute noch bevorzugt in Kraftfahrzeuggetrieben verwendet [19.164].

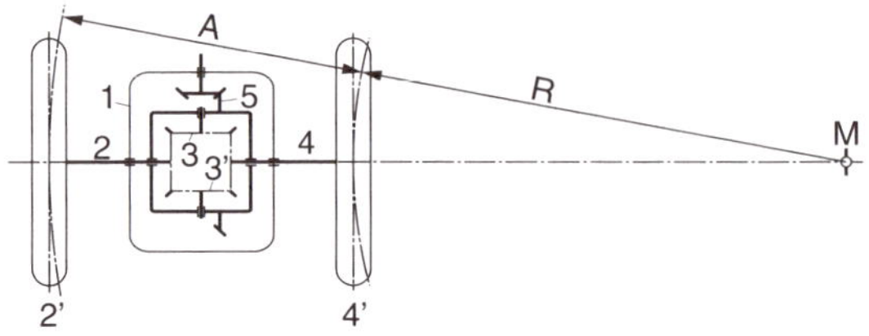

Das Kraftfahrzeug-Ausgleichsgetriebe (Differential) wird als Kegelrad-Umlaufrädergetriebe ausgebildet, um unterschiedliche Drehzahlen der angetriebenen Räder des Fahrzeuges bei Kurvenfahrt auszugleichen und Verspannungen im Antriebsstrang zu vermeiden. Dabei erfolgt der Antrieb an der Stegwelle 5, der Abtrieb an den mit den Treibrädern 2′ und 4′ verbundenen Zentralradwellen 2 und 4.

Abbildung 19.2: Kraftfahrzeug-Ausgleichsgetriebe (Hinterachsdifferential), s. a. Abbildung 20.2

Ab 1938 nimmt der Einsatz von Umlaufrädergetrieben in Kraftfahrzeugen und Kettenfahrzeugen stark zu. So verfügen moderne Nutzfahrzeuge und Baumaschinen über sogenannte Außenplanetenachsen gemäß Abbildung 19.3, bei denen erst in der Radnabe auf kleinstem Raum über ein Umlaufrädergetriebe eine Übersetzung auf die erforderlichen großen Drehmomente erfolgt, sodass im gesamten Antriebsstrang vergleichsweise kleine Wellendurchmesser ausreichen [19.164]. Ähnliche Antriebskonzepte finden sich auch in den Turasantrieben moderner Kettenfahrwerke mobiler Arbeitsmaschinen (s. a. Abbildung 11.5 in Maschinenelemente 1) [19.136], [19.226].

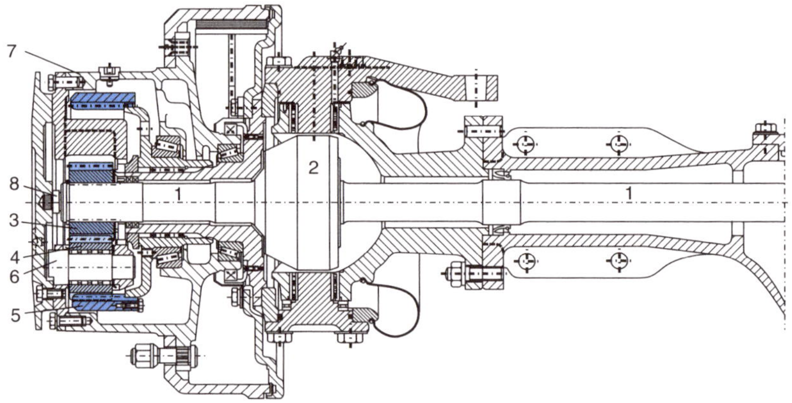

1 geteilte Achswelle
2 Sechskugelgelenk
3 Sonnenrad
4 Planetenräder
5 Hohlrad (gehäusefest)
6 Steg
7 Nabe
8 Anlaufpilz (axiale Sicherung der Sonnenwelle)

Abbildung 19.3: Außenplaneten-Lenkachse mit ungelagertem Sonnenrad [19.164]

Ab 1924 werden Umlaufrädergetriebe auch in Kranen, Eimerketten- und Schaufelradbaggern sowie weiteren fördertechnischen Anlagen eingesetzt [19.61], [19.201], [19.224], [19.238], [19.239], [19.245], [19.246], [19.251], [19.252], [19.253]. Das Haupthubgetriebe eines modernen Gießkranes mit 425 Tonnen Tragfähigkeit ist in Abbildung 19.4 wiedergegeben (s. a. Abbildung 1.3 in Maschinenelemente 1) [19.226]. Mithilfe eines Umlaufrädergetriebes und nachgeschalteten Stirnradgetrieben treiben zwei Motoren zwei Seiltrommeln an, wobei aus Redundanzgründen (Vermeidung des Absturzes der Gießpfanne mit Flüssigstahl) der Antriebsstrang auch nur mit einem Motor betrieben werden kann. Der momentan größte Schaufelradantrieb, bei dem Umlaufrädergetriebe zur Summierung der Leistung von drei oder vier Motoren auf ein Großrad eingesetzt werden, ist in Abbildung 18.118 im Kapitel 18 – Stirnradgetriebe wiedergegeben.

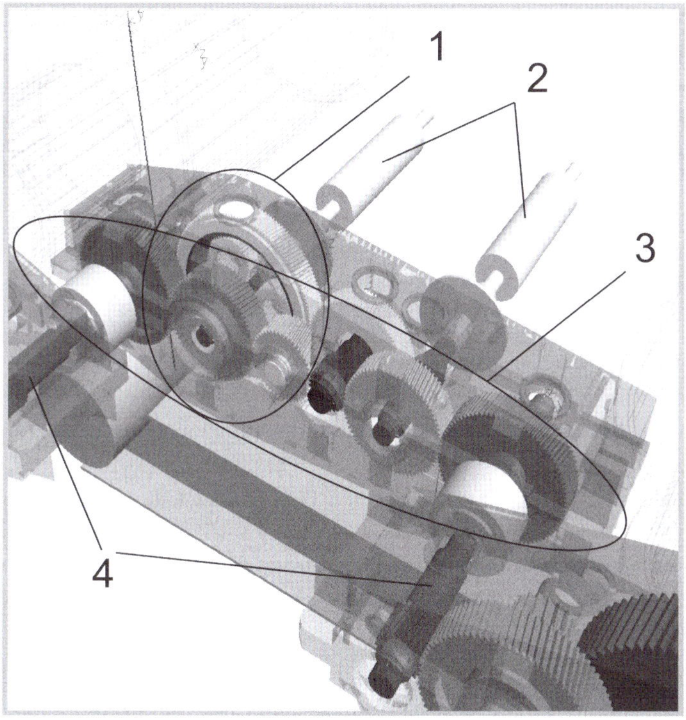

1 Umlaufrädergetriebestufe

2 Antriebsmotoren

3 Stirnradstufen

4 Abtriebswellen zu den Trommelgetrieben

Abbildung 19.4: Krangetriebe mit Umlaufrädergetriebestufe zur Überlagerung der Drehmomente und Drehzahlen von zwei Antriebsmotoren (s.a. Abb. 1.14 aus Maschinenelemente 1) [19.226]

Während über Jahrzehnte in der Fördertechnik Umlaufrädergetriebe zur Überlagerung von Drehbewegungen – z.B. beim Öffnen und Schließen eines Greifers – verwendet wurden, kommen in Schaufelradantrieben von Tagebaugroßgeräten Umlaufrädergetriebe auch als Überlastsicherungselemente zum Einsatz (s.a. Abschnitt 19.3.1) [19.201], [19.239], [19.246], [19.247], [19.251], [19.252], [19.281].

Im allgemeinen Maschinenbau werden ab 1935 Umlaufrädergetriebe gemäß Abbildung 19.5 nach Patenten von Wilhelm Stoeckicht (1892 bis 1965, deutscher Ingenieur und Erfinder) für zunächst kleinere Leistungen und kleinere Drehzahlen gebaut. Diese Getriebebauart zeichnet sich durch die in Zahnkupplungen gelenkig aufgehängten Hohlräder aus, die eine besonders gute und gleichmäßige Lastaufteilung ermöglichen. Heute wird dieses Getriebeprinzip immer noch erfolgreich in größten Turbogetrieben zur Energieumwandlung (Turbinen-Generatorsätze) und in Schiffsgetrieben mit Leistungen bis zu 50 MW eingesetzt (s.a. Schiffsantrieb in Abbildung 18.117 im Kapitel 18 – Stirnradgetriebe), ungeachtet der besseren Fertigungsmöglichkeiten, die zusätzlich zur Vergleichmäßigung der Lastverteilung beitragen [19.194], [19.195], [19.287]. Heutzutage sind Umlaufrädergetriebe ein fester Bestandteil der Antriebsstränge von Energieerzeugungsanlagen, wobei die stationären Gas- und Dampfturbinen mit vergleichsweise hohen Drehzahlen von über 10.000 min^{-1} laufen, während bei Windturbinen mit Getrieben gemäß Abbildung 19.1 große Übersetzungen von $i > 100$ bei maximalen Drehzahlen von 1.500 min^{-1} verwirklicht werden.

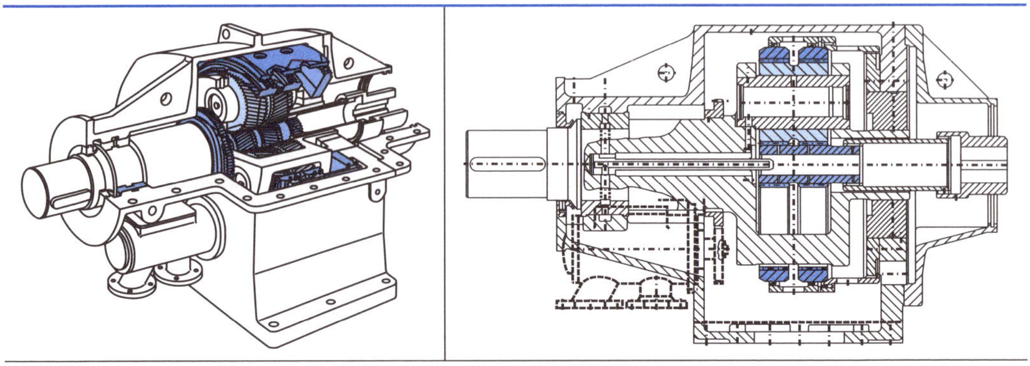

Abbildung 19.5: Turbo-Planetengetriebe der Bauart Stoeckicht

In Erweiterung dieser vielfältigen Anwendungen förderte auch der Flugzeugbau ab 1929 die Weiterentwicklung der Umlaufrädergetriebe. So entwickelten Henri Farman (1874 bis 1958, französischer Flugpionier) und sein Bruder Maurice Farman (1877 bis 1964) ein Kegelrad-Umlaufrädergetriebe, das noch heute in vergleichbarer Weise hergestellt wird und auch in Hubschrauberhauptantrieben und Luftschraubenantrieben befinden sich Umlaufrädergetriebe, die teilweise über die Lastausgleichsmechanismen nach Stoeckicht verfügen [19.194], [19.195], [19.267], [19.268], [19.281].

Auch wenn es noch viele weitere Einsatzmöglichkeiten von Umlaufrädergetrieben gibt – z.B. in Verseilmaschinen, Zementmühlengetrieben (s.a. Abbildung 18.1) und Mischeranlagen – auf die hier nicht weiter eingegangen werden kann, so soll abschließend darauf hingewiesen werden, dass sich mit Umlaufrädergetrieben als gleichförmig übersetzenden Getrieben auch ungleichförmige Bewegungsabläufe erzeugen lassen.

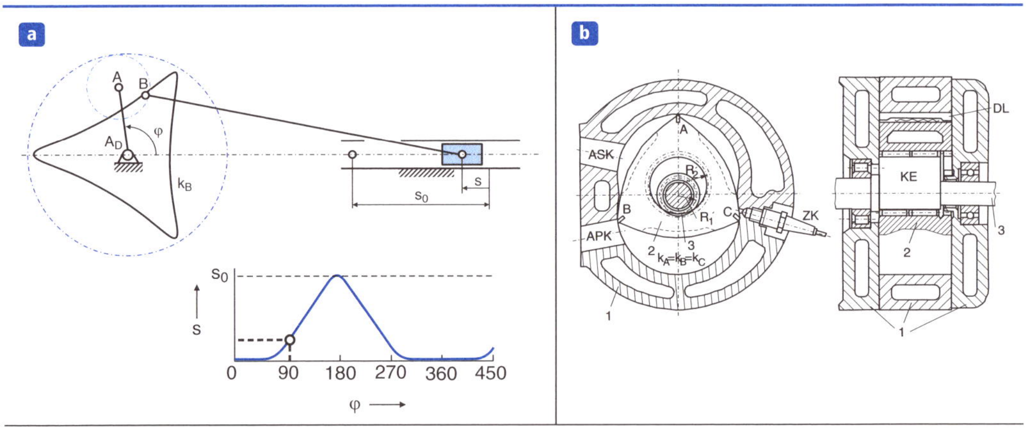

Abbildung 19.6: Einsatz von Umlaufrädergetrieben zur Verbindung gleichförmiger mit ungleichförmigen Übersetzungen – a) Hypozykloidenrastgetriebe mit ungleichförmigem Abtrieb bei gleichförmigem Antrieb, b) Kreiskolbenmotor (Wankelmotor) nach Felix Wankel zur Umwandlung der ungleichförmigen Kreiskolbenbewegung in eine gleichförmige Drehzahl der Kurbelwelle

So ermöglicht das in Abbildung 19.6 gezeigte Hypozykloidenrastgetriebe bei gleichförmigem Antrieb die Erzeugung einer wechselsinnigen Schubbewegung mit einer Rast. Ebenso werden beim Kreiskolbenverbrennungsmotor nach Felix Wankel (1902 bis 1988, deutscher Erfinder des nach ihm benannten Wankelmotors) die ungleichförmige Bewegung des Kreiskolbens in eine gleichförmige Abtriebsbewegung an der Kurbelwelle übersetzt, indem gemäß Abbildung 19.6 der Kreiskolben mit seiner Innenverzahnung auf dem in Gehäusemitte befindlichen außen verzahnten Rad abrollt, welches wiederum mit der Kurbelwelle verbunden ist.

Begleitend zu der Vielzahl praktischer Anwendungen hat Robert Willis (1800 bis 1875, englischer Ingenieur und später Jacksonian Professor of Natural and Experimental Philosophy an der Universität Cambridge) bereits 1841 die für alle Umlaufgetriebe gültigen kinematischen Zusammenhänge, die auch die Gleichungen von Cajetano mit abdecken, in seinem Lehrbuch für Ingenieurstudenten veröffentlicht [19.178], [19.290].

Darüber hinaus hat Robert Willis als erster die nachfolgenden vier besonderen Einsatzmöglichkeiten von Umlaufrädergetrieben genannt, die sich im Vergleich zu Standgetrieben infolge ihres höheren Freiheitsgrades $F = 2$ ergeben und die bereits beim Bau astronomischer Uhren von den Augsburger Uhrmachern im 16. Jahrhundert angewendet wurden [19.125], [19.178], [19.290]:

1. Möglichkeit zur Übertragung von Drehbewegungen auf Räder, die ihrerseits in einer rotierenden Ebene oder auf einem um eine feste Achse umlaufenden Steg gelagert sind

2. Möglichkeit der Verwirklichung eines genauen Übersetzungsverhältnisses, auch wenn dieses hohe Primzahlen enthält

3. Möglichkeit zur Erzeugung sehr großer Übersetzungen nach dem Differentialprinzip mit nur wenigen Zahnrädern

4. Möglichkeit der Zusammenführung (Überlagerung) von zwei oder mehr voneinander unabhängigen Drehbewegungen auf ein gemeinsames Abtriebsglied

In diesem Zusammenhang bedarf es im Vergleich zur Auslegung und Berechnung von Standgetrieben zusätzlicher Aufwendungen zur kinematischen Auslegung, Berechnung von Drehmomenten, Leistungen und Wirkungsgraden, worauf im folgenden Abschnitt näher eingegangen wird.

Ergänzend werden auch besondere Gestaltungsmerkmale von Umlaufrädergetrieben behandelt, bevor abschließend die Grundlagen zur Tragfähigkeitsberechnung vorgestellt werden, die zwar ebenfalls auf den Stirnradgetrieben aufbauen, bei der Auslegung der Innenverzahnung und der genaueren Bestimmung der Lastverteilung allerdings einen erheblichen Mehraufwand erfordern.

19.2 Funktion und Wirkung

Bei einem einfachen Umlaufrädergetriebe handelt es sich gemäß Abbildung 19.1 aufgrund der zusätzlichen Drehbarkeit des Gehäuses um ein aus einem einfachen Übersetzungsgetriebe entstandenes Umlaufrädergetriebe mit zwei oder drei drehbaren Wellen. Ein zusammengesetztes Umlaufrädergetriebe liegt vor, wenn innerhalb eines Getriebes mehrere einfache

Umlaufrädergetriebe miteinander gekoppelt werden – was bei Windturbinenhauptgetrieben mit Leistungen ab 1 MW entsprechend Abbildung 19.1 mittlerweile üblich ist – oder aber ein Umlaufrädergetriebe mit einer anderen Getriebebauart (z.B. Stirnrad-, Kegelrad- oder Schneckenradgetriebe) verbunden wird, wie das bei dem Zementmühlengetriebe in Abbildung 21.1 der Fall ist. Auch bei diesen zusammengesetzten Umlaufrädergetrieben sind zwei oder drei frei drehbare Wellen vorhanden, deren Drehmomente im Gleichgewicht stehen.

Aufgrund des höheren Freiheitsgrades von $F = 2$ im Vergleich zum Standgetriebe mit $F = 1$ kann die Leistung innerhalb des Getriebes auf verschiedene Weise übertragen werden, weshalb man die Leistungen und Drehzahlen beim Umlaufrädergetriebe nicht nur mit Bezug auf das Gehäuse betrachten darf. Vielmehr kann jede der drei freien Wellen des Getriebes gemäß Tabelle 19.1 die Bezugswelle für die Leistungen und Drehzahlen der anderen beiden Wellen sein. Damit ist jedes der in Abbildung 19.7 und Abbildung 19.8 gezeigten Umlaufrädergetriebe im allgemeinen Fall ein Drehzahl- und Drehmomentwandler zwischen drei fluchtenden Wellen, an denen drei im Gleichgewicht stehende Drehmomente wirken.

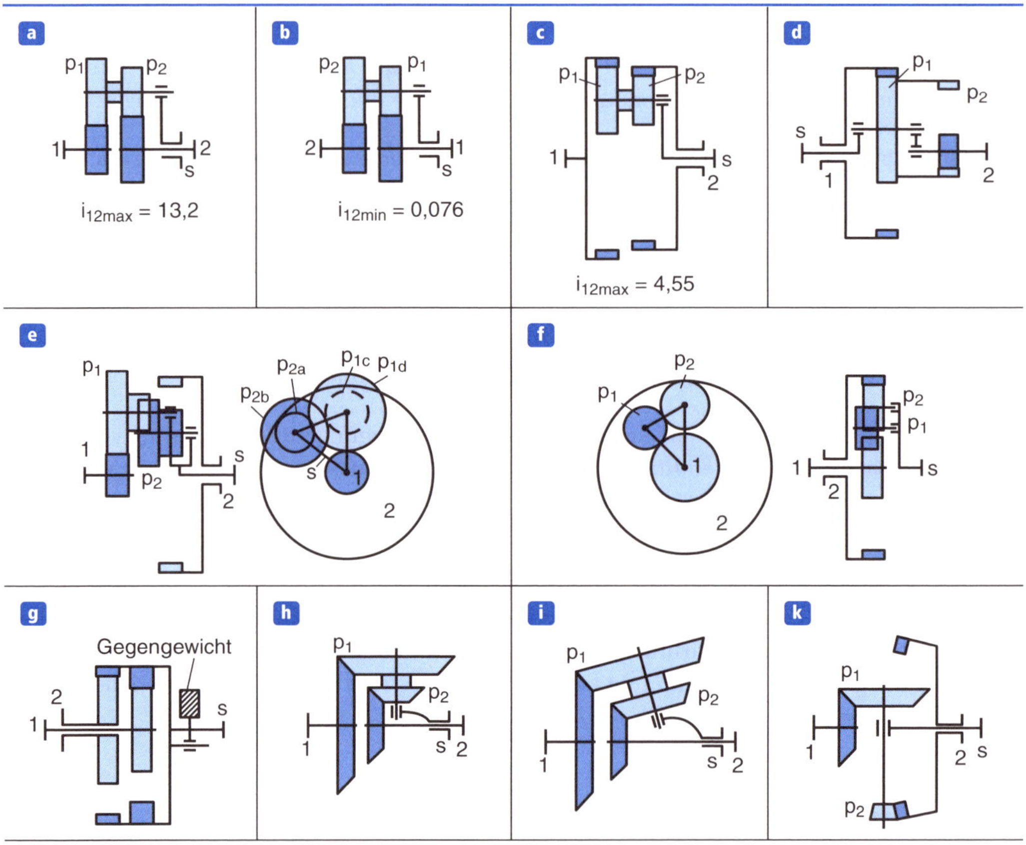

Die jeweils angegebenen Grenzübersetzungen sind geometrisch bedingt für $z_{min} = 17$, $q = 3$ Planetensätze am Umfang und $i_{max} = \pm\ 10$ für eine Radpaarung. Für Getriebe mit Stufenplaneten sind jeweils gleiche Zahnfußbeanspruchung und geometrische Ähnlichkeit der Ritzel angenommen.

Abbildung 19.7: Bauarten rückkehrender Plusgetriebe [19.178]

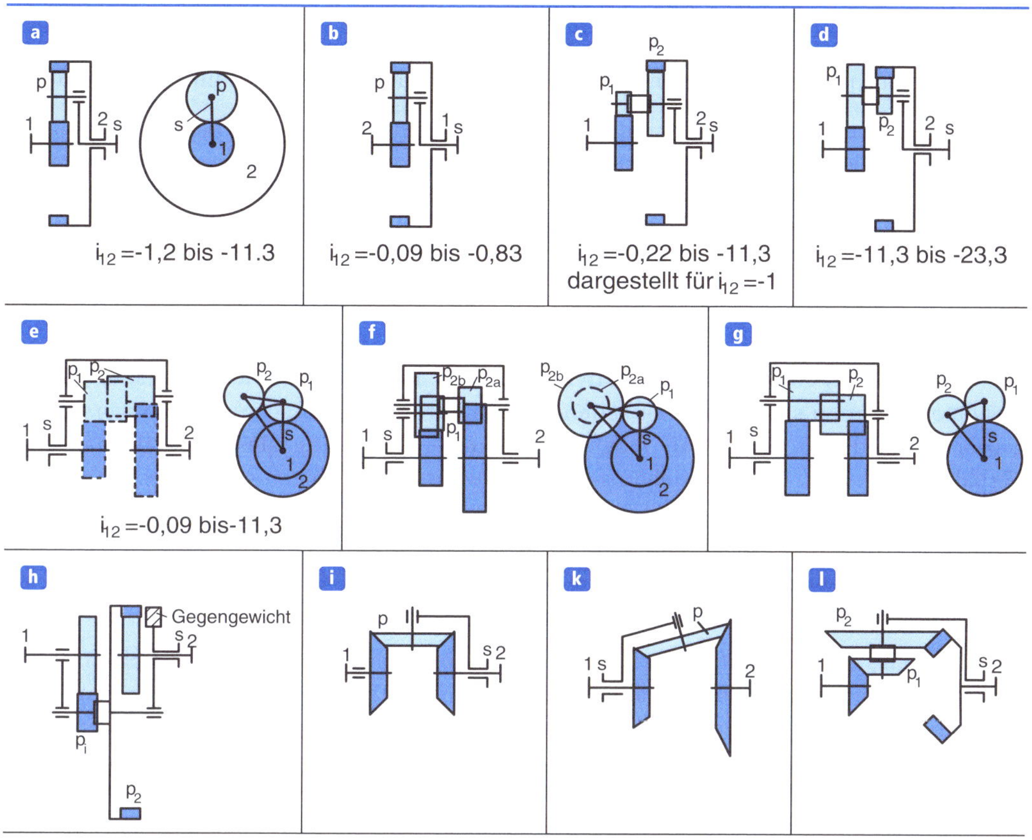

Die jeweils angegebenen Grenzübersetzungen sind geometrisch bedingt für $z_{min} = 17$, $q = 3$ Planetensätze am Umfang und $i_{max} = \pm\ 10$ für eine Radpaarung. Für Getriebe mit Stufenplaneten sind jeweils gleiche Zahnfußbeanspruchung und geometrische Ähnlichkeit der Ritzel angenommen.

Abbildung 19.8: Bauarten rückkehrender Minusgetriebe [19.178]

Da jede der drei Wellen eines Umlaufrädergetriebes entweder als Bezugswelle für die Drehzahlen der beiden anderen Wellen angenommen oder auch als ruhende Welle gewählt werden kann, ergeben sich beim Umlaufrädergetriebe immer drei Übersetzungsmöglichkeiten.

1	Beliebiges Zentralrad, bei offenen Umlaufrädergetrieben Zentralrad oder angeschlossenes Planetenrad, im allgemeinen Fall eine beliebige Standgetriebewelle	p	Nicht angeschlossenes Planetenrad
2	Die andere Standgetriebewelle	p_1	Mit Rad 1 kämmendes Planetenrad
s	Steg (Umlaufträger, Planetenträger) oder Stegwelle	p_2	Mit Rad 2 kämmendes Planetenrad

Tabelle 19.1: Bezeichnungen der einzelnen Räder und der mit ihnen verbundenen (angeschlossenen) Wellen bei Umlaufrädergetrieben

Weiterhin unterscheidet man hinsichtlich ihres Betriebsverhaltens entsprechend Abbildung 19.7 und Abbildung 19.8 zwischen sogenannten Plusgetrieben und Minusgetrieben, die jeweils über eine positive und eine negative Standübersetzung gemäß Abschnitt 19.2.1 verfügen.

Ein Plusgetriebe erkennt man daran, dass bei festgehaltenem Steg die beiden nach außen führenden Wellen die gleiche Drehrichtung haben, während beim Minusgetriebe bei festgehaltenem Steg die beiden nach außen führenden Wellen entgegengesetzte Drehrichtungen aufweisen. Bezüglich ihrer inneren Leistungsflüsse, Umlaufwirkungsgrade und Selbsthemmungsfähigkeit verhalten sich alle Getriebe derselben Gruppe ähnlich.

Allerdings unterscheiden sich die verschiedenen Bauformen einfacher Umlaufrädergetriebe durch den Bereich der praktisch zu verwirklichenden Standübersetzungen i_{12}, ihre Standwirkungsgrade η_{12} und ihren konstruktiven Aufwand. Erweiternd zu den hauptsächlich verwendeten Bauarten sind einige der seltener ausgeführten Umlaufrädergetriebetypen wiedergegeben, um die große Vielfalt möglicher Lösungen bei völlig gleichem kinematischen Verhalten zu zeigen. Dabei beziehen sich die teilweise angegebenen geometrisch bedingten Grenzen der Standübersetzung auf übliche Zähnezahlgrenzen der Ritzel und Großräder (s.a. Kapitel 18 – Stirnradgetriebe). Bei Sonderkonstruktionen kann davon erheblich abgewichen werden, insbesondere wenn man bei Getrieben mit Stufenplaneten auf die Bedingung der gleichen Zahnfußbeanspruchung und auf geometrische Ähnlichkeit der Ritzel verzichtet.

Üblicherweise eignen sich für eine geforderte Standübersetzung mehrere kinematisch gleichwertige Bauarten, sodass die Auswahl im Hinblick auf den geringsten konstruktiven Aufwand und den besten Wirkungsgrad vorgenommen werden kann, wobei dieser mit zunehmender Zahl von Zahneingriffen je Leistungszweig absinkt und mit zunehmender Verwendung von Hohlradstufen steigt (s.a. Abschnitt 19.2.1). Gerade bei Getrieben mit sehr hoher Leistung wird man jedoch einem höheren Wirkungsgrad wegen der einfacheren Wärmeabfuhr und der Energieeinsparung im Dauerbetrieb infolge geringerer Verlustleistung den Vorzug vor konstruktiver Einfachheit geben.

In den heute üblichen antriebstechnischen Anwendungen im industriellen Bereich verwendet man am häufigsten die einfachen Bauarten von Minusgetrieben gemäß Abbildung 19.8 a) und d), während als Differentiale für Kraftfahrzeuge die Bauart nach Abbildung 19.8 i) und für schwere geländegängige Fahrzeuge auch gemäß Abbildung 19.8 g) zum Einsatz kommt. Die Plusgetriebe entsprechend Abbildung 19.7 a) und b) unterscheiden sich nur durch Vertauschung der beliebig zuzuordnenden Bezeichnungen der Zentralradwellen 1 und 2, wobei ihre Standübersetzungen zu einander reziprok sind. Bei Standübersetzungen von $i_{12} = +1$ wirken die Getriebe wie eine Kupplung und die Bereiche ihrer möglichen Standübersetzungen gehen ineinander über. Bei der Bauart nach Abbildung 19.7 c) kommen Hohlräder als Zentralräder zum Einsatz, sodass wegen der großen Zentralraddurchmesser höhere Drehmomente und wegen der Innenverzahnungen höhere Wirkungsgrade im Vergleich zum Typ nach Abbildung 19.7 a) erreicht werden, wobei allerdings der mögliche Übersetzungsbereich kleiner ist.

Die Bauarten nach Abbildung 19.7 d) und e) nutzen nur noch ein Hohlrad, sodass man für eine positive Standübersetzung i_{12} kämmende Planetenradpaare verwendet, die im Hinblick auf eine besonders hohe Standübersetzung nach Abbildung 19.7 e) auch als Stufenplaneten ausgebildet werden können [19.178]. Die Plusgetriebebauart nach Abbildung 19.7 d) zeichnet sich durch eine besonders geringe Breite aus.

Im Vergleich zu den Plusgetrieben nach Abbildung 19.7 a) und b) gehen die Minusgetriebe nach Abbildung 19.8 a) und b), die sich ebenfalls nur durch vertauschte Indizes 1 und 2 voneinander unterscheiden, mit ihren Übersetzungsbereichen nicht ineinander über. Ferner haben sie einen kleineren Übersetzungsbereich als die einfachsten Plusgetriebe nach Abbildung 19.7 a) und die Standübersetzung $i_{12} = -1$ ist mit ihnen nicht möglich. Deshalb sind bei Minusgetrieben auch komplizierte Bauformen von praktischer Bedeutung, sofern sie die anschließenden Übersetzungsbereiche ausfüllen.

So lässt sich z.B. mit dem Getriebe mit Stufenplaneten nach Abbildung 19.8 c) mit Planetenraddurchmessern von $d_{p1} < d_{p2}$ ein Übersetzungsbereich von etwa $-1{,}2$ bis -1 und weiter ausführen, der dem Getriebe nach Abbildung 19.8 a) fehlt. Sofern man gemäß Abbildung 19.8 d) die Planetenraddurchmesser $d_{p1} > d_{p2}$ ausführt, kann im Vergleich zur Bauart nach Abbildung 19.8 a) der Übersetzungsbereich auf ungefähr -11 bis etwa -37 (bei $d_{p2} = d_1$) erweitert werden.

Gemäß Abbildung 19.7 f) und g) können grundsätzlich auch Hohlräder als Planetenräder eingesetzt werden, wobei sie jedoch praktisch von untergeordneter Bedeutung sind, da sie ohne andere Vorteile einen hohen Bauaufwand erfordern und keine Leistungsverzweigung ermöglichen.

Alle in Abbildung 19.7 und Abbildung 19.8 wiedergegebenen Getriebe sind rückkehrende Umlaufrädergetriebe, die über zwei angeschlossene Zentralräder und eine beliebige Anzahl nicht angeschlossener Planetenräder verfügen. Damit liegen die Mittellinien der Antriebs- und Abtriebswellen immer in einer Flucht.

Im Gegensatz dazu zeigt Abbildung 19.9 sogenannte offene Umlaufrädergetriebe, bei denen nur ein Zentralrad und ein Planetenrad bzw. mehrere Planetenräder angeschlossen sind. Abbildung 19.9 a) zeigt ein offenes Plusgetriebe und Abbildung 19.9 d) ein offenes Minusgetriebe, wie sie beispielsweise in Rührwerken oder im Spinnereimaschinenbau zum Einsatz kommen, wobei die Planeten als sonst meist leerlaufende Zwischenräder in diesen Einsatzfällen zu Abtriebsrädern geworden sind, deren absolute Drehzahlen bzw. Winkelgeschwindigkeiten immer auf die ruhende Umgebung zu beziehen sind. Damit kehren die Mittellinien der Abtriebswellen nicht auf die Mittellinie der Antriebswelle zurück, sondern laufen auf einer Kreisbahn. Lediglich bei Verwendung einer zusätzlichen Gelenkwelle kann die offene Bauart in die rückkehrende Bauart überführt werden.

Weiterhin zeigt Abbildung 19.9 b), dass auch Zugmittelgetriebe (Riemen, Seil- oder Kettengetriebe) durch eine drehbare Lagerung des Steges als offene oder rückkehrende Umlaufzugmittelgetriebe gestaltet werden können [19.178]. Für begrenzte Leistungen ist mit Reibschlussgetrieben eine stufenlos verstellbare Standübersetzung möglich [19.178]. Dagegen lassen sich höhere Leistungen mit stufenlos veränderlicher Übersetzung nur mit sogenannten Stellkoppelgetrieben übertragen, bei denen ein Zahnradplanetengetriebe mit einem stufenlosen Übersetzungsgetriebe beliebiger Bauart gekoppelt wird (s.a. Kapitel 22 – Hüllgetriebe). Hydrostatische Umlaufgetriebe lassen sich je nach Schwenkwinkel und Schwenkrichtung sowohl als Plusgetriebe als auch als Minusgetriebe mit verstellbarer Standübersetzung i_{12} ausführen [19.178].

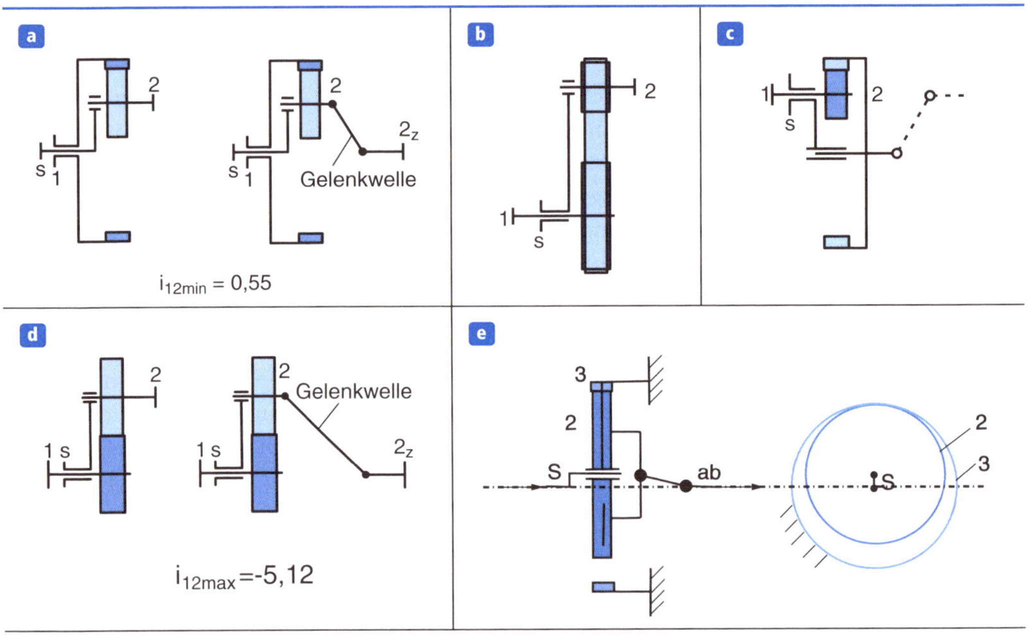

Die jeweils angegebenen Grenzübersetzungen sind geometrisch bedingt für $z_{min} = 17$, $q = 3$ Planetensätze am Umfang und $i_{max} = \pm 10$ für eine Radpaarung.

Abbildung 19.9: Bauarten nicht rückkehrender Plus- und Minusgetriebe [19.178]

Zusammenfassend zeichnen sich Umlaufrädergetriebe durch folgende Vorteile aus:

- Beliebige Überlagerung von Drehzahlen und Bewegungen im Dreiwellenbetrieb
- Beliebige Kopplung von zwei Antrieben und einem Abtrieb oder einem Antrieb und zwei Abtrieben bei koaxialer Lage der An- und Abtriebswellen (Leistungsverzweigung und Leistungssummierung)
- Ausführbarkeit sehr großer Übersetzungen mit vergleichsweise wenig Getriebeelementen
- Besserer Wirkungsgrad im Vergleich zum bauartgleichen Standgetriebe
- Geringes Gewicht und geringer Bauraum in Bezug auf die übertragbare Leistung
- Bei gekoppelten Umlaufrädergetrieben sind günstige Leistungsteilung und Drehzahlbeeinflussung im Nebenzweig möglich.
- Durch Bremsen oder Kuppeln einzelner Getriebeelemente sind relativ einfache Änderungen der Übersetzung möglich (Automatikgetriebe).
- Im Vergleich zum Standgetriebe sind die rotierenden Massen um bis zu 75 % geringer, sodass Beschleunigungs-, Verzögerungs- und Stoßmomente beim Anfahren, Abbremsen und Schalten wesentlich niedriger sind [19.25], [19.281].

Allerdings können bei zu hohen Drehzahlen die auf die Planetenräder einwirkenden Fliehkräfte und die damit einhergehende Belastung der Planetenlager eine Drehzahlgrenze bei der Anwendbarkeit setzen.

Insgesamt erlauben Umlaufrädergetriebe in Verbindung mit weiteren Getriebebauarten (Stirnrad-, Kegelrad-, Schnecken- und Hüllgetrieben) eine nahezu unbegrenzte Vielfalt an Möglichkeiten zur Lösung antriebstechnischer Problemstellungen.

Bevor im Weiteren auf die Besonderheiten der Drehzahlen, Drehmomente, Leistungen und Wirkungsgrade bei Umlaufrädergetrieben eingegangen wird, sollen noch die Betriebsarten Zweiwellenbetrieb und Dreiwellenbetrieb erläutert werden.

Im allgemeinen Fall verfügt ein Umlaufrädergetriebe entsprechend Abbildung 19.7 und Abbildung 19.8 über drei Wellen, deren Drehmomente im Gleichgewicht stehen. Damit lassen sich durch verschiedene Kombinationen von Antrieb und Abtrieb beliebige Drehzahlen überlagern. Setzt man nun eine Welle fest, so entsteht ein Umlaufrädergetriebe mit nur zwei laufenden Wellen, das auch als Umlaufräder-Übersetzungsgetriebe bezeichnet wird, da es wie jedes andere Standgetriebe auch als einfaches Übersetzungsgetriebe arbeitet.

Die Überlagerungsmöglichkeit der Drehzahlen entfällt damit, jedoch bleibt die Eigenschaft der sogenannten Leistungsverzweigung bestehen. Hierbei wird die von einem Zentralrad abfließende Leistung über mehrere Planetenräder verzweigt und auf dem anderen Zentralrad wieder zusammengeführt. Entsprechend Abbildung 19.10 kann diese Leistungsverzweigung sowohl über ein mit dem Gehäuse verbundenes, feststehendes Hohlrad oder aber über einen feststehenden Steg (Umlaufträger) erfolgen.

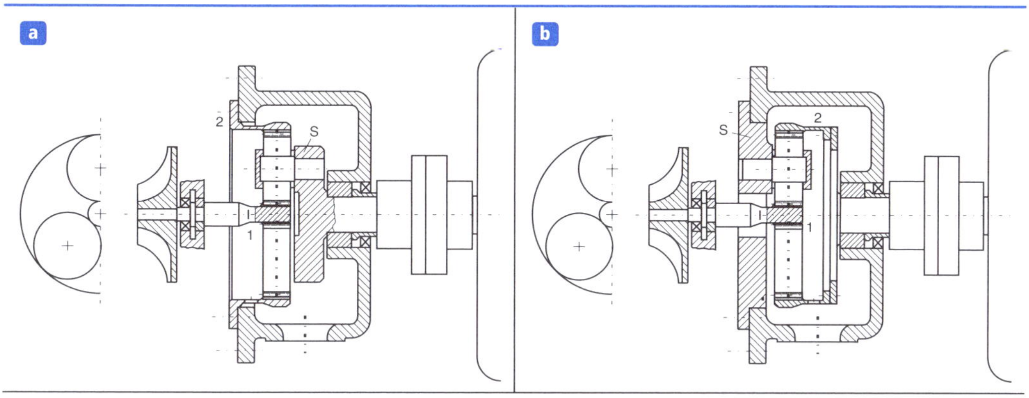

Abbildung 19.10: Leistungsverzweigung bei Zweiwellengetrieben – a) bei feststehendem Hohlrad, b) bei feststehendem Steg (Umlaufträger)

Während die Bauart mit feststehendem Hohlrad gemäß Abbildung 19.1 auch in den meisten Windturbinengetrieben verwendet wird, kommt der feststehende Umlaufträger unter anderem bei Turbogetrieben der Bauart Stoeckicht nach Abbildung 19.5 zum Einsatz.

Grundsätzlich ist eine Leistungsverzweigung auch bei Standgetrieben gemäß Abbildung 18.116 möglich. Da diese Getriebebauarten jedoch weder über einen umlaufenden Steg noch über sich drehende Planetenräder verfügen, handelt es sich um Verzweigungsgetriebe oder Mehrweggetriebe, aber nicht um Umlaufrädergetriebe.

Im Weiteren werden nun die theoretischen Grundlagen für das allgemeine Umlaufrädergetriebe als Drehzahl- und Drehmomentwandler mit drei Wellen betrachtet. Dabei ist es ohne

Bedeutung, ob im Zweiwellenbetrieb drei wirkliche Wellen vorhanden sind oder nur zwei. Zu beachten ist, dass drei im Gleichgewicht stehende Drehmomente vorhanden sind, denen auch in jedem Fall drei Wellen zugeordnet werden, unabhängig davon, ob eine Welle gehäusefest ist oder nicht. Sofern das Umlaufrädergetriebe über drei laufende Wellen verfügt, wirkt am Getriebegehäuse kein Drehmoment, während bei nur zwei laufenden Wellen das Drehmoment der dritten Welle über das Gehäuse abgestützt werden muss.

Dieser Zusammenhang gilt ebenfalls bei den aus zwei oder mehreren einfachen Umlaufrädergetrieben zusammengesetzten (gekoppelten) Umlaufrädergetrieben, denn auch hier sind letztlich immer nur drei Wellen vorhanden, deren Drehmomente im Gleichgewicht stehen müssen (s.a. Abschnitt 19.2.4).

Des Weiteren werden ergänzend an einigen Stellen besonders gut zu handhabende Verfahren vorgestellt, die nur für den Zweiwellenbetrieb gültig sind, worauf aber jeweils hingewiesen wird.

19.2.1 Standübersetzung und Standwirkungsgrad

Betrachtet man zunächst nochmals ein einfaches Zahnrad-Übersetzungsgetriebe, so besteht dieses aus einem fest mit dem Fundament verbundenen Gehäuse sowie einer Eingangswelle und einer Ausgangswelle, die im Getriebe-Inneren über Zahnräder zwangsläufig miteinander verbunden sind. Unabhängig vom inneren konstruktiven Aufbau lässt sich aufgrund des Drehzahlverhältnisses von Antriebswelle zu Abtriebswelle die Übersetzung i angeben, wobei die erste Ziffer des Index von i den Zähler und die zweite den Nenner des Übersetzungsverhältnisses bezeichnet:

$$i_{12} = \frac{n_1}{n_2} = \text{const.} \tag{19.2}$$

Abhängig von der Stufenzahl des Getriebes können sich die Eingangs- und die Ausgangswelle in gleicher oder entgegengesetzter Drehrichtung bewegen. Während dieser Zusammenhang für eine schematisierte Betrachtung von Standgetrieben von untergeordneter Bedeutung ist, muss bei Umlaufrädergetrieben unbedingt darauf geachtet werden.

Dabei hat es sich zur theoretischen Behandlung von Umlaufrädergetrieben in der Fachliteratur bewährt, derartige Zusammenhänge als Merkregel oder Sätze zu formulieren, weshalb diese Verfahrensweise auch im vorliegenden Kapitel angewendet werden soll [19.178], [19.281], [19.298].

Somit beschreibt der folgende Satz 1 die für alle Getriebe (Standgetriebe und Umlaufrädergetriebe) geltende Vorzeichenregel, ungeachtet einer Definition, welche Drehrichtung dabei positiv ist.

Satz 1

Sofern parallele Wellen eines Getriebes sich im gleichen Drehsinn bewegen, haben die Drehzahlen das gleiche Vorzeichen.

Aufgrund dieser Vorzeichenregel ergibt sich für die Übersetzungen der beiden nach außen geführten Getriebewellen (Eingangs- und Ausgangswelle) nach Gleichung (19.2):

- $i > 0$ (positiv) bei gleichsinnigen Drehrichtungen
- $i < 0$ (negativ) bei entgegengesetzten Drehrichtungen

Demzufolge ergibt sich für das Plusgetriebe nach Abbildung 19.7 a) in der Betriebsweise als zweistufiges Standgetriebe mit $n_{p1} = n_{p2}$ folgende Standübersetzung:

$$i_{12} = \frac{n_1}{n_2} = \frac{n_1}{n_{p1}} \cdot \frac{n_{p2}}{n_2} = \left(-\frac{z_{p1}}{z_1}\right) \cdot \left(-\frac{z_2}{z_{p2}}\right) = \frac{z_2}{z_1} \cdot \frac{z_{p1}}{z_{p2}} \qquad (19.3)$$

Entsprechend gilt für das Minusgetriebe nach Abbildung 19.8 a) als Standgetriebe mit Zwischenrad p:

$$i_{12} = \frac{n_1}{n_2} = \frac{n_1}{n_p} \cdot \frac{n_p}{n_2} = \left(-\frac{z_p}{z_1}\right) \cdot \left(-\frac{-z_2}{z_p}\right) = -\frac{z_2}{z_1} \qquad (19.4)$$

Für das Minusgetriebe nach Abbildung 19.8 f) beträgt die Standübersetzung als dreistufiges Standgetriebe:

$$i_{12} = \frac{n_1}{n_2} = \frac{n_1}{n_{p1}} \cdot \frac{n_{p1}}{n_{p2b}} \cdot \frac{n_{p2a}}{n_2} = \left(-\frac{z_{p1}}{z_1}\right) \cdot \left(-\frac{z_{p2b}}{z_{p1}}\right) \cdot \left(-\frac{z_2}{z_{p2a}}\right) = -\frac{z_2}{z_1} \cdot \frac{z_{p2b}}{z_{p2a}} \qquad (19.5)$$

Für das offene Plusgetriebe nach Abbildung 19.9 a) oder c) ergibt sich die Standübersetzung zu:

$$i_{12} = \frac{n_1}{n_2} = -\frac{-z_2}{z_1} = \frac{z_2}{z_1} \qquad (19.6)$$

Bei Umlaufgetrieben mit Riemen- oder Reibrädern verwendet man unter Vernachlässigung des Schlupfes anstelle der Zähnezahlen die Verhältnisse der Wälz- und Riemenscheibendurchmesser. Bei Umlaufgetrieben mit Ketten wird die Kette als beide Kettenräder umfassendes Hohlrad betrachtet, dessen Zähnezahl durch Kürzen herausfällt.

Bei Umlaufrädergetrieben mit Kegelrädern gemäß Abbildung 19.7 h) bis k) müssen das Vorzeichen der Standübersetzung aus der konstruktiven Anordnung der Räder und der Betrag des Übersetzungsverhältnisses aus den Zähnezahlen getrennt bestimmt werden:

$$i_{12} = +\left(\frac{z_{p1}}{z_1} \cdot \frac{z_2}{z_{p2}}\right) \qquad (19.7)$$

In entsprechender Weise gilt für die Minusgetriebe mit Kegelrädern nach Abbildung 19.8 i) bis l):

$$i_{12} = -\left(\frac{z_{p1}}{z_1} \cdot \frac{z_2}{z_{p2}}\right) \qquad (19.8)$$

In ähnlicher Weise wie bei den Drehzahlen lassen sich auch die Wirkungsrichtungen der äußeren Drehmomente durch ihre Vorzeichen angeben. Sobald eine Getriebewelle durch ein äußeres Drehmoment angetrieben wird, stimmen Wirkrichtung des Drehmomentes und Drehsinn der Antriebswelle überein, sodass sich mathematisch für Drehmoment und Drehzahl das gleiche positive Vorzeichen ergibt. Demzufolge sind bei einer Abtriebswelle der Drehsinn der Drehzahl und die Wirkrichtung des Drehmomentes entgegengesetzt, woraus sich mathematisch betrachtet auch entgegengesetzte Vorzeichen von Drehzahl und Drehmoment ergeben, was im folgenden Satz 2 zusammengefasst wird:

Satz 2

Bei einer Antriebswelle haben Drehzahl und Drehmoment das gleiche Vorzeichen, bei einer Abtriebswelle sind die Vorzeichen voneinander verschieden.

Berechnet man weiterhin gemäß Gleichung (19.44) die Antriebsleistung und die Abtriebsleistung des Getriebes, folgt daraus Satz 3:

Satz 3

Eine Antriebsleistung (zugeführte Leistung) ist immer positiv, während eine Abtriebsleistung (abgegebene Leistung) immer negativ ist.

Koppelt man nun zwei Getriebe oder zwei Getriebestufen direkt oder über eine gemeinsame Koppelwelle (s.a. Abbildung 19.1), müssen die Drehzahlen der gekoppelten Räder nach Betrag und Vorzeichen gleich sein, während die auf beide Räder einwirkenden Drehmomente zwar den gleichen Betrag aufweisen, jedoch entgegengesetzt gerichtet sind, sodass gilt:

$$n_b = n_c \quad \text{und} \quad M_c = -M_b \tag{19.9}$$

Dabei ist zu beachten, dass kein zusätzliches Drehmoment an der Welle, z.B. durch ein aufgesetztes Zahnrad (Verzweigung oder Summierung) angreift, woraus sich der folgende Satz 4 ergibt:

Satz 4

An einer freien Koppelwelle zwischen zwei Getrieben oder Getriebestufen haben die gleich großen Anschlussmomente entgegengesetzte Vorzeichen.

Die bisher genannten Sätze 1 bis 4 gelten grundsätzlich für alle Getriebe, insbesondere zur Berechnung komplizierter Umlaufrädergetriebe ist ihre durchgängige Berücksichtigung jedoch unbedingt erforderlich.

Im Weiteren ist jetzt noch das Verhältnis von Abtriebsmoment M_{ab} zu Antriebsmoment M_{an} zu bestimmen, was ohne Kenntnis des inneren Getriebeaufbaus möglich ist, sofern die Gesamtübersetzung i_{12} und die inneren Verluste P_V oder aber der Wirkungsgrad η bekannt sind (s.a. Kapitel 17 – Antriebssysteme und Getriebe).

Ausgehend von den bereits in Kapitel 18 wiedergegebenen Grundlagen gelten zwischen der Antriebsleistung P_{an}, dem Antriebsdrehmoment M_{an} und der Antriebsdrehzahl n_{an} sowie der Abtriebsleistung P_{ab}, dem Abtriebsdrehmoment M_{ab} und der Abtriebsdrehzahl n_{ab} unter Verwendung des Wirkungsgrades η folgende Zusammenhänge, woraus sich direkt das Momentenverhältnis ergibt:

$$P_{ab} = -\eta \cdot P_{an} \quad \text{und} \quad M_{ab} \cdot n_{ab} = -\eta \cdot M_{an} \cdot n_{an} \tag{19.10}$$

$$\frac{M_{ab}}{M_{an}} = -\eta \cdot \frac{n_{an}}{n_{ab}} \tag{19.11}$$

Zusätzlich ist zu beachten, dass die Wirkungsgrade bei entgegengesetzten Richtungen der Leistungsflüsse unterschiedlich sein können, was insbesondere auch bei Schneckengetrieben deutlich wird (s.a. Kapitel 21 – Schneckengetriebe). Sofern der Antrieb an Welle 2 erfolgt, beträgt das Momentenverhältnis:

$$\left(\frac{M_1}{M_2}\right)_{P_1<0} = -\eta_{21} \cdot \frac{n_2}{n_1} = -\eta_{21} \cdot \frac{1}{i_{12}} \tag{19.12}$$

Dabei ergibt sich aus der Reihenfolge der Indexziffern von η die Richtung des Leistungsflusses, für den dieser Wirkungsgrad gilt (hier: Leistungsfluss von Welle 2 zu Welle 1). Wird dagegen Welle 1 angetrieben, sodass die Leistung von Welle 1 zu Welle 2 fließt, gilt demzufolge:

$$\left(\frac{M_1}{M_2}\right)_{P_1>0} = -\frac{1}{\eta_{12}} \cdot \frac{n_2}{n_1} = -\frac{1}{\eta_{12} \cdot i_{12}} \tag{19.13}$$

Hierin bezeichnen i_{12} die Standübersetzung und η_{12} und η_{21} die Standwirkungsgrade bei festgehaltenem Steg mit $n_s = 0$:

$$i_{12} = \left(\frac{n_1}{n_2}\right)_{n_s=0} \quad \text{und} \quad \eta_{12} = -\left(\frac{P_2}{P_1}\right)_{n_s=0} \quad \text{sowie} \quad \eta_{21} = -\left(\frac{P_1}{P_2}\right)_{n_s=0} \tag{19.14}$$

Damit entspricht dann das Betriebsverhalten des Umlaufrädergetriebes mit drei freien Wellen dem eines Standgetriebes mit zwei Wellen und feststehendem Gehäuse. Dabei ist dieser Betriebszustand nicht nur bei einem fest mit dem Gehäuse verbundenen Steg möglich, sondern auch bei echtem Dreiwellenbetrieb können Betriebspunkte vorhanden sein, bei denen die Stegdrehzahl aufgrund von Überlagerungen zu $n_s = 0$ wird.

Diese Zusammenhänge führen zum folgenden Merksatz 5, der sowohl für Umlaufrädergetriebe in diesem Betriebszustand als auch grundsätzlich für alle Standgetriebe gilt:

Satz 5

Der Betriebszustand als Standgetriebe beschreibt jedes Umlaufgetriebe vollständig und ist zugleich die einzige notwendige Grundlage zur Berechnung aller weiteren Betriebszustände.

Zur Bestimmung der Standwirkungsgrade sei auf Kapitel 18 – Stirnradgetriebe sowie die weiterführende Fachliteratur verwiesen [19.178]. Während man bei Zahnradstandgetrieben vereinfachend davon ausgehen kann, dass die Wirkungsgrade für beide Leistungsflussrichtungen annähernd gleich groß sind, ist bei Umlaufrädergetrieben grundsätzlich zu beachten, dass die Umlaufwirkungsgrade (Wirkungsgrade bei umlaufendem Steg) einfacher und zusammengesetzter Umlaufrädergetriebe trotz gleicher Standwirkungsgrade in einander entgegengerichteten Leistungsflüssen sehr unterschiedlich sein können [19.60], [19.178]. Deshalb darf man grundsätzlich bei den Umlaufwirkungsgraden von Umlaufrädergetrieben keine Verlustsymmetrie annehmen.

19.2.2 Symbolische Darstellung der Umlaufgetriebe nach Wolf

Mit der im vorherigen Abschnitt ermittelten Standübersetzung i_{12} und den Standwirkungsgraden η_{12} und η_{21} sind für ein beliebiges Umlaufgetriebe sämtliche Größen bekannt, die zur Berechnung aller seiner möglichen Betriebszustände benötigt werden. Es bietet sich deshalb an, alle weiteren Berechnungen nicht anhand des konstruktiven Aufbaus, sondern mithilfe einer symbolischen Darstellung vorzunehmen, die für jedes beliebige Umlaufgetriebe gilt und nur noch die zur Berechnung erforderlichen Angaben enthält. Nach Albrecht Wolf wird entsprechend Abbildung 19.11 a) zur Darstellung eines beliebigen Dreiwellengetriebes ein Kreis als Gehäuse mit drei nach außen radial angesetzten Strichen als Wellen, die durch kurze Querstriche zur Andeutung der Kupplungen abgeschlossen werden und die Bezeichnungen 1, 2 und s erhalten, verwendet [19.298].

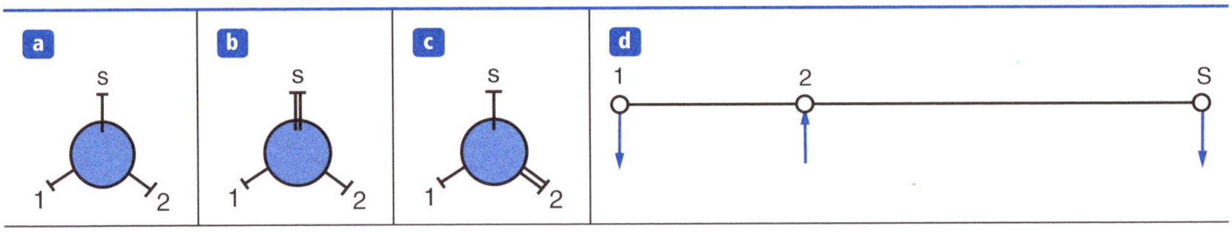

Abbildung 19.11: Symbolische Darstellung von Umlaufrädergetrieben nach Albrecht Wolf [19.298]

Vor dem Hintergrund des Übergangs vom Standgetriebe zum Umlaufgetriebe ist die Stegwelle eine besonders ausgezeichnete Welle eines jeden Umlaufgetriebes. Des Weiteren wird mit der zahlenmäßigen Festlegung der inneren Übersetzungen hinsichtlich Größe und Vorzeichen eine weitere Welle vor den anderen hervorgehoben, da entsprechend Abschnitt 19.2.3 eine der drei inneren Übersetzungen (Umlaufübersetzungen) immer negativ ist, sodass an dieser Welle die Drehrichtung umgekehrt wird, während bei den zwei anderen Übersetzungen die Wellen gleichsinnig laufen. Somit nimmt diese Welle ebenfalls eine Sonderstellung ein, da bei deren Stillstand eine negative Übersetzung vorliegt. Je nach Art des Getriebes kann sie zugleich die Stegwelle s oder eine der Zentralradwellen 1 oder 2 gemäß Tabelle 19.1 sein.

Aus der negativen inneren Übersetzung ergibt sich im Weiteren auch eine besondere Verteilung der Drehmomente. Da einerseits die Drehmomente der beteiligten Wellen bei einem negativen Zahlenwert der inneren Übersetzung wegen des gleichen Vorzeichens den gleichen Richtungssinn aufweisen und andererseits gemäß Gleichung (19.42) die drei Momente im

Gleichgewicht stehen, muss die dritte Welle, die bei der betrachteten negativen Übersetzung fehlt, die Drehmomentensumme führen. Deshalb bezeichnet man diese so ausgezeichnete Welle auch als „Summenwelle", während die anderen beiden „Differenzwellen" genannt werden, da an ihnen nur die Teildrehmomente wirken.

Veranschaulichen lässt sich diese Besonderheit der negativen Übersetzung am Beispiel des Differentialhebels nach Abbildung 19.11 d), der sinngemäß der einfachsten Grundform eines jeden Umlaufgetriebes entspricht. Dabei sollen die Anlenkpunkte A, B, C (1, 2, s) des Hebels die drei Wellen darstellen, wobei die virtuellen Bewegungen senkrecht zum Hebel den Drehzahlen und ihre senkrechten Belastungen den Drehmomenten entsprechen. Hält man nun einen Anlenkpunkt fest, so besteht zwischen den beiden bewegten Punkten eine „innere Übersetzung", die gleichsinnig erfolgt, sofern einer der beiden äußeren Punkte (Differenzwellen) ruht, und gegensinnig, sobald der mittlere Anlenkpunkt (Summenwelle) festgehalten wird. Dieser ruhende Punkt nimmt dann auch die Summe der Kräfte (Momente) auf, die an den beiden anderen Punkten (Differenzwellen) wirken. Demzufolge sind an einem Umlaufrädergetriebe nun zweierlei Kombinationen von ausgezeichneten Wellen möglich, woraus sich wichtige Eigenschaften für die jeweilige Umlaufrädergetriebebauart ergeben, auf die später noch eingegangen wird (s.a. Abschnitt 19.2.4):

1 Die Stegwelle ist zugleich Summenwelle.

2 Die Stegwelle ist Differenzwelle.

Betrachtet man jetzt weiterhin die symbolische Darstellung nach Wolf, so lässt sich ein Wolf'sches Symbol zur einfachsten Ermittlung und Darstellung der inneren Übersetzungen wie folgt verwenden. Gegeben sei zum Beispiel eine Standübersetzung von $i_{A/B} = -3$ ($i_{1/2} = -3$), was einem Verhältnis der Drehmomente an den Wellen A und B (1 und 2) von 1 : 3 entspricht. Daher wird in Abbildung 19.11 b) an der Welle A die Zahl 1 und an der Welle B die Zahl 3 angetragen, was gleichbedeutend ist mit den „spezifischen Momenten" an den beiden Wellen des verlustlosen Getriebes. Aufgrund der negativen Übersetzung $i_{A/B}$ muss die im Zeiger der Übersetzung fehlende Welle C die Momentensumme $1 + 3 = 4$ führen, weshalb sie auch durch Verdoppeln des Striches als Summenwelle gekennzeichnet wird. Wenn man dann noch die Vorzeichen der einzelnen inneren Übersetzungen einträgt und zwar gegenüber der Summenwelle ein Minuszeichen und zu ihren beiden Seiten ein Pluszeichen, so ist das Übersetzungsverhalten dieses Umlaufrädergetriebes mithilfe des Wolf'schen Symbols vollständig erfasst.

Dabei muss man beim Ablesen der Übersetzungen entsprechend Gleichung (19.12) bzw. Gleichung (19.14) im reziproken Sinne vorgehen. Möchte man $i_{A/B}$ ablesen, so ist zunächst das zwischen diesen beiden Wellen stehende Minuszeichen zu berücksichtigen und dann, ausgehend von B, der Quotient aus den bei B und A stehenden Zahlen 3 und 1 zu bilden. In gleicher Weise erhält man die beiden positiven Übersetzungen $i_{A/C} = +4 / 1$ und $i_{B/C} = +4 / 3$ ohne Nutzung einer Gleichung (s.a. Abschnitt 19.2.4). Zur Erleichterung des reziproken Ablesens kann man sich merken, dass die Welle mit der kleineren Zahl ins Langsame und die mit der größeren Zahl ins Schnelle treibt.

Betrachtet man nach Abbildung 19.11 c) nun eine positive innere Übersetzung von z.B. $i_{A/B} = +4$, so erhält die Welle B die Zahl 4, die Welle A die Zahl 1 und zwischen beiden Wellen ist ein Pluszeichen anzusetzen. Da bei positiven Übersetzungen immer eine der beiden Wellen die Summenwelle ist, wird im vorliegenden Beispiel die Welle B mit dem größeren spezifischen Moment von 4 mit einem Doppelstrich als solche gekennzeichnet. Neben der anderen Seite der Summenwelle wird das zweite Pluszeichen und gegenüber, zwischen den beiden Wellen A und C, das Minuszeichen eingetragen. Versieht man jetzt noch die Differenzwelle C mit dem spezifischen Moment 3, so kann man wiederum ohne Nutzung einer Gleichung die verbleibenden inneren Übersetzungen zu $i_{A/C} = -3\,/\,1$ und $i_{B/C} = +3\,/\,4$ ablesen. Zusätzlich ist in Abbildung 19.11 c) die Stegwelle hervorgehoben durch eine Verlängerung des Striches in den Kreis hinein.

In Erweiterung dieser Beispiele zeigt Abbildung 19.12 weitere Wolf'sche Symbole möglicher Umlaufgetriebe, wobei durch eine Schraffur am Wellenende eine konstruktiv festgehaltene Welle dargestellt wird.

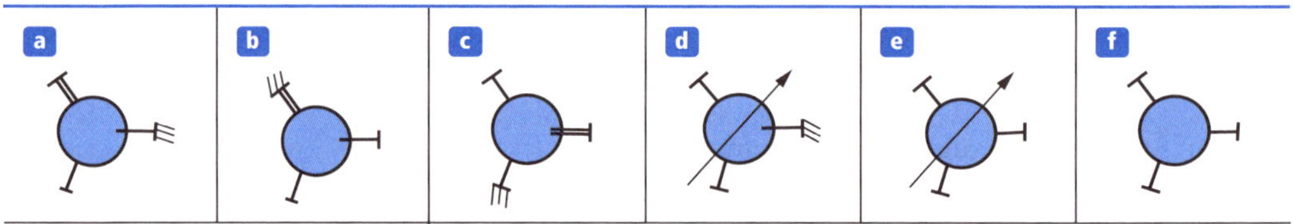

- **a** Standgetriebe als Plusgetriebe
- **b** Umlaufgetriebe $i < 0$
- **c** Umlaufgetriebe $i > 0$
- **d** Standgetriebe mit stufenlos verstellbarer Übersetzung
- **e** Dreiwellengetriebe mit stufenlos verstellbarer Standübersetzung
- **f** beliebiges Dreiwellengetriebe

Abbildung 19.12: Symbolische Darstellung der Betriebsweise von Umlaufgetrieben

Abschließend sind in Abbildung 19.13 verschiedene Anschlussbedingungen eines Getriebes wiedergegeben.

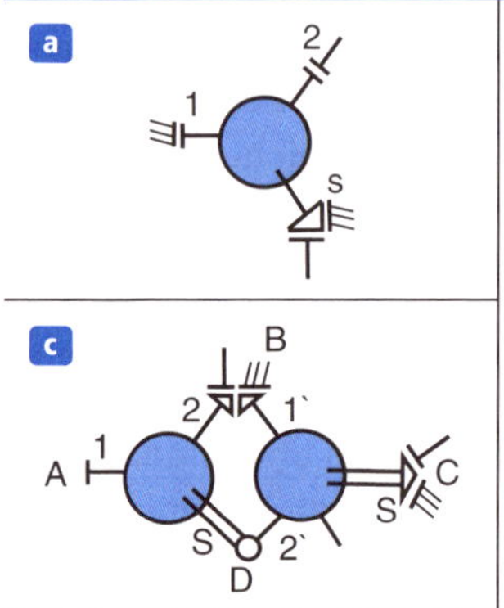

- **a** Getriebe mit Welle 1 wahlweise frei oder fest gebremst, Welle 2 wahlweise frei oder angekuppelt, Steg s wahlweise frei, fest gebremst oder angekuppelt
- **b** Schaltbares Getriebe, bestehend aus den Teilgetrieben I und II mit folgenden Anschlussbedingungen: A fest angeschlossen (An- oder Abtrieb); bei D sind s und $2'$ fest miteinander gekoppelt, nach außen nicht angeschlossen (freie Koppelwelle); C wahlweise frei (Leerlauf), angeschlossen (An- oder Abtrieb) oder fest gebremst; B, wenn Kupplung zwischen 2 und $1'$ geschlossen ist: freie, angeschlossene oder fest gebremste Koppelwelle, wenn Kupplung zwischen 2 und $1'$ offen ist: Welle 2 wahlweise frei oder angeschlossen, Welle $1'$ wahlweise frei oder gebremst

Abbildung 19.13: Symbolische Darstellung der Betriebsweise von Umlaufgetrieben nach [19.178]

19.2.3 Drehzahlen und Umlaufübersetzungen

Das auf den ersten Blick unübersichtlich erscheinende Drehzahlverhalten eines Dreiwellengetriebes lässt sich als Überlagerung von zwei sehr einfachen Teilbewegungen beschreiben, was von Robert Willis (1800 bis 1875, englischer Ingenieur und später Jacksonian Professor of Natural and Experimental Philosophy an der Universität Cambridge) bereits um 1841 erkannt und veröffentlicht wurde [19.178], [19.290].

Betrachtet man z.B. ein Plusgetriebe nach Abbildung 19.7 a), so entspricht die erste Teilbewegung der bekannten Bewegung des Standgetriebes, wobei die Welle 1 n_1' Umdrehungen und die Welle 2 n_2' Umdrehungen in der Zeiteinheit relativ zum stillstehenden Steg s ausführt, sodass gilt:

$$\frac{n_1'}{n_2'} = i_{12} \tag{19.15}$$

Die zweite Teilbewegung ist eine gleich große Drehung der beiden Zentralradwellen und des Steges in der Zeiteinheit, sodass sie eine Relativdrehzahl von Null aufweisen und sich somit gemeinsam wie eine starre Kupplung drehen:

$$n_1'' = n_2'' = n_s'' = n_s \tag{19.16}$$

Entsprechend der Beschreibung der kinematischen Zusammenhänge nach Robert Willis sind diese beiden Teilbewegungen zu überlagern, sodass sich die Betriebsdrehzahl jeder Welle demzufolge aus deren Summe ergibt:

$$n_1 = n_1' + n_1'' = n_1' + n_s \quad \text{und} \quad n_2 = n_2' + n_2'' = n_2' + n_s \quad \text{mit} \quad n_s = 0 + n_s'' \tag{19.17}$$

Damit ergibt sich aus Gleichung (19.15) folgender Zusammenhang, wobei die Relativdrehzahlen n_1' und n_2' auch als „Wälzdrehzahlen“ der Räder 1 und 2 bezeichnet werden, da sie bei Zahnrad-Planetengetrieben deren Wälzgeschwindigkeit (Geschwindigkeit ihrer Wälzkreise relativ zum Wälzpunkt) bestimmen:

$$\frac{n_1'}{n_2'} = i_{12} = \frac{n_1 - n_s}{n_2 - n_s} \quad \text{mit} \quad n_1' = n_1 - n_s \quad \text{und} \quad n_2' = n_2 - n_s \tag{19.18}$$

Die Stegdrehzahl n_s als zweite Teilbewegung bezeichnet man auch als die „Kupplungsdrehzahl“ jeder Welle 1, 2 oder s. Durch Umformen von Gleichung (19.18) erhält man die nachfolgende Drehzahl-Grundgleichung, die für alle Bauarten einfacher und zusammengesetzter Umlaufgetriebe gilt:

$$n_1 - i_{12} \cdot n_2 - (1 - i_{12}) \cdot n_s = 0 \tag{19.19}$$

Hieraus lässt sich direkt der wichtige Merksatz 6 ableiten:

Satz 6

Durch die Drehzahl-Grundgleichung sind für ein beliebiges Umlaufgetriebe alle Beziehungen zwischen den Drehzahlen und damit auch alle Übersetzungen i eindeutig und unabänderlich abhängig von der Standübersetzung festgelegt.

Ausgehend von dieser Drehzahl-Grundgleichung lassen sich abhängig von der Getriebebauart die Drehzahlen wie folgt bestimmen:

1 **Dreiwellengetriebe** – Bei einem Umlaufgetriebe mit drei freien Wellen und bekannter Standübersetzung i_{12} sind wegen seines Laufgrades $F = 2$ zwei Drehzahlen beliebig vorzugeben, um die dritte Drehzahl mittels Gleichung (19.19) berechnen und damit den Bewegungszustand eindeutig bestimmen zu können.

2 **Zweiwellengetriebe** – Bei einem Umlaufgetriebe mit zwei freien und einer konstruktiv stillgesetzten oder festgehaltenen Welle ist deren Drehzahl in Gleichung (19.19) zu Null zu setzen, sodass das Getriebe mit $F = 1$ zwangsläufig wird. Von den verbleibenden beiden Drehzahlen ist eine frei vorzugeben und die andere mit Gleichung (19.19) zu berechnen.

Selbstverständlich kann mit der Drehzahl-Grundgleichung (19.19) aus drei vorgegebenen Drehzahlen eines Dreiwellengetriebes auch die Standübersetzung i_{12} bestimmt werden.

19.2.3.1 Berechnung der Umlaufübersetzungen

Sobald man nun Welle 1 oder Welle 2 festhält, wird das Getriebe zwangsläufig und man erhält seine beiden „Umlaufübersetzungen" (Übersetzungen bei umlaufendem Steg) i_{1s} und i_{2s}, indem man in der Drehzahl-Grundgleichung (19.19) $n_1 = 0$ oder $n_2 = 0$ setzt, sodass gilt:

$$\frac{n_1}{n_s} = i_{1s} = 1 - i_{12} \quad \text{für} \quad n_2 = 0 \quad \text{und} \quad \frac{n_2}{n_s} = i_{2s} = 1 - \frac{1}{i_{12}} \quad \text{für} \quad n_1 = 0 \qquad (19.20)$$

Die zugehörigen Reziprokwerte der Umlaufübersetzungen i_{s1} und i_{s2} lauten dementsprechend:

$$\frac{n_s}{n_1} = i_{s1} = \frac{1}{1 - i_{12}} \quad \text{für} \quad n_2 = 0 \quad \text{und} \quad \frac{n_s}{n_2} = i_{s2} = \frac{i_{12}}{i_{12} - 1} \quad \text{für} \quad n_1 = 0 \qquad (19.21)$$

Setzt man nun jeweils die beiden Gleichungen aus (19.20) oder (19.21) ineinander ein, fällt die Standübersetzung i_{12} heraus und man erhält die gegenseitige Zuordnung der Übersetzungen i_{1s} und i_{2s}:

$$i_{1s} = \frac{i_{2s}}{i_{2s} - 1} \quad \text{aus} \quad i_{12} = 1 - i_{1s} = \frac{1}{1 - i_{2s}} \qquad (19.22)$$

In gleicher Weise lassen sich die wechselseitigen Beziehungen zwischen allen Stand- und Umlaufübersetzungen gemäß Tabelle 19.2 ermitteln, wodurch letztlich auch Satz 6 bestätigt wird. Eine grafische Aufbereitung der gegenseitigen Zuordnung aller Übersetzungen i eines Umlaufgetriebes findet sich in der weiterführenden Fachliteratur [19.178].

Betrachtet man im Weiteren nun die freien Drehzahlverhältnisse bei den zwanglosen Dreiwellengetrieben, so müssen immer zwei beliebige Drehzahlen vorgegeben werden. Demzufolge sind auch die aus derartigen Drehzahlen gebildeten Quotienten keine durch die Standübersetzung festgelegten Übersetzungen i nach Tabelle 19.2, sondern freie Drehzahlverhältnisse k, die beliebige Werte annehmen können. Zur Vermeidung von Verwechslungen bei der Berechnung wurden auch schon von Albrecht Wolf die freien Drehzahlverhältnisse nicht mehr mit dem für zwangsläufige Übersetzungen eingeführten Buchstaben i, sondern mit k bezeichnet [19.178], [19.298]. Sobald aber zwei Drehzahlen beliebig vorgegeben werden, ergeben sich daraus alle anderen freien Drehzahlverhältnisse k mit einer eindeutigen Zuordnung untereinander abhängig von der Standübersetzung.

$i_{xy} =$	$f(i_{12})$	$f(i_{21})$	$f(i_{1s})$	$f(i_{s1})$	$f(i_{2s})$	$f(i_{s2})$
$i_{12} =$	i_{12}	$\frac{1}{i_{21}}$	$1-i_{1s}$	$1-\frac{1}{i_{s1}}$	$\frac{1}{1-i_{2s}}$	$\frac{i_{s2}}{i_{s2}-1}$
$i_{21} =$	$\frac{1}{i_{12}}$	i_{21}	$\frac{1}{1-i_{1s}}$	$\frac{i_{s1}}{i_{s1}-1}$	$1-i_{2s}$	$1-\frac{1}{i_{s2}}$
$i_{1s} =$	$1-i_{12}$	$1-\frac{1}{i_{21}}$	i_{1s}	$\frac{1}{i_{s1}}$	$\frac{i_{2s}}{i_{2s}-1}$	$\frac{1}{1-i_{s2}}$
$i_{s1} =$	$\frac{1}{1-i_{12}}$	$\frac{i_{21}}{i_{21}-1}$	$\frac{1}{i_{s1}}$	i_{s1}	$1-\frac{1}{i_{2s}}$	$1-i_{s2}$
$i_{2s} =$	$1-\frac{1}{i_{12}}$	$1-i_{21}$	$\frac{i_{1s}}{i_{1s}-1}$	$\frac{1}{1-i_{s1}}$	i_{2s}	$\frac{1}{i_{s2}}$
$i_{s2} =$	$\frac{i_{12}}{i_{12}-1}$	$\frac{1}{1-i_{21}}$	$1-\frac{1}{i_{1s}}$	$1-i_{s1}$	$\frac{1}{i_{2s}}$	i_{s2}

Tabelle 19.2: Gegenseitige Zuordnung der Übersetzungen i bei zwei laufenden Wellen nach [19.178]

Zur Bestimmung der gegenseitigen Abhängigkeit der freien Drehzahlverhältnisse k ist die Drehzahl-Grundgleichung (19.19) jeweils durch die Drehzahlen n_1, n_2 und n_s zu teilen, woraus sich dann die Gleichungen für die einander fest zugeordneten „freien Drehzahlverhältnisse" sowie deren Reziprokwerte ergeben. Im Folgenden wird die Drehzahl-Grundgleichung durch n_1 geteilt, sodass man dann das freie Drehzahlverhältnis $k_{21} = n_2 / n_1$ als $f(k_{s1})$ erhält:

$$1-\frac{n_2}{n_1}\cdot i_{12}-\frac{n_s}{n_1}\cdot(1-i_{12})=0 \quad \text{aus} \quad \frac{n_1}{n_1}-\frac{n_2\cdot i_{12}}{n_1}-\frac{n_s\cdot(1-i_{12})}{n_1}=0 \tag{19.23}$$

$$1-k_{21}\cdot i_{12}-k_{s1}\cdot(1-i_{12})=0 \quad \text{oder} \quad k_{21}=\frac{1-k_{s1}\cdot(1-i_{12})}{i_{12}} \tag{19.24}$$

Mit dieser Vorgehensweise kann man gemäß Tabelle 19.3 für Dreiwellengetriebe jedes freie Drehzahlverhältnis k abhängig von einem beliebigen anderen ausdrücken, wobei auch hier eine zusätzliche grafische Darstellung der Ergebnisse der weiterführenden Fachliteratur entnommen werden kann [19.178].

$k_{xy} =$	$f(k_{12})$	$f(k_{21})$	$f(k_{1s})$	$f(k_{s1})$	$f(k_{2s})$	$f(k_{s2})$
$k_{12} =$	k_{12}	$\frac{1}{k_{21}}$	$\frac{k_{1s} \cdot i_{12}}{k_{1s} - 1 + i_{12}}$	$\frac{i_{12}}{1 - k_{s1} \cdot (1 - i_{12})}$	$\frac{1 - i_{12} \cdot (1 - k_{2s})}{k_{2s}}$	$k_{s2} \cdot (1 - i_{12}) + i_{12}$
$k_{21} =$	$\frac{1}{k_{12}}$	k_{21}	$\frac{k_{1s} - 1 + i_{12}}{k_{1s} \cdot i_{12}}$	$\frac{1 - k_{s1} \cdot (1 - i_{12})}{i_{12}}$	$\frac{k_{2s}}{1 - i_{12} \cdot (1 - k_{2s})}$	$\frac{1}{k_{s2} \cdot (1 - i_{12}) + i_{12}}$
$k_{1s} =$	$\frac{1 - i_{12}}{1 - \frac{i_{12}}{k_{12}}}$	$\frac{1 - i_{12}}{1 - i_{12} \cdot k_{21}}$	k_{1s}	$\frac{1}{k_{s1}}$	$1 - i_{12} \cdot (1 - k_{2s})$	$1 - i_{12} + \frac{i_{12}}{k_{s2}}$
$k_{s1} =$	$\frac{1 - \frac{i_{12}}{k_{12}}}{1 - i_{12}}$	$\frac{1 - i_{12} \cdot k_{21}}{1 - i_{12}}$	$\frac{1}{k_{1s}}$	k_{s1}	$\frac{1}{1 - i_{12} \cdot (1 - k_{2s})}$	$\frac{1}{1 - i_{12} + \frac{i_{12}}{k_{s2}}}$
$k_{2s} =$	$\frac{1 - i_{12}}{k_{12} - i_{12}}$	$\frac{1 - i_{12}}{\frac{1}{k_{21}} - i_{12}}$	$\frac{k_{1s} - 1 + i_{12}}{i_{12}}$	$\frac{\frac{1}{k_{s1}} - 1 + i_{12}}{i_{12}}$	k_{2s}	$\frac{1}{k_{s2}}$
$k_{s2} =$	$\frac{k_{12} - i_{12}}{1 - i_{12}}$	$\frac{\frac{1}{k_{21}} - i_{12}}{1 - i_{12}}$	$\frac{i_{12}}{k_{1s} - 1 + i_{12}}$	$\frac{i_{12}}{\frac{1}{k_{s1}} - 1 + i_{12}}$	$\frac{1}{k_{2s}}$	k_{s2}

Tabelle 19.3: Gegenseitige Zuordnung der freien Drehzahlverhältnisse k bei drei laufenden Wellen nach [19.178]

Ausgehend von den Übersetzungsverhältnissen soll abschließend noch die kinematische Gleichwertigkeit von Umlaufgetrieben erläutert werden. Demnach werden Umlaufgetriebe als „kinematisch gleichwertig" bezeichnet, sobald sie als Zweiwellengetriebe in allen sechs Übersetzungen und damit auch als Dreiwellengetriebe im Drehzahlverhalten ihrer Anschlusswellen übereinstimmen.

Da entsprechend Gleichung (19.20) bis Gleichung (19.22) sämtliche Übersetzungen eines Umlaufgetriebes einander fest zugeordnet sind, folgt daraus für zwei Umlaufgetriebe bereits dann die „kinematische Gleichwertigkeit", sobald eine beliebige Stand- oder Umlaufübersetzung des einen gleich einer Stand- oder Umlaufübersetzung des anderen ist. Bei genauerer Betrachtung lässt sich feststellen, dass alle fünf von der einen Übersetzung abgeleiteten übrigen Übersetzungen einschließlich der Reziprokwerte auch die Übersetzungen des ursprünglichen Getriebes waren, wie das Beispiel in Abbildung 19.14 zeigt [19.178]. Damit beschreiben alle auf die Drehzahlen bezogenen Gleichungen das Drehzahlverhalten desselben Getriebes auch noch dann richtig, wenn die Indizes der drei Wellen in beliebiger Weise vertauscht werden. Da jedoch i_{12} eine andere Standübersetzung bezeichnet, wird durch die neue Kennzeichnung ein anderes, aber kinematisch gleichwertiges Getriebe beschrieben, woraus sich der folgende Merksatz 7 ergibt.

> **Satz 7**
>
> Umlaufgetriebe bezeichnet man als kinematisch gleichwertig, sobald eine beliebige Stand- oder Umlaufübersetzung eines Umlaufgetriebes mit einer beliebigen Stand- oder Umlaufübersetzung eines anderen Umlaufgetriebes übereinstimmt, sodass sie dieselben sechs Übersetzungen *i* bei jeweils einer festgehaltenen Welle aufweisen.

Dieser Merksatz 7 ist insofern von großer praktischer Bedeutung, da man für eine gewünschte Übersetzung *i* oder gewünschte freie Drehzahlverhältnisse *k* unter den drei kinematisch gleichwertigen Getrieben die konstruktiv günstigste Bauart gemäß Abbildung 19.14 auswählen kann [19.178].

Schlüssel			a | b | c / 1 | 2 | s	a | b | c / s | 1 | 2	a | b | c / 1 | s | 2
Allg.	Beispiel		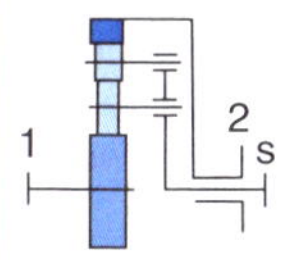	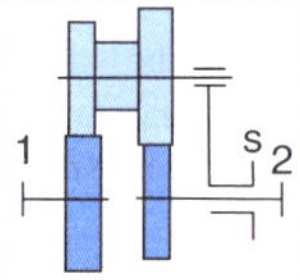	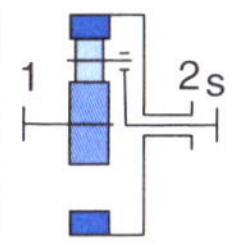
i_{ab}	+ 3	=	$\boxed{i_{12}}$	i_{s1}	i_{1s}
i_{ba}	+ 1/3	=	i_{21}	i_{1s}	i_{s1}
i_{ac}	- 2	=	i_{1s}	i_{s2}	$\boxed{i_{12}}$
i_{ca}	- 1/2	=	i_{s1}	i_{2s}	i_{21}
i_{bc}	+ 2/3	=	i_{2s}	$\boxed{i_{12}}$	i_{s2}
i_{cb}	+ 3/2	=	i_{s2}	i_{21}	i_{2s}

Um zum nebenstehenden Getriebe (1) die Standübersetzungen der kinematisch gleichwertigen beiden Getriebe (2) und (3) zu finden, muss man die Umlaufübersetzungen des gegebenen Getriebes nach Gleichung (19.20) oder Gleichung (19.21) oder deren Reziprokwerte bestimmen:

$$(i_{12})_2 = (i_{2s})_1 = 1 - \frac{1}{(i_{12})_1} \qquad (19.25)$$

$$(i_{12})_3 = (i_{1s})_1 = 1 - (i_{12})_1 \qquad (19.26)$$

Abbildung 19.14: Beispiel für drei kinematisch gleichwertige Planetengetriebe nach [19.178]

Des Weiteren lassen sich entsprechend des Merksatzes 7 den drei Wellen eines in einer technischen Anlage einzubauenden Getriebes statt der getriebebezogenen Bezeichnungen 1, 2, *s* funktionsbezogene Bezeichnungen, z.B. für drehzahlveränderliche Wellen oder für Koppelgetriebe, zuordnen. Damit können dann zur anschließenden Auslegung von Umlaufgetrieben in derartigen Anlagen allgemeingültige Gleichungen mit funktionsbezogenen Indizes aufgestellt werden, die erst beim konstruktiven Entwurf durch die getriebebezogenen Bezeichnungen einer gewählten günstigsten Bauart in beliebiger Zuordnung ersetzt werden müssen, worauf in der weiterführenden Literatur ausführlich eingegangen wird [19.178].

19.2.3.2 Grafische Ermittlung – Drehzahlplan nach Kutzbach

Bei dem Drehzahlplan nach Karl Kutzbach (1875 bis 1942, Professor an der TU Dresden) handelt es sich um ein grafisches Verfahren zur Drehzahlbestimmung, wozu gemäß Abbildung 19.15 eine Skizze des Getriebes mit maßstäblich dargestellten Wälzkreisen der Räder benötigt wird [19.141], [19.142], [19.143], [19.178]. Ausgehend von der zentralen Achse des Getriebes zeichnet man in Verlängerung die Abszisse *u* eines Diagramms mit einer entsprechenden Ordinate *r* dazu.

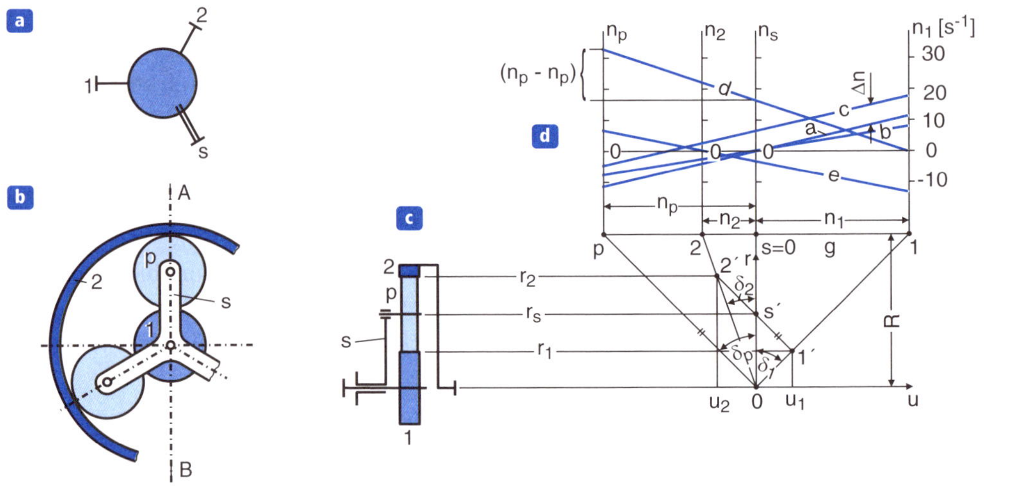

Abbildung 19.15: Drehzahlplan nach Kutzbach für ein einfaches Minusgetriebe – a) Wolf'sches Symbol mit s als Summenwelle wegen $i_{12} < 0$, b) maßstäbliche schematische Darstellung, c) Geschwindigkeitsplan, d) Drehzahlplan und Leiterdiagramm mit Betriebslinien a und b des Getriebes als Standgetriebe, c als Dreiwellengetriebe sowie d und e als Zweiwellengetriebe nach [19.178]

In diesem „Geschwindigkeitsplan" lassen sich dann die Tangentialgeschwindigkeiten u der einzelnen Getriebeglieder entlang der Schnittlinie AB eintragen. Der Einfachheit halber nimmt man den Steg s als festgehalten an, woraus sich $n_s = 0$ und somit $u_s = 0$ ergibt. Unter der Annahme einer beliebigen Umfangsgeschwindigkeit u_1 im Wälzkreis r_1 des Rades 1 kann dann der zugehörige Geschwindigkeitsstrahl $\overline{1'0}$ für das Rad 1 durch den Koordinatenursprung gezogen werden, wobei sich aus seiner Neigung der Winkel δ_1 ergibt. Da das Planetenrad p beim Radius r_1 mit dem Rad 1 kämmt, muss seine Umfangsgeschwindigkeit dort auch gleich u_1 sein. Dagegen hat der Mittelpunkt des Planetenrades p beim Radius r_s wegen $n_s = 0$ die gleiche Umfangsgeschwindigkeit wie der Planetenträger an dieser Lagerstelle. Im Weiteren kann dann durch die beiden Punkte $1'$ und s' die Geschwindigkeitsgerade des Planetenrades gezogen und bis zum Schnitt mit der Radiuslinie r_2 im Punkt $2'$ verlängert werden. Da das Planetenrad p beim Radius r_2 mit dem Außenrad 2 kämmt, muss dort seine Umfangsgeschwindigkeit der Umfangsgeschwindigkeit u_2 des Rades 2 entsprechen. Ausgehend vom Schnittpunkt $2'$ lässt sich dann der Geschwindigkeitsstrahl des Rades 2 zum Ursprung 0 ziehen, woraus sich auch der Winkel δ_2 ergibt. Zieht man dann noch den Geschwindigkeitsstrahl des Planetenrades durch den Koordinatenursprung als Parallele zur Geraden $\overline{1'2'}$, so erhält man den Winkel δ_p.

Aus diesem Geschwindigkeitsplan lassen sich dann die folgenden Geschwindigkeiten ω und Drehzahlen n ablesen, wobei R ein Maßstabsfaktor für die Drehzahlstrecken n ist, der frei gewählt werden kann, da er sich bei der Bestimmung der Drehzahlverhältnisse herauskürzt:

$$\omega_1 = \frac{u_1}{r_1} = \tan\delta_1 = \frac{n_1}{R} \quad \text{und} \quad \omega_2 = \frac{u_2}{r_2} = \tan\delta_2 = \frac{n_2}{R} \tag{19.27}$$

$$\omega_s = \frac{u_s}{r_s} = \tan\delta_s = \frac{n_s}{R} \quad \text{und} \quad \omega_p = \frac{u_p}{r_p} = \frac{u_1 - u_s}{r_1 - r_s} = \tan\delta_p = \frac{n_p}{R} \tag{19.28}$$

Somit ergeben sich die nachfolgenden Drehzahlverhältnisse mit $\tan\delta_s = 0$ aufgrund der eingangs getroffenen Annahme $u_s = n_s = 0$:

$$n_1 : n_2 : n_s : n_p = \tan\delta_1 : \tan\delta_2 : \tan\delta_s : \tan\delta_p \tag{19.29}$$

Ausgehend von diesem Geschwindigkeitsplan nach Abbildung 19.15 c) lässt sich ein übersichtlicher Drehzahlplan nach Abbildung 19.15 d) erstellen, indem man im Abstand R (Maßstabsfaktor) eine Parallele g zur Abszisse u zieht und alle Geschwindigkeitsstrahlen bis zum Schnitt mit g verlängert, sodass alle Drehzahlen n auf der Parallelen g im gleichen Maßstab als Drehzahlstrecken abgebildet werden. Damit wird das Verhältnis der Drehzahlen $n_1 : n_2 : n_p$ gleich dem Verhältnis der Abstände der Punkte 1, 2 und p vom Punkt 0 auf der Geraden g und der Stegpunkt s fällt wegen der Annahme $n_s = 0$ mit dem Punkt 0 zusammen. Weiterhin gelten für die links und rechts von 0 liegenden Drehzahlen einander entgegengesetzte Vorzeichen. Weiterhin ist zu beachten, dass die Strecken zwischen zwei beliebigen Drehzahlpunkten deren Relativdrehzahlen entsprechen. Demzufolge sind alle vom Punkt 2 aus gemessenen Strecken die Relativdrehzahlen gegenüber Rad 2. Sofern Rad 2 unter Beibehaltung aller Relativdrehzahlen stillgesetzt wird, gibt der Kutzbach-Plan dann den Betriebszustand des Umlaufrädergetriebes bei festgehaltenem Rad 2 wieder.

Eine weitere Vereinfachung erreicht man gemäß Abbildung 19.15 d) durch ein zusätzliches Leiterdiagramm über der Geraden g. Zu diesem Zweck zieht man eine Parallele zu g als Nulllinie und zeichnet als Senkrechte durch die Drehzahlpunkte 1, 2, s und p die Drehzahlleitern n_1, n_2, n_s und n_p. Sobald man nun durch den Punkt $n_s = 0$ einen beliebigen Strahl a zeichnet, werden die übrigen Drehzahlleitern nach dem Strahlensatz im Verhältnis der zugehörigen Drehzahlen geschnitten. Bringt man nun an diesen Drehzahlleitern gleiche Maßstäbe an, so lassen sich an den jeweiligen Schnittpunkten eines „Drehzahlstrahles" die zu einem Betriebszustand des Getriebes gehörenden Drehzahlen aller Räder sofort ablesen. In gleicher Weise kann man auch den Drehzahlstrahl durch zwei beliebig vorgegebene Drehzahlen ziehen und die zugehörigen übrigen Drehzahlen an den jeweiligen Leitern ermitteln.

So entsprechen z.B. die Drehzahlstrahlen a und b durch $n_s = 0$ zwei unterschiedlichen Betriebszuständen als Standgetriebe mit verschiedenen Antriebsdrehzahlen. Sobald man dann alle am Drehzahlstrahl a angezeigten Drehzahlen um den gleichen Betrag Δn erhöht, erhält man aus dem Betriebszustand als Standgetriebe ($n_s = 0$) mit dem parallelen Strahl c einen Betriebszustand mit drei laufenden Wellen. Damit entspricht Strahl c dem eingangs erwähnten Gedanken von Robert Willis, dem laufenden Standgetriebe eine Kupplungsdrehzahl $\Delta n = n_s$ zu überlagern.

Abschließend sei noch darauf hingewiesen, dass die auf den Drehzahlleitern abgelesenen Drehzahlen absolute Drehzahlen sind. Um die für die Planetenradlager maßgebenden Relativdrehzahlen gegenüber dem Steg zu erhalten, muss man demzufolge die Differenz $n_p - n_s$ bilden.

In gleicher Weise lassen sich auch für kompliziertere Umlaufrädergetriebe die jeweiligen Drehzahlpläne nach Kutzbach erstellen. So zeigt Abbildung 19.16 ein Plusgetriebe mit kämmenden Planeten gemäß Abbildung 19.7 e) und Abbildung 19.17 ein Plusgetriebe mit Doppelplaneten nach Abbildung 19.7 a).

Da beim Plusgetriebe mit kämmenden Planeten nach Abbildung 19.16 nicht alle Achsen und Wälzpunkte in einer Ebene liegen, muss man die maßstäbliche Seitenansicht des Getriebes zur Ermittlung der waagerechten Radiuslinien verwenden, die auch hier durch die Planetenachsen und durch die Wälzpunkte gezogen werden.

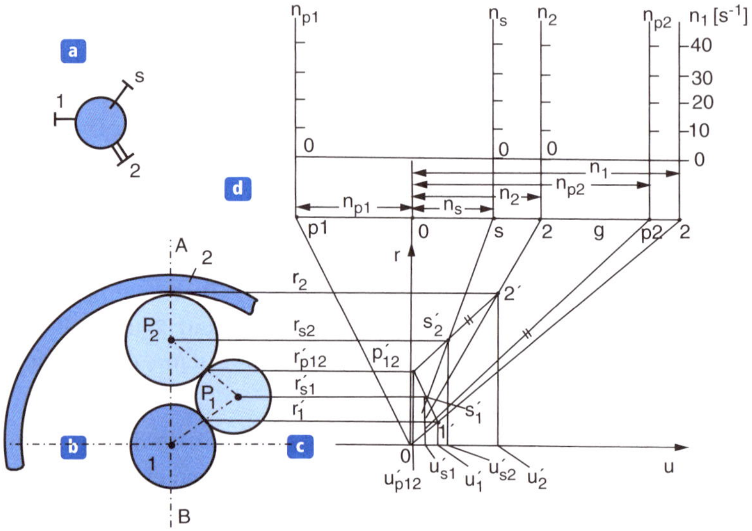

Abbildung 19.16: Drehzahlplan nach Kutzbach für ein Plusgetriebe mit kämmenden Planeten – a) Wolf'sches Symbol, 2 ist Summenwelle wegen $i_{12} > 1$, b) maßstäbliche Darstellung des Getriebes, c) Geschwindigkeitsplan, d) Drehzahlplan und Leiterdiagramm nach [19.178]

Dabei ist zu berücksichtigen, dass die mit r' bezeichneten Radiuslinien der nicht in der senkrechten Schnittlinie AB liegenden Achsen und Wälzpunkte nur deren waagerechter Projektion auf die Ordinate r entsprechen. Demzufolge liegen die Schnittpunkte $1'$, $s1'$ usw. dieser Radiuslinien mit den Geschwindigkeitsstrahlen bei den waagerechten Komponenten u' und der jeweiligen Umfangsgeschwindigkeiten. Da sowohl die Radien r' als auch die Umfangsgeschwindigkeiten u' im gleichen Maßstab verkürzt werden, bleiben die zugehörigen Winkelgeschwindigkeiten $\omega = \tan\delta = u / r = u' / r'$ davon unberührt.

Ausgehend von den Grundlagen der Konstruktion des Drehzahlplanes nach Kutzbach im vorherigen Beispiel wird im Weiteren von den frei gewählten Drehzahlen n_1 und n_s auf der Geraden g ausgegangen, woraus sich die Punkte 1 und s ergeben. Mit den Strahlen $\overline{01'}$ und $\overline{0s}$ erhält man dann die Geschwindigkeitskomponenten u'_1 des Wälzkreises von Rad 1 durch den Schnittpunkt 1´ sowie u'_{s1} des Planetenmittelpunktes von p_1 durch den Schnittpunkt s'_1. Verlängert man die Geraden $\overline{1's'_1}$ bis zum Schnitt mit der Radiuslinie r'_{p12}, so folgt daraus der Schnittpunkt p'_{12} und damit die Komponente u'_{p12} der Wälzkreisgeschwindigkeit des Planeten p_1. Die Verlängerung der Geraden von p'_{12} über den Schnittpunkt s'_2 hinaus schneidet die Radiuslinie r_2 bei $2'$, sodass der Geschwindigkeitsstrahl $\overline{02'}$ die Gerade g im Punkt 2 schneidet. Zieht man dann noch Parallelen zu den Geraden $\overline{1'p'_{12}}$ und $\overline{p'_{12}2'}$ durch 0, so erhält man damit die Schnittpunkte p_1 und p_2 mit der Geraden g, sodass nun alle Drehzahlen abgelesen oder aber die entsprechenden Drehzahlleitern gezeichnet werden können.

In vergleichbarer Form lässt sich auch der Drehzahlplan für das Plusgetriebe mit Doppelplanet (Stufenplanet) nach Abbildung 19.17 zeichnen, wobei hier wieder von einer Stegdrehzahl $n_s = 0$ und einer beliebigen Drehzahl n_1 ausgegangen wird, woraus sich demzufolge der Leiterfußpunkt 1 ergibt. Die Leiterfußpunkte 2 und p folgen aus der Konstruktion der Geraden $\overline{02'}$ und der Parallelen zur Geraden $\overline{1's_1'}$ durch den Ursprung 0. Somit sind dann auch die Drehzahlen n_2 und n_p bekannt und das Leiterdiagramm kann nach Abbildung 19.17 d) vervollständigt werden.

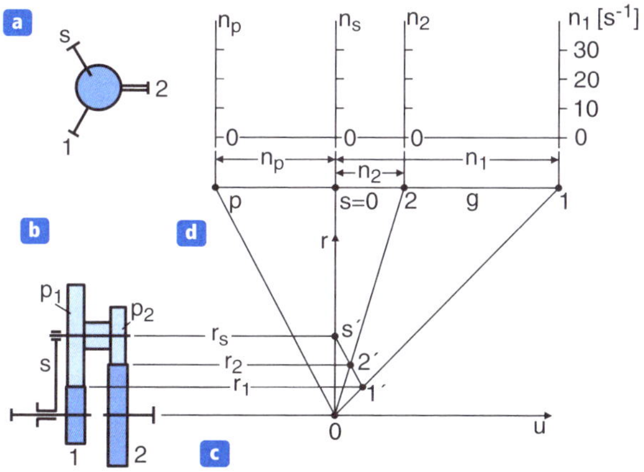

Abbildung 19.17: Drehzahlplan nach Kutzbach für ein Plusgetriebe mit Doppelplaneten – a) Wolf'sches Symbol, 2 ist Summenwelle wegen $i_{12} > 1$, b) maßstäbliche Darstellung des Getriebes, c) Geschwindigkeitsplan, d) Drehzahlplan und Leiterdiagramm nach [19.178]

Abschließend sei der Vollständigkeit halber erwähnt, dass sich mithilfe des Kutzbach-Planes auch für ein beliebig zusammengesetztes Planetengetriebe die Drehzahlen aller Wellen bestimmen lassen. Voraussetzung hierfür ist eine eindeutige Kopplung der Teilgetriebe und ein Laufgrad von $F = 2$. Sobald eine Veränderung der Koppelung erfolgt, muss ein neuer Drehzahlplan aufgestellt werden [19.178].

19.2.3.3 Rechnerische Ermittlung – Überlagerungsmethode nach Swamp

Neben den bereits vorgestellten Verfahren zur Drehzahlbestimmung gibt es ein weiteres rechnerisches Verfahren, das auch als Überlagerungsmethode nach Swamp bzw. Swamp'sches Schema bekannt ist. Veröffentlicht wurde diese Methode 1938 in Amerika von dem deutschstämmigen Peter Schwamb (Professor am Massachusetts Institute of Technology), dessen Name in den USA wahrscheinlich als Swamp ausgesprochen wurde, worin wohl die bis heute eigentlich falsche Benennung der Methode begründet liegt [19.265].

Der grundlegende Gedanke bei der Methode nach Swamp ist, dass das Planetenrad p außer der Drehung um die eigene Achse eine weitere Drehung um die zentrale Achse ausführt, weshalb die Drehzahlen aus der Überlagerung von Teilbewegungen bestimmt werden, wozu man sinnvollerweise ein Schema für sämtliche Räder und den Steg nach Tabelle 19.4 verwendet. Für das einfache Minusgetriebe mit drei freien Wellen und dem Zentralrad 1 mit der Zähnezahl z_1, dem Planetenrad p mit der Zähnezahl z_p und dem Hohlrad 2 mit der Zähnezahl z_2 nach Abbildung 19.15 ergeben sich somit die folgenden Zusammenhänge.

Die Teilbewegung I (Drehung des Steges bzw. Gehäuses) und die Überlagerung der Teilbewegung II (Drehungen relativ zum Steg) müssen in Summe eine geforderte Randbedingung erfüllen, die im vorliegenden Beispiel sein möge, dass die Drehung des Hohlrades $n_2 = 0$ ist.

Zur Ausführung dieser gedachten Teilbewegung I (Drehung des Steges), die der Drehung des ursprünglichen Gehäuses mit sämtlichen Elementen entspricht, nimmt man sämtliche Zahneingriffe als verriegelt an und stellt sich vor, dass das gesamte Getriebe mit dem vom Fundament als gelöst gedachten Hohlrad um die Mittenachse mit der Drehzahl n_s gedreht wird, woraus sich die Eintragung der ersten Zeile in Tabelle 19.4 ergibt. Das Planetenrad p führt dabei keine Bewegung aus.

	1	p	2	s	Bemerkung
I	n_S	–	n_S	n_S	Teilbewegung I: Drehung des Steges (Gehäuses)
II	$+n_S \frac{\lvert z_2 \rvert}{z_1}$	$-n_S \frac{\lvert z_2 \rvert}{z_p}$	$-n_S$	–	Teilbewegung II: Drehung relativ zum Steg
$\sum$	$n_S\left(1+\frac{\lvert z_2 \rvert}{z_1}\right)$	$-n_S\left(\frac{\lvert z_2 \rvert}{z_p}\right)$	0	n_S	Resultierende Drehzahl bei feststehendem Hohlrad (2)

Tabelle 19.4: Überlagerungsmethode nach Swamp bei Antrieb an Zahnrad 1 – Swamp'sches Schema nach [19.265]

Anschließend erfolgt die Überlagerung der Teilbewegung II, die der Drehung relativ zum Steg entspricht und in der zweiten Zeile der Tabelle 19.4 eingetragen wird. Gemäß der eingangs geforderten Bedingung, dass die Drehzahl des Hohlrades $n_2 = 0$ sein soll, muss als Teilbewegung II die Drehzahl des Hohlrades zu $n_{2(II)} = -n_s$ gesetzt werden. Aus dieser vorgegebenen Drehung des Rades 2 ergeben sich dann über die Zähnezahlverhältnisse sofort die Drehungen bzw. Drehzahlen des Rades 1 und des Planetenrades p relativ zum Steg. Die Überlagerung der Drehzahlen in Zeile I und II führt zur Summendrehzahl für das jeweilige Rad, sodass sich bei bekannter Antriebsdrehzahl $n_{an} = n_1$ die gesuchte Abtriebsdrehzahl zu $n_{ab} = n_s$ bestimmen lässt:

$$n_S = \frac{n_1}{1+\frac{\lvert z_2 \rvert}{z_1}} \quad \text{aus} \quad n_1 = n_S\left(1+\frac{\lvert z_2 \rvert}{z_1}\right) \tag{19.30}$$

In gleicher Weise lassen sich mit der Überlagerungsmethode nach Swamp auch die Drehzahlen im Falle von zwei Antrieben gemäß Tabelle 19.5 bestimmen. Hierzu wird in einer Teilbewegung III dem zunächst festgehaltenen Rad 2 die gewünschte Drehzahl n_2 aufgeprägt. Davon ausgehend werden dann bei feststehendem Steg die Drehzahlen der übrigen Räder bestimmt und ebenfalls als Teilbewegung III den bereits vorher bestimmten Teilbewegungen I und II überlagert.

Somit folgt für die Abtriebsdrehzahl n_s am Steg bei Vorgabe der Antriebsdrehzahlen n_1 am Zentralrad und n_2 am Hohlrad:

$$n_S = \frac{n_1 + n_2 \frac{|z_2|}{z_1}}{1 + \frac{|z_2|}{z_1}} \quad \text{aus} \quad n_1 = n_S\left(1 + \frac{|z_2|}{z_1}\right) - n_2 \frac{|z_2|}{z_1} \tag{19.31}$$

	1	*p*	2	*s*	Bemerkung
I	n_S	–	n_S	n_S	Teilbewegung I: Drehung des Steges (Gehäuses)
II	$+n_S \frac{\|z_2\|}{z_1}$	$-n_S \frac{\|z_2\|}{z_p}$	$-n_S$	–	Teilbewegung II: Drehung relativ zum Steg
III	$-n_2 \frac{\|z_2\|}{z_1}$	$+n_2 \frac{\|z_2\|}{z_p}$	$+n_2$	–	Teilbewegung III: Zweiter Antrieb
$\sum$	$n_S\left(1+\frac{\|z_2\|}{z_1}\right) - n_2 \frac{\|z_2\|}{z_1}$	$-n_S\left(\frac{\|z_2\|}{z_p}\right) + n_2\left(\frac{\|z_2\|}{z_p}\right)$	$+n_2$	n_S	Resultierende Drehzahl bei Drehbewegung sämtlicher Wellen (1, 3, s)

Tabelle 19.5: Überlagerungsmethode nach Swamp bei Antrieb an Zahnrad 1 und Hohlrad 2 – Swamp'sches Schema nach [19.265]

In Erweiterung dieser beiden Beispiele ist eine ähnliche Betrachtung auch für zwei Abtriebe und eine Antriebswelle möglich.

19.2.4 Drehmomente – Summenwelle und Differenzwellen

Wie bereits eingangs erwähnt, muss entsprechend den mechanischen Gleichgewichtsbedingungen die Summe aller auf ein Umlaufgetriebe wirkenden Drehmomente im stationären Bewegungszustand gleich Null sein:

$$\sum M_t = M_1 + M_2 + M_s = 0 \tag{19.32}$$

Demzufolge müssen die Drehmomente sowohl positive als auch negative Vorzeichen aufweisen, wobei immer zwei der drei Momente über gleiche Vorzeichen verfügen. Wie bereits bei den Wolf'schen Symbolen in Abschnitt 19.2.2 erläutert wurde, entspricht die Summe der Beträge dieser beiden Wellen mit gleichem Vorzeichen dem Betrag des dritten Drehmomentes. Demzufolge wird auch diese Welle, die die Summe der Drehmomente führt, als „Summenwelle" bezeichnet, während die beiden anderen Wellen „Differenzwellen" genannt werden. Hieraus ergeben sich die folgenden Merksätze 8 und 9, die bei der schnellen Erfassung der Zusammenhänge komplizierter Umlaufgetriebe sehr hilfreich sind:

Satz 8 Die Vorzeichen der Drehmomente von Summenwelle und Differenzwellen sind jeweils entgegengesetzt.

Satz 9 Die Vorzeichen der Drehmomente der beiden Differenzwellen sind gleich.

Zur Berechnung der Drehmomentverhältnisse kann man gemäß Gleichung (19.14) folgende Zusammenhänge ableiten, die zunächst für ein Standgetriebe und damit auch für ein Dreiwellengetriebe mit momentan stillstehendem Steg $n_s = 0$ gelten:

$$\eta_{12} = -\left(\frac{P_2}{P_1}\right)_{n_s=0} = -\left(\frac{M_2 \cdot \omega_2}{M_1 \cdot \omega_1}\right)_{n_s=0} = -\left(\frac{M_2 \cdot 2 \cdot \pi \cdot n_2}{M_1 \cdot 2 \cdot \pi \cdot n_1}\right)_{n_s=0} = -\left(\frac{M_2 \cdot n_2}{M_1 \cdot n_1}\right)_{n_s=0} \tag{19.33}$$

$$\left(\frac{M_2}{M_1}\right)_{n_s=0} = -\frac{n_1}{n_2} \cdot \eta_{12} \tag{19.34}$$

Entsprechend der getroffenen Vereinbarung zur Indizierung des Standwirkungsgrades η_{12} fließt die zu diesem gehörende Leistung von Welle 1 nach 2, d.h. diese Leistung wird vergleichbar zu einem üblichen Standgetriebe als reine, mit den Zahnreibungsverlusten behaftete Wälzleistung P_w übertragen. Überlagert man diesem Bewegungszustand nun eine gleich große „Kupplungsdrehzahl" bzw. Stegdrehzahl $n_s \neq 0$ aller drei Wellen, so hat das auf die Relativdrehzahlen der Wellen und Räder 1 und 2 keinen Einfluss und damit auch nicht auf die Zahnreibungsleistung. Demzufolge gilt Gleichung (19.34), aber für jeden Betriebszustand mit zwei oder drei laufenden Wellen, wobei das Verhältnis der Drehmomente neben dem Standwirkungsgrad stets nur von der Standübersetzung i_{12} abhängt und die Wälzleistung von Welle 1 zu Welle 2 fließen muss:

$$\left(\frac{M_2}{M_1}\right)_{P_{W1}>0} = -i_{12} \cdot \eta_{12} \quad \text{mit} \quad P_{W1} > 0 \tag{19.35}$$

Liegt ein umgekehrter Leistungsfluss von Welle 2 zu Welle 1 vor, gilt entsprechend:

$$\left(\frac{M_2}{M_1}\right)_{P_{W1}<0} = -i_{12} \cdot \frac{1}{\eta_{21}} = -i_{12} \cdot \eta_{21}^{-1} \quad \text{mit} \quad P_{W1} < 0 \tag{19.36}$$

Der Betrag und das Vorzeichen der Wälzleistung P_{W1} ergeben sich wie folgt:

$$P_{W1} = M_1 \cdot (n_1 - n_s) \tag{19.37}$$

Da sich die Gleichungen (19.35) und (19.36) nur durch den Exponenten und die Indizierung von η unterscheiden, kann man sie in einer Gleichung unter Verwendung eines Exponenten $w1 = \pm 1$ zusammenfassen, woraus sich dann auch gleich die Verbindung ergibt, dass sein Vorzeichen gleich dem Vorzeichen der Wälzleistung P_{W1} der Welle 1 ist [19.23]. Weiterhin erlaubt dieser einheitliche Exponent die Entwicklung der Gleichungen für die Drehmomente und für die Wirkungsgrade unabhängig von der erst später festzustellenden oder auch wechselnden Richtung des Wälzleistungsflusses.

Da jedoch die Wirkungsgrade abhängig von den beiden möglichen Leistungsflussrichtungen unterschiedlich sind, wird der Wirkungsgrad im Folgenden mit dem Index o versehen und seine tatsächliche Indizierung erst abhängig von $w1$ vorgenommen, sodass gilt:

$$\left(\frac{M_2}{M_1}\right) = -i_{12} \cdot \eta_o^{w1} \quad \text{mit} \quad w1 = \frac{P_{W1}}{|P_{W1}|} = \frac{M_1 \cdot (n_1 - n_s)}{|M_1 \cdot (n_1 - n_s)|}, \quad \text{d.h.} \quad w1 = \pm 1 \tag{19.38}$$

$$w1 = +1 \quad \rightarrow \quad \eta_o^{w1} = \eta_{12} \quad \text{oder} \quad w1 = -1 \quad \rightarrow \quad \eta_o^{w1} = \frac{1}{\eta_{12}} \tag{19.39}$$

Daraus ergibt sich auch der folgende Merksatz 10:

Satz 10 Das Vorzeichen von $w1$ entspricht immer dem Vorzeichen der Wälzleistung P_{W1} der Welle 1.

Setzt man nun Gleichung (19.38) in Gleichung (19.32) ein, so ergeben sich folgende Drehmomentverhältnisse, die neben Wirkungsgrad und Leistungsflussrichtung nur von der Standübersetzung, aber nicht von den Drehzahlen abhängen:

$$\frac{M_s}{M_1} = i_{12} \cdot \eta_o^{w1} - 1 \quad \text{aus} \quad M_1 + M_s = i_{12} \cdot \eta_o^{w1} \cdot M_1 \tag{19.40}$$

$$\frac{M_s}{M_2} = \frac{1}{i_{12} \cdot \eta_o^{w1}} - 1 \quad \text{aus} \quad M_2 + M_s = \frac{M_2}{i_{12} \cdot \eta_o^{w1}} \tag{19.41}$$

Setzt man nun noch den Standwirkungsgrad zu $\eta \approx 1$, so folgt daraus die grundlegende Gesetzmäßigkeit zum Verhältnis der Drehmomente an den drei Wellen eines Umlaufgetriebes:

$$M_1 : M_2 : M_s \approx f(i_{12}) = konst. \tag{19.42}$$

Hieraus lässt sich mit Merksatz 11 der wohl wichtigste Satz zum Verständnis des Betriebsverhaltens von Umlaufgetrieben mit drei laufenden Wellen oder von zusammengesetzten Umlaufgetrieben formulieren.

Satz 11 Unter Vernachlässigung der Reibung und unabhängig von den Drehzahlen liegen bei einem Umlaufgetriebe die Drehmomentverhältnisse allein durch dessen Standübersetzung fest.

Daraus lässt sich ableiten, dass mit einem Dreiwellengetriebe, bei dem eine Welle nicht angeschlossen ist und daher das Drehmoment an dieser Welle $M_t = 0$ ist, keine Leistung übertragen werden kann, da gemäß Gleichung (19.42) auch die Drehmomente der übrigen beiden Wellen gleich Null werden und das Getriebe dann nur im Leerlauf dreht. Diese besondere Eigenschaft, die sich gut zur Drehmomentenregelung oder auch als Überlastungsschutz einsetzen lässt (s.a. Abschnitt 19.3), gilt allerdings nicht für Umlaufgetriebe im Zustand der Selbsthemmung, der jedoch in der Praxis kaum auftritt [19.178], [19.239], [19.246], [19.251], [19.252].

Weiterhin folgt aus Gleichung (19.42) und Merksatz 11, dass bei einem Dreiwellengetriebe die Drehmomente der drei angeschlossenen Maschinen im konstanten Verhältnis $M_1 : M_2 : M_s$ zueinander stehen müssen. Demzufolge stellen sich dann genau die Maschinendrehzahlen ein, die den Drehmomentenverhältnissen aufgrund der Betriebskennlinien $M = f(n)$ der drei Maschinen entsprechen. Verfügen die drei Maschinen, bedingt durch ihre Kennlinien, über keinen gemeinsamen Betriebspunkt, so wird eine Maschine, die einen höheren als an der Welle verfügbaren Drehmomentbedarf hat, stehen bleiben, während die beiden verbleibenden Maschinen weiterlaufen. Ebenso könnte z.B. eine antreibende Turbine ohne Drehzahlregler in Überdrehzahl kommen bzw. „Durchgehen“, wenn eine der beiden angeschlossenen und anzutreibenden Maschinen ein zu geringes Drehmoment abnehmen würde.

Hieraus ergibt sich Merksatz 12, der nicht nur für Umlaufgetriebe, sondern grundsätzlich auch für alle sonstigen zwanglosen Getriebe und Mechanismen gilt.

Satz 12

Bei einem Umlaufgetriebe mit drei laufenden Wellen müssen die angreifenden äußeren Drehmomente immer in dem durch dessen Standübersetzung vorgegebenen Verhältnis zueinander stehen.

Abschließend wird noch im Zusammenhang mit den Merksätzen 8 und 9 auf die Bestimmung der Summenwelle aus der Standübersetzung eingegangen. Da bei einem Umlaufgetriebe mit negativer Standübersetzung (Minusgetriebe) die beiden Standgetriebewellen Drehmomente mit gleichen Vorzeichen aufweisen, müssen sie nach Merksatz 9 Differenzwellen sein, während die Stegwelle die Summenwelle ist. Im Gegensatz dazu haben bei einem Umlaufgetriebe mit positiver Standübersetzung (Plusgetriebe) die beiden Standgetriebewellen Drehmomente mit entgegengesetzten Vorzeichen, wobei dann diejenige mit dem größeren absoluten Drehmoment die Summenwelle sein muss.

Da die Absolutwerte der Leistungen von An- und Abtriebswelle unter Vernachlässigung von Verlusten gleich sind, muss die Summenwelle als die Welle mit dem größeren Drehmoment immer die kleinere Drehzahl aufweisen, woraus die Merksätze 13 bis 15 folgen:

Satz 13

Bei Minusgetrieben ist die Stegwelle die Summenwelle und bei Plusgetrieben die Standgetriebewelle mit dem größeren absoluten Drehmoment, also Welle 1 bei $0 < i_{12} < 1$ und Welle 2 bei $i_{12} > 1$.

Satz 14

Hält man die Summenwelle eines Umlaufgetriebes fest, so ist die Übersetzung zwischen den übrigen beiden Wellen negativ, während bei einer festgehaltenen Differenzwelle diese Übersetzung positiv ist.

Satz 15 Ein Umlaufgetriebe verfügt immer über eine negative und zwei positive Übersetzungen.

Diese Merkregeln gelten nicht für den Sonderfall eines selbsthemmenden Umlaufgetriebes, bei dem die von Selbsthemmung betroffene Abtriebswelle das Vorzeichen ihres Drehmoments wechselt, sodass gemäß Abschnitt 19.2.6.3 ein besonderer Betriebszustand eintritt, bei dem die Zuordnung von Summenwelle und Differenzwellen ohne Bedeutung ist.

19.2.5 Leistungen und Leistungsflüsse

Grundsätzlich wird die einer Welle zu- oder abgeführte Leistung P [W] durch das auf die Welle wirkende äußere Drehmoment M [Nm] und deren Winkelgeschwindigkeit ω [s^{-1}] bzw. deren Drehzahl n [s^{-1}] bestimmt:

$$P = M \cdot \omega = M \cdot 2 \cdot \pi \cdot n \tag{19.43}$$

Bei einem Umlaufgetriebe mit drei laufenden Wellen sind die folgenden zwei Betriebsarten möglich:

- eine Antriebswelle mit zwei Abtriebswellen,
- zwei Antriebswellen mit einer Abtriebswelle.

Inwiefern eine Welle als Antriebs- oder Abtriebswelle arbeitet, ergibt sich aus dem Vorzeichen ihrer Leistung entsprechend den Merksätzen 1 bis 3 nach Abschnitt 19.2.1, wonach eine Antriebswelle bei gleichen Vorzeichen von Drehmoment und Drehzahl dem Getriebe stets eine positive Leistung zuführt, während eine Abtriebswelle aufgrund verschiedener Vorzeichen von Drehmoment und Drehzahl eine negative Antriebsleistung abführt:

$$P_{an} = M_{an} \cdot \omega_{an} > 0 \quad \text{und} \quad P_{ab} = M_{ab} \cdot \omega_{ab} < 0 \tag{19.44}$$

Grundsätzlich kann jede Welle eines Umlaufgetriebes abhängig von den momentanen Drehzahlen die alleinige Antriebs- oder Abtriebswelle sein, sodass sie jeweils die Gesamtleistung führt und deshalb auch als Gesamtleistungswelle bezeichnet wird. Da die verbleibenden beiden Wellen dann jeweils nur einen Teil der Gesamtleistung übertragen, werden sie auch Teilleistungswellen genannt. Somit ergibt sich aus Gründen der Energieerhaltung folgender Merksatz:

Satz 16 Wenn die Gesamtleistungswelle eine Antriebswelle ist, müssen die beiden Teilleistungswellen Abtriebswellen sein und umgekehrt.

Ergänzend sei darauf hingewiesen, dass bei einem Umlaufgetriebe mit zwei Antriebswellen gleichzeitig auch entgegengesetzte Drehrichtungen (positiv und negativ) vorliegen können. Zur Einhaltung von Merksatz 2 muss dann allerdings das Antriebsmoment der positiv drehenden Welle ebenfalls positiv und das der negativ drehenden Welle negativ sein, damit die Leistung jeder Antriebswelle positiv wird. Demzufolge muss man die Drehrichtung von Antriebswellen nicht grundsätzlich als positiv festlegen.

19.2.5.1 Leistungsteilung und Leistungssummierung

Da man in einem Umlaufgetriebe mit einer Antriebswelle die zugeführte Leistung auf die zwei Abtriebswellen verteilt, nennt man diesen Vorgang auch Leistungsteilung. Dabei wird das Verhältnis der beiden Teilleistungen durch die Drehmomente und Drehzahlen der Abtriebswellen eindeutig bestimmt, sodass es vom (konstanten) Verhältnis der drei Drehmomente des jeweiligen Getriebes gemäß Gleichung (19.42) und von dessen momentanem Bewegungszustand abhängt.

Demzufolge ist die Leistungsteilung eine Eigenschaft des Betriebszustandes und nicht des Getriebes, während die in Abschnitt 19.2 beschriebene Leistungsverzweigung vom Betriebszustand nicht beeinflusst wird, da die dort über mehrere Planetenräder „verzweigte" Leistung anschließend wieder auf ein Zahnrad und eine Welle zusammengeführt wird [19.178].

Bei der Leistungssummierung in einem Umlaufgetriebe mit zwei Antriebswellen werden deren Leistungen summiert und die Gesamtleistung an der Abtriebswelle abgeführt, weshalb man in diesem Betriebszustand laufende Getriebe auch als „Summiergetriebe" oder „Sammelgetriebe" bezeichnet, was grundsätzlich bei jedem Umlaufgetriebe möglich ist.

Bedingt durch das gemäß Gleichung (19.42) festliegende gegenseitige Verhältnis der drei Wellenmomente mit der Standübersetzung i_{12}, ist es nur noch von der freien Wahl zweier Drehzahlen abhängig, ob dieses Getriebe als Leistungsteilungsgetriebe oder als Sammelgetriebe betrieben wird. Somit kann aufgrund gewählter Drehzahlen jede der drei Wellen als einzige Antriebs- oder einzige Abtriebswelle auch Gesamtleistungswelle sein. Sobald aber die Standübersetzung i_{12} und nur ein freies Drehzahlverhältnis k_{xy} zweier beliebiger Wellen feststehen, ergibt sich daraus zwangsläufig, welche der drei Wellen gemäß Tabelle 19.6 die Gesamtleistungswelle ist.

Ist darüber hinaus von einer der drei Wellen noch bekannt, ob sie Antriebs- oder Abtriebswelle ist, so können abhängig von den Eigenschaften Leistungsteilung oder Leistungssummierung anhand von Tabelle 19.6 auch noch der äußere Leistungsfluss mit dem zutreffenden Exponenten $w1$ für die Wirkungsgrad- und Drehmomentberechnung bestimmt werden [19.178].

Betriebsbereich					**Leistungsteilung**			**Leistungssummierung**		
i_{12}	k_{12}	k_{1s}	k_{2s}	Glw[1)]	Fall	Leistungsfluss	$w1$	Fall	Leistungsfluss	$w1$
< 0	$< i_{12}$	$> i_{1s}$	< 0	1	A	$1 <^{2}_{s}$	+1	B	${}^{2}_{s}> 1$	−1
< 0	$i_{12} \ldots 0$	< 0	$> i_{2s}$	2	C	$2 >^{1}_{s}$	−1	D	${}^{1}_{s}> 2$	+1
< 0	$0 \ldots 1$	$0 \ldots 1$	$1 \ldots i_{2s}$	s	E	$s <^{1}_{2}$	+1	F	${}^{1}_{2}> s$	−1
< 0	> 1	$1 \ldots i_{1s}$	$0 \ldots 1$	s	G	$s <^{1}_{2}$	−1	H	${}^{1}_{2}> s$	+1
$0 \ldots 1$	< 0	$0 \ldots i_{1s}$	$i_{2s} \ldots 0$	s	E	$s >^{1}_{2}$	+1	F	${}^{1}_{2}> s$	−1
$0 \ldots 1$	$1 \ldots i_{12}$	< 0	$< i_{2s}$	2	C	$2 <^{1}_{s}$	−1	D	${}^{1}_{s}> 2$	+1
$0 \ldots 1$	$i_{12} \ldots 1$	> 1	> 1	1	A	$1 <^{2}_{s}$	+1	B	${}^{2}_{s}> 1$	−1
$0 \ldots 1$	> 1	$i_{1s} \ldots 1$	$0 \ldots 1$	1	I	$1 <^{2}_{s}$	−1	K	${}^{2}_{s}> 1$	+1
> 1	< 0	$i_{1s} \ldots 0$	$0 \ldots i_{2s}$	s	G	$s <^{1}_{2}$	−1	H	${}^{1}_{2}> s$	+1
> 1	$0 \ldots 1$	$0 \ldots 1$	$i_{2s} \ldots 1$	2	L	$2 <^{1}_{s}$	+1	M	${}^{1}_{s}> 2$	−1
> 1	$1 \ldots i_{12}$	> 1	> 1	2	C	$2 <^{1}_{s}$	−1	D	${}^{1}_{s}> 2$	+1
> 1	$> i_{12}$	$< i_{1s}$	< 0	1	A	$1 <^{2}_{s}$	+1	B	${}^{2}_{s}> 1$	−1
1) Glw: Gesamtleistungswelle					$w1$: Exponent des Standwirkungsgrades η_o^{w1}					

Tabelle 19.6: Betriebsbereiche eines Umlaufgetriebes mit drei Wellen bei Vorgabe der Standübersetzung i_{12} und eines beliebigen freien Drehzahlverhältnisses k_{xy} [19.178]

19.2.5.2 Wälzleistung, Kupplungsleistung und Verlustleistung

Im Zusammenhang mit den von Robert Willis beschriebenen beiden Teilbewegungen nach Abschnitt 19.2.3 erfolgt die Übertragung von Teilleistungen innerhalb von Umlaufrädergetrieben in unterschiedlicher Weise.

So wird bei einem Umlaufrädergetriebe in der Arbeitsweise als Standgetriebe mit stillstehendem Steg die gesamte Leistung durch Abwälzen über die Zahnräder von der Antriebswelle zur Abtriebswelle mit deren Wälzdrehzahlen übertragen. Deshalb bezeichnet man diese Leistung an einer Anschlusswelle auch als ihre Wälzleistung P_W, die bei einem reinen Standgetriebe der äußeren Leistung der Antriebswelle entsprechen würde. Weiterhin ist zu beachten, dass eine Wälzleistung nur über die mit Zahnrädern versehenen Standgetriebewellen 1 und 2 durch Abwälzen übertragen werden kann, aber niemals über die Stegwelle.

Die Wälzleistung hängt ab von der Umfangskraft der Zahnräder im Wälzkreis und der Wälzgeschwindigkeit, d.h. der Geschwindigkeit der Zähne relativ zum Wälzpunkt, in dem sich die beiden Wälzkreise eines Zahnradpaares berühren. Weiterhin liegt der Wälzpunkt auf der Geraden zwischen den Drehachsen der beiden auf dem Steg gelagerten Zahnräder in einer konstanten Lage zum Steg. Im Fall des Standgetriebes steht er mit dem Steg still, während er sich mit dem Steg bewegt, sobald dieser umläuft. Demzufolge werden die Wälzleistungen P_W nur mit der Relativdrehzahl der betrachteten Standgetriebewelle gegenüber dem Steg übertragen:

$$P_{W1} = M_1 \cdot (\omega_1 - \omega_s) \quad \text{und} \quad P_{W2} = M_2 \cdot (\omega_2 - \omega_s) \tag{19.45}$$

Sobald dann das Umlaufrädergetriebe die zweite Teilbewegung ausführt, bewegen sich alle drei Wellen wie eine starre Kupplung mit gleicher Drehzahl, sodass alle Zahnräder relativ zum Steg und somit auch relativ zu ihrem Wälzpunkt stillstehen. Auch wenn der Wälzpunkt selbst mit dem Steg umläuft, kann wegen der fehlenden Relativbewegung in diesem Zustand keine Wälzleistung übertragen werden. Damit entstehen auch weder im Zahnkontakt noch in den Lagern der relativ zum Steg stillstehenden Planetenräder reibungsbedingte Verluste.

Da sich alle drei Wellen wie eine starre Kupplung verhalten, übertragen die stillstehenden Zähne jetzt mit ihren Kräften im Zahnkontakt und mit der Stegdrehzahl n_s die sogenannten Kupplungsleistungen P_{K1} und P_{K2}, wobei der Umlaufwirkungsgrad gemäß Abschnitt 19.2.6 $\eta_{Uml} = 1$ ist. Bedingt durch die für alle drei Wellen gleiche Stegdrehzahl n_s stehen die Kupplungsleistungen im selben konstanten Verhältnis zueinander wie die Drehmomente der zugeordneten Wellen nach Gleichung (19.42):

$$P_{K1} : P_{K2} : P_{Ks} = M_1 \cdot n_s : M_2 \cdot n_s : M_s \cdot n_s = M_1 : M_2 : M_s \tag{19.46}$$

Daraus ergibt sich weiterhin, dass die Kupplungsleistung der Summenwelle das entgegengesetzte Vorzeichen hat wie die Kupplungsleistungen der beiden Teilleistungswellen, sodass die Kupplungsleistung bei positivem Vorzeichen im Inneren des Getriebes immer von der Summenwelle zu den beiden Teilleistungswellen fließt oder bei negativem Vorzeichen entsprechend von den Teilleistungswellen zur Summenwelle.

Die einzelnen Wellenleistungen P_1, P_2 und P_s ergeben sich nun aus der Überlagerung der Kupplungs- und Wälzleistungen an jeder einzelnen Welle, sodass mit Gleichung (19.45) und Gleichung (19.46) folgt:

$$P_1 = P_{K1} + P_{W1} = M_1 \cdot \omega_s + M_1 \cdot (\omega_1 - \omega_s) = M_1 \cdot \omega_1 \tag{19.47}$$

$$P_2 = P_{K2} + P_{W2} = M_2 \cdot \omega_s + M_2 \cdot (\omega_2 - \omega_s) = M_2 \cdot \omega_2 \tag{19.48}$$

$$P_s = P_{Ks} + 0 = M_s \cdot \omega_s \tag{19.49}$$

Aufgrund der Energieerhaltung müssen auch die Summen der Teilleistungen gleich Null sein, wobei die stets negative Reibungsverlustleistung P_v bei der Wälzleistung berücksichtigt wird:

$$\sum \text{Kupplungsleistungen:} \quad P_{K1} + P_{K2} + P_{Ks} = 0 \tag{19.50}$$

$$\sum \text{Wälzleistungen:} \quad P_{W1} + P_{W2} + P_V = 0 \tag{19.51}$$

$$\sum \text{Wellenleistungen:} \quad P_1 + P_2 + P_s + P_V = 0 \tag{19.52}$$

Da der Wirkungsgrad η_o bzw. der Verlustgrad $\zeta_o = (1 - \eta_o)$ eines Standgetriebes überwiegend durch die Zahnreibungsverluste beim Abwälzen der Zahnräder beeinflusst wird (s.a. Kapitel 18 – Stirnradgetriebe), ändert sich an diesen Reibungsverhältnissen nichts, sofern man der so übertragenen Wälzleistung eine verlustlose Kupplungsleistung überlagert und somit ein Umlaufrädergetriebe mit zwei oder drei laufenden Wellen erhält, sodass gilt:

$$P_V = -P_{W,an} \cdot (1 - \eta_o) = -P_{W,an} \cdot \zeta_o \qquad (19.53)$$

Hierin bezeichnen $P_{W,an}$ die positive (antreibende) Wälzleistung der Welle 1 oder 2 eines Umlaufgetriebes, η_o den Wirkungsgrad und ζ_o den Verlustgrad des Standgetriebes bei jeweils derselben antreibenden Welle. Um nun nicht suchen zu müssen, welche der Wellen 1 oder 2 gerade die Antriebswelle ist, erfolgt unter Verwendung der Gleichungen (19.38) und (19.39) der ausschließliche Bezug auf die Wälzleistung P_{W1} der Welle 1 [19.23], [19.178]:

$$P_V = -P_{W1} \cdot \left(1 - \eta_o^{w1}\right) = -M_1 \cdot (\omega_1 - \omega_s) \cdot \left(1 - \eta_o^{w1}\right) \qquad (19.54)$$

Entsprechend der Gleichungen (19.47) bis (19.49) berechnet sich die Leistung jeder Standgetriebewelle aus der Summe der jeweils zugeordneten Wälz- und Kupplungsleistungen, was auch anhand von Abbildung 19.18 verdeutlicht werden soll.

So wird bei der schematischen Darstellung in Abbildung 19.18 angenommen, dass sich das innere Zentralrad 1 mit 90°/s im Uhrzeigersinn dreht, woraus sich die übrigen zugeordneten Kreispfeile mit den jeweils zurückgelegten Drehwinkeln pro Sekunde von Steg s und äußerem Hohlrad 2 ergeben. Abbildung 19.18 a) gibt die Bewegung als Standgetriebe mit stillstehendem Steg wieder, sodass das Hohlrad 2 entgegen der Antriebsrichtung gedreht wird ($n_2 < 0$), wobei nur Wälzleistung auftritt. Aufgrund der gegenläufigen Drehrichtungen von Zentralrad 1 und Hohlrad 2 handelt es sich um ein Minusgetriebe mit einer Standübersetzung von $i_{12} < 0$.

Steht eine Standgetriebewelle still, sodass wegen $n_{1,2} = 0$ auch ihre Wellenleistung $P_{1,2} = 0$ sein muss, so nehmen dann ihre momentanen Wälz- und Kupplungsleistungen den gleichen Betrag bei entgegengesetztem Vorzeichen an, $P_{W1,2} = -P_{K1,2}$. Derartige nicht nutzbaren Leistungen nennt man auch Blindleistungen und unterscheidet sie beim Umlaufrädergetriebe nochmals in Kupplungsblindleistungen und Wälzblindleistungen.

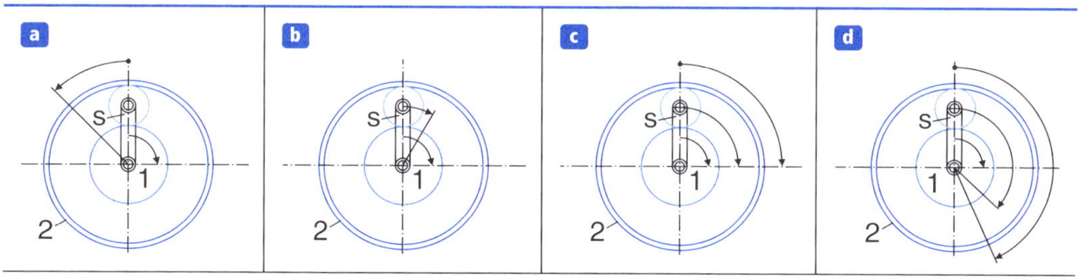

Abbildung 19.18: Wälzleistung und Kupplungsleistung bei verschiedenen Bewegungszuständen eines Umlaufrädergetriebes nach [19.178]

Während sich die Kupplungsblindleistungen durch theoretisch verlustlose, nicht nutzbare Bewegung beschreiben lassen, entstehen durch Wälzblindleistungen aufgrund der mit dem Abwälzen verbundenen Zahnreibungsverluste immer eine erhöhte Erwärmung und eine dadurch bedingte Verminderung des Gesamtwirkungsgrades.

Im Beispiel nach Abbildung 19.18 b) steht das Hohlrad 2 still ($n_2 = 0$), sodass sich Wälz- und Kupplungsleistung an der Welle 2 aufheben:

$$P_{K2} = -P_{W2} \quad \text{mit} \quad P_{K2} = M_2 \cdot \omega_s > 0 \quad \text{und} \quad P_{W2} = M_2 \cdot (\omega_2 - \omega_s) < 0 \tag{19.55}$$

Da die Wälzleistung P_{W1} an der Antriebswelle 1 kleiner ist als ihre gesamte Antriebsleistung P_{an}, werden die Wälzverlustleistung P_V niedriger und der Umlaufwirkungsgrad η_{1s} höher als der Standwirkungsgrad η_{12}:

$$P_{W1} = M_1 \cdot (\omega_1 - \omega_s) < P_{an} = M_1 \cdot \omega_1 \tag{19.56}$$

Abbildung 19.18 c) gibt den Bewegungszustand im Kupplungspunkt wieder, sodass für die Drehzahlen $n_1 = n_2 = n_s$ gilt und nur die Kupplungsleistung ohne Verluste übertragen wird. Entsprechend Merksatz 10 müssen dabei die Drehmomente der angeschlossenen Maschinen genau in dem gleichen Verhältnis zueinander stehen, wie es die rechnerischen Drehmomente der Wellen fordern.

Der in Abbildung 19.18 d) wiedergegebene Betriebszustand ist gekennzeichnet durch einen Antrieb an Welle 1 mit positiver Drehzahl n_1 und positivem Drehmoment M_1. Bedingt durch die gleichen Drehrichtungen sämtlicher Wellen sind auch $n_2 > 0$ und $n_s > 0$. Entsprechend der Merksätze 8 und 11 sind für das vorliegende Minusgetriebe $M_2 > 0$ und $M_s < 0$, sodass nach Merksatz 3 die Wellen 1 und 2 Antriebswellen sind, während die Stegwelle s der Abtrieb ist. Da die Stegdrehzahl $n_s > n_1$ und gleichzeitig aber auch $n_s < n_2$ ist, fließt die Wälzleistung von Welle 2 zu 1, sodass der zugehörige Standwirkungsgrad η_{21} ist:

$$P_{W1} = M_1 \cdot (\omega_1 - \omega_s) < 0 \quad \text{und} \quad P_{W2} > 0 \tag{19.57}$$

Für die Gesamtantriebsleistung P_{an} und die verlustfreie Kupplungsleistung P_{Ks} am Steg gilt:

$$P_{an} = M_1 \cdot \omega_1 + M_2 \cdot \omega_2 \quad \text{und} \quad P_{Ks} = M_s \cdot \omega_s < 0 \tag{19.58}$$

19.2.5.3 Leistungsflüsse in einem einfachen Umlaufgetriebe

Zum besseren Verständnis der Wirkungsweise der Umlaufgetriebe wird im Folgenden auf die möglichen Leistungsflüsse eingegangen. So können sich in jedem einfachen Dreiwellengetriebe mit einer vorgegebenen Standübersetzung abhängig von den jeweils gewählten Drehzahlen die sechs möglichen äußeren Leistungsflüsse gemäß Abbildung 19.19 einstellen.

Inwieweit nun die Verteilung äußerer Leistung von einer Antriebswelle auf zwei Abtriebswellen oder die Summierung der äußeren Leistungen von zwei Antriebswellen auf eine Abtriebswelle erfolgt, ergibt sich aus der Kupplungsleistung, deren Abhängigkeit für alle drei Wellen durch Gleichung (19.50) beschrieben wird. Außerdem sind gemäß Gleichung (19.46) das Verhältnis der drei Kupplungsleistungen zueinander und ihre Vorzeichen durch die Drehmomente und damit auch durch die Standübersetzung i_{12} und den Standwirkungsgrad η_{12} jedes Umlaufgetriebes eindeutig festgelegt.

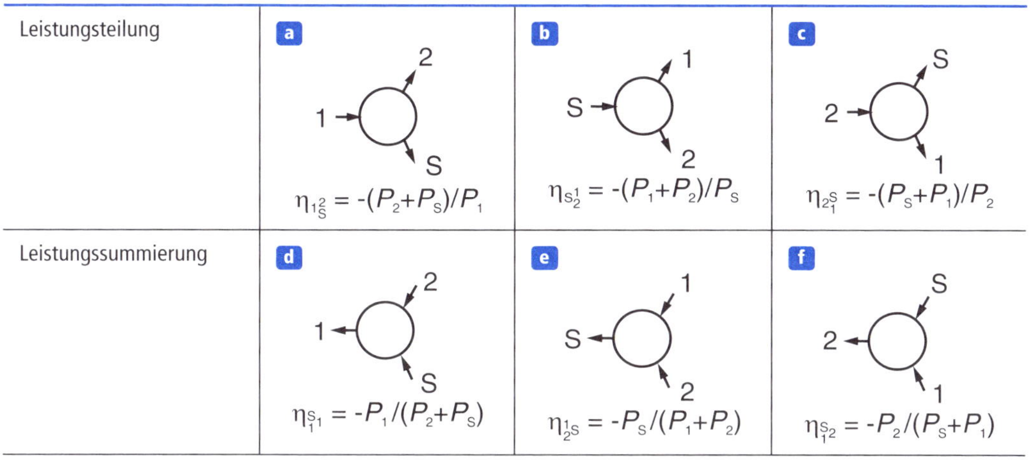

Abbildung 19.19: Dreiwellengetriebe – sechs mögliche Definitionsgleichungen der Wirkungsgrade nach [19.178]

Demzufolge fließt die Kupplungsleistung entweder von der Summenwelle zu den beiden Differenzwellen oder umgekehrt. Unter der Annahme konstanter Drehmomente $M_{1,2,s}$ sind dann die Kupplungsleistungen $P_{K1,K2,Ks}$ der drei Wellen jeweils proportional zur absoluten Stegdrehzahl n_s, da sie nicht durch die Drehzahlen der Zahnräder beeinflusst werden.

Im Gegensatz dazu ist die Wälzleistung $P_{W1,W2}$ proportional zu den Relativdrehzahlen $(n_1 - n_s)$ bzw. $(n_2 - n_s)$ der Wellen 1 und 2 gegenüber dem Steg. Damit kann die Wälzleistung bei konstanter Stegdrehzahl n_s durch Änderung der Drehzahl n_1 oder n_2 in ihrer Größe und Richtung beliebig verändert werden und zwischen den beiden Wellen 1 und 2 fließen.

Somit lässt sich durch Überlagerung des starren Kupplungsleistungsflusses und des veränderlichen Wälzleistungsflusses jeder äußere Leistungsfluss abhängig vom gewählten Drehzahlverhältnis zwischen zwei beliebigen Anschlusswellen einstellen. Vor diesem Hintergrund ergibt sich für alle ausführbaren Bauformen der Gruppe von Plusgetrieben und Minusgetrieben jeweils nur eine Möglichkeit der Leistungsüberlagerung.

Betrachtet man zunächst die Minusgetriebe, so ist die Stegwelle s immer die Summenwelle. Somit kann die Kupplungsleistung bei rotierendem Steg und z.B. gleicher Drehzahl aller drei Anschlusswellen von s nach 1 und nach 2 oder entgegengesetzt fließen, wobei wegen der gleichen Drehzahlen gemäß Gleichung (19.45) keine Wälzleistung auftritt. Sobald die Drehzahlen der Wellen 1 und 2 nicht gleich sind, kann zwischen diesen Wellen Wälzleistung fließen.

Hieraus folgen direkt die in Abbildung 19.20 wiedergegebenen acht möglichen inneren Leistungsflüsse, wobei je nach Vorzeichen der äußeren Leistung entweder Leistungsteilung oder Leistungssummierung auftritt. Den Leistungsflussbildern lässt sich entnehmen, dass bei einem Minusgetriebe keine der zwischen den einzelnen Wellen übertragenen Teilleistungen größer sein kann als die zugeführte Leistung.

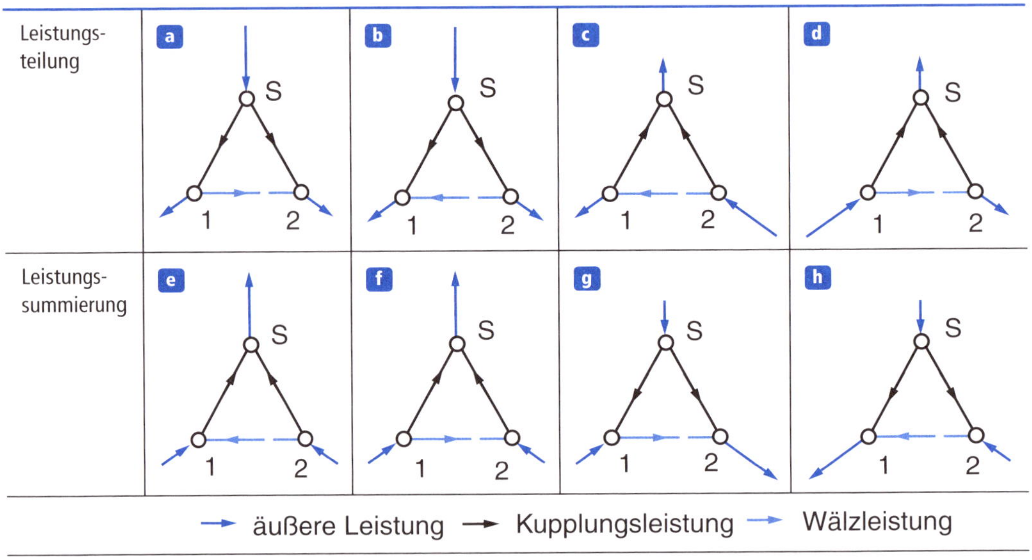

Abbildung 19.20: Minusgetriebe – Äußere und innere Leistungsflüsse nach [19.178]

Aufgrund dessen ist die mit Verlusten verbundene Wälzleistung bei Minusgetrieben immer kleiner als die zugeführte Gesamtleistung und der Umlaufwirkungsgrad η_{Uml} gemäß Abschnitt 19.2.6 ist grundsätzlich höher als der Standwirkungsgrad η_{12} bzw. η_{21}, woraus der wichtige Merksatz 17 folgt:

Satz 17

Bei Minusgetrieben ist die verlustbehaftete Wälzleistung immer kleiner als die äußere Leistung.

Im Gegensatz zu Minusgetrieben ist bei Plusgetrieben immer eine der beiden Zahnradwellen die Summenwelle. Dabei fließen die Kupplungsleistungen sowohl zwischen der Summenwelle und der anderen Zahnradwelle als auch zwischen der Summenwelle und der Stegwelle, während zwischen der anderen Zahnradwelle und dem Steg kein direkter Leistungsfluss auftritt. Demzufolge fließt bei Plusgetrieben zwischen beiden Zahnradwellen neben der Wälzleistung auch Kupplungsleistung. Hieraus ergeben sich die in Abbildung 19.21 gezeigten 8 möglichen inneren Leistungsflüsse, unter der Annahme, dass Welle 1 die Summenwelle ist. Sollte Welle 2 die Summenwelle sein, so erhält man die Leistungsflüsse durch einfaches Vertauschen der Ziffern 1 und 2.

Zur Erläuterung von Abbildung 19.21 enthält Tabelle 19.7 einige Beispiele, die für ein Getriebe mit einer Standübersetzung von $i_{12} = 0{,}8$, den Standwirkungsgraden $\eta_{12} = \eta_{21} = 0{,}95$ und gleichbleibender Drehzahl n_1 durch Veränderung der Drehzahl n_2 ermittelt wurden, wobei der jeweilige Leistungsfluss an den Vorzeichen der einzelnen Leistungen zu erkennen ist. Lediglich im letzten Beispiel wurde die Standübersetzung auf $i_{12} = 0{,}3$ geändert.

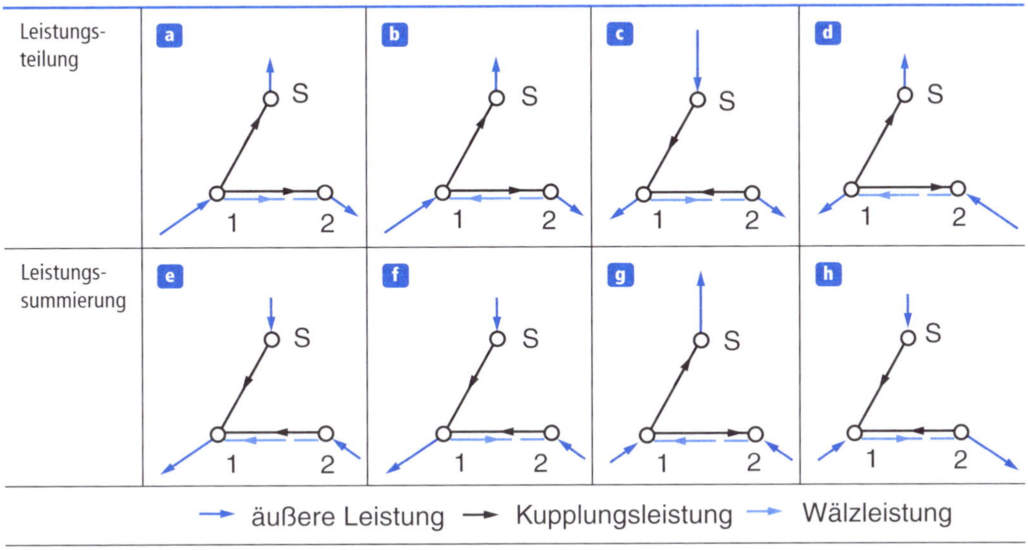

Abbildung 19.21: Plusgetriebe – Äußere und innere Leistungsflüsse mit Welle 1 als Summenwelle nach [19.178]

Leistungsfluss		I, a	I, b_1	I, b_2	I, c_1	I, d	I, c_2
Gesamtleistungswelle		1	1	1	s	2	s
Standübersetzung		0,8	0,8	0,8	0,8	0,8	0,3
Drehzahlen [s^{-1}]	n_1	10,0	10,0	10,0	10,0	10,0	10,0
	n_2	11,0	9,0	6,0	−3,0	17,5	−3,0
	n_s	6,0	14,0	26,0	62,0	−20,0	15,6
Drehmomente [Nm]	M_1	10,0	10,0	10,0	−10,0	−10,0	−10,0
	M_2	−7,6	−8,4	−8,4	7,6	8,4	2,8
	M_s	−2,4	−1,6	−1,6	2,4	1,6	7,2
Wellenleistung [W]	P_1	628,3	628,3	628,3	−628,3	−628,3	−628,3
	P_2	−525,2	−476,2	−317,5	−143,2	925,9	−53,0
	P_s	−90,4	−138,9	−257,9	934,9	−198,4	705,7
	$P_{Verl.}$	−12,5	−13,3	−52,9	−163,4	−99,2	−24,4
Wälzleistung [W]	P_{W1}	251,8	−251,3	−1.005,1	3.267,3	−1.884,9	352,0
	P_{W2}	−238,7	264,5	1.058,0	−3.103,9	1.984,1	−327,2
Kupplungsleistung [W]	P_{K1}	376,9	879,6	1.633,6	−3.895,5	1.256,6	−980,2
	P_{K2}	−286,5	−740,7	−1.375,6	2.960,6	−1.058,2	274,5
	$P_{Ks} = P_s$	−90,4	−138,9	−257,9	934,9	−198,4	705,7
Wirkungsgrad [-]	η_{Uml}	0,980	0,979	0,916	0,825	0,893	0,975
Angenommene Standwirkunsggrade: $\eta_{12} = \eta_{21} = 0{,}95$							

Tabelle 19.7: Betriebsbereiche und Leistungsflüsse eines Umlaufrädergetriebes im Dreiwellenbetrieb nach [19.178]

Anhand der gezeigten Leistungsflüsse in Abbildung 19.21 a) (Leistungsteilung) und Abbildung 19.21 e) (Leistungssummierung), bei denen die Welle 1 zugleich Summenwelle und Gesamtleistungswelle ist, wird deutlich, dass die Wälz- und Kupplungsleistung parallel dem äußeren Leistungsfluss folgt und damit ihre Summe die äußere Leistung ergibt. Damit muss jede Teilleistung – und hierzu gehört auch die Wälzleistung – kleiner sein als die übertragene Gesamtleistung, sodass für den Fall a) gemäß Tabelle 19.7 der Umlaufwirkungsgrad η_{Uml} größer wird als der Standwirkungsgrad η_{12} bzw. η_{21}.

Nach Abbildung 19.21 b) und f) ist die Welle 1 wiederum sowohl Summenwelle als auch Gesamtleistungswelle, jedoch sind der Wälzleistungsfluss und der Kupplungsleistungsfluss zwischen den Standgetriebewellen 1 und 2 einander entgegengerichtet, womit die verlustfreie Kupplungsleistung die äußere Leistung überträgt. Außerdem muss sie auch noch die entgegengerichtete, verlustbehaftete Wälzblindleistung ausgleichen, sodass sich die äußere Wellenleistung aus der Differenz dieser beiden Leistungen ergibt. Wie die Beispiele in Tabelle 19.7 b1) und b2) zeigen, kann die verlustbehaftete Wälzleistung abhängig vom Betriebszustand mit drei laufenden Wellen entweder kleiner oder größer als die zugeführte Gesamtleistung sein. Demzufolge wird auch der Umlaufwirkungsgrad η_{Uml} höher oder niedriger als der Standwirkungsgrad η_{12} bzw. η_{21}.

In gleicher Weise kann auch bei den Leistungsflüssen nach Abbildung 19.21 c) und g) der Umlaufwirkungsgrad η_{Uml} sowohl kleiner als auch größer als der Standwirkungsgrad η_{12} bzw. η_{21} werden. Da die zwischen den Wellen 1 und 2 fließende Wälzleistung auch die entgegengerichtete Kupplungsleistung ausgleichen muss, kann sie nach Tabelle 19.7 c1) größer oder entsprechend Tabelle 19.7 c2) auch kleiner als die zugeführte Gesamtleistung werden. Für eine Standübersetzung von $i_{12} = 0{,}8$ ist dies jedoch nicht möglich. Wie sich nämlich aus Tabelle 19.7 c1) entnehmen lässt, wird gemäß Gleichung (19.41) das Verhältnis der Drehmomente und demzufolge nach Gleichung (19.46) das Verhältnis der Kupplungsleistungen mit $M_2 > M_s$ und somit $P_{K2} > P_{Ks}$ festgelegt. Deshalb wird die Wälzleistung P_{W2} auf jeden Fall größer als die äußere Leistung $P_s = P_{Ks}$, da sie zusätzlich noch die entgegengerichtete Kupplungsleistung ausgleichen muss, sodass der Umlaufwirkungsgrad η_{Uml} kleiner wird als der Standwirkungsgrad η_{12}. Setzt man für den Standwirkungsgrad jedoch $i_{12} = 0{,}3$ gemäß Tabelle 19.7 c2) an, so wird $M_2 < M_s$ und damit auch $P_{K2} < P_{an}$, sodass dann auch der Umlaufwirkungsgrad η_{Uml} größer wird als der Standwirkungsgrad η_{12}.

In Abbildung 19.21 d) und Abbildung 19.21 h) sind die letzten beiden Möglichkeiten der Leistungsflüsse eines Plusgetriebes mit drei laufenden Wellen wiedergegeben, bei denen eine der beiden Standgetriebewellen 1 oder 2 die Summenwelle und die jeweils andere die Gesamtleistungswelle ist. Dabei wird zwischen den Wellen 1 und 2 die Gesamtleistung als Wälzleistung übertragen und zusätzlich die entgegengerichtete Kupplungsleistung durch Wälzleistung ausgeglichen, Tabelle 19.7 d). Demzufolge muss die Wälzleistung immer größer sein als die Gesamtleistung und gleichzeitig der Umlaufwirkungsgrad η_{Uml} kleiner als der Standwirkungsgrad η_{12} bzw. η_{21}.

Zusammenfassend gilt für die Wälzleistung bei Plusgetrieben der folgende Merksatz:

Satz 18 Die Wälzleistung kann bei Plusgetrieben abhängig vom Leistungsfluss größer oder kleiner als die äußere Leistung oder auch gleich der äußeren Leistung sein.

Abschließend soll noch die Bestimmung der Leistungsflüsse aus den Drehzahlverhältnissen dargestellt werden, da entsprechend den vorherigen Ausführungen die Wege des äußeren Leistungsflusses zwischen der Gesamtleistungswelle und den Teilleistungswellen bei gegebener Standübersetzung nur von den Drehzahlen abhängig sind. Demzufolge lassen sich unter der Annahme eines verlustlosen Betriebes mit $\eta_{12} = \eta_{21} = 1$ die Leistungsflüsse auch allein aus der Standübersetzung und den Drehzahlen hinreichend genau wie folgt abschätzen [19.178].

Für das Leistungsverhältnis ε_{s2} der Wellen s und 2 gilt folgender Zusammenhang [19.178]:

$$\varepsilon_{s2} \equiv \left(\frac{P_s}{P_2}\right)_{\eta_o=1} = \frac{k_{12}}{i_{12}} - 1 \qquad (19.59)$$

Das Leistungsverhältnis ε_{12} der Wellen 1 und 2 berechnet sich zu [19.178]:

$$\varepsilon_{12} \equiv \left(\frac{P_1}{P_2}\right)_{\eta_o=1} = -\left(1+\varepsilon_{s2}\right) \text{ mit } \left(\frac{P_1}{P_2}+\frac{P_2}{P_2}+\frac{P_s}{P_2}\right)_{\eta_o=1} = 0 \qquad (19.60)$$

Setzt man nun diejenige der drei Leistungen, die entweder als einzige Antriebsleistung positiv oder als Abtriebsleistung negativ ist, mit dem Wert +1 oder −1 in die betreffende Gleichung (19.59) oder (19.60) ein, so lassen sich mittels beider Gleichungen die jeweiligen Vorzeichen und die relative Größe der drei Leistungen zueinander bestimmen. Aus den Vorzeichen der drei Wellenleistungen ergibt sich dann der äußere Leistungsfluss, während die Verhältnisse untereinander wegen der vereinfachenden Annahme $\eta_0 = 1$ nur angenähert gelten.

19.2.5.4 Feste Betriebsbereiche eines Umlaufgetriebes

Für den allgemeinen Fall des Umlaufgetriebes mit drei laufenden Wellen ist die feste gegenseitige Zuordnung von Standübersetzung, freien Drehzahlverhältnissen und Leistungsflüssen in Tabelle 19.6 zusammengestellt, wobei es mit $i_{12} < 0$ und $0 < i_{12} < 1$ sowie $i_{12} > 1$ drei typische Funktionsbereiche der Standübersetzung gibt. Abhängig von der Lage der Gesamtleistungswelle und der jeweiligen Zuordnung der freien Drehzahlverhältnisse k_{12}, k_{1s} und/oder k_{2s} sind in jedem dieser Bereiche alle drei Arten der äußeren Leistungsflüsse möglich [19.178].

Eine grafische Darstellung dieser festen Zuordnung der Bereiche der freien Drehzahlverhältnisse k zu den Betriebsbereichen mit ihrer kennzeichnenden Gesamtleistungswelle 1, 2 oder s gemäß Tabelle 19.6 ist in den Diagrammen in Abbildung 19.22, Abbildung 19.23 und Abbildung 19.24 wiedergegeben [19.178].

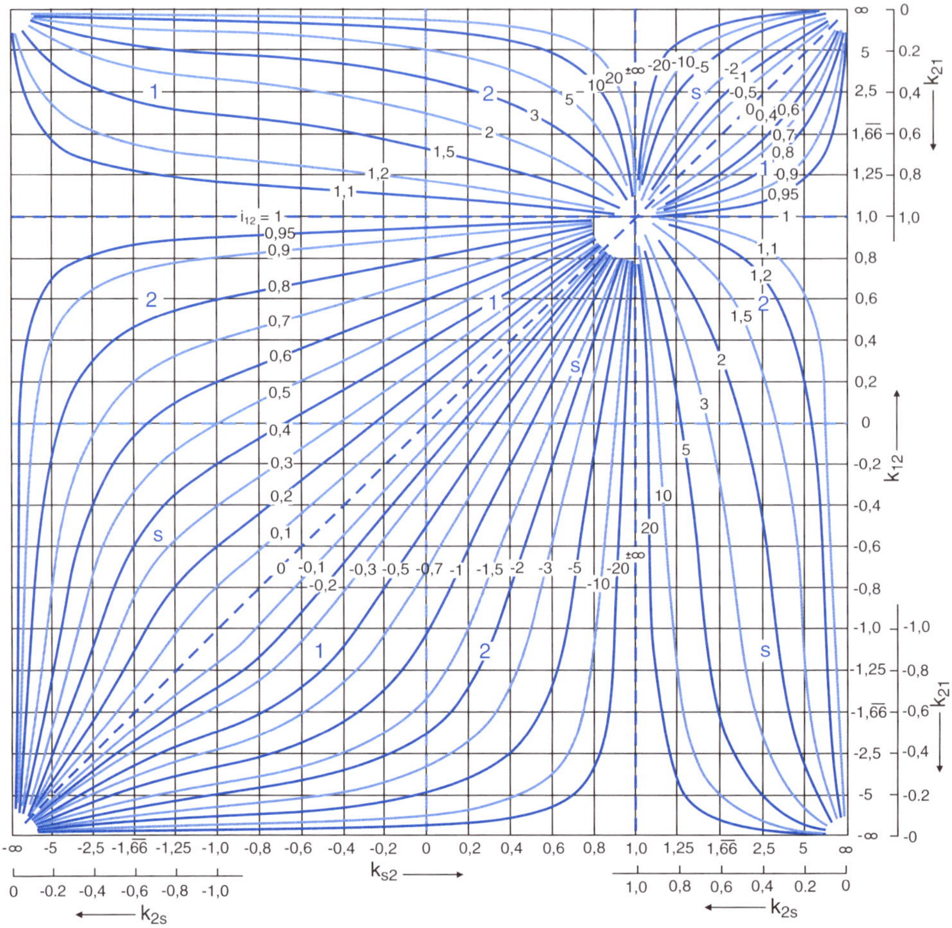

Abbildung 19.22: Gegenseitige Zuordnung der Drehzahlverhältnisse k_{12} und k_{s2} bei Standübersetzung i_{12} gemäß Abschnitt 19.2.3.1 und Tabelle 19.6 mit den jeweiligen Betriebsbereichen und ihrer kennzeichnenden Gesamtleistungswelle 1, 2 und s nach [19.178]

Erfolgt nun der Übergang zwischen zwei solchen Leistungsflüssen, so steht eine der drei Wellen still, wechselt dann ihre Drehrichtung und damit ihre Leistungsflussrichtung und bewirkt somit den Wechsel des gesamten Leistungsflusses. Diese Zusammenhänge lassen sich in den folgenden Merksätzen 19 und 20 zusammenfassen:

Satz 19

Die Gesamtleistungswelle hängt bei gegebener Standübersetzung i_{12} von der Wahl des freien Drehzahlverhältnisses k_{12}, k_{1s} oder k_{2s} ab. Die Richtung des Leistungsflusses ergibt sich dann durch das Vorzeichen eines dazu beliebig gewählten Drehmomentes.

Satz 20 Erfolgt bei einer oder zwei Wellen eine Drehrichtungsumkehr, so wechselt die Gesamtleistungswelle ihren Platz und es ändert sich damit auch der Leistungsfluss.

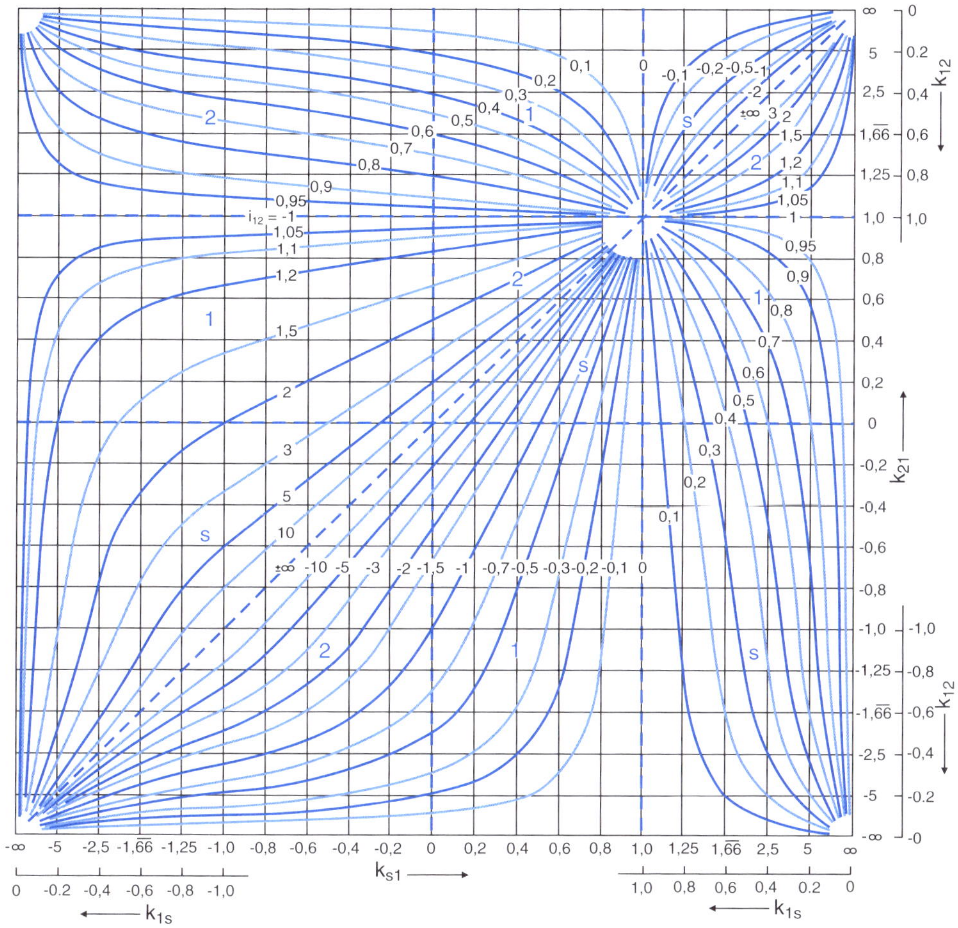

Abbildung 19.23: Gegenseitige Zuordnung der Drehzahlverhältnisse k_{21} und k_{s1} bei Standübersetzung i_{12} gemäß Abschnitt 19.2.3.1 und Tabelle 19.6 mit den jeweiligen Betriebsbereichen und ihrer kennzeichnenden Gesamtleistungswelle 1, 2 und s nach [19.178]

Wird der Kupplungspunkt durchfahren, bei dem alle drei Wellen über die gleiche Drehzahl verfügen und demzufolge für die freien Drehzahlverhältnisse $k_{12} = k_{1s} = k_{2s} = 1$ gilt, ändern die Standgetriebewellen 1 und 2 ihre Drehrichtung gegenüber dem Steg. Hierdurch bedingt wechselt auch das Vorzeichen der Wälzleistung und dieselbe Gesamtleistungswelle wird von einer Antriebswelle zu einer Abtriebswelle oder umgekehrt. Ebenso ändert sich auch das Vorzeichen des Exponenten $w1$, sodass sich der Betriebszustand von Leistungssummierung zu Leistungsteilung ändert.

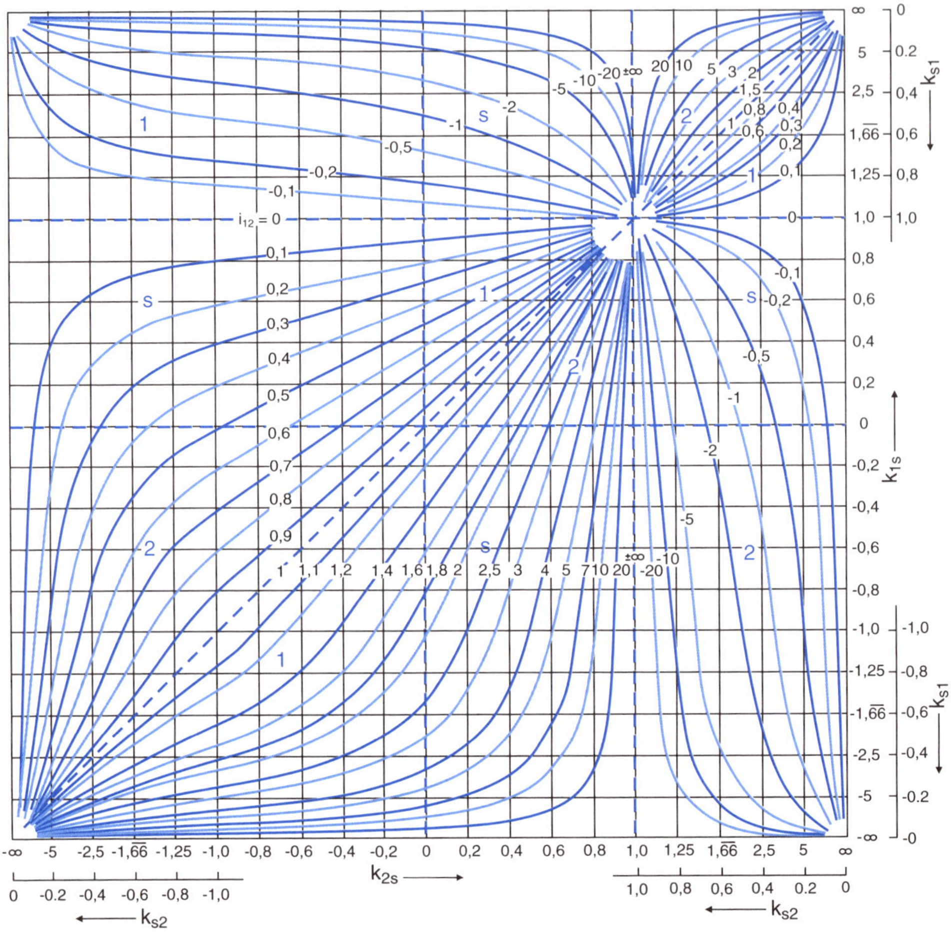

Abbildung 19.24: Gegenseitige Zuordnung der Drehzahlverhältnisse k_{1s} und k_{2s} bei Standübersetzung i_{12} gemäß Abschnitt 19.2.3.1 und Tabelle 19.6 mit den jeweiligen Betriebsbereichen und ihrer kennzeichnenden Gesamtleistungswelle 1, 2 und s nach [19.178]

Hieraus lassen sich folgende Merksätze ableiten:

Satz 21

Wird der Kupplungspunkt durchfahren, ändern sich die Richtung des Wälzleistungsflusses und das Vorzeichen des Exponenten $w1$.

Satz 22

Beim Übergang zwischen zwei verschiedenen Leistungsflüssen laufen Dreiwellengetriebe als Stand- oder Zweiwellengetriebe.

Abschließend sei darauf hingewiesen, dass diese gegenseitigen Abhängigkeiten von Drehzahlbereichen und Leistungsflüssen bei drei laufenden Wellen unabänderlich sind. Gerade bei Antrieben mit veränderlichen Drehzahlen sind diese Zusammenhänge unbedingt zu beachten, da unerwünschte Betriebszustände eintreten können, wenn sich die angeschlossenen Antriebe und Maschinen diesen durch das Umlaufgetriebe vorgegebenen Leistungsflüssen anpassen müssen.

So kann es durchaus erforderlich sein, dass bei einem Antriebssystem mit zwei Motoren in bestimmten Drehzahlbereichen ein Motor als Generator laufen muss, da wegen der oben beschriebenen Abhängigkeiten seine Welle zu einer Abtriebswelle des Getriebes geworden ist.

Daraus ergibt sich folgender wichtiger Merksatz zum Betriebsverhalten von Antriebs- und Arbeitsmaschinen in Verbindung mit einem Umlaufrädergetriebe im Dreiwellenbetrieb:

Satz 23 Die an einem Dreiwellengetriebe angeschlossenen Antriebs- und Arbeitsmaschinen müssen sich immer dem Leistungsfluss im Getriebe anpassen und nicht umgekehrt.

19.2.6 Wirkungsgrade und Selbsthemmung

Nachdem in den vorangegangenen Abschnitten in Verbindung mit den Drehzahlen, Drehmomenten und Leistungen auch schon die Begriffe des Standwirkungsgrades gemäß Abschnitt 19.2.1 und des Umlaufwirkungsgrades benutzt wurden, soll im Weiteren auf die Besonderheiten des Umlaufwirkungsgrades und die Möglichkeit der Selbsthemmung bei Umlaufgetrieben eingegangen werden.

Grundsätzlich unterscheidet sich der Umlaufwirkungsgrad eines Umlaufgetriebes von den sonst üblichen Wirkungsgradbetrachtungen, da innerhalb eines Umlaufgetriebes nicht nur durch Reibung verursachte Leistungsverluste auftreten, sondern auch die Wälz- und Kupplungsleistungen mit ihren unterschiedlichen Einflüssen zu berücksichtigen sind.

Zunächst einmal gilt aber auch bei Umlaufgetrieben der grundlegende Zusammenhang, dass sich ein Wirkungsgrad η aus dem Vergleich der nach einem Umwandlungsprozess in einer Maschine noch verfügbaren oder nutzbaren Ausgangsleistung mit der ursprünglich zugeführten Eingangsleistung bestimmen lässt. Demzufolge gelten für den Wirkungsgrad η und den Verlustgrad ζ mit der Antriebsleistung P_{an}, der Abtriebsleistung P_{ab} und der Verlustleistung P_V folgende Zusammenhänge:

$$\eta = -\frac{P_{ab}}{P_{an}} \quad \text{und} \quad \zeta = -\frac{P_V}{P_{an}} = 1 - \eta \tag{19.61}$$

Bei den meisten Getrieben und anderen verlustbehafteten Maschinen und Anlagen unterliegen der Wirkungsgrad und der Verlustgrad im normalen Betriebsbereich bei Laständerungen kaum Schwankungen, da die überwiegend durch Reibung bedingten Leistungsverluste den antreibenden Kräften und Momenten und damit auch den zugeführten Gesamtleistungen nahezu proportional sind (s.a. Kapitel 18 – Stirnradgetriebe). Davon abweichend sind die Verluste bei Umlaufgetrieben nur von der Wälzleistung als einem Teil der durchgesetzten Leistung abhängig, während man die durchgesetzte Kupplungsleistung als verlustfrei betrachtet.

Demzufolge ist es zur Berechnung des Gesamtwirkungsgrades η eines Umlaufgetriebes gemäß Gleichung (19.61) von Bedeutung, welche Anteile von der durchgesetzten äußeren Leistung auf die innere Wälz- und Kupplungsleistung entfallen und ob diese sich im gemeinsam durchlaufenen inneren Leistungszweig zwischen den Standgetriebewellen summieren oder zum Teil gegenseitig aufheben (s.a. Abschnitt 19.2.5.3). Allein hierin liegt der Grund dafür, dass Umlaufwirkungsgrade zwischen $\eta_{Uml} = \eta_0$ bis +1 bei Minusgetrieben und zwischen +1 und sogar negativen Werten – entsprechend Selbsthemmung oder Teilhemmung – bei Plusgetrieben auftreten können (s.a. Abschnitt 19.2.6.3).

Zur Verdeutlichung dieser abweichenden Besonderheit des Umlaufwirkungsgrades vom üblichen Begriff des Wirkungsgrades sollte ein Umlaufwirkungsgrad immer auch so bezeichnet werden. So wird bereits durch den selbstständigen Begriff „Umlaufwirkungsgrad" deutlich, dass dieser im Vergleich zum sonst üblichen „Wirkungsgrad" vergleichsweise großen Schwankungen unterliegen kann, die abhängig von den gerade gegebenen Drehzahlverhältnissen berechenbar sind.

Dabei ist zusätzlich zu beachten, dass sich der so definierte Umlaufwirkungsgrad η_{Uml} ausschließlich auf den auch im Umlaufbetrieb unverändert angenommenen Standwirkungsgrad η_{12} bezieht. Darüber hinaus im Umlaufbetrieb entstehende zusätzliche Verluste (z.B. Ventilationsverluste oder Plantschverluste, s.a. Kapitel 18 – Stirnradgetriebe) hängen von der konstruktiven Ausführung des Umlaufgetriebes ab und sind zusätzlich zum Umlaufwirkungsgrad η_{Uml} zu berücksichtigen. Derartige Verluste dürfen nicht in den Standwirkungsgrad η_{12} oder η_{21} einbezogen werden, der die Grundlage zur Berechnung von η_{Uml} darstellt, da sie damit auch der jeweils auftretenden Wälzleistung zugeordnet werden würden, was z.B. für Plantschverluste oder Verluste aus Dichtungsreibung falsch wäre.

19.2.6.1 Umlaufwirkungsgrade der Dreiwellengetriebe

Betrachtet man zunächst den allgemeinen Fall eines Umlaufgetriebes im Dreiwellenbetrieb, so kann sich die Antriebs- oder die Abtriebsleistung auf zwei laufende Wellen verteilen, was zur Berechnung des Wirkungsgrades durch Einführung der Summen in Gleichung (19.61) berücksichtigt werden kann:

$$\eta = -\frac{P_{ab}}{P_{an}} = -\frac{\sum(M_{ab} \cdot \omega_{ab})}{\sum(M_{an} \cdot \omega_{an})} = -\frac{\sum(M_{ab} \cdot n_{ab})}{\sum(M_{an} \cdot n_{an})} \tag{19.62}$$

Da jede der drei Wellen als alleinige An- oder Abtriebswelle die Gesamtleistungswelle sein kann, ergeben sich für ein und dasselbe Getriebe abhängig von seinen Drehzahlen sechs mögliche äußere Leistungsflüsse gemäß Abbildung 19.19 [19.178]. Weiterhin gibt es entsprechend Abbildung 19.20 und Abbildung 19.21 in jedem der drei Bereiche der Standübersetzung mit der Summenwelle bei 1, 2 oder s nach Merksatz 13 wegen des zusätzlichen Leistungsflusswechsels beim Durchlaufen des Kupplungspunktes acht innere Leistungsflüsse und damit auch acht verschiedene Wirkungsgradgleichungen entsprechend Tabelle 19.6.

Sobald für ein Umlaufgetriebe die Größen $i_{12,}$ η_{12} und η_{21} bekannt sind, lässt sich sein Umlaufwirkungsgrad η_{Uml} für den jeweiligen Leistungsfluss – hier mit Antrieb an Welle 1 – mit den Gleichungen (19.38), (19.40) und (19.62) bestimmen:

$$\eta_{1<^{2}_{s}} = -\frac{P_2 + P_s}{P_1} = -\frac{M_2 \cdot n_2 + M_s \cdot n_s}{M_1 \cdot n_1} = -\frac{-M_1 \cdot i_{12} \cdot \eta_o^{w1} \cdot n_2 + M_1 \cdot \left(i_{12} \cdot \eta_o^{w1} - 1\right) \cdot n_s}{M_1 \cdot n_1} \tag{19.63}$$

Unter Verwendung der freien Drehzahlverhältnisse k_{21} und k_{s1} gemäß Abschnitt 19.2.3.1 und nach Kürzen von M_1 folgt daraus:

$$\eta_{1<^{2}_{s}} = i_{12} \cdot \eta_o^{w1} \cdot k_{21} - \left(i_{12} \cdot \eta_o^{w1} - 1\right) \cdot k_{s1} \tag{19.64}$$

Drückt man nun die freien Drehzahlverhältnisse k_{21} und k_{s1} durch k_{12} aus, so ergibt sich durch Einsetzen und weiteres Umformen:

$$\eta_{1<^{2}_{s}} = \frac{i_{12} \cdot \eta_o^{w1}}{k_{12}} - \frac{i_{12} \cdot \eta_o^{w1} \cdot \left(1 - \frac{i_{12}}{k_{12}}\right)}{1 - i_{12}} + \frac{1 - \frac{i_{12}}{k_{12}}}{1 - i_{12}} \quad \text{mit} \quad k_{21} = \frac{1}{k_{12}} \quad \text{und} \quad k_{s1} = \frac{1 - \frac{i_{12}}{k_{12}}}{1 - i_{12}} \tag{19.65}$$

$$\eta_{1<^{2}_{s}} = \frac{k_{12} - i_{12} + i_{12} \cdot \eta_o^{w1} \cdot \left(1 - k_{12}\right)}{k_{12} \cdot \left(1 - i_{12}\right)} \tag{19.66}$$

Zur Bestimmung des Exponenten $w1$ muss dann noch mithilfe der Gleichungen (19.38) und (19.39) das Vorzeichen der Wälzleistung P_{W1} der Welle 1 bestimmt werden, wozu die Standübersetzung und die Drehzahlen bekannt sein müssen. Nimmt man beispielsweise ein Minusgetriebe mit einer Standübersetzung von $i_{12} = -3$, Antriebsdrehzahlen von $n_1 = 10\ s^{-1}$ und $n_2 = -8\ s^{-1}$, dann ergibt sich mithilfe der Grundgleichung (19.19) eine Stegdrehzahl von $n_s = -3{,}5\ s^{-1}$.

Entsprechend Merksatz 2 muss das Antriebsmoment M_1 das gleiche Vorzeichen wie die Drehzahl n_1 haben, sodass der Term $M_1 \cdot (n_1 - n_s)$ positiv wird, woraus für den Exponenten $w1 = +1$ folgt, was schließlich zur Wirkungsgradgleichung für diesen einen Leistungsfluss führt:

$$\eta_{1<^{2}_{s}} = \frac{k_{12} - i_{12} + i_{12} \cdot \eta_{12} \cdot \left(1 - k_{12}\right)}{k_{12} \cdot \left(1 - i_{12}\right)} \tag{19.67}$$

In vergleichbarer Vorgehensweise ergibt sich für jeden der jeweils drei möglichen äußeren Leistungsflüsse mit Leistungsteilung und Leistungssummierung eine eigene Berechnungsgleichung für den Wirkungsgrad. Entsprechend Abschnitt 19.2.5.3 werden die durch ihre Gesamtleistungswelle gekennzeichneten Leistungsflüsse jeweils einem Betriebsbereich zugeordnet, in dem die Drehrichtungen aller drei Anschlusswellen gleich bleiben.

Sobald beim Durchlaufen eines vorgesehenen Betriebsdrehzahlbereiches eine Welle zum Stillstand kommt und dann ihre Drehrichtung umkehrt, wechselt auch das Vorzeichen ihrer Leistung und der Betriebsbereich ändert sich. Demzufolge kommt es zu einem anderen Leistungsfluss innerhalb des Getriebes und einer Änderung der Gleichung für den Umlaufwirkungsgrad. Ebenso wechselt die Gesamtleistung ihr Vorzeichen, wenn das Getriebe den

Kupplungspunkt $k_{12} = k_{1s} = k_{2s} = 1$ durchläuft und daraufhin die Wellen 1 und 2 ihre Drehrichtung relativ zum Steg und damit das Vorzeichen ihrer Wälzleistung und des Exponenten $w1$ ändern.

In Erweiterung zu Gleichung (19.67) enthält die folgende Tabelle 19.8 die Umlaufwirkungsgrade für die bei einem Umlaufgetriebe möglichen vier Betriebszustände abhängig von der Standübersetzung i_{12} und vom Bereich eines zutreffenden freien Drehzahlverhältnisses k_{12} oder k_{1s} oder k_{2s}, in dem das Getriebe gerade betrieben wird.

A	$1 <_{s}^{2}$	$\frac{k_{12}-i_{12}+i_{12}\cdot\eta_{12}\cdot(1-k_{12})}{k_{12}\cdot(1-i_{12})}$	(19.68)	B	$_{s}^{2}> 1$	$\frac{k_{12}\cdot\eta_{21}\cdot(1-i_{12})}{\eta_{21}\cdot(k_{12}-i_{12})+i_{12}\cdot(1-k_{12})}$	(19.69)
C	$2 <_{s}^{1}$	$\frac{k_{12}-i_{12}+\eta_{21}\cdot(1-k_{12})}{1-i_{12}}$	(19.70)	D	$_{s}^{1}> 2$	$\frac{\eta_{12}\cdot(1-i_{12})}{\eta_{12}\cdot(k_{12}-i_{12})+1-k_{12}}$	(19.71)
E	$s <_{2}^{1}$	$\frac{(k_{12}-i_{12}\cdot\eta_{12})\cdot(1-i_{12})}{(k_{12}-i_{12})\cdot(1-i_{12}\cdot\eta_{12})}$	(19.72)	F	$_{2}^{1}> s$	$\frac{(k_{12}-i_{12})\cdot(\eta_{21}-i_{12})}{(k_{12}\cdot\eta_{21}-i_{12})\cdot(1-i_{12})}$	(19.73)
G	$s <_{2}^{1}$	$\frac{(k_{12}\cdot\eta_{21}-i_{12})\cdot(1-i_{12})}{(k_{12}-i_{12})\cdot(\eta_{21}-i_{12})}$	(19.74)	H	$_{2}^{1}> s$	$\frac{(k_{12}-i_{12})\cdot(1-i_{12}\cdot\eta_{12})}{(k_{12}-i_{12}\cdot\eta_{12})\cdot(1-i_{12})}$	(19.75)
I	$1 <_{s}^{2}$	$\frac{\eta_{21}\cdot(k_{12}-i_{12})+i_{12}\cdot(1-k_{12})}{k_{12}\cdot\eta_{21}\cdot(1-i_{12})}$	(19.76)	K	$_{s}^{2}> 1$	$\frac{k_{12}\cdot(1-i_{12})}{k_{12}-i_{12}+i_{12}\cdot\eta_{12}\cdot(1-k_{12})}$	(19.77)
L	$2 <_{s}^{1}$	$\frac{\eta_{12}\cdot(k_{12}-i_{12})+1-k_{12}}{\eta_{12}\cdot(1-i_{12})}$	(19.78)	M	$_{s}^{1}> 2$	$\frac{1-i_{12}}{k_{12}-i_{12}+\eta_{21}\cdot(1-k_{12})}$	(19.79)

Tabelle 19.8: Umlaufwirkungsgrade für die Betriebsbereiche A bis M nach Tabelle 19.6 nach [19.178]

Dabei liegt der Exponent $w1$ fest und ist in den betreffenden Gleichungen, die sich jeweils auf einen festgelegten Leistungsfluss beziehen, bereits berücksichtigt. Im Hinblick auf die erforderliche Berechnung von Drehmomenten nach Gleichung (19.38) bis (19.41) kann der Exponent $w1$ aber auch direkt aus der Tabelle 19.6 entnommen werden.

Ferner ist die Verwendung von Tabelle 19.6 und Tabelle 19.8 vorteilhaft, um zur Beurteilung von Anlagen mit Dreiwellengetrieben die Zuordnung gewünschter Leistungsflüsse zu den dafür möglichen freien Drehzahlverhältnissen k herzustellen, wobei diese Zuordnung auch für selbsthemmungsfähige Getriebe gilt [19.178].

Ergänzend soll zum Abschluss noch auf eine einfachere Berechnungsmöglichkeit des Umlaufwirkungsgrades für einen beliebigen Betriebszustand mithilfe der folgenden Gleichung über den Verlustgrad und die Verlustleistung eingegangen werden, wozu allerdings Drehmomente, Drehzahlen und Standwirkungsgrad bekannt sein müssen [19.178], [19.206]:

$$\eta_{Uml} = 1-\zeta_{Uml} = 1+\frac{P_V}{P_{an}} = 1+\frac{P_V}{\sum P_{an}} = 1-\frac{P_{W1}\cdot\left(1-\eta_o^{w1}\right)}{\sum P_{an}} = 1-\frac{M_1\cdot(\omega_1-\omega_s)\cdot\left(1-\eta_o^{w1}\right)}{\sum P_{an}} \quad (19.80)$$

Hierin kann man den Standwirkungsgrad η_o^{w1} schon gemäß Merksatz 10 direkt bestimmen, denn das Vorzeichen von $w1$ ist gleich dem Vorzeichen der Wälzleistung $P_{W1} = M_1 \cdot (\omega_1 - \omega_s)$, sodass bei positivem Vorzeichen $\eta_o^{w1} = \eta_{12}$ wird und bei negativem Vorzeichen $\eta_o^{w1} = 1 / \eta_{21}$. Die Summe der Antriebsleistungen $\sum P_{an}$ entspricht einer oder zwei der drei Wellenleistungen, die sich bei dem angenommenen Wirkungsgrad von $\eta = 1$ aufgrund ihres positiven Vorzeichens als Antriebsleistungen ergeben. Ebenso lässt sich auch aus Tabelle 19.6 ablesen, über welche einzelne Welle oder welche beiden Wellen angetrieben wird. Hierzu kann in der Zeile mit dem zutreffenden Bereich der Standübersetzung i_{12} und eines freien Drehzahlbereiches k_{12}, k_{1s} oder k_{2s} anhand des Leistungsflusses eine Welle als einzige Antriebswelle ermittelt werden. In gleicher Weise lässt sich auch eine Welle als Antriebswelle bestimmen, weil anderenfalls keinerlei Antriebsmöglichkeit gegeben ist.

19.2.6.2 Umlaufwirkungsgrade der Zweiwellengetriebe

Die Zweiwellengetriebe können als Sonderfall der Dreiwellengetriebe mit einer stillstehenden Welle betrachtet werden. Ausgehend von den allgemeinen Wirkungsgradgleichungen für Dreiwellengetriebe nach Tabelle 19.8 erhält man nach Tabelle 19.9 die insgesamt zwölf Gleichungen der Umlaufwirkungsgrade für die Zweiwellengetriebe.

	$i_{12} < 0$		$w1$	$0 < i_{12} < 1$		$w1$	$i_{12} > 1$		$w1$
η_{1s}	$\frac{i_{12} \cdot \eta_{12} - 1}{i_{12} - 1}$	(19.81)	+1	$\frac{\frac{i_{12}}{\eta_{21}} - 1}{i_{12} - 1}$	(19.82)	−1	$\frac{i_{12} \cdot \eta_{12} - 1}{i_{12} - 1}$	(19.83)	+1
η_{s1}	$\frac{i_{12} - 1}{\frac{i_{12}}{\eta_{21}} - 1}$	(19.84)	−1	$\frac{i_{12} - 1}{i_{12} \cdot \eta_{12} - 1}$	(19.85)	+1	$\frac{i_{12} - 1}{\frac{i_{12}}{\eta_{21}} - 1}$	(19.86)	−1
η_{2s}	$\frac{i_{12} - \eta_{21}}{i_{12} - 1}$	(19.87)	−1	$\frac{i_{12} - \eta_{21}}{i_{12} - 1}$	(19.88)	−1	$\frac{i_{12} - \frac{1}{\eta_{12}}}{i_{12} - 1}$	(19.89)	+1
η_{s2}	$\frac{i_{12} - 1}{i_{12} - \frac{1}{\eta_{12}}}$	(19.90)	+1	$\frac{i_{12} - 1}{i_{12} - \frac{1}{\eta_{12}}}$	(19.91)	+1	$\frac{i_{12} - 1}{i_{12} - \eta_{21}}$	(19.92)	−1

Tabelle 19.9: Umlaufwirkungsgrade bei zwei laufenden Wellen nach [19.178]

Man erhält diese Gleichungen, indem man beispielsweise $k_{12} = i_{12}$ setzt, wenn für die Stegdrehzahl $n_s = 0$ gilt, oder aber man setzt $k_{12} = 0$, wenn die Welle 1 stillsteht. Darüber hinaus enthält Tabelle 19.9 auch noch den jeweils zugeordneten Wert des Exponenten $w1$ aus Gleichung (19.39) [19.178].

19.2.6.3 Selbsthemmung und Teilhemmung

Eng verbunden mit den bereits behandelten Wirkungsgraden ist das Problem der Selbsthemmung bei Umlaufgetrieben. Dabei versteht man allgemein unter Selbsthemmung die Blockierung eines zwangsläufigen Mechanismus oder Getriebes allein aufgrund von Reibungskräften zwischen zwei im Betrieb aufeinander gleitenden Getriebegliedern, die von der äußeren Antriebskraft (Antriebsmoment) selbst verursacht werden und auch noch zu dieser proportional sind. Demzufolge kann eine aufgetretene Selbsthemmung auch durch eine beliebig erhöhte Antriebskraft nicht aufgehoben werden, da die hemmenden Reibungskräfte im selben Verhältnis wie die Antriebskraft ansteigen.

Betrachtet man insbesondere den Zahneingriff, so tritt Selbsthemmung ein, wenn im momentanen Berührpunkt an der Zahnflanke die in der Berührebene durch Gleiten entstehende Reibleistung P_g gleich oder größer wäre als die normal zur Berührebene übertragene Nutzleistung P_n. Unter Verwendung der tangentialen Gleitgeschwindigkeit v_g der Glieder im Berührpunkt, der momentanen Normalgeschwindigkeit v_n des Berührpunktes relativ zum Getriebegehäuse und der im Berührpunkt übertragenen Normalkraft F_n gilt folgender Zusammenhang:

$$\mu \cdot F_n \cdot v_g \geq F_n \cdot v_n \quad \text{oder} \quad \mu \geq \frac{v_n}{v_g} \quad \text{mit} \quad P_n = F_n \cdot v_n \quad \text{und} \quad P_g = F_n \cdot v_g \tag{19.93}$$

Dabei ist Selbsthemmung zu erwarten, wenn aufgrund eines Reibungsbeiwertes von μ = 0,05 ... 0,1 die momentane Gleitgeschwindigkeit im Berührpunkt ungefähr dem Zehn- bis Zwanzigfachen der Normalgeschwindigkeit des Berührpunktes relativ zum Getriebegehäuse entspricht. Auch wenn die Selbsthemmung an einer beliebigen Stelle des Leistungsflusses zwischen An- und Abtrieb verursacht werden kann, so wird sie erst am unbeweglichen Abtriebsglied deutlich. Demzufolge bezeichnet man beim Umlaufrädergetriebe den von Selbsthemmung betroffenen Leistungsfluss durch diese gehemmte Abtriebswelle.

Im Weiteren ist noch zu unterscheiden zwischen der Selbsthemmung, bei der aufgrund der hemmenden Haftreibung das Anlaufen eines Getriebes verhindert wird, und der sogenannten Selbstbremsung, bei der ein laufendes Getriebe trotz stetigen Antriebes, aber bedingt durch die innere Gleitreibung, bis zum Stillstand abgebremst wird. Üblicherweise sind Haftreibungsbeiwerte größer als die zugeordneten Gleitreibungsbeiwerte, weshalb selbstbremsende Getriebe immer auch selbsthemmend sind.

Im Vergleich dazu könnte ein selbsthemmendes Getriebe auch in der gehemmten Leistungsflussrichtung gerade noch weiterbetrieben werden, wenn die Gleitreibung bei Bewegung entsprechend geringer wäre als die Haftreibung im Ruhezustand, wobei aber die für den Betrieb geforderte Selbsthemmung dann nicht mehr sicher gegeben wäre. Aufgrund dieser Zusammenhänge legt man selbsthemmende Getriebe sicherheitshalber auch selbstbremsend aus, sodass der Betriebsbereich von der Selbsthemmungsgrenze weg ins Gebiet sicherer Selbsthemmung verlagert wird. Somit erübrigt sich für Umlaufgetriebe im Weiteren die Unterscheidung zwischen Selbsthemmung und Selbstbremsung.

Theoretisch betrachtet könnte ein selbsthemmendes Getriebe unter der Voraussetzung laufen, dass seine in Wärme umgesetzte Verlustleistung größer ist als die Antriebsleistung, was jedoch physikalisch nicht möglich ist. Führt man allerdings die zur Überwindung der Reibung noch fehlende Leistung bzw. das zum Lösen der Verklemmung erforderliche Lösedrehmoment durch zusätzliches Antreiben der Abtriebswelle in Abtriebsdrehrichtung zu, so läuft ein selbsthemmendes Getriebe.

Dabei wechselt aber das Vorzeichen des Drehmoments der gehemmten Abtriebswelle im Vergleich zum Betrieb ohne Selbsthemmung. Bedingt durch das zusätzliche Lösedrehmoment wird die Anpresskraft F_n und damit die hemmende Reibkraft zwischen den tragenden Zahnflanken vom Abtrieb her so gemindert, dass wieder eine Gleitbewegung zwischen den Zahnflanken bei unveränderter antreibender Kraft erfolgen kann.

Dabei ist allerdings zu beachten, dass in diesem Bewegungszustand kein Wechsel der tragenden Zahnflanken stattfindet, was nämlich eintreten würde, wenn das Lösedrehmoment ein echtes Antriebsdrehmoment wäre. Somit bleibt das Lösedrehmoment rechnerisch ein Abtriebsmoment und die Leistung zum Lösen der Selbsthemmung eine Abtriebsleistung, auch wenn sie durch den Vorzeichenwechsel des Drehmoments als negative Abtriebsleistung ein positives Vorzeichen erhält. Letztlich wird das Getriebe in diesem Zustand an allen äußeren Wellen angetrieben und die gesamte zugeführte Leistung wird in Reibungswärme umgesetzt.

Betrachtet man im Weiteren nun den Zusammenhang zwischen Selbsthemmung und Wirkungsgrad, so ist bei einem nicht selbsthemmenden Getriebe gemäß Merksatz 3 die Abtriebsleistung negativ und der damit definierte Wirkungsgrad nach Gleichung (19.10) positiv. Führt man jedoch einem selbsthemmenden Getriebe zur Überwindung des Selbsthemmungszustandes an der Abtriebswelle eine Antriebsleistung zu, so wird das Vorzeichen der Leistung der Abtriebswelle positiv. Demzufolge werden entsprechend Gleichung (19.10) mit $\eta < 0$ der Wirkungsgrad negativ und der Verlustgrad mit $\xi > 1$ positiv, woraus sich folgender Merksatz ergibt:

Satz 24

Wird bei einem selbstgehemmten Getriebe durch Antreiben der Abtriebswelle der Selbsthemmungszustand überwunden, so ist in der gehemmten Leistungsflussrichtung der Umlaufwirkungsgrad stets negativ und sein Verlustgrad wird größer als 1.

Daraus lässt sich ableiten, dass zur Überprüfung der Selbsthemmungsfähigkeit eines Getriebes zu untersuchen ist, ob sein Wirkungsgrad negativ werden kann. Aus den Wirkungsgradgleichungen in Tabelle 19.8 ist ersichtlich, dass nur für die Fälle H und F der Betriebsbereiche mit positiver Standübersetzung i_{12} und unter der Voraussetzung, dass die Stegwelle s die einzige Abtriebswelle ist, ein negativer Umlaufwirkungsgrad $\eta_{Uml} \leq 0$ auftreten kann. Dabei werden in der Wirkungsgradgleichung im Fall H, bedingt durch die zugehörigen vorgegebenen Werte $i_{12} > 1$, $k_{12} < 0$ und die Leistungsflussrichtung $^1_2\!> s$, die Klammerterme im Nenner und der linke Klammerterm des Zählers stets negativ, während der rechte Klammerterm des Zählers ebenfalls nur negativ sein kann und damit der Wirkungsgrad η_{Uml} positiv wird, wenn $i_{12} \cdot \eta_{12} > 1$ ist.

Ebenso wird für $i_{12} = 1 / \eta_{12}$ der Klammerausdruck zu Null und damit der Umlaufwirkungsgrad $\eta_{Uml} = 0$. Sobald $1 < i_{12} < 1 / \eta_{12}$ ist, wird der Umlaufwirkungsgrad mit $\eta_{Uml} < 0$ negativ. In gleicher Weise ergibt für den Fall F mit $i_{12} = 0 \ldots 1$, $k_{12} < 0$ und dem Leistungsfluss $^1_2\!> s$ ein negativer Wirkungsgrad, sofern $1 > i_{12} > \eta_{21}$ wird.

Überführt man diese untersuchten Dreiwellengetriebe in entsprechende selbsthemmende Zweiwellengetriebe, indem eine Antriebsdrehzahl zu Null gesetzt wird ($n_1 = 0$ oder $n_2 = 0$), dann erhält man aus Tabelle 19.9 die betreffenden Umlaufwirkungsgrade η_{1s} und η_{2s} für Selbsthemmung jeweils für die Übersetzungsbereiche $0 < i_{12} < 1$ und $i_{12} > 1$.

Demzufolge sind Umlaufgetriebe als Zwei- oder Dreiwellengetriebe selbsthemmungsfähig, wenn folgende Gleichung und der Merksatz 25 erfüllt werden:

$$\eta_{21} < i_{12} < \frac{1}{\eta_{12}} \tag{19.94}$$

Satz 25

Plusgetriebe sind als Zwei- oder Dreiwellengetriebe selbsthemmungsfähig, sobald für die Standübersetzung $\eta_{21} < i_{12} < 1 / \eta_{12}$ gilt. Die Selbsthemmung kann jedoch nur eintreten, wenn die Stegwelle s die einzige Abtriebswelle ist.

Dabei ist zu beachten, dass die Bewertung der Selbsthemmungsfähigkeit eines Umlaufgetriebes falsch oder unsicher werden kann, wenn die Indizes in Gleichung (19.94) und Merksatz 25 nicht eindeutig auf die Wellen 1 und 2 bezogen sind [19.178].

Darüber hinaus ist ein Umlaufgetriebe auch selbsthemmungsfähig, wenn das ursprüngliche Standgetriebe, aus dem es hervorgegangen ist, in einer oder beiden Leistungsflussrichtungen selbsthemmend ist, wobei dann die gehemmte Standgetriebewelle 1 oder 2 zugleich die gehemmte Abtriebswelle des Umlaufgetriebes ist. Auch wenn ein derartiges Getriebe bisher kaum eine praktische Bedeutung hat, sind entsprechend der weiterführenden Literatur Anwendungen vorstellbar [19.178].

Betrachtet man die Selbsthemmungsgrenze eines Getriebes genauer, so werden für den Umlaufwirkungsgrad $\eta_{Uml} = 0$ das abtreibende Drehmoment $M_{ab} = 0$ und der zugehörige Verlustgrad $\zeta_{Uml} = 1$. Bedingt durch die Unterschiede zwischen Gleitreibung und Haftreibung könnte ein Getriebe theoretisch gerade noch in Bewegung gehalten werden, jedoch wegen des höheren erforderlichen Losbrechmomentes im Stillstand nicht mehr von selbst anlaufen.

Liegen Gleitreibungsbeiwert und Haftreibungsbeiwert nun nahe beieinander, so ist dieser Grenzzustand der Selbsthemmung oder Selbstbremsung sehr unsicher, denn schon bei geringem Abfall des Reibungsbeiwertes wird die Selbsthemmung überwunden. Daraus lässt sich ableiten, dass ein gewünschter Zustand der Selbsthemmung umso sicherer wird, je mehr der Verlustgrad den Wert $\zeta_{Uml} = 1$ übersteigt. Damit wird in Merksatz 26 durch den Verlustgrad das Maß der Sicherheit der Selbsthemmung angegeben [19.178], [19.208]:

Satz 26

Bei selbsthemmungsfähigen Getrieben ergibt sich die Sicherheit gegen Versagen der Selbsthemmung aus der Größe des Verlustgrades $\zeta_{Uml} > 1$.

Ein beispielhaft zu nennendes Einsatzgebiet für selbsthemmende Getriebe sind Zweiwellengetriebe für Hebezeuge, bei denen die Stegwelle s mit einem Antriebsmotor und die Welle 1 oder 2 mit einer Seiltrommel verbunden ist. Im Stillstand entsteht durch die Hublast an der Seiltrommel zwar ein antreibendes Moment, bedingt durch die Selbsthemmung der Welle s kommt der Antriebstrang jedoch nicht in Bewegung. Um die Last absenken zu können, muss erst der Motor die erforderliche negative Abtriebsleistung einspeisen. Soll dagegen die Last gehoben werden, so wird bei entgegengesetztem Leistungsfluss die Stegwelle s zur Antriebswelle. Hierbei tritt dann zwar keine Selbsthemmung auf, jedoch ist der Wirkungsgrad in der ungehemmten Leistungsflussrichtung sehr niedrig, was grundsätzlich für alle selbsthemmungsfähigen Getriebe gilt.

Während selbsthemmungsfähige Schneckengetriebe über einen Wirkungsgrad von etwa $\eta \approx 0{,}5$ verfügen, liegt der Umlaufwirkungsgrad von selbsthemmungsfähigen Umlaufgetrieben im Bereich zwischen $\eta_{Uml} \approx 0{,}5$ an der Selbsthemmungsgrenze und η_{Uml} gegen 0 bei Annäherung der Standübersetzung an i_{12} gegen 1 [19.178], [19.208]. Ferner wird bei selbsthemmungsfähigen Getrieben die Umlaufübersetzung sehr hoch, sodass im Grenzfall die Übersetzungen i_{s1} und i_{s2} gegen Unendlich gehen, wobei die Selbsthemmung stets nur in der Leistungsflussrichtung mit Übersetzung ins Schnelle eintritt. Kleinere Übersetzungen i_{s1} oder i_{s2} lassen sich aufgrund der Zusammenhänge in Gleichung (19.94) nur durch Absenkung des Standwirkungsgrades erzielen [19.178], [19.208].

In diesem Zusammenhang sei noch angemerkt, dass die Zahnradwirkungsgrade entsprechend Kapitel 18 einem Mittelwert über der Eingriffsstrecke entsprechen, wobei $\eta_{max} \sim 1$ für den momentanen Eingriffspunkt im Wälzpunkt gilt (kein Gleiten der Zahnflanken) und η_{min}, wenn der Eingriffspunkt an einem Ende der Eingriffsstrecke mit maximaler Gleitgeschwindigkeit zwischen den Zahnflanken liegt. Hierdurch bleiben bei einem Umlaufgetriebe unter Selbsthemmung die Zahnräder in Hemmstellung nicht in einer (ungehemmten) Lage stehen, z. B. Eingriffspunkt im Wälzpunkt, wo die minimale Reibung herrscht, sondern einen Bruchteil der Zahnteilung davon entfernt, wo die zur Hemmung erforderliche Zahnreibungsleistung erreicht wird. Damit entsteht im Bereich minimaler Reibung der Eindruck eines Bereiches mit Spiel, in dessen Grenzen der Stillstand durch Hemmung noch nicht eintritt, was jedoch normal und im Betrieb nicht mehr zu bemerken ist [19.20], [19.178].

Außerhalb dieser Grenzen tritt auch an der rechnerischen Selbsthemmungsgrenze bereits lokale Selbsthemmung auf, die im Betrieb nur durch kurzzeitigen Antrieb der Abtriebswelle durch das Schwungmoment der am Abtrieb vorhandenen Drehträgheiten überwunden werden kann [19.178], [19.208]. Liegt dieses Schwungmoment nicht vor, reicht auch eine Antriebswelle allein nicht aus, um die lokale Selbsthemmung zu überwinden. Sollte also die den Antriebsdrehmassen während des Durchlaufens dieses Spiels zugeführte Schwungenergie nicht ausreichend sein, um dem Getriebe über den Bereich der lokalen Selbsthemmung hinwegzuhelfen, tritt automatisch der Zustand der Selbstbremsung ein.

Abschließend sei darauf hingewiesen, dass sich die kleinen Bereiche des beschriebenen Spiels und die anschließenden Bereiche lokaler Selbsthemmung überdecken und sich abhängig von den Eingriffsteilungen der zwei oder mehr vorhandenen Zahnradpaare periodisch über dem Umfang der gehemmten Abtriebswelle verteilen und sich deshalb dabei weitgehend ausgleichen.

Um ein durch Selbsthemmung blockiertes Zweiwellengetriebe – beispielsweise das oben erwähnte Hubgetriebe eines Hebezeugs – wieder in Bewegung zu setzen, gibt es zwei Möglichkeiten [19.178]:

1 Man treibt die Abtriebswelle s in ihrer gehemmten eigentlichen Abtriebsrichtung von außen an – z.B. zum Absenken einer Last –, wobei $\eta_{Uml} < 0$ wird.

2 Man treibt die Abtriebswelle s in ihrer nicht gehemmten Abtriebsrichtung von außen an – z.B. zum Heben der Last –, wobei $0 < \eta_{Uml} < \approx 0{,}5$ wird.

Dabei hängt es von der Standübersetzung ab, welche vorliegende Drehrichtung der Abtriebswelle s die gehemmte oder die nicht gehemmte ist. Bezeichnet man die Antriebswelle mit 1 und die festgehaltene Welle mit 2, so folgt:

a Für den Fall, dass $i_{12} < 1$ ist, wird $i_{1s} = 1 - i_{12} > 0$ und die Drehzahlen der Wellen 1 und s haben somit gleiche Vorzeichen. Die (gehemmte) Drehrichtung der Abtriebswelle s und der Antriebswelle 1 wären gleich, wobei aber $n_1 << n_s$ wäre.

b Für den Fall, dass $i_{12} > 1$ ist, wird $i_{1s} = 1 - i_{12} < 0$ und nach der gleichen Überlegung wären die Drehrichtungen der Antriebswelle 1 und der (gehemmten) Abtriebswelle s ungleich. Wobei aber $n_1 << -n_s$ wäre.

Abschließend sei der Vollständigkeit halber noch auf den Zustand der Teilhemmung hingewiesen. Sobald die Welle s bei selbsthemmungsfähigen Umlaufgetrieben nicht die einzige, sondern eine von zwei Abtriebs- oder Antriebswellen ist, kann anstelle der Selbsthemmung ein Betriebszustand mit Leistungsübertragung eintreten, der auch als Teilhemmung bezeichnet wird. Dieser Zustand ist nur bei drei laufenden Wellen möglich und hat kaum eine praktische Bedeutung, weshalb zur genaueren Erläuterung auf die weiterführende Literatur verwiesen wird [19.178].

19.2.7 Gekoppelte Umlaufrädergetriebe

Aufbauend auf den bereits vorgestellten theoretischen Grundlagen für einfache Umlaufgetriebe sollen abschließend noch die gekoppelten Umlaufgetriebe vorgestellt werden. Grundsätzlich lassen sich Umlaufgetriebe zur Erweiterung des Anwendungsbereiches mit einfachen Übersetzungsgetrieben mit festen Achsen oder aber weiteren Umlaufgetrieben zu größeren Getriebe-Einheiten mit einem entsprechend großen Übersetzungsbereich zusammensetzen. Wenngleich das Betriebsverhalten sowie die Analyse und die Synthese dieser zusammengesetzten Getriebe zunächst sehr schwer überschaubar und aufwändig erscheinen, so entsprechen die grundlegenden Eigenschaften denen der einfachen Umlaufrädergetriebe und demzufolge kann auch die Berechnung in der gleichen Weise wie bei diesen vorgenommen werden.

Ebenso lässt sich ungeachtet der unendlich vielen Kombinationsmöglichkeiten abhängig von den kinematischen Eigenschaften eine Gruppierung nach Bauarten vornehmen, wobei nachfolgend die wichtigsten Bauarten mit ihren Eigenschaften kurz beschrieben werden. Aus Platzgründen muss hinsichtlich einer darüber hinausgehenden ausführlichen Behandlung auf die weiterführende Fachliteratur verwiesen werden [19.178].

Der Einfachheit halber bleiben bei aus mehreren Umlaufgetrieben zusammengesetzten Getrieben die bereits bekannten Bezeichnungen für die Wellen 1 und 2, den Steg s und die Planeten p für alle Teilgetriebe bestehen, wobei jedoch gemäß Abbildung 19.25 zusätzlich die Größen für das erste Teilgetriebe einfach und für das zweite Teilgetriebe zweifach gestrichen dargestellt werden. Die gleiche Vorgehensweise wird auch nach Abbildung 19.26 bei der Kennzeichnung bestimmter Wellenfunktionen durch Buchstaben angewendet.

Bei den äußeren Anschlusswellen zusammengesetzter Umlaufgetriebe nutzt man die gleiche Kennzeichnung, der besseren Übersicht halber jedoch in römischen Ziffern und Großbuchstaben, also I, II, S statt 1, 2, s oder A, B, C statt a, b, c.

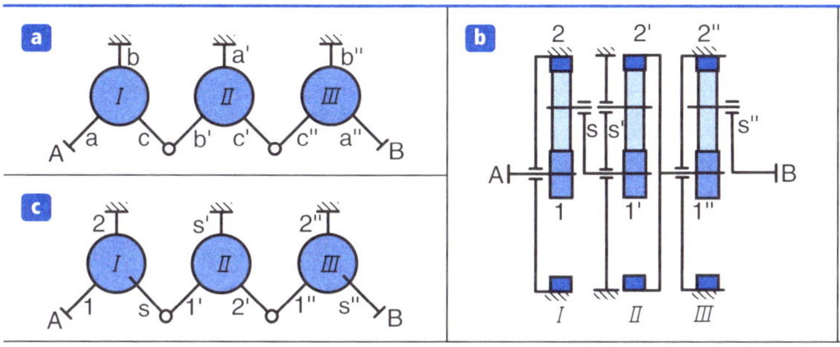

a Allgemeine symbolische Darstellung

b Schematische Darstellung eines Beispiels

c Symbolische Darstellung des Getriebes nach b)

Abbildung 19.25: Reihen-Umlaufgetriebe mit drei in Reihe angeordneten Zweiwellengetrieben [19.178]

Entsprechend Abbildung 19.26 bezeichnet man miteinander gekoppelte Wellen von zwei oder mehr Teilgetrieben als „Koppelwellen". Dabei ist eine „angeschlossene Koppelwelle" auch nach außen angeschlossen und kann demzufolge Drehzahlen und Drehmomente von außen aufnehmen oder nach außen abführen. Im Gegensatz dazu hat eine „freie Koppelwelle" innerhalb eines zusammengesetzten Getriebes keinen äußeren Anschluss. Des Weiteren gibt es nach Abbildung 19.26 noch „angeschlossene" oder „festgesetzte Einzelwellen".

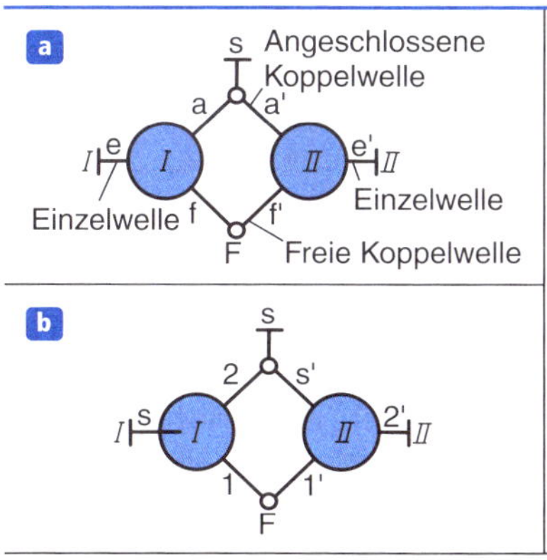

Große Indizierung für die äußeren Wellen des Koppelgetriebes I und II: I, II – Einzelwellen der Teilgetriebe I und II; S – Angeschlossene Koppelwelle; F – freie Koppelwelle

Kleine Indizierung für die Wellen der Teilgetriebe nach ihrer Lage im Koppelgetriebe:

a Wenn unbekannt oder gleichgültig ist, wo die Stegwelle und wo die Zentralradwellen angeschlossen sind: a, a' – angeschlossene Koppelwelle; e, e' – Einzelwellen der Teilgetriebe; f, f' – freie Koppelwelle

b Wenn die Teilgetriebe bekannt sind und ihre gegenseitige Koppelung dargestellt werden soll: s, $2'$ – Einzelwellen; 2, s' – angeschlossene Koppelwelle; 1, $1'$ – freie Koppelwelle

Abbildung 19.26: Elementares Koppelgetriebe in symbolischer Darstellung mit Bezeichnung der Wellen [19.178]

Betrachtet man nun ein aus mehreren einzelnen Umlaufgetrieben zusammengesetztes, so lässt sich jede einzelne Welle dieser Teilgetriebe als An- oder Abtriebswelle anschließen, durch Befestigung am Gehäuse stillsetzen oder mit einer beliebigen Welle eines anderen Teilgetriebes koppeln. Eine Auswahl der zur Verfügung stehenden Teilgetriebe und der daraus entstehenden Bauarten zusammengesetzter Umlaufgetriebe ist in Abbildung 19.27 in symbolischer Darstellung nach Wolf wiedergegeben.

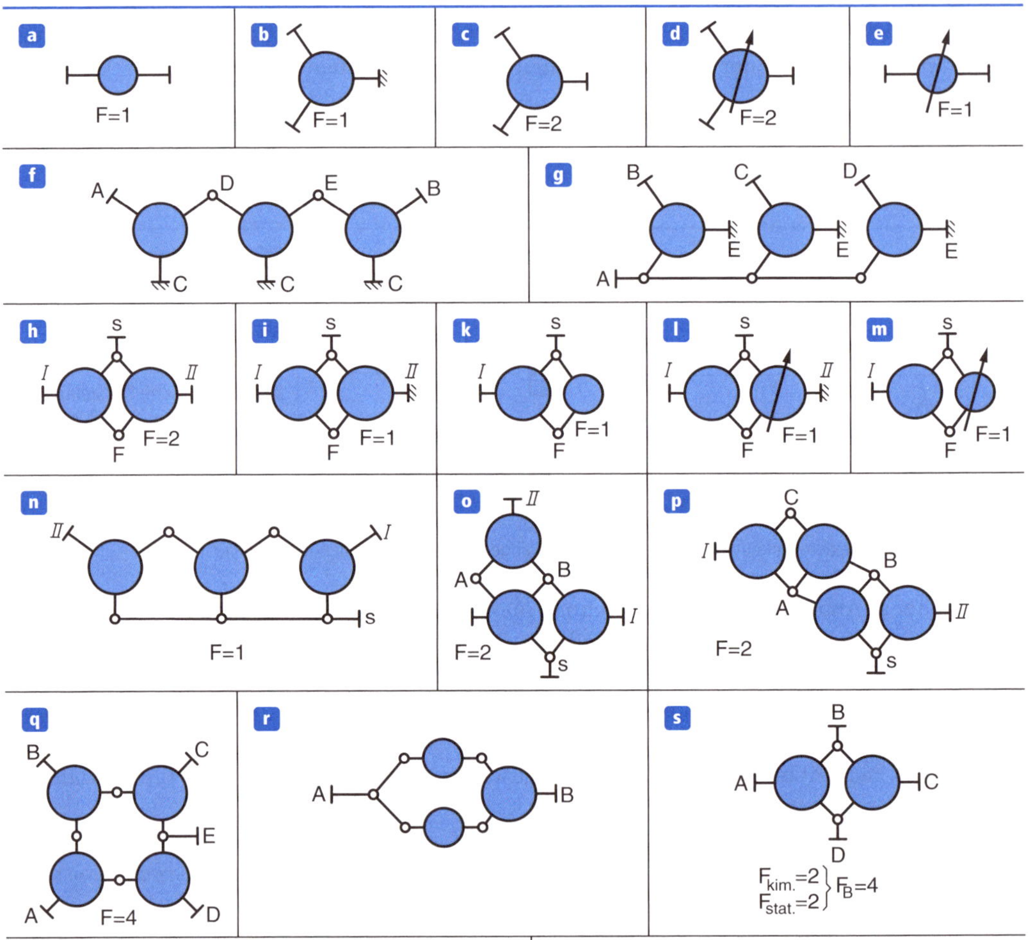

a einfaches Übersetzungsgetriebe mit festen Achsen
b einfaches Umlaufgetriebe mit einer stillgesetzten Welle
c zweiläufiges einfaches Umlaufgetriebe
Umlaufgetriebe mit stufenlos verstellbarer Standübersetzung, z.B. Planeten-Reibradgetriebe
e einfaches Übersetzungsgetriebe mit stufenlos verstellbarer Übersetzung, z.B. Keilriemengetriebe
f Reihen-Umlaufgetriebe
g Parallel-Umlaufgetriebe
h bis **m** Umlauf-Koppelgetriebe
h elementares zweiläufiges Umlauf-Koppelgetriebe
i elementares zwangsläufiges Koppelgetriebe. Die Symbole nach **h** und **i** gelten auch für reduzierte Koppelgetriebe:
k elementares zwangsläufiges Koppelgetriebe mit einfachem Übersetzungsgetriebe als Nebengetriebe
l, **m** Stellkoppelgetriebe jeweils mit Nebengetriebe mit stufenlos veränderlicher Übersetzung
n bis **q** Höhere Koppelgetriebe: **n** zwangsläufig; **o**, **p** zweiläufig; **q** vierläufig;
r Symmetrisches Koppelgetriebe;
s elementares Vierwellen-Koppelgetriebe

Abbildung 19.27: Die Bauarten zusammengesetzter Umlaufgetriebe in symbolischer Darstellung – a) bis e) Getriebetypen zum Aufbau zusammengesetzter Umlaufgetriebe, f) bis s) Zusammengesetzte Umlaufgetriebe nach [19.178]

Die häufigsten zusammengesetzten Bauarten von Umlaufgetrieben sind das Reihen-Umlaufgetriebe, das Parallel-Umlaufgetriebe und die sogenannten Umlauf-Koppelgetriebe:

1 **Reihen-Umlaufgetriebe** – Diese Anordnung aus mehreren in Reihe bzw. im Leistungsfluss hintereinandergeschalteten Zweiwellengetrieben nach Abbildung 19.27 f) wird bevorzugt eingesetzt, um eine höhere Gesamtübersetzung zu erreichen. Hierzu wird eine beliebige Welle jedes einzelnen Teilgetriebes fest mit dem Gehäuse verbunden, sodass im Beispiel nach Abbildung 19.25 b) die Stegwelle s als Abtriebswelle des ersten, von außen angetriebenen Teilgetriebes mit der Antriebswelle 1′ des nächsten Teilgetriebes gekoppelt wird. Hiervon ist wiederum die Abtriebswelle 2′ mit der Antriebswelle 1″ des letzten Teilgetriebes verbunden, sodass dann auch die Abtriebswelle B dieses letzten Teilgetriebes zugleich die Abtriebswelle des Gesamtgetriebes ist. Derartige Reihengetriebe sind mit $F = 1$ zwangsläufig. Kinematisch betrachtet verhalten sich Reihen-Umlaufgetriebe wie mehrstufige Stirnradgetriebe mit der jeweiligen Stufenübersetzung i_I für Stufe I, i_{II} für Stufe II usw., sodass für die Gesamtübersetzung i_{AB} mit den Bezeichnungen nach Abbildung 19.25 folgt:

$$i_{AB} = i_I \cdot i_{II} \cdot i_{III} = i_{ac} \cdot i_{b'c'} \cdot i_{c''a''} = i_{1s} \cdot i_{1'2'} \cdot i_{1''s''} \tag{19.95}$$

Hierin ist die Übersetzung i_{1s} nach Tabelle 19.2 abhängig von der Übersetzung i_{12} zu bestimmen.

Weiterhin ist zu berücksichtigen, dass derartige Reihengetriebe sich nicht verlustsymmetrisch verhalten, sobald eines der Teilgetriebe in seinem jeweiligen Leistungsfluss nicht verlustsymmetrisch ist. Unter Verwendung der Einzelwirkungsgrade nach Tabelle 19.9 berechnet sich der Gesamtwirkungsgrad je nach Richtung des Leistungsflusses zu:

$$\eta_{AB} = \eta_{ac} \cdot \eta_{b'c'} \cdot \eta_{c''a''} = \eta_{1s} \cdot \eta_{1'2'} \cdot \eta_{1''s''} \text{ oder } \eta_{BA} = \eta_{a''c''} \cdot \eta_{c'b'} \cdot \eta_{ca} = \eta_{s''1''} \cdot \eta_{2'1'} \cdot \eta_{s1} \tag{19.96}$$

Um bei höheren Übersetzungen auch noch einen guten Wirkungsgrad zu erzielen, werden Reihen-Umlaufrädergetriebe überwiegend aus Minusgetrieben aufgebaut, wie das bei den überwiegend heute eingesetzten Hauptgetrieben, Rotorblattverstellgetrieben und Azimutantrieben zur Gondelnachführung in Windenergieanlagen sowie in den Radnaben- und Turasantrieben sowie den Schwenkwerkantrieben von Baumaschinen und Kranen der Fall ist (s.a. Abschnitt 19.3.1)

Bezüglich der Selbsthemmungsneigung von Reihen-Umlaufgetrieben ist noch folgender Merksatz 27 zu beachten, der insbesondere auch dann gültig ist, wenn eine gerade Anzahl von Teilgetrieben negative Wirkungsgrade (Selbsthemmung) aufweisen, obwohl der Gesamtwirkungsgrad rein rechnerisch wieder ein positives Vorzeichen bekäme:

Satz 27

Sobald mindestens ein Teilgetriebe eines Reihen-Umlaufgetriebes in einer Leistungsflussrichtung selbsthemmend ist, verhält sich auch das gesamte Reihen-Umlaufgetriebe in dieser Leistungsflussrichtung selbsthemmend.

2 **Parallel-Umlaufgetriebe** – Diese Anordnung wird ebenfalls aus einzelnen Zweiwellengetrieben zusammengesetzt, hat allerdings kaum eine praktische Bedeutung. Im Gegensatz zum Reihen-Umlaufgetriebe verfügt das Parallel-Umlaufgetriebe jedoch gemäß Abbildung 19.27 g) über eine gemeinsame Antriebswelle und mehrere getrennte Abtriebe oder aber bei umgekehrten Leistungsflüssen über mehrere Antriebswellen und eine Abtriebswelle. Dabei können die Einzelwellen sowohl Antriebswellen als auch Abtriebswellen sein, wobei unter Vernachlässigung der Verluste für die Getriebeanordnung nach Abbildung 19.27 g) gilt:

$$P_A + P_B + P_C + P_D = 0 \tag{19.97}$$

Somit kann an der gemeinsamen Welle A Leistungssummierung oder Leistungsteilung auftreten. Zur Berechnung behandelt man die Teilgetriebe getrennt wie einfache Übersetzungsgetriebe und summiert die an der Welle A angreifenden Einzelmomente.

3 **Umlauf-Koppelgetriebe** – Diese Bauart entsteht nach Abbildung 19.27 h) bis s) durch die Kopplung von Dreiwellen-Umlaufgetrieben über jeweils mindestens zwei Wellen. Dabei besteht das einfachste und zugleich häufigste Umlauf-Koppelgetriebe gemäß Abbildung 19.26 aus nur zwei Teilgetrieben, weshalb es auch oftmals als elementares Koppelgetriebe bezeichnet wird [19.178], [19.298].

Sobald man mehr als zwei Umlaufgetriebe jeweils mehrfach miteinander koppelt, erhält man nach Abbildung 19.27 n) bis s) die sogenannten höheren Koppelgetriebe, die häufig in Automatgetrieben von Kraftfahrzeugen zum Einsatz kommen [19.164], [19.178].

Solange die elementaren Koppelgetriebe und auch die höheren Koppelgetriebe den Laufgrad $F = 2$ aufweisen – vergleichbar den einfachen Umlaufgetrieben mit drei laufenden Wellen –, gleicht auch das Betriebsverhalten ihrer drei äußeren Anschlusswellen völlig dem einfacher Umlaufgetriebe, weshalb sich die gleichen Berechnungsgrundlagen anwenden lassen [19.178].

Einschränkend ist allerdings zu beachten, dass im Gegensatz zur praktischen Verlustsymmetrie beim einfachen Standgetriebe die beiden Reihenwirkungsgrade eines Koppelgetriebes sehr unterschiedlich sein können. Dabei sind sogar trotz hoher Standwirkungsgrade der beiden Teilgetriebe ein negativer Reihenwirkungsgrad in einer Leistungsflussrichtung und damit Selbsthemmung möglich.

Aufbauend auf den einfachen und höheren Koppelgetrieben gibt es gemäß Abbildung 19.27 noch reduzierte Koppelgetriebe, symmetrische Koppelgetriebe für genaue Übersetzungen, Vierwellen-Koppelgetriebe und Stellkoppelgetriebe zur stufenlosen Übersetzung innerhalb eines geforderten Verstellbereiches, worauf in der weiterführenden Fachliteratur sowie im Kapitel 22 – Hüllgetriebe näher eingegangen wird [19.164], [19.178], [19.281].

19.3 Gestaltung von Umlaufrädergetrieben

Ausgehend von den bisher behandelten theoretischen Grundlagen wird im Folgenden anhand ausgeführter Beispiele von Umlaufrädergetrieben auf weit verbreitete Bauformen und die wichtigsten Grundlagen zur Gestaltung eingegangen. Hierzu gehören die Übersetzungsaufteilung, die Zuordnung von Zähnezahlen und Durchmesser, die Aufteilung mehrerer Planeten am Umfang, Maßnahmen zur Vermeidung von Eingriffsstörungen, Gestaltungsgrundlagen für Gehäuse, Planetenträger (Stege), Hohl- und Planetenräder und einige Hinweise zur Schmierung und Kühlung. Vorbereitend zur eigentlichen Berechnung und zum Tragfähigkeitsnachweis von Umlaufrädergetrieben werden auch Gestaltungsgrundlagen zur Vergleichmäßigung der Lastverteilung behandelt.

Bezüglich der Eigenschaften der eingesetzten Innen- und Außenverzahnungen wird hauptsächlich auf die Besonderheiten der Innenverzahnung eingegangen, da die Außenverzahnungen bereits im vorherigen Kapitel 18 – Stirnradverzahnung ausführlich behandelt wurden.

Im nächsten Abschnitt werden jedoch zum besseren Verständnis zunächst Beispiele ausgeführter Konstruktionen vorgestellt, wobei diese kleine willkürliche Auswahl bereits zeigt, dass es im Bereich der Umlaufrädergetriebe-Konstruktionen einerseits eine unendliche Vielfalt gibt und andererseits von den unendlich vielen theoretischen Möglichkeiten nur eine kleine Anzahl überhaupt technisch genutzt wird.

19.3.1 Beispiele ausgeführter Umlaufrädergetriebe

Wie bereits am Beginn dieses Kapitels beschrieben, wurden die ersten Umlaufrädergetriebe nicht zur Leistungsübertragung, sondern zur Darstellung der Bewegung von Himmelskörpern in Planetarien und in Uhrwerken verwendet. Mit dem großtechnischen Einsatz der Dampfmaschine kamen zunehmend auch Regelaufgaben hinzu, die sich mechanisch recht gut mithilfe von Umlaufrädergetrieben lösen ließen.

Eine erste Anwendung zur Leistungsübertragung ist das Hinterachsdifferentialgetriebe mit Kegelrädern gemäß Abbildung 19.2 und Abbildung 20.2, das in ähnlicher Bauart auch als Längsdifferential zur Lastaufteilung zwischen angetriebenen Vorder- und Hinterachsen beim Kraftfahrzeug in vergleichsweise großen Stückzahlen genutzt wird.

Der große Vorteil der beliebigen Drehzahlanpassung und -überlagerung aufgrund des Dreiwellenbetriebes wird dann zunehmend in vielen Maschinen und Anlagen der Grundstoffindustrie, Energieerzeugung und Fördertechnik genutzt. Hierzu gehören komplizierte Verseilmaschinen zum Wickeln von Drahtseilen, Rühr- und Mischmaschinen, Greiferschließwinden in der Fördertechnik sowie alle Anwendungen, bei denen große Abtriebsleistungen erst durch das Zusammenfassen mehrerer Antriebsmaschinen möglich werden, was z.B. bei den Schaufelradantrieben von Großschaufelradbaggern gemäß Abbildung 19.28 der Fall ist (s.a. Abbildung 18.118) [19.61], [19.82], [19.201], [19.224], [19.239], [19.251].

Neben der Leistungssummierung kann aber auch die Überlagerung von zwei Antriebsmaschinen auf einen Abtrieb aus Sicherheitsgründen erforderlich sein, weshalb man z.B. die Haupthubwerke von Gießkranen mit zwei Motoren versieht, die über ein Getriebe nach Abbildung 19.4, das wiederum ein echtes Dreiwellen-Umlaufrädergetriebe beinhaltet, auf den Seiltrieb wirken.

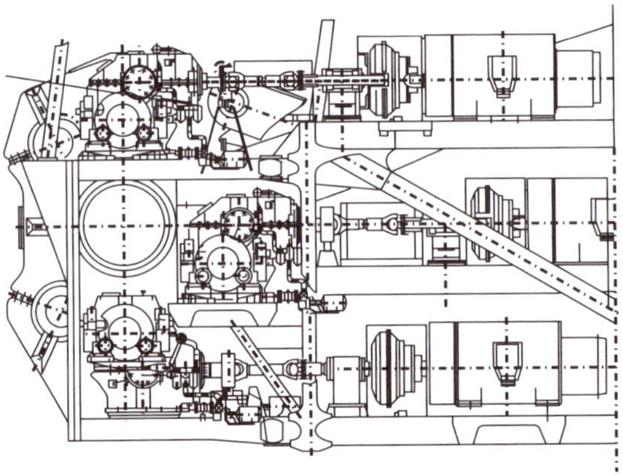

Theoretische Förderleistung	13.250 m^3/h
Maximale Abtragshöhe	50 m
Länge Schaufelradausleger	74,5 m
Schaufelraddurchmesser	17.300 mm
Nominaler Schaufelinhalt	4,0 m^3
Umfangskraft am Schaufelrad	720 kN
Schnittgeschwindigkeit	2,6 m/s
PAn Schaufelrad	3 x 700 kW
Installierte Gesamtleistung	9.250 kW
Dienstgewicht	7.264 t

Abbildung 19.28: Schaufelradbagger mit Drei-Motoren-Schaufelradantrieb und integriertem Überlastungsschutz unter Verwendung von Umlaufrädergetrieben [19.246]

In gleicher Weise lässt sich aber auch eine Leistungsverzweigung ausführen, was man bei den Schwenkwerkgetrieben nach Abbildung 19.29 für Großschaufelradbagger nach Abbildung 19.28 nutzt. Bei derartigen Getrieben nutzt man Dreiwellen-Umlaufrädergetriebe zur gleichmäßigen Lastaufteilung von einer Antriebswelle auf die 2 Abtriebsritzel, mit denen sich der Oberbau eines Schaufelradbaggers schwenken lässt. Da dieser Schwenkvorgang zum Baggern notwendig ist und abhängig von der Grabkraft am Schaufelrad ein großes Schwenkmoment benötigt wird, verfügen Schaufelradbagger üblicherweise über vier solcher Schwenkgetriebe mit je 120 bis 240 kW Antriebsleistung. Das gleiche Prinzip der Lastaufteilung wird auch beim Schaufelradhauptantrieb nach Abbildung 18.118 genutzt, wo die Leistung von drei Motoren zu je 1.680 kW über drei Vorschaltgetriebe mit je zwei Abtriebsritzeln auf ein Großrad übertragen wird.

Ein weiteres Anwendungsgebiet von Dreiwellen-Umlaufrädergetrieben sind Überlastungsschutzeinrichtungen, wie man sie auch in Schaufelradantrieben benötigt, um die Antriebe bei möglichen Blockaden durch das Anbaggern von Findlingen gegen Überlastung und Zerstörung zu schützen. Auch wenn mittlerweile viele verschiedene Bauarten von Überlastkupplungen verfügbar sind, so liegt das Hauptproblem darin, dass diese Kupplungen aufgrund der Baugröße nur auf der schnell laufenden Seite des Antriebsstranges eingebaut werden können (s.a. Kapitel 13 – Kupplungen – Maschinenelemente 1) [19.226]. Dadurch unterliegt aber der gesamte Antriebsstrang zwischen Lasteinleitungsstelle und Überlastkupplung einer auftretenden Überlast mit der entsprechenden Möglichkeit einer Überbeanspruchung und daraus folgender Zerstörung.

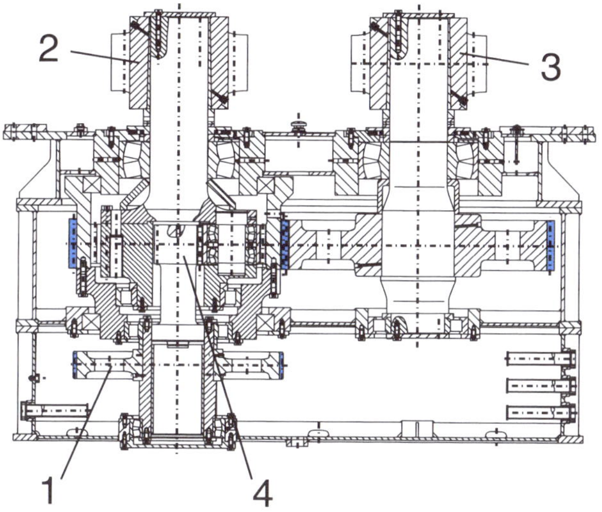

1 Antriebsrad mit vorgeschalteter Kegelrad-Stirnrad-Stufe (wegen Schnittführung nicht sichtbar)
2 Abtriebsritzel 1 zum Eingriff in den Drehkranz des Baggeroberbaus
3 Abtriebsritzel 2 zum Eingriff in den Drehkranz des Baggeroberbaus
4 Planetenradstufe mit innen- und außenverzahntem Hohlrad zur gleichmäßigen Leistungsverzweigung von der Abtriebswelle 1 auf die Abtriebswelle 2

Ein Schaufelradbagger gemäß Abbildung 19.28 verfügt über insgesamt vier solcher Getriebe zu je 120 kW Leistung, um den Oberbau mit Schaufelradausleger und Ballastträger schwenken zu können (Schnittbewegung).

Abbildung 19.29: Schwenkwerksgetriebe mit 120 kW Antriebsleistung zum Einsatz in Großschaufelradbaggern nach Abbildung 19.28 [19.245], [19.249], [19.253]

Da es bei dem in Abbildung 19.28 gezeigten Schaufelradbagger auch immer wieder zu solchen Überlastungen kam und die Überlastkupplungen nicht ausreichten, wurde eine Überlastungsschutzeinrichtung zum Schutz des Schaufelradantriebes bei den vorliegenden schwierigen Bodenverhältnissen auf der Grundlage eines Dreiwellen-Umlaufrädergetriebes gemäß Abbildung 19.30 entwickelt. Hierbei wird der Zusammenhang nach Gleichung (19.42) genutzt, damit bei Vernachlässigung des Standwirkungsgrades die Verhältnisse der Drehmomente an den drei Wellen eines Umlaufrädergetriebes unabhängig von den Drehzahlen in einem festen Verhältnis zueinander stehen und nur von der Standübersetzung i_{12} abhängen.

Betrachtet man in diesem Zusammenhang das Vorschaltgetriebe mit integrierter Überlastsicherung gemäß Abbildung 19.30, so erfolgt der Antrieb vom Motor aus über eine Kegelrad-Stirnrad-Stufe auf ein außen- und innenverzahntes Hohlrad, welches auf dem Umlaufträger frei drehbar gelagert ist. Dieser Umlaufträger ist gleichzeitig mit dem Abtrieb verbunden, d.h. im vorliegenden Fall treibt das auf der Abtriebswelle befindliche Ritzel das Großrad an, das wiederum über die Schaufelradwelle das Schaufelrad antreibt. Als dritte Welle steht nun noch die Zentralwelle (Sonnenradwelle) zur Verfügung, deren Drehmoment gegenüber dem Getrieberahmen über eine Scheibenbremse abgestützt wird, die über hydraulisch zu betätigende Bremszangen verfügt. Der vollständige Schaufelradantrieb gemäß Abbildung 19.28 verfügt nun insgesamt über drei solcher Vorschaltgetriebe, die ein gemeinsames Großrad antreiben.

Entsprechend Gleichung (19.42) ist eine Drehmomentübertragung innerhalb eines Vorschaltgetriebes nur möglich, wenn die Zentralwelle über die Scheibenbremse gegenüber dem Fundament abgestützt wird. Sobald die Scheibenbremse geöffnet ist und kein Drehmoment mehr abgestützt wird, erfolgt auch eine Unterbrechung des Drehmomentenflusses von der Antriebswelle über das Hohlrad auf den Umlaufträger und damit auf die Abtriebswelle zum Großrad des Schaufelradantriebes. Da nun aber die Drehmomente nach Gleichung (19.42) in einem festen Verhältnis zueinander stehen, lässt sich über das stützende Drehmoment an der Zentralwelle das Drehmoment an der Abtriebswelle beeinflussen. Demzufolge kann man auch über die messtechnische Erfassung dieses Drehmomentes an der Bremse zurückschließen auf das Drehmoment an der Abtriebswelle. Bei früheren, einfacheren Anwendungen nach diesem Wirkprinzip hat man die Drehmomentbegrenzung über das Durchrutschen der Bremsscheibe bewirkt. Sobald also das Drehmoment an der Bremsscheibe den Grenzwert der Haftreibung überschritten hatte, wurde demzufolge auch das Drehmoment an der Abtriebswelle begrenzt. Von Nachteil ist bei dieser Vorgehensweise jedoch die mangelnde Trennschärfe aufgrund möglicher Reibwertschwankungen des Scheibenbremssystems.

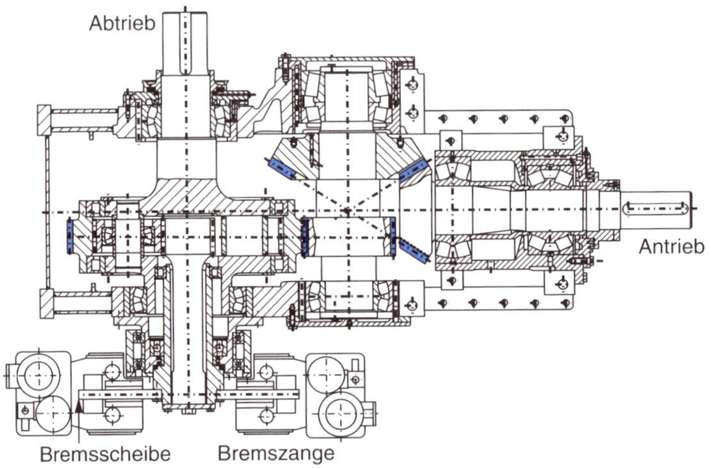

Die Begrenzung des Abtriebsmomentes erfolgt in der letzten Stufe mit einer Verteilung der Massenträgheitsmomente im Verhältnis 1 : 2.

Die Zentralwelle wird durch hydraulisch zu lüftende Scheibenbremsen gestützt, wobei die Momentenbegrenzung unabhängig vom Reibbeiwert der Bremse ist.

Die Scheibenbremse verfügt über eine Schlupfüberwachung, sodass ein Durchrutschen nicht möglich ist.

Das Abschaltmoment ist stufenlos einstellbar (1,1- bis 1,6-fachen Nennmoment) und verfügt über eine Einstellsensibilität kleiner als ±1 %.

Die Ansprechzeit zur Erkennung des Überlastfalles ist zwischen 0,05 Sekunden und 10 Stunden einstellbar.

Schlupf oder Überlast an einem Vorschaltgetriebe führen auch zur Abschaltung der anderen beiden Antriebe.

Nach dem Abschalten wegen Überlast kann der gesamte Antrieb wieder eingeschaltet werden, sobald die Restdrehzahl der Sonnenwelle unter 10 % der Nenndrehzahl liegt.

Abbildung 19.30: Vorschaltgetriebe mit integrierter Überlastsicherung unter Verwendung eines Dreiwellen-Umlaufrädergetriebes zum Einsatz in einem Schaufelradbagger nach Abbildung 19.28 [19.245], [19.249], [19.253]

Bei dem abgebildeten System dagegen betreibt man die Bremse weit oberhalb des Abschaltmomentes und das stützende Bremsmoment wird über einen Kraftmessbolzen in einer Drehmomentenstütze zwischen der pendelnd aufgehängten Bremse und dem Fundament des Getriebes gemessen. Durch die elektrische Messwerterfassung des Bremsmomentes lässt sich eine hohe Trennschärfe und schnelle Ansprechzeit gemäß Abbildung 19.30 erreichen. Tritt nun der Überlastfall ein, so wird die Bremse hydraulisch geöffnet und das Abtriebsmoment kann bei weiterhin antreibendem Motor innerhalb des Getriebes nicht mehr abgestützt werden, da die Zentralwelle als dritte Welle wegen der geöffneten Bremse nur noch das Drehmoment $M = 0$ führen kann. Weiterhin können aufgrund der elektrischen Messwerterfassung im Falle der Überlast an einem Vorschaltgetriebe auch die Bremsen der beiden anderen Getriebe geöffnet und sämtliche Antriebsmotoren abgeschaltet werden, sodass das Gesamtsystem im Überlastfall innerhalb von 0,05 Sekunden ansprechen kann. Nach der Erkennung des Überlastfalles ist das System umgehend wieder einsatzbereit, sobald die Restdrehzahl der Sonnenwelle unter 10 % der Nenndrehzahl bei Eintreten des Überlastfalles liegt.

Vergleichbare Anordnungen von Dreiwellen-Umlaufrädergetrieben kann man auch zur Regelung von Drehmomenten und zum Betrieb von Verspannungsprüfständen verwenden [19.178], [19.233]. Ebenso bieten sich Dreiwellen-Umlaufrädergetriebe an, um eine Drehzahl konstant zu halten. Ausgeführte Beispiele sind Gleichlaufeinrichtungen von Fahrwerken für große Brückenkrane, bei denen aufgrund der großen Spannweite die Gefahr des „Spießgang-Fahrens" besteht, d.h. der Kran läuft nicht mehr parallel zu seinen Fahrschienen, sondern schräg dazu (vergleichbar dem Verkanten einer Schublade). Zur Vermeidung dieses Betriebszustandes hat man die Fahrmotoren mit einem Hauptmotor und einem Zusatzmotor versehen. Entsteht nun wegen unterschiedlicher Belastungen der Fahrantriebe ein Schräglauf der Brücke, so wird der Zusatzmotor zugeschaltet und durch die zusätzliche Drehzahlerhöhung (oder Drehzahlminderung) wird der Gleichlauf wiederhergestellt [19.178], [19.201].

In gleicher Weise lässt sich auch eine geforderte Synchrondrehzahl eines Synchrongenerators zur Energieumwandlung einhalten. So hat man bei Windenergieanlagen das grundlegende Problem, dass der Rotor aufgrund unterschiedlicher Windgeschwindigkeiten veränderliche Drehzahlen aufweist, während der Generator eine konstante Synchrondrehzahl benötigt. Koppelt man nun über ein Dreiwellen-Umlaufrädergetriebe zusätzlich zum Hauptgenerator einen kleinen zusätzlichen Motor mit rund 10 bis 20 % der Leistung des Generators in den Hauptantriebsstrang ein, so lässt sich über diese zusätzliche Maschine die Generatordrehzahl konstant halten [19.244].

Weitere interessante Anwendungen von Dreiwellen-Umlaufrädergetrieben sind der weiterführenden Fachliteratur zu entnehmen, da sie aus Platzgründen hier nicht weiter behandelt werden können [19.178], [19.201], [19.281].

Im Hinblick auf die großen Vorteile der Leistungsverzweigung innerhalb eines Getriebes – insbesondere bei größeren Leistungen im MW-Bereich – werden Umlaufrädergetriebe häufig nur im Zweiwellenbetrieb eingesetzt, wobei auch hier die Anwendungen sehr vielfältig sind. So nutzt man seit Jahrzehnten im Turbogetriebebereich zur Anpassung der hohen Turbinendrehzahlen an niedrigere Generatordrehzahlen Umlaufrädergetriebe, die schon recht früh mit elastischen Ausgleichselementen versehen wurden, um eine gute Lastverteilung zwischen Hohlrad, Planetenrädern und Sonnenrad zu erzielen. Abbildung 19.5 zeigt eine solche Getriebebauart, welche nach dem Erfinder der darin eingesetzten elastischen Ausgleichselemente, Wilhelm Stoeckicht, (1892 bis 1965, deutscher Ingenieur und Erfinder) oftmals auch einfach als Stoeckicht-Getriebe bezeichnet werden [19.164], [19.178], [19.194], [19.195]. Vergleichbare Bauarten werden auch in der Schiffstechnik verwendet, um die zu hohen Turbinendrehzahlen auf die erforderliche Propeller-Drehzahl zu reduzieren [19.194], [19.195], [19.287].

Ein großes Anwendungsgebiet von Umlaufrädergetrieben entwickelte sich seit Mitte der 1980-er Jahre im Bereich der Windenergieanlagen, wie die Übersicht bereits ausgeführter Getriebebauarten in Abbildung 19.31 zeigt [19.54], [19.263]. Die größten Herausforderungen bei der Anwendung von Umlaufrädergetrieben liegen hier in zunehmenden Leistungen bis zu mittlerweile 7 MW bei gleichzeitig größer werdenden Rotordurchmessern und langsamer werdenden Rotordrehzahlen aufgrund der Begrenzung der Umfangsgeschwindigkeiten an der Rotorblattspitze. Auch wenn die Leistungen im Vergleich zum klassischen stationären Turbinenbau mit mehreren 100 MW vergleichsweise gering scheinen, so unterliegen Windturbinengetriebe erschwerten Bedingungen, da die großen Leistungen bei geringen Drehzahlen und damit hohen Drehmomenten übertragen werden müssen.

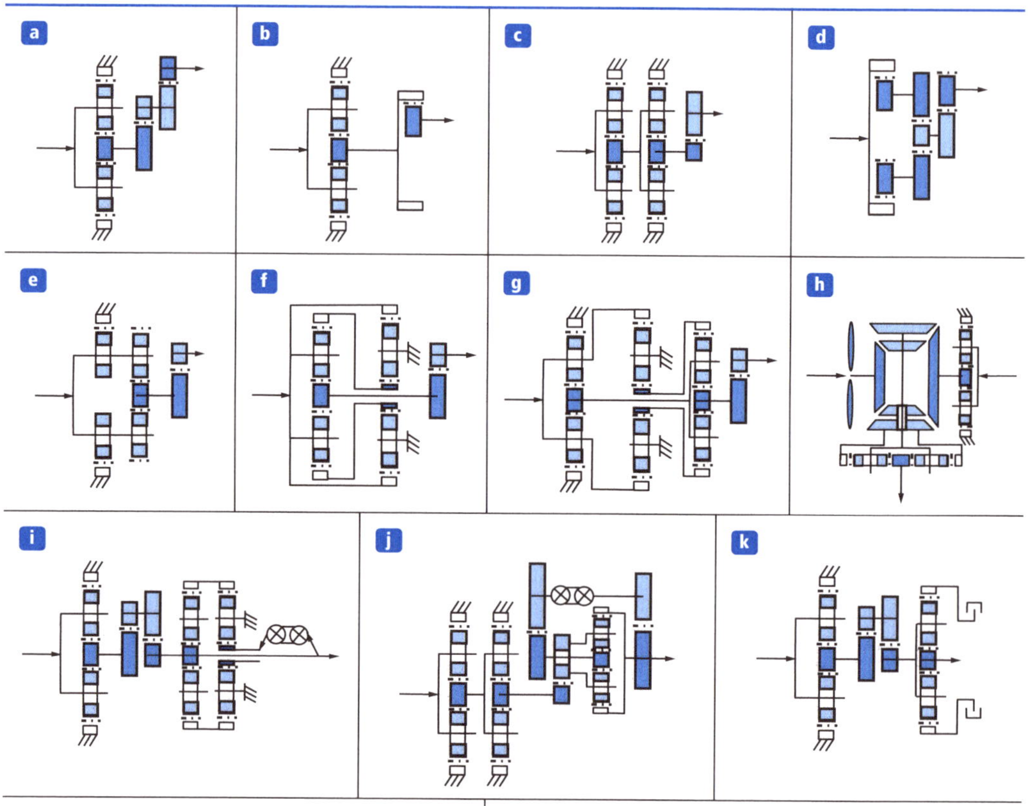

- **a** 1 Planetenstufe mit 2 Stirnradstufen
- **b** 1 Planetenstufe mit 1 Hohlradstufe
- **c** 2 Planetenstufen mit 1 Stirnradstufe
- **d** 1 Stufenplanetenstufe (Planeten raumfest)
- **e** 1 Stufenplanetenstufe (Hohlrad raumfest)
- **f** Planetenkoppelgetriebe
- **g** Differentialgetriebe
- **h** 1 Kegelradstufenplanetenstufe und 2 Stirnradplanetenstufe (2 Eingänge)
- **i** Hydrodynamisches Überlagerungsgetriebe
- **j** Hydrostatisches Überlagerungsgetriebe
- **k** Hydraulische Drehmomentbegrenzung

Abbildung 19.31: Bisher ausgeführte Umlaufrädergetriebe-Bauarten für Hauptantriebe von Windenergieanlagen [19.54], [19.263]

Die höchste Drehzahl im Antriebsstrang ist mit 1.000 bis 1.500 min^{-1} die Generatordrehzahl, wobei man hier im Hinblick auf eine möglichst geringe Baugröße höhere Drehzahlen bevorzugt. Die hierdurch erforderliche Übersetzung von mittlerweile $i > 100$ lässt sich nur noch durch zwei hintereinandergeschaltete Umlaufrädergetriebestufen erreichen, wobei die zusätzliche Stirnradstufe nur benötigt wird, um den Generator außerhalb der Mitte der Verlängerung der Hauptachse der Rotorwelle anordnen zu können. Damit können die Rotorwelle und auch die Hauptwelle des Getriebes als Hohlwelle ausgeführt werden, wodurch sich dann die Energieversorgungs- und Steuerleitungen für den Blattverstellantrieb (Pitch-Antrieb) führen lassen.

Hinsichtlich der Bauartvielfalt ist anzumerken, dass es sich bei der Anordnung von einer oder zwei Planetenstufen in Verbindung mit einer Stirnradstufe gemäß Abbildung 19.31 a) bis k) um eine klassische Anordnung handelt, bei der jedoch die erste, langsam laufende Stufe einer sehr hohen Drehmomentenbelastung unterliegt.

Zur Verringerung dieser Belastung bzw. gleichmäßigeren Aufteilung auf die erste und zweite Stufe nutzt man die Bauarten mit Stufenplanet, Planeten-Koppelgetriebe oder die Differentialbauart gemäß Abbildung 19.31 d), e) und f) bis g) und erreicht damit auch eine Verringerung der Baugröße, was sich vorteilhaft auf die Gesamtmasse der Windturbine auswirkt [19.16], [19.77], [19.78].

Eine weitere interessante Entwicklung stellt das WinDrive-Getriebe nach Abbildung 19.31 i) dar, bei dem zusätzlich zu den Umlaufrädergetriebestufen noch ein hydrodynamischer Wandler nachgeschaltet ist. Mithilfe dieses Wandlers lässt sich im Sinne eines Stellkoppelgetriebes die Ausgangsdrehzahl stufenlos einstellen, sodass bei schwankender Rotordrehzahl durch den Wandler eine konstante Synchrondrehzahl am Generator bereitgestellt werden kann [19.11], [19.236], [19.242]. Für weiterführende Informationen zum Thema Windturbinen sei auf die umfangreiche Fachliteratur verwiesen [19.27], [19.75], [19.90], [19.263].

Hinsichtlich weiterer ausgeführter Beispiele von Umlaufrädergetrieben im Zweiwellen- und Dreiwellenbetrieb seien Abschnitt 19.1 sowie die weiterführende Fachliteratur empfohlen [19.164], [19.178], [19.281].

Abschließend sollen noch kurz zwei weitere besondere Bauarten offener bzw. nicht rückkehrender Umlaufrädergetriebe gemäß Abbildung 19.9 e) vorgestellt werden, nämlich das Wellgetriebe nach Abbildung 19.32 – auch bekannt unter der Markenbezeichnung Harmonic Drive Getriebe – und das Cyclo-Getriebe gemäß Abbildung 18.14, die beide über eine koaxiale Anordnung der Achsen verfügen, obwohl sie vom Funktionsprinzip her eigentlich offene bzw. nicht rückkehrende Getriebe sind. Beide Getriebebauarten erzeugen eine große Drehzahländerung (hohe Übersetzung) zwischen dem antreibendem Steg und dem Abtrieb durch eine kleine Differenz der Zähnezahlen zwischen dem außenverzahnten, umlaufenden Rad und dem feststehenden Hohlrad.

Die koaxiale Anordnung von Antrieb und Abtrieb wird bei offenen Getrieben durch eine Gelenkwelle oder biegsame Welle erreicht oder aber man überbrückt den Achsabstandsunterschied wie beim Harmonic Drive-Getriebe durch ein elastisches Glied bzw. beim Cyclo-Getriebe durch eine Exzenterscheibe. Aufgrund der hohen Spielarmut und der großen Übersetzung bei hoher Leistungsdichte werden Cyclo-Getriebe und Harmonic Drive-Getriebe vorzugsweise in Roboter- und Manipulatorantrieben, in Werkzeugmaschinenantrieben, in Luftfahrtantrieben sowie kombinierten Motor-Getriebe-Einheiten eingesetzt.

Entsprechend Abbildung 19.32 wird beim Harmonic Drive-Getriebe durch die Drehung des Wellgenerators (Wave Generator), bestehend aus einer elliptischen Stahlscheibe mit aufgesetztem elastischen Lager, und dessen Außenring die außenverzahnte elastische Stahlbüchse (Flexspline), wellenartig verformt, sodass dieser im Eingriff mit einem innenverzahnten starren Ring (Circular Spline) die Drehbewegung zum Abtrieb weiterleitet. Üblicherweise verfügt die elastische Stahlbüchse (Flexspline) im Allgemeinen über zwei Zähne weniger als der starre Ring (Circular Spline), womit nach je einer halben Umdrehung des Wellgenerators (Wave Generators) eine Relativbewegung zwischen elastischer Stahlbüchse (Flexspline) und starrem Ring (Circular Spline) um die Differenz der Zähnezahlen entsteht, was auch in Abbildung 19.32 dargestellt ist.

Mit z_3 als Zähnezahl des innenverzahnten starren Rings (Circular Spline) und z_2 als Zähnezahl der außenverzahnten elastischen Stahlbüchse (Flexspline) ergibt sich folgende Übersetzung i des Harmonic Drive-Getriebes, wobei ein Wirkungsgrad bis $\eta = 0{,}85$ erreicht wird:

$$i = \frac{-z_2}{|z_3| - z_2} \tag{19.98}$$

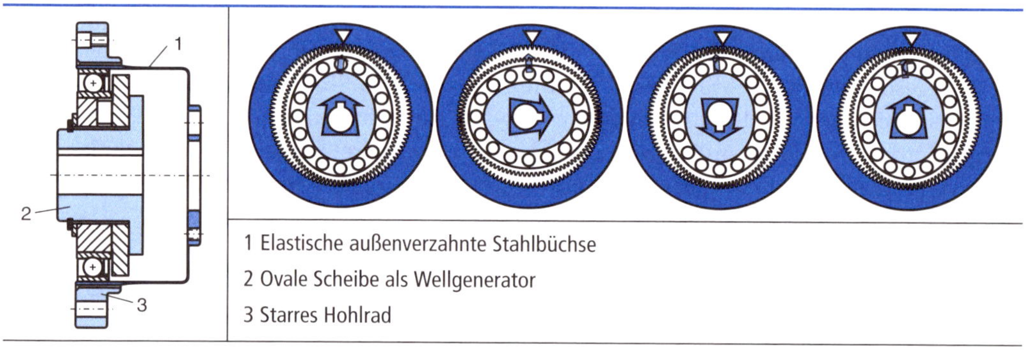

1 Elastische außenverzahnte Stahlbüchse
2 Ovale Scheibe als Wellgenerator
3 Starres Hohlrad

Abbildung 19.32: Wellgetriebe (Harmonic Drive-Getriebe) und sein Bewegungsablauf

Im Gegensatz zum Harmonic Drive-Getriebe nutzt das Cyclo-Getriebe gemäß Abbildung 18.14 anstelle der Deformation eines elastischen Gliedes einen Exzenter, der über Rollenlager eine Kurvenscheibe antreibt, die sich im Inneren des feststehenden Bolzenrings abwälzt. Dabei beschreibt die Kurvenscheibe zykloidische Bewegungen und wird mit jeder vollen Exzenterdrehung um einen Kurvenabschnitt weiter gedreht. Die Übersetzung ergibt sich aus der Anzahl der Kurvenabschnitte, wobei im Allgemeinen mindestens ein Kurvenabschnitt weniger vorhanden ist als Bolzen im Bolzenring. Im Hinblick auf einen guten Ausgleich der Drehmassen und zur Erzielung der doppelten Anzahl von Elementen zur Kraftübertragung werden meistens zwei um 180° versetzte Kurvenscheiben eingesetzt. In einstufiger Ausführung sind Übersetzungen von $i = 6 \ldots 85$ bei einem Wirkungsgrad unter Volllast bis zu $\eta = 0{,}925$ möglich, wobei die Spielarmut des Harmonic Drive-Getriebes nicht ganz erreicht wird.

19.3.2 Dimensionierung von Umlaufrädergetrieben

In gleicher Weise wie bei Standgetrieben müssen für ein zu konstruierendes Umlaufrädergetriebe abhängig von den zu übertragenden Drehmomenten und anzupassenden Drehzahlen auch zuerst die Standübersetzung und die mögliche Bauart festgelegt werden. Darauf aufbauend lassen sich dann die Verzahnungsdaten, Lager und Wellen bemessen und mit den bereits behandelten Verfahren der Tragfähigkeitsberechnung kann die jeweilige Beanspruchbarkeit nachgewiesen werden.

Dabei ist zu beachten, dass im Gegensatz zu Standgetrieben bei Umlaufgetrieben Einschränkungen aufgrund der zusätzlichen Umlaufbewegungen bestehen, was insbesondere die maximal zulässigen Betriebsdrehzahlen der Planetenradlager aufgrund zusätzlicher Belastungen durch Fliehkräfte betreffen kann. Ferner ergeben sich für die Zähnezahlen der Räder Einschränkungen und die Aufteilung der Planeten am Umfang bedarf ebenfalls zusätzlicher Überlegungen, worauf im Folgenden näher eingegangen wird.

19.3.2.1 Zuordnung von Zähnezahlen und Durchmessern

Grundsätzlich müssen bei allen rückkehrenden Umlaufrädergetriebe-Bauarten nach Abbildung 19.7 und Abbildung 19.8 die Achsabstände zwischen allen miteinander kämmenden Radpaaren so aufeinander abgestimmt sein, dass die beiden Zahnräder 1 und 2 koaxial angeordnet werden können, wobei die Übersetzung die Durchmesserverhältnisse der Zahnräder bestimmt. Hierdurch bedingt erzielt man bei einer Planetengetriebestufe mit drei Planeten eine maximale Übersetzung von $i \leq 12$, da sich anderenfalls bei zu groß gewählter Übersetzung die Planetenräder durchdringen würden.

Dabei lassen sich die Getriebebauarten mit kämmenden Planeten (Abbildung 19.7 d) und e) sowie Abbildung 19.8 e) und f)) am einfachsten handhaben, da man zunächst die Radpaare unter angenäherter Berücksichtigung der Achsabstände nach wirtschaftlichen Gesichtspunkten auslegen kann und die endgültigen Achsabstände erst zum Schluss durch Einknicken des gesamten Räderzuges festlegt.

Bei der sehr häufig verwendeten Umlaufrädergetriebe-Bauart nach Abbildung 19.8 a) muss man wegen des gleichen Moduls m aller drei kämmenden Räder und mit negativen Zähnezahlen z bei Hohlrädern die folgende gegenseitige Zuordnung der Durchmesser für eine Verzahnung ohne Profilverschiebung (Null-Verzahnung) beachten, die durch eine Profilverschiebung noch geringfügig verändert werden kann:

$$d_1 + 2 \cdot d_p + d_2 = m \cdot \left(z_1 + 2 \cdot z_p + z_2\right) = 0 \quad \text{mit} \quad d = m \cdot z \tag{19.99}$$

Bei Getriebebauarten mit Stufenplaneten nach Abbildung 19.7 a), c), f) und g) sowie Abbildung 19.8 c) und h) müssen die beiden hintereinander geschalteten Zahnradstufen gleiche Achsabstände aufweisen, sodass die zumeist vorgegebene Standübersetzung i_{12} passend auf zwei Stufen aufgeteilt werden muss:

$$i_{12} = i_{1p_1} \cdot i_{2p_2} = \left(-\frac{z_{p1}}{z_1}\right) \cdot \left(-\frac{z_2}{z_{p2}}\right) \tag{19.100}$$

Der Achsabstand a einer Stufe ohne Profilverschiebung ergibt sich abhängig von den Zähnezahlen der Räder der jeweiligen Stufe und dem Stirnmodul m zu:

$$a_{1p_1} = 0{,}5 \cdot m_1 \cdot \left(z_{p1} + z_1\right) \quad \text{und} \quad a_{2p_2} = 0{,}5 \cdot m_2 \cdot \left(z_{p2} + z_2\right) \quad \text{mit} \quad d = m \cdot z \qquad (19.101)$$

Um gleiche Achsabstände a für beide Stufen zu erreichen, muss man folgendes Modulverhältnis einhalten, wobei sich aufgrund der negativen Zähnezahlen von Hohlrädern in Gleichung (19.101) und der folgenden Gleichung (19.102) für Stirnradstufen die Summe und für Hohlradstufen die Differenz der Zähnezahlen ergibt:

$$\frac{m_1}{m_2} = \left|\frac{z_2 + z_{p2}}{z_1 + z_{p1}}\right| \qquad (19.102)$$

Abhängig von der Aufteilung der Standübersetzung nach Gleichung (19.100) erhält man demzufolge unterschiedliche Getriebedurchmesser. Bei den Bauarten nach Abbildung 19.7 a) und Abbildung 19.8 d) ergibt sich die kleinste Getriebebaugröße, sofern die Ritzel beider Stufen die kleinstmöglichen Zähnezahlen erhalten und beide Verzahnungen nahezu gleich beansprucht werden.

Üblicherweise erhält man diese optimale Aufteilung der Standübersetzung mit Gleichung (19.100) nur über gebrochene Zähnezahlen. Sofern man allerdings eine geringe Abweichung von der vorgegebenen Standübersetzung zulässt, kann man schnell ein optimales Getriebe auslegen, indem man zunächst das theoretische Optimum mithilfe einer schnell konvergierenden Iterationsrechnung unter Verwendung gebrochener Zähnezahlen für die Großräder ermittelt und anschließend durch Abrundung der gebrochenen Zähnezahlen die endgültige Aufteilung von i_{12} festlegt [19.178]. Sollte die Abweichung von der vorgegebenen Standübersetzung i_{12} noch zu groß sein, ist eine entsprechende Anpassung durch die Veränderung einzelner Zähnezahlen ohne eine wesentliche Vergrößerung des Getriebes möglich.

Betrachtet man in diesem Zusammenhang die technisch sinnvoll ausführbaren Standübersetzungen von Zweiwellengetrieben nach Abbildung 19.7 und Abbildung 19.8, so ergibt sich vergleichbar zu Stirnradstufen eine wirtschaftliche Grenze von $i = -7$ bis -10 für eine Stufe. Sofern höhere Übersetzungen erforderlich sind, werden mehrstufige Getriebe kleiner, leichter und damit auch kostengünstiger. Dabei gelten die in Abbildung 19.7 und Abbildung 19.8 genannten Grenzen der Standübersetzungen für eine Anordnung von drei Planeten (-sätzen) am Umfang mit einem Mindestabstand zwischen den Planetenkopfkreisen von $\Delta s \geq 1 \cdot m$ und einer angenommenen Zähnezahl von $z = 17$ des Innenritzels oder des kleineren von zwei Innenzahnrädern. Bei mehrstufigen Standgetrieben gemäß Abbildung 19.7 a) oder Abbildung 19.8 d) wurden die gleiche Beanspruchung der Ritzel jeder Stufe und deren geometrische Ähnlichkeit angenommen, sodass das Verhältnis ihrer Abmessungen gleich der dritten Wurzel aus dem Verhältnis ihrer Drehmomente ist.

Ordnet man nun drei oder mehr Planeten am Umfang an, so ergeben sich bei engster Anordnung ein dazugehöriges kleinstes Innenritzel und/oder ein größtes Hohlrad und damit auch eine maximale Standübersetzung, die mit steigender Anzahl von Planeten q am Umfang zurückgeht.

Diese Abhängigkeit der größtmöglichen Standübersetzungen von der Anzahl q der am Umfang angeordneten Planetenräder ist für die häufigsten Bauarten von Umlaufrädergetrieben nach Abbildung 19.7 a) (Plusgetriebe) und Abbildung 19.8 b) (Minusgetriebe) sowie offene Planetengetriebe gemäß Abbildung 19.9 a) und f) in den Diagrammen in Abbildung 19.33 wiedergegeben [19.178].

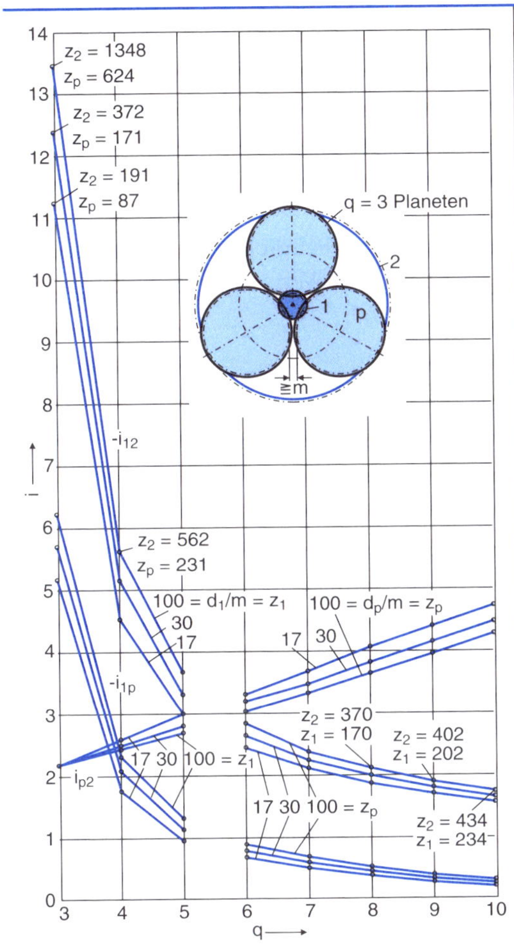

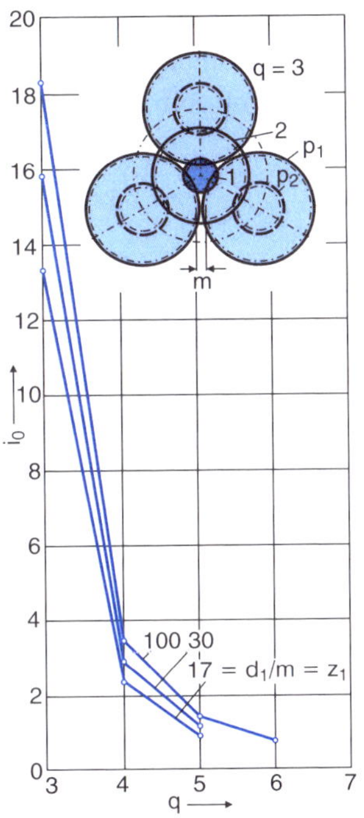

Beide Ritzel sind geometrisch ähnlich mit gleicher Zähnezahl $z_1 = z_{p2}$ und gleicher Zahnfußbeanspruchung. Die übrigen Zähnezahlen sind vermerkt, soweit sie übermäßig groß werden. Der Abstand m entspricht dem Modul.

Abbildung 19.33: Erreichbare Übersetzungen für ausgewählte Getriebebauarten nach Abbildung 19.8 a) und b) und Abbildung 19.9 a) abhängig von der Anzahl q der Planeten [19.178]

Um eine Vergleichmäßigung der Zahnfußbeanspruchungen beider Stufen zu erreichen, vernachlässigt man zunächst den Einfluss der Zähnezahl auf die Zahnfußbeanspruchung, indem man vereinfachend annimmt, dass die Höhe h des Biegequerschnitts im Zahnfuß nur proportional zum Modul m ist und ein konstantes Verhältnis der Zahnbreite b zum Modul m vorliegt:

$$\sigma = \frac{M_b}{W_b} = \frac{M_b}{\frac{b \cdot h^2}{6}} \quad \text{mit} \quad \frac{h}{m} = \text{konst.} \quad \text{und} \quad \frac{b}{m} = \text{konst.} \qquad (19.103)$$

Mit der Umfangskraft F und den Ähnlichkeitsgesetzen der Mechanik ergibt sich daraus für zwei verschiedene Verzahnungen 1 und 2 das folgende Verhältnis der Zahnfußspannungen:

$$\frac{\sigma_1}{\sigma_2} \approx \frac{F_1 \cdot m_1}{m_1^3} \cdot \frac{m_2^3}{F_2 \cdot m_2} = \frac{M_1 \cdot d_2 \cdot m_2^2}{M_2 \cdot d_1 \cdot m_1^2} = \frac{M_1 \cdot z_2 \cdot m_2^3}{M_2 \cdot z_1 \cdot m_1^3} \tag{19.104}$$

Nutzt man diese Gleichung (19.104) in Verbindung mit Gleichung (19.102) für einen Stufenplaneten eines Getriebes nach Abbildung 19.7 a), bei dem die Zahnräder ja mit $M_{p1} / M_{p2} \approx 1$ gleich große Drehmomente übertragen müssen und dessen Zahnfußbeanspruchungen $\sigma_{p1} \approx \sigma_{p2}$ ungefähr gleich groß sein sollen, so ergibt sich:

$$\frac{\sigma_{p1}}{\sigma_{p2}} \approx 1 = \frac{z_{p2}}{z_{p1}} \cdot \left(\frac{m_{p2}}{m_{p1}}\right)^3 = \frac{z_{p2}}{z_{p1}} \cdot \left|\frac{z_1 + z_{p1}}{z_2 + z_{p2}}\right|^3 \tag{19.105}$$

Verwendet man dann die Bedingung für den kleinsten Getriebedurchmesser, führt für die Zähnezahlverhältnisse die entsprechenden Abkürzungen unter Verwendung von Gleichung (19.100) ein und teilt durch z_{min}, so folgt daraus:

$$z_{min} + z_{p1} = \left|z_2 + z_{min}\right| \cdot \sqrt[3]{\frac{z_{p1}}{z_{min}}} \quad \text{mit} \quad z_1 = z_{p2} = z_{min} \tag{19.106}$$

$$C_1 = \pm\left(\frac{i_{12}}{C_0} + 1\right) \cdot \sqrt[3]{C_0} - 1 \tag{19.107}$$

Hierin gilt das Pluszeichen für Plusgetriebe nach Abbildung 19.7 a) und das Minuszeichen für Minusgetriebe mit Hohlrad nach Abbildung 19.8 d) und den dort jeweils angegebenen Bezeichnungen, wobei die Lösung von Gleichung (19.107) iterativ erfolgen muss. Hierzu setzt man für C_0 zunächst einen beliebigen Wert ein, berechnet damit C_1 und wiederholt die Rechnung mit geändertem C_0 so oft, bis folgende Bedingungen erfüllt sind, wobei diese Berechnung besonders schnell konvergiert, wenn man als neuen Wert von C_0 jeweils den Mittelwert von C_0 und C_1 aus der vorangegangenen Rechnung nutzt:

$$C_1 = C_0 = C \quad \text{mit einem Fehler von} \quad \frac{C_1 - C_0}{C_1} \le 0{,}01 \quad \text{und} \quad \left(C_0\right)_{n+1} = \frac{1}{2} \cdot \left(C_0 + C_1\right)_n \tag{19.108}$$

Im Ergebnis erhält man aus dieser Iteration die folgenden Zähnezahlen:

$$z_1 = z_{min}, \quad z_{p_2} = z_{min}, \quad z_{p_1} = C \cdot z_{min} \quad \text{und} \quad z_2 = \frac{i_{12} \cdot z_{min}}{C} \tag{19.109}$$

Die so errechneten (gebrochenen) Zähnezahlen z_{p1} und z_2 müssen dann auf ganze Zähnezahlen auf- oder abgerundet werden und damit ist die Standübersetzung nach Gleichung (19.100) zu überprüfen. Bei Bedarf ist die Abweichung vom geforderten Wert i_{12} durch eine geringe Veränderung der Zähnezahlen entsprechend anzupassen.

Um die geforderte Standübersetzung genau einhalten zu können, sind in Gleichung (19.100) Quotienten der Zähnezahlen notwendig, deren Zähler und Nenner in ganzzahlige Primfaktoren zerlegbar sind, von denen keiner eine noch zulässige Zähnezahl übersteigen darf [19.178]. Weiterhin müssen die Produkte der gewählten Zähnezahlen des Zählers und des Nenners in Gleichung (19.100) jeweils mindestens diese Primfaktoren enthalten.

Aufgrund dieser Bedingungen ist bei der häufig eingesetzten Bauart mit einfachen Planeten nach Abbildung 19.8 a) die freie Wahl der Zähnezahlen am stärksten eingeschränkt. So gilt für eine Normverzahnung ohne Profilverschiebung:

$$-d_2 = d_1 + 2 \cdot d_p \quad \text{oder} \quad -m \cdot z_2 = m \cdot z_1 + 2 \cdot m \cdot z_p \quad \text{und damit} \quad -z_2 = z_1 + 2 \cdot z_p \tag{19.110}$$

Hieraus wird deutlich, dass die Differenz $(-z_2 - z_1)$ eine gerade Zahl sein muss, da der Term $2 \cdot z_p$ auch immer eine gerade Zahl ist. Demzufolge können beide Zähnezahlen entweder nur gerade oder nur ungerade sein. Soll ein Getriebe dieser Bauart mit einer ungeraden Zähnezahldifferenz ausgeführt werden, so müssen die endgültigen Achsabstände zwischen Planet und Zentralrädern durch Profilverschiebung gemäß Kapitel 18 wieder ausgeglichen werden.

Dabei ergibt sich die Verzahnung des Planetenrades, indem man die Zähnezahl $z_p \approx (-z_2 - z_1)/2$ auf die nächste ganze Zahl nach unten abrundet und die so entstehende Verzahnung mit einer positiven Profilverschiebung versieht. Im Gegensatz dazu würde eine Aufrundung der Zähnezahl in Verbindung mit einer negativen Profilverschiebung die Zahndicke vermindern und bei gleichen Drehmomenten zu einem größeren Modul und damit zu einem größeren Getriebe führen. Somit lassen sich mit Umlaufrädergetrieben jede durch ganzzahlige Brüche darstellbaren Übersetzungen ausführen.

Anschließend an die Auslegung der Verzahnung ist zu prüfen, inwieweit der erforderliche Platzbedarf für die Lager der Planeten vorhanden ist. Sollte der Einbauraumbedarf für die Lager zu groß sein, müssten Achsabstand, Raddurchmesser und Gesamtdurchmesser vergrößert werden oder aber man müsste eine andere Aufteilung der Standübersetzung i_{12} wählen. Hierzu legt man für die Stufe, die aufgrund der größeren Lager einen größeren Achsabstand erfordert, die Übersetzung näher an den Wert 1, wodurch sich die konstruktiv erforderlichen Mindestabstände der Lager einander angleichen lassen.

19.3.2.2 Aufteilung mehrerer Planeten am Umfang

Nachdem die Zähnezahlen und damit die Übersetzungen bekannt sind, ist im Weiteren nun die Aufteilung der Planeten am Umfang zu überprüfen. Im einfachsten Fall lässt sich ein Planetengetriebe mit nur einem Einfach- oder Stufenplaneten oder auch mit nur einem Paar kämmender Planeten ohne weitere Bedingungen zusammenbauen.

Sobald jedoch durch den Einbau eines ersten Paares die Winkelstellungen der beiden Zentralräder und der Planetenradachse im Steg zueinander festliegen, lässt sich ein weiteres Planetenrad nur noch an bestimmten Stellen in die Verzahnungen der beiden Zentralräder einschieben. Dabei hängen die möglichen Teilungswinkel des Steges δ_s zwischen der ersten und zweiten Planetenachse von den Zähnezahlen der Räder ab [19.96], [19.178].

Um den kleinsten Teilungswinkel $(\delta_s)_{min}$ zu finden, geht man von einem Planetengetriebe mit nur einem Planeten aus, welches sich in einer beliebigen Ausgangsstellung befindet. Hält man nun das Rad 1 fest und dreht Rad 2 um genau einen Zahn weiter, bewegt sich der Steg um den folgenden Winkel $(\delta_s)_{1fest}$ in eine neue Stellung:

$$(\delta_s)_{1fest} = d_2 \cdot \frac{n_s}{n_2} = \frac{360}{z_2} \cdot i_{s2} = \frac{360}{z_2} \cdot \frac{i_{12}}{i_{12} - 1} \tag{19.111}$$

Demzufolge lässt sich jetzt ein neuer Planet einschieben, der gerade die Ausgangsstellung des ersten Planeten einnimmt, da das Rad 2 gerade um einen Zahn weitergedreht wurde, während sich das Rad 1 noch in der Ausgangsstellung befindet. Somit ist dieser Winkel $(\delta_s)_{1fest}$ ein erster möglicher Einbauwinkel und auch alle ganzzahligen Vielfachen davon (mit g als ganzer Zahl) stellen eine Lösung dar:

$$\delta_s = (\delta_s)_{1fest} \quad \text{und} \quad \delta_s = g \cdot (\delta_s)_{1fest} \tag{19.112}$$

Die gleiche Vorgehensweise kann man auch mit einem festgehaltenen Rad 2 wiederholen, wobei der Steg dann den folgenden Winkel $(\delta_s)_{2fest}$ zurücklegt, während auch hier dessen ganzzahlige Vielfache als Lösung für die gesuchten Teilungswinkel in Betracht kommen:

$$(\delta_s)_{2fest} = d_1 \cdot \frac{n_s}{n_1} = \frac{360}{z_1} \cdot i_{s1} = \frac{360}{z_1} \cdot \frac{1}{1 - i_{12}} \tag{19.113}$$

$$\delta_s = (\delta_s)_{2fest} \quad \text{und} \quad \delta_s = g \cdot (\delta_s)_{2fest} \tag{19.114}$$

Ausgehend von diesen Grundgleichungen sind nun die beiden Fälle zu unterscheiden, ob das Getriebe mit einfachen Planeten oder aber mit Stufenplaneten versehen ist:

1 Kleinster Teilungswinkel bei Getrieben mit einfachen Planeten – Bei Getriebebauarten mit einfachen oder paarweise kämmenden Planeten entsprechend Abbildung 19.7 d) und Abbildung 19.8 a), e), g) und i) gilt für die Standübersetzung nach Abschnitt 19.2.1:

$$\text{Bei Minusgetrieben: } i_{12} = -\left|\frac{z_2}{z_1}\right|, \quad \text{bei Plusgetrieben: } i_{12} = +\left|\frac{z_2}{z_1}\right| \tag{19.115}$$

Setzt man nun diese absoluten Zähnezahlen in Gleichung (19.111) und Gleichung (19.113) ein, erhält man für ein Minusgetriebe die folgenden Teilungswinkel:

$$(\delta_s)_{1fest} = \frac{360}{z_2} \cdot \frac{-\left|\frac{z_2}{z_1}\right|}{-\left|\frac{z_2}{z_1}\right| - 1} = \frac{360}{|z_2| + |z_1|} \quad \text{und} \quad (\delta_s)_{2fest} = \frac{360}{z_1} \cdot \frac{1}{1 + \left|\frac{z_2}{z_1}\right|} = \frac{360}{|z_2| + |z_1|} \tag{19.116}$$

Somit ist der Teilungswinkel δ_s hier in beiden Fällen gleich, sodass für den kleinsten Teilungswinkel $(\delta_s)_{min}$ eines Minusgetriebes mit einfachen Planeten gilt:

$$(\delta_s)_{min} = (\delta_s)_{1fest} = (\delta_s)_{2fest} = \frac{360}{|z_2| + |z_1|} \tag{19.117}$$

In vergleichbarer Weise findet man für ein Plusgetriebe mit einfachen Planeten nach Abbildung 19.7 d) den kleinsten Teilungswinkel $(\delta_s)_{min}$ zu:

$$(\delta_s)_{min} = (\delta_s)_{1fest} = (\delta_s)_{2fest} = \frac{360}{|z_2| - |z_1|} \tag{19.118}$$

Hieraus lässt sich die folgende Zähnezahlbedingung ableiten, die für Planetengetriebe mit einfachen oder paarweise kämmenden einfachen Planeten mit N gleichmäßig am Umfang angeordneten Planetensätzen und g als ganzer Zahl gilt:

$$\text{Bei Minusgetrieben: } \frac{|z_1|+|z_2|}{N} = g\,, \quad \text{bei Plusgetrieben: } \frac{|z_1|-|z_2|}{N} = g \tag{19.119}$$

Diese Bedingung lässt sich erfüllen, wenn entweder jede Zähnezahl für sich durch N teilbar ist oder wenn beide Zähnezahlen nicht, jedoch ihre Summe bzw. Differenz, durch N teilbar sind. Dabei ist die zweite Möglichkeit gerade bei schnell laufenden Leistungsgetrieben hinsichtlich des entstehenden Getriebegeräusches zu bevorzugen, da nämlich bei der ersten Lösungsmöglichkeit die Geräusche anregenden Zahneingriffsstöße aller N Planeten gleichzeitig erfolgen, während sie sich bei der zweiten Lösung über den Zeitraum zwischen zwei Zahneingriffen verteilen [19.178]. Hierdurch wird die anregende Kraft nur 1 / N-mal so groß, ihre Anregungsfrequenz aber N-mal so hoch wie im ersten Fall, was bei den meisten Getriebebauarten zu einem geringeren abgestrahlten Gesamtgeräusch führt [19.186], [19.273], [19.274], [19.295], [19.296].

2 **Kleinster Teilungswinkel bei Getrieben mit Stufenplaneten** – Bei Getriebebauarten mit einem Stufenplaneten entsprechend Abbildung 19.7 a), c), e) und f) und Abbildung 19.8 c), d), f) und l) gilt für die Standübersetzung nach Abschnitt 19.2.1:

$$\text{Bei Minusgetrieben: } i_{12} = -\left|\frac{z_{p1}}{z_1}\cdot\frac{z_2}{z_{p2}}\right|, \quad \text{bei Plusgetrieben: } i_{12} = +\left|\frac{z_{p1}}{z_1}\cdot\frac{z_2}{z_{p2}}\right| \tag{19.120}$$

Setzt man nun diese absoluten Zähnezahlen in Gleichung (19.111) und Gleichung (19.113) ein, erhält man für ein Minusgetriebe mit einem Stufenplaneten die folgenden Teilungswinkel:

$$(\delta_s)_{1fest} = \frac{360}{z_2}\cdot\frac{-\left|\frac{z_{p1}}{z_1}\cdot\frac{z_2}{z_{p2}}\right|}{-\left|\frac{z_{p1}}{z_1}\cdot\frac{z_2}{z_{p2}}\right|-1} = \frac{360\cdot|z_{p1}|}{|z_{p1}\cdot z_2|+|z_1\cdot z_{p2}|} = \alpha_{minG}\cdot z_{p1} \tag{19.121}$$

$$(\delta_s)_{2fest} = \frac{360}{|z_1|\cdot\left(1+\left|\frac{z_{p1}}{z_1}\cdot\frac{z_2}{z_{p2}}\right|\right)} = \frac{360\cdot|z_{p2}|}{|z_{p1}\cdot z_2|+|z_1\cdot z_{p2}|} = \alpha_{minG}\cdot z_{p2} \tag{19.122}$$

In entsprechender Weise findet man für ein Plusgetriebe mit einem Stufenplaneten:

$$(\delta_s)_{1fest} = \frac{360\cdot\left|\frac{z_{p1}}{z_1}\cdot\frac{z_2}{z_{p2}}\right|}{|z_2|\cdot\left(\left|\frac{z_{p1}}{z_1}\cdot\frac{z_2}{z_{p2}}\right|-1\right)} = \frac{360\cdot|z_{p1}|}{|z_{p1}\cdot z_2|-|z_1\cdot z_{p2}|} = \alpha_{plusG}\cdot z_{p1} \tag{19.123}$$

$$\left(\delta_s\right)_{2fest} = \frac{360}{\left|z_1\right| \cdot \left(1-\left|\frac{z_{p1}}{z_1} \cdot \frac{z_2}{z_{p2}}\right|\right)} = \frac{360 \cdot \left|z_{p2}\right|}{\left|z_1 \cdot z_{p2}\right| - \left|z_{p1} \cdot z_2\right|} = \alpha_{plusG} \cdot z_{p2} \tag{19.124}$$

Im Gegensatz zum Einfachplaneten sind bei Getrieben mit Stufenplaneten die beiden Teilungswinkel $|\delta_S|_{1fest}$ und $|\delta_S|_{2fest}$ nicht gleich groß, wobei sie sich jedoch nur durch die Zähnezahlen der Planeten z_{p1}und z_{p2} im Zähler unterscheiden, weshalb die jeweils gleichen Ausdrücke in den Gleichungen durch die Bezeichnungen α_{plusG} und α_{minG} zusammengefasst wurden.

Allerdings stehen entsprechend den Gleichungen (19.121) und (19.122) bei Minusgetrieben und den Gleichungen (19.123) und (19.124) bei Plusgetrieben die kleinsten Teilungswinkel in einem festen Verhältnis zueinander:

$$\frac{\left(\delta_s\right)_{1fest}}{\left(\delta_s\right)_{2fest}} = \frac{\alpha \cdot z_{p1}}{\alpha \cdot z_{p2}} = \frac{t \cdot f_{p1}}{t \cdot f_{p2}} \tag{19.125}$$

Hierin bezeichnen α die zusammengefassten Ausdrücke α_{plusG} und α_{minG} aus den Gleichungen (19.121) bis (19.124), t den größten gemeinsamen Teiler der Zähnezahlen z_{p1} und z_{p2} des Stufenplaneten und f_{p1} und f_{p2} ganzzahlige Faktoren, die gemäß Abbildung 19.34 die Anzahl der Gruppen von t Zähnen der beiden Stufenplanetenräder darstellen.

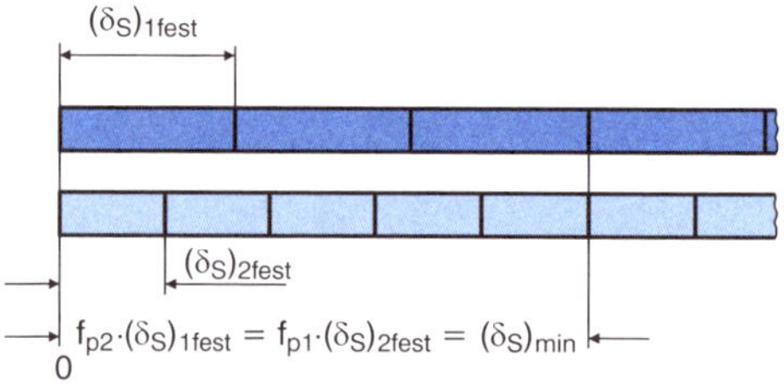

Die zwei Zahnräder eines Stufenplaneten haben meistens unterschiedliche Zähnezahlen, sodass die gegenseitige Lagezuordnung jedes Zahnes des einen Zahnrads zu den Zähnen des anderen Zahnrads innerhalb eines Winkelbereiches $(\delta_s)_{min}$ verschieden ist. Damit man bei der Montage der Planetenräder die Zähne mit der gleichen Winkelzuordnung schneller finden kann, ist bereits bei der Fertigung ein Zahn eines Rades jedes Stufenplaneten, der die gleiche Winkelzuordnung zur anderen Verzahnung hat, zu kennzeichnen. Dieser Zahn lässt sich dann sofort bei der Montage in die Zahnlücke des mit ihm kämmenden Zentralrades einschieben.

Abbildung 19.34: Abwicklung der möglichen Winkelteilungen am Stegumfang bei Stufenplaneten und Kennzeichnung für die Montage [19.178]

Unter Verwendung der Gleichungen (19.121), (19.122) und (19.125) lässt sich der kleinste Teilungswinkel $(\delta_s)_{min}$, nach dessen Durchlaufen beide Verzahnungen wieder die gleiche Lage zueinander wie in der Ausgangsstellung haben, bestimmen zu:

$$\frac{\left(\delta_s\right)_{1fest} \cdot z_{p2}}{\left(\delta_s\right)_{2fest} \cdot z_{p1}} = \frac{\alpha \cdot z_{p1} \cdot z_{p2}}{\alpha \cdot z_{p2} \cdot z_{p1}} = \frac{\alpha \cdot z_{p1}}{\alpha \cdot z_{p2}} \cdot \frac{t \cdot f_{p2}}{t \cdot f_{p1}} = 1 \tag{19.126}$$

$$\left(\delta_s\right)_{min} = \left(\delta_s\right)_{1fest} \cdot f_{p2} = \left(\delta_s\right)_{2fest} \cdot f_{p1} \tag{19.127}$$

Unter der Voraussetzung, dass $N = g \cdot (\delta_s)_{min}$ Planeten gleichmäßig am Umfang verteilt werden sollen, muss $(\delta_s)_{min}$ eine ganze Zahl sein, sodass nach Kürzen von t und z_{p1} / f_{p1} gegen z_{p2} / f_{p2} in Gleichung (19.126) auch α eine ganze Zahl g sein muss, woraus sich die Zähnezahlbedingungen für Minusgetriebe und Plusgetriebe wie folgt ergeben:

$$\frac{360}{\left|z_{p1} \cdot z_2\right| \pm \left|z_1 \cdot z_{p2}\right|} = \frac{360}{N \cdot t} \qquad (19.128)$$

$$\text{Minusgetriebe: } z_{p1} \cdot z_2 + z_1 \cdot z_{p2} = N \cdot t\,, \quad \text{Plusgetriebe: } z_{p1} \cdot z_2 - z_1 \cdot z_{p2} = N \cdot t \qquad (19.129)$$

Ausgehend von diesen grundlegenden Einbaubedingungen für Einfach- und Stufenplaneten lässt sich daraus auch die Anzahl q_{max} der maximal möglichen, gleichmäßig am Umfang verteilbaren Planeten auf dem Steg bestimmen zu:

$$q_{max} = \frac{360}{(\delta_s)_{min}} = g \qquad (19.130)$$

Zerlegt man diese ganze Zahl q_{max} in ihre Primfaktoren, so gibt jeder Faktor oder jedes Produkt aus mehreren die Anzahl der gleichmäßig am Umfang verteilbarer Planeten an. Häufig verwendet man im Hinblick auf eine Leistungsverzweigung bei gleichzeitig gleichmäßiger Lastverteilung auf die einzelnen Planeten eine Anzahl von $q = 3$ Planeten. Sofern man dann das Sonnenritzel 1 gemäß Abbildung 19.8 a) nicht lagert, ergibt sich diese geforderte gleichmäßige Lastverteilung auf die drei in gleichmäßigor Teilung angcordneten Planeten (s.a. Abschnitte 19.3.4 und 19.4.1).

Insbesondere bei kleineren Übersetzungen – gleichbedeutend mit einem vergleichsweise kleinen Durchmesserverhältnis von Hohlrad zu Sonne d_2 / d_1 – ordnet man häufig mehr als drei Planeten an. Bei dieser größeren Anzahl von Planeten – vier bis neun Planeten sind durchaus üblich – bedarf es zusätzlicher konstruktiver Maßnahmen, um eine möglichst gute Lastaufteilung auf die einzelnen Planeten zu erreichen. Dabei ist die Lastaufteilung abhängig von der Elastizität der Radkörper, der Lager und Lagerbolzen, den Zahnweitenunterschieden der Planetenräder, den Achslageabweichungen der Lagerbohrungen des Planetenträgers und der Einstellbarkeit des Hohlrades, worauf in Abschnitt 19.3.4 und Abschnitt 19.4.1 noch näher eingegangen wird.

Möchte man abhängig von einer vorgegebenen Anzahl gleichmäßig am Umfang verteilter Planeten N geeignete Zähnezahlen ermitteln, so sind die vier Zähnezahlen in den Gleichungen (19.119) und (19.121) bis (19.124) so zu bestimmen, dass α_{plusG} bzw. α_{minG} durch N teilbar sind. Das ist immer dann gegeben, wenn jeder der beiden Summanden im Nenner der Gleichungen (19.121) bis (19.124), d.h. wenigstens einer der beiden Faktoren jedes Summanden durch N teilbar ist. Im Zähler dieser Gleichungen wird diese Bedingung mit der Zahl 360 bereits erfüllt, da sie durch alle Zahlen bis zwölf außer sieben und elf teilbar ist [19.178].

Vergleichbar den Getrieben mit Einfachplaneten kann auch bei den Getrieben mit Stufenplaneten gemäß der Gleichungen (19.128) und (19.129) der Nenner durch die Summe oder Differenz der beiden Faktoren, von denen jedoch jetzt keiner durch N teilbar sein darf, durch N teilbar gemacht werden, was sich auch günstig auf die Geräuschentstehung auswirkt.

Sofern eine gleichmäßige Verteilung von drei Planeten am Umfang nicht möglich sein sollte, kann auch eine ungleichmäßige Aufteilung ausgeführt werden. Hierzu müssen allerdings die Winkel zwischen je zwei Planeten dem kleinsten Teilungswinkel $(\delta_s)_{min}$ oder einem ganzzahligen Vielfachen davon entsprechen, damit sie eingebaut werden können. Allerdings werden abhängig von der Zunahme der ungleichmäßigen Verteilung über dem Umfang die Planeten auch zunehmend ungleichmäßiger belastet. Aus diesem Grund wird ein drittes Planetenrad unabhängig von seiner Winkellage überhaupt nicht belastet, wenn die ersten beiden einander gegenüberliegen [19.178], [19.186]. Darüber hinaus entsteht bei einer ungleichmäßigen Verteilung der Planeten zusätzlich eine Unwucht des Planetenträgers, die hinsichtlich eines ruhigen Laufes besonders ausgeglichen werden muss.

19.3.2.3 Konstruktive Beeinflussung der Wirkungsgrade

Der Gesamtwirkungsgrad η_{ges} eines Umlaufgetriebes hängt maßgebend von seinem Umlaufwirkungsgrad η_{Uml} ab, der wiederum durch den Standwirkungsgrad, die Standübersetzung und die momentanen Drehzahlverhältnisse bestimmt wird. Im Folgenden sollen die wesentlichen Maßnahmen zur konstruktiven Beeinflussung der Wirkungsgrade behandelt werden.

Betrachtet man zunächst den Standwirkungsgrad, so ergeben sich folgende Beeinflussungsmöglichkeiten:

- Die Zahnreibungsverluste sind durch eine hohe Güte der Zahnflankenoberfläche in Verbindung mit einer zweckmäßigen Werkstoffpaarung und Schmierung möglichst gering zu halten. Weiterhin erreicht man günstige Gleitbedingungen durch eine geeignete Profilverschiebung, sodass die Mitte der Eingriffsstrecke kurz hinter dem Wälzpunkt liegt, hohe Zähnezahlen und die Verwendung von Hohlradstufen (s.a. Kapitel 18 – Stirnradverzahnung).
- Die Getriebebauart sollte möglichst wenige, vom Leistungsfluss nacheinander durchlaufene Zahneingriffe aufweisen. Dagegen haben die bei einer Leistungsverzweigung parallel angeordneten gleichen Leistungszweige keinen Einfluss auf den Standwirkungsgrad.

Um einen hohen Umlaufwirkungsgrad zu erreichen, muss die Wälzleistung möglichst gering sein, da gemäß Gleichung (19.54) die Verlustleistung P_V stark von der jeweiligen Wälzleistung abhängt, sodass mit dem Standwirkungsgrad η_0 bzw. dem Standverlustgrad ζ_0 gilt:

$$P_V = -P_{W,an} \cdot \zeta_0 = -P_{W,an} \cdot (1 - \eta_0) \qquad (19.131)$$

Setzt man diese Verlustleistung zur gesamten Antriebsleistung eines Umlaufgetriebes ins Verhältnis, so ergibt sich folgender Zusammenhang, wobei der Standverlustgrad ζ_0 von der Richtung des Wälzleistungsflusses abhängt:

$$-\frac{P_V}{P_{an}} = \frac{P_{W,an}}{P_{an}} \cdot \zeta_0 = \zeta_{Uml} = 1 - \eta_{Uml} \text{ oder } \frac{\zeta_{Uml}}{\zeta_0} = \frac{P_{W,an}}{P_{an}} \text{ mit } \zeta_0 = \zeta_{12} \text{ oder } \zeta_0 = \zeta_{21} \qquad (19.132)$$

Darüber hinaus hängt dieses Leistungsverhältnis bei Zweiwellengetrieben noch davon ab, ob die Welle 1 oder die Welle 2 die Antriebswelle ist:

$$\frac{P_{W1}}{P_1} = \frac{M_1 \cdot (n_1 - n_s)}{M_1 \cdot n_1} = 1 - \frac{n_s}{n_1} = \frac{i_{12}}{i_{12} - 1} = i_{s2} \quad \text{für} \quad n_2 = 0 \qquad (19.133)$$

$$\frac{P_{W2}}{P_2} = \frac{M_2 \cdot (n_2 - n_s)}{M_2 \cdot n_2} = 1 - \frac{n_s}{n_2} = \frac{1}{1 - i_{12}} = i_{s1} \quad \text{für} \quad n_1 = 0 \qquad (19.134)$$

Das Diagramm in Abbildung 19.35 zeigt die Umlaufübersetzung i_{s1} bei stillstehender Welle 2 auf der einen und das dazugehörige Leistungsverhältnis P_W / P_1 auf der anderen Kurve abhängig von der Standübersetzung i_{12} und in entsprechender Weise die Zusammenhänge für P_W / P_2 bei stillstehender Welle 1.

Entsprechend den Ausführungen in Abschnitt 19.2.5.3 wird anhand von Abbildung 19.35 deutlich, dass im gesamten Bereich der Minusgetriebe die Wälzleistung kleiner ist als die durchgesetzte Gesamtleistung, womit für den Verlustgrad $\zeta_{Uml} < \zeta_0$ gilt, während für den Wirkungsgrad $\eta_{Uml} > \eta_0$ folgt. Allerdings ist im Bereich $i_{12} < -1$ bei der positiven Umlaufübersetzung i_{s2} die Wälzleistung geringer und damit der Umlaufwirkungsgrad höher als bei der ebenfalls positiven Umlaufübersetzung i_{s1}. Bei einer reziproken Standübersetzung (Bereich $i_{12} = -1 \ldots 0$) sind die Verhältnisse umgekehrt, wobei dieser Unterschied bei höheren negativen Standübersetzungen erheblich wird [19.178].

Im Gegensatz dazu ergibt sich bei Plusgetrieben ein Wälzleistungsverhältnis von $P_w / P_2 < |1|$ und damit ein Umlaufwirkungsgrad von $\eta_{Uml} > \eta_{21}$ nur für Umlaufübersetzungen $i_{s2} > 1$ im Bereich der Standardübersetzung $i_{12} > 2$. Allerdings streben die Umlaufwirkungsgrade für $\zeta_{Uml} / \zeta_{an} \rightarrow 0$ umso mehr gegen $\eta_{Uml} \rightarrow 1$, je mehr sich auch die Umlaufübersetzungen dem Wert $i \rightarrow 1$ und damit der Funktion einer einfachen Kupplung annähern. Demzufolge sind höchste Umlaufwirkungsgrade nur bei den selten geforderten Übersetzungen um $i \approx +1$ zu erzielen und Umlaufwirkungsgrade $\eta_{Uml} > \eta_0$ sind nur bei positiven Umlaufübersetzungen möglich.

Möchte man die Umlaufwirkungsgrade nicht bei gleicher Standübersetzung, sondern bei gleichen Umlaufübersetzungen, z. B. für $i_{1s} = i_{s1}$, vergleichend betrachten, so sind zunächst die beiden jeweils zugeordneten Standübersetzungen nach Gleichung (19.19) und (19.20) oder Tabelle 19.2 zu bestimmen und daran anschließend lassen sich mit Abbildung 19.35 oder Tabelle 19.9 die beiden Umlaufwirkungsgrade berechnen, die sich deutlich voneinander unterscheiden können.

Betrachtet man nun drei laufende Wellen, so ist das Verhältnis der Wälzleistung zur Gesamtleistung an der Gesamtleistungswelle P_w / P_{Glw} maßgebend für den Verlustgrad ζ_{Uml} und somit auch für den Wirkungsgrad η_{Uml}. Vernachlässigt man vereinfachend die Verluste, so werden antreibende und abtreibende Wälzleistung gleich groß, womit näherungsweise gilt:

$$\frac{P_W}{P_{Glw}} \approx \frac{\zeta_{Uml}}{\zeta_0} \qquad (19.135)$$

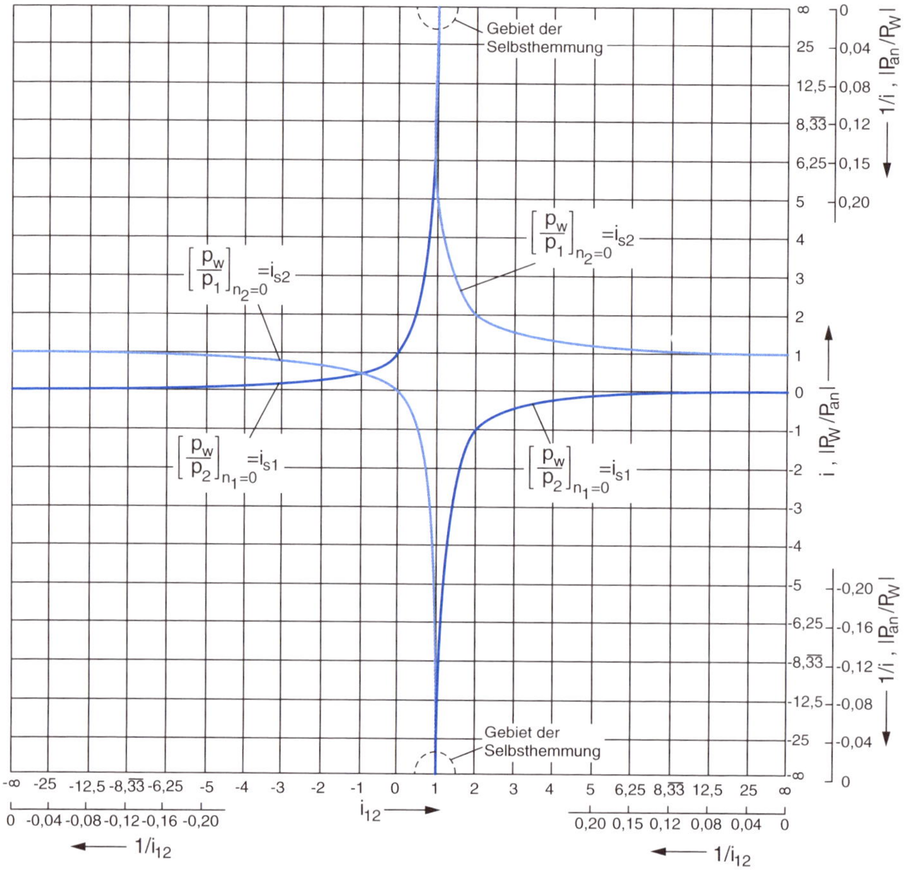

Abbildung 19.35: Verhältnis der Wälzleistung P_W zur äußeren Antriebsleistung P_{an} mit zugehöriger Umlaufübersetzung einfacher Zweiwellengetriebe unter Vernachlässigung der Reibungsverluste ($P_W = P_{W1} = P_{W2}$). Das Diagramm gilt auch für Planeten-Koppelgetriebe mit den Bezeichnungen I, II, $S \equiv 1, 2, s$ und P_W als Reihenleistung [19.178]

Abhängig von der jeweiligen Gesamtleistungswelle (Welle 1, 2 oder s) und der dazu gehörenden Gesamtleistung P_1, P_2 oder P_s ergeben sich aus Gleichung (19.45) und Tabelle 19.3 die folgenden Leistungsverhältnisse, wobei für jeden Betriebszustand die jeweils zutreffende Gesamtleistungswelle aus Tabelle 19.6 abhängig von i_{12} und einem beliebigen freien Drehzahlverhältnis k einfach abgelesen werden kann:

$$\frac{P_W}{P_1} = \frac{M_1 \cdot (n_1 - n_s)}{M_1 \cdot n_1} = 1 - \frac{n_s}{n_1} = 1 - k_{s1} = \frac{i_{12} \cdot (1 - k_{12})}{k_{12} \cdot (1 - i_{12})} \tag{19.136}$$

$$\frac{P_W}{P_2} = \frac{M_2 \cdot (n_2 - n_s)}{M_2 \cdot n_2} = 1 - \frac{n_s}{n_2} = 1 - k_{s2} = \frac{1 - k_{12}}{1 - i_{12}} \tag{19.137}$$

$$\frac{P_W}{P_1} = \frac{M_1 \cdot (n_1 - n_s)}{M_1 \cdot n_1} = 1 - \frac{n_s}{n_1} = 1 - k_{s1} = \frac{i_{12} \cdot (1 - k_{12})}{k_{12} \cdot (1 - i_{12})} \tag{19.138}$$

Aus den Gleichungen (19.136) bis (19.138) ist ersichtlich, dass kleinste Wälzleistungsverluste und somit höchste Wirkungsgrade auch bei Umlaufrädergetrieben im Dreiwellenbetrieb für Drehzahlverhältnisse $k_{s1} \approx 1$ und $k_{s2} \approx 1$ erreicht werden, da dann alle Drehzahlen fast gleich sind und nur ein geringes Abwälzen der Zahnräder auftritt [19.178].

Abschließend sei darauf hingewiesen, dass man bei Antriebssystemen, die neben einfachen Übersetzungsgetrieben auch Umlaufrädergetriebe enthalten, eine solche Aufteilung der Gesamtübersetzung vornehmen sollte, bei der den Umlaufrädergetrieben ein möglichst verlustarmer Übersetzungsbereich zufällt. Damit lässt sich dann ein höchstmöglicher Gesamtwirkungsgrad erzielen, da sich die Wirkungsgrade einfacher Übersetzungsgetriebe bei Übersetzungsänderungen nur in einem geringen Maße ändern [19.178]. Auf weitere konstruktive Maßnahmen zur Begrenzung der bei hohen Drehzahlen auftretenden Ventilations- und Plantschverluste in Planetengetrieben wird im Abschnitt 19.3.5 näher eingegangen.

19.3.3 Eingriffsstörungen bei Innenverzahnungen (Innengetrieben)

Vergleichbar zu den Stirnradgetrieben ist auch bei der Entwicklung und Erzeugung von Paarungen mit Innenverzahnung (Innengetriebe) auf mögliche Eingriffsstörungen zu achten, zumal diese gegenüber Außenverzahnungen häufiger vorkommen und zusätzlich noch Störungen wie z.B. Zahnkopfüberschneidungen auftreten können. Während die verschiedenen Eingriffsstörungen, bedingt durch eine Verletzung des Verzahnungsgesetzes, bereits in Kapitel 18 – Stirnradgetriebe behandelt wurden, sind bei Innengetrieben folgende Eingriffsstörungen möglich, worauf im Folgenden näher eingegangen werden soll.

Zunächst können nicht zum evolventischen Bereich gehörende Flankenteile zum Eingriff kommen:

1 **Zahnfußeingriffsstörung am Ritzel** – Dabei berührt der Zahnkopf des Hohlrades den Zahnfußausrundungsradius des Ritzels.

2 **Zahnfußeingriffsstörung am Hohlrad** – Dabei berührt der Zahnkopf des Ritzels den Zahnfußausrundungsradius des Hohlrades.

3 **Zahnfußeingriffsstörung am Schneidrad des Erzeugungsgetriebes** – In diesem Fall wird der Zahnkopf des Hohlrades vom Zahnfußausrundungsradius des Schneidrades abgeschnitten.

Ebenso können sich auch Teile der Zahnflanken außerhalb des Eingriffsgebietes berühren:

4 **Zahnkopfeingriffsstörungen** – Dabei tritt eine Überschneidung der Zahnköpfe von Ritzel und Hohlrad oder ein Wegschneiden der Hohlradzahnköpfe beim Erzeugungsgetriebe auf.

5 **Radiale Einbaustörung** – Hierbei ist das Ritzel so groß, dass es beim radialen Einbau außerhalb des Eingriffsgebietes liegende Zähne des Innenrades berührt.

6 **Vorschubeingriffsstörung** – In diesem Fall ist das gewählte Schneidrad so groß, dass es in der Vorschubrichtung die Zähne des Innenrades wegschneidet.

7 **Passive Eingriffsstörungen** – Diese führen zwar nicht zu einem Wegschneiden, jedoch zu einem unerwünschten Berühren von Flankenteilen, was insbesondere bei Erzeugungsgetrieben während des Schneidradrückhubes der Fall sein kann.

Des Weiteren kann es in Grenzfällen, vor allem bei elastisch gestalteten Hohlrädern und sehr kleinen Zähnezahldifferenzen $|z_2| - z_1$ aufgrund elastischer Verformungen – insbesondere des Radkörpers – möglicherweise zu Eingriffsstörungen kommen.

In Tabelle 19.10 sind die bei Innengetrieben und Innenerzeugungsgetrieben auftretenden Eingriffsstörungen sowie Änderungsrichtungen für einzelne Verzahnungsgrößen zur Vermeidung von Eingriffsstörungen übersichtlich zusammengefasst, wobei im Folgenden auf die einzelnen Eingriffsstörungen gemäß obiger Aufstellung eingegangen wird [19.153], [19.177], [19.182], [19.221], [19.275].

1 **Zahnfußeingriffsstörung am Ritzel** – Hierbei kommt gemäß Abbildung 19.36 der Zahnkopf des Hohlrades innerhalb der Zahnfußübergangskurve des außen verzahnten Rades zum Eingriff, was vor allem dann auftritt, wenn die Ritzelzähnezahl z_1 gegenüber der Hohlradzähnezahl $|z_2|$ klein ist.

Demzufolge treten gemäß Abbildung 19.36 Eingriffsstörungen auf, wenn der Kopfformkreis d_{Fa2} der Innenverzahnung (Kopfkreis oder bei abgerundeten bzw. abgeschrägten Kopfkanten der Durchmesser des Überganges „Evolvente – Kopfabrundung") die Eingriffslinie unterhalb dieses Punktes innerhalb der Strecke $\overline{F_{1Z,S}T_1}$ schneidet, da die Evolvente des Ritzels in Zahnfußrichtung durch den Punkt $F_{1Z,S}$ begrenzt wird. Ein evolventischer Eingriff ist erst ab diesem Punkt möglich, da das Erzeugungswerkzeug ab diesem Punkt $F_{1Z,S}$ eine Evolvente erzeugt. Somit muss zur Vermeidung der Zahnfußeingriffsstörung am Ritzel der Fußnutzkreisdurchmesser d_{Nf1}, der den Eingriffsbeginn im Zahnfußbereich des Ritzels kennzeichnet, gleich oder größer als der Fußformkreisdurchmesser d_{Ff1} nach Gleichung (18.118) im Abschnitt 18.2.7 im Kapitel 18 – Stirnradgetriebe sein:

$$d_{Nf1} \geq d_{Ff1} \tag{19.139}$$

Diese Bedingung wird eingehalten, wenn der Kopfformkreisradius $|d_{Fa2}|\,/\,2$, der häufig gleich dem Kopfkreisradius $|d_{a2}|\,/\,2$ ist, größer oder gleich der Strecke $\overline{O_2F_{1Z,S}}$ ist, sodass gilt:

$$\left|d_{Fa2}\right| \geq 2\cdot\left|\overline{O_2F_{1Z,S}}\right| = \sqrt{d_{b2}^2 + \left(2\cdot|a|\cdot\sin\alpha_{wt} + \sqrt{d_{Ff1}^2 - d_{b1}^2}\right)^2} \tag{19.140}$$

Hierin bezeichnen $d_{b1,2}$ die Grundkreisdurchmesser, a den Achsabstand und α_{wt} den Betriebseingriffswinkel im Stirnschnitt und der Fußformkreisdurchmesser am Ritzel d_{Ff1} wird durch die Herstellungsart des Ritzels bestimmt, wobei im Falle der Erzeugung mit einem Wälzfräser die in Abbildung 18.54 im Kapitel 18 – Stirnradgetriebe dargestellten geometrischen Beziehungen ($d_{Ff1(Z)} = d_{Ff}$) gelten.

Art der Störung	Möglichkeiten zur Vermeidung von Eingriffsstörungen							
	Ritzel		Hohlrad		Schneidrad		Bemerkungen	Schematische Darstellung
	x_1	k_1	x_2	k_2	x_0	k_0		
Zahnfußeingriffsstörung am Ritzel zwischen Hohlradzahnkopf und Ritzelfuß $d_{Nf1} > d_{Ff1}$	↑		↓				$\sum x = \text{konst.}$	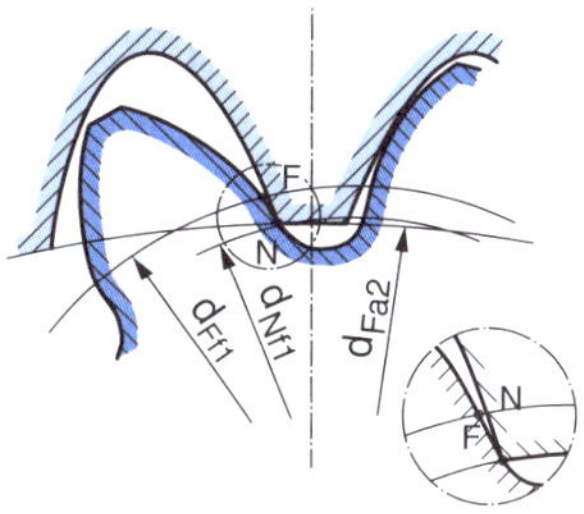
			↓				$\sum x$ verringern	
				↓	↓	↑		
Zahnfußeingriffsstörung am Hohlrad zwischen Ritzelzahnkopf und Hohlradzahnfuß $\lvert d_{Nf2}\rvert > \lvert d_{Ff2}\rvert$	↓		↓				Änderungen nur in engen Grenzen möglich	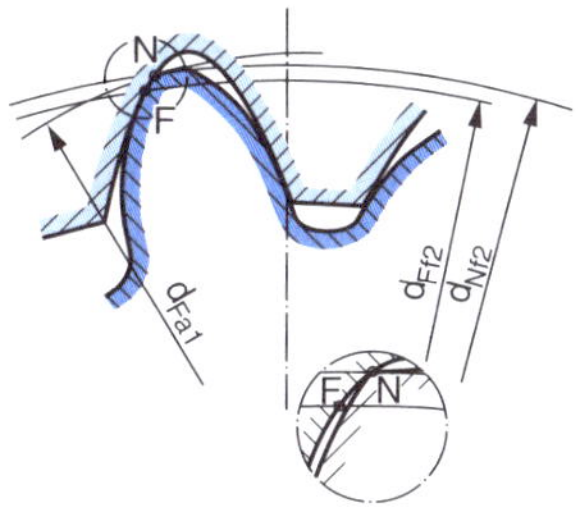
		↓			(↓)	↑		
			↓	↓	↑	↑	am Schneidrad	
Zahnkopfeingriffsstörungen	↓	↓	↓	↓			am Innengetriebe	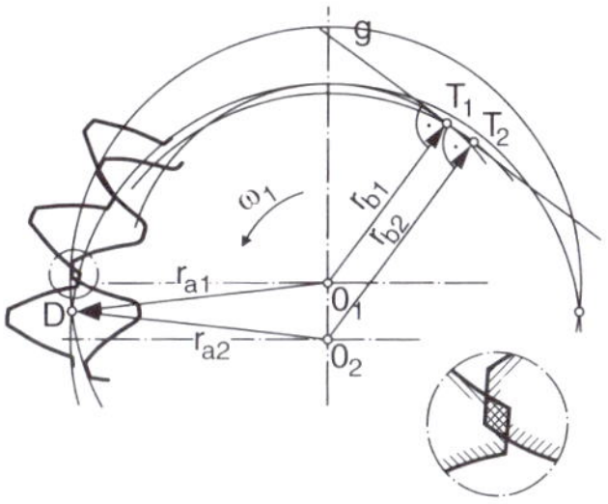
			↓	↓	↓		am Erzeugungsinnengetriebe	
	Der Schnittpunkt D der Kopfkreise muss oberhalb der Eingriffsgeraden g liegen. Anderenfalls ist eine weitergehende Überprüfung erforderlich.							
Radiale Einbaustörung am Trieb bzw. Vorschubeingriffsstörungen beim Erzeugungsgetriebe	↓	↓	↓	↓				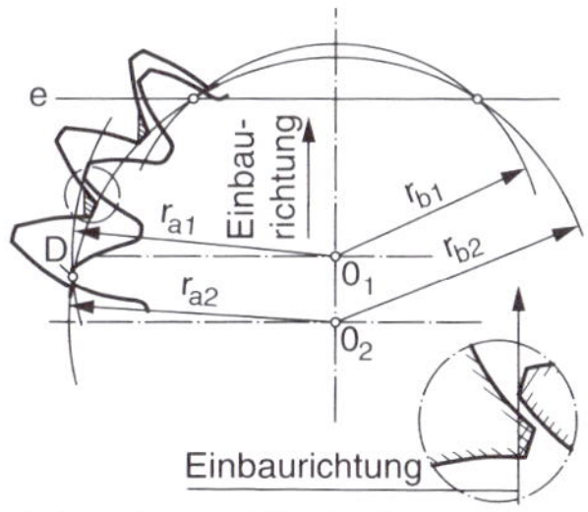
	Der Schnittpunkt D der Kopfkreise muss oberhalb der Eingriffsgeraden e liegen, die durch die Schnittpunkte der Grundkreise geht. Anderenfalls ist eine weitergehende Überprüfung erforderlich.							
Vorschubeingriffsstörung			↓	↓	↓	↓	**Legende:** ↑ Vergrößerung oder ↓ Verkleinerung, um vorhandene Eingriffsstörungen zu beseitigen oder zu verringern	
Passive Eingriffsstörung			↓		↓			

Tabelle 19.10: Eingriffsstörungen und Änderungsrichtung von Verzahnungsgrößen zur Vermeidung bei vorgegebenen Zähnezahlen der Innenradpaarung nach [19.153]

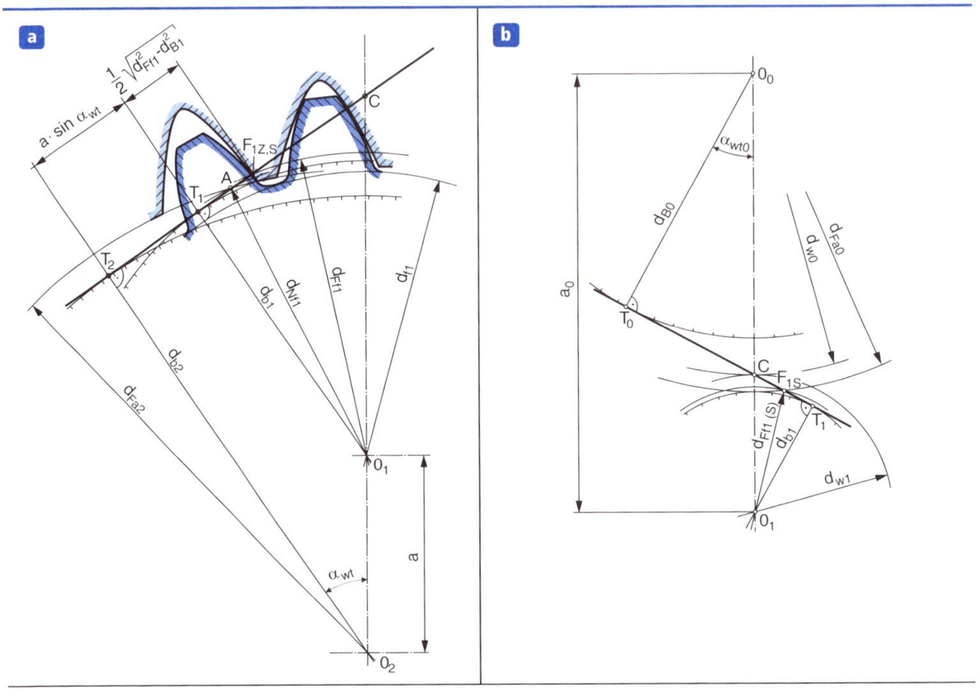

Abbildung 19.36: Zahnfußeingriffsstörung am Ritzel und Fußformkreis $d_{Ff1} = d_{Ff1(S)}$ am Ritzel bei Erzeugung mit einem Schneidrad (S) nach [19.153]

Setzt man Gleichung (18.125) in Gleichung (19.141) ein, so ergibt sich mit dem Telkreisdurchmesser d_1, der Zahnkopfhöhe h_{a0} und dem Kopfkantenrundungsradius ρ_{a0} des Verzahnungswerkzeuges, dem Stirneingriffswinkel α_{t0} und dem Normaleingriffswinkel α_{n0} des Werkzeuges, dem Erzeugungsprofilverschiebungsfaktor x_E nach Gleichung (18.126) und dem Normalmodul m_n für den zulässigen Kopfformkreisdurchmesser d_{Fa2} des Hohlrades zur Vermeidung von Zahnfußeingriffsstörungen am Ritzel bei Herstellung des Ritzels mit einem Wälzfräser oder Hobelkamm:

$$\left|d_{Fa2}\right| \geq \sqrt{d_{b2}^2 + \left[2 \cdot |a| \cdot \sin\alpha_{wt} + d_1 \cdot \sin\alpha_{t0} - 2 \cdot \left(\frac{h_{a0} - x_E \cdot m_n - \rho_{a0} \cdot (1 - \sin\alpha_{n0})}{\sin\alpha_{t0}}\right)\right]^2} \quad (19.141)$$

Werden Außenverzahnungen im Wälzverfahren mit einem Schneidrad (Zähnezahl z_0, Grundkreisdurchmesser d_{b0}, Kopfformkreisdurchmesser d_{Fa0}) erzeugt, so ergibt sich mit dem Achsabstand a_0 und dem Betriebseingriffswinkel im Stirnschnitt α_{wt0} des Erzeugungsgetriebes F_{1S} als Schnittpunkt des wirksamen Schneidradkopfkreises d_{Fa0} mit der Eingriffslinie, wobei der Einfluss von vielleicht vorhandener Kopfabrundung vom Kopfkreisdurchmesser d_{a0} abzuziehen ist. Somit errechnet sich der Durchmesser des Evolventenanschlusspunktes entsprechend Abbildung 19.36 b) zu:

$$d_{Ff1(S)} = \sqrt{d_{b1}^2 + \left(2 \cdot a_0 \cdot \sin\alpha_{wt0} - \sqrt{d_{Fa0}^2 - d_{b0}^2}\right)^2} \quad (19.142)$$

Durch Einsetzen von Gleichung (19.141) in Gleichung (19.143) erhält man die Beziehung für den zulässigen Kopfformkreisdurchmesser des Hohlrades zur Vermeidung von Zahnfußeingriffsstörungen am Ritzel bei Herstellung mit einem Schneidrad:

$$\left|d_{Fa2}\right| \geq \sqrt{d_{b2}^2 + \left(2 \cdot |a| \cdot \sin\alpha_{wt} + 2 \cdot a_0 \cdot \sin\alpha_{wt0} - \sqrt{d_{Fa0}^2 - d_{b0}^2}\right)^2} \tag{19.143}$$

Wenn bei der Erzeugung des Ritzels Unterschnitt vorliegt, kann der Zahnkopf des Hohlrades in den unterschnittenen Flankenbereich des Ritzels eingreifen, sodass keine volle Ausnutzung des evolventischen Flankenteiles möglich ist. Wenngleich hieraus kein ungleichmäßiger Lauf im Sinne einer Eingriffsstörung entsteht, so ist dennoch zu prüfen, ob die Profilüberdeckung noch ausreicht. Hierzu ist in der Berechnung für den Fußformkreisdurchmesser d_{Ff1} der durch den Unterschnitt bedingte Evolventenanschlussdurchmesser d_u gemäß der Gleichungen (18.117) bis (18.123) im Abschnitt 18.2.7 des Kapitels 18 – Stirnradgetriebe zu verwenden.

Sobald die Ritzelzähnezahl z_1 kleiner ist als die Grenzzähnezahl z_{1g}, tritt Unterschnitt auf, weshalb bei der Herstellung des Ritzels mit Wälzfräser oder Hobelkamm zur Vermeidung von Unterschnitt folgende Bedingung mit x_E nach Gleichung (18.126) erfüllt sein muss:

$$z_1 \geq z_{1g} = 2 \cdot \cos\beta \cdot \frac{h_{FaP0}^* - x_E}{\sin^2 \alpha_t} \tag{19.144}$$

Hierin sind β der Schrägungswinkel, α_t der Stirneingriffswinkel, m_n der Normalmodul, h_{FaP0}^* der Kopfhöhenfaktor bei abgerundetem Werkzeugkopf mit dem Abrundungsradius ρ_{a0}^* und h_{a0} die Zahnkopfhöhe mit dem Kopfkantenrundungsradius ρ_{a0} des Verzahnungswerkzeuges:

$$h_{FaP0}^* = h_{a0}^* - \rho_{a0}^* \cdot (1 - \sin\alpha_n) \quad \text{mit} \quad h_{a0}^* = \frac{h_{a0}}{m_n} \quad \text{und} \quad \rho_{a0}^* = \frac{\rho_{a0}}{m_n} \tag{19.145}$$

Erfolgt die Herstellung mit einem Schneidrad, so lautet die Beziehung zur Vermeidung von Unterschnitt mit:

$$z_1 \geq z_{1g} = \sqrt{\frac{\left[z_0 + 2 \cdot \cos\beta \cdot \left(h_{FaP0}^* + x_0\right)\right]^2 - z_0^2 \cdot \cos^2 \alpha_{t0}}{\tan^2 \alpha_{wt0} \cdot \cos^2 \alpha_{t0}}} - z_0 \tag{19.146}$$

Hierin bezeichnen z_0 und x_0 die Zähnezahl und den Profilverschiebungsfaktor sowie α_{t0} und α_{wt0} den Stirneingriffswinkel und den Betriebseingriffswinkel im Stirnschnitt des Erzeugungsgetriebes und die Größe $(h_{FaP0}^* + x_0) \cdot m_n$ entspricht dem radialen Abstand zwischen dem Teilkreis und dem Beginn der Kopfrundung des Werkzeuges.

Zur Vermeidung derartiger Zahnfußeingriffsstörungen am Ritzel der Radpaarung bzw. am Schneidrad des Erzeugungsinnengetriebes ist diese Eingriffsstörung sowohl am Ritzel des Innengetriebes als auch am Schneidrad des Erzeugungsgetriebes zu überprüfen, insbesondere wenn die Zähnezahl des Ritzels z_1 sehr viel kleiner ist als die Zähnezahl z_0 des Erzeugungsgetriebes. Ab einer Zähnezahldifferenz von $(z_1 - z_0) \geq 20$ ist im Allgemeinen die Kontrolle am Erzeugungsinnengetriebe ausreichend.

Folgende Maßnahmen können bei auftretenden Störungen durch eine Änderung der Radpaardaten bei unveränderten Werkzeugdaten Abhilfe schaffen:

- eine geänderte Aufteilung der Profilverschiebungssumme in der Form, dass x_2 kleiner und x_1 entsprechend größer wird,
- eine Verringerung der Profilverschiebungssumme durch Verkleinerung von x_2.

Ebenso ist eine Änderung der Werkzeugdaten für die Ritzelherstellung unter Beibehaltung der Radpaardaten möglich, um Tragfähigkeitsänderungen möglichst gering zu halten:

- Wahl eines Schneidrades mit kleinerer Profilverschiebung (eventuell Nachschleifen)
- Wahl eines Schneidrades mit größerer Zähnezahl
- Wahl eines Werkzeuges mit größerer Zahnkopfhöhe h_{a0}

2 **Zahnfußeingriffsstörung am Hohlrad** – Hierbei kommt gemäß Abbildung 19.37 der maßgebende Kopfkreis des Ritzels (Kopfformkreisdurchmesser d_{Fa1}) innerhalb der Zahnfußübergangskurve des Hohlrades zum Eingriff. Um diese Eingriffsstörung zu vermeiden, muss folgende Bedingung mit d_{Nf2} nach Gleichung (18.118) und d_{Ff2} nach Gleichung (19.150) bzw. Gleichung (19.152) erfüllt sein:

$$-\left|d_{Nf2}\right| > \left|d_{Ff2}\right| \qquad (19.147)$$

Dabei wird der erforderliche Fußnutzkreisdurchmesser $|d_{Nf2}|$ durch den Kopfformkreisdurchmesser d_{Fa1} des Ritzels bestimmt, der sich aus Abbildung 19.37 a) wie folgt ergibt:

$$d_{Fa1} \leq 2 \cdot \overline{O_1F_2} \quad \text{mit} \quad d_{Fa1} \leq \sqrt{d_{b1}^2 + \left(\sqrt{d_{Ff2}^2 - d_{b2}^2} - 2 \cdot |a| \cdot \sin \alpha_{wt}\right)^2} \qquad (19.148)$$

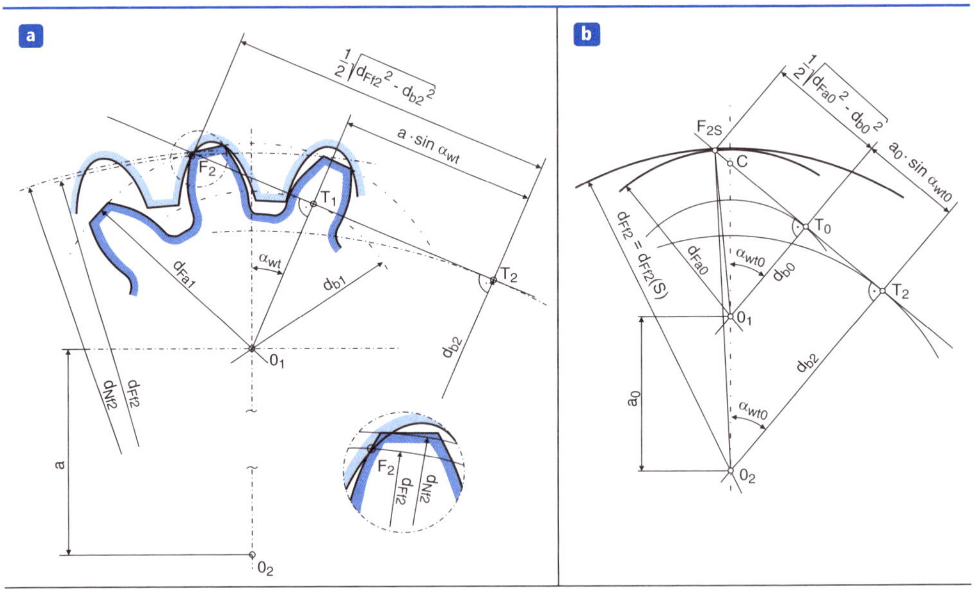

Abbildung 19.37: Zahnfußeingriffsstörung am Hohlrad und Fußformkreis $d_{Ff2} = d_{Ff2(S)}$ am Hohlrad bei Erzeugung mit einem Schneidrad (S) nach [19.153]

Der Fußformkreisdurchmesser d_{Ff2} und damit die Lage von F_2 sind wiederum von der Erzeugungsart des Hohlrades abhängig, weshalb als Kopfkreisdurchmesser des Schneidwerkzeuges der Kopfformkreisdurchmesser d_{Fa0} eingesetzt wird. Demzufolge ergibt sich gemäß Abbildung 19.37 b) der Fußformkreisdurchmesser $d_{Ff2(S)}$ bei Herstellung des Hohlrades mit einem Schneidrad zu:

$$\left|d_{Ff2(S)}\right| = \sqrt{d_{b2}^2 + \left(2 \cdot |a_0| \cdot \sin\alpha_{wt0} + \sqrt{d_{Fa0}^2 - d_{b0}^2}\right)^2} \tag{19.149}$$

Durch Einsetzen dieses Fußformkreis- oder Evolventenanschlussdurchmessers in Gleichung (19.148) erhält man den zulässigen Kopfformkreisdurchmesser d_{Fa1} des Ritzels:

$$d_{Fa1} \leq \sqrt{d_{b1}^2 + \left[2 \cdot |a_0| \cdot \sin\alpha_{wt0} - 2 \cdot |a| \cdot \sin\alpha_{wt} + \sqrt{d_{Fa0}^2 - d_{b0}^2}\right]^2} \tag{19.150}$$

Erfolgt die Herstellung der Innenverzahnung mit einem Wälzfräser gemäß Abbildung 19.38, so bestimmt sich der Fußformkreisdurchmesser $d_{Ff2(Z)}$ zu:

$$\left|d_{Ff2(Z)}\right| = \sqrt{d_{b2}^2 + \left(2 \cdot \rho_{a0} + \sqrt{\left(\left|d_{f2}\right| - 2 \cdot \rho_{a0}\right)^2 - d_{b2}^2}\right)^2} \tag{19.151}$$

Setzt man diesen Fußformkreisdurchmesser $d_{Ff2(Z)}$ in Gleichung (19.148) ein, so ergibt sich daraus der zulässige Kopfformkreisdurchmesser d_{Fa1} des Ritzels zur Vermeidung von Zahnfußeingriffsstörungen am Hohlrad bei Herstellung der Innenverzahnung mit einem Wälzfräser:

$$d_{Fa1} \leq \sqrt{d_{b1}^2 + \left(2 \cdot \rho_{a0} - 2 \cdot |a| \cdot \sin\alpha_{wt} + \sqrt{\left(\left|d_{f2}\right| - 2 \cdot \rho_{a0}\right)^2 - d_{b2}^2}\right)^2} \tag{19.152}$$

Zur Vermeidung dieser Art von Eingriffsstörung ist eine Überprüfung immer dann erforderlich, wenn die Zähnezahl z_1 des Ritzels erheblich größer ist als die Zähnezahl z_0 des Werkzeuges und eine Null-Verzahnung ($x_1 = x_2 = 0$) oder eine V-Null-Verzahnung ($x_1 + x_2 = 0$ bzw. $x_1 = -x_2$) des Innengetriebes vorliegt. Sofern die Innengetriebe mit einer negativen Profilverschiebungssumme ($x_1 + x_2 < 0$) versehen werden (V_{minus}-Innengetriebe), ist diese Art der Eingriffsstörung von untergeordneter Bedeutung.

Allerdings ist beim Einsatz von Schneidrädern mit abgerundeten oder abgeschrägten Kopfkanten eine Kontrolle der Eingriffsstörung nach Gleichung (19.150) grundsätzlich empfehlenswert. Sollte Gleichung (19.150) nicht eingehalten werden können, ist Abhilfe möglich, indem zur Hohlradherstellung ein Schneidrad mit größerer Zähnezahl oder mit kleinerer Profilverschiebung (eventuell durch Nachschärfen) eingesetzt wird. Ebenso ist auch eine Verringerung der Profilverschiebungssumme von Ritzel und Hohlrad möglich. Für Zähnezahlen von $z_0 > z_1$ und Betriebseingriffswinkel von $\alpha_{wt0} = 20° \ldots 28°$ ist die genannte Eingriffsstörung nicht zu erwarten, da eine ausreichend lange Evolvente an der Hohlradverzahnung ausgebildet wird.

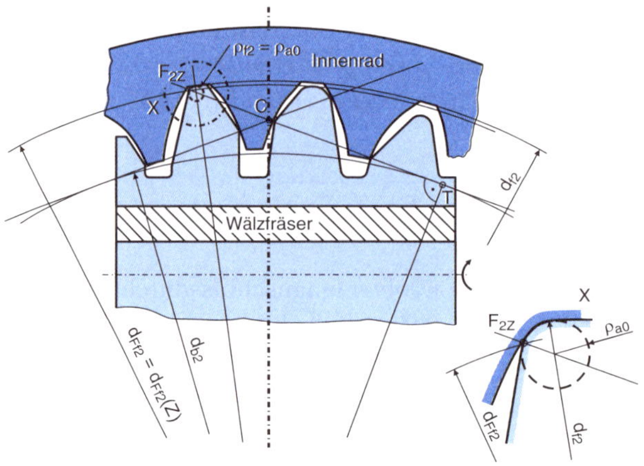

Bei der Herstellung einer Innenverzahnung mit einem Wälzfräser sind die Schneidstollen des Werkzeuges üblicherweise so hinterschliffen, dass jede Schneide nur einen kleinen Evolventenbereich erzeugt, sodass die Aneinanderreihung dieser Teilabschnitte die Flankenform erzeugt. Dabei wird der Ausrundungsradius im Fuß von dem Schneidstollen mit voll ausgebildeter Kopfabrundung bestimmt. Dies gilt auch dann, wenn andere Wälzfräserformen wie tonnenförmige mit spezieller Schneidengeometrie oder zylindrische mit Schlagzahn verwendet werden [19.153].

Abbildung 19.38: Fußformkreis $d_{Ff2} = d_{Ff2(Z)}$ am Hohlrad bei Erzeugung mit einem Wälzfräser (*Z*) nach [19.153]

3 **Zahnfußeingriffsstörung am Schneidrad des Erzeugungsgetriebes** – In gleicher Weise wie bei der Innenradpaarung kann auch beim Erzeugungsgetriebe der Zahnkopf des Hohlrades das Schneidrad im nicht evolventischen Bereich der Zahnfußkurve berühren, sodass die vorzeitig zum Eingriff kommende Zahnkopfkante des Innenzahnrades weggeschnitten wird, was insbesondere auftritt, wenn die Zähnezahl des Werkzeuges z_0 klein ist gegenüber der Zähnezahl des Hohlrades $|z_2|$. Zur Vermeidung der sich daraus ergebenden Kürzung der Zahnhöhe (Verringerung der Überdeckung ε_α) am Hohlrad muss genauso wie bei der Zahnfußeingriffsstörung am Ritzel nach Gleichung (19.141) die folgende Bedingung für den Zahnkopfformkreisdurchmesser d_{Fa2} des Innenzahnrades erfüllt werden:

$$\left|d_{Fa2}\right| \geq \sqrt{d_{b2}^2 + \left(2 \cdot \left|a_0\right| \cdot \sin \alpha_{wt0} + \sqrt{d_{Ff0}^2 - d_{b0}^2}\right)^2} \qquad (19.153)$$

Da der Fußformkreisdurchmesser d_{Ff0} des Schneidrades vom Herstellverfahren abhängig ist, sind genaue Angaben vom Hersteller notwendig. Wird z.B. das Schneidrad im Wälzfräsverfahren mit einem Werkzeug unendlicher Zähnezahl (Hobelkamm, Wälzfräser) erzeugt, so berechnet sich der Fußformkreisdurchmesser d_{Ff0} wie folgt, wobei die Durchmesser des Schneidrades zur Unterscheidung von den übrigen Werkzeuggrößen (Index 0) den Index *S* erhalten:

$$d_{Ff0} = d_{FfS} = \sqrt{\left[d_S \cdot \sin \alpha_{t0} - \frac{2 \cdot m_n \cdot \left(h_{FaP0}^* - x_E\right)}{\sin \alpha_{t0}}\right]^2 + d_{bS}^2} \qquad (19.154)$$

Zur Vermeidung von Zahnfußeingriffsstörungen am Schneidrad ist eine Änderung der Schneidraddaten für die Innenverzahnungsherstellung wie folgt möglich:

- Wahl eines Schneidrades mit größerer Profilverschiebung
- Wahl eines Schneidrades mit größerer Zähnezahl

4 **Zahnkopfeingriffsstörungen** – Diese gehören zu den Eingriffsstörungen außerhalb des regulären Zahneingriffsgebietes und entstehen immer dann, wenn sich Flankenbereiche außerhalb der Eingriffsebene überschneidend berühren. Dabei kann als eine Form dieser Eingriffsstörungen eine Zahnkopfüberschneidung (bzw. Zahnkopfinterferenz) gemäß Abbildung 19.39 am Innengetriebe während des Abwälzens auftreten, wenn sich bevorzugt bei geringen Zähnezahldifferenzen $|z_2| - z_1 = 1 \ldots 5$) die Zahnköpfe von Ritzel und Hohlrad während des Abwälzvorganges außerhalb der Eingriffsebene überschneiden.

Entsprechend Abbildung 19.39 ist für Ritzel und Hohlrad ein störungsfreier Eingriff nur dann möglich, wenn während der Drehbewegung von Ritzel und Hohlrad der Kopfkreisschnittpunkt D (Schnittpunkt der Kreise d_{a1} und d_{a2} bzw. bei Kopfkantenbruch oder Kopfabrundung Schnittpunkt der Kreise d_{Fa1} und d_{Fa2}) zuerst von der Hohlradkopfkante B und danach von der maßgebenden Ritzelkopfkante A erreicht wird [19.153].

Wenn sich also die Räder gemäß Abbildung 19.39 von der eingezeichneten Ausgangsstellung soweit drehen, dass die Ritzelkopfkante A mit dem Schnittpunkt beider Kopfkreise zusammenfällt, so benötigt das Ritzel mit der Zähnezahl z_1 eine Zeit von t_1, während der Punkt B des Hohlrades mit der Zähnezahl z_2 diesen Punkt nach einer Zeit von t_2 erreicht. Demzufolge muss $t_1 \geq t_2$ sein, damit das Zusammentreffen am Punkt D vermieden wird:

$$t_1 = \frac{\theta_{1D} + \psi}{\omega_1} \geq t_2 = \frac{\theta_{2D} - \nu}{\omega_2} \quad \text{oder mit} \quad u = \frac{\omega_1}{\omega_2} = \frac{|z_2|}{z_1} \quad \text{folgt} \quad \frac{\theta_{1D} + \psi}{u \cdot (\theta_{2D} - \nu)} \geq 1 \qquad (19.155)$$

Dabei ergeben sich die Winkel θ_{1D}, θ_{2D}, ψ und ν entsprechend Abbildung 19.39 zu:

$$\theta_{2D} = \arccos\left(\frac{d_{a2}^2 - d_{a1}^2 + 4 \cdot a^2}{4 \cdot |d_{a2}| \cdot |a|}\right) \quad \text{und} \quad \theta_{1D} = \arccos\left(\frac{d_{a2}^2 - d_{a1}^2 + 4 \cdot a^2}{4 \cdot |d_{a1}| \cdot |a|}\right) \qquad (19.156)$$

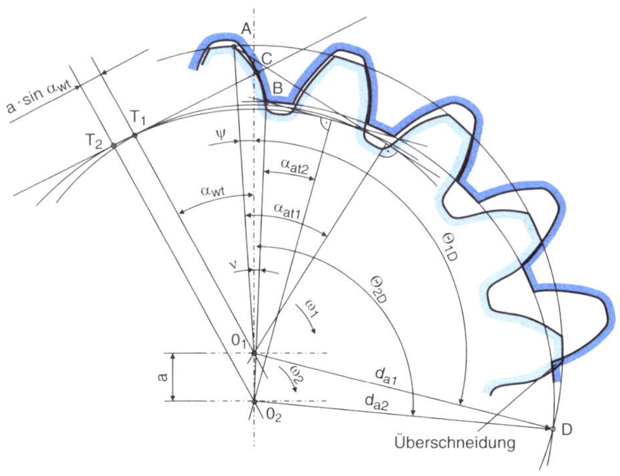

Für die Winkel ψ und ν folgt im Bogenmaß:

$$\psi = \operatorname{inv} \alpha_{at1} - \operatorname{inv} \alpha_{wt} \qquad (19.157)$$

$$\nu = \operatorname{inv} \alpha_{wt} - \operatorname{inv} \alpha_{at2} \qquad (19.158)$$

Hierin sind α_{at1} der Stirneingriffswinkel im Punkt A und α_{at2} der Stirneingriffswinkel im Punkt B:

$$\alpha_{at1} = \arccos \frac{d_{b1}}{d_{a1}} \qquad (19.159)$$

$$\alpha_{at2} = \arccos \frac{d_{b2}}{d_{a2}} \qquad (19.160)$$

Abbildung 19.39: Geometrie zur Zahnkopfeingriffsstörung nach [19.153]

Wenn die Bedingung gemäß Gleichung (19.155) nicht eingehalten werden kann, so ist durch eine Änderung der Zähnezahlen (Vergrößerung von $|u|$) oder eine Verkleinerung der Profilverschiebungssumme $(x_1 + x_2)$ eine Vermeidung dieser Eingriffsstörung möglich, wobei Anhaltswerte zur Wahl der vorzugsweise negativen Profilverschiebungssumme (V_{minus}-Innengetrieben) abhängig von der Zähnezahlsumme dem Diagramm in Abbildung 19.40 entnommen werden können.

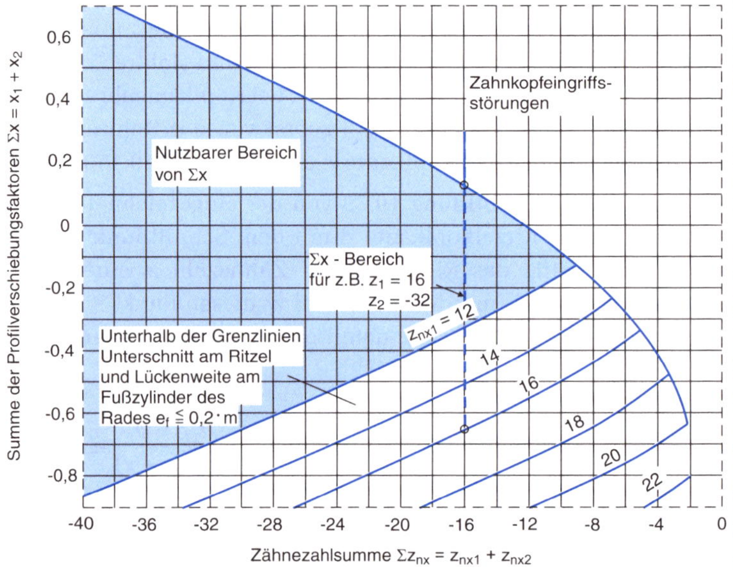

Im nebenstehenden Beispiel ist für $z_1 = 16$ und $z_2 = -32$ die Profilverschiebungssumme im Bereich von $(x_1 + x_2) = 0{,}12$ bis $(x_1 + x_2) = -0{,}65$ veränderbar.

Dabei hängt der nutzbare Umfang dieses $\sum x$-Bereiches von der Aufteilung der Profilverschiebungssumme ab.

Weitere Angaben dazu finden sich in den Diagrammen gemäß DIN 3993 [19.49].

Abbildung 19.40: Grenzen für die Wahl der Profilverschiebungssumme nach [19.153]

Bei gegebenen Verzahnungsgrößen kann eine Überprüfung auf Zahnkopfeingriffsstörungen auch grafisch entsprechend Abbildung 19.42 oder mit den Angaben in Tabelle 19.10 vorgenommen werden, wobei sich in Grenzfällen allerdings die Kontrolle anhand von Gleichung (19.155) empfiehlt.

Grundsätzlich können Zahnkopfeingriffsstörungen auch bei der Herstellung von Innenverzahnungen mit Schneidrad – insbesondere bei Zähnezahldifferenzen von $|z_2| - z_0 \leq 12$ und wegen der größeren Zahnkopfhöhe des Schneidwerkzeuges – auftreten, da diese Art der Erzeugung ein neues Innengetriebe darstellt [19.153]. Dabei entspricht die Geometrie der Erzeugungs-Zahnkopf-Eingriffsstörung den Verhältnissen nach Abbildung 19.39, wobei anstelle der Ritzelgeometriewerte die des Schneidrades einzusetzen sind und der Index 1 in den Gleichungen (19.155) bis (19.160) durch den Index 0 zu ersetzen ist.

5 **Radiale Einbaustörungen** – Diese gehören ebenfalls zu den Eingriffsstörungen außerhalb des regulären Zahneingriffsgebietes, wobei es beim radialen Einbau des Ritzels gemäß Abbildung 19.41 und bei vorzugsweise geringen Zähnezahldifferenzen ($|z_2| - z_1 = 1 \dots 10$) zu Überschneidungen von Flankenbereichen außerhalb der Eingriffsebene kommt (s.a. Abbildung 19.43).

In Abbildung 19.41 sind anhand eines Ritzelzahnes und einer Zahnlücke des Hohlrades in Symmetrielage der radialen Einbaurichtung die geometrischen Verhältnisse einer radialen Einbaustörung wiedergegeben, wobei in der gezeigten Ausgangslage der Kopfeckpunkt A während des radialen Einbaus nicht mit dem Kopfeckpunkt B in Berührung kommen kann.

Betrachtet man aber nun eine um den Winkel δ_{2G} veränderte Lage des Kopfeckpunktes B – gekennzeichnet durch den Punkt B' in Abbildung 19.41 –, bei der die Tangente durch den Kopfeckpunkt B' parallel zur Einbaurichtung verläuft, so kann bei einer geringen Zähnezahldifferenz ($|z_2| - z_1$) der Kopfeckpunkt A' den Kopf des Innenzahnes bei B' berühren, weshalb hier auch mit der Grenze G der gefährdete Bereich beginnt.

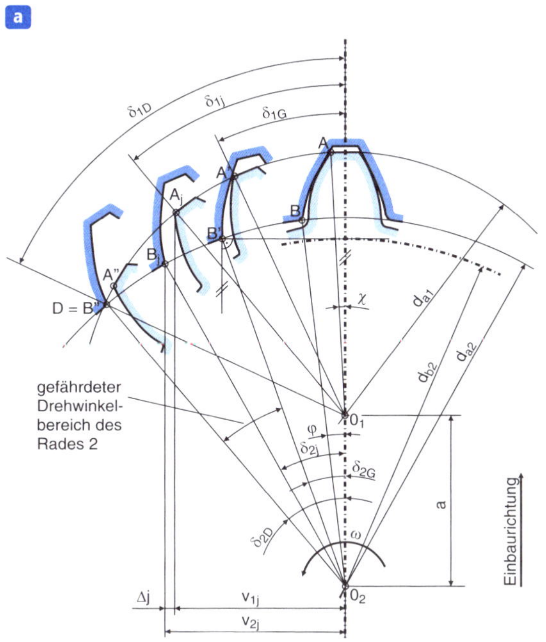

A, B: Ausgangsstellung

A', B': Beginn des gefährdeten Eingriffsstörungsbereiches (Grenze G) mit α_{at1} nach Gleichung (19.159) und den Grenzwinkeln δ_{1G} und δ_{2G}:

$$\delta_{1G} = \chi + (\delta_{2G} - \varphi) \cdot \frac{|z_2|}{z_1} \qquad (19.163)$$

$$\delta_{2G} = \alpha_{at2} = \arccos \frac{d_{b2}}{d_{a2}} \qquad (19.164)$$

A_j, B_j: Zwischenstellung innerhalb des gefährdeten Bereiches

A'', B'': Ende des gefährdeten Eingriffsstörungsbereiches (Grenze D) mit den Grenzwinkeln δ_{1D} und δ_{2D}:

$$\delta_{1D} = \delta_{1G} + (\delta_{2D} - \delta_{2G}) \cdot \frac{|z_2|}{z_1} \qquad (19.165)$$

$$\delta_{2D} = \arccos \left(\frac{d_{a2}^2 - d_{a1}^2 + 4 \cdot a^2}{4 \cdot |d_{a2}| \cdot |a|} \right) \qquad (19.166)$$

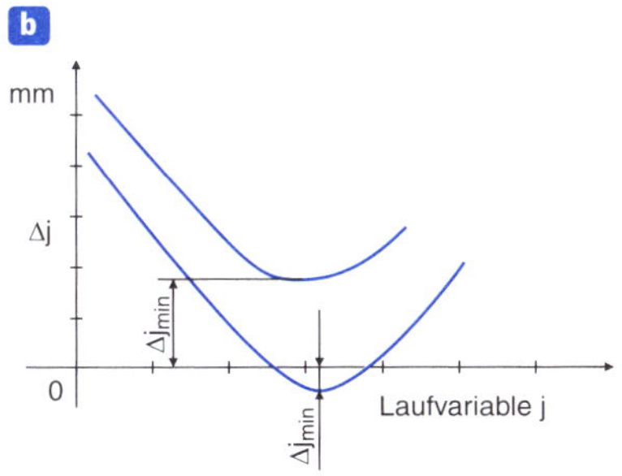

$$\chi = \frac{s_{at1}}{d_{a1}} = \frac{\pi + 4 \cdot x_1 \cdot \tan \alpha_n}{2 \cdot z_1} + \operatorname{inv} \alpha_t - \operatorname{inv} \alpha_{at1} \qquad (19.167)$$

$$\varphi = \frac{e_{at2}}{|d_{a2}|} = \frac{\pi - 4 \cdot x_2 \cdot \tan \alpha_n}{2 \cdot |z_2|} + \operatorname{inv} \alpha_t - \operatorname{inv} \alpha_{at2} \qquad (19.168)$$

Kurve a: ohne Eingriffsstörung mit $\Delta_{j,min} > 0$

Kurve b: mit Eingriffsstörung mit $\Delta_{j,min} < 0$

Abbildung 19.41: Radiale Einbaustörung – a) Geometrie ohne Störung, da $\Delta_j > 0$ gemäß Gleichung (19.161), b) qualitativer Verlauf von Δ_j gemäß Gleichung (19.161) nach [19.153]

Vergrößert man nun den Winkel δ_{2C} weiter, so neigt sich die genannte Tangente im Punkt B nach links und die Kopfecke ragt mit Bezug zur Einbaurichtung nach innen. Damit besteht die Möglichkeit, dass der Kopfeckpunkt des Ritzels den des Hohlrades bei entsprechenden Abmessungen schneidet, was jedoch in Abbildung 19.41 nicht dargestellt ist, da dort der Fall ohne Einbaustörung gezeigt ist. Mit Erreichen des Winkels δ_{2D} kann der Zahnkopf des Ritzels den Zahnkopfkreis des Hohlrades nicht mehr durchdringen, da dann der Punkt A'' beim Einbau nicht mehr in die Zahnlücke der Innenverzahnung eintaucht.

Demzufolge kommt es im gefährdeten Bereich von $\delta_{2j} = \delta_{2G}$ bis $\delta_{2j} = \delta_{2D}$ mit $j = 1, 2, \dots k$ und k als Anzahl der Schritte bzw. Unterteilungen nicht zu radialen Einbaustörungen, sofern die folgende Bedingung mit den Grenzwinkeln und Hilfswinkeln nach Abbildung 19.41 eingehalten wird:

$$\Delta j = v_{2j} - v_{1j} = \left|\frac{d_a}{2}\right| \cdot \sin\delta_{2j} - \left(\frac{d_{a1}}{2}\right) \cdot \sin\delta_{1j} > 0 \tag{19.161}$$

$$\delta_{1j} = \delta_{1G} + \left(\delta_{2D} - \delta_{2G}\right) \cdot \frac{|z_2|}{z_1} \cdot \frac{j}{k} \quad \text{und} \quad \delta_{2j} = \delta_{2G} + \left(\delta_{2D} - \delta_{2G}\right) \cdot \frac{j}{k} \tag{19.162}$$

Dabei ist zu beachten, dass in den Gleichungen in Abbildung 19.41 bei abgerundeten oder abgeschrägten Zahnkopfkanten für die Kopfkreisdurchmesser d_{a1} und d_{a2} die Kopfformkreisdurchmesser d_{Fa1} bzw. d_{Fa2} einzusetzen sind.

Der schematische Funktionsverlauf von Gleichung (19.161) ist in Abbildung 19.41 b) wiedergegeben. Sobald die Kurve die Abszisse berührt oder schneidet, treten radiale Einbaustörungen bzw. bei der Erzeugung Vorschubeingriffsstörungen auf (s. a. folgenden Gliederungspunkt 6), sodass ein neuer Entwurf der Paarung mit einer kleineren Summe der Profilverschiebungen ($x_1 + x_2$) erforderlich ist.

Abschließend sei darauf hingweisen, dass die Möglichkeit der radialen Einbaustörung beim Innengetriebe immer dann zu prüfen ist, wenn das Ritzel aus konstruktiven Gründen radial mit dem Innenrad montiert bzw. in Eingriff gebracht werden muss. Sofern der radiale Einbau störungsfrei möglich ist, werden auch keine Zahnkopfeingriffsstörungen auftreten, was jedoch nicht im umgekehrten Falle gilt. Ebenso kann eine Überprüfung auf radiale Einbaustörungen entfallen, wenn wegen der Radien $r_{a1} \geq |r_{a2}|$ ein radialer Einbau des Ritzels gar nicht möglich ist.

Neben diesem rechnerischen Nachweis kann man das Vorhandensein radialer Einbaustörungen bzw. von Vorschubeingriffsstörungen des Erzeugungsgetriebes gemäß dem folgenden Gliederungspunkt 6 auch mit dem grafischen Verfahren nach DIN 3993 in Abbildung 19.42 überprüfen, wobei das dargestellte Beispiel einem Innengetriebe ohne radiale Einbaustörungen und ohne Zahnkopfeingriffsstörungen mit einem extrem großen Betriebseingriffswinkel α_{wt} entspricht [19.49], [19.153].

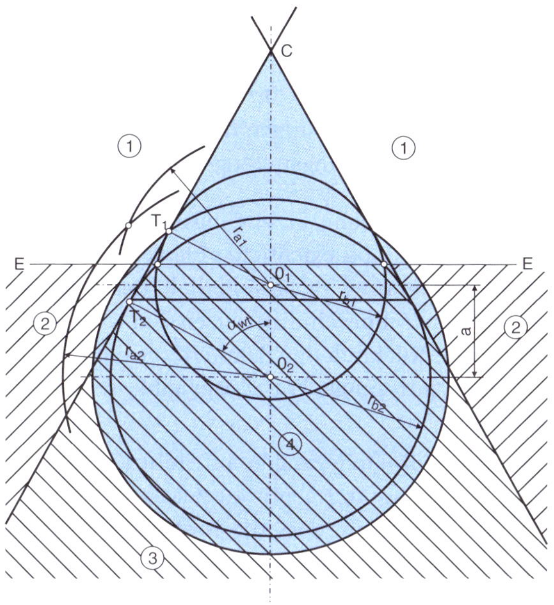

Bereich 1:

Kein Anstoßen der Zahnkopfkanten außerhalb des Eingriffsgebietes und deshalb keine Gefahr beim radialen Ausrücken

Bereich 2:

Kein Anstoßen der Zahnkopfkanten, jedoch ist ein Ausrücken nur bedingt möglich, weshalb eine Nachrechnung erforderlich ist.

Bereich 3:

Anstoßen der Zahnkopfkanten und radiales Ausrücken können nur rechnerisch untersucht werden.

Bereich 4:

Grundsätzlich unzulässiger Bereich, da Eingriffsstörungen auftreten

Abbildung 19.42: Grafik zur Überprüfung von Eingriffsstörungen nach DIN 3993 [19.49], [19.153]

6 **Vorschubeingriffsstörung** – In vergleichbarer Weise zur radialen Einbaustörung kommt es während der radialen Zustellung beim Erzeugungsgetriebe gemäß Abbildung 19.43 zur Überschneidung von Flankenbereichen außerhalb des regulären Zahneingriffsgebietes, da das ausgewählte Schneidrad so groß ist, dass es in der Vorschubrichtung die Zähne des Innenrades wegschneidet. Diese Störung ist nicht deckungsgleich mit der Zahnkopfeingriffsstörung der Erzeugung gemäß Gliederungspunkt 4, bei der das Schneidrad an jedem Hohlradzahn ein gleiches Stück abschneidet.

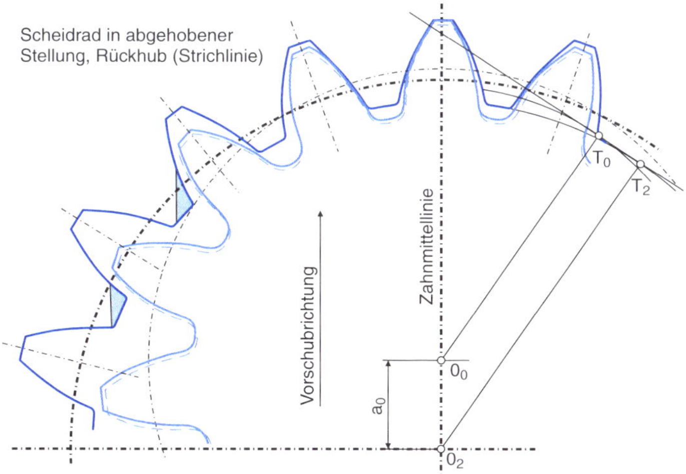

Abbildung 19.43: Vorschubeingriffsstörung am Hohlrad bei Erzeugung mit einem Schneidrad nach [19.153]

Vorschubeingriffsstörungen treten grundsätzlich nur am Hohlrad des Erzeugungsinnengetriebes auf, wobei für Zähnezahldifferenzen von $|z_2| - z_0 < 18$ eine Überprüfung in vergleichbarer Weise zur radialen Einbaustörung nach Gleichung (19.161) vorzunehmen ist, indem man für den Index 1 des Ritzels den Index 0 des Schneidrades einsetzt. In den meisten Fällen lassen sich Vorschubeingriffsstörungen durch eine Verringerung der Profilverschiebungssumme bzw. ein V_{minus}-Erzeugungsinnengetriebe vermeiden.

7 **Passive Eingriffsstörungen** – Diese treten nur beim Erzeugungsinnengetriebe während des Schneidradrückhubes auf und führen zu unbeabsichtigten Flankenberührungen zwischen Schneidrad und Hohlrad gemäß Abbildung 19.44 außerhalb des regulären Zahneingriffsgebietes, insbesondere bei geringen Zähnezahldifferenzen von $|z_2| - z_1 = 1 \dots 10$. Sie entstehen vor allem dann, wenn beim Rückhub des Schneidrades die Abwälzbewegung beibehalten wird. Bei Herstellung mit einem Wälzfräser gibt es diese Eingriffsstörungen nicht.

Ebenso bewirken diese Störungen kaum Formänderungen am Hohlrad, führen aber zu Reibverschleiß und Erwärmung am Werkzeug und somit zu zusätzlichen Belastungen der Verzahnungsmaschine. Dabei ist zu beachten, dass die Bestimmung der kleinsten zulässigen Zähnezahldifferenz $z_{min} = |z_2| - z_0$ zur Vermeidung dieser Eingriffsstörungen nur in Verbindung mit den Werkzeugmaschinendaten möglich ist, da die Größe der passiven Eingriffsstörungen nicht nur von der Geometrie des Erzeugungsinnengetriebes, sondern auch direkt von der Kinematik der Werkzeugmaschine abhängt.

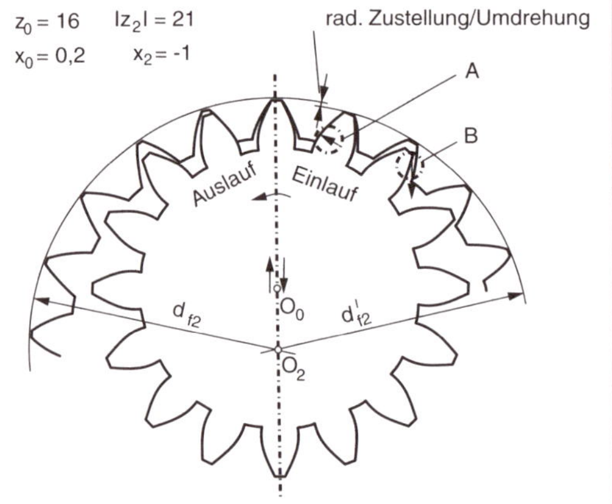

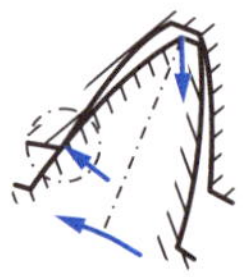

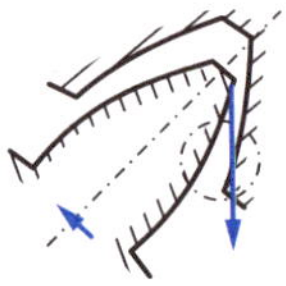

Störung bei kleinem radialen Rückhub und großer Wälzbewegung (Zahnflankenberührung während des Rückhubes)	Störung bei großem radialen Rückhub und kleiner (ohne) Wälzbewegung (Zahnkopfkantenberührung während des Rückhubes)
d_{f2}: Fußkreisdurchmesser nach radialer Zustellung	d'_{f2}: Fußkreisdurchmesser vor radialer Zustellung

Abbildung 19.44: Passive Eingriffsstörungen nach [19.177]

Vor dem Hintergrund praktischer Erfahrungen und auf der Grundlage von Berechnungen enthält DIN 3993 entsprechende Diagramme gemäß Abbildung 19.45, aus denen bei Vorgabe von Hohlradzähnezahl z_2, Schneidradzähnezahl z_0 und Profilverschiebungsfaktor des Hohlrades x_2 Richtwerte für die Profilverschiebung des Schneidrades entnommen werden können, um passive Eingriffsstörungen zu vermeiden [19.49], [19.153].

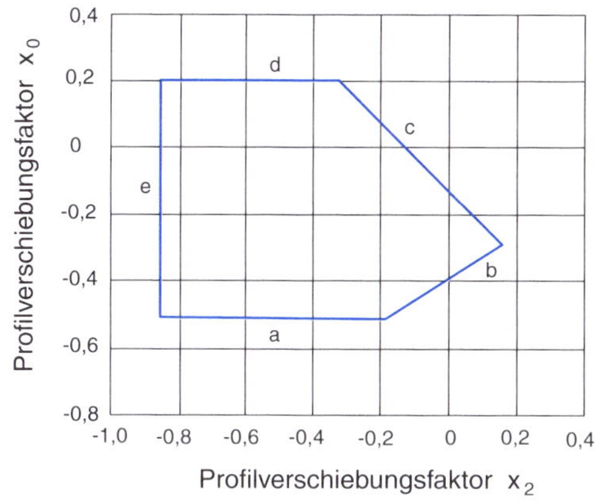

Untere Grenzen für x_0 des Schneidrades:

a) Unterschnitt am Schneidrad

b) Hohlradkopfkreis geht durch den Beginn der Erzeugungseingriffsstrecke am Schneidradgrundkreis

Obere Grenzen für x_0 des Schneidrades:

c) Erzeugungseingriffsstörung an der Schneidradflanke und den Hohlradzahnkopfkanten während des Schneidradrückhubes bei gleichzeitiger Wälzbewegung

d) Zahnkopfdicke am Schneidrad $0{,}2 \cdot m_n$

e) Zahnfußlückenweite am Hohlrad $0{,}2 \cdot m_n$

Weitere Angaben siehe DIN 3993 [19.49]

Abbildung 19.45: Schematischer Verlauf der Eingriffsstörungsgrenzen für die Paarung eines Hohlrades mit einem Schneidrad nach DIN 3993 [19.49], [19.153]

Dabei liegt die Begrenzungslinie (c) unterhalb der Begrenzungslinien für Vorschub- und Zahnkopfeingriffsstörungen, sodass bei Einhaltung der durch die Linie (c) festgelegten Bedingungen auch die zuletzt genannten Erzeugungseingriffsstörungen vermieden werden.

Des Weiteren lassen sich passive Eingriffsstörungen durch die Wahl eines möglichst großen Erzeugungseingriffswinkels α_{wt0} vermeiden, weshalb zur Herstellung der Innenverzahnung das Schneidrad mit der größtmöglichen Zähnezahl zu verwenden ist [19.153].

Eine weitere Möglichkeit zur Vermeidung der Rückhubstörungen ist die Anwendung der Mehrschnittbearbeitung, da hierbei die Gesamtschnitttiefe in Einzelschnitttiefen mit radialer Zustellung pro Hohlradumdrehung unterteilt wird. Ebenso kann auch das Verfahren „Radialvorschub ohne Wälzen", bei dem bis zum Erreichen der Gesamtschnitttiefe nur mit Radialvorschub gearbeitet und erst danach der Wälzvorgang eingeschaltet wird, eine Lösung bieten.

Grundsätzlich ist aber zu beachten, dass passive Eingriffsstörungen durch die Werkzeugmaschine mitbestimmt werden, weshalb es in Einzelfällen erforderlich sein kann, die Einstelldaten einschließlich des günstigsten Abhebewinkels der Maschine zu kennen [19.153].

Vor dem Hintergrund aller hier behandelten Eingriffsstörungen sollen zusammenfassend einige Hinweise zur Auslegung von Innenradpaaren und zur Auswahl des Werkzeuges bei der Herstellung vorgestellt werden. Grundsätzlich können Zahnfußeingriffsstörungen am Innengetriebe gemäß Abbildung 19.46 auftreten, wenn die Zahnkopfkante des Ritzels (Außenverzahnung) mit dem nicht evolventischen Zahnfußbereich des Hohlrades oder umgekehrt die Zahnkopfkante des Hohlrades mit dem nicht evolventischen Zahnfußbereich des Ritzels zum Eingriff kommt.

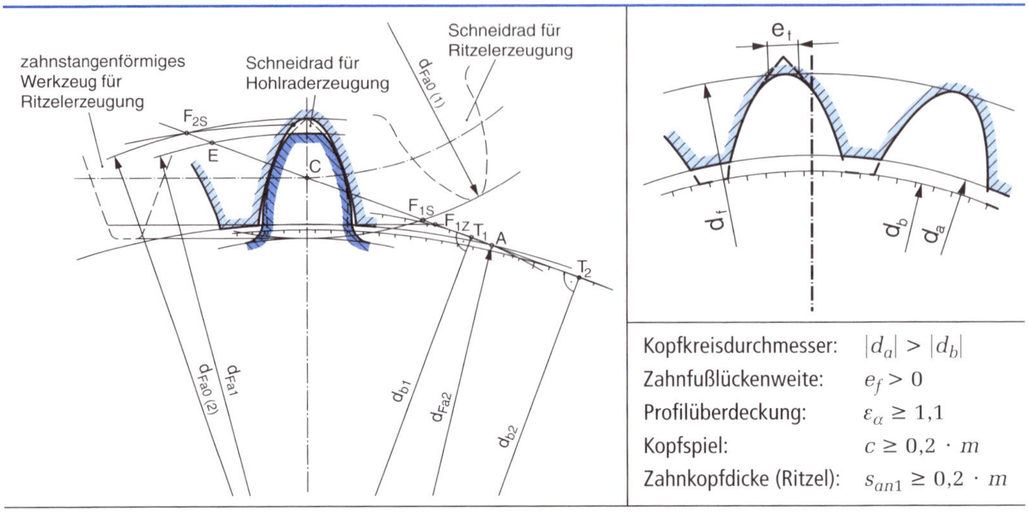

Kopfkreisdurchmesser:	$\lvert d_a \rvert > \lvert d_b \rvert$
Zahnfußlückenweite:	$e_f > 0$
Profilüberdeckung:	$\varepsilon_\alpha \geq 1{,}1$
Kopfspiel:	$c \geq 0{,}2 \cdot m$
Zahnkopfdicke (Ritzel):	$s_{an1} \geq 0{,}2 \cdot m$

Abbildung 19.46: Eingriffsstörungen im Eingriffsgebiet und grundsätzliche Auslegungsbedingungen für Innenverzahnungen nach [19.153]

Derartige Eingriffsstörungen sind immer dann vorhanden, wenn gemäß Abbildung 19.46 einer der Evolventenanschlusspunkte $F_{1S,Z}$ (hier am Ritzelfuß gezeigt) oder sogar beide Punkte $F_{1S,Z}$ und F_{2S} innerhalb der Eingriffsstrecke $\overline{EA}$ der Radpaarung liegen. Für den Fall, dass sich der Punkt F_{2S} innerhalb der Strecke $\overline{EC}$ befindet, greift der Kopfeckpunkt des Ritzels in einen nicht evolventischen Flankenabschnitt des Hohlrades ein, woraus sich Zahnfußeingriffsstörungen am Hohlrad ergeben.

Ebenso treten Eingriffsstörungen am Zahnfuß des Ritzels auf, wenn der Zahnkopfformkreisdurchmesser des Hohlrades d_{Fa2} die Eingriffslinie außerhalb der Strecke $\overline{CF_{1S}}$ – bei Erzeugung mit einem Schneidrad – oder der Strecke $\overline{CF_{1Z}}$ – bei Erzeugung mit einem zahnstangenförmigen Werkzeug (Wälzfräser oder Hobelkamm) – oder sogar im stets nicht evolventischen Bereich zwischen $\overline{T_1T_2}$ schneidet, wie es für die gezeigte Lage des Kopfeingriffspunktes A in Abbildung 19.46 der Fall ist.

Ähnlich wie bei Stirnradaußenverzahnungen sollte der Entwurf eines Innenradpaares durch die geeignete Wahl der Profilverschiebung nicht nur zu günstigen Tragfähigkeitseigenschaften für das Ritzel und das Hohlrad führen, sondern es muss auch ein eingriffsstörungsfreier Betrieb des Innenradpaares (Ritzel/Hohlrad) und des Erzeugungsgetriebes (Schneidrad/Innenrad) gegeben sein.

Da der größte Eingriffsstörungsbereich der Innengetriebe bei Übersetzungen von $\lvert z_2 \rvert / z_1 \approx 1$ liegt, empfiehlt es sich zunächst einmal, eine Mindestzähnezahldifferenz von $(\lvert z_2 \rvert - z_1)_{min} = 10$ bei Innengetrieben ohne Profilverschiebung mit $h^*_{aP} = 1$ und $\alpha = 20°$ zur Vermeidung der Eingriffsstörungen einzuhalten.

Weiterhin sollte die Mindestzähnezahldifferenz $(\lvert z_2 \rvert - z_0)_{min}$ für das Erzeugungsgetriebe (Hohlrad – Schneidrad) gegenüber der des Innengetriebes (Hohlrad – Ritzel) $(\lvert z_2 \rvert - z_1)_{min}$ bis zum Zweifachen größer sein, um bei der Erzeugung Eingriffsstörungen zwischen Schneidrad und Innenrad zu vermeiden, weil die um das Kopfspiel größere Kopfhöhe des Schneidrades gegenüber der des eingreifenden Ritzels keine neuen Eingriffsstörungen bei der Erzeugung des Innenrades aufweisen darf [19.153].

Wird eine Einengung bzw. Beseitigung des Eingriffsstörungsbereiches unterhalb der oben genannten Zähnezahldifferenzen angestrebt, so bieten sich hierzu gemäß Tabelle 19.10 die Profilverschiebung einerseits und die entsprechende Wahl eines geeigneten Werkzeuges andererseits an, worauf abschließend noch näher eingegangen werden soll.

Betrachtet man zunächst die Profilverschiebung, so lassen sich bei Einhaltung des folgenden Geltungsbereiches mit $z_1 \geq (10)\ 14$, $z_2 \geq (-23)\ -40$, $(z_1 + z_2) \leq -1$, $\sum x = -1{,}5$ bis $+0{,}5$, $|\beta| \leq 30°$ und $h_{aP0} = 1{,}25 \cdot m$ – wobei die Klammerwerte die Extremfälle darstellen – auch ohne nähere Nachrechnung eingriffsstörungsfreie Innengetriebe mithilfe der Angaben in DIN 3393 auswählen [19.49]. Beispielhaft zeigt das Diagramm in Abbildung 19.40 den Bereich der zulässigen Profilverschiebungssumme zur Vermeidung von Zahnkopfeingriffsstörungen für vorgegebene Zähnezahlen z_1 des Ritzels und z_2 des Hohlrades [19.49]. Darüber hinaus kann eine Aufteilung der Profilverschiebungssumme auf Ritzel und Rad gemäß Abbildung 19.47 b) erfolgen, wobei DIN 3993 den Hohlradzähnezahlen zugeordnete Diagramme enthält [19.49]. Außerdem sollte das Hohlrad nach Möglichkeit so korrigiert werden, dass Normschneidräder eingesetzt werden können, da anderenfalls eine Auslegung von Sonderschneidrädern durch den Werkzeughersteller erfolgen muss.

Berücksichtigt man zusätzlich das Diagramm in Abbildung 19.47 a) und die grundsätzlichen Auslegungsbedingungen nach Abbildung 19.46, so werden damit die erforderlichen Lückenwerte im Zahngrund und die Bedingung $|d_a| > |d_b|$ für die Innenverzahnung eingehalten, wobei die Zahnkopfdicke am Ritzel und die Zahnfußlückenweite am Innenzahnrad mindestens $0{,}2 \cdot m_n$ betragen sollen.

Für den Fall, dass das gewünschte Kopfspiel zwischen Ritzelzahnkopf und Hohlradzahnfuß von $c \geq 0{,}1 \ldots 0{,}2 \cdot m_n$ nicht erreicht wird – bedingt durch das in der Regel mit Profilverschiebung versehene Erzeugungsinnengetriebe –, so sollte das vorhandene Kopfspiel c_1 aus den Geometriewerten der verwendeten Verzahnung wie folgt bestimmt werden:

$$c_1 = \frac{|d_{f2}| - d_{a1}}{2} - |a| \quad \text{mit} \quad |d_{f2}| = 2 \cdot |a_0| + d_{a0} \tag{19.169}$$

Sollten keine Messwerte vorliegen, so müssen der Achsabstand des Erzeugungsgetriebes a_0 und der Kopfkreisdurchmesser des Schneidrades d_{a0} zur Berechnung von c_1 bekannt sein.

Im Gegensatz dazu ist bei Null- und V-Null-Erzeugungsinnengetrieben eine Deckung der Bezugsprofile von Hohlrad und Schneidrad gegeben, sodass der Fußkreisdurchmesser d_{f2} in diesen Fällen mit dem Erzeugungsprofilverschiebungsfaktor x_E nach Gleichung (18.126) wie folgt aus den Hohlrad- und Bezugsprofildaten bestimmt werden kann:

$$d_{f2} = d_1 + 2 \cdot x_E \cdot m_n - 2 \cdot h_{aP0} \tag{19.170}$$

Wird in diesem Fall das gewünschte Kopfspiel nicht erreicht, so sind Berichtigungen durch Kopfkürzung oder durch die Wahl eines Werkzeuges mit größerer Kopfhöhe möglich. Ebenso lässt sich das Kopfspiel auch durch einen größeren Betrag der Profilverschiebungsfaktoren $|x_1 + x_2|$ vergrößern, sofern der Kopfhöhenänderungsfaktor zu $k = 0$ gesetzt wird.

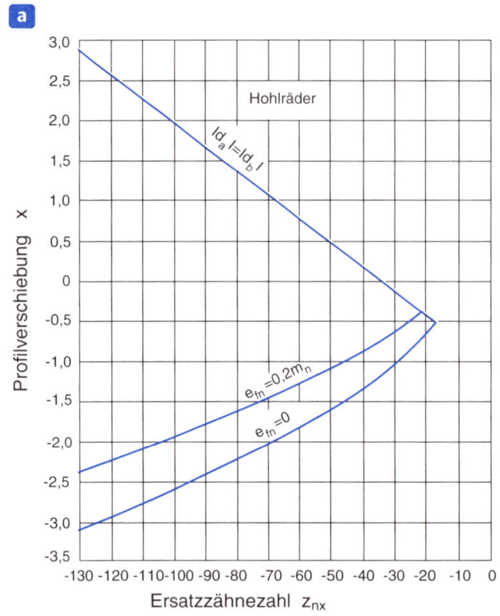

Geometrische Grenzen für Zylinderräder mit Innenverzahnung abhängig von der Ersatz-Zähnezahl z_{nx} und dem Profilverschiebungsfaktor x (ohne Zahnkopfkürzung) mit e_{fn} als Zahnfußlückenweite des Hohlrades

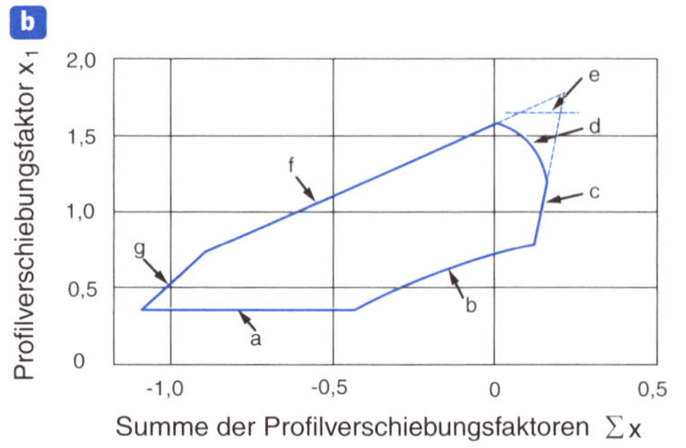

Untere Grenzen für x_1 des Ritzels:

a) Unterschnitt am Ritzel

b) Hohlradkopfkreis geht durch den Beginn der Eingriffsstrecke am Ritzelgrundkreis

c) Berühren der Zahnkopfkanten von Hohlrad und Ritzel

Obere Grenzen für x_1 des Ritzels:

d) Profilüberdeckung der Verzahnung, $\varepsilon_\alpha \geq 1{,}1$

e) Zahnkopfdicke am Ritzel $0{,}2 \cdot m_n$ (abhängig von der Zähnezahl wird d) oder e) zur oberen Grenze)

f) Zahnfußlückenweite am Hohlrad $0{,}2 \cdot m_n$

Weitere Angaben siehe DIN 3993 [19.49]

Abbildung 19.47: Profilverschiebung – a) geometrische Grenzen für Zylinderräder mit Innenverzahnung, b) geometrische Grenzen der Paarung Hohlrad/Ritzel nach [19.49], [19.153]

Betrachtet man abschließend die Werkzeuge zur Herstellung der Innenverzahnung, so kommen hauptsächlich Schneidräder zum Einsatz, während das Räumen meistens bei kleinen Zähnezahlen und das Wälzfräsen bei größeren Hohlraddurchmessern ($|d| \geq 800$ mm) eingesetzt werden. Dabei ist zu beachten, dass das Schneidrad und das zu erzeugende Hohlrad ein Erzeugungsinnengetriebe bilden, das ebenso wie das Innengetriebe selbst (Hohlrad/Ritzel) auch Eingriffsstörungen aufweisen kann. Bei gleicher Zähnezahldifferenz $|z_2| - z_1 = |z_2| - z_0$ ist die Möglichkeit des Auftretens von Eingriffsstörungen beim Erzeugungsinnengetriebe sogar noch größer, da das Schneidrad im Vergleich zum Ritzel eine um den Betrag des Kopfspieles größere Kopfhöhe aufweist.

Demzufolge sollten zur Vermeidung von Erzeugungseingriffsstörungen – hierzu gehören auch die passiven Eingriffsstörungen beim Rückhub des Werkzeuges – Normschneidräder nach DIN 1825, DIN 1826 und DIN 1828 mit einer Zahnkopfhöhe von $h_{a0} = 1{,}25 \cdot m$ und größtmöglicher Schneidradzähnezahl ausgewählt werden, da ein großes Schneidrad einen längeren Zahnflankenbereich als Evolvente ausbildet [19.36], [19.37], [19.38]. Hierdurch wird zum einen die Gefahr der Zahnfußeingriffsstörung am Hohlrad gemindert, zum anderen führt die Erhöhung der Schneidradzähnezahl jedoch auch zu schärferen Zahnfußausrundungen am Hohlrad, was sich ungünstig auf die Zahnfußtragfähigkeit auswirken kann.

Entsprechend Abbildung 19.45 wird die obere Grenze der Schneidradzähnezahl für ein zu fertigendes Hohlrad bzw. die untere Grenze der Hohlradzähnezahl bei vorgegebenem Schneidrad dadurch bestimmt, dass passive Eingriffsstörungen und damit auch Vorschub- sowie Zahnkopfeingriffsstörungen unbedingt zu vermeiden sind. Die untere Grenze der Schneidradzähnezahl z_0 bei einer vorgegebenen Hohlradzähnezahl z_2 bzw. die obere Grenze der Hohlradzähnezahl für z_2 bei einer vorgegebenen Schneidradzähnezahl z_0 ergibt sich aus der Forderung der Vermeidung von Zahnfußeingriffsstörungen am Schneidrad. Dabei werden Teile des evolventischen Flankenbereiches an den Zahnköpfen des Hohlrades weggeschnitten, wenn die obere Grenze für z_0 unter- bzw. für z_2 überschritten wird.

Abschließend sei der Vollständigkeit halber darauf hingewiesen, dass neben den erwähnten Möglichkeiten zur Vermeidung von Eingriffsstörungen auch durch Kopfkürzung am Hohlrad oder Ritzel und durch Vergrößerung des Eingriffswinkels α Eingriffsstörungen beseitigt oder verringert werden können. Ebenso führt auch die Vergrößerung des Schrägungswinkels β meistens zu einer Minderung der Eingriffsstörungen. Des Weiteren sind ungeachtet der oben beschriebenen Eingriffsstörungen mittlerweile auch Innengetriebe mit $i = 1$, $|z_2| - z_1 = 0$ und $a \neq 0$ möglich [19.73].

Schließlich ist noch festzuhalten, dass bei den bereits oben erwähnten anderen Erzeugungsarten – Räumen kleiner Hohlräder oder Wälzfräsen großer Hohlräder – die bei der Erzeugung mit Schneidrad möglichen Eingriffsstörungen üblicherweise nicht auftreten [19.153].

19.3.4 Gestaltungsgrundlagen und Lastausgleich

Die konstruktive Gestaltung eines Umlaufrädergetriebes sollte alle Anforderungen an die Funktion und Betriebssicherheit erfüllen und gleichzeitig eine kostengünstige Herstellung ermöglichen, was sowohl für die Fertigung der Einzelteile als auch für den Zusammenbau in der Fertigung und die Montage am Einbauort des fertigen Getriebes gilt. In Erweiterung der Gestaltungsgrundlagen für Stirnräder gemäß Kapitel 18 gelten für Umlaufrädergetriebe weitere konstruktive Besonderheiten, worauf im Folgenden näher eingegangen wird.

Grundsätzlich sind die anzutreffenden Getriebebauformen bei Umlaufrädergetrieben sehr vielfältig. Sofern das Getriebe hauptsächlich über Planetenstufen verfügt – wie das zumeist bei Windturbinenhauptgetrieben sowie Schwenkgetrieben und Achsantrieben für Baumaschinen der Fall ist – wird das Gehäuse eine runde, konzentrische Bauform aufweisen (s.a. Abbildung 19.1 und Abbildung 19.3).

Befindet sich dagegen eine Umlaufrädergetriebestufe innerhalb eines Verteiler- oder Summiergetriebes im echten Dreiwellenbetrieb, so ist die Umlaufrädergetriebestufe von außen zumeist nicht mehr ohne weiteres zu erkennen, da die Getriebebauform im Hinblick auf die bestmögliche Kopplung von Antrieb und Abtrieb gestaltet wird, wie das z.B. beim mehrstufigen Schaufelradgetriebe nach Abbildung 18.118, beim Hubwerkgetriebe des Gießkranes nach Abbildung 19.4 und beim Schwenkwerkgetriebe für Tagebaugroßgeräte nach Abbildung 19.29 der Fall ist.

Bedingt durch die Leistungsverzweigung innerhalb eines Umlaufrädergetriebes sind die Abmessungen im direkten Vergleich zu Stirnradgetrieben bei gleicher Leistung meistens kleiner, wobei aber wegen der hohen Leistungsdichte besonders auf eine gute Lastverteilung und einen Lastausgleich beim Zusammenwirken der einzelnen Elemente innerhalb des Getriebes zu achten ist.

Aufgrund des besonderen Aufbaus eines Umlaufrädergetriebes mit drei beteiligten Wellen innerhalb einer Verzahnungsstufe liegt mechanisch betrachtet ein statisch bestimmtes System vor, wenn beide Zentralräder (Hohlrad und Sonne) und der Steg gelagert sind und ein Planetenrad vorhanden ist. In diesem Fall sind alle Kräfte und Momente eindeutig bestimmbar, da alle Elemente bei Belastung einem eindeutigen Kraftfluss unterliegen. Demzufolge wird das Getriebe ein- oder zweifach statisch überbestimmt, sobald ein zweites und drittes Planetenrad zusätzlich eingebaut werden. Eine gleichmäßige Übertragung der Umfangskräfte durch diese zusätzlichen zweiten oder dritten Getriebeglieder ist damit nur möglich, sofern sie mit großer Genauigkeit derart positioniert werden, dass sich ihre Zahnflanken an die bereits durch das erste Planetenrad bestimmten Stellungen ihrer Gegenflanken genau anlegen können. Liegt nun die Flanke eines Planetenrades zu dicht an, so werden die Flanken der übrigen Zahnräder abgehoben oder das Getriebe klemmt. Ebenso läuft ein nicht anliegendes Planetenrad ohne Belastung leer mit.

Demzufolge sind für eine gleichmäßige Kraft- bzw. Leistungsübertragung die Elastizität und Lagerung der einzelnen Wellen und Räder, das Flankenspiel und die Teilungsfehler der Verzahnung sowie die fertigungs – und montagebedingten Abweichungen des gesamten Getriebes von entscheidender Bedeutung.

Betrachtet man nun gemäß Abbildung 19.48 eine Umlaufrädergetriebestufe mit drei einfachen Planetenrädern, dann liegt ein statisch bestimmtes Gesamtsystem vor, wenn eines der beiden Zentralräder (Hohlrad oder Sonne) oder der Umlaufträger (Steg) ungelagert bleibt, was auch für paarweise kämmende oder drei Stufenplanetenräder in gleicher Weise gilt. Dann kann sich nämlich der Drehpunkt des nun ungelagerten Gliedes aus seiner ursprünglichen Lage unter der Wirkung der angreifenden Zahnkräfte im Rahmen des Zahnspiels frei in eine neue Lage verschieben, in der auch die Flanken der beiden zusätzlichen Zahnräder genau anliegen und so je ein Drittel der Last übernehmen. Aufgrund dieser Zusammenhänge ist auch ein Planetengetriebe mit fünf Planeten bei zwei ungelagerten Gliedern statisch bestimmt [19.186]. So lässt sich durch eine gelenkige oder elastisch nachgiebige Gestaltung und Anordnung der Zahnräder oder aber auch durch ungelagerte Räder, die sich allein in der Verzahnung zentrieren, eine nahezu gleichmäßige Verteilung der statischen und dynamischen Kräfte erreichen, worauf bei der Beschreibung der einzelnen Getriebeelemente ausführlich eingegangen wird [19.164].

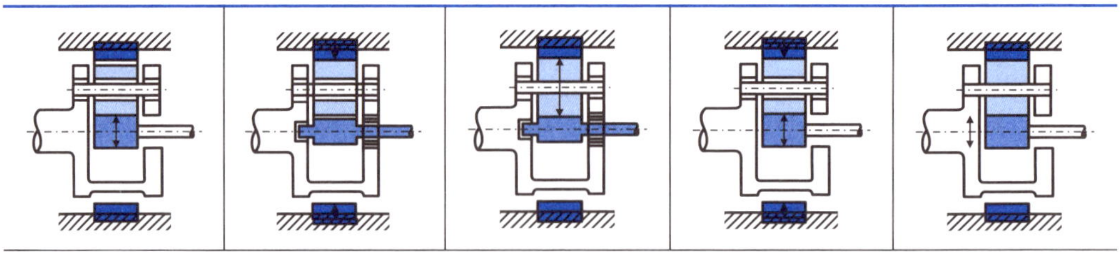

Abbildung 19.48: Möglichkeiten des radialen Belastungsausgleichs in Umlaufrädergetrieben

Dabei ist allerdings zu beachten, dass ein derartiger statischer Lastausgleich auch bei einer statisch bestimmten Bauweise eines Planetengetriebes (drei oder fünf Planeten) im Betrieb nur als Mittelwert festzustellen ist. Grundsätzlich wechseln nämlich die oben beschriebenen Abweichungen (z.B. Teilungsfehler und Flankenspiel) sehr schnell und auch die zur Erreichung der Gleichgewichtslage erforderlichen Beschleunigungen sind entsprechend hoch, sodass die Getriebeglieder mit ihrer Trägheit nicht genau folgen können. Als Ergebnis dieses ständigen Strebens nach einer Gleichgewichtslage erhält man die in Abbildung 19.49 gezeigten Orbitalkurven, aus denen sich praktisch die Abweichung der Welle von der theoretischen Mittellage ablesen lässt.

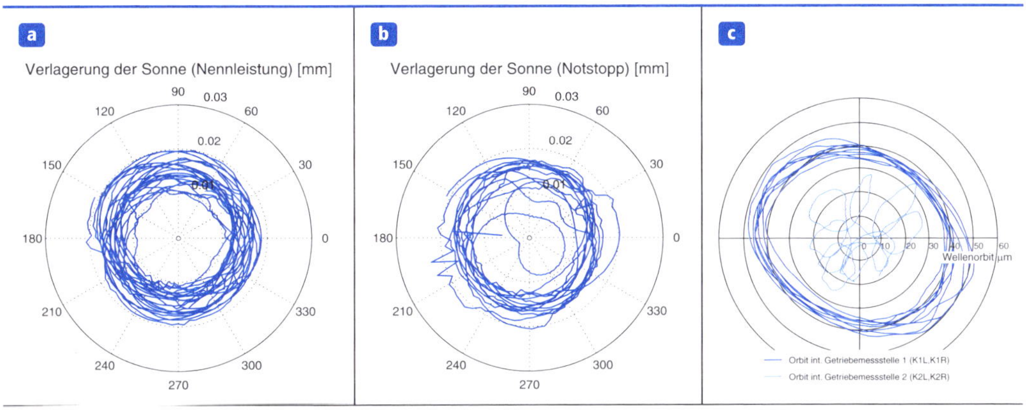

Abbildung 19.49: Orbitalkurven einer Sonnenwelle im Betrieb zur Erreichung eines Lastausgleiches im Betrieb – a) Verlagerung der Sonne in einem Windturbinengetriebe bei Nennleistung (MKS-Simulation), b) Verlagerung der Sonne in einem Windturbinengetriebe bei Notstopp (MKS-Simulation), c) Orbitalkurve einer Sonnenwelle aus einem Turbogetriebe bei Nennleistung (Messung) [19.231], [19.232]

Zusätzlich zum angestrebten statischen Lastausgleich werden die trotz hoher Fertigungsgenauigkeit noch verbleibenden Maßabweichungen hauptsächlich durch örtliche elastische Verformungen unter dynamische Zusatzbelastung der Zähne ausgeglichen, weshalb man auch von einem dynamischen Lastausgleich spricht. Entsprechend der Ausführungen in Kapitel 18 – Stirnradgetriebe entstehen dabei aufgrund der dynamischen Zahnkräfte Schwingungen, die einerseits zur dynamischen Beanspruchung und andererseits zur Geräuschanregung führen [19.127]. Bei allen Lastausgleichvorgängen versucht das nicht gelagerte Getriebeglied nach Abbildung 19.48 eine Lage einzunehmen, in der die Summe dieser Störkräfte ein Minimum erreicht.

Ausgehend von diesen grundlegenden Anforderungen an Lastausgleichsvorgänge innerhalb eines Umlaufrädergetriebes und vor dem Hintergrund der vielen bereits vorgestellten Getriebe in diesem Buch werden nachfolgend die Besonderheiten bei Gehäusen, Drehmomentenstützen, außen- und innenverzahnten Zahnrädern, Lagerungen, Umlaufträger (Steg) sowie Welle-Nabe-Verbindungen innerhalb des Getriebes unter besonderer Berücksichtigung des erforderlichen Lastausgleiches behandelt, wobei sämtliche Ausführungen nicht nur für eine Planetenstufe gelten, sondern sinngemäß auch auf zusammengesetzte Planetengetriebe übertragen werden können.

1 **Gehäuse und Drehmomentenstütze** – Gemäß Abbildung 19.50 werden Umlaufrädergetriebe nur selten als Getriebe mit Standfüßen ausgeführt. In den meisten Anwendungsgebieten erfolgt die Verbindung zwischen Antriebs- oder Arbeitsmaschine über eine Flanschverbindung oder aber das Getriebe reitet auf der Welle und das resultierende Gehäusemoment wird über eine Drehmomentenstütze gemäß Abbildung 18.120 in die Umgebungskonstruktion abgeleitet. Abbildung 18.118 zeigt eine solche Drehmomentenstütze zur Abstützung der Reaktionsmomente eines Schaufelradantriebes.

Vergleichbar zu den Stirnrädern können die Gehäuse von Umlaufrädergetrieben als Schweißkonstruktion oder als Gusskonstruktion ausgeführt werden, was in den meisten Fällen unter wirtschaftlichen Gesichtspunkten von der Anzahl der zu fertigenden Gehäuse abhängt.

Für Sondergetriebe und Kleinserien verwendet man üblicherweise Schweißkonstruktionen, während im Falle größerer Stückzahlen gegossene Gehäuse angewendet werden, wobei in beiden Fällen auf eine beanspruchungsgerechte Bauweise zu achten ist, die sich auch leicht montieren lässt (s.a. Abschnitte 18.3.4 und 18.3.5). Entsprechend Abbildung 19.50 werden Umlaufrädergetriebe in Horizontal-, Vertikal-, Fuß- und Flanschausführung hergestellt, was auch direkt die Gehäuseform beeinflusst.

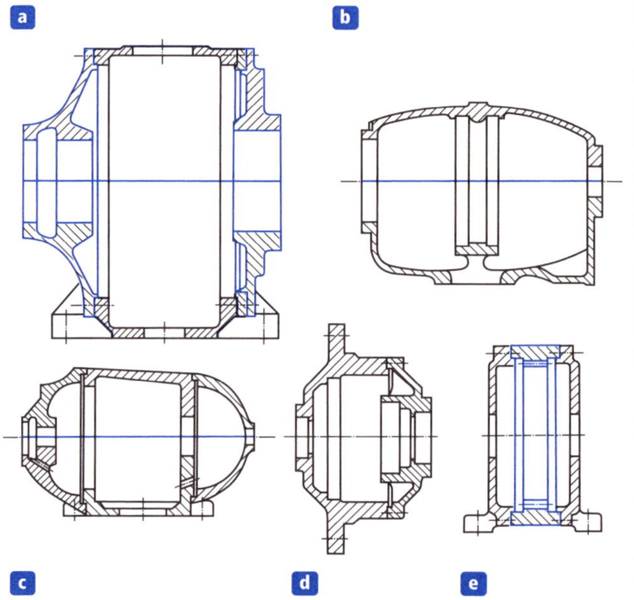

a Standausführung – waagerecht geteiltes Gehäuse mit beiderseits angesetzten Lagerschilden

b Standausführung – waagerecht geteilt ohne Lagerschilde

c Standausführung

d Flanschausführung

e Standausführung mit eingeschraubtem, innenverzahnten Zentralrad (Hohlrad)

Abbildung 19.50: Mögliche Gestaltungsformen des Gehäuses nach [19.281]

So sind die Gehäuse konzentrisch aufgebauter Umlaufrädergetriebe häufig senkrecht zur Welle geteilt, was zum einen eine gute rundsymmetrische und geschlossene Abstützung des Hohlrades bedingt und gleichzeitig eine gute Erreichbarkeit der einzelnen Planetenstufen bei der Montage und im Falle von Reparaturen ermöglicht. Nicht konzentrische

Getriebegehäuse dagegen sind überwiegend mit achsparallelen Teilfugen versehen wie z.B. das Krangetriebegehäuse in Abbildung 19.4.

Bezüglich der grundlegenden Gestaltung und Festlegung von Wanddicken und Rippen von Guss- und Schweißkonstruktionen wird auf Abbildung 18.133 in Kapitel 18 – Stirnradgetriebe verwiesen. Neuere Erkenntnisse zum Gießen komplizierter Gussgehäuse von Umlaufrädergetrieben finden sich in der weiterführenden Fachliteratur [19.128].

Große Getriebe im Schwermaschinenbau werden mit dem Ziel der Massenminimierung oftmals als doppelwandige, geschweißte Stahlkonstruktionen ausgeführt, bei denen im Hinblick auf die Vermeidung von Verzug durch Wärmespannungen besonders auf die Schweißfolge zu achten ist. Um auch bei derartigen Konstruktionen eine möglichst kleine Schallabstrahlung zu erzielen, sind zwischen den Wänden Verbindungselemente notwendig, deren Querschnitt stark von der Wanddicke abweicht. Weitere wirksame Maßnahmen sind Rippendicken, die sich von den Wanddicken unterscheiden, gekrümmte Oberflächen sowie die in Abschnitt 18.5 im Kapitel 18 – Stirnradgetriebe aufgeführten grundlegenden konstruktiven Maßnahmen zur Minderung der Geräuschabstrahlung.

Bei der Verwendung von Leichtmetallgehäusen (z.B. in Fahrzeuggetrieben) sind die Lagerbohrungen – insbesondere bei Wälzlagerungen – mit Stahlbuchsen zu versehen, um eine höhere zulässige Flächenpressung zu erreichen, wobei durch eine entsprechende Verrippung die Steifigkeitseigenschaften ebenfalls verbessert werden.

Bei thermisch hoch beanspruchten Getrieben bietet sich eine sogenannte Pratzenaufhängung in Teilfugenhöhe an, da sich hierdurch das Getriebe unter Beibehaltung der Zentralachse sowohl nach unten als auch nach oben ausdehnen kann [19.281].

Vergleichbar zu den Stirnradgetrieben sind ebenfalls an der tiefsten Stelle des Gehäuses eine Ölablassschraube sowie im Gehäuseoberteil ein Entlüftungsdeckel oder eine -schraube zum Druckausgleich vorzusehen. Weiterhin sind zur Montage und Inspektion an geeigneten Stellen Schaulochdeckel sowie zum Zusammenbau und zum Transport entsprechende Aufhängevorrichtungen anzubringen.

Ausgeführte Gehäuse bewährter Getriebekonstruktionen sind für Zementmühlengetriebe in Abbildung 18.1, für Windturbinengetriebe in Abbildung 19.1, für Turbogetriebe in Abbildung 19.5, für Krangetriebe in Abbildung 19.4, für Schaufelradgetriebe in Abbildung 18.118, für Achsgetriebe in Abbildung 19.3 und für große Schwenkwerkgetriebe von Tagebaugroßgeräten in Abbildung 19.29 wiedergegeben.

2 **Zahnräder mit Außenverzahnung als Zentralrad bzw. Sonnenrad** – In einer Umlaufrädergetriebestufe sind in den meisten Fällen die Sonne als Zentralrad und die Planetenräder außenverzahnt. Sofern keine zusätzlichen Sonderanforderungen an die Gestaltung der außenverzahnten Zahnräder gestellt werden, unterscheidet sich ihre Ausführung nicht von außenverzahnten Rädern für Standgetriebe, auf deren Gestaltung bereits in Abschnitt 18.3.4 im Kapitel 18 – Stirnradgetriebe ausführlich eingegangen wurde.

Allerdings kommt dem Sonnenrad als innerem Zentralrad eine große Bedeutung bei der eingangs erwähnten Vergleichmäßigung der Lastaufteilung zu. Wie bereits oben erwähnt, hängt der Freiheitsgrad eines Getriebes nur von der Art und Anzahl seiner Glieder und Gelenke (z.B. Dreh- oder Wälzgelenke), aber nicht von deren Lage ab. Demzufolge ist es für die angestrebte Selbstzentrierung ohne Bedeutung, ob drei oder fünf Planetenräder gleichmäßig oder ungleichmäßig am Umfang verteilt sind, wobei jedoch gemäß Abschnitt 19.3.2.2 genau zwei gegenüberliegende Planeten einen Ausnahmefall darstellen. Entsprechend diesem Abschnitt treten bei ungleicher Lastverteilung auch ungleiche Belastungen der Planetenräder auf, woraus sich auch unterschiedliche Kräfte auf den Steg und die Zentralräder ergeben. Allerdings wird die Summe dieser auf Steg und Zentralräder wirkenden Kräfte auch bei ungleichmäßiger Verteilung der Planeten zu Null, sobald sich eines bzw. zwei dieser zentralen Glieder frei einstellen kann.

Demzufolge führen auch Maßabweichungen an den beteiligten Zahnrädern und am Steg unter rein statischer Betrachtung zu einer Verschiebung des nicht gelagerten Getriebegliedes in eine statische Gleichgewichtslage. Dabei tritt diese Selbstzentrierung immer dann ein, sobald die Umfangkräfte der beteiligten Zahnräder im Verhältnis zu deren Eigengewicht groß sind. Im Stillstand dagegen wird die Masse der ungelagerten auf der darunterliegenden Verzahnung abgestützt.

Da die Wirksamkeit des statischen Lastausgleichs in besonderem Maße von der Drehzahl und der Masse des frei beweglichen Gliedes sowie auch von den Reibungskräften im Ausgleichsmechanismus abhängt, wird bei Planetengetrieben häufig das Zentralritzel (Sonnenritzel) gemäß Abbildung 19.51 einstellbeweglich ausgeführt. Im Vergleich zu den anderen Bauelementen eines Umlaufrädergetriebes hat es die geringste Masse und Massenträgheit, weshalb es in Verbindung mit einer Zahnkupplung oder Doppelzahnkupplung einen sehr guten Lastausgleich ermöglicht (s.a. Kapitel 13 Kupplungen – Maschinenelemente 1) [19.226]. Zusätzlich ergibt sich durch den Wegfall der Lagerung der Sonnenwelle eine Erhöhung des Wirkungsgrades, da gerade diese meist schnell laufenden Lager große Verluste aufweisen.

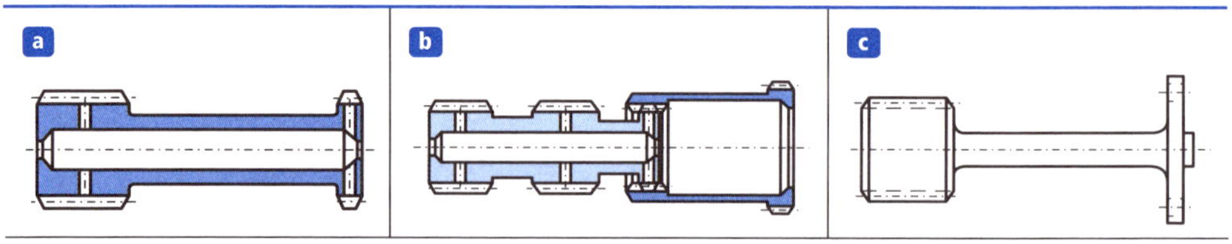

Abbildung 19.51: Gestaltung des außenverzahnten Zentralrades (Sonnenradwelle) im Hinblick auf eine gute Lastverteilung – a) einfache Zahnkupplung, b) Doppelzahnkupplung, c) lange, biegeelastische Sonnenritzelwelle

Allerdings ist beim Einsatz von Zahnkupplungen zu beachten, dass die Neigung der Kupplungshülse durch das Rückstellmoment der Reibungskräfte in der Zahnkupplung behindert wird. Deshalb sollte der Abstand zwischen den Verzahnungen der Kupplungshülse möglichst groß sein, um kleine Neigungswinkel und damit auch eine geringe Reibungsarbeit in der Kupplung zu erreichen. Sofern einfache Zahnkupplungen verwendet werden, ist die radiale Beweglichkeit der mit der Kupplung verbundenen Sonnenwelle durch ein entsprechend großes Spiel der Kupplungsverzahnung zu ermöglichen. Dabei kann es infolge der auftretenden Reibungskräfte zu einer Schiefstellung der Sonnenwelle mit entsprechend hohen Kantenpressungen zwischen Sonne und Planeten kommen, die sich teilweise durch entsprechende konstruktive Maßnahmen (z.B. ballige Verzahnung oder Pendellagerung der Planetenräder – gilt nicht für Hauptgetriebe in Windenergieanlagen) wieder mindern lassen.

Aufgrund der Einstellbeweglichkeit über die Kupplung oder die Biegeweichheit einer langen Sonnenritzelwelle gemäß Abbildung 19.51 c) stellt sich das Sonnenrad bei drei Planeten so ein, dass an allen drei Zahneingriffen gleich große Radialkräfte und damit auch gleich große Umfangskräfte auftreten. Zusätzlich wird diese statische Gleichgewichtslage über die drei äußeren Zahneingriffsstellen der Planetenräder auch auf das Hohlrad übertragen, sodass dort auf indirektem Wege ein Lastausgleich erreicht wird. Abbildung 19.3 zeigt die konstruktive Ausführung am Beispiel einer Planetenlenkachse für eine Baumaschine. Hierbei ist die Sonnenwelle an ihrem äußeren Ende nicht gelagert, sodass sie sich innerhalb des Zahnflankenspiels der drei Planeten zentrieren und so bis zu ±0,8 mm radial verschieben kann.

Bedingt durch die gedrängte Bauweise in Umlaufrädergetrieben werden die Sonnenwellen meistens als geschmiedete Ritzelwellen ausgeführt, wobei auf eine beanspruchungsgerechte Gestaltung mit möglichst geringer Masse zu achten ist.

Für den Fall, dass Ritzel und Welle getrennt gefertigt werden, sollte die Kranzdicke s_R zwischen Zahnfuß und Bohrung abhängig vom Modul m mindestens $s_R > 1{,}5 \cdot m$ betragen.

Die unterschiedlichen Ausführungen von Sonnenwellen für bewährte Getriebekonstruktionen sind für Zementmühlengetriebe in Abbildung 18.1, für Windturbinengetriebe in Abbildung 19.1, für Turbogetriebe in Abbildung 19.5 und für Schwenkwerkgetriebe in Abbildung 19.29 wiedergegeben.

Hinsichtlich der Verzahnungsart wird unter Inkaufnahme einer höheren Geräuschanregung oftmals die Geradverzahnung bevorzugt, da hierdurch Axialkräfte vermieden werden. Bestehen jedoch höhere Anforderungen bezüglich einer geringen Geräuschabstrahlung – was mittlerweile in fast allen Anwendungsgebieten der Fall ist – so setzt man Einfachschräg- oder auch Doppelschrägverzahnungen ein. Üblicherweise werden die Außenverzahnungen moderner Umlaufrädergetriebe einsatzgehärtet und geschliffen, protuberanzverzahnt, flankenmodifiziert und teilweise auch kugelgestrahlt, wobei für nicht unter höchsten Beanspruchungen laufende Planetengetriebe auch nitrierte Verzahnungen verwendet werden.

3 Zahnräder mit Innenverzahnung als Zentralrad (Hohlrad) – Im Gegensatz zur Sonne als innerem Zentralrad und den Planetenrädern verfügt das Hohlrad eines Umlaufrädergetriebes über eine Innenverzahnung gemäß Kapitel 18 – Stirnradverzahnungen. Abhängig von der Getriebekonstruktion kann das Hohlrad umlaufen oder aber fest mit dem Gehäuse verschraubt sein. Vorzugsweise sollten umlaufende Zentralräder für Hochleistungsgetriebe gemäß Abbildung 19.52 a) beidseitig gelagert sein, während für Getriebe mit geringerer Belastung auch eine fliegende Lagerung nach Abbildung 19.52 b) möglich ist. Im Gegensatz dazu zeigt Abbildung 19.52 c) bis f) feststehende innenverzahnte Zentralräder, die durch Zahnkupplungen, geschlitzte Hülsen oder andere Ausgleichselemente mit dem Gehäuse verbunden werden.

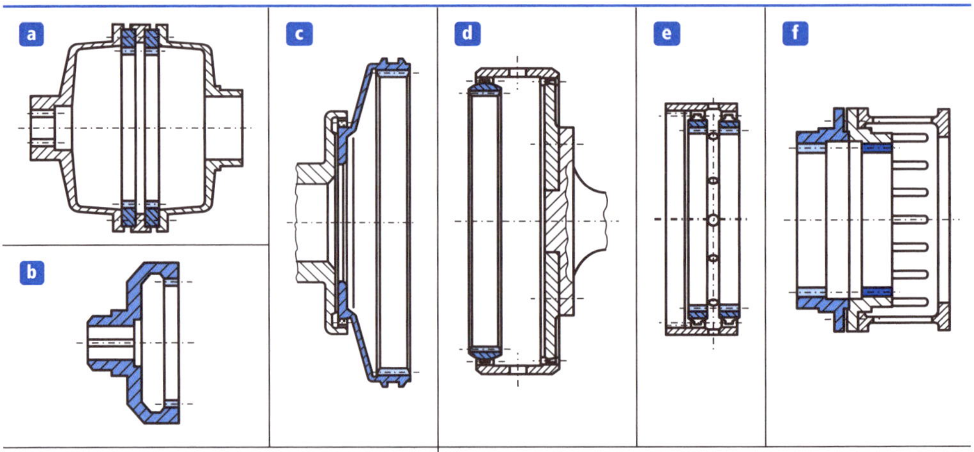

a Beidseitige Lagerung
b Einseitige Lagerung
c Aufhängung in Zahnkupplung
d Aufhängung in Zahnkupplung
e Geteilte Ausführung mit Aufhängung in Zahnkupplung
f Aufhängung in geschlitzter Hülse

Abbildung 19.52: Ausführungen von innenverzahnten Zentralrädern – a) beidseitige Lagerung; b) einseitige Lagerung, c) und d) Aufhängung in Zahnkupplung; e) geteilte Ausführung mit Aufhängung in Zahnkupplung, f) Aufhängung in geschlitzter Hülse [19.281]

Da bei gegebenen äußeren Abmessungen eines Umlaufrädergetriebes die übertragbare Leistung mit zunehmender Anzahl der Planeten steigt, möchte man möglichst viele Planeten in dem zur Verfügung stehenden Bauraum unterbringen, was aber zwangsläufig wegen mehrfacher statischer Überbestimmtheit des Systems zu Schwierigkeiten bei der gleichmäßigen Lastaufteilung führt.

Zur Lösung dieser Problematik wurde von Wilhelm Stoeckicht (1892 bis 1965, deutscher Ingenieur und Erfinder) eine konstruktive Lösung ausgearbeitet, bei der in den „überbestimmten" Leistungszweigen die elastischen Verformungen unter Last größer werden als die unvermeidlichen Maßabweichungen in Richtung des Leistungsflusses [19.194], [19.195], [19.268]. Je mehr also die elastischen Verformungen die Maßabweichungen übersteigen, umso mehr gleichen sich die parallel übertragenen Leistungen einander an.

Auf der Grundlage dieser Überlegungen wurden einfache Minusgetriebe mit bis zu acht Planetenrädern versehen, wobei das Hohlrad als hochelastischer Zahnring ausgeführt und über Zahnkupplungen radial einstellbar gehalten wurde. Hierdurch konnte die Nachgiebigkeit der Zähne des Hohlrades, bedingt durch die elastische Verformung des Zahnringes, so gesteigert werden, dass sie größer wurde als die Teilungsabweichungen der Planeten und damit eine sehr gleichmäßige Lastverteilung bewirkte. Der grundlegende Aufbau eines derartigen Umlaufrädergetriebes, das mit Leistungen bis zu 50 MW in schnell laufenden Turbogetrieben und auch in Schiffsantrieben eingesetzt wird, ist in Abbildung 19.5 wiedergegeben [19.63], [19.194], [19.195]. Lässt man außerdem auch noch die Sonnenritzelwelle ungelagert, so erhält man einen direkten und voneinander unabhängigen Belastungsausgleich zu beiden Seiten der Planetenräder.

Neben der in Abbildung 19.5 gezeigten Doppelzahnkupplung zur Anbindung des elastischen Zahnkranzes sind in Abbildung 19.53 weitere Möglichkeiten wiedergegeben, um einen elastischen Zahnkranz mit einem steiferen Gehäuse zu koppeln, da anderenfalls das gesamte Getriebegehäuse nach Abbildung 19.53 d) nachgiebiger ausgelegt werden müsste. So verwendet man bei schnell laufenden Turbogetrieben auch geschlitzte dünnwandige Hülsen nach Abbildung 19.53 b) und bei Umlaufrädergetrieben im normalen Drehzahlbereich ein Wellrohr nach Abbildung 19.53 c). Abbildung 19.53 f) zeigt die elastische Abstützung eines Zahnkranzes gegenüber dem Getriebegehäuse über dämpfende Hülsenfederpakete, sodass sich das Hohlrad in radialer und Umfangsrichtung bewegen kann, wobei auch kippende Bewegungen aus der Teilkreisebene heraus möglich sind [19.302]. Die Verbindung des Zahnkranzes mit dem Gehäuse über Elastomer-Elemente ist in Abbildung 19.53 g) wiedergegeben.

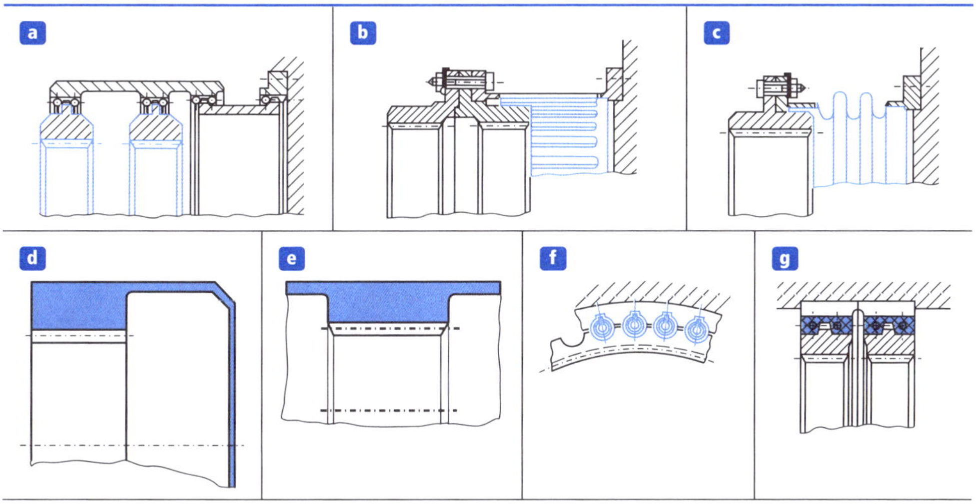

Abbildung 19.53: Ausführungen von innenverzahnten Zentralrädern (Hohlrädern) zur Verbesserung der Lastverteilung – a) Doppelzahnkupplung, b) geschlitzte Hülse, c) Wellrohr, d) dünnwandiges Gehäuse einseitig, e) dünnwandiger Zahnkranz, f) eingebettete Hülsenfederpakete, g) Gummi-Einbettung [19.281]

Als Maß für die radiale Nachgiebigkeit eines Zahnkranzes verwendet man den Verhältniswert von Zahnkranzdicke s_L an den Stellen der Zahnlücken und an Modul m, wobei für Getriebe mit großem Modul und kleinen Zähnezahlen des Zentralritzels ein Verhältniswert von $s_L / m = 2$ empfohlen wird [19.281]. Hinsichtlich der Beanspruchungen ist dabei zu beachten, dass die Verformungen des Kranzes zu Spannungen führen, die sich mit den normalen Zahnfußspannungen überlagern, was beim Tragfähigkeitsnachweis in entsprechender Weise zu berücksichtigen ist. Hierauf wird gesondert in der VDI-Richtlinie 2737 sowie in Abschnitt 19.4 und der weiterführenden Fachliteratur eingegangen [19.154], [19.155], [19.159], [19.160].

Neben den zusätzlichen Beanspruchungen aufgrund des elastischen Verhaltens können auch Fliehkräfte bei hohen Hohlraddrehzahlen sowie konstruktiv bedingte Bohrungen zur Befestigung des Zahnkranzes zu erhöhten Beanspruchungen führen (s.a. Abschnitt 19.4.1). So wurde für das Hohlrad eines Windturbinengetriebes anhand ausgewählter Bohrungslagen der Einfluss der Lage der Bohrungen gemäß Abbildung 19.54 auf die Zahnfußtragfähigkeit untersucht, wobei gemäß VDI 2737 sowohl frei verformbare als auch eingespannte Hohlradkränze mittels ebener und dreidimensionaler FEM-Berechnungen betrachtet wurden [19.237], [19.280]. Daraus lassen sich folgende Erkenntnisse ableiten:

- Die Zahnfußtragfähigkeit wird hauptsächlich beeinflusst durch das Verhältnis von Bohrungsdurchmesser zu Zahnkranzdicke d / s_R und die Lage der Befestigungsbohrung auf der neutralen Faser.
- Die frei verformbaren Zahnkränze sind spannungskritischer als die eingespannten Ausführungen, was auf die versteifende Wirkung der Anschlusskonstruktion zurückzuführen ist.
- Die starren Hohlradzahnkränze reagieren unempfindlicher auf das Vorhandensein und die Lage der Bohrungen.
- In ungünstigen Fällen verschiebt sich der Maximalwert der Zugspannung von der Zahnfußkurve zur Bohrungskontur.

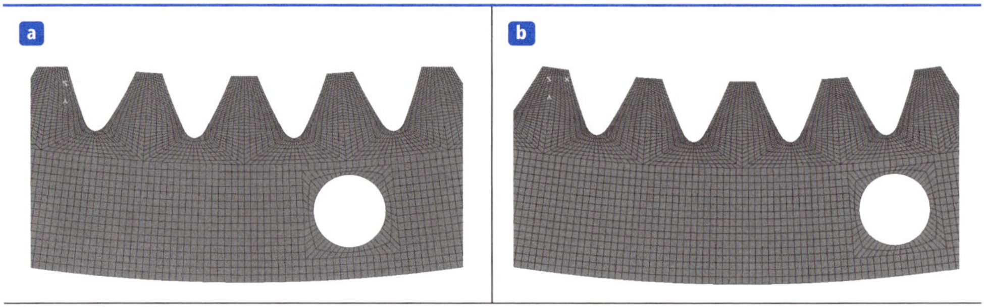

Abbildung 19.54: Mögliche Lage von Bohrungen zur Befestigung von Hohlrädern – a) Zahnmitte b) Zahnlückenmitte [19.237]

Bezüglich der Verzahnungsart von Hohlrädern gelten die gleichen Anforderungen wie bei den außenverzahnten Sonnenrädern, wobei die Verzahnung der Hohlräder teilweise nur vergütet wird, da die niedrigere Hertz'sche Pressung aufgrund der konkav-konvexen Profilpaarung dieses zulässt. Bei höheren Beanspruchungen wird die Hohlradverzahnung auch zunächst geschliffen und anschließend nitriert. In Ausnahmefällen erfolgt eine Schleifbehandlung auch erst nach dem Nitrieren, um die im Vergleich zum Einsatzhärten geringeren, aber doch vorhandenen Maßabweichungen infolge der Wärmebehandlung zu beseitigen. Bei sehr großer Beanspruchung wird auch die Hohlradverzahnung einsatzgehärtet und geschliffen, wobei dann der Schleifabsatz entweder durch die Vorbearbeitung mit Protuberanzwerkzeugen vermieden oder aber durch eine geeignete Schleifscheibenkopfrundung in seiner Wirkung begrenzt wird (s.a. Kapitel 18 – Stirnradverzahnung).

4 **Umlaufträger (Steg), Planetenräder mit Außenverzahnung und Lagerungen** – Zur Kopplung zwischen den beiden Zentralrädern Sonne und Hohlrad werden die außenverzahnten Planetenräder benötigt, die über Wälz- oder Gleitlagerungen und entsprechende Achsen mit dem Umlaufträger (Steg) gemäß Abbildung 19.55 verbunden sind. Diese Gesamtanordnung von Steg, Lagerungen und Rädern hat ebenfalls entscheidenden Einfluss auf die gleichmäßige Lastaufteilung innerhalb der Planetenstufe.

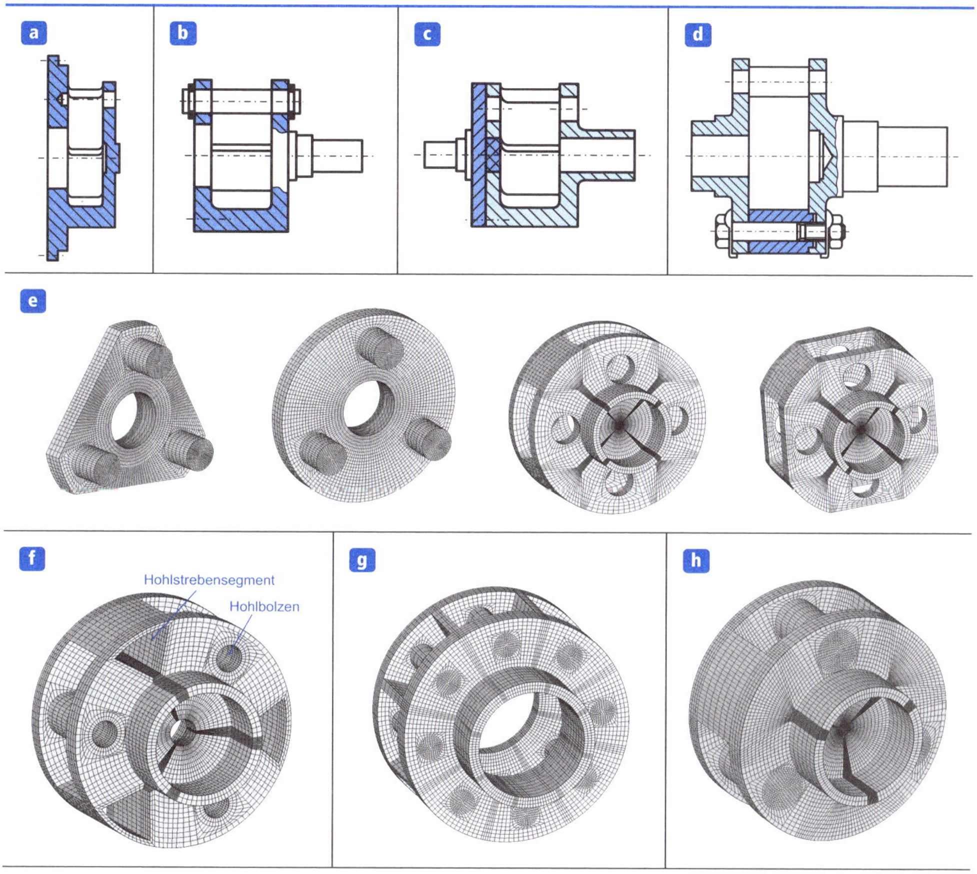

Abbildung 19.55: Beispiele für die Gestaltung des Umlaufträgers (Steges) – a) feststehend; b) mit angegossener Welle; c) geteilt; d) geteilt; e) drei- und vierachsig; f) dreiachsig mit Hohlbolzen; g) achtachsig; h) dreiachsig mit angeschlossener Hohlwelle

Betrachtet man zunächst den Umlaufträger – oftmals auch als Steg oder Planetenträger bezeichnet –, so unterscheidet man grundsätzlich zwischen feststehenden oder umlaufenden Stegen, die auch noch geteilt oder ungeteilt sowie einwangig oder zweiwangig ausgeführt werden können.

Abbildung 19.55 a) zeigt einen feststehenden Steg für ein Umlaufrädergetriebe, bei dem neben dem Sonnenrad auch das Hohlrad rotiert. In Abbildung 19.55 b) ist ein ungeteilter gegossener Steg wiedergegeben, der auch gleich über eine Anschlusswelle verfügt. Wenngleich ungeteilte Stege mit angegossenen Wellen aufgrund der auftretenden Materialanhäufung gießtechnisch aufwändig sind, so werden sie für höhere Beanspruchungen bevorzugt eingesetzt. Darüber hinaus bietet die ungeteilte Ausführung des Steges neben der unveränderlichen Lage der Bohrungen den Vorteil der hohen Drehsteifigkeit und die Unempfindlichkeit gegenüber Wärmedehnungen.

Im Gegensatz zum gegossenen einteiligen Steg besteht der geteilte Steg gemäß Abbildung 19.55 c) und d) aus zugeschnittenen Blechen oder anderem Walzmaterial. Im Hinblick auf eine einwandfreie Funktion müssen die Stegteile genau zentriert und die gegenseitige Lage der Stegscheiben zueinander gesichert werden, wobei die mechanische Bearbeitung nur im verschraubten und lagengesicherten Zustand erfolgen darf.

Grundsätzlich sollten die Umlaufträger zur Erreichung einer hohen Verdrehsteifigkeit so schmal wie möglich gestaltet werden. Des Weiteren sind ein gegenseitiges Verdrehen der Stegscheiben im belasteten Getriebe und die damit einhergehende Schiefstellung der Planetenachsen so zu begrenzen, dass die Lastverteilung im Eingriffsfeld der Verzahnung aufgrund der Schiefstellung nicht zu ungünstig wird. Für Umlaufrädergetriebe, die mit hohen Betriebsdrehzahlen laufen, müssen die Stege mit den vollständig montierten Planetenrädern dynamisch ausgewuchtet werden.

Betrachtet man im Weiteren die Lagerungsmöglichkeiten der Planetenachsen im Umlaufträger, so ergeben sich die in Abbildung 19.56 und Abbildung 19.57 gezeigten Möglichkeiten, wobei die Lagerung der Planetenräder nicht nur die Zahnkräfte, sondern auch die bei hohen Drehzahlen auftretenden Fliehkräfte aufnehmen muss (s.a. Abschnitt 19.4.1).

Entsprechend Abbildung 19.56 können die Planetenradachsen im Steg drehbar gelagert oder fest eingespannt sein. Sofern die Achsen bzw. Bolzen mit dem Steg fest verbunden sind, ist auf eine ausreichende Sicherung durch Splinte, Stifte, Schrauben oder Kegelsitze zu achten.

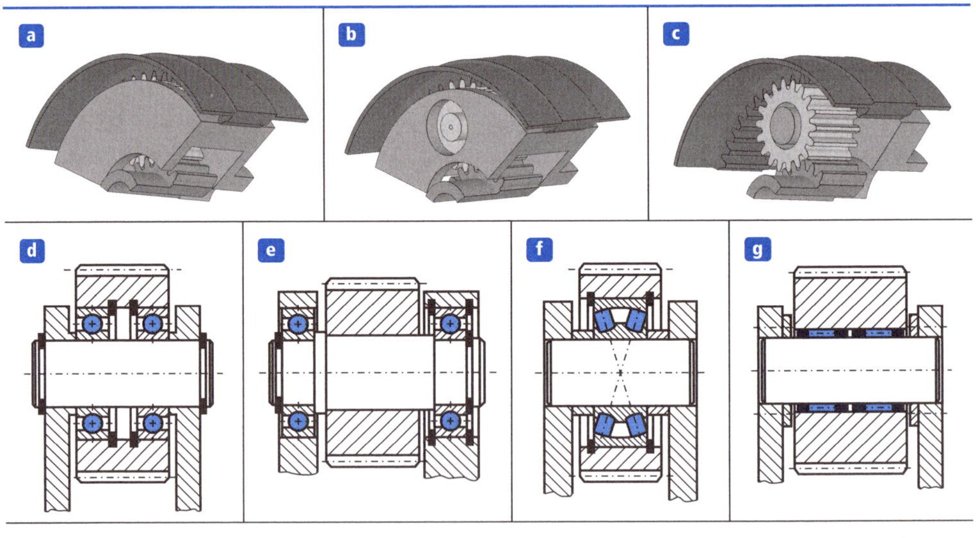

Abbildung 19.56: Prinzip der Planetenradlagerung im einwangigen und zweiwangigen Umlaufträger, a) Bolzenlagerung im zweiwangigen Planetenträger, b) Zapfenlagerung im zweiwangigen Planetenträger, c) Bolzenlagerung im einwangigen Planetenträger, d) Lagerung im Planetenrad, e) Lagerung im Planetenträger, f) Lagerung mit Pendelrollenlagern (nicht geeignet für Windenergiegetriebe), g) Nadellagerung ohne Käfige zur Einsparung von Bauraum (s.a. Abbildung 15.9)

Bezüglich der Lagerung der Planetenräder gibt es die Möglichkeit, das Planetenrad entweder auf dem fest mit dem Steg verbundenen Planetenradbolzen gemäß Abbildung 19.56 d), f) und g) zu lagern oder aber nach Abbildung 19.56 e) den Bolzen mit dem Planetenrad fest zu verbinden und im Steg zu lagern, wobei abhängig von den auftretenden Drehzahlen, Lagerkräften und dem zur Verfügung stehenden Einbauraum Gleit- oder Wälzlager angewendet werden. Oftmals werden gemäß Abbildung 19.56 g) die Flächen der Planetenradbohrungen und der Bolzen auch gehärtet, sodass sie unter Weglassen der Lagerringe direkt als Laufflächen von Wälzkörpern verwendet werden können (s.a. Abbildung 15.9 im Kapitel 15 – Wälzlagerungen).

Eine weitere Ausführungsmöglichkeit von Planetenradlagerungen, bei der der Gleitwerkstoff direkt auf den Achsbolzen aufgegossen wird, zeigt Abbildung 19.57 a). Bei dieser Anordnung können die Bohrungen der Räder fertig bearbeitet werden, bevor die Bearbeitung der Verzahnung abgeschlossen ist, wodurch man ein einwandfreies Fluchten der Verzahnung und der Planetenradbohrungen erreicht. Beim Einsatz von Gleitlagerungen ist es beanspruchungsgerecht, das weichere Lagermetall so anzuordnen, dass dieses nicht schwellend, sondern nur ruhend beansprucht wird.

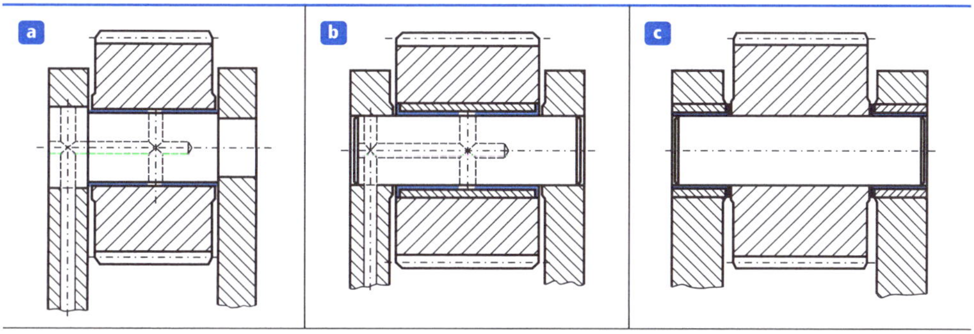

Abbildung 19.57: Weitere Ausführungsmöglichkeiten der Planetenradlagerung – a) Lagermetall auf Bolzen, b) Buchsenlagerung im Rad, c) Buchsenlagerung im Steg [19.281]

Wie auch schon aus Abbildung 19.56 und Abbildung 19.57 ersichtlich, werden die einfachen Planetenräder üblicherweise als geschmiedete Vollräder hergestellt, wobei durch eine der Belastung entsprechende Gestaltung eine möglichst geringe Masse anzustreben ist. Grundsätzlich besteht bei Planetenrädern das Problem des zu geringen Bauraums oder aber bei ausreichendem Bauraum für die Lagerung die Gefahr eines zu dünnen Zahnradkörpers.

Bei gekoppelten Umlaufrädergetriebestufen benötigt man Doppel-Planetenräder (Stufenplaneten), die gemäß Abbildung 19.58 entweder aus einem Stück gefertigt oder zusammengesetzt werden. Insbesondere bei zusammengesetzten Rädern ist eine einwandfreie Zentrierung wichtig, wobei die Verbindung zwischen Radkörper und Welle über Zahnwellenprofile nach Abbildung 19.58 b) oder Pressverbindungen mit zusätzlicher Formpaarung gemäß Abbildung 19.58 c) erfolgen kann. Für größere Stückzahlen von Umlaufrädergetrieben mit nur geringen Unterschieden im Durchmesser der Planetenräder ist auch eine Zentrierung des Zahnkranzes nach Abbildung 19.58 d) über zwei konische Ringe, von denen einer geteilt ausgeführt ist, möglich [19.281]. Ferner ist bei Stufenplaneten auf die genaue Zuordnung der beiden Verzahnungen gemäß Abschnitt 19.3.2.2 zu achten, da anderenfalls keine gleichmäßige Lastaufteilung gegeben ist. Hierzu nutzt man üblicherweise einen Pressverband, der zunächst normal gefügt wird. Die genaue Ausrichtung der Zahnräder zueinander erfolgt dann durch gezieltes Aufweiten des Pressverbandes durch Einpressen einer Flüssigkeit (Glyzerin) und Drehung des Zahnrades in die gewünschte Position.

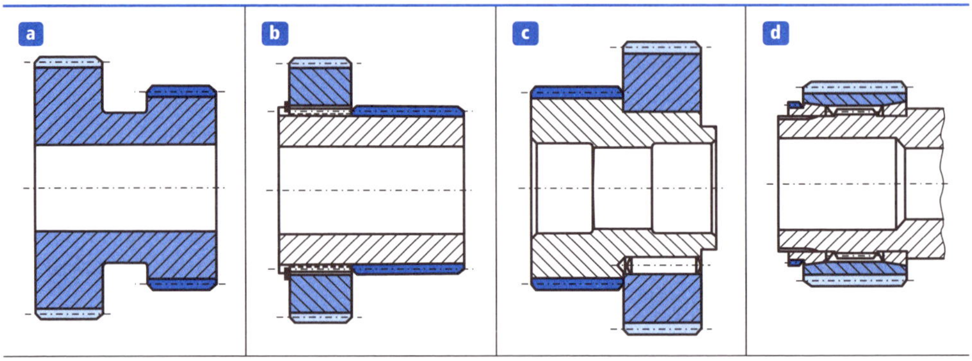

Abbildung 19.58: Ausführungsarten von Planetenrädern – a) doppelt aus einem Stück; b) und c) doppelt aus Einzelrädern, d) einfach mit Zentrierringen

Hinsichtlich der lastabhängigen Einstellbarkeit bestehen bei der Baueinheit Umlaufträger – Planetenräder grundsätzlich zwei Möglichkeiten. Zum einen kann sich der ungelagerte Umlaufträger nach dem feststehenden Sonnen- und Hohlrad ausrichten und zum anderen können die Planeten nachgiebig oder sogar verstellbar gemäß Abbildung 19.59 und Abbildung 19.60 gelagert sein. Dabei ist allerdings zu beachten, dass im Vergleich zu einem nachgiebigen Zahnkranz der mögliche Einfluss eines nachgiebig gestalteten Planetenradbolzens auf die Lastverteilung wesentlich geringer ist.

Betrachtet man zunächst den radial beweglichen Planetenträger, so besteht dieser aus einem dünnwandigen massearmen Kupplungsring, der eine trägheitsarme Nachgiebigkeit, bezogen auf die Außen- und Innenverzahnung, ermöglicht, und einer schwereren ungelagerten Abtriebswelle, die fest mit der angeschlossenen Arbeitsmaschine verbunden ist. Beide Teile sind durch eine doppelgelenkige ballige Kronenzahnkupplung miteinander verbunden, die sowohl den Lastausgleich als auch die Funktion einer Ausgleichskupplung zwischen Getriebe und Arbeitsmaschine übernimmt [19.112], [19.162], [19.164].

Im Gegensatz dazu wird die Einstellbarkeit der Planetenräder nach Abbildung 19.59 häufiger eingesetzt. Sofern keine Temperatur- oder Alterungsprobleme (Öleinwirkung) zu erwarten sind, können die Planetenräder einzeln in elastischen Gummibüchsen gemäß Abbildung 19.59 a) gelagert werden, wobei die geringen ertragbaren Spannungen sowie die Veränderungen der Eigenschaften dieser Werkstoffe, z.B. mit der Belastungsfrequenz, der Lebensdauer und der Temperatur, den Einsatz begrenzen.

Weitere Möglichkeiten sind die zweiseitig abgestützte Lagerung über eine biegeelastische Achse nach Abbildung 19.59 b) oder die einseitig abgestützte Lagerung über einen Bolzen mit entsprechenden Freidrehungen nach Abbildung 19.59 c), wobei nicht nur eine Gleitlagerung, sondern auch eine Wälzlagerung möglich ist. Bei dieser einseitigen Abstützung in einem einwangigen Umlaufträger – oftmals auch als „Flex Pin“ bezeichnet – erzeugen die durch die Radialkraft entstehenden Neigungen und Durchbiegungen des Bolzens und der Hülse eine „gegenläufig gefaltete“ elastische Biegelinie, sodass die Planetenräder unter Beibehaltung ihrer parallelen Achslage radial nachgeben können [19.77], [19.78], [19.199]. Dabei ist allerdings zu beachten, dass der Bolzen mit einer Übergangspassung in den Umlaufträger eingesetzt wird, woraus eine zusätzliche Nachgiebigkeit entsteht.

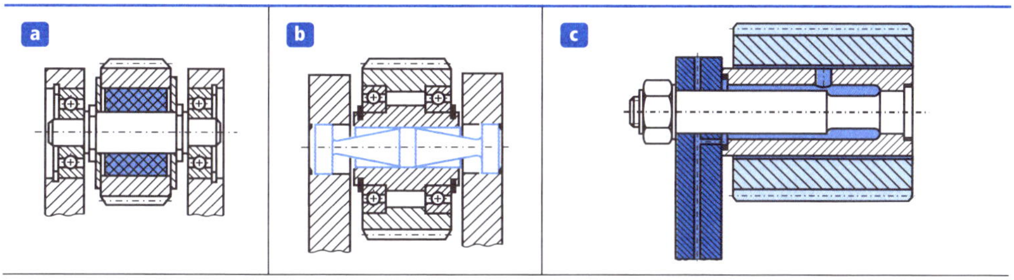

Abbildung 19.59: Lastverteilung von Planetenrädern – a) elastische Bettung mit Gummizwischenlagen, b) biegeelastische Achse, c) Nachgiebigkeit der Planetenräder durch Freidrehungen (Flex Pin)

Eine weitere technisch sehr aufwändige Möglichkeit des Lastausgleiches über eine radial verschiebbare exzentrische Lagerung der Planeten ist in Abbildung 19.60 wiedergegeben [19.164].

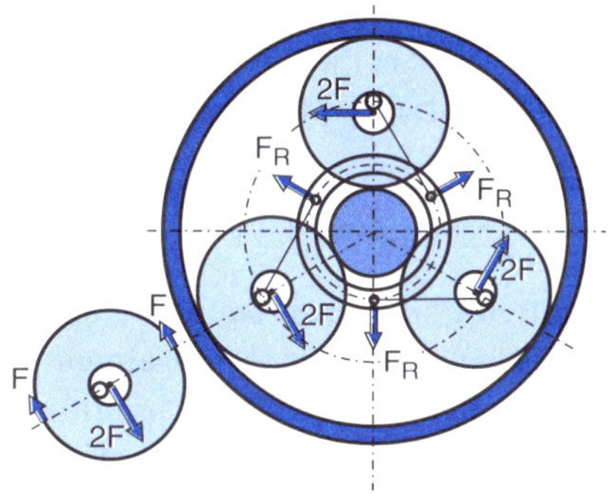

Die Planetenräder können sich radial bewegen, da sie auf exzentrisch drehbaren Bolzen gelagert sind. Jeder dieser Bolzen ist mit einem schräg nach innen ragenden Hebel verbunden, dessen anderes Ende in das Langloch eines frei beweglichen ungelagerten Ringes eingreift. Bedingt durch die exzentrische Lagerung erzeugt die im Mittelpunkt des Planetenrades wirksame Umfangskraft $2 \cdot F$ ein Moment am Hebel, wodurch am Ring eine Radialkraft F_R erzeugt wird. Da sich die drei um $120°$ versetzten Radialkräfte über den Ring im Gleichgewicht befinden müssen, ergeben sich zwangsläufig auch gleich große Planetenumfangskräfte. Wird nun ein Rad überlastet, so erzeugt es eine größere Radialkraft am Hebelende, wodurch der Ring verschoben wird und die drei Exzenter so verdreht, dass die beiden anderen Räder stärker belastet werden.

Abbildung 19.60: Umlaufrädergetriebe mit radial verschiebbarer exzentrischer Lagerung der Planetenräder nach Simmering-Graz-Pauker [19.68], [19.69], [19.164]

Zusammenfassend zu den oben behandelten einzelnen Baugruppen sei darauf hingewiesen, dass durch die hohe Leistungsdichte innerhalb eines Umlaufrädergetriebes grundsätzlich hohe Beanspruchungen – unter anderem auch durch Fliehkräfte bei schnell laufenden Turbogetrieben – auftreten, weshalb Passfedern als Welle-Nabe-Verbindungen innerhalb des Getriebes ungeeignet sind. Stattdessen sind Pressverbände oder Zahnwellen-Naben-Verbindungen erheblich günstiger, zumal letztere auch eine begrenzte Einstellbarkeit erlauben.

Bei allen vorgestellten konstruktiven Maßnahmen zur Verbesserung der Lastverteilung auf die einzelnen Planetenräder ist zu beachten, dass dadurch die Lastverteilung über der Zahnbreite (Breitenlastverteilung) nicht ungünstig beeinflusst werden darf (s.a. Kapitel 18 – Stirnradgetriebe). Grundsätzlich lässt sich die Lastverteilung auf die Planetenräder durch eine hohe Herstellqualität deutlich verbessern, weshalb man Rundlaufabweichungen der Zahnräder, tangentiale Lageabweichungen der Planetenräder sowie Teilungsfehler der Planetenachsenbohrungen (Stegteilungsfehler) so gering wie möglich halten sollte.

Die Wirksamkeit der in Tabelle 19.11 zusammengefassten einzelnen Maßnahmen zur Verbesserung der Lastverteilung innerhalb einer Umlaufrädergetriebestufe lässt sich anhand des Lastverteilungsfaktors $K_\gamma \geq 1$ beurteilen, auf dessen Definition in Abschnitt 19.4.1 näher eingegangen wird.

Ausgleichendes Glied	Konstruktive Maßnahme
Zentralrad 1 (Sonnenritzel)	Ungelagerte lange, biegeweiche Ritzelwelle mit kleinem Durchmesser nach Abbildung 19.51
Zentralrad 2 (Hohlrad)	Verbindung des Zahnkranzes mit dem Gehäuse durch nachgiebige Elemente – Wellrohr oder geschlitzte Hülse nach Abbildung 19.53 Nachgiebigkeit des Kranzes durch dünnwandige Ausführung nach Abbildung 19.53 Einbettung nachgiebiger Elemente im Zahnkranz – Hülsenfederpakete oder Elastomerelemente nach Abbildung 19.53
Steg mit Planetenrädern	Verbindung von Steg und Planetenradbolzen durch Buchsen aus Gummi oder Elastomerelementen nach Abbildung 19.59 Nachgiebige Gestaltung des Planetenradbolzens (Flex Pin) nach Abbildung 19.59 Getriebebewegliche Gestaltung der Verbindung Steg-Planetenradbolzen durch Exzenter nach Abbildung 19.60

Tabelle 19.11: Möglichkeiten zur Verbesserung der Lastverteilung durch nachgiebige Elemente

So ist aus länger zurückliegenden Versuchen an nicht voll belasteten Umlaufrädergetrieben mit Antriebsdrehzahlen von $n = 800 \ldots 1.500\ \text{min}^{-1}$ bekannt, dass sich mit einem einstellbeweglichen Sonnenritzel und einem einstellbeweglichen Hohlrad ein Lastverteilungsfaktor von $K_\gamma = 1{,}15 \ldots 1{,}2$ erreichen lässt, während die alleinige Einstellbeweglichkeit des Hohlrades nur zu einem Lastverteilungsfaktor von $K_\gamma = 2{,}0 \ldots 2{,}2$ und die alleinige Einstellbeweglichkeit des Sonnenritzels ebenfalls auf $K_\gamma = 1{,}15 \ldots 1{,}2$ führt [19.5]. Dabei ist die festgestellte geringe Wirksamkeit des einstellbeweglichen Zahnkranzes vor allem auf die hohen Reibungskräfte in der Doppelzahnkupplung zurückzuführen [19.5].

Aus anderen Untersuchungen ist bekannt, dass bei einer statisch überbestimmten Lagerung an einem der drei Planeten sowohl durch Stegteilungsfehler als auch bei Bauarten mit drei gelagerten Gliedern oder mit einem ungelagerten Glied durch Maßabweichungen der Verzahnungen Lastüberhöhungen auftreten, während bei niedrigen Drehzahlen ein einstellbeweglicher Steg zu den geringsten Lastüberhöhungen führt [19.282], [19.283], [19.291]. Die niedrigsten Belastungen beim ungelagerten Steg liegen wohl darin begründet, dass Maßabweichungen an den Verzahnungen unmittelbar durch ein örtliches „Ausweichen“ des ungelagerten Steges ausgeglichen werden können, während sie einem gelagerten Steg Drehbeschleunigungen aufprägen müssen, die dann erst am nicht gelagerten Gegenrad ausgeglichen werden.

Abschließend lassen sich zum Lastausgleich folgende Feststellungen zusammenfassen [19.282]:

- Geringe Lastüberhöhungen lassen sich durch eine hohe Fertigungsgenauigkeit erzielen. Verzahnungsfehler und Stegteilungsfehler haben einen großen, Achsabstandsfehler nur einen relativ kleinen Einfluss auf die Lastüberhöhungen.
- Mit zunehmender Belastung werden die Lastverteilungsfaktoren K_j kleiner, während sie mit steigender Drehzahl größer werden.
- Die geringsten Lastüberhöhungen erzielt man bei niedrigen Drehzahlen durch einen einstellbeweglichen Steg, während bei hohen Drehzahlen ein einstellbewegliches Sonnenrad am wirkungsvollsten ist.
- Besonders elastische Hohlräder oder Stege führen im Vergleich zu sehr steifen zu niedrigeren Lastüberhöhungen.
- Mit zunehmender Getriebebaugröße steigen die Lastüberhöhungen infolge ungleichmäßiger Lastverteilung.
- Die Anwendung von fünf anstelle von drei Planetenrädern ist nur bei niedrigeren Drehzahlen vorteilhaft. Eine kombinierte Einstellbeweglichkeit von Sonnenrad und Steg ist für fünf Planetenräder ausreichend.
- Zusätzlich auftretende Ein- und Austrittsstöße beim Zahneingriff wirken sich ungünstig aus.
- Die Einflüsse von Verzahnungsabweichungen sind bei Verzahnungsqualitäten $Q \leq 6$ gering und Stegteilungsfehler lassen sich bei statisch bestimmten Bauarten (z.B. drei Planeten und einstellbeweglicher Steg) fast vollständig ausgleichen [19.291].
- Bei relativ hoher Fertigungsgenauigkeit reichen Wälzlager mit „normaler“ Lagerluft aus, um Herstellabweichungen durch Einstellbewegungen innerhalb des Lagerspiels auszugleichen. Bei voller Auslastung der Verzahnungen verfügen dann Getriebe bis zu einem Hohlraddurchmesser von ca. 500 mm auch ohne einstellbewegliche Glieder über relativ gute Lastverteilung.

19.3.5 Getriebeschmierung und Wärmeabfuhr

Vergleichbar zur Schmierung von Stirnradgetrieben sind auch bei Umlaufrädergetrieben durch ein geeignetes Schmiersystem Reibung und Verschleiß an den Zahnflanken zu verringern, um Zahnflankenschäden zu vermeiden, die entstehende Reibungswärme abzuleiten, die im Getriebe befindlichen Lager und Kupplungen mit Schmierstoff zu versorgen sowie Korrosion zu verhindern. Zu den Grundlagen der Schmierung, die in gleicher Weise auch für Umlaufrädergetriebe gelten, sei auf Abschnitt 18.2.10 im Kapitel 18 – Stirnradgetriebe verwiesen, wobei zur Begrenzung der bei hohen Drehzahlen auftretenden Ventilations- und Plantschverluste in Umlaufrädergetrieben nicht nur das Gehäuse, sondern auch der umlaufende Steg mit möglichst glatten Oberflächen versehen werden sollte.

Des Weiteren muss bei Umlaufrädergetrieben – und hier insbesondere bei schnell laufenden Turbogetrieben – wegen der großen Leistungsdichte im Vergleich zum Stirnradgetriebe mehr Verlustwärme abgeführt werden. Dabei unterliegt üblicherweise das zentrale Sonnenritzel infolge des Mehrfacheingriffs einer großen Wärmebelastung, weshalb man bevorzugt die sogenannte Innenkühlung anwendet. Abbildung 18.79 zeigt die Besonderheiten dieser Schmierungsart, bei der der Schmierstoff über die Hohlwelle zugeführt und aufgrund der Fliehkraft vernebelt wird, sodass auch die benachbarten Bauteile (Kupplungsverzahnungen und Lager) geschmiert werden.

In vergleichbarer Form lassen sich auch die Planetenlager und die Zahneingriffe zwischen Planeten und Hohlrad schmieren. Hierzu ist der Steg mit entsprechenden Ölbohrungen auszustatten, die bis zu den hohlgebohrten Planetenachsen reichen, sodass dort zum einen die Lager und zum anderen die im Zahngrund mit Ölbohrungen versehenen Planetenräder durch die Fliehkraftwirkung mit Öl versorgt werden. Sowohl die Ölbohrungen im Steg als auch die in den Zahnrädern sind immer kerbarm zu gestalten, da anderenfalls von dort Risse ausgehen können, die letztlich zum Bauteilversagen führen [19.234].

Aufgrund des zumeist komplexen Aufbaus mehrstufiger Umlaufrädergetriebe großer Leistung wird die Schmierung überwiegend als Druckumlaufschmierung mit eigenem Pumpen- und Filtersystem aufgebaut, wobei es selbstverständlich sein muss, dass eine Anlage erst anlaufen kann, nachdem die Umlaufschmierung in Betrieb gegangen ist, um sämtliche Bedarfsstellen mit Schmierstoff zu versorgen. Von Vorteil ist bei einer Druckumlaufschmierung auch, dass die Einhaltung des erforderlichen Mindestöldrucks, der Öltemperatur und der Zustand der Filter von ferne überwacht werden können, sodass es bei Nichteinhaltung der erforderlichen Betriebskenngrößen des Schmierstoffes zu einer Abschaltung kommt. Außerdem muss zum Einsatz bei kalten Umgebungsbedingungen auch die Möglichkeit zum Aufheizen des Schmiermittels gegeben sein.

19.4 Beanspruchung und Beanspruchbarkeit von Umlaufrädergetrieben

Ausgehend von den bisher vorgestellten Grundlagen zu Umlaufrädergetrieben sind abschließend Beanspruchung und Beanspruchbarkeit im Rahmen eines Tragfähigkeitsnachweises zu vergleichen. Neben den in diesem Kapitel bereits behandelten Besonderheiten von Umlaufrädergetrieben gelten für den Tragfähigkeitsnachweis der Verzahnung zunächst einmal grundsätzlich alle Aussagen zu Schadensbildern, Zahnkräften und zur Lastverteilung gemäß Abschnitt 18.4 im Kapitel 18 – Stirnradgetriebe.

Damit hängt die Höhe der Zahnbeanspruchung hauptsächlich von der während des Eingriffes wirkenden äußeren Zahnkraft ab, die sich unter Vernachlässigung der inneren dynamischen Zusatzkräfte gemäß Abschnitt 18.4.2.3, im Wesentlichen aus dem am Zahnrad wirkenden äußeren Torsionsmoment ergibt. Ausgehend von dieser Zahnkraft sind für sämtliche Zahnradpaarungen innerhalb eines Umlaufrädergetriebes die bekannten Nachweise der Grübchentragfähigkeit, der Zahnfußtragfähigkeit, der Fresstragfähigkeit, der Graufleckentragfähigkeit und der Verschleißtragfähigkeit sowie der Nachweis der Sicherheit gegen Maximalbelastung gemäß Abschnitt 18.4 im Kapitel 18 – Stirnradgetriebe zu führen. Ebenso ist auch für den Umlaufträger die Festigkeit anhand der DIN 743 oder der FKM-Richtlinie nachzuweisen [19.34], [19.66].

Allerdings gibt es abweichend von den standardisierten Berechnungsverfahren bei Umlaufrädergetrieben zwei Besonderheiten, die bei der Berechnung berücksichtigt werden müssen. Zum einen müssen zur Ermittlung der Lastverteilung innerhalb der Planetenstufe Ungleichförmigkeiten in der Belastung der einzelnen Planeten durch einen Lastüberhöhungsfaktor K_γ berücksichtigt werden.

Zum anderen bedarf der Nachweis der Zahnfußtragfähigkeit von Stirnrädern bei Innenverzahnungen einer wesentlichen Ergänzung, da in den meisten Fällen eine Zahnkranzbeanspruchung vorliegt, die sich auf die Tragfähigkeit am Zahnfuß auswirken kann und deshalb nicht vernachlässigt werden darf.

Wie bereits in Abschnitt 18.4.1 im Kapitel 18 – Stirnradgetriebe beschrieben, können gemäß Abbildung 18.140 Brüche sowohl durch den Zahnfuß – man spricht dann von „dicken" Zahnkränzen – als auch durch den Zahnkranz – was im Falle „dünner" Zahnkränze zutrifft – verlaufen. Mithilfe der VDI-Richtlinie 2737 lässt sich die von der Gestaltung abhängige zusätzliche Zahnkranzbeanspruchung bestimmen, wobei die Ermittlung und Bewertung der örtlichen Spannung im Zahnfuß im Vordergrund steht. Der grundlegende Aufbau dieses Tragfähigkeitsnachweises VDI 2737 ist vergleichbar mit den Tragfähigkeitsnachweisen für Stirnräder nach DIN 3990 oder ISO 6336, geht jedoch unter Berücksichtigung der folgenden Gesichtspunkte genauer auf die Berechnung der vom Bereich der Zahnfußübergangskurve ausgehenden Beanspruchung für den Zahnfuß bzw. Zahnkranzquerschnitt ein [19.39], [19.101], [19.280]:

- Die Berechnung der Kerbparameter $2 \cdot \rho_{Fn} / s_{Fn}$ erfolgt näherungsweise an der 60°-Tangente, da diese bei Innenverzahnungen besser mit dem Ort der maximalen Spannung übereinstimmt als die sonst übliche 30°-Tangente bei Stirnradverzahnungen. Im Falle genauerer Analysen ist der Ort der minimalen Sicherheit, der in der Umgebung der 60°-Tangente liegt, durch ein punktweises Absuchen der Zahnfußkurve zu bestimmen.
- Die wirkende Spannung σ_F wird gemäß Abbildung 19.61 als Spanne zwischen größter Biege-Zug-Spannung und betragsmäßig größter Biege-Druck-Spannung und damit als Doppelamplitude berechnet, die während des Umlaufes bzw. eines Spannungszyklus wirksam ist.
- Die Berechnung der wirksamen örtlichen Spannung erfolgt mit speziell ermittelten Spannungskonzentrationsfaktoren (s. a. Abschnitt 19.4.4).
- Bedingt durch die bei dünnen Zahnkränzen vorliegende Beanspruchung im Wechselfestigkeitsbereich ist der eigentlich für scheibenförmige Räder mit Außenverzahnung und ohne Kranzeinfluss ermittelte Festigkeitswert entsprechend der Abhängigkeit von der geänderten Mittelspannung anzupassen.
- Die sich aus der Zahnkraft ergebenden Längs- und Querkräfte im Zahnkranz werden vernachlässigt. Jedoch wird die aus der Fliehkraft resultierende Längskraft im Zahnkranz berücksichtigt, da sie einen wesentlichen Einfluss auf die Tragfähigkeit haben kann.

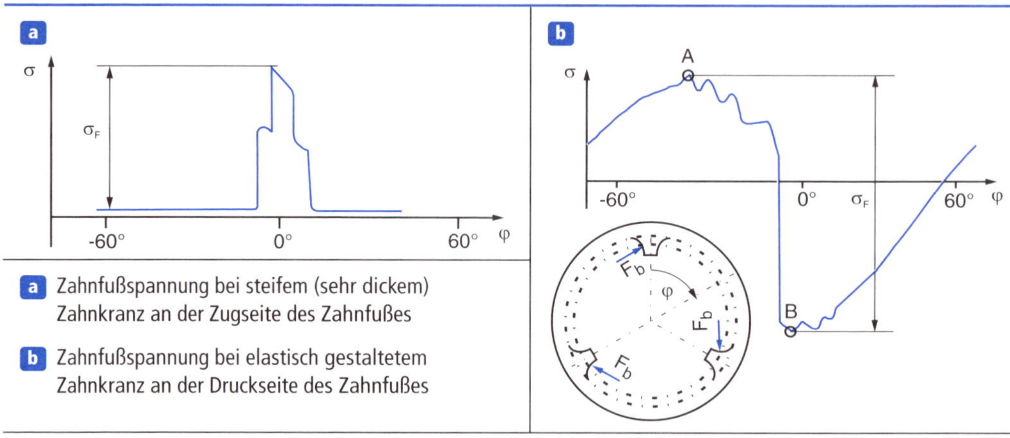

a Zahnfußspannung bei steifem (sehr dickem) Zahnkranz an der Zugseite des Zahnfußes

b Zahnfußspannung bei elastisch gestaltetem Zahnkranz an der Druckseite des Zahnfußes

Punkt A: Größte Biege-Zug-Spannung (außerhalb des Eingriffsbereiches)

Punkt B: Betragsmäßig größte Biege-Druck-Spannung (Eingriffsbereich)

Abbildung 19.61: Verlauf der Zahnfußspannung für einen gerad verzahnten Innenzahnkranz nach [19.280]

Im Anschluss an die ausführliche Behandlung dieses Tragfähigkeitsnachweises nach VDI 2737 wird noch im Abschnitt 19.4.7 ein höheres Berechnungsverfahren vorgestellt, mit dem sich auf der Grundlage der bereits behandelten Lastverteilungsrechnung für Stirnräder gemäß Abschnitt 18.4.3 im Kapitel 18 – Stirnradgetriebe nun auch rechnergestützt die Lastverteilung innerhalb der einzelnen Zahneingriffe Sonne – Planet und Planet – Hohlrad in einem Umlaufrädergetriebe berechnen lässt.

19.4.1 Kräfte, Momente und Lastverteilung

Die grundsätzliche Bestimmung der Kräfte und Momente für gerad und schräg verzahnte Stufen in Umlaufrädergetrieben erfolgt in gleicher Form wie für Stirnradgetriebestufen nach Abschnitt 18.4.2 im Kapitel 18 – Stirnradgetriebe. Zusätzlich sind jedoch die bereits vorne beschriebene Lastverteilung auf mehrere Planeten sowie zusätzliche Belastungen der Hohlräder durch Biegemomente und Fliehkräfte zu berücksichtigen.

Zur Berechnung der Lastverteilung wird zunächst der Idealfall angenommen, dass sich bei rein statischer Betrachtung die aus den Drehmomenten ergebenden Umfangskräfte gleichmäßig auf die Zahneingriffe mit den Planetenrädern gemäß Abbildung 19.62 aufteilen. Da aber Elastizitäten und Lagerungen der einzelnen Wellen und Räder, das Flankenspiel und die Teilungsfehler der Verzahnung sowie die fertigungs- und montagebedingten Abweichungen des gesamten Getriebes zu einer mehr oder weniger ungleichmäßigen Lastverteilung auf die einzelnen Planeten führen können, berücksichtigt man diese ungleiche Lastverteilung über den Lastaufteilungsfaktor K_γ.

Hierzu definiert man den Lastaufteilungsfaktor K_γ als das Verhältnis von maximaler Zahnnormalkraft $F_{ni,max}$ zur mittleren Zahnnormalkraft F_{n0} bei der Drehzahl $n_{pl} = 0$, wobei dynamische Einflüsse aus dem Getriebe selbst nicht einbezogen werden, da diese bereits im Dynamikfaktor K_v gemäß Abschnitt 18.4.2.3 im Kapitel 18 – Stirnradgetriebe enthalten sind:

$$K_\gamma = \frac{F_{ni,max}(n_{pl} \to 0)}{F_{n0}} \tag{19.171}$$

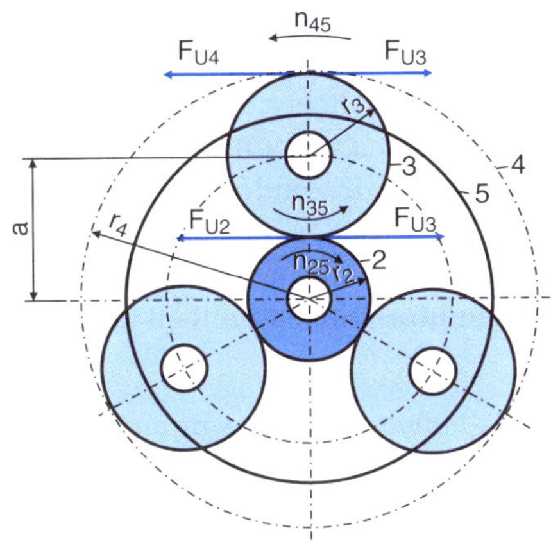

An den beiden Eingriffsstellen der Planetenräder eines Normal-Umlaufrädergetriebes zwischen Sonne 1 und Planetenrad p sowie zwischen Planetenrad p und Hohlrad 2 wirken die betragsmäßigen Umfangskräfte:

$$|F_{t1}| = |F_{t2}| = |F_{tp}| \tag{19.172}$$

Am Planetenradbolzen wirkt wie bei jedem Zwischenrad mit zwei Zahneingriffen die doppelte Umfangskraft $2 \times F_{tp}$, sodass sich für die gezeigte Anordnung mit den koaxialen Wellen 1, 2 und dem Steg s folgendes Momentengleichgewicht am Planeten ergibt:

$$\sum M = F_{t1} \cdot r_1 + F_{t2} \cdot r_2 - 2 \cdot F_{tp} \cdot a = 0 \tag{19.173}$$

Abbildung 19.62: Umfangskräfte an einer Umlaufrädergetriebestufe mit drei Planeten

Zur möglichst genauen Bestimmung des Lastaufteilungsfaktors K_γ werden in der Norm ISO 6336 Messungen zur Lastverteilung oder aber die Verwendung von Werten aus der Literatur empfohlen [19.101]. Da derartige Werte immer nur für die Getriebe gelten, an denen sie versuchstechnisch ermittelt wurden, hat man in weiterführenden Anwendungsnormen und -richtlinien für besondere Maschinen und Anlagen den in Tabelle 19.12 wiedergegebenen Ansatz zur Ermittlung des Lastaufteilungsfaktors K_γ festgelegt [19.56].

Anzahl der Planeten	q	3	4	5	6	7
$K_\gamma = 1 + 0{,}25 \cdot \sqrt{q-3}$ (19.174)	K_γ	1,0	1,25	1,35	1,43	1,5

Tabelle 19.12: Lastaufteilungsfaktor K_γ abhängig von der Anzahl der Planeten q nach [19.56]

Damit lässt sich die zur Bemessung der Verzahnung zu verwendende maximale Zahnnormalkraft $F_{ni,max}$ an einem Planetenrad aus der mittleren Zahnnormalkraft F_{n0} abhängig von der Anzahl der Planeten q bzw. dem Nenndrehmoment $M_{T,Nenn}$ und dem Teilkreisdurchmesser d_1 der Sonnenritzelwelle wie folgt bestimmen:

$$F_{ni,max} = K_\gamma \cdot F_{n0} = K_\gamma \cdot \frac{2 \cdot M_{T,Nenn}}{q \cdot d_1} \tag{19.175}$$

Als andere Möglichkeit dazu wird in der ISO 6336 vorgeschlagen, im Falle der Berechnung von Umlaufrädergetrieben in allen Gleichungen, die den Anwendungsfaktor K_A enthalten, das Produkt aus Anwendungsfaktor und Lastaufteilungsfaktor $K_A \cdot K_\gamma$ zu verwenden [19.101]. Demzufolge ist bei der Berechnung von Umlaufrädergetrieben in Gleichung (18.393) für die Flankenpressung, in Gleichung (18.400) für die Zahnfußtragfähigkeit und in Gleichung (18.441) für die Fresstragfähigkeit anstelle des Anwendungsfaktors K_A das Produkt $K_A \cdot K_\gamma$ einzusetzen.

Betrachtet man nun im Weiteren die Hohlradkonstruktion hinsichtlich der zu erwartenden Beanspruchungen, so bedingen die meist relativ dünn und damit elastisch gestalteten Radkränze gemäß Abbildung 19.53 eine Biegebeanspruchung im Radkranz, die sich der durch die Zahnkraft bedingten Zahnfußspannung überlagert und die Tragfähigkeit entscheidend senken kann [19.280].

Zur Berechnung dieses Einflusses ist im allgemeinen Fall ein räumlicher Spannungszustand zu berücksichtigen, dessen Nennspannungen bzw. Schnittreaktionen sich z. B. bei vertretbarem Aufwand mithilfe der Finite-Element-Methode bestimmen lassen. In Sonderfällen kann auch in guter Näherung ein ebener Spannungszustand angenommen werden, dessen Schnittreaktionen sich nach den Grundlagen der Mechanik ermitteln lassen. Für ringförmige Hohlräder (Innenzahnkränze) mit weicher Kopplung können die Schnittreaktionen im Radkranz sogar durch explizite Gleichungen angegeben werden.

Grundsätzlich zerlegt man die angreifende Zahnkraft als äußere Belastung in eine Radialkraft- und Tangentialkraftkomponente, um so die resultierende Beanspruchung durch eine Überlagerung von Elementarfällen gemäß Abbildung 19.63 darstellen zu können. Dabei wird die Wirkung der Radialkraftkomponente auf die Beanspruchung des Zahnkranzes durch ein reines Biegemoment angenähert. Zu beachten ist, dass der Biegemomentenverlauf über eine Raddrehung oder bei gleichmäßig angeordnetem Mehrfacheingriff gleicher Leistung zwischen zwei Radeingriffen zu betrachten ist, da gerade bei Radkränzen mit Innenverzahnung gemäß Abbildung 19.63 auch außerhalb des eigentlichen Zahneingriffsbereiches erhebliche Spannungen mit teilweise entgegengesetztem Vorzeichen auftreten [19.153].

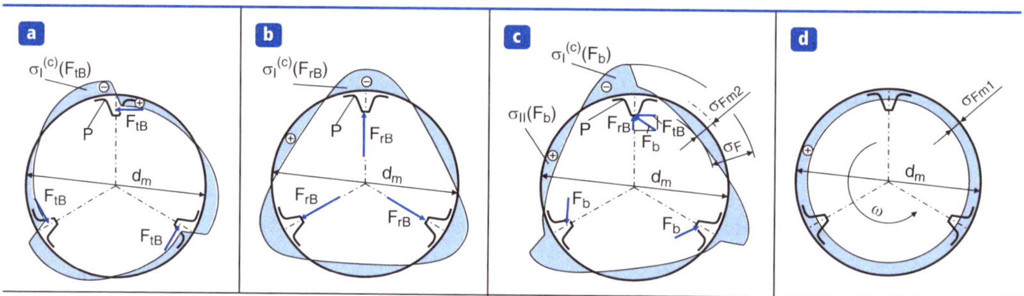

a Spannung aufgrund der Tangentialkraftkomponente F_{tB}

b Spannung aufgrund der Radialkraftkomponente F_{rB}

c Spannung aufgrund der Normalkraft F_B als Ergebnis der Überlagerung aus a) und b)

d Spannung infolge Fliehkraft und/oder Schrumpfung aus einem Pressverband

Abbildung 19.63: Spannungverlauf in einem elastisch gestalteten Innenzahnkranz bei „weicher" Anschlussumgebung [19.153]

Zusätzlich werden diesen Normalspannungen aus dem Biegemoment noch Zugspannungen aufgrund von Fliehkräften oder aber Spannungen aus einem Schrumpfverband (Pressverband) überlagert und auch die durch die Zahnkraft verursachten Längskräfte sind bei genaueren Analysen mit zu berücksichtigen, da insbesondere bei Planetengetrieben mit mehr als drei Planeten und hohen Belastungen die Längsspannungen einen wesentlichen Anteil zur Beanspruchung beitragen [19.156], [19.157], [19.158], [19.235].

Anschließend erfolgt eine weitere Bewertung der einzelnen Nennspannungsanteile aus Biegebelastung, Zugbelastung und Tangentialkraftbelastung mithilfe besonderer Spannungskonzentrationsfaktoren gemäß Abschnitt 19.4.4, die genau für diese Elementarbeanspruchung an Zahnsegmenten in ebener Betrachtungsweise bestimmt wurden. Abschließend werden die aus den einzelnen Beanspruchungen berechneten örtlichen Spannungen nach dem Superpositionsprinzip der Mechanik überlagert und ergeben so den zur Bemessung zu verwendenden Maximalwert der örtlichen Spannung. Aufgrund der sich daraus ergebenden Doppelamplitude der Spannung ist weiterhin ein Mittelspannungseinfluss zu berücksichtigen, was jedoch im Zusammenhang mit dem ertragbaren Festigkeitskennwert auf der Seite der Beanspruchbarkeit erfolgt [19.153].

Der darauf aufbauende und in den folgenden Abschnitten behandelte Tragfähigkeitsnachweis nach VDI 2737 gilt für die Berechnung der Sicherheit gegenüber Dauerbruch und Schäden infolge Anriss, bleibender Verformung und Gewaltbruch von Verzahnungen mit Bezugsprofil nach DIN 867 [19.35]. Dabei kann der Bruchverlauf bzw. Anriss sowohl durch den Zahnfuß, als auch durch den Zahnkranz gemäß Abbildung 18.140 verlaufen, wobei von einem Rissbeginn in der Zahnfußübergangskurve bzw. im Zahngrund der Laufverzahnung aufgrund von Kerbspannungen ausgegangen wird [19.280].

Die bei der weiteren Bestimmung der räumlichen Beanspruchungen des Zahnkranzes von ringförmigen Hohlrädern durch Biegemomente und Fliehkraftbelastung zu berücksichtigenden kritischen Querschnitte sind in Abbildung 19.64 wiedergegeben.

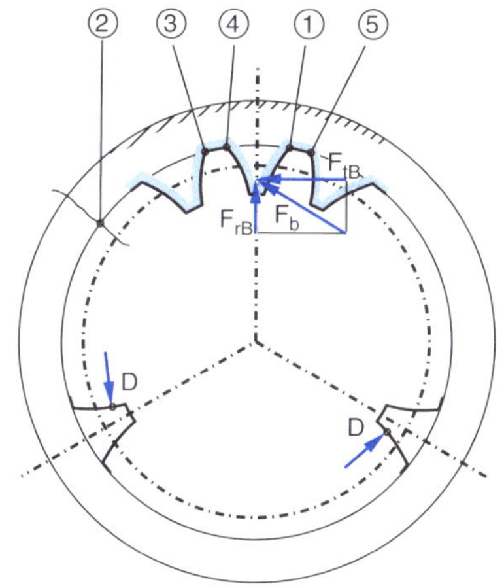

① belasteter Zahn (F_b) "Zugseite"; (I)

② Ort des max. Biegemomentes im Zahnkranz infolge F_b ; (II)

③ Nachbarzahn "Zugseite" ; (II)

④ belasteter Zahn (F_b) "Druckseite"; (I)

⑤ Nachbarzahn "Druckseite" ; (II)

Die Last greift in Form der Zahnkraft F_b am äußeren Einzeleingriffspunkt B an.

Entsprechend nebenstehender Darstellung sind die Schnittreaktionen im Zahnkranz am Fußübergang (1) und (4) des belasteten Zahnes und an den benachbarten Zähnen (3) und (5) zu ermitteln.

Weiterhin ist der Höchstwert des Biegemomentes außerhalb des Bereiches des Kraftangriffspunktes im Querschnitt (2) zu bestimmen, in dem eine Zugkraft, z. B. bedingt durch eine Fliehkraft, wirkt.

Abbildung 19.64: Kritische Stellen eines Hohlrades zur Berechnung der Biegemomente und Längskräfte nach [19.153]

Gemäß VDI 2737 können Gerad- und Schrägverzahnungen auf der Grundlage von Ersatz-Geradverzahnungen entsprechend DIN 3990 bis zu einem Schrägungswinkel von $|\beta| \leq 30°$ berechnet werden [19.39], [19.280]. Sofern die Breite der Innenverzahnung größer ist als die der Verzahnung des Gegenrades (Planet), kann dieser größere Wert zur Berechnung der Zahnfußtragfähigkeit verwendet werden, wobei auf jeder Zahnstirnseite ein Betrag von $1 \cdot m_n$

nicht überschritten werden darf. Bei einer Anzahl von Planeten $q \geq 2$ wird von einer annähernd gleichmäßigen Verteilung am Umfang ausgegangen.

Hinsichtlich der Belastung müssen sowohl die für die Dauerbeanspruchung maßgebende (äquivalente) Belastung als auch die Maximalbelastung als Grundlage zur Ermittlung der Verformungs-, Anriss- bzw. Bruchgrenze bekannt sein.

Da weiterhin bei Innenverzahnungen wegen der geänderten Schräglage der Evolvente in Zahnfußnähe und den oft vorliegenden kleineren Fußrundungen das Beanspruchungsmaximum näher am Zahngrund liegt, wird der Bezugsquerschnitt durch die Lage der 60°-Tangente gekennzeichnet, im Gegensatz zu der sonst üblichen 30°-Tangente bei Außenverzahnungen.

Sofern man die durch die Abstützung im Gehäuse entstehende Belastung des elastisch gestalteten Hohlrades gemäß Abbildung 19.65 als gleichmäßig am Radumfang verteilt eingeleitet annehmen kann und sofern der vereinfachend anzunehmende ebene Spannungszustand durch die „weiche" Anschlusskonstruktion nicht wesentlich beeinflusst wird, können die genauen Schnittreaktionen angegeben werden.

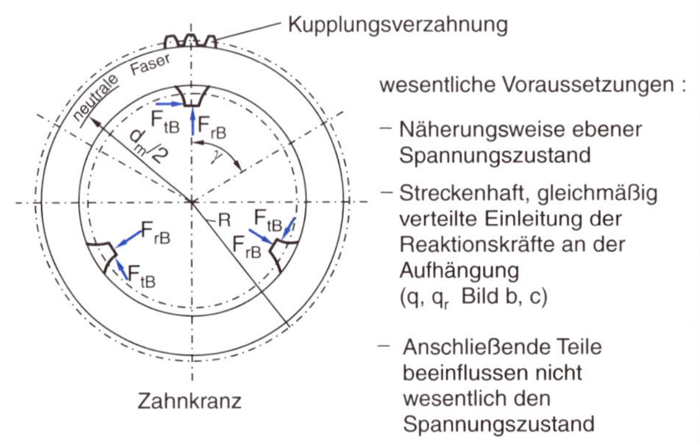

Dabei ist q die tangentiale Streckenlast infolge der Abstützung des Hohlrades durch eine Kupplungsverzahnung (mit dem Eingriffswinkel α_k) oder ein rohrähnliches Gebilde:

$$q \cdot 2 \cdot \pi \cdot R^2 = i_{pl} \cdot F_{tB} \cdot \left(\frac{|d_m|}{2} - H \right) \tag{19.176}$$

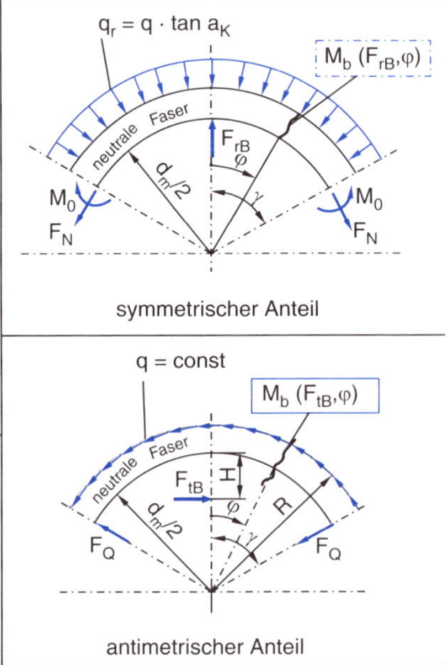

Abbildung 19.65: Vereinfachtes Modell eines ringförmigen Hohlrades zur Berechnung der Schnittmomente bei elastischer Aufhängung ohne Einspannungseinfluss nach [19.153]

Dabei ergibt sich bei gleichmäßiger Lastverteilung auf die q Planeten und mit d_m als Durchmesser der neutralen Faser, φ als Winkelkoordinate und H als Abstand des Lastangriffs zur neutralen Faser für die Radialkraft F_{rB} im äußeren Einzeleingriffspunkt B ein symmetrischer Momentenverlauf $M_b(F_{rB,\varphi})$ und für die Tangentialkraft F_{tB} im äußeren Einzeleingriffspunkt B ein antimetrischer Momentenverlauf $M_b(F_{tB,\varphi})$:

$$M_b\left(F_{rB}\right)=-F_{rB}\cdot\frac{\left|d_m\right|}{2}\cdot\left(\frac{i_{pl}}{2\cdot\pi}-\frac{\cos\left(\left(\frac{\pi}{i_{pl}}\right)-\left|\varphi\right|\right)}{2\cdot\sin\left(\frac{\pi}{i_{pl}}\right)}\right) \tag{19.177}$$

$$M_b\left(F_{tB}\right)=-F_{tB}\cdot\left(\frac{\left|d_m\right|}{2}\cdot\frac{\sin\left(\left(\frac{\pi}{i_{pl}}\right)-\left|\varphi\right|\right)}{2\cdot\sin\left(\frac{\pi}{i_{pl}}\right)}-\frac{i_{pl}\cdot\left(\frac{\left|d_m\right|}{2}-H\right)}{2\cdot\pi}\cdot\left(\frac{\pi}{i_{pl}}-\left|\varphi\right|\right)\right)\cdot\operatorname{sgn}\varphi \tag{19.178}$$

Dabei wird für $\varphi \geq 0$ die Signum-Funktion zu $\operatorname{sgn}\varphi = +1$ und für $\varphi < 0$ zu $\operatorname{sgn}\varphi = -1$.

Geht man vereinfachend davon aus, dass der Höchstwert der überlagerten Spannung im Zahnfuß ungefähr der Summe der Einzelanteile entspricht, so erhält man das resultierende Biegemoment $M_b(F_{rB}, F_{tB})$ im Zahnkranz aufgrund der Zahnnormalkraft F_b durch Überlagerung des symmetrischen und antimetrischen Anteils:

$$M_b\left(F_{rB},F_{tB}\right)=M_b\left(F_{rB}\right)+M_b\left(F_{tB}\right) \tag{19.179}$$

Nachdem diese theoretischen Grundlagen anhand statisch belasteter Zahnkränze unterschiedlichster Bauart nachgewiesen werden konnten, ist mittlerweile ein Verspannprüfstand gemäß Abbildung 19.66 verfügbar, auf dem unter dynamischen Belastungen vergleichbare Ergebnisse erzielt werden, die die Notwendigkeit der in der VDI 2737 beschriebenen Vorgehensweise bestätigen [19.106], [19.107], [19.108], [19.109], [19.156], [19.157], [19.233], [19.235], [19.280]. Ferner ist ein Berechnungsprogramm entwickelt worden, mit dem der Tragfähigkeitsnachweis für Hohlräder nach VDI 2737 durchgeführt werden kann [19.235].

Zusammenfassend lässt sich feststellen, dass die Radialkraftkomponente der Zahnkraft bei elastisch gestalteten Radkränzen einen wesentlichen Einfluss auf die wirksamen Spannungen hat. In Verbindung mit den anderen Zahnkraftkomponenten bewirkt sie bei den üblichen elastisch gestalteten Zahnkränzen, dass der gefährdete Querschnitt im Zahngrund von der als Zugseite bezeichneten auf die als Druckseite bezeichnete Stelle übergeht.

Deshalb wird bei der praktischen Anwendung des Berechnungsverfahrens nach VDI 2737 zwischen steifem und elastisch gestaltetem Zahnkranz entsprechend den in Abschnitt 19.4.4 angegebenen Grenzen unterschieden, wobei der Nachweis in zwei Schritten erfolgt:

1 Berechnung der Zahnfußbruchsicherheit ohne Berücksichtigung des Zahnkranzeinflusses (dicker Zahnkranz) für die als Zugseite bezeichnete Stelle (Grenzwert der maximalen Tragfähigkeit) – Wenn sich die Sicherheit S_F gegenüber Zahnbruch bei diesem Nachweis als zu gering herausstellt, ist eine tragfähigere Dimensionierung im Sinne einer Neuauslegung der Verzahnung notwendig.

2 Berechnung der Zahnfußbruchsicherheit mit Berücksichtigung des Zahnkranzeinflusses an der als Druckseite des Zahnes bezeichneten Stelle ohne Berücksichtigung der versteifenden Wirkung der Anschlussbauteile (Grenzwert der minimalen Tragfähigkeit) – Wenn für diesen Nachweis die Sicherheit $S_F \geq S_{F,min}$ wird, ist die Tragfähigkeit ausreichend unter der Maßgabe, dass die Hohlradabstützung bzw. die Drehmomenteneinleitung und -ableitung nicht nur an einigen wenigen Stellen erfolgt.

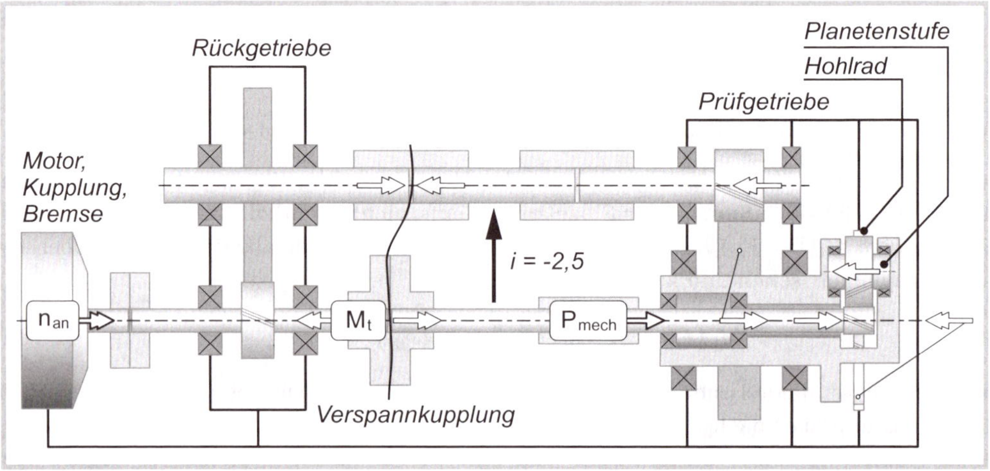

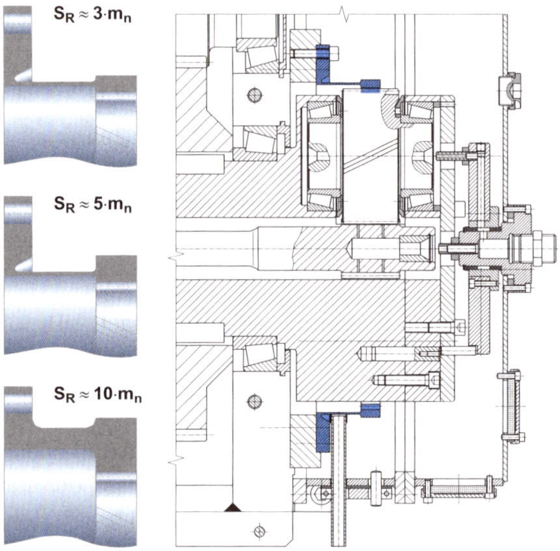

Der Innenverzahnungs-Verspannprüfstand besteht aus einem Prüfgetriebe und einem Rückgetriebe, die beide mechanisch über zwei Torsionswellen und eine Kupplung verspannt werden, sodass der Antriebsmotor nur die Verlustleistung zuführen muss.

Das Prüfgetriebe verfügt über eine Stirnradstufe und eine Planetenstufe, bei der der Antrieb über die Sonnenwelle und der Abtrieb über den Planetenträger erfolgt, während das Hohlrad (42 CrMo 4 vergütet) fest mit dem Gehäuse verbunden ist.

$M_{t,max} = 2.000$ Nm	$m_n = 3$ mm
$n_{Sonne} = 1.500$ min^{-1}	$z_{Hohl} = -108$
$\alpha_n = 20°$	$z_{Planet} = 44$
$\beta = 25{,}84°$	$z_{Sonne} = 18$

Abbildung 19.66: Umlaufrädergetriebe-Verspannprüfstand des Institutes für Maschinenelemente und Maschinenkonstruktion (IMM) der TU Dresden

Für den Fall, dass bei Schritt 1 eine ausreichende, bei Schritt 2 aber keine ausreichende Tragfähigkeit nachgewiesen werden kann, ist eine genauere Analyse unter Berücksichtigung der versteifenden Wirkung der Anschlussbauteile erforderlich.

Bevor in den folgenden Abschnitten 19.4.2 bis 19.4.6 der Tragfähigkeitsnachweis nach VDI 2737 erläutert wird, sei abschließend darauf hingewiesen, dass auch die Planetenradachse gemäß Abbildung 19.67 einer zusätzlichen Fliehkraftbelastung unterliegt, die beim Tragfähigkeitsnachweis der Achse und der Lagerung des Planeten zu berücksichtigen ist.

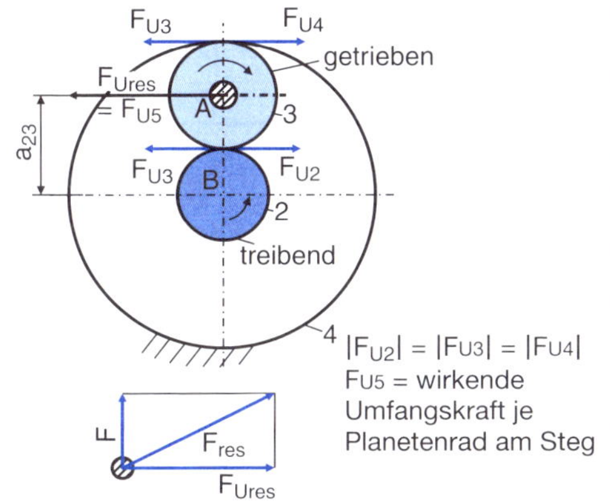

Aufgrund der Umfangskraft $F_{t,res}$ und der Fliehkraft F_{flieh} unterliegt ein Planet der folgenden Belastung F_{ges}:

$$F_{ges} = \sqrt{F_{t,res}^2 + F_{flieh}^2} \quad \text{mit} \quad F_{t,res} = 2 \cdot F_{tp} \qquad (19.180)$$

Weiterhin ergibt sich mit der Planetenradmasse m_{pl}, der Umfangsgeschwindigkeit v_u und dem Achsabstand a_{1p} die Fliehkraft F_{flieh} eines Planetenrades zu:

$$F_{flieh} = \frac{m_{pl} \cdot v_u^2}{a_{1p}} \quad \text{mit} \quad a_{1p} = \frac{d_1 + d_p}{2} \qquad (19.181)$$

Abbildung 19.67: Belastung einer Planetenradachse

19.4.2 Sicherheit gegen Dauerbruch

In Anlehnung an die Gleichung (18.427) zur Berechnung der Sicherheit gegen Dauerbruch bei Stirnradverzahnungen nach DIN 3990 und ISO 6336 ist zur Berechnung der Sicherheit S_F gegen Dauerbruch von Hohlrädern nach VDI 2737 folgende Gleichung anzuwenden [19.39], [19.101], [19.280]:

$$S_F = \frac{\sigma_{FEm} \cdot Y_{\delta relT} \cdot Y_{NT}}{\sigma_F} \cdot Y_X \cdot Y_{RrelT} \qquad (19.182)$$

Hierbei ist σ_{FEm} die für elastisch gestaltete Zahnkränze von der wirkenden Mittelspannung abhängige, modifizierte Dauerfestigkeit als Kennwert der Beanspruchbarkeit gemäß der Darstellung im Smith-Diagramm nach Abbildung 19.68. Dabei gilt für reine Schwellbeanspruchung $\sigma_{FEm} = \sigma_{FE}$ mit σ_{FE} als dem für scheibenförmige Räder (Außenverzahnung) geltenden Wert. Zwischen den Strecken $\overline{E_o D_o}$ und $\overline{E_u D_u}$ wird entsprechend Abbildung 19.68 $\sigma_{FEm} = \sigma_{FEm,max}$ = konst. angenommen. Mit σ_F wird die örtliche Zahnfußspannung als Kennwert der Beanspruchung gemäß Abbildung 19.69 bezeichnet und Y_{NT} ist der Lebensdauerfaktor, Y_X der Größenfaktor, $Y_{\delta relT}$ die relative Stützziffer des aktuellen Zahnrades für Dauerbeanspruchung und Y_{RrelT} der relative Oberflächenfaktor nach DIN 3990 (s.a. Abschnitt 18.4.5 im Kapitel 18 – Stirnradgetriebe) [19.39].

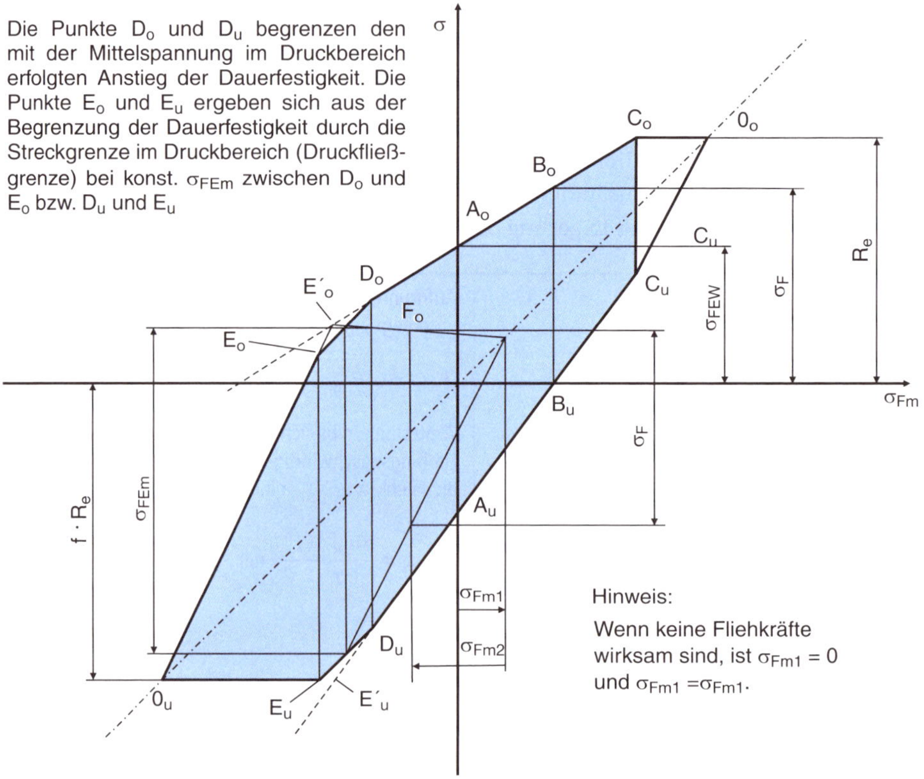

Abbildung 19.68: Abhängigkeit der Dauerfestigkeit von der Mittelspannung, dargestellt im Smith-Diagramm nach [19.280]

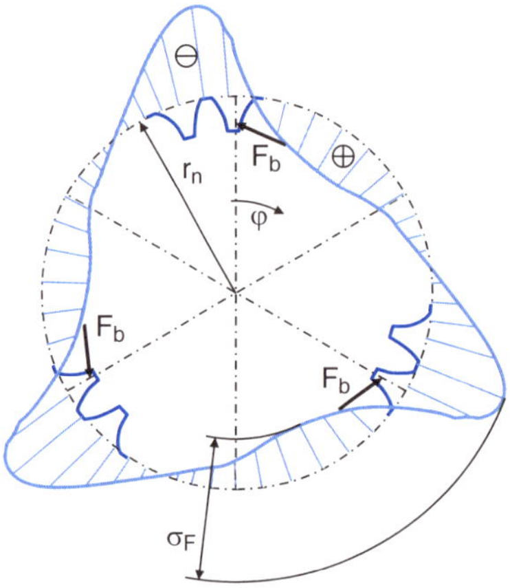

Die örtliche Zahnfußspannung σ_F als Kennwert der Beanspruchung ist der Unterschied zwischen der größten Biege-Zug-Spannung und der untersten, betragsmäßig größten Biege-Druck-Spannung während eines Umlaufes bzw. eines Spannungszyklus.

Dabei lässt sich im Falle von drei Planeten in gleich geteilter Anordnung ein Zyklus durch einen Winkel von $120°$ auf dem Umfang des Hohlrades beschreiben.

Anhand der schematischen Darstellung umfasst σ_F eine Doppelamplitude und wird als örtliche Spannung in der Kerbe berechnet.

Abbildung 19.69: Prinzipieller Spannungsverlauf der Verzahnung eines Hohlrades unter Berücksichtigung des Kranzeinflusses nach [19.280]

19.4.3 Sicherheit gegen Schäden infolge Anriss, bleibender Verformung und Gewaltbruch

Vergleichbar zur Stirnradverzahnung gemäß Abschnitt 18.4.9 sind für Hohlräder ausreichende Sicherheiten gegen Anriss und bleibende (plastische) Verformung nachzuweisen. Dabei treten Anriss und bleibende Verformung in jedem Fall bereits bei geringeren Belastungen im Vergleich zum Gewaltbruch auf, der gleichbedeutend ist mit der sofortigen Trennung des Zahnes vom Radkörper. Während ein Anriss die maßgebende Schadensgrenze bei harten Randschichten abhängig von der Kerbwirkung darstellt, tritt er bei vergüteten Verzahnungen ($R_m \leq 1.400$ N/mm^2) praktisch nicht auf, sodass in diesem Fall die bleibende (plastische) Verformung beachtet werden muss. Ein Gewaltbruch ist nur möglich, wenn die Belastung die Anriss- und Verformungsgrenze wesentlich übersteigt. Auch wenn Druckeigenspannungen die Belastbarkeit erhöhen, so werden sie im vorliegenden Fall rechnerisch nicht berücksichtigt und stellen somit eine Tragfähigkeitsreserve dar.

Zur Berechnung der Sicherheit S_{FSt} gegen Anriss gilt folgender Zusammenhang:

$$S_{FSt} = \frac{\sigma_{FG}}{|\sigma_{Fmax}|} \quad \text{mit} \quad \sigma_{FG} = R_{m\,Rand} \tag{19.183}$$

Hierin bezeichnen σ_{FG} die Grenzfestigkeit, entsprechend der ertragbaren örtlichen Spannung am Zahnfuß bis zum Anriss, und $|\sigma_{Fmax}|$ die auftretende, betragsmäßig größte örtliche Spannung infolge äußerer Belastung. Die Bruchfestigkeit $R_{m\,Rand}$ lässt sich aus der Randhärte nach DIN EN ISO 18265 bestimmen, wobei im Falle der Einsatzhärtung mit $H = 58 \ldots 63$ HRC für $R_{m\,Rand} = 2.350 \ldots 2.450$ N/mm^2 und bei Nitrierung (Al-freie Stähle) für $R_{m\,Rand} \approx 1.400$ N/mm^2 angesetzt werden können [19.53].

Eine bleibende (plastische) Verformung tritt immer auf, sobald die wirkende Spannung größer wird als die Fließgrenze, die sich durch die Streckgrenze annähern lässt. Dabei ist die Überschreitung der Streckgrenze erst dann maßgeblich, wenn die plastische Verformung in größeren Flächenbereichen auftritt. Deshalb führt eine örtliche plastische Verformung im Bereich der Zahnfußübergangskurve (Kerbe) allein noch nicht zu einer bedeutsamen Bauteilverformung.

Zur Berechnung der Sicherheit S_{FSt} gegen bleibende Verformung hat sich die folgende – und meist mit Versuchsergebnissen übereinstimmende – Näherung als geeignet erwiesen, wobei die Nennspannung anstelle der maximalen Zahnfußspannung verwendet wird, da sie die Beanspruchung des gesamten Querschnittes besser beschreibt als die örtliche Spannung:

$$S_{FSt} = \frac{f \cdot R_e}{|\sigma_{Fnenn,max}|} \tag{19.184}$$

Hierin bezeichnen R_e die Streckgrenze des Werkstoffes des zu berechnenden Zahnkranzes, wobei für Stähle mit geringer plastischer Verformbarkeit (z.B. hoch vergütet oder mit hoher Kernfestigkeit bei randschichtgehärteten Verzahnungen) anstelle von R_e die 0,2%-Dehngrenze $R_{p0,2}$ zu verwenden ist, und $|\sigma_{Fnenn,max}|$ den maximalen absoluten Betrag der Zahnfußnennspannung oder der Kranzbiegenennspannung während eines Umlaufes (Zyklus). Weiterhin ist f der Faktor zur Berücksichtigung der Erhöhung der Streckgrenze im Druckbereich mit $f = 1{,}1$ für $\sigma_{Fnenn,max} < 0$ und $f = 1{,}0$ für $\sigma_{Fnenn,max} > 0$. Dabei ist Gleichung (19.184) eine Näherung für die untere Belastungsgrenze hinsichtlich plastischer Verformung des Zahnfußquerschnittes. Zur genaueren Berechnung sind Festigkeit und Spannung im gesamten Zahn über sämtliche Querschnitte des Zahnprofiles zu untersuchen und bei Bedarf ist mithilfe von Finite-Elemente-Berechnungen die Grenzbelastbarkeit im teilplastischen Bereich zu ermitteln. Für Vergütungsstähle und Stähle mit harter Randschicht bei geringer bis mittlerer Kerbschärfe bildet die bleibende Verformung die Belastungsgrenze und liegt mit 1.400 N/mm^2 Kernfestigkeit deutlich unter der Belastbarkeit hinsichtlich Gewaltbruch.

19.4.4 Spannungskonzentrationsfaktoren

Wie bereits in Abschnitt 19.4.1 erwähnt, werden für den Tragfähigkeitsnachweis von Hohlrädern besondere Spannungskonzentrationsfaktoren benötigt, die in ihrer Bedeutung dem Spannungskorrekturfaktor nach DIN 3990 entsprechen (s.a. Abschnitt 18.4.5 im Kapitel 18 – Stirnradgetriebe) [19.39]. Die Ermittlung der für ausgewählte Parameter in der VDI 2737 zusammengestellten Faktoren erfolgte mittels numerischer Berechnungen, wobei im Folgenden Näherungsfunktionen für praktische Anwendungen vorgestellt werden [19.280].

Grundsätzlich ist zunächst zu unterscheiden, ob ein steifer (sehr dicker) Zahnkranz oder ein elastisch gestalteter (dünner) Zahnkranz vorliegt, wobei die Bedingungen für einen steifen Zahnkranz in Tabelle 19.13 zusammengefasst sind.

$\lvert z\rvert \leq 50$ und $s_R \geq 5 \cdot m_n$	$\lvert z\rvert \leq 100$ und $s_R \geq 6 \cdot m_n$	$\lvert z\rvert \leq 200$ und $s_R \geq 8 \cdot m_n$

Tabelle 19.13: Bedingungen für einen steifen Zahnkranz nach VDI 2737 [19.280]

Aufgrund numerischer Untersuchungen mithilfe des Singularitätenverfahrens wurde für den steif wirkenden (sehr dicken) Zahnkranz bei Lastangriff am Zahnkopf ($\theta = 60°$) für die Zugseite folgender Zusammenhang zwischen Spannungskonzentrationsfaktor Y_{Sab} und Fußausrundungsradius ρ_{Fn} sowie der Zahnfußdicke s_{Fn} im Normalschnitt ermittelt [19.106], [19.153], [19.156], [19.157].

$$Y_{Sab} = 1{,}418 \cdot \left(\frac{2 \cdot \rho_{Fn}}{s_{Fn}} \right)^{-0{,}3388} \tag{19.185}$$

Eine beispielhafte Darstellung des Spannungskonzentrationsfaktors $Y_{Sab}(z_n, x, \rho_{Fn}/m_n)$ findet sich in Abbildung 19.70, weitere Diagramme für andere Parameter sind VDI 2737 zu entnehmen [19.280]. Dabei hängt die Fußrundung ρ_{Fn} / m_n außer von der zu fertigenden Verzahnung mit der Zähnezahl z und der Profilverschiebung x auch noch vom Herstellungsverfahren und von den Werkzeugdaten ab, worauf in VDI 2737 ausführlich eingegangen wird [19.280].

Der Kopffaktor Y_{FS} für den steif wirkenden Zahnkranz gemäß Abbildung 19.71 lässt sich aus dem Formfaktor Y_{Fa} für Biegung nach Abbildung 19.72 und dem Formfaktor Y_{Fad} nach Abbildung 19.73 zur Berücksichtigung des Druckanteils der Radialkraft in gleicher Weise wie für

Außenverzahnungen, jedoch ebenfalls mit den Bestimmungsgrößen an der 60°-Tangente, berechnen:

$$Y_{FS} = \left(Y_{Fa} + Y_{Fad}\right) \cdot Y_{sab} \qquad (19.186)$$

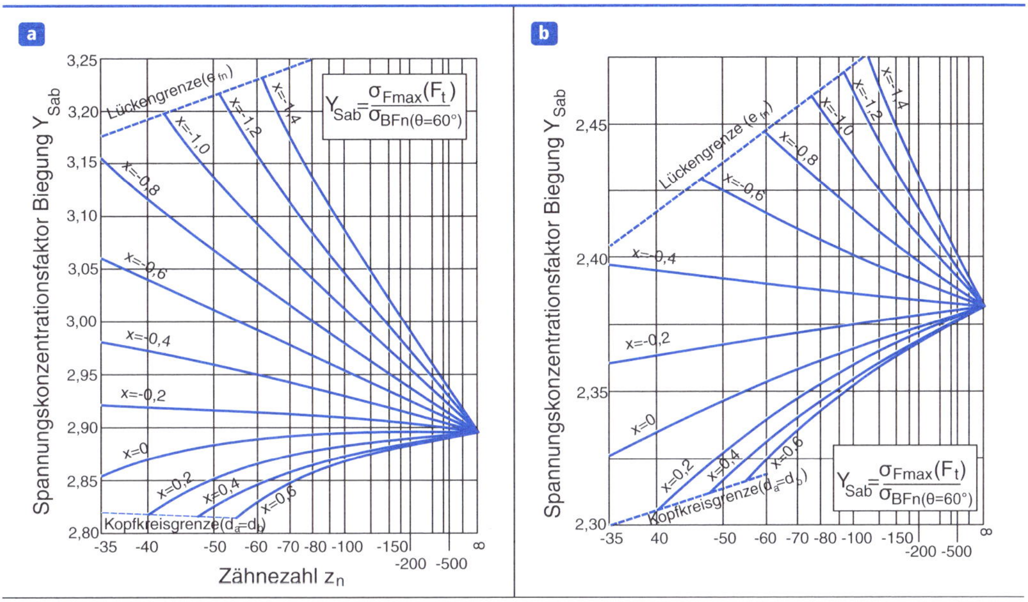

Abbildung 19.70: Spannungskonzentrationsfaktor Y_{Sab} für Biegung bei Innenverzahnung mit Eingriffswinkel $\alpha_n = 20°$ und Zahnfußhöhe $h_f = 1{,}25 \cdot m_n$ – a) Fußausrundungsradius $\rho_{Fn} = 0{,}15 \cdot m_n$, b) Fußausrundungsradius $\rho_{Fn} = 0{,}30 \cdot m_n$

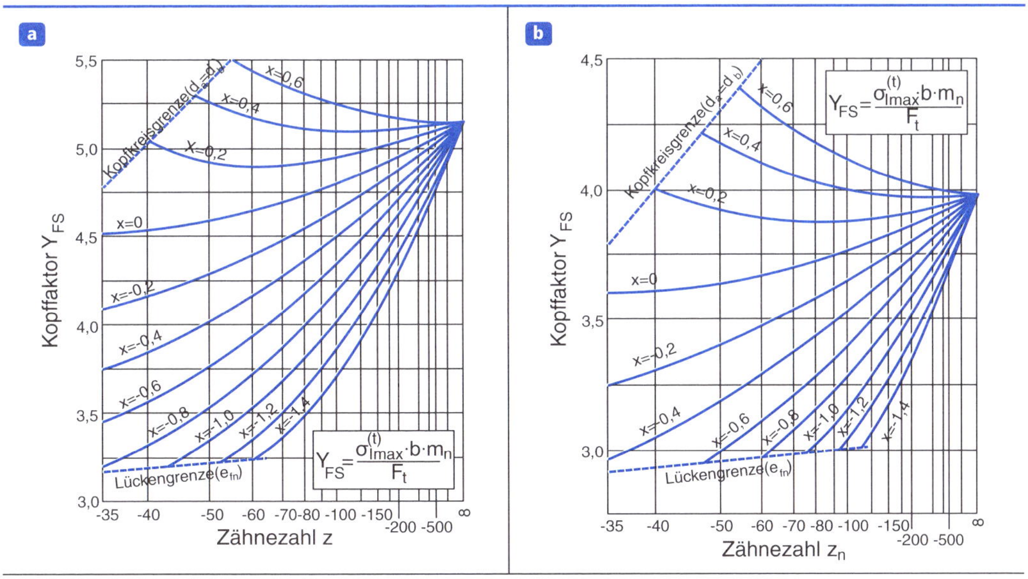

Abbildung 19.71: Kopffaktor Y_{FS} bei Innenverzahnung mit Eingriffswinkel $\alpha_n = 20°$ und Zahnfußhöhe $h_f = 1{,}25 \cdot m_n$ – a) Fußausrundungsradius $\rho_{Fn} = 0{,}15 \cdot m_n$, b) Fußausrundungsradius $\rho_{Fn} = 0{,}30 \cdot m_n$

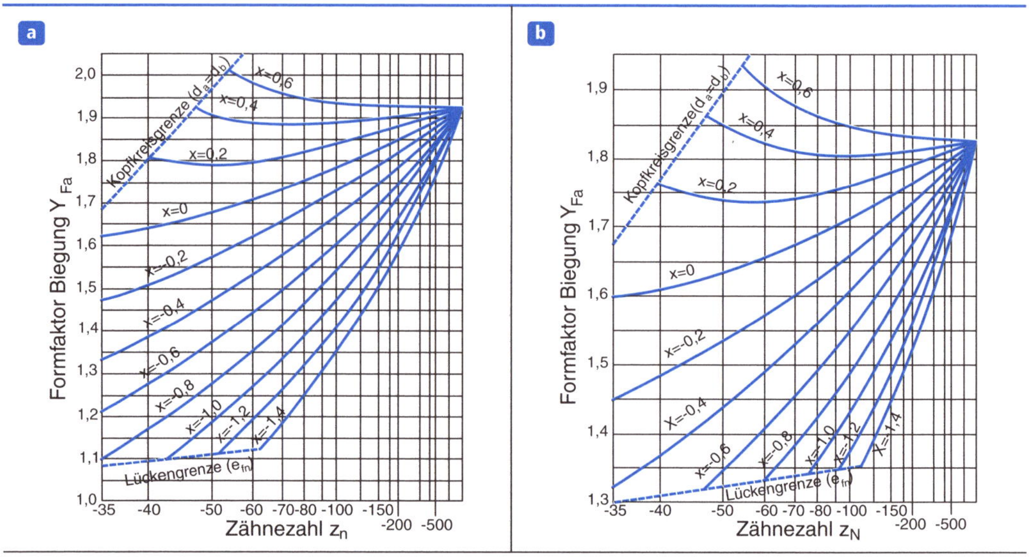

Abbildung 19.72: Formfaktor Y_{Fa} für Biegung bei Innenverzahnung mit Eingriffswinkel $\alpha_n = 20°$ und Zahnfußhöhe $h_f = 1{,}25 \cdot m_n$ – a) Fußausrundungsradius $\rho_{Fn} = 0{,}15 \cdot m_n$, b) Fußausrundungsradius $\rho_{Fn} = 0{,}30 \cdot m_n$

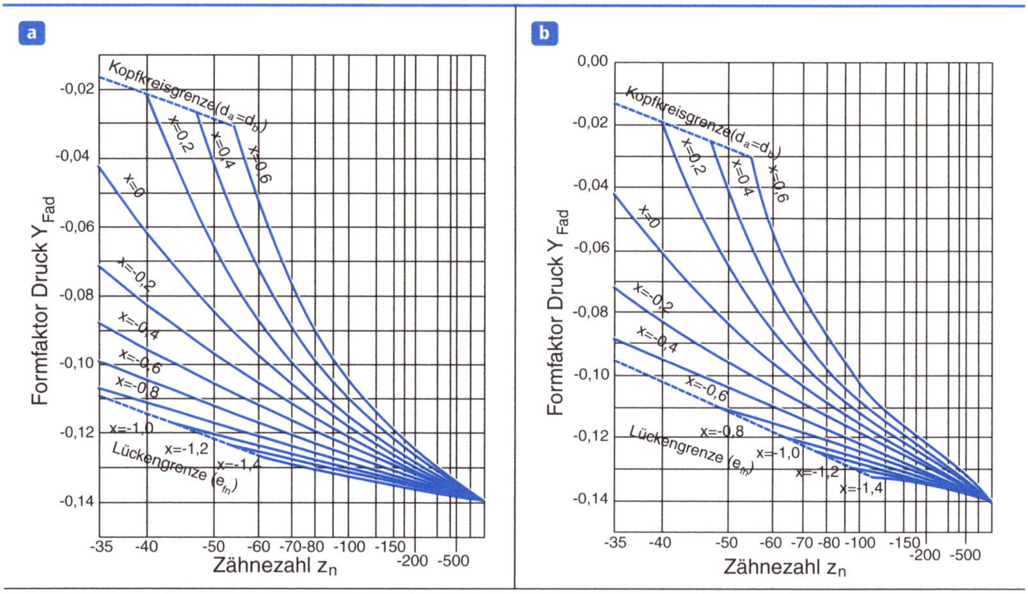

Abbildung 19.73: Formfaktor Y_{Fad} für Druck bei Innenverzahnung mit Eingriffswinkel $\alpha_n = 20°$ und Zahnfußhöhe $h_f = 1{,}25 \cdot m_n$ – a) Fußausrundungsradius $\rho_{Fn} = 0{,}15 \cdot m_n$, b) Fußausrundungsradius $\rho_{Fn} = 0{,}30 \cdot m_n$

Sobald die Bedingungen nach Tabelle 19.13 nicht erfüllt sind, gilt ein Zahnkranz als elastisch, wobei das im Weiteren vorgestellte Berechnungsverfahren nur für Kranzdicken s_R gilt, die folgende Bedingung erfüllen:

$$s_R \geq 1{,}5 \cdot m_n \tag{19.187}$$

Zur weiteren Spannungsanalyse wird die Zahnnormalkraft gemäß Abbildung 19.74 in eine Tangentialkomponente F_t und eine Radialkomponente F_r zerlegt.

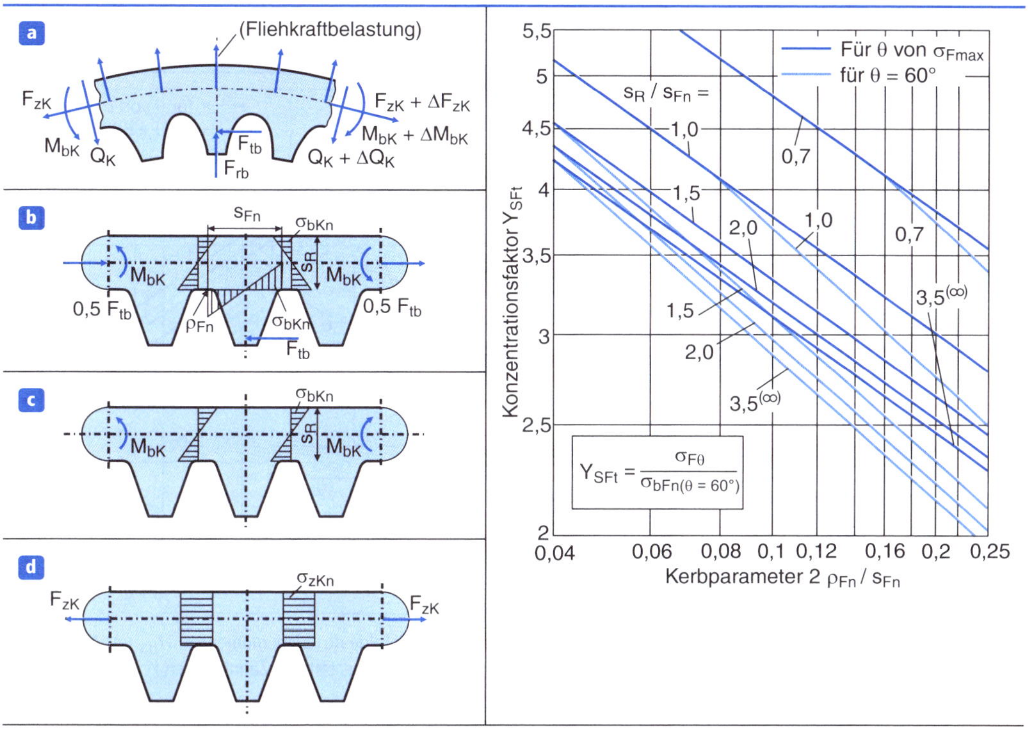

Abbildung 19.74: Berechnungsmodelle zur Bestimmung der Spannungskonzentrationsfaktoren Y_{SFt}, Y_{SMb} und Y_{SZ} und Verlauf des Spannungskonzentrationsfaktors Y_{SFt} für Spannungen infolge der Tangentialkraft F_t bei elastisch gestalteten Zahnkränzen [19.280]

Hieraus ergeben sich folgende Zusammenhänge für den Spannungskonzentrationsfaktor Y_{Sad} infolge der Druckbelastung durch die Radialkraft F_r und den Spannungskonzentrationsfaktor Y_{SFt} infolge der Belastung durch die Tangentialkraft F_t:

$$Y_{Sad} = \frac{\sigma_{Fmax}(F_r)}{\sigma_{dFn}} \quad \text{und} \quad Y_{SFt} = \frac{\sigma_{Fmax}(F_t)}{\sigma_{bFn}} \tag{19.188}$$

Infolge des Biegemomentes M_{bK} ergibt sich eine Spannung im Kranz, die mit dem Spannungskonzentrationsfaktor Y_{SMb} zu bewerten ist; aufgrund der Fliehkraft entsteht eine Längskraft F_{ZK} im Zahnkranz, woraus wiederum eine Spannung folgt, die auf den Spannungskonzentrationsfaktor Y_{SZ} führt:

$$Y_{SMb} = \frac{\sigma_{Fmax}(M_{bK})}{\sigma_{bKn}} \quad \text{und} \quad Y_{SZ} = \frac{\sigma_{Fmax}(F_{zK})}{\sigma_{zKn}} \tag{19.189}$$

Hierin bezeichnen σ_{Fmax} die maximale absolute örtliche Zahnfußspannung, σ_{dFn} die Zahnfußdrucknennspannung, σ_{bKn} die Kranzbiegenennspannung und σ_{zKn} die Kranzzugnennspannung aufgrund der Längskraft F_{zK} im Zahnkranz.

Die Verläufe der Spannungskonzentrationsfaktoren Y_{SFt}, Y_{SMb} und Y_{SZ} sind für verschiedene Verhältnisse der Zahnkranzdicke zur Zahnfußdicke im Normalquerschnitt (Berechnungsquerschnitt an der 60°-Tangente) s_R / s_{Fn} in Abbildung 19.74 und Abbildung 19.75 wiedergegeben [19.280].

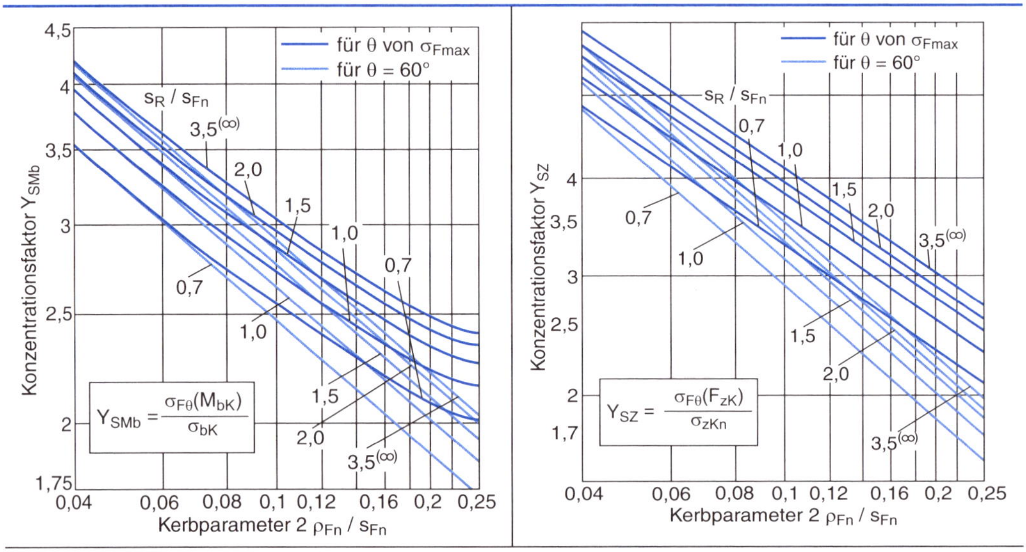

Abbildung 19.75: Spannungskonzentrationsfaktor Y_{SMb} für Spannungen infolge des Biegemomentes M_{bK} und Spannungskonzentrationsfaktor Y_{SZ} für Spannungen infolge von Längskräften bei elastisch gestalteten Zahnkränzen [19.280]

Die aufgrund der Zahnbiegebeanspruchung und der Zahnkranzbeanspruchung vorliegenden Spannungsanteile überlagern sich in der Fußrundung mit einer tangentialen Ausrichtung zur Zahnfußkurve. Die in Abbildung 19.74 b) in den Querschnitten wiedergegebenen Nennspannungen σ_{bFn}, σ_{bKn} sind dabei nur die Bezugsgrößen zur Berechnung der Spannungskonzentrationsfaktoren und geben nicht die Wirkungsrichtungen der überlagerten örtlichen Spannungen an. Weiterhin kann die Wirkung der Radialkomponente näherungsweise allein durch das dadurch hervorgerufene Biegemoment $M_{bK} = M_{bK}(F_{rB})$ beschrieben werden.

Zur Berechnung der Spannungskonzentrationsfaktoren gelten die folgenden Zusammenhänge, die sich auf die maßgebenden Stellen in der Fußausrundung ($\theta = 60°$ bzw. $\theta = \theta_{\sigma max}$) beziehen, wobei zur Bestimmung des Verlaufes der örtlichen Spannung in der Fußausrundung für die Einzelspannungsanteile im Falle darüber hinausgehender Untersuchungen auf die weiterführende Literatur verwiesen wird [19.106].

Für den Spannungskonzentrationsfaktor Y_{Sad} infolge Druckbelastung durch die Radialkraft F_r gilt:

$$Y_{Sad} = 1{,}418 \cdot \left(\frac{2 \cdot \rho_{Fn}}{s_{Fn}}\right)^{-0{,}3388} \cdot \cos\left[1{,}3 \cdot \left(60° - \frac{180° \cdot \theta_{\sigma max\infty}}{\pi}\right)\right] \qquad (19.190)$$

Hierin bezeichnen ρ_{Fn} den Fußausrundungsradius, s_{Fn} die Zahnfußdicke im Normalschnitt und für den Winkel $\theta_{\sigma max\infty}$ der maximalen örtlichen Spannung in der Zahnfußkurve gilt:

$$\theta_{\sigma max\infty} = -7{,}662 \cdot \left(\frac{2 \cdot \rho_{Fn}}{s_{Fn}}\right) + 4{,}590 \cdot \left(\frac{\rho_{Fn}}{m_n}\right)^{0{,}54} \quad \text{oder } \theta_{\sigma max\infty} = \frac{35° \cdot \pi}{180°} \quad \text{falls } \theta_{\sigma max\infty} < \frac{35° \cdot \pi}{180°} \tag{19.191}$$

Der Spannungskonzentrationsfaktor Y_{SFt} infolge der Belastung durch die Tangentialkraft F_t lautet:

$$Y_{SFt} = \left[0{,}324 \cdot \left(\frac{s_R}{s_{Fn}}\right)^{-2{,}561} + 1{,}418\right] \cdot \left(\frac{2 \cdot \rho_{Fn}}{s_{Fn}}\right)^{-0{,}3388} \cdot \cos\left[1{,}2 \cdot \left(\frac{s_R}{s_{Fn}}\right)^{0{,}055} \cdot \left(60° - \frac{180° \cdot \theta_{\sigma max}(F_t)}{\pi}\right)\right] \tag{19.192}$$

Hierin ist s_R die Zahnkranzdicke und für den Winkel $\theta_{\sigma max\infty}$ der maximalen örtlichen Spannung in der Zahnfußkurve gilt:

$$\theta_{\sigma max}(F_t) = -7{,}662 \cdot \left(\frac{2 \cdot \rho_{Fn}}{s_{Fn}}\right) + \left[4{,}590 + \frac{0{,}562}{\left(\frac{s_R}{s_{Fn}}\right)^{1{,}6}}\right] \cdot \left(\frac{\rho_{Fn}}{m_n}\right)^{0{,}54} \quad \text{oder}$$

$$\theta_{\sigma max}(F_t) = \frac{35° \cdot \pi}{180°} \quad \text{falls} \quad \theta_{\sigma max}(F_t) < \frac{35° \cdot \pi}{180°} \tag{19.193}$$

Der Spannungskonzentrationsfaktor Y_{SMb} zur Bewertung der Spannung infolge des Biegemomentes M_{bK} berechnet sich wie folgt, wobei für den Winkel $\theta_{\sigma max\infty}$ der maximalen örtlichen Spannung in der Zahnfußkurve gilt:

$$Y_{SMb} = \left[-0{,}201 \cdot \left(\frac{s_R}{s_{Fn}}\right)^{-1{,}102} + 1{,}595\right] \cdot \left(\frac{2 \cdot \rho_{Fn}}{s_{Fn}}\right)^{-0{,}3045} \cdot \cos\left[1{,}4 \cdot \left(60° - \frac{180° \cdot \theta_{\sigma max}(M_{bK})}{\pi}\right)\right] \tag{19.194}$$

$$\theta_{\sigma max}(M_{bK}) = -4{,}014 \cdot \left(\frac{2 \cdot \rho_{Fn}}{s_{Fn}}\right) + 3{,}351 \cdot \left(\frac{\rho_{Fn}}{m_n}\right) + 1{,}239 \quad \text{oder}$$

$$\theta_{\sigma max}(M_{bK}) = \frac{35° \cdot \pi}{180°} \quad \text{falls} \quad \theta_{\sigma max}(M_{bK}) < \frac{35° \cdot \pi}{180°} \tag{19.195}$$

Der Spannungskonzentrationsfaktor Y_{SZ} zur Berücksichtigung der Spannungen infolge von Längskräften lautet:

$$Y_{SZ} = \left[-0{,}37 \cdot \left(\frac{s_R}{s_{Fn}}\right)^{-0{,}62} + 1{,}98\right] \cdot \left(\frac{2 \cdot \rho_{Fn}}{s_{Fn}}\right)^{-0{,}22} \tag{19.196}$$

Bei allen Gleichungen ist zu beachten, dass der Gültigkeitsbereich Zähnezahlen von $35 \leq |z| \leq 500$ und Profilverschiebungsfaktoren von $-1{,}4 \leq x \leq 0{,}6$ umfasst und der Winkel θ im Bogenmaß einzusetzen ist.

19.4.5 Spannungsanteile und ihre Überlagerung

Ausgehend von den einzeln berechneten Spannungsanteilen im Zahnkranz erfolgt nun eine Überlagerung zur tatsächlich wirkenden Gesamtspannung.

Zunächst wird gemäß Schritt 1 in VDI 2737 die Zahnfußspannung ohne Zahnkranzeinfluss berechnet, wozu soweit wie möglich entsprechend Abschnitt 18.4.5 im Kapitel 18 – Stirnradgetriebe die Grundgleichungen nach DIN 3990-3 verwendet werden [19.41], [19.280]. Zur Berechnung der Sicherheit S_F gegen Dauerbruch gemäß Gleichung (19.182) wird die örtliche Zahnfußspannung σ_F abhängig von der Umfangskraft F_t, der Zahnbreite b und dem Normalmodul m_n wie folgt bestimmt, wobei in Erweiterung zu DIN 3990-3 ein besonderer Kopffaktor Y_{FS} für Hohlräder entsprechend Abschnitt 19.4.4 verwendet wird [19.41]:

$$\sigma_F = K_A \cdot K_\gamma \cdot K_v \cdot K_{F\alpha} \cdot K_{F\beta} \cdot \frac{F_t}{b \cdot m_n} \cdot Y_{FS} \cdot Y_\varepsilon \cdot Y_\beta \tag{19.197}$$

Hierin bezeichnen K_A den Anwendungsfaktor und K_v den Dynamikfaktor zur Berücksichtigung der äußeren und inneren Zusatzkräfte, $K_{F\alpha}$ den Stirnlast- und $K_{F\beta}$ den Breitenlastverteilungsfaktor, Y_ε den Überdeckungsfaktor, Y_β den Schrägenfaktor nach Abschnitt 18.4.5 im Kapitel 18 – Stirnradgetriebe und K_γ den Lastaufteilungsfaktor für Umlaufrädergetriebe nach Abschnitt 19.4.1.

Anschließend wird entsprechend Schritt 2 in VDI 2737 die Zahnfußspannung mit Zahnkranzeinfluss ohne Verformungsbehinderung durch umgebende Teile berechnet, wobei zur Ermittlung der Sicherheit die grundsätzlich gültige Gleichung (19.182) zu verwenden ist [19.280].

Entsprechend Abbildung 19.76 a) liegt die kritische Stelle im Zahnfußbereich jedoch auf der Druckseite (Index c), erfährt aber, nachdem sich der Planet um einen größeren Drehwinkel weiterbewegt hat, an derselben Stelle infolge der Kranzbiegung nach Abbildung 19.69 eine Zugspannung.

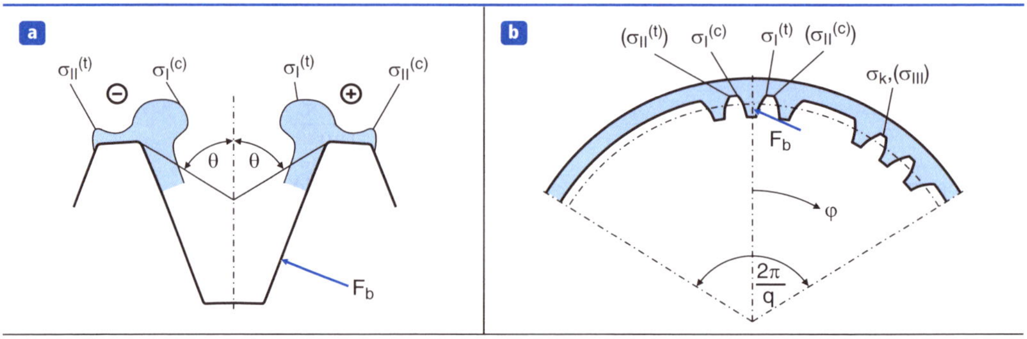

Abbildung 19.76: Spannungen am Zahnfuß (a) und maßgebende örtliche Spannung während eines Zyklus (b) [19.280]

Die zur Bemessung zu verwendende Zahnfußspannung $\sigma_F = \sigma_F^{(c)}$ wird auch als Doppelamplitude bzw. Spanne zwischen den Extremwerten im Spannungszyklus bezeichnet und berechnet sich als absoluter Betrag der Differenz zwischen der Ober- und Unterspannung wie folgt:

$$\sigma_F = \sigma_F^{(c)} = \left|\sigma_I^{(c)} - \sigma_K\right| \tag{19.198}$$

Hierin sind $\sigma_I^{(c)} < 0$ die Spannung an der als Druckseite (c) des belasteten Zahnes (I) bezeichneten Stelle des Zahnfußes und σ_K die größte resultierende örtliche Spannung an der gleichen Stelle des Zahnfußes ($\theta = 60°$), an der auch $\sigma_I^{(c)}$ auftritt. Entsprechend Abbildung 19.76 b) liegt zwischen dem Auftreten der Spannung σ_K und $\sigma_I^{(c)}$ an dieser Stelle immer ein Zeit- bzw. Winkelversatz gegenüber dem Lastangriff abhängig von der Anzahl der Planeten.

Die Spannung $\sigma_I^{(c)}$ an der Druckseite des belasteten Zahnes wird durch Überlagerung der einzelnen Spannungsanteile bestimmt, die sich gemäß Abbildung 19.77 aus der Tangentialkraft F_{tB}, der Druckbeanspruchung im Zahnfußquerschnitt durch die Radialkraft F_{rB}, dem Kranzbiegemoment $M_{bK}(F_{rB})$ infolge der Radialkraft F_{rB} und der Fliehkraft ergeben:

$$\sigma_I^{(c)} = \left|\sigma_I\left(F_{tB}\right)\right| - \left|\sigma_I\left(F_{rB}\right)\right| - \left|\sigma_I\left(M_{bK}\left(F_b,\varphi\right)\right)\right| + \sigma_{m1}\cdot Y_{SZ} \quad \text{mit} \quad \varphi \approx -\frac{\pi}{|z|} \quad \text{und} \quad F_{tB} \approx F_t \qquad (19.199)$$

Hierin bezeichnen σ_{m1} die Nennspannung im Zahnfuß infolge der Fliehkraft, Y_{SZ} den Spannungskonzentrationsfaktor für den Zahnfuß infolge der Zahnkranz-Zugbeanspruchung, φ den Winkel zwischen der Zahnmitte des belasteten Zahnes und der betrachteten Stelle am Radumfang und z die Zähnezahl.

Setzt man in Anlehnung an Gleichung (19.197) die jeweiligen Spannungsanteile unter Verwendung des Anwendungsfaktors K_A, des Dynamikfaktors K_v, des Stirnlastverteilungsfaktors $K_{F\alpha}$, des Breitenlastverteilungsfaktors $K_{F\beta}$, des Lastaufteilungsfaktors K_γ, des Überdeckungsfaktors Y_ε, des Schrägenfaktors Y_β und der Formfaktoren Y_{Fa}, Y_{Fad} nach Abschnitt 19.4.3 sowie der Spannungskonzentrationsfaktoren Y_{Sft} und Y_{Sad} nach Abschnitt 19.4.4 ein, so ergibt sich die vollständige Gleichung für $\sigma_I^{(c)}$ zu:

$$\begin{aligned}\sigma_I^{(c)} &= K_A\cdot K_\gamma\cdot K_v\cdot K_{F\alpha}\cdot K_{F\beta}\cdot\frac{F_t}{b\cdot m_n}\cdot Y_{FA}\cdot Y_\varepsilon\cdot Y_\beta\cdot Y_{SFt}\\ &+ K_A\cdot K_\gamma\cdot K_v\cdot K_{F\alpha}\cdot K_{F\beta}\cdot\frac{F_t}{b\cdot m_n}\cdot Y_{FAD}\cdot Y_\varepsilon\cdot Y_\beta\cdot Y_{Sad}\\ &+ K_A\cdot K_\gamma\cdot K_v\cdot K_{F\alpha}\cdot K_{F\beta}\cdot\frac{6\cdot M_{bK}\left(F_b,\varphi\right)}{b\cdot s_R^2}\cdot Y_{SMb} + \sigma_{m1}\cdot Y_{SZ}\end{aligned} \qquad (19.200)$$

Zur Berechnung der maximalen Zugspannung σ_K infolge des Kranzbiegemomentes außerhalb des Eingriffsbereiches mit der Winkellage φ gemäß Abbildung 19.77 und der Fliehkraftnennspannung σ_{m1} gilt abhängigvon der Anzahl der Planeten q folgender Zusammenhang, wobei auf eine weitere unterscheidende Kennzeichnung in den Berechnungsgleichungen mit σ_{II} und σ_{III} gemäß Abbildung 19.76 b) verzichtet wurde [19.106], [19.153], [19.156], [19.157]:

$$\sigma_K = \sigma_{bK}\left(M_{bK}\left(F_b,\varphi\right)\right) + \sigma_{m1}\cdot Y_{SZ} \quad \text{für die Stelle} \quad \varphi \approx \frac{\pi}{2\cdot q} \qquad (19.201)$$

Setzt man auch hier wieder alle einzelnen Spannungsanteile ein, so folgt:

$$\sigma_K = K_A\cdot K_\gamma\cdot K_v\cdot K_{F\alpha}\cdot K_{F\beta}\cdot\frac{6\cdot\left[M_{bK}\left(F_{rb},\varphi\right)+M_{bK}\left(F_{tb},\varphi\right)\right]}{b\cdot s_R^2}\cdot Y_{SMb} + \sigma_{m1}\cdot Y_{SZ} \qquad (19.202)$$

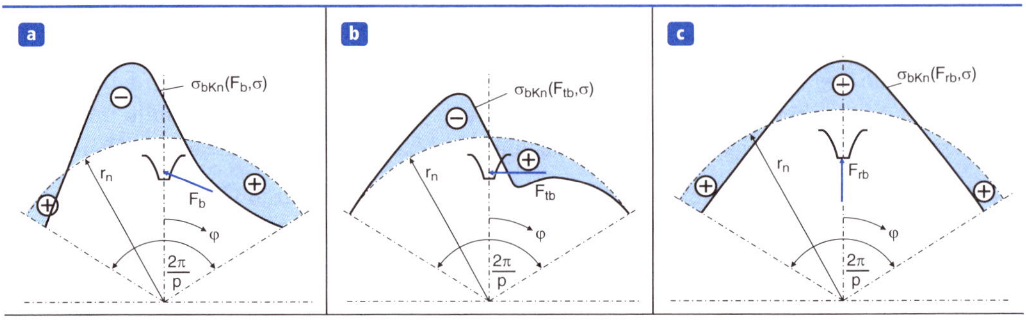

Abbildung 19.77: Biegenennspannungsverläufe im Zahnkranz – a) Gesamtverlauf aufgrund der Kraft F_b im äußeren Einzeleingriffspunkt B, b) Spannungsverlauf aufgrund der Tangentialkomponente F_{tb}, c) Spannungsverlauf aufgrund der Radialkomponente F_{rb} [19.280]

Grundsätzlich ist zu beachten, dass die Höchstwerte der Spannungsanteile an unterschiedlichen Stellen der Zahnfußkurve liegen, sodass zur genauen Angabe des Ortes der Zahnfußkurve der Tangentenwinkel θ gemäß Abbildung 19.76 a) verwendet wird. Während bei den hier beschriebenen Näherungen die Überlagerung an der 60°-Tangente erfolgt, ist bei genaueren Berechnungen durch punktweises Bestimmen der Spannungen entlang der Zahnfußkurve das Minimum der Sicherheit zu ermitteln.

Weiterhin ist zu berücksichtigen, dass in den hier vorgestellten Näherungen nach VDI 2737 im Vergleich zu den allgemeineren grundlegenden Untersuchungen beim elastisch gestalteten Zahnkranz vereinfachend nur die Spannung σ_F an der Druckseite des Zahnes, resultierend aus der Spannung des belasteten Zahnes $\sigma_I^{(c)}$ und der außerhalb des Eingriffsbereiches auftretenden maximalen Spannung σ_K, bestimmt wird [19.106], [19.153], [19.280]. Ferner wird das Biege-Zug-Spannungsmaximum außerhalb des Eingriffsgebietes umso geringer, je steifer (dicker) der Zahnkranz gestaltet ist. Anhand numerischer Berechnungen konnte gezeigt werden, dass sich bei elastisch gestalteten Zahnkränzen die maßgebende Spannung σ_F fast immer nur aus der Biege-Druck-Spannung und der außerhalb des Eingriffsbereiches liegenden Biege-Zug-Spannung zusammensetzt.

Allerdings kann sich im Grenzbereich zwischen elastisch und steif wirkendem Zahnkranz auch durch die Biege-Druck-Spannung am belasteten Zahn $\sigma_I^{(c)}$ und die Biege-Zug-Spannung am Nachbarzahn $\sigma_{II}^{(t)}$ gemäß Abbildung 19.76 b) die maßgebende Spannung ergeben, die aber dann nur wenig von der nach Gleichung (19.198) berechneten abweicht [19.280].

Abschließend lässt sich zum Nachweis der Sicherheit festhalten, dass immer der kleinere Wert zu verwenden ist. Sofern also die Sicherheit gegen Dauerbruch unter Berücksichtigung des Zahnkranzeinflusses (Schritt 2) größer ist als die Sicherheit gegen Dauerbruch ohne Berücksichtigung desselben (Schritt 1), ist die Sicherheit gegen Dauerbruch nach Schritt 1 maßgeblich. Bei Bedarf ist zusätzlich die Mittelspannungsempfindlichkeit gemäß dem folgenden Abschnitt zu überprüfen.

19.4.6 Beanspruchbarkeit – Zahnfußfestigkeit abhängig von der Mittelspannung

Aufgrund der veränderten Beanspruchungssituation des elastisch gestalteten Zahnkranzes mit Einfluss des Kranzbiegemomentes auf die Bruchtragfähigkeit muss auch die ertragbare Festigkeit als Kennwert der Beanspruchbarkeit von der Schwellbeanspruchung nach Abbildung 19.61 a) auf die Wechselbeanspruchung nach Abbildung 19.61 b) umgerechnet werden.

Zu diesem Zweck kann man die aus Versuchen abgeleitete Mittelspannungsabhängigkeit der Ermüdungsfestigkeit verwenden, die sich aus der Darstellung im Haigh- oder Smith-Diagramm nach Abbildung 19.68 ergibt. Vorausgesetzt, dass nur Lastspannungen und keine zusätzlichen Spannungen aus Fliehkräften wirksam sind, berechnet sich die mittelspannungsabhängige Ermüdungsfestigkeit σ_{FEm} im Bereich E'_o, E'_u, C_u und C_o gemäß Abbildung 19.68 zu:

$$\sigma_{FEm} = \sigma_{FE} \cdot \frac{\dfrac{\sigma_{FEW}}{\sigma_{FE}}}{\dfrac{\sigma_{Fm}}{\sigma_F} \cdot \left(\dfrac{2 \cdot \sigma_{FEW}}{\sigma_{FE}} - 1 \right) + \dfrac{1}{2}} \quad \text{mit} \quad \sigma_{FEm} \cdot \left(\frac{1}{2} + \frac{|\sigma_{Fm}|}{\sigma_F} \right) < f \cdot R_e \tag{19.203}$$

Hierin bezeichnet σ_{FE} die Dauerschwellfestigkeit im Zahnfuß, errechnet aus der ertragenen örtlichen Zahnfußspannung σ_F (Doppelamplitude), die sich wiederum aus dem Unterschied zwischen der größten Biege-Zug-Beanspruchung und der untersten (betragsmäßig größten) Biege-Druck-Spannung während eines Spannungszyklus ergibt. Weiterhin sind, σ_{FEW} die Zahnfuß-Dauerwechselfestigkeit, errechnet aus der ertragenen örtlichen Spannung für eine Mittelspannung gleich Null, σ_{Fm} die örtliche Zahnfußmittelspannung, f der Faktor zur Erhöhung der Druck-Fließ-Grenze gegenüber der Zug-Streck-Grenze und R_e die Streckgrenze für die Kernzone im Zahnfußquerschnitt. Näherungsweise kann man $f = 1{,}1$ setzen, bei Vorliegen spezieller Erfahrungen oder Versuchsergebnissen kann aber auch ein größerer Wert festgelegt werden, um die Belastbarkeit im teilplastischen Bereich zu nutzen [19.280].

Ist die Bedingung des zweiten Terms in Gleichung (19.203) nicht erfüllt, so wird die Ermüdungsfestigkeit durch die Druck-Fließ-Grenze im Bereich E_o, E_u und O_u gemäß Abbildung 19.68 begrenzt, sodass mit den oben angeführten Größen folgender Zusammenhang gilt:

$$\sigma_{FEm} = f \cdot R_e \cdot \frac{\sigma_F}{\dfrac{\sigma_F}{2} + |\sigma_{Fm}|} \leq \sigma_{FEm,max} \tag{19.204}$$

Hierin ist $\sigma_{FEm,max}$ die maximale örtliche Dauerfestigkeit bei einer bestimmten Mittelspannung, die sich wie folgt berechnen lässt [19.168]:

$$\sigma_{FEm.max} = \sigma_{FE} \cdot \left(3 \cdot \frac{\sigma_{FEW}}{\sigma_{FE}} - 0{,}5 \right) \quad \text{mit} \quad \frac{\sigma_{FEW}}{\sigma_{FE}} = \frac{1+M}{2-(1+R)\cdot(1-M)} \quad \text{mit} \quad R = \frac{\sigma_U}{\sigma_O} \tag{19.205}$$

Da dieser Wert nicht überschritten werden darf, ist $\sigma_{FEm} = \sigma_{FEm,max}$ zu setzen, sobald $\sigma_{FEm} > \sigma_{FEm,max}$ wird. Das Spannungsverhältnis beträgt für den hier geltenden reinen Wechselbeanspruchungsfall $R = -1$, woraus sich σ_{FEW} nach Abbildung 19.68 direkt ablesen lässt. Weiterhin sind zur Minderung der Dauerfestigkeitsminderung eines Zahnrades bei einstufiger

Wechsellast abhängig von der Mittelspannungsempfindlichkeit (werkstoffabhängige Größe) M und dem Spannungsverhältnis R aufgrund von Versuchen folgende Werte anzusetzen [19.26]:

$$\text{Für Vergütungsstähle:} \qquad M = 0{,}35 \cdot 10^{-3} \cdot R_m - 0{,}09 \tag{19.206}$$

$$\text{Für einsatzgehärtete Stähle:} \qquad M = \left(1{,}7 - 0{,}7 \cdot Y_{\delta relTS}\right) \cdot 0{,}5 \tag{19.207}$$

Im Falle nitrierter Stähle gilt näherungsweise der für einsatzgehärtete Stähle aufgestellte Zusammenhang.

Für den am meisten verwendeten Mittelwert von M = 0,4 ergibt sich aus Gleichung (19.203) [19.39]:

$$\sigma_{FEm} = \sigma_{FE} \cdot \frac{1{,}4}{1 + 0{,}8 \cdot \dfrac{\sigma_{Fm}}{\sigma_F}} \quad \text{mit} \quad \frac{\sigma_{FEW}}{\sigma_{FE}} = 0{,}7 \quad \text{und} \quad M = 0{,}4 \tag{19.208}$$

Sofern die Bedingung des zweiten Terms in Gleichung (19.203) nicht erfüllt wird, ist die Ermüdungsfestigkeit durch die Druck-Fließ-Grenze begrenzt und es gilt dann Gleichung (19.204). Sollte dabei $\sigma_{FEm} > \sigma_{FEm,max}$ werden, so ist $\sigma_{FEm} = \sigma_{FEm,max}$ zu setzen, wobei nach vorliegenden Erfahrungen $\sigma_{FEm,max} = 1{,}6 \cdot \sigma_{FE}$ verwendet werden kann [19.280].

Für die Druckseite berechnet sich die belastungsabhängige Mittelspannung zu:

$$\sigma_{Fm} = \frac{\sigma_I^{(c)} + \sigma_{bK}}{2} \quad \text{mit} \quad \sigma_I^{(c)} < 0 \quad \text{und} \quad \sigma_{bK} > 0 \tag{19.209}$$

Ist am Hohlrad mit $\sigma_{Fm1} > 0$ eine Fliehkraftspannung wirksam, so gilt für die Ermüdungsfestigkeit σ_{FEm} folgender Zusammenhang, unter der Maßgabe, dass die Bedingungen der beiden Ungleichungen erfüllt werden:

$$\sigma_{FEm} = \sigma_{FE} \cdot \frac{\dfrac{\sigma_{FEW}}{\sigma_{FE}} - \dfrac{\sigma_{Fm1}}{\sigma_{FE}} \cdot \left(\dfrac{2 \cdot \sigma_{FEW}}{\sigma_{FE}} - 1\right)}{\dfrac{\sigma_{Fm2}}{\sigma_F}\left(\dfrac{2 \cdot \sigma_{FEW}}{\sigma_{FE}} - 1\right) + \dfrac{1}{2}} \quad \text{und} \quad \sigma_{FEm} \cdot \left(\frac{1}{2} + \frac{\left|\sigma_{Fm2}\right|}{\sigma_F}\right) - \sigma_{Fm1} < f \cdot R_e \tag{19.210}$$

$$\sigma_{Fm1} + \sigma_{FEm} \cdot \left(\frac{\sigma_{Fm2}}{\sigma_F} + \frac{1}{2}\right) < R_e \tag{19.211}$$

Hierin bezeichnen σ_{Fm1} die örtliche Spannung (Mittelspannung) infolge Fliehkraftwirkung bei umlaufendem Hohlrad mit σ_{m1} als dem maßgeblichen Mittelspannungsanteil aus der Fliehkraftwirkung mit v als Umfangsgeschwindigkeit am Teilkreis, s_R als Kranzdicke, h als Zahnhöhe und ρ als Dichte:

$$\sigma_{Fm1} = \sigma_{m1} \cdot Y_{SZ} \quad \text{mit} \quad \sigma_{m1} = v^2 \cdot \rho \cdot \frac{s_R + 0{,}5 \cdot h}{s_R} \tag{19.212}$$

Weiterhin ist σ_{Fm2} der von den übertragenen Zahnkräften bzw. dem Drehmoment abhängige Teil der Mittelspannung:

$$\sigma_{Fm2} = \frac{\sigma_I^{(c)} + \sigma_K}{2} - \sigma_{Fm1} \quad \text{mit} \quad \frac{\sigma_{Fm2}}{\sigma_F} = \text{konst.} \tag{19.213}$$

Wird der zweite Term in Gleichung (19.210) nicht erfüllt, so wird die Ermüdungsfestigkeit durch die Druck-Fließ-Grenze im Bereich E_o, E_u und O_u gemäß Abbildung 19.68 begrenzt und es gilt:

$$\sigma_{FEm} = \frac{f \cdot R_e + \sigma_{Fm1}}{\frac{1}{2} + \frac{|\sigma_{Fm2}|}{\sigma_F}} \tag{19.214}$$

Sofern Gleichung (19.211) nicht erfüllt wird, erfolgt eine Überschreitung der Streckgrenze, entsprechend der Strecke $\overline{C_o O_o}$ in Abbildung 19.68, wobei in der VDI 2737 zur Ermittlung der Ermüdungsfestigkeit für diesen Fall keine Gleichungen angegeben sind [19.280].

Sollte sich nach Gleichung (19.210) oder (19.214) $\sigma_{FEm} > \sigma_{FEm,max}$ ergeben, so ist $\sigma_{FEm} = \sigma_{FEm,max}$ zu setzen und $\sigma_{FEm,max}$ ist mit Gleichung (19.205) zu bestimmen.

19.4.7 Rechnergestützte Bestimmung der Lastverteilung in Umlaufrädergetrieben

Neben den vielfältigen Möglichkeiten der Überlagerung von Drehmomenten und Drehzahlen im Dreiwellenbetrieb ermöglichen Umlaufrädergetriebe auch im Zweiwellenbetrieb als reines Standgetriebe hohe Übersetzungen und die Übertragung großer Drehmomente bei vergleichsweise kleinem Bauraum, weshalb sie in der modernen Antriebstechnik in vielen Einsatzgebieten unverzichtbar geworden sind.

Der wesentliche Vorteil der Leistungsverzweigung über mehrere Zahneingriffe stellt allerdings erheblich höhere Anforderungen an Berechnung, Konstruktion und Fertigung von Umlaufrädergetrieben im Vergleich zum klassischen Standgetriebe.

Nachdem nun seit längerem die Möglichkeit besteht, die Lastverteilung in Stirnrad- und Kegelradgetrieben gemäß Abschnitt 18.4.3 im Kapitel 18 – Stirnradgetriebe und Abschnitt 20.4.3 im Kapitel 20 – Kegelradgetriebe rechnergestützt mithilfe der Programmsysteme RIKOR-Ritzelkorrektur-programm, BECAL-Bevel-Gear-Calculation und MDESIGN LVR – Lastverteilungsrechnung Stirnradgetriebe zu ermitteln, gab es den entsprechenden Bedarf auch für ein vergleichbares Berechnungsprogramm in Verbindung mit Umlaufrädergetrieben [19.196], [19.227], [19.228], [19.229], [19.241].

Allerdings ist der Berechnungsaufwand zur Ermittlung des Lastaufteilungsfaktors K_γ und der Breitenlastverteilung in sämtlichen Zahneingriffen eines Umlaufrädergetriebes aufgrund der sich überlagernden und elementar nicht bestimmbaren Einflüsse wie der Verformung der Radkörper bei dünnwandigen Hohlradkonstruktionen, der Verformung des Umlaufträgers (Steges), des versteifenden Einflusses an Sonnenritzel und Hohlrad durch anschließende

Bauelemente sowie der Verlagerungsmöglichkeit des Planetenrades auf dem Bolzen sehr viel höher als bei Stirnradgetrieben.

Programm

Auf der Grundlage einer Weiterentwicklung des Programmsystems MDESIGN LVR wurde das Programmsystem MDESIGN LVR^{planet} zur Beanspruchungsanalyse von Planetengetrieben entwickelt, welches gemäß Abbildung 19.78 die Berücksichtigung der oben genannten Einflüsse für Planetengetriebestufen mit bis zu neun Planeten erlaubt [19.227], [19.228], [19.229]. Ein ähnliches Programm zur Beanspruchungsanalyse von Planetengetrieben ist das Programmsystem PLANKORR [19.197].

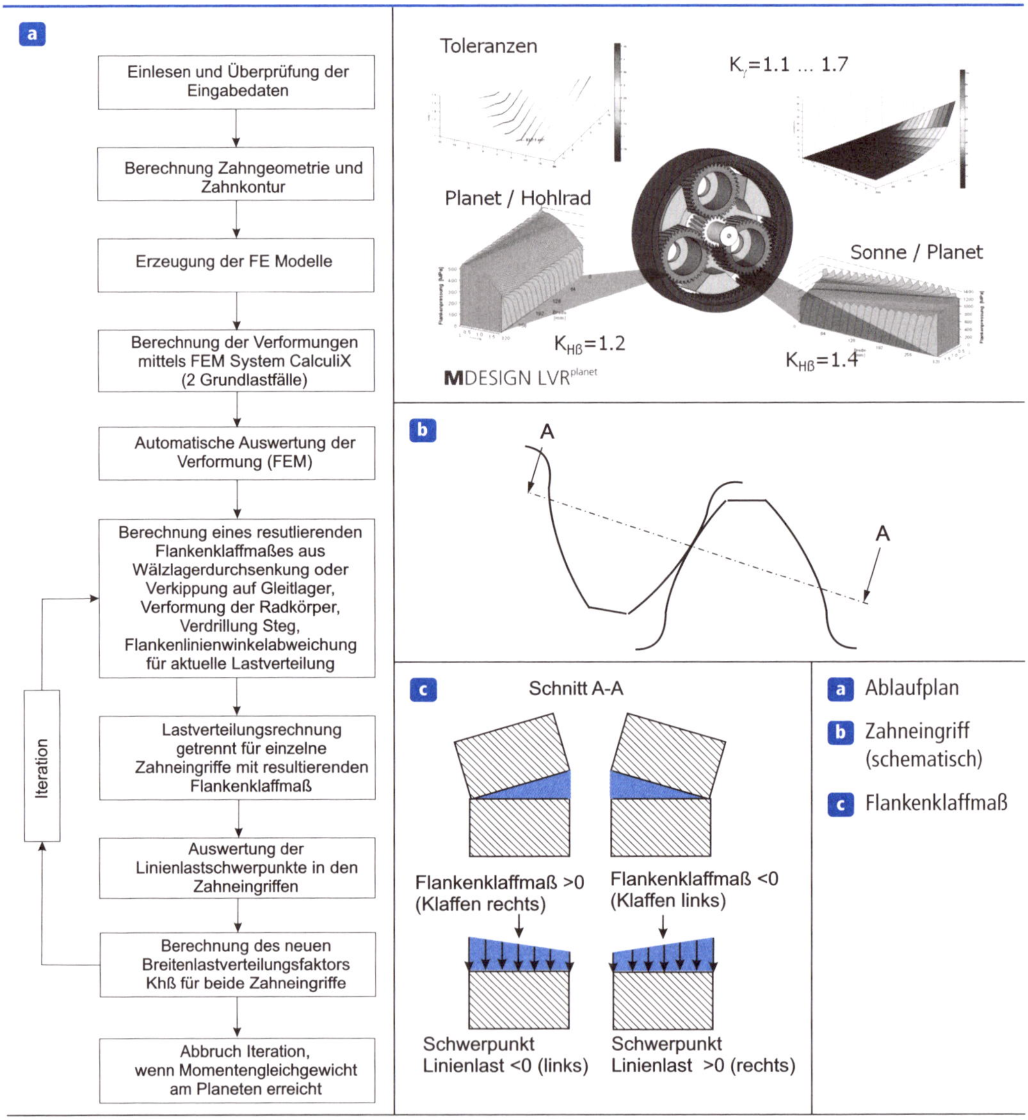

Abbildung 19.78: Ablaufplan des Programmsystem MDESIGN LVR^{planet} sowie Definition des Flankenklaffmaßes und der Lastüberhöhung

Ähnlich wie auch bei Stirnradgetrieben hängt die Berechnung der Lastverteilung in einem Umlaufrädergetriebe im Wesentlichen von dem sich einstellenden Flankenklaffmaß (FLKM) zwischen den Flanken der im Kontakt befindlichen Radpaare gemäß Abbildung 19.78 ab. Dabei sind verschiedene Einflüsse zu berücksichtigen, die sich unabhängig voneinander überlagern, weshalb man das Gesamtklaffmaß für jeden Zahnkontakt aus der Summe der Einzelabweichungen ermitteln kann.

Für das Zahnflankenklaffmaß $FLKM_{1/2}$ im Zahnkontakt Sonne/Planet und das Zahnflankenklaffmaß $FLKM_{2/3}$ im Zahnkontakt Planet/Hohlrad gilt unter Vernachlässigung der Gehäuseverformungen und der Absenkung der Bohrungen der Umlaufträgerlagerung folgender Zusammenhang:

$$FLKM_{1/2} = \Delta v_{RK1} + \Delta v_{RK2} + \Delta v_{Steg} + (\Delta v_{WL} | \Delta_{VerkippPl}) + f_{H\beta eff\,1/2} \quad (19.215)$$

$$FLKM_{2/3} = \Delta v_{RK3} + \Delta v_{RK2} + \Delta v_{Steg} + (\Delta v_{WL} | \Delta_{VerkippPl}) + f_{H\beta eff\,2/3} \quad (19.216)$$

Hierin bezeichnen Δv_{RK1} die Verformung des Radkörpers der Sonne, Δv_{RK2} die Verformung des Radkörpers des Planeten, Δv_{RK3} die Verformung des Radkörpers des Hohlrades, Δv_{WL} die elastische Durchsenkungsdifferenz der Wälzlager oder $\Delta v_{VerkippPl}$ die Verkippung des Planeten infolge der Gleitlagerung, Δv_{Steg} die Verdrillung des Planetenträgers $f_{H\beta eff}$ und die effektive Flankenlinienwinkelabweichung.

Die Bauteilverformungen werden innerhalb des Programmes mithilfe automatisch erzeugter, parametrierter Finite-Elemente-Modelle berechnet und gehen in das Zahnflankenklaffmaß ein. Die elastischen Verformungen der Zahnflanke gemäß Abschnitt 18.4.3 im Kapitel 18 – Stirnradgetriebe werden in gleicher Weise wie im Programmsystem MDESIGN LVR über Verformungseinflusszahlen ermittelt.

Entsprechend Abbildung 19.79 werden für das Sonnenrad, das Planetenrad und das Hohlrad sowie für den Planetenträger ein Belastungsfall mit konstanter und einer mit dreieckiger Last berechnet, da aus den Verformungen dieser Grundlastfälle die Verformungen für eine allgemeine trapezförmige Lastverteilung zusammengesetzt werden können. Aufgrund dieser Vorgehensweise muss nicht für jeden Iterationsschritt der Berechnung auch eine neue FEM-Berechnung durchgeführt werden, was zu einem erheblichen Rechenzeitvorteil führt [19.227], [19.228], [19.229].

Ausgehend von sämtlichen Verformungen wird dann eine Lastverteilungsrechnung für jeden Zahneingriff durchgeführt, sodass man über eine Auswertung der sich einstellenden Linienlastschwerpunkte in den einzelnen Zahneingriffen einen Breitenlastverteilungsfaktor $K_{H\beta}$ bestimmen kann. Mithilfe dieser ermittelten Breitenlastverteilung wird erneut das Flankenklaffmaß bestimmt und wiederum eine Lastverteilungsrechnung vorgenommen. Dieses iterative Berechnungsverfahren wird solange durchgeführt, bis ein Momentengleichgewicht am Planeten erzielt wird, aus dem man dann die endgültige Breitenlastverteilung für alle Zahneingriffe innerhalb der Planetenstufe erhält.

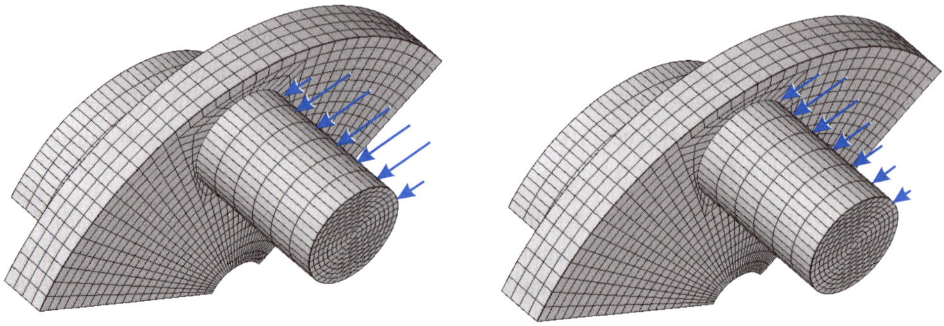

Abbildung 19.79: Konstanter und dreieckiger Lastfall zur Verformungsberechnung

Neben der Breitenlastverteilung erlaubt das Programmsystem MDESIGN LVR^{planet} auch die Ermittlung der Lastaufteilung auf die Planeten mithilfe des Lastaufteilungsfaktors K_γ gemäß Gleichung (19.171), wobei es sich bei dem verwendeten Berechnungsmodell gemäß Abbildung 19.80 um ein rein statisches Modell mit folgenden Annahmen und Vereinfachungen handelt:

- Ebenes Berechnungsmodell unter Vernachlässigung von Einflüssen aus Kippbewegungen und ohne Berücksichtigung von Gewichtskräften
- Angriffspunkt der Zahnnormalkraft über gesamtem Verlauf des Eingriffs konstant am Grundkreis
- Verwendung der mittleren Eingriffssteifigkeit aus der Lastverteilungsrechnung
- Berücksichtigung der Radkörpersteifigkeiten von Sonne, Planet und Hohlrad aus der FEM- Berechnung mit MDESIGN LVR^{planet}
- Berücksichtigung der Lagersteifigkeiten und der Lagerspiele von Sonne, Planet, Hohlrad und Umlaufträger (Steg)
- Berücksichtigung der Summenteilungsabweichung von Sonne und Hohlrad sowie der Zahndickenschwankungen des Planeten
- Berücksichtigung sämtlicher Achslageabweichungen und der Stegteilungsabweichung
- Berücksichtigung aller Verlagerungen von Sonne, Umlaufträger (Steg) und Hohlrad unter Annahme einer gleichmäßigen Breitenlastverteilung und Vernachlässigung der Verdrehung des Hohlrades

Ausgehend von diesen Randbedingungen wird mit dem Feder-Masse-Modell nach Abbildung 19.80 das statische Gleichgewicht bestimmt, indem die starren Radkörper im System durch die Federn an den Lagern (Lagersteifigkeiten) und an den Zahneingriffen (Zahnsteifigkeiten) gekoppelt werden, wobei sich die Gesamteingriffssteifigkeit der Verzahnung aus der Reihenschaltung von der Eingriffs- und der Radkörpersteifigkeit bestimmen lässt.

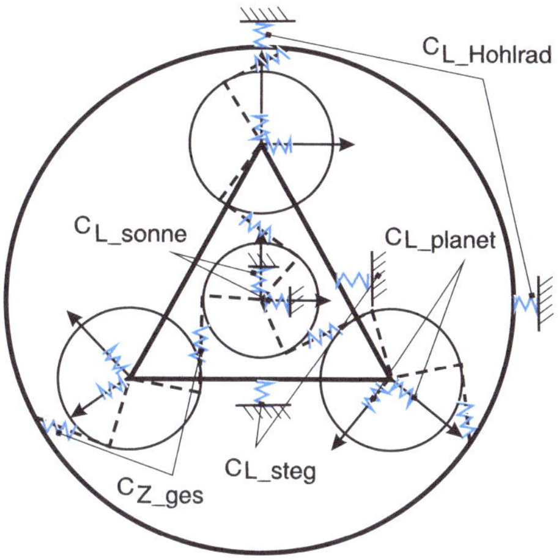

Für jedes Element des Systems werden die Gleichgewichtsbedingungen unter Berücksichtigung von zwei translatorischen und einem rotatorischen Freiheitsgrad aufgestellt, sodass sich folgendes Gleichungssystem ergibt:

$$\underline{C} \cdot \underline{x} + \underline{K} = \underline{0} \tag{19.217}$$

Hierin bezeichnen C die Steifigkeitsmatrix, x den Vektor der Verformungen und Verdrehungen und K den Vektor aller konstanten Elemente einer Zeile, wobei für die einzelnen Steifigkeiten gilt:

c_{L_sonne}:	Lagersteifigkeit Sonne
c_{L_steg}:	Lagersteifigkeit Steg
$c_{L\_Hohlrad}$:	Lagersteifigkeit Hohlrad
c_{L_planet}:	Lagersteifigkeit Planet
c_{z_ges}:	Gesamtzahneingriffssteifigkeit

Abbildung 19.80: Beispielhaftes Berechnungsmodell mit drei Planeten zur Ermittlung des Lastaufteilungsfaktors K_γ

Da in einem derartigen System Abweichungen in Form von Fertigungs- oder Einbaufehlern theoretisch zur Verspannung des Getriebes führen, kann das sich einstellende Kräfte- und Momentengleichgewicht nur durch eine ungleichmäßige Aufteilung der Kräfte auf die Planeten erreicht werden, woraus sich dann der Lastaufteilungsfaktor K_γ bestimmen lässt. Weiterhin ist zu berücksichtigen, dass aufgrund der reinen Federverbindung zwischen den einzelnen Elementen bei großen Fertigungsabweichungen theoretisch auch Zugkräfte in den einzelnen Eingriffen entstehen können, was praktisch gleichbedeutend ist mit dem Abheben der Zahnflanke. Für einen derartigen Fall wird dann im Programm die jeweilige Zahneingriffssteifigkeit gleich Null gesetzt, sodass der betreffende Planet keinen Beitrag zur Kraftübertragung liefern kann.

Während an Sonne und Hohlrad jeweils nur eine Flankenseite des Zahnrades die Last überträgt, sind am Planeten zwei Zahneingriffe an der Lastübertragung beteiligt, weshalb bei der Berechnung die Gesamtteilungsabweichung von Sonne und Hohlrad und die Zahndickenschwankung am Planeten berücksichtigt werden.

Das gesamte Gleichungssystem wird iterativ gelöst, bis in den Grenzen eines Abbruchkriteriums keine Änderungen des Verformungsvektors mehr auftreten. Entsprechend den Vorgaben in DIN 3990 und ISO 6336 werden die Faktoren in folgender Reihenfolge bestimmt. Die Berechnung des Produktes aus Dynamikfaktor und Lastaufteilungsfaktor $K_v \cdot K_\gamma$ erfolgt mithilfe der Umfangskraft und des Anwendungsfaktors $F_t \cdot K_A$. Die Bestimmung des Breitenlastverteilungsfaktors $K_{H\beta}$ kann dann mit dem Produkt $F_t \cdot K_A \cdot K_v \cdot K_\gamma$ aus Umfangskraft F_t, Anwendungsfaktor K_A, Dynamikfaktor K_v und Lastaufteilungsfaktor K_γ vorgenommen werden. Der Stirnlastverteilungsfaktor $K_{H\alpha}$ folgt dann aus der Verwendung des Produktes $F_t \cdot K_A \cdot K_v \cdot K_\gamma \cdot K_{H\beta}$ aller Faktoren.

Insgesamt ist MDESIGN LVR^{planet} ein leistungsfähiges Programmsystem zur Vereinfachung und Verbesserung der beanspruchungsgerechten Auslegung von Umlaufrädergetrieben innerhalb des gesamten konstruktiven Entwicklungsprozesses.

19.4.8 Weitere Gesichtspunkte zu Auslegung, Berechnung und Betrieb von Umlaufrädergetrieben

Von allen zurzeit bekannten Getriebebauarten verfügen die Umlaufrädergetriebe sicherlich über die vielfältigsten Anwendungsmöglichkeiten und Einsatzgebiete, wenngleich sich viele Bauarten auf den Einsatz als Zweiwellengetriebe mit hoher Übersetzung beschränken.

Wie auch bei allen anderen Getriebebauarten ist eine kinematische Auslegung vorzunehmen und im Anschluss daran ein Tragfähigkeitsnachweis für alle verwendeten Maschinenelemente zu erbringen. Dabei gilt es in noch größerem Maße als z. B. bei Stirnradgetrieben, gegenseitige Abhängigkeiten – hier seien beispielhaft Zahnfußfestigkeit, Zahnflankenfestigkeit, Hohlradfestigkeit und Lagerlebensdauern genannt – in ein ausgewogenes Verhältnis zueinander zu bringen, weshalb die Entwicklung, Konstruktion und Fertigung funktionsfähiger Umlaufrädergetriebe zur hohen Kunst des Getriebebaus zählen.

Ebenso ist es bei vielen Anwendungen immer wieder lohnenswert, darüber nachzudenken, inwieweit ein mechanisch arbeitendes Umlaufrädergetriebe zur Erzeugung vielfältiger Drehzahl- und Drehmomentkennlinien durch die Möglichkeit der Überlagerung im Dreiwellenbetrieb eine elektrisch oder leistungselektronische Anwendung ersetzen oder erweitern kann. Ein gutes Beispiel hierfür ist das Umlaufrädergetriebe mit hydrodynamischem Wandler zum Einsatz in Windenergieanlagen, mit dem sich ungeachtet der windbedingten Drehzahlschwankungen am Rotor ohne Frequenzumrichter eine konstante Synchrondrehzahl am Generator bereitstellen lässt [19.11], [19.236], [19.242]. Viele ähnliche Beispiele finden sich in Kranhubwerkgetrieben, Greiferwindwerkgetrieben und Verseilmaschinenantrieben sowie weiteren Einsatzgebieten des Maschinen- und Anlagenbaus [19.178], [19.281].

Hinsichtlich der Schwingungsneigung von Umlaufrädergetrieben und der dabei entstehenden Geräusche sowie der möglichen Gefahr von Resonanzbetrieb sei auf die grundlegenden Zusammenhänge für Stirnradgetriebe in Abschnitt 18.5 sowie die weiterführende Fachliteratur verwiesen [19.127], [19.231], [19.232].

ZUSAMMENFASSUNG

Aufgaben und Lösungen

In Erweiterung der bereits behandelten Stirnradgetriebe erlauben **Umlaufrädergetriebe** die beliebige Überlagerung von Drehbewegungen sowie die Leistungsverzweigung und Leistungssummierung, wobei sie sich durch folgende Vorteile auszeichnen:

- Beliebige Überlagerung von Drehzahlen und Bewegungen im Dreiwellenbetrieb
- Beliebige Kopplung von zwei Antrieben und einem Abtrieb oder einem Antrieb und zwei Abtrieben bei koaxialer Lage der An- und Abtriebswellen (Leistungsverzweigung und Leistungssummierung)
- Ausführbarkeit sehr großer Übersetzungen mit vergleichsweise wenig Getriebeelementen
- Besserer Wirkungsgrad im Vergleich zum bauartgleichen Standgetriebe
- Geringes Gewicht und geringer Bauraum in Bezug auf die übertragbare Leistung
- Bei gekoppelten Umlaufrädergetrieben sind günstige Leistungsteilung und Drehzahlbeeinflussung im Nebenzweig möglich.
- Durch Bremsen oder Kuppeln einzelner Getriebeelemente sind relativ einfache Änderungen der Übersetzung möglich (Automatikgetriebe).
- Im Vergleich zum Standgetriebe sind die rotierenden Massen um bis zu 75 % geringer, sodass Beschleunigungs-, Verzögerungs- und Stoßmomente beim Anfahren, Abbremsen und Schalten wesentlich niedriger sind.

Vor diesem Hintergrund erlauben Umlaufrädergetriebe in Verbindung mit weiteren Getriebebauarten (Stirnrad-, Kegelrad-, Schnecken- und Hüllgetrieben) eine nahezu unbegrenzte Vielfalt an Möglichkeiten zur Lösung antriebstechnischer Problemstellungen.

Da ein Umlaufrädergetriebe im allgemeinen Fall über **drei Wellen** verfügt, deren Drehmomente im Gleichgewicht stehen, lassen sich durch verschiedene Kombinationen von Antrieb und Abtrieb beliebige Drehzahlen überlagern. Setzt man nun eine Welle fest, so entsteht ein Umlaufrädergetriebe mit nur zwei laufenden Wellen, das auch als Umlaufrädergetriebe-Übersetzungsgetriebe bezeichnet wird, da es wie jedes andere Standgetriebe nur noch als einfaches Übersetzungsgetriebe arbeitet. Damit entfällt die Überlagerungsmöglichkeit der Drehzahlen, jedoch bleibt die Eigenschaft der sogenannten Leistungsverzweigung bestehen, da immer noch die von einem Zentralrad abfließende Leistung über mehrere Planetenräder verzweigt und auf dem anderen Zentralrad wieder zusammengeführt wird.

In gleicher Weise wie bei Standgetrieben müssen für ein zu konstruierendes Umlaufrädergetriebe abhängig von den zu übertragenden Drehmomenten und anzupassenden Drehzahlen auch zuerst die **Standübersetzung** und die mögliche Bauart festgelegt werden. Darauf aufbauend lassen sich dann die Verzahnungsdaten, Lager und Wellen bemessen und mit den bereits behandelten Verfahren der Tragfähigkeitsberechnung kann die jeweilige Beanspruchbarkeit nachgewiesen werden.

Dabei ist zu beachten, dass im Gegensatz zu Standgetrieben bei Umlaufgetrieben Einschränkungen aufgrund der **zusätzlichen Umlaufbewegungen** bestehen, was insbesondere die maximal zulässigen Betriebsdrehzahlen der Planetenradlager aufgrund zusätzlicher Belastungen durch Fliehkräfte betreffen kann. Ferner ergeben sich für die Zähnezahlen der Räder Einschränkungen und die Aufteilung der Planeten am Umfang bedarf ebenfalls zusätzlicher Überlegungen.

Bedingt durch die **Leistungsverzweigung** innerhalb eines Umlaufrädergetriebes sind die Abmessungen im direkten Vergleich zu Stirnradgetrieben bei gleicher Leistung meistens kleiner, wobei aber wegen der hohen Leistungsdichte besonders auf eine gute Lastverteilung und einen Lastausgleich beim Zusammenwirken der einzelnen Elemente innerhalb des Getriebes zu achten ist. Demzufolge sind für eine gleichmäßige Kraft- bzw. Leistungsübertragung die Elastizität und Lagerung der einzelnen Wellen und Rädern, das Flankenspiel und die Teilungsfehler der Verzahnung sowie die fertigungs- und montagebedingten Abweichungen des gesamten Getriebes von entscheidender Bedeutung.

In gleicher Weise wie für Stirnradverzahnungen ist auch für Umlaufrädergetriebe ein **Tragfähigkeitsnachweis** zu führen, bei dem Beanspruchung und Beanspruchbarkeit miteinander verglichen werden. Dabei werden ausgehend von der einwirkenden Zahnkraft für sämtliche Zahnradpaarungen innerhalb eines Umlaufrädergetriebes die bekannten Nachweise der Grübchentragfähigkeit, der Zahnfußtragfähigkeit, der Fresstragfähigkeit, der Graufleckentragfähigkeit und der Verschleißtragfähigkeit sowie der Nachweis der Sicherheit gegen Maximalbelastung erbracht. Ebenso ist auch für den Umlaufträger die Festigkeit nachzuweisen.

Allerdings gibt es abweichend von den standardisierten Berechnungsverfahren bei Umlaufrädergetrieben **zwei Besonderheiten**, die bei der Berechnung zu berücksichtigen sind. Zum einen müssen zur Ermittlung der Lastverteilung innerhalb der Planetenstufe **Ungleichförmigkeiten** in der Belastung der einzelnen Planeten durch einen Lastüberhöhungsfaktor K_γ berücksichtigt werden. Zum anderen bedarf der Nachweis der **Zahnfußtragfähigkeit** von Stirnrädern bei Innenverzahnungen einer wesentlichen Ergänzung, da in den meisten Fällen eine Zahnkranzbeanspruchung vorliegt, die sich auf die Tragfähigkeit am Zahnfuß auswirken kann und deshalb nicht vernachlässigt werden darf.

Abschließend wird noch ein höheres Berechnungsverfahren vorgestellt, mit dem sich auf der Grundlage der bereits behandelten Lastverteilungsrechnung für Stirnräder rechnergestützt die Lastverteilung innerhalb der einzelnen Zahneingriffe Sonne-Planet und Planet-Hohlrad in einem Umlaufrädergetriebe berechnen lässt.

Hinsichtlich der **Schwingungsneigung** von Umlaufrädergetrieben und der dabei entstehenden Geräusche sowie der möglichen Gefahr von Resonanzbetrieb gelten die grundlegenden Zusammenhänge für Stirnradgetriebe.

Literatur

[19.1] AGMA 6006 – Standard for Design and Specification of Gearboxes for Wind Turbines, AGMA – American Gear Manufacturer Association, 2003

[19.2] Almen, I. O.: Surface Deterioration of Gear Teeth. Cleveland: Mechanical Wear. Published by the American Society for Metals 1950.

[19.3] Altmann: Zwei neue Getriebe für gleichförmige Übersetzung. Maschinenbau „Der Betrieb" 8 (1929) 721.

[19.4] Altmann: Antriebe von Hebezeugen durch hochübersetzende, raumsparende Stirnradgetriebe. Maschinenbau Heft „Getriebe", Berlin (1928)

[19.5] Arnaudow, K.: Untersuchung des Lastausgleiches in Planetengetrieben; Diss. TU Dresden, 1968.

[19.6] Arnaudow, K.; Karaivanov, D.: Analysis on the Stress of Toothings of Planetary Gearings; Int. Conf. on Gears 2005, VDI-Berichte 1904, Düsseldorf 2005.

[19.7] Arnaudow, K.: Einfaches Verfahren zur Ermittlung des Übersetzungsverhältnisses zusammengesetzter Planetengetriebe. VDI-Berichte 1230, VDI-Verlag GmbH, Düsseldorf 1996.
[19.8] Bader, A.: Test and Evaluation During the Development of a new Servo gear Series; Int. Conf. on Gears 2005, VDI-Berichte 1904, Düsseldorf 2005.
[19.9] Balasubramanian, B.: Dynamische Lastverteilung in Planetensätzen; Diss. TH Karlsruhe 1983.
[19.10] Barth, W.: Verformungen und Zahnfußspannungen von ringförmigen Rädern in Planetengetrieben; Diss. Ruhr-Universität Bochum, 1987.
[19.11] Basteck, A.; Tilscher, M.: Neues Triebstrangkonzept für drehzahlvariable Windturbinen zur Lastreduzierung und Erhöhung der Zuverlässigkeit ohne Leistungselektronik; AKIDA 2004 – Aachener Kollquium für Instandhaltung, Diagnose und Anlagenüberwachung, Tagungsband.
[19.12] Bastert, Ch.: Die Verlagerung der Zentralräder in Planetengetrieben; Forschung Ingenieurwesen 37 (1971), S. 21-29.
[19.13] Bauer, E.; Wikidal, F.; Gellermann, Th.: Überblick über Schäden am mechanischen Strang von Windenergieanlagen; Antriebstechnisches Kolloquium ATK 2005, Aachen 2005.
[19.14] Baumann, F.; Graf, H.; Linke, H.: Analyse zur Breitenlastverteilung und Lastaufteilung in Planetengetrieben; Dresdner Maschinenelemente Kolloquium – DMK 2007, Tagungsband, S. 121-134.
[19.15] Berger, G.: Automatisch stufenlos wirkendes hydrostatisches Lastschaltgetriebe für Kraftfahrzeuge. Theorie, Konstruktion, Versuche. Vergleiche mit serienmäßigen Kraftfahrzeuggetrieben; Diss. Ruhruniversität Bochum, 1986.
[19.16] Berger, G.; Bauer, G.; Pape, M.: Differenzialgetriebe – Eine neue Getriebegeneration für Multi-Megawatt-Windturbinen; Antriebstechnisches Kolloquium ATK 2005, Aachen 2005.
[19.17] Berger, G.; Pape, M.: Mehrstufige Planetengetriebe als Radantriebe für mobile Großgeräte; VDI-Fachtagung „Planetengetriebe 1999", VDI-Bericht 1460, Düsseldorf 1999.
[19.18] Bessey, R.: Feinwerktechnische Hochleistungsplanetengetriebe in Vollkunststoffbauweise; VDI-Fachtagung „Planetengetriebe 1999", VDI-Bericht 1460, Düsseldorf 1999.
[19.19] Beumler, H.: Geräuschverhalten von einstufigen Planetenzahnradgetrieben mit gehäusefestem Hohlrad; Diss. Ruhruniversität Bochum, 1989.
[19.20] Birkle H. G.: Das Betriebsverhalten der stufenlos einstellbaren Koppelgetriebe. Diss. T.H. Darmstadt 1968.
[19.21] Bock, Fr.: Über Differentialräderwerke. VDI-Z. 1879, S. 411.
[19.22] Börner, J.; Senf, M.; Linke, H.: Beanspruchungsanalyse bei Stirnradgetrieben – Nutzung der Berechnungssoftware LVR, Dresdner Maschinenelemente Kolloquium – DMK 2003, Tagungsband, S. 75-86.
[19.23] Brandenberger, H.: Wirkungsgrad und Aufbau einfacher und zusammengesetzter Umlaufrädergetriebe. Maschinenbau 8 (1929), H. 8 und 9.
[19.24] Brass, E. A.: Two Stage Planetary Arrangements for the 15:1 Turbo Prop Reduction Gear. ASME Paper Number 60-SA-1 (1960).
[19.25] Breuer, K.: Planetengetriebe für große Drehmomente und große Leistungen. Die Antriebstechnik 1 (1962) 1 und 4.
[19.26] Brinck, P.: Zahnfußtragfähigkeit oberflächengehärteter Stirnräder bei Lastrichtungsumkehr; Diss. TU München, 1989.

[19.27] Burton, T.; Sharpe, D.; Jenkins, N.; Bossanyi, E.: Wind Energy Handbook; John Wiley & Sons, Chichester 2001.

[19.28] Cajetano, D.: Neues Rädergebäude. Hofbuchdrucker J. Edlen v. Kurzbeck, Wien 1791.

[19.29] Christ, M.: Rechnersoftware für die integrierte Gestaltung und Berechnung von Planetengetrieben; Diss. Ruhr-Universität Bochum 1999.

[19.30] Christ, M.; Predki, W.; Jarchow, F.: Rechnersoftware für die integrierte Gestaltung und Berechnung von Planetengetrieben; VDI-Fachtagung „Planetengetriebe 1999", VDI-Bericht 1460, Düsseldorf 1999.

[19.31] Dahl, A.: Selbstspannende Riemengetriebe. Konstruktion 6 (1954) H. 8.

[19.32] Deiwiks, J.: Schallleistungspegel von Planetenradgetriebestufen mit gehäusefestem Hohlrad; Diss. Ruhruniversität Bochum, 1991.

[19.33] Denefleh, R.; Christ, M.: Development of a Modular System for a High Dynamic Drive System; Int. Conf. on Gears 2005, VDI-Berichte 1904, Düsseldorf 2005.

[19.34] DIN 743 Tragfähigkeit von Wellen und Achsen; T1 Einführung, Grundlagen; T2 Formzahlen und Kerbwirkungszahlen; T3 Werkstoff-Festigkeitswerte; (2000-10).

[19.35] DIN 867 Bezugsprofile für Evolventenverzahnungen an Stirnrädern (Zylinderrädern) für den allgemeinen Maschinenbau und den Schwermaschinenbau (1986-02).

[19.36] DIN 1825 Schneidräder für Stirnräder; Geradverzahnte Scheibenschneidräder (1977-11).

[19.37] DIN 1826 Schneidräder für Stirnräder; Geradverzahnte Glockenschneidräder (1977-11).

[19.38] DIN 1828 Schneidräder für Stirnräder; Geradverzahnte Schaftschneidräder (1977-11).

[19.39] DIN 3990 Tragfähigkeitsberechnung von Stirnrädern, T1 Einführung und allgemeine Einflussfaktoren (1987-12)

[19.40] DIN 3990 Tragfähigkeitsberechnung von Stirnrädern, T2 Berechnung der Grübchentragfähigkeit (1987-12).

[19.41] DIN 3990 Tragfähigkeitsberechnung von Stirnrädern, T3 Berechnung der Zahnfußtragfähigkeit (1987-12).

[19.42] DIN 3990 Tragfähigkeitsberechnung von Stirnrädern, T4 Berechnung der Fresstragfähigkeit (1987-12)

[19.43] DIN 3990 Tragfähigkeitsberechnung von Stirnrädern, T5 Dauerfestigkeitswerte und Werkstoffqualitäten (1987-12).

[19.44] DIN 3990 Tragfähigkeitsberechnung von Stirnrädern, T6 Betriebsfestigkeitsrechnung (1994-12).

[19.45] DIN 3990 Tragfähigkeitsberechnung von Stirnrädern, T11 Anwendungsnorm für Industriegetriebe; Detail-Methode (1989-02).

[19.46] DIN 3990 Tragfähigkeitsberechnung von Stirnrädern, T21 Anwendungsnorm für Schnellaufgetriebe und Getriebe ähnlicher Anforderungen (1989-02).

[19.47] DIN 3990 Tragfähigkeitsberechnung von Stirnrädern, T31 Anwendungsnorm für Schiffsgetriebe (1990-07)

[19.48] DIN 3990 Tragfähigkeitsberechnung von Stirnrädern, T41 Anwendungsnorm für Fahrzeuggetriebe (1990-05).

[19.49] DIN 3993 Geometrische Auslegung von zylindrischen Innenradpaaren mit Evolventenverzahnung; T1 Grundregeln (1981-08).

[19.50] DIN 3993 Geometrische Auslegung von zylindrischen Innenradpaaren mit Evolventenverzahnung; T2 Diagramme über geometrische Grenzen für die Paarung Hohlrad-Ritzel (1981-08).

[19.51] DIN 3993 Geometrische Auslegung von zylindrischen Innenradpaaren mit Evolventenverzahnung; T3 Diagramme zur Ermittlung der Profilverschiebungsfaktoren (1981-08).
[19.52] DIN 3993 Geometrische Auslegung von zylindrischen Innenradpaaren mit Evolventenverzahnung; T4 Diagramme über Grenzen für die Paarung Hohlrad-Schneidrad (1981-08).
[19.53] DIN EN ISO 18265 Metallische Werkstoffe – Umwertung von Härtewerten (2004-02).
[19.54] Dinner, H.: Dem Wind die Zähne gezeigt; Wind-Kraft-Journal 2/2007 S. 24-34.
[19.55] Dinter, R.; Vriesen, J.: Getriebe für Windkraftanlagen – Überprüfung der Konstruktion durch Prüfstandsversuche; Antriebstechnisches Kolloquium ATK 2005, Aachen 2005.
[19.56] DNV; Classification Notes 41.2 on ISO 6336.
[19.57] Dorsch, S.: Umlaufgetriebe zur Drehzahlregelung von Strömungsmaschinen. Die Maschine 20 (1966) 3, S. 51-55.
[19.58] Dreher, K.: Rechnergestützte Optimierung von Planetenkoppelgetrieben. Dissertation D 17, Darmstadt 1983.
[19.59] Dresig, H.; Schreiber, U.: Vibration Analysis for Planetary Gear under Consideration of Stiffness Variations during Tooth Engagement; Int. Conf. on Gears 2005, VDI-Berichte 1904, Düsseldorf 2005.
[19.60] Duda, M.: Der geometrische Verlustbeiwert und die Verlustunsymmetrie bei geradverzahnten Stirnradgetrieben. Forschung im Ingenieurwesen 37 (1971), H. 1, VDI-Verlag.
[19.61] Durst, W.; Vogt, W.: Bucket Wheel Excavator; Trans Tech Publications, Clausthal-Zellerfeld 1988.
[19.62] Ehrlenspiel, K.: Untersuchung eines drehzahlregelbaren Planetengetriebes (Überlagerungsgetriebe); Energie 18 (1966) 1, S. 25-28.
[19.63] Ehrlenspiel, K.: Planetengetriebe-Lastausgleich und konstruktive Entwicklung. VDI-Berichte 105, 1967, Seite 57-67, VDI-Verlag.
[19.64] Enderle, Ralf: Analyse und Synthese ebener viergliedriger Umlaufkurbelgetriebe; Diss. D 17, Darmstadt 1985.
[19.65] Ernst, H.: Die Hebezeuge; Vieweg Verlag, Braunschweig 1973.
[19.66] FKM 2002: Rechnerischer Festigkeitsnachweis für Maschinenbauteile aus Stahl, Eisenguß- und Aluminiumwerkstoffen, VDMA-Verlag, Frankfurt am Main 2002.
[19.67] Flamang, P.; Clemént, P.: Stress and Load Distribution Factors in Bearings: A Tool to Compare Bearing Alternatives; Dresdner Maschinenelemente Kolloquium – DMK 2003, Tagungsband, S. 289-302.
[19.68] Fritsch, F.: Berechnung von Planetengetrieben; Österr. Ing. Z. 17 (1974), S. 413-417.
[19.69] Fritsch, F.: Der Lastausgleich in Stirnrad-Planetengetrieben; VDI-Berichte 167 (1971), S. 199-207.
[19.70] Förster, H. J.: Zur Berechnung des Wirkungsgrades von Planetengetrieben. Konstruktion 21 (1969) 5, S. 165-178.
[19.71] Gackstetter, G.: Leistungsverzweigung bei der stufenlosen Drehzahlregelung mit Vierwellen-Planetengetrieben. VDI-Z 108 (1966), Nr. 6 S. 210-214.
[19.72] Gaertner, H.: Die Bestimmung des Deformations- und Spannungszustandes von Wellgetrieben großer Leistung mit scheibenförmigem Wellgenerator. Diss. TH Magdeburg 1985.
[19.73] Gandbhir, S.; Hill, F.: Zylindrische Innenradpaare mit Evolventenverzahnung und Übersetzung i = 1; Antriebstechnik 32 (1993), Heft 1, S. 50-51.

[19.74] Ganz, K.; Müller, M.: Structural Mechanics Analysis of Gear Unit Components in the Development process Using the Finite Element Method; Int. Conf. on Gears 2005, VDI-Berichte 1904, Düsseldorf 2005.

[19.75] Gasch, R.; Twele, J.: Windkraftanlagen; Teubner Verlag, Wiesbaden 2007.

[19.76] Gaunitz, A.: Planetengetriebe mit großer Übersetzung. VDI-Z 92 Nr. 33 (1950) S. 956.

[19.77] Giger, U.: Planetenkoppelgetriebe in Windenergieanlagen mit flexibler Planetenlagerung; Dresdner Maschinenelemente Kolloquium – DMK 2003, Tagungsband, S. 265-272.

[19.78] Giger, U.; Goldenbohm, J.: Leistungsverzweigte Planetengetriebe in Windenergieanlagen mit flexibler Planetenlagerung; Antriebstechnisches Kolloquium ATK 2003, Aachen 2003.

[19.79] Giles, Herbert A: Adversaria Sinica, British Museum, Book No. 11853 S, pages 106-114.

[19.80] Glover, J. H.: Efficiency and Speed-Ratio-Formulas for Planetary Gear Systems Product Engng 36 (1965) Nr. 19.

[19.82] Gnilke, M.: Aktueller Entwicklungsstand bei Schaufelradgetrieben mittlerer und großer Leistung; Dresdner Maschinenelemente Kolloquium – DMK 2005, Tagungsband, S. 235-242.

[19.82] Gold, P.-W.; Loos, J.; Hermsmeier, J.: Schmierstoffe auf Basis nachwachsender Rohstoffe in Planeten- und Schneckengetrieben; Antriebstechnisches Kolloquium ATK 2003, Aachen 2003.

[19.83] Greiner, J.; Riedl, K.; Gansloser, P.: Stand und Zukunft der PKW-Automatgetriebe mit Planetenradsätzen bei Mercedes Benz; VDI-Fachtagung „Planetengetriebe 1999“, VDI-Bericht 1460, Düsseldorf 1999.

[19.84] Grill, J.: Innovative Plastic Harmonic Drive Gear System; Int. Conf. on Gears 2002, VDI-Berichte 1665, Düsseldorf 2002.

[19.85] Hähnel, Th.: Auslegung von Maschinenelementen dynamisch hoch belasteter Antriebe mittels Messung und Simulation; Diss. TU Dresden, erscheint demnächst.

[19.86] Hansberg, G.: Freßtragfähigkeit vollrolliger Planetenrad-Wälzlager; Diss. Ruhr-Universität Bochum, 1991.

[19.87] Hansberg, G.; Jarchow, F.; Predki, W.: Planetenrad-Wälzlager; VDI-Fachtagung „Planetengetriebe 1999“, VDI-Bericht 1460, Düsseldorf 1999.

[19.88] Hamerak, Kurt: Das Cyclo-Getriebe, eine geniale Idee und ihre technische Verwirklichung. Technik heute (1932) Nr. 6, 1979.

[19.89] Härter, R.; Michelsen, K.: Drahtziehen – Zugkraftregelung mit Planetengetriebe. Der Konstrukteur, Sonderheft 97, S. 96.

[19.90] Heier, S.: Windkraftanlagen – Systemauslegung, Integration und Regelung, Teubner Verlag, Wiesbaden 2003.

[19.91] Helfer, Friedrich: Eine Analogie zur Untersuchung von Planetengetrieben. ATZ 69 (1967), Nr. 5, S. –149-152.

[19.92] Hermsmeier, J.; Gödecke, G.; Aßmann, Ch.; Gold, P. W.: Untersuchung der Leerlaufverluste in einem Planetengetriebe für Windkraftanlagen mit mineralölbasischen und biologisch schnell abbaubaren Schmierstoffen; VDI-Fachtagung „Planetengetriebe 1999“, VDI-Bericht 1460, Düsseldorf 1999.

[19.93] Heß, R.: Entwicklungstendenzen bei großen Planetengetrieben für den industriellen Einsatz; Dresdner Maschinenelemente Kolloquium – DMK 2005, Tagungsband, S. 123-134.

[19.94] Heyerdecker, R.; Weiß, T.; Boiger, P.: Hochintegrierter Triebstrang für eine 5 MW Windenergieanlage (Multibrid); Antriebstechnisches Kolloquium ATK 2003, Aachen 2003.
[19.96] Hill, F.: Einbaubedingungen bei Planetengetrieben. Konstruktion 1967, H. 10, S 393/ 394.
[19.96] Hlebanja, J.; Hlebanja, G.: Tooth Flank Durability of Internal S-Gears; Int. Conf. on Gears 2005, VDI-Berichte 1904, Düsseldorf 2005.
[19.97] Höhn, B.-R.; Steingröver, K.; Mulzer, F.; Moench, J.: A new Method for Selecting High Ratio Coaxial Gear Drives for Specific Applications; Int. Conf. on Gears 2005, VDI-Berichte 1904, Düsseldorf 2005.
[19.98] Höhn, B.-R.; Oster, P.; Geiser, H.: ANPLA – Anregungspegel Planetenradstufe; VDI-Fachtagung „Planetengetriebe 1999", VDI-Bericht 1460, Düsseldorf 1999.
[19.99] Holfeld, A.: Untersuchung der Zahnfußbeanspruchung von Innenverzahnungen unter Berücksichtigung des Zahnkranzeinflusses; Diss. TU Dresden 1984.
[19.100] Hösl, A.; Post, J.; Pfeiffer, F.: Simulation of a Ravigneaux Planetary Gear of an Automatic Transmission; Int. Conf. on Gears 2002, VDI-Berichte 1665, Düsseldorf 2002.
[19.101] ISO 6336 Tragfähigkeitsberechnung von gerad- und schrägverzahnten Stirnrädern; T1 Grundnorm, Einführung und allgemeine Einflussfaktoren (2008-06).
[19.102] ISO 6336 Tragfähigkeitsberechnung von gerad- und schrägverzahnten Stirnrädern; T2 Berechnung der Oberflächentragfähigkeit (Grübchenbildung) (2008-06).
[19.103] ISO 6336 Tragfähigkeitsberechnung von gerad- und schrägverzahnten Stirnrädern; T3 Berechnung der Zahnfußtragfähigkeit (2008-06).
[19.104] ISO 6336 Tragfähigkeitsberechnung von gerad- und schrägverzahnten Stirnrädern; T5 Festigkeit und Werkstoffqualitäten (2003-07).
[19.105] ISO 6336 Tragfähigkeitsberechnung von gerad- und schrägverzahnten Stirnrädern; T6 Betriebsfestigkeit (2006-08).
[19.106] Jahn, Cl.: Theoretische und experimentelle Untersuchungen zur Zahnfußtragfähigkeit von Innenverzahnungen; Diss. TU Dresden, 1997.
[19.107] Jahn, Cl.; Linke, H.: Zahnfuß- und Zahnkranzbeanspruchung bei Innenverzahnungen von Planetengetrieben. Teil III: Überprüfung und Anwendung der Methode in der Praxis. Antriebstechnik (1998), Heft 11, S. 69-73.
[19.108] Jahn, Cl.; Linke, H.: Zahnfuß- und Zahnkranzbeanspruchung bei Innenverzahnungen von Planetengetrieben. Teil II: Bestimmungsgrößen der Zahnfußtragfähigkeit; Antriebstechnik (1998), Heft 10, S. 70-74.
[19.109] Jahn, Cl.; Linke, H.; Kupfer, R.: Zahnfuß- und Zahnkranzbeanspruchung bei Innenverzahnungen von Planetengetrieben. Teil I: Experimentelle Untersuchungen; Antriebstechnik (1998), Heft 7, S. 65-68.
[19.110] Jante, A.: Zur Mechanik des Differentials; ATZ 45 (1942), S. 5-11, 32-38.
[19.111] Jarchow, F.: Fiveshaft-Planetary-Gears for Vehicle Transmissions with Stepless Ranges – Comparison of Sizes and Power-Losses; Int. Conf. on Gears 2005, VDI-Berichte 1904, Düsseldorf 2005.
[19.112] Jarchow, F.: Stirnräder-Planetengetriebe mit selbsttätigem Belastungsausgleich; VDI-Zeitschrift 104 (1962), S. 509-512.
[19.113] Jarchow, F.; Langenbeck, K.; Benthake, H.: Planeten- und Überlagerungsgetriebe. Antriebstechnik 6 (1967) 12, S. 432-440.
[19.114] Jarchow, F.: Überlagerungsgetriebe für stufenlose Drehzahl- und Drehmomentwandlung in Kraftfahrzeugen. VDI-Berichte Nr. 105, 1967, S. 69-78.
[19.115] Jarchow, F.: Leistungsverzweigte Getriebe. VDI-Zeitschrift 106 (1964) 6, S. 196-205.

[19.116] Jarchow, F.; Vonderschmidt, R.: Zahnkräfte in Planetengetrieben; VDI-Berichte 434 (1982), S. 89-105.
[19.117] Jensen, P. W.: Raumbedarf und Wirkungsgrad zusammengesetzter Planetenrädergetriebe mit einstufigem Planetenrad. Konstruktion 21 (1969), H. 5, S. 178-184.
[19.118] Jokl, W.: Planeten-Mehrgang-Schiffsgetriebe, Baureihe MS. ASUG-Mitteilungen 4 (1967) 1.
[19.119] Jones, T. P.: Design, Operating Experience and Development Potential of Main Propulsion Epicyclic Gears; Trans. Int. Marine Eng. 84 (1972), pp. 465-498.
[19.120] Kappei, R.; Mueller, F.: Automatisch schaltendes Stufenwechselgetriebe mit drei Planetensätzen. Offenlegungsschrift DE 4405048 A1, 1.9.94, Volkswagen AG.
[19.121] Karademir, M. A.: Zahnsteifigkeit in Planetengetrieben; Diss. Ruhr-Universität Bochum, 1989.
[19.122] Kayser, A.: Component Oriented Modelling and Simulation of Harmonic Drive Gear Units; Int. Conf. on Gears 2002, VDI-Berichte 1665, Düsseldorf 2002.
[19.123] Kettler, J.: Ölsumpftemperatur von Planetengetrieben; Diss. Ruhr-Universität Bochum, 2001.
[19.124] Kiene, K.: Zulässige Verlustleistungen von Planetenzahnrad-Wälzlagern an Temperaturgrenzen; Diss. Ruhr-Universität Bochum, 1995.
[19.125] King, H. C.: Geared to the stars. University of Toronto Press, 1978.
[19.126] Kissling, U.: Konzept für die effiziente Auslegung und Optimierung von Planetengetrieben nach verschiedenen Kriterien; VDI-Fachtagung „Planetengetriebe 1999", VDI-Bericht 1460, Düsseldorf 1999.
[19.127] Klein, U.: Schwingungsdiagnostische Beurteilung von Maschinen und Anlagen; Verlag Stahleisen, Düsseldorf 2003.
[19.128] Klein-Hitpaß, A.; Dinter, R.: Use of Modern Development Tools for the Optimisation of Complex, High-loaded Cast Components; Int. Conf. on Gears 2005, VDI-Berichte 1904, Düsseldorf 2005.
[19.129] Klocke, F.; Köllner, T.: Wälzstoßen – Eine gute Alternative für die Weich- und Hartfeinbearbeitung von Innenverzahnungen; VDI-Fachtagung „Planetengetriebe 1999", VDI-Bericht 1460, Düsseldorf 1999.
[19.130] Knöbel, W.; Domke, U.: Beitrag zur Ermittlung der Betriebsbelastung für die Berechnung von Schaufelradgetrieben. Diss. TH Magdeburg 1976.
[19.131] Kondrashow, J. D.: Lastverteilung in Planetengetrieben; Konstruktion 26 (1974), S. 323-324.
[19.132] Kos, M.: Bewertung der Ausgleichssysteme in Planetengetrieben mit dynamischen Kraftbeiwerten; Konstruktion 33 (1981); S. 91-96.
[19.133] Krull, F.-D.: Triebstrangschwingungen in Windkraftgetrieben; Dresdner Maschinenelemente Kolloquium – DMK 2003, Tagungsband, S. 273-288.
[19.134] Krull, F.-D.: Besonderheiten bei Getrieben in Windenergieanlagen aus der Sicht eines Getriebeherstellers; Tagung „Antriebsstränge in Windenergieanlagen", Haus der Technik, Essen, 2009-07-02.
[19.135] Kunad, G.; Leistner, F.: Wellgetriebe – Funktion, Bauformen, Kinematik, Wiss. Zeitschrift TH Magdeburg 26 (1982) 6, S. 67-73.
[19.136] Kunze, G.; Göhring, H.; Jacob, K.: Baumaschinen – Erdbau- und Tagebaumaschinen; Vieweg Verlag, Wiesbaden 2002.
[19.137] Kutzbach, K.: Vorlesung über Maschinenelemente. Dresden 1937.
[19.138] Kutzbach, K.: Neuere amerikanische Versuche über Abnutzung und Wirkungsgrad von Zahnrädern; Maschinenbau und Betrieb 5 (1926), S. 223-224.

[19.139] Kutzbach, K.: Die Regelung bei stufenlosen Umformern – Drehzahlregelung durch Leistungsverzweigung; Gesammelte Aufsätze der Zeitschrift Maschinenbau, VDI-Verlag, Berlin 1928.
[19.140] Kutzbach, K.: Reibung und Abnutzung von Zahnrädern, Bericht über Versuche der ZF; VDI-Zeitschrift 70 (1926), S. 999-1003.
[19.141] Kutzbach, K.:; Mechanische Leistungsverzweigung, ihre Gesetze und Anwendungen; Maschinenbau und Betrieb 8 (1929), S. 710-716.
[19.142] Kutzbach, K.:; Mehrgliedrige Radgetriebe und ihre Gesetze. Maschinenbau 6 (1927), H. 22, S. 1080-1083.
[19.143] Kutzbach, K.: Hütte II, 26. Aufl., Verlag Ernst & Sohn, Berlin 1931.
[19.144] Lamparski, Ch.: Einfache Berechnungsgleichungen für Lastüberhöhungen in Leichtbau-Planetengetrieben; Diss. Ruhr-Universität Bochum, 1995.
[19.145] Lanchester, George: Lecture delivered to the China Society, London, Febr. 3, 1947.
[19.146] Langenbeck, K.: Überlagerungsgetriebe für den Antrieb von Erzförderpumpen. Antriebstechnik 8 (1969) 10.
[19.147] Langenbeck, K.: Antrieb von Metallfolienreckanlagen mit Überlagerungsgetrieben. Antriebstechnik 9 (1970) 2, S 44-48.
[19.148] Laughlin, H. G.; Holowenko, A. R.; Hall, A. S.: Epicyclic Gear System. Machine Design 28 (1956) No. 6.
[19.149] Lechner, G.; Naunheimer, H.: Fahrzeuggetriebe. Springer 1994.
[19.150] Leistner, F.: Die Masse als Parameter des Planetengetriebes; Wissenschaftliche Zeitschrift der TH Magdeburg 13 (1969) S. 707.
[19.151] Leitner, J.; Aitzetmüller, H.; Marzy, R.: Planetengetriebe im stufenlosen Fahrzeuggetriebe S-Matic; VDI-Fachtagung „Planetengetriebe 1999", VDI-Bericht 1460, Düsseldorf 1999.
[19.152] Liang, B.: Berechnungsgleichungen für Reibmomente in Planetenradwälzlagern; Diss. Ruhr-Universität Bochum 1992.
[19.153] Linke, H.: Stirnradverzahnung – Berechnung, Werkstoffe, Fertigung; Hanser Verlag München 1996.
[19.154] Linke, H.; Baumann, F.; Trempler, U.: Analyse zur Beanspruchung der Verzahnung von Planetengetrieben; Dresdner Maschinenelemente Kolloquium – DMK 2005, Tagungsband, S. 195-208.
[19.155] Linke, H.; Trempler, U.; Schlecht, B.: Lastverteilung und Bruchsicherheit von Planetengetrieben unter Berücksichtigung des gesamten Radsatzes; Dresdner Maschinenelemente Kolloquium – DMK 2003, Tagungsband, S. 129-138.
[19.156] Linke, H.; Jahn, Cl.: Untersuchungen zur Zahnfußtragfähigkeit bei Innenverzahnungen; Abschlussbericht zum DFG-Vorhaben Li 530/4-1, Dresden, 1997.
[19.157] Linke, H.; Trempler, U.: Untersuchungen zur Zahnfußtragfähigkeit bei Innenverzahnungen; Abschlussbericht zum DFG-Vorhaben Li 530/4-2, Dresden, 2000.
[19.158] Linke, H.; Trempler, U.; Baumann, F.: Analysis on the Stress of Toothings of Planetary Gearings; Int. Conf. on Gears 2005, VDI-Berichte 1904, Düsseldorf 2005.
[19.159] Linke, H.; Trempler, U.: Load Distribution and Safety Against Breakage of Planetary Gearings Considering the Entire Gear Set; Int. Conf. on Gears 2002, VDI-Berichte 1665, Düsseldorf 2002.
[19.160] Linke, H.; Senf, M.; Trempler, U.: Dauerbruchsicherheit von Innenverzahnungen; Tagung Antriebstechnik – Zahnradgetriebe, S. 464-477, TU Dresden, 2000.
[19.161] Linke, H.; Trempler, U.: Dauerbruchsicherheit von Innenverzahnungen bei Planetengetrieben; VDI-Fachtagung „Planetengetriebe 1999", VDI-Bericht 1460, Düsseldorf 1999.

[19.162] Looman, J.: Getriebe und Antriebselemente VDI-Zeitschrift 107 (1965), S. 920-928 und VDI-Zeitschrift 108 (1966), S. 915-924.

[19.163] Looman, J.: Berechnung reduzierter Planetengetriebe Entwicklung; VDI-Fachtagung „Planetengetriebe 1999", VDI-Bericht 1460, Düsseldorf 1999.

[19.164] Looman, J.: Zahnradgetriebe; Springer-Verlag, Berlin 1988.

[19.165] Looman, J.: Planetengetriebe in Uhren; Tagung Antriebstechnik – Zahnradgetriebe, S. 478-492, TU Dresden, 2000.

[19.166] Lörsch, G.: Aufbau und Eigenschaften von Getriebekombinationen stufenlos verstellbarer Kettengetriebe mit Umlaufrädergetrieben. Diss. TH Karl-Marx-Stadt 1971.

[19.167] Lörsch, G.: Umlaufrädergetriebe für hohe Übersetzungen. Maschinenbautechnik 16 (1967) 1, S. 15-18.

[19.168] Lüpfert, H.-P.: Einfluss mehrachsiger Druckvorspannungen auf die zyklische Festigkeit metallischer Konstruktionswerkstoffe; Arbeitsbericht zum DFG-Vorhaben Lu 627/2-1, Freiberg, 1999.

[19.169] Lehmann, M.: Bestimmung des Wirkungsgrades von Zykloiden-Kurvenscheiben-Getrieben. Antriebstechnik 23 (1984) 12.

[19.170] Lunardi, H.: Die große astronomische Kunstuhr des Augustiner-Paters David a San Cajetano. Uhren-Juwelen Nr. 3, 1962.

[19.171] Mägi, M.: A General New Approach for Characterization and Analysis of Planetary Gears; VDI-Fachtagung „Planetengetriebe 1999", VDI-Bericht 1460, Düsseldorf 1999.

[19.172] Mauer, L.; Schlittenhelm, M.: Simulation der Schwingungsdynamik von Antrieben mit SIMPACK; Dresdner Maschinenelemente Kolloquium – DMK 2005, Tagungsband, S. 433-448.

[19.173] Meerkamm, H.; Paetzold, K.: Zur Optimierung der Getriebesteifigkeit von WAVE DRIVE Getriebe; Dresdner Maschinenelemente Kolloquium – DMK 2003, Tagungsband, S. 477-488.

[19.174] Michler, T.; Laakmann, M.: Verbesserung der tribotechnischen Eigenschaften von Verzahnungen; VDI-Fachtagung „Planetengetriebe 1999", VDI-Bericht 1460, Düsseldorf 1999.

[19.175] Mitschke, W.: Beitrag zur Untersuchung des Einflusses der Radkörpergestaltung auf die Tragfähigkeit der Verzahnung und die Beanspruchung des Radkörpers; Diss. TU Dresden, 1983.

[19.176] Möhle, H.: Beurteilungsmaßstäbe für hochtourige Zahnkupplungen. Konstruktion 17 (1965) 2.

[19.177] Muletarow, W.: Beitrag zur Auslegung und Berechnung von Getrieben mit evolventenverzahnten Innenrädern; Diss. TH Karl-Marx-Stadt (Chemnitz), 1981.

[19.178] Müller, H. W.: Die Umlaufgetriebe; Springer Verlag, Berlin 1998.

[19.179] Müller, H. W.: Ungleichmäßig übersetzende Umlaufgetriebe. Fortschrittsberichte VDI, Reihe 1 Konstruktionstechnik Nr. 159 S. 49-64.

[19.180] Müller, H. W.: Umlauf-Kurbelgetriebe. Konstruktion 25 (1973) Heft 3, S. 81-84.

[19.181] Müller, H. W.; Dreher, K.: Computer Aided Design and Optimisation of Compound Planetary Gears. Proceedings of intern. Symposium an Gearing & Power Transmissions, Tokyo 1981.

[19.182] Müller, H. W.; Schäfer, W. F.: Geometrische Voraussetzungen bei innenverzahnten Getriebestufen mit sehr kleinen Zähnezahldifferenzen; Forschung im Ingenieurwesen 36 (1979), Heft 5, S. 160-163.

[19.206] Müller, H. W.:; Programmierte Analyse von Planetengetrieben. Antriebstechnik 28 Nr. 4, 1989.

[19.208] Müller, H. W.:; Zum Mechanismus der Selbsthemmung. Konstruktion 39 (1987) H. 3, S. 93-100.
[19.186] Müller, H. W.; Storm, Rainer: Einfluss der Gehäusegestalt auf die Geräuschemission von Getrieben. VDI-Berichte Nr. 488, 1983, VDI-Verlag Düsseldorf.
[19.186] Müller, H. W.: Zum Problem des Lastausgleichs bei Planetengetrieben. Konstruktion 27 (1975) H. 3, Springer-Verlag.
[19.187] Müller, T.: Getriebesystem ohne Gleitreibung. Konstruktion & Elektrotechnik 3 (1985) 8.
[19.188] Muhs, D.; Wittel, H. et al Roloff/Matek Maschinenelemente; Vieweg Verlag, Braunschweig 2009.
[19.189] Naendorf, B.: Näherungsgleichungen für Tragfähigkeitsnachweise von Industrieplanetengetrieben; Diss. Ruhr-Universität Bochum, 1992.
[19.190] Naunheimer, H.; Bertsche, B.; Lechner, G.: Fahrzeuggetriebe, Springer-Verlag 2007.
[19.191] Niemann, G.; Winter, H.: Maschinenelemente Band II (Getriebe allgemein, Zahnradgetriebe – Grundlagen, Stirnradgetriebe); Springer Verlag, Berlin 1983.
[19.192] Niemann, G.; Glaubitz, H.: Schrägverzahnte schmale Stirnräder. VDI-Zeitschrift 93 (1951) 9.
[19.193] Nikolaus, H.: Graphische Darstellung der Drehzahl-, Momenten- und Leistungsverteilung in einfach rückkehrenden Planetengetrieben. Der Maschinenmarkt Nr. 90 vom 10. Nov. 1961, S. 29-39.
[19.194] N. N. BHS Getriebetechnik: Stoeckicht-Planetengetriebe. Druckschrift h-3/3-87, BHS-Werk Sonthofen.
[19.195] N. N.: Das Stoeckicht-Planetengetriebe – Gedenkschrift zur Würdigung der Arbeiten von Dr.-Ing. E. H. Wilhelm Stoeckicht, BHS Getriebetechnik, Sonthofen 1984.
[19.196] N. N.: RIKOR – Ritzelkorrekturprogramm – Programmbeschreibung; Forschungsvereinigung Antriebstechnik (FVA), Frankfurt am Main 2008.
[19.197] N. N.: PLANKORR – Planetengetriebekorrekturprogramm – Programmbeschreibung; Forschungsvereinigung Antriebstechnik (FVA), Frankfurt am Main 2008.
[19.198] N. N.: Druckschrift Cyclo Drive 4000 D/E 04/96, Sumitomo Heavy Industries Cyclo Drive (Europe) GmbH.
[19.199] N. N.: Simpler Epicyclic Gears; Automobile Eng (March 1967), p. 105.
[19.200] Ott, A.: Zur systematischen Synthese mehrgängiger Umlaufräder-Schaltgetriebe. Automobiltechnische Zeitschrift Nr. 1, 3, 4; 1968.
[19.201] Overlach, H.: Die Bedeutung der Umlaufgetriebe für die Fördertechnik – Aufbau, Eigenschaften und Anwendung; Jubiläumsausgabe der Zeitschrift „Fördern und Heben“, Krausskopf Verlag, Wiesbaden 1961.
[19.202] Pears, J.; Smith, A.; Curtis, S.: A Software Tool for the Prediction of Planetary Gear Transmission Error; Int. Conf. on Gears 2005, VDI-Berichte 1904, Düsseldorf 2005.
[19.203] Pickard, J.: Berechnungsgrundlagen einfacher und zusammengesetzter Planetengetriebe; Antriebstechnik 14 (1975), S. 28-34.
[19.204] Piepka, E.: Eingriffsstörungen bei Evolventen-Innenverzahnungen, theoretische Ableitung und Programmierung; VDI-Zeitschrift 112 (1970), S. 215-219.
[19.205] Polifke, G.: Dynamisches Verhalten von mehrstufigen Planetenradgetrieben; Diss. Ruhruniversität Bochum, 1997.
[19.206] Polifke, G.; Predki, W.; Jarchow, F.: Simulation des dynamischen Schwingungsverhaltens mehrstufiger Planetengetriebe; VDI-Fachtagung „Planetengetriebe 1999“, VDI-Bericht 1460, Düsseldorf 1999.

[19.207] Poppinga, R.: Stirnrad-Planetengetriebe. Stuttgart: Franckhsche Verlagsbuchhandlung, W. Keller & Co. 1949.
[19.208] Predki, W.: Stand der Planetengetriebe Entwicklung; VDI-Fachtagung „Planetengetriebe 1999", VDI-Bericht 1460, Düsseldorf 1999.
[19.209] Predki, W.; Vriesen, J.: Calculating Gear Tooth Corrections for Planetary Gears – Theoretical Bases and Practical Benefit; Int. Conf. on Gears 2005, VDI-Berichte 1904, Düsseldorf 2005.
[19.210] Predki, W.; Jarchow, F.; Polifke, G.: Simulation des dynamischen Schwingungsverhaltens mehrstufiger Planetengetriebe. VDI-Fachtagung „Planetengetriebe 1999", VDI-Bericht 1460, Düsseldorf 1999.
[19.211] Predki, W.; Jarchow, F.; Kettler, J.: Calculation Method for the Determination of the Oil Sump temperature of Industrial Planetary Gears; Int. Conf. on Gears 2002, VDI-Berichte 1665, Düsseldorf 2002.
[19.212] Predki, W.; Jarchow, F.; Lamparski, Ch.: Lastüberhöhungen in Leichtbauplanetengetrieben. Antriebstechnik (2000), Heft 3.
[19.213] Predki, W.; Jarchow, F.; Qian, K.: Umlaufgetriebe mit Stufenplaneten: Struktur und Verhalten. Konstruktion (2000), Heft 10.
[19.214] Prexler, F.: Planetengetriebe für Servotechnik und Automation; VDI-Fachtagung „Planetengetriebe 1999", VDI-Bericht 1460, Düsseldorf 1999.
[19.215] Qian, K.: Simulation des dynamischen Verhaltens von Umlaufgetrieben mit Stufenplaneten; Diss. Ruhr-Universität Bochum, 1998.
[19.216] Qian, K.; Predki, W.; Jarchow, F.: Umlaufgetriebe mit Stufenplaneten; VDI-Fachtagung „Planetengetriebe 1999", VDI-Bericht 1460, Düsseldorf 1999.
[19.217] Raphael, E.: Kritische Betriebszustände von Planetenrad-Nadellagern; Diss. Ruhr-Universität Bochum, 1989.
[19.218] Ravigneaux, P.: 1re addition au brevet d`invention No 823.757, No. 53.264, demnadee le 15 octobre 1943, Paris.
[19.219] Reshetov, L. N.: Efficiency of Single-Stage Planetary Reduction Unit for High Transmission Ratios; Russ. Eng. Journal 56 (1976); s. 39-43.
[19.220] Reuleaux, Franz: Theoretische Kinematik. Viehweg & Sohn, Braunschweig 1875.
[19.221] Richter, W.: Auslegung von Innenverzahnungen und Planetengetrieben. Konstruktion 14 (1962) 12, S. 489-497.
[19.222] Rüschoff, R.: Analyse der Wechselwirkungen von Mehrfacheingriffen am Beispiel Planetengetriebe; Diss. Ruhr-Universität Bochum, 2004.
[19.223] Schäfer, W. F.: Geometr. Voraussetzung bei innenverzahnten Getriebestufen kleinster Zähnezahldifferenzen. Forschung im Ingenieurwesen 36 (1970), H. 5, VDI-Verlag.
[19.224] Scheffler, M.: Grundlagen der Fördertechnik – Elemente und Triebwerke, Vieweg Verlag, Brauschweig 1998.
[19.225] Scheuerlen, H. J.: Verformungen und Spannungen von Planetenradträgern; Diss. Ruhr-Universität Bochum, 1986.
[19.226] Schlecht, B.: Maschinenelemente 1; Verlag Pearson Studium, München 2007.
[19.227] Schlecht, B.; Senf, M.; Schulze, T.; Hartmann-Gerlach, Ch.: Load Distribution in Planetary Gears Under Consideration of All Relevant Influences; Int. Conf. on Gears, Sendai, Japan 2009.
[19.228] Schlecht, B.; Schulze, T.; Hartmann-Gerlach, Ch.: Berechnung der Lastverteilung in Planetengetrieben unter Berücksichtigung aller relevanten Einflüsse; Konstruktion 6/2009, S. 12-13.

[19.229] Schlecht, B.; Senf, M.; Schulze, T.: Beanspruchungsanalyse bei Stirnradgetrieben und Planetengetrieben; Tagung „Antriebsstränge in Windenergieanlagen", Haus der Technik, Essen, 2009-07-02.

[19.230] Schlecht, B.; Schulze, T.; Hähnel, Th.; Rosenlöcher, Th.: Assessment of Dynamic Loads in Multi-Megawatt-Drive-Trains by Means of Multi-Body-System-Simulation; Int. Conf. on Gears 2005, VDI-Berichte 1904, Düsseldorf 2005.

[19.231] Schlecht, B.; Rosenlöcher, Th.; Schulze, Th.: Analyse von Schwingungen in Windenergieanlagen mittels Mehrkörpersimulation (MKS) und Finite-Elemente-Methode (FEM); Wind Kraft Journal 3/2009, S. 26-31.

[19.232] Schlecht, B.; Rosenlöcher, Th.: Design and Analysis of Drive Trains in Wind Turbines and other large Industrial Applications; SIMPACK-Academy im Schlossgut Groß Schwansee, September 2009.

[19.233] Schlecht, B.; Senf, M.; Slansky, R.: Fußtragfähigkeit der Innenschrägverzahnung; Forschungsvorhaben Nr. 463 der Forschungsvereinigung Antriebstechnik e.V., Frankfurt am Main 2009.

[19.234] Schlecht, B.; Senf, M.; Liebig, Th.: Untersuchungen zum Einfluß radialer Schmierölbohrungen auf die Zahnfußtragfähigkeit außenverzahnter Stirnräder; Forschungsvorhaben Nr. 538 der Forschungsvereinigung Antriebstechnik e.V., Frankfurt am Main 2009.

[19.235] Schlecht, B.; Linke, H.; Hantschack, F.: Rationelle, genaue Analyse der Zahnfußbeanspruchung von Innenzahnrädern unter Berücksichtigung des Kranzeinflusses und modifizierter Zahngrundgestaltung; FVA 389, Forschungsvereinigung Antriebstechnik, Frankfurt am Main 2004.

[19.236] Schlecht, B.; Schulze, T.; Hähnel, Th.; Hofmann, W.; Rabello, B.; Basteck, A.; Tilscher, M.: Hydrodynamisch geregeltes Überlagerungsgetriebe als neues Antriebskonzept für Windenergieanlagen ohne Leistungselektronik; Vortrag anlässlich der VDI/VDE-Tagung „Elektrisch-Mechanische Antriebssysteme", Fulda, 6. und 7. Oktober 2004.

[19.237] Schlecht, B.; Schulze, T.; Hantschack, F.: Zum Einfluss der Bohrungen in Hohlradverzahnungen auf die Tragfähigkeit von Planetengetrieben in Windenergieanlagen; Antriebstechnisches Kolloquium ATK 2003, Aachen 2003.

[19.238] Schlecht, B.:; Einsatzbedingungen von großen Sondergetrieben und die daraus resultierenden Anforderungen an Bemessung, Konstruktion und Fertigung; Tagung Antriebstechnik – Zahnradgetriebe, S. 94-106, TU Dresden, 2000.

[19.239] Schlecht, B.: Planetengetriebe als Überlastsicherung in Sonderantrieben. Antriebstechnik 36 (1997) Nr. 10 S. 28-34.

[19.240] Schlecht, B.; Senf, M.; Schaefer, St.; Hutschenreiter, B.: BECAL – Berechnung der Beanspruchungsverteilung an Kegelrad- und Hypoidgetrieben; Forschungsvereinigung Antriebstechnik, Frankfurt am Main 2009.

[19.241] Schlecht, B.; Schaefer, St.; Senf, M.; Hutschenreiter, B.: Tragbildentwicklung, Beanspruchungsanalyse und Bereitstellung der Zahnlückengeometrie bei Kegelrad- und Hypoidgetrieben, Dresdner Maschinenelemente Kolloquium – DMK 2007, Tagungsband S. 159-170.

[19.242] Schlecht, B.; Schulze, T.; Hähnel, Th.: Hydrodynamisch geregeltes Überlagerungsgetriebe für Windenergieanlagen – neue Antriebsskonzepte ohne Leistungselektronik; Dresdner Maschinenelemente Kolloquium – DMK 2005, Tagungsband, S. 535-550.

[19.243] Schlecht, B.; Schulze, T.; Hähnel, Th.; Rosenlöcher, Th.: Dynamische Simulation und messdatenbasierte Verifizierung eines MKS-Modells einer Windenergieanlage; Dresdner Maschinenelemente Kolloquium – DMK 2005, Tagungsband, S. 575-588.

[19.244] Schlecht, B.; Gutt, S.; Schulze, T.: Untersuchung eines Überlagerungsgetriebes zur Erzeugung einer konstanten Generatordrehzahl; Interner Bericht, Institut für Maschinenelemente und Maschinenkonstruktion, TU Dresden, 2003.

[19.245] Schlecht, B.; Petersen, R.: Neuentwicklung von Schwenkgetrieben für Tagebaugroßgeräte. Vortrag anläßlich des „Antriebstechnischen Kolloquiums ATK 97" Aachen, 27. und 28. Mai 1997.

[19.246] Schlecht, B.: Planetengetriebe mit integrierter Überlastsicherung im Schaufelradantrieb eines Tagebaugroßgerätes; VDI-Fachtagung „Planetengetriebe 1999", VDI-Bericht 1460, Düsseldorf 1999.

[19.247] Schlecht, B.: Planetengetriebe als Überlastsicherung in Sonderantrieben; Antriebstechnik 36 (1997), Heft 10, S. 28-34.

[19.249] Schlecht, B.; Petersen, R.: Bemessung von Schwenkgetrieben auf der Grundlage neuer Verfahren zur Festigkeitsberechnung; Braunkohle – Surface Mining, Volume 49, 1997, Heft 4, S. 345-354.

[19.249] Schlecht, B.: Modern Drive Technology for the Mining- and Minerals-Industry Bulk Solids Handling, Volume 17, 1997, Number 1, pp. 89-96.

[19.250] Schlecht, B.: Aktuelle Entwicklungstendenzen im Sonder- und Spezialgetriebebau; Antriebstechnik 36 (1997), Heft 1, S. 18-23.

[19.251] Schlecht, B.: Effective Load Limitation in Bucket Wheel Drives; Bulk Solids Handling, Volume 18, 1998, Number 3, pp. 389-394.

[19.252] Schlecht, B.: Effektive Überlastsicherung in Schaufelradantrieben; Braunkohle – Surface Mining, Volume 50, 1998, Nr. 1, S. 9-14.

[19.253] Schlecht, B.: Design of Slewing Gears on the Basis of new Fatigue Strength Calculation Rules; Bulk Solids Handling, Volume 18, 1998, Number 1, pp. 95-105.

[19.254] Schlenk, L.: Untersuchungen zur Freßtragfähigkeit von Großzahnrädern. Diss. TU München 1995.

[19.255] Schmidt, W.: Untersuchungen zur Grübchen- und Zahnfußtragfähigkeit geradverzahnter evolventischer Innenstirnräder; Diss. TU München, 1984.

[19.256] Schnetz, K.: Optimierung zusammengesetzter Planetengetriebe; Fortschrittsberichte der VDI-Zeitschriften, Reihe 1, Nr. 30. Düsseldorf: VDI-Verlag 1971.

[19.257] Schnetz, K.: Reduzierte Planeten-Koppelgetriebe. Dissertation D 17, Darmstadt 1976.

[19.258] Schoo, A.: Verzahnungsverlustleistungen in Planetenradgetrieben; Diss. Ruhruniversität Bochum, 1984.

[19.259] Schreiber, U.; Grützner, S.: Planetengetriebe mit veränderlicher Steifigkeit im Zahneingriff – Modellierung und Mehrkörpersimulation am Beispiel von Automatgetrieben; Dresdner Maschinenelemente Kolloquium – DMK 2005, Tagungsband, S. 417-43.

[19.260] Schreier, G.: Stirnradverzahnungen; Verlag Technik Berlin, 1961.

[19.261] Schubert, M.: Einfluß der Befestigungsart und Radkranzdicke auf die Zahnfußspannung von Innenstirnrädern. Diss. TU München, 1993.

[19.262] Schulze, T.: Getriebeberechnung nach aktuellen wissenschaftlichen Erkenntnissen – Von der Lastverteilungsrechnung bis zur Analyse des Systemverhaltens; Dresdner Maschinenelemente Kolloquium – DMK 2007, Tagungsband S. 95-112.

[19.263] Schulze, T.: Ganzheitliche dynamische Antriebsstrangbetrachtung von Windenergieanlagen; Diss. TU Dresden, Sierke Verlag, Göttingen 2008.

[19.264] Schulze, T.; Schlecht, B.: Effiziente Antriebsstrangauslegung und -nachrechnung im gesamten Produktentwicklungsprozess durch den Einsatz der innovativen Software Mdesign drive; SimPEP-Tagung der Forschungsvereinigung Antriebstechnik 2007.

[19.265] Schwamb, P.; Merrill, A.; James, W.: Elements of Mechanism; John Wiley, New York, fifth Edition 1938.

[19.266] Schweiger, W.; Paetzold, K.: Ein Ansatz zum Festigkeitsnachweis für den Flexring im WAVE DRIVE Getriebe; Dresdner Maschinenelemente Kolloquium – DMK 2003, Tagungsband, S. 225-236.

[19.267] Graf von Seherr-Thoss, H. Chr.: Die Entwicklung der Zahnradtechnik. Berlin, Heidelberg, New York: Springer-Verlag 1965.

[19.268] Graf von Seherr-Thoss, H. Chr.: The Construction of Planetary Gears and Advances Made by Wilhelm Stoeckicht; Int. Conf. on Gears 2005, VDI-Berichte 1904, Düsseldorf 2005.

[19.269] Seeliger, K.: Das Leistungsverhalten von Getriebekombinationen. VDI-Z. 106 (1964), Nr. 6, S. 206-211.

[19.270] Seeliger, K.: Das Mehrsteg-Getriebe. Desch Antriebstechnik (1963) 5, S. 9-16. Herausgegeben von der H. Desch GmbH Neheim-Hüsten.

[19.271] Senf, M.; Schlecht, B.; Schulze, T.: Beanspruchungsanalyse bei Stirnradgetrieben – Grundlagen und Anwendung der Analysesoftware LVR und LVR-Planet, Seminar im Haus der Technik, Essen 2008.

[19.273] Storm, R.: Maschinengeräusche. Forschungshefte Forschungskuratorium Maschinenbau, Frankfurt a. M., Heft 84 (1980).

[19.274] Storm, R.: Geräuschminderung bei Getriebegehäusen. VDI-Berichte 977 (1992). VDI-Verlag, Düsseldorf.

[19.274] Strauch, H.: Theorie und Praxis der Planetengetriebe. Mainz: Krauskopf-Verlag 1970.

[19.275] Talke, K.: Zum Entwurf korrigierter Zahnräder mit Evolventen-Innenverzahnung; Konstruktion 5 (1953), Heft 10, S. 327-335.

[19.276] Terplan, Z.: V-Null- und V-Verzahnungsmöglichkeiten einfacher Umlaufrädergetriebe; Maschinenbautechnik 234 (1974), S. 520-519.

[19.277] Theißen, J.: Neue Lösungen bei der Entwicklung einer Planetengetriebe-Baureihe hoher Leistungsdichte für industrielle Anwendungen; VDI-Fachtagung „Planetengetriebe 1999", VDI-Bericht 1460, Düsseldorf 1999.

[19.278] Tilscher, M.; Basteck, A.: Drehzahlgeregelte Getriebe für den Einsatz in modernen Windenergieanlagen der Multimegawatt-Klasse; Antriebstechnisches Kolloquium ATK 2005, Aachen 2005.

[19.279] VDI 2127: Getriebetechnische Grundlagen, Düsseldorf, VDI-Verlag 1993.

[19.280] VDI 2737: Berechnung der Zahnfußtragfähigkeit von Innenverzahnungen mit Zahnkranzeinfluss, Düsseldorf, VDI-Verlag 2005.

[19.281] Volmer, J.; Leistner, F.; Lörsch, G.; Wilhelm, O.: Getriebetechnik – Umlaufrädergetriebe; Verlag Technik Berlin, 1990.

[19.282] Vonderschmidt, R.: Dynamische Zahnkräfte in Planetengetrieben. Antriebstechnik 22 (1983) Nr. 9, S. 70-74.

[19.283] Vriesen, J. W.: Berechnung der Verzahnungskorrekturen von Planetengetrieben unter Berücksichtigung der Steg- und Hohlradverformungen; Diss. Ruhr-Universität Bochum, 2001.

[19.284] Vriesen, J. W.; Dinter, R.: Use of Modern Development Tools Exemplified by a Gear Unit for a Wind Turbine – Optimisation of a Complex Oscillatory Systems; Int. Conf. on Gears 2005, VDI-Berichte 1904, Düsseldorf 2005.

[19.285] Wächter, K.: Konstruktionslehre für Maschineningenieure, VEB Verlag Technik, Berlin 1987.

[19.286] Wagner, H. T.: Versuche zur Lastaufteilung und zum Breitentragen in geradverzahnten Planetengetrieben; Diss. Ruhr-Universität Bochum, 1984.

[19.287] Warnecke, Hans-Jürgen: Schiffsantriebe – 5000 Jahre Innovation, Koehlers Verlagsgesellschaft, Hamburg 2005.

[19.288] Werner, R.: Flaschenzug mit neuerem Zahnradgetriebe; VDI-Zeitschrift 1868, S. 27.

[19.289] Wilhelm, O.: Zur Dimensionierungsrechnung von Walzwerkszahnradgetrieben. Wissenschaftliche Zeitschrift der TH Magdeburg 8 (1964) S. 639.

[19.290] Willis, Robert: Principles of Mechanism. John W. Parker, London 1841.

[19.291] Winkelmann, L.: Lastverteilung in Planetengetrieben. Diss. Ruhr-Universität Bochum, 1987.

[19.292] Winter, H.; Höhn, B.-R.; Oster, P.; Müller, R.: Schwingungs- und Geräuschanregung von schrägverzahnten Stirnradgetrieben. Antriebstechnik 33 (1994) Nr. 7 und 8.

[19.293] Wissmann, K.: Berechnung und Konstruktion von Zahnrädern für Krane und ähnliche Maschinen; Diss. TH Berlin, 1930.

[19.295] Wittor, R. G.: Näherungsgleichungen für den Schalleistungspegel von Planetenzahnradgetrieben; Diss. Ruhr-Universität Bochum, 1996.

[19.296] Wittor, R. G.; Jarchow, F.: Schalleistung bei Planetengetrieben. VDI-Berichte 977, VDI-Verlag, Düsseldorf 1992.

[19.296] Wittor, R. G.; Predki, W.: Näherungsgleichungen für den Schalleistungspegel von Planetenzahnradgetrieben; VDI-Fachtagung „Planetengetriebe 1999", VDI-Bericht 1460, Düsseldorf 1999.

[19.297] Woerner, E.: Neuzeitliche beschleunigungsfreie und überlastungssichere Antriebe für mehreckige Antriebs- und Umlenksterne von Baggern, Absetzern und Becherwerken; Fördertechnik 32 (1939), S. 228-232, S. 241-247, S. 271-276.

[19.298] Wolf, A.: Die Grundgesetze der Umlaufgetriebe. Braunschweig, Vieweg 1958.

[19.299] Wolfrom, U.: Der Wirkungsgrad von Planetenrädergetrieben. Werkstattstechnik, VI. Jahrgang (1912).

[19.300] Wolfrom, U.: Umlaufrädergetriebe. Werkstattstechnik 1912.

[19.301] Zajonz, R.: Die zeichnerische und rechnerische Untersuchung von Stirnrad-Umlaufgetrieben; Diss. TH Dresden, 1938.

[19.302] Zink, H.: Lastdruckausgleich, Laufruhe und Konstruktion moderner Planetengetriebe; Konstruktion 16 (1964); S. 41-44; 81-86; 188-191.

Kegelradverzahnung und Kegelradgetriebe

20

ÜBERBLICK

Einführung

» In diesem Kapitel werden ausgehend von den Grundlagen der Stirnradverzahnung gemäß Kapitel 18 die Besonderheiten von Kegelrad- und Hypoidverzahnungen behandelt. Hierzu werden zunächst die Bauarten von Kegelrädern und die Geometrie von Kegelrad- und Hypoidradpaarungen erläutert.

Aufbauend auf den geometrischen Anforderungen werden die im Vergleich zur Stirnradverzahnung zu beachtenden fertigungstechnischen Besonderheiten beschrieben. Daran anschließend werden die Gestaltungsgrundlagen für die Einzelkomponenten erläutert und auch auf die Erwärmung und Schmierung von Kegelrad- und Hypoidgetrieben wird eingegangen.

Abschließend erfolgt der Vergleich von Beanspruchung und Beanspruchbarkeit, wobei zunächst zusätzliche, besondere Schadensbilder an Kegel- und Hypoidrädern vorgestellt werden. Auf der Grundlage gegebener Kräfte, Momente und Lastkollektive werden die erforderlichen Einzelnachweise behandelt, die für die Grübchen-, Zahnfuß-, Fress-, Graufleckenund Verschleißtragfähigkeit sowie die Sicherheit gegen Maximalbelastung zu führen sind.

Ergänzend zu den genormten Tragfähigkeitsnachweisen wird auch ein höherwertiges Analyseverfahren zur genaueren Beanspruchungsanalyse und Lastverteilung von Kegelrad- und Hypoidgetrieben beschrieben.

Hinsichtlich kritischer Schwingungszustände und Geräusche beim Betrieb von Kegelrad- und Hypoidgetrieben sind die Ausführungen zu Stirnradgetrieben gültig. «

LERNZIELE

- Kennenlernen der grundlegenden Aufgaben von Kegelrad- und Hypoidverzahnungen und ihr Einsatz in antriebstechnischen Anwendungen
- Kennenlernen der Gestaltungsrichtlinien für Kegelrad- und Hypoidverzahnungen
- Erarbeitung der Grundlagen zur Ableitung der auftretenden Beanspruchungen aus den einwirkenden Belastungen und zur Lastverteilung bei Kegelrad- und Hypoidverzahnungen
- Auslegung und Nachrechnung von Kegelrad- und Hypoidverzahnungen anhand der vorgestellten Berechnungsgrundlagen

20.1 Einleitung

Im Gegensatz zur Stirnradverzahnung erlaubt die Kegelradverzahnung die gleichförmige Bewegungsübertragung zwischen Wellen verschiedener Winkellagen. Abbildung 20.1 zeigt beispielhaft ein Kegel-Stirnradgetriebe mit 2.500 kW Leistung zum Einsatz in Antrieben großer Gurtbandförderanlagen. Die schnell laufende Eingangswelle (Ritzelwelle) der Kegelradstufe wird über eine Kupplung mit dem Motor verbunden, während die langsam laufende Abtriebswelle direkt über eine große Flanschverbindung mit der Bandantriebstrommel verschraubt wird.

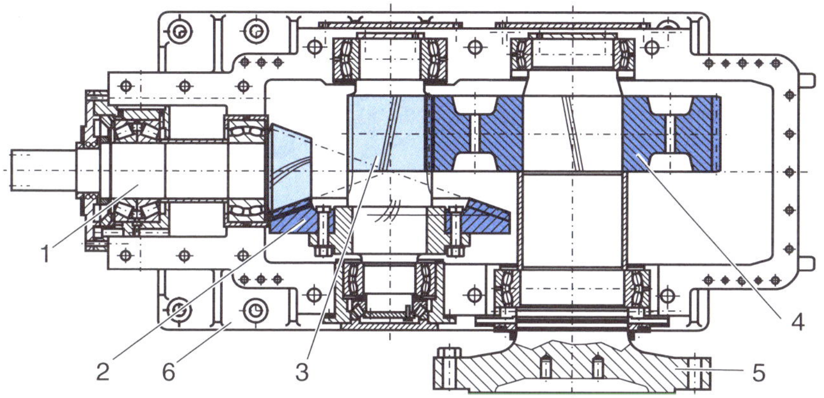

1 Ritzelwelle
2 Tellerrad
3 Stirnritzel
4 Stirnrad
5 Abtriebsflansch
6 Gussgehäuse

Abbildung 20.1: Kegel-Stirnradgetriebe mit 2.500 kW Antriebsleistung für einen Gurtförderbandantrieb gemäß Abbildung 18.209 (wahlweise Links- oder Rechtsausführung)

Auch wenn das Prinzip der Kegelradverzahnung seit der frühesten Industrialisierung bekannt ist, nahm die Bedeutung erst mit der schnell größer werdenden Automobilindustrie zu Beginn des 20. Jahrhunderts zu. Zum einen benötigt man die Kegelradverzahnung, um das von einem längs eingebauten Motor abgegebene Drehmoment auf die um 90° versetzt angeordneten Antriebsräder übertragen zu können. Zum anderen werden beim Kraftfahrzeug Kegelräder im sogenannten Differentialgetriebe (Ausgleichsgetriebe) gemäß Abbildung 20.2 eingesetzt, um bei Kurvenfahrt eine Drehzahldifferenz zwischen kurveninnerem und kurvenäußerem Rad auszugleichen. Dieses im Kraftfahrzeugbau übliche Getriebe wurde im Jahr 1827 vom Franzosen Onésiphore Pecqueur (1792 bis 1852) erfunden, grundsätzlich war das Prinzip aber schon um ca. 100 v. Chr. bekannt, da es in Griechenland in einem mechanischen Planetarium eingesetzt wurde (Mechanismus von Antikythera).

Weitere Einsatzgebiete von Kegelradverzahnungen sind im Industriebereich große Mühlengetriebe nach Abbildung 18.1, in der Bahntechnik Achsgetriebe nach Abbildung 15.1 und in der Schiffstechnik Strahlruderantriebe bis zu 15 MW Leistung gemäß Abbildung 20.3. Bei derartigen Strahlruderantrieben befindet sich das Getriebe mit der Propellerwelle in einem Gondelgehäuse unterhalb der Wasseroberfläche, während der Antriebsmotor (elektrisch oder hydraulisch) im Schiffskörper untergebracht ist. Da die Gondel um 360° gedreht werden kann, erlaubt dieses Antriebsprinzip im Gegensatz zu herkömmlichen Propeller-Ruder-Anlagen eine besonders hohe Manövrierfähigkeit.

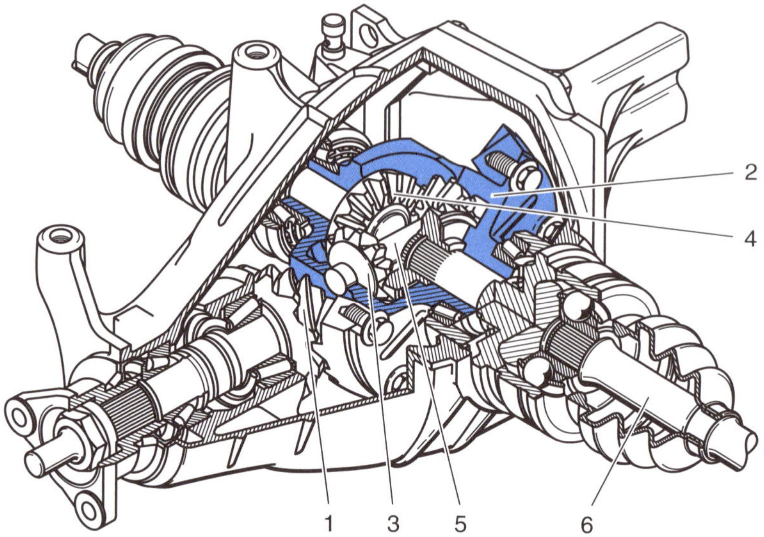

1 Kegelradachsantrieb
2 Differentialkäfig
3 Ausgleichskegelräder
4 Achskegelräder
5 Diffenerentialbolzen
6 Achswellen

Abbildung 20.2: Verwendung von Kegelrädern im Antriebsstrang (Differentialgetriebe) von Kraftfahrzeugen [20.87]

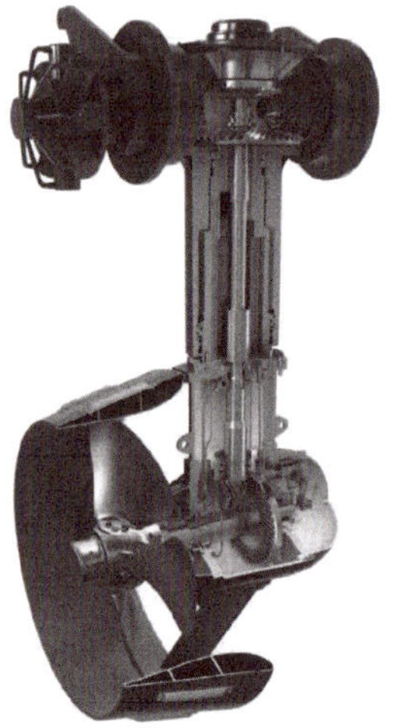

Die meisten Strahlruderantriebe sehen nur einen Propeller vor. Es gibt jedoch auch spezielle Versorgerschiffe, die mit zwei Strahlruderantrieben am Heck versehen sind [20.94].

Für einen 10-MW-Antrieb beträgt der Propellerdurchmesser ungefähr 5 m. Die maximal mögliche Antriebsleistung ist durch die derzeit zu fertigenden Kegelräder bis 2,5 Meter Durchmesser auf ca. 15 MW begrenzt.

Für Antriebe von Eisbrechern sind Strahlruder besonders gut geeignet, da mit ihnen das gebrochene Eis unter die Eisdecke geschoben werden kann und somit der Bug beim erneuten Auflaufen auf eine angehobene Eisdecke trifft, die keinen flächigen Kontakt mehr zur Wasseroberfläche hat.

Wegen der zu erwartenden großen Stoßbelastung des Propellers auf Eis werden derzeit Strahlruderantriebe für Eisbrecher nur bis ca. 7,5 MW ausgeführt [20.76].

Abbildung 20.3: Kegelradstufe in einem Strahlruderantrieb eines Schiffes

In der Luftfahrt finden Kegelradgetriebe Verwendung als Nebenabtriebe an den Gasturbinen zum Antrieb von Generatoren oder Hydraulikpumpen sowie zur Kopplung elektromotorischer Anlasser mit der Turbine. Des Weiteren kommen bei der mechanischen Landeklappenverstellung über Zentralwellen kegelförmige Zahnräder zum Einsatz. Ein ebenfalls großes Anwendungsfeld in der Luftfahrt sind Hubschrauberantriebe nach Abbildung 20.4, da hier zum einen eine Drehzahlanpassung zwischen Rotor (bis 500 min^{-1}) und antreibender Turbine (größer 8.000 min^{-1}) erforderlich ist und zum anderen die Turbinen meistens horizontal eingebaut sind, während die Rotorwellen vertikal liegen.

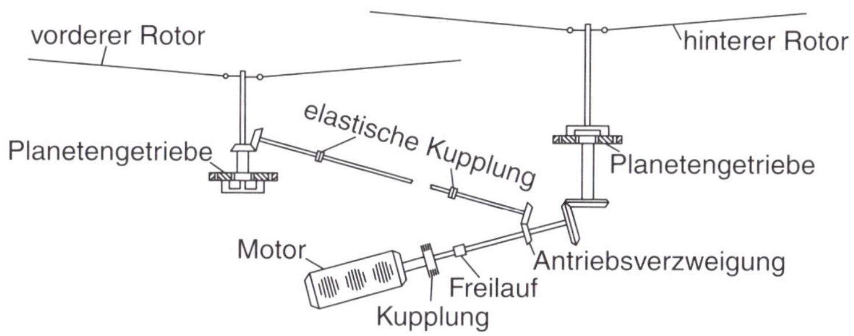

Abbildung 20.4: Verwendung von Kegelrädern in Hubschrauberantriebssystemen

Anhand der ausgewählten Beispiele wird deutlich, dass abhängig vom Einsatzgebiet unterschiedliche Anforderungen an die Auslegung einer Kegelradverzahnung bestehen. Während im Kraftfahrzeug aus Komfortgründen die Minimierung der Geräuschentwicklung im Vordergrund steht, müssen Industrie- und Schiffsantriebe eine ausreichende Festigkeit über einen langen Nutzungszeitraum bei hoher Zuverlässigkeit aufweisen. Nebenabtriebe in Gasturbinen unterliegen hohen Drehzahlanforderungen bei vergleichsweise geringen Drehmomentbelastungen. Im Vergleich zum Flugzeug bestehen beim einmotorigen Hubschrauberantrieb besonders hohe Anforderungen an das Antriebssystem, da ein Ausfall des Antriebes in der Regel einen Totalverlust der Maschine bedeutet. Bei großen Industrieantrieben im Multi-Megawatt-Bereich ergeben sich neue Herausforderungen hinsichtlich der wirtschaftlichen Herstellung großer Kegelräder, da die weltweite Fertigungskapazität für Kegelräder mit Durchmessern größer 3.000 mm nur aus wenigen, entsprechend großen und genauen Werkzeugmaschinen besteht.

In Erweiterung zu den Ausführungen im Kapitel 18 Stirnräder wird im Folgenden auf die Besonderheiten der Geometrie, Gestaltung, Beanspruchung und Beanspruchbarkeit von Kegelradverzahnungen eingegangen. Dabei gelten grundsätzlich viele der schon bei den Stirnrädern angegebenen Regeln zur Fertigung (Formgebung, Werkstoffe und Wärmebehandlung), Erwärmung und Schmierung, Gestaltung, Beanspruchung und Beanspruchbarkeit in gleicher Weise für Kegelräder. Auch die in der Norm DIN 3991 dokumentierten Tragfähigkeitsnachweise für Kegelräder gehen in ihrem Ursprung auf die Stirnradberechnung zurück, da die Kegelradverzahnung zwecks Berechnung in eine Ersatz-Schrägstirnradverzahnung überführt wird [20.41], [20.42].

20.2 Funktion und Wirkung

Kegelradgetriebe dienen gemäß Abbildung 20.5 der Bewegungsübertragung zwischen Wellen verschiedener Winkellagen. Während sich bei Kegelrädern unabhängig von der Winkellage die Achsen immer in einem Punkt schneiden, liegt bei den Kegelradschraubgetrieben – auch als Hypoidgetriebe bezeichnet – immer ein Achsversatz vor. Aufgrund der bei Hypoidgetrieben zusätzlich auftretenden Schraubbewegung gehören diese streng genommen eigentlich zu den Schraubgetrieben (s.a. Kapitel 21). Bedingt durch ihre geometrische Nähe zu den Kegelrädern werden sie jedoch im Weiteren in diesem Kapitel mitbehandelt.

Kegelradgetriebe Linienkontakt	Übersetzungsbereich $i \leq 6$ $i_{max} = (8 \ldots 10)$	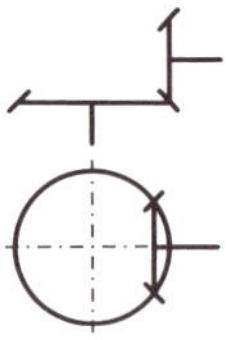	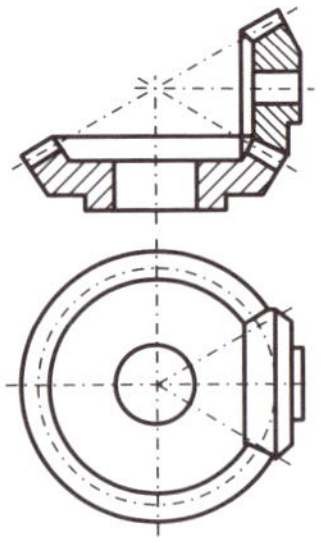	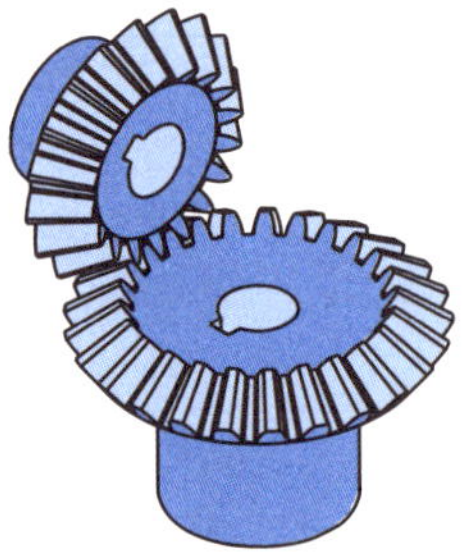
Kegelradschraub-getriebe (Hypoidgetriebe) Punktkontakt	Übersetzungsbereich $i \leq 6$ $i_{max} = (8 \ldots 10)$	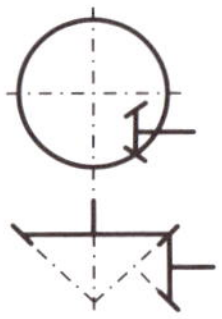	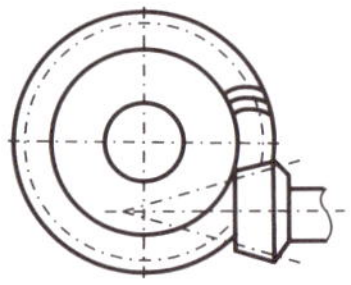	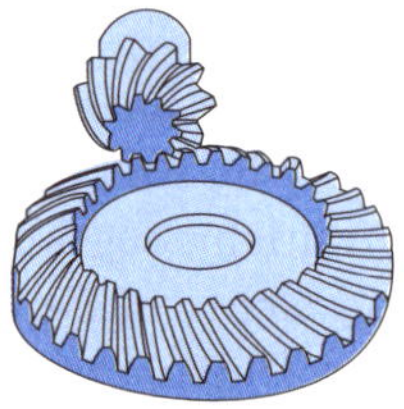

Abbildung 20.5: Kegelradgetriebe und Kegelradschraubgetriebe

Folgende Gesichtspunkte sind bei Kegelradverzahnungen und Kegelradgetrieben zu beachten:

- Übersetzungsverhältnisse sind in der gleichen Größenordnung wie bei Stirnradpaarungen möglich.
- Der Wirkungsgrad ist geringfügig kleiner als bei Stirnradgetrieben, aber größer als bei Schneckengetrieben.
- Bedingt durch die Kegelradgeometrie treten Axialkräfte auf.
- Im Vergleich zu Stirnradpaarungen sind zusätzliche Fehlermöglichkeiten gemäß Abbildung 20.6 a) zu berücksichtigen, die zu einseitigem Tragen, unruhigem Lauf oder Klemmen durch Aufheben des Flankenspiels führen können.
- Zur Vermeidung dieser Fehler ist ergänzend zur hohen Fertigungsgenauigkeit die Zahnbreite zu beschränken und die Verzahnung mit einer Breitenballigkeit nach Abbildung 20.6 c) auszuführen.
- Das Tragbild lässt sich durch axiale Lageänderungen von Ritzel oder Rad beeinflussen.
- Eine Profilverschiebung mit $x_1 + x_2 \neq 0$ führt zu Eingriffsabweichungen, da die Zahnform meist keine Kugel-Evolvente, sondern eine Oktoide ist, weshalb meistens eine V-Null-Verzahnung mit $x_1 + x_2 = 0$ bevorzugt wird.

Da bei Kegelradschraubgetrieben (Hypoidgetrieben) die Achsen um den Achsabstand a gegeneinander versetzt sind, gelten folgende Besonderheiten:

- Im Vergleich zu nicht achsversetzten Kegelradpaarungen liegt ein ruhigerer Lauf vor, weshalb Hypoidgetriebe bevorzugt bei Achsgetrieben von Kraftfahrzeugen eingesetzt werden.
- Der Achsversatz erlaubt die beidseitige Lagerung von Ritzel und Rad.

- Selbst bei hohen Übersetzungsverhältnissen ist ein großes tragfähiges Ritzel möglich, da sich die Teilkreisdurchmesser nicht wie die Zähnezahlen zueinander verhalten.
- Bedingt durch das Gleiten – auch längs der Kontaktlinie – ist der Wirkungsgrad im Vergleich zu Kegelradpaarungen ohne Achsversatz geringer.

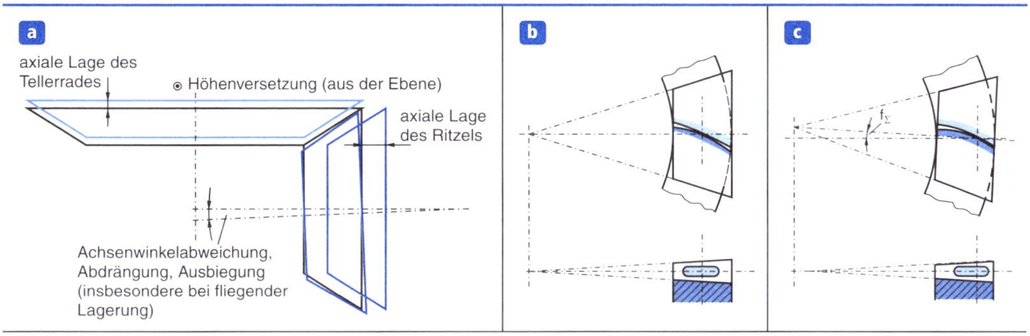

Abbildung 20.6: Fehlermöglichkeiten bei Kegelradpaarungen und geringere Verlagerungsempfindlichkeit durch breitenballige Zahnform – a) Abweichungen, b) Teilkegelspitze in der Mitte liegend, c) Teilkegelspitze verlagert und dabei noch keine Kantenpressung [20.75], [20.89]

20.2.1 Bauarten von Kegelrädern

Grundsätzlich lassen sich die Bauarten unterscheiden in Kegelräder mit geraden, schrägen oder bogenförmigen Zähnen, Hypoidräder (Kegel-Schraubräder), Kronenräder (Stirnplanräder) und kegelige Stirnräder (Beveloidräder).

In Tabelle 20.1 sind die einzelnen Kegelradbauformen mit ihren wesentlichen Eigenschaften abhängig vom Flankenlinienverlauf und den Hauptanwendungsgebieten zusammengestellt. Ähnlich wie bei Stirnrädern sind bogenverzahnte Kegelräder geräuschärmer als geradverzahnte Kegelräder. Aus Fertigungsgründen setzt man bei Kegelrädern die Schrägverzahnung nicht mehr ein, sondern nutzt den Kreisbogen, die Evolvente und die Epizykloide als Flankenformverlauf. Auch die Spiralverzahnung mit einem konstanten Schrägungswinkel (logarithmische Spirale) wird nur noch selten verwendet. Demzufolge sind für den industriellen Einsatz hauptsächlich die gerad- und bogenverzahnten Kegelräder entsprechend Tabelle 20.2 von Bedeutung.

Bei den Hypoidrädern (Kegel-Schraubrädern) weist die Ritzelachse zur Radachse gemäß Abbildung 20.7 einen positiven oder negativen Achsversatz a auf, sodass sich in den meisten Fällen die Ritzelwelle unter der Radwelle hindurchführen lässt und damit eine beidseitige Lagerung der Ritzelwelle erlaubt.

Bedingt durch diesen Achsversatz und der damit einhergehenden zusätzlichen Gleitbewegung unterliegen Hypoidräder einer erhöhten Verschleiß- und Fressbeanspruchung, sodass zur Minderung der Fressgefahr besondere Schmierstoffe – sogenannte Extreme-Pressure-Öle (EP-Öle) bzw. Hypoidöle – erforderlich sind. Üblicherweise werden Hypoidräder meist bogenverzahnt, gehärtet und geläppt. Hauptanwendungsgebiete sind Achsgetriebe von Straßen- und Schienenfahrzeugen sowie der Textil- und Werkzeugmaschinenbau.

a Geradverzahnung 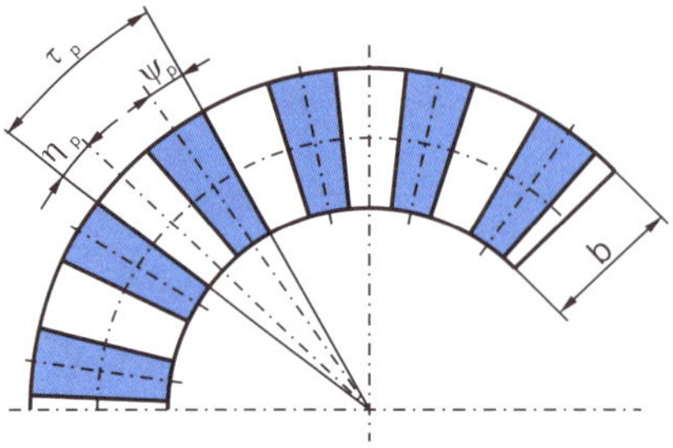	Vergleichbar mit den Geradstirnrädern beginnt und endet jeder Zahneingriff gleichzeitig auf der vollen Zahnbreite. Bedingt durch ungünstiges Geräuschverhalten erfolgt der Einsatz nur für Umfangsgeschwindigkeiten $v_{mt} \leq 6$ m/s (z.B. Hebezeuge, Stellantriebe, Differentialkegelräder). Das Betriebsverhalten lässt sich durch Verzahnungsschleifen verbessern (z.B. für Werkzeugmaschinen) ($v_{mt} \leq 20$ m/s).
b Schrägverzahnung 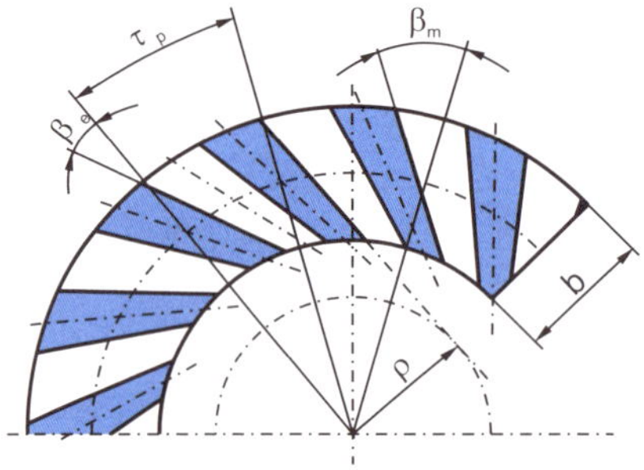	Die geraden Flankenlinien entstehen durch Tangenten an einen Kreis mit dem Radius ρ. Somit kommen die Zähne allmählich in und außer Eingriff. Da die Gesamtüberdeckung größer ist als bei geradverzahnten Kegelrädern, ist die Gesamtsteifigkeitsschwankung geringer und die Verzahnung geräuschärmer. Meistens wird die Verzahnung geschliffen, woraus eine bessere Eignung für höhere Drehzahlen ($v_{mt} \leq 50$ m/s) und Leistungen folgt.
c Bogenverzahnung $\beta_m > 0$ (rechtssteigend) 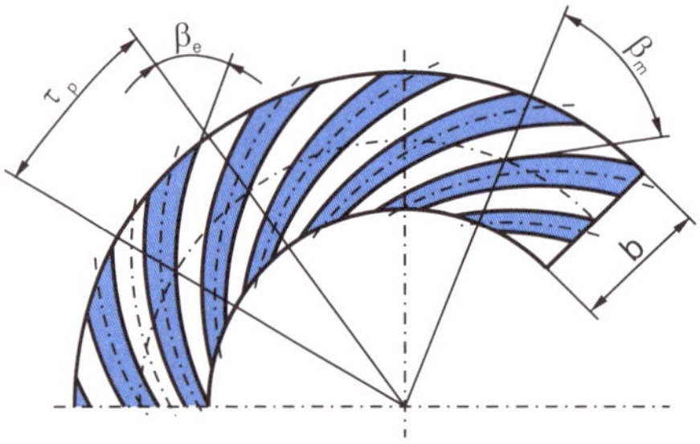	Bei Spiralkegelrädern sind die Flankenlinien gekrümmt, sodass eine konkave Flanke mit einer konvexen kämmt. Mögliche Flankenlinienformen abhängig vom Herstellverfahren sind Tabelle 20.2 zu entnehmen. Im Vergleich zu Schrägzahn-Kegelrädern ändert sich der Schrägungswinkel (Spiralwinkel) β stärker über der Zahnbreite. Wegen ihrer hohen Zahnbruchfestigkeit, der wirtschaftlichen Herstellbarkeit und der Geräuscharmut werden Spiralkegelräder insbesondere bei großen Stückzahlen bevorzugt in hoch belasteten, schnell laufenden Getrieben ($v_{mt} \leq 30$ m/s, geschliffen bis ca. $v_{mt} \leq 60$ m/s, extrem bis $v_{mt} \leq 100$ m/s) eingesetzt.
d Bogenverzahnung $\beta_m = 0$ 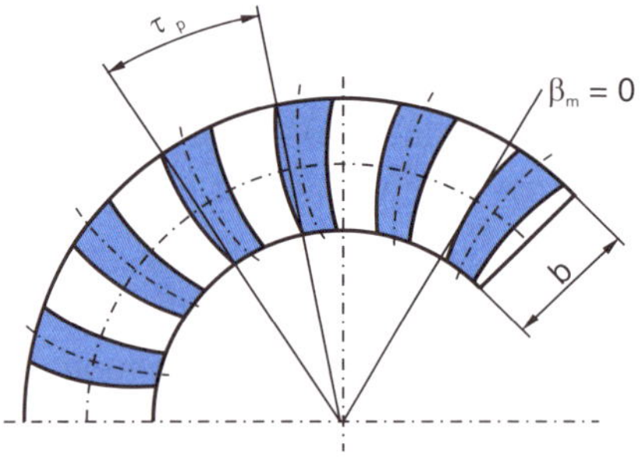	Die Bogenverzahnung ist ein Sonderfall der Spiralverzahnung mit einem Schrägungswinkel $\beta_m = 0$ auf Mitte Zahnbreite (bei Gleason als „Zerolverzahnung" bezeichnet). Bedingt durch ihre Längskrümmung weist sie eine entsprechende Sprungüberdeckung auf, weshalb sie sich im Vergleich zu Geradzahn-Kegelrädern für höhere Geschwindigkeiten eignet ($v_{mt} \leq 10$ m/s, geschliffen bis $v_{mt} \leq 30$ m/s).

Tabelle 20.1: Bauformen von Kegelrädern nach dem Verlauf der Flankenlinien

Flankenlinie	Zahnhöhe	Maschinenhersteller	Firmenbezeichnung
Kreisbogen	veränderlich	Gleason (USA)	Fixed-Setting-Duplex, Zerolverzahnung
Kreisbogen	veränderlich	Hurth-Modul (D)	Arcoidverzahnung
Kreisbogen	konstant	Gleason (USA)	Tri-AC
Kreisbogen	konstant	Hurth-Modul (D)	Kurvexverzahnung
Evolvente	konstant	Klingelnberg (D)	Palloidverzahnung
Zykloide	konstant	Klingelnberg (D)	Zyklo-Palloidverzahnung
Zykloide	konstant	Oerlikon (CH)	Spiroflex, Spirac
Zahnhöhe veränderlich 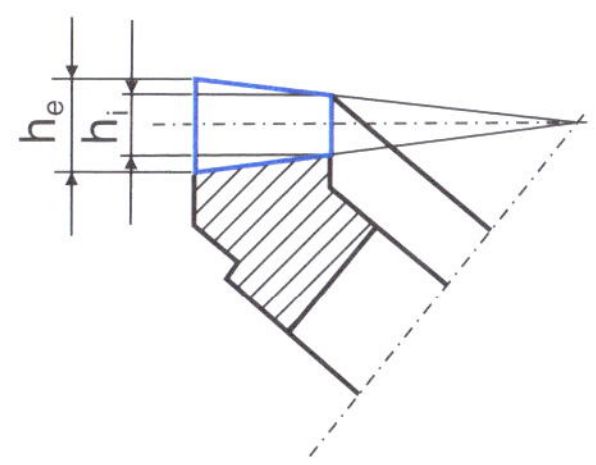		Zahnhöhe konstant 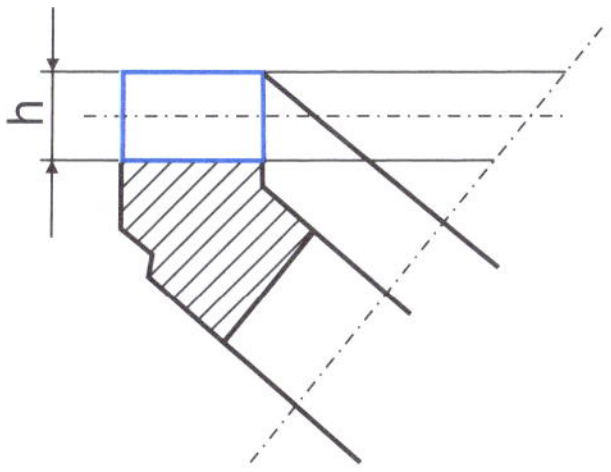	Kegelräder können eine veränderliche oder eine konstante Zahnhöhe aufweisen oder gemäß DIN 3971 einen beliebigen Verlauf haben [20.29]. Die ursprünglichen Unterschiede zwischen veränderlicher oder konstanter Zahnhöhe sind durch moderne Fertigungsverfahren und die damit einhergehenden Gestaltungsmöglichkeiten nahezu aufgehoben. Werkzeugmaschinen zur Fertigung von Arcoid- und Kurvexverzahnungen werden nicht mehr hergestellt.

Tabelle 20.2: Bezeichnungen und Hersteller von Werkzeugmaschinen für bogenverzahnte Kegelräder

Gemäß Abbildung 20.7 kann das Ritzel sowohl nach unten (plus) als auch nach oben (minus) verschoben werden. Zur Wirkungsgradverbesserung strebt man insbesondere im Kraftfahrzeugbau einen möglichst kleinen Achsversatz an. Bei PKWs ist im Hinblick auf ein günstiges Geräuschverhalten ein Achsversatz bis $a < 0{,}4 \cdot R_{e2}$ üblich, mit R_{e2} als äußerer Teilkegellänge des Tellerrades, wobei allerdings starkes Längsgleiten auftritt. Bei größeren Antrieben erzielt man geringere Lagerkräfte und eine einfachere Herstellung mit einem Achsversatz von $a < 0{,}2 \cdot R_{e2}$.

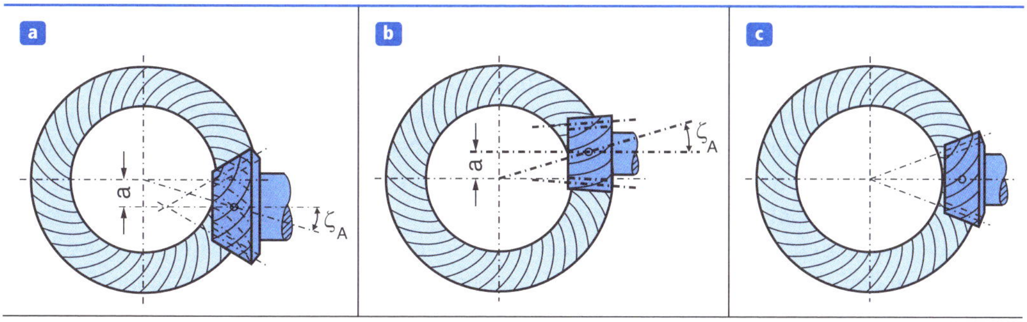

Abbildung 20.7: Hypoidradpaare – a) Plus-Achsversatz, b) Minus-Achsversatz, c) ohne Achsversatz (Kegelradpaar) [20.89]

Bei einem Plus-Achsversatz gemäß Abbildung 20.7 a) wird mit $\beta_{m1} = \beta_{m2} + \zeta_P$ der Schrägungswinkel des Ritzels, β_{m1} um den Berührwinkel ζ_P größer als der Schrägungswinkel des Tellerrades β_{m2}, sodass der Durchmesser des Hypoidritzels bei gleichem Tellerraddurchmesser und gleicher Übersetzung im Vergleich zum entsprechenden Kegelradgetriebe größer wird, da der größere Schrägungswinkel einen größeren Stirnmodul bedingt. Ferner nehmen die Sprungüberdeckung und die Axialkraft zu und aufgrund des größeren Ritzeldurchmessers kann auch die Ritzelwelle mit einem größeren Durchmesser ausgeführt werden.

Bei einem Minus-Achsversatz gemäß Abbildung 20.7 b) wird der Schrägungswinkel des Ritzels $\beta_{m1} = \beta_{m2} - \zeta_P$ um den Berührwinkel ζ_P kleiner als der Schrägungswinkel des Tellerrades β_{m2}, sodass der Ritzeldurchmesser, der Teilkegelwinkel, die Sprungüberdeckung und die Axialkraft kleiner werden im Vergleich zum Kegelradtrieb ohne Achsversatz. Entsprechend Abbildung 18.4 wird das Ritzel im Extremfall zylindrisch.

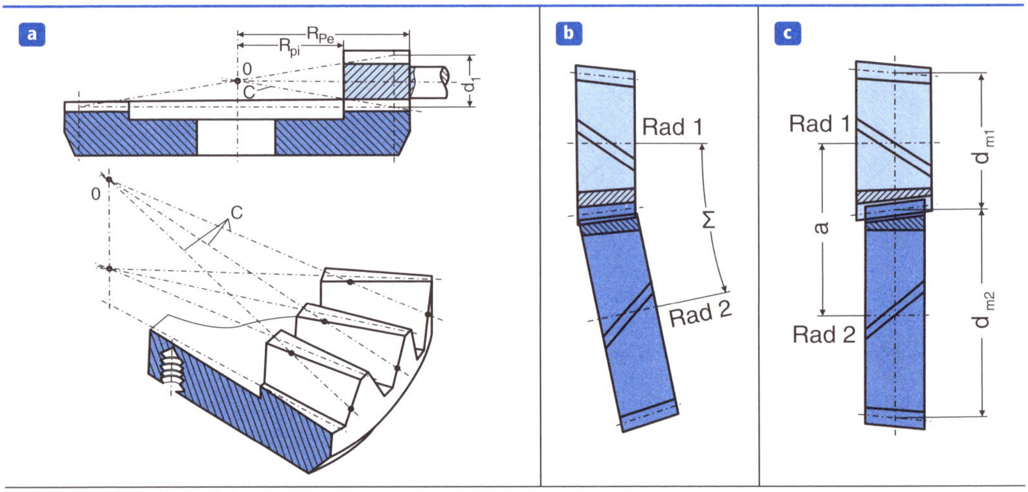

Abbildung 20.8: Kronenradpaar und kegelige Stirnräder (Beveloidräder) – a) Kronenrad (Planrad) mit konstanter Zahnhöhe und Stirnrad, b) Beveloidräder mit sich schneidenden oder kreuzenden Achsen, c) Beveloidräder mit parallelen Achsen als einstellbare, spielarme Zahnradpaarung [20.52], [20.89]

Beim Einsatz von Kronenrädern (Stirnplanrädern) nach Abbildung 20.8 a) entsteht kinematisch ein Kegelradpaar, bei dem sich die Profilverschiebungen entlang der Zahnbreite derart ändern, dass ein zylindrisches Ritzel und ein Planrad als Gegenrad entstehen. Bei sich schneidenden Radachsen tritt Linienberührung auf, während sich bei Achsversatz Punktberührung und Zahnlängsgleiten ergeben. Üblicherweise wird das Ritzel als gerad- oder schrägverzahntes Stirnrad berechnet und hergestellt [20.4], [20.109]. Das Kronenrad entsteht durch Wälzstoßen mit einem Schneidrad, dessen Verzahnung der Ritzelverzahnung entspricht und gleich viel oder geringfügig mehr Zähne als das Ritzel aufweist (Einzelverzahnung). Grundsätzlich wird die Zahnbreite b des Kronenrades nach innen durch Unterschnitt und nach außen durch Spitzwerden der Zähne begrenzt, sodass für einen Eingriffswinkel von $\alpha_n = 20°$ folgende Richtwerte gelten [20.52]:

$$b = R_{Pe} - R_{Pi} \approx 0{,}07 \cdot z_2 \cdot m_n \text{ mit } R_{Pe} = (1{,}1 \ldots 1{,}2) \cdot \frac{z_2 \cdot m_n}{2} \text{ und } R_{Pi} = (0{,}95 \ldots 1{,}05) \cdot \frac{z_2 \cdot m_n}{2} \quad (20.1)$$

Hierin bezeichnen R_{Pe} den Außenradius, R_{Pi} den Innenradius, m_n den Normalmodul und z_2 die Zähnezahl des Kronenrades, wobei die größeren Werte für Zähnezahlverhältnisse von $u = 1{,}5$ und die kleineren Werte ungefähr für $u = 8$ gelten. Versieht man das Ritzel mit einer Breitenballigkeit, so wird das Kronenradpaar gegen Lageabweichungen unempfindlich, verfügt jedoch über eine geringere Tragfähigkeit.

Bei den kegeligen Stirnrädern nach Abbildung 20.8 b) und c) liegen zwar die Kopf- und Fußkreise auf Kegelflächen, ansonsten sind es jedoch Stirnräder mit über der Zahnbreite veränderlicher Profilverschiebung, wobei die Profilverschiebungssumme $(x_1 + x_2)$ über der Zahnbreite konstant sein muss. Abbildung 20.8 b) zeigt Kegel- oder Hypoidradpaare für kleine Achsenwinkel. Hierzu muss der Schrägungswinkel der beiden Räder gleich groß und entgegengesetzt gerichtet sein. Bei schräg verzahnten Rädern mit ungleichem Schrägungswinkel entsteht ein Achsversatz und die Zahnflanken weisen Punktberührung auf. Weiterführende Angaben zur Berechnung sind der Literatur zu entnehmen [20.59], [20.92].

Mit den kegeligen Stirnrädern (Beveloidrädern) gemäß Abbildung 20.8 c) lässt sich bei paralleler Achslage ein spielarmer Eingriff einstellen, wobei die Zustellung des Ritzels radial, tangential oder axial erfolgt. Der Neigungswinkel beträgt $\tan \Theta = 1{:}30 \ldots 1{:}10$, was bei einer 20°-Geradverzahnung ungefähr einer Schrägungswinkelabweichung von $\Delta\beta = \pm 0{,}5 \ldots 2°$ entspricht [20.113]. Dabei sind Konizität und Breite so zu wählen, dass 50 % des möglichen axialen Verschiebeweges zum Ausgleich der Zahndicken- und Achsabstandsmaße genutzt werden können und 50 % zum späteren Nachstellen verbleiben, um z.B. durch axial vorgespannte Federn oder Beilagscheiben Verschleiß und Setzbeträge in den Lagern auszugleichen [20.59].

20.2.2 Geometrie der Kegelradverzahnung

Der Bewegungsvorgang zweier im Eingriff befindlicher Kegelräder entspricht gemäß Abbildung 20.9 a) dem Abrollen zweier Kegel, die sich längs der Mantellinien berühren und deren gemeinsame Spitze im Schnittpunkt der beiden Achsen O liegt, wobei d_{e1} und d_{e2} die äußeren Teilkegeldurchmesser sind und der Achsenwinkel Σ sich aus der Summe der Teilkegelwinkel δ_1 und δ_2 ergibt:

$$\Sigma = \delta_1 + \delta_2 \tag{20.2}$$

Dabei sind die Teilkegel die Bezugsfläche für die Verzahnungsmaße (vergleichbar den Teilzylindern bei den Stirnrädern). Erzeugt man nach Abbildung 20.9 b) diesen Bewegungsablauf, indem man um einen fest stehenden Kegel (Grundkegel) einen beweglichen Kegel (Wälzkegel) ohne Gleiten abrollt, so beschreibt jeder Punkt des Wälzkegelmantels eine im Raum liegende Zykloide (Sphärische Zykloide). Somit liegt für den Punkt A, der von der Kegelspitze O immer die gleiche Entfernung $r_e = \overline{OA}$ hat, die Zykloide auf einer Kugeloberfläche mit dem Radius r_e.

Ersetzt man gemäß Abbildung 20.9 c) den Wälzkegel durch eine Wälzscheibe, so beschreibt der Punkt A beim Abrollen dieser Scheibe auf dem Grundkegel eine im Raum liegende Evolvente, deren Punkte von der Kegelspitze O aus alle den gleichen Abstand $r_e = \overline{OA}$ haben. Demzufolge liegt die Evolvente auf einer Kugeloberfläche mit dem Radius $r_e = \overline{OA}$ (Kugelevolvente).

Da eine Kugeloberfläche und damit die sphärische Verzahnung nicht auf eine Ebene abgewickelt werden können, bezieht man die Verzahnung näherungsweise auf den Ergänzungskegel $DD'O'$ gemäß Abbildung 20.9 d). Wickelt man diesen Ergänzungskegelmantel ab, so entsteht ein Sektor, dessen Bogenlänge $U_e = 2 \cdot r_e \cdot \pi$ dem Umfang des Grundkegels entspricht.

Für den Teilkegelwinkel $\delta_2 = 90°$ entsteht das sogenannte Planrad, welches der Zahnstange beim Stirnrad entspricht. Gemäß Abbildung 20.9 e) und Abbildung 20.10 ist der Teilkegel des Planrades eine senkrecht zur Achse stehende ebene Kreisscheibe. Erzeugt man nun durch Wälzen eines Werkzeuges mit geradflankigem Bezugsprofil, das die Geometrie des Planrades aufweist, entsprechende Kegelräder, so können diese theoretisch einwandfrei unter Linienberührung der Flanken miteinander kämmen, da sie Satzrädereigenschaften aufweisen (s.a. Abschnitt 18.2.2). Modellhaft kann man sich entsprechend Abbildung 20.10 vorstellen, dass die zahnstangenartige Planverzahnung wie eine dünne Folie zwischen den Zähnen von Rad und Gegenrad mitläuft.

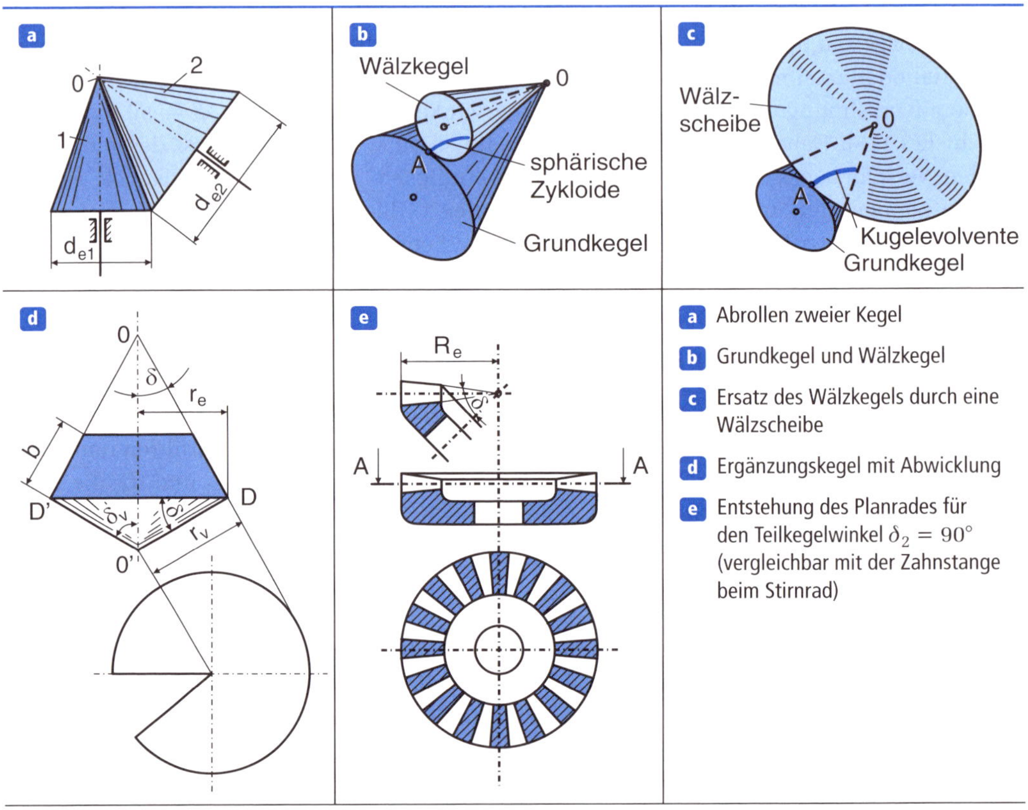

a Abrollen zweier Kegel

b Grundkegel und Wälzkegel

c Ersatz des Wälzkegels durch eine Wälzscheibe

d Ergänzungskegel mit Abwicklung

e Entstehung des Planrades für den Teilkegelwinkel $\delta_2 = 90°$ (vergleichbar mit der Zahnstange beim Stirnrad)

Abbildung 20.9: Zur Entstehung der Geometrie der Kegelradverzahnung

Eindeutig gekennzeichnet ist die Planverzahnung durch die Strecke $\overline{OC}$ (entspricht der äußeren Teilkegellänge R_e), die Zahnbreite b, die Zahnform (Bezugsprofil), die Form und Richtung der Flankenlinie sowie die Kopf- und Fußfläche. Nur in Sonderfällen ist der Winkel des Erzeugungswälzkegels maßgebend.

Da die Teilkegelwinkel δ und somit auch die Achsenwinkel Σ unterschiedlich sein können, ergeben sich gemäß Abbildung 20.10 vielfältige Möglichkeiten der Kombination eines Ritzels mit verschiedenen Tellerrädern.

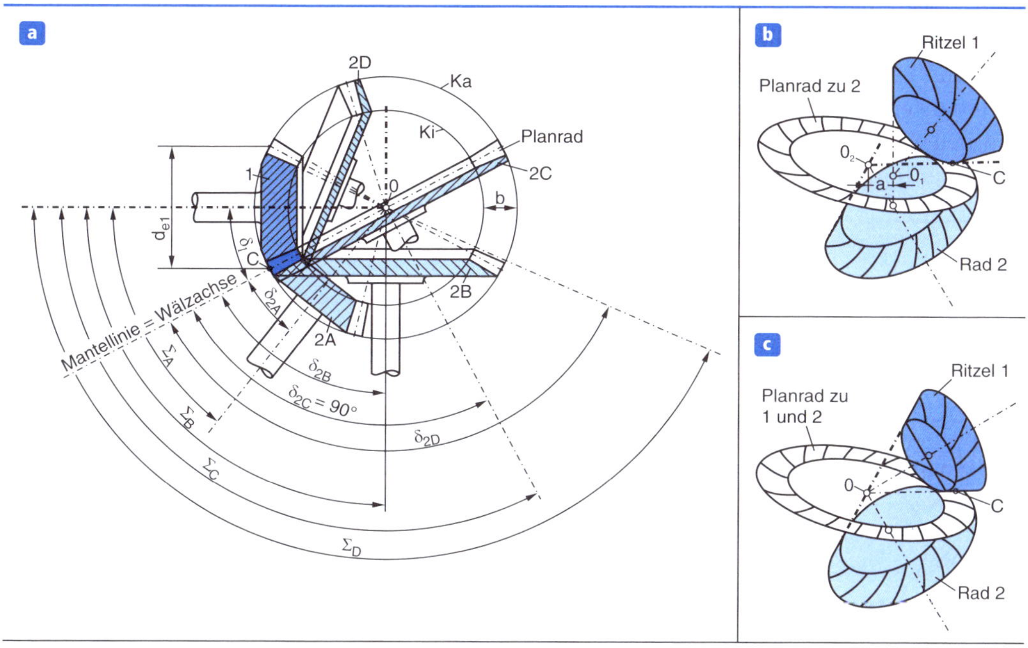

Abbildung 20.10: Paarungsmöglichkeiten für Kegelrad 1 mit verschiedenen Gegenrädern 2A bis 2; Rad 2C ist Planrad für alle gezeichneten Kegelräder [20.89].

Obwohl sich die genaue Zahnform aus einem Kugelschnitt um die Mitte des Planrades ergibt, wendet man diese sogenannte Kugel-Evolventen-Verzahnung nicht an, da sie zwar eine ebene Eingriffsfläche, andererseits aber ein Planrad mit gekrümmtem Flankenprofil aufweist, bei dem die Krümmungsrichtung auf der Wälzebene gemäß Abbildung 20.11 b) wechselt. Die Zahnflanken entstehen also als auf Kugelflächen liegende „Punktevolventen", die sich durch Punkte des Kegelmantels beschreiben lassen, der vom Grundkegel abgewickelt wird.

Demzufolge bezieht sich eine solche Einzelverzahnung nicht auf ein Planrad, sondern das Tellerrad wird ohne Wälzen im Formschneide-Einstechverfahren mit einem Messerkopf hergestellt, wie das z.B. bei der Klingelnberg-Zyklopalloid-, Gleason-Formate- und Oerlikon-Spirac-Verzahnung der Fall ist. Dabei weist das Tellerrad meist gerade Zahnprofile auf und die Flanken des Ritzels werden durch Abwälzen des Tellerradteilkegels am Ritzelteilkegel erzeugt, indem die Zahnflanken des Tellerrades durch die Werkzeugschneiden nachgebildet werden. Bei einer derartigen Einzelverzahnung kann das Ritzel nur mit dem Bezugstellerrad gepaart werden, sodass keine Satzrädereigenschaften nach Abschnitt 18.2.2 vorliegen, weshalb diese Verzahnungsart von untergeordneter Bedeutung ist.

Wegen der Unwirtschaftlichkeit dieser Einzelverzahnungsverfahren wendet man deshalb bevorzugt die sogenannte Oktoidenverzahnung gemäß Abbildung 20.11 a) an, die am Planrad ebene Zahnflankenflächen (Trapezprofil als Bezugsprofil) nach Abbildung 20.11 c) aufweist und mit einem geradflankigen Werkzeug im Wälzverfahren hergestellt werden kann. Dabei ist die Bezeichnung abgeleitet aus der Form der Eingriffslinie E auf dem Kugelmantel der Kegelradpaarung, die eine achtförmige Kurve (Oktoide) darstellt.

Bei schräg- oder spiralverzahnten Kegelrädern ergibt sich im Normalschnitt eine Gerade als Flankenprofil, wobei diese Gerade bei der Kegelradfertigung im Wälzverfahren als Werkzeugschneide längs der schräg- oder bogenförmigen Flankenlinie bewegt wird. Damit sind die Zahnflanken der so entstehenden Oktoidenverzahnung identisch mit den Hüllflächen, die von den Zahnflanken des Planrades mit geradem Zahnprofil am Kegelrad erzeugt werden, wenn die Teilkegel von Planrad und Kegelrad aufeinander abwälzen.

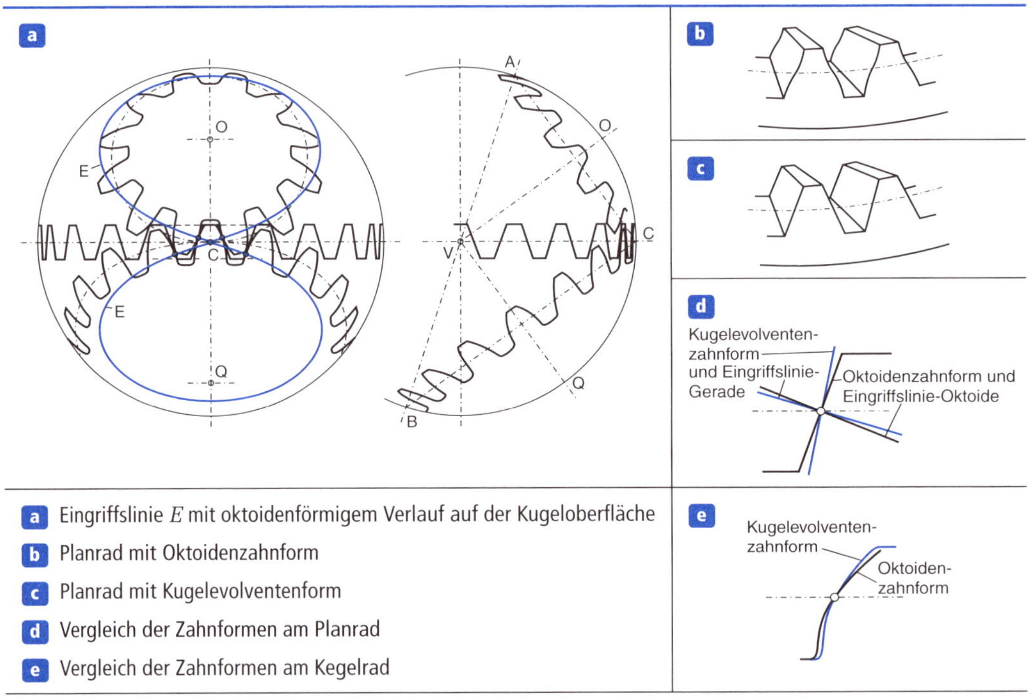

a Eingriffslinie E mit oktoidenförmigem Verlauf auf der Kugeloberfläche
b Planrad mit Oktoidenzahnform
c Planrad mit Kugelevolventenform
d Vergleich der Zahnformen am Planrad
e Vergleich der Zahnformen am Kegelrad

Abbildung 20.11: Verzahnung und Planverzahnung eines Kegelradpaares mit Oktoidenzahnform und Kugelevolventenverzahnung [20.89]

Demzufolge ist die Erzeugung der Oktoidenverzahnung vergleichbar mit der Erzeugung der Evolventen-Zahnflanken am Stirnrad. Allerdings bedingt das Abwälzen der Kegel, dass die Eingriffslinie der Oktoidenverzahnung in der Projektion von der Geraden entsprechend Abbildung 20.11 a) etwas abweicht. Die Eingriffslinie lässt sich mittels des Verzahnungsgesetzes konstruieren, sofern man von den geraden Flanken der Planverzahnung ausgeht und anstelle der Flankennormalen (bei Stirnrädern) die entsprechenden Großkreise verwendet (s.a. Abschnitt 18.2.1).

Trotz der von der Geraden abweichenden Eingriffslinie E nach Abbildung 20.11 a) ist die Oktoidenverzahnung für Kegelräder ohne Profilverschiebung (Null-Verzahnung) und mit Profilverschiebung (Null- und V-Null-Verzahnung) kinematisch genau, sodass sich mit jedem

Planrad bei beliebigem Zahnprofil einwandfreie Kegelräder mit Satzrädereigenschaften erzeugen lassen.

Für die Übersetzung i gilt vergleichbar mit den Stirnradgetrieben:

$$|i| = \left|\frac{n_1}{n_2}\right| = \left|\frac{z_2}{z_1}\right| \tag{20.3}$$

Im Weiteren werden nun die wesentlichen Grundgrößen der Geometrie beschrieben. Darüber hinausgehende Begriffe und Bestimmungsgrößen werden in DIN 3971 sowie der weiterführenden Literatur erläutert [20.29], [20.76].

a **Wälzkegel, Wälzkegelwinkel, Teilkegel, Teilkegelwinkel, Teilkegellängen, Zahnbreite, Spiralrichtung sowie Zug- und Schubflanke** – Die (Betriebs-)Wälzkegel wälzen ohne Gleiten gemäß Abbildung 20.12 aufeinander ab und berühren sich auf einer gemeinsamen Mantellinie $R_e = 0C$. Als Teilkegel werden die bei der Herstellung benutzten Wälzkegel bezeichnet, auf die sich auch die Teilung bezieht. Sie wälzen auf den Teilkreisebenen der Erzeugungsplanräder ab. Für die Teilkegelwinkel $\delta_{1,2}$ gelten abhängig vom Achsenwinkel Σ nach Gleichung (20.2) und vom Zähnezahlverhältnis $u = z_2 / z_1$ die Zusammenhänge gemäß Abbildung 20.12.

Teilkegelwinkel δ_1

$$\tan\delta_1 = \frac{\sin\Sigma}{(\cos\Sigma + u)} \tag{20.4}$$

Teilkegelwinkel δ_2

$$\tan\delta_2 = \frac{\sin\Sigma}{\left(\cos\Sigma + \dfrac{1}{u}\right)} \tag{20.5}$$

Sonderfall $\Sigma = 0°$

$$\tan\delta_1 = \frac{1}{u} = \frac{z_1}{z_2} \tag{20.6}$$

$$\tan\delta_2 = u = \frac{z_2}{z_1} \tag{20.7}$$

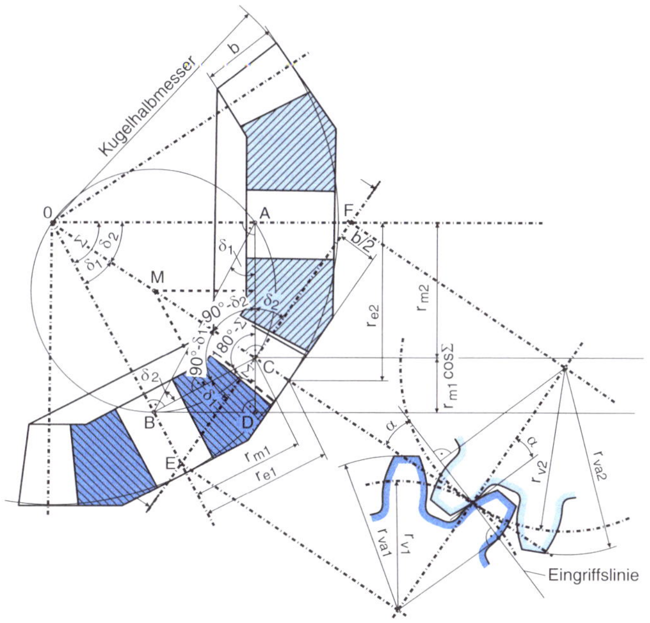

Abbildung 20.12: Kegelradpaarung und Ersatz-Stirnradverzahnung am Rückenkegel sowie Teilkegelwinkel am Kegelrad abhängig vom Achsenwinkel und Zähnezahlverhältnis

Für Null- und V-Null-Verzahnungen (s.a. Abschnitt 20.2.4) sind Wälzkegel und Teilkegel deckungsgleich, sodass auch die Wälzkegelwinkel gleich den Teilkegelwinkeln sind.

Die jeweiligen Teilkegellängen sind in Tabelle 20.3 zusammengestellt, wobei die äußere Teilkegellänge R_e der Mantellänge des Teilkegels entspricht und b die Zahnbreite, δ den Teilkegelwinkel und β_m den mittleren Schrägungswinkel bezeichnen. Als Anhaltswert für die Zahnbreite von Kegelrädern gilt mit R_m als der mittleren Teilkegellänge:

$$b \leq 0{,}3 \cdot R_m \tag{20.8}$$

Bei der Tragfähigkeitsberechnung wird ebenfalls von den Abmessungen bei der mittleren Teilkegellänge R_m ausgegangen.

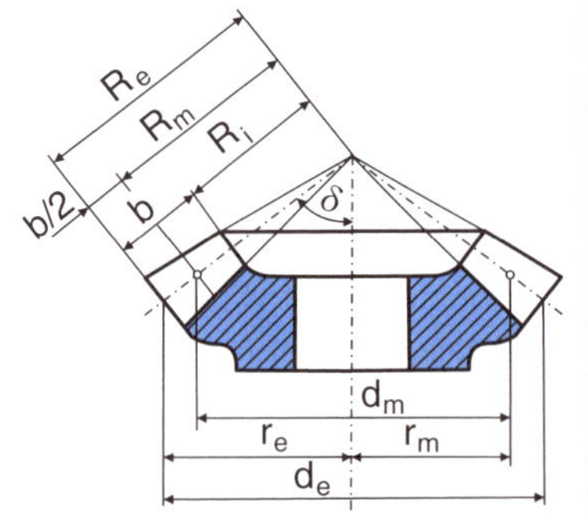

Äußere Teilkegellänge	$R_e = \dfrac{d_e}{2 \cdot \sin\delta}$	(20.9)
Mittlere Teilkegellänge	$R_m = R_e - \dfrac{b}{2} = \dfrac{d_m}{2 \cdot \cos\beta_m \cdot \sin\delta_1}$	(20.10)
Innere Teilkegellänge	$R_i = R_e - b$	(20.11)

Tabelle 20.3: Teilkegellängen am Kegelrad

Die Spiralrichtung bzw. Schrägungsrichtung von Kegelrädern wird gemäß Abbildung 20.13 festgelegt, indem man von der Spitze des Teilkegels aus den Zahn betrachtet, der sich in Zwölf-Uhr-Stellung befindet. Die Spiralrichtung ist dann rechts, wenn der Zahn von vorn nach hinten betrachtet nach rechts verläuft. Üblicherweise liegt die konkave Flanke bei rechtsspiraligen Kegelrädern auf der rechten Seite und bei linksspiraligen auf der linken Seite des Zahnes. Im Sonderfall der inversen Spirale liegen umgekehrte Verhältnisse vor [20.76], [20.102].

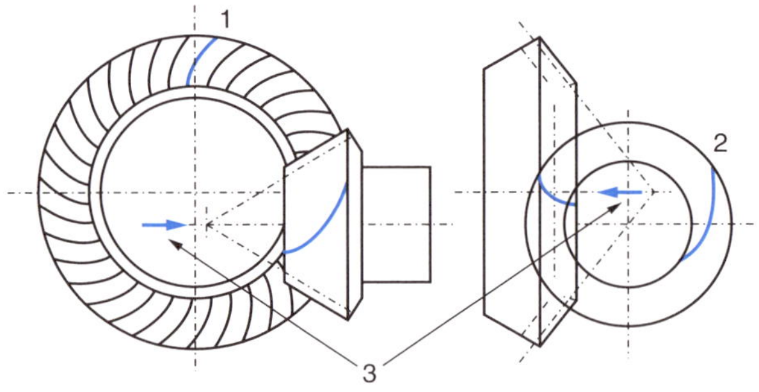

1 Rechtsspirale 2 Linksspirale 3 Blickrichtung von der Teilkreisspitze

Ritzel	
konkave Flanke	Zugflanke (Drive Flank)
konvexe Flanke	Schubflanke (Coast Flank)
Tellerad	
konvexe Flanke	Zugflanke (Drive Flank)
konkave Flanke	Schubflanke (Coast Flank)

Abbildung 20.13: Definition der Spiralrichtung, Zug- und Schubflanke sowie Ferse und Zehe

Die Definition der Zugflanke (Drive Flank) und Schubflanke (Coast Flank) nach Abbildung 20.13 gilt gleichermaßen für Spiralkegelradsätze ohne Achsversatz und mit Achsversatz (Hypoidradsatz), obwohl die Ableitung ursprünglich aus der Anwendung des Hypoidradsatzes im Kraftfahrzeug herrührt. So wurde bei Spiralkegelrädern mit positivem Achsversatz festgestellt, dass günstigere Beanspruchungsverhältnisse vorliegen, wenn die konkave Ritzelflanke das Tellerad antreibt. Da man beim Kraftfahrzeug vom Zugbetrieb spricht, wenn Motor und Getriebe das Fahrzeug treiben (ziehen), wird beim Ritzel die konkave Flanke als Zugflanke bezeichnet. Demzufolge ist beim Ritzel die konvexe Flanke die Schubflanke, wenn das rollende Fahrzeug gegen den bremsenden Antriebsstrang aus Motor und Getriebe „schiebt". Am Tellerrad sind die Zusammenhänge jeweils umgekehrt.

Schließlich seien noch die Begriffe Zehe und Ferse beim Kegelrad erläutert. Gemäß Abbildung 20.13 bezeichnet man den flacheren, spitzeren Teil des Ritzels und Rades als Zehe und den höheren, dickeren Teil als Ferse.

b **Teilkreis, Teilkreisdurchmesser, Teilkreisteilung und Modul** – Beim Kegelrad wird als Teilkreis der zur Radachse senkrecht stehende Kreis des Teilkegels bezeichnet, dessen Umfang genauso wie beim Stirnrad durch das Produkt aus Zähnezahl z mal Teilung p bestimmt ist. Da sich der Teilkreisdurchmesser längs der Zahnbreite ändert, lässt sich gemäß Tabelle 20.4 auch ein mittlerer Teilkreisdurchmesser d_m angeben. Vergleichbar zum Stirnrad ist der Teilkreisdurchmesser auch beim Kegelrad eine rechnerische, selbst nicht messbare Größe.

Im Gegensatz zu Stirnrädern ändert sich bei Kegelrädern der Stirnmodul (Verhältnis Teilkreisdurchmesser zu Zähnezahl) ebenso wie die Stirnteilung über der Zahnbreite. Entsprechend Tabelle 20.4 wird der Modul für das äußere Zahnende (Stirnschnitt – Index t) oder für Mitte Zahnbreite (Normalschnitt – Index n) und zwar oftmals nach der Normreihe für Stirnräder gemäß DIN 780 (s.a. Tabelle 18.1) gewählt [20.20]. Im Gegensatz zu Stirnrädern ist die Anwendung der Normmoduln jedoch nicht unbedingt erforderlich, da sich mit einem Satz Schneidmesser ein größerer Modulbereich überdecken lässt. Zur Minderung der Bruchgefahr an den Zahnenden durch lastbedingte Verformung oder Abweichungen der Fertigung und Lagerung gilt als Anhaltswert für den Modul m_{mn} im Normalschnitt:

$$m_{mn} = \frac{1}{8} \ldots \frac{1}{12} \cdot b \approx \frac{1}{10} \cdot b \qquad (20.12)$$

Äußerer Teilkreisdurchmesser	Mittlerer Teilkreisdurchmesser	Mittlere Teilkreisteilung
$d_{e1,2} = \frac{z_{1,2} \cdot m_{et}}{\cos \beta_m}$ (20.13)	$d_{m1.2} = \frac{z_{1,2} \cdot m_{mn}}{\cos \beta_m}$ (20.14)	$p_m = m_m \cdot \pi = \frac{d_m \cdot \pi}{z}$ (20.15)
Modul am Außenkegel	**Modul am Mittelkegel (Stirnschnitt)**	**Modul am Mittelkegel (Normalschnitt)**
$m_{et} = \frac{d_{e1,2}}{z_{1,2}} = \frac{m_{en}}{\cos \beta}$ (20.16)	$m_{mt} = \frac{d_{m1,2}}{z_{1,2}}$ (20.17)	$m_{mn} = \frac{m_{mt}}{\cos \beta}$ (20.18)

Tabelle 20.4: Teilkreisdurchmesser, mittlere Teilkreisteilung und Modul am Kegelrad

c **Profilwinkel, Eingriffswinkel und Betriebseingriffswinkel** – Als Profilwinkel α_y wird der Winkel auf einem beliebigen Punkt der Zahnflanke bezeichnet, den zwei in diesem Punkt errichtete Tangenten einschließen, wobei die eine die Radachse schneidet und die andere die Zahnflanke tangiert. Derjenige Profilwinkel, dessen Scheitel auf dem Betriebswälzkreis liegt, wird als Betriebseingriffswinkel α_w bezeichnet. Demzufolge nennt man den Profilwinkel, dessen Scheitel auf dem Teilkreis liegt, Eingriffswinkel α. Gemäß Tabelle 20.5 unterscheidet man die Eingriffswinkel an der äußeren, mittleren und inneren Teilkegellänge.

α an äußerer Teilkegellänge	α an mittlerer Teilkegellänge	α an innerer Teilkegellänge
$\tan\alpha_{et} = \dfrac{\tan\alpha_{en}}{\cos\beta_m}$ (20.19)	$\tan\alpha_{mt} = \dfrac{\tan\alpha_{mn}}{\cos\beta_m}$ (20.20)	$\tan\alpha_{it} = \dfrac{\tan\alpha_{in}}{\cos\beta_m}$ (20.21)

Tabelle 20.5: Eingriffswinkel abhängig von der Teilkegellänge am Kegelrad

d **Kopfkegel, Kopfkegelwinkel, Fußkegel, Fußkegelwinkel und Zahnhöhenverlauf** – Grundsätzlich müssen die Kegelspitzen von Kopf- und Fußkegel gemäß Abbildung 20.14 nicht mit dem Achsenschnittpunkt 0 zusammenfallen. Die jeweils geltenden Zusammenhänge für Kopf- und Fußwinkel, Kopfkegel- und Fußkegelwinkel sowie die Zahnkopf- und Zahnfußhöhen sind bei zur Kegelspitze abnehmender Zahnhöhe in Tabelle 20.6 und bei konstanter Zahnhöhe in Tabelle 20.7 zusammengestellt. Tabelle 20.8 enthält die zugehörigen Kopf- und Fußkreisdurchmesser für die jeweils äußere, mittlere und innere Teilkegellänge.

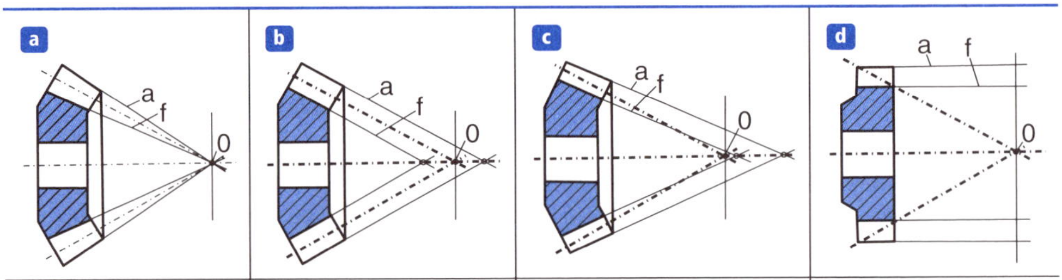

a	b	c	d
Ausführung für Gerad- und Schrägverzahnung und Bogenverzahnung nach Gleason	Parallele Lage zum Teilkegel für Bogenverzahnung nach Klingelnberg und Oerlikon	Schneidende Lage zum Teilkegel für z. B. Palloidverzahnung nach Klingelnberg	Kronenradgetriebe

Abbildung 20.14: Verschiedene Formen für Kopf- und Fußkegel und zugehörige Kopfkegelwinkel und Fußkegelwinkel [20.89]

So liegen bei Spiralkegelrädern mit konstanter Zahnhöhe entsprechend Abbildung 20.14 b) die Mantellinien von Kopf- und Fußkegel parallel zur Mantellinie des Teilkegels. Hieraus ergibt sich als Vorteil, dass die Schneidmesser in einfacher Weise eine exakte Erzeugungsbewegung ausführen können, da deren Spitzen nur entlang des Fußkegels geführt werden müssen und sich somit auch parallel zum Teilkegel bewegen. Damit ist die Einstellung der Verzahnmaschine auf ein gewünschtes Tragbild vergleichsweise einfacher und schneller als bei Kegelrädern mit der Geometrie nach Abbildung 20.14 a).

Nachteilig ist jedoch bei Kegelrädern mit konstanter Zahnhöhe, dass die Zähne innen (an der Zehe) sehr schlank werden, woraus sich hier eine erhöhte Gefahr des Unterschnitts ergibt. Bezüglich Tragfähigkeit und Geräuschverhalten sind beide Bogenverzahnungen nach Abbildung 20.14 a) und b) fast gleichwertig, lediglich bei den auf die Lager einwirkenden Axialkräften bestehen Unterschiede. Bei einer Kronenradpaarung nach Abbildung 20.14 d) werden die Kopf- und Fußkegel des Ritzels zu achsparallelen Zylindern.

Kopfwinkel (gewählt) $\vartheta_{a1} = \vartheta_{f2}$, $\vartheta_{a2} = \vartheta_{f1}$ (20.22)	Fußwinkel $\tan\vartheta_{f1} = \frac{h_{fe1}}{R_e}$, $\tan\vartheta_{f2} = \frac{h_{fe2}}{R_e}$ (20.23)
Kopfkegelwinkel $\delta_{a1} = \delta_1 + \vartheta_{f2}$, $\delta_{a2} = \delta_2 + \vartheta_{f1}$ (20.24)	Fußkegelwinkel $\delta_{f1} = \delta_1 - \vartheta_{f1}$, $\delta_{f2} = \delta_2 - \vartheta_{f2}$ (20.25)
Zahnkopfhöhe $h_{ae1} = m_{et}\cdot(1+x_{he}) = h_{am1} + \frac{b\cdot\tan\vartheta_{a1}}{2}$ (20.26) $h_{ae2} = m_{et}\cdot(1-x_{he}) = h_{am2} + \frac{b\cdot\tan\vartheta_{a2}}{2}$ (20.27)	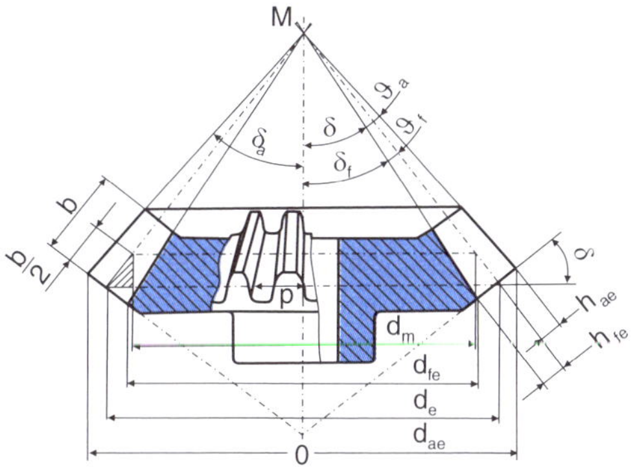
Zahnfußhöhe $h_{fe1} = m_{et}\cdot\left(1+c_p^* - x_{he}\right)$ (20.28) $h_{fe2} = m_{et}\cdot\left(1+c_p^* + x_{he}\right)$ (20.29)	
Bei Profilhöhe $h_p = m + c_p$ mit Kopfspiel $c_p = (0,1\ldots0,3)\cdot m$	

Tabelle 20.6: Kopf- und Fußkegelwinkel sowie Zahnkopf- und Zahnfußhöhen bei zur Kegelspitze abnehmender Zahnhöhe und konstantem Kopfspiel mit m_{et} als Bezugslänge (Kopfkegelspitze liegt innerhalb des Teilkegels)

Kopfwinkel (gewählt) $\vartheta_a = \vartheta_{a1} = \vartheta_{a2} = 0$ (20.30)	Fußwinkel $\vartheta_f = \vartheta_{f1} = \vartheta_{f2} = 0$ (20.31)
Kopfkegelwinkel $\delta_{a1} = \delta_1$, $\delta_{a2} = \delta_2$ (20.32)	Fußkegelwinkel $\delta_{f1} = \delta_1$, $\delta_{f2} = \delta_2$ (20.33)
Zahnkopfhöhe $h_{am1} = m_{mn}\cdot(1+x_{hm})$ (20.34) $h_{am2} = m_{mn}\cdot(1-x_{hm})$ (20.35)	Zahnfußhöhe $h_{fm1} = m_{mn}\cdot\left(1+c_p^* - x_{hm}\right)$ (20.36) $h_{fm2} = m_{mn}\cdot\left(1+c_p^* + x_{hm}\right)$ (20.37)
Bei Profilhöhe $h_p = m + c_p$ mit Kopfspiel $c_p = (0,1\ldots0,3)\cdot m$	

Tabelle 20.7: Kopf- und Fußkegelwinkel sowie Zahnkopf- und Zahnfußhöhen bei konstanter Zahnhöhe mit m_{mn} als Bezugslänge

Äußerer Kopfkreisdurchmesser	Mittlerer Kopfkreisdurchmesser	Innerer Kopfkreisdurchmesser
$d_{ae1} = d_{m1} + 2 \cdot h_{ae1} \cdot \cos\delta_1$ (20.38)	$d_{am1} = d_{m1} + 2 \cdot h_{am1} \cdot \cos\delta_1$ (20.40)	$d_{ai1} = d_{m1} + 2 \cdot h_{ai1} \cdot \cos\delta_1$ (20.42)
$d_{ae2} = d_{m2} + 2 \cdot h_{ae2} \cdot \cos\delta_2$ (20.39)	$d_{am2} = d_{m2} + 2 \cdot h_{am2} \cdot \cos\delta_2$ (20.41)	$d_{ai2} = d_{m2} + 2 \cdot h_{ai2} \cdot \cos\delta_2$ (20.43)
Äußerer Fußkreisdurchmesser	Mittlerer Fußkreisdurchmesser	Innerer Fußkreisdurchmesser
$d_{fe1} = d_{m1} + 2 \cdot h_{fe1} \cdot \cos\delta_1$ (20.44)	$d_{fm1} = d_{m1} + 2 \cdot h_{fm1} \cdot \cos\delta_1$ (20.46)	$d_{fi1} = d_{m1} + 2 \cdot h_{fi1} \cdot \cos\delta_1$ (20.48)
$d_{fe2} = d_{m2} + 2 \cdot h_{fe2} \cdot \cos\delta_2$ (20.45)	$d_{fm2} = d_{m2} + 2 \cdot h_{fm2} \cdot \cos\delta_2$ (20.47)	$d_{fi2} = d_{m2} + 2 \cdot h_{fi2} \cdot \cos\delta_2$ (20.49)

Tabelle 20.8: Kopfkreisdurchmesser und Fußkreisdurchmesser am Kegelrad

20.2.3 Virtuelle Ersatz-Stirnräder (Näherung nach Tredgold)

Wie bereits in Abbildung 20.9 d) gezeigt, nutzt man zur Abwicklung der Kegelradverzahnung in der Ebene den Ergänzungskegel $DD'O'$, da eine Kugeloberfläche und damit die sphärische Verzahnung nicht auf eine Ebene abgewickelt werden können. Entsprechend Abbildung 20.15 liegen die Mantelflächen des Ergänzungskegels parallel zu den Mantelflächen des Rückenkegels, dessen Mantellinien in der Entfernung R_e von der Kegelspitze senkrecht auf dem Teilkegel stehen.

Sowohl für den Rückenkegel als auch für den Ergänzungskegel lassen sich Abwicklungen der dort vorliegenden Verzahnungsgeometrie auf die Ebene vornehmen, wobei sämtliche auf den Mantelflächen des Rücken- oder Ergänzungskegels liegenden Messgrößen – wie z.B. Eingriffswinkel α_t, Stirnteilung p_t, Stirnzahndicke s und Zahnhöhe $h = h_a + h_f$ – unverändert erhalten bleiben. Der Teilkreisradius r_{ve} der abgewickelten Verzahnung entspricht der Länge der Mantellinie des Rückenkegels.

Damit entsteht durch diese Abwicklung der Stirnschnitt eines virtuellen Ersatz-Stirnrades mit Evolventenverzahnung, was erstmals durch Thomas Tredgold (Englischer Ingenieur, 1788 bis 1829) angewendet wurde, weshalb man auch vom Näherungsverfahren nach Tredgold spricht [20.105]. Abhängig vom Verlauf der Flankenlinien auf dem Teilkegel entstehen Ersatz-Stirnräder mit Gerad-, Schräg- oder Bogenverzahnung.

Mithilfe dieser virtuellen Ersatz-Stirnräderverzahnung lassen sich nicht nur die Eingriffsverhältnisse auf dem jeweils betrachteten Ergänzungskegel betrachten, sondern man verwendet die Ersatz-Stirnradverzahnung am Ergänzungskegel auf Mitte der Zahnbreite auch im Rahmen der genormten Berechnungsverfahren zur Tragfähigkeitsberechnung, da diese die mittleren Abmessungen der zu berechnenden Kegelradverzahnung aufweist. Zu beachten ist, dass wegen der grundsätzlich breitenballigen Ausführung einer Kegelradverzahnung die Ersatz-Stirnradverzahnungen auch über diese Breitenballigkeit verfügt. Die wichtigsten Abmessungen und zugehörigen Berechnungsgleichungen sind in Anlehnung an die Berechnung von Stirnradverzahnungen in Tabelle 20.9 zusammengestellt.

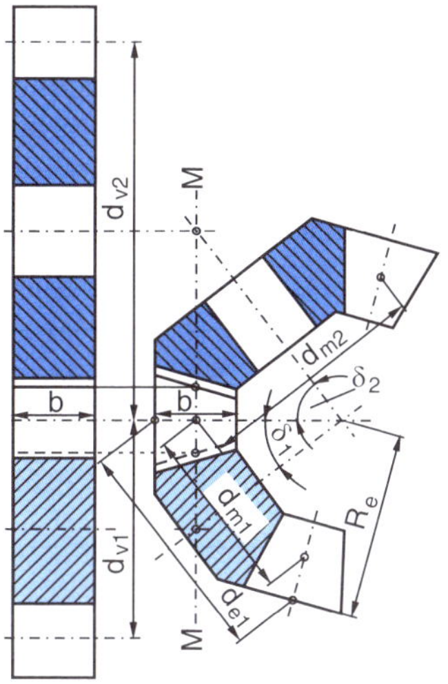

Eingriffswinkel α

$$\alpha_{vn} = \alpha_n\,,\ \tan\alpha_{vt} = \tan\alpha_{mt} = \frac{\tan\alpha_n}{\cos\beta_m} \qquad (20.50)$$

Schrägungswinkel β

$$\beta_{vm} = \beta_m\,,\ \sin\beta_{vb} = \sin\beta_m \cdot \cos\alpha_n \qquad (20.51)$$

Zähnezahlverhältnis u_v allgemein

$$u_v = \frac{z_{v2}}{z_{v1}} = u \cdot \frac{\cos\delta_1}{\cos\delta_2} = \frac{\tan\delta_2}{\tan\delta_1} \qquad (20.52)$$

Zähnezahlen z_v allgemein

$$z_{v1} = \frac{z_1}{\cos\delta_1} = \frac{d_{v1}\cdot\pi}{p_t} \quad \text{und} \quad z_{v2} = \frac{z_2}{\cos\delta_2} = \frac{d_{v2}\cdot\pi}{p_t} \qquad (20.53)$$

Zähnezahlverhältnis u_v für $\Sigma = 90°$

$$u_v = u^2 = \left(\frac{z_2}{z_1}\right)^2 \qquad (20.54)$$

Zähnezahlen z_v für $\Sigma = 90°$

$$z_{v1} = z_1 \cdot \sqrt{\frac{u^2+1}{u^2}} \quad \text{und} \quad z_{v2} = z_2 \cdot \sqrt{u^2+1} = u^2 \cdot z_{v1} \qquad (20.55)$$

Abbildung 20.15: Virtuelle Ersatz-Stirnradverzahnung – Eingriffswinkel, Schrägungswinkel, Zähnezahlen und Zähnezahlverhältnis im Stirnschnitt, bezogen auf Mitte der Zahnbreite [20.89]

Teilkreisdurchmesser d_v allgemein	Teilkreisdurchmesser d_v für $\Sigma = 90°$
$d_{v1} = \frac{d_{m1}}{\cos\delta_1}\,,\ d_{v2} = \frac{d_{m2}}{\cos\delta_2}$ (20.56)	$d_{v1} = d_{m1} \cdot \sqrt{\frac{u^2+1}{u^2}}\,,\ d_{v2} = d_{m2} \cdot \sqrt{u^2+1} = u^2 \cdot d_{v1}$ (20.57)
Achsabstand a_v	Modul m_v
$a_v = \frac{1}{2} \cdot (d_{v1} + d_{v2})$ (20.58)	$m_{vt} = m_{mt} = \frac{d_{m1}}{z_1} = \frac{d_{v1}}{z_1} = \frac{d_{v2}}{z_2}\,,$ $m_{vn} = m_{mnt} = m_{mt} \cdot \cos\beta_m$ (20.59)
Grundkreisdurchmesser d_{vb}	Kopfkreisdurchmesser d_{va}
$d_{vb} = d_v \cdot \cos\alpha_{vt}$ (20.60)	$d_{va1} = d_{v1} + 2 \cdot h_{am1}\,,\ d_{va2} = d_{v2} + 2 \cdot h_{am2}$ (20.61)

Tabelle 20.9: Virtuelle Ersatz-Stirnradverzahnung – Teilkreisdurchmesser, Achsabstand, Modul, Grundkreisdurchmesser und Kopfkreisdurchmesser im Stirnschnitt, bezogen auf Mitte der Zahnbreite

Ausgehend von diesen geometrischen Größen lässt sich gemäß Tabelle 20.10 die Überdeckung bestimmen. Dabei wird zwischen der aus der Profilform resultierenden Profilüberdeckung ε_α und der sich aus dem Spiralwinkel ergebenden Sprungüberdeckung ε_β unterschieden, wobei die Summe dieser Teilüberdeckungen auf die Gesamtüberdeckung ε_γ führt. Dabei ist zu beachten, dass die Zahnflanken zueinander konjugiert sind. Ferner ist die berechnete Gesamtüberdeckung immer etwas kleiner, da Kegelradverzahnungen üblicherweise ballig ausgeführt werden. Unter der Annahme eines ellipsenförmigen Tragbildes lässt sich die Gesamtüberdeckung auch als Wurzel aus der Summe der Quadrate der Teilüberdeckungen berechnen, was im Rahmen der genormten Tragfähigkeitsberechnungen genutzt wird [20.18].

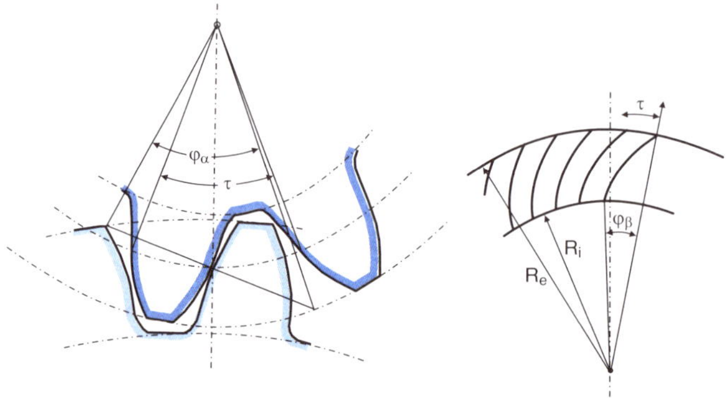

Zahnbreite b_v	$b_v = b$ mit $b \le 0{,}3 \cdot R_m$ (20.62)
Drehzahl n_v (bei gleicher Umfangsgeschwindigkeit)	$n_v = n \cdot \dfrac{d_m}{d_v}$ (20.63)
Teilung p_{vtb}	$p_{vtb} = \dfrac{m_{mn} \cdot \pi \cdot \cos\alpha_{vt}}{\cos\beta_m}$ (20.64)

Profilüberdeckung $\varepsilon_{v\alpha}$ $\varepsilon_{v\alpha} = \dfrac{g_{v\alpha}}{p_{vtb}}$ (20.65)	Eingriffsstrecke $g_{v\alpha}$ $g_{v\alpha} = \sqrt{\left(\dfrac{d_{va1}}{2}\right)^2 - \left(\dfrac{d_{vb1}}{2}\right)^2} + \dfrac{z_2}{\lvert z_2\rvert} \cdot \sqrt{\left(\dfrac{d_{va2}}{2}\right)^2 - \left(\dfrac{d_{vb2}}{2}\right)^2} - a_v \cdot \sin\alpha_{vt}$ (20.66)	
Profilüberdeckung $\varepsilon_{v\alpha n}$ im Normalschnitt $\varepsilon_{v\alpha n} = \dfrac{e_{v\alpha}}{\cos^2\beta_b}$ (20.67)	Sprungüberdeckung $\varepsilon_{v\beta}$ $\varepsilon_{v\beta} = \dfrac{b \cdot \sin\beta_m}{m_{mn} \cdot \pi} \cdot \dfrac{b_{eH}}{b}$ mit $b_{eh} \approx 0{,}85 \cdot b$ (20.68)	Gesamtüberdeckung $\varepsilon_{v\gamma}$ für konjugierte Flanken $\varepsilon_{v\gamma} = \varepsilon_{v\alpha} + \varepsilon_{v\beta}$ 20.69)
Gesamtüberdeckung $\varepsilon_{v\gamma}$ für elliptisches Tragbild $\varepsilon_{v\gamma} = \sqrt{\varepsilon_{v\alpha}^2 + \varepsilon_{v\beta}^2}$ (20.70)	Teilüberdeckung ε_v $\varepsilon_{v1} = \dfrac{z_{v1}}{2 \cdot \pi} \cdot \left(\sqrt{\left(\dfrac{d_{va1}}{d_{vb1}}\right)^2 - 1} - \tan\alpha_{vt}\right)$, $\varepsilon_{v2} = \dfrac{z_{v2}}{2 \cdot \pi} \cdot \left(\sqrt{\left(\dfrac{d_{va2}}{d_{vb2}}\right)^2 - 1} - \tan\alpha_{vt}\right)$ (20.71)	

Tabelle 20.10: Virtuelle Ersatz-Stirnradverzahnung – Zahnbreite, Drehzahl, Teilung, Eingriffsstrecke, Profilüberdeckung, Sprungüberdeckung, Gesamtüberdeckung und Teilüberdeckung

Ist eine genauere Bestimmung der Gesamtüberdeckung gewünscht, so ist hierzu eine Zahnkontaktanalyse unter Last mithilfe der Finite-Elemente-Methode (FEM) oder aber der Boundary-Elemente-Methode (BEM) vorzunehmen (s.a. Abschnitt 20.4.3) [20.76], [20.95], [20.96], [20.101], [20.106]. Dabei lassen sich die Mikrogeometrie der Verzahnung (Balligkeiten sowie weitere topologische Korrekturen), die Abplattung der Hertz'schen Kontaktfläche unter Last, die Zahnverformung und Verformungen der Wellen und Gehäuse entsprechend genau berücksichtigen.

Abschließend sei darauf hingewiesen, dass ungeachtet dieser mittlerweile verfügbaren, genaueren Berechnungsverfahren zur Ermittlung der Beanspruchung (s.a. Abschnitt 20.4.3), das Näherungsverfahren nach Tredgold immer noch die Grundlage aller genormten Berechnungsverfahren zu Kegelradverzahnungen, wie sie z.B. in DIN 3991, ISO 10300, ISO/TR 13989 und ANSI/AGMA 2003-A86 enthalten sind, darstellt [20.2], [20.41], [20.42], [20.68], [20.69], [20.70], [20.74], [20.76].

20.2.4 Bezugsprofil, Planrad und Profilverschiebung

Wie bereits eingangs erwähnt, sind bei einer Kegelradverzahnung die Nennmaße eindeutig festgelegt durch den Teilkegel und die Verzahnung des Bezugs-Planrades sowie die Profilverschiebung. Vergleichbar der Zahnstange bei Stirnrädern ist das Bezugs-Planrad mit der Planradzähnezahl z_P, dem Modul m_P, dem Bezugsprofil und den Größen in der Planradteilebene sowie den Kopf- und Fußmantelflächen gemäß Abbildung 20.16 das grundlegende Werkzeug zur Kegelradauslegung und -herstellung.

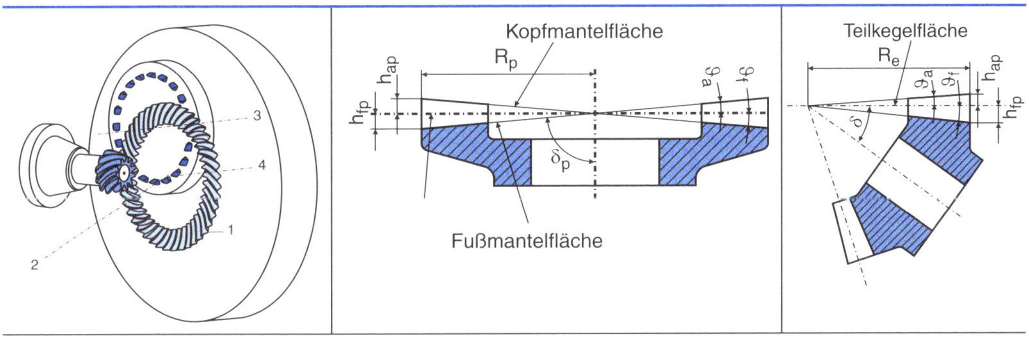

1 Planrad	2 Kegelradachse	3 Messerkopfachse	4 Wälzwiegenachse = Planradachse

Planrad-modul: m_P	Planradteilung: $p_P = m_P \cdot \pi$ (20.72)	Zahnhöhe: $h_P = h_{aP} + h_{fP}$ (20.73)	Zahnkopfhöhe: $h_{aP} = m_P$ (20.74)	Zahnfußhöhe: $h_{fP} = m_P + c_P$ (20.75)

Abbildung 20.16: Bezugs-Planrad und Kegelrad mit beschreibenden Kenngrößen

Die Vielfalt der bestehenden unterschiedlichen Verzahnungssysteme bedingt erhebliche Unterschiede der Zahnformen der Kegelräder, sodass zunächst die Verwendung eines allgemein anwendbaren Bezugsprofils wenig sinnvoll erscheint. So werden häufig die Hauptabmessungen zum Teil auf den Stirnschnitt am äußeren Teilkegel oder aber auf den Normalschnitt in Mitte Zahnbreite bezogen. Eine Ausnahme bilden die Kegelräder mit konstanter Zahnhöhe, bei denen man meist vom genormten Bezugsprofil nach DIN 867 ausgeht, wobei der Normalmodul in Mitte Zahnbreite als Bezugslänge verwendet wird [20.21]. Sofern keine Profilverschiebung vorliegt, befindet sich die Profilbezugslinie in der Planrad-Teilebene.

Grundsätzlich lassen sich Kegelräder mit Oktoidenverzahnung mit einer Profilverschiebung ausführen, jedoch sind im Vergleich zu Evolventen-Stirnrädern zusätzliche Bedingungen einzuhalten. Darüber hinaus erlauben die meisten Kegelrad-Verzahnwerkzeuge, die Stellung der Schneiden für Vor- und Rückflanken (Zug- und Schubflanken) unabhängig voneinander zu verändern. So werden z.B. beim Hobeln von Kegelrädern voneinander getrennte Hobelmeißel für die Vor- und Rückflanke verwendet. Damit kann bei der Kegelradfertigung ohne zusätzliche Werkzeugkosten vom genormten Bezugsprofil abgewichen werden, um die Tragfähigkeit und das Betriebsverhalten der Kegelräder zu verbessern und die Fertigung zu vereinfachen.

Bei der Anpassung des Bezugsprofils und der Profilverschiebung bei Kegel- und Hypoidrädern gelten die gleichen Überlegungen wie bei der Stirnradverzahnung gemäß Abschnitt 18.2.3.4. Ungeachtet der Anpassungsmöglichkeiten des Bezugsprofils wählt man für Kegelräder häufig mit der sogenannten V-Null-Verzahnung mit $(x_{hm1} + x_{hm2}) = 0$ bzw. $x_{hm1} = -x_{hm2}$ nach Abbildung 20.17 a) und b) eine gleichmäßig aufgeteilte Profilverschiebung auf Ritzel und Tellerrad, um Unterschnitt zu vermeiden, die Zahnfußtragfähigkeiten von Ritzel und Tellerrad anzugleichen und günstige Gleitverhältnisse am Kopf von Ritzel und Tellerrad zu erhalten.

Verwendet man zur Profilverschiebung bei Kegelrädern eine sogenannte V-Verzahnung mit $(x_{hm1} + x_{hm2}) \neq 0$, so ist die Bewegungsübertragung kinematisch nicht mehr einwandfrei, da die Betriebswälzkegel von den Herstellwälzkegeln (Teilkegeln) abweichen. Die Profilverschiebungsfaktoren x_{hm1} und x_{hm2} sind dann so zu wählen, dass sich eine gemeinsame Betriebseingriffsfläche für Ritzel und Rad einstellt.

Ergänzend zur V-Null-Verzahnung wird zur Anpassung der Zahnfußtragfähigkeit meist zusätzlich gemäß Abbildung 20.17 c) eine Zahndickenänderung am Bezugsprofil durch Verstellung der Schneidmesser vorgenommen, sodass die Zahndicke auf der Profilbezugslinie $P - P$ am Ritzel um den Betrag $2 \cdot x_s \cdot m_P$ größer und am Rad entsprechend kleiner wird als die halbe Teilung.

Des Weiteren ist zur Verbesserung der Gleitverhältnisse eine Zahnhöhenänderung des Bezugsprofils nach Abbildung 20.17 e) möglich, indem man bei konstanter Zahndicke auf der Profilbezugslinie die Kopfhöhe h_{aP} und die Fußhöhe h_{fP} unabhängig voneinander ändert oder aber gemeinsam gegenüber den Normwerten nach DIN 867 vergrößert oder verkleinert, um eine Hochverzahnung oder eine Kurzverzahnung zu erhalten.

Schließlich lässt sich auch gemäß Abbildung 20.17 d) eine Profilwinkeländerung am Bezugsprofil vornehmen, bei dem die überwiegend im Eingriff befindliche Vorflanke mit kleinerem Profilwinkel ausgeführt wird als die Rückflanke. Bei nahezu unveränderter Zahnfußdicke erhält man hierdurch eine für das Geräuschverhalten günstigere Profilüberdeckung. Deshalb werden diese asymmetrischen Verzahnungen bevorzugt bei Hypoidrädern im Kraftfahrzeugbau eingesetzt.

Alle beschriebenen Korrekturmaßnahmen können sowohl einzeln als auch in Kombination angewendet werden. Mit Ausnahme der V-Verzahnung entsprechen die Betriebswälzkegel den Erzeugungswälzkegeln (Teilkegeln). Anhaltswerte zur Größenordnung der Profilverschiebungsfaktoren finden sich in Abschnitt 18.3.3.6.

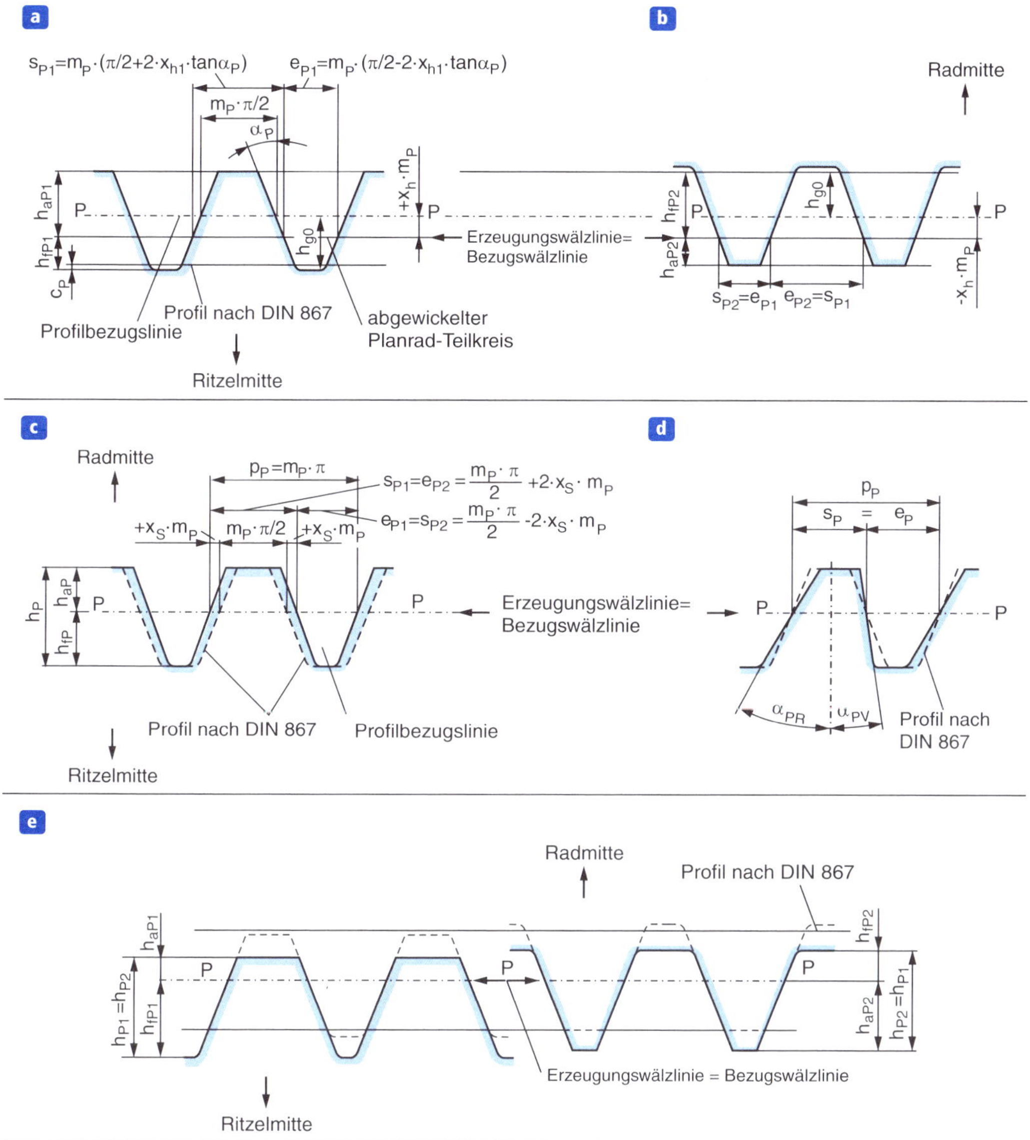

Profilverschiebungsfaktoren:

$$x_{hm1} = \frac{h_{am1} - h_{am2}}{2 \cdot m_{mn}} \quad (20.76)$$

$$x_{hm2} = \frac{h_{am2} - h_{am1}}{2 \cdot m_{mn}} \quad (20.77)$$

a Positive Profilverschiebung am Ritzel, Bezugsprofil abgerückt

b Negative Profilverschiebung am Tellerrad, Bezugsprofil zugestellt
Beide Maßnahmen zusammen: V-Null-Verzahnung

c Bezugsprofil mit positiver Zahndickenänderung für das Ritzel.
Das Tellerrad erhält eine gleich große negative Zahndickenänderung.

d Bezugsprofil mit unterschiedlicher Profilwinkeländerung. Für Hypoidräder: Vorwärtsflanke $\alpha_{pv} \geq 9°$, Rückwärtsflanke $\alpha_{pv} \leq 31°$ (max.)

e Bezugsprofil mit Zahnhöhenänderung, hier $h_{fP1} = h_{aP2} + c_P$

Abbildung 20.17: Profilverschiebung und Änderungen am Bezugsprofil bei Kegelrädern [20.89]

20.2.5 Geometrie der Hypoidverzahnung und zugehöriger Ersatz-Verzahnungen

Auch wenn Hypoidritzel und Tellerrad hinsichtlich ihrer äußeren Kontur normalen Kegelrädern ähnlich sind, entstehen durch den Achsversatz unterschiedliche Zahnformen. Die grundlegenden Zusammenhänge zu Zahnform, Bezugsprofil, Profilverschiebung, Flankenlinien und Verzahnung am Rückenkegel (virtuelle Ersatz-Stirnräder) entsprechend den vorherigen Abschnitten zu Kegelrädern sind jedoch gleichermaßen auch für Hypoidräder gültig.

Gemäß Abbildung 20.18 berühren sich die Teilkegel (Wälzkegel) der beiden Kegelräder im Punkt *P*, auf den sich auch die Maße auf Mitte Zahnbreite beziehen. Dabei muss der Punkt *P* auf der gemeinsamen Normalen der beiden Berührkegel (Teilkegel) liegen, damit die Flankenlinien von Ritzel und Rad in der Planradebene eine gemeinsame Tangente haben. Demzufolge sind die Schrägungswinkel β_{m1} und β_{m2} nicht frei wählbar, sondern müssen festgelegt werden, um diese Bedingung zu erfüllen. Alle weiteren wichtigen Maße und Berechnungsgrößen einer Hypoidradpaarung sind in Tabelle 20.11 und Tabelle 20.12 zusammengefasst.

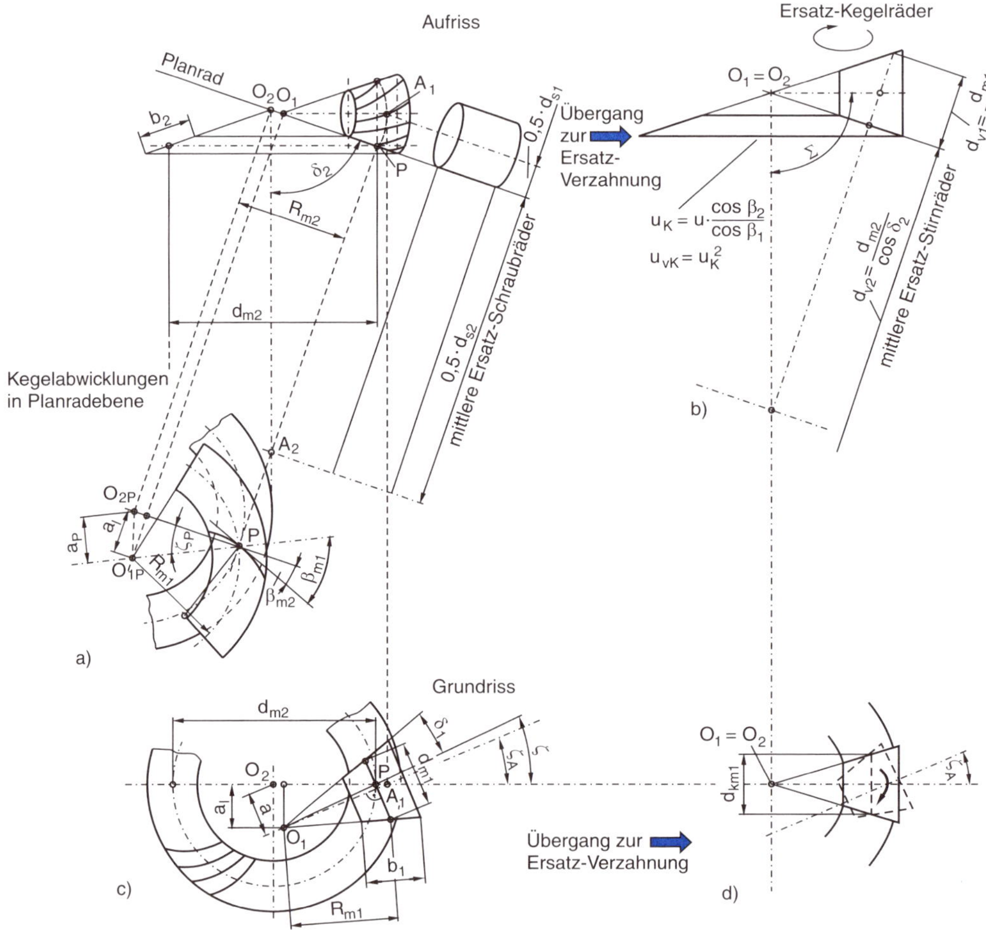

Abbildung 20.18: Geometrie von Hypoidradpaaren und zugehörige Ersatz-Verzahnungen nach ISO/TR 13989 [20.73], [20.89]

Achsenwinkel (Kreuzungswinkel) Σ $\Sigma = 90°$ (20.78)	Teilkegelwinkel δ_1, δ_2 $\sin\delta_1 = \cos\delta_2 \cdot \cos\zeta_a$ (20.79)
Versetzungswinkel ζ_a $\tan\zeta_a = \tan\zeta_p \cdot \sin\delta_2 = \tan\zeta \cdot \sin^2\delta_2$ (20.80)	Achsversatz a (in Planradebene a_p) $a_p = R_{m2} \cdot \sin\zeta_p$ (20.81)
Zähnezahlen, Zähnezahlverhältnis u $u = \frac{z_2}{z_1} = \frac{d_{m2}}{d_{m1}} \cdot \frac{\cos\beta_{m2}}{\cos\beta_{m1}}$ (20.82)	Berührwinkel ζ_p $\zeta_p = \beta_{m1} - \beta_{m2}$, $\sin\zeta_p = \frac{a_p}{R_{m2}} \approx \sin\zeta \approx \frac{2 \cdot a}{d_{m2}}$ (20.83)

Tabelle 20.11: Achsenwinkel, Teilkegelwinkel, Versetzungswinkel, Achsversatz, Zähnezahlen, Zähnezahlverhältnis und Berührwinkel eines Hypoidradpaares

Schrägungswinkel β_m in Planradebene $\beta_{m1} = \beta_{m2} + \zeta_p$ $\tan\beta_{m1} = \frac{u \cdot \frac{d_{m1}}{d_{m2}} - \cos\zeta_p}{\sin\zeta_p}$ (20.84)	Eingriffswinkel α_n, α_t $\tan\alpha_t = \frac{\tan\alpha_n}{\cos\beta_m}$ (20.85) Bei negativem Achsversatz ist $\beta_{m1} < \beta_{m2}$ und ζ_a, ζ_p, a und a_p sind negativ.
Teilkreisdurchmesser d_m (Mitte Zahnbreite) $d_{m1} = \frac{d_{m2}}{u} \cdot \frac{\cos\beta_{m2}}{\cos\beta_{m1}}$ (20.86)	Modul m_{mn} (Normalschnitt) $m_{mn} = \cos\beta_{m1} \cdot \frac{d_{m1}}{z_1} = \cos\beta_{m2} \cdot \frac{d_{m2}}{z_2}$ (20.87)
Teilkegellänge R_m $R_{m1} = \frac{1}{2} \cdot \frac{d_{m1}}{\sin\delta_1}$, $R_{m2} = \frac{1}{2} \cdot \frac{d_{m2}}{\sin\delta_2}$ (20.88)	Zahnbreite b $b_2 \le 0{,}18 \cdot d_{m2}$ $b_1 \approx \frac{b_2}{\cos\zeta_p} + 3 \cdot m_{nm} \cdot \tan\zeta_p$ (20.89)
Zahnkopfhöhe h_a $h_{am1} = m_{mn} \cdot (1 + x_{hm})$ (20.90) $h_{am2} = m_{mn} \cdot (1 - x_{hm})$ (20.91)	Zahnfußhöhe h_f $h_{fm1} = m_{mn} \cdot (1 + c_p^* - x_{hm})$ (20.92) $h_{fm2} = m_{mn} \cdot (1 + c_p^* + x_{hm})$ (20.93)
Bei Profilhöhe $h_p = m + c_p$ mit Kopfspiel $c_p = (0{,}1 \ldots 0{,}3) \cdot m$	

Tabelle 20.12: Schrägungswinkel, Eingriffswinkel, Teilkreisdurchmesser, Modul, Teilkegellänge, Zahnbreite, Zahnkopfhöhe und Zahnfußhöhe eines Hypoidradpaares, bezogen auf den Berührpunkt P der Wälzkegel (Mittelmaß)

Zur weiter hinten beschriebenen Tragfähigkeitsberechnung einer Hypoidverzahnung auf der Grundlage von Normen und Richtlinien wird insbesondere zur Berechnung der Grübchen- und Zahnfußtragfähigkeit die Hypoidverzahnung zunächst in ein Ersatz-Kegelradpaar überführt, aus dem wiederum mittlere Ersatz-Stirnräder entsprechend der Näherung nach Tredgold in Abschnitt 20.2.3 abgeleitet werden. Die sich dabei ergebenden geometrischen Größen und Maße sind in Tabelle 20.13 und Tabelle 20.14 zusammengefasst.

Achsenwinkel Σ_K $\Sigma_K = \Sigma$ (20.94)	Teilkegelwinkel δ_{K1}, δ_{K2} $\delta_{K2} = \delta_2, \; \delta_{K1} = \Sigma - \delta_2$ (20.95)	Schrägungswinkel β_{km1}, β_{km2} $\beta_{Km1} = \beta_{Km2} = \beta_{m2}$ (20.96)
Teilkegellänge R_{Km} $R_{Km} = R_{m2}$ (20.97)	Teilkreisdurchmesser d_{Km} $d_{Km1} = 2 \cdot R_{Km} \cdot \sin \delta_{K1}$ (20.98)	Eingriffswinkel α_{Kn} (Normalschnitt) $\alpha_{Kn} = \frac{1}{2} \cdot [\alpha_{nV}(Zugflanke) + \alpha_{nR}(Schubflanke)]$ (20.99)
Modul m_{Kmn} $m_{Kmn} = m_{mn}$ (20.100)	Zähnezahlverhältnis u_K $u_K = \frac{z_{K2}}{z_{K1}} = \frac{z_2}{z_{K1}} = \frac{d_{m2}}{d_{Km1}}$ (20.101)	Zähnezahl z_K (unrunde Zahl) $z_{K1} = \frac{d_{Km1} \cdot \cos \beta_{Km1}}{m_{mn}}$ (20.102)
Zahnbreite b s. Tabelle 20.12	Zahnkopfhöhe h_a, Zahnfußhöhe h_f s. Tabelle 20.12	Zähnezahl z_K für $\Sigma = 90°$ (unrunde Zahl) $z_{K1} = \frac{z_2}{\tan \delta_2}, \; z_{K2} = z_2$ (20.103)

Tabelle 20.13: Achsenwinkel, Teilkegelwinkel, Schrägungswinkel, Teilkegellänge, Teilkreisdurchmesser, Eingriffswinkel, Modul, Zähnezahlen, Zähnezahlverhältnis, Zahnbreite, Zahnkopfhöhe und Zahnfußhöhe der Ersatzkegelräder eines Hypoidradpaares (Index K)

Teilkreisdurchmesser d_v $d_{v1} = \frac{d_{m1}}{\cos \delta_{K1}}, \; d_{v2} = \frac{d_{m2}}{\cos \delta_2} = u_v \cdot d_{v1}$ (20.104)	Modul m_{vn} $m_{vn} = m_{mn}, \; m_{vt} = m_{mt} = \frac{m_{mn}}{\cos \beta_m}$ (20.105)	
Eingriffswinkel α_{vn}, α_{vt} $\alpha_{vn} = \alpha_{Kn}, \; \tan \alpha_{vt} = \frac{\tan \alpha_{vn}}{\cos \beta_v}$ (20.106)	Schrägungswinkel β_v $\beta_v = \beta_{km1} = \beta_{km2} = \beta_{m2}$ (20.107)	Zahnbreite b_v $b_v = b_2$ (20.108)
Zähnezahl z_v (unrunde Zahl) $z_{v1} = \frac{z_{K1}}{\cos \delta_{K1}}, \; z_{v2} = \frac{z_2}{\cos \delta_2} = u_v \cdot z_{v1}$ (20.109)	Zähnezahlverhältnis u_v $u_v = \frac{z_{v2}}{z_{v1}} = \frac{d_{v2}}{d_{v1}}$ (20.110)	Zähnezahlverhältnis u_v für $\Sigma = 90°$ $u_v = u_K^2$ (20.111)
Die Zahnkopf- und Zahnfußhöhen sind aus Tabelle 20.12, Grundkreisdurchmesser, Kopfkreisdurchmesser und Achsabstand aus Tabelle 20.9 und die Überdeckungen aus Tabelle 20.10 zu entnehmen.		

Tabelle 20.14: Teilkreisdurchmesser, Modul, Eingriffswinkel, Schrägungswinkel, Zahnbreite, Zähnezahlen und Zähnezahlverhältnis der virtuellen Ersatz-Stirnräder der Ersatz-Kegelräder eines Hypoidradpaares (Index v)

Dabei entsteht das virtuelle Ersatz-Kegelradpaar mit unverändertem Tellerrad, in dem der Teilkegel des Hypoidritzels gemäß Abbildung 20.18 so geschwenkt wird, dass seine Achse die Tellerradachse schneidet. Dadurch erhält das Ritzel entsprechend Tabelle 20.13 und Tabelle 20.14 denselben Schrägungswinkel und Stirnmodul wie das Tellerrad, verfügt jedoch über eine größere Zähnezahl als das ursprüngliche Hypoidritzel.

Da sich wegen des Achsversatzes bei Hypoidrädern die Gleit- und Wälzbewegungen deutlich von den Verhältnissen bei Kegelrädern unterscheiden, leitet man zur Berechnung der Fresstragfähigkeit und Verlustleistung aus dem Hypoidradpaar nach Abbildung 20.18 ein Ersatz-Schraubradpaar ab, das im Berechnungspunkt (Berührpunkt *P*) über dieselben Gleitverhältnisse verfügt wie das Hypoidradpaar. Die wesentlichen Kenngrößen dieses Ersatz-Schraubradpaares sind in Tabelle 20.15 und Tabelle 20.16 zusammengefasst.

Schrägungswinkel		
$\beta_{s1,2} = \left\|\beta_{m1,2}\right\|$ (20.112)	Zur Berechnung der Fresstragfähigkeit nach ISO/TR 13989 [20.74]	
$\beta_{s1,2} = \beta_{m1,2}$ (20.113)	Zur Berechnung des Wirkungsgrades unter Berücksichtigung der Spiralrichtung (linksspiralig < 0, rechtsspiralig > 0) [20.108]	

Kreuzungswinkel Σ	Grundkreisschrägungswinkel $\beta_{b1,2}$	Eingriffswinkel α_{sn} [1)]
$\Sigma_s = \Sigma = \beta_{m1} - \beta_{m2}$ (20.114)	$\sin\beta_{b1,2} = \dfrac{\sin\beta_{s1,2}}{\cos\alpha_{sn}}$ (20.115)	$\alpha_{sn} = \alpha_{nD,C}$, $\tan\alpha_{st1,2} = \dfrac{\tan\alpha_{sn}}{\cos\beta_{s1,2}}$ (20.116)
Teilkreisdurchmesser d_s	**Kopfkreisdurchmesser d_{sa}**	**Grundkreisdurchmesser d_{sb}**
$d_{s1,2} = \dfrac{d_{m1,2}}{\cos\delta_1}$ (20.117)	$d_{a1,2} = d_{s1,2} + 2 \cdot h_{am1,2}$ (20.118)	$d_{b1,2} = d_{s1,2} \cdot \cos\alpha_{st1,2}$ (20.119)
Zähnezahl z_v (unrunde Zahl)	**Zähnezahlverhältnis u_v**	**Modul m_{sn}**
$z_{s1,2} = \dfrac{z_{1,2}}{\cos\delta_{1,2}}$ (20.120)	$u_s = \dfrac{z_{s2}}{z_1} = u \cdot \dfrac{\cos\delta_1}{\cos\delta_2}$ (20.121)	$m_{sn} = m_{mn}$ (20.122)
Normaleingriffsteilung	**Winkel zwischen Berührlinie und Flankenlinie**	**Winkel zwischen den Berührlinien**
$p_{en} = m_{sn} \cdot \pi \cdot \cos\alpha_{sn}$ (20.123)	$\tan\beta_{B1,2} = \tan\beta_{s1,2} \cdot \sin\alpha_{sn}$ (20.124)	$\varphi = \beta_{B1} + \beta_{B2}$ (20.125)

1) α_n ist der Eingriffswinkel der zu berechnenden Vor- oder Rückflanke, also α_{nD} oder α_{nC}

Tabelle 20.15: Schrägungswinkel, Kreuzungswinkel, Grundkreisschrägungswinkel, Eingriffswinkel, Teilkreisdurchmesser, Kopfkreisdurchmesser, Grundkreisdurchmesser, Zähnezahlen, Zähnezahlverhältnis, Modul und Normaleingriffsteilung der virtuellen Ersatz-Schraubräder eines Hypoidradpaares (Index s, bezogen auf den Berührpunkt P der Wälzkegel = Schraubpunkt)

Dabei ist zu beachten, dass zur Berechnung der Zahnfuß- und Grübchentragfähigkeit von Hypoidrädern aktuell keine nationalen oder internationalen Normen vorhanden sind, weshalb in diesem Fall das nicht genormte Verfahren FVA 411 „Hypoidtragfähigkeit" verwendet wird, aus dem auch die hier verwendeten Bezeichnungen stammen [20.61].

Abbildung 20.19 und Tabelle 20.17 fassen weitere wichtige Geometriekenngrößen der Ersatz-Stirnradverzahnung nach FVA 411 zur weiteren Verwendung in Abschnitt 20.4 zusammen.

Ersatz-Krümmungsradius $$\rho_{Cn} = \frac{\rho_{n1} \cdot \rho_{n2}}{\rho_{n1} + \rho_{n2}} \text{ mit } \rho_{n1,2} = \frac{1}{2} \cdot d_{s1,2} \cdot \frac{\sin^2 \alpha_{st1,2}}{\sin \alpha_{sn}} \quad (20.126)$$	Eingriffsstrecke $$\overline{AE} = g_{an1} + g_{an2} \quad (20.127)$$
Ritzelkopf-/Radfußeingriffsstrecke $$g_{an1} = g_{fn2} = \frac{\sqrt{\left(\frac{d_{a1}}{2}\right)^2 - \left(\frac{d_{b1}}{2}\right)^2} - \sqrt{\left(\frac{d_{s1}}{2}\right)^2 - \left(\frac{d_{b1}}{2}\right)^2}}{\cos \beta_{b2}} \quad (20.128)$$	Gesamtüberdeckung im Normalschnitt $$\varepsilon_n = \frac{\overline{AE}}{p_{en}} \quad (20.129)$$
Radkopf-/Ritzelfußeingriffsstrecke $$g_{an2} = g_{fn1} = \frac{\sqrt{\left(\frac{d_{a2}}{2}\right)^2 - \left(\frac{d_{b2}}{2}\right)^2} - \sqrt{\left(\frac{d_{s2}}{2}\right)^2 - \left(\frac{d_{b2}}{2}\right)^2}}{\cos \beta_{b2}} \quad (20.130)$$	Kopf-/Fußüberdeckung im Normalschnitt $$\varepsilon_{n1,2} = \frac{g_{an1,2}}{p_{en}} \quad (20.131)$$

Tabelle 20.16: Ersatz-Krümmungsradius, Eingriffsstrecken und Überdeckungen der virtuellen Ersatz-Schraubräder eines Hypoidradpaares (Index s, bezogen auf den Berührpunkt P der Wälzkegel = Schraubpunkt)

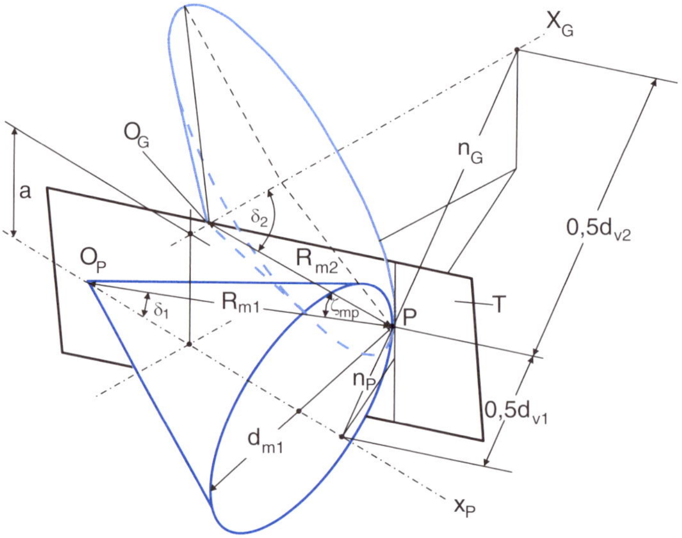

Abbildung 20.19: Geometriegrößen zur Ableitung der Ersatz-Stirnradverzahnung von Hypoidrädern nach FVA 411 [20.61]

Da sich ein Hypoidradpaar in grundlegenden Geometriegrößen mit dem Achsversatz ändert, unterscheiden sich Schrägungswinkel, Zahnbreite, Ersatz-Krümmungsradius und Überdeckung der Ersatz-Verzahnung bei den Verfahren FVA 411 und der Norm ISO 10300 zur Kegelradberechnung [20.61], [20.68], [20.69], [20.70]. Allerdings nähert sich die Geometrie der Ersatz-Verzahnung nach FVA 411 für Achsversetzungen gegen Null stetig der Geometrie nach ISO 10300 für Kegelräder an, weshalb das Verfahren FVA 411 auch für Kegelräder ohne Achsversatz angewendet werden kann.

Zahnbreite	Schrägungswinkel
$$b_v = b_2 \cdot \frac{b_{veff}}{b_{2eff}} \quad \text{mit} \quad b_{veff} = \frac{\left(\frac{b_{2eff}}{\cos \frac{\zeta_{mP}}{2}} - g_{v\alpha} \cdot \cos \alpha_{et} \cdot \sin \frac{\zeta_{mP}}{2} \right)}{1 + \tan \gamma' \cdot \sin \frac{\zeta_{mP}}{2}}$$ (20.132) b_{2eff}: Effektive Tragbildbreite am Tellerrad bei einer tatsächlichen Belastung. Die Tragbildbreite wird entweder geschätzt, mithilfe von Messungen bestimmt oder rückwirkend mit einem höherwertigen Beanspruchungsanalyseverfahren berechnet (s. a. Abschnitt 20.4.3).	$$\beta_v = \frac{\beta_{m1} + \beta_{m2}}{2}$$ (20.133) $$\vartheta_{mP} = \arctan\left(\sin \delta_2 \cdot \tan \zeta_m\right)$$ $$\gamma' = \vartheta_{mP} - \frac{\zeta_m}{2}$$ ζ_{mP}: Achsversatzwinkel in Planradebene nach ISO 23509 [20.73]
Überdeckung $$\varepsilon_{v\gamma} = \varepsilon_{v\alpha} + \varepsilon_{v\beta} \quad \text{mit} \quad \varepsilon_{v\alpha} = \frac{g_{v\alpha}}{p_{et}} \quad \text{und} \quad \varepsilon_{v\beta} = \frac{b_{veff} \cdot \sin \beta_v}{m_{mn} \cdot \pi}$$ (20.134)	Ersatz-Krümmungsradius $$\rho_{ers} = \rho_t \cdot \cos^2 w_{Bel}$$ (20.135)

Ersatz-Krümmungsradius im Profilschnitt

$$\rho_t = \left[\frac{\cos \beta_{m1} \cdot \cos \beta_{m2}}{\left[\cos \alpha_n \cdot \left(\tan \alpha_n - \tan \alpha_{\lim}\right) + \tan \zeta_{mP} \cdot \tan w_{Bel}\right] \cdot \cos \zeta_{mP}} \cdot \left(\frac{1}{R_{m1} \cdot \tan \delta_1} + \frac{1}{R_{m2} \cdot \tan \delta_2} \right) \right]^{-1} \tag{20.136}$$

w_{Bel}: Winkel zwischen Berührlinie und Teilkegel in der Flankentangentialebene

$$w_{Bel} = \arctan\left(\tan \beta_v \cdot \sin \alpha_e\right) \tag{20.137}$$

$\alpha_n = \alpha_{nD}$ nach ISO 23509 auf der Zugflanke	$\alpha_e = \alpha_{eD}$ nach ISO 23509 auf der Zugflanke
$\alpha_n = -\alpha_{nC}$ nach ISO 23509 auf der Schubflanke	$\alpha_e = -\alpha_{eC}$ nach ISO 23509 auf der Schubflanke

Tabelle 20.17: Zahnbreite, Schrägungswinkel, Überdeckung und Ersatz-Krümmungsradius der Ersatz-Stirnradverzahnung für eine Hypoidverzahnung nach FVA 411 [20.61]

Zur Berechnung der Fresstragfähigkeit von Hypoidverzahnungen wird der ISO-Technical-Report ISO/TR 13989 genutzt, wobei die Schrägungswinkel nach Tabelle 20.15 absolut zu verwenden sind [20.74]. Zur Wirkungsgradbetrachtung wird ebenfalls eine Ersatz-Schraubradverzahnung genutzt, jedoch sind hier die Schrägungswinkel vorzeichenbehaftet einzusetzen [20.108].

20.2.6 Geschwindigkeiten und spezifisches Gleiten

Genauso wie bei Stirnrädern treten auch bei Kegelrädern und Hypoidrädern zwischen den Zahnflanken zusätzlich zur reinen Wälzbewegung Gleitbewegungen auf, die abhängig von der Größe der Gleitgeschwindigkeit einen Einfluss auf die Erwärmung, den Wirkungsgrad und die Grübchen- und Fresstragfähigkeit haben, weshalb nachfolgend ergänzend zu Abschnitt 18.2.5 auf die Geschwindigkeitsverhältnisse in einem beliebigen Berührpunkt von Ritzel- und Radflanke eingegangen werden soll.

Gemäß Abbildung 20.20 entsprechen die Absolutgeschwindigkeiten der Flankenoberflächen in einem Berührpunkt auf der Ritzel- bzw. Radflanke den Umfangsgeschwindigkeiten um die jeweilige Achse. Die Gleitgeschwindigkeit berechnet sich aus der Differenz der Absolut- bzw. der Umfangsgeschwindigkeiten der Flanken im betrachteten Berührpunkt. Dabei liegt die Gleitgeschwindigkeit immer senkrecht zu den Normalenvektoren der Flanken im betrachteten Berührpunkt. Während bei Kegelrädern ohne Achsversatz zwischen den Zahnflanken auf Höhe der Teilkegel reines Wälzen ohne Gleiten auftritt und sich in den restlichen Flankenbereichen ein Zahnhöhengleiten wie bei Stirnrädern ergibt, ist bei Hypoidrädern aufgrund des Achsversatzes ein zusätzliches Zahnlängsgleiten überlagert.

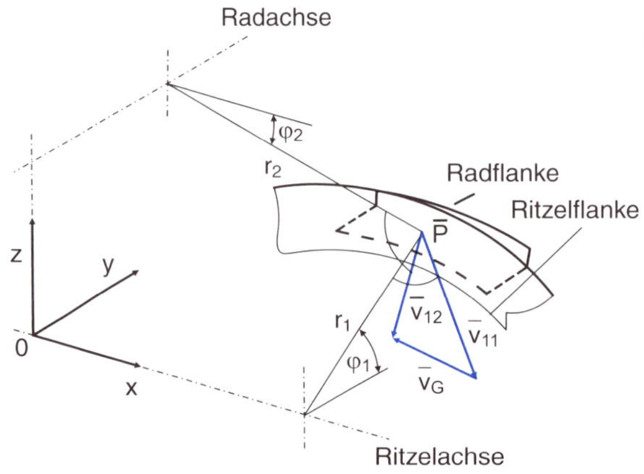

Betrag der Umfangsgeschwindigkeit

$$v_{t1,2} = \left|\vec{v}_{t1,2}\right| = r_{1,2} \cdot \omega_{1,2} \qquad (20.138)$$

Umfangsgeschwindigkeit am Ritzel

$$\vec{v}_{t1} = v_{t1} \cdot \begin{pmatrix} 0 \\ \sin\varphi_1 \\ -\cos\varphi_1 \end{pmatrix} \qquad (20.139)$$

Umfangsgeschwindigkeit am Rad

$$\vec{v}_{t2} = v_{t2} \cdot \begin{pmatrix} -\sin\varphi_2 \\ 0 \\ -\cos\varphi_2 \end{pmatrix} \qquad (20.140)$$

Resultierende Gleitgeschwindigkeit

$$\vec{v}_{g1} = \vec{v}_{t1} - \vec{v}_{t2}, \; \vec{v}_{g2} = \vec{v}_{t2} - \vec{v}_{t1} \qquad (20.141)$$

Abbildung 20.20: Geschwindigkeitsverhältnisse im Berührpunkt – Gleitgeschwindigkeit [20.76]

Addiert man die Oberflächengeschwindigkeiten der Ritzel- und Radflanke in einem Berührpunkt, so erhält man die Summengeschwindigkeit, mit der sich näherungsweise auch der auf der Zahnflanke befindliche Schmierfilm bewegt, weshalb die Summengeschwindigkeit auch bei der Berechnung der Reibungszahl und der Schmierfilmdicke im Rahmen der Tragfähigkeitsberechnung berücksichtigt wird.

In Abbildung 20.21 sind die Geschwindigkeitsverhältnisse an der Ritzelflanke und der zugehörigen Tellerradflanke sowie die erforderlichen Berechnungsgleichungen zusammengestellt. Der Vektor $\vec{n}_P$ steht im Berührpunkt $\overline{P}$ senkrecht auf der Tangentialebene T und in der betrachteten Eingriffsstellung hat der Berührpfad in $\overline{P}$ eine Tangente $t-t$, wobei als Berührlinie die lange Halbachse der lang gestreckten Berührellipse angenommen wird.

Die Flankentangentialgeschwindigkeit $\vec{w}_t$ entspricht dann der in der Tangentialebene liegenden Komponente der Umfangsgeschwindigkeit $\vec{v}_t$, sodass sich für Ritzel und Rad jeweils eine Flankentangentialgeschwindigkeit $\vec{w}_{t1}$ und $\vec{w}_{t2}$ ergibt.

Darstellung	Gleichung
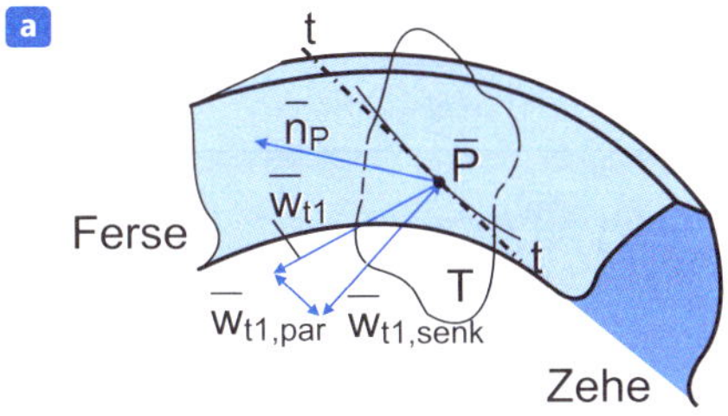	Flankentangentialgeschwindigkeit $\vec{w}_{t1,2} = \vec{v}_{t1,2} - \vec{h}_{1,2}$ (20.142) mit $\vec{h}_{1,2} = \left(\vec{n}^0 \cdot \vec{v}_{1,2}\right)$ als Hilfsvektor
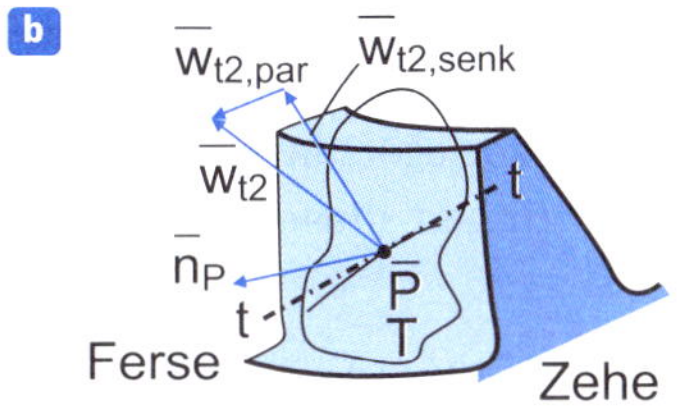	Flankentangentialgeschwindigkeit parallel zur Berührlinie $\vec{w}_{t1,2par} = \frac{\vec{w}_{t1,2} \cdot \vec{t}_B}{\vec{t}_B^{\,2}} \cdot \vec{t}_B$ (20.143)
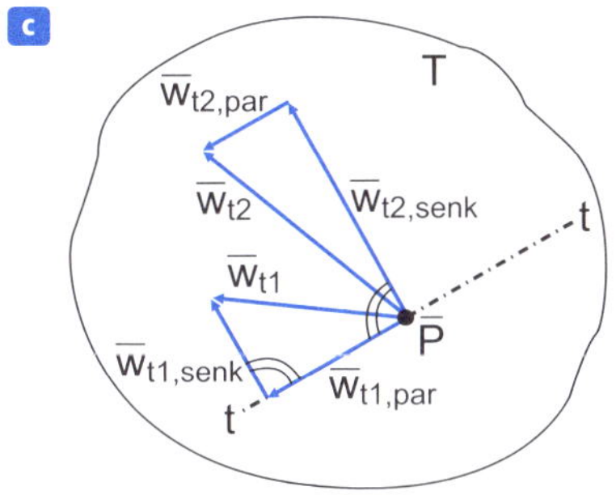	Flankentangentialgeschwindigkeit senkrecht zur Berührlinie $\vec{w}_{t1,2senk} = \vec{w}_{t1,2} - \vec{w}_{t1,2par}$ (20.144) Summengeschwindigkeit $\vec{v}_{\Sigma} = \vec{w}_{t1} + \vec{w}_{t2}$ (20.145)
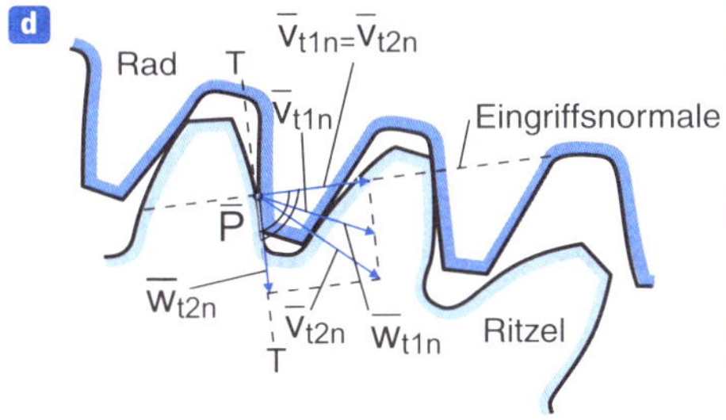	Summengeschwindigkeit senkrecht zur Berührlinie $\vec{v}_{\Sigma,senk} = \vec{w}_{t1,senk} + \vec{w}_{t2,senk}$ (20.146)

Abbildung 20.21: Geschwindigkeitsverhältnisse zur Bestimmung der Summengeschwindigkeit [20.76]

Entsprechend Abschnitt 18.2.5 benötigt man zur Bestimmung des spezifischen Gleitens nur die senkrecht zur Berührlinie liegenden Anteile der Flankentangentialgeschwindigkeit nach Tabelle 20.18. Zur Berechnung der Flankentragfähigkeit werden jedoch auch die Anteile der Tangentialgeschwindigkeit parallel zur Berührlinie sowie die Summengeschwindigkeitsanteile senkrecht zur Berührlinie gemäß Abbildung 20.21 c) benötigt. Dabei lässt sich der Richtungsvektor $\vec{t}_b$ der Berührlinie in einem Punkt näherungsweise aus der Differenz der Koordinaten des aktuellen Berührpunktes und eines weiteren Punktes der Berührlinie bestimmen.

Spezifisches Gleiten senkrecht zur Berührlinie am Ritzel	$\zeta_{1,senk} = 1 - \frac{\vec{w}_{t2,senk}}{\vec{w}_{t1,senk}}$ (20.147)
Spezifisches Gleiten senkrecht zur Berührlinie am Rad	$\zeta_{2,senk} = 1 - \frac{\vec{w}_{t1,senk}}{\vec{w}_{t2,senk}}$ (20.148)

Tabelle 20.18: Spezifisches Gleiten an Rad und Ritzel

Entsprechend Abbildung 20.21 d) lassen sich diese Geschwindigkeitsverhältnisse auch in den Normalschnitt projizieren, wobei sich die Umfangsgeschwindigkeiten $\vec{v}_{t1,2n}$ in einen Anteil $\vec{w}_{t1,2n}$ senkrecht und $\vec{v}_{n1,2n}$ parallel zur Eingriffsnormalen zerlegen lassen. Aus der Bedingung, dass sich die Flanken beim Abwälzen nicht durchdringen dürfen, ergibt sich $\vec{v}_{n2n} = \vec{v}_{n1n}$.

Im Vergleich zu Stirnrädern und Kegelrädern sind bei Hypoidrädern die Flankentangentialgeschwindigkeiten und die Gleitgeschwindigkeit nicht kolinear, weshalb eine eindeutige Definition des spezifischen Gleitens nicht möglich ist. Deshalb berücksichtigt man den Einfluss des spezifischen Gleitens auf die Flankentragfähigkeit einerseits durch die Gleitgeschwindigkeitsanteile in einer Ebene senkrecht zur Berührlinie und zusätzlich durch einen Hypoidfaktor im Rahmen der Tragfähigkeitsberechnung.

20.2.7 Fertigung – Zahnradformgebung, Werkstoffe und Wärmebehandlung

Vergleichbar zu Stirnrädern ist neben der Geometrie die Fertigung, bestehend aus Zahnradformgebung, Werkstoffauswahl und Wärmebehandlung, wesentlich für die Funktionalität und das Leistungsvermögen eines Kegelrad- oder Hypoidgetriebes.

Grundsätzlich sind zunächst sämtliche spanlosen und spanenden Verfahren nach Abschnitt 18.2.9 gleichermaßen für die Herstellung von Stirnrädern und Kegelrädern geeignet, wobei jedoch zur Kegelradfertigung nur wenige Verfahren genutzt werden, auf die im Folgenden eingegangen wird.

Bei den spanlosen Verfahren werden das Sintern zur Herstellung von Kegelrädern für Handwerkzeuge (Bohrmaschinen und Winkelschleifer) und das Schmieden zur Fertigung geradverzahnter Kegelräder in Kraftfahrzeugdifferentialgetrieben bevorzugt eingesetzt. Während beim Sintern das Erreichen einer ausreichenden Homogenität des Werkstoffes durch gleichmäßiges Verdichten eine große Herausforderung darstellt, erlauben die Schmiedeverfahren zwar bestimmte Radkörperformen, die spanend nicht hergestellt werden können, jedoch erfordern nachträgliche Verzahnungskorrekturen immer ein neues, teures Werkzeug [20.76]. Ebenso sind Innenkegelradverzahnungen praktisch nur durch spanlose Formgebung herstellbar [20.89].

Im Gegensatz zu den spanlosen Verfahren bieten die spanenden Verfahren Hobeln, Fräsen, Hartschälen, Schleifen, Läppen und Honen mittlerweile so viele Vorteile, weshalb sie überwiegend zur Fertigung von Kegelradsätzen in Leistungsgetrieben eingesetzt werden.

Grundsätzlich unterscheidet man bei der spanenden Herstellung von Spiralkegelrädern das Einzelteilverfahren – im angelsächsischen auch als Face Milling bezeichnet – oder das kontinuierliche Teilverfahren, welches auch Face Hobbing genannt wird. Abhängig von diesen Verfahren ergibt sich direkt die Flankenlängslinie.

So wird beim Einzelteilverfahren gemäß Abbildung 20.22 a) zunächst eine vollständige Zahnlücke erzeugt und nach Drehung des zu bearbeitenden Kegelrades um eine Zahnteilung die nächste Zahnlücke gefräst. Bedingt durch die kreisförmige Anordnung der Werkzeugschneiden (z.B. bei einem Stirnmesserkopf) nimmt die beim Einzelteilverfahren entstehende Flankenlängslinie zwangsläufig die Form eines Kreisbogens an.

Demgegenüber sind beim kontinuierlichen Teilverfahren nach Abbildung 20.22 b) die Drehung des Messerkopfes und die des zu bearbeitenden Kegelrades derart gekoppelt, dass sich jeweils nur eine Messergruppe durch eine Zahnlücke bewegt und sich die folgende Messergruppe bereits durch die folgende Lücke schneidet. Somit erfolgt die Teilung kontinuierlich, sodass alle Lücken praktisch gleichzeitig erzeugt werden. Aufgrund dieser gekoppelten Bewegung entsteht auf dem Planrad eine verlängerte Epizykloide als Flankenlängslinie. Dabei entspricht bei der Erzeugung der Epizykloide das Verhältnis von Zähnezahl zu Gangzahl des Messerkopfes (Anzahl der Messergruppen) dem Verhältnis von Grundkreis- zu Rollkreisradius.

Anstelle des Wälzens ist das Einstechen von Zahnlücken in das Tellerrad eine weitere Möglichkeit zur Herstellung spiralverzahnter Kegelräder, wobei diese im Formverfahren hergestellte Verzahnung auch als FORMATE-Verzahnung bezeichnet wird. Dieses vergleichsweise schnelle Herstellverfahren für Tellerräder lässt sich für Übersetzungsverhältnisse größer $i > 2{,}5$ anwenden. Bedingt durch die fehlende Wälzbewegung bildet sich das Werkzeugprofil in der Tellerradlücke ab, weshalb das zugehörige Ritzel in einem modifizierten Wälzverfahren hergestellt werden muss, damit Ritzel und Tellerrad fehlerfrei miteinander kämmen können.

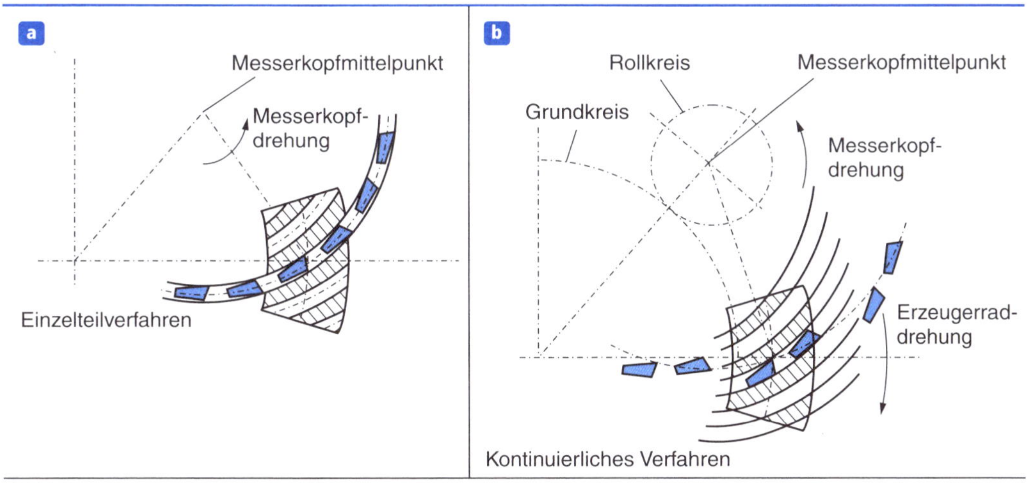

Abbildung 20.22: Spanende Herstellung von Spiralkegelrädern – a) Einzelteilverfahren (Face Milling), b) Kontinuierliches Teilverfahren (Face Hobbing)

Anhand dieses Beispieles wird auch deutlich, dass im Gegensatz zu Stirnrädern die Zahngeometrie spiralverzahnter Kegelräder vom verwendeten Herstellverfahren abhängig ist und zwar nicht nur hinsichtlich der in Tabelle 20.2 angeführten Klassifizierungskriterien, sondern insbesondere auch hinsichtlich der erzeugten Flanken- und Fußgeometrie. So ist es z.B. nicht möglich, ein im Zyklo-Palloid-Verfahren hergestelltes Ritzel mit einem im Spiroflex-Verfahren gefertigten Tellerrad zu paaren, da zwar beide in einem kontinuierlichen Wälzverfahren hergestellt wurden und die gleiche Zahnmakrogeometrie (z.B. Normalmodul und verlängerter Epizykloide) aufweisen, jedoch stimmt die Mikrogeometrie im Flanken- und Fußbereich nicht überein.

Ergänzend zu den bereits in Tabelle 20.2 aufgeführten wichtigsten Fertigungsverfahren für Kegelräder sind in der speziellen Fachliteratur weitere Verfahren ausführlich beschrieben, wobei dort auch auf den vollständigen Fertigungsprozess vertiefend eingegangen wird [20.76].

Die wichtigsten Fräsverfahren für gerad- und spiralverzahnte Kegelräder sind heute das Wälzfräsen und das Räumen (z.B. Revacycle-Verfahren). Beide Verfahren arbeiten mit Messerköpfen, auf denen sich am Umfang verteilt mehrere Profil- oder Stabmesser befinden, mit denen in mehreren Arbeitsgängen die Zahngeometrie gefräst wird. Lediglich beim Palloid-Verfahren wird kein Stirnmesserkopf, sondern ein kegeliger Formfräser als Schneidwerkzeug verwendet. Im Anschluss an die mechanische Bearbeitung erfolgt üblicherweise die Wärmebehandlung (z.B. Härten).

Lediglich beim sogenannten Hartschälen werden bereits gehärtete Zahnflanken nachgefräst, so dass sich z.B. Härteverzüge beseitigen lassen, wobei die gleichen Maschinen und Werkzeuge wie für die konventionelle Weichbearbeitung genutzt werden. Allerdings liegen die beim Hartschälen erreichten Oberflächenrauheiten unter denen geschliffener Flanken.

Derzeit ist das Hartschälen das einzige Verfahren, mit dem sich Spiralkegelräder im kontinuierlichen Teilverfahren hartfein bearbeiten lassen, sodass die heute üblichen Großkegelräder bis 3.000 mm Durchmesser (z.B. in Schiffsantrieben gemäß Abbildung 20.3) zunächst nach dem Zyklo-Palloid-Verfahren vorverzahnt und im Anschluss an die Wärmebehandlung nachgeschält werden. Eine wichtige Voraussetzung für das Hartschälen ist ein gewälztes Tellerrad.

Zur Erzielung höchster Oberflächenqualitäten muss wie auch bei den Stirnrädern im Anschluss an das Fräsen eine Nachbehandlung in Form von Schleifen oder Läppen erfolgen. Zum Schleifen wird das gleiche Prinzip wie beim Teil-Wälzfräsen verwendet, wobei anstelle des Messerkopfes eine schnell laufende topfförmige Schleifscheibe zum Einsatz kommt. Das Schleifen als Hartfein-Bearbeitungsverfahren für Spiral- und Hypoidkegelräder wird in der Luftfahrtindustrie durchgängig eingesetzt, da wegen der hohen Drehzahlen hohe Genauigkeiten erforderlich sind und bedingt durch kleine Wandstärken (Leichtbau) große Härteverzüge auftreten. Weit verbreitet ist das Verfahren auch in der Kraftfahrzeugindustrie und im allgemeinen Getriebebau ist eine stetige Zunahme des Schleifens zu verzeichnen, da vor allem bei Verzahnungen für hohe Belastungen das Lasttragverhalten durch das Schleifen optimiert werden kann. Mittlerweile stehen auch Maschinen zur Verfügung, die zur Bearbeitung von Kegelrädern bis zu einem Durchmesser von 1.100 mm geeignet sind.

Bei noch höheren Anforderungen an die Laufruhe werden Ritzel und Rad nach dem Härten paarweise geläppt. Beim Verzahnungsläppen verwendet man zusätzlich Läppöl, um das für den Materialabtrag notwendige Läppkorn in den Zahneingriff zu fördern. Der Materialabtrag beim Läppen beträgt in Zahnmitte ca. 5 mm bis 30 mm, vergrößert das Tragbild und verkleinert den Drehfehler, sodass sich auch ein Härteverzug in Grenzen korrigieren lässt [20.76].

Eine generelle Entwicklungstendenz bei der Herstellung von Kegelrädern ist die Bevorzugung der Trockenbearbeitung anstelle der Nassbearbeitung. Für die Einzel- und Kleinserienfertigung sehr großer Kegelräder zur Anwendung im Schwermaschinenbau werden zunehmend auch Fünf-Achsen-Universalfräsmaschinen eingesetzt. Hierzu muss die Zahnlückengeometrie mithilfe spezieller Software für den Fertigungsprozess bereitgestellt werden [20.98].

Hinsichtlich der Werkstoffauswahl und anschließenden Wärmebehandlung gelten für Kegelräder die gleichen Grundsätze wie für Stirnräder entsprechend Abschnitt 18.2.9.2, wobei man für hoch beanspruchte oder schnell laufende Getriebe des allgemeinen Maschinen-, Fahrzeug- und Flugzeugbaus sowie für Industriegetriebe überwiegend Einsatzstähle und Einsatzhärtung bevorzugt. Dabei sind die Radkörper möglichst steif auszuführen, um den Härteverzug möglichst gering zu halten, bei Bedarf sind Härtevorrichtungen vorzusehen. Bei nitrierten Rädern ist wegen der geringen Überlastbarkeit der Nitrierschicht ein Kantentragen unbedingt zu vermeiden.

20.2.8 Verlustleistung, Wirkungsgrad, Erwärmung und Schmierung

Zur Berechnung der Verlustleistung, des Wirkungsgrades sowie der Erwärmung und Schmierung gelten zunächst auch die bei den Stirnrädern erläuterten grundsätzlichen Zusammenhänge nach Abschnitt 18.2.10. Im Weiteren sollen die lastabhängigen Verluste der Verzahnung P_{VZP} gemäß Gleichung (18.146) unter besonderer Berücksichtigung von Kegelrad- und Hypoidverzahnungen betrachtet werden, wobei der Zahnverlustfaktor HV die Lastaufteilung und den Verlauf der Gleitgeschwindigkeit über der Eingriffsstrecke berücksichtigt [20.108]:

$$\left|P_{VZP}\right| = P_a \cdot \mu_{mZ} \cdot H_V \quad \text{mit} \quad H_V = \frac{1}{p_e \cdot \cos\alpha} \cdot \int_x \frac{F_t(x)}{F_n} \cdot \frac{v_g(x)}{v_t} dx \tag{20.149}$$

Des Weiteren bezeichnen hierin P_a die zugeführte Antriebsleistung des Getriebes, μ_{mZ} die mittlere Verzahnungsreibungszahl, p_e die Eingriffsteilung, α den Eingriffswinkel, F_t die Tangential- und F_n die Normalkraft sowie v_g die Gleit- und v_t die Umfangsgeschwindigkeit.

Auch wenn die Aufteilung der Umfangskraft auf die im Eingriff befindlichen Zähne von der Verformung der Zähne abhängt, wird vereinfachend von einem lastunabhängigen und damit rein geometrischen Zahnverlustfaktor ausgegangen [20.108]. Abbildung 20.23 zeigt die Verläufe der Gleitgeschwindigkeit, der Zahnnormalkraft und des Produktes der beiden Größen sowie die angenommene Lastaufteilungsfunktion λ.

Für den Gleitgeschwindigkeitsverlauf über der Eingriffsstrecke abhängig von den Abschnitten $g_n(x)$ gilt:

$$\frac{v_g(x)}{v_{t1}} = \sqrt{D_1 \cdot g_n(X)^2 + D_2 \cdot g_n(X) + D_3} \tag{20.150}$$

$$D_1 = \left[\sin^2 \alpha_{sn} \cdot \left(\frac{\tan \beta_{s1}}{r_{s1}} - \frac{\tan \beta_{s2}}{r_{s2}} \right)^2 + \left(\frac{1}{r_{s1}} + \frac{1}{r_{s2}} \right)^2 \right] \cdot \cos^2 \beta_{s1} \qquad (20.151)$$

$$D_2 = 2 \cdot \frac{\sin(\beta_{s1} + \beta_{s2})}{\cos \beta_{s2}} \cdot \sin \alpha_{sn} \cdot \cos \beta_{s1} \cdot \left(\frac{\tan \beta_{s1}}{r_{s1}} - \frac{\tan \beta_{s2}}{r_{s2}} \right) \qquad (20.152)$$

$$D_3 = \left(\frac{\sin(\beta_{s1} + \beta_{s2})}{\cos \beta_{s2}} \right)^2 \qquad (20.153)$$

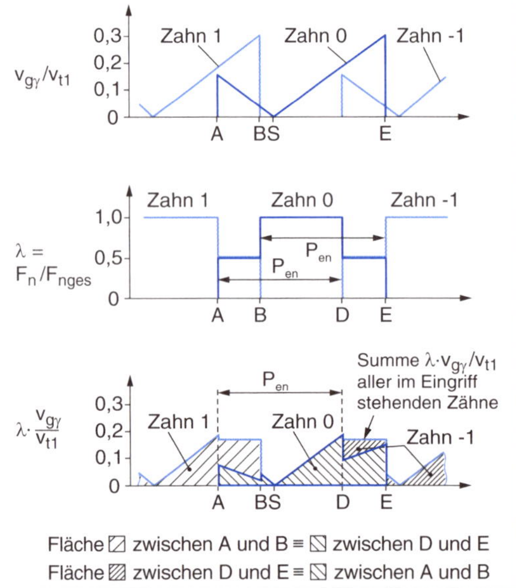

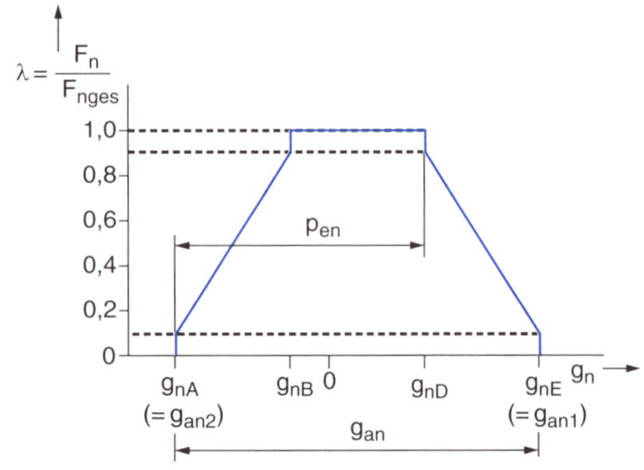

$g_n(A) = -g_{an2}$	$g_n(B) = g_{an1} - p_{en}$
$g_n(E) = g_{an1}$	$g_n(D) = -g_{an2} + p_{en}$

$\lambda = \frac{F_n(x)}{F_n} = k_1 + k_2 \cdot x$ mit $x = g_n(X)$ (20.154)	$g_n(A) < g_n(x) < g_n(B)$	$g_n(B) < g_n(x) < g_n(D)$	$g_n(D) < g_n(x) < g_n(E)$
Faktor k_1	$0{,}1 - \frac{0{,}8 \cdot g_n(A)}{g_n(B) - g_n(A)}$	1	$0{,}9 + \frac{0{,}8 \cdot g_n(D)}{g_n(E) - g_n(D)}$
Faktor k_2	$\frac{0{,}8}{g_n(B) - g_n(A)}$	0	$-\frac{0{,}8}{g_n(E) - g_n(D)}$

Abbildung 20.23: Gleitgeschwindigkeit und Zahnnormalkraft über der Eingriffsstrecke (links) sowie angenommene Lastaufteilung mittels Lastaufteilungsfunktion λ zur Bestimmung des Zahnverlustfaktors (rechts) [20.108]

Integriert man den Funktionsverlauf der Gleitgeschwindigkeit über der Eingriffsstrecke, so ergeben sich folgende Integrale:

$$I_1(g_n(X)) = \int \frac{v_g(x)}{v_{t1}} dx = G\, dg_n(X) = \frac{2 \cdot D_1 \cdot g_n(X) + D_2}{4 \cdot D_1} \cdot \sqrt{G} + \frac{4 \cdot D_1 \cdot D_3 - D_2^2}{8 \cdot D_1 \cdot \sqrt{D_1}} \cdot \ln\left(2 \cdot \sqrt{D_1 \cdot G} + 2 \cdot D_1 \cdot g_n(X) + D_2\right) \tag{20.155}$$

$$I_2(g_n(X)) = \int g_n \cdot G\, dg_n(X) = \frac{G \cdot \sqrt{G}}{3 \cdot D_1} - \frac{D_2 \cdot (2 \cdot D_1 \cdot g_n(X) + D_2)}{8 \cdot D_1^2} \cdot \sqrt{G} - \frac{D_2 \cdot \left(4 \cdot D_1 \cdot D_3 - D_2^2\right)}{16 \cdot D_1^2 \cdot \sqrt{D_1}} \cdot \ln\left(2 \cdot \sqrt{D_1 \cdot G} + 2 \cdot D_1 \cdot g_n(X) + D_2\right) \tag{20.156}$$

$$\text{mit } G = \sqrt{D_1 \cdot g_n(X)^2 + D_2 \cdot g_n(X) + D_3} \tag{20.157}$$

Aus den Gleichungen (20.150) bis (20.157) ergibt sich dann der Zahnverlustfaktor H_V zu:

$$H_V = \{k_{1I} \cdot \left[I_1(g_n(B)) - I_1(g_n(A))\right] + k_{2I} \cdot \left[I_2(g_n(B)) - I_2(g_n(A))\right] + k_{1II} \cdot \left[I_1(g_n(D)) - I_1(g_n(B))\right] + k_{1III} \cdot \left[I_1(g_n(E)) - I_1(g_n(D))\right] + k_{2III} \cdot \left[I_2(g_n(E)) - I_2(g_n(D))\right]\} \cdot \frac{1}{p_{en} \cdot \cos\alpha_{sn} \cdot \cos\beta_{m1}} \tag{20.158}$$

Für die mittlere Verzahnungsreibungszahl μ_{mZ} aus Gleichung (20.149) gilt folgender, auf Versuchsreihen ermittelter Zusammenhang gemäß Tabelle 20.19 [20.108]:

$$\mu_{mZ} = 0{,}054 \cdot V_R \cdot V_S \cdot V_Z \cdot V_L \cdot \frac{\left(\frac{F_n \cdot \cos\beta_{b2}}{b_2}\right)^{0{,}05}}{K_{gm}^{0{,}6} \cdot \rho_n^{0{,}2} \cdot v_{\Sigma m}^{0{,}35}} \quad \text{mit} \quad F_n = F_{bt2} = \frac{2 \cdot M_{t2}}{d_{b2}} \tag{20.159}$$

$150 \frac{N}{mm} < \frac{F_n \cdot \cos\beta_{b2}}{b_2} \le 1200 \frac{N}{mm}$	$0{,}2 < K_{gm} \le 0{,}6$ $7\ \text{mm} < \rho_n \le 16\ \text{mm}$ $1\ \text{m/s} < v_{\Sigma m} \le 1{,}6\ \text{m/s}$

Tabelle 20.19: Mittlere Verzahnungsreibungszahl μ_{mZ} mit Gültigkeitsbereich [20.108]

Hierin bezeichnen $V_R = X_R$ den Rauheitsfaktor, V_S den Schmierungsfaktor, V_Z den Viskositätsfaktor und ρ_n den Ersatz-Krümmungsradius gemäß Tabelle 20.20 sowie $V_L = X_L$ den Schmierstofffaktor gemäß Tabelle 18.70 im Kapitel 18 – Stirnradgetriebe.

Weiterhin berechnet sich der Gleitfaktor K_{gm} zur Beschreibung des Verhältnisses der mittleren Gleitgeschwindigkeit zur Ritzelumfangsgeschwindigkeit mit Gleichung (20.155) zu:

$$K_{gm} = \frac{\int_A^E \frac{v_g(x)}{v_{t1}} dx}{g_\alpha} = \frac{\left|I_1(g_n(A)) + I_1(g_n(E))\right|}{\left|g_n(A)\right| + \left|g_n(E)\right|} \tag{20.160}$$

Für die Summengeschwindigkeit wird eine mittlere Summengeschwindigkeit $v_{\Sigma m}$ angenommen, da über der Eingriffsstrecke nur geringfügige Änderungen auftreten. Dabei setzt sich $v_{\Sigma m}$ aus der Summengeschwindigkeit in Profilhöhenrichtung $v_{\Sigma\alpha}$ und in Flankenlängsrichtung $v_{\Sigma\alpha}$ zusammen, wobei $\beta_{s1,2} < 0$ bei linksspiraligem Schrägungswinkel und $\beta_{s1,2} > 0$ bei rechtsspiraligem einzusetzen ist:

$$v_{\Sigma m} = v_{\Sigma y}\left(g_n(0)\right) = \sqrt{\left(v_{\Sigma\alpha}\right)^2 + \left(v_{\Sigma\beta}\right)^2} \tag{20.161}$$

$$v_{\Sigma\alpha} = v_{t1} \cdot 2 \cdot \cos\alpha_{sn} \cdot \cos\beta_{s1} \quad \text{und} \quad v_{\Sigma\beta} = v_{t1} \cdot \left(\sin\beta_{s1} - \frac{\sin\beta_{s2} \cdot \cos\beta_{s1}}{\cos\beta_{s2}}\right) \tag{20.162}$$

V_S	1,0 bei Einspritz- und Tauchschmierung bis $t = 1/6 \cdot$ dae2	0,92 bei Tauchschmierung mit Ölstand bis $0 \ldots 1 \cdot$ b2 unter Tellerradachse
V_Z	$\left(\frac{\eta_{Öl}}{10}\right)^{-\frac{1}{\eta}}$ für $4\ \text{mPas} < \eta_{Öl} < 10\ \text{mPas}$	$\left(\frac{\eta_{Öl}}{10}\right)^{-0{,}05}$ für $\eta_{Öl} > 10\ \text{mPas}$
V_R	$V_R = X_R = \left(\frac{Ra_1 + Ra_2}{2}\right)^{0{,}25}$ (20.163)	$\rho_{Cn} = \frac{\rho_{n1} \cdot \rho_{n2}}{\rho_{n1} + \rho_{n2}}$ mit $\rho_{n1,2} = \frac{d_{s1,2}}{2} \cdot \frac{\sin^2\alpha_{st1,2}}{\sin\alpha_{sn}}$ (20.164)

Tabelle 20.20: Rauheitsfaktor, Schmierungsfaktor, Viskositätsfaktor und Ersatz-Krümmungsradius zur Berechnung der mittleren Verzahnungsreibungszahl μ_{mZ}

Aufbauend auf diesen Beziehungen zum Wirkungsgrad gelten für die Erwärmung und Schmierung von Kegelrad- und Hypoidgetrieben die bereits bei den Stirnradgetrieben in Abschnitt 18.2.10 vorgestellten grundlegenden Zusammenhänge.

Zusätzlich ist bei Hypoidgetrieben darauf zu achten, dass neben einer ausreichenden Fresstragfähigkeit des Schmierstoffes auch eine ausreichend hohe Graufleckentragfähigkeit gegeben ist [20.76]. Ferner ist bei Hypoidgetrieben mit großem Achsversatz zu beachten, dass die überwiegende Ölmenge zur Wärmeabfuhr aus dem Zahnkontakt benötigt wird.

20.3 Gestaltung von Kegelrädern und Kegelradgetrieben

Hinsichtlich der grundlegenden Gestaltung von Kegelrad- und Hypoidgetrieben sowie deren Komponenten gelten zunächst die gleichen Grundsätze wie bei Stirnradgetrieben nach Abschnitt 18.3, wobei in den folgenden Abschnitten auf die zusätzlich zu beachtenden Besonderheiten eingegangen wird.

20.3.1 Verzahnungsabweichungen, Toleranzen, Einstellbarkeit und Zeichnungsangaben

Im Gegensatz zur Stirnradverzahnung lassen sich bei der Kegelradverzahnung einige Bestimmungsgrößen nicht direkt messen, weshalb der Tragbildprüfung im Gehäuse oder aber der abschließenden Geräuschprüfung auf Getriebeprüfständen eine besondere Bedeutung zukommt.

Bedingt durch die bereits in Abschnitt 20.2 aufgeführten zusätzlichen Fehlermöglichkeiten im Vergleich zu Stirnrädern ist zur Erzielung des bestmöglichen Tragbildes die genaue Lage von Ritzel und Tellerrad zueinander einzustellen, was in entsprechender Weise bei der Festlegung und Tolerierung der Maße berücksichtigt werden muss. Neben den grundsätzlichen Ausführungen zur Verzahnungsqualität und zum Verzahnungstoleranzsystem für Stirnräder nach Abschnitt 18.3.1 enthält DIN 3965 spezielle Empfehlungen zu Toleranzen von Kegelradverzahnungen [20.24]. Maßgeblich für die Wahl der Verzahnungsqualität ist die geforderte Gleichförmigkeit der Bewegungsübertragung.

Werden die Verzahnungsdaten für das äußere Zahnende (Ferse) angegeben und dort auch gemessen, so sind die Radkörpermaße hierfür eng zu tolerieren, wobei zu beachten ist, dass die Kegel- und Verzahnungskanten erst nach dem Vermessen gebrochen werden, da anderenfalls die Verzahnungsmesswerte verfälscht werden.

Da die Teilkegelspitze als Bezugspunkt für Herstellung, Messen und Einbau physisch nicht vorhanden ist, benötigt man eine zur Radachse senkrechte Bezugsfläche, von der aus der Radkörper in axialer Richtung gemäß Abbildung 20.24 vermaßt und axial eingestellt werden kann.

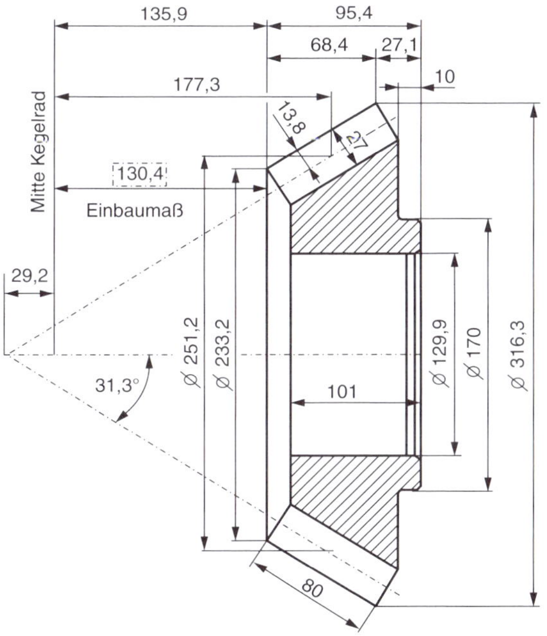

Zyklo-Palloid-Verzahnung			geschliffen
Zähnezahl	z		17
Normalmodul	m_n	mm	12
Teilkreisdurchmesser	d_0	mm	297,50
Bezugsprofil			DIN 867
Spiralrichtung			Links
Flugkreisradius	R	mm	170,00
Achswinkel	Σ	°	90,00
Profilverschiebungsf.	x		+0,150
Zahndickenänderungsf.	x_s		+0,010
Winkelkorrektur	ϑ_k	°	0,00
Zähnezahl des Gegenrades			24
Spiralwinkel	β_m	°	35,00
DIN-Qualität			6
Achsversatz	a	mm	0,00
Teilkegelwinkel	δ	°	35,3

Abbildung 20.24: Werkstattzeichnung eines Geradzahn-Kegelrades für konstantes Kopfspiel mit Radkörper- und Einbautoleranzen [20.89]

Hierzu wird der Abstand von der Bezugsfläche der Planlauftoleranz zur Teilkegelspitze als fehlerfreies Einbaumaß angenommen. Zur Rundlaufkontrolle wird häufig eine Hilfsfläche 1 im Bereich des Rückenkegels verwendet. Beide Flächen sollten zur guten Erreichbarkeit möglichst weit außen liegen, ersatzweise kann auch die innere Stirnfläche (Hilfsfläche 2 gemäß Abbildung 20.24) benutzt werden. Grundsätzlich sind alle Bezugsflächen, Hilfsflächen und die Bohrung nach Möglichkeit in einer Aufnahme zu bearbeiten. Sollte das Einbaumaß t_{B1} bei der Montage nicht lesbar oder messbar sein, ist ersatzweise das Maß t_{B2} zu bestimmen und auf der Hilfsfläche 2 anzugeben. Weitere Angaben zur zeichnerischen Darstellung von Kegelradverzahnungen sind DIN3966 zu entnehmen [20.28].

Im Gegensatz zu Stirnrädern können bei Kegel- und Hypoidrädern Abweichungen vom Soll-Profil und aufzubringende Zahnflankenmodifikationen nicht mehr auf ein Bezugsprofil bezogen werden, sondern es muss auf der Grundlage der Eingriffsverhältnisse des Zahnpaares von Rad und Ritzel eine genaue Beschreibung des Zahnkontaktes erfolgen. Hierzu werden die Balligkeiten der Zahnflanken nicht mehr dem Tellerrad oder dem Ritzel zugeordnet, sondern beziehen sich auf den Zahnkontakt zwischen Tellerradflanke und zugehöriger Ritzelflanke des Kegelrad- oder Hypoidradpaares.

Zur Bestimmung dieser Größen werden die Zahnflanken eines Zahnpaares gemäß Abbildung 20.25 a) mathematisch durch ihre Ausgleichsflächen beschrieben und im theoretischen Übersetzungsverhältnis ohne Berücksichtigung eventuell vorhandener Wälzabweichungen lastfrei miteinander abgewälzt.

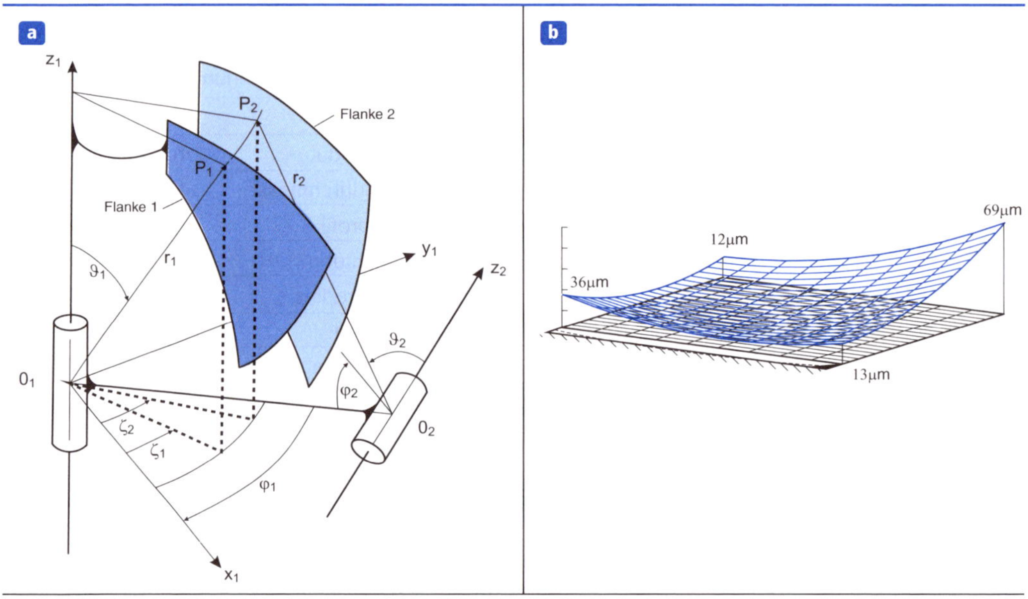

Abbildung 20.25: Ease-Off – a) Gepaarte Flanken eines Zahnpaares k in der Getriebestellung φ_1 – b) Ease-Off eines Kegelradflankenpaares [20.5]

Hierdurch erhält man im betrachteten Eingriffsintervall für jede berücksichtigte Eingriffsstellung i, die durch den Ritzeldrehwinkel φ_{1i} bzw. den Tellerraddrehwinkel φ_{2i} gekennzeichnet ist, bestimmte Abstände (Klaffmaße) zwischen den Zahnflanken. So tritt z.B. in der dargestellten Eingriffsstellung i am Zahn k an der durch die Parameterwerte r_2, ϑ_2 festgelegten Stelle der Tellerradflanke 2 der Bogenabstand $\zeta_2 - \zeta_1$ zur Ritzelflanke 1 auf. Diese pro Eingriffsstellung i definierte Funktion der zwei Veränderlichen r_2, ϑ_2 wird in der Mathematik als (momentane) Ease-Off-Funktion von φ_1 und k bezeichnet. Legt man eine Hüllfläche über alle momentanen Ease-Off-Funktionen eines Eingriffsintervalls, so ergibt sich schließlich das Minimum aller vorliegenden Klaffmaße während eines Durchlaufes eines Zahnpaares durch die Eingriffsfläche. Dieser Abstand wird als Kontaktabstand oder auch im angelsächsischen Sprachgebrauch als Ease-Off bezeichnet [20.76]. Hierbei ist anzumerken, dass diese mathematische Betrachtungsweise verständlicherweise nicht nur auf Kegelräder beschränkt ist, sondern sich zur Beschreibung der Kontaktverhältnisse beliebiger im Raum aufeinander abwälzender Flächen eignet (z. B. Stirnradverzahnungen, Wälzlager).

So vermittelt der in Abbildung 20.25 b) gezeigte Ease-Off eines Kegelradflankenpaares sofort einen Überblick über die Balligkeiten, die eigentlich nur lokal unterschiedlichen Modifikationen der Zahnflanken im Vergleich zu konjugierten Zahnflanken entsprechen. Im Rahmen der Kegelradberechnung hat es sich bewährt, diese Kontaktabstände nicht in ihrer räumlichen Anordnung, sondern als auf eine Ebene projizierte Abweichungsfläche darzustellen.

Grundsätzlich unterscheidet man Balligkeiten gemäß Abbildung 20.26 nach Höhen- und Längsballigkeiten. Damit tragen die Zahnflanken eines Kegelrades gemäß Abbildung 20.27 aufgrund der generell vorhandenen Breiten- und Höhenballigkeit nicht über der vollen Zahnbreite, was zwar ein kleines Tragbild und eine verringerte Verlagerungsempfindlichkeit bedingt, andererseits jedoch zu einer deutlichen Lastkonzentration und damit einhergehend zu hohen Flankenpressungen sowie ebenfalls zu höheren örtlichen Zahnfußspannungen führt.

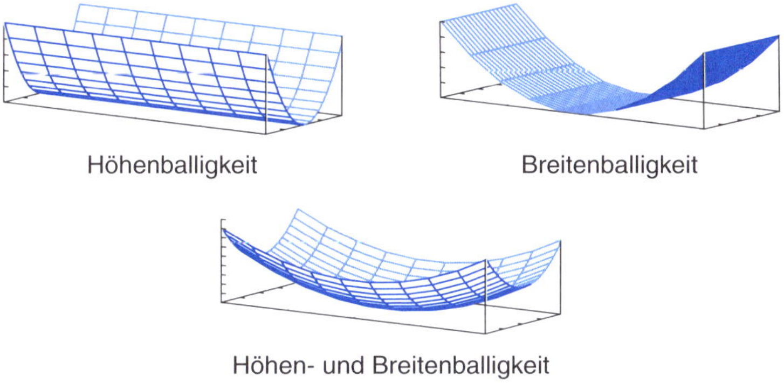

Abbildung 20.26: Höhen- und Längsballigkeit im Ease-Off

Im Hinblick auf eine optimale Tragfähigkeit der Verzahnung ist die Kenntnis der Größe und Lage des sich einstellenden Tragbildes unter Last besonders wichtig. Zur experimentellen Ermittlung der genauen Tragbildlage an einem montierten Getriebe werden die Flanken des Tellerrades oder Ritzels mit Tuschierpaste oder Tragbildlack dünn bestrichen, sodass nach ein- oder mehrmaligem Vor- und Zurückwälzen der tuschierten Flanken die Paste bzw. der Lack an den berührenden Stellen verdängt wird. Dabei ist zu beachten, dass die Tragbilder verfälscht werden, wenn die Paste ungleichmäßig oder zu dick aufgetragen wird oder wenn durch zu viele Überrollungen ein Summentragbild entsteht, das sich bedingt durch Taumel- oder Rundlaufabweichungen bei jedem Eingriff verschoben und damit in der Summe vergrößert hat.

Des Weiteren hängen die genaue Tragbildlage und -größe von der aufgebrachten Prüflast ab, weshalb man noch zwischen Kontakt-, Teillast- und Volllasttragbild unterscheidet, wobei unabhängig davon aus einem Tragbild keine Rückschlüsse auf die genaue Höhe der Beanspruchung möglich sind.

Hauptvorteil der Tragbildprüfung ist, dass mit vergleichsweise geringem Aufwand das Lasttragbild im Prüfstand oder im montierten Getriebe unter den gegebenen Einbau- und Einsatzbedingungen überprüft werden kann, wobei allerdings die jeweilige Beurteilung von der Erfahrung des Prüfers abhängt. Eine objektivere Beurteilungsmöglichkeit des Tragbildes ist durch die Verwendung einer Thermokamera möglich [20.76].

Nach der Ermittlung des für das Tragbild günstigsten Einbaumaßes in der Prüfmaschine oder im Originalgetriebe wird das Maß auf dem Radkörper eingeätzt und ist bei der endgültigen Montage z.B. mithilfe von Beilagscheiben oder Federelementen an der Lagerung der Wellen einzustellen.

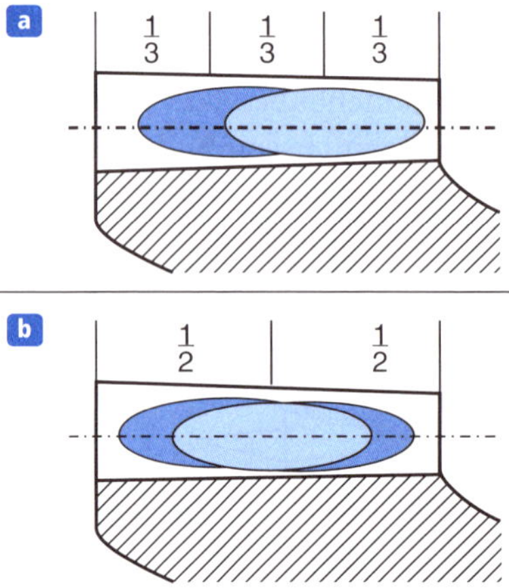

Durch Verändern der Maschineneinstellung (Aufbringung von Verzahnungskorrekturen) können Form und Lage des Tragbildes beeinflusst werden. Belastungsfrei sollte das Tragbild mindestens 50 % der Zahnlänge, im Idealfall bei voller Belastung 100 % der Zahnlänge überdecken.

Da das Verhalten unter Last häufig nicht ausreichend bekannt ist (Toleranzen, Härteverzüge, Verformungen), strebt man ein kürzeres Tragbild von ca. 85 % der Zahnlänge an, wobei die Zahnenden frei bleiben sollen, um ein Kantentragen mit Sicherheit ausschließen zu können.

Mit zunehmender Belastung verlagert sich das Tragbild dann abhängig von der Steifigkeit der Wellen und des Gehäuses sowie von der Verzahnungsart (Herstellverfahren) meist von der Zehe zur Ferse hin. Ferner dürfen Zahnkopf und Zahnfuß keine Druckstellen aufweisen.

Abbildung 20.27: Soll-Tragbild im unbelasteten Zustand (hellblau) und im belasteten Zustand (dunkelblau)

Neben dieser experimentellen Vorgehensweise stehen mittlerweile höherwertige Berechnungsprogramme zur genauen Beschreibung der Zahngeometrie, lastfreien Kontaktanalyse und Kontaktanalyse unter Last zur Verfügung, wobei sämtliche Einflüsse des Umfeldes – z.B. die Relativverlagerung von Ritzel und Tellerrad, bedingt durch Verformungen von Wellen, Gehäusen, Lagern und Radkörpern – mit einbezogen werden [20.95], [20.98]. Mithilfe derartiger Verfahren lassen sich einerseits die Auswirkungen von Fertigungsabweichungen und lastbedingten Verformungen auf Tragbildgröße und -lage analysieren, andererseits können aber auch gezielt Modifikationen der Kegelradflanken vorgenommen werden, um Tragbildgröße und -lage zur Erreichung einer beanspruchungsgerechten Verzahnung anzupassen.

Hierzu wird wiederum der Ease-Off genutzt, da sich einerseits die Kontaktgeometrie sehr anschaulich beschreiben lässt und andererseits diese Vorgehensweise auch die Bestimmung aller verzahnungsrelevanten Größen wie Tragbildlage, Tragbildgröße und Drehfehler erlaubt. Zur quantitativen Beschreibung der vorliegenden Eingriffsverhältnissse lassen sich gemäß Abbildung 20.28 fünf Kennwerte definieren, die sich nach den praktischen Bedürfnissen der Kegelradauslegung und -fertigung richten.

So zeigt die Ease-Off-Topografie in Abbildung 20.28 die Balligkeiten in Zahnhöhen- und Zahnbreitenrichtung sowie eine diagonale Verwindung, die unmittelbar mit der Form und Lage des Tragbildes korrelieren. So lässt sich z.B. eine Verlagerung des Tragbildes vom kleinen zum großen Durchmesser (von der Zehe zur Ferse) durch eine Verringerung der Spiralwinkelabweichung erreichen und zur Verlängerung des Tragbildes in Zahnbreitenrichtung ist die Längsballigkeit zu verkleinern.

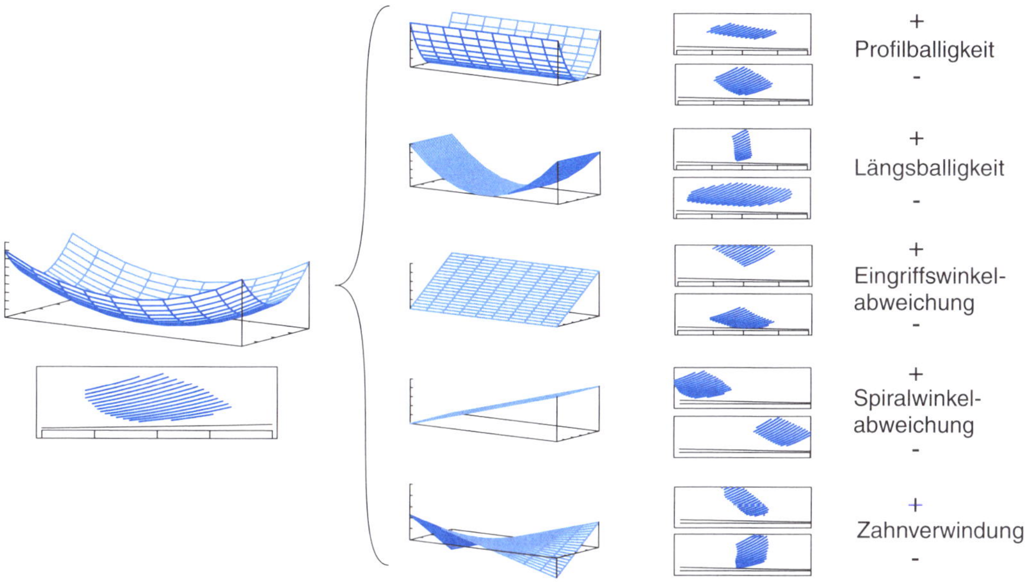

Abbildung 20.28: Kennwerte zur quantitativen Beschreibung einer Ease-Off-Topografie

Eine weitere Möglichkeit zur Beschreibung der Verwindung oder der Längsballigkeit ist die Angabe der möglichen Verlagerungswerte gemäß Abbildung 20.29, wobei diese Werte durch einen Versuch oder mittels einer theoretischen Zahnkontaktanalyse ermittelt werden können.

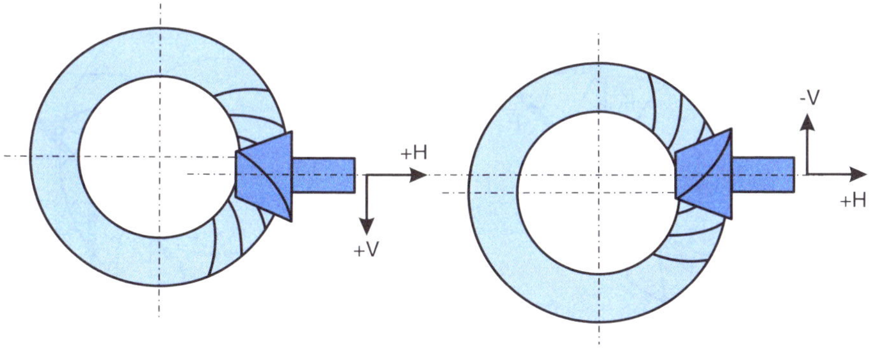

$\Delta H > 0$: Vergrößerung Einbaumaß Ritzel	$\Delta H > 0$: Vergrößerung Einbaumaß Ritzel
$\Delta V > 0$: Achsversatz vergrößert	$\Delta H < 0$: Achsversatz verkleinert

Abbildung 20.29: Definition der Vertikal- und Horizontalverlagerungen (V-H-Verlagerungen)

Diese seit Jahrzehnten eingesetzte praktische Prüfung erfolgt auf einem Abrollprüfstand und wird auch als „V-H-Check" bezeichnet. Hierzu wird der Radsatz in Eingriff gebracht und das Tragbild unter geringer Last ermittelt. Durch entsprechendes Ändern des Ritzeleinbaumaßes (Bezeichnung H – Horizontal) und des Achsversatzes (Bezeichnung V – Vertikal) sowie Nachführen des Tellerradeinbaumaßes (Bezeichnung J) für konstantes Verdrehflankenspiel wird das Tragbild auf dem Tellerrad verschoben.

Grundsätzlich ergeben sich die Verlagerungen eines Kegelradsatzes einerseits aus den Gehäusetoleranzen und andererseits aus den lastbedingten Verformungen. Dabei führen die Zahnkräfte neben der Verformung der Zahnflanken auch zu einer Verformung des Getriebegehäuses, der Lager, der Radkörper und damit zur Verschiebung der Soll-Lage der verformten Flanken. Zum besseren Verständnis unterscheidet man zwischen der Verformung der Zahnflanken und den anderen Verformungen, da diese zu einer Änderung der Relativlage der Zahnflanken führen.

Abbildung 20.30 a) zeigt einen in Blickrichtung der Tellerradachse dargestellten Kegelradsatz mit positivem Achsversatz, bestehend aus einem rechtsspiraligen Tellerrad und einem linksspiraligen Ritzel. An der Ritzelflanke wirkt die Kraft F_1, an der Tellerradflanke die zugehörige Reaktionskraft F_2, wobei die Kräfte nicht in der Zeichenebene liegen. Unter Berücksichtigung der horizontalen und vertikalen Verlagerungen wird die Kraft F_1 in die Komponenten F_H und F_V zerlegt.

Anhand der Zeichnung wird deutlich, dass die Zahnkräfte bei dieser Betriebsart den Achsversatz reduzieren und das Ritzel in axialer Richtung verschieben, sodass das Einbaumaß t_b größer wird. Da als Ritzelwellenlagerung hinter dem Ritzelkopf eine Kegelrollenlagerung in O-Anordnung bevorzugt wird, können sich die Zahnkräfte des Ritzels gegen das Lager abstützen (s.a. Abbildung 20.33). Diese wegen der günstigen Kraft- und Verlagerungsverhältnisse bevorzugte Betriebsart bei Kegelrad- und Hypoidgetrieben wird als Zugbetrieb bezeichnet (s.a. Abschnitt 20.2.2).

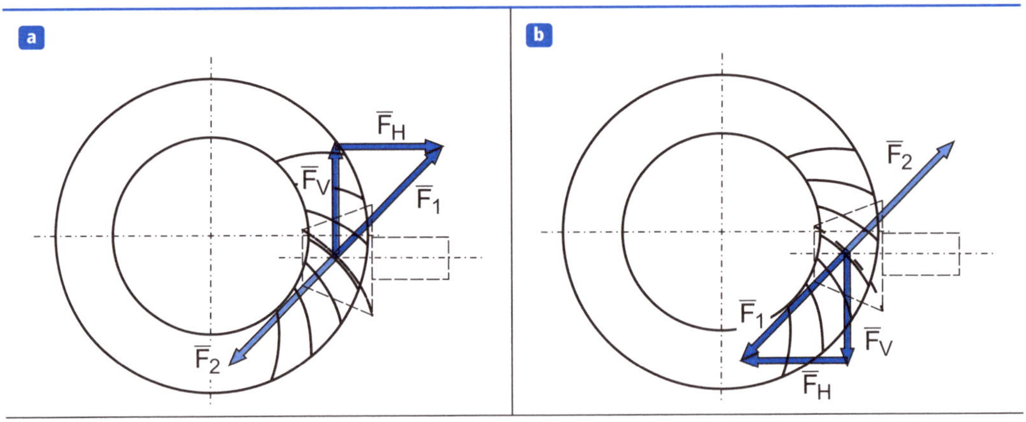

Abbildung 20.30: Kegelradsatz mit positivem Achsversatz – a) Zugbetrieb, b) Schubbetrieb [20.76]

Demzufolge entsteht bei umgekehrten Verhältnissen gemäß Abbildung 20.30 b) der sogenannte Schubbetrieb. In diesem Fall treibt die konkave Tellerradflanke die konvexe Ritzelflanke an. Zerlegt man die Kraft F_1 wiederum in die Komponenten F_H und F_V, so bewirken die Zahnkräfte im Schub eine Vergrößerung des Achsversatzes sowie die Verringerung des Einbaumaßes, also eine axiale Verschiebung des Ritzels in Richtung Getriebemitte. Da eine derartige axiale Verschiebung durch eine Kegelrollenlagerung hinter dem Ritzelkopf in O-Anordnung schlechter aufgenommen werden kann, ergibt sich daraus bei zu kleinem Verdrehflankenspiel die Gefahr des Klemmens der Kegelräder.

Somit lässt sich das Verlagerungsverhalten für die Betriebsarten Zug und Schub vereinfachend zusammenfassen, dass im Zugbetrieb der Achsversatz verkleinert und das Einbaumaß vergrößert wird, während im Schubbetrieb der Achsversatz vergrößert und das Einbaumaß verkleinert wird.

Abschließend soll noch anhand von Abbildung 20.31 auf die Tragbildverlagerung durch ΔV- und ΔH-Variation eingegangen werden. Unter der Maßgabe, dass die Pfeile an den Linien in die jeweils positive Richtung der Parameteränderung zeigen, wird deutlich, dass sich das Tragbild auf der Zugseite (konvexe Tellerradflanke) mit den zahnkraftbedingten Verlagerungen $\Delta V < 0$ und $\Delta H > 0$ in Richtung Ferse-Kopf verlagert. Auf der Schubseite dagegen verschiebt sich das Tragbild aufgrund der zahnkraftbedingten Verlagerungen $\Delta V > 0$ und $\Delta H < 0$ ebenfalls zur Ferse, jedoch mit der Tendenz zum Zahnfuß. Dieses Verhalten ist typisch für Kegelradgetriebe, bei denen ein relativ großer Werkzeugradius ρ_{c0} zum Einsatz kommt [20.76].

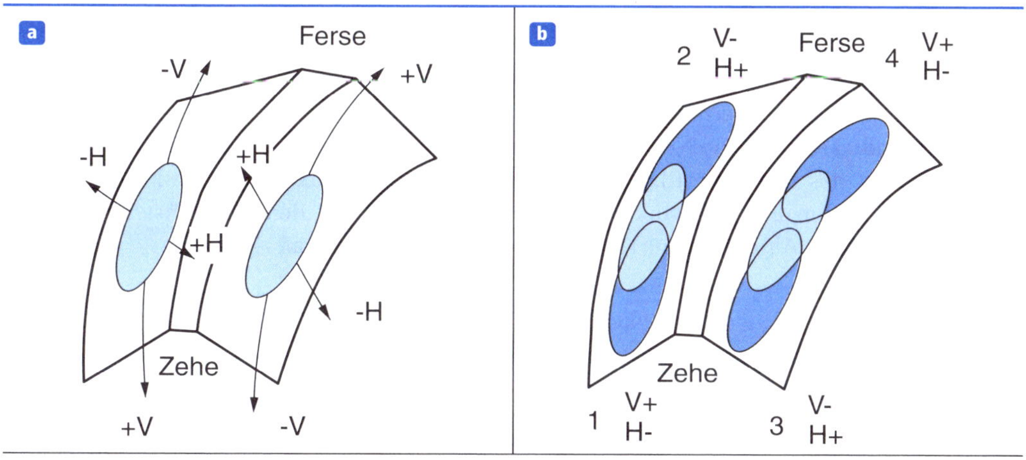

Abbildung 20.31: Verlagerung des Tragbildkernes auf den Tellerradflanken – a) ΔV- und ΔH-Variation, b) Bestimmung der Balligkeiten durch Tragbildverlagerung [20.76]

Ungeachtet der Fehleranfälligkeit dieser manuellen Methode zur Tragbildbeurteilung soll das Vorgehen beim in der Praxis weit verbreiteten „V-H-Check“ abschließend anhand von Abbildung 20.31 b) erläutert werden. Zunächst wird das Tragbild sowohl für die Zug- als auch für die Schubdrehrichtung in die Zehen- und Fersenlage verlagert und die von der Ursprungslage abweichenden *V*- und *H*-Werte werden notiert. Dabei sollte die Tragbildlage in den Extremlagen bezüglich der Zahnhöhenrichtung mittig auf der Flanke liegen und mit dem Rand die Zahnenden gerade eben berühren. Im Weiteren werden zur Auswertung die Beträge für „*V*“ und „*H*“ für die Zehenlage (1 oder 3) und Fersenlage (2 und 4) addiert. Dann ergibt die Summe der betragsmäßigen V-Werte einen Vergleichswert für die Längsballigkeit, der Quotient aus der Summe V und der Summe H ist ein Maß für die Verwindung, die im angelsächsischen Sprachgebrauch auch als „Bias" (schräges Zahntragen) bezeichnet wird. Zur Definition des Bias-Verhaltens nimmt man ein Verhältnis von ΔV und ΔH an, das den Tragbildkern stets in Mitte der Zahnhöhe hin zur Ferse verschiebt. Demzufolge wird Bias-In und Bias-out unter Berücksichtigung des mittleren Spiralwinkels am Ritzel β_{m1} definiert zu:

$$\text{Bias-In: } \frac{\Delta V}{\Delta H} > \cot\beta_{m1}\,, \quad \text{Bias-Out: } \frac{\Delta V}{\Delta H} < \cot\beta_{m1} \tag{20.165}$$

Da das Aufbringen der Prüflast und die optische Beurteilung von der prüfenden Person abhängig sind, ist der „V-H-Check" generell mit einigen Unsicherheiten verbunden.

Zusätzlich zum Tragbild nutzt man zur Kegelradprüfung die zu den Laufverfahren gehörenden Einflankenwälz- und Zweiflankenwälzprüfung sowie Körperschallprüfungen, wie sie auch für Stirnräder gemäß Abschnitt 18.3.1.2 üblich sind. Bei diesen Verfahren handelt es sich um Sammelprüfverfahren, mit denen zeitgleich mehrere fertigungsbedingte Abweichungen erfasst werden. Hierbei können Ritzel und Rad einzeln gegen entsprechende Meisterräder oder aber paarweise geprüft werden, sodass die Gesamtbewertung dann für den vollständigen Radsatz Gültigkeit hat.

20.3.2 Zahndicke und Flankenspiel

Hinsichtlich des erforderlichen Flankenspiels j_n und der damit zusammenhängenden Zahndicke s gelten vergleichbare Zusammenhänge wie beim Stirnrad nach Abschnitt 18.3.1.3. Für die Stirnzahndicke s_t und die Normalzahndicke s_n gelten abhängig vom Schrägungswinkel β, dem Modul m_p des Bezugsprofils, dem Zahndickenänderungsfaktor x_s, dem Profilverschiebungsfaktor x_h, dem Eingriffswinkel α_p des Bezugsprofils und dem Eingriffswinkel α_n im Normalschnitt nach Abbildung 20.17 sowie dem Zahndickenabmaß A_{sn}:

$$s_t = \frac{s_n}{\cos\beta} \quad \text{mit} \quad s_n = 0{,}5\cdot m_p\cdot\pi + 2\cdot m_p\cdot\left(x_s + x_h\cdot\tan\alpha_p\right) + \frac{A_{sn}}{\cos\alpha_n} \tag{20.166}$$

Während man bei Geradzahn-Kegelrädern die Zahndickensehne $\overline{s_e}$ am äußeren Zahnende misst, wird bei Schräg- und Bogenzahn-Kegelrädern die Zahndickensehne $\overline{s_{mn}}$ in Mitte Zahnbreite im Normalschnitt erfasst:

$$\overline{s_e} = d_e\cdot\sin\frac{s_e}{d_e}\,, \quad \overline{s_{mn}} = d_{mn}\cdot\sin\frac{s_{mn}}{d_{mn}} \tag{20.167}$$

Für die Zahnhöhen $\overline{h_{ae}}$ bzw. $\overline{h_{am}}$ über der Sehne $\overline{s_e}$ bzw. $\overline{s_{mn}}$ senkrecht zur Teilkegelmantellinie gilt entsprechend:

$$\overline{h_{ae}} = h_{ae} + 0{,}5\cdot d_e\cdot\cos\delta\cdot\left(1-\cos\frac{s_e}{d_e}\right) \quad \text{bzw.} \quad \overline{h_{am}} = h_{am} + 0{,}5\cdot d_{mn}\cdot\cos\delta\cdot\left(1-\cos\frac{s_{mn}}{d_{mn}}\right) \tag{20.168}$$

Die Zusammenhänge zur Bestimmung des Zahndickenabmaßes und zur Auswahl üblicher Flankenspiele können Abbildung 20.32 entnommen werden.

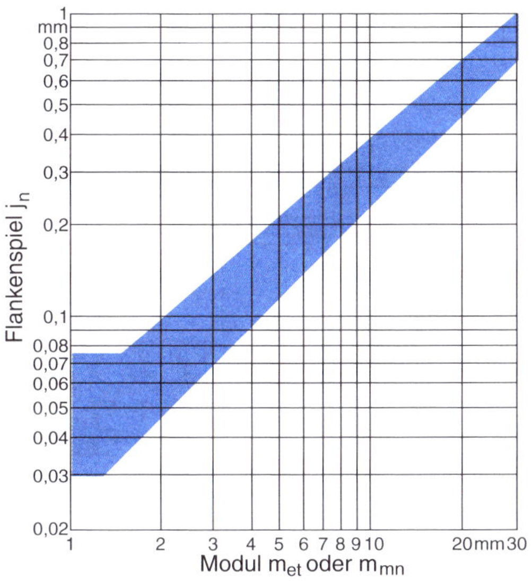

Das Zahndickenabmaß A_{sn} ergibt sich aus dem geforderten Flankenspiel j_n gemäß nebenstehendem Diagramm, wobei das Flankenspiel j_n meistens zur Hälfte auf Ritzel und Rad aufgeteilt wird:

$$A_{sn1} = A_{sn2} = -\frac{j_n}{2} \qquad (20.169)$$

Bedingt durch die breitenballige Verzahnung ist bei einer Messung am äußeren Zahnende ein zusätzliches Zahndickenabmaß zu berücksichtigen.

Das Verdrehflankenspiel nach Abbildung 18.95 kann im eingebauten Zustand – meist am äußeren Zahnende – gemessen werden, indem man das Tellerrad gegenüber dem festgehaltenen Ritzel verdreht.

Abbildung 20.32: Übliche Flankenspiele im Normalschnitt j_n für Kegelradpaare [20.89]

20.3.3 Gestaltungsgrundlagen – Gehäuse und Räder

Auch wenn für Kegelräder vergleichbare Gestaltungsgrundlagen wie für Stirnräder nach Abschnitt 18.3 gelten, so ist bei Kegelrad- und Hypoidgetrieben zusätzlich zu berücksichtigen, dass eine besondere Empfindlichkeit bezüglich Abweichungen in der Flankenform, in der Teilung und im Einbau vorliegt, was aufgrund der hierdurch bedingten Ungleichförmigkeit in der Bewegungsübertragung erhebliche Schwingungs- und Geräuschanregungen bedingt.

Folgende Gestaltungsgrundsätze haben sich für Kegel- und Hypoidräder bewährt:

- Zur Verbesserung des Tragverhaltens werden Kegelrad- und Hypoidverzahnungen grundsätzlich mit einer Breitenballigkeit versehen. Sofern keine Erfahrungen vorliegen und keine Möglichkeiten zur Beurteilung der Tragbildverlagerung unter Last vorhanden sind, haben sich folgende von der Zahnbreite b_2 des Tellerrades abhängigen Richtwerte für die Längsballigkeit bewährt: $b_2 / 250$ bis $b_2 / 600$ bei normaler Verlagerung und $b_2 / 350$ bis $b_2 / 800$ bei geringer Verlagerung.
- Um einseitiges Tragen zu vermeiden, sollte die Zahnbreite im Bereich $b < 0{,}3 \cdot R_e$ oder $b < 10 \cdot m_{et}$ liegen.
- Aus Festigkeitsgründen muss bei Kegelritzeln zur Montage auf eine Welle der Zahnkranz zwischen Zahnfuß und Bohrung (Nut) an der Zehe mindestens das Maß $s_R = 2 \cdot m_n$ aufweisen, woraus sich direkt der größte zulässige Wellendurchmesser für das Ritzel ergibt. Ist ein größerer Wellendurchmesser erforderlich, ergibt sich daraus zwangsläufig die Bauart als Ritzelwelle gemäß Abbildung 20.33.
- Im Hinblick auf die Notwendigkeit der Einstellung von Flankenspiel und Tragbild müssen Ritzel und Rad in ihren Lagerungen bei der Montage axial verschiebbar sein, Abbildung 20.33. Ebenso sind die Lagerungen möglichst steif zu gestalten, sodass sich unter Belas-

tung nur geringe Verformungen mit entsprechenden Auswirkungen auf das Tragbild ergeben. Erreicht wird dies durch vorgespannte Lager und verrippte Gehäuse.

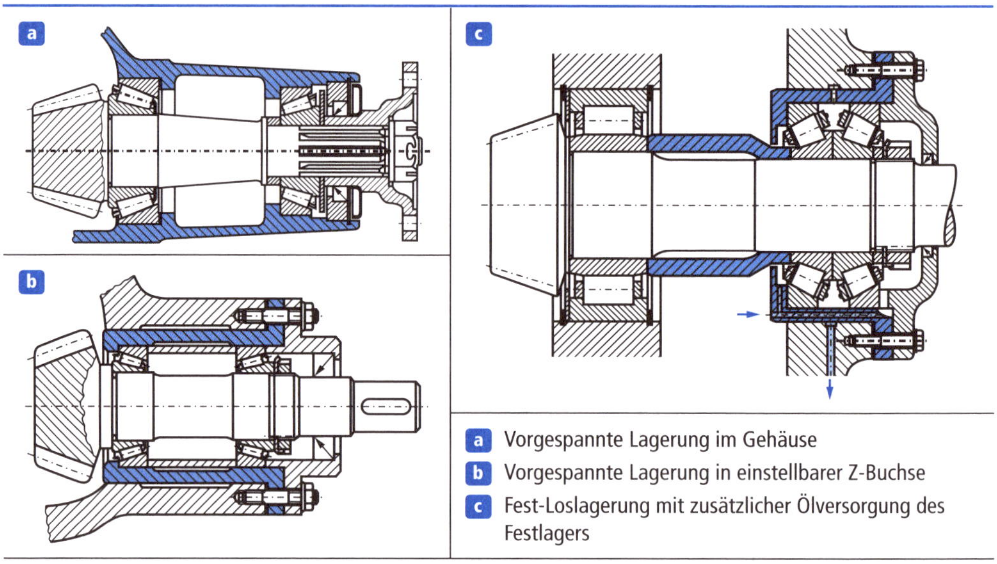

Abbildung 20.33: Typische Lagerung von Ritzelwellen mit fliegend angeordnetem Ritzel [20.89]

- Eine steife Lagerungsgestaltung ergibt sich insbesondere bei einer beidseitigen Lagerung von Ritzel und Tellerrad gemäß Abbildung 20.3, jedoch ist diese Lageranordnung aus Platzgründen beim Ritzel oft nicht möglich (s.a. Abbildung 20.1). Eine einseitige (fliegende) Lagerung lässt sich möglichst steif gestalten, indem das ritzelseitige Lager nahe an der Ferse des Ritzels liegt, sodass die Wellendurchbiegung und eine damit verbundene ungleiche Lastverteilung an den Zahnflanken möglichst klein gehalten werden. Ferner ist die Nabe kurz zu gestalten.
- Bei beidseitig gelagerten Ritzelwellen ist gemäß Abbildung 20.34 zu beachten, dass der Lagerzapfen beim Verzahnen nicht vom Messerkopf angeschnitten wird. Darüber hinaus besteht an der Zehe die Gefahr, dass der Vorstechstahl scharfe Kerben im Zahnfuß erzeugt, was bei Gestaltung und Fertigung ebenfalls zu berücksichtigen ist.

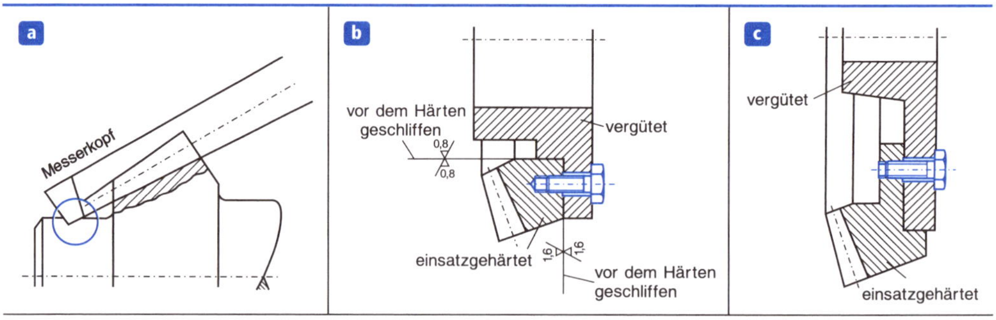

Abbildung 20.34: Gestaltung beidseitig gelagerter Kegelritzel nach a) und Möglichkeiten der Tellerradbefestigung nach b) und c) [20.89]

- Größere Tellerräder ab etwa 800 mm Durchmesser sollten entsprechend Abbildung 20.34 b) und c) aus Kostengründen aus einem gehärteten Zahnkranz und einer vergüteten Nabe zusammengesetzt werden (s.a. Abbildung 20.1 und Abbildung 20.3).
- Die Lagerabstände können abhängig vom Übersetzungsverhältnis u und dem mittleren Teilkreisdurchmesser d_m nach Abbildung 20.35 gewählt werden.

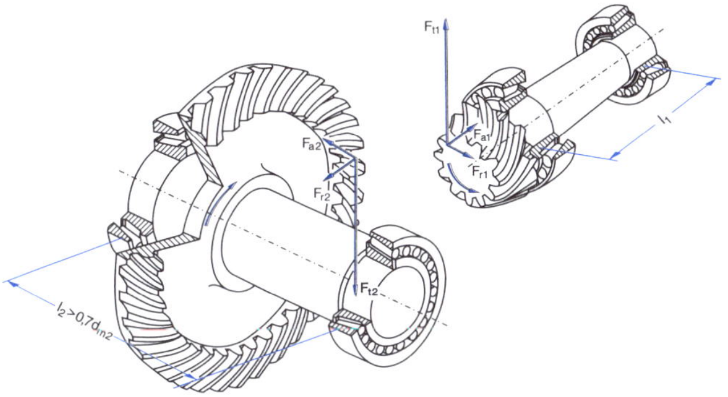

Empfohlener Lagerabstand für Ritzelwelle l_1:

$3 \leq u \leq 6$: $l_1 = 2 \ldots 2{,}5 \cdot d_{m1}$

Empfohlener Lagerabstand für Tellerradwelle l_2:

$l_2 > 0{,}7 \cdot d_{m2}$

Abbildung 20.35: Zahnkräfte und empfohlene Lagerabstände [20.89]

- Die Zahnbreiten von Ritzel und Rad sind möglichst gleich groß auszuführen, damit beim Läppen oder Einlaufen keine Kanten entstehen. Soll die axiale Lage von Ritzel und Rad nach den Außenkegeln eingestellt werden, müssen diese Außenkegel fluchten (s.a. Abbildung 20.24).
- Bei der Kombination von Kegel- oder Hypoidrädern mit Schrägstirnrädern auf einer Welle sollte die Gesamtaxialkraft von der Kegelspitze weggerichtet sein und zwar auch bei Drehrichtungsumkehr (s.a. Abbildung 15.1 im Kapitel 15 – Wälzlager).
- Bei Kegelrädern aus Kunststoff gemäß Abbildung 20.36 ist die geringe Steifigkeit des Kunststoffs zu beachten, um unzulässig hohe Verformungen bei Beginn des ungleichförmig verlaufenden Eingriffs zu vermeiden.

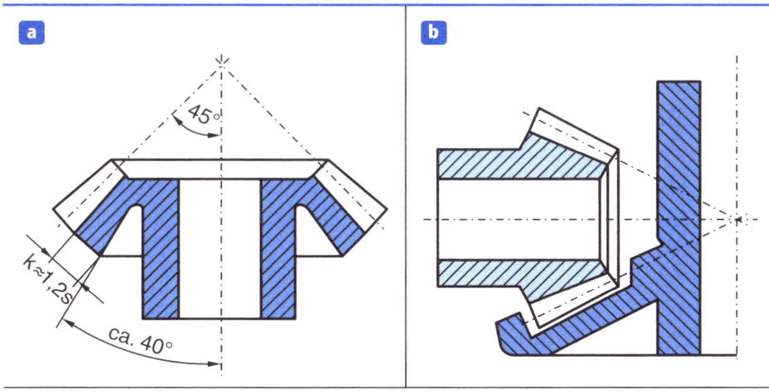

a Ritzel

b Tellerrad mit Zahnfußdicke s

Bei Tellerrädern können die Zähne am Außenrand zusätzlich abgestützt werden.

Abbildung 20.36: Gestaltung von Kegelrädern aus Kunststoff [20.19]

20.3.4 Entwurf und Vorabauslegung von Kegelrad- und Hypoidgetriebestufen

Ein erster Entwurf und eine Vorabauslegung einer Kegelrad- oder Hypoidgetriebestufe können in vergleichbarer Weise zur Auslegung einer Stirnradstufe gemäß Abschnitt 18.3.3.3 vorgenommen werden. Dabei hat sich in den meisten Anwendungsfällen zu Bestimmung der Hauptabmessungen die Vorabauslegung nach der Zahnflankentragfähigkeit bewährt.

Die folgende Gleichung zur Bestimmung des mittleren Teilkreisdurchmessers d_{m1} des Ritzels erhält man im Sinne einer Festigkeitsberechnung durch den Vergleich der Beanspruchung (gegeben durch das Drehmoment M_{t1} und über die Hertz'sche Theorie gemäß Abschnitt 18.4.4 umgerechnet in eine Hertz'sche Pressung) mit der Beanspruchbarkeit (gegeben durch die Flankenfestigkeit σ_{Hlim} nach Abschnitt 18.4.10, entsprechend einer zulässigen Hertz'schen Pressung) unter Einbeziehung einer rechnerischen Sicherheit S_H:

$$d_{m1} \geq \sqrt[3]{\frac{2 \cdot K_A \cdot K_v \cdot K_{H\alpha} \cdot K_{H\beta} \cdot M_{t1} \cdot Z_E^2 \cdot Z_H^2 \cdot Z_\varepsilon^2}{\left(\frac{Z_N \cdot \sigma_{Hlim}}{S_H}\right)^2 \cdot \frac{b}{d_{m1}}} \cdot \frac{u+1}{u}} \quad \text{mit} \quad M_{t1} = F_{t1} \cdot \frac{d_{m1}}{2} = \frac{P_{Nenn}}{\omega_{1Nenn}} \qquad (20.170)$$

Hierin bedeuten M_{t1} das Drehmoment und F_{t1} die Tangentialkraft am Ritzel der jeweiligen Stufe sowie P_{Nenn} die zu übertragende Leistung bei der Winkelgeschwindigkeit des Ritzels ω_{1Nenn}. Weiterhin bezeichnen gemäß den Abschnitten 18.4.2. und 18.4.3. K_A den Anwendungsfaktor zur Umbewertung von Drehmomentspitzen in ein schädigungsäquivalentes Drehmoment bei Ermüdungsbeanspruchungen (s.a. Kapitel 1 in Maschinenelemente 1), K_v den Dynamikfaktor zur Erfassung der inneren dynamischen Zusatzkräfte sowie $K_{H\alpha}$ den Stirnfaktor und $K_{H\beta}$ den Breitenfaktor nach DIN 3990 [20.31], [20.93]. Während der Anwendungsfaktor K_A anhand der Arbeitsweisen von Antriebsmaschine und getriebener Maschine gemäß Abschnitt 18.4.2.2 festzulegen ist, wird für das Produkt aus Dynamikfaktor, Stirnfaktor und Breitenfaktor näherungsweise $K_v \cdot K_{H\alpha} \cdot K_{H\beta} = 2{,}0$ gesetzt.

Der Elastizitätsfaktor Z_E, der Zonenfaktor Z_H und der Überdeckungsfaktor Z_ε haben ihren Ursprung in der Aufbereitung der Hertz'schen Pressungsgleichungen zur Bestimmung der Zahnflankenpressung gemäß Abschnitt 18.4.4. Der Elastizitätsfaktor hat für die Werkstoffpaarung Stahl gegen Stahl den Wert $Z_E = 190\sqrt{\text{N/mm}^2}$.

Der Zonenfaktor Z_H fasst die Größen zur Berücksichtigung des Eingriffs- und Schrägungswinkels (Spiralwinkels) zur Berechnung der Pressung am Wälzpunkt zusammen (s.a. Abbildung 18.176). Ist die Bogenverzahnung noch nicht genau bekannt, ist überschlägig für den Spiralwinkel $\beta_m = 30°$, für den Eingriffswinkel $\alpha_{wt} = \alpha_t$ und für die Profilverschiebungssumme $\Sigma x = 0$ einzusetzen:

$$Z_H = \frac{1}{\cos\alpha_t} \cdot \sqrt{\frac{2 \cdot \cos\beta_m}{\tan\alpha_{wt}}} \qquad (20.171)$$

Übliche Spiralwinkel bei Kegelrädern ohne Achsversatz liegen im Bereich $\beta_m = 30 \ldots 45°$ und bei Hypoidradsätzen sollte der Spiralwinkel am Ritzel $\beta_m < 50°$ sein [20.76]. Weitere Anhaltswerte für bogenverzahnte Hypoidradpaare mit positivem Achsversatz sind in Tabelle 20.21 zusammengestellt [20.89]. Im Grenzfall der Gerad- oder Zerolverzahnung wird der Spiralwinkel $\beta_{m1} = 0°$.

u	1	1,12	1,25	1,6	2	2,5	3	4	5	6
z_1 [a)]	18...40	18...38	17...36	16...34	15...30	13...26	12...23	10...18	8...14	7...11
$b / d_{m1} \leq$	0,212	0,226	0,240	0,284	0,336	0,404	0,474	0,615	0,75	0,90
x_{h1} [b)]	0	0,03	0,06	0,12	0,18	0,24	0,28	0,36	0,42	0,45
x_{s1} [c)]	0	0,030	0,018	0,024	0,030	0,039	0,048	0,065	0,082	0,10

$\alpha_n \approx 20°$ für Industriegetriebe

$\alpha_n < 20°$ für Fahrzeuggetriebe, z. B. $\alpha_n = 17{,}5°$ (wegen besserer Laufgüte)

$\alpha_n > 20°$ für hoch belastete, langsam laufende Getriebe, z. B. $\alpha_n = 22{,}5°$ (wegen höherer Fußfestigkeit)

Grenzwerte: $b / R_e \leq 0{,}3$; $b / m_{et} \leq 10$;

$\varepsilon_{v\beta} \geq 1{,}5$ bei Schräg- oder Bogenverzahnung

a) Für bogenverzahnte, gehärtete Kegelräder z_1 mehr an der unteren Grenze, für geradverzahnte, ungehärtete mehr an der oberen Grenze

b) Gemittelte Werte nach Gleason für Zerolkegelräder (ebenso brauchbar für Geradzahn-Kegelräder). Bei Schräg- oder Bogenverzahnung etwa 85 % dieser Werte. Ferner gilt $x_{h2} = -x_{h1}$.

c) Nach Gleason für Bogenzahn-Kegelräder. Ferner gilt $x_{s2} = -x_{s1}$.

Tabelle 20.21: Anhaltswerte zur Auslegung von Kegelrädern für Achsenwinkel $\Sigma = 90°$ und bei gemeinsamer Zahnhöhe $h_G = 2 \cdot m$ [20.51], [20.89]

Für den Überdeckungsfaktor gilt überschlägig bei Geradverzahnung $Z_\varepsilon = 1$ und bei Schrägverzahnung $Z_\varepsilon = 0{,}85$. Für den Lebensdauerfaktor gilt im Dauerfestigkeitsbereich $Z_N = 1$. Genaue Werte für die Flankenfestigkeit (gegen Grübchenbildung) σ_{Hlim} abhängig vom Werkstoff sind in Abschnitt 18.4.10 zusammengestellt, wobei für legierte Einsatzstähle mit einer Oberflächenhärte im Bereich von $H = 60^{+3}_{-3} HRC$ mit Werten zwischen $\sigma_{Hlim} = 1.400 ... 1.500$ N/mm² gerechnet werden kann.

Wie auch schon bei Stirnradverzahnungen ist die rechnerische Sicherheit S_H unter Berücksichtigung von Vorschriften, Vereinbarungen sowie der Bedeutung der Anlage oder aber auch des Gefährdungspotentials im Schadensfalle festzulegen, wobei üblicherweise $S_H = 1{,}2$ angenommen werden kann, sofern keine besonderen Forderungen bestehen.

Die Ermittlung bzw. Festlegung des Breiten-Durchmesser-Verhältnisses b / d_{m1} hat unter Berücksichtigung der gesamten Konstruktion (Verformung, Qualität, Werkstoff, Wärmebehandlung, Einstellmaßnahmen) zu erfolgen, wobei abhängig vom Teilkegelwinkel δ_1, der mittleren Teilkegellänge R_m und dem Spiralwinkel β_m unter Verwendung der Gleichungen (20.8) und (20.10) folgender Zusammenhang gilt:

$$\frac{b}{d_{m1}} = \left(\frac{b}{R_m}\right) \cdot \left[\frac{1}{2 \cdot \cos\beta_m \cdot \sin\delta_1}\right] = 0{,}3 \cdot \left[\frac{1}{2 \cdot \cos\beta_m \cdot \sin\delta_1}\right] \quad (20.172)$$

Das Zähnezahlverhältnis u ergibt sich für Kegelräder gemäß Abbildung 20.15 und für Hypoidräder gemäß Tabelle 20.14 aus dem Verhältnis u_v der virtuellen Ersatz-Stirnradverzahnung mit $|z_2| \geq z_1$, wobei im Falle einer Innenradpaarung die Zähnezahl der Innenverzahnung negativ einzusetzen ist.

Vergleichbar zur Stirnradauslegung werden auch bei der Gleichung (20.170) zur überschlägigen Auslegung von Kegel- und Hypoidrädern die Einzeleingriffsfaktoren Z_B und Z_D, der Schrägenfaktor Z_β, die Rauheits-, Geschwindigkeits- und Schmierstofffaktoren Z_R, Z_V und Z_L, der Größenfaktor Z_X und der Werkstoffpaarungsfaktor Z_W der Einfachheit halber vernachlässigt.

Sobald der Ritzeldurchmesser d_{m1} nach Gleichung (20.170) festgelegt ist, lässt sich mithilfe der Gleichung (20.12) und der Zusammenhänge in Tabelle 20.4 sowie einer gewählten Zähnezahl nach Tabelle 20.21 für Kegelräder und nach Tabelle 20.22 für Hypoidräder die weitere Geometrie mit den gegebenen Zusammenhängen aus den Abschnitten 20.2.2 bis 20.2.5 bestimmen, wobei bei Bedarf zur Optimierung der Tragfähigkeit auch eine Profilverschiebung vorgenommen werden kann. Bezüglich der Wahl des Moduls ist bei schneller laufenden Getrieben ein kleinerer Modul und bei langsamer laufenden Getrieben ein größerer Modul zu verwenden.

Mit dieser Geometrie sind dann die einzelnen Tragfähigkeitsnachweise entsprechend dem folgenden Abschnitt 20.4 zu erbringen, anderenfalls ist die Geometrie neu festzulegen und die Berechnung zu wiederholen.

Abschließend sei darauf hingewiesen, dass eine derartige Auslegungsrechnung oftmals wiederholt werden muss, insbesondere wenn die Sicherheiten nicht den geforderten Werten entsprechen, enge Toleranzen der Übersetzung einzuhalten sind, aus einer Reihe möglicher Achsabstände der zu wählende Achsabstand festgelegt werden muss oder aber die Profilverschiebung nicht in einem günstigen Bereich liegt. Mittlerweile bieten hier entsprechende Berechnungsprogramme vielfältige Unterstützung [20.95], [20.96], [20.98].

<table>
<tr><td colspan="11">Achsversatz a und Tellerraddurchmesser d_{m2} abhängig vom Übersetzungsverhältnis u</td></tr>
<tr><td colspan="4">$\frac{2 \cdot a}{d_{m2}} \leq \frac{0{,}9 \cdot u}{u+4}$ mit $\tan \delta_2 \approx u$</td><td colspan="7">$0{,}45 - 0{,}7$ für leichte Kraftfahrzeuge (PKW)
$0{,}23$ für schwere Kraftfahrzeuge (NKW) und Industriegetriebe</td></tr>
<tr><td colspan="7">Mindest-Zähnezahlen nach Gleason</td><td colspan="4" rowspan="2">Mittlere Schrägungswinkel nach Gleason für $\beta_{m2} \leq 35°$</td></tr>
<tr><td>u</td><td>2,4</td><td>3,0</td><td>4</td><td>5</td><td>6</td><td>10</td></tr>
<tr><td>z_{1min} a)</td><td>15</td><td>12</td><td>9</td><td>7</td><td>6</td><td>5</td><td>β_{m1}</td><td>50°</td><td>45°</td><td>40°</td></tr>
<tr><td>z_{2min} a)</td><td>36</td><td>36</td><td>36</td><td>36</td><td>36</td><td>50</td><td>z_1</td><td>6 … 13</td><td>14 … 15</td><td>36</td></tr>
<tr><td colspan="11">Profilverschiebung nach [20.111]</td></tr>
<tr><td colspan="4">z_1</td><td>5 … 8</td><td>9</td><td>10</td><td>11</td><td>12</td><td>13</td><td>14</td></tr>
<tr><td colspan="4">$x_{hm1} = -x_{hm2}$</td><td>0,70</td><td>0,66</td><td>0,59</td><td>0,52</td><td>0,44</td><td>0,38</td><td>0,30</td></tr>
<tr><td colspan="11">Eingriffswinkel im Normalschnitt für Bogenverzahnung [20.111]</td></tr>
<tr><td colspan="6">$\alpha_n = \alpha_m + \Delta\alpha$ mit $\alpha_m \approx 20°$
$\alpha_n = \alpha_m - \Delta\alpha$ mit $\alpha_m \approx 20°$
mit $\tan \Delta\alpha = \frac{2 \cdot (R_{m1} \cdot \sin \beta_{m1} - R_{m2} \cdot \sin \beta_{m2})}{d_{v1} + d_{v2}}$</td><td colspan="5">für die konkave Radflanke und die konvexe Ritzelflanke
für die konvexe Radflanke und die konkave Ritzelflanke
um Eingriffsverhältnisse für Links- und Rechtsflanken anzugleichen</td></tr>
</table>

Tabelle 20.22: Anhaltswerte für bogenverzahnte Hypoidradpaare mit positivem Achsversatz und einem Achsenwinkel $\Sigma = 90°$ [20.89]

20.4 Beanspruchung und Beanspruchbarkeit von Kegelrädern

Die vergleichende Beurteilung von Beanspruchung und Beanspruchbarkeit wird bei Kegelrädern in gleicher Weise wie bei Stirnrädern gemäß Abschnitt 18.4 durchgeführt. Im Hinblick auf die Besonderheiten bei Kegelrädern wurden jedoch eigenständige nationale und internationale Normen und Berechnungsvorschriften zum Tragfähigkeitsnachweis von Kegelrad- und Hypoidverzahnungen gemäß Tabelle 20.23 erstellt. Davon abgeleitet beinhalten auch spezielle Bauvorschriften und Richtlinien für den Schiffbau Tragfähigkeitsnachweise gegen Zahnbruch und Grübchen für nicht achsversetzte Kegelräder [20.49], [20.57]. Der Nachweis der Verschleißtragfähigkeit ist ebenfalls nicht genormt, weshalb hier auf Abschnitt 18.4.8 bzw. die weiterführende Fachliteratur verwiesen wird [20.89]. Zur Bestimmung der Graufleckentragfähigkeit gelten sinngemäß die Zusammenhänge bei Stirnrädern nach Abschnitt 18.4.7.

Zur Berechnung der Tragfähigkeit gegen Zahnbruch und Grübchen von Kegel- und Hypoidrädern wird im Folgenden das noch nicht genormte Verfahren nach FVA 411 „Hypoidtragfähigkeit“ verwendet, welches jedoch im Falle der nicht achsversetzten Kegelräder mit DIN 3991 und ISO 10300 übereinstimmt und für Hypoidverzahnungen entsprechend erweitert wurde. Da es zur Berechnung der Fresstragfähigkeit derzeit keine international verbindliche Norm gibt, wird hier zur Anwendung der ISO-Technical-Report ISO/TR 13989 vorgeschlagen [20.74]. Zur Behandlung der Tragfähigkeit gegen Flankenbruch wird auf spezielle Fachliteratur verwiesen [20.1], [20.60]. Ergänzend zu den genormten Berechnungsverfahren in den Abschnitten 20.4.4 bis 20.4.7 wird ähnlich wie bei Stirnrädern auch auf die mittlerweile verfügbaren höherwertigen Berechnungsverfahren zur Beanspruchungsanalyse und Lastverteilung in Abschnitt 20.4.3 eingegangen. Die zur Bestimmung der Beanspruchbarkeit notwendigen Festigkeitskennwerte der eingesetzten Werkstoffe finden sich in Abschnitt 18.4.10.

	Kegelräder ($a = 0$)	Hypoidräder ($a \neq 0$)	Zahnbruch	Grübchen	Fressen
DIN 3991 [20.41]	•		•	•	•
ISO 10300 [20.68]	•		•	•	
FVA 411 [20.61]	•	•	•	•	
ISO/TR 13989 [20.74]	•	•			•
AGMA 2003 [20.2]	•		•	•	

Tabelle 20.23: Normen und Berechnungsvorschriften zur Berechnung der Tragfähigkeit von Kegelrad- und Hypoidverzahnungen

20.4.1 Schadensbilder

Im Grundsatz sind die Schadensbilder bei Kegelradverzahnungen vergleichbar mit denen der Stirnradverzahnung nach Abschnitt 18.4.1. Bei niedrigen Umfangsgeschwindigkeiten überwiegen aufgrund der niedrigen Schmierfilmdicken die Oberflächenschäden Verschleiß und Graufleckigkeit, bei mittleren bis hohen Umfangsgeschwindigkeiten wird die erreichbare Lebensdauer üblicherweise durch die Grübchentragfähigkeit begrenzt (s.a. Abbildung 18.135).

In Erweiterung der bei Stirnrädern bekannten Schadensbilder kann es bei Hypoidverzahnungen mit einem hohen Gleitanteil in Zahnlängsrichtung bei nicht ausreichender Trennung der beiden Flanken durch einen Schmierfilm zu einem kontinuierlichen Materialabtrag mit Riefenbildung in Richtung der Gleitgeschwindigkeit kommen, der nicht durch Fresser begleitet wird. Dieses Schadensbild gemäß Abbildung 20.37 wird auch Ridging genannt und ist gekennzeichnet durch eine zerfurchte Oberfläche, wobei die Flankenformänderung bis in die Tiefe der Einsatzhärtungsschicht reichen kann [20.55]. Hierdurch kann es zu einer verstärkten akustischen Anregung in der Verzahnung und zu weiteren Schäden kommen. Zur Vermeidung von Ridging gelten die gleichen Empfehlungen wie zur Vermeidung von Fressen und Verschleiß (s.a. Abschnitt 18.4.1.).

Ein weiterer Oberflächenschaden mit Materialabtrag ist die Riffelbildung nach Abbildung 20.37, die auch als Rippling bezeichnet wird. Bedingt durch nicht ausreichende Schmierfilmdicken können senkrecht zur Gleitgeschwindigkeit verlaufende wellenartige Riefen auf den Flanken entstehen. Ursächlich hierfür sind reibungserregte Schwingungen bei Stick-Slip-Effekten (Reibungszahlabfall mit steigender Gleitgeschwindigkeit), die insbesondere bei der Verwendung von EP-legierten Schmierstoffen auftreten können, wobei die Belastungsgrenze vom verwendeten Schmierstoff abhängt [20.76]. Da der Materialabtrag an der Oberfläche nur bis zu einigen Mikrometern beträgt, wird die Riffelbildung zwar noch nicht direkt als Schaden bezeichnet, jedoch geht ein Ripplingschaden nach längerer Laufzeit häufig in Ridging über [20.55].

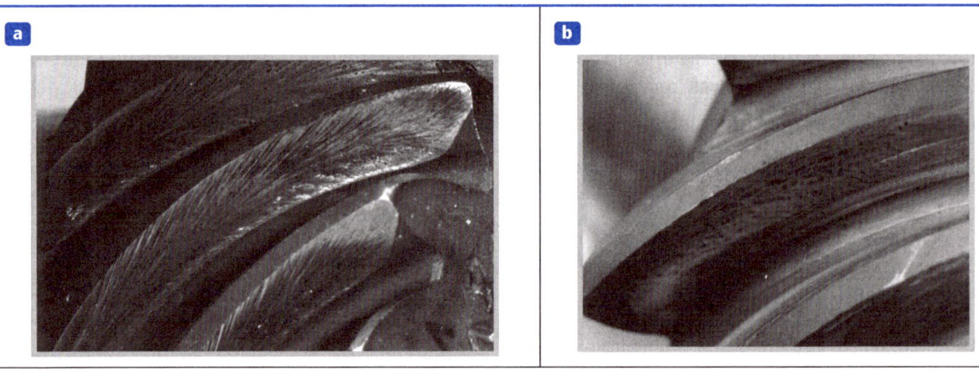

Abbildung 20.37: Schadensbilder an Kegelrad- und Hypoidverzahnungen – a) Ridging und b) Rippling [20.76]

20.4.2 Kräfte, Momente, Lastkollektive und Lastverteilungsfaktoren

Die grundlegenden Überlegungen zum Belastungsverlauf am Zahn eines Kegel- oder Hypoidrades während einer Radumdrehung entsprechen denen bei einer Stirnradverzahnung nach Abschnitt 18.4.2. Betrachtet man die sich aus der Verzahnungsgeometrie und dem Drehmoment ergebenden Zahnkräfte an einer Kegelrad- oder Hypoidverzahnung, so sind entsprechend Abbildung 20.38 tangentiale, axiale und radiale Anteile zu berücksichtigen.

Für die Tangentialkräfte F_{mt1} am Ritzel und F_{mt2} am Tellerrad gelten abhängig von den Drehmomenten $M_{mt1,2}$, den mittleren Teilkegeldurchmessern $d_{m1,2}$ und den mittleren Spiralwinkeln $\beta_{m1,2}$ die Zusammenhänge nach Tabelle 20.24.

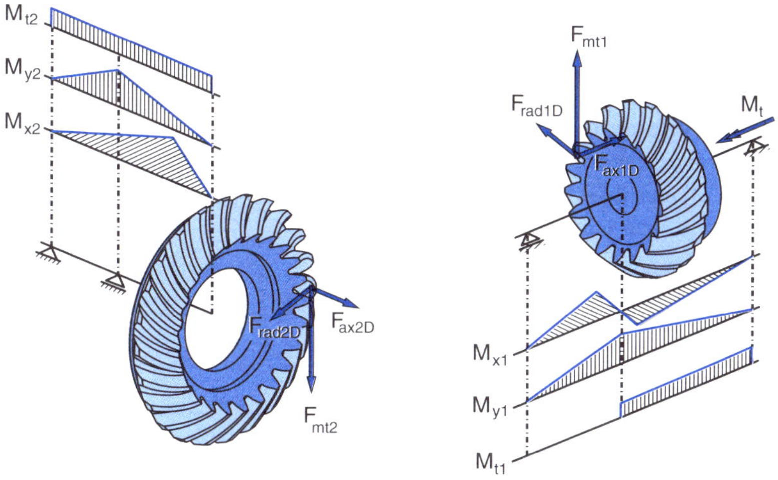

Abbildung 20.38: Kräfte und Momente an einer Kegelrad- oder Hypoidradpaarung

Tangentialzahnkraft am Ritzel	$$F_{mt1} = \frac{2 \cdot M_{t1}}{d_{m1}} = \frac{F_{mt2} \cdot \cos\beta_{m1}}{\cos\beta_{m2}}$$	(20.173)
Tangentialzahnkraft am Tellerrad	$$F_{mt2} = \frac{2 \cdot M_{t2}}{d_{m2}}$$	(20.174)

Tabelle 20.24: Tangentialzahnkräfte an Ritzel und Tellerrad

Im Gegensatz zu den Tangentialzahnkräften hängen die Axial- und Radialkräfte gemäß Tabelle 20.25 und Tabelle 20.26 von der Zahngeometrie der belasteten Flanke ab, d.h. es ist zu unterscheiden, ob die Belastung über die Zugflanke (Drive Flank) oder die Schubflanke (Coast Flank) übertragen wird.

Zusätzlich ist bei schräg- oder bogenverzahnten Kegel- und Hypoidrädern die Richtung der Axial- und Radialkräfte von der Dreh- und Steigungsrichtung abhängig. Demzufolge sind positive Axialzahnkräfte und Radialzahnkräfte definitionsgemäß Zahnkräfte, die das Kegelrad vom Achskreuzungspunkt weg und damit aus dem Zahneingriff drängen. Entsprechend ziehen negative Axialzahnkräfte und Radialzahnkräfte das Kegelrad in Richtung des Achskreuzungspunktes und damit in den Zahneingriff hinein.

Mithilfe der Gleichungen in Tabelle 20.24, Tabelle 20.25 und Tabelle 20.26 lassen sich sämtliche Reaktionskräfte aus den Zahnkräften und den zusätzlich einwirkenden äußeren Kräften für eine Kegelrad- oder Hypoidstufe berechnen. Dabei enthält die Radialkraft auf die Lager Anteile aus der Tangentialkraft, der Axialzahnkraft und der Radialzahnkraft sowie der zusätzlich von außen einwirkenden Kraftanteile. Die Axialkraft auf die Lager setzt sich aus der Axialzahnkraft zuzüglich der von außen einwirkenden Kraftanteile zusammen.

Ausgehend von diesen Nenngrößen der Belastung werden in gleicher Weise wie bei Stirnrädern äußere dynamische Zusatzkräfte durch den Anwendungsfaktor K_A und innere dynamische Zusatzkräfte durch den Dynamikfaktor K_v gemäß der Abschnitte 18.4.2.2 und 18.4.2.3

berücksichtigt. Die möglichst genaue Bestimmung dieser wichtigen Größen ist nur durch Messungen an ausgeführten Anlagen oder umfassende Systemanalysen mittels Mehrkörper-Simulationsmodellen von Getrieben und ganzen Antriebssträngen möglich.

Wegen des hierfür erforderlichen hohen Aufwandes werden in der Praxis meist die Näherungswerte für den Anwendungsfaktor K_A gemäß Tabelle 18.49 und zur näherungsweisen Bestimmung des Dynamikfaktors K_v die Näherungsgleichungen aus Abschnitt 18.4.2.3 mit folgenden Abweichungen verwendet:

$$K_v = K_v^* - \frac{K_v^* - 1}{0{,}1} \cdot a_{rel} \geq 1 \quad \text{mit} \quad a_{rel} = \frac{2 \cdot |a|}{d_{m2}} \tag{20.175}$$

Zugflanke (Drive Flank) als belastete Flanke		
Axialzahnkraft am Ritzel	$F_{ax1,D} = F_{mt1} \cdot \left(\tan\alpha_{nD} \cdot \frac{\sin\delta_1}{\cos\beta_{m1}} + \tan\beta_{m1} \cdot \cos\delta_1 \right)$	(20.176)
Axialzahnkraft am Tellerrad	$F_{ax2,D} = F_{mt2} \cdot \left(\tan\alpha_{nD} \cdot \frac{\sin\delta_2}{\cos\beta_{m2}} - \tan\beta_{m2} \cdot \cos\delta_2 \right)$	(20.177)
Schubflanke (Coast Flank) als belastete Flanke		
Axialzahnkraft am Ritzel	$F_{ax1,C} = F_{mt1} \cdot \left(\tan\alpha_{nC} \cdot \frac{\sin\delta_1}{\cos\beta_{m1}} - \tan\beta_{m1} \cdot \cos\delta_1 \right)$	(20.178)
Axialzahnkraft am Tellerrad	$F_{ax2,C} = F_{mt2} \cdot \left(\tan\alpha_{nC} \cdot \frac{\sin\delta_2}{\cos\beta_{m2}} + \tan\beta_{m2} \cdot \cos\delta_2 \right)$	(20.179)

Tabelle 20.25: Axialzahnkräfte an Ritzel und Tellerrad

Zugflanke (Drive Flank) als belastete Flanke		
Radialzahnkraft am Ritzel	$F_{rad1,D} = F_{mt1} \cdot \left(\tan\alpha_{nD} \cdot \frac{\cos\delta_1}{\cos\beta_{m1}} - \tan\beta_{m1} \cdot \sin\delta_1 \right)$	(20.180)
Radialzahnkraft am Tellerrad	$F_{rad2,D} = F_{mt2} \cdot \left(\tan\alpha_{nD} \cdot \frac{\cos\delta_2}{\cos\beta_{m2}} + \tan\beta_{m2} \cdot \sin\delta_2 \right)$	(20.181)
Schubflanke (Coast Flank) als belastete Flanke		
Radialzahnkraft am Ritzel	$F_{rad1,C} = F_{mt1} \cdot \left(\tan\alpha_{nC} \cdot \frac{\cos\delta_1}{\cos\beta_{m1}} + \tan\beta_{m1} \cdot \sin\delta_1 \right)$	(20.182)
Radialzahnkraft am Tellerrad	$F_{rad2,C} = F_{mt2} \cdot \left(\tan\alpha_{nC} \cdot \frac{\cos\delta_2}{\cos\beta_{m2}} - \tan\beta_{m2} \cdot \sin\delta_2 \right)$	(20.183)

Tabelle 20.26: Radialzahnkräfte an Ritzel und Tellerrad

Hierin bezeichnet a den Achsversatz bei Hypoidradsätzen, bezogen auf den mittleren Teilkegeldurchmesser des Tellerrades d_{m2}. Bei Kegelradsätzen ohne Achsversatz wird dieser Term zu Null, sodass $K_v = K_v^*$ wird. Abhängig von den durch die Bezugsdrehzahl N gegebenen Resonanzbereichen nach Gleichung (18.282) lässt sich der Dynamikfaktor mithilfe der Zusammenhänge in der folgenden Tabelle 20.27 berechnen, wobei die Koeffizienten c_{vi} aus Tabelle 18.57 zu entnehmen sind.

Unterkritischer Bereich $N \leq 0{,}75$	$K_v^* = N \cdot K + 1$ mit $K = \dfrac{b_V \cdot f_{p,eff} \cdot c'}{F_{mtv} \cdot K_A} \cdot c_{v1,2} + c_{v3}$	(20.184)
Hauptresonanzbereich $0{,}75 < N \leq 1{,}5$	$K_v^* = \dfrac{b_V \cdot f_{p,eff} \cdot c'}{F_{mtv} \cdot K_A} \cdot c_{v1,2} + c_{v4} + 1$ mit $c_{v1,2} = c_{v1} + c_{v2}$	(20.185)
Überkritischer Bereich $N \geq 1{,}5$	$K_v^* = \dfrac{b_V \cdot f_{p,eff} \cdot c'}{F_{mtv} \cdot K_A} \cdot c_{v5,6} + c_{v7}$ mit $c_{v5,5} = c_{v5} + c_{v6}$	(20.186)

Für die wirksame Eingriffsteilungsabweichung $f_{p,eff}$ gilt bei einsatzgehärteten und nitrierten Zahnrädern:

$$f_{p,eff} = f_{pt} - y_\alpha \quad \text{mit} \quad y_\alpha = 0{,}075 \cdot f_{pt} \leq 3\ \mu\text{m} \tag{20.187}$$

Die Eingriffsfedersteifigkeit c_γ berechnet sich zu:

$$c_\gamma = c_{\gamma 0} \cdot C_F \cdot C_b \ \text{mit}\ C_F = \frac{\dfrac{F_{mtv} \cdot K_A}{b_{veff}}}{100\,\dfrac{\text{N}}{\text{mm}}} \leq 1 \ \text{und}\ C_b = \frac{b_{veff}}{0{,}85 \cdot b_v} \leq 1 \ \text{und}\ c_{\gamma 0F} = \frac{20\ \text{N}}{\text{mm} \cdot \mu\text{m}} \tag{20.188}$$

Zur Berechnung des reduzierten Massenträgheitsmomentes m_{ers} nach Gleichung (18.280) gilt:

$$m_{ers} = \frac{m_{1T} \cdot m_{2T}}{m_{1T} + m_{2T}} \quad \text{mit} \quad m_{1,2T} = \frac{1}{8} \cdot \rho_{Wst} \cdot \pi \cdot \frac{d_{m1,2}^2}{\cos^2 \alpha_n} \tag{20.189}$$

Tabelle 20.27: Drehzahlbereiche zur Berechnung des Dynamikfaktors K_v für Kegel- und Hypoidradsätze abhängig von der Bezugsdrehzahl N nach Gleichung (18.282)

Die Bewertung des Einflusses der ungleichmäßigen Lastverteilung über den balligen Kegelradflanken auf die Zahnfußbeanspruchung erfolgt durch den Breitenlastverteilungsfaktor für die Zahnfußbeanspruchung $K_{F\beta}$ unter Nutzung des Lastverteilungsfaktors $K_{H\beta}$ für die Zahnflanke nach Tabelle 20.28:

$$K_{F\beta} = \frac{K_{H\beta}}{K_{F0}} \tag{20.190}$$

Vergleichbar zur Stirnradverzahnung hängt die Aufteilung der Gesamtumfangskraft auf mehrere im Eingriff befindliche Zahnpaare von der Verzahnungsgenauigkeit und der Umfangskraft ab, was über den Lastverteilungsfaktor $K_{F\alpha}$ für den Zahnfuß und $K_{H\alpha}$ für die Zahnflanke berücksichtigt wird. Bestimmende Größen sind dabei die Gesamtüberdeckung ε_γ, die Zahnsteifigkeit c_γ, die Teilungsabweichung f_{pt} und die Gesamtumfangskraft F_{mtH} nach Tabelle 20.29:

$$K_{F\alpha} = K_{H\alpha} = K_{H\alpha}^{*} - \frac{K_{H\alpha}^{*} - 1}{0{,}1} \cdot a_{rel} \geq 1 \quad \text{mit} \quad a_{rel} = \frac{2 \cdot |a|}{d_{m2}} \tag{20.191}$$

Lastverteilungsfaktor Zahnflanke			
$K_{H\beta} = 1{,}5 \cdot K_{H\beta-be}$ für $b_{veff} \geq 0{,}85$ (20.192)	$K_{H\beta} = 1{,}5 \cdot K_{H\beta-be} \cdot \frac{0{,}85 \cdot b}{b_{veff}}$ für $b_{veff} < 0{,}85$ (20.193)		
Breitenkrümmungsfaktor			
für geradverzahnte und Zerolkegelräder	für Spiralkegelräder		
$K_{F0} = 1{,}0$ (20.194)	$K_{F0} = 0{,}211 \cdot \left(\frac{r_{c0}}{R_m}\right)^q + 0{,}789$ mit $q = \frac{0{,}279}{\log_{10} \beta_v}$ (20.195)		
Nachprüfung des Tragbildes für	Lagerungsbedingungen von Ritzel und Rad		
	Beide beidseitig	Eines beidseitig, eines fliegend	Beide fliegend
– jedes Radpaar in seinem Gehäuse unter Volllast	$K_{H\beta\text{-}be} = 1{,}00$	$K_{H\beta\text{-}be} = 1{,}00$	$K_{H\beta\text{-}be} = 1{,}00$
– jedes Radpaar unter leichter Prüflast	$K_{H\beta\text{-}be} = 1{,}05$	$K_{H\beta\text{-}be} = 1{,}10$	$K_{H\beta\text{-}be} = 1{,}25$
– ein Proberadpaar, für Volllast bewertet	$K_{H\beta\text{-}be} = 1{,}20$	$K_{H\beta\text{-}be} = 1{,}42$	$K_{H\beta\text{-}be} = 1{,}50$

Tabelle 20.28: Lastverteilungsfaktor $K_{H\beta}$ für die Zahnflanke und Breitenkrümmungsfaktor K_{F0}

für $\varepsilon_\gamma \leq 2$	für $\varepsilon_\gamma > 2$
$K_{H\alpha}^{*} = \frac{\varepsilon_{v\gamma}}{2} \cdot \left(0{,}9 + 0{,}4 \cdot \frac{c_\gamma \cdot \left(f_{pt} - y_a\right)}{\frac{F_{mtH}}{b_v}}\right)$ (20.196)	$K_{H\alpha}^{*} = 0{,}9 + 0{,}4 \cdot \sqrt{\frac{2 \cdot \left(\varepsilon_{v\gamma} - 1\right)}{\varepsilon_{v\gamma}}} \cdot \left(\frac{c_\gamma \cdot \left(f_{pt} - y_a\right)}{\frac{F_{mtH}}{b_v}}\right)$ (20.197)
mit $F_{mtH} = F_{mtv} \cdot K_A \cdot K_v \cdot K_{H\beta}$ (20.198)	
Zusätzlich sind folgende Grenzbedingungen einzuhalten:	$1 < K_{H\alpha}^{*} < \frac{\varepsilon_{v\gamma}}{\varepsilon_{v\alpha} \cdot Z_{LS}^2}$ und $1 < K_{H\alpha}^{*} < \frac{\varepsilon_{v\gamma}}{\varepsilon_{v\alpha} \cdot Y_\varepsilon}$ (20.199)

Tabelle 20.29: Näherungswerte für die Lastverteilungsfaktoren $K_{F\alpha}$ für den Zahnfuß und $K_{H\alpha}$ für die Zahnflanke

20.4.3 Genauere Beanspruchungsanalyse und Lastverteilung

Vergleichbar zu den Stirnrädern gehen auch die Berechnungsmodelle für Kegel-und Hypoidräder vereinfachend von einem punktförmigen Kraftangriff an der Zahnflanke aus, was jedoch aufgrund der tatsächlichen Ausdehnung eines Zahnes in Höhen- und Breitenrichtung eine idealisierte Vereinfachung darstellt (s.a. Abschnitt 18.4.3). Demzufolge sind alle bisher genormten Verfahren zur Berechnung von Stirn- und Kegelrädern zwar geeignet, bei Vorgabe bestimmter Verzahnungsgrundgrößen eine erste Aussage zur Tragfähigkeit der Verzahnungspaarung zu erhalten, die tatsächlich vorhandenen komplexen Zusammenhänge zwischen Belastung, Verformung und Beanspruchung bei beliebig gekrümmten Flächen lassen sich damit jedoch nur näherungsweise beschreiben.

Daher ist für eine detaillierte Tragfähigkeitsaussage zu einem Getriebe einschließlich einer Tragbildentwicklung eine komplexe Beanspruchungsanalyse notwendig, die heutzutage sowohl für Stirnräder als auch für Kegel- und Hypoidräder rechnergestützt vorgenommen werden kann. Während sich für Stirnräder das Programmsystem „LVR – Lastverteilungsrechnung“ bewährt hat (s.a. Abschnitt 18.4.3), gibt es mit dem ebenfalls am Institut für Maschinenelemente und Maschinenkonstruktion der TU Dresden entwickelten Programmsystem BECAL (Bevel Gear Calculation) ein vergleichbares rechnergestütztes Verfahren zur komplexen Analyse schräg- und bogenverzahnter sowie achsversetzter Kegelradpaarungen (Hypoidgetriebe) [20.12], [20.14], [20.95], [20.98]. Damit steht neben den bereits bekannten experimentellen Verfahren zur Tragbildprüfung mittels Tragbildlack und Tuschierpaste sowie der nur im Stillstand möglichen Messung der Last- bzw. Pressungsverteilung auf der Flanke mit Feinpapier ein leistungsfähiges theoretisches Verfahren zur Verfügung, dessen theoretische Grundlagen nachfolgend kurz beschrieben werden sollen [20.82], [20.97].

WWW.PEARSON-STUDIUM.DE CWS COMPANION WEBSITE Programm

Wie schon in Abschnitt 18.4.3 für das Programmsystem „LVR – Lastverteilungsrechnung“ ausführlich erläutert, nutzt auch das Programmsystem „BECAL – Bevel Gear Calculation“ einen Berechnungsansatz auf der Grundlage von Einflusszahlen, der die einfache und übersichtliche Einbeziehung aller elastischen Verformungen im Getriebe und eine ebenso einfache Behandlung beliebiger Kontaktlinienabweichungen einschließlich Flankenkorrekturen erlaubt. Hierzu wird in einem ersten Schritt zur Berechnung der Lastverteilung das Kontaktproblem der sich berührenden Zahnflanken gelöst und in einem zweiten Schritt werden die sich infolge dieser Belastungsverteilung ergebenden Beanspruchungen ermittelt. Die genaue Lastverteilung ist demzufolge mithilfe der Verformungen berechenbar, wobei eine explizite, exakte Lösung nicht möglich ist. Das Ersatz-Modell einer Kegelradpaarung unter Verwendung von Federn ist in Abbildung 20.39 wiedergegeben.

Grundsätzlich beruht das Verfahren der Einflusszahlen darauf, dass sich die Verformungen und Verschiebungen des Einzelzahnes bzw. des Zahnpaares aus den Einflüssen nacheinander entlang der Kontaktlinie aufgebrachter Einzellasten zusammensetzen [20.7], [20.8], [20.12], [20.14], [20.103]. Dabei werden die Kontaktlinien in Abschnitte konstanter Größe zerlegt und mit Einheitskräften belegt (s.a. Abschnitt 18.4.3.3). Das sich dann ergebende Gleichungssystem ist vergleichbar mit Gleichung (18.346), enthält jedoch als letzte Gleichung anstelle des Kräftegleichgewichtes das Momentengleichgewicht:

$$\begin{array}{lllllllll} a_{11}\cdot F_n(1) & + & \ldots & + & a_{1j}\cdot F_n(j) & + & \ldots & + & a_{1n}\cdot F_n(n) & =f_{z1} \\ \vdots & & & & & & & & & \vdots \\ a_{i1}\cdot F_n(1) & + & \ldots & + & a_{ij}\cdot F_n(j) & + & \ldots & + & a_{in}\cdot F_n(n) & =f_{zi} \\ \vdots & & & & & & & & & \vdots \\ a_{n1}\cdot F_n(1) & + & \ldots & + & a_{nj}\cdot F_n(j) & + & \ldots & + & a_{nn}\cdot F_n(n) & =f_{zn} \\ F_n(1)\cdot r_{wI1} & + & \ldots & + & F_n(j)\cdot r_{wIj} & + & \ldots & + & F_n(n)\cdot r_{wIn} & =M_{tI} \end{array} \quad (20.200)$$

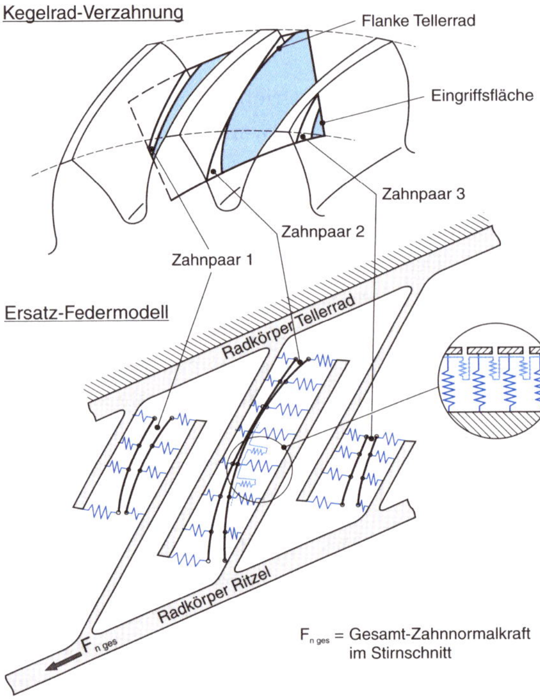

Bei einer tatsächlich ausgeführten Verzahnung in einem Getriebe wird die Lastverteilung durch die Kontaktabstände der beiden Zahnflanken, die elastischen Verformungen der Verzahnungen sowie der angrenzenden Bauteile (Welle, Radkörper, Lager, Gehäuse) und das Lagerspiel beeinflusst. Aufgrund der schräg über den Zahn verlaufenden Kontaktlinie sind gleichzeitig dem Zahnkopf und dem Zahnfuß näher liegende Bereiche, d.h. Zahnabschnitte unterschiedlicher Steifigkeit, im Eingriff, sodass selbst bei einer konjugierten Verzahnung eine ungleichmäßige Lastverteilung entlang der Kontaktlinie auftritt. So bleiben bei Eingriffsbeginn oder Eingriffsende bzw. bei Verzahnungen mit großer Sprungüberdeckung bestimmte Zahnabschnitte vorübergehend unbelastet, woraus in unmittelbarer Nähe der belasteten Zahnabschnitte eine deutlich versteifende Wirkung entsteht.

Aufgrund mehrerer im Eingriff befindlicher Zahnpaare einer Radpaarung sind diese im Sinne parallel geschalteter Federn an der Kraftübertragung beteiligt. Somit übernimmt jedes einzelne Zahnpaar entsprechend seiner Federsteifigkeit einen bestimmten Teil der zu übertragenden Gesamtkraft.

Abbildung 20.39: Ersatz-Modell einer Kegelradpaarung mit Federn [20.76],[20.88]

Bei einer Zahnpaarung setzt sich die Verformung f_{zij} aus den Einzelverformungen f_{zijI} für den Ritzelzahn und f_{zijII} für den Tellerradzahn zusammen:

$$f_{zij} = f_{zijI} + f_{zijII} \quad (20.201)$$

Dementsprechend erhält man für die Einzelpaarung ein Gleichungssystem, das dem System für den Einzelzahn äquivalent ist. Unter Einbeziehung der Bedingungen aus Gleichung (18.344) nimmt eine Zeile des linearen Gleichungssystems für den Abschnitt i einer Kontaktlinie mit n Abschnitten die folgende Form an:

$$\sum_{j=1}^{n}\left(e_{ij}\cdot F_n(j)\right)+f_{ki}-g_i=\varphi_z\cdot r_{wIi} \quad \text{mit} \quad e_{ij}=e_{ijI}+e_{ijII} \quad (20.202)$$

Hierin bezeichnet e_{ij} die Summe der Verformungseinflusszahlen e_{ijI} des Ritzelzahnes und e_{ijII} des Tellerradzahnes. Gleichzeitig muss die Summe aller Teilmomente am Ritzel $M_t(j) = F_n(j) \cdot r_{wIj}$ einer Kontaktlinie (p-tes Zahnpaar) gleich dem Gesamtmoment $M_{tI}(p)$ sein:

$$\sum_{j=1}^{n} F_n(j) \cdot r_{wIj} = M_{tI}(p) \tag{20.203}$$

Üblicherweise sind mehrere Zahnpaare gleichzeitig an der Kraftübertragung beteiligt (Gesamtüberdeckung $\varepsilon_\chi > 1$), sodass die Gleichungssysteme (20.200) und (20.202) entsprechend erweitert werden müssen. Für jedes sich im Eingriff befindliche Zahnpaar p mit n_p Einzellasten gilt dann für jede Stelle i der folgende Zusammenhang:

$$\sum_{j=1}^{n_p} e(p)_{ij} \cdot F_n(p,j) + f_k(p)_i - g(p)_i = \varphi_z \cdot r_{wI}(p)_i \tag{20.204}$$

Hierin bedeuten $e(p)_{ij}$ die Einflusszahl (p-tes Zahnpaar, Stelle i, Belastung bei j), $F_n(p,j)$ die Last (p-tes Zahnpaar, Last bei j), $f_k(p)_i$ die Kontaktlinienabweichung (p-tes Zahnpaar, Stelle i) und $g(p)_i$ das Restklaffen (p-tes Zahnpaar, Stelle i) sowie φ_z der Gesamtverdrehwinkel, bezogen auf das Ritzel und $r_{wI}(p)_i$ der wirksame Radius am Ritzel (p-tes Zahnpaar, Stelle i).

Da sämtliche Teilmomente des Ritzels $M_t(p,j) = F_n(p,j) \cdot r_{wI}(p)_j$ gleich dem Gesamtmoment M_{tI} sind, muss ferner mit z_k als der Anzahl der im Eingriff befindlichen Zahnpaare gelten:

$$\sum_{p=1}^{z_k} \sum_{j=1}^{n_p} F_n(p,j) \cdot r_{wI}(p)_j = M_{tI} \tag{20.205}$$

Die weitere Vorgehensweise zur Diskretisierung, iterativen Lösung des Kontaktproblems, Bestimmung der Einflusszahlen und Abklingfunktionen und zum Einfluss der Hertz'schen Pressung ist ausführlich in Abschnitt 18.4.3.3 beschrieben, wobei für Kegelrad- und Hypoidverzahnungen die Zahnprofile gemäß Abbildung 20.40 durch ihre Krümmungsradien angenähert und durch zwei zylindrische Walzen ersetzt werden. Dabei sind infolge der Geometrie der Kegelradverzahnung die Krümmungsradien für jeden Punkt einer Traglinie unterschiedlich.

Im Weiteren ist nun noch das sogenannte Verzahnungsumfeld in die Beanspruchungsanalyse einzubeziehen. Hierzu gehören die Radkörper, Wellen, Lager und Gehäuse, die zum einen wegen fertigungsbedingter Maßabweichungen Lageabweichungen bedingen können und zum anderen Verformungen aufgrund der Getriebebelastung unterliegen, die sich verständlicherweise auch auf die Lastverteilung auswirken.

Dabei werden die Verschiebungen und Neigungen der Teilkegel aufgrund der Verformungen der Wellen, Lager, Radkörper und des Gehäuses, des Lagerspiels, der fertigungsbedingten Lageabweichungen der Lagerbohrungen im Gehäuse und möglicher Einbauabweichungen der Verzahnung berücksichtigt.

Die lastabhängigen Verformungen entstehen durch Drehmomente, Zahnkräfte der Kegelradstufe und Zusatzbelastungen auf den Wellen, die z.B. aus Kräften einer Stirnradstufe sowie Querkräften und Biegemomenten an den Wellenenden entstehen können.

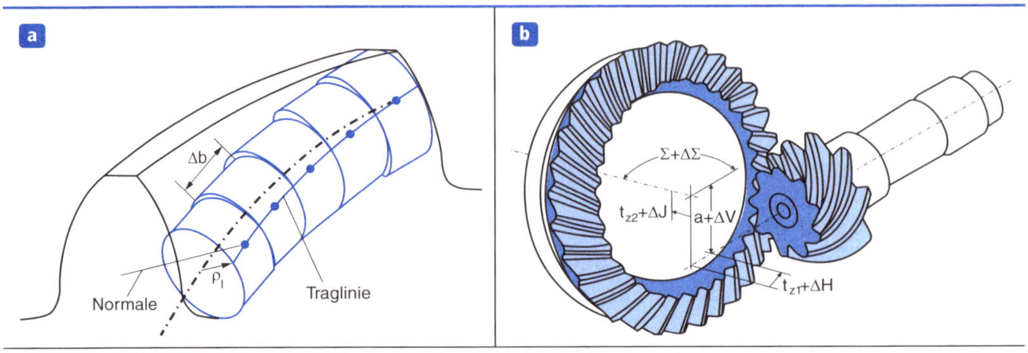

Abbildung 20.40: Modell zur Berechnung der Flankenverformung und -pressung am Kegelradzahn (a) und Definition der Achsverlagerung (b) [20.76]

Entsprechend Abbildung 20.40 b) lässt sich die Relativlage zwischen Ritzel und Tellerrad durch die folgenden möglichen Achsverlagerungen und deren Abweichungen beschreiben, wobei der nichtlineare Zusammenhang zwischen Belastung und Verformung durch eine abschnittsweise Linearisierung oder durch eine iterative Berechnung erfolgen kann:

- Achsenwinkel Σ und Achsenwinkelabweichung f_{Σ}
- Achsversatz a und Achsversatzabweichung ΔV
- Abstand Ritzelkegelspitze t_{z1} und Ritzelverlagerung ΔH
- Abstand Radkegelspitze t_{z2} und Radverlagerung ΔJ

Ausgehend von einer derartigen umfassenden Verformungsanalyse lässt sich anschließend rechnergestützt die zugehörige Lastverteilung bestimmen, die dann wiederum zum Nachweis der Tragfähigkeit der Verzahnung verwendet werden kann.

Wie schon bei der Stirnradverzahnung ermittelt man auch bei Kegelrad- und Hypoidverzahnungen durch den Vergleich von Beanspruchung und Beanspruchbarkeit grundsätzlich Sicherheiten gegenüber Schäden infolge Maximalbeanspruchung (bleibende Verformung, Anriss, Sprödbruch der Randschicht, Gewaltbruch), Werkstoffermüdung (Zahnbruch, Grübchen, Grauflecken) und Fressen.

Während jedoch die in den folgenden Abschnitten 20.4.4 bis 20.4.7 beschriebenen Verfahren zum Tragfähigkeitsnachweis aus Normen und Richtlinien auf empirischen und analytischen Zusammenhängen aufbauen, ist die zuvor beschriebene komplexe Beanspruchungsanalyse mit dem Programmsystem BECAL ein lokales Berechnungsverfahren, bei dem die Beanspruchungen für jeden Ort der Zahnflanke und des Zahnfußes ermittelt werden. Als Ergebnis erhält man gemäß Abbildung 20.41 genaue Aussagen zur Lastverteilung über der Zahnflanke und den sich daraus ergebenden Zahnflanken- und Zahnfußbeanspruchungen. Weiterhin werden Ergebnisse zur Reibung, zur Gleitgeschwindigkeit, zum Wirkungsgrad und zur Temperaturverteilung über der Zahnflanke im Hinblick auf die Tragfähigkeit gegen Fressen ausgewiesen. Eine örtliche Betrachtung der Graufleckenbeanspruchung ist wegen der Abhängigkeit der Tragfähigkeit von den Geschwindigkeitsverhältnissen und der örtlichen Flankenpressung ebenfalls möglich, jedoch liegen gegenwärtig noch keine mit Versuchsergebnissen abgeglichenen Untersuchungen zu einem lokalen Tragfähigkeitsnachweis vor.

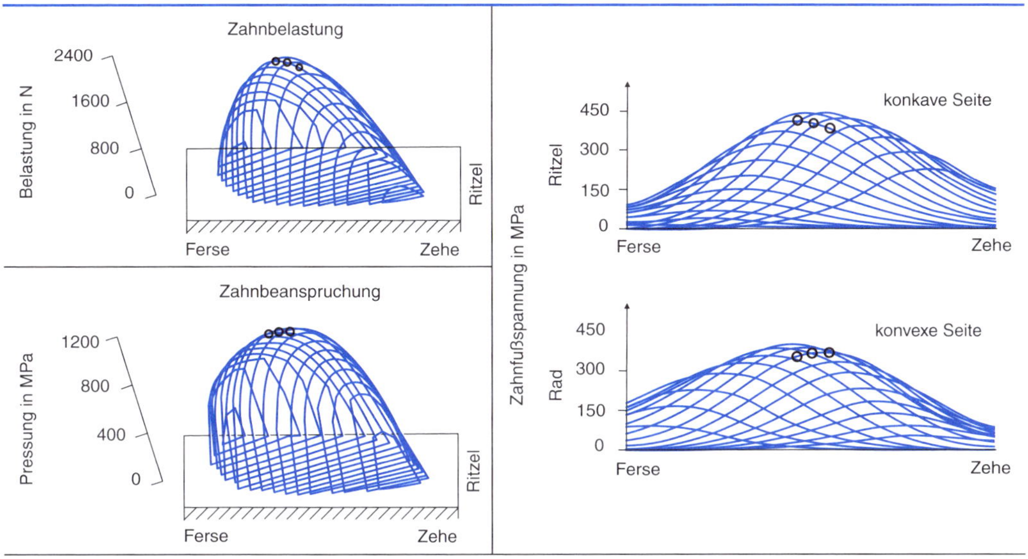

Abbildung 20.41: Lastverteilung, Zahnflankenbeanspruchung und Zahnfußbeanspruchung als Ergebnis einer genaueren Beanspruchungsanalyse mit dem Programmsystem BECAL [20.95]

Während für alle oben genannten Tragfähigkeitsnachweise bei konstanter äußerer Belastung der jeweilige Maximalwert der Beanspruchung maßgebend und mit einem Festigkeitswert als Kennwert der Beanspruchbarkeit zu vergleichen ist, lässt sich bei Verwendung eines Belastungskollektivs im Fall eines Ermüdungsvorganges für jeden Bereich eine Schädigung infolge der Laststufen des Kollektivs (unterschiedliche Größe und Lage des Tragbildes) angeben.

Weiterhin ist bei der Verwendung von Kennwerten der Beanspruchbarkeit aus den einschlägigen Normen zur Verzahnungsberechnung zu beachten, dass diese zwar experimentell ermittelt wurden, jedoch durch die Umrechnung des im Versuch ermittelten, ertragbaren Drehmomentes in eine ertragbare Beanspruchung direkt mit dem Berechnungsverfahren verbunden sind [20.31], [20.41], [20.68]. Wie den folgenden Abschnitten 20.4.4 bis 20.4.7 zu entnehmen ist, werden die Zahnflanke und der Zahnfußbereich global betrachtet und spezielle Einflüsse durch Einflussfaktoren berücksichtigt. Damit sind im Festigkeitswert selber zurzeit nicht quantifizierbare Einflüsse enthalten. Dieser Zusammenhang ist bei einer örtlichen Betrachtungsweise zu beachten und demzufolge bei Bedarf in einem lokalen Festigkeitswert zu berücksichtigen.

Demzufolge haben bei einer genaueren Beanspruchungsanalyse sowohl die Beanspruchung als auch die Beanspruchbarkeit lokalen Charakter, weshalb der Ort der maximalen Belastung nicht zwingend der Ort der kleinsten Sicherheit sein muss, was auch schon durch aktuelle, experimentell gestützte Untersuchungen zur Tragfähigkeitsberechnung von Hypoidgetrieben nachgewiesen werden konnte [20.61].

Neben der ausführlichen Beanspruchungsanalyse lassen sich aus dem zur Berechnung genutzten Gleichungssystem auch noch direkt Informationen zu Drehweg- bzw. Wälzabweichungen entnehmen, die aus den Zahnflankenmodifikationen und -abweichungen, den

Lageabweichungen aus dem Verzahnungsumfeld und den bei Belastung in jeder Eingriffsstellung unterschiedlichen Verformungen der Verzahnung entstehen.

Anhand der Drehweg- bzw. Wälzabweichungen wird sichtbar, um welchen Drehweg sich die Räder bei Belastung aufeinander zu bewegen, woraus sich Rückschlüsse auf das dynamische Verhalten des Radsatzes bzw. des gesamten Antriebsstranges ziehen lassen. Die als Bogen, Strecke (am Radius r_{wm}) oder Winkel angegebene Drehwegabweichung schwankt abhängig von den im Eingriff befindlichen Zahnabschnitten in jeder Eingriffsstellung.

Dabei entspricht die durch Verformungen hervorgerufene Drehwinkelabweichung im Normalschnitt dem auf das Ritzel bezogenen Gesamtverdrehwinkel φ_z, der direkt dem Lösungsvektor des Gleichungssystems (20.204) zur Lastverteilungsberechnung entnommen werden kann. Führt man die Berechnung für jede Eingriffsstellung i durch, ist nach Umrechnung in den Stirnschnitt die Drehwinkelabweichung über dem gesamten Zahneingriff bekannt.

Da nun in den Klaffmaßen f_{ki} der einzelnen Zahnabschnitte die lastfreie Wälzabweichung φ_{korr} nicht enthalten ist (ein Zahnpaar berührt sich vor Lastaufbringung in einem Flankenpunkt), lässt sich eine Gesamtwälzabweichung φ_{ges} aus der Summe der lastfreien Wälzabweichung φ_{korr} und der Drehwinkelabweichung $\varphi_z \cdot \cos\beta_m$ wie folgt bestimmen:

$$\varphi_{ges} = \varphi_{korr} + \varphi_z \cdot \cos\beta_m \qquad (20.206)$$

Weiterhin lässt sich im Hinblick auf die Anregung innerer dynamischer Zusatzkräfte und des Getriebegeräusches sowie zur Bestimmung der Eigenfrequenz der Radpaarung die Zahnsteifigkeit bestimmen. Diese ergibt sich theoretisch als das Verhältnis aus wirkender Kraft und sich einstellender Verformung für den Belastungszustand, in dem alle Punkte der Traglinien sich berühren, was annähernd unter Nennbelastung der Verzahnung erreicht wird. Dabei kann die in einer Eingriffsstellung φ_1 im Stirnschnitt wirkende Zahnsteifigkeit $c_{\gamma theo}(\varphi_1)$ aus der Summe der im Normalschnitt wirkenden Abschnittssteifigkeiten c_i berechnet werden:

$$c_{\gamma theo}(\varphi_1) = \cos\beta_m \cdot \sum_{i=1}^{n} c_i(\varphi_1) \quad \text{mit} \quad c_i(\varphi_1) = \frac{F_{ni}}{\varphi_z(\varphi_1) \cdot r_{wm} - f_{ki}} \qquad (20.207)$$

Hierin bezeichnen F_{ni} die am Abschnitt i wirkende Zahnkraft und f_{ki} das am Abschnitt i wirkende Klaffmaß. Bezieht man diesen Wert auf die Zahnbreite b und berücksichtigt in der Berechnung nicht erfasste Kontaktelastizitäten (Rauhigkeit, Schmierstoff) durch einen Korrekturfaktor C_M nach DIN 3990, erhält man die spezifische Eingriffssteifigkeit c'_γ in der Eingriffsstellung φ_1 [20.31]:

$$c'_\gamma(\varphi_1) = C_M \cdot \frac{c_{\gamma theo}(\varphi_1)}{b} \quad \text{mit} \quad C_M \approx 0{,}8 \qquad (20.208)$$

Entsprechend Abschnitt 18.5 werden als maßgebende Schallquelle innerhalb des schwingungsfähigen Systems Zahnrad-Welle-Lager-Gehäuse der Zahneingriff und die dabei auftretenden dynamischen Zahnkräfte angesehen. Hierdurch kommt es zu einer Parametererregung infolge der zeitlich veränderlichen Zahnsteifigkeit, einer Wegerregung durch fertigungsbedingte Verzahnungsabweichungen und gegebenenfalls entgegenwirkende Flankenmodifikationen sowie einem Eingriffsstoß bei belastungsbedingtem, vorzeitigen Zahneingriff (s.a. Abschnitt 18.4.2.1). Auch wenn der jeweilige Anteil dieser Anregungsmechanismen am Entstehen des Körperschalls unterschiedlich und belastungsabhängig ist, so wird die sich bei Belastung ergebende Wälzabweichung in ihrer Gesamtheit als innere Anregung eines Getriebes betrachtet.

Im Programmsystem BECAL wird zur Beurteilung der Schwingungsanregung der Körperschall-Schnelle-Pegel der Verzahnung nach DIN 1320 verwendet, der auf der Auslenkungsgeschwindigkeit v_0 (Schnelle, Schwinggeschwindigkeit) beruht und wie folgt definiert ist [20.23], [20.95]:

$$L_v = 20 \cdot \lg \frac{v_{eff}}{v_0} \cdot dB \quad \text{mit} \quad v_0 = 5 \cdot 10^{-8}\,\text{m/s} \tag{20.209}$$

Damit ist die Wälzabweichung für das den Zahneingriff beschreibende Schwingungsmodell die Auslenkung des Systems, aus der sich durch Differentiation die Auslenkungsgeschwindigkeit v bestimmen lässt. Beschreibt man nun den Verlauf der Wälzabweichung durch eine Fourier-Reihe, so kann der Effektivwert der Auslenkungsgeschwindigkeit v_{eff} aus den Koeffizienten a_k und b_k der nach der Zeit abgeleiteten Fourier-Reihe und der Zahneingriffsfrequenz $n \cdot z$ berechnet werden:

$$v_{eff} = \frac{1}{\sqrt{2}} \cdot v_{max} = \sqrt{2} \cdot \pi \cdot n \cdot z \cdot \sum_{k=1}^{g} \left(k \cdot \sqrt{a_k^2 + b_k^2} \right) \tag{20.210}$$

Ebenso kann aber auch als Maß für die Geräuschanregung der aus dem Schnellepegel abgeleitete Zahnkraftpegel L_{Fz} sowie der durch weitere Vereinfachungen gebildete Anregungspegel L_A verwendet werden [20.76].

20.4.4 Nachweis der Grübchentragfähigkeit

In gleicher Weise wie bei Stirnradverzahnungen nach Abschnitt 18.4.4 ist auch bei Kegelrad- und Hypoidverzahnungen die Ermüdung der Zahnflanke ein wesentliches Ausfallkriterium, weshalb gemäß Tabelle 20.23 mit den Normen DIN 3991, ISO 10300 und der darauf aufbauenden Berechnungsvorschrift FVA 411 „Hypoidtragfähigkeit“ entsprechende Verfahren zum Nachweis der Grübchentragfähigkeit zur Verfügung stehen [20.41], [20.61], [20.68].

Aufgrund der Aktualität wird im Folgenden zur Berechnung der Grübchentragfähigkeit der internationale Standard ISO 10300 verwendet, der in wesentlichen Teilen auf der deutlich älteren DIN 3991 beruht [20.41], [20.68].

Für eine Kegel- oder Hypoidradpaarung berechnet sich die tatsächlich wirkende Flankenpressung σ_H analog zur Stirnradverzahnung aus dem Grundwert der Flankenpressung σ_{H0} unter Einbeziehung der Faktoren K_A und K_v für die äußeren und die inneren dynamischen Zusatzkräfte gemäß der Abschnitte 18.4.2.2 und 18.4.2.3 sowie $K_{H\alpha}$ für die Stirnlastverteilung und $K_{H\beta}$ für die Breitenlastverteilung entsprechend den Abschnitten 18.4.3.2 und 20.4.2:

$$\sigma_H = \sigma_{H0} \cdot \sqrt{K_A \cdot K_v \cdot K_{H\alpha} \cdot K_{H\beta}} \tag{20.211}$$

Dabei berechnet sich der Grundwert der Flankenpressung σ_{H0} aus der Zahnnormalkraft F_n im Punkt P gemäß Abbildung 20.38, der mittleren Berührlinienlänge l_{bm} nach Gleichung (20.253) im folgenden Abschnitt 20.4.5 zur Zahnfußtragfähigkeit und dem maßgebenden Ersatz-Krümmungsradius ρ_{ers} nach Tabelle 20.17:

$$\sigma_H = Z_E \cdot Z_{LS} \cdot Z_{M-B} \cdot \sqrt{K_A \cdot K_v \cdot K_{H\alpha} \cdot K_{H\beta}} \cdot \sqrt{\frac{F_n}{l_{bm} \cdot \rho_{ers}}} \tag{20.212}$$

Weiterhin bezeichnen Z_E den Elastizitätsfaktor, Z_{LS} den Lastverteilungsfaktor zur Berücksichtigung der Anzahl im Eingriff befindlicher Zahnpaare und Z_{M-B} den Mittelzonenfaktor, die alle im Folgenden näher erläutert werden.

Während der Elastizitätsfaktor Z_E nach Abschnitt 18.4.4 ermittelt werden kann, ist der Mittelzonenfaktor Z_{M-B} abhängig von der Sprungüberdeckung $\varepsilon_{v\beta}$ zu bestimmen. Hierdurch wird die Lage des Lastangriffes bzw. des Berechnungspunktes wie folgt festgelegt:

- Berechnung am inneren Einzeleingriffspunkt B: $\varepsilon_{v\beta} = 0$
- Berechnung in der Mitte der Eingriffsstrecke M: $\varepsilon_{v\beta} \geq 1$
- Berechnung zwischen innerem Einzeleingriffspunkt B und Mitte der Eingriffsstrecke M (Interpolation: $0 < \varepsilon_{v\beta} < 1$

Damit lassen sich durch den Mittelzonenfaktor Z_{M-B} abhängig von der Sprungüberdeckung $\varepsilon_{v\beta}$ die sich gegenüber dem Wälzpunkt ändernden Krümmungsverhältnisse berücksichtigen, sodass unter Annahme eines evolventischen Zahnprofils für Null- und V-Null-Verzahnungen der folgende Zusammenhang gemäß Tabelle 20.30 gilt.

$$Z_{M-B} = \frac{\tan \alpha_{et}}{\sqrt{\left(\sqrt{\left(\frac{d_{va1}}{d_{vb1}}\right)^2 - 1} - A \cdot \frac{\pi}{z_{v1}}\right) \cdot \left(\sqrt{\left(\frac{d_{va2}}{d_{vb2}}\right)^2 - 1} - B \cdot \frac{\pi}{z_{v2}}\right)}} \tag{20.213}$$

	A	B
$\varepsilon_{v\beta} = 0$	2	$2 \cdot (\varepsilon_{v\alpha} - 1)$
$0 < \varepsilon_{v\beta} < 1$	$2 + (\varepsilon_{v\alpha} - 2) \cdot \varepsilon_{v\beta}$	$2 \cdot \varepsilon_{v\alpha} - 2 + (2 - \varepsilon_{v\alpha}) \cdot \varepsilon_{v\beta}$
$\varepsilon_{v\beta} \geq 1$	$\varepsilon_{v\alpha}$	$\varepsilon_{v\alpha}$

Tabelle 20.30: Mittelzonenfaktor Z_{M-B}

Zur Bewertung der Anzahl im Eingriff befindlicher Zahnpaare dient der Lastverteilungsfaktor Z_{LS}:

$$Z_{LS} = \sqrt{Y_{LS}} \tag{20.214}$$

Hierin bezeichnet Y_{LS} den Lastaufteilungsfaktor nach FVA 411, auf dessen Bestimmung im folgenden Abschnitt 20.4.5 zur Zahnfußtragfähigkeit näher eingegangen wird, wobei zur Berechnung die Hilfsgrößen f gemäß Tabelle 20.31 zu verwenden sind [20.61].

$\varepsilon_{v\beta} = 0$	$f_t = -(p_{et} - 0{,}5 \cdot p_{et} \cdot \varepsilon_{v\alpha}) \cdot \cos\beta_{vb} + p_{et} \cdot \cos\beta_{vb}$	(20.215)
	$f_m = -(p_{et} - 0{,}5 \cdot p_{et} \cdot \varepsilon_{v\alpha}) \cdot \cos\beta_{vb}$	(20.216)
	$f_r = -(p_{et} - 0{,}5 \cdot p_{et} \cdot \varepsilon_{v\alpha}) \cdot \cos\beta_{vb} - p_{et} \cdot \cos\beta_{vb}$	(20.217)
$0 < \varepsilon_{v\beta} < 1$	$f_t = -(p_{et} - 0{,}5 \cdot p_{et} \cdot \varepsilon_{v\alpha}) \cdot \cos\beta_{vb} \cdot (1 - \varepsilon_{v\beta}) + p_{et} \cdot \cos\beta_{vb}$	(20.218)
	$f_m = -(p_{et} - 0{,}5 \cdot p_{et} \cdot \varepsilon_{v\alpha}) \cdot \cos\beta_{vb} \cdot (1 - \varepsilon_{v\beta})$	(20.219)
	$f_r = -(p_{et} - 0{,}5 \cdot p_{et} \cdot \varepsilon_{v\alpha}) \cdot \cos\beta_{vb} \cdot (1 - \varepsilon_{v\beta}) - p_{et} \cdot \cos\beta_{vb}$	(20.220)
$\varepsilon_{v\beta} \geq 1$	$f_t = p_{et} \cdot \cos\beta_{vb}$	(20.221)
	$f_m = 0$	(20.222)
	$f_r = -p_{et} \cdot \cos\beta_{vb}$	(20.223)

Tabelle 20.31: Hilfsgröße *f* zur Berechnung der Abstände der Berührlinien vom Mittelpunkt für die Grübchentragfähigkeit

Damit ist die Größe der Beanspruchung σ_H bekannt, sodass im Weiteren nun der Kennwert der Beanspruchbarkeit σ_{Hlim} (Grübchendauerfestigkeit) und der Kennwert der Beanspruchung σ_H (Flankenpressung bzw. Hertz'sche Pressung) ins Verhältnis gesetzt werden können, sodass sich unter der Voraussetzung $\sigma_H < \sigma_{Hlim}$ eine Sicherheit gegen Grübchenbildung S_H wie folgt ausweisen lässt:

$$S_{H1,2} = \frac{\sigma_{Hlim1,2} \cdot Z_{NT1,2}}{\sigma_{HP1,2}} \cdot Z_{X1,2} \cdot Z_L \cdot Z_v \cdot Z_R \cdot Z_W \cdot Z_{Hyp} \cdot Z_{S1,2} \geq S_{Hmin1,2} \tag{20.224}$$

Dabei hängt die erforderliche Größe der Sicherheit S_H im Wesentlichen ab von der Bedeutung der Anlage, den möglichen Folgeschäden (Gefährdung von Menschenleben, materielle Schäden), der Genauigkeit der Kenntnis der Belastung, der technologischen Güte der Fertigung und der für den Festigkeitswert, die geometrischen Abweichungen und die Belastung geltenden Wahrscheinlichkeiten der Einhaltung der Toleranzgrenzen. Zusätzlich können auch Vereinbarungen zwischen dem Hersteller und dem Kunden getroffen werden. Die Mindestsicherheit S_{Hmin} berücksichtigt die Ungenauigkeiten aus den näherungsweisen Annahmen der Berechnungsmethode und der zu berücksichtigenden Einflussgrößen sowie der Bedeutung der Anlage. Anhaltswerte für S_{Hmin} sind in Tabelle 18.45 in Abschnitt 18.4 zusammengestellt. Werkstoffabhängige Werte der Grübchendauerfestigkeit σ_{Hlim} sind in Abschnitt 18.4.10 zu finden oder können den Normen DIN 3990 oder ISO 6336 entnommen werden [20.31], [20.63].

Im Vergleich zur üblichen Festigkeitsbedingung $\sigma_{vorhanden} \leq \sigma_{zulässig}$ fällt in Gleichung (20.224) auf, dass σ_{Hlim} noch mit weiteren Faktoren bewertet wird, um die Verhältnisse der Prüfzahnräder auf tatsächlich ausgeführte Zahnräder übertragen zu können. Hierzu gehören der Lebensdauerfaktor $Z_{NT1,2}$, der Größenfaktor $Z_{X1,2}$, der Schmierstofffaktor Z_L, der Geschwindigkeitsfaktor Z_v, der Rauheitsfaktor Z_R und der Werkstoffpaarungsfaktor Z_W, die alle im Abschnitt 18.4.4 für Stirnradverzahnungen erläutert werden und von dort auch entnommen werden können. Weiterhin werden der Hypoidfaktor Z_{Hyp} und der Schlupffaktor $Z_{S1,2}$ verwendet.

Mithilfe des Hypoidfaktors Z_{Hyp} wird der im Vergleich zur Kegelradverzahnung tragfähigkeitsmindernde Einfluss des durch den Achsversatz bedingten Gleitanteils in Zahnlängsrichtung bei Hypoidverzahnungen berücksichtigt. Demzufolge ist für Kegelradverzahnungen ohne Achsversatz $Z_{Hyp} = 1$, während für Hypoidverzahnungen folgender Zusammenhang gilt:

$$Z_{Hyp} = 1 - 0{,}3 \cdot \left(\frac{v_{g,par}}{v_{\Sigma,senk}} - 0{,}15 \right) \tag{20.225}$$

Hierin bezeichnen $v_{g,par}$ die Gleitgeschwindigkeit parallel zur Berührlinie und $v_{\Sigma,senk}$ die Summengeschwindigkeit senkrecht zur Berührlinie:

$$v_{\Sigma,senk} = v_{\Sigma m} \cdot \sin\left(v_{Bel} + \left| w_{Bel} \right| \right) \quad \text{und} \quad v_{g,par} = v_g \cdot \cos\left| w_{Bel} \right| \tag{20.226}$$

Dabei berechnet sich die mittlere Summengeschwindigkeit $v_{\Sigma m}$ aus der Summengeschwindigkeit in Zahnhöhenrichtung $v_{\Sigma h}$ und der Summengeschwindigkeit in Zahnlängsrichtung $v_{\Sigma s}$ und w_{bel} ist der Winkel zwischen der Berührlinie und dem Teilkegel in der Flankentangentialebene gemäß Tabelle 20.17 und Abbildung 20.19 [20.61], [20.76]:

$$v_{\Sigma m} = \sqrt{v_{\Sigma h}^2 + v_{\Sigma s}^2} \quad \text{und} \quad v_{Bel} = \left| \arctan\left(\frac{v_{\Sigma h}}{v_{\Sigma s}} \right) \right| \tag{20.227}$$

$$v_{\Sigma h} = \left| 2 \cdot v_{mt1} \cdot \cos\beta_{m1} \cdot \sin\alpha_n \right| \quad \text{und} \quad v_{\Sigma s} = \left| v_{mt1} \cdot \left(\sin\beta_{m1} + \frac{\sin\beta_{m2} \cdot \cos\beta_{m1}}{\cos\beta_{m2}} \right) \right| \tag{20.228}$$

Hierin bezeichnet v_{mt1} die Umfangsgeschwindigkeit am Teilkegel in der Mitte der Zahnbreite. Für einen Achsenwinkel von $\Sigma = 90°$ berechnet sich die Gleitgeschwindigkeit v_g vereinfacht zu:

$$v_g = \sqrt{\left(v_{mt1} \cdot \sin\varphi_1 \right)^2 + \left(v_{mt2} \cdot \sin\varphi_2 \right)^2 + \left(v_{mt1} \cdot \cos\varphi_1 - v_{mt2} \cdot \cos\varphi_2 \right)^2} \tag{20.229}$$

$$\varphi_1 = \arcsin\frac{2 \cdot h_1}{d_{m1}}, \quad \varphi_2 = \arcsin\frac{2 \cdot h_2}{d_{m2}}, \quad h_2 = a - h_1, \quad h_1 = \frac{\dfrac{d_{m1}}{\cos\delta_1}}{\dfrac{d_{m1}}{\cos\delta_1} + \dfrac{d_{m2}}{\cos\delta_2}} \cdot a \tag{20.230}$$

Der Schlupffaktor $Z_{S1,2}$ dient zur Berücksichtigung des Einflusses des spezifischen Gleitens auf die zulässige Flankenpressung. Er wird abhängig vom Mittelzonenfaktor Z_{M-B} nach Tabelle 20.30 bestimmt, so dass gilt:

$$Z_{M-B} < 0{,}98: \qquad Z_{S1} = 1{,}175 \qquad Z_{S2} = 1{,}0 \tag{20.231}$$

$$Z_{M-B} > 1{,}0: \qquad Z_{S1} = 1{,}0 \qquad Z_{S2} = 1{,}175 \tag{20.232}$$

Für Werte des Mittelzonenfaktors von $0{,}98 < Z_{M-B} < 1{,}0$ ist linear zu interpolieren [20.76].

20.4.5 Nachweis der Zahnfußtragfähigkeit

Vergleichbar zur Stirnradverzahnung berücksichtigt der Nachweis der Zahnfußtragfähigkeit die auftretende Biegebeanspruchung am Zahnfuß aufgrund der an der Zahnflanke angreifenden Umfangskraft. Dabei können im Zahnfußbereich sowohl Ermüdungsbrüche aufgrund einer schwingenden Dauerbelastung (gegeben durch ein Lastkollektiv oder eine äquivalente Belastung) als auch bleibende Verformungen, Anriss oder Gewaltbrüche infolge von Maximalbelastungen (Spitzenbelastungen, Stöße) auftreten. Üblicherweise gehen Zahnfußbrüche fast immer von der 30°-Tangente an die Zahnfußausrundung auf der Zugseite aus, was auch im nachfolgend vorgestellten Tragfähigkeitsnachweis entsprechend berücksichtigt wird.

Auch wenn abhängig von der Eingriffsstellung die Biegespannung aufgrund eines Einzel- oder Doppeleingriffes schwankt, wird vereinfachend angenommen, dass die aus dem Drehmoment M_t resultierende Kraft F_{mtv} im äußeren Einzeleingriffspunkt (B bzw. D) normal zur Flanke entsprechend angreift.

Analog zur Zahnflankenbeanspruchung wird dieser Grundwert der Zahnfußbeanspruchung ohne Zusatzbelastung $\sigma_{F01,2}$ im Weiteren durch die Berücksichtigung der äußeren und inneren Zusatzkräfte aufgrund von Schwingungen durch die Faktoren K_A und K_v sowie Änderungen der Stirnlastverteilung durch $K_{F\alpha}$ und der Breitenlastverteilung durch $K_{F\beta}$ erhöht (s. a. Abschnitt 20.4.2 sowie Abschnitt 18.4.3), sodass für die tatsächlich wirkende Zahnfußbeanspruchung $\sigma_{F1,2}$ gilt:

$$\sigma_{F1,2} = K_A \cdot K_v \cdot K_{F\alpha} \cdot K_{F\beta} \cdot \sigma_{F01,2} \tag{20.233}$$

$$\sigma_{F01,2} = Y_{Fa1,2} \cdot Y_{Sa1,2} \cdot Y_\varepsilon \cdot Y_K \cdot Y_{LS} \cdot \frac{F_{mtv}}{b_{1,2} \cdot m_{mn} \cdot \cos\frac{\zeta_{mP}}{2}} \tag{20.234}$$

$$F_{mtv} = F_{mt1,2} \cdot \frac{\cos\beta_v}{\cos\beta_{m1,2}} = \frac{2 \cdot M_{t1,2}}{d_{m1,2}} \cdot \frac{\cos\beta_v}{\cos\beta_{m1,2}} \tag{20.235}$$

Neben den bereits bekannten Geometriegrößen gemäß Abschnitt 20.2 bezeichnen hierin $Y_{Fa1,2}$ den Formfaktor zur Berücksichtigung des Einflusses der Zahnform, $Y_{Sa1,2}$ den Spannungskorrekturfaktor zur Berücksichtigung der Umrechnung der Biegenennspannung am Zahnkopf auf die entsprechende örtliche Zahnfußspannung, den Einfluss der Kerbwirkung und des mehrachsigen Spannungszustandes im Zahnfuß, Y_ε den Überdeckungsfaktor zur Umrechnung der für den Kraftangriff am Zahnkopf ermittelten örtlichen Spannung auf die maßgebliche Lage des Kraftangriffes, Y_K den Kegelradfaktor zur Berücksichtigung der im Vergleich zur Zahnbreite kürzeren und geneigten Berührlinien und Y_{LS} den Lastverteilungsfaktor zur Bewertung der Anzahl im Eingriff befindlicher Zahnpaare.

Dabei lässt sich der Formfaktor $Y_{Fa1,2}$ getrennt für Ritzel und Rad (Indices 1 und 2) für gewälzte Verzahnungen aus Gleichung (18.421) bestimmen, wobei wegen der Ersatz-Verzahnung nach FVA 411 zusätzlich folgende Größen für Kegel- und Hypoidräder zu verwenden sind [20.61]:

$$\alpha_{Fan1,2} = \alpha_{an1,2} - \gamma_{a1,2} \quad \text{mit} \quad \alpha_{Fan1,2} = \arccos\frac{d_{vbn1,2}}{d_{van1,2}} \tag{20.236}$$

$$\gamma_{a1,2} = \frac{1}{z_{vn1,2}} \cdot \left[\frac{\pi}{2} + 2 \cdot \left(x_{hm1,2} \cdot \tan\alpha_e + x_{sm1,2}\right)\right] + \operatorname{inv}\alpha_e - \operatorname{inv}\alpha_{an1,2} \tag{20.237}$$

Zur Berücksichtigung der unterschiedlichen Normaleingriffswinkel von Zug- und Schubflanke wird die Zahnfußsehne an der 30°-Tangente s_{Fn} für beide Flanken berechnet, sodass sich im Anschluss an eine arithmetische Mittelwertbildung aus $s_{Fn,D}$ mit a_{eD} und $s_{FN,C}$ mit a_{eC} für den maßgebenden Zahnfußquerschnitt s_{Fn} folgt:

$$s_{Fn1,2} = \frac{s_{FnD1,2} + s_{FnC1,2}}{2} \quad \text{mit} \quad z_{vn1,2} \cdot \sin\left(\frac{\pi}{3} - \vartheta\right) + \sqrt{3} \cdot \left(\frac{G_{1,2}}{\cos\vartheta} - \frac{\rho_{a01,2}}{m_{mn}}\right) \tag{20.238}$$

Für den Fußausrundungsradius an der 30°-Tangente $\rho_{F1,2}$ sowie den Biegehebelarm $h_{Fa1,2}$ gelten folgende Zusammenhänge:

$$\frac{\rho_{F1,2}}{m_{mn}} = \frac{\rho_{a01,2}}{m_{mn}} + \frac{2 \cdot G_{1,2}^2}{\cos\vartheta \cdot \left(z_{vn1,2} \cdot \cos^2\vartheta - 2 \cdot G_{1,2}\right)} \tag{20.239}$$

$$\frac{h_{Fa1,2}}{m_{mn}} = \frac{1}{2} \cdot \left[\left(\cos\gamma_{a1,2} - \sin\gamma_{a1,2} \cdot \tan\alpha_{Fan1,2}\right) \cdot \frac{d_{van1,2}}{m_{mn}} - z_{vn1,2} \cdot \cos\left(\frac{\pi}{3} - \vartheta\right) - \frac{G_{1,2}}{\cos\vartheta} + \frac{\rho_{a01,2}}{m_{mn}}\right] \tag{20.240}$$

Alle weiteren Größen werden gemäß ISO 10300 mit dem jeweiligen effektiven Normaleingriffswinkel ae der Zug- oder Schubflanke berechnet [20.68]. Die Berechnungen sind iterativ mittels der nachfolgenden Hilfsvariablen vorzunehmen. Ausgehend von einem Startwert $\vartheta = \pi / 6$ führen bereits wenige Iterationsschritte zu einem hinreichend genauen Ergebnis:

$$E_{1,2} = \left(\frac{\pi}{4} - x_{sm1,2}\right) \cdot m_{mn} - h_{a01,2} \cdot \tan\alpha_e - \frac{\rho_{a01,2} \cdot \left(1 - \sin\alpha_e\right) - s_{pr1,2}}{\cos\alpha_e} \tag{20.241}$$

$$G_{1,2} = \frac{\rho_{a01,2}}{m_{mn}} - \frac{h_{a01,2}}{m_{mn}} + x_{hm1,2}\,, \quad H_{1,2} = \frac{2}{z_{vn1,2}} \cdot \left(\frac{\pi}{4} - \frac{E_{1,2}}{m_{mn}}\right) - \frac{\pi}{3}\,, \quad \vartheta = \frac{2 \cdot G_{1,2}}{z_{vn}} \cdot \tan\vartheta - H_{1,2} \tag{20.242}$$

Für formgeschnittene Tellerräder berechnet sich der Formfaktor Y_{Fa2} zu:

$$Y_{Fa2} = \frac{6 \cdot \frac{h_{Fa2}}{m_{mn}}}{\left(\frac{s_{Fn}}{m_{mn}}\right)^2} \quad \text{mit} \quad s_{Fn2} = \pi \cdot m_{mn} - 2 \cdot E_2 - 2 \cdot \rho_{a02} \cdot \cos 30° \tag{20.243}$$

Die Hilfsgröße E_2 ist mit α_n anstelle α_e der betrachteten Flanke und $\rho_{f2} = \rho_{a02}$ zu berechnen. Für den Biegehebelarm h_{FA2} gilt:

$$h_{Fa2} = h_{a02} - \frac{\rho_{a02}}{2} + m_{mn} - \left(\frac{\pi}{4} + x_{sm2} - \tan\alpha_{an}\right) \cdot m_{mn} \cdot \tan\alpha_n \tag{20.244}$$

Der jeweilige Spannungskorrekturfaktor $Y_{Sa1,2}$ für Rad und Ritzel lässt sich gemäß Gleichung (18.417) bestimmen, wobei entsprechend FVA 411 die oben berechneten Größen für die Zahnfußsehne, den Biegehebelarm und die Fußrundung (Gleichungen (20.238) bis (20.244)) zu verwenden sind, sodass gilt [20.61]:

$$L = L_{a1,2} = \frac{s_{Fn1,2}}{h_{Fa1,2}} \quad \text{und} \quad q_s = q_{s1,2} = \frac{s_{Fn1,2}}{2 \cdot \rho_{F1,2}} \tag{20.245}$$

Mithilfe des Überdeckungsfaktors Y_ε werden der für den Lastangriff am Zahnkopf geltende Formfaktor $Y_{Fa1,2}$ und der Spannungskorrekturfaktor $Y_{Sa1,2}$ auf die maßgebliche Lastangriffsstelle umgerechnet, sodass abhängig von der Profil- und der Sprungüberdeckung gemäß Tabelle 20.32 gilt:

$\varepsilon_{v\beta} = 0$	$Y_\varepsilon = 0{,}25 + \dfrac{0{,}75}{\varepsilon_{v\alpha}} \geq 0{,}625$	(20.246)
$0 < \varepsilon_{v\beta} < 1$	$Y_\varepsilon = 0{,}25 + \dfrac{0{,}75}{\varepsilon_{v\alpha}} - \varepsilon_{v\beta} \cdot \left(\dfrac{0{,}75}{\varepsilon_{v\alpha}} - 0{,}375 \right) \geq 0{,}625$	(20.247)
$\varepsilon_{v\beta} \geq 1$	$Y_\varepsilon = 0{,}625$	(20.248)

Tabelle 20.32: Überdeckungsfaktor Y_ε bei Kegel- und Hypoidrädern

Durch den Lastverteilungsfaktor Y_{LS} wird die Anzahl der im Eingriff befindlichen Zahnpaare abhängig von der Form des Eingriffsfeldes berücksichtigt. Während in ISO 10300 ein elliptisches Eingriffsfeld angenommen wird, geht die Berechnungsvorschrift FVA 411 von einem Parallelogramm gemäß Abbildung 20.42 a) aus, was sich in der Praxis als bessere Näherung für die in die Eingriffsebene projizierten Tragbilder herausgestellt hat [20.76]. Entlang des Eingriffes wird nach Abbildung 20.42 b) von einer parabolischen Spitzenlastverteilung ausgegangen. Dabei wird die große Halbachse der Halbellipse als Berührlinie b aufgefasst und die Linienlastverteilung entlang der Berührlinie entspricht ebenfalls einer Halbellipse [20.61], [20.68].

Somit berechnet sich der Lastverteilungsfaktor Y_{LS} für ein parallelogrammförmiges Eingriffsfeld mit A als Fläche der Halbellipse über einer Berührlinie gemäß der folgenden Beziehungen, wobei die Teilflächen A_t, A_m und A_r mit den jeweils zutreffenden Größen f_t, f_m und f_r nach Tabelle 20.33 zu bestimmen sind:

$$Y_{LS} = \frac{A_m}{A_t + A_m + A_r} \quad \text{mit} \quad A = \frac{1}{4} \cdot p^* \cdot l_b \cdot \pi \quad \text{und} \quad p^* = 1 - \left(\frac{|f|}{|f_{max}|} \right)^5 \tag{20.249}$$

Hierin bezeichnet p^* die Spitzenlastverteilung entlang des Zahneingriffes, wobei für f_{max} der jeweils größere Wert von f_{max0} oder f_{maxb} einzusetzen ist.

$$f_{max0} = \frac{1}{2} \cdot \left[g_{v\alpha} - b_{veff} \cdot \left(\tan\gamma + \tan\beta_{vb} \right) \right] \cdot \cos\beta_{vb} \tag{20.250}$$

$$f_{maxb} = \frac{1}{2} \cdot \left[g_{v\alpha} + b_{veff} \cdot \left(\tan\gamma + \tan\beta_{vb} \right) \right] \cdot \cos\beta_{vb} \tag{20.251}$$

$$\gamma = \arctan\left(\frac{\tan\gamma'}{\cos\alpha_t} \right) \tag{20.252}$$

Dabei bezeichnen $g_{v\alpha}$ die Länge der Eingriffsstrecke der Ersatz-Stirnradverzahnung, b_{veff} die effektive Zahnbreite der Ersatz-Stirnradverzahnung, β_{vb} den Grundkreisschrägungswinkel der Ersatz-Stirnradverzahnung und γ einen Hilfswinkel zur Berechnung der Zahnbreite der Ersatz-Verzahnung gemäß Tabelle 20.17.

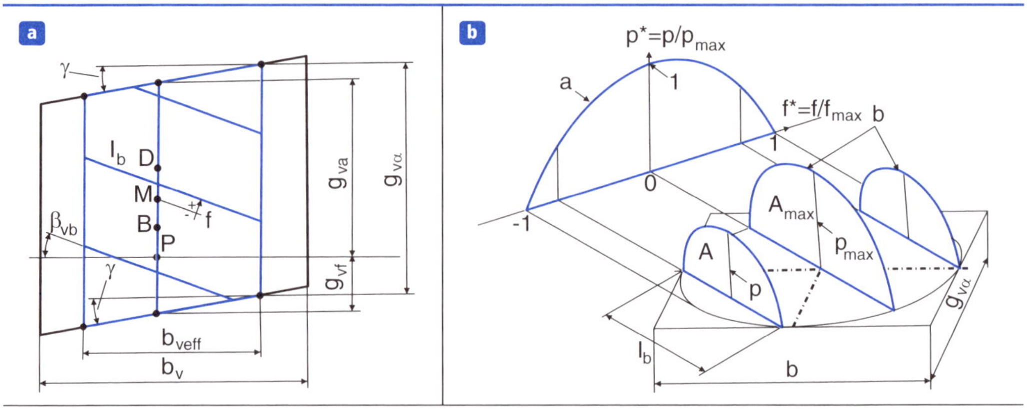

Abbildung 20.42: Lastverteilungsfakor Y_{LS} – a) Eingriffsfeld zur Berechnung der Lastverteilung nach FVA 411, b) Spitzenlastverteilung entlang der Eingriffs- und Linienlastverteilung entlang der Berührlinien nach ISO 10300 [20.61], [20.68]

Für die Länge der Berührlinie l_b gilt:

$$l_b = l_{b0} \cdot \sqrt{\left[1-\left(\frac{f}{f_{max}}\right)^2\right] \cdot \left[1-\left(\frac{b_{veff}}{b_v}\right)\right]^2} \quad \text{mit} \quad l_{b0} = \sqrt{\left(x_1 - x_2\right)^2 + \left(y_1 - y_2\right)^2} \tag{20.253}$$

Die Berechnung der Faktoren x und y sowie der Hilfsgrößen f erfolgt nach Tabelle 20.33.

Der Kegelradfaktor Y_K berücksichtigt die aufgrund der Neigung gegenüber den Flankenlinien kürzeren Berührlinien:

$$Y_K = \left(\frac{1}{2} + \frac{l'_{bm}}{b_v}\right)^2 \cdot \frac{b_v}{l'_{bm}} \quad \text{mit} \quad l'_{bm} = l_{bm} \cdot \cos\beta_{vb} \tag{20.254}$$

Hierin bezeichnen b_v die Zahnbreite der Ersatz-Stirnradverzahnung, β_{vb} den Grundkreisschrägungswinkel der Ersatz-Stirnradverzahnung und l_{bm} ist nach Tabelle 20.33 unter Nutzung von f_m zu berechnen. Vereinfachend wird in DIN 3991 vorgeschlagen, für den Kegelradfaktor $Y_K = 1$ zu setzen [20.41].

Im Weiteren können nun der Kennwert der Beanspruchbarkeit σ_{FE} (Zahnfußdauerfestigkeit) und der Kennwert der Beanspruchung σ_F (örtliche Zahnfußspannung) ins Verhältnis gesetzt werden, sodass sich unter der Voraussetzung $\sigma_F < \sigma_{FE}$ eine Sicherheit gegen Ermüdungsbruch S_F wie folgt ausweisen lässt, wobei der Nachweis der Zahnfußtragfähigkeit stets für beide Räder einer Paarung (Ritzel und Rad) geführt werden muss:

$$S_{F1,2} = \frac{\sigma_{FE1,2}}{\sigma_{F1,2}} \cdot Y_{RrelT1,2} \cdot Y_{\delta relT1,2} \cdot Y_{X1,2} \cdot Y_{NT1,2} \geq S_{Fmin1,2} \tag{20.255}$$

Die Zahnfußgrundfestigkeit bzw. Dauerfestigkeit der ungekerbten Probe $\sigma_{FE1,2}$ lässt sich aus der Zahnfuß-Biegenenndauerfestigkeit $\sigma_{Flim1,2}$ und dem Spannungskorrekturfaktor zur Berücksichtigung der Abmessungen des Prüfrades $Y_{ST1,2} = 2{,}0$ bestimmen, wobei der an Stirnrädern im Laufversuch gewonnenen Zahnfuß-Biegenenndauerfestigkeit $\sigma_{Flim1,2}$ Werkstoff, Wärmebehandlung und Oberflächeneinfluss bei den gegebenen Prüfradabmessungen zugrunde liegen.

$$\sigma_{FE1,2} = \sigma_{Flim1,2} \cdot Y_{ST} = \sigma_{Flim1,2} \cdot 2{,}0 \tag{20.256}$$

$$x_{1,2} = \frac{\left[f \cdot \cos\beta_{vb} + \tan\beta_{vb} \cdot \left(f \cdot \sin\beta_{vb} + \frac{b_{veff}}{2} \right) \pm \frac{1}{2} \cdot \left(g_{v\alpha} \pm b_{veff} \cdot \tan\gamma \right) \right]}{\tan\gamma + \tan\beta_{vb}} \quad (20.257)$$

$$y_{1,2} = y\left(x_{1,2}\right) = -x_{1,2} \cdot \tan\beta_{vb} + f \cdot \cos\beta_{vb} + \tan\beta_{vb} \cdot \left(f \cdot \sin\beta_{vb} + \frac{b_{veff}}{2} \right) \quad (20.258)$$

Dabei ist zu beachten: $x_{1,2} = 0$, wenn $x_{1,2} < 0$ und $x_{1,2} = b_{veff}$, wenn $x_{1,2} > b_{veff}$

$\varepsilon_{v\beta} = 0$	$f_t = \left(p_{et} - 0{,}5 \cdot p_{et} \cdot \varepsilon_{v\alpha}\right) \cdot \cos\beta_{vb} + p_{et} \cdot \cos\beta_{vb}$ (20.259) $f_m = \left(p_{et} - 0{,}5 \cdot p_{et} \cdot \varepsilon_{v\alpha}\right) \cdot \cos\beta_{vb}$ (20.260) $f_r = \left(p_{et} - 0{,}5 \cdot p_{et} \cdot \varepsilon_{v\alpha}\right) \cdot \cos\beta_{vb} - p_{et} \cdot \cos\beta_{vb}$ (20.261)
$0 < \varepsilon_{v\beta} < 1$	$f_t = \left(p_{et} - 0{,}5 \cdot p_{et} \cdot \varepsilon_{v\alpha}\right) \cdot \cos\beta_{vb} \cdot \left(1 - \varepsilon_{v\beta}\right) + p_{et} \cdot \cos\beta_{vb}$ (20.262) $f_m = \left(p_{et} - 0{,}5 \cdot p_{et} \cdot \varepsilon_{v\alpha}\right) \cdot \cos\beta_{vb} \cdot \left(1 - \varepsilon_{v\beta}\right)$ (20.263) $f_r = \left(p_{et} - 0{,}5 \cdot p_{et} \cdot \varepsilon_{v\alpha}\right) \cdot \cos\beta_{vb} \cdot \left(1 - \varepsilon_{v\beta}\right) - p_{et} \cdot \cos\beta_{vb}$ (20.264)
$\varepsilon_{v\beta} \geq 1$	$f_t = p_{et} \cdot \cos\beta_{vb}$ (20.265) $f_m = 0$ (20.266) $f_r = -p_{et} \cdot \cos\beta_{vb}$ (20.267)

Tabelle 20.33: Faktoren x und y sowie Hilfsgröße f zur Berechnung der Abstände der Berührlinien vom Mittelpunkt für die Zahnfußtragfähigkeit (Forts.)

Dabei hängt die erforderliche Größe der Sicherheit S_F im Wesentlichen ab von der Bedeutung der Anlage, den möglichen Folgeschäden (Gefährdung von Menschenleben, materielle Schäden), der Genauigkeit der Kenntnis der Belastung, der technologischen Güte der Fertigung und der für den Festigkeitswert, die geometrischen Abweichungen und die Belastung geltenden Wahrscheinlichkeiten der Einhaltung der Toleranzgrenzen. Zusätzlich können auch Vereinbarungen zwischen dem Hersteller und dem Kunden getroffen werden. Die Mindestsicherheit S_{Fmin} berücksichtigt die Ungenauigkeiten aus den näherungsweisen Annahmen der Berechnungsmethode und der zu berücksichtigenden Einflussgrößen sowie der Bedeutung der Anlage. Anhaltswerte für S_{Fmin} sind in Tabelle 18.45 zusammengestellt. Werkstoffabhängige Werte der Zahnfußdauerfestigkeit σ_{Fe} sind in Abschnitt 18.4.10 zusammengestellt oder können den Normen DIN 3990 oder ISO 6336 entnommen werden [20.31], [20.63]. Als Anhaltswerte für S_{Fmin} werden in ISO 10300 für spiralverzahnte Kegelräder $S_{Fmin1,2} = 1{,}3$ und für gerad- und schrägverzahnte Kegelräder $S_{Fmin1,2} = 1{,}5$ angegeben [20.68].

In gleicher Weise wie beim Flankenfestigkeitsnachweis wird auch die Zahnfußdauerfestigkeit σ_{Fe} mit weiteren Faktoren bewertet, um die Verhältnisse der Prüfzahnräder (Stirnzahnräder) auf tatsächlich ausgeführte Kegel- und Hypoidräder übertragen zu können. Zusätzlich zum bereits erwähnten Spannungskorrekturfaktor zur Berücksichtigung der Abmessungen des Prüfrades Y_{ST1} gehören hierzu der relative Oberflächenfaktor $Y_{RrelT1,2}$, die relative Stützziffer $Y_{\delta relT1,2}$, der Größenfaktor $Y_{X1,2}$ und der Lebensdauerfaktor $Y_{NT1,2}$.

Der relative Oberflächenfaktor $Y_{RrelT1,2}$ soll den Einfluss der Oberflächenbeschaffenheit – insbesondere den Rauheitseinfluss im Zahnfuß – auf die Zahnfußdauerfestigkeit erfassen. Werkstoffabhängig gelten die Zusammenhänge nach Tabelle 20.34.

Rauheit	$R_z < 1\ \mu m$	$1\ \mu m < R_z < 40\ \mu m$
Vergütete und einsatzgehärtete Stähle	$Y_{RrelT1,2} = 1{,}12$ (20.268)	$Y_{RrelT1,2} = 1{,}674 - 0{,}529 \cdot \left(R_{z1,2} + 1\right)^{0,1}$ (20.269)
Baustähle	$Y_{RrelT1,2} = 1{,}07$ (20.270)	$Y_{RrelT1,2} = 5{,}306 - 4{,}203 \cdot \left(R_{z1,2} + 1\right)^{0,01}$ (20.271)
Grauguss und nitrokarburierte Stähle	$Y_{RrelT1,2} = 1{,}025$ (20.272)	$Y_{RrelT1,2} = 4{,}299 - 3{,}259 \cdot \left(R_{z1,2} + 1\right)^{0,005}$ (20.273)

Tabelle 20.34: Relativer Oberflächenfaktor $Y_{RrelT1,2}$ für Kegel- und Hypoidräder

Die relative Stützziffer $Y_{\delta relT1,2}$ beschreibt das Verhältnis der dynamischen Stützziffern der zu berechnenden Verzahnung Y_δ und der Standard-Prüfverzahnung $Y_{\delta T}$ zur Berücksichtigung der Kerbempfindlichkeit des Werkstoffes (s. a. Abschnitt 18.4.5), wobei für Kegel- und Hypoidräder im Gegensatz zu Stirnrädern vereinfachend die folgenden Näherungswerte mit $q_{s1,2}$ nach Gleichung (20.245) anzunehmen sind:

$$Y_{\delta relT1,2} = 1{,}0 \quad \text{für} \quad q_{s1,2} \geq 1{,}5 \quad \text{oder} \quad Y_{\delta relT1,2} = 0{,}95 \quad \text{für} \quad q_{s1,2} < 1{,}5 \tag{20.274}$$

Für den Größenfaktor Y_X gelten die gleichen werkstoffmechanischen Zusammenhänge wie bei der Stirnradverzahnung nach Abschnitt 18.4.5, wobei für Kegel- und Hypoidräder die Berechnung ausschließlich abhängig vom Normalmodul und vom Werkstoff entsprechend Tabelle 20.35 erfolgt.

Werkstoff	**Wertebereich**	**Größenfaktor**
Bau- und Vergütungsstähle, Sphäroguss, schwarzer Temperguss	$0{,}85 \leq Y_X \leq 1{,}0$	$Y_X = 1{,}03 - 0{,}006 \cdot m_n$ (20.275)
Flamm-, induktions- und einsatzgehärtete sowie nitrierte oder nitrokarburierte Stähle	$0{,}80 \leq Y_X \leq 1{,}0$	$Y_X = 1{,}05 - 0{,}01 \cdot m_n$ (20.276)
Grauguss	$0{,}70 \leq Y_X \leq 1{,}0$	$Y_X = 1{,}075 - 0{,}015 \cdot m_n$ (20.277)

Tabelle 20.35: Größenfaktor Y_X

Der Lebensdauerfaktor $Y_{NT1,2}$ kann in gleicher Weise wie für Stirnräder mithilfe von Gleichung (18.432) berechnet werden.

20.4.6 Nachweis der Fresstragfähigkeit

Zum Nachweis der Fresstragfähigkeit stehen genauso wie für Stirnräder gemäß Abschnitt 18.4.6 die Kontakttemperaturmethode und die Integraltemperaturmethode zur Verfügung. Für Kegelräder ohne Achsversatz ist das Verfahren nach DIN 3991 genormt, während für Kegelräder mit Achsversatz (Hypoidräder) der ISO-Technical-Report ISO/TR 13989 anzuwenden ist [20.41], [20.74].

20.4.6.1 Kontakttemperaturverfahren bei Kegelrädern ohne Achsversatz

Betrachtet man zunächst die Kegelräder ohne Achsversatz, so berechnet sich die auftretende maximale Kontakttemperatur entsprechend Abbildung 18.193 nach der Hypothese von H. Blok in Anlehnung an Gleichung (18.435) zu:

$$\vartheta_B = \vartheta_M + \vartheta_{fla} < \vartheta_{Bzul} = \vartheta_S \quad \text{mit} \quad \vartheta_{fla} = \mu_m \cdot X_M \cdot X_J \cdot X_G \cdot \left(X_\Gamma \cdot w_{Bt}\right)^{0,75} \cdot \frac{v_{mt}^{0,5}}{R_m^{0,25}} \tag{20.278}$$

Hierin bedeuten ϑ_B die momentane Kontakttemperatur, ϑ_M die Massentemperatur, die ein Zahn kurz vor dem Eingriff hat, ϑ_{fla} die sogenannte Blitztemperatur im Eingriff und $\vartheta_{Bzul} = \vartheta_S$ die zulässige Kontakttemperatur. Weiterhin bezeichnen μ_m den Mittelwert der Reibungszahl, X_M den Blitzfaktor, X_J den Eingriffsfaktor, X_G den Geometriefaktor, X_Γ den Kraftaufteilungsfaktor, w_{Bt} die effektive Linienlast, R_m die Teilkegellänge und v_{mt} die Umfangsgeschwindigkeit am Teilkegel in der Mitte der Zahnbreite, die sich aus der Drehzahl $n_{1,2}$ wie folgt bestimmen lässt:

$$v_{mt} = v_{mt1,2} = d_{1,2} \cdot \pi \cdot n_{1,2} \tag{20.279}$$

Bei der effektiven Linienlast w_{Bt} handelt es sich nach Gleichung (18.441) um die auf die effektive Zahnbreite $b = b_{2eff}$ (bzw. effektive Tragbildbreite nach Tabelle 20.17) bezogene Umfangskraft $F_t = F_{mt} = F_{mt1,2}$ unter Verwendung der Lastverteilungfaktoren nach ISO 10300 gemäß Abschnitt 20.4.2 [20.68]. Unter Nutzung der effektiven Linienlast w_{Bt} lässt sich dann die mittlere Verzahnungsreibungszahl μ_m nach Gleichung (18.436) bestimmen, wobei im Falle einer Kegelradverzahnung für die Summengeschwindigkeit $v_{\Sigma C}$, den Ersatzkrümmungsradius ρ_{redC} im Punkt C und den Rauheitsfaktor X_R unter Verwendung der arithmetischen Mittenrauhwerte $R_{A1,2}$, der mittleren Teilkegellänge R_m, dem Zähnezahlverhältnis u, dem Stirneingriffswinkel α_t und dem Teilkegelwinkel des Ritzels δ_1 folgende Zusammenhänge gelten:

$$v_{\Sigma C} = 2 \cdot v_{mt} \cdot \sin\alpha_{vt} \tag{20.280}$$

$$\rho_{redC} = \frac{\rho_{C1} \cdot \rho_{C2}}{\rho_{C1} + \rho_{C2}} \quad \text{mit} \quad \rho_{C1} = R_m \cdot \tan\delta_1 \cdot \sin\alpha_t \quad \text{und} \quad \rho_{C2} = R_m \cdot u \cdot \tan\delta_1 \cdot \sin\alpha_t \tag{20.281}$$

$$X_R = \left(\frac{R_{a1} + R_{a2}}{2}\right)^{0,25} \tag{20.282}$$

Durch den Blitzfaktor X_M nach Gleichung (18.454) lassen sich die Einflüsse von Ritzel- und Radwerkstoff auf die Blitztemperatur berücksichtigen.

Mithilfe des Eingriffsfaktors X_J wird der negative Einfluss des Eingriffsbeginns am Kopf des getriebenen Rads im Bereich hohen spezifischen Gleitens auf die Fresstragfähigkeit berücksichtigt. Für den Fall „Ritzel treibt Rad“ gilt folgender Zusammenhang:

$$X_J = 1 \quad \text{bei} \quad \Gamma_Y \geq 0 \quad \text{oder} \quad X_J = 1 + \frac{C_{eff} - C_{a2}}{50} \cdot \left(\frac{-\Gamma_Y}{\Gamma_E - \Gamma_A} \right)^3 \quad \text{bei} \quad \Gamma_Y < 0 \tag{20.283}$$

Im umgekehrten Fall „Rad treibt Ritzel“ gilt dementsprechend:

$$X_J = 1 \quad \text{bei} \quad \Gamma_Y \leq 0 \quad \text{oder} \quad X_J = 1 + \frac{C_{eff} - C_{a1}}{50} \cdot \left(\frac{\Gamma_Y}{\Gamma_E - \Gamma_A} \right)^3 \quad \text{bei} \quad \Gamma_Y > 0 \tag{20.284}$$

Hierbei sind die dimensionslosen Parameter Γ nach Gleichung (20.288) und (20.289) verwenden, $C_{a1,2}$ sind die Kopfrücknahmen für Rad und Ritzel und für die wirksame Kopfrücknahme C_{eff} gilt:

$$C_{eff} = \frac{K_A \cdot K_{mp} \cdot F_t}{b \cdot \cos\alpha_t \cdot c_\gamma} \quad \text{mit} \quad K_{mp} = 1 \quad \text{und} \quad c_\gamma = 20 \text{ N/(mm} \cdot \mu\text{m)} \tag{20.285}$$

Der Geometriefaktor X_G berücksichtigt die Hertz'sche Pressung und die Gleitgeschwindigkeit am Ritzelzahnkopf, wobei $X_{\alpha\beta} = 1$ als Näherungswert für Verzahnungen mit einem Normaleingriffswinkel von $\alpha_n = 20°$ gesetzt werden kann:

$$X_G = 0{,}51 \cdot X_{\alpha\beta} \cdot \left(\cot\delta_1 + \cot\delta_2\right)^{0{,}25} \cdot \frac{\left| \sqrt{1+\Gamma_y} - \sqrt{1+\Gamma_y \cdot \frac{\tan\delta_1}{\tan\delta_2}} \right|}{\left(\sqrt{1+\Gamma_y}\right)^{0{,}25} \cdot \left(\sqrt{1+\Gamma_y \cdot \frac{\tan\delta_1}{\tan\delta_2}} \right)^{0{,}25}} \tag{20.286}$$

Der Kraftaufteilungsfaktor X_Γ ermöglicht die Aufteilung der Gesamtumfangskraft auf mehrere im Eingriff befindliche Zahnpaare abhängig vom dimensionslosen Parameter Γ im betrachteten Berührpunkt auf der Eingriffsstrecke.

$$X_\Gamma = \frac{1{,}5}{\varepsilon_\alpha} - \frac{\left(\Gamma_Y - \Gamma_M\right)^2}{\left(\Gamma_E - \Gamma_A\right)^2} \cdot \frac{6}{\varepsilon_\alpha} \quad \text{mit} \quad \Gamma_Y = \left(\frac{\tan\alpha_{y1}}{\tan\alpha_t} - 1 \right) \quad \text{und} \quad \Gamma_M = \frac{\Gamma_A + \Gamma_E}{2}. \tag{20.287}$$

Hierin gelten für Γ_A, Γ_E, Γ_B und Γ_D nachfolgende Beziehungen:

$$\Gamma_A = -\frac{\tan\delta_2}{\tan\delta_1} \cdot \left(\frac{\tan\alpha_{a2}}{\tan\alpha_t} - 1 \right) \quad \text{und} \quad \Gamma_E = \left(\frac{\tan\alpha_{a1}}{\tan\alpha_{wt}} - 1 \right) \tag{20.288}$$

$$\Gamma_B = \frac{\tan\alpha_{a1}}{\tan\alpha_t} - 1 - \frac{2 \cdot \pi \cdot \cos\delta_1}{z_1 \cdot \tan\alpha_t} \quad \text{und} \quad \Gamma_D = -\frac{\tan\delta_2}{\tan\delta_1} \cdot \left(\frac{\tan\alpha_{a2}}{\tan\alpha_t} - 1 \right) + \frac{2 \cdot \pi \cdot \cos\delta_1}{z_1 \cdot \tan\alpha_t} \cdot a \tag{20.289}$$

Hierin bezeichnen $d_{1,2}$ die Teilkegelwinkel an Ritzel und Tellerrad, α_t den Stirneingriffswinkel und α_{wt} den wirksamen Eingriffswinkel im Stirnschnitt sowie z_1 die Zähnezahl des Ritzels und a den Achsabstand, wobei für die Kopfeingriffswinkel $\alpha_{a1,2}$ abhängig von den mittleren Zahnkopfhöhen $h_{am1,2}$ und den mittleren Teilkegeldurchmessern $d_{m1,2}$ gilt:

$$\tan\alpha_{a1} = \sqrt{\left(\frac{\cos\alpha_t}{1+\frac{2\cdot h_{am1}\cdot\cos\delta_1}{d_{m1}}}\right)^2 - 1} \quad \text{und} \quad \tan\alpha_{a2} = \sqrt{\left(\frac{\cos\alpha_t}{1+\frac{2\cdot h_{am2}\cdot\cos\delta_2}{d_{m2}}}\right)^2 - 1} \tag{20.290}$$

Die Massentemperatur ϑ_M kann mittels Gleichung (18.445) bestimmt werden, wobei für die mittlere Blitztemperatur ϑ_{flm} gilt:

$$\vartheta_{flm} = \frac{\int_A^E \vartheta_{fl} d\Gamma_Y}{\Gamma_E - \Gamma_A} \tag{20.291}$$

Die berechnete maximale Kontakttemperatur ϑ_{bmax} nach Gleichung (20.278) ist schließlich mit einer zulässigen Kontakttemperatur ϑ_S zu vergleichen. Diese wird mithilfe eines Fresstests ermittelt, wobei für niedrig legierte Schmierstoffe der FZG-A/8.3/90-Test nach DIN 51354 und für hoch legierte Schmierstoffe ein Testverfahren entsprechend dem Forschungsvorhaben FVA 423 „EP-Fressen" genutzt werden kann [20.43], [20.99]. Für den FZG-A/8.3/90-Test ergibt sich die zulässige Kontakttemperatur ϑ_S wie folgt:

$$\vartheta_S = 80 + (0{,}85 + 1{,}4\cdot X_W)\cdot X_L \cdot S_{FZG}^2 \tag{20.292}$$

Hierin bezeichnen X_L den Schmierstofffaktor nach Tabelle 18.70, S_{FZG} die Schadenskraftstufe im FZG-A/8.3/90-Test und für den Strukturfaktor X_W gelten die Angaben in Tabelle 20.36.

$X_W = 1{,}00$ für Stähle mit üblichem Austenitgehalt (20 – 30 %)	$X_W = 0{,}45$ für rostfreie Stähle
$X_W = 1{,}15$ für Stähle mit unterdurchschnittlichem Austenitgehalt	$X_W = 1{,}25$ für phosphatierte Stähle
$X_W = 0{,}85$ für Stähle mit überdurchschnittlichem Austenitgehalt	$X_W = 1{,}50$ für nitrierte und verkupferte Stähle

Tabelle 20.36: Strukturfaktor X_W

Zusammenfassend kann dann eine Fresssicherheit S_B nach der Kontakttemperaturmethode ausgewiesen werden, indem das Verhältnis aus zulässiger Kontakttemperatur ϑ_S und auftretender Kontakttemperatur ϑ_{Bmax} nach jeweiligem Abzug der Öltemperatur $\vartheta_{Öl}$ wie folgt gebildet wird:

$$S_B = \frac{\vartheta_S - \vartheta_{Öl}}{\vartheta_{Bmax} - \vartheta_{Öl}} \geq S_{Bmin} \tag{20.293}$$

Erfahrungsgemäß hängt der Sicherheitsfaktor S_{Bmin} davon ab, ob das Getriebe erst nach einem guten Einlauf in Betrieb genommen wird. So kann z.B. bei sorgfältigem Einlauf selbst bei $S_{Bmin} \approx 1$ kein Fressschaden auftreten, während ohne diese Einlaufphase oftmals erst bei $S_{Bmin} \approx 3$ ein Fressen ausgeschlossen werden kann. Einschränkend ist hier jedoch anzumerken, dass die meisten Getriebe üblicherweise ohne eine sorgfältige Einlaufphase in Betrieb genommen werden.

Ebenso lässt sich aus diesem Zusammenhang auch näherungsweise ableiten, um welchen Faktor die Belastung eines Getriebes erhöht werden kann, um gerade eine Fresssicherheit von $S_B = 1$ zu erhalten.

20.4.6.2 Integraltemperaturverfahren bei Kegelrädern ohne Achsversatz

Im Gegensatz zum Kontakttemperaturverfahren geht man beim Integraltemperaturverfahren davon aus, dass eine zwar hohe, aber nur sehr kurzzeitig wirkende Temperatur nicht so schädigend wirkt wie eine niedrigere, aber dafür länger auftretende Temperatur, weshalb man bei diesem Verfahren auch bei Kegelrädern den Mittelwert der Blitztemperaturen entlang der Eingriffsstrecke g_α gemäß Abbildung 18.193 ermittelt [20.86], [20.112].

Unter Verwendung von Gleichung (18.446) gilt zur Berechnung der auftretenden Integraltemperatur ϑ_{int} aus der Massentemperatur ϑ_M und der gewichteten, mittleren Flankentemperatur ϑ_{flaint} mit $C_2 = 1{,}5$ folgende Beziehung:

$$\vartheta_{int} = \vartheta_M + C_2 \cdot \vartheta_{flaint} \le \vartheta_{intS} \quad \text{mit} \quad \vartheta_{flaint} = \vartheta_{flaE} \cdot X_\varepsilon \tag{20.294}$$

Dabei ist ϑ_{intS} die zulässige Flankentemperatur und mithilfe des Überdeckungsfaktors X_ε nach Tabelle 18.72 (mit $\varepsilon_{1,2} = \varepsilon_{v1,2}$ nach Gleichung (20.297) und $\varepsilon_\alpha = \varepsilon_{v\alpha} = \varepsilon_{v1} + \varepsilon_{v2}$) erfolgt die Umrechnung der Blitztemperatur am Ritzelkopf ohne Lastaufteilung ϑ_{flaE} auf die maßgebende mittlere Flankentemperatur ϑ_{flaint}:

$$\vartheta_{flaE} = \mu_{mC} \cdot X_M \cdot X_{BE} \cdot X_{\alpha\beta} \cdot \frac{w_{Bt}^{0,75} \cdot v_{mt}^{0,5}}{|a|^{0,25}} \cdot \frac{X_E}{X_Q \cdot X_{Ca}} \tag{20.295}$$

Hierin bezeichnen μ_{mC} die über der Eingriffsstrecke gemittelte Zahnreibungszahl, X_M den Blitzfaktor zur Einbeziehung der Werkstoffeigenschaften, X_{BE} den Geometriefaktor für den Ritzelzahnkopf zur Berücksichtigung des Zähnezahlverhältnisses, der Krümmungsradien und der Gleitgeschwindigkeit, $X_{\alpha\beta} \approx 1$den Winkelfaktor zur Berücksichtigung von Eingriffs- und Spiralwinkel, w_{bt} die effektive Linienlast, $v_{mt} = v_{mt1,2}$ die Umfangsgeschwindigkeit am Teilkegel in der Mitte der Zahnbreite, a den Achsabstand, X_E den Einlauffaktor zur Berücksichtigung des negativen Einflusses nicht ausreichend eingelaufener Flanken, X_Q den Eingriffsfaktor zur Bewertung des Eingriffsstoßes am Kopf des getriebenen Rades und X_{Ca} den Kopfrücknahmefaktor zur Einbeziehung des positiven Einflusses einer Kopfrücknahme (Balligkeit).

Zur Berechnung der gemittelten Zahnreibungszahl μ_{mC} nach Gleichung (18.436) sind in Gleichung (18.439) und (18.440) $v = v_{mt1,2}$ nach Gleichung (20.279) sowie $\alpha = \alpha_v$ und $\alpha_{wt} = \alpha_{vt}$ mit X_R nach Gleichung (20.282) einzusetzen. Der Blitzfaktor X_M nach Gleichung (18.454) berücksichtigt die Einflüsse von Ritzel- und Radwerkstoff auf die Blitztemperatur. Der Geometriefaktor X_{BE} ist mit $d_{a1} = d_{va1}$, $d_{b1} = d_{vb1}$ und $u = u_v$ nach Gleichung (18.456) zu bestimmen.

Durch den Einlauffaktor X_E lässt sich abhängig von der Flankenrauheit R_a und dem Ersatz-Krümmungsradius ρ_{redC} nach Gleichung (18.440) berücksichtigen, dass die Fresstragfähigkeit bei nicht ausreichend eingelaufenen Flanken im Vergleich zu ausreichend eingelaufenen Flanken bis auf ein Viertel absinken kann:

$$X_E = 1 + (1 - \Phi_E) \cdot \frac{30 \cdot R_a}{\rho_{redC}} \tag{20.296}$$

Hierin ist für nicht eingelaufene Verzahnungen $\Phi_E = 0$ und für vollständig eingelaufene Verzahnungen $\Phi_E = 1$ zu setzen, wobei dann für die Flankenrauheit ungefähr $R_a \approx 0{,}6 \cdot R_{a,neu}$ gilt.

Der Eingriffsfaktor X_Q zur Bewertung des Eingriffsstoßes am Kopf des getriebenen Rades lässt sich nach Abbildung 18.195 mit $\varepsilon_{1,2} = \varepsilon_{v1,2}$ bestimmen, wobei für $\varepsilon_{v1,2}$ gilt:

$$\varepsilon_{v1} = \frac{z_{v1}}{2\cdot\pi}\cdot\left[\sqrt{\left(\frac{d_{va1}}{d_{vb1}}\right)^2 - 1} - \tan\alpha_{vt}\right] \quad \text{und} \quad \varepsilon_{v2} = \frac{z_{v2}}{2\cdot\pi}\cdot\left[\sqrt{\left(\frac{d_{va2}}{d_{vb2}}\right)^2 - 1} - \tan\alpha_{vt}\right] \qquad (20.297)$$

Mithilfe des Kopfrücknahmefaktors X_{CA} wird der positive Einfluss einer Kopfrücknahme (Balligkeit) berücksichtigt, wobei zur Berechnung von einer Verzahnung mit optimaler Balligkeit für die Maximallast ($C_a = C_{eff}$) ausgegangen wird und für ε_{vmax} der größere Wert von $\varepsilon_{v1,2}$ nach Gleichung (20.297) einzusetzen ist:

$$X_{Ca} = 1 + \left[0{,}06 + 0{,}18\cdot\left(\frac{C_a}{C_{eff}}\right)\right]\cdot\varepsilon_{vmax} + \left[0{,}02 + 0{,}69\cdot\left(\frac{C_a}{C_{eff}}\right)\right]\cdot\varepsilon_{vmax}^2 \qquad (20.298)$$

Zur Berechnung der Massentemperatur ϑ_M gilt mit der Öltemperatur $\vartheta_{Öl}$, der mittleren Flankentemperatur ϑ_{flaint} und der Konstanten $C_1 = 0{,}7$ folgender Zusammenhang:

$$\vartheta_M = \vartheta_{Öl} + C_1\cdot\vartheta_{flaint}\cdot X_{mp}\cdot X_S \quad \text{mit} \quad X_{mp} = \frac{1+n_p}{2} \qquad (20.299)$$

Hierin bezeichnen n_p die Anzahl der Zahneingriffe und X_S den Schmierungsfaktor, mit dem sich eine bessere Wärmeübertragung bei Tauchschmierung im Vergleich zur Einspritzschmierung berücksichtigen lässt. Für Tauchschmierung ist $X_S = 1$, für Einspritzschmierung $X_S = 1{,}2$ und für vollständig unter Öl laufende Zahnräder $X_S = 0{,}2$.

Die zulässige Integraltemperatur ϑ_{intP} ergibt sich aus der Fressintegraltemperatur ϑ_{intS}, bei der vereinbarungsgemäß gerade Fressen auftritt, und einer vom Einsatzfall abhängigen kleinsten erforderlichen Fresssicherheit S_{Smin}:

$$\vartheta_{intP} = \frac{\vartheta_{intS}}{S_{Smin}} \quad \text{mit} \quad \vartheta_{intS} \approx \vartheta_{MT} + X_{WrelT}\cdot C_2\cdot\vartheta_{flaintT} \qquad (20.300)$$

Die Fressintegraltemperatur ϑ_{intS} wiederum setzt sich zusammen aus der Massentemperatur ϑ_{MT} und der mittleren Blitztemperatur $\vartheta_{flaintT}$ während des Fresstestlaufes nach DIN 51354 im Prüfstand mit einem identischen Werkstoff-Schmierstoff-Werkstoff-System als Funktion des Ritzeldrehmoments M_{T1T} (Index T für Testwerte) gemäß Abbildung 18.194 mit $C_2 = 1{,}5$ und unter Verwendung von X_{WrelT} nach Gleichung (18.457) [20.43]:

$$\vartheta_{MT} = 80 + 0{,}23\cdot M_{T1T} \quad \text{mit} \quad M_{T1T} = 3{,}726\cdot S_{FZG}^2 \quad \text{und} \quad \vartheta_{flaintT} = 0{,}2\cdot M_{T1T}\cdot\left(\frac{100}{v_{40}}\right)^{0{,}02} \qquad (20.301)$$

Die kleinste erforderliche Fresssicherheit S_{Smin} ist für jeden Anwendungsfall gesondert zu bestimmen bzw. zwischen Hersteller und Betreiber zu vereinbaren. Dabei entsprechen die Anhaltswerte für die rechnerische Fresssicherheit nach DIN 3991 den in Tabelle 18.71 zusammengestellten Werten nach DIN 3990 [20.31], [20.41]. Ebenso gelten die Ausführungen in Tabelle 18.71 zum Kraftverhältnis mit $w_{tmax} = w_{Btmax}$ als maximal ertragbarer Linienbelastung und $w_{teff} = w_{Bteff}$ als tatsächlich auftretender Linienbelastung sinngemäß auch für Kegelräder.

20.4.6.3 Kontakttemperaturverfahren bei Hypoidverzahnungen

Zur Berechnung der Fresstragfähigkeit von Hypoidverzahnungen nach ISO/TR 13989 werden vergleichbare Ansätze der Kontakt- oder Integraltemperatur wie bei Kegelradverzahnungen genutzt, jedoch an der in Abschnitt 20.2.5 näher beschriebenen Ersatz-Schraubradverzahnung [20.74].

Somit setzt sich die maximal auftretende Kontakttemperatur ϑ_B gemäß Gleichung (20.278) aus der Massentemperatur ϑ_M und der maximalen Blitztemperatur zusammen, wobei zur Berechnung der Blitztemperatur ϑ_{fla} bei Hypoidverzahnungen unter Berücksichtigung der hypoidspezifischen Eigenschaft der ungleich gerichteten Flankentangentialgeschwindigkeiten v_{F1} und v_{F2} folgender Zusammenhang gilt:

$$\vartheta_{fla} = 1{,}11 \cdot \mu_m \cdot X_J \cdot X_\Gamma \cdot \frac{w_{Bn} \cdot \left|v_{F1} - v_{F2}\right|}{\sqrt{2 \cdot b_H} \cdot \left(B_{M1} \cdot \sqrt{v_{F1} \cdot \sin\gamma_1} + B_{M2} \cdot \sqrt{v_{F2} \cdot \sin\gamma_2}\right)} \tag{20.302}$$

Hierin bezeichnen μ_m die mittlere Verzahnungsreibungszahl nach Gleichung (18.436) in Verbindung mit den Gleichungen (20.280) bis (20.282), X_J den Eingriffsfaktor nach Gleichung (20.283) und (20.284), X_Γ den Kraftaufteilungsfaktor nach Gleichung (20.287), b_H die halbe Hertz'sche Abplattungsbreite und $B_{M1,2}$ die thermischen Kontaktkoeffizienten für Ritzel und Rad nach Gleichung (18.436). Weiterhin gilt mit der Linienlast w_{Bt} im Stirnschnitt nach Gleichung (18.441) für die Linienlast w_{Bn} im Normalschnitt:

$$w_{Bn} = \frac{w_{Bt}}{\cos\alpha_{wn} \cdot \cos\beta_w} \quad \text{mit} \quad \alpha_{wn} = \arcsin\left(\cos\alpha_{wt} \cdot \cos\beta_b\right) \quad \text{und} \quad \beta_w = \arctan\left(\frac{\tan\beta_b}{\cos\alpha_{wt}}\right) \tag{20.303}$$

Weiterhin müssen zur Berechnung der Blitztemperatur bei Hypoidverzahnungen die lokalen Flankentangentialgeschwindigkeiten $v_{F1,2}$ sowie die zugehörigen Winkel zur Berührlinie $\gamma_{1,2}$ der Ersatz-Schraubradverzahnung berücksichtigt werden. Hierzu werden gemäß Abbildung 20.43 die Umfangsgeschwindigkeiten von Ritzel und Rad v_{t1} und $v_{t,2}$ im betrachteten Berührpunkt in die Flankentangentialebene T (Komponente w) und die Eingriffsebene E (Komponenten c) zerlegt. Die Komponenten w und c werden wiederum aufgeteilt in ihre Anteile senkrecht (w_α, c_α) und parallel (w_β, c_β) zur Flankenlinie. Schließlich ergeben sich dann durch vektorielle Addition der einzelnen Komponenten die Flankentangentialgeschwindigkeiten $v_{F1,2}$ für Ritzel und Rad [20.76], [20.108]:

$$v_{F1} = \sqrt{\left(w_{\alpha1} - c_{\alpha1}\right)^2 + \left(w_{\beta1} + c_{\beta1}\right)^2} \quad \text{und} \quad v_{F2} = \sqrt{\left(w_{\alpha2} - c_{\alpha2}\right)^2 + \left(w_{\beta2} + c_{\beta2}\right)^2} \tag{20.304}$$

$$\gamma_{1,2} = \arctan\frac{\sin\alpha_{sn}}{\tan\beta_{s1,2}} \tag{20.305}$$

Hierin sind $w_{\alpha1,2}$ und $c_{\alpha1,2}$ die Geschwindigkeitskomponenten w und c in Zahnhöhenrichtung und $w_{\beta1,2}$ und $c_{\beta1,2}$ entsprechend in Zahnlängsrichtung mit $\beta_{b1,2}$ als Grundkreisschrägungswinkel und $\beta_{B1,2}$ als Winkel zwischen der Flanken- und der Berührlinie:

$$w_{\alpha1,2} = w_{1,2} \cdot \cos\beta_{B1,2} \quad \text{und} \quad c_{\alpha1,2} = c_{1,2} \cdot \sin\beta_{b1,2} \cdot \sin\beta_{B1,2} \tag{20.306}$$

$$w_{\beta1,2} = w_{1,2} \cdot \sin\beta_{B1,2} \quad \text{und} \quad c_{\beta1,2} = c_{1,2} \cdot \sin\beta_{b1,2} \cdot \cos\beta_{B1,2} \tag{20.307}$$

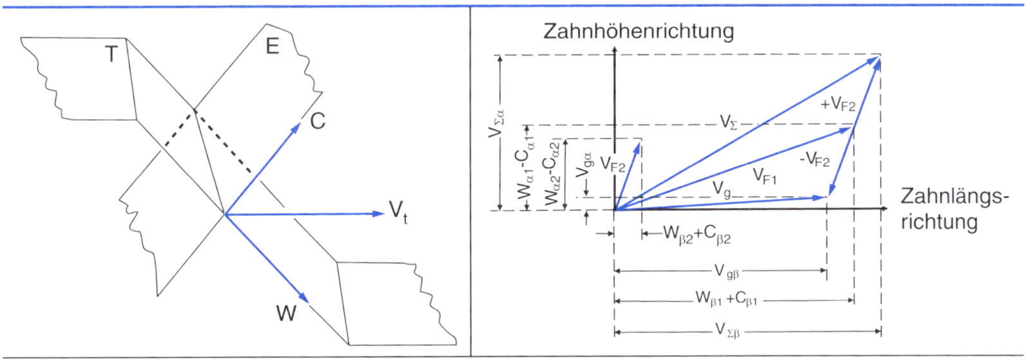

Abbildung 20.43: Zerlegung der Umfangsgeschwindigkeit v_t im betrachteten Berührpunkt in die Flankentangentialebene T und die Eingriffsebene E (a) und Flankentangentialgeschwindigkeiten v_{F1} und v_{F2} als vektorielle Addition der Geschwindigkeitskomponenten in Zahnhöhen- (α) und Zahnlängsrichtung (β) (b) [20.76]

Für die Geschwindigkeitskomponenten w_1 und c_1 am Ritzel sowie w_2 und c_2 am Rad gilt:

$$w_1 = v_{t1} \cdot \left(\sin \alpha_{st1} + \frac{g_{t1}(X)}{r_1} \right) = v_{mt1} \cdot \left(\sin \alpha_{st1} + \frac{g_{t1}(X)}{r_1} \right) \cdot \frac{r_1}{r_{s1}} \tag{20.308}$$

$$w_2 = v_{t2} \cdot \left(\sin \alpha_{st2} - \frac{g_{t2}(X)}{r_2} \right) = v_{mt2} \cdot \left(\sin \alpha_{st1} - \frac{g_{t2}(X)}{r_2} \right) \cdot \frac{r_2}{r_{s2}} \tag{20.309}$$

$$c_1 = v_{t1} \cdot \cos \alpha_{st1} = v_{mt1} \cdot \cos \alpha_{st1} \cdot \frac{r_1}{r_{s1}} \quad \text{und} \quad c_2 = v_{t2} \cdot \cos \alpha_{st2} = v_{mt2} \cdot \cos \alpha_{st1} \cdot \frac{r_2}{r_{s2}} \tag{20.310}$$

Hierin bezeichnen $r_{s1,2}$ die halben Teilkreisdurchmesser der Ersatz-Schraubräder, $r_{1,2}$ die Abstände des betrachteten Berührpunkts auf der Eingriffslinie von der Schraubachse und die Abstände $g_{t1,2}$ des betrachteten Berührpunktes X auf der Eingriffslinie vom Wälzpunkt berechnen sich unter Verwendung der Abschnitte $g_n(X)$ der Eingriffspunkte A, B, D und E nach Abbildung 20.23, des Normaleingriffswinkels α_n und der Stirneingriffswinkel $\alpha_{t1,2}$ zu:

$$g_{t1,2}(X) = g_n(X) \cdot \frac{\sin \alpha_n}{\sin \alpha_{t1,2}} \tag{20.311}$$

Die Berechnung der Hertz'schen Abplattungsbreite (Berührlinienbreite) b_H in Gleichung (20.302) erfolgt entsprechend der ISO/TR 13989 durch näherungsweise Verwendung der kleinen Halbachse b der Berührellipse [20.74], [20.76]:

$$2 \cdot b_H \approx 2 \cdot b = 2 \cdot Z_F \cdot \eta \cdot \sqrt[3]{K_A \cdot F_n \cdot \rho_{Yn}} \quad \text{mit} \quad Z_F = \sqrt[3]{1{,}5 \cdot \left(\frac{1-\nu_1^2}{E_1} + \frac{1-\nu_2^2}{E_2} \right)} \tag{20.312}$$

Hierin bezeichnen Z_F einen Materialfaktor (mit ν als Querkontraktionszahl und E als Elastizitätsmodul), η den Halbachsenbeiwert nach Tabelle 20.37, K_A den Anwendungsfaktor nach Abschnitt 18.4.2.2 und 20.4.2 sowie F_n die Zahnnormalkraft und ρ_{Yn} den Ersatz-Krümmungsradius im Normalschnitt:

$$F_n = \frac{F_{t1}}{\cos\alpha_{sn} \cdot \cos\beta_{s1}} \quad \text{und} \quad \rho_{Yn} = \frac{\rho_{Yn1} \cdot \rho_{Yn2}}{\rho_{Yn1} + \rho_{Yn2}} \tag{20.313}$$

$$\rho_{Yn1} = \frac{\frac{1}{2} \cdot \sqrt{d_{s1}^2 - d_{b1}^2} + g_n(X)}{\cos\beta_{b1}} \quad \text{und} \quad \rho_{Yn2} = \frac{\frac{1}{2} \cdot \sqrt{d_{s2}^2 - d_{b2}^2} - g_n(X)}{\cos\beta_{b2}} \tag{20.314}$$

Im Weiteren ist nun mit der Blitztemperatur ϑ_{fla} nach Gleichung (20.302) die Massentemperatur ϑ_M nach Gleichung (18.445) zu bestimmen und mit der zulässigen Kontakttemperatur ϑ_S nach Gleichung (20.292) zu vergleichen. Die Fresssicherheit nach dem Kontakttemperaturverfahren für Hypoidverzahnungen berechnet sich dann abschließend gemäß Gleichung (20.293) mit den Anhaltswerten für die Mindestsicherheiten nach Tabelle 18.71.

20.4.6.4 Integraltemperaturverfahren bei Hypoidverzahnungen

Zur Berechnung der Fresssicherheit bei Hypoidverzahnungen nach dem Integraltemperaturverfahren ist genauso wie bei Kegelrädern ohne Achsversatz unter Verwendung von Gleichung (18.446) die auftretende Integraltemperatur ϑ_{int} aus der Massentemperatur ϑ_M und der gewichteten, mittleren Flankentemperatur $\vartheta_{flaint,h}$ mit $C_{2H} = 1{,}8$ zu bestimmen:

$$\vartheta_{int} = \vartheta_M + C_{2H} \cdot \vartheta_{flaint,h} \le \vartheta_{intS} \text{ mit } \vartheta_{flaint,h} = 110 \cdot \sqrt{F_n \cdot K_A \cdot K_{B\beta} \cdot v_{t1}} \cdot \mu_{mC} \cdot \frac{X_E \cdot X_G \cdot X_\varepsilon}{X_Q \cdot X_{Ca}} \tag{20.315}$$

Hierin bedeuten F_n die Zahnnormalkraft, v_{t1} die Ritzel-Umfangsgeschwindigkeit am Teilkegel in der Mitte der Zahnbreite und $K_{B\beta}$ der Lastverteilungsfaktor für die Zahnflanke mit dem Lagerungsfaktor $K_{H\beta-be}$ nach Tabelle 20.28:

$$F_n = \frac{2 \cdot M_{t1}}{\cos\alpha_n \cdot \cos\beta_{m1} \cdot d_{m1}} \quad \text{mit} \quad v_{t1} = d_1 \cdot \pi \cdot n_1 \quad \text{und} \quad K_{B\beta} = 1{,}5 \cdot K_{H\beta-be} \tag{20.316}$$

Weiterhin bezeichnen K_A den Anwendungsfaktor nach Abschnitt 18.4.2.2 und 20.4.2, μ_{mC} die über der Eingriffsstrecke gemittelte Zahnreibungszahl, X_E den Einlauffaktor zur Berücksichtigung des negativen Einflusses nicht ausreichend eingelaufener Flanken, X_G den Geometriefaktor für Hypoidverzahnungen, $X\varepsilon$ den Überdeckungsfaktor, X_Q den Eingriffsfaktor zur Bewertung des Eingriffsstoßes am Kopf des getriebenen Rades und X_{Ca} den Kopfrücknahmefaktor zur Einbeziehung des positiven Einflusses einer Kopfrücknahme (Balligkeit).

Zur Berechnung der gemittelten Zahnreibungszahl μ_{mC} nach Gleichung (18.436) ist die Linienlast w_{bt} nach Gleichung (18.441) mit $b = b_{eff} / \cos\beta_{b2}$, der Summengeschwindigkeit $v_{\Sigma C}$ nach Gleichung (20.280) und dem Ersatz-Krümmungsradius ρ_{Cn} nach Gleichung (20.126) zu bestimmen. Dabei gilt für den Schmierstofffaktor X_L Tabelle 18.70 und der Rauheitsfaktor X_R ist nach Gleichung (18.439) und (18.440) mit ρ_{Cn} anstelle von ρ_{redC} zu ermitteln.

Der Einlauffaktor X_E ergibt sich aus Gleichung (20.296) mit ρ_{Cn} nach Gleichung (20.126). Der Eingriffsfaktor X_Q zur Bewertung des Eingriffsstoßes am Kopf des getriebenen Rades ist aus Abbildung 18.195 unter Verwendung von Gleichung (20.297) zu ermitteln, während für den Kopfrücknahmefaktor X_{CA} Gleichung (20.298) mit ε_{nmax} anstelle von ε_{vmax} anzuwenden ist, wobei für ε_{nmax} der größere Wert von $\varepsilon_{n1,2}$ nach Gleichung (20.297) gilt.

Der Geometriefaktor X_G für Hypoidverzahnungen berechnet sich unter Verwendung der Zusammenhänge nach Tabelle 20.37 wie folgt:

$$X_G = \frac{\frac{\sin\Sigma}{\cos\beta_{s2}} \cdot \sqrt{\frac{1}{\rho_{cn}}}}{\sqrt{L \cdot \sin\beta_{s1}} + \sqrt{L \cdot \cos\beta_{s1} \cdot \tan\beta_{s2}}} \quad \text{mit} \quad L = \frac{2}{3} \cdot \xi^2 \cdot \eta \tag{20.317}$$

Aus der Gleitgeschwindigkeit am Ritzelkopf $v_{g\gamma 1}$, bezogen auf die Gleitgeschwindigkeit v_{gs} der Ersatz-Schraubradverzahnung und der Überdeckung im Normalschnitt ε_n lässt sich der Überdeckungsfaktor X_ε wie folgt ermitteln:

$$X_\varepsilon = \frac{1}{\sqrt{\varepsilon_n}} \cdot \left(1 + 0{,}5 \cdot g^* \cdot \frac{v_{g\gamma 1}}{v_{gs} - 1}\right) \quad \text{mit} \quad g^* = \frac{g_{an1}^2 + g_{an2}^2}{g_{an1}^2 + g_{an1} \cdot g_{an2}} \tag{20.318}$$

Hierin bezeichnen $g_{an1,2}$ die Kopfeingriffsstrecken der Ersatz-Schraubradverzahnung von Ritzel und Rad im Normalschnitt nach Tabelle 20.16 und für die Gleitgeschwindigkeiten in Zahnhöhenrichtung v_{ga} und in Zahnlängsrichtung $v_{g\gamma}$ gilt:

$$v_{g\gamma 1} = \sqrt{v_{g\alpha 1}^2 + v_{g\beta 1}^2} \quad \text{und} \quad v_{gs} = v_{t1} \cdot \frac{\sin\Sigma}{\cos\beta_{s2}} \tag{20.319}$$

$$v_{g\alpha 1} = v_{g1} \cdot \cos\gamma_1 + v_{g2} \cdot \cos\gamma_2 \quad \text{und} \quad v_{g\beta 1} = v_{gs} + v_{g1} \cdot \sin\gamma_1 - v_{g2} \cdot \sin\gamma_2 \tag{20.320}$$

$$v_{g1} = 2 \cdot v_{t1} \cdot g_{an1} \cdot \frac{\cos\beta_{b1}}{d_{s1}} \quad \text{und} \quad v_{g2} = 2 \cdot v_{t2} \cdot g_{an2} \cdot \frac{\cos\beta_{b2}}{d_{s2}} \tag{20.321}$$

$0 \le \cos\vartheta < 0{,}949$	$\ln\xi = \frac{\ln(1-\cos\vartheta)}{\left(-1{,}53 + 0{,}333 \cdot \ln(1-\cos\vartheta) + 0{,}0467 \cdot \left[\ln(1-\cos\vartheta)\right]^2\right)}$	(20.322)
	$\ln\eta = \frac{\ln(1-\cos\vartheta)}{\left(1{,}525 - 0{,}86 \cdot \ln(1-\cos\vartheta) - 0{,}0993 \cdot \left[\ln(1-\cos\vartheta)\right]^2\right)}$	(20.323)
$0{,}949 \le \cos\vartheta < 1$	$\ln\xi = \sqrt{-0{,}4567 - 0{,}4446 \cdot \ln(1-\cos\vartheta) + 0{,}1238 \cdot \left[\ln(1-\cos\vartheta)\right]^2}$	(20.324)
	$\ln\eta = -0{,}333 + 0{,}2037 \cdot \ln(1-\cos\vartheta) + 0{,}0012 \cdot \left[\ln(1-\cos\vartheta)\right]^2$	(20.325)
$\cos\vartheta = \rho_{cn} \cdot \sqrt{\frac{1}{\rho_{n1}^2} + \frac{1}{\rho_{n2}^2} + \frac{2 \cdot \cos 2 \cdot \varphi}{\rho_{n1} \cdot \rho_{n2}}}$ mit $\rho_{n1,2}$ nach Tabelle 20.16		(20.326)

Tabelle 20.37: Beiwerte zur Berechnung des Geometriefaktors X_G

Abschließend ist nun mit der mittleren Flankentemperatur $\vartheta_{flaint,h}$ nach Gleichung (20.315) die Massentemperatur ϑ_M nach Gleichung (20.299) zu bestimmen und mit der zulässigen Kontakttemperatur ϑ_{intS} nach Gleichung (20.300) zu vergleichen.

Zusammenfassend kann dann eine Fresssicherheit S_{intS} nach dem Integraltemperaturverfahren für Hypoidverzahnungen ausgewiesen werden, indem das Verhältnis aus zulässiger Integraltemperatur ϑ_{intS} und auftretender Integraltemperatur ϑ_{int} nach jeweiligem Abzug der Öltemperatur $\vartheta_{Öl}$ wie folgt gebildet wird:

$$S_{intS} = \frac{\vartheta_{intS} - \vartheta_{Öl}}{\vartheta_{int} - \vartheta_{Öl}} \geq S_{Smin} \qquad (20.327)$$

Dabei ist die kleinste erforderliche Fresssicherheit S_{Smin} für jeden Anwendungsfall gesondert zu bestimmen bzw. zwischen Hersteller und Betreiber zu vereinbaren. Die Anhaltswerte für die rechnerische Fresssicherheit nach DIN 3991 sind wiederum Tabelle 18.71 zu entnehmen [20.41]. Ebenso gelten die dortigen Ausführungen zum Kraftverhältnis mit $w_{tmax} = w_{Btmax}$ als maximal ertragbarer Linienbelastung und $w_{teff} = w_{Bteff}$ als tatsächlich auftretender Linienbelastung sinngemäß auch für Hypoidräder.

20.4.7 Nachweis der Sicherheit gegen Maximalbelastung

Wie schon bei den Stirnrädern sind für Kegelräder in gleicher Weise zu den bereits abgehandelten Nachweisen der Ermüdungsfestigkeit von Zahnflanke und Zahnfuß immer auch die Sicherheit gegen Maximalbelastung für Zahnflanke und Zahnfuß nachzuweisen.

Dabei kann es an der Zahnflanke durch eine Maximalbelastung abhängig vom Werkstoff, dem Wärmebehandlungszustand und der Zahngeometrie zur bleibenden Verformung (plastische Verformung), zu Anriss oder Sprödbruch der Randschicht kommen. Am Zahnfuß sind durch eine Maximalbelastung ebenfalls bleibende Verformung (plastische Verformung), Anriss oder Sprödbruch möglich.

Zur Durchführung dieser Tragfähigkeitsnachweise gegen Maximalbelastung gelten sinngemäß die Ausführungen zu Stirnrädern nach Abschnitt 18.4.9.

20.4.8 Weitere Gesichtspunkte zu Auslegung, Berechnung und Betrieb von Kegelrädern

Ergänzend zu den genormten Tragfähigkeitsnachweisen nach Tabelle 20.23 können in Anlehnung an Stirnradverzahnungen auch für Kegelrad- und Hypoidverzahnungen bei Bedarf nicht genormte Nachweise der Graufleckentragfähigkeit und Verschleißtragfähigkeit gemäß der Abschnitte 18.4.7 und 18.4.8 durchgeführt werden.

Hinsichtlich der Schwingungsneigung von Kegelrad- und Hypoidgetrieben und der dabei entstehenden Geräusche sowie der möglichen Gefahr von Resonanzbetrieb sei auf den Abschnitt 18.5 sowie die weiterführende Fachliteratur verwiesen [20.76], [20.89].

Aufgaben und Lösungen

ZUSAMMENFASSUNG

Während mit Stirnzahnrädern und den aus ihnen zusammengesetzten, gleichförmig übersetzenden Zahnradgetrieben die formschlüssige Übertragung von Drehmoment und Drehzahl zwischen parallel liegenden Wellen möglich ist, erlaubt der Einsatz von **Kegelrädern** die Drehmoment- und Drehzahlanpassung zwischen Wellen verschiedener Winkellagen.

Dabei unterscheidet man zwischen Kegelrädern ohne Achsversatz und Kegelrädern mit Achsversatz, die auch als **Hypoidräder** bezeichnet werden. Streng genommen gehören Hypoidräder zu den Schraubgetrieben, da im Vergleich zum einfachen Kegelradsatz aufgrund des Achsversatzes zusätzlich eine Schraubbewegung auftritt. Weitere mögliche Geometrieformen sind Kronenräder (Stirnplanräder) und kegelförmige Stirnräder, die man auch als Beveloidräder bezeichnet.

Im Hinblick auf eine hohe Tragfähigkeit (hohe Beanspruchbarkeit) und einen guten Wirkungsgrad (niedrige Verlustleistung) sowie einen geräuscharmen Betrieb haben sich ähnlich wie bei Stirnrädern anstelle der Geradverzahnung **schräg- und bogenverzahnte Kegelräder** durchgesetzt. Allerdings setzt man aus Fertigungsgründen bei Kegelrädern die Schrägverzahnung nicht mehr ein, sondern nutzt den Kreisbogen, die Evolvente und die Epizykloide als Flankenformverlauf. Daraus ergeben sich im Vergleich zu Stirnradverzahnungen insbesondere bei der mechanischen Bearbeitung einige Besonderheiten, auf die vertiefend eingegangen wird.

Um eine optimale Tragfähigkeit der Kegelrad- oder Hypoidverzahnung zu erreichen, bedarf es im Vergleich zur Stirnradverzahnung eines größeren Aufwandes, um die genaue Lage von Ritzel und Tellerrad zueinander einzustellen, was in entsprechender Weise bei der Festlegung und Tolerierung der Maße berücksichtigt werden muss. Da sich aufgrund der Besonderheiten der kegelförmigen Geometrie im Gegensatz zur Stirnradverzahnung einige Bestimmungsgrößen nicht direkt messen lassen, erfolgt meistens eine **Tragbildprüfung** im Gehäuse (Kleinserie) oder aber eine abschließende Geräuschprüfung auf Getriebeprüfständen (Großserie).

Zur Gestaltung von Kegelrad- und Hypoidgetrieben und den darin verwendeten Bauteilen wird zunächst auf die **Verzahnungsqualität**, die **Verzahnungsabweichungen** und **Toleranzen** eingegangen. Während zur Dimensionierung von Kegelrad- und Hypoidgetrieben in Verbindung mit Stirnradgetrieben hinsichtlich des erforderlichen oder gewünschten Anschlusses an Antriebs- und Arbeitsmaschine und die Aufteilung der Gesamtübersetzung auf einzelne Getriebestufen die gleichen Grundsätze wie für reine Stirnradgetriebe gelten, gibt es zur Bestimmung der vorläufigen Hauptabmessungen einer Kegelrad- oder Hypoidstufe (Durchmesser, Breite) eigene überschlägige Ansätze auf der Grundlage von Erfahrungswerten aus den jeweiligen Einsatzgebieten. Darauf aufbauend erfolgt dann die genauere Festlegung der Verzahnungsdaten Modul, Zähnezahl, Spiralwinkel, Profilverschiebung und Verzahnungsgenauigkeit (DIN-Qualität) unter Berücksichtigung des Zahnradformgebungsverfahrens, des Werkstoffes und der Wärmebehandlung. Ausgehend von diesen Dimensionierungsrichtlinien werden Gestaltungsgrundlagen für Getriebebauformen, Räder, Wellen, Lagerungen und Gehäuse vorgestellt.

Anschließend werden wie bei Stirnradverzahnungen genormte **Tragfähigkeitsnachweise** behandelt, um genau wie bei einer Festigkeitsberechnung zu überprüfen, ob die auftretende Beanspruchung kleiner ist als die ertragbare Beanspruchbarkeit. Anhand von Schadensbildern und deren Entstehungsursachen wird deutlich, dass zur beanspruchungsgerechten Auslegung von Kegelrad- oder Hypoidverzahnungen auf der Grundlage gegebener Kräfte, Momente und Lastkollektive Einzelnachweise für die Grübchen-, Zahnfuß-, Fress-, Grauflecken- und Verschleißtragfähigkeit sowie die Sicherheit gegen Maximalbelastung zu führen sind.

Ähnlich wie bei Stirnradverzahnungen gehen auch hier alle Berechnungsmodelle nach DIN 3991, ISO 10300, ISO/TR 13989 und FVA 411 von einem punktförmigen Kraftangriff an der Zahnflanke aus, was jedoch aufgrund der tatsächlichen Ausdehnung eines Zahnes in Höhen- und Breitenrichtung eine idealisierte Vereinfachung darstellt.

Tatsächlich sind die **Belastungsverhältnisse** im Zahneingriff jedoch komplexer, da die Aufteilung der Last einerseits von den einzelnen im Eingriff befindlichen Zahnpaaren (Stirnlastverteilung) und andererseits von der Verteilung der Belastung in Zahnbreitenrichtung bzw. längs der Kontaktlinie (Breitenlastverteilung) abhängt. Im Hinblick auf eine möglichst gleichmäßige Lastverteilung nimmt man deshalb abhängig von den tatsächlichen Belastungsverhältnissen über der Zahnflanke gezielt Korrekturen der **Flankengeometrie** vor, indem z. B. Breiten- und Höhenballigkeiten aufgebracht werden.

Da dieses Grundproblem der **Verzahnungsberechnung** unter Berücksichtigung aller maßgeblichen Verformungen bis heute nicht analytisch geschlossen lösbar ist, verwendet man deshalb wie bei Stirnradverzahnungen entweder einfache Näherungslösungen in Form von Lastverteilungsfaktoren (Stirnfaktor und Breitenfaktor), mit denen die Ungleichmäßigkeit der Belastung an der höchst belasteten Stelle der Kontaktlinie berücksichtigt werden kann, oder aber man nutzt aufwändigere, rechnergestützte Verfahren, mit denen unter Berücksichtigung sämtlicher Einflussgrößen der Verlauf der Zahnbelastung entlang der Kontaktlinie und die Verzahnungssteifigkeit berechnet werden können. Auch wenn die rechnergestützten Verfahren noch nicht den Stand der Normung in DIN 3991, ISO 10300, ISO/TR 13989 und FVA 411 darstellen, so werden die theoretischen Grundlagen anhand des an der TU Dresden entwickelten Programmsystems „BECAL – Bevel Gear Calculation" ausführlich vorgestellt, da sie den aktuellen Stand der Technik darstellen.

Hinsichtlich des **Schwingungs- und Geräuschverhaltens** von Kegelrad- und Hypoidgetrieben im Betrieb unterscheidet man wie bei Stirnrädern zwischen dem Geräuschverhalten aufgrund höherfrequenter Schwingungen und möglicher Schwingfestigkeitsprobleme bedingt durch niederfrequente Schwingungen. Dabei ist zu überprüfen, inwieweit Eigenfrequenzen mit Erregerfrequenzen zusammenfallen, sodass es möglicherweise zu einer Anregung oder sogar zu einer Resonanz kommt, worauf im Kapitel 18 – Stirnradverzahnungen ausführlich eingegangen wird.

Literatur

[20.1] Annast, R.; Kegelrad-Flankenbruch; Diss. TU München, 2003.

[20.2] ANSI / AGMA 2003-A86; Rating Pitting Resistance and Bending Strength of Generated Straight Bevel, Zerol Bevel and Spiral Bevel Gear Teeth; AGMA – American Gear Manufacturer Association, 1986.

[20.3] ANSI / AGMA 2005-D03; Design Manual for Bevel Gears; AGMA – American Gear Manufacturer Association, 2003

[20.4] Baastein, G.; Cylkro-Getriebe – eine neue Herausforderung; Antriebstechnik 33 (1994), Heft 11.

[20.5] Bär, G., Liebschner, B.; Fitting Flanks and Contact Properties of Hypoid Gears; 8. World Congress on the Theory of Machines and Mechanisms, Proc.. Vol. 4, Prag 1991.

[20.6] Bagh, P.; Über die Zahnfußtragfähigkeit spiralverzahnter Kegelräder; Diss. RWTH Aachen, 1976.

[20.7] Baumann, V.; Untersuchungen zur Last- und Spannungsverteilung an bogenverzahnten Kegelrädern; Diss. TU Dresden, 1991.

[20.8] Baumann, V., Thomas, J.; Grundlagen zur Ermittlung der Zahnflanken- und Zahnfußbeanspruchung bogenverzahnter Kegelräder auf Basis experimentell gestützter Näherungsbeziehungen; Heft 429 der Forschungsvereinigung Antriebstechnik, Frankfurt am Main 1995.

[20.9] Becker, J.; Analyse und Optimierung des Lauf- und Geräuschverhaltens bogenverzahnter Kegelräder; Diss. RWTH Aachen, 1999.

[20.10] Blok, H.; Theoretical Study of Temperature Rise at Surface of Actual Contact Under Oiliness Lubricating Conditions, Proc. Gen. Disc. Lubric., Journal of Mechanicle Engineering, No. 2, pp. 225-235, London 1937.

[20.11] Blok, H.; The Surface Temperatures under Extreme Pressure Lubricating, Laboratory of the Royal Dutch Shell.

[20.12] Börner, J., Senf, M., Linke, H.; Beanspruchungsanalyse bei Stirnradgetrieben – Nutzung der Berechnungssoftware LVR, Dresdner Maschinenelemente Kolloquium – DMK 2003, Tagungsband, S. 75-86.

[20.13] Börner, J., Linke, H., Römhild, I.; Profilverschiebung bei Evolventenverzahnung nach neuen Erkenntnissen, VDI-Bericht 1056, VDI Verlag, Düsseldorf 1993.

[20.14] Börner, J., Senf, M.; Verzahnungsbeanspruchung im Eingriffsfeld – effektiv berechnet. Antriebstechnik 34 (1995), Heft 1, S. 59.

[20.15] Bosch, M.; Neue Technologie zum Herstellen spiralverzahnter Großkegelräder im Zyklo-Palloid-Verfahren; Antriebstechnik 18 (1979), S. 507-509.

[20.16] Bosch, M., Trapp, H. J.; Spiralverzahnte Großkegelräder – Gesichtspunkt für die Auslegung, Konstruktion und Fertigung, VDI-Bericht 332, S. 207-215, VDI Verlag, Düsseldorf 1979.

[20.17] Brecher, C., Hesse J.; Untersuchung des Geräuschverhaltens flankenmodifizierter Radsätze; Tagungsband „Zahnrad- und Getriebeuntersuchungen“, RWTH Aachen, 2007.

[20.18] Coleman, W.; Improved Method for Estimating Fatigue Life of Bevel and Hypoid Gears; SAE Quarterly Transactions 6, Vol. 2, pp. 314-331, 1952.

[20.19] Decker, K., Kabus, K., Rieg, F.; Maschinenelemente; Hanser Verlag, München 2007.

[20.20] DIN 780 Modulreihe für Zahnräder (1977-05).

[20.21] DIN 867 Bezugsprofile für Evolventenverzahnungen an Stirnrädern (Zylinderrädern) für den allgemeinen Maschinenbau und den Schwermaschinenbau (1986-02).

[20.22] DIN 868 Allgemeine Begriffe und Bestimmungsgrößen für Zahnräder, Zahnradpaare und Zahnradgetriebe (1976-02).
[20.23] DIN 1320 Akustik – Begriffe (1997-06).
[20.24] DIN 3965 Toleranzen für Kegelradverzahnungen – T1: Grundlagen (1986-08).
[20.25] DIN 3965 Toleranzen für Kegelradverzahnungen – T2: Toleranzen für Abweichungen einzelner Bestimmungsgrößen (1986-08).
[20.26] DIN 3965 Toleranzen für Kegelradverzahnungen – T3: Toleranzen für Wälzabweichungen (1986-08).
[20.27] DIN 3965 Toleranzen für Kegelradverzahnungen – T4: Toleranzen für Achsenwinkelabweichungen und Achsenschnittpunktabweichungen (1986-08).
[20.28] DIN 3966 Angaben für Verzahnungen in Zeichnungen (1978-08).
[20.29] DIN 3971 Begriffe und Bestimmungsgrößen für Kegelräder und Kegelradpaare (1980-07).
[20.30] DIN 3979 Zahnschäden an Zahnradgetrieben; Bezeichnung, Merkmale, Ursachen (1979-07).
[20.31] DIN 3990 Tragfähigkeitsberechnung von Stirnrädern, T1 Einführung und allgemeine Einflussfaktoren (1987-12).
[20.32] DIN 3990 Tragfähigkeitsberechnung von Stirnrädern, T2 Berechnung der Grübchentragfähigkeit (1987-12).
[20.33] DIN 3990 Tragfähigkeitsberechnung von Stirnrädern, T3 Berechnung der Zahnfußtragfähigkeit (1987-12).
[20.34] DIN 3990 Tragfähigkeitsberechnung von Stirnrädern, T4 Berechnung der Fresstragfähigkeit (1987-12).
[20.35] DIN 3990 Tragfähigkeitsberechnung von Stirnrädern, T5 Dauerfestigkeitswerte und Werkstoffqualitäten 1987-12).
[20.36] DIN 3990 Tragfähigkeitsberechnung von Stirnrädern, T6 Betriebsfestigkeitsrechnung (1994-12).
[20.37] DIN 3990 Tragfähigkeitsberechnung von Stirnrädern, T11 Anwendungsnorm für Industriegetriebe; Detail-Methode (1989-02).
[20.38] DIN 3990 Tragfähigkeitsberechnung von Stirnrädern, T21 Anwendungsnorm für Schnellaufgetriebe und Getriebe ähnlicher Anforderungen (1989-02).
[20.39] DIN 3990 Tragfähigkeitsberechnung von Stirnrädern, T31 Anwendungsnorm für Schiffsgetriebe (1990-07).
[20.40] DIN 3990 Tragfähigkeitsberechnung von Stirnrädern, T41 Anwendungsnorm für Fahrzeuggetriebe (1990-05).
[20.41] DIN 3991 Tragfähigkeitsberechnung von Kegelrädern mit Achsversetzung (1988-09).
[20.42] DIN 3991 Trägfähigkeitsberechnung von Kegelrädern ohne Achsversetzung (1988-09).
[20.43] DIN 51354 FZG-Zahnrad-Verspannungs-Prüfmaschine – Allgemeine Arbeitsgrundlagen (1990).
[20.44] DIN 51501 Schmieröle L-AN; Mindestanforderungen (1979-11).
[20.45] DIN 51509 Auswahl von Schmierstoffen für Zahnradgetriebe; Schmieröle (1976-06).
[20.46] DIN 51517 Schmierstoffe – Schmieröle (2004-01).
[20.47] DIN 51519 Schmierstoffe – ISO-Viskositätsklassifikation für flüssige Industrie-Schmierstoffe (1998-08).
[20.48] DIN ISO 14635 Zahnräder – FZG-Prüfverfahren – T1: FZG-Prüfverfahren A/8,3/90 zur Bestimmung der relativen Fresstragfähigkeit von Schmierölen (2006-05); T2: FZG-Prüfverfahren A10/16, 6R/120 zur Bestimmung der relativen Fresstragfähigkeit von hoch EP-legierten Schmierölen (2004-04).

[20.49] DNV 41.2; Calculation of Gear Rating of Marine Transmissions, Det Norske Veritas Classification Notes No 41.2, Oslo 1993.

[20.50] Doleschel, A.; Wirkungsgradberechnung von Zahnradgetrieben in Abhängigkeit vom Schmierstoff; Diss. TU München, 2003.

[20.51] Dubbel, H., Feldhusen, J., Grote, K.-H.; Dubbel – Taschenbuch für den Maschinenbau, 22. Aufl., Springer Verlag, Berlin 2007.

[20.52] Dudley, D. W., Winter, H.; Zahnräder, Springer Verlag, Berlin 1961.

[20.53] Dutschk, R.; Geometrische Probleme bei Herstellung und Eingriff bogenverzahnter Kegelräder; Diss. TU Dresden, 1994.

[20.54] Emmert, S:, Schönnenbeck, G.; Testverfahren zur Untersuchung des Schmierstoffeinflusses auf die Entstehung von Grauflecken bei Zahnrädern; Informationsblatt 54/IV, Forschungsvereinigung Antriebstechnik, Frankfurt am Main 1993.

[20.55] Fresen, G.; Untersuchungen über die Tragfähigkeit von Hypoid- und Kegelradgetrieben (Grübchen, Ridging, Rippling, Graufleckigkeit und Zahnbruch); Diss. TU München, 1981.

[20.56] Gajewski, G.; Ermittlung der allgemeinen Einflussfunktion für die Berechnung der Lastverteilung bei Stirnrädern. Forschungsbericht TU Dresden, Sektion Grundlagen des Maschinenwesens 1986.

[20.57] Germanischer Lloyd; GL Bauvorschriften und Richtlinien für den Schiffbau, Hamburg 2005.

[20.58] Grabscheidt, J., Hirschmann, K. H., Kleinbach, K., Lechner, G.; Qualitätbseurteilung von Getrieben durch Thermografie; Antriebstechnik 29 (1990), Heft 5.

[20.59] Hiersig, H. M.; Zylinderräder mit Rechts- und Linksflanken ungleicher Steigung; Konstruktion 31 (1979), S. 7-11.

[20.60] Höhn, B.-R., Michaelis, K., Annast, R.; Untersuchungen zur Schadensform Flankenbruch an Kegelrädern; Antriebstechnik 48 (2009).

[20.61] Höhn, B.-R., Michaelis, K., Wirth, Chr.; Entwicklung eines Berechnungsverfahrens zur Grübchen- und Zahnfußtragfähigkeit von Hypoidrädern; Abschlussbericht zum Forschungsvorhaben FVA 411 „Hypoidtragfähigkeit", Forschungsvereinigung Antriebstechnik, Frankfurt am Main 2009.

[20.62] Hünecke, C.; Untersuchungen zur Zahnfußbeanspruchung bogenverzahnter Kegelräder ohne und mit Achsversatz auf Basis der genauen Zahngeometrie; Diss. TU Dresden, 2001.

[20.63] ISO 6336 Tragfähigkeitsberechnung von gerad- und schrägverzahnten Stirnrädern; T1 Grundnorm, Einführung und allgemeine Einflussfaktoren (2008-06).

[20.64] ISO 6336 Tragfähigkeitsberechnung von gerad- und schrägverzahnten Stirnrädern; T2 Berechnung der Oberflächentragfähigkeit (Grübchenbildung) (2008-06).

[20.65] ISO 6336 Tragfähigkeitsberechnung von gerad- und schrägverzahnten Stirnrädern; T3 Berechnung der Zahnfußtragfähigkeit (2008-06).

[20.66] ISO 6336 Tragfähigkeitsberechnung von gerad- und schrägverzahnten Stirnrädern; T5 Festigkeit und Werkstoffqualitäten (2003-07).

[20.67] ISO 6336 Tragfähigkeitsberechnung von gerad- und schrägverzahnten Stirnrädern; T6 Betriebsfestigkeit (2006-08).

[20.68] ISO 10300 Tragfähigkeitsberechnung von Kegelrädern – T1: Einführung und allgemeine Einflussfaktoren (2001-08).

[20.69] ISO 10300 Tragfähigkeitsberechnung von Kegelrädern – T2: Berechnung der Grübchentragfähigkeit (2001-08).

[20.70] ISO 10300 Tragfähigkeitsberechnung von Kegelrädern – T3: Berechnung der Zahnfußtragfähigkeit (2001-08).

[20.71] ISO 10825 Gears – Wear and Damage to gear Teeth (2006).

[20.72] ISO 17485 Bevel Gears – ISO-System of Accuracy (2006).

[20.73] ISO 23509 Bevel and Hypoid Gear Geometry (2006-09).

[20.74] ISO/TR 13989 Calculation of Scuffing Load Capacity of Cylindrical, Bevel and Hypoid Gears – P1: Flash Temperature Method (2000-03), P2: Integral Temperature Method (2000-03).

[20.75] Keck, K. F.; Die Zahnradpraxis, Band II, Verlag Oldenbourg, München 1958.

[20.76] Klingelnberg, J. (Hrsg.); Kegelräder – Grundlagen, Anwendungen; Springer Verlag, Berlin 2008 .

[20.77] KN3029 Auslegung von Hypoid-Getrieben mit Klingelnberg Zyklo-Palloid-Verzahnung, Klingelnberg GmbH, Hückeswagen 1995.

[20.78] Knauer, G.; Zur Grübchentragfähigkeit einsatzgehärteter Zahnräder, Einfluss von Werkstoff, Schmierstoff und Betriebstemperatur, Diss. TU München, 1988.

[20.79] Krumme, W.; Klingelnberg Spiralkegelräder; Springer Verlag, Heidelberg 1950.

[20.80] Landvogt, A.; Einfluss der Hartfeinbearbeitung und der Flankentopographieauslegung auf das Lauf- und Geräuschverhalten von Hypoidverzahnungen mit bogenförmiger Flankenlinie; Diss. RWTH Aachen, 2003.

[20.81] Langenbeck, K.; Verschleiß- und Fresslastgrenze der Hypoidgetriebe; Diss. TU München, 1966.

[20.82] Linke, H., Kupfer, R.; Lastverteilungsmessung mit Feinpapier; Informationsblatt zum Forschungsvorhaben FVA 319, Forschungsvereinigung Antriebstechnik, Frankfurt am Main 2000.

[20.83] Linke, H., Kunert, J., Trempler, U., Wikidal, F.; Weiterentwicklung der Grundlagen zur Ermittlung der Lastaufteilung und Lastverteilung bei außenverzahnten Gerad- und Schrägstirnrädern durch Verformungs- und Spannungsmessung; Forschungsheft FVA 458, Forschungsvereinigung Antriebstechnik, Frankfurt am Main 1995.

[20.84] Linke, H.; Stirnradverzahnung – Berechnung, Werkstoffe, Fertigung; Hanser Verlag München 1996.

[20.85] Linke, H.; Ergebnisse und Erfahrungen bei der Anwendung des Singularitätenverfahrens zur Ermittlung der Spannungskonzentration an Verzahnungen, Wiss. Zeitschrift TU Dresden 27 (1978), Heft 3 und 4.

[20.86] Michaelis, K.; Die Integraltemperatur zur Beurteilung der Fresstragfähigkeit von Stirnradgetrieben, Diss. TU München, 1987.

[20.87] Naunheimer, H., Bertsche, B., Lechner, G.; Fahrzeuggetriebe – Grundlagen, Auswahl, Auslegung und Konstruktion; Springer Verlag, Berlin 2007.

[20.88] Neupert, B.; Berechnung der Zahnkräfte, Pressungen und Spannungen von Stirn- und Kegelradgetrieben, Diss. RWTH Aachen, 1983.

[20.89] Niemann, G., Winter, H.; Maschinenelemente Band II (Getriebe allgemein, Zahnradgetriebe – Grundlagen, Stirnradgetriebe); Band III (Schraub-, Kegelrad-, Ketten-, Riemen-, Reibradgetriebe, Kupplungen, Bremsen, Freilauf); Springer Verlag, Berlin 1983.

[20.90] Paul, M.; Einfluss von Balligkeit und Lageabweichungen auf die Zahnfußbeanspruchung spiralverzahnter Kegelräder; Diss. TU München, 1986.

[20.91] Roloff/Matek; Maschinenelemente; Hrsg. Muhs, D., Wittel, H., et al.; Vieweg Verlag, Braunschweig 2005.

[20.92] Roth, K., Haupt, U.; Stirnräder mit keilförmigen Evolventenzähnen für spielfreie Getriebe, VDI-Berichte Nr. 374, S. 55-61, VDI-Verlag, Düsseldorf 1980.

[20.93] Schlecht, B.; Maschinenelemente 1; Verlag Pearson Studium, München 2007.
[20.94] Schlecht, B.; Schwingungen in Antriebssystemen – Wie aussagefähig ist die Ermittlung von Sicherheiten; Dresdner Maschinenelemente Kolloquium – DMK 2005, Tagungsband S. 11-75.
[20.95] Schlecht, B., Senf, M., Schäfer, St. Hutschenreiter, B.; BECAL – Berechnung der Beanspruchungsverteilung an Kegelrad- und Hypoidgetrieben; Forschungsvereinigung Antriebstechnik, Frankfurt am Main 2009.
[20.96] Schlecht, B., Schulze, T.; Kegelradabweichungen – Untersuchungen zum Einfluss von Fertigungsabweichungen auf die Tragfähigkeit bogenverzahnter Kegelräder; Abschlußbericht zum Forschungsvorhaben FVA 391 (Heft 734), Forschungsvereinigung Antriebstechnik, Frankfurt am Main 2004.
[20.97] Schlecht, B., Linke, H., Kupfer, R.; Tragbildprüfung an beliebigen Verzahnungen mittels Feinpapier; VDI-Tagung „Verzahnungsmesstechnik"; 4.-5. Mai 2002, Mannheim.
[20.98] Schlecht, B., Schäfer, St., Senf, M., Hutschenreiter, B.; Tragbildentwicklung, Beanspruchungsanalyse und Bereitstellung der Zahnlückengeometrie bei Kegelrad- und Hypoidgetrieben, Dresdner Maschinenelemente Kolloquium – DMK 2007, Tagungsband S. 159-170.
[20.99] Schlenk, L., Eberspächer, C.; Verfahren zur Bestimmung der Fresstragfähigkeit hochlegierter Schmierstoffe in der FZG-Zahnrad-Verspannungs-Prüfmaschine; Informationsblatt 243, Forschungsvereinigung Antriebstechnik, Frankfurt am Main 1996.
[20.100] Schrade, U.; Einfluss von Verzahnungsgeometrie und Betriebsbedingungen auf die Graufleckentragfähigkeit von Zahnradgetrieben; Diss. TU München, 2000.
[20.101] Schweicher, M.; Rechnerische Analyse und Optimierung des Beanspruchungsverhaltens bogenverzahnter Kegelräder; Diss. RWTH Aachen, 1994.
[20.102] Seibicke, F.; Dimensionierung, Auslegung und Herstellung von Kegelradsätzen mit inverser Spirale; Dresdner Maschinenelemente Kolloquium – DMK 2003, Tagungsband S. 161-176.
[20.103] Senf, M.; Untersuchungen zur Last- und Spannungsverteilung an schrägverzahnten Stirnrädern; Diss. TU Dresden 1978.
[20.104] Thomas, J.; Flankentragfähigkeit und Laufverhalten von hartfeinbearbeiteten Kegelrädern; Diss. TU München, 1998.
[20.105] Tredgold, Th.; A Practical Essay on the Strength of Cast Iron; London 1824.
[20.106] Vogel, O., Griewank, A., Henlich, Th., Schlecht, B.; Automatisches Differenzieren im Maschinenbau – Simulation und Optimierung bogenverzahnter Kegelradgetriebe; Dresdner Maschinenelemente Kolloquium – DMK 2003, Tagungsband S. 177-194.
[20.107] Vollhüter, F.; Grübchen- und Zahnfußtragfähigkeit von Kegelrädern mit und ohne Achsversatz; Diss. TU München, 1992.
[20.108] Wech, L.; Untersuchungen zum Wirkungsgrad von Kegelrad- und Hypoidgetrieben; Diss. TU München, 1987.
[20.109] Weck, M., Kempa, B., Landvogt, A.; Projektstudie Kronenräder; Abschlussbericht zum Forschungsvorhaben FVA 339, Forschungsvereinigung Antriebstechnik, Frankfurt am Main 1998.
[20.110] Wiener, D.; Untersuchungen über die Flankentragfähigkeit von Kegelrädern; Diss. RWTH Aachen, 1973.
[20.111] Wildhaber, E.; Basic Relationship of Hypoid Gears; American Machinery 90 (1946), No. 4, p.11.

[20.112] Winter, H., Michaelis, K.; Fresstragfähigkeit von Stirnradgetrieben; Antriebstechnik 14 (1975), Heft 7, S. 405-409 und Heft 8, S. 461-465.
[20.113] Wolfstieg, W.; Stirnräder mit keilförmig ausgebildeten Zähnen, VDI-Zeitschrift 95 (1953), S. 173-174.
[20.114] Zirpke, K.; Zahnräder; Fachbuchverlag Leipzig 1989.

Schneckenverzahnung und Schneckengetriebe

21

ÜBERBLICK

Einführung

» In diesem Kapitel werden ausgehend von den Grundlagen der Stirnradverzahnung gemäß Kapitel 18 die Besonderheiten von Schneckenverzahnungen und Schneckengetrieben behandelt. Hierzu werden zunächst die Bauarten von Schnecken und Schneckenrädern und die Geometrie der Paarung Schnecke – Schneckenrad erläutert.

Aufbauend auf den geometrischen Anforderungen werden die im Vergleich zur Stirnradverzahnung zu beachtenden Besonderheiten beschrieben. Daran anschließend wird auf die Gestaltungsgrundlagen für die Einzelkomponenten und das Getriebe sowie den Wirkungsgrad, die Erwärmung und Schmierung eingegangen.

Abschließend erfolgt der Vergleich von Beanspruchung und Beanspruchbarkeit auf der Grundlage genormter Berechnungsverfahren. Ausgehend von den sich ergebenden Kräften und Momenten werden die erforderlichen Einzelnachweise behandelt, die für die Grübchen-, Zahnfuß- und Verschleißtragfähigkeit zu führen sind. Ferner werden auch noch die Temperatursicherheit sowie die Einhaltung der zulässigen Durchbiegung der Schneckenwelle nachgewiesen.

Hinsichtlich kritischer Schwingungszustände und Geräusche beim Betrieb von Schneckengetrieben sind die grundlegenden Ausführungen zu Stirnradgetrieben gültig. «

LERNZIELE

- Kennenlernen der grundlegenden Aufgaben von Schneckenverzahnungen und Schneckengetrieben und ihr Einsatz in antriebstechnischen Anwendungen
- Kennenlernen der Gestaltungsrichtlinien für Schneckenverzahnungen und Schneckengetrieben
- Erarbeitung der Grundlagen zur Ableitung der auftretenden Beanspruchungen aus den einwirkenden Belastungen und zur Lastverteilung bei Schneckenverzahnungen und Schneckengetrieben
- Auslegung und Nachrechnung von Schneckenverzahnungen und Schneckengetrieben anhand der vorgestellten Berechnungsgrundlagen

21.1 Einleitung

Schneckengetriebe bestehen aus einer oftmals treibenden Schnecke und einem zugehörigen Schneckenrad, deren Achsen sich im Allgemeinen in einem Winkel von 90° kreuzen. Abbildung 21.1 zeigt beispielhaft ein Schnecken-Stirnrad-Planetengetriebe mit 160 kW Leistung zum Einsatz in Antrieben von Raupenfahrwerken bei Tagebaugroßgeräten. Die schnell laufende Eingangswelle (Schnecke) der Schneckenradstufe wird über eine Kupplung mit dem Antriebsmotor verbunden, während die langsam laufende Abtriebswelle direkt über eine große Flanschverbindung mit dem Turas des Raupenfahrwerks verschraubt wird.

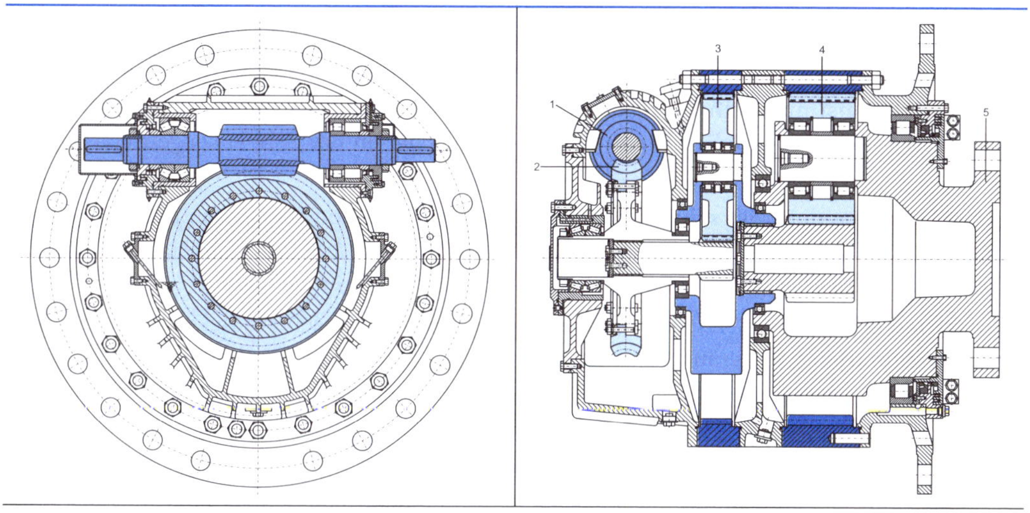

Abbildung 21.1: Schnecken-Stirnrad-Planetengetriebe mit 160 kW Antriebsleistung für den Raupenfahrantrieb eines Tagebaugroßgerätes gemäß Abbildung 19.28

Aufgrund der hohen möglichen Übersetzung (bis $i = 140$) und der Neigung zur Selbsthemmung ergeben sich für Schneckengetriebe eigene Anwendungsbereiche. Dabei bedeutet die Selbsthemmung, dass am Abtrieb eingeleitete Drehmomente die inneren Reibmomente des Getriebes nicht überwinden können und sich somit das Getriebe selbst in seiner Bewegung hemmt, während antriebsseitige Drehmomente hingegen zum Abtrieb übertragen werden können. Wegen dieser Eigenschaft werden Schneckengetriebe oft in Windenantrieben verwendet, da somit das System nicht notwendigerweise gebremst werden muss, um die Last zu halten. Ein weiteres großes Einsatzgebiet sind Aufzugsantriebe, bei denen ebenfalls die Selbsthemmungsneigung aus Sicherheitsgründen vorteilhaft ist. Darüber hinaus werden leistungsstarke Schneckengetriebe in Pressen, Walzwerken, in der Fördertechnik und in Bergbaumaschinen, aber auch in Fräsköpfen und Rundtischen angewendet. Weitere Beispiele für robuste Schneckengetriebeanwendungen sind Ruderantriebe und Ankerwinden für Schiffe, aber auch Azimutantriebe von Windenergieanlagen.

Mit Schneckengetrieben sind aber auch Übersetzungen ins Schnelle möglich, wie die mechanischen Antriebe von Zentrifugen in Molkereimaschinen, Drehwähler und aerodynamische Bremsen bzw. Fliehkraftregler in Grammophonen und Spieldosen belegen.

Allerdings begrenzt der vergleichsweise schlechte Wirkungsgrad aufgrund der hohen Gleitbewegungen im Zahneingriff auch die Anwendung von Schneckengetrieben.

21.2 Funktion und Wirkung

Ebenso wie die achsversetzten Kegelradgetriebe (Hypoidgetriebe) gehören die Schneckengetriebe, bestehend aus einer Schnecke und einem zugehörigen Schneckenrad, zur Gruppe der Schraubgetriebe, bei denen längs der Kontaktlinie ein stetes Gleiten stattfindet (s.a. Abbildung 18.3).

Dabei entspricht die Schnecke einer ein- oder mehrgängigen Schraube, bei der jeder Schraubengang einen Zahn der Schnecke darstellt. Die Achsen von Schnecke und Schneckenrad kreuzen sich meist unter einem Achsenwinkel (Kreuzungswinkel) von $\Sigma = 90°$, es sind aber auch andere Winkel möglich. Als wesentliche Eigenschaften der Schneckengetriebe sind zu nennen:

- Die Getriebebauform ist sehr kompakt und damit in kleinen Baugrößen sehr wirtschaftlich, da sich ein großer Übersetzungsbereich von $5 \leq |\iota| \leq 100$ (mit Schnecke als Antrieb) und von $1/15 \leq |\iota| \leq 1/4$ (mit Schneckenrad als Antrieb) erreichen lässt.
- Aufgrund des hohen Gleitanteils und der geringen Auftreffgeschwindigkeiten der Flanken ist der Zahntrieb sehr geräuscharm und schwingungsdämpfend, weshalb sich mithilfe von Schneckengetrieben niedrigere Schalldruckpegel erzielen lassen als mit Stirnradgetrieben.
- Der Antrieb der Schnecke kann von beiden Seiten erfolgen, so dass durchlaufende Antriebswellen mit mehreren hintereinander angeordneten Schneckenstufen möglich sind.
- Schneckentriebe sind höher belastbar als Schraubradgetriebe, wobei auch hier der hohe Verschleiß und die hohe Wärmeentwicklung begrenzend wirken.
- Bei Antrieb über das Schneckenrad (Übersetzung ins Schnelle) lässt sich innerhalb der Getriebestufe eine Selbsthemmung verwirklichen.
- Der Verzahnungswirkungsgrad ist zum Teil deutlich kleiner als bei Stirn- und Kegelradgetrieben. Dies ist auf das verlustbehaftete Gleiten im Zahneingriff zurückzuführen (dieses jedoch macht Selbsthemmung möglich). Mit steigendem Übersetzungsverhältnis und abnehmender Gleitgeschwindigkeit sinkt der Wirkungsgrad bis auf Werte von $\eta < 0{,}5$.
- Eine Änderung der Schnecke ist nur durch die Änderung des Werkzeuges möglich (Paarverzahnung).
- In den meisten Anwendungen sind einlauffähige Materialien für die Schneckenverzahnung notwendig. Diese bestehen im Allgemeinen aus kostenintensiver Bronze. Im Vergleich zu den üblicherweise in einer Verzahnung verwendeten Stählen sind diese Werkstoffe weniger verschleißfest.
- Schneckengetriebe sind sehr empfindlich gegenüber Achsabstandsänderungen. Auf das Zahnflankenspiel kann somit nicht durch Veränderung des Achsabstandes Einfluss genommen werden.
- Eine aufwändige Einstellbarkeit der Radkörperausrichtung zueinander erhöht den konstruktiven Aufwand von Schneckengetrieben.

21.2.1 Bauarten von Schnecken und Schneckenrädern

In Anwendungen mit geringen Anforderungen an die Belastbarkeit werden zum Teil Zylinderschnecken mit einem Schrägstirnrad gepaart. Diese Anordnung entspricht somit eher einem Schraubradgetriebe, in welchem sich die Verzahnungspartner in einem Punktkontakt berühren. Aufgrund der einfachen Fertigung wird diese Anordnung vorzugsweise in der Feinwerkstechnik angewandt.

Größere industrietechnische Anwendungen nutzen üblicherweise den Vorteil der höheren Belastbarkeit eines Linienkontaktes zwischen den Verzahnungspartnern. Hierzu müssen die Geometrien der einzelnen Verzahnungen an den besonderen Abwälzvorgang von Schneckengetrieben angepasst werden. Man erreicht dies, indem mindestens ein Verzahnungspartner als Globoid ausgeführt wird, so dass sich seine Kontur an die des Gegenrades anschmiegt. Abbildung 21.2 fasst die möglichen Paarungsarten von Schneckenradsätzen zusammen.

a Zylinderschnecke/Globoid-Schneckenrad Diese Bauform wird am häufigsten in industriellen Anwendungen verwendet. Maßgebend dafür ist die verhältnismäßig einfache Herstellung der Schnecke (einfach schleifbar). Axiale Lageabweichungen der Schnecke haben auf das Laufverhalten nur einen geringen Einfluss. Üblicherweise wird diese Bauart auch Zylinderschneckengetriebe genannt.	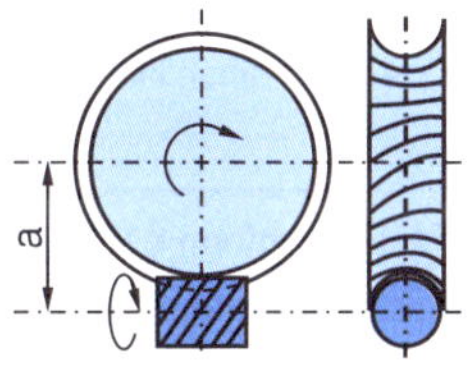
b Globoid-Schnecke/Zylinderschneckenrad Die Herstellung der Globoid-Schnecke ist sehr aufwändig und kann lediglich durch ein dem Schneckenrad geometrisch vergleichbares Werkzeug erfolgen. Somit wird diese Bauart nahezu nicht angewendet.	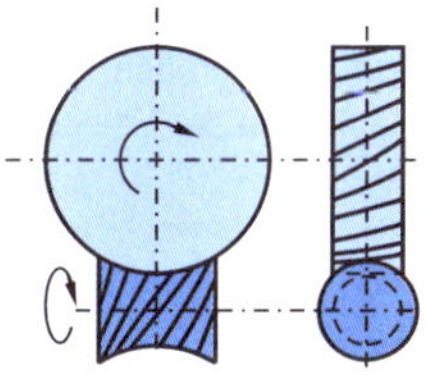
c Globoid-Schnecke / Globoid-Schneckenrad Dieses so genannte Globoid-Schneckengetriebe ermöglicht gute Schmiegungsverhältnisse und somit eine hohe Tragfähigkeit, sofern stets für ausreichende Kühlung gesorgt wird. Für die Herstellung sind spezielle Werkzeuge und Maschinen erforderlich, da die Schnecke über veränderliche Steigungswinkel verfügt. Daher ist diese Bauart nur in sehr großen Stückzahlen wirtschaftlich.	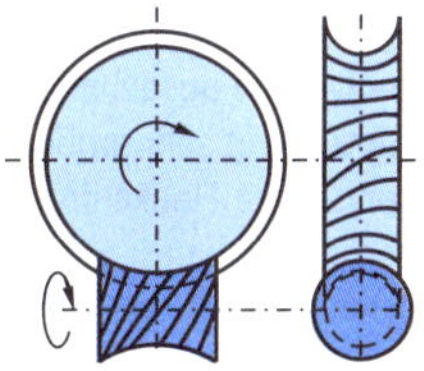

Abbildung 21.2: Paarungsarten der Schneckenradsätze und ihre Eigenschaften [21.75]

In industriellen Anwendungen kommen vorwiegend Zylinderschneckengetriebe zum Einsatz. Dabei lassen sich weitere Unterscheidungen nach der Flankenform der Zylinderschnecke gemäß Abbildung 21.3 vornehmen.

a Flankenform A (ZA-Schnecke)

Die Schneckengänge sind im Axialschnitt trapezförmig ausgebildet. Die Herstellung erfolgt mit einem trapezförmigen Drehmeißel, dessen Schneide im Axialschnitt angeordnet ist. Somit schneidet die erzeugende Gerade die Schneckenlängsachse. Alternativ kann die Herstellung mithilfe eines profilierten Fräswerkzeuges (Schneidrad) erfolgen.

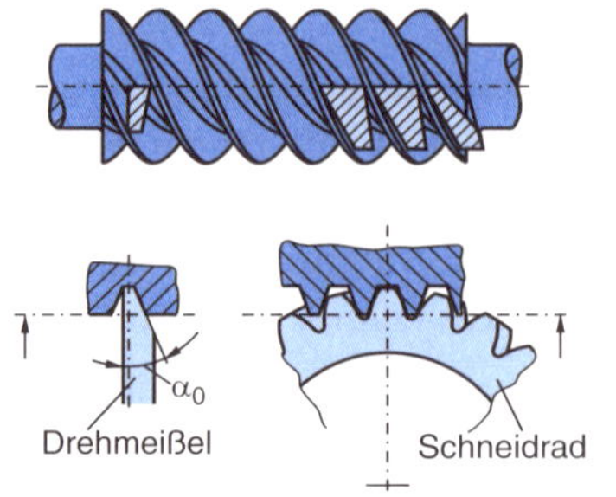

b Flankenform N (ZN-Schnecke)

Die Schneckengänge sind bei dieser Flankenform im Normalschnitt trapezförmig ausgebildet. Dies bedeutet, dass die erzeugende Gerade in einer Ebene liegt, welche um den mittleren Steigungswinkel γ_m gegenüber der Schneckenlängsachse geneigt ist. Die Herstellung kann durch einen schräg angestellten Drehmeißel, einen kegeligen Fingerfräser oder einen kleinen trapezförmigen Scheibenfräser erfolgen.

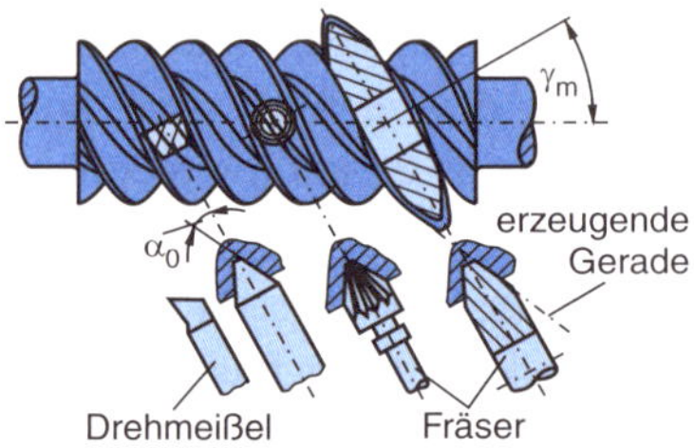

c Flankenform K (ZK-Schnecke)

Diese Flankenform wird durch große Fräser oder Schleifscheiben mit kegeligen Querschnitten hergestellt. Diese werden wiederum um den Steigungswinkel γ_m gegenüber der Schneckenlängsachse geneigt. Aufgrund der großen Werkzeugdurchmesser entstehen leicht gewölbte Flanken an der Schnecke (Unterschied zur ZN-Schnecke).

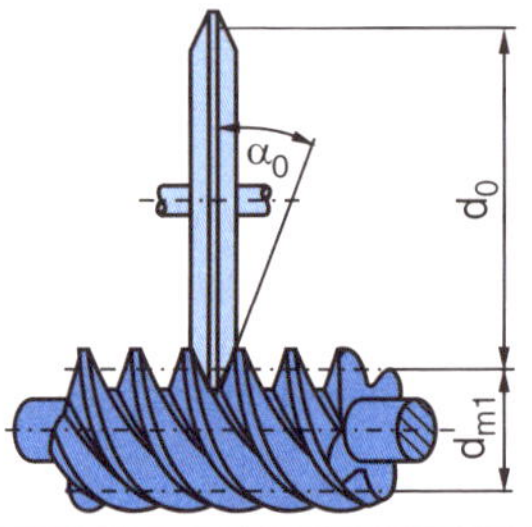

d Flankenform I (ZI-Schnecke)

Bei der Flankenform I sind die Schneckenflanken im Stirnschnitt als Evolventen ausgebildet. Somit entspricht die Schnecke einem Schrägstirnrad mit sehr großem Schrägungswinkel ($\beta_{01} = 90° - \gamma_m$). Daher kann diese Flankenform mit allen Verfahren der Evolventenstirnräder hergestellt werden. Dazu gehört das Wälzschleifen mit einer ebenen Schleifscheibe, welche um den Steigungswinkel γ_m geschwenkt und deren Drehachse zusätzlich um den Erzeugungswinkel α_0 geneigt ist.

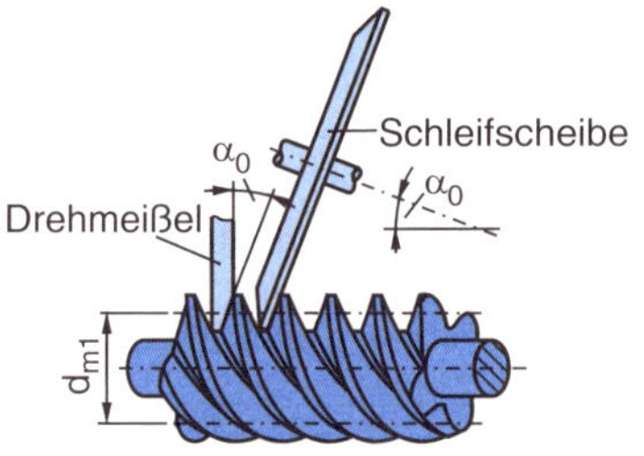

e Flankenform H (ZH-Schnecke)

Bei dieser Flankenform werden Hohlflanken durch eine Schleifscheibe mit balligem Kreisprofil (angestellt wie bei der Flankenform K) an der Schnecke erzeugt. Dadurch ergeben sich günstige Berührungsverhältnisse im Zahneingriff. Dies äußert sich in einer geringeren Flankenpressung und somit einem geringeren Verschleiß und einer höheren Lebensdauer als bei anderen Flankenformen. Nachteilig hingegen ist eine Zahnsteifigkeitsschwankung während des Zahneingriffes. Die genannten Effekte verstärken sich mit zunehmender Profilverschiebung.

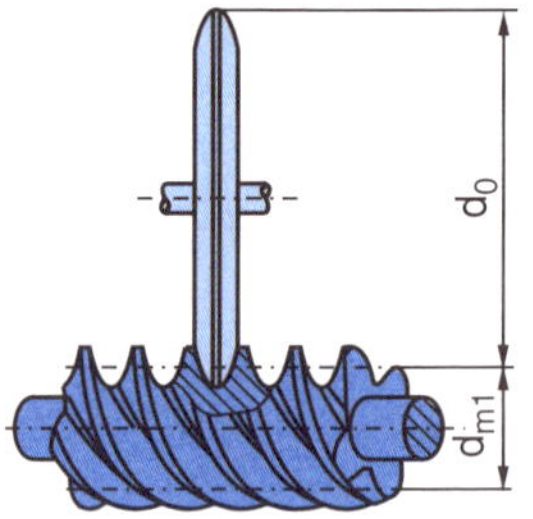

Abbildung 21.3: Flankenformen der Zylinderschnecken nach [21.75]

Die unterschiedlichen Flankenformen führen gemäß Abbildung 21.4 zu sehr unterschiedlichen Berührverhältnissen im Zahneingriff. Ausgehend von den Anforderungen, welche an den Schneckentrieb gestellt werden, können durch die Wahl des Herstellverfahrens gezielt Eigenschaften angepasst werden.

a Flankenform I (ZI-Schnecke)	b Flankenform H (ZH-Schnecke)	c Stirnrad-Schneckenradsatz

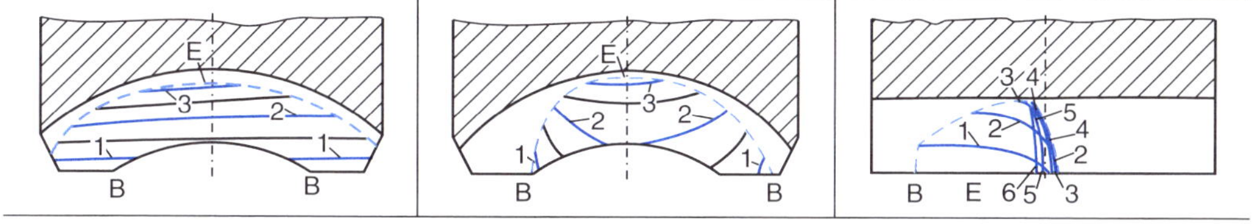

1, 2, 3 – Eingriffslinien der einzelnen Zahneingriffe, B – Eingriffsbeginn, E – Eingriffsende

Die ZI-Schnecke verfügt aufgrund der evolventischen Flanken der Verzahnungspartner, ähnlich der evolventischen Stirnräder, über gerade Berührungslinien.

Bei der ZH-Schnecke hingegen erfolgt der Zahneingriff aufgrund der gewölbten Schneckenflanken unter Einwirkung bogenförmiger Berührlinien. Das Schmieröl wird aufgrund des bogenförmigen Zahneingriffes zum Zahnfuß hin getrieben, ohne ausweichen zu können. Somit verbessern sich die hydrodynamischen Eigenschaften der Schmierung, wodurch sich die Flankentragfähigkeit erhöht.

Abbildung 21.4: Berührlinien in der Radialebene des Schneckenrades [21.58]

Der Tragfähigkeitsgewinn von ZH-Schnecken im Vergleich zu ZI-Schnecken ist in Abbildung 21.5 wiedergegeben.

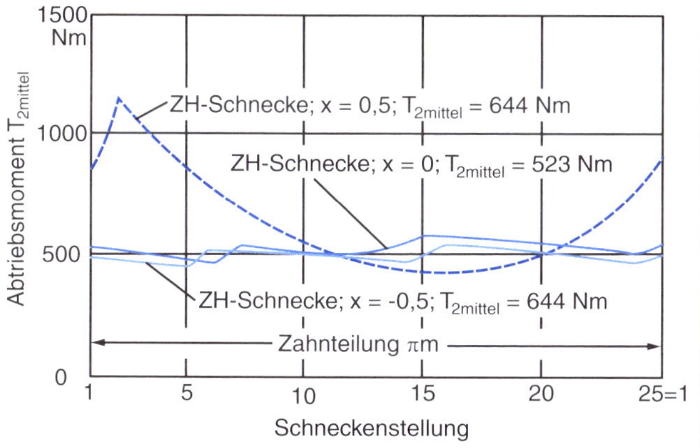

Die Tragfähigkeit einer ZH-Schnecke ist im Mittel höher als bei einer vergleichbaren ZI-Schnecke. Während des Zahneingriffes schwankt die Tragfähigkeit von ZH-Schnecken jedoch stark. Dies geschieht aufgrund von Veränderungen der Berührlinienlängen bei verschiedenen Zahneingriffsstellungen.

Abbildung 21.5: Flankentragfähigkeit für verschiedene Flankenformen [21.75], [21.102]

21.2.2 Geometrie der Schnecken und Schneckenräder

Der Zahneingriff zwischen Schnecke und Schneckenrad ist vergleichbar mit dem der Paarung von Zahnstange und Stirnrad. Während der Drehung der Schnecke um deren Längsachse verschiebt sich ihr Zahnstangenprofil (im Axialschnitt) in axialer Richtung und kämmt dabei mit der Verzahnung des Schneckenrades in der Schneckenrad-Mittenebene gemäß Tabelle 21.1. Somit ist der Mittelkreis des Schneckenrades (d_{m2}) vergleichbar mit dem Wälzkreis eines Stirnrades. Dadurch ähneln sich die Geometrien von Schneckengetrieben und evolventischen Stirnrädern.

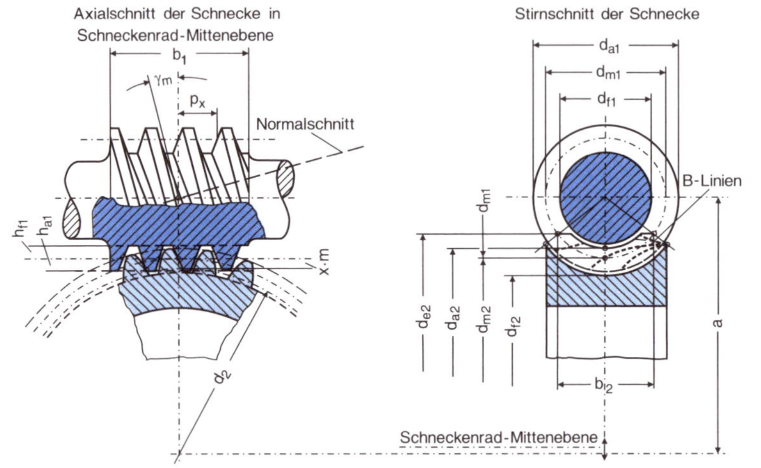

Axialteilung	$p_x = m_x \cdot \pi$ (21.1)
Steigungshöhe	$p_{z1} = z_1 \cdot p_x$ (21.2)
Achsabstand	$a = \frac{d_{m1} + d_{m2}}{2}$ (21.3)
Außendurchmesser	$d_{e2} = d_{a2} + m_x$ (21.4)

Fußkreisdurchmesser	Teilkreisdurchmesser	Mittenkreisdurchmesser	Kopfkreisdurchmesser
$d_{f1} = d_{m1} - 2 \cdot (m_x + c_1)$ (21.5) $d_{f2} = d_{m2} - 2 \cdot (m_x + c_2)$ (21.6)	$d_2 = z_2 \cdot m_x$ (21.7)	$d_{m1} = z_1 \cdot \frac{m_x}{\tan \gamma_m}$ (21.8) $d_{m2} = d_2 + 2 \cdot x \cdot m_x$ (21.9)	$d_{a1} = d_{m1} + 2 \cdot m_x$ (21.10) $d_{a2} = d_{m2} + 2 \cdot m_x$ (21.11)
Grundkreisdurchmesser	**Grundzylinderteilung**	**Grundsteigungswinkel**	**Formzahl**
$d_{b1} = \frac{m_x \cdot z_1}{\tan \gamma_b}$ (21.12)	$p_b = m_x \cdot \pi \cdot \cos \gamma_b$ (21.13)	$\cos \gamma_b = \cos \gamma_m \cdot \cos \alpha_0$ (21.14)	$q = \frac{d_{m1}}{m_x}$ (21.15)

Tabelle 21.1: Geometrie eines Zylinderschnecken-Radsatzes (ZI-Schnecke) nach [21.75]

Der Modul bezieht sich hierbei auf den Achsschnitt der Schnecke, beziehungsweise den Stirnschnitt des Schneckenrades $m = m_x = m_t$, wobei die Modulreihen für Schneckengetriebe nach DIN 780 standardisiert sind [21.17]. Die Definitionen von Fuß-, Teil- und Kopfkreisdurchmesser sind mit denen der Stirnräder vergleichbar. Im allgemeinen Falle des Kreuzungswinkels von $\Sigma = 90°$ ist der Steigungswinkel der Schnecke gleich dem Schrägungswinkel des Schneckenrades ($\gamma_m = \beta_m$). Die für Schnecken verwendete Formzahl q stellt ein Maß für die Schlankheit der Schnecke dar. Sie gibt insbesondere Auskunft darüber, ob eine Schnecke geeignet ist, den auftretenden Biegelasten infolge der Verzahnungskräfte standzuhalten. Üblicherweise werden Schnecken mit einer Formzahl im Bereich von $q = 6 \dots 10$ verwendet. Vorzugsreihen für Mittelkreisdurchmesser und daraus resultierende Achsabstände sind der DIN 3975 Teil 1 und Teil 2 zu entnehmen [21.22]. Ein geeignetes Zahnfußspiel stellt $c = 0{,}2 \cdot m$ dar.

Zur Bestimmung zweckmäßiger Schnecken- und Schneckenradbreiten können die folgenden Anhaltswerte nach Tabelle 21.2 verwendet werden.

$b_1 \geq \sqrt{d_{a2}^2 - d_{m2}^2}$	(21.16)	Die minimale Schneckenbreite (Länge in axialer Richtung) ergibt sich aus der Forderung, dass der Zahneingriff nicht vorzeitig beendet werden soll.
$b_2 \leq \sqrt{\frac{d_{m1}^2}{4} - \left(a - \frac{d_{e2}^2}{4}\right)} \approx d_{m1} - m$	(21.17)	Die maximale Schneckenradbreite ergibt sich aus der Forderung, dass das Schneckenrad die Schnecke nicht umschließen darf.

Tabelle 21.2: Maximale Schnecken- und Schneckenradbreiten [21.75]

Die mathematische Beschreibung der Schneckenflanken geschieht zweckmäßigerweise in Polarkoordinaten gemäß Abbildung 21.6 a). Es wird eine Gesetzmäßigkeit gesucht, mit der anhand des Verdrehwinkels φ und des Radius r die Achskoordinate z bestimmt werden kann. Dazu wird zunächst die Flanke für die Phasenlage mit $\varphi = 0$ durch den Radius r und die Achskoordinate z beschrieben. Es handelt sich dabei um den Achsschnitt (Schnittebene fällt mit Schneckendrehachse zusammen) bei der Phasenlage $\varphi = 0$. Für eine Schnecke mit der Flankenform A ist dies besonders einfach, da die Schneide des erzeugenden Werkzeuges hierbei im Axialschnitt angeordnet ist, so sodass lediglich die erzeugende Schneide zu beschreiben ist. Im Falle eines Drehmeißels ist dies ein trapezförmiger Querschnitt. Zur Beschreibung von nur einer Flanke muss folglich auch nur eine Kante des Schneidwerkzeuges beschrieben werden, was einer Gerade mit folgender Gleichung entspricht:

$$z_{\varphi=0}(r) = r \cdot \tan\alpha \tag{21.18}$$

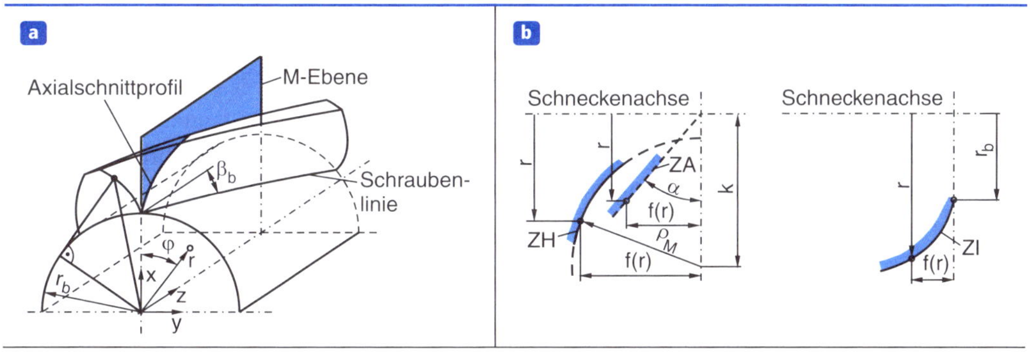

Abbildung 21.6: Evolventenflanke, Profilformen und Koordinaten im Achsschnittprofil nach [21.102]

Mit $z_{\varphi=0}(r)$ wurde nun das Profil einer Zahnflanke für den Axialschnitt mit der Phasenlage $\varphi = 0$ bestimmt. Um alle Punkte einer kompletten Flanke bestimmen zu können, muss die Flankenbeschreibung ebenso die Phasenlage φ beinhalten. Das für die Phasenlage $\varphi = 0$ bestimmte Profil wird mit steigendem Phasenwinkel in Achsrichtung verschoben. Es wird sozusagen um die Drehachse geschraubt. Die mit dem Phasenwinkel eintretende Verschiebung des Profils in Achsrichtung lässt sich mithilfe der Achsteilung p_x beschreiben.

$$z_{Verschiebung}(\varphi) = \frac{p_x \cdot \varphi}{2 \cdot \pi} \tag{21.19}$$

Die Verschiebung startet bei $\varphi = 0$ mit $z_{Verschiebung}(\varphi=0) = 0$. Nach einer Umdrehung $\varphi = 2 \cdot \pi$ ist das Profil um den Betrag der Achsteilung p_x verschoben, sodass $z_{Verschiebung}(\varphi = 2 \cdot \pi) = p_x$ wird. Somit lässt sich eine Flanke der Flankenform A in allen Dimensionen mathematisch beschreiben:

$$z(r,\varphi) = z_{\varphi=0}(r) + z_{Verschiebung}(\varphi) \tag{21.20}$$

$$z(r,\varphi) = r \cdot \tan\alpha + \frac{p_x \cdot \varphi}{2 \cdot \pi} \tag{21.21}$$

Für andere Flankenformen ist die Beschreibung des Profils im Achsschnitt gemäß Abbildung 21.6 b) weitaus komplexer, weil das erzeugende Schneidwerkzeug keine geraden Flanken hat oder weil dessen Schneide(n) nicht im Axialschnitt angeordnet ist/sind beziehungsweise weil das Profil auch außerhalb des Axialschnittes erzeugt wird. Hierfür gilt folgende mathematische Beschreibung dieser Flanken:

$$\text{ZI-Profil:} \quad z_{\varphi=0}(r) = \frac{r_b}{\tan\alpha} \cdot \left(\frac{\sqrt{r^2 - r_b^2}}{r_b} - \arccos\left(\frac{r_b}{r}\right) \right) \tag{21.22}$$

$$\text{ZH-Profil:} \quad z_{\varphi=0}(r) = \sqrt{\rho_M^2 - (k-r)^2} \tag{21.23}$$

Die zeichnerische Ermittlung des Zahnprofils in den verschiedenen zum Achsschnitt A parallelen Profilschnitten (P-Schnitten) wird anhand von Abbildung 21.7 beschrieben [21.75]. Die Lage der P-Schnitte ist aus Abbildung 21.7 d) ersichtlich. Sie sind mit römischen Großbuchstaben gekennzeichnet. Ausgangspunkt ist das Schneckenflankenprofil im Achsschnitt (Kurve VI), welcher in Abbildung 21.7 b) eingezeichnet ist, sowie die Schneckenradflanken-Umrisse in der Stirnebene laut Abbildung 21.7 a) und die Wälzgerade W_1 sowie der Wälzkreis W_2 in Abbildung 21.7 b). Die Anordnung der einzelnen Ansichten ist in Abbildung 21.7 e) dargestellt. Das Schneckenflankenprofil im Achsschnitt ist in diesem Beispiel eine Gerade, welche um den Winkel α von 20° gegenüber der Senkrechten der Wälzgerade W_1 geneigt ist. Es handelt sich somit um eine ZA-Schnecke. Die Schnecke stellt im Axialschnitt sinnbildlich eine Zahnstange dar, auf der das Schneckenrad abwälzt. Das Schneckenflankenprofil ist jedoch nur im Axialschnitt eine Gerade. In den anderen zum Axialschnitt parallelen Profilschnitten, krümmt sich das Profil infolge der radialen Positionsverlagerung der Schneckenradflanke. Somit muss zunächst das Zahnprofil der Schnecke für alle anderen Profilschnitte zeichnerisch ermittelt werden. Dies geschieht punktweise für alle Schnitte einzeln. Derart wird beispielhaft der Punkt H für den Profilschnitt XI erzeugt. Seinen Ursprung hat dieser Punkt als Punkt H_A im Axialschnitt. Der Abstand des Punktes H_A zur Wälzgeraden wird Abbildung 21.7 b) entnommen und in der Abbildung 21.7 a) an der Stelle des Profilschnitts VI (Achsschnitt) abgetragen.

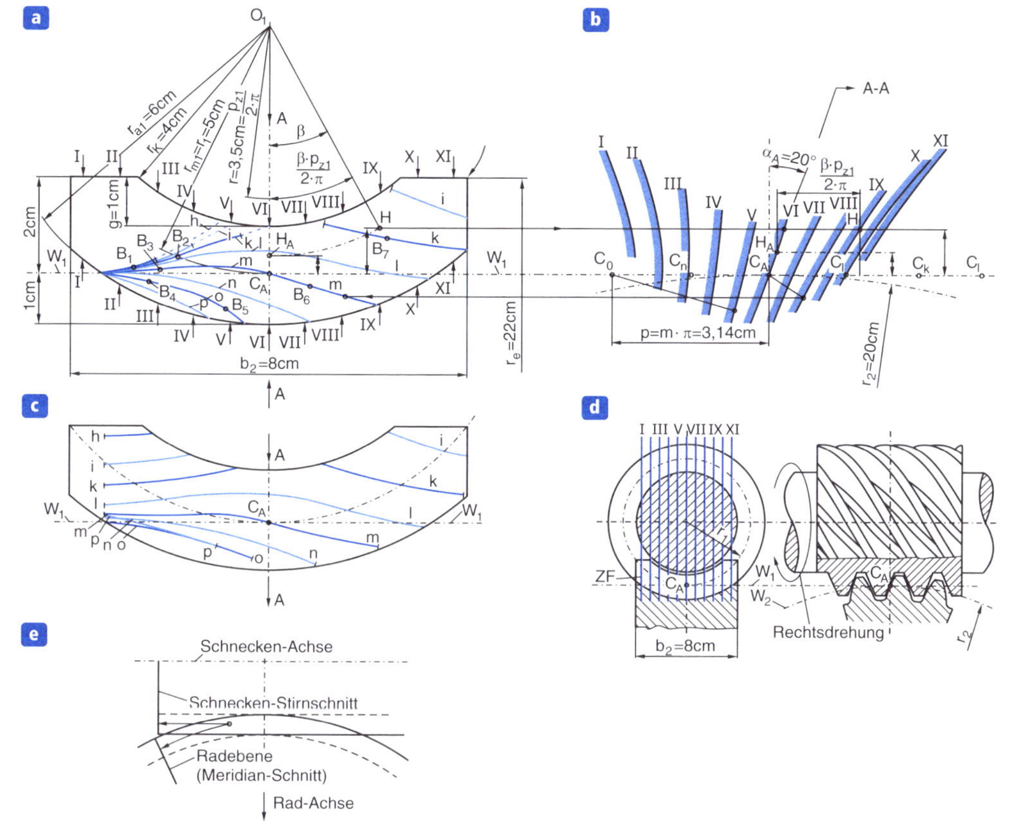

a Projektionen in den Schnecken-Stirnschnitt	**d** Stirnschnitt (links) und Axialschnitt (rechts) des gesamten Schneckenradsatzes
b Profile der Schneckenflanke in den einzelnen Profilschnitten	**e** Schema der Projektionsebenen
c Projektion auf die Radebene	

Abbildung 21.7: Zeichnerische Ermittlung der Profilform und der Berührlinien einer rechtsgängigen Schnecke mit Trapezprofil im Axialschnitt nach [21.75], [21.102]

Nun wird in Abbildung 21.7 a) ein Kreisbogen mit dem Radius 0_1H_1 um den Punkt 0_1 abgetragen. Der Schnittpunkt dieses Bogens mit dem Profilschnitt IX ergibt die Lage des zu erzeugenden Punktes H im Stirnschnitt. Der Abstand dieses Punktes von der Wälzgeraden W_1 wird wiederum der Abbildung 21.7 a) entnommen und in Abbildung 21.7 b) übertragen. Der Punkt H aus dem Axialschnitt wird durch das Verdrehen der Schnecke um den Winkel β auf den Profilschnitt IX der Schnecke übertragen. Der Versatz des Punktes H_A im Profilschnitt IX zum ursprünglichen Punkt H im Axialschnitt in Abbildung 21.7 b) ergibt sich aus der Beziehung, dass sich das Profil infolge der Achsteilung p_x mit steigender Verdrehung β axial verlagert (Schraublinie). Somit lässt sich die axiale Lage des Punktes H_A in Abbildung 21.7 b) aus dem Drehwinkel β aus Abbildung 21.7 a) bestimmen. Dies lässt sich nun mit beliebig vielen Punkten auf dem Axialschnitt für alle Profilschnitte fortsetzen, um das Flankenprofil Punkt für Punkt zu erzeugen.

Ausgehend von dem Zahnprofil in mehreren Profilschnitten, lassen sich die Berührlinien des Zahnkontaktes ermitteln. In Abbildung 21.7 d) ist zu sehen, dass die Wälzgerade W_1 waagerecht durch den Wälzpunkt C_A verläuft. Die Senkrechte der Wälzgerade im Wälzpunkt kreuzt die Drehachse des Schneckenrades. Das Zahnprofil im Achsschnitt verläuft durch den Wälzpunkt. Nun sind diejenigen Punkte der anderen Profilschnitte zu ermitteln, die sich bei gleicher Eingriffsstellung (blieb bislang unverändert) ebenfalls im Eingriff befinden. Dazu werden jeweils Lote auf alle Profillinien durch den Wälzpunkt C_A gelegt. Beispielhaft wurde dies in Abbildung 21.7 b) für den Profilschnitt VIII getan. Der Schnittpunkt zwischen Lot und Profilschnitt kennzeichnet den Eingriffspunkt mit diesem Profilschnitt. Dieser lässt sich wiederum auf die Abbildung 21.7 a) übertragen. Somit lässt sich Punkt für Punkt die Eingriffslinie für die bislang betrachtete Eingriffsstellung ermitteln. Möchte man nicht nur eine Eingriffslinie ermitteln, sondern ein weit reichendes Eingriffsfeld abbilden, so muss das Rad im Uhrzeigersinn (rechtsgängige Schnecke) weiter drehen. Somit werden die Profile in Schneckenachsrichtung verschoben und es können wiederum Lote zum Wälzpunkt auf die einzelnen Profilschnitte gefällt werden. Ein Verdrehen des Rades ist zeichnerisch jedoch schwer durchführbar. Man behilft sich hierbei damit, dass die Profilschnitte in ihrer Lage unverändert bleiben und der Wälzpunkt C_A stattdessen verlagert wird. Dies geschieht linear auf der Wälzgeraden. Um den nächsten, im Eingriff befindlichen Zahn abzubilden, wird nun die Zahnstange um den Betrag der Teilung p verschoben. Der somit neu erzeugte Wälzpunkt C_0 ist in Abbildung 21.7 b) dargestellt. Durch diesen neuen Wälzpunkt können wiederum Lote auf die einzelnen Profillinien gefällt werden und somit kann in bekannter Art und Weise die Berührlinie des zweiten im Eingriff befindlichen Zahnes bestimmt werden. Um das Eingriffsfeld weiter aufzufüllen, können „Zwischenstellungen" konstruiert werden. Sinnvoll sind dabei Verschiebungen des Wälzpunktes mit dem Betrag der halben Teilung $p / 2$.

Oben beschrieben wurde die Ermittlung des Berührlinienfeldes auf der Schneckenflanke. Zur Bestimmung des Berührlinienfeldes auf der Schneckenradflanke werden die jeweiligen Fußpunkte der Lote (Schnittpunkte zwischen Lot und Profillinie) aus Abbildung 21.7 b) nach dem Schema aus Abbildung 21.7 e) auf das Schneckenrad übertragen, sodass sich ein Berührlinienfeld für das Schneckenrad entsprechend Abbildung 21.7 c) ergibt.

Grundsätzlich hat der Verlauf der Berührlinien einen großen Einfluss auf die Beanspruchung der Zahnflanken. Die Schmierdruckbildung und ebenso der Verschleiß hängen gemäß Abbildung 21.8 im besonderen Maße von der Geschwindigkeit v_R ab. Sie stellt die Resultierende aus der Umfangsgeschwindigkeit v_t (Projektion der Gleitgeschwindigkeit v_g in die Bildebene) und der Wälzgeschwindigkeit $2 \cdot w$ ab, wobei w die negative Wandergeschwindigkeit der Berührlinien ist, welche in Abbildung 21.8 der Umfangsgeschwindigkeit entgegenwirkt und somit die resultierende Geschwindigkeit senkt. Wirkt die resultierende Geschwindigkeit v_R senkrecht zu den Berührlinien ($\Theta = 90°$), so wird der Schmierdruck begünstigt Abbildung 21.8 c). Die örtliche Reibungszahl wird relativ klein und somit wird ebenso der Verschleiß gering. Zeigt die resultierende Geschwindigkeit hingegen in Richtung der Berührlinie ($\Theta = 0°$), so verschlechtern sich die genannten Bedingungen erheblich.

Insgesamt weisen eng beieinander liegende Berührlinien auf einen kleinen resultierenden Krümmungshalbmesser der Zahnflanken hin, was eine Erhöhung der Wälzpressung und somit auch der Flankenbeanspruchung bedingt (s.a. Abbildung 21.4).

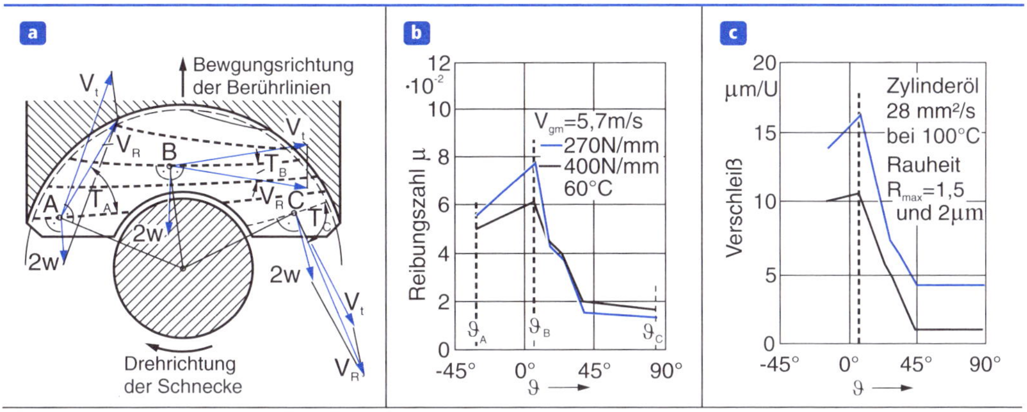

a Geschwindigkeiten zwischen den Flanken

b Abbildung der Reibungszahl (nach Simulationsversuchen an Probekörpern)

c Abbildung des Verschleißes (nach Simulationsversuchen an Probekörpern)

Abbildung 21.8: Schmierdruckausbildung abhängig vom Berührlinienverlauf nach [21.75], [21.45]

21.2.3 Werkstoffe und Fertigung

Aufgrund der hohen Gleitanteile während des Abwälzvorganges sind für Schneckengetriebe Werkstoffpaarungen mit niedriger Reibungszahl und geringer Fressneigung notwendig. Dies gilt insbesondere bei hoch belasteten Getrieben. Hierbei ist eine gute Einlauffähigkeit bedeutend, damit die sich anpassenden Verzahnungsflanken eventuelle Fertigungsabweichungen und betriebsbedingte Verformungen ausgleichen können, ohne durch Fressen geschädigt zu werden. Die Paarung einer gehärteten und geschliffenen Schnecke mit einem Schneckenrad aus Schleuderbronze (GZ-CuSn 12 oder GZ-CuSn 12 Ni) erweist sich hierbei als besonders geeignet. Obwohl härtere Werkstoffe wie Aluminium-Bronze und Perlitguss über eine höhere Grübchentragfähigkeit verfügen, sind sie aufgrund ihres schlechteren Einlaufverhaltens und der dadurch auftretenden örtlichen Beanspruchungsüberhöhungen gefährdeter gegenüber Fressen als weichere Materialien.

Für Schnecken von Hochleistungsgetrieben werden im Allgemeinen Einsatzstähle (z.B. 16 MnCr 5) mit einer Oberflächenhärte von $HRC = 56 \dots 62$ gewählt. Bei Einsatzstählen höherer Oberflächenhärte besteht die Gefahr des Schleifreißens. Weiterhin werden flamm- oder induktionsgehärtete Vergütungsstähle (z.B. 34 CrMo 4 oder 42 CrMo 4) mit einer Oberflächenhärte von $HRC < 56$ angewendet. In Anwendungen mit sehr niedrigen Umgebungstemperaturen werden bevorzugt nickellegierte Einsatzstähle verwendet, da sie über eine höhere Kaltzähigkeit verfügen. Aufgrund der geringen Zähigkeit der Härteschicht sind einsatzgehärtete Schnecken für Anwendungen mit stoßartigen Belastungen weniger geeignet (Gefahr des Bruches der Härteschicht). Beispiele hierfür sind Winden und Walzenantriebe, für die sich nicht oberflächengehärtete Vergütungsstähle eignen. In niedrig belasteten Schneckengetrieben genügen Baustähle (z.B. S235JR oder S275JR) als Schneckenwerkstoffe.

Üblicherweise werden als Schraubradwerkstoff Bronzelegierungen verwendet. Dabei wird durch ein dichtes, feinkörniges Gefüge eine hohe Verschleißfestigkeit erreicht. Gut herstellbar sind in diesem Fall Räder aus Schleuderguss (GZ). Die Fertigung in Kokillenguss (GK) und besonders im Sandformguss (G) führt zu einem gröberen und weniger dichten Gefüge, durch welches die Fresstragfähigkeit gesenkt wird. Nickelzusätze verbessern die Fresstragfähigkeit (z. B. GZ-CuSn 12 Ni). Aluminium-Zink-Legierungen sind ebenfalls geeignet, wobei die Fressneigung bei Temperaturen von über 75 °C stark zunimmt. Für hohe Belastungen, aber geringe Gleitgeschwindigkeiten eignen sich Aluminium-Mehrstoffbronzen im besonderen Maße. Für Anwendungen mit sehr geringen Gleitgeschwindigkeiten (Handbetrieb) eignet sich Grauguss aufgrund seiner hohen Härte und dem damit verbundenen geringen Gleitverschleiß. Bei perlitischem Gusseisen mit geringer Härte, aber hohem Kohlenstoffgehalt ist die Fressgefahr am geringsten.

Für selten betriebene Armaturen mit geringen Gleitgeschwindigkeiten, aber hohen Belastungen eignet sich die Paarung einer gehärteten Schnecke mit einem Schneckenrad aus perlitischem Kugelgrafitguss (z. B. EN-GJS-600-3).

In Einzelfertigung lassen sich ZA-, ZN-, aber auch ZK-Schnecken mithilfe geeigneter Drehmeißel auf einer Drehbank fertigen. In Kleinserien werden Scheibenfräser und Schneidräder angewendet. Weite Verbreitung hat das Gewindewirbeln. ZI-Schnecken können ähnlich wie Stirnräder auf Wälzfräsmaschinen hergestellt werden. Kleine Schnecken werden zum Teil spanlos gerollt. Wird eine hohe Oberflächengenauigkeit gefordert, so werden die Flanken durch Schleifen oder Läppen nachbearbeitet. Dabei werden Profilscheiben bevorzugt verwendet, da bei der Nachbearbeitung mit Schleifscheiben die Vor- und Rückflanke getrennt voneinander zu bearbeiten ist.

Die Schneckenradverzahnungen werden mithilfe von Wälzfräsern erzeugt, welche identische Abmessungen wie die zugehörige Schnecke aufweisen (zuzüglich Bearbeitungszugaben für Nachbearbeitung des Schneckenrades). Für die Fertigung weniger Exemplare werden vorwiegend Schlagzähne verwendet, wobei der Fräser nur eine Schneidflanke hat.

Entsprechend Abbildung 21.9 wirkt sich das Einlaufen der Verzahnungspartner vorteilhaft auf den Wirkungsgrad der Verzahnung und deren Tragfähigkeit aus.

Die Flanken werden dabei geglättet und das Tragbild verbessert sich. Oftmals genügt eine ein- bis fünfstündige Einlaufphase bei Nennlast, zähem Öl und n_1 = 50 ... 100 min^{-1}, um das Tragverhalten erheblich zu verbessern, wobei die Entwicklung des Tragbildes zu beobachten ist.

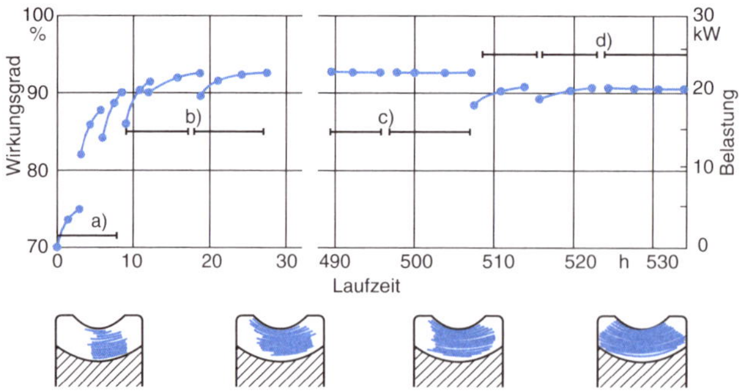

a Erste Einlaufphase unter Teillast
b Zweite Einlaufphase unter Nennlast
c Betrieb unter Nennlast
d Betrieb bei Überlast

Abbildung 21.9: Entwicklung von Tragbild und Wirkungsgrad durch Einlaufen nach [21.75], [21.45]

21.2.4 Geschwindigkeiten und spezifisches Gleiten

Die Flanken von Schnecke und Schneckenrad gleiten während der Eingriffsbewegung fortwährend aufeinander ab. Eine Wälzbewegung, wie sie bei evolventischen Stirnrädern im Wälzpunkt bekannt ist, tritt nicht auf. Die mittleren Umfangs- und Gleitgeschwindigkeiten an der Schnecke sind in Tabelle 21.3 zusammengefasst, wobei die Schneckenverzahnung wegen des hohen Gleitanteils sehr anfällig gegenüber dem Fressen ist.

Mittlere Umfangsgeschwindigkeit der Schnecke	Mittlere Gleitgeschwindigkeit
$v_{m1} = \pi \cdot d_{m1} \cdot n_1$ (21.24)	$v_{gm} = \dfrac{v_{m1}}{\cos\gamma_m}$ (21.25)

Tabelle 21.3: Geschwindigkeiten am Schneckengetriebe

21.2.5 Verlustleistung, Wirkungsgrad, Erwärmung und Schmierung

Die Gesamtverlustleistung einer Schneckengetriebestufe P_V vereint die Verluste aus der Verzahnung P_{VZ}, die Verluste in den Wellenlagerungen infolge der Lagerbelastungen P_{VLP} und die Leerlaufverluste P_{V0} durch Ölplanschen, Ventilation, Dichtung und weitere konstruktive Einflüsse. Alle Verlustleistungsanteile erhöhen sich mit steigender Schneckendrehzahl n_1. Die im Folgenden näher erläuterten Verluste sind anhand eines Beispielgetriebes in Abbildung 21.10 dargestellt.

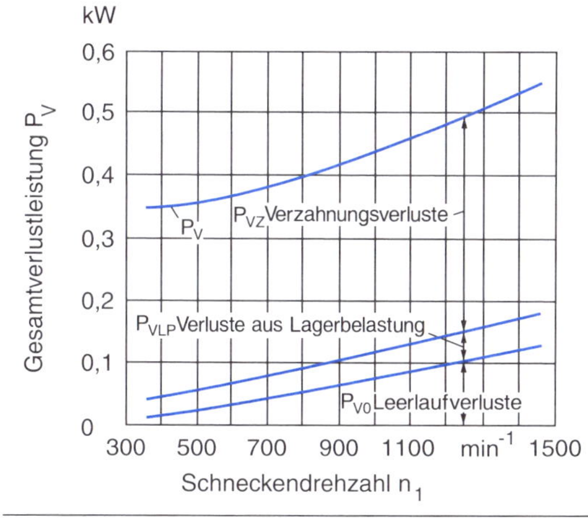

Getriebedaten:

$a = 100$ mm
$i = 19$
$d_{m1} = 48$ mm
$m = 4$ mm
$M_{T2} = 300$ Nm
$\gamma_m = 9°28'$

Abbildung 21.10: Anteile der Gesamtverlustleistung eines Schneckengetriebes nach [21.75]

Die Leerlaufverlustleistungen sind sehr stark von der Getriebebauart und deren Konstruktion abhängig, weshalb die folgende Gleichung nur eine sehr grobe Näherung darstellt, die anhand von Versuchen an einem Getriebe mit einer unten liegenden Schnecke und Öl-Tauchschmierung ermittelt wurde:

$$P_{V0} = 10^{-7} \cdot a \cdot \left(n_1\right)^{4/3} \cdot \frac{\nu_{40}}{1{,}83 + 90} \qquad (21.26)$$

Genaue Angaben zu den jeweiligen Lagerverlustleistungen sind nur über den Lagerhersteller zu beziehen, wobei überschlägig folgender Zusammenhang verwendet werden kann:

$$P_{VLP} = P_1 \cdot (0{,}005...0{,}01) \text{ für 4 Wälzlager} \tag{21.27}$$

$$P_{VLP} = P_1 \cdot (0{,}02...0{,}03) \text{ für 4 Gleitlager} \tag{21.28}$$

Die Verlustleistung der Verzahnung hängt von den Reibverhältnissen zwischen den Verzahnungspartnern ab. Diese werden bestimmt durch den mittleren Steigungswinkel γ_m und den Keil-Reibungswinkel ρ'. Die kinematischen Verhältnisse sind davon abhängig, ob die Schnecke oder das Schneckenrad treibt. Der verwendete Verzahnungswirkungsgrad η_Z ist hierbei ein Maß für die Güte der Verzahnung:

$$P_{VZ} = P_1 \cdot (1 - \eta_Z) \text{ mit } \eta_Z = \frac{\tan \gamma_m}{\tan(\gamma_m + \rho')} \text{ und } \rho' \approx 3...6° \text{ bei treibender Schnecke} \tag{21.29}$$

$$P_{VZ} = P_2 \cdot \left(1 - \eta_Z'\right) \text{ mit } \eta_Z' = \frac{\tan(\gamma_m - \rho')}{\tan \gamma_m} \text{ und } \rho' \approx 3...6° \text{ bei treibendem Rad} \tag{21.30}$$

Hierin ist der Keil-Reibungswinkel ρ' ein Maß für die Reibung während des Abgleitens der Verzahnungsflanken. Dieser ist vom Normal-Eingriffswinkel α_n und der mittleren Reibungszahl μ_m zwischen beiden Verzahnungspartnern abhängig:

$$\rho' = \arctan\left(\frac{\mu_m}{\cos \alpha_n}\right) \tag{21.31}$$

Die Anlaufreibungszahl μ_{zA} – entsprechend der Zahnreibungszahl μ_z bei $v_g = 0$ – ist nahezu unabhängig von dem Verlauf der Berührungslinien und ebenso von der Zahnform. Sie ist ein Maß für den Reibungswiderstand beim Anlaufen der Verzahnung und somit notwendig für die Bestimmung des nötigen Anlaufmomentes. Für eingelaufene Zahnradpaarungen kann überschlägig μ_{zA} = 0,1 ... 0,14 angenommen werden [21.14], [21.75]. Nach Anlauf der Zahnradpaarung sinkt die Zahnreibungszahl mit steigender Gleitgeschwindigkeit. Ihr weiterer Verlauf ist dabei abhängig von der Werkstoffpaarung, der Flankenrauheit, dem Schmierstoff, der Belastung, der Schneckenflankenform und im Besonderen von der Gleitgeschwindigkeit. Zur Ermittlung der mittleren Zahnreibungszahlen gemäß Abbildung 21.11 verwendet man üblicherweise Zweischeiben-Prüfstände. Werte für andere Werkstoffpaarungen können der DIN 3996 entnommen werden [21.24].

Soll das Getriebe selbsthemmend (Antrieb über Schneckenrad) ausgelegt sein, so muss $\eta_Z' \leq 0$ betragen, was man für $\gamma_m \geq 0{,}5$ erhält. Nachteilig hingegen ist, dass der Wirkungsgrad eines solchen Antriebes nur noch $\eta_Z \leq 0{,}5$ betragen kann.

Aufgrund des funktionsbedingten Gleitens unter den Verzahnungspartnern werden hohe Anforderungen an die Schmierung gestellt. Somit haben Schmierstoffe von Schneckengetrieben insbesondere folgende Punkte zu erfüllen:

- Eine niedrige Reibungszahl mindert den Verschleiß und somit auch die Verlustleistung, während gleichzeitig die Grübchentragfähigkeit erhöht wird.

- Eine hohe Viskosität erhöht den hydrodynamischen Traganteil.
- Wichtig ist, dass Schmierstoffzusätze die Bronzelegierungen nicht angreifen. Dies lässt sich mithilfe eines Cu-Streifentests prüfen.

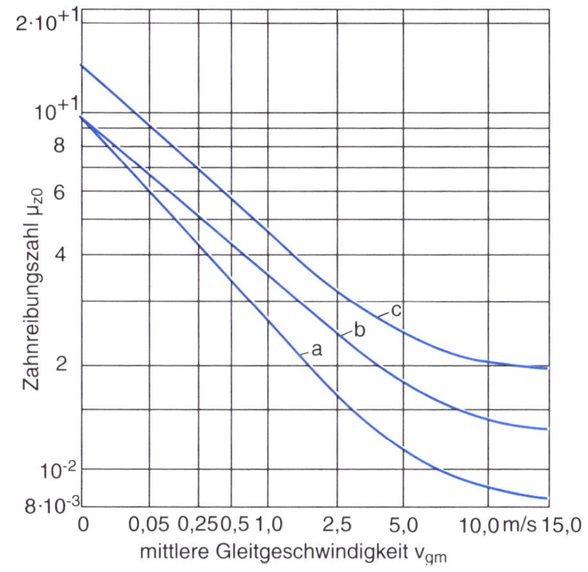

a Syntheseöl (Polyglycol) mit $\nu_{50} = 95\ \mathrm{mm^2/s}$

b Mineralöl mit $\nu_{50} = 110\ \mathrm{mm^2/s}$

c Öl nach British Standard 721 [21.14]

Schnecke aus gehärtetem und geschliffenem Stahl ($R_z = R_{z0} = 3\ \mu\mathrm{m}$);
Schneckenrad aus Schleuderguss-Bronze GZ-Cu Sn 12;
Einspritztemperatur 80 °C

Abbildung 21.11: Zahnreibungszahlen nach Versuchen im Zweischeiben-Prüfstand nach [21.75], [21.102]

Geeignete Schmiermittel sind Mineralöle mit EP-Zusätzen. Diese erleichtern den Einlauf und mindern somit die Fressgefahr. Denkbar sind auch organische Zusätze (z.B. Rizinusöl), was jedoch aufgrund der geringen Altersstabilität in der Praxis nicht üblich ist. Spezielle Syntheseöle (Polyglykole bzw. Polyäther) können geringe Reibungszahlen aufweisen und somit den Wirkungsgrad steigern, höhere Betriebstemperaturen ermöglichen und den Reibverschleiß senken. Die damit theoretisch gesteigerte Grübchentragfähigkeit wird jedoch bei der Tragfähigkeitsrechnung vernachlässigt, da das Einlaufverhalten wiederum ungünstiger als bei Mineralölen ist. Die Fettschmierung kommt nur für Getriebe mit niedrigen Umfangsgeschwindigkeiten in Frage (< 8 m/s), wobei Folgendes zu beachten ist:

- Geringer Wirkungsgrad aufgrund der geringen Viskosität
- Schlechte Wärmeabfuhr durch anhaftendes Fett
- Gefahr des Freigrabens der Verzahnung aus dem Fettbad bei niedrigen Temperaturen. Dadurch kann die Schmierwirkung gefährdet werden.
- Hoher Verschleiß, da Verschleißteile im Fett verbleiben und schwer bzw. gar nicht gefiltert werden
- Fettwechsel umständlich, da gesamtes Getriebe zerlegt werden muss

Daher bietet sich die Fettschmierung lediglich bei offenen Getrieben mit geringen Umfangsgeschwindigkeiten an.

Bei Anwendung einer Öl-Tauchschmierung mit unten liegender Schnecke sollte diese während des Laufes bis zur Mittelachse (mindestens jedoch bis zum Fußkreis) eintauchen. Bei oben liegender Schnecke soll das Schneckenrad zu einem Drittel seines Durchmessers in das Ölbad eintauchen, in kleinen Getrieben durchaus auch bis zur Mittelachse der Schnecke. Anhaltswerte für die geeignete Schmierungsart abhängig von der Umfangsgeschwindigkeit v_u sind in Tabelle 21.4 zusammengestellt [21.74].

Aufgrund des hohen Eintrags an Abrieb in das Öl während des Einlaufes sollte dieses danach (200 ... 600 h) gewechselt werden. Ein erneuter Ölwechsel empfiehlt sich nach weiteren 1.500 ... 5.000 h.

Schnecke eintauchend	Schneckenrad eintauchend
$v_u \leq 1$ m/s: Tauchschmierung mit Fett $v_u \leq 10$ m/s: Tauchschmierung mit Öl $v_u \leq 10$ m/s: Druckölschmierung	$v_u \leq 1$ m/s: Tauchschmierung mit Fett $v_u \leq 4$ m/s: Tauchschmierung mit Öl $v_u \leq 4$ m/s: Druckölschmierung

Tabelle 21.4: Anhaltswerte für eine geeignete Schmierungsart abhängig von der Umfangsgeschwindigkeit v_u [21.74]

21.3 Gestaltung von Schnecken und Schneckengetrieben

Ausgehend von den grundlegenden Gestaltungsregeln gemäß Kapitel 18 – Stirnradgetriebe sollen im Folgenden einige Besonderheiten für Schneckengetriebe gemäß Abbildung 21.12 behandelt werden.

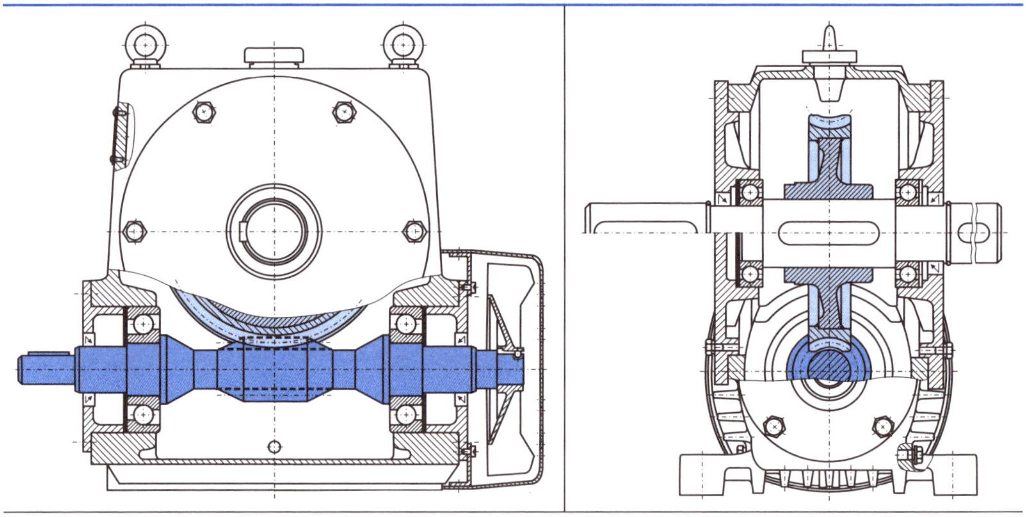

Abbildung 21.12: Gestaltungsbeispiel eines Schneckengetriebes für einen Aufzugsantrieb

So ist in dem Aufzugsgetriebe nach Abbildung 21.12 die treibende Schneckenwelle durch eine angestellte Lagerung mit Schrägkugellagern ausgeführt. Dies hat zum einen montagebedingte Vorteile, zum anderen lässt sich das radiale Lagerspiel hierbei durch eine axiale

Vorspannung einstellen. Die somit erreichbare präzise radiale Führung ist durchaus sinnvoll, da Schneckengetriebe sehr empfindlich gegenüber Achsabstandsänderungen sind. Die dabei ebenfalls präzise axiale Führung ist für die Funktion von Zylinderschnecken nicht notwendig, da geringe axiale Verlagerungen die Eingriffsverhältnisse der Verzahnungspartner nicht negativ beeinflussen. Die Abtriebswelle mit dem Schneckenrad ist schwimmend gelagert, wobei einseitig ein axialer Anschlag vorgesehen ist. Somit unterliegt das Schneckenrad keinen axialen Zwängen und wird sich aufgrund der Verzahnungskräfte in Richtung des einen Anschlages ausrichten. Eine weitere Art der Lagerung der Schneckenwelle ist in Abbildung 21.1 wiedergegeben, wo eine Kombination aus Kegelrollenlagern und Zylinderrollenlagern verwendet wird.

21.3.1 Verzahnungsabweichungen, Toleranzen und Zeichnungsangaben

Vergleichbar den Stirnradgetrieben sind auch bei Schneckengetrieben Verzahnungsabweichungen und geometrische Toleranzen zuzulassen. Dabei sind die Toleranzen für Schneckengetriebeverzahnungen in DIN 3974 niedergelegt, die sich weitgehend an die Norm DIN 3961 für Stirnradverzahnungen anlehnt und Angaben zu Teilungs-Einzelabweichungen f_p, zum Teilungssprung f_u, zur Steigungs-Gesamtabweichung F_{pz}, zur Profil-Gesamtabweichung F_α, zur Rundlaufabweichung F_r zur Einflanken-Wälzabweichung F_i' und zum Einflanken-Wälzsprung f_i' enthält [21.19], [21.21]. Hinsichtlich der Verzahnungsabweichungen evolventischer Verzahnungen sei auf das Kapitel 18 – Stirnradverzahnungen verwiesen.

Die Zeichnungsangaben sind bei Schneckengetrieben ähnlich zu denen der Stirnradverzahnungen, wobei DIN 3966 insbesondere die Zeichnungsangaben für Schneckengetriebe gemäß Abbildung 21.13 und Abbildung 21.14 enthält [21.20].

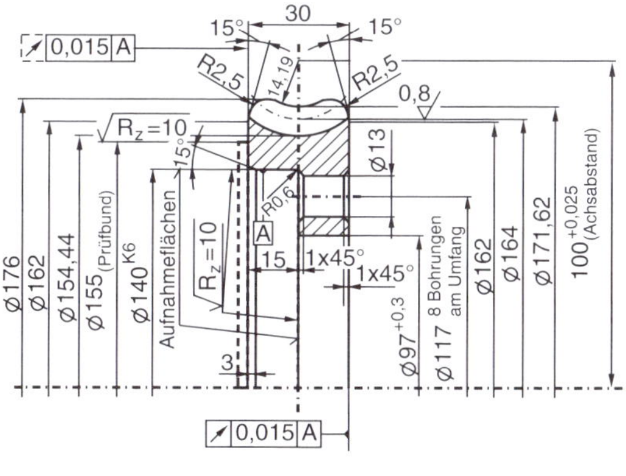

Werkstoff: GZ-CuSn12

3,2 (0,8)

Rz = 10

Daten der Schneckenradverzahnung			
Bezeichnung	2 / 9 / 4	Achsabstand	100
Gangrichtung	rechts	Flankenspiel	0,12..0,21
Axialteilung	12,566	Zähnezahl	41
Steigungshöhe	25,132		
Steigungswinkel im Teilkreis	12°31'44"		

Abbildung 21.13: Werkstattzeichnung eines Schneckenrades nach [21.75]

Weiterhin gibt es nach DIN 3974 zwölf Qualitätsstufen, wobei die feineren Stufen zurzeit jedoch noch nicht zu fertigen sind [21.21]. Bei hoch belasteten Schneckengetrieben mit gehärteter und geschliffener Schnecke und einem Schneckenrad aus einem gefrästen und einlauffähigen Material soll die Qualität der Schnecke um eine Stufe höher sein als die des Schneckenrades. Während der Einlaufphase der Getriebestufe erhöht sich im Allgemeinen die Qualität des Schneckenrades und passt sich somit der Schnecke an.

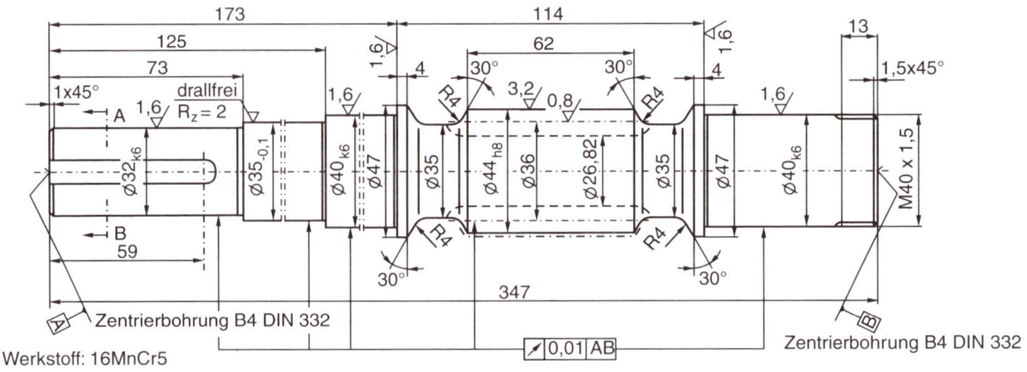

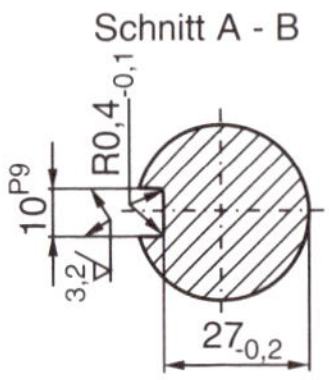

Daten der Schneckenverzahnung			
Bezeichnung	2 / 9 / 4	Achsabstand	100
Gangrichtung	rechts	Flankenspiel	0,12..0,21
Axialteilung	12,566	Übersetzung	20,5
Steigungshöhe	25,132	Normal-Eingriffswinkel	20°
Steigungswinkel im Teilkreis	12°31'44"		

Freistiche F1 x 0,2 DIN 509
-·-·- einsatzgehärtet
HRC 60±2
Eht 0,4..0,7mm
6,3 (3,2 1,6 0,8)
drallfrei $R_z = 2$

Abbildung 21.14: Werkstattzeichnung einer Schneckenwelle nach [21.75]

21.3.2 Tragbildprüfung, Flankenspiel

Ein gebräuchliches Hilfsmittel zur Bestimmung der Lastverteilung an den Verzahnungspartnern einer Schneckenverzahnung ist die Tragbildprüfung. Diese geschieht ähnlich der Tragbildprüfung an Stirnradgetriebestufen durch Tuschieren und anschließendes Durchdrehen der Verzahnung unter Belastung. Die dabei entstehenden Abnahmetragbilder gemäß Abbildung 21.15 spiegeln die Lastverteilung auf der jeweiligen Flanke wider, wobei Folgendes zu beachten ist:

- Das Tragbild sollte nicht über die gesamte Breite und Höhe der Flanke reichen, um Kopf-, Fuß- oder Kantenträger infolge von Verformungen zu vermeiden.
- Bei Getrieben, welche vorrangig in einer Drehrichtung betrieben werden, sollte das Tragbild zur Auslaufseite hin verschoben sein. Dadurch wird der Schmierfilmaufbau begünstigt und folglich die Fressgefahr gemindert sowie der Wirkungsgrad erhöht. Bei Getrieben, die in beide Richtungen gleichermaßen betrieben werden (z. B. Umkehrgetriebe eines Aufzuges), sollte das Tragbild zwangsläufig mittig orientiert sein.
- Werden an die Schneckengetriebestufe hohe Anforderungen bezüglich ihres Geräuschverhaltens gestellt, so ist das Tragbild großflächig und zum Radfuß hin tendierend zu gestalten.
- Hoch belastete Getriebe, insbesondere mit hohen Stoßbelastungen, sollen ein über Zahnhöhe und -breite kleines und zum Zahnkopf hin verschobenes Tragbild aufweisen, um die Elastizität der Verzahnung zu erhöhen.

a Laufruhige, niedrig belastete Getriebe

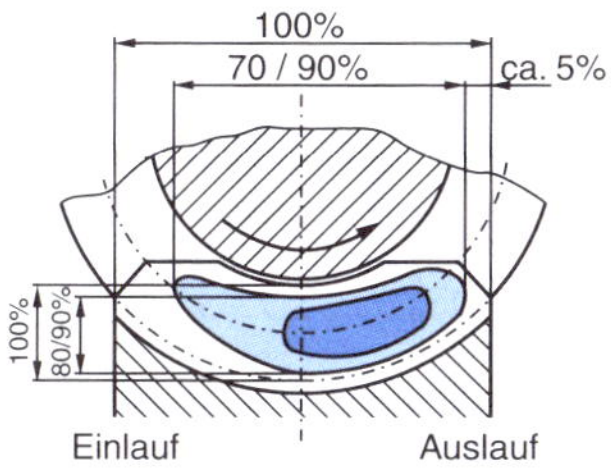

Zur Steigerung der Laufruhe erstreckt sich das Tragbild großflächig über die gesamte Flanke. Die Verlagerung zum Auslauf hin schafft einen langen Schmierkeil, der die Schmierungsbedingungen verbessert.

b Normal belastete Getriebe

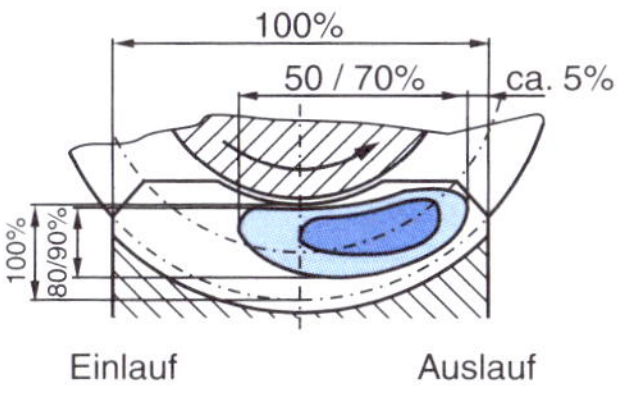

Für ein normal belastetes Getriebe ist ein Kompromiss aus Fall a) und Fall c) zweckmäßig.

c Getriebe mit stoßartigen Belastungen

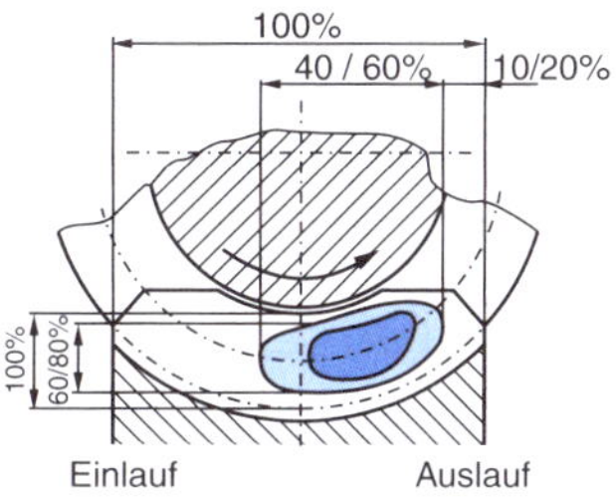

Getriebe, welche stoßartig belastet werden, sollen über ein kleinflächiges Tragbild verfügen, welches zudem zum Zahnkopf hin tendieren soll. Dadurch wird die Zahnsteifigkeit herabgesetzt und die Flankenbeanspruchungen werden folglich gesenkt.

Abbildung 21.15: Abnahmetragbilder bei unterschiedlicher Belastung nach [21.75]

Das Tragbild lässt sich bei Zylinderschnecken durch folgende Maßnahmen beeinflussen:

- Flankenkorrekturen
- Axiales Verschieben des Schneckenrades (z.B. durch Passscheiben)

Ein Flankenspiel ist beim Schneckengetriebe ebenso notwendig wie bei der Stirnradverzahnung. Es dient vorrangig dazu, ein Klemmen infolge der Wärmeausdehnung von Gehäuse und Radkörpern sowie durch fertigungsbedingte Achsabstandsabweichung zu verhindern. Anhaltswerte für ein brauchbares Normal-Flankenspiel j_n können Abbildung 21.16 entnommen werden, wobei thermisch hoch belastete Schneckentriebe mit größeren Normal-Flankenspielen als den angegebenen auszuführen sind.

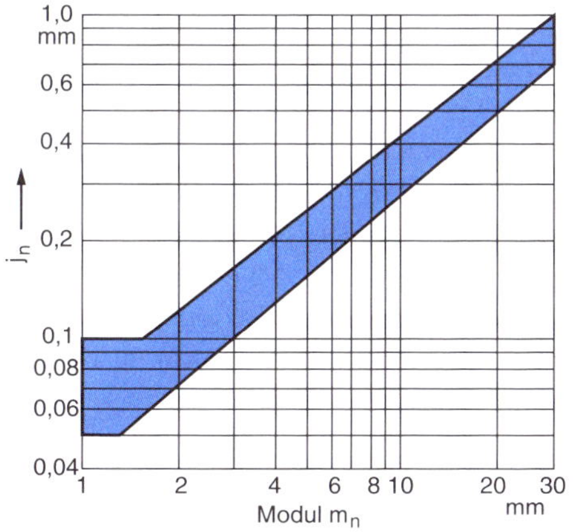

Grundsätzlich lässt sich das Flankenspiel einer Schneckenstufe wie folgt beeinflussen:

- Fertigung mit Aufmaßen
- Axiales Verschieben einer Duplex-Schnecke (Schnecke mit veränderlicher Zahnweite in axialer Richtung)
- Achsabstandsänderung (z.B. durch Exzenterbuchsen). Dies verfälscht jedoch die Eingriffsgeometrien und verschlechtert somit die Eigenschaften der Verzahnung.

Abbildung 21.16: Übliche Flankenspiele j_n im Normalschnitt für Schneckengetriebe nach [21.75]

21.3.3 Gestaltungsgrundlagen – Schnecken, Räder und Gehäuse

Betrachtet man zunächst die Schnecken, so sind abhängig vom Verwendungszweck und den daraus resultierenden Anforderungen an die Schneckenstufe die Bauformen gemäß Abbildung 21.17 gebräuchlich.

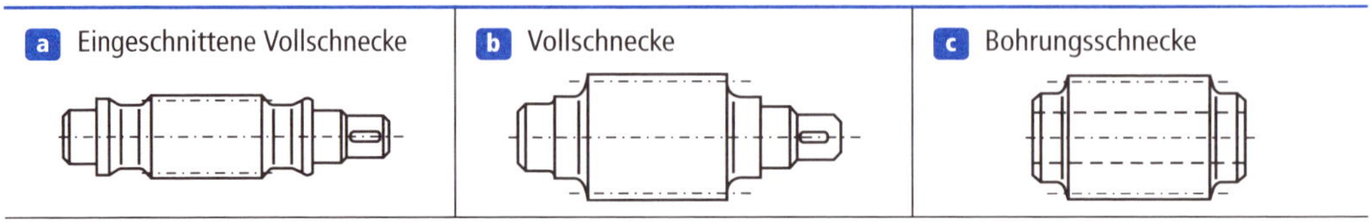

Abbildung 21.17: Schneckenformen nach [21.75]

Für schnell laufende Schneckengetriebe werden oftmals eingeschnittene Vollschnecken verwendet. Bei gegebenem Achsabstand und gegebenem Übersetzungsverhältnis ist aufgrund des geringen Mittenkreisdurchmessers der Schnecke ein großer Modul mit gleichzeitig großem Schrägungswinkel ausführbar. Dies bewirkt eine hohe Zahnfußtragfähigkeit und einen guten Wirkungsgrad. Nachteilig jedoch wirkt sich die eingeschränkte Werkzeugnutzung bei der Fertigung aufgrund des sehr geringen axialen Werkzeugauslaufes aus. Weiterhin kritisch ist die sehr schlanke und somit biegeweiche Bauform. Die größere und somit nicht eingeschnittene Vollschnecke würde bei gleichem Achsabstand und Übersetzungsverhältnis zwangsläufig zu einem geringeren Modul und geringerem Schrägungswinkel führen, womit die Zahnfußtragfähigkeit und der Wirkungsgrad sinken. Schnecken können durchaus auch als Hohlschnecken gefertigt werden, wobei jedoch die dadurch abnehmende Biegesteifigkeit als ungünstig zu bewerten ist.

Durch die Wahl der Steigungsrichtung in Verbindung mit der Wahl der Anordnung der Schnecke im Getriebe lässt sich die Drehrichtung beeinflussen. Die Anordnung derselben ist im besonderen Maße von der Art der Verzahnungsschmierung abhängig. Bei Verwendung einer Einspritzschmierung ist deren Lage beliebig wählbar. Wird eine Tauchschmierung eingesetzt, so soll die Schnecke vorzugsweise unterhalb des Schneckenrades angeordnet werden, um in das Ölbad einzutauchen. Somit wird die Verzahnung stets ausreichend geschmiert. Dabei sollte die Schnecke mindestens bis zu ihrem Fußkreis eintauchen, damit die kompletten Flanken mit Öl benetzt werden können. Bei geringen Umfangsgeschwindigkeiten ($v_1 \leq 5$ m/s) können Kompromisse bezüglich der Flankenschmierung zugelassen werden, womit die Anordnung der Schnecke auch oberhalb des Schneckenrades erfolgen kann. Dabei sollte das Schneckenrad zu einem Drittel seines Außendurchmessers in das Ölbad eintauchen. Sollten häufige Anläufe (> 3 Anläufe je Stunde) des Schneckengetriebes unter Volllast erfolgen und dabei die Dauer der Pausenzeiten recht groß sein (> 2 min), so sollte das Schneckenrad bis zu einer Tiefe von zwei Dritteln seines Außendurchmessers in das Ölbad eintauchen. Konstruktive Lösungen, welche abgeschleudertes Öl zur Verzahnung rückführen, machen niedrigere Eintauchtiefen möglich.

Bei sehr hoch belasteten Getrieben ist es zweckmäßig, den Radsatz vollkommen symmetrisch auszuführen, so dass bei Bedarf der einseitig verschlissene Radsatz gewendet werden kann, um ihn weiter zu nutzen.

Betrachtet man die Schneckenradverzahnung, so wird diese üblicherweise aus Grauguss oder Bronze gefertigt. Um die Kosten zu senken und die Belastbarkeit des Radkörpers zu erhöhen, wird die Verzahnung in Form eines Radkranzes auf einem Radkörper aus Stahl, Grauguss oder Stahlguss angeordnet, wobei gemäß Abbildung 21.18 folgende Verbindungen verwendet werden:

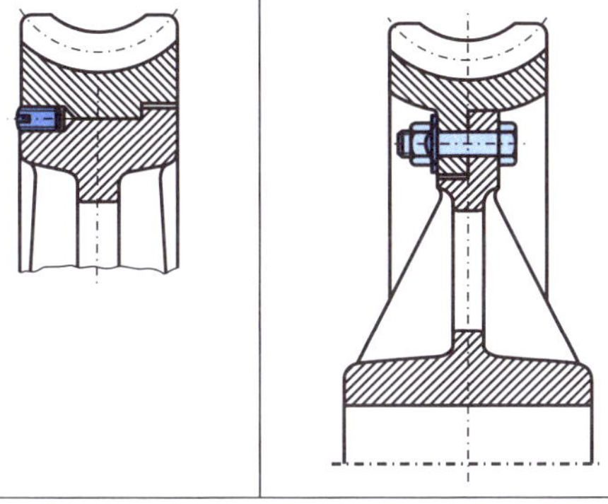

- Presssitz, teilweise mit zusätzlichen Gewinde- bzw. Kerbstiften in der Teilfuge
- Zentrierflansch mit Passschrauben (am weitesten verbreitet) oder Zentrierflansch mit Passstiften und gewöhnlichen Schrauben
- Hartlöten, Schweißen oder Kleben, was jedoch infolge unterschiedlicher Wärmeausdehnungen Probleme bereiten kann

Abbildung 21.18: Schneckenrad – Verbindung von Zahnkranz mit Radkörper [21.38]

Dabei ist besonders die höhere Wärmeausdehnung eines Bronze-Radkranzes gegenüber einem Stahl-Radkörper zu berücksichtigen. Daher ist es zweckmäßig, den Radkörper mit Übermaß zu fertigen und vor der Montage zu erwärmen (um ca. 50 K). Radkränze, deren Kraftübertragung zum Radkörper über einen Querpresssitz erfolgen soll, sind somit verhältnismäßig dick auszuführen und sollten zusätzlich formschlüssig gesichert werden. Kritisch ist ebenso der Vorspannkraftverlust infolge Materialabtrages beim Fertigverzahnen.

Bei kleinen Schneckengetrieben kann es jedoch auch wirtschaftlich sein, das gesamte Schneckenrad aus Bronze zu fertigen. Hierbei ist aber insbesondere die Belastbarkeit der Verbindung zwischen Welle und Rad zu prüfen (z.B. Pressung zwischen Passfeder und Bronzerad).

Abschließend sind zur Gestaltung des Schneckengetriebe-Gehäuses folgende Gesichtspunkte zu beachten (s.a. Abbildung 21.1 und Abbildung 21.12):

- Die Ausführung der Getriebe von Serien-Schneckengetrieben wird weitestgehend symmetrisch ausgeführt, um die Anordnung von An- und Abtriebsseiten variabel zu gestalten.
- Schaulochdeckel sollten möglichst derart platziert werden, dass durch sie eine Tragbildbeurteilung der Radflanken vorgenommen werden kann.
- Zur erleichterten Montage des großen Schneckenrades wird üblicherweise eine Gehäuseteilung in der Ebene der Schneckenradachse vorgenommen.
- Um weitere Gehäuseteilungen zu vermeiden, wird die Schneckenwelle samt ihrer Lager oftmals in durchgehenden Bohrungen angeordnet, in die üblicherweise Lagerbuchsen montiert werden.
- An die schnell drehende Schneckenwelle wird oftmals ein Lüfterrad montiert, um die Wärmeabgabe infolge der Verzahnungsverluste abzuführen. Der damit erzeugte Luftstrom sollte gezielt zum Zahneingriff geleitet werden.

An die Lagerung von Schneckengetrieben-Radsätzen werden folgende Anforderungen gestellt:

- Die Lagerung des Schneckenrades muss in der Lage sein, hohe Radialkräfte zu übertragen. Auf die Lagerung der Schneckenwelle hingegen wirken im besonderen Maße hohe Axialkräfte, womit zum Teil getrennte Axiallager zum Einsatz kommen.
- Es werden vorrangig Wälzlager verwendet. Werden an die Laufruhe besondere Anforderungen gestellt (z.B. Aufzugsgetriebe), kommen Gleitlager zum Einsatz.
- Die Position des Schneckenrades muss axial präzise einstellbar sein (Tragbild der Verzahnung). Dies kann durch Gewindebuchsen oder Passscheiben erfolgen.
- Die Stützweite der Schneckenwellenlager soll möglichst klein gewählt werden, um die Durchbiegung der Welle gering zu halten ($l = 1{,}3 \dots 1{,}5 \cdot a$).
- Die Stützweite der Schneckenradwelle hingegen sollte nicht allzu klein gewählt werden, um ein seitliches Kippen des Rades infolge der Zahnkraft zu verhindern ($l = 0{,}5 \dots 0{,}7 \cdot d_2$).
- Die Anordnung der Wellenlagerungen sollte möglichst symmetrisch zur Mitte des Schneckenrades bzw. der Schnecke erfolgen.
- Bei kleineren Lagerbelastungen sind angestellte Lagerungen mit Schrägkugel- oder Zylinderrollenlagern weit verbreitet. Die Zylinderrollenlager verfügen über eine größere Tragfähigkeit, sollten jedoch über ballige Wälzkörper verfügen, um die Kantenpressung infolge Wellendurchbiegung gering zu halten. Oftmals ist ein Vorspannen der Lager sinnvoll.
- Bei größeren Lagerbelastungen ist eine Funktionstrennung der beiden Wellenlager mithilfe einer Fest-Los-Lagerung sinnvoll und weit verbreitet. Als Loslager kommen dabei Rillenkugel-, Zylinderrollen- oder Pendelrollenlager in Frage. Das Festlager besteht dabei oft aus zwei gegeneinander angestellten Schrägkugel- oder Kegelrollenlagern. Bei besonders großen Getrieben werden getrennte Radial- und Axiallager als Festlagerung verwendet, da diese getrennt einstellbar sind.
- Bei Schneckenradgetrieben mit hoher Verschleißbeanspruchung ist eine gesonderte Kapselung der Lager zum Getriebe-Inneren sinnvoll, um deren Verunreinigung zu verhindern. Dies kann durch umlaufende Blechscheiben geschehen.

21.3.4 Entwurf und Vorauslegung von Schneckengetrieben

Zum Beginn der Auslegung eines Schneckengetriebes können Geometrieparameter der Verzahnung überschlägig mithilfe einer Entwurfsrechnung bestimmt werden. Anschließend müssen jedoch die jeweiligen Sicherheitsnachweise bezüglich Temperatur, Grübchen, Zahnfußbruch, Verschleiß und Schneckenwellendurchbiegung geführt werden. Eventuell auftretende Defizite machen die Anpassung einzelner oder aller Geometrieparameter notwendig. Im Entwurfsstadium können Randbedingungen die Parameterwahl auf unterschiedliche Art und Weise einschränken. Zum einen kann der Bauraum in Form des Achsabstandes vorgegeben sein und andere Parameter müssen daran angepasst werden. Zum anderen kann das Werkzeug bereits vorhanden sein und somit die Geometrieparameter der Verzahnung bereits einschränken. Für mehrere Situationen sollen im Folgenden die Herangehensweisen erklärt werden.

Sind z.B. Achsabstand a, Übersetzung i und Leistung P_1 gegeben, so ist die Auswahlfreiheit bereits stark eingegrenzt. Zu bestimmen ist jedoch die Zähnezahl des Antriebes (der Schnecke) z_1. Diese kann unter Verwendung des Achsabstandes a und des Zähnezahlverhältnisses u anhand folgender Gleichung gewählt werden:

$$z_1 \approx \frac{7 + 2{,}4 \cdot \sqrt{a}}{u} \quad \text{(mit } u = i\text{, bei treibender Schnecke)} \tag{21.32}$$

Die somit ermittelte Zähnezahl z_1 wird auf die nächste ganze Zahl auf- bzw. abgerundet. Tendenziell sollen für schnell laufende Getriebe hohe Zähnezahlen gewählt werden, um die Temperatursicherheit zu steigern. Mit hohem Drehmoment belastete Getriebe sollen tendenziell mit kleineren Zähnezahlen ausgeführt sein, um die Zahnfußspannung zu senken. Die Zähnezahl des Schneckenrades z_2 ergibt sich somit aus dem Zähnezahlverhältnis u:

$$z_2 = z_1 \cdot u \tag{21.33}$$

Grundsätzlich wächst mit steigender Zähnezahl die Laufruhe der Schneckenradstufe. Es sinkt jedoch die Zahnfußtragfähigkeit. Bei Verwendung eines Eingriffswinkels von $\alpha = 20°$ sollte die Radzähnezahl $z_2 \geq 30$ sein, um zu gewährleisten, dass sich stets mindestens zwei Zähne im Eingriff befinden.

Die Wahl des mittleren Durchmesser-Achsabstands-Verhältnisses d_{m1} / a kann anhand der folgenden Abbildung erfolgen (Abbildung 21.19). Mit steigendem d_{m1} / a erhöht sich die Grübchensicherheit und die Durchbiegung der Schneckenwelle nimmt ab. Nachteilig jedoch sind das Sinken der Temperatursicherheit und das Anwachsen der Verlustleistung. Schnecken mit kleinem d_{m1} / a werden aufgrund des besseren Wirkungsgrades bevorzugt. Hierbei besteht jedoch zusätzlich die Gefahr von Eingriffsstörungen.

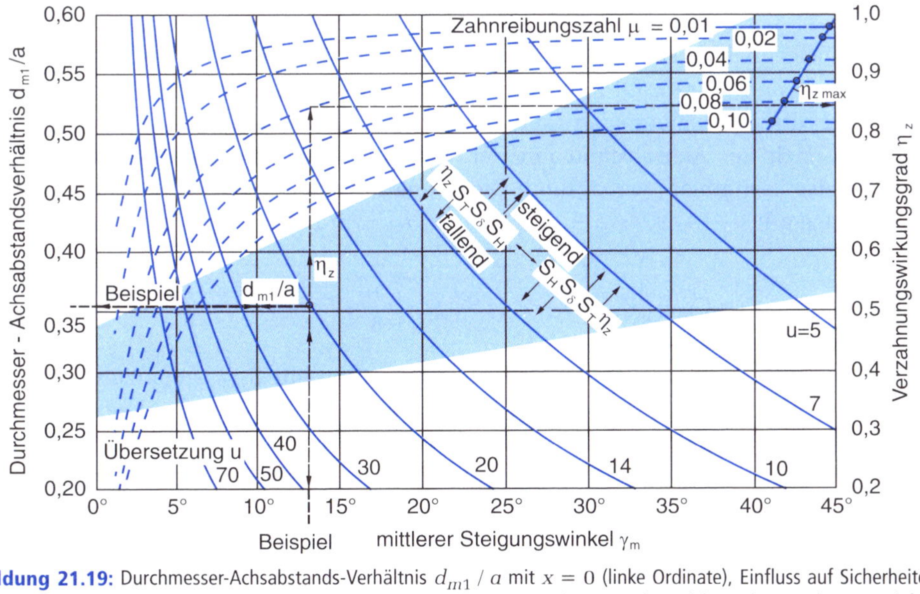

Abbildung 21.19: Durchmesser-Achsabstands-Verhältnis d_{m1} / a mit $x = 0$ (linke Ordinate), Einfluss auf Sicherheiten S_δ, S_H, S_T und Wirkungsgrad η_z mit Verzahnungswirkungsgrad η_z bei treibender Schnecke auf der rechten Ordinate nach [21.45], [21.72], [21.75]

Die Zahnreibungszahl μ_z muss nach unten hin mithilfe von Abbildung 21.11 abgeschätzt werden, um den Verzahnungswirkungsgrad η_z aus dem Diagramm in Abbildung 21.19 bestimmen zu können.

Weiterhin müssen die Profilverschiebungen von Schnecke und Schneckenrad wie folgt festgelegt werden:

- Die ZI-Schnecken werden überwiegend im Bereich von $-0{,}5 \leq x \leq +0{,}5$ gefertigt. Vorzugsweise wird dabei eine Profilverschiebung von $x = 0$, bzw. knapp darüber verwendet.
- Bei ZH-Schnecken wird üblicherweise der Bereich von $0 \leq x \leq 1$ verwendet. Vorzugesweise wird dabei eine Profilverschiebung von $x \approx 0{,}5$ genutzt. Zugunsten eines großen Eingriffsfeldes wird bei Getrieben mit hoher Belastung eher eine kleine Profilverschiebung verwendet. Bei hohen Drehzahlen hingegen werden Verzahnungen mit hoher Profilverschiebung wegen des günstigen Wirkungsgrades bevorzugt.

Das Kopfspiel wird vorrangig aus dem Bereich $0{,}167 \cdot m \leq c_1 \leq 0{,}3 \cdot m$ gewählt, wobei $c_1 = c_2 = 0{,}2 \cdot m$ üblich ist.

Im zweiten Fall sind die Schneckengrundgeometrien (d_{m1}, z_1, m) und die Übersetzung i gegeben, was immer dann der Fall ist, wenn in einem Unternehmen bereits Wälzfräser zum Verzahnen des Schneckenrades vorhanden sind, die auch bei einer Neukonstruktion verwendet werden sollen. Demzufolge ist die Schneckengeometrie bereits vorgegeben, so dass sich aus der Übersetzung i die Zähnezahl des Rades z_2 bestimmen lässt:

$$z_2 = z_1 \cdot i \tag{21.34}$$

Somit ergeben sich zwangsläufig vom Übersetzungsverhältnis i abhängige Achsabstände. Der daraus resultierende Mittenkreisdurchmesser d_{m2}, sowie der sich einstellende Achsabstand a lassen sich anhand der Gleichungen aus Tabelle 21.1 bestimmen.

Im letzten Auslegungsfall sind die Leistung und damit das Schneckenrad-Drehmoment M_{t2} und die Schneckenrad-Drehzahl n_2 gegeben, während die restlichen Parameter frei wählbar sind, so dass die Grübchentragfähigkeit als Bemessungskriterium genutzt werden kann. Hieraus lässt sich der Achsabstand mit der Werkstoffkonstante C_{HE} anhand Tabelle 21.5 näherungsweise bestimmen, wobei diese Gleichung für eine rechnerische Lebensdauer von 21.000 Stunden gilt:

$$a = C_{HE} \cdot \sqrt[3]{Z_\rho{}^2 \cdot M_{t2} \cdot K_A \cdot S_{H\,\min}^2 \cdot \left(\frac{n_2}{8} + 1\right)^{\frac{1}{4}}} \tag{21.35}$$

Hierin ist der Kontaktfaktor Z_ρ für ZI-Schnecken im Mittel mit $Z_\rho = 2{,}8$ anzunehmen, während der Anwendungsfaktor K_A von den Betriebsbedingungen abhängt und sich aus Kapitel 18 – Stirnradverzahnung ergibt. Die Mindestsicherheit ist mit $S_{H\,min} = 1{,}1 \ldots 1{,}5$ anzusetzen, wobei größere Werte bei großen Drehmomenten und unsicheren Annahmen für Belastung, Werkstoffeigenschaften und Fertigungsgenauigkeit anzunehmen sind.

G-CuSn 12	$C_{HE} = 6{,}8$	Gz-CuSn 12 Ni	$C_{HE} = 4{,}4$	Gz-CuSn 10 Zn	$C_{HE} = 5{,}0$

Tabelle 21.5: Kennwerte für die Werkstoffkonstante [21.75]

21.4 Beanspruchung und Beanspruchbarkeit von Schnecken und Schneckenrädern

Die vergleichende Beurteilung von Beanspruchung und Beanspruchbarkeit wird bei Schnecken und Schneckenrädern in gleicher Weise wie bei Stirnrädern gemäß Abschnitt 18.4 durchgeführt. Im Hinblick auf die Besonderheiten bei Schneckenverzahnungen wurden mit DIN 3996 eine eigenständige nationale Norm und Berechnungsvorschriften zum Tragfähigkeitsnachweis von Zylinderschneckengetrieben erstellt, wobei die Schädigungsmechanismen denen von Stirnrädern gleichen und die Schneckenwellen in ähnlicher Weise wie schlanke Wellen zu behandeln sind [21.24].

Grundvoraussetzung für die durchzuführenden Tragfähigkeitsnachweise sind die auftretenden Kräfte und Momente an der Schneckenradstufe.

21.4.1 Kräfte und Momente

Ausgehend von den Kräften und Momenten an einem Zylinderschneckengetriebe gemäß Abbildung 21.20 und der in Abbildung 21.21 gezeigten Geometrie lassen sich die erforderlichen Berechnungsgrößen für die Tragfähigkeitsnachweise ableiten.

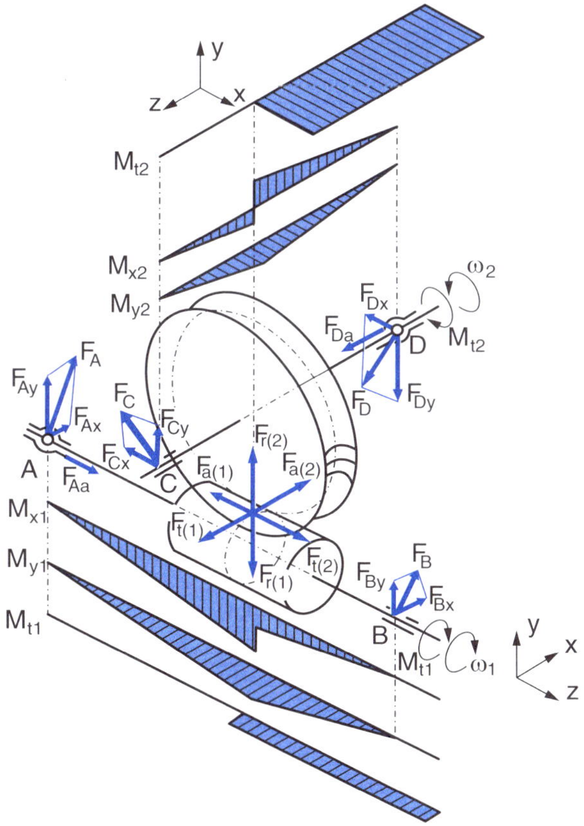

Abbildung 21.20: Kräfte und Momente am Zylinderschneckengetriebe [21.97]

Setzt man voraus, dass die Schnecke angetrieben wird, so ergibt sich folgender Zusammenhang für die Übersetzung i des Schneckengetriebes, wobei die Übersetzung i hierbei dem Zähnezahlverhältnis u entspricht und die Zähnezahl der Schnecke oftmals auch als Gangzahl bezeichnet wird:

$$|i| = u = \frac{\omega_1}{\omega_2} = \frac{z_2}{z_1} \tag{21.36}$$

Ausgehend von der Antriebsleistung P_1 und der Antriebswinkelgeschwindigkeit ω_1 lässt sich zunächst das Antriebsdrehmoment M_{t1} bestimmen:

$$M_{t1} = \frac{P_1}{\omega_1} \quad \text{mit} \quad \omega_1 = 2 \cdot \pi \cdot n_1 \tag{21.37}$$

Wird nun das Antriebsdrehmoment der Schnecke M_{t1} über die Flanken der Schneckenverzahnung auf das Schneckenrad übertragen, so lässt sich nach Abbildung 21.21 die dabei auftretende, resultierende Verzahnungskraft in die einzelnen Teilkräfte Tangentialkraft F_t, Radialkraft F_r und Axialkraft F_a eines orthogonalen Koordinatensystems zerlegen:

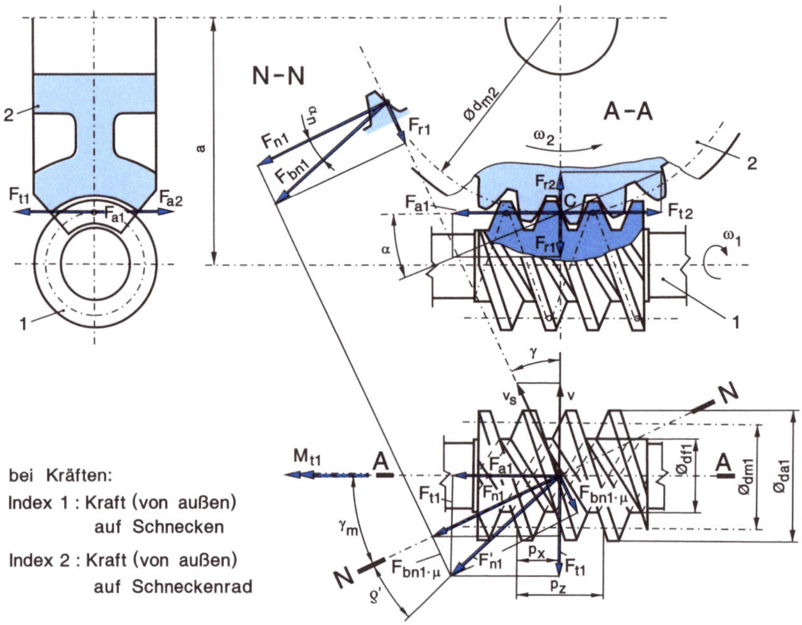

Abbildung 21.21: Geometrische Größen und Kräfte an der Paarung Schnecke und Schneckenrad [21.97]

Das Antriebsdrehmoment M_{t1} erzeugt über den Hebelarm $d_{m1} / 2$ eine antreibende Tangentialkraft F_{t1} an der treibenden Schnecke und als Reaktion eine abtreibende Tangentialkraft F_{t2} am Schneckenrad:

$$F_{t1} = \frac{M_{t1}}{\frac{d_{m1}}{2}} \quad \text{und} \quad F_{t2} = \frac{M_{t2}}{\frac{d_{m2}}{2}} \tag{21.38}$$

Aufgrund der Verluste innerhalb des Zahneingriffes ($\eta < 1$) entspricht das Momentenverhältnis nicht dem Zähnezahlverhältnis bzw. der Übersetzung (s.a. Abschnitt 21.2.5), sodass für das Abtriebsmoment folgender Zusammenhang gilt:

$$M_{t2} = M_{t1} \cdot i \cdot \eta = M_{t1} \cdot \left(\frac{z_2}{z_1} \right) \cdot \eta \quad \text{mit} \quad \eta = \frac{M_{t2} \cdot \varpi_2}{M_{t1} \cdot \varpi_1} = \frac{M_{t2}}{M_{t1}} \cdot \frac{1}{i} \quad \text{bzw.} \quad \eta \cdot i = \frac{M_{t2}}{M_{t1}} \tag{21.39}$$

Demzufolge gilt für die Tangentialkraft abhängig vom Antriebsmoment:

$$F_{t2} = \frac{M_{t1} \cdot \left(\frac{z_2}{z_1} \right) \cdot \eta}{\frac{d_{m2}}{2}} \tag{21.40}$$

Aufgrund des Kräftegleichgewichtes im Zahneingriff ergeben sich die Axialkraft des Antriebes F_{a1} aus der Umfangskraft des Abtriebes F_{t2} und aus der Umfangskraft des Antriebes F_{t1} die Axialkraft F_{a2} des Abtriebes:

$$F_{a1} = F_{t2} \quad \text{und} \quad F_{a2} = F_{t1} \tag{21.41}$$

Aus der Schnecken-Tangentialkraft F_{t1} und der Schnecken-Axialkraft F_{a1} lässt sich eine resultierende Kraft F'_{n1} bestimmen. Diese Kraft wird durch den mittleren Steigungswinkel γ_m und den (Keil-)Reibungswinkel ρ' bestimmt. Somit ist in dieser Betrachtung wiederum der Einfluss des Verzahnungswirkungsgrades enthalten, so dass für den Fall einer treibenden Schnecke gilt:

$$F'_{n1} = \frac{F_{t1}}{\sin\left(\gamma_m + \rho'\right)} \tag{21.42}$$

Weiterführend ist der Bestandteil dieser Zwischengröße F'_{n1} zu bestimmen, der im Normalschnitt liegt. Dieser wird F_{n1} genannt und hängt vom Reibwinkel ρ' ab.

$$F_{n1} = \cos\rho' \cdot F'_{n1} \tag{21.43}$$

Diese Zwischengröße F_{n1} zeigt jedoch nicht in Eingriffsrichtung, weshalb sie unter Verwendung des Normal-Eingriffwinkels α_n auf die die Zahnnormalkraft F_{bn1} umzurechnen ist:

$$F_{bn1} = \frac{F'_{n1}}{\cos\alpha_n} \tag{21.44}$$

Zusammenfassend lässt sich aus der Schnecken-Tangentialkraft F_{t1}, dem mittleren Steigungswinkel γ_m, dem Reibungswinkel ρ' und dem Normal-Eingriffswinkel α_n die Zahnnormalkraft F_{bn1} bestimmen:

$$F_{bn1} = F_{bn2} = F_{t1} \cdot \frac{\cos\rho'}{\sin\left(\gamma_m + \rho'\right) \cdot \cos\alpha_n} \tag{21.45}$$

Im Weiteren lässt sich aus der Zahnnormalkraft F_{n1} die Radialkraft bestimmen, wobei hier nur der Normal-Eingriffswinkel α_n der Verzahnung einen Einfluss hat:

$$F_{r1} = F_{r2} = \sin\alpha_n \cdot F_{bn1} \tag{21.46}$$

21.4.2 Nachweis der Grübchentragfähigkeit

Genauso wie bei Stirnrädern nach Abschnitt 18.4.1 und 18.4.4 entstehen Grübchen als Ermüdungsschaden aufgrund einer dauernden Beanspruchung der Oberflächen im Kontakt zwischen Schnecken- und Schneckenradflanke, wobei die örtliche Kontaktspannung in Flankennormalenrichtung als maßgebend betrachtet wird. Hierzu wird die Hertz'sche Pressung gemäß Abschnitt 18.4.4 berechnet, welche mithilfe besonderer Faktoren an die Gegebenheiten einer Schneckenstufe angepasst wird [21.24].

Im Sinne des Vergleiches von Beanspruchung und Beanspruchbarkeit wird zur Bestimmung der Grübchensicherheit S_H der Grenzwert der Flankenpressung σ_{HG} mit der mittleren Flankenpressung σ_{Hm} verglichen, wobei die Mindestsicherheit aufgrund der Genauigkeit des Berechnungsverfahrens üblicherweise mit $S_{Hmin} = 1{,}0$ angenommen werden kann:

$$S_H = \frac{\sigma_{HG}}{\sigma_{Hm}} \geq S_{Hmin} \tag{21.47}$$

Dabei wird der Grenzwert der Flächenpressung σ_{HG} aus der Grübchenfestigkeit σ_{HlimT} gemäß Tabelle 21.6 unter Einbeziehung verschiedener Korrekturfaktoren wie folgt ermittelt:

$$\sigma_{HG} = \sigma_{HlimT} \cdot Z_h \cdot Z_v \cdot Z_s \cdot Z_u \cdot Z_{oil} \tag{21.48}$$

Schneckenradwerkstoff	Nach	σ_{HlimT} in N/mm²
CuSn12-C-GZ	DIN EN 1982 [21.30]	425
CuSn12Ni2-C-GZ		520
CuSn12Ni2-C-GC		520
CuAl10Fe5Ni5-C-GZ		660 [1)]
EN-GJS-400-15	DIN EN 1563 [21.29]	490 [1)]
EN-GJL-250	DIN EN 1561 [21.28]	350 [1)]

[1)] nur für Gleitgeschwindigkeiten $v_{gm} < 0{,}5$ m/s geeignet
Die hier angegebenen Grübchenfestigkeiten gelten für eine Grübchenfläche von etwa 50 % der Radzahnflanken

Tabelle 21.6: Grübchenfestigkeiten von Schneckenrädern nach [21.25]

Mithilfe des Lebensdauerfaktors Z_h wird für den Zeitfestigkeitsbereich die ertragbare Flankenbelastung angepasst, wobei die Lebensdauer in Stunden einzusetzen ist:

$$Z_h = \sqrt[6]{\frac{25000}{L_h}} \leq 1{,}6 \tag{21.49}$$

Der Geschwindigkeitsfaktor Z_v berücksichtigt den Einfluss der Gleitgeschwindigkeit v_{gm} auf die ertragbare Flankenpressung:

$$Z_v = \sqrt{\frac{5}{4 + v_{gm}}} \quad \text{mit} \quad v_{gm} = \frac{d_{m1} \cdot n_1}{19098 \cdot \cos\gamma_m} \tag{21.50}$$

Weiterhin wird der Baugrößenfaktor Z_s zur Bestimmung des Grenzwertes der Flächenpressung σ_{Hm} benötigt. Die hier verwendeten Kennwerte wurden anhand spezieller Schneckengetriebe einheitlicher Baugröße bestimmt [21.24]. Sollte das zu berechnende Getriebe eine deutlich andere Größe aufweisen als diese Versuchsgetriebe, so können die aus den Versuchsgetrieben gewonnenen Erkenntnisse nicht zwangsläufig übernommen werden, sondern unter Nutzung des Baugrößenfaktors Z_s lässt sich der Grenzwert der Flächenpressung σ_{Hm} auf die jeweilige Getriebegröße anpassen:

$$Z_s = \sqrt{\frac{30}{29 + a_T}} \tag{21.51}$$

In vergleichbarer Weise wie beim Baugrößenfaktor Z_s ist auch beim Übersetzungsfaktor Z_u nach Tabelle 21.7 vorzugehen.

$Z_u = \sqrt[6]{\frac{u}{20,5}}$ für $u < 20,5$ (21.52)	$Z_u = 1$ für $u \geq 20,5$ (21.53)

Tabelle 21.7: Kennwerte für den Übersetzungsfaktor Z_u

Weiterhin wird mithilfe des Schmierstofffaktors Z_{oil} entsprechend Tabelle 21.8 eine Anpassung des Grenzwertes der Flächenpressung σ_{Hm} an den jeweiligen Schmierstoff vorgenommen.

Mineralöle: $Z_{oil} = 0,89$	Polyglykole: $Z_{oil} = 1,0$	Polyalphaolefine: $Z_{oil} = 0,94$

Tabelle 21.8: Kennwerte für den Schmierstofffaktor Z_{oil}

Die mittlere Flankenpressung σ_{Hm} errechnet sich aus dem Kennwert für die mittlere Hertz'sche Pressung p_m^* nach Tabelle 21.9, dem Drehmoment M_{t1}, dem Achsabstand a und dem Elastizitätsmodul E_{red}, mit dem sich unterschiedliche E-Moduln von Schnecke und Schneckenrad zu einem äquivalenten E-Modul unter Verwendung der Werte nach Tabelle 21.10 umrechnen lassen:

$$\sigma_{Hm} = \frac{4}{\pi} \cdot \sqrt{\frac{p_m^* \cdot M_{t1} \cdot 10^3 \cdot E_{red}}{a^3}} \quad \text{mit} \quad E_{red} = \frac{2}{\frac{(1-\nu_1^2)}{E_1} + \frac{(1-\nu_2^2)}{E_2}} \tag{21.54}$$

Für ZA-, ZI-, ZK- und ZN-Schnecken	$p_m^* = 0,1794 + 0,2389 \cdot \frac{a}{d_{m1}} + 0,0761 \cdot x \cdot \lvert x \rvert^{3,18} + 0,0536 \cdot q$ $-0,00369 \cdot z_2 - 0,01136 \cdot \alpha_0 + 44,9814 \cdot \frac{x + 0,005657}{z_2} \cdot \left(\frac{z_1}{q}\right)^{2,6872}$ (21.55)
Für ZH-Schnecken	$p_m^* = 0,1401 + 0,1866 \cdot \frac{a}{d_{m1}} + 0,0595 \cdot x \cdot \lvert x \rvert^{3,18} + 0,0419 \cdot q$ $-0,00288 \cdot z_2 - 0,0089 \cdot \alpha_0 + 35,1417 \cdot \frac{x + 0,005657}{z_2} \cdot \left(\frac{z_1}{q}\right)^{2,6872}$ (21.56)

Tabelle 21.9: Kennwerte für die mittlere Flankenpressung p_m^* [21.25]

Dabei werden als Schneckenwerkstoff überwiegend Stähle mit einem E-Modul von $E = 210.000\ \text{N/mm}^2$ und einer Querkontraktionszahl von $\nu = 0{,}3$ verwendet, während für das Schneckenrad die Werkstoffe nach Tabelle 21.10 eingesetzt werden.

Schneckenradwerkstoff	Nach	E_2 in N/mm^2	ν^2	E_{red} in N/mm^2
CuSn12-C-GZ	DIN EN 1982 [21.30]	88.300	0,35	140.144
CuSn12Ni2-C-GZ		98.100	0,35	150.622
CuSn12Ni2-C-GC		98.100	0,35	150.622
CuAl10Fe5Ni5-C-GZ		122.600	0,35	174.053
EN-GJS-400-15	DIN EN 1563 [21.29]	175.000	0,3	209.790
EN-GJL-250	DIN EN 1561 [21.28]	98.100	0,3	146.955

Tabelle 21.10: E-Module und Querkontraktionszahlen von Schneckenrädern [21.25]

21.4.3 Nachweis der Verschleißtragfähigkeit

Aufgrund des ständigen Gleitens zwischen den Flanken von Schnecke und Schneckenrad ist insbesondere auch die Verschleißtragfähigkeit nachzuweisen, wobei unter Verschleiß ein kontinuierlicher Materialabtrag an den Flanken zu verstehen ist.

Nachfolgend sind die wichtigsten Auswirkungen von Verschleiß aufgeführt:

- Infolge des Materialabtrages kommt es zu einer Verunreinigung des Schmierstoffes. Dadurch wird zum einen die Schmierfähigkeit herabgesetzt und zum anderen wächst die Gefahr von Ausfällen infolge von Ablagerungen innerhalb des Schmiersystems (Filter, Leitungen).
- Durch Abtragungen der Flanke verringert sich die Zahndicke. Dies führt insbesondere zu spitzen Zahnköpfen.
- Die Flanke wird ebenfalls in Richtung Zahnfuß abgetragen. Somit sinkt mit steigender Zahndickenabnahme ebenso die Zahnfußtragfähigkeit infolge der sinkenden Zahnfußdicken.
- Infolge des Verschleißes an den Verzahnungsflanken erhöht sich das Zahnflankenspiel. Gerade bei wechselnden Belastungen oder bei Umkehrgetrieben birgt dies eine große Gefahr von Belastungsüberhöhungen.

Zum Nachweis der Verschleißsicherheit S_W wird der zulässige Flankenabtrag δ_{Wlimn} mit dem zu erwartenden Flankenabtrag δ_{Wn} verglichen, wobei die Mindestsicherheit üblicherweise mit $S_W = 1{,}1$ angenommen werden kann [21.24]:

$$S_W = \frac{\delta_{Wlimn}}{\delta_{Wn}} \tag{21.57}$$

Die bereits angesprochenen unterschiedlichen Auswirkungen des Flankenverschleißes führen somit zu unterschiedlichen Abschätzungen des zulässigen Flankenabtrages δ_{Wlimn}. Nachfolgend sind vier Grenzwerte für die unterschiedlichen Versagenskriterien aufgeführt:

a Mit anwachsendem Flankenabtrag sinkt die Zahndicke am Zahnkopf. Die Zähne werden zunächst spitzer. Ist eine Zahnkopfdicke von Null erreicht, so nimmt mit fortwährendem Flankenabtrag die Zahnkopfhöhe ab. Dies führt wiederum zu einem überproportionalen Anwachsen des Verschleißes infolge der steigenden Beanspruchungen. Dadurch ergibt sich ein Grenzwert für den zulässigen Flankenabtrag, da der Betrag der Zahnkopfdicke im Normalschnitt nicht überschritten werden darf. Mit dem Axialmodul der Schnecke m_x, dem Steigungswinkel am Mittenkreis der Schnecke γ_m in Grad und dem Erzeugungswinkel α_0 in Grad berechnet sich der zulässige Flankenabtrag zu:

$$\delta_{Wlimn,a} = m_x \cdot \cos\gamma_m \cdot \left(\frac{\pi}{2} - 2 \cdot \tan\alpha_0\right) \tag{21.58}$$

b Ein weiteres Schadenskriterium stellt die Abnahme der Zahnfußdicke dar, wodurch die Zahnfußtragfähigkeit gesenkt wird. Bei dem Nachweis der Zahnfußtragfähigkeit wird die Zahndickenabnahme durch Verschleiß Δs im Laufe der geforderten Lebensdauer verwendet (s.a. Abschnitt 21.4.5). Der dort gewählte Betrag lässt sich auf den Normalschnitt umrechnen und somit als zulässiger Flankenabtrag angeben.

$$\delta_{Wlimn,b} = \Delta s \cdot \cos\gamma_m \tag{21.59}$$

c Der Flankenabtrag verunreinigt das Schmiermittel. Abhängig von der Ölmenge, der Art der Filterung, den Ölwechselintervallen und den Anforderungen an das Öl lässt sich der maximal zulässige Massenabtrag Δm_{lim} angeben. Somit ergibt sich der zulässige Flankenabtrag unter Verwendung der Dichte ρ_{Rad} gemäß Tabelle 21.11, der Gesamtzahnflankenfläche A_{fl} unter Berücksichtigung der Winkelfunktion im Bogenmaß, der Zähnezahl des Schneckenrades z_2, der Radbreite b_{2H} und dem Mittenkreisdurchmesser der Schneckenwelle d_{m1} sowie dem Kopfkreisdurchmesser d_{a1} wie folgt:

$$\delta_{Wlimn,c} = \frac{\Delta m_{lim}}{A_{fl} \cdot \rho_{Rad}} \quad \text{mit} \quad A_{fl} \approx \frac{2 \cdot z_2 \cdot m_x \cdot d_{m1} \cdot \arcsin\left(\frac{b_{2H}}{d_{a1}}\right)}{\cos\gamma_m \cdot \cos\alpha_0} \tag{21.60}$$

Üblicherweise wird die Schnecke aus verschleißfesterem Werkstoff ausgeführt, weshalb die Dichte des Schneckenrades ρ_{Rad} einzusetzen ist.

Schneckenradwerkstoff	GZ-CuSn12	GZ-CuSn12Ni	GZ-CuAl10Ni	EN-GJS400-15	EN-GJL-250
ρ_{Rad} in mg/mm^3	8,8	8,8	7,4	7,0	7,0

Tabelle 21.11: Dichten gängiger Schneckenradwerkstoffe [21.24]

d Aus der Forderung eines maximal zulässigen Flankenspieles von üblicherweise $0{,}3 \cdot m_x$ ergibt sich folgender maximaler Flankenabtrag:

$$\delta_{Wlimn,d} = 0{,}3 \cdot m_x \cdot \cos\gamma_m \tag{21.61}$$

Der zu erwartende Flankenabtrag δ_{Wn} kann durch Messungen am betreffenden Schneckenradsatz unter Betriebsbedingungen ermittelt werden. In der Auslegungsphase kann der Entwickler eines Schneckengetriebes lediglich auf Erfahrungen bereits vermessener Schneckenradsätze zurückgreifen. Anhand dieser wurden die folgenden empirischen Bemessungsgleichungen nach DIN 3996 abgeleitet [21.24]. Diese gelten jedoch nur bei der entsprechenden Werkstoffpaarung sowie der Schmierungsart und dem Schmierstoff. Selbst bei Gewährleistung gleicher Randbedingungen tritt erfahrungsgemäß dennoch eine Streuung der Verschleißgeschwindigkeit mit dem Faktor 2 auf, was bei der Bewertung der Ergebnisse entsprechend zu berücksichtigen ist.

Der zu erwartende Flankenabtrag δ_{Wn} infolge abrasiven Verschleißes lässt sich im Normalschnitt wie folgt aus der Verschleißintensität J_W und dem Verschleißweg s_{Wm} anhand der Beanspruchung σ_{Hm}, der Lastwechselzahl N_L, dem Achsabstand a und dem Ersatz-E-Modul E_{red} (s.a. Abschnitt 21.4.2) berechnen:

$$\delta_{Wn} = J_W \cdot s_{Wn} \quad \text{mit} \quad s_{Wn} = s^* \cdot \frac{\sigma_{Hm} \cdot a}{E_{red}} \cdot N_L \tag{21.62}$$

Dabei ist die mittlere Flankenpressung σ_{Hm} aus Abschnitt 21.4.2 zu verwenden und der erforderliche Kennwert für den mittleren Gleitweg s^* ergibt sich aus Tabelle 21.12.

ZA-, ZI-, ZK-, und ZN-Schnecken	ZH-Schnecken
$s^* = 0{,}78 + 0{,}21 \cdot u + \frac{5{,}6}{\tan \gamma_m}$ (21.63)	$s^* = 0{,}94 + 0{,}25 \cdot u + \frac{6{,}7}{\tan \gamma_m}$ (21.64)

Tabelle 21.12: Kennwert für den mittleren Gleitweg s^* [21.25]

Weiterhin wird zur Bestimmung des Verschleißwegs s_{Wm} die Lastspielzahl N_L benötigt. Die Zahl der Lastwechsel eines Schneckenradzahnes ist abhängig von der Drehzahl n_1 und der Übersetzung u:

$$N_L = L_h \cdot \frac{n_1 \cdot 60}{u} \tag{21.65}$$

Die Verschleißintensität J_W berechnet sich aus der Bezugsverschleißintensität J_{0T}, dem Werkstoff-Schmierstoff-Faktor W_{ML} und dem Startfaktor W_{NS}.

$$J_W = J_{0T} \cdot W_{NS} \cdot W_{ML} \tag{21.66}$$

Für die Bezugsverschleißintensität J_{0T} wurden in verschiedenen Prüfstandsversuchen, unter verschiedenen Bedingungen, empirische Gleichungen gemäß Tabelle 21.13 ermittelt und der Startfaktor W_{NS} berücksichtigt den Einfluss wiederholter Anläufe während des Betriebes mit N_S als Anzahl der Anläufe pro Stunde:

$$W_{NS} = 1 + 0{,}015 \cdot N_S \tag{21.67}$$

Bei Dauerbetrieb mit wenigen Anläufen ergibt sich der Startfaktor zu $N_S = 1$.

Rad aus Bronze, Einspritzschmierung mit Mineralöl	$J_{0T} = 2,4 \cdot 10^{-11} \cdot K_W^{-3,1} \leq 400 \cdot 10^{-9}$ (21.68)
Rad aus Bronze, Einspritzschmierung mit Polyalphaolefin	$J_{0T} = 318 \cdot 10^{-12} \cdot K_W^{-2,24}$ (21.69)
Rad aus Bronze, Einspritzschmierung mit Polyglykol	$J_{0T} = 127 \cdot 10^{-12} \cdot K_W^{-2,24}$ (21.70)
Rad aus Bronze, Tauchschmierung mit Mineralöl	$J_{0T} = 6,5 \cdot 10^{-11} \cdot K_W^{-2,68} \leq 400 \cdot 10^{-9}$ (21.71)
Rad aus Bronze, Tauchschmierung mit Polyalphaolefin	$J_{0T} = 558 \cdot 10^{-12} \cdot K_W^{-1,91}$ (21.72)
Rad aus Bronze, Tauchschmierung mit Polyglykol	$J_{0T} = 223 \cdot 10^{-12} \cdot K_W^{-1,91}$ (21.73)
Rad aus Aluminium-Bronze, Schmierung mit mild legiertem Mineralöl	$J_{0T} = 5,45 \cdot 10^{-9} \cdot K_W^{-1,23} \leq 400 \cdot 10^{-9}$ (21.74)
Rad aus Aluminium-Bronze, Schmierung mit Polyalphaolefin	$J_{0T} = 16,6 \cdot 10^{-9} \cdot K_W^{-1,17}$ (21.75)
Rad aus Aluminium-Bronze, Schmierung mit Polyglykol	*Nicht betreibbar*
Rad aus Gusseisen, Schmierung mit Mineralöl	$J_{0T} = 0,09 \cdot 10^{-9} \cdot K_W^{-3,7} \leq 400 \cdot 10^{-9}$ (21.76)
Rad aus Gusseisen, Schmierung mit Polyalphaolefin	$J_{0T} = 0,09 \cdot 10^{-9} \cdot K_W^{-3,7} \leq 400 \cdot 10^{-9}$ (21.77)
Rad aus Gusseisen, Schmierung mit Polyglykol	$J_{0T} = 0,58 \cdot 10^{-9} \cdot K_W^{-1,58}$ (21.78)

Tabelle 21.13: Kennwerte für die Bezugsverschleißintensität J_{0T} [21.25]

Der Werkstoff-Schmierstoff-Faktor W_{ML} nach Tabelle 21.14 berücksichtigt den Einfluss des Schneckenradwerkstoffes und des Schmierstoffes auf das Verschleißverhalten.

Schnecke: 16 MnCr 5 nach EN 10084 [21.31]		Werkstoff-Schmierstoff-Faktor W_{ML}		
Schneckenradwerkstoff	Nach	Mineralöl	Polyalphaolefin	Polyglykol
CuSn12-C-GZ	DIN EN 1982 [21.30]	1,6	1,6	2,25
CuSn12Ni2-C-GZ		1,0	1	1,75
CuSn12Ni2-C-GC		4,1	4,1	4,1
CuAl10Fe5Ni5-C-GZ		1	1	nicht betreibbar
EN-GJS-400-15	DIN EN 1563 [21.29]	1	1	1
EN-GJL-250	DIN EN 1561 [21.28]	1	1	1

Tabelle 21.14: Kennwerte für den Werkstoff-Schmierstoff-Faktor W_{ML} [21.25]

Der zur Bestimmung der Bezugsverschleißintensität J_{0T} notwendige Schmierspalthöhenkennwert K_W wird aus der minimalen Schmierspaltdicke $h_{min,m}$, dem Schmierstoff-Struktur-Faktor W_S gemäß Tabelle 21.15 und dem Pressungsfaktor W_H nach Tabelle 21.16 bestimmt:

$$K_W = h_{min,m} \cdot W_S \cdot W_H \tag{21.79}$$

$W_S = 1$ (21.80)	Gültig für Schmierung mit Mineralöl sowie für Gusseisenwerkstoffe bei Schmierung mit Polyalphaolefin
$W_S = \frac{1}{\eta_{0M}^{0,35}}$ (21.81)	Gültig für Schmierung mit Polyglykol sowie für Bronzewerkstoffe bei Schmierung mit Polyalphaolefin

Tabelle 21.15: Kennwerte für den Schmierstoff-Struktur-Faktor W_S [21.25]

Bronzewerkstoffe bei $\sigma_{Hm} < 450\ \text{N/mm}^2$	Bronzewerkstoffe bei $\sigma_{Hm} \geq 450\ \text{N/mm}^2$	Gusseisenwerkstoffe
$W_H = 1$ (21.82)	$W_H = \left(\frac{400}{\sigma_{Hm}}\right)^{4,5}$ (21.83)	$W_H = \left(\frac{300}{\sigma_{Hm}}\right)^{1,4}$ (21.84)

Tabelle 21.16: Kennwert für den Pressungsfaktor W_H [21.25]

Für die minimale Schmierspaltdicke $h_{min,m}$ zur Berechnung des Schmierspalthöhenkennwertes K_W gilt folgender Zusammenhang:

$$h_{\min m} = 21 \cdot h^* \cdot \frac{c_\alpha^{0,6} \cdot \eta_{0M}^{0,7} \cdot n_1^{0,7} \cdot a^{1,39} \cdot E_{red}^{0,03}}{M_{t2}^{0,13}} \tag{21.85}$$

Hierin bezeichnen M_{t2} das Drehmoment am Schneckenrad, n_1 die Drehzahl an der Schneckenwelle, a den Achsabstand und E_{red} den äquivalenten E-Modul nach Gleichung (21.54) und h_{0M} die weiter unten berechnete dynamische Viskosität. Weiterhin ersetzt der Näherungswert c_α nach Tabelle 21.17 den ohnehin meist unbekannten Druckviskositätsexponenten α und h^* bezeichnet die mittlere Schmierspaltdicke laut Dowson und Higginson nach Tabelle 21.18 [21.33].

Für Mineralöl	$c_\alpha = 1{,}7 \cdot 10^{-8}\ \text{m}^2/\text{N}$	$k_\rho = 7{,}0 \cdot 10^{-4}$
Für Polyglykole	$c_\alpha = 1{,}3 \cdot 10^{-8}\ \text{m}^2/\text{N}$	$k_\rho = 7{,}7 \cdot 10^{-4}$
Für Polyalphaolefine	$c_\alpha = 1{,}4 \cdot 10^{-8}\ \text{m}^2/\text{N}$	$k_\rho = 7{,}6 \cdot 10^{-4}$

Tabelle 21.17: Kennwerte für den Näherungswert des Druckviskositätsexponenten c_α und die Schmierstoffkonstante k_ρ [21.25]

Zur Berechnung der dynamischen Viskosität η_{0M} wird die kinematische Viskosität ν_M bei Umgebungsdruck p_0 aus der Viskositäts-Temperatur-Kennlinie des Schmierstoffes für die Radmassentemperatur ϑ_M bestimmt, auf deren Berechnung in Abschnitt 21.4.6 näher eingegangen wird:

$$\eta_{0M} = \frac{\nu_M \cdot \rho_{oil,M}}{1000} \quad \text{mit} \quad \rho_{oil,M} = \frac{\rho_{oil,15}}{1 + k_\rho \cdot (\vartheta_M - 15)} \tag{21.88}$$

Hierin bezeichnet $\rho_{oil,M}$ die Dichte des Öles bei der Radmassentemperatur ϑ_M abhängig von der Dichte $\rho_{oil,15}$ des Schmierstoffes bei 15 °C (aus Datenblättern der Ölhersteller) und der Schmierstoffkonstanten k_ρ nach Tabelle 21.17.

ZA-, ZI-, ZK-, und ZN-Schnecken	
$h^* = -0,393 + 2,9157 \cdot 10^{-6} \cdot (z_2)^{-0,0847} \cdot \alpha_0^{0,0595} \cdot (7,947 \cdot 10^{-7} \cdot x + 5,927 \cdot 10^{-5}) \cdot ((1 - 0,038 \cdot q) \cdot q + 65,576) \cdot \left(\left(108,8547 \cdot \frac{z_1}{q} - 1\right) \cdot \frac{z_1}{q} - 3294,921\right) \cdot ((3,291 \cdot 10^{-3} \cdot B + 1) \cdot B - 13064,58)$ mit $B = \sqrt{6 \cdot m_x \cdot d_{m1} - 9(m_x)^2} + m_x$	(21.86)
ZH-Schnecken	
$h^* = -0,511 + 3,7904 \cdot 10^{-6} \cdot (z_2)^{-0,0847} \cdot \alpha_0^{0,0595} \cdot (7,947 \cdot 10^{-7} \cdot x + 5,927 \cdot 10^{-5}) \cdot ((1 - 0,038 \cdot q) \cdot q + 65,576) \cdot \left(\left(108,8547 \cdot \frac{z_1}{q} - 1\right) \cdot \frac{z_1}{q} - 3294,921\right) \cdot ((3,291 \cdot 10^{-3} \cdot B + 1) \cdot B - 13064,58)$ mit $B = \sqrt{6 \cdot m_x \cdot d_{m1} - 9(m_x)^2} + m_x$	(21.87)

Tabelle 21.18: Kennwerte für die mittlere Schmierspaltdicke h^* [21.25]

21.4.4 Nachweis der Einhaltung der zulässigen Durchbiegung

Bei Schneckengetrieben ist zu berücksichtigen, dass durch eine starke Durchbiegung der Schneckenwelle Eingriffsstörungen der Verzahnung verursacht werden können, was insbesondere bei sehr schlanken Schnecken zu beachten ist. Aufgrund dessen ist die Durchbiegung der Schneckenwelle immer zu bestimmen und eine Durchbiegesicherheit zu ermitteln [21.24].

Dabei wird die Durchbiegesicherheit S_δ durch den Vergleich des Grenzwertes der Durchbiegung δ_{lim} mit der auftretenden Durchbiegung δ_m bestimmt:

$$S_\delta = \frac{\delta_{lim}}{\delta_m} \geq S_{\delta min} \tag{21.89}$$

Der Sicherheitsfaktor wird üblicherweise mit S_{Hmin} = 1,0 angenommen, da eine zu große Durchbiegung nicht unmittelbar zum Versagen führt und das Rechenverfahren zur Bestimmung derselben sehr genau ist.

Der Grenzwert für die Durchbiegung beruht auf Erfahrungswerten und lässt sich abhängig vom Axialmodul der Schnecke m_x berechnen [21.24]:

$$\delta_{lim} = 0,01 \cdot m_x \tag{21.90}$$

Die tatsächlich auftretende Durchbiegung δ_m kann an einem bestehenden Getriebe durch Messung erfolgen. In der Planungsphase kann sie mithilfe detaillierter Analysen wie z.B. der Finite-Elemente-Methode bestimmt werden, oder aber man nutzt analytische Ansätze zur Bestimmung der Durchbiegung δ_m, wie die folgenden Gleichungen auf der Grundlage der Lagerabstände l_1, l_{11} und l_{12} gemäß Abbildung 21.22:

$$\delta_{\mathrm{m}} = 3{,}2 \cdot 10^{-5} \cdot l_{11}^2 \cdot l_{12}^2 \cdot F_{tm2} \cdot \frac{\sqrt{\tan^2(\gamma_m + \arctan \mu_{zm}) + \dfrac{\tan^2 \alpha_0}{\cos^2 \gamma_m}}}{d_{m1}^4 \cdot l_1} \tag{21.91}$$

Im Falle einer symmetrischen Lageranordnung vereinfacht sich die Gleichung wie folgt:

$$\delta_{\mathrm{m}} = 2 \cdot 10^{-6} \cdot l_1^3 \cdot F_{tm2} \cdot \frac{\sqrt{\tan^2(\gamma_m + \arctan \mu_{zm}) + \dfrac{\tan^2 \alpha_0}{\cos^2 \gamma_m}}}{d_{m1}^4} \tag{21.92}$$

Hierin bezeichnen F_{tm2} die Tangentialkraft am Schneckenrad, d_{m1} den Mittenkreisdurchmesser der Schneckenwelle, γ_m den Steigungswinkel am Mittenkreis der Schnecke in Grad, μ_{zm} die mittlere Reibungszahl (mit arctan μ_{zm} in Grad) und α_0 den Erzeugungswinkel in Grad [21.24].

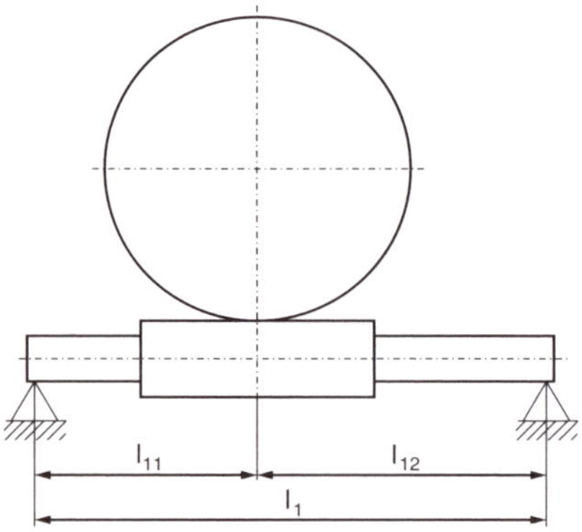

Abbildung 21.22: Schemaskizze zur Bestimmung der Lagerabstände [21.24]

21.4.5 Nachweis der Zahnfußtragfähigkeit

Infolge der auftretenden Kräfte im Zahneingriff wird insbesondere der Zahnfuß belastet, wobei die Beanspruchung aus einer Überlagerung von Biege-, Querkraftschub- und Druckbeanspruchung besteht [21.24].

Bei der Stirnradverzahnung hat sich das Ersatzmodell eines reinen Biegebalkens durchgesetzt. Dazu werden Einflüsse infolge Kerbwirkung an der Zahnfußausrundung sowie der Zahnfußdicke mithilfe von Korrekturfaktoren berücksichtigt (s.a. Kapitel 18 – Stirnradverzahnung). Der Einfluss infolge Druckbeanspruchung wird vernachlässigt. Da in diesem Modell von einem Beanspruchungsmaximum an der Zahnfußoberfläche ausgegangen wird, kann die Schubspannung vernachlässigt werden, weil diese an der Oberfläche gleich Null ist.

Bei der Schneckenverzahnung hingegen hat sich das Ersatzmodell des gedrungenen Balkens unter Einfluss von Querkraftschub durchgesetzt. Dabei wird angenommen, dass die Schub-Beanspruchung dominierenden Einfluss hat. Weitere Einflüsse infolge Biegung, Kerbwirkung und Zahnfußdicke werden wiederum mithilfe von Korrekturfaktoren berücksichtigt.

Die Sicherheit gegen Zahnfußbruch S_F wird durch den Vergleich des Grenzwertes der Schub-Nennspannung am Zahnfuß τ_{FG} mit der auftretenden Zahnfußspannung τ_F bestimmt, wobei als Mindestsicherheit $S_{F\,min} = 1{,}1$ angenommen werden kann:

$$S_F = \frac{\tau_{FG}}{\tau_F} \geq S_{Fmin} \tag{21.93}$$

Der erforderliche Grenzwert für die Schub-Nennspannung am Zahnfuß τ_{FG} lässt sich mit den aus Versuchen ermittelten Schub-Dauerfestigkeitswerten τ_{FlimT} und unter Bewertung mit dem Lebensdauerfaktor Y_{NL} nach Tabelle 21.19 und Tabelle 21.20 wie folgt bestimmen:

$$\tau_{FG} = \tau_{FlimT} \cdot Y_{NL} \tag{21.94}$$

Schneckenradwerkstoff	**Lebensdauer N_L**	**Lebensdauerfaktor Y_{NL}**
CuSn12-C und CuSn12Ni2-C Verschlechterung auf Qualität 8	unter $8{,}3\ 10^5$	1,25
	von $8{,}3\ 10^5$ bis $3{,}0\ 10^6$	$(3\ 10^6/N_L)^{0{,}16}$
	über $3{,}0\ 10^6$	1,0
CuSn12-C und CuSn12Ni2-C Verschlechterung auf Qualität 9	unter $2{,}3\ 10^5$	1,5
	von $2{,}3\ 10^5$ bis $3{,}0\ 10^6$	$(3\ 10^6/N_L)^{0{,}16}$
	über $3{,}0\ 10^6$	1,0
CuSn12-C und CuSn12Ni2-C Verschlechterung auf Qualität 10	unter $9{,}5\ 10^5$	2,0
	von $9.5\ 10^5$ bis $3{,}0\ 10^6$	$(3\ 10^6/N_L)^{0{,}16}$
	über $3{,}0\ 10^6$	1,0
CuSn12-C und CuSn12Ni2-C Verschlechterung auf Qualität 11 uAl10Fe5Ni5-C	unter $4{,}0\ 10^4$	2,0
	von $4{,}0\ 10^4$ bis $3{,}0\ 10^6$	$(3\ 10^6/N_L)^{0{,}16}$
	über $3{,}0\ 10^6$	1,0
CuSn12-C und CuSn12Ni2-C Verschlechterung auf Qualität 12 EN-GJS-400-15	unter $1{,}0\ 10^4$	2,5
	von $1{,}0\ 10^4$ bis $3{,}0\ 10^6$	$(3\ 10^6/N_L)^{0{,}16}$
	über $3{,}0\ 10^6$	1,0
EN-GJL-250	unter $1{,}0\ 10^3$	2,0
	von $1{,}0\ 10^3$ bis $3{,}0\ 10^6$	$(3\ 10^6/N_L)^{0{,}09}$
	über $3{,}0\ 10^6$	1,0

Tabelle 21.19: Kennwerte für den Lebensdauerfaktor N_L [21.25]

Hierbei lässt sich mit dem Lebensdauerfaktor Y_{NL} eine Tragfähigkeitserhöhung im Zeitfestigkeitsbereich berücksichtigen, wobei je nach zulässiger Qualitätsverschlechterung infolge plastischer Verformung und Abnutzung größere Werte zulässig sind. Ausgehend von einem Schneckenrad der Qualität 7 im Neuzustand kann der Lebensdauerfaktor abhängig vom Werkstoff und der zulässigen Qualitätsverschlechterung der Tabelle 21.19 entnommen werden.

Dabei ist die Bestimmung der dafür notwendigen Lastwechselzahlen N_L nach Abschnitt 21.4.2 vorzunehmen.

Der in Tabelle 21.20 angegebene Schub-Dauerfestigkeitswert τ_{FlimT} lässt geringe plastische Verformungen bei Bronze-Schneckenrädern zu. Muss die dadurch entstehende geringfügige Qualitätsverschlechterung vermieden werden, so ist mit dem reduzierten Schub-Dauerfestigkeitswert zu rechnen.

Schneckenradwerkstoff	Nach	Schub-Dauerfestigkeit in N/mm^2	Reduzierte Schub-Dauerfestigkeit in N/mm^2
CuSn12-C-GZ	DIN EN 1982 [21.30]	92	82
CuSn12Ni2-C-GZ		100	90
CuSn12Ni2-C-GC		100	90
CuAl10Fe5Ni5-C-GZ		128	120
EN-GJS-400-15	DIN EN 1563 [21.29]	115	115
EN-GJL-250	DIN EN 1561 [21.28]	70	70

Tabelle 21.20: Kennwerte für die Schub-Dauerfestigkeit τ_{FlimT} [21.25]

Die auftretende Zahnfußspannung τ_F kann messtechnisch mithilfe von Dehnungsmessungen im Zahnfuß bestimmt werden. Weiterhin ist deren rechentechnische Bestimmung mithilfe der Finite-Elemente-Methode möglich. In DIN 3996 wird folgender analytischer Ansatz genutzt, der sich auf den Schub-Nennspannungsansatz stützt [21.24]:

$$\tau_F = \frac{F_{tm2}}{b_{2H} \cdot m_x} \cdot Y_\varepsilon \cdot Y_F \cdot Y_\gamma \cdot Y_K \tag{21.95}$$

Hierin bezeichnen F_{tm2} die Tangentialkraft am Schneckenrad, b_{2H} die Radbreite des Schneckenrades, m_x den Axialmodul der Schnecke, Y_ε den Überdeckungsfaktor, Y_F den Formfaktor, Y_γ den Steigungswinkelfaktor und Y_K den Kranzdickenfaktor nach DIN 3996 [21.24].

Dabei berücksichtigt der Überdeckungsfaktor Y_ε die Lastaufteilung auf mehrere gleichzeitig im Eingriff befindliche Zähne, wobei für übliche Auslegungsfälle folgende Vereinfachung gilt:

$$Y_\varepsilon = 0{,}5 \tag{21.96}$$

Im Steigungswinkelfaktor Y_γ ist der Einfluss des Steigungswinkels γ_m enthalten. Bei großen Steigungswinkeln prägt sich eine deutliche Kraftüberhöhung beim Auslauf des Zahneingriffes aus, was ebenso auch bei gut eingelaufenen Getrieben auftritt:

$$Y_\gamma = \frac{1}{\cos \gamma_m} \tag{21.97}$$

Oftmals werden Schneckenräder nicht durchgängig aus einem Werkstoff gefertigt, sodass der Zahnkranz aus Bronze ausgeführt wird, der auf einem Stahl-Grundkörper montiert wird. Dabei besteht bei schmalen Kränzen der Zahnkranzdicke s_k aufgrund der Belastungen aus dem Zahnkontakt eine erhöhte Bruchgefahr, was mithilfe des Kranzdickenfaktors Y_K berücksichtigt wird, wobei Kranzdicken zu vermeiden sind, bei denen $s_k / m_x < 1$ wird:

$$Y_K = 1{,}0 \quad \text{für} \quad \frac{s_k}{m_x} \geq 2{,}0 \tag{21.98}$$

$$Y_K = 1{,}043 \cdot \ln\left(5{,}218 \cdot \frac{m_x}{s_k}\right) \quad \text{für} \quad 1{,}0 \leq \frac{s_k}{m_x} < 2{,}0 \tag{21.99}$$

Durch den Formfaktor Y_F werden mithilfe des Axialmoduls m_x der Schnecke und der mittleren Zahnfußdickensehne des Schneckenrades im Stirnschnitt s_{f2} die vorliegende Zahnfußdicke, die Kraftüberhöhung im Bereich der Schneckenradstirnseiten und die Schwächung des Zahnfußes infolge von Verschleiß berücksichtigt:

$$Y_F = 2{,}9 \cdot \frac{m_x}{s_{f2}} \quad \text{mit} \quad s_{f2} = 1{,}06 \cdot \left(s_{m2} - \Delta s + \left(d_{m2} - d_{f2}\right) \cdot \frac{\tan \alpha_0}{\cos \gamma_m}\right) \tag{21.100}$$

Hierin bezeichnen weiterhin Δs die Abnahme der Zahndickensehne infolge abrasiven Verschleißes im Laufe der Lebensdauer nach Abschnitt 21.4.3, d_{m2} und d_{f2} den Mittenkreisdurchmesser und den Fußkreisdurchmesser des Schneckenrades, α_0 den Erzeugungswinkel in Grad und γ_m den Steigungswinkel am Mittenkreis der Schnecke in Grad, wobei sich die Radzahndicke s_{m2} am Mittenkreis für Räder mit gleicher Zahnlückenweite wie folgt bestimmen lässt:

$$s_{m2} = m_x \cdot \frac{\pi}{2} \tag{21.101}$$

21.4.6 Nachweis der Temperatursicherheit

Die zulässige Betriebstemperatur der Schneckenverzahnung wird in erster Linie durch die Eignung des Schmierstoffes begrenzt. Die Lebensdauer der Schmierstoffe wird mit steigender Temperatur sehr schnell gesenkt. Die Wirkung von Additiven wird verschlechtert, sodass Verzahnungen, Lager und Wellendichtringe geschädigt werden können [21.24].

Zur Bestimmung der Temperatursicherheit S_T bei Tauchschmierung wird der Grenzwert der Ölsumpftemperatur ϑ_{Slim} nach Tabelle 21.21 mit der auftretenden Ölsumpftemperatur ϑ_S verglichen.

$$S_T = \frac{\vartheta_{Slim}}{\vartheta_S} \geq S_{Tmin} \tag{21.102}$$

Bei Verwendung einer Einspritzschmierung wird die Temperatursicherheit aus dem Verhältnis zwischen Kühlleistung P_K und der Gesamtverlustleistung des Schneckengetriebes P_V ermittelt.

$$S_T = \frac{P_K}{P_V} \geq S_{Tmin} \tag{21.103}$$

Für beide Fälle kann als Mindestsicherheit $S_{Tmin} = 1{,}1$ angenommen werden.

$\vartheta_{Slim} \cong 90°C$	für Mineralöl
$\vartheta_{Slim} \cong 100°C$	für Polyalphaolefine
$\vartheta_{Slim} \cong 100...120°C$	für Polyglykole

Tabelle 21.21: Kennwerte für den Grenzwert der Ölsumpftemperatur ϑ_{Slim} [21.25]

Die auftretende Ölsumpftemperatur kann unter Betriebsbedingungen gemessen werden. Weiterhin kann sie in der Entwicklungsphase eines Schneckengetriebes mithilfe einer genauen thermodynamischen Analyse bestimmt werden. Die Norm DIN 3996 bietet eine vereinfachte analytische Abschätzung, auf die im Folgenden weiter eingegangen wird [21.24].

Es wird angenommen, dass die Gesamtverlustleistung des Schneckengetriebes P_V vollständig in Konvektionsenergie $E_{Konvektion}$ umgewandelt wird, welche vom Getriebegehäuse an die Umgebung abgegeben wird:

$$E_{Konvektion} = P_V \tag{21.104}$$

Der Betrag der Konvektionsenergie $E_{Konvektion}$ lässt sich wie folgt bestimmen:

$$E_{Konvektion} = (\vartheta_S - \vartheta_0) \cdot k^* \cdot A_{ges} \tag{21.105}$$

Hierbei ist k^* die mittlere Wärmedurchgangszahl des Getriebes. Sie ist vom Aufbau des Getriebes, aber auch von der Schneckendrehzahl abhängig, wobei die Wärmedurchgangszahl mit zunehmender Schneckendrehzahl ansteigt. Durch den Einsatz von Lüftern wird die Wärmeabgabe ebenfalls verändert. Bei kleineren Getrieben kann durch die Verwendung eines Lüfters eine Steigerung der Wärmedurchgangszahl von etwa 30 % erzielt werden. Somit wird ersichtlich, dass die Bestimmung der mittleren Wärmedurchgangszahl eines Getriebes besonders schwierig ist. Eine formelmäßige Angabe ist derzeit schwer möglich. Somit kann nur auf Erfahrungen durch genauere thermodynamische Untersuchungen oder Messungen an bestehenden Getrieben zurückgegriffen werden. Bei Messungen an Getrieben mit Achsabständen von 63 mm bis 400 mm und Schneckendrehzahlen von 60 min^{-1} bis 3.000 min^{-1} wurden Wärmedurchgangszahlen von 5 W/m^2 bis 50 W/m^2 ermittelt.

Aus den genannten Zusammenhängen gilt für die Ölsumpftemperatur ϑ_S:

$$\vartheta_S = \vartheta_0 + \frac{1}{k^* \cdot A_{ges}} \cdot P_V \tag{21.106}$$

Da die Bestimmung der mittleren Wärmedurchgangszahl k^* schwer durchführbar und zudem die Verlustleistung P_V nötig ist, wurden mithilfe von Versuchen an realen Getrieben überschlägige Bestimmungsgleichungen für die auftretende Ölsumpftemperatur erstellt.

Für Getriebe mit Achsabständen von $a = 63$ mm bis 400 mm, Schneckendrehzahlen von 60 min^{-1} bis 3.000 min^{-1}, Zähnezahlverhältnissen von 10 bis 40, Schmierung mit Polyglykol sowie quaderförmigen gut verrippten Gehäusen aus Grauguss kann überschlägig mit einer Ungenauigkeit von ± 10 K abhängig von der Umgebungstemperatur ϑ_0, vom Drehmoment an der Schnecke M_{t1} und dem Achsabstand a die auftretende Ölsumpftemperatur ϑ_S bestimmt werden, wobei die Faktoren c_0 bis c_2 Tabelle 21.22 zu entnehmen sind:

$$\vartheta_S = \vartheta_0 + \left(c_1 \cdot \frac{M_{t1}}{\left(\frac{a}{63}\right)^3} + c_0 \right) \cdot c_2 \qquad (21.107)$$

$c_0 = \frac{8,1}{100} \cdot \left(\frac{n_1}{60} - 0,23\right)^{0,7} \cdot \left(\frac{\nu_{40}}{100}\right)^{0,41} \cdot (a+32)^{0,63}$ (21.108) $c_1 = \frac{3,9}{100} \cdot \left(\frac{n_1}{60} + 2\right)^{0,34} \cdot \left(\frac{\nu_{40}}{100}\right)^{-0,17} \cdot u^{-0,22} \cdot (a-48)^{0,34}$ (21.109)	Gehäuse mit Lüfter
$c_0 = \frac{5,23}{100} \cdot \left(\frac{n_1}{60} + 0,28\right)^{0,68} \cdot \left(\left\|\frac{\nu_{40}}{100} - 2,203\right\|\right)^{0,0237} \cdot (a+22,36)^{0,915}$ (21.110) $c_1 = \frac{3,4}{100} \cdot \left(\frac{n_1}{60} + 0,22\right)^{0,43} \cdot \left(10,8 - \frac{\nu_{40}}{100}\right)^{-0,0636} \cdot u^{-0,18} \cdot (a-20,4)^{0,26}$ (21.111)	Gehäuse ohne Lüfter
$c_2 = 1$ (21.112)	für Polyglykole
$c_2 = 1 - \frac{5}{(0,012 \cdot u + 0,092) \cdot n_1^{0,5} - 0,745 \cdot u + 82,877}$ (21.113)	für Polyalphaolefine
$c_2 = 1 - \frac{9}{(0,012 \cdot u + 0,092) \cdot n_1^{0,5} - 0,745 \cdot u + 82,877}$ (21.114)	für Moneralöle

Tabelle 21.22: Kennwerte für die Faktoren zur Bestimmung der Ölsumpftemperatur [21.25]

Die Kühlleistung P_K kann zum einen im Betrieb gemessen oder zum anderen mithilfe einer genauen thermodynamischen Analyse bestimmt werden, wobei überschlägig gilt:

$$P_K = c_{oil} \cdot \rho_{oil} \cdot Q_{oil} \cdot \Delta\vartheta_{oil} \qquad (21.115)$$

Hierin bezeichnen ρ_{oil} die Öldichte nach Herstellerangaben, Q_{oil} den eingespritzten Volumenstrom des Öles in [m^3/s], $\Delta\vartheta_{oil}$ die Temperaturdifferenz des Schmieröls und c_{oil} die spezifische Wärmekapazität, die für Mineralöle und Polyglykole folgenden Wert hat:

$$c_{oil} = 1,9 \cdot 10^3 \frac{W \cdot s}{kg \cdot K} \qquad (21.116)$$

Zur Bestimmung der Verschleißsicherheit wird die Radmassentemperatur ϑ_M benötigt. Diese lässt sich zum einen im Betrieb messen und zum anderen mithilfe einer genauen thermodynamischen Analyse bestimmen. Für Schneckengetriebe mit Tauchschmierung gilt folgende überschlägige Ermittlung der Radmassentemperatur ϑ_M nach DIN 3996 [21.24]:

$$\vartheta_M = \vartheta_S + \Delta\vartheta \quad \text{mit} \quad \Delta\vartheta = \frac{1}{\alpha_L \cdot A_R} \cdot P_{Vz} \quad \text{und} \quad A_R = b_{2R} \cdot d_{m2} \cdot 10^{-6} \tag{21.117}$$

Hierin bezeichnet ϑ_S die Ölsumpftemperatur nach Gleichung (21.107) und die Übertemperatur $\Delta\vartheta$ lässt sich aus der Verzahnungsverlustleistung P_{Vz} nach Abschnitt 21.2.5, dem Wärmeübergangskoeffizienten α und der Radsatzoberfläche A_R mit der Radbreite b_{2R} und dem Raddurchmesser d_{m2} bestimmen.

Für den Wärmeübergangskoeffizienten gilt überschlägig abhängig von der Drehzahl:

$$\alpha_L = c_k \cdot (1940 + n_1) \quad \text{für} \quad n_1 \geq 150\ \text{min}^{-1} \tag{21.118}$$

$$\alpha_L = c_k \cdot 4190 \quad \text{für} \quad n_1 < 150\ \text{min}^{-1} \tag{21.119}$$

Hierbei beträgt der Eintauchfaktor $c_k = 1$ für ein eintauchendes Schneckenrad und $c_k = 0{,}8$ für ein nicht eintauchendes Schneckenrad.

Für Schneckengetriebe mit Einspritzschmierung gilt mit ϑ_E als Öltemperatur vor dem Eintritt in den Zahneingriff unter Verwendung der Verzahnungsverlustleistung P_{Vz} folgender Zusammenhang:

$$\vartheta_M = \vartheta_E + 16 \cdot K_n \cdot K_v \cdot K_S \cdot \frac{P_{Vz}}{1000} \tag{21.120}$$

Hierin bezeichnen K_n den Drehzahlfaktor, K_v den Viskositätsfaktor und K_S den Baugrößenfaktor, die sich wie folgt abhängig vom Zähnezahlverhältnis u, von der Drehzahl n_1, der kinematischen Viskosität ν_E bei der Einspritztemperatur und dem Achsabstand a bestimmen lassen:

$$K_n = \left(\frac{u \cdot 72{,}5}{n_1}\right)^{0{,}35} \quad \text{für} \quad n_1 \geq 150\ \text{min}^{-1} \tag{21.121}$$

$$K_n = \left(\frac{u \cdot 72{,}5}{150}\right)^{0{,}35} \quad \text{für} \quad n_1 < 150\ \text{min}^{-1} \tag{21.122}$$

$$K_v = \left(\frac{\nu_E}{55}\right)^{0{,}35} \quad \text{und} \quad K_S = \left(\frac{160}{a}\right)^{0{,}6} \tag{21.123}$$

Dabei berücksichtigt der Baugrößenfaktor K_S die von den Versuchsgetrieben abweichenden Getriebegrößen.

21.4.7 Weitere Gesichtspunkte zu Auslegung, Berechnung und Betrieb von Schneckenverzahnungen

Ergänzend zu den genormten Tragfähigkeitsnachweisen nach Abschnitt 21.4.2 bis 21.4.6 können in Anlehnung an Stirnradverzahnungen und Kegelradverzahnungen auch für Schneckengetriebe bei Bedarf höherwertige Nachweisverfahren verwendet werden.

Hinsichtlich der Schwingungsneigung von Schneckengetrieben und der dabei entstehenden Geräusche sowie der möglichen Gefahr von Resonanzbetrieb sei auf die grundlegenden Zusammenhänge für Stirnradgetriebe in Abschnitt 18.5 sowie die weiterführende Fachliteratur verwiesen, wobei Schneckengetriebe grundsätzlich einen niedrigeren Geräuschpegel aufweisen als Stirnradgetriebe [21.34], [21.36], [21.79].

Aufgaben und Lösungen

ZUSAMMENFASSUNG

Während mit Stirnzahnrädern und den aus ihnen zusammengesetzten, gleichförmig übersetzenden Zahnradgetrieben die formschlüssige Übertragung von Drehmoment und Drehzahl zwischen parallel liegenden Wellen möglich ist, erlaubt der Einsatz von Schnecken und Schneckenrädern die Drehmoment- und Drehzahlanpassung zwischen Wellen, die sich in einem Winkel von 90° kreuzen, wobei grundsätzlich aber auch andere Winkellagen möglich sind.

Aufgrund der hohen möglichen Übersetzung (bis $i = 140$) und der Neigung zur Selbsthemmung ergeben sich für Schneckengetriebe eigene Anwendungsbereiche. Dabei bedeutet die **Selbsthemmung**, dass am Abtrieb eingeleitete Momente die inneren Reibmomente des Getriebes nicht überwinden können und sich somit das Getriebe selbst in seiner Bewegung hemmt, während antriebsseitige Momente hingegen zum Abtrieb übertragen werden können. Bedingt durch ständige Gleitbewegungen im Zahneingriff haben Schneckengetriebe einen vergleichsweise schlechten Wirkungsgrad, der auch die möglichen Anwendungsgebiete teilweise einschränkt.

Zur **Gestaltung von Schneckengetrieben** und den darin verwendeten Bauteilen wird auf die Verzahnungsqualität, die Verzahnungsabweichungen und die Tragbildprüfung eingegangen. Während zur Dimensionierung von Kegelrad- und Hypoidgetrieben in Verbindung mit Stirnradgetrieben hinsichtlich des erforderlichen oder gewünschten Anschlusses an Antriebs- und Arbeitsmaschine und die Aufteilung der Gesamtübersetzung auf einzelne Getriebestufen die gleichen Grundsätze wie für reine Stirnradgetriebe gelten, gibt es zur Bestimmung der vorläufigen Hauptabmessungen einer Schneckenradstufe eigene überschlägige Ansätze auf der Grundlage von Erfahrungswerten.

Anschließend werden wie bei Stirnradverzahnungen **genormte Tragfähigkeitsnachweise** behandelt, um genau wie bei einer Festigkeitsberechnung zu überprüfen, ob die auftretende Beanspruchung kleiner ist als die ertragbare Beanspruchbarkeit. Dabei sind zur beanspruchungsgerechten Auslegung von Schneckenverzahnungen auf der Grundlage gegebener Kräfte und Momente Einzelnachweise für die Grübchen-, Verschleiß- und Zahnfußtragfähigkeit sowie die Sicherheit gegen Nichtüberschreitung einer zulässigen Durchbiegung der Schneckenwelle und die Temperatursicherheit zu führen.

Hinsichtlich des **Schwingungs- und Geräuschverhaltens** von Schneckengetrieben im Betrieb unterscheidet man wie bei Stirnrädern zwischen dem Geräuschverhalten aufgrund höherfrequenter Schwingungen und möglicher Schwingfestigkeitsprobleme bedingt durch niederfrequente Schwingungen. Dabei ist zu überprüfen, inwieweit Eigenfrequenzen mit Erregerfrequenzen zusammenfallen, sodass es möglicherweise zu einer Anregung oder sogar zu einer Resonanz kommt, worauf im Kapitel 18 – Stirnradverzahnungen ausführlich eingegangen wird.

Literatur

[21.1] Altmann, F. G.: Parallelschaltung von Schneckengetrieben. VDI-Zeitschrift 72 (1928), S. 606.

[21.2] Bär, G.: Zur Verzahnungstheorie der Schneckengetriebe. Diss. A. TU Dresden, 1971.

[21.3] Bär, G.: Grundlagen der rechnergestützten Konstruktion und Fertigung von Schraubflächen. Diss. B. TU Dresden, 1984.

[21.4] Barton, P.: Tragfähigkeit von Schraubrad- und Schneckengetrieben der Werkstoffpaarung Stahl-Kunststoff. Diss. Ruhruniversität Bochum, 2000.

[21.5] Bercsey, T.; Horák, P.: Analyse der Schmierungsverhältnisse und Abweichung von ZTA-Schneckengetrieben, Dresdner Maschinenelemente Kolloquium – DMK 2005, Tagungsband, S. 209-218.

[21.6] Bercsey, T.; Groma, I.; Horák, P.: Modelling Errors in Worm Gear Manufacturing with Random Variables, Dresdner Maschinenelemente Kolloquium – DMK 2007, Tagungsband, S. 171-182.

[21.7] Bilz, R.: Messtechnische und fertigungstechnische Voraussetzungen für die Herstellung austauschbarer Zylinderschneckengetriebe. Diss. A. TU Dresden, 1970.

[21.8] Bilz, R.: Ein Beitrag zur Entwicklung des Globoidschneckengetriebes zu einem leistungsfähigen Element der modernen Antriebstechnik. Diss. B. TU Dresden, 1976.

[21.9] Boecker, E.; Rachel, G.: Messprobleme und Werkzeugfragen bei der Fertigung von Schneckengetrieben. Werkstatt Betr. 97 (1964), S. 153-156 und 98 (1965), S. 11-13.

[21.10] Böhmer, T.: Entwicklung eines Standardtestes für Schneckengetriebe zur Erprobung von Schmier- und Werkstoffen. Diss. Ruhruniversität Bochum, 1991.

[21.11] Böhnert, H.: Experimentelle Untersuchung des Zusammenhanges zwischen Belastung, Verschleiß und Lebensdauer bei Zylinderschneckengetrieben und Ausarbeitung eines Berechnungsverfahrens. Diss. A. TU Dresden, 1975.

[21.12] Bosch, M.; Boecker, E.: Herstellung von Schneckengetrieben, Antriebstechnik 11 (1972), S. 35-39.

[21.13] Bouché, B.: Reibungszahlen von Scheckengetriebeverzahnungen im Mischreibungsgebiet. Diss. Ruhruniversität Bochum, 1991.

[21.14] BS 721 Schraubenräder; T1 Spezifikation – Englische Einheiten (Specification for Worm Gearing) (1963-04); T2 Schneckenradverzahnung (Metrische Einheiten) (1983-09).

[21.15] Decker, K.; Kabus, K.; Rieg, F.: Maschinenelemente; Hanser Verlag, München 2007.

[21.16] Dierich, H.: Weiterentwicklung der Theorie zur Ermittlung von Hertzschen Drücken und Reibungszahlen in Verzahnungen von Schneckentrieben. Diss. Ruhruniversität Bochum, 1989.

[21.17] DIN 780 Modulreihe für Zahnräder (1977-05).

[21.18] DIN 868 Allgemeine Begriffe und Bestimmungsgrößen für Zahnräder, Zahnradpaare und Zahnradgetriebe (1976-12).

[21.19] DIN 3961 Toleranzen für Stirnradverzahnungen; Grundlagen (1978-08).

[21.20] DIN 3966 Angaben für Verzahnungen in Zeichnungen; T3 (1980-11) Angaben für Schnecken- und Schneckenradverzahnungen.

[21.21] DIN 3974 Toleranzen für Schneckengetriebe-Verzahnungen; T1 (1995-11) Grundlagen; T2 (1995-11) Toleranzen für Abweichungen einzelner Bestimmungsgrößen.

[21.22] DIN 3975 Begriffe und Bestimmungsgrößen für Zylinder-Schneckengetriebe mit sich rechtwinklig kreuzenden Achsen; T1 (2002-07) Schnecke und Schneckenrad; T2 (2002-07) Abweichungen.

[21.23] DIN 3979 Zahnschäden an Zahnradgetrieben; Bezeichnung, Merkmale, Ursachen (1979-07).
[21.24] DIN 3996 Tragfähigkeitsberechnung von Zylinder-Schneckengetrieben mit sich rechtwinklig kreuzenden Achsen (1998-09).
[21.25] E DIN 3996 Tragfähigkeitsberechnung von Zylinder-Schneckengetrieben mit sich rechtwinklig kreuzenden Achsen (Entwurf 2005-08).
[21.26] DIN 3998 Benennungen an Zahnrädern und Zahnradpaaren; T4 (1976-09) Schneckenradsätze.
[21.27] DIN 51509 Auswahl von Schmierstoffen für Zahnradgetriebe; T1 (1976-06) Schmieröle.
[21.28] DIN EN 1561 Gießereiwesen – Gußeisen mit Lamellengraphit (1997-08).
[21.29] DIN EN 1563 Gießereiwesen – Gusseisen mit Kugelgraphit (2005-10).
[21.30] DIN EN 1982 Kupfer und Kupferlegierungen – Blockmetalle und Gussstücke (2008-08).
[21.31] DIN EN 10084 Einsatzstähle – Technische Lieferbedingungen (2008-06).
[21.32] Dinter, R.: Riefen und Risse auf Schneckenflanken von Zylinder-Schneckengetrieben. Diss. Ruhruniversität Bochum, 1997.
[21.33] Dowson, D.; Higginson, G. R.: Elastohydrodynamic Lubrication. Oxford: Pergamon Press, 1966.
[21.34] Dresig, H.; Schreiber, U.; Rodionow, P.: Schwingungsberechnung und Stabilitätsanalyse von Schneckengetrieben im Antriebsstrang. Vortrag zur VDI-Tagung „Schwingungen in Antrieben", Fulda 2006.
[21.35] Evans, L. S.; Tourret, R.: The wear and pitting of bronze disks, operated under simulated worm gear conditions, J. Inst. Pet. 38, 344 (1952), pp. 652-667.
[21.36] Grützner, S.; Schreiber, U.; Rodionow, P.: Schwingungsberechnung und Stabilitätsanalyse von Schneckengetrieben eines Papierrollenwechslers, Dresdner Maschinenelemente Kolloquium – DMK 2007, Tagungsband, S. 183-198.
[21.37] Haag, P.: Anlaufwirkungsgrade und Selbsthemmungsfähigkeit von ruhenden Schneckengetrieben. Diss. Ruhruniversität Bochum, 1991.
[21.38] Haberhauer, H.; Bodenstein, F.: Maschinenelemente. Gestaltung, Berechnung, Anwendung; Springer Verlag, Berlin 2009.
[21.39] Hartmann: Duplex-Schneckengetriebe. Maschinenbautechnik 6 (1957), S. 277-288.
[21.40] Hecking, L.: Schneckengetriebe im Kranbau. Dima 3 (1967). S. 39-41.
[21.41] Heilemann, J.: Tragfähigkeit und Wirkungsgrad bei unterschiedlichen Schnecken-Zahnflankenformen unter Berücksichtigung der Oberflächenhärte und Härtetiefe. Diss. TU München, 2005.
[21.42] Heller, G.: Ein neues Globoidschneckengetriebe mit korrekturfreier und exakt schleifbarer Schnecke. Diss. A, TU Dresden, 1968.
[21.43] Hermes, J.: Tragfähigkeit von Schneckengetrieben bei Anfahrvorgängen sowie Last- und Drehzahlkollektiven. Diss. Ruhruniversität Bochum, 2007.
[21.44] Heyer, E.: Versuche mit Zylinderschneckentrieben. Einfluß von Zahnform, Modul, Durchmesser und Schmierstoff auf Verlustleistung und Tragfähigkeit. Diss. TH München, 1952.
[21.45] Heyer, E.; Niemann, G.: Versuche an Zylinderschneckengetrieben, Braunschweig: Vieweg (1953) H. 10.
[21.46] Heyer, E.: Anforderung bei der Auslegung von Hochleistungsschneckengetrieben. Industrieblatt 53 (1953).

[21.47] Heyer, E.: Spielfreie Verzahnungen besonders bei Schneckengetrieben. Industrieblatt 54 (1954), S. 509-512.

[21.48] Hiersig, H. M.: Der Zusammenhang von Gestaltung und Beanspruchung bei Schneckengetrieben mit Evolventenverzahnung. Diss. TH Braunschweig, 1943.

[21.49] Hirano, U.: Studies on the performance of worm gear materials in relation to scuffing. J. of JSME. Vol. 3 (1968).

[21.50] Höhn, B.-R.; Michaelis, K.; Steingröver, K.; Winter, H.: Reibungszahlen und Wirkungsgrade bei Schneckengetrieben. VDI-Berichte Nr. 905, S. 105-120, Düsseldorf, 1991

[21.51] Höhn, B.-R.; Steingröver, K.; Böing, G.; Heilemann, J.: Load Capacity and Efficiency of Worm Gears with Cylindrical Worms. VDI-Berichte Nr. 1904.1 „International Conference on Gears“, S. 3-20, München, 2005.

[21.52] Höhn, B.-R.; Steingröver, K.; Lutz, M.: Determination and Optimisation of the Contact Pattern of Worm Gears. VDI-Berichte Nr. 1665.1 „International Conference on Gears“, S. 341-352, München, 2003.

[21.53] Holler, H.: Rechnersimulation der Eingriffsverhältnisse von Zahnrädern, VDI-Zeitschrift 118 (1976), S. 257-261.

[21.54] Holler, H.: Rechnersimulation der Kinematik und 3D-Messung der Flankengeometrie von Schneckengetrieben und Kegelrädern. Diss. TH Aachen, 1976.

[21.55] Huber, G.: Zylinderschneckengetriebe, ein Beitrag zur Berechnung von Grübchen- und Gleitverschleiß und Angaben zum Wirkungsgradverhalten aus Versuchen. Diss. TU München, 1978.

[21.56] Jacek, A.: Werkstoff- und Fertigungsoptimierung für Schneckenräder. Diss. Ruhruniversität Bochum, 2001.

[21.57] Jarchow, F.: Versuche an Stirnrad-Globoid-Schneckengetrieben. Diss. TH München, 1960.

[21.58] Jarchow, F.: Stirnrad-Globoid-Schneckengetriebe. Techn. Zeit. f. prakt. Metallbearb. 60 (1966), S. 717-722.

[21.59] Jürging, M.: Selbstbremsung von dynamisch belasteten Schneckengetrieben. Diss. Ruhruniversität Bochum, 1997.

[21.60] Klein, R.: Aufbau und charakteristische Merkmale von Schneckengetrieben mit Hohlflankenverzahnung. Betriebstechnik 6 (1965), S. 4-6.

[21.61] Kovar, W.: Verschleiß- und Wirkungsgraduntersuchungen an einem Schneckengetriebe. Diss. TH Wien, 1969.

[21.62] Lange, S.: Untersuchung von Helicon- und Spiroidgetrieben mit abwickelbaren Schneckenflanken (Evolventenschnecken) nach der Hertzschen und der hydrodynamischen Theorie. Diss. TH München, 1967.

[21.63] Lange, N.: Hoch fresstragfähige Schneckengetriebe mit Rädern aus Sphaeroguß. Diss. TU München, 2000.

[21.64] Lechleitner, K.: Beiträge zur Messung von zylindrischen Getriebeschnecken. Diss. TH Hannover, 1957.

[21.65] Lutz, M.: Methoden zur rechnerischen Ermittlung und Optimierung von Tragbildern an Schneckengetrieben, Diss. TU München, 2000.

[21.66] Mathiak, D.: Untersuchungen über Flankentragfähigkeit, Zahnfußtragfähigkeit und Wirkungsgrad von Zylinderschneckengetrieben. Diss. TU München, 1984.

[21.67] Maushake, W.: Schneckentrieb mit Globoidschnecke und Stirnrad, theoretische Vergleichsuntersuchung. Diss. TH Braunschweig, 1950.

[21.68] Michels, K.: Schneckengetriebe mit der Werkstoffpaarung Stahl/Grauguss. Diss. TH München, 1968.

[21.69] Moriwaki, I.; Watanabe, K.; Nishiwaki, I.; Yataniy, K.; Yoshihara, M.; Ueda, A.: Finite Elemente Analysis of Gear Tooth Stress with Tooth Flank Film Elements. VDI-Berichte Nr. 1904.1 „International Conference on Gears", S. 39-54, München, 2005.

[21.70] Nass, U.: Tragfähigkeitssteigerung von Schneckengetrieben durch Optimierung der Schneckenradbronze. Diss. Ruhruniversität Bochum, 1995.

[21.71] Neupert, K.: Verschleißtragfähigkeit und Wirkungsgrad von Zylinder-Schneckengetrieben. Diss. TU München, 1990.

[21.72] Niemann, G.; Weber, C.: Schneckengetriebe mit flüssiger Reibung. VDI-Forschungsheft. 412, Berlin 1942.

[21.73] Niemann, G.: Grenzleistung für luftgekühlte Schneckengetriebe. VDI-Zeitschrift 97 (1955), S. 308.

[21.74] Niemann, G.; Winter, H.: Maschinenelemente Band II (Getriebe allgemein, Zahnradgetriebe – Grundlagen, Stirnradgetriebe); Springer Verlag, Berlin 1986.

[21.75] Niemann, G.; Winter, H.: Maschinenelemente Band III (Schraub-, Kegelrad-, Ketten-, Riemen-, Reibradgetriebe, Kupplungen, Bremsen, Freilauf); Springer Verlag, Berlin 1986.

[21.76] N. N.: SNESYS – Schneckenprogramm – Programmbeschreibung; Forschungsvereinigung Antriebstechnik (FVA), Frankfurt am Main 2001.

[21.77] Predki, W.: Hertzsche Drücke, Schmierspalthöhen und Wirkungsgrade von Schneckentrieben. Diss. Ruhruniversität Bochum, 1982

[21.78] Predki, W.; Hermes, J.: Optimierte Auslegung von Schneckengetrieben, Dresdner Maschinenelemente Kolloquium – DMK 2005, Tagungsband, S. 219-234.

[21.79] Predki, W.; Hübner, Ch.; Jarchow, F.: Noise Emission of Worm Gears. VDI-Berichte Nr. 1665.1 „International Conference on Gears", S. 811-838, München, 2002.

[21.80] Predki, W.; Jarchow, F.; Dinter, R.; Rhode, A.: Large Scores and Radial Cracks on Case-Hardened Worms. VDI-Berichte Nr. 1665.1 „International Conference on Gears", S. 435-450, München, 2002.

[21.81] Predki, W.; Jacek, A.: Material and Manufacturing Optimisation for Worm Wheels. VDI-Berichte Nr. 1904.1 „International Conference on Gears", S. 21-38, München, 2005.

[21.82] Predki, W.; Wassermann, J.: Design and Optimization of Crossed Helical Gears Made from a Combination of Steel and Plastic. VDI-Berichte Nr. 1904.1 „International Conference on Gears", S. 65-76, München, 2005.

[21.83] Rank, B.: Untersuchungen zur Grübchenbildung bei Zylinder-Schneckengetrieben. Diss. TU München, 1996.

[21.84] Rinder, L.: Tragfähigkeitsuntersuchung an Schneckenrädern aus der Aluminium-Zink-Legierung Alzen 501. Konstruktion 28 (1976), S. 291-300.

[21.85] Röhr, H.: Measurement of Worm Wheels as Conjugate to the Worm. VDI-Berichte Nr. 1904.1 „International Conference on Gears", S. 77-88, München, 2005.

[21.86] Roloff/Matek: Maschinenelemente; Hrsg. Muhs, D.; Wittel, H. et al.; Vieweg Verlag, Braunschweig 2007.

[21.87] Rubo, E.: Ermittlung der Achsfehler-Empfindlichkeit verschiedener Zylinder-Schneckengetriebe mit Hilfe des Einlauf-Abschliffvolumens. Diss. TH Braunschweig, 1948.

[21.88] Schulz, H. D.: Untersuchungen an Schneckengetrieben mit Kegelschnecke mit trapezförmigem Profil nach der Hertzschen und nach der hydrodynamischen Theorie. Diss. TH München, 1970.

[21.89] Schwerdtfeger, H.: Beitrag zur Berechnung der Kühlleistung zwangsbelüfteter Zylinderschneckengetriebe mit untenliegender Schnecke und horizontal angeordneten Kühlrippen. Diss. A., TU Dresden, 1975.
[21.90] Schwägerl, D.: Untersuchung von Helicon- und Spiroidgetrieben mit trapezförmigen Schneckenprofil nach der Hertzschen und nach der hydrodynamischen Theorie. Diss. TH München, 1967.
[21.91] Shi, W.; Qin, D.; Hu, M.; Zhang, G.; Li, J.: Investigation on Thin Coating for generally Steel Worm Wheel. VDI-Berichte Nr. 1904.1 „International Conference on Gears", S. 55-64, München, 2005.
[21.92] Steingröver, K.: Untersuchung zu Verschleiß, Verlustgrad und Fressen bei Zylinder-Schneckengetrieben. Diss. TU München, 1993.
[21.93] Stößel, K.: Reibungszahlen unter elastohydrodynamischen Bedingungen. Diss. TU München, 1973.
[21.94] Thiele, R.; Vorel, M.; Leidich, E.: Optimierung von gefügten Schneckenrädern mit Hilfe der Finite-Elemente-Methode, Dresdner Maschinenelemente Kolloquium – DMK 2003, Tagungsband, S. 213-224.
[21.95] Vill, D.: Schneckengetriebe zur Leistungsübertragung mit der Laufpaarung Stahl und Grauguß. Diss. Ruhruniversität Bochum, 1989.
[21.96] Wassermann, J.: Einflussgrößen auf die Tragfähigkeit von Schraubradgetrieben der Werkstoffpaarung Stahl/Kunststoff. Diss. Ruhruniversität Bochum, 2005.
[21.97] Wächter, K.: Konstruktionslehre für Maschineningenieure, VEB Verlag Technik, Berlin 1987.
[21.98] Weber, C.; Maushake, W.: Zylinderschneckengetriebe mit rechtwinklig sich kreuzenden Achsen. Vieweg Verlag, Braunschweig 1956.
[21.99] Wellauer, J. E; Borden, D. L.: Analysis of factors used for strength rating of worm wheel gear teeth. AGMA 229.18 (1974).
[21.100] Wendt, T.: Tragfähigkeit von Schraubradgetrieben mit Schraubrädern aus Sintermetall. Diss. Ruhruniversität Bochum, 2008.
[21.101] Wildhaber, E.: A new look on worm gear hobbing. Am. Mach. 98 (1954), pp. 149-156.
[21.102] Wilkesmann, H.: Berechnung von Schneckengetrieben mit unterschiedlichen Zahnprofilen. Diss. TU München, 1974.
[21.103] Winter, H.; Hösel, Th.; Huber, G.: Weiter entwickelte Tragfähigkeitsberechnung für Zylinder-Schneckengetriebe. VDI-Berichte Nr. 332 (1979), S. 217-224.
[21.104] Zirpke, K.: Zahnräder; Fachbuchverlag Leipzig, 1989.
[21.105] Zosel, F.; Jarchow, F.: Zylinderschneckengetriebe mit Epizykloidenprofil im Schneckenstirnschnitt – Auslegung, Verlustleistung, Tragfähigkeit. Konstruktion 29 (1977) 11, S. 443-450.

Hüllgetriebe – Riemen- und Kettengetriebe

22

ÜBERBLICK

Einführung

» In diesem Kapitel werden ausgehend von den in Kapitel 18 vorgestellten Grundlagen zu Antriebssystemen und Getrieben die Besonderheiten von Riemen-, Zahnriemen- und Kettengetrieben und ihr Einsatz in stufenlos einstellbaren Riemen- und Kettengetrieben behandelt. Hierzu werden zunächst die Unterschiede zwischen kraft- und formschlüssiger Drehmomentübertragung beim Riemen- und Kettengetriebe sowie der grundsätzliche Aufbau der Riemen und Riemenscheiben sowie der Ketten und Kettenräder erläutert.

Im Hinblick auf die vorzunehmende Auswahl eines geeigneten Zugmittels werden die allgemeinen Berechnungsgrundlagen für Riemen- und Kettengetriebe vorgestellt, wobei ausführlich auf den Polygoneffekt eingegangen wird, der bei Ketten- und Zahnriemengetrieben zusätzliche dynamische Belastungen hervorruft, die im ungünstigsten Fall zu erheblichen Betriebseinschränkungen führen können.

Die eigentliche Auslegung und Auswahl von Riemen- und Kettengetrieben erfolgt dann unter Nutzung genormter Verfahren sowie weiterführender Angaben der Zugmittelhersteller. Zusätzlich werden allgemeingültige Berechnungsansätze zur Beurteilung der Festigkeit von Riemen, Ketten und Rädern sowie des Verschleißverhaltens von Kettengetrieben vorgestellt.

Abschließend wird auf das dynamische Verhalten von Riemen- und Kettengetrieben, das Betriebsverhalten und mögliche Einsatzgrenzen eingegangen. «

LERNZIELE

- Kennenlernen der grundlegenden Aufgaben der Hüllgetriebebauarten Riemengetriebe, Zahnriemengetriebe und Kettengetriebe und ihr Einsatz in antriebstechnischen Anwendungen
- Gestaltung von Hüllgetrieben unter Berücksichtigung der Einsatzanforderungen und der Räder- und Zugmittelbauarten
- Erarbeitung der Grundlagen zur Berechnung der maßgeblichen Kräfte in Riemen-, Zahnriemen- und Kettengetrieben
- Auslegung und Nachrechnung von Hüllgetrieben anhand der vorgestellten Berechnungsgrundlagen
- Kennenlernen der Grundlagen des dynamischen Verhaltens und der Einsatzgrenzen von Hüllgetrieben
- Kennenlernen des grundsätzlichen Aufbaus und der Anwendung stufenlos einstellbarer Riemen- und Kettengetriebe

22.1 Einleitung – Funktion und Wirkung

Die Hüllgetriebe, zu denen die Riemen- und auch die Kettengetriebe gehören und die oftmals auch als Zugmittelgetriebe bezeichnet werden, können sowohl zur Wandlung von Drehmomenten und Drehzahlen als auch zur Änderung von Drehrichtungen genutzt werden. Gemäß Abbildung 22.1 bestehen sie aus mindestens zwei oder mehreren Riemenscheiben (Riementrieb) oder Kettenrädern (Kettentrieb), die von einem Zugmittel (Riemen oder Kette) umschlungen werden, weshalb teilweise auch noch die Bezeichnung Umschlingungsgetriebe verwendet wird.

Im Falle des Riemengetriebes erfolgt die Kraftübertragung vom Antriebsrad auf das Zugmittel und vom Zugmittel auf das Abtriebsrad kraftschlüssig durch Reibung zwischen Rad und Riemen, während beim Kettentrieb eine formschlüssige Kraftübertragung durch Ineinandergreifen von Zugmittel und Rad vorliegt, was im Übrigen auch für den Zahnriemen gilt. Im Gegensatz zu Zahnradgetrieben lassen sich mit Zugmittelgetrieben nahezu beliebige Wellenabstände überbrücken, da die Zugmittel (Riemen und Ketten) theoretisch beliebig lang sein können.

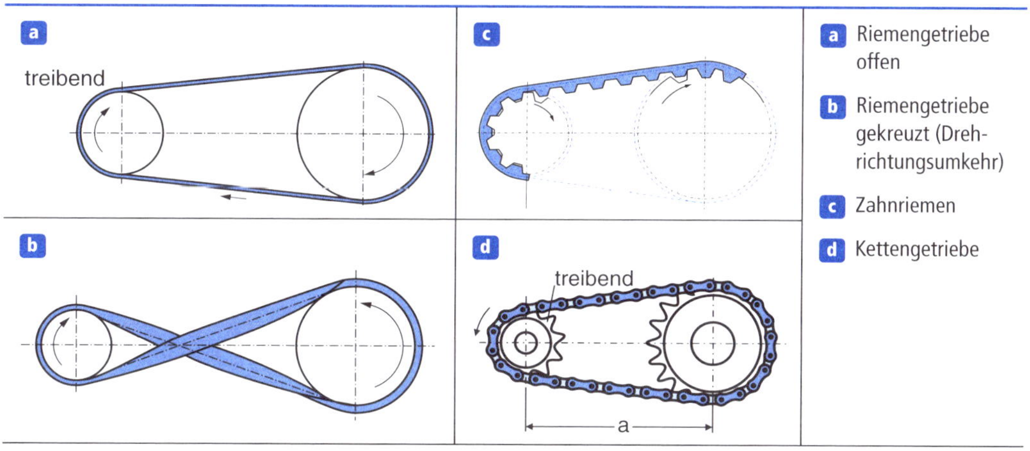

Abbildung 22.1: Hüllgetriebe – reibschlüssig und formschlüssig

Die Zugmittelstränge zwischen den Rädern werden Trume genannt, wobei das ziehende Trum als Lasttrum und das gezogene Trum als Leertrum bezeichnet wird. Bedingt durch die zu übertragende Nutzkraft wird das Lasttrum genau um diese Nutzkraft stärker beansprucht als das Leertrum.

Die Hüllgetriebe gehören zu den ältesten bekannten Maschinenelementen und haben historisch betrachtet ihren Ursprung in hebe- und fördertechnischen Anwendungen der Babylonier und Assyrer, die für ihre Schöpfwerke Ketten als Transmissionselemente verwendeten, wie das 230 v. Chr. von Philon von Byzanz (griechischer Erfinder, Konstrukteur und Autor) beschriebene Wasserhebewerk belegt.

Eine wesentliche Weiterentwicklung der Riemen- und Kettengetriebe als Transmissionselemente fand mit der frühen industriellen Revolution der Renaissance in Italien, bedingt durch steigende Bevölkerungszahlen, statt [22.59]. Hier wurden bereits um 1430 endlose Seilumschlingungsgetriebe zum Antrieb von Schleifbänken eingesetzt und 1438 entwarf Jacopo Mariano (Italienischer Ingenieur, 1382 bis 1458) ein Kettenrad und Leonardo da Vinci (Italienischer Maler, Architekt und Ingenieur, 1452 bis 1519) stellt in seinen über 2.000 Zeichnungen und Skizzen auch Gelenkketten ähnlich den heute bekannten Block- und Flyerketten dar.

Der endgültige Durchbruch geht auf die Erfindung der Dampfmaschine und die von England im 18. Jahrhundert ausgehende industrielle Revolution zurück, da nun für die vielfältigen Antriebe in einer Fabrik neue Übertragungsmechanismen bereitgestellt werden mussten. Dabei wurde die durch die Dampfmaschine zentral erzeugte Antriebsleistung über lange, unterhalb der Decken der Fabrikhallen laufende Transmissionswellen und Flachriemen aus Chromleder an die einzelnen Produktionsmaschinen verzweigt bzw. abgegeben.

Parallel zur breiten Anwendung der Zugmittelgetriebe erfolgten durch Leonhard Euler (Schweizer Mathematiker, 1707 bis 1783) im Jahre 1775 erste theoretische Betrachtungen über Seile, die um Zylinder gewickelt, tangentiale Reibungskräfte übertragen konnten. Darauf aufbauend entwickelte Johann Albert Eytelwein (Deutscher Ingenieur, Prof. in Berlin, 1764 bis 1848) im Jahre 1808 die sogenannte Eytelwein'sche Seilreibungsgleichung.

Auf dem Gebiet der Kettengetriebe gab es eine ebenso stetige Weiterentwicklung, indem Th. Brunten (Englischer Ingenieur) im Jahr 1813 eine Gliederkette mit Steggliedern konstruierte und James Gladstone (Englischer Ingenieur) 1822 eine geschweißte Kette mit doppelten Gliedern auf den Markt brachte. André Galle (Französischer Münzstecher und Medailleur, 1761 bis 1844) wurde am 29. Juli 1829 ein Patent auf die nach ihm benannte Gall'sche Kette erteilt. Hans Renold (Schweizer Ingenieur, 1852 bis 1943) erhielt im Jahr 1880 das Patent für die Rollenkette.

Franz Grashof (Deutscher Ingenieur, Prof. in Karlsruhe, 1826 bis 1893) stellt 1883 fest, dass bei Umschlingungsgetrieben nicht im gesamten Bereich der Kontaktfläche Gleiten auftritt, weshalb er den Umschlingungsbogen in zwei Bereiche – den Nutzbogen und den Ruhebogen – unterteilt.

Ungeachtet aller theoretischen Betrachtungen wurde die Anwendung von Riemengetrieben durch die Entwicklung der elektrischen Antriebsmaschine und ihr Einsatz als kompakter leistungsfähiger Einzelantrieb stark zurückgedrängt, während die Kettengetriebe zur Lösung spezieller Antriebsprobleme ihre Bedeutung behielten. Durch die Weiterentwicklung im Werkstoffbereich und die Entwicklung neuartiger Riemenbauarten kommen Riemengetriebe jedoch wieder zunehmend bis in die Bereiche höchster Leistung zur Anwendung.

So finden sich heute Riemengetriebe hoher Leistung z.B. in Erntemaschinen (Mähdrescher, Feldhäcksler), Lüftern und in Brecherantrieben, wo der Riemen durch seine Eigenschaft des Durchrutschens bei Überlast (Überlastschlupf) gleichzeitig auch noch die Funktion einer „Überlastkupplung" übernimmt. Auch die größten Gurtförderbandanlagen im über- und untertägigen Bergbau arbeiten nach dem Prinzip eines Umschlingungsgetriebes. Seilbahnen und Aufzüge nutzen zum Antrieb ebenfalls die Reibung zwischen einer Seilscheibe und dem Förderseil auf der Grundlage der Eytelwein'schen Gleichung. Auch Zahnriemengetriebe haben sich in den letzten 20 Jahren immer neue Einsatzgebiete erschlossen, obwohl sie bereits in den 1940-er Jahren von Uniroyal auf Gummibasis entwickelt und im Dezember 1945 zum Patent angemeldet wurden.

Das heute wohl noch bekannteste Kettengetriebe kleiner Leistung findet sich im Fahrrad, während im Kraftfahrzeug beim CVT-Getriebe (Continuous Variable Transmission) immerhin Leistungen von mehreren 100 kW übertragen werden können. Weiterhin findet man Kettengetriebe größerer Leistung häufig in fördertechnischen Anwendungen (Kettenförderer im untertägigen Bergbau und in Becherwerken), wo die Ketten gleichzeitig als Zugmittel (zum Antrieb) und als Tragmittel (zur Förderung von Schüttgut) dienen, sowie in Fahrtreppen. Ein weiterhin sehr bekanntes Einsatzgebiet sind die modernen Kettenfahrwerke, die in Baumaschinen und Tagebaugeräten Verwendung finden.

Vor dem Hintergrund dieser vielfältigen Einsatzbereiche fassen Tabelle 22.1 und Tabelle 22.2 die wesentlichen Vor- und Nachteile von Riemengetrieben und Kettengetrieben zusammen. Ein Vergleich des Leistungsvermögens der verschiedenen Zugmittelgetriebe untereinander und mit Zahnradgetrieben hinsichtlich erreichbarer Geschwindigkeit, Drehzahl und übertragbarer Leistung findet sich in Tabelle 18.5 im Kapitel 18.

Vorteile	Nachteile
■ Große konstruktive Gestaltungsfreiheit bezüglich Wellenabstand, Drehsinn und räumlicher Wellenlage ■ Einfacher Aufbau zur wirtschaftlichen Überbrückung großer Achsabstände ■ Hohe Leistungen bei guten Wirkungsgraden übertragbar ■ Einfache Leistungsverzweigung bzw. Leistungssummierung bei Mehrfachantrieben ■ Kostengünstig bei größeren Wellenabständen und Mehrfachantrieben ■ Geräuscharmer Lauf und hohe Gleichlaufgenauigkeit bei gleichbleibender Belastung und Reibungszahl ■ Unempfindlich bei kurzzeitiger Überlastung durch das Auftreten von Gleitschlupf (Überlastschutz durch Rutschen) – gilt nicht für Zahnriemengetriebe ■ Schwingungsdämpfend durch elastische Stoßaufnahme ■ Schmierungsfreier Betrieb und geringer Wartungsaufwand	■ Kein konstantes Übersetzungsverhältnis und asynchroner Lauf wegen des bei Kraftschluss unvermeidbaren Dehnschlupfes (bis zu 2 %) – gilt nicht für Zahnriemengetriebe) ■ Vergleichsweise großer Raumbedarf bei großen Übersetzungen ■ Begrenzte Umfangsgeschwindigkeit wegen riemenabhebender Fliehkräfte ■ Während des Betriebes entstehende bleibende Riemendehnung erfordert Nachspannen ■ Die für den Kraftschluss notwendige Riemenspannung bewirkt eine zusätzliche Wellenbelastung ■ Reibungszahl und Riemendehnung sind abhängig von Umgebungseinflüssen (Feuchtigkeit, Staub, Temperatur, Verunreinigungen) ■ Begrenzter thermischer Einsatzbereich zwischen −50 °C und +80 °C abhängig vom Riemenwerkstoff ■ Begrenzte Lebensdauer aufgrund von Walkvorgängen im Riemen ■ Möglichkeit der elektrostatischen Aufladung

Tabelle 22.1: Vorteile und Nachteile von Riemengetrieben

Ein sehr großer Vorteil der Hüllgetriebe ist gemäß Abbildung 22.2 die Möglichkeit, Leistungsverzweigungen, Leistungssummierungen oder eine Drehrichtungsumkehr durch die entsprechende Anordnung zusätzlicher Räder vorzunehmen. Ebenso lassen sich durch Umlenk- und Spannrollen, insbesondere bei Riemengetrieben, die Umschlingungswinkel und damit die übertragbare Leistung vergrößern. Bei Kettengetrieben ist zu berücksichtigen, dass nicht jede Bauart eine Drehrichtungsumkehr durch Änderung des Umschlingungssinns erlaubt. Ebenso sind räumliche Mehrfachantriebe entsprechend Abbildung 22.2 nur bei Riemen- und Zahnriemengetrieben möglich.

Vorteile	Nachteile
■ Einfacher Aufbau zur wirtschaftlichen Überbrückung großer Achsabstände ■ Konstante Übersetzung wegen formschlüssiger schlupffreier Leistungsübertragung ■ Hohe Leistungen bei guten Wirkungsgraden übertragbar ■ Gleichzeitiger Eingriff mehrerer Zähne bedingt kleine Zahnkräfte ■ Fehlende Vorspannung führt zu geringer Lagerbelastung ■ Unempfindlichkeit gegen Temperatur und Feuchtigkeit	■ Leistungsverzweigung und Leistungssummierung sind nur bei fluchtenden Rädern auf parallelen Wellen möglich ■ Polygoneffekt führt zu Schwankungen der Kettengeschwindigkeit und der Umfangskraft mit der Gefahr der Schwingungsanregung ■ Verschleiß im Betrieb führt zur Kettenlängung mit der Gefahr von Eingriffsstörungen ■ Komplizierter Aufbau der Ketten bedingt geringere Umfangsgeschwindigkeiten im Vergleich zu Riemengetrieben ■ Ketten müssen geschmiert werden

Tabelle 22.2: Vorteile und Nachteile von Kettengetrieben

Hinsichtlich der Auslegung und Berechnung von Hüllgetrieben gibt es einige grundlegende Zusammenhänge, auf die nachfolgend eingegangen wird, während die Besonderheiten in den jeweiligen Abschnitten behandelt werden. Ebenso wird dort auf das jeweilige Betriebsverhalten eingegangen, um hieraus bevorzugte Einsatzgebiete oder auch Einsatzgrenzen ableiten zu können. Weitere Besonderheiten zur Auslegung spezieller Zugmittelgetriebe oder deren Elemente sind häufig auch in technischen Firmenschriften oder der weiterführenden Literatur zu finden [22.59].

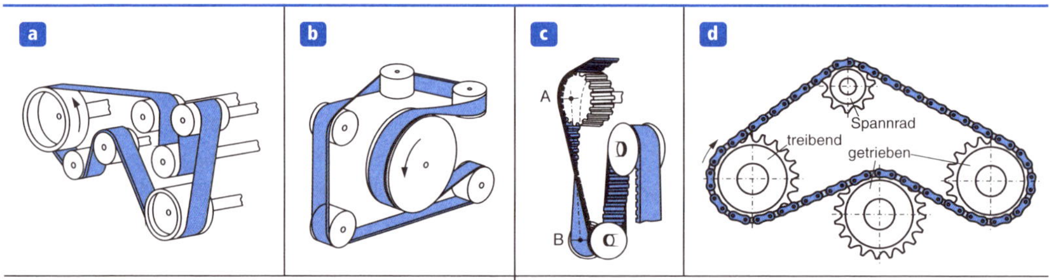

a Ebener Vielwellenantrieb
b Räumlicher Flachriemenantrieb
c Räumlicher Zahnriemenantrieb
d Ebener Kettenantrieb

Abbildung 22.2: Ebene und räumliche Hüllgetriebe mit Flachriemen, Zahnriemen und Kette

Für sämtliche Hüllgetriebe gelten zwischen den Umfangsgeschwindigkeiten v_i, den Winkelgeschwindigkeiten ω_i und den zugehörigen übertragungswirksamen Radien r_{wi} der Räder die in Tabelle 22.3 gezeigten Zusammenhänge zwischen Drehzahlen n_i und Übersetzungsverhältnis i, unter der vereinfachenden Annahme, dass zunächst der Dehnschlupf bei Riemengetrieben, der Einfluss der Riemendicke bei Flachriemengetrieben, die Abweichung von Teilkreisdurchmesser und Wirkdurchmesser bei Zahnriemengetrieben, der Polygoneffekt und die Veränderungen der Eingriffsverhältnisse infolge Kettenlängung bei Kettengetrieben vernachlässigt werden.

$v = r_{w1} \cdot \omega_1 = r_{w2} \cdot \omega_2 = \ldots = r_{wi} \cdot \omega_i$ (22.1)	$\frac{n_1}{n_2} = \frac{\omega_1}{\omega_2} = \frac{r_{w2}}{r_{w1}} = \frac{d_{w2}}{d_{w1}} = i$ (22.2)

Flachriemen	$i = 1$ bis 6	mit Spannrolle bis 15, extrem bis 20	Drehzahlübersetzung i:
Keilriemen	$i = 1$ bis 10	extrem bis 20	$i > 1$ ins Langsame
Zahnriemen	$i = 1$ bis 8	extrem bis 12	$i < 1$ ins Schnelle
Ketten	$i = 1$ bis 6	extrem bis 10	

Tabelle 22.3: Übersetzungsverhältnisse bei Hüllgetrieben

Hinsichtlich der Kräfte und Momente gilt bei Hüllgetrieben, dass eine Umfangskraft (Nutzkraft) F_u übertragen werden kann, die sich aus dem am Antriebsrad eingeleiteten Antriebsdrehmoment M_{t1} und dem Wirkradius r_{w1} berechnen lässt, wobei F_1 die Kraft im Lasttrum und F_2 die Kraft im Leertrum bezeichnen:

$$F_u = \frac{M_{t1}}{r_{w1}} = 2 \cdot \frac{M_{t1}}{d_{w1}} = F_1 - F_2 \tag{22.3}$$

Bezieht man zusätzlich die bei Riemengetrieben zur Kraftübertragung erforderliche Vorspannkraft F_v mit ein, ergeben sich die Kraft F_1 im Lasttrum und die Kraft F_2 im Leertrum zu:

$$F_1 = F_v + \frac{F_u}{2} \quad \text{und} \quad F_2 = F_v - \frac{F_u}{2} \tag{22.4}$$

Bei formschlüssigen Zahnriemen- und Kettengetrieben entfällt diese Vorspannkraft, sodass für die Kraft F_1 im Lasttrum und die Kraft F_2 im Leertrum gilt:

$$F_1 = F_u \quad \text{und} \quad F_2 = 0 \tag{22.5}$$

Aus dem angreifenden Drehmoment M_{t1} und der Winkelgeschwindigkeit des Antriebsrades ω_1 bzw. der Umfangskraft F_u und der mittleren Umfangsgeschwindigkeit (Umlaufgeschwindigkeit) v des Zugmittels berechnet sich die übertragbare Antriebsleistung P_1 zu:

$$P_1 = M_{t1} \cdot \omega_1 = F_u \cdot v \tag{22.6}$$

Unter Berücksichtigung des Wirkungsgrades η und des Übersetzungsverhältnisses i lassen sich die Abtriebsleistung P_2 und das Abtriebsdrehmoment M_{t2} wie folgt bestimmen:

$$M_{t2} = M_{t1} \cdot \frac{\omega_1}{\omega_2} \cdot \eta = M_{t1} \cdot i \cdot \eta \quad \text{und} \quad P_2 = \eta \cdot P_1 \tag{22.7}$$

Zur weiteren Auslegung werden diese Nennwerte der Kräfte, Momente und der Leistung unter Verwendung eines zusätzlichen Betriebsfaktors C_B (vergleichbar dem Anwendungsfaktor K_A bei Zahnradgetrieben) erhöht, um die Wirkungsweise der antreibenden und der angetriebenen Maschine, die tägliche Betriebsdauer und die Art des Zugmittels zu berücksichtigen, worauf in den jeweiligen Abschnitten zur Auslegung genauer eingegangen wird.

22.2 Riemengetriebe

Bei Riemengetrieben wird die aus dem eingeleiteten Drehmoment entstehende Umfangskraft als Zugkraft mithilfe eines elastischen Riemens auf das Abtriebsrad übertragen und dort in das Abtriebsdrehmoment umgesetzt. Gab es ursprünglich nur Flachriemen mit rechteckigem Querschnitt, so sind gemäß Abbildung 22.3 mittlerweile Keilriemen mit trapezförmigem Querschnitt, Rundriemen mit rundem Querschnitt und Zahnriemen sowie daraus abgeleitete weitere Geometrien entstanden, auf die im Folgenden noch eingegangen wird.

Mit Ausnahme der formschlüssigen und damit schlupffreien Kraftübertragung beim Zahnriemen (Synchronriemen) wird die Umfangskraft vom Antriebsrad auf den Riemen und vom Riemen auf das Abtriebsrad kraftschlüssig durch Reibung übertragen, sodass zwischen Rad und Riemen immer Schlupf auftritt. Um die für den Kraftschluss notwendige Normalkraft zwischen Riemen und Scheibe zu erzeugen, muss der Riemen vorgespannt werden.

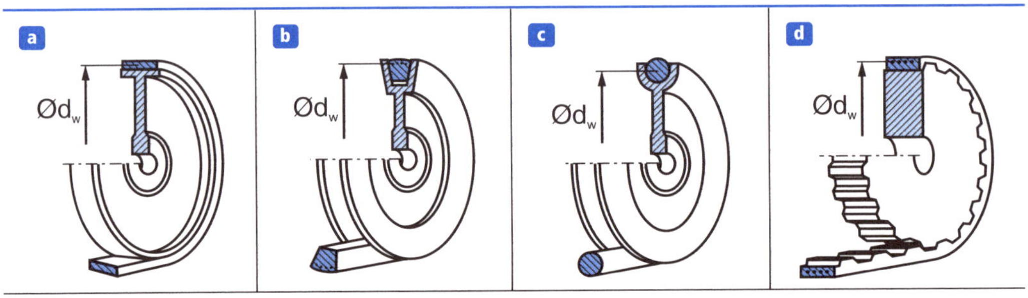

Abbildung 22.3: Bauarten von Riemen mit zugehörigen Scheiben – a) Flachriemen, b) Keilriemen, c) Rundriemen (Schnurriemen), d) Zahnriemen (Synchronriemen)

Entsprechend Abbildung 22.3 sind folgende Riemengetriebe von technischer Bedeutung:

1 **Flachriemengetriebe** – Diese werden besonders zur Überbrückung großer Wellenabstände, zur Übertragung hoher Umfangsgeschwindigkeiten und für Mehrwellenantriebe bei sowohl kleinen als auch großen Umfangskräften eingesetzt. Hauptanwendungsfälle sind Verarbeitungsmaschinen der Textil-, Lebensmittel-, Papier-, Druckerei-, Verpackungs- und Holzverarbeitungsindustrie, aber auch Werkzeugmaschinen und Feingerätetechnik. In der Fördertechnik setzt man den Flachriemen vergleichbare Gurte zum Transport von Schütt- und Stückgut ein.

2 **Keilriemengetriebe** – Diese können zur Kraftübertragung mit kleineren Umschlingungswinkeln und kleineren Spannkräften verwendet werden, da aufgrund der Keilform größere Reibflächen zur Kraftübertragung zur Verfügung stehen. Daraus ergeben sich im Vergleich zum Flachriemen geringere Wellen- und Lagerbelastungen. Keilriemengetriebe werden bevorzugt bei kleinen Wellenabständen und großen Übersetzungen für mittlere Antriebsleistungen im allgemeinen Maschinenbau eingesetzt. Weiterentwicklungen des einfachen Keilriemengetriebes nutzen Breitkeilriemen und Keilrippenriemen zur Übertragung größerer Antriebsleistungen.

3 **Rundriemengetriebe** – Diese werden nicht zur Leistungsübertragung, sondern nur zur Bewegungsübertragung verwendet, wobei sie, bedingt durch ihre Geometrie, beliebig räumlich umlenkbar sind. Bevorzugte Einsatzgebiete sind die Geräte- und Feinwerktechnik. Ein klassisches Einsatzbeispiel ist die Zeilensetzmaschine (Line of Types) nach Ottmar Mergenthaler (Deutscher Uhrmacher und Feinmechaniker, 1854 bis 1899), mit der Bleizeilen zur Satzerstellung für den Zeitungs- und Buchdruck hergestellt wurden [22.89].

4 **Zahnriemengetriebe** – Diese erlauben im Gegensatz zu allen anderen Riemengetrieben aufgrund des Formschlusses eine winkelgetreue Bewegungsübertragung. Hierdurch sind sie besonders für Anwendungen geeignet, bei denen eine hohe Positioniergenauigkeit (z.B. Schlittenantriebe in Werkzeugmaschinen, Portalroboter, Drucker oder Schreibmaschinen) oder Winkeltreue (z.B. Nockenwellenantriebe in Verbrennungsmotoren) gefordert wird. Ferner kommen sie in vielen Bereichen des Maschinen- und Gerätebaus bei kleineren Leistungen zum Einsatz.

Ein wesentlicher Vorteil der Riemengetriebe ist gemäß Abbildung 22.4 die Möglichkeit, auch räumlich verschieden zueinander liegende Wellen verbinden und antreiben zu können.

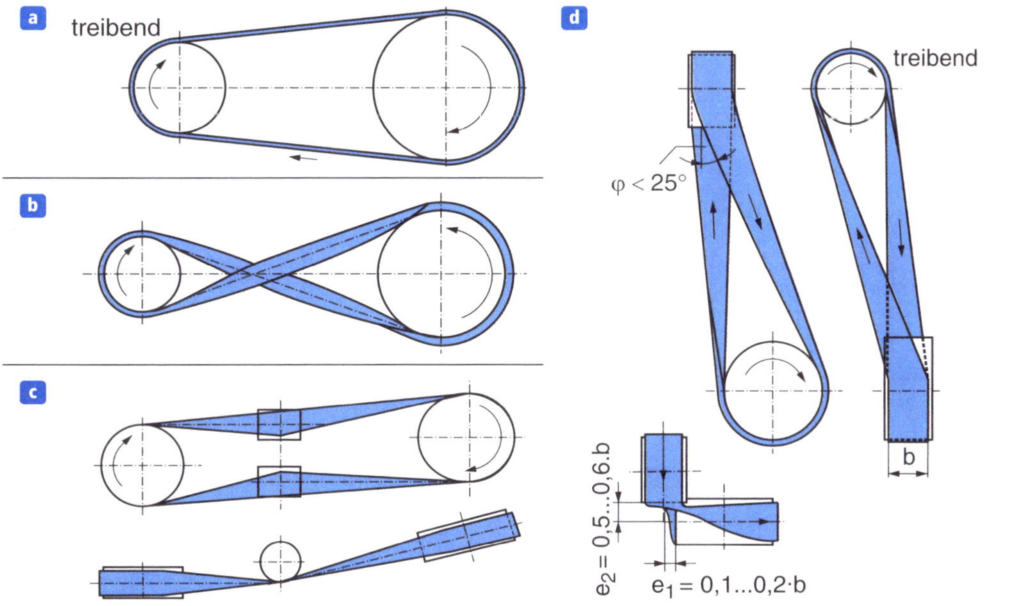

Abbildung 22.4: Möglichkeiten der Riemenführung in Riemengetrieben mit zwei Wellen – a) Offenes Riemengetriebe, b) Gekreuztes Riemengetriebe, c) Winkelgetriebe, d) Halbgekreuztes (geschränktes) Riemengetriebe nach [22.119]

Den einfachsten Aufbau hat dabei der offene Riementrieb gemäß Abbildung 22.4 a), der waagerecht, beliebig schräg oder auch senkrecht angeordnet werden kann und sich mit allen Riemenbauarten umsetzen lässt. Im Vergleich zum offenen Riementrieb vergrößern sich beim gekreuzten Riementrieb nach Abbildung 22.4 b) bei sonst gleichen Abmessungen die Umschlingungswinkel des Riemens und es erfolgt eine Drehrichtungsumkehr. Bedingt durch den größeren Umschlingungswinkel steigt die übertragbare Leistung oder aber die erforderliche Vorspannkraft kann abgesenkt werden. Zur Vermeidung von Zerstörung ist eine Berührung der Riemenstränge im Kreuzungspunkt zu verhindern.

Sobald die Scheiben als Winkeltrieb nach Abbildung 22.4 c) angeordnet sind, benötigt man Umlenkrollen, um das rechtwinklige Auf- und Ablaufen des Riemens auf die Scheiben sicherzustellen. Der sogenannte halbgekreuzte (geschränkte) Riementrieb entsprechend Abbildung 22.4 d) erlaubt die Kraftübertragung zwischen sich kreuzenden Wellen. Im Hinblick auf einen einwandfreien Riemenlauf ist die Einhaltung der Konstruktionsmaße e_1 und e_2 zu beachten, damit der Riemen nahezu rechtwinklig zu den Drehachsen auf die Scheiben auflaufen kann. Dabei darf das Leertrum in einem Winkel von $\varphi < 25°$ schief zur Scheibenebene liegen. In Erweiterung der rechtwinklig geschränkten Riemengetriebe sind auch stumpfwinklige Bauformen möglich, wobei jedoch grundsätzlich zu beachten ist, dass die Drehrichtung geschränkter Riemengetriebe nicht umgekehrt werden darf. Somit erlauben geschränkte Riemengetriebe eine Leistungsübertragung auch bei sich schneidenden Wellen, wobei mittels großer Umlenkrollen die Biegebeanspruchung im Riemen möglichst niedrig bleiben sollte.

Neben den ebenen Mehrfachantrieben zur Kraftübertragung von meist einer Antriebsscheibe auf mehrere Abtriebsscheiben gemäß Abbildung 22.2 sind durch die Verdrehbarkeit der Riemen auch räumliche Mehrfachgetriebe möglich.

Mit Riemengetrieben lassen sich nach Abbildung 22.5 auch Stufenscheibengetriebe zur Leistungsübertragung gestalten, die allerdings, bedingt durch die Stufenscheibendurchmesser, über feste Übersetzungsverhältnisse verfügen und nur im Stillstand geschaltet werden können.

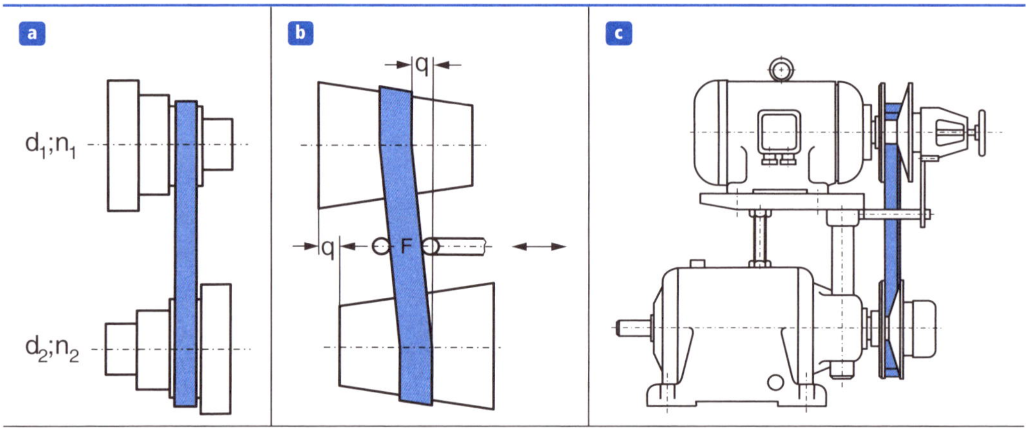

Abbildung 22.5: Riemengetriebe zur Drehzahlverstellung – a) Stufenscheibengetriebe mit fester Drehzahlstufung, b) Kegelscheibengetriebe mit stufenloser Drehzahlanpassung (Kegelverhältnis 1:10 bis 1:20), c) Keilscheiben-Verstellgetriebe mit $\varphi_S \approx 26°$ nach [22.59]

Verwendet man dagegen Kegelscheiben mit einem Kegelverhältnis von 1:10 bis 1:20 oder verstellbare Keilscheiben, so sind gemäß Abbildung 22.5 stufenlose Übersetzungen möglich, die auch unter Last verstellt werden können (s.a. Abschnitt 22.4).

22.2.1 Riemenbauarten und ihre Werkstoffe

Abhängig vom Riemengetriebe werden verschiedene Riemenbauarten verwendet, auf deren Eigenschaften und Gestaltung im Folgenden näher eingegangen werden soll.

1 **Flachriemen** – Die modernen Hochleistungs-Flachriemen sind nach Abbildung 22.6 als Mehrschicht- oder Verbundriemen aufgebaut, sodass sie durch die Kombination verschiedener Materialien die hohen Anforderungen hinsichtlich Zugfestigkeit und Biegsamkeit sowie Reibungs- und Verschleißverhalten erfüllen können.

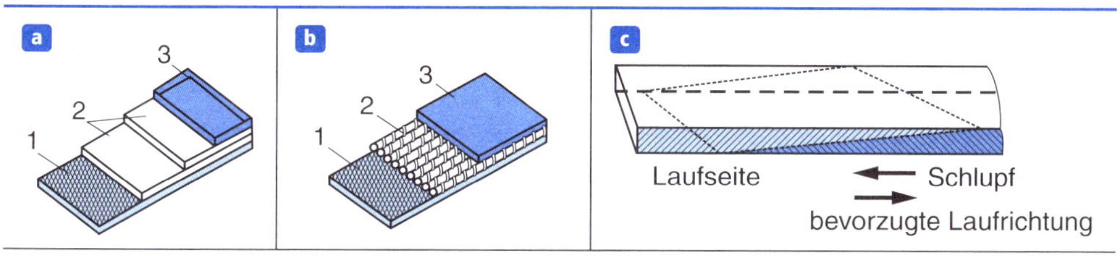

Abbildung 22.6: Mehrschicht- oder Verbundriemen – a) Bandriemen, b) Kordriemen, c) Verbindungsstelle zum Verkleben von zwei Riemenenden nach [22.59]

Dabei besteht die Zugschicht 2 aus Bändern oder Cordfäden aus Polyamid, Polyester oder ähnlichen Stoffen als Zugelementen. Durch Verstrecken der Zugelemente erreicht man eine hohe Zugfestigkeit und einen hohen E-Modul und somit eine geringe Dehnung. Im Hinblick auf einen guten Reibschluss zwischen Riemen und Riemenscheibe besteht die Riemeninnenseite aus einer Reibschicht 1 aus Chromleder oder einem adhäsiven Elastomer, die mit der Zugschicht stoffschlüssig verbunden ist. Die Riemenaußenseite ist aus imprägniertem Textilgewebe ausgeführt und dient als Deckschicht 3, sofern nur innen liegende Riemenscheiben vorhanden sind. Bei gekreuzten Riementrieben oder Mehrscheibenantrieben mit auch außen liegenden Riemenscheiben verfügen die Riemen beidseitig über eine Laufschicht bzw. Reibschicht.

Reine Kunststoffriemen weisen eine hohe Zugfestigkeit auf und dehnen sich praktisch nicht. Sie haben jedoch nur unzureichende Reibungswerte, weshalb sie deutlich seltener eingesetzt werden. Reine Gewebe- oder Textilriemen werden aus organischen oder synthetischen Fasern gewebt und sind einlagig besonders biegefähig, sodass man sie auch mit vergleichsweise kleinen Scheibendurchmessern betreiben kann. Allerdings sind sie wegen empfindlicher Kanten rissgefährdet.

Abschließend sei darauf hingewiesen, dass die klassischen Lederriemen zwar sehr hohe Reibungswerte erreichen, sie verfügen jedoch im Vergleich zu den Mehrschicht- und Verbundriemen über erheblich schlechtere Festigkeitseigenschaften, weshalb sie in der modernen Antriebstechnik keine Bedeutung mehr haben.

Tabelle 22.4 fasst die wesentlichen Eigenschaften und Kennwerte moderner Hochleistungsflachriemen zusammen [22.59], [22.120].

Die Flachriemen werden entsprechend den Anforderungen in passender Länge endlos hergestellt oder an ihren gemäß Abbildung 22.6 schräg geschnittenen, zugeschärften Enden unter Erwärmung endlos geklebt bzw. vulkanisiert, wobei auf die Laufrichtung zu achten ist.

Begriff	Einheit	Zugschicht aus	
		Polyamid	Polyestercord
Zugfestigkeit	N/mm^2	450 – 600	700 – 900
Zugkraft pro Riemenbreite	N/cm	1.300 – 1.800	1.300 – 6.600
Reibungszahl μ gegen Stahl und GG	–	0,6 – 0,7	0,6 – 0,7
Zulässige Riemenspannung σ_{zul}	N/mm^2	6 – 18	14 – 25
Zug-Elastizitäts-Modul E_z	N/mm^2	500 – 600	600 – 700
Biege-Elastizitäts-Modul E_b	N/mm^2	250	300
Bruchdehnung ε_b	%	≈ 22	≈ 12 – 15
Spannung bei 1 % Dehnung	N/cm	30 – 400	100 – 400
Betriebsdehnung ε	%	1,3 – 3,0	1,0 – 1,5
Temperatureinsatzbereich	°C	−50 – +100	−50 – +100
Dichte ρ	g/cm^3	1,1 – 1,4	1,1 – 1,4
Spezifische Nenn-Umfangskraft F	N/cm	40 – 800	100 – 400
Spezifische Nennleistung P_N	kW/cm	bis 45	bis 60
Maximale Riemengeschwindigkeit v	m/s	60 – 80	80 – 150
Maximal zulässige Biegefrequenz f	1/s	80 – 100	100 – 250
Dehnschlupf bei Nenn-Umfangskraft s	%	≈ 0,8 – 1,0	≈ 0,4 – 0,6
Dämpfungseigenschaft – logarithmisches Dekrement ϑ	–	≈ 0,28	≈ 0,25
Wirkungsgrad η	–	0,98 – 0,99	0,985 – 0,99
Gesamtdicke a	mm	1,0 – 8,0	0,8 – 4,0
Riemenbreite b_0	mm	max. 100	max. 450
Riemenlänge l	mm	Ohne Begrenzung	max. 1.200

Tabelle 22.4: Eigenschaften und Kennwerte moderner Hochleistungsflachriemen [22.59]

2 **Keilriemen** – Die modernen Keilriemen haben als Weiterentwicklung der Flachriemen einen trapezförmigen Querschnitt gemäß Abbildung 22.7. Zur Übertragung der Zugkraft im Riemen verfügen sie über eine Einlage hochfester Cordfäden aus Textil oder Polyester. Ein hochelastischer Riemenkörper aus Kunststoff oder Gummi überträgt die Umfangskräfte zwischen Riemenflanken und Cordfäden. Eine imprägnierte, verschleißfeste Umhüllung aus gummiertem Baumwoll- oder synthetischem Gewebe verfügt über eine hohe Reibungszahl zur Übertragung der Reibkräfte zwischen Riemenflanken- und Keilrillenscheibe und sollte möglichst unempfindlich gegenüber Öl und Schmutz sein.

Die klassische Keilriemenbauform ist der Normalkeilriemen gemäß Abbildung 22.7 a) und Tabelle 22.5 mit einem Breiten-Höhen-Verhältnis von $b_0 / h \approx 1{,}6$, der in endloser und endlicher Form nach DIN 2215 und DIN 2216 genormt ist [22.13], [22.14], [22.73], [22.75]. In den Fällen, wo endlose Riemen nicht montiert werden können, werden endliche Riemen (Meterware) eingesetzt, die sich an beliebige Wellenabstände anpassen lassen, indem die offenen Enden mit einem Riemenschloss verbunden werden. Nachteilig ist dabei, dass wegen des Riemenschlosses um bis zu 15 % größere Scheibenmindestdurchmesser benötigt werden und die übertragbare Leistung um bis zu 15 % geringer ist.

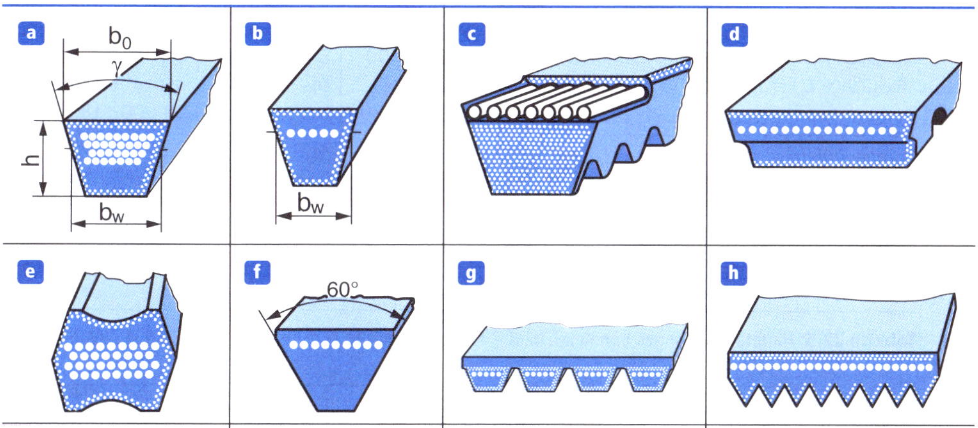

a Normalkeilriemen b Schmalkeilriemen	c Schmalkeilriemen (flankenoffen) d Breitkeilriemen (gezahnt)	e Doppelkeilriemen f 60°-Keilriemen	g Verbundkeilriemen h Keilrippenriemen

Abbildung 22.7: Bauarten von Keilriemen

Ausgehend von den unterschiedlichsten Anforderungen sind weitere Keilriemenformen entwickelt worden. So nutzt der Schmalkeilriemen nach DIN 7753 und ISO 2790 gemäß Tabelle 22.6 mit einem Breiten-Höhen-Verhältnis von $b_0 / h \approx 1{,}2$ gemäß Abbildung 22.7 b) den Riemenquerschnitt optimal für die Kraftübertragung aus [22.20], [22.72]. Deshalb sind bei gleicher Nennleistung die Schmalkeilriemen nur etwa halb so breit wie Normalkeilriemen. Bedingt durch das kleinere Riemenvolumen können sie mit höheren Geschwindigkeiten betrieben werden und wegen der geringeren Walkarbeit haben sie auch einen besseren Wirkungsgrad.

Der flankenoffene Keilriemen nach Abbildung 22.7 c) hat keine geschlossene Gewebeummantelung, jedoch geschliffene Flanken, sodass sich deutlich engere Toleranzen einhalten lassen, was gerade bei der Mehrfachanordnung zu einer gleichmäßigeren Leistungsverteilung auf die einzelnen Riemen führt. Zusätzlich sind im Riemenkern quer zur Laufrichtung Elastomerfasern eingearbeitet, die die notwendige Quersteifigkeit erhöhen und die Verschleißfestigkeit verbessern. Eine Verzahnung an der Riemeninnenseite verbessert die Biegeeigenschaften, weshalb sich bei hohen Drehzahlen, kleinen Scheiben und hohem Leistungsbedarf deutliche Vorteile im Vergleich zum ummantelten Keilriemen ergeben.

Profilkurzzeichen nach	DIN 2215	6	10	13	17	22	32	40
	ISO 4184	Y	Z	A	B	C	D	E
Obere Riemenbreite	b_0 [mm] ≈	6	10	13	17	22	32	40
Richtbreite	b_d [mm] ≈	5,3	8,5	11	14	19	27	32
Riemenhöhe	h [mm] ≈	4	6	8	11	14	20	25
Abstand	h_d [mm] ≈	1,6	2,5	3,3	4,2	5,7	8,1	12
Mindestscheibendurchmesser	$d_{d,min}$ [mm] ≈	28	50	71	112	180	355	500
Innenlängen (= Bestelllängen) Richtlänge $L_d = L_i + \Delta l$	L_i [mm]	185 bis 850	300 bis 2.800	560 bis 5.300	670 bis 7.100	1.180 bis 18.000	2.000 bis 18.000	3.000 bis 18.000
Längendifferenz	Δl [mm]	15	22	30	40	58	75	80
Riemenmetermasse	m' [kg/m]	0,027	0,065	0,112	0,198	0,330	0,675	1,030
Biegewechsel	$f_{B,max}$ [s^{-1}] ≈	80						
Riemengeschwindigkeit	v_{max} [m/s]	30						

Tabelle 22.5: Hauptabmessungen von Keilriemen – Auszug nach DIN 2215 und ISO 4184 [22.13], [22.73]

Profilkurzzeichen nach	DIN 7753	SPZ, XPZ	SPA, XPA	SPB, XPB	SPC, XPC
Obere Riemenbreite	b_0 [mm] ≈	9,7	12,7	16,3	22
Richtbreite	b_d [mm] ≈	8,5	11	14	19
Riemenhöhe	h [mm] ≈	8	10	13	18
Abstand	h_d [mm] ≈	2	2,8	3,5	4,8
Mindestscheibendurchmesser	$d_{d,min}$ [mm] ≈	63	90	140	224
Innenlängen (= Bestelllängen) Richtlänge $L_d = L_i + \Delta l$	L_i [mm]	587 bis 3.550	732 bis 4.500	1.250 bis 8.000	2.000 bis 12.500
Biegewechsel	$f_{B,max}$ [s^{-1}] ≈	100			
Riemengeschwindigkeit	v_{max} [m/s]	42			

Tabelle 22.6: Hauptabmessungen von Schmalkeilriemen – Auszug nach DIN 7753 [22.20]

Der Breitkeilriemen nach DIN 7719 mit einem Breiten-Höhen-Verhältnis von $b_0/h \approx 2$ bis 5 und Höhen von $h = 5$ bis 30 mm wird bevorzugt in Verstellgetrieben eingesetzt, wobei wegen der größeren Breiten auf eine ausreichende Querstabilität zu achten ist, Abbildung 22.7 d) [22.17].

Der Doppelkeilriemen nach Abbildung 22.7 e) ist nach DIN 7722 genormt und kann im Gegensatz zu allen anderen Bauarten aufgrund seiner beiden Laufflächen auch außen liegende und dadurch gegenläufige Scheiben in einer Ebene antreiben [22.19]. Im Vergleich zum Normalkeilriemen gleicher Breite ist die übertragbare Leistung jedoch um 10% vermindert.

Der 60°-Keilriemen nach Abbildung 22.7 f) wird aus Polyurethan gegossen und verfügt über Polyester-Zugstränge. Das Polyurethan hat eine hohe Reibungszahl, weshalb zur Vermeidung von Selbsthemmung der große Flankenwinkel von 60° erforderlich ist. Bedingt durch das Gießen erhält man im Vergleich zum normalen Keilriemen eine größere Maßhaltigkeit, sodass eine höhere Laufruhe und Gleichmäßigkeit der Drehbewegung sowie eine größere zulässige Umfangsgeschwindigkeit möglich sind.

Der Verbundkeilriemen gemäß Abbildung 22.7 g) ist aus bis zu fünf nebeneinander angeordneten Keilriemen aufgebaut, die über einen gemeinsamen Geweberücken verbunden werden, wodurch im Vergleich zu einzeln angeordneten Riemen eine gleichmäßigere Lastverteilung erzielt wird. Ferner sind Verbundkeilriemen weniger anfällig gegen Verdrillen und Schwingungen, weshalb sie bevorzugt für schwere stoßbehaftete und reversierende Antriebe (z.B. in Gesteinsbrechern) eingesetzt werden.

Der Keilrippenriemen nach Abbildung 22.7 h) und Tabelle 22.7 ist nach DIN 7867 genormt und stellt eine Weiterentwicklung des Verbundkeilriemens dar [22.21]. Der Keilrippenriemen verfügt über alle Vorteile von Flachriemen, Keilriemen und Verbundkeilriemen, ist insbesondere sehr biegsam und läuft auch bei hohen Umfangsgeschwindigkeiten leise und vibrationsfrei.

Die als Rippen bezeichneten Keilprofile mit 40° Neigung füllen die Rillen der Scheiben fast bis zum Rillengrund aus, was sie empfindlich gegen eindringende Fremdkörper macht. Aus diesem Grund werden die Keilprofile oftmals auch mit einem abgeflachten Rippenkopf ausgeführt. Unter Verwendung von Keilrillen- und Flachscheiben sind auch gegenläufige Antriebe in Mehrwellengetrieben möglich. Sofern an der profilierten kleinen Antriebsscheibe Umschlingungswinkel von 120° bis 150° vorliegen, kann bei Übersetzungen $i \geq 3$ die größere Abtriebsscheibe auch ohne Rillenprofil als Flachscheibe ausgeführt werden.

Profilkurzzeichen	DIN 7867	PH	PJ	PK	PL	PM
Rippenabstand	s [mm]	1,60±0,1	2,34±0,2	3,56±0,2	4,70±0,2	9,40±0,2
Riemenhöhe	h_{max} [mm]	3	4	6	10	17
Anzahl der Rippen	z [-]	2 ... 31	2 ... 50	2 ... 50	2 ... 60	2 ... 45
Riemenbreite	b [mm]	$b = s \cdot z$				
Rippengrundradius	$r_{g,max}$ [mm]	0,15	0,20	0,25	0,40	0,75
Rippenkopfradius	$r_{k,min}$ [mm]	0,30	0,40	0,50	0,40	0,75
Standard-Richtlänge	$L_{d,min}$ [mm]	559	330	559	954	2.286
	$L_{d,max}$ [mm]	2.155	2.489	3.492	6.096	15.266
Zul. Riemengeschwindigkeit	v_{max} [m/s]	60	50	50	40	30

Tabelle 22.7: Hauptabmessungen von Keilrippenriemen – Auszug nach DIN 7867 [22.21]

3 **Zahnriemen** – Die Zahnriemen gemäß Abbildung 22.8 und Tabelle 22.8 verfügen einerseits über die elastischen Eigenschaften von Riemen, andererseits nutzen sie jedoch das von den Ketten bekannte Prinzip des Formschlusses zur Kraftübertragung, woraus zwangsläufig eine synchrone Übertragung folgt.

Am weitesten verbreitet sind Zahnriemen mit trapezförmigen Zähnen, die gemäß DIN 7721-1 und DIN ISO 5296 genormt sind und auf empirische Ergebnisse aus den Anfängen der Zahnriemenentwicklung zurückgehen [22.18], [22.47]. Weiterhin unterscheidet man einfach und doppelt verzahnte Riemen, die auch als Zahnriemen mit Rückenverzahnung bezeichnet werden.

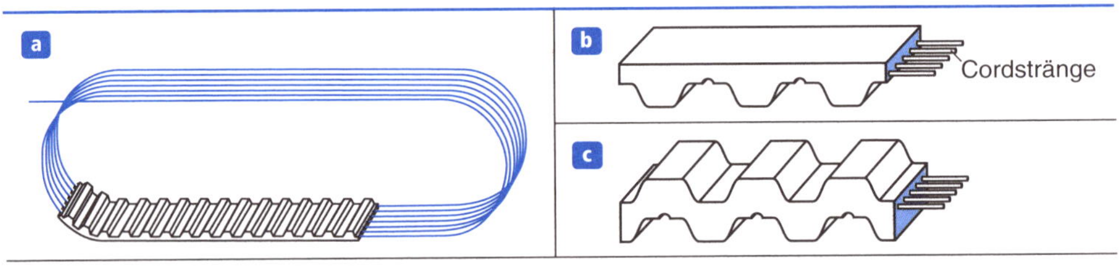

Abbildung 22.8: Grundsätzlicher Aufbau von Zahnriemen – a) Endlos gespulter Zahnriemen, b) Einfachriemen, c) Doppelriemen

Entsprechend Abbildung 22.9 a) besteht diese Zahnriemenbauart im Grundmaterial aus Polychloropren (Gummi) und einer Zugstrangeinlage aus Glasfasercord sowie einer laufseitigen Zahnabdeckung aus Polyamidgewebe. Ebenso gibt es gegossene Zahnriemen aus abriebfestem Polyurethan mit eingegossenen Zugsträngen aus Stahlcord, Abbildung 22.9 b).

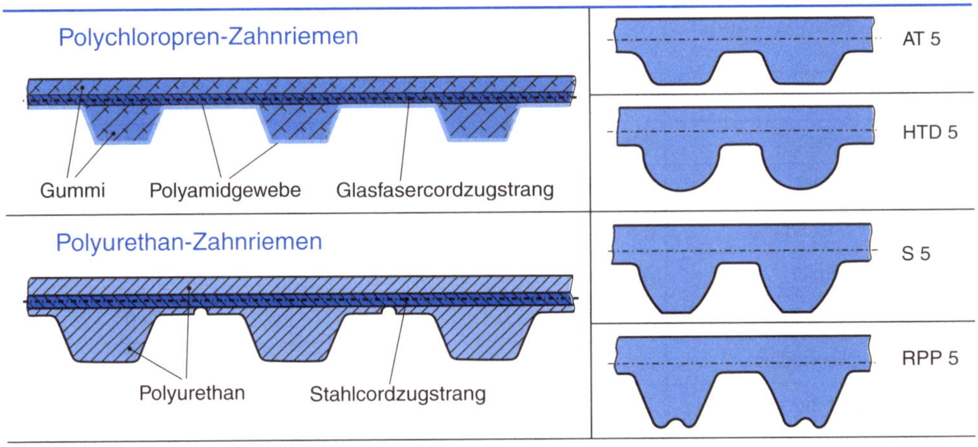

Abbildung 22.9: Unterscheidungsmerkmale und Profile von Zahnriemen

Weiterhin ist zu beachten, dass beim Polychloropren-Zahnriemen die Teilungsangabe grundsätzlich in Zollmaßen und beim Polyurethan-Zahnriemen in metrischen Maßen erfolgt. Bei beiden Bauarten kann die Zugstrangeinlage wendelförmig gemäß Abbildung 22.8 aufgespult sein, ebenso ist eine Lieferung als Endlosware mit kantenparallelen Zugstrangeinlagen möglich.

Riemenprofil	P_{max} [kW]	n_{max} [min^{-1}]	v_{max} [m/s]	Anwendungsbereiche
T 2,5	0,5	20.000	80	Steuerantriebe, Feinwerkantriebe, Filmkameraantriebe
T 5	5	10.000	80	Regel- und Tachoantriebe, Büro- und Küchenmaschinen
T 10	30	10.000	60	Werkzeug-, Textil- und Druckereimaschinenantriebe
T 20	100	6.500	40	Bau-, Papier- und Textilmaschinen, Pumpen, Verdichter

Riemenprofil	Teilung p [mm]	Riemenzahnhöhe h_z [mm]	Riemenhöhe h_s [mm]	Riemenbreite b [mm]	Riemenzahnfußbreite s [mm]	Länge L_d [mm]
T 2,5	2,5	0,7	1,3	4...16	1,50	120...1.475
T 5	5	1,2	2,2	6...50	2,65	100...1.500
T 10	10	2,5	4,5	10...100	5,30	260...4.780
T 20	20	5,0	8,0	16...100	10,15	1.260...3.620

Riemenprofil	Zulässige Umfangskraft $F_{u,zul}$ in N bei der Riemenbreite b in mm									
	4	6	10	16	25	32	50	75	100	150
T 2,5	39	65	117	195	312	403	–	–	–	–
T 5	–	150	300	510	870	1.110	1.800	2.730	3.660	–
T 10	–	–	–	1.200	2.000	2.700	4.300	6.600	8.800	13.400
T 20	–	–	–	–	–	4.750	7.750	12.000	16.000	24.500

Tabelle 22.8: Anwendungsbereiche und Hauptabmessungen von Zahnriemen – Auszug nach VDI 2758 und DIN 7721 [22.18]

Ausgehend vom ursprünglichen Trapezprofil des Standard-Zahnriemens erfolgte die Weiterentwicklung zu Hochleistungszahnriemen mit zunächst kreisbogenförmigen Zahnprofilen, verstärkten Zugstrangeinlagen aus Stahlcord, Glasfasercord und Aramidfasern sowie größeren Zähnen mit breiterem Zahnfuß gemäß Abbildung 22.9, um eine günstigere Spannungsverteilung im Zahn zu erreichen [22.124]. Zur Verbesserung des Eingriffsvermögens und zur Geräuschminderung erfolgte eine Profilierung im Zahnkopf nach Abbildung 22.9. Ferner verfügen die Riemen über eine hohe Teilungsgenauigkeit und Teilungskonstanz.

Standard-Zahnriemen für den Automobilbau sind nach DIN ISO 9010 genormt, wobei man die leichte Bauart ZA und die schwere Bauart ZB mit jeweils einheitlicher Riementeilung unterscheidet [22.48].

22.2.2 Riemenscheibenbauarten und ihre Werkstoffe

Zur optimalen Gestaltung eines Riemengetriebes sind die Auswahl der Riemenart und die Auslegung der zugehörigen Riemenscheibe gleichermaßen von Bedeutung. Passend zu den bereits vorgestellten Riemenbauarten sind die Hauptabmessungen der Riemenscheiben – hierzu gehören Durchmesser, Kranzbreite und Maße der Zahn- und Rillenprofile – überwiegend genormt.

1 **Flachriemenscheiben** sind in ihren Hauptabmessungen nach DIN 111 genormt [22.5]. Kleine Flachriemenscheiben bis zu einem Durchmesser von $d \leq 355$ mm werden als Bodenscheiben ausgeführt, während bei größeren Durchmessern Armscheiben nach Abbildung 22.10 eingesetzt werden. Die Anzahl der Arme z sollte abhängig vom Durchmesser d in mm $z \approx 0{,}15 \cdot \sqrt{d} > 4$ betragen. Dabei haben die Arme einen elliptischen Querschnitt (Achsenverhältnis 1 : 2), der sich vom Kranz zur Nabe ungefähr im Verhältnis 4 : 5 vergrößert. Riemenscheiben mit Durchmessern $d > 2.000$ mm werden geteilt ausgeführt und lassen sich dadurch leichter montieren, insbesondere zwischen Lagerstellen. Die Naben der Riemenscheiben werden bei einteiligen Scheiben einseitig bündig, bei zweiteiligen Scheiben symmetrisch zum Kranz ausgeführt, Abbildung 22.10.

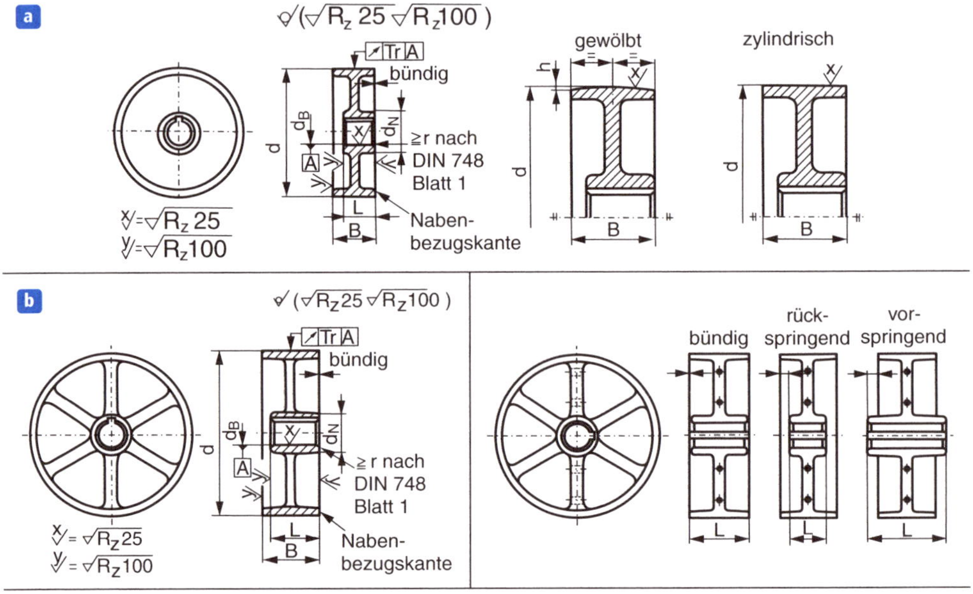

Abbildung 22.10: Bodenscheiben und Armscheiben für Flachriemen – a) einteilig, b) zweiteilig

Die Durchmesser- und Breitenbereiche für Flachriemenscheiben sind in Tabelle 22.9 zusammengestellt, wobei die Stufung der Durchmesser der Normzahlreihe R 20 und die Stufung des jeweiligen Breitenbereiches der Normzahlreihe R 10 entspricht. Grundsätzlich sollte die Breite der Scheibe um eine Stufe größer sein als die Breite des eingesetzten Riemens.

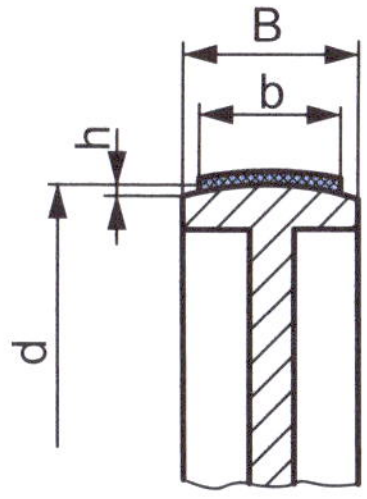

	Zuordnung Riemenbreite b zu kleinster Scheibenkranzbreite B				Scheibendurchmesser d_1	Riemenbreite b
	b	B	b	B	40	25 ... 50
	20	25	140	160	50	25 ... 100
	25	32	160	180	63	32 ... 100
	32	40	180	200	71	40 ... 100
	40	50	200	224	80	40 ... 140
	50	63	224	250	90 ... 100	50 ... 200
	71	80	250	280	112 ... 180	63 ... 200
	90	100	280	315	200 ... 400	63 ... 315
Wölbung der großen Scheibe: $h_2 \approx 0{,}005 \cdot b \ldots 0{,}001 \cdot b$	112	125	315	355	450 ... 630	63 ... 400
	125	140	355	400	710 ... 1.000	100 ... 400
Wölbung der kleinen Scheibe: $h_1 \approx h_2 \cdot \frac{d_1}{d_2}$	Kranzdicke s: $s \approx \frac{d}{300} + 2\,\text{mm} \geq 3\,\text{mm}$				1.120 ... 1.400	125 ... 400
					1.600 ... 2.000	200 ... 400

Tabelle 22.9: Flachriemenscheiben mit Hauptmaßen und Wölbung nach [22.5], [22.93]

Damit bei Flachriemengetrieben der Riemen nicht außermittig läuft oder sogar ganz von der Scheibe abläuft, versieht man mindestens eine Scheibe mit einer gewölbten Lauffläche, die abhängig von der Scheibenbreite gemäß Tabelle 22.9 berechnet werden kann. Die Wölbung bewirkt einerseits eine Erhöhung der Riemenspannung in der Scheibenmitte und andererseits eine zusätzliche Geschwindigkeitskomponente quer zur Riemenlaufrichtung zum größeren Durchmesser hin, wodurch der Riemen auf die Scheibenmitte zentriert wird. Auch wenn zur Schonung des Riemens möglichst die größere Scheibe gewölbt sein sollte, wird aus wirtschaftlichen Gründen häufig die kleinere Scheibe gewölbt.

Beim gekreuzten Riemengetriebe wird generell nur die treibende Scheibe gewölbt ausgeführt, bei Mehrfachantrieben ist nur eine einzelne Scheibe zu wölben und bei geschränkten Riemengetrieben wird keine Wölbung vorgesehen. Dagegen müssen bei Riemengeschwindigkeiten von $v > 20$ m/s, bei Übersetzungsverhältnissen $i \leq 3$ sowie bei Getrieben mit senkrecht stehenden Wellen (waagerechte Scheiben) beide Scheiben gewölbt sein.

Die Lauffläche der Riemenscheibe muss durch Feindrehen oder Schleifen glatt und formgenau sein, da hierdurch die Reibung erhöht und der Verschleiß gemindert werden. Wellige oder poröse Laufflächen dagegen behindern den zur Kraftübertragung erforderlichen Dehnschlupf (s.a. Abschnitt 22.2.4) und erhöhen ebenso wie klebende Haftmittel den Verschleiß und können somit „Stick-Slip"-Effekte und Längsschwingungen des Riemens anregen [22.98].

Im Hinblick auf einen ruhigen Lauf des gesamten Riemengetriebes müssen neben den bereits oben beschriebenen Maßnahmen die Wellen parallel zueinander ausgerichtet sein und die Rundlauftoleranzen sowie die Auswuchtgenauigkeiten an den Scheiben nach DIN 111 eingehalten sein [22.5]. Während für Standard-Antriebe ein Auswuchten in einer Ebene mit Auswuchtgüte Q 16 nach DIN ISO 1940 ausreicht, muss bei Riemengeschwindigkeiten von $v > 20$ m/s oder bei einem Verhältnis von $d / b < 4$ und gleichzeitig $v > 20$ m/s dynamisch in zwei Ebenen in der Auswuchtgüte Q 6,3 ausgewuchtet werden [22.46]. Hierzu sind bei der Konstruktion der Riemenscheibe entsprechende Auswuchtaugen an den Armen vorzusehen. Bei hoch belasteten und schnell laufenden Antrieben ist zusätzlich auf eine kerbarme Gestaltung der Riemenscheiben zu achten. Gegossene und geschweißte Scheiben sind spannungsarm zu glühen [22.59].

Sofern aus antriebsdynamischer Sicht eine große Schwungmasse benötigt wird (z.B. Durchzugsmoment bei Gesteinsbrecherantrieben), werden Riemenscheiben auch mit breitem Riemenkranz und großer Kranzdicke eingesetzt. Im Normalfall sind Scheibenkranzbreite B und Kranzdicke s nach Tabelle 22.9 auszuwählen.

2 **Keilriemenscheiben**, oftmals auch einfach als Keilscheiben bezeichnet, sind in den Hauptabmessungen gemäß Tabelle 22.10 und Tabelle 22.11 für Normalkeilriemen nach DIN 2215, für Schmalkeilriemen nach DIN 7753 und für Keilrippenriemen nach DIN 7867 genormt [22.13], [22.20], [22.21].

Für Keilriemen nach		DIN 2215	6	10	13	17	22	32	40
		ISO 4184	Y	Z	A	B	C	D	E
Für Schmalkeilriemen nach		DIN 7753	–	SPZ	SPA	SPB	SPC	–	–
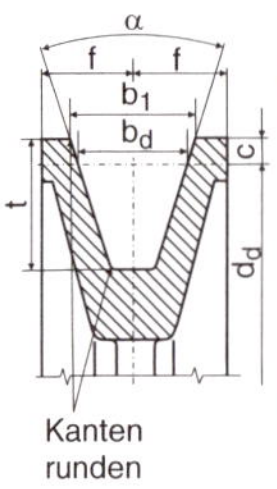	Rillenbreite	$b_1 \approx$	6,3	9,7	12,7	16,3	22	32	40
	Rillenprofil 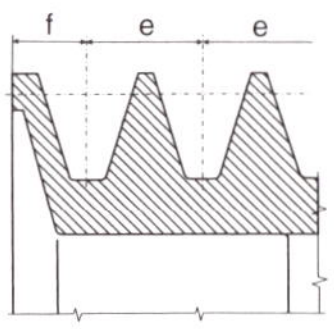	$c \approx$	1,6	2	2,8	3,5	4,8	8,1	12
		$e \approx$	8	12	15	19	25,5	37	44,5
		$f \approx$	6	8	10	12,5	17	24	29
		$t \approx$	7	11	14	18	24	33	38
Mindestscheibendurchmesser		$d_{dmin} \approx$	28	50	71	112	180	355	500
– für Schmalkeilriemen		$d_{dmin} \approx$	-	63	90	140	224	–	–
Keilwinkel α bei Richtdurchmesser d_d		32°	≤63	–	–	–	–	–	–
		34°	–	≤80	≤118	≤190	≤315	–	–
		36°	>63	–	–	–	–	≤500	≤630
		38°	–	>80	>118	>190	>315	>500	>630

Tabelle 22.10: Abmessungen für Keilriemenscheiben und Schmalkeilriemenscheiben – Auszug nach DIN 2215, ISO 4184 und DIN 7753 [22.13], [22.20], [22.73]

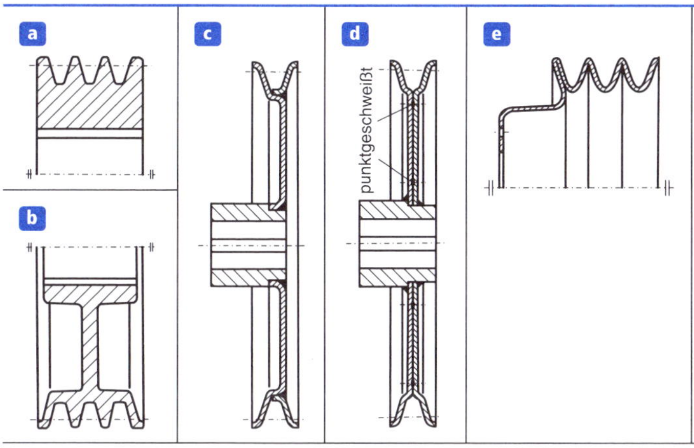

a Vollscheibe

b Bodenscheibe (gegossen)

c Bodenscheibe, gelötet

d Bodenscheibe, geschweißt

e Scheibe, aus Blech gedrückt

Abbildung 22.11: Ausführungsformen von Keilriemenscheiben [22.4], [22.91]

Gemäß Abbildung 22.11 werden Keilriemenscheiben je nach Größe als Vollscheiben, Bodenscheiben oder Armscheiben mit bis zu zwölf Profilrillen ausgeführt. In Fahrzeugen und Landmaschinen setzt man oftmals auch gelötete oder geschweißte Stahlblechscheiben ein, insbesondere bei geringer belasteten Nebenantrieben. Bei der Rillengeometrie ist zu beachten, dass der Keilwinkel α bei starker Krümmung des Riemens infolge der Querdehnung kleiner wird.

Profilkurzzeichen		**H**	**J**	**K**	**L**	**M**
Rillenabstand	e	1,60±0,03	2,34±0,03	3,56±0,05	4,70±0,05	9,40±0,08
Gesamtabstand	c	$c = [(n-1) \cdot e] \pm 0{,}08$ mit n als Rippenanzahl				
Richtdurchmesser	d_{dmin}	13	20	45	75	180
Innenradius	$r_{i\,max}$	0,30	0,40	0,50	0,40	0,75
Außenradius	$r_{a\,min}$	0,15	0,20	0,25	0,40	0,75
Profiltiefe	t_{min}	1,33	2,06	3,45	4,92	10,03
Randabstand	f_{min}	1,3	1,8	2,5	3,3	6,4
Wirkdurchmesser	d_w	$d_w = d_d + 2 \cdot h_b$				
Bezugshöhe	h_b	0,8	1,25	1,6	3,5	5,0
Für $d_d \le 74$ mm	$f_R = 0{,}13$ mm		Für 74 mm $< d_d \le 250$ mm			$f_R = 0{,}13$ mm
Für $d_d > 250$ mm	$f_R = 0{,}25$ mm $+ 0{,}04$ je mm Bezugsdurchmesser über 250 mm					$f_p = 0{,}0002 \cdot d_d$

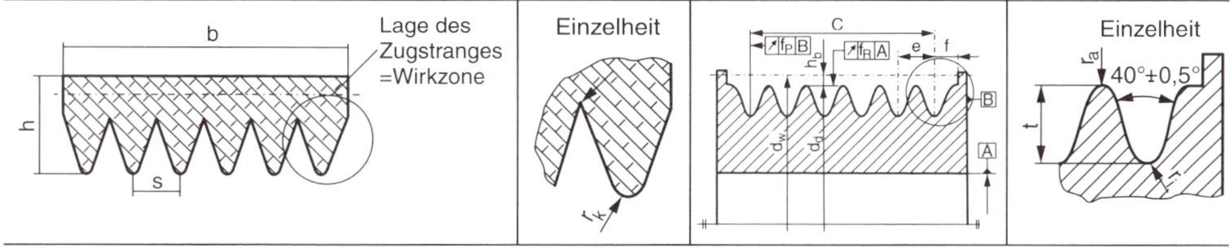

Tabelle 22.11: Abmessungen für Keilrippenscheiben – Auszug nach DIN 7867 [22.21]

Deshalb liegt der Rillenwinkel der Riemenscheibe bei kleinen Scheibendurchmessern je nach Riemenart bei ca. 32° und bei großen Durchmessern bei ca. 38°. Beim gestreckten Riemen ist der Keilwinkel um 6 bis 12° größer, sodass er sich beim Biegen dem Scheibenwinkel anpasst. Hinsichtlich der weiteren Eigenschaften von Keilscheiben gelten die gleichen Zusammenhänge wie bei Flachriemenscheiben.

3 **Zahnriemenscheiben**, oftmals auch Synchronriemenscheiben genannt, sind mit ihren Hauptabmessungen nach DIN 7721 und DIN ISO 5294 genormt [22.18], [22.74]. Tabelle 22.12 fasst die wesentlichen Daten zusammen und Abbildung 22.12 zeigt mögliche Ausführungsformen von Zahnriemenscheiben. Dabei wird in einem Zahnriemengetriebe immer mindestens eine der Zahnscheiben mit seitlichen Bordscheiben versehen, die über den Riemenrücken hinausragen und damit ein seitliches Ablaufen der Zahnriemen von den Scheiben verhindern. Ansonsten gelten vergleichbare Anforderungen wie bei Flachriemenscheiben.

Riemenprofil	Teilung p [mm]	Zahnhöhe h_z [mm]	Länge L_d [mm]	Scheibenzähnezahl		Mindestzähnezahl bei Gegenbiegung
				z_{min}	z_{max}	
T 2,5	2,5	0,7	120 ... 1.475	10	114	11
T 5	5	1,2	100 ... 1.500	10	114	12
T 10	10	2,5	260 ... 4.780	12	114	15
T 20	20	5,0	1.260 ... 3.620	15	114	20

Tabelle 22.12: Anwendungsbereiche und Abmessungen für Zahnriemenscheiben abhängig vom Riemenprofil – Auszug nach DIN 7721 [22.18]

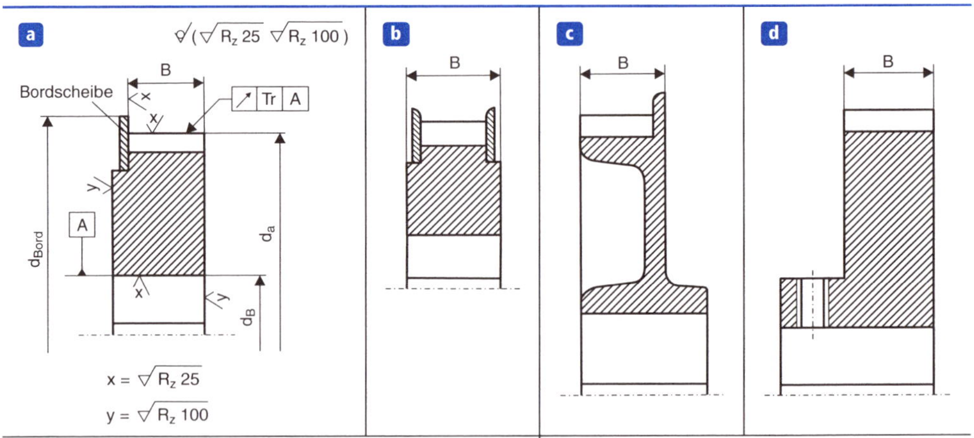

a Vollrad mit 1 Bordscheibe
b Vollrad mit 2 Bordscheiben
c Stegrad mit 1 Bordscheibe
d Vollrad ohne Bordscheibe

Abbildung 22.12: Ausführungsformen von Zahnriemenscheiben nach [22.4]

Für sämtliche Scheibenbauarten werden bei normalen Beanspruchungen Gusseisen (GJL-150, GJL-200) und bei hoch beanspruchten Scheiben oder hohen Drehzahlen Stahlguss (GS-38, GS-45) oder Stahl als Werkstoff verwendet. Geringer beanspruchte Scheiben können auch aus Leichtmetall gegossen werden oder aus Holz oder Kunststoff bestehen. Während kleinere Scheiben aus dem Vollen gedreht werden, wendet man bei größeren Scheiben Schweiß- oder Lötkonstruktionen an, die aus möglichst einfachen Einzelteilen bestehen sollten. Besonders kostengünstig ist für eine Massenfertigung das Drücken der Scheiben aus Blech.

Während sich alle beschriebenen Scheibenbauarten zur Anwendung in Getrieben mit fester Übersetzung je Stufe eignen, benötigt man für eine stufenlose Verstellung in einem Riemengetriebe nach Abschnitt 22.4 verstellbare bzw. bewegliche Riemenscheiben gemäß Abbildung 22.13, die auch als Spreizscheiben bezeichnet werden.

Meistens wird eine einseitig verstellbare Scheibe mit einer einseitig federbelasteten Scheibe gemäß Abbildung 22.13 so gepaart, dass die festen Scheiben einander gegenüberliegen. Die Verstellung erfolgt dann mechanisch, hydraulisch oder elektrisch an der einstellbaren Scheibe, während die Vorspannung durch die Federanpressung sichergestellt wird. Ebenso werden durch die Federverstellung Schwankungen der Riemenbreite, bedingt durch Fertigungstoleranzen und Riemenverschleiß, ausgeglichen.

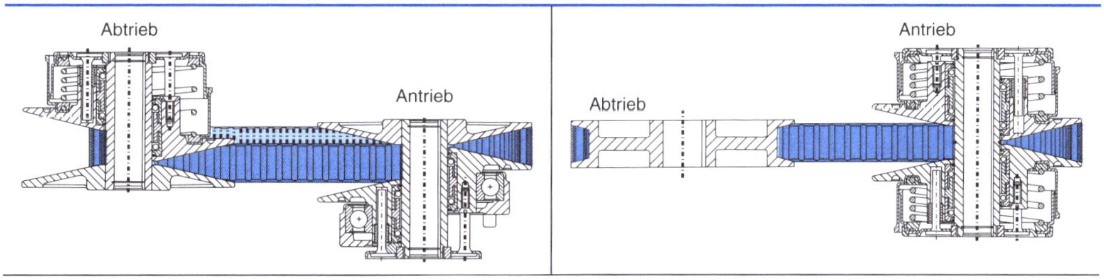

Abbildung 22.13: Ausführungsformen verstellbarer Riemenscheiben (Spreizscheiben)

22.2.3 Allgemeine Gestaltungs- und Betriebshinweise

Die Grundvoraussetzungen für eine reibschlüssige Kraftübertragung in einem Riemengetriebe sind ein möglichst großer Umschlingungswinkel β und eine ausreichende Riemenvorspannung.

Während sich im einfachsten Fall der Umschlingungswinkel zunächst aus der Anordnung und Größe der Scheiben ergibt, kann bei Bedarf entsprechend Abbildung 22.14 der Umschlingungswinkel durch die Verwendung zusätzlicher Umlenkrollen oder außen am Riemen angeordneter Spannrollen vergrößert werden. Dabei ist jedoch zu beachten, dass der Riemen eine Wechselbiegung erfährt und einer erhöhten Biegefrequenz unterliegt, wodurch die Lebensdauer des Riemens herabgesetzt wird. Sollte eine Vergrößerung des Umschlingungswinkels nicht erforderlich sein, kann die Spannrolle an der Riemeninnenseite angeordnet werden, sodass sich die Wechselbiegung vermeiden lässt. Grundsätzlich sollten Spannrollen immer auf das Leertrum wirken und der Durchmesser von Spann- und Umlenkrollen sollte möglichst nicht kleiner sein als der Durchmesser der kleinsten Scheibe im Riemengetriebe.

Mithilfe einer Spannrolle oder einer vergleichbaren Vorrichtung nach Abbildung 22.14 lässt sich nicht nur die notwendige Vorspannung im Zugmittel erzeugen, sondern das Auflegen des Zugmittels auf die Räder ist ebenfalls einfacher, aufgrund des sich ergebenden Verstellweges im nicht vorgespannten Zustand.

Weiterhin ist im Hinblick auf eine sichere Kraftübertragung und den ruhigen Lauf von Riemengetrieben zu beachten, dass die unvermeidliche, bleibende Riemendehnung bereits nach rund 30 Minuten Volllastbetrieb erreicht wird, sodass die notwendige Riemenspannung ebenfalls nach dieser kurzen Zeit kontrolliert und nachgestellt werden muss. Anschließend ist eine Überprüfung in größeren Zeitabständen ausreichend, ob infolge ungenügender Riemenspannung Gleitschlupf durch Überlastung auftritt. Dieses Gleiten des Riemens gegenüber den Scheiben ist unbedingt zu vermeiden, da an den Laufflächen bzw. den Flanken des Riemens Abrieb entsteht, der das Riemengetriebe selbst und die unmittelbare Umgebung verschmutzt und dadurch den Riemen zerstört.

Umgekehrt ist auch eine zu starke Riemenspannung zu vermeiden, da hierdurch sowohl der Riemen als auch die Wellenlagerung überbeansprucht werden.

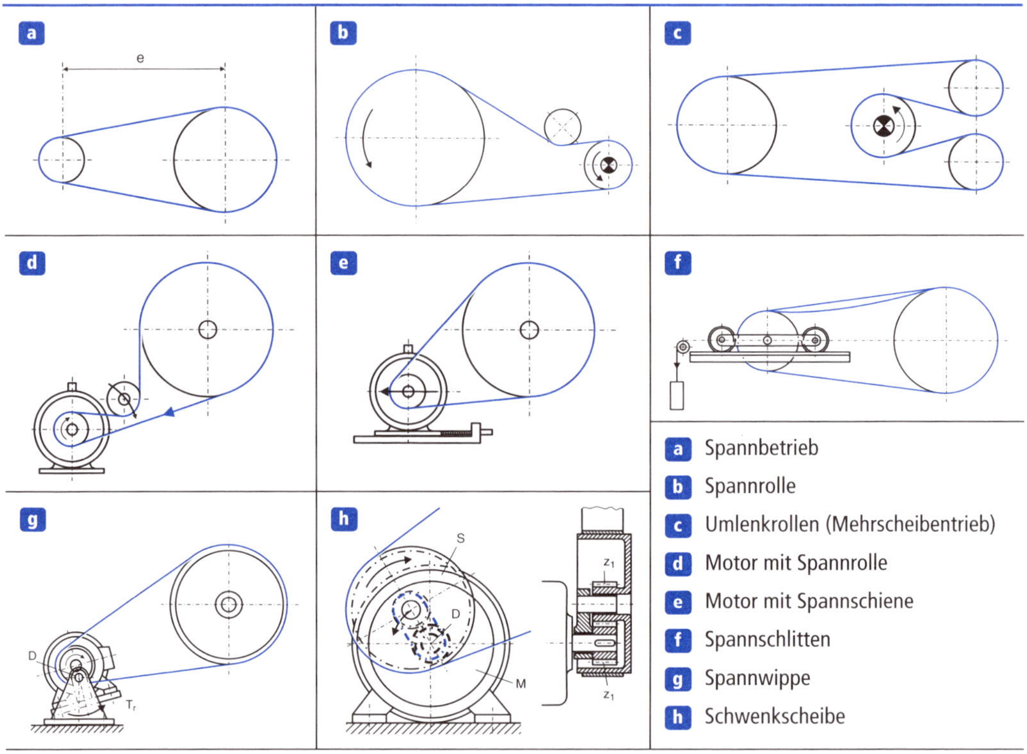

Abbildung 22.14: Vergrößerung des Umschlingungswinkels und Möglichkeiten zur Vorspannung des Zugmittels

Neben der Vorspannung haben auch die Scheibendurchmesser und die Riemengeschwindigkeit einen wesentlichen Einfluss auf die Lebensdauer. So lassen sich mit sehr kleinen Riemenscheiben große Vorspannkräfte und gleichzeitig hohe Biegespannungen im Riemen erreichen, weshalb die den Riemenprofilen zugeordneten Scheibenmindestdurchmesser (d_{min}) nicht unterschritten werden dürfen. Große Riemenscheiben verhalten sich bezüglich der Biegespannungen günstiger, benötigen jedoch sehr viel Bauraum und führen zu hohen Riemengeschwindigkeiten, die auch wiederum nicht größer sein dürfen als die maximal zulässigen Werte für die Riemen. Demzufolge erhöhen große Scheibendurchmesser und ein Betrieb im Bereich optimaler Riemengeschwindigkeit die Lebensdauer des Riemens.

Ausgehend von den Scheibendurchmessern d_1 und d_2 lässt sich auch ein Wert für den Achsabstand e angeben, der im Hinblick auf einen problemlosen Betrieb nach Möglichkeit in folgenden Grenzen liegen sollte:

$$0{,}7 \cdot (d_1 + d_2) \leq e \leq 2 \cdot (d_1 + d_2) \tag{22.8}$$

Sofern Riemen – insbesondere Keilriemen – in paralleler Mehrfachanordnung zum Einsatz kommen, dürfen ihre Wirklängen nicht mehr als 0,1 % voneinander abweichen, da anderenfalls keine gleichmäßige Lastaufteilung sichergestellt werden kann. Demzufolge sind aufeinander abgestimmte Riemensätze mit nur sehr geringen Längen- und Querschnittsabweichungen (sehr enge Toleranzen) auszuwählen und zu einem Satz zusammenzustellen. Entsprechend ist bei Ausfall eines Riemens der ganze Satz auszuwechseln. Vergleichbar zur Riemengenauigkeit sind auch für die Profilrillen nur kleinste Form- und Maßabweichungen anzustreben. Grundsätzlich wird bei Mehrfachanordnung von Riemen der Wirkungsgrad im Vergleich zu Einzelantrieben erheblich schlechter. Andererseits bietet der Mehrstrangantrieb wegen der sehr geringen Wahrscheinlichkeit der plötzlichen Schädigung eines ganzen Riemensatzes eine erhöhte Zuverlässigkeit, was besonders bei zentralen Antrieben im Bergbau (z.B. Grubenlüfter) und der Hütten-, Glas- und Zementindustrie von Vorteil ist.

Weiterhin ist bei Keilriemengetrieben zu beachten, dass der Riemen nicht im Rillengrund aufliegen darf, da hierdurch die optimale Kraftübertragung über die Flanken gestört wird und erhöhter Gleitschlupf entsteht, der letztlich zur Schädigung des Riemens führt. Ebenso sind Spannrollen in Keilriemengetrieben möglichst zu vermeiden. Sofern sie dennoch benötigt werden sollten, sind sie zur Vermeidung von Wechselbiegung innen anzuordnen.

Mittlerweile bedürfen Riemengetriebe mit modernen Hochleistungsriemen gemäß Herstellerangaben keiner besonderen Wartung. Allerdings wird für einen einwandfreien Betrieb empfohlen, Verschmutzungen – insbesondere durch Öle und Fette – von den Riemen und Scheiben fernzuhalten und die Riemenspannung regelmäßig zu überprüfen, da verschmutzte und ungenügend gespannte Riemen, bedingt durch die abgesenkte Reibungszahl und eine zu geringe Anpresskraft, nur eine verminderte Leistung übertragen können. Dabei kann man zum Fernhalten der Verschmutzungen die bereits aus Gründen der Unfallverhütung vorhandenen einfachen Schutzabdeckungen aus Blech nutzen, wobei jedoch keine zu hohe Geräuschabstrahlung, bedingt durch Resonanzen, auftreten darf.

Im Gegensatz dazu können wegen der formschlüssigen Kraftübertragung Zahnriemengetriebe unter Verwendung ölbeständiger Zahnriemen (z.B. aus Polyurethan) auch in ölhaltiger Umgebung eingesetzt werden, wobei durch die Benetzung der Verzahnung mit Öl die Lebensdauer, der Wirkungsgrad und die Laufruhe noch verbessert werden.

Sofern Zahnriemengetriebe entsprechend Abbildung 22.2 geschränkt ausgeführt werden, sind die Zahnscheiben so anzuordnen, dass die Gerade durch die Auf- und Ablaufpunkte der Riemenmitte an den Wirkzylindern der Zahnscheiben (Punkte A und B in Abbildung 22.2) auch die Schnittgerade der radialen Ebenen in den Mitten der Zahnscheiben ist. Hierdurch wird der Riemen in der erforderlichen Weise verdrillt und seitlich so geführt, dass auf Bordscheiben verzichtet werden kann. Sobald die Radachsen um 90° geschränkt werden, sollte der Wellenabstand e abhängig von der Riemenbreite b mindestens folgenden Betrag aufweisen:

$$e \geq 12 \cdot b \tag{22.9}$$

Abschließend sei darauf hingewiesen, dass auch unbenutzte Riemen altern, da sie im Laufe der Zeit spröde und brüchig werden. Deshalb ist bei der Lagerung von Riemen zu beachten, dass sie nicht direkter Sonneneinstrahlung und künstlichem Licht mit einem hohen ultravioletten Anteil ausgesetzt werden. Ferner sollte die Luftfeuchtigkeit im Lagerraum ungefähr 65 % betragen. Des Weiteren sind die Riemen so zu lagern, dass sich keine bleibenden Verformungen in ihnen durch Spannungen infolge von Druck, Zug oder Biegung und auch keine Risse bilden [22.124].

22.2.4 Allgemeine Berechnungsgrundlagen für Riemengetriebe

Unabhängig von der Riemenbauart werden im Folgenden die grundlegenden geometrischen Zusammenhänge zur Berechnung von Riemengetrieben behandelt. Darauf aufbauend wird dann der Mechanismus der Kraftübertragung zwischen Riemen und Riemenscheibe mithilfe der Eytelwein'schen Gleichung erläutert.

Abbildung 22.15 fasst die maßgebenden geometrischen Größen eines offenen Riemengetriebes mit zwei Scheiben zusammen. Abbildung 22.16 zeigt die davon abweichenden Größen für ein gekreuztes Riemengetriebe.

Sofern der Wellenabstand e frei wählbar ist, kann er gemäß Gleichung (22.8) festgelegt werden. Ist jedoch die Riemenwirklänge l konstruktiv vorgegeben, berechnet sich der Wellenabstand e zu:

$$e = p + \sqrt{p^2 - q} \quad \text{mit} \quad p = \frac{l}{4} - \frac{\pi}{8} \cdot (d_1 + d_2) \quad \text{und} \quad q = \frac{(d_2 - d_1)^2}{8} \tag{22.10}$$

Für Mehrscheibengetriebe mit einer treibenden Scheibe 1 mit dem Durchmesser d_1 und zwei oder mehreren getriebenen Scheiben, bei denen die Übersetzungen und die geometrischen Verhältnisse (Öffnungswinkel, Umschlingungswinkel, Wirklänge des Zugmittels) von der Anordnung der Scheiben untereinander abhängen, sind die grundlegenden Zusammenhänge in Abbildung 22.17 dargestellt, ausführlichere Erläuterungen hierzu finden sich in der weiterführenden Fachliteratur [22.59].

Im Weiteren soll nun genauer auf den Mechanismus der Kraftübertragung zwischen Riemenscheibe und Zugmittel eingegangen werden. Entsprechend Abbildung 22.18 wird die Umfangskraft durch Reibschluss übertragen, wobei die grundlegende Theorie auf Untersuchungen von Leonhard Euler (Schweizer Mathematiker, 1707 bis 1783) zum Prinzip der Seilreibung zurückgeht.

Betrachtet man zunächst den Ruhezustand für ein Drehmoment $M_T = 0$, so wirken im gespannten Zugmittel die gleich großen Trumkräfte:

$$F' = F_2' = F_1' \quad \text{für} \quad M_T = 0 \tag{22.11}$$

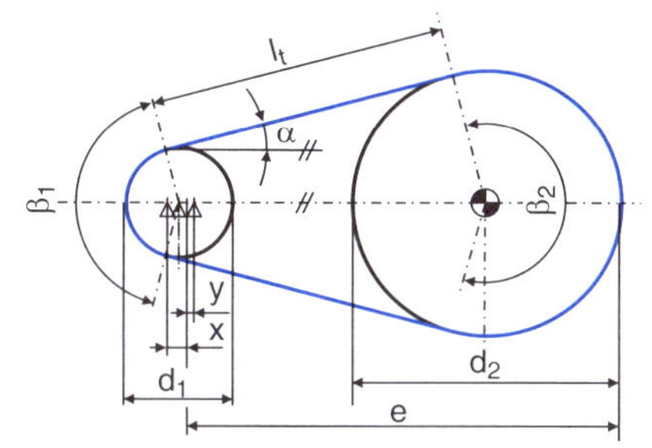

Trumneigungswinkel α	$\sin\alpha = \frac{d_2 - d_1}{2\cdot e} = \frac{d_1}{2\cdot e}\cdot(i-1)$ (22.12)
Wirkdurchmesser d_w als Abstand a der neutralen Faser oder Zugstrangeinlage des die Scheibe umschlingenden Riemens bis zur Lauffläche auf dem Durchmesser d (siehe auch Abbildung 22.3):	$d_w = d + 2\cdot a$ (22.13)

Umschlingungswinkel β	$\beta_1 = 180° - 2\cdot\alpha = 180° - 2\cdot\arcsin\left(\frac{d_1}{2\cdot e}\right)\cdot(i-1)$ (22.14) $\beta_2 = 180° + 2\cdot\alpha = 180° + 2\cdot\arcsin\left(\frac{d_1}{2\cdot e}\right)\cdot(i-1)$ (22.15)
Wirklänge des Zugmittels l	$l = 2\cdot e\cdot\cos\alpha + \pi\cdot\left(d_1\cdot\frac{\beta_1}{360°} + d_2\cdot\frac{\beta_2}{360°}\right)$ (22.16) $l = 2\cdot e\cdot\cos\alpha + \frac{\pi\cdot d_1}{360°}\cdot\left[180° - 2\cdot\alpha + i\cdot(180° + 2\cdot\alpha)\right]$ (22.17)
Wirklänge des Zugmittels (näherungsweise)	$l \approx 2\cdot e + \frac{\pi}{2}\cdot(d_1 + d_2) + \frac{(d_2 - d_1)^2}{4\cdot e}$ (22.18) $l \approx 2\cdot e + \frac{\pi}{2}\cdot d_1\cdot(i+1) + \frac{d_1^2}{4\cdot e}\cdot(i-1)^2$ (22.19)

Abbildung 22.15: Geometrische Größen des offenen Zweischeibengetriebes

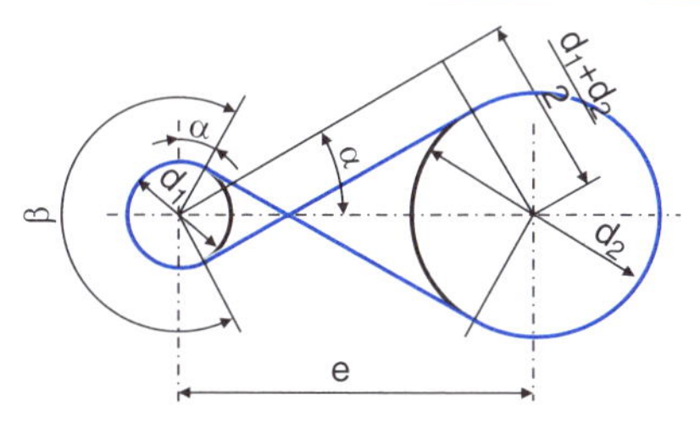

Trumneigungswinkel α gemäß Gleichung (22.12)
Umschlingungswinkel β $\beta_1 = \beta_2 = 180° + 2\cdot\alpha$ (22.20)
Wirklänge des Zugmittels l $l = 2\cdot e\cdot\cos\alpha + \frac{\pi\cdot\beta}{360°}(d_1 + d_2)$ (22.21)

Abbildung 22.16: Geometrische Größen des gekreuzten Zweischeibengetriebes [22.59]

Erhöht man nun im Lasttrum die Kraft langsam um einen Betrag dF, so dehnt sich das Zugmittel im Bereich des Wirkwinkels bw, wobei diese Zusatzkraft dF zwischen A und B durch Reibung abgebaut wird. Dies ist nur möglich, indem zwischen Scheibe und Zugmittel der sogenannte Dehnschlupf auftritt.

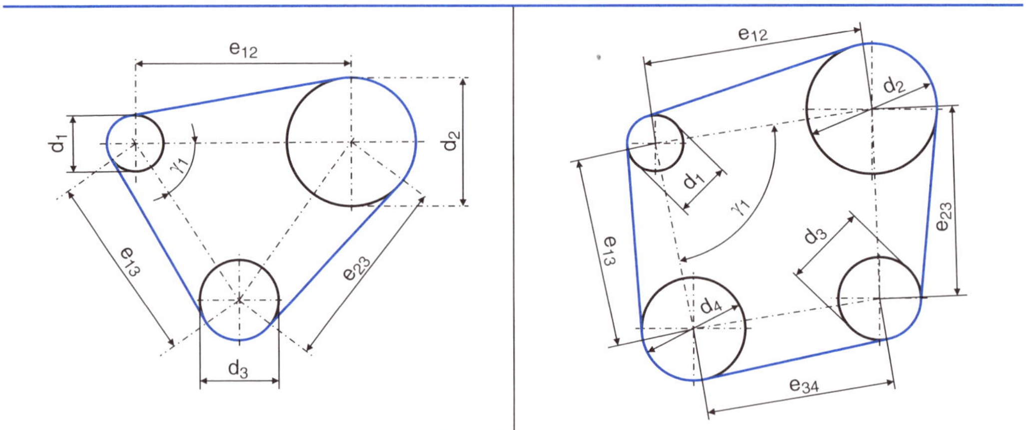

Übersetzungsverhältnisse	$i_{12} = \frac{n_1}{n_2} \approx \frac{d_2}{d_1};\ i_{13} = \frac{n_1}{n_3} \approx \frac{d_3}{d_1};\ i_{1m} = \frac{n_1}{n_m} \approx \frac{d_m}{d_1}$	(22.22)
Öffnungswinkel	$\sin\alpha_{12} = \frac{d_1}{2 \cdot e_{12}} \cdot (i_{12} - 1);\ \sin\alpha_{13} = \frac{d_1}{2 \cdot e_{13}} \cdot (i_{13} - 1)$	(22.23)
	$\sin\alpha_{1m} = \frac{d_1}{2 \cdot e_{1m}} \cdot (i_{1m} - 1);\ \sin\alpha_{km} = \frac{d_k}{2 \cdot e_{km}} \cdot (i_{km} - 1)$	(22.24)
Umschlingungswinkel	$\beta_j = 180° - \alpha_{j,j-1} - \alpha_{j,j+1} - \gamma_j$ mit j als Index der Riemenscheibe und γ_j als Winkel zwischen den Verbindungslinien der Scheibenmittelpunkte	(22.25)
Wirklänge des Zugmittels l	$l = \frac{\pi \cdot \beta_1 \cdot d_1}{360°} + e_{12} \cdot \cos\alpha_{12} + \frac{\pi \cdot \beta_2 \cdot d_2}{360°} + e_{23} \cdot \cos\alpha_{23} + \ldots + \frac{\pi \cdot \beta_k \cdot d_k}{360°} + e_{km} \cdot \cos\alpha_{km} + \frac{\pi \cdot \beta_m \cdot d_m}{360°} + e_{1m} \cdot \cos\alpha_{1m}$	(22.26)

Abbildung 22.17: Geometrische Größen an Mehrscheibengetrieben [22.59]

Unter der Voraussetzung eines konstanten Reibungsbeiwertes μ innerhalb des Wirkwinkels β_W zwischen Scheibe und Zugmittel lässt sich am Element des Zugmittels gemäß Abbildung 22.18 b) die Reibkraft dF_R aus dem Kräftegleichgewicht in x-Richtung und dF_N aus dem Kräftegleichgewicht in y- Richtung wie folgt bestimmen:

$$dF_R = \mu \cdot dF_N = dF \cdot \cos\frac{d\varphi}{2} \quad \text{und} \quad dF_N = 2 \cdot F \cdot \sin\frac{d\varphi}{2} + dF \cdot \sin\frac{d\varphi}{2} \qquad (22.27)$$

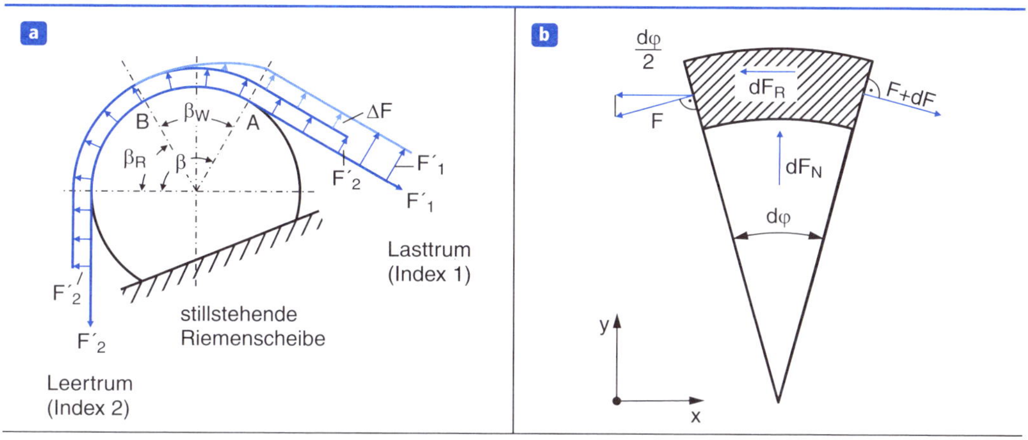

Abbildung 22.18: Kraft- und Reibungsverhältnisse – a) An einer still stehenden Scheibe, b) am Riemenelement

Unter der Annahme kleiner Winkel φ wird cos $(d\varphi\ /\ 2) \approx 1$ sowie sin $(d\varphi\ /\ 2) \approx (d\varphi\ /\ 2)$ und $dF \cdot$ sin $(d\varphi\ /\ 2)$ kann als „Glied höherer Ordnung" vernachlässigt werden, sodass sich durch Einsetzen von dF_N in dF_R nach Gleichung (22.27) und Umstellung folgender Zusammenhang ergibt:

$$\frac{dF}{F} = \mu \cdot d\varphi \quad \text{aus} \quad dF_R = \mu \cdot F \cdot d\varphi = dF \tag{22.28}$$

Integriert man diese Gleichung zwischen den Grenzen A und B mit den Randbedingungen $F = F_1'$ bei $\varphi = 0$ und $F = F_2'$ bei $\varphi = \beta_W$, so folgt:

$$\ln F_1' - \ln F_2' = \ln \frac{F_1'}{F_2'} = \mu \cdot \beta_W \tag{22.29}$$

Hieraus ergibt sich dann das sogenannte Trumkraftverhältnis m, welches zur Auslegung kraftschlüssiger Zugmittelgetriebe von grundsätzlicher Bedeutung ist und das auf die Untersuchungen von Johann Albert Eytelwein (Deutscher Ingenieur, Prof. in Berlin, 1764 bis 1848) im Jahre 1808 zurückgeht, auch als Eytelwein'sche Gleichung bezeichnet:

$$m = \frac{F_1'}{F_2'} = e^{\mu \cdot \beta_W} \tag{22.30}$$

Das Diagramm in Abbildung 22.19 a) verdeutlicht den Zusammenhang zwischen dem Trumkraftverhältnis m, dem Umschlingungswinkel β_1 an der treibenden Scheibe und der Reibungszahl μ.

Dabei ist zu beachten, dass die Übertragung der Umfangskraft zwischen Zugmittel und Scheibe nur im Bereich des Wirkwinkels β_W und dem zugehörigen „Dehnschlupf" an der getriebenen und entsprechendem „Kontraktionsschlupf" an der treibenden Scheibe möglich ist. Im verbleibenden Bereich des Umschlingungswinkels β, dem sogenannten Ruhewinkel β_R, verändert sich die Trumkraft nicht und es findet auch kein Schlupf statt, sodass seit 1883 nach Franz Grashof (Deutscher Ingenieur, Prof. in Karlsruhe, 1826 bis 1893) gilt:

$$\beta = \beta_W + \beta_R \tag{22.31}$$

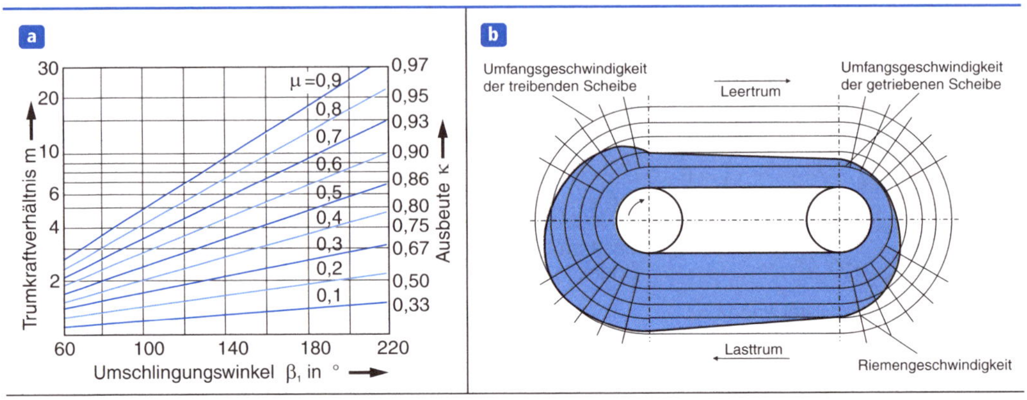

Abbildung 22.19: Trumkraftverhältnis m und Ausbeute k abhängig von Umschlingungswinkel β_1 und Reibungszahl μ sowie von örtlichen Geschwindigkeiten des Zugmittels nach [22.59]

Demzufolge durchläuft das Zugmittel beim Umlauf um die Scheibe zuerst den Bereich des Ruhewinkels β_R ohne Schlupf und dann den Bereich des Wirkwinkels β_W mit Dehn- bzw. Kontraktionsschlupf, wobei sich die Aufteilung zwischen Wirk- und Ruhewinkel entsprechend der Nutzkraft ergibt. Sofern keine Nutzkraft übertragen wird, verschwindet die Gleitzone im Bereich des Wirkwinkels, d.h. $\beta_W = 0$.

Umgekehrt wird der Kraftschluss überlastet, wenn der Riemen auf der Riemenscheibe durchrutscht und damit der Ruhewinkel zu $\beta_R = 0$ wird. Tritt dieser Gleitschlupf (Überlastschlupf) über einen längeren Zeitraum auf, kann entweder der Riemen von der Scheibe ablaufen oder aber er erwärmt sich aufgrund des hohen Schlupfes so stark, dass er zunächst spröde und anschließend zerstört wird.

Vor dem Hintergrund, dass die Größe des Wirkwinkels meistens nicht bekannt ist, wird für praktische Berechnungen eines Zugmittelgetriebes zunächst der volle Umschlingungswinkel β der kleineren Scheibe zugrunde gelegt, da ein Durchrutschen des Zugmittels üblicherweise an der kleineren Scheibe zuerst eintritt.

Die Geschwindigkeiten am Riemengetriebe gemäß Abbildung 22.19 b) lassen sich mithilfe der auftretenden Dehnungen aufgrund der einwirkenden Kräfte beschreiben. Im Vergleich zum Ruhezustand, bei dem in beiden Trumen der gleiche Dehnungsbetrag vorliegt, nimmt wegen der Zusammenhänge in Gleichung (22.49) die Riemendehnung im Lasttrum infolge der Nutzkraft F_u um den Betrag Δl_1 zu und im Leertrum um den gleichen Betrag ab, sodass folgender Längenunterschied Δl zwischen Lasttrum und Leertrum auftritt:

$$|\Delta l_1| = |\Delta l_2| \quad \text{mit} \quad \Delta l_1 = \frac{F_u \cdot l_t}{2 \cdot E_z \cdot A} \quad \text{und} \quad l_t = 2 \cdot e \cdot \cos\alpha = e \cdot \sin\left(\frac{\beta_k}{2}\right); \tag{22.32}$$

$$\Delta l = \Delta l_1 + \Delta l_2 = \frac{(F_1 - F_2) \cdot l_t}{E_z \cdot A} = \frac{F_t \cdot l_t}{E_z \cdot b \cdot h} \tag{22.33}$$

Hierin bezeichnen l_t die Trumlänge, E_z den Zug-Elastizitäts-Modul des Riemens und A den Riemenquerschnitt mit b als Riemenbreite und h als Riemenhöhe. Aufgrund dieser Dehnungsverhältnisse muss aus Kontinuitätsgründen bei laufendem Getriebe im Lasttrum mit $v_1 > v_2$ eine höhere Geschwindigkeit vorliegen als im Leertrum.

Während im Bereich des Ruhewinkels die Winkelgeschwindigkeit der neutralen Faser des Zugmittels mit der Winkelgeschwindigkeit der Scheibe übereinstimmt, erfolgt innerhalb des Wirkwinkelbereichs ein Ausgleich der Geschwindigkeitsdifferenz durch den bereits erläuterten Dehn- und Kontraktionsschlupf. Dabei kriecht der Riemen auf der Scheibe und es entsteht der sogenannte Gleitschlupf, der sich wie folgt berechnen lässt:

$$\psi = \frac{v_1 - v_2}{v_1} \cdot 100\,\% = \frac{(l_2 + \Delta l) - l_2}{l_2 + \Delta l} \cdot 100\,\% \approx \Delta\varepsilon \cdot 100\,\% \tag{22.34}$$

Demzufolge werden mit steigender Nutzkraft F_t der Gleitschlupf und der Wirkwinkel β_W größer, während gleichzeitig der Bereich des Ruhewinkels β_R kleiner und das Leertrum zunehmend entlastet werden.

Bedingt durch diesen Schlupf unter Last muss auch das theoretische Übersetzungsverhältnis nach Gleichung (22.2) durch das tatsächliche Übersetzungsverhältnis kraftschlüssiger Riemengetriebe ersetzt werden:

$$i = \frac{n_1}{n_2} = \frac{d_{w1}}{d_{w2}} \cdot \frac{100\,\%}{100\,\% - \psi} \tag{22.35}$$

Weiterhin ist bei Riemengetrieben zu beachten, dass beim Umlauf um die Scheiben im Zugmittel Fliehkräfte auftreten, die den Auflagedruck des Riemens auf die Scheibe abmindern und daher auch die Übertragung der Zugkraft einschränken. So entsteht aufgrund der Fliehkraftwirkung im gesamten Riemen – also gleichermaßen in Last- und Leertrum – in Umfangsrichtung die Fliehkraftspannung σ_f, die sich aus der Dichte ρ des Zugmittels und der Riemengeschwindigkeit v berechnet und die durch Multiplikation mit der Querschnittsfläche A des Zugmittels auf die aus der Fliehkraftwirkung resultierende Trumkraft F_f führt, wobei mit q die bezogene Masse des Zugmittels bezeichnet wird:

$$F_f = \sigma_f \cdot A = \rho \cdot v^2 \cdot A = q \cdot v^2 \tag{22.36}$$

Im Weiteren bleiben mit zunehmender Geschwindigkeit des Zugmittels bei konstantem Wellenabstand e und konstanten Drehmomenten die Trumkräfte F_1 und F_2 sowie die Umfangskraft (Nutzkraft) F_u konstant, wobei infolge der Fliehkraftwirkung F_f aber nur noch die folgenden Trumkräfte F_1' und F_2' sowie die Umfangskraft F_u zur Verfügung stehen:

$$F_1' = F_1 - F_f = m \cdot F_2' \quad \text{und} \quad F_2' = F_2 - F_f = \frac{F_1'}{m}; \tag{22.37}$$

$$F_u = F_1' - F_2' = F_1 - F_2 = F_1' \cdot \left(1 - \frac{1}{m}\right) = F_2' \cdot (m-1) \tag{22.38}$$

Aufgrund dieses Zusammenhanges muss der Wirkwinkel β_W so lange anwachsen, bis beim Erreichen von $b_w = b$ das Zugmittel auf der Scheibe mit dem kleineren Umschlingungswinkel durchrutscht. Für $F_f = F_2$ wird $F_2' = F_1' = F_u = 0$, sodass kein Drehmoment mehr übertragbar ist. Im Falle einer weiteren Geschwindigkeitszunahme des Zugmittels hebt dieses dann von der Scheibe ab.

Die maximale Trumkraft in einem Zugmittelgetriebe setzt sich zusammen aus der Zugkraft im Leertrum F_2', der zur Verfügung stehenden Umfangskraft F_u und der zusätzlichen Kraft F_f aus der Fliehkraftwirkung:

$$F_{max} = F_1' = F_2' + F_u + F_f \qquad (22.39)$$

Ausgehend von den wirkenden Trumkräften soll für die weitere Auslegung eines Riemengetriebes die sich einstellende Wellenbelastung F_W gemäß Abbildung 22.20 betrachtet werden.

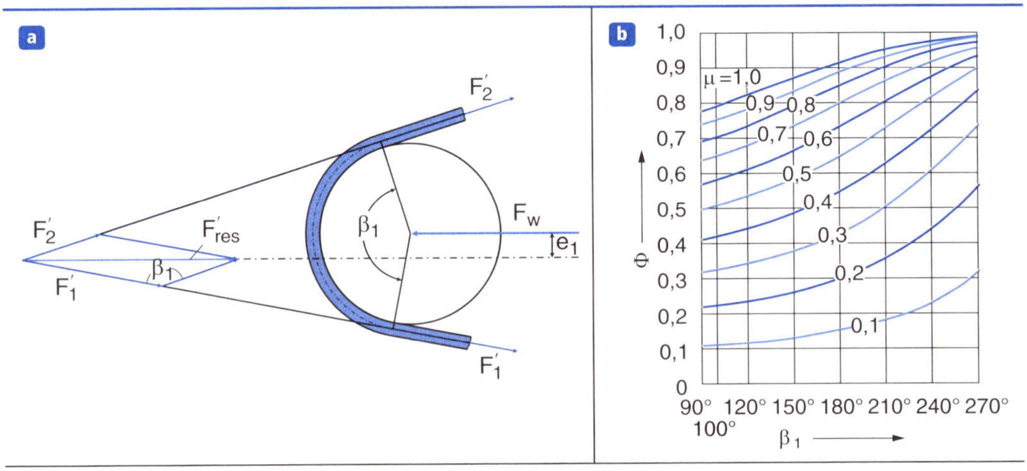

Abbildung 22.20: Kräfte an der Riemenscheibe, Wellenbelastung und Durchzugsgrad Φ abhängig vom Reibungsbeiwert μ und Umschlingungswinkel β [22.98]

Dabei ergeben sich während des Betriebes aus der Fliehkraftbelastung keine zusätzlichen Kräfte auf die Scheiben, sodass sich die Wellenbelastung F_W allein aus den Trumkräften F_1' und F_2' unter Einbeziehung des Umschlingungswinkels β und Anwendung des Cosinussatzes berechnen lässt:

$$F_w' = \sqrt{F_1'^2 + F_2'^2 - 2 \cdot F_1' \cdot F_2' \cdot \cos\beta} \qquad (22.40)$$

Unter Nutzung von Gleichung (22.37) lässt sich die Wellenbelastung auch durch die Umfangskraft F_u und das Trumkraftverhältnis m ausdrücken:

$$F_W' = F_u \cdot \frac{\sqrt{m^2 + 1 - 2 \cdot m \cdot \cos\beta}}{m-1} = \frac{F_u}{\Phi} \qquad (22.41)$$

Hierin bezeichnet Φ den Durchzugsgrad gemäß Abbildung 22.20 b), mit dem sich die zur Erzeugung der Umfangskraft mindestens erforderliche Wellenkraft abhängig von der Reibungszahl μ und dem Umschlingungswinkel β bestimmen lässt:

$$\Phi = \frac{F_u}{F_W'} = \frac{m-1}{\sqrt{m^2 + 1 - 2 \cdot m \cdot \cos\beta}} \qquad (22.42)$$

Betrachtet man die Wellenbelastung F_W im Stillstand, so entfällt die entlastende Wirkung der Fliehkraft, was zu einer entsprechenden Erhöhung führt. Demzufolge gilt gemäß Abbildung 22.20 mit ausreichender Näherung für die Wellenbelastung im Stillstand F_W:

$$F_W \approx F'_W + F_{Wf} = \frac{F_u}{\Phi} + F_f \cdot \sqrt{2 \cdot (1 - \cos\beta)} \tag{22.43}$$

Sofern die genauen Abmessungen eines Riemengetriebes noch nicht vorliegen, kann die Wellenbelastung abhängig von der Art der Erzeugung der Riemenspannung und der Riemengeschwindigkeit überschlägig gemäß Tabelle 22.13 bestimmt werden, wobei die niedrigeren Werte für Spannrollenbetrieb und die höheren Werte für Dehnungsbetrieb gelten.

Eine weitere Kennzahl ist die Ausbeute κ, die das sich im Betrieb einstellende bzw. erzielbare Kräfteverhältnis aus Umfangskraft (Nutzkraft) F_u und Lasttrumkraft F'_1 beschreibt. Damit gibt die Ausbeute κ an, welcher Anteil der Lasttrumkraft für die Leistungsübertragung genutzt wird:

$$\kappa = \frac{F_u}{F'_1} = \frac{F'_1 - F'_2}{F'_1} = 1 - \frac{F'_2}{F'_1} = 1 - \frac{1}{m} = \frac{m-1}{m} < 1 \tag{22.44}$$

Das Diagramm der Ausbeute κ in Abbildung 22.19 a) zeigt, dass mit wachsendem Umschlingungswinkel b und wachsender Reibungszahl μ auch das Trumkraftverhältnis m und die Ausbeute κ ansteigen. Dabei ist jedoch zu beachten, dass wegen der konstruktiv erreichbaren Umschlingungswinkel von $\beta = 60° \ldots 240°$ und der Grenzen der möglichen Reibungszahlen $\mu \leq 0{,}75$ Ausbeuten oberhalb von 90 % nur schwer erreichbar sind.

Flachriemen	Keilriemen	Zahnriemen (nicht kraftschlüssig)
$F_W \approx (2 \ldots 4) \cdot F_u$ (22.45)	$F_W \approx (2 \ldots 2{,}5) \cdot F_u$ (22.46)	$F_W \approx (1{,}5 \ldots 2) \cdot F_u$ (22.47)

Tabelle 22.13: Überschlagswerte der Wellenbelastung

Ausgehend von den grundlegenden Zusammenhängen zur Kraftübertragung an einer Riemenscheibe soll nun im Weiteren auf die genaue Bestimmung der erforderlichen Vorspannkraft eingegangen werden. Mithilfe dieser Vorspannkraft F_v wird das Zugmittel so vorgespannt, dass die Reibkraft F_R zwischen Riemen und Antriebsscheibe größer ist als die zu übertragende Umfangskraft (Nutzkraft) F_u. Dabei wird zwischen Riemen und Riemenscheibe ein Anpressdruck p erzeugt, sodass gemäß Abbildung 22.21 die dadurch bewirkte Reibungsschubspannung τ_R größer wird als die durch die Umfangskraft F_u hervorgerufene Scherspannung τ am Riemen und an der Riemenscheibe. Im Hinblick auf eine sichere Kraftübertragung sollten bei der Berechnung der zu übertragenden Umfangskraft (Nutzkraft) F_u immer die im Betrieb möglichen Maximalwerte von Leistung und Drehmoment gemäß Gleichung (22.6) berücksichtigt werden.

Betrachtet man den in Abbildung 22.21 b) gezeigten Ruhezustand ($v = 0$), so bewirkt die erforderliche Riemenvorspannkraft F_v in den beiden Trumen folgende Wellenbelastung F_W im Stillstand:

$$F_w = 2 \cdot F_v \cdot \cos\alpha \tag{22.48}$$

Wird dann im Stillstand zusätzlich ein Drehmoment M_t eingeleitet, das zur Umfangskraft (Nutzkraft) F_u führt, ergeben sich die bereits bekannten Verhältnisse nach Abbildung 22.21 c) mit der Zugkraft F_1 im Lasttrum und der Zugkraft F_2 im Leertrum.

Ausgehend von den Trumkräften F_1 und F_2 sowie der Umfangskraft F_u lässt sich die im Stillstand erforderliche Vorspannkraft F_v unter Einbeziehung der Fliehkraftwirkung F_f nach Gleichung (22.36) wie folgt berechnen, wobei A die Querschnittsfläche, ρ die Dichte und v die Geschwindigkeit des Zugmittels und m das Trumkraftverhältnis bezeichnen:

$$F_v = \frac{F_1 + F_2}{2} = F_1 - \frac{F_u}{2} = F_2 + \frac{F_u}{2} = F_f + \frac{F_u}{2} \cdot \left(\frac{m+1}{m-1}\right) = A \cdot \rho \cdot v^2 + \frac{F_u}{2} \cdot \left(\frac{m+1}{m-1}\right) \qquad (22.49)$$

Hieraus wird deutlich, dass im Vergleich zum Betriebszustand in den Riementrumen im Stillstand eine um die aus der Fliehkraftwirkung resultierende Trumkraft F_f höhere Vorspannkraft vorhanden sein muss, damit im Betrieb noch eine für den Kraftschluss ausreichende Pressung vorliegt. Demzufolge stellt sich im Betrieb folgende Vorspannkraft F_1' ein:

$$F_v' = F_v - F_f \qquad (22.50)$$

Demzufolge muss die im Stillstand aufzubringende Riemenvorspannkraft F_v umso größer sein, je größer die zu übertragende Umfangskraft F_u und der im Betriebszustand zu erwartende Pressungsverlust infolge Fliehkraftwirkung sind. Sofern man besonders elastische Wellen bei entsprechend hoher Vorspannung verwendet, lässt sich die leistungsmindernde Wirkung der Fliehkraft entsprechend einschränken.

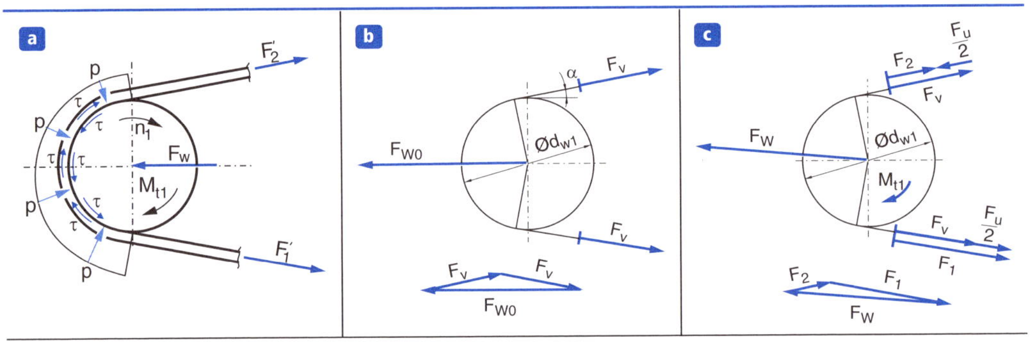

Abbildung 22.21: Kraftübertragung in Zugmittelgetrieben und Kräftegleichgewicht an der Antriebsscheibe eines vorgespannten Zweischeiben-Zugmittelgetriebes – a) Anpressdruck und Scherspannungen, b) Kräftegleichgewicht ohne Antriebsdrehmoment, c) Kräftegleichgewicht mit Antriebsdrehmoment

Aufgrund der besonderen Bedeutung der Riemenvorspannkraft für die Kraftübertragung werden gemäß Abbildung 22.22 verschiedene Möglichkeiten zur Aufbringung der im Betrieb erforderlichen Riemenspannung vorgestellt, die abhängig von der Nutzkraft unterschiedliche Auswirkungen auf die Trumkräfte und auf die Wellenbelastung haben.

Im einfachsten Fall wird bei starrem Wellenabstand die Riemenlänge so bemessen, dass der aufgelegte Riemen allein durch seine elastische Dehnung ausreichend vorgespannt ist. Zur Montage muss dann der Wellenabstand e durch Verschieben einer Scheibe (z.B. Motor auf

Spannschienen) um den Spannweg s_{Sp} vergrößert werden, wobei für den vorzusehenden Spannweg bei Flachriemen 1 bis 1,5 % der ungespannten Riemenlänge und bei Keilriemen ungefähr 3 % empfohlen werden.

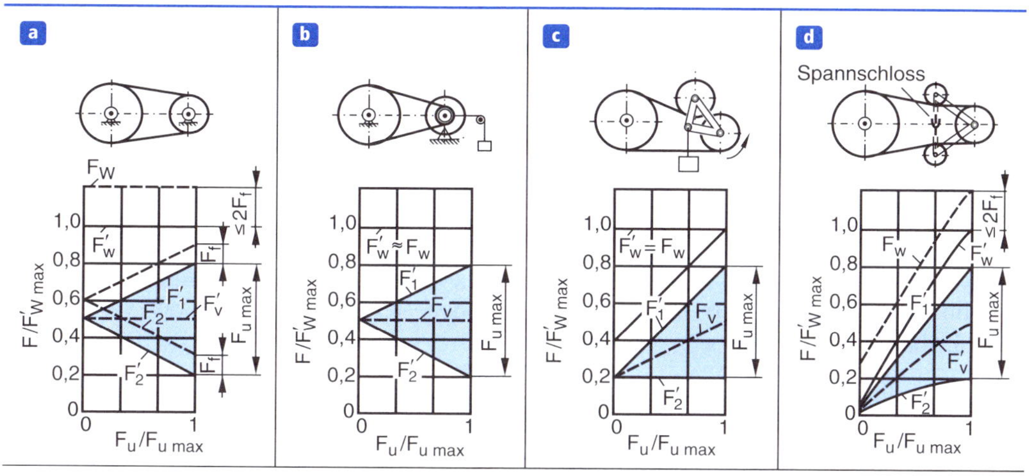

Abbildung 22.22: Kräfte am Riemengetriebe abhängig von der Umfangskraft F_u bei konstanter Drehzahl und verschiedenen Riemenspannmöglichkeiten – a) Riemenspannung, b) Spannwelle, c) Spannrolle im Leertrum, d) Doppelspannrolle [22.51]

Demzufolge ist bei Riemengetrieben mit nicht verstellbarem Wellenabstand und ohne Spannrollenvorrichtung die Riemenlänge im ungespannten Zustand um den Betrag Δl kürzer zu wählen, damit durch die auftretende Riemendehnung im Riemen die erforderliche Riemenvorspannkraft F_v entstehen kann:

$$\Delta l = l_{w0} \cdot \varepsilon_0 = l_{w0} \cdot \frac{F_v}{A \cdot E_z} \tag{22.51}$$

Hierin bezeichnen l_{w0} die Riemenwirklänge im ungespannten Zustand, ε_0 die relative Riemendehnung, F_v die im Stillstand eingestellte Riemenvorspannkraft, A den Riemenquerschnitt und E_z den Elastizitäts-Modul des Riemens bei Zug.

Zur Berechnung des erforderlichen Mindestspannweges s_{Sp} ist nun mit Gleichung (22.10) der Wellenabstand e für die gespannte Riemenlänge l und der Wellenabstand e_0 für die ungespannte Riemenlänge l_{w0} zu ermitteln:

$$s_{Sp} \geq e - e_0 \tag{22.52}$$

Bedingt durch die verminderte Anpresskraft an den Scheiben unter Fliehkrafteinwirkung im Betrieb sind die übertragungswirksamen Trumkräfte geringer und die Wellenbelastung ist im Vergleich zum Stillstand ebenfalls geringer. Dieses einfache Spannverfahren lässt sich allerdings nur anwenden bei Riemen, deren Länge sich während der Betriebszeit nicht verändert (z.B. Mehrschichtriemen mit Polyamid- oder Polyesterzugschicht), da die Spannkraft nur durch die Riemendehnung bestimmt wird.

Demgegenüber bietet der Einsatz einer gewichts- oder federbelasteten Spannwelle nach Abbildung 22.22 b) den Vorteil, dass die Belastung der Welle nicht durch die Fliehkraft beeinflusst wird. Das Spannverfahren ist besonders geeignet für Riemen mit zeit- und lastabhängiger Nachdehnung, ein wesentlicher Nachteil ist jedoch die Schwingungsanfälligkeit.

Durch Verwendung einer feder- oder gewichtsbelasteten Spannrolle an der Außenseite des Leertrums gemäß Abbildung 22.22 c) lassen sich sowohl der Umschlingungswinkel β und damit die übertragbare Leistung vergrößern als auch eine konstante Trumkraft F_2 erzeugen. Allerdings führt die erhöhte Biegefrequenz aufgrund der Spannrolle zur Abminderung der Riemenlebensdauer. Da die Wellenbelastung direkt von der einwirkenden Umfangskraft F_u abhängt, ist dieses Spannverfahren vorteilhaft bei Antrieben mit überwiegendem Teillastbetrieb und bei Riemen mit Nachdehnung. Allerdings ist das Verfahren nur für eine bevorzugte Drehrichtung einsetzbar und ebenfalls schwingungsanfällig. Sofern die Spannrolle verstellbar, im Betrieb jedoch starr befestigt wird, ergeben sich die gleichen Kräfteverhältnisse gemäß Abbildung 22.22 a).

Die in Abbildung 22.22 d) gezeigte Doppelspannrolle ist drehbar um die Achse der Riemenscheibe gelagert und hat einen festen, aber mittels Spannschloss einstellbaren Achsabstand. Hierdurch entstehen an den beiden Spannrollen gleiche Achskräfte und unterschiedliche Umschlingungswinkel, die eine Selbstspannung des Riemens bewirken. Allerdings erfordert diese Spanneinrichtung eine genaue Abstimmung der Rollen- und Scheibendurchmesser, Achsabstände und der Riemenelastizität. Die Wellenbelastung hängt ab von der einwirkenden Umfangskraft F_u und ist im Betrieb wegen der Fliehkraftwirkung im Vergleich zum Stillstand vermindert. Bevorzugtes Einsatzgebiet dieses aufwändigen Spannsystems sind Antriebe hoher Leistungen mit überwiegendem Teillastbetrieb und Riemen ohne zeitabhängige Nachdehnung.

Abschließend sei darauf hingewiesen, dass sich die Riemenvorspannkraft F_v nur indirekt messen und einstellen lässt [22.124]. Hierzu kann man die Eindrücktiefe t_e am gespannten Trum nutzen, die sich einstellt, wenn in der Trummitte eine Eindrückkraft senkrecht auf den Riemen aufgebracht wird. Ebenso lässt sich die Riemendehnung über die Länge eines markierten Trumabschnittes vor und nach dem Spannen des Riemens messen und daraus die Riemenvorspannkraft ermitteln. Eine weitere Möglichkeit ist die Ermittlung der Eigenfrequenz des gespannten Trums mittels eines Frequenzmessgerätes, woraus dann die eingestellte Riemenvorspannkraft F_v berechnet wird.

Bedingt durch sämtliche im Zugmittel wirkenden Kräfte entstehen die in Tabelle 22.14 zusammengestellten Zug-, Biege- und Fliehkraftspannungen. Zusätzlich tritt bei Riemengetrieben mit verschränktem Riemenlauf gemäß Abbildung 22.4 und Abbildung 22.5 noch eine Schränkspannung σ_s auf, die von der Riemenbreite und vom Wellenabstand abhängt und die Gesamtspannung entsprechend erhöht.

Abbildung 22.23 a) zeigt die auftretenden Spannungen entlang des Riemens und die maximalen Werte beim Auflaufen des Riemens auf die kleine Riemenscheibe. Sobald in einem Mehrschichtriemen ein nicht homogener Riemenaufbau gemäß Abbildung 22.6 vorliegt, sind die Zug- und Biegespannungen über der Riemenhöhe h nicht mehr gleichmäßig verteilt und es stellen sich die Spannungsverläufe entsprechend Abbildung 22.23 b) und c) ein.

Zugspannung σ_1 im Lasttrum	Biegespannung σ_b beim Umlauf an der kleinen Riemenscheibe	Zugspannung σ_f im Riemen infolge Fliehkraftwirkung
$\sigma_1 = \frac{F_1}{A} = \frac{F_2 + F_u}{A} = \frac{F_u}{\kappa \cdot A}$ (22.53)	$\sigma_b = E_b \cdot \varepsilon_b \approx E_b \cdot \frac{h}{d_{wk}}$ (22.54)	$\sigma_f = \frac{F_f}{A} = \rho \cdot v^2$ (22.55)
$A = b \cdot h$: Riemenquerschnittsfläche b: Riemenbreite h: Riemenhöhe κ: Ausbeute, (s. a. Gleichung (22.44))	E_b: Biege-E-Modul (s. a. Tabelle 22.4 für Flachriemen) ε_b: Biegedehnung h: Riemenhöhe d_{wk}: Wirkdurchmesser der kleinen Scheibe	F_f: Aus der Fliehkraft entstehende Kraft in den Trumen ρ: Dichte des Riemenmaterials v: Umlaufgeschwindigkeit des Riemens
Gegenüberstellung der Gesamtspannung σ_{ges} und der zulässigen Zugspannung σ_{zul} im Riemen (nach Herstellerangaben):	$\sigma_{ges} = \sigma_1 + \sigma_b + \sigma_f \leq \sigma_{zul}$ (22.56)	

Tabelle 22.14: Auftretende Spannungen im Zugmittel

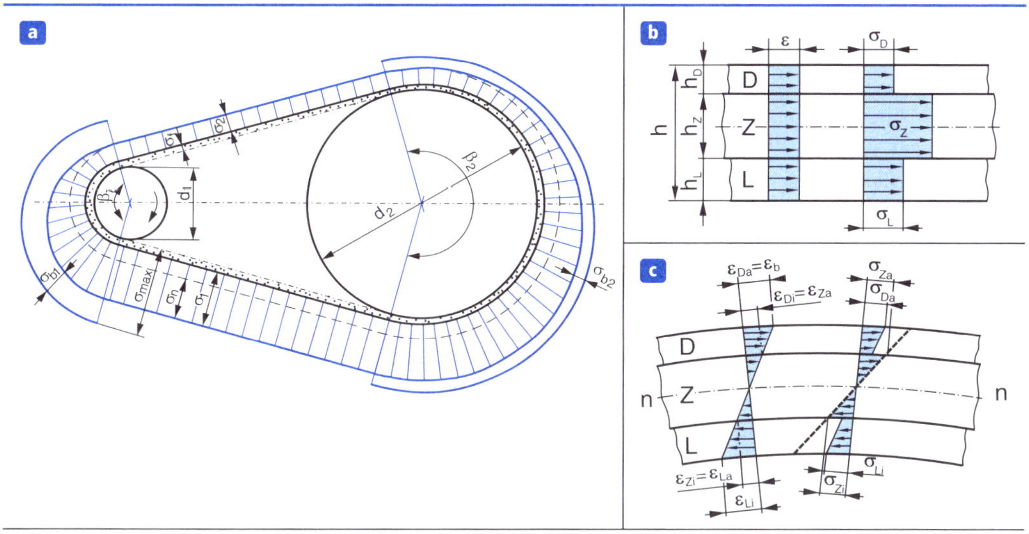

Abbildung 22.23: Spannungen im Riemen am offenen Riemengetriebe sowie Dehnungen und Spannungen in Mehrschichtriemen

Im Hinblick auf eine einfache Riemenauslegung wird vom Hersteller eine maximal zulässige Nutzkraft pro Riemenbreite $F_t'{}_{max}$ in N/mm angegeben, in der auch die Biegebeanspruchung für den kleinsten zulässigen Scheibendurchmesser $d_{w\,min}$ sowie die auf Herstellerangaben beruhende maximal zulässige Biegefrequenz f_{Bzul} bereits einbezogen sind, die sich aus der Anzahl der Scheiben z und der Riemenumlauffrequenz f_R mit der Riemengeschwindigkeit v und der freien Wirklänge l_w berechnen lässt:

$$f_B = z \cdot f_R \leq f_{Bzul} \quad \text{mit} \quad f_R = \frac{v}{l_w} \quad \text{und} \quad v = \frac{1}{2} \cdot (v_1 + v_2) \tag{22.57}$$

Dabei ist zu beachten, dass die tatsächliche Biegefrequenz f_B, welche sich aus den Biegevorgängen beim Auf- und Ablaufen an jeder Scheibe ergibt und die von der mittleren Riemengeschwindigkeit v, der Anzahl der Scheiben z und der Riemenlänge L im gespannten Zustand abhängt, die maximal zulässige Biegefrequenz nicht überschreiten darf. Hierdurch lässt sich in vereinfachter Weise berücksichtigen, dass hohe Biegefrequenzen f_B zu mehr Walkarbeit und damit stärkerer Erwärmung führen, was letztlich eine verminderte Lebensdauer bedingt.

Schließlich werden zur Berechnung der Dehnung bei Zugbeanspruchung ein mittlerer Zug-Elastizitäts-Modul E_z und bei Dehnung bzw. Stauchung unter Biegebeanspruchung ein mittlerer Biege-Elastizitäts-Modul E_b verwendet (s.a. Tabelle 22.4 für Flachriemen).

Ausgehend von den vorgestellten Berechnungsgrundlagen soll abschließend noch auf die Ermittlung der übertragbaren Leistung und die optimale Geschwindigkeit eingegangen werden.

Aus der allgemeinen Beziehung für die Leistung P gemäß Gleichung (22.6), der Biegespannung σ_b nach Gleichung (22.54) und der Fliehkraftspannung σ_f nach Gleichung (22.55) ergibt sich unter Verwendung der zulässigen Spannung σ_{zul} anstelle der Zugspannung σ_1 nach Gleichung (22.53) folgender Zusammenhang für die übertragbare Leistung:

$$P = \left(\sigma_{zul} - \sigma_b - \sigma_f\right) \cdot \kappa \cdot A \cdot v = \left(\sigma_{zul} - E_b \cdot \frac{h}{d_{w1}} - \rho \cdot v^2\right) \cdot \kappa \cdot A \cdot v \qquad (22.58)$$

Hierin bezeichnen κ die Ausbeute gemäß Gleichung (22.44), A die Querschnittsfläche, v die Geschwindigkeit, E_b den Biege-Elastizitäts-Modul, h die Höhe und ρ die Dichte des Riemens sowie d_{w1} den Wirkdurchmesser der kleinen Scheibe. Es wird deutlich, dass die Fliehkraft mit steigender Geschwindigkeit die zur Leistungsübertragung verfügbare Riemenspannung stärker vermindert, als die Leistung mit der Geschwindigkeit ansteigt, bis schließlich bei hinreichend hoher Geschwindigkeit keine Nutzleistung mehr übertragen werden kann.

Damit lässt sich durch Ableitung von Gleichung (22.58) und der Bedingung, dass bei Geschwindigkeitsveränderung kein weiterer Leistungsanstieg erfolgt ($dP / dv = 0$), die optimale Geschwindigkeit v_{opt} zur Übertragung der maximal möglichen Leistung P_{max} wie folgt bestimmen:

$$v_{opt} = \sqrt{\frac{\sigma_{zul} - \sigma_b}{3 \cdot \rho}} = \sqrt{\frac{\sigma_{zul} - E_b \cdot \frac{h}{d_{wk}}}{3 \cdot \rho}} \qquad (22.59)$$

Sobald die Geschwindigkeit v größer wird als die optimale Geschwindigkeit v_{opt}, sinkt die übertragbare Leistung P mit steigender Drehzahl. Dabei ist zu beachten, dass die größten Leistungsverluste in Riemengetrieben durch den Schlupf (1 ... 2 %) und das Biegen des Riemens – bei Flachriemen mit $h / d_{w1} \approx 1 / 50$ ungefähr 1 %, mit $h / d_{w1} \approx 1 / 100$ weniger als 0,3 % und bei Keilriemen 1 ... 3 % – entstehen. Deutlich geringere Verluste werden durch Kleben an den Laufflächen bei Flachriemen sowie durch Kleben und Klemmen in den Keilrillen und Flankenreibung bei Keilriemen erzeugt, was sogar bei sachgemäßer Handhabung weitgehend vermeidbar ist. Weitere Verluste werden durch die Luftreibung der Riemenscheiben und Riemen – insbesondere bei langen Riemen > 10 m – und hohen Geschwindigkeiten (> 40 m/s) –

sowie die Lagerreibung in Umlenk- und Spannrollen erzeugt. Somit ergeben sich die in Tabelle 22.16 zusammengefassten erreichbaren Gesamtwirkungsgrade von Riemengetrieben [22.98].

Flachriemen	Einzelkeilriemen	Keilriemensätze	Zahnriemen
$\eta = 0{,}96 \ldots 0{,}98$	$\eta = 0{,}93 \ldots 0{,}95$	$\eta = 0{,}90 \ldots 0{,}95$	$\eta = 0{,}96 \ldots 0{,}98$

Tabelle 22.15: Gesamtwirkungsgrade von Riemengetrieben nach [22.98]

22.2.5 Auslegung von Flachriemengetrieben

Ausgehend von den allgemeingültigen Berechnungsgrundlagen im vorangegangenen Abschnitt kann nun die Auslegung eines Flachriemengetriebes unter Berücksichtigung der zu übertragenden Leistung, des zugehörigen Drehmomentes und der sich daraus ergebenden Nutz- bzw. Tangentialkraft erfolgen. Neben den besonderen Berechnungsvorschriften der jeweiligen Riemenhersteller bietet sich zur herstellerunabhängigen Auslegung von Riemengetrieben die VDI-Richtlinie 2758 an [22.124].

Grundsätzlich wird die zur Bemessung maßgebliche, im Betrieb zu übertragende Leistung P_B aus der Nennleistung des Antriebes P_N unter Verwendung eines Betriebsfaktors C_B gemäß Tabelle 22.16 ermittelt, mit dem die Wirkungsweise der antreibenden und der angetriebenen Maschine, die tägliche Betriebsdauer und die Art des Zugmittels berücksichtigt werden:

$$P_B = C_B \cdot P_N \leq P_{zul} \tag{22.60}$$

Bei bekannter Riemengeschwindigkeit v und bekanntem Durchmesser d_k der kleinen Scheibe lassen sich mittels Gleichung (22.6) aus der Leistung das Drehmoment und die Umfangskraft bestimmen, wobei sinngemäß auch hier die jeweiligen Nenngrößen über den Betriebsfaktor C_B auf Betriebsgrößen umgerechnet werden:

$$M_{t1,B} = C_B \cdot M_{t1,N} \leq M_{t1,zul} \quad \text{und} \quad F_{u,B} = C_B \cdot F_{u,N} \leq F_{u,zul} \tag{22.61}$$

Dabei dürfen die Berechnungswerte die von den Zugmittelherstellern angegebenen maximal zulässigen Werte nicht überschreiten.

Sofern kein Scheibendurchmesser vorgegeben ist, kann mithilfe des Auswahldiagramms in Abbildung 22.24 zunächst der Mindestdurchmesser d_{kmin} abhängig von der Berechnungsleistung P_B nach Gleichung (22.60) und von der Drehzahl der kleinen Scheibe bestimmt werden. Dabei ist zu beachten, dass die linken Begrenzungslinien jeweils die Mindest-Scheibendurchmesser angeben, während die rechte Begrenzungslinie zu einem sinnvollen Grenzmaß für die maximale Riemenbreite führt. Demzufolge sollte man bei der praktischen Auslegung den Bereich des Mindest-Scheibendurchmessers vermeiden, da für diesen Fall die Riemenscheiben zu breit werden. Die optimale Leistungsübertragung erreicht man durch die Wahl möglichst großer Riemendurchmesser, wobei jedoch die zulässigen Riemengeschwindigkeiten Grenzen setzen.

Sofern keine Bauraumbeschränkungen bestehen, sollte der Durchmesser d_2 der großen Scheibe unter Verwendung von Gleichung (22.2) möglichst groß gewählt werden, da hierdurch die Umfangskräfte und die Biegebeanspruchung kleiner werden. Grundsätzlich ist zu beachten, dass der Durchmesser d_1 der kleinen Scheibe auf jeden Fall größer sein muss als der zum jeweiligen Riementyp gehörende Mindestdurchmesser d_{min}. Nach Möglichkeit sind dabei die genormten Scheibendurchmesser nach DIN 111 zu verwenden oder aber die Vorgaben der Riemenhersteller einzuhalten [22.5].

$C_B = 1 + C_{Typ} \cdot (0{,}075 \cdot C_{ab} + 0{,}1 \cdot C_{an} + 0{,}1 \cdot C_t)$ (22.62)	Bei Vorliegen ungünstiger Umgebungsbedingungen (z. B. Nässe, Staub, Dämpfe) ist C_B um 0,1 zu erhöhen.

Typfaktor C_{Typ}	**Riementyp**	**Einsatzdauerfaktor C_t**	**Betriebsdauer je Tag**
1	Flach-, Keil-, Rippenriemen	0	< 10 Stunden
1,6	Zahnriemen (Trapezprofil)	1	10 bis 16 Stunden
2	Zahnriemen (kreisbogenförmiges Profil)	2	> 16 Stunden

Faktor für Abtriebsmaschine C_{ab}	**Art des Abtriebs**	**Beispiele**
0	Sehr leicht	Geräte der Büro-, Film-, Audio- und Videotechnik; leichte Haushaltsmaschinen; Bandförderanlagen für leichtes Fördergut
1	Leicht	Stetigförderer für Schüttgut mit gleichmäßiger Beschickung; leichte Holzbearbeitungsmaschinen; kleine Lüfter und Pumpen; Flüssigkeitsrührwerke
2	Mittelschwer	Rührwerke für teigige Massen; Werkzeugmaschinen ohne extreme Stoßbelastungen; große Ventilatoren, Lüfter, Kompressoren; Textilmaschinen
3	Schwer	Kolbenpumpen, -verdichter; Ventilatoren, Radialgebläse mit großem Anlaufmoment; Mahlwerke; Kunststoffverarbeitungsmaschinen (Kalander, Extruder)
4	Sehr schwer	Brecher; Walzwerke; Ziegeleimaschinen; alle Maschinen mit sehr hohen Anlaufmomenten oder sehr hohem Ungleichförmigkeitsgrad

Faktor für Antriebsmaschine C_{an}	**Art des Antriebs**	**Beispiele**
0	Gleichmäßig	Elektromotoren mit niedrigem Anlaufmoment (bis $1{,}5 \cdot M_{tnenn}$); Gleichstrom-Nebenschlussmotoren, Verbrennungsmotoren mit mehr als 8 Zylindern; Turbinen
1	Ungleichmäßig	Wechsel- und Drehstrommotoren mit normalem Anlaufmoment (bis 1,5 bis $2{,}5 \cdot M_{tnenn}$), z. B. Stern-Dreiecksanlauf; Doppelschlussmotoren; Verbrennungsmotoren mit 4 bis 6 Zylindern
2	Sehr ungleichmäßig	Wechsel- und Drehstrommotoren mit hohem Anlaufmoment ($> 2{,}5 \cdot M_{tnenn}$), z. B. Drehstrom-Bremsmotoren; Verbrennungsmotoren mit weniger als 4 Zylindern; Hydraulikmotoren

Tabelle 22.16: Betriebsfaktor C_B für Riemengetriebe nach VDI 2758 [22.124]

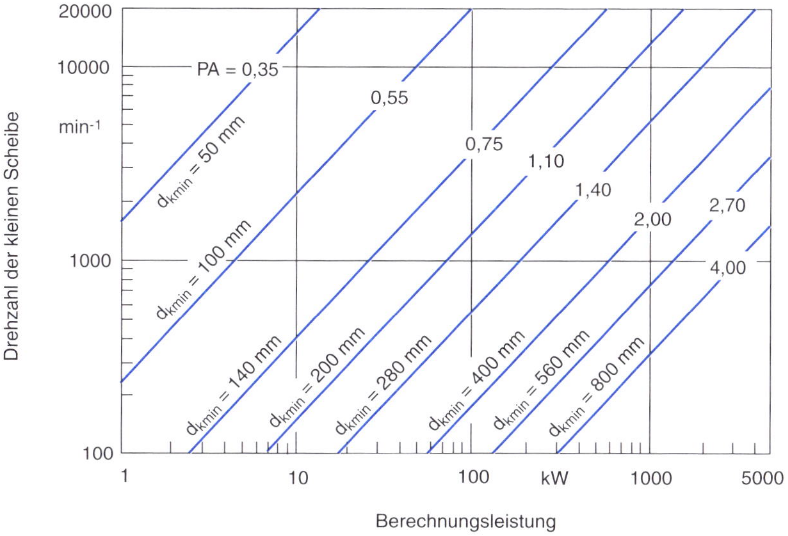

Abbildung 22.24: Auswahldiagramm für Mindestdurchmesser der kleinen Riemenscheibe und Zugbanddicke für Flachriemen aus Polyamid (PA = 1,10 entspricht 1,1 mm Zugbandhöhe) nach VDI 2758 [22.124]

Im Weiteren sind nun Wellenabstand und Riemenlänge zu bestimmen. Hierzu kann bei fehlenden Vorgaben der vorläufige Wellenabstand e innerhalb der Grenzen von Gleichung (22.8) festgelegt werden, womit sich dann aus den Gleichungen (22.16) oder (22.17) die rechnerische Riemenwirklänge l bestimmen lässt. Mithilfe dieser Riemenwirklänge l kann dann unter Verwendung von Gleichung (22.10) der Wellenabstand e_0 bei ungespanntem Riemen bestimmt werden. Sofern bei Riemengetrieben ohne zusätzliche Spannvorrichtungen gemäß Abbildung 22.22 die erforderliche Riemenspannung allein durch eine Riemendehnung Δl nach Gleichung (22.51) erzeugt werden muss, ist der tatsächliche Wellenabstand e um den erforderlichen Mindestspannweg s_{Sp} gemäß Gleichung (22.52) zu vergrößern, wobei Anhaltswerte für die Größe des Spannweges bei der Erläuterung zu Abbildung 22.22 zu finden sind.

Ausgehend von der durch die Scheibendurchmesser d_1 und d_2 sowie den gewählten Wellenabstand e festliegenden Geometrie kann nun die notwendige Riemenvorspannkraft F_v ermittelt werden. Gemäß Gleichung (22.14) wird der Umschlingungswinkel β_k an der kleinen Scheibe berechnet und mit der Reibungszahl μ zwischen Riemen und Riemenscheibe ergibt sich das Trumkraftverhältnis m nach Gleichung (22.30). Damit nun eine Umfangskraft $F_{u,max}$ nach Gleichung (22.38) übertragen werden kann, ist auf den Riemen unter Beachtung der aus der Fliehkraft resultierenden Kraft F_f die Riemenvorspannkraft F_v nach Gleichung (22.49) aufzubringen.

Für den Fall, dass die wirkende Umfangskraft F_u kleiner sein sollte als die maximal übertragbare Umfangskraft $F_{u,max}$, wird das Trumkraftverhältnis m kleiner, indem zur Kraftübertragung nur ein Teil des Umschlingungswinkels β_k genutzt wird.

Abschließend kann nun die Riemenbreite b unter Einbeziehung der sich aus dem gewählten Riemen ergebenden Kennwerte der zulässigen Zugspannung σ_{zul}, des Biege-Elastizitäts-Moduls E_b, der Dichte ρ und der Riemenhöhe h gemäß Tabelle 22.4 bestimmt werden. Hierzu wird Gleichung (22.58) unter Verwendung der Ausbeute κ nach Gleichung (22.44) und der Zusammenhänge in Tabelle 22.14 nach der Riemenbreite b umgestellt, wobei auch hier die Berechnungsleistung P_B nach Gleichung (22.60) einzusetzen ist:

$$b \geq \frac{P_B}{\kappa \cdot h \cdot v \cdot \left(\sigma_{zul} - \sigma_b - \sigma_f\right)} = \frac{P_B}{\kappa \cdot h \cdot v \cdot \left(\sigma_{zul} - E_b \cdot \dfrac{h}{d_{wk}} - \rho \cdot v^2\right)} \qquad (22.63)$$

Zum Schluss sind dann noch die Spannungen im Riemen nach Tabelle 22.14, die Wellenbelastungen nach Gleichung (22.41) und (22.43) sowie die Biegefrequenz gemäß Gleichung (22.57) zu überprüfen und mit den zulässigen Werten zu vergleichen. Dabei ist zu beachten, dass bei vorliegender Gegenbiegung des Riemens (z.B. bedingt durch Umlenkrollen oder Spannrollen) nur 2/3 des vom Hersteller angegebenen Höchstwertes der Biegefrequenz zulässig sind.

Abweichend von diesem allgemeingültigen Berechnungsansatz werden von Riemenherstellern häufig auch auf die Riemenbreite bezogene zulässige Nennumfangskräfte $F_t'{}_{max}$ in N/mm oder zulässige Nennleistungen P_N in kW/mm abhängig vom Riemenscheibendurchmesser d_k und vom Umschlingungswinkel β angegeben. Diese Werte sind dann mit der erforderlichen Riemenbreite b zu multiplizieren und die so erhaltenen Werte für Leistung P und Umfangskraft F_u müssen größer sein als die zu übertragende Leistung P_B und $F_{u,B}$ nach Gleichung (22.60) und (22.61), wobei im Besonderen die jeweiligen Berechnungsvorschriften der Riemenhersteller einzuhalten sind.

22.2.6 Auslegung von Keilriemen- und Keilrippenriemengetrieben

Bei den Keilriemengetrieben erfolgt gemäß Abbildung 22.25 a) die Kraftübertragung zwischen den Flanken der Riemen und den Seitenwandungen der keilförmigen Rillen der Riemenscheiben. Abhängig vom Keilriemenprofil beträgt der Rillenwinkel α = 32 ... 38°, was bei gleicher Reibungszahl μ und gleicher Radialkraft F_r zu einer um den Faktor 1 / sin (α / 2) ≈ 3,1 ... 3,6 größeren Reibungskraft im Vergleich zum Flachriemengetriebe führt. Demzufolge lassen sich mit Keilriemen gleich große Umfangskräfte wie beim Flachriemen übertragen, jedoch bei deutlich geringerer Riemenvorspannung, sodass insgesamt die Wellen und Lager in Keilriemengetrieben geringer beansprucht werden als in Flachriemengetrieben.

Grundsätzlich werden die Riemenprofile kleinerer Scheiben mit einem kleineren Rillenwinkel versehen, da sich entsprechend Abbildung 22.25 b) der Keilriemenquerschnitt beim Biegen verformt. Rillenwinkel unter 32° werden nicht ausgeführt, da in diesem Fall Selbsthemmung auftreten kann, die das Ablaufen des Riemens erheblich einschränken würde.

Die Auslegung von Keilriemen- und Keilrippenriemengetrieben kann entweder herstellerunabhängig nach VDI 2758 oder aber nach besonderen Herstellerunterlagen erfolgen [22.124]. Zunächst wird anhand der Diagramme in Abbildung 22.26 gemäß VDI 2758 oder vergleichbarer Herstellerdiagramme für die Berechnungsleistung P_B nach Gleichung (22.60) und die Drehzahl n_1 der kleinen Scheibe eine Vorauswahl für den jeweils gewünschten Keilriementyp und den Riemenscheibendurchmesser d_{w1} (Wirkdurchmesser) vorgenommen [22.124].

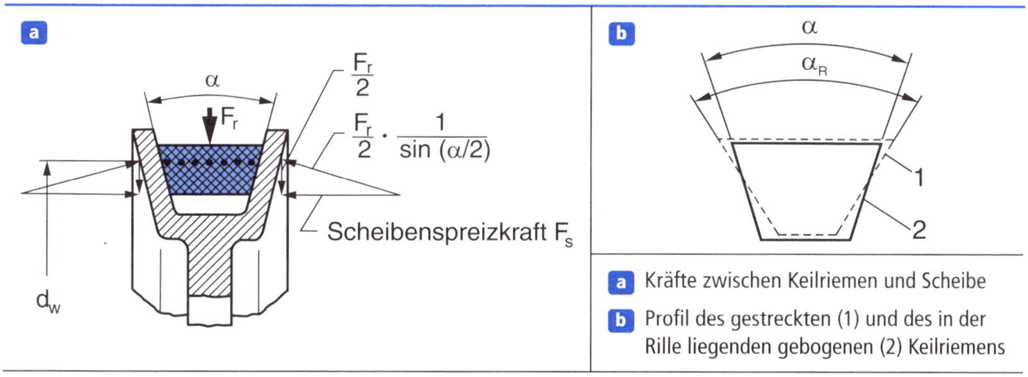

a Kräfte zwischen Keilriemen und Scheibe

b Profil des gestreckten (1) und des in der Rille liegenden gebogenen (2) Keilriemens

Abbildung 22.25: Prinzip der Kraftübertragung zwischen Keilriemen und Riemenscheibe durch Keilwirkung

Dabei berücksichtigen die Diagramme außer den Profilbereichen auch Angaben zu den profilbezogenen Mindest-Scheibendurchmessern, die sich aus den linken Begrenzungslinien ergeben, während die rechten Begrenzungslinien dem jeweils maximalen Scheibendurchmesser entsprechen. Das geeignete Profil wird nun durch den Schnittpunkt der vertikalen Linie der Berechnungsleistung mit der horizontalen Linie der Drehzahl ausgewählt.

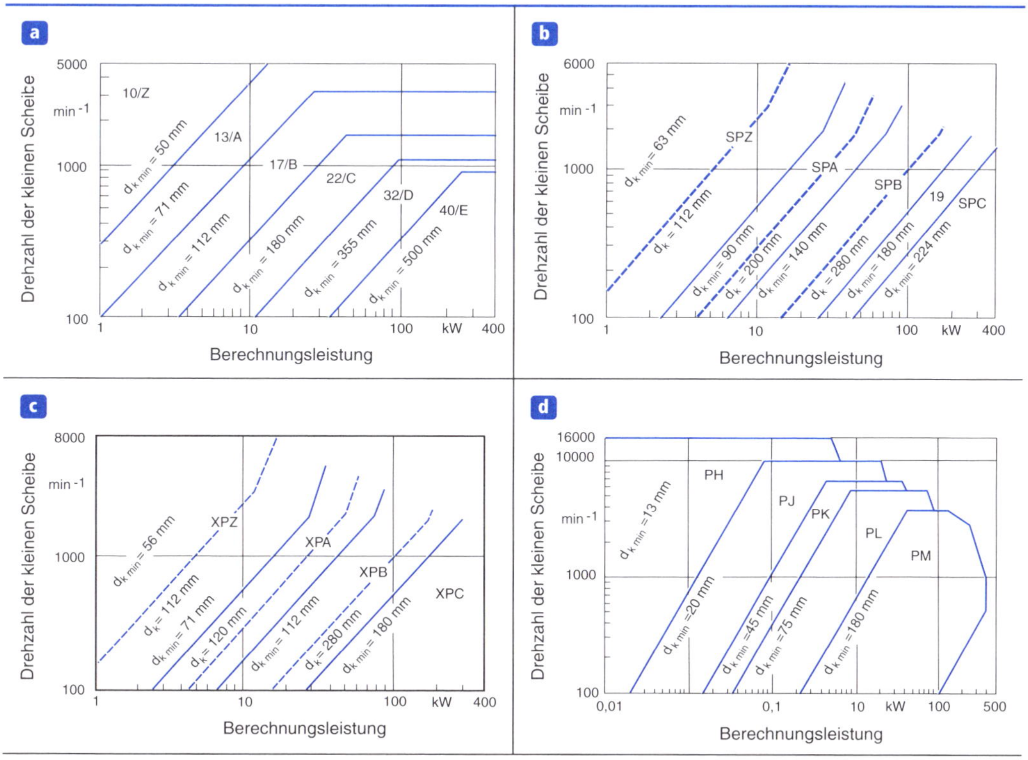

Abbildung 22.26: Auswahlempfehlung für Keilriemen und Keilrippenriemen – a) Ummantelter Keilriemen, b) Ummantelter Schmalkeilriemen, c) Flankenoffener Schmalkeilriemen, d) Keilrippenriemen

Im Grenzbereich zweier Profile sollte man bei gleichen Scheibendurchmessern auch immer mit dem nächstkleineren Profil eine Auslegung vornehmen, da sich hierdurch bauraum- und damit kostensparende Antriebe ergeben. Allerdings erreicht man die beste Leistungsausnutzung und Wirtschaftlichkeit jedoch durch möglichst große Scheibendurchmesser, bezogen auf das jeweilige Profil, wobei die Grenzwerte der zulässigen Riemengeschwindigkeit zu beachten sind.

Vor diesem Hintergrund sollte man bei ausreichend verfügbarem Bauraum den tatsächlichen Durchmesser zu $d_{w1} \approx (1{,}5 \ldots 2) \cdot d_{kmin}$ wählen, da größere Scheibendurchmesser zu einer längeren Lebensdauer der Keilriemen führen. Umgekehrt lässt sich bei kleinen Scheibendurchmessern die Lebensdauer durch eine größere Anzahl von Riemen mit kleinerem Querschnitt verbessern, wobei kleinere Profile auch wegen geringerer Fliehkraftwirkung vorteilhaft sein können. Im Weiteren erhält man mit dem Übersetzungsverhältnis i den Wirkdurchmesser d_{w2} der großen Scheibe.

Nun lassen sich unter Verwendung der Gleichungen (22.8) bis (22.10) der Umschlingungswinkel β, der vorläufige Wellenabstand e', die rechnerische Keilriemen-Wirklänge l_{wr} und der tatsächliche Wellenabstand e berechnen. Während die Auslegung der Keilriemengetriebe mit den Wirkdurchmessern d_{w1} und d_{w2} der Riemenscheiben und mit der Wirklänge l_{wr} des Keilriemens erfolgt, sind zur Bestellung von Keilriemen folgende Längen zu berücksichtigen. Für Schmalkeilriemen entspricht die Bestelllänge der Wirklänge l_{w0} im ungespannten Zustand, während bei Normalkeilriemen die Innenlänge $l_i = l_{w0} - \Delta l'$ als Bestelllänge anzugeben ist, wobei der Längenunterschied $\Delta l'$ abhängig vom Profil aus Tabelle 22.5 oder Tabelle 22.6 entnommen werden kann.

Bei der Berechnung dieser Werte für Keilrippenriemen ist zu beachten, dass im Gegensatz zu Keilriemen die Wirkzone außerhalb der Keilrillen liegt, weshalb zur Festlegung von Riemenlänge und Wellenabstand bei Keilrippenriemenscheiben der Bezugsdurchmesser d_d gemäß Tabelle 22.11 verwendet wird. Mit diesem Wert wird dann gemäß Gleichung (22.16) die rechnerische Bezugslänge l_{dr} für den Keilrippenriemen bestimmt. Anschließend wird mithilfe der gewählten genormten Bezugslänge l_d nach Tabelle 22.7 und Gleichung (22.10) der Wellenabstand e des Keilrippenriemenantriebes berechnet.

Zur Erzeugung der notwendigen Riemenspannung bei Keilriemen wird gemäß DIN 2218 und DIN 7753 ein Spannweg von $s_{Sp} > 0{,}03 \cdot l_{w0}$ benötigt, sodass der tatsächliche Wellenabstand e um den erforderlichen Mindestspannweg s_{Sp} gemäß Gleichung (22.52) zu vergrößern ist (s.a. Abbildung 22.22) [22.16], [22.20]. Weiterhin ist ein Verstellweg von $s_V \geq 0{,}015 \cdot l_w$ gemäß Abbildung 22.15 erforderlich, um den Keilriemen spannungsfrei auflegen zu können.

Die genauen Werte der notwendigen Spann- und Verstellwege von Keilrippenriemen sind abhängig von der Riemenlänge und vom Rippenprofil festgelegt und den jeweiligen Herstellerunterlagen zu entnehmen, wobei für erste Näherungen die oben genannten Werte der Keilriemen genutzt werden können.

Nachdem nun die geometrischen Grundgrößen festliegen, ist für die gewählte Riemenbauart (Keilriemen oder Keilrippenriemen) die erforderliche Breite bzw. Strang- oder Rippenanzahl

Z_{erf} entsprechend der maximal zu übertragenden Umfangskraft $F_{u,B}$ zu ermitteln, die sich aus der Berechnungsleistung P_B und der Riemengeschwindigkeit v ergibt:

$$Z_{erf} = \frac{F_{u,B}}{F_{u,zul}} \quad \text{mit} \quad F_{u,B} = \frac{P_B}{v} \quad \text{und} \quad F_{u,zul} = K \cdot \left(F_{u,b} + \Delta F_{u1} + \Delta F_{u2}\right) \tag{22.64}$$

Hierin bezeichnet $F_{u,zul}$ die vom Einzelriemen oder einer Einzelrippe übertragbare Umfangskraft, die sich unter Verwendung der Kennwerte aus Tabelle 22.17 für Keilriemen und Tabelle 22.18 für Keilrippenriemen berechnen lässt.

Profil	C_1	C_2	C_3	C_4	l_{bez} [mm]	m' [kg/m]	L_{max} [mm]
Ummantelte Keilriemen nach DIN 2215 [22.13], $V_{max} = 30$ m/s, $f_{Bmax} = 60\ s^{-1}$							
10/Z [1)]	0,1430	3,80	$5{,}000 \cdot 10^{-6}$	0,0240	822	0,060	2.500
13/A	0,4220	18,90	$1{,}140 \cdot 10^{-5}$	0,0769	1.730	0,104	5.000
17/B	0,6615	41,70	$1{,}890 \cdot 10^{-5}$	0,1180	2.280	0,190	7.100
22/C	1,1000	97,60	$3{,}230 \cdot 10^{-5}$	0,1870	3.800	0,300	8.500
32/D	2,0400	280,00	$6{,}220 \cdot 10^{-5}$	0,3330	6.375	0,640	12.500
40/E	2,6400	479,00	$8{,}600 \cdot 10^{-5}$	0,4500	7.180	1,030	12.500
Ummantelte Keilriemen nach DIN 7753 [22.20], $V_{max} = 42$ m/s, $f_{Bmax} = 100\ s^{-1}$							
SPZ	0,3650	14,20	$8{,}560 \cdot 10^{-6}$	0,0493	1.600	0,070	3.550
SPA	0,6210	33,40	$1{,}370 \cdot 10^{-5}$	0,0867	2.500	0,119	4.500
SPB	0,9950	73,00	$2{,}320 \cdot 10^{-5}$	0,1330	3.550	0,194	8.000
SPC	1,8200	199,00	$4{,}300 \cdot 10^{-5}$	0,2360	5.600	0,360	12.500
Ummantelte Keilriemen nach DIN 7753 [22.20], $V_{max} = 42$ m/s, $f_{Bmax} = 120\ s^{-1}$							
XPZ [1)]	0,3800	11,50	$6{,}020 \cdot 10^{-6}$	0,0604	1.600	0,065	3.550
XPA [1)]	0,6130	27,10	$1{,}059 \cdot 10^{-5}$	0,0765	2.500	0,111	3.550
XPB [1)]	0,9710	58,80	$1{,}730 \cdot 10^{-5}$	0,0886	3.550	0,183	3.550
XPC [1)]	1,5400	129,00	$2{,}840 \cdot 10^{-5}$	0,1320	5.600	0,340	3.550

[1)] Bei diesen Profilen bestehen teilweise merkliche Unterschiede zu den Leistungsangaben von Herstellern.

Tabelle 22.17: Konstanten zur Berechnung von Keilriemen nach VDI 2758 [22.124]

Profil	C_1	C_2	C_3	C_4	l_{bez} [mm]	m' [kg/m]	L_{max} [mm]	V_{max} [m/s]
PH [1)]	0,0248	0,208	$5{,}600 \cdot 10^{-7}$	0,00359	813	0,005	2.155	60
PJ [1)]	0,0458	0,393	$6{,}090 \cdot 10^{-7}$	0,00745	1.016	0,009	2.489	50
PK [1)]	0,1170	3,370	$2{,}130 \cdot 10^{-6}$	0,01830	1.600	0,020	3.492	50
PL [1)]	0,2090	6,480	$2{,}590 \cdot 10^{-6}$	0,03910	2.095	0,036	6.096	40
PM [1)]	0,7240	48,500	$1{,}675 \cdot 10^{-6}$	0,13200	4.090	0,159	15.265	30

[1)] Bei diesen Profilen bestehen teilweise merkliche Unterschiede zu den Leistungsangaben von Herstellern.

Tabelle 22.18: Konstanten zur Berechnung von Keilrippenriemen nach VDI 2758 [22.124]

Weiterhin gelten für die übertragbare Umfangskraft eines Bezugsriemens $F_{u,b}$ und für den Winkelfaktor K, mit dem sich von $\beta = 180°$ abweichende Umschlingungswinkel anpassen lassen, folgende Zusammenhänge:

$$F_{u,b} = 2 \cdot \left[C_1 - C_2 \cdot \frac{1}{d_w} - C_3 \cdot (2 \cdot v)^2 - C_4 \cdot \log(2 \cdot v) \right] \quad \text{und} \quad K = 1{,}25 \cdot \left(1 - 5^{-\frac{\beta_1}{\pi}} \right) \tag{22.65}$$

Ferner sind noch ein Übersetzungszuschlag ΔF_{u1} und ein Längenzuschlag ΔF_{u2} zu berücksichtigen, die sich unter Verwendung der Kennwerte aus Tabelle 22.17 und Tabelle 22.18 sowie der Riemenscheibendurchmesser d_1 und d_2 berechnen lassen:

$$\Delta F_{u1} = 2 \cdot C_4 \cdot \log\left(\frac{2}{1+10^Q} \right) \quad \text{und} \quad \Delta F_{u2} = 2 \cdot C_4 \cdot \log\left(\frac{1}{l_{bez}} \right) \quad \text{mit} \quad Q = \frac{C_2}{C_4} \cdot \frac{d_1 - d_2}{d_1 \cdot d_2} \tag{22.66}$$

Zum zwanglosen Auflegen und Spannen der Keil- oder Keilrippenriemen muss der Wellenabstand e um den Spannweg x und den Auflegeweg y gemäß Tabelle 22.19 verstellt werden können.

Spannweg	$x \ge \frac{C_1 \cdot l_w}{\sin \frac{\beta_1}{2}}$ (22.67)	Riementyp	C_1	C_2	C_3
		Keilriemen	0,015	0,005	0,50
		Keilrippenriemen	0,010	0,010	0,35
Auflegeweg	$y \ge \frac{C_2 \cdot l_w + C_3 \cdot h \cdot \beta_1}{\sin \frac{\beta_1}{2}}$ (22.68)	Hierin ist h die Gesamthöhe des einfachen Riemenprofils, bei Doppelkeilriemen ist der h-Wert des vergleichbaren Einfachprofils zu verwenden.			

Tabelle 22.19: Spannweg und Auflegeweg sowie zugehörige Koeffizienten [22.124]

Abschließend sind noch die im Stillstand aufzubringende Vorspannkraft F_v und die Wellenbelastung F_w wie folgt zu bestimmen:

$$F_v = \frac{F_{u,B}}{2} \cdot \left(\frac{2{,}5}{K} - 1 \right) + F_f = \frac{F_{u,B}}{2} \cdot \left(\frac{2{,}5}{K} - 1 \right) + m' \cdot v^2 \cdot Z \tag{22.69}$$

Hierin bezeichnen F_f den im Riemen wirkenden Fliehkrafteinfluss, v die Riemengeschwindigkeit, m' das Metergewicht des Riemens und Z die Anzahl der Rippen beim Keilrippenriemen, wobei für Keilriemen $Z = 1$ zu setzen ist.

Sofern mehrere Keilriemen nebeneinander angeordnet sind, ergibt sich die zur Nutzkraftübertragung notwendige Vorspannkraft $F_{v,ges}$ für das gesamte Riemengetriebe als Summe der in den Einzelriemen wirksamen Vorspannkräfte F_v, wobei diese beim Vorspannen einer solchen Mehrfachanordnung wegen der fertigungsbedingten Maßabweichungen an den Riemen und an den Rillenprofilen der Scheiben voneinander abweichende Werte annehmen:

$$F_{v,ges} = \sum F_v \tag{22.70}$$

Abschließend ergeben sich für die Wellenbelastung F_W im Stillstand und die maßgebende Wellenbelastung F_W' im Betrieb folgende Zusammenhänge:

$$F_W = 2 \cdot F_{v,ges} \cdot \sin\frac{\beta_1}{2} \quad \text{und} \quad F_W' \approx F_W - F_{Wf} = F_W - F_f \cdot \sqrt{2 \cdot (1 - \cos\beta_1)} \tag{22.71}$$

Zur Überprüfung einer ausreichenden Vorspannung bietet sich bei Keilriemen und Keilrippenriemen mit hinreichender Genauigkeit die einfache Messung der Eindrücktiefe t_e des mit $F_{t,0}$ vorgespannten Trums der Länge l_f an. Entsprechend Tabelle 22.20 ergibt sich unter Wirkung der Eindrückkraft F_e die folgende Eindrücktiefe:

$$t_e = \frac{l_f}{100} \cdot \left(K_1 - K_2 \cdot \log F_{t,0}\right) \quad \text{mit} \quad l_f = \frac{e}{\cos\alpha} \tag{22.72}$$

Profil	F_e [N]	K_1	K_2	$F_{t,0}$ [N]	Profil	F_e [N]	K_1	K_2	$F_{t,0}$ [N]
SPZ, XPZ	175	10,34	3,47	200 ... 500	PH	175	10,34	3,47	200 ... 500
SPA, XPA	175	10,34	3,47	200 ... 500	PJ	175	10,34	3,47	200 ... 500
SPB, XPB	175	10,34	3,47	200 ... 500	PK	175	10,34	3,47	200 ... 500
SPC, XPC	175	10,34	3,47	200 ... 500	PL	175	10,34	3,47	200 ... 500
Z/10, ZX/X10	175	10,34	3,47	200 ... 500	PM				
A/13, AX/X13	175	10,34	3,47	200 ... 500					
B/17, BX/X17	175	10,34	3,47	200 ... 500					
C/22, CX/X22	175	10,34	3,47	200 ... 500					
D/32	175	10,34	3,47	200 ... 500					

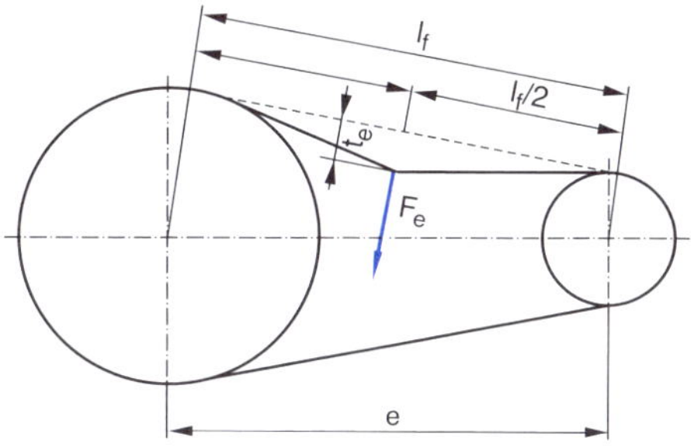

Tabelle 22.20: Bestimmung der Vorspannung von Keilriemen und Keilrippenriemen mittels Eindrücktiefe nach VDI 2758 [22.59], [22.124]

Ebenso lässt sich mit entsprechenden berührungslosen Messgeräten die Eigenfrequenz des gespannten Trums im Betrieb bestimmen. Den sicherlich genauesten Wert erhält man durch die Ermittlung der Wellenspannkraft F_w im statischen Zustand mithilfe eines entsprechenden Kraftmessgerätes.

22.2.7 Auslegung von Zahnriemengetrieben

Vergleichbar den Keilriemen liegen auch zur Zahnriemenauslegung verschiedene herstellerbezogene Berechnungsvorschriften vor. Für eine erste Auslegung kann ebenfalls VDI 2758 genutzt werden, worauf im Folgenden näher eingegangen wird [22.124]. Der grundsätzliche Aufbau mit den wichtigsten geometrischen Daten ist in Abbildung 22.27 wiedergegeben.

Darüber hinaus zeigt Abbildung 22.27 c) im direkten Vergleich die Spannungskonzentration in einem Trapezzahn und einem Rundzahn. So verfügt die Rundzahngeometrie über eine gleichmäßigere Spannungsverteilung, die eine um rund 30 % höhere Übertragungsfähigkeit bedingt.

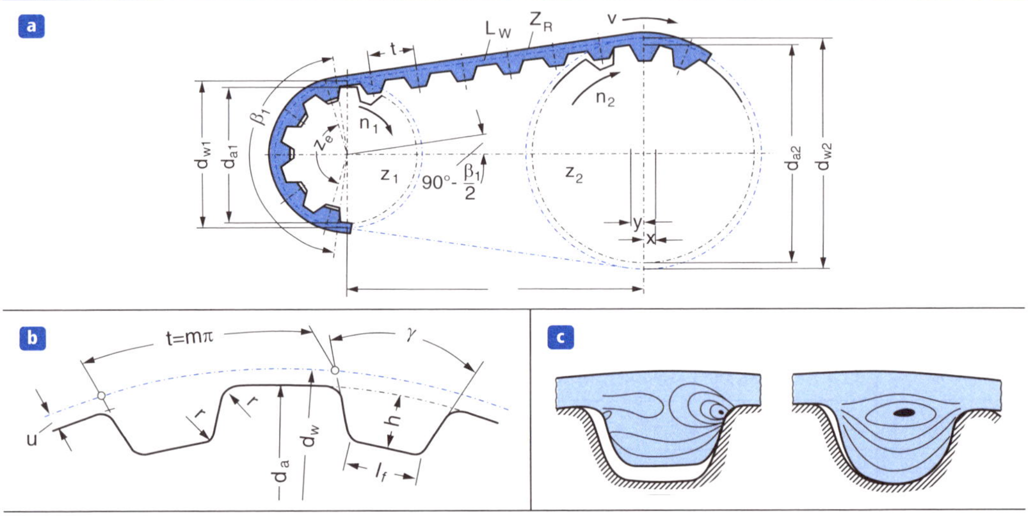

Abbildung 22.27: Zahnriemengetriebe – a) Hauptabmessungen, b) Verzahnung der Zahnscheiben, c) Spannungsverlauf innerhalb eines Trapezzahnes und eines Rundzahnes [22.4], [22.59]

Ausgehend von der Berechnungsleistung P_B gemäß Gleichung (22.60) unter Anwendung des Betriebsfaktors C_B nach Tabelle 22.16 und der Drehzahl der kleinen Scheibe, lässt sich anhand der Diagramme in Abbildung 22.28 die geeignete Zahnriemengröße bestimmen. Dabei gehören die linken Begrenzungslinien in den Diagrammen zum kleinsten Scheibendurchmesser, während die rechten Begrenzungslinien dem maximalen Scheibendurchmesser entsprechen. Bedingt durch die gewählte Zahnriemengröße und den entsprechenden Scheibendurchmesser liegen damit auch die Teilung t und die Scheibenmindestzähnezahl z_{min} gemäß Tabelle 22.8 und Tabelle 22.12 fest. Dabei sollte für die Zähnezahl der kleinen Scheibe $z_1 \geq (1{,}0 \ldots 1{,}3) \cdot z_{min}$ abhängig von der Drehzahl gewählt werden mit 1,0 für $n_1 < 1.000\ \text{min}^{-1}$ und 1,3 für $n_1 > 3.000\ \text{min}^{-1}$.

Im Anschluss an die Riemenauswahl kann unter Nutzung der Berechnungs-Umfangskraft $F_{u,B}$ die erforderliche Breite b_{erf} für einen Zahnriemen mit Trapezprofil bestimmt werden:

$$b_{erf} = b_{bez} \cdot \left(\frac{F_{u,B}}{b_{bez} \cdot k_z \cdot f_u} \right)^{\frac{1}{1,14}} \quad \text{mit} \quad F_{u,B} = \frac{P_B}{v} \tag{22.73}$$

Hierin bezeichnen k_z den Zahneingriffsfaktor und z_e die Anzahl (kleinste ganze Zahl) der an der kleinen Scheibe mit der Zähnezahl z_1 im Eingriff befindlichen Zähne aufgrund des Umschlingungswinkels β_1:

$$k_z = 1 - 0{,}2 \cdot (6 - z_e) \quad \text{mit} \quad z_e = \frac{z_k \cdot \beta_1}{2 \cdot \pi} \quad \text{für} \quad z_e < 6\,, \quad \text{sonst} \quad k_z = 1 \tag{22.74}$$

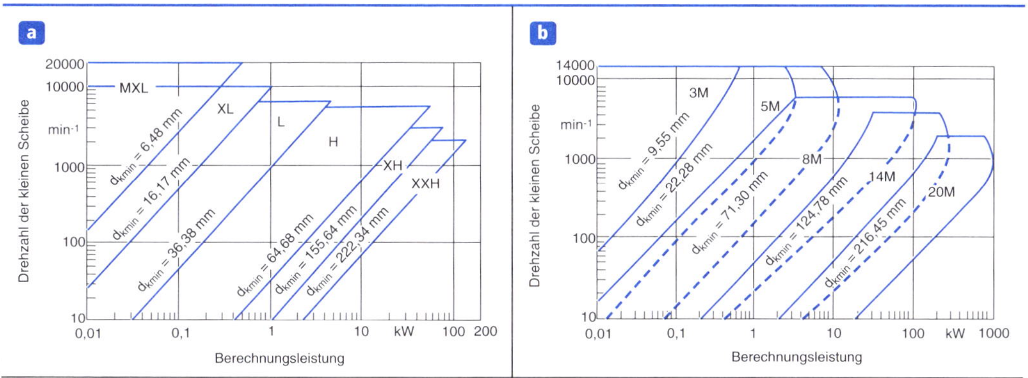

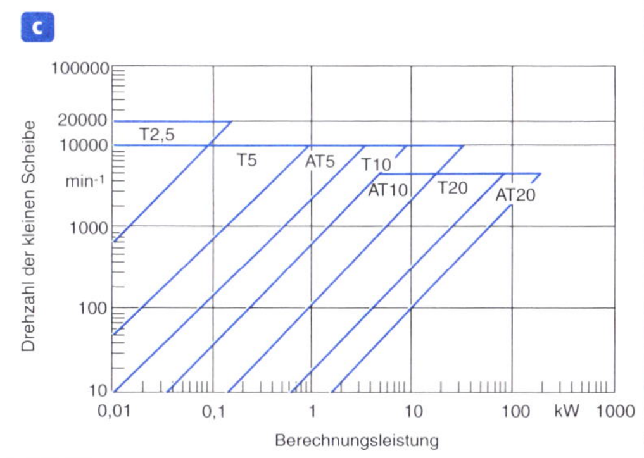

Im Grenzbereich zweier Profile sollte man bei gleichen Scheibendurchmessern auch immer mit dem nächstkleineren Profil eine Auslegung vornehmen, da sich hierdurch Bauraum und damit Kosten sparende Antriebe ergeben.

Allerdings erreicht man die beste Leistungsausnutzung und Wirtschaftlichkeit jedoch durch möglichst große Scheibendurchmesser, bezogen auf das jeweilige Profil, wobei die Grenzwerte der zulässigen Riemengeschwindigkeit zu beachten sind. Die Nutzung des Mindest-Scheibendurchmessers bedingt breitere Riemen, höhere Laufgeräusche und größere Kosten.

Abbildung 22.28: Auswahlempfehlung für Zahnriemen – a) mit Trapezprofil, b) mit kreisförmigem Profil, c) Polyurethan-Zahnriemen

Die Beiwerte für die Bezugsbreite b_{bez} und die spezifische Umfangskraft f_u sind für den jeweiligen Riementyp aus Tabelle 22.21 zu entnehmen, wobei eine Standardbreite $b_{St} \geq b_{erf}$ auszuwählen ist. Sofern Antriebe mit weniger als sechs Zähnen im Eingriff entstehen, sollte ein kleineres Profil gewählt werden.

Profil	f_u	b_{bez}	m'	Standardbreiten b_{St}				
MXL	5,625	6,4	–	3,2	4,8	6,4	–	–
XL	5,680	9,5	$2{,}72 \cdot 10^{-3}$	6,4	7,9	9,5	–	–
L	9,800	25,4	$3{,}83 \cdot 10^{-3}$	12,7	19,1	25,4	–	–
H	28,000	76,2	$5{,}84 \cdot 10^{-3}$	19,1	25,4	38,1	50,8	76,2
XH	40,000	101,6	$13{,}91 \cdot 10^{-3}$	50,8	76,2	101,6	–	–
XXH	51,420	127,0	$17{,}94 \cdot 10^{-3}$	50,8	76,2	101,6	127,0	–

Tabelle 22.21: Beiwerte zur Berechnung von Zahnriemen mit Trapezprofil nach VDI 2758 [22.124]

Dabei ist grundsätzlich zu beachten, dass die übertragbare Leistung von der Tragfähigkeit eines Zahnes und von der Zahl der an der kleinen Scheibe im Eingriff befindlichen Zähne z_e abhängt. Demzufolge lässt sich mit einer größeren Zähnezahl auch eine größere Leistung übertragen, allerdings bedingen größere Zähnezahlen auch größere Abmessungen des Zahnriemengetriebes.

Abschließend ist nach der Wahl der Standardbreite die Einhaltung der zulässigen Trumkräfte im dynamischen Zustand für das Getriebe zu überprüfen, wobei im Falle der Nichterfüllung dieser Gleichung die nächstgrößere Standardbreite gewählt werden muss:

$$F_{u,B} + b_{St} \cdot m' \cdot v^2 \leq b_{St} \cdot f_u \qquad (22.75)$$

Im Gegensatz zu kraftschlüssigen Riementrieben ist das Übersetzungsverhältnis i von den Zähnezahlen $z_{1,2}$ abhängig, aus denen sich letztlich über die Riementeilung t gemäß Tabelle 22.8 die Berechnungsdurchmesser $d_{1,2}$ der Zahnriemenscheiben bestimmen lassen:

$$i = \frac{n_1}{n_2} = \frac{d_2}{d_1} = \frac{z_2}{z_1} \quad \text{mit} \quad d_1 = \frac{z_1 \cdot t}{\pi} = m \cdot z_1 \quad \text{und} \quad d_2 = \frac{z_2 \cdot t}{\pi} = m \cdot z_2 \qquad (22.76)$$

Für den vorläufigen Wellenabstand e_0 im ungespannten Zustand gilt bei Zahnriemengetrieben:

$$e_{min} \leq e_0 \leq 2 \cdot (d_1 + d_2) \quad \text{mit} \quad e_{min} = \frac{1}{2} \cdot (d_1 + d_2) + 15\ \text{mm} \qquad (22.77)$$

Unter Verwendung des Trumwinkels α im Bogenmaß folgt für die Umschlingungswinkel β_1 an der kleinen Scheibe und β_2 an der großen Scheibe:

$$\beta_1 = \pi - 2 \cdot \alpha \quad \text{und} \quad \beta_2 = \pi + 2 \cdot \alpha \quad \text{mit} \quad \alpha = \arcsin\left(\frac{d_2 - d_1}{2 \cdot e_0}\right) \qquad (22.78)$$

Aus dem vorläufigen Wellenabstand e_0, den Scheibendurchmessern $d_{1,2}$ und den Umschlingungswinkeln $\beta_{1,2}$ lässt sich mittels Gleichung (22.16) dann die vorläufige Wirklänge $l_{w,0}$ des Zahnriemens bestimmen. Die endgültige Berechnungslänge l_w ist dann die $l_{w,0}$ am nächsten kommende Normlänge $l_{w,St}$, die nach ganzen Zähnezahlen festzulegen ist, sodass für den endgültigen Wellenabstand e gilt:

$$e \approx e_0 + \frac{1}{2} \cdot (l_{w,St} - l_{w,0}) \qquad (22.79)$$

Dabei ist zu beachten, dass der genaue Wert des Wellenabstandes durch Iteration zu ermitteln ist, sofern keine Einstellmöglichkeit besteht. Ist jedoch eine Einstellmöglichkeit gegeben, so ist zum spannungslosen Auflegen des Riemens gemäß VDI 2758 ein Verstellweg $s_V \geq 0{,}015 \cdot l_w$ erforderlich, zum Spannen des Riemens wird zusätzlich ein Spannweg von $s_{Sp} \geq 0{,}001 \cdot l_w$ gemäß Abbildung 22.27 benötigt [22.124].

Auch wenn Zahnriemen als formschlüssige Zugorgane zunächst nur eine geringe Vorspannkraft benötigen, so besteht dennoch ein zu berücksichtigender Einfluss auf die Drehmomentübertragung und insbesondere auf das sogenannte Überspringverhalten, bei dem es zu einem gestörten Eingriff zwischen Zahnriemen und Riemenscheibe kommt. Grundsätzlich ist bei kleinen Eingriffszähnezahlen z_e eine größere Vorspannung erforderlich als bei großen Eingriffszähnezahlen. Wenn nach dem Aufbringen der Nutzkraft F_u auch im Leertrum noch eine Spannkraft F_2 vorhanden sein soll, muss der Riemen gemäß Abbildung 22.21 c) mit $F_v > 0{,}5 \cdot F_u$ vorgespannt werden.

Für Zahnriemen mit Trapez- und Kreisprofil berechnet sich die Vorspannkraft F_v im Stillstand unter Berücksichtigung des zusätzlichen Fliehkraftanteiles F_f zu:

$$F_v = \frac{F_{u,B}}{2} + F_f = \frac{F_{u,B}}{2} + m' \cdot v^2 \cdot b_{St} \tag{22.80}$$

Die sich daraus ergebende Wellenvorspannkraft im statischen Zustand und im Betriebszustand folgt aus Gleichung (22.71). Weiterhin sind noch die Einhaltung der zulässigen Riemengeschwindigkeit v_{max} und der zulässigen Biegefrequenz f_{Bzul} gemäß Gleichung (22.57) zu überprüfen.

Zur Kontrolle der Vorspannung gelten die gleichen Zusammenhänge wie für Keilriemen entsprechend Abschnitt 22.2.6, wobei sich die Eindrücktiefe t_e des mit F_u vorgespannten Trums der Länge l_f unter Wirkung der Eindrückkraft F_e ergibt zu:

$$t_e \approx \frac{l_f}{50} \quad \text{mit} \quad F_e \approx \frac{F_{u,B}}{20} \tag{22.81}$$

Abschließend sei darauf hingewiesen, dass die Berechnung von Zahnriemen mit kreisbogenförmigem Profil in vergleichbarer Weise erfolgt, jedoch etwas aufwändiger ist, weshalb hier direkt auf die VDI 2758 sowie die weiterführende Fachliteratur und entsprechende Herstellerunterlagen verwiesen wird [22.59], [22.124].

22.2.8 Dynamisches Verhalten von Riemengetrieben

Beim dynamischen Verhalten von Riemengetrieben ist zu unterscheiden zwischen Querschwingungen (Biegeschwingungen bzw. Transversalschwingungen) der freien Trume und Längsschwingungen (Longitudinalschwingungen) in Längsrichtung des Zugmittels, die letztlich über die Wirkradien der Scheiben auch zu Drehschwingungen im Antrieb führen können. Dabei haben sämtliche konstruktiven Größen wie Scheibendurchmesser, Wellenabstand, Riementyp, Übersetzung, Drehzahl, statisches und dynamisches Drehmoment, Vorspannung, Temperatur und Erregerfrequenz einen Einfluss.

Hinsichtlich auftretender Drehschwingungen in einem Antriebssystem ist der Riemen das elastische Verbindungselement, während die Transversalschwingungen unabhängig vom Antriebssystem aus dem Eigenverhalten des Riemengetriebes entstehen.

Im Falle von Drehschwingungen wird der Riemen normalerweise die niedrigste Eigenfrequenz verursachen, da er innerhalb des Antriebssystems die kleinste Steifigkeit aufweist. Oftmals genügt zur vereinfachten Abschätzung ein Zwei-Massen-Schwinger, bei dem sämtliche Drehträgheiten vor dem Riementrieb zu einer Trägheit und nach dem Riementrieb ebenfalls zu einer Trägheit zusammengefasst werden (s.a. Kapitel 17 – Antriebssysteme und Getriebe sowie Kapitel 11 – Wellen und Achsen in Maschinenelemente 1) [22.113].

Unter der vereinfachenden Annahme, dass nur die freien Trume einen Einfluss auf die Verdrehsteifigkeit eines Riemengetriebes haben, gilt folgender Zusammenhang:

$$c_{Riemen} = \frac{M_t}{\Delta\varphi} = \frac{2 \cdot E \cdot A \cdot r'}{l} \tag{22.82}$$

Hierin bezeichnen M_t das zu übertragende Drehmoment, $\Delta\varphi$ den zugehörigen Verdrehwinkel, $E \cdot A$ den dynamischen Riemenkennwert als Produkt aus Elastizitäts-Modul E des Riemens und der Querschnittsfläche A [22.53]. Mithilfe dieses zusammengesetzten Kennwertes wird das nichtlineare Werkstoffverhalten von Gummi und Kunststoff berücksichtigt, wobei der dynamische $E \cdot A$-Kennwert mit steigender statischer Last zunimmt und mit steigender dynamischer Amplitude unabhängig von der Belastungsfrequenz abfällt [22.53]. Weiterhin bedeuten r' den Wirkradius der treibenden Scheibe nach Reduktion auf die Antriebswelle gemäß Kapitel 17 und l die freie Trumlänge (bei Übersetzung $i = 1$ entspricht l dem Wellenabstand e).

Zur genaueren Bestimmung müssen die Verschiebungsverteilungen über den Scheiben berücksichtigt oder aber die Riemenkennwerte in drehschwingungsbelasteten Prüfständen experimentell ermittelt werden [22.54], [22.59], [22.103]. Dabei ist zu beachten, dass die dynamische Steifigkeit von sämtlichen Belastungsgrößen abhängt und deshalb erheblich von der im statischen Versuch ermittelten Steifigkeit abweichen kann.

Im Weiteren ist zur dynamischen Analyse eines Riemengetriebes neben der Steifigkeit auch die Dämpfung von Bedeutung, zumal Riemengetriebe einen vergleichsweise hohen dämpfenden Einfluss haben. Vergleichbar zu elastischen Kupplungen gemäß DIN 740 wird auch für Riemen der Dämpfungsbeiwert d über einen geschwindigkeitsproportionalen Ansatz unter Verwendung der verhältnismäßigen Dämpfung ψ bestimmt [22.9]:

$$d = \frac{\psi \cdot c_{tan}}{2 \cdot \pi \cdot \omega_0} \tag{22.83}$$

Hierin bezeichnen c_{tan} die mittlere tangentiale Federsteifigkeit und ω_0 die hieraus resultierende mittlere Eigenkreisfrequenz.

Der Vollständigkeit halber sei darauf hingewiesen, dass bei komplexerem Betriebsverhalten (z.B. Durchrutschen des Riemens) ein einfacher Zwei-Massen-Schwinger zur Berechnung nicht mehr ausreicht. Hier bedarf es dann aufwändigerer Schwingungssimulationsmodelle, die auch diese Schlupfeffekte berücksichtigen. Dabei besteht ein grundsätzliches Problem darin, dass Drehschwingungen eines Riemengetriebes optisch nicht erkennbar sind, weshalb sie oftmals nicht beachtet oder aber unterschätzt werden [22.124].

Neben den Längsschwingungen innerhalb eines Riemens erfolgt ebenfalls eine Auslenkung der Riementrume in einer Ebene senkrecht zur Riemenoberfläche, die auch als transversale Biegeschwingungen bezeichnet werden. Derartige Schwingungen können Übertragungsfehler, eine verstärkte Geräuschabstrahlung, eine Minderung der Vorspannung durch bleibende Dehnung des Riemens und als Folge davon eine verringerte Lebensdauer des Riemengetriebes hervorrufen.

Zur Vermeidung dieser ungünstigen Betriebszustände empfehlen sich eine Berechnung der Eigenfrequenzen und eine Gegenüberstellung von möglichen Erregerfrequenzen. Vernachlässigt man vereinfachend die Biegesteifigkeit des Riemens, lassen sich die Eigenfrequenzen der transversalen Biegeschwingungen in guter Näherung wie folgt bestimmen:

$$f_0 = \frac{n}{2 \cdot l} \cdot \frac{\left(F - w \cdot v^2\right)}{\sqrt{F \cdot w}} \tag{22.84}$$

Hierin bezeichnen n die Ordnungszahl der Biege-Eigenschwingform, F die Trumkraft, l die freie Trumlänge, w die Massenbelegung des Riemens und v die Riemengeschwindigkeit. Aus Gleichung (22.84) geht hervor, dass mit zunehmender Trumkraft die Eigenfrequenzen ansteigen, während sie mit zunehmender Riemengeschwindigkeit und Riemenlänge abfallen, woraus sich unmittelbar geeignete Maßnahmen zur Verlagerung der Eigenfrequenzen ableiten lassen.

Dabei ist zu beachten, dass bei langen Trumen abhängig von den Auslegungs- und Betriebsbedingungen sehr große Amplituden auftreten können, die sich ungünstig auf benachbarte Bauteile innerhalb des Antriebssystems auswirken können [22.124]. Gleichzeitig kommt es zu Trumkraftschwankungen mit der doppelten Schwingfrequenz, da das Kraftmaximum in jeder Extremlage des schwingenden Trums auftritt. Derartige im Vergleich zu den Umlauffrequenzen der Riemen höherfrequenten Anregungen können wiederum Resonanzfrequenzen der Fundamente oder Gehäuse anregen.

Ungeachtet der theoretisch störungsfreien Bewegungsübertragung sämtlicher kraftschlüssiger Bauarten von Riemengetrieben sind dennoch Drehübertragungsfehler aufgrund von Fertigungsungenauigkeiten der Komponenten möglich. So entstehen durch exzentrische und unrunde Scheiben periodische Trumkraftschwankungen, die auch Gestellschwingungen nach sich ziehen können.

Noch größere Anregungen entstehen jedoch durch Ungenauigkeiten des Riemens, die z.B. durch Verbindungsstellen oder Schwankungen der Laufschichtdicke bedingt sein können. Einerseits entstehen hierdurch wieder Trumkraftschwankungen mit doppelter Riemenumlauffrequenz (bei gleichen Scheiben), andererseits ändern sich auch die Wirkradien beider Scheiben periodisch mit dem Riemenumlauf und führen direkt zu Übersetzungsschwankungen, die unmittelbar als Störgröße auftreten. Dabei entspricht die Grundfrequenz dieser in weiten Bereichen belastungsunabhängigen Übersetzungsschwankungen der Riemenumlauffrequenz gemäß Gleichung (22.57). Zusätzlich sind auch höhere (bei $i = 1$ nur ungerade) Oberwellen dieses kinematischen Fehlers vorhanden, die ebenfalls eine wichtige Anregungsursache für Trumschwingungen darstellen [22.59], [22.104]. Im einfachsten Fall entstehen dadurch nur Geräusche, es kann aber auch zu erheblichen Beeinträchtigungen der Produktqualität kommen, z.B. beim Einsatz von Riemen in Werkzeugmaschinen. Grundsätzliche Abhilfe ist möglich durch den Einsatz besonders laufruhiger Riemen oder aber das Schleifen der Flanken bei flankenoffenen Keilriemen [22.56], [22.59], [22.65].

Sollte ein Riemengetriebe trotz sorgfältiger Auslegung dennoch durch innere oder äußere periodische Störungen zu Resonanzschwingungen angeregt werden, kann die Schwingungsamplitude durch ein Verstimmen des Systems (Verlagern von Eigenfrequenzen) verkleinert werden. So lässt sich das „Trumflattern" bereits durch geringfügiges Verändern der Vorspannung fast vollständig unterdrücken. Einschränkend ist allerdings zu beachten, dass die so erreichte Vermeidung von Schwingungen nicht immer stabil sein muss, da die Vorspannung im Betrieb gewissen Schwankungen unterliegt und häufig viele benachbarte Anregungsfrequenzen vorhanden sind (Vielfache der Riemenumlauffrequenz). Eine weitere wirkungsvolle Maßnahme ist der Einbau einer zusätzlichen Spannrolle, sodass es einerseits durch die verringerte Länge der Trumstücke vor und hinter der Rolle zu einer entsprechenden Verschiebung der Eigenfrequenz kommt und andererseits die Maximalausschläge transversaler Biegeschwingungen begrenzt werden.

22.2.9 Betriebsverhalten und Einsatzgrenzen von Riemengetrieben

Ausgehend von den behandelten Berechnungsgrundlagen sollen im Folgenden noch einige Besonderheiten hinsichtlich des Betriebs- und Geräuschverhaltens sowie der Einsatzgrenzen von Flach-, Keil- und Zahnriemengetrieben vorgestellt werden. Am Ende des Abschnittes werden noch weitere Maschinen und Anlagen kurz beschrieben, die ebenfalls das Prinzip des Riemenantriebes nutzen.

Auch wenn diese Riemengetriebebauarten zunächst als laufruhig und schwingungsarm gelten, so können dennoch abhängig vom konstruktiven Aufbau nicht nur schwingungsdämpfende sondern auch schwingungsanregende Erscheinungen auftreten.

Betrachtet man zunächst die Flachriemengetriebe, so ist selbst bei Hochgeschwindigkeitsantrieben mit Riemengeschwindigkeiten von 200 m/s die Geräuschentwicklung vergleichsweise niedrig, wobei die Geräusche hauptsächlich durch Ventilations- oder Lagergeräusche entstehen und nicht durch das Eingriffsverhalten zwischen Riemen und Scheibe [22.68]. Erfolgt dagegen eine Geräuschanregung direkt durch den Riementrieb, so liegt meistens eine Schallanregung mit hoher Frequenz und niedriger Amplitude vor, wobei in diesem Fall eine geänderte Beschichtung der Laufseite des Riemens (z.B. Chromleder-Reibschicht) bereits Abhilfe schaffen kann [22.118].

Hinsichtlich der Einsatzgrenzen bei Flachriemengetrieben kann man zwischen systembedingten Grenzen aufgrund der konstruktiven Auslegung und betriebsbedingten Grenzen wegen physikalischer Zusammenhänge unterscheiden. Die wichtigsten systembedingten Grenzen sind:

1. **Maximale Vorspannung** – Die reibschlüssige Kraftübertragung ist nur möglich in Verbindung mit einer hohen Vorspannkraft, die insbesondere Wellen und Lager im Vergleich zu anderen Getriebebauarten (z.B. Zahnradgetriebe) stärker belastet. Demzufolge wählt man die Vorspannkraft nur gerade so hoch wie benötigt, was jedoch dazu führt, dass die modernen Hochleistungsflachriemen nicht annähernd entsprechend ihren Festigkeitseigenschaften ausgenutzt werden [22.59].

2. **Bleibende Riemendehnung** – Aufgrund der so gering wie möglich gehaltenen Größe der Vorspannkraft führt die nicht zu vermeidende bleibende Riemendehnung zu einem entsprechenden Abfall der Vorspannkraft, sodass immer die Gefahr des Durchrutschens des Riemens mit erhöhtem Verschleiß und vorzeitigem Versagen besteht.

3 **Fliehkrafteinfluss** – Hierdurch werden insbesondere bei hohen Riemengeschwindigkeiten die zur Kraftübertragung notwendigen Auflagekräfte an den Scheiben verringert und damit wird auch die Möglichkeit der Leistungsübertragung durch Reibschluss eingeschränkt. Um die hervorragende Zugfestigkeit moderner Mehrschichtriemen vollständig auszunutzen, sind Riemengeschwindigkeiten von 150 bis 200 m/s im Betrieb erforderlich. Diese Geschwindigkeiten werden im Maschinenbau jedoch nur selten erreicht, da grundsätzlich geringere Drehzahlen üblich sind. Demzufolge erfordern diese hohen Laufgeschwindigkeiten große Scheibendurchmesser, die jedoch wegen des großen Bauraumbedarfs sowie hoher Material- und Fertigungskosten meistens nicht ausgeführt werden.

In Erweiterung der systembedingten Einsatzgrenzen sind darüber hinaus bei Flachriemengetrieben folgende betriebsbedingten Einsatzgrenzen von Bedeutung:

4 **Riemenverschleiß** – Bedingt durch die nur geringe Ausnutzung der Festigkeit des Zugorgans versagen die Riemen weder durch Reißen oder Überlastung, sondern überwiegend durch betrieblichen Verschleiß und Werkstoffzerrüttung, die zunächst von der Riemenkante ausgehen und sich dann ins Innere der Zugschicht fortsetzen. Dies führt zur Zerfaserung der Zugschicht, einhergehend mit zunehmender Riemendehnung, sodass die Funktion des Kraftschlusses nachlässt und das Getriebe funktionsunfähig wird. Somit ist nicht die Zugfestigkeit des Zugorgans, sondern die errechnete Biegefrequenz entscheidend für die Lebensdauer des Riemens, wobei größere Durchmesser zu einer deutlich geringeren Biegebeanspruchung führen. Sofern Fluchtungs- und Montagefehler vermieden werden, bleibt der Riemenverschleiß gering. Größere Fluchtungsfehler wegen unzureichender Ausrichtung sowie nicht ausreichende oder sogar fehlende Scheibenballigkeit führen zum Ablauf des Riemens von der Scheibenmitte und damit zu rascher Zunahme von Verschleißerscheinungen. Dabei sind zu erwartende Riemenbrüche aufgrund von Randschäden bereits Stunden vor dem endgültigen Versagen des Riemens an starken Laufgeräuschen erkennbar [22.68].

5 **Abnahme des Wirkwinkels** – Bei größeren Riemengeschwindigkeiten entsteht im Einlaufbereich zwischen Riemen und Scheibenoberfläche ein Luftpolster, das zu einer Verringerung des Wirkwinkels führt und damit ein vorzeitiges Durchrutschen des Riemens nach sich ziehen kann, da der verbleibende Umschlingungsbogen zur sicheren Kraftübertragung nicht mehr ausreicht [22.68].

Im Vergleich zum Flachriemengetriebe wird bei nahezu allen Bauarten von Keilriemen die Zugkraft durch die in der biegeneutralen Zone des Riemens angeordnete Zugstrangeinlage übertragen, wobei zwischen Riemenkörper und Scheibe Schubspannungen an den Riemenflanken entstehen. Aufgrund der dabei auftretenden Schubverformungen verfügen Keilriemengetriebe über eine zusätzliche Elastizität zur Minderung von Stößen und zur Dämpfung von Schwingungen, bedingt durch die Reibung an den Riemenflanken.

Vergleichbar zum Flachriemengetriebe ergeben sich auch beim Keilriemengetriebe folgende systembedingten Einsatzgrenzen:

1 **Gleitverschleiß an den Riemenflanken** – Hierdurch wird der Laufradius in der Scheibe verkleinert, sodass die Vorspannung abgemindert und Schlupf begünstigt wird. Sofern der Schlupf über längere Zeit Werte von $\psi = 3 \ldots 5\,\%$ annimmt, wird der Riemen durch Reibung übermäßig erhitzt und versprödet.

2 **Vorspannungsverlust** – Dieser kann auch bei neuen Keilriemen durch bleibende Dehnung entstehen, weshalb nach angegebener Einlaufzeit die Vorspannung überprüft werden muss und bei Bedarf nachzuspannen ist [22.124].

3 **Fliehkrafteinfluss** – Aufgrund des vergleichsweise großen und hohen Riemenquerschnittes ist der auftretende Fliehkrafteinfluss beim Keilriemengetriebe größer als beim Flachriemengetriebe, weshalb man immer nahe der optimalen Riemengeschwindigkeit v_{opt} gemäß Gleichung (22.59) auslegen sollte. Hierdurch erreichen Riemenprofil, Anzahl der Riemen und Wellenbelastung entsprechende Kleinstwerte für den jeweiligen Anwendungsfall.

Die wesentlichen betriebsbedingten Einsatzgrenzen sind beim Keilriemengetriebe:

4 **Wechselverformungen** – Diese treten über dem trapezförmigen Riemenquerschnitt auf und führen zusammen mit den auftretenden Biegeverformungen im Lauf des Betriebes zur Zerrüttung.

5 **Verformungen aufgrund von Biegewechseln** – Diese werden im Wesentlichen durch den kleinsten Scheibendurchmesser beeinflusst und führen ebenso wie die Wechselverformungen nach langer Betriebszeit zur Zerrüttung. Je größer der Scheibendurchmesser, desto mehr Leistung und größere Nutzkräfte sind bei gleicher Lebensdauer zu übertragen.

6 **Biegehäufigkeit** – Eine Erhöhung der Biegehäufigkeit mindert ebenfalls die Lebensdauer des Keilriemens, weshalb man auch so wenig Gegenbiegewechsel wie möglich aufgrund von Umlenkungen um mehrere Rollen in einem Keilriemengetriebe vorsehen sollte.

Beim Betriebsverhalten von Zahnriemengetrieben ist im Vergleich zu den anderen Riemenbauarten zusätzlich der sogenannte Polygoneffekt zu berücksichtigen, der vergleichbar zu Kettengetrieben gemäß Abschnitt 22.3.4 aufgrund der endlichen Teilung der Zahnriemenscheiben entsteht.

Darüber hinaus gelten auch hier die folgenden systembedingten Einsatzgrenzen:

1 **Geräuschentwicklung** – Diese entsteht bei Zahnriemengetrieben hauptsächlich durch das Anschlagen der Riemen- und Zahnscheibenteile bei jedem Zahneingriff [22.76]. Dabei wird der Schallemissionspegel nachhaltig durch die Riemenbreite und die Drehzahl beeinflusst, da die Riemenbreite bei gegebener Teilung ein Maß für die Kontaktfläche darstellt, während die Drehzahl der Anzahl der Zahneingriffe pro Zeiteinheit und damit der Stärke des Stoßimpulses von Riemen und Scheibe entspricht. Weitere umfangreiche Erläuterungen hierzu finden sich in der Fachliteratur [22.59], [22.76].

2 **Überspringen von Zahnriemen und -scheibe** – Grundsätzlich sollte ein Überspringen nicht auftreten, insbesondere auch nicht bei Genauigkeitsantrieben (z.B. Nockenwellensteuerung in Motoren). Zur Vermeidung dieser Erscheinung werden Zahnriemenantriebe häufig überdimensioniert oder in zeit- und kostenaufwändigen Versuchsläufen für den jeweiligen Anwendungsfall optimiert [22.59].

3 **Zusatzbelastungen** – Diese sind unbedingt zu vermeiden, indem man keine zusätzlichen Aggregate in Zahnriemengetrieben antreibt, die unvorhergesehene Höchstbelastungen erzeugen können. So wurde z.B. mithilfe des Zahnriemengetriebes einer Motorventilsteuerung zusätzlich eine Kühlwasserpumpe angetrieben. Ein unvorhergesehener Lagerschaden in der Pumpe führte zu einem Drehmomentanstieg und damit einhergehend zu einem Überspringen des Zahnriemens, wodurch schließlich die Ventile des Motors zerstört wurden [22.59].

Die betriebsbedingten Einsatzgrenzen sind vergleichbar zu denen bei Keilriemengetrieben.

4 **Biegewechselbeanspruchung** – Diese bewirkt ein Brechen einzelner Fasern in den Zugstrangeinlagen, woraus eine erhöhte Dehnung entsteht. Hierdurch wiederum sinkt bei konstantem Wellenabstand die Vorspannung deutlich ab, sodass die Gefahr des Überspringens zunimmt.

5 **Verschleißverhalten** – Dieses wird beim Zahnriemengetriebe maßgeblich durch das Gleiten zwischen Scheibe und Riemen bestimmt, wobei der größte Verschleiß am Zahnriemen und nur geringer Verschleiß an der Scheibe auftritt. Da für die verwendeten Elastomer-Materialien keine Lebensdauerabschätzung möglich ist, müssen eine regelmäßige Überprüfung des Zahnriemens oder ein regelmäßiger Austausch abhängig von der Laufleistung erfolgen.

Weitere Hinweise zu möglichen Schadensursachen bei Zahnriemengetrieben finden sich in der mittlerweile umfangreichen Fachliteratur [22.59], [22.79], [22.95].

Neben den antriebstechnischen Anwendungen von Riemengetrieben sind parallel dazu in anderen Einsatzgebieten Maschinen und Anlagen entstanden, die ebenfalls das Prinzip der kraftschlüssigen Übertragung mittels Riemen nutzen. Ein Hauptanwendungsgebiet ist sicherlich die Gurtbandfördderertechnologie, bei der Gummigurte mit Textil- oder Stahlseileinlage zur Stück- und Schüttgutförderung eingesetzt werden. Dabei ist der Gummigurt sowohl Zugelement zur Kraftübertragung als auch Tragelement für das Fördergut [22.1], [22.41], [22.114], [22.115], [22.126]. Die Kraftübertragung erfolgt genauso wie beim Riemengetriebe durch Reibschluss zwischen Antriebstrommel und Fördergurt, wobei auch Mehrfachantriebe möglich sind. Die zurzeit größten Förderbandanlagen der Welt werden im Tagebau zur Erz- und Braunkohleförderung eingesetzt und verfügen über Gurtbreiten bis zu 2.700 mm und Antriebsleistungen bis zu 20.000 kW, die über mehrere Motoren und Antriebstrommeln auf den Gurt übertragen werden [22.50].

Ein weiteres Anwendungsbeispiel kommt aus der Bau- und Landmaschinentechnik, wo für kleinere Mobilbagger sowie größte Traktorraupen und Mähdrescher endlose Gummibänder mit Stahlseilarmierung als Raupenketten eingesetzt werden.

22.3 Kettengetriebe

Kettengetriebe übertragen gemäß Abbildung 22.29 durch Formschluss zwischen dem treibenden Ritzel und der Kette und von der Kette auf das angetriebene Kettenrad Bewegungen und Kräfte schlupffrei und damit winkelgetreu zwischen An- und Abtrieb. Im Gegensatz zu Zahnradgetrieben lassen sich mit Kettengetrieben erheblich einfacher größere Achsabstände überbrücken, sie sind aber ebenso auch für kleinere Achsabstände geeignet, wobei die Kraft- und Bewegungsübertragung nur zwischen parallel zueinander und möglichst waagerecht angeordneten Wellen möglich ist. In der Antriebstechnik liegen Kettengetriebe hinsichtlich des Leistungsvermögens zwischen Zahnradgetrieben und Riemengetrieben.

Dabei ist die Anwendung von Ketten nicht nur auf die Antriebsketten in Kettengetrieben beschränkt, sondern sie werden auch als Förderketten in fördertechnischen Anlagen und als Lastketten in Hebezeugen eingesetzt, was zu einer entsprechend breiten Vielfalt von Kettenbauarten gemäß Abbildung 22.30 geführt hat.

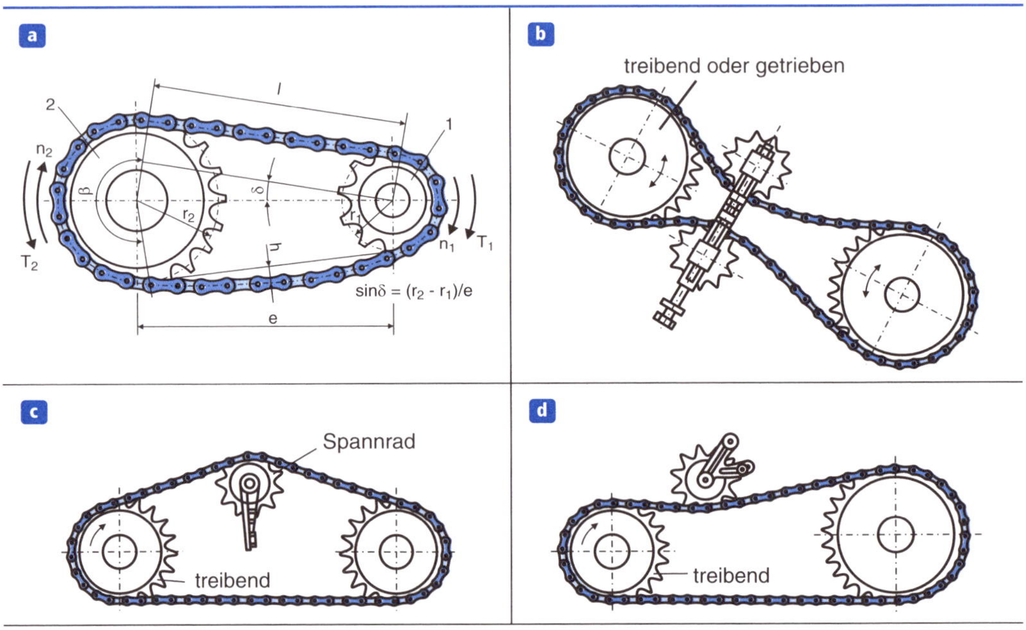

Abbildung 22.29: Kettengetriebe und ihre bevorzugten Anordnungen in der Antriebstechnik

Im Gegensatz zu Riemen müssen Ketten nicht oder nur gering vorgespannt werden, woraus sich eine vergleichsweise geringe Belastung der Wellenlager ergibt. Grundsätzlich ist bei der Anordnung der Kettenräder darauf zu achten, dass das üblicherweise spannungslose Leertrum im Gegensatz zu den Riemengetrieben unten liegt. Darüber hinaus ist ein optimaler Durchhang des Leertrums einzustellen, um die Zugkräfte in der Kette nicht unzulässig zu erhöhen und ein Überspringen der Kette an den Kettenrädern zu vermeiden. Aufgrund dieses Durchhanges am Leertrum sind Kettengetriebe nur bedingt bei einer periodischen Bewegungsumkehr geeignet, da die Überwindung dieses Durchhanges bei der Bewegungsumkehr zu einer Totzeit am getriebenen Rad führt.

Im Vergleich zum Riemen kann sich eine Kette nur als Vieleck (Polygon) um das Kettenrad legen. Hieraus entsteht der sogenannte Polygoneffekt, da sich abhängig vom Drehwinkel der Abrollradius ändert, was zu Schwankungen der Kettenkraft und der Kettengeschwindigkeit führt, insbesondere bei kleinen Zähnezahlen der Kettenräder.

Ebenso werden die Kettenglieder beim Auf- und Ablaufen am Kettenrad gegeneinander verdreht, was aufgrund von Reibung und Verschleiß in den Kettengelenken zwangsläufig eine Längung der Kette bedingt. Da die Kettenbauteile (Buchsen, Rollen, Bolzen, Zähne) und die Kettenräder beim Auflaufen der Kette auf das Kettenrad außerdem stoßartig belastet werden, verschleißen die Zähne der Kettenräder ebenfalls.

Aufgrund dieser Zusammenhänge und zusätzlicher Fertigungsungenauigkeiten (Rundlauf- und Teilungsabweichungen) entsteht eine ständige Schwankung der Kettenkraft, sodass ein Kettentrieb immer zu Schwingungen angeregt wird. Zur Minderung dieser Schwingungsneigung werden üblicherweise Kettenspanner und Kettenführungen eingesetzt.

22.3.1 Kettenbauarten und ihre Werkstoffe

Abhängig vom Einsatzfall in antriebstechnischen oder fördertechnischen Anwendungen werden die Kettenbauarten gemäß Abbildung 22.30 verwendet, deren Eigenschaften und Besonderheiten im Folgenden näher beschrieben werden.

1 **Buchsenkette** – Bei dieser robusten Antriebs-, Last- und Förderkette für rauen Betrieb in staubiger und feuchter Umgebung sind entsprechend Abbildung 22.30 nahtlose Buchsen in die Innenlaschen und die darin beweglichen Bolzen in die Außenlaschen eingepresst und gegen Verdrehen gesichert. Aus der Bauweise ergeben sich geringe Flächenpressungen zwischen den gegeneinander bewegten Teilen und damit eine hohe Verschleißfestigkeit und lange Lebensdauer. Je nach Anwendungsfall sind die Ketten nach DIN 8164 und DIN 8167 genormt [22.28], [22.30]. Die Buchsenketten für antriebstechnische Anwendungen verfügen je nach Baugröße über eine Bruchkraft von $F_B = 12{,}5$ bis 500 kN und sind für Geschwindigkeiten bis zu 5 m/s geeignet. Die Buchsenförderketten können mit Winkellaschen oder Mitnehmerbügeln versehen werden und sind mit einer Bruchkraft von $F_B = 20$ bis 2.000 kN und Geschwindigkeiten bis zu 3 m/s die gebräuchlichsten Förderketten zum Einsatz in Stetigförderern (Transportbänder).

2 **Hülsenkette** – Die Bauart ist nach Abbildung 22.30 vergleichbar mit der Buchsenkette, wobei die Bolzen und Hülsen nicht gegen Verdrehen gesichert, sondern nur eingepresst sind. Die dünnwandigen Hülsen werden aus Stahlband gebogen und haben ein geringes Gewicht. Die Bauart ist nach DIN 8154 genormt, erlaubt Geschwindigkeiten bis zu 30 m/s bei Bruchkräften zwischen $F_B = 10{,}5$ bis 23,7 kN, wird bevorzugt im Kraftfahrzeugbereich eingesetzt und erfordert eine gute Schmierung [22.25].

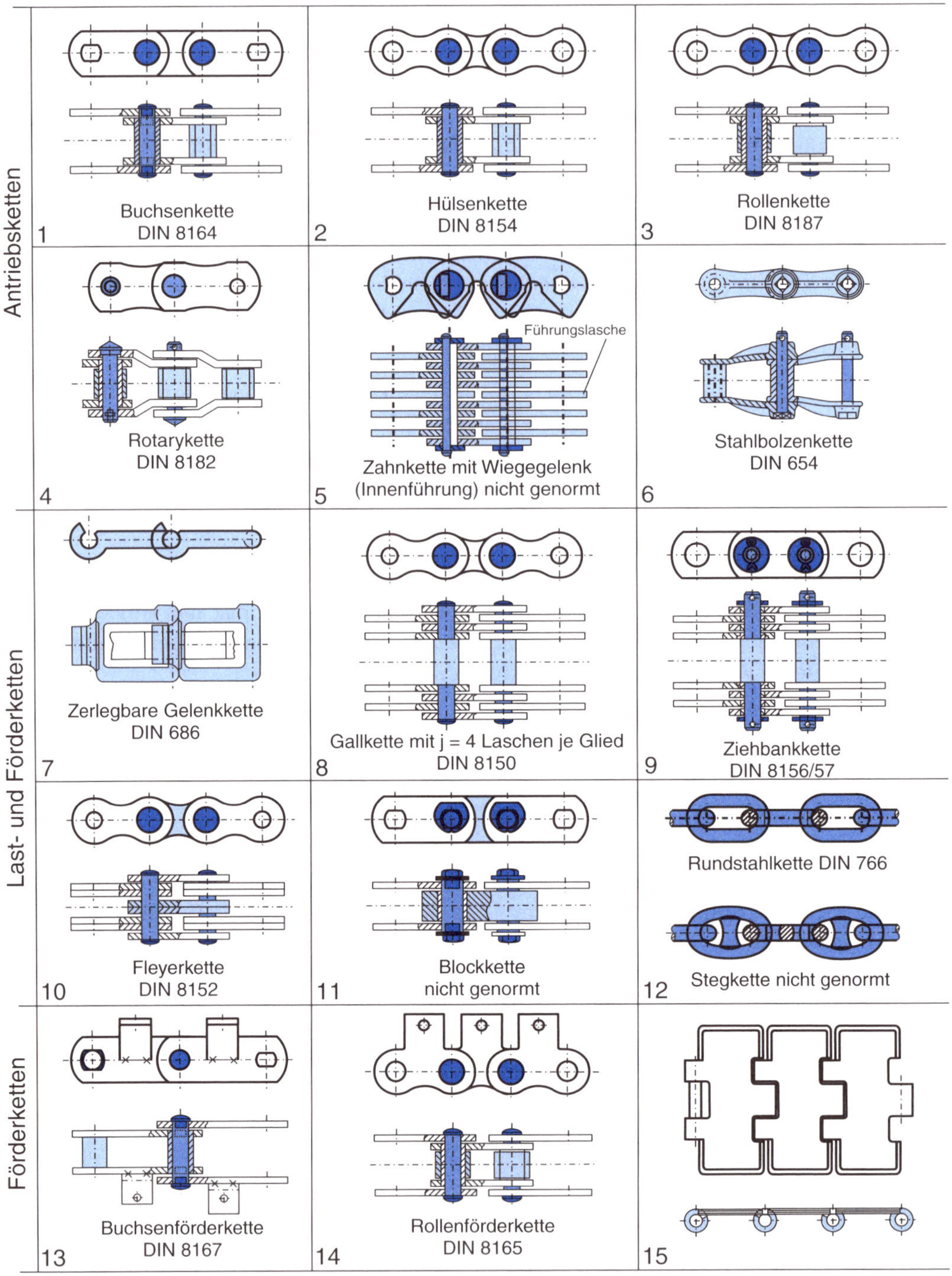

Abbildung 22.30: Kettenbauarten für antriebs- und fördertechnische Anwendungen

3 **Rollenkette** – Bei dieser meistverwendeten Antriebskette wird in Weiterentwicklung der Buchsenkette auf jeder Buchse noch eine gehärtete und geschliffene Rolle drehbar angeordnet. Damit können die Rollen an den Zahnflanken der Kettenräder abrollen, was im Vergleich zu jeder anderen Kettenart einen verschleiß- und geräuschärmeren Betrieb ermöglicht.

Die Rollenketten entsprechend Abbildung 22.30 sind nach DIN 8187 und DIN 8188 genormt und werden gemäß Tabelle 22.22 und Abbildung 22.31 in sehr verschiedenen Ausführungen einreihig und mehrreihig (Mehrfachketten) und bei gleichen Bolzen-, Buchsen- und Rollenabmessungen mit unterschiedlichen Laschenlängen (kurz- und langgliedrig) sowie mit geraden und gekröpften Laschen als Antriebs- und als Förderketten gebaut [22.33], [22.34]. Sie eignen sich für hohe Kettengeschwindigkeiten bis 30 m/s und erlauben insbesondere als Mehrfachkette die Übertragung großer Leistungen bis 4.000 kW bei Bruchkräften zwischen F_B = 20 bis 4.000 kN. Langgliedrige Rollenketten mit doppelter Teilungslänge sind in einreihiger oder mehrreihiger Ausführung bei gleichem Leistungsvermögen leichter als kurzgliedrige, weshalb sie bevorzugt in Förderanlagen und bei extrem großen Wellenabständen eingesetzt werden. Aufgrund der geringeren Gliederzahl sind sie jedoch weniger elastisch. Sofern die Ketten schmierungsfrei betrieben werden sollen, lassen sie sich mit Kunststoffbuchsen (Polyamid o.Ä.) nach Abbildung 22.31 b) versehen.

Die Rollenförderkette nach DIN 8165 wird gemäß Abbildung 22.30 aus Standardteilen der Rollenkette aufgebaut, wobei auch Laschen mit doppelter Teilung möglich sind [22.29]. Im Vergleich zur Buchsenförderkette ist der Aufbau genauer und bei Bruchkräften zwischen F_B = 20 bis 2.000 kN und Fördergeschwindigkeiten bis 3 m/s sind Becher- und Trogförderer in der Stetigfördertechnik das Haupteinsatzgebiet.

Eine weitere Rollenkettenbauart ist die Rotarykette nach DIN 8182, bei der jedoch entsprechend Abbildung 22.30 die Laschen eine gekröpfte Form aufweisen, wodurch beliebige Kettengliederzahlen möglich sind und eine gleichmäßige Verschleißlängung über alle Glieder auftritt [22.32]. Ebenso verhält sich ein gekröpftes Kettenglied elastischer, wobei jedoch eine zusätzliche Biegespannung in den Laschen entsteht, die im Vergleich zur ungekröpften Lasche zu einer Minderung der von der Kette übertragbaren Nutzkraft führt.

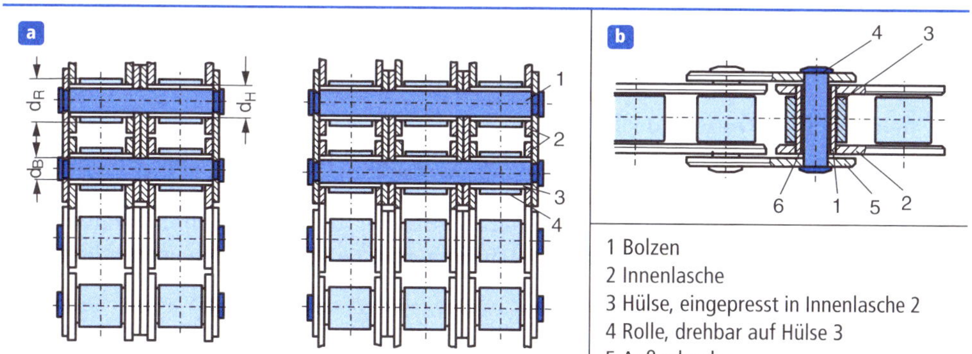

1 Bolzen
2 Innenlasche
3 Hülse, eingepresst in Innenlasche 2
4 Rolle, drehbar auf Hülse 3
5 Außenlasche
6 Kunststoffschicht

Abbildung 22.31: Rollenkette – a) Zwei- und Dreifach-Rollenkette, b) Rollenkette mit Kunststoffgleitlager

Ketten- Nr. Reihe 1	2	Teilung p [mm]	Breite b_i [mm] min.	Rolle d_R [mm] max.	Bolzen d_B [mm] h 9	Gelenkfläche [1] A_G [cm^2]	Bruchkraft [1] F_B [N] Einfach min.	Zweifach min.	Dreifach min.	Masse[1] [kg/m]
–	03	5,000	2,50	3,20	1,49	0,06	2.000	–	–	0,08
–	04	6,000	2,80	4,00	1,85	0,07	3.000	–	–	0,12
05 B	–	8,000	3,00	5,00	2,31	0,11	4.600	8.000	11.400	0,18
06 B	–	9,525	5,72	6,35	3,28	0,28	9.100	17.300	25.400	0,41
081	–	12,700	3,30	7,75	3,66	0,21	8.200	–	–	0,28
082	–	12,700	2,38	7,75	3,66	0,16	10.000	–	–	0,26
083	–	12,700	4,88	7,75	4,09	0,32	12.000	–	–	0,42
084	–	12,700	4,88	7,75	4,09	0,35	16.100	–	–	0,59
085	–	12,700	6,38	7,77	3,58	0,32	6.800	–	–	0,38
08 B	–	12,700	7,75	8,51	4,45	0,50	18.200	31.800	45.400	0,70
10 B	–	15,875	9,65	10,16	5,08	0,67	22.700	45.400	68.100	0,95
12 B	–	19,050	11,68	12,07	5,72	0,89	29.500	59.000	88.500	1,25
–	16 B	25,40	17,02	15,88	8,28	2,10	58.000	110.000	165.000	2,70
–	20 B	31,75	19,56	19,05	10,19	2,95	95.000	180.000	270.000	3,60
–	24 B	38,10	25,40	25,40	14,63	5,54	170.000	324.000	485.000	6,70
–	28 B	44,45	30,99	27,94	15,90	7,40	200.000	381.000	571.000	8,30
–	32 B	50,80	30,99	29,21	17,81	8,11	260.000	495.000	743.000	10,50
–	40 B	63,50	38,10	39,37	22,89	12,76	360.000	680.000	1.000.000	16,00
–	48 B	76,20	45,72	48,26	29,24	20,63	560.000	1.000.000	1.600.000	25,00
–	56 B	88,90	53,34	53,98	34,32	27,91	850.000	1.600.000	2.350.000	35,00
–	64 B	101,60	60,96	63,50	39,40	36,25	1.100.000	2.100.000	3.100.000	60,00
–	72 B	114,30	68,58	72,39	44,48	46,17	1.400.000	2.700.000	4.000.000	80,00

[1] Angaben für Einfachrollenkette; für Zweifachrollenkette mal 2, für Dreifachrollenkette mal 3

Tabelle 22.22: Rollenketten – Auswahl nach DIN 8187 und DIN 8188 [22.33], [22.34]

Bei Bruchkräften zwischen F_B = 150 bis 1.900 kN sind Kettengeschwindigkeiten bis 17 m/s möglich. Haupteinsatzgebiet sind schwere Getriebe bei stoßartiger Beanspruchung (z.B. Bagger und Erdölbohrmaschinen).

4 **Gelenkkette** – Diese einfach zu zerlegende Bauart nach DIN 686 – auch als Ewarth-Kette bezeichnet – verfügt entsprechend Abbildung 22.30 über gleichartige Kettenglieder aus Temperguss, die an einem Ende als Bolzen und am anderen Ende in Gelenkform ausgebildet sind. Bei Bruchkräften zwischen F_B = 1,7 bis 14 kN und Kettengeschwindigkeiten bis 2 m/s kommen nur einfache Anwendungen in Landmaschinen sowie der Einsatz als Transport- und Verstellkette infrage.

Eine weitere vergleichbare Förderkette ist die Scharnierbandkette nach DIN 8153, die auch mit entsprechenden Gelenken in kurvengängiger Form ausgeführt werden kann [22.24]. Mit Bruchkräften von F_B = 7,1 bis 16 kN und Kettengeschwindigkeiten bis 2,5 m/s sind Transportbänder in der Stetigfördertechnik das Haupteinsatzgebiet.

5 **Stahlbolzenkette** – Bei dieser einfachen und kostengünstigen Gelenkkettenbauart nach DIN 654 werden gemäß Abbildung 22.30 ebenfalls Tempergussglieder verwendet, wobei die Verbindung jedoch über tragfähigere und verschleißärmere Stahlbolzen erfolgt, die durch Vernietung oder durch Splinte gegen axiales Abgleiten gesichert werden [22.6]. Bruchkräfte zwischen $F_B = 9$ bis 60 kN und Kettengeschwindigkeiten bis 2 m/s erlauben die Verwendung in Baumaschinen sowie den Einsatz als Transport- und Verstellkette. Ausgewählte technische Daten sind in Tabelle 22.23 zusammengestellt.

Weiterentwicklungen der Stahlbolzenkette mit mehreren beweglichen Laschen auf einem Bolzen sind die als Last- und Förderketten eingesetzten Gallketten nach DIN 8150 gemäß Tabelle 22.24, die Ziehbankketten nach DIN 8156 und DIN 8157 sowie die Flyerketten nach DIN 8152 [22.22], [22.23], [22.26], [22.27].

Ketten-Nr. Reihe	Teilung p [mm]	Innere Breite b_i [mm]	Äußere Breite b_a [mm]	Gelenkfläche A_G [mm²]	Tragfähigkeit F_T [N]	Masse [kg/m]	Prüfkraft F_B [N]
40	38,7	18,0	48	168	1.800	2,1	9.000
42	42,0	24,5	67	297	3.600	4,5	18.000
63	63,0	29,0	75	385	4.800	4,2	24.000
65	65,5	33,0	90	528	7.600	6,8	38.000
100 A	100,0	28,0	89	533	6.400	5,5	32.000
100 B	100,0	40,0	110	810	9.000	9,0	45.000
135	134,5	33,5	90	516	6.400	4,1	32.000
136	136,5	30,5	108	799	12.000	9,5	60.000

Tabelle 22.23: Stahlbolzenketten – Auswahl nach DIN 654 [22.6]

Teilung p [mm]	Innere Breite b_i [mm]	Äußere Breite b_a [mm]	Laschenzahl je Glied [-]	Gelenkfläche A_G [mm²]	Tragfähigkeit F_T [N]	Masse [kg/m]	Bruchkraft F_P [N]
15	12	27	2	0,16	1.000	0,7	5.000
20	15	33	2	0,24	2.500	1,1	12.500
25	18	42	2	0,48	5.000	1,8	25.000
30	20	58	4	1,08	8.000	3,4	40.000
35	22	61	4	1,20	12.000	4,5	60.000
40	25	66	4	1,44	16.000	4,7	80.000
45	30	70	4	1,68	20.000	7,0	100.000
50	35	97	4	3,24	30.000	11,0	150.000
55	40	115	4	5,04	40.000	16,0	200.000
60	45	120	4	5,52	50.000	18,0	250.000
70	50	157	6	10,08	75.000	34,0	375.000
80	60	171	6	11,52	100.000	39,0	500.000
90	70	200	6	15,12	150.000	53,0	750.000
100	80	234	8	22,95	200.000	77,0	1.000.000
110	90	251	8	25,28	250.000	90,0	1.250.000
120	100	277	8	32,00	300.000	112,0	1.500.000

Tabelle 22.24: Gallketten – Auswahl nach DIN 8150 [22.22]

Bei der einfachen und robusten Gallkette gemäß Tabelle 22.24 können sich die Laschen auf dem Bolzenansatz drehen, die verstärkte Ausführung hat mehr als zwei Innen- und Außenlaschen. Bei Bruchkräften zwischen F_B = 1 bis 1.500 kN und Kettengeschwindigkeiten bis 0,3 m/s sind Hubgerüste in Hubstaplern sowie Hubeinrichtungen für Schleusentore im Stahlwasserbau bevorzugte Anwendungsgebiete.

Bei der Ziehbankkette handelt es sich um eine Weiterentwicklung der Gallkette mit größeren Gelenkflächen und bei Bedarf ausgebuchsten Laschen. Bevorzugtes Einsatzgebiet mit Bruchkräften zwischen F_B = 30 bis 6.000 kN und Kettengeschwindigkeiten bis 1 m/s sind Hubeinrichtungen für Schleusentore im Stahlwasserbau.

Die Flyerkette kann aufgrund ihres kompakten Aufbaus, bei dem Innen- und Außenlaschen mit Laufsitz über die ganze Bolzenbreite gesteckt werden, nicht über angetriebene Kettenräder, sondern nur über Umlenkräder laufen, weshalb sie bei Bruchkräften zwischen F_B = 1,5 bis 1.300 kN und Kettengeschwindigkeiten bis 0,5 m/s bevorzugt als Gegengewichts-, Hub-, Transport- und Lastkette im Kranbau (z.B. Wendekette von Schmiedekranen) und in der Fördertechnik eingesetzt wird.

Die Blockkette ist eine weitere Transport- und Förderkette, bei der sich der massive Innenblock mit eingepresster Buchse auf dem gegen Verdrehen gesicherten Bolzen bewegen kann. Der Block kann auch als Laschenpaket ausgeführt sein. Der Antrieb kann nur über ausgenommene Kettenräder erfolgen, die Bruchkräfte liegen zwischen F_B = 315 bis 710 kN.

6 **Zahnkette** – Diese nicht genormte Sonderform der Bolzenkette ist neben der Rollenkette die wichtigste Antriebskette, Abbildung 22.30. Sie besteht aus Laschen mit je zwei Zähnen, deren beide Außenseiten sich beim Auflaufen auf das Zahnrad so auf jeweils zwei Zahnflanken legen, dass keine Gleitbewegung zwischen den Laschenzähnen und den Radzähnen entsteht. Anstelle zylindrischer Bolzen werden Wiege-Elemente gemäß Abbildung 22.32 verwendet.

Diese führen in den Gelenken zu günstigeren Kontakt- und Bewegungsverhältnissen, sodass sich eine hohe Laufruhe, geringerer Verschleiß und ein verbesserter Wirkungsgrad ergeben.

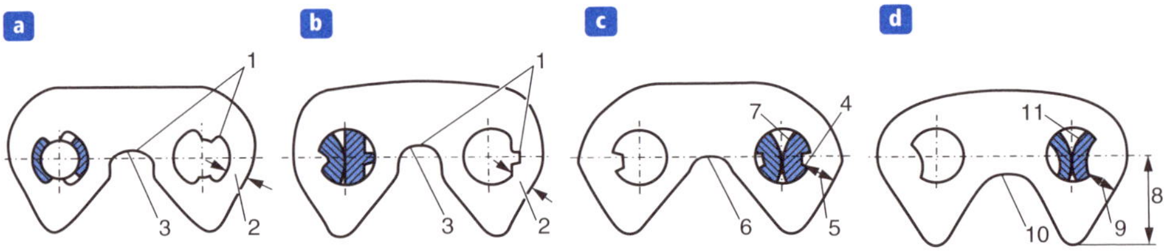

1 Spannungskonzentration	5 Größerer Querschnitt	9 Großer Querschnitt
2 Geringer Querschnitt	6 Niedrigerer Zahnfuß	10 Niedriger Zahnfuß
3 Hoher Zahnfuß	7 Vergrößerte Wiegeradien	11 Vergrößerte Wiegeradien
4 Verdrehsicherung	8 Hohe Zahnform	

Abbildung 22.32: Gelenke und Laschenformen von Zahnketten – a) Mit Lagerschalen, b) Mit ungleichen Wiege- und Lagerschalen, c) Mit querschnittsgleichem Wiege- und Lagerzapfen (Hochleistungszahnkette) d) Mit querschnittsgleichem Wiege- und Lagerzapfen und konzentrischen Radien nach [22.98]

Teilung p [mm]	Breiten [mm]			Auslegungs-bruchkraft F_B [kN]	Masse [kg/m]	Teilung p [mm]	Breiten [mm]			Auslegungs-bruchkraft F_B [kN]	Masse [kg/m]
	b_n	b_a	b_g				b_n	b_a	b_g		
9,525	15 A	12,5	19,9	25,4	1,0	**12,7**	20 A	17,2	26,3	34,1	1,6
(3/8")	20 A	17,2	24,5	30,1	1,2	**(1/2")**	25	26,6	32,6	52,7	2,0
H: 11,3	25	26,6	30,8	39,3	1,5	**H: 15,2**	30	32,9	38,9	65,1	2,4
o: 6,8	30	32,9	37,1	48,6	1,8	**o: 9,0**	50	51,6	57,6	102,3	3,8
s: 1,5	40	39,1	43,3	57,9	2,2	**s: 1,5**	75	76,7	82,7	152,0	5,6
t: 2,0	50	51,6	55,8	76,4	2,9	**t: 2,5**	100	101,7	107,7	201,6	7,5
	65	64,2	68,4	94,9	3,6		125	126,8	132,8	251,3	9,3
19,05	25	27,0	34,0	80,1	3,0	**25,4**	40	40,2	48,2	152,4	6,0
(3/4")	40	43,7	50,7	129,4	4,9	**(1")**	50	52,6	60,6	199,4	7,9
H: 22,5	50	52,0	59,0	154,0	5,8	**H: 30,0**	65	65,0	73,0	246,3	9,7
o: 13,5	85	85,3	92,3	252,6	9,5	**o: 18,0**	75	77,4	85,4	293,2	11,6
s: 2,0	100	101,9	108,9	301,9	11,4	**s: 3,0**	100	102,1	110,1	387,0	15,3
t: 3,5	125	126,9	133,9	375,9	14,1	**t: 4,0**	125	126,9	134,9	480,9	19,0
	150	151,8	158,8	449,8	16,9		150	151,7	159,7	574,7	22,7
	200	201,8	208,8	597,7	22,5		200	201,2	209,2	762,4	30,1
38,1	50	52,8	64,8	303,4	11,8						
(1 ½")	65	65,2	77,2	374,8	14,6						
H: 45,0	75	77,6	89,6	446,2	17,4						
o: 27,0	100	102,5	114,5	589,0	22,9						
s: 3,0	125	127,3	139,3	731,8	28,5						
t: 6,0	150	152,1	164,1	874,6	34,1						
	200	201,8	213,8	1.160,2	45,2						

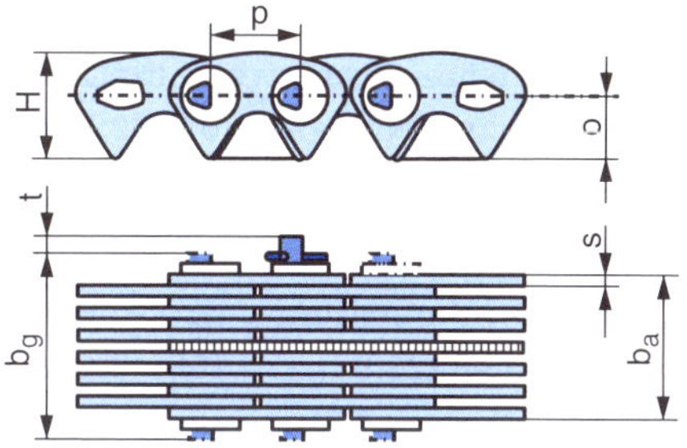

Tabelle 22.25: Hochleistungszahnketten der Bauart HPC nach Bosch Rexroth, wahlweise mit Innen- oder Außenführung [22.100]

Da jede zweite Lasche zum nächsten Kettenglied gehört, lassen sich gemäß Tabelle 22.25 entsprechend breite, tragfähige Ketten zusammensetzen. Aufgrund des gleichen Aufbaus sämtlicher Glieder bleibt auch bei Verschleiß die Teilung über alle Glieder gleich.

Bedingt durch den maximal möglichen Winkel von 30° für die Abknickbewegung muss das Kettenrad mindestens 12 Zähne aufweisen. Wurden früher nur geradflankige Kettenräder verwendet, so kommen heute auch Evolventenverzahnungen mit einer größeren Tragfähigkeit und Lebensdauer zum Einsatz. Die Führung der Zahnketten erfolgt bei breiten Ketten durch mittig und bei schmalen Ketten durch seitlich angeordnete Führungslaschen, wobei bei mittiger Kettenführung ein entsprechender Einschnitt in der Zahnmitte des Kettenrades vorhanden sein muss. Aufgrund des Kettenaufbaus muss die Anzahl der Glieder geradzahlig sein. Verschleißbedingte Kettenkürzungen sind deshalb immer nur um zwei Glieder möglich. Da eine Zahnkette mit Wiegegelenken wegen ihrer „Rückensteifigkeit" gewöhnlich nicht weiter als bis zur Geraden aufgebogen werden kann, verfügt die Zahnkette über eine geringere Schwingungsneigung.

Auch wenn Zahnketten schwerer, empfindlicher (wartungsintensiver) und teurer sind als Rollenketten, so sind mit Bruchkräften zwischen F_B = 5,8 bis 1.300 kN und Kettengeschwindigkeiten bis 50 m/s bevorzugte Anwendungsgebiete Hochleistungsgetriebe, Kraftfahrzeugtechnik, Anlagen der Glasindustrie bei hohen Temperaturen (120 °C dauernd, 200 °C Spitze), Werkzeugmaschinen und Motorsägen. Ebenso lassen sich Zahnketten mit den Zähnen nach außen um rotationssymmetrische Bauteile (z.B. Mischtrommeln) legen, sodass sie dann die Aufgabe eines Zahnkranzes erfüllen, aufgrund der Gelenkigkeit jedoch mit dem Vorteil der leichteren Montage im Vergleich zu starren Zahnkranzsegmenten.

7 **Rundstahlkette** – Diese einfache und auch älteste Kettenbauart nach DIN 766 besteht gemäß Abbildung 22.30 und Tabelle 22.26 aus gleichartigen, verschweißten Rundstahlgliedern, die zwar über eine gute räumliche Beweglichkeit verfügen, jedoch bei höheren Lasten und Geschwindigkeiten starkem Verschleiß unterliegen [22.11].

Mit Bruchkräften zwischen F_B = 10 und 1.000 kN und Kettengeschwindigkeiten bis 1 m/s findet die Rundstahlkette bevorzugt als Lastkette in Hebezeugen – sowohl als Anschlagmittel als auch in Kettenzügen – Anwendung. Rundstahlketten für den Bergbau sind nach DIN 22252 genormt und müssen ergänzend zur statischen Prüfung einem Dauerschwingversuch unterzogen werden [22.42]. Die Ablegereife erreicht eine Rundstahlkette, sobald durch Verschleiß die Glieddicke auf 90% der Nenndicke abgenommen hat. Ebenso ist die Kette abzulegen, wenn die Teilungsvergrößerung bei Hebezeugketten um 5%, bezogen auf ein Kettenglied, oder 2 bis 3%, bezogen auf elf Kettenglieder, zugenommen hat.

Eine verstärkte Ausführung mit Zwischenstegen wird als Stegkette bezeichnet und hat ihr Haupteinsatzgebiet z.B. als Ankerkette im Schiffsbau.

Weitere Informationen zu Rundstahlketten sind der weiterführenden Fachliteratur zu entnehmen [22.90], [22.106], [22.111].

Nenndicke d [mm]	Teilung p [mm]	Tragfähigkeit F_T [kN]	Bruchkraft F_B bei Güteklasse		Masse [kg/m]	Nenndicke d [mm]	Teilung p [mm]	Tragfähigkeit F_T [kN]	Bruchkraft F_B bei Güteklasse		Masse [kg/m]
			1	2					1	2	
5	15	2,5	10	12,5	0,56	20	60	40	160	200	9,0
6	18	3,5	14	18	0,8	22	66	45	190	236	10,9
7	21	5,0	19	25	1,1	26	78	63	265	335	15,2
8	24	6,3	25	32	1,4	28	84	75	300	400	17,6
9	27	8,0	32	40	1,8	30	90	90	355	450	20,0
10	30	10,0	40	50	2,2	32	96	100	400	500	23,0
13	39	16,0	63	85	3,8	36	108	125	500	630	29,0
14	42	20,0	75	100	4,4	40	120	160	630	800	36,0
16	48	25,0	100	125	5,7	42	126	170	670	900	39,6
18	54	32,0	125	160	7,3	45	135	200	800	1.000	45,5

Tabelle 22.26: Rundstahlketten – Auswahl nach DIN 766 [22.11]

Unabhängig von den oben angeführten Kettenbauarten werden in den überwiegenden Einsatzfällen Metallketten verwendet, da sie sich sowohl bei ungünstigen Betriebsbedingungen – wie z.B. erhöhten Temperaturen in Durchlauföfen und Staub- und Nässe-Einwirkung in Bau- und Landmaschinen – als auch bei Schmieröleinwirkung – gemeinsam mit Zahnrädern im Getriebe-, Motoren- und Fahrzeugbau – einsetzen lassen. Im Hinblick auf eine hohe Zug- und Verschleißfestigkeit werden die Kettenelemente aus Qualitätsstahl oder legiertem Stahl gefertigt und auf eine Härte von 35 bis 60 HRC vergütet bzw. gehärtet. Bei allen Kettenbauarten hängt die zulässige Belastung von deren Qualität, der Geschwindigkeit, der Bruchkraft, der Größe und Frequenz der Betriebsstöße, der Zähnezahl und der geforderten Lebensdauer ab. In Tabelle 22.27 sind Anhaltswerte für die zulässige Gelenkflächenpressung von Rollenketten zusammengestellt, die aber in der Größenordnung auch für die anderen Kettenbauarten verwendet werden können, insbesondere wenn für die jeweilige Kettenbauart keine weiteren Informationen verfügbar sind.

Zulässige Gelenkflächenpressung	Betriebszustand
$p_{zul} = 30\ \text{N/mm}^2$	Dauerbelastung bei guter Schmierung
$p_{zul} = 15\ \text{N/mm}^2$	Dauerbelastung bei unzureichender Schmierung und gelegentlicher Nachschmierung
$p_{zul} = 7\ \text{N/mm}^2$	Dauerbelastung ohne regelmäßige Nachschmierung
$p_{zul} = 4\ \text{N/mm}^2$	Dauerbelastung bei großer Verschmutzung oder Trockenlauf
$p_{zul} = 60\ \text{N/mm}^2$	Maximalbelastung bei eingeschränkter Betriebsweise

Tabelle 22.27: Zulässige Grenzwerte der Gelenkflächenpressung von Rollenketten nach [22.59]

Zum Einsatz in schmierstoffempfindlicher Umgebung – hierzu gehören die Lebensmittel-, Druck- und Textilindustrie oder aber der Unterwassereinsatz – wurden sowohl Ketten mit Buchsen aus Sinterwerkstoffen (ölgetränkt) als auch Gelenke mit Kunststoffeinlagen gemäß Abbildung 22.31 entwickelt, wobei für niedrige Belastungen in untergeordneten Anwendungen auch Vollkunststoffketten verfügbar sind. Die Einsatzgrenzen von Rollenketten mit Kunststoffeinlage sind in Tabelle 22.28 zusammengestellt.

Zulässige Flächenpressung, normal	Zulässige Flächenpressung, bei Staub	Zulässige Temperatur	Zulässige Geschwindigkeit
$p_{zul} = 5 \ldots 10\ \text{N/mm}^2$	$p_{zul} < 3\ \text{N/mm}^2$	$t_{zul} = 70 \ldots 80\ °\text{C}$	$v < 8\ \text{m/s}$
Bei Belastungsspitzen durch kurzzeitige Stöße darf mit doppelten Werten der zulässigen Flächenpressung gerechnet werden.			

Tabelle 22.28: Zulässige Grenzwerte für Rollenketten mit Kunststoffeinlage nach [22.98]

Grundsätzlich verringert die den Bolzen umgebende dünne Kunststoffschicht die Reibungszahl und wirkt Verschleiß mindernd. Dabei kann die Kette auch unter Wasser laufen, das zusätzlich als Schmiermittel wirkt. Im Stillstand verhindert die Kunststoffschicht die Rostbildung, im Betrieb können harte Fremdstoffe eingebettet werden. Nachteilig ist bei der Verwendung von Kunststofflagern die stärkere Längung in den ersten Betriebsstunden im Vergleich zur Ganzstahlkette.

Weiterhin gibt es für besondere Anwendungen (z.B. Antrieb von Motorrädern) Ketten, bei denen die über O-Ringe abgedichteten Gelenke zwischen Hülse und Lasche mit einer Fettfüllung versehen sind. Vergleichbare Lebensdauerschmierungen werden auch bei großen Laufwerksketten für Baumaschinen ausgeführt.

Abschließend sei noch auf die verschiedenen Bauarten von Verbindungsgliedern gemäß Abbildung 22.33 hingewiesen, mit denen üblicherweise offene Rollenketten zur Endloskette geschlossen werden. Grundsätzlich sind auch gekröpfte Verbindungsglieder möglich, um z.B. Ketten mit ungeraden Gliederzahlen ausführen zu können. Aufgrund der geringeren Tragfähigkeit im Vergleich zu den ungekröpften Kettengliedern sollte man hierauf jedoch verzichten und die erforderliche (gerade) Kettengliederzahl über den Achsabstand anpassen. Schließlich gilt bei Ketten im Vergleich zu Riemen oder Stahlseilen der alte Grundsatz, dass eine Kette nur so stark ist wie ihr schwächstes Glied.

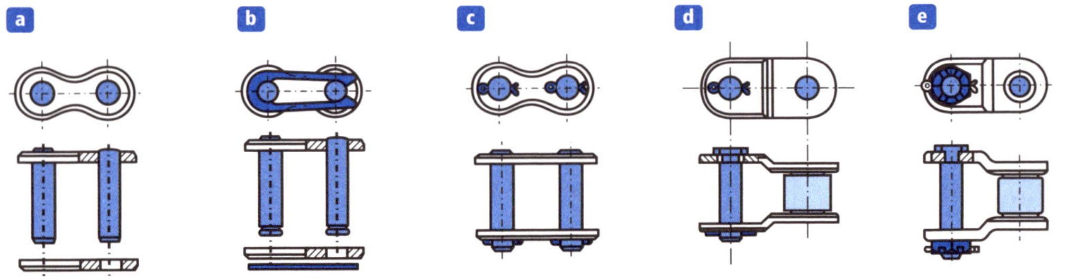

Abbildung 22.33: Verbindungsglieder – a) Nietglied (Außenglied), b) Steckglied mit Federverschluss, c) Steckglied mit Splintverschluss, d) Gekröpftes Glied mit Splintverschluss, e) Gekröpftes Glied mit Schraubverschluss nach [22.91]

22.3.2 Räderbauarten und ihre Werkstoffe

Neben der Kette als Zugorgan hängt die einwandfreie Funktion des Kettengetriebes auch von der richtigen Auswahl und Gestaltung der Kettenräder ab. Hierzu muss die Verzahnung des Kettenrades den sicheren Formschluss zwischen Rad und Kette ermöglichen, ein zwangloses Auf- und Ablaufen der Kette sicherstellen und die maximal zulässige Kettenverschleißlängung aufnehmen können.

Während der grundsätzliche Aufbau für alle Kettenräder gleich ist, bestehen die Unterschiede abhängig von der erforderlichen Verzahnung. Auch wenn die Radkörper der Kettenräder nach vergleichbaren Gesichtspunkten von Zahnrädern gestaltet sind, so ist die Zahnkranzbelastung aufgrund des großen Umschlingungswinkels der Kette von 100° bis 250° und der sich daraus ergebenden Lastverteilung auf mehrere Zähne deutlich geringer als bei Zahnrädern, weshalb die Kettenräder bei gleichen übertragbaren Drehmomenten kleiner ausgeführt werden können.

Die konstruktive Ausführung der Kettenräder ergibt sich aus der Kettenart, der Zähnezahl und dem zu übertragenden Drehmoment. Entsprechend DIN 8192 sind die Form A (Kettenradscheibe) und die Form B (Kettenrad mit einseitiger Nabe) gemäß Abbildung 22.34 genormt, während die Form C (Kettenrad mit beidseitiger Nabe) nicht genormt ist, wobei alle Bauformen für Einfach- und Mehrfachrollenketten verwendet werden können [22.37].

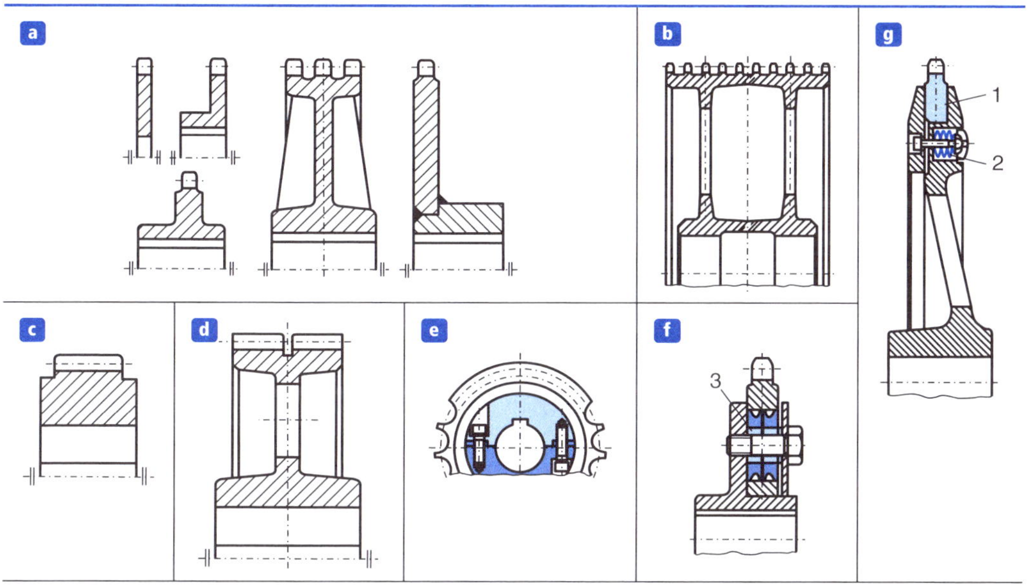

Abbildung 22.34: Räderformen für – a) Rollenketten, b) Mehrfach-Rollenkette, c) Zahnketten, d) Mehrfach-Zahnketten, e) Geteiltes Kettenrad, f) Kettenrad mit aufvulkanisiertem Gummiring (3), g) Kettenrad mit Rutschnabe (1) und Tellerfedern (2) zur Erzeugung des Anpressdruckes [22.4], [22.98]

Auch wenn die Scheibenräder der Bauform A die einfachste Bauart darstellen, so ist bei der Montage durch Schrauben oder Schweißen darauf zu achten, dass in radialer und axialer Richtung keine Lauffehler auftreten können. Die Kettenräder der Bauformen B und C können mit einer Vorbohrung oder einbaufertig gebohrt und genutet vom Hersteller bezogen werden.

Ergänzend zu diesen Standardbauformen gibt es auch noch verschiedene Sonderbauformen nach Abbildung 22.34, wozu die Schaftkettenräder für extrem kleine Zähnezahlen, Speichen-Kettenräder, Kettenräder mit angeschweißter Nabe und Erleichterungsbohrungen, geteilte Kettenräder zur einfacheren Montage und Kettenräder mit Rutschnabe oder Scherbolzen zur Drehmomentbegrenzung im Überlastfall (s.a. Abbildung 13.41 in Maschinenelemente 1) gehören [22.113]. Gewöhnlich werden die Kettenräder durch Wälzfräsen hergestellt.

Nachdem die Teilung p und der Rollen- bzw. Bolzendurchmesser d_1 durch die Normung der Ketten festgelegt sind, hängt das Betriebsverhalten von Rollenkettengetrieben gemäß Abbildung 22.35 wesentlich vom Fußkreisdurchmesser d_f, Rollenbettradius r_1, Zahnlückenspiel und Zahnfasenradius r_3 ab. Dabei wird die Zahnflanke von Rollenkettenrädern so gestaltet, dass ein störungsfreier Lauf durch ein ungehindertes Ein- und Ausschwenken der Kette, eine optimale Kraftübertragung mit kleinen Reaktionskräften und eine günstige Stoßrichtung der Rollen möglich sind.

Teilkreisdurchmesser	$d = \dfrac{p}{\sin\dfrac{\tau}{2}} = \dfrac{p}{\sin\dfrac{180°}{z}}$	(22.85)
Fußkreisdurchmesser	$d_f = d - d_R$	(22.86)
Kopfkreisdurchmesser	$d_{a,\max} = d + 1{,}25 \cdot p - d_R$	(22.87)
	$d_{a,\min} = d + p \cdot \left(1 - \dfrac{1{,}6}{z}\right) - d_R$	(22.88)
Durchmesser der Freidrehung d_s	$d_s = d - 2 \cdot F$	(22.89)
Rollenbettradius	$r_{1,\min} = 0{,}505 \cdot d_R$	(22.90)
	$r_{1,\max} = 0{,}505 \cdot d_R + 0{,}069 \cdot \sqrt[3]{d_R}$	(22.91)
Zahnflankenradius	$r_{2,\min} = 0{,}12 \cdot d_R \cdot (z+2)$	(22.92)
	$r_{2,\max} = 0{,}008 \cdot d_R \cdot \left(z^2 + 180\right)$	(22.93)

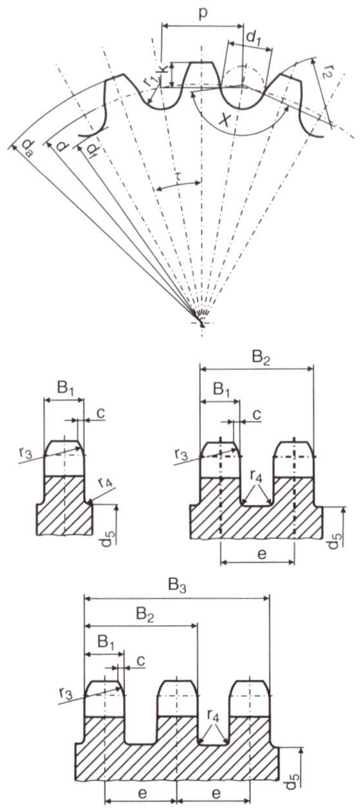

Rollenbettwinkel	$\chi_{\max} = 140° - \dfrac{90°}{z}$ (22.94)	Abfasung	$c = 0{,}1 \ldots 0{,}15 \cdot p$ (22.96)
	$\chi_{\min} = 120° - \dfrac{90°}{z}$ (22.95)	Zahnfasenradius	$r_3 \geq p$ (22.97)

Abbildung 22.35: Gestaltung und Abmessungen der Kettenradverzahnung für Rollenkettengetriebe

Aufgrund der Abmessungen des Rollenbettradius r_1 nach DIN 8196 entsteht ein Zahnlückenspiel, das die durch Fertigungstoleranzen und ungleichmäßige Verschleißlängung der Kette bedingten Teilungsunterschiede ausgleichen kann, während der Zahnfasenradius r_3 ein störungsfreies Auf- und Ablaufen der Kette bewirkt [22.40]. Da der Fußkreisdurchmesser mit negativen Toleranzen und die Kettenlänge mit positiven Toleranzen gefertigt werden, kann die Kette in der Verzahnung nicht klemmen. Weitere Abmessungen der Rollenkettenräder sind in Tabelle 22.29 zusammengefasst.

Im Vergleich zum Rollenkettengetriebe sind beim Zahnkettengetriebe nach DIN 8191 gemäß Abbildung 22.36 die Teil-, Kopf- und Fußkreisdurchmesser von untergeordneter Bedeutung, da die Zahnkette in den Flanken geführt wird [22.36]. Zu beachten ist allerdings der Drehkreisdurchmesser d_d, der sich in das Kettenpolynom einbeschreiben lässt, und der auch dem Durchmesser des Radkörpers vor dem Verzahnen entspricht, sodass für den Kopfkreisdurchmesser $d_a \leq d_d$ ist.

Ketten-Nr.	B_1	B_1	B_2	B_3	e	A	F	r_4	r_4
	Einfach	Mehrfach				min	min	min	max
03	2,3	–	–	–	–	9	3,5	0,2	1
04	2,6	2,5	8,0	–	5,50	9	3,5	0,2	1
05 B	2,8	2,7	8,3	14,0	5,65	10	5	0,2	1
06 B	5,3	5,2	15,4	25,7	10,24	15	6	0,2	1
08 B	7,2	7,0	21,0	34,8	13,92	20	8	0,3	1,6
10 B	9,1	9,0	25,6	42,2	16,59	23	10	0,3	1,6
12 B	11,1	10,8	30,3	49,7	19,46	27	11	0,3	1,6
16 B	16,2	15,8	47,7	79,6	31,88	42	15	0,4	2,5
20 B	18,5	18,2	54,6	91,1	36,45	50	18	0,4	2,5
24 B	24,1	23,6	72,0	120,3	48,36	63	23	0,4	2,5
28 B	29,4	28,8	88,4	147,9	59,56	76	25	0,4	2,5
32 B	29,4	28,8	87,4	145,9	58,55	79	29	0,4	2,5
40 B	36,2	35,4	107,7	180,0	72,19	97	36	0,4	2,5
48 B	43,4	42,5	133,7	224,9	91,21	116	43	0,5	6

Tabelle 22.29: Hauptabmessungen von Kettenrädern gemäß Abbildung 22.35 nach DIN 8196 [22.40]

Drehkreis-durchmesser	$d_d = p \cdot \cot \frac{180°}{z}$	(22.98)
Teilkreis-durchmesser	$d = \frac{p}{\sin \frac{180°}{z}}$	(22.99)
Radbreite bei Außenführung	$B_a \approx b_a - 0{,}5\ \text{mm}$	(22.100)
Radbreite bei Innenführung	$B_a \approx b_n + 5\ \text{mm}$ für $p \leq 1''$	(22.101)
	$B_a \approx b_n + 10\ \text{mm}$ für $p \geq 1''$	(22.102)

b_a: Arbeitsbreite nach Tabelle 22.25,
b_n: Nennbreite nach Tabelle 22.25

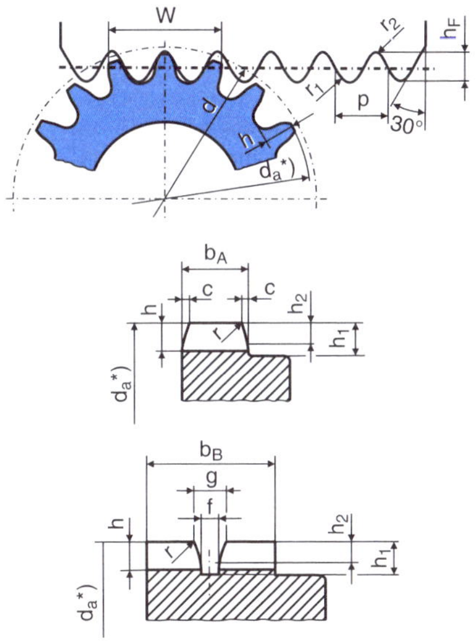

Abbildung 22.36: Gestaltung und Abmessungen der Kettenradverzahnung für Zahnkettengetriebe

Die genaue Zahnform hängt von der Laschengeometrie ab. So sind die Zähne der formgefrästen Kettenräder bei der herkömmlichen Laschenform nach Abbildung 22.32 a) und b) geradflankig mit einem Flankenwinkel von $\gamma = 60°$ und verfügen über eine geringe Höhenballigkeit, um Kantentragen zu vermeiden. Daraus ergibt sich auch, dass der Winkel zwischen Rechts- und Linksflanke eines Kettenzahnrades mit abnehmender Zähnezahl kleiner wird.

Bei den heute hauptsächlich verwendeten Hochleistungs- und Hochgeschwindigkeits-Zahnketten nach Abbildung 22.32 c) und d) kommen Kettenräder mit Evolventenverzahnung und 30°-Ketteneingriffswinkel zum Einsatz, die mit geradflankigen Wälzfräsern verzahnt werden. Hierdurch erreicht man selbst bei hohen Kettengeschwindigkeiten ein weiches Einlaufen der Zahnlaschen in die Verzahnung, sodass es zu vergleichsweise geringen Schwingungsanregungen aus dem Polygoneffekt kommt.

Unabhängig von der Kettenbauart richtet sich die Wahl der Zähnezahl nach der erforderlichen Übersetzung, der Drehzahl und der Leistung sowie dem verfügbaren Einbauraum. Dabei ist zu beachten, dass mit kleiner werdender Zähnezahl die Bewegungsübertragung wegen des Polygoneffektes ungleichförmiger wird und das Laufgeräusch zunimmt. Ebenso nehmen der Gelenkverschleiß wegen des stärkeren Abwinkelns und der Zahnflankenverschleiß zu. Empfehlungen zur Wahl der Ritzelzähnezahl z_1 und der Radzähnezahl z_2 abhängig von der Kettenbauart und der Übersetzung sind in Tabelle 22.30 zusammengestellt. Dabei sollten für Leistungsgetriebe möglichst Kettenräder mit mindestens 17 und höchstens 114 Zähnen eingesetzt werden.

Grundsätzlich gilt, dass Übersetzungen bis $i = 5$ günstig, bis $i = 7$ normal und über $i = 10$ – insbesondere bei niedrigen Kettengeschwindigkeiten – auch noch möglich sind. Übersetzungen ins Schnelle sind hinsichtlich des Betriebsverhaltens ungünstig und sollten deshalb vermieden werden.

Kettenbauart	Übersetzung i						Handbetrieb oder niedrige Drehzahl
	1	2	3	4	5	6	
Rollen- oder Buchsenkette z_1:	31	27	25	23	21	17	≥ 7 ... 9
Zahnkette z_1:	35	31	27	23	21	17	≥ 13

Unabhängig von der Kettenbauart gelten folgende Grenzwerte:

$z_1 = 6 \dots 7$	Für handbetätigte Verstellgetriebe und kleine Hebezeuge
$z_1 = 8 \dots 10$	Für Kettengeschwindigkeiten $v < 1$ m/s bei gleichförmiger Belastung
$z_1 = 11 \dots 13$	Für weniger empfindliche Antriebe bei $v < 4$ m/s, $p < 20$ und Trumlängen über 50 Glieder sowie bei kurzlebigen Ketten und bei beschränktem Bauraum
$z_1 = 14 \dots 16$	Für Kettengeschwindigkeiten $v < 7$ m/s bei gleichförmiger bis schwellender Belastung

$z_2 \leq 80$ günstige Zähnezahl	$z_2 \leq 120$ für größere Übersetzungen	$z_2 > 120$ für große Übersetzungen

Tabelle 22.30: Anhaltswerte für die Ritzelzähnezahl z_1 und die Radzähnezahl z_2 abhängig von der Kettenbauart nach [22.4], [22.98]

Abschließend sind in Tabelle 22.31 die verwendeten Werkstoffe für Kettenräder abhängig von den Radabmessungen, dem Einsatzbereich, der Höhe der Beanspruchungen und der Kettengeschwindigkeiten zusammengefasst. Bei stoßartiger Belastung oder hohen Kettengeschwindigkeiten sollten die Zähne wegen der hohen Aufschlagskraft gehärtet sein und das Antriebsrad mindestens 25 Zähne aufweisen.

Radabmessungen	Einsatzbereich	Werkstoff
Kleinräder mit $z \leq 30$ Durchmesser $250 \ldots 300$ mm	Geringe Beanspruchung und kleine Geschwindigkeiten $v < 7$ m/s	Unlegierter Stahl mit $R_m = 500$ bis $700\ \mathrm{N/mm^2}$ (E 295, E 335, E 360)
	Höhere Beanspruchung und $n > 500\ \mathrm{min^{-1}}$ oder $v > 7$ m/s	Einsatzstahl (C 15 E, 17 Cr 3, 16 MnCr 5) oder Vergütungsstahl (C 35, C 45, 42 CrMo 4), flamm- oder induktionsgehärtet auf 52 ± 4 HRC, oder 485 HV 10 bis 585 HV 10)
Großräder mit $z > 30$ Durchmesser > 250 mm	Geringe Beanspruchung	Gusseisen mit Lamellengraphit EN-GJL-250 mit $R_m > 200\ \mathrm{N/mm^2}$
	Höhere Beanspruchung	Stahlguss oder Schweißkonstruktionen, z.T. oberflächengehärtet mit $R_m > 200\ \mathrm{N/mm^2}$ (GS, 42 CrMo 4, Sphäroguss, Meehanite)
Sonderkettenräder	Lebensmittel- und chemische Industrie sowie für besondere Laufruhe oder Betrieb ohne Schmierung	Rostfreie Werkstoffe, Sintermetalle, Kunststoffe: Phenolharze und glasfaserverstärkte Polyamide

Tabelle 22.31: Werkstoffe für Kettenräder nach [22.59], [22.98]

22.3.3 Allgemeine Gestaltungs- und Betriebshinweise

Ausgehend von den Grundbauarten der Ketten und zugehörigen Räder beeinflusst im Weiteren die konstruktive Gestaltung die Genauigkeit der Übertragung und die Gleichmäßigkeit der Übersetzung, die Laufruhe und Empfindlichkeit gegen Schwingungen, die Geräuschentstehung, die Lebensdauer, die Empfindlichkeit gegen äußere Einflüsse wie Schmutz und Fremdkörper sowie den Wirkungsgrad eines Kettengetriebes.

Grundvoraussetzung für einen störungsfreien Betrieb von Kettengetrieben ist die fluchtende Anordnung der schlagfrei laufenden Kettenräder. Weiterhin sollte die Kettenführung gemäß Abbildung 22.37 waagerecht oder geneigt mit einem größten Neigungswinkel von $\delta < 60°$ und jeweils oben liegendem Zugstrang (Lasttrum) erfolgen, wobei ein besonders ruhiger Lauf für Trumneigungen von $\delta = 30 \ldots 40°$ zu beobachten ist. Im Gegensatz dazu sind senkrechte Anordnungen gemäß Abbildung 22.38 immer schwingungsanfällig und lassen sich störungsfrei nur mit zusätzlichen Spann- und Führungseinrichtungen betreiben, die die Kette stützen und auftretende Schwingungen dämpfen.

Da sich mit diesen Spann- und Führungseinrichtungen Achsabstandsabweichungen sowie verschleiß- und temperaturbedingte Längenänderungen ausgleichen lassen, werden üblicherweise alle Kettengetriebe mit einer Spann- oder Führungseinrichtung versehen, obwohl Kettengetriebe im Hinblick auf das Kraftübertragungsprinzip eigentlich keine Vorspannung benötigen. Während man bei Ketten mit kleiner Teilung Spannbänder und Leitschienen verwendet, können bei großen Achsabständen mehrere Stützräder, Stützrollen oder Stützschienen entsprechend Abbildung 22.38 erforderlich sein. Bei den Leitschienen ist zu berücksichtigen, dass sie im Abstand von 0,5 bis 1 mm zur laufenden Kette angeordnet werden, sodass bei ruhigem Kettenlauf die Leitschiene nicht berührt wird. Grundsätzlich ist die Spanneinrichtung am Leertrum, bevorzugt in der Nähe des treibenden Rades, anzubringen, wobei die erforderliche Spannkraft durch Gewichtsbelastung, Federn sowie hydraulische oder pneumatische Vorrichtungen erzeugt werden kann. Weiterhin ist zu berücksichtigen, dass außen angeordnete Spannräder und -vorrichtungen den Umschlingungswinkel an den Kettenrädern vergrößern und damit zu einer günstigeren Lastverteilung bei der Kraftübertragung führen.

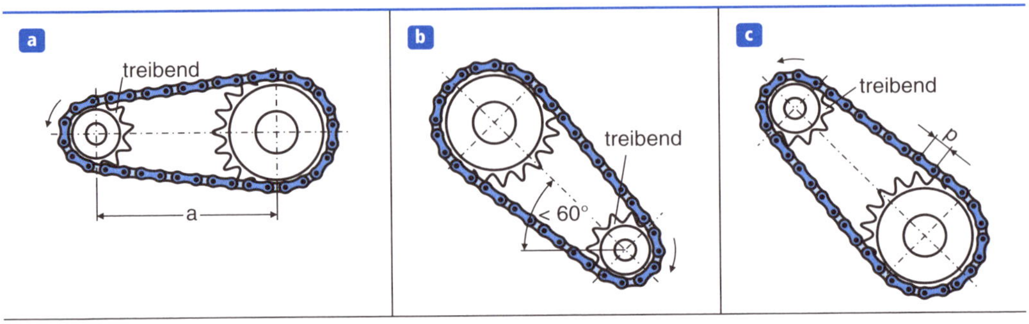

Abbildung 22.37: Günstige Wellenanordnungen bei Kettengetrieben [22.4]

Sofern die Kettenspanneinrichtung nicht nachgebend ausgeführt ist, muss wegen des Polygoneffektes und der damit verbundenen Längenänderung der Trume ein entsprechender Durchhang für einen einwandfreien Kettenumlauf vorgesehen werden.

Im Hinblick auf einen einwandfreien Betrieb sollte der erforderliche Durchhang im Leertrum von Kettengetrieben mit und ohne Spannvorrichtung ungefähr 1 bis 2 % der Trumlänge betragen. Dieser Durchhang und die zugehörige Vorspannung der Kette sind regelmäßig zu kontrollieren. Erfolgt die Kettenspannung über ein Spannrad, so sollte dieses insbesondere bei Geschwindigkeiten $v > 7$ m/s als vollständiges Kettenzahnrad mit 17 bis 25 Zähnen ausgebildet sein, wobei die Führung über mindestens drei Zähne erfolgen sollte. Bei Geschwindigkeiten bis $v = 1$ m/s genügen auch einfach profilierte Räder.

Ergänzend zu den Kettenspannvorrichtungen können bei großen Achsabständen und großen (schweren) Ketten auch Stützräder oder Gleitschienen gemäß Abbildung 22.38 zur Stützung der Kette erforderlich sein, wobei die Gleitschienen am Leertrum unterbrochen auszuführen sind, damit Längenänderungen der Kette durch Temperatureinflüsse und Verschleiß ausgeglichen werden können.

Abschließend sei noch das einfache Prinzip des als Roll-Ring bezeichneten Kettenspanners erwähnt. Hierbei handelt es sich um ein kreisrundes, verzahntes, elastisches Bauelement, welches durch Zusammendrücken zu einer Ellipse zwischen den beiden Trumen eingesetzt wird, wobei die Verspannung dann dadurch entsteht, dass der Roll-Ring wieder in die Kreisform zurückfedert. Die Auslegung dieses besonderen Elementes erfolgt durch den Hersteller.

In direktem Zusammenhang mit dem erforderlichen Kettendurchhang steht auch die verschleißbedingte Längung der Kette, wobei die zulässigen Werte in Tabelle 22.32 zusammengestellt sind.

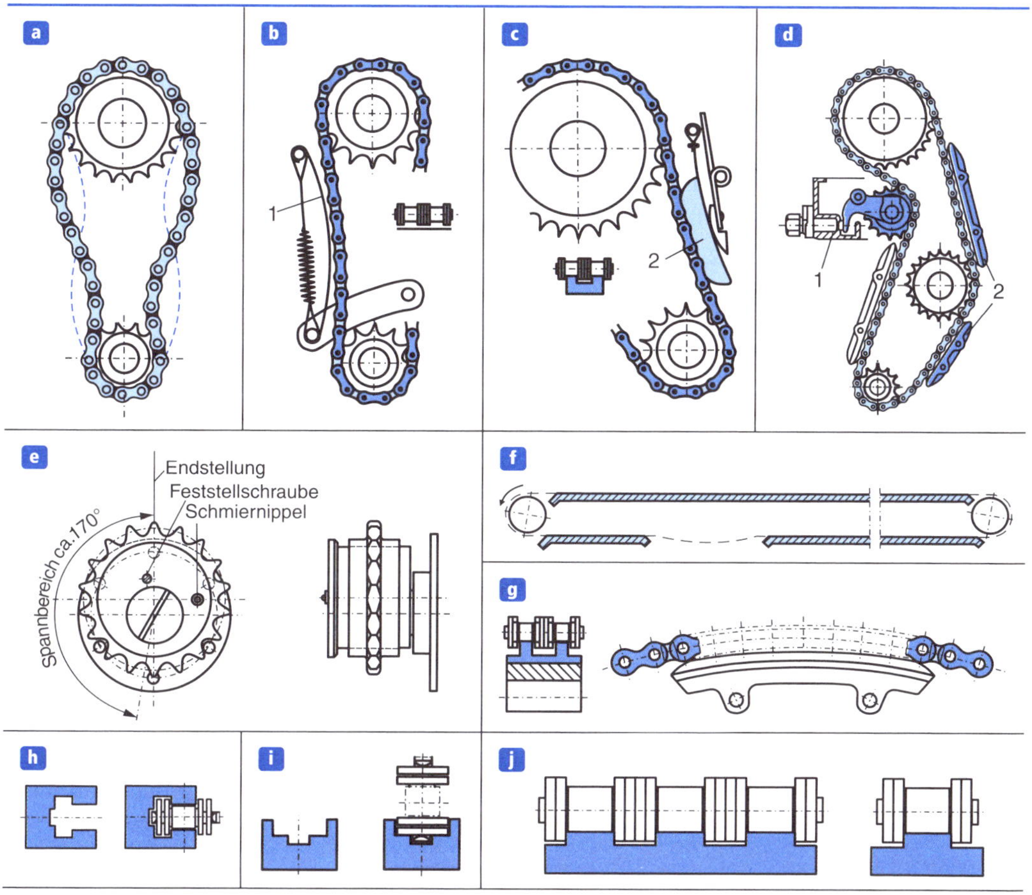

Abbildung 22.38: Möglichkeiten zur Kettenführung und Kettenspannung bei Kettengetrieben – a) Ungünstige Anordnung, b) Spannband, c) Spannschuh, d) Spannvorrichtung mit hydraulischer Dämpfung, e) Kettenspannexzenter, f) Gleitschiene, g) Gleitschiene, h) Gleitschienen bei waagerecht oder senkrecht stehenden Kettenradwellen, i) Gleitschienen bei senkrecht stehenden Kettenradwellen, j) Gleitschienen zur horizontalen Kettenführung [22.4], [22.59], [22.91]

Anordnung	Geschwindigkeit	Zul. Längung	Geschwindigkeit	Zul. Längung
Achsabstand fest	$v > 4$ m/s	0,8 %	$v < 4$ m/s	1,5 %
Achsabstand nachstellbar	$v > 16$ m/s	1,5 … 2 %	$v < 16$ m/s	3,0 %

Tabelle 22.32: Anhaltswerte für die zulässige Kettenlängung

Sobald die zulässige Kettenlängung gemäß Tabelle 22.32 überschritten wird, muss die Kette ausgewechselt werden, wobei auch die Kettenräder zu erneuern sind, da unter keinen Umständen eine neue Kette auf abgenutzte Kettenräder aufgelegt werden darf. Weitere Anhaltswerte zu zulässigen Kettendehnungen – insbesondere für fördertechnische Anwendungen – sind der weiterführenden Literatur zu entnehmen [22.111].

Im Weiteren lässt sich aus der zulässigen Kettenlängung auch eine maximal zulässige Zähnezahl der Kettenräder ableiten, bis zu der eine fehlerfreie Bewegungs- und Kraftübertragung zwischen Rad und Kette noch stattfinden kann. Wie bereits eingangs erwähnt, tritt an den Bolzen und Buchsen, bedingt durch das Abknicken der Kettenglieder beim Auf- und Ablaufen am Kettenrad, entsprechender Verschleiß auf. Dabei werden die Randschichten der Gelenke abgetragen, sodass gemäß Abbildung 22.39 ein vergrößertes Gelenkspiel auftritt und damit die Länge der Kette zunimmt.

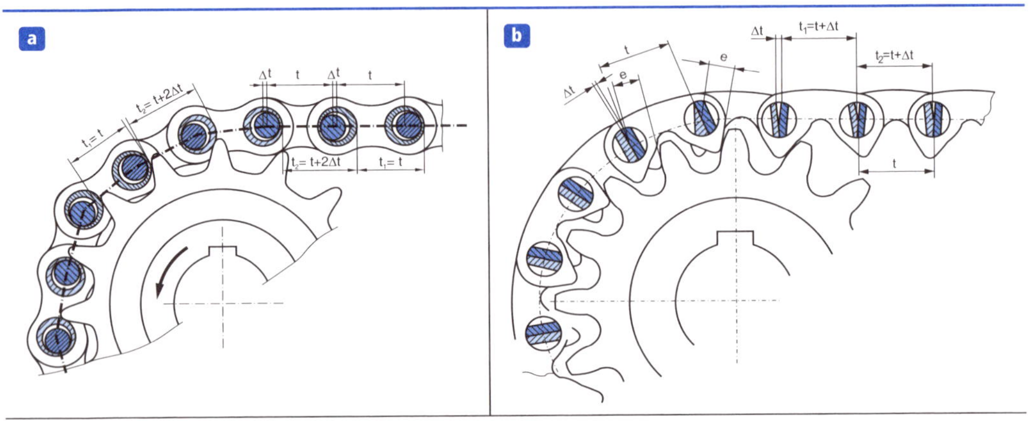

Abbildung 22.39: Verschleißlängung – a) Rollenkette, b) Zahnkette nach [22.59]

Mit X als Anzahl der Kettenglieder und Δp als mittlerer Zunahme der wirksamen Teilung ergibt sich die Längenzunahme der Kette ΔL, sodass die Kette das Rad nicht mehr im theoretischen Teilkreisdurchmesser d_0, sondern im größeren Wirkdurchmesser d_w umschlingt:

$$\Delta L = \Delta p \cdot X \quad \text{und} \quad d_w = \frac{d \cdot (p + \Delta p)}{p} = d \cdot \left(1 + \frac{\Delta p}{p}\right) > d_0 \tag{22.103}$$

Bei Ketten mit unterschiedlichem Aufbau der Glieder (z.B. Außen- und Innenglieder bei Buchsen- und Rollenketten) ergibt sich zwangsläufig ein unterschiedlicher Verschleiß mit demzufolge unterschiedlichem Einfluss auf die Veränderung der Teilung der Außen- und Innenglieder. Hierdurch bedingt entsteht eine ungleichmäßige Auflage der Kettenglieder, die zu einer ungleichmäßigen Beanspruchung der Kettenradzähne und damit einhergehend zu einem unruhigen Lauf führt.

Somit gilt für Rollenketten, dass die wirksame Teilung p_1 für das Innenglied fast unverändert bleibt, während die Teilung des Außengliedes um $2 \cdot \Delta p$ zunimmt:

$$\frac{p_1 + p_2}{2 \cdot p} = 1 + \frac{\Delta p}{p} \quad \text{mit} \quad p_1 = p \quad \text{und} \quad p_2 = p + 2 \cdot \Delta p \tag{22.104}$$

Im Gegensatz dazu bleiben bei Zahnketten die Teilungen von Glied und Nachbarglied wegen des gleichen Aufbaus auch bei Verschleiß gleich groß, was zu einem ruhigeren Lauf der Kette führt:

$$\frac{p_1 + p_2}{2 \cdot p} = 1 + \frac{\Delta p}{p} \quad \text{mit} \quad p_1 = p_2 = p + \Delta p \tag{22.105}$$

Die Grenze der Teilungsvergrößerung Δp wird dann erreicht, wenn der Auflagepunkt der Kettenglieder auf den Zahnflanken des Kettenrades den Kopfkreisdurchmesser d_a gemäß Abbildung 22.35 und Abbildung 22.36 überschreitet, weil der wirksame Teilkreisdurchmesser d_w folgenden Wert annimmt:

$$d_w = d \cdot \left(1 + \frac{\Delta p}{p}\right) \geq d + d_R \cdot \sin\gamma \tag{22.106}$$

Hierin bezeichnen d_R den Durchmesser der Rolle und γ den Flankenwinkel am Übergang vom Rollenbettradius zur Zahnflanke (s.a. Abbildung 22.36).

Somit verlagert sich die Kette aufgrund der Vergrößerung der Kettenteilung um Δp und um die Änderung Δd des Durchmessers nach außen, wobei dieser Wert mit zunehmender Zähnezahl z des Kettenrades größer wird:

$$\Delta d = \frac{\Delta p}{\sin\frac{\pi}{z}} \tag{22.107}$$

Damit ergeben sich abhängig von den Verschleißlängungen nach Tabelle 22.32 entsprechende Grenzwerte der Zähnezahlen, wobei für kleinere Zähnezahlen grundsätzlich größere Kettenlängungen zulässig sind. Lässt man beispielsweise nur eine Kettenlängung von 1,25 % zu, so ergeben sich für die Kettenradverzahnungen als Grenzwerte z_{max} = 120 für Rollen- und Buchsenketten und z_{max} = 140 für Zahnketten.

Hinsichtlich des günstigsten Wellenabstandes a für ein Zweiräder-Kettengetriebe unter normalen Betriebsbedingungen mit einem Umschlingungswinkel am Ritzel von mindestens $\beta_1 \geq 120°$, am Rad von maximal $\beta_2 \leq 180°$ und mit nicht mehr als 40 Zähnen im Eingriff, gilt abhängig von der Teilung p (Kettengliedlänge) folgender Zusammenhang:

$$\text{Alle Kettengetriebe, außer Zahnkettengetriebe: } p \cdot (30 \ldots 50) \leq a \leq p \cdot (80 \ldots 100) \tag{22.108}$$

$$\text{Zahnkettengetriebe: } a \leq p \cdot 70 \tag{22.109}$$

Dabei ist zu beachten, dass der Normachsabstand, mit dem üblicherweise die Auslegung eines Kettengetriebes gemäß Abschnitt 22.3.5 vorgenommen wird, $a_{Norm} = 40 \cdot p$ beträgt. Sofern dennoch größere Achsabstände überbrückt werden sollen, ist zu berücksichtigen, dass bereits innerhalb kurzer Betriebszeiten ein starker Durchhang sowie ruckartiger Lauf auftreten. Demgegenüber laufen Kettengetriebe mit kleinen Wellenabständen insgesamt ruhiger.

Umgekehrt gilt für den Mindestachsabstand a_{min} abhängig von den Kopfkreisdurchmessern d_{a1} des Ritzels und d_{a2} des Rades:

$$a_{min} = \frac{1}{2} \cdot (d_{a1} + d_{a2}) + (30 \ldots 50\ \text{mm}) \tag{22.110}$$

In allen Fällen ist eine zusätzliche Verstellmöglichkeit des Achsabstandes von $1{,}5 \cdot p$ durch Verschieben eines Kettenrades oder entsprechender Spannsysteme gemäß Abbildung 22.38 vorzusehen.

Mithilfe des gewählten Achsabstandes a, der Zähnezahlen z_1 und z_2 von Ritzel und Rad sowie der Teilung p lässt sich die Gliederzahl X einer Kette bestimmen zu:

$$X = \frac{2 \cdot a}{p} + \frac{1}{2} \cdot (z_1 + z_2) + \frac{p}{a} \cdot \left(\frac{z_2 - z_1}{2 \cdot \pi} \right)^2 \qquad (22.111)$$

Davon abweichend empfiehlt sich für Hochleistungszahnketten im Hinblick auf einen möglichst verschleißarmen Betrieb eine Mindestgliederzahl X, da eine zu kleine Gliederzahl zu einer größeren Häufigkeit des Abwinkelns und damit zu mehr Verschleiß führt:

$$X > 1{,}5 \cdot (z_1 + z_2) \qquad (22.112)$$

In jedem Fall ist für die meisten Kettenbauarten eine gerade Gliederzahl X anzustreben, um gekröpfte Verbindungsglieder zu vermeiden. Insbesondere hoch ausgelastete Ketten würden aufgrund der gekröpften Glieder in der Tragfähigkeit auf 80 % abgemindert.

Sofern die endgültige Gliederzahl X festliegt, lassen sich der tatsächliche Achsabstand a und die Kettenlänge L ohne Durchhang (mit Durchhang $L_w = 1{,}001 \cdot L$) bestimmen [22.98]:

$$a = \frac{p}{4} \cdot \left[\left(X - \frac{z_1 + z_2}{2} \right) + \sqrt{\left(X - \frac{z_1 + z_2}{2} \right)^2 - 2 \cdot \left(\frac{z_2 - z_1}{\pi} \right)^2} \right] \quad \text{und} \quad L = X \cdot p \qquad (22.113)$$

In vergleichbarer Weise ist auch vorzugehen, wenn ein Kettentrieb über mehr als zwei Räder verfügt. Häufig ist im Gegensatz zur analytischen Bestimmung die grafische Ermittlung der Kettenlänge einfacher, indem man die Teillängen l_i der geraden Trume und die Bogenlängen b_i über dem jeweiligen Umschlingungswinkel α_i an den Kettenrädern mit den Radien r_i aufsummiert:

$$L \approx \sum l_i + \sum b_i \quad \text{mit} \quad b_i = r_i \cdot arc\ \alpha_i \qquad (22.114)$$

Unter Verwendung der Teilung p ergibt sich die erforderliche Gliederzahl X der Kette zu:

$$X \approx \frac{L}{p} \qquad (22.115)$$

Abhängig von der Ritzeldrehzahl n, der Ritzelzähnezahl z und der Teilung p gilt für die Kettengeschwindigkeit v (Umfangsgeschwindigkeit):

$$v = n \cdot z \cdot p \qquad (22.116)$$

Diese Kettengeschwindigkeit sollte im Hinblick auf einen problemlosen Betrieb mit möglichst geringem Verschleiß und vertretbarem Fliehkrafteinfluss sowie unter der Maßgabe der Zähnezahlen gemäß Tabelle 22.30 für das Ritzel bei Rollenketten $v = 12$ m/s und bei Zahnketten $v = 16$ m/s nicht überschreiten. Bei entsprechend hoher Fertigungsgenauigkeit und sorgfältiger Schmierung sowie Wartung sind auch $v = 30$ m/s und für Zahnketten $v = 40$ m/s möglich, wobei die Teilung $p < 12{,}7$ mm und die Ritzelzähnezahl $z > 35$ sein sollte.

Ergänzend zur bestmöglichen Geometrie sind Schmierung und Wartung zur Erzielung hoher Lebensdauer von Kettengetrieben notwendig. So wird die überwiegende Anzahl der Ausfälle von Kettengetrieben durch unzureichende Schmierung und Wartung verursacht, da bedingt durch eine unzureichende Schmierung gemäß Abbildung 22.40 die Reibung und der Verschleiß in den Kettengelenken von Rollen-, Buchsen- und Zahnketten stark ansteigen.

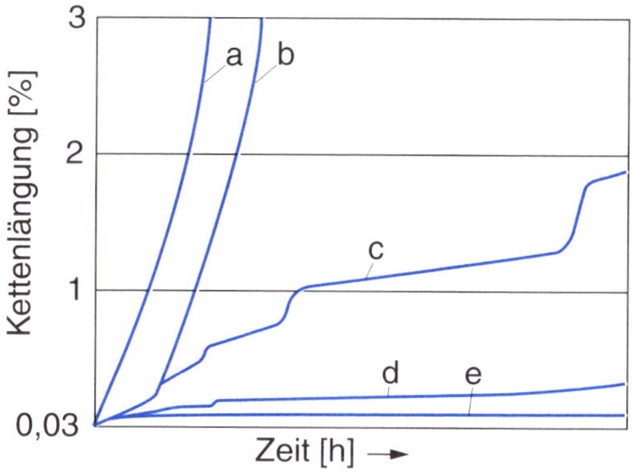

Bei a) und b) sollte die Gelenkflächenpressung kleiner als 4 N/mm^2, bei c) kleiner als 15 N/mm^2 sein.

a Trockenlauf der Kette mit starkem Verschleiß und Reibkorrosion in den Gelenken, zum Teil auch Versteifen der Gelenke und Bruch

b Erstschmierung durch den Hersteller ohne weitere Nachschmierung mit schnellem Schmierstoffverbrauch und anschließendem Verschleiß

c Zeitweiliger Trockenlauf mit deutlich verschleißminderndem Einfluss des Schmiermittels

d Unzureichender Schmierzustand durch ungeeignetes, minderwertiges, verschmutztes oder zu wenig Schmiermittel. Ungleichmäßiger Verschleiß mit Riefen oder Anlassfarben wegen örtlich hoher Temperaturen auf den Gleitflächen der Bolzen

e Optimale Schmierverhältnisse mit geringem Gelenkflächenverschleiß, kaum Verunreinigungen durch Abrieb und geringer Verschleißlängung

Abbildung 22.40: Kettenlängung als Folge des Verschleißes abhängig von Schmierung und Betriebsdauer nach [22.59], [22.60], [22.61], [22.63]

Demzufolge sollten alle gleitenden Kettenteile in jedem Betriebszustand mit einer ausreichenden Menge Schmierstoff versehen sein. Hierzu kommen hauptsächlich kalkverseifte Fette mit etwa 70 °C Tropfpunkt, Fließfette mit Zusätzen MoS_2 oder Schmieröle für Getriebe oder Motoren in Betracht.

Die Auswahl des geeigneten Schmierstoffes hängt gemäß Tabelle 22.33 im Wesentlichen von der Betriebstemperatur ab, während sich das Schmierverfahren entsprechend Abbildung 22.41 nach der Baugröße der Kette (Teilung) und den Betriebsbedingungen in Form der Kettengeschwindigkeit richtet. Üblicherweise verwendet man bei niedrigen Temperaturen einen niedriger viskosen und bei höheren Temperaturen einen höher viskosen Schmierstoff. Ferner ist bei niedrigen Geschwindigkeiten weniger und bei höheren Geschwindigkeiten mehr Schmierstoff einzusetzen.

Umgebungstemperatur	$-5 < t < +25$ °C	$-25 < t < +45$ °C	$-45 < t < +65$ °C
ISO VG nach DIN 51519	100	150 ... 220	220 ... 320
SAE nach DIN 51511	30	40	50

Tabelle 22.33: Viskositätsklasse von Schmiermitteln für Ketten nach DIN 8195 [22.39]

Im einfachsten Fall der gering belasteten Kette wird bei der periodischen Handschmierung das Öl bei stehender Kette (nach vorheriger Reinigung) mittels Ölkanne, Pinsel oder Sprühdose auf die Innenseite des Leertrums aufgetragen, damit es alle gegeneinander bewegten Kettenelemente erreichen kann. Bei Fettschmierung ist die Kette solange in fließfähig erwärmtes Fett zu legen, bis alle Gelenke ausreichend mit Fett gefüllt sind.

Zur Tropfschmierung bei mittlerer Belastung werden Tropföler eingesetzt, die in gleichmäßigen Zeitabständen das Öl tropfenweise an die Ketteninnenseite abgeben. Zur Vermeidung von Ölverlust und Verunreinigung des Umfeldes durch Schleuderwirkung sind entsprechende Schutzgehäuse oder Ölauffangvorrichtungen vorzusehen.

Bei hoher Belastung lässt sich in geschlossenen Getriebegehäusen im einfachsten Fall die Tauchschmierung anwenden. Dabei darf gemäß Abbildung 22.41 die Kette nur bis zur Bolzenmitte in das Ölbad eintauchen, um Planschverluste und die damit einhergehende Erwärmung nicht zu hoch werden zu lassen. Durch zusätzliche Verwendung einer Schleuderscheibe auf der unteren Kettenradwelle in Verbindung mit Tropfleisten am Schutzkasten lässt sich die Schmierung der Kette weiter verbessern.

Bei höherer und höchster Belastung ist die Druckumlaufschmierung das wirkungsvollste Schmierverfahren. Hierbei wird über Spritzdüsen ein dem Bedarf entsprechend einstellbarer gleichmäßiger Ölstrom am Leertrum auf die Ketteninnenseite geleitet. Wie bei allen Druckumlaufschmierungen kann das ständig gefilterte Öl dabei zusätzlich zur Schmierung auch noch zur Kühlung von Verlustleistung verwendet werden.

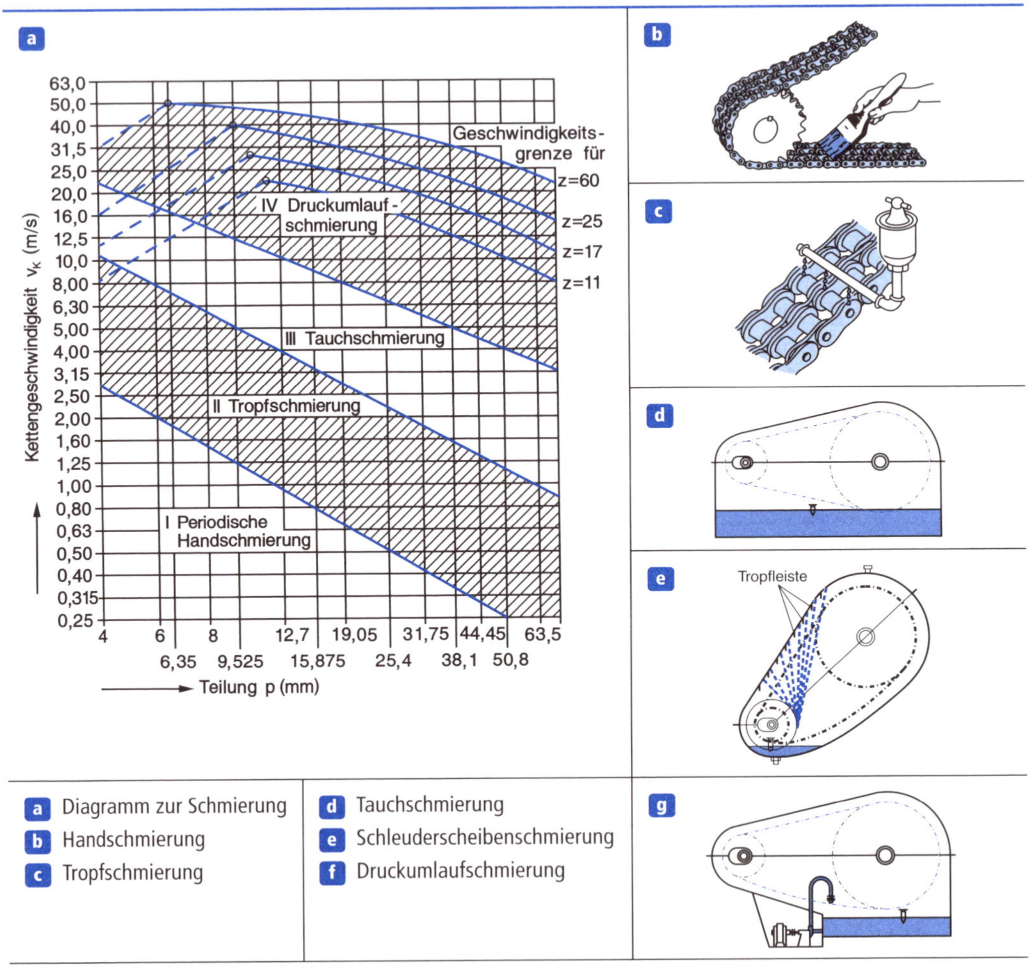

a Diagramm zur Schmierung
b Handschmierung
c Tropfschmierung
d Tauchschmierung
e Schleuderscheibenschmierung
f Druckumlaufschmierung

Abbildung 22.41: Schmierempfehlungen abhängig von Kettenteilung und Kettengeschwindigkeit [22.2], [22.4]

Im Gegensatz zur Stahlkette kommt eine für geringere Belastung geeignete Kette mit Kunststoffgleitlagern ohne Dauerschmierung aus.

Neben der belastungsgerechten Schmierung sollte die Wartung von Kettengetrieben eine regelmäßige Kontrolle des Verschleißzustandes der Kettengelenke umfassen, wobei schadhafte Glieder umgehend auszutauschen sind. Bei Kettengetrieben mit verstellbarem Wellenabstand besteht die Möglichkeit, die Kettenverschleißlängung durch eine Vergrößerung des Wellenabstandes auszugleichen. Dabei ist der Verstellweg ausreichend groß zu wählen, damit bei einer erforderlichen Kettenkürzung zwei Glieder entfernt werden können, um wieder eine ganze Gliederzahl zu erreichen. Hierzu ist ein Verstellweg von ungefähr 1,2-facher Teilung notwendig, um die gekürzte Kette wieder leicht auflegen zu können. Oftmals lässt sich bei sehr kleinen Wellenabständen die Kette nur um ein Glied kürzen, sodass sich dann die Nachteile eines gekröpften Kettengliedes (Kettenschwächung) ergeben. In derartigen Fällen ist ein Verstellweg von 0,6-facher Teilung ausreichend. Bei vollständiger Erneuerung einer verschlissenen Kette gilt der Grundsatz, dass eine neue Kette niemals auf abgenutzte Räder aufgelegt werden darf.

Bei in Gehäusen geschützten Kettengetrieben ist meistens eine jährliche Reinigung des Ölbehälters mit Erneuerung der Ölfüllung ausreichend. Dabei sollten die Gehäuse so klein wie möglich sein und über ausreichende Montage- und Inspektionsöffnungen verfügen. Um ein Anschlagen oder Anstreifen der Kette an der Gehäusewand zu vermeiden, sollte der Abstand der Gehäuseinnenwand zum Kettenstrang $s = p + 30$ mm betragen, wobei p die Teilung bezeichnet. Insbesondere bei Hochleistungsantrieben sind weitere Herstellerangaben zu berücksichtigen.

Bei der Stillsetzung eines Kettengetriebes über einen längeren Zeitraum sind die Kette und die Kettenräder zu reinigen und zu konservieren.

22.3.4 Berechnungsgrundlagen – Polygoneffekt und Kräfte am Kettengetriebe

Ausgehend von den bereits behandelten geometrischen Grundlagen und Abmessungen von Kette und Rad werden nachfolgend die wichtigsten Berechnungsgrundlagen zusammengestellt, wobei insbesondere auf den Polygoneffekt als kinematische Besonderheit des Kettengetriebes und die Kräfte am Kettentrieb eingegangen wird.

Im Gegensatz zu Riemen legen sich Ketten in Form eines Vielecks (Polygons) um die Kettenräder, weshalb bei konstanter Winkelgeschwindigkeit am Antriebsritzel eine ungleichmäßige Abtriebsbewegung entsteht. Gemäß Abbildung 22.42 schwankt der wirksame Durchmesser am Kettenrad zwischen d und $d \cdot \cos(\tau / 2)$ mit τ als Teilungswinkel des Kettenrades.

Beschreibt man nun die Stellung des Kettenrades mit dem Winkel φ, dann umfasst der Eingriffsvorgang eines Gelenkpunktes entsprechend Abbildung 22.43 den Bereich von $\varphi = -\tau / 2$ bis $\varphi = \tau / 2$. Bedingt durch diese Polygonform erfährt die Kette bei gleichmäßigem Antrieb mit $\omega = \text{const.}$ in Trumrichtung und auch senkrecht dazu eine ungleichmäßige Bewegung, die sich durch die Koordinaten s_φ und s_v beschreiben lässt [22.94].

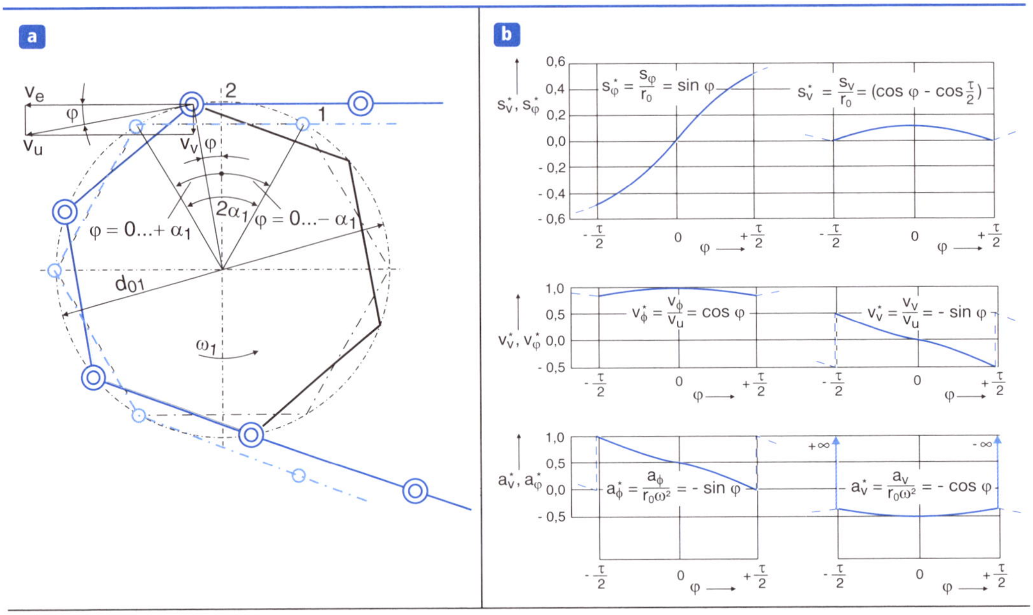

Abbildung 22.42: Auswirkung des Polygoneffektes auf die Kettenbewegung bei konstanter Drehzahl – a) Geometrische Verhältnisse, b) Wege, Geschwindigkeiten und Beschleunigungen

Durch Differenzieren der Gleichungen aus Abbildung 22.43 ergeben sich die Geschwindigkeiten der Kette in Trumrichtung und senkrecht dazu wie folgt:

$$v_\varphi = \frac{ds_\varphi}{dt} = r_0 \cdot \cos\varphi \cdot \frac{d\varphi}{dt} \quad \text{und} \quad v_v = \frac{ds_v}{dt} = -r_0 \cdot \sin\varphi \cdot \frac{d\varphi}{dt} \tag{22.117}$$

Unter Einbeziehung der Umfangsgeschwindigkeit v_u des Gelenkpunktes auf dem Kettenrad ergibt sich dann folgender Zusammenhang:

$$v_\varphi = v_u \cdot \cos\varphi \quad \text{und} \quad v_v = -v_u \cdot \cos\varphi \quad \text{mit} \quad v_u = r_0 \cdot \omega \quad \text{und} \quad \omega = \frac{d\varphi}{dt} \tag{22.118}$$

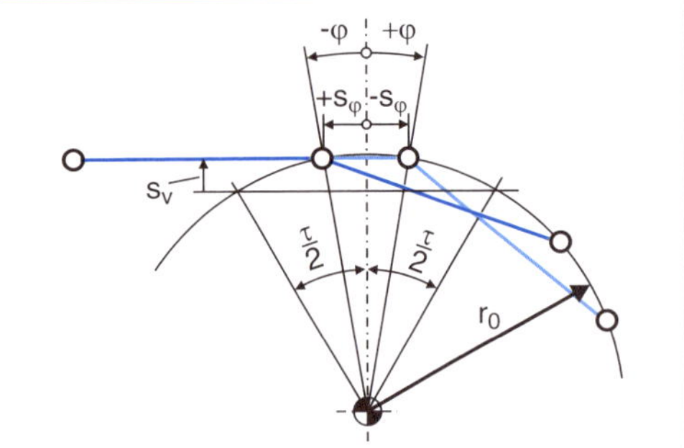

Die Koordinaten s_φ und s_v beschreiben die Bewegung des Eingriffspunktes in Trumrichtung und senkrecht dazu:

$$s_\varphi = r_0 \cdot \sin\varphi \tag{22.119}$$

$$s_v = r_0 \cdot \left(\cos\varphi - \cos\frac{\tau}{2}\right) \tag{22.120}$$

Abbildung 22.43: Wegkoordinaten des Trumführungspunktes

Verwendet man weiterhin die folgenden geometrischen Beziehungen zwischen Teilung p, Radius r_0, Teilungswinkel τ und Zähnezahl z, so ergibt sich die momentane Geschwindigkeit der Kette in Trumrichtung zu:

$$\sin\frac{\tau}{2} = \frac{p}{2\cdot r_0} \quad \text{und} \quad \tau = \frac{2\cdot\pi}{z} \tag{22.121}$$

$$v_\varphi = v_u \cdot \cos\varphi = r_0 \cdot \omega \cdot \cos\varphi = \frac{p\cdot\omega\cdot\cos\varphi}{2\cdot\sin\frac{\tau}{2}} = \frac{p\cdot\omega}{2\cdot\sin\frac{\pi}{z}}\cdot\cos\varphi \tag{22.122}$$

Hieraus lassen sich für die Maximalstellungen der jeweiligen Winkellage φ die Extremwerte $v_{\varphi min}$ und $v_{\varphi max}$ sowie die Differenz Δv der Geschwindigkeiten bestimmen:

$$v_{\varphi min} = r_0 \cdot \omega \cdot \cos\left(\pm\frac{\pi}{2}\right) \quad \text{für} \quad \varphi = \pm\frac{\pi}{2} \quad \text{und} \quad v_{\varphi max} = r_0 \cdot \omega = v_u \quad \text{für} \quad \varphi = 0 \tag{22.123}$$

$$\Delta v = v_{\varphi max} - v_{\varphi min} = v_u \cdot \left(1 - \cos\frac{\tau}{2}\right) \tag{22.124}$$

Durch Differenzieren des Gleichungssatzes (22.118) lässt sich die Beschleunigung der Kette ermitteln:

$$d\varphi = \frac{dv_\varphi}{dt} = \frac{d\varphi}{dt}\cdot v_u \cdot \cos\varphi = r_0 \cdot \omega \cdot \frac{d\varphi}{dt}\cdot\cos\varphi = -r_0\cdot\omega\cdot\sin\varphi\frac{d\varphi}{dt} = -r_0\cdot\omega^2\cdot\sin\varphi \tag{22.125}$$

Für die Extremwerte der $a_{\varphi,max,min}$ der Kettenbeschleunigung in Trumrichtung gilt:

$$a_{\varphi,max,min} = \frac{p}{2}\cdot\omega^2 = 2\cdot p\cdot(\pi\cdot n)^2 \quad \text{mit} \quad \varphi = \pm\frac{\pi}{2}, \quad r_0\cdot\sin\frac{\tau}{2} = \frac{p}{2} \quad \text{und} \quad \omega = 2\cdot\pi\cdot n \tag{22.126}$$

Demzufolge hängen die Extremwerte der Kettenbeschleunigung quadratisch von der Drehzahl n und linear von der Teilung p ab, sodass mit Zunahme der Teilung p auch die Beschleunigungssprünge zu Beginn und am Ende des Eingriffs größer werden. Die Beschleunigungsverhältnisse des Trumführungspunktes senkrecht zur Trumrichtung lassen sich in vergleichbarer Form herleiten, Abbildung 22.42.

Weiterhin folgt aus dem Polygoneffekt, dass sich auch das Übersetzungsverhältnis periodisch ändert, wobei jedoch das mittlere Übersetzungsverhältnis nach Gleichung (22.2) konstant bleibt. Diese periodische Ungleichmäßigkeit der Drehbewegung zwischen An- und Abtriebswelle lässt sich durch den Ungleichmäßigkeitsgrad δ gemäß Abbildung 22.44 beschreiben.

Dabei verursacht die Ungleichförmigkeit der Kettenbewegung nicht nur einen unruhigen Lauf und im Resonanzbereich Längs- und Querschwingungen der Kette, sondern sie führt aufgrund der ständigen Massenbeschleunigung und -verzögerung – insbesondere bei höheren Geschwindigkeiten – zu erheblichen Zusatzkräften und damit zu einer erhöhten Beanspruchung der Kette. Doch selbst bei langsamen Kettengeschwindigkeiten, wie sie z.B. bei den Raupenfahrwerken von Tagebaugroßgeräten mit 20 m/min vorkommen, haben derartige Zusatzkräfte aus dem Polygoneffekt zu Schäden an der Stahlbaustruktur der Geräte geführt. Ebenso musste die aus Platzgründen verringerte Kettenteilung einer großen und langen Fahrtreppe für eine U-Bahn wieder auf das alte Maß geändert werden, da sich aus Kettengeschwindigkeit und Teilung eine Anregungsfrequenz ergab, die unglücklicherweise der Resonanzfrequenz von Speiseröhre und Magen des Menschen entsprach.

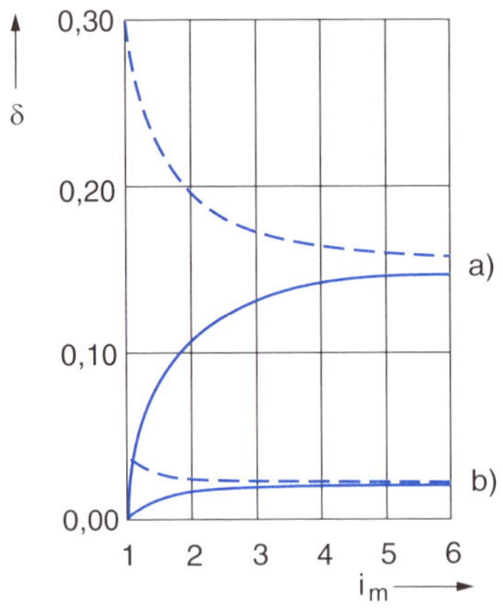

Für den Ungleichmäßigkeitsgrad δ zwischen An- und Abtriebswelle gilt:

$$\delta = \frac{\omega_{2,max} - \omega_{2,min}}{\omega_{2,m}} \tag{22.127}$$

Der kleinste Ungleichmäßigkeitsgrad ergibt sich, wenn das Lasttrum aus einem ganzzahligen Vielfachen der Teilung besteht (durchgezogene Linie). Mit zunehmender mittlerer Übersetzung i_m wird dieser Unterschied zwischen Kettengetrieben mit einer dem ganzzahligen Vielfachen entsprechenden Länge des Lasttrums und solchen, deren Lasttrumlänge aus einer ganzen Gliederzahl und einem halben Glied zusätzlich besteht, immer geringer.

Für $i_m = 1$ ($z_1 = z_2$) wird $\delta = 0$, d.h. die Bewegung der Antriebswelle wird synchron auf die Abtriebswelle übertragen. Ebenso verringert sich die Ungleichförmigkeit δ mit größerer Zähnezahl des Ritzels. So liegt für $z = 16$ die Ungleichförmigkeit unter 2 %.

Abbildung 22.44: Ungleichmäßigkeitsgrad abhängig von der mittleren Übersetzung für die Zähnezahlen $z = 6$ und $z = 20$ am kleinen Kettenrad

Betrachtet man nun im Weiteren gemäß Abbildung 22.45 die Kräfte am Kettengetriebe, so gilt in Erweiterung von Gleichung (22.3) unter Einbeziehung des oben beschriebenen Polygoneffektes folgender Zusammenhang zur Berechnung der Umfangszugkraft F_u in der Kette (Nutzkraft im Lasttrum) mit M_t als dem zu übertragenden Drehmoment, r_0 als Teilkreisradius des Kettenrades und dem Drehwinkel φ als laufender Koordinate des Trumführungspunktes mit $-\tau / 2 \leq \varphi \leq \tau / 2$:

$$F_u(\varphi) = \frac{M_t}{r_0 \cdot \cos\varphi} \quad \text{mit} \quad F_{u,max}\left(\varphi = \frac{\tau}{2}\right) = \frac{M_t}{r_0 \cdot \cos\frac{\tau}{2}} \quad \text{und} \quad F_{u,min}(\varphi = 0) = \frac{M_t}{r_0} \tag{22.128}$$

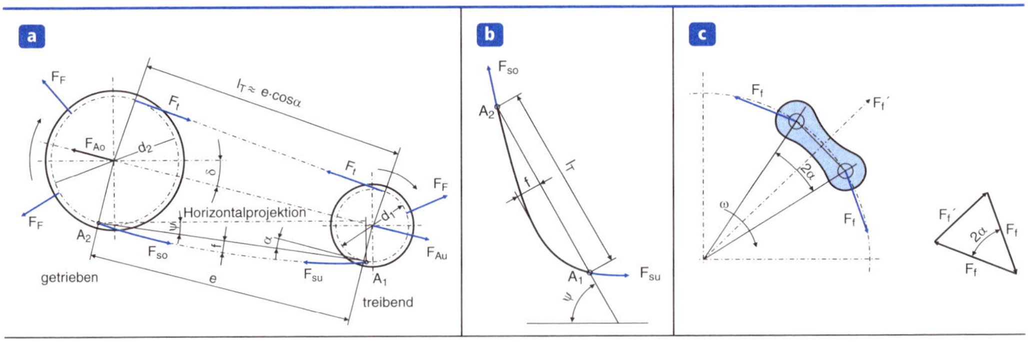

Abbildung 22.45: Kräfte an der Kette und den Kettenrädern – a) Übersicht aller Kräfte, b) Stützzugkraft, c) Fliehkraft

Bedingt durch den Polygoneffekt müsste man eigentlich mit einer mittleren Umfangszugkraft $F_{u,m}$ rechnen, die sich durch Integration der Umfangszugkraft über dem Teilungswinkel τ bestimmen lässt [22.59]. Der Einfachheit halber rechnet man jedoch mit der minimalen

Umfangszugkraft $F_{u,min}$, da die Abweichung bei Zähnezahlen $z > 13$ nur 1 % beträgt, sodass die Auslegung hinreichend genau ist.

Neben dieser Umfangszugkraft F_u als Nutzkraft wirken gemäß Abbildung 22.45 b) und c) die sogenannte Stützzugkraft F_s und die aus der Fliehkraft in der Kette entstehende Fliehzugkraft F_f als Blindkräfte.

Die Stützzugkraft F_s ergibt sich aus der Eigenmasse der Kette und sie hängt vom Durchhang f des Leertrums ab. Für den theoretischen Fall des gestreckten Trums ohne Durchhang wird diese Stützzugkraft F_s unendlich groß. Umgekehrt besteht bei zu kleiner Stützzugkraft F_s aufgrund eines zu großen Durchhanges f die Gefahr einer Funktionsstörung, bedingt durch ein Überspringen der Kette, da keine ausreichende Kettenspannung vorliegt [22.59], [22.98].

Grundsätzlich lässt sich die Stützzugkraft eines Kettengetriebes bei horizontaler Lage des Leertrums nach verschiedenen Näherungsverfahren berechnen, wobei sich eine nahezu exakte Lösung ergibt, wenn man eine gleichmäßig mit Masse belegte Kette ohne Biegesteifigkeit annimmt [22.2], [22.59], [22.107]. Unter dieser Annahme ist z.B. bei einem Kettengetriebe mit zwei Rädern und waagerechter Lage des Leertrums der Durchhang an beiden Rädern gleich groß, sodass bei einem relativen Durchhang von $f_{rel} \leq 10\,\%$ für die Stützzugkraft F_s näherungsweise gilt:

$$F_s \approx \frac{F_G \cdot l_T}{8 \cdot f} = \frac{m' \cdot g \cdot l_T}{8 \cdot f_{rel}} \quad \text{mit} \quad f_{rel} = \frac{f}{l_T} \quad \text{und} \quad F_G = m' \cdot g \qquad (22.129)$$

Hierin bezeichnen F_G die Gewichtskraft des Leertrums, l_T die Trumlänge, f den Durchhang, m' das Metergewicht der Kette, g die Erdbeschleunigung und f_{rel} den auf die Trumlänge l_t bezogenen relativen Durchhang. Sobald das Leertrum nicht mehr horizontal liegt, entstehen unterschiedliche Stützzugkräfte F_{so} am oberen und F_{su} am unteren Rad gemäß Abbildung 22.46.

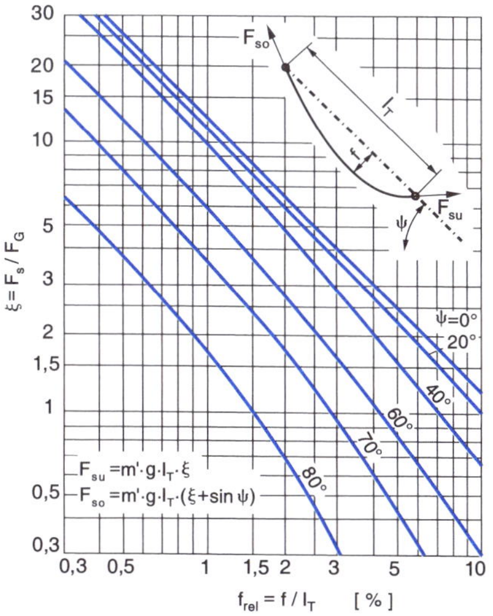

Sobald die Sehne über dem Leertrum um den Winkel ψ geneigt ist, werden entgegen Gleichung (22.129) die Stützzugkräfte an den beiden Rädern unterschiedlich groß. Für das oben liegende Kettenrad ergibt sich unter Verwendung der spezifischen Stützzugkraft ξ gemäß nebenstehendem Diagramm:

$$F_{so} = F_G \cdot (\xi + \sin\psi) \quad \text{mit} \quad \xi = \frac{F_s}{F_G} \qquad (22.130)$$

$$F_{so} = m' \cdot g \cdot l_T \cdot (\xi + \sin\psi) \qquad (22.131)$$

Entsprechend gilt für das unten liegende Kettenrad:

$$F_{su} = F_G \cdot \xi = m' \cdot g \cdot l_T \cdot \xi \qquad (22.132)$$

Dabei ergibt sich der Neigungswinkel ψ der Leertrumsehne mit δ als Neigung der Verbindungslinie der Wellenmitten zur Waagerechten und α als Trumneigungswinkel nach Gleichung (22.12) und Abbildung 22.45 zu:

$$\psi = \delta - \alpha \qquad (22.133)$$

Abbildung 22.46: Spezifische Stützzugkraft ξ abhängig vom relativen Durchhang f

Da beim Lauf der Kette über ein Kettenrad eine drehzahlabhängige Fliehkraft F_F auftritt, die im Gelenkpunkt der Kette angreift und radial nach außen gerichtet ist, entsteht als Reaktion darauf in beiden Kettentrumen die sogenannte Fliehzugkraft F_f, die sich aus dem Metergewicht m' der Kette und der Kettengeschwindigkeit v_K wie folgt berechnen lässt:

$$F_f = m' \cdot v_K^2 \qquad (22.134)$$

Damit ist die Fliehzugkraft F_f unabhängig vom Teilungswinkel und der Zähnezahl des Kettenrades und belastet die Kette als konstante, nur von der Kettengeschwindigkeit v_K abhängige Zugkraft, die bei der Berechnung der Gesamtzugkraft in der Kette – insbesondere bei Kettengeschwindigkeiten von $v_K \geq 7$ m/s – unbedingt zu berücksichtigen ist.

Somit ergibt sich aus der Umfangskraft F_u, der Stützzugkraft F_{so} und der Fliehzugkraft F_f die maximale Gesamtzugkraft F_{ges} in der Kette, wobei die Umfangskraft F_u noch mit einem Anwendungsfaktor f_1 nach DIN ISO 10823 multipliziert wird (s.a. Abschnitt 22.3.5) [22.49]:

$$F_{ges} = F_u \cdot f_1 + F_f + F_{so} \quad \text{mit} \quad 1{,}0 \leq f_1 \leq 2{,}5 \qquad (22.135)$$

Betrachtet man im Weiteren die Wellen- und Lagerbelastung im Stillstand und im Betrieb, so hat die Stützzugkraft nur bei Kettengetrieben mit großen Wellenabständen und ohne Kettenstützung einen nennenswerten Einfluss. Demzufolge gilt im Stillstand und ohne Nutzkraft für die Belastung der oben bzw. unten liegenden Welle F_{Wo} und F_{Wu} folgender Zusammenhang:

$$F_{Wo} = 2 \cdot F_{so} \cdot \sin\frac{\beta_o}{2} \leq 2 \cdot F_{so} \quad \text{und} \quad F_{Wu} = 2 \cdot F_{su} \cdot \sin\frac{\beta_u}{2} \leq 2 \cdot F_{su} \qquad (22.136)$$

Im Betrieb dagegen ergeben sich die zur Wellen- und Lagerbemessung zu berücksichtigenden größten Wellenbelastungen F'_{Wo} und F'_{Wu} in Anlehnung an Abbildung 22.20 unter Berücksichtigung des Anwendungsfaktors f_1 und des Fliehkraftzuges F_f zu:

$$F'_{Wo,u} \approx F_u \cdot f_1 + \left(F_{so,u} - F_f\right) \cdot \sqrt{2 \cdot \left(1 - \cos\beta\right)} \qquad (22.137)$$

Weiterhin tritt beim Einlauf eines Kettengliedes in das Kettenrad eine Aufschlagskraft F_a auf, da sich die Geschwindigkeiten von Kettenrolle und Zahnflanke zum Zeitpunkt der Berührung nach Größe und Richtung unterscheiden. Bedingt durch diese Aufschlagskraft und den Polygoneffekt entsteht das für Kettengetriebe typische Laufgeräusch. Durch Gleichsetzen der kinetischen Energie des aufschlagenden Kettengliedes und der Verformungsarbeit im Bereich des Kettenzahnes erhält man unter Einbeziehung der Kettengeschwindigkeit v, des Kettengewichtes q, der Zähnezahl z_1, der Teilung p, der Zahnbreite b_z, des Elastizitäts-Moduls E, des Teilungswinkels τ und des Flankenwinkels γ für die Aufschlagskraft F_A:

$$F_A = \frac{2 \cdot \pi \cdot v}{z_1} \cdot \sqrt{\frac{q \cdot p \cdot b_z \cdot E}{3}} \cdot \sin(\tau + \gamma) \qquad (22.138)$$

Diese Aufschlagskraft F_A hat keinen Einfluss auf die Kettenzugkraft, begrenzt jedoch die Lebensdauer der Kettenrollen bzw. -buchsen und führt zum Verschleiß der Zahnflanken, da sie insbesondere bei hoher Kettengeschwindigkeit und kleiner Zähnezahl gemäß Tabelle 22.34 sehr groß werden kann. Rollen und Zahnflanken müssen deshalb über eine ausreichend hohe Festigkeit (Oberflächenhärte) verfügen (s.a. Abschnitt 22.3.5).

Bauartbedingt ergeben sich für Rollenketten und Zahnketten unterschiedlich große Aufschlagskräfte abhängig von der Aufschlagsgeschwindigkeit v_A:

$$v_A = \omega \cdot p \cdot \kappa \tag{22.139}$$

Hierin bezeichnen ω die Winkelgeschwindigkeit, p die Teilung und κ einen Faktor, der für Rollenketten $\kappa = \sin(\tau + \gamma)$, für Zahnketten mit 60°-Flankenwinkel $\kappa = \sin(60° / 2) = 0{,}5$ und für Kettenräder von Hochleistungszahnketten mit Evolventenverzahnung und 30°-Eingriffswinkel den Wert $\kappa = \sin(30° / 2) = 0{,}35$ annimmt [22.59].

	v [m/s]	5	10	20	30
Rollenkette mit $p = 12{,}7$ mm	$z_1 = 10$	5.094	10.189	20.378	30.567
$q = 0{,}7$ kg/m, $b_z = 7$ mm	$z_1 = 20$	1.785	3.570	7.141	10.711
$\gamma = 15°$, $\tau = 360° / z$	$z_1 = 30$	992	1.984	3.968,	5.952

Tabelle 22.34: Abhängigkeit der Aufschlagskraft F_a von der Zähnezahl z und der Kettengeschwindigkeit v nach [22.98]

Weiterhin lässt sich unter Verwendung der zulässigen Hertz'schen Pressung p_{Hzul} in N/mm² nach Abschnitt 22.3.5, der Teilung p in mm sowie dem Teilungswinkel τ und dem Flankenwinkel γ die Grenzdrehzahl n_{grenz} in min^{-1} bestimmen, bei der die Flankenfestigkeit allein durch die Aufschlagskraft F_a voll ausgeschöpft wird [22.98]:

$$n_{grenz} \approx \frac{3{,}4 \cdot 10^{-3} \cdot p_{Hzul}^2}{p \cdot \sin(\tau + \gamma)} \tag{22.140}$$

Abschließend soll noch die Kraftübertragung zwischen Kette und Kettenrad gemäß Abbildung 22.47 hergeleitet werden. So wird die Umfangskraft F_u abschnittsweise von der Kette auf das Rad übertragen, wobei die Kettenlängskraft F_n von Zahn zu Zahn abnimmt. Entsprechend dem abgebildeten Kräfteplan wirken auf die einlaufende Rolle die Zugkraft F_u der Rollenkette, die Kraft F_{z1} des Kettenradzahnes und die Kraft des einlaufenden Kettengliedes F_z, die sich bei bekannten Winkeln mithilfe des Sinussatzes ermitteln lassen. Dabei wird als Zugkraft nur die Umfangszugkraft berücksichtigt, da der Fliehkraftanteil für alle Kettenglieder gleich ist und nicht über dem Umschlingungsbereich des Kettenrades abgebaut wird.

Bei einer Rollenkette erfolgt der prozentuale Kraftabbau von Zahn zu Zahn mit jeweils der gleichen Größe entsprechend einer geometrischen Reihe. Dieser Quotient der geometrischen Reihe wird als Abbaufaktor a bezeichnet, sodass für die Kraft in der n-ten Lasche zum Zeitpunkt des Eingriffsbeginns folgender Zusammenhang gilt:

$$F_n = F_{n-1} \cdot \frac{\sin \gamma}{\sin(\tau + \gamma)} = F_{n-1} \cdot a \tag{22.141}$$

Am Ende der Eingriffsperiode bleibt im letzten auf dem Kettenrad aufliegenden Kettenglied eine Restkraft F_{Rest} wirksam, die gleichzeitig der erforderlichen Vorspannkraft F_V im Leertrum entspricht und die sich unter Nutzung des Umschlingungswinkels β und der im Eingriff befindlichen Zähnezahl z wie folgt berechnen lässt:

$$F_{Rest} = F_u \cdot a^n = F_u \cdot a^{\frac{\beta \cdot z}{360^\circ}} \tag{22.142}$$

Diese verbleibende Restkraft F_{Rest} im Leertrum wird umso größer, je kleiner der Umschlingungswinkel β am Kettenrad und je größer der Flankenwinkel γ ist. Dabei ist zu beachten, dass die Stützzugkraft F_{St} immer größer ist als die Kettenrestkraft F_{Rest}, da anderenfalls die Möglichkeit des „Aufsteigens" oder sogar „Überspringens" der Kette besteht:

$$F_{St} > F_{Rest} \tag{22.143}$$

Zur Vermeidung zu großer Zugkräfte im Leertrum ist die Restkraft so klein wie möglich zu halten, was insbesondere bei Mehrradgetrieben zu beachten ist und durch einen möglichst großen Umschlingungswinkel erreicht werden kann. Weiterhin ist zu beachten, dass die Größe der Restkraft auch mit zunehmendem Flankenwinkel γ ansteigt, wobei manchmal noch zwischen dem Flankenwinkel γ und dem wirksamen Flankenwinkel γ_w unterschieden wird, um die außermittige Lage der Kettenrolle bezüglich der Zahnlücke zu berücksichtigen [22.94], [22.107].

a Rollen- und Buchsenkette	**b Zahnkette**
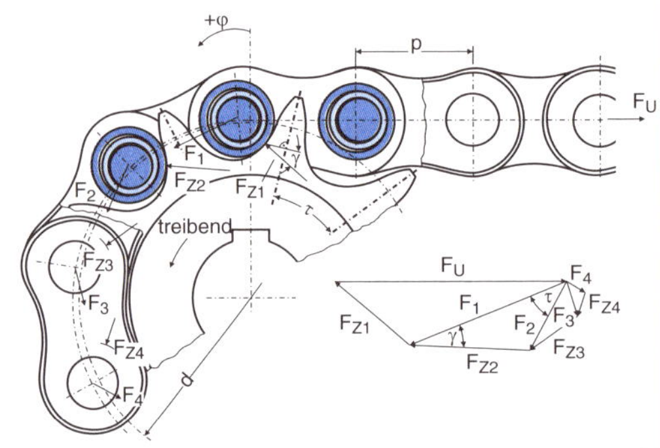	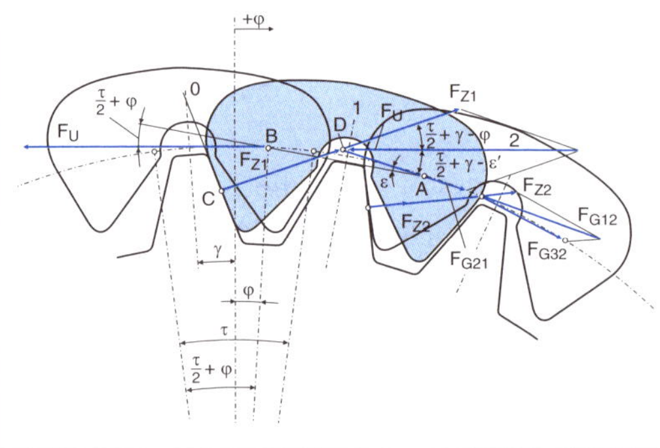
Kraft im einlaufenden Kettenglied	Kraft des Kettenradzahnes auf die Lasche 1
$F_1 = F_u \cdot \dfrac{\sin\left(\dfrac{\tau}{2} + \gamma - \varphi\right)}{\sin(\tau + \gamma)}$ (22.144)	$F_{z1} = F_u \cdot \dfrac{\sin\left(\dfrac{\tau}{2} + \varphi + \varepsilon\right)}{\sin(\tau + \gamma + \varepsilon)}$, $\gamma = 30^\circ - \tau$ (22.145)
Kraft des Kettenradzahnes auf die einlaufende Kettenrolle	Gelenkkraft der Lasche 2 auf die Lasche 1
$F_{z1} = F_u \cdot \dfrac{\sin\left(\dfrac{\tau}{2} + \varphi\right)}{\sin(\tau + \gamma)}$ (22.146)	$F_{G21} = F_u \cdot \dfrac{\sin\left(\dfrac{\tau}{2} - \varphi + \gamma\right)}{\sin(\tau + \gamma + \varepsilon)}$ (22.147)

Abbildung 22.47: Kraftübertragung zwischen Kette und Kettenrad – a) Rollenkette, b) Zahnkette

Im Gegensatz zur Rollenkette erfolgt bei Zahnketten die Kraftübertragung zwischen Kette und Kettenrad nach einem anderen Prinzip, wie anhand der mit den beiden ersten mit dem Kettenrad kämmenden Zahnlaschen nach Abbildung 22.47 b) deutlich wird. So greifen die Kettenglieder 1 und 2 in das Kettenrad ein, während die Lasche 0 noch ein Glied des Lasttrums ist. Dabei sind die Punkte A und B die Gelenkpunkte zum Zeitpunkt des Eingriffsbeginns der Zahnlasche 1 und τ bezeichnet den Teilungswinkel sowie γ den Flankenwinkel. Vernachlässigt man vereinfachend die Reibung, so wirken auf das in Eingriff kommende Kettenglied die Zugkraft F_u des Lasttrums, die Zahnkraft F_{z1} des eingreifenden Zahnes und die Gelenkkraft F_{G21} der Lasche 2 auf die Lasche 1, wobei die Zahnkraft bei der angenommenen Reibungsfreiheit normal zur Zahnflanke wirkt. Ebenso wird angenommen, dass die Zahnkraft im Mittelpunkt zwischen Radzahn und Zahnlasche angreift.

Mithilfe der Gleichgewichtsbedingungen an der Zahnlasche 1 lässt sich der Punkt D als Schnittpunkt der Wirkungslinien der Kräfte bestimmen. Ein weiterer geometrischer Ort für die Wirkungslinie der Gelenkkraft ist das Gelenk A. Ausgehend von den geometrischen Gegebenheiten in Abbildung 22.47 b) lassen sich nun die Zahnkraft F_{z1} an der Lasche 1 und die Gelenkkraft F_{G21} der Lasche 2 auf Lasche 1 bestimmen, wobei zur Berechnung des Winkels ε auf die weiterführende Literatur verwiesen wird [22.59], [22.107]. Entsprechend können für die Zahnlasche 2, vergleichbar zu den Verhältnissen an Lasche 1, die Gelenkkraft $F_{G12} = -F_{G21}$ der Lasche 1 auf die Lasche 2, die Zahnkraft F_{z2} und die Gelenkkraft F_{G32} der Lasche 3 auf die Lasche 2 zueinander ins Gleichgewicht gesetzt werden.

Zur Ermittlung der Restkraft F_{Rest} von Zahnkettengetrieben ist anzumerken, dass die Berechnung sehr aufwändig ist, da die prozentuale Kraftänderung von einem Kettenglied zum nächsten nicht konstant ist [22.59].

22.3.5 Auslegung von Rollen- und Buchsenkettengetrieben

Ausgehend von den wirkenden Kräften gemäß Abschnitt 22.3.4 lassen sich nun die jeweiligen Rollen- und Buchsenketten auslegen. Dabei können abhängig vom Anwendungsfall für die Kettenauswahl die Bruchfestigkeit (Kettenbruchkraft F_B), Gelenkflächenpressung p_r (Verschleiß im Gelenk) oder die Lebensdauer ausschlaggebend sein.

Im Weiteren können nun nach den Grundlagen der Festigkeitslehre für die jeweils kritischen Querschnitte die Zugspannungen σ_Z in den Laschen, die Biege- und Scherspannungen σ_B und τ im Bolzen sowie die Hertz'sche Pressung p_H zwischen Rolle (bzw. Buchse) und Radzahn und die Flächenpressung p_r im Gelenk berechnet und mit den folgenden zulässigen Werten nach Tabelle 22.39 verglichen werden [22.111], [22.113].

Die zulässige Flächenpressung im Gelenk $p_{r,zul}$ berechnet sich dabei mithilfe des Reibwegfaktors f_R nach Tabelle 22.35 des Kettenbauartfaktors f_A gemäß Tabelle 22.36, des Schmierungsfaktors f_S nach Tabelle 22.37 und des Wellenfaktos f_W gemäß Tabelle 22.38 zu [22.107]:

$$p_{r,zul} = f_R \cdot f_S \cdot f_A \cdot f_W \cdot p_{r0} \quad \text{mit} \quad f_R = \sqrt{\frac{226 \cdot i}{L_V} \cdot \left(\frac{a}{p} \cdot \frac{1}{i+1} + 4{,}75\right)} \qquad (22.148)$$

Hierin bezeichnen i die Übersetzung, L_V die Lebensdauer in Stunden bei Volllast, a den Wellenabstand und p die Teilung, jeweils in [mm].

Die maximal zulässige Zugspannung $\sigma_{z,zul}$ in den Laschen und Bolzen wird mit einem Sicherheitsfaktor $S = 6 \ldots 8$ aus der Bruchfestigkeit R_m ermittelt und die zulässige Biegespannung $\sigma_{b,zul}$ im Bolzen entspricht wiederum 90 % der zulässigen Zugspannung $\sigma_{z,zul}$:

$$\sigma_{z,zul} = \frac{R_m}{S} \quad \text{und} \quad \sigma_{b,zul} = 0{,}9 \cdot \sigma_{z,zul} \tag{22.149}$$

Die zulässige Hertz'sche Pressung zwischen den Rollen bzw. Buchsen und dem Zahn lässt sich aus der Vickers-Härte wie folgt bestimmen [22.98]:

$$p_{H,zul} \approx 3{,}21 \cdot HV \tag{22.150}$$

V	Zähnezahl z_1 des Kleinrades													
[m/s]	11	12	13	14	15	16	17	18	19	20	21	22	23	24	≥ 25
0,1	30,8	31,2	31,7	32,2	32,7	33,0	33,2	33,5	34,0	34,3	34,5	34,8	35,0	35,3	35,5
0,2	28,1	28,5	28,8	29,3	29,8	30,0	30,3	30,6	31,0	31,2	31,4	31,7	31,9	32,2	32,4
0,4	27,0	27,4	27,8	28,3	28,7	28,9	29,1	29,5	29,8	30,0	30,2	30,7	30,7	31,0	31,2
0,6	25,8	26,2	26,5	27,0	27,4	27,6	27,8	28,2	28,5	28,7	28,9	29,1	29,3	29,6	29,8
0,8	24,9	25,3	25,6	26,1	26,5	26,7	26,8	27,2	27,5	27,7	27,9	28,1	28,3	28,6	28,8
1,0	23,8	24,2	24,5	24,9	25,2	25,4	25,6	25,9	26,2	26,4	26,6	26,8	27,0	27,2	27,4
1,5	22,9	23,3	23,6	24,0	24,3	24,5	24,7	25,0	25,3	25,5	25,7	25,9	26,1	26,3	26,5
2,0	22,1	22,4	22,7	23,1	23,5	23,7	23,8	24,1	24,4	24,6	24,7	24,9	25,1	25,3	25,5
2,5	21,3	21,6	21,9	22,3	22,6	22,8	22,9	23,2	23,5	23,7	23,8	24,0	24,4	24,7	25,0
3,0	20,5	20,8	21,1	21,4	21,7	21,9	22,1	22,4	22,6	22,9	23,2	23,5	23,8	24,2	24,6
4,0	17,4	18,3	19,2	20,0	20,7	21,0	21,3	21,6	21,8	22,2	22,6	23,0	23,4	23,8	24,2
5,0	14,0	15,5	16,9	17,7	18,4	19.1	19,7	20,1	20,5	21,0	21,5	21,8	22,1	22,4	22,8
6,0	10,5	12,3	14,1	15,4	16,4	17,3	18,1	18,8	19,5	19,9	20,4	20,7	21,1	21,4	21,8
7,0	8,5	10,0	11,5	12,8	14,0	15,1	16,2	17,4	18,5	18,7	19,0	19,4	19,8	20,2	20,6
8,0	–	8,0	10,2	11,1	12,0	13,1	14,2	15,6	17,0	17,4	17,8	18,2	18,7	19,1	19,6
10,0	–	–	8,1	9,0	10,2	11,1	12,0	13,2	14,3	14,6	15,0	15,7	16,4	17,0	17,7
12,0	–	–	–	–	8,2	9,1	10,7	11,7	12,6	13,0	13,5	14,1	14,8	15,4	16,0
15,0	–	–	–	–	–	–	8,9	9,7	10,5	11,0	11,5	12,1	12,7	13,3	14,0
18,0	–	–	–	–	–	–	–	–	8,8	9,6	10,5	11,1	11,8	12,4	13,0

Die Richtwerte in den unterlegten Feldern sind möglichst zu vermeiden.

Tabelle 22.35: Anhaltswerte für die Gelenkflächenpressung bei Rollenketten p_{r0} in $\mathrm{N/mm^2}$ unter Normbedingungen [22.59]

Kettenbauart	**Rollenketten**	**Hülsenketten**	**Rollenketten, langgliedrig**
Kettenbauartfaktor f_A	1	2	0,2

Tabelle 22.36: Kettenbauartfaktor f_A abhängig von der Kettenbauart [22.107]

Schmier- und Betriebsbedingungen	Schmierungsfaktor f_s	
Staubfrei und beste Schmierung für Bereiche nach Abb. 22.41	1	
Staubfrei und ausreichende Schmierung	$0{,}9$	
Nicht staubfrei und ausreichende Schmierung	$0{,}7$	
Nicht staubfrei und Mangelschmierung	$0{,}5$ für $v \leq 4$ m/s	$0{,}3$ für $v = 4 \ldots 7$ m/s
Schmutzig und Mangelschmierung	$0{,}3$ für $v \leq 4$ m/s	$0{,}15$ für $v = 4 \ldots 7$ m/s
Schmutzig und Trockenlauf	$0{,}15$ für $v \leq 4$ m/s	

Tabelle 22.37: Schmierungsfaktor f_s für Kettengetriebe nach [22.49]

Wellenabstand a	$20 \cdot p$	$30 \cdot p$	$40 \cdot p$	$60 \cdot p$	$80 \cdot p$	$f_W \approx 0{,}45 \cdot \left(\frac{e}{p}\right)^{0{,}215}$ (22.151)
Wellenabstandsfaktor f_W	$0{,}85$	$0{,}94$	1	1.08	$1{,}15$	

Tabelle 22.38: Wellenabstandsfaktor f_W für Kettentriebe nach [22.49]

Laschen aus Vergütungsstahl nach DIN EN 10083 (z. B. C 45) [22.43]	$R_m = 600 \ldots 700$ N/mm^2
Bolzen, Hülsen, Rollen aus Vergütungsstahl nach DIN EN 10083 (z. B. C 45) randgehärtet [22.43]	$HV \approx 450$
Bolzen, Hülsen, Rollen aus Einsatzstahl nach DIN EN 10084 (z. B. C 15) randgehärtet [22.44]	$HRC \approx 60$, $HV \approx 720$
Lochleibung zwischen Laschen und Bolzen (z. B. C 45)	$p_{L,zul} = 150$ N/mm^2

Tabelle 22.39: Anhaltswerte für Zugfestigkeiten und Vickers-Härten von Werkstoffen für Rollenketten zur Verwendung in Festigkeitsnachweisen [22.98]

Die Bruchfestigkeit der Kettenzähne ist nicht nachzuweisen, da sich wegen der Umschlingung des Rades die Umfangskraft auf eine größere Zähnezahl verteilt.

Während diese grundlegende Vorgehensweise mehr für den Hersteller von Ketten wichtig sein wird, hat sich für den Anwender von Ketten das im Folgenden vorgestellte Auswahlverfahren auf der Grundlage der DIN ISO 10823 und von Herstellerunterlagen bewährt [22.45].

Die Auswahl und Auslegung von Rollenketten erfolgt dabei im Hinblick auf die zu übertragende Leistung P unter Berücksichtigung der Drehzahlen der antreibenden und der angetriebenen Welle n_1 und n_2, des Wellenabstandes e und der Anordnung der Wellen. Ausgehend von der zu übertragenden Leistung und der Drehzahl des treibenden (kleinen) Rades wird dann anhand sogenannter Leistungsdiagramme für die jeweilige Kettenbauart gemäß Abbildung 22.48 und Abbildung 22.49 eine Kette ausgewählt.

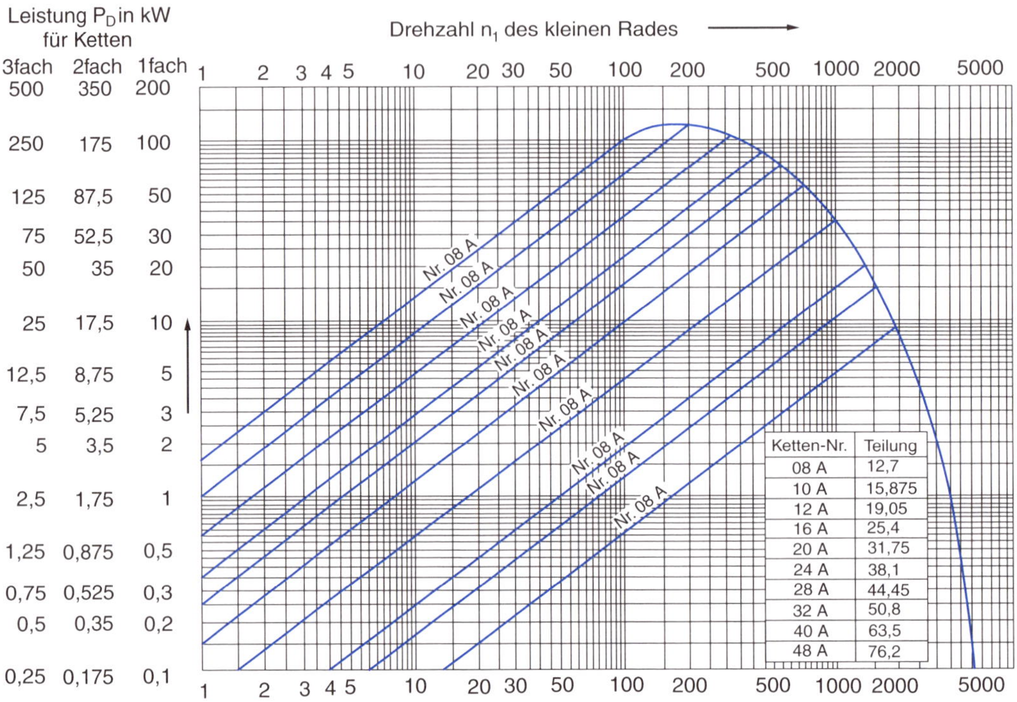

Ketten-Nr.	Teilung
08 A	12,7
10 A	15,875
12 A	19,05
16 A	25,4
20 A	31,75
24 A	38,1
28 A	44,45
32 A	50,8
40 A	63,5
48 A	76,2

Abbildung 22.48: Leistungsdiagramm I für Rollenketten nach [22.49]

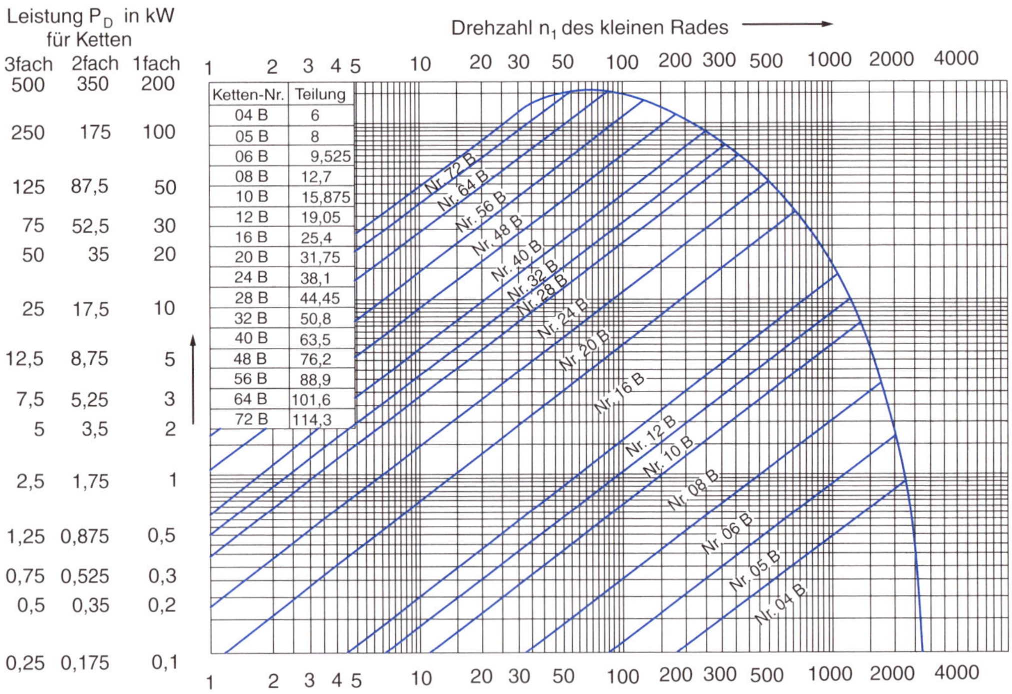

Ketten-Nr.	Teilung
04 B	6
05 B	8
06 B	9,525
08 B	12,7
10 B	15,875
12 B	19,05
16 B	25,4
20 B	31,75
24 B	38,1
28 B	44,45
32 B	50,8
40 B	63,5
48 B	76,2
56 B	88,9
64 B	101,6
72 B	114,3

Abbildung 22.49: Leistungsdiagramm II für Rollenketten nach [22.49]

Dabei stellen die Kennlinien in den Diagrammen die oberen Grenzen für Kettengetriebe mit zwei fluchtenden Kettenrädern auf parallelen und horizontal liegenden Wellen dar. Diese Leistungsschaubilder gelten für ein sogenanntes Norm-Kettengetriebe mit einem treibenden (kleinen) Zahnrad mit $z_1 = 19$ Zähnen, einer Kettenlänge mit $X = 120$ Gliedern, einer Übersetzung ins Langsame bis $i = 3$, unter der Voraussetzung einer sauberen und ausreichenden Schmierung, einem gleichmäßigen Betrieb ohne Überlagerung äußerer dynamischer Kräfte und einer Lebensdauer von $L_h = 15.000$ Stunden bei maximal 3 % Verschleißlängung und Betriebstemperaturen von −5 °C bis +70 °C.

Davon abweichende Betriebsbedingungen werden jeweils durch zusätzliche Einflussfaktoren berücksichtigt und führen zu einer Erhöhung oder Minderung der übertragbaren Leistung. So ist bei Übersetzungen $i > 3$ und Kettenlängen $X > 120$ Gliedern eine höhere Lebensdauer zu erwarten, während im umgekehrten Fall und auch bei Getrieben mit mehr als zwei Kettenrädern von niedrigeren Lebensdauern auszugehen ist.

Vergleichbar der Vorgehensweise bei Riementrieben wird zunächst aus der Nennleistung P nach Gleichung (22.6) unter Verwendung des Zähnezahlfaktors f_z gemäß Tabelle 22.40 und des Anwendungsfaktors f_1 nach Tabelle 22.41 eine Diagrammleistung P_D bestimmt:

$$P_D = P \cdot f_1 \cdot f_Z \qquad (22.152)$$

Sobald die Zähnezahl des kleinen (treibenden) Kettenrades z_1 gewählt ist, ergibt sich die Zähnezahl des großen Kettenrades z_2 aus dem Übersetzungsverhältnis gemäß Gleichung (22.2) und die erforderliche Kette (gekennzeichnet durch die Kettennummer) kann abhängig von der Diagrammleistung P_D und der Drehzahl n_1 des kleinen Rades den Leistungsschaubildern nach Abbildung 22.48 oder Abbildung 22.49 aus DIN ISO 10823 entnommen werden, sodass dann auch die Teilung der Kette festliegt [22.49]. Für Ketten außerhalb der Norm sind die Angaben der Kettenhersteller zu verwenden.

Sobald die Bedingungen in einem Kettengetriebe von den eingangs erwähnten Normbedingungen, denen die Diagramme zugrunde liegen, abweichen, ist die Diagrammleistung P_D unter Verwendung der jeweiligen Einflussfaktoren wie folgt zu bestimmen:

$$P_D = \frac{P \cdot f_1 \cdot f_Z}{f_K \cdot f_W \cdot f_F \cdot f_n \cdot f_L \cdot f_S} \qquad (22.153)$$

Hierin bezeichnen P die Nennleistung, f_Z den Zähnezahlfaktor gemäß Tabelle 22.40, f_1 den Anwendungsfaktor nach Tabelle 22.41, f_K den Kettenartfaktor mit $f_K = 1$ für Einfach-Ketten, $f_K = 1{,}75$ für Zweifach-Ketten und $f_K = 2{,}5$ für Dreifach-Ketten, f_W den Wellenabstandsfaktor nach Tabelle 22.38, f_F den Kettenformfaktor mit $f_F = 1$ für Ketten ohne gekröpfte Glieder und $f_F = 0{,}8$ für Ketten mit gekröpften Gliedern und f_S den Schmierungsfaktor zur Bewertung anderer Schmier- und Betriebsbedingungen gemäß Tabelle 22.37.

z_1	11	12	13	14	15	16	17	18	19	20	25	30	35	40	45
f_Z	1,8	1,64	1,5	1,39	1,29	1,2	1,13	1,06	1	0,95	0,74	0,61	0,52	0,45	0,39

Tabelle 22.40: Zähnezahlfaktor f_Z für Kettentriebe nach [22.45]

Mithilfe des Kettenradzahlfaktors f_n lässt sich der Einfluss von mehr als zwei Kettenrädern berücksichtigen und durch den Lebensdauerfaktor f_L sind Umrechnungen auf andere gewünschte, von $L = 15.000$ Stunden abweichende, Lebensdauern L_V möglich:

$$f_n = 0{,}9^{(n-2)} \quad \text{und} \quad f_L = \sqrt[3]{\frac{15000}{L_V}} \tag{22.154}$$

Charakteristik der Arbeitsmaschine nach Tabelle 22.42	Charakteristik der Antriebsmaschine nach Tabelle 22.43		
	Gleichförmig stoßfreier Lauf	Lauf unter leichten Stößen	Lauf unter mäßigen Stößen
Gleichförmig stoßfreier lauf	1,0	1,1	1,3
Lauf unter mäßigen Stößen	1,4	1,5	1,7
Lauf unter starken Stößen	1,8	1,9	2,1

Tabelle 22.41: Anwendungsfaktor f_1 abhängig von der Antriebs- und der Arbeitsmaschine nach [22.49]

Charakteristik der Arbeitsmaschine	Beispiele
Gleichförmig stoßfreier Lauf	Kreiselpumpen und -verdichter, Druckereimaschinen, Förderer mit gleichmäßiger Beschickung, Papierkalander, Fahrtreppen, Mischer und Rührwerke für Flüssigkeiten, Trockentrommeln, Lüfter
Lauf unter mäßigen Stößen	Kolbenpumpen und -verdichter mit drei oder mehr Zylindern, Betonmischmaschinen, Förderer mit ungleichmäßiger Beschickung, Mischer und Rührwerke für feste Stoffe
Lauf unter starken Stößen	Bagger, Rollen- und Kugelmühlen, Gummiverarbeitungsmaschinen, Hobelmaschinen, Pressen, Scheren, Kolbenpumpen und -verdichter mit einem oder zwei Zylindern, Ölbohranlagen

Tabelle 22.42: Betriebsbedingungen für Arbeitsmaschinen nach [22.49]

Charakteristik der Antriebsmaschine	Beispiele
Gleichförmig stoßfreier lauf	Elektromotoren, Dampf- und Gasturbinen und Verbrennungsmotoren mit hydraulischer Kupplung
Lauf unter mäßigen Stößen	Verbrennungsmotoren mit sechs oder mehr Zylindern, mit mechanischer Kupplung, Elektromotoren, die häufig gestartet werden (mehr als zweimal täglich)
Lauf unter starken Stößen	Verbrennungsmotoren mit weniger als sechs Zylindern, mit mechanischer Kupplung

Tabelle 22.43: Betriebsbedingungen für Antriebsmaschinen nach [22.49]

Die richtige Kettenbaugröße wurde dann ausgewählt, sobald die Kette mit der maßgebenden Diagrammleistung P_D innerhalb der Leistungsgrenzen liegt, die in den Diagrammen in Abbildung 22.48 und Abbildung 22.49 der Drehzahl n_1 des kleinen Kettenrades zugeordnet sind. Sollte das nicht der Fall sein, so ist eine andere Kettengröße zu wählen und die Nachrechnung zu wiederholen.

Der eingangs erwähnte Vergleich zwischen Beanspruchung und Beanspruchbarkeit aller einzelnen Bauelemente der Kette ist üblicherweise nicht notwendig. Lediglich in Sonderfällen, z.B. zur Übertragung von Erfahrungswerten an Kettengetrieben unter extremen Einsatzbedingungen auf eine Neukonstruktion oder bei nicht genormten Ketten, ist dieses Vorgehen erforderlich.

Ausgehend von der gewählten Kettenbaugröße können dann die weiteren Auslegungsdaten des Kettengetriebes wie tatsächliche Kettengliederzahl und Wellenabstand mit den Gleichungen nach Abschnitt 22.3.3 bestimmt werden. Zur Berechnung der Kräfte sei auf Abschnitt 22.3.4 verwiesen. Weitere Hinweise zum Schwingungs- und Betriebsverhalten sind den Abschnitten 22.3.7 und 22.3.8 zu entnehmen.

In Erweiterung dieses üblichen Auslegungsverfahrens besteht noch die Möglichkeit, gemäß der in Abbildung 22.50 gezeigten verschiedenen Ausfallkriterien, die Einsatzgrenzen und den nutzbaren Leistungsbereich von Kettengetrieben abhängig von der Lebensdauer der einzelnen Bauteile unter Einwirkung der tatsächlichen dynamischen Betriebslasten zu bestimmen.

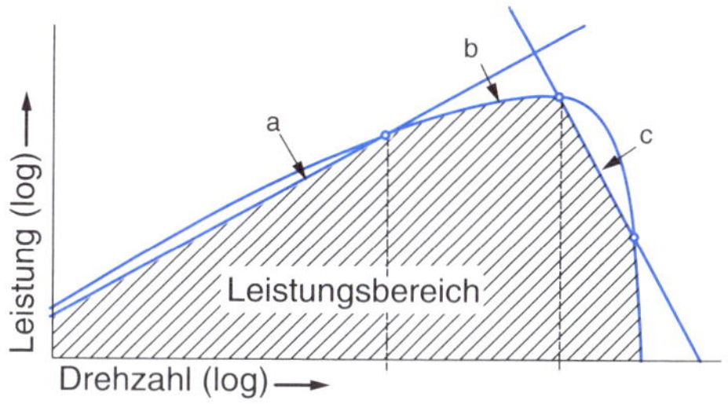

Kettengetriebe werden hauptsächlich durch Verschleiß unbrauchbar, wobei jedoch die einzelnen Bauteile abhängig von Drehzahl und Leistung unterschiedliches Ausfallverhalten aufweisen:

- **a** Die Lebensdauer wird durch die Betriebsfestigkeit der Laschen und Bolzen bestimmt.
- **b** Der Verschleißwiderstand der Rollen bestimmt die Lebensdauer.
- **c** Die Betriebsfestigkeit der Rollen bestimmt die Lebensdauer.

Abbildung 22.50: Leistungsbereich und Versagenskriterien von Rollenkettengetrieben [22.2]

Grundsätzlich unterliegt die Kette als Zugmittel während des Betriebs einer schwellenden Beanspruchung, welcher Stöße beim Einlaufen in das Kettenrad, Ungleichmäßigkeiten infolge des Polygoneffekts und Lastschwankungen der Antriebs- oder Abtriebsmaschinen überlagert werden.

Damit ergeben sich dynamische Betriebslasten unterschiedlicher Höhe und Frequenz, die die einzelnen Kettenbauteile in unterschiedlicher Form schädigen und letztlich zu Ermüdungsbrüchen führen. Deshalb kann die Dimensionierung der Ketten in Erweiterung der vereinfachenden Betrachtung über die Diagrammleistung nach Gleichung (22.153) nach Gesichtspunkten der Betriebsfestigkeit sinnvoll sein, wozu allerdings die einwirkenden Belastungs-Zeit-Verläufe bekannt sein müssen (s.a. Kapitel 3 – Festigkeitsberechnung, Maschinenelemente 1) [22.113].

Hierzu wurden von Kettenherstellern Dauerfestigkeits- und Kettenlaufversuche durchgeführt, die letztlich zur Berechnung der Lebensdauer von Ketten unter tatsächlicher dynamischer Betriebsbelastung genutzt werden können [22.2]. Aus diesen Versuchen ist bekannt, dass im Bereich niedriger Kettengeschwindigkeiten bis $v < 1$ m/s der Verschleißwiderstand eines ausreichend geschmierten Kettengetriebes größer ist als die Zeitfestigkeit der Laschen und Bolzen [22.2]. Ausgehend von dem Verhältnis der Mindestbruchkraft F_B zur dynamischen Kettenkraft F_D lässt sich aus der Gliederzahl X, der Drehzahl n, dem Zähnezahlfaktor f_z und dem Stoßbeiwertfaktor y nach Abbildung 22.51 sowie dem Teilungsfaktor f_y gemäß Tabelle 22.44 die Lebensdauer einer Lasche t_{hL} in Stunden wie folgt berechnen:

$$t_{hL} = \frac{X}{n} \cdot f_z \cdot \left(f_y \cdot \frac{F_B}{F_d} \right)^{10} \quad \text{mit} \quad F_d = \frac{F}{y} \tag{22.155}$$

Hierbei berechnet sich die Anzahl der Lastwechsel n_{kL} zu:

$$n_{kL} = 60 \cdot z \cdot f_z \cdot \left(f_y \cdot \frac{F_B}{F_d} \right)^{10} \quad \text{mit} \quad F_d = \frac{F}{y} \tag{22.156}$$

In beiden Gleichungen ist das Verhältnis von Mindestbruchkraft F_B zur dynamischen Kettenkraft F_d die bestimmende Größe, wobei zusätzliche Einflüsse aus der Kettenteilung p und der Zähnezahl z des kleinen Kettenrades durch den Teilungsfaktors f_y und des Zähnezahlfaktors f_z berücksichtigt werden.

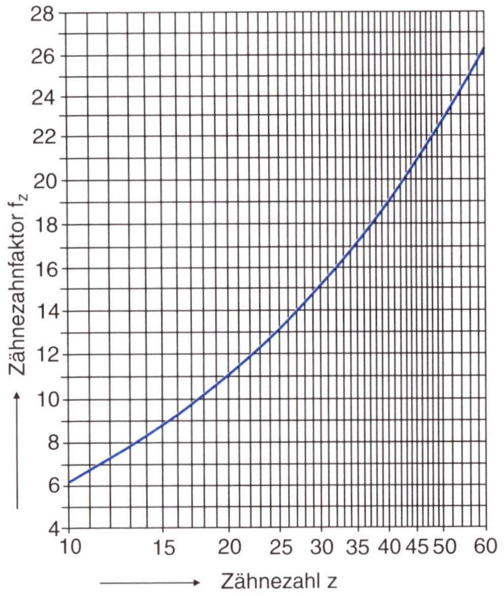

Beanspruchungsart	Y	y
Stoßfreier Betrieb	1	1,00
Gleichförmiger Lauf mit vereinzelten leichten Stößen, leichte schwellende Belastung	1,5	0,80
Leichte Stöße, mittlere schwellende Belastung	2	0,73
Mittlere Stöße, schwere schwellende Belastung mit periodischer Entlastung	3	0,63
Schwere Stöße, kleine wechselnde Belastung (leichte Überholstöße)	4	0,58
Schwere Stöße mit wechselnder Belastung (mittlere Überholstöße)	5	0,54

Abbildung 22.51: Zähnezahlfaktor f_z, Stoßbeiwert Y und Stoßbeiwertfaktor y zur Berechnung der Betriebsfestigkeit von Rollenketten [22.2]

Wird entsprechend Abbildung 22.50 das Kettengetriebe mit kleinen Zähnezahlen und Kettengeschwindigkeiten in einem höheren Bereich von $v > 10$ m/s betrieben, so wirkt sich insbesondere die Aufschlagskraft F_A aus dem Stoßvorgang der Kettenglieder auf die Radzähne beim Einlaufen der Kette in die Verzahnung aus, weshalb sich die Belastbarkeit der Kette aus der Betriebsfestigkeit der Rollen t_{hR} in Stunden wie folgt berechnen lässt [22.2]:

$$t_{hR} = 2{,}9 \cdot 10^4 \cdot \frac{X \cdot z}{n} \cdot f_u \cdot \sqrt[3]{\left(\frac{y}{P} \cdot \frac{(d_1 - d_2) \cdot b_1}{p}\right)^2} \quad \text{mit} \quad P = F \cdot v \quad \text{und} \quad F_d = \frac{F}{y} \qquad (22.157)$$

Hierin bezeichnen X die Anzahl der Kettenglieder, z die Zähnezahl und n die Drehzahl des kleinen Rades, f_u den Strangzahlfaktor gemäß Tabelle 22.45, P die Leistung und v die Geschwindigkeit des Kettengetriebes, p die Teilung, y den Stoßbeiwertfaktor gemäß Abbildung 22.51, d_1 und d_2 die Durchmesser des kleinen und großen Kettenrades sowie b_1 die zugehörige Breite. Maßgebliche Einflussgrößen sind die dynamische Kettenkraft F_d, die Kettengeschwindigkeit v und die Zähnezahl z des kleineren Kettenrades.

Teilung	**5,000**	**6,000**	**6,350**	**8,000**	**9,525**	**12,700**	**15,875**
f_y	0,2152	0,2151	0,2151	0,2150	0,2149	0,2145	0,2136
Teilung	**19,500**	**25,400**	**31,750**	**38,100**	**44,450**	**50,800**	**63,500**
f_y	0,2125	0,2096	0,2058	0,2014	0,1964	0,1909	0,1780

Tabelle 22.44: Teilungsfaktor f_y zur Berechnung der Betriebsfestigkeit von Rollenketten [22.2]

Strangzahl	**Einfachkette**	**Zweifachkette**	**Dreifachkette**	**Vierfachkette**
Strangzahlfaktor f_u	1,0	1,7	2,5	3,3

Tabelle 22.45: Strangzahlfaktor f_u zur Berechnung der Betriebsfestigkeit von Rollenketten [22.2]

Sowohl bei Gleichung (22.155) als auch bei Gleichung (22.157) ist zu beachten, dass sie auf empirisch ermittelten Daten beruhen und nur für Rollenkettengetriebe mit zwei Rädern gelten [22.2].

Aufbauend auf diesen Zusammenhängen lässt sich auch noch die Lebensdauer eines Kettengetriebes in Stunden für eine maximal zulässige Kettenverschleißlängung von 3 % auf der Grundlage der folgenden empirisch ermittelten Gleichung bestimmen [22.2]:

$$t_h = 2744 \cdot \left(\frac{f_c \cdot f_m \cdot f_k}{p_r}\right)^3 = \frac{X}{v} \cdot \frac{z_1}{\frac{z_1}{z_2} + 1} \cdot \frac{p}{\pi \cdot d_2} \qquad (22.158)$$

Hierin bezeichnen f_c den Verschleißfaktor, p_R die Gelenkflächenpressung und f_k den Zähnezahl-Geschwindigkeitsfaktor nach Abbildung 22.52, f_m den Teilungsfaktor nach Tabelle 22.46, X die Anzahl der Kettenglieder, $z_{1,2}$ die Zähnezahlen der Räder, v die Geschwindigkeit und p die Teilung des Kettengetriebes, sowie d_2 den Durchmesser des großen Kettenrades.

Sobald die Kette in einem Getriebe über mehr als zwei Kettenräder umgelenkt wird, muss die Lebensdauer t_{hn} eines jeden Trumabschnitts mit den jeweils zugehörigen Zähnezahlen mit Hilfe von Gleichung (22.158) getrennt berechnet werden, wobei jeweils die Gesamtgliederzahl X der Kette einzusetzen ist. Die zu erwartende Gesamtlebensdauer des Kettengetriebes erhält man dann durch Aufsummieren der Lebensdauern der Teilabschnitte:

$$t_h = \frac{1}{\frac{1}{t_{h1}} + \frac{1}{t_{h2}} + \frac{1}{t_{h3}} + \ldots + \frac{1}{t_{hn}}} \qquad (22.159)$$

Soll die Lebensdauerabschätzung für eine von $\Delta l_{max} = 3\,\%$ abweichende Kettenverschleißlängung Δl_x erfolgen, berechnet sich die zugehörige Lebensdauer t_{hx} in Stunden aus der Lebensdauer t_h für 3 % wie folgt:

$$t_{hx} = t_h \cdot \frac{\Delta l_x}{\Delta l_{max}} \qquad (22.160)$$

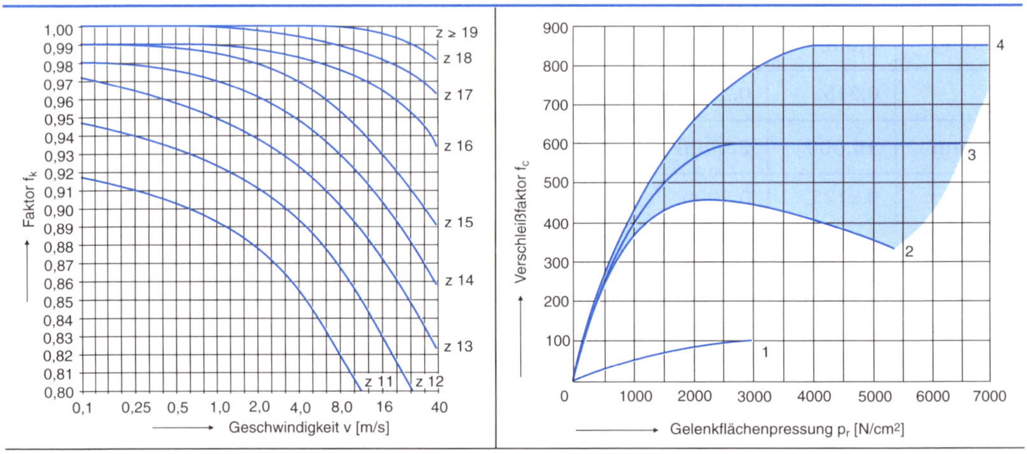

Abbildung 22.52: Zähnezahl-Geschwindigkeitsfaktor f_k und Verschleißfaktor f_c zur Berechnung der Lebensdauer von Rollenketten – 1 Trockenlauf, 2 Unzureichende Schmierung, 3 Praxisübliche Schmierung, 4 Vollkommene Schmierung [22.2]

Teilung p [mm]	4	5	6	6,35	8
Teilungsfaktor f_m	1,64	1,57	1,54	1,53	1,49
Teilung p [mm]	9,525	12,7	15,875	19,05	25,4
Teilungsfaktor f_m	1,48	1,44	1,39	1,34	1,27
Teilung p [mm]	31,75	38,1	44,45	50,8	63,5
Teilungsfaktor f_m	1,23	1,19	1,15	1,11	1,03

Tabelle 22.46: Teilungsfaktor f_m zur Lebensdauerberechnung von Rollenketten [22.2]

22.3.6 Auslegung von Zahnkettengetrieben

Die Auslegung von Zahnketten ist nicht genormt, sondern sie erfolgt nach den Richtlinien der jeweiligen Hersteller, wobei eine richtig ausgelegte Zahnkette mit einer Gliederzahl gemäß Gleichung (22.112) eine Lebensdauer von 10.000 Betriebsstunden erreicht. Vergleichbar zur Rollenkettenauslegung wird auch auf der Grundlage der Nennleistung P nach Gleichung (22.6) eine Diagrammleistung mithilfe des Anwendungsfaktors f_1 nach Tabelle 22.41 bestimmt:

$$P_D = P \cdot f_1 \tag{22.161}$$

Ausgehend von dieser Diagrammleistung und der Drehzahl n_1 der schneller laufenden Welle wird aus dem Diagramm in Abbildung 22.53 dann die geeignete Teilung p ausgewählt.

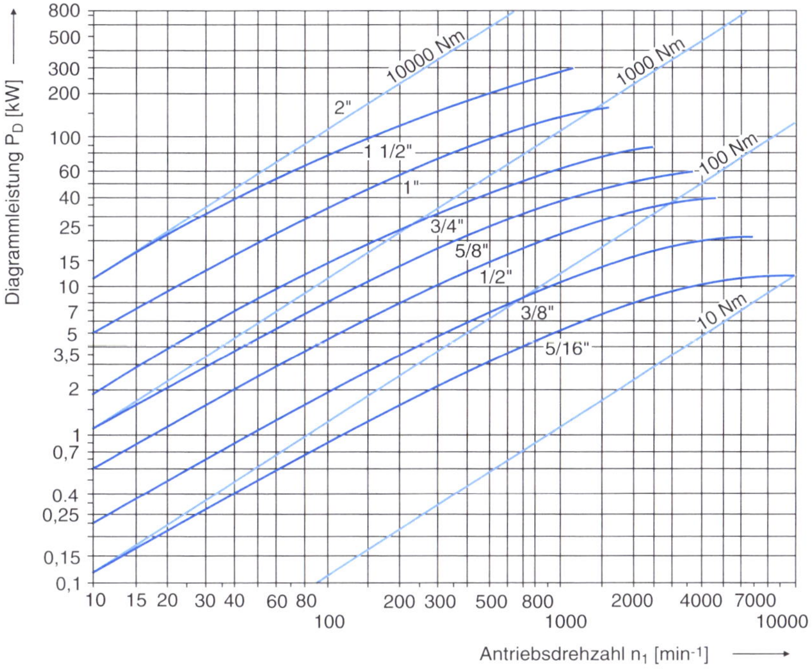

Abbildung 22.53: Leistungsdiagramm für Zahnketten nach [22.59]

Sofern man die nächstkleinere Teilung wählt, ergeben sich kleinere Raddurchmesser und breitere Zahnketten. Bei der Wahl der größeren Teilung wächst auch der Raddurchmesser, jedoch wird die Kette schmaler. Die Zähnezahl ist entsprechend den Empfehlungen in Tabelle 22.30 frei wählbar. Bei niedrigeren Drehzahlen sind kleinere Zähnezahlen und bei höheren Drehzahlen größere Zähnezahlen zu bevorzugen. Die erforderliche Arbeitsbreite b_a der Kette kann anhand des Diagramms in Abbildung 22.54 oder aus der Diagrammleistung P_D, dem Geschwindigkeitsfaktor f_v, der Teilung p und der Geschwindigkeit v wie folgt bestimmt werden:

$$b_a = 7{,}69 \cdot \frac{P_D \cdot f_v}{p \cdot v} \tag{22.162}$$

Dabei ist für den Geschwindigkeitsfaktor $f_v = 5 \cdot v + 7$ für $v \leq 1$ m/s oder $f_v = 2 \cdot v + 10$ für $v > 1$ m/s einzusetzen. Auf der Grundlage der erforderlichen Arbeitsbreite wird dann eine Kette mit der endgültigen Breite (Nennbreite) aus entsprechenden Tabellen der Hersteller ausgewählt (siehe z. B. Tabelle 22.25).

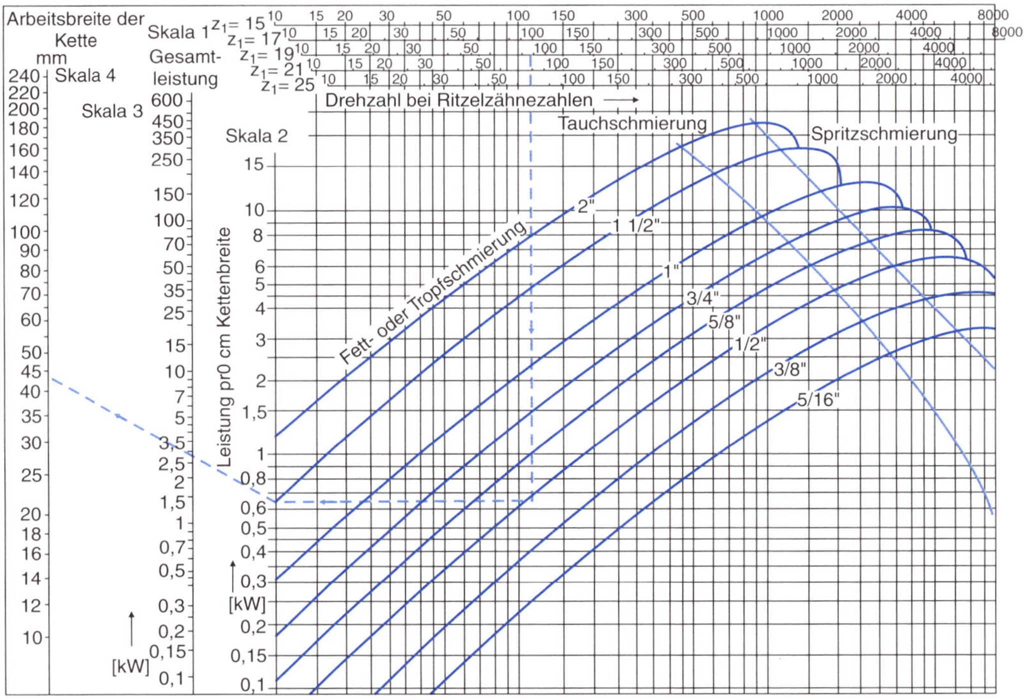

Abbildung 22.54: Auswahldiagramm für Zahnketten nach [22.59]

22.3.7 Dynamisches Verhalten von Kettengetrieben

Beim dynamischen Verhalten von Kettengetrieben unterscheidet man genauso wie bei Riemengetrieben zwischen Querschwingungen (Biegeschwingungen bzw. Transversalschwingungen) der freien Trume und Längsschwingungen (Longitudinalschwingungen) in Längsrichtung des Zugmittels, die letztlich über die Wirkradien der Kettenräder auch zu Drehschwingungen im Antrieb führen können. Eine Anregung der Schwingungen kann einerseits von außen durch die Antriebs- oder Arbeitsmaschine erfolgen, andererseits ist eine innere (parametererregte) Anregung des Kettengetriebes durch den Polygoneffekt, die Exzentrizität der Kettenräder, Teilungsfehler und die Elastizität der Kette möglich.

Dabei entstehen durch die Schwingungen der Kettentrume sogenannte Blindkräfte, die insbesondere im Resonanzfall zu Laufunruhe, erhöhter Geräuschanregung, Überbeanspruchung und verstärktem Verschleiß der Gelenke führen. Während die Transversalschwingungen unabhängig vom Antriebssystem aus dem Eigenverhalten des Kettengetriebes entstehen, werden die auftretenden Drehschwingungen im Antriebssystem durch die Kette als elastisches Verbindungselement beeinflusst. Zur Vermeidung dieser ungünstigen Betriebszustände ist deshalb grundsätzlich darauf zu achten, dass mögliche Erregerfrequenzen nicht mit den Eigenfrequenzen des Antriebsstranges zusammenfallen, was insbesondere bei drehzahlvariablen Antrieben schwierig sein kann. Weiterhin ist zu beachten, dass sämtliche konstruktiven Größen wie Kettenraddurchmesser, Wellenabstand, Kettentyp, Teilung, Übersetzung, Drehzahl, statisches und dynamisches Drehmoment und auch die Temperatur einen Einfluss haben.

Auch wenn in einem Kettengetriebe die Quer-, Längs- und Drehschwingungen nicht entkoppelt auftreten, werden sie der Übersichtlichkeit halber im Folgenden zunächst als einzelne, willkürlich entkoppelte Schwingungen des Gesamtsystems betrachtet. Dabei werden für ein Kettengetriebe mit zwei Rädern unter Vernachlässigung der Reibung die Kettenräder und Wellen als starr angesehen, die Masse eines Kettengliedes punktförmig im Kettengelenk konzentriert, die Laschen als Verbindungselemente der Punktmassen und als masselose Federn idealisiert und die Baugruppen von Antriebs- und Abtriebsseite zu jeweils einer Drehträgheit zusammengefasst [22.59], [22.108].

Diese vereinfachende Vorgehensweise ist für erste Abschätzungen von Eigenfrequenzen und des dynamischen Verhaltens ausreichend, eine genauere Analyse ist mittlerweile mithilfe von Mehrkörper-Simulationsprogrammen möglich und oftmals auch empfehlenswert [22.88], [22.105].

Die Querschwingungen (Transversalschwingungen) des Kettentrums werden hauptsächlich durch die ungleichmäßigen Bewegungen der Trumführungspunkte in der Kettenradebene aufgrund der Polygonwirkung und der Rundlauffehler der Verzahnung angeregt. Anhand des in Abbildung 22.55 a) dargestellten Modells wird diese Bewegung des Trumführungspunktes A durch die Bewegung einer Schubkurbel dargestellt, während am anderen Ende des Trums eine konstante Kraft F in Form eines über eine Feder angehängten Gewichts einwirkt. Weiterhin werden in diesem Fall die Kettenlaschen als starre, masselose Verbindungen zu den Punktmassen angenommen, sodass sich die Eigenfrequenzen des quer schwingenden Kettentrums wie folgt berechnen lassen:

$$f_{e,q\lambda} = \frac{\lambda}{2 \cdot l} \cdot \sqrt{\frac{F}{q}} \qquad (22.163)$$

Hierin bezeichnen l die freie Länge des schwingungsfähigen Trums, F die Zugkraft in der Kette und q die auf die Länge bezogene Masse (Gewicht pro Meter). Mit λ wird die Ordnung 1 bis n der betreffenden Eigenfrequenz $f_{e,q\lambda}$ des quer schwingenden Kettentrums benannt. Mit zunehmender Ordnungszahl bzw. mit größer werdenden Eigenfrequenzen nehmen die Amplituden dieser Schwingungen und damit auch die sich daraus ergebenden Blindkräfte ab, sodass meistens die Berücksichtigung der ersten 6 Eigenfrequenzen ($\lambda = 1 \ldots 6$) ausreicht.

Zur Vermeidung von Resonanzschwingungen im Betrieb dürfen diese Eigenfrequenzen nicht angeregt werden, weshalb nun noch die möglichen Erregerfrequenzen für das Kettengetriebe zu bestimmen sind. Mögliche Hauptanregungsquelle ist der Polygoneffekt, dessen Anregungsfrequenzen $f_{err,\nu}$ sich aus der Zähnezahl z und der Drehzahl n bestimmen lassen:

$$f_{err,\nu} = \nu \cdot z \cdot n \qquad (22.164)$$

Dabei entspricht ν der Ordnungszahl der Erregerfrequenz. Durch Gleichsetzen der beiden Gleichungen (22.163) und (22.164) erhält man den Resonanzdrehzahlbereich eines Zweiradkettengetriebes, wobei aus praktischen Schwingungsmessungen bekannt ist, dass kritische Resonanzdrehzahlen nur bei $\lambda = \nu = 1$ auftreten. Demzufolge berechnet sich die kritische Drehzahl $n_{krit,trans}$ zur Anregung von Querschwingungen (Transversalschwingungen) eines Kettentrums zu:

$$n_{krit,trans} = \frac{1}{2 \cdot l \cdot z} \cdot \sqrt{\frac{F}{q}} \tag{22.165}$$

Da die Anregung aus Rundlauffehlern der Verzahnungen sehr gering ist und demzufolge auch nur kleine Blindkräfte bedingt, ist die Ermittlung dieser Erregerfrequenzen meistens nicht notwendig [22.59], [22.108].

Zur Vermeidung von Resonanzen beim Betrieb eines Kettengetriebes können bei konstruktiv vorgegebenem Wellenabstand lediglich die Zähnezahlen der Kettenräder und die Masse der Kette verändert werden, da bei vorgegebener Teilung der Kette die Trumlänge festliegt. Dabei ist allerdings zu berücksichtigen, dass eine Vergrößerung der Zähnezahl zwar zu einer Verringerung des Polygoneffekts führt, gleichzeitig jedoch höhere Kettengeschwindigkeiten und damit größere Fliehkräfte bedingt.

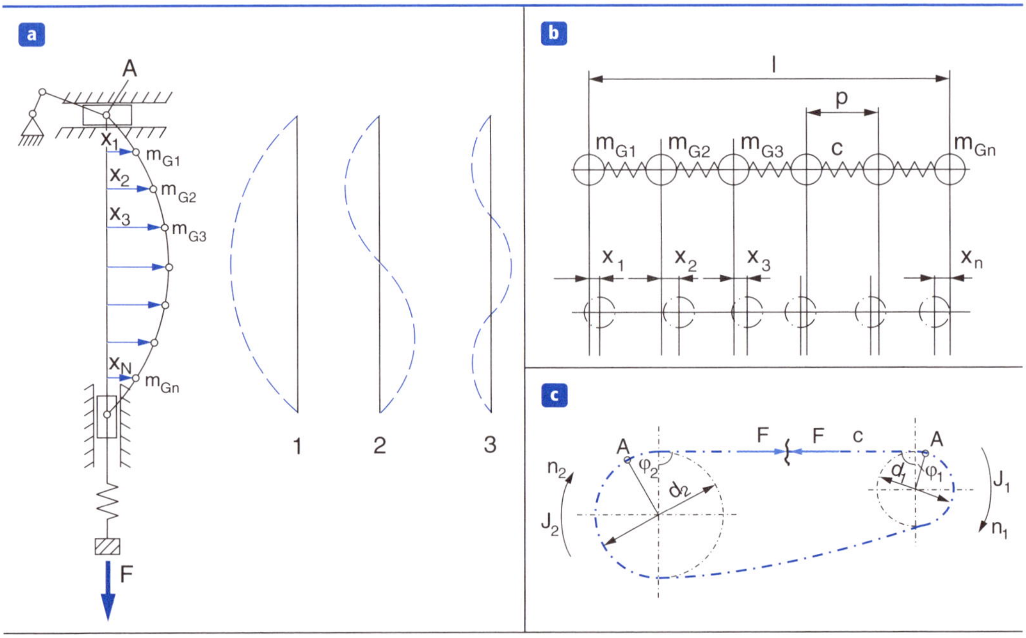

Abbildung 22.55: Ersatzsysteme zur Berechnung von Schwingungen in Kettengetrieben – a) Querschwingungen (Transversalschwingungen) des Trums, b) Längsschwingungen (Longitudinalschwingungen) des Trums, c) Drehschwingungen (Torsionsschwingungen) der Wellen

Entsprechend Abbildung 22.55 b) werden auch die Längsschwingungen (Longitudinalschwingungen) eines Kettentrums durch ungleichmäßige Bewegungen der Trumführungspunkte aufgrund des Polygoneffekts angeregt. Während sich in Abbildung 22.55 b) oben die

Kette in Ruhelage befindet, zeigt die untere Darstellung beliebige Auslenkungen der Massen in Längsrichtung. Nach Aufstellen der Bewegungsgleichungen für die n Punktmassen und Lösung der charakteristischen Gleichung lassen sich die Eigenfrequenzen $f_{e,q\lambda}$ eines in Längsrichtung schwingenden Kettentrums mit λ als Ordnung 1 bis n der betreffenden Eigenfrequenz wie folgt bestimmen:

$$f_{e,l\lambda} = \frac{\lambda}{2 \cdot l} \cdot \sqrt{\frac{c_T \cdot p}{q}} \quad \text{mit} \quad c_t = \frac{c \cdot l}{p} \tag{22.166}$$

Hierin bezeichnen wiederum l die freie Länge des schwingungsfähigen Trums, q die auf die Länge l der Kette bezogene Masse (Gewicht pro Meter), p die Teilung und c_t die Federsteifigkeit eines Kettengliedes, die sich aus der zu messenden Federsteifigkeit c des gesamten Trums ergibt.

Mit den Hauptanregungsfrequenzen $f_{err,\nu}$ aus dem Polygoneffekt gemäß Gleichung (22.164) und unter der Annahme, dass Resonanzdrehzahlen nur bei $\lambda = \nu = 1$ auftreten, berechnet sich die kritische Drehzahl $n_{krit,long}$ zur Anregung von Längsschwingungen (Longitudinalschwingungen) eines Kettentrums zu:

$$n_{krit,long} = \frac{1}{2 \cdot z} \cdot \sqrt{\frac{c}{l \cdot q}} \tag{22.167}$$

Wie auch schon bei den Querschwingungen lassen sich mögliche Resonanzfrequenzen nur über eine Veränderung der Zähnezahlen der Kettenräder oder der Masse der Kette beeinflussen.

Betrachtet man abschließend die Drehschwingungen (Torsionsschwingungen) nach Abbildung 22.55 c), so können diese ebenfalls durch die Polygonwirkung, Rundlauffehler der Verzahnung, Teilungsfehler der Kette und ungleichmäßige Betriebsweise der Antriebs- und Arbeitsmaschine angeregt werden und zu einer schwellenden Belastung der Kette führen.

Ergänzend zu den eingangs genannten Annahmen wird nun die Kette als masselose Feder mit der Federsteifigkeit c zur Verbindung zwischen den Massenträgheitsmomenten J_1 der Antriebs- und J_2 der Abtriebsseite betrachtet. Weiterhin ist die Kette mit der Kraft F vorgespannt und entsprechend Abbildung 22.55 c) seien die Trumführungspunkte A der Räder jeweils um den Winkel φ_1 und φ_2 aus der Ruhelage ausgelenkt.

Aus den Bewegungsgleichungen dieses ungefesselten Zwei-Massen-Schwingers, bei dem die Drehbewegung über die Winkel φ_1 und φ_2 und die Radien $d_1/2$ und $d_2/2$ der Kettenräder in eine lineare Auslenkung x_1 und x_2 der Kette umgerechnet wird, lassen sich durch Lösen der charakteristischen Gleichung die beiden Eigenfrequenzen berechnen, wobei die erste Eigenfrequenz bei gleichsinniger Drehbewegung der Massen (Starkkörperbewegung) zu $f_{e,d} = 0$ Hz wird, während für die 2. Eigenfrequenz bei gegensinniger Bewegung gilt:

$$f_{e,d} = \frac{1}{4 \cdot \pi} \cdot \sqrt{c \cdot \left(\frac{d_1^2}{J_1} + \frac{d_2^2}{J_2}\right)} \tag{22.168}$$

Setzt man diese Gleichung nun mit denjenigen für die Erregerfrequenzen der verschiedenen Einflussgrößen gleich, so ergibt sich zunächst die Resonanzdrehzahl n_{poly} für Drehschwingungen infolge der Polygonwirkung aufgrund der Anregung $f_{err,\nu}$ gemäß Gleichung (22.164) zu:

$$n_{poly} = \frac{1}{4 \cdot \pi \cdot z} \cdot \sqrt{c \cdot \left(\frac{d_1^2}{J_1} + \frac{d_2^2}{J_2} \right)} \quad \text{mit} \quad f_{err,\nu} = \nu \cdot z \cdot n \quad \text{und} \quad \nu = 1 \tag{22.169}$$

Weiterhin lässt sich eine Resonanzdrehzahl n_{rund} für Drehschwingungen infolge der Anregungsfrequenz $f_{err,\nu}$ durch den Rundlauffehler der Kettenradverzahnung angeben:

$$n_{rund} = \frac{1}{4 \cdot \pi} \cdot \sqrt{c \cdot \left(\frac{d_1^2}{J_1} + \frac{d_2^2}{J_2} \right)} \quad \text{mit} \quad f_{err,\nu} = n \quad \text{und} \quad \nu = 1 \tag{22.170}$$

Schließlich berechnet sich die Resonanzdrehzahl n_{teil} für Drehschwingungen infolge der Anregungsfrequenz $f_{err,\nu}$ durch den Teilungsfehler der Ketten mit X als Anzahl der Kettenglieder zu:

$$n_{teil} = \frac{X}{4 \cdot \pi \cdot z \cdot \nu} \cdot \sqrt{c \cdot \left(\frac{d_1^2}{J_1} + \frac{d_2^2}{J_2} \right)} \quad \text{mit} \quad f_{err,\nu} = \frac{\nu \cdot z \cdot n}{X} \quad \text{und} \quad \nu = 1, 2, 3 \tag{22.171}$$

Zur Beeinflussung möglicher Resonanzdrehzahlen bei Drehschwingungen sind nur die Teilkreisdurchmesser $d_{1,2}$ bzw. die Zähnezahlen $z_{1,2}$ der Kettenräder und in geringerem Maße die Trumsteifigkeit c der Kette geeignet.

22.3.8 Betriebsverhalten und Einsatzgrenzen von Kettengetrieben

Ausgehend von den behandelten Berechnungsgrundlagen sollen im Folgenden noch einige Besonderheiten hinsichtlich des Betriebs- und Geräuschverhaltens sowie der Einsatzgrenzen von Kettengetrieben vorgestellt werden. Am Ende des Abschnittes werden noch weitere Maschinen und Anlagen kurz beschrieben, die ebenfalls das Prinzip des Kettengetriebes nutzen.

Hinsichtlich der Einsatzgrenzen bei Kettengetrieben lässt sich wie bei Riemengetrieben zwischen systembedingten Grenzen aufgrund der konstruktiven Auslegung und betriebsbedingten Grenzen wegen physikalischer Zusammenhänge unterscheiden.

Die wichtigsten systembedingten Grenzen ergeben sich beim Kettengetriebe aus dem Polygoneffekt gemäß Abschnitt 22.3.4 und den daraus entstehenden Trumschwingungen, dem Fliehkrafteinfluss bei zu hohen Kettengeschwindigkeiten und der Aufschlagskraft F_A gemäß Gleichung (22.138) aufgrund des stoßartigen Aufschlagens der einlaufenden Kettenglieder auf die Kettenradzähne, die wiederum von der Aufschlagsgeschwindigkeit v_A gemäß Gleichung (22.139) abhängt. In dieser Gleichung zur Berechnung der Aufschlagsgeschwindigkeit wird ein Faktor κ verwendet, der vom Eingriffs- und Flankenwinkel der jeweiligen Kettenbauart abhängt. Da dieser Faktor für Rollenketten Werte von $\kappa = 0{,}9 \ldots 0{,}5$ und für Zahnketten $\kappa = 0{,}5 \ldots 0{,}35$ annimmt, ist die Aufschlagsgeschwindigkeit bei Zahnketten geringer und damit auch das gesamte Laufverhalten geräuschärmer. Zur Abschätzung des Schalldruckpegels in db(A) von Rollenkettengetrieben abhängig von der Teilung p, der Drehzahl n, der Zähnezahl z und dem Flankenwinkel γ kann folgende Gleichung verwendet werden [22.122]:

$$L_p = 20 \cdot \log\left[1{,}135 \cdot 10^{-6} \cdot p^3 \cdot n^{1{,}5} \cdot z^{1{,}5} \cdot \sin\left(\frac{360°}{z} + \gamma\right)\right] \tag{22.172}$$

Dabei gilt auch hier, dass – wie bereits im vorherigen Abschnitt erwähnt – Resonanzzustände unbedingt zu vermeiden sind, da anderenfalls sehr starke Geräusche auftreten.

In Erweiterung der systembedingten Grenzen ist beim Kettengetriebe der Verschleiß als wesentliche betriebsbedingte Grenze zu berücksichtigen, wobei insbesondere Herstellungs- und Montagefehler durch erhöhten Verschleiß zum vorzeitigen Versagen des Kettengetriebes führen können. Erhöhter Verschleiß wiederum begünstigt die Möglichkeit des Überspringens der Kette mit entsprechenden Funktionsstörungen des Antriebes.

Mit Ausnahme einer gewissen Einlaufzeit ist unter Maßgabe einer ordnungsgemäßen Wartung und Schmierung der Kettenverschleiß grundsätzlich proportional zur Betriebszeit der Kette, wobei ein Kettengetriebe bei richtig ausgelegter Kette verhältnismäßig wenig Wartung benötigt.

Wird das Kettengetriebe jedoch aufgrund häufig zu beobachtender Montagefehler mit nicht fluchtenden Kettenrädern oder nicht parallel liegenden Achsen der Kettenräder betrieben, so müssen die Ketten schräg in das Kettenrad einlaufen, was zu einer zusätzlichen Abnutzung der Laschen führt. Hierdurch wird der Laschenquerschnitt sehr stark geschwächt, womit die Gefahr eines vorzeitigen Bruches steigt. Ebenso unterliegen die Laschen und Bolzen einer zusätzlichen Belastung auf Biegung und einer damit einhergehenden Minderung der Lebensdauer, was in vergleichbarer Weise auch für Zahnkettengetriebe gilt.

Vergleichbar mit den Fehlfluchtungen kann auch bei zu geringem Durchhang aufgrund eines falsch eingestellten Wellenabstandes eine zusätzliche Zugbelastung in der Kette auftreten, in deren Folge sich der Kettenverschleiß erhöht [22.94]. Umgekehrt kann der Kettendurchhang aber auch wegen eines falschen Wellenabstandes oder fehlender bzw. nicht funktionierender Spann- und Führungseinrichtungen zu groß sein, was unter Einwirkung äußerer Belastungen einen instabilen Lauf der Kette bedingt und ebenfalls zum Überspringen von Kettengliedern führen kann.

Somit sind die richtige Auslegung, fehlerfreie Montage und regelmäßige Kontrolle und Wartung aller Bauelemente (Ketten, Kettenräder, Spann- und Führungseinrichtungen) Grundvoraussetzung für einen störungsfreien Betrieb des Kettengetriebes.

Neben den antriebstechnischen Anwendungen von Kettengetrieben sollen abschließend noch weitere Maschinen und Anlagen genannt werden, die ebenfalls das Prinzip der formschlüssigen Übertragung mittels Kette nutzen.

Größtes Einsatzgebiet ist das Kettenfahrwerk von Planierraupen und Raupenkettenbaggern gemäß Abbildung 22.56, bei dem die Kraftübertragung genauso wie beim Kettengetriebe durch Formschluss zwischen Antriebskettenrad und Förderkette erfolgt. Im Gegensatz zu den meisten anderen Anwendungen muss die Kette hier aber zusätzlich noch als „Fahrweg" für die Stützrollen dienen, auf denen sich die gesamte Maschine abstützt. Aufgrund dieser

Funktion, vergleichbar dem Gleis der Eisenbahn als Fahrweg, wurde dieses Prinzip der Kettennutzung früher auch häufig als Gleiskette bezeichnet.

Ein nicht minder großes Anwendungsgebiet ist die Stetigfördertechnik zur Stück- und Schüttgutförderung, wobei insbesondere zur Vertikalförderung von Heißgütern Kettenbecherwerke verwendet werden [22.111], [22.115]. Schließlich nutzt auch die besonders für die Personenbeförderung bekannte Fahrtreppe das formschlüssige Prinzip der Kette in der Weise, dass die einzelnen Treppenstufen als Tragelement an einer Kette als Zugelement befestigt sind, die über große Antriebskettenräder das endlose Fahrtreppenband antreibt.

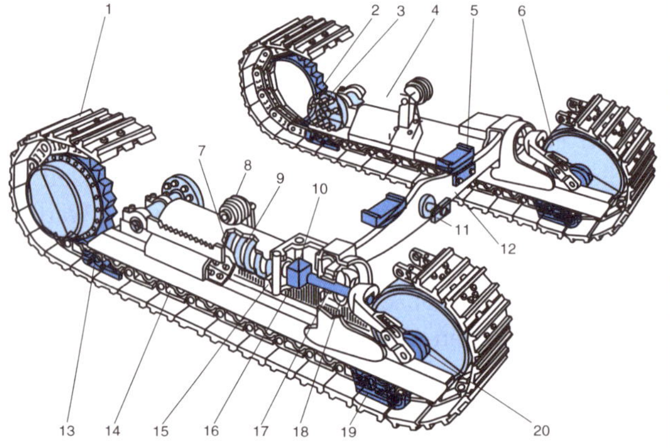

1 Kette mit Bodenplatten
2 Antriebsturas (Zahnkranzsegment)
3 Dreh- und Pendelzapfen für Anschluss am Hauptrahmen
4 Laufrollen- bzw. Laufwerksrahmen
5 Gummianschläge zum Hauptrahmen
6 Leitrad
7 Feder der Spannvorrichtung
8 Trag- oder Stützrolle
9 Spannzylinder
10 Hintere Kettenendführungsplatte
11 Laufrolle
12 Vordere Kettenendführungsplatte

Abbildung 22.56: Raupenkette und Fahrwerk eines Mobilbaggers [22.81]

22.4 Stufenlos einstellbare Riemen- und Kettengetriebe

Sehr viele Prozesse – insbesondere mit häufigen, schwierigen Anfahrvorgängen – erfordern während des Betriebs die Möglichkeit der stufenlosen Drehzahl- und Drehmomentanpassung, wobei es unabhängig von der Art des Antriebs wirtschaftlich ist, bei hohen Drehzahlen und niedrigem Drehmoment zu verstellen und die Drehmomenterhöhung bei gleichzeitiger Drehzahlminderung durch ein nachgeschaltetes Zahnradgetriebe vorzunehmen [22.98]. Somit erlauben die bereits beschriebenen Riemen- und Kettengetriebe, insbesondere in Verbindung mit einem Umlaufrädergetriebe gemäß Kapitel 19, die stufenlose Anpassung großer Leistungen [22.92].

Dabei nutzen diese stufenlos einstellbaren mechanischen Getriebe das Prinzip der Veränderung des Radius, an dem die Umfangskraft angreift. Da diese Vorgehensweise im Wesentlichen nur bei kraftschlüssigen Getrieben möglich ist, kommen neben der seltenen Anwendung von Flachriemen heute meist Breitkeilriemen in asymmetrischer Ausführung sowie Ketten in Spezialausführung zum Einsatz [22.59], [22.121]. Haupteinsatzgebiete derartiger Antriebe sind Werkzeugmaschinen, Rührwerke und Kraftfahrzeuge, in denen zunehmend zur zugkraftunterbrechungsfreien Drehmoment- und Drehzahlanpassung die sogenannten CVT-Getriebe (Continuous Variable Transmission) mit besonderen Kettenbauarten Eingang gefunden haben [22.105], [22.112].

Betrachtet man zunächst die Riemengetriebebauarten, so wurden ursprünglich bei Transmissionen und auch bei Einzelantrieben von Werkzeugmaschinen überwiegend Stufenscheiben gemäß Abbildung 22.5 eingesetzt, die dann zunehmend durch stufenlos einstellbare Antriebe verdrängt wurden [22.98]. Dabei sind die Scheibendurchmesser so zu wählen, dass für jede Stufe die gleiche Riemenlänge vorliegt. Das Schalten bzw. Umlegen der Riemen kann nur im Stillstand erfolgen, indem der Riemen auf eine andere Stufe der Scheibe gelegt wird, sodass der Kraftfluss beim Schalten auf jeden Fall unterbrochen ist. Bei Keilriemengetrieben muss außerdem auch noch der Wellenabstand verstellbar sein.

Als wesentliche Verbesserung wurden daraus die stufenlos einstellbaren Flachriemen- oder Keilriemen-Verstellgetriebe entwickelt, bei denen bei konstanter Riemenlänge entweder der Wirkdurchmesser einer Scheibe und der Wellenabstand oder aber die Wirkdurchmesser beider Riemenscheiben bei konstantem Wellenabstand verändert werden.

Dabei wird der Riemen gemäß Abbildung 22.5 durch seitliche Rollen entsprechend der gewünschten Übersetzung auf den breiten konischen Riemenscheiben eingestellt und geführt. Sobald der Riemen auf den größeren Durchmesser der konischen Scheibe gezwungen wird, erfährt der auflaufende Riemenrand eine höhere Geschwindigkeit als der Riemenrand auf der Seite mit dem kleineren Durchmesser, woraus sich für das nachfolgende Riemenstück ein Schrägzug ergibt.

Hierdurch stellt sich beim Kegelscheiben-Verstellgetriebe unter Schräglauf des Riemens mit der Verschiebung q ein Gleichgewicht, wobei der Riemen jedoch einer zusätzlichen Biegebeanspruchung um die Breitenachse unterliegt. Diese zusätzliche Beanspruchung wird umso größer, je breiter der Riemen, je größer der Kegelwinkel, je größer der E-Modul des Riemenwerkstoffs und je kleiner die Scheibendurchmesser sind. Aufgrund dieser Abhängigkeiten bevorzugt man möglichst schmale und dicke Riemen und Scheiben mit Kegelwinkeln von maximal 1:10 bis 1:20.

Möchte man dagegen den Wirkdurchmesser einer Keilriemenscheibe verändern, so braucht man nur den Abstand der beiden Scheibenhälften zu verstellen. Abbildung 22.5 zeigt ein einfaches stufenlos einstellbares Breitkeilriemengetriebe in Verbindung mit einem Elektromotor und einem Zahnradgetriebe, wobei durch Betätigung des Handrades die obere rechte Scheibenhälfte verschoben werden kann. Die untere Scheibe dagegen ist eine sogenannte Spreizscheibe, die sich selbsttätig der Übersetzung anpasst, indem eine Feder die erforderliche Anpresskraft und Vorspannung erzeugt. Abbildung 22.13 zeigt weitere Verstellscheibenbauarten in einem ausgeführten Verstellriemengetriebe [22.98].

In gleicher Weise wie die Keilriemen-Verstellgetriebe gemäß Abbildung 22.13 arbeiten auch die heute vorzugsweise für höhere Leistungen im Einsatz befindlichen Kettengetriebe mit stufenlos einstellbarer Übersetzung gemäß Abbildung 22.57.

Die Umfangskraft wird zwischen der Kette und den beiden Kegelscheibenpaaren kraftschlüssig unter Auftreten von Schlupf über die gewölbten Stirnflächen der Wiegebolzen und die glatten Laufflächen der Kegelscheiben übertragen. Da je eine der Scheiben axial verschiebbar gegenüber einer fest angeordneten Scheibe ist, lässt sich die stufenlose Drehzahländerung durch eine gegenläufige axiale Verschiebung der sogenannten Wegscheiben erzielen, wobei die Laufradien der Kette verändert werden. Die zur Leistungsübertragung notwendige Anpresskraft zwischen Kette und Kegelscheibe wird drehmomentabhängig mithilfe der Kurventräger und der Anpressrollen erzeugt, während im Leerlauf eine Druckfeder die erforderliche Kettenanpressung aufbringt. Mithilfe einer Druckölsteuerung lässt sich die Drehzahl stufenlos verändern, wobei das Drucköl nicht nur zur Anpressung der Kegelscheiben an die Kette und zur Axialverschiebung der Wegscheiben genutzt wird, sondern auch zur Schmierung aller beweglichen Getriebeteile.

Die Hauptunterschiede bei den stufenlos einstellbaren Kettengetrieben liegen in der Konstruktion der Kette als Zugorgan [22.3]. So besteht die sogenannte P.I.V.-Keilkette aus einer Vielzahl paralleler Laschen, die zu Gliedern zusammengefügt und mittels eines Wiegegelenks verbunden werden. Zur Übertragung der Umfangskraft auf die Keilscheiben sind die Bolzen der Wiegegelenke an den Enden ballig ausgeführt. Darüber hinaus werden die Laschenpakete der Kettenglieder durch einen die Laschen übergreifenden U-förmigen Steg zusammengehalten, der außerdem eine Schräglage der Kettenglieder verhindert. Die Kette ist sehr leicht, verfügt über eine veränderliche Teilung von ca. 10 bis 11 mm und eine Arbeitsbreite von ungefähr 24 mm [22.59].

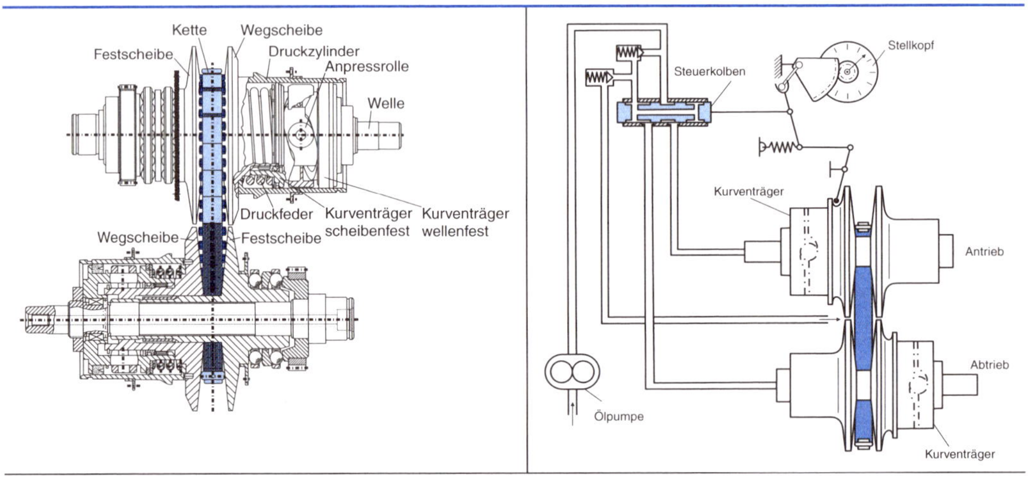

Abbildung 22.57: Stufenlos einstellbares Kettengetriebe mit zugehöriger servohydraulischer Druckölsteuerung zur Scheibenverstellung unter Last [22.59]

Im Gegensatz dazu ist das sogenannte Ganzmetall-VDT-Schubgliederband ebenfalls wie eine endlose Kette aufgebaut, überträgt jedoch die Umfangskräfte nicht als Zug-, sondern als Druckorgan. Hierzu besteht das VDT-Schubgliederband aus dünnen, hintereinander angeordneten Querelementen, die durch zwei seitlich angeordnete Pakete sehr flexibler geschichteter dünner Stahlbänder zusammengehalten werden, wobei diese Bänder nur die Schubglieder führen und nicht an der Leistungsübertragung beteiligt sind. Die Schubglieder werden zur Übertragung der Umfangskraft ebenfalls zwischen die Keilscheiben geklemmt [22.59]. Die Teilung des Schubgliederbandes ergibt sich zwangsläufig aus der Dicke der Schubglieder und beträgt 1,2 bis 2,2 mm bei einer Arbeitsbreite des Schubgliederbandes von rund 23 mm. Bedingt durch diese kleine Teilung weisen die Seitenflächen des Schubgliederbandes eine fast homogene Oberfläche auf.

Abschließend ist noch die B.W.-Druckrahmenkette zu erwähnen, die aus flachen, trapezförmigen Querelementen besteht, die paarweise zusammengefügt und durch die Kettenlaschen in Längsrichtung gehalten werden, wobei die Kettenbolzen als Wiegegelenke ausgebildet sind und damit die Teilung für die Querelemente vorgeben. Die Kette weist eine konstante Teilung von ca. 10 mm und eine wirksame Breite von 24 mm auf. Im Gegensatz zur P.I.V.-Keilkette und zum VDT-Schubgliederband erfolgt die Übertragung der Umfangskraft auf die Keilscheibe bei der B.W.-Kette durch die trapezförmigen Querelemente [22.59], [22.66], [22.109].

Wie bereits eingangs erwähnt, sind, bedingt durch die kraftschlüssige Drehmomentübertragung, sowohl die stufenlos einstellbaren Riemen- als auch die Kettengetriebe hinsichtlich der übertragbaren Leistung begrenzt. Zur Erweiterung des Leistungsbereiches bietet sich deshalb die Kopplung mit einem Umlaufrädergetriebe gemäß Abbildung 22.58 an [22.92]. Hierzu wird ein zwangsläufiges elementares Umlauf-Koppelgetriebe so aufgebaut, dass das Hauptgetriebe als ein zweiläufiges Umlaufgetriebe ausgeführt wird und das Nebengetriebe über eine stufenlos einstellbare Übersetzung verfügt [22.85], [22.92]. Damit wird diese Getriebekombination auch in ihrer Gesamtübersetzung stufenlos verstellbar, weshalb man sie auch als Stellkoppelgetriebe bezeichnet [22.92].

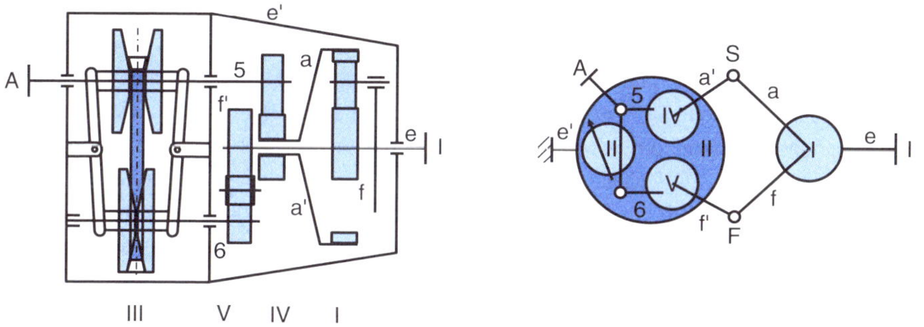

Abbildung 22.58: Schema und Darstellung eines P.I.V.-Stellkoppelgetriebes mit einem Kettengetriebe als Stellgetriebe III, zwei Zwischengetrieben IV und V mit negativer und positiver Übersetzung: A – Antrieb, I – Abtrieb, S – nicht angeschlossen nach [22.92]

Unter der Voraussetzung der richtigen Getriebeauslegung fließt nur ein Bruchteil der Leistung über das Nebengetriebe, weshalb hier kraftschlüssige Verstellgetriebe geringer Leistung eingesetzt werden können, mit denen dann in Verbindung mit dem leistungsfähigeren Umlaufrädergetriebe die Drehzahl des Gesamtgetriebes großer Leistung stufenlos verstellt werden kann. Weitere ausführliche Darstellungen zur Funktionsweise und Auslegung der Stellkoppelgetriebe sind der weiterführenden Fachliteratur zu entnehmen [22.85], [22.92].

Während derartige Stellkoppelgetriebe nur selten in regelbaren Industrieantrieben großer Leistung zum Einsatz kommen, hat die Anwendung in Fahrzeugantrieben in jüngster Zeit stark zugenommen. Im Gegensatz zum Standard-Schalt- oder Automatgetriebe bieten derartige CVT-Getriebe deutliche Vorteile hinsichtlich des Fahrkomforts, des Verbrauchs und des Geräusches. So bietet die automatische Getriebeverstellung eine komfortable stufenlose Drehmoment- und Drehzahlanpassung ohne Gangstufenwechsel und Zugkraftunterbrechung. Ferner kann auf der Kurve des optimalen Verbrauchs gefahren werden, da beim CVT-Getriebe keine feste Kopplung von Motordrehzahl und Fahrzeuggeschwindigkeit besteht, wodurch sich deutliche Kraftstoffeinsparungen ergeben. Zusätzlich lässt sich durch die freie Regelbarkeit der Motorbetriebsparameter Drehmoment und Drehzahl das Betriebsverhalten des Verbrennungsmotors hinsichtlich Abgas- und Geräuschemission bestmöglich anpassen. Allerdings folgen aus der ständigen Kraftübertragung durch Reibung zwischen den Scheiben und der Kette hohe Anforderungen an die Zuverlässigkeit des Hydrauliksystems, wodurch letztlich auch die Dauerhaltbarkeit des Getriebes maßgeblich beeinflusst wird [22.59].

CWS Aufgaben und Lösungen

ZUSAMMENFASSUNG

Die **Hüllgetriebe** umfassen die Riemen- und Kettengetriebe und können sowohl zur Wandlung von Drehmomenten und Drehzahlen als auch zur Änderung von Drehrichtungen genutzt werden. Hüllgetriebe bestehen aus mindestens zwei oder mehreren Riemenscheiben (Riementrieb) oder Kettenrädern (Kettentrieb), die von einem Zugmittel (Riemen oder Kette) umschlungen werden, weshalb sie oftmals auch als Zugmittel- oder Umschlingungsgetriebe bezeichnet werden.

Der **wesentliche Unterschied zwischen Riemen- und Kettengetriebe** besteht darin, dass im Falle des Riemengetriebes die Kraftübertragung vom Antriebsrad auf das Zugmittel und vom Zugmittel auf das Abtriebsrad kraftschlüssig durch Reibung zwischen Rad und Riemen erfolgt, während beim Kettentrieb eine formschlüssige Kraftübertragung durch Ineinandergreifen von Zugmittel und Rad vorliegt, was im Übrigen auch für den Zahnriemen gilt. Der Hauptvorteil im Vergleich zu Zahnradgetrieben ist die Möglichkeit zur Überbrückung nahezu beliebig großer Wellenabstände, da die Zugmittel (Riemen und Ketten) theoretisch beliebig lang sein können. Die Zugmittelstränge zwischen den Rädern nennt man Trume, wobei das ziehende Trum als Lasttrum und das gezogene Trum als Leertrum bezeichnet wird. Ein weiterer großer Vorteil der Hüllgetriebe ist die Möglichkeit, Leistungsverzweigungen, Leistungssummierungen oder eine Drehrichtungsumkehr durch die entsprechende Anordnung zusätzlicher Räder vorzunehmen.

Bei **Riemengetrieben** wird die aus dem eingeleiteten Drehmoment entstehende Umfangskraft als Zugkraft mithilfe eines elastischen Riemens auf das Abtriebsrad übertragen und dort in das Abtriebsdrehmoment umgesetzt. Gab es ursprünglich nur Flachriemen mit rechteckigem Querschnitt, so sind heutzutage Keilriemen mit trapezförmigem Querschnitt, Rundriemen mit rundem Querschnitt und Zahnriemen sowie daraus abgeleitete weitere Geometrien verfügbar.

Mit Ausnahme der formschlüssigen und damit schlupffreien Kraftübertragung beim Zahnriemen (Synchronriemen) wird die **Umfangskraft** vom Antriebsrad auf den Riemen kraftschlüssig durch Reibung übertragen, sodass zwischen Rad und Riemen immer Schlupf auftritt. Um die für den Kraftschluss notwendige Normalkraft zwischen Riemen und Rad erzeugen zu können, muss der Riemen vorgespannt werden.

Im Gegensatz dazu übertragen **Kettengetriebe** durch Formschluss zwischen dem treibenden Ritzel und der Kette und von der Kette auf das angetriebene Kettenrad Bewegungen und Kräfte schlupffrei und damit winkelgetreu zwischen An- und Abtrieb. Hinsichtlich des Leistungsvermögens liegen Kettengetriebe in der Antriebstechnik zwischen Zahnradgetrieben und Riemengetrieben. Dabei beschränkt sich die Anwendung von Ketten nicht nur auf die Antriebsketten in Kettengetrieben, sondern sie werden auch als Förderketten in fördertechnischen Anlagen und als Lastketten in Hebezeugen eingesetzt. Im Vergleich zum Riemengetriebe ist zur Kraftübertragung keine Vorspannung erforderlich, jedoch werden Ketten im Hinblick auf einen ruhigen Lauf meistens mit einem bestimmten Durchhang im Leertrum versehen.

Ausgehend von diesen grundlegenden Zusammenhängen werden im Weiteren Hinweise zur Gestaltung von Riemen, Riemenscheiben, Ketten und Kettenrädern unter Berücksichtigung der jeweiligen Eigenschaften, Besonderheiten und auch Werkstoffe gegeben.

Anschließend werden die **Berechnungsgrundlagen** für Riemen- und Kettengetriebe behandelt, wobei im Falle der Riemengetriebe insbesondere auf die Eytelwein'sche Gleichung zur reibschlüssigen Kraftübertragung eingegangen wird, während beim Kettengetriebe die Ungleichförmigkeiten aufgrund des Polygoneffektes erläutert werden.

Auf der Grundlage der **angreifenden Kräfte und Momente** werden dann die Möglichkeiten zur Auswahl und Auslegung von Riemen-, Ketten- und Zahnriemengetrieben vorgestellt. Wenngleich es auch hier letztlich um den Vergleich von Beanspruchung und Beanspruchbarkeit geht, so erfolgt die Auswahl eines geeigneten Riemens oder einer Kette in den meisten Fällen anhand von Auswahldiagrammen abhängig von der zu übertragenden Gesamtleistung und der Drehzahl des kleinen Antriebsrades.

Im Falle der **Riemengetriebe** kann diese herstellerunabhängige Auslegung anhand der VDI-Richtlinie 2758 vorgenommen werden, während für Rollen- und Buchsenketten die DIN ISO 10823 zu verwenden ist. Sowohl Zahnriemen als auch Zahnketten sind in vergleichbarer Weise anhand von Herstellerunterlagen auszuwählen.

Anschließend wird noch auf **Besonderheiten** im Betrieb, Einsatzgrenzen sowie erforderliche Wartungsmaßnahmen bei Riemen- und Kettengetrieben eingegangen. Ergänzend wird das dynamische Verhalten von Riemen- und Kettengetrieben behandelt. Dabei ist zu unterscheiden zwischen Querschwingungen (Biegeschwingungen bzw. Transversalschwingungen) der freien Trume und Längsschwingungen (Longitudinalschwingungen) in Längsrichtung des Zugmittels, die letztlich über die Wirkradien der Riemenscheiben und Kettenräder auch zu Drehschwingungen im Antrieb führen können.

Während bei Riemen- und Kettengetrieben immer eine Anregung der Schwingungen von außen durch die Antriebs- oder Arbeitsmaschine erfolgen kann, besteht beim Kettengetriebe und auch beim Zahnriemengetriebe zusätzlich die Möglichkeit der inneren (parameter-erregten) Anregung durch den Polygoneffekt.

Abschließend wird noch auf die Möglichkeiten der **stufenlosen Anpassung** großer Leistungen mittels Riemen- und Kettengetrieben, insbesondere in Verbindung mit einem Umlaufrädergetriebe, eingegangen. Dabei nutzen diese stufenlos einstellbaren mechanischen Getriebe das Prinzip der Veränderung des Radius, an dem die Umfangskraft angreift. Da diese Vorgehensweise besonders einfach bei kraftschlüssigen Getrieben möglich ist, kommen heute meist Breitkeilriemen in asymmetrischer Ausführung sowie Ketten in Spezialausführung zur reibschlüssigen Kraftübertragung zum Einsatz. Haupteinsatzgebiete derartiger Antriebe sind Werkzeugmaschinen, Rührwerke und Kraftfahrzeuge, in denen zunehmend zur zugkraftunterbrechungsfreien Drehmoment- und Drehzahlanpassung die sogenannten CVT-Getriebe (Continuous Variable Transmission) mit besonderen Kettenbauarten Eingang gefunden haben.

Literatur

[22.1] Alles, R.; Continental Transportband Dienst – Fördergurte – Berechnungen, Hannover 1985

[22.2] Berents, R., Maahs, G., Schiffner, H., Vogt, E.; Handbuch der Kettentechnik; Arnold & Stolzenberg, Einbeck 1989

[22.3] Cuypers, M. H., Sevoo, J. M.; Durch Metallkeilriemen und -ketten in stufenlosen Kraftfahrzeuggetrieben übertragbare Drehmomente; Antriebstechnik 29 (1990), S. 72-76

[22.4] Decker, K., Kabus, K., Rieg, F. et. al.; Maschinenelemente, Hanser Verlag, München 2007

[22.5] DIN 111 Antriebselemente; Flachriemenscheiben; Maße; Nenndrehmomente; (1982-08)

[22.6] DIN 654 Stahlbolzenkette; (1972-03), zurückgezogen

[22.7] DIN 685 Geprüfte Rundstahlketten; (1981-11)

[22.8] DIN 686 Zerlegbare Gelenkketten; (1972-03), zurückgezogen

[22.9] DIN 740 Nachgiebige Wellenkupplungen; T1 (1986-08): Anforderungen, Technische Lieferbedingungen; T2 (1986-8): Begriffe und Berechnungsgrundlage

[22.10] DIN 763 Rundstahlketten; (1990-12)

[22.11] DIN 766 Rundstahlketten; lehrenhaltig (1986-01)

[22.12] DIN 2211 Schmalkeilriemenscheiben; (1984-03)

[22.13] DIN 2215 Endlose Keilriemen; Maße; (1975-03)

[22.14] DIN 2216 Endliche Keilriemen; Maße; (1972-10)

[22.15] DIN 2217 Keilriemenscheiben; (1973-02)

[22.16] DIN 2218 Endlose Keilriemen für den Maschinenbau; Berechnung der Antriebe; Leistungswerte; (1976-04)

[22.17] DIN 7719 Endlose Breitkeilriemen für industrielle Drehzahlwandler; (1987-01)

[22.18] DIN 7721 Synchronriemengetriebe, metrische Teilung; Synchronriemen; (1989-09)

[22.19] DIN 7722 Endlose Hexagonalriemen für Landmaschinen und Rillenprofile der zugehörigen Scheiben; (1982-06)

[22.20] DIN 7753 Endlose Schmalkeilriemen für den Maschinenbau; T1: Maße; (1988-01); T2: Berechnung der Antriebe, Leistungswerte; (1976-4); T3: Endlose Schmalkeilriemen für den Kraftfahrzeugbau; Maße der Riemen und Scheibenrillenprofile; (1986-2); T4: Endlose Schmalkeilriemen für den Kraftfahrzeugbau; Ermüdungsprüfung; (1988-3)

[22.21] DIN 7867 Keilrippenriemen und -scheiben; (1986-06)

[22.22] DIN 8150 Gallketten; (1984-03)

[22.23] DIN 8152 Flyerketten; (1980-01)

[22.24] DIN 8153 Scharnierketten; (1992-03)

[22.25] DIN 8154 Buchsenketten mit Vollbolzen; (1999-09)

[22.26] DIN 8156 Ziehbankketten ohne Buchsen; (2005-02)

[22.27] DIN 8157 Ziehbankketten mit Buchsen; (2005-02)

[22.28] DIN 8164 Buchsenketten; (1999-08)

[22.29] DIN 8165 Buchsenketten mit Vollbolzen; (1992-03)

[22.30] DIN 8167 Förderketten mit Vollbolzen; (1986-03)

[22.31] DIN 8181 Rollenketten, langliedrig; (2000-04)

[22.32] DIN 8182 Rollenketten mit gekröpften Gliedern (Rotaryketten); (1999-09)

[22.33] DIN 8187 Rollenketten, europäische Bauart; (1996-03)

[22.34] DIN 8188 Rollenketten, amerikanische Bauart; (1996-03)

[22.35] DIN 8190 Zahnketten mit Wiegegelenk und 30° Eingriffswinkel;(1988-01)

[22.36] DIN 8191 Verzahnung der Kettenräder für Zahnketten nach DIN 8190; (1988-01)
[22.37] DIN 8192 Kettenräder für Rollenketten nach DIN 8187; (1987-03)
[22.38] DIN 8194 Stahlgelenkketten; (1983-08)
[22.39] DIN 8195 Rollenketten, Kettenräder, Auswahl von Kettentrieben; (1977-08)
[22.40] DIN 8196 Verzahnung der Kettenräder für Rollenketten nach DIN 8187; (1987-03)
[22.41] DIN 22101 Gurtförderer für Schüttgüter – Grundlagen für die Berechnung und Auslegung; (2002-08)
[22.42] DIN 22252 Rundstahlketten für Förder- und Gewinnungsanlagen im Bergbau; (1983-09)
[22.43] DIN EN 10083 Vergütungsstähle – T1 Technische Lieferbedingungen für Edelstähle; (1996-10)
[22.44] DIN EN 10084 Einsatzstähle – Technische Lieferbedingungen; (1998-06)
[22.45] DIN EN 10823 Kettenberechnung; (1997-08)
[22.46] DIN ISO 1940 Mechanische Schwingungen, Anforderungen an die Auswuchtgüte von Rotoren in konstantem Zustand; T1 Festlegung und Nachprüfung der Unwuchttoleranz; (2004-04)
[22.47] DIN ISO 5296 Synchronriementriebe; Riemen; T1: Zahnteilungs-Kurzzeichen MXL, XL, L, H, XH und XXH; Metrische und Inch-Maße, (1991-5); T2: Zahnteilungs-Kurzzeichen MXL und XXL; Metrische Maße; (1991-5)
[22.48] DIN ISO 9010 Synchronriementriebe; Riemen für den Kraftfahrzeugbau; (1990-6)
[22.49] DIN ISO 10823 Hinweise zur Auswahl von Rollenkettentrieben; (2001-10
[22.50] Dittrich, W., van den Heuvel, B., Laschet, A.; Untersuchung von Förderantrieben in Chile; Antriebstechnik 41 (2002), Heft 10, S. 48-54
[22.51] Dubbel, H., Beitz, W., Grote, K.-H., Feldhusen, J.; Dubbel – Taschenbuch für den Maschinenbau, 22. Aufl., Springer Verlag, Berlin 2007
[22.52] Ernst, H.; Die Hebezeuge; Vieweg Verlag, Braunschweig 1973
[22.53] Erxleben, St.; Dynamisches Verhalten von Riemengetrieben; VDI-Berichte 524, S. 271-291, VDI-Verlag, Düsseldorf 1984
[22.54] Erxleben, St.; Untersuchungen zum Betriebsverhalten von Riemengetrieben unter Berücksichtigung des elastischen Materialverhaltens; Diss. RWTH Aachen, 1984
[22.55] Ettl, E.; Ursachen und Wirkungen dynamischer Kräfte bei Stahlgliederbändern und Vorschläge zu deren Milderung; Diss. TU München, 1964
[22.56] Fischer, F. W.; Auswirkungen der Fertigungsabweichungen von Riemengetrieben auf das dynamische Betriebsverhalten; VDI Fortschrittsberichte Reihe 1, Nr. 186, VDI-Verlag, Düsseldorf 1990
[22.57] Fronius, St.; Konstruktionslehre – Antriebselemente, Verlag Technik, Berlin 1979
[22.58] Fronius, St.; Berechnung von Kettentrieben; Konstruktion im Maschinen-, Apparate- und Gerätebau, Berlin 11 (1959), Heft 10, S. 383-390
[22.59] Funk, W.; Zugmittelgetriebe; Springer Verlag, Berlin 1995
[22.60] Funk, W.; Belt Drives; Power Transmisson Elements, Chapter 3, 111-157, McGraw Hill, New York 1990
[22.61] Funk, W.; Der Einfluss der Reibkorrosion auf die Dauerhaltbarkeit zusammengesetzter Maschinenelemente; Dissertation, TH Darmstadt 1968
[22.62] Funk, W.; Eingriffsverhältnisse in Zahnriementriebe beeinflussen die Geräusche; Maschinenmarkt 93 (1987), S. 64-68
[22.63] Funk, W.; Reibkorrosion und Verschleiß – Versuch einer Begriffsabgenzung; Metalloberfläche 23 (1969), S. 233-237

[22.64] Funk, W. Köster, L.; Problematik der Drehmomentübertragung durch Zahnriementriebe; Antriebstechnik 21 (1982), S. 390-394
[22.65] Gogolin, B.: Keilriemen – laufruhig selektiert? Antriebstechnik 28 (1989), S. 61-64
[22.66] Hirona, S., Miller, A. L., Schneider, K. F.; SCVT – A State of the Art Electronically Controlled Continuously Variable Transmission; SAE Technical Paper Series 910410, 1991
[22.67] Härtlein, G.; Die Größe und der Verlauf der Stoßkraft beim Eingriff der Laschenkette von Stahlgliederbändern in das Kettenrad; Diss. TU München, 1966
[22.68] Hagemeister, K.; Zacherl, A.: Hochtourige Flachriemengetriebe mit Laufgeschwindigkeiten bis 200 m/s. Antriebstechnik 18 (1979), S. 247-252, S. 315-319
[22.69] Hösl, A., Sedlmayr, M., Pfeiffer, F.; Effekte der Polygonalität von Kettentrieben, VDI-Berichte Nr. 1758 „Umschlingungsgetriebe", Vol. 1, pp. 21-38, 2003
[22.70] Hösl, A., Sedlmayr, M., Pfeiffer, F.; Polygonanregung in Kettentrieben, VDI-Berichte Nr. 1749 „Schwingungen in Antrieben 2003", Vol. 2, pp. 377-391, 2003
[22.71] Hofmann, P.; Beitrag zur Kraftübertragung zwischen Kette und Kettenrad bei exzentrisch liegender Kette; Diss. TH Stuttgart, 1973
[22.72] ISO 2790 Riementriebe; Schmalkeilriemen für die Kraftfahrzeugindustrie sowie entsprechende Riemenscheiben; Maße; (1989-08)
[22.73] ISO 4184 Normal- und Schmalkeilriemen; Längen; (1992-12)
[22.74] ISO 5294 Synchron-Riementriebe; Riemenscheiben; (1989-07)
[22.75] ISO 9608 Keilriemen; Gleichförmigkeit von Keilriemen; Achsabstandsschwankungen; Spezifikation und Prüfverfahren; (1993-9)
[22.76] Jansen, U.; Geräuschverhalten und Geräuschminderung von Zahnriemengetrieben, Fortschr.-Berichte, VDI Reihe 11, Nr. 136, VDI-Verlag, Düsseldorf 1990
[22.77] Köster, L.; Der Zugkraftverlauf in Zahnriemenantrieben; Konstruktion 34 (1982), S. 99-104
[22.78] Köster, L.; Untersuchung der Kräfteverhältnisse in Zahnriemenantrieben; Diss. UniBw, Hamburg 1981
[22.79] Krause, W.; Zahnriemengetriebe; Verlag Hüthig, Heidelberg 1988
[22.80] Krause, W.; Konstruktionselemente der Feinmechanik, Hanser Verlag, München 1993
[22.81] Kunze, G., Göhring, H., Jacob, K.; Baumaschinen – Erdbau- und Tagebaumaschinen; Vieweg Verlag, Wiesbaden 2002
[22.82] Kutzbach, K.; Versuche über die Hafteigenschaften von Ledertreibriemen; 4. Sonderheft des Verbandes der Ledertreibriemenfabrikanten, 1925
[22.83] Langer, H.-P.; Reibung, Verformung und Schlupf von Flachriemen; Antriebstechnik 16 (1977), S. 63-69, S. 293-295
[22.84] Lebrecht, W., Ulbrich, H., Seckler, H., Duhr, U.; Transiente Verstelldynamik von CVT-Keilkettengetrieben, VDI-Berichte 1917 „Dynamik und Regelung von automatischen Getrieben", Vol. 1, pp. 247-268, 2005
[22.85] Loomann, J.; Zahnradgetriebe; Springer Verlag, Berlin 1988
[22.86] Lubrich, W.; Beitrag zur Kinematik der Kettentriebe; Diss. RWTH Aachen, 1956
[22.87] Mattheck, C., Burkhardt, S., Schulze, H. D.; Struktur- und Versagensanalyse eines Kettenglieds aus dem Bergbau – Vorschlag eines neuen Kettenglied-Designs; Der Maschinenschaden, München 59 (1986), Heft 5, S. 195-201
[22.88] Mauer, L., Schlittenhelm, M.; Simulation in der Schwingungsdynamik von Antrieben mit SIMPACK; Dresdner Maschinenelemente Kolloquium – DMK 2005, Tagungsband S. 433-448

[22.89] Mengel, W., Giebitz, W.; Das Linotype-Brevier; Linotype GmbH, Berlin 1961

[22.90] Merzkirch, K. H.; Wissenswertes über die Rundstahlkette – Historie, Herstellung, Verwendung; Deutsche Hebe- und Fördertechnik 33 (1987) S. 24-26, S. 29-32, Ludwigsburg

[22.91] Muhs, D., Wittel, H., et al.; Roloff/Matek Maschinenelemente; Vieweg Verlag, Braunschweig 2007

[22.92] Müller, H. W.; Die Umlaufgetriebe; Springer Verlag, Berlin 1997

[22.93] Müller, H. W.; Kompendium Maschinenelemente; 7. Aufl., Selbstverlag, Darmstadt 1990

[22.94] Müller, J., Hagedorn, H., Klammert, A.; Getriebetechnik Rollenkettengetriebe; VEB Verlag Technik, Berlin 1983

[22.95] Nagel, Th.; Zahnriemengetriebe; Hanser Verlag, München 2008

[22.96] Naji, M. R., Marshek, K. M.; Totthed Belt – Load Distribution; ASME 83-DE-7, 1983

[22.97] Neumann, L., Ulbrich, H., Pfeiffer, F.; Optimierung der Dynamik einer CVT-Kette, VDI-Berichte 1917 „Dynamik und Regelung von automatischen Getrieben", pp. 269-285, Leonberg, 2005

[22.98] Niemann, G., Winter, H.; Maschinenelemente, Bd. III, Springer Verlag, Berlin 1986

[22.99] N. N.; Technisches Handbuch für Optibelt-Antriebselemente, Arntz-Optibelt KG, Höxter 1989

[22.100] N. N.; Antriebstechnik mit Zahnketten von Rexroth, Bosch Rexroth AG, Gronau 2009

[22.101] Oser, J.; Zur Spannungsverteilung und Federsteifigkeit von Rundgliederketten; Deutsche Hebe- und Fördertechnik, Ludwigsburg 28 (1982), Heft 11/12, S. 342-346; 29 (1983), Heft 1, S. 30-31

[22.102] Peeken, H., Erxleben, St., Fischer, F.; Anfahrbeanspruchung von Riemengetrieben, VDI-Zeitschrift. 128 (1986), S. 225-232

[22.103] Peeken, H., Erxleben, St., Fischer, F.; Verdrehsteifigkeitskennlinien von Riemengetrieben. VDI-Zeitschrift 127 (1985), S. 919-926

[22.104] Peeken, H., Fischer, F., Frenken, E.; Auswirkungen von Fertigungsabweichungen auf das Betriebsverhalten von Riemengetrieben. Antriebstechnik 29 (1990), 77-80

[22.105] Pfeiffer, F., Lebrecht, W., Geier, T.; State-of-the-Art of CVT-Modelling, CVT 2004 Congress, San Francisco, USA, 2004

[22.106] Plöchl, M.; Eigenschaften und Einsatzmöglichkeiten von Rundstahlketten; Industrieanzeiger 98 (1976), Heft 1, S. 3-7

[22.107] Rachner, H. G.; Stahlgelenkketten und Kettentriebe, Springer Verlag, Berlin 1962

[22.108] Rachner, H. G.; Die Drehschwingungen des Zweirad-Kettentriebes bei innerer Erregung; Diss. RWTH Aachen, 1961

[22.109] Rattunde, M., Schönnenbeck, G., Wagner, P.; Bauelemente stufenloser Kettenwandler und deren Einfluss auf den Wirkungsgrad; VDI-Berichte 878, S. 259-275, VDI-Verlag, Düsseldorf 1991

[22.110] Renius, K. Th, Sauer, G.; Kettenwandler in Traktorgetrieben; VDI-Berichte 878, S. 277-292, VDI-Verlag, Düsseldorf 1991

[22.111] Scheffler, M.; Grundlagen der Fördertechnik – Elemente und Triebwerke, Vieweg Verlag, Brauschweig 1998

[22.112] Schindler, T., Geier, T., Ulbrich, H., Pfeiffer, F., van der Velde, A., Brandsma, A.; Dynamics of Pushbelt CVTs, VDI-Berichte 1997 „Umschlingungsgetriebe", Berlin, 2007

[22.113] Schlecht, B.; Maschinenelemente 1; Verlag Pearson Studium, München 2007

[22.114] Schlecht, B.; Schwingungen in Antriebssystemen – Wie aussagefähig ist die Ermittlung von Sicherheiten; Dresdner Maschinenelemente Kolloquium – DMK 2005, Tagungsband S. 11-75

[22.115] Schlecht, B.; Methoden zur Bemessung und Leistungssteigerung von Vertikalförderanlagen, dargestellt am Beispiel des Gurttaschenförderers; VDI-Fortschrittsberichte Reihe 13, Nr. 41, VDI-Verlag, Düsseldorf 1993

[22.116] Schönfeld, A.; Verschleißprobleme am Rollenkettentrieb; Diss. TH Karl-Marx-Stadt (Chemnitz), 1967

[22.117] Sebulke, J.; Theoretische und experimentelle Ermittlung der Federkonstanten von Rundstahlketten; Fördern und Heben, Mainz 31 (1981), Heft 2, S. 105-108

[22.118] Siegling, E.; Hannover: Flachriemen als kostengünstiges Antriebselement; Eine Alternative zu Keilriemen? Firmenunterlagen, 1989

[22.119] Steinhilper, W., Sauer, B.; Konstruktionselemente des Maschinenbaus 2; Springer Verlag, Berlin 2006

[22.120] Tope, H.-G.; Zugmittelgetriebe; Veranstaltungsunterlagen zum Seminar Nr. S-3-914-05-0. Essen: Haus der Technik, 1980

[22.121] Van Doorne's Transmissie B. V.; General Product Description, Firmenunterlagen, Tilburg (Niederlande) 1991

[22.122] von der Linde, J.; Untersuchungen des Geräuschverhaltens von Rollenkettengetrieben; Industrie-Anzeiger 87 (1965), S. 115-121

[22.123] von der Linde, J.; Die Schallabstrahlung von Rollenkettengetrieben; Diss. RWTH Aachen, 1964

[22.124] VDI 2758 Riemengetriebe; VDI-Verlag, Düsseldorf 1993

[22.125] Wächter, K.; Konstruktionslehre für Maschineningenieure, VEB Verlag Technik, Berlin 1987

[22.126] Westphal, H.; Fördergurte in der Praxis; VEB Verlag Technik, Berlin 1990

[22.127] Worobjew, N. W.; Kettengetriebe; VEB Verlag Technik, Berlin 1953

Hinweise zur CD-ROM

Auf der beiliegenden CD finden Sie eine Demoversion vom KISSsoft-Release 10/2008. KISSsoft ist ein Berechnungsprogramm des gleichnamigen Schweizer Softwarehauses. Die implementierten Routinen dienen dem Auslegen, Nachrechnen und Optimieren von Maschinenelementen. Dabei deckt die Software die üblichen Elemente ab – insbesondere Zahnräder, aber auch Wellen sowie Lager, Welle-Nabe-Verbindungen (Press-Sitze, Passfedern und ähnliches), sonstige Verbindungselemente wie Schrauben und Bolzen, Riemen, Ketten und weitere.

Ebenfalls mit im Paket integriert ist KISSsys, ein Systemaufsatz, welcher für die Definition sowie Festigkeitsberechnung der einzelnen Maschinenelemente Module von KISSsoft verwendet. Mit KISSsys können Antriebsstränge abgebildet und komplette Getriebe gerechnet werden.

Sie können mit der Demoversion auf der CD Berechnungen durchführen, allerdings unter einigen funktionalen Einschränkungen. Letztere entfallen bei der Spezialversion, welche im Internet für Sie bereitsteht: Auf der Webseite *http://www.KISSsoft.AG/schlecht2* finden Sie neben der eigentlichen Software auch eine Anleitung zum Aktivieren der Version. Hierfür wird der zehnstellige Code benötigt, der sich auf der CD befindet. Falls Sie Fragen zur Spezialversion haben, senden Sie bitte eine E-Mail an *info@KISSsoft.AG*.

Die Spezialversion umfasst die wesentlichen Module von KISSsoft sowie KISSsys und steht 300 Tage ab Aktivierung für eine nichtkommerzielle Nutzung zur Verfügung.

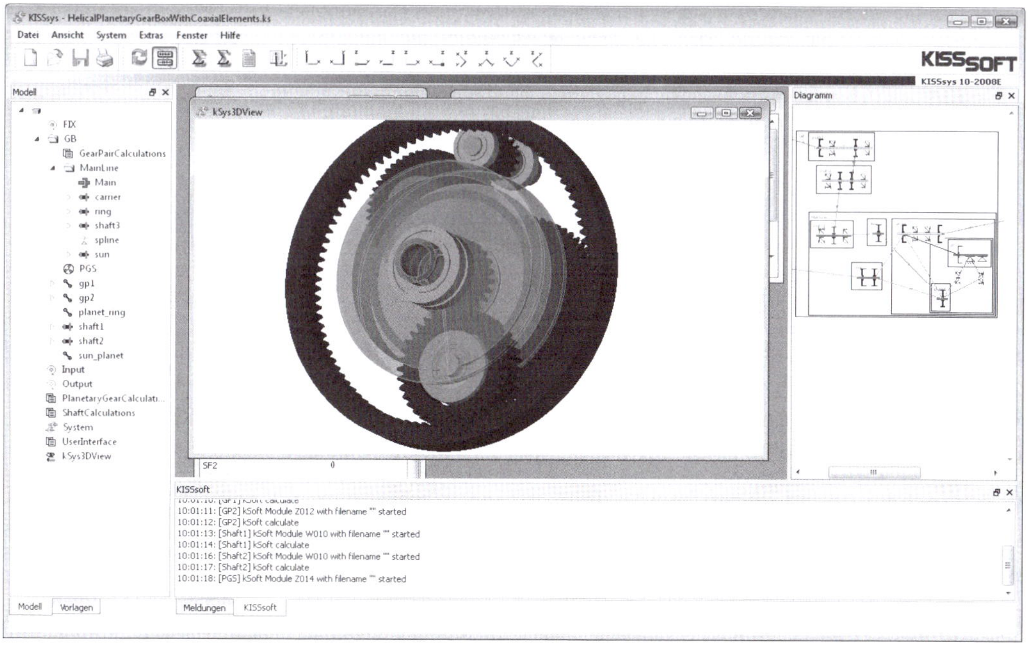

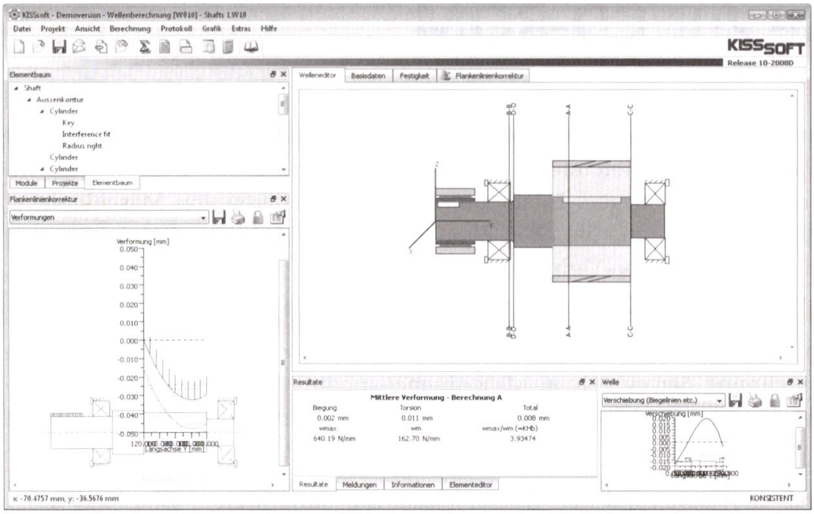

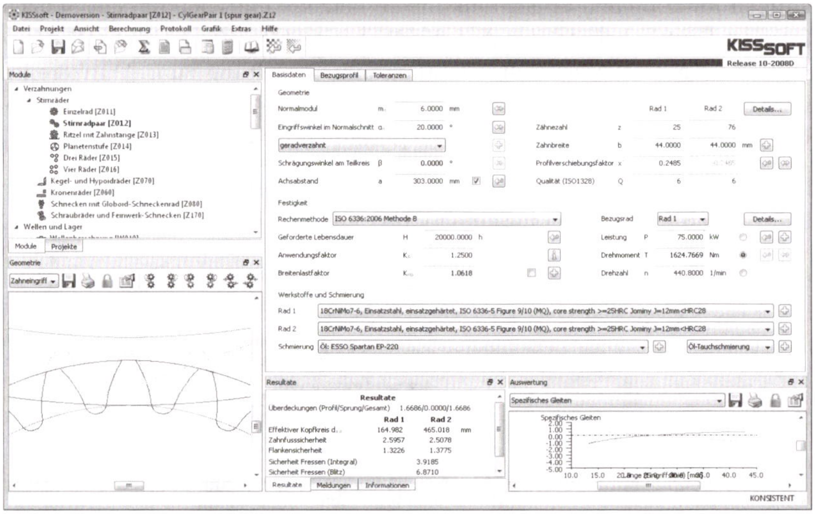

Hinweise zur Installation der Demo-CD

Auf der CD befindet sich eine Demoversion von KISSsoft. Diese ist nach Installation lauffähig ohne Zeitlimit, jedoch sind die Speicherung und Werkstoffauswahl nicht freigegeben. Die System-Voraussetzungen sind: Windows 2000, XP oder Vista, 500 MByte RAM, 500 MByte Festplattenplatz und eine Bildschirmauflösung von mindestens 1024x768 Pixel.

In den meisten Fällen startet das Installationsprogramm automatisch nach dem Einlegen der CD. Sollte dies nicht geschehen, dann rufen Sie bitte das Programm *Setup.exe* auf der CD manuell auf.

Das Anklicken des [Installation]-Knopfes startet das eigentliche Installationsprogramm: Folgen Sie den Anweisungen auf dem Bildschirm. Gegen Ende werden Sie nach einer Lizenzdatei gefragt. Diese wird für die Demoversion nicht benötigt, wählen Sie daher „Nein“ aus.

Register

C

D

E

F

G

H

K

L

M

N

O

P

R

S

T

U

V

W

Z